Periodic Table of the Elements

- Metals (main-group)
- Metals (transition)
- Metals (inner transition)
- Metalloids
- Nonmetals

MAIN–GROUP ELEMENTS | TRANSITION ELEMENTS | MAIN–GROUP ELEMENTS

Period	1A (1)	2A (2)	3B (3)	4B (4)	5B (5)	6B (6)	7B (7)	8B (8)	8B (9)	8B (10)	1B (11)	2B (12)	3A (13)	4A (14)	5A (15)	6A (16)	7A (17)	8A (18)
1	1 **H** 1.008																	2 **He** 4.003
2	3 **Li** 6.941	4 **Be** 9.012											5 **B** 10.81	6 **C** 12.01	7 **N** 14.01	8 **O** 16.00	9 **F** 19.00	10 **Ne** 20.18
3	11 **Na** 22.99	12 **Mg** 24.31											13 **Al** 26.98	14 **Si** 28.09	15 **P** 30.97	16 **S** 32.07	17 **Cl** 35.45	18 **Ar** 39.95
4	19 **K** 39.10	20 **Ca** 40.08	21 **Sc** 44.96	22 **Ti** 47.88	23 **V** 50.94	24 **Cr** 52.00	25 **Mn** 54.94	26 **Fe** 55.85	27 **Co** 58.93	28 **Ni** 58.69	29 **Cu** 63.55	30 **Zn** 65.41	31 **Ga** 69.72	32 **Ge** 72.61	33 **As** 74.92	34 **Se** 78.96	35 **Br** 79.90	36 **Kr** 83.80
5	37 **Rb** 85.47	38 **Sr** 87.62	39 **Y** 88.91	40 **Zr** 91.22	41 **Nb** 92.91	42 **Mo** 95.94	43 **Tc** (98)	44 **Ru** 101.1	45 **Rh** 102.9	46 **Pd** 106.4	47 **Ag** 107.9	48 **Cd** 112.4	49 **In** 114.8	50 **Sn** 118.7	51 **Sb** 121.8	52 **Te** 127.6	53 **I** 126.9	54 **Xe** 131.3
6	55 **Cs** 132.9	56 **Ba** 137.3	57 **La** 138.9	72 **Hf** 178.5	73 **Ta** 180.9	74 **W** 183.9	75 **Re** 186.2	76 **Os** 190.2	77 **Ir** 192.2	78 **Pt** 195.1	79 **Au** 197.0	80 **Hg** 200.6	81 **Tl** 204.4	82 **Pb** 207.2	83 **Bi** 209.0	84 **Po** (209)	85 **At** (210)	86 **Rn** (222)
7	87 **Fr** (223)	88 **Ra** (226)	89 **Ac** (227)	104 **Rf** (263)	105 **Db** (262)	106 **Sg** (266)	107 **Bh** (267)	108 **Hs** (277)	109 **Mt** (268)	110 **Ds** (281)	111 **Rg** (272)	112 **Cn** (285)	113 **Uut** (284)	114 **Fl** (289)	115 **Uup** (288)	116 **Lv** (293)	117 **Uus** (293)	118 **Uuo** (294)

INNER TRANSITION ELEMENTS

6	Lanthanides	58 **Ce** 140.1	59 **Pr** 140.9	60 **Nd** 144.2	61 **Pm** (145)	62 **Sm** 150.4	63 **Eu** 152.0	64 **Gd** 157.3	65 **Tb** 158.9	66 **Dy** 162.5	67 **Ho** 164.9	68 **Er** 167.3	69 **Tm** 168.9	70 **Yb** 173.0	71 **Lu** 175.0
7	Actinides	90 **Th** 232.0	91 **Pa** (231)	92 **U** 238.0	93 **Np** (237)	94 **Pu** (242)	95 **Am** (243)	96 **Cm** (247)	97 **Bk** (247)	98 **Cf** (251)	99 **Es** (252)	100 **Fm** (257)	101 **Md** (258)	102 **No** (259)	103 **Lr** (260)

SOME COMMONLY ENCOUNTERED GROUPS

Group	Name*	Group	Name*
$CH_3CH_2CH_2-$	Propyl or *n*-propyl	$CH_3\overset{O}{\overset{\|}{C}}-$	Ethanoyl or acetyl
$(CH_3)_2CH-$	1-Methylethyl or isopropyl		
$CH_3CH_2CH_2CH_2-$	Butyl or *n*-butyl		
$CH_3\underset{\|}{C}HCH_2CH_3$	1-Methylpropyl or *sec*-butyl	C_6H_5-	Phenyl
$(CH_3)_3C-$	1,1-Dimethylethyl or *tert*-butyl		
$(CH_3)_2CHCH_2-$	2-Methylpropyl or isobutyl	$C_6H_5-CH_2-$	Phenylmethyl or benzyl
$(CH_3)_3CCH_2-$	2,2-Dimethylpropyl or neopentyl		
$H_2C{=}CH-$	Ethenyl or vinyl		
$H_2C{=}CHCH_2-$	2-Propenyl or allyl	$C_6H_5-\overset{O}{\overset{\|}{C}}-$	Benzenecarbonyl or benzoyl
$H_2C{=}\underset{\|}{C}CH_3$	1-Methylvinyl or isopropenyl		

*When two names are cited, either one is acceptable in IUPAC nomenclature.

COMMONLY ENCOUNTERED GROUPS LISTED IN ORDER OF INCREASING RANK IN THE CAHN–INGOLD–PRELOG SYSTEM

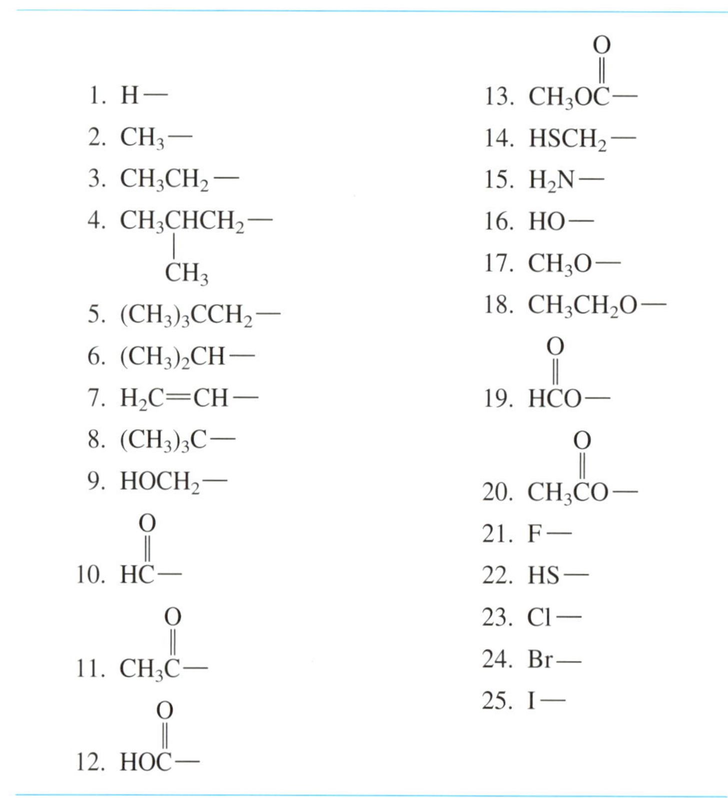

1. $H-$
2. CH_3-
3. CH_3CH_2-
4. $CH_3\underset{CH_3}{\underset{\|}{C}}HCH_2-$
5. $(CH_3)_3CCH_2-$
6. $(CH_3)_2CH-$
7. $H_2C{=}CH-$
8. $(CH_3)_3C-$
9. $HOCH_2-$
10. $H\overset{O}{\overset{\|}{C}}-$
11. $CH_3\overset{O}{\overset{\|}{C}}-$
12. $HO\overset{O}{\overset{\|}{C}}-$
13. $CH_3O\overset{O}{\overset{\|}{C}}-$
14. $HSCH_2-$
15. H_2N-
16. $HO-$
17. CH_3O-
18. CH_3CH_2O-
19. $H\overset{O}{\overset{\|}{C}}O-$
20. $CH_3\overset{O}{\overset{\|}{C}}O-$
21. $F-$
22. $HS-$
23. $Cl-$
24. $Br-$
25. $I-$

THE PRINCIPAL FUNCTIONAL GROUPS OF ORGANIC CHEMISTRY

	Example	*Acceptable Name(s) of Example*	*Characteristic Reaction Type*
Hydrocarbons			
Alkanes	CH_3CH_3	Ethane	Free-radical substitution of hydrogen by halogen
Alkenes	$H_2C{=}CH_2$	Ethene or ethylene	Electrophilic addition to double bond
Alkynes	$HC{\equiv}CH$	Ethyne or acetylene	Electrophilic addition to triple bond
Dienes	$H_2C{=}CHCH{=}CH_2$	1,3-Butadiene	Electrophilic addition to double bonds
Arenes		Benzene	Electrophilic aromatic substitution
Halogen-substituted derivatives of hydrocarbons			
Alkyl halides	CH_3CH_2Cl	Chloroethane or ethyl chloride	Nucleophilic substitution; elimination
Alkenyl halides	$H_2C{=}CHCl$	Chloroethene or vinyl chloride	Electrophilic addition to double bond; elimination
Aryl halides	C_6H_5Cl	Chlorobenzene	Electrophilic aromatic substitution; nucleophilic aromatic substitution
Oxygen-containing organic compounds			
Alcohols	CH_3CH_2OH	Ethanol or ethyl alcohol	Dehydration; conversion to alkyl halides; esterification
Phenols	C_6H_5OH	Phenol	Electrophilic aromatic substitution
Ethers	$CH_3CH_2OCH_2CH_3$	Ethoxyethane or diethyl ether	Cleavage by hydrogen halides
Epoxides	$H_2C{-}CH_2$ (ring closed through O: $\underset{O}{\diagdown\diagup}$)	Epoxyethane or ethylene oxide or oxirane	Nucleophilic ring opening
Aldehydes	$CH_3\overset{\overset{O}{\|}}{C}H$	Ethanal or acetaldehyde	Nucleophilic addition to carbonyl group
Ketones	$CH_3\overset{\overset{O}{\|}}{C}CH_3$	2-Propanone or acetone	Nucleophilic addition to carbonyl group
Carboxylic acids	$CH_3\overset{\overset{O}{\|}}{C}OH$	Ethanoic acid or acetic acid	Ionization of carboxyl; esterification

THE PRINCIPAL FUNCTIONAL GROUPS OF ORGANIC CHEMISTRY

	Example	*Acceptable Name(s) of Example*	*Characteristic Reaction Type*
Carboxylic acid derivatives			
Acyl halides	$CH_3C(=O)Cl$	Ethanoyl chloride or acetyl chloride	Nucleophilic acyl substitution
Acid anhydrides	$CH_3C(=O)OC(=O)CH_3$	Ethanoic anhydride or acetic anhydride	Nucleophilic acyl substitution
Esters	$CH_3C(=O)OCH_2CH_3$	Ethyl ethanoate or ethyl acetate	Nucleophilic acyl substitution
Amides	$CH_3C(=O)NHCH_3$	*N*-Methylethanamide or *N*-methylacetamide	Nucleophilic acyl substitution
Nitrogen-containing organic compounds			
Amines	$CH_3CH_2NH_2$	Ethanamine or ethylamine	Nitrogen acts as a base or as a nucleophile
Nitriles	$CH_3C\equiv N$	Ethanenitrile or acetonitrile	Nucleophilic addition to carbon–nitrogen triple bond
Nitro compounds	$C_6H_5NO_2$	Nitrobenzene	Reduction of nitro group to amine
Sulfur-containing organic compounds			
Thiols	CH_3CH_2SH	Ethanethiol	Oxidation to a sulfenic, sulfinic, or sulfonic acid or to a disulfide
Sulfides	$CH_3CH_2SCH_2CH_3$	Diethyl sulfide	Alkylation to a sulfonium salt; oxidation to a sulfoxide or sulfone

ORGANIC
CHEMISTRY
Carey의
9th Edition
유기화학
Francis A. Carey | Robert M. Giuliano
유기화학교재연구회 옮김
Mc Graw Hill Education
녹문당

Organic Chemistry, 9th Edition

1 2 3 4 5 6 7 8 9 10 NMD 20 15

Original: Organic Chemistry, 9th Edition © 2013
By Francis Carey, Rebert Giuliano
ISBN 978-0-07-340274-1

This authorized Korean translation edition is jointly published by McGraw-Hill Education Korea, Ltd. and Nokmoondang. This edition is authorized for sale in the Republic of Korea

This book is exclusively distributed by Nokmoondang.

When ordering this title, please use ISBN 978-89-88684-81-8 (93430)

Printed in Korea

저자 소개

2000년 은퇴하기 전까지, **Francis A. Carey**의 화학교육 경력은 버지니아 대학교(University of Virginia)에서 거의 이루어졌다.

이 교재 이외에도 Robert C. Atkins와 함께 *유기화화*(*Organic Chemistry: A Brief Course*), Richard J. Sunburg와는 대학원생 및 고급과정의 학부 학생들을 위한 두 권짜리 *고급유기화학*(*Advanced Organic Chemistry*)을 공동 집필하였다.

Frank와 유치원 운영자이며 교사 및 교회 오르간 연주자인 그의 부인 Jill은 Andy, Bob 및 Bill의 부모이자 Riyad, Ava, Juliana, Miles와 Wynne의 조부모이다.

Robert M. Giuliano는 펜실베이니아주 알투나(Altoona)에서 출생하였고, Penn. State 대학의 화학과를 졸업하였다. Francis Carey 교수의 지도하에 버지니아 대학교에서 박사 학위를 받았으며, 이어서 메릴랜드 대학교(University of Maryland)의 Bert Fraser-Reid 연구실에서 박사 후 연구(postdoctral study)를 하였다. 1982년 빌라노바 대학교(Villanova University)의 화학과로 부임하였으며 현재는 정교수이다. 그의 연구 주제는 합성 유기 및 탄수화물에 관련된 화학과 기능성 탄소 나노물질이다.

Bob과 Villanova 대학 시절에 만난, 초등학교와 유치원 교사인 그의 아내 Margot는 Michael, Ellen, Christopher의 부모이며 Carina와 Aurelia의 조부모이다.

역자 머리말

살아있는 모든 생물체가 생명을 유지하기 위해서는 생체 내에서 생명 유지 및 성장에 필요한 에너지와 필요한 물질의 합성이 일어나야만 한다. 이러한 많은 것—변화—들을 이해하고 응용하기 위한 기본적이고 필수적인 학문이 화학이다. 유기화학은 생명활동에 관여하는 물질을 포함하여 우리 주위의 수많은 물질들—음식, 섬유, 약, 플라스틱, 포장재, 고무제품, 석유, 석탄 등등—의 대부분이 탄소를 기반으로 하는 유기화합물질을 이해하고 다루는 화학의 한 영역이다. 그러나 탄소 원자가 갖는 화학적 특성상 다양하고 무수한 화합물을 형성할 수 있는 장점이 반대로 유기화학을 배우는 학생들의 입장에서는 여간 부담이 아닐 수 없다. 하지만 이렇게 어렵고 복잡하게만 보이는 물질들을 몇 가지 기준으로 분류하면 의외로 간단한 기본구조들의 조합에 지나지 않음을 쉽게 알 수가 있다. 따라서 학부 유기화학 교재들은 대개 이러한 기본 구조들의 이해와 응용으로 이루어지고, 이들을 서로 연관지어 유기화학 전체의 내용을 구성하는 방법을 쓰고 있으며 이 교재도 예외는 아니다.

그러나 "Francis A. Carey"와 "Robert M. Giuliano"가 저술한 본 교재인 "Organic Chemistry 9/e"는 이전의 개정판들보다 더 많은 도표와 시각적인 도구를 이용하여 유기화합물의 구조와 특징(반응성) 사이의 관계를 이해하고 응용하는 시도를 하고 있으며, 필요한 이론들을 단순하고 쉽게 소개하고 되풀이해 가면서 자연스럽게 연습과 복습이 반복적으로 이루어지도록 교재를 구성하였다. 각 장에는 해당 주제 화합물의 작용기에 따른 구성, 반응경로(mechanism)의 중요성과 표현, 실험 결과에 입각한 상대적 특징을 나타낸 표의 사용, 문제풀이 전략과 요령은 학생들에게 어떻게 문제에 접근하고 해결하는지에 대한 요령을 제시한다. 특히 각 장의 끝에 수록된 설명문과 이해 문제—"Descriptive Passage and Interpretive Problems"—는 의과대학 입학시험(medical college admission test, MCAT)과 같은 표준화된 특정 전문입학 시험문제와 유사한 형태의 예비 연습용으로서 다양한 주제에 대한 서술 내용의 이해 및 응용력을 증진시키기 위한 문제이다. 끝으로 상자속 소론—"Boxed Essays"—에서는 생명, 환경에 대한 최신의 내용 및 사회의 관심이 되고 있는 내용에 대한 참신한 내용을 첨가하였으며 반드시 읽어 보기를 바란다.

영어가 세계의 주된 공용어이며 원래 교재 또한 영어로 쓰였으나, 원저자가 의도하는 교재의 목적은 유기화학의 내용을 쉽게 이해하고 배우는 것이다. 따라서 역자들은 영어에 대한 학생들의 부담을 줄이고 본문의 모든 내용을 최대한 평이하게 번역하려고 노력하였다. 그러나 유기 화합물이 갖는 다양한 구조와 성질로 인하여 이들의 이름도 다양해서 학습하는 학생들이 어렵게 느끼는 것 또한 사실이므로, 가능한 한 일관성을 갖고 "대한화학회"에서 발간한 최신 편수자료를 주로 참고하였으나, 이미 익숙해진 화합물 및 용어의 이름에 대해서는 혼동을 피하기 위하여 관례를 따랐으며, 전체적으로는 일관성 및 명확한 의미 전달에 그 목표를 두었다. 영어의 발음과 한글 표기가 일치하지 않는 경우에는 내용에 따라서 두 가지를 모두 병기하였다. 사안을 보는 관점에 따라서는 너무 영어에 치중하는 것으로 보일지 모르나 세계적인 공용어로서의 영어의 위치를 감안한다면, 흐름에 따라야 하는 유연성도 필요할 것으로 보인다. 그러나 화학에 관련된 실제 산업현장에서는 이전의 이름을 사용하는 경우가 더 많으므로 해당 물질 및 용어에 대한 간단한 부연 설명 역시 필요할 것으로 여겨진다.

부디 이 교재를 공부하면서 원저자의 의도에 가능한 한 가까이 다가가기를 바라며, 이 책을 번역할 기회를 주신 녹문당의 김중현 사장님과 오류가 많은 원고의 되풀이된 편집에 수고가 많으셨을 우일미디어의 편집담당 여러분들께 감사드립니다.

2015년 2월
역자 일동

차례

CHAPTER 4

알코올과 할로젠화 알킬: 반응메커니즘 소개 134

CHAPTER 5

알켄 구조와 제조: 제거반응 178

알켄의 첨가반응 220

CHAPTER 7

카이랄성 266

CHAPTER 8

친핵성 치환 310

CHAPTER 9

알카인 346

CHAPTER 10

알카다이엔과 알릴자리계의 컨쥬게이션 376

CHAPTER 11

아렌과 방향족성 412

CHAPTER 12

친전자성 및 친핵성 방향족 치환 464

CHAPTER 13

분광법 518

CHAPTER 14

유기금속 화합물 588

CHAPTER 15

알코올, 다이올 및 싸이올 626

CHAPTER 16

에터, 에폭사이드 및 설파이드 664

CHAPTER 17

알데하이드와 케톤: 카보닐기에 친핵성 첨가 698

CHAPTER 18

카복실산 748

CHAPTER 19

카복실산 유도체: 친핵성 아실 치환 782

CHAPTER 20

엔올과 엔올 음이온 830

CHAPTER 21

아민 868

CHAPTER 22

페놀 922

CHAPTER 23

탄수화물 954

CHAPTER 24

지질 1002

CHAPTER 25

아미노산, 펩타이드 및 단백질 1042

CHAPTER 26

뉴클레오사이드, 뉴클레오타이드 및 핵산 1098

CHAPTER 27

합성고분자 1138

Carey의
유기화학

1

장의 개요

우리가 건설하는 물건의 형태는 그 기능이 주도하지만 분자의 구조는 그 성질을 결정한다. Dragster는 출발점으로부터 짧은 거리에서 고속으로 가속하도록 고안된다. 이들 대부분은 나이트로메테인(CH_3NO_2)으로 동력을 얻는데, 이것은 그 구조로 인하여 휘발유보다 목적을 달성하는데 더 적합하기 때문이다.

구조와 특성
Structure Determines Properties

구조는 화학의 *모든 문제를 해결할 수 있는 열쇠이다. 어떤 물질의 성질은 그 물질을 이루고 있는 원자와 그 원자들이 어떻게 결합하고 있느냐에 따라 달라진다. 덜 분명하지만 매우 강력한 것은 화학에 대해 공부를 많이 한 사람은 어떤 화합물의 구조식을 보면 그 화합물의 성질에 대해 많은 것을 이야기할수 있다는 것이다. 이 장에서는 유기화합물의 구조와 성질의 상관관계를 이해하고, 분자의 구조와 결합에 대한 Lewis의 기본 원리를 살펴보고자 한다. 이 기본 원리를 이용함으로써 물질을 더 안정하게 만드는 구조적 패턴을 이해하고, 구조에 대한 정보를 유기화학 공부에 활용할 수 있는 기술을 습득하게 될 것이다. 산-염기 화학에 대한 기본 원리를 구조 측면에서 고찰함으로써 구조와 성질 사이의 중요한 관계를 소개하고자 한다.

1.1 원자, 전자 및 오비탈

분자(*molecule*)의 구조와 결합을 살펴보기 전에 먼저 *원자*(*atomic*)의 구조를 살펴보자. 각 원소는 그 원소의 핵에 들어 있는 양성자의 수와 같은 수의 **원자 번호(atomic number) Z**로 특징짓는다. 중성인 원자

*굵은 글씨로 보인 용어풀이는 이 책의 색인 앞에서 볼 수 있다.

Organic Chemistry: The Early Days

Eighteenth-century chemists regarded their science as being composed of two branches. One dealt with substances obtained from natural or living sources and was called *organic chemistry*; the other dealt with materials from nonliving matter—minerals and the like—and was called *inorganic chemistry*. Over time, combustion analysis established that the compounds derived from natural sources contained carbon, and a new definition of organic chemistry emerged: *Organic chemistry is the study of carbon compounds*. This is the definition we still use today.

As the eighteenth century gave way to the nineteenth, many scientists still subscribed to a doctrine known as vitalism, which held that living systems possessed a "vital force" that was absent in nonliving systems. Substances derived from natural sources (organic) were thought to be fundamentally different from inorganic ones. It was believed that inorganic compounds could be synthesized in the laboratory, but organic compounds could not—at least not from inorganic materials.

In 1823, Friedrich Wöler, after completing medical studies in Germany, spent a year in Stockholm studying under one of the world's foremost chemists of the time, Jös Jacob Berzelius. Wöler subsequently went on to have a distinguished independent career, spending most of it at the University of Götingen. He is best remembered for a brief paper he published in 1828 in which he noted that, on evaporating an aqueous solution of ammonium cyanate, he obtained "colorless, clear crystals often more than an inch long," which were not ammonium cyanate but were instead urea.

$$\underset{\substack{\text{Ammonium cyanate}\\ \text{(inorganic)}}}{NH_4OCN} \longrightarrow \underset{\substack{\text{Urea}\\ \text{(organic)}}}{O{=}C(NH_2)_2}$$

This transformation was remarkable at the time because an *inorganic* salt, ammonium cyanate, was converted to urea, a known *organic* substance earlier isolated from urine. It is now recognized as a significant early step toward overturning the philosophy of vitalism. Although Wöler himself made no extravagant claims concerning the relationship of his discovery to vitalist theory, the die was cast, and over the next generation organic chemistry outgrew vitalism. What particularly seemed to excite Wöler and Berzelius had very little to do with vitalism. Berzelius was interested in cases in which two clearly different materials had the same elemental composition, and he invented the word isomers to apply to them. Wöler's observation that an inorganic compound (ammonium cyanate) of molecular formula CH_4N_2O could be transformed into an organic compound (urea) of the same molecular formula had an important bearing on the concept of isomerism.

From the concept of isomerism we can trace the origins of the *structural theory*—the idea that a specific arrangement of atoms uniquely defines a substance. Ammonium cyanate and urea are different compounds because they have different structures.

Three mid-nineteenth-century scientists, August Kekulé, Archibald S. Couper, and Alexander M. Butlerov, stand out for separately proposing the elements of the structural theory. The essential features of Kekulé's theory, developed and presented while he taught at Heidelberg in 1858, were that carbon normally formed four bonds and had the capacity to bond to other carbons so as to form long chains. Isomers were possible because the same elemental composition (say, the CH_4N_2O molecular formula common to both ammonium cyanate and urea) accommodates more than one pattern of atoms and bonds. Shortly thereafter, Couper, a Scot working at the école de Medicine in Paris, and Butlerov, a Russian chemist at the University of Kazan, proposed similar theories.

In the late nineteenth and early twentieth centuries, major discoveries about atoms and electrons placed theories of molecular structure and bonding on a more secure, physics-based foundation. Several of these are described at the beginning of this section.

는 같은 수의 양전하를 띠고 있는 양성자와 음전하를 띠고 있는 전자를 가지고 있다.

전자는 1897년 발견 당시부터 1924년 프랑스 물리학자인 Louis de Broglie가 파(wave)의 성질도 함께 가지고 있다고 제안할 때까지는 단순한 입자라고 믿어져 왔다. 2년 후 Erwin Schrödinger는 전자를 파로서 취급한 방정식을 이용하여 수소 원자의 전자가 갖는 에너지를 계산하여 단일 에너지 대신에 일련의 **에너지 준위(energy levels)**를 얻었다. 이 에너지 준위들은 전자파의 또 다른 수학적 표현이다. 이 수학적 표현들을 **파동 함수(wave function)**라고 하며, 그리스 문자인 ψ (psi)로 표현한다.

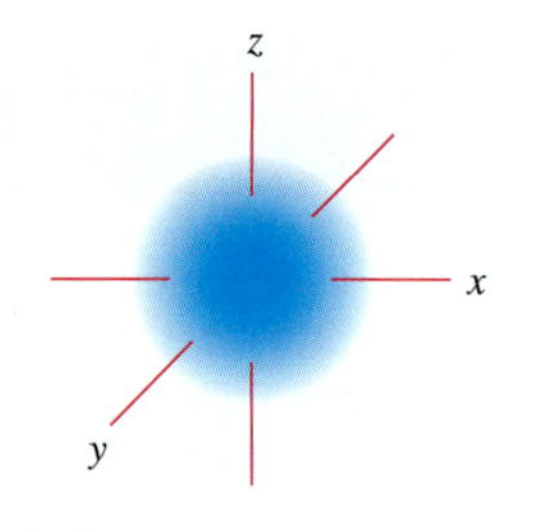

그림 1.1

1*s* 오비탈 내 전자의 확률 분포 (ψ^2).

Heisenberg의 불확정성 원리에 따르면 전자가 정확히 어디에 있는지는 말할 수 없고, 그 대신 어디쯤 있으리라는 것은 이야기할 수 있다. 원자핵 주위 어떤 지점에서 전자를 발견할 수 있는 확률은 파동 함수의 제곱 (ψ^2)으로 주어진다. 수소 원자의 가장 낮은 에너지(가장 안정한) 상태에 있는 전자를 여러 지점에서 발견할 수 있는 확률을 그림 1.1에 나타내었다. 빛깔이 진할수록 발견 확률은 더 높다. 전자를 발견할 수 있는 확률은 핵 주위 지점이 제일 높고 핵에서 멀어질수록 줄어들지만 결코 0이 되지는 않는다.

파동 함수를 **오비탈(orbital)**이라고 하며, 화학자들은 '오비탈'이라는 단어를 여러 가지 형태로 나타낸다. 그림 1.1이 오비탈을 나타내는 그림이다. 우리는 이 장에서 '오비탈'을 나타낸 다른 종류의 그림을 볼 수 있을 것이다.

오비탈은 크기와 모양과 방향성을 나타내야 한다. 그림 1.1과 같은 대칭 구형을 *s 오비탈*이라고 한다. 오비탈의 에너지와 관계있는 **껍질(shell)**에 해당하는 **주양자수 (principal quantum number)** n (n = 1, 2, 3 등)을 s 글자 앞에 쓴다. 1*s* 오비탈에 있는 전자는 2*s* 오비탈에 있는 전자보다 핵과 더 가까이 있고, 더 낮은 에너지를 가지며, 핵에 더 강하게 묶여 있다.

확률 분포 대신에 1*s*와 2*s* 오비탈을 그림 1.2와 같이 **경계면(boundary surface)**으로 나타내는 것이 더 일반적이다. 경계면은 전자를 발견할 수 있는 확률이 90~95%에 해당되는 영역으로 감싸여 있다. 확률 분포 그림처럼 경계면 그림은 오비탈을 나타내는 또 다른 그림이다.

수소 원자 (Z = 1)는 전자 하나를 가지고 있고, 헬륨 원자 (Z = 2)는 전자 두 개를 가지고 있다. 헬륨의 전자 두 개와 마찬가지로 수소의 전자 한 개는 1*s* 오비탈을 차지하고 있다. 이 전자 배치들을 다음과 같이 나타낸다.

수소:$1s^1$　　헬륨:$1s^2$

전자는 음전하를 띨 뿐만 아니라 **스핀(spin)**을 가지고 있다. **스핀 양자수(spin quantum number)**는 $+\frac{1}{2}$ 또는 $-\frac{1}{2}$이다. **Pauli 배타원리(Pauli exclusion principle)**에 따르면 두 개의 전자는 스핀이 서로 반대이거나 '쌍'을 이룰 때 같은 오비탈에 들어갈 수 있다. 그러므로 어떤 오비탈도 두 개보다 많은 전자를 가질 수는 없다. 두 개의 전자가 1*s* 오비탈에 들어가기 때문에 리튬 (Z = 3)의 세 번째 전자는 더 높은 에너지의 오비탈에 들어가야 한다. 1*s* 다음으로 더 높은 에너지의 오비탈은 2*s*이다. 따라서 리튬의 세 번째 전자는 2*s* 오비탈에 들어가게 되고, 전자 배치는 다음과 같다.

완전한 원소 주기율표는 이 교재의 속표지에 있다.

파동함수의 부호가 다른 한 개의 오비탈 영역을 대조하는 다른 방법들이 역시 사용된다.

리튬: $1s^22s^1$

주기율표상의 **주기(period, row)**는 전자가 채워진 가장 높은 오비탈의 주양자수와 같다 (수소와 헬륨의 경우 n = 1). 수소와 헬륨은 첫 번째 주기 원소이며, 리튬 (n = 2)은 두 번째 주기 원소이다.

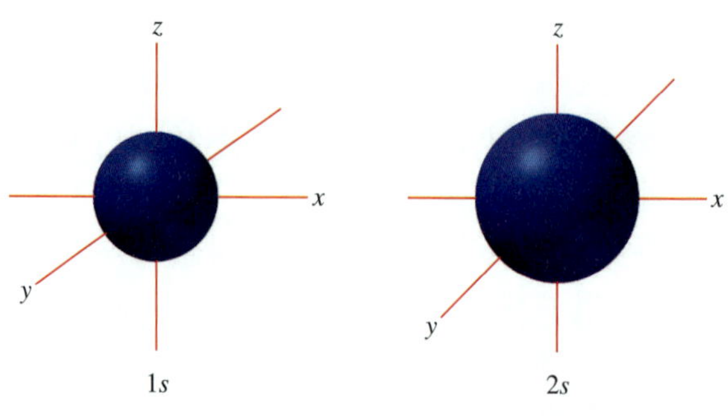

그림 1.2

1*s* 오비탈과 2*s* 오비탈의 경계면. 경계면은 전자를 발견할 확률이 90~95%에 해당되는 영역을 포함한다.

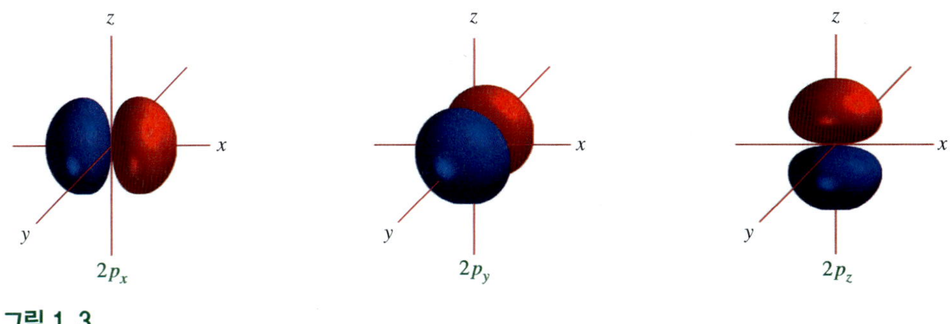

그림 1.3

2*p* 오비탈의 경계면. 핵에서 파동 함수의 부호가 바뀐다. 각 오비탈의 두 반쪽은 서로 다른 색깔로 표시되었다. *yz*-평면은 $2p_x$ 오비탈의 마디면이다. yz-평면에서 $2p_x$ 전자를 발견할 확률은 0이다. 유사하게, *xz*-평면은 $2p_y$ 오비탈의 마디면이며, *xy*-평면은 $2p_z$ 오비탈의 마디면이다.

베릴륨 ($Z = 4$)은 2s가 채워진다. 나머지 2주기 원소에서 채워질 다음 오비탈은 2*px*, 2*py*와 2*pz* 오비탈이다. 이 세 오비탈(그림 1.3)은 에너지가 모두 같으며, '아령 모양'인 경계면이 그 특징이다. 세 2*p* 오비탈의 축은 서로 직교하며 각 오비탈은 그림 1.3에 서로 다른 색깔로 나타낸 두 개의 '로브(lobe)'로 구성되어 있다. 각 2*p* 오비탈은 파동 함수의 부호가 바뀌고 전자를 발견할 수 있는 확률이 0인 **마디면(nodal surface)**으로 분리되어 있다.

처음 열두 원소, 수소에서 마그네슘까지의 전자 배치는 표 1.1에 나타내었다. 2*p* 오비탈을 채울 때는 두 개의 전자를 채우기 전에 각각 하나씩 먼저 채워야 한다. 이와 같이 에너지가 같은 오비탈에 전자가 채워질 때 적용되는 규칙이 **Hund의 규칙(Hund's rule)**이다. 표 1.1에서 특히 중요한 원소는 수소, 탄소, 질소와 산소이다. 수많은 유기 화합물들은 유기화학의 필수 원소인 탄소 이외에 질소, 산소 또는 이들 모두를 포함하고 있다. 또한,

표 1.1 주기율표의 처음 12개 원소의 전자 배치

		표시된 오비탈에 있는 전자수					
원소	원자번호 *Z*	1*s*	2*s*	$2p_x$	$2p_y$	$2p_z$	3*s*
수소	1	1					
헬륨	2	2					
리튬	3	2	1				
베릴륨	4	2	2				
붕소	5	2	2	1			
탄소	6	2	2	1	1		
질소	7	2	2	1	1	1	
산소	8	2	2	2	1	1	
플루오린	9	2	2	2	2	1	
네온	10	2	2	2	2	2	
소듐	11	2	2	2	2	2	1
마그네슘	12	2	2	2	2	2	2

대부분의 유기 화합물은 수소를 포함한다.

원자의 **원자가전자(valence electron)**를 논하는 것이 편리할 때가 많다. 원자가전자는 화학 결합과 반응에 주로 참여하는 최외각의 전자들이다. 2주기 원소의 원자가전자는 2*s*와 2*p*의 전자들이다. 네 개의 오비탈 ($2s$, $2p_x$, $2p_y$, $2p_z$)이 관여하기 때문에 두 번째 주기 원소들의 **원자가 껍질(valence shell)**이 가질 수 있는 전자의 최대 수는 여덟 개이다. 네온은 2*s*와 2*p* 오비탈 모두가 쌍으로 채워져 있어서 여덟 개의 원자가전자를 가지고 있으며, 주기율표의 두 번째 주기를 완성한다. 한편, **주족원소(main-group elements)**가 갖는 원자가전자의 수는 주기율표에서 그 원소가 속한 족의 번호와 같게 된다.

모든 문제의 자세한 풀이는 동일한 문제를 푸는 간략한 설명과 조언을 포함한 *학생용 풀이집*(*Student Solutions Manual*)에서 볼 수 있다.

문제 1.1

탄소에는 몇 개의 전자와 원자가전자가 있는가? 3주기 원소 중 탄소의 원자가전자 수와 같은 원자가전자를 갖는 원소는 무엇인가?

2*s*와 2*p* 오비탈이 채워지면 다음 단계는 3*s*와 $3p_x$, $3p_y$, $3p_z$ 오비탈이다. 이 오비탈들에 있는 전자는 2*s*와 2*p* 오비탈에 있는 전자보다 핵에서 더 멀리 떨어져 있고 더 높은 에너지를 가지고 있다.

여러가지로 포함된 본문의 문제는 풀이 예시에 (a)로 되어있다.

문제 1.2

주기율표를 참조하여, 3주기 모든 원소들의 전자 배치를 쓰시오.

풀이 예시: 3주기는 소듐으로 시작하여 아르곤으로 끝난다. 소듐 원소의 원자 번호는 11이다. 따라서 소듐 원자는 11개의 전자를 가지고 있다. 1*s*, 2*s*와 2*p* 오비탈에 들어가는 최대 전자 수는 10이므로, 열한 번째 전자는 3*s* 오비탈을 차지한다. 소듐의 전자 배치는 $1s^2 2s^2 2p_x^2 2p_y^2 2p_z^2 3s^1$이다.

2주기의 네온과 3주기의 아르곤은 원자가 껍질에 여덟 개의 전자를 가지고 있으며, 완전한 **팔전자(octet)**를 가졌다고 말한다. 헬륨, 네온과 아르곤은 **불활성 기체(noble gas)** 또는 **희유 기체(rare gas)**로 알려진 원소들이다. 불활성 기체는 원자가 껍질을 "완전히 채운(closed-shell)" 안정한 전자 배치를 가지고 있으며, 반응성이 거의 없는 것이 특징이다.

*구조가 성질을 결정*하기 때문에 원자의 성질은 원자의 구조에 따라 결정된다. 원소의 모든 양성자는 핵 내에 있지만, 원소의 전자들은 핵 주위의 여러 에너지 준위를 갖는 오비탈에 분포되어 있다. 원자가 어떻게 행동하는가를 알고 싶으면 무엇보다도 원자의 전자배치를 살펴보아야 한다. 다음 절에서 이온결합과 함께 이 사실을 살펴볼 것이다.

그림 1.4

이온결합은 서로 반대로 하전된 이온 사이의 인력이다. 고체 NaCl의 결정격자(lattice)내의 각 Na^+ 이온(작은 구:노란색)은 이웃한 여섯 개의 Cl^- 이온(큰 구:녹색)과 이온결합을 하고 있으며 각 Cl^- 이온은 이웃한 여섯 개의 Na^+ 이온과 이온결합을 하고 있다. 작은 공이 Na^+이고 큰 공이 Cl^- 이다.

1.2 이온결합

원자는 서로 결합하여 원자와는 다른 성질을 가진 **화합물(compound)**을 형성한다. 화합물에서 원자 사이의 끄는 힘을 **화학결합(chemical bond)**이라고 한다. 화학결합의 한 형태인 **이온결합(ionic bond)**은 서로 반대로 하전된 화학종 (이온, 그림 1.4) 사이의 끄는 힘이다. 양으로 하전된 화학종은 **양이온(cation)**이며, 음으로 하전된 화학종은 **음이온(anion)**이다.

한 원소가 이온결합에서 양이온이 될지 음이온이 될지는 여러 가지 요인에 따라 달라진다. 주기율표는 이 요인을 이해하는 좋은 지침이 된다. 이온결합 화합물을 형성할 때 주기율표의 왼쪽에 있는 원소는 전자를 잃어 양이온이 되면서 불활성 기체와 같은 전자 배치를 가지게 된다. 예를 들면, 소듐은 전자 하나를 잃어 Na^+가 되면서 네온과 같은 전자 배치를 갖는다.

$$\underset{\substack{\text{소듐 원자}\\1s^22s^22p^63s^1}}{Na(g)} \longrightarrow \underset{\substack{\text{소듐 이온}\\1s^22s^22p^6}}{Na^+(g)} + \underset{\text{전자}}{e^-}$$

문제 1.3

같은 수의 전자를 갖는 화학종을 *등전자성(isoelectronic)*으로 부른다. Na^+와 같은 등전자성의 +2가 이온과 −2가 이온은 각각 무엇인가?

에너지의 SI (*Système International d'Unites*) 단위는 주울 (J)이다. 예전 단위는 칼로리 (cal)이다. 많은 화학자들이 여전히 에너지 변화를 표시하는데 몰당 킬로칼로리를 쓴다 (1 kcal/mol = 4.184 kJ/mol).

원자에서 전자 하나를 떼어내기 위해서는 **이온화 에너지(ionization energy)**라는 큰 양의 에너지가 공급되어야 한다. 예를 들면, 소듐의 이온화 에너지는 496 kJ/mol(119 kcal/mol)이다. 이와 같이 에너지를 흡수하는 과정을 **흡열과정(endothermic)**이라고 한다. 다른 원소와 비교하면 소듐과 1A족 원소들은 비교적 이온화 에너지가 적은 편이다. 일반적으로 이온화 에너지는 주기율표상에서 오른쪽으로 갈수록 커진다.

주기율표상의 오른쪽에 있는 원소들은 전자를 얻어 불활성 기체와 같은 전자 배치를 가지려는 경향이 있다. 예를 들면, 염소에 전자 하나를 더하면 Cl^-가 되며, 이는 아르곤과 같은 전자 배치를 가진다.

$$\underset{\substack{\text{염소 원자}\\1s^22s^22p^63s^23p^5}}{Cl(g)} + \underset{\text{전자}}{e^-} \longrightarrow \underset{\substack{\text{염화 이온}\\1s^22s^22p^63s^23p^6}}{Cl^-(g)}$$

문제 1.4

다음 이온 중 어느 것이 불활성 기체의 전자 배치를 가지는가? 어느 이온이 등전자성(isoelectronic) 인가?

(a) K^+ (c) H^- (e) F^-
(b) He^+ (d) O^- (f) Ca^{2+}

풀이 예시: (a) 포타슘은 원자 번호가 19이며, 19개의 전자를 가지고 있다. 따라서 K^+는 18개의 전자를 가지고 있으므로 불활성 기체인 아르곤의 전자 수와 같다. K^+과 아르곤의 전자 배치는 $1s^22s^22p^63s^23p^6$이며 등전자성이다.

염소 원자가 전자 하나를 포획하면 에너지를 내어놓는다. 에너지를 방출하는 반응을 **발열과정(exothermic)**이라고 하며, 발열과정에서 방출된 에너지는 음의 부호를 갖는다. 한 원자에 전자를 첨가할 때 변하는 에너지를 **전자친화도(electron affinity)**라고 하며, 염소의 전자친화도는 −349 kJ/mol(−83.4 kcal/mol)이다.

다음 반응의 에너지 변화량은 소듐의 이온화 에너지와 염소의 전자친화도를 이용하면 계산이 가능하다.

$$\underset{\text{소듐 원자}}{Na(g)} + \underset{\text{염소 원자}}{Cl(g)} \longrightarrow \underset{\text{소듐 이온}}{Na^+(g)} + \underset{\text{염화 이온}}{Cl^-(g)}$$

소듐의 이온화 에너지(496 kJ/mol)와 염소의 전자친화도(−349 kJ/mol)를 단순히 합치면 전체 과정은 $\Delta H° = +147$ kJ/mol인 흡열과정이 된다. 염소에 전자 하나를 더할 때 발생하는 열은 소듐으로부터 전자 하나를 떼어내는 데 필요한 에너지로는 불충분하다. 그러나 이 분석은 서로 반대로 하전된 Na^+와 Cl^- 이온 사이의 끌어당기는 힘 즉 서로 분리된 가스 상태의 이온들이 고체 NaCl을 형성할 때 방출되는 에너지를 고려하지 않은 계산이다.

$$\underset{\text{소듐 이온}}{Na^+(g)} + \underset{\text{염화 이온}}{Cl^-(g)} \longrightarrow \underset{\text{염화 소듐}}{NaCl(s)}$$

용융된 염화 소듐과 같은 물질이 전류를 통하는 능력을 설명하기 위해서 1916년 독일의 물리학자인 Walther Kossel이 이온결합을 제안하였다.

이 *격자에너지(lattice energy)* 787 kJ/mol은 각각의 원소 상태로부터 NaCl 고체가 형성되는 전 과정이 결과적으로 발열과정이 되기에 충분한 발열량이다. 반대로 하전된 입자들 사이의 인력을 **정전기적(electrostatic)**힘 또는 **쿨롱(coulombic)**힘이라고 하며 이것이 두 원자 사이의 이온결합(ionic bond)을 의미한다.

문제 1.5

C^+와 C^-의 전자 배치는 어떠한가? 이들 중 어느 것이 불활성 기체의 전자 배치를 가지는가?

이온결합은 무기 화합물에서는 흔하지만 유기 화합물에는 흔하지 않다. 탄소의 이온화 에너지는 너무 크고 탄소의 전자친화도는 너무 작아서 실제로 C^{4+}나 C^{4-}는 형성되지 않는다. 그렇다면 수백만 개의 유기 화합물에서 탄소와 다른 원소를 연결하는 결합은 무슨 결합인가? 전자를 잃거나 얻는 대신 탄소는 다른 원소(다른 탄소를 포함)와 전자를 공유하여 공유결합을 만든다.

1.3 공유결합, Lewis 식과 팔전자 규칙

Gilbert Newton Lewis는 가장 위대한 미국의 화학자라고 불린다.

화학결합의 한 모형인 **공유결합(covalent bond)** 또는 **공유 전자쌍(shared electron pair)**은 1916년 California 대학교의 G. N. Lewis가 처음으로 제안했다. 두 수소 원자가 전자 두 개를 공유하는 것은 각각이 전자껍질을 완전히 채운 헬륨과 유사한 안정된 전자 배치를 갖는다고 제안하였다.

H· ·H — 단일 전자를 갖고 있는 두 개의 수소 원자들

H:H — 수소 분자: 공유된 전자쌍에 의한 공유결합

수소 분자(H_2)를 수소 원자(H)로 분해하는 데 필요한 에너지를 **결합 해리 에너지(bond dissociation energy)**라고 한다. H_2에 대한 결합 에너지는 꽤 커서 +435 kJ/mol(+104 kcal/mol)이나 된다. 수소 분자의 공유결합에 기여한 주요 요인은 두 개의 전자에 가해진 두 핵의 인력이다. 즉, 수소 분자의 각 전자는 두 개의 핵으로부터 인력을 받으므로 고립된 수소 원자의 전자가 하나의 핵으로부터 받는 인력보다 크게 느낄 것이다.

원자의 최외각에 존재하는 전자만이 공유결합에 참여한다. 예를 들어, F 원자는 아홉 개의 전자를 갖지만 최외각에는 일곱 개의 전자가 존재한다. 두 개의 F 원자가 상대 원자가전자 한 개를 서로 공유하면 플루오린 분자(F_2)가 형성된다. 이러한 공유결합을 통해 각 F 원자의 원자가 껍질에는 여덟 개의 전자가 존재하게 되어 불활성 기체 네온과 같은 안정한 전자 배치를 가지게 된다.

:F̤̈· ·F̤̈: — 원자가 껍질에 일곱 개 전자를 가지고 있는 두 개의 플루오린 원자들

:F̤̈:F̤̈: — 플루오린 분자: 공유된 전자쌍에 의한 공유결합

비공유 쌍은 고립 쌍이라고도 한다.

각 F 원자의 나머지 원자가전자 여섯 개는 결합에 참여하지 않고 세 쌍의 **비공유 쌍(unshared pair)**을 이룬다.

앞에서 본 H_2, F_2와 같이 전자들을 점으로 표시한 구조식을 **Lewis 식(Lewis formulas)** 또는 **Lewis 구조(Lewis structures)**라 한다. 그러나 더 흔히 공유된 전자-쌍 결합은 선으로 표시하고 전자쌍은 빼고 표시하기도 한다. Lewis 모형은 두 번째 주기 원소(Li, Be, B, C, N, O, F, Ne)의 원자가 껍질에는 최대 여덟 개의 전자(공유와 비공유 전자), 수소 원자는 두 개로 제한한다. 이 교재에서 취급하는 거의 모든 원소는 **팔전자 규칙(octet**

표 1.2 메테인, 암모니아, 물과 HF의 Lewis 식

화합물	원자	원자의 원자가전자 수	팔전자를 완성하는 원자와 충분한 수소 원자의 수	Lewis 식	
				점	선
메테인	탄소	4	H H· ·Ċ· ·H H	H H:C:H H	H H—C—H H
암모니아	질소	5	H· ·N̈· ·H H	H:N̈:H H	H—N̈—H H
물	산소	6	H· ·Ö· ·H	H:Ö:H	H—Ö—H
플루오린화 수소	플루오린	7	H· ·F̤̈:	H:F̤̈:	H—F̤̈:

rule)을 잘 따른다. 즉, *화합물을 형성할 때는 전자를 잃거나 얻거나 또는 공유하여 원자가 전자 수가 8인 안정한 전자배치를 취한다.* 탄소, 질소, 산소, 플루오린이 팔전자 규칙을 만족하면 불활성 기체인 네온과 같은 전자 배치를 갖게 된다. 표 1.2에 메테인(CH_4), 암모니아(NH_3), 물(H_2O)과 플루오린화 수소(HF)의 Lewis 식을 표시하였다.

네 개의 원자가전자를 갖는 탄소는 표 1.2와 같이 보통 네 개의 공유결합을 형성한다. C—H 결합에 더하여, 대부분의 유기 화합물은 공유성 C—C 결합을 갖는다. 에테인(ethane, C_2H_6)이 한 예이다.

두 개의 탄소와 여섯 개의 수소를 조합하여

```
      H    H
      ·    ·
H·  ·C·  ·C·  ·H
      ·    ·
      H    H
```

다음과 같이 Lewis 식을 쓴다.

```
  H H                 H   H
  : :                 |   |
H:C:C:H     또는    H—C———C—H
  : :                 |   |
  H H                 H   H
```

문제 1.6

다음 분자의 Lewis 식을 쓰시오. 단, 탄소 원자는 각각 네 개의 결합을 갖는다.

(a) 프로페인(C_3H_8)
(b) 메탄올(CH_4O)
(c) 플루오린화 메틸(CH_3F)
(d) 플루오린화 에틸(C_2H_5F)

풀이 예시: (a) 프로페인의 Lewis 식은 탄소 수가 세 개라는 것 외에는 에테인의 구조식과 유사하다.

세 개의 탄소와 여덟 개의 수소를 조합한다.

```
      H    H    H
      ·    ·    ·
H·  ·C·  ·C·  ·C·  ·H
      ·    ·    ·
      H    H    H
```

다음과 같이 프로페인의 Lewis 식을 쓴다.

```
  H H H               H   H   H
  : : :               |   |   |
H:C:C:C:H   또는    H—C———C———C—H
  : : :               |   |   |
  H H H               H   H   H
```

Lewis 식에서 10개의 공유결합은 20개의 원자가 전자를 의미하며 이는 분자식 (C_3H_8)에서 계산된 원자가전자의 수와도 일치한다. 즉, 수소 원자에서 여덟 개, 세 개의 탄소에서 12개의 원자가전자가 표시된다. 그러므로 프로페인의 모든 원자가전자는 공유결합 전자이며 비공유 전자쌍은 없다.

1.4 이중결합과 삼중결합

결합이 전자쌍을 공유하는 Lewis 개념은 네개 전자의 **이중결합(double bond)**과 여섯 개 전자의 삼중결합을 가능하게 한다. 에틸렌(C_2H_4)에 존재하는 12개의 원자가전자는 다음과 같이 분포되어있다.

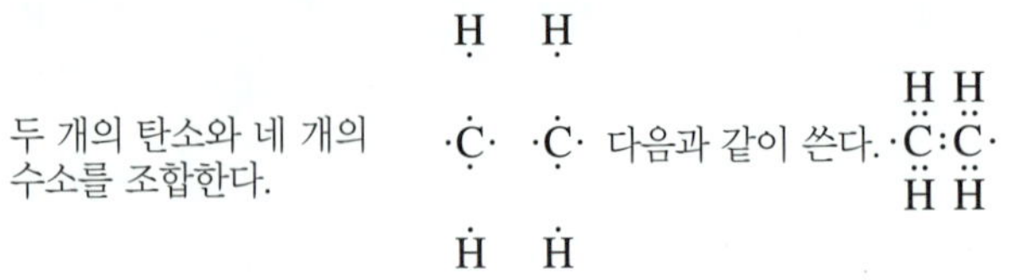

두 개의 탄소와 네 개의 수소를 조합한다. 다음과 같이 쓴다.

탄소사이를 단일결합으로 연결한 구조식은 탄소 원자 당 일곱 개의 원자가전자가 존재하게 된다. 이때 탄소의 짝짓지 못한 전자를 서로 공유하면 **이중결합**이 생성되면서 모든 탄소 원자는 팔전자 규칙을 만족하게 된다.

두 탄소간 두 전자를 공유하여 다음과 같다. 또는

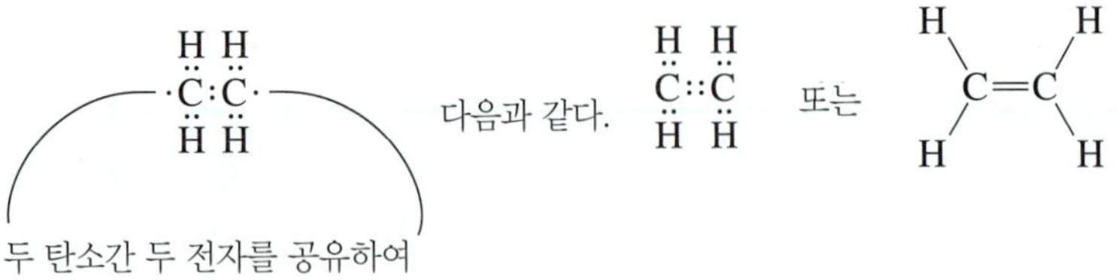

이와 유사하게, 열 개의 원자가전자를 갖는 아세틸렌(C_2H_2)은 탄소사이에 여섯 개의 전자를 공유한 **삼중결합(triple bond)**을 형성함으로써 팔전자 규칙을 만족하게 된다.

H:C:::C:H 또는 H—C≡C—H

이산화탄소(CO_2)는 탄소와 산소 사이에 두 개의 이중결합을 가짐으로써 탄소와 산소 원자 모두가 팔전자 규칙에 맞게 된다.

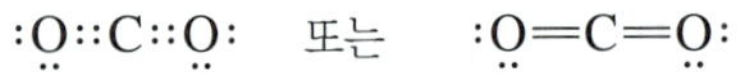

:O::C::O: 또는 :O=C=O:

문제 1.7

다음 화합물의 모든 수소는 탄소와 결합되어 있다. 팔전자 규칙에 맞는 Lewis 식을 쓰시오.

(a) 폼알데하이드(CH_2O) (b) 사이안화 수소(HCN)

풀이 예시: (a) 각 수소는 한 개의 원자가전자를, 탄소는 네 개, 산소는 여섯 개의 전자를 제공하여 원자가전자는 모두 12개가 된다. 산소, 수소는 모두 탄소와 공유결합으로 연결되어 있다.

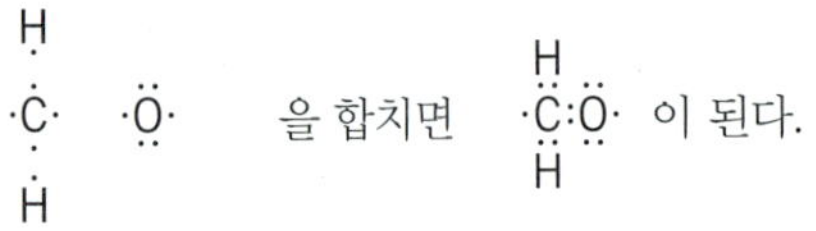

을 합치면 이 된다.

탄소와 산소의 짝짓지 못한 전자들을 짝지음으로써 탄소–산소 사이에 이중결합이 생성되며 이렇게 만들어진 구조식은 팔전자 규칙을 만족하게 된다.

탄소와 산소간 두 개의 전자를 공유하면 또는 이 된다.

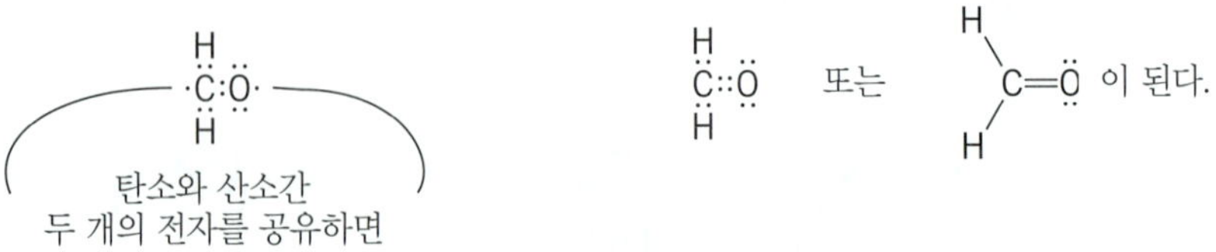

1.5 극성 공유결합, 전기음성도 및 결합 쌍극자

공유결합 내의 전자가 두 원자에 동일하게 나누어져 있을 필요는 없다. 한 원자가 다른 원자보다 전자를 끄는 경향이 더 크다면 전자 분포는 편극화(polarized)되며, 그 결합을 **극성 공유결합(polar covalent bond)**이라고 한다. 공유결합 내의 전자를 끌어당기는 경향을 **전기음성도(electronegativity)**라고 한다. 전기음성적(electronegative)인 원소는 전자를 끌어당기고, 전기양성적(electropositive)인 원소는 전자를 제공한다.

예를 들면, 플루오린화 수소는 극성 공유결합을 한다. 플루오린은 수소보다 전자를 더 강하게 끌어당기기 때문에, H—F 결합에 있는 전자는 플루오린 쪽으로 끌려 플루오린은 부분 음전하를 띠게 되고, 수소로부터는 멀어져서 수소는 부분 양전하를 띠게 된다. 이와 같은 HF에서의 분극화는 다음의 두 형태로 나타낼 수 있다.

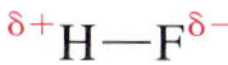

$^{\delta+}$H—F$^{\delta-}$

(δ+ 및 δ− 기호는 각각 부분 양전하 및 부분 음전하를 나타낸다.)

$\overset{\longleftrightarrow}{\text{H—F}}$

(⟷ 기호는 H−F 결합에서 전자 편극의 방향을 표시한다.)

HF에서 전자의 분극화를 그림으로 표시하는 세 번째 방법이 **정전기 퍼텐셜지도(electrostatic potential map)**이다. 이 지도는 전하분포를 무지개 색을 사용하여 표시하는데 붉은 색에서 파란 색으로 갈수록 음전하는 작아지고 양전하는 커진다.

분자에서 양으로 하전된 영역 분자에서 음으로 하전된 영역

HF의 정전기 퍼텐셜지도를 H_2와 F_2의 그것과 비교해 보시오.

H—H

$^{\delta+}$H—F$^{\delta-}$

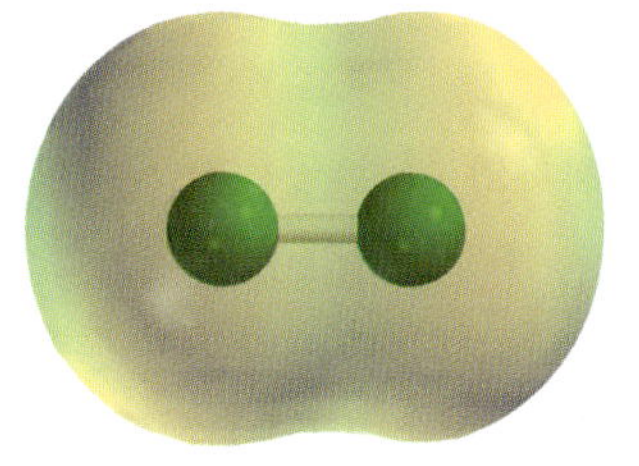

F—F

H_2의 공유결합은 두 개의 수소 원자 사이에서 이루어진다. 같은 원자사이의 공유결합이므로 전기음성도도 같다. 즉, 전자 분포도 분극화가 없을 것이므로 H—H 결합은 비극성(nonpolar)이다. 따라서 정전기 퍼텐셜지도의 색깔도 빨강과 파랑의 중간색인 연두색이 지배적으로 사용되었다. 반면에 HF의 공유결합은 전기음성도가 다른 두 원자사이의 결합으로서 전자분포도 매우 편극화된다. 양전하로 분극화된 수소는 파란색으로, 음전하로 분극화된 플루오린은 빨간색으로 표시된다.

가장 많이 사용되는 전기음성도는 Linus Pauling이 고안하였고, 표 1.3에 나타내었다.

전기음성도는 주기율표에서 왼쪽에서 오른쪽으로 갈수록 커진다. 2주기 원소 중 전기음성도가 가장 큰 원소는 플루오린이다. 가장 전기양성적인 원소는 리튬이다. 전기음성도는 족의 아래로 갈수록 줄어든다. 할로젠(halogen) 원소 중 플루오린이 가장 전기음성도가 크고 다음은 염소, 브로민, 아이오딘 순이다. 플루오린은 모든 원소 중 가장 전기음성도가 크며 두 번째가 산소이다.

Linus Pauling (1901~1994)는 Oregon 주 Portland 시에서 태어나 Oregon State를 졸업하고 1925년 California Institute of Technology에서 화학으로 박사학위를 받았다. 결합이론 연구에 더하여, Pauling은 단백질의 구조를 연구하여, 그 업적으로 1954년 노벨 화학상을 수상하였다. Pauling은 핵무기 실험 제한에 대한 노력으로 1962년 노벨 평화상으로 두 번째 노벨상을 수상하였다. 그는 2회 노벨상을 수상한 4명 중 한 명이었다. 최초의 2회 노벨수상자는 여성이었다. 그 사람의 이름은?

표 1.3 Pauling의 전기음성도 값

주기	족 번호						
	1A	2A	3A	4A	5A	6A	7A
1	H 2.1						
2	Li 1.0	Be 1.5	B 2.0	C 2.5	N 3.0	O 3.5	F 4.0
3	Na 0.9	Mg 1.2	Al 1.5	Si 1.8	P 2.1	S 2.5	Cl 3.0
4	K 0.8	Ca 1.0					Br 2.8
5							I 2.5

일반적으로, 전기음성도 차이가 큰 원소사이의 결합일수록 극성도 커진다.

문제 1.8

화합물 CH_4, NH_3, H_2O, SiH_4 또는 H_2S의 수소 원자 중 $\delta+$가 가장 큰 것은 무엇인가? 수소 원자가 부분적인 음전하를 갖는 물질은 무엇인가?

표 1.4에 여러 가지 결합의 극성을 **결합 쌍극자 모멘트(bond dipole moment)**로서 나타냈다. 양전하와 음전하의 중심이 분리되어 있으면 쌍극자(dipole)를 형성한다. 한 분자의 **쌍극자 모멘트 μ(dipole moment μ)**는 전하 e(양전하든 음전하든 크기가 같기 때문에 무관함)에 두 전하 중심 사이의 거리를 곱한 것이다.

$$\mu = e \times d$$

Debye 단위는 1936년 노벨 화학상을 수상한 네덜란드 과학자인 Peter Debye의 화학과 물리학의 중요한 업적을 기리는 명칭이다.

전자의 전하는 4.80×10^{-10} esu이고, 거리는 10^{-8} cm 정도이므로 분자 쌍극자 모멘트는 10^{-18} esu·cm 범위이다. 쌍극자 모멘트를 간단히 하기 위해 10^{-18} esu·cm 값을 **debye, D**로 정의한다. 따라서 실험적으로 정한 플루오린화 수소의 쌍극자 모멘트는 1.7×10^{-18} esu·cm이며, 1.7 D라고 쓴다.

표 1.4에 있는 결합 쌍극자는 결합하고 있는 원자들의 전기음성도 차이와 결합 길이에 의존한다. 예를 들면, C—H 결합의 극성은 비교적 적으며, C—O 결합보다 상당히 적다. C—H 결합과 C—O 결합 사이의 더 중요한 차이를 놓치면 안되는데, 그것은 쌍극자 모멘트의 *방향*이다. C—H 결합에서는 전자가 수소에서 멀고 탄소 쪽에 가깝게 몰려 있으나, C—O 결합에서는 탄소에서는 멀고 산소 쪽에 가깝게 몰려 있다. 물질에서 일어나는 반응의 종류는 주 결합 쌍극자의 크기 및 방향에 자주 관련지을 수 있다.

문제 1.9

꼬리달린 화살표, ⟼ 와 δ^+, δ^-를 이용하여 다음 결합의 쌍극자 방향을 표시하시오.

H—O H—N C—O C=O C—N C=N C≡N

Electrostatic Potential Maps

All of the material in this text, and most of chemistry generally, can be understood on the basis of what physicists call the *electromagnetic force*. Its major principle is that opposite charges attract and like charges repel. A good way to connect structure to properties such as chemical reactivity is to find the positive part of one molecule and the negative part of another. Most of the time, these will be the reactive sites.

Imagine that you bring a positive charge toward a molecule. The interaction between that positive charge and some point in the molecule will be attractive if the point is negatively charged, repulsive if it is positively charged, and the strength of the interaction will depend on the magnitude of the charge. Computational methods make it possible to calculate and map these interactions. It is convenient to display this map using the colors of the rainbow from red to blue. Red is the negative (electronrich) end and blue is the positive (electron-poor) end.

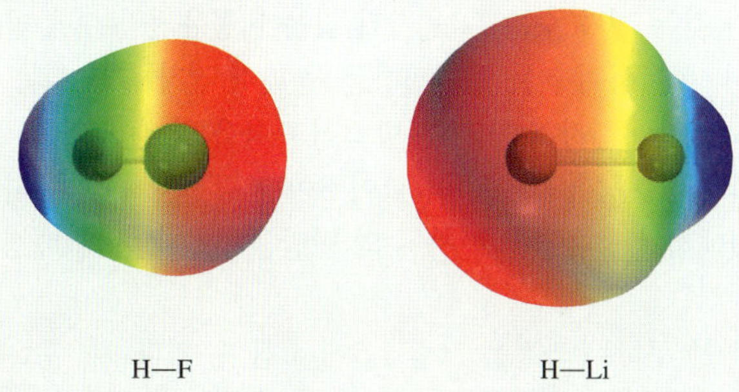

H—F H—Li

The electrostatic potential map of hydrogen fluoride (HF) was shown in the preceding section and is repeated here. Compare it with the electrostatic potential map of lithium hydride (LiH).

The H—F bond is polarized so that hydrogen is partially positive (blue) and fluorine partially negative (red). Because hydrogen is more electronegative than lithium, the H—Li bond is polarized in the opposite sense, making hydrogen partially negative (red) and lithium partially positive (blue).

We will use electrostatic potential maps often to illustrate charge distribution in both organic and inorganic molecules. However, we need to offer one cautionary note. Electrostatic potential mapping within a single molecule is fine, but we need to be careful when comparing maps of different molecules. The reason for this is that the entire red-to-blue palette is used to map the electrostatic potential regardless of whether the charge difference is large or small. This is apparent in the H—F and H—Li electrostatic potential maps just shown. If, as shown in the following map, we use the same range for H—F that was used for H—Li we see that H is green instead of blue and the red of F is less intense.

H—F

Thus, electrostatic potential maps can give an exaggerated picture of the charge distribution when the entire palette of colors is used. In most cases, that won't matter to us inasmuch as we are mostly concerned with the distribution within a single molecule. When we want to compare trends in a series of molecules, we'll use a common scale and will point that out. For example, the electrostatic potentials of H_2, F_2, and HF that were compared on page 11 were mapped using the same color scale.

표 1.4 특정 결합 쌍극자 모멘트

결합*	쌍극자 모멘트, D	결합*	쌍극자 모멘트, D
H—F	1.7	C—F	1.4
H—Cl	1.1	C—O	0.7
H—Br	0.8	C—N	0.4
H—I	0.4	C=O	2.4
H—C	0.3	C=N	1.4
H—N	1.3	C≡N	3.6
H—O	1.5		

*쌍극자 모멘트의 방향은 더 전가음성인 원자이다. 표의 예에서 수소와 탄소는 쌍극자의 양의 끝단이다. 탄소는 C−H 결합에서 쌍극자의 음의 끝단이다.

1.6 형식전하

Lewis 식은 종종 음전하나 양전하를 띤 원자를 가질 때가 있다. 분자가 전체적으로 중성이면 음전하의 합과 양전하의 합은 같아야 한다. 예를 들어, 나이트로메테인(CH_3NO_2)을 보자.

공유결합된 수소는 어떤 형식전하도 갖지 않는다(형식전하 = 0).

위와 같이 나이트로메테인의 Lewis 식에 있는 두 개의 산소 원자는 서로 다른 결합 형태를 가진다. 산소 원자 하나는 질소와 이중결합을 하고 있으며, 다른 하나는 질소와 단일결합을 하고 있다. 질소, 탄소와 두 산소 원자 모두 팔전자 규칙을 만족한다. 한편 탄소, 모든 수소와 이중결합을 하는 산소는 전하가 없으나 질소는 +1, 단일결합을 하는 산소는 −1 전하를 갖는다. 이렇게 표시된 양전하와 음전하를 **형식전하(formal charges)**라고 하며, 이런 전하가 빠진 니트로메테인의 Lewis 식은 불완전한 것이다.

네 개의 공유결합을 갖는 질소는 +1의 형식전하를 갖는다(네 개의 공유결합을 갖는 질소는 팔전자 규칙 때문에 비공유 쌍을 갖지 않는다).

형식전하는 중성 원자의 원자가전자 수와 결합된 상태에서의 원자가전자 수와의 차이로 계산된다. 중성 원자의 원자가전자 수는 주기율표에서 그 원자가 속한 족의 번호와 같다. Lewis 식에서 어떤 원자가 갖는 전자 수는 그 원자가 갖는 비공유전자 수에 공유전자 수의 반을 더해서 구하게 된다. 여기서 우리는 형식전하를 구할 때 전자 수를 세는 방법과 팔전자 규칙이 만족되는지 알기 위해 전자 수를 세는 방법이 다름을 알 수 있다.

두 개의 공유결합과 두 개의 비공유 쌍을 갖는 산소는 형식전하가 없다.

한 개의 공유결합과 세 개의 비공유 쌍을 갖는 산소는 −1의 형식전하를 갖는다.

2주기 원소의 경우 공유전자와 비공유전자 수의 합이 8이면 팔전자 규칙을 따른다 할 수 있다. 한편, 형식전하 계산에서는 공유결합 전자 수의 반만을 해당 원자에 배정하게 된다.

나이트로메테인의 형식전하를 구하는 과정을 그림 1.5에서 볼 수 있다. 세 수소는 공유결합의 두 개 전자만 가지고 있다. 이 두 개의 전자는 탄소와 공유하고 있어서 수소가 가지고 있는 전자 수는 $\frac{1}{2}(2) = 1$이다. 이 숫자는 중성의 수소 원자가 가진 전자와 동일하기 때문에 나이트로메테인의 수소는 형식전하가 없다. 탄소의 경우 $\frac{1}{2}(8) = 4$로 중성 탄소 원자의 원자가전자 수 와 같아 형식전하가 없다.

질소의 경우는 네 개의 공유결합을 가짐으로 $\frac{1}{2}(8) = 4$이고 중성 질소원자의 원자가전자 수 5보다 1이 적어 형식전하는 +1이 된다. 이중결합을 하는 산소는 여섯 개의 전자(비공유전자 네 개 + 이중결합 전자 두 개)로 형식전하는 없다. 한편, 단일결합을 하는 산소는 일곱 개 전자(비공유전자 여섯 개와 단일결합 전자 한 개)로 중성 산소 원자의 원자가전자 수 6보다 1이 커서 형식전하는 −1이 된다.

그림 1.5

나이트로메테인에서 전자 수 계산. 각 원자의 전자 수 = 1/2(공유전자 수)+비공유 전자 수.

전자 수 (O) = $\frac{1}{2}(4) + 4 = 6$

전자 수 (H) = $\frac{1}{2}(2) = 1$

전자 수 (N) = $\frac{1}{2}(8) = 4$

전자 수 (C) = $\frac{1}{2}(8) = 4$

전자 수 (O) = $\frac{1}{2}(2) + 6 = 7$

문제 1.10

나이트로메테인을 그림과 같이 표시하였을 때 잘못된 점은 무엇인가?

문제 1.11

다음의 무기 화합물들은 이 교재에서 보게된다. 주어진 Lewis 식 에서 각 원자의 형식전하를 계산하시오.

:Ö:
|
:C̈l—S—C̈l:　　　:Ö═Ö—Ö:　　　H—Ö—N̈═Ö:

(a) 염화 싸이오닐　　　(b) 오존　　　(c) 아질산

풀이 예시: (a) 형식전하는 중성 원자의 원자가전자 수와 Lewis 식에서 계산된 전자 수의 차이이다(원자가전자 수는 주족 원소에 대해서는 주기율표상의 족 번호와 같다).

	중성 원자의 원자가전자	계산된 전자	형식전하
황:	6	$\frac{1}{2}(6) + 2 = 5$	+1
산소:	6	$\frac{1}{2}(2) + 6 = 7$	−1
염소:	7	$\frac{1}{2}(2) + 6 = 7$	0

따라서 염화 싸이오닐의 Lewis 식에서의 형식전하는 다음과 같다. :C̈l—S⁺—C̈l: (S 위에 :Ö:⁻)

형식전하를 계산하는 이 방법은 일련의 합리적인 단계를 거친 방법으로 다음과 같이 요약할 수 있다.

$$\text{형식전하} = \text{주기율표의 족 번호} - \text{계산된 전자 수}$$

$$\text{계산된 전자 수} = \tfrac{1}{2}(\text{공유전자 수}) + (\text{비공유전자 수})$$

지금까지 우리는 중성 분자(양의 형식전하와 음의 형식전하의 합이 같은 분자)만 고려했다. 물론 이온들은 이들의 합이 같지 않다. 암모늄 양이온과 붕소수소화 음이온의 알짜전하는 각각 +1과 −1이다. 암모늄 이온에 있는 질소의 형식전하는 +1이고, 붕소수소화의 붕소는 −1의 형식전하를 가지고 있다. 다음 Lewis 식에 있는 수소는 어느 것도 형식전하를 가지고 있지 않다.

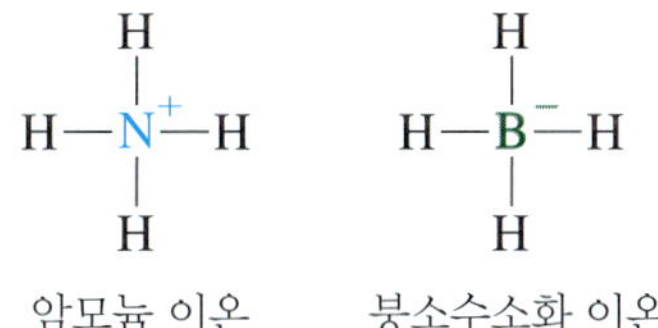

암모늄 이온　　붕소수소화 이온

형식전하는 Lewis 식에서 공유결합의 두 전자를 두 원자가 똑같이 나누어 가진다는 사실에 근거를 두고 있다. 실제로 암모늄 이온에서 N—H 결합과 붕소화수소에서 B—H 결합은 극성화되어 있어 약간의 양전하와 음전하가 각각 수소 원자 쪽으로 이동되어 있다.

문제 1.12

아자이드(azide) 이온의 Lewis 식에서 각 질소 원자의 형식전하와 이 화학종이 갖는 알짜전하를 계산하시오.

:N̈═N═N̈:

Lewis 식에서 각 원자의 형식전하를 결정하는 것은 대단히 중요하다. 전자를 추적하면 유기화학을 훨씬 더 잘 이해할 수 있기 때문에 간단한 형식전하 계산에 익숙해지도록 해야 한다.

1.7 유기분자의 구조식

대부분의 유기화합물은 지금까지 관찰한 유기분자보다 훨씬 복잡하므로 이러한 물질을 구조식으로 표현하기 위해서는 체계적인 접근이 필요하다. 이 접근방법은 표 1.5에서 보는 바와 같이 화합물 안에 어떤 원자가 얼마나 포함되었는가를 말해주는 **분자식**으로부터 시작된다(1단계). 분자식으로부터 원자가전자 수를 계산(2단계)한 후 원자의 연결순서(connectivity)를 나타내는 부분적 구조를 쓰게 된다(3단계).

"isomer"에서 접미사 -*mer*는 "부분", "공유", 또는 "일부"를 의미하는 그리스어 meros에서 유래한다. 접두사 *iso*- 역시 그리스어이다("같은것"을 의미하는 *isos*). 그러므로 isomer(이성질체)는 같은 부분(원소 조성)을 갖는 다른 분자이다.

표 1.5 체계적으로 Lewis 식을 그리는 법

단계	설명
1. 실험을 통해 분자식을 결정한다.	에탄올과 다이에틸 에터는 같은 분자식 C_2H_6O를 갖는다.
2. 분자식으로부터 총 원자가전자 수를 각각 센다.	C_2H_6O에는 수소, 탄소, 산소 원자 한 개 당 1, 4, 6개의 원자가전자가 존재하여 총 20개의 원자가 전자가 존재한다.
3. 원자를 연결된 순서에 따라 공유결합 전자쌍(:) 또는 선(−)을 이용하여 연결한다.	산소와 두 개의 탄소를 CCO (에탄올) 또는 COC (다이에틸 에터) 순서로 연결한다. 연결순서와, 중성 분자에서 탄소는 보통 네 개의 결합을 갖는다는 사실로부터 에탄올과 다이에틸 에터에 존재하는 수소 원자를 배치할 수 있다. H—C(H)(H)—C(H)(H)—O—H H—C(H)(H)—O—C(H)(H)—H 에탄올 다이에틸 에터
4. 총 원자가전자 수에서 결합에 사용된 총 전자 수 (결합수의 두 배)를 뺀 남은 전자 수를 계산한다.	3단계에서 구한 구조식을 보면 여덟 개의 결합이 사용되어 16개의 전자가 결합에 사용되었고 C_2H_6O에는 20개의 원자가전자가 있으므로 네 개의 전자가 남음.
5. 남은 전자를 쌍으로 분배하여 가능한 많은 원자가 최외각에 여덟 개의 전자를 갖도록 한다. 전기음성도가 큰 원자부터 전자쌍을 배분하는 것이 합리적이다(수소는 최대 두 개의 전자만 수용). 어떠한 경우에도 2주기 원소(C, N, O 등)은 여덟 개보다 많은 원자가전자를 가질 수 없다.	3단계 구조에서 모든 탄소는 이미 팔전자 규칙을 만족함. 나머지 네 개의 전자는 쌍으로 산소 원자에 추가됨으로써 팔전자 규칙을 만족하게 됨. 따라서 Lewis 구조는 다음과 같다. H—C(H)(H)—C(H)(H)—Ö—H H—C(H)(H)—Ö—C(H)(H)—H (산소에 비공유 전자쌍 두 개) 에탄올 다이에틸 에터
6. 만약 수소를 제외한 원자가 여덟 개보다 작은 수의 전자를 가질 수 밖에 없다면 이웃한 원자의 비공유 전자쌍을 이용하여 이중, 삼중결합을 만들어 팔전자 규칙을 완성한다. 만약 두 개의 전자가 부족하면 한 개의 이중결합을 도입함으로써 팔전자 규칙을 완성할 수 있다.	에탄올과 다이에틸 에터 구조식의 모든 탄소와 산소 원자는 여덟 개의 전자를 가지므로 이중결합이 필요하지 않음.
7. 형식전하를 계산한다.	5단계에서 구한 Lewis 식의 모든 원자는 형식전하를 갖지 않는다.

이것을 분자의 **연결순서(connectivity)**라고 하며 대부분 실험에 의해 결정된다. 결합수는 대부분의 경우 탄소는 네 개, 질소는 세 개, 산소는 두 개이다. 유기 화합물의 경우 분자식은 같지만 원자의 연결순서가 서로 다른 경우가 흔히 있다. 표에 예시한 에탄올과 다이에틸 에터는 분자식(C_2H_6O)은 같으나 성질이 서로 다른 별개의 분자이다. 에탄올은 끓는점이 78°C인 액체이고, 다이에틸 에터는 끓는점이 −24°C인 상온에서 기체인 물질이다.

이와 같이 분자식은 같으나 서로 다른 화합물을 **이성질체(isomers)**라고 부른다. 이성질체는 다시 **구성이성질체(constitutional isomers**, 연결순서가 다름) 또는 **입체이성질체(stereoisomers)**공간에서 원자의 배향이 다름)로 나뉜다. 에탄올과 다이에틸 에터는 서로 구조이성질체 관계에 있다. 입체이성질체에 대해서는 3.11절에 소개되어 있다.

다음은 4단계로, 원자의 연결된 순서에 따른 공유결합의 골격으로부터 C_2H_6O의 20개 원자가전자 중 16개가 공유결합에 사용되었음을 알 수 있다. 공유결합에 사용되지 않은 나머지 네 개의 원자가 전자를 산소 원자에 분배함으로써 에탄올과 다이에틸 에터의 Lewis 식이 완성된다(5단계).

문제 1.13

다음 분자식을 갖는 모든 구조이성질체의 구조식을 쓰시오.

(a) C_2H_7N (b) C_3H_7Cl (c) C_3H_8O

풀이 예시: (a) 분자식 C_2H_7N에는 20개의 원자가전자가 있다. 탄소 원자 두 개에서 여덟 개, 질소에서 다섯 개, 일곱 개 수소 원자에서 일곱 개의 원자가전자, 총 20개의 원자가전자가 존재한다. 질소와 두 개의 탄소는 CNN 또는 CNC의 순서로 연결 될 수 있다. 탄소와 질소는 각각 네 개와 세 개의 결합을 한다고 가정하면 다음과 같은 구조가 가능하다.

(a) C_2H_7N (b) C_3H_7Cl (c) C_3H_8O

수소 원자를 일곱 개의 결합 끝에 연결한다.

```
   |   |   |              |       |
 —C—C—N—      및     —C—N—C—
   |   |                  |   |   |
```

아홉 개의 공유결합에 총 18개의 원자가전자가 사용되었고 나머지 전자 두 개를 질소 원자에 쌍으로 제공함으로써 팔전자 규칙에 맞는 구조식이 완성된다.

```
    H  H  H                H       H
    |  |  |                |       |
 H—C—C—N—H      및     H—C—N—C—H
    |  |                   |   |   |
    H  H                   H   H   H
```

이들 두 구조는 구조이성질체이다.

Lewis 식으로 표시할 때 다중결합이 요구되는(6단계) 폼알데히드에 대하여 생각해 보자. 폼알데히드는 분자식이 CH_2O이며 모든 수소 원자는 탄소에 결합되어 있다. 총 원자가전자 수는 12개이며 탄소와의 세 개 결합에 여섯 개가 사용된다. 산소가 탄소보다 전기음성도가 크므로 나머지 전자 여섯 개를 산소에 배정하는 것이 합리적이다.

```
H                                   H                            H
 \                                   \     ..                     \    .. −
  C—O  O에 여섯 개 전자를 더한다.      C—O:   형식전하를 계산하다.   +C—O:
 /                                   /     ..                     /    ..
H                                   H                            H
```

이 경우 산소 원자는 팔전자 규칙에 부합하나 탄소는 부합되지 않는다. 더구나 이 구조는 양, 음전하의 분리로 불안정하게 된다. 한편 산소 원자의 비공유 전자쌍 하나를 탄소와의 이중결합에 참여하게 함으로써 두 원자 모두 팔전자 규칙을 만족하게 되며 분리되어 있던 전하도 사라진다.

$H_2\overset{+}{C}-\ddot{\underset{..}{O}}:^{-}$ 산소의 비공유 쌍들 중 한 쌍을 탄소와 공유하게 한다. $H_2C=\ddot{O}:$

결과적으로 원래 구조보다 결합이 하나 증가하게 되고 전하분리도 없어지게 되어 Lewis의 규칙에 맞는 최선의 구조가 된다.

문제 1.14

나이트로소메테인(nitrosomethane)과 폼알독심(formaldoxime) 모두 분자식은 CH_3NO이며 연결순서는 CNO이다. 나이트로소메테인에서 모든 수소는 탄소와 결합되어 있으며 폼알독심에서는 수소 두 개는 탄소와 한 개는 산소와 결합되어 있다. 팔전자 규칙을 만족하고 전하분리가 없는 각각의 Lewis 식을 쓰시오.

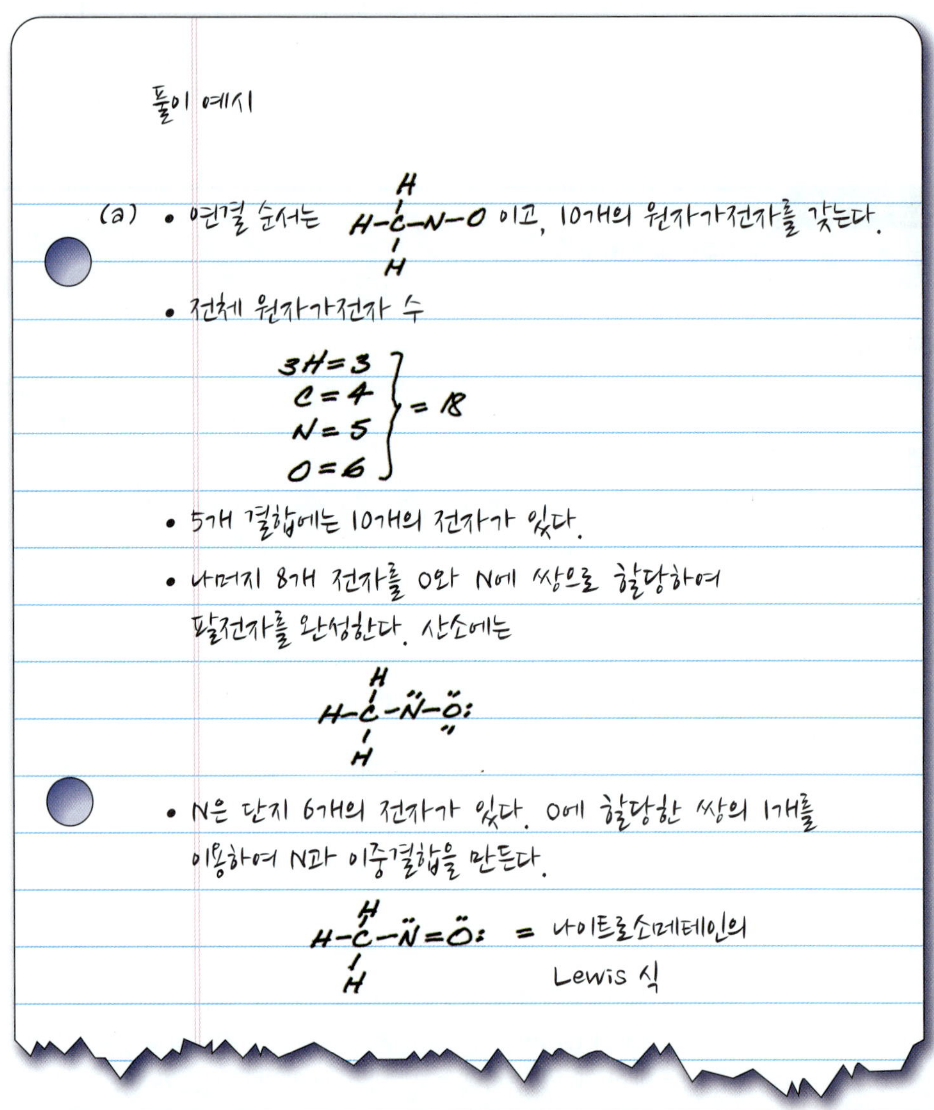

예로 제시한 다이에틸 에터에서와 같이 화학자들은 Lewis 식보다는 축소 구조식 또는 탄소사슬을 지그-재그 결합선으로 표시한 결합-선 구조식으로 표기하기를 선호한다.

$CH_3CH_2\ddot{O}CH_2CH_3$ 또는 $(CH_3CH_2)_2\ddot{O}:$ — 축소 구조식

(지그재그 선 가운데 $\ddot{O}$) — 결합-선 구조식

축소 구조식(condensed formula)에서는 결합을 표시하지 않으며, 원자와 여기에 결합된 수소를 그룹으로 묶어 함께 순서대로 표시하고 아래 첨자를 사용하여 특정 원자에 결합된 동일한 그룹의 수를 나타낸다. **결합-선 구조식(bond-line formula)** 또는 *골격 구조식(skeletal formulas)*에서는 C—C 결합으로 연결된 탄소 사슬은 탄소 원자를 빼고 그리며 모든 정점과 끝에는 탄소 원자가 존재하는 것으로 간주하고 이들 탄소와 결합한 수소는 표시하지 않는다. 그러나 탄소에 결합된 원소가 탄소나 수소가 아닐 경우(이런 원자를 헤테로원자라 한다)에는 그 원소를 표시해야 하며 이 헤테로원자들에 결합된 수소 또한 반드시 표시해 주어야 한다. 꼭 필요한 경우가 아니면 비공유 전자쌍은 보통 표시하지 않는다.

문제 1.15

아미노산인 시스테인과 신경전달자인 세로토닌의 결합-선 구조식에 비공유 전자쌍을 모두 표시하시오. 유기 화합물의 분자식을 관습상 흔히 CaHbXcYd로 표시한다. 탄소와 수소를 먼저 표기하고 나머지 원자는 알파벳 순서로 나열한다. 시스테인과 세로토닌의 분자식을 표기하시오.

HS, O, OH, NH_2

시스테인(cysteine)

HO, NH_2, N, H

세로토닌(serotonin)

1.8 공명

때로는 한 분자에 대해 두 개 이상의 Lewis 식을 그릴 수도 있다. 특히 다중결합을 가진 분자일 때 그렇다. 흔히 오존(O_3)을 예로 많이 드는데 Lewis 식을 그리면 다음과 같다.

오존은 대기 상층부에서 많이 발생하며, 이 곳에서 상당량의 태양 자외선으로부터 지구 표면을 보호한다.

그러나 오존의 이 Lewis 식은 실험에 의해 밝혀진 구조와 일치하지 않는다. Lewis 식에 의하면 양쪽 두 개 산소가 가운데 산소와 서로 다른 결합을 하고 있으며, 하나는 단일결합 길이(147 pm인 HO—OH의 길이)를 갖고, 다른 하나는 이중결합 길이(121 pm인 O_2의 길이)를 가질 것으로 예측된다. 그러나 실제로는 그렇지 않다. 오존의 두 결합 길이는 정확히 같은 길이(128 pm), 즉 단일결합보다는 짧고 이중결합보다는 조금 길다. *따라서 오존의 구조는 가운데 산소가 양쪽 끝의 두 산소와 같은 결합을 갖는 것으로 표현되어야 한다.*

결합 거리는 피코미터 (pm)로 표기하는데, 이것은 SI 단위 이다(1 pm = 10-12 m). pm를 옹스트롬 단위로 변환하려면 100으로 나누어 준다.

다음의 정전기 퍼텐셜지도는 끝의 두 산소가 동등하다는 것을 잘 보여 준다. 가운데 산소는 양전하(푸른색)이고, 끝의 두 산소는 음전하(붉은색)인 것을 주의하라.

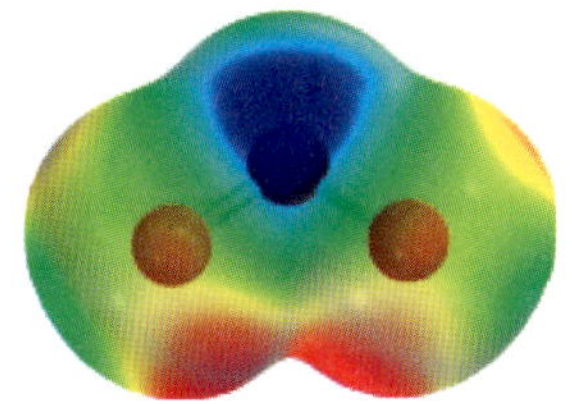

분자구조를 표현하는데 매우 유용한 Lewis 식을 사용하면서도, 오존에서의 결합과 같은 경우를 합리적으로 설명하기 위해 **공명(resonance)** 개념을 고안하였다. 공명 개념에 의하면, 한 분자에 대해 전자의 분포만 서로 다른 두 개 이상의 Lewis 식을 그릴 수 있

으면, 하나의 Lewis 식으로는 그 분자의 실제 전자분포를 서술하기에 충분치 않으며 실제 구조는 가능한 모든 Lewis 식(**contributing structures**)의 **혼성구조(resonance hybrid)** 여야 한다는 것이다. 오존의 경우, 두 개의 동등한 Lewis 식을 그릴 수 있으며 이들은 실제 구조에 기여하는 정도도 같다. 이 두 Lewis 식 사이의 공명을 나타내기 위해 이중 화살표(double-headed arrow)를 사용한다. 이중 화살표는 이들 Lewis 식이 실제 분자의 전자구조에 어느 정도 기여(contribute)함을 의미하며, 각각의 Lewis 식에 해당하는 실제 분자가 존재하는 것을 표현하는 것은 아니다.

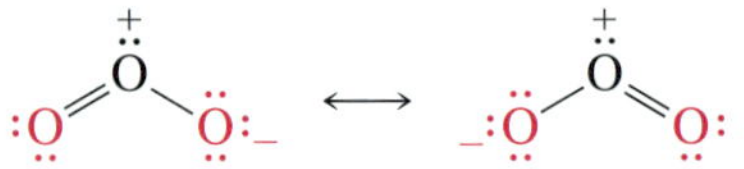

공명은 Lewis 식의 근본적인 결함을 수정해 준다. Lewis 식은 전자가 **편재(localized)** 되어 있는 것처럼 서술한다. 즉, 공유결합을 통해 두 전자를 두 원자가 공유하거나 비공유 전자쌍은 한 원자가 독점하고 있다. 실제로 전자들은 가장 안정된 배열이 되도록 분포되어 있다. 이것은 때로는 전자쌍이 **비편재(delocalized)** 되어 있거나 여러 원자핵이 공유하고 있는 것을 의미한다. 오존의 공명 현상이 보여 주려는 것은 네 개의 전자(한 산소 원자의 비공유 전자쌍과 이중결합의 전자 두 개)가 오존 분자의 세 개 산소에 비편재되어 있다는 것이다.

이중 화살표의 의미는 두 Lewis 식이 상호 변환되는 것을 나타내지 않는다는 것을 기억하라. 예를 들면, 오존은 단일 구조를 가졌다. 이것은 두 Lewis 식 사이를 왔다 갔다하는 것이 아니다. "부분" 결합을 의미하는 점선을 사용하여 두 Lewis 식의 평균을 나타내기도 한다. 점선 표현에서 가운데 산소는 양쪽 끝 산소와 이중결합도 단일결합도 아닌 그 중간 정도 되는 결합으로 연결되며, 두 끝 산소는 단위 음전하의 반을 띠게 된다. 다음 구조는 오존의 실제 혼성구조를 나타내고 있다.

공명은 이중 화살표 ↔로 나타낸다; 평형은 두 개의 화살표 ⇌로 표시한다.

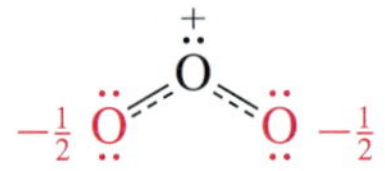

점선 표기

비편재화된 전자의 이동을 표시하는 **굽은 화살표(curved arrow)** 를 사용하면 공명 혼성에 기여하는 다양한 Lewis 식을 쉽게 쓸 수 있다. 다음과 같이 전자쌍을 이동함으로써 또 다른 Lewis 식을 그릴 수 있다.

굽은 화살표의 주 용도는 화학반응에서 전자의 흐름을 보여주는 것으로 1.12절에서 설명한 것이다.

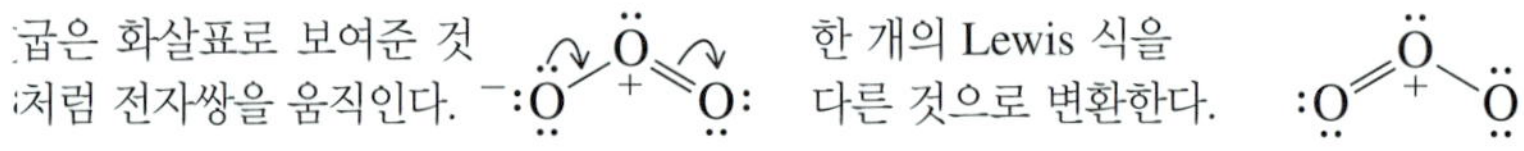

굽은 화살표로 보여준 것처럼 전자쌍을 움직인다. 한 개의 Lewis 식을 다른 것으로 변환한다.

굽은 화살은 전자쌍의 근원과 종착지를 나타낸다. 오존의 경우 비공유 전자쌍에서 시작한 굽은 화살은 이중결합의 반쪽을 이룬다. 또 다른 화살은 이중결합에서 시작하여 산소의 비공유 전자쌍을 이룬다.

문제 1.16

탄산 이온(CO_3^{2-})의 모든 결합은 C와 O 사이의 결합이다. 공명에 기여하는 모든 Lewis 식을 쓰고 굽은 화살을 이용하여 이들 사이의 관계를 보이시오. 또한 실제 이온에서 모든 C—O 결합의 길이가 같은 이유를 공명이론으로 설명하시오.

대부분의 경우, 한 분자의 여러 공명구조는 동등하지 않으며 공명혼성에 기여하는 정도도 같지 않다. 실제 분자의 전자분포는 공명구조 중 기여도가 큰 공명구조의 전자분포와 많이 닮는다. 따라서 여러 공명구조 중 어떤 것이 더 중요한(안정한) 구조인지를 좌우하는 요인을 확인해 두는 것이 중요하다. 표 1.6에는 공명구조를 다룰 때 우리가 유념해야할 구조적 주의점과 공명구조의 상대적 중요성을 평가하는 기준을 요약해 놓았다.

표 1.6 공명 규칙

규칙	설명
I. 언제 공명개념이 적용되는가?	
1. 모든 공명구조에서 원자의 연결순서는 같아야한다. 단지 전자의 위치는 변할 수 있다.	Lewis 구조 A와 B는 공명관계가 아니라 이성질체(분자식은 같으나 서로 다른) 관계이다. 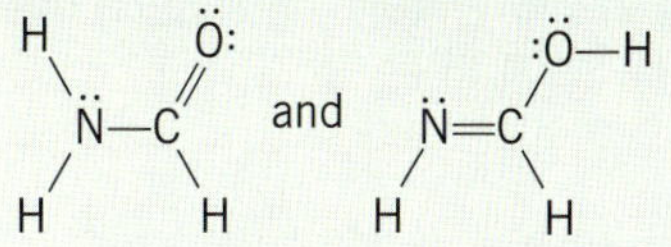 (구조 A and B) Lewis 구조 A, C, D는 서로 공명관계로 단일 화합물을 나타낸다. 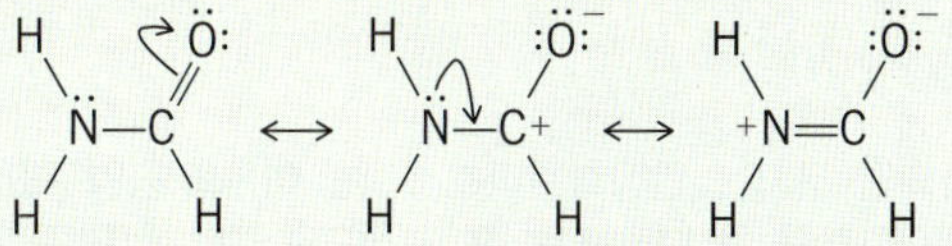 (구조 A ↔ C ↔ D)
2. 각각의 공명구조는 전자의 수와 총 전하량이 같아야 한다. 단, 각 원자의 형식전하는 변할 수 있다.	구조 A, C, D 모두 18개의 원자가전자를 갖는다. 구조에 따라 각 원자의 형식전하는 변하나 총 알짜 전하량은 모두 0이다. 구조 E는 원자가전자가 20개, 총 알짜 전하량은 −2이므로 A, C, D의 공명구조가 아니다. 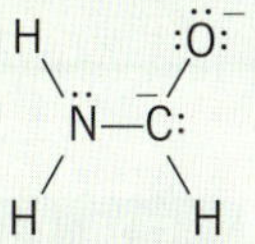 (구조 E)
3. 각 공명구조에서 짝짓지 못한 전자의 수는 같아야 한다.	구조 F는 A, C, D와 원자의 위치 및 전자개수는 같으나 이들의 공명구조는 아니다. F는 짝짓지 못한 전자가 두 개 있으나 A, C, D의 모든 전자는 짝을 지었다. 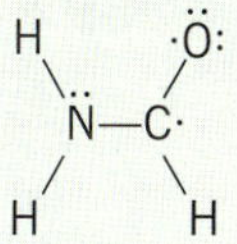 (구조 F)
4. 팔전자 규칙을 초과한(여덟 개보다 많은 수의 원자가전자를 갖는) 2주기 원소를 포함하는 Lewis 식은 공명에 기여하지 못한다.(단, 3주기 이상의 원소는 팔전자 규칙을 초과할 수 있다)	Lewis 구조 G, H는 질산의 공명구조이나 구조 I은 올바른 Lewis 식이라 할 수 없다. 왜냐하면 구조 I의 질소는 10개의 전지를 갖기 때문이다. 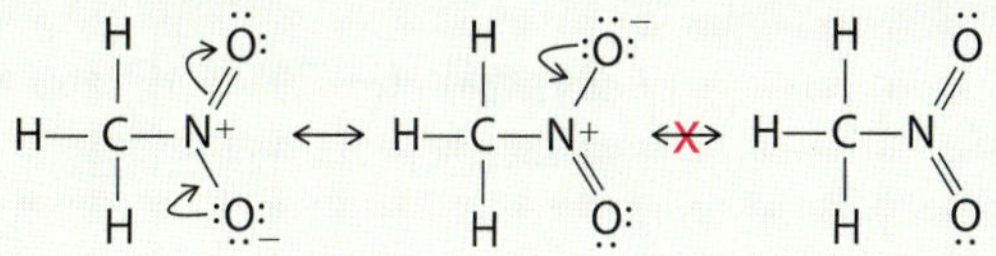 (구조 G ↔ H ✗ I)
II. 어느 공명구조가 더 많이 기여하는가?	
5. 2주기 원소로서 팔전자 규칙을 초과하지 않는다면 공유결합 수가 더 많은 공명구조의 기여도가 크다. 결합수가 최대로 되는 구조와 팔전자 규칙을 모두 만족하는 구조가 서로 일치하는 경우가 대부분이다. 이 규칙이 규칙 6, 7보다 더 중요하다.	formaldehyde의 Lewis 식 J와 K중에서 기여도가 큰 J는 K보다 공유결합 수가 하나 더 많다. 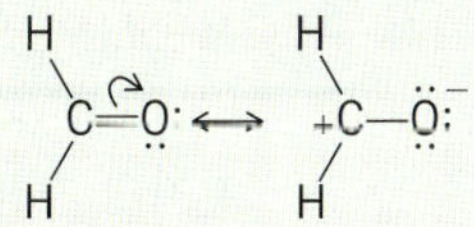 주 기여체 ↔ 보조 기여체

계속

표 1.6 공명 규칙 *(계속)*

규칙	설명
6. 팔전자 규칙을 만족하는 두 개 이상의 Lewis 구조 중 전하 분리가 적은 구조의 기여도가 크다.	L과 M 두 개의 Lewis 식 모두 결합의 수는 같으나 L이 더 안정한 구조이다. 왜냐하면 M은 전하분리가 된 구조이기 때문이다. 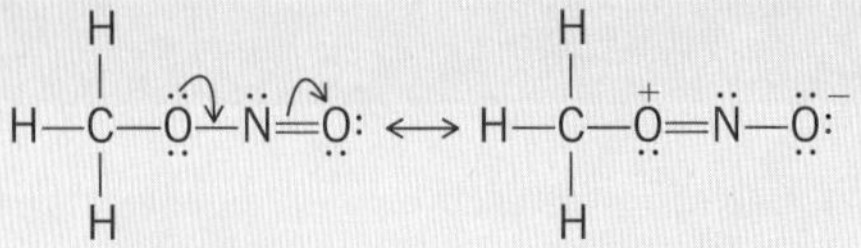 L (주 기여체) M (보조 기여체)
7. 형식전하를 갖고 팔전자 규칙을 만족하는 여러 구조 중에서는 전기음성도가 더 큰 원자가 음전하를 갖는 구조의 기여도가 크다.	사이안화 이온의 Lewis 구조 중 N이 더 안정하다. 왜냐하면 음전하가 산소 원자에 있기 때문이다. 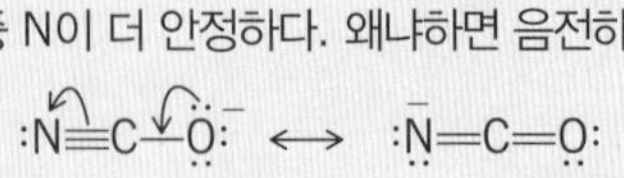 N (주 기여체) O (보조 기여체) 구조 O에는 질소에 음전하가 있다. 산소가 질소보다 전기음성도가 크므로 음전하를 수용하기가 용이하다.
III. 공명의 결과는 무엇인가?	
8. 전자가 비편재화되면 분자는 안정화된다. 공명은 전자가 비편제화됨을 나타내는 한 방법이다. 따라서 실제구조는 개개의 어떤 공명구조보다 안정하다 할 수 있다. 공명구조의 안정도가 서로 같을 때 안정화되는 정도는 최대화된다.	탄산 이온의 공명구조 P, Q, R은 동등(equivalent, 안정도가 같음)하며 실제구조에 기여하는 정도도 같다. 실제구조는 P, Q, R의 혼성이며 이들 어떤 구조보다도 안정하다. 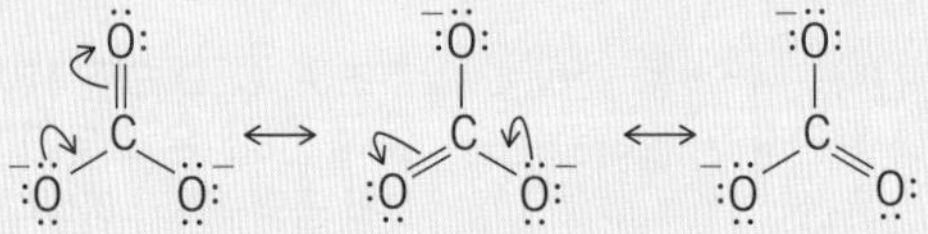 P Q R

문제 1.17

굽은 화살표로 표시한 것처럼 전자를 이동하여 얻어지는 공명구조를 쓰시오. 표 1.6에 제시된 기준을 적용하여 두 Lewis 식의 안정도를 비교하시오. 두 Lewis 식의 안정도는 같은가? 다르다면 어느 것이 더 안정한지 이유를 쓰시오.

(a) ↔

(b) ↔

(c) ↔

(d) ↔

풀이 예시: (a) 굽은 화살은 산소 원자의 비공유 전자쌍이 어떻게 이동하여 탄소와 산소에 의해 공유되는가를 나타낸다. 이것으로 단일결합이 이중결합으로 변하고 산소에는 형식전하 +1이 생성됨을 설명한다.

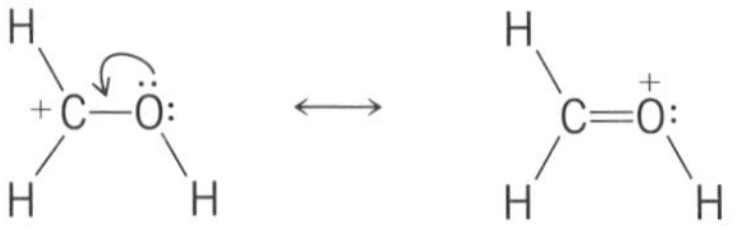

오른쪽 Lewis 구조가 더 안정하다. 왜냐하면 원래의 구조보다 공유결합 수가 하나 더 많기 때문이다. 원래의 구조에서 탄소는 팔전자 규칙에 맞지 않는 반면 오른쪽 구조에서는 탄소와 산소 모두 팔전자 규칙에 맞는다.

분자의 가장 안정한 Lewis 식을 그리는 것은 화학 공부에 큰 도움이 된다. 여러 가지 공명 구조를 그리고, 이들의 안정도를 비교해 보는 것은 그 분자의 구조와 화학적 성질을 이해하는 데도 큰 힘이 된다.

1.9 황과 인을 포함한 유기 화합물과 팔전자 규칙

황과 같은 3주기 원소를 포함한 화합물에 Lewis 규칙을 적용하다보면 전하 분리를 최소화 해야할지 아니면 팔전자 규칙을 적용해야할지 사이에서 고민해야 할 때가 있다. 다이메틸설폭사이드(dimethyl sulfoxide)의 구조식 **A**와 **B**를 고려해 보자.

A **B**

공명이론을 따르면 **A**와 **B**는 공명구조로서 실제구조는 이들의 혼성이다. 팔전자 규칙은 **A**를 선호하게 하며, 결합을 최대화하고 전하 분리를 최소화하는 원칙은 **B**를 선호하게 한다. B 구조를 확실하게 선호하게 하는 명분은, 원자 황에는 비어있는 3*d* 오비탈이 있어 원자가 껍질에 여덟 개 이상의 전자를 수용할 수 있다는 사실이다.

이러한 상황은 황의 원자가 껍질에 여덟 개 전자가 있는 **C** 구조, 10개 전자가 있는 **D** 구조, 12개 전자가 있는 **E** 구조로 표시되는 디메틸설폰(dimethyl sulfone)에서 확연하다.

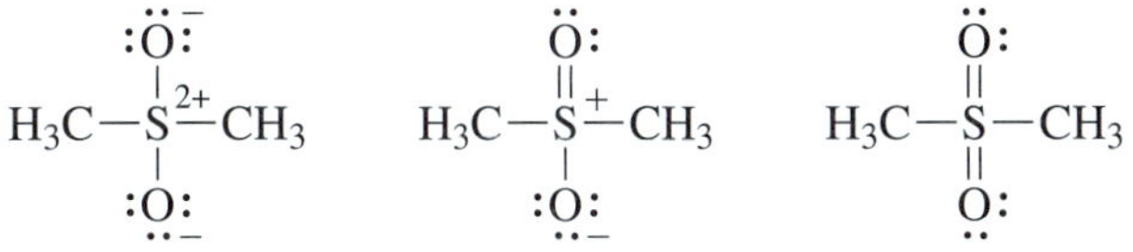

C **D** **E**

이렇게 황을 포함한 화합물에서 어떤 공명구조가 실제구조에 가장 많이 기여하는가에 대한 일치된 답은 아직 없다. IUPAC에서는 쌍극자의 단일결합 구조보다는 이중결합으로 표시하기를 권장한다. 즉 다이메틸설폭사이드는 **B**로 다이메틸설폰은 **E**로 표기하기를 권장한다.

황 화합물과 유사하게, 네 개의 원자나 그룹이 인과 결합되어있는 트라이메틸포스핀옥사이드(trimethylphosphine oxide)도 공명구조 **F**나 **G**로 표기할 수 있다.

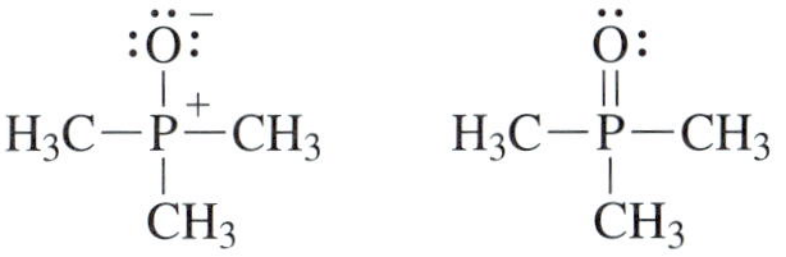

F **G**

F 구조에서 인은 전자 여덟 개, **G** 구조에서 인은 전자 10개가 원자가 껍질에 있음을 표시하고 있다. 팔전자 규칙은 **F** 구조를, 3*d* 오비탈이 관여할 수 있다는 사실은 **G** 구조를 선호하게 한다. 황 화합눌과 마찬가지로 IUPAC은 **G**로 표시하기를 권장하고 있으나 두 구조 모두 사용되고 있다. 아데노신 삼인산(또는 아데노신 트라이포스페이트) (ATP)와 같이 생화학적으로 중요한 화합물은 많은 경우 *포스페이트*(*phosphate*)이며 P=O 또는 $^{+}P-O^{-}$로 표시되며 이 경우도 이중결합으로 표시함이 선호된다.

"화학구조 도형의 도시 표현 기준"에 대한 2008년 IUPAC의 권고는 http://www.iupac.org/publications/pac/80/2/0277/.에서 볼 수 있다. IUPAC에 대한 자세한 것은, 2장의 상자 속 소론 "What's In A Name? Organic Nomenclature"을 보시오..

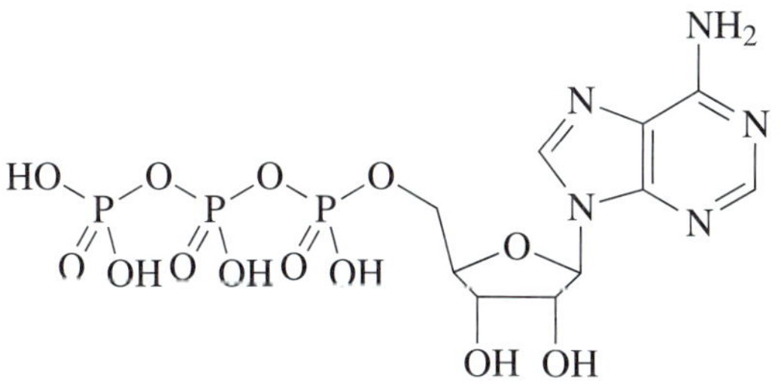

아데노신 삼인산(Adenosine triphosphate)

이 절을 마치며 마지막으로 강조하는 사실은 2주기 원소(Li, Be, B, C, N, O, F, Ne)에는 원자가 오비탈이 2*s*와 2*p* 만 존재하므로 원자가 껍질에 여덟 개보다 더 많은 전자를 수용할 수 없다는 것이다.

문제 1.18

아래의 구조식 네 개 중 세 개는 허용될 수 있으나 한 개는 허용될 수 없다. 허용될 수 없는 구조는 어떤 것이며 그 이유를 쓰시오.

$(CH_3)_3N{=}CH_2$ $(CH_3)_3\overset{+}{N}{-}\overset{-}{\ddot{C}}H_2$ $(CH_3)_3P{=}CH_2$ $(CH_3)_3\overset{+}{P}{-}\overset{-}{\ddot{C}}H_2$

1.10 몇 가지 간단한 분자의 모양

지금까지는 "전자 분포" 측면에서 구조를 살펴보았다. 이제는 분자의 기하학적 구조에 관심을 두고 Lewis 식과 분자의 3차원적 모양과의 상관관계를 알아보자. 유기화학에서 종종 접하게 되는 간단한 화합물의 기하학적 구조를 표 1.7에 나열하였다.

표 1.7 VSEPR과 분자의 기하학적 모양

화합물	구조식	반발하는 전자쌍	전자쌍의 배치	분자 모양	분자 모델
메테인 (CH_4)	H–C(–H)(–H)–H, 각 H–C–H 109.5°	탄소는 네 개의 결합 쌍을 갖는다.	사면체	사면체형	
물 (H_2O)	H–Ö:–H, 105°	산소는 두 개의 결합 쌍과 두 개의 비공유 쌍을 갖는다.	사면체	굽은형	
암모니아 (NH_3)	H–N̈(–H)–H, 107°	질소는 세 개의 결합 쌍과 한 개의 비공유 쌍을 갖는다.	사면체	삼각 피라미드형	
삼플루오린화 붕소 (BF_3)	:F̤:–B(–F̤:)–F̤:, 120°	붕소는 세 개의 결합 쌍을 갖는다.	삼각 평면	삼각 평면	
폼알데하이드 (H_2CO)	H₂C=Ö:	탄소는 두 개의 결합 쌍과 한 개의 결합 쌍으로 간주되는 이중결합을 갖는다.	삼각 평면	삼각 평면	
이산화탄소 (CO_2)	:Ö=C=Ö:, 180°	탄소는 두 개의 결합 쌍으로 간주되는 이중결합 두 개를 가지고 있다.	직선	선형	

Molecular Models And Modeling

We can gain a clearer idea about the features that affect structure and reactivity when we examine the three-dimensional shape of a molecule, using either a physical model or a graphical one. Physical models are tangible objects and first appeared on the chemistry scene in the nineteenth century. They proved their worth in two of the pioneering scientific achievements of the mid-twentieth century—Pauling's protein α-helix and the Watson–Crick DNA double helix. But physical models are limited to information about overall shape, angles, and distances and have given way to computer graphics rendering of models in twenty-first century chemistry, biochemistry, and molecular biology.

At its lowest level, computer graphics substitutes for a physical molecular modeling kit. It is a simple matter to assemble atoms into a specified molecule, then display it in a variety of orientations and formats. Three of these formats are illustrated for methane in Figure 1.6. The most familiar are balland-stick models (Figure 1.6*b*), which direct attention both to the atoms and the bonds that connect them. Framework models (Figure 1.6*a*) and space-filling models (Figure 1.6*c*) represent opposite extremes. Framework models emphasize a molecule's bonds while ignoring the sizes of the atoms. Space-filling models emphasize the volume occupied by individual atoms at the cost of a clear depiction of the bonds; they are most useful in those cases where we wish to examine the overall molecular shape and to assess how closely nonbonded atoms approach each other.

Collections such as the Protein Data Bank (PDB) are freely available on the Internet along with viewers for manipulating the models. As of 2011, the PDB contains experimentally obtained structural data for more than 77,000 molecules—mainly proteins—and serves as a resource for scientists seeking to understand the structure and function of important biomolecules. Figure 1.7 shows a model of human insulin in a display option in which the two chains are shown as ribbons of different colors.

Computational chemistry takes model making to a yet higher level. Most modeling software also incorporates programs that identify the most stable geometry of a molecule by calculating the energies of possible candidate structures. More than this, the electron distribution in a molecule can be calculated and displayed as described in the boxed essay *Electrostatic Potential Maps* earlier in this chapter.

Molecular models of various types are used throughout this text. Their number and variety of applications testify to their importance in communicating the principles and applications of molecular structure in organic chemistry.

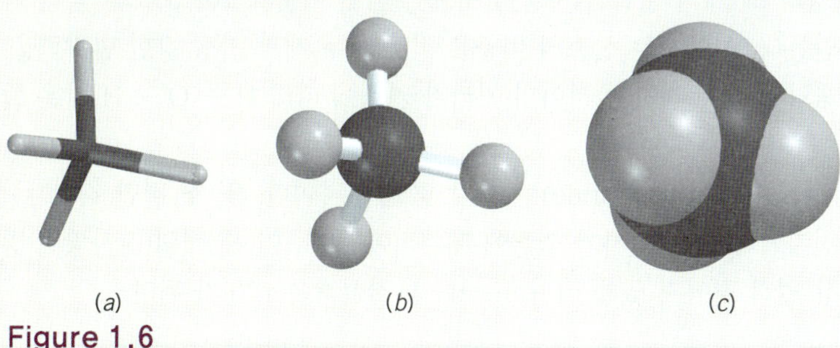

Figure 1.6

Molecular models of methane (CH_4). (*a*) Framework models show the bonds connecting the atoms but not the atoms themselves. (*b*) Ball-and-stick models show the atoms as balls and the bonds as rods. (*c*) Space-filling models portray overall molecular size; the radius of each sphere approximates the van der Waals radius of the atom.

Figure 1.7

A ribbon model of the two strands of human insulin. The model may be accessed, viewed, and downloaded in various formats by entering 2KJJ as the PDB ID at http://www.rcsb.org/pdb/home/home.do. (From coordinates deposited with the Protein Data Bank, PDB ID: 2KJJ. Q. X. Hua, M. A. Weiss, Dynamics of Insulin Probed by ^{1}H NMR. Amide Proton Exchange. Anomalous Flexibility of the Receptor-Binding Surface.)

메테인(CH_4)은 사면체 분자이다. 네 개의 수소는 중심에 탄소를 가진 사면체 각 꼭지점을 차지한다. 그림 1.6에서 메테인을 표현하는 여러 가지 모형을 볼 수 있으며, 표 1.7에서는 메테인의 사면체 구조를 공-막대 모형으로 표현하였다. 또한, 표 1.7에서는 결합을 서로 다르게 표현함으로써 3차원적으로 표시하는 방법을 소개하였다. 지면에서 독자에게로 향하는 결합을 묘사하는 실선 쐐기(▬)와 독자로부터 멀어지는 경우를 묘사하는 점선 쐐기(┉)를 사용하여 종종 구조식의 3차원 기하학적 모양을 표시한다. 단순한 실선(—)은 지면 위에 있는 결합을 나타낸다.

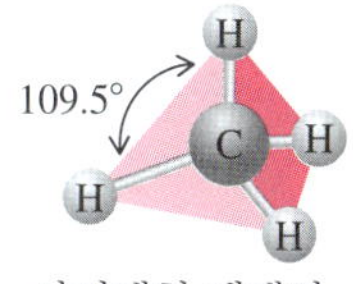

사면체형 메테인

메테인의 사면체 구조는 **원자가껍질 전자쌍 반발(VSEPR)** 모형(valence shell electron-pair repulsion model)으로 설명된다. VSEPR은 한 특정 원자가 소유한 전자쌍은 결합 전자쌍이든 비공유 전자쌍이든 상관없이 그 원자의 다른 전자쌍으로부터 가능한 한 멀리 떨어지도록 하는 경향에 근거를 두고 있다. 따라서 정사면체의 기하학적 도형은 메테인의 네 개 결합을 최대한 멀리 떨어져 있게 하며, H—C—H 결합각을 사면체각인 109.5°가 되게 한다.

분자의 구조를 설명하는 VSEPR에 관한 제약이 있기는 하지만, 이것은 유기 화합물의 모양을 예측하는 유용한 도구이다.

물, 암모니아와 메테인은 모두 네 개의 전자쌍을 사면체에 배치하는 비슷한 형태를 하고 있다. 그러나 우리는 전자쌍의 배치보다는 구성 원자의 위치에 따라 분자 모양을 기술하기 때문에 물은 *굽어(bent)*있다고 하며, 암모니아는 *삼각 피라미드(trigonal pyramidal)* 모양이라고 한다.

물의 H—O—H 각 (105°)과 암모니아의 H—N—H 각(107°)은 사면체각보다 약간 작다. 이 결합각들의 수축은 비공유 전자쌍보다 결합 전자쌍이 작은 공간을 차지한다는 VSEPR로 쉽게 설명된다. 공유결합 전자쌍은 두 원자핵으로부터 끌어당겨지기 때문에 단일 원자에 위치한 비공유 전자쌍보다 더 강하게 끌린다. 따라서 반발력은 다음 순서대로 증가한다.

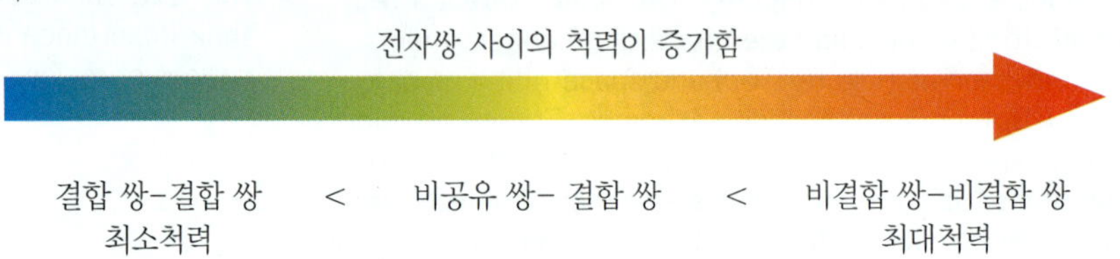

메테인의 네 개 결합 전자쌍은 서로 밀치며 정사면체각인 109.5°를 만든다. 암모니아에서는 비공유 전자쌍과 세 개의 결합 전자쌍이 서로 밀치기 때문에 109.5°보다 약간 작은 H—N—H 각을 만든다. 물에서는 산소의 비공유 전자쌍 두 개가 가장 강한 반발력을 제공한다. 따라서 두 개의 비공유 전자쌍 사이의 거리가 커짐에 따라 H—O—H 각은 줄어든다.

삼플루오린화 붕소(boron trifluoride)는 삼각 평면 분자이다. B—F 결합 각각 두 개씩 모두 여섯 개의 전자가 붕소의 원자가 껍질에 배치되어 있다. 이 세 개의 전자쌍이 평면을 이룰 때 서로 가장 멀리 떨어져 있게 되며, F—B—F 결합각은 120°가 된다.

문제 1.19

붕소수소화 소듐, $NaBH_4$는 Na^+와 $BH4^-$ 이온사이에 이온결합을 하고 있다. 붕소수소화 이온의 H—B—H 각은 몇 도인가?

VSEPR 모형에서는 다중결합을 단일 단위로 취급한다. 폼알데하이드(formaldehyde)는 이중결합의 전자와 두 개의 단일결합 전자들이 가장 멀리 떨어져 있는 삼각 평면 분자이다. 이산화탄소의 선형 원자 배열은 하나의 이중결합 전자가 다른 이중결합 전자와 가장 멀리 떨어져 있는 배열이다.

문제 1.20

다음 화합물들의 모양을 정하시오.

(a) H—C≡N: (사이안화 수소)
(b) H_4N^+ (암모늄 이온)
(c) $^{-}:\ddot{N}=\overset{+}{N}=\ddot{N}:^{-}$ (아자이드화 이온)
(d) CO_3^{2-} (탄산 이온)

풀이 예시: (a) 주어진 구조는 사이안화 수소의 모든 전자를 보여 준다. 탄소에는 비공유 전자쌍이 없다. 따라서 이 분자의 구조는 수소와의 단일결합과 질소와의 삼중결합이 서로 멀리 떨어지려는 경향에 의해 좌우된다. 따라서 사이안화 수소는 선형 분자이다.

1.11 분자의 쌍극자 모멘트

분자 기하학적 구조와 화학결합의 극성을 합하면 어떤 분자가 쌍극자 모멘트를 가질 수 있는지 또는 가질 수 없는지를 예측할 수 있다. 분자의 쌍극자 모멘트(molecular dipole moment)는 모든 결합 쌍극자 모멘트의 합이다. 이산화탄소와 같은 분자는 극성결합을 가지고 있으나, C═O의 쌍극자들이 서로 상쇄되기 때문에 분자 쌍극자 모멘트는 없다.

$$:\ddot{O}=C=\ddot{O}: \quad \text{쌍극자 모멘트} = 0\text{ D}$$

이산화탄소

네 개의 극성인 C—Cl 결합이 사면체 모양을 형성하고 있는 사염화 탄소(carbon tetrachloride)도 그림 1.8에서 보여 주는 것처럼 네 개의 결합 쌍극자가 서로 상쇄되어 전체 쌍극자 모멘트는 없다. 반면에 다이클로로메테인(dichloromethane)은 1.62 D의 쌍극자 모멘트를 갖는다. C—H 결합 쌍극자가 C—Cl 결합 쌍극자를 더 크게 한다.

문제 1.21

다음 화합물 중 어느 것이 쌍극자 모멘트를 갖는가? 만약 쌍극자 모멘트를 가진다면 그 방향을 제시하시오.

(a) BF_3	(c) CH_4	(e) CH_2O
(b) H_2O	(d) CH_3Cl	(f) HCN

풀이 예시: (a) 삼플루오린화 붕소는 120°의 결합각을 갖는 평면이다. 각각의 B—F 결합은 극성이지만 서로 상쇄되어 분자는 쌍극자 모멘트가 없다.

(a) BF_3	(c) CH_4	(e) CH_2O
(b) H_2O	(d) CH_3Cl	(f) HCN

이 장의 첫 문단에서 구조와 성질 사이의 관계가 화학의 전부라고 강조했다. 그리고 우리는 지금 그 관계를 보았다. 분자의 Lewis 식으로부터 전기음성도를 사용하여 결합의 극성을 예측할 수 있었고, VSEPR과 합쳐서 그 분자가 쌍극자 모멘트를 가질 수 있는지 또는 가질 수 없는지를 예측하였다. 이제 다음 몇 개의 절에서는 산과 염기에 대해 복습하면서 구조와 *화학적 반응성(chemical reactivity)*의 관계를 살펴볼 것이다.

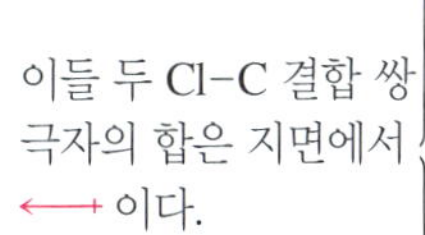

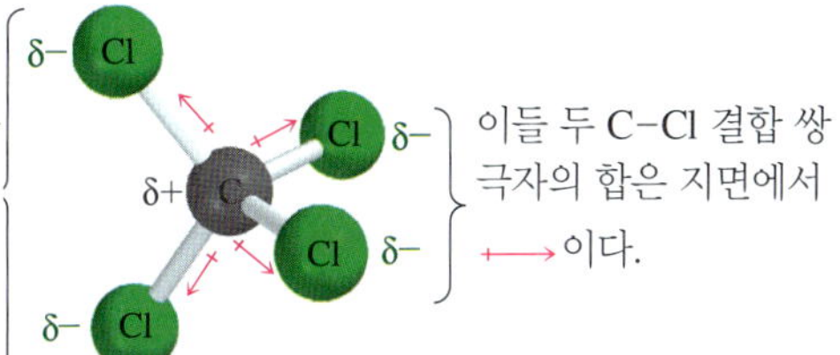

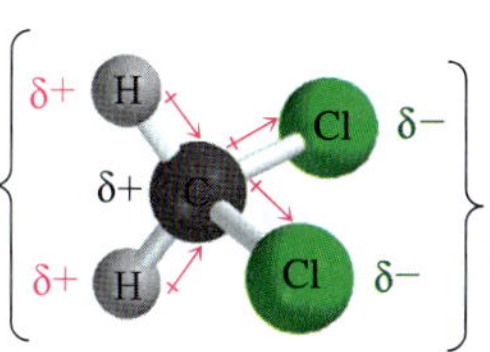

(*a*) 사염화탄소에서 각각의 결합 쌍극자는 서로 상쇄된다. 쌍극자 모멘트는 없다.

(*b*) 다이클로로메테인에서 H—C 결합 쌍극자는 C—Cl 결합 쌍극자를 보강해 준다. 분자는 1.62 D의 쌍극자 모멘트를 갖는다.

그림 1.8

각 결합의 쌍극자 모멘트와 분자의 쌍극자 모멘트 (a) 사염화탄소(CCl_4) (b) 다이클로로메테인(CH_2Cl_2)

1.12 굽은 화살표와 화학반응

한 공명구조에서 또 다른 공명구조로 체계적으로 변화시킬 때 사용되는 굽은 화살표를 1.8절에서 이미 소개하였다. 굽은 화살표는 또한, 화학반응에서 전자의 흐름을 추적할 때 더 흔히 사용된다. 유기화학은 우리가 기억할 수 없을 정도의 수많은 반응을 포함한다. 만일 전자의 흐름을 추적하는 방법을 배운다면 우리가 대하는 개개 반응의 반응성과 반응결과를 예측할 수 있을 것이다.

굽은 화살표에는 두 종류가 있다. 전자쌍의 이동을 표시하는 화살표((↷))과 전자 하나의 이동을 표시하는 낚시바늘 모양의 화살표((↷))가 그것이다. 당분간 우리는 전자쌍의 이동을 표시하는 굽은 화살표에 대해서만 공부한다. 우선 하나의 전자쌍만 관여하는 간단한 화학반응에 대하여 예를 들어보자. 분자 A—B가 A^+와 B^-로 해리되는 반응에서 우리는 화학 반응식을 다음과 같이 표시한다.

$$AB \longrightarrow A^+ + B^-$$

또는 다음과 같이 표시할 수 있다.

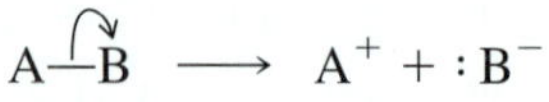

$$A{-}B \longrightarrow A^+ + :B^-$$

같은 화학반응이지만, 두 번째 반응식은 해리가 진행되는 결합과 전자의 흐름을 우리에게 보여줌으로써 더 많은 정보를 제공한다. 굽은 화살은, 이동하는 전자쌍이 어느 결합에서 시작하고 종착지가 어느 원자인지를 표시함으로써 비공유결합 전자쌍을 포함한 B− 음이온의 생성을 잘 표시하고 있다.

유사한 해리반응은 유기화학에서 흔한 반응이며 본 교재를 공부하면서도 자주 마주치게 될 것이다. 많은 경우 화학종 A^+에서 A가 탄소이며 이를 **탄소양이온(carbocation)**이라고 부른다. 예를 들어 브로민화 알킬이 해리되는 경우 C—Br 결합이 끊어지며 결합에 참여했던 전자 두 개가 브로민화 이온의 비공유 전자쌍으로 변하게 된다.

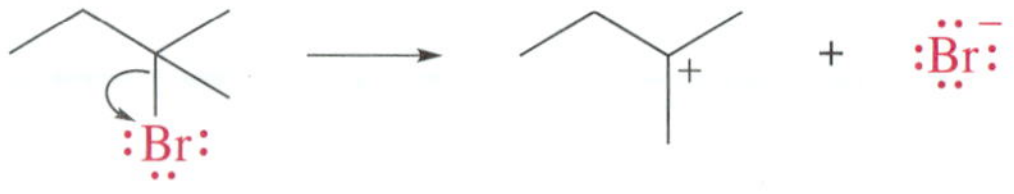

:Br: → + + :Br:⁻

브로민화 알킬 탄소양이온 브로민화 이온

전하는 전체 반응과정에서 보존된다. 이 반응에서도 반응물은 전하가 없으므로 생성물 전체의 알짜전하는 0이다. 개념적으로 유사한 다음의 반응에서, 양전하를 띤 반응물이 탄소양이온과 중성 분자로 해리되며 알짜전하는 +1로 보존됨을 알 수 있다.

이들 브로민화 알킬과 다이아조늄 이온의 해리는 5.18절 및 21.15절에서 각각 자세하게 논의한다.

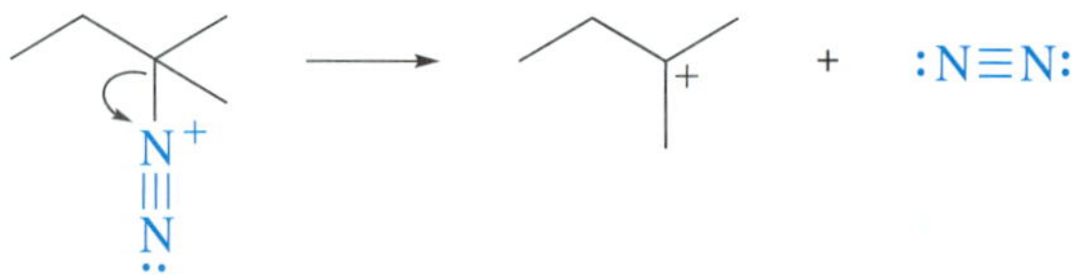

$N^+ \equiv N:$ → + + :N≡N:

다이아조늄 이온 탄소양이온 질소

문제 1.22

굽은 화살표를 사용하여 다음 해리반응의 생성물을 쓰시오. 형식전하와 비공유 전자쌍도 표시하고 전하가 보존되었는지도 확인하시오. 예제 1.24의 역반응을 서술하시오.

(a) $H_2\overset{+}{O}{:}{-}C(CH_3)_3$ (b) (5원 고리 $\ddot{O}^+$–H, CH_3 치환)

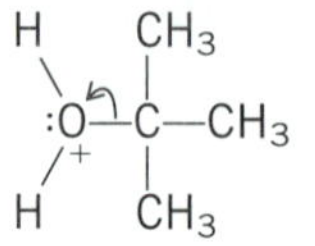

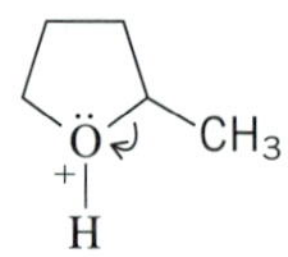

풀이 예시: (a) 굽은 화살표는 C—O 결합이 끊어지며 그 결합에 참여했던 전자쌍은 산소의 비공유 전자쌍으로 변화됨을 표시하고 있다.

$$H_2\ddot{O}^{+}-C(CH_3)_3 \longrightarrow H_2\ddot{O}: + {}^{+}C(CH_3)_3$$

생성물의 하나로 물이 얻어지며 또 다른 유기 생성물로는 양이온이 생성된다. 중앙의 탄소는 최외각에 여섯 개의 전자를 갖게 되어 형식전하는 +1이 된다. 이 반응에서도 알짜 전하량은 보존되어 반응식의 왼쪽과 오른쪽 모두 +1이 된다.

해리반응의 역반응은 결합(combination)이다. 즉, A^+ 양이온과 B^- 음이온 사이에서 공유결합이 생성되는 반응이 그 예다.

$$A^+ + :B^- \longrightarrow A-B$$

여기에서 굽은 화살표는 B^-의 비공유결합 전자쌍에서 시작하여 A^+를 향한다. 전자는 항상 전자밀도가 높은 쪽에서 낮은 쪽으로 흐르게 된다. B^-의 비공유결합 전자쌍은 A—B 결합의 공유결합 전자쌍으로 변한다.

문제 1.23

굽은 화살을 사용하여 예제 1.22의 역반응을 서술하시오.

풀이 예시: (a) 먼저 역반응의 화학 반응식을 쓴다. 다음, 굽은 화살표를 사용하여 C—O 결합의 전자쌍이 물의 산소에 있던 비공유 전자쌍에서 비롯되었음을 표시하면 된다.

$$H_2\ddot{O}: + {}^{+}C(CH_3)_3 \longrightarrow H_2\ddot{O}^{+}-C(CH_3)_3$$

결합의 분해와 생성을 동반하는 많은 반응은 두 개 이상의 굽은 화살을 필요로 한다.

$$^{-}A: + B-C \longrightarrow A-B + :C^-$$

전자 수를 세어 A와 C에서 형식전하의 변화를 확인하라. 이에 해당하는 구체적인 예는 8.3 절에서 논의할 예정이다.

$$H\ddot{O}:^- + H_3C-\ddot{Br}: \longrightarrow H\ddot{O}-CH_3 + :\ddot{Br}:^-$$

음전하를 갖는 산소의 비공유 전자쌍이 C—O 결합의 공유결합 전자쌍으로 변화된다. 전자는 전자가 풍부한 쪽에서 부족한 쪽으로 이동함에 다시 한번 유의하자. 수산화 이온은 음전하를 갖고 있어 전자가 풍부하며 H_3CBr의 탄소는 C—Br 결합의 편극화(1.5 절)로 인해 부분적인 양전하를 갖고 있다.

매우 흔한 유사 예로 양성자가 한 원자에서 다른 원자로 이동하는 반응을 들 수 있다. 브로민화 수소 기체가 물에 녹을 때 일어나는 반응이 그 구체적 예이다.

$$H_2\ddot{O}: + H-\ddot{Br}: \longrightarrow H_2\ddot{O}^{+}-H + :\ddot{Br}:^-$$

앞으로 이 장에서, 양성자가 이동하는 수많은 반응을 보게 될 것이다.

굽은 화살표는 이중결합과 삼중결합이 분해 또는 생성되는 반응에도 응용된다. 단, 이중(삼중) 결합의 전자쌍 하나만이 반응에 관여하게 되며 그예는 다음과 같다.

$$(H_3C)_2C{=}CH_2 + H{-}\ddot{Br}: \longrightarrow (H_3C)_2\overset{+}{C}{-}CH_3 + :\ddot{Br}:^-$$

$$H_3N: + H_2C{=}\ddot{O}: \longrightarrow H_3\overset{+}{N}{-}CH_2{-}\ddot{O}:^-$$

문제 1.24

앞에서 본 반응은 20장에서 공부할 중요 부분이기도 하다. 다음 반응에서 전자의 흐름을 잘 파악하여 생성물을 예측하시오. 그리고 형식전하와 비공유 전자쌍도 표시하시오.

$$H\ddot{O}:^- + H{-}CH_2{-}CH{=}\ddot{O}: \longrightarrow$$

이 절을 마치고 산-염기 화학을 공부하기 전에 다음과 같은 점은 꼭 기억해 두어야 한다.

- *굽은 화살은 원자의 이동을 표시하기 위한 것이 아니며 언제나 전자의 흐름만을 표시한다.*

화학 반응식에서 우선적으로 우리 눈에 띠는 것은 반응에 참여하는 원자들이지만, 반응물이 생성물로 어떻게 변하는지를 이해하기위해서는 전자의 이동을 관찰하는 것이 중요하다.

1.13 산과 염기: Brønsted–Lowry 관점

산과 염기는 유기화학에서 큰 비중을 차지한다. 그러나 일반화학에서 친숙한 것과는 강조하는 바가 다소 다를 것이다. 일반화학에서는 pH, 이온화 백분율, 완충 용액 등의 계산에 중점을 두었다. 유기화학에서도 이 계산들을 하지만 대개는 산과 염기가 화학반응에서 반응물, 생성물 및 촉매로서 어떤 역할을 하는지에 대한 관심이 더 많다. 지금부터 산과 염기의 일반적인 성질들에 대해 복습해 보자.

1903년 노벨상을 수상한 스웨덴의 화학자 Svante Arrhenius가 제안한 이론에 의하면 산은 물에 녹였을 때 양성자를 내놓는 물질이다. 반면에 염기는 이온화하여 수산화 이온(hydroxide ion)을 내놓는다.

1923년 덴마크의 Johannes Brønsted와 영국의 Thomas M. Lowry가 산과 염기에 대한 더 일반적인 이론을 제안하였다. Brønsted-Lowry에 의하면 산은 **양성자 주개(proton donor)**이고, 염기는 **양성자 받개(proton acceptor)**이다. 즉, 산과 염기 사이에서 일어나는 반응은 *양성자 이동(proton transfer)*이다.

$$\underset{\text{염기}}{B:} + \underset{\text{산}}{H{-}A} \rightleftharpoons \underset{\text{짝산}}{\overset{+}{B}{-}H} + \underset{\text{짝염기}}{:A^-}$$

위 식에서 염기는 산으로부터 양성자를 받기 위해 비공유 전자쌍을 사용한다. 염기는 **짝산(conjugate acid)**으로 변하고, 산은 **짝염기(conjugate base)**로 변한다. 염기와 짝산의 차이는 언제나 한 개의 양성자뿐이다. 마찬가지로 산과 짝염기도 언제나 한 개의 양성자만이 서로 다르다.

Brønsted-Lowry 관점에 의하면 산은 물에서 해리하지 않고 물에서 양성자를 제공한다. 이 때, 물은 염기로 작용한다.

$$H_2\ddot{O}: + H{-}A \rightleftharpoons H_2\overset{+}{O}{-}H + :A^-$$

물 (염기) 산 물의 짝산 짝염기

물의 짝산(H_3O^+)의 공식 명칭은 **옥소늄 이온(oxonium ion)**이고, 일반 명칭은 **하이드로늄 이온(hydronium ion)**이다.

문제 1.25

염화 수소(HCl)로부터 다음 화합물로 양성자가 이동하는 반응을 쓰시오.

(a) 암모니아($:NH_3$)

(b) 트라이메틸아민[$(CH_3)_3N:$]

굽은 화살표를 사용하여 전자 이동을 추적하고 산, 염기, 짝산과 짝염기를 지적하시오.

풀이 예시: 양성자가 HCl에서:NH_3로 이동하는 것은 이미 알고 있는 사실이다. 따라서 HCl은 Brønsted 산이고, $:NH_3$는 Brønsted 염기이다.

$$H_3N: + H{-}\ddot{Cl}: \rightleftharpoons H_3\overset{+}{N}{-}H + :\ddot{Cl}:^-$$

암모니아 (염기) 염화 수소 (산) 암모늄 이온 (짝산) 염화 이온 (짝염기)

산의 세기는 산 해리 상수 K_a로 측정되며 다음과 같이 정의된다.

$$K_a = \frac{[H_3O^+][:A^-]}{[HA]}$$

물은 반응물(Brønsted 염기)이지만 용매이기 때문에 농도 항은 식에 나타나지는 않는다. 순수한 고체, 액체, 용매는 그 농도 항을 평형상수 식에 넣지 않는 것이 관례이다. 물이 양성자를 염기에 제공하였다면 Brønsted 산이라 할 수 있다.

예를 들면, 아마이드화 소듐 또는 소듐 아마드(sodium amide, $NaNH_2$)는 강염기인 아마이드화 이온을 제공하고, 이 아마이드화 이온이 물과 반응하여 암모니아를 생성한다.

$$H_2\ddot{N}:^- + H{-}\ddot{O}{-}H \rightleftharpoons H_2\ddot{N}{-}H + ^-:\ddot{O}{-}H$$

아미아드화 이온 (염기) 물 (산) 암모니아 (짝산) 수산화 이온 (짝염기)

문제 1.26

수소화 포타슘 (KH)는 강염기인 수소화 이온(:H^-)을 제공하는 물질이다.

전자 이동을 추적하는 굽은 화살표를 사용하여 수소화 이온과 물의 반응식을 쓰시오. 수소화 이온의 짝산은 무엇인가?

산의 세기는 **pK_a**로 나타내는 것이 편리하다. pK_a는 다음과 같이 주어진다.

$$pK_a = -\log_{10}K_a$$

따라서 $K_a = 1.8 \times 10^{-5}$인 아세트산(acetic acid)의 pK_a는 4.7이다. K_a보다 pK_a가 편리한 것은 지수가 아니라는 것 때문이다. 우리는 K_a에 익숙해져 있지만 대부분의 유기화학자나 생화학자는 pK_a를 사용한다. 그러나 두 개를 모두 익숙하게 다루는 것이 편리할 것이다. 따라서 K_a를 pK_a로 환산하는 연습을 많이 해야 한다.

문제 1.27

아스피린 합성의 출발 물질인 살리실산의 K_a는 1.06×10^{-3}이다. pK_3 값은 얼마인가?

문제 1.28

사이안화 수소(HCN)의 pK_a 값은 9.1이다. K_a 값은 얼마인가?

표 1.8에 많은 산의 명단과 해리 상수, 짝염기를 나타냈다. 이 명단에는 지금 우리가 공부하는 산보다 훨씬 많은 종류의 산이 나열되어 있다. 그러나 이 교재를 통해 새로운 산-염기의 반응을 공부할 때, 반복해서 이용하게 될 것이다. 이 표는 아래로 내려갈수록 산의 세기가 줄어든다. 반대로 짝염기의 세기는 아래로 내려갈수록 더 커진다. 따라서 *산이 더 강해질수록 그 짝염기는 약해지고, 염기가 더 강해질수록 그 짝산은 약해진다.*

짝산-짝염기에 대한 Brønsted-Lowry 접근법은 별도의 염기도 상수인 K_b가 필요 없다. 별도의 K_a나 K_b 일람표 대신에 표 1.8에서처럼 K_a와 pK_a만 있으면 된다. 산이 약해지면 짝염기는 강해진다는 사실만 기억하고 산-염기의 짝을 표에서 찾으면 상대적인 염기도를 알 수 있다.

문제 1.29

다음의 각 쌍에서 어느 것이 더 센 염기인가? (이 정보는 9장을 보면 상당히 유용할 것이다)

(a) 에톡시화 소듐($NaOCH_2CH_3$) 또는 아마이드화 소듐($NaNH_2$)

(b) 아세틸렌화 소듐($NaC{\equiv}CH$) 또는 아마이드화 소듐($NaNH_2$)

(c) 아세틸렌화 소듐($NaC{\equiv}CH$) 또는 에톡시화 소듐($NaOCH_2CH_3$)

풀이 예시: (a) $NaOCH_2CH_3$는 Na^+ 이온과 $CH_3CH_2O^-$ 이온을 가지고 있다. 아마이드화 소듐은 Na^+ 이온, H_2N^- 이온을 가지고 있다. $CH_3CH_2{}^-$ 이온은 에탄올의 짝염기이고, H_2N^- 이온은 암모니아의 짝염기이다.

염기	$CH_3CH_2O^-$	H_2N^-
짝산	CH_3CH_2OH	NH_3
짝산의 pK_a	16	36

$CH_3CH_2O^-$의 짝산이 H_2N^-의 짝산보다 더 강하므로 H_2N^-가 $CH_3CH_2O^-$보다 더 강한 염기이다.

표 1.8 산의 해리상수(pK_a)

산	pK_a	화학식	짝염기	해당하는 절
아이오딘화 수소	−10.4	HI	I^-	1.14; 1.15
브로민화 수소	−5.8	HBr	Br^-	1.14; 1.15
황산	−4.8	$HOSO_2OH$	$HOSO_2O^-$	1.15
염화 수소	−3.9	HCl	Cl^-	1.14; 1.15
하이드로늄 이온	−1.7	H_3O^+	H_2O	1.15
질산	−1.4	$HONO_2$	$^-ONO_2$	1.14
황산수소 이온	2.0	$HOSO_2O^-$	$^-OSO_2O^-$	1.15
플루오린화 수소	3.1	HF	F^-	1.14
아닐륨 이온	4.6	$C_6H_5\overset{+}{N}H_3$	$C_6H_5NH_2$	21.4
아세트산	4.7	$CH_3\overset{O}{\overset{\Vert}{C}}OH$	$CH_3\overset{O}{\overset{\Vert}{C}}O^-$	1.14; 1.15; 18.5
피리디늄 이온	5.2	(pyridinium ring, $\overset{+}{N}$–H)	(pyridine ring, N)	11.22; 21.4
탄산	6.4	H_2CO_3	HCO_3^-	18.9
황화 수소	7.0	H_2S	HS^-	8.10
2,4-펜테인다이온	9	$CH_3\overset{O}{\overset{\Vert}{C}}CH_2\overset{O}{\overset{\Vert}{C}}CH_3$	$CH_3\overset{O}{\overset{\Vert}{C}}\ddot{C}^-H\overset{O}{\overset{\Vert}{C}}CH_3$	20.2
사이안화 수소	9.1	HCN	CN^-	8.10
암모늄 이온	9.3	NH_4^+	NH_3	21.4
글라이신	9.6	$H_3\overset{+}{N}CH_2\overset{O}{\overset{\Vert}{C}}O^-$	$H_2NCH_2\overset{O}{\overset{\Vert}{C}}O^-$	25.3
페놀	10	C_6H_5OH	$C_6H_5O^-$	1.15; 22.4
탄산수소 이온	10.2	HCO_3^-	CO_3^{2-}	18.9
메테인싸이올	10.7	CH_3SH	CH_3S^-	15.12
다이메틸암모늄 이온	10.7	$(CH_3)_2\overset{+}{N}H_2$	$(CH_3)_2NH$	21.4
메틸암모늄 이온	10.7	$CH_3\overset{+}{N}H_3$	CH_3NH_2	21.4
아세토아세트산 메틸	11	$CH_3\overset{O}{\overset{\Vert}{C}}CH_2\overset{O}{\overset{\Vert}{C}}OCH_2CH_3$	$CH_3\overset{O}{\overset{\Vert}{C}}\ddot{C}^-H\overset{O}{\overset{\Vert}{C}}OCH_2CH_3$	20.2

(계속)

*물이 용매인 산-염기에 반응에서 H_3O^+ pK_a는 0이고 H_2O은 pK_a는 14이다.

표 1.8 산의 해리상수(p*K*a) (계속)

산	pK_a	화학식	짝염기	해당하는 절
피페리디늄 이온	11.2	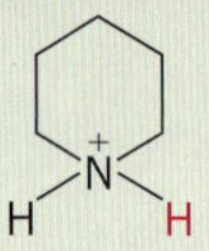 $H\text{–}\overset{+}{N}\text{–}H$ (고리)	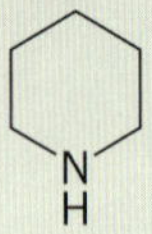 $N\text{–}H$ (고리)	21.4
말론산 다이에틸	13	$CH_3CH_2O\overset{O}{\overset{\|}{C}}CH_2\overset{O}{\overset{\|}{C}}OCH_2CH_3$	$CH_3CH_2O\overset{O}{\overset{\|}{C}}\underset{..}{\bar{C}}H\overset{O}{\overset{\|}{C}}OCH_2CH_3$	20.2
메탄올	15.2	CH_3OH	CH_3O^-	1.14; 14.4
2-메틸프로판알	15.5	$(CH_3)_2CH\overset{O}{\overset{\|}{C}}H$	$(CH_3)_2\underset{..}{\bar{C}}\overset{O}{\overset{\|}{C}}H$	20.2
물*	15.7	H_2O	HO^-	1.14
에탄올	16	CH_3CH_2OH	$CH_3CH_2O^-$	1.14
사이클로펜타다이엔	16	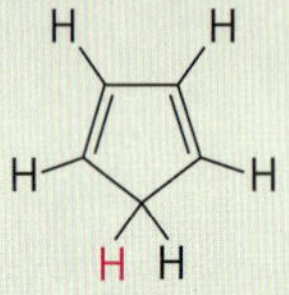 C_5H_6 (H, H, H, H, H H)	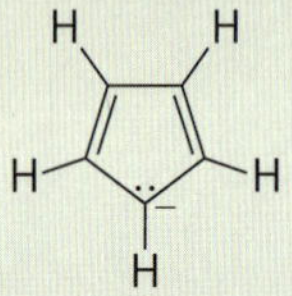 $C_5H_5^-$ (H, H, H, H, $\ddot{\bar{C}}$–H)	11.20
아이소프로필 알코올	17	$(CH_3)_2CHOH$	$(CH_3)_2CHO^-$	1.14
뷰틸 알코올	18	$(CH_3)_3COH$	$(CH_3)_3CO^-$	1.14
아세톤	19	$CH_3\overset{O}{\overset{\|}{C}}CH_3$	$CH_3\overset{O}{\overset{\|}{C}}\underset{..}{\bar{C}}H_2$	20.2
아세트산 에틸	25.6	$CH_3\overset{O}{\overset{\|}{C}}OCH_2CH_3$	$H_2\underset{..}{\bar{C}}\overset{O}{\overset{\|}{C}}OCH_2CH_3$	20.2
아세틸렌	26	$HC{\equiv}CH$	$HC{\equiv}C{:}^-$	9.5
수소	35	H_2	H^-	20.8
암모니아	36	NH_3	H_2N^-	1.14; 1.15; 14.4
다이아이소프로필아민	36	$[(CH_3)_2CH]_2NH$	$[(CH_3)_2CH]_2N^-$	20.2
벤젠	43	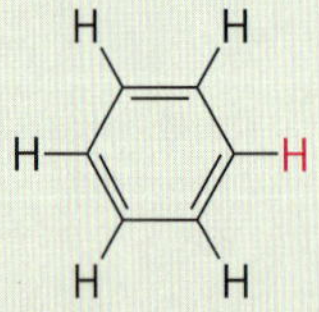 C_6H_6 (H, H, H, H, H, H)	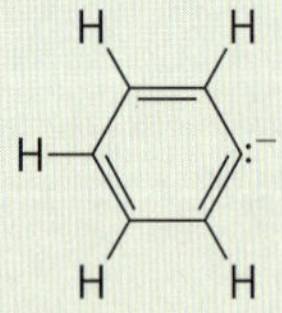 $C_6H_5^-$ (H, H, H, H, H, $:^-$)	14.4; 14.5
에틸렌	45	$H_2C{=}CH_2$	$H_2C{=}\ddot{\bar{C}}H$	9.4; 9.5
메테인	60	CH_4	$\ddot{\bar{C}}H_3$	1.14; 9.4; 9.5; 14.4
에테인	62	CH_3CH_3	$CH_3\ddot{\bar{C}}H_2$	14.5

Web collections of pK_a data include those of H. Reich (University of Wisconsin) at *http://www.chem.wisc.edu/areas/reich/pkatable/kacont.htm* and D. Ripin and D. A. Evans (Harvard) at *http://www2.lsdiv.harvard.edu/labs/evans/pdf/evans_pKa_table.pdf.*

*물이 용매인 산-염기 반응에서 H_3O^+의 pK_a는 0이고 H_2O의 pK_a는 14이다.

1.14 구조가 산의 세기에 미치는 영향

이 절에서는 분자 구조와 산성도의 일반적인 관계, 적어도 유사성이 있는 화합물들의 일반적인 경향을 소개하려고 한다. 구조상 다음의 인자들이 용액에서의 산성도에 영향을 미친다.

1. 양성자를 내주는 원자와의 결합 세기
2. 양성자를 내주는 원자의 전기음성도
3. 짝염기의 전자 비편재화(delocalization)

결합의 세기: 결합 세기의 영향은 할로젠화 수소들의 산성도를 비교해 보면 쉽게 알 수 있다.

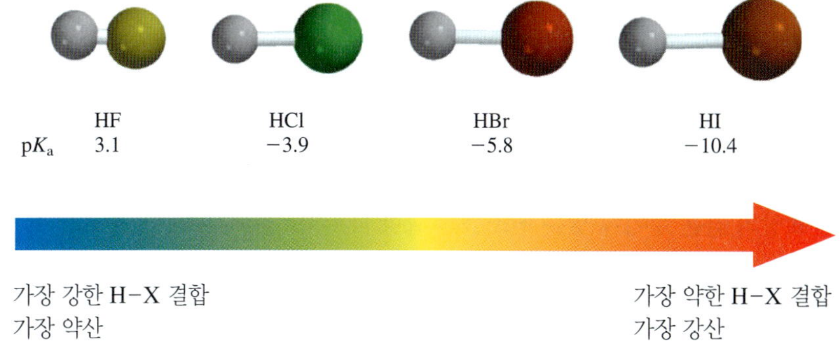

일반적으로 결합의 세기는 주기율표에서 아래로 갈수록 줄어든다. 할로젠 X가 커질수록 H—X 결합은 길어지고 약해지며 따라서 해리하는 데 에너지가 적게 들어, 산의 강도는 커진다. 이것이 HCl, HBr, HI의 상대적 산성도를 좌우하는 주요 요인 이며 HF가 약산인 이유이다.

HF가 약산인 또 다른 이유는 F^- 이온의 전하/크기 값이 크다는 것이다. 다른 요인이 같은 경우, 작은 부피에 전하가 밀집되는 과정보다 전하가 넓게 분산되는 과정이 유리하다. 따라서 H—F의 결합이 강하다는 점과 F^- 이온의 전하/크기 값이 크다는 것이 여러 할로젠화 수소 중에 HF가 가장 약한 산인 이유이다.

산과 염기의 짝산과 짝염기 관계 때문에 가장 강산(HI)은 가장 약한 짝염기(I−)를 만들고, 가장 약산(HF)은 가장 강한 짝염기(F^-)를 만든다.

문제 1.30

H_2O와 H_2S 중 어느 것이 더 강산인가? HO^-와 HS^- 중 어느 것이 더 강염기인가? 표 1.8의 자료내용과 비교해 보시오.

전기음성도: 전기음성도가 산성도에 미치는 영향은 2주기 원소인 C, N, O, F와 수소 사이의 결합을 보면 분명해진다.

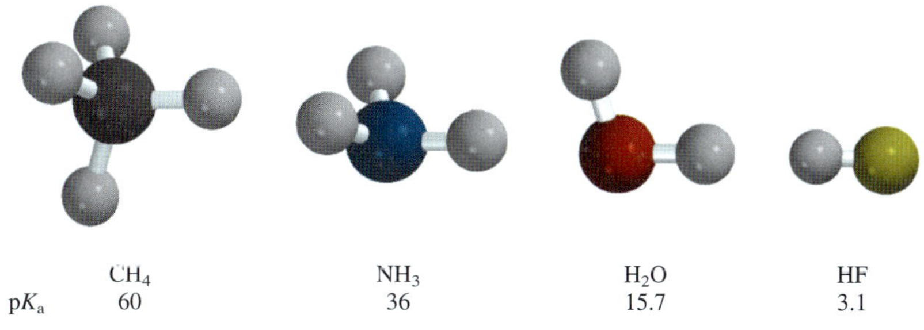

가장 적은 전기음성 가장 약산 | 가장 큰 전기음성 가장 강산

H가 결합된 원자(A)의 전기음성도가 커지면, $^{\delta+}H-A^{\delta-}$의 분극화가 심해지고, 양성자 전이를 나타내는 평형상수 K_a는 증가한다.

$$H_2\ddot{O}: + H-A \rightleftharpoons H_2\overset{+}{O}-H + :A^-$$

같은 족에 있는 원소를 비교할 때는 결합의 세기가 전기음성도보다 더 큰 영향력을 가진다. 할로젠화 수소의 pK_a가 보여 주는 것처럼 주기율표상의 같은 족에 있는 원소를 보면 이를 알 수 있다. 할로젠 원소 중에서 플루오린의 전기음성도가 가장 크고, 아이오딘의 전기음성도가 가장 작다. 그러나 HF가 가장 약한 산인 반면, HI는 가장 강한 산이다. 반면에 주기율표상의 같은 주기에 있는 원소를 비교할 때는 전기음성도가 더 중요한 요인이다.

문제 1.31

표 1.8을 참조하지 않고 이 문제를 풀어보시오.

(a) $(CH_3)_3\overset{+}{N}H$와 $(CH_3)_2\overset{+}{\underset{..}{O}}H$ 중에서 어느 것이 더 강산인가?
(b) $(CH_3)_3N$:와 $(CH_3)_2\ddot{O}$:? 중에서 어느 것이 더 강염기인가?

풀이 예시 (a) 이온화할 수 있는 양성자가 $(CH_3)_3\overset{+}{N}H$에서는 N에, $(CH_3)_2\overset{+}{\underset{..}{O}}H$.에서는 O에 결합되어 있다.

$$(H_3C)_3\overset{+}{N}-H \qquad (H_3C)_2\overset{+}{\ddot{O}}-H$$

질소와 산소는 주기율표상에서 같은 주기에 있으므로 그들의 전기음성도가 결정적인 인자이다. 산소가 질소보다 더 큰 전기음성도를 가지고 있으므로 $(CH_3)_2\overset{+}{\underset{..}{O}}H$가 $(CH_3)_3\overset{+}{N}H$보다 강산이다.

많은 산의 경우 산성인 양성자(acidic proton)가 산소에 결합되어 있다. 이런 화합물은 물의 유도체라 생각할 수 있다. 유기 화합물 중에서 물과 가장 가까운 화합물은 알코올이다. 메탄올은 물보다 약간 강한 산이나 대부분의 알코올은 물보다 약한 산이다.

	$HO-H$	CH_3O-H	CH_3CH_2O-H	$(CH_3)_2CHO-H$	$(CH_3)_3CO-H$
	Water	Methanol	Ethanol	Isopropyl alcohol	*tert*-Butyl alcohol
pK_a	15.7	15.2	16	17	18

문제 1.32

에톡시화 이온($CH_3CH_2\ddot{\underset{..}{O}}:^-$)과 *tert*-뷰톡시화 이온[$(CH_3)_3C\ddot{\underset{..}{O}}:^-$)] 중 어느 것이 더 강한 염기인가?

이온화가 가능한 양성자에 바로 결합되지 않아도 전자를 당기는 치환기는 분자의 산성도에 영향을 미친다. 에탄올과 CH_3 대신 CF_3로 치환된 2,2,2-트라이플루오로에탄올과의 산성도를 비교해 보자.

에탄올 (CH_3CH_2OH) 2,2,2-트라이플루오로에탄올 (CF_3CH_2OH)

그림 1.9

에탄올과 2,2,2-트라이플루오로에탄올의 정전기 퍼텐셜지도. 2,2,2-트라이플루오로에탄올에 있는 OH 근처의 푸른색을 보다 더 푸른색으로 나타내었다. 이 양성자는 에탄올의 OH 양성자보다 더 큰 양전하를 띠므로 산성도가 더 크다.

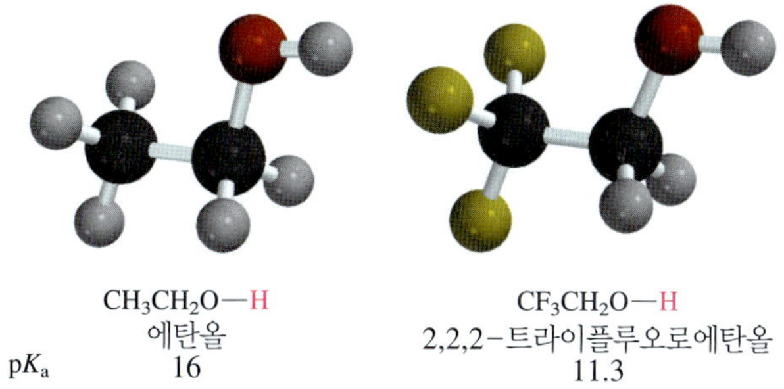

C—H 대신 C—F로 치환하면 O—H의 산성도는 pK_a 단위로 4.7만큼 증가된다. 이는 K_a 로는 $10^{4.7}$배 차이에 해당된다. 이와 같은 산성도의 증가는 플루오린이 전자를 끌어당기고, 이 끌어당기는 힘이 결합을 통해 전달되어 O—H의 양성자가 더욱 더 양전기적 성질을 띠게 한다는 사실로 간단히 설명할 수 있다.

$$\mathrm{F{-}CF_2{-}CH_2{-}O{-}H^{\delta+}}$$

2,2,2-트라이플루오로에탄올(2,2,2-trifluoroethanol)의 O—H 양성자가 더 큰 양전기적 성질을 가지기 때문에 더 큰 산성도를 가진다는 것을 그림 1.9의 정전기 퍼텐셜지도에서 볼 수 있다.

CF_3CH_2OH가 CH_3CH_2OH보다 산성도가 크다는 사실은 다음의 이온화 반응식을 참고로 설명할 수 있다.

$$\mathrm{X_3C{-}CH_2{-}\ddot{O}{-}H} + \mathrm{:\ddot{O}H_2} \rightleftharpoons \mathrm{X_3C{-}CH_2{-}\ddot{O}:^-} + \mathrm{H{-}\overset{+}{O}H_2}$$

X = H: 에탄올
X = F: 2,2,2-트라이플루오로에탄올

X = H: 에탄올의 짝염기
X = F: 2,2,2-트라이플루오로에탄올의 짝염기

2,2,2-트라이플루오로에탄올의 짝염기인 $CF_3CH_2O^-$ 음이온은, 음전하를 갖는 산소 원자의 전자를 잡아당김으로써 음전하를 분산시키는 세 개의 플루오린 원자에 의해 안정화된다. 이러한 안정화 현상 때문에 CF_3CH_2OH이 CH_3CH_2OH보다 이온화 반응의 평형이 오른쪽으로 치우치게 된다.

결합을 통해 전달되는 이와 같은 구조적 효과를 **유도효과(inductive effect)**라고 한다. 치환기는 치환기와 다소 떨어진 부분 사이에 존재하는 결합들의 분극화를 유발한다.

이런 유도효과는 아세트산과 트라이플루오로 유도체를 비교해 보면 분명해진다. 트라이플루오로아세트산(trifluoroacetic acid)은 아세트산보다 pK_a 단위로 네 배나 더 센산이다.

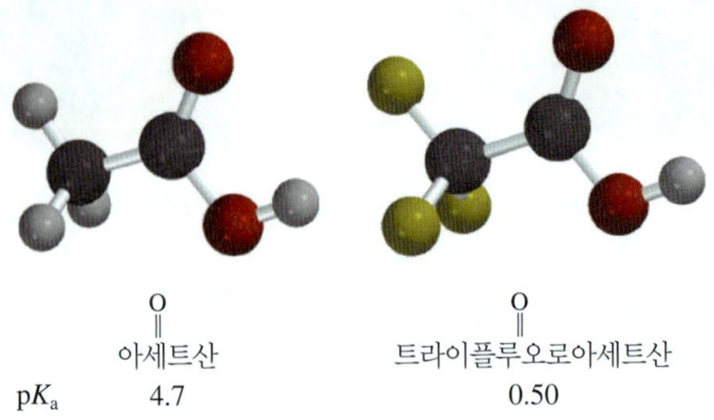

문제 1.33

차아염소산(HOCl) 차아브로민산(HOBr)은 약산이다. 물에서 이들 산이 이온화되는 화학 반응식을 각각 쓰고 어느 산이 더 강한 산인지 예측하시오.

유도효과는 치환기의 전기음성도, 치환기와 반응이 일어나는 부분사이의 결합 수(거리)에 따라 좌우된다. 결합의 수가 많아지면 즉, 거리가 떨어질수록 유도효과는 급격히 줄어든다.

짝염기의 전자 비편재화: pK_a가 −1.4인 질산은 물에서 완전히 이온화한다. 질산의 Lewis 식을 유도효과 관점에서 본다면 그 이유를 이해할 수 있다. 질산에 있는 N 원자는 전기음성도가 클 뿐만 아니라 형식전하 +1을 가지고 있다. 이 형식전하는 전자를 —OH 기로부터 끌어가는 능력을 키워준다. 그러나 유도효과는 그 원인의 일부일 뿐이다. 질산의 양성자를 물로 이동시키면 질산 이온이 생성된다.

질산 (산) + 물 (염기) ⇌ 질산 이온 (짝염기) + 하이드로늄 이온 (짝산)

질산 이온은 전자 비편재화에 의해 안정화된다. 이 전자의 비편재화를 세 개의 동등한 Lewis 구조 간의 공명 형태로 나타낼 수 있다.

세 개의 산소가 음전하를 골고루 나누어 가진다. 전자 비편재화에 의한 질산 이온 안정화는 질산 이온 형성 반응의 평형 상수를 증가시킨다.

문제 1.34

질산(nitrate) 이온에서 각 산소의 평균 형식전하는 얼마인가?

아세트산 이온도 유사한 전자 비편재화로 인해 안정화된다.

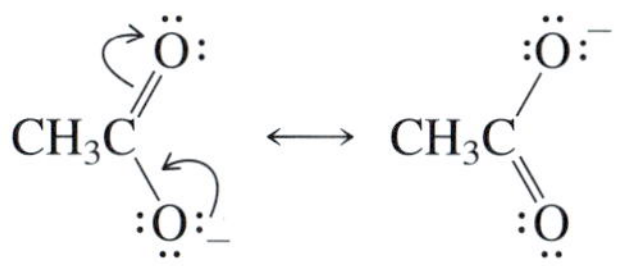

$$CH_3C(=\ddot{O}:)(-\ddot{O}:^-) \longleftrightarrow CH_3C(-\ddot{O}:^-)(=\ddot{O})$$

아세트산 이온의 두 산소는 음전하를 동일하게 나누어 가진다. 이 때문에 아세트산의 K_a는 전하가 단일 산소에 고정되어 있을 때보다 더 커진다.

문제 1.35

다음 두 산이 이온화하면 동일한 짝염기를 생성한다는 것을 공명구조를 그려서 증명하시오. 짝염기에서 산소와 황 원자 중 어느 것이 음전하를 더 많이 가지겠는가?

$$CH_3C(=\ddot{O}:)-\ddot{S}-H \quad \text{과} \quad CH_3C(=\ddot{S}:)-\ddot{O}-H$$

유기화학자는 유사한 반응을 연구하여 어떤 경향성을 찾아간다. 이 절의 처음에 산성도에 영향을 주는 구조적 요인 세 가지를 들었다. 마지막 두 요인(양성자를 잃는 원자의 전기음성도와 짝염기의 전자 비편재화)은 모두 짝염기의 안정도와 연관이 있다. 여기서 우리가 찾아낼 수 있는 경향성은 *짝염기를 안정화시키는 요인은 산의 세기를 증가시킨다는 것이다.*

1.15 산-염기 평형

양성자-이동 반응에서:

$$\text{산} + \text{염기} \rightleftharpoons \text{짝산} + \text{짝염기}$$

생성물과 반응물 중 어느 쪽으로 평형이 치우치는지가 우리의 관심사이다. 이것을 결정할 수 있는 쉬운 방법이 있다. 즉, 더 강한 산과 더 강한 염기를 더 약한 산과 더 약한 염기로 바꾸어 주는 방향으로 반응이 진행된다는 것이다.

$$\text{더 강한 산} + \text{더 강한 염기} \xrightleftharpoons{K > 1} \text{더 약한 산} + \text{더 약한 염기}$$

더 간단히 설명할 수도 있다. 반응은 더 강한 산이 왼쪽에 더 약한 산이 오른쪽에 있는 것을 더 좋아한다. 이것은 평형은 더 강한 산이 해리되는 쪽으로 선호한다는 것이다.

먼저 HBr 같은 강산을 물에 첨가할 경우를 생각해 보자. 이들 사이의 Brønsted 산-염기 반응식은 다음과 같다.

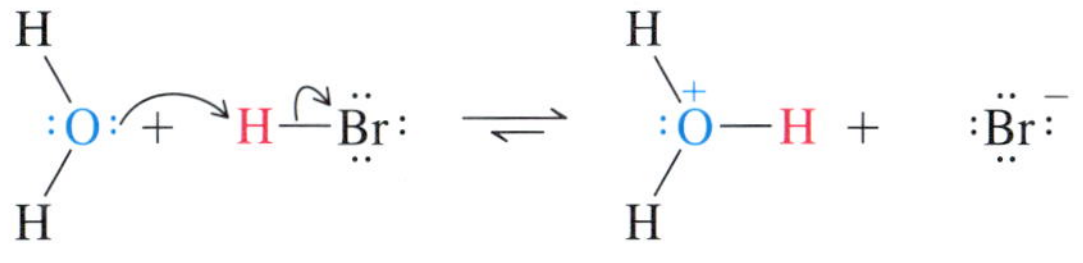

$$H_2\ddot{O}: + H-\ddot{Br}: \rightleftharpoons H_2\ddot{O}^+-H + :\ddot{Br}:^-$$

물 | 브로민화 수소 $pK_a = -5.8$ 더 강한 산 | 하이드로늄 이온 $pK_a = 0$ 더 약한 산 | 브로민화 이온

물이 용매인 산-염기 반응에서 H_3O^+ 의 pK_a = 0, 표 1.8을 보시오.

왼쪽의 산과 오른쪽의 산 중 어느 것이 더 강한 산인가를 결정하기 위해 그들의 pK_a 값을 비교해 보자(pK_a 값이 작으면 강산이다). 왼쪽 산인 HBr의 pK_a 값은 −5.8이고, 오른쪽 산인 H_3O^+의 pK_a 값은 0이다. 왼쪽의 HBr이 센 산이고, 오른쪽의 H_3O^+은 약한 산이므로 평형은 오른쪽으로 치우친다. 산-염기 반응의 평형상수 K_{eq}는 반응물 산의 K_a와 생성물 산의 K_a 값의 비율로 정의 할 수 있다.

$$K_{eq} = \frac{\text{반응물 산의 } K_a}{\text{생성물 산의 } K_a}$$

한편, $10^{-pK_a} = K_a$이므로

$$K_{eq} = \frac{\text{반응물 산의 } 10^{-pK_a}}{\text{생성물 산의 } 10^{-pK_a}}$$

로 표시할 수 있고 여기에 HBr과 H_3O^+의 pK_a 값을 대입하면

$$K_{eq} = \frac{10^{5.8}}{10^{0}} \text{이다.}$$

이 평형상수 값은 매우 커서, HBr은 물에서 완전히 이온화된다고 생각할 수 있다.

한편, 아세트산과 물과의 반응을 비교해 보자.

$$H_2\ddot{O}: + H-\ddot{O}-C(=O)CH_3 \rightleftharpoons H_2\overset{+}{O}-H + {}^-:\ddot{O}-C(=O)CH_3$$

물 / 아세트산 / 하이드로늄 이온 / 아세트산 이온

아세트산: $pK_a = 4.7$ 더 약한 산

하이드로늄 이온: $pK_a = 0$ 더 강한 산

여기서는 약한 산(아세트산)이 왼쪽에 있고 센 산(하이드로늄 이온)이 오른쪽에 있다. 평형상수 $K_{eq} = 10^{-4.7}$이고 평형의 위치는 왼쪽으로 치우친다.

문제 1.36

다음의 산-염기 반응에서 평형상수를 구하시오.

(a) 암모니아와 아세트산

(b) 플루오린화 이온과 아세트산

(c) 에탄올과 브로민산

풀이 예시 (a) 산-염기 반응식으로 시작하라. 암모니아는 Brønsted 염기로서 아세트산의 —OH 기로부터 양성자를 받는다. 암모니아는 짝산으로 변하고 아세트산은 짝염기로 변한다.

$$H_3N: + H-\ddot{O}-C(=O)CH_3 \rightleftharpoons H_3\overset{+}{N}-H + {}^-:\ddot{O}-C(=O)CH_3$$

암모니아 / 아세트산 / 암모늄 이온 / 아세트산 이온

아세트산: $pK_a = 4.7$ 더 강한 산

암모늄 이온: $pK_a = 9.3$ 더 약한 산

그들의 pK_a 값으로부터 아세트산이 암모늄 이온보다 센 산임을 알 수 있다. 따라서 평형은 오른쪽으로 치우친다.

$$K_{eq} = \frac{\text{아세트산(반응물)의 } 10^{-pK_a}}{\text{암모늄 이온(생성물)의 } 10^{-pK_a}} = \frac{10^{-4.7}}{10^{-9.3}} = 10^{4.6}$$

이 과정에서 우리는 예상치 못한 사실을 알게 되었다. 비록, 아세트산은 약산이고 암모니아도 약염기이지만 그들 간의 산-염기 반응은 거의 완결된다는 것이다.

산-염기 평형을 분석하기 위한 상대적인 pK_a 값으로부터 두 가지 중요한 점을 도출할 수 있다.

1. 강산, 강염기, 약산, 약염기가 분명히 구별된다. H_3O^+보다 강하면 강한 산이다. 반대로 H_3O^+보다 약한 것은 약한 산이다.
예: 황산의 1차 및 2차 이온화의 pK_a 값은 각각 −4.8과 2.0이다. 황산(sulfuric acid, $HOSO_2OH$)은 강산이다. 황산수소 이온(hydrogen sulfate, $HOSO_2O^-$)은 약산이다.
마찬가지로 HO^-보다 강한 것은 강한 염기이다.
예: 약산의 짝염기가 모두 강염기라는 것은 잘못된 것이다. 항상 그런 것은 아니다. 예를 들어, 아주 약산인 암모니아(pK_a = 36)에서는 이것이 사실이다. 짝염기인 아마이드화 이온(H_2N^-)은 HO^-보다 훨씬 더 강한 염기이다. 그러나 아세트산과 그 짝염기인 아세트산 이온은 모두 약산이고 약염기이다. 약산의 짝염기는 그 약한 산이 물보다 약할 때만 강염기가 된다.

2. 강산을 물에 녹였을 때 평형에서 많은 양으로 존재하는 가장 강산은 H_3O^+이다. 약산을 물에 녹이면 평형에서 많은 양으로 존재하는 가장 강산은 약산 그 자체이다.
예: 1.0 M HBr 수용액에는 [H_3O^+]가 1.0 M 들어있으며, 해리하지 않고 남아 있는 HBr 분자는 하나도 없다. 1.0 M의 아세트산 수용액에는 [H_3O^+]가 0.004 M 뿐이고, 해리하지 않은 아세트산 농도는 1.0 M에 가깝다. 마찬가지로, HO^-가 수용액에 많이 존재하는 가장 강염기이다.

문제 1.37

1.0 mol의 황산을 물에 녹여 용액 1.0 L가 되도록 했을 때 농도가 줄어드는 순서로 나열하시오. (계산할 필요는 없다)

$$H_2SO_4,\ HSO_4^-,\ SO_4^{2-},\ H_3O^+$$

산-염기 반응을 Brønsted-Lowry 관점에서 검토하면 또 다른 이점이 있다. 산과 그 짝염기들의 세기가 줄어드는 순서로 나열한 표 1.8을 양성자가 이동하는 방향을 예측하는 데 이용할 수 있다. 표에서 산의 양성자가 그 산보다 아래에 있는 염기로 이동하는 산-염기 반응의 평형은 유리한 평형이다. 산의 양성자가 그 산보다 표에서 위에 있는 염기로 이동하는 산-염기 반응은 유리하지 않는 반응이다. 따라서 페놀에서 수산화 이온으로 양성자가 이동하는 반응의 평형 상수는 1보다 크다. 그러나 페놀에서 탄산수소 이온(hydrogen carbonate ion)으로 이동하는 반응의 평형 상수는 1보다 작다.

$$C_6H_5-\ddot{O}-H + {}^-:\ddot{O}-H \xrightarrow[]{K>1} C_6H_5-\ddot{O}:^- + H-\ddot{O}-H$$

페놀 수산화 이온 페녹시화 이온 물

$$C_6H_5-\ddot{O}-H + {}^-:\ddot{O}-\overset{O}{\overset{\|}{C}}OH \xleftarrow[]{K<1} C_6H_5-\ddot{O}:^- + H-\ddot{O}-\overset{O}{\overset{\|}{C}}OH$$

페놀 탄산수소 이온 페녹시화 이온 탄산

표 1.8에서 수산화 이온은 페놀보다 아래에 있고, 탄산수소 이온은 페놀보다 위에 있다. 실제로 위의 반응에서 NaOII는 페놀을 페녹시화 이온(phcnoxidc ion)으로 만들기에 충분한 만큼 강한 염기이지만, N_aHCO_3는 그렇지 않다는 것을 보여 준다.

문제 1.38

페놀과 수산화 이온 사이의 반응 시 평형은 오른쪽으로 치우침을 왼쪽 산과 오른쪽 산의 pK_a 값을 비교함으로써 증명하시오. 어느 것이 더 강한 산인가? 페놀과 탄산수소 이온 사이의 반응에 대해서도 검토하시오.

1.16 Lewis 산과 Lewis 염기

전자점(electron dot) 구조식을 제공했던 G. N. Lewis는 Brønsted-Lowry 이론보다 더 보편적인 산–염기 이론을 제안했다. Brønsted-Lowry는 산과 염기를 양성자(양전하 소지) 주개와 받개로 정의한 반면, Lewis는 동전의 반대 면을 보듯 전자쌍(음전하 소지)에 초점을 맞추었다. Lewis에 따르면 산은 전자쌍 받개이고, 염기는 전자쌍 주개이다. 우리가 Lewis 정의를 좁은 의미로 사용한다면, Lewis *산과* Lewis *염기 사이의 반응식을 다음과 같이 쓸 수 있다.*

$$A^+ + :B^- \rightleftharpoons A{-}B$$

Lewis 산 Lewis 염기

Lewis 염기의 비공유 전자쌍은 Lewis 산과 Lewis 염기 사이의 공유결합을 형성한다. 위 식에서는 Lewis 산과 Lewis 염기를 이온으로 표현했다. 그러나 꼭 이온일 필요는 없다. 두 개가 모두 중성 분자라면 다음과 같은 유사한 식을 쓸 수 있다.

$$A + :B \rightleftharpoons \overset{-}{A}{-}\overset{+}{B}$$

Lewis 산 Lewis 염기

후자의 경우로서 실제로 다음과 같은 예를 들 수 있다.

에터화 삼플루오린화 붕소의 붕소와 산소의 형식전하가 올바른지 증명하시오.

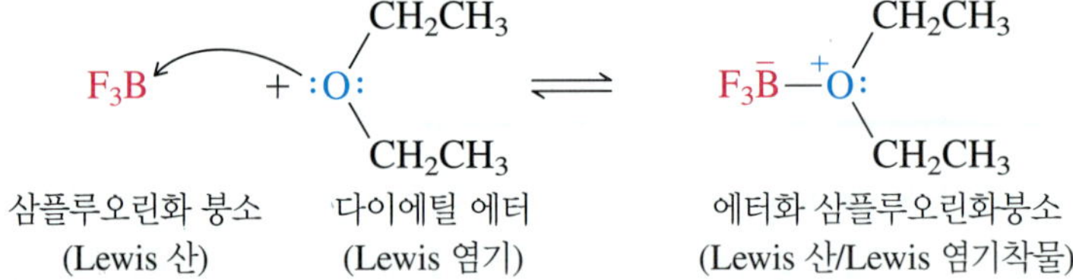

Lewis 산/Lewis 염기 착물(Lewis acid/Lewis base complex)의 하나이며, 비공식적으로 "에터화 삼플루오린화 붕소"라 알려진 이 반응생성물은 여러분에게는 생소하겠으나, 반응물의 성질과는 전혀 다른 성질을 가진 안정된 화학종이다. 예를 들면, 이 착물의 끓는점(126°C)은 트라이플루오린화 붕소(끓는점이 100°C인 기체)나 34°C에서 끓는 액체인 다이에틸 에터르보다 훨씬 높다.

문제 1.39

삼플루오린화 붕소와 다이메틸 설파이드[$(CH_3)_2S$] 사이의 Lewis 산/염기 반응식을 쓰시오. 굽은 화살표를 사용하여 전자의 흐름을 추적하고 형식전하도 나타내시오.

Lewis 산/Lewis 염기 개념은 한 원자나 기가 다른 원자나 치환기로 대체되는 **치환반응(substitution)**에도 사용할 수 있다.

$$H\ddot{O}:^- + H_3C{-}\ddot{Br}: \rightleftharpoons H\ddot{O}{-}CH_3 + :\ddot{Br}:^-$$

수산화 이온 (Lewis 염기) 브로모메테인 (Lewis 산) 메탄올 브로민화 이온 브로모메테인(bromomethane)의 탄소 원자는 만약 브로민과의 공유결합이 깨어져서 그 결합 전자쌍이 브로민화 이온(bromide ion)의 비공유 전자쌍으로 변한다면 전자쌍을 받을 수도 있다. 따라서 브로모메테인은 이 반응에서 Lewis 산의 역할을 한다.

앞의 반응과 우리에게 더욱 익숙한 다음 반응과의 유사점에 유의하자.

$$HO^- + H{-}Br \rightleftharpoons HO{-}H + Br^-$$

수산화 이온 (Lewis 염기) + 브로민화 수소 (Lewis 산) ⇌ 물 + 브로민화 이온

위의 두 반응은 매우 유사함을 알 수 있다. 특히, 수산화 이온과 브로민화 수소(hydrogen bromide) 사이의 반응은 Brønsted-Lowry 산-염기 반응일 뿐만 아니라 Lewis 산-Lewis 염기 반응임을 보여 준다. *Brønsted 산-염기 반응은 Lewis 산-Lewis 염기 반응의 일부에 속한다.*

Lewis 산-Lewis 염기 화학에 속하는 중요한 생화학 반응들도 많다. 이산화탄소는 탄산탈수효소(carbonic anhydrase)의 효소에 의하여 급속도로 탄산수소 이온으로 변한다.

$$HO^- + O{=}C{=}O \xrightleftharpoons{\text{탄산탈수 효소}} HO{-}C({=}O){-}O^-$$

수산화 이온 (Lewis 염기) + 이산화탄소 (Lewis 산) ⇌ 탄산수소 이온

이산화탄소의 탄소 원자는 두 개 산소의 전자 끄는 힘 때문에 부분 양전하를 띠고 있다는 사실을 상기해 보라. 수산화 이온(Lewis 염기)이 양으로 분극된 탄소와 결합하면 탄소-산소 사이의 이중결합에 있는 전자쌍 하나가 산소의 비공유 전자로 된다.

Lewis 염기가 다른 원자와 결합을 이루기 위해 비공유 전자쌍을 사용할 때는 이 Lewis 염기를 **친핵체(nucleophile,** 핵을 찾는 화학종)라고 한다. 반대로 Lewis 산은 **친전자체(electrophile,** 전자를 찾는 화학종)라고 한다. 우리는 이 두 용어를 앞으로 남은 장들을 공부할 때 수백 번 이상 사용할 것이다.

목차를 보시오. 어떤 장이 친핵체 또는 친전자체에 관련된 용어를 가지고 있는가?

1.17 요약

1.1절 원자와 전자에 대한 기본 지식을 복습하면서 **파동 함수(wave function)**, **오비탈(orbital)** 및 원자 내의 **전자 배치(electron configuration)**에 대해 논했다. 중성 원자는 핵의 양성자 수만큼 전자를 가지고 있다. 이 전자들은 에너지가 증가하는 순서로 오비탈을 채우고, 이 때 한 오비탈에는 최고 두 개의 전자만이 들어갈 수 있다. 이 교재에서 가장 많이 나오는 오비탈은 *s* 오비탈(대칭인 구형)과 *p* 오비탈(아령 모양)이다.

탄소 2*s* 오비탈의 경계면

탄소 2*p* 오비탈의 경계면

1.2절 **이온결합(ionic bond)**은 서로 반대 전하를 가진 두 이온 사이의 정전기적 인력이다. 주기율표상의 위 오른쪽에 있는 원소들, 특히 플루오린과 산소는 전자를 받아서 음이온이 되려는 경향이 있다. 주기율표상 왼쪽에 위치한 원소들, 특히 소듐과 같은 금속 원소들은 전자를 잃고 양이온이 되려는 경향이 있다. 탄소의 양 또는 음이온이 이온결합을 형성하는 경우는 매우 드물다.

1.3절 탄소가 관여하는 가장 흔한 결합은 **공유결합(covalent bond)**이다. 공유결합은 두 원자가 전자쌍을 서로 공유한다. **Lewis 식(Lewis formulas)**은 **팔전자 규칙(octet rule)**에 준해서 그린다. 팔전자 규칙이란, 2주기 원소들은 그들의 원자가 껍질에 최대 여덟 개의 전자만이 들어갈 수 있다는 것이다. 대부분의 화합물에서 탄소는 네 개의 결합을 형성한다.

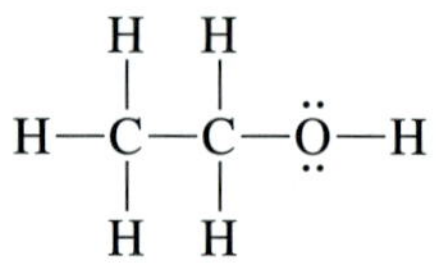

```
    H   H
    |   |   ..
H — C — C — O — H
    |   |   ..
    H   H
```

에틸 알코올에서 각 탄소는 네 개의 결합을 갖는다;
산소와 각 탄소는 여덟 개의 전자로 둘러쌓여 있다.

1.4절 많은 유기 화합물들은 **이중결합**과 **삼중결합**을 가지고 있다. 이중결합에는 네 개의 전자, 삼중결합에 여섯 개의 전자가 들어 있다.

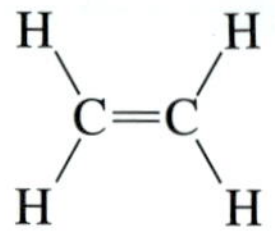

```
H       H
 \     /
  C = C          H — C ≡ C — H
 /     \
H       H
```

에틸렌은 한 개의 탄소–탄소 이중결합을 가지고 있다.

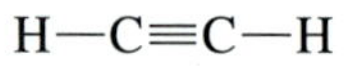

아세틸렌은 한 개의 탄소–탄소 삼중결합을 가지고 있다.

1.5절 **전기음성도**가 다른 두 원자가 공유결합을 할 때는 결합 전자는 전기음성도가 큰 원소 쪽으로 더 끌린다.

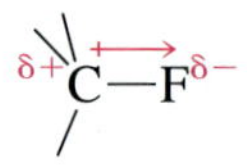

```
 \ |   ⟶
δ+ C — F δ−
  /
```

탄소–플루오린 결합의 전자는
탄소에서 플루오린 쪽으로 당겨진다.

1.6절 분자의 전자 수를 세고 전하 분포를 평가하는 것은 구조가 성질에 미치는 영향을 이해하는 데 필요하다. Lewis 식 내의 원자는 중성일 수도 있으며, 양전하 또는 음전하를 가질 수도 있다. 한 분자의 Lewis 식 내에 있는 원자들의 **형식전하(formal charge)**는 전자 수를 계산하여 중성 원자와 비교해 보면 알 수 있다.

형식전하 = 주기율표에서 원자가 속한 족 번호 − (비공유전자 수)

비공유전자 수 = $\frac{1}{2}$(공유전자 수)
+ 비공유전자 수

1.7절 이 절의 표 1.5에 유기 화합물의 Lewis 식을 그리는 방법을 기술해 두었다. 실험적으로 구한 정보인 **분자식(molecular formular)**과 **원자 연결순서(connectivity)**로부터 시작한다.

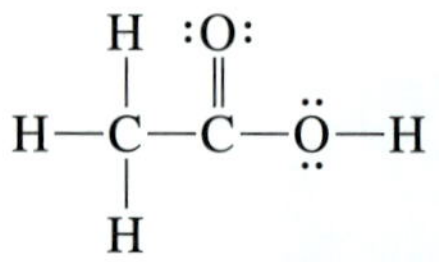

```
    H  :O:
    |   ‖   ..
H — C — C — O — H
    |       ..
    H
```

아세트산의 Lewis 식

분자식은 같으면서 서로 다른 화합물을 **이성질체(isomers)**라고 하며, 원자들이 서로 다른 순서로 연결되어 있으면 **구조 이성질체(constitutional isomer)**라고 한다.

폼아마이드(formamide, 왼쪽)와 폼알독심(formaldoxime, 오른쪽)은 구조 이성질체이다. 둘 다 같은 분자식(CH_3NO)을 가졌으나 원자들이 서로 다른 순서로 연결되어 있다.

축소 구조식과 **결합-구조선 구조식**은 유기 화합물의 구조를 나타내는 가장 경제적인 표시법이다.

$CH_3CH_2CH_2CH_2OH$
or
$CH_3(CH_2)_2CH_2OH$
축소 구조식

OH
선 구조식

1.8절 많은 분자들은 전자의 위치만이 다른 둘 또는 그 이상의 Lewis 식으로 나타낼 수 있다. 이 경우 전자들은 비편재화되어 있기 때문에 진짜 전자 분포는 이들 **Lewis 구조(contributing structures)**의 혼성구조이다. 공명에 관한 규칙은 표 1.6에 요약되어있다.

폼알데하이드의 두 가지 Lewis 구조(공명 기여체); 원자들은 같은 순서로 연결되지만, 전자의 배정은 다르다.

1.9절 팔전자 규칙은 2주기 원소에만 적용되는 것은 아니다. 황이나 인과 같은 3주기 원소들은 원자가 껍질이 여덟 개보다 더 많은 전자를 수용할 수 있으므로 특정 공명구조에서 황이나 인은 12개 또는 10개의 전자를 가질 수 있다. 황산이나 인산이 그 예이다.

1.10절 분자의 공간적 모양은 **원자가껍질 전자쌍 반발 이론(valence shell electron pair repulsion)**으로 예측할 수 있다. 사면체 배열에서는 네 개의 전자쌍이 최대로 멀리 떨어져 있다(왼쪽). 평면 삼각형 배열은 세 개의 전자쌍이 최대로 떨어진 모양이다(중앙).두 개의 전자쌍에 대해서는 선형이 최적이다(오른쪽).

1.11절 분자의 모양과 결합의 극성을 알면 **분자 쌍극자 모멘트(molecular dipole moment)**와 그 방향을 예측할 수 있다.

물과 이산화탄소는 모두 극성결합을 가지고 있다.
그러나 물은 쌍극자 모멘트를 갖지만 이산화탄소는 아니다.

1.12절 굽은 화살표는 결합의 형성과 분해에 관련된 전자의 흐름을 보여줌으로써 화학 반응식이 제공하는 정보의 양을 배가한다.

$$:\ddot{Br}-CH_3 \quad :NH_3 \longrightarrow :\ddot{Br}:^- \; + \; H_3C-\overset{+}{N}H_3$$

위 반응에서 질소의 전자쌍은 C—N 결합의 전자쌍으로 변화된다. C—Br 결합은 끊어지며 결합에 사용되었던 전자쌍은 브로민화 이온의 비공유결합 전자쌍으로 변한다.

1.13절 Brønsted-Lowry 정의에 의하면 산은 양성자 주개이고 염기는 양성자 받개이다.

$$\underset{\text{Base}}{B:} + \underset{\text{Acid}}{H-A} \rightleftharpoons \underset{\text{Conjugate acid}}{\overset{+}{B}-H} + \underset{\text{Conjugate base}}{:A^-}$$

산의 세기는 수용액에서 이온화에 대한 평형상수 K_a로 표현된다.

$$K_a = \frac{[H_3O^+][:A^-]}{[HA]}$$

또는, 더 편리하게 pK_a로 표현되기도 한다.

$$pK_a = -\log_{10}K_a$$

1.14절 산의 세기는 양성자가 결합된 원자에 좌우된다. 두 가지 인자는 H—X 결합의 세기와 X의 전기음성도이다. 주기율표의 같은 족에 속하는 원자들 사이에서는 결합의 세기가 더 중요하지만 같은 주기의 원소들 사이에서는 전기음성도가 더 중요하다. 분자내의 전기음성적인 원자의 존재는 **유도효과(inductive effect)**에 의해 산성도를 증가시킨다.

짝염기의 **전자 비편재화**는 Lewis 구조들 사이의 공명으로 이해될 수 있으며 이로 인한 짝염기의 안정화는 산성도를 증가하게 된다.

1.15절 산-염기 반응에서 평형의 위치는 약한 산 쪽으로 치우친다.

$$\text{더 강한 산 + 더 강한 염기} \xrightleftharpoons{K > 1} \text{더 약한 산 + 더 약한 염기}$$

이것은 아주 유용한 관계식이다. Brønsted-Lowry 정의에 의한 산-염기 반응식을 연습하여 표 1.8에 있는 Brønsted 산의 pK_a 값에 익숙해져야 한다.

1.16절 산-염기에 대한 Lewis 정의가 Brønsted-Lowry보다 더 포괄적이다. **Lewis 산**은 전자쌍 받개이고 **Lewis 염기**는 전자쌍 주개이다. 즉, 양성자만을 전자쌍을 받는 Lewis 산으로 제한한 Brønsted-Lowry 접근법은 Lewis 접근법의 일개 하위 범주로 간주할 수 있다.

문제

1.40 다음 화학종은 이 교재에 자주 나올 것이다. 이들은 모두 같은 결합전자 수, 같은 원자 수와 결합 배치를 가졌다. 이들은 등전자(isoelectronic) 화학종이다. 주어진 Lewis 구조에서 형식 전하가 있는 원자는 어느 것인가? 또 각 화학종의 전체 전하를 결정하시오.

(a) $:N\equiv N:$ (c) $:C\equiv C:$ (e) $:C\equiv O:$

(b) $:C\equiv N:$ (d) $:N\equiv O:$

1.41 옥시황화 탄소의 원자 연결순서는 OCS이다.

(a) 팔전자 규칙을 만족하는 Lewis 구조를 쓰시오.

(b) VSEPR에 따라 분자의 기하학적 구조를 예측하시오.

(c) 이 분자는 쌍극자 모멘트를 갖는가? 그렇다면 쌍극자 모멘트의 방향은?

1.42 다음 유기 화합물의 Lewis 구조를 쓰시오.

(a) C_2H_3Cl(염화 바이닐: 폴리(염화 바이닐) 또는 PVC 플라스틱을 제조하는 출발 물질로 사용함)

(b) $C_2HBrClF_3$(할로테인: 코로 흡입하는 인화성이 없는 마취제. 세 개의 플루오린은 같은 탄소에 결합되어 있음)

(c) $C_2Cl_2F_4$(프레온 114: 냉매제와 추진제로 사용되었음. 각 탄소는 염소 하나씩과 결합함)

1.43 Lewis 구조 A, B, C에 대한 다음 질문에 답하시오.

$H_2\ddot{C}-N\equiv N:$ (A) $H_2C=N=\ddot{N}:$ (B) $H_2C-\ddot{N}=\ddot{N}:$ (C)

(a) A, B, C는 구조이성질체인가, 공명구조인가?

(b) 탄소가 음전하를 가진 구조는 어느 것인가?

(c) 탄소가 양전하를 가진 구조는 어느 것인가?

(d) 질소가 양전하를 가진 구조는 어느 것인가?

(e) 질소가 음전하를 가진 구조는 어느 것인가?

(f) 각 구조의 알짜 전하는 무엇인가?

(g) A와 B 중 어느 것이 더 안정한가? 그 이유는 무엇인가?

(h) B와 C 중 어느 것이 더 안정한가? 그 이유는 무엇인가?

(i) VSEPR에 의하면 CNN의 기하학적 구조는 무엇인가?

1.44 다음 쌍들 중 어느 것이 공명구조이고 어느 것이 다른 화학종인지 구별하시오. 공명구조가 아니라면 그 이유를 설명하시오.

(a) $:\ddot{N}-N\equiv N:$ 및 $:N=N=N:$

(b) $:\ddot{N}-N\equiv N:$ 및 $:\ddot{N}-N=\ddot{N}:$

(c) $:\ddot{N}-N\equiv N:$ 및 $:\ddot{N}-\ddot{N}-\ddot{N}:$

1.45 (a) 다음 네 개의 구조 중 하나는 공명구조가 아니다. 어느 것인가? 그 이유는 무엇인가?

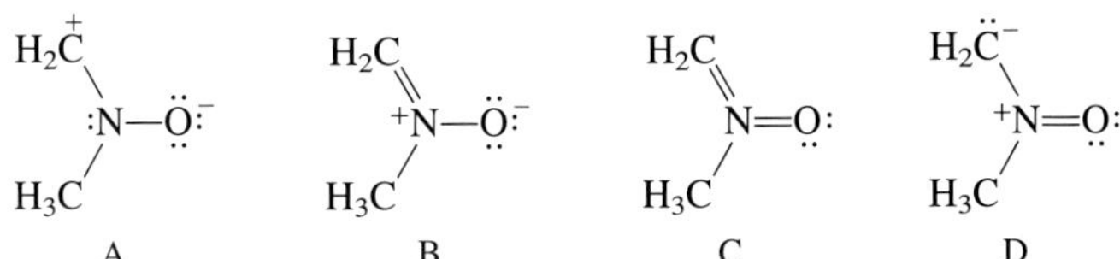

(b) 세 개의 공명구조를 공명혼성에 기여도가 큰 순서로 나열하시오. 이유는?

(c) 세 개의 공명구조가 생성될 때 전자의 흐름을 굽은 화살을 이용하여 나타내시오.

1.46 다음의 구조보다 더 안정한 Lewis 구조를 그리시오. 새로운 Lewis 구조가 어떻게 생성되는지 굽은 화살표를 사용하여 보이시오. Lewis 식에서 형식전하가 있다면 형식전하를 표시하시오.

(a) $H_3C-\ddot{N}=\overset{+}{N}:$

(b) $H-C(=\overset{+}{O}-H)-\ddot{O}:^-$

(c) $H_2\overset{+}{C}-\overset{-}{\underset{..}{C}}H_2$

(d) $H_2\overset{+}{C}-CH=CH-\overset{-}{\underset{..}{C}}H_2$

(e) $H_2\overset{+}{C}-CH=CH-\ddot{O}:^-$

(f) $H_2\overset{-}{\underset{..}{C}}-C(=\ddot{O}:)H$

(g) $H-\overset{+}{C}=\ddot{O}:$

(h) $H_2\overset{+}{C}-\ddot{O}H$

(i) $H_2\overset{-}{\underset{..}{C}}-\underset{..}{N}=\overset{+}{N}H_2$

1.47 다음 분자식을 갖는 모든 구조 이성질체를 쓰시오.

(a) C_4H_{10}

(b) C_5H_{12}

(c) $C_2H_4Cl_2$

(d) C_4H_9Br

(e) C_3H_9N

1.48 다음 화합물의 모든 구조 이성질체를 쓰시오.

(a) C_3H_8 (b) C_3H_6 (c) C_3H_4

1.49 다음의 결합을 가진 C_3H_6O의 구조 이성질체를 그리시오.

(a) 단일결합뿐인 구조 (b) 이중결합이 하나 있는 구조

1.50 극성 공유결합을 가진 다음 화합물에 대해 기호 ⟷를 사용하여 쌍극자의 양극과 음극을 표시하시오. 필요하면 표 1.3를 참조하시오.

(a) HCl (b) HI (d) HOCl

(b) ICl (c) H_2O

1.51 FCl과 ICl는 쌍극자 모멘트 μ의 크기가 비슷하나(각각 0.9와 0.7 D) 그 방향이 반대이다. 한 화합물에서는 염소가 양극이고 다른 화합물에서는 음극이다. 각 화합물의 쌍극자 모멘트의 방향을 표시하고 그 이유를 설명하시오.

1.52 다음 한 쌍의 화합물 중 어느 것이 더 큰 쌍극자 모멘트를 가지는가? 그 이유는 무엇인가?

(a) HF 또는 HCl (d) $CHCl_3$ 또는 CCl_3F

(b) HF 또는 BF_3 (e) CH_3NH_2 또는 CH_3OH

(c) $(CH_3)_3CH$ 또는 $(CH_3)_3CCl$ (f) CH_3NH_2 또는 CH_3NO_2

1.53 다음 화합물 구조를 다시 써서 모든 원자와 비공유 전자쌍을 나타내시오. 분자식은 무엇인가? 이들 중 이성질체 관계가 있는가?

(a) 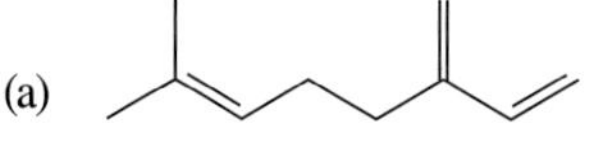

월계수 및 버베나 기름에서 발견됨

(d) 로크포르 치즈에서 발견됨

(b) 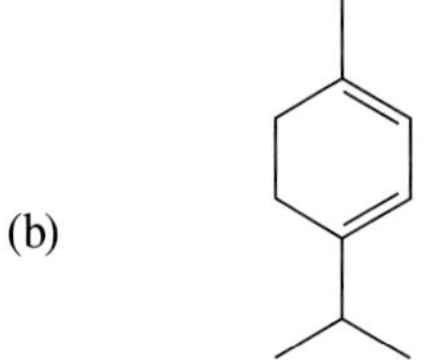

마요라나 기름에서 발견되는 향긋한 냄새 물질

(e) 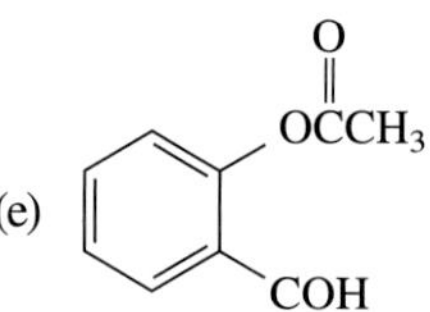

아스피린

(c) 토끼풀 기름에 존재함.

(f) 티리안 퍼플: 지중해 바다 달팽이에서 추출되는 보라 색 염료.

1.54 천식약으로 사용되는 montelukast의 구조는 다음과 같다.

(a) 표 1.8을 사용하여 이 분자 중 가장 산성인 부분과 염기성인 부분을 예측하시오(구조가 정확히 일치하지 않더라도 간단한 분자내 유사 작용기의 산성도를 사용하여 예측).

(b) montelukast에 1 당량의 NaOH를 처리하였을 때 제조되는 생성물의 구조를 쓰시오.

(c) montelukast에 1 당량의 HCl을 처리하였을 때 제조되는 생성물의 구조를 쓰시오.

1.55 (a) 어떤 산의 pK_a는 2이고, 또 다른 산의 pK_a는 8이다. K_a 값의 비는 얼마인가?
(b) K_a 값이 10,000배 차이나는 두 산이 있다. 이 들 중 상대적으로 약한 산의 pK_a 값이 5라면 더 강한 산의 pK_a 값은 얼마인가?

1.56 다음 산들의 pK_a 값으로부터 K_a 값을 계산하시오. 산성도가 줄어드는 순서대로 나열하시오.
(a) 아스피린: pK_a = 3.48
(b) 바이타민 C(아스코브산): pK_a = 4.17
(c) 폼산(개미 침의 성분): pK_a = 3.75
(d) 옥살산(몇 가지 딸기 종류 속에 들어 있는 독): pK_a = 1.19

1.57 다음 화합물을 산성도가 줄어드는 순서대로 나열하시오. 표 1.8에는 없지만 유사한 구조를 표에서 찾아 그 pK_a 값을 이용할 수 있을 것이다.

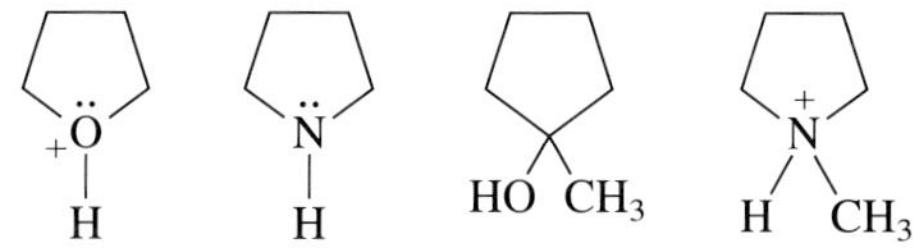

1.58 다음 화합물을 염기도가 줄어드는 순서대로 나열하시오. 표 1.8을 참조하라.

$CH_3CH_2CH_2C{\equiv}\bar{C}:$ $\quad CH_3CH_2CH_2CH_2\ddot{S}:^-$ $\quad CH_3CH_2CH_2C(=O)O^-$ $\quad CH_3CH_2CH_2CH_2\ddot{O}:^-$

1.59 다음 화합물의 1.0 M 수용액을 생각해 보시오. 어느 것이 더 염기성인가?
(a) 사이안화 소듐(NaCN) 또는 플루오린화 소듐(NaF)

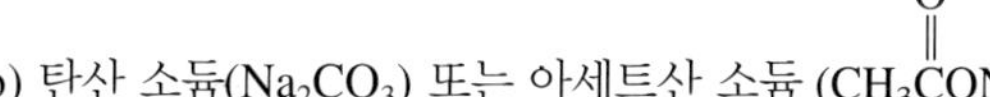

(b) 탄산 소듐(Na_2CO_3) 또는 아세트산 소듐 (CH_3CONa)
(c) 황산 소듐(Na_2SO_4) 또는 메테인싸이올산 소듐($NaSCH_3$)

1.60 (a) $(CH_3)_3NH^+$와 $(CH_3)_3PH^+$ 중에서 어느 것이 더 강한 산인가?
(b) $(CH_3)_3N$:와 $(CH_3)_3P$: 중에서 어느 것이 더 강한 염기인가?

1.61 다음 산들이 물과 반응할 때 일어나는 Brønsted-Lowry 산-염기 반응식을 쓰시오. 비공유 전자쌍, 형식전하를 모두 표시하고 굽은 화살표를 사용하여 전자의 움직임을 나타내시오.

(a) $H{-}C{\equiv}N:$

(b)

(c) $H_3C{-}C(={\overset{+}{O}}{-}H){-}\ddot{O}{-}CH_3$

1.62 다음 염기들이 물과 반응할 때 일어나는 Brønsted-Lowry 산-염기 반응식을 쓰시오. 비공유 전자쌍, 형식전하를 모두 표시하고 굽은 화살표를 사용하여 전자의 움직임을 나나내시오.

(a) $H_3C{-}C{\equiv}\bar{C}:$

(b)

(c)

1.63 다음의 산-염기 반응에 사용된 물질은 모두 표 1.8에 나열되어 있으며 모든 반응의 평형은 오른쪽으로 치우친다. 반응식을 완결하고 모든 비공유 전자쌍을 표시하시오. 산, 염기, 짝산, 짝염기를 표시하고 굽은 화살표를 사용하여 전자의 흐름을 표시하시오. 각 반응의 평형상수를 계산하시오.

(a) $(CH_3)_3C\ddot{O}:^-$ + $H—\ddot{S}CH_3$ ⇌

(b) $^-:\ddot{O}—C(=O)—\ddot{O}:^-$ + $H—\ddot{O}CCH_3$ (C=:O:) ⇌

(c) $[(CH_3)_2CH]_2\ddot{N}:^-$ + $H—\ddot{O}CH(CH_3)_2$ ⇌

1.64 다음 반응에서 굽은 화살표가 표시하는 대로 전자가 이동하였을 때 만들어지는 생성물을 쓰시오.

$(H_2\ddot{N})_2C=\ddot{S}:$ + $H_3C—\ddot{Br}:$ ⟶

1.65 다음의 산–염기 반응에 사용된 물질은 모두 표 1.8에 나열되어 있다. 표에 있는 pK_a 값을 활용하여 반응의 생성물을 예측하시오. 굽은 화살표를 이용하여 전자의 흐름을 표시하시오. 평형은 어느 쪽으로 치우치는지 예측하고 평형상수를 계산하시오.

(a) HC≡CH + $^-:\ddot{N}H_2$ ⇌

(b) HC≡CH + $^-:\ddot{O}—CH_3$ ⇌

(c) $CH_3\overset{O}{\overset{\|}{C}}CH_2\overset{O}{\overset{\|}{C}}CH_3$ + $^-:\ddot{O}—CH_3$ ⇌

(d) $CH_3\overset{O}{\overset{\|}{C}}OCH_2CH_3$ + $^-:\ddot{O}—CH_3$ ⇌

(e) $CH_3\overset{O}{\overset{\|}{C}}OCH_2CH_3$ + $^-:\ddot{N}[CH(CH_3)_2]_2$ ⇌

1.66 스콰르산(squaric acid)은 C, H, O만으로 이루어진 화합물 중에서는 예외적으로 강한 산이다(pK_a 값은 1.2).

스콰르산

이 산의 짝염기에 대한 Lewis 식을 그린 후 어떻게 두 산소 원자에 음전하가 분산되는지를 굽은 화살표를 사용하여 보이시오.

1.67 구아니딘(guanidine)의 짝산 구조 A, B 중 전자의 비편재화로써 안정화가 가능할수록 더 안정한 구조이다. 어느 것이 더 안정한 구조인가? 전자의 비편재화를 공명구조를 그려서 설명하시오.

구아니딘	A	B
$:NH=C(H_2\ddot{N})(\ddot{N}H_2)$	$:NH=C(H_2\ddot{N})(\overset{+}{N}H_3)$	$\overset{+}{N}H_2=C(H_2\ddot{N})(\ddot{N}H_2)$

설명문과 이해 문제 1

아마이드 Lewis 구조식

Lewis 식은 유기화학에서 구조적 정보를 교환하는 주요 수단이다. 이 구조식은 원자, 결합, 비결합 쌍의 위치 및 전하를 보여준다.

전자의 위치만 다른 두 개 이상의 Lewis 식은 단일 화합물에 자주 쓸 수 있다. 그와 같은 경우에 Lewis 식으로 표시된 각 구조는 *공명*에 있다고 하고, 실제의 전자 분포는 *기여구조*들에 있는 전자 분포의 *혼합이다*.

아마이드 작용기는 펩타이드 및 단백질의 중요한 구조 단위이다. 아래 Lewis 구조로 보인 폼아마이드는 가장 간단한 아마이드이다. 이것은 쌍극자 모멘트가 3.7 D인 평면 분자이다. Lewis 구조 I−IV는 폼아마이드의 Lewis 구조와 관련된 화학종을 보여준다.

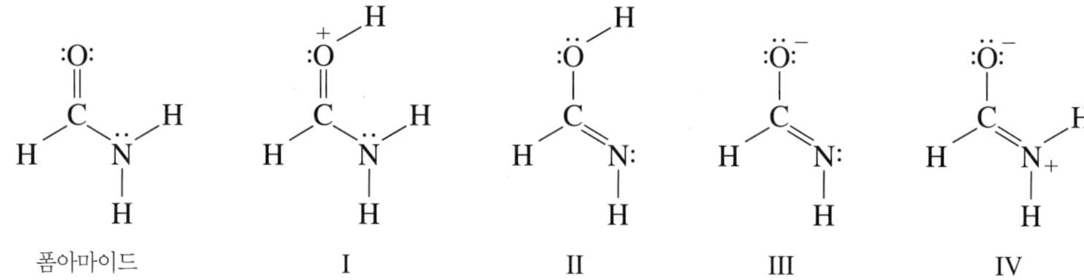

1.68 폼아마이드는 평면 분자이다. VSEPR에 따라서, 폼아마이드로 주어진 구조식은 이러한 요구를 만족하는가?

A. 예

B. 아니오

1.69 어떤 Lewis 구조가 VSEPR에 따라 평면이고 폼아마이드의 공명 기여체인가?

A. I　　C. III

B. II　　D. IV

1.70 VSEPR에 따라, 어떤 Lewis 식이 질소에 피라미드 배열의 결합을 갖는가?

A. I　　C. III

B. II　　D. IV

1.71 어떤 Lewis 식이 폼아마이드의 구조 이성질체인가?

A. I　　C. III

B. II　　D. IV

1.72 어떤 Lewis 식이 폼아마이드의 짝산인가?

A. I　　C. III

B. II　　D. IV

1.73 어떤 Lewis 식이 폼아마이드의 짝염기인가?

A. I　　C. III

B. II　　D. IV

이산화탄소가 탄소 공급원인 광합성과 유사하게, 깊고 어두운 바다 속의 화학합성은 메테인을 사용한다. 종이처럼 생긴 관속에 살고 있는 벌레의 붉고 가는 선에 있는 박테리아는 메테인을 에너지와 필요한 물질로 변환한다.

알케인과 사이클로알케인: 탄화수소 소개

Alkanes and Cycloalkanes: Introduction to Hydrocarbons

이 장에서는 1장에 이어 구조와 성질 사이의 관련성에 대해 계속 알아보기로 한다. 여기서는 가장 간단한 유기화합물, 즉 *탄화수소*(*hydrocarbon*)라 불리는 탄소와 수소만으로 구성된 화합물에 초점을 맞춘다. 이들 화합물은 유기 화합물에서 중요한 자리를 차지하고 있다. 이러한 탄화수소의 탄소-탄소 결합은 소위 *작용기*(*functional group*)라고 하는 반응성이 큰 원자단을 붙일 수 있는 기본 골격을 이룬다. 작용기에 대해서는 4장에서 더 많이 알아볼 것이다. 따라서 이 장에서는 탄화수소, 특히 알케인에서의 결합과 구조에 관해서만 다루어 보기로 한다.

전자가 파동이라는 생각으로 발전된 두 가지 이론인 *원자가 결합*(*valance bond*)과 *분자오비탈*(**molecular orbital**) 모형에 의해서 결합에 대한 우리의 형상을 확장할 것이다. 특히 *오비탈*(*orbital hybridization*)이라고 하는 원자가결합 모형의 한 특징을 강조할 것이다.

이 장의 많은 부분에서 유기 화합물의 이름을 어떻게 지을 것인지 알아보게 된다. 전 세계에서 통용되고 있는 유기 화합물의 명명법은 탄화수소에 대한 명명규칙에 근거를 두고 있으며, 이러한 규칙이 다른 종류의 유기 화합물에도 확대하여 사용되고 있다.

2.1 탄화수소 분류

탄화수소(hydrocarbon)는 크게 지방족과 방향족으로 나뉜다. 이와 같은 분류는 19세기로 거슬러 올라가는데, 당시의 유기화학은 천연자원에서 얻은 물질에 대한 연구가 대부분이어서 화합물의 이름은 각 물질의 출처가 반영되었다. 그 중 중요한 두 물질의 출처는 지방(fat)과 기름(oil)이었다. *지방족(aliphatic)*이라는 이름은 그리스어의 "지방(fat)"을 의미하는 *aleiphar*(고체기름)에서 유래하였다. 방향족 탄화수소는 그것이 가지는 냄새와는 관계없이 대체로 좋은 향기를 가진 식물 추출물의 화학처리라는 의미에서 얻게 된 것이다.

지방족(aliphatic) 탄화수소는 *알케인*, *알켄*, *알카인*의 세 가지 주요한 그룹으로 되어 있다. **알케인(alkane)**은 모든 결합이 단일결합인 탄화수소를 말하고, 알켄(alkene)은 최소 한 개의 이중결합으로 된 탄소–탄소 결합을 가지며, **알카인(alkyne)**은 적어도 한 개의 삼중결합을 가지는 탄화수소이다. 이들 세 가지 지방족 탄화수소의 대표적인 예는 두 개의 탄소를 가지는 *에테인*(*ethane*)과 *에틸렌*(*ethylene*), *아세틸렌*(*acetylene*)이다.

```
    H  H         H       H
    |  |          \     /
 H—C—C—H          C=C          H—C≡C—H
    |  |          /     \
    H  H         H       H
```

에테인 (알케인) 에틸렌 (알켄) 아세틸렌 (알카인)

방향족 탄화수소의 다른 이름은 **아렌(arene)**이며, 가장 중요한 방향족 탄화수소는 *벤젠*(*benzene*)이다.

```
        H       H
         \     /
          C—C
         //   \\
    H—C         C—H
         \     /
          C=C
         /     \
        H       H
```

벤젠 (아렌)

이러한 탄화수소에 있어서 서로 다른 특성이 나타나는 이유는 탄소와 관련된 결합이 서로 다르기 때문이다. 다시 말해 사실 (1.3절)에서 설명했던 화학결합에 대한 Lewis 모형인 공유된 전자쌍만으로 탄화수소의 서로 다른 특징을 모두 설명할 수 있는 것은 아닌 것이다. 다음 절에서 우리는 새로운 두 가지 화학결합에 대한 이론을 생각하게 되는데, 원자가결합 모형과 분자오비탈 이론이다.

2.2 전자파동과 화학결합

G.N Lewis는 파동과 입자의 이중성에 대한 Louis de Broglie의 이론이 나오기 10년 전인 1916년에 화학결합에 대한 공유 전자쌍 모형을 제안하였다. 당시 획기적인 de Broglie의 전자에 대한 관점과 Erwin Schrodinger가 파동 방정식을 사용하여 수소 *원자*(*atom*) 내의 전자 에너지를 계산할 수 있다는 사실은 *분자*(*molecule*)내 화학결합을 전자의 파동함수끼

De Broglie와 Schrödinger가 오늘날 전자에 대한 해석을 어떻게 정립시켜 주었는지에 대한 설명이 1.1절에 있다.

핵 화학에서의 힘을 제외한 모든 화학에서 작용하는 힘은 전기적인 것이다. 전하가 다르면 끌어당기게 되며, 같은 전하는 반발하게 된다. 이 간단한 사실이 여러분을 긴 여정으로 이끌 것이다.

리의 상호작용으로 설명할 수 있을 것이라고 믿게 하였다. 이러한 생각은 오늘날 화학결합을 설명하는데 널리 사용되는 두 가지 이론을 도출하게 되었는데, 그 중 하나는 *원자가결합 모형*(*valence bond model*)이며, 다른 하나는 *분자오비탈* (*궤도함수*) *모형*(*molecular orbital model*)이다.

유기분자의 맥락 안에서 이들 이론을 설명하기 전에 가장 기본이 되는 두 수소 원자 사이의 결합에 대해 생각해보자. 우선 아주 멀리 떨어져 있는 두 수소 원자가 있고, 이들 사이의 거리가 점차 줄어들면 어떻게 될 것인지 생각해보자. 두 원자 사이에 작용하는 힘은 전자−전자 (− −) 사이의 반발력, 핵−핵 (+ +) 사이의 반발력과 전자−핵 (− +) 사이의 인력이다. 이러한 힘들은 *거리가 줄어들면*(*decrease*) *점점 커진다*(*increase*). 그러나 전자는 이동성이 커서 핵과의 인력이 최대가 되도록 움직이면서 전자끼리의 반발력은 최소가 되도록 움직이게 된다. 따라서 그림 2.1에서 보는 바와 같이, 두 원자가 멀리 떨어져 있더라도 비록 약하기는 하지만, 두 수소 사이에 인력은 존재한다. 이 상호작용은 두 원자가 서로 가까워지면 더 강해지고, 각 수소 원자에 있는 전자는 하나의 양성자가 아닌 두 개의 양성자로부터 인력을 받게 되어 전체 에너지는 감소하며, 전체 계는 점점 더 안정하게 된다. 퍼텐셜 에너지는 두 핵 사이가 74 pm가 되면 최소가 되고, 이 거리는 H_2에서의 H—H 결합 길이와 같게 된다. 이보다 거리가 더 짧아지면 핵−핵, 전자−전자 사이의 반발력이 우세하게 되어 전체 계는 덜 안정해진다.

원자가결합 이론이나 분자오비탈 이론 모두 원자 속의 전자가 파와 같이 행동한다는 생각을 H_2의 그림에 적용하고 있지만, 서로 약간 다른 방법으로 적용하고 있다. 두 이론이 전자도 마치 소리나 빛처럼 파와 같은 행동을 한다고 생각하는 것이다. 파의 중요한 성질 중 하나는 물리학에서 말하는 간섭이다. *보강간섭*(*constructive interference*)은 두 개의 파가 합쳐져(같은 위상으로, in phase) 서로 보강되는 것을 말하고, *상쇄간섭*(*destructive interference*)은 두 개의 파가 서로 반대일 때(다른 위상으로, out phase) 상쇄되는 것을 말한다(그림 2.2). 1.1절에서 원자 속에 있는 전자의 파는 파동함수, 즉 오비탈(obital)로 나타낼 수 있음을 배운 바가 있다. 가장 안정한 상태에서 수소 원자의 전자에 대해 예를 들면, 이러한 상태는 1*s* 파동함수로 정의되며 1*s* 오비탈이라고 불린다. *원자가결합*(*valence bond*) 모형이란 두 원자 사이에서 전자가 반씩만 차 있는 각 원자의 오비탈이 서로 중복되면서 만들어지는 결합을 근거로 한 것이며, 분자오비탈(molecular orbital) 모형이란 분자

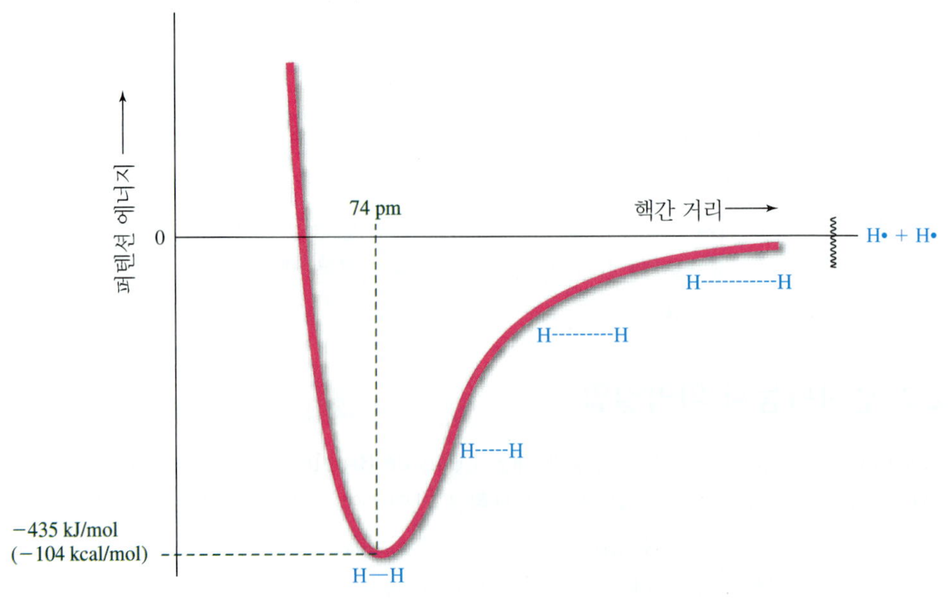

그림 2.1

두 수소 원자 사이의 거리에 대한 퍼텐셜 에너지 그림. 서로 멀리 떨어져 있을 때는 아주 약한 인력이 작용한다. 거리가 줄어듦에 따라 퍼텐셜 에너지도 감소하게 되며, 전자는 하나의 핵이 아닌 두 개의 핵으로부터 인력을 받기 때문에 점점 더 안정해진다. 퍼텐셜 에너지가 가장 낮은 상태는 수소 분자의 정상 결합 길이인 74 pm와 일치한다. 이보다 더 짧은 거리에서는 핵-핵, 전자-전자 사이의 반발력이 핵-전자 사이의 인력보다 더 커져서 더 불안정해진다.

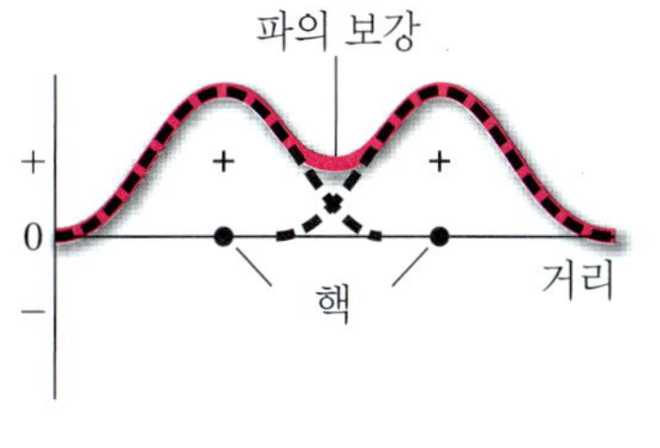

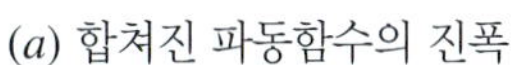
(*a*) 합쳐진 파동함수의 진폭

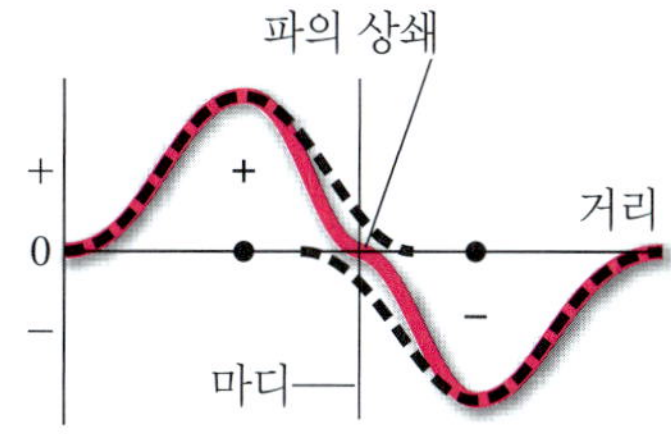

(*b*) 공제된 파동함수의 진폭

그림 2.2

파 사이의 간섭. (a) 서로 부호가 같은 면이 합치면 보강간섭이 되어 각 지점의 진폭은 각 파의 진폭을 합한 것이 된다. (b) 두 파의 부호가 다른 면이 만나면 상쇄간섭이 일어나서 진폭이 줄어든다.

속에 있는 모든 원자의 원자오비탈이 합쳐져서 만들어진 새로운 여러 분자오비탈을 모아 만든 것이다.

H_2와 같은 아주 간단한 분자에 대해서는 원자가결합 이론이나 분자오비탈 이론이 모두 비슷하다. 다음 두 절에서 이 두 가지 접근법에 대해 자세히 알아보기로 한다.

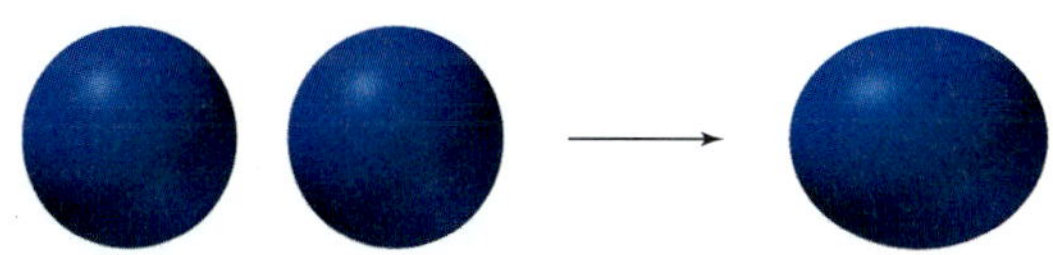

두 수소 원자의 1*s* 오비탈. 각 오비탈은 한 개의 전자를 갖는다.

두 1*s* 오비탈이 같은 위상으로 겹치면 두 수소 원자를 가로지르는 새로운 오비탈이 만들어진다. 이 오비탈은 두 개의 전자를 갖는다.

그림 2.3

H_2 결합의 원자가결합 그림. 전자가 하나씩 채워진 두 수소 원자의 1*s* 오비탈이 서로 겹쳐지면 두 원자를 둘러싸는 새로운 오비탈이 생성되고, 두 전자는 이 오비탈에 존재한다. 전자밀도 (전자 확률)는 두 원자 사이 영역에서 최대가 된다. 파동함수가 같은 부호이면, 보강간섭이 되어 두 오비탈이 겹치는 영역에서 전자가 발견될 확률이 높아진다.

2.3 H_2 결합: 원자가결합 모형

원자가결합 이론(valence bond theory)의 특징은 그림 2.3에 나타낸 H_2와 같이, 한 원자의 반만 채워진 오비탈과 다른 원자의 반만 채워진 오비탈이 같은 위상으로 중첩하여 공유결합이 형성된다는 것이다. 1*s* 오비탈에 전자 하나를 가진 두 개의 수소 원자의 오비탈끼리 겹침에 의해 새로운 오비탈이 만들어진다. 같은 위상을 갖는 오비탈의 겹침 (보강간섭)으로 인해 두 핵 사이에서 전자를 발견할 확률이 높아진다. 이렇게 하여 전자는 두 핵으로부터 강한 인력을 받게 된다.

그림 2.4에서는 정전기 퍼텐셜지도(electrostatic potential map)를 이용하여 두 수소 원자의 오비탈이 겹쳐질 만큼 가까워질 때 두 수소 원자 사이에 있는 전자밀도가 커지는 것을 보여주고 있다.

두 원자를 잇는 선을 따라 긋는 축, 즉 *핵간 축*(*internuclear axis*) 방향으로 오비탈이 겹치는 결합을 **σ 결합(sigma bond)**이라고 한다. σ 결합 내의 전자 분포는 원통형 대칭이다. 핵간 축을 수직으로 자르면 그 단면은 원형이다. 전자 분포를 확인하는 다른 방법은 두 핵이 포개지도록 바라보는 것이다.

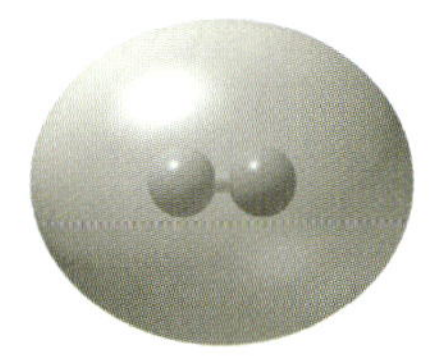

두 원자를 잇는 선에 따르는 오비탈 겹침.

회전 90°

H—H 결합 방향으로 바라본 둥근 모양의 전자분포

그림 2.4

정전기 퍼텐셜지도에 의해 묘사된 H_2의 원자가 결합 그림. 두 수소 원자의 1*s* 오비탈이 겹쳐지면 두 전자를 포함하는 H_2 분자의 새로운 오비탈이 형성된다.

(*a*) 서로 멀리 떨어진 두 수소 원자의 1*s* 오비탈들은 충분히 멀리 떨어져 있어서 본질적으로 이들 사이에 상호작용이 일어나지 않는다. 각 전자는 각 양성자 하나씩에 의해서만 영향을 받는다.

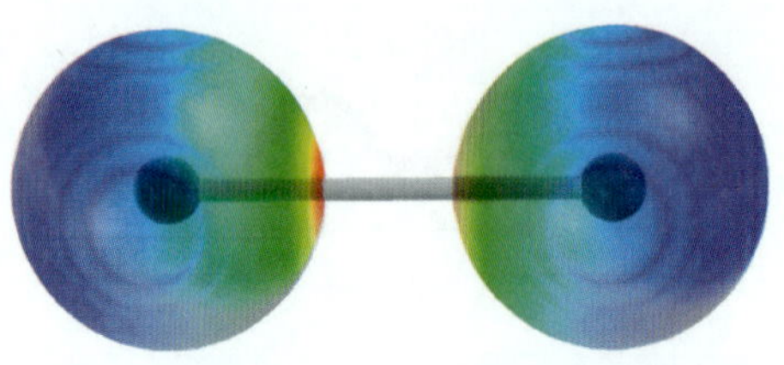

(*b*) 수소 원자가 서로 접근하면 1*s* 오비탈의 겹침이 시작되고, 각 전자는 두 양성자로부터 인력을 느끼게 된다.

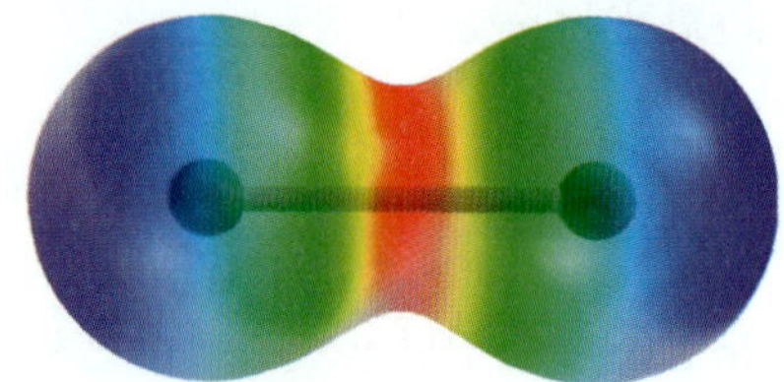

(*c*) 수소 원자가 충분히 접근하면 두 1*s* 오비탈이 상당히 겹치게 된다. 두 양성자 사이의 영역에서 전자 밀도가 뚜렷하게 증가한다.

(*d*) H_2 분자. 두 수소 원자 중심 간의 거리는 74 pm이다. 각각의 두 1*s* 오비탈은 두 수소를 둘러싸고 있는 새로운 오비탈로 바뀌며, 이 새로운 오비탈에는 두 전자가 모두 포함된다. 전자 밀도는 두 수소 원자 핵 사이의 영역에서 가장 크다.

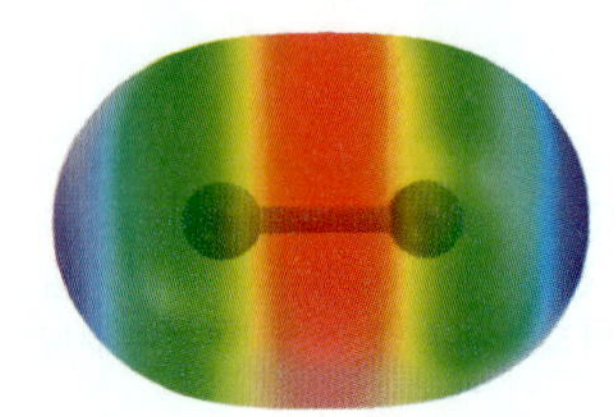

이 책에서는 앞으로 유기분자를 언급할 때면 위의 원자가결합 이론을 더 포괄적으로 이용하고 그리고 그것에 대하여 자세하게 다룰 것이다. 그러나 이에 앞서 두 개의 원자오비탈이 어떻게 H_2 분자오비탈로 만들어지는지를 설명할 수 있는 분자오비탈 방법을 알아보기로 한다.

2.4 H_2 결합: 분자오비탈 모형

화학결합에 대한 분자오비탈 해석이란, 원자 내에 있는 전자는 *원자오비탈*(*atomic orbital*)에 있게 되며, 분자 내의 전자들은 *분자오비탈*(*molecular orbital*) 속에 있다는 개념에 근거를 두고 있다. 즉, 우리가 각 원소의 전자 배치를 쓸 때 먼저 각 원소의 원자오비탈을 기억하듯이 분자에 있어서도 각 분자 내의 분자오비탈을 알아보아야 할 것이다. 분자오비탈 이론에서 분자오비탈은 각 원자오비탈의 합, 즉 원자오비탈의 *선형조합—분자오비탈* [(*linear combination of atomic orbitals-molecular orbital*, LCAO−MO)]법에 의해 만들어진다.

H_2의 두 분자오비탈 (MO)은 두 수소의 1*s* 원자오비탈 (AO)의 결합에 의해 만들어진다. 두 개의 파동함수를 합치는 것이 한 가지 결합 방법이며, 두 개의 파동함수를 상쇄하면서 합쳐지는 방법이 또 하나의 결합 방법이다. 이들 두 개의 새로운 오비탈을 그림 2.5에 나타내었다. 두 개를 합친 결합은 **결합성 오비탈(bonding orbital)**을 만들고, 상쇄된 결합은 **반결합성 오비탈(antibonding orbital)**을 만든다. 이들 결합성 오비탈과 반결합성 오비

(a) 두 수소 원자의 1s 파동함수를 합쳐서 H_2의 결합 분자오비탈(s)을 만듦. 두 핵 사이 영역에서 두 전자를 발견할 확률이 높다.

(b) 한 수소의 1s 파동함수를 다른 수소의 파동함수로부터 상쇄함으로써 H_2의 반결합 분자오비탈(σ^*)을 만듦. 두 핵 사이 영역에서 전자를 발견할 확률이 전혀 없는 공간, 즉 마디 면이 있게 된다.

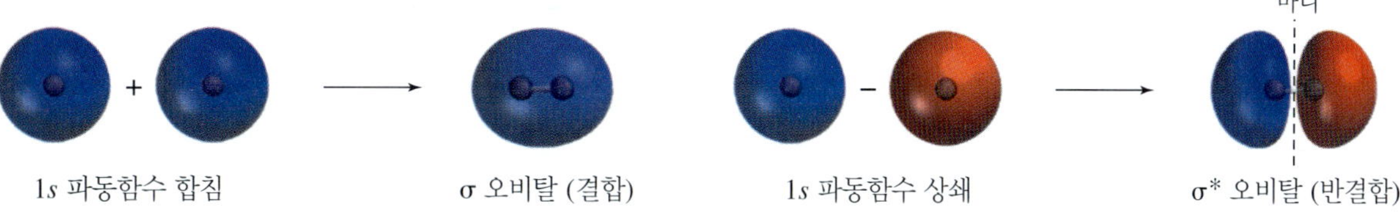

그림 2.5

두 수소 원자의 1s 오비탈의 겹침에 의한 H_2의 σ와 σ^* 분자오비탈 생성.

탈은 모두 σ 대칭이며, 두 핵을 잇는 축에 관해 대칭적이라는 의미이다. 이 두 오비탈은 결합성 오비탈 σ와 반결합성 오비탈 σ*(sigma star)로 구분하여 부르고 있다. 결합성 오비탈은 두 원자 사이에 높은 전자 확률을 가지는 반면, 반결합성 오비탈에는 두 원자 사이에 마디면(nodal surface)이 있다.

H_2의 분자오비탈 그림을 그림 2.6에 나타내었다. 습관적으로 왼쪽과 오른쪽에 출발이 되는 AO를, 가운데에 MO를 나타낸다. 이 때 *분자오비탈(MO)의 수는 이들을 만드는 원자오비탈(AO)의 수와 반드시 같아야 한다.* 두 수소 원자의 1s AO가 합치면 두 개의 MO가 된다. 결합성 MO(σ)는 원래 수소의 1s 오비탈보다 에너지가 낮고 반결합성 MO (σ*)는 높다.

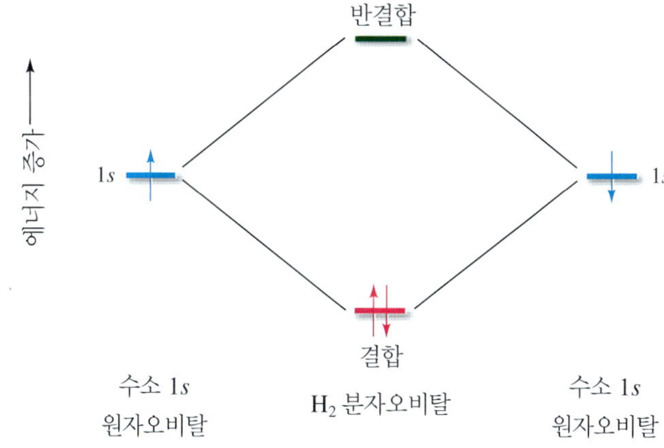

그림 2.6

두 개의 수소 1s 원자오비탈 (AO)이 결합하여 두 개의 분자오비탈 (MO)이 만들어진다. 결합 MO는 MO를 만들기 위해 사용된 두 AO보다 에너지가 낮다. 반결합 MO는 각 AO보다 에너지가 높다. 각 화살표는 전자 하나를 의미하며, 따라서 전자 스핀은 화살표가 서로 반대로 되어 있다. 따라서 H_2의 두 전자는 결합 MO에 채워져 있다.

MO에 전자를 배치시키는 방법은 원자의 오비탈에 전자를 배치시키는 방법과 동일하다. 오비탈의 에너지가 커지는 순서대로 전자를 채워 들어가며, 한 오비탈에는 최대로 두 개 전자만을 채울 수 있다. 따라서 H_2의 두 개 전자는 결합성 오비탈에 들어가며 서로 다른 스핀을 가진다. 또한 분리된 각 수소 원자 때보다 수소 분자에서는 두 전자가 더 강하게 끌어당겨져 있다. 그리고 반결합성 오비탈에는 전자가 하나도 없다.

H_2와 같은 간단한 분자에서는 원자가결합 이론과 분자오비탈 이론 사이에 큰 차이가 없다. 그러나 두 개 이상의 원자로 만들어진 분자에서는 이들 두 이론 사이에 차이가 있게 된다. 다원자 분자에 있어서, 원자가결합 방법에 의한 설명은 여전히 분자를 원자 사이의 여러 결합의 집합체로 간주하지만, 분자오비탈 방법에서는 전자는 분자 내 모든 원자들과 연계되어 있는 것으로 간주한다. 이 이후에서는 우선 메테인, 에테인 및 프로페인과 같은 매우 간단한 알케인을 가지고 이 원자가결합과 분자오비탈 이론의 유사성과 차이점에 대해 알아볼 것이다.

문제 2.1

두 개의 헬륨 원자로 된 분자가 있다고 할 때, 이 분자에 대한 그림 2.6과 같은 그림을 그려보시오. 헬륨은 왜 이원자 분자로 존재하지 않으며, 단원자 분자로 존재하는지 설명하시오.

2.5 알케인의 소개: 메테인, 에테인 그리고 프로페인

알케인의 일반식은 CnH_2n_{12}이다. 가장 간단한 알케인인 메테인(methane, CH_4)이 가장 풍부하며, 대기 중이나 땅 속 또는 바다 밑에도 다량 존재한다. 메테인은 목성, 토성, 천왕성, 해왕성, 명왕성 그리고 Halley 혜성에서도 발견된다. 천왕성의 가장 큰 위성인 타이탄 대기에 약 2~8%의 메테인이 존재하며, 타이탄에 비가 내릴 때 이 비가 바로 메테인이다.

에테인(ethane, C_2H_6, CH_3CH_3)과 프로페인(propane, C_3H_8, $CH_3CH_2CH_3$)은 각각 메테인 다음으로 두 번째와 세 번째로 풍부하다. 에테인은 알케인류 중에서 구조적으로 메테인 다음이고, 그 다음이 프로페인이다. 천연가스 중에는 에테인 (≈ 10%)이 두 번째, 프로페인 (≈ 5%)이 세 번째로 풍부하며, 메테인은 ≈ 75%나 된다. 메테인, 에테인 및 프로페인으로 구성된 천연가스는 색깔이 없고 냄새도 거의 없다. 집을 따뜻하게 하고 요리를 할 때 사용하는 천연가스의 독특한 냄새는 천연가스에 싸이올(thiol)이라 불리는 불쾌한 냄새를 가진 극미량의 황 화합물의 냄새로, 가스가 새어나오는 것을 경고하기 위해 의도적으로 넣은 것이다.

메테인은 끓는점이 가장 낮은 알케인이며, 다음으로 에테인과 프로페인이다.

이 책에서는 따로 언급하지 않는 한 끓는점은 1기압(760 mm Hg)에서의 값이다.

	CH_4	CH_3CH_3	$CH_3CH_2CH_3$
	메테인	에테인	프로페인
끓는점:	−160°C	−89°C	−42°C

네 개 이하의 탄소를 가진 모든 알케인은 실온과 대기압에서 기체이다. 세 가지 중 가장 끓는점이 높은 프로페인은 쉽게 액화되며, "프로페인 탱크"를 본 적이 있을 것이다. *액화 석유가스[liquefied petroleum gas*, LPG]라고 불리는 프로페인 함량이 높은 탄화수소의 혼합물은 청정연료로 손쉽게 사용할 수 있도록 압력용기에 액체 상태로 보관되어 있다.

일반적으로 탄소 원자수가 증가하면 끓는점도 증가한다. C_{70}의 알케인인 헵타콘테인(hecptacontane, $[CH_3(CH_2)68CH_3]$은 653°C에서 끓으며, C_{100}의 알케인인 헥테인(hectane)은 715°C의 끓는점을 가진다.

메테인, 에테인, 프로테인의 구조를 정리하여 그림 2.7에 나타내었다. 모든 탄소 원자

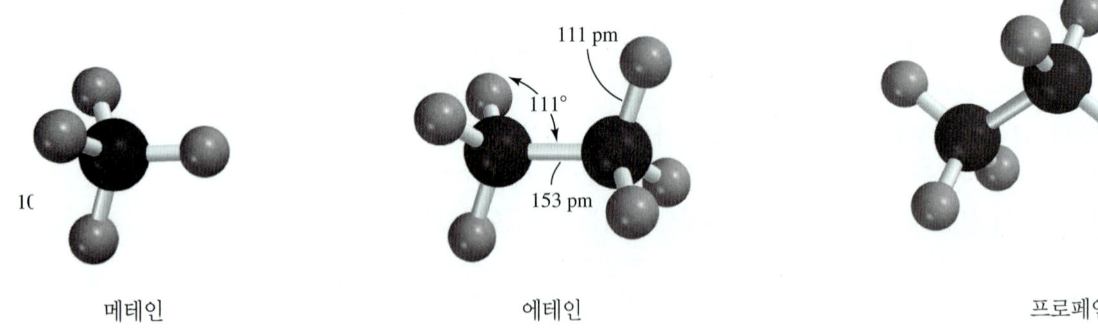

그림 2.7

결합 길이와 결합 각을 함께 나타낸 메테인, 에테인 및 프로페인의 구조.

Methane and the Biosphere

One of the things that environmental scientists do is to keep track of important elements in the biosphere—in what form do these elements normally occur, to what are they transformed, and how are they returned to their normal state? Careful studies have given clear, although complicated, pictures of the "nitrogen cycle," the "sulfur cycle," and the "phosphorus cycle," for example. The "carbon cycle" begins and ends with atmospheric carbon dioxide. It can be represented in an abbreviated form as:

$$CO_2 + H_2O + \text{energy} \underset{\text{respiration}}{\overset{\text{photosynthesis}}{\rightleftharpoons}} \text{carbohydrates}$$

carbohydrates → naturally occurring substances of numerous types

naturally occurring substances of numerous types $\xrightarrow{\text{respiration}}$ $CO_2 + H_2O + \text{energy}$

Methane is one of literally millions of compounds in the carbon cycle, but one of the most abundant. It is formed when carbon-containing compounds decompose in the absence of air (anaerobic conditions). The organisms that bring this about are called methanoarchaea. Cells can be divided into three types: *archaea*, *bacteria*, and *eukarya*. Methanoarchaea convert carbon-containing compounds, including carbon dioxide and acetic acid, to methane. Virtually anywhere water contacts organic matter in the absence of air is a suitable place for methanoarchaea to thrive—at the bottom of ponds, bogs, rice fields, even on the ocean floor. They live inside termites and grass-eating animals; one source quotes 20 L/day as the methane output of a large cow.

The scale on which the world's methanoarchaea churn out methane, estimated to be 10^{11}–10^{12} lb/year, is enormous. About 10% of this amount makes its way into the atmosphere, but most of the rest simply ends up completing the carbon cycle. It exits the anaerobic environment where it was formed and enters the aerobic world where it is eventually converted to carbon dioxide. But not all of it. Much of the world's methane lies trapped beneath the Earth's surface. *Firedamp*, an explosion hazard to coal miners, is mostly methane, as is the *natural gas* that accompanies petroleum deposits. When methane leaks from petroleum under the ocean floor and the pressure is high enough (50 atm) and the water cold enough (4°C), individual methane molecules become trapped inside clusters of 6–18 water molecules as *methane clathrates* or *methane hydrates* (Figure 2.8). Aggregates of these hydrates remain at the bottom of the ocean in what looks like a lump of dirty ice, ice that burns (Figure 2.9). Far from being mere curiosities, methane hydrates are potential sources of energy on a scale greater than that of all the known oil reserves combined. The extraction of methane from hydrates has been demonstrated on a small scale and estimates suggest some modest contribution to the global energy supply by 2020.

Methane hydrates contributed to the 2010 environmental disaster in the Gulf of Mexico in an unexpected and important way. Because the hydrates are stable only under the extreme conditions of pressure and temperature found in the deep ocean, their effect on the methods used to repair damage to the oil rigs proved difficult to anticipate and their ice-like properties interfered with attempts to cap the flow of oil in its early stages.

In a different vein, environmental scientists are looking into the possibility that methane hydrates contributed to a major global warming event that occurred 55 million years ago, lasted 40,000 years, and raised the temperature of the Earth some 5°C. They speculate that a modest warming of the oceans encouraged the dissociation of hydrates, releasing methane into the atmosphere. Methane is a potent greenhouse gas, and the resulting greenhouse effect raised the temperature of the Earth. This, in turn, caused more methane to be released from the oceans into the atmosphere, causing more global warming. Eventually a new, warmer equilibrium state was reached.

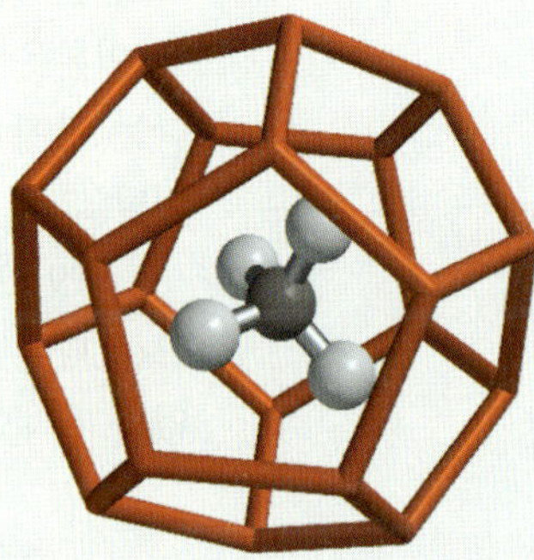

FIGURE 2.8

In a hydrate a molecule of methane is surrounded by a cage of hydrogen-bonded water molecules. The cages are of various sizes; the one shown here is based on a dodecahedron. Each vertex corresponds to one water molecule, and the lines between them represent hydrogen bonds (O—H---O)

Figure 2.9

Methane burning as it is released from a clathrate.

는 네 개의 단일결합을 가지며, 결합 각은 사면체의 결합 각과 비슷하다. 다음 절에서 원자가 결합 이론을 적용하여 이들의 구조를 설명하고자 한다.

2.6 sp^3 혼성화와 메테인 결합

메테인의 결합을 설명하기 전에 결합 이론은 결합 유형이 어떠한가를 설명하려는 것이 아니라, 한 분자를 구성하고 있는 각 원자의 입장에서 분자를 설명하고 있음을 강조해두고 싶다. 실제로 메테인은 수소 원자와 탄소 원자의 반응에 의해 생겨난 것이 아니라 생화학적 과정에 의해 생긴 것이다. 뒷 페이지의 글 상자 속에 있는 'Methane and the Biosphere'를 읽어보면 메테인이나 다른 유기 화합물들의 출처가 어디인지를 알 수 있을 것이다.

우선 실험적으로 알아낸 한 분자의 3차원적 구조를 먼저 검토하고, 그 구조와 일치하는 결합 모형을 제안해보도록 한다. 관찰된 구조가 결합 모형의 결과라고 주장해서는 안 된다. 관찰된 구조를 만족시킬 수 있는 모형은 실제로 여러 개가 있을 수 있기 때문이다. 구조는 실제이다. 결합 모형은 사실을 이해하기 위해서 사용하는 이론이다.

원자가결합 이론의 초기에 해석하기가 어려웠던 것이 메테인, CH_4 였으며, 탄소 원자와 연결되는 네 개의 결합 방향이 사면체의 꼭지점을 향하고 있다는 사실이었다. 원자가결합 이론은 같은 상으로 된 두 원자의 반만 채워진 오비탈이 서로 겹쳐져 결합이 만들어진다는 것에 근거를 두고 있다. 그러나 탄소의 $1s^22s^22p_x^{\ 1}2p_y^{\ 1}$ 전자배치에는 반만 채워진 오비탈(그림 2.10a)이 두 개뿐이다. 그렇다면 어떻게 네 개 수소와 결합할 수 있을까?

1930년대에 Linus Pauling은 이 수수께끼를 풀 수 있는 기발한 해결점을 제안했다. 그는 다른 원자와 결합한 탄소의 전자 배치가 자유로운 탄소의 전자 배치와 같을 필요는 없다고 제안했다. $2s$, $2p_x$, $2p_y$, $2p_z$ 오비탈을 혼합함으로써(혼성화, hybridizing) 네 개의

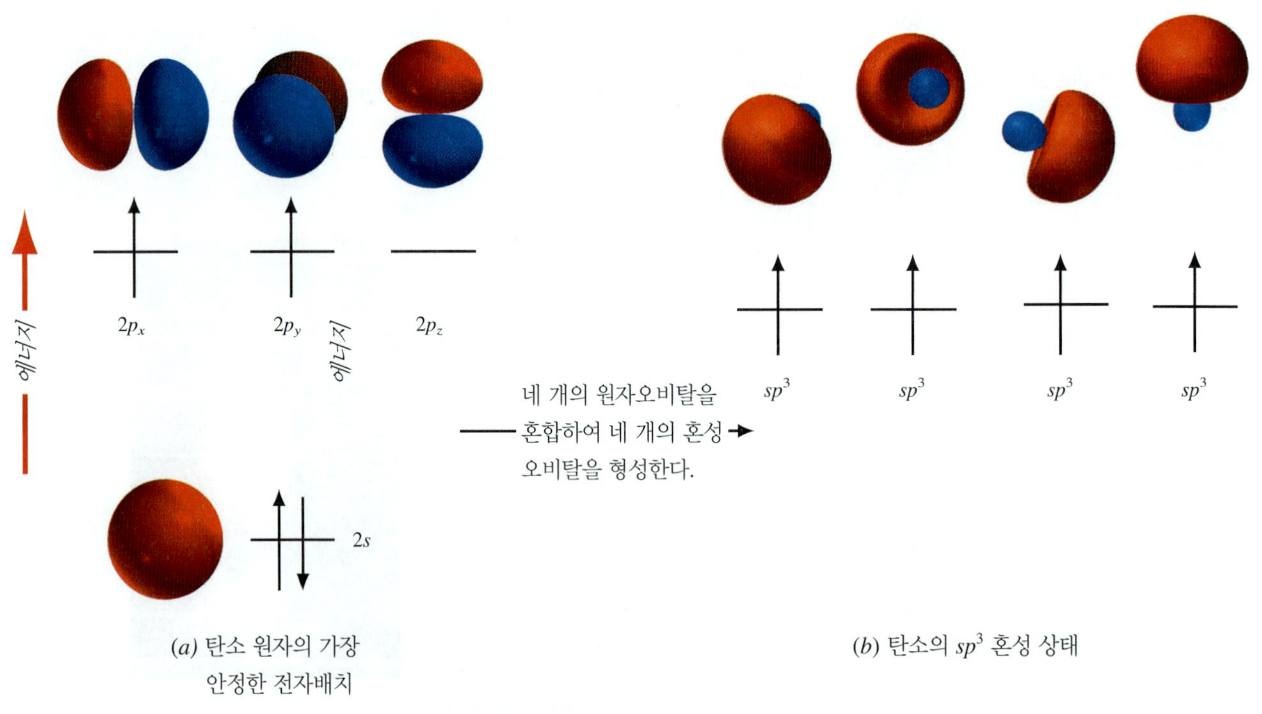

그림 2.10

sp^3 혼성화. (a) 가장 안정한 상태에서 탄소의 전자배치. (b) s 오비탈 한 개와 p 오비탈 세 개를 혼합하여 네 개의 sp^3 혼성 오비탈을 만든다. 네 개의 sp^3 혼성 오비탈은 동등한 에너지를 갖는다. 그러므로 네 개의 원자가전자는 이들에게 동등하게 분포된다. 네 개의 sp^3 오비탈 축은 사면체의 꼭지점을 향한다.

새로운 오비탈을 얻을 수 있다는 것이다(그림 2.10b). 즉, 하나의 *s* 오비탈과 세 개의 *p* 오비탈로부터 만들어진 새로운 네 개의 오비탈을 **sp^3 혼성오비탈(sp^3 hybrid orbital)**이라고 한다. 각각의 sp^3 혼성 오비탈은 25%의 *s* 성질과 75%의 *p* 성질을 가지고 있다. 이들의 중요한 특징은 다음과 같다.

1. *네 개의 sp^3 오비탈은 모두 에너지가 같다.* 따라서 Hund 규칙 (1.1절)에 따라 탄소에 있는 네 개 원자가전자는 그들에게 골고루 분포되며, 결합을 만들 수 있는 반만 채워진 네 개의 오비탈을 만든다.
2. *sp^3 오비탈의 축은 사면체의 꼭지점을 향한다.* 따라서 탄소의 sp^3 혼성화는 메테인의 사면체 구조와 일치한다. 각 C—H 결합은 *s* 결합이고, 반이 채워진 수소의 1*s* 오비탈이 탄소의 반이 채워진 sp^3 오비탈과 두 원자를 잇는 선상에서 겹쳐진다.
3. *탄소의 sp^3 오비탈로부터 만들어진 σ 결합은 탄소의 혼성화되지 않은 2s나 2p로 만든 결합보다 더 강하다.* 각 sp^3 혼성 오비탈은 서로 크기가 다른 두 개의 로브(lobe)로 만든 것이어서, 핵의 한 방향의 잎에서의 전자밀도가 반대 방향에서의 잎의 전자밀도보다 더 크다. 분자 내의 한 C—H *s* 결합은 탄소의 sp^3 오비탈 중 더 큰 로브가 수소의 1*s* 오비탈과 겹쳐져서 만들어진 것이다. 이렇게 하여 탄소와 수소 원자 사이에서 전자밀도가 집중하게 된다.

오비탈 혼성화 모형은 탄소가 두 개가 아닌 네 개의 결합을 가지는 경우에 대한 설명을 하고 있으며, 혼성화를 하면 혼성화되지 않았을 때보다 더 강한 결합을 만들며, 사면체 모양으로 배열되는 것을 잘 설명해준다.

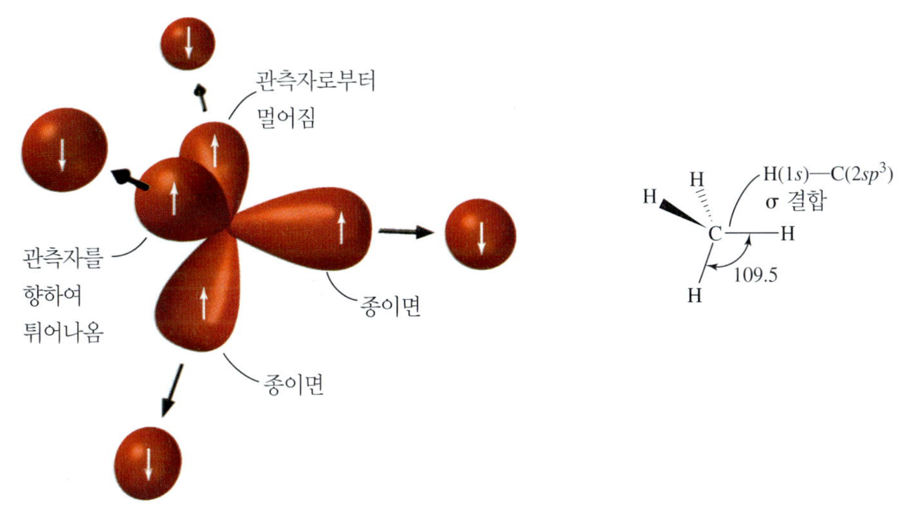

그림 2.11

탄소의 각각 절반씩 채워진 sp^3 오비탈이 절반이 채워진 수소의 1*s* 오비탈과 겹쳐져 네 개의 σ 결합을 만들고, 이 때 네 개의 σ 결합은 사면체 기하 구조를 형성한다. 이 그림에는 sp^3 오비탈의 주요 로브만을 나타내었다. 각 sp^3 오비탈은 작은 로브가 뒤쪽에 있으나 나타내지 않았다.

2.7 에테인 결합

공유결합에 대한 오비탈 혼성화 모형은 탄소−탄소 결합으로 쉽게 연장시킬 수 있다. 그림 2.12에 나타낸 것처럼 에테인은 두 개의 **메틸(methyl**, CH_3)기를 연결한 탄소−탄소 σ 결합으로 표현할 수 있다. 각 메틸기는 sp^3−혼성화된 탄소가 세 개의 수소와 sp^3−1*s* σ 결합으로 연결되어 있다. 나머지 반이 채워진 탄소의 오비탈이 다른 탄소의 오비탈과 겹쳐져 σ 결합을 만들게 되는데, 이것이 세 번째 종류의 σ 결합을 말하며, 이는 전자가 하나씩 채워진 두 개의 혼성화된 sp^3−오비탈 사이의 겹침에 의해 만들어진 것이다. *일반적으로 탄소가 네 개의 원자와 직접 결합할 때는 sp^3 혼성화되었다고 보면 된다.*

문제 2.2

오비탈 혼성화 모델에 따라 프로페인 분자의 결합을 설명하시오.

이 장의 뒷부분에서는 알켄과 알카인을 공유결합-오비탈 혼성모델로 설명하고자 한 후 2.11절에서 다른 측면에서 알케인을 설명하고자 한다.

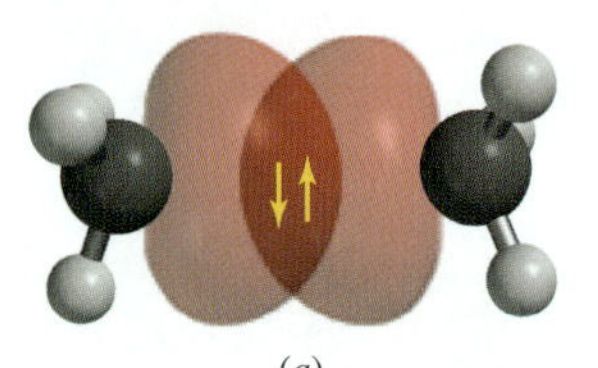

(a)

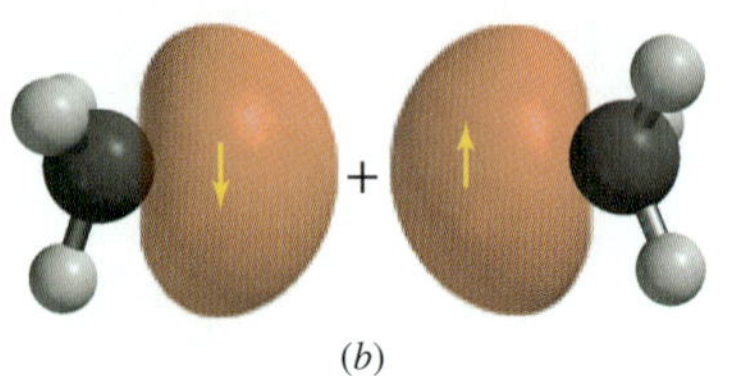

(b)

그림 2.12

에테인의 C—C σ 결합 (a)는 (b)의 반으로 채워진 두 개의 sp^3 오비탈이 겹쳐짐을 보여준다. 메테인에서 C—H 결합은 탄소의 반으로 채워진 sp^3 오비탈과 수소의 반으로 채워진 1*s* 오비탈의 겹침으로 만들어진다.

2.8 sp^2 혼성화와 에틸렌 결합

에틸렌은 결합각이 거의 120°(그림 2.13)인 평면이다. 따라서 sp^3 혼성과는 다른 혼성이 요구된다. 혼성 모양은 탄소에 직접 결합된 원자 수에 따라 결정된다. sp^3 혼성에서는 네 개 원자가 탄소와 σ 결합을 하고 있어서 네 개의 동일한 sp^3 혼성 오비탈이 필요했었다. 그러나 에틸렌에서는 세 개 원자가 탄소와 결합하고 있어서 세 개의 동일한 혼성 오비탈이 필요하다. 그림 2.14에 나타낸 바와 같이 이 세 개의 오비탈은 탄소 2*s* 오비탈과 두 개의 2*p* 오비탈을 섞어서 만들 수 있으며, 따라서 **sp^2 혼성오비탈(sp^2 hybrid orbital)**이라고 한다. 2*p* 오비탈 중 나머지 한 개는 혼성을 하지 않고 남아 있게 되며, 세 개의 sp^2 오비탈의 에너지는 모두 같다. 각각은 1/3은 *s* 특성과 2/3은 *p* 특성을 가지고 있다. 그들의 축은 평면 상에 있으며, 각 오비탈의 모양은 sp^3 오비탈의 모양과 비슷하다. 세 개의 sp^2 오비탈과 혼성화에 참여하지 않은 *p* 오비탈은 각각 한 개의 전자를 가지고 있다.

에틸렌의 각 탄소는 두 개의 sp^2 혼성오비탈을 사용하여 두 개의 수소와 그림 2.15의 첫 부분에 보는 것과 같이 σ결합을 만든다. 나머지 sp^2 오비탈은 탄소-탄소 핵간 축을 따라 중첩되어 탄소-탄소 σ 결합을 형성한다.

이 시점에서 각 탄소는 여전히 혼성화되지 않은 2*p* 오비탈을 가지고 있다. 이 두 개의 2*p* 오비탈은 이 분자의 σ 결합 골격과는 수직으로 뻗어 있으며, 서로의 겹침이 측면에서 일어나서 **파이 결합(π bond)**을 만들게 된다. 따라서 에틸렌에서의 탄소-탄소 이중결합은 σ 결합과 π 결합의 조합으로 형성되었다고 할 수 있다. 그리고 탄소-탄소 사이에 결합이 하나 더 늘었기 때문에 탄소-탄소 이중결합은 탄소-탄소 단일결합보다 결합력이 더 강하고 길이도 더 짧아지게 된다.

π 결합에 있는 전자는 **파이 전자(π electron)**라고 한다. π 전자를 발견할 확률은 이 분자의 평면 위와 아래 쪽에서 최대가 된다. 따라서 π 전자에 있어서 이 분자가 속하는 평면 자체는 마디 평면(nodal plane)에 해당되며, 이 곳에서는 π 전자가 발견될 확률이 0이다.

일반적으로 한 중성분자에서 탄소가 두 개의 다른 원자와 결합하고 있으면 sp^2 혼성임을 알 수 있다.

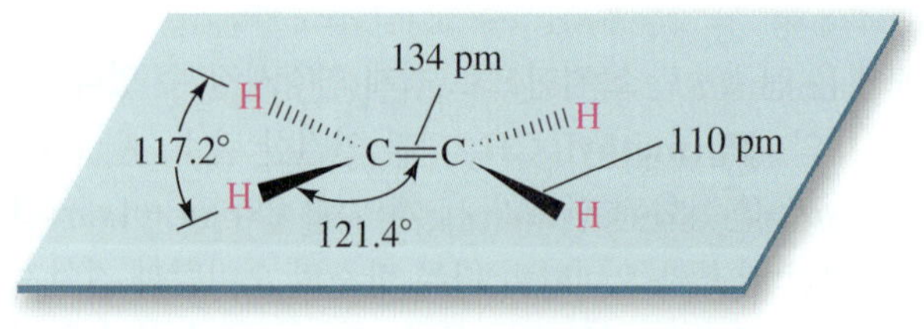

(a)

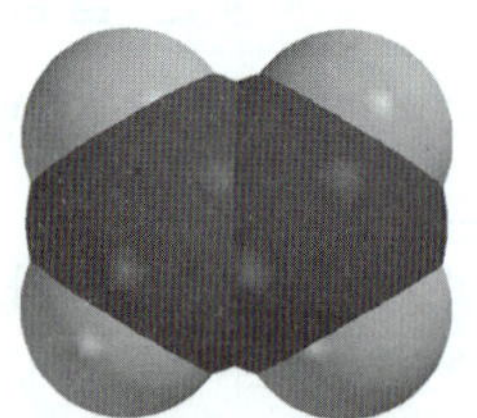

(b)

그림 2.13

(a) 에틸렌의 모든 원자는 같은 평면에 있고 결합 각은 120°에 가까우며, 탄소-탄소 결합 길이는 에테인보다 상당히 짧다. (b) 에틸렌의 공간 채움 모형.

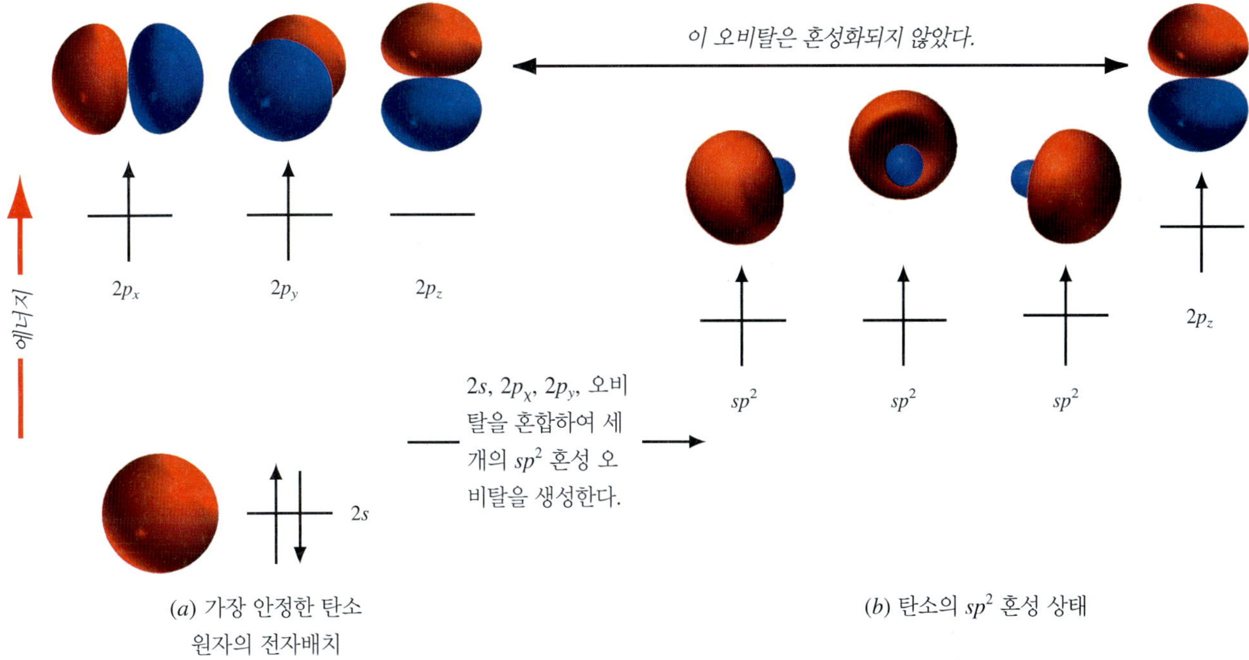

그림 2.14

sp^2 혼성화. (a) 가장 안정한 상태에 있는 탄소의 전자 배치. (b) s 오비탈과 세 개의 p 오비탈 중 두 개의 p 오비탈이 섞여 sp^2 혼성오비탈을 만들고, 나머지 $2p$ 오비탈은 그대로 남아 있다. 세 개의 sp^2 오비탈 축은 같은 면에 놓여있고, 서로 120°의 각을 만든다.

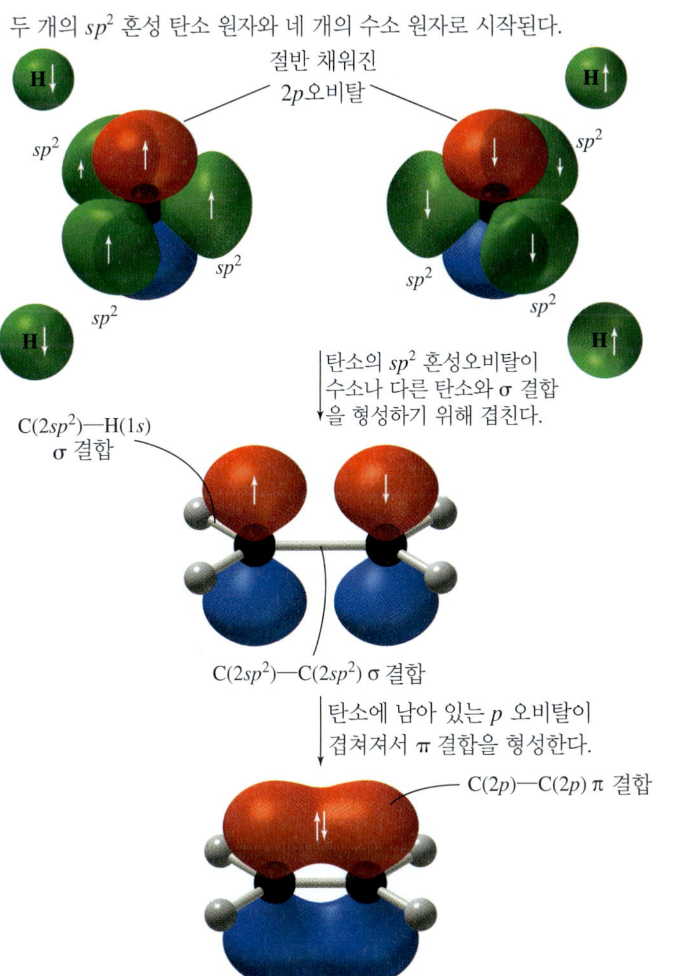

그림 2.15

에틸렌의 탄소-탄소 이중결합은 σ 성분과 π 성분으로 되어 있다. σ 성분은 탄소-탄소 핵간 축에서 sp^2 혼성 오비탈끼리 겹쳐져 만들어진 것이다. π 결합 부분은 두 $2p$ 오비탈이 측면으로 겹쳐져 만들어진 것이다.

문제 2.3

다음에 나타낸 화합물 (propene) 중 화살표로 표시한 결합은 어떤 오비탈 겹침인가? 이것은 π 결합인가? σ 결합인가?

$$H_2C{=}CH{-}CH_3$$
(화살표: CH—CH₃ 결합)

2.9 *sp* 혼성화와 아세틸렌 결합

유기화학에서 매우 중요한 혼성이 하나 더 있다. 바로 아세틸렌처럼 탄소가 다른 원자 두 개와 직접 연결되어 있을 때 생기는 ***sp* 혼성화(*sp* hybridization)**이다. 아세틸렌의 구조는 결합 길이, 결합 각과 함께 그림 2.16에 나타내었다. 가장 중요한 점은 직선 기하 구조라는 것이다.

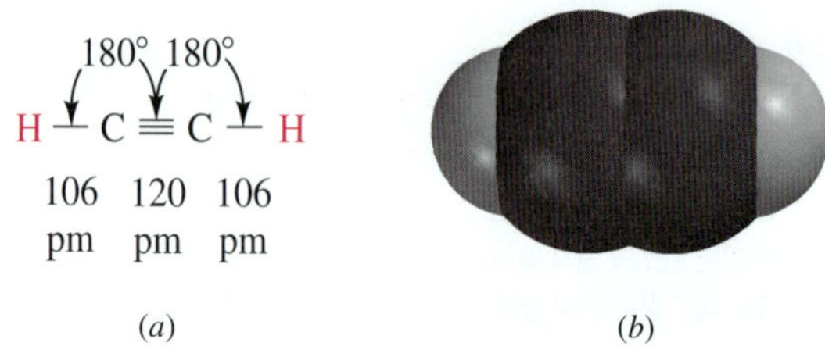

그림 2.16

아세틸렌은 (a) 구조식과 (b) 공간채움 모형에서 보여 준 것처럼 직선 분자이다.

아세틸렌의 각 탄소는 두 개의 다른 원자와 결합하고 있기 때문에, 오비탈 혼성 모형에 의하면 그림 2.17에 나타낸 것처럼 각 탄소는 *s* 결합을 할 수 있는 두 개의 동일한 오비탈을 가져야 한다. 탄소의 2*s* 오비탈과 2*p* 오비탈 중 하나가 섞여서 *sp* 혼성오비탈을 만들고, 각 오비탈은 50%의 *s* 특성과 50%의 *p* 특성을 가지게 된다. 이 두 개의 오비탈은 축을 공동으로 소유하면서 각 로브(lobe)는 서로 180°를 유지한다. 원래 있던 두 개의 *p* 오비탈은 혼성화에 참가하지 않고 그대로 남아 있다.

그림 2.18에서 보는 바와 같이 아세틸렌의 두 탄소는 2*sp*−2*sp* σ 결합으로 서로 연결되어 있고, 각 탄소는 수소와 2*sp*−1*s* σ 결합으로 연결되어 있다. 그리고 한 탄소의 혼성화되지 않은 2*p* 오비탈들은 다른 탄소의 2*p* 오비탈들과 겹쳐져 두 개의 π 결합을 만든다. 아세틸렌의 탄소−탄소 삼중결합은 $\sigma + \pi + \pi$ 형의 다중결합이다.

일반적으로 한 중성 분자에서 탄소가 두 개의 다른 원자와 결합하고 있으면 sp−혼성임을 알 수 있다.

문제 2.4

다음의 탄화수소는 합성 고무인 네오프렌 합성에 사용되는 바이닐아세틸렌이다. 화살표로 표시한 결합은 어떤 오비탈 겹침인지 확인하라. 바이닐아세틸렌에는 σ 결합이 몇 개가 있는가? 또 π 결합은 몇 개가 있는가?

$$H_2C{=}CH{-}C{\equiv}CH$$
(화살표: CH—C 결합)

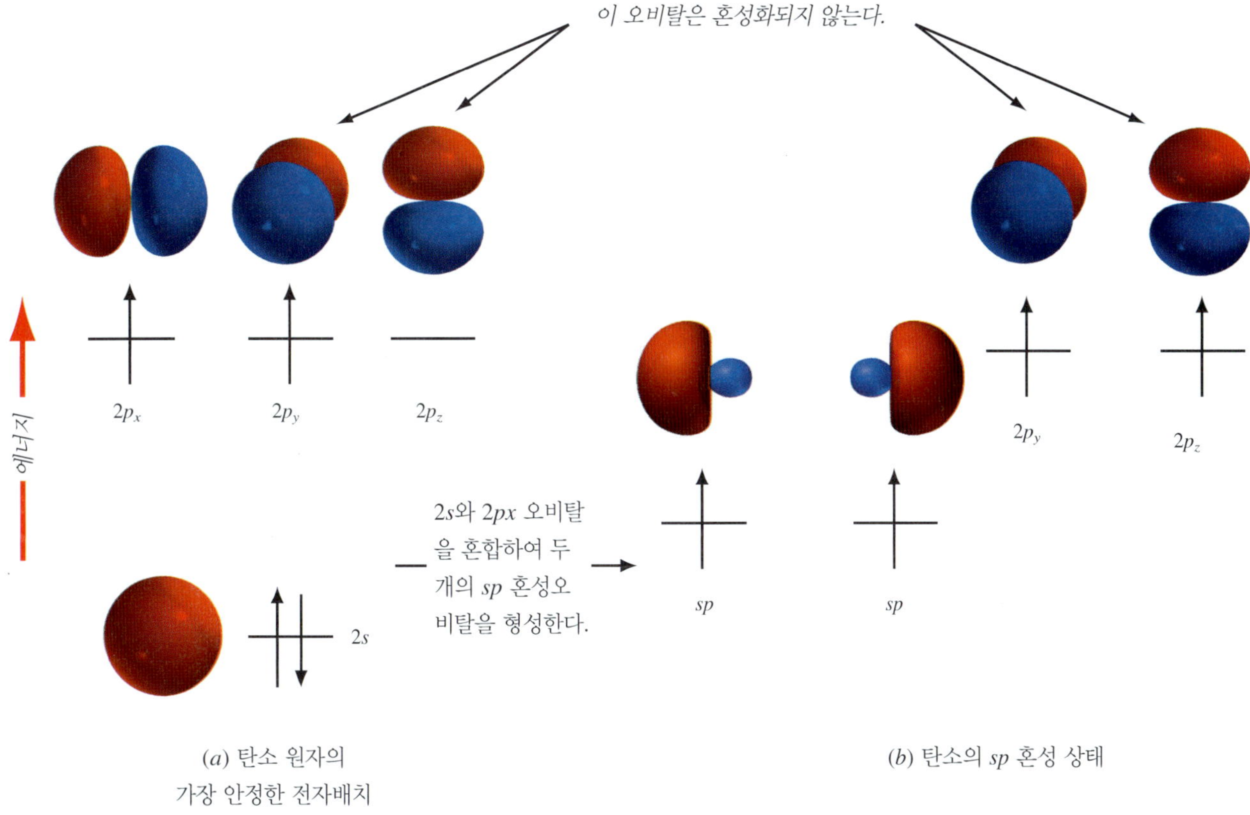

그림 2.17

sp 혼성화. (a) 가장 안정한 상태에 놓여 있는 탄소의 전자배치. (b) *s* 오비탈과 세 개의 *p* 오비탈 중 하나를 섞어서 두 개의 *sp* 혼성오비탈을 만들고, 두 개의 *p* 오비탈은 그대로 남아 있다. 두 개의 *sp* 오비탈 축은 서로 180°를 유지한다.

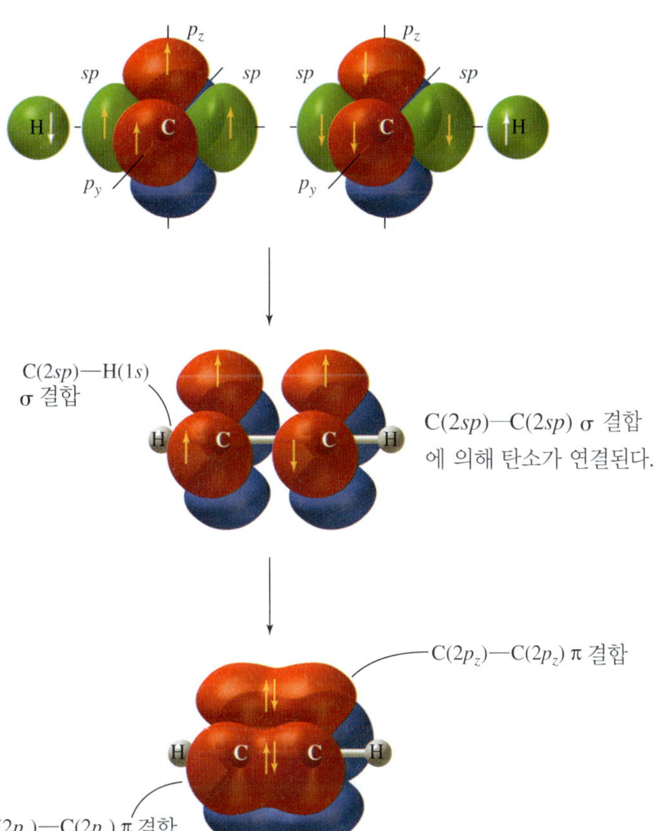

그림 2.18

탄소의 *sp* 혼성화에 기초를 둔 아세틸렌의 결합. 탄소-탄소 삼중결합은 하나의 σ 결합과 두 개의 π 결합으로 구성되어 있다.

2.10 화학결합 이론 중 어떤 것이 가장 좋은가?

이 장에서 화학결합에 대한 세 가지 접근법을 소개하였다.

1. Lewis 모형
2. 오비탈 혼성화 모형(원자가결합 모형)
3. 분자오비탈 모형

어느 것을 사용할 것인가?

일반적으로 세 가지 모형은 상호보완적이다. 유기화학자는 세 가지를 모두 사용하여 특정 구조와 반응성을 설명하는 데 가장 적합한 것을 골라 강조한다. 오늘날까지는 Lewis 모형과 오비탈 혼성화 모형을 분자오비탈 모형보다 더 많이 사용하였으나 점차 바뀌고 있다.

Lewis 규칙은 비교적 간단하고 익히기 쉬우며, 친숙하다. 반복하여 연습하면 Lewis 식을 쓰는 실력은 쉽게 향상될 것이다. *수업시작부터 가능한 한 많이 연습하도록 하자. 유기화학에서 좋은 성적을 얻으려면 정확한 Lewis 구조를 그릴 줄 알아야 한다.*

오비탈 혼성화 역시 공유 전자쌍 결합에 근거하기 때문에 여러 종류의 원자, 전자, 결합을 구별함으로써 Lewis 식의 내용을 보강할 것이다. 다양한 종류의 구조에 친숙해지면서 *sp^3 혼성화된 탄소*(*sp^3-hybridized carbon*)와 같은 용어는 다른 종류의 용어, 예를 들면 *sp^2 혼성화된 탄소*(*sp^2-hybridized carbon*)와 같은 용어가 머릿속에 떠오르게 되어 쉽게 이해할 수 있을 것이다.

분자오비탈 이론으로 Lewis 모형이나 오비탈혼성 모형으로는 설명하기 어려운 구조와 반응성을 이해할 수 있다. 그러나 세 가지 방법 중 가장 이해하기 어려워서 많은 훈련과 기초 및 화학 지식이 필요하다. 우리는 현재까지 H_2 분자결합을 설명하기 위해 분자오비탈 이론을 사용하였다. 각 장에 나와 있는 정전기 퍼텐셜지도도 분자오비탈 계산으로 얻은 것이다. H_2를 원자가결합으로 설명할 때 두 원자 사이의 전자밀도 분포를 나타낸 그림 2.4도 네 개의 분자오비탈 계산으로 얻은 것이다. 분자오비탈 이론은 정량적인 응용에 적합하며, 개인 컴퓨터에서 사용할 수 있는 소프트웨어를 통해 일상적으로 사용할 수 있게 되었다. 이 교재에서도 종종 분자오비탈 이론을 접하겠지만, 단지 입문 정도 수준에 그칠 것이다.

2.11 이성질 알케인: 뷰테인

메테인은 분자식 CH_4의 유일한 알케인이고, 에테인은 C_2H_6의 유일한 알케인이며, 프로페인은 C_3H_8의 유일한 알케인이다. 그러나 C_4H_{10}부터는 구성이성질체 (1.7절)가 있게 되며, 이 뷰테인에는 같은 분자식의 두 가지 알케인이 있다. 이 두 가지 뷰테인 중 하나는 ***n*-뷰테인(*n*-butane)**이며, 네 개의 탄소가 한 줄로 연결되어 있다. *n*은 'normal'의 약자이며, 탄소 사슬에 곁가지가 없다는 뜻이다. 두 번째 이성질체는 곁가지가 있으며, 아이소뷰테인(isobutane)이라고 한다.

	$CH_3CH_2CH_2CH_3$	CH_3CHCH_3 (CH 아래에 CH_3) 또는 $(CH_3)_3CH$
	n-뷰테인	아이소뷰테인
끓는점:	−0.4°C	−10.2°C
녹는점:	−139°C	−160.9°C

앞서 언급된 것처럼(2.7절) CH_3를 메틸(methyl)기라고 부른다. *n*-뷰테인은 양쪽 끝에 메틸기가 있을 뿐만 아니라 두 개의 CH_2, 즉 **메틸렌(methylene)**기를 가지고 있다. 아이소뷰테인은 세 개의 메틸기가 CH 부분에 연결되어 있다. CH 부분을 **메틴(methine)**기라고 한다.

n-뷰테인과 아이소뷰테인은 같은 분자식을 가지고 있으나, 원자의 연결된 순서가 다르다. 이들은 서로 *구성이성질체*(*constitutional isomers*)라고 한다. 이들 두 가지 물질은 모두 실온에서 기체이지만, *n*-뷰테인은 아이소뷰테인보다 10°C나 더 높은 온도에서 끓으며, 녹는점도 20°C 더 높다.

n-뷰테인과 아이소뷰테인의 결합은 메테인, 에테인, 프로페인의 결합과 동일하다. 이들 화합물의 모든 탄소는 sp^3 혼성화로 되어 있고, 모든 결합은 σ 결합이며, 결합 각은 사면체와 유사하다. 이것은 탄소의 수와는 관계없이 모든 알케인에서도 적용된다.

가스라이터에는 5%의 *n*-뷰테인과 95%의 아이소뷰테인이 들어 있다. 가스라이터 용기는 두 성분에 의해 만들어지는 압력 (3기압)을 견뎌내어 이들 성분을 액화상태로 유지시킬 수 있게 하며, 라이터의 노즐로부터 나오게 하면 기화되어 불이 붙을 수 있게 된다.

2.12 고급 *n*-알케인

n-알케인은 가지 없는 탄소 사슬을 가진 알케인이다. *n*-펜테인(*n*-pentane)과 *n*-헥세인(*n*-hexane)은 각각 다섯 개의 탄소와 여섯 개의 탄소를 가지고 있는 *n*-알케인이다.

$CH_3CH_2CH_2CH_2CH_3$ *n*-펜테인

$CH_3CH_2CH_2CH_2CH_2CH_3$ *n*-헥세인

이러한 축소식들은 사슬에 있는 메틸렌기를 괄호안에 넣음으로써 더 간단히 표현할 수 있다. 즉, *n*-펜테인은 $CH_3(CH_2)_3CH_3$로, *n*-헥세인은 $CH_3(CH_2)_4CH_3$로 쓴다. 이것은 사슬이 더 긴 알케인에 더 편리하다. 사슬 길이가 매우 긴 알케인인 $CH_3(CH_2)_{388}CH_3$가 1985년 실험실에서 합성되었다. 이 화합물 구조를 축소형이 아닌 다른 식으로 쓴다고 상상해 보라.

문제 2.5

분자식이 $C_{28}H_{58}$인 *n*-알케인은 식물로부터 유래된 화석에서 추출되었다. 이 알케인의 축소식을 쓰시오.

n-알케인은 $CH_3(CH_2)_xCH_3$의 일반식을 가지며, 이들은 **동족계열(homologous series)** 화합물에 속한다고 한다. 동족계열은 —CH_2—기의 수가 다른 화합물을 말한다.

가지 없는 알케인을 간혹 "곧은 사슬 알케인"이라고 한다. 그러나 3장에서 보겠지만, 이들의 사슬은 직선이 아니고, 앞서 소개한 결합-선 구조식으로 나타내면 "지그재그" 모양으로 되어 있다.

n-펜테인의 결합-선 구조식

n-헥세인의 결합-선 구조식

문제 2.6

많은 곤충들 사이에서는 의사전달의 수단으로 *페로몬*(*pheromone*)이라는 화합물이 사용되고 있다. 어떤 바퀴벌레는 턱 속의 침샘 속에 물질을 숨겨두는데, 이 물질이 분비되면 다른 바퀴벌레에게 모이도록 하는 작용이 있게 된다. 이 집합효과가 있는 *페로몬*(*aggregation pheromone*)의 주 성분 중 하나는 다음과 같은 결합-선 구조식으로 주어진 알케인이다. 이 물질의 분자식과 축소식을 쓰시오.

2.13 C_5H_{12} 이성질체

분자식 C_5H_{12}에는 세 개의 이성질체가 있다. 앞서와 마찬가지로 가지 없는 이성질체는 *n*-펜테인이며, 하나의 메틸기를 가지로 가진 이성질체는 *아이소펜테인*(*isopentane*)이다. 세 번째 이성질체는 두 개의 메틸기를 가지로 가진 탄소 세 개의 사슬로 되어 있으며, 이것은 *네오펜테인*(*neopentane*)이다.

n-펜테인: $CH_3CH_2CH_2CH_2CH_3$ 또는 $CH_3(CH_2)_3CH_3$ 또는

아이소펜테인: $CH_3CHCH_2CH_3$ (with CH_3 on C2) 또는 $(CH_3)_2CHCH_2CH_3$ 또는

네오펜테인: CH_3CCH_3 (with CH_3 above and below C2) 또는 $(CH_3)_4C$ 또는

표 2.1은 탄소 수에 대해 가능한 알케인 이성질체의 수를 나타낸 것이다. 이 표에서 보듯이 탄소 원자 수가 증가하면 이성질체의 수는 엄청나게 증가함을 알 수 있으며, 여기서 두 가지 의문이 생기게 된다.

1. 특정 분자식을 갖는 화합물에 대해 어떻게 가능한 모든 이성질체를 그려낸 것을 알 수 있을까?
2. 각 이성질체에 대해 독립적인 이름을 부여할 수 있는 것인가?

첫 번째 질문에 대한 대답은 결코 이성질체의 수를 쉽게 계산해낼 수 없다는 것이다. 표 2.1에 있는 결과는 어떤 수학자에 의해 계산되었는데, 그는 이성질체의 수를 간단한 식으로 나타낼 수 있는 방법은 없다고 결론을 내린 바가 있다. 어떤 분자의 모든 이성질체가 올바르게 표현되었는지 확인할 수 있는 방법은 가지가 없는 곧은 사슬 탄화수소를 시작으로 탄소 수를 하나씩 줄여가면서 가지를 체계적으로 사슬에 붙여 나가면서 구조를 확인하는 것이 가장 가장 좋은 방법이라고 한다. 특히 조심해야 할 점은 서로 다르게 보이는 구조식도 보는 시각을 달리 하면 같은 분자가 될 수 있다는 점이다. 핵심은 탄소 사슬의 연결순

표 2.1 특정한 분자식의 알케인에 대한 구성이성질체의 수

분자식	구성이성질체의 수
CH_4	1
C_2H_6	1
C_3H_8	1
C_4H_{10}	2
C_5H_{12}	3
C_6H_{14}	5
C_7H_{16}	9
C_8H_{18}	18
C_9H_{20}	35
$C_{10}H_{22}$	75
$C_{15}H_{32}$	4,347
$C_{20}H_{42}$	366,319
$C_{40}H_{82}$	62,491,178,805,803

서(connective)이다. 예를 들면, 다음의 구조식들은 서로 다른 화합물이 *아니다.* 아이소펜테인에 대한 구조식을 다른 방식으로 썼을 뿐이다. 각 화합물은 모두 네 개 탄소 사슬에 하나의 메틸기가 사슬 끝에서부터 두 번째 탄소에 연결되어 있다.

다음 C_5H_{12} 구조는 모두 동일한 화합물을 나타낸다.

$$CH_3\underset{\displaystyle CH_3}{\underset{|}{C}}HCH_2CH_3 \qquad \overset{\displaystyle CH_3}{\overset{|}{C}}H_3CHCH_2CH_3 \qquad CH_3CH_2\underset{\displaystyle CH_3}{\underset{|}{C}}HCH_3 \qquad CH_3CH_2\overset{\displaystyle CH_3}{\overset{|}{C}}HCH_3 \qquad \underset{\displaystyle CH_3}{\underset{|}{\overset{\displaystyle CH_3}{\overset{|}{C}}}}HCH_2CH_3$$

두 번째 질문 (각 이성질체에 해당하는 독특한 이름을 어떻게 붙일 것인가)에 대한 답은 다음 절에 있다. 여기서 강조해야 할 점이 있는데, 화합물의 이름을 *체계적*(*systematic*)으로 붙이는 일은 두 개의 구조식이 서로 다른 이성질체를 나타내는 것인지, 아니면 같은 이성질체를 서로 다르게 표현한 것인지를 확인하는 데 큰 도움이 된다는 것이다. 정확한 규칙에 따라 한 화합물의 이름이 붙여졌다면, 그 화합물이 어떤 형태의 구조를 갖든 언제나 같은 이름을 가지게 된다는 것이다. 달리 말하면, 구조가 다른 두 화합물은 언제나 그 이름도 다르다.

문제 2.7

C_6H_{14} 알케인의 다섯 가지 이성질체에 대한 축소 및 결합-선 구조식으로 쓰시오.

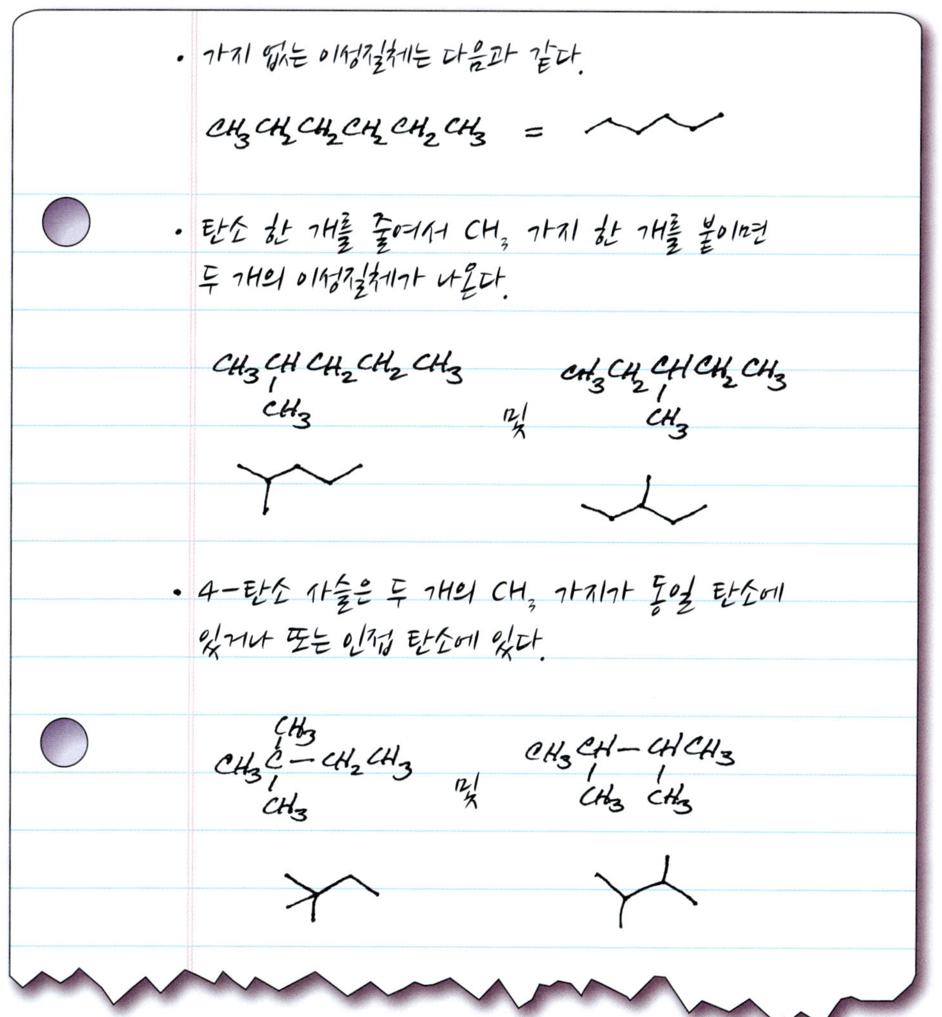

2.14 가지 없는 알케인의 IUPAC 명명법

지금까지 C_5H_{12}의 세 가지 이성질체가 모두 펜테인(pantane)이라는 이름을 가지며, "*n*−", "iso−" 및 "neo"라는 접두사로 이들 세 이성질체를 구별한다는 것을 이해했을 것이다. 그러나 이러한 논리로 C_5H_{12}보다 더 큰 알케인의 이름을 이들 접두사를 붙여서 구별한다는 것은 불가능할 것이다. 예로 C_8H_{18}은 18개의 이성질체를 갖는데 각 이성질체마다 독특한 이름을 붙여서 부르는 것은 어느 구조가 무슨 이름인지 외우기도 힘들 것이다. 이런 저런 이유 때문에 유기화학자들은 화합물의 구조를 기초하여 그 화합물의 이름을 체계적으로 붙여나가는 방법을 개발하였다. 그 중 가장 널리 이용된 방법이 **IUPAC 규칙(IUPAC rules)**이며, *IUPAC*는 국제 순수 및 응용화학 연합(International Union of Pure and Applied Chemistry)의 약자이다(상자 속 소론인 *What's in a Name? Organic Nomenclature*을 보세요).

그림 2.19

일벌은 복부에 숨겨놓은 분비샘으로부터 품어내는 왁스로 벌집을 만든다.

표 2.2 가지 없는 알케인의 IUPAC 이름

탄소 원자의 수	이름	탄소 원자의 수	이름	탄소 원자의 수	이름
1	메테인	11	운데케인	21	헤니코세인
2	에테인	12	도데케인	22	도코세인
3	프로페인	13	트라이데케인	23	트라이코세인
4	뷰테인	14	테트라데케인	24	테트라코세인
5	펜테인	15	펜타데케인	30	트라이아콘테인
6	헥세인	16	헥사데케인	31	헨트라이아콘테인
7	헵테인	17	헵타데케인	32	도트라이아콘데인
8	옥테인	18	옥타데케인	40	테트라콘테인
9	노네인	19	노나데케인	50	펜타콘테인
10	데케인	20	아이코세인	100	헥테인

알케인 명명은 IUPAC 체계의 근간을 형성한다; 더 복잡한 화합물도 알케인으로부터 유도된 것으로 간주하게 된다. 가지가 없는 알케인에 대한 IUPAC 이름을 다음 표 2.2에 나타내었다. 메테인, 에테인, 프로페인 및 뷰테인은 각각 CH_4, CH_3CH_3, $CH_3CH_2CH_3$ 및 $CH_3CH_2CH_2CH_3$에 해당한다. 이보다 탄소 원자의 수가 많은 알케인에 대해서는 그리스 문자의 숫자를 접두사로 하고 접미사로 −*에인*(*-ane*)을 붙여서 이름을 만든다. 따라서 접두사 *n*-는 IUPAC 체계 명명법에 사용되는 접두사가 아니다. 즉, $CH_3CH_2CH_2CH_3$의 IUPAC 이름은 뷰테인이지 *n*-뷰테인이 아니다.

문제 2.8

다음 질문의 답에 필요하면 표 2.2를 참조하시오.

(a) 벌의 밀랍은 8~9%의 헨트라이아콘테인(hentriacontane)을 함유하고 있다. 헨트라이아콘테인의 축소식을 쓰시오.

(b) 옥타콘테인은 어떤 식물유래의 화석에서 발견된다. 옥타콘테인의 축소 구조식을 쓰시오.
(c) 문제 2.4의 바퀴벌레 집성 페로몬 성분의 IUPAC 이름을 쓰시오.

풀이 예시 (a) 표 2.2를 보면 헨트라이아콘테인은 31개의 탄소 원자를 가지고 있다. 표 2.2의 모든 알케인은 가지가 없는 탄소 사슬을 나타내고 있다. 헨트라이아콘테인의 축소식은 $CH_3(CH_2)_{29}CH_3$ 이다.

문제 2.7은 분자식이 C_6H_{14}인 알케인의 다섯 개 이성질체에 대한 구조식을 쓰는 것이었다. 다음 절에서는 이들 이성질체 각각의 IUPAC 이름을 어떻게 붙이는지 살펴볼 것이다.

2.15 IUPAC 규칙의 적용: C_6H_{14} 이성질체의 이름

다섯 개의 C_6H_{14} 이성질체에 이름을 붙여 봄으로써 알케인 명명법에 대한 중요한 IUPAC 규칙을 알아보기로 하자. 정의에 따르면 (표 2.2) 가지가 없는 C_6H_{14} 이성질체는 헥세인(hexane)이다.

$CH_3CH_2CH_2CH_2CH_2CH_3$ 또는

IUPAC 이름: 헥세인

IUPAC 규칙에서는 가지 달린 알케인을 표 2.2에 나타낸 가지 없는 알케인의 *치환 유도체*(*substituted derivative*)처럼 명명한다. 다음과 같은 C_6H_{14} 이성질체를 생각해보자

$CH_3CHCH_2CH_2CH_3$ (C-2에 CH_3) 또는

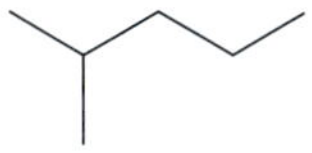

1단계

*가장 길게 이어진 탄소 사슬*을 골라 이 연속된 탄소 사슬의 탄소 수에 해당하는 알케인의 IUPAC 이름을 표 2.2에서 찾는다. 이것이 IUPAC 이름을 시작하는 모체가 된다.

이 경우 가장 긴 연속된 사슬은 *다섯 개*의 탄소 원자를 가진다. 이 화합물은 펜테인의 유도체로 간주하여 이름을 붙인다. 중요한 것은 연속적(continuous)이라는 것이다. 탄소 골격이 직선이든 굽어 있든, 둘둘 말려 있는 사슬이든 상관없다. 문제는 끊어지지 않고 연속적으로 연결되어 있는 탄소의 수이다.

2단계

주 사슬에 붙어 있는 치환기를 확인한다.

위의 경우 펜테인 주 사슬에 치환기로서 메틸 (CH_3)기를 가졌다.

3단계

치환기가 붙어 있는 탄소에 가장 작은 숫자가 오도록 가장 긴 연속된 사슬에 번호를 붙인다.

번호를 붙인 그림은 아래와 같다.

$\overset{1}{C}H_3\overset{2}{C}H\overset{3}{C}H_2\overset{4}{C}H_2\overset{5}{C}H_3$ (C-2에 CH_3) 는 $CH_3\overset{2}{C}H\overset{3}{C}H_2\overset{4}{C}H_2\overset{5}{C}H_3$ (C-2에 $\overset{1}{C}H_3$) 와 동등하다

두 그림 모두 가장 긴 연속된 사슬의 다섯 개 탄소에 번호를 붙였고, 치환체인 메틸기가 두 번째 탄소에 있다. 아래와 같이 다른 쪽 끝에 있는 탄소로부터 번호를 붙이는 것은 잘못된 것이다.

$\overset{5}{C}H_3\overset{4}{C}H\overset{3}{C}H_2\overset{2}{C}H_2\overset{1}{C}H_3$ (C-4에 CH_3) (메틸기가 C-4에 붙어 있다)

What's in a Name? Organic Nomenclature

Systematic Names and Common Names *Systematic names are derived according to a prescribed set of rules, common names are not.*

Many compounds are better known by **common names** than by their **systematic names**.

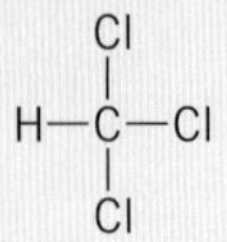

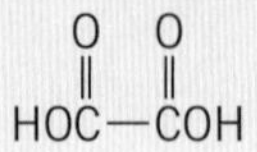

	$HCCl_3$	$HOOC{-}COOH$
Common name:	Chloroform	Oxalic acid
Systematic name:	Trichloromethane	Ethanedioic acid

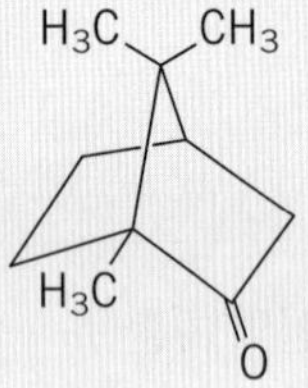

Common name:	Camphor
Systematic name:	1,7,7-Trimethylbicyclo[2.2.1]heptan-2-one

Common names, despite their familiarity in certain cases, suffer serious limitations compared with systematic ones. The number of known compounds (more than 50 million as of 2009) far exceeds our capacity to give each one a unique common name, and most common names are difficult to connect directly to a structural formula. A systematic approach based on structure not only conveys structural information, but also generates a unique name for each structural variation.

Evolution of the IUPaC Rules *A single compound can have several acceptable systematic names but no two compounds can have the same name.*

As early as 1787 with the French publication of *Méthode de nomenclature chimique*, chemists suggested guidelines for naming compounds according to chemical composition. Their proposals were more suited to inorganic compounds than organic ones, and it was not until the 1830s that comparable changes appeared in organic chemistry. Later (1892), a group of prominent chemists met in Geneva, Switzerland, where they formulated the principles on which our present system of organic nomenclature is based.

During the twentieth century, what we now know as the *International Union of Pure and Applied Chemistry* (IUPAC) carried out major revisions and extensions of organic nomenclature culminating in the IUPAC Rules of 1979 and 1993. When the 1979 IUPAC names are more widely used than those of the 1993 sequel, the 1979 names are emphasized in this text and vice versa. Exercises illustrating the relationship of the 1979 and 1993 names are included where appropriate.

Our practice will be to name compounds in the manner of most active chemists and to use nomenclature as a tool to advance our understanding of organic chemistry.

Other Nomenclatures Chemical Abstracts Service, a division of the American Chemical Society, surveys all the world's leading scientific journals and publishes brief abstracts of their chemistry papers. Chemical Abstracts nomenclature has evolved in a direction geared to computerized literature searches and, although once similar to IUPAC, it is now much different. In general, it is easier to make the mental connection between a structure and its IUPAC name than its Chemical Abstracts name.

The **generic name** of a drug is not derived from systematic nomenclature. The group responsible for most generic names in the United States is the U.S. Adopted Names (USAN) Council, a private organization founded by the American Medical Association, the American Pharmacists Association, and the U.S. Pharmacopeial Convention.

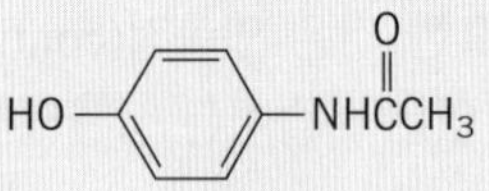

$HO{-}C_6H_4{-}NHCCH_3$ (C=O)

Tylenol

USAN	Acetaminophen
INN	Paracetamol
IUPAC	*N*-(4-Hydroxyphenyl)acetamide

The USAN name is recognized as the official name by the U.S. Food and Drug Administration. International Proprietary Names (INN) are generic names as designated by the World Health Organization.

*The 1979 and 1993 IUPAC rules may be accessed at http://www.acdlabs.com/iupac/nomenclature.

4단계

화합물의 이름을 쓴다. 모체 알케인의 이름은 맨 마지막에 쓰고 치환기의 이름과 치환기의 위치를 나타내는 숫자 (자리번호, locant)를 앞에 쓴다. 하이픈(−)으로 자리번호와 이름을 분리한다.

$CH_3CHCH_2CH_2CH_3$ (2번 탄소에 CH_3) 또는

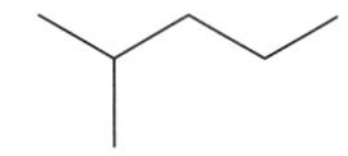

IUPAC 이름: 2-메틸펜테인

똑같은 위의 네 단계 순서를 따라가면 다섯 개 탄소 사슬의 가운데 탄소에 메틸기가 붙은 이성질체의 IUPAC 이름도 붙일 수 있다.

$CH_3CH_2CHCH_2CH_3$ (가운데 C에 CH_3) 또는 [선 구조식]

IUPAC 이름: 3-메틸펜테인

나머지 C_6H_{14} 이성질체는 네 개 탄소 사슬에 두 개의 메틸기를 가졌다. 따라서 모체 알케인은 뷰테인이다. 같은 치환기가 한 번 이상 나타나면 곱수 첨자인 *다이-(di-)*, *트라이-(tri-)*, *테트라-(tetra-)* 등을 사용한다. 각 치환기의 자리번호를 따로 사용하고, 자리번호들은 쉼표로 분리하며, 이름과 자리번호는 하이픈으로 분리한다.

$CH_3CCH_2CH_3$ (두 번째 C에 CH_3 두 개) 또는 [선 구조식] $CH_3CHCHCH_3$ (두 번째와 세 번째 C에 각각 CH_3) 또는 [선 구조식]

IUPAC 이름: 2,2-다이메틸뷰테인   **IUPAC 이름: 2,3-다이메틸뷰테인**

문제 2.9

*파이테인(Phytane)*은 Spirogya 해조류에서 생산되는 천연물로서 석유의 성분 중 하나이다. 파이테인의 IUPAC 이름은 2,6,10,14-테트라메틸헥사데케인이다. 파이테인의 구조식을 쓰시오.

문제 2.10

다음 이성질체들의 IUPAC 이름은 무엇인가?

(a) C_4H_{10}의 이성질체 들   (c) $(CH_3)_3CCH_2CH(CH_3)_2$

(b) C_5H_{12}의 이성질체 들   (d) $(CH_3)_3CC(CH_3)_3$

풀이 예시 (a) 두 개의 C_4H_{10} 이성질체가 있다. 가지 없는 이성질체의 이름은 뷰테인(butane, 표 2.2)이다. 다른 이성질체는 가장 긴 연속 사슬에 세 개의 탄소를 가졌고, 가운데 탄소에 메틸기가 붙어 있다. IUPAC 이름은 2-메틸프로페인이다.

$CH_3CH_2CH_2CH_3$ CH_3CHCH_3 (가운데 C에 CH_3)

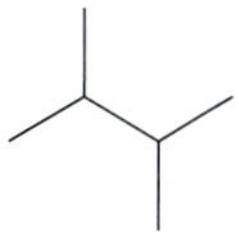

IUPAC 이름: 뷰테인   **IUPAC 이름: 2-메틸프로페인**

지금까지 주된 사슬에 메틸기만 붙어 있는 가지달린 알케인의 이름을 붙여 보았다. CH_3가 아닌 다른 기가 있으면 어떻게 할 것인가? 이들 기의 이름은 무엇일까? 이들 기를 가지고 있는 알케인의 이름은 어떻게 붙일 것인가?

2.16 알킬기

알킬기(alkgl group)은 알케인의 구조 중 수소 원자 하나가 부족한 것을 말한다. 따라서 메틸기 ($-CH_3$)는 메테인 (CH_4)에서 온 것이다. 연결점이 사슬의 끝이면서 가지 없는 알킬기의 IUPAC 명명법은 표 2.2에 나와 있는 *-에인(-ane)*을 *-일(yl)*로 바꾸어 명명한다.

CH_3CH_2-	$CH_3(CH_2)_5CH_2-$	$CH_3(CH_2)_{16}CH_2-$
에틸기	헵틸기	옥타데실기

사슬 끝에 있는 대시선은 다른 원자나 다른 기에 연결되는 점을 나타낸 것이다.

탄소 원자는 다른 탄소에 의해 치환되는 정도에 따라 분류된다. **1차(primary)** 탄소는 다른 탄소 하나에 *직접(directly)* 연결되어 있음을 의미한다. **2차(secondary)** 탄소는 두 개의 다른 탄소와 결합하고 있고, **3차(tertiary)**탄소는 세 개의 다른 탄소와 결합하고 있으며, **4차(quaternary)** 탄소는 네 개가 다른 탄소와 결합하고 있다. 알킬기도 연결점에 있는 탄소의 치환 정도에 따라 1차, 2차 및 3차로 분류된다.

1차 탄소 — C—CH₂— 형태 (1차 알킬기)
2차 탄소 — (C)(C)CH— 형태 (2차 알킬기)
3차 탄소 — (C)₃C— 형태 (3차 알킬기)

1차 알킬기 2차 알킬기 3차 알킬기

에틸 (CH_3CH_2—), 헵틸 ($CH_3(CH_2)_5CH_2$—), 옥타데실 ($CH_3(CH_2)_{16}CH_2$—)은 1차 일킬기의 예 들이다.

가지 달린 알킬기는 *연결점에서 시작해서* 가장 긴 연속 사슬을 기본 이름으로 사용하여 명명한다. 따라서 C_3H_7의 두 가지 알킬기의 계통명은 프로필과 1-메틸에틸이다. 이들 두 가지는 각각 *n*−프로필과 아이소프로필로 더 잘 알려져 있다.

$CH_3CH_2CH_2$—

프로필기
(일반명: ***n*-프로필**)

$CH_3CH(CH_3)$— 또는 $(CH_3)_2CH$—

1-메틸에틸기
(일반명: **아이소프로필**)

아이소프로필는 *2차* 알킬기이다. 연결점은 2차 탄소 원자이고, 두 개의 다른 탄소에 바로 연결되어 있는 탄소이다.

C_4H_9 알킬기는 가지 없는 뷰테인이나 가지 달린 아이소뷰테인에서 만들 수 있다. 뷰테인에서 만들어진 것은 뷰틸(*n*-뷰틸)기와 1-메틸프로필(*sec*-뷰틸)기이다.

$CH_3CH_2CH_2CH_2$—

뷰틸기(일반명: ***n*-뷰틸**)

$CH_3CH_2CH(CH_3)$—

1-메틸프로필기
(일반명: ***sec*-뷰틸**)

아이소뷰테인에서 만들어진 것은 2-메틸프로필(아이소뷰틸)기와 1,1-다이메틸에틸(*tert*-뷰틸)기이다. 아이소뷰틸은 연결점이 1차 탄소이기 때문에 1차 알킬기이다. *tert*-뷰틸은 연결점이 3차 탄소이기 때문에 3차 알킬기이다.

$CH_3CH(CH_3)CH_2$— 또는 $(CH_3)_2CHCH_2$—

2-메틸프로필기
(일반명: **아이소뷰틸**)

$CH_3C(CH_3)_2$— 또는 $(CH_3)_3C$—

1,1-다이메틸에틸기
(일반명: ***tert*-뷰틸**)

문제 2.11

모든 C_5H_{11} 알킬기의 구조와 IUPAC 이름을 제시하고, 이들이 1차, 2차 및 3차 알킬기인지 확인하시오.

풀이 예시 (a) $(CH_3)_4C$의 탄소골격을 가진 알킬기를 생각해보자. 모든 수소는 동일하다. 그들 중 어느 것을 떼어내어 연결점으로 해도 모두 같다.

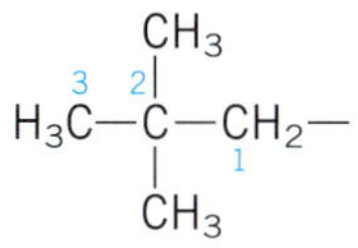

$$\begin{array}{c} CH_3 \\ | \\ H_3\overset{3}{C}-\overset{2}{C}-\underset{1}{C}H_2- \\ | \\ CH_3 \end{array} \quad 즉 \quad (CH_3)_3CCH_2-$$

번호 매김은 언제나 연결점에서 시작하여 가장 긴 연속된 사슬을 따라 간다. 이 경우 사슬에는 세 개의 탄소가 있고 C-2에 메틸기가 두 개 연결되어 있다. 이 알킬기의 IUPAC 이름은 *2,2-다이메틸프로필* (*2,2-dimethylpropyl*)이다 [이 기의 관용명은 네오펜틸(neopentyl)이다]. 잠정적인 연결점(C-1)의 탄소가 다른 탄소 한 개와 직접 연결되어 있기 때문에 1차 알킬기이다.

메틸기와 에틸기 뿐만 아니라 *n*-프로필, *n*-뷰틸, *sec*-뷰틸, *tert*-뷰틸, 네오펜틸기가 이 책에 자주 나올 것이다. 이 기들은 첫 눈에 알아 보아야하고, 필요할 때 그 구조를 언제나 쓸 수 있어야 한다.

가장 흔히 보게 되는 알킬기의 이름 및 구조가 이 책의 뒷 표지 안쪽에 있다.

2.17 가지가 많이 달린 알케인의 IUPAC 이름

여러 가지 알킬기의 이름과 IUPAC 표현법의 기본 원리를 합치면 가지가 많이 달린 알케인의 계통명을 발전시킬 수 있다. 먼저 다음 알케인에서 시작하여, 이것에 이름을 붙이고, 메틸기를 여러 위치에 연속적으로 옮기면서 더 붙이면 더 복잡한 알케인의 이름을 만들 수 있다.

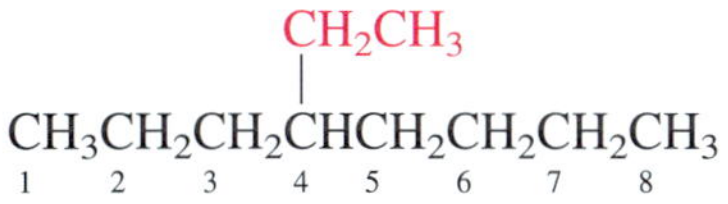

$$\begin{array}{c} CH_2CH_3 \\ | \\ CH_3CH_2CH_2CHCH_2CH_2CH_2CH_3 \\ 1\quad 2\quad 3\quad 4\quad 5\quad 6\quad 7\quad 8 \end{array}$$ 또는

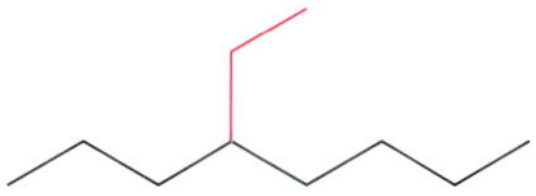

위 구조식에 숫자를 붙인 것처럼 가장 긴 연속된 사슬은 여덟 개의 탄소를 가지므로 옥테인(octane)의 유도체로 명명한다. 번호는 가지가 가장 가까운 쪽에서부터 붙이므로 에틸 치환기가 C-4에 오게 되어 알케인 이름은 *4-에틸옥테인*(*4-ethyloctane*)이 된다.

C-3의 수소 중 하나를 메틸기로 치환하면 IUPAC 이름은 무엇이 되는가?

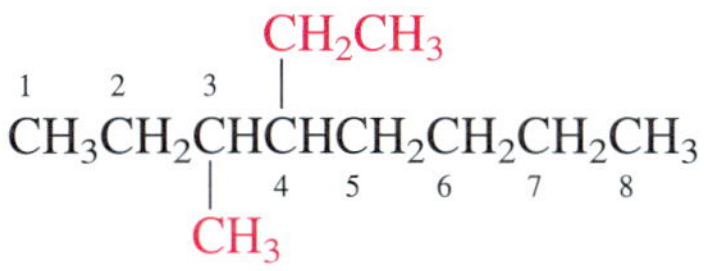

$$\begin{array}{c} CH_2CH_3 \\ 1\quad 2\quad 3\quad | \\ CH_3CH_2CHCHCH_2CH_2CH_2CH_3 \\ |\quad 4\quad 5\quad 6\quad 7\quad 8 \\ CH_3 \end{array}$$ 또는

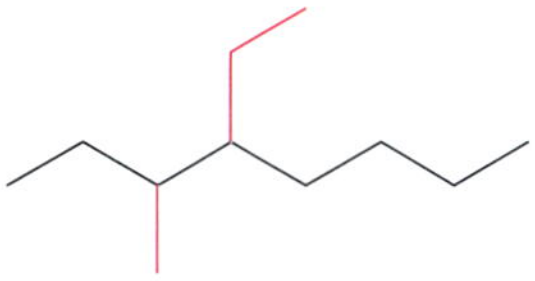

화합물은 C-3에 메틸기와 C-4에 에틸기를 가진 옥테인의 유도체이다. *두 개 또는 그 이상의 다른 치환기가 있을 때는 이름을 알파벳 순서로 나열한다.* 따라서 이 화합물의 IUPAC 이름은 *4-에틸-3-메틸옥테인*(*4-ethyl-3-methyloctane*)이다.

필요하면 *다이*−(*di*-), *트라이*−(*tri*-), *테트라*−(*tetra*-, 2.12절)와 같은 접두사를 반복하여 사용할 수도 있지만, 알파벳 순서를 정할 때는 이를 무시한다. 즉, C-5에 메틸기를 하나 더 첨가하면 *4-에틸-3,5-다이메틸옥테인*(*4-ethyl-3,5-dimethyloctane*)이 된다.

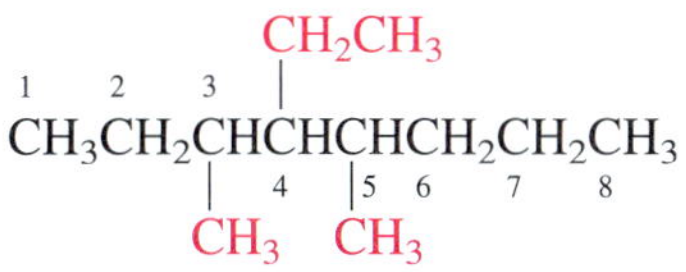

$$\begin{array}{c} CH_2CH_3 \\ 1\quad 2\quad 3\quad | \\ CH_3CH_2CHCHCHCH_2CH_2CH_3 \\ |\quad 4\quad |5\quad 6\quad 7\quad 8 \\ CH_3\quad CH_3 \end{array}$$ 또는

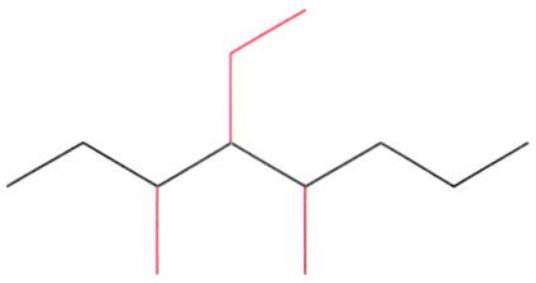

sec, *tert*-와 같은 이탤릭체 접두사는 자기들끼리 서로 비교할 때를 제외하고 알파벳 순서를 정할 때는 무시한다. *tert*-뷰틸이 아이소뷰틸보다 먼저 오고, *sec*-뷰틸이 *tert*-뷰틸 앞에 온다.

문제 2.12

다음 각 알케인의 IUPAC 이름을 쓰시오.

(a) $CH_3CH_2CH(CH_3)CH(CH_2CH_3)CH(CH_3)CH_2CH(CH_3)CH_3$ 또는

(b) $(CH_3CH_2)_2CHCH_2CH(CH_3)$ 또는

(c) $CH_3CH_2CH(CH_2CH_3)CH_2C(CH_3)HCH_2CH(CH_2CH(CH_3)_2)CH(CH_3)_2$ 또는

풀이 예시 (a) 이 문제는 위에서 다루었던 4-에틸-3,5-다이메틸옥테인에 세 번째로 메틸기를 추가한 것이다. 따라서 이것은 에틸트라이메틸옥테인이다. 그러나 번호 매김 규칙에 따라 번호 매김 순서를 바꾸어 첫 번째 가지에서 가장 가까운 끝부터 번호를 붙여 나가도록 해야 한다. 합당하게 번호를 붙이면 이 화합물은 C-2에 첫 번째 치환기인 메틸기가 오게 된다.

8 7 6 5 4 3 2 1
$CH_3CH_2CH(CH_3)CH(CH_2CH_3)CH(CH_3)CH_2CH(CH_3)CH_3$ 또는

5-에틸-2,4,6-트라이메틸옥테인

번호를 붙이는 방향에 관한 IUPAC 명명법의 추가사항은 “작은 숫자가 앞에 오도록 하는” 규칙이다. 두 가지 서로 다른 방향으로 번호를 붙인 아래의 알케인을 생각해보자.

2,2,6,6,7-펜타메틸옥테인
(옳음)

2,3,3,7,7-펜타메틸옥테인
(틀림)

합당한 방향을 정할 때, 하나의 방향이 다른 방향보다 자리번호가 낮을 때 번호 차이로 인한 문제가 생긴다. 따라서 위의 예에서 첫 번째 자리번호는 둘 다 같은 2번이지만, 두 번째 자리번호에서 차이가 생긴다. 따라서 두 번째 자리번호가 2인 2,2,6,6,7을 두 번째 자리번호가 3인 2,3,3,7,7보다 선호한다. 이 때 자리번호를 모두 합산하는 것이 *아니고*, 하나 하나를 비교하였음을 명심하여라.

마지막으로 두 방향 모두 자리번호가 같을 때는 이름에서 처음에 오는 치환기의 자리번호가 낮은 것을 선택해야 한다(치환기는 알파벳 순서로 나열하는 것을 기억하라).

알케인과 알킬기의 IUPAC 규칙에 대한 요약은 표 2.6과 표 2.7에 실었다.

IUPAC 명명 체계는 본질적으로 합리적이어서, 상식적인 규칙으로도 파악할 수 있도록 되어 있다. 그리고 길고, 이상하고, 발음하기 힘든 이름이 나올 때도 있지만, 일단 코드(규칙)을 익히고 하면 이들의 긴 이름을 유일한 구조식으로 바꾸는 것은 아주 쉽다.

2.18 사이클로알케인 명명법

사이클로알케인(cycloalkane)은 세 개 또는 그 이상의 탄소 고리를 보유하고 있는 알케인이다. 이들은 유기화학에서 자주 접할 수 있는데, 분자식은 C_nH_{2n}의 일반식으로 쓸 수 있다.

사이클로알케인(ctcloalkane)은 고리형 지방족[*alicyclic*(*aliphatic cyclic*)] 탄화수소이다.

다음과 같은 몇 개의 예가 있다.

사이클로프로페인 사이클로헥세인

사이클로알케인의 IUPAC 계통명은 고리를 형성한 탄소 수와 같은 수를 가진 가지 없는 알케인 이름 앞에 접두사 *사이클로*-(*cyclo*-)를 붙여 명명한다. 치환기는 보통 방식으로 확인하고, 그들의 위치는 고리 탄소에 번호를 붙여 정한다. 이 때 치환기에 가장 작은 수가 오는 방향으로 자리 번호를 붙인다.

CH_2CH_3

에틸사이클로펜테인

H_3C CH_3 1 2 3 4 5 6 CH_2CH_3

3-에틸-1,1-다이메틸사이클로헥세인
(1-에틸-3,3-다이메틸사이클로헥세인이 아님. 왜냐하면 첫 번째 연결점규칙은 1,3,3보다 1,1,3 치환 형태가 더 우선이 되기 때문)

고리에 붙어 있는 알킬기의 탄소 수보다 고리 탄소 수가 적을 때는 그 화합물의 이름은 알케인의 이름을 따르며, 고리는 *사이클로알킬* 치환기로 처리한다.

$CH_3CH_2CHCH_2CH_3$

3-사이클로뷰틸펜테인

문제 2.13

다음 화합물의 이름은 무엇인가?

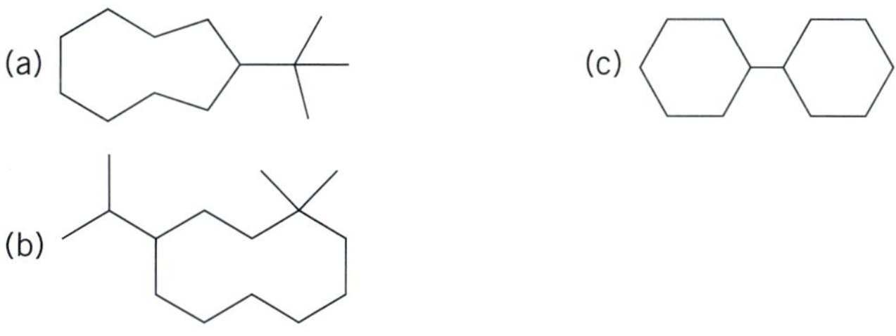

(c)

풀이 예시 (a) 구각형 사이클로알케인에 *tert*-뷰틸기가 결합된 분자이다. 이것은 *tert*-뷰틸사이클로노네인이다. 또한 *tert*-뷰틸기를 1,1-다이메틸에틸기라고도 부를 수도 있다. 따라서 이 화합물은(1,1-다이메틸에틸) 사이클로노네인이라고 부를 수도 있다(괄호는 애매한 점을 피하기 위해 사용한다. 이 경우 괄호는 자리 번호 1,1이 알킬기 치환체를 의미하고, 고리 위치를 의미하지 않음을 강조한 것이다).

2.19 알케인과 사이클로알케인 공급원

석유(*petroleum*)라는 어휘는 라틴어의 "돌(*petra*)"과 "기름(*oleum*)"에서 유래된 것이다.

앞에서 언급한 것처럼 천연 가스는 대부분이 메테인이고, 에테인과 프로페인이 소량의 낮은 분자량의 알케인과 함께 혼합되어 있는 가스이다. 천연 가스는 흔히 원유 퇴적물과 함께 발견된다. 석유는 알케인과 사이클로알케인이 각각 반 정도 섞여 있는 대략 150가지의 탄화수소를 포함한 수백 개의 물질이 섞여있는 액체 혼합물이다. 원유를 증류하면 그림 2.20에 주어진 이름으로 된 몇 가지 부분으로 분류할 수 있다. 석유나 가스 오일과 같이 끓는점이 높은 부분은 디젤 엔진이나 용광로의 연료로 사용되며, 휘발성이 없는 나머지 부분은 가공하여 윤활유, 그리스, 석유젤리, 파라핀 왁스나 아스팔트로 사용된다. 제트연료는 나프타-등유 부분에서 얻게 된다.

석유산업과 자동차 산업은 서로 연계되어 있지만, 석유산업이 자동차 산업보다 반세기는 앞서 있었다. 1859년 Edwin Drake가 Pennsylvania의 Titusville에서 처음으로 유전을 뚫었고, "rock oil"(오늘날의 원유)을 대량으로 채취하였다. 뒤이어 석유를 생산하기 위하여 원유 정제 기술을 개발하였다. 등잔의 연료로서 등유는 밝고 깨끗한 불꽃을 내며 타기 때문에 그 당시 사용하던 비싼 고래 기름을 즉시 대체하였다(그림 2.21). 곧이어 다른 유전이 개발되었고, 원유 생산품들은 다른 용도로 사용되었다. 가스등으로 도시의 거리를 밝히고 가정의 난방용으로, 또 기관차를 움직이는 연료로도 사용되었다. 자동차가 나오기 훨씬 전에 원유 정유소가 있었다.

1908년 Henry Ford 제조공장에서 Model T가 처음 만들어지기 전에 Standard Oil의 소유자인 John D. Rockefeller는 세계 6대 갑부 중 한 사람이 되었다.

그러나 오늘날 원유 **정제(refining)**에는 증류 뿐만 아니라 두 가지 주된 기술이 더 첨가되어 있다.

1. **분해(cracking).** 휘발성이 더 크고 분자량이 낮은 탄화수소가 자동차 연료나 석유화학 제품의 공급원으로서 더 유용하다. 분자량이 큰 탄화수소의 탄소-탄소 결합을 열(*열분해, thermal cracking*) 또는 어떤 촉매(*촉매분해, catalytic cracking*)를 가하여 분해시킴으로써 저분자량의 탄화수소 부분을 증가시킨다.
2. **개질(reforming).** *휘발유*(*light gasoline*)와 *나프타*(*naphtha*, 그림 2.20)의 물리적 성질은 모터 연료로는 적당하지만, 고압축 자동차 엔진에서는 조기 점화되는 성질,

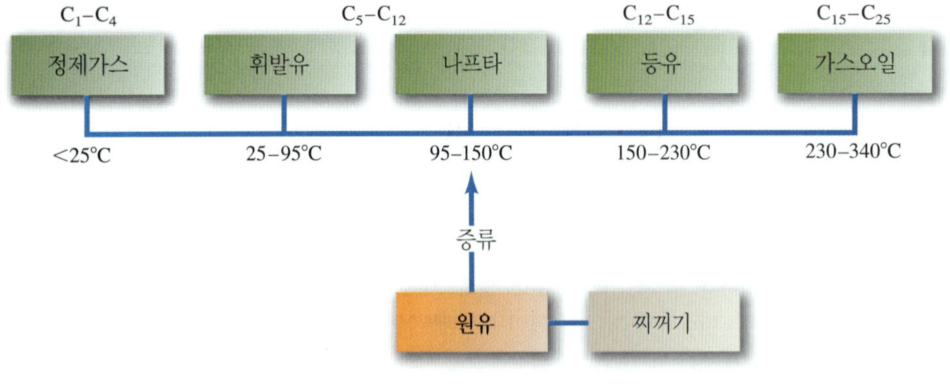

그림 2.20

원유를 증류하면 비휘발성 잔유물을 포함하여 그림에 명시된 여러 가지 휘발성 성분으로 나누어진다. 각 종류별로 주어진 탄소의 수는 대략적인 값이다.

그림 2.21

초기의 석유는 오일 램프의 연료로 사용되는 경우가 많았다.

즉 "노킹(knocking)" 때문에 부적당하다. 개질은 석유에 들어 있는 탄화수소를 방향족 탄화수소와 가지 많은 알케인으로 바꾼다. 이들 방향족 탄화수소와 가지 많은 알케인은 가지 없는 알케인이나 사이클로알케인보다 조기 점화 경향이 줄어든다.

엔진 속에서 휘발유가 "노킹" 현상을 일으키는 경향을 옥탄가(octane number)로 표현하고 있다. 옥탄가가 낮을수록 노킹 현상은 커진다. 옥탄가의 기준은 헵테인(옥탄가 0)과 아이소옥테인(2,2,4-trimethylpentane, 옥탄가 100)으로 정의하고 있다. 휘발유의 옥탄가는 이들 두 성분의 혼합물 중 아이소옥탄의 % 함량비로 표현되며, 이들 두 성분으로 된 혼합물의 노킹 현상과 동일한 노킹 경향을 가지는 휘발유에 대해 그 휘발유의 옥탄가로 표현하여 휘발유의 성능을 나타내고 있다.

알케인이 자연에 존재하는 곳은 원유 뿐만이 아니다. 고체 *n*-알케인 중에서 비교적 긴 사슬을 갖는 알케인류는 왁스와 같은 성질이 있어서 나뭇잎이나 과일과 같은 곳의 표면으로부터 수분이 날아가는 것을 억제하기 위해 이러한 곳의 표면에서 관찰되기도 한다. 펜타코세인[pentacosane, $CH_3(CH_2)_{23}CH_3$]은 대부분의 곤충 껍데기의 왁스 모양 겉 층에서 관찰되기도 한다. 헨트라이콘테인[hentriacontane, $CH_3(CH_2)_{29}CH_3$]은 벌집 왁스(문제 2.8)의 한 성분으로 알려져 있으며, 또한 담배 잎, 복숭아 나무, 콩과 같은 여러 식물의 표면 코팅 성분으로 관찰되고 있다. C_{23}, C_{25}, C_{27}, C_{29} 및 C_{31} *n*-알케인은 꿀벌의 여왕벌이 낳은 알의 표면 코팅 물질로 알려져 있다.

석유에는 사이클로펜테인과 사이클로헥세인이 들어 있다. 그러나 치환기가 없는 사이클로알케인은 자연에서는 거의 발견되지 않는다. 아래 골격을 가진 모체와 관련된 호페인이라 불리는 200개 이상의 탄화수소 그룹은 특별히 예외이다.

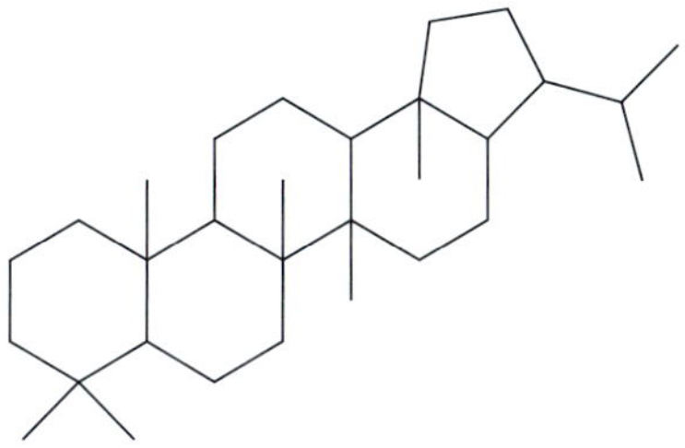

호페인(Hopane)

호페인은 석유와 지층퇴적물에서 처음 발견되었으나, 이후 박테리아 세포벽의 구성성분임이 밝혀졌다. 적은양으로 존재하지만, 호페인은 매우 널리 퍼져있어 지구상에서 가장 풍부한 천연물에 해당한다.

문제 2.14

호페인의 분자식은 무엇인가?

2.20 알케인과 사이클로알케인의 물리적 성질

끓는점(boiling point). 앞에서 보는 바와 같이 메테인, 에테인, 프로페인과 뷰테인은 실온에서는 기체이다. 가지 없는 펜테인(C_5H_{12})에서부터 헵타데케인(heptadecane, $C_{17}H_{36}$)까지는 액체이며, 분자량이 더 큰 동족체들은 고체이다. 그림 2.22에서 알 수 있듯이 가지 없는 알케인은 탄소 수가 증가함에 따라 끓는점도 증가한다. 그림 2.22는 2-메틸-가지달린 알케인이 가지 없는 이성질체보다 끓는점이 더 낮다는 것을 보여 주고 있다. 탄소 수에 따라 끓는점이 증가하고 가지달린 알케인과 가지 없는 알케인 사이에 끓는점이 달라지는 이유를 분자 수준에서 이해하기 위해 구조와 물성 사이의 관계를 계속해서 알아보기로 하자.

물질은 분자 사이의 인력(**분자간 인력, intermolecular attractive force**)이 기체 상에서 보다 액체상에서 더 클 때 기체보다는 액체로 존재한다. 중성인 화학종(이온이 아닌 원자나 분자) 사이의 인력을 **van der Walls 힘(force)**이라 하는데, 이 힘에는 세 가지 유형이 있다.

그림 2.22

가지가 전혀 없는 알케인과 2-메틸기 가지가 붙은 이성질체의 끓은점 분포.

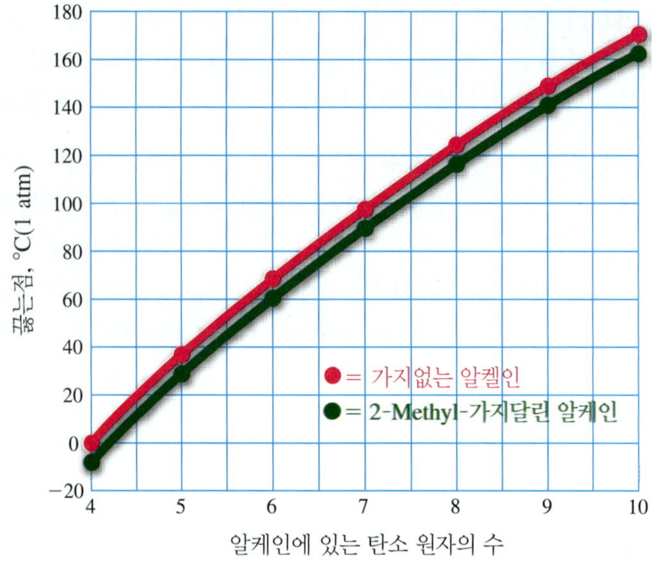

1. 쌍극자–쌍극자 (수소 결합 포함)
2. 쌍극자/유도–쌍극자
3. 유도–쌍극자/유도–쌍극자

유도-쌍극자/유도-쌍극자를 포함한 van der Walls 인력은 흔히 *Londen*(*force*) 혹은 *분산힘*(*dispersion force*)으로 알려져 있다.

이들 힘들도 성질상 전기적이다. 따라서 어떤 물질을 기화시키려면 이 힘들을 극복할 수 있는 충분한 에너지를 가해야 한다. 대부부의 알케인은 쌍극자 모멘트가 없음으로 고려해야 할 van der Walls 힘은 **유도–쌍극자/유도–쌍극자 사이의 인력(induced-dipole/induced-dipole attractive force)**뿐이다.

극성이 없는 분자 A와 B가 가까이 있더라도 서로 아무런 영향을 주지 않을 것으로 생각할 수 있을 것이다.

그러나 사실은 A와 B의 전기장은 끊임없이 움직이고 있으며, 또한 진동도 하고 있기 때문에 한 분자 내에서는 일시적으로 쌍극자 모멘트가 발생하게 된다. 이 약한 쌍극자 모멘트는 이웃하는 분자에게 다시 쌍극자를 유발시켜 결국 이들 분자 사이에 약한 인력이 발생하게 된다.

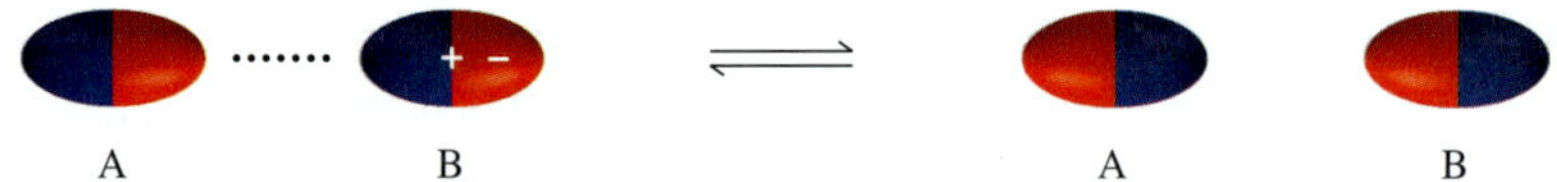

유도–쌍극자/유도–쌍극자 인력을 계속해서 이어붙이면 인력이 축적되어 분자 사이에 상당히 센 인력을 만들게 된다. 따라서 상당히 큰 분자량을 갖는 알케인은 많은 원자와 전자를 가지게 되므로 더 많은 분자 간 인력을 발휘할 수 있게 되고 이로 인해 분자량이 적은 알케인에 비해 더 높은 끓은점을 나타내게 된다.

이 절의 앞부분에서 이미 언급한 바와 같이, 가지가 달린 알케인은 가지가 없는 같은 탄소수의 알케인에 비해 끓은점이 낮다. 당연한 일이지만, 같은 수의 원자와 전자로 된 알케인에 있어서 가지가 있는 알케인 분자는 가지가 없는 직선형 알케인에 비해 표면적이 적어질 수 밖에 없을 것이다. 긴 알켄, 즉 표면적이 큰 알케인은 작은, 즉 가지달린 알케인에 비해 아무래도 분자 간 접촉을 위한 표면이 넓게 된다. 결국 가지가 없음으로 인해 커진 표면적을 가진 가지 없는 알케인은 동일 수의 탄소로 된 가지 있는 알케인에 비해 높은 끓는점을 나타내게 되는 것이다. 다음 펜테인과 그 이성질체의 끓는점을 비교해보자.

$CH_3CH_2CH_2CH_2CH_3$	$CH_3CHCH_2CH_3$ (2번 탄소에 CH_3)	CH_3CCH_3 (중앙 탄소에 CH_3 두 개)
펜테인 (bp 36°C)	2-메틸뷰테인 (bp 28°C)	2,2-다이메틸프로페인 (bp 9°C)

이들 세 가지 이성질체의 모양은 다음 그림 2.23에 나타낸 공간-채움 모형(space-filling model)을 보면 확실히 알 수 있다. 펜테인은 가장 긴 구조로 되어 있으며 유도-쌍극자/유도-쌍극자 인력에 의해 서로 이웃하는 분자에 달라붙을 수 있도록 이들 세 이성질체 중 가장 넓은 표면적을 나타낸다. 이로 인해 가장 높은 끓는점을 나타낸다. 2,2-다이메틸프로페인은 가장 촘촘하고 가장 둥근 모양을 나타내고 있어서, 이로인해 가장 적은 유도-쌍극자/유도-쌍극자 인력을 나타내게 되고 따라서 끓는점도 가장 낮게 된다.

유도-쌍극자/유도-쌍극자 인력은 각각 개별적으로 검토하게 되면 매우 약한 힘이지만, 대부분의 유기화합물에서 나타나는 힘이어서 결과적으로 액체 상태에 있는 유기화합물의 경우 총체적으로는 가장 기여도가 높은 중요한 분자간 인력이라 할 수 있다. 특히 비극성 분자인 알케인과 같은 화합물에서는 유일한 인력이라 할 수 있다.

문제 2.15

끓는점과 적당한 알케인을 짝지으시오.

알케인: 옥테인, 2-메틸헵테인, 뷰테인, 노네인

끓는점(°C, 1 atm): 106, 116, 126, 151

사이클로펜테인은 펜테인(36°C)보다 높은 끓는점(49.3°C)을 나타내며, 이는 알케인보다 고리형 알케인이 더 많은 인력을 나타냄을 의미한다.

녹는점(melting point). 고체 알케인은 대체로 부드럽고 낮은 녹는점을 나타낸다. 결정을 묶기 위해 사용되는 힘은 역시 액체 상태에서의 분자 간 인력이었던 유도-쌍극자/유도-쌍극자 인력이다. 그러나 고체에서는 그 힘은 더 크다고 할 수 있다. 결정 구조 내에서 한 분자와 바로 이웃하는 분자 사이의 거리를 측정하면, **van der Waals** 반지름(radius)라 알

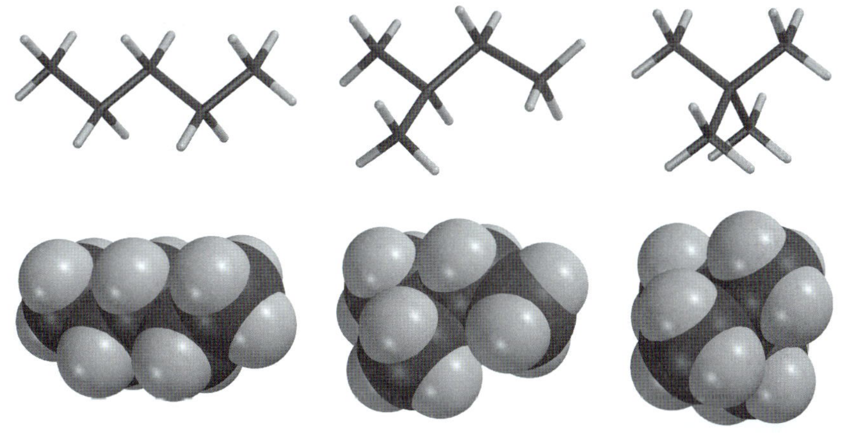

(*a*) 펜테인: $CH_3CH_2CH_2CH_2CH_3$ (*b*) 2-메틸뷰테인: $(CH_3)_2CHCH_2CH_3$ (*c*) 2,2-다이메틸프로페인: $(CH_3)_4C$

그림 2.23

튜브(tube, *위*) 모델과 공간 채움(space-filling) 모델 (*아래*) (a) 펜테인, (b) 2-메틸뷰테인(2-methylbutane), (c) 2,2-다이메틸프로페인(2,2-dimethylropane). 가장 가지가 많이 달린 2,2-다이메틸프로페인은 가장 조밀하며, 가장 공 모양의 3차원 구조를 나타낸다.

려진, 원자의 특징이라 할 수 있는, 가장 가깝게 접근할 수 있는 분자간 거리를 알 수 있다. 그림 2.16에 나타낸 바와 같은 펜테인, 2-메틸뷰테인 및 2,2-다이메틸프로페인과 같은 분자의 공간-채움 모형을 보고 설명하면, 분자를 구성하는 각 구의 반지름이 바로 각 원자의 van der Waals 반경을 의미하게 된다. 따라서 수소의 van der Waals 반지름은 120 pm 이다. 만일 두 개의 알케인 분자를 서로 접근시켜 한 분자의 수소 원자가 다른 분자의 수소 원자로부터 240 pm 이내로 들어오게 하면, 전자-핵 사이의 인력과 전자-전자 사이 및 핵-핵 사이의 반발력이 가장 좋은 균형이 이루게 된다. 그러나 더 가까이 접근시키게 되면, 반발력이 더 커진다.

물에 대한 용해도(solubility in water). 알케인의 잘 알려진 물리적 성질은 "기름이 물과 섞이지 않는다"라는 속담이 잘 말해 준다. 알케인(즉, 모든 탄화수소)은 물에 녹지 않는다. 탄화수소가 물에 녹기 위해서는, 물 분자 사이의 수소결합 골격이 녹아 있는 탄화수소 주위에서 더 잘 정돈되어 있어야 한다. 더 잘 정돈된다는 것은 엔트로피가 줄어든다는 것인데, 이것은 발열반응이라는 것을 의미한다. 그러나 이와 같은 경우는 일어나지 않는다. 물 분자 사이를 연결해주고 있는 수소결합은 비극성인 탄화수소 분자에 의해 교란을 받기에는 너무 강하기 때문이다. 불용성이고 밀도가 0.6~0.8 g/mL인 범위에 있는 알케인은 물 위에 뜬다. 알케인과 같은 극성이 없는 물질을 물이 배척하는 성질을 **소수성 효과(hydrophobic effect)**라고 한다. 이와 같은 성질은 앞으로 이 책에서 여러 차례 나오게 될 것이다.

2.21 화학적 성질: 알케인 연소

알케인의 옛 이름은 **파라핀 탄화수소(paraffin hydrocarbon)**이다. *파라핀*은 라틴어인 *parum affinis*('친화력이 거의 없다' 라는 뜻)에서 유래되었으며, 알케인의 반응성이 별로 없다는 것을 의미한다.

알케인은 미국 Southern California 대학 화학과 교수인 George A. Olah 교수가 알케인과 반응하는 물질을 개발했다는 것으로 1994년 노벨 화학상을 받을 정도로 반응성이 낮은 화합물이다.

표 1.8은 탄화수소가 극히 약한 산임을 보여준다. 탄화수소 화합물 중에서 아세틸렌은 메테인, 에테인, 에틸렌 또는 벤젠보다 강한 산이다. 그러나 K_a 값은 물보다 10^{10}배만큼 작다.

	HC≡CH	C_6H_6 (benzene)	$H_2C{=}CH_2$	CH_4	CH_3CH_3
pK_a:	26	43	45	60	62

알케인은 원래 산-염기 반응에 대해서는 반응성이 전혀 없지만, 알케인은 산화반응을 일으키므로 산화-환원 반응에는 참여한다고 할 수 있다. 공기 중에서 타는 것 즉, **연소(combustion)**은 잘 알려져 있으며, 이것이 가장 중요한 예이다. 탄화수소의 연소는 발열이며, 생성물은 이산화탄소와 물이다.

$$\underset{\text{Methane}}{CH_4} + \underset{\text{Oxygen}}{2O_2} \longrightarrow \underset{\text{Carbon dioxide}}{CO_2} + \underset{\text{Water}}{2H_2O} \qquad \Delta H^\circ = -890\text{ kJ }(-212.8\text{ kcal})$$

$$\underset{\text{2-Methylbutane}}{(CH_3)_2CHCH_2CH_3} + \underset{\text{Oxygen}}{8O_2} \longrightarrow \underset{\text{Carbon dioxide}}{5CO_2} + \underset{\text{Water}}{6H_2O} \qquad \Delta H^\circ = -3529\text{ kJ }(-843.4\text{ kcal})$$

문제 2.16

사이클로헥세인(cyclohexane)의 연소반응에 대한 균형 잡힌 반응식을 쓰시오.

한 물질이 연소할 때 내놓는 열을 **연소 열(heat of combustion)**이라고 한다. 연소 열은 반응식이 주어질 때 그 반응식의 $-\Delta H°$와 일치한다. 관례에 의해 다음과 같이 표현한다.

$$\Delta H° = H°_{생성물} - \Delta H°_{반응물}$$

여기서 $\Delta H°$는 1 atm, 표준 상태, 즉 가스, 순수한 액체 또는 결정성 고체의 화합물이 가지고 있는 열 함량, 즉 **엔탈피(enthalpy)**를 의미한다. 발열반응일 때 생성물의 엔탈피는 출발물질의 엔탈피보다 적으므로 $\Delta H°$는 음의 값이 된다.

표 2.3에 몇 가지 알케인의 연소 열을 나타내었다. 가지 없는 알케인은 그들의 2-메틸-가지달린 이성질체보다 연소 열이 약간 높다. 그러나 중요한 점은 탄소의 수이다. 가지 없는 알케인과 2-메틸-가지달린 알케인은 서로 다른 *동족계열(homologous series*, 2.12절)이다. 같은 동족계열에서는 CH_2가 하나씩 증가할 때마다 연소 열이 653 kJ/mol (156 kcal/mol)씩 규칙적으로 증가한다.

문제 2.17

표 2.3을 참조하여 다음 화합물의 연소 열을 추정하시오.

(a) 2-메틸노네인(kcal/mol 단위로) (b) 아이코세인(kJ/mol 단위로)

풀이 예시 (a) 표의 마지막 2-메틸알케인은 2-메틸헵테인이다. 이 화합물의 연소 열은 1306 kcal/mol이다. 2-메틸노네인은 2-메틸헵테인보다 메틸렌기가 두 개 더 있기 때문에 그 연소 열은 2 × 156 kcal/mol 만큼 더 크다.

2-메틸노네인의 연소 열 = 1306 + 2(156) = 1618 kcal/mol

표 2.3 대표적 알케인의 연소 열($-\Delta H°$)

화합물	화학식	$-\Delta H°$	
		kJ/mol	kcal/mol
가지없는 알케인			
헥세인	$CH_3(CH_2)_4CH_3$	4,163	995.0
헵타인	$CH_3(CH_2)_5CH_3$	4,817	1,151.3
옥테인	$CH_3(CH_2)_6CH_3$	5,471	1,307.5
노네인	$CH_3(CH_2)_7CH_3$	6,125	1,463.9
데케인	$CH_3(CH_2)_8CH_3$	6,778	1,620.1
운데케인	$CH_3(CH_2)_9CH_3$	7,431	1,776.1
도데케인	$CH_3(CH_2)_{10}CH_3$	8,086	1,932.7
헥사데케인	$CH_3(CH_2)_{14}CH_3$	10,701	2,557.6
2-메틸-가지가 있는 알케인			
2-메틸펜테인	$(CH_3)_2CHCH_2CH_2CH_3$	4,157	993.6
2-메틸헥세인	$(CH_3)_2CH(CH_2)_3CH_3$	4,812	1,150.0
2-메틸헵테인	$(CH_3)_2CH(CH_2)_3CH_3$	5,466	1,306.3

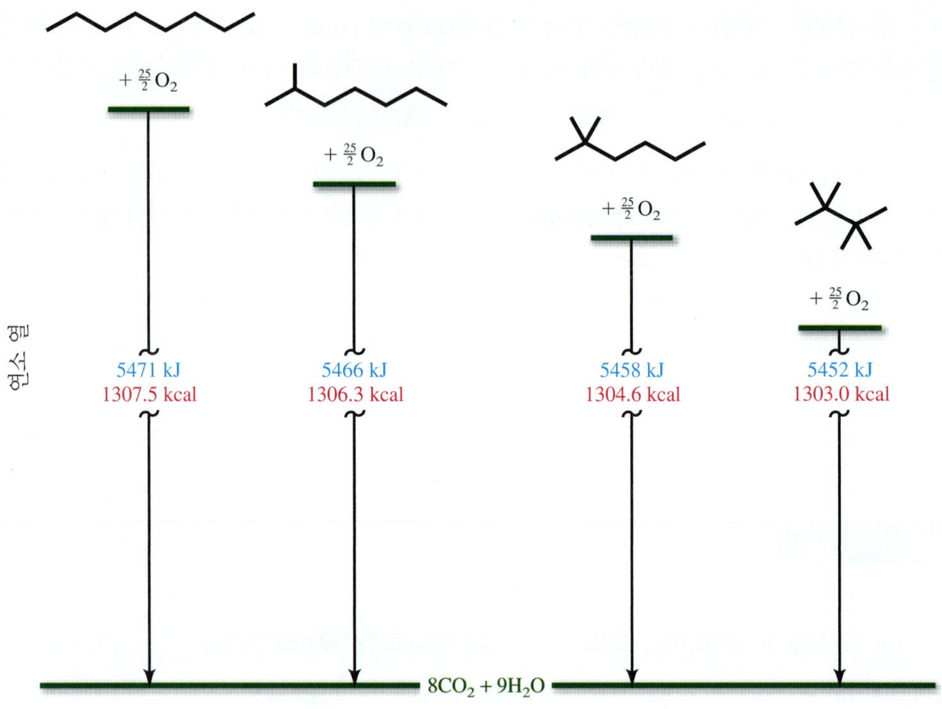

그림 2.24

C_8H_{18} 알케인 이성질체의 연소 열을 비교하는 에너지 그림.

연소 열은 이성질체의 상대적 안정도를 측정하는 데 이용할 수 있다. 연소 열은 어떤 이성질체가 더 안정한가를 알려줄 뿐만 아니라 얼마나 더 안정한가도 말해준다. C_8H_{18} 알케인을 생각해 보자.

$CH_3(CH_2)_6CH_3$ 옥테인	$(CH_3)_2CHCH_2CH_2CH_2CH_2CH_3$ 2-메틸헵테인
$(CH_3)_3CCH_2CH_2CH_2CH_3$ 2,2-다이메틸헥세인	$(CH_3)_3CC(CH_3)_3$ 2,2,3,3-테트라메틸뷰테인

그림 2.24은 C_8H_{18}의 이성질체들의 연소 열을 *퍼텐셜 에너지 그림*(*potential energy diagram*)으로 비교한 것이다. **퍼텐셜 에너지(potential energy)**는 엔탈피와 유사하다. 퍼텐셜 에너지는 분자가 가진 총 에너지 중 운동에너지를 제외한 에너지를 말한다. 퍼텐셜 에너지를 더 많이 가지고 있는 분자는 퍼텐셜 에너지를 적게 가진 분자보다 불안정하다. C_8H_{18} 이성질체들은 아래 식과 같이 연소하여 모두 같은 생성물을 만든다.

$$C_8H_{18} + \frac{25}{2}O_2 \longrightarrow 8CO_2 + 9H_2O$$

따라서 연소 열의 차이는 그들의 퍼텐셜 에너지의 차이를 나타낸다. *이성질체들을 비교할 때 가장 낮은 퍼텐셜 에너지를 가진 이성질체가(이 경우 가장 낮은 연소 열) 가장 안정하다.* C_8H_{18} 알케인 중 가장 가지가 많은 이성질체인 2,2,3,3-테트라메틸뷰테인이 가장 안정하고, 가지 없는 이성질체인 옥테인이 가장 불안정하다. 알케인에 있어서 일반적으로 가지가 많은 이성질체가 가지가 적은 것보다 더 안정하다.

가지달린 알케인과 가지 없는 알케인 사이의 작은 안정도 차이는 분자*내* 인력과 반발력(**분자내 힘, intermolecular force**) 상호작용의 결과이다. 이 힘들은 핵-핵 간 반발력,

전자−전자 간 반발력과 핵−전자 간 인력이며, 이는 이 책의 화학결합(2.2절)과 분자 사이의 van der Walls 힘(2.24절)을 공부할 때 나왔던 바로 그 기본적인 힘과 같은 것이다. 분자 내 모든 핵과 전자 사이에 작용하는 힘들을 계산할 때 분자가 조밀하면 인력이 일반적으로 반발력보다 커진다. 그러나 때로는 한 분자 내에서 두 원자가 지나치게 가까이 접근하고 있는 경우가 있다. 3장에서는 이에 대한 결과를 공부할 것이다.

문제 2.18

표 2.3을 참조하지 않고, 다음 화합물을 연소 열이 감소하는 순서로 나열하시오. 펜테인, 2-메틸뷰테인, 2,2-다이메틸프로페인, 헥세인.

Thermochemistry

Thermochemistry is the study of the heat changes that accompany chemical processes. It has a long history dating back to the work of the French chemist Antoine Laurent Lavoisier in the late eighteenth century. Thermochemistry provides quantitative information that complements the qualitative description of a chemical reaction and can help us understand why some reactions occur and others do not. It is of value when assessing the relative value of various materials as fuels, when comparing the stability of isomers, or when determining the practicality of a particular reaction. In the field of bioenergetics, thermochemical information is applied to the task of sorting out how living systems use chemical reactions to store and use the energy that originates in the sun.

By allowing compounds to react in a calorimeter, it is possible to measure the heat evolved in an exothermic reaction or the heat absorbed in an endothermic one. Thousands of reactions have been studied to produce a rich library of thermochemical data. These data take the form of heats of reaction and correspond to the value of the standard enthalpy change ΔH° for a particular reaction of a particular substance.

In this section you have seen how heats of combustion can be used to determine relative stabilities of isomeric alkanes. In later sections we shall expand our scope to include the experimentally determined heats of certain other reactions, such as *bond dissociation enthalpies* (Section 4.15) and *heats of hydrogenation* (Section 6.3), to see how ΔH° values from various sources can aid our understanding of structure and reactivity.

The **standard heat of formation** (ΔH°_f), is the enthalpy change for formation of one mole of a compound directly from its elements, and is one type of heat of reaction. In cases such as the formation of CO_2 or H_2O from the combustion of carbon or hydrogen, respectively, the heat of formation of a substance can be measured directly. In most other cases, heats of formation are not measured experimentally but are calculated from the measured heats of other reactions. Consider, for example, the heat of formation of methane. The reaction that defines the formation of methane from its elements,

$$\underset{\text{Carbon}}{\text{C (graphite)}} + \underset{\text{Hydrogen}}{2H_2(g)} \longrightarrow \underset{\text{Methane}}{CH_4(g)}$$

can be expressed as the sum of three reactions:

$$\begin{array}{lll}
(1)\ \text{C (graphite)} + O_2(g) & \longrightarrow CO_2(g) & \Delta H^\circ = -393\text{ kJ} \\
(2)\ 2H_2(g) + O_2(g) & \longrightarrow 2H_2O(l) & \Delta H^\circ = -572\text{ kJ} \\
(3)\ CO_2(g) + 2H_2O(l) & \longrightarrow CH_4(g) + 2O_2(g) & \\
 & & \Delta H^\circ = +890\text{ kJ} \\
\hline
\text{C (graphite)} + 2H_2(g) & \longrightarrow CH_4(g) & \Delta H^\circ = -75\text{ kJ}
\end{array}$$

Equations (1) and (2) are the heats of formation of one mole of carbon dioxide and two moles of water, respectively. Equation (3) is the reverse of the combustion of methane, and so the heat of reaction is equal to the heat of combustion but opposite in sign. The sum of equations (1)–(3) is the enthalpy change for formation of one mole of methane from its elements. Thus, $\Delta H^\circ_f = -75$ kJ/mol.

The heats of formation of most organic compounds are derived from heats of reaction by arithmetic manipulations similar to that shown. Chemists find a table of ΔH°_f values to be convenient because it replaces many separate tables of ΔH° values for individual reaction types and permits ΔH° to be calculated for any reaction, real or imaginary, for which the heats of formation of reactants and products are available.

Problem 2.19

Given the standard enthalpies of formation (ΔH°_f) of cyclopropane (39.30 kJ/mol) and cyclohexane (−124.6 kJ/mol), calculate ΔH° for the reaction:

2 [cyclopropane] ⟶ [cyclohexane]

2.22 유기화학에서 산화–환원

지금 공부한 것처럼 알케인이 산소와 반응하여 이산화탄소와 물을 생성하는 반응을 연소(*combustion*)라고 한다. 좀 더 기본적인 반응 유형으로 분류하면 이것은 **산화–환원 (oxidation-reduction)** 반응 영역에 속한다. 그 이유를 이해하기 위해 산화–환원의 원리, 즉 **산화수(oxidaton number**, **산화상태**, **oxidation state**라고도 함)를 다시 한 번 살펴보자.

산화수를 계산하는 방법은 여러 가지가 있다. 메테인이나 이산화탄소처럼 탄소 한 개만 가진 화합물의 탄소 산화수는 분자식으로부터 계산할 수 있다. 이 두 분자는 모두 중성이므로 산화수의 합은 0이다. 일반적으로 수소의 산화상태는 +1이므로 메테인의 탄소 산화수는 −4이다. 마찬가지로 산소의 산화 상태가 −2라면 CO_2의 탄소는 +4이다. 이와 같은 식으로 쉽게 계산하여 표 2.4에 나타낸 것처럼 탄소가 한 개의 산화 상태가 증가하는 순서로 나열할 수 있다.

메테인의 탄소가 표 2.4에 주어진 화합물 중 가장 낮은 산화수 (−4)를 가진다. 메테인의 탄소는 최대로 환원된 상태이다. 이산화탄소와 탄산의 탄소는 최대 산화수 (+4)를 가졌으며, 최대로 산화된 상태에 있다. 메테인이나 다른 알케인이 이산화탄소로 연소하면 탄소는 산화되고 산소는 환원된다.

표 2.4에서 얻을 수 있는 일반 법칙은 다음과 같다.

탄소의 산화는 탄소–산소 결합 수가 늘어나거나 탄소–수소 결합 수가 줄어드는 것과 일치한다. 반대로 환원은 탄소–수소 결합 수가 늘어나거나 탄소–산소 결합 수가 줄어드는 것과 같다.

표 2.4를 보면 산화 상태가 연속적으로 늘어나는 것은 탄소–산소 결합 수가 늘어나고, 탄소수소 결합 수가 줄어드는 것을 알 수 있다. 메테인은 네 개의 C—H 결합을 가졌지만, C—O 결합은 하나도 없다. 이산화탄소는 네 개의 C—O 결합을 가졌지만 C—H 결합은 하나도 없다.

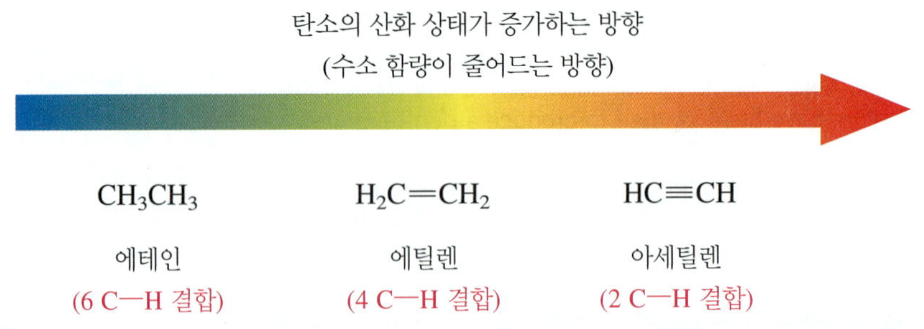

표 2.4 탄소 한 개로 구성된 화합물의 탄소 산화수

화합물	구조식	분자식	산화수
메테인	CH_4	CH_4	−4
메탄올	CH_3OH	CH_4O	−2
폼알데하이드	$H_2C{=}O$	CH_2O	0
폼산	O ‖ HCOH	CH_2O_2	+2
탄산	O ‖ HOCOH	H_2CO_3OH	+4
이산화탄소	O=C=O	CO_2	+4

여러 계열의 탄화수소 중 알케인은 최대로 환원된 상태이고, 알카인이 최대로 산화된 상태이다.

여기서 우리는 산화상태의 패턴이 산소나 수소 함량의 증가에만 극한되지 않는다는 점에 대해 더 일반화시켜보기로 한다. 탄소보다 *더 전기음성도가* 큰 원소도 산소처럼 산화수에 같은 영향을 줄 수 있다. 따라서 CH_3Cl이나 CH_3OH 속의 탄소의 산화수는 둘 다 (−2)이다. 염소와 메테인과의 반응 (4.14절에서 언급할 예정)은 탄소의 산화와 관련된다.

$$\underset{\text{Methane}}{CH_4} + \underset{\text{Chlorine}}{Cl_2} \longrightarrow \underset{\text{Chloromethane}}{CH_3Cl} + \underset{\text{Hydrogen chloride}}{HCl}$$

탄소보다 *전기음성도가 적은* 원소는 수소와 같은 산화수의 효과를 나타낸다. 따라서 CH_3Li와 CH_4 속에 있는 탄소의 산화수는 똑같이 (−4)이며, CH_3Cl과 리튬의 반응(14.3절에 언급될 것임)은 탄소에서 환원반응이 관여된다.

$$\underset{\text{Chloromethane}}{CH_3Cl} + \underset{\text{Lithium}}{2\,Li} \longrightarrow \underset{\text{Methyllithium}}{CH_3Li} \quad \underset{\text{Lithium chloride}}{LiCl}$$

이 반응에서 탄소의 산화수는 CH_3Cl에서의 −2에서 CH_3Li에서의 −4로 감소하게 된다.

앞서 나타낸 몇 가지 예로부터 이러한 반응 뿐만 아니라 다른 많은 반응까지 설명할 수 있는 일반적인 방법이 있는데, 다음과 같다. *한 탄소와 탄소보다 전기음성도가 적은 한 원자 사이의 화학결합이 탄소보다 전기음성도가 더 큰 한 원자와의 결합으로 바뀔 수 있으며, 이 과정을 산화라고 한다. 반대의 과정을 환원이라고 한다.*

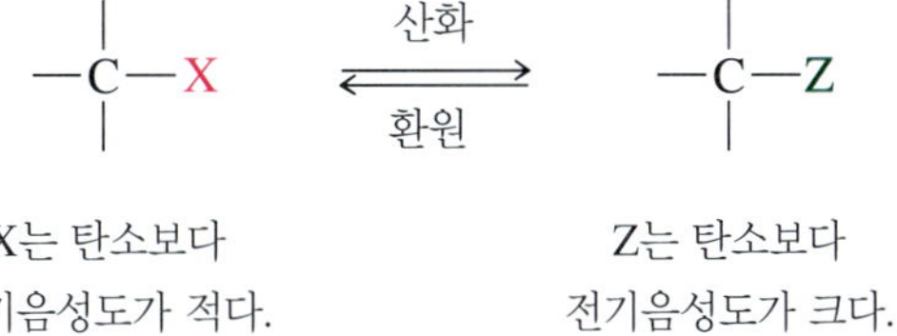

문제 2.20

다음 두 반응은 4장에서 배울 것이다. 하나는 산화–환원인데 반해, 나머지는 아니다. 어느 반응이 산화–환원인가?

$(CH_3)_3COH + HCl \longrightarrow (CH_3)_3CCl + H_2O$

$(CH_3)_3CH + Br_2 \longrightarrow (CH_3)_3CBr + HBr$

많은 유기 화합물(실제로 거의 모든 유기 화합물)의 탄소는 여러 가지 산화 상태를 가지고 있다. 예를 들어, 에탄올(CH_3CH_2OH)를 생각해보자. 탄소 하나는 세 개의 수소와 결합하고 있고 다른 하나는 두 개의 수소와 하나의 산소와 결합하고 있다. 물론 실제 산화수를 계산하는 것은 매우 쉽지만, 유기화학에서는 그런 일을 하는 경우는 거의 없다. 대부분의 경우 어떤 반응이 산화인지 혹은 환원인지에 대한 판단만 하게 된다. 산화 혹은 환원이 일어나고 있는가에 대한 판단을 할 수 있는 능력은, 어떤 반응물과 반응시켜 우리가 원하는 생성물이 만들어지도록 하기 위해서 유기 화합물 분자를 어떻게 변형시켜야만 하는가를 예상하는데 매우 유용하게 이용될 수 있는 것이다.

문제 2.21

다음 반응이 일어나도록 하기 위해서는 산화제나 환원제 중 어느 것이 필요한가? 아니면 그러한 시약은 필요없는 것일까?

(a) $CH_3CH_2OH \longrightarrow CH_3CHO$ ($CH_3C(=O)H$)

(b) $CH_3CH_2Br \longrightarrow CH_3CH_2Li$

(c) $H_2C{=}CH_2 \longrightarrow CH_3CH_2OH$

(d) $H_2C{=}CH_2 \longrightarrow$ H_2C—CH_2 (O로 연결된 삼원고리)

풀이 예시 (a) CH_3 탄소는 이 반응에서 바뀌지 않는다. 그러나 CH_2OH의 반응은 반응 후 새로 산소와 두 결합을 갖게 된다. 따라서 이 반응의 경우 산화제가 필요하게 된다.

2.23 요약

2.1절 탄화수소는 **알케인**, **알켄**, **알카인**과 **아렌**으로 분류할 수 있다. 알케인은 모두 단일결합으로 구성되어 있고 분자식 C_nH_{2n+2}로 나타낼 수 있다.

2.2절 결합의 두 가지 이론인 원자가결합(valence bond)과 분자오비탈 이론(molecular orbital theory)은 전자의 파동 성질에 근거한 것이다. 한 원자의 전자파동과 다른 원자의 전자파동이 보강간섭을 하게 되면 두 원자 사이에서 전자를 공유하는 확률이 높아지게 되며 그 결과 화학결합을 만들게 된다.

2.3절 원자가결합 이론에서는, 공유결합은 한 원자의 있어서 전자가 반이 채워진 오비탈(orbital)와 다른 원자에 의해 전자가 반이 채워진 같은 부호의 오비탈이 서로 겹쳐서 만들어지는 것으로 설명하고 있다. 이 논리를 H_2 결합에 적용시켜보면, 두 수소 원자의 1s 오비탈이 서로 겹쳐서 s 결합을 만들고 있다고 한다.

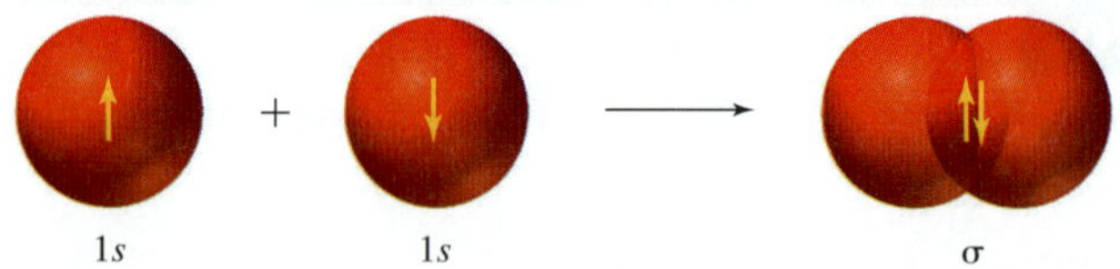

2.4절 분자오비탈 이론에서는 분자내 모든 원자의 원자오비탈(Atomic Orbitals, AOs)가 합쳐져서 분자오비탈(Molecular Orbitals, MOs)을 만드는 것으로 가정하게 된다. 따라서 MO의 수는 MO를 만들기 위해 사용된 AO의 수와 같다.

2.5절 처음 세 개의 알케인은 메테인(CH_4), 에테인(CH_3CH_3) 그리고 프로페인($CH_3CH_2CH_3$)이다.

2.6절 메테인의 결합은 흔히 오비탈 혼성화(orbital hybridization) 모형으로 설명되는데, 이 모형은 원자가결합 이론을 개량한 것이다. 탄소의 네 개의 동등한 sp^3 혼성오비탈(hybrid orbitals)는 2s, 2p_x, 2p_y 그리고 2p_z 오비탈을 혼합하여 만들어진 것이다. 이들 각각 전자가 반씩 채워진 네 개의 동등한 sp^3 혼성오비탈은 각각 반이 채워진 네 개의 수소 1s 궤도함수와 겹쳐서 네 개의 s 결합을 만든다.

2.7절 에테인의 탄소–탄소 결합은 한 탄소의 네 개의 sp^3 혼성오비탈 중 하나의 sp^3 혼성오비탈과 또 다른 탄소의 네 개의 sp^3 혼성오비탈 중 한 sp^3 혼성오비탈이 서로 겹쳐져서 만들어진 σ 결합이다.

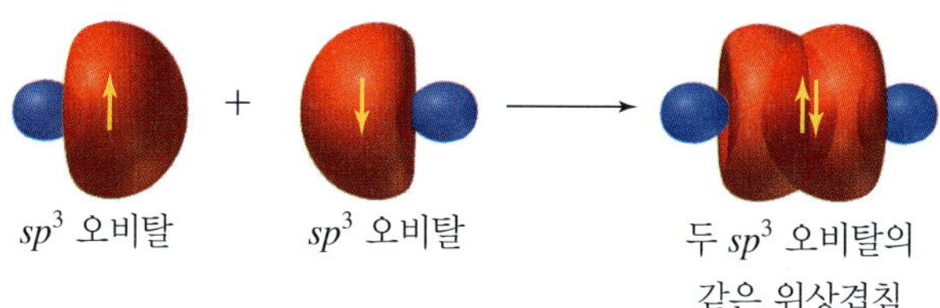

2.8절 에틸렌의 탄소는 **sp^2 혼성화**되어 있고, 이중결합은 σ 결합과 π 결합으로 되어 있다. 이 sp^2 혼성화 상태는 2*s*와 세 개의 2*p* 오비탈 중 두 개의 2*p* 오비탈을 혼합하여 만든 것이다. 이 결과 세 개의 동등한 sp^2 혼성오비탈이 만들어지고 이들 축은 같은 평면 상에 놓여 있게 된다. 한 탄소의 sp^2 오비탈이 다른 탄소의 sp^2 오비탈과 겹쳐지면 그들 사이에 σ 결합이 만들어진다. 그러나 각 탄소에는 혼성화에 참여하지 않은 전자가 하나 채워진 *p* 오비탈을 가지고 있으므로, 이 한 탄소의 *p* 오비탈이 다른 탄소의 반 채워진 *p* 오비탈과 측면으로 겹쳐지면 π 결합을 만들게 된다.

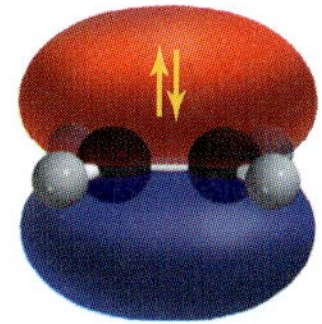

에틸렌 속의 *p* 결합은 서로 이웃하는 탄소에서 전자가 각각 반이 채워진 *p* 오비탈의 겹침에 의해 만들어진다.

2.9절 아세틸렌의 탄소는 ***sp* 혼성화**되어있고, 삼중결합은 σ + π + π로 되어 있다. 2*s* 오비탈과 한 개의 2*p* 오비탈이 합쳐져서 축이 직선인 동일한 두 개의 *sp* 오비탈을 형성한다. 두 탄소 사이의 *s* 결합에 절반이 채워진 나머지 두 개의 π 오비탈이 측면으로 겹쳐져 형성된 두 개의 *p* 결합이 추가되어 있다.

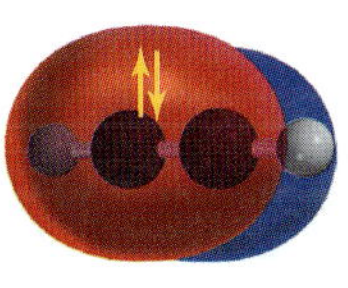

아세틸렌의 삼중결합은 한 개의 σ 결합과 두 개의 π 결합을 갖는다. 두 개의 π 결합을 여기에 나타내면서 서로 직각으로 존재한다.

2.10절 유기화학에서는 결합에 대한 Lewis 구조, 오비탈 혼성화 그리고 분자오비탈 이론 모두가 이용된다. 그 중에서 Lewis 구조는 가장 많이 이용되고 있으며, MO 이론을 가장 적게 이용되고 있다. 이 교재에서는 이들 모두가 이용될 것이다.

2.11절 분자식 C_4H_{10}의 알케인은 두 개의 구조 이성질체를 가졌다. 하나는 ***n*-뷰테인(*n*-butane)**이라는 가지 없는 사슬 ($CH_3CH_2CH_3CH_3$)이고, 다른 하나는 **아이소뷰테인(isobutane)**이라는 가지 달린 사슬 [$(CH_3)_3CH$]이다. *n*-뷰테인과 아이소뷰테인은 **일반명(common name)**이다.

2.12절 $CH_3(CH_2)_xCH_3$처럼 가지가 없는 알케인을 *n*-알케인이라 하고, 이들을 동족 계열(homologous series)이라고 한다.

2.13절 C_5H_{12}에는 세 개의 구조 이성질체가 있다. 이들은 *n*-펜테인(*n*-pentane, $CH_3CH_2CH_2CH_2CH_3$), 아이소펜테인[isopentane, $(CH_3)_2CHCH_2CH_3$] 그리고 네오펜테인[neopentane, $(CH_3)_4C$]이다.

2.14절~2.18절

알케인은 여러 개의 다른 이름을 가질 수 있다. 관용명 또는 잘 정의된 *계통명(systematic name)*을 가질 수 있다. 가장 널리 쓰이는 계통명은 **IUPAC** 명명법이다. 표 2.5에 알케인과 사이클로알케인의 명명법을 나타내었다. 표 2.6에는 알킬기의 명명법을 나타내었다.

2.19절 천연 가스는 메테인, 에테인 그리고 프로페인의 풍부한 공급원이다. 원유는 알케인을 포함한 많은 탄화수소의 혼합 액체이다. 나뭇잎과 과일 껍질에 덮여 있는 왁스도 알케인의 일종이다.

2.20절 알케인과 사이클로알케인은 극성이 없으며, 물에 불용성이다. 알케인 분자 사이의 인력은 **유도-쌍극자/유도-쌍극자** 사이에서 생기는 인력이다. 알케인의 끓는점은 탄소 수가 증가함에 따라 점차 증가한다. 가지 달린 알케인은 가지 없는 이성질체보다 끓는점이 낮다. 두 분자가 서로 가까이 접근하는 데는 한계가 있다. 이 한계가 **van der Waals** 반지름이다.

2.21절 알케인과 사이클로알케인은 공기 중에서 타며 이산화탄소와 물 그리고 열을 내놓는다. 이 과정을 **연소**라고 한다.

$$\underset{\text{2-Methylbutane}}{(CH_3)_2CHCH_2CH_3} + \underset{\text{Oxygen}}{8O_2} \longrightarrow \underset{\text{Carbon dioxide}}{5CO_2} + \underset{\text{Water}}{6H_2O}$$

$$\Delta H^\circ = -3529 \text{ kJ } (-843.4 \text{ kcal})$$

알케인의 연소에서 발생되는 열은 탄소 원자의 수가 늘면 증가한다. 이성질체의 상대적인 안정도는 각 이성질체의 **연소 열**을 비교함으로써 알 수 있다. 두 이성질체 중 더 안정한 것이 연소 열도 더 작다.

2.22절 알케인의 연소는 **산화-환원(oxidation-reduction)** 반응의 좋은 예이다. 유기분자 내의 탄소의 산화수를 계산할 수 있지만, 유기물 내의 산소 함량이 증가하면 산화, 유기물 내의 수소량이 증가하면 환원으로 생각하면 더 편리하다.

표 2.5 알케인과 사이클로알케인의 IUPAC 명명법 요약

규칙	예
A. 알케인 **1.** 탄소 원자로 된 가장 긴 연속된 사슬을 찾아서, 그 탄소 원자 수와 같은 가지 없는 알케인의 IUPAC 이름을 붙인다.	다음 알케인의 가장 긴 탄소 사슬의 탄소 수는 여섯 개다. 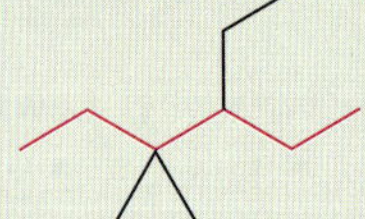 따라서 이 알케인은 헥세인(hexane)의 유도체이다.
2. 가장 긴 연속된 사슬에 연결되어 있는 치환기를 알파벳 순서로 나열한다. 같은 치환기가 두 개 이상 있으면 접두사 *다이-(di-)*, *트라이-(tri-)*, *테트라-(tetra-)* 등을 붙인다. 이 때, 이 접두사들의 알파벳 순서는 무시한다.	이 알케인은 두 개의 메틸(methyl)기와 하나의 에틸(ethyl)기를 가졌다. 따라서 *에틸다이메틸헥세인(ethyldimethylhexane)*이다. 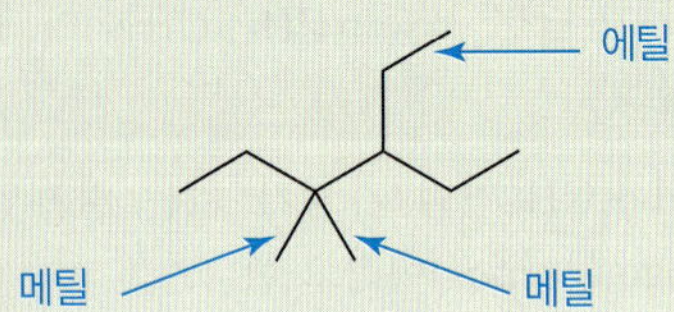

규칙	예
3. 치환기의 자리 번호가 낮은 방향으로 사슬의 탄소에 번호를 붙인다. 이 때, 낮은 번호가 먼저 와야 한다.	왼쪽에서 오른쪽으로 번호를 붙이면 치환기들은 3,3,4에 있다. 오른쪽에서 왼쪽으로 번호를 붙이게 되면 3,4,4이다. 따라서 3,3,4의 두 번째 번호가 더 낮기 때문에 왼쪽에서 오른쪽으로 번호를 붙이는 것이 옳다. 맞음 틀림 따라서 이 화합물의 올바른 이름은 4-*에틸*-3,3-*다이메틸헥세인*(4-ethyl-3,3-dimethylhexane)이다.
4. 두 방향 모두 같은 자리 번호일 경우, 이름에서 먼저 오는 치환기에 낮은 자리 번호가 부여되는 방향으로 선택한다.	다음 예에서 어느 방향이든지 치환기는 3번과 4번 탄소에 있다. 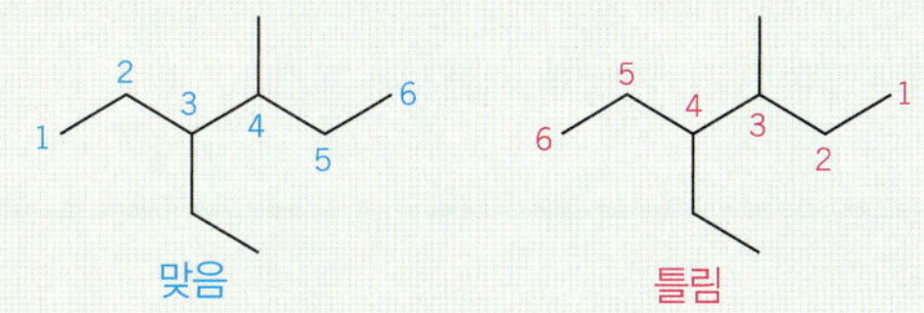 최종 이름에서 에틸이 메틸보다 앞서기 때문에 3-*에틸*-4-*메틸*-*헥세인*(3-*ethyl*-4-*methylhexane*)이 옳은 이름이다.
5. 두 사슬의 길이가 같을 때는 치환기가 많은 사슬을 선택한다(더 많은 치환기의 이름이 들어가겠지만 치환기 이름들이 더 간단해진다).	두 사슬 모두 다섯 개의 탄소가 가장 큰 사슬이다. 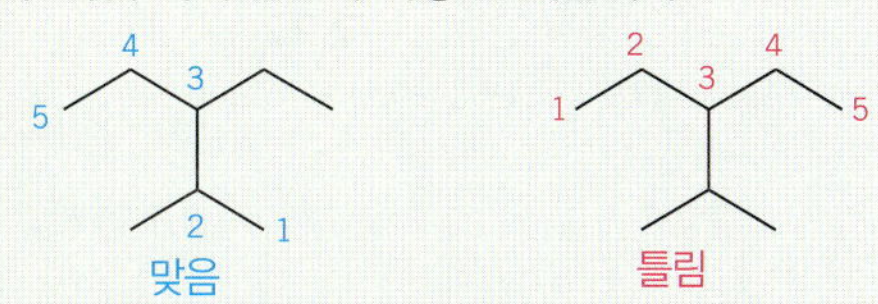 옳은 이름은 3-*메틸*-2-*메틸펜테인* 치환기가 두 개다. 3-*아이소프로필펜테인* (치환기가 한 개)은 옳지 않다.
B. 사이클로알케인 **1.** 고리의 탄소 수를 계산하고, 그 탄소 수를 가진 가지 없는 사이클로알케인의 IUPAC 이름을 붙인다.	다음 화합물은 고리에 다섯 개의 탄소가 있다. 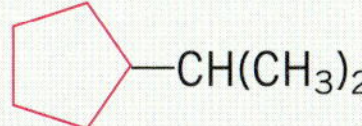 이름은 사이클로펜테인(cyclopentane)의 유도체이다.
2. 알킬기의 이름을 붙여서 사이클로알케인의 이름 앞에 붙인다. 치환기가 하나면 자리 번호는 필요 없다. 치환기가 C-1의 자리에 있다고 보기 때문이다.	앞의 화합물 이름은 *아이소프로필사이클로펜테인*(*iso propylcy clopentane*)이다. 표 2.6에 요약한 규칙에 따라 알킬기 이름을 다르게 붙일 수도 있다. 다른 이름은(1-*메틸에틸*)*사이클로펜테인*이다. 괄호는 알킬기의 이름이 애매해지는 것을 피하기 위해 필요하다.
3. 다른 치환기가 한 개 이상 있으면 알파벳 순서대로 나열하여 치환기의 자리 번호가 작은 방향으로 고리 탄소에 번호를 붙인다.	아래 화합물은 1,1-*다이에틸*-4-*헥실사이클로옥탄*(1,1-*diethyl*-4-*hexylcyclooctane*)이다. CH_3CH_2, CH_3CH_2, $CH_2CH_2CH_2CH_2CH_2CH_3$
4. 다른 치환기가 고리보다 더 많은 탄소를 가지고 있으면 사이클로알킬-치환 알케인 화합물로 명명한다.	$-CH_2CH_2CH_2CH_2CH_3$ 는 *페닐사이클로펜테인이지만* $-CH_2CH_2CH_2CH_2CH_2CH_3$ 는 *1-사이클로펜틸헥세인이다.*

표 2.6 알킬기의 IUPAC 명명법 요약

규칙	예
1. 결합점에서 시작하여 가장 긴 연속된 사슬 탄소에 번호를 붙인다.	아래의 알킬기는 결합점에서부터 가장 긴 연속된 사슬은 여섯 개의 탄소가 있다. $CH_3CH_2CH_2\overset{1|2}{C}(CH_3)\overset{3}{C}H_2\overset{4}{C}H(CH_3)\overset{5}{C}H_2\overset{6}{C}H_2CH_3$
2. 그 탄소 수와 같은 가지 없는 알케인에 해당하는 기본 이름을 붙인다. 어미 *-에인(-ane)*을 *-일(-yl)*로 바꾼다.	위의 알킬기는 *헥실(hexyl)*기이다.
3. 기본 알킬기에 붙어 있는 치환기를 알파벳 순서대로 나열하고, 필요하면 접두사를 사용한다.	1단계 알킬기는 *다이메틸프로필헥실(dimethylpropylhexyl)*기이다.
4. 1단계에서 붙여진 자리번호를 치환기에 붙인다.	이 알킬기의 이름은 1,3-*다이메틸*-1-*프로필헥실*(1,3-*dimethyl*-1-*propylhexyl*)기이다.

문제

2.22 C_nH_{2n+2}.은 알케인의 일반적인 분자식이다. 다음의 일반적인 분자식은 무엇인가?

(a) 사이클로 알케인

(b) 알켄

(c) 알카인

(d) 한 개의 이중결합을 갖는 고리 탄화수소

2.23 어떤 탄화수소는 C_5H_8.의 분자식을 갖는다. 다음 화합물 중 이 탄화수소가 될 수 없는 것은?

(a) 사이클로알케인

(b) 두 개의 이중결합을 가지지만 고리는 없다.

(c) 고리 하나와 하나의 이중결합을 가진다.

(d) 알카인

2.24 분자식 C_7H_{16}.인 아홉 개 알케인의 구조식을 쓰고 그들의 IUPAC 이름을 붙이시오.

2.25 *프리스테인(Pristane)*은 상어 간의 기름에 14% 정도 들어 있는 알케인이다. IUPAC 이름은 2,6,10,14-테트라메틸펜타데케인이다. 구조식은 무엇인가?

2.26 다음 화합물의 IUPAC 이름은 무엇인가?

(a) $CH_3(CH_2)_{25}CH_3$

(b) $(CH_3)_2CHCH_2(CH_2)_{14}CH_3$

(c) $(CH_3CH_2)_3CCH(CH_2CH_3)_2$

(d)

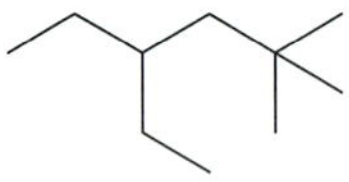

(e)

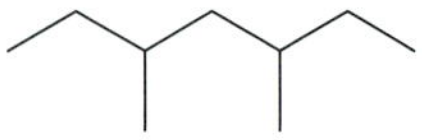

(f)

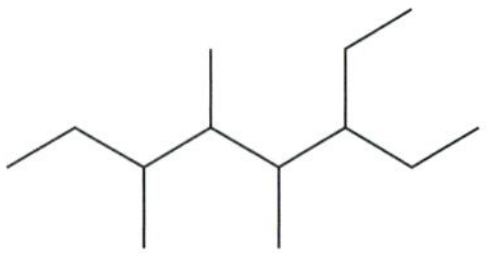

2.27 다음 알킬기의 IUPAC 이름은 무엇인가? 1차, 2차, 3차 알킬기로 분류하시오.

(a) $CH_3(CH_2)_{10}CH_2—$

(b) $—CH_2CH_2CHCH_2CH_2CH_3$ (CH에 CH_2CH_3 결합)

(c) $—C(CH_2CH_3)_3$

(d) $—CHCH_2CH_2CH_3$ (CH에 사이클로프로필 결합)

(e) 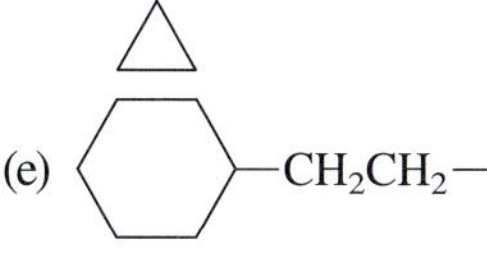

(f) 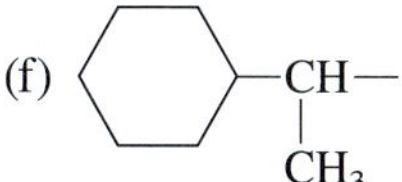

2.28 다음 설명과 일치하는 분자식이 $C_4H_8Cl_2$인 화합물의 구조식은 무엇인가?

(a) 모든 탄소는 메틸렌기에 속한다.

(b) 메틸렌기에 해당하는 탄소는 하나도 없다.

2.29 다음 화합물의 연소에 대한 균형잡힌 화학식을 쓰시오.

(a) 데케인

(b) 사이클로데케인

(c) 메틸사이클로노네인

(d) 사이클로펜틸사이클로펜테인

2.30 다음 무리의 화합물 중 연소 열을 제일 많이 방출하는 것과 제일 적게 방출하는 것을 지적하시오(표 2.3을 참조하지 않고 풀으시오).

(a) 헥세인, 헵테인, 옥테인

(b) 아이소뷰테인, 펜테인, 아이소펜테인

(c) 아이소펜테인, 2-메틸펜테인, 네오펜테인

(d) 펜테인, 3-메틸펜테인, 3,3-다이메틸펜테인

(e) 에틸사이클로펜테인, 에틸사이클로헥세인, 에틸사이클로헵테인

2.31 이 장에서 알케인의 이성질체 중 가지 없는 이성질체가 가장 불안정하고 끓는점이 가장 높다는 사실을 알았다. 가지가 가장 많은 이성질체가 가장 안정하고 끓는점이 가장 낮다. 이것은 더 안정한 알케인이 끓는점이 낮다는 것을 의미하는가? 설명하시오.

2.32 다음의 반응은 실리콘 고분자의 원료인 다이클로로다이메틸사일레인을 공업적으로 제조하는 중요한 식이다.

$$2CH_3Cl + Si \longrightarrow (CH_3)_2SiCl_2$$

(a) 이 때, 탄소는 산화 또는 환원되었는가? 아니면 모두 일어나지 않았는가?

(b) $(CH_3)_2SiCl_2$의 분자모형에 근거하여 이 화합물에서 실리콘의 혼성 상태를 유추하시오. 실리콘에서 혼성이 참여할 s와 p 오비탈의 주양자수 n은 무엇인가?

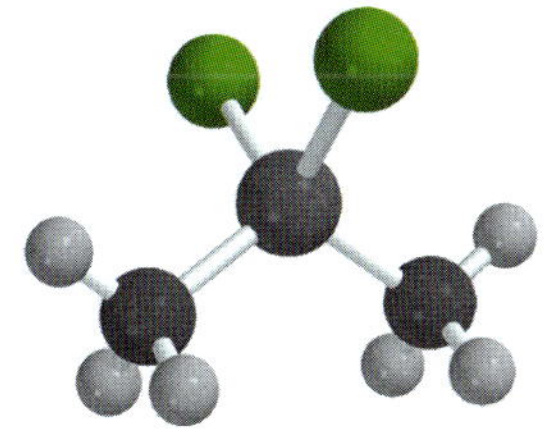

2.33 $CH_3CH{=}CHC{\equiv}CH$에 있어서 각 탄소의 혼성화는 무엇인가? CCC 결합의 각도는 얼마인가?

2.34 화합물 A는 다음 반응을 일으킨다.

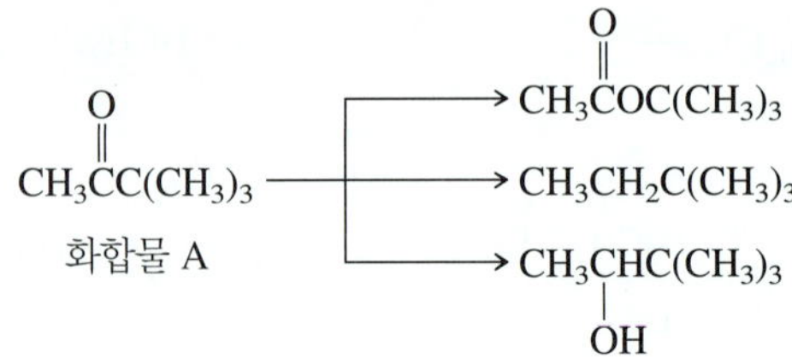

(a) 주어진 반응 중 어느 것이 산화제를 필요로 하는가?
(b) 어느 반응이 환원제를 필요로 하는가?

2.35 다음 그림에서 보여준 *s* 오비탈과 *p* 오비탈 사이의 겹침 중 하나는 결합성이고, 또 하나는 반결합성이며, 나머지 세 번째 것은 비결합성이다(결합도 반결합도 아님). 어느 오비탈 겹침이 어느 결합에 속하는가? 그 이유는 무엇인가?

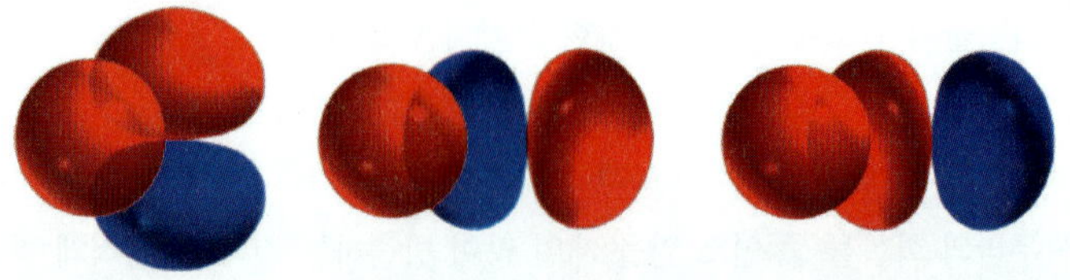

설명문과 이해 문제 2

알케인의 몇 가지 생화학적 반응

알케인은 원유가 나는 곳 외에도 자연 상태에서 존재할 수 있다. 예를 들어 곤충이다. 곤충의 피부 껍질에 있는 왁스 모양의 알케인은 곤충에서 수분이 빠져나가는 것을 방지한다. 어떤 곤충은 같은 종의 다른 곤충하고 서로 소통하거나 또는 스스로를 방어하기 위해 휘발성인 알케인을 사용하기도 한다. 알케인은 곤충들이 생물학적으로 매우 중요한 물질을 만들기 위한 출발 물질로도 사용되고 있다.

알케인을 만드는 주요 생화학적 경로는 지방산의 효소 촉매 반응에 의한 탈이산화탄소 반응(CO_2의 이탈)이며, 지방산이란 $CH_3(CH_2)_nCO_2H$와 같은 형태의 화합물로 n은 짝수 그리고 탄소 수는 14개 이상인 화합물을 의미한다.

$$CH_3(CH_2)_nCO_2H \longrightarrow CH_3(CH_2)_{n-1}CH_3 + CO_2$$

알케인이 생화학적으로 다른 물질로 변화는 과정은 일반적으로 산화반응으로부터 시작된다.

$$\text{R}_2\text{CH}_2 \longrightarrow \text{R}_2\text{CH(OH)} \longrightarrow \text{R}_2\text{C=O}$$

알케인뿐 아니라 의약품이나 다른 화합물의 산화도 주로 간에서 산화반응이 일어나는데, 이 반응은 P-450 사이토크롬(cytochrome)이라는 효소에 의해 일어난다. 이 때 분자로 된 산소와 니코틴아마이드 아데닌 다이뉴클레오타이드(nicotinamide adenine dinucleotide, NAD) 역시 소요된다.

이러한 반응은 곤충에서 흔히 일어나지만 이들에게만 한정된 반응은 아니다. 미생물에 의한 산화 반응은 방대하게 연구되었으며, 그 결과 특정 종류의 COH 결합에서만 선택적으로 일어남도 알게 되었다. 예를 들어 *Pseudomonas oleovorans*라는 곰팡이는 4-메틸옥테인(4-methyloctane)의 탄소 말단에 CH_3 기나 탄소 고리 내에 있는 CH_2 및 CH 기의 산화보다 빨리 일어난다.

4-methyloctane $\longrightarrow$ HO–(chain) + (chain)–OH

2.36 트라이데케인[tridecane, $CH_3(CH_2)_{11}CH_3$]은 냄새를 풍기는 벌레인 Piezodorus guildinii가 공격을 받을 때 냄새선 (scent gland)으로부터 배출되는 주요 성분이다. 다음 중 어떤 화합물이 탈이산화탄소 반응에 의해 트라이데케인이 만들어지는가?

A. $CH_3(CH_2)_{10}CO_2H$ C. $CH_3(CH_2)_{12}CO_2H$

B. $CH_3(CH_2)_{11}CO_2H$ D. $CH_3(CH_2)_{13}CO_2H$

2.37 다음 알케인은 독일 암놈 바퀴벌레(Female German cockroach)가 수놈 바퀴벌레를 유인하는 데 사용하고 있다.

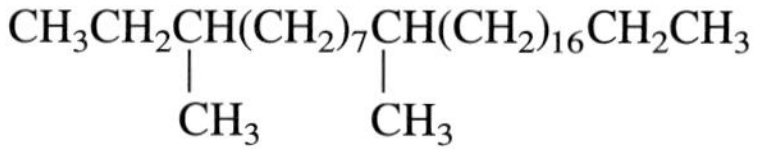

$$CH_3CH_2\underset{\displaystyle CH_3}{\underset{|}{C}}H(CH_2)_7\underset{\displaystyle CH_3}{\underset{|}{C}}H(CH_2)_{16}CH_2CH_3$$

이 알케인의 C-2에서 산화가 일어나면 $C_{31}H_{62}O$라는 분자식을 가지면서 위의 알케인과 같은 탄소골격을 갖는 성 유인제(sex attractant)가 만들어진다고 한다. 이 성 유인제의 구조는 다음 중 어느 것인가?

A. 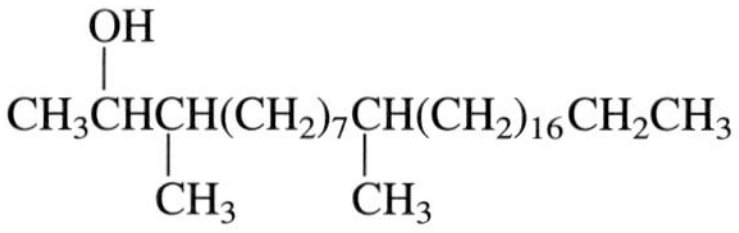 $CH_3\overset{\displaystyle OH}{\overset{|}{C}}H\underset{\displaystyle CH_3}{\underset{|}{C}}H(CH_2)_7\underset{\displaystyle CH_3}{\underset{|}{C}}H(CH_2)_{16}CH_2CH_3$

B. $CH_3CH_2\underset{\displaystyle CH_3}{\underset{|}{C}}H(CH_2)_7\underset{\displaystyle CH_3}{\underset{|}{C}}H(CH_2)_{16}\overset{\displaystyle OH}{\overset{|}{C}}HCH_3$

C. $CH_3\overset{\displaystyle O}{\overset{\|}{C}}\underset{\displaystyle CH_3}{\underset{|}{C}}H(CH_2)_7\underset{\displaystyle CH_3}{\underset{|}{C}}H(CH_2)_{16}CH_2CH_3$

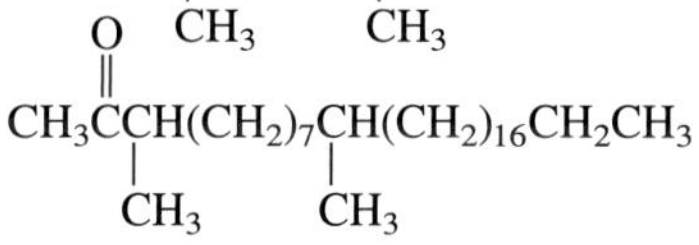

D. 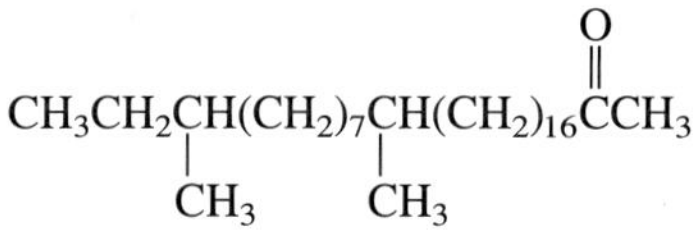 $CH_3CH_2\underset{\displaystyle CH_3}{\underset{|}{C}}H(CH_2)_7\underset{\displaystyle CH_3}{\underset{|}{C}}H(CH_2)_{16}\overset{\displaystyle O}{\overset{\|}{C}}CH_3$

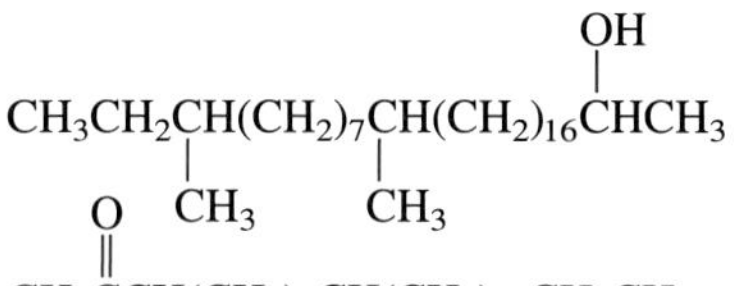

장의 개요

탄소는 탄소 자체로 결합하여 사슬이나 고리 뿐만 아니라 많은 고리로된 조밀한 골격 등을 만드는 어떤 원소도 할 수 없는 능력을 가지도 있다. 다이아몬드는 보여준 구조식을 연속으로 삽입한 가장 정교한 형태이다. 세 개의 가장 복잡한 구조들과 더 큰 것조차도 모두 원유에서 발견된다.

알케인과 사이클로알케인: 형태와 시스-트랜스 입체이성질체

Alkanes and Cycloalkanes: Conformations and cis-trans Stereoisomers

과산화수소(hydrogen peroxide)는 동식물의 세포에서 생성되지만 독성이 있다. 결과적으로 생명계에서는 과산화물을 제거하는 반응기전이 있으며, 보통 효소-촉매 환원에 의해 물로 배출된다. 반응이 생명계에서 일어나든 시험관 내에서 일어나든 간에 어떻게 일어나는가를 이해하기 위해서는 반응물, 생성물 및 촉매의 구조에 대해 이해하는 것으로부터 시작해야 한다. 과산화수소(4원자 !)와 같은 간단한 물질이라 하더라도 구조적으로는 생각보다 더 복잡하다. 원자들의 상대적인 위치를 나타내는 H_2O_2의 구조식을 쓴다고 생각해 보자. O-O 결합을 중심으로 180° 회전하면 두 개의 다른 평면 기하구조 A와 B로 그릴 수 있다. O-O 결합을 조금씩 회전시키면 서로 다른 무수히 많은 평면구조를 그릴 수 있으며 구조 C가 그 중 한 예이다.

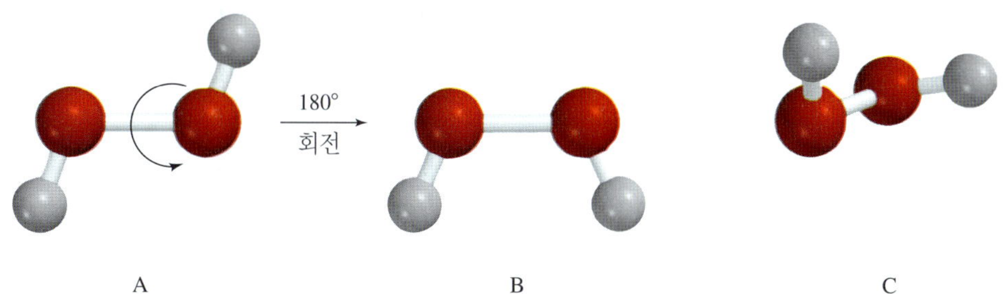

구조 A, B, C는 과산화수소의 다른 **형태(conformation)**을 나타낸 것이다. 형태는 단일결합의 회전으로 생기는 분자의 공간 배열이 다른 구조를 의미한다. 간단해 보이는 이들 구조에서 쉽게 이해할 수는 없지만 실험적인 연구로부터 C 구조가 가장 안정한 구조임을 알게 되었다.

형태분석(conformational analysis)은 분자 입체배열 요인들이 어떻게 분자 구조와 물리적, 화학적 및 생리적 성질에 영향을 주는가를 배우는 것이다. 이장에서는 *에테인(ethane)*, *뷰테인(butane)* 및 *사이클로헥세인(cyclohexane)*에 집중하여 여러 가지 알케인과 사이클로알케인의 형태를 다룰 것이다. 이 세 화합물을 자세히 공부하는 것이 형태분석의 개념을 이해하는데 도움이 될 것이다. 간단한 유기분자라고 할지라도 많은 형태가 존재할 수 있다는 것을 알게 될 것이다. 형태분석은 유기분자를 3D로 볼 수 있게 함으로서 유기분자의 구조와 성질을 이해하는데 도움이 된다.

3.1 에테인 형태분석

에테인(ethane)은 뚜렷한 형태를 가진 가장 간단한 탄화수소이다. **엇갈린 형태(staggered conformation)**와 **가려진 형태(eclipsed conformation)** 두 가지가 주목할 만하며, 그림 3.1에 분자 모형으로 나타내었다.

엇갈린 형태에서 한 탄소의 각 C—H 결합이 이웃한 다른 탄소의 H—C—H 각을 이등분하도록 배열되어 있다. 가리움 형태에서는 한 탄소의 각 C—H 결합은 다른 탄소의 C—H 결합과 겹쳐지도록 배열되어 있다.

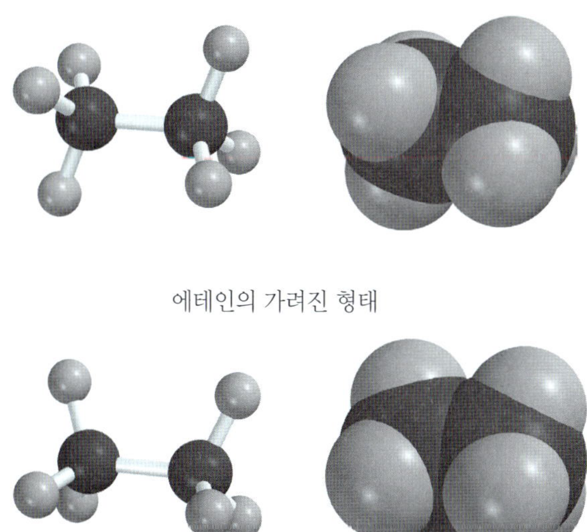

그림 3.1

에테인의 엇갈린 형태와 가려진 형태를 공-막대 모형(왼쪽)과 공간-채움 모형(오른쪽)으로 나타냈다.

톱질대는 톱질용 판자를 지지하거나, 다른 용도의 지원 구조 또는 도로표지로 사용하기 위해 만든 것으로 두 쌍으로 된 네 개의 다리를 가지고 있다.

(a) 쐐기-대시 모형

(b) 톱질대 모형

(c) Newman 투영

그림 3.2

몇 가지 모형의 그림이 에테인의 엇갈린 형태를 나타내는데 사용된다.

(a) 쐐기-대시 모형

(b) 톱질대 모형

(c) Newman 투영

그림 3.3

몇 가지 모형의 그림이 에테인의 가려진 형태를 나타내는데 사용된다.

엇갈린 형태와 가려진 형태는 C—C 결합이 회전되어 매우 빠르게 서로 변환된다. 이 절의 뒷부분에서 얼마나 빠르게 변환하는지를 곧 알게 될 것이다. 엇갈린 형태와 가려진 형태를 나타내는 여러 가지 방법 중 쐐기-대시, 톱질대 및 Newman 투영이 특히 유용하다. 에테인의 엇갈린 형태를 그림 3.2에 가려진 형태를 그림 3.3에 나타내었다.

쐐기-대시 그림은 앞장에서 사용하였으므로 그림 3.2a와 그림 3.3a는 친숙하다. 톱질대 그림(그림 3.2b와 3.3b)은 다른 모양의 결합을 쓰지 않고도 분자의 형태를 나타낼 수 있다. Newman 투영 (그림 3.2c와 3.3c)에서는 C—C 결합을 쳐다보고 앞 탄소는 점으로 뒤에 있는 탄소는 원으로 나타낸다. 각 탄소는 그 주위에 대칭적으로 결합된 세 개의 치환기를 가진다.

Newman 투영은 Ohio 주립대학교의 Melvin S. Newman 교수에 의해 고안되었다

그림 3.2와 3.3에서 설명하고 있는 구조 모양은 이웃한 탄소 원자에 있는 원자들의 공간적인 관계를 나타낸 것이다. 에테인에 있는 H—C—C—H 단위는 비틀림 각(torsional angle) 혹은 이면 각(dihedral angle)에 의해 구분된다. 비틀림 각 혹은 이면 각은 H—C—C 면과 C—C—H 면 사이의 각을 말한다. 비틀림 각은 이웃한 탄소의 C—H 결합간의 각으로 에테인의 Newman 투영에서 쉽게 관찰할 수 있다.

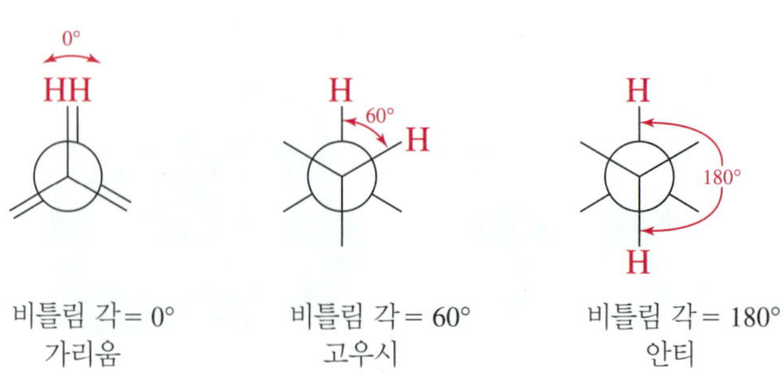

가려진 결합은 비틀림 각이 0°이다. 비틀림 각이 약 60°가 될 때의 입체적 관계를 **고우시(gauche)**라고 하며 180°가 될 때 **안티(anti)**라고 한다. 엇갈린 형태에서는 이웃원자 결합과 고우시 혹은 안티 관계만을 가진다.

문제 3.1

다음 각 화합물이 어떤 물질인지 확인하시오.

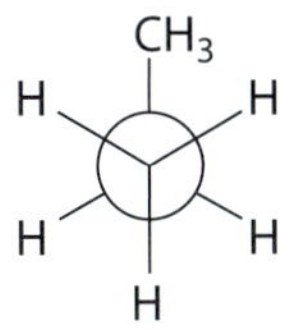

(*a*) Newman 투영식 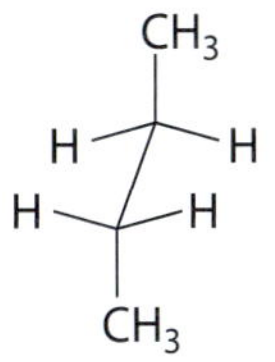 (*b*) 톱질대 모형 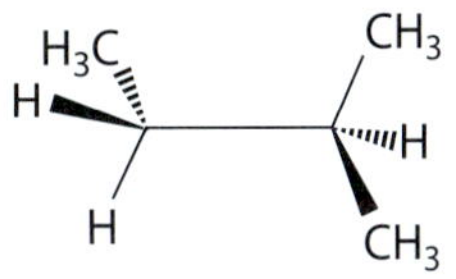 (*c*) 쐐기-대시 모형

풀이 예시 (a) 이 알케인의 Newman 투영식은 수소 중 하나가 메틸(methyl)기로 치환된 것을 제외하고는 에테인과 닮았다. 이것은 프로페인($CH_3CH_2CH_3$)의 그림이다.

에테인의 두 형태 중 엇갈린 형태가 가려진 형태 보다 12 kJ/mol(2.9 kcal/mol) 만큼 더 안정하다. 엇갈린 형태는 가장 안정한 형태이고, 가려진 형태는 가장 불안정한 형태이다. 두 형태 간의 안정도 차이는 중요한 두 가지 요인으로 설명한다. 한 가지 설명은 이웃한 원자들의 결합 간 반발력이 가려진 형태를 불안정하게 한다는 것이다. 다른 하나는 보다 유리한 전자의 비편재화가 엇갈린 형태를 안정화시킨다는 설명이다. 이 두 가지 설명 중 후자의 설명이 옳은 것이라 믿고 있다.

이웃한 결합간의 비틀림 각이 60°에서 벗어난 형태는 **비틀림 스트레인(tortional strain)**을 가진다고 말한다. 가려진 결합은 가장 큰 비틀림 스트레인을 가지며, 엇갈린 결합은 비틀림 스트레인이 없다. 세 개의 가려진 결합 쌍을 가지는 에테인의 비틀림 스트레인이 12 kJ/mol (2.9 kcal/mol)이므로, 각 결합 쌍에 해당하는 에너지는 4 kJ/mol (1 kcal/mol)씩 배분 할 수 있다. 이 장에서 **입체 스트레인(steric strain)** 때문에 생기는 비틀림 스트레인 같은 분자의 추가적인 스트레인 원인들을 배우게 될 것이다.

*Steric*은 고체(solid)를 나타내는 그리스어의 *steros*로부터 유래되었고, 3차원적 또는 공간적인 관점에서의 화학을 의미한다.

본래 에테인에는 비틀림 각이 조금씩 증가하여 달라진 수많은 형태가 존재한다. 엇갈린 형태는 가리움 형태보다 더 안정할 뿐만 아니라 모든 형태 중에서 가장 안정하고, 가리움 형태는 가장 불안정하다. 그림 3.4에 탄소-탄소 결합을 360° 회전시켰을 때 퍼텐셜 에너지가 어떻게 변하는지를 나타내었다. 360° 회전시키는 동안 세 개의 동일한 가려진 형태와 세 개의 동일한 엇갈린 형태가 생긴다. 가려진 형태는 곡선의 최고점(퍼텐셜 에너지 최대)에 있으며, 엇갈린 형태는 곡선의 최저점(퍼텐셜 에너지 최소)에 있다. 페텐셜 에너지가 최소인 형태를 **이형태체(conformer)**라고 한다.

어느 순간에 모든 분자의 대부분은 엇갈린 형태로 존재하고 가리움 형태로 존재하는 것은 거의 없다.

문제 3.2

그림 3.4에서 (a) 고우시와 (b) 안티 결합을 붉은색 원으로 나타내시오.

그림 3.4와 같은 도표는 반응과정에서 어떻게 계(system)의 퍼텐셜 에너지가 변하는가를 이해하는 데 도움을 준다. 여기서 기술한 과정, 즉 탄소-탄소 결합의 회전은 대단히 단순한 과정이지만 예를 들어 화학반응에서는 대단히 복잡하게 된다. 이 교재를 통해서 다양한 반응과정의 퍼텐셜 에너지 그림을 응용하게 될 것이다.

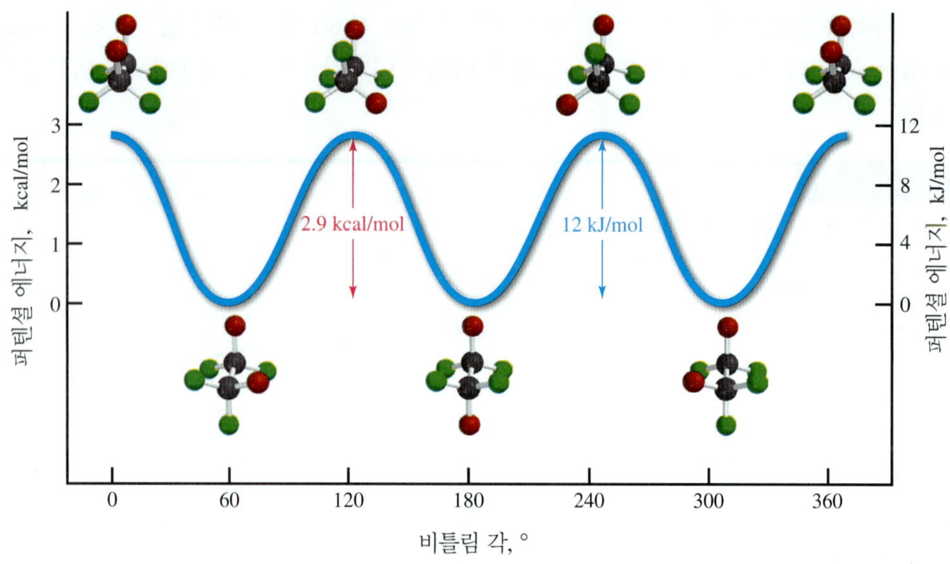

그림 3.4

에테인의 탄소-탄소 결합 회전에 대한 퍼텐셜 에너지 그림. 결합 회전을 더 분명하게 나타내기 위해 두 개의 수소는 적색 네 개의 수소는 녹색으로 나타내었다.

그림 3.4에 주의를 집중해보자. 비틀림 각이 60°와 180° 사이에 있는 영역에서는 한 엇갈린 형태에서 다른 엇갈린 형태로 변화가 진행된다. 두 엇갈린 형태는 동등하고 에너지도 같지만 한 엇갈린 형태로부터 다른 엇갈린 형태로 되기 위해서는 먼저 가려진 형태를 거쳐야하며 그 형태로 되는데 12 kJ/mol(2.9 kcal.mol)이 필요하다. 이 에너지양을 이 과정에 대한 **활성화 에너지(activation energy, E_{act})**라고 한다. 분자가 반응을 하거나, 이 경우에서처럼 탄소-탄소 결합이 회전하기 위해서는 에너지가 있어야 한다. 운동(열) 에너지가 다른 분자와 충돌로 분자에 흡수되어 퍼텐셜 에너지로 전환된다. 퍼텐셜 에너지가 E_{act}를 넘어서면 그 순간에 존재하는 불안정한 원자배열은 과잉의 페텐셜 에너지를 다른 분자나 용기 벽과 충돌하여 잃어버리고 더 안정한 구조로 이완된다. 반응물이 생성물로 전환되는 과정에서 거쳐야하는 퍼텐셜 에너지 최대점을 **전이상태(transition state)**라 한다. 에테인의 가려진 형태는 한 엇갈린 형태로부터 다른 엇갈린 형태로 변활 될 때의 전이 상태이다.

전이상태에 존재하는 구조를 때로는 *전이상태 구조(transition structure)* 또는 *활성화물(activated complex)*이라고 한다.

탄소-탄소 결합의 회전은 화학에서 가장 빠른 과정 중의 하나이다. 한 과정의 속도는 그 과정의 *반감기(half-life)*로 기술한다. 반감기는 분자의 절반이 반응하는데 소요되는 시간이다. 25°C에서 어떤 에테인 시료 분자의 절반이 한 엇갈린 형태에서 다른 엇갈린 형태로 전환되는데 10^{-6} 보다 더 적게 걸린다.

두 번째 방법은 **Arrhenius 식**에서 활성화 에너지와 관련된 실험적으로 측정하는 **속도 상수 *k*(rate constant, *k*)**를 인용하는 것이다.

$$k = Ae^{-E_a/RT}$$

여기서 A는 충돌 속도와 기하구조에 관련된 빈도 인자(frequency factor) 이다. $e^{-E_a/RT}$는 반응결과로 일어나는 충돌 확률이고, T는 온도(kelvins 도)이고 R은 상수(8.314 kJ/K.mol 또는 1.987×10^{-3} kcal/K.mol 이다. E_a는 온도의 함수로서 반응속와 비교하여 계산한다. 온도가 올라가면 E_a/RT는 감소하고 $Ae^{-E_a/RT}$는 증가하고 따라서 k도 증가한다. E_a가 소량 증가하면반응 속도는 크게 감소한다. 반응속도에 대한 정량적으로 연구하는 것을 일반적으로 반응속도론(kinetics)라고 하며, 이 장과 이후의 장들에서 알게되는 구조-반응성 관계에 대한 많은 기초자료를 제공한다.

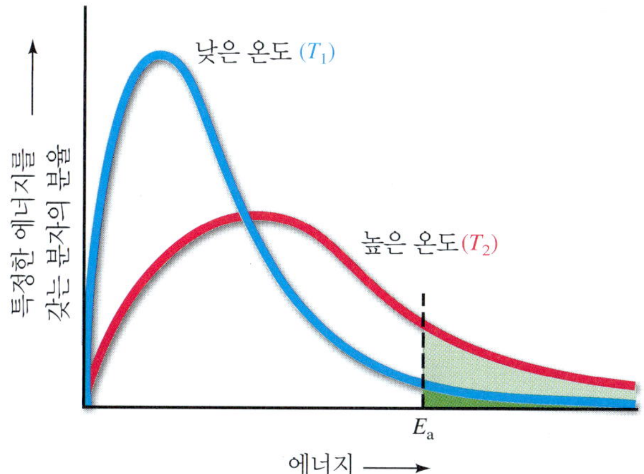

그림 3.5

에너지 분포. (a) 온도 T_1에서 E_{act} 보다 더 큰 에너지를 가지는 분자 수를 더 진한 녹색 부분으로 나타내었다. (b) 더 높은 온도 T_2에서 분포곡선은 평평해지고 더 많은 분자가 E_{act} 보다 큰 에너지를 갖는다.

그림 3.5에서 보는 것처럼, 어떤 시료에 있는 대부분의 분자들은 평균값 근처에 몰려 있는 에너지를 가진다. 일부는 평균보다 적은 에너지를 가지며 또 다른 일부는 큰 에너지를 가진다. 그러나 E_{act} 보다 큰 에너지를 가진 분자만이 전이상태를 넘어가 생성물로 형성된다. 이들 분자의 수를 그림 3.5의 곡선 밑에 음영으로 나타내었다. 높은 온도에서는 에너지 분포 곡선은 평평해지고, T_1(더 낮은)에서 보다 T_2(더 높은)에서 E_{act} 보다 큰 에너지를 가지는 분자 수가 증가한다. 온도가 10°C 상승하면 전형적인 화학 과정의 속도는 2~3배 증가한다는 사실로 온도 효과를 이해할 수 있다.

3.2 뷰테인 형태분석

우리가 다루게 될 다음 알케인은 뷰테인(butane)이다. 특히 중앙에 있는 두 탄소(CH_3CH_2—CH_2CH) 간의 결합 회전과 연관된 형태를 고려해 보자. 엇갈린 형태가 동등한 에테인과는 달리 그림 3.6에 나타낸 것처럼 뷰테인에는 두 개의 다른 형태가 있다. 한 형태에서는 메틸기가 서로 고우시 배열이고 다른 형태에서는 안티 배열이다. 두 형태 모두 비틀림 스트레인이 없는 엇갈린 형태이지만 고우시 형태의 두 메틸수소는 서로 210 pm 내에 놓여 있다. 이 거리는 그들의 van der Waals 반경(240 pm) 보다 작기 때문에 이들 사이에 반발력이 작용한다. 분자의 두 원자가 서로 가깝게 접근해 있기 때문에 생기는 분자의 불안정성을 **van der Waals 스트레인(van der Waals strain)** 또는 **입체 장애(steric hinderance)**라고 하며 전체 입체 스트레인에 관여한다. 뷰테인의 경우에 고우시 형태는 안티 형태보다 약 3.3 kJ/mol(0.8 kcal/mol) 만큼 더 불안정하다.

그림 3.7은 중심 탄소-탄소 결합 둘레의 다양한 뷰테인 형태들의 퍼텐셜 에너지 관계를 설명해 준다. 엇갈린 형태가 가려진 형태 보다 더 안정하다. 어떤 순간에는 거의 대부분의 분자가 엇갈린 형태로 존재하며 고우시 형태보다는 안티 형태가 더 많이 존재한다. 퍼텐셜 에너지의 최대 점은 안티 형태 보다 약 25 kJ/mol(6.1 kcal/mol) 위에 있다. 이 구조에서 전체 스트레인은 세 쌍의 가려진 결합에 의한 비틀림 스트레인(12 kJ/mol; 2.9 kcal/mol)과 메틸기 사이의 **van der Waals** 스트레인이 동등하게 기여한다.

문제 3.3

프로페인(propane)에서 탄소-탄소 결합 회전에 대한 퍼텐셜 에너지 그림을 그려라. 각 퍼텐셜 에너지 최대와 최소 점에서 프로페인의 형태를 나타내는 구소식을 그리시오. 이 그림은 에테인과 더 유사한가 아니면 뷰테인과 더 유사한가? 프로페인의 결합 회전에 대한 활성화 에너지는 에테인이나 뷰테인 보다 클 것인가 작을 것인가를 예측하시오.

고우시 형태

안티 형태

그림 3.6

뷰테인의 고우시와 안티 형태를 공-막대(왼쪽)와 Newman 투영(오른쪽)을 나타내었다. 메틸기 사이의 van der Waals 스트레인 때문에 고우시 형태가 안티 형태 보다 더 불안정하다.

그림 3.7

뷰테인의 중심 탄소-탄소 결합 회전에 대한 퍼텐셜 에너지 그림.

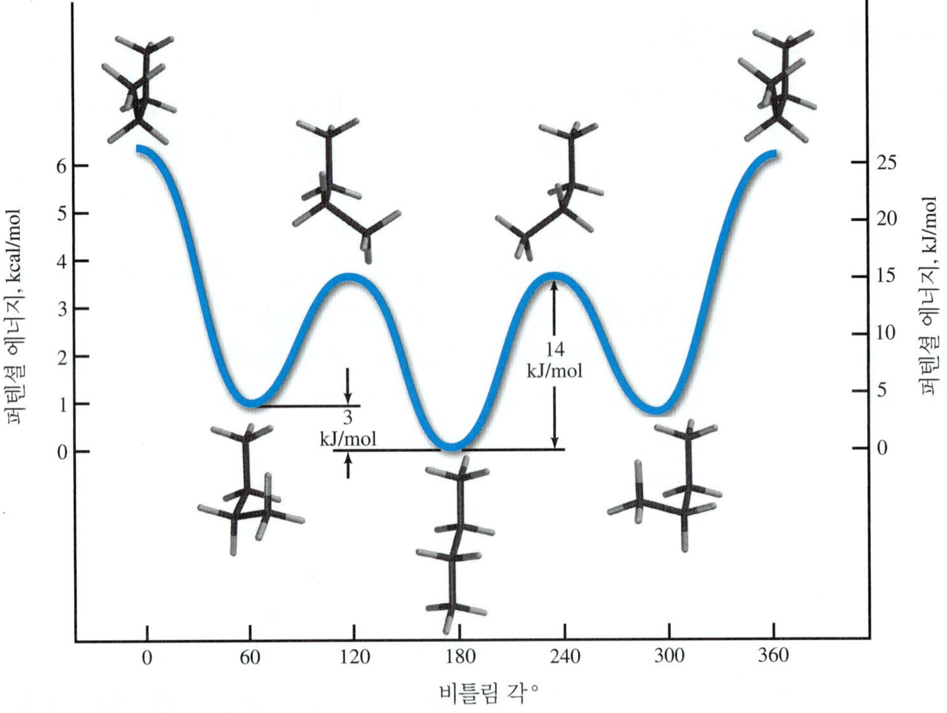

문제 3.4

아세틸콜린은 사람의 중추신경계의 신경전달물질이다. C−1에서 C−2를 보고, 이 화합물의 안티와 고우시 형태에 대한 Newman 투영식을 쓰시오.

$$(CH_3)_3\overset{+}{N}\underset{1}{C}H_2\underset{2}{C}H_2O\overset{O}{\overset{\|}{C}}CH_3$$

Conducting Polymers

Molecular mechanics is a method for calculating the energy of a molecule by comparing selected structural features with those of "unstrained" standards. It makes no attempt to explain why the van der Waals radius of hydrogen is 120 pm, why the bond angles in methane are 109.5°, why the C-C bond distance in ethane is 153 pm, or why the staggered conformation of ethane is 12 kJ/mol more stable than the eclipsed. Instead, it uses these and other experimentally determined values as benchmarks to which the features of other substances are compared. If we assume that there are certain "ideal" values for bond angles, bond distances, and so on, it follows that deviations from them will destabilize a particular structure. The resulting increase in potential energy is referred to as the *strain energy* (E_{strain}) of the structure. Other terms include *steric energy* and *steric strain*.

Arithmetically, the strain energy of a structure can be separated into several components:

$$E_{strain} = E_{bond\ stretch} + E_{angle\ bend} + E_{torsion} + E_{nonbonded}$$

where $E_{bond\ stretch}$ is the strain that results when bond distances are distorted from their ideal values, $E_{angle\ bend}$ from the expansion or contraction of bond angles, $E_{torsion}$ from deviation of torsion angles from their stable relationship, and $E_{nonbonded}$ from attractive or repulsive forces between atoms that aren't bonded to one another. It often happens that the shape of a molecule causes two atoms to be close in space, even though they may be separated by many bonds. Although van der Waals forces in alkanes are weakly attractive at most distances, two atoms that are closer than the sum of their van der Waals radii experience repulsive forces that can dominate the $E_{nonbonded}$ term. This resulting destabilization is called *van der Waals strain*. Another frequently encountered nonbonded interaction is *Coulombic*, which is the attractive force between oppositely charged atoms or the repulsive force between atoms of like charge. In molecular mechanics, each component of strain is separately described by a mathematical expression developed and refined so that it gives solutions that match experimental observations for reference molecules. A computer-driven *strain energy minimization* routine searches for the combination of bond angles, distances, torsion angles, and nonbonded interactions that has the lowest total strain.

Consider the rotation about the C(2)—C(3) bond in butane discussed in Section 3.2 and its potential energy diagram shown in Figure 3.7. As calculated by molecular mechanics, E_{strain} for the anti and gauche conformations of butane are −21.2 and −18.0 kJ/mol, respectively. The 3.2 kJ/mol difference between these values is in good agreement with the experimentally determined value of 3.3 kJ/mol cited in the opening paragraph of Section 3.2.

Problem 3.5

As calculated by molecular mechanics, E_{strain} for the eclipsed conformation of butane is +9.3 kJ/mol. On the basis of this and the E_{strain} values just cited, calculate the activation energy for rotation about the C(2)—C(3) bond.

Quantum mechanical calculations are much different and are based on the Schrödinger equation (Section 1.1). Instead of treating molecules as collections of atoms and bonds, quantum mechanics focuses on nuclei and electrons and treats electrons as waves. The energy of a chemical species is determined as the sum of the attractive (nucleus–electron) and repulsive (nucleus– nucleus and electron–electron) forces plus the kinetic energies of the electrons and the nuclei. Minimizing the total energy gives a series of solutions called *wave functions*, which are equivalent to orbitals. Calculations based on quantum mechanics are generally referred to as *molecular orbital (MO) calculations.*

The computing requirements are so much greater for MO calculations than for molecular mechanics that MO calculations were once considered a specialty area. That is no longer true and it is now a routine matter to carry out MO calculations on personal computers. Strain-energy minimization by molecular mechanics is increasingly seen as a preliminary step prior to carrying out an MO calculation. A molecule is constructed, its geometry minimized by molecular mechanics, then MO methods are used to calculate energies, geometries, and other properties.

Our first encounter with the results of computational methods is often visual. Figure 3.8*a* shows a ball-and-spoke model of the methyl-methyl eclipsed conformation of butane as it would appear before doing any calculations. Either a molecular mechanics or MO calculation can produce, among other renderings, the space-filling model of butane shown in Figure 3.8*b*, which clearly reveals the close contact between hydrogens that contributes to van der Waals strain in the eclipsed conformation. However, only an MO calculation can generate an electrostatic potential map, which we see in Figure 3.8*c* as an overlay of charge distribution on a van der Waals surface.

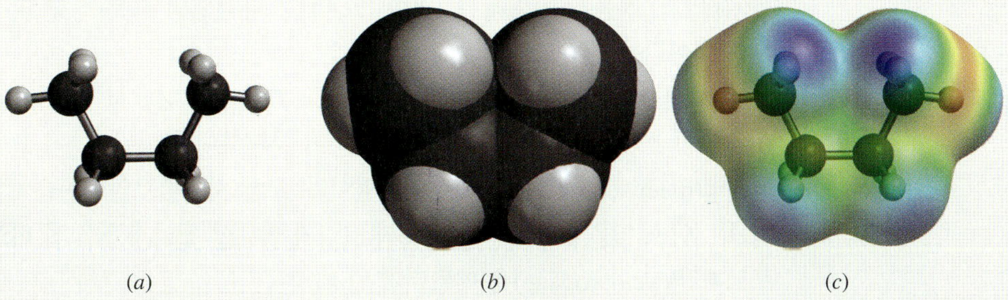

Figure 3.8

The methyl-methyl eclipsed conformation of butane: (*a*) b all-and-spoke model, (*b*) space-filling model, and (*c*) electrostatic potential map. The molecule itself is the same size in each.

3.3 고급 알케인 형태

가지 없는 탄소 사슬을 가진 고급 알케인은 뷰테인과 같이 모두 안티 형태가 가장 안정하다. 액체 알케인의 경우 고우시와 안티 형태의 에너지 차이는 뷰테인과 유사하며 25°C에서 상당량의 고우시 형태가 존재한다. 고급 알케인의 형태를 나타내기위해 Newman 투영에서 정면으로 보기 보다는 옆으로 보는 것이 더 편리하다. 이 원근법으로 보면, 그림 3.9에 나타낸 것처럼 펜테인(pentane)과 헥세인(hexane)의 가장 안정한 형태는 탄소 골격이 지그재그 모양으로 배열되어 있음을 알 수 있다. 모든 결합이 엇갈려 있고 사슬은 C—C—C—C 단위가 안티 배열을 하고 있다.

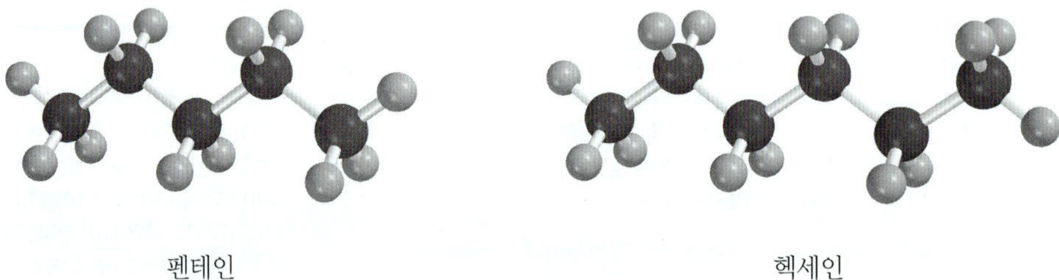

그림 3.9

모두 안티(지그-재그) 형태를 하고 있는 펜테인과 헥세인의 공-막대 모형.

3.4 사이클로알케인의 모양: 평면 또는 비평면?

19세기 동안 사이클로알케인(cycloalkane) 고리는 평면이라고 −곧 이 사실이 옳지 않음을 알게 되겠지만− 믿어 왔다. 이러한 개념을 주장한 사람은 독일 화학자 Adolf von Baeyer였다. 그는 사이클로페테인(cyclopentane)이나 사이클로헥세인(cyclohexane)을 근거로 한 화합물 이외의 고리를 포함하는 화합물은 자연에서 극히 드물게 발견되며 합성하기도 어렵다고 생각하였다. Baeyer는 위에서 제안한 사이클로알케인의 안정성에서 관측된 두 가지 현상에 대해 평면 고리의 각도가 정사면체인 109.5°에 얼마나 가까운가에 따라 관련이 있다고 제안하였다. 예를 들어 사이클로프로페인(cyclopropae)의 결합각은 60°이고 평면 사이클로뷰테인(cyclobutane)의 결합각은 90°로 사면체 각 109.5° 보다는 대단히 작다. Baeyer는 세 원자 고리나 네 원자 고리는 소위 각 스트레인을 받고 있다고 제안하였다. **각 스트레인(angle strain)**은 분자내의 하나 또는 그 이상의 결합각이 이상적인 값으로부터 벗어나기 때문에 생기는 스트레인이다. 알케인의 경우 이상적인 값은 109.5°이다.

사이클로알케인이 평면이라는 Baeyer의 이론이 틀리다고 알려졌지만, Baeyer는 인디고 같은 유기염료 화학에서 주목할 만한 진전을 이룬 결과로 1905년 노벨 화학상을 수상하였다.

Baeyer에 따르면, 평면 오각형의 고리 각이 108°로서 다른 사이클로알케인의 값보다 사면체 각에 근사하기 때문에 사이클로펜테인은 모든 사이클로알케인 중에서 가장 안정하다. Baeyer의 스트레인 이론(Baeyer strain theory)에 따르면 사이클로펜테인 이외의 사이클로알케인들은 점점 더 스트레인을 받게 되며 따라서 그 만큼씩 더 불안정해진다고 예측할 수 있다. 정육각형의 각은 120°이고 더 큰 다각형의 각은 점점 더 사면체의 이상 값으로부터 벗어나게 된다.

사이클로알케인의 상대적 에너지를 조사하기 위해서 연소 열(표 3.1)을 이용할 때 Baeyer의 스트레인 이론의 몇 가지 모순이 분명하게 나타난다. 이 표에서 가장 중요한 열은 메틸렌(methylene, CH_2)기 당 연소 열이다. 모든 사이클로알케인은 C_nH_{2n} 형의 분자식을 가지므로 연소 열을 n으로 나누면 고리 크기와 퍼텐셜 에너지를 직접 비교할 수 있다. 사이클로프로페인(cyclopropane)은 메틸렌기 당 가장 큰 연소 열을 갖게 되며 이 사실은 퍼텐셜 에너지가 각 스트레인에 의해 증가한다는 생각과 일치하고 있다. 사이클로뷰테인은 각 탄소에서 더 적은 각 스트레인을 가지며 메틸렌기당 연소 열도 낮다. 예측한대로 사이클로펜테인은 가

표 3.1 사이클로알케인의 연소 열 ($-\Delta H°$)

사이클로알케인	CH_2 기의 수	연소 열		CH_2 기 당 연소 열	
		kJ/mol	kcal/mol	kJ/mol	kcal/mol
사이클로프로페인	3	2,091	499.8	697	166.6
사이클로뷰테인	4	2,721	650.3	681	162.7
사이클로펜테인	5	3,291	786.6	658	157.3
사이클로헥세인	6	3,920	936.8	653	156.0
사이클로헵테인	7	4,599	1099.2	657	157.0
사이클로옥테인	8	5,267	1258.8	658	157.3
사이클러노네인	9	5,933	1418.0	659	157.5
사이클로데케인	10	6,587	1574.3	659	157.5
사이클로운데케인	11	7,237	1729.8	658	157.3
사이클로도데케인	12	7,845	1875.1	654	156.3
사이클로테트라데케인	14	9,139	2184.2	653	156.0
사이클로헥사데케인	16	10,466	2501.4	654	156.3

장 낮은 값을 가진다. 그러나 Baeyer의 스트레인 이론으로 예측할 수 있는 것과는 반대로 사이클로헥세인(cyclohexane)은 사이클로펜테인보다 메틸렌기 당 연소 열이 더 적다. 만일 각 스트레인이 사이클로펜테인보다 사이클로헥세인에서 더 크다면 반대 결과가 관찰되어야 할 것이다.

더욱이 대단히 큰 고리에 대한 메틸렌기 당 연소 열은 사이클로헥세인의 연소 열과 같거나 유사하다. 큰 고리에서는 각 스트레인이 증가하므로 메틸렌기 당 연소 열이 증가하는 대신에 약 653 kJ/mol (156 kcal/mol)로 일정하게 유지된다. 이 값은 알케인 동족 계열에서 연이은 알케인 간의 연소 열 차이로서 2.15절에 언급하였다. 그러므로 큰 사이클로알케인의 결합각은 알케인 그 자체의 결합각과 큰 차이가 없다. 고리 크기에 따라 각 스트레인이 계속 증가한다는 Baeyer의 스트레인설의 예측은 실험 사실과 모순된다.

Baeyer의 스트레인설은 불안정화에 영향을 미치는 각 스트레인을 확인하는데 유용하다. 사이클로알케인 고리가 평면이라고 가정한 것은 근본적으로 잘못된 것이다. *사이클로프로페인을 제외한 모든 사이클로알케인은 평면이 아니다.* 3.5~3.13절에서 사이클로알케인의 모양을 기술한다. 사이클로프로페인부터 시작할 것이다.

3.5 작은 고리: 사이클로프로페인과 사이클로뷰테인

사이클로프로페인에서의 형태 분석은 다른 사이클로알케인보다 더 간단하다. 사이클로프로페인의 세 탄소 원자는 기하학적 필요성에 따라 동일 평면에 있으며 탄소-탄소결합 회전이 불가능하다. 3.4절에서는 사이클로프로페인에서 각 스트레인이 얼마나 비정상적으로 많은 연소 열을 방출하게 하는가를 공부하였다. 어떻게 오비탈 혼성화 결합 모형이 비정상적인 기하구조를 가진 분자에 적용되는가를 알아보기 위하여 사이클로프로페인을 좀더 상세히 다루어 보자.

그림 3.10에 설명한 굽은 결합에 맞게, 사이클로프로페인에서의 C−C 결합 길이(151 pm)는 에테인 (153 pm) 및 사이클로헥세인 (154 pm) 보다 더 짧다.

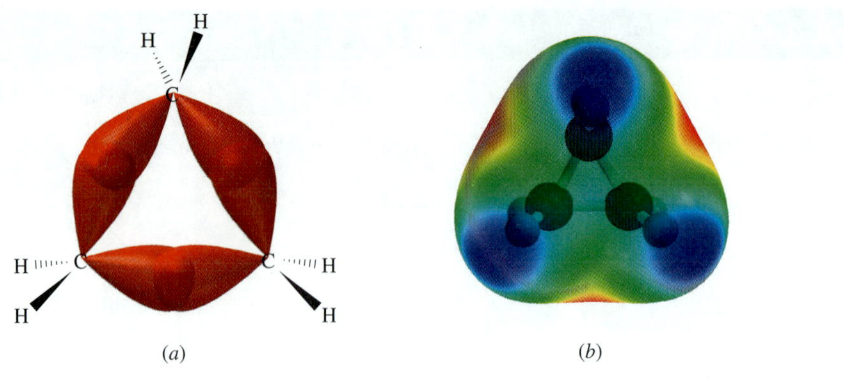

그림 3.10

사이클로프로페인의 굽은 결합. (a) 탄소-탄소결합 형성에 참여하는 오비탈은 핵간 축으로부터 벗어난 영역에서 겹친다. (b) 음의 정전기 퍼텐셜이 가장 큰 세 영역 (붉은색)이 굽은 결합으로 예측하는 부분이다.

고리의 60° 결합각은 오비탈이 효과적으로 겹칠 수 있도록 적절하게 배열할 수 없기 때문에 사이클로프로페인에서는 강한 sp^3−sp^3 σ결합이 가능하지 않다(그림 3.10). 오비탈이 효과적으로 겹치지 않으면 **"굽은 결합"**(bent bond)이 형성된다. 사이클로프로페인에서 탄소−탄소 결합의 전자 밀도는 핵사이의 축에 있지 않고 두 탄소 사이의 호(arc)를 따라 분포된다. 사이클로프로페인의 고리 결합은 탄소−탄소 시그마 결합보다 약하다.

사이클로프로페인은 각 스트레인 이외에 비틀림 스트레인에 의해서도 불안정하게 된다. 사이클로프로페인의 각 C—H 결합은 다른 두 결합과 가려져 있다.

그림 3.11

사이클로뷰테인의 비평면(주름 잡힌) 형태. 비평면 형태는 평면 형태의 특성인 이웃 탄소에 있는 결합과의 겹침을 피할 수 있어 더 안정하다.

사이클로뷰테인은 사이클로프로페인보다 적은 각 스트레인을 가진다. 그림 3.11에 나타낸 것처럼 사이클로뷰테인은 비평면 주름 잡힌 형태를 가짐으로써 평면 기하구조에 따른 비틀림 스트레인이 감소한다.

문제 3.6

에틸사이클로프로페인과 메틸사이클로뷰테인의 연소 열은 각각 3352와 3384 kJ/mol(801.2와 808.8 kcal/mol)이다. 각 이성질체에 대한 정확한 연소 열을 계산하시오.

3.6 사이클로펜테인

평면인 사이클로알케인에서 이웃한 C-H 결합은 서로 가려져 있다. 따라서 모든 평면 형태는 비틀림 스트레인에 의해 불안정하게 된다.

사이클로펜테인의 평면 형태에서 각 스트레인은 상대적으로 작으며 그 이유는 정오각형의 각 108°가 sp^3 혼성탄소의 정상적인 결합 각 109.5°와 크게 다르지 않기 때문이다. 그러나 비틀림 스트레인은 상당히 크다. 고리의 윗면에 있는 다섯 개 결합과 밑면에 있는 다른 한 벌의 다섯 개 결합이 가려져 있기 때문이다(그림 3.12a). 고리 탄소가 전부는 아니지만 일부가 비평면 형태를 하고 있어 이 비틀림 스트레인이 해소된다. 사이클로펜테인의 두 비평면 형태, **봉투**(**envelope**, 그림 3.12b)와 **반−의자**(**half-chair**, 그림 3.12c),는 유사한 에너지를 가진다.

봉투 형태에서 네 개의 탄소 원자는 동일 평면상에 있다. 다섯 번째 탄소는 네 개로

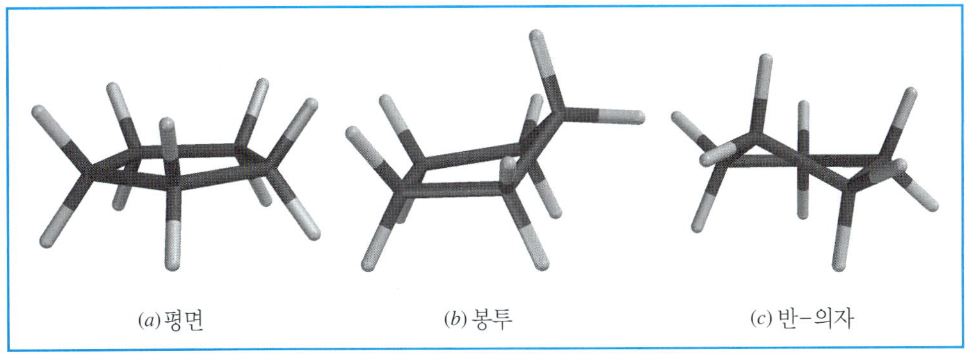

그림 3.12

사이클로펜테인의 (a) 평면, (b) 봉투 및 (c) 반-의자 형태 모양.

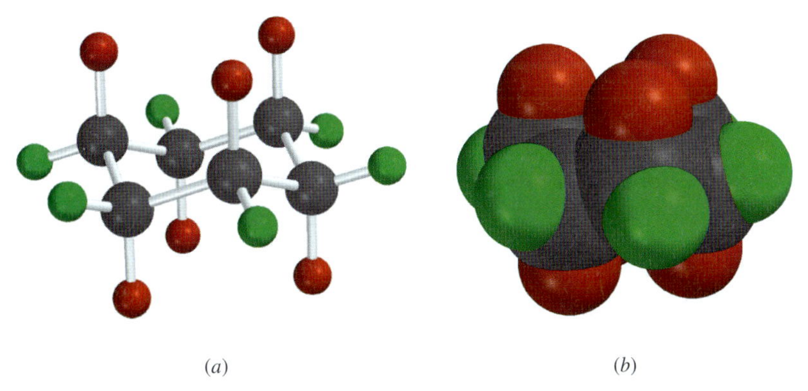

그림 3.13

사이클로헥세인 의자 형태의 (a) 공-막대 모형과 (b) 공간-채움 모형.

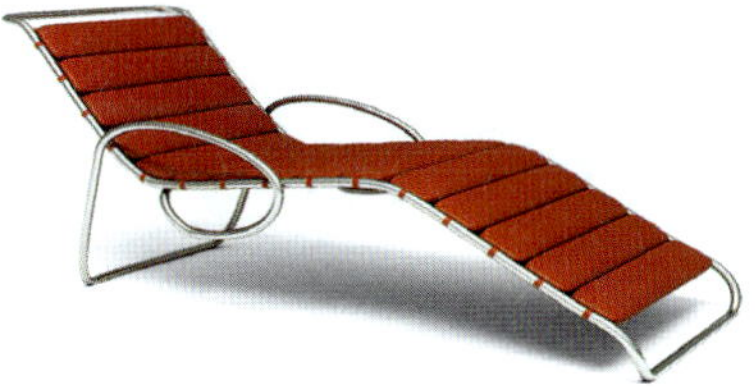

사이클로헥세인의 의자 형태는 쉐이즈 라운지와 얼마간 유사하다.

된 평면 위에 있다. 반-의자 형태에서 세 개의 탄소가 동일한 평면상에 있으며, 한 탄소 원자는 평면 위에 다른 탄소는 평면 아래에 있다. 봉투 형태와 반-의자 형태 모두에서 평면 위와 아래에 있는 탄소는 빠르게 위치가 교환된다. 사이클로펜테인의 형태 간의 평형은 에테인의 탄소-탄소 결합 회전 속도와 유사한 속도로 일어난다.

3.7 사이클로헥세인의 형태

Hassel은 1969년 Imperial College(London)의 Sir Derek Barton과 함께 노벨상을 수상했다. Barton 은 Hassel의 구조적 결과가 어떻게 화학 반응성에 영향을 미치는 가를 밝혔다.

여섯 원자 고리가 평면이 아니라는 실험적 증거는 1920년대부터 축적되기 시작하였다. 최종적으로 Oslo 대학의 Odd Hassel은 사이클로헥세인의 가장 안정한 형태는 그림 3.13에 나타낸 모양을 가진다고 제안하였다. 이것을 **의자(chair)** 형태라고 한다. C—C—C 결합각이 111°인 의자 형태는 각 스트레인이 거의 없다. 모든 결합은 엇갈려 있기 때문에 비틀림 스트레인이 없다. 사이클로헥세인의 의자 형태에서 결합의 엇갈린 배열은 Newman 투영도에서 분명하다.

사이클로헥세인의 의자 형태에 있어서 결합의 엇갈린 배열

사이클로헥세인 의자 모형의 형태적인 성질을 설명하기 위해서는 시각적으로 보이는 것이 좋다. 다른 기술을 이용하는 이 조망법으로 의자형 사이클로헥세인을 그릴 수 있지만, 최

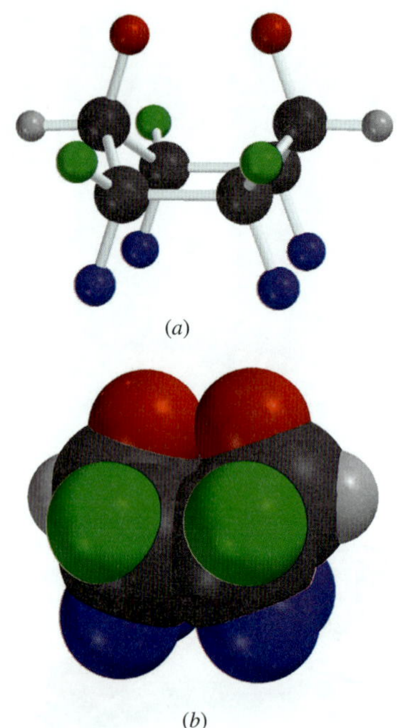

그림 3.14

사이클로헥세인의 보트 형태에 대한 (a) 공-막대 모형과 (b) 공간-채움 모형. 가리움 결합에 의한 비틀림 스트레인과 깃대 수소(붉은 색)에 의한 van der Waals 스트레인이 보트 형태가 의자 형태 보다 불안정하게 한다.

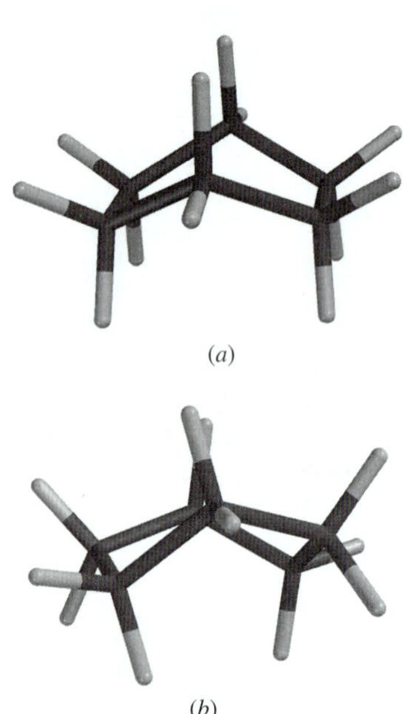

그림 3.15

사이클로헥세인에서 보트 형태(a)와 비틀린 보트 형태(b). 보트 형태에서의 비틀림 스트레인의 얼마간은 C-C 결합이 회전되어 비틀린 보트 형태로 되면서 감소된다. 이러한 운동은 깃대 수소가 다른 깃대 수소로부터 멀리 떨어지도록 진행되고 그럼으로써 이들 간의 van der Waals 스트레인이 감소된다.

종적으로는 다음 그림에 따라서 그려야 한다. 고리를 건너 있는 각 결합이 서로 평행하다. 이들 쌍을 아래 왼쪽 그림에서 붉은색, 녹색 그리고 푸른색으로 나타냈다. 붉은 색으로 나타낸 결합은 아래쪽으로 더 길게 나타냈음을 주의 하라. 실제로는 사이클로헥세인의 모든 C—C 결합은 같은 길이를 갖는다. 결합들은 경사지게 나타냈다. 비록 평면은 아니지만 사이클로헥세인 고리의 탄소 2와 4 그리고 1과 5는 같은 높이로 맞추어야 한다. 사이클로헥세인을 시각적으로 그릴 때 때로는 결합 C-1에서 C-2 그리고 C-4에서 C-5은 쐐기 모양으로 그리고 결합 C-2에서 C-3 는 진한 선으로 그린다.

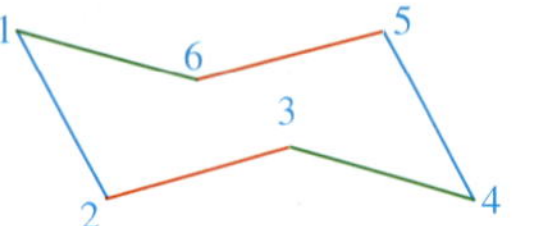

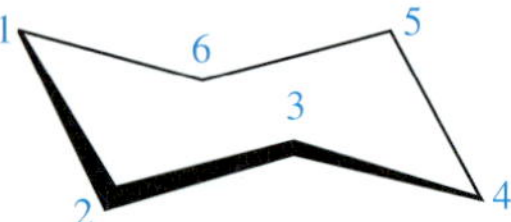

그림 3.14에 나타낸 매우 불안정한 두 번째 비 평면 형태를 **보트(boat)** 형태라고 한다. 의자 형태와 같이 보트 형태도 대략 사면체의 결합각을 가지며 각 스트레인도 없다. 그러나 탄소의 네 개 가려진 결합의 비틀림 스트레인에 의해 불안정해 진다. 그림 3.14에 나타낸 것처럼 보트 형태에서는 두 깃대(flag pole) 수소가 가까이 접근해 있어 작은 양의 van der Waals 스트레인이 있게 된다. 이 두 종류의 스트레인은 보트 형태의 탄소-탄소 결합이 회전되어 조금 더 안정한 **꼬인 보트(twist boat)** 또는 **비틀린 보트(skew boat)** 형태가 됨으로서 감소한다(그림 3.15).

사이클로헥세인의 여러 가지 형태가 서로 빠른 평형을 이루고 있으나 어느 순간에는 거의 모든 분자가 의자 형태로 존재한다. 십만 개 중 다섯 개 분자만이 25°C에서 비틀린 보트 형태로 존재한다. 그러므로 사이클로헥세인의 형태분석은 전적으로 의자 형태에 초점을 맞추게 될 것이다.

3.8 사이클로헥세인의 축 방향 결합과 수평 방향 결합

사이클로헥세인의 형태 연구로부터 얻을 수 있는 중요한 발견 중 하나는 그림 3.16에서 볼 수 있는 것처럼 12개의 수소를 두 부류로 나눌 수 있다는 것이다. **축 수소(axial hydrogen)**라고 부르는 여섯 개의 수소는 고리 중앙을 지나는 수직 축에 대해 평행한 결합을 하고 있다. 이들 축 수소는 이웃한 탄소에서 위와 아래로 번갈아 가면서 배열되어 있다. 두 번째 부류의 여섯 개 수소는 **수평 수소(equatorial hydrogen)**라고 부르며 대략 분자의 적도 선을 따라 배열되어 있다. 각 탄소의 네 개 결합은 사면체로 배열되어 있으며 탄소의 sp^3 혼성과 일치한다.

여섯 원자 고리의 형태적 특성은 유기화학의 기본이다. 따라서 축과 수평 결합의 방향성을 분명하게 이해하고 정확하게 나타내는 것이 필수적이다. 그림 3.17에서 몇 가지 그리는 법을 설명하였다.

의자 형태 사이클로헥세인 그림의 절단면이 알케인의 엇갈린 형태의 톱질대 투영과 유사한 것은 우연이 아니다. 알케인에서 볼 수 있었던 것과 같은 입체적 관계가 여섯 원자 고리 상의 치환기에 대해서도 그대로 적용된다. 다음 구조에서 치환기 A와 B는 서로 안티이고 다른 치환기와의 관계는—A와 Y, X와 Y, 및 X와 B— 고우시 관계이다.

A, X, Y, B　　치환된 탄소의 공간 배열　　A, X, Y, B　≡　H_2C, A, Y, X, CH_2, B

문제 3.7

다음 부분 구조식에서 지시된 입체화학적 요구에 맞도록 치환기 X를 C-1에 첨가하시오. A—C—C—X 각각의 비틀림(이면각) 각은 얼마인가?.

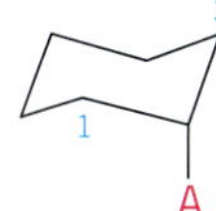

(a) A에 대해 안티 (c) C-3에 대해 안티
(b) A에 대해 고우시 (d) C-3에 대해 고우시

풀이 예시 (a) A에 대해 안티가 되기 위해서는 치환기 X는 축 방향이 되어야 한다. 그림에서 파란선은 180°이고 A—C—C—X의 비틀림 각이다.

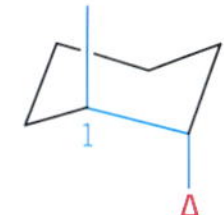

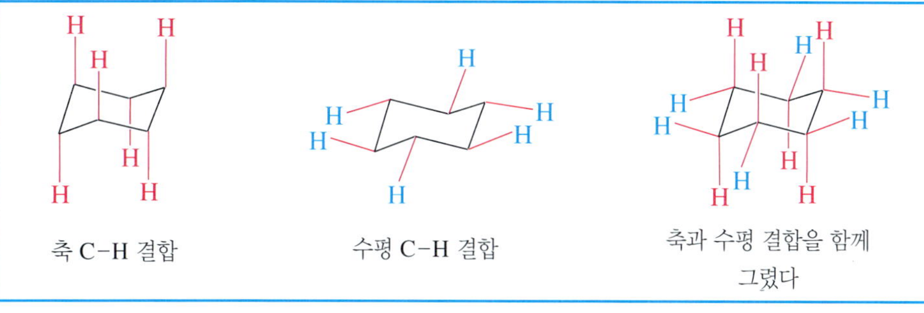

그림 3.16
사이클로헥세인의 축 방향과 수평 방향 결합.

(1) 사이클로헥세인의 의자 형태에서 시작한다.

(2) 수평 결합을 그리기 전에 이웃 원자와는 위 아래로 교대로 있도록 축 결합을 그린다. 항상 가장 위에 있는 탄소에 축 결합을 "위"로 또는 가장 아래에 있는 탄소에 "아래"로 시작한다.

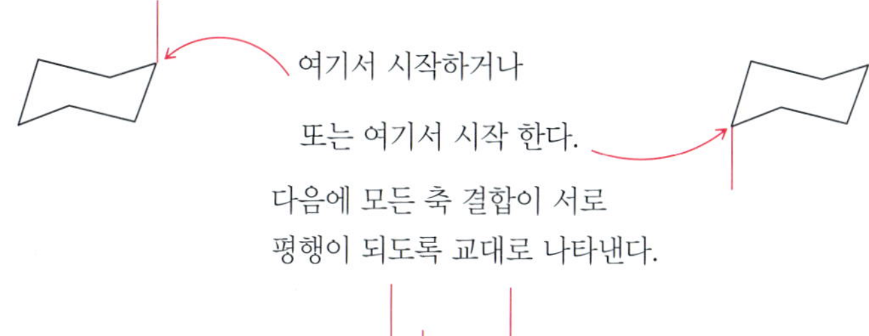

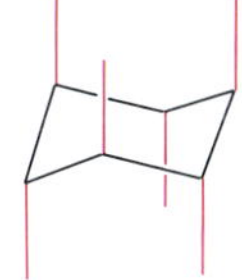

(3) 각 탄소에서 대략 사면체 배열이 되도록 수평 결합을 배치 한다. 각 탄소의 수평 결합은 가장 가까운 두 개의 고리 결합과 평행이어야 한다.

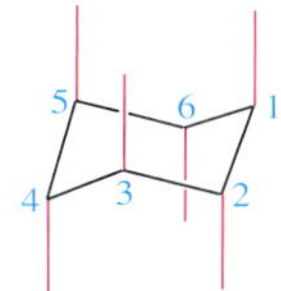

C-2와 C-3 결합 사이와 C-5와 C-6 결합에 평행하도록 C-1에 수평 결합을 배치한다.

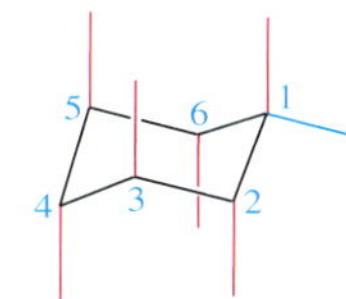

이렇게 하면 한 벌의 수평 결합이 완성 된다.

그림 3.17
의자 형태의 사이클로헥세인에서 결합 방향의 표시 지침

그림 3.17

(계속)

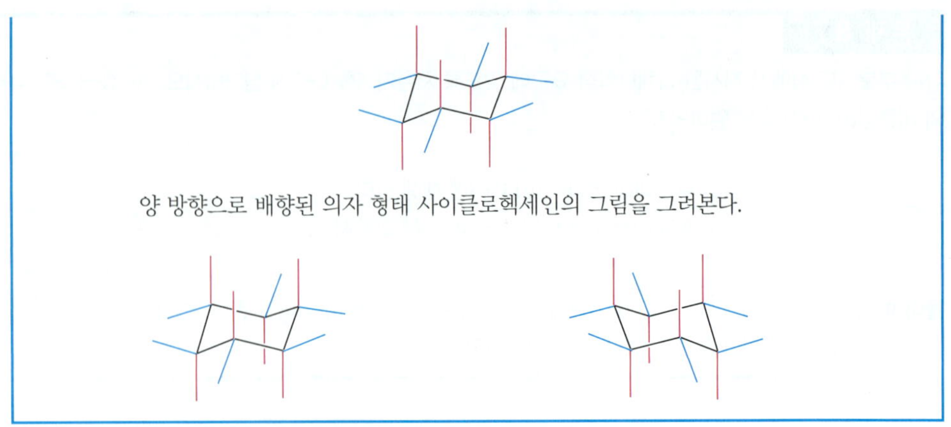

3.9 사클로헥세인에서 형태 반전

알케인은 한 가지 형태로 머물러있지 않는다는 것을 알고 있다. 뷰테인에서 중심 탄소-탄소 결합의 회전으로 안티와 고우시 형태의 전환이 빠르게 일어난다. 사이클로헥세인 역시 형태가 유동적이다. **고리 반전(ring inversion)**, **의자-의자 상호변환(chair-chair interconversion)** 또는 단순히 **고리 뒤집기(ring flipping)**로 알려진 과정을 통해서 한 의자 형태가 다른 의자 형태로 전환된다.

사이클로헥세인의 고리 반전에 대한 퍼텐셜 에너지 그림을 그림 3.18에 나타내었다. 첫 단계에서 의자 형태는 비틀린 보트 형태로 변하고 두 번째 단계에서 반전된 의자 형태로 진행된다. 비틀린 보트형태는 고리 반전 과정에서 중간체이다. 전이상태와는 다르게 **중간체(intermediate)**는 퍼텐셜 에너지 최대 점에 있지 않고 국부적으로 최소 점에 있다.

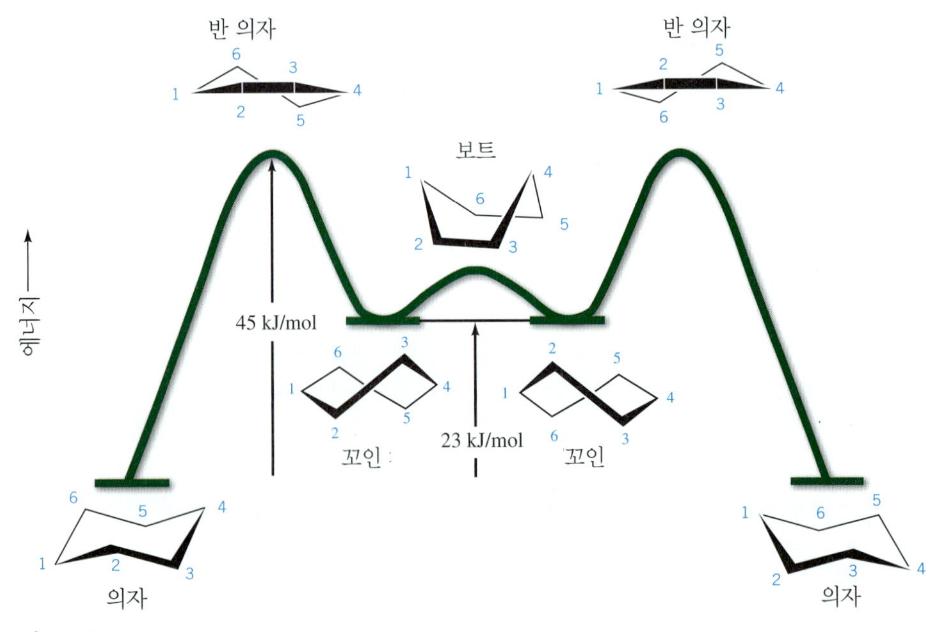

그림 3.18

사이클로헥세인의 여러 가지 형태의 상호변환을 나타내는 에너지 그림.

반-의자 형태는 가장 많은 가리움 상호 작용을 하게 되므로 에너지가 가장 높다. 의자 형태와 반-의자 형태의 에너지 차이는 의자-의자 형태간의 상호변환에 대한 활성화 에너지이다. 이 고리 반전의 활성화 에너지는 45 kJ/mol (10.8 kcal/mol)이다. 이것은 25°C에서 반감기가 약 10^{-5} s이며 매우 빠른 과정이다.

고리 반전에서 가장 중요한 결과는 최초의 의자 형태에서 축 방향에 있던 치환기가 고리 뒤집힌 후의 의자 형태에서는 수평 방향이 된다는 것이고, 그 반대의 경우도 같은 결과를 가져온다.

매우 빠름

X 축 ; Y 수평 ⇌ X 수평 ; Y 축

이러한 결과를 메틸사이클로헥세인(methylcyclohexane)으로 시작하는 다음 절에서 몇 가지 일치환 사이클로헥세인 유도체에 대해 검토해보자.

3.10 일치환 사이클로헥세인의 형태분석

메틸사이클로헥세인의 고리 반전은 두 의자 형태가 동일하지 않다는 점에서 사이클로헥세인의 형태와는 다르다. 한 의자 형태에서는 메틸기가 축 방향이고 다른 의자 형태에서는 수평으로 있다. 실온에서 메틸사이클로헥세인 분자의 약 95%가 수평에 메틸기를 가지고 있는 형태이고 5% 만이 축에 메틸기를 가진 분자이다.

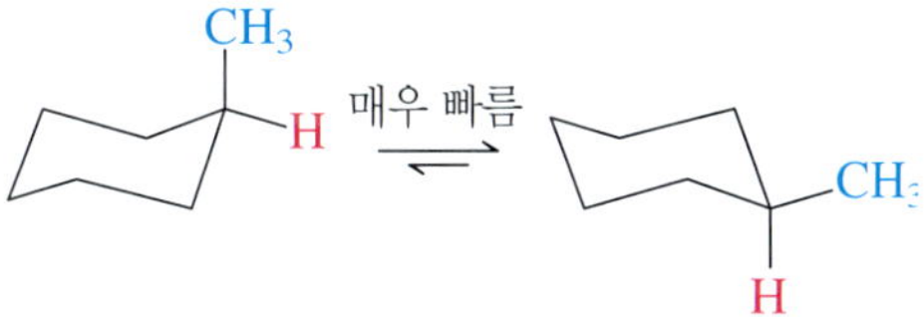

매우 빠름

5% ⇌ 95%

분자의 두 형태가 평형 상태에 있게 되면 낮은 자유 에너지를 가진 형태가 유리하게 된다. 왜 수평 메틸사이클로헥세인이 축 메틸사이클로헥세인 보다 안정한가?

이 관계의 논의를 위해서는 이 절에 수록한 "엔탈피, 자유에너지, 및 평평상수" 제목의 박스를 보라.

메틸기는 축으로 있을 때 보다 수평으로 있을 때가 구조적으로 덜 복잡하다. 메틸기의 한 수소는 C-3와 C-5의 축 수소와 190~200 pm 내의 거리에 있다. 이 거리는 두 수소의 van der Waals 반경의 합(240 pm) 보다 작으며 축 입체배열에서 van der Waals 스트레인을 유발한다. 메틸기가 수평으로 있으면 이러한 심한 구조적인 복잡함이 없다.

수평 메틸기의 안정도가 축 메틸기의 안정도 보다 더 크다. 이것은 *입체효과에* 대한 또 하나의 다른 예이다 (3.2절). 축 치환기는 그 기와 고리의 같은 면에 있는 다른 두 축 치환기간에 **1,3-이축방향 반발(1,3-diaxial replusion)** 때문에 붐비게 된다고 할 수 있다.

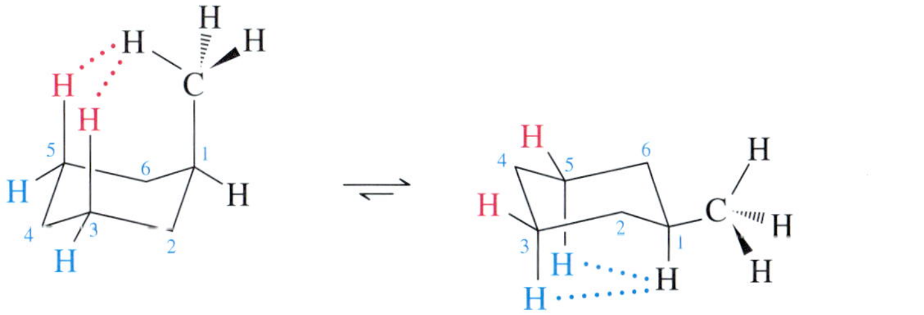

축 메틸기의 수소와 C-3와 C-5에 있는 수소 간의 van der Waals 스트레인

C-1의 수소와 C-3 및 C-5의 축 수소간 van der Waals 스트레인은 매우 적다

문제 3.8

다음 문제는 의자 형태로 나타낸 사이클로헥세인 고리와 관계가 있다.

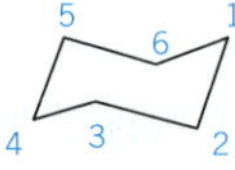

(a) C-6에 있는 메틸기는 밑으로 향한 축인가 또는 수평인가?

(b) C-1에서 위로 향하고 있는 메틸기는 C-4에서 위로 향한 메틸기 보다 안정할 것인가? 불안정할 것인가?

(c) C-3에서 메틸기를 가장 안정한 방향에 배열하라. 위로 향할 것인가? 아래로 향할 것인가?

풀이 예시 (a) 먼저 고리 탄소에 대한 결합의 방향성을 나타내라. 만일 한 치환기가 같은 탄소 원자에 있는 다른 치환기 보다 밑에 있으면 아래로 향하게 된다. 그러므로 C-6에서 아래로 향한 메틸기는 축이다.

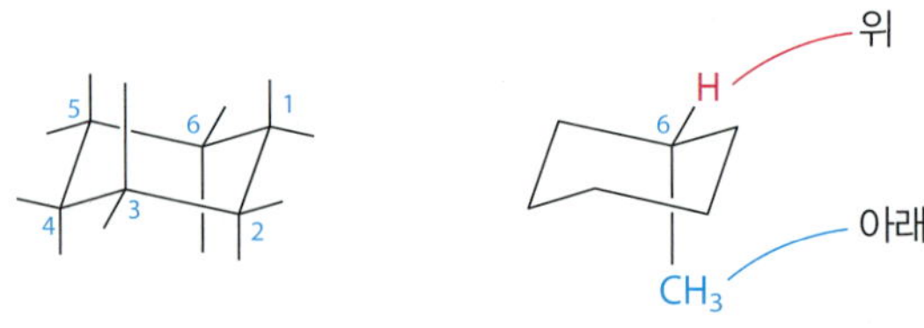

메틸사이클로헥세인에서 메틸기의 입체배열 우선권은 앞서 논의한 뷰테인과 같은 비 고리 탄화수소에도 관련 지울 수 있다. 아래 구조식에서 네 개 결합을 지나는 붉은색 경로의 결합은 수평 메틸기로부터 시작된다. 지그재그 배열은 뷰테인의 안티 형태를 모방하여 나타낸 것이다.

메틸기가 축이면 각 경로는 뷰테인의 고우시 형태와 유사하다.

따라서, 실질적으로 메틸사이클로헥세인의 메틸기가 수평으로 있을 수 있는 우선권은 뷰테인의 안티 형태에 대한 우선권과 유사하다. 정량적으로, 수평 메틸사이클로헥세인에서는 존재하지 않는, 고우시 뷰테인과 유사한 구조 단위 두 개가 축 메틸사이클로헥세인에는 존재한다. 앞의 그림 3.7에서 보는 것처럼 뷰테인의 안티 형태는 고우시 형태 보다 3.3 kJ/mol (0.8 kcal/mol) 만큼 더 낮은 에너지를 가진다. 따라서, 수평 형태들과 축 형태들 메틸사이클로헥세인의 형태들간의 계산된 에너지 차이는 두 배 또는 6.6 kJ/mol (1.6 kcal/mol)이다. 이 값은 실험적으로 측정한 값 7.1 kJ/mol (1.7 kcal/mol)에 가깝다. 이런 사실은 비 고리 화합물의 형태를 지배하는 요인들이 고리 화합물의 형태를 지배하는 요인들이라는 믿음을 가지게 한다. 치환된 사이클로헥세인에서의 1,3–이축 반발은 알케인의 고우시 형태에서의 van der Waals 스트레인과 거의 같다.

다른 치환된 사이클로헥세인도 메틸사이클로헥세인과 유사하다. 두 의자 형태는 빠른 평형상태로 존재하며 치환기가 수평으로 있는 형태가 더 안정하다. 두 형태의 상대적 양은 영향을 미치는 치환기의 크기에 달려 있다. 사이클로헥세인의 형태에서 치환기의 크기는 고리와 연결된 점에서 가지치기 정도와 관계가 있다. 할로젠 치환기와 같은 단 원자는 공간을 많이 차지하지 않으므로 수평 배향에 대한 선호도가 메틸기에서 보다 크지 않다.

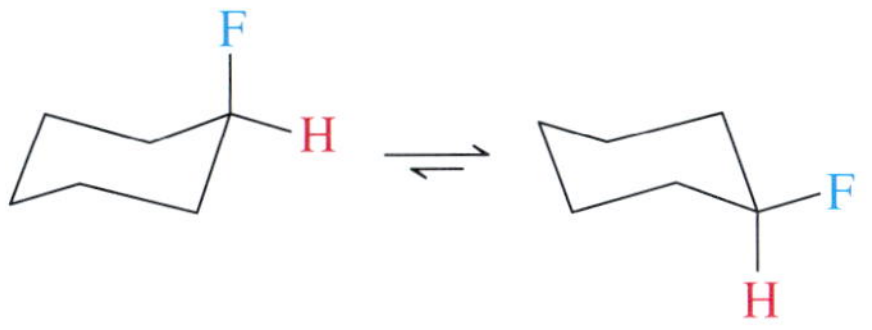

할로젠 F, Cl, Br 및 I는 수평 위치 우선권이 크게 다르지 않다. 할로젠의 원자 반경은 F < Cl < Br < I 순으로 증가하며 탄소-할로젠 결합 길이도 같은 순서로 증가하지만 두 가지 효과는 무시되는 경향이 있다.

40% 60%

아이소프로필(isopropyl) 기와 같은 가지달린 알킬기는 메틸기 보다 수평 배향의 선호도가 높다. 그러나 *tert*-뷰틸(*tert*-butyl) 기는 너무 커서 *tert*-뷰틸헥세인(*tert*-butylhexane)은 거의 대부분이 *tert*-뷰틸 기가 수평으로 있는 형태로 존재한다. 축 *tert*-뷰틸헥세인의 양은 측정할 수 없을 정도로 적다.

tert-뷰틸기처럼 가지가 많이 달린 치환기는 보통 부피 큰 (bulky) 치환기라고 한다.

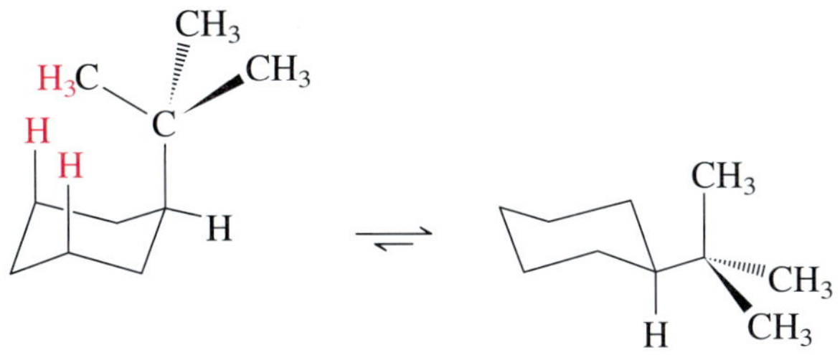

0.01%보다 적다(*tert*-뷰틸 기의 참여로 매우 큰 1,3-이축 반발이 있음) 99.99%보다 많다(van der Waals 스트레인 감소)

문제 3.9

1-*tert*-뷰틸-1-메틸사이클로헥세인의 가장 안정한 형태의 모양을 그리시오.

3.11 이치환 사이클로알케인: 시스–트랜스 입체이성질체

사이클로알케인의 다른 탄소에 두 개의 치환기, 예를 들어 메틸기가 결합되어 있을 때 이치환 기들은 같은 편에 있을 수도 있고 서로 반대편에 있을 수도 있다. 치환기가 모두 같은 편에 있으면 서로에 대해 **시스(*cis*)**라고 하고, 서로 반대편에 있으면 서로에 대해 **트랜스(*trans*)**라고 한다. 두 용어는 라틴어로부터 왔으며 시스는 같은 편에 트랜스는 반대편을 뜻한다.

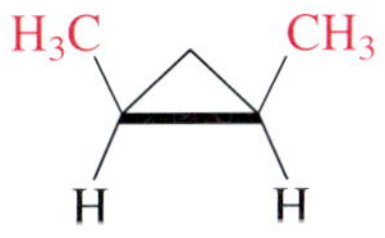

cis-1,2-다이메틸사이클로프로페인 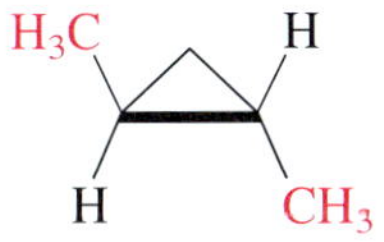 *tert*-1,2-다이메틸사이클로프로페인

문제 3.10

이중결합을 가지는 화합물은 제외하고 *cis*- 및 *trans*-1,2-다이메틸사이클로프로페인의 구성이성질체인 네 개 탄화수소를 확인하시오.

1,2-다이메틸사이클로프로페인(1,2-dimethylcyclopropane)의 시스와 트랜스 형은 입체이성질체이다. **입체이성질체(stereoisomer)**는 같은 순서로 결합된 원자들, 즉 같은 구조를 갖지만 공간에서의 원자들의 공간 배열이 다른 이성질체이다. 2.21절에서 구성이성질체는 안정성이 다르다고 배웠다. 입체 이성질체는 어떻게 될 것인가?

입체화학(sterochemistry)은 분자구조와 반응성을 삼차원적인 관점에서 응용한다는 용이이다.

Enthalpy, Free Energy, and Equilibrium Constant

One of the fundamental equations of thermodynamics concerns systems at equilibrium and relates the equilibrium constant K to the difference in **standard free energy** ($\Delta G°$) between the products and the reactants.

$$\Delta G° = G°_{\text{products}} - G°_{\text{reactants}} = -RT\ln K$$

where T is the absolute temperature in kelvins and the constant R equals 8.314 J/mol • K (1.99 cal/mol • K).

For the equilibrium between the axial and equatorial conformations of a monosubstituted cyclohexane,

the equilibrium constant is given by the expression

$$K = \frac{[\text{products}]}{[\text{reactants}]}$$

Inserting the appropriate values for R, T (298 K), and K gives the values of $\Delta G°$ listed in the following table for the various substituents discussed in Section 3.10.

The relationship between $\Delta G°$ and K is plotted in Figure 3.19. A larger value of K is associated with a more negative $\Delta G°$.

Free energy and enthalpy are related by the expression

$$\Delta G° = \Delta H° - T\Delta S°$$

where $\Delta S°$ is the difference in entropy between the products and reactants. A positive $\Delta S°$ is accompanied by an increase in the disorder of a system. A positive $\Delta S°$ leads to a $\Delta G°$ that is more negative than $\Delta H°$ and a larger K than expected on the basis of enthalpy considerations alone. Conversely, a negative $\Delta S°$ gives a smaller K than expected. In the case of conformational equilibration between the chair forms of a substituted cyclohexane, $\Delta S°$ is close to zero and $\Delta G°$ and $\Delta H°$ are approximately equal.

Substituent	Percent axial	Percent equatorial	***K***	$\Delta G°_{298K}$ kJ/mol	$\Delta G°_{298K}$ kcal/mol
$-F$	40	60	1.5	−1.0	−0.24
$-CH_3$	5	95	19	−7.3	−1.7
$-CH(CH_3)$	3	97	32.3	−8.6	−2.1
$-C(CH_3)_3$	< 0.01	> 99.99	> 9999	−22.8	−5.5

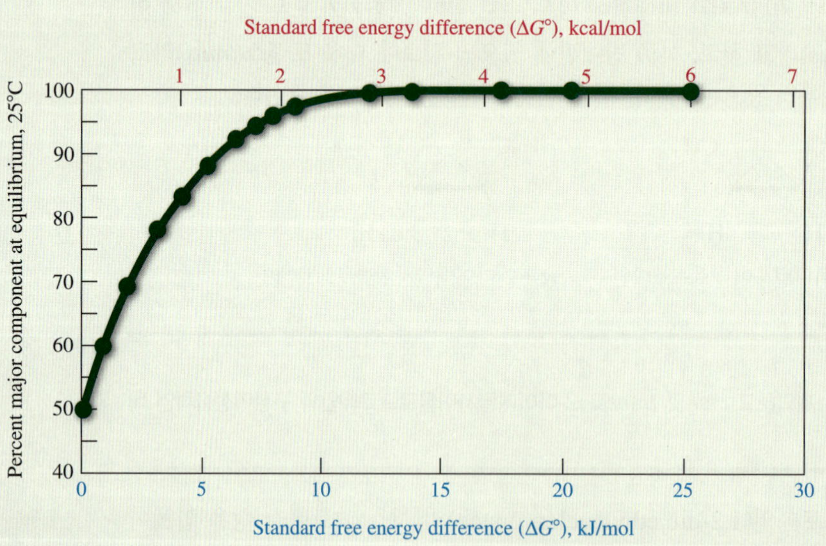

Figure 3.19

Distribution of two products at equilibrium at 25°C as a function of the standard free energy difference ($\Delta G°$) between them.

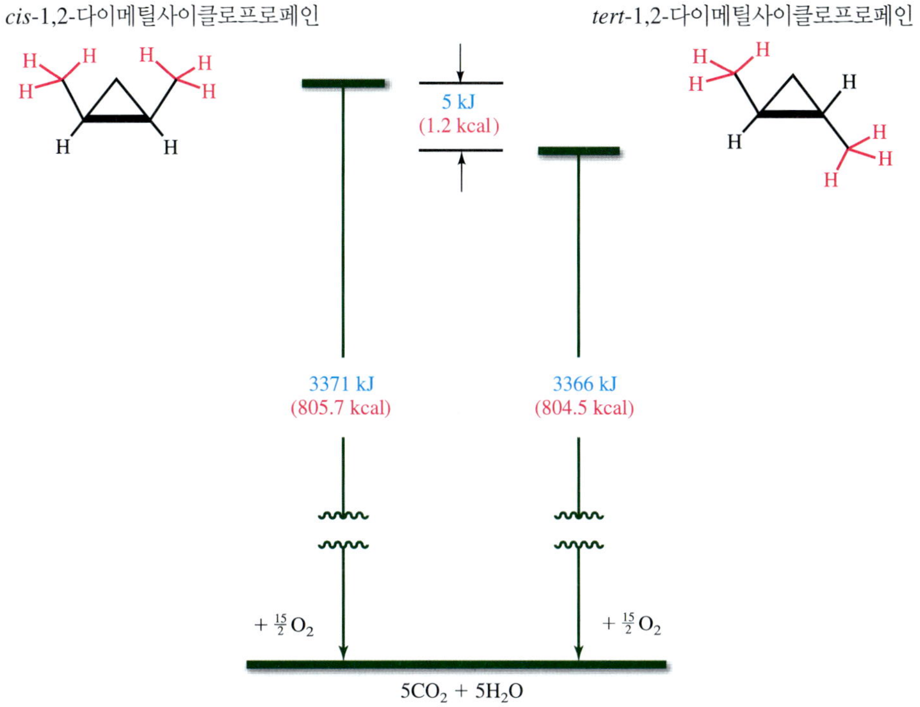

cis-1,2-다이메틸사이클로프로페인

tert-1,2-다이메틸사이클로프로페인

5 kJ
(1.2 kcal)

3371 kJ
(805.7 kcal)

3366 kJ
(804.5 kcal)

$+ \frac{15}{2} O_2$

$+ \frac{15}{2} O_2$

$5CO_2 + 5H_2O$

그림 3.20

cis- 및 *trans*-1,2-다이메틸사이클로프로페인 간의 엔탈피 차이는 그들의 연소 열로부터 결정한다. 고리의 같은 편에 있는 메틸 기간의 van der Waals 스트레인은 시스-이성질체를 트랜스-이성질체 보다 불안정하게 한다.

시스- 및 트랜스-1,2-다이메틸사이클로프로페인의 에너지 차이를 그들의 연소 열을 비교하여 측정할 수 있다. 그림 3.20에서 설명한 것처럼 두 화합물은 이성질체이므로 그들의 연소 열의 차이는 그들의 에너지 차이에 해당한다. 트랜스-1,2-다이메틸사이클로프로페인의 연소 열이 시스- 이성질체보다 5 kJ/mol(1.2 kcal/mol) 더 적으므로 트랜스-1,2-다이메틸사이클로프로페인이 시스-1,2-다이메틸사이클로프로페인보다 5 kJ/mol(1.2 kcal/mol) 만큼 더 안정하다.

이 경우에는 안정도와 입체 화학과의 관계를 van der Waals 스트레인을 근거로 하여 쉽게 설명할 수 있다. 시스-1,2-다이메틸사이클로프로페인 고리의 같은 편에 있는 메틸기들의 입체적 장애 때문에 이 입체이성질체의 퍼텐셜 에너지가 증가된다. 트랜스-1,2-다이메틸사이클로프로페인에서는 메틸기들 사이의 입체적 장애가 없다.

문제 3.11

제충국 꽃에서 분리한 크리쎈쓰믹산(Chrysanthemic acid)은 아래 그림에 나타낸 것과 같은 구조를 가지는 천연 살충제이다. 이 화합물의 시스- 및 트랜스 입체이성질체를 그리시오.

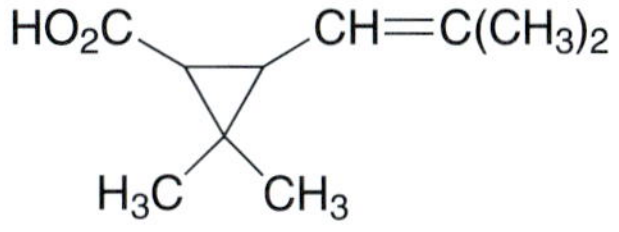

HO_2C — $CH{=}C(CH_3)_2$

H_3C CH_3

이치환 사이클로프로페인은 입체이성질체간의 안정성의 차이를 나타내는 가장 간단한 예 중의 하나이다. 세 원자 고리는 형태의 유동성이 없으며 이웃 탄소 원자에 있는 치환기간의 van der Waals 스트레인을 해소할 수 있는 방법이 없다. 사이클로헥세인의 이치환 유도체의 경우에는 사정이 조금 다르다.

3.12 이치환 사이클로헥세인의 형태분석

시스- 및 *트랜스*-1,4-다이메틸사이클로헥세인(1,4-dimethylcyclohexane)으로 시작해 보자.

cis-1,4-다이메틸사이클로헥세인 *tert*-1,2-다이메틸사이클로헥세인

쐐기-대시 그림으로는 형태를 나타낼 수 없으므로 시스- 및 트랜스-1,2-다이메틸사이클로헥세인 고리는 의자 형태로 존재한다는 것을 기억하는 것은 중요하다. 이와 같은 사실은 입체 이성질체의 상대적 안정성을 평가할 때 반드시 고려해야 한다.

이들의 연소 열(표 3.2)은 *트랜스*-1,4-다이메틸사이클로헥세인이 시스 이성질체보다 7 kJ/mol(1.6 kcal/mol) 더 안정하다는 것을 나타내준다. 메틸기가 서로 멀리 떨어져 있기 때문에 시스 치환기 간의 van der Waals 스트레인 때문이라고 믿는 것은 합리적이지 않다. 왜 *트랜스*-1,4-다이메틸사이클로헥세인이 *시스*-1,4-다이메틸사이클로헥세인 보다 더 안정한가를 이해하기 위해서는 각 입체 이성질체의 가장 안정한 형태를 알아 볼 필요가 있다. 시스-1,4-다이메틸사이클로헥세인은 *각 메틸기가 축이거나* 또는 *각 메틸기가 수평인* 두 개의 동등한 형태 중 어느 하나일 수 있다. 이 두 형태는 고리 뒤집기에 의해 서로 빠르게 평형을 유지한다. 수평 메틸기는 축 방향이 되고, 축 메틸기는 수평 방향이 된다.

(한 메틸기는 축에 있고 다른 메틸기는 수평에 있다) (두 메틸기는 모두 위로 향하고 있다.) *cis*-1,4-다이메틸사이클로헥세인 (한 메틸기는 축에 있고 다른 메틸기는 수평에 있다)

메틸기는 각 탄소에 있는 수소에 대해 모두 위로 향하고 있으므로 시스-라고 한다. 만일 두 메틸기가 다 아래로 있어도 서로 시스- 가 된다. 고리 뒤집기가 메틸기 간의 시스 관계

표 3.2 다이메틸사이클로헥세인 이성질체들의 연소 열

화합물	가장 안정한 형태에서의 메틸기의 배향	연소 열 kJ/mol	연소 열 kcal/mol	연소 열의 차이 kJ/mol	연소 열의 차이 kcal/mol	보다 안정한 입체이성질체
cis-1,2-다이메틸사이클로헥세인	축 방향-수평 방향	5223	1248.3	6	1.5	트랜스
trans-1,2-다이메틸사이클로헥세인		5217	1246.8			
cis-1,3-다이메틸사이클로헥세인	두 수평 방향	5212	1245.7	7	1.7	시스
trans-1,3-다이메틸사이클로헥세인		5219	1247.4			
cis-1,4-다이메틸사이클로헥세인	축 방향-수평 방향	5219	1247.4	7	1.7	트랜스
trans-1,4-다이메틸사이클로헥세인		5212	1245.7			

를 변화시켜 주지는 않는다. 위–와–아래의 특성을 변화시키지 않는다. 한 형태에서 위에 있는 치환기는 고리가 뒤집힌 후에도 위에 남아 있다.

트랜스-1,4-다이메틸사이클로헥세인의 가장 안정한 형태는 두 메틸기가 모두 수평 배열을 하고 있다. 트랜스-1,4-다이메틸사이클로헥세인의 두 의자 형태는 서로 동등하지 않다. 한 형태는 두 메틸기가 모두 수평이며 다른 형태는 두 메틸기가 모두 축이다.

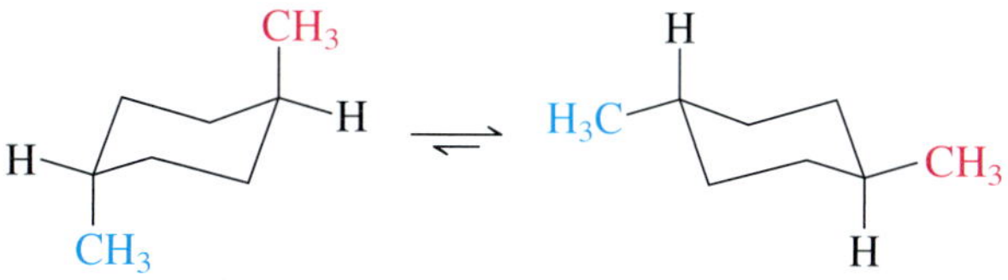

(두 메틸기는 축: 덜 안정한 의자 형태) (한 메틸기는 위에 있고 다른 메틸기는 아래에 있다.) (두 메틸기는 수평: 더 안정한 의자 형태)

두 메틸기가 모두 수평 방향인 보다 더 안정한 의자형태는 대부분의 *트랜스*-1,4-다이메틸사이클로헥세인 분자가 취하고 있는 입체배열이다.

트랜스-1,4-다이메틸사이클로헥세인은 가장 안정한 형태에서 두 메틸기가 수평으로 있기 때문에 *시스*-1,4-다이메틸사이클로헥세인 보다 더 안정하다. 시스 이성질체에서는 한 개 메틸기는 축에 있어야만 한다. 어떤 치환기가 축으로 배향되어 있는 것보다는 수평으로 배향 되어 있는 것이 더 안정하다는 일반적인 규칙을 기억하라. *시스*-와 *트랜스*-1,4-다이메틸사이클로헥세인 간의 에너지 차 7 kJ/mol(1.7 kcal/mol)은 다이메틸사이클로헥세인의 축과 수평 형태 간의 에너지 차와 같다. 그 이유는 단순하다. 즉, 이 두 경우에 있어서 보다 더 불안정한 구조는 한 개의 축 메틸기를 가지고 있으며, 7 kJ/mol(1.7 kcal/mol)의 에너지 차는 메틸기가 수평으로 배향되어 있지 않고 축으로 배향되어 있기 때문에 생기는 "에너지 대가(energy cost)"이다.

1,4-다이메틸 유도체와 같이 *트랜스*-1,2-다이메틸사이클로헥세인은 보다 더 적은 연소 열(표 3.2)을 가지며 *시스*-1,2-다이메틸사이클로헥세인 보다 더 안정하다. 시스 입체 이성질체는 에너지가 동일한 두 개의 의자 형태를 가진다. 각 각은 한 개의 축 메틸기와 한 개의 수평 메틸기를 갖는다.

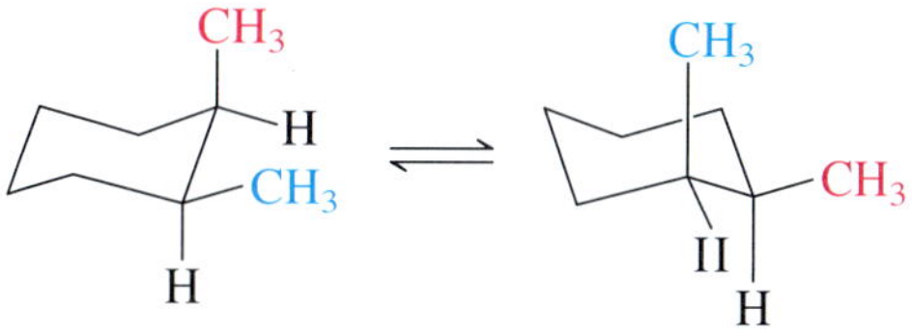

cis-1,2-다이메틸사이클로헥세인

트랜스-1,2-다이메틸사이클로헥세인의 가장 안정한 형태에서 두 개의 메틸기는 수평으로 있다.

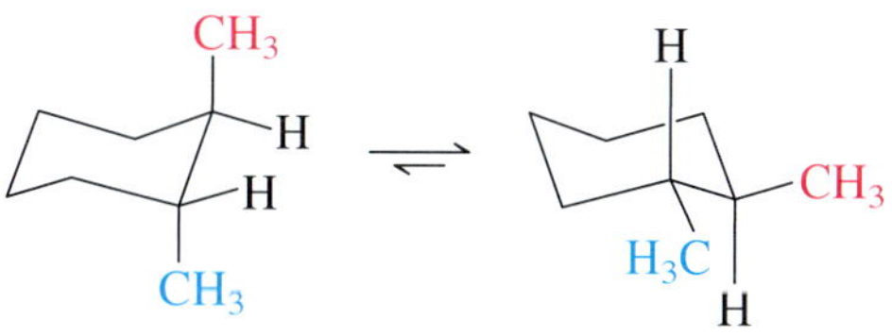

두 메틸기는 모두 축으로 있다: 보다 덜 안정한 의자 형태) 두 메틸기는 다 수평으로 있다: 보다 더 안정한 의자 형태)

trans-1,2-다이메틸사이클로헥세인

1,4-다이메틸사이클로헥세인에서처럼 보다 더 안정한 입체 이성질체(트랜스)와 더 불안정한 입체 이성질체(시스) 간의 에너지 차이 6 kJ/mol(1.5 kcal/mol)은 시스 이성질체의 축 메틸기의 존재로 인한 스트레인 때문이다.

아마도 표 3.2에서 가장 흥미 있는 대상은 1,3-다이메틸사이클로헥세인이다. 트랜스 이성질체가 시스 이성질체 보다 더 안정한 1,2- 및 1,4-다이메틸사이클로헥세인과는 달리 *시스*-1,3-다이메틸사이클로헥세인이 *트랜스*-1,3-다이메틸사이클로헥세인인 보다 7 kJ/mol(1.7 kcal/mol)만큼 더 안정하다. 왜 그런가?

시스-1,3-다이메틸사이클로헥세인의 가장 안정한 형태는 두 메틸기가 수평으로 있다.

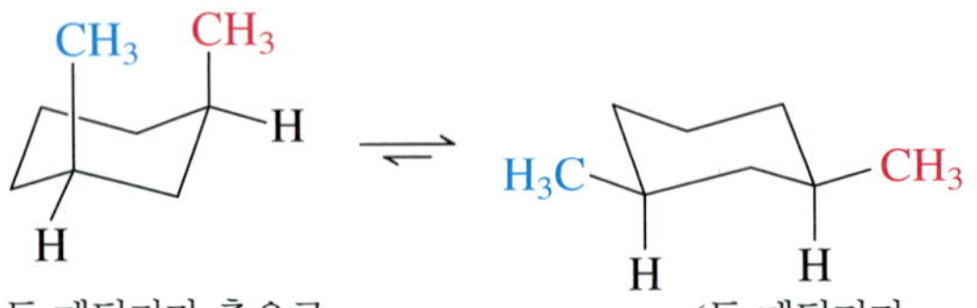

CH_3 CH_3 H H ⇌ H_3C CH_3 H H

두 메틸기가 축으로 있다: 덜 안정한 의자 형태)

(두 메틸기가 수평에 있다: 더 안정한 의자 형태)

cis-1,3-다이메틸사이클로헥세인

트랜스-1,3-다이메틸사이클로헥세인의 두 의자 형태는 서로 동등하다. 두 형태는 모두 한 개의 축과 한 개의 수평 메틸기를 갖고 있다.

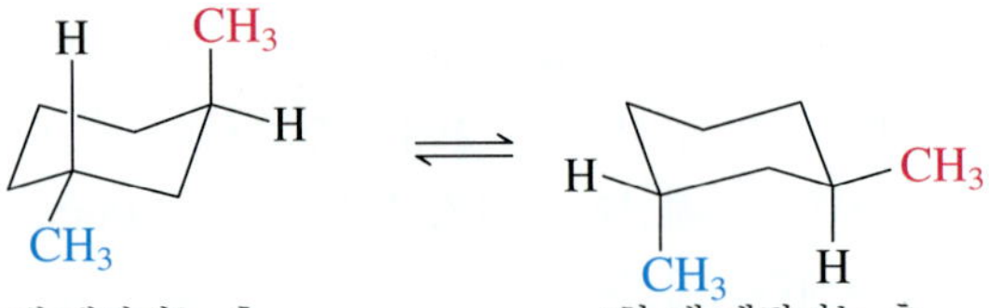

H CH_3 H CH_3 ⇌ H CH_3 CH_3 H

(한 개 메틸기는 축, 다른 메틸기는 수평)

(한 개 메틸기는 축, 다른 메틸기는 수평)

trans-1,4-다이메틸사이클로헥세인

따라서 한 개의 축 메틸기를 가진 트랜스 입체 이성질체는 두 개의 메틸기가 모두 수평으로 있는 *시스*-1,3-다이메틸사이클로헥세인 보다 더 불안정하다.

문제 3.12

이치환 사이클로헥세인에 대해 알고 있는 바를 근거로 하여 다음 1,3,5-트라이메틸사이클로헥세인의 두 입체이성질체 중 어느 것이 더 안정한가를 예견하라?

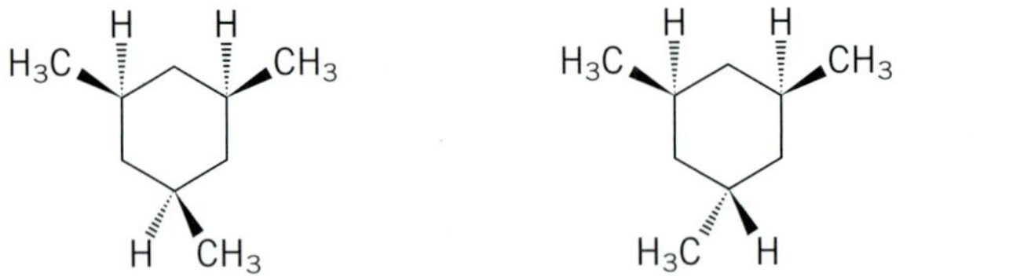

H H H_3C CH_3 H CH_3 H H H_3C CH_3 H_3C H

cis-1,3,5-트라이메틸사이클로헥세인   *trans*-1,3,5-트라이메틸사이클로헥세인

만일 이치환 사이클로헥세인이 두 개의 다른 치환기를 가졌다면 가장 안정한 형태는 보다 더 큰 치환기가 수평으로 배향된 의자 형태일 것이다. 이런 현상은 한 치환기가 *tert*-뷰틸기일 때 가장 분명하다. 그러므로 *시스*-1-*tert*-뷰틸-2-메틸사이클로헥세인(*cis*-1-*tert*-butyl-2-methylcyclohexane)의 가장 안정한 형태는 수평 *tert*-뷰틸기와 축 메틸기를 가지고 있다.

C(CH$_3$)$_3$ H CH$_3$ H ⇌ CH$_3$ C(CH$_3$)$_3$ H H

(보다 덜 안정한 형태: 부피가 더 큰 기가 축 방향으로 있다) (보다 더 안정한 형태: 부피가 더 큰 기가 수평 방향으로 있다)

cis-1-*tert*-뷰틸-2-메틸사이클로헥세인

문제 3.13

다음 화합물의 가장 안정된 구조식을 쓰시오.

(a) *trans*-1-*tert*-뷰틸-3-메틸사이클로헥세인
(b) *cis*-1-*tert*-뷰틸-3-메틸사이클로헥세인
(c) *trans*-1-*tert*-뷰틸-4-메틸사이클로헥세인
(d) *cis*-1-*tert*-뷰틸-4-메틸사이클로헥세인

풀이 예시

(a) • tert-뷰틸은 가장 큰 치환기이다. 따라서 가장 안정한 형태에서 수평일 것이다.

H C(CH$_3$)$_3$ 1 2 3

• C-3에 적절한 배향으로 결합을 하고 -C(CH$_3$)$_3$와 트랜스가 되도록 CH$_3$ 기를 붙인다.

CH$_3$ H C(CH$_3$)$_3$ H

tert-뷰틸기를 가진 사이클로헥세인은 형태적으로 한쪽으로 기우려져 있는 분자의 예이다. *tert*-뷰틸기는 수평 배향이 매우 유리하기 때문에 이와 같은 형태가 유리하도록 균형이 한 쪽으로 크게 기우러지게 된다. 그러나 이것은 이것이 고리 반전이 일어나지 않는다는 것을 의미하지는 않는다. 고리 반전은 일어나지만 어느 순간에 축 *tert*-뷰틸기를 가진 형태의 수는 대단히 적다. *tert*-뷰틸사이클로헥세인(*tert*-butylcyclohexane)과 그 유도체들은 한 형태로만 고정되어 있다고 말하는 것은 옳지 않다. 슥 고리 뒤십기와 관련된 형태는 서로 빠른 평형을 이루지만 그들 간의 분포에서는 *tert*-뷰틸기가 수평으로 있는 형태가 매우 유리하다.

3.13 중간 및 거대 고리

가장 큰 사이클로알케인은 288개 탄소로 된 한 개의 고리 화합물이다.

에너지가 유사한 네 개의 형태를 가진 사이클로헵테인(cycloheptane)으로부터 고리가 보다 더 큰 사이클로알케인의 형태 분석은 대단히 복잡하다. 보다 작은 고리에 적용했던 같은 기본 원리를 중간 크기 고리와 거대 고리에도 적용한다. 고려해야 할 원자와 결합이 더 많아져서 그 만큼 더 복잡한 형태가 가능해진다.

3.14 다중 고리계

다중고리 화합물(polycyclic compound)은 하나 이상의 고리를 포함하고 있다. IUPAC에서는 비 고리 구조를 생성하는 데 요구되는 최소 결합 분해 수에 따라 구분한다. 만일 두 개 결합이 분해되어 하나의 열린-사슬 구조를 이루면 그 고리 구조는 *두 고리 화합물(bicyclic compound)*이다. 만일 세 결합이 분해되면 *세 고리 화합물(tricyclic compound)*, 네 결합이 분해되면 *네 고리 화합물(tetracyclic compound)* 등으로 구분한다. 예를 들어 자연에서 생기며 석유에서 발견되는 아다만테인(adamantane)은 세 개 결합이 분해되어야 고리 전의 열린-사슬 구조를 만들 수 있으므로 세 고리 화합물이다.

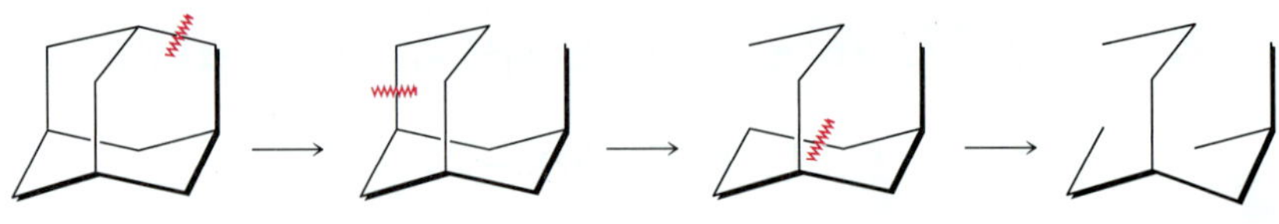
아다만테인

정확한 고리 수는 각기 다른 조각으로의 분절에 의해 결정할 수 있지만, 최종 열린-사슬의 구조와 분절된 조각이 꼭 같을 필요는 없다. 모든 물질에서 최소 분절 수를 찾으면 된다.

문제 3.14

큐베인(cubane, C_4H_8)은 그림으로 나타낸 다중 고리화합물의 일반명이다. 이름에 나타낸 것처럼 구조가 입방체이다. 결합-분절 규칙에 따르면 몇 개의 고리가 존재하는가?

화합물에 포함된 고리 수에 따라 다중 고리화합물을 구분하는 것과 더불어, 고리가 연결된 방식에 따라 구분할 수도 있다.

스피로 화합물(spiro compound)에서는 한 원자가 두 고리에 공유되어 있다. **다리 화합물(bridged compound)**에서는 두 원자가 두 개(또는 그 이상)의 고리에 공유되어 있다.

가장 간단한 스피로 고리 탄화수소는 실험실에서 합성한 생성물인 *스피로[2,2]펜테인{spiro[2.2]pentane}*이다. *스피로[2,2]펜테인*의 분자 모형은 스피로 화합물의 흥미로운 구조를 보여준다. 스피로 화합물의 두 고리는 서로 직각으로 놓여 있다.

스피로[2,2]펜테인

스피로 알케인의 IUPAC 이름은 *스피로[수자, 수자]알케인* {spiro[number.number]alkane} 으로 명명한다. “알케인(alkane)" 접미사는 단순히 두 고리를 이루는 탄소 수와 동일한 곧은 사슬 알케인의 이름이다. 대괄호 안의 수는 각 고리에 있는 탄소 수이고 증가 순으로 배열한다. 따라서, 스피로[3,4]옥테인{spiro[3.4]octane}은 8개 원자가 두 개 고리를 이루고 있으며, 스피로 탄소는 세 개 탄소 고리와 네 개 탄소 고리의 다리에 놓여 있다.

스피로[3,4]옥테인

치환기가 있을 때는 먼저 작은 쪽 고리의 스피로 탄소에 바로 다음에 있는 원자부터 시작해서 차례로 돌아 스피로 원자에 이르고, 이어서 둘째 고리에 번호를 매긴다. 알케인에서처럼, 방향은 치환기가 차이가 나는 탄소가 낮은 위치번호가 되도록 선택하고, 알파벳 순으로 나열하여 이름의 앞에 위치번호와 치환기를 나타낸다.

문제 3.15

아로마 치료에서 사용되는 스무딩 기름인 베티버(vetiver)(그림 3.21)에는 화합물 A로 나타낼 수 있는 β-베티본(vetivone)이 포함되어 있다. 화합물 A의 IUPAC 이름을 쓰시오.

β-베티본 화합물 A

그림 3.21

베티버 기름은 베티버 풀에서 얻는다.

다리걸친 화합물(bridged compound)에서는 두 원자가 두 개 또는 그 이상의 고리에 공통적으로 포함되어 있다. *캄펜(camphene)*은 송유로부터 얻어지는 자연에 존재하는 두 고리 탄화수소이다. 이 화합물은 여섯 원자 고리(구조에 푸른 결합으로 나타냄)의 두 개 탄소가 별표(*)로 나타낸 CH_2에 의해 다리를 이루고 있다. 이 표시된 두 탄소를 *다리목 탄소(bridgehead carbon)*라 한다.

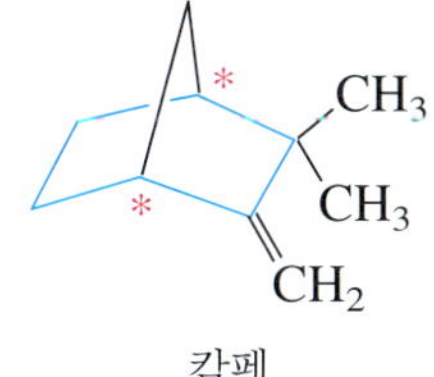

캄펜

문제 3.16

결합 절단 기준을 이용하여 캄펜이 두 고리 화합물임을 증명하시오.

두 고리 다리 알케인은 다음과 같이 명명한다; 즉 *바이사이클로[수자,수자]일케인{bicyclo[number.number]alkane}* 식으로 명명한다. 바이사이클로[3,2,1]옥테인{Bicyclo[3.2.1]octane}에 나타낸 것처럼, 모체 알케인은 두 고리 골격을 이루는 전체 탄소 수와 같다.

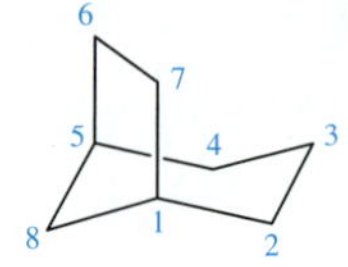

바이사이클로[3.2.1]옥테인

괄호 내의 수자는 세 개 다리에 있는 탄소 수이고 감소하는 순서로 배열한다. 탄소 위치번호는 하나의 다리목 탄소에서 시작하여 제일 큰 고리를 연속해서 메기고 다시 그 다음 크기의 고리에 번호를 매긴다. 가장 작은 고리의 원자에 맨 마지막으로 번호를 매긴다.

문제 3.17

다음 각 두 고리 탄화수소의 구조식을 쓰시오.

(a) 바이사이클로[2.2.1]헵테인
(b) 1,7,7-트라이메틸바이사이클로[2.2.1]헵테인
(c) 바이사이클로[3.1.1]헵테인

풀이 예시 (a) Bicyclo[2.2.1]헵테인 고리계는 가장 자주 볼 수 있는 두 고리 구조 형태이다. 이것은 일곱 탄소 원자를 포함하고 있어 모체가 *헵테인*이 된다. 다리에는 두 개, 두 개 및 하나의 탄소를 각각 포함한다.

1-탄소 다리

2-탄소 다리 2-탄소 다리

바이사이클로[2.2.1]헵테인

많은 화합물들에 한 변을 공유하는 고리들을 포함하고 있다. 그런 화합물을 *접합고리(fused-ring)* 화합물이라고 하지만 명명을 목적으로 구분할 때는 다리 화합물의 범주로 다룬다. 이런 경우에 다리는 공통변이고 다리 탄소가 없으므로 다리 탄소를 “영 (0)”으로 쓴다. 바이사이클로[4,4,0]데케인{bicyclo[4.4.0]decane}의 두 입체 이성질체는 *시스-또는* 트랜스-데칼린(decalin) 이라 부르고 중요한 예이다.

cis-바이사이클로[4.4.0]데케인 (*cis*-데칼린)

trans-바이사이클로[4.4.0]데케인 (*trans*-데칼린)

고리 연결자리 탄소에 있는 수소 치환기가 시스-데칼린 에서는 같은 편에 있고, 트랜스-데칼린에서는 서로 반대편에 있다. 두 고리는 각 입체 이성질체에서 의자 형태 입체배열을 한다.

데칼린 고리 계는 대부분의 천연물 특히 스테로이드에서 기본 구조단위를 이룬다. 예를 들어 소화를 촉진하는 쓸개에 있는 콜산(cholic acid)는 더 복잡한 네 고리 구조로 되어 있으며 시스-데칼린과, 트랜스-데칼린 단위가 포함되어 있다.

문제 3.18

지오스민(geosmin)은 진흙 냄새가 나는 천연물이다. 이 물질은 많은 미생물에 의해 생기며, 사탕 무 추출물로부터 얻을 수 있다. 다음 데칼린 골격에 지오스민 치환기를 적당하게 배열하시오.

3.15 헤테로고리 화합물

모든 고리 화합물이 다 탄화수소는 아니다. 많은 화합물이 고리의 한 부분으로 *헤테로원자*(*heteroatom*, 1.7절)라고 부르는 탄소 이외의 원자를 포함하고 있다. 적어도 한 개의 헤테로 원자를 포함한 고리를 *헤테로고리*(*heterocycle*)이라고 하며, 헤테로고리가 기본이 되는 물질을 **헤테로고리 화합물(heterocyclic compound)**이라 한다. 다음 각 헤테로고리 계를 이 교재에서 많이 이용하게 된다.

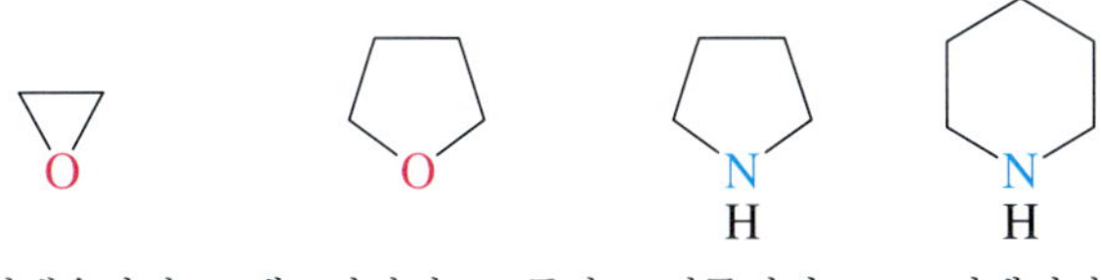

에틸렌옥사이드 테트라하이드로퓨란 피롤리딘 피페리딘

인용하고 있는 이름은 오랫동안 사용되어온 일반명이며 IUPAC 체계에서도 허용하고 있다. 이 고리 계의 체계적인 이름은 필요할 때 다시 소개할 것이다.

헤테로고리의 모양은 모두가 탄소인 탄소 유사체와 흡사하다. 그러므로 피페리딘(piperidine)과 같은 여섯 원자 헤테로고리는 사이클로헥세인과 유사한 의자 형태를 갖는다.

질소에 결합된 수소는 축 또는 수평에 있으며 두 의자 형태는 대략 같은 안정성을 가진다.

문제 3.19

피페리딘 유도체의 질소에 결합된 수소를 메틸기로 치환했을 때 가장 안정한 형태를 예상하여 그리시오.

황-함유 헤테로고리도 또한 흔하다. 세 원자, 네 원자, 다섯 원자 및 여섯 원자 고리에서 헤테로 원자로 황이 포함된 화합물들은 잘 알려져 있다. 황-황 결합을 함유한 두 흥미 있는 헤테로고리 화합물은 *리포산*(*lipoic acid*)와 *렌치오닌*(*lenthionine*)이다.

고리 구조는 또한 무기화학에도 있다. 황 원소의 가장 안정한 형태는 여덟 개 황 원자로 된 고리형태 이다.

다양한 유기체의 성장에 필요한 성분 시타케(Shiitake) 버섯의 냄새 성분

많은 헤테로고리계는 이중결합을 포함하고 있거나 또는 아렌(arene)과 관련이 있다. 가장 중요한 대표적인 이 계열 화합물을 11.21과 11.22에서 설명하였다.

3.16 요약

이 장에서는 알케인과 사이크로알케인의 3차원적인 모양을 살펴보았다. 이 장에서 배워야할 가장 중요한 점은 분자는 전체 스트레인이 최소가 되도록 분자 모양이 형성된다는 점이다. 알케인과 사이클로알케인의 스트레인 원인은 다음과 같다.

1. ***결합 길이 뒤틀림***: 하나 이상의 결합길이가 정상 값과 다를 때 생기는 불안정화.
2. ***각 스트레인***: 결합각이 정상 값에서 뒤틀려 있기 때문에 생기는 불안정화.
3. ***비틀림 스트레인***: 이웃 원자에 있는 결합과의 엇갈려 있지 않기 때문에 생기는 불안정화.
4. *van der Waals* ***스트레인***: 이웃한 원자가 아닌 원자에 결합된 원자나 작용기가 서로 가깝게 접근해 있어서 생기는 불안정화.

단일결합의 회전으로 분자가 가질 수 있는 여러 가지 공간 배열을 **형태(conformation)**라고 하며, **형태분석(conformation analysis)**은 개개의 형태의 안정성과 성질을 다룬다. 탄소-탄소 단일결합 주위의 회전은 보통 매우 빠르기 때문에 실온에서 1초에 십만 번 일어난다. 분자는 한 형태로 고정되지 않으며 에너지 적으로 있을 수 있는 형태 간에 빠른 평형이 이루어진다.

3.1절 에테인의 가장 안정한 형태는 **엇갈린(staggered)** 형태이다. 이것은 가장 불안정한 **가려진(eclipsed)** 형태 보다 약 12 kJ/mol (3 kcal/mol) 만큼 더 안정하다.

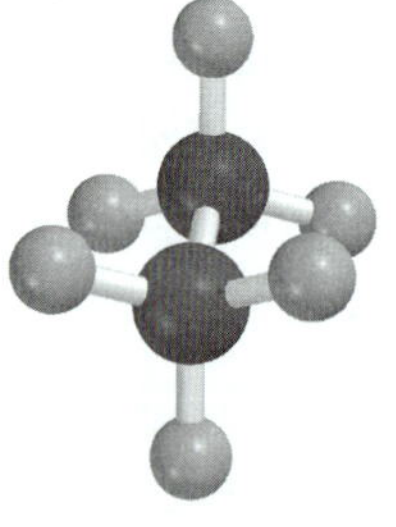

에테인의 엇갈린 형태
(가장 안정한 형태)

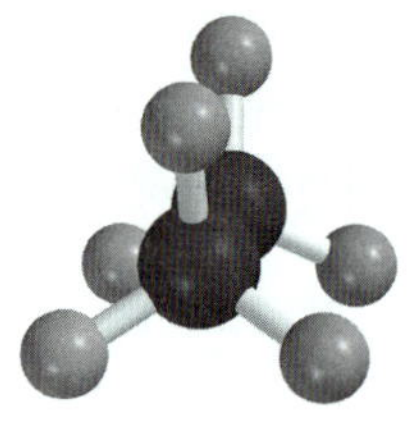

에테인의 가려진 형태
(가장 불안정한 형태)

엇갈린 형태와 가려진 형태 간의 에너지 차는 거의 전적으로 가려진 형태의 비틀림 스트레인 때문이다. 어떤 순간에 거의 대부분의 에테인 분자는 엇갈린 형태에 머물고 있다.

3.2절 두 엇갈린 형태의 뷰테인은 동등하지 않다. **안티(anti)** 형태가 **고우시(gauche)** 형태 보다 안정하다.

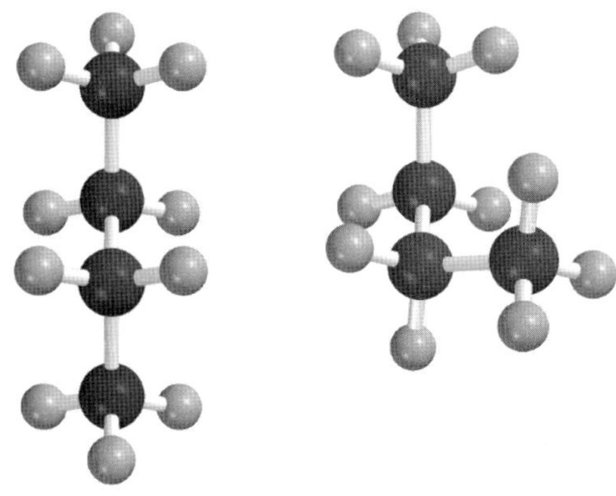

뷰테인의 안티 형태 뷰테인의 고우시 형태

두 형태는 모두 다 엇갈린 결합을 하고 있기 때문에 비틀림 스트레인이 없다. 메틸기가 참여하는 van der Waals 스트레인 때문에 고우시 형태는 더 불안정하다.

3.3절 고급 알케인의 탄소 사슬은 모든 결합이 엇갈려 있는 지그재그 형태를 취한다.

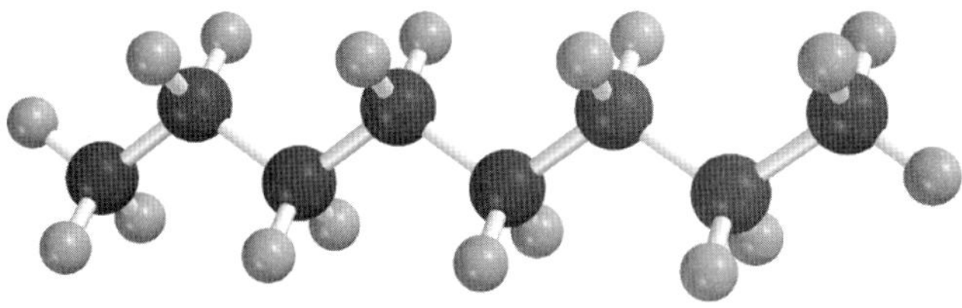

옥테인

3.4절 한때는 모든 사이클로알케인이 평면으로 있다고 믿었다. 정오각형 각(108°)이 정사면체 각(109.5°)에 가장 가깝기 때문에 사이클로헥세인이 가장 스트레인이 적은 사이클로알케인이라고 예상했다. 그러나, 연소 열로 그렇지 않다는 것을 증명했다. 사이클로프로페인을 제외하고는 모든 사이클로알케인들은 평면이 아니다.

3.5절 사이클로프로페인은 평면이고 각 스트레인과 비틀림 스트레인에 의해 불안정화 된다. 사이클로뷰테인은 비 평면이고 사이클로프로페인보다 스트레인이 적다.

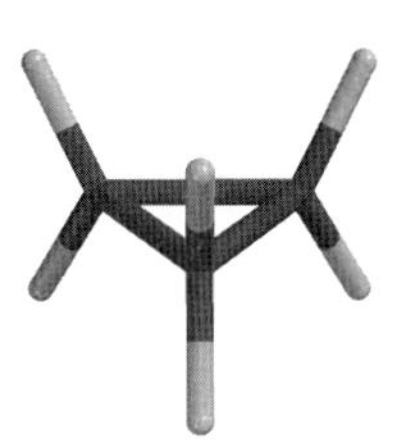

사이클로프로페인

사이클로뷰테인

3.6절 사이클로펜테인은 안정성이 유사한 두 개의 비 평면 형태를 가진다. 이 두 형태는 **봉투(envelope)**와 반-**의자 (half-chair)** 형태이다.

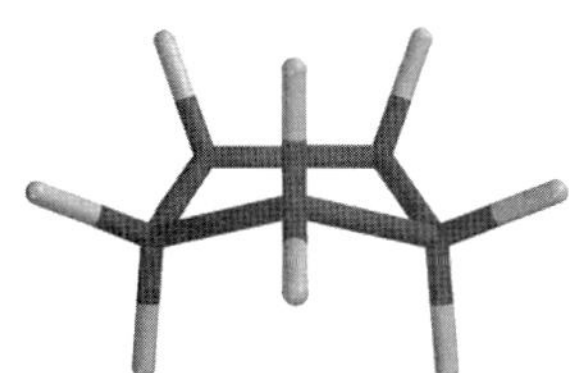

사이클로펜테인의 봉투 형태

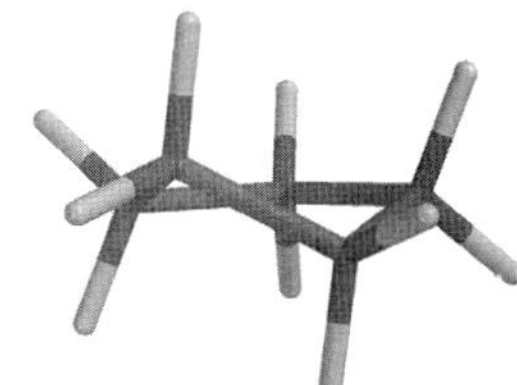

사이클로펜테인의 반-의자 형태

3.7절 사이클로헥세인의 세 가지 형태, 즉 의자 형태, 보트 형태 및 비틀린 보트 형태에서 탄소는 대략 사면체 각을 갖는다. 의자 형태는 가장 안정한 입체배열로 비틀림 스트레인이 없고 보트와 비틀린 보트 형태는 스트레인이 있다. 화합물에 사이클로헥세인 고리가 존재하면 거의 항상 의자 형태로 있게 된다.

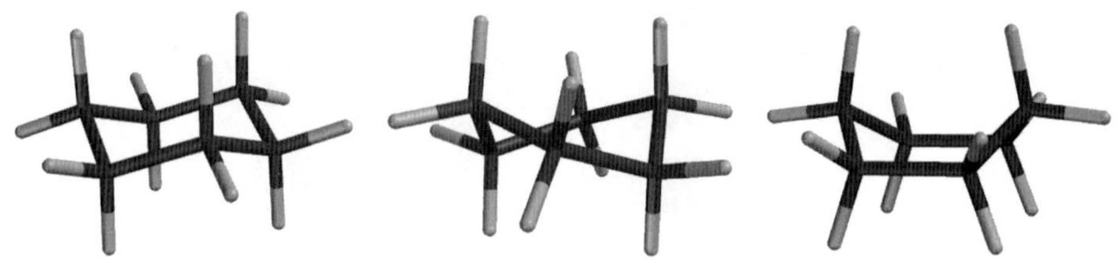

의자 형태　　　비틀린 보트 형태　　　보트 형태

3.8절 사이클로헥세인에 있는 C–H 결합이 모두 수평에 있는 것은 아니며 각 여섯 개씩 두 벌로 구분되는데 축(axial)과 수평(equatorial)이라 부른다.

사이클로헥세인에서 H의 축 결합

사이클로헥세인에서 H의 수평 결합

3.9절 사이클로헥세인에서 형태의 반전(고리 뒤집기)은 대단히 빨리 일어나서 모든 축 결합이 수평 결합으로 되며 그 반대의 경우도 같다. 그 결과 사이클로헥세인의 일치환 유도체는 치환기가 수평에 있는 의자 형태를 취한다. *이 과정에서는 결합이 생성되지도 분해 되지도 않는다.*

3.10절 사이클로헥세인 고리에서 치환기가 축에 있을 때보다는 수평으로 있을 때가 덜 복잡하고 따라서 그 만큼 더 안정하다

축 메틸기(보다 더 불안정)　　　수평 메틸기(보다 더 안정)

가지달린 치환기 특히 *tert*-뷰틸은 수평에 대한 선호도가 크다.

3.11~3.12절

입체이성질체(steroisomer)는 동일한 구조를 가지지만 공간에서 원자들의 배열이 다르다. 시스- 또는 트랜스-1,3-다이메틸사이클로헥세인은 입체이성질체이다. 이 경우에는 시스 이성질체가 트랜스 이성질체 보다 더 안정하다.

cis-1,3-다이메틸사이클로헥세인의 가장 안정한 형태(축 메틸기가 없다)

trans-1,3-다이메틸사이클로헥세인의 가장 안정한 형태(한개의 축 메틸기)

3.13절 고급 사이클로알케인은 탄소에서 사면체에 유사한 각을 가지며 비틀림 스트레인이 없을 정도로 유동성이 있다. 이 분자들은 안정성이 유사한 몇 가지 다른 형태를 갖는다.

3.14절 고리 탄화수소는 한 개 이상의 고리를 가질 수 있다. **스피로고리(spirocyclic)** 탄화수소는 두고리에 공유된 하나의 탄소를 가지는 것이 특성이다. **두고리(bicyclic)** 알케인은 두 개 또는 그 이상의 원자를 공유하는 두 고리를 포함한다.

3.15절 고리의 일부분으로 탄소 이외에 원자를 하나 이상 포함하는 화합물을 헤테로고리(heterocyclic) 화합물이라고 한다. 헤테로 원자가 산소, 질소 또는 황인 고리가 가장 일반적이며 가장 중요하다.

6-아미노페니실란산
(두고리 및 헤테로 고리)

문제

3.20 다음 각 알케인의 IUPAC 명을 쓰시오.

(a) (b) (c)

3.21 C-2와 C-3 결합을 통해 보면서 다음 사항에 대한 Newman 투영식을 쓰시오.
(a) 2,2-다이메틸뷰테인의 가장 안정한 형태
(b) 2-메틸뷰테인의 두 개의 가장 안정한 형태
(c) 2,3-다이메틸뷰테인의 두 개 가장 안정한 형태

3.22 문제 3.21b에 있는 2-메틸뷰테인의 엇갈린 형태 중 하나가 다른 하나 보다 더 안정하다. 어느 것이 더 안정한가? 왜 그런가?

3.23 2,2-다이메틸프로페인에서 C—C 결합에 대한 회전에 대해 그림 3.4와 그림 3.7에서 보는 것과 유사한 대략적인 퍼텐셜 에너지 도표를 그려라. 2,2-다이메틸프로페인의 퍼텐셜 에너지 그림은 에테인과 뷰테인의 에너지 그림 중 어느 것에 더 유사한가?

3.24 2-메틸뷰테인에 대해 문제 3.23과 같이 푸시오.

3.25 $CH_3CH_2CH_0Br$에 대해 나타낸 형태에서 Br에 대해 (a) 안티인 원자와 (b) 고우시인 원자를 모두 표시하시오.

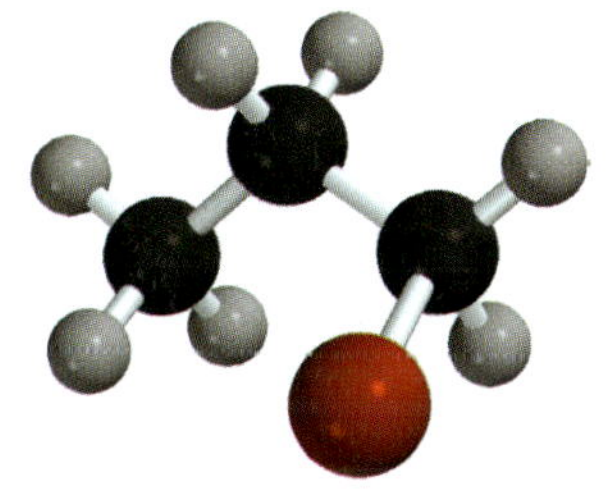

3.26 아래에 나타낸 메틸사이클로헥세인의 메틸기는 수평 자리를 차지하고 있지만 가장 안정한 형태는 아니다. 왜 그런가 설명하시오.

3.27 *cis*-1,3-다이메틸사이클로뷰테인의 가장 안정한 형태는 어느 것인가? A인가 B인가 왜 그런가?

A

B

3.28 다음 각 쌍의 두 구조가 구조 이성질체인지, 같은 화합물의 다른 형태인지 또는 단일결합 회전으로 상호 변환될 수 없는 입체이성질체인지를 결정하시오.

(a) 과

(b) 과

(c) 과

(d) *cis*-1,2-다이메틸사이클로펜테인 및 *trans*-1,3-다이메틸사이클로펜테인

(e) 과

(f) 과

(g) 과

3.29 다음 각 그룹에서 어떤 것이 구조이성질체인지 또는 입체이성질체인지를 구별하시오.

(a) $(CH_3)_3CCH_2CH_2CH_3$ $(CH_3)_3CCH_2CH_2CH_2CH_3$ $(CH_3)_2CHCHCH_2CH_3$ (with CH_3 on the second CH)

(b)

(c) H_3C CH_3

(d) H_3C CH_3 CH_3 H_3C H_3C H_3C

(e) CH_3 CH_3 CH_3 CH_3 H_3C CH_3

3.30 (a) C_5H_8과 (b) C_6H_{10}의 분자식을 가지는 두 고리 화합물로서 메틸기 또는 에틸기를 포함하는 화합물의 구조식을 그리시오.

3.31 다음 화합물 집단에서 연소 열이 가장 큰 것과 작은 것을 제시하라. 연소 열을 비교하여 상대적인 안정성을 평가할 수 있는 겨우는 어느 것인가?

(a) 사이클로프로페인, 사이클로뷰테인, 사이클로펜테인

(b) *cis*-1,2-다이메틸사이클로펜테인, 메틸사이클로헥세인, 1,1,2,2-테트라메틸사이클로프로페인

(c)

(d)

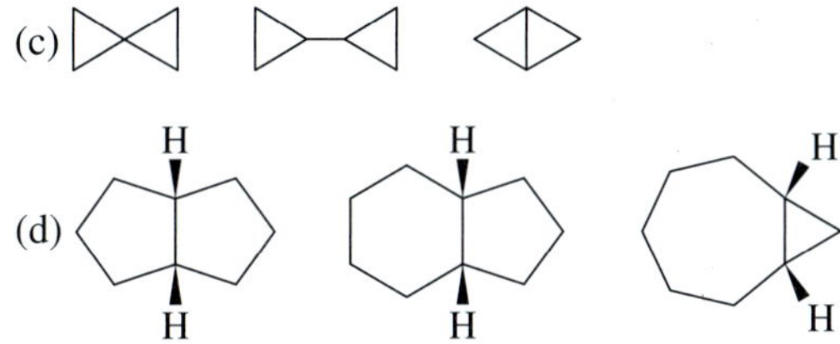

3.32 암브록솔(ambroxol)은 기관지 질병에 사용하는 약품이다. 이 화합물의 다른 의자 형태를 그리고, 두 이성질체 중 어느 것이 더 안정한가 설명하시오.

NH_2 Br Br N H OH

3.33 다음 각 화합물의 가장 안정한 형태를 그리시오.

(a) 2,2,5,5-테트라메틸헥세인(C3-C4에 대한 입체배열의 Newman 투영)

(b) 2,2,5,5-테트라메틸헥세인(분자 전체의 지그재그 입체배열)

(c) *cis*-1-아이소프로필-3-메틸사이클로헥세인

(d) *trans*-1-아이소프로필-3-에틸사이클로헥세인

(e) *cis*-1-*tert*-뷰틸-4-메틸사이클로헥세인

(f) *cis*-1,1,3,4-테트라메틸사이클로헥세인

(g) H CH_3 H_3C H H CH_3

3.34 다음 쌍 중에서 더 안정한 입체 이성질체를 제시하고, 그 이유를 설명하시오.

(a) *cis*- 또는 *trans*-1-아이소프로필-2-메틸사이클로헥세인

(b) *cis*- 또는 *trans*-1-아이소프로필-3-메틸사이클로헥세인

(c) *cis- or trans-1*-아이소프로필-4-메틸사이클로헥세인

(d) H_3C, CH_3, CH_3 또는 H_3C, CH_3, CH_3

(e) H_3C, CH_3, CH_3 또는 H_3C, CH_3, CH_3

(f) CH_3, CH_3 또는 H_3C, CH_3

3.35 1,1,3,5-테트라메틸사이클로헥세인 입체이성질체 중 하나가 다른 입체이성질체 보다 1.5 kJ/mol (3.7 kcal/mol) 만큼 더 불안정하다. 어느 이성질체가 더 불안정한가. 그 이유는 무엇인가? 설명하시오.

3.36 1,2-, 1,3- 및 1,4-다이메틸사이클로헥세인의 더 안정한 입체이성질체와 보다 불안정한 입체이성질체의 연소 열을 아래에 제시하였다. 1,2-다이메틸사이클로헥세인의 연소 열이 1,3- 및 1,4-이성질체보다 더 높다. 이유를 설명하시오.

다이메틸사이클로헥세인	1,2	1,3	1,4
연소 열 (kJ/mol):			
보다 안정한 입체이성질체	5217	5212	5212
보다 불안정한 입체이성질체	5223	5219	5219

3.37 다음 두 입체이성질체 중 하나가 다른 것에 비해 20 kJ/mol(4.9 kcal/mol) 만큼 더 불안정하다. 어느 이성질체가 불안정하겠는가? 안정도를 감소시키는 이유를 설명하시오.

3.38 4-*tert*-뷰틸싸이에인을 아래 나타낸 식처럼 산화시켜 생성된 설폭사이드는 두 개 이성질체의 혼합물이다. 어느 이성질체가 덜 안정하가? 제시하고 그 이유를 제시하시오.

:S: ⟶ :S=O

3.39 다음은 탄화수소의 생물학적 산화에서 관찰되는 과정이다.

(a) 다음 반응의 반응물은 어떤 계열 탄화수소인가? 이 물질의 IUPAC 이름을 쓰시오.

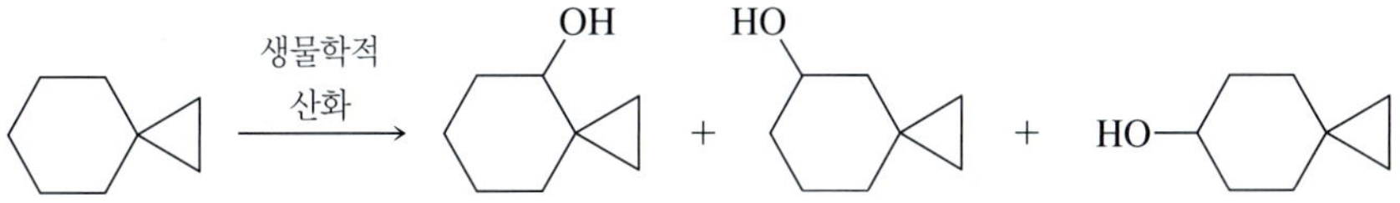

생물학적 산화

탄화수소 알코올 A (19%) 알코올 B (63%) 알코올 C (18%)

(b) 산화되는 탄소 위치를 IUPAC 방식으로 나타내시오.

(c) 알코올 A, B 및 C는 어떤 관련이 있는가? 이들은 구조이성질체인가 아니면 입체이성질체 인가?

3.40 다음은 글루코스의 두 가지 형태를 나타낸 것이다. 각 형태에서 여섯 원자 고리는 의자형태로 존재한다고 알려져 있다. 각각의 가장 안정한 형태를 그리시오. 이들은 같은 분자의 두 개의 다른 형태인가? 아니면 입체이성질체인가? 어떤 치환기가 축을 점유하겠는가?

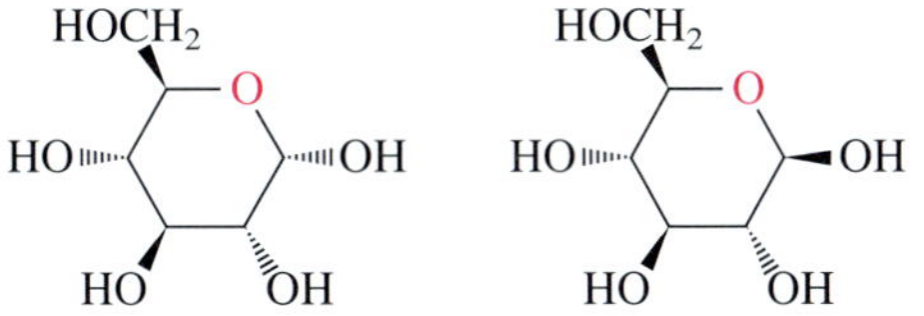

3.41 아래에 스테로이드의 대표적인 구조를 번호를 붙여 나타내었다. 각 경우에서 지시한 치환기가 축인지 수평인지를 지정하시오.

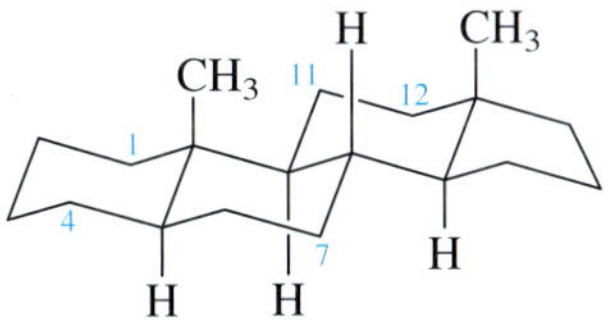

(a) C-1에서 치환기가 메틸기에 대해 시스
(b) C-4에서 치환기가 메틸기에 대해 시스
(c) C-7에서 치환기가 메틸기에 대해 트랜스
(d) C-11에서 치환기가 메틸기에 대해 트랜스
(e) C-12에서 치환기가 메틸기에 대해 시스

3.42 처음 두 고리사이가 시스로 접합된 스테로이드 골격의 이성질체에 대해 문제 3.41과 같은 질문에 답하시오.

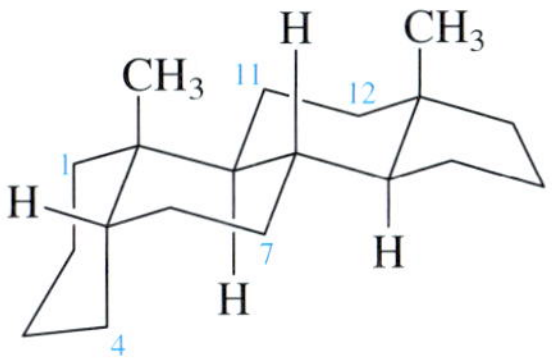

3.43 (a) 1,2-다이클로로에테인($ClCH_2CH_2Cl$)의 고우시와 안티 형태에 대한 Newman 투영을 그리시오.

(b) $ClCH_2CH_2Cl$의 측정한 쌍극자 모멘트는 1.12D 이다. 1,2-다이클로로에테인에 대한 다음의 설명 중 잘못된 것은?

(1) 전적으로 안티 형태로 존재한다.
(2) 전적으로 고우시 형태로 존재한다.
(3) 안티와 고우시 형태의 혼합물로 존재한다.

설명문과 이해 문제 3

탄수화물의 고리형태

5-원자와 6-원자 고리 구조는 탄수화물에서는 흔한 구조이고 때로는 서로 평형을 이루고 있다. 5-원자 고리 구조를 퓨라노스(furanose)라고 부르고 6-원자 고리는 피라노스(pyranose)라고 한다. 특히 β-퓨라노스인 D-라이보스(D-ribose)가 친숙한 탄수화물이다.

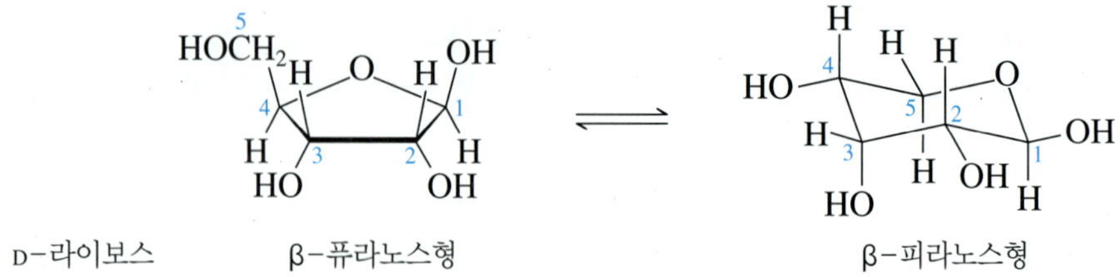

D-라이보스 β-퓨라노스형 β-피라노스형

3.44 D-라이보스의 β-퓨라노스와 β-피라노스 는 다음 중 어디에 해당하는가?

(a) 형태 이성질체 (c) 공명구조
(b) 구조 이성질체 (d) 입체이성질체

3.45 D-라이보스의 β-피라노스 구조에서 C-2와 C-3의 OH 기 배열은 어떤가?

(a) 둘 모두 축 방향
(b) 둘 모두 수평 방향
(c) C-2는 축 방향 C-3는 수평 방향
(d) C-는 수평 방향 C-3는 축 방향

3.46 D-라이보스의 β-피라노스에서 C-2와 C-3의 OH 배열은 어떤가?

(a) 시스와 고우시 (c) 트랜스와 고우시
(b) 시스와 안티 (d) 트랜스와 안티

3.47 D-자일로스의 β-피라노스에서 모든 OH는 수평이다. D-자일로스의 β-퓨라노스 구조는 어떤 것인가?

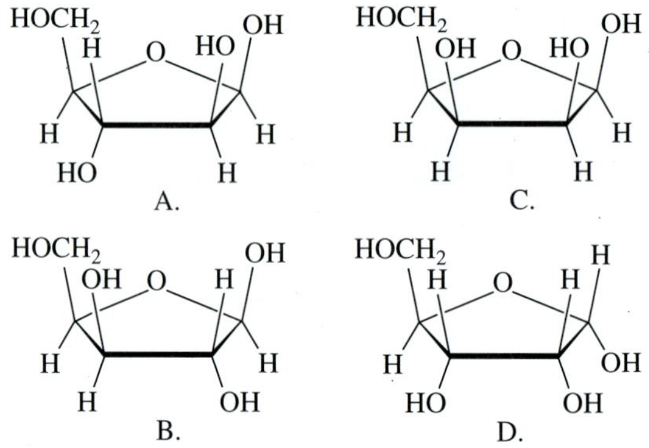

A. C. B. D.

3.48 아래 나타낸 탄수화물은 수의약품 성분이다. 어느 것이 가장 안정한 피라노스 형태인가?

HO O CH_3 OCH_3

CH_3O O CH_3 OH
A.

CH_3O CH_3 O OH
C.

CH_3 CH_3O O OH
B.

CH_3O O OH CH_3
D.

3.49 D-라이보스의 β-피라노스에서 O−C(1)−C(2)−O와 O−(2)−C(3)−O의 비틀림(이면 각)은 얼마인가?

A. 각각 60°와 180°.

B. 각각 180°와 60°.

C. 모두 60°.

D. 모두 180°.

4

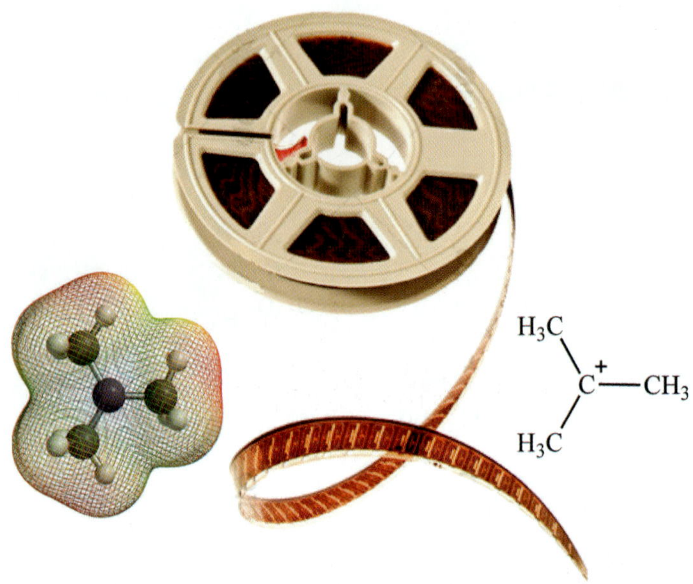

영화가 이야기를 말하는 것처럼, 메커니즘은 화학반응이 어떻게 일어나는지 알려준다. 영화의 장면과 장면처럼 반응을 볼 수 있다면, 우리는 반응이 진행되는 동안 생성되는 반응중간체 및 전이상태에 대해 관찰할 수 있다.

장의 개요

알코올과 할로젠화 알킬: 반응메커니즘 소개

Alcohols and Alkyl Halides: Introduction to Reaction Mechanisms

처음 세 장에서는 유기분자의 *구조(structure)*에 관한 몇 가지 기본 원리를 다루었고, 산-염기 반응의 관찰로 구조와 *반응성(reactivity)* 간의 관계를 소개하였다. 이 장에서는 두 개의 개념, 즉 *작용기(functional group)*와 *반응 메커니즘(reaction mechanism)*을 밝힘으로써 구조와 반응성을 좀 더 자세히 살펴보겠다. **작용기(functional group)**는 일련의 주어진 조건에서 화합물이 수행하는 반응에 가장 많이 관여하는 분자에 있는 원자나 그룹을 의미한다. 반응물의 구조가 어떻게 생성물의 구조로 변환되는가는 반응 **메커니즘(mechanism)**으로 설명할 수 있다.

유기 화합물은 포함하는 작용기에 의하여 그룹으로 분류된다. 그룹 중에 가장 중요한 두 가지는 **알코올(alcohol)**과 **할로젠화 알킬(alkyl halide)**이다. 알코올과 할로젠화 알킬은 특히 수많은 다른 그룹의 화합물을 제조하는 출발 물질로 다양하게 사용되기 때문에 유용하다. *실제로 알코올이나 할로젠화 알킬은 이 교재의 나머지 모든 장에서 보게 될 것이다.*

이 장의 대부분은 알코올이 할로젠화 수소와의 반응으로 할로젠화 알킬로 전환되는 것을 다룬다.

R—OH +	H—X	⟶	R—X	+ H—OH
알코올 (Alcohol)	할로젠화 수소 (Hydrogen halide)		할로젠화 알킬 (Alkyl halide)	물

이 반응식에서는 알킬기를 나타내는 "**R**"을 사용하여 일반적인 알코올과 할로젠화 알킬을 ROH와 RX로 각각 편리하게 나타낸다. 게다가 이 표시는 반응을 일으키는 작용기의 변환을 좀 더 분명하게 한다; 즉, 알코올의 OH 작용기는 할로젠, 보통 염소(X = Cl)나 브로민(X = Br)에 의하여 치환된다.

구조, 반응 및 메커니즘 사이의 관계를 다루면서 알코올과 할로젠화 알킬을 시작으로 많은 다른 작용기 그룹에 대한 IUPAC 명명법의 원리도 함께 설명할 것이다.

4.1 작용기

탄화수소 계열인 *알케인(alkane)*, *알켄(alkene)*, *알카인(alkyne)*, *아렌(arene)*은 2.1절에서 소개하였다. 이중결합은 알켄의 작용기, 삼중결합은 알카인의 작용기이며, 벤젠 고리 자체는 아렌의 작용기이다. 이 장의 후반에서 수소 원자의 치환반응을 볼 수 있지만, 알케인(RH)은 작용기를 갖는 것으로 고려하지는 않는다. 일반적으로 알케인의 수소 원자는 비교적 반응성이 없으며, 탄화수소 골격(R)에 연결된 어떤 다른 기가 작용기가 된다.

표 4.1에는 이 교재에서 취급된 유기 화합물의 주요 그룹과 그 작용기들을 나타내었다.

문제 4.1

(a) C_3H_8S의 분자식을 갖는 황화물의 구조식을 쓰시오. (b) C_3H_8S 분자식을 갖는 두 개의 싸이올(thiol)은 무엇인가?

풀이 예시 (a) 표 4.1에 따르면 황화물의 일반식은 RSR이며, 두 개의 R은 같거나 다를 수 있 다. 세 개의 탄소를 가진 황화물의 가능한 연결은 오직 C—S—C—C 뿐이다. 그러므로 황화물은 $CH_3SCH_2CH_3$이다.

산과 염기를 설명하면서 이 작용기 그룹의 몇 가지를 이미 언급하였다. 알코올은 산성도가 물과 비슷하며, 카복실산은 약한 산이지만, 알코올보다 센 산임을 알았다. 카복실산은 유기 화합물의 가장 중요한 분류 중의 하나이며, 이들은 카보닐기 (C=O)를 포함한다. 이들과 또 다른 카보닐기를 포함하는 화합물들은 천연적으로 생성되는 물질 중에서 가장 풍부하고 생물학적으로 중요한 분류에 속한다. 이 장에서는 특히 표 4.1에 나열된 두 가지 분류의 유기 화합물, 즉 할로젠화 알킬과 알코올에 대해 중점적으로 다룰 것이다.

카보닐기 화학은 네 개의 장(17~20장)에 걸쳐서 설명한다.

문제 4.2

많은 화합물들은 하나 이상의 작용기를 갖는다. 올리브 오일로부터 얻어진 엘레놀산(Elenolic acid) 은 세 개의 카보닐기를 갖는다. 각각을 표 4.1에 따라 분류하시오. 엘레놀산에서 가장 산성인 수소를 가장 확인하고, 표 1.8을 사용하여 p*K*a 값을 계산하시오.

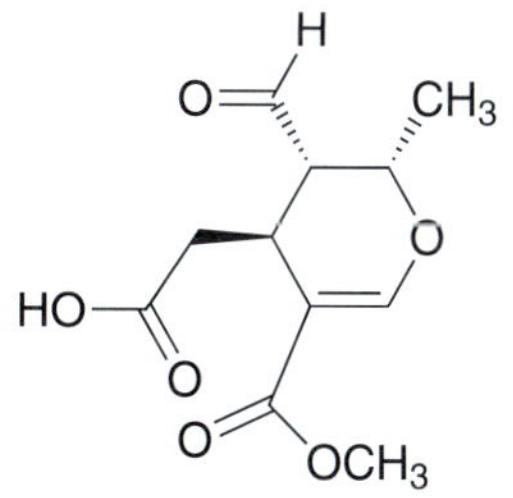

H
O
CH_3
O
HO
O
O
OCH_3

표 4.1 유기 화합물의 몇 가지 중요한 분류에 있는 작용기

분류	일반적 축약*	대표적 예	화학명[†]
알코올(Alcohol)	ROH	CH_3CH_2OH	에탄올(Ethanol)
할로젠화 알킬(Alkyl halide)	RCl	CH_3CH_2Cl	클로로에테인(Chloroethane)
아민[‡](Amine)	RNH_2	$CH_3CH_2NH_2$	에탄아민(Ethanamine)
에폭사이드(Epoxide)	$R_2C—CR_2$ (O 고리)	$H_2C—CH_2$ (O 고리)	옥시레인(Oxirane)
에터(Ether)	ROR	$CH_3CH_2OCH_2CH_3$	다이에틸 에터(Diethyl ether)
나이트릴(Nitrile)	RC≡N	$CH_3CH_2C{\equiv}N$	프로페인나이트릴(Propanenitrile)
나이트로알케인(nitroalkone)	RNO_2	$CH_3CH_2NO_2$	나이트로에테인(Nitroethane)
설파이드(sulfide)	RSR	CH_3SCH_3	다이에틸 설파이드 (Dimethyl sulfide)
싸이올(Thiol)	RSH	CH_3CH_2SH	에테인싸이올(Ethanethiol)
알데하이드(Aldehyde)	$RC(=O)H$	$CH_3C(=O)H$	에탄알(Ethanal)
케톤(Ketone)	$RC(=O)R$	$CH_3C(=O)CH_2CH_3$	2-뷰탄온(2-Butanone)
카복실산(Carboxylic acid)	$RC(=O)OH$	$CH_3C(=O)OH$	에탄산(Ethanoic acid)
카복실산 유도체			
할로젠화 아실(Acyl halide)	$RC(=O)X$	$CH_3C(=O)Cl$	염화 에탄오일 (Ethanoyl chloride)
산 무수물(Acid anhydride)	$RC(=O)OC(=O)R$	$CH_3C(=O)OC(=O)CH_3$	에탄산 무수물 (Ethanoic anhydride)
에스터(Ester)	$RC(=O)OR$	$CH_3C(=O)OCH_2CH_3$	에탄산 에틸(Ethyl ethanoate)
아마이드(Amide)	$RC(=O)NR_2$	$CH_3C(=O)NH_2$	에탄아마이드(Ethanamide)

*한 개 이상의 R 기가 있을 때, 이들은 같거나 다를 수 있다.
[†]많은 화합물들은 한 개 이상의 허용되는 이름을 갖는다.
[‡]주어진 예는 1차 아민 (RNH_2)이다. 2차 아민은 일반식 R_2NH를 갖으며, 3차 아민은 R_3N이다.

IUPAC 규칙은 몇 개 알킬기의 일반명을 사용하도록 허락한다. 이들은 *n*-프로필, 아이소프로필, *sec*-뷰틸, 아이소뷰틸, *tert*-뷰틸, 네오펜틸이 포함된다(2.16절).

4.2 할로젠화 알킬의 IUPAC 명명법

IUPAC 규칙은 할로젠화 알킬을 두 가지 다른 방법, 즉 *기능식(functional class)* 명명법과 *치환식(substitutive)* 명명법으로 명명한다. **기능식 명명법(functional class nomenclature)** 에서는 알킬기와 할라이드(*플루오라이드*, *클로라이드*, *브로마이드*, 또는 *아이오다이드*; **우리말 명명 표기법에서는 "할로젠화 알킬"로 표기한다**)를 독립된 낱말로 표시한다. 알킬기는 할로젠이 결합된 탄소에서 시작하여 가장 긴 연속된 사슬을 근거로 명명한다.

CH_3F — 플루오린화 메틸 (Methyl fluoride)

$CH_3CH_2CH_2CH_2CH_2Cl$ — 염화 펜틸 (Pentyl chloride)

$CH_3CH_2CH(Br)CH_2CH_2CH_3$ (1 2 3 4) — 브로민화 1-에틸뷰틸 (1-Ethylbutyl bromide)

(H, I 치환 사이클로헥세인) — 아이오딘화 사이클로헥실 (Cyclohexyl iodide)

할로젠화 알킬의 **치환식 명명법(substitutive nomenclature)**은 할로젠을 알케인 사슬의 할로- 치환체 (플루오로-, 클로로-, 브로모-, 아이오도-)로 취급한다. 탄소 사슬은 치환된 탄소가 더 작은 번호를 갖는 방향으로 번호를 붙인다.

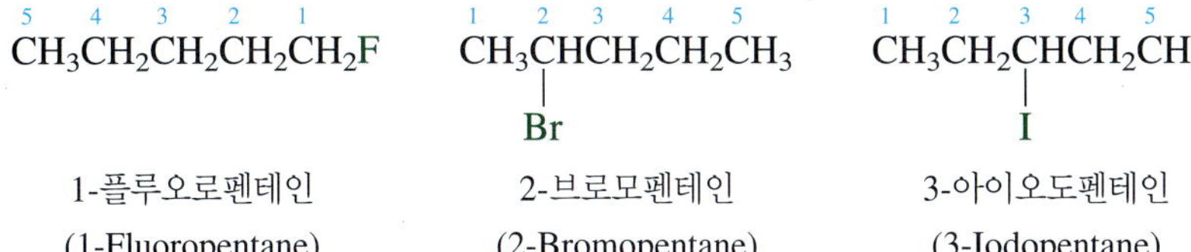

1-플루오로펜테인 (1-Fluoropentane) 2-브로모펜테인 (2-Bromopentane) 3-아이오도펜테인 (3-Iodopentane)

탄소 사슬이 할로젠과 알킬 치환기를 둘 다 가질 때는 두 치환기를 같은 순위로 간주하여 사슬 끝에서 가까운 치환기가 더 작은 번호가 되도록 사슬에 번호를 붙인다.

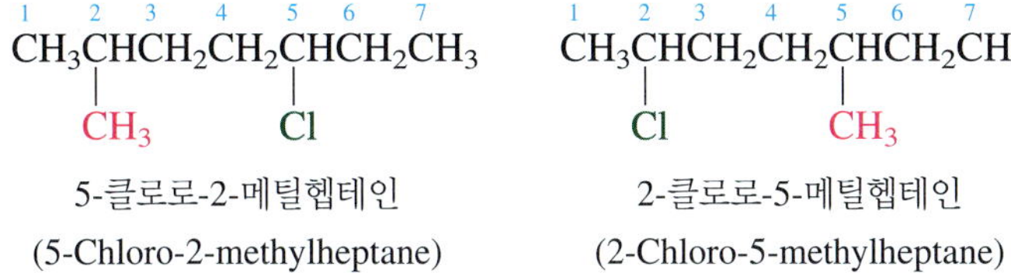

5-클로로-2-메틸헵테인 (5-Chloro-2-methylheptane) 2-클로로-5-메틸헵테인 (2-Chloro-5-methylheptane)

문제 4.3

분자식 C_4H_9Cl를 갖는 염화 알킬의 모든 이성질체 구조식을 쓰고, 이 들의 기능식과 치환식 이름을 쓰시오.

치환식 이름이 더 선호되지만, 기능식 이름은 때때로 더 편리하거나 또는 친숙하며 더 자주 유기화학에서 사용된다.

기능식 이름은 IUPAC 체계의 일부이다. 이들은 "일반명"이 아니다.

4.3 알코올의 IUPAC 명명법

알코올의 기능식 이름은 하이드록실(hydroxyl, —OH)치환기가 결합된 알킬기의 이름에 독립된 낱말 *알코올(alcohol)*을 붙여서 명명한다. 사슬은 항상 하이드록실기가 결합된 탄소에서 시작하여 번호를 붙인다.

알코올의 치환식 이름은 하이드록실기를 포함한 가장 긴 연속 사슬을 확인하고, 이에 대응하는 알케인의 어미 -에인(*-e*)를 접미사 -안올(*-ol*)로 대치하여 명명한다. 하이드록실기의 위치는 하이드록실기가 결합된 탄소에 가장 작은 번호가 되도록 번호를 붙여 나타낸다. 1993년부터 IUPAC은 접미사 -올(*-ol*) 앞에 하이프(hyphen)과 숫자를 넣은 치환식 명명법 사용을 권장하고 있다.

몇 개의 알코올은 그들의 공급원(목정, 곡정)이나 용도(소독용 알코올)를 반영하는 일반명으로 잘 알려진 평범한 물질이다. 목정은 메탄올(메틸 알코올, CH_3OH). 곡정은 에탄올(에틸 알코올, CH_3CH_2OH). 소독용 알코올은 2-프로판올[아이소프로필 알코올, $(CH_3)_2CHOH$]이다.

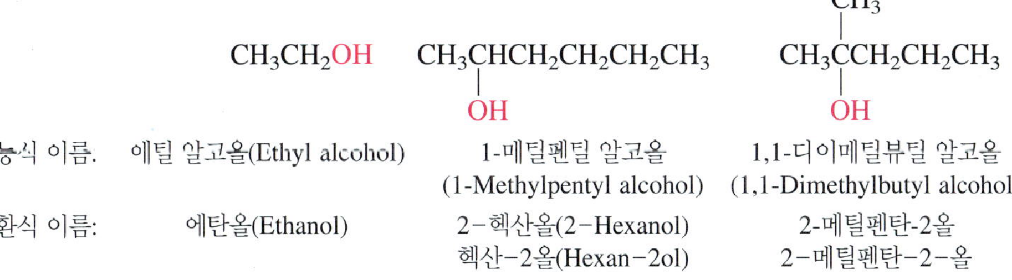

	CH_3CH_2OH	$CH_3CH(OH)CH_2CH_2CH_2CH_3$	$CH_3C(CH_3)(OH)CH_2CH_2CH_3$
기능식 이름:	에틸 알코올(Ethyl alcohol)	1-메틸펜틸 알코올 (1-Methylpentyl alcohol)	1,1-디이메틸뷰틸 알코올 (1,1-Dimethylbutyl alcohol)
치환식 이름:	에탄올(Ethanol)	2-헥산올(2-Hexanol) 헥산-2올(Hexan-2ol)	2-메틸펜탄-2올 2-메틸펜탄-2-올

탄소 사슬에 번호를 붙이는 방향을 결정할 때는 하이드록실기가 알킬기와 할로젠 치환기보다 우선한다. 고리 알코올의 OH기는 C-1에 결합된 것으로 간주하여 번호를 붙이지 않는다.

$CH_3CHCH_2CH_2CHCH_2CH_3$ (C-6: CH_3, C-3: OH)

6-메틸-3-헵탄올
(6-Methyl-3-heptanol)
6-메틸헵탄-3-올
(6-Methylheptan-3-ol)

trans-2-메틸사이클로펜탄올
(trans-2-Methylcyclopentanol)
trans-2-메틸사이클로펜탄-1-올
(trans-2-Methylcyclopentan-1-ol)

$FCH_2CH_2CH_2OH$

3-플루오로-1-프로판올
(3-Fluoro-1-propanol)
3-플루오로프로판-1-올
(3-Fluoropropan-1-ol)

문제 4.4

분자식이 $C_4H_{10}O$인 알코올의 모든 이성질체 구조식을 쓰고, 이 들의 기능식 이름과 치환식 이름을 쓰시오.

4.4 알코올과 할로젠화 알킬의 분류

알코올과 할로젠화 알킬은 작용기를 가지고 있는 탄소의 치환 정도에 따라 1차, 2차, 3차로 분류된다(2.16절). 그러므로 *1차 알코올(primary alcohol)*과 *1차 할로젠화 알킬(primary alkyl halide)*은 RCH_2G 형태의 화합물(여기서 G는 작용기)이고, *2차 할로젠화 알킬(secondary alcohol)*과 *2차 할로젠화 알킬(secondary alkyl halide)*은 R_2CHG 형태의 화합물이며, *3차 알코올(tertiary alcohol)*과 *3차 할로젠화 알킬(tertiary alkyl halide)*은 R_3CG 형태의 화합물이다.

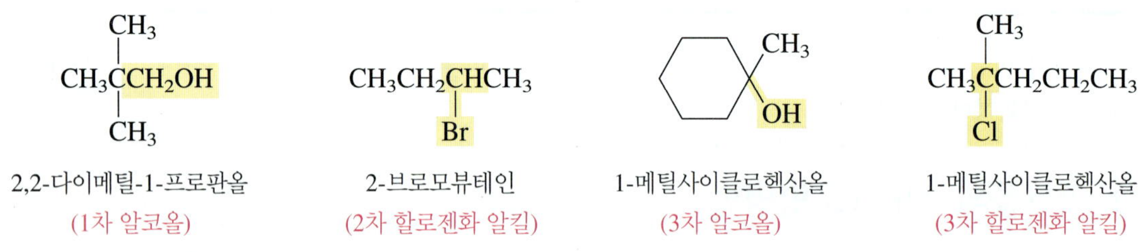

2,2-다이메틸-1-프로판올 (1차 알코올)

2-브로모뷰테인 (2차 할로젠화 알킬)

1-메틸사이클로헥산올 (3차 알코올)

1-메틸사이클로헥산올 (3차 할로젠화 알킬)

문제 4.5

분자식이 $C_4H_{10}O$인 알코올 이성질체들을 1차, 2차 또는 3차로 분류하시오.

알코올과 할로젠화 알킬의 많은 성질들은 그들의 작용기가 1차, 2차 또는 3차 탄소 중 어디에 결합되어 있는가에 따라 영향을 받는다. 작용기가 1차 탄소에 결합된 몇 가지 경우가 2차 또는 3차 탄소에 결합되어 있을 때 보다 반응성이 크며, 이와 반대인 경우도 있다.

4.5 알코올과 할로젠화 알킬의 결합

알코올과 할로젠화 알킬에서 작용기가 결합된 탄소는 sp^3 혼성이다. 그림 4.1은 메탄올의 결합을 보여준다. 탄소의 결합 각은 사면체에 가깝고, C—O—H 각도 마찬가지이다. 비슷한 오비탈 혼성화 모형을 할로젠 치환기가 σ 결합으로 sp^3 혼성 탄소에 결합된 할로젠화 알킬에 적용한다. 할로젠화 알킬에서 탄소—할로젠 결합 길이는 C—F (140 pm) < C—Cl (179 pm) < C—Br (197 pm) < C—I (216 pm) 순으로 증가한다.

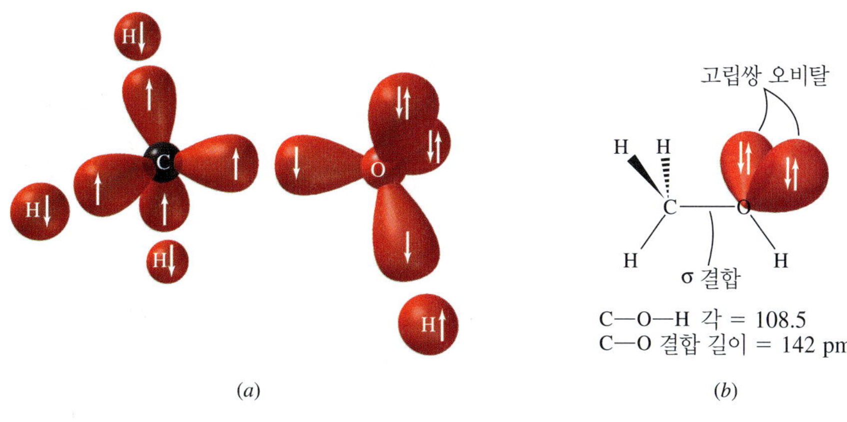

그림 4.1

메탄올 결합의 오비탈 혼성화 모형 (*a*) 결합에 사용한 오비탈은 수소의 1*s* 오 비탈과 탄소와 산소의 sp^3 혼성 오비탈이다. (*b*) 탄소와 산소에서 결합 각은 사면체에 가깝고 탄소-산소 σ 결합은 탄소-탄소 단일 결합보다 약 10 pm 더 짧다.

탄소—산소와 탄소—할로젠 결합은 극성 공유결합이며, 탄소는 알코올($^{\delta+}$C—O$^{\delta-}$)과 할로젠화 알킬($^{\delta+}$C—X$^{\delta-}$)에서 부분 양전하를 띤다. 알코올과 할로젠화 알킬은 극성 분자이다. 메탄올과 클로로메테인의 쌍극자는 서로 매우 비슷하며, 물과도 비슷하다.

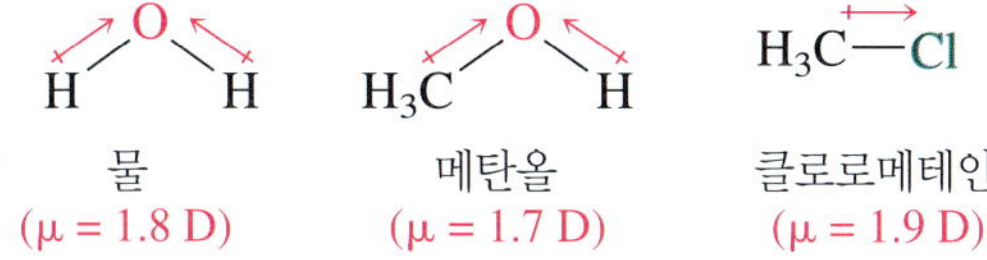

문제 4.6

브로민은 염소보다 전기음성도가 작다. 그러나 브로민화 메틸과 염화 메틸은 매우 비슷한 쌍극자를 갖는다. 그 이유는 무엇인가?

그림 4.2는 메탄올과 클로로메테인의 정전기 퍼텐셜를 나타낸 것이다. 둘 다 가장 높은 음전하 퍼텐셜(붉은색)의 자리가 전기음성인 원자, 즉 산소와 염소 근처에 있다는 것이 비슷하다. 비공유 전자쌍의 존재뿐만 아니라 산소 및 염소와의 결합 편극화는 이 원자들에 음전하의 집중에 기여를 한다.

화학물질의 많은 성질들은 반대 전하 간의 인력이라는 극히 단순한 개념으로도 충분히 설명된다. 다음 절에서 다루는 알코올과 할로젠화 알킬의 성질을 이해하기 위해 탄소—산소와 탄소—할로젠 결합의 극성을 기억해 두면 도움이 될 것이다.

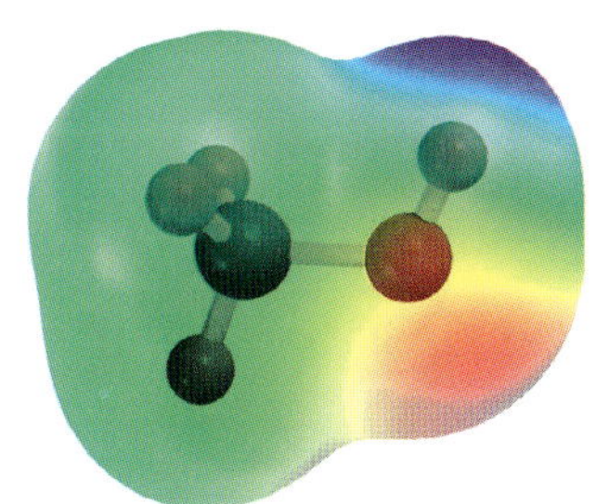

메탄올(CH_3OH)

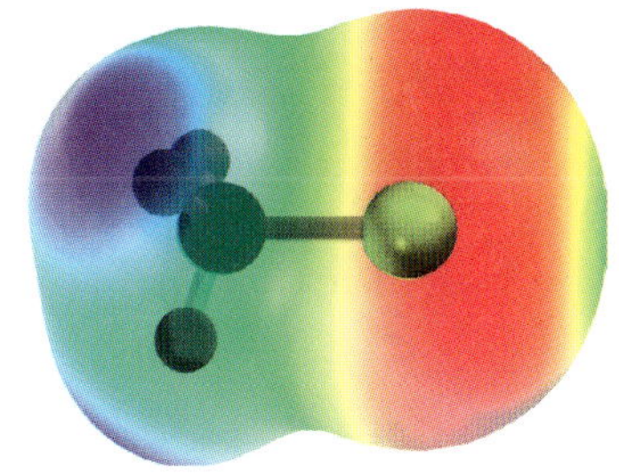

클로로메테인(CH_3Cl)

그림 4.2

메탄올과 클로로메테인의 정전기 퍼텐셜지도. 정전기 퍼텐셜은 메탄올에서는 산소 근처, 클로로메테인에서는 염소 근처에서 가장 음으로 하전된다. 전기적으로 가장 양성인 영역은 메탄올에서는 O—H 양성자 근처, 클로로메테인에서는 메틸기 근처이다.

4.6 알코올과 할로젠화 알킬의 물리적 성질: 분자간 힘

***끓는점*(*Boiling Point*)**: 2.20절에서 끓는점에 대한 알케인 구조의 영향을 설명할 때, 중성 분자 간의 van der Waals 인력에 세 가지 형태가 있다고 언급하였다.

1. 유발—쌍극자/유발—쌍극자 힘(분산력; London 힘)
2. 쌍극자/유발—쌍극자 힘
3. 쌍극자—쌍극자 힘

유발—쌍극자/유발—쌍극자 힘(induced dipole/induced-dipole force)은 알케인과 같은 비극성 분자에서 유효한 유일한 분자간 인력이다. 극성 분자는 이 힘 이외에 쌍극자—쌍극자와 쌍극자/유빌—쌍극자 인력이 작용한다. 쌍극자—쌍극자 인력(dipole–dipole attractive force)은 쉽게 관찰할 수 있으며, 그림 4.3에 나타내었다. 극성 물질의 두 분자는 한 분자의 양으로 하전된 편극된 부위와 다른 분자의 음으로 하전된 편극된 부위 간에 상

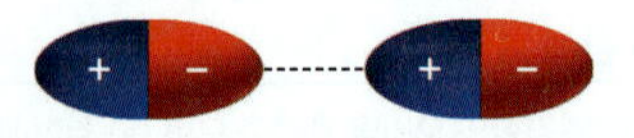

그림 4.3

쌍극자-쌍극자 인력. 극성 물질의 두 분자는 회합되어 있어 한 분자의 양으로 하전된 부분과 다른 분자의 음으로 하전된 부분은 상호 인력이 작용한다.

호 인력이 작용한다. 용어가 암시하듯이 **쌍극자/유발-쌍극자 힘(dipole/induced-dipole force)**은 유발-쌍극자/유발-쌍극자와 쌍극자-쌍극자 인력의 두 가지 특징이 결합된 것이다. 한 분자의 극성 부위가 다른 분자의 비극성 부위의 전자 분포를 변화시켜 이들 사이에 인력이 생기게 된다.

크기와 모양이 비슷한 세 가지 화합물, 즉 알케인인 프로페인, 할로젠화 알킬인 플루오로에테인, 알코올인 에탄올을 고려해 보자. 두 개의 극성 물질인 에탄올과 플루오로에테인은 비극성 분자인 프로페인보다 높은 끓는점을 가진다. 이것은 액체 상태인 에탄올과 플루오로에테인에 존재하는 쌍극자/유발-쌍극자와 쌍극자-쌍극자 인력이 함께 작용하기 때문이며 프로페인에는 이러한 인력이 존재하지 않는다.

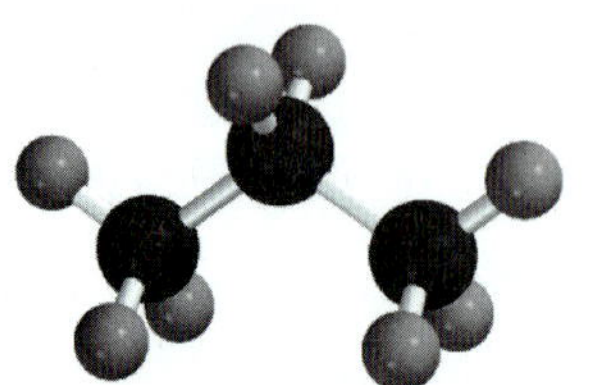
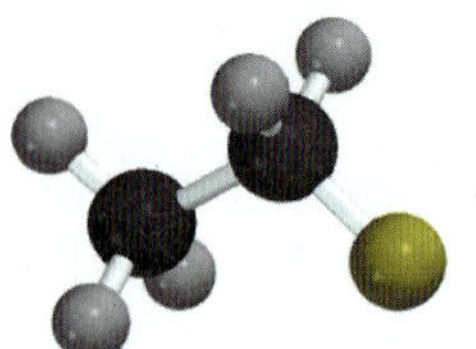
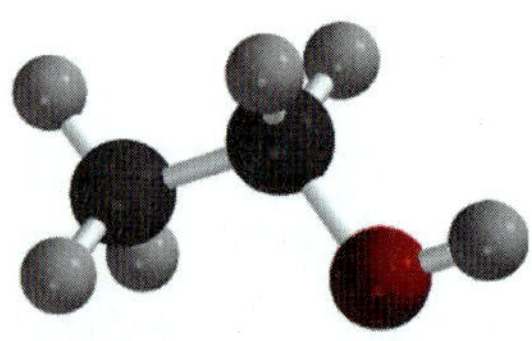

	$CH_3CH_2CH_3$ 프로페인 (μ = 0 D)	CH_3CH_2F 플루오로에테인 (μ = 1.9 D)	CH_3CH_2OH 에탄올 (μ = 1.7 D)
끓는점:	−42°C	−32°C	78°C

이들의 쌍극자가 비슷함에도 불구하고 현저한 차이는 에탄올이 플루오로에테인보다 끓는점이 훨씬 더 높다는 것이다. 이것은 에탄올의 인력이 일반적으로 강하다는 것을 의미한다. 이들이 **수소결합(hydrogen bonding)**이라는 특별한 형태의 쌍극자-쌍극자 인력의 실제 예이며, 이 경우에는 에탄올 분자의 —OH 기에서 양으로 하전된 양성자와 다른 분자의 음으로 하전된 산소를 포함한다. 알코올의 —OH 기에 있는 산소 원자는 수소결합 *받개(acceptor)*로 작용하며, 수소 원자는 수소결합 *주개(donor)*로 작용한다. 분자내 수소결합 받개와 주개는 액체 상태인 에탄올 분자들 간의 강한 상호관계를 유발한다.

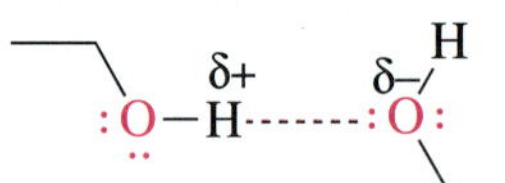

그림 4.4는 두 개의 에탄올 분자 회합이 수소결합 복합체를 형성함을 보여 준다. 수소결합 (O—H---O)에 있는 양성자는 두 개의 산소 원자 사이에서 균등하게 공유되지 않으며, 한 산소보다 다른 산소에 더욱 강하게 결합된다. 전형적인 수소결합력은 거의 20 kJ/mol (약 5 kcal/mol)과 비슷하여 대부분의 공유결합보다는 약 15~20배 더 약하다. 개개의 에탄올 분자들이 액체상으로부터 기체상으로 벗어날 때 확장된 수소결합망은 끊어지지만 공유결합은 그대로 남게 된다.

유기 화합물 중에 수소결합은 아래와 같이 단지 OH나 NH 양성자만을 포함한다.

O—H---O   O—H---N   N—H---O   N—H---N

물 (H_2O, 100°C)과 암모니아 (NH_3, −33°C)의 끓는점의 비교에서 보이는 것처럼 —OH 기 사이의 수소결합이 —NH 기 사이의 수소결합보다 강하다.

수소 원자는 수소결합을 유지하도록 충분히 편극될 수 있는 결합에 맞는 더 강한 전기음성적 원소에 결합되어야만 한다. 그러므로 C—H 기는 수소결합에 참여하지 않는다.

문제 4.7

에탄올의 구성이성질체인 다이메틸 에터(CH_3OCH_3)는 실온에서 기체이다. 이 사실을 설명하시오.

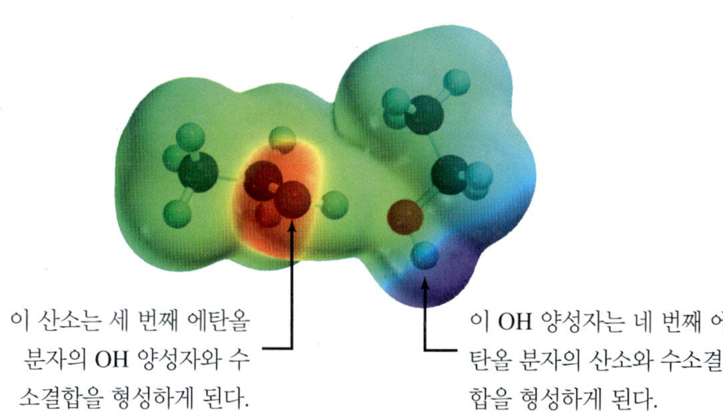

그림 4.4

에탄올의 수소결합은 한 분자에 있는 산소와 다른 분자에 있는 —OH 기의 양성자를 포함한다. 많은 분자들로 구성된 복합체의 수소결합망은 에탄올의 액체상 특징을 나타낸다.

다른 쌍극자—쌍극자 인력보다 분자 간 수소결합은 그들이 생성되는 계에서 상대적으로 충분히 강하다. 단백질과 핵산에 적용되는 3차원적 구조가 수소결합에 의하여 강하게 영향을 받는 것을 25장과 26장에서 보게 될 것이다.

표 4.2에 몇 가지 대표적인 할로젠화 알킬과 알코올의 끓는점을 나타내었다. *알킬기(alkyl group)*에 대한 함수로 나타낸 화합물들의 끓는점을 비교하면 끓는점은 알케인에서와 마찬가지로 탄소 원자의 수에 따라 높아진다는 것을 알 수 있다.

알코올에서 수소결합의 중요성은 표의 마지막 항에서 보여주는 알코올의 끓는점이 이에 상응하는 플루오린화, 염화 혹은 브로민화 알킬보다 전체적으로 더 높은 것으로 증명된다.

할로젠화 알킬에서 끓는점은 할로젠의 크기가 증가함에 따라 높아진다. 플루오린화

표 4.2 할로젠화 알킬과 알코올의 끓는점

		치환기 X 와 끓는점, °C (1 atm)				
알킬기의 이름	**화학식**	**X = F**	**X = Cl**	**X = Br**	**X = I**	**X = OH**
메틸(Methyl)	CH_3X	−78	−24	3	42	65
에틸(Ethyl)	CH_3CH_2X	−32	12	38	72	78
프로필(Propyl)	$CH_3CH_2CH_2X$	−3	47	71	103	91
펜틸(Pentyl)	$CH_3(CH_2)_3CH_2X$	65	108	129	157	138
헥실(Hexyl)	$CH_3(CH_2)_4CH_2X$	92	134	155	180	157

알킬의 끓는점이 가장 낮고, 아이오딘화 알킬이 가장 높다. 이는 분산력이 주요 원인이 된다. 유발—쌍극자/유발—쌍극자 인력은 원자 주위의 전자 구름이 쉽게 일그러질 때에 유리하다. 원자의 이와 같은 성질을 **편극도(polarizability)**라 하며, 이는 전자들이 핵으로부터 더 멀리 있는 아이오딘이 핵 가까이 있는 플루오린보다 더욱 크다고 할 수 있다. 그래서 유발—쌍극자/유발—쌍극자 인력은 아이오딘화 알킬이 가장 강하고, 플루오린화 알킬이 가장 약하며, 할로젠화 알킬의 끓는점이 이를 반영한다.

메테인의 염소화 유도체들의 끓는점은 염소 원자 수에 따라 증가하는데, 이는 유발—쌍극자/유발—쌍극자 인력이 개개의 수소가 염소로 치환함에 따라 증가하기 때문이다.

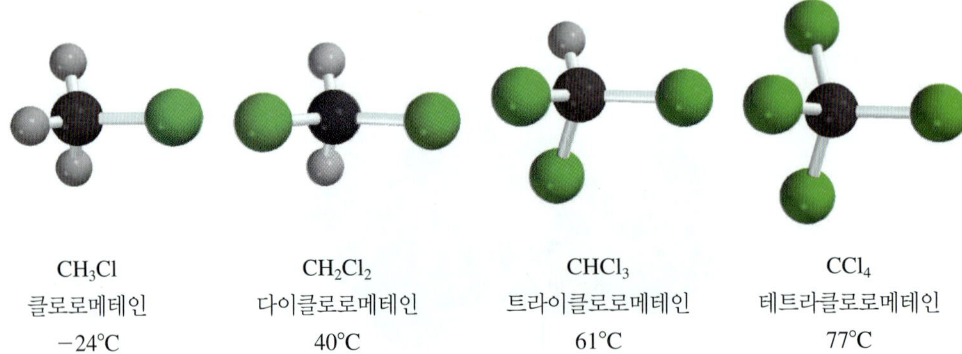

끓는점:

플루오린은 할로젠 중에서도 특별한데, 플루오린의 수가 증가하더라도 끓는점은 더 높아지지 않는다.

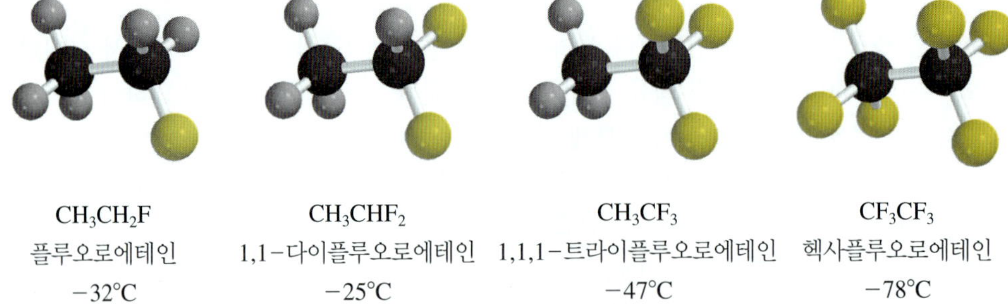

끓는점:

이와 같이 다이플루오라이드인, CH_3CHF_2는 CH_3CH_2F보다 높은 온도에서 끓지만 트라이플루오라이드인, CH_3CF_3는 이 둘보다 낮은 온도에서 끓는다. 더욱이 헥사플루오라이드인, CF_3CF_3는 에테인의 플루오린화 유도체 중에서 끓는점이 가장 낮다. 실제로 CF_3CF_3의 끓는점은 에테인 자체의 끓는점보다 11°C만 더 높을 뿐이다. 이와 같은 특성은 플루오린의 낮은 편극도 및 분자와 결합될 때 동반하는 유발—쌍극자/유발—쌍극자 힘이 감소하기 때문이다. 이들의 약한 분자간 인력 때문에 플루오린화 탄화수소(플루오로탄소, fluorocarbon)의 바람직한 물리적 성질은 들러붙지 않는 *테프론(Teflon)*을 입힌 프라이팬에서 발견할 수 있다. 테프론은 —CF_2CF_2— 단위의 긴 사슬로 이루어진 *중합체(polymer)*이다 (6.14절과 27장).

이 끓는점들은 끓는점이 항상 분자량의 증가와 더불어 증가한다는 관념을 버려야만 한다는 것을 설명한다.

물에 대한 용해도(solubility in water): 할로젠화 알킬과 알코올은 물에 대한 용해도가 현저하게 다르다. 할로젠화 알킬은 물에 녹지 않으나 저분자량의 알코올 (메틸, 에틸, *n*−프로필 및 아이소프로필)은 어떠한 비율로도 물에 녹는다. 분자 간 수소결합에 참여할 수 있는 능력은 알코올의 끓는점에 영향을 줄 뿐만 아니라 물에 대한 용해도도 증가시킨다. 수소결합망을 그림 4.5에 나타내었다. 여기서 알코올과 물 분자는 서로 회합하여 순수한 물질에서 존재했던 알코올—알코올과 물—물 수소결합망을 대치한다.

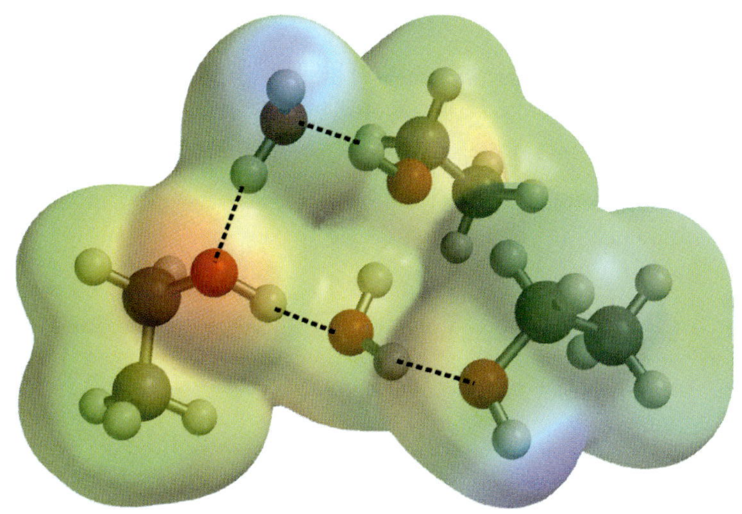

그림 4.5

에탄올과 물 분자 간의 수소결합.

커다란 알코올은 더욱 더 탄화수소와 같아져서("hydrocarbon-like") 물에 대한 용해도가 감소한다. 예를 들어, 1-옥탄올은 2000 mL의 물에 1 mL 정도만이 용해된다. 알킬 사슬이 길어질수록 소수성의 영향은 더 중요하게 되어 수소결합보다 알코올의 용해도에 더 지배적이 된다(2.20절).

밀도(density): 플루오린화 알킬과 염화 알킬은 물보다 밀도가 낮으며, 브로민화 알킬과 아이오딘화 알킬은 물보다 밀도가 더 높다.

	$CH_3(CH_2)_6CH_2F$	$CH_3(CH_2)_6CH_2Cl$	$CH_3(CH_2)_6CH_2Br$	$CH_3(CH_2)_6CH_2I$
밀도 (20°C):	0.80 g/mL	0.89 g/mL	1.12 g/mL	1.34 g/mL

할로젠화 알킬은 물에 녹지 않기 때문에 할로젠화 알킬과 물의 혼합물은 두 개의 층으로 분리된다. 할로젠화 알킬이 플루오린화물이거나 염화물이면 위층에 있고, 물은 아래층에 있다. 할로젠화 알킬이 브로민화물이거나 아이오린화물이면 반대가 된다. 이 경우에는 할로젠화 알킬이 아래층에 있게 된다. 다할로젠화물은 밀도를 증가시킨다. 예를 들어, 화합물 CH_2Cl_2, $CHCl_3$, CCl_4는 모두 물보다 밀도가 크다.

모든 액체 알코올은 밀도가 약 0.8 g/mL이므로 물보다 밀도가 낮다.

4.7 알코올과 할로젠화 수소로부터 할로젠화 알킬의 제조

유기화학자가 하는 대부분의 일은 실용적인 목적을 지향하는 것이다. 제약 공업에서 화학자들은 질병 치료를 위한 잠재적 의약품으로 새로운 화합물을 합성한다. 곡식을 증산하기 위하여 설계된 농화학 약품에는 잡초 제거제, 살충제 및 살균제에 사용되는 유기 화합물이 포함되어 있다. 새로운 물질을 제조하기 위한 출발 물질로 사용되는 기본 원료 분자 중에서 알코올과 할로젠화 알킬이 특히 가치가 있다.

이 장의 나머지 부분에서 서술하게 될 반응은 할로젠화 알킬을 제조하기 위한 출발 물질로서 알케인과 알코올을 사용한다. 할로젠화 알킬을 만드는 방법을 알면 작용기 변환에서 할로젠화 알킬이 중요한 역할을 하는 이후의 장에서 잘 이해할 수 있다. 또한 할로젠화 알킬의 제조는 반응 메커니즘의 원리를 알아보는 중심점으로 역시 중요하다. 할로젠화 알킬의 제조를 알코올과 할로젠화 수소(hydrogen halide)의 반응을 통해 시작해 보자.

$$\underset{\text{알코올}}{R—OH} + \underset{\text{할로젠화 수소}}{H—X} \longrightarrow \underset{\text{할로젠화 알킬}}{R—X} + \underset{\text{물}}{H—OH}$$

할로젠화 수소의 반응성 순서는 그들의 산성도 순서와 같다. 즉, HI > HBr > HCl > HF이다. 그러나 아이오딘화 수소는 거의 사용되지 않으며, 플루오린화 수소와 알코올의 반응은 플루오린화 알킬을 만드는데 유용한 방법이 아니다.

여러 종류의 알코올 중 3차 알코올의 반응성이 가장 크고, 1차 알코올의 반응성이 가장 작은 것으로 관찰된다.

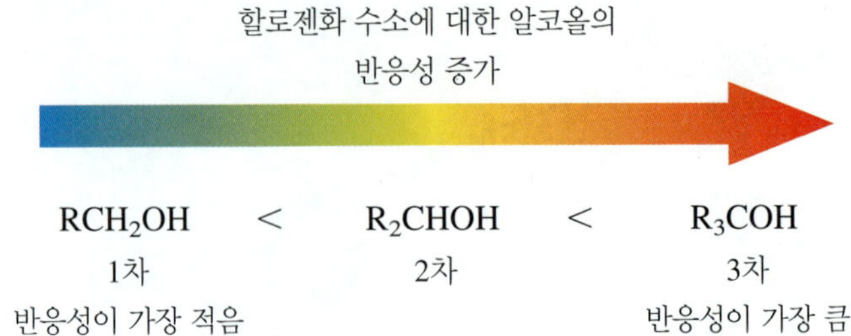

RCH_2OH < R_2CHOH < R_3COH

1차 반응성이 가장 적음 | 2차 | 3차 반응성이 가장 큼

3차 알코올은 실온에서 염화 수소와 반응하여 수분 내에 높은 수득률로 염화 알킬을 생성한다.

$$(CH_3)_3COH + HCl \xrightarrow{25°C} (CH_3)_3CCl + H_2O$$

2-Methyl-2-propanol (*tert*-butyl alcohol) + Hydrogen chloride → 2-Chloro-2-methylpropane (*tert*-butyl chloride) (78–88%) + Water

합성 변환의 효율성은 보통 *퍼센트 수득률*(*percent yield*) 또는 이론적 수득률의 백분율로 표시한다. *이론적 수득률*(*theoretical yield*)은 반응이 완결되면 반응식에 주어진 생성물 이외의 어떤 다른 생성물도 형성되지 않을 때 생성될 수 있는 생성물의 양이다.

2차와 1차 알코올과 염화 수소와의 반응은 상응하는 염화 알킬 제조에 유용한 방법이 될 수 있을 만큼 빠르게 일어나지 않는다. 그러므로 반응성이 더 큰 브로민화 수소(HBr)가 사용되며, 반응속도를 증가시키기 위하여 높은 온도가 필요할 때도 있다.

$$C_6H_{11}OH + HBr \xrightarrow{80\text{–}100°C} C_6H_{11}Br + H_2O$$

Cyclohexanol + Hydrogen bromide → Bromocyclohexane (73%) + Water

$$CH_3(CH_2)_5CH_2OH + HBr \xrightarrow{120°C} CH_3(CH_2)_5CH_2Br + H_2O$$

1-Heptanol + Hydrogen bromide → 1-Bromoheptane (87–90%) + Water

같은 종류의 변환은 알코올을 브로민화 소듐(sodium bromide)과 황산(sulfuric acid)과 함께 가열하여 수행할 수 있다.

$$CH_3CH_2CH_2CH_2OH \xrightarrow[\text{heat}]{NaBr,\ H_2SO_4} CH_3CH_2CH_2CH_2Br$$

1-Butanol (*n*-butyl alcohol) → 1-Bromobutane (90%) (*n*-butyl bromide)

여기에 나타낸 것처럼 화학식은 축소형으로 종종 나타낸다. 특히 무기 시약은 반응식에 포함시키지 않고 화살표 위에 표시한다. 이 경우에 물은 보통 생략한다.

문제 4.8

다음 각 쌍의 반응물에서 일어나는 반응을 화학반응식으로 쓰시오.

(a) 2-뷰탄올과 브로민화 수소
(b) 3-에틸-3-펜탄올과 염화 수소
(c) 1-테트라데칸올과 브로민화 수소

풀이 예시 (a) 알코올과 할로젠화 수소가 반응하면 할로젠화 알킬과 물이 생성된다. 이 경우에 2-브로모뷰테인이 73%의 수득률로 분리되었다.

2-Butanol + Hydrogen bromide (HBr) ⟶ 2-Bromobutane + Water (H_2O)

4.8 할로젠화 수소와 알코올의 반응: S_N1 메커니즘

알코올과 할로젠화 수소의 반응은 **치환(substitution)**이다. 할로젠, 보통 염소 또는 브로민이 탄소에 있는 치환기인 하이드록실기를 치환한다. 반응을 치환이라고 하는 것은 유기 반응물과 생성물 사이의 관계를 의미하는 것이며, 메커니즘을 나타내는 것은 아니다. **메커니즘(mechanism)**은 출발물이 생성물로 변환될 때 발생하는 화학결합의 분해 및 생성을 단계-단계 경로로 나타내는 것이다. 특정한 반응에 대하여 메커니즘을 전개할 때 가장 그럴듯한 일련의 단일단계의 과정을 추정하기 위하여 화학적 반응성의 기본 원리를 실험적 관찰과 결합해야 한다.

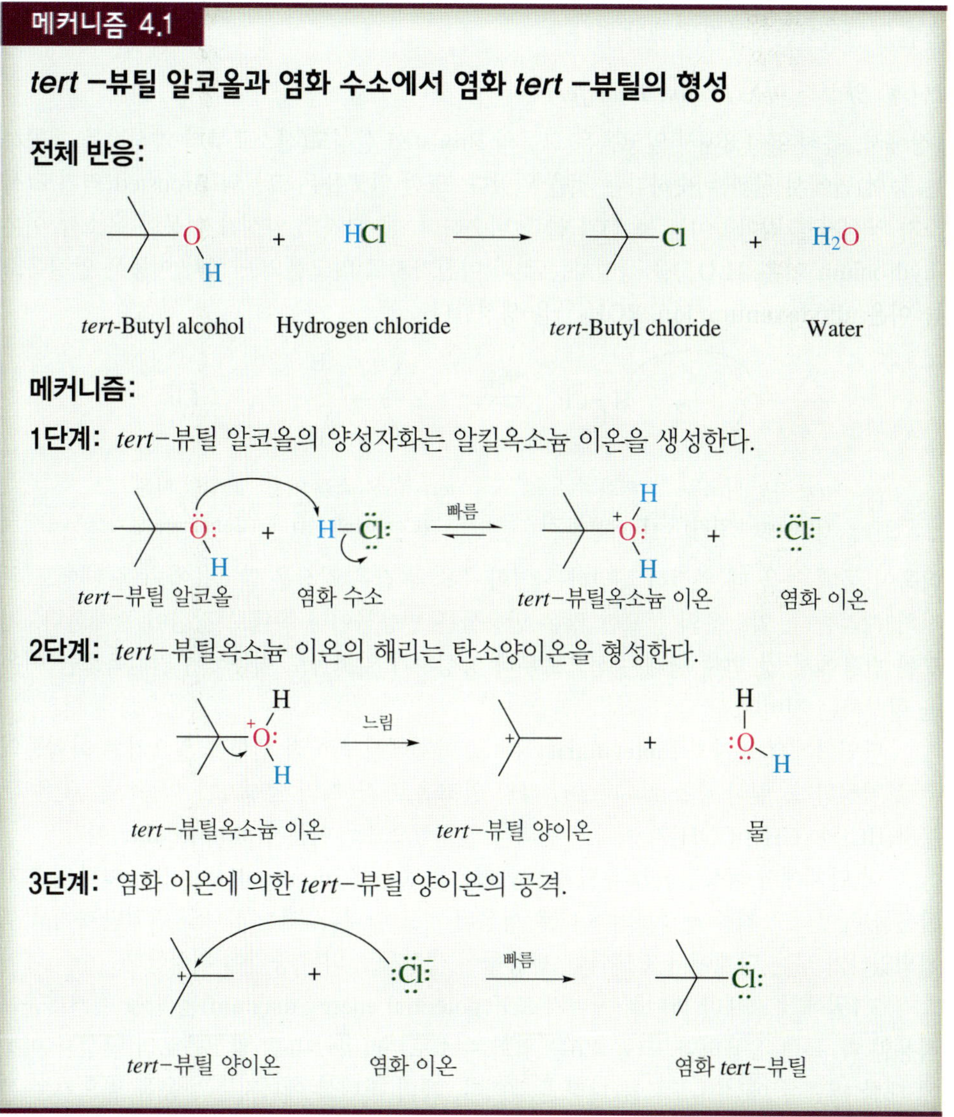

염화 수소와 *tert*-뷰틸 알코올의 반응을 고려해 보자.

$$(CH_3)_3COH + HCl \longrightarrow (CH_3)_3CCl + H_2O$$

tert-Butyl alcohol　Hydrogen chloride　*tert*-Butyl chloride　Water

이 반응에 대하여 일반적으로 허용된 메커니즘은 메커니즘 4.1에 있는 연속적인 세 개의 식으로 나타내었다. "일반적으로 허용된다고" 말하는 이유는 반응 메커니즘이 결코 정확하게 증명될 수 없기 때문이다. 메커니즘은 반응이 어떻게 진행되는가에 대한 최선의 표현이므로 모든 실험적 관찰을 설명해야만 한다. 만일 새로운 실험 데이터가 메커니즘과 모순되면 이들을 수용하기 위하여 메커니즘은 수정되어야만 한다. 새로운 데이터가 제안된 메커니즘과 일치하면 메커니즘이 올바르다는 확신이 커진다.

메커니즘 4.1에 있는 각각의 식은 한 개의 **단일단계(elementary step)**를 나타낸다. 하나의 단일단계는 하나의 전이상태만을 포함하는 단계이다. 특정 반응은 **협동반응(concerted reaction)**이라고 하는 하나의 단일단계에 의하거나 또는 메커니즘 4.1과 같이 일련의 단일단계에 의하여 진행되기도 한다. 제안한 메커니즘이 정당화되려면 몇 가지 기준에 맞아야 한다. 그 중의 하나는 단일단계에 대한 식의 합계가 전체 반응에 대한 식과 반드시 같아야 한다. 각 단계를 자세히 조사하기 전에 메커니즘 4.1에 나타낸 과정이 이 필수 조건을 만족하는지를 입증해야 한다.

1단계: 양성자 이동(Proton Transfer)

1장에서, 특히 표 1.8에서 알코올은 그들의 Brønsted 산성도(산소로부터 양성자를 제공하는 능력)면에서 물과 비슷하다는 것을 알았다. 또한 알코올은 그들의 Brønsted 염기도(산소가 양성자를 받아들이는 능력)가 물과 비슷하다. 물 분자의 양성자 이동이 옥소늄 이온(hydronium 이온, H_3O^+)을 생성하는 것과 마찬가지로 알코올의 양성자 이동은 **알킬옥소늄 이온(alkyloxonium ion**, ROH_2^+)을 생성한다.

화학반응에서 굽은 화살은 전자이동을 나타내는 데 사용된다는 것을 1.12절로 부터 상기하라.

tert-뷰틸 알코올 (Brønsted 염기)　염화 수소 (Brønsted 산)　*tert*-뷰틸옥소늄 이온 (Conjugate 산)　염화 이온 (Conjugate 염기)

더욱이 물에 녹을 때 완전히 해리하는 염화 수소와 같은 강산은 알코올에 녹을 때에도 완전히 해리한다. 알코올의 중요한 많은 반응들은 반응물이나 촉매로 강산이 관계한다. 이 모든 반응에서 첫 번째 단계는 산으로부터 양성자가 알코올로 이동하여 알킬옥소늄 이온을 형성하는 것이다.

단일단계의 **분자도(molecularity)**는 그 단계에서 화학적 변화를 일으키는 화학종의 수로 결정한다. 염화 수소로부터 *tert*-뷰틸 알코올로 한 개의 양성자가 이동하는 것은 두 분자[HCl와 $(CH_3)_3COH$]가 화학적 변화를 일으켰으므로 **이분자(bimolecular)**이다.

이 단계에서 형성된 *tert*-뷰틸옥소늄 이온은 **중간체(intermediate)**이다. 이것은 초기 반응물도 아니고 최종 생성물의 하나로 형성된 것도 아니다. 이는 하나의 단일단계에서 형성되었다가 다른 단계에서 소모되며, 반응물이 생성물로 되는 중간에 위치한다.

3.1절에서 소개한 퍼텐셜 에너지 도표(potential energy diagram)는 반응 메커니즘에 적용할 때 특히 유용하다. 그림 4.6은 염화 수소로부터 *tert*-뷰틸 알코올로의 양성자 이동에 대한 퍼텐셜 에너지 도표를 나타낸 것이다. 계의 퍼텐셜 에너지는 반응을 일으키는 분자가 생성물로 진행되는 정도를 나타내는 "반응좌표"에 대한 도식이다. 이 도표의 몇 가지

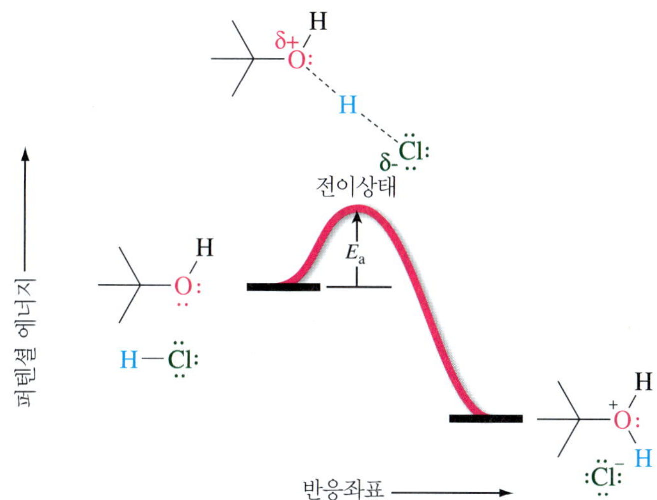

그림 4.6

염화 수소로부터 *tert*-뷰틸 알코올로 양성자 이동에 관한 퍼텐셜 에너지 도표(메커니즘 4.1의 1단계).

양상은 주목할 만한 정보이다.

- 이것은 단일단계이기 때문에 하나의 전이상태를 포함한다.
- 강산으로부터 물과 알코올로의 양성자 이동은 가장 빠른 화학적 과정에 속하며, 분자들이 서로 충돌하는 것만큼 거의 빠르게 일어난다. 그러므로 양성자 이동에 대한 에너지 장벽의 높이, 즉 활성화 에너지(Ea)는 매우 낮아야 한다.
- 이 단계가 발열과정이므로 생성물은 반응물보다 에너지가 더 낮은 위치에 있다.

1967년 노벨 화학상은 양성자 이동과 같은 매우 빠른 반응의 속도를 측정하는 새로운 방법을 개발한 독일의 화학자 Manfred Eigen이 수상하였다.

양성자 이동의 협동성 본질은 빠른 속도의 원인이 된다. H—Cl 결합을 끊기 위해 요구되는 에너지는 이동하는 양성자와 알코올의 산소 사이에 새로운 결합의 형성으로 방출되는 에너지와 부분적으로 상쇄된다. 따라서 활성화 에너지는 먼저 H—Cl 결합이 끊어지고, 뒤이어 H^+와 알코올 사이의 결합이 형성되는 가상적인 두 단계에 대한 것보다 훨씬 작다.

전이상태에서 존재하는 화학종들은 안정한 구조가 아니며, 분리될 수도, 직접 검사할 수도 없다. 이 구조는 이동하는 양성자가 반드시 같은 정도는 아니지만 부분적으로 염소와 산소에 동시에 모두 결합된 것으로 추정한다.

전이상태 구조에서 점선은 형성되거나 절단되는 과정에 있는 결합, 즉 부분 결합을 나타낸다.

관련된 단일단계의 반응물과 생성물을 기초로 하여 전이상태의 구조를 추론하는 것은 오래 계속되어 온 유기화학적 방법이다. George S. Hammond는 만일 에너지 면에서 두 상태가 비슷하다면 그들은 구조에서도 비슷하다고 제안했다. 이 원리는 **Hammond 가설 (Hammond's postulate)**이라고 알려진다. 이 추론 중의 하나는 전이상태의 구조가 바로 앞 또는 다음에 오는 상태 중 에너지가 좀 더 근접한 상태의 구조와 더 비슷하다는 것이다. 그림 4.6에서 양성자 이동이 발열인 경우에 전이상태는 에너지에서 반응물에 더 근접하며, 이 단계의 생성물보다 반응물에 더 비슷하다. 이것을 "이른"(early) 전이상태라 부른다. 또한 반응 메커니즘의 다음 단계는 "늦은"(late) 전이상태의 한 예를 제공하게 될 것이다.

Hammond는 1955년 Iowa 주립 대학교에서 그의 가설을 제안하였다. 후에 그는 Caltech에서 유기 광화학에 대한 선도적 연구를 하였다.

2단계: 탄소양이온 형성(carbocation formation)

메커니즘 4.1에 나타낸 과정의 두 번째 단계에서는 알킬옥소늄 이온이 물 분자와 양으로 하전된 탄소를 포함한 이온, 즉 **탄소양이온(carbocation)**으로 해리한다.

느림

tert-뷰틸옥소늄 이온 *tert*-뷰틸 양이온 물

IUPAC 체계에서 탄소양이온 명명법의 하나는 알킬기의 이름 뒤에 "양이온"을 붙인다.

오직 한 개의 화학종, *tert*-뷰틸옥소늄 이온만이 이 단계에서 화학적 변화가 일어났다. 그러므로 이 단계는 **일분자(unimolecular)** 반응이다.

tert-뷰틸옥소늄 이온과 같이 *tert*-뷰틸 양이온은 반응 경로에서 중간체이다. 그러나 이는 매우 불안정한 화학종이며, 알킬옥소늄 이온의 해리에 의한 형성은 흡열과정이다. 2단계는 메커니즘에서 가장 느린 단계이며, 가장 높은 활성화 에너지를 가진다. 그림 4.7은 이 단계에 대한 퍼텐셜 에너지 도표를 보여 준다.

- 이 단계가 흡열과정이기 때문에 이의 생성물은 반응물보다 에너지 면에서 더 높은 자리에 위치한다.
- 전이상태는 에너지에서 탄소양이온(*tert*-뷰틸 양이온)에 더 가깝다. 따라서 Hammond 가설에 따라 이 구조도 *tert*-뷰틸옥소늄 이온보다는 탄소양이온과 더 비슷하다. 전이상태가 상당한 "탄소양이온 특성"을 갖는다는 것은 탄소에 많은 양이온이 축적된 것을 의미하며, 그것의 혼성화는 sp^3보다 sp^2에 가깝다.

δ+ δ+ H O H

탄소양이온이 어떤 화학반응에서 중간체라는 사실은 여러 가지 분석으로부터 충분한 증거가 있지만, 거의 모두가 분리하기에는 너무나 불안정하다. 탄소양이온의 불안정성에 대한 가장 간단한 원인은 양으로 하전된 탄소가 원자가껍질에 여섯 개의 전자만을 가지므

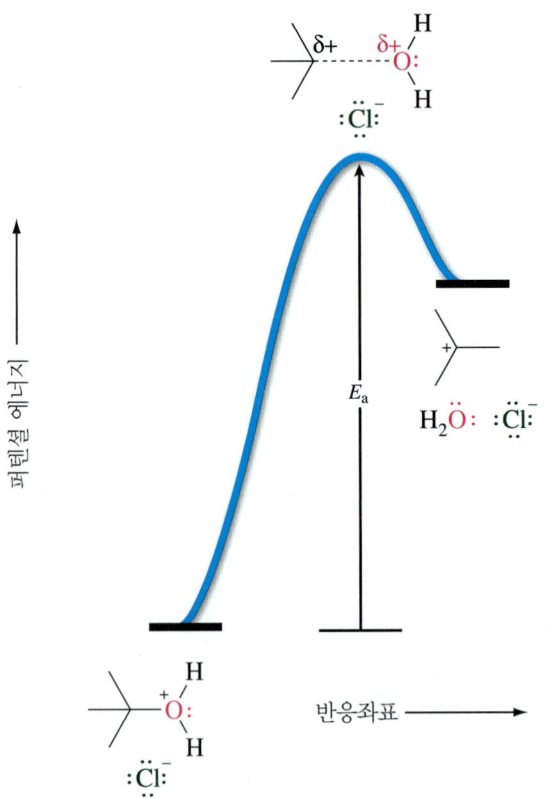

그림 4.7

염화 수소로부터 *tert*-뷰틸 알코올로 양성자 이동에 관한 퍼텐셜 에너지 도표(메커니즘 4.1의 1단계).

로 팔전자 규칙을 만족하지 못하기 때문이다.

tert-뷰틸 양이온의 성질은 그림 4.8과 같이 구조에 초점을 맞춤으로써 이해할 수 있다. 세 개의 동일 평면상의 σ 결합에 할당된 여섯 개의 전자만을 가진 양으로 하전된 탄소는 sp^2 혼성화 되었다. 양으로 하전된 탄소에 남아 있는 비혼성화된 2*p* 오비탈에는 전자가 없다.

탄소에 있는 양전하와 빈 *p* 오비탈이 합쳐서 탄소양이온을 강한 **친전자성(eletrophilic,** "전자를 좋아하는" 또는 "전자를 구하는")이 되게 한다. 친전자체들은 Lewis 산이다(1.16절). 이들은 전자쌍 받개이며, Lewis 염기(전자쌍 주개)와 반응한다. 뒤이어 메커니즘을 완결하는 3단계는 Lewis 산/Lewis 염기 반응이다. 탄소양이온과 이에 대한 더 자세한 설명은 4.9절에서 하게 될 것이다.

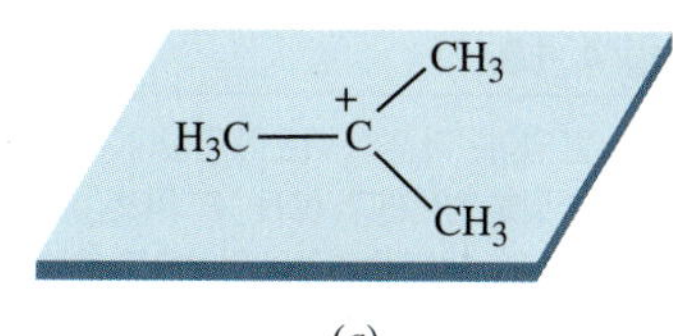

(*a*)

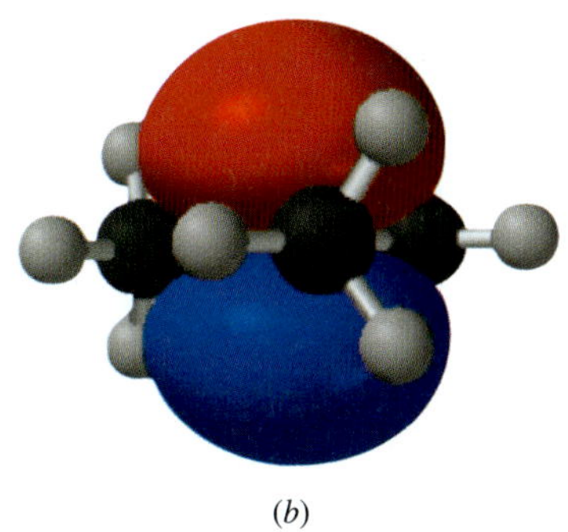

(*b*)

그림 4.8

tert-뷰틸 양이온. (*a*) 양으로 하전된 탄소는 sp^2 혼성화된다. 각 메틸기는 양으로 하전된 탄소에 σ 결합으로 연결되었다. 그리고 이 세 개의 결합은 같은 평면에 놓인다. (*b*) sp^2 혼성화된 탄소는 빈 2*p* 오비탈을 가지며, 이 축은 탄소 원자의 평면에 수직이다.

3단계: *tert*-뷰틸 양이온과 염화 이온의 반응

친전자체와 반응하는 Lewis 염기를 **친핵체(nucleophiles,** "핵을 찾는")라고 한다. 이들은 공유결합 형성에 사용할 수 있는 비공유 전자쌍을 가진다. 메커니즘 4.1의 3단계에 있는 친핵체는 염화 이온이다.

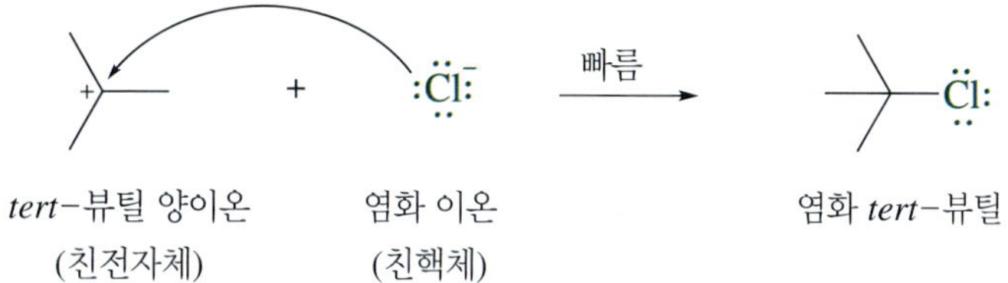

3단계는 탄소양이온과 염화 이온인 두 개의 화학종이 함께 반응하기 때문에 이분자 반응이다. 그림 4.9는 이 단계에 대한 퍼텐셜 에너지 도표를 나타낸 것이며 그림 4.10은 C—Cl 결합 형성과 관련된 오비탈을 보여준다.

- 이 단계는 발열과정이다. 탄소양이온 중간체로부터 안정한 생성물의 분리로 진행한다.
- 이 단계의 활성화 에너지는 작으며, 양이온과 음이온 사이의 결합 형성은 빠르게 일어난다.

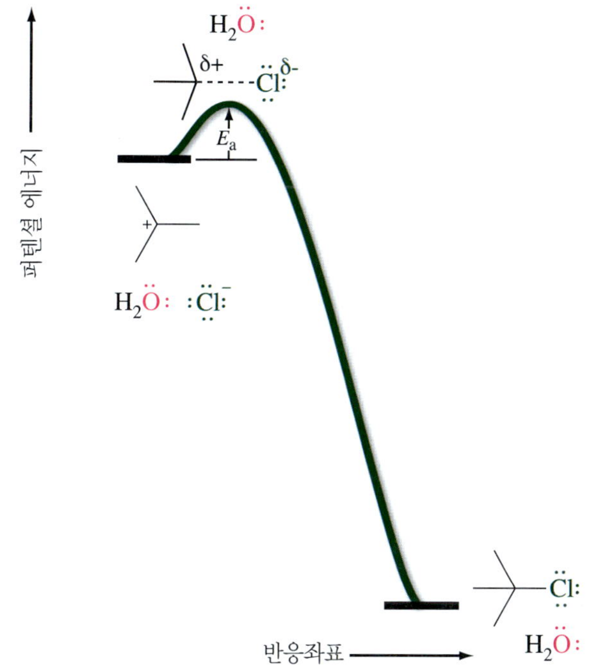

그림 4.9

tert-뷰틸 양이온과 염화 이온의 반응에 대한 퍼텐셜 에너지 도표(메커니즘 4.1의 3단계).

그림 4.10

tert-뷰틸 양이온과 염화 이온이 결합하여 염화 *tert*-뷰틸을 형성한다. $(CH_3)C^+$의 빈 *p* 오비탈과 Cl-의 *p* 오비탈이 같은 위상으로 합쳐져 C-Cl σ 결합을 형성한다.

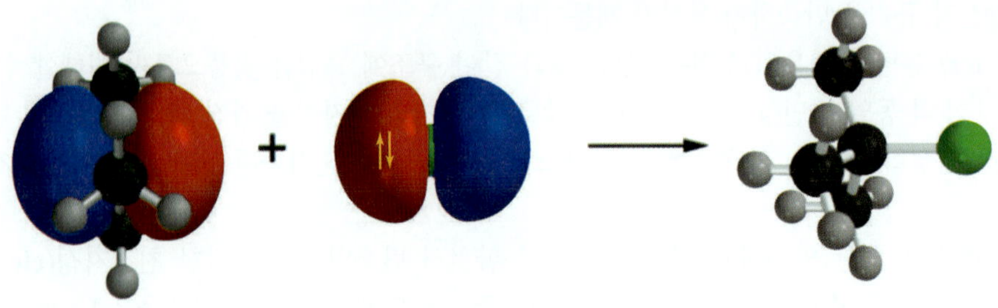

- 이 단계의 전이상태는 *tert*-뷰틸 양이온과 염화 이온 간의 부분적인 결합 형성을 포함한다.

$$>C^{\delta+}\cdots\cdots \ddot{Cl}:^{\delta-}$$

메커니즘 4.1에서 일련의 단일단계로 나타낸 *tert*-뷰틸 알코올과 염화 수소의 반응에 대한 메커니즘을 퍼텐셜 에너지 도표를 추가하여 설명할 수 있다. 세 개의 분리된 도표를 합치면 전체 과정을 나타내는 하나의 그림으로 완결하게 된다. 그러기 위해서는 초기 반응물과 최종 생성물 사이의 에너지 관계가 하나의 추가 사실로 필요하다. 염화 수소 기체가 관련된 경우:

$$(CH_3)_3COH(l) + HCl(g) \longrightarrow (CH_3)_3CCl(l) + H_2O(l)$$

이 반응은 발열반응, 생성물이 반응을 보다 낮은 에너지를 가지며, 이 혼합된 도표(그림 4.11)은 세 개의 봉우리와 두 개의 골짜기를 가진다. 봉우리는 세 개의 각 단일단계에 하나씩인 전이상태에 해당한다. 골짜기는 한 단계에서 생성되고, 또 다른 단계에서 소모되는 반응중간체, 즉 *tert*-뷰틸옥소늄 이온, *tert*-뷰틸 양이온과 같은 화학종에 해당한다.

tert-뷰틸옥소늄 이온에서 *tert*-뷰틸 양이온이 생성될 때 전이상태가 도표에서 가장 높은 에너지를 가진 점이며 이는 세 단계 중 가장 느린 단일단계이다. 이것을 **속도결정 단계(rate-determining step)**라 부르며, 전체 반응은 속도결정 단계 보다 빨리 진행될 수는 없다.

일반적인 척도로 나타낸 퍼텐셜 에너지로, $(CH_3)_3C^+$형성에 대한 전이상태가 가장 높은 에너지를 가진 점이라는 것을 도표에서 알 수 있다.

알코올과 할로젠화 수소의 반응이 한 예인 치환반응은 8장에서 좀 더 자세히 다루게 될 것이다. 8장에서는 Christopher Ingold 경에 의해 처음 제안된 메커니즘에 대한 속기 표시법을 광범위하게 사용할 것이다. Ingold는 친핵성 *치환(substitution nucleophilic)*을 나타낼 때 속도결정 단계가 일분자 반응인지 이분자 반응인지에 따라 S_N 기호 뒤에 숫자 *1* 또는 2를 붙인다고 제안하였다. 예를 들어, *tert*-뷰틸 알코올과 염화 수소의 반응은 느린 단계(*tert*-뷰틸옥소늄 이온의 해리)가 일분자 반응이기 때문에 **S_N1 메커니즘(S_N1 mechanism)**이라고 한다. 이 단계에서 알킬옥소늄 이온만이 화학 변화를 일으킨다.

문제 4.9

다음 반응을

Cyclohexanol (C₆H₁₁–OH) + HBr ⟶ Bromocyclohexane (C₆H₁₁–Br) + H_2O

Cyclohexanol	Hydrogen bromide	Bromocyclohexane	Water

S_N1 메커니즘을 이용하여 추측하고, 속도결정 단계를 위한 화학 반응식을 쓰시오. 전자의 이동은 굽은 화살표를 이용하여 나타내시오.

탄소양이온이 중간체로 관여된 것으로 사료되는 반응을 연구 할 때, 유기 반응물과 생성물 사이의 입체화학적 관계의 평가에 의해 제안을 평가하는 것이 일반적이다. 예를 들면, 만약 3차 알코올과 염화 수소의 반응에서 탄소양이온이 중간체라면, 두 입체이성질체 4-*tert*-뷰틸-1-메틸사이클로헥산올(4-*tert*-butyl-1-cyclomethylcyclohexanol)은 같은 탄소양이온으로 변환 된다;

HCl, $-H_2O$ → ← HCl, $-H_2O$

메틸은 *tert*-뷰틸에 시스이다. | 탄소양이온 | 메틸은 *tert*-뷰틸에 트랜스이다.

그러므로, 사용되는 반응물의 종류에 관계 없이 같은 입체이성질체 혼합 생성물이 만들어지는 것을 예측할 수 있다. 이것은 실제로 관찰되는 결과와 S_N1 메커니즘이 일치함을 알 수 있다.

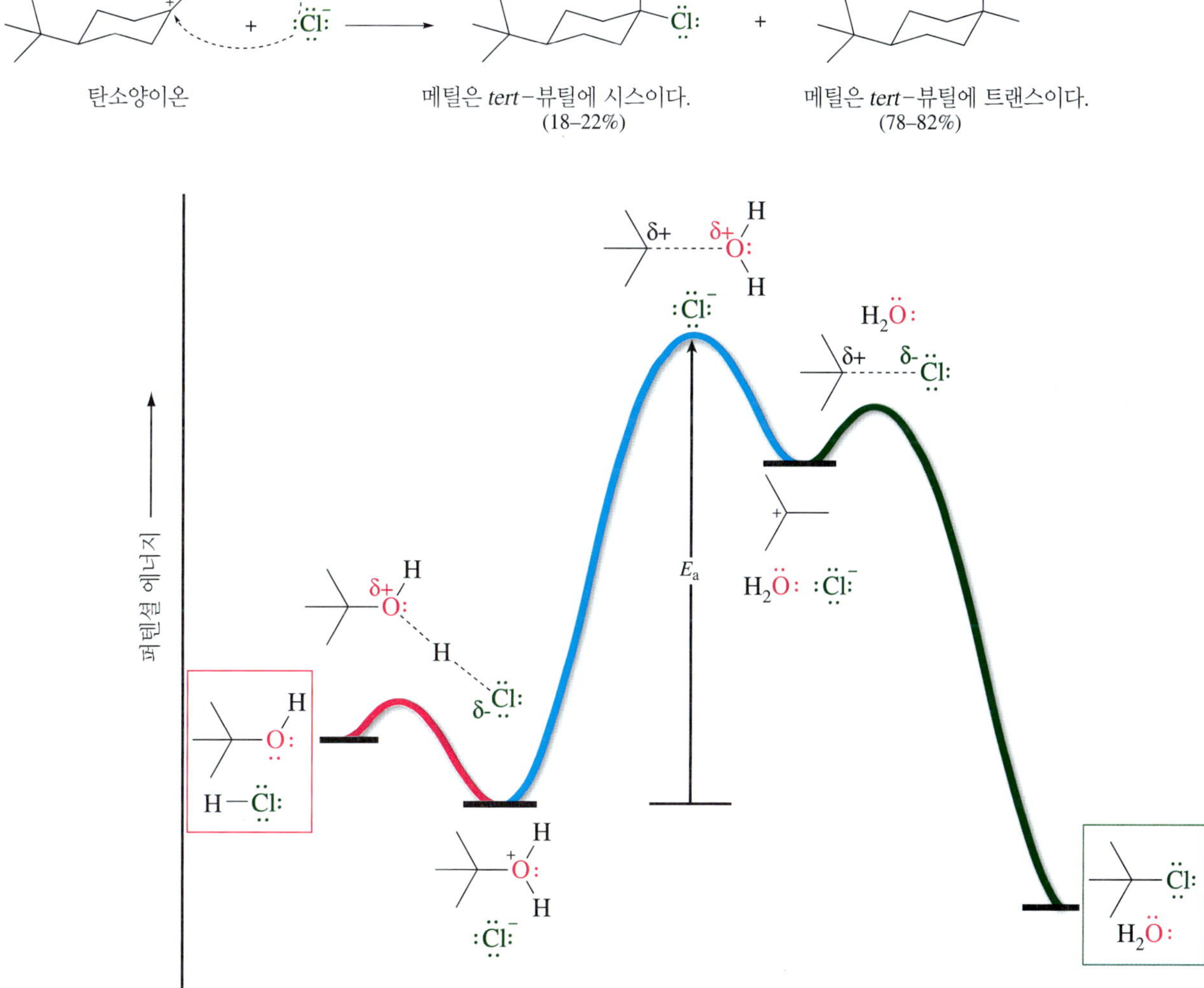

그림 4.11

S_N1 메커니즘에 의한 *tert*-뷰틸 알코올과 할로젠화 수소의 반응에 대한 퍼텐셜 에너지 도표.

문제 4.10

염화 수소와 반응에서 아래에 주어진 트라이메틸사이클로헥산올(trimethylcyclohexanol)들 중 하나의 이성질체는 단일 생성물을 생성하고, 또 다른 이성질체는 두 개의 입체이성질체를 생성한다. 설명하시오.

4.9 탄소양이온의 구조, 결합 및 안정성

tert-뷰틸 알코올과 염화 수소의 반응에서 속도를 결정단계는 $(CH_3)_3C^+$ 탄소양이온 생성 단계이다. 여러 출처에서 얻은 납득할 만한 증거는 탄소양이온은 존재할 수 있으나 상당히 불안정하다는 것을 알려 준다. 탄소양이온이 화학반응에 포함될 때에는 반응성이 큰 중간체로 한 단계에서 느리게 형성되었다가 다음 단계에서 빠르게 소모된다.

양으로 하전된 탄소에 직접 결합된 알킬기가 탄소양이온을 안정화한다는 것을 보여 주는 다른 연구들이 많이 있다. 그림 4.12는 CH_3^+, $CH_3CH_2^+$, $(CH_3)_2CH^+$, $(CH_3)_3C^+$에 대한 일반 법칙을 설명해 준다. 이 중에서 CH_3^+가 가장 불안정하고, $(CH_3)_3C^+$가 가장 안정하다.

탄소양이온은 양으로 하전된 탄소의 치환도에 따라서 분류한다. 양전하는 $CH_3CH_2^+$에서 1차 탄소에, $(CH_3)_2CH^+$에서는 2차 탄소에, $(CH_3)_3C^+$에서는 3차 탄소에 있다. 에틸 양이온은 1차 탄소양이온, 아이소프로필 양이온은 2차 탄소양이온, *tert*-뷰틸 양이온은 3차 탄소양이온이다.

탄소양이온 CH_3^+는 특히 불안정하기 때문에 화학반응에서 중간체로는 확인되지 않는다. CH_3^+보다는 더 안정한 1차 탄소양이온도 화학반응에서 중간체로 참여하기에는 대단히 불안정하다. 2차 탄소양이온에 도달해서야 안정성을 가지게 된다. 2차 알코올과 할로젠화 수소의 반응을 포함한 많은 반응들이 2차 탄소양이온을 포함하고 있는 것으로 알려져 있다. 그러나 3차 탄소양이온 중간체를 지지해 주는 증거가 훨씬 더 많다.

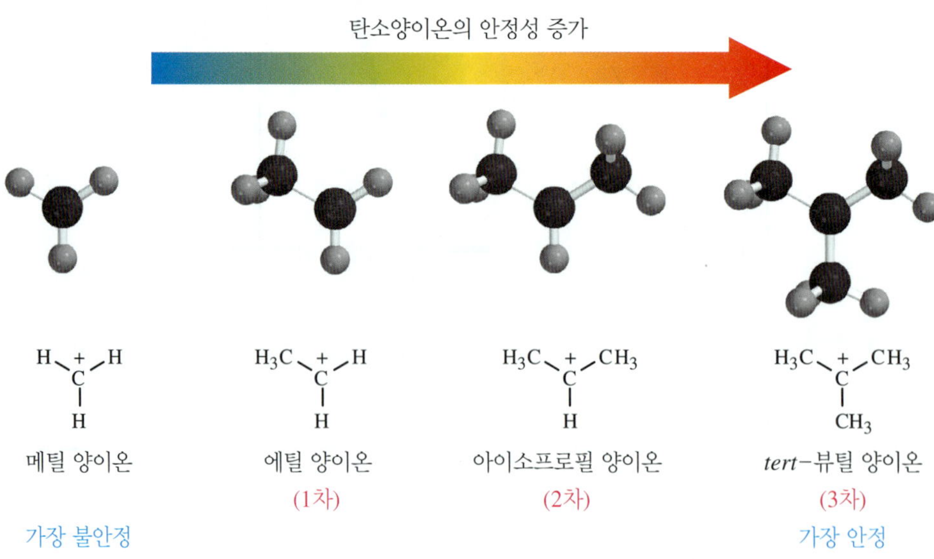

그림 4.12

탄소양이온 안정성의 순서는 메틸 < 1차 < 2차 < 3차이다. 양으로 하전된 탄소에 직접 연결된 알킬기들은 탄소양이온을 안정화시킨다.

메틸 양이온(CH_3^+)

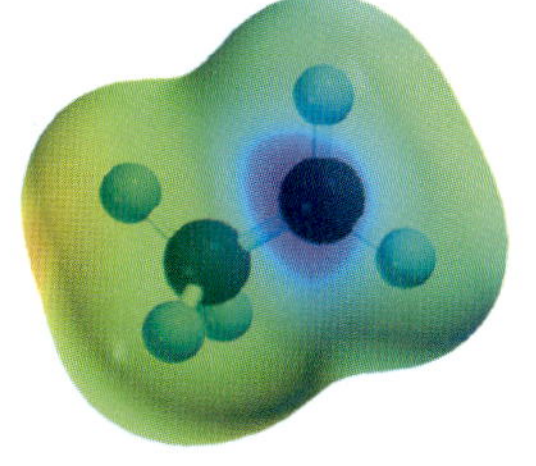
에틸 양이온($CH_3CH_2^+$)

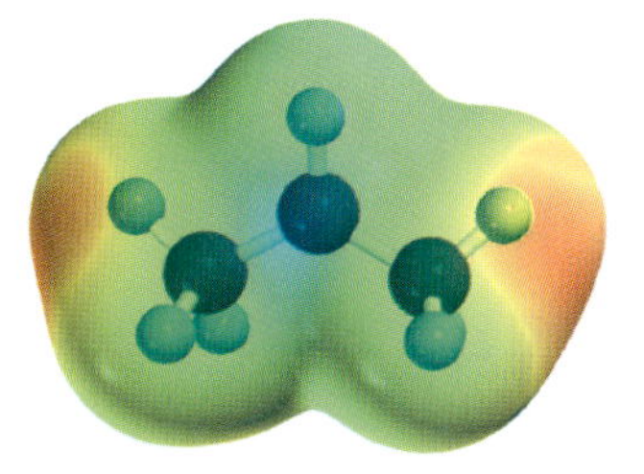
아이소프로필 양이온[$(CH_3)_2CH^+$]

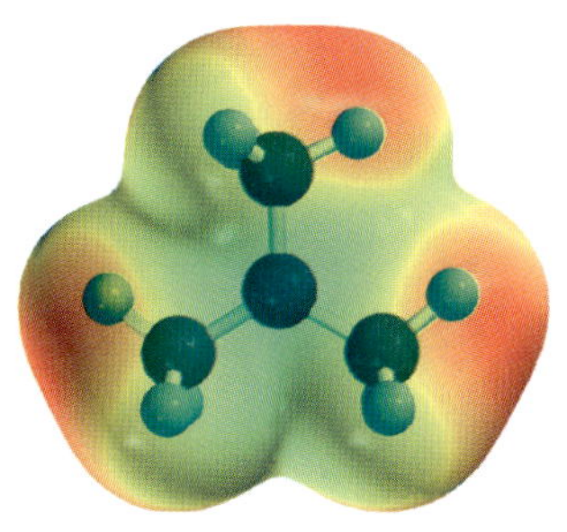
tert-뷰틸 양이온[$(CH_3)_3C^+$]

그림 4.13

탄소양이온의 정전기 퍼텐셜지도. 양전하 (푸른색)는 CH_3^+에서 가장 집중되어 있고, $(CH_3)_3C^+$에서 가장 퍼져 있다.

문제 4.11

탄소양이온은 석유정제의 중요한 중간체이다. 특히 중요한 탄소 골격을 아래에 나타내었다.

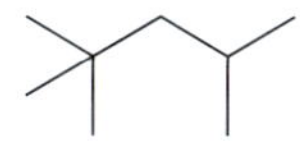

이 탄소 골격은 얼마나 많은 다른 $C_8H_{17}^+$ 탄소양이온을 갖는가? 각각을 구조식으로 그리고 1차, 2차, 3차 탄소양이온으로 분류하여라. 이들 중 가장 안정한 것이 석유정제의 중간체와 관련된다. 어느 것인가?

알킬기들은 양으로 하전된 탄소에 전자 밀도를 방출함으로써 양전하를 분산시켜 탄소양이온을 안정화한다. 그림 4.13은 CH_3^+, $CH_3CH_2^+$, $(CH_3)_2CH^+$, $(CH_3)_3C^+$의 정전기 퍼텐셜지도를 비교함으로써 전하 분산을 보여준다. 푸른색 농도의 감소는 양으로 하전된 탄소에 연결된 메틸기의 수가 증가함에 따라 더 큰 양전하의 분산을 나타낸다.

양전하의 분산은 전자의 비편재화로 인해 일어난다. 음전하, 즉 전자들의 재분배는 양전하를 흐터지게 한다. 메틸기와 다른 알킬기들이 탄소양이온을 안정시키기 위하여 전자 공급원의 역할을 하며 두 가지 주요한 방법이 있다.

- 유도효과 (σ 결합의 편극화에 의하여)
- 하이퍼컨쥬게이션 (σ 결합의 전자 비편재화에 의하여)

유도효과는 σ 결합의 편극으로 전자를 밀어주거나 끌어당기는 치환체의 효과라는 1.14절을 상기하자. 그림 4.14에서 $CH_3CH_2^+$에 대하여 설명한 것처럼 양으로 하전된 탄소는 σ 결합에 있는 전자를 끌어당겨 연결된 원자로부터 멀어진다. C—C 결합에 있는 전자들은 C—H 결합에 있는 전자들보다 더 편극성이므로 수소를 알킬기로 치환하면 양으로 하전된 탄소 원자의 알짜 전하는 감소한다. 알킬기는 그들의 유도효과로 인해 전자를 내어주는 치환체이다. 양으로 하전된 탄소에 직접 연결된 알킬기가 많으면 많을수록 탄소양이온은 더 안정하다.

문제 4.12

$(CH_3)_3C^+$와 $(CF_3)_3C^+$ 중 어느 것이 더 안정한가? 이유를 설명하시오.

하이퍼컨쥬게이션(Hyperconjugation)은 σ 결합의 전자의 비편재화와 관련되어 있다. $CH_3CH_2^+$ 탄소양이온에 적용하면 기여구조 사이의 공명, 원자가결합 모델, 분자오비탈 모델 모두로 설명 할 수 있다. 공명 설명에 따르면, 메틸기의 C—H 결합 전자쌍의 비편재화는 C═C 이중결합을 포함한 기여구조로 나타낸다.

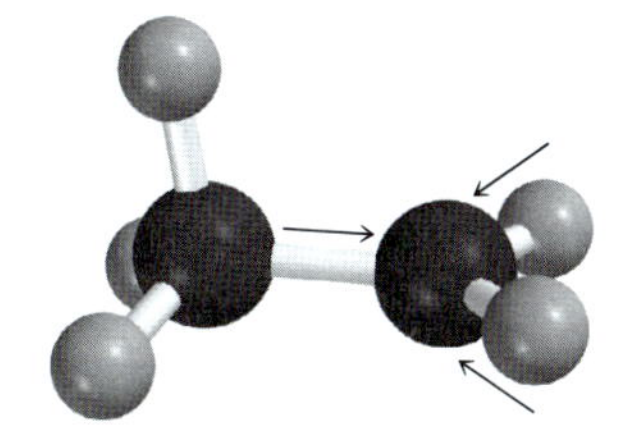

그림 4.14

에틸 양이온에서 전하는 양으로 하전된 탄소 원자와 연결된 σ 결합에서 전자 분포의 편극화로 안정화된다. 알킬기는 수소보다 전자를 더 내어준다.

$$H_2\overset{2}{C}-\overset{1}{C}^+ \longleftrightarrow H^+ \; H_2\overset{2}{C}=\overset{1}{C}$$

주 기여체 부 기여체

이와 같은 전자 비편재화는 C(1)과 C(2)의 수소 사이의 전자 공유가 가능함에 따라 양전하가 분산된다.

$CH_3CH_2^+$의 하이퍼컨쥬게이션의 원자가 접근법(valence-bond approach)은 그림 4.15a에서 설명하고 있다. 메틸기의 C—H σ 결합과 양으로 하전된 탄소의 비어있는 *p* 오비탈이 관련된 오비탈 중첩은 s 결합의 전자가 두 탄소에 의한 공유가 허용되는 것을 포함하는 오비탈의 확장을 가능하게 한다. 양전하는 분산되고 비편재화된 전자는 두 탄소의 끌리는 힘을 느낀다.

분자오비탈 접근은 원자가결합 모델과 부합한다. $CH_3CH_2^+$의 결합성 분자오비탈(그림 4.15b)는 양으로 하전된 탄소의 2*p* 오비탈 부분과 CH_3 기와 관련된 오비탈의 조합이다. 이 분자오비탈(MO)의 전자쌍은 CH_3 기와 양으로 하전된 탄소에 의하여 공유된다.

$CH_3CH_2^+$보다 더 복잡한 탄소양이온에 하이퍼컨쥬게이션을 적용할 때에는 다양한 결합의 통로를 기억하는 것이 도움이 된다. 양으로 하전된 탄소를 시작으로 이에 연결된 세 결합을 그리스 문자 α로 표시한다. 사슬은 아래로 진행하며, 결합의 다음 탄소는 β, 그 다음 탄소는 γ 등이 된다.

$$-\overset{\gamma}{\underset{\gamma}{C}}\overset{\beta}{-}\overset{\beta}{\underset{\beta}{C}}\overset{\alpha}{-}\overset{\alpha}{\underset{\alpha}{C}}^+$$

양으로 하전된 탄소에 대하여 β-결합에 있는 전자들만이 하이퍼컨쥬게이션에 의하여 탄소양이온을 안정시킬 수 있다. 게다가 수소 또는 다른 탄소가 β-결합의 맨 끝에 있건 없건 상관이 없다. 즉, 하이퍼컨쥬게이션에 의한 안정화는 여전히 작용할 것이다. 양으로 하전된 탄소의 β-결합에 있는 전자들은 α^+C—H 결합에 있는 전자들보다 더 안정화된다는 것이 요점이다. 그러므로 CH_3^+의 수소 중 처음 한 개, 두 개, 나중에 세 개 모두를 알킬기로 치환하면 하이퍼컨쥬게이션의 기회는 증가한다. 이 사실은 이미 관찰된 탄소양이온 안정성의 증가 순서인 $CH_3^+ < CH_3CH_2^+ < (CH_3)_2CH^+ < (CH_3)_3C^+$와 일치한다.

문제 4.13

R = 알킬기인 경우에 하이퍼컨쥬게이션에 의하여 R_3C^+를 안정화하는 데 몇 개의 결합된 전자쌍이 포함되는가? R_2CH^+에서는 몇 개인가? 또한 RCH_2^+에서는 몇 개인가?

그림 4.15

하이퍼컨쥬게이션에 의한 $CH_3CH_2^+$ 안정화의 두 가지 관점. (*a*) 원자가결합: 양으로 하전된 탄소의 빈 2*p* 오비탈과 C—H 결합의 σ 전자를 안정화하고 양전하를 분산한다. (*b*) 분자오비탈: $CH_3CH_2^+$의 분자오비탈 중 하나가 CH_3 기와 양으로 하전된 탄소에 의하여 둘러싸인다. 이것이 결합 분자오비탈이며, 두 개의 전자를 포함한다.

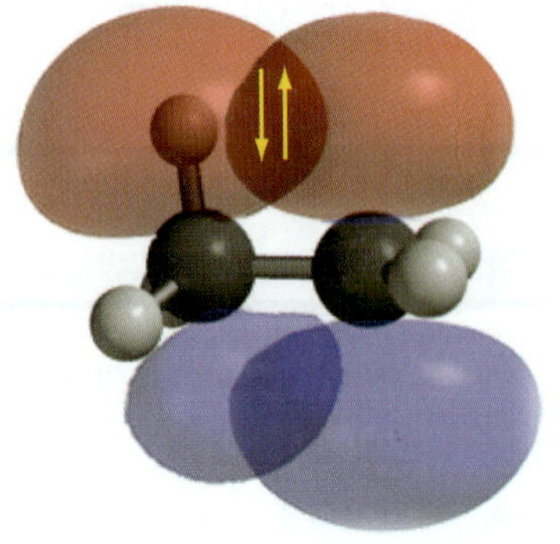

(*a*) 원자가결합

(*b*) 분자오비탈

이 교재를 통해 앞으로 탄소양이온 중간체를 포함하는 수많은 반응들을 접하게 될 것이다. 그러므로 그들의 구조가 어떻게 그들의 안정성을 결정하는가를 이해하는 것이 중요하다.

4.10 반응속도에 미치는 알코올 구조의 영향

제안된 반응 메커니즘이 타당하기 위해서는 단일단계의 총합이 전체 반응에 대한 식과 같아야만 한다. 그리고 메커니즘은 모든 실험적 관찰과 반드시 일치해야만 한다. 메커니즘 4.1에서 설명한 S_N1 과정은 첫 번째 기준을 만족한다. 그러면 두 번째 기준은 어떠한가?

하나의 중요한 실험적 사실은 알코올과 할로젠화 수소의 반응속도는 1차 < 2차 < 3차 순으로 증가한다. 반응성의 순서는 탄소양이온의 안정도와 일치한다.

S_N1 메커니즘에서 속도결정 단계는 알킬옥소늄 이온이 탄소양이온으로 해리하는 단계이다.

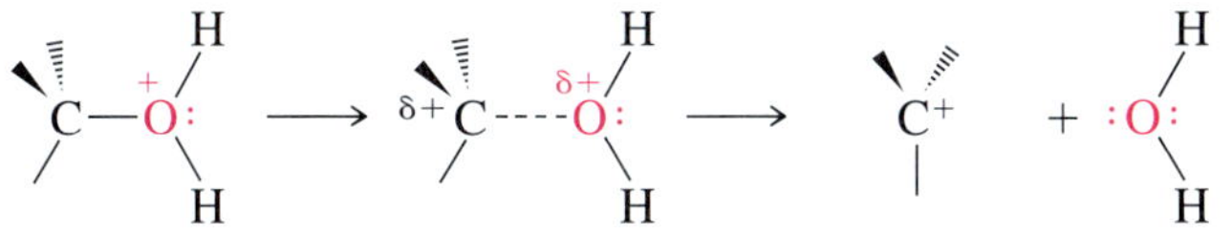

알킬옥소늄 이온 → 전이상태 → 탄소양이온 + 물

이 단계의 속도는 알킬옥소늄 이온의 농도에 비례한다.

$$\text{속도} = k\left[\,\mathrm{R_3C{-}\overset{+}{O}H_2}\,\right]$$

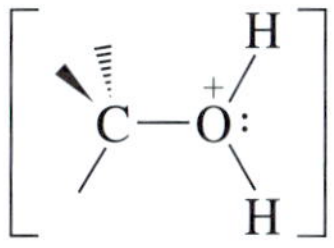

여기서 k는 *속도 상수*(*rate constant*)라고 하는 비례 상수이다. k값은 알킬옥소늄 이온 해리에 대한 활성화 에너지와 관련된다. 낮은 활성화 에너지는 큰 k값과 알킬옥소늄 이온의 해리가 빠른 속도임을 의미한다. 반대로 큰 활성화 에너지는 해리에 대한 작은 k값과 속도가 느린 특징이 있다.

어떤 화학반응의 속도는 온도가 올라가면 증가한다. 따라서 한 반응의 k값은 일정하지 않으며, 온도가 높아짐에 따라 증가한다.

전이상태는 에너지 면에서 탄소양이온과 더 비슷하고, Hammond 가설에 따라서 알킬옥소늄 이온보다는 탄소양이온과 더 유사하다. 그러므로 탄소양이온을 안정화하는 구조적 특징은 이것의 원인이 되는 전이상태를 안정화한다. 그러므로 3차 알코올에서 유도된 알킬옥소늄 이온은 해리하는 데 낮은 활성화 에너지를 가지며, 2차나 1차 알코올에서 유도된 것보다 훨씬 빠르게 상응하는 탄소양이온으로 전환된다. 간단히 설명하면 *더욱 안정된 탄소양이온은 덜 안정된 것보다 빠르게 형성된다.* 그림 4.16은 이 원리를 퍼텐셜 에너지 도표를 통하여 표현하였다.

S_N1 메커니즘은 일반적으로 3차와 2차 알코올, 할로젠화 수소와의 반응에 대해서는 옳다고 인정된다. 메틸과 1차 탄소양이온은 너무 불안정하고, 그들을 형성하기 위한 활성화 에너지가 합리적으로 포함되기에는 너무 높다고 믿기 때문에 메틸 알코올과 1차 알코올에 대해서는 거의 맞지 않는다. 다음 절은 메틸과 1차 알코올이 S_N1과는 다른 메커니즘으로 그들과 대응하는 할로젠화물로 전환되는 것을 설명한다.

4.11 할로젠화 수소와 메틸 알코올 및 1차 알코올의 반응: S_N2 메커니즘

3차와 2차 탄소양이온과는 달리 메틸과 1차 탄소양이온은 화학반응에서 중간체가 되기에

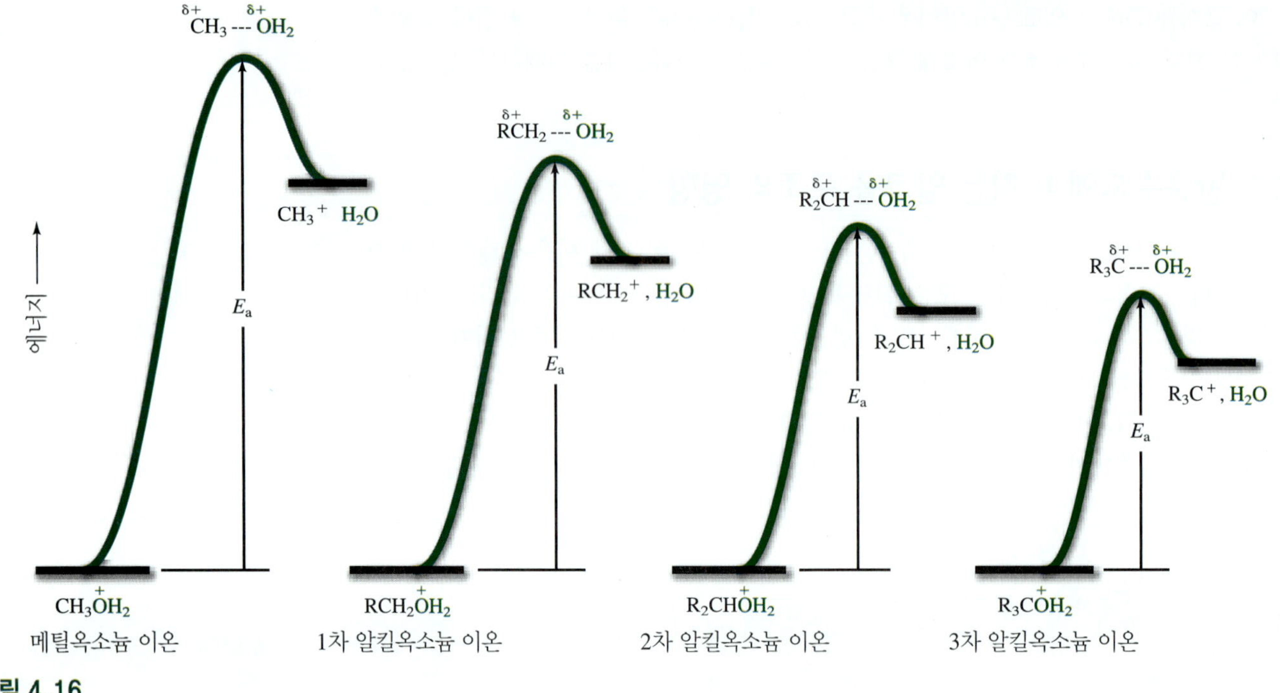

그림 4.16

메틸, 1차, 2차 그리고 3차 알코올의 알킬옥소늄 이온으로부터 탄소양이온 형성에 대한 활성화 에너지.

는 에너지가 너무 높다. 그러나 메틸과 1차 알코올은 느리기는 하지만 할로젠화 수소로 처리하므로 할로젠화 알킬로 전환된다. 그러므로 탄소양이온 중간체를 거치지 않는 다른 메커니즘을 따르지 않으면 안 된다. 1-헵탄올과 브로민화 수소의 반응에 대한 다른 메커니즘을 메커니즘 4.2에 나타내었다.

이 새로운 메커니즘의 첫 번째 단계는 *tert*-뷰틸 알코올과 염화 수소의 반응에서 본 것과 똑같은 할로젠화 수소로부터 알코올로의 양성자 이동에 의한 알킬옥소늄 이온의 형성이다. 초기의 보기처럼 이 단계는 빠른 가역적 Brønsted 산−염기 반응이다.

두 메커니즘 사이에 중요한 차이는 두 번째 단계이다. *tert*-뷰틸 알코올과 염화 수소의 반응의 두 번째 단계는 *tert*-뷰틸옥소늄 이온이 *tert*-뷰틸 양이온과 물로 해리하는 일분자 반응이다. 그러나 헵틸옥소늄(heptyloxonium) 이온은 불안정한 1차 탄소양이온으로 해리하는 대신 다르게 반응한다. 친핵체로 작용하는 브로민화 이온에 의하여 공격을 받는다. 2단계와 이의 전이상태는 다음과 같이 표현할 수 있다.

H
δ+ O H
δ- :Br:

2단계의 전이상태

브로민화 이온은 물 분자를 밀어내고 1차 탄소와 결합한다. 이 단계는 브로민화 이온과 헵틸옥소늄 이온을 포함하기 때문에 이분자 반응이다.

2단계는 1단계의 양성자 이동보다 더 느리므로 속도결정 단계이다. Ingold의 용어를 사용하면 이분자 속도결정 단계를 포함하는 친핵성 치환 반응을 메커니즘 기호 S_N2로 분류한다.

메커니즘 4.2

1-헵탄올과 브로민화 수소에서 1-브로모헵테인의 형성

전체 반응:

1-Heptanol + Hydrogen bromide (HBr) → 1-Bromoheptane + Water (H_2O)

메커니즘:

1단계: 브리민화 수소로부터 1-헵탄올의 양성자화는 상응하는 알킬옥소늄 이온을 생성한다.

1-헵탄올 + 브로민화 수소 ⇌(빠름) 헵틸옥소늄 이온 + 브로민화 이온

2단계: 브로민화 이온에 의해 알킬옥소늄 이온으로부터 물의 치환

브로민화 이온 + 헵틸옥소늄 이온 →(느림) 1-브로모헵테인 + 물

문제 4.14

1-헵탄올과 브로민화 수소의 반응에 대해 중간체와 전이상태의 위치와 구조에 유의하면서 퍼텐셜 에너지 도표를 그리시오.

문제 4.15

1-뷰탄올과 2-뷰탄올은 브로민화 수소와 가열하면 상응하는 브로민화물로 전환된다. 각 반응에 적합한 메커니즘을 제시하고, 각 반응에 적절한 기호(S_N1 또는 S_N2)를 지정하시오.

2차와 3차 알코올에 상응하는 반응보다는 더 적은 단계를 포함하는 메커니즘으로 메틸 알코올과 1차 알코올이 할로젠화 수소와 반응한다고 해도 단계를 적게 포함하는 반응이 더 빠른 속도로 일어나지는 않는다. 알코올과 할로젠화 수소의 반응성 순서가 3차 > 2차 > 1차임을 기억하라. 반응속도는 몇 개의 단계를 포함하는 것과는 상관 없이 가장 느린 단계의 활성화 에너지로 결정된다.

3.1절에서는 반응속도에 대한 온도 효과에 대하여 설명하였고 5.15절에서는 농도 효과에 대하여 살펴볼 것이다. 이들 연구와 그 외 연구는 반응 메커니즘 결정과 반응이 어떻게 일어나는지에 대한 깊은 이해를 위하여 추가적인 정보를 제공할 것이다.

4.12 알코올을 할로젠화 알킬로 변환하는 다른 방법

할로젠화 알킬은 다른 작용기를 만들기 위한 출발 물질로 사용하기 때문에 화학자들은 알

코올을 할로젠화 알킬로 변환시키는 몇 가지 다른 방법들을 개발하였다. 여기서는 무기 시약인 염화 *싸이오닐(thionyl chloride)*과 *삼브로민화 인(phosphorus tribromide)*에 의한 두 가지 방법을 언급한다.

염화 싸이오닐은 알코올과 반응하여 염화 알킬을 만든다.

$$\underset{\text{알코올}}{ROH} + \underset{\text{염화 싸이오닐}}{SOCl_2} \longrightarrow \underset{\text{염화 알킬}}{RCl} + \underset{\text{이산화 황}}{SO_2} + \underset{\text{염화 수소}}{HCl}$$

3차 알코올은 염화 수소와 반응하여 염화물로 쉽게 전환되기 때문에 염화 싸이오닐은 주로 1차와 2차 염화 알킬을 만드는데 주로 사용된다. 이 반응 메커니즘의 초기단계는 알코올이 클로로아황산으로 변환이며, 클로로아황산 알킬과 염화 이온이 반응하여 염화 알킬을 생성한다.

$$:\ddot{Cl}:^- + R-\ddot{O}-S(=O)-Cl \longrightarrow :\ddot{Cl}-R + O=S=O + :\ddot{Cl}:^-$$

염화 이온 클로로아황산 알킬 염화 알킬 이산화 황 염화 이온

일반적으로 피리딘은 용매이면서 또한 약 염기, 촉매로 작용한다.

$$\underset{\text{2-Ethyl-1-butanol}}{(CH_3CH_2)_2CHCH_2OH} \xrightarrow[\text{pyridine}]{SOCl_2} \underset{\substack{\text{1-Chloro-2-ethylbutane} \\ (82\%)}}{(CH_3CH_2)_2CHCH_2Cl}$$

문제 4.16

진행 중인 반응에서, 피리딘이 중간체로 관련된 메커니즘을 나타내었다. 굽은 화살표로 어떻게 단일단계에서 염화 이온이 아래 나타낸 중간체와 반응하여 1-염화-2-에틸뷰테인과 이산화 황을 생성하는 메커니즘을 나타내어라.

삼브로민화 인은 알코올과 반응하여 브로민화 알킬과 아인산(phosphorous acid)을 만든다.

$$\underset{\text{알코올}}{3ROH} + \underset{\text{삼브린민화 인}}{PBr_3} \longrightarrow \underset{\text{브로민화 알킬}}{3RBr} + \underset{\text{아인산}}{H_3PO_3}$$

$$\underset{\text{Cyclopentanol}}{C_5H_9OH} \xrightarrow{PBr_3} \underset{\substack{\text{Cyclopentyl bromide} \\ (78\text{–}84\%)}}{C_5H_9Br}$$

알코올과 삼브로민화 인의 반응 메커니즘은 알코올과 염화 싸이오닐과의 반응과 유사하다. 알코올은 PBr_3와 반응하여 $ROPBr_2$ 중간체를 형성하며 이러한 중간체는 친핵성 브로민화 이온과 반응한다.

4.13 알케인 할로젠화

이 장의 나머지 부분은 알케인을 반응물로 사용하여 할로젠화 알킬을 만드는 완전히 다른 방법을 설명한다. 이것은 알케인의 수소들 중의 하나를 할로젠으로 치환하는 것이다.

$$\underset{\text{알케인}}{R{-}H} + \underset{\text{할로젠}}{X_2} \longrightarrow \underset{\text{할로젠화 알킬}}{R{-}X} + \underset{\text{할로젠화 수소}}{H{-}X}$$

알케인은 X_2가 F_2, Cl_2, Br_2, I_2, 인가에 따라 플루오린화, 염소화, 브로민화, 아이오딘화를 일으킨다고 한다. 일반적인 용어는 **할로젠화(halogenation)**이다. 염소화(chlorination)과 브로민화(bromination)가 가장 많이 사용된다.

할로젠의 반응성은 $F_2 > Cl_2 > Br_2 > I_2$ 순으로 감소한다. 플루오린은 매우 강력한 산화제이며, 알케인과의 반응은 강렬한 발열반응이기 때문에 조절하기가 어렵다. 알케인의 직접적인 플루오린화 반응은 특별한 장치와 기술이 필요하고, 일반적으로는 이용할 수 없으므로 더 이상 다루지 않겠다.

알케인의 염소화는 플루오린화보다 덜 발열성이며, 브로민화는 염소화보다 발열성이 작다. 아이오딘은 할로젠 중에서 특이하게 알케인과의 반응에서 흡열 반응을 나타내며, 알케인의 아이오딘화로는 절대 아이오딘화 알킬을 만들 수 없다.

유기화학자들에게 흥미로운 반응을 검토하는 시리즈인 유기반응 11권에서는 "많은 유기화합물들이 플루오린을 만나면 타거나 폭발한다" 라고 언급한다.

4.14 메테인 염소화

메테인의 염소화는 공업적으로 중요하며, 기체 상태에서 클로로메테인(chloromethane, CH_3Cl), 다이클로로메테인(dichloromethane, CH_2Cl_2), 트라이클로로메테인 (trichloromethane, $CHCl_3$) 및 테트라클로로메테인 (tertachloromethane, CCl_4)의 혼합물을 생성한다.

$$\underset{\text{Methane}}{CH_4} + \underset{\text{Chlorine}}{Cl_2} \xrightarrow{400-440°C} \underset{\substack{\text{Chloromethane} \\ (\text{bp } -24°C)}}{CH_3Cl} + \underset{\substack{\text{Hydrogen} \\ \text{chloride}}}{HCl}$$

$$\underset{\text{Chloromethane}}{CH_3Cl} + \underset{\text{Chlorine}}{Cl_2} \xrightarrow{400-440°C} \underset{\substack{\text{Dichloromethane} \\ (\text{bp } 40°C)}}{CH_2Cl_2} + \underset{\substack{\text{Hydrogen} \\ \text{chloride}}}{HCl}$$

$$\underset{\text{Dichloromethane}}{CH_2Cl_2} + \underset{\text{Chlorine}}{Cl_2} \xrightarrow{400-440°C} \underset{\substack{\text{Trichloromethane} \\ (\text{bp } 61°C)}}{CHCl_3} + \underset{\substack{\text{Hydrogen} \\ \text{chloride}}}{HCl}$$

$$\underset{\text{Trichloromethane}}{CHCl_3} + \underset{\text{Chlorine}}{Cl_2} \xrightarrow{400-440°C} \underset{\substack{\text{Tetrachloromethane} \\ (\text{bp } 77°C)}}{CCl_4} + \underset{\substack{\text{Hydrogen} \\ \text{chloride}}}{HCl}$$

메테인의 염소화는 연간 미국의 클로로메테인 생산량의 약 1/3을 제공한다 메탄올과 염화 수소의 반응이 클로로메테인 제조의 주 합성법이다.

클로로메테인의 중요한 용도 중의 하나는 실리콘 중합체를 만드는 원료로 사용되는 것이다. 다이클로로메테인은 페인트 제거제로 널리 사용되며, 트라이클로로메테인은 한때 흡입 마취제로 사용했으나, 그 독성 때문에 수 년 전부터 더 안전한 물질로 대치되었다. 테트라클로로메테인은 한때 냉동 기체로 널리 사용되었던 몇 가지 클로로플루오로탄소(CFCs)를 만드는 출발 물질이었다. 이 화합물들은 지구의 오존층 파괴에 큰 영향을 끼치기 때문에 대부분의 세계 산업 국가들은 CFCs의 모든 사용을 금지하는 데 동의하였다.

다이클로로메테인, 트라이클로로메테인과 테트라클로로메테인은 이들의 일반명인 염화 메틸렌, 클로로폼과 사염화탄소로 널리 알려져 있다.

일련의 각 치환 반응이 발열 반응이기는 하지만 메테인의 염소화는 높은 온도(400~440°C)에서 진행된다. 높은 온도는 반응을 개시하는 에너지를 제공해준다. *개시단*

계(*initiation step*)라는 용어는 유기화학에서는 특별한 의미가 있으며, 반응 메커니즘과 관계가 있다. 4.16절에서 기술되는 이 메커니즘은 알코올과 할로젠화 수소의 반응에 대한 메커니즘과는 근본적으로 다르다. 알코올은 이온성(또는 "극성") 중간체, 즉 알킬옥소늄 이온과 탄소양이온을 포함하는 반응에서 할로젠화 알킬로 전환된다. 메테인과 다른 알케인의 염소화 반응에서 중간체는 상당히 다르다. 이들은 자유 *라디칼*(*free radical*)이라고 하는 중성("비극성") 화학종이다.

4.15 자유 라디칼의 구조와 안정성

자유 라디칼(free radical)은 홀전자(unpaired electron)를 갖는 화학종이다. 팔전자 규칙에도 불구하고 모든 화합물이 모두 짝지은 전자를 가지는 것은 아니다. 산소(O_2)는 두 개의 홀전자를 가진 가장 잘 알려진 화합물이다. 이산화 질소(NO_2)와 같이 홀수의 전자를 가지는 화합물은 적어도 한 개의 홀전자를 가진다.

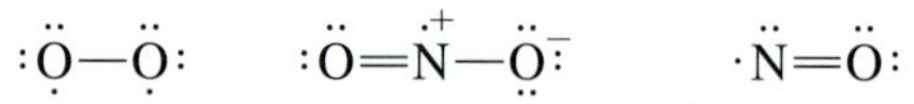

:Ö—Ö: :Ö=N̈⁺—Ö:⁻ ·N̈=Ö:

산소 이산화 질소 일산화 질소

생리학에서 NO의 더 많은 역할은 25장의 박스 에세이 *Oh NO!, It's Inoganic!*를 보라.

일산화 질소("Nitrogen monoxide 또는 nitric oxide")는 안정한 자유 라디칼의 다른 예이다. 산화 질소는 수백 년 동안 알려져 왔지만 최근에 수많은 생물학적 과정에서 대단히 중요한 생화학적 전령체이며 감속제라는 것이 발견되었다. 탄소 화학에서 흔히 보는 자유 라디칼은 이들보다 훨씬 더 불안정하다.

예를 들어, 간단한 알킬 라디칼은 이를 분리하고 연구하는 데 특별한 기술이 필요하다. 여기에서는 반응 메커니즘의 한 단계에서 다음 단계에서 형성되고, 곧 소모되는 반응성이 큰 중간체만을 다루겠다. 알킬 라디칼은 홀전자를 가진 탄소 원자에 직접 결합된 탄소 수에 따라 1차, 2차, 3차로 분류한다.

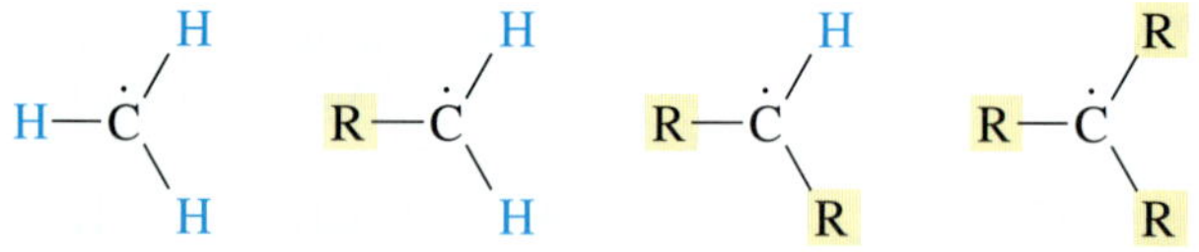

H—Ċ(H)(H) R—Ċ(H)(H) R—Ċ(H)(R) R—Ċ(R)(R)

메틸 라디칼 1차 라디칼 2차 라디칼 3차 라디칼

알킬 라디칼은 중성이며 대응하는 탄소양이온보다 한 개의 전자를 더 가지고 있다. 그러므로 메틸 라디칼의 결합은 메틸 양이온에 있는 sp^2 혼성화된 탄소의 빈 p 오비탈에 단지 한 개의 전자가 가해진 것이라고 할 수 있다(그림 4.17a). 다른 가능성은 탄소가 sp^3 혼성화되고, 하나의 sp^3 오비탈에 홀전자가 있다고 가정한다(그림 4.17b).

두 개의 극단적인 결합중에서 실험적 결과는 알킬 라디칼의 결합을 피라미드 sp^3 모형보다는 평면 sp^2 모형으로 기술할 수 있음을 알려준다. 메틸 라디칼은 평면이고 *tert*-뷰틸 라디칼과 같이 더 많이 치환된 라디칼은 sp^3보다는 sp^2 혼성화된 탄소가 보여주는 모양과 비슷한 평평한 피라미드형이다.

탄소양이온과 같이 자유 라디칼은 채워지지 않은 $2p$ 오비탈을 가지며, 하이퍼컨쥬게이션으로 전자를 제공할 수 있는 알킬기와 같은 치환기에 의하여 안정화된다. 하이퍼컨쥬게이션의 공명 설명에 따르면, 홀전자가 라디칼의 β 위치의 σ 결합과 더해져 비편재화된다.

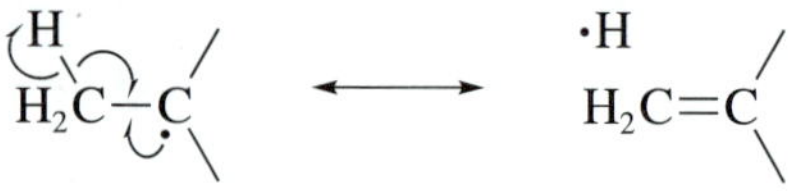

$H_2C(H)—\dot{C}$ ⟷ $\cdot H$ $H_2C{=}C$

주 기여체 부 기여체

(*a*)
평면 CH_3
탄소는 sp^2-혼성이다
(120° 결합각). 쌍을 이루지
않은 전자는 $2p$ 오비탈에 있다.

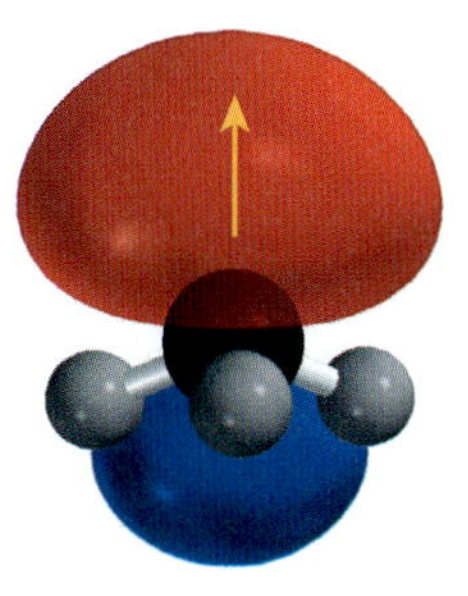

(*b*)
피라미드 CH_3
탄소는 sp^3-혼성이다
(109.5° 결합각). 쌍을 이루지
않은 전자는 sp^3-혼성 오비탈에 있다.

그림 4.17

메틸 라디칼에서의 결합. 모형(*a*)가 실험적 관찰과 더 많이 일치한다.

하이퍼컨쥬게이션에 의한 자유 라디칼의 안정화는 그림 4.18에서 메틸과 에틸 라디칼에서 스핀 밀도를 비교함으로써 설명할 수 있다. **스핀 밀도(spin density)**는 분자 내의 특정한 지점에 대한 홀전자 밀도의 크기이다. 이는 홀전자가 가장 있을 수 있는 장소를 알려 준다. 하이퍼컨쥬게이션에 의해서 안정화 되지 않는 메틸 라디칼의 경우, 스핀 밀도는 하나의 탄소원자에 집중되어 있다. 에틸 라디칼에서는 하이퍼컨쥬게이션이 스핀 밀도의 sp^2 혼성화된 탄소와 메틸 수소에 의한 공유를 허용한다. 더 많이 치환된 라디칼은 β위치의 더 많은 전자 쌍을 갖기 때문에 덜 치환된 라디칼보다 더 안정하며, 자유 라디칼의 안정성의 순서는 탄소양이온의 순서와 같다.

(*a*) $\cdot CH_3$

(*b*) $H_3C—\dot{C}H_2$

그림 4.18

메틸과 에틸 라디칼의 스핀 밀도(노란색). (*a*) 메틸 라디칼에서는 홀전자가 sp^2 혼성 탄소의 *p* 오비탈에 국한되었다. (*b*) 에틸 라디칼에서는 홀전자가 sp^2 혼성된 탄소와 CH_3 기의 수소에 의하여 공유한다.

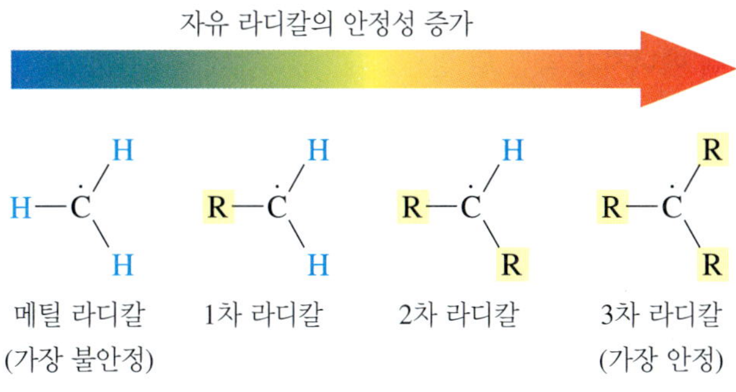

문제 4.17

분자식 C_5H_{11}을 갖는 자유 라디칼의 가장 안정한 구조식을 쓰시오.

알킬기가 자유 라디칼을 안정화시키는 것을 알려주는 몇 가지 증거는 결합 에너지로부터 알 수 있다. 결합의 세기는 결합을 절단하는 데 필요한 에너지로 측정한다. 공유결합은 두 가지 방법으로 절단된다. **균일 분해(hemolytic cleavage)**에서는 두 원자 간의 결합이 절단될 때 각 원자가 결합에 있던 전자를 한 개씩 보유한다.

가시가 한쪽만 표시된 굽은 화살표는 한 개의 전자 움직임을 의미하고, 정상적인 굽은 화살표는 한 쌍의 전자 움직임을 나타낸다.

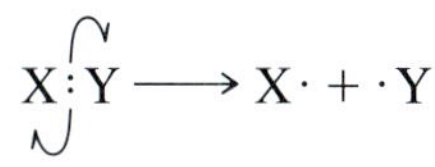

$$X{:}Y \longrightarrow X\cdot + \cdot Y$$

균일 결합 분해

이와 대조적인 **불균일 분해(heterolytic cleavage)**에서는 절단되는 한 쪽이 두 전자를 갖는다.

$$X{:}Y \longrightarrow X^+ + {:}Y^-$$

불균일 결합 분해

알킬 라디칼의 상대적 안정성은 알케인에서 C—H 결합 균일 분해에 대한 엔탈피 변화($\Delta H°$)를 측정하여 평가한다.

$$R{-}H \longrightarrow R\cdot + \cdot H$$

라디칼이 안정할수록 C—H 결합 균일 분해에 의해 라디칼이 생성되는 데 필요한 에너지는 더 작다.

균일 결합 분해에 필요한 에너지를 **결합 해리 에너지(bond dissociation energy**, D)라고 한다. 몇 가지 결합 해리 에너지를 표 4.3에 나타내었다.

표 4.3에서 지적한 대로 알케인에서 C—H 결합 해리 에너지는 약 400~440 kJ/mol (95~105 kcal/mol)이다. 메테인에서 H—CH_3 결합의 균일 분해는 메틸 라디칼을 생성하며, 439 kJ/mol (105 kcal/mol)이 필요하다. 1차 라디칼을 만드는 에테인에서 H—CH_2CH_3 결합의 해리 에너지는 약간 적으며(421 kJ/mol 또는 100.5 kcal/mol), 이는 에틸 라디칼이 메틸 라디칼보다 안정하다는 개념과 일치한다.

프로페인에서 말단 C—H 결합 해리 에너지는 에테인의 에너지와 똑같다. 생성되는 자유 라디칼은 두 경우에서 모두 1차($R\dot{C}H_2$)이다.

$$CH_3CH_2CH_2{-}H \longrightarrow CH_3CH_2\dot{C}H_2 + H\cdot \qquad \Delta H° = +423\ \text{kJ}\ (101\ \text{kcal})$$

프로페인 → n-프로필 라디칼 (1차) + 수소 원자

그러나 표 4.3은 프로페인에 대하여 두 개의 사항을 포함한다. 두 번째 것은 메틸렌기(CH_2)의 수소 중 하나의 결합을 분해하는 것에 해당된다. 메틸렌기는 메틸기보다 C—H 결합을 분해하는 데 에너지가 약간 덜 필요하다.

$$CH_3CH(H)CH_3 \longrightarrow CH_3\dot{C}HCH_3 + H\cdot \qquad \Delta H° = +413\ \text{kJ}\ (99\ \text{kcal})$$

프로페인 → 아이소프로필 라디칼 (2차) + 수소 원자

출발 물질 (propane)과 생성물 중 하나 (H •)가 두 과정에서 같기 때문에 결합 에너지 차는 n-프로필(1차)과 아이소프로필 라디칼(2차)의 에너지 차와 같다. 그림 4.19에 나타낸

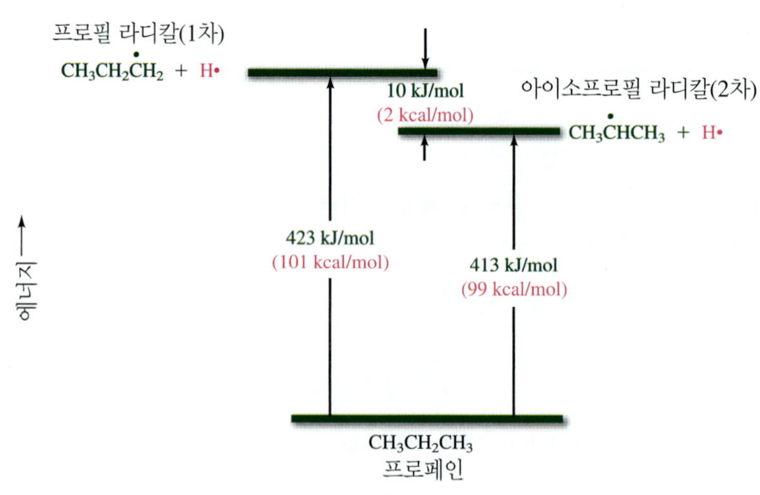

그림 4.19

프로페인에서 메틸렌과 메틸 C—H 결합의 결합 해리 에너지는 두 개의 자유 라디칼 이성질체의 안정성 차이를 나타낸다. 2차 라디칼이 1차 라디칼보다 더 안정하다.

표 4.3 몇 가지 결합 해리된 엔탈피*

결합	결합 해리된 엔탈피 (D)		결합	결합 해리 엔탈피 (D)	
	kJ/mol	kcal/mol		kJ/mol	kcal/mol
이원자 분자					
H—H	436	104	H—F	571	136
F—F	159	38	H—Cl	432	103
Cl—Cl	243	58	H—Br	366	87.5
Br—Br	193	46	H—I	298	71
I—I	151	36			
알케인					
CH_3—H	439	105	CH_3—CH_3	375	90
CH_3CH_2—H	421	100.5	CH_3CH_2—CH_3	369	88
$CH_3CH_2CH_2$—H	423	101			
$(CH_3)_2CH$—H	413	99			
$(CH_3)_2CHCH_2$—H	422	101	$(CH_3)_2CH$—CH_3	370	88
$(CH_3)_3C$—H	400	95	$(CH_3)_3C$—CH_3	362	86
할로젠화 알킬					
CH_3—F	459	110	$(CH_3)_2CH$—Cl	355	85
CH_3—Cl	351	84	$(CH_3)_2CH$—Br	297	72
CH_3—Br	292	70			
CH_3—I	238	57			
CH_3CH_2—Cl	350	83	$(CH_3)_3C$—Cl	349	83
$CH_3CH_2CH_2$—Cl	354	85	$(CH_3)_3C$—Br	292	69

*결합 해리 엔탈피는 각 구조식에서 나타낸 결합을 의미하고 NIST 참고 자료 번호 69에 기록된 것과 같은 표준 형성 엔탈피로부터 계산하였다. http://webbook.nist.gov/chemistry/.

것처럼 2차 라디칼은 1차 라디칼보다 10 kJ/mol (2 kcal/mol)이 더 안정하다.

마찬가지로 2-메틸프로페인에서 두 개의 다른 형태의 C—H 결합에 대한 결합 해리 에너지를 비교하면 3차 라디칼이 1차 라디칼보다 22 kJ/mol (6 kcal/mol)이 더 안정하다는 것을 알 수 있다.

$$CH_3CH(CH_3)CH_2{-}H \longrightarrow CH_3CH(CH_3)\dot{C}H_2 + H\cdot \qquad \Delta H^\circ = +422\ kJ\ (101\ kcal)$$

2-메틸프로페인 → 아이소뷰틸 라디칼 (1차) + 수소 원자

$$CH_3C(H)(CH_3)CH_3 \longrightarrow CH_3\dot{C}(CH_3)CH_3 + H\cdot \qquad \Delta H^\circ = +400\ kJ\ (95\ kcal)$$

2-메틸프로페인 → *tert*-뷰틸 라디칼 (3차) + 수소 원자

From Bond Enthalpies to Heats of Reaction

You have seen that measurements of heats of reaction, such as heats of combustion, can provide quantitative information concerning the relative stability of constitutional isomers (Section 2.18) and stereoisomers (Section 3.11). The box in Section 2.18 described how heats of reaction can be manipulated arithmetically to generate heats of formation (ΔH_f°) for many molecules. The following material shows how two different sources of thermochemical information, heats of formation and bond dissociation enthalpies (see Table 4.3), can reveal whether a particular reaction is exothermic or endothermic and by how much.

Consider the chlorination of methane to chloromethane. The heats of formation of the reactants and products appear beneath the equation. These heats of formation for the chemical compounds are taken from published tabulations; the heat of formation of chlorine is zero, as it is for all elements.

$$CH_4 + Cl_2 \longrightarrow CH_3Cl + HCl$$

ΔH_f° (kJ/mol): −74.8, 0, −83.7, −92.3

The overall heat of reaction is given by

$$\Delta H^\circ = \sum(\text{heats of formation of products}) - \sum(\text{heats of formation of reactants})$$

$$\Delta H^\circ = (-83.7\ kJ - 92.3\ kJ) - (-74.8\ kJ) = -101.2\ kJ$$

Thus, the chlorination of methane is calculated to be an exothermic reaction on the basis of heat of formation data.

The same conclusion is reached using bond dissociation enthalpies. The following equation shows the bond dissociation enthalpies of the reactants and products taken from Table 4.3:

$$CH_4 + Cl_2 \longrightarrow CH_3Cl + HCl$$

BDE (kJ/mol): 439, 243, 351, 432

Because stronger bonds are formed at the expense of weaker ones, the reaction is exothermic and

$$\Delta H^\circ = \sum(\text{BDE of bonds broken}) - \sum(\text{BDE of bonds formed})$$

$$\Delta H^\circ = (439\ kJ + 243\ kJ) - (351\ kJ + 432\ kJ) = -101\ kJ$$

This value is in good agreement with that obtained from heat of formation data.

Compare chlorination of methane with iodination. The relevant bond dissociation enthalpies are given in the equation.

$$CH_4 + I_2 \longrightarrow CH_3I + HI$$

BDE (kJ/mol): 439, 151, 238, 298

$$\Delta H^\circ = \sum(\text{BDE of bonds broken}) - \sum(\text{BDE}^\circ\text{of bonds formed})$$

$$\Delta H^\circ = (439\ kJ + 151\ kJ) - (238\ kJ + 298\ kJ) = +54\ kJ$$

A positive value for ΔH° signifies an **endothermic** reaction. The reactants are more stable than the products, and so iodination of alkanes is not a feasible reaction. You would not want to attempt the preparation of iodomethane by iodination of methane.

A similar analysis for fl uorination of methane gives $\Delta H^\circ = -432$ kJ for its heat of reaction. Fluorination of methane is about four times as exothermic as chlorination. A reaction this exothermic, if it also occurs at a rapid rate, can proceed with explosive violence.

Bromination of methane is exothermic, but less so than chlorination. The value calculated from bond dissociation enthalpies is $\Delta H^\circ = -26$ kJ. Although bromination of methane is energetically favorable, economic considerations cause most of the methyl bromide prepared commercially to be made from methanol by reaction with hydrogen bromide.

문제 4.18

염화 프로필과 염화 아이소프로필의 결합 해리 에너지는 실험 오차범위에서 같다(표 4.3). 그렇지만 자료가 의미하는 것이 프로필과 아이소프로필 라디칼의 안정성이 같다는 것은 잘못된 결론이다. 왜 프로페인의 결한 해리 에너지가 더 좋은 자유 라디칼 안정성의 척도 인가?

탄소양이온과 같이 대부분의 자유 라디칼은 대단히 활성인 화학종이다. 따라서 이를 분리하기에는 반응성이 너무 크지만 화학 반응에서 전이 중간체로 존재하는 것은 가능하다. 다음 절에서 설명하게 될 메틸 라디칼은 메테인의 염소화 반응의 중간체이다.

4.16 메테인의 염소화 반응 메커니즘

메테인의 염소화 반응에 대해 일반적으로 인정된 메커니즘을 메커니즘 4.3에 나타내었다. 이미 언급한 것처럼(4.14절) 반응은 높은 온도와 기체 상태에서 일반적으로 수행한다. 반응 자체는 대단히 큰 발열 반응이지만 반응이 일어나도록 하기 위해서는 에너지를 계에 가해 주지 않으면 안 된다. 이 에너지는 계에서 가장 약한 결합, 즉 표 4.3에서 볼 수 있는 것처럼 243 KJ/mol (58 kcal/mol)의 결합 해리 에너지를 가진 Cl—Cl 결합을 절단하는 데 관여한다. Cl—Cl 결합 균일 분해가 일어나는 단계를 **개시단계(initiation step)**라고 한다.

다른 반응물, 즉 메테인의 결합 해리 에너지는 매우 높다. 이는 439 KJ/mol (105 kcal/mol)이다.

개시단계에서 형성되는 각 염소 원자는 일곱 개의 원자가전자를 가지며, 반응성이 대단히 크다. 일단 형성된 염소 원자는 메커니즘 4.3에 있는 2단계에서 볼 수 있는 것처럼 메테인으로부터 수소를 떼어 낸다. 전체 반응에서 분리된 생성물 중 하나인 염화 수소는 이 단계에서 형성된다. 메틸 라디칼도 생성되며, 이것이 3단계에서 Cl_2 분자를 공격한다. 메틸 라디칼이 Cl_2 를 공격하면 전체 반응의 또 다른 생성물인 클로로메테인과 염소 원자를 생성하는데, 이 염소 원자는 과정을 반복시키는 2단계로 회귀한다. 2단계와 3단계를 **전파단계(propagation step)**라고 하며, 이 단계들을 모두 합치면 반응의 전체 반응식을 얻는다. 하나의 개시단계는 많은 전파 순환을 일으킬 수 있기 때문에 전체 과정을 자유 라디칼 **연쇄반응(chain reaction)**이라고 한다.

문제 4.19

클로로메테인의 자유 라디칼 염소화에 의한 다이클로로메테인 생성의 개시단계와 전파단계의 식을 쓰시오.

실제로는 부반응이 일어나서 전개단계의 효율을 감소시킨다. 연쇄반응은 언제라도 두 개의 홀전자(odd-electron) 화학종이 결합하여 하나의 짝전자(even-electron) 생성물을 만들면 정지된다. 이런 형태의 반응을 **연쇄 종결단계(chain terminating step)**라고 한다. 메테인의 염소화 반응에서 일반적으로 관찰된 몇 가지 연쇄 종결단계를 다음 식에서 보여준다.

메틸 라디칼과 염소 원자의 결합

$$\dot{C}H_3 \quad \cdot\ddot{\underset{..}{Cl}}: \longrightarrow CH_3-\ddot{\underset{..}{Cl}}:$$

메틸 라디칼   염소 원자   클로로메테인

두 개의 메틸 라디칼의 결합

$$\dot{C}H_3 \quad \dot{C}H_3 \longrightarrow CH_3-CH_3$$

메틸 라디칼 두 개   에테인

메커니즘 4.3

메테인의 자유 라디칼 염소화

전체 반응

$$CH_4 + Cl_2 \longrightarrow CH_3Cl + HCl$$

Methane Chlorine Chloromethane Hydrogen chloride

메커니즘

(*a*) 개시

1단계: 염소 분자가 두 개의 염소 원자로 분해

$$:\ddot{\underset{..}{Cl}}-\ddot{\underset{..}{Cl}}: \longrightarrow 2[:\ddot{\underset{..}{Cl}}\cdot]$$

염소 분자 염소 원자 두 개

(*b*) 연쇄 전파

2단계: 염소 원자에 의한 메테인의 수소 원자 제거

$$:\ddot{\underset{..}{Cl}}\cdot + H-CH_3 \longrightarrow :\ddot{\underset{..}{Cl}}-H + \cdot CH_3$$

염소 원자 메테인 염화 수소 메틸 라디칼

3단계: 염소 분자와 메틸 라디칼의 반응

$$:\ddot{\underset{..}{Cl}}-\ddot{\underset{..}{Cl}}: + \cdot CH_3 \longrightarrow :\ddot{\underset{..}{Cl}}\cdot + :\ddot{\underset{..}{Cl}}-CH_3$$

염소 분자 메틸 라디칼 염소 원자 클로로메테인

2단계와 3단계는 여러번 반복된다.

두 개의 염소 원자의 결합

$$:\ddot{\underset{..}{Cl}}\cdot \; \cdot\ddot{\underset{..}{Cl}}: \longrightarrow :\ddot{\underset{..}{Cl}}-\ddot{\underset{..}{Cl}}:$$

염소 원자 두 개 염소 분자

일반적으로 종결단계는 전파단계보다 일어나기가 쉽지 않다. 각 종결단계는 그들이 반응할 수 있는 많은 양의 다른 물질들(메테인과 염소 분자)을 포함하는 매체 속에서 두 개의 자유 라디칼들이 서로 만나야 한다. 약간의 클로로메테인은 메틸 라디칼과 염소 원자의 직접 결합으로 생성되지만 대부분은 메커니즘 4.3에서 보여주는 전개과정의 반복으로 생성된다.

4.17 고급 알케인의 할로젠화

메테인의 염소화와 같이 에테인의 염소화도 높은 온도의 기체 상태 반응으로 공업적 규모로 진행된다.

$$\underset{\text{Ethane}}{CH_3CH_3} + \underset{\text{Chlorine}}{Cl_2} \xrightarrow{420°C} \underset{\substack{\text{Chloroethane (78\%)} \\ \text{(ethyl chloride)}}}{CH_3CH_2Cl} + \underset{\text{Hydrogen chloride}}{HCl}$$

메테인의 염소화와 같이 일염소화로 반응을 제한하기는 어렵기 때문에 하나 이상의 염소 원자를 가진 유도체들이 생성된다.

문제 4.20

에테인의 염소화는 염화 에틸 이외에 두 개의 이성질체 이염화물의 혼합물을 생성한다. 이 두 개의 이염화물의 구조식을 쓰시오.

문제 4.21

C_6H_{14}의 구조 이성질체 중 어느 것이 단지 두 개의 일염소화 생성물을 만드는지 선택하시오.

(a) 2-메틸펜테인　(c) 2,2-다이메틸뷰테인
(b) 3-메틸펜테인　(d) 2,3-다이메틸뷰테인

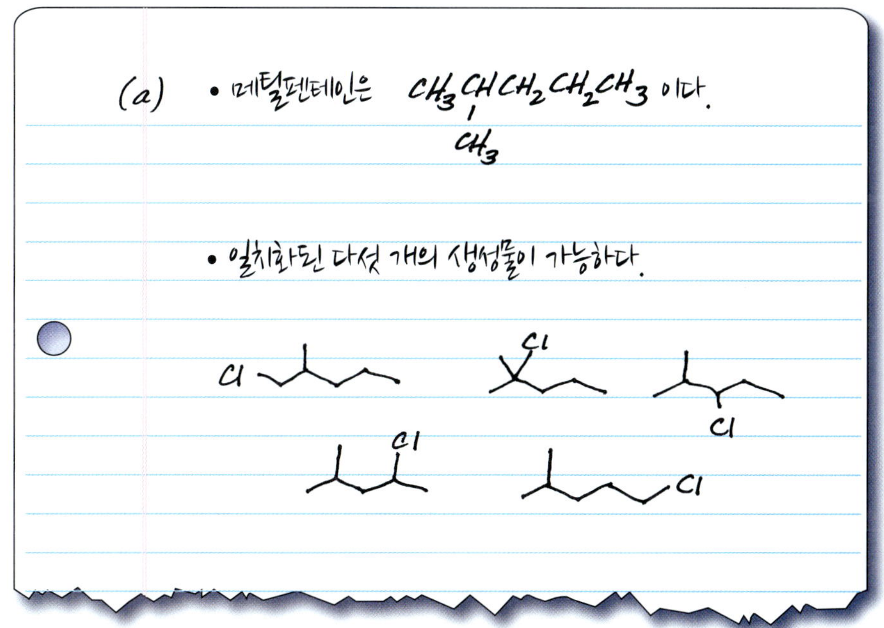

실험실에서는 반응을 개시하기 위한 에너지원으로 가시광선이나 자외선과 같은 빛을 사용하는 것이 편리하다. 분자에 의해 광에너지가 흡수될 때 일으키는 반응을 **광화학 반응(photochemical reaction)**이라고 한다. 광화학적 기술은 염소와 알케인의 반응을 실온에서 수행할 수 있도록 한다.

$$\underset{\text{Cyclobutane}}{\square} + \underset{\text{Chlorine}}{Cl_2} \xrightarrow{h\nu} \underset{\substack{\text{Chlorocyclobutane (73\%)} \\ \text{(cyclobutyl chloride)}}}{\square\!-\!Cl} + \underset{\text{Hydrogen chloride}}{HCl}$$

광화학 에너지는 화살표의 위나 아래에 "빛" 또 "$h\nu$"로 나타낸다. hν는 광자의 에너지를 의미하고, 13.1절에서 더 자세히 설명할 것이다.

메테인, 에테인 및 사이클로뷰테인은 각각 모두가 단 하나의 일염소 유도체를 생성할 수 있는 공통적 특성을 가진다. 예를 들어, 사이클로뷰테인의 모든 수소들은 동일하기 때문에 이 중 어느 하나의 치환은 다른 수소의 치환에서와 같이 동일한 생성물을 만든다. 모든 수소가 동일하지 않은 알케인의 염소화는 더욱 복잡해지고, 뷰테인의 염소화가 보여주는 것과 같이 가능한 모든 일염소 유도체들의 혼합물을 생성한다.

$$\text{Butane} \xrightarrow[hv,\ 35°C]{Cl_2} \text{1-Chlorobutane (28\%)} + \text{2-Chlorobutane (72\%)}$$

Butane; 1-Chlorobutane (28%) (*n*-butyl chloride); 2-Chlorobutane (72%) (*sec*-butyl chloride)

바로 전의 반응식에서 인용된 백분율은 각 성분의 분리된 수득률보다는 혼합 생성물 중의 일염소 유도체 분율의 성분을 반영한다.

이 두 생성물은 전파단계 중의 한 단계에서 염소 원자가 뷰테인의 메틸 또는 메틸렌기로부터 수소를 떼어낼 수 있기 때문에 얻을 수 있다.

$$CH_3CH_2CH_2CH_2{-}H + \cdot\ddot{Cl}: \longrightarrow CH_3CH_2CH_2\dot{C}H_2 + H{-}\ddot{Cl}:$$

뷰테인 n-뷰틸 라디칼

$$CH_3CH(H)CH_2CH_3 + \cdot\ddot{Cl}: \longrightarrow CH_3\dot{C}HCH_2CH_3 + H{-}\ddot{Cl}:$$

뷰테인 *sec*-뷰틸 라디칼

이렇게 생성된 자유 라디칼이 염소와 반응하여 상응하는 염화 알킬을 생성한다. 뷰틸 라디칼은 1-클로로뷰테인만을 생성하고, *sec*-뷰틸 라디칼은 2-클로로뷰테인만을 생성한다.

$$CH_3CH_2CH_2\dot{C}H_2 + :\ddot{Cl}{-}\ddot{Cl}: \longrightarrow CH_3CH_2CH_2CH_2\ddot{Cl}: + \cdot\ddot{Cl}:$$

n-뷰틸 라디칼 1-클로로뷰테인 (염화 n-뷰틸)

$$CH_3\dot{C}HCH_2CH_3 + :\ddot{Cl}{-}\ddot{Cl}: \longrightarrow CH_3CH(\ddot{Cl}:)CH_2CH_3 + \cdot\ddot{Cl}:$$

sec-뷰틸 라디칼 2-클로로뷰테인 (염화 *sec*-뷰틸)

만일 하나의 염소 원자와 하나의 뷰테인의 분자가 충돌하여 수소를 떼어내게 된다면 n-뷰틸/*sec*-뷰틸 라디칼의 비, 즉 1-클로로/2-클로로뷰테인의 비는 $CH_3CH_2CH_2CH_3$ 내 두 개의 메틸기의 수소 수 (6)와 두 개의 메틸렌기 내 수소 수 (4)를 비교하여 얻을 수 있다. 통계적 근거에 의한 생성물 분포는 1-클로로뷰테인이 60%이고 2-클로로뷰테인이 40%이다. 그러나 실험적으로 관찰된 생성물의 분포는 1-클로로뷰테인이 28%이고 2-클로로뷰테인이 72%이다. 그러므로 *sec*-뷰틸 라디칼이 통계적으로 기대했던 것보다 더 많이 생성되었고, n-뷰틸 라디칼은 더 적은 양이 생산성되었다.

이 현상은 1차 라디칼과 비교하여 2차 라디칼의 더 큰 안정성에 기인한다. 염소 원자가 탄소로부터 수소를 떼어내는 단계에 대한 전이상태는 탄소가 자유 라디칼 특징을 가지게 하는 것이다.

$$\overset{\delta\cdot}{Cl}\cdots H\cdots \overset{\delta\cdot}{C}H_2CH_2CH_2CH_3 \qquad \overset{\delta\cdot}{Cl}\cdots H\cdots \overset{\delta\cdot}{C}H(CH_3)CH_2CH_3$$

1차 수소를 떼어내는 전이상태 2차 수소를 떼어내는 전이상태

2차 수소는 1차 수소보다 더 빨리 제거되는데, 이는 2차 라디칼 성격을 띤 전이상태가 1차 라디칼 성격의 전이상태보다 더 안정하기 때문이다. 2차 라디칼을 안정화시켜 주는 같은 요인이 1차 라디칼 성격의 전이상태보다 2차 라디칼 성격을 띤 전이상태를 더 안정화시켜

준다. CH_2 기에서 수소 제거는 CH_3에서 수소 제거보다 더 빠르게 진행된다. 실험적으로 관찰된 생성물의 분포로부터 하나의 1차 수소 제거와 비교하여 하나의 2차 수소 제거가 얼마나 더 빨리 일어나는지를 계산할 수 있다.

$$\frac{72\%\ \text{2-클로로뷰테인}}{28\%\ \text{1-클로로뷰테인}} = \frac{\text{2차 수소 제거 속도} \times 4\ \text{2차 수소}}{\text{1차 수소 제거 속도} \times 6\ \text{1차 수소}}$$

$$\frac{\text{2차 수소 제거 속도}}{\text{1차 수소 제거 속도}} = \frac{72}{28} \times \frac{6}{4} = \frac{3.9}{1}$$

염소 원자는 뷰테인에서 하나의 2차 수소를 하나의 1차 수소보다 3.9배 더 빨리 떼어낼 수 있다.

문제 4.22

프로페인의 염소화에서 1차 수소 원자 제거에 대한 2차 수소의 상대속도를 뷰테인에서와 같다고 가정하고, 프로페인의 자유 라디칼 염소화에서 얻어지는 염화 프로필와 염화 아이소프로필의 상대적인 양을 구하시오.

2-메틸프로페인의 염소화에 대한 유사한 연구는 3차 수소가 1차 수소보다 5.2배 더 빠르게 제거된다는 것을 알려 준다.

Cl_2, $h\nu$, 35°C

2-Methylpropane → 1-Chloro-2-methylpropane (63%) (isobutyl chloride) + 2-Chloro-2-methylpropane (37%) (*tert*-butyl chloride)

요약하면 알케인의 염소화는 선택성이 그리 크지 않다. 분자에 있는 여러 종류의 수소(3차, 2차, 1차)는 염소와의 반응에 대한 상대적인 속도가 단지 다섯 배 다를 뿐이다.

	R_3CH >	R_2CH_2 >	RCH_3
	(3차)	(2차)	(1차)
상대속도 (염소화)	5.2	3.9	1

브로민은 염소와 유사한 자유 라디칼 연쇄 메커니즘에 의하여 알케인과 반응한다. 그러나 염소화와 브로민화 사이에는 중요한 차이가 있다. 브로민화는 *3차 수소(tertiary hydrogen)*의 치환에 대한 높은 선택성을 나타낸다. 1차, 2차 및 3차 수소 간의 반응성의 폭은 10^3보다 더 크다.

	R_3CH >	R_2CH_2 >	RCH_3
	(3차)	(2차)	(1차)
상대속도 (브로민화)	1640	82	1

실제로 이것은 알케인이 1차, 2차 및 3차 수소를 포함할 때 보통 3차 수소만이 브로민에 의하여 치환된다는 의미이다.

Br_2, $h\nu$, 60°C

2-Methylpentane → 2-Bromo-2-methylpentane (76% isolated yield)

이 반응에서 인용되는 퍼센트는 정제된 생성물의 분리된 수율이다. 브로민화 이성질체는 생성물의 매우 작은 부분을 차지한다.

브로민화가 염소화보다 선택성이 더 큰 이유는 각 할로젠이 에테인에서 수소를 떼어내는 전개단계의 에너지 변화를 조사함으로써 이해할 수 있다(표 4.3).

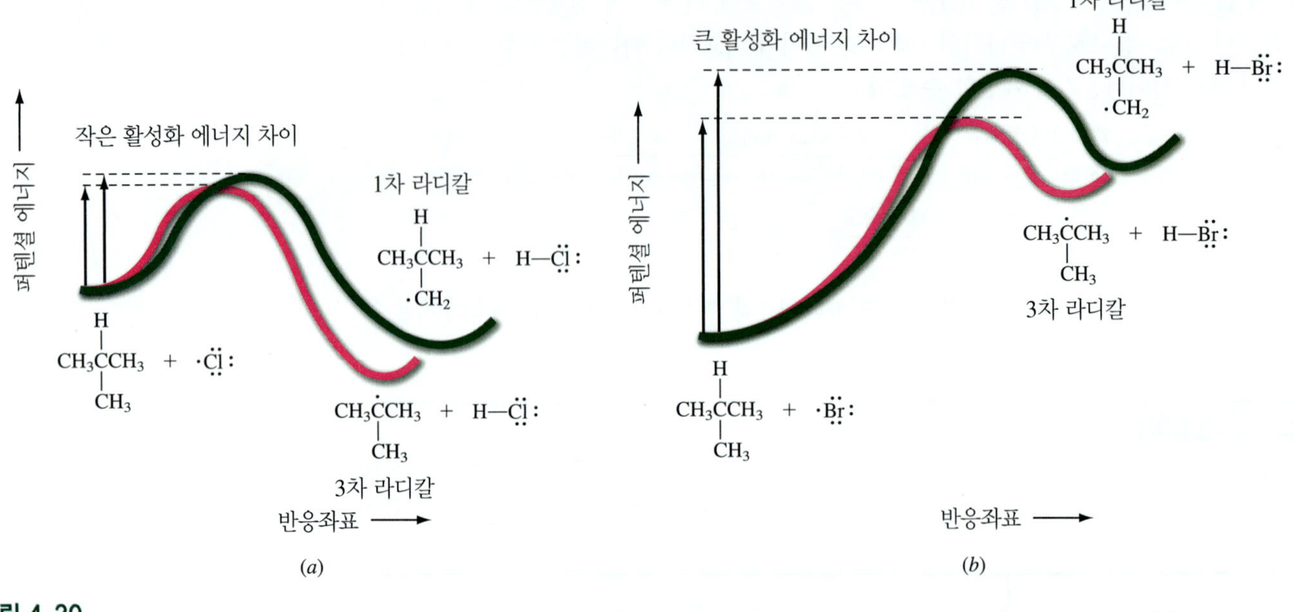

그림 4.20

2-메틸프로페인으로부터 할로젠 원자의 제거에 의해서 형성된 1차 및 3차의 알킬 라디칼 형성의 이 반응좌표도는 염소 원자 (*a*)보다 브로민 원자 (*b*)의 반응에서 활성화 에너지 차이가 큰 것을 보여준다. 이 차이는 브로민화의 높은 선택성과 일치한다.

$$CH_3CH_2{-}H + \cdot\ddot{Cl}: \longrightarrow CH_3\dot{C}H_2 + H{-}\ddot{Cl}: \quad \Delta H^\circ = -11\text{ kJ }(-2.5\text{ kcal})$$

에테인 염소 원자 에틸 라디칼 염화 수소

$$CH_3CH_2{-}H + \cdot\ddot{Br}: \longrightarrow CH_3\dot{C}H_2 + H{-}\ddot{Br}: \quad \Delta H^\circ = +54\text{ kJ }(+13\text{ kcal})$$

에테인 브로민 원자 에틸 라디칼 브로민화 수소

알킬 라디칼 형성 단계는 염소화에서는 발열과정이고, 브로민화에서는 흡열과정이다. 이 단일단계에 Hammond 가설을 적용하면 염소 원자보다 브로민 원자에 의해서 수소를 떼어 내기 위한 전이상태에서 훨씬 더 많은 알킬 라디칼의 특성이 발현된다는 결론이다. 따라서 브로민화가 염소화보다 자유 라디칼 중간체의 안정성에 더욱 의존하며, 더욱 선택적인 반응이다.

브로민화의 선택성은 브로민과 염화 라디칼에 의한 2-메틸프로페인으로부터 수소 원자가 제거된 1차 및 3차 자유 라디칼의 형성에 관한 반응 도표를 비교함으로써 알 수 있다(그림 4.20). 1차 및 3차 라디칼을 형성하기 위한 염소 원자의 수소 제거는 발열 반응이다. 초기 전이상태는 출발 물질의 에너지와 유사하며, ΔE_{act}의 차이는 매우 작다. 반대로 그림 4.20b에서 보는 바와 같이 브로민 원자에 의한 수소 원자의 제거는 항상 흡열 반응이다. 전이상태는 생성물과 유사하며 라디칼의 특성을 갖게 된다. 그러므로 라디칼의 안정도 차이는 더 강하게 나타나며 ΔE_{act} 차이는 더 크다. 더 안정한 자유 라디칼이 빨리 생성되고 생성물의 높은 비중을 차지하게 된다.

문제 4.23

다음 물질의 자유 라디칼 브로민화에 의해 생성되는 주된 유기생성물의 구조를 쓰시오.

(a) 메틸사이클로펜테인
(b) 2,2,4-트라이메틸펜테인
(c) 1-아이소프로필-1-메틸사이클로펜테인

풀이 예시 (a) 출발 탄화수소의 구조를 쓰고, 존재하는 3차 수소를 확인한다. 메틸사이클로펜테인에 있는 유일한 3차 수소는 C-1에 결합된 하나이다. 이 수소만이 브로민으로 치환된다.

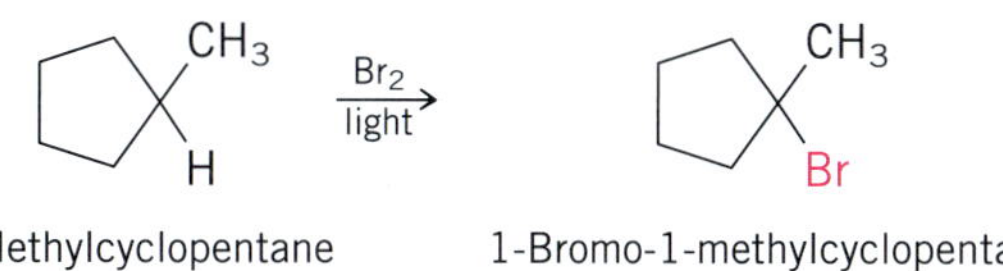

알케인의 염소화와 브로민화 간의 선택성에서의 차이는 알케인으로부터 할로젠화 알킬을 제조하려고 할 때에 반드시 명심해야 할 필요가 있다.

1. 알케인의 염소화는 가능한 모든 일염소화물을 생성하므로 알케인에 있는 모든 수소가 동등할 때에만 사용된다.
2. 브로민화는 알케인으로부터 3차 브로민화 알킬을 제조할 때에만 사용된다.

4.18 요약

알코올과 알케인으로부터 할로젠화 알킬의 제조에 관여하는 화학적 반응성과 작용기의 변환이 이 장의 중요한 과제이다. 알코올 또는 알케인에서의 할로젠화 알킬의 전환이 모두 치환 반응으로 분류되지만 다른 메커니즘으로 진행된다.

4.1절 **작용기(functional group)**는 분자의 특성을 이루는 반응의 원인이 되는 구조적 단위이다. 작용기가 결합된 탄화수소 사슬은 단순히 구조를 지탱하는 골조로 간주될 수 있다. 가장 대표적인 작용기는 이 책 앞 표지 안쪽에 있는 유기 화합물 군으로 구분된다.

4.2절 알코올과 할로젠화 알킬은 **치환식(substitutive)** 또는 **기능식(functional class)** IUPAC 명명법으로 명명한다. 치환식 명명법에서 할로젠화 알킬은 알케인의 할로젠 유도체로 명명한다. 할로젠 치환기를 포함한 가장 긴 연속 사슬이 모체가 되며, 다른 치환기가 없으면 할로젠이 결합된 탄소가 가장 작은 수가 되도록 번호를 붙인다. 할로젠화 알킬의 기능식 이름은 할로젠화를 먼저 쓰고 알킬기의 이름을 뒤에 붙여 띄어 쓴다.

$CH_3\underset{\displaystyle Br}{\underset{|}{C}}HCH_2CH_2CH_2CH_3$ 치환식 이름: 2-브로모헥세인
기능식 이름: 브로민화 1-메틸펜틸

4.3절 알코올의 치환식 이름은 알케인의 어미 －에인(*-e*)를 －올(*-ol*)로 바꾸어 명명한다. OH기를 포함한 가장 긴 사슬이 이름의 기본이 된다. 알코올의 기능식 이름은 알킬기의 이름으로 시작하여 *알코올(alcohol)*이라는 용어를 뒤에 붙인다.

$CH_3\underset{\displaystyle OH}{\underset{|}{C}}HCH_2CH_2CH_2CH_3$ 치환식 이름: 2-헥산올 또는 헥산-2-올
기능식 이름: 1-메틸펜틸 알코올

4.4절 알코올 (X = OH)과 할로젠화 알킬 (X = F, Cl, Br, I)은 작용기가 결합된 탄소의 치환도에 따라 1차, 2차, 3차로 분류한다.

$$\underset{\text{1차}}{RCH_2X} \qquad \underset{\text{2차}}{\underset{\displaystyle X}{\underset{|}{RCHR'}}} \qquad \underset{\text{3차}}{\overset{\displaystyle R''}{\overset{|}{\underset{\displaystyle X}{\underset{|}{RCR'}}}}}$$

4.5절 할로젠(특히 플루오린과 염소)과 산소는 탄소보다 더 전기 음성이며, 할로젠화 알킬에서 탄소-할로젠 결합과 알코올에서 탄소-산소 결합은 극성이다. 탄소는 쌍극자의 양성 이고, 할로젠이나 산소는 음성이다.

4.6절 쌍극자/유발-쌍극자와 쌍극자-쌍극자 인력은 알코올이 같은 분자량의 알케인보다 끓는점을 더 높게 한다. —OH 기 사이의 인력을 **수소결합(hydrogen bonding)**이라고 한다.

$$\begin{matrix} R & & & & R \\ & O & \cdots H & — & O \\ H & & & & \end{matrix}$$

알코올과 물의 하이드록실기 사이의 수소결합은 탄화수소보다 알코올이 물에 더 용해 되도록 한다. 저분자량의 알코올 [CH_3OH, CH_3CH_2OH, $CH_3CH_2CH_2OH$, $(CH_3)_2CHOH$]은 어떤 비율로도 물에 녹는다. 할로젠화 알킬은 물에 녹지 않는다.

4.7절 표 4.4 참조

4.8절 2차와 3차 알코올은 속도결정 단계에서 탄소양이온 중간체의 생성을 포함하는 메커니즘에 의하여 할로젠화 수소와 반응한다.

1. $ROH + HX \xrightleftharpoons{\text{빠름}} R\overset{+}{O}H_2 + X^-$

알코올, 할로젠화 수소, 알킬옥소늄 이온, 할로젠화 이온

2. $R\overset{+}{O}H_2 \xrightarrow{\text{느림}} R^+ + H_2O$

알킬옥소늄 이온, 탄소양이온, 물

3. $R^+ + X^- \xrightarrow{\text{빠름}} RX$

탄소양이온, 할로젠화 이온, 할로젠화 알킬

4.9절 탄소양이온은 세 개의 원자나 세 개의 기만이 결합된 양으로 하전된 탄소를 포함한다. 이 탄소는 sp^2 혼성화되며, 빈 $2p$ 오비탈을 가진다.

탄소양이온은 양으로 하전된 탄소에 직접 결합된 알킬 치환기에 의하여 안정화된다. 알킬기는 *전자-주개(electron-releasing)* 치환기이다. 안정성은 다음 순서로 증가한다.

(가장 불안정) $CH_3^+ < RCH_2^+ < R_2CH^+ < R_3C^+$ (가장 안정)

탄소양이온은 강한 **친전자체(electrophiles**, Lewis 산)이며, **친핵체(nucleophiles**, Lewis 염기)와 반응한다.

4.10절 알코올이 할로젠화 알킬로 변환되는 속도는 탄소양이온 생성 속도에 의존한다. 3차 알코올이 가장 반응성이 크며, 1차 알코올이 가장 반응성이 작다.

4.11절 1차 알코올과 메탄올은 탄소양이온 중간체를 경유하는 할로젠화 수소와 반응하지 않는다. 친핵성 화학종, 예를 들면 Br^-가 알킬옥소늄 이온을 공격하고 탄소양이온에서 물 분자를 이분자 단계로 밀어낸다. 이 단계가 속도결정 단계이며, S_N2 메커니즘이다.

4.12절 표 4.4 참조

4.13절 표 4.4 참조

4.14절 메테인은 Cl_2와 반응하여 클로로메테인, 다이클로로메테인, 트라이클로로메테인 및 테트라클로로메테인을 생성한다.

4.15절 메테인의 염소화와 알케인의 할로젠화는 **자유 라디칼(free radical)** 중간체를 거쳐 진행된다. 알킬 라디칼은 중성이며, 탄소에 홀전자를 가진다.

표 4.4 알코올과 알케인의 할로젠화 알킬로의 전환

반응(절)과 설명	일반적인 반응식과 특정 예
할로젠화 수소와 알코올의 반응(4.7절) 알코올은 할로젠화 수소와 반응하여 할로젠화 알킬을 생성한다. 이 반응은 할로젠화 알킬의 합성에 유용하다. 이 반응성은 HI > HBr > HCl > HF 순으로 감소한다. 알코올 반응성은 3차 > 2차 > 1차 순으로 감소한다.	ROH (알코올) + HX (할로젠화 수소) ⟶ RX (할로젠화 알킬) + H_2O (물) 1-Methylcyclopentanol —HCl→ 1-Chloro-1-methylcyclopentane (96%)
알코올과 염화 싸이오닐의 반응(4.12절) 염화 싸이오닐은 알코올을 염화 알킬로 변환한다.	ROH (알코올) + $SOCl_2$ (염화 싸이오닐) ⟶ RCl (염화알킬) + SO_2 (이산화 황) + HCl (염화 수소) 1-Pentanol —$SOCl_2$, pyridine→ 1-Chloropentane (80%)
알코올과 삼브로민화 인의 반응(4.12절) 알코올을 브로민화 알킬과 브로민화 수소로 변환하는 대안으로서, 무기시약인 삼브로민화 인을 가끔 사용한다.	3ROH (알코올) + PBr_3 (삼염화인) ⟶ 3RBr (브로민화 알킬) + H_3PO_3 (아인산) 2-Pentanol —PBr_3→ 2-Bromopentane (67%)
알케인의 자유 라디칼 할로젠화(4.13~4.17절) 알케인은 할로젠과 반응하여 알케인의 수소를 할로젠으로 치환한다. 할로젠의 반응성은 F_2 > Cl_2 > Br_2 > I_2 순으로 감소한다. 수소 치환의 용이성은 3차 > 2차 > 1차 > 메틸 순으로 감소한다. 염소화는 반응성이 적어서 알케인의 모든 수소가 동등할 때 사용된다. 브로민화는 매우 선택성이 좋아서 2차나 1차보다 3차가 매우 빠르게 진행된다.	RH (알케인) + X_2 (할로젠) ⟶ RX (할로젠화 알킬) + HX (할로젠화 수소) Cyclodecane —Cl_2, $h\nu$→ Cyclodecyl chloride (64%) 2,2,3-Trimethylbutane —Br_2, $h\nu$→ 2-Bromo-2,3,3-trimethylbutane (80%)

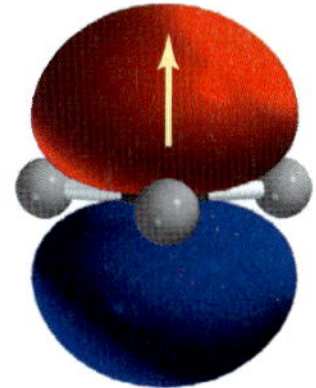

탄소양이온처럼 자유 라디칼은 알킬 치환기에 의하여 안정화된다. 자유 라디칼 안정성의 순서는 탄소양이온의 순서와 같다.

4.16절 단일단계 (1)에서 (3)까지는 알케인과 할로젠과의 반응에 대한 자유 라디칼 연쇄 메커니즘을 기술하였다.

1. (개시단계)	X_2		$\longrightarrow$	2X·		
	할로젠 분자			알케인할로젠 원자 두 개		
2. (전파단계)	RH	+ X·	$\longrightarrow$	R·	+	HX
	알케인	할로젠 원자 두 개		알킬 라디칼		할로젠화 수소
3. (종결단계)	R·	+ X_2	$\longrightarrow$	RX	+	·X
	알킬 라디칼	할로젠 분자		할로젠화 알킬		할로젠 원자

4.17절 표 4.4 참조

문제

4.24 치환식 IUPAC 명명법으로 다음 각 화합물을 명명하시오

(a) $(CH_3)_2CHCH_2CH_2CH_2Br$
(b) $(CH_3)_2CHCH_2CH_2CH_2OH$
(c) Cl_3CCH_2Br
(d) $Cl_2CHCHBr$ (가운데 C에 Cl)
(e) CF_3CH_2OH
(f) 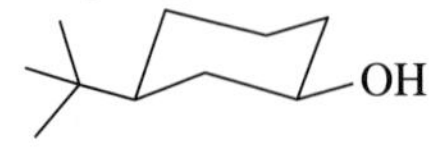 OH
(g) 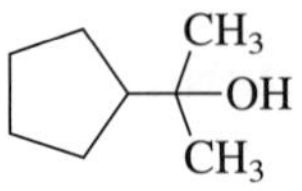 CH_3 OH CH_3
(h) 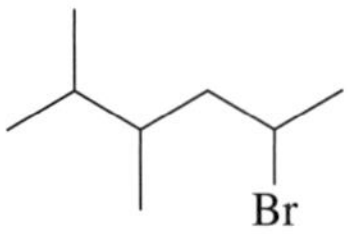 Br
(i) 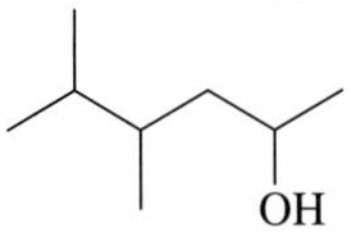 OH

4.25 분자식이 $C_5H_{12}O$인 알코올의 모든 구성이성질체의 구조식을 쓰시오. 각각에 대한 기능식 이름과 치환식 이름을 쓰시오. 그리고 1차, 2차 또는 3차인지를 확인하시오.

4.26 시스 이성질체의 연소열이 트랜스 이성질체보다 크다는 가정 하에 2-, 3- 및 4-메틸사이클로헥산올에 대한 입체이성질체 구조 연구과제가 오래 전에 이루어졌다. 그러나 이 가정은 두 개의 입체이성질체 쌍에 대해서는 타당하지만 나머지 다른 것에 대해서는 옳지 않다. 어떤 입체이성질체 쌍에 대해서 이 가정이 옳지 않은가? 그 이유를 설명하시오.

4.27 에피클로로하이드린은 에폭시 시멘트의 성분으로 사용되는 공업 화학물질의 일반명이다. 에피클로로하이드린의 분자식은 C_3H_5ClO이다. 에피클로로하이드린은 에폭사이드 작용기를 가지지만 메틸기는 없다. 에피클로로하이드린의 구조식을 쓰시오.

4.28 아세트산 아이소아밀은 바나나향을 가장 잘 내는 물질 중 하나의 일반명이다. 메틸 치환기를 가진 카보닐기와 산소 중 하나에 3-메틸뷰틸이 결합되었다는 정보를 토대로 아세트산 아이소아밀의 구조를 쓰시오.

4.29 생화학에서 가장 중요한 유기 화합물의 몇 가지는 일반식으로 표현하는 α-아미노산(α-amino acids)이다.

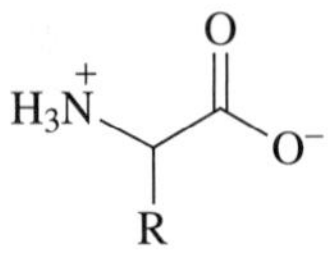

$H_3\overset{+}{N}$ O O^- R

다음 a-아미노산의 구조식을 쓰시오.

(a) 알라닌(R = 메틸)
(b) 발린(R = 아이소프로필)

(c) 루이신(R = 아이소뷰틸)
(d) 아이소루이신(R = *sec*–뷰틸)
(e) 세린(R = XCH_2, 여기서 X는 알코올을 나타내는 작용기)
(f) 사이토신(R = XCH_2, 여기서 X는 싸이올을 나타내는 작용기)
(g) 아스팔트산(R = XCH_2, 여기서 X는 카복실산을 나타내는 작용기)

4.30 표 4.1을 참고하여 마취제 리도케인에 있는 질소를 포함한 각 작용기가 아마이드인지 또는 1차, 2차 또는 3차 아민인지 분류하시오.

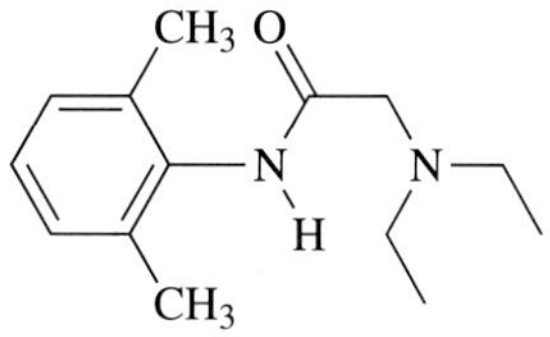

4.31 다음 각 화합물과 1-뷰탄올의 반응에 대한 화학식을 쓰시오.

(a) 아마이드화 소듐($NaNH_2$)
(b) 브로민화 수소, 가열
(c) 브로민화 소듐, 황산, 가열
(d) 삼브로민화 인
(e) 염화 싸이오닐

4.32 다음 각 쌍의 화합물을 브로민화 수소로 처리하여 상응하는 브로민화 알킬로 전환시킬 때 어느 것이 더 빠르게 반응할 것인지를 선택하시오. 그리고 그 이유를 설명하시오.

(a) 1-뷰탄올 또는 2-뷰탄올
(b) 2-메틸-1-뷰탄올 또는 2-뷰탄올
(c) 2-메틸-2-뷰탄올 또는 2-뷰탄올
(d) 2-메틸뷰테인 또는 2-뷰탄올
(e) 1-메틸사이클로펜탄올 또는 사이클로헥산올
(f) 1-메틸사이클로펜탄올 또는 *trans*-2-메틸사이클로펜탄올
(g) 1-사이클로펜틸에탄올 또는 1-에틸사이클로펜탄올

4.33 브로모메틸사이클로헵테인는 아래의 반응으로 92% 수득율로 얻어진다. 단계별 메커니즘을 전자의 흐름을 볼 수 있게 굽은 화살표로 쓰시오. 이 반응은 물에서 수행된다. 그래서 반응 메커니즘에서 H_3O^+를 양성자 주개로 사용하여라. 속도결정 단계는 일분자(S_N1)인가? 이분자(S_N2)인가?

4.34 염화 사이클로프로필은 사이클로프로페인의 자유 라디칼 염소화 반응으로 만들어진다. 이 반응에 대한 단계적 반응 메커니즘을 쓰시오.

4.35 많은 알케인의 탄소–탄소 결합 해리 엔탈피는 측정되었다. 표 4.3을 참고하지 말고 다음 알케인 짝 중 낮은 탄소–탄소 결합 해리 엔탈피를 갖는 것을 선택하고 선택한 이유를 설명하시오.

(a) 에테인 혹은 프로페인
(b) 프로페인 혹은 2-메틸프로페인
(c) 2-메틸프로페인 혹은 2,2-다이메틸프로페인

4.36 2,2,4-트라이메틸펜테인의 광화학적 염소화는 네 개의 이성질체 모노클로라이드를 생성한다.

(a) 이 네 개의 이성질체의 구조식을 쓰시오.
(b) 두 개의 1차 염화물은 모노염화물 분율의 65% 이상을 차지한다. 2,2,4-트라이메틸 펜테인에 있는 모든 1차 수소는 동등한 반응성을 가진다는 가정 하에 생성물 혼합물에서 두 개의 1차 염화물의 각 백분율을 계산하시오.

설명문과 이해 문제 4

퍼텐셜 에너지 도표에 대해

5장은 *제거*(*elimination*)와 그 반응의 메커니즘에 대해 설명한다. 한 예로서 에탄올에서 브로민화 *tert*-뷰틸을 가열하면 2단계 메커니즘을 통해 2−메틸프로펜을 생성한다.

1단계: $(CH_3)_3C{-}\ddot{\underset{..}{Br}}{:} \rightleftharpoons (H_3C)_2\overset{+}{C}{-}CH_3 + {:}\ddot{\underset{..}{Br}}{:}^-$

브로민화 *tert*-뷰틸 *tert*-뷰틸 양이온 브로민화 이온

2단계: $(H_3C)_2\overset{+}{C}{-}CH_3 + CH_3CH_2{-}\ddot{\underset{..}{O}}H \longrightarrow (H_3C)_2C{=}CH_2 + CH_3CH_2{-}\overset{+}{\ddot{O}}H_2$

tert-뷰틸 양이온 에탄올 2-메틸프로펜 에틸옥소늄 이온

이 반응의 퍼텐셜 에너지 도표는 두 개의 단일단계 반응으로 표현되어, 반응 메커니즘에 대한 좀 더 많은 정보를 제공한다. 도표 내 에너지 관계는 전이상태에 대한 이해뿐만 아니라, 전이상태에서 발생하는 구조적인 변화의 이해에 유용하다. Hammond 가설에 따라 전이상태가 연속적으로 발생하며 전이상태의 에너지가 비슷할수록 그들은 유사한 구조를 가진다는 것을 의미한다.

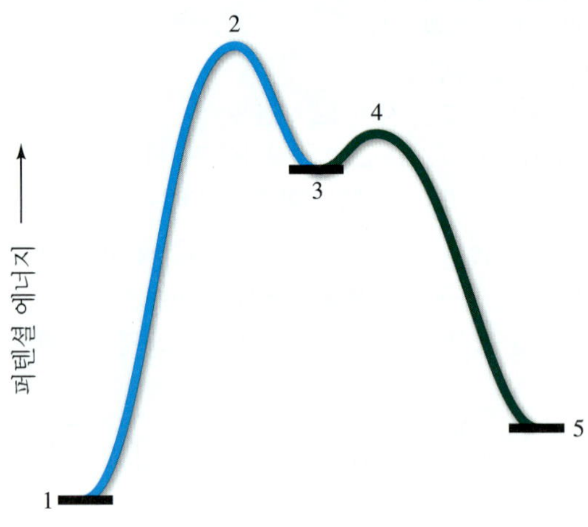

4.37 에탄올의 역할은 무엇인가?

A. 촉매
B. 반응중간체
C. Brønsted 산
D. Brønsted 염기

4.38 그들의 분자성에 따라 메커니즘 내 단일단계 반응을 올바르게 정의한 것을 고르시오.

A. 1단계는 일분자; 2단계는 이분자이다.
B. 1단계는 이분자; 2단계는 일분자이다.
C. 모두 일분자이다.
D. 모두 이분자이다.

4.39 퍼텐셜 에너지 도표에서 느린 단계의 활성화 에너지는 어느 구간의 에너지 차이와 동일한가?

A. 1 및 2
B. 2 및 3
C. 3 및 4
D. 1 및 5

4.40 이 반응에 대한 퍼텐셜 에너지 도표를 Hammond 가설에 적용하여 다음 중 올바른 표현을 고르시오.

A. 2의 구조는 4보다 더 탄소양이온성이다.
B. 2의 구조는 4보다 덜 탄소양이온성이다.
C. 2의 구조는 3보다는 1에 더 가깝다.
D. 4의 구조는 3보다 5에 더 가깝다.

장의 개요

스쿠알렌은($C_{30}H_{50}$) 여섯 개의 C−C 이중결합이 있는 탄화수소이다. 이 물질은 24장에서 보겠지만 식물이나 동물에 존재하며 콜레스테롤(cholesterol) 같은 스테로이드(steroid)합성 전구체이다. 이 기름은 상어 간에 존재하며 중요한 상업적 공급원이다.

알켄 구조와 제조: 제거반응

Structure and Preparation of Alkenes: Elimination Reactions

알켄(alkene)은 탄소−탄소 이중결합을 포함한 탄화수소이다. 탄소−탄소 이중결합은 유기화학에서 중요한 구조 단위이며 중요한 작용기이다. 탄소−탄소 이중 결합이 존재하면 유기분자의 모양에 영향을 주며 알켄에서 대부분의 화학반응은 이중결합에서 일어난다.

이장에서는 알켄의 두 부분 중 첫 부분을 다루게 될 것이다. 이 장에서는 알켄의 구조, 결합 및 제조를 기술하고 6장에서는 화학반응을 다룰 것이다.

5.1 알켄 명명

알켄의 IUPAC 이름은 상응하는 알케인(alkane)의 어미 *-ane*(우리말 명명에서는; − ㅔ인)을 *-ene*(우리말 명명법에서는; −ㅔㄴ)으로 바꾸어 명명한다. 가장 간단한 두 알켄은 에텐(ethene)과 프로펜(propene)이다. 이 둘은 에틸렌(*ethylene*)과 프로필렌(*propylene*)이라는 관용명으로 잘 알려져 있다.

$H_2C{=}CH_2$ IUPAC 명: 에텐 관용명: 에틸렌

$CH_3CH{=}CH_2$ IUPAC 명: 프로펜 관용명: 프로필렌

이중결합을 포함한 가장 긴 연속된 사슬을 알켄의 기본 이름으로 하고 이중결합 탄소가 가장 낮은 번호가 되도록 사슬에 번호를 매긴다. 이중결합 위치는 첫 번째 이중결합 탄소의 번호만을 표시하고 다른 이중 결합도 순서대로 표기해야 한다. 위치 번호는 모체 사슬(1979 IUPAC 규칙) 또는 *-ene* 접미사(1993 규칙)의 앞에 오도록 한다.

$\overset{1}{H_2C}{=}\overset{2}{C}H\overset{3}{C}H_2\overset{4}{C}H_3$ 1-뷰텐 뷰트-1-엔

$\overset{6}{C}H_3\overset{5}{C}H_2\overset{4}{C}H_2\overset{3}{C}H\overset{}{=}\overset{2}{C}H\overset{1}{C}H_3$ 2-헥센 헥스-2-엔

탄소-탄소 이중결합은 주 탄소 사슬과 번호 매김 방향을 결정할 때 알킬기나 할로젠보다 우선한다.

$\overset{4}{C}H_3\overset{3}{C}H(CH_3)\overset{2}{C}H{=}\overset{1}{C}H_2$ 3-메틸-1-뷰텐 3-메틸뷰트-1-엔

$BrCH_2CH_2CH_2CH(CH{=}CH_2)CH_2CH_2CH_3$ (번호: 6 5 4 3, 2 1) 6-브로모-3-프로필-1-헥센 6-브로모-3-프로필헥스-1-엔

그러나, 하이드록실(hydroxyl, OH)기는 이중결합보다 명명에서 우선하고, −OH 기와 이중결합을 모두 포함하는 사슬은 −OH 기가 연결된 탄소에 낮은 번호가 되는 방향으로 번호를 메긴다. 이중결합과 하이드록실기를 둘 다 포함하고 있는 화합물은 두 작용기의 존재를 나타내기 위하여 어미 *엔(-en)* + *올(-ol)*을 결합해서 *엔올(-enol)*로 표시한다.

HO (1 2 3 4 5 6) 5-메틸-4-헥센-1-올 5-메틸헥스-4-엔-1-올

문제 5.1

IUPAC 명명법을 사용하여 다음 각 화합물을 명명하시오.

(a) $(CH_3)_2C{=}C(CH_3)_2$

(b) $(CH_3)_3CCH{=}CH_2$

(c)

(d) Cl

(e) OH

풀이 예시 (a) 이 알켄에서 가장 긴 연속된 사슬은 네 개 탄소 원자를 포함한다. 이중결합은 C-2 와 C-3 사이에 있으며, 따라서 2-뷰텐 유도체로 명명한다.

$(\overset{1}{H_3C})(H_3C)\overset{2}{C}{=}\overset{3}{C}(\overset{4}{CH_3})(CH_3)$ 2,3-다이메틸-2-뷰텐 또는 2,3-다이메틸뷰트-2-엔

두 메틸기는 주 사슬의 C-2와 C-3에 결합된 치환기이다.

아이소프로필(isopropyl)과 *tert*-뷰틸(butyl)기와 같이 자주 보게 되는 알킬기의 *일반명*은 IUPAC 체계에서 허용하고 있다. 세 개의 알켄일(*alkenyl*)기 − **바이닐(-vinyl)**, **알릴(-allyl)** 및 **아이소프로펜일(-isopropenyl)** − 도 IUPAC 체계에서 허용하고 있다. 즉 이들

염화 바이닐은 대량으로 생산되는 공업화학 생산물이고(미국 년 간 생산량은 1010 lb/year), 간단히 바이닐이라고 불리기도 하고 PVC 파이프, 벽 쌓게 등 그 용도가 다양한 폴리(염화 바이닐)의 제조 원료로 사용된다.

세 치환기는 동일한 방식으로 처리한다.

$H_2C{=}CH—$ 에서와 같이 $H_2C{=}CHCl$ 또는 (골격 구조)
바이닐 / 염화 바이닐

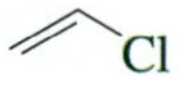

$H_2C{=}CHCH_2—$ 에서와 같이 $H_2C{=}CHCH_2OH$ 또는 (골격 구조)
알릴 / 알릴 알코올

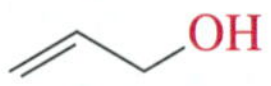

$H_2C{=}C(CH_3)—$ 에서와 같이 $H_2C{=}CCl(CH_3)$ 또는 (골격 구조)
아이소프로펜일 / 염화 아이소프로펜일

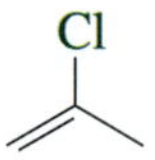

CH_2 기가 고리에 이중결합으로 연결되면 고리 이름에 *메틸렌(methylene)*이라는 접두사를 붙인다.

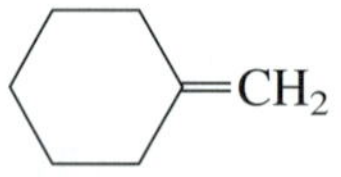

메틸사이클로헥세인

사이클로알켄(cycloalkene)과 그 유도체는 사이클로알케인 이름에 알켄 명명 규칙을 적용하여 명명한다.

사이클로펜텐 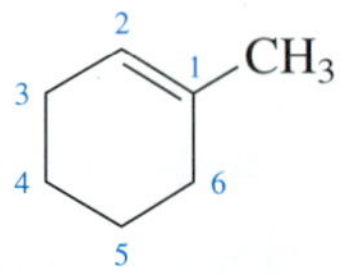 1-메틸사이클로헥센 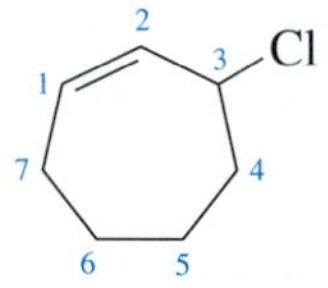 3-클로로사이클로헵텐
(1-클로로-2-사이클로헵텐이 아님)

치환기가 없을 때는 위치 번호는 필요 없다. 이중결합은 항상 C-1과 C-2를 연결한다. 치환된 사이클로알켄은 이중결합에서 시작하여 이중결합을 거쳐 고리에 순서대로 번호를 매긴다. 번호 매김 방향은 치환기가 가능한 한 낮은 번호가 되도록 사이클로알켄에 번호를 매긴다.

문제 5.2

사이클로펜텐(cyclopentene)의 모든 일염소-치환 유도체의 구조와 IUPAC 이름을 쓰시오.

5.2 알켄 구조와 결합

에틸렌(ethylene)의 구조와 이중결합에 대한 오비탈 혼성화 모형을 2.8절에서 언급하였고, 그림 5.1에 간단히 나타냈다. 에틸렌은 평면 구조이고, 각 탄소는 sp^2 혼성을 하고 있으며 이중결합은 하나의 σ 성분과 또 하나의 π 성분으로 되어있다. σ 성분은 한 탄소의 sp^2 오비탈이 핵 사이 축에 놓이도록 배열하여 같은 방식으로 배열된 다른 탄소의 sp^2 오비탈과 겹쳐짐으로써 형성된다. π 성분은 두 개의 *p* 오비탈이 "측면(side–by–side)"으로 겹쳐져 만들어진다. π-전자 전자밀도는 분자 평면의 위와 아래에서 나타난다. 에틸렌과 다른 알켄의 대부분 반응에서는 이 π 전자들이 포함된다.

결합 해리 엔탈피를 토대로 하여, 에틸렌의 이중결합은 에테인의 C—C 단일결합 보다 강하지만, 두 배로 강하지는 않다.

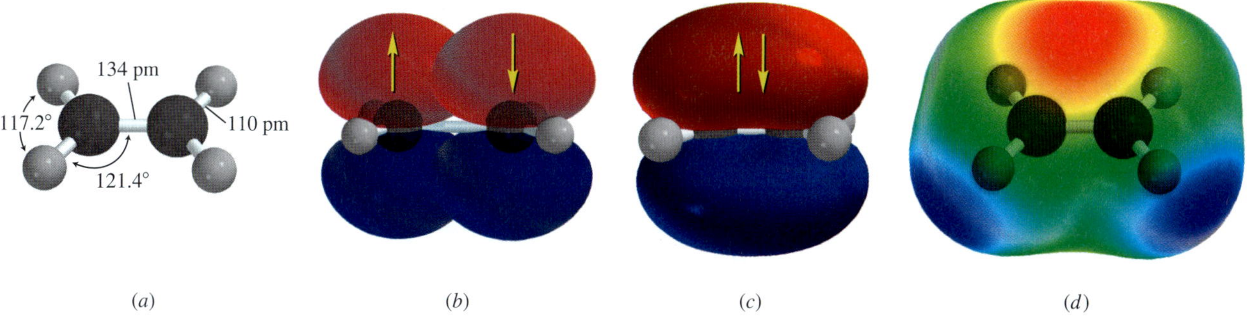

그림 5.1

(a) 결합 길이와 각을 나타낸 에틸렌의 평면 골격 구조. (b)와 (c) 두 sp^2 혼성 탄소의 절반이 채워진 *p* 오비탈들이 겹쳐져 생성되는 π 결합. (d) π 전자 때문에 원자들의 평면 위와 아래로 높은 음전하 영역을 보여주는 정전기적 퍼텐셜지도.

Ethylene

Ethylene was known to chemists in the eighteenth century and isolated in pure form in 1795. An early name for ethylene was *gaz oléfiant* (French for "oil-forming gas"), to describe the fact that an oily liquid product is formed when two gases—ethylene and chlorine—react with each other.

$$\underset{\text{Ethylene (bp: }-104°\text{C)}}{H_2C{=}CH_2} + \underset{\text{Chlorine (bp: }-34°\text{C)}}{Cl_2} \longrightarrow \underset{\text{1,2-Dichloroethane (bp: 83°C)}}{ClCH_2CH_2Cl}$$

The term *gaz oléfiant* was the forerunner of the general term *olefin*, formerly used as the name of the class of compounds we now call *alkenes*.

Ethylene occurs naturally in small amounts as a plant hormone. It is formed in a complex series of steps from a compound containing a cyclopropane ring:

$$\underset{\text{1-Amino-cyclopropane-carboxylic acid}}{\text{(cyclopropane with } \overset{+}{N}H_3 \text{ and } CO_2^-)} \xrightarrow{\text{several steps}} \underset{\text{Ethylene}}{H_2C{=}CH_2} + \text{other products}$$

Even minute amounts of ethylene can stimulate the ripening of fruits, and the rate of ripening increases with the concentration of ethylene. This property is used to advantage in the marketing of bananas. Bananas are picked green in the tropics, kept green by being stored with adequate ventilation to limit the amount of ethylene present, and then induced to ripen at their destination by passing ethylene over the fruit.

Ethylene is the cornerstone of the world's mammoth petrochemical industry and is produced in vast quantities. In a typical year the amount of ethylene produced in the United States (5×10^{10} lb) exceeds the combined weight of all of its people. In one process, ethane from natural gas is heated to bring about its dissociation into ethylene and hydrogen:

$$\underset{\text{Ethane}}{CH_3CH_3} \xrightarrow{750°\text{C}} \underset{\text{Ethylene}}{H_2C{=}CH_2} + \underset{\text{Hydrogen}}{H_2}$$

This **dehydrogenation** is simultaneously both a source of ethylene and one of the methods by which hydrogen is prepared on an industrial scale. Most of this hydrogen is subsequently used to reduce nitrogen to ammonia for the preparation of fertilizer.

Similarly, dehydrogenation of propane gives propene:

$$\underset{\text{Propane}}{CH_3CH_2CH_3} \xrightarrow{750°\text{C}} \underset{\text{Propene}}{CH_3CH{=}CH_2} + \underset{\text{Hydrogen}}{H_2}$$

Propene is the second most important petrochemical and is produced on a scale about half that of ethylene.

Almost any hydrocarbon can serve as a starting material for production of ethylene and propene. Cracking of petroleum (Section 2.19) gives ethylene and propene by processes involving cleavage of carbon–carbon bonds of higher molecular weight hydrocarbons. An area of current research interest is directed toward finding catalytic methods for converting methane from natural gas to ethylene.

The major uses of ethylene and propene are as starting materials for the preparation of polyethylene and polypropylene plastics, fibers, and films. These and other applications will be described in Chapter 6.

$$\underset{\text{에틸렌}}{H_2C{=}CH_2} \longrightarrow \underset{\text{메틸렌}}{2\,\ddot{C}H_2} \qquad \Delta H° = +730 \text{ kJ (172 kcal)}$$

$$\underset{\text{에테인}}{H_3C{-}CH_3} \longrightarrow \underset{\text{메틸}}{2\,\dot{C}H_3} \qquad \Delta H° = +375 \text{ kJ (90 kcal)}$$

C=C 결합 에너지를 σ 성분과 π 성분에 배당하는 것은 불가능 하지만, π 결합은 σ 결합 보다 더 약하다는 것을 자료가 보여준다.

프로펜(propene, $CH_3CH{=}CH_2$)에는 두 가지 다른 형태의 탄소–탄소 결합이 존재한다. 이중결합은 σ+π 형태이고 methyl기에 대한 결합은 sp^3-sp^2 겹침에 의해 형성되는 σ 결합이다.

sp^3 혼성 탄소

sp^2 혼성 탄소

C—C 결합 길이 = 150 pm
C=C 결합 길이 = 134 pm

문제 5.3

아래에 보여준 알켄에서 sp^2 혼성 탄소는 몇 개인가? sp^3 혼성 탄소는 몇 개인가? sp^3-sp^2형 결합은 몇 개인가? sp^3-sp^3- 형 결합은 몇 개인가?

5.3 알켄의 이성질현상

에틸렌은 단지 두 개 탄소만을 가진 화합물이고, 프로펜은 단지 세 개의 탄소만을 가지고 있지만 분자식이 C_4H_8인 알켄은 *네 개*의 이성질체가 있다.

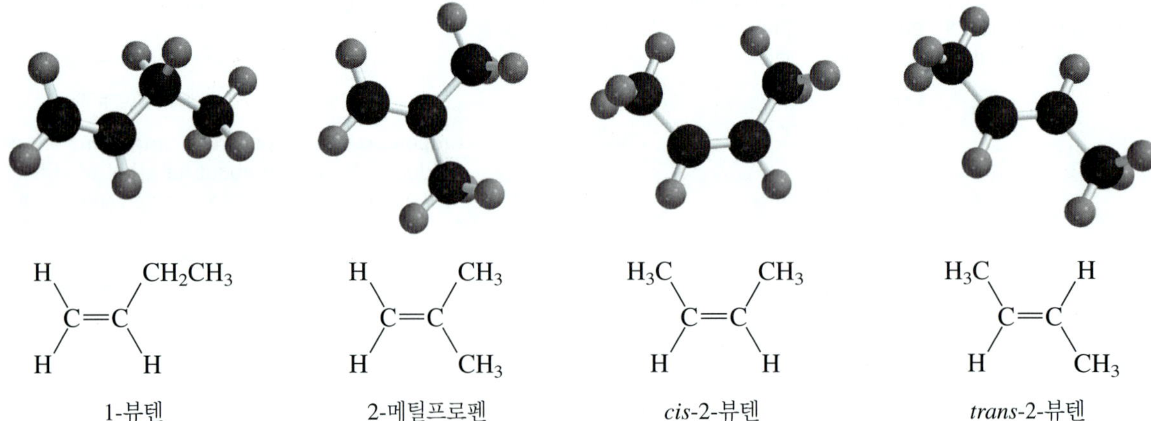

1-뷰텐 2-메틸프로펜 *cis*-2-뷰텐 *trans*-2-뷰텐

1-뷰텐(1-butene)은 C-1과 C-2 사이에 이중결합이 있는 가지 없는 탄소 사슬을 갖는다. 이것은 다른 세 물질의 구조이성질체이다. 마찬가지로 가지 달린 탄소 사슬을 갖는 2-메틸프로펜(2-methylpropene)도 다른 세 화합물의 구조이성질체이다.

한 쌍의 이성질체인 *시스*–와 *트랜스*-2-뷰텐(2-butene)은 같은 구조를 가진다. 두 이성질체는 C-2와 C-3를 연결하는 이중결합을 갖는 가지 없는 탄소사슬을 가진다. 그러나 시스 이성질체는 두 메틸기가 이중결합의 같은 편에 있으며 반면 트랜스 이성질체의 메틸기는 이중결합의 서로 반대편에 있다. 3.11절에서 언급한 것처럼 같은 구조를 갖지만 공간에서 원자들의 입체배열이 다른 이성질체를 *입체이성질체*(*stereoisomer*)라 부른다.

시스-2-뷰텐과 *트랜스*-2-뷰텐은 입체이성질체이다. 시스와 트랜스라는 말은 이중결합의 *배열*(*configuration*)을 결정해 준다.

입체이성질체 알켄은 때로 기하이성질체(*geometric isomer*)라고도 한다.

알켄의 시스–트랜스 입체이성질 현상은 이중결합 탄소 중 하나의 탄소에 동일한 두 개의 치환기가 결합되어 있을 때는 가능하지 않다. 그러므로 1-뷰텐도 2-메틸프로펜도 이성질체를 가질 수 없다.

동일하다 {H, H} $C=C$ (CH_2CH_3, H)

1-뷰텐
(입체이성질체가 가능하지 않다)

동일하다 {H, H} $C=C$ {CH_3, CH_3} 동일하다

2-메틸프로펜
(입체이성질체가 가능하지 않다)

문제 5.4

C_5H_{10}의 분자식을 가지는 알켄은 몇 개인가? 그 구조와 IUPAC 이름을 써라. 시스 또는 트랜스로 입체이성질체의 배열을 결정하라.

원칙적으로 *시스*-2-뷰텐과 *트랜스*-2-뷰텐은 C-2=C-3 이중결합의 회전으로 상호변환 될 수 있다. 그러나 뷰테인의 C-2—C-3 단일결합의 빠른 회전과는 달리 2-뷰텐 입체이성질체의 상호변환은 제약을 받는다. 2-뷰텐의 시스- 와 트랜스간의 상호변화에 필요한 활성화 에너지는 알케인의 단일결합 회전 활성화 에너지 보다 10~15배나 더 크다. 따라서 정상적인 환경에서는 이런 변환이 일어나지 않는다.

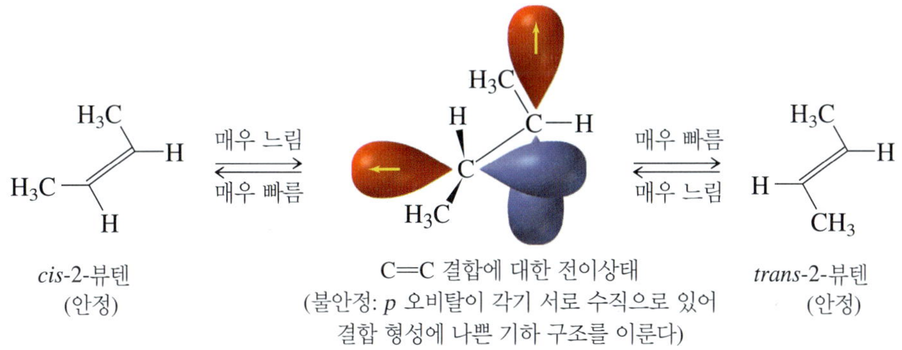

시스- 와 *트랜스* 2-뷰텐의 π 결합은 C-2와 C-3에서 *p* 오비탈이 서로 나란히 있어 강하다. 그러나 두 입체이성질체가 상호변환 되려면 이들 *p* 오비탈이 서로 직각으로 있어야 한다. 그렇게 되면 이들의 겹침이 감소하고 이중결합의 π 성분이 약해진다.

문제 5.5

cis-2-헥센과 *trans*-2-헥센은 입체이성질체인가? 설명하시오.

5.4 *E-Z* 표기법에 의한 입체이성질체 알켄 명명

이중결합의 양쪽 끝에 있는 치환기가 같거나 또는 구조적으로 서로 유사할 때는 이중결합의 배열을 시스 또는 트랜스로 기술하는 것은 간단하다. 예를 들어 올리브유로부터 얻어지는 올레산(oleic acid)는 시스 이중결합을 가진다. 계피의 독특한 냄새 성분인 신남알데하이드(cinnamaldehyde)는 트랜스 이중결합을 가진다.

올레산은 올리브 기름으로 제조한다.

신남알데하이드는 계피 냄새성분이다.

$CH_3(CH_2)_6CH_2$(H)C=C(H)$CH_2(CH_2)_6CO_2H$

올레산

C_6H_5(H)C=C(H)CH=O

신남알데하이드

문제 5.6

집파리 암컷은 페르몬으로 알려진 화학적 신호를 보내어 수컷을 유인한다. 집파리의 수컷을 유인하는 암컷에서 분비하는 물질은 *cis*-9-트라이코센($C_{23}H_{46}$)으로 확인되었다. 이 화합물에 대한 입체화학을 포함한 구조식을 쓰시오.

그러나, 한 탄소에 있는 치환기가 다른 탄소에 있는 기준 치환기와 비슷하거나 또는 유사하지 않을 때 "*시스*"와 "*트랜스*"라는 용어를 사용하기는 모호하다. 다행히도 이중결합의 입체화학을 기술하기 위한 분명한 체계가 원자번호를 기준으로 하여 개발되었다. 원자번호 기준으로 이중결합 탄소에 결합된 치환기의 순위를 결정한다. 더 큰 원자번호를 가진 원자가 이중결합의 같은 편에 있으면 이 이중결합은 ***Z*** 입체배열을 가졌다고 한다. 여기서 ***Z***는 "함께"라는 의미의 독일어 ***zusammen***을 나타낸다. 큰 원자번호를 가진 원자가 이중결합의 반대편에 있으면 입체배열은 ***E***로 표시한다. ***E***라는 부호는 "반대편"이라는 의미의 독일어인 ***entgegen***을 나타낸다.

높은 순위 → Cl, Br ← 높은 순위; 낮은 순위 → H, F ← 낮은 순위

Z 배열

더 높은 순위의 치환기(Cl과 Br)가 이중결합의 같은 편에 있다

높은 순위 → Cl, F ← 낮은 순위; 낮은 순위 → H, Br ← 높은 순위

E 배열

더 높은 순위의 치환기(Cl과 Br)가 이중결합의 반대편에 있다

표 5.1에 있는 우선순위 규칙은 R .S. Chan, Sir Christoper Ingold(England) 및 Vladimir Prelog (Switzerland) 등에 의해 제 7장에서 다시 나오게 될 각기 다른 유기 입체화학의 관점에서 개발되었다.

물론 대부분의 알켄의 이중결합에 있는 치환기들은 이 예보다 더 복잡하다. 치환기의 순위를 결정하는 규칙, 특히 알킬기에 대한 것을 표 5.1에 나타내었다.

문제 5.7

Z 또는 *E* 를 사용하여 각 알켄의 입체배열을 결정하시오.

(a) H_3C(H)C=C(CH_2OH)(CH_3)

(b) H_3C(H)C=C(CH_2CH_2F)($CH_2CH_2CH_2CH_3$)

(c) H_3C(H)C=C(CH_2CH_2OH)($C(CH_3)_3$)

(d) (사이클로프로필)(CH_3CH_2)C=C(H)(CH_3)

풀이 예시 (a) 이중결합 탄소의 한 탄소에 메틸기와 수소가 있다. 표 5.1의 규칙에 따라 메틸기는 수소보다 순위가 높다. 이중결합의 다른 탄소에는 메틸기와 $-CH_2OH$ 기가 있다. $-CHOH$ 기는 메틸기 보다 순위가 높다.

높은 순위 (C) → H_3C, CH_2OH ← 높은 순위 $-C(O,H,H)$

낮은 순위 (H) → H, CH_3 ← 낮은 순위 $-C(H,H,H)$

높은 순위의 치환기가 이중결합의 같은 편에 있다. 입체적 배열은 *Z* 형태이다.

표 5.1 Cahn-Ingold-Prelog의 우선순위 규칙

규칙	예
1. 큰 원자번호가 작은 원자번호에 우선한다. 브로민(원자번호 35)은 염소(원자번호 17)에 우선한다. 메틸(C, 원자번호 6)는 수소(원자번호 1)에 우선한다	**1.** 이 화합물은 *Z* 입체배열을 가진다. 우선순위가 더 큰 원자(Br과 CH_3의 C)들이 이중결합의 같은 편에 있다 높은 순위 Br, CH_3 높은 순위 C=C 낮은 순위 Cl, H 낮은 순위
2. 이중결합에 직접 결합된 두 원자가 동일하면 이 두 원자에 결합된 다른 원자의 원자번호를 비교한다. 이렇게 하여 첫 번째 차이점에서 우선순위를 결정한다. 에틸[−C(C,H,H)]이 메틸[−C(H,H,H)에 우선한다. 마찬가지로 *tert*-뷰틸이 아이소뷰틸에 우선하고 아이소프로필은 에틸에 우선한다. $—C(CH_3)_3 > —CH(CH_3)_2 > —CH_2CH_3$ —(C,C,C) > —C(C,C,H) > —C(C,H,H)	**2.** 이 화합물은 *E* 배열을 가진다. 높은 순위 Br, CH_3 낮은 순위 C=C 낮은 순위 Cl, CH_2CH_3 높은 순위
3. 결합 점에서부터 풀어간다. 더 진행하기 전에 특정 원자에 결합된 모든 원자를 비교한다. $—CH(CH_3)_2$[—C(C,C,H)]는 $—CH_2CH_2OH$ [—C(C,H,H)에 우선한다.	**3.** 이 화합물은 *E* 입체배열을 갖는다. 높은 순위 Br, CH_2CH_2OH 낮은 순위 C=C 낮은 순위 Cl, $CH(CH_3)_2$ 높은 순위
4. 결합 점에서부터 풀어갈 때 항상 기(group)로서가 아니라 치환된 원자로서 하나씩 평가해야한다. 산소는 탄소 보다 원자번호가 크다. $—CH_2OH$ [—C(O,H,H)는 $—C(CH_3)_3$ [—C(C,C,C)]에 우선한다.	**4.** 이 화합물은 *Z* 입체배열을 갖는다. 높은 순위 Br, CH_2OH 높은 순위 C=C 낮은 순위 Cl, $C(CH_3)_3$ 낮은 순위
5. 다른 원자와 다중 결합된 원자는 그 원자가 중복 치환된 것으로 간주한다. —CH(=O)는 —C(O,O,H)인 것처럼 간주한다 —CH=O [—C(O,O,H)]기는 $—CH_2OH$ [—C(O,H,H)]에 우선한다.	**5.** 이 화합물은 *E* 입체배열을 갖는다. 높은 순위 Br, CH_2OH 낮은 순위 C=C 낮은 순위 Cl, CH=O 높은 순위

뒤표지 안쪽(오른쪽 페이지)에 있는 표에 우선순위가 증가하는 순서로 흔히 사용되는 몇 가지 원자와 작용기를 수록하였다. 이 표를 암기할 필요는 없지만 다른 작용기에 대한 다른 기의 상대적 우선순위를 추정할 수 있어야 한다. *E*, *Z* 시스탬으로 명명할 때는 나머지 이름 앞에 괄호로표시하여 나타내야 한다.

문제 5.8

표 5.1에 있는 처음 세 화합물을 명명하시오.

풀이 예시

Br, $\overset{3}{CH_3}$
$\overset{1}{C}=\overset{2}{C}$
Cl, H

보여준 것처럼 사슬에 번호를 메기고 치환기를 알파벳순으로 목록을 만든다. 화합물 이름은 (*Z*)-1-브로모-1-클로로프로펜이다.

5.5 알켄의 물리적 성질

알켄의 물리적 성질은 대부분 알케인의 성질과 유사하다. 작은 분자량의 알켄에서 C_4H_8까지는 실온과 대기압에서 기체이다.

대부분 알켄의 이중극자 모멘트는 대단히 작다. C_4H_8 이성질체 중 1-뷰텐(1-butene), *시스*-2-뷰텐(*cis*-2-butene) 및 2-메틸프로펜(2-methylpropene)은 0.3~0.5 D 범위의 쌍극자 모멘트를 가진다. *트랜스*-2-뷰텐(*trans*-2-butene)은 쌍극자 모멘트가 없다. 그럼에도 불구하고 쌍극자에 미치는 치환기효과를 살펴보면 알켄을 이해하는데 도움이 된다.

쌍극자 모멘트를 실험적으로 측정하면 크기는 알 수 있으나 방향은 알 수 없다. 각각의 결합 쌍극자 모멘트의 방향을 측정함으로서 분자 전체의 방향을 추정할 수 있다. 알켄에 대한 근본적인 의문은 C=C에 결합된 알킬기에 관계된 것이다. *알킬기는 이중결합에 전자를 주는가? 또는 전자를 끓어 당기는가?* 이 문제는 예를 들어 메틸기의 효과를 다른 기와 비교하여 해결할 수 있다.

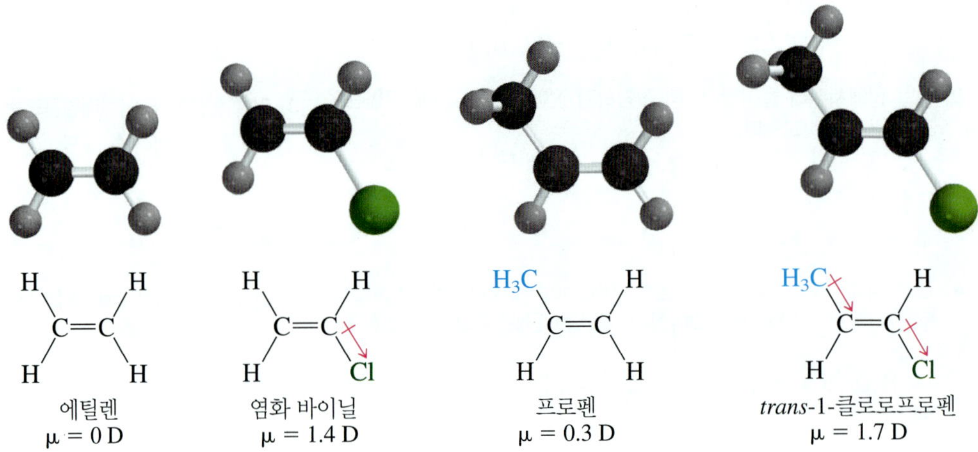

물론 에틸렌 쌍극자 모멘트가 없고 수소가 Cl로 치환되면 바이닐 클로라이드(vinyl chloride)가되고 1.4 D의 쌍극자 모멘트를 갖는다. 이 효과는 수소 중의 하나를 메틸기로 치환하면 대단히 적다. 프로펜은 단지 0.3 D의 쌍극자 모멘트를 갖는다. 이제 CH_3와 Cl을 이중결합에 서로 트랜스가 되도록 배치해 보자. 만일 메틸이 H 보다 전자를 더 잘 내어 준다면, CH_3와 Cl의 효과는 서로 보강되므로 *trans*-$CH_3CH{=}CHCl$의 쌍극자 모멘트는 $CH_2{=}CHCl$ 보다 더 크게 된다. 만일 메틸이 전자를 끌어당긴 다면 반대 효과가 일어나 *trans*-$CH_3CH{=}CHCl$의 쌍극자 모멘트는 1.4 D 보다 작아지게 된다. 실제로, $CH_3CH{=}CHCl$의 쌍극자 모멘트가 $CH_2{=}CHCl$ 보다 더 크다는 것은 메틸기가 이중결합에 전자를 밀어주는 치환기라는 것을 나타내 준다.

문제 5.9

다음 화합물들의 쌍극자 모멘트가 증가하는 순으로 나열하시오.

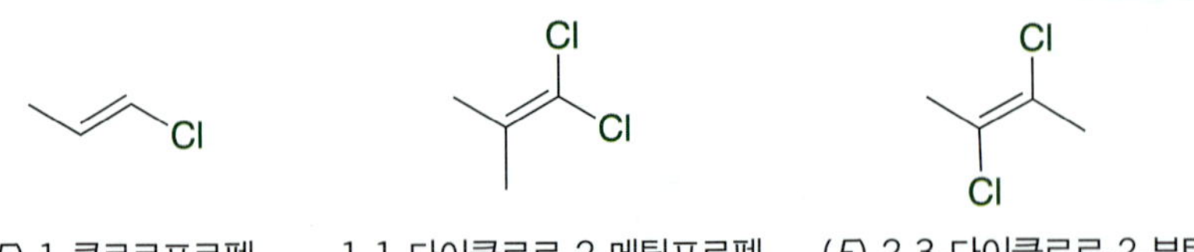

메틸기는 유발효과와 하이퍼컨쥬게이션에 의해 탄소양이온이나 자유 라디칼의 sp^2-

혼성 탄소로 전자를 밀어 주는 것과 같은 방법으로 이중결합에 전자를 준다. 알켄에서의 하이퍼콘쥬게이션을 공명 구조식으로 표현하면 알킬기가 이중결합 탄소로 전자를 밀어 주는 것으로 그릴 수 있다.

주 기여체 ⟷ 부 기여체

그러나 이러한 비편재화는 주 기여체보다 결합이 하나 더 적은 기여체를 만든다. 결과적으로 알킬기가 치환되면 이중결합으로 전자를 밀어주게되고, 주 기여체나 부 기여체의 결합 수가 동일한 탄소양이온이나 라디칼에 비해 덜 안정화된다.

다른 알킬기도 비슷하게 작용하며 하이퍼콘쥬게이션에의한 알켄의 안정화에 미치는 치환기 효과에 대한 다른 예들을 다음 절에서 보게 될 것이다.

5.6 알켄의 상대적 안정도

알케인(2.21절)과 다이메틸사이클로헥세인(dimethylcyclohexane, 3.11절)의 이성질체 안정성을 연소 열을 이용하여 어떻게 설명하는가를 보았다. 분자식이 C_4H_8인 네 개 알켄 이성질체의 연소 열을 유사한 방법으로 분석하면, 1-뷰텐이 가장 불안정한 이성질체이고 2-메틸프로펜이 가장 안정한 이성질체임을 알 수 있다.

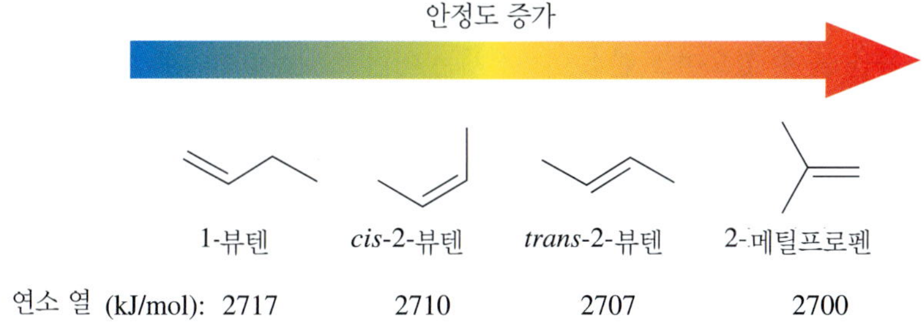

알켄에 대한 유사한 자료로 다음과 같은 요인들이 알켄의 안정성을 지배한다는 것을 말해준다.

1. C=C의 치환도(전자적 효과)
2. van der Waals 스트레인(입체적 효과)
3. 사슬 가지화(가지친 사슬은 가지가 없는 사슬보다 상대적으로 더 안정하다)

*치환도(degree of substitution)*는 C=C 구조 단위에 직접 결합된 탄소 수를 말한다. $RCH{=}CH_2$는 *일치환(monosubstituted)* 또는 말단 이중결합을 가진다. 단 R의 탄소 수는 무시한다. *이치환(disubstituted)*, *삼치환(trisubstituted)* 또는 *사치환(tetrasubstituted)*된 이중결합은 C=C 이중결합에 직접 결합된 탄소 원자 수가 두 개, 세 개 및 네 개이다. C_4H_8 이성질체 중에서, 1-뷰텐만이 일치환 된 이중결합을 가지며, 나머지 세 개는 이치환 이중결합을 가지고 있다. 따라서 이들의 연소 열을 측정하면 1-뷰텐보다 더 안정하다.

문제 5.10

삼치환 이중결합을 포함한 분자식이 C_6H_{12}인 모든 알켄에 대한 구조식과 IUPAC 이름을 쓰시오.

탄소양이온과 자유라디칼의 sp^2-혼성 탄소처럼, 이중결합의 sp^2-혼성 탄소도 전자를 끌어당기므로 이들 탄소로 전자를 밀어주는 치환기에 의해 안정화 된다. 앞 절에서 본 것처럼, 알킬기는 수소보다 전자를 더 잘 밀어준다. 따라서 알켄을 더 안정화 시킨다.

일반적으로 더 많이 치환된 이중결합을 가진 알켄이 덜 치환된 이중결합을 가진 알켄 보다 더 안정하다.

문제 5.11

C_6H_{12}의 식을 갖는 17개 이성질체의 표준 생성엔탈피가 알려져 있다. 가장 안정한 이성질체($\Delta H_f^\circ = -70$ kJ/mol)와 가장 불안정한 이성질체($\Delta H_f^\circ = -42$ kJ/mol)는 어느 것인가?

두 개 이상의 원자나 기가 계의 전자분포를 변화시키도록 상호작용을 일으키는 효과를 **전자효과(electronic effect)**라고 한다. 더 많이 치환된 알켄이 더 안정한 것은 전자효과의 예이다.

입체효과는 3.10절에서 소개하였고, 3.11절에서 1,2-다이메틸사이클로프로페인의 시스 및 트랜스 입체이성질체의 상대적인 안정도에 적용하였다.

문제 5.12

다음 알켄을 안정성이 감소하는 순서로 배열하라. 1-펜텐; (*E*)-2-펜텐; (*Z*)-2-펜텐; 2-메틸-2-뷰텐.

알켄에서 *van der Waals 스트레인*은 두 치환기 사이의 반발력에 기인하는 가장 보편적인 **입체효과(steric effect)**이다. *시스*-2-뷰텐의 연소 열은 *트랜스*-2-뷰텐의 연소 열보다 3 kJ/mol (0.7 kcal/mol)이나 더 크다는 것이 이를 반영한다. 이 에너지 차의 원인을 그림 5.2에 설명하였으며, 특히 공간 채움 모형에서 시스-2-뷰텐의 두 메틸기가 매우 가깝게 놓여 있음을 볼 수 있으며 트랜스 이성질체는 이런 스트레인이 없다.

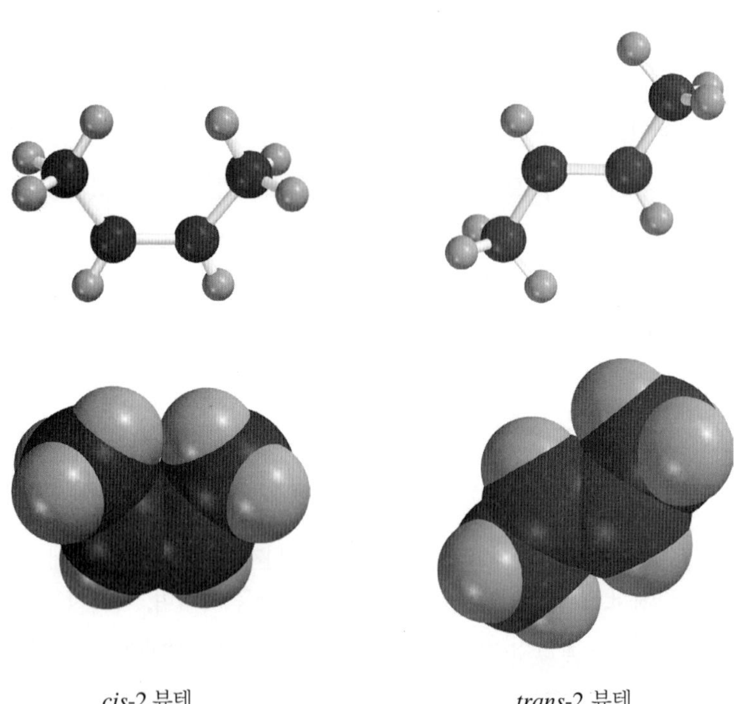

cis-2 뷰텐　　*trans*-2 뷰텐

그림 5.2

시스- 및 *트랜스*-2-뷰텐의 공 막대 및 공간 채움 모형. 공간 채움 모형은 시스-2-뷰텐에 있는 두 수소간의 심각한 van der Waals 변형을 보여준다. 분자는 큰 치환기가 멀리 떨어지도록 결합 각을 넓힘으로써 이런 변형이 조절된다. 각 변형과 van der Waals 변형이 합쳐져 *트랜스*-2-뷰텐 보다 *시스*-2-뷰텐이 더 불안정하게 된다.

일반적으로 트랜스 알켄이 상응하는 시스 입체이성질체보다 안정하다.

입체이성질체 알켄들 간의 안정성의 차이는 이중결합에 결합된 알킬기가 더 커질수록 현저하게 나타난다. 특별한 한 예로 *시스*-와 *트랜스*-2,2,5,5-테트라메틸-3-헥센(*cis*- 및 *trans*-2,2,5,5,-tetramethyl-3-hexene)을 비교함으로서 관찰할 수 있다. 여기서, 시스 이성질체의 연소 열은 트랜스 이성질체보다 44 kJ/mol (10.5 kcal/mol) 만큼 더 크다. 시스 이성질체는 이중결합의 같은 편에 있는 부피가 큰 *tert*-뷰틸기 간의 큰 van der Waals 스트레인 때문에 불안정하게 된다.

이 알켄들의 관용명은 *cis*- 또는 *trans*-di-*tert*-뷰틸에틸렌이다. 이런 화합물의 경우는 이름과 구조를 쉽게 연관지을 수 있어 IUPAC 이름보다 관용명이 더 편리하다.

에너지 차이 =
44 kJ/mol
(10.5 kcal/mol)

cis-2,2,5,5-테트라메틸-3-헥센
(덜 안정하다)

trans-2,2,5,5-테트라메틸-3-헥센
(더 안정하다)

문제 5.13

수많은 시도에도 불구하고, 알켄 3,4-di-*tert*-뷰틸-2,2,5,5,-테트라메틸-3-헥센은 합성되지 못했다. 그 이유를 설명하시오.

사슬 가지화(*chain branching*)은 알케인의 안정화 효과에서 이미 배웠다(2.22절). 이중결합을 포함하는 사슬에서도 동일하다. 세 개의 이치환된 C_4H_8 알켄 중에서, 가지친 이성질체$(CH_3)_2C{=}CH_2$가 *cis*- 또는 *trans*-$CH_3CH{=}CHCH_3$ 보다 더 안정하다.
일반적으로, 가지달린 알켄은 가지가 없는 알켄보다 더 안정하다. 사슬 가지화 효과는 치환도나 이중결합의 입체화학보다 덜 중요하다.

문제 5.14

분자식이 C_5H_{10}인 여섯 개 알켄 입체이성질체 구조식을 그리시오. 그리고 이들을 안정도 순(연소 열이 더 작은 것부터 큰 순으로)으로 정리하시오.

5.7 사이클로알켄

이중결합은 모든 크기의 고리 화합물에 존재할 수 있다. 가장 간단한 사이클로알켄인 사이클로프로펜(cyclopropene)은 1922년에 처음 합성되었다. 사이클로프로펜 고리는 스터쿨릭산(sterculic acid)에 존재한다. 이 물질은 필립핀과 인도네시아에서 자라는 *나무* (*sterculia foelida*)의 씨앗 속에 있는 기름의 한 성분이다.

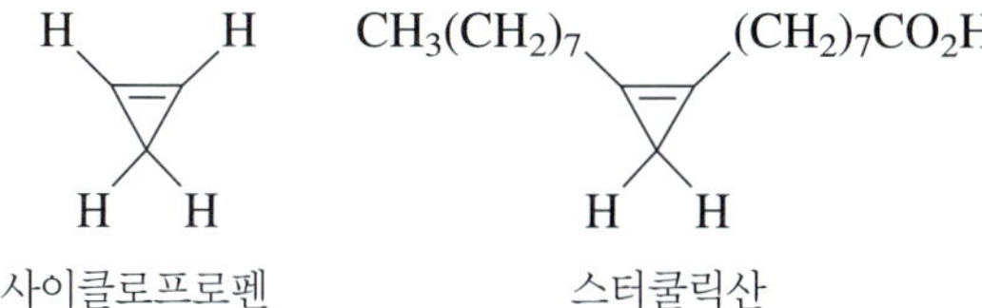

사이클로프로펜 스터쿨릭산

3.5절에서 살펴본 것처럼 사이클로프로페인의 결합각 60°는 sp^3 혼성 탄소의 정상적인 각 109.5° 보다 매우 작기 때문에 사이클로프로페인은 각 스트레인에 의해 불안정하게 된다. 사이클로프로펜은 이중결합 탄소의 결합각이 정상적인 sp^2 혼성 값 120°로부터 더 크게 벗어났기 때문에 더 크게 변형된다. 물론 사이클로뷰테인(cyclobutene)은 사

이클로프로펜 보다 각 스트레인이 더 작으며 사이클로펜텐(cyclopentene), 사이클로헥센(cyclohexene) 및 고급 사이클로알켄의 각 스트레인은 무시할 수 있다.

사이클로알켄에 이중결합이 있으면 고리의 형태에 영향을 준다. 사이클로헥센의 형태는 반-의자 형이고, 이구조에서 1, 2, 3 및 6번 탄소가 동일한 평면에 있고 그리고 4, 및 5 탄소는 평면의 위와 아래에 있다. 다른 형태의 반-의자 형 구조로 쉽게 변환되며, 이 때의 에너지 장벽은 22.2 kJ/mol (5.3 kcal/mol)이고 이는 사이클로헥센에서 의자-의자 상호변환에서 요구되는 구조 형태이다. 탄소 3과 6에 치환기를 가지면 사이클로헥세인의 정상적인 축 방향과 수평 방향 배열로부터 기우러지므로 이들을 *유사축*(*pseudoaxial*)과 *유사수평*(*pseudoequatorial*)으로 배열되었다고 한다.

지금까지는 사이클로알켄을 이중결합이 시스 입체배열인 구조식으로 나타내었다. 그러나 고리가 충분히 커지면 트랜스 이성질체가 가능하다. 분리될 수 있을 만큼 충분히 안정하고 정상적으로 저장할 수 있는 가장 작은 트랜스 사이클로알켄은 트랜스-사이클로옥텐(*trans*-cyclooctene)이다.

에너지 차이 =
39 kJ/mol (9.2 kcal/mol)

(*E*)-사이클로옥텐
(*trans*-사이클로옥텐)
덜 안정하다

(*Z*)-사이클로옥텐
(*cis*-사이클로옥텐)
더 안정하다

트랜스-사이클로헵텐(*trans*-cycloeptene)은 합성되어 낮은 온도(−90°C)에서 연구되었다. 그러나 분리하여 실온에서 저장하기에는 너무나 반응성이 크다. 스트레인이 더 큰 트랜스-사이클로헥센(*trans*-cyclohexene)이 어떤 반응의 활성 중간체로서 순간적으로 존재한다는 증거가 알려졌다.

문제 5.15

다음 화합물을 나타낼 수 있도록 주어진 탄소골격에 이중결합을 넣으시오.

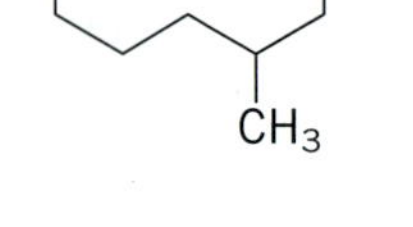

(a) (*Z*)-1-메틸사이클로데켄
(b) (*E*)-1-메틸사이클로데켄
(c) (*Z*)-3-메틸사이클로데켄
(d) (*E*)-3-메틸사이클로데켄
(e) (*Z*)-5-메틸사이클로데켄
(f) (*E*)-5-메틸사이클로데켄

풀이 예시 (a)와 (b) 메틸기는 단지 C-1에만 위치해야 함으로 이중결합이 들어갈 자리는 두 곳만이 가능하다.

(*Z*)-1-메틸사이클로데켄 (*E*)-1-메틸사이클로데켄

Z 이성질체에서 우선순위가 낮은 두 치환기, 즉 메틸기와 수소는 이중결합의 같은 편에 있다. *E* 이성질체에서 이들 치환기는 이중결합의 반대편에 있다. 이중결합의 끝에 있는 고리 탄소는 우선순위가 더 높다.

보다 더 큰 고리는 이중결합의 끝을 이어주는 탄소가 더 많으므로 트랜스 사이클로알켄과 관련된 스트레인은 고리 크기가 증가함에 따라 감소한다. 12-원자 고리가 되면 사실상 스트레인은 사라지고 *시스*-와 *트랜스*-사이클로도데켄(*cis*-와 *trans*-cyclododecene)은 안정도가 대략 서로 유사하다. 고리가 12-원자 이상이 되면 트랜스-사이클로알켄은 시스보다 더 안정하다. 이런 경우에는 고리 크기나 유동성이 충분히 커서 비고리 알켄과 에너지가 비슷하다.

5.8 알켄 제조: 제거반응

이장의 나머지 부분은 다음과 같은 형태의 반응에 의해 어떻게 알켄이 제조되는가를 기술할 것이다.

$$X-\overset{|}{\underset{|}{C}}_{\alpha}-\overset{|}{\underset{|}{C}}_{\beta}-Y \longrightarrow \;\backslash C=C/ \; + X-Y$$

알켄이 형성되려면 X와 Y가 이웃 탄소 원자에 있는 치환기여야 한다. X를 기준으로해서 여기에 결합된 탄소를 α-탄소라고 하고 Y는 β-탄소에 있는 치환기이다. 기준 원자로부터 연속해서 멀리 떨어져 있는 탄소를 γ-탄소, δ-탄소 등으로 부른다. 이 장에서는 β-제거반응만을 다루게 될 것이다. **베타(β)-제거(elimination)**는 *1,2*-제거로도 알려져 있다.

5.2절에서 β-제거의 한 형태에 대해서는 이미 다루었다. 높은 온도에서 에테인과 프로페인의 *탈수소화*(*dehydrogenation*)로 에틸렌(ethylene)과 프로필렌(propylene)을 공업적으로 제조할 수 있다. 두 반응 모두 H_2의 β-제거로 진행된다.

$$\underset{\text{Ethane}}{CH_3CH_3} \xrightarrow{750°C} \underset{\text{Ethylene}}{H_2C=CH_2} + \underset{\text{Hydrogen}}{H_2}$$

$$\underset{\text{Propane}}{CH_3CH_2CH_3} \xrightarrow{750°C} \underset{\text{Propene}}{CH_3CH=CH_2} + \underset{\text{Hydrogen}}{H_2}$$

탈수소화로 분류되는 많은 반응이 25°C에서 생체계의 세포 내에서 일어난다. 그러나 H_2가 생성물은 아니고 효소-촉매과정의 다른 단계에서 없어진다.

$$\underset{\text{Succinic acid}}{HOOC-CH_2CH_2-COOH} \xrightarrow{\text{succinate dehydrogenase}} \underset{\text{Fumaric acid}}{HOOC-CH=CH-COOH}$$

생화학 책으로부터 인용하는 것이 도움이 된다."이 반응은 유기화학에서는 쉬운 반응이 아니다. 그러나, 대사 화학에서는 매우 중요한 반응이다. 탄수화물, 지방 및 여러 아미노산의 산화에서 필수적인 단계이다."G. L. Zubay, Biochemistry, 4th ed., William C. Brown Publishers, 1996, p.333.

알케인의 탈수소화는 대부분 알켄에 대한 실제적인 *실험실* 합성법이 아니다. 알켄을 실험실에서 합성할 수 있는 중요한 방법은 두 가지의 다른 β-제거이다: 즉 알코올의 *탈수*(*dehydration*)와 알킬할라이드의 *탈할로젠화수소*(*dehydrohalogenation*)이다. 이 두 반응을 이장의 나머지 부분에서 다룰 것이다.

5.9 알코올의 탈수

알코올의 **탈수(dehydration)**에서는 이웃 탄소에 있는 H와 OH가 제거된다. 이 반응에는 산 촉매가 필요하다. 에테인의 탈수소화가 지배적인 방법이 되기 전에 에틸렌은 에틸 알코올(ethyl alcohol)과 황산을 함께 가열하여 제조하였다.

$$CH_3CH_2OH \xrightarrow[160°C]{H_2SO_4} H_2C{=}CH_2 + H_2O$$

Ethyl alcohol Ethylene Water

다른 알코올도 비슷한 반응을 한다. 이차 알코올은 일차 알코올보다, 삼차 알코올은 이차 알코올보다 더 낮은 온도에서 탈수가 일어난다.

Cyclohexanol $\xrightarrow[140°C]{H_2SO_4}$ Cyclohexene (79−87%) + H_2O (Water)

2-Methyl-2-propanol $\xrightarrow[heat]{H_2SO_4}$ 2-Methylpropene (82%) + H_2O (Water)

HSO_4^- 와 H_3PO_4의 산의 세기는 비슷하다. 이 둘은 강산인 H_2SO_4 보다는 훨씬 약산이다.

사용하는 산과 온도 같은 반응 조건은 제거에 의해 알켄이 최대한 생성되는 조건을 선택한다. 황산(H_2SO_4)과 인산(phosphoric acid, H_3PO_4)은 알코올 탈수에서 가장 흔하게 사용되는 산이다. $KHSO_4$ (황산수소 포타슘, potassium hydrogen sulfate)도 흔히 사용되는 시약이다.

문제 5.16

다음 각 알코올의 탈수로 얻어지는 알켄을 제시하시오.

(a) 3-에틸-3-펜탄올 (c) 2-프로판올
(b) 1-프로판올 (d) 2,3,3-트라이메틸-2-뷰탄올

풀이 예시 (a) 3-에틸-3-펜탄올의 탈수에서 이웃한 탄소 사이에서 하이드록실기가 제거된다.

$$(CH_3CH_2)_3C{-}OH \xrightarrow{H^+} (CH_3CH_2)_2C{=}CHCH_3 + H_2O$$

3-에틸-3-펜탄올 3-에틸-2-펜텐 물

하이드록실기가 동등한 세 개의 에틸기가 결합된 탄소 원자로부터 제거된다. β-제거는 동등한 세 방향의 어느 한 방향에서 일어날 수 있으며 생성물은 같은 3-에틸-2-펜텐이 된다.

몇 몇 생화학적 과정의 중요 단계에서 이러한 알코올의 탈수가 포함된다. 한 예로 3-데하이드로퀴니산(3-dehydroquinic acid)은 3-데하이드로쉬킴산(3-dehydroshikimic acid)으로 변환된다.

3-Dehydroquinic acid $\xrightarrow{\text{3-dehydroquinate dehydratase}}$ 3-Dehydroshikimic acid + H_2O (Water)

이 반응은 *탈수효소(dehydratase)*라 부르는 효소에 의해 촉매화 되고 식물에서 글루코오스(glucose)를 어떤 아미노산으로 변환시키는 과정의 한 단계로 진행된다.

5.10 알코올의 탈수에서 위치선택성: Zaitsev 규칙

위에서 인용한 생화학적 예를 제외하고는 5.9절(문제5.16도 포함)에 있는 모든 알코올로부터 β-제거가 일어나면 단 하나만의 알켄이 생성된다. 2-메틸-2-뷰텐올(2-methyl-2-butenol)과 같은 알코올의 제거는 어떻게 될 것인가? 이 알코올에서는 두 가지의 다른 방향으로 제거가 일어나 구성이성질체인 두 가지의 알켄을 생성한다. 이 화합물에서 이중결합은 C-1과 C-2 또는 C-2와 C-3 사이에서 형성될 수 있다. 두 과정이 다 일어날 수 있으나 그 정도는 다르다. 일반적인 반응조건에서는 2-메틸-2-뷰텐(2-methyl-2-butene)이 주 생성물로 생성되고 2-메틸-1-뷰텐(2-methyl-1-butene)은 부 생성물로 생성된다.

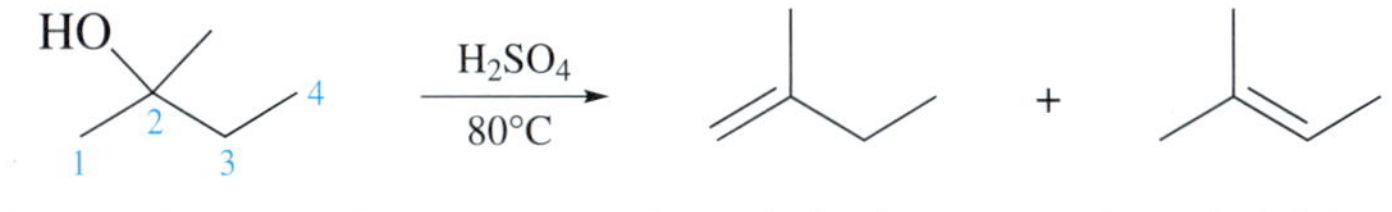

HO 1 2 3 4 —H_2SO_4, 80°C→ +

2-Methyl-2-butanol　2-Methyl-1-butene (10%)　2-Methyl-2-butene (90%)

이 알코올의 탈수는 반응의 방향에 대한 선택성이 있다. 제거는 C-2와 C-1 사이에서보다는 C-2와 C-3 사이에서 이중결합이 생성되도록 진행된다. 한 방향 이상으로 진행될 수 있는 반응에서 어느 한 방향이 더 유리할 때 **위치선택성(regioselective)**이 있다고 말한다.

러시아 사람인 Zaitsev가 그의 업적 대부분을 saytzeff라는 번역 이름으로 독일 과학학술지에 발표했지만 여기서는 오늘날 더 많이 사용하는 *Zaitsev*로 사용한다.

Kazan 대학(러시아)의 Alexander M. Zaitsev는 1875년에 β-제거의 위치선택성을 일반화시킨 결과를 발표하였다. **Zaitsev 규칙(Zaitzev rule)**은 제거에 의해 알켄 혼합물이 생성되는 많은 실험적 결과를 요약한 것이다. Zaitsev 규칙은 *가장 많이 생성되는 알켄은 β-탄소에 가장 적은 수소를 가진 상응하는 알코올로부터 수소가 제거된 알켄이라고 규정한다.*

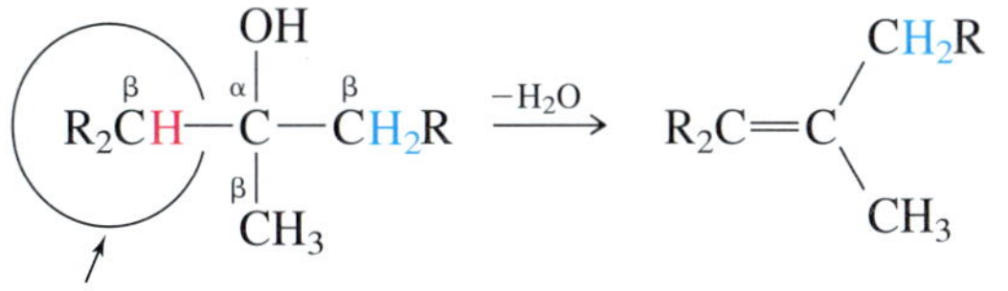

OH; β R_2CH—C(α)—CH_2R (β); β CH_3 —$-H_2O$→ R_2C=C(CH_2R)(CH_3)

수소는 수소 수가 적은 β-탄소로부터 제거된다　생성물에서 가장 많이 존재하는 알켄

알코올의 산-촉매 탈수에 적용되는 Zaitsev 규칙은 다른 방법으로 더 많이 표현한다. *즉 알코올의 β-제거반응은 주 생성물로서 이중결합 탄소에 가장 많이 치환된 알켄을 생성한다.* 5.6절에서 언급한 것처럼 이중결합 탄소에 가장 많이 치환된 알켄이 가장 안정한 알켄이므로, Zaitsev 규칙을 β-*제거에 의해 생성될 수 있는 가장 안정한 알켄의 생성이 더 유리하다* 라고 표현 할 수도 있다.

문제 5.17

다음 각 알코올은 산-촉매 탈수를 일으켜 알켄의 두 이성질체 혼합물을 생성한다. 각 경우에서 두 개의 이성질체를 확인하고 Zaitsev 규칙을 근거로 해서 주 생성물을 예측하시오.

(a) $(CH_3)_2C(OH)CH(CH_3)_2$　(b) H_3C OH (cyclohexane)　(c) OH, H (decalin)

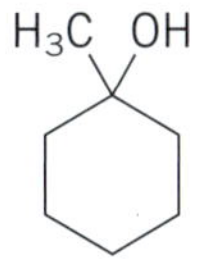

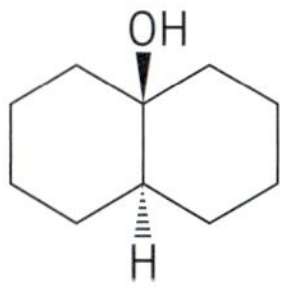

풀이 예시 (a) 2,3-다이메틸-2-뷰탄올에서 C-1 수소가 제거되면 2,3-다이메틸-1-뷰텐이 생성되고, C-3 수소가 제거되면 2,3-다이메틸-2-뷰텐이 생성된다.

$\xrightarrow{-H_2O}$

2,3-Dimethyl-2-butanol → 2,3-Dimethyl-1-butene (부 생성물) + 2,3-Dimethyl-2-butene (주 생성물)

주 생성물은 2,3-다이메틸2-뷰텐이다. 이 이성질체는 사치환 이중결합을 갔으며 이치환 이중결합을 가지는 2,3-다이메틸-1-뷰텐 보다 더 안정하다. 주 생성물 알켄은 더 많은 수의 수소가 결합된 β-탄소(C-1)를 가진 화합물이 아니라 더 적은수의 수소를 가진 탄소(C-3)로부터 수소가 제거된 화합물이다.

5.11 알코올의 탈수에서 입체선택성

알코올의 탈수는 위치선택성과 더불어 **입체선택성(stereoselective)**이다. 입체선택성 반응은 한 출발 물질이 두 개 또는 그 이상의 입체이성질체 생성물을 형성할 수 있고 그 중에 하나가 다른 이성질체보다 더 많은 양으로 생성되는 반응이다. 알코올의 탈수에서는 보다 더 안정한 알켄의 입체이성질체가 생성된다. 예를 들어 3-펜탄올은 트랜스-2-펜텐과 시스-2-펜텐을 생성하며 이중에서 더 안정한 트랜스 입체이성질체가 더 많이 생성된다.

$\xrightarrow[\text{heat}]{H_2SO_4}$

3-Pentanol → *cis*-2-Pentene (25%) (부 생성물) + *trans*-2-Pentene (75%) (주 생성물)

문제 5.18

2-펜탄올의 산-촉매 탈수로부터 생성되는 세 가지 알켄은 무엇인가?

5.12 알코올의 탈수에서 E1 및 E2 메커니즘

알코올의 탈수와 알코올과 할로젠화 알킬의 반응(4.7절)은 중요한 두 가지 면에서 유사하다.

1. 두 반응은 산에 의해서 촉진된다.
2. 알코올의 상대적 반응성은 1차 < 2차 < 3차 순으로 증가한다.

이 두 반응의 공통된 특징은 알코올의 탈수에서나 알코올과 할로젠화수소의 반응에서나 모두 탄소양이온이 중요 중간체라는 점이다. 메커니즘 5,1에 *tert*-뷰틸 알코올의 산-촉매 탈수에 대한 세 단계 메커니즘을 나타내었다. 1단계와 2단계에서는 염화 수소와 *tert*-뷰틸 알코올의 반응에서 중간체가 생성되는 것과 유사한 과정에 의해 *tert*-뷰틸 양이온이 생성됨을 서술하고 있다.

tert-뷰틸 알코올과 염화 수소의 반응처럼 *tert*-뷰틸옥소늄 이온이 $(CH_3)_3C^+$와 H_2O로 분해되는 2단계가 속도결정 단계이다. 속도결정 단계가 일분자 반응이므로 전체 탈수 과정을 *일분자 제거(unimolecular elimination)*라고 하며 **E1**으로 표시한다.

3단계는 탄소양이온이 Brønsted 산으로 작용하여 Brønsted 염기(물)에 양성자를 전달하는 산-염기 반응이다. 이러한 것은 제거 반응에서 가장 중요한 탄소양이온의 성질이다.

메커니즘 5.1에서 3단계는 물이 탄소양이온으로부터 양성자를 떼어내는 염기로서 작용하는 것을 보여준다. 동일한 방식으로 작용할 수 있는 반응 혼합물에 존재하는 다른 Brønsted 염기는 뷰틸 알코올과 황산수소 이온이 포함된다.

메커니즘 5.1

tert-뷰틸 알코올의 산-촉매 탈수의 E1 메커니즘

전체 반응:

$$(CH_3)_3COH \xrightarrow[\text{열}]{H_2SO_4} (CH_3)_2C{=}CH_2 + H_2O$$

tert-Butyl alcohol　　2-Methylpropene　　Water

메커니즘:

1단계: *tert*-뷰틸 알코올의 양성자 첨가반응

빠름

tert-뷰틸 알코올　하이드로늄 이온　*tert*-뷰틸옥소늄 이온　물

2단계: *tert*-뷰틸옥소늄 이온의 탄소양이온과 물로의 분해

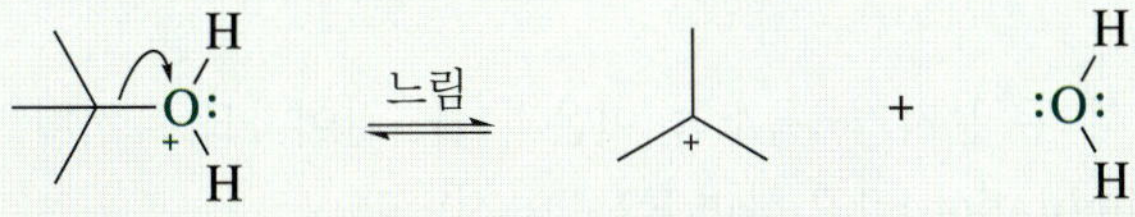

느림

tert-뷰틸옥소늄 이온　*tert*-뷰틸 양이온　물

3단계: *tert*-뷰틸 양이온의 탈양성자화

빠름

tert-뷰틸 양이온　물　2-메틸프로텐　하이드로늄 이온

탄소양이온은 강산이며 알켄의 짝산이고 쉽게 양성자를 잃고 알켄으로 된다. 물과 같은 약한 산이라도 탄소양이온으로부터 양성자를 떼어내는 데 충분하다.

문제 5.19

문제 5.17(5.10절)에서 각 알코올의 탈수에 의해 형성되는 탄소양이온 구조를 써라. 굽은 화살표를 이용하여 각 탄소양이온이 물에 의해 양성자가 어떻게 이탈하여 알켄 혼합물이 생성되는가를 나타내시오.

풀이 예시 (a) 출발물질 알코올에서 하이드록실기가 결합된 탄소가 탄소양이온에서 양으로 하전된 탄소가 된다.

$$(CH_3)_2C(OH)CH(CH_3)_2 \xrightarrow[-H_2O]{H^+} (CH_3)_2\overset{+}{C}CH(CH_3)_2$$

물은 탄소양이온의 C-1 또는 C-3로부터 양성자를 제거한다. C-1에서 양성자가 제거되면 주 생성물 2,3-다이메틸-1-뷰텐이 생성된다(이 알켄은 이치환 이중결합을 갖는다).

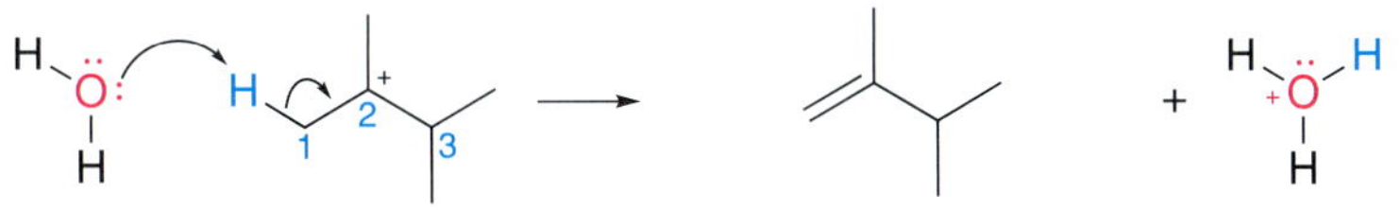

2,3-다이메틸-1-뷰텐

C-3로부터 양성자가 제거되면 주 생성물 2,3-다이메틸-2-뷰텐이 생성된다(이 알켄은 사치환 이중결합을 갖는다).

2,3-다이메틸-2-뷰텐

이미 언급한 것처럼(4.10절) 1차 탄소양이온은 대부분의 화학반응에서 중간체가 되기에는 에너지가 너무 높다. 만일 1차 알코올이 탄소양이온을 형성할 수 없다면 어떻게 제거가 일어날 것인가? 알코올 탈수에 대한 일반적인 메커니즘의 보완으로 합리적인 설명을 시도하였다. 1차 알코올에서는 탄소-산소 결합이 절단되는 동일 단계에서 알킬 옥소늄 이온으로부터 양성자가 제거된다. 예를 들어, 에탄올의 황산-촉매 탈수의 속도결정 단계를 다음과 같이 나타낼 수 있다.

$$H_2\ddot{O}: + H—CH_2—CH_2—\overset{+}{O}H_2 \xrightarrow{\text{느림}} H_2\overset{+}{O}—H + H_2C{=}CH_2 + :\ddot{O}H_2$$

물 에틸옥소늄 이온 하이드로늄 이온 에틸렌 물

속도결정 단계에서 두 분자가-옥소늄 이온과 물-관여하므로 전체 반응은 **이분자 제거(bimolecular elimination)**라고 하며 **E2**로 표시한다.

3차 알코올처럼 2차 알코올도 보통 탄소양이온 중간체를 거쳐 탈수가 일어난다.

4장에서 탄소양이온은 할로젠화 음이온과 반응하여 할로젠화 알킬을 생성한다는 것을 배웠다. 이 장에서는 탄소양이온이 양성자를 잃고 알켄을 형성하는 두 번째 형태의 반응을 다루었다. 다음절에서는 한 탄소양이온이 다른 탄소양이온으로 *자리옮김(rearrangement)*하는 세 번째 형태의 반응을 다루게 된다.

5.13 알코올의 탈수에서 자리옮김

몇 가지 알코올은 탈수반응을 하여 출발물질인 알코올과는 탄소 골격이 다른 알켄을 생성한다. 아래에 보여준 예에서, 분리된 세 개 생성물 중에서 본래의 알코올과 탄소 골격이 동일한 생성물이 가장 적은 양이다. 두 개의 양이 많은 알켄이 생성되는 동안에 탄소 골격의 **자리옮김**이 일어난 것이다.

$\xrightarrow[\text{열}]{H_3PO_4}$

3,3-Dimethyl-2-butanol → 3,3-Dimethyl-1-butene (3%) + 2,3-Dimethyl-1-butene (33%) + 2,3-Dimethyl-2-butene (64%)

Wagner-Meerwein 자리옮김이라고 하는 유사한 반응이 백년 전에 알려졌다. 1930년대 자리옮김에 대해 체계적으로 연구한 Penn State의 Frank Whitmore가 메커니즘으로 설명하였다.

일반적으로 용인되는 이 자리옮김 메커니즘을 메커니즘 5.2에 나타냈다. 이 메커니즘은 탄소양이온에 대한 새로운 반응 경로를 도입하여 산-촉매 알코올 탈수에 대해 E1 메커니즘을 확장한 것이다. 탄소양이온은 양성자이탈에 의해 알켄을 생성할 뿐만 아니라, 자리가 옮겨진 알켄의 공급원이 되는 더 안정한 탄소양이온으로 자리옮김도 한다.

왜 탄소양이온은 자리옮김을 하는가? 3차 탄소양이온이 2차 탄소양이온보다 안정하다(4.9절)는 것을 생각해보면 간단히 답을 얻을 수 있다. 그러므로 2차 탄소양이온이 3차로 자리옮김하는 것은 에너지 적으로 유리하다. 메커니즘 5.2에 나타낸 것처럼 3,3-다이메틸-2-뷰탄올(3,3-dimethyl-2-butanol)의 탈수로 제일 먼저 형성되는 탄소양이온은 2차

메커니즘 5.2

3,3-다이메틸-2-뷰탄올의 탈수에서 탄소양이온의 자리옮김

전체 반응

OH

$\xrightarrow[\text{가열}]{H_3PO_4}$ + +

3,3-Dimethyl-2-butanol → 3,3-Dimethyl-1-butene + 2,3-Dimethyl-1-butene + 2,3-Dimethyl-2-butene

메커니즘:

1과 2단계: 처음 두 단계는 메커니즘 5.1에 설명한 *tert*-뷰틸 알코올의 산-촉매 탈수에서와 유사하다. 알코올은 산 수용액에서 양성자화되어 옥소늄 이온을 형성하고 이 이온은 탄소양이온과 물로 해리된다.

:ÖH H_3O^+ H_2O → 1단계 → $:\overset{+}{O}H_2$ → 2단계 → + $H_2\ddot{O}:$

3,3-다이메틸-2-뷰탄올 — 1,2,2-트라이메틸-프로필 옥소늄 이온 — 1,2,2-트라이메틸-프로필 양이온 — 물

3과 3′단계: 2단계에서 형성된 탄소양이온은 두 가지가 가능하다. Brøsted 염기로 양성자가 전달되어 반응 혼합물에 물로 존재하며 알켄을 생성하거나 (3단계), 자리옮김 (3′단계)할 수도 있다.

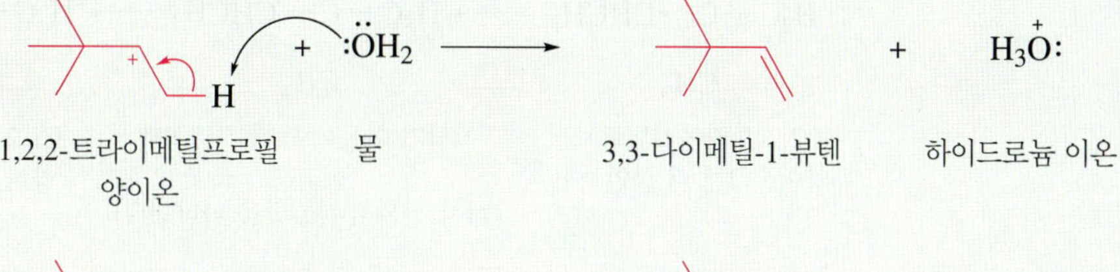

3단계:

H + :ÖH₂ → + $H_3\overset{+}{O}:$

1,2,2-트라이메틸프로필 양이온 — 물 — 3,3-다이메틸-1-뷰텐 — 하이드로늄 이온

3′단계: 메틸 이동에 의한 자리옮김으로 덜 안정한 2차 탄소양이온이 더 안정한 3차 탄소양이온으로 전환된다.

1,2,2−트라이메틸프로필 양이온(2차) → 1,2,2−트라이메틸프로필 양이온(3차)

4와 4′단계: 3'단계에서 생성된 3차 탄소양이온은 두 가지 다른 방식으로 양성자가 이탈될 수 있다. 주 경로(4'단계)는 사치환 알켄을 형성하고, 4단계의 경로로는 이치환 이중결합을 생성한다.

4단계:

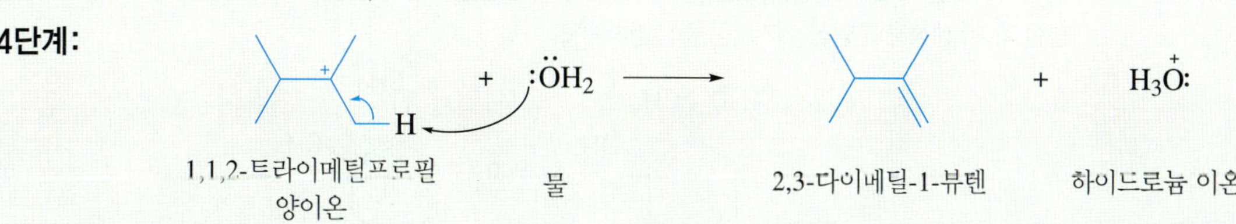

(계속)

메커니즘 5.2

3,3-다이메틸-2-뷰탄올의 탈수에서 탄소양이온의 자리옮김 (*계속*)

4′단계:

$H_2\ddot{O}:$ + 1,1,2-트라이메틸프로필 양이온 ⟶ $H_3\overset{+}{O}:$ + 2,3-다이메틸-2-뷰텐

물 / 1,1,2-트라이메틸프로필 양이온 / 하이드로늄 이온 / 2,3-다이메틸-2-뷰텐

탄소양이온이고, 자리옮김한 탄소양이온은 3차이다. 자리옮김이 일어난 후에 거의 대부분의 알켄은 이 3차 탄소양이온으로부터 생성된다.

탄소양이온이 어떻게 자리옮김하는가? 이것을 이해하기 위해서 전이상태에서 일어나는 구조적인 변화를 살펴 볼 필요가 있다. 메커니즘 5.2의 초기 탄소양이온(2차) 중간체를 자세히 보면, 탄소양이온의 C-2에 있는 메틸기가 양전하를 띠는 이웃한 탄소로 자리옮김한다. 이때 메틸기는 C-2와 σ 결합을 이루는데 사용했던 전자쌍을 가지고 이동한다. 메틸기 이동을 굽은 화살표로 나타낸 것은 메틸기와 σ 결합의 전자 모두가 이동한 것을 나타낸다.

$H_3C-C(CH_3)_2-\overset{+}{C}HCH_3$ ⟶ $H_3C-\overset{\delta+}{C}(CH_3)\cdots CH_3\cdots\overset{\delta+}{C}HCH_3$ ⟶ $H_3C-\overset{+}{C}(CH_3)-CH(CH_3)CH_3$

1,2,2-트라이메틸프로필 양이온(2차 더 불안정함) / 메틸기 이동에 대한 전이상태 (대시 선은 부분결합을 나타낸다) / 1,1,2-트라이메틸프로필 양이온(3차 더 안정함)

자리옮김의 전이상태에서 메틸기는 본래 결합되었던 탄소와 이동해 갈 탄소에 부분적으로 결합하고 있다.

이 자리옮김 반응을 그림 5.3에서 오비탈로 나타내었다. 2차 탄소양이온의 타당한 오비탈을 구조(a)에 나타내었고, 자리옮김의 전이상태에 대한 오비탈을 (b)에, 3차 탄소양이온에 대한 오비탈을 (c)에 나타내었다. 하이퍼컨쥬게이션에 의한 $C-CH_3$ σ 결합의 전자가 양으로 하전된 탄소의 빈 *p*-오비탈로 전자가 비편재화되는 것을 (a)와 (b)에 나타내었다. 이때 활성화 에너지는 필요하지 않으므로 각 탄소양이온은 안정화된다. 그러나 메틸기에 있는 원자의 이동은 전이상태 (b)에 도달하기에 충분한 에너지를 (a)에 의해 흡수할 때만 일어난다. 활성화 에너지는 크지 않으므로 탄소양이온 자리옮김 반응은 매우 빠르다.

탄소양이온이 형성되면 다른 반응이 빠르게 진행된다.

문제 5.20

2,2-다이메틸사이클로헥산올의 탈수로 얻어지는 알켄 혼합물은 상당량의 1,2-다이메틸사이클로헥센을 포함한다. 이 생성물의 형성 메커니즘을 설명하시오.

2,2-다이메틸사이클로헥산올 $\xrightarrow{-H_2O}$ 1,2-다이메틸사이클로헥센

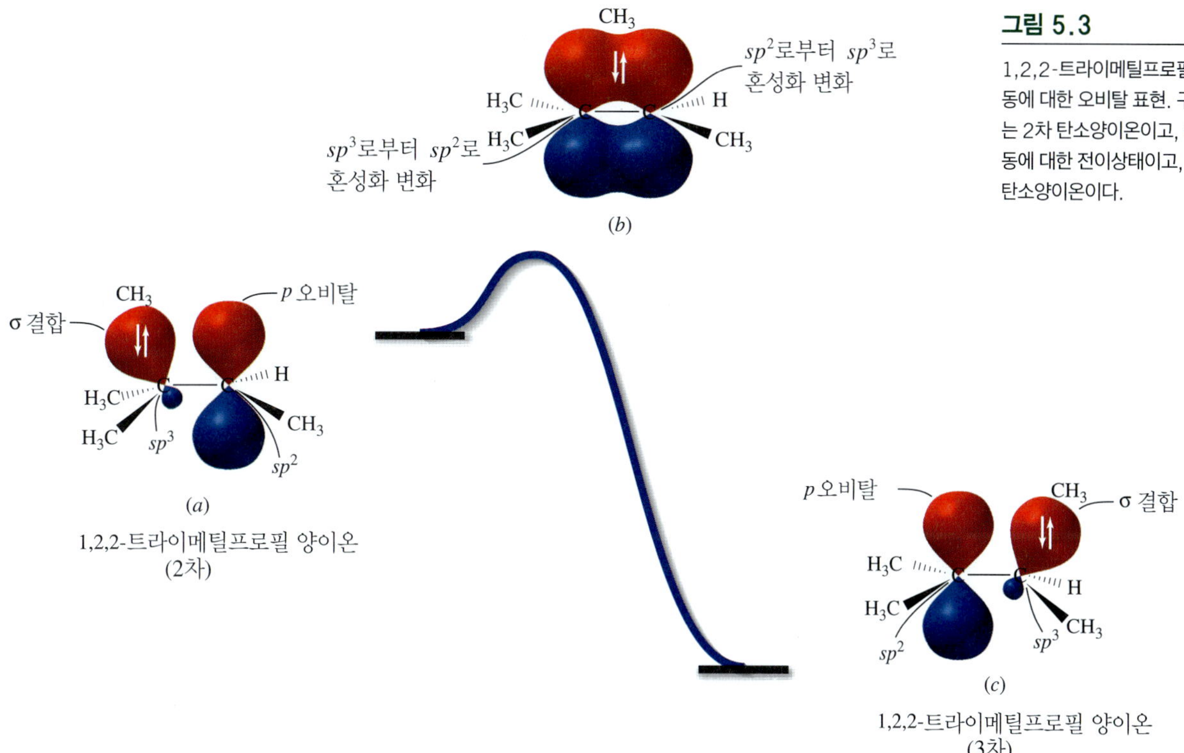

그림 5.3

1,2,2-트라이메틸프로필 양이온의 메틸기 이동에 대한 오비탈 표현. 구조 (a)는 처음 생성되는 2차 탄소양이온이고, 구조 (b)는 메틸기 이동에 대한 전이상태이고, 구조 (c)는 최종 3차 탄소양이온이다.

메틸기 이외의 알킬기도 양전하 탄소로 이동할 수 있다.

많은 탄소양이온 자리옮김은 **수소음이온 이동(hydride shift)**이라고 하는 수소음이온 이동을 포함한다. 알킬기 이동에 적용되었던 같은 요인이 수소음이온 이동에도 적용된다. 더 안정한 탄소양이온이 생성되는 방향으로 진행된다. 이동하는 수소가 원래 결합되어 있던 탄소와 이동하게 될 탄소는 이웃한 탄소이고 탄소는 양전하를 가지고 있어야하며 따라서 수소는 전자쌍을 가지고 이동한다.

$$\mathrm{A-\overset{\overset{H}{|}}{\underset{\underset{B}{|}}{C}}-\overset{+}{\underset{\underset{Y}{|}}{C}}-X \longrightarrow A-\overset{+}{\underset{\underset{B}{|}}{C}}-\overset{\overset{H}{|}}{\underset{\underset{Y}{|}}{C}}-X}$$ 수소음이온 이동

수소음이온 이동은 1차 알코올의 탈수에서 일어난다. 그러므로 1-뷰텐은 1-뷰탄올의 탈수로 생성되는 유일한 알켄으로 예상되지만 사실은 부 생성물에 불과하다. 주 생성물은 시스-와 트랜스-2-뷰텐의 혼합물이다.

$$\text{1-Butanol} \xrightarrow[140\text{–}170^\circ\text{C}]{H_2SO_4} \text{1-Butene (12\%)} + \textit{cis}\text{-2-Butene (32\%)} + \textit{trans}\text{-2-Butene (56\%)}$$

메커니즘 5.3에 1-뷰탄올의 양성자화로 생성된 뷰틸옥소늄 이온이 물 분자를 상실하는 단계에서 어떻게 C-2로부터 C-1으로 수소음이온 이동이 일어나 2차 탄소양이온을 형성하는지를 나타냈다. 이 2차 탄소양이온에서 양성자가 이탈되어 1-뷰텐, 시스-2-뷰텐 그리고 트랜스-2-뷰텐이 만들어 진다.

이것은 알코올이 포함된 두 번째 작용기 변환에 대한 토론에서 결론이 난다; 첫 번째는 알코올이 할로젠화 일킬로 변환되는 반응이고(제 4장), 두 번째는 알코올이 알켄으로의

메커니즘 5.3

1-뷰탄올의 탈수에서 수소음이온 이동

전체 반응

1-Butanol —(H_2SO_4, 가열)→ 1-Butene + *cis*-2-Butene + *trans*-2-Butene

메커니즘:

1단계: 알코올이 양성자화되어 상응하는 알킬옥소늄 이온을 생성한다.

1-뷰탄올 + 하이드로늄 이온 ⇌(빠름) 뷰틸옥소늄 이온 + 물

2단계: Butyloxonium 이온이 E2 경로로 반응하여 1-butene을 생성한다.

물 + 뷰틸옥소늄 이온 → 하이드로늄 이온 + 1-뷰텐 + 물

2′단계: 다르게는 뷰틸옥소늄 이온이 수소음이온 이동에의해 생성되는 물을 잃고 2차 탄소양이온을 형성 할 수 있다.

뷰틸옥소늄 이온 → 전이상태 → *sec*-뷰틸 양이온 + 물

3단계: 2단계에서 생성된 2차 탄소양이온이 1-butene 또는 *cis*-2-butene과 *trans*-2-butene 혼합물을 생성할 수 있다.

sec-뷰틸 양이온 → 1-뷰텐 + *cis*-2-뷰텐 + *trans*-2-뷰텐

변환되는 것이다. 이 장의 남은 절에서 탈할로젠화수소에 의해 *할로젠화 알킬이 알켄으로 변환되는 반응을 설명한다.*

5.14 할로젠화 알킬의 탈할로젠화수소

탈할로젠화수소(dehydrohalogenation)은 할로젠화 알킬로부터 수소와 할로젠이 제거된다. 이 반응은 β-제거에 의해 알켄을 제조하는 가장 유용한 방법이다. 알켄 제조에 응용할 때 에틸 알코올(ethyl alcohol) 용매에서 에톡시화 소듐(또는 소듐 에톡사이드, sodium ethoxide) 같은 강한 염기 존재 조건에서 수행한다.

$$H-C-C-X + NaOCH_2CH_3 \longrightarrow C=C + CH_3CH_2OH + NaX$$

할로젠화 알킬 에톡시화 소듐 알켄 에틸 알코올 할로젠화 소듐

염화 사이클로헥실 $\xrightarrow[CH_3CH_2OH,\ 55°C]{NaOCH_2CH_3}$ 사이클로헥센 (100%)

유사하게 메톡시화 소듐(소듐 메톡사이드 sodium methoxide; $NaOCH_3$)도 적당한 염기이며 메틸 알코올(methyl alcohol) 용매에서 사용한다. 에틸 알코올과 수산화 포타슘(KOH)도 할로젠화 알킬의 탈할로젠화수소에 이용되는 또 다른 염기–용매 조합이다. *tert*-뷰톡시화 포타슘($KOC(CH_3)_3$)은 1차 할로젠화 알킬에 유용하고; *tert*-뷰틸 알코올이나 다이메틸 설폭사이드를 용매로 사용한다.

다이메틸 설폭사이드는 $(CH_3)_2\overset{+}{S}-\ddot{\underset{..}{O}}:^-$의 구조를 가지며, 보통 DMSO라고 부른다. 종이 제조 과정에서 부산물로 나오므로 가격도 비교적 저렴하다.

$$CH_3(CH_2)_{15}CH_2CH_2Cl \xrightarrow[DMSO,\ 25°C]{KOC(CH_3)_3} CH_3(CH_2)_{15}CH{=}CH_2$$

1-Chlorooctadecane 1-Octadecene (86%)

5.15절의 메커니즘 5.4는 이 반응을 더 자세하게 보여준다.

할로젠화 알킬의 탈할로젠화수소의 위치선택성은 Zaitsev 규칙에 따른다. 제거는 이중결합 탄소에 가장 많이 치환된 알켄이 생성되는 β-제거가 유리하다.

2-Bromo-2-methylbutane $\xrightarrow[CH_3CH_2OH,\ 70°C]{KOCH_2CH_3}$ 2-Methyl-1-butene (29%) + 2-Methyl-2-butene (71%)

문제 5.21

다음 각 할로젠화 알킬의 탈할로젠화수소로 형성될 수 있는 모든 알켄의 구조를 쓰시오. 각각의 경우에 가장 많은 양으로 생성될 것으로 예상하는데 Zaitzev 규칙을 이용하시오.

(a) 2-브로모-2,3-다이메틸뷰테인
(b) 염화 *tert*-뷰틸
(c) 3-브로모-3-에틸펜테인
(d) 2-브로모-3-메틸뷰테인
(e) 1-브로모-3-메틸뷰테인
(f) 1-아이오도-1-메틸사이클로헥세인

풀이 예시 (a) 먼저 2-브로모-2,3-다이메틸뷰텐의 구조를 보고 가능한 β-제거 경로를 예상해 보라.

Br, 1, 2, 3, 4

가능한 두 알켄은 다음과 같다.

2,3-다이메틸-1-뷰텐 (부 생싱물) 및 2,3-다이메틸-2-뷰텐 (주 생성물)

Zaitsev 규칙을 토대로 예측한 주 생성물은 2,3-다이메틸-2-뷰텐이다. 이것은 사치환 이중결합을 가지고 있다. 부 생성물은 이치환 이중결합을 갖는다.

할로젠화 알킬의 탈할로젠화수소는 위치선택성 이외에 입체선택성이 있고 보다 안정한 입체이성질체의 생성이 유리하다. 5-브로모노네인(5-bromononane)의 경우에는 트랜스 (또는 *E*) 알켄이 시스 (또는 *Z*) 입체이성질체보다 더 많이 생성된다.

$$\text{5-Bromononane} \xrightarrow[\text{CH}_3\text{CH}_2\text{OH}]{\text{KOCH}_2\text{CH}_3} \textit{cis}\text{-4-Nonene (23\%)} + \textit{trans}\text{-4-Nonene (77\%)}$$

5-Bromononane   *cis*-4-Nonene (23%)   *trans*-4-Nonene (77%)

문제 5.22

2-브로모뷰테인과 에톡시화 포타슘($KOCH_2CH_3$)의 반응에서 생성될 수 있는 모든 알켄에 대한 구조식을 쓰시오.

할로젠화 사이클로알킬의 탈할로젠화수소는 탄소 수가 열 개 보다 적은 고리일 때 만 시스 사이클로알켄이 생성된다. 고리가 더 커지면 시스 또는 트랜스가 다 허용되며 큰 고리 할로젠화 사이클로알킬은 시스 또는 트랜스 사이클로알켄을 형성한다.

$$\text{Bromocyclodecane} \xrightarrow[\text{CH}_3\text{CH}_2\text{OH}]{\text{KOCH}_2\text{CH}_3} \textit{cis}\text{-Cyclodecene} + \textit{trans}\text{-Cyclodecene}$$

Bromocyclodecane

cis-Cyclodecene
(*Z*)-cyclodecene
(85%)

trans-Cyclodecene
(*E*)-cyclodecene
(15%)

5.15 할로젠화 알킬의 탈할로젠화수소의 E2 메커니즘

지금까지 설명한 메커니즘은 반응물이 생성물로 가는 도중에 생기는 중간체와 전이상태의 역할을 강조하였다. 이러한 토론은 대부분 여러 가지 화학종의 *에너지와* 속도(E_a), 평형(ΔG) 그리고 반응열(ΔH)에 대한 그들의 영향과 관련지워 논한 것이다. 이 절에서는 메커니즘을 보다 더 분명하게 이해하기위해 *반응속도론*(*kinetics*)−반응 속도에 대한 연구(제 4.10)−으로부터 어떻게 추가적인 정보를 얻을 수 있는 가를 강조하려고 한다. 이들 반응속도론 연구는 Sir Christopher K. Ingold에 의해 1920년대에 시작되었고, 그의 공동연구자인 University of College, London의 Edward D. Hughes에 의해 1930~1963년까지 수행되었다. 이들의 연구 결과와 해석이 제8장에서 배우게 될 친핵성 치환반응과 제거반응의 현대적인 이해를 위한 개념적인 골격을 제공하였다.

반응속도론 연구는 시간의 함수로서 반응에서의 반응물과 생성물의 농도 측정에 의해 시작된다. 반응속도는 반응물 농도의 감소 속도나 또는 생성물 농도의 증가속도로 나타낼 수 있다. 할로젠화 알킬과 강염기의 탈할로젠화수소의 경우에:

$$\text{염기}: + \text{H}-\text{CR}_2-\text{CR}_2-\text{X}: \longrightarrow \text{염기}-\text{H} + \text{R}_2\text{C}=\text{CR}_2 + :\text{X}:^-$$

이 반응의 속도는 염기나 할로젠화 알킬의 농도에 직접 비례한다.

속도 = k [할로젠화 알킬] [염기]

할로젠화 알킬이나 염기의 농도를 두 배로 해주면 반응속도도 두 배가된다. 반응물의 농도를 다 두 배로 해주면 속도는 네 배로 증가한다. 각 농도 항의 지수는 1이다; 할로젠화 알킬에 대해 일차 반응이고 염기에 대해서도 일차 반응이다. 전체 반응속도 차수는 지수의 합, 또는 2차 이다. 비례상수 k는 속도 상수(4.10절)라고하며 다른 실험 변수(온도, 용매 등) 중에서 염기와 할로젠화 알킬에 의존한다. 속도 상수가 클수록 할로젠화 알킬은 더 빨리 반응한다. 예를 들어, 브로민화 사이클로헥실(cyclohexyl *bromide*)과 에톡시화 소듐(NaOEt)으로부터 사이클로헥센을 형성반응의 k 값은 염화 사이클로헥실(cyclohexyl *chloride*)의 반응보다 60배나 더 크다. 할로젠 중에서 아이오딘화(iodide)가 탈할로젠화수소에서 가장 좋은 **이탈기(leaving group)**이고, 플루오린화(fluoride)가 가장 나쁜 이탈기이다.

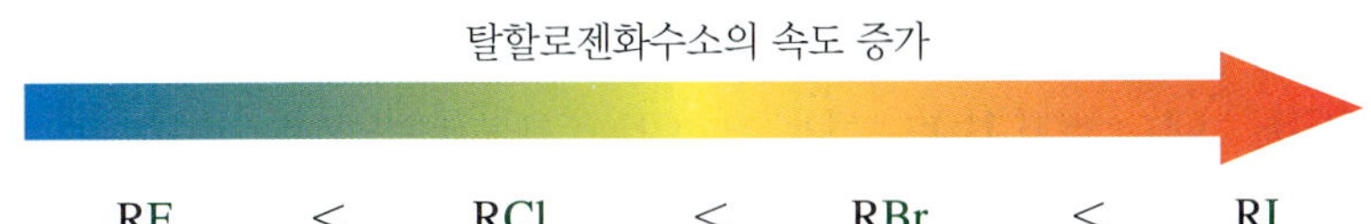

이러한 경향성은 탄소–할로젠 결합세기의 감소와 이탈기 할로젠화의 염기도 감소 등과 관련이 있다.

문제 5.23

CFCs(클로로플루오로탄소)의 가수분해 거동에 대한 연구가 미국 EPA(Environmental Protection Agency)에서 수행되었다. 그 결과 1,2-다이클로로-1,1,2-트라이플루오로에테인($ClF_2C-CHClF$)에 NaOH 수용액을 처리하면 탈할로젠화수소이 일어남을 알았다. 이 반응의 합리적인 생성물 구조를 제시하시오.

할로젠화 알킬의 강염기 탈할로젠화수소에 대한 메커니즘에서, Ingold는 할로젠화 알킬과 염기 둘 다 포함되는 이분자 속도–결정 단계를 제안하였다; 즉, 속도–결정 단계 동안에 염기에 의해서 β 탄소로부터 양성자가 제거된다. 그후에 Ingold는 네가지 중요 요소로 **일–단계 이분자 제거반응**(bimolecular elimination, E2) 메커니즘을 제안하였다.

1. 염기---H 결합 형성
2. C---H 결합의 분해
3. C$\cdots$C 파이 결합의 형성
4. C---X 결합의 분해

이들 모두가 전이상태에서 활성화 착물에 기여한다.

메커니즘 5.4에 1-클로로옥타데케인과 KOC(CH_3)$_3$ 반응에 대한 E2 메커니즘을 나타내었다. 이분자 전이상태는 *tert*-뷰톡시화와 2-클로로옥타데케인의 C-2 수소 중 하나 사이에 부분 결합을 이루고, C-1과 C-2 사이에 부분 이중결합 그리고 C-1과 Cl사이에 부분 결합을 이룬다.

$$\begin{array}{l} CH_3(CH_2)_{15}CH \overset{\cdots}{-} CH_2 \cdots \ddot{Cl}:^{\delta-} \\ \qquad\qquad\qquad\quad \vdots \\ (CH_3)_3C-\overset{\delta-}{\ddot{O}}\cdots H \end{array}$$

그림 5.4는 오비탈 상호작용을 포함해서 설명하기 위한 간단한 반응(염화 에틸 + 수산화 이온)의 포텐셜 에너지 도표이다.

문제 5.24

굽은 화살표를 이용하여 문제 5.23의 클로로플루오로탄소의 탈할로젠화수소의 전자 이동을 나타내시오.

메커니즘 5.4

1-클로로옥타데케인의 E2 제거

전체 반응

$$(CH_3)_3COK + CH_3(CH_2)_{15}CH_2CH_2Cl \xrightarrow[25°C]{DMSO} (CH_3)_3COH + CH_3(CH_2)_{15}CH{=}CH_2 + KCl$$

Potassium *tert*-butoxide; 1-Chlorooctadecane; *tert*-Butyl alcohol; 1-Octadecene (86%); Potassium chloride

메커니즘:

반응은 한 단계로 일어난다. 강염기인 *tert*-뷰톡시화가 할로젠화 알킬의 C-2로부터 양성자를 떼어내고 동시에 C-1의 Cl을 상실한다. 반응식에서 K^+는 양편에 모두 나타나므로 표시하지 않았다(구경꾼 이온).

$$(CH_3)_3C{-}\ddot{O}{:}^- + CH_3(CH_2)_{15}CH(H){-}CH_2{-}\ddot{Cl}{:} \longrightarrow (CH_3)_3C{-}\ddot{O}H + CH_3(CH_2)_{15}CH{=}CH_2 + {:}\ddot{Cl}{:}^-$$

tert-뷰톡시화 이온; 1-클로로옥타데케인; *tert*-뷰틸 알코올; 1-옥타데케인; 염화 이온

알킬기에 의한 이중결합의 안정화를 토대로 탈할로젠화수소의 두 가지 측면이 E2 메커니즘에 의해 얻어졌다. 이미 본 것처럼(5.14절) 다음 반응은 위치선택적이고, 더 안정한 이성질체, 즉 치환이 더 많이된 이중결합을 더 많이 생성한 β-제거가 Zaitsev 규칙에 따라 일어난다.

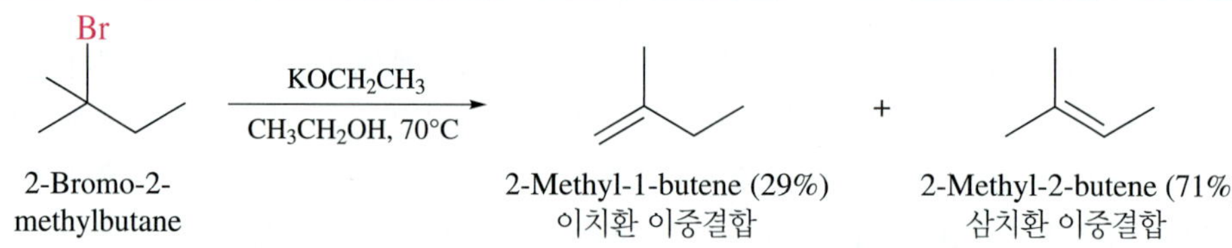

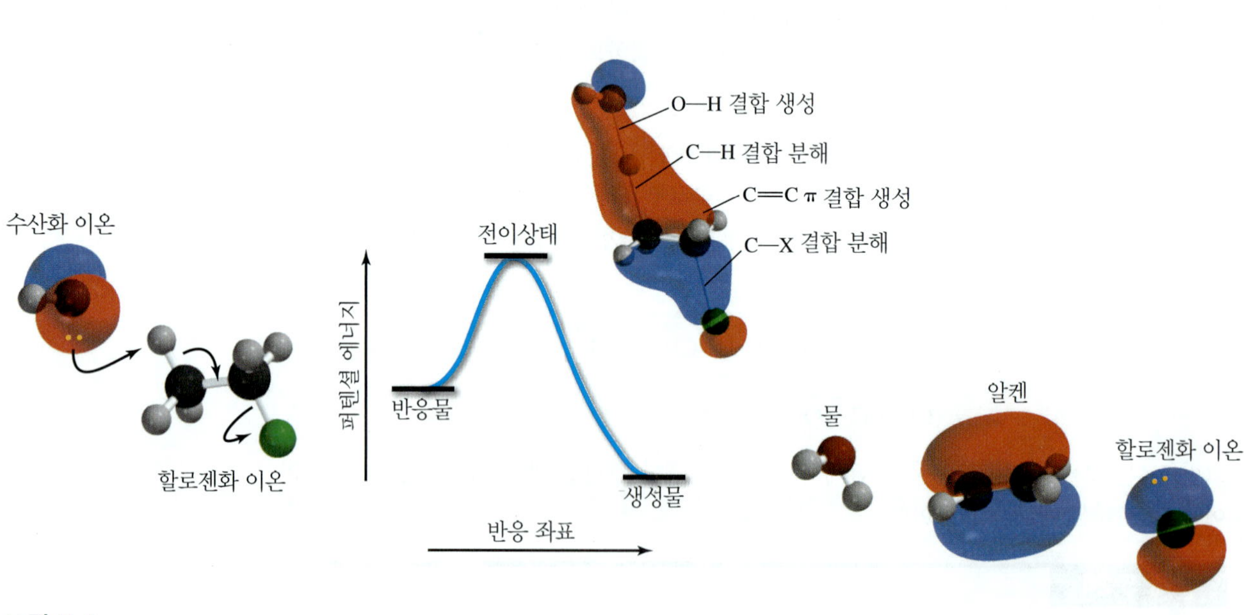

그림 5.4

염화 에틸의 E2 제거에 대한 퍼텐셜 에너지 도표.

알킬기가 이중결합을 안정화시키므로, 전이상태에서 그들은 또한 부분적으로 형성된 *p*-결합을 안정화 시킨다.

δ^- :Br: … H- -$\ddot{O}CH_2CH_3$ (δ^-)　은　δ^- :Br: … $CH_3CH_2\ddot{O}$---H (δ^-)　보다 에너지가 낮다.

2-메틸-2-뷰텐 형성을 위한 전이상태　　2-메틸-1-뷰텐 형성을 위한 전이상태

문제 5.25

아래 나타낸 반응의 주 생성물을 예견하시오.

Br (치환 사이클로헥세인) $\xrightarrow[\text{에탄올}]{NaOCH_2CH_3}$

전이상태에서 부분 이중결합의 특성이 또한 3차 할로젠화 알킬이 가장 빠르게 제거반응이 일어나고 1차 할로젠화 알킬이 가장 느리게 제거된다는 사실에도 기여한다.

할로젠화 알킬	브로민화 에틸	브로민화 아이소프로필	2-브로모-2-메틸뷰테인
상대적인 E2 속도 (에톡시화 소듐, 에탄올, 55°C)	1	6	42

3차 할로젠화물인 2-브로모-2-메틸뷰테인이 E2 전이상태를 통해 형성하는 두 개의 위치선택성 이성질체는 브로민화 에틸이나 브로민화 아이소프로필로부터 형성되는 알켄(에텔렌 및 프로펜)보다 치환이 더 많이 된 알켄이다.

할로젠화 알킬–1차, 2차 또는 3차–의 E2 메커니즘은 강한 염기 존재하에서 일어난다. 만일 강한 염기가 없거나 또는 아주 낮은 농도로 존재하면, 때때로 제거는 일분자 제거(E1)에 의해 일어나기도 한다. 탈할로젠화수소에 대한 E1 메커니즘은 5.18절에서 설명할 것이다.

5.16 E2 반응에서 안티 제거: 입체전자 효과

E2 메커니즘에 대한 더 깊은 통찰은 입체화학적 연구로부터 생긴다. 이와 같은 연구의 하나로 브로민화 시스-와 트랜스-4-*tert*-뷰틸사이클로헥실(*cis*-와 *trans*-4-*tert*-butyl-cyclohexyl bromide) 이성질체의 제거 속도를 비교해보자.

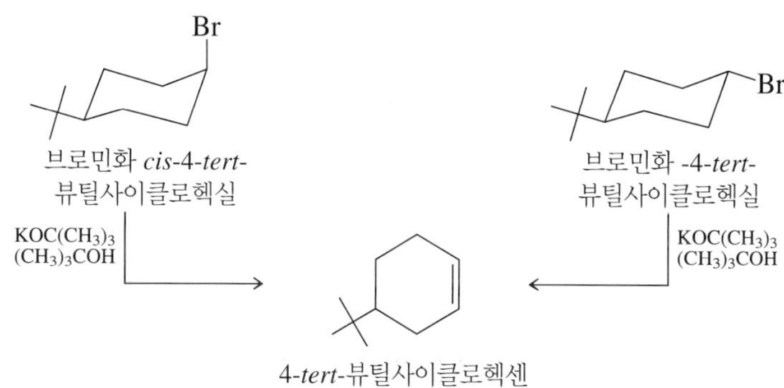

이 두 이성질체는 제거에서 둘 다 유일한 알켄으로 4-*tert*-뷰틸사이클로헥센을 형성하지만 그 속도는 매우 다르다. 시스 이성질체는 트랜스 보다 500 배나 더 빨리 반응한다.

반응속도의 차이는 E2 전이상태에서 π 결합 생성정도가 다르기 때문에 생긴다. *p* 오비탈의 π 겹침은 그들의 축이 나란히 있어야하므로 전이상태에서 H−C−C−X 단위의 네 원자가 같은 면에 놓여 있을 때가 결합 형성이 가장 잘 이루어진다. 이 관계를 허용하는 두 입체배열을 *syn 준평면(syn periplanar)*과 *anti 준평면(anti periplanar)* 배열이라고 한다.

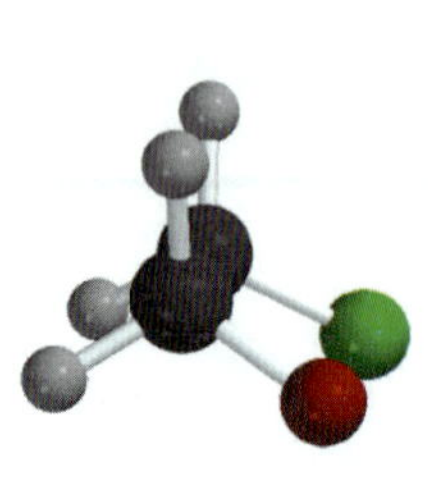

syn 준평면: 오비탈은 평행하지만 결합은 가려져 있다

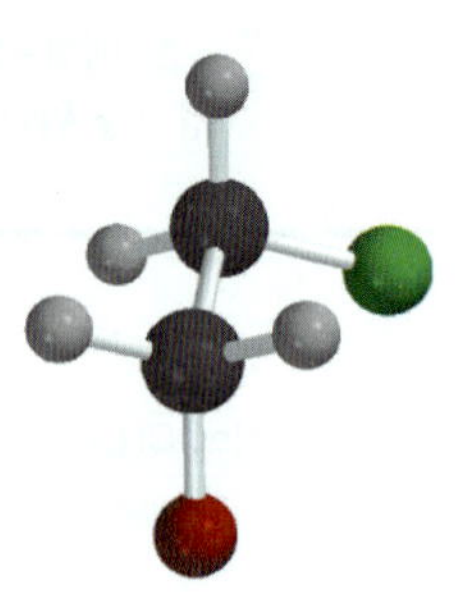

고우시: 이중결합이 형성되도록 오비탈이 배열되어 있지 않다

anti 준평면: 오비탈은 평행하고 결합은 엇갈려 있다

H−C−C−X 단위가 신 준평면일 때 이웃결합이 가려져 있기 때문에 이 기하 구조를 가진 전이상태는 양성자와 이탈기가 안티 준평면 관계에 있는 전이상태 보다 불안정하다.

브로민화 시스-4-*tert*-뷰틸사이클로헥실의 가장 안정한 형태에서 브로민은 축 방향에 있고, 두 개 수소는 준평면으로 있어, 이 시스 브로민화물에서는 양성자와 이탈기가 E2 제거를 일으키는 데 적합한 기하 구조를 갖는다. 전이상태에서 스트레인이 조금 증가하고 쉽게 제거를 일으킨다.

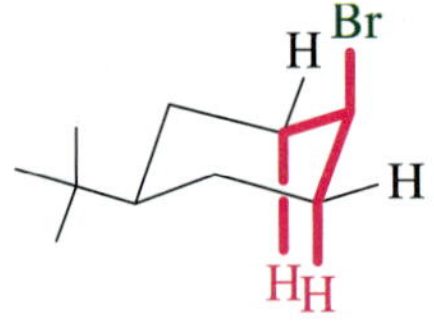

브로민화 *cis*-4-*tert*-뷰틸사이클로헥실
E2속도가 더 빠르다:
H와 Br은 anti 평면이다.

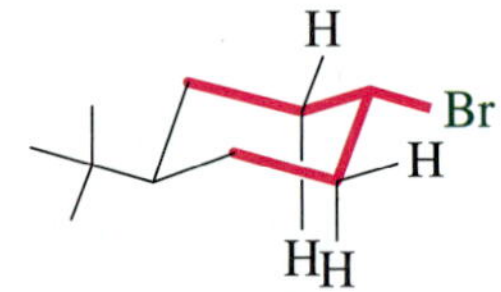

브로민화 *cis*-4-*tert*-뷰틸사이클로헥실
E2 속도가 더 느리다:
어떤 H 원자도 Br에 대하여 anti가 아니다.

이 화합물의 가장 안정한 형태에서, 트랜스 입체이성질체는 Br에 대해 anti인 β-수소가 없고 네 개 모두 고우시 형태이다. E2 전이상태에서 어느 정도의 스트레인이 증가하여 시스 입체이성질체의 경우보다 트랜스 입체이성질체의 제거 속도가 더 느리다.

문제 5.26

에탄올에서 에톡시화 소듐을 제거를 시키면 다음 둘 중 어느 입체이성질체의 속도가 더 빠르겠는가?

Br, H_3C, CH_3 (A) 또는 Br, H_3C, CH_3 (B)

A B

전자(또는 오비탈 또는 결합)의 한 공간적 배열 때문에 생기는 안정화 효과가 다른 배열 보다 더 안정할 때 **입체전자효과(stereoelectronic effect)**라 한다. *E2 반응에서 양성자와 이탈기가 anti 동일평면 배열로 되는 것이 입체전자적으로 우선한다.* E2 과정에서 가장 좋은 기하 구조는 *p* 오비탈의 동일평면성(coplanarity)이지만 이러한 이상적인 것으로부터 얼마간 벗어나는 것은 묵인될 수 있다.

그림 5.4에서 설명한 것처럼, E2 메커니즘에서 H−C−C−X단위의 anti 동일평면 배열에 대한 입체전자적 선호도는 시스−알켄 보다 트랜스−알켄을 더 우선적으로 형성하는 선호도로 나타난다.

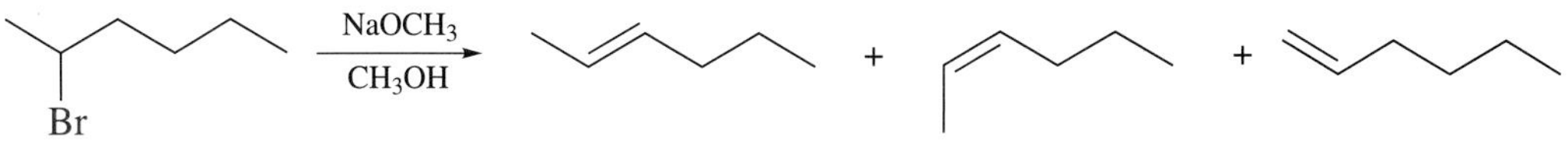

Br

$NaOCH_3$ / CH_3OH → + +

2-Bromohexane　*trans*-2-Hexene (54%)　*cis*-2-Hexene (18%)　1-Hexene (28%)

더 안정한 엇갈린 형태로부터 일어나는 anti 제거가 주 생성물을 형성한다.

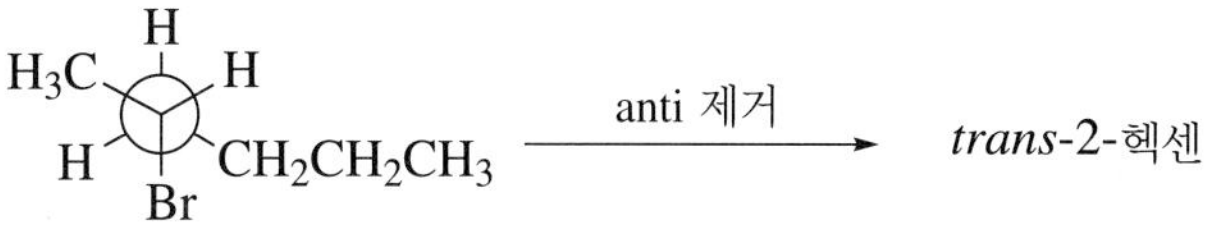

H, H_3C, H, H, $CH_2CH_2CH_3$, Br　anti 제거 →　*trans*-2-헥센

더 안정한 형태

덜 안정한 엇갈린 형태로부터 일어나는 anti 제거는 부 생성물을 생성한다.

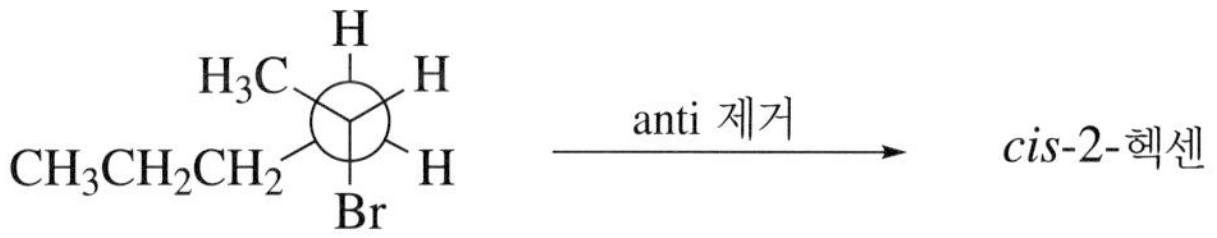

H, H_3C, H, $CH_3CH_2CH_2$, H, Br　anti 제거 →　*cis*-2-헥센

덜 안정한 형태

이 형태는 다른 더 안정한 형태보다 적게 존재 할 뿐 아니라, CH_3와 $CH_3CH_2CH_2$ 기들 간의 van der Waals 반발도 전이상태로 가는 에너지를 증가시킨다. 즉 E_a를 증가시키고 반응속도를 감소시킨다.

5.17 동위원소 효과와 E2 메커니즘

두 절에서 설명한 E2 메커니즘은 β-탄소에 양성자 (^1H) 대신 중성자 (D = ^2H)를 포함하고 있는 할로겐화 알킬의 탈할로겐화수소의 연구로부터 지지를 받았다. 물질에 어떤 동위원소가 존재하는가와 상관없이 해당 물질의 기본적인 반응 종류는 같지만, 그러나 반응속도는 다를 수 있다.

C—D 결합은 C—H 결합 보다 ≈ 12 kJ/mol 만큼 더 강하므로 C—H 결합을 끊는데 필요한 활성화 에너지보다 C—D 결합을 끊는데 필요한 활성화 에너지는 다소간 더 높다. 결국, C—D 결합이 끊어지는 단계의 반응속도 *k*는 C— 결합의 분해 속도 값 보다 더 작다. 이 속도의 차이는 k_H/k_D로 나타내며, 이를 **속도론적 동위원소 효과(kinetic isotope effect)**라고 한다. 또 ^2H와 ^1H를 비교한 것이므로 **중수소 동위원소 효과(deuterium isotope effect)**라고도 한다.

C—H 결합의 분해가 속도결정 단계인 반응에서 전형적인 중수소 동위원소 효과는 k_H/k_D = 3–8 범위에 있다. 만일 속도결정 단계 이후에 C—H 결합이 분해된 디면 전체 반응속도는 단지 k_H/k_D = 1−2 만큼 작은 영향을 미칠 것이다. *따라서, 중수소 동위원소 효과를 측정하면 C—H 결합 분해가 속도결정 단계인지를 말해줄 수 있다.*

탈할로젠화수소에 대한 E2 메커니즘에 따르면, 염기는 할로젠화 이온을 상실하는 동일한 단계에서 β-탄소로부터 양성자를 제거한다. 실제로 메커니즘에서 이 단계만이 속도결정 단계이다. 따라서, E2 메커니즘에 의한 제거반응에서는 중수소 동위원소 효과를 나타내야만 한다. 이러한 예견을 $(CH_3)_2CHBr$의 제거반응 속도와 아래 반응의 속도를 비교하여 평가한다. 이 반응의 $k_H/k_D = 6.7$이다. 즉 β-수소가 속도결정 단계 후가 아니라 속도결정 단계에서 염기에 의해 제거된다고 할 수 있다.

$$\underset{\displaystyle \text{Br}}{D_3C\overset{|}{C}HCD_3} \xrightarrow[CH_3CH_2OH]{NaOCH_2CH_3} D_2C{=}CHCD_3$$

문제 5.27

다음 쌍들 중에서 E2 반응 속도가 더 빠른 화합물을 선택하시오.

(a) $CH_3CH_2CH_2CD_2Br$ 또는 $CH_3CH_2CD_2CH_2Br$

(b) $CH_3C(CH_3)(D)CH_2Br$ 또는 $CH_3C(CH_3)(H)CD_2Br$

(c) $CD_3CD_2C(CD_3)(H)CH_2Br$ 또는 $CH_3CH_2C(CH_3)(D)CH_2Br$

풀이 예시 (a) 두 화합물 모두 제거반응이 일어나 C-1과 C-2 사이에 이중결합이 형성된다. C-1으로부터 브로민을 C-2로부터 H를 상실한다. C–H 결합 분해가 C–D 결합 분해보다 더 빠르다. 따라서 $CH_3CH_2CH_2CD_2Br$의 E2 제거 속도는 $CH_3CH_2CD_2CH_2Br$ 보다 더 빠르다.

동위원소 효과의 크기는 동위 원소의 원자질량 비에 의존한다. 따라서, ^{1}H을 ^{2}H 또는 ^{3}H로 치환하면 가장 쉽게 측정할 수 있다. 이와 더불어 대부분의 유기화합물이 수소를 포함하고 있고 많은 반응이 C—H 분해를 포함하므로 다른 원소의 동위원소효과 연구보다 수소 동위원소효과를 훨씬 더 보편적으로 연구한다

다음 장들에서는 제안된 메커니즘을 평가할 목적으로 여러 가지 추가 반응에 대한 중수소 동위원소 효과를 다룰 것이다.

5.18 할로젠화 알킬의 탈할로젠화수소의 E1 메커니즘

E2 메커니즘은 탄소–수소와 탄소–할로젠 결합이 동일한 단일 단계에서 분해되는 동시성 반응이다. 만일 이 결합들이 다른 단계에서 분해된다면 어떻게 되겠는가?

한 가지 가능성은 메커니즘 5.5에 나타낸 두 단계 메커니즘이다. 여기서 탄소–할로젠 결합이 먼저 분해되면서 탄소양이온 중간체를 형성한다. 두 번째 단계에서 탄소양이온의 양성자 이탈이 일어난다.

할로젠화 알킬인 경우에는 2-브로모-2-메틸뷰테인이 탄소–할로젠 결합의 균일분해에 의해 탄소양이온과 할로젠화 이온이 된다. 알킬 옥소늄 이온의 해리에서와 같이 이 단계가 속도결정 단계이다. 속도결정 단계에서 염기가 아닌 할로젠화 알킬만이 참여하기 때문에 일분자 반응 즉 E1 메커니즘 형태의 반응이다.

메커니즘 5.5

에탄올에서 2-브로모-2-메틸뷰테인의 탈할로젠화수소의 E1 메커니즘

전체 반응

CH_3CH_2OH, heat

2-Bromo-2-methylbutane → 2-Methyl-1-butene (25%) + 2-Methyl-2-butene (75%)

메커니즘:

1단계: *이온화 탄소*–할로젠 결합의 불균일 분해에 의한 할로젠화 알킬의 해리된다.생성물은 탄소양이온과 할로젠화 이온이다. 이 단계가 속도결정 단계이다.

2-브로모-2-메틸뷰테인 ⇌ (느림) 1,1-다이메틸프로필 양이온 + 브로민화 이온

2단계: *양성자이탈반응* 에탄올이 Brønsted 염기로 작용하여 탄소양이온으로부터 양성자가 제거되면서 두 개 알켄이 생성된다. Zaitsev 규칙에 따르며, 치환기가 더 많이 치환된 이중결합을 포함하는 위치이성질가 우세하다.

$CH_3CH_2\ddot{O}H$ + 1,1-다이메틸프로필 양이온 → (빠름) $CH_3CH_2\overset{+}{O}H_2$ + 2-메틸-1-뷰텐

에탄올, 1,1-다이메틸프로필 양이온, 에틸옥소늄 이온, 2-메틸-1-뷰텐

$CH_3CH_2\ddot{O}H$ + 1,1-다이메틸프로필 양이온 → (더 빠름) $CH_3CH_2\overset{+}{O}H_2$ + 2-메틸-1-뷰텐

에탄올, 1,1-다이메틸프로필 양이온, 에틸옥소늄 이온, 2-메틸-1-뷰텐

전형적인 E1 메커니즘에 의한 제거는 3차나 몇 가지 2차 할로젠화 알킬에서만 관찰되며 염기는 약하거나 농도가 묽을 때만 일어난다. E2 경로에 의한 제거는 1차 반응 속도식에 따라 진행된다.

$$속도 = k\ [할로젠화\ 알킬][염기]$$

이와는 달리 E1 메커니즘은 1차 반응 속도식에 따른다.

$$속도 = k\ [할로젠화\ 알킬]$$

반응성 순서는 탄소양이온이 형성되기 쉬운 순서와 같다.

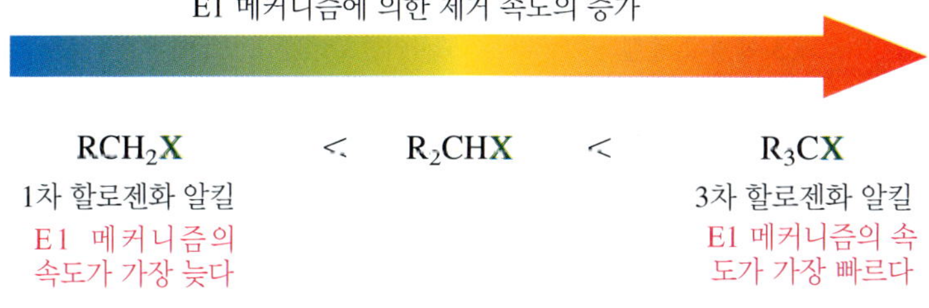

탄소-할로젠 결합의 분해 단계가 느린 단계이므로, 반응 속도는 이탈기에 의존한다. 요오드화 알킬은 가장 약한 탄소-할로젠 결합을 가지고 있어 반응성이 가장 크다. 플루오르화 알킬은 가장 강한 탄소-할로젠 결합을 가지고 있고 반응성은 가장 낮다.

문제 5.28

메커니즘 5.5에 나타낸 E1 과정을 토대로 하여 2-브로모-2-메틸뷰텐에 대해 중수소 동위원소 효과를 보이고 제거반응을 예측할 수 있는가?

E1 메커니즘의 가장 좋은 예는 염기를 가하지 않고 수행할 수 있는 반응이다. 메커니즘 5.5에 인용한 예에서 탄소양이온 중간체로부터 양성자를 떼어내는 염기는 대단히 약하다. 즉 이것은 용매 분자인 에틸 알코올이다. 적당한 농도의 강한 염기가 존재하면 E2 제거가 E1 제거보다 훨씬 더 빠르게 진행된다.

메커니즘 5.5에 나타낸 메커니즘과 메커니즘 5.1의 알코올 탈수에 대한 메커니즘은 유사한 점이 많다. 2-메틸-2-뷰탄올의 탈수와 2-브로모-2-메틸뷰테인의 탈할로젠화수소 간의 중요한 차이는 탄소양이온의 근원이 다르다는 것이다. 알코올이 반응물일 때는 상응하는 옥소늄 이온으로부터 탄소양이온이 형성된다. 그러나 할로젠화 알킬은 직접 이온화되어 탄소양이온을 생성한다.

$-H_2O$ → ← $-Br^-$

알킬옥소늄 이온 탄소양이온 할로젠화 알킬

알코올의 탈수처럼, 할로젠화 알킬의 E1 반응은 탄소양이온의 자리옮김이 수반된다. 한편 E2 메커니즘에 의한 제거반응은 자리옮김 없이 정상적으로 진행된다. 결론적으로 할로젠화 알킬로부터 알켄을 제조하려면 E2 제거반응에 유리한 조건을 선택하여야 한다. 실제적으로 이것은 강한 염기 존재 조건에서 반응을 수행한다는 것을 의미한다.

5.19 요약

5.1절 알켄과 사이클로알켄은 탄소-탄소 이중결합을 포함한다. IUPAC 명명법(IUPAC nomenclature)에 따르면 알켄은 이중결합을 포함한 가장 긴 연속된 사슬과 같은 탄소 수의 알케인의 어미 *-ane*(-ㅔ인)을 *-ene* (- ㅔㄴ)으로 치환하여 명명한다. 처음 나타나는 이중결합의 탄소가 가장 적은 수가 되도록 사슬 탄소에 번호를 매긴다. 번호 매김 방향에서 이중결합이 알킬기나 할로젠 보다는 우선한다. 그러나 하이드록실기는 이중결합 보다 우선한다.

3-에틸-2-펜텐 3-브로모사이클로펜텐 3-뷰텐-1-올

5.2절 알켄의 결합은 sp^2 오비탈 혼성화 모형으로 설명한다. 이중결합은 두 sp^2-혼성 탄소 원자가 결합하여 하나의 σ와 하나의 π 결합 성분으로 구성된 것이다. σ 결합은 각 탄소 원자의 sp^2 혼성 오비탈 한 개씩이 겹쳐져 생긴다. π 결합은 σ 결합은 보다 약하며 *p* 오비탈이 서로 나란히 겹쳐져 생성된다.

5.3~5.4절

알켄의 이성질체에는 **구조이성질체(constitutional isomer)** 또는 **입체이성질체(steroisomer)**가 있다. 탄소–탄소 이중결합이 회전하는 데는 큰 장벽이 존재하는 데 이 장벽은 이중결합의 파이결합을 끊는데 필요한 에너지에 해당한다. 알켄의 입체이성질체는 정상적인 상태에서는 상호변환되지 않는다. 알켄 입체이성질체의 배열은 두 가지 기호 체계에 따라 표기한다. 한 체계에서는 유사한 치환기가 이중결합의 같은 편에 있으면 알켄의 이름에 접두사 *시스*(*cis*-)를 붙이고 반대편에 있으면 접두사 *트랜스*(*trans*-)를 붙인다. 또 다른 체계에서는 원자번호를 근거로 한 규칙에 따라 치환기에 순위를 정하고, 높은 순위의 치환기가 이중결합의 같은 편에 있는 알켄을 표시하는데 접두사 *Z*-를 사용한다. 접두사 *E*-는 높은 순위의 치환기가 서로 이중결합의 반대편에 있는 알켄을 나타내는데 사용한다.

H_3C, CH_2CH_3, H, H (C=C)　　H_3C, H, H, CH_2CH_3 (C=C)

cis-2-펜텐　　*tret*-2-펜텐
[(*Z*)-2-펜텐]　　[(*E*)-2-펜텐]

5.5절 알켄은 비교적 비극성이다. 알킬기는 알킬기가 결합되어 있는 sp^2 혼성 탄소에 수소 보다 전자를 더 잘 밀어 준다.

5.6절 알킬기는 전자를 밀어주어 이중결합을 안정화시킨다. 일반적으로 알켄의 안정화 순서는 다음과 같다.

1. 사치환 알켄($R_2C{=}CR_2$)이 가장 안정하다.
2. 삼치환 알켄 ($R_2C{=}CHR$)이 그 다음으로 안정하다.
3. 이치환 알켄 중에는 일반적으로 *trans*-RHC$=$CHR이 *cis*-RHC$=$CHR 보다 안정하다. 사이클로알켄은 예외이어서 고리가 12개 보다 적은 탄소를 포함하고 있으면 시스 사이클로알켄이 트랜스형 보다 안정하다. 치환기에 따라 말단 이치환 알켄($R_2C{=}CH_2$)은 RCH$=$CHR 보다 다소 안정하다.
4. 일치환 알켄 ($RCH{=}CH_2$)은 에텐 (치환되지 않은)보다 안정한 이중결합을 가지나 이치환 알켄 보다는 불안정하다.

더 많이 치환된 이중결합의 안정성이 더 큰 것은 **전자 효과(electronic effect)**의 한 예이다. 시스 치환기간의 van der Waals 스트레인으로부터 생기는 안정성의 감소 현상은 **입체 효과(steric effect)**의 한 예이다.

5.7절 열 두 원자 고리 보다 작은 고리의 트랜스 이중결합을 가진 사이클로헥센은 시스 입체이성질체보다 불안정하다. *trans*-사이클로헵텐은 분리시켜 실온에서 저장할 수 있다. 그러나 *trans*-사이클로헵텐은 $-30°C$ 이상에서는 불안정하다.

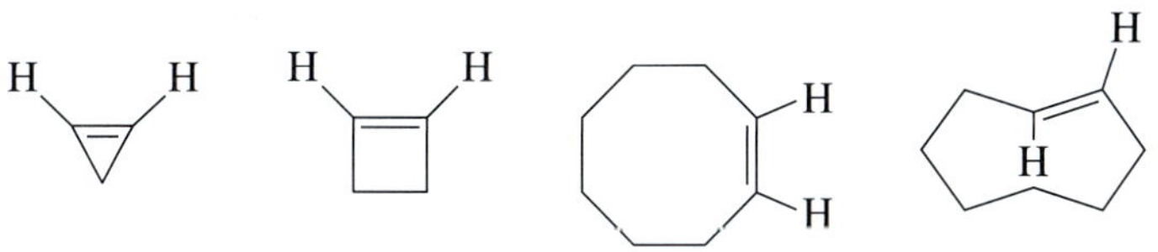

사이클로프로펜　사이클로뷰텐　*cis*-사이클로옥텐　*trans*-사이클로옥텐

5.8절 알켄은 알코올과 할로젠화 알킬의 **β-제거(β-elimination)**으로 제조한다. 이들 반응을 표 5.2에 요약하였다. 이 두 경우에 제거반응은 더 많이 치환된 이중결합이 생성되는 방향으로 진행된다(**Zaitsev 규칙**).

5.9~5.11절 표 5.2를 보라.

5.12절 2차와 3차 알코올은 탄소양이온 중간체를 포함하는 E1 메커니즘에 의해 **탈수(dehydration)**를 일으킨다.

1단계:

$$R_2CH{-}CR'_2(\ddot{O}H) \underset{\text{빠름}}{\overset{H_3O^+}{\rightleftharpoons}} R_2CH{-}CR'_2(\overset{+}{\ddot{O}}H_2)$$

알코올 → 알킬옥소늄 이온

2단계:

$$R_2CH{-}CR'_2(\overset{+}{\ddot{O}}H_2) \overset{\text{느림}}{\rightleftharpoons} R_2CH{-}\overset{+}{C}R'_2 + H_2\ddot{O}:$$

알킬옥소늄 이온 → 탄소양이온 + Water

3단계:

$$H_2\ddot{O}: + R_2C(H){-}\overset{+}{C}R'_2 \xrightarrow{\text{빠름}} R_2C{=}CR'_2 + H_3\overset{+}{O}:$$

물 + 탄소양이온 → 알켄 + 하이드로늄 이온

1차 알코올은 2차 또는 3차 알코올 만큼 쉽게 탈수되지는 않으며 그들의 탈수에는 탄소양이온이 포함되지 않는다. β 탄소 양성자의 제거는 탄소-산소 결합이 분해되는 동일 단계에서 일어난다. 메커니즘은 E2이다.

5.13절 알코올 탈수를 거쳐 알켄을 합성하는 것은 탄소양이온 자리옮김(carbocation rearrangement)때문에 복잡해진다. 알킬기와 수소음이온의 이동으로 불안정한 탄소양이온은 더 안정한 탄소양이온으로 자리옮김 한다. 이런 이유로 두 개의 다른 탄소양이온으로부터 알켄이 생성될 가능성이 있다.

2차 탄소양이온 → 3차 탄소양이온

(G는 이동하는 기; 수소 또는 알킬기 일 수 있다)

5.14절 표 5.2를 보라.

5.15절 알콕시화(또는 알콕사이드) 염기에 의한 할로젠화 알킬의 탈할로젠화수소(dehydrohalogenation)은 탄소양이온이 중간체가 아니므로 자리옮김에 의한 복잡성은 없다. E2 메커니즘이다. 이 과정에서 염기는 탄소로부터 양성자를 떼어내고 동시에 탄소와 할로젠 간의 불균일 분해가 일어난다.

$$\bar{B}: + H{-}C{-}C{-}X \longrightarrow [{}^{\delta-}B{\cdots}H{\cdots}C{=}C{\cdots}X_{\delta-}] \longrightarrow B{-}H + C{=}C + X:^-$$

전이상태

5.16절 위 반응식에서 H와 X가 E2 메커니즘에 의해 제거반응을 하기 위해 필요한 **안티** *동일평면(anti coplanar)* 관계로 있음을 나타내었다.

5.17절 할로젠화 알킬의 E2 탈할로젠화수소에서 β C—D 결합은 β C—H 결합보다 느리다. k_H/k_D의 속도 비는 **중수소 동위원소 효과(deuterium isotope effect)**로 측정하고, 속도결정 단계에서 탄소-수소 결합이 분해되면 3-8 범위의 값을 가진다.

표 5.2 알코올과 할로젠화 알킬의 제거반응에 의한 알켄의 제조

반응(절)과 설명	일반 반응식과 특정한 예
알코올의 탈수반응(5.9~5.13절) 탈수는 산 촉매가 필요하다; 알코올의 반응성 순서는 3차 > 2차 > 1차이다. 제거반응은 위치선택성이 있으며 더 많이 치환된 이중결합이 생성되도록 진행된다. 알켄은 입체 이성질체가 가능하며 더 안정한 이성질체가 더 많이 생성된다. 탄소양이온 중간체가 참여하여 제거가 일어나는 동안 자리옮김이 일어날 수 있다.	$R_2CHCR'_2(OH) \xrightarrow{H^+} R_2C{=}CR'_2 + H_2O$ 알코올 → 알켄 + 물 2-Methyl-2-hexanol $\xrightarrow[80°C]{H_2SO_4}$ 2-Methyl-1-hexene (19%) + 2-Methyl-2-hexene (81%)
할로젠화 알킬의 탈할로젠화수소(5.14~5.16절) 강한 염기는 할로젠화 알킬의 이웃 탄소로부터 양성자와 할로젠화 이온을 제거하여 알켄을 형성한다. 위치선택성은 Zaitsev 규칙에 따른다. 할로젠화 이온의 반응성 순서는 I > Br > C l> F 순이다. E2 협동반응 과정에서는 탄소양이온이 참여하지 않으며 자리옮김도 일어나지 않는다. 전이상태에서 제거되는 양성자와 할로젠화 이온이 안티 준평면 배열을 하는 것이 특징이다.	$R_2CHCR'_2(X) + :B^- \longrightarrow R_2C{=}CR'_2 + H{-}B + X^-$ 할로젠화 알킬, 염기 → 알켄, 염기의 짝산, 할로젠화 이온 1-Chloro-1-methylcyclohexane $\xrightarrow[\text{ethanol, 100°C}]{KOCH_2CH_3}$ Methylenecyclohexane (6%) + 1-Methylcyclohexene (94%)

5.18절 강한 염기가 존재하지 않으면 할로젠화 알킬은 E1 메커니즘에 의해 제거가 일어난다. 할로젠화 알킬은 속도결정 단계에서 이온화되어 탄소양이온을 형성하고 다음 단계에서 탄소양이온의 양성자 이탈반응이 일어난다.

1단계:

$$R_2CH{-}CR'_2(X) \underset{\text{느림}}{\xrightarrow{-:X:^-}} R_2CH{-}\overset{+}{C}R'_2$$

할로젠화 알킬 → 탄소양이온

2단계:

$$R_2C(H){-}\overset{+}{C}R'_2 \underset{\text{빠름}}{\xrightarrow{-H^+}} R_2C{=}CR'_2 + (\text{염기}{-}H)^+$$

염기 : → H

탄소양이온 → 알켄

문제

5.29 다음 각 화합물의 구조를 쓰시오.

(a) 1-헵텐
(b) 3-Ethyl-2-펜텐
(c) *cis*-3-옥텐
(d) *trans*-1,4-다이클로로-2-뷰텐
(e) (*Z*)-3-메틸-2-헥센
(f) (*E*)-3-클로로-2-헥센
(g) 1-브로모-3-메틸사이클로헥센
(h) 1-브로모-6-메틸사이클로헥센
(i) 4-메틸-4-펜텐-2-올
(j) 바이닐사이클로헵테인
(k) 1,1-다이알릴사이클로프로페인
(l) *trans*-1-아이소프로펜일-3-메틸사이클로헥세인

5.30 사치환 이중결합을 가진 분자식이 C_7H_{14}인 각 알켄에 대한 구조식과 IUPAC 이름을 쓰시오.

5.31 다음 각 화합물의 IUPAC 이름을 쓰시오.

(a) $(CH_3CH_2)_2C{=}CHCH_3$

(b) $(CH_3CH_2)_2C{=}C(CH_2CH_3)_2$

(c) $(CH_3)_3CCH{=}CCl_2$

(d)

(e)

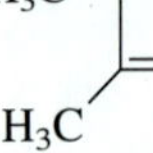

(f)

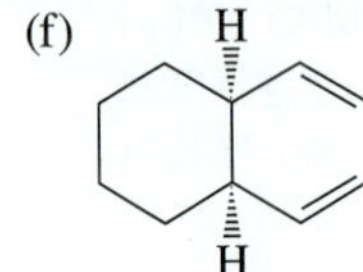

(g)

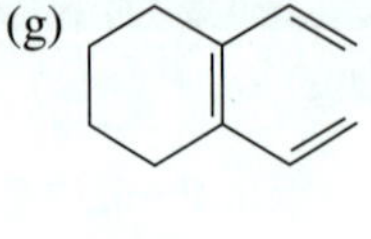

5.32 (a) 2,6,10,14-테트라메틸-2-펜타테켄은 프랑크톤과 생선기름으로부터 분리한 탄화수소이다. 구조식을 쓰시오.

(b) 알킬 아이소사이오싸아네이트(alkyl isothiocyanate)는 RN=C=S 형 화합물이다. 버섯으로부터 분리한 *아이소싸이오사이안화 알릴*의 구조식을 쓰시오.

(c) 그랜다솔(Grandisol)은 목화다래바구미의 성 유인물질 중의 한 성분이다. R은 아이소프로펜일 기를 나타낸다.

$HOCH_2CH_2$ … R, H_3C … H

5.33 다음 각각의 천연에서 나는 화합물의 결합-선 구조식을 그리시오. 입체화학을 분명하게 나타내시오.

(a) 지중해광대 파리의 성 유인물은 (*E*)-6-노넨-1-ol이다. 이 화합물의 구조식을 쓰시오. 이중결합의 입체화학을 보이시오.

(b) 제라니올(Geraniol)은 많은 식물의 방향성 기름에 있는 천연물이다. 이 물질은 기분좋은 장미향 냄새가 난다. 제라니올은 아래 그림의 *E* 이성질체이다.

$$(CH_3)_2C{=}CHCH_2CH_2\underset{\displaystyle CH_3}{\underset{|}{C}}{=}CHCH_2OH$$

제라니올의 구조식을 쓰고 입체화학을 보이시오.

(c) 네롤(Nerol)은 제라니올의 입체이성질체인 천연물이다. 구조식을 쓰시오

(d) 아래 구조의 2*Z*,6*E*의 이성질체는 작은 사과나방의 성 유인물질이다.

$$CH_3CH_2CH_2\underset{\displaystyle CH_3}{\underset{|}{C}}{=}CHCH_2CH_2\underset{\displaystyle CH_2CH_3}{\underset{|}{C}}{=}CHCH_2OH$$

이 물질의 구조식을 쓰고 입체화학을 명확하게 보이시오.

(e) 꿀벌의 성 페로몬은 아래에 보여준 화합물의 E 입체이성질체이다. 이 화합물의 구조식을 쓰시오. 또 모형을 만들시오.

$$CH_3\overset{\displaystyle O}{\overset{\|}{C}}(CH_2)_4CH_2CH{=}CHCO_2H$$

(f) 아래에 나타낸 구조식은 누에나방의 성장 호르몬이다. *E*-*Z* 규칙에 따라 이중결합의 입체화학을 나타내시오.

O, OCH_3, 7, 6, 3, 2, O

5.34 다음 각 알켄을 적당한 연소 열과 연결하시오.
연소 열 (kJ.mol):5293; 4658; 4650; 4638; 4632
연소 열 (Kcal/mol): 1264.9; 1113.4; 1111.4; 1108.6; 1107.1

(a) 1-헵텐
(b) 2,4-다이메틸-1-펜텐
(c) 2,4-다이메틸-2-펜텐
(d) (*Z*)-4,4-다이메틸-2-펜텐
(e) 2,4,4-트라이메틸-2-펜텐

5.35 다음 쌍 중에서 더 안정한 알켄을 선택하라. 그 이유를 설명하시오.

(a) 1-메틸사이클로헥센 또는 3-메틸사이클로헥센
(b) 아이소프로펜일사이클로펜테인 또는 알릴사이클로펜테인

(c) 

바이사이클로[4,2.0]옥트-7-엔 바이사이클로[4,2.0]옥트-3-엔
(d) (*Z*)-사이클로노넨 또는 (*E*)-사이클로노넨
(e) (*Z*)-사이클로옥타데켄 또는 (*E*)-사이클로옥타데켄

5.36 (a) 1-메틸사이클로프로펜은 메틸렌사이클로프로페인 보다 42 kJ/mol(10 kcal/mol) 만큼 더 불안정하다. 이유를 설명하시오.

1-메틸사이클로프로펜 메틸사이클로프로페인

(b) 문제 (a)의 답을 토대로 하여 3-메틸사이클로프로펜과 1-메틸사이클로프로펜 그리고 메틸렌사이클로프로페인의 안정도를 서로 비교 설명하시오.

5.37 E2 제거 조건에서 다음 각 브로민화 알킬로부터 얼마나 많은 알켄이 생성되리라 예측할 수 있겠는가? 각 경우에 대해서 생성되는 알켄들을 확인하시오.

(a) 1-브로모헥세인
(b) 2-브로모헥세인
(c) 3-브로모헥세인
(d) 2-브로모-2-메틸펜테인
(e) 2-브로모-3-메틸펜테인
(f) 3-브로모-2-메틸펜테인
(g) 3-브로모-3-메틸펜테인
(h) 3-브로모-2,2-다이메틸뷰테인

5.38 제시한 반응조건에서 다음 각 화합물로부터 생성될 수 있는 모든 알켄의 구조식을 써라. 하나 이상의 알켄이 생성되는 경우에는 주 생성물을 제시하시오.

(a) 1-브로모-3,3-다이메틸뷰테인(*tert*-뷰톡시화 포타슘, *tert*-뷰틸 알코올, 100°C)
(b) 1-염화 메틸사이클로펜틸(에톡시화 소듐, 에탄올, 70°C)
(c) 3-메틸-3-펜탄올 (황산, 80°C)
(d) 2,3-다이메틸-2-뷰탄올 (인산, 120°C)
(e) 3-아이오도-2,4-다이메틸-3-펜테인(에톡시화 소듐, 에탄올, 70°C)
(f) 2,4-다이메틸-3-펜탄올 (황산, 120°C)

5.39 E2 제거의 주 생성물로서 다음 각 알켄을 생성하는 분자식이 $C_7H_{13}Br$인 화합물의 구조식을 쓰시오.

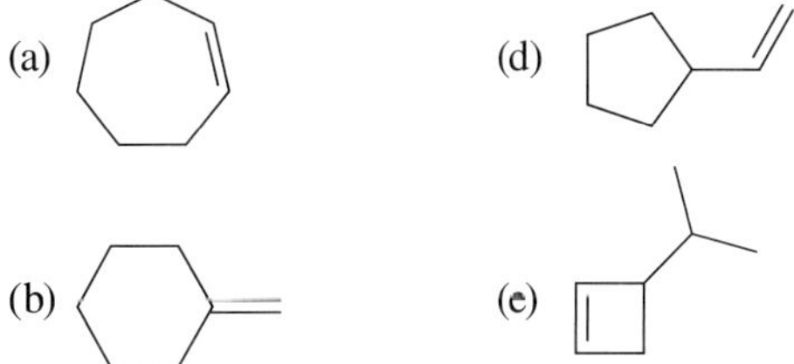

(c) 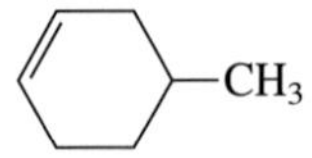 $-CH_3$ (f)

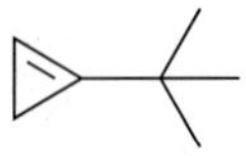

5.40 E2 제거의 주 생성물로서 제시한 알켄을 생성하는 두 다른 브로민화 알킬의 구조를 쓰시오.

(a) $CH_3CH{=}CH_2$
(b) $(CH_3)_2C{=}CH_2$
(c) $BrCH{=}CBr_2$
(d)  CH_3, CH_3

5.41 다음 각 반응의 유기물 주 생성물을 예상하시오. 몇 몇은 출발물질의 구조가 복잡하지만 작용기 변환은 모두 이장에서 다른 형태들이다.

(a) 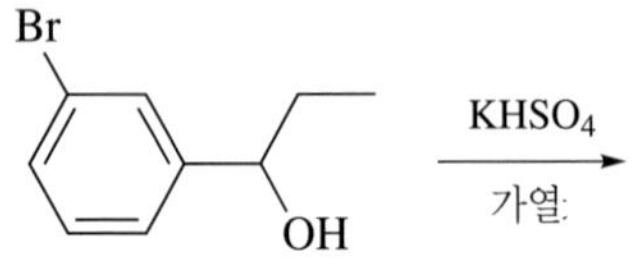 Br, OH $\xrightarrow[\text{가열}]{KHSO_4}$

(b) $ICH_2CH(OCH_2CH_3)_2 \xrightarrow[(CH_3)_3COH,\ \text{가열}]{KOC(CH_3)_3}$

(c) 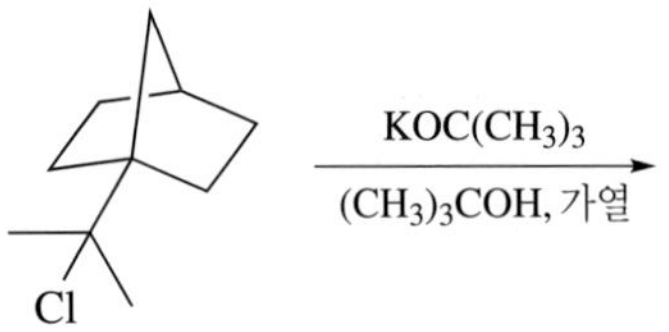 Cl $\xrightarrow[(CH_3)_3COH,\ \text{가열}]{KOC(CH_3)_3}$

(d) 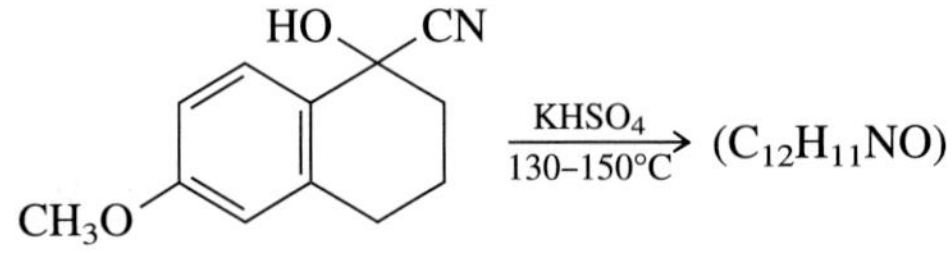 HO, CN, CH_3O $\xrightarrow[130\text{–}150°C]{KHSO_4}$ $(C_{12}H_{11}NO)$

(e) 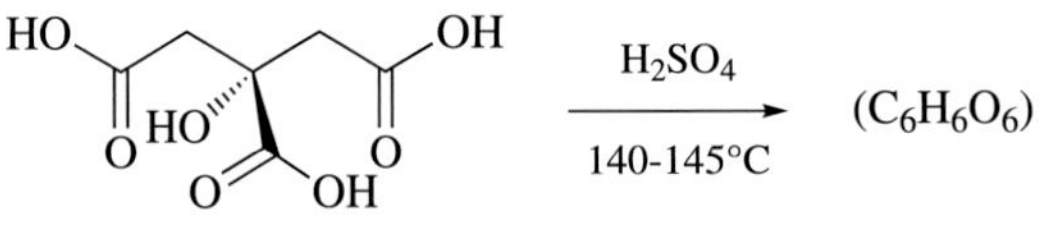 HO, OH, O, HO, O, O, OH $\xrightarrow[140\text{-}145°C]{H_2SO_4}$ $(C_6H_6O_6)$

시트르산

(f) 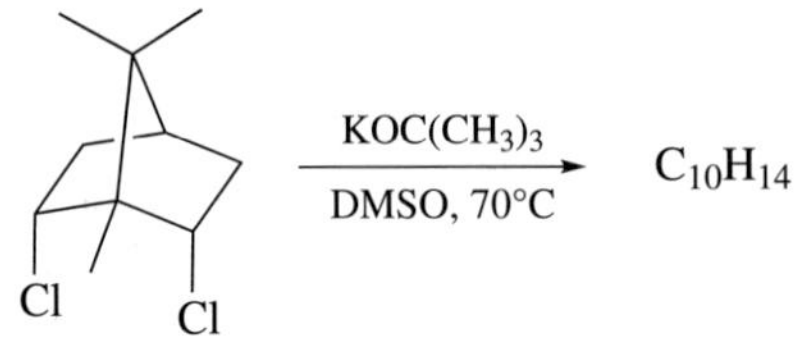 Cl, Cl $\xrightarrow[DMSO,\ 70°C]{KOC(CH_3)_3}$ $C_{10}H_{14}$

(g) 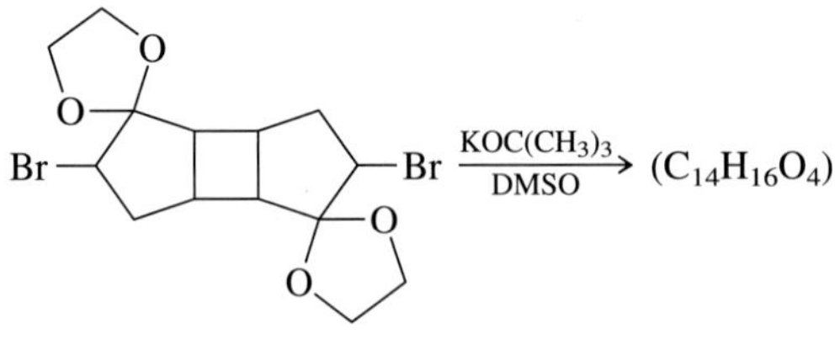 O, O, Br, Br, O, O $\xrightarrow[DMSO]{KOC(CH_3)_3}$ $(C_{14}H_{16}O_4)$

(h) CH_3OCH_2, CH_3O, O, CH_3O, CH_3O, Br $\xrightarrow[\text{가열}]{KOH}$ $(C_{10}H_{18}O_5)$

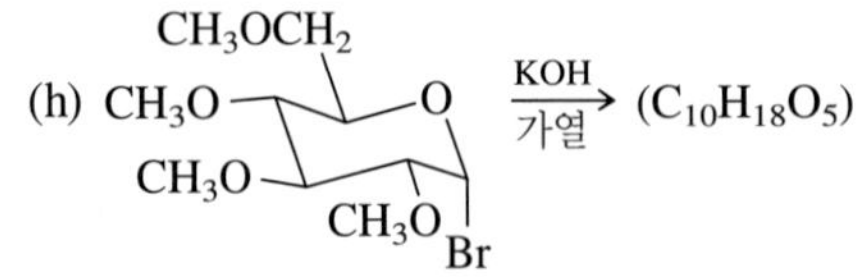

5.42 아래 반응의 속도는 (CH_3CCl에대해 1차이고 $NaSCH_2CH_3$에 대해서도 1차이다. 가장 타당한 메커니즘을 E1 또는 E2로 나타내시오. 전자 이동도 굽은 화살표로 나타내시오.

$$(CH_3CCl + NaSCH_2CH_3 \rightarrow (CH_3)_2C{=}CH_2 + CH_3CH_2SH + NaCl$$

5.43 염화 멘틸과 염화 네오멘틸의 구조를 아래에 나타내었다. 이성질체 중 하나에 에탄올속에서 에톡시화 소듐과 반응시키면 다른 하나 보다 훨씬 쉽게 제거를 일으킨다. 어느 것이 더 빠르게 일어나겠는가? 왜 그런가? (모형을 만들어 보면 도움이 될 것이다.)

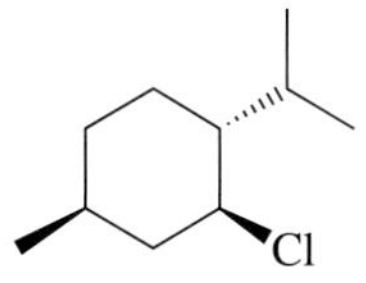

Cl　　　　Cl

염화 메틸 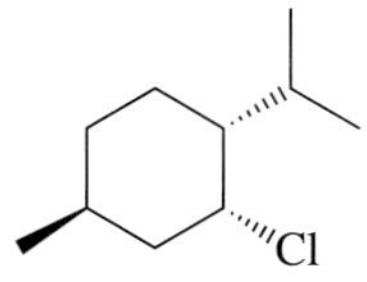　　　염화 네오멘틸

5.44 E2 메커니즘에 의해 진행되는 반응에서 2-브로모-2,4,4-트라이메틸펜테인에 의해 수용되는 형태에 대한 Newman 투영식으로 그리시오. 위치선택성은 Zaitsev 규칙에 일치한다고 가정하시오.

5.45 2,2-다이메틸사이클로펜텐 (**A**)와 2-브로모-1,1-다이메틸사이클로펜텐 (**B**)를 이용해 3,3-다이메틸사이클로펜텐 (**C**)를 재조하려고 한다. 반응 물 **A**와 **B** 중에서 어느 것이 더 적합한가? 무엇을 어떻게 처리해야 하는가? 설명하시오.

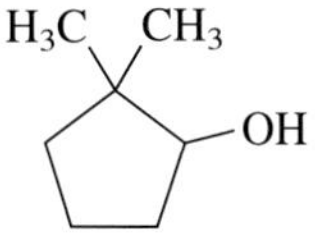

H_3C CH_3 OH　　H_3C CH_3 Br　　H_3C CH_3

A 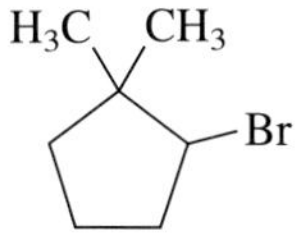　　**B** 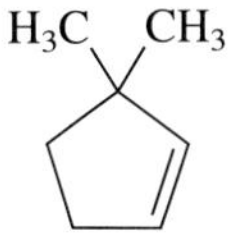　　**C**

5.46 2-메틸-1-프로판올의 산-촉매 탈수에서 만일 알킬옥소늄 이온의 탄소-산소 결합이 분해될 때 수소음이온 옮김이 수반되어 생성되는 탄소양이온은 무엇인가? 메틸 이동이 수반되면 어떤 탄소양이온이 생성되는가? 둘 중 어느 경로가 더 우세한가? 수소음이온 옮김? 메틸기 이동?

5.47 다음 각 탄소양이온은 더 안정한 탄소양이온으로 자리옮김하는 능력이 있다. 자리옮김 한 후의 탄소양이온 구조를 쓰시오.

(a) $CH_3CH_2\overset{+}{C}H_2$
(b) $(CH_3)_2CH\overset{+}{C}HCH_3$
(c) $(CH_3)_3C\overset{+}{C}HCH_3$
(d) $(CH_3CH_2)_3C\overset{+}{C}H_2$
(e) + CH_3

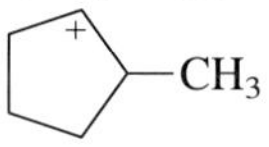

5.48 다음 각 반응에 대한 메커니즘을 나타내는 반응순서를 쓰시오. 전자이동도 굽은 화살표로 나타내시오.

(a) OH $\xrightarrow{H^+}$

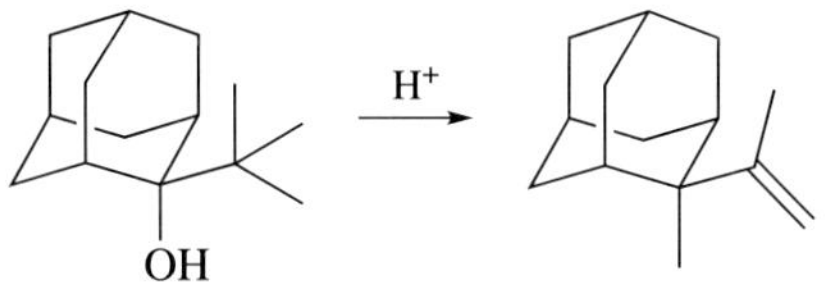

(b) OH $\xrightarrow[\text{가열}]{H_2SO_4}$

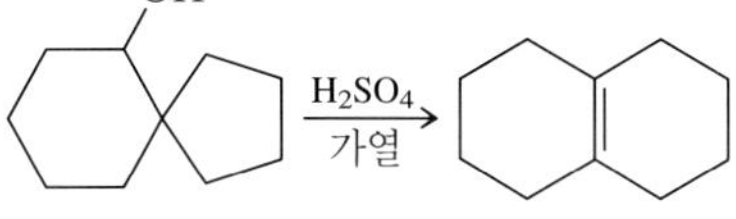

(c) OH $\xrightarrow[170°C]{KHSO_4}$

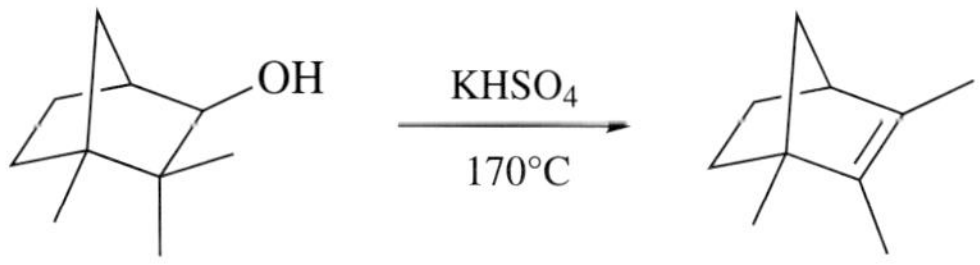

5.49 문제 5.20에서(5.13절) 2,2-다이메틸사이클헥산올이 산-촉매 탈수를 하면 1,2-다이메틸사이클로헥센을 생성한다. 이 생성물을 메커니즘적으로 설명하려면 메틸기가 2차 탄소양이온에서 3차 탄소양이온으로 이동해야 한다. 2,2-다이메틸사이클로헥산올 탈수의 또 다른 생성물은 아이소프로필리덴사이클로펜테인이다. 타당한 메커니즘을 쓰시오.

H^+, 가열

2,2-다이메틸사이클로헥산올 2,2-다이페닐사이클로헥센 아이소프로필리덴사이클로펜테인

5.50 2,2-다이메틸-1-헥산올의 산-촉매 탈수는 다음 식에서 보여준 2-메틸-2-헵텐을 포함한 많은 수의 알켄 이성질체를 생성한다.

H_2SO_4, 가열

(a) 2-메틸-2-헵텐이 생성되는 메커니즘을 단계적으로 나타내시오.

(b) 이 반응에서 생성되는 다른 알켄은 무엇인가?

5.51 화합물 A (C_4H_{10})을 광화학적 염소화반응하면 두 개의 다른 일염화물을 생성한다. 이 들 염화물에 *tert*-뷰톡시화 포타슘을 다이메틸설폭사이드속에서 반응시키면 단지 동일한 하나의 생성물 인 알켄 B(C_4H_8)을 생성한다. 화합물 A, 두 개의 염화물 및 알켄 B의 구조식은 어떤 것인가?

5.52 화합물 A (C_6H_{14})을 광화학적 염소화하면 세 개의 일염화물을 생성한다. 이 염화물 중 하나는 E2 반응을 일으키지 않는다. 다른 두 개의 일염화물에 *tert*-뷰틸 알코올 속에서 *tert*-뷰톡시화 포타슘을 가열 처리하면 동일한 알켄 B(C_6H_{12})를 생성한다. 화합물 A, 일염화물 및 알켄 B는 어떤 화합물인가?

설명문과 이해 문제 5

첨가반응의 메커니즘 예습

다음 흐름도는 탄소양이온을 포함하는 것으로 논의했던 세 개 반응과 관련이 있다. *각 화살표는 메커니즘에서 하나 이상의 기본 단계를 나타낸다.*

$R_2C(OH)-CHR_2 \underset{6}{\overset{1}{\rightleftharpoons}} R_2\overset{+}{C}-CHR_2 \underset{3}{\overset{2}{\rightleftharpoons}} R_2C(Cl)-CHR_2$

$R_2C{=}CR_2 \underset{4}{\overset{5}{\rightleftharpoons}} R_2\overset{+}{C}-CHR_2$

화살표 **1**과 **2**는 알코올이 할로젠화 일킬로 변환을 요약하였고, 화살표 **3**과 **4**는 할로젠화 일킬이 E1 메커니즘에 의해 알켄으로의 변환을, 그리고 화살표 **1**과 **4**는 알코올의 탈수에 의해 알켄이 형성되는 것을 요약하였다.

화살표 **5**로 나타낸 반응은 다음 장의 주요한 촛점으로 구성되어 있다. 탄소양이온 중간체 방법으로 이중결합에 첨가되는 전체 첨가반응으로 확장할 것이다. 그런 과정으로 알켄이 할로젠화 알킬로(**5** + **2**), 또 다른 것은 알켄을 할로젠화 알코올로 (**5** + **6**)로 변환시킨다.

5.53 화살표 **1**과 **2**로 요약한 것처럼 3차 알코올과 HCl의 반응에 대한 S_N1 메커니즘을 토대로 하면 하나의 기본 단계 보다 더 많은 단계를 어떤 화살표로 나타내겠는가?

A. ⟶ **1** C. 1과 2 모두

B. ⟶ **2** D. 1 또는 2 모두아님

5.54 화살표 **1**과 **4**로 요약한 것처럼 3차 알코올의 산-촉매 탈수반응에 대해 E1 메커니즘을 토대로 하면, 기본 단계보다 더 많은 단계를 어떤 화살표로 나타내겠는가?

A. $\longrightarrow$ **1**
B. $\longrightarrow$ **4**
C. 1과 4 모두
D. 1 또는 4 모두 아님

5.55 화살표 **3**과 **4**로 요약한 것처럼 3차 염화 알킬이 알켄으로 변화하는 반응에 대해 E1 메커니즘을 토대로 하면, 기본 단계보다 더 많은 단계를 어떤 화살표로 나타내겠는가?

A. $\longrightarrow$ **3**
B. $\longrightarrow$ **4**
C. 3과 4 모두
D. 3 또는 4 모두아님

5.56 화살표 **3**과 **4**로 요약한 것처럼 3차 염화 알킬이 알켄으로 변환하는 반응에 대해 E1 메커니즘을 토대로 하면, 발열과정은 어떤 화살표에 상응하는가?

A. $\longrightarrow$ **3**
B. $\longrightarrow$ **4**
C. 3과 4 모두
D. 3 또는 4 모두 아님

5.57 알켄과 탄소양이온 간의 관계를 설명하는 데 가장 좋은 용어는 어느 것인가?

A. 이성질체
B. 공명 기여도
C. 알켄은 탄소양이온의 짝산이다.
D. 알켄은 탄소양이온의 짝염기이다.

5.58 알켄에 HCl의 첨가에 대한 전체 반응식이다.

$$R_2C{=}CR_2 \quad + \quad HCl \quad \longrightarrow \quad R_2\underset{}{\overset{Cl}{\overset{|}{C}}}{-}\overset{H}{\overset{|}{C}}R_2$$

만일 알켄으로 HCl의 양성자가 전달되는 전이상태(화살표 **5**) 탄소양이온과 유사하고 이 단계가 속도결정 단계라면, 전체 반응속도에 대해 알켄의 구조는 어떤 영향을 미치겠는가?

	가장 빠른 속도		가장 느린 속도
A.	$H_2C{=}CH_2$	$CH_3CH{=}CHCH_3$	$(CH_3)_2C{=}C(CH_3)_2$
B.	$CH_3CH{=}CHCH_3$	$(CH_3)_2C{=}C(CH_3)_2$	$H_2C{=}CH_2$
C.	$CH_3CH{=}CHCH_3$	$H_2C{=}CH_2$	$(CH_3)_2C{=}C(CH_3)_2$
D.	$(CH_3)_2C{=}C(CH_3)_2$	$CH_3CH{=}CHCH_3$	$H_2C{=}CH_2$

5.59 앞의 문제에서 주어진 것과 같은 일반 반응식에 따라 알켄에 HCl이 첨가되는 경우, 보다 안정한 탄소양이온(화살표 **5**)를 형성하는 속도결정 단계가 포함된 메커니즘을 추측하고 $(CH_3)_2C{=}CH_2$와 HCl의 반응에의해 생성되는 할로젠화 알킬을 예상하시오.

A. $(CH_3)_2CHCH_2Cl$
B. $(CH_3)_3CCl$

5.60 *Zaitsev 규칙*이 이 장에 있었다. 다음 장에서 화살표 **5**와 관련된 *Markovnikov 규칙*을 소개할 것이다. 메커니즘으로 보면 어느 화살표가 *Zaitsev 규칙*에 가장 가까운가?

A. **1**
B. **2**
C. **3**
D. **4**

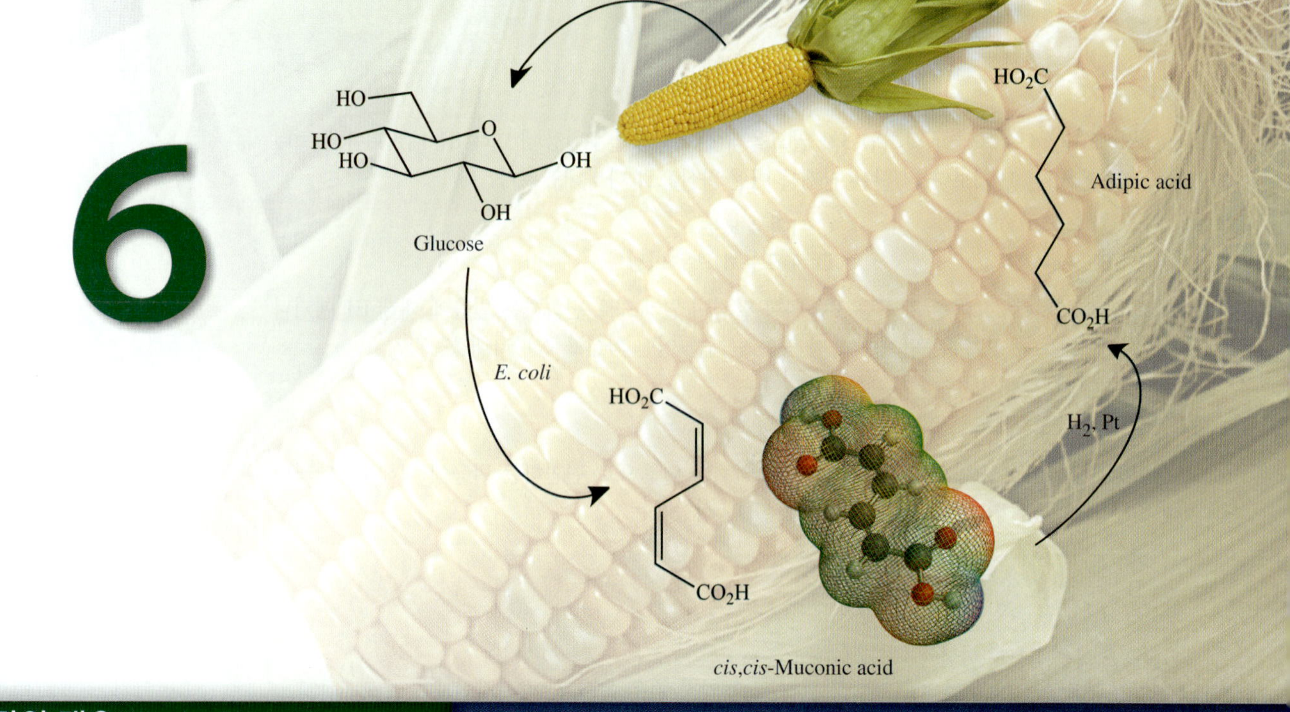

장의 개요

여섯 개의 탄소로 이루어진 아디프산은 석유에서 얻어낸 벤젠으로부터 제조되어 산업적으로 나일론을 만드는 원료로 사용되어 왔다. 이 화합물의 제조를 위해 다른 방법이 개발되었다. 이는 유전공학적으로 처리된 박테리아인 *E. coli*를 써서 옥수수 녹말을 글루코오스로 변환시키고 이를 *cis*, *cis*-뮤콘산으로 변화시킨 후 이어 수소를 첨가시켜 아디프산을 얻는 방법이다. 이 장에서는 수소첨가를 시작으로 이중결합에 대한 첨가에 대해 배운다.

알켄의 첨가반응
Addition Reactions of Alkenes

알켄의 구조와 제조에는 친숙해졌으므로 화학적 반응을 살펴보기로 하자. 알켄의 가장 특징적 반응은 다음과 같은 일반적인 반응식에서 보인 것처럼 **첨가(addition)**이다.

$$\text{A—B} + \text{C}{=}\text{C} \longrightarrow \text{A—}\overset{|}{\underset{|}{\text{C}}}\text{—}\overset{|}{\underset{|}{\text{C}}}\text{—B}$$

이 반응식에서 A—B로 표시된 화합물의 범위는 대단히 넓고 다양해서 알켄을 다른 많은 작용기 형태로 변환시킬 수 있다.

알켄은 첨가될 수 있는 물질과 반응할 수 있는 능력을 가지고 있으므로 일반적으로 **불포화 탄화수소(unsaturated hydrocarbon)**라고 한다. 한편, 알케인은 **포화(saturated)** 탄화수소라고 하며, 첨가반응을 일으킬 수 없다.

6.1 알켄의 수소화

첨가반응에서 반응물과 생성물의 관계를 알케인을 형성하는 알켄의 *수소화*로 설명할 수 있다. **수소화(hydrogenation)**는 다중결합에 대한 H_2의 첨가이다. 예를 들면, 에틸렌은 수소와 반응하여 에테인을 형성한다.

$$H_2C\overset{\pi}{=}CH_2 + H\overset{\sigma}{-}H \xrightarrow{\text{Pt, Pd, Ni, 또는 Rh}} H_3C-CH_3 \qquad \Delta H^\circ = -136\text{ kJ } (-32.6\text{ kcal})$$

Ethylene Hydrogen Ethane

프랑스의 화학자 Paul Sabatier는 고은 분말의 니켈이 효과적인 수소화 촉매임을 밝혀 1912년 노벨화학상을 받았다.

이 반응은 발열반응이며 ΔH°는 음이다. 실제로 *모든 알켄의 수소화는 발열이다.* 알켄이 수소화되는데 발생하는 열을 **수소화 열(heat of hydrogenation)**이라고 하는데 보통 그 음의 부호는 생략하고 절대값만 표시한다. 바꿔 말하면 수소화 열 = $-\Delta H^\circ$

촉매를 사용하지 않는 알켄의 첨가반응도 발열반응이지만 대단히 느리다. 그러나 곱게 간 백금, 팔라듐, 니켈 및 로듐과 같은 금속 촉매의 존재 하에서 수소화의 속도는 증가한다. 수소의 금속 촉매 첨가는 실온에서 빨리 일어나며, 알케인이 유일한 생성물이다.

$$\text{5,5-Dimethyl(methylene)cyclononane} + H_2 \xrightarrow{\text{Pt}} \text{1,1,5-Trimethylcyclononane (73\%)}$$

5,5-Dimethyl(methylene)cyclononane Hydrogen 1,1,5-Trimethylcyclononane (73%)

문제 6.1

촉매 수소화로 2-메틸뷰테인을 형성할 수 있는 세 개의 알켄은 무엇인가?

촉매 수소화에서 사용되는 용매는 알켄을 용해할 수 있는 능력에 따라 선택되는데, 보통 에탄올, 헥세인 또는 아세트산이 사용된다. 금속 촉매는 이런 용매에서 녹지 않는다. 용액과 금속의 두 개의 상이 존재하며, 반응은 이들 간의 경계면에서 일어난다. 다른 두 개의 상에 있는 서로 다른 물질이 반응을 할 때 이를 **불균일 반응(heterogeneous reaction)**이라 한다.

알켄의 촉매 수소화는 메커니즘 6.1에 나타낸 일련의 단계에 의해 진행된다. 알켄에 대한 수소 첨가가 금속 촉매 없이는 대단히 느리게 일어나므로 비촉매 메커니즘은 활성화 에너지가 대단히 높다는 것을 의미한다. 금속 촉매는 몇 가지 낮은 활성화 단계가 연속적으로 일어나는 다른 반응 경로를 통하여 수소화의 속도를 가속화시킨다.

6.2 알켄 수소화의 입체화학

입체특이성(*stereospecificity*)과 *입체선택성*(*stereoselectivity*)의 두 가지 특성이 촉매 수소화에 관계된다. 입체특이성에 대해서는 다음 장에서 더 논의하겠지만 여기서는 촉매 수소화에 대해 한 가지 원리 즉, 특정 반응에서 발생하는 생성물의 입체화학적 특성은 반응물이 가진 입체화학적 성질에 의존된다는 것만은 알아 두기로 하자. 메커니즘 6.1에 따르면 두 개의 수소 원자는 촉매의 표면으로부터 이중결합으로 동시에 이동하지는 않으나 모두 이중결합의 같은 면에 첨가된다. 이를 **신첨가(syn addition)**라 하고 이것은 입체특이성 중 하나의 성질이다. 그 반대의 첨가 과정은 **안티첨가(anti addition)**라고 하며 이중결합의 반대 면에 첨가가 일어난다.

E2 메커니즘 (5.16절)의해 진행하는 제거 반응에서 수소와 이탈기간에 입체화학적으로 안티 관계가 되어야함으로 입체특이적이다.

메커니즘 6.1

알켄의 수소화

1단계: 수소 분자는 금속 촉매 표면에서 반응한다. 상대적으로 강한 수소-수소 σ 결합이 깨어지고 두 개의 약한 금속-수소 결합으로 대체된다.

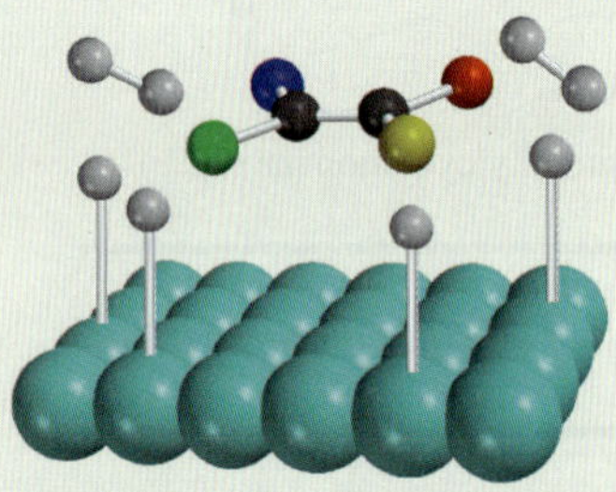

2단계: 알켄은 금속 촉매와 반응한다. 두 탄소들 사이 이중결합의 π 성분이 상대적으로 약한 두 개의 탄소-금속 σ 결합으로 대체된다.

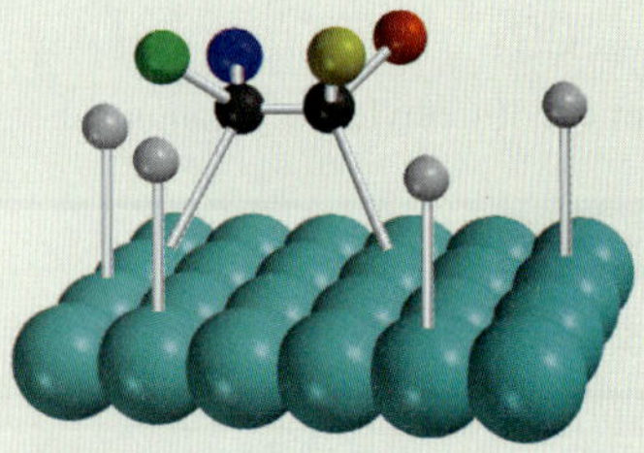

3단계: 수소 원자는 촉매 표면으로부터 이중결합 탄소 중 하나로 이동된다.

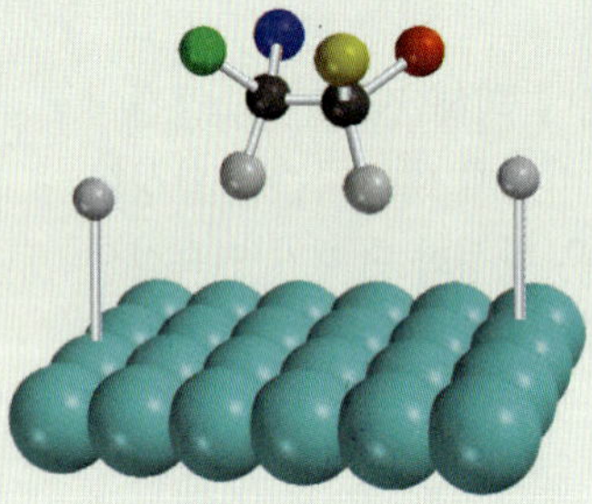

4단계: 두 번째 수소 원자가 이동하여 알케인이 형성된다. 반응이 일어나는 촉매 표면은 여분의 수소와 알켄 분자를 받아 들일 수가 있다.

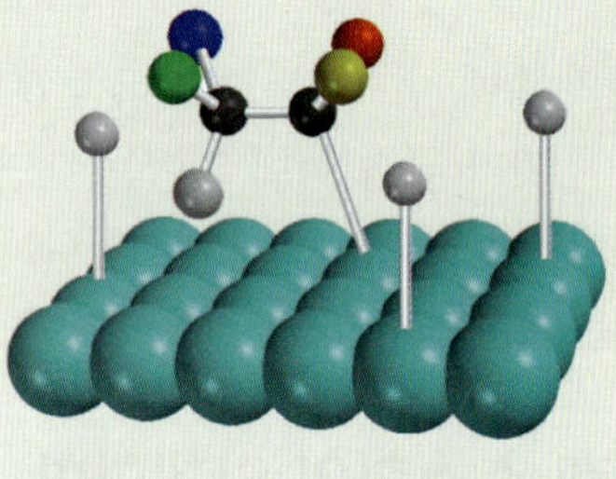

신 첨가에 대한 실험적 예는 다음과 같이 사이클로헥센 유도체의 수소화에서 찾아 볼 수 있다. 여기서는 불안정한 입체이성체이지만 신 첨가 생성물만 생성된다.

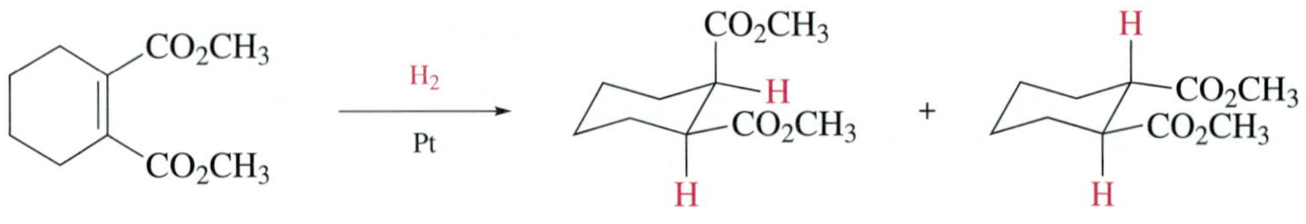

CO_2CH_3, CO_2CH_3 —(H_2, Pt)→ CO_2CH_3, H, CO_2CH_3, H + H, CO_2CH_3, CO_2CH_3, H

사이클로헥센-1,2-다이카복실산 다이메틸

신 첨가 생성물 (100%)

안티 첨가 생성물 (생성되지 않음)

알켄에 대한 첨가가 모두 신 첨가로 일어나는 것은 아니다. 이 장의 뒷부분에서 안티 첨가에 의한 예와 함께 입체특이적이 아닌 예도 발견하게 될 것이다. 반응에 대한 입체화학적 과정을 밝히는 것은 반응에 대한 메커니즘을 이해하는데 중요한 자료가 된다.

알켄의 두 번째 입체화학적 특성은 *입체선택성*(*stereoselectivity*)이다. 한 출발 물질이 두 개 이상의 입체이성질체 생성물을 형성하고 그 중의 한 이성질체가 다른 것보다 더 많은 양이 생성되는 반응을 입체선택성이 있다고 말한다. 5.11절에서 알코올의 산 촉매 탈수에서 이중결합이 발생할 때 열역학적으로 더 안정한 알켄이 생성되는데 이 과정은 입체선택적이다. 촉매 수소화에서 입체선택성은 촉매로부터 이중결합으로 수소 원자가 이동할 때의 방향과 관련있다. 아래 예에서 보면

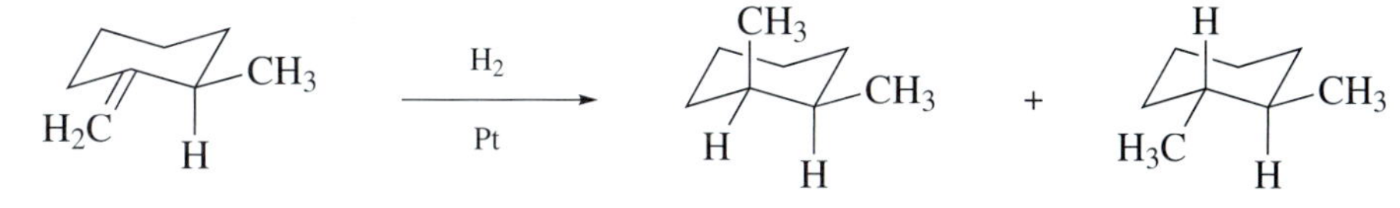

H_2C CH_3 H → (H_2, Pt) CH_3 CH_3 H H + H CH_3 H_3C H

2-Methyl(methylene)-cyclohexane | *cis*-1,2-Dimethyl-cyclohexane (68%) | *trans*-1,2-Dimethyl-cyclohexane (32%)

주 생성물은 시스 입체이성질체이다. 그 이유는 이 화합물의 C-2 위치 메틸기의 반대편 쪽의 위치하는 이중결합 면이 입체적으로 장애를 덜 받고 있어 촉매 표면과의 접촉이 유리하기 때문이다. 그래서 수소는 그쪽으로 우세하게 이동하게 된다. 알켄의 수소화에 대한 입체화학은 반응물의 입체장애를 덜 받는 면에서 수소 첨가가 일어난다. 반응물에 존재하는 입체화학적으로 같지 않은 쪽이나 면이 구별되는 반응은 유기화학에서 흔히 있는 일이며, *반응성*이 입체효과에 의해 영향을 받는 예이다. 앞서 우리는 치환된 사이클로핵세인의 시스와 트랜스 입체이성체(3.11~3.12절)와 알켄(5.6~5.7절)의 경우에서 *안정성*에 대한 입체효과에 대해 배운 바 있다.

문제 6.2

α-파이넨(터펜틴의 성분)의 촉매 수소화는 100% 입체선택성이고 생성물 A만 얻어진다. α-파이넨의 분자 모형을 써서 그 이유를 설명하시오.

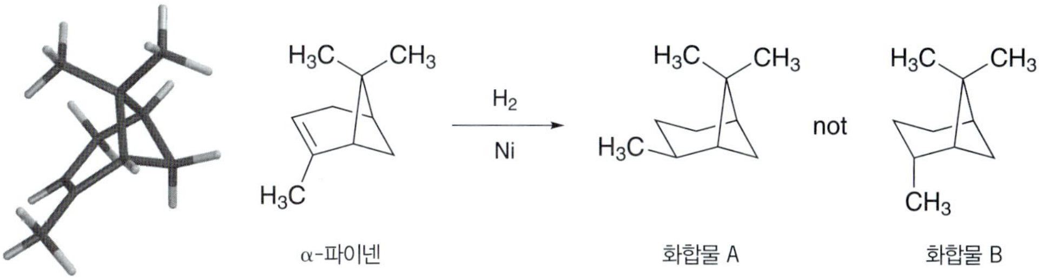

H_3C CH_3 H_3C → (H_2, Ni) H_3C CH_3 H_3C not H_3C CH_3 CH_3

α-파이넨 | 화합물 A | 화합물 B

6.3 수소화 열

촉매는 반응속도에 영향을 미치지만 반응물과 생성물 간의 에너지 관계와는 무관하다. 그러므로 알켄의 수소화 열의 크기는 촉매의 종류와 관계가 없다.

수소화 열은 연소 열에서와 같은 방법으로 알켄의 상대적 안전성을 비교하는 데 사용된다. 이들 두 방법은 모두 같은 생성물(들)로 될 때의 *이성질체*들의 에너지 차이를 측정한다. 1-뷰텐, *시스*-2-뷰텐, 또는 *트랜스*-2-뷰텐의 촉매 수소화는 같은 생성물, 뷰테인을 형성한다. 그림 6.1에 나타낸 바와 같이 측정된 수소화 열은 *트랜스*-2-뷰텐이 *시스*-2-뷰텐보다 4 kJ/mol(1.0 kcal/mol) 더 낮고, *시스*-2-뷰텐은 1-뷰텐보다 7 kJ/mol (1.7 kcal/mol) 너 낮나.

수소화 열은 서로 이성질체가 아닌 알켄이든 아니든 간에 알켄의 구조단위로 포함된 이중결합의 안정성을 평가하는 데 사용할 수 있다. 표 6.1에 대표적인 알켄에 대한 수소화

열을 나타내었다.

수소화 열로부터 측정한 알켄의 안정성에 대한 경향성은 연소 열을 바탕으로 구한 값과 정확하게 일치한다.

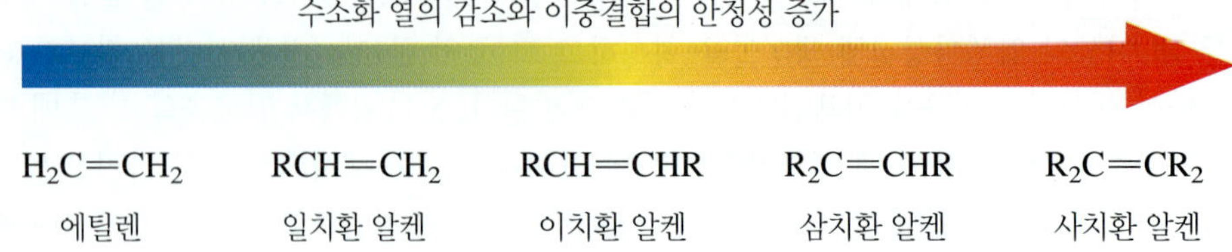

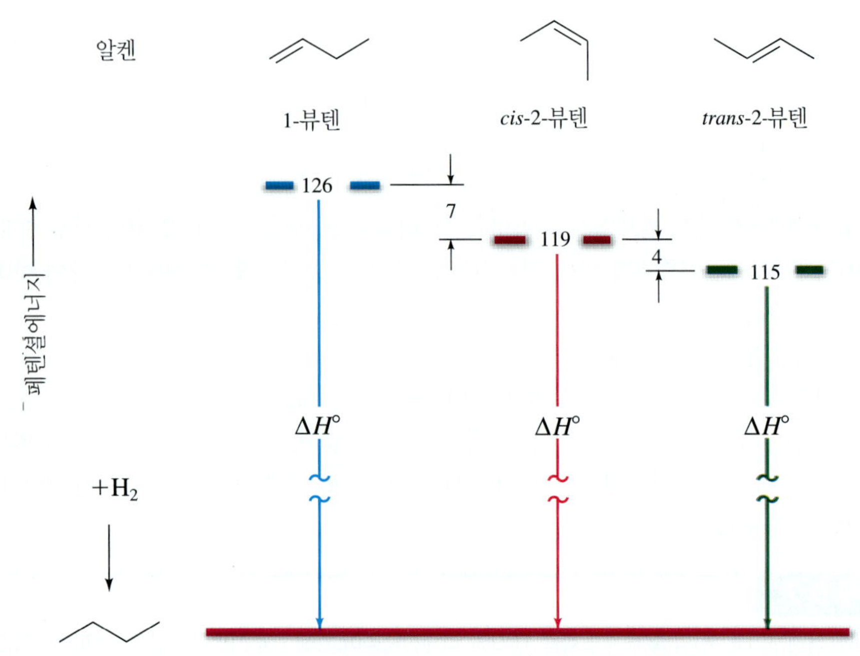

그림 6.1

뷰텐 이성질체의 수소화 열. 모든 에너지는 kJ/mol로 나타내었다.

표 6.1 몇 가지 알켄의 수소화 열

알켄	구조	수소화 열	
		kJ/mol	kcal/mol
에틸렌	$H_2C{=}CH_2$	136	32.6
일치환 알켄			
프로펜	$H_2C{=}CHCH_3$	125	29.9
1-뷰텐	$H_2C{=}CHCH_2CH_3$	126	30.1
1-헥센	$H_2C{=}CHCH_2CH_2CH_2CH_3$	126	30.2
Cis-이치환 알켄			
cis-2-뷰텐	$(H_3C)HC{=}CH(CH_3)$ (*cis*)	119	28.4
cis-2-펜텐	$(H_3C)HC{=}CH(CH_2CH_3)$ (*cis*)	117	28.1

알켄	구조	수소화 열	
		kJ/mol	kcal/mol
trans-이치환 알켄			
trans-2-뷰텐	$H_3C(H)C{=}C(H)CH_3$	115	27.4
trans-2-펜텐	$H_3C(H)C{=}C(H)CH_2CH_3$	114	27.2
삼치환 알켄			
2-메틸-2-펜텐	$(CH_3)_2C{=}CHCH_2CH_3$	112	26.7
사치환 알켄			
2,3-다이메틸-2-뷰텐	$(CH_3)_2C{=}C(CH_3)_2$	110	26.4

이중결합을 안정화시켜 주는 알킬 치환기가 없는 에틸렌은 가장 큰 수소화 열을 갖는다. 구조가 유사한 알켄은 비슷한 수소화 열을 갖는다. 예를 들어, (말단) 일치환 알켄인 프로펜, 1-뷰텐 및 1-헥센의 수소화 열은 거의 같다. 시스-이치환 알켄은 일치환 알켄보다 낮은 수소화 열을 가지며, 가장 안정한 트랜스 이성질체보다는 높은 수소화 열을 갖는다. 삼치환 이중결합을 가진 알켄은 이치환 알켄보다 낮은 수소화 열을 가지며, 사치환 알켄은 가장 낮은 수소화 열을 갖는다.

문제 6.3

예제 6.1의 각 알켄을 수소화 열과 짝지으시오.

kJ/mol(kcal/mol)로 나타낸 수소화 열: 112 (26.7); 118 (28.2); 126 (30.2)

6.4 알켄에 대한 할로젠화 수소의 친전자성 첨가

촉매 수소화도 그 중 하나인 이중결합의 첨가는 알켄의 가장 특징적인 화학적 성질이다. 이런 종류의 많은 반응에서 공격하는 시약은 할로젠화 수소와 같이 극성 분자가 된다. 첨가는 펜테인, 벤젠, 다이클로로메테인, 클로로폼, 및 아세트산과 같은 다양한 용매에서 빠르게 진행된다.

$$\underset{\text{알켄}}{>C{=}C<} + \underset{\text{할로젠화 수소}}{{}^{\delta+}H{-}X^{\delta-}} \longrightarrow \underset{\text{할로젠화 알킬}}{H{-}\overset{|}{\underset{|}{C}}{-}\overset{|}{\underset{|}{C}}{-}X}$$

그림 6.2에서 보인 것 처럼 에틸렌과 할로젠화 수소의 정전기적 퍼텐셜의 모양이 상호 보완적이다. 수소의 양성자가 부분적으로 극성화 되고 (친전자성) 알켄에서는 sp^2-혼성된 탄소가 결합된 평면의 위 아래로 π 전자가 매우 음전하를 띈 것을 알 수 있다. 반응 중에 π 전자는 알켄에서 할로젠화 수소의 양성자쪽으로 움직인다. 많이 치환된 이중결합일수록 너 "전사가 풍부하여" 널 치환된 것보다 빨리 반응하게 된다. 할로젠화 수소는 산도의 증가에 따라 반응성이 커진다. 아이오딘화 수소가 가장 빠르며 플로오린화 수소는 가장 느리다.

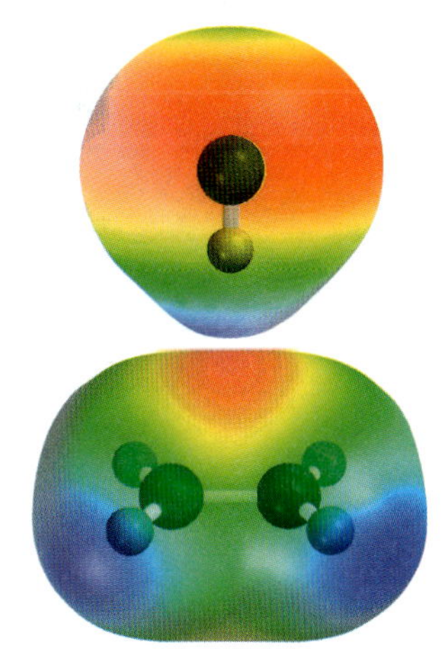

그림 6.2

HCl과 에틸렌의 정전기 퍼텐셜지도. 이 둘이 반응할 때 상호작용은 에틸렌이 전자-풍부 지역(붉은 색)과 HCl의 전자-부족 지역(푸른 색)간에서 일어난다. 에틸렌의 전자-풍부 지역은 이중결합의 π 전자에 관련되고 H는 HCl의 전자-부족 위치이다.

알켄의 할로젠화 수소와의 반응속도 증가

$H_2C{=}CH_2$ $H_2C{=}CHCH_3$ $H_2C{=}C(CH_3)_2$

할로젠화 수소의 알켄에의 첨가 속도 증가

HF << HCl < HBr < HI

가장 느린 첨가 / 가장 약산 가장 빠른 첨가 / 가장 강산

> 5.10절에서 처럼 위치선택적 반응이란 한 종류의 반응물질로 부터 두 가지 이상의 구성 이성질체가 생성될 때 그 중 하나의 이성질체가 다른 것 보다 많이 발생할 경우를 상기 하여라. 위치특이적 반응이란 이성질체 중 한 가지가 100% 생성됨을 말한다.

다음 예에서 보듯 할로젠화 수소의 알켄에의 첨가는, 그러나 실제로는 첨가가 위치특이성이라고 할 수 있을 정도로 큰 위치선택성을 나타낸다. 다음 두 반응에서 두 가지 할로젠화 알킬 구성이성질체가 생성될 수 있는데 그 중 한 가지만 우세하게 생긴다.

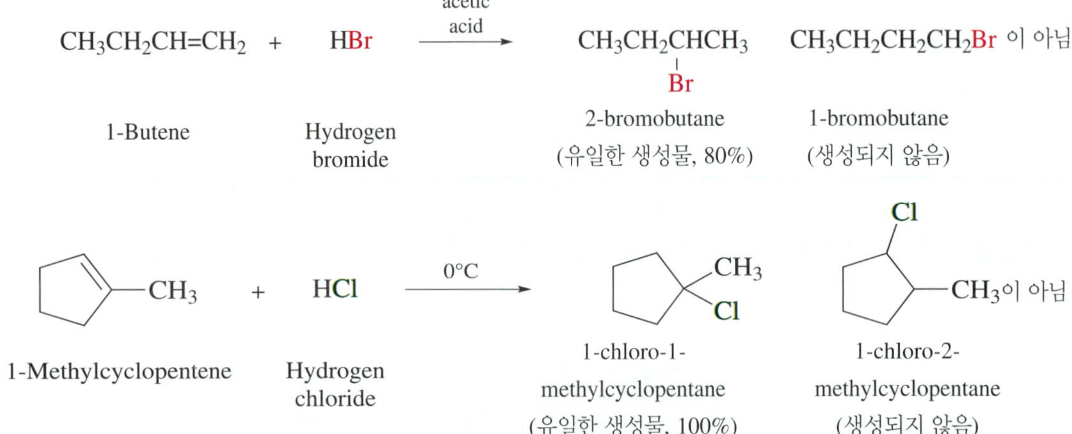

러시아 Kazan 대학 Alexander Zaitsev의 동료인 Vladimir Markovnikov는 1870년에 알켄에 대한 할로젠화 수소 첨가반응의 특징을 다음과 같이 일반화 하였다. Markovnikov 규칙으로 알려진 바에 의하면, *비대칭으로 치환된 알켄이 할로젠화 수소와 반응할 때 수소는 수소가 더 많은 탄소에 첨가되고 할로젠은 수소가 더 적은 탄소에 첨가된다.*

문제 6.4

다음 각 화합물과 염화 수소의 반응으로 생성되는 주 생성물의 구조를 쓰시오.

(a) 2-메틸-2-뷰텐

(b) 2-메틸-1-뷰텐

(c) *cis*-2-뷰텐

(d) $CH_3CH{=}$(cyclohexylidene)

풀이 예시 (a)염화 수소는 2-메틸-2-뷰텐과의 반응에서 Markovnikov의 규칙에 따라 이중결합에 첨가된다. 양성자는 한 개의 수소가 결합된 탄소에 첨가되고 염소는 수소가 결합되어 있지 않은 탄소에 첨가된다.

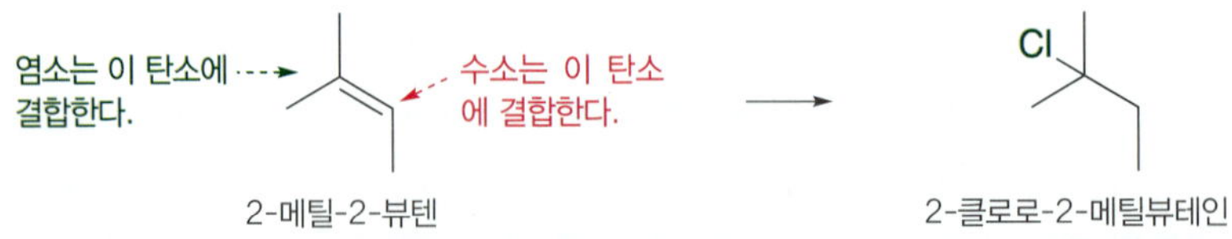

Markovnikov 규칙은 Zaitsev 규칙(5.10절)과 같이 실험 결과를 반응의 주 생성물을 예측하기 위한 적합한 형태로 체계화되었다. 친전자성 첨가반응의 메커니즘을 더 상세히 관찰하면 그것이 어떻게 작용하는지를 이해할 수 있다.

2-메틸프로펜에 대한 브로민화 수소 친전자성 첨가 메커니즘은 그림 6.2에서 보이는 바와 같이 두 단계를 거쳐 이루어진다.

$$(CH_3)_2C{=}CH_2 \quad + \quad HBr \xrightarrow{\text{acetic acid}} (CH_3)_3CBr$$

2-Methylpropene　Hydrogen bromide　*tert*-Butyl bromide (유일한 생성물, 90%)

첫 단계는 할로젠화 수소가 알켄에 양성자를 내주어 탄소양이온을 형성하는 속도결정이다. 이 첨가에서의 위치선택성은 첫 단계에 의해 결정되며 두 가지 가능한 탄소양이온 중 상대적으로 안정한 쪽으로 생긴다.

메커니즘 6.2

2-메틸프로펜에 대한 브로민화 수소의 친전자성 첨가

전체 반응:

2-Methylpropene + HBr → *tert*-Butyl bromide

2-Methylpropene　Hydrogen bromide　*tert*-Butyl bromide

메커니즘:

1단계: 이 단계는 속도결정 단계이고 이분자 반응이다. 이중결합의 양성자화는 더 안정한 탄소양이온이 생성되는 방향으로 일어난다. 이 경우 탄소양이온은 3차이다. C-2의 양성자화는 덜 안정한 1차 탄소양이온이 생성된다.

2-메틸프로펜 + H—Br: ⇌(느림) *tert*-뷰틸 양이온 + :Br:⁻

2-메틸프로펜　브로민화 수소　*tert*-뷰틸 양이온　브로민화 이온

2단계: 이 단계는 음이온(Lewis 염기, 친핵체)과 양이온(Lewis 산, 친전자체)의 결합으로 급속히 일어난다.

tert-뷰틸 양이온 + :Br:⁻ →(빠름) 브로민화 *tert*-뷰틸

tert-뷰틸 양이온　브로민화 이온　브로민화 *tert*-뷰틸

(a) *Markovnikov 규칙에 따른 첨가*

H—Br: → :Br:⁻ → :Br: H

3-3차 탄소양이온 유일한 생성물

(b) *Markovnikov 규칙에 반대되는 첨가*

H—Br: → :Br:⁻ → Br H

1차 탄소양이온 생성되지 않음

그림 6.3은 퍼텐셜 에너지 그림을 사용하여 첨가에 대한 이 두 경쟁 형태를 설명해 준다. Hammond의 가설에 의하면 이중결합의 양성자화에 대한 전이상태는 탄소양이온 성격을 가지며, 더 안정한 탄소양이온(3차)을 형성하는 활성화 에너지가 덜 안정한 탄소양이온(1차)을 형성하는 활성화 에너지보다 작다. 더 빨리 생성된 탄소양이온으로부터 주 생성물

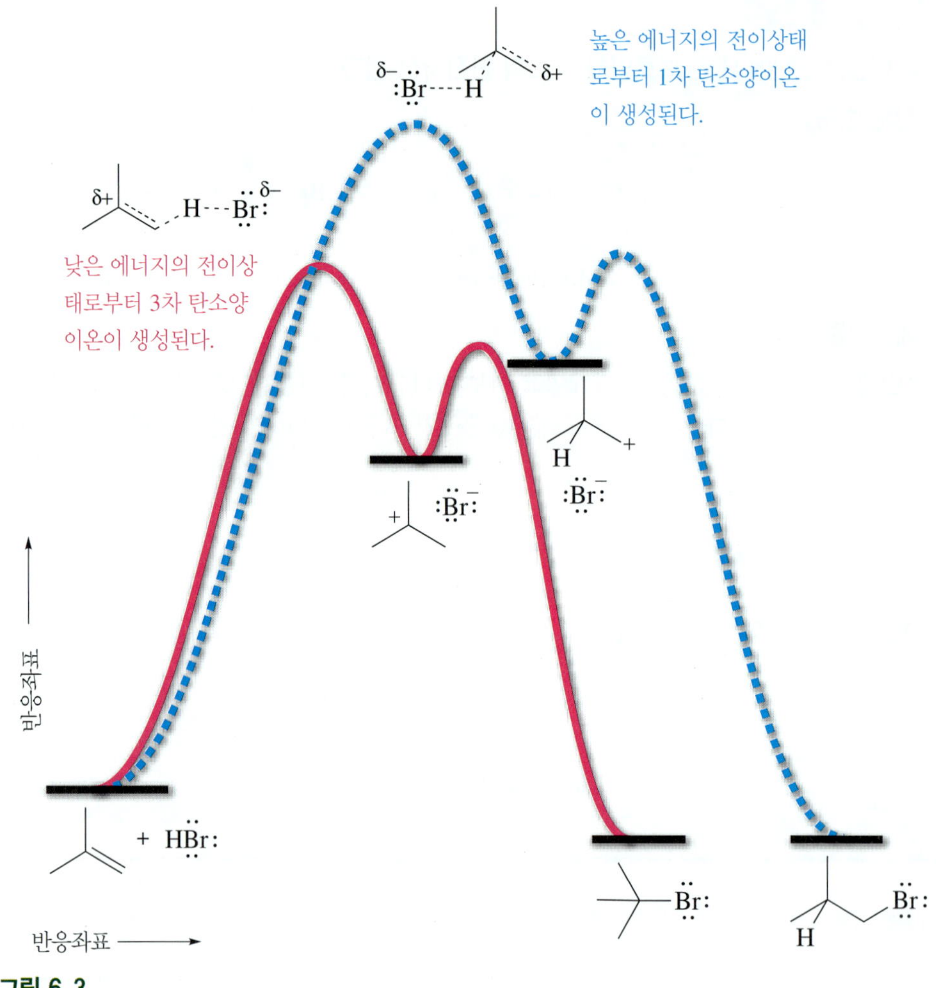

그림 6.3

알켄에 대한 할로젠화 수소의 Markovnikov 규칙에 따른 첨가(붉은 선)와 반대 첨가(푸른 점선)를 비교한 에너지 그림. 이 반응은 Markovnikov 규칙에 따라 3차 탄소양이온을 거쳐 가는 경로의 E_a가 작아서 반응이 빠르게 진행된다.

이 얻어진다. 1차 탄소양이온과 3차 탄소양이온의 에너지 차이가 너무 크기 때문에 그 생성 속도도 크게 다르며, 따라서 모든 생성물은 3차 탄소양이온으로부터 얻어진다.

문제 6.5

예제 6.4의 각 반응에서 주 생성물을 형성하는 탄소양이온 중간체의 구조식을 쓰시오.

풀이 예시 (a) 2-메틸-2-뷰텐의 이중 결합의 양성자화로 3차 탄소양이온과 2차 탄소양이온이 생성된다.

2-메틸-2-뷰텐 — 더 빠름, C-3의 양성자화 → 3차 탄소양이온 (더 안정)

2-메틸-2-뷰텐 — 더 느림, C-2의 양성자화 → 2차 탄소양이온 (덜 안정)

반응의 생성물은 더 안전한 탄소양이온으로 부터 생성된다. 이 경우에는 2차 탄소양이온보다 더 빨리 생성되는 3차 탄소양이온이다.

Rules, Laws, Theories, and the Scientific Method

As we have just seen, Markovnikov's rule can be expressed in two ways:

1. When a hydrogen halide adds to an alkene, hydrogen adds to the carbon of the alkene that has the greater number of hydrogens attached to it, and the halogen to the carbon that has the fewer hydrogens.
2. When a hydrogen halide adds to an alkene, protonation of the double bond occurs in the direction that gives the more stable carbocation.

The first of these statements is close to the way Vladimir Markovnikov expressed it in 1870; the second is the way we usually phrase it now. These two statements differ in an important way—a way that is related to the **scientific method.** Adherence to the scientific method is what defines science. The scientific method has four major elements: observation, law, theory, and hypothesis.

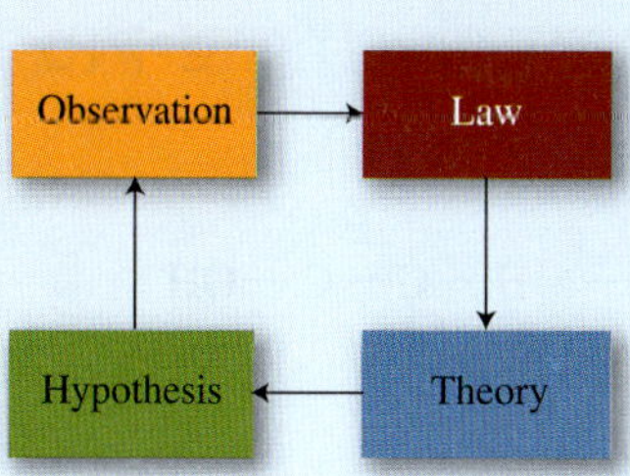

Most observations in chemistry come from experiments. If we do enough experiments we may see a pattern running through our observations. A *law* is a mathematical (the law of gravity) or verbal (the law of diminishing returns) description of that pattern. Establishing a law can lead to the framing of a *rule* that lets us predict the results of future experiments. This is what the 1870 version of Markovnikov's rule is: a statement based on experimental observations that has predictive value.

A *theory* is our best present interpretation of why things happen the way they do. The modern version of Markovnikov's rule, which is based on mechanistic reasoning and carbocation stability, recasts the rule in terms of theoretical ideas. Mechanisms, and explanations grounded in them, belong to the theory part of the scientific method.

It is worth remembering that a theory can never be proven correct. It can only be proven incorrect, incomplete, or inadequate. Thus, theories are always being tested and refined. As important as anything else in the scientific method is the *testable hypothesis*. Once a theory is proposed, experiments are designed to test its validity. If the results are consistent with the theory, our belief in its soundness is strengthened. If the results conflict with it, the theory is flawed and must be modified. Section 6.5 describes some observations that support the theory that carbocations are intermediates in the addition of hydrogen halides to alkenes.

6.5 알켄에 대한 할로젠화 수소 첨가에서 탄소양이온의 자리옮김

탄소양이온이 알켄에 대한 할로젠화 수소 첨가의 중간체라는 사실은 알코올의 탈수(5.13절)에서 종종 일어나는 자리옮김을 관찰함으로써 더 분명해진다. 예를 들어, 염화 수소와 3-메틸-1-뷰텐의 반응은 2-클로로-3-메틸뷰테인이 생성될 것으로 기대된다. 그러나 그 대신 2-클로로-3-메틸뷰테인과 2-클로로-2-메틸뷰테인의 혼합물이 생성된다.

3-Methyl-1-butene —HCl, 0°C→ 2-Chloro-3-methylbutane (40%) + 2-Chloro-2-methylbutane (60%)

이 경우에 첨가는 2차 탄소양이온이 생성되는 이중결합의 양성자화로 대개 시작한다.

염화 수소 + 3-메틸-1-뷰텐 —(−:Cl:⁻)→ 1,2-다이메틸프로필 양이온(2차) —수소음이온 이동→ 1,1-다이메틸프로필 양이온(3차)

이 탄소양이온은 염화 이온과 반응하여 2-클로로-3-메틸뷰테인(40%)이 생성되거나 수소음이온의 자리옮김으로 3차 탄소양이온을 형성한다. 3차 탄소양이온은 염화 이온과 반응하여 2-클로로-2-메틸뷰테인을 생성한다. 두 염화 알킬 화합물이 비슷한 수득률로 생성되므로 염화 이온의 2차 탄소양이온을 공격하는 속도와 자리옮김 속도가 거의 유사하다는 것을 알 수 있다.

문제 6.6

(a) 3,3-다이메틸-1-뷰텐에 대한 염화 수소의 첨가로 대략 같은 양의 두 이성질체의 혼합물이 생성된다. 이 두 화합물의 구조를 쓰고, 그들이 생성되는 메커니즘을 설명하시오.

6.6 알켄의 산–촉매 수화

이중결합에 할로젠화 수소의 친전자성 첨가로 할로젠화 알킬이 얻어지는 것과 유사하게 산 촉매로 물이 첨가되면 알코올이 얻어진다.

$$\text{C}{=}\text{C} + \text{HOH} \xrightarrow{\text{H}^+} \text{H}{-}\text{C}{-}\text{C}{-}\text{OH}$$

알켄 물 알코올

이때도 Markovnikov 규칙을 따른다.

2-Methyl-2-butene —50% H_2SO_4/H_2O→ 2-Methyl-2-butanol (90%)

메커니즘 6.3 과정은 일반적인 친전자성 첨가의 원리를 산-촉매 수화에도 적용할 수 있다. 메커니즘의 1단계에서 양성자는 알켄에 이동하여 탄소양이온을 형성한다. 2단계에서 탄소양이온은 친핵체로 작용하는 물 분자와 반응한다. 이 단계에서 형성되는 알킬옥소늄 이온(alkyloxonium ion)은 최종 알코올의 짝산이다. 3단계에서 산 촉매가 재생되는 동안 알킬옥소늄 이온이 감소한다.

문제 6.7

메커니즘 6.3의 세 단계 메커니즘 대신에 다음 두 단계 메커니즘도 고려해야 한다.

$$1.\ (CH_3)_2C{=}CH_2 + H_3O^+ \xrightarrow{\text{느림}} (CH_3)_3C^+ + H_2O$$

$$2.\ (CH_3)_3C^+ + HO^- \xrightarrow{\text{빠름}} (CH_3)_3COH$$

이 메커니즘은 옳지 않다. 근본적인 결점은 무엇인가?

탄소양이온 형성이 속도결정이라는 개념이 알켄의 구조가 어떻게 반응 속도에 영향을 미치는가를 추정하게 해준다. 상대적으로 안정한 탄소양이온을 형성하는 알켄은 불안정한 탄소양이온을 형성하는 알켄보다 빨리 반응한다.

메커니즘 6.3

2-메틸프로펜의 산 촉매 수화

전체 반응:

2-Methylpropene + Water $\xrightarrow{H_3O^+}$ *tert*-Butyl alcohol

메커니즘:

1단계: 더 안정한 탄소양이온이 되는 방향으로 탄소-탄소 이중결합의 양성자화:

2-메틸프로텐 + 하이드로늄 이온 ⇌(느림) *tert*-뷰틸 양이온 + 물

2단계: 물은 *tert*-뷰틸 양이온을 잡는 친핵체로 작용한다:

tert-뷰틸 양이온 + 물 ⇌(빠름) *tert*-뷰틸옥소늄 이온

3단계: *tert*-뷰틸옥소늄 이온의 탈양성자화. 물은 Brønsted 염기로 작용한다.

tert-뷰틸옥소늄 이온 + 물 ⇌(빠름) *tert*-뷰틸 알코올 + 하이드로늄 이온

25°C에서의 산촉매 수화의 상대속도 증가

$H_2C{=}CH_2$	$H_2C{=}CHCH_3$	$H_2C{=}C(CH_3)_2$
1.0	1.6×10^6	2.5×10^{11}

가장 반응성이 작은 에틸렌의 양성자화는 1차 탄소양이온을 형성하고, 가장 반응성이 큰 2-메틸프로펜은 3차 탄소양이온을 형성한다. 이미 살펴본 것처럼 더 안정한 탄소양이온은 그 생성 속도가 더 빠르다.

문제 6.8

다음 두 알켄의 수화 속도는 25°C에서 7000배 이상의 차이를 나타낸다. 어느 이성질체가 반응성이 더 큰가? 그 이유는 무엇인가?

알켄의 산-촉매 수화와 알코올의 산-촉매 탈수는 서로 가역적이라는 사실에 주목하자. 다음 예를 보자.

$$(CH_3)_2C{=}CH_2 + H_2O \overset{H^+}{\rightleftharpoons} (CH_3)_3COH$$

2-Methylpropene Water *tert*-Butyl alcohol

가역 과정에 있는 메커니즘은 **미시적 가역성(microscopic reversibility)**의 원리로 잘 설명된다. 이 원리에 의하면 *어떤 평형 과정에서 반응물이 생성물로 한 방향으로 진행될 때 거치게 되는 중간체와 전이상태의 순서는 반대 방향으로 일어날 때도 정확하게 역순으로 진행되지 않으면 안 된다.* 반응물과 생성물에 대해 가역적인 것처럼 반응 좌표를 따라 조금씩 진행될 때도 가역적이다. 특정한 반응의 정반응에 대한 반응 메커니즘이 일단 알려지면 역반응에 대한 중간체와 전이상태가 무엇이 될 것인지 알 수 있다. 특히, 그림 6.3에 있는 2-메틸프로펜의 산-촉매 수화에 대한 세 단계 메커니즘은 그림 5.1에서 *tert*-뷰틸 알코올의 산-촉매 탈수에 대한 메커니즘의 역반응이다.

메커니즘 5.1 (195쪽)과 6.3를 다시 살펴보고 미시적 가역성 원리가 어떻게 적용되는지 생각해 보자.

문제 6.9

2-메틸프로펜에 대한 염화 수소의 친전자성 첨가는 염화 *tert*-뷰틸의 E1 또는 E2 제거의 가역 반응인가?

반응에 대한 메커니즘은 가역적 반응이 '어떻게' 진행되는지를 알려주지만 반응이 '얼마나' 진행되는지를 알려주지는 않는다. 첨가반응의 평형에 미치는 인자의 영향을 알아내자면 1장에서 배운 산-염기 반응과 3장에서 다룬 형태의 평형 원리로 확장할 필요가 있다.

6.7 첨가-제거 평형의 열역학

수화-탈수 평형 같은 가역반응은 화합물의 합성에 유용하게 이용될 수 있다.

$$>C{=}C< + H_2O \overset{H^+}{\rightleftharpoons} H{-}\overset{|}{\underset{|}{C}}{-}\overset{|}{\underset{|}{C}}{-}OH$$

알켄 물 알코올

이를 이용하면 알켄에서 알코올, 알코올에서 알켄을 만들 수 있지만, 그러나 어떻게 평형의 위치를 조절하여 원하는 화합물의 수율을 극대화할 수 있을까?

*평형에 있는 계는 계에 가해주는 스트레스가 최소가 되도록 조절한다*는 **Le Chatelier의 원리**를 적용할 수 있다. 수화-탈수 평형에서는 물의 농도가 평형조절에 중요하다. 물의 농도가 증가하면 계는 물을 소모하도록 대응한다. 이것은 비례적으로 더 많은 알켄이 알코올로 변화됨을 의미하며 평형은 오른쪽으로 이동한다. 그러므로 알켄으로부터 알코올을 만들려면 물의 몰 농도를 높여 주어야 한다. 즉, 묽은 황산을 사용해야 한다.

한편, 물의 농도를 낮게 유지하면 알코올 생성이 유리해진다. 물이 부족하면 계는 더 많은 알코올 분자의 탈수를 일으키며, 더 많은 알켄이 생성된다. 진한 강산을 촉매로 사용함으로써 반응 혼합물에 있는 물의 양을 낮게 유지한다. 반응 혼합물을 증류하면 생성되는 물을 제거하는 데 효과적이며, 평형을 생성물 쪽으로 이동시킬 수 있다. 만일 알켄의 끓는점이 낮으면 역시 증류에 의해 제거할 수 있다. 이렇게 하면 알켄이 생성된 다음 알켄을 산-촉매 이성질화로부터 보호할 수 있는 부수적인 장점이 있다.

문제 6.10

다음 반응의

$$(CH_3)_3COH + HCl \rightleftharpoons (CH_3)_3CCl + H_2O$$

정반응은 4.8절에서 배웠으며, 역반응은 8.6에서 다룬다. 이 때, 1몰의 염산을 사용하여 1몰의 *tert*-뷰틸 알코올을 염화 *tert*-뷰틸로 바꾸려 할 때 진한 염산과 묽은 염산 중 어느 것이 유리한가?

Le Chatelier의 원리를 이용하면 실험조건이 바뀌면 평형이 정성적으로 어떻게 변화하게 될는지를 예측할 수 있다. 정량적으로 더 알아보려면 열역학적 관점에서 반응을 조사해 보아야 한다.

일정한 온도와 압력에서 어떤 반응의 진행방향 즉, **자발적(spontaneous)**인 진행방향은 **자유에너지 (G)**가 감소할 경우이다

$$\Delta G = G_{\text{생성물}} - G_{\text{반응물}} \qquad \Delta G < 0 \text{ 이면 자발적이다.}$$

자유에너지는 "Gibbs 자유에너지"로 불리기도 한다. 공식적 용어로는 19세기의 미국의 물리학자 J. Willard Gibbs를 기념하여 Gibbs 에너지로 불린다.

반응물과 생성물의 자유에너지는 그의 종류와 양에 따라 결정된다. G의 부호는 항상 양이나, ΔG는 양과 음 모두 가능하다. 반응 초기에 반응물만 존재할 때는 $G_{\text{반응물}}$ 값은 일정한 크기를 나타내지만 $G_{\text{생성물}}$ 값은 0이 되므로 ΔG는 음의 값이 되며 반응은 화살표 방향대로 자발적으로 진행한다. 반응이 점차 진행함에 따라 $G_{\text{반응물}}$ 값은 감소하고 $G_{\text{생성물}}$ 값은 증가하게 되어 두 값이 같아지면 ΔG는 0이 된다. 이 때 계는 평형에 도달한다. 정반응과 역반응이 모두 계속 일어나고 있지만 두 방향의 속도는 같다.

반응이 일어나는 조건이 다양하므로 물질과 실험조건에 대한 *표준 상태*(*standard state*)를 정의할 필요가 있다. 표준상태란 순물질이 1기압 하에 있을 때의 상태(고체, 액체, 기체)이다. 수용액의 경우 표준상태 농도는 1 M이다. 표준상태의 값에는 열역학적 기호 $\Delta G°$에서처럼 어깨 글자 °를 써서 표시한다.

다음 가역 반응의 경우

$$a\text{A} + b\text{B} \rightleftharpoons c\text{C} + d\text{D}$$

ΔG와 $\Delta G°$의 관계는

$$\Delta G = \Delta G° + RT \ln \frac{[\text{C}]^c[\text{D}]^d}{[\text{A}]^a[\text{B}]^b} \text{ 이 된다.}$$

여기서 $R = 8.314$ J/(mol · K) 또는 1.99 cal/(mol · K)이고 T는 절대온도이다. 평형에서는 $\Delta G = 0$ 이고, $\frac{[C]^c[D]^d}{[A]^a[B]^b}$ 는 평형상수 K가 된다. 식을 정리하면

$$\Delta G° = -RT \ln K$$

$\Delta G°$의 부호가 음인 반응은 **자유에너지 감소적(exergonic)**이라 하고, 양인 경우 **자유에너지 증가적(endergonic)**이라 한다. 자유에너지 감소적 반응은 평형상수가 1보다 크고, 자유에너지 증가적 반응은 평형상수가 1보다 작다.

자유에너지는 엔탈피(enthalpy)와 엔트로피(entropy)로 표현할 수 있다. 즉,

$$G = H - TS$$

일정 온도에서 $\Delta G° = \Delta H° - T\Delta S°$이 된다.

2-메틸프로펜의 수화반응 경우 표준상태의 열역학적 함수의 값은 다음과 같다.

$$(CH_3)_2C{=}CH_2(g) + H_2O(\ell) \rightleftharpoons (CH_3)_3COH(\ell)$$

$\Delta G° = -5.4$ kJ (-1.3 kcal)	자유에너지 감소
$\Delta H° = -52.7$ kJ (-12.6 kcal)	발열
$\Delta S° = -0.16$ kJ/K (-0.038 kcal/K)	엔트로피 감소

값이 음의 부호므로 이 반응은 자유에너지 감소적이다. 식 $\Delta G° = -RT\ln K$을 이용하여

$$\Delta G° = -RT \ln K$$

25°C에서의 평형상수를 계산하면 $K = 9$이다.

문제 6.11

$(CH_3)_3COH$의 탈수(앞에서 다룬 것의 역반응)에 대한 평형상수는 $\Delta G° = -RT\ln K$ 식에서 $\Delta G°$의 부호를 바꾼 값으로 계산해 낼 수 있다. 그러나 그것보다 더 쉽게 $(CH_3)_3COH$의 탈수에 대한 K를 얻을 수 있는 방법을 제시하시오.

$\Delta H°$은 결합의 세기에 의해 결정된다. $\Delta H°$의 부호가 음이 되면 거의 항상 생성물의 결합이 반응물보다 강한 경우이다. 결합이 강할수록 생성물의 자유에너지는 작아지며 $\Delta G°$는 더 음의 값이 된다. 첨가반응의 경우가 보통 이에 해당한다. 예를 들어 수소첨가, 수화, 할로젠화 수소 첨가는 모두 $\Delta H°$의 부호가 음이다.

$\Delta S°$는 계의 질서도가 증가 또는 감소됨을 알려주는 척도이다. 계의 질서도는 증가할수록 엔트로피는 감소하는데 계는 되도록 질서도가 작아지려 한다. 화학반응에서 계수를 맞춘 방정식의 양쪽에 존재하는 물질의 몰수와 물리적 상태가 $\Delta S°$에 영향을 주로 미친다. 물질의 상태가 액체면 고체보다 큰 엔트로피(질서도 감소)를 가지며, 기체상은 액체보다 엔트로피가 크다. 제거반응에서처럼 반응 후 분자 수가 증가하면 엔트로피가 증가한다. 한편, 첨가반응에서는 분자 수가 줄어들게 되는데 이때는 $\Delta S°$가 음의 값이 된다.

$\Delta H°$와 $\Delta S°$가 음의 값인 전형적인 알켄의 첨가반응 경우 온도 조건에 따라 첨가와 제거가 함께 경쟁하게 된다. 저온에서는 첨가가 유리하고, 고온에서는 제거가 우세하다. 경제적으로 중요한 과정인 수소화-탈수소화 평형의 한 예를 에틸렌과 에탄의 관계에서 볼 수 있다.

$$H_2C{=}CH_2(g) + H_2(g) \rightleftharpoons CH_3CH_3(g)$$

Ethylene Hydrogen Ethane

에틸렌의 수소화를 살펴보면 왼쪽에서 두 기체 분자가 오른쪽의 한 개의 기체 분자로 바뀌면서 엔트로피가 감소한다. 수소화는 매우 발열과정이며 $\Delta H°$은 충분히 음의 값인데도 평형은 비교적 넓은 온도 범위 내에서 오른쪽으로 많이 치우친다.

매우 높은 온도 즉, 750°C이상에서는 평형이 역전된다. 이때는

$$\Delta G° = \Delta H° - T\Delta S°$$

식에서 $-T\Delta S°$항이 $\Delta H°$ 값보다 커져 평형이 왼쪽으로 이동하게 된다. 이래서 탈수소화가 매우 흡열과정인데도 매년 수십억 파운드의 에틸렌이 탈수소화를 통하여 생산되는 것이다.

문제 6.12

에틸렌–에탄 평형의 상수는 백금, 팔라듐, 니켈 같은 고운 분말 상태의 촉매 존재 유무에 영향을 받겠는가?

문제 6.13

에탄올과 브로민화 수소와의 기체상 반응은 제거와 치환 과정에 의해 일어난다.

$$CH_3CH_2OH(g) \xrightleftharpoons{HBr} H_2C{=}CH_2(g) + H_2O(g)$$

$$CH_3CH_2OH(g) + HBr(g) \rightleftharpoons CH_3CH_2Br(g) + H_2O(g)$$

에틸렌과 브로민화 에틸 중 어느 쪽이 온도 증가에 따라 그 양이 증가하는지 밝히고 설명하시오.

6.8 알켄의 수소붕소화–산화

산–촉매 수소화는 Markovnikov 규칙의 선택성에 따라 알켄을 알코올로 변환시킬 수 있다. 그러나 때때로 Markovnikov 선택성에 반대가 되는 알켄의 수화 구조를 가진 알코올이 필요할 때가 있다. 1-데켄을 1-데칸올로 변환시키는 것은 이와 같은 변환의 한 예이다.

$$CH_3(CH_2)_7CH{=}CH_2 \longrightarrow CH_3(CH_2)_7CH_2CH_2OH$$

1-Decene 1-Decanol

이와 같은 변환은 **수소붕소화–산화(hydroboration-oxidation)**에 의해 간접적으로 할 수 있다. 수소붕소화 반응(hydroboration)은 R_2BH 형태의 수소화붕소(boron hydride)가 탄소–탄소 π 결합에 첨가되는 반응이다. 새로운 탄소–수소 결합과 탄소–붕소 결합이 형성된다.

수소붕소화-산화 반응은 Herbert C. Brown 교수[1979년에 화학 분야에서 노벨상 수상]에 의해 붕소를 함유하는 시약을 유기화학 합성에 광범위하게 이용하는 연구에서 개발되었다.

$$\text{C}{=}\text{C} + R_2B{-}H \longrightarrow H{-}\overset{|}{\underset{|}{C}}{-}\overset{|}{\underset{|}{C}}{-}BR_2$$

알켄 수소화 붕소 유기붕소

수소붕소화 반응 후 생성된 유기붕소 화합물을 염기성 용액에서 과산화수소로 처리하여 연속 산화(oxidation) 과정을 거친다. 이 때, 과산화수소는 산화제가 되고 유기붕소 화합물은 알코올로 변환된다.

수산화 소듐을 염기로 사용하면 알킬붕소 화합물의 붕소는 물에 녹으면서 붕소산의 소듐 염으로 쉽게 제거된다.

$$H{-}\overset{|}{\underset{|}{C}}{-}\overset{|}{\underset{|}{C}}{-}BR_2 + 3H_2O_2 + HO^- \longrightarrow H{-}\overset{|}{\underset{|}{C}}{-}\overset{|}{\underset{|}{C}}{-}OH + 2ROH + B(OH)_4^-$$

유기붕소 과산화수소 수산화 이온 알코올 알코올 보레이트 이온

수소붕소화 반응과 산화를 조합하면 전체적으로는 알켄의 수화가 된다. 그러나 물은 반응에 참여하지 않는다. 탄소에 결합하게 되는 수소는 유기붕소화물로부터 오며, 하이드록실기는 과산화물로부터 온다.

1-데센의 수소붕소화-산화를 예로 들어 각 단계를 더 상세하게 살펴보자. 많이 사용되는 수소화붕소는 *다이보레인(diborane,* B_2H_6)이다. 다이보레인은 평형 반응식에 따라 트라이데실보레인을 생성한다.

옆 반응의 화살표 위에 나온 diglyme은 반응용매이다. 디글라임은 다이에텔렌 글라이콜다이메틸 에터의 줄인 말로, 구조는 $CH_3OCH_2CH_2OCH_2CH_2OCH_3$이다.

$$6CH_3(CH_2)_7CH{=}CH_2 + B_2H_6 \xrightarrow{\text{diglyme}} 2[CH_3(CH_2)_7CH_2CH_2]_3B$$

1-Decene　　Diborane　　Tridecylborane

붕소는 이중결합의 덜 치환된 탄소 원자에 결합하는 위치선택성을 보인다. 그러므로 다이보레인의 수소 원자는 1-데센의 C-2에 첨가되고, 붕소는 C-1에 첨가된다. 트라이데실보레인은 1-데칸올을 생성한다. 알짜 결과는 산-촉매 수화와는 반대 선택성에 따라 알켄을 알코올로 변환시킨다.

$$[CH_3(CH_2)_7CH_2CH_2]_3B \xrightarrow[\text{NaOH}]{H_2O_2} CH_3(CH_2)_7CH_2CH_2OH$$

Tridecylborane　　1-Decanol

수소붕소화 및 산화 과정을 합쳐서 화살표의 위와 아래에 차례대로 번호를 붙여 한 반응식으로 나타내는 것이 관례이다.

$$CH_3(CH_2)_7CH{=}CH_2 \xrightarrow[\text{2. } H_2O_2,\ HO^-]{\text{1. } B_2H_6,\ \text{diglyme}} CH_3(CH_2)_7CH_2CH_2OH$$

1-Decene　　1-Decanol (93%)

$H_3\bar{B}{-}\overset{+}{O}$ (tetrahydrofuran ring)

보레인-테트라하이드로퓨란의 착화합물

더 편리한 수소붕소화 시약은 보레인-테트라하이드로퓨란 착화합물을 이용하는 것이다. 이것은 0°C에서 수초 내에 알켄에 첨가되고, 테트라하이드로퓨란을 용매로 사용한다.

1. $H_3B{\cdot}THF$
2. H_2O_2, HO^-

OH

2-Methyl-2-butene　　3-Methyl-2-butanol (98%)

수소붕소화-산화에서는 탄소양이온 중간체가 참여하지 않는다. 다음과 같이 가지가 많이 달린 알켄이라 하더라도 이중결합에 대한 수화는 자리옮김 없이 일어난다.

1. B_2H_6, diglyme
2. H_2O_2, HO^-

OH

(*E*)-2,2,5,5-Tetramethyl-3-hexene　　2,2,5,5-Tetramethyl-3-hexanol (82%)

문제 6.14

다음 각 알켄에 대한 수소붕소화-산화로 얻어지는 주 생성물의 구조를 쓰시오.

(a) 2-메틸프로펜　　(d) 사이클로펜텐
(b) *cis*-2-뷰텐　　(e) 3-에틸-2-펜텐
(c) (cyclobutane)$=CH_2$　　(f) 3-에틸-1-펜텐

풀이 예시 (a) 수소붕소화-산화에서 H와 OH는 Markovnikov 규칙과 반대인 위치선택성에 따라 첨가된다. 2-메틸프로펜인 경우에는 생성물로서 2-메틸-1-프로판올이 얻어진다.

1. 수소화 붕소
2. 산화

2-Methylpropene 2-Methyl-1-propanol

수소는 수소수가 적은 탄소에 결합되며, 하이드록실기는 수소를 더 많이 가진 탄소에 결합된다.

수소붕소화–산화 반응은 모두 입체특이적이며 H와 OH는 이중결합에 대해서 syn 첨가(syn addition)된다.

1. B_2H_6, diglyme
2. H_2O_2, HO^-

1-Methylcyclopentene

trans-2-Methylcyclopentanol
(only product, 86% yield)

문제 6.15

촉매 수소화와 같이 α-파이넨의 수소붕소화 – 산화는 입체선택적이다(문제 6.2). 첨가는 이중결합의 장애가 적은 면에서 일어나며, 하나의 알코올만이 높은 수득률로 얻어진다(89%). 이 알코올의 구조를 제안하시오.

6.9 수소붕소화–산화의 메커니즘

수소붕소화–산화 반응의 위치선택성과 신–입체 화학을 알켄과 붕소의 화학적 성질을 함께 이해하게 되면 반응 메커니즘을 이해하는 데 많은 도움을 준다.

메커니즘을 단순화하기 위해 수소붕소화 시약은 다이보레인(B_2H_6) 또는 보레인–테트라하이드로퓨란의 착화합물 형태가 아니고 마치 보레인(BH_3)이 첨가하는 것처럼 생각해보자.

보레인 (BH_3)은 평상시의 온도와 압력에서는 존재하지 않는다. 대신 두 분자의 BH_3가 결합하여 더 안정한 다이보레인(B_2H_6) 형태로 존재한다.

보레인은 친전자체이다. 즉, 비어 있는 2*p* 오비탈을 가지고 있으며, 메커니즘 6.4의 1단계에서 보여준 것처럼 알켄의 π-전자쌍과 상호 작용한다. 1단계에서 π *복합체*(π *complex*)라는 불안정한 중간체가 생성된다. 이 π 복합체에서 붕소와 이중결합의 두 탄소 원자는 세 원자가 두 전자를 공유하는 *삼–중심 이–전자 결합*(*three-center two-electron bond*)을 형성한다. 삼–중심 이–전자 결합은 붕소 화학에서 흔히 만날 수 있다. 음의 성질을 띤 붕소는 수소 원자 중 하나가 전자쌍을 가진 수소 치환기(수소음이온)로서 2단계에 보인 바와 같이 붕소로부터 탄소로 용이하게 이동하게 하여 안정한 알킬 보레인을 생성시킨다. 탄소–붕소 결합과 탄소–수소 결합은 이중결합의 같은 면에서 형성되는 입체특이적으로 신–첨가 과정이다.

1단계는 붕소화 과정의 입체선택성과 일치한다. 수소 원자보다 입체적으로 더 큰 치환기를 가지고 있는 붕소는 이중결합의 입체장애가 작은 탄소에 결합되고 수소는 입체장애가 큰 쪽에 결합한다. 이 과정에서는 입체적 효과보다는 전자적 효과가 더 중요하다. 수소 원자는 π *복합체*에서 더 양전하를 띠는 쪽 즉, 메틸기를 포함하는 탄소로 이동하게 된다.

수소붕소화–산화 반응에서 산화단계(메커니즘 6.5)의 첫 과정은 1단계에서 형성된 HOO–이 2단계에서 붕소와 결합하면서 시작된다. 이렇게 생성된 중간체에서 수산화 이온이 떨어져 나가면서 알킬기는 붕소로부터 산소로 이동하게 된다(3단계). 여기서 결정적인 C—O 결합이 형성된다. 생긴 새로운 결합은 입체화학적으로 원래의 C—B 결합과 같은

메커니즘 6.4

1-메틸사이클로펜텐의 수소붕소화

전체 반응

CH_3 + BH_3 ⟶ H_2B CH_3

1-Methyl-cyclopentene　　Borane　　*trans*-2-Methylcyclo-pentylborane

메커니즘:

1단계: 보레인(BH_3) 분자가 알켄을 공격한다. 전자는 알켄의 $2p$ 오비탈에서 붕소의 오비탈로 이동한다. π 복합 중간체를 형성한다.

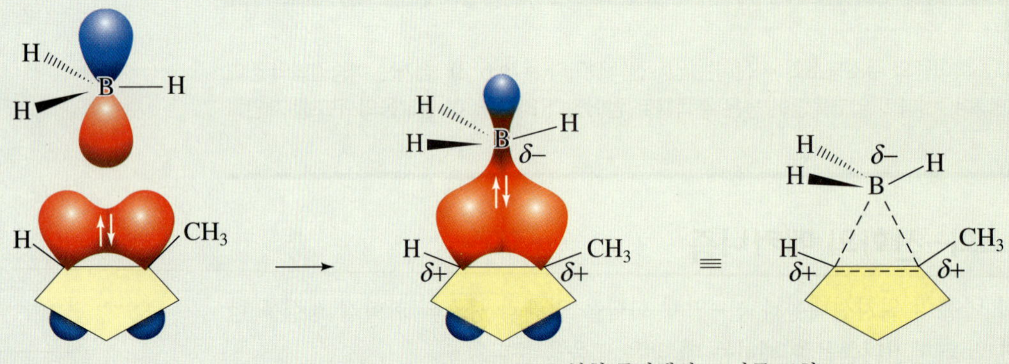

π- 복합 중간체의 또 다른 표현

2단계: π 복합체가 유기붕소화물로 재배열된다. 수소가 붕소와 결합되어 있던 전자를 가지고 붕소로부터 탄소로 이동한다.

H, H, B, H, $\delta-$, H, CH_3, $\delta+$, $\delta+$ ⟶(*a*) H, H, B, H, H, CH_3 ⟶(*b*) H_2B, H, H, CH_3

π-복합 중간체에서 수소음 이온의 이동에 따른 전이상태

1-메틸사이클로펜텐의 수소붕소화 첨가 생성물

면에 있게 되어 수소붕소화가 신(syn) 입체화학으로 일어나도록 한다. 새로 형성된 탄소 – 산소 결합의 입체 화학적 배열이 원래의 탄소–붕소 결합과 같다는 것이다. 붕소로부터 산소로 알킬기의 이동은 탄소의 *입체배열이 보존*(*retention of configuration*)되면서 일어난다고 할 수 있다. 3단계에서 형성되는 알콕시보레인 중간체는 4단계에서 염기 촉매에 의한 산소 – 붕소 결합 분해를 일으켜 알코올을 형성한다.

수소붕소화 첨가 – 산화의 복잡한 메커니즘은 이 반응들이 실험실에서 일어날 때의 단순함과는 대조적이다. 수소붕소화 첨가와 산화 단계는 대단히 빠른 반응이기 때문에 보

메커니즘 6.5

유기붕소 화합물의 산화

전체 반응

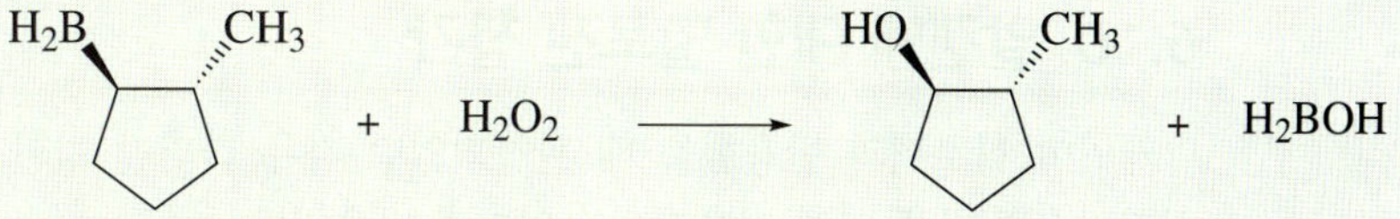

H_2B CH_3 + H_2O_2 ⟶ HO CH_3 + H_2BOH

trans-2-Methylcyclopentylborane   Hydrogen peroxide   *trans*-2-Methylcyclopentanol   Hydroxyborane

메커니즘:

1단계: 과산화 수소가 염기성 용액에서 음이온으로 변환된다.

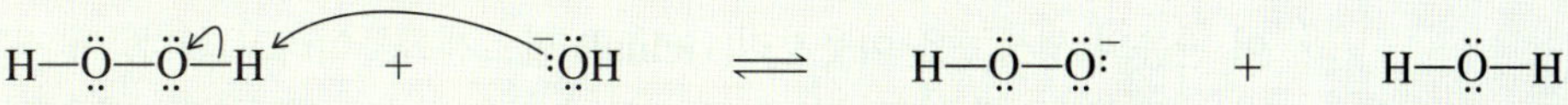

H—Ö—Ö—H + $^{-}$:ÖH ⇌ H—Ö—Ö:$^{-}$ + H—Ö—H

과산화 수소   수산화 이온   과산화 수소 이온   물

2단계: 과산화 수소의 음이온은 친핵체로 작용하여 붕소를 공격하며, 산소–붕소 결합을 형성한다.

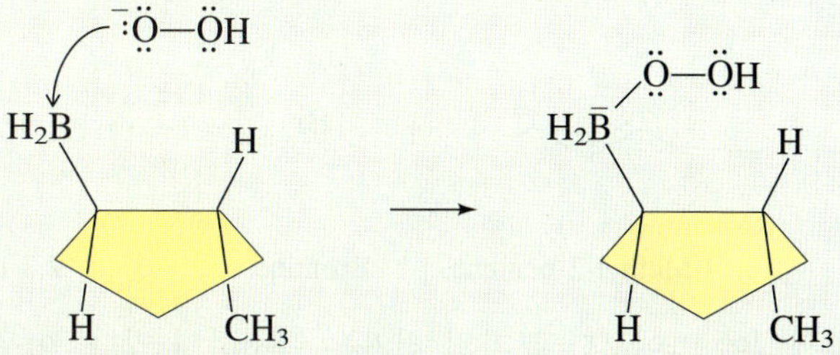

1-메틸사이클로펜텐의 수소붕소화 첨가로 생긴 유기보레인 중간체

3단계: 탄소는 수산화 이온으로 치환되면서 붕소로부터 산소로 이동하고, 탄소는 탄소–붕소 결합에 있는 전자쌍을 가지고 이동한다. 이 전자가 탄소–산소 결합의 전자가 된다.

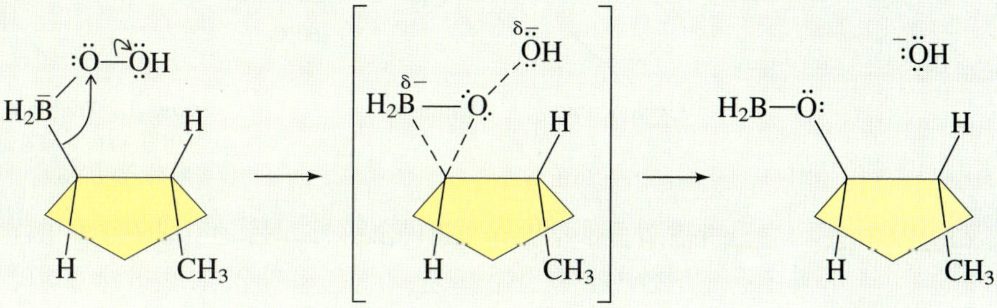

붕소로부터 탄소가 산소로 이동하는 전이상태   알콕시보레인

4단계: 붕소–산소 결합의 가수분해로 알코올이 생성된다.

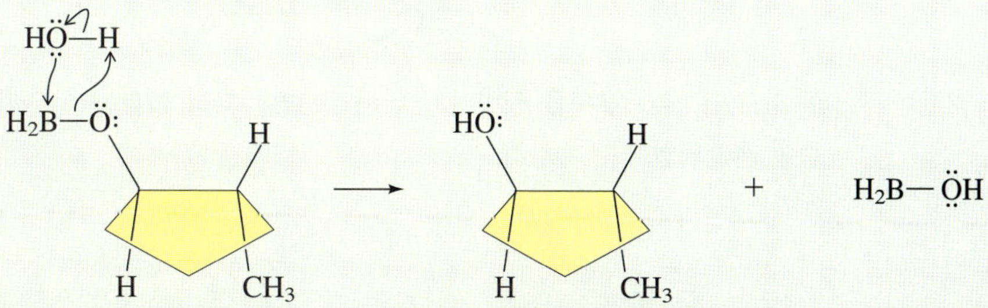

알콕시보레인   트란스-2-메틸사이클로펜탄올   + H_2B—ÖH

통 실험 장치를 가지고 실온에서 수행할 수 있다. 수소붕소화 첨가-산화는 알켄의 신-수화를 일으키며, Markovnikov 규칙과는 반대 위치 선택성으로 일어나므로 작업의 용이성과 함께 이 방법이 합성 화학자들에게 대단히 유용하게 사용되고 있다.

6.10 알켄에 대한 할로젠 첨가

알케인이 할로젠과 반응했을 때 관찰되었던 자유 라디칼 치환과는 대조적으로 할로젠은 친전자성 첨가에 의해 정상적으로 알켄과 반응한다.

$$>C=C< \;+\; X_2 \longrightarrow X-\overset{|}{\underset{|}{C}}-\overset{|}{\underset{|}{C}}-X$$

알켄 할로젠 인접 할로젠화물

이 반응의 생성물을 **이웃자리(vicinal)** 할로젠화물이라고 한다. 이 경우에 두 할로젠 치환기는 이웃탄소에 결합되어 있기 때문에 이웃자리에 있다. 할로젠은 염소(Cl_2) 또는 브로민(Br_2)이며, 첨가는 실온에서 빠르게 진행된다. 용매는 아세트산, 사염화 탄소(CCl_4), 클로로폼($CHCl_3$) 및 다이클로로메테인(CH_2Cl_2)을 포함한 다양한 용매가 사용된다.

*이웃(vicinity)*과 *이웃자리(vicinal)*라는 단어는 이웃함(neighbering)이란 뜻의 라틴어 vicinalis에서 유래했다.

$$\text{4-Methyl-2-pentene} + Br_2 \xrightarrow[0°C]{CHCl_3} \text{2,3-Dibromo-4-methylpentane (100\%)}$$

4-Methyl-2-pentene Bromine 2,3-Dibromo-4-methylpentane (100%)

알켄에 아이오딘 분자의 첨가는 단순하지 않다. 이웃자리 다이아이오딘화물는 이웃자리 이염화물이나 이웃자리 이브로민화물보다 흔치 않다. 알켄에 대한 플루오린(F_2) 첨가는 격렬한 반응이어서 조절하기가 어렵고 플루오린이 수소를 치환한다.

염소(Cl_2) 또는 브로민(Br_2)은 사이클로알켄과 입체특이적으로 안티(anti)-첨가된다.

$$\text{Cyclooctene} + Cl_2 \xrightarrow[-60°C]{CHCl_3} \textit{trans}\text{-1,2-Dichlorocyclooctane}$$

Cyclooctene Chlorine *trans*-1,2-Dichlorocyclooctane (어떤 *cis* 입체성질체도 형성되지 않았다.)

올바른 할로젠 첨가의 메커니즘은 이 모든 관찰내용을 설명할 수 있어야 한다. 다음과 같은 간단한 1단계 '결합-교환' 과정은 옳지 않다. 이러한 형태의 과정은 신-첨가를 요구하지만 실제로 관찰된 안티-첨가와는 일치하지 않는다.

$$X{-}X \;+\; >C=C< \longrightarrow \overset{X}{>C}-\overset{X}{C<}$$

안티(anti) 첨가 규칙을 설명하기 위해 1937년 고리 할로늄 이온이 참여하는 반응 메커니즘이 제안되었다.

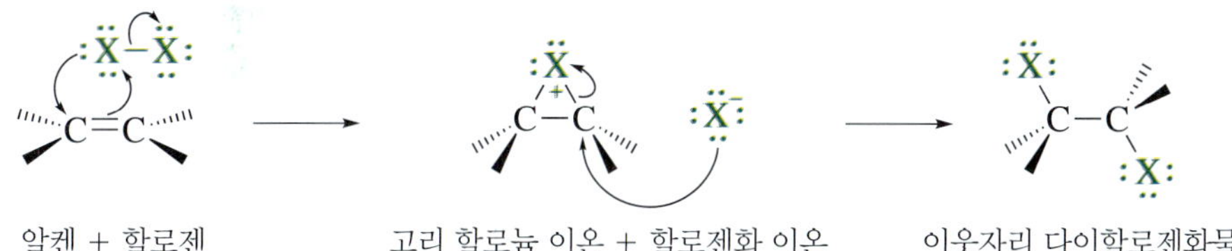

알켄 + 할로젠 / 고리 할로늄 이온 + 할로젠화 이온 / 이웃자리 다이할로젠화물

조금은 생소하지만 고리 할로늄 이온은 그의 이성질체 구조인 β-할로알킬 탄소양이온보다 안정하다고 알려져 있다. 탄소양이온과 다르게 할로늄 이온은 할로젠과 탄소 원자 모두 팔전자계를 이루기 때문이다.

고리 할로늄 이온 / β-할로알킬 탄소양이온

탄소양이온 중간체의 특징인 자리옮김이 브로민화 과정 중 나타나지 않는 다는 것이 안정한 고리 브롬모늄 이온이 관여하는 메커니즘을 뒷받침한다. 그러나 염소 첨가에서는 종종 자리옮김이 일어난다.

알켄의 구조에 따른 반응속도를 비교해보면 알켄으로 부터 할로젠 쪽으로 전자가 이동하는 속도결정 단계와 일치함을 보여준다.

브로민 첨가의 상대속도 (25°C)

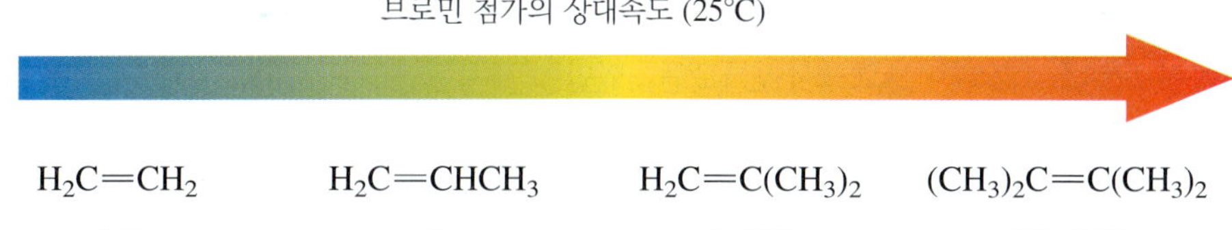

$H_2C{=}CH_2$	$H_2C{=}CHCH_3$	$H_2C{=}C(CH_3)_2$	$(CH_3)_2C{=}C(CH_3)_2$
1.0	61	5,400	920,000

이중결합에 있는 알킬기는 전자를 내주어 속도결정 단계로 가는 전이상태를 안정화시켜 반응속도를 증가시킨다. $(CH_3)_2C{=}C(CH_3)_2$ 이 $H_2C{=}C(CH_3)_2$ 보다 더 반응성이 큰 것을 보면 전이상태를 안정시키는데 있어서 이중결합의 탄소의 역할을 잘 이해할 수 있다.

알켄과 브로민으로부터 브로모늄 이온 형성의 전이상태

메커니즘 6.6은 사이클로펜텐과 브로민 반응의 브로모늄 이온 메커니즘을 보여준다.

문제 6.16

화합물 2-메틸-1-뷰텐, 2-메틸-2-뷰텐 및 3-메틸-1-뷰텐을 브로민에 대한 반응 속도가 감소하는 순서대로 나열하시오.

관련된 반응 중에서, 염소와 브로민은 수용액에서 알켄과 반응하여 할로젠과 하이드록실기가 이웃탄소에 있는 이웃자리 **할로하이드린(vicinal halohydrin)**을 형성한다.

$$H_2C{=}CH_2 + Br_2 \xrightarrow{H_2O} HOCH_2CH_2Br$$

Ethylene   Brominc   2-Bromocthanol (70%)

메커니즘 6.6

사이클로펜텐에 Br_2 첨가

전체 반응:

Cyclopentene + Br_2 —($CHCl_3$)→ *trans*-1,2-Dibromocyclopentane (80%)

Cyclopentene Bromine *trans*-1,2-Dibromocyclopentane (80%)

메커니즘:

1단계: 사이클로펜텐에 Br_2이 친전자성 첨가되어 고리 브로모늄 이온 생성. 이것이 속도결정 단계이다.

사이클로펜텐 + 브로민 —(느림)→ 브로모늄 이온 + 브로민화 음이온

2단계: 친핵체인 브로민화 이온이 브로모늄 이온의 한 쪽 탄소에 결합하여 양으로 하전된 브롬민 원자를 대체한다. 이런 형태의 반응은 친핵체가 끊어지는 결합의 반대면으로 탄소에 접근하는 방법으로 일어난다. 따라서 두 브롬민 원자는 생성물에서 서로 트랜스 위치에 놓이게 된다. 사이클로펜텐으로부터 생성되는 이웃자리 다이브로민화물은 모두 트랜스 입체이성질체라는 사실에 주목해야 한다. 브로모늄 이온 중간체의 C—Br 결합에 Br^-이 안티(anti)를 공격하는 실험적 사실에 부합하여 트랜스-1,2-다이브로모사이클로펜테인만이 생성된다.

브로민화 이온 + 브로모늄 이온 중간체 —(빠름)→ *trans*-1,2-다이브로모사이클로펜테인

알켄에 대한 산촉매 수화반응과 할로젠화 수소의 반응에서와 같이 할로하이드린 형성은 위치선택적이다. 할로젠 원자는 이중결합의 덜 치환된 탄소와 결합하고 하이드록실기는 더 많이 치환된 탄소로 가게 된다.

2-Methylpropene —(Br_2, H_2O)→ 1-Bromo-2-methyl-2-propanol (77%)

이 반응에 대해 인정된 메커니즘은 이웃자리 다이할로젠화물의 생성과 연관이 있다. 즉, 고리 브로모늄 이온의 형성에 뒤이어 탄소 할로젠 결합의 반대편으로 물의 친핵성 공격이 이루어진다. 브로모늄 이온의 고리 열림 과정의 전이상태는 탄소양이온의 성질을 보인다. 따라서, 브로민과 더 많이 치환된 탄소 간의 결합이 끊어지도록 고리의 결합이 끊어지게 된다.

더 안정한 전이상태;
3차 탄소에 의해 공유된 양전하

덜 안정한 전이상태;
1차 탄소에 의해 공유된 양전하

이웃자리 할로하이드린의 형성은 이웃자리 다이할로젠화물의 경우와 같이 입체특이적으로 안티(anti)−첨가이다.

Cyclopentene $\xrightarrow[H_2O]{Cl_2}$ *trans*-2-Chlorocyclopentanol
(52-56% 수득률; *cis* 이성질체를 형성하지 않는다.)

다음 예의 입체화학에서 보듯, 물이 고리 클로로늄 이온을 공격할 때는 탄소와 염소결합의 반대편에서 이루어지게 된다.

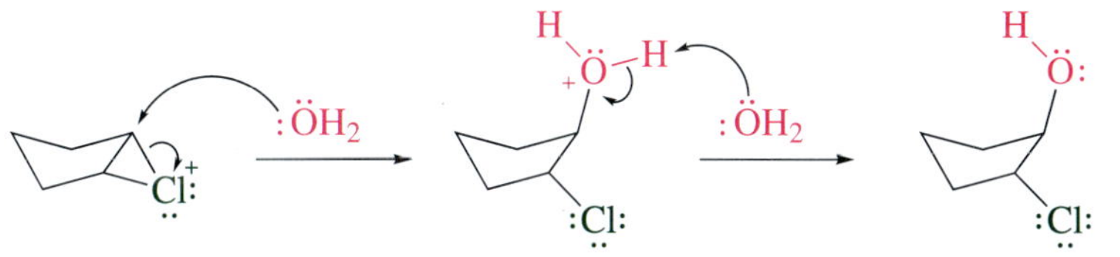

클로로늄 이온 중간체 → *trans*-2-클로로사이클로펜탄올

문제 6.17

다음 각 알켄이 물 속에서 브로민과 반응할 때 형성되는 생성물의 구조를 쓰시오.

(a) 2-메틸-1-뷰텐, (c) 3-메틸-1-뷰텐
(b) 2-메틸-2-뷰텐 (d) 1-메틸사이클로펜텐

풀이 예시 (a) 하이드록실기는 이중결합의 더 많이 치환된 탄소에 결합되고, 브로민은 덜 치환된 탄소에 결합된다.

2-메틸-1-뷰텐 + Br_2 (브로민) $\xrightarrow{물}$ 1-브로모-2-메틸-2-뷰탄올

6.11 알켄의 에폭시화

지금까지 친전자성 시약이 이중결합을 공격할 때 고리형 전이상태(수소붕소화) 또는 고리 할로늄 이온 중간체가 형성되는 것을 배웠다. 이 절에서는 **에폭사이드(epoxide)**라는 산소를 포함한 세 원자 고리로 된 화합물이 형성되는 반응을 소개한다.

치환식 IUPAC 명명법은 에폭사이드를 알켄의 에폭시화 유도체로 명명한다. 접두사 *에폭시−(epoxy-)*는 항상 다른 치환기와 같이 알파벳 순으로 배열한다. 산업적으로 몇 가지 화합물은 흔히 알케인의 이름에 "옥사이드"란 단어를 뒤에 붙여 부른다.

에폭사이드 유도체에대한 또 다른 IUPAC명명법이 16.1절에 나와 있다.

$H_2C\!-\!CH_2$ (O 고리)	$H_2C\!-\!CHCH_3$ (O 고리)	(사이클로헥세인 고리 + O)	$(H_3C)_2C\!-\!C(CH_3)H$ (O 고리)
에폭시에테인 (에틸렌 옥사이드)	1,2-에폭시프로페인 (프로필렌 옥사이드)	1,2-에폭시사이클로헥세인	2,3-에폭시-2-메틸뷰테인

에폭사이드는 천연물로 많이 존재한다. 예를 들어, 집시나방의 암컷은 *디스팔러*(*disparlure*)로 알려진 에폭사이드를 분비하여 수컷을 유인한다. 이 페로몬을 감지한 수컷은 냄새의 원천을 따라가서 암컷을 만나게 된다.

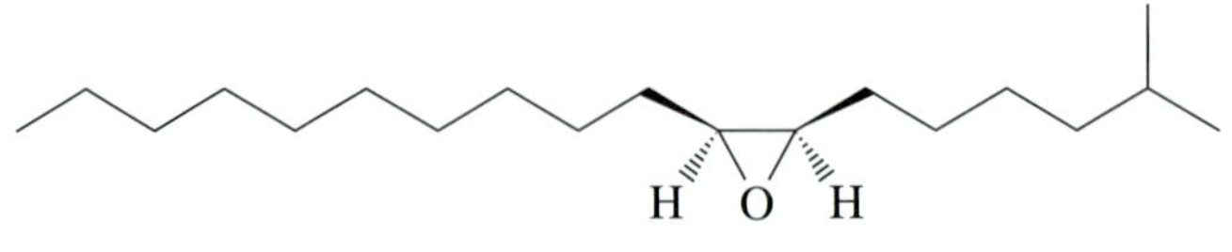

디스팔러(disparlure)

집시나방은 1869년 경 Massachusetts 주 Medford를 시작으로 우연히 미국의 숲에 나타났다. 이후 미국 대서양의 북동부와 중부 지역에 번져서 수백만 에이커의 숲의 나무의 잎을 갈가 먹고 있는 해충이 되었다.

예를 들어, 집시나방의 번식을 조절하기 위한 수단으로 숲 속에 합성 디스팔러를 살포한다고 가정해 보자. 그러면 모든 지역에 성 유인제가 존재하기 때문에 집시나방의 수컷은 암컷이 어디 있는지 혼동하게 된다. 수컷과 만나지 못하는 다른 암컷들은 집시나방 유충을 생산하지 못하고 살아가게 된다.

디스팔러(disparlure)의 입체 화학을 포함한 치환식 IUPAC 이름을 쓰시오.

에폭사이드는 알켄을 과산소산(peroxy acid)과 반응시켜 용이하게 제조할 수 있다. 이 과정을 **에폭시화(epoxidation)**라고 한다.

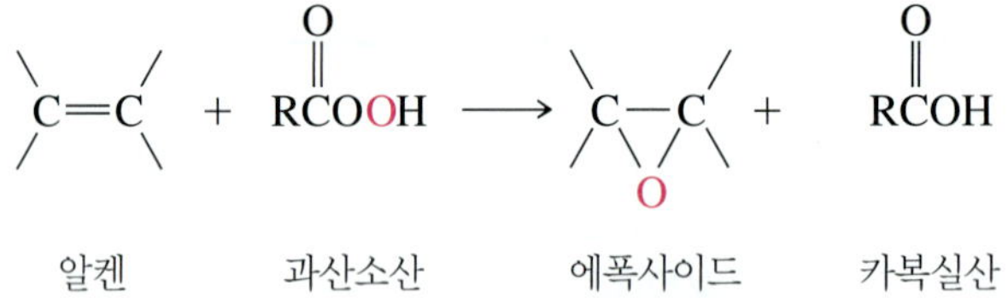

흔히 사용되는 과산소산은 과아세트산(CH_3CO_2OH)이다. 과산소 아세트산은 보통 아세트산 용매에서 사용하지만 다른 에폭시화에서는 다양한 용매가 사용되며, 흔히 다이클로로메테인이나 클로로폼이 사용된다.

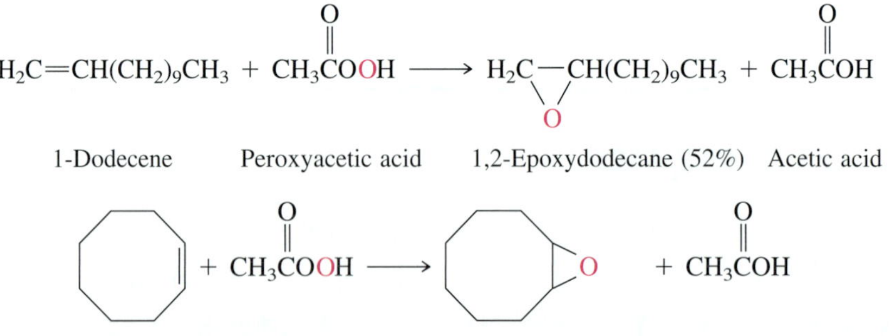

과산소산에 의한 알켄의 에폭시화는 이중결합에 대한 신(syn)-첨가이다. 알켄에서 서로 시스인 치환기는 에폭시화물에서도 시스로 남아 있다. 트랜스인 경우에도 동일하다.

문제 6.19

디스팔러(Disparlure)를 합성하는 데 출발 물질로 선택한 알켄의 입체 화학을 나타낸 구조식을 쓰시오.

이중결합에 있는 전자를 주는 알킬기는 에폭시화의 속도를 증가시켜 준다. 이것은 과산소산이 친핵체로서 알켄에 작용한다는 것을 의미한다.

에폭시화에 대한 상대 속도 (25°C에서의 과아세트산)

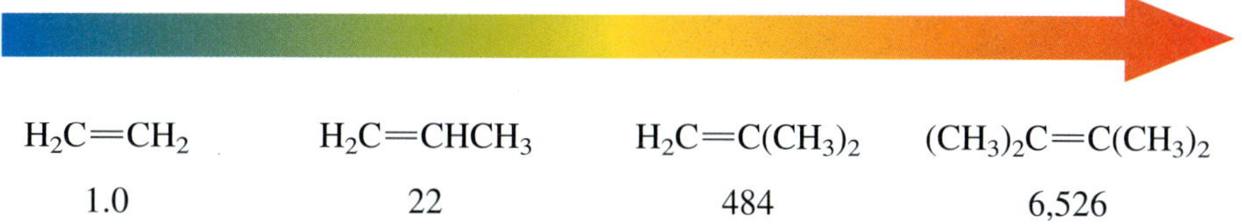

알켄에 대한 에폭시화의 메커니즘 6.7에 나타낸 것처럼 이분자 단일단계를 포함한 협동 반응이 된다.

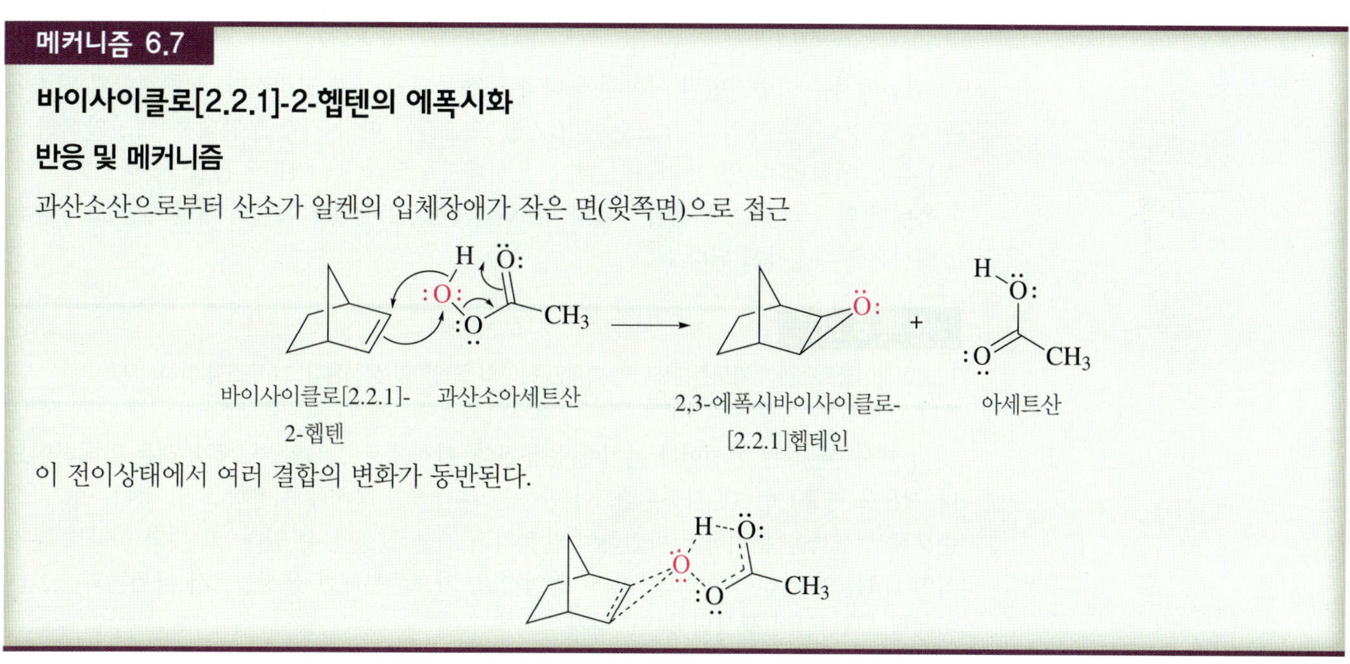

6.12 알켄의 가오존분해

오존(Ozone, O_3)은 산소의 세 원자 형태이다. 오존은 중성이지만 극성 분자 (μ = 0.5D)이고, 가장 안정한 두 Lewis 구조의 혼성으로 나타낸다.

오존은 강력한 친전자체이며, 알켄과 격렬하게 반응한다. 이 반응에서 이중결합이 끊어지며 오존화물(**ozonide**)이 형성된다. 이 오존화물은 물에서 가수분해되어 카보닐 화합물을 생성한다.

$$C{=}C \xrightarrow{O_3} \text{오존화물} \xrightarrow{\text{물}} C{=}O \quad O{=}C \quad + \quad H_2O_2$$

알켄 오존 오존화물 두 개의 카보닐 화합물 과산화 수소

오존화물의 가수분해 중에 과산화수소가 생성되며 다음 단계의 가오존분해에 투입되어 생성물을 산화시키게 되므로 이를 방지하기 위해 아연이나 다이메틸황을 사용한다.

$$CH_3(CH_2)_5CH{=}CH_2 \xrightarrow[2.\ (CH_3)_2S]{1.\ O_3,\ CH_3OH} CH_3(CH_2)_5\overset{O}{\overset{\|}{C}}H + H\overset{O}{\overset{\|}{C}}H$$

1-Octene Heptanal (75%) Formaldehyde

$$\xrightarrow[2.\ H_2O,\ Zn]{1.\ O_3}$$

2-Methyl-1-hexene 2-Hexanone (60%) Formaldehyde

이 반응에서는 이중결합된 치환체에 따라 생성물의 종류가 달라진다. 이중결합된 탄소에 두 개의 수소, 한 개의 수소 또는 알킬기를 포함함에 따라 각각 폼알데하이드, 알데히드, 케톤류가 생성될 수 있다. 따라서, 위 반응식에서 각각의 $=CH_2$는 폼알데하이드가 된다. 1-옥텐의 일곱 개 탄소 부분이 알데하이드인 헵탄알, 2-메틸-1-헥센의 여섯 개 탄소 부분은 2-헥산온을 형성하게 된다.

문제 6.20

1-메틸사이클로펜텐이 가오존분해되면 화학인 하나의 화합물만 생성된다. 그 구조를 밝히시오.

가오존분해는 합성이나 분석에 응용된다. 합성에서 알켄의 가오존분해는 알데하이드나 케톤을 제조하는 데 사용된다. 이 반응을 분석적인 목적에 사용할 수도 있다. 즉, 가오존분해 생성물을 분리하고 확인하여 알켄의 구조를 결정할 수 있다. 그 예의 하나로 분자식이 C_8H_{16}인 알켄이 화학반응에서 얻어졌고, 가오존분해한 생성물로서 아세톤과 2,2-다이메틸프로판알이 생성되었다고 하자.

$$C_8H_{16} \xrightarrow[2.\ H_2O,\ Zn]{1.\ O_3} (CH_3)_2C{=}O + (CH_3)_3CCH{=}O$$

아세톤 2,2-다이메틸프로판알

이 두 생성물을 합치면 출발 알켄은 여덟 개의 탄소를 포함하게 된다. 두 카보닐탄소는 원래 알켄의 이중결합 탄소에 해당된다. 그러므로 이중결합된 탄소 중의 하나는 두 개의 메틸기를 가지며, 다른 한 탄소는 수소와 *tert*-뷰틸기를 갖는다. 이 알켄은 아래와 같이 럼 2,4,4-트라이메틸-2-펜텐, $(CH_3)_2C{=}CHC(CH_3)_3$로 확인할 수 있다.

가오존분해

아세톤 2,2-다이메틸프로판알

문제 6.21

2,4,4-트라이메틸-2-펜텐을 생성하는 같은 반응이 이성질성 알켄을 생성한다. 두 번째 알켄을 가오존 분해하면 폼알데하이드와 4,4-다이메틸-2-펜탄온을 생성한다. 이 알켄을 확인하시오.

4,4-다이메틸-2-펜탄온

6.13 알켄에 대한 브로민화 수소의 자유 라디칼 첨가

오랫동안 알켄에 대한 브로민화 수소의 첨가에 대한 위치선택성은 염화 수소나 아이오드화 수소의 경우와 달리 예측할 수 없었다. 첨가반응은 Markovnikov의 규칙에 따라 일어날 때도 있지만, 같은 조건하에서 반대 위치선택성(anti-Markovnikov 규칙)을 나타낼 때도 있다. 1929−1933년간의 수백 번의 실험 결과 Chicago 대학의 Morris S. Kharasch와 그 동료들은 처음 의도한 바와 달리 Markovnikov 첨가는 반응 혼합물에 과산화물이 생기지 않을 때만 일어난다는 결론을 얻었다.

과산화물이 없을 경우 → 2-브로모뷰테인 (단일 생성물, 90%)

1-뷰텐 + HBr (브로민화 수소)

과산화물이 존재할 경우 → 1-브로모뷰테인 (단일 생성물, 95%)

Kharasch는 이 효과를 **과산화물 효과(peroxide effect)**라고 했으며, 이런 위치선택성의 차이가 나타나는 이유를 과산화물에 의해 메커니즘이 변화하는 때문으로 생각했다. 보통의 친전자적 첨가는 과산화물이 존재하지 않는 조건에서 Markovnikov 첨가가 일어나는데 비해 여기서는 자유 라디칼 첨가라는 다른 메커니즘(메커니즘 6.8)이 작동한다.

메테인 분자의 자유 라디칼 염소화(4.16절) 경우처럼 1-뷰텐에 브로민화 수소의 자유 라디칼 첨가는 메커니즘 6.8에 보인 바와 같이 개시단계와 자유 라디칼 사슬전파 과정으로 이루어진다. 첫 과정은 단번에 일어나지 않고 두 단계로 발생하는데 이때 과산화물이 개입하게 된다. 과산화물은 개시제로서 생성물에 참여하지는 않지만 라디칼을 제공하여 사슬 반응이 시작되도록 한다.

알켄에 대한 브로민화 수소의 친전자성 첨가에서의 자리선택성은 이중결합에 양성자가 결합할 때 더 안정한 탄소양이온을 형성하는 경향 때문에 나타난다. 정상적인 상태(이온 첨가)에서 알켄에 대한 브로민화 수소 첨가의 위치 선택성은 가장 안정한 탄소양이온이 생성되도록 이중결합에 첨가되는 양성자에 의해 조절된다. 자유 라디칼 조건에서 위치 선택성은 브로민 원자가 더 안정한 알킬 라디칼을 형성하는 방법에 의해 나타난다. 1-뷰텐의 반응에서 친전자성 첨가는 2차 탄소양이온의 발생과 관계되지만 자유 라디칼 첨가에서는 2차 라디칼의 생성에 의해 지배된다.

친전자성 첨가

1-뷰텐 —HBr→ 2-브로모뷰테인 (1-메틸프로필 양이온을 경유하여)

메커니즘 6.8

1-뷰텐에 브로민화 수소의 자유 라디칼 첨가

전체 반응

1-뷰텐 + HBr (브로민화 수소) —ROOR, 빛 또는 가열→ 1-브로모뷰테인 (Br)

메커니즘:

(a) 개시 단계

1단계: 과산화물의 약한 O—O 결합이 균일 분해되어 두 개의 알콕시 라디칼 생성

RÖ–ÖR (과산화물) —빛 또는 가열→ RÖ· + ·ÖR (두 알콕시 라디칼)

2단계: 알콕시 라디칼이 브로민화 수소로부터 수소를 떼어내어 브로민 원자를 생성하고 이것이 사슬반응을 시작되게 된다.

RÖ· (알콕시 라디칼) + H–Br: (브로민화 수소) ⟶ RÖ–H (알코올) + ·Br: (브로민 원자)

(b) 사슬 전파

3단계: 첨가의 자리선택성은 이 단계에서 결정된다. 브로민 원자가 1-뷰텐의 C-1에 결합하여 2차 라디칼을 형성함. 만약 C-2에 결합하면 불안정한 1차 라디칼이 발생된다. 알켄에 브로민 원자의 첨가

1-뷰텐 (4, 3, 2, 1) + ·Br: (브롬 원자) ⟶ 1-(브로모에틸)프로필 라디칼

4단계: 3단계에서 형성된 자유 라디칼에 의해 브로민화 수소로부터 수소가 떨어지면 1-브로모뷰테인이 생성된다. 수소 원자가 제거되면 다시 브로민 원자가 발생되고 이것이 다른 알켄 분자와 반응하여 3단계로 되돌아 간다.

:Br–H (브로민화 수소) + 1-(브로모에틸)프로필 라디칼 ⟶ ·Br: (브로민 원자) + 1-브로모뷰테인

3–4단계는 사슬 종결 단계로 종결될 때 까지 계속 반복된다.

자유 라디칼 첨가

1-뷰텐 —HBr, 과산화물→ 1-브로모뷰테인 (Br), 1-(브로모에틸)프로필 라디칼 (Br) 을 경유하여

문제 6.22

문제 6.4에서 알켄들이 과산화물이 존재할 때와 존재하지 않을 때 브로민화 수소와 반응하여 형성하는 주 생성물을 쓰시오.

풀이 예시 (a) 과산화물이 없을 때 브로민화 수소의 첨가는 염화 수소의 첨가와 같은 위치선택성을 나타낸다. Markovnikov 규칙을 따른다.

2-메틸-2-뷰텐 + HBr (브로민화 수소) $\xrightarrow{\text{과산화물이 없음}}$ 2-브로모-2-메틸뷰테인

과산화물이 있는 자유 라디칼 조건에서는 첨가가 Markovnikov 규칙에 반대인 위치선택성에따라 일어난다.

2-메틸-2-뷰텐 + HBr (브로민화 수소) $\xrightarrow{\text{과산화물}}$ 2-브로모-3-메틸뷰테인

알켄에 대한 브로민화 수소의 자유 라디칼 첨가는 과산화물이 존재 유무에 관계없이 광학적으로 개시될 수 있다.

Methylenecyclopentane + HBr (Hydrogen bromide) $\xrightarrow{h\nu}$ Bromomethylcyclopentane (60%)

알켄과 할로젠화 수소에 적용할 수 있는 다른 두 반응 경로가 있다는 것이 복잡하기는 하지만 유기 합성에서는 장점이 될 수 있다. 탄소양이온을 거쳐가는 반응에서는 자리옮김에 의한 생성물이 형성이 나타나나 자유 라디칼 반응에서는 그렇지 않다. 따라서 브로민화 수소를 써서 브로민화 알킬을 합성할 때 친전자성 첨가 또는 자유 라디칼 첨가의 반응 조건을 선택함으로써 위치선택적으로 두 다른 브로민화 알킬 중 어느 하나만을 만들 수 있다.

문제 6.23

$H_2C{=}CHCH(CH_3)_2$에 브로민화 수소가 친전자성 첨가되면 A와 B의 두 가지 구성이성질체가 형성된다. $CH_3CH{=}C(CH_3)_2$를 과산화물 존재하에 HBr과 반응시키면 B만 생성된다. A와 B의 구조를 밝히고 그 근거를 제시하시오.

6.14 알켄의 자유 라디칼 중합

이절의 뒤에 *에틸렌과 프로필렌: 산업적으로 가장 중요한 화학물질에서*는 두 알켄 화합물을 중합시켜 얻는 폴리에틸렌과 폴리프로필렌에 대해 소개한다. 폴리에틸렌의 생산에서 가장 오래된 방법은 자유 라디칼을 포함하며 에틸렌을 산소 또는 과산화물의 존재 하에 고압에서 가열하여 얻는다.

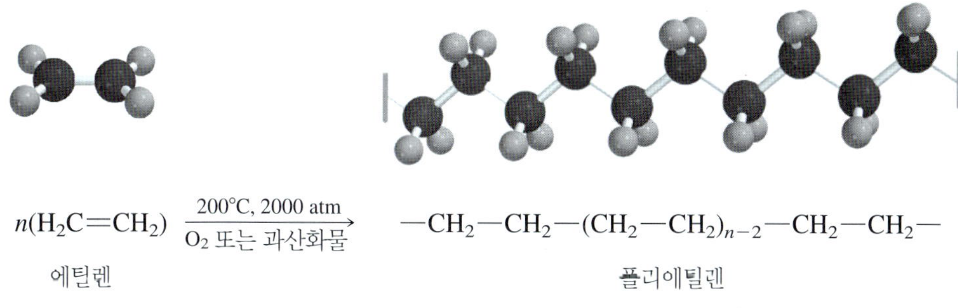

여기서 n은 수천 단위이다.

에틸렌의 자유 라디칼 중합은 메커니즘 6.9에 나타낸 과정에 따라 진행된다. 과산화물의 해리로 1단계 과정이 개시된다. 생성된 과산화 라디칼이 2단계에서 탄소-탄소 이중결합에 첨가되어 새로운 라디칼을 형성하고, 3단계에서 두 번째 에틸렌 분자에 첨가된다. 3단계의 탄소-탄소 결합 형성 과정은 수천 번 반복될 수 있고 긴 탄소 사슬을 형성할 수도 있다.

이름에서 어미가 -엔(*-ene*)임에도 불구하고 폴리에틸렌은 알켄보다는 알케인과 유사하다. 폴리에틸렌은 말단에 알콕시 또는 탄소-탄소 이중결합이 결합된 CH_2 기로 이루어진 긴 사슬이다.

폴리에틸렌의 유용한 특성은 알케인-유사 구조에서 비롯된다. 분자의 매우 적은 부분을 구성하는 사슬 끝을 제외하면, 폴리에틸렌은 작용기를 가지고 있지 않아 이와 접촉하는 대부분의 물질들과는 거의 비활성이다.

테플론(teflon)은 테트라플루오로에텐의 자유 라디칼 중합반응에 의해 비슷한 방법으로 합성된다.

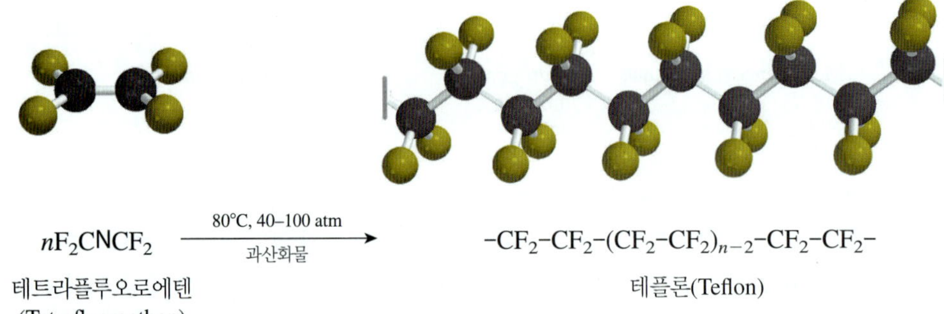

$$nF_2CNCF_2 \xrightarrow[\text{과산화물}]{80°C,\ 40\text{–}100\ atm} -CF_2-CF_2-(CF_2-CF_2)_{n-2}-CF_2-CF_2-$$

테트라플루오로에텐 (Tetrafluoroethen) 테플론(Teflon)

탄소-플루오린 결합은 매우 강하며(C—H 결합보다 약간 강하다), 폴리에틸렌과 비슷하다. 테플론은 매우 안정한 비활성 물질이다. 우리는 테플론이 들러붙지 않는 표면을 갖는 특징적인 성질에 대하여 매우 잘 알고 있다. 이는 테플론과 폴리에틸렌을 비교하여 알 수 있다. 플루오린의 큰 전기음성도는 C—F 결합들을 C—H 결합들보다 낮은 편극성을 갖게 하여, 테플론의 분산력이 폴리에틸렌의 것보다 작게 만들어서 테플론의 표면을 더욱 매끄럽게 한다.

문제 6.24

표 6.2에 보인 물질은 출발물질의 단량체에 있는 C—C 이중결합의 종류에 따라 모두 비닐 중합체로 분류된다. 아래에 보인 초강력풀(Super Glue)은 단량체가 바로 비닐중합체를 형성하여 강력 접착능력을 갖는다. 단량체의 구조를 밝히시오.

$$\left[\!-CH_2-C(C{\equiv}N)(CO_2CH_2CH_3)-\!\right]_n$$

탄소-탄소 이중결합을 가진 대부분의 화합물들은 중합되어 유용한 성질을 가진 화합물을 생성한다. 이 화합물들 중 몇 가지 중요하고 친숙한 화합물을 표 6.2에 나타내었다. 이들의 단위체 모두가 자유 라디칼 조건에서 효과적으로 중합되고 있지는 않으며, 많은 연구가 중합 기술을 개발하기 위하여 진행되고 있다. 이들 중의 하나가 새로운 전이 금속 촉매를 사용하는 **배위중합(coordination polymerization)**으로 폴리프로필렌을 생산한다. 배위중합 반응에 대해서는 7.16절과 14.14절에 더 설명할 것이고 27장에서는 합성 고분자에 대해 더 상세히 다루기로 한다.

메커니즘 6.9

에틸렌의 자유 라디칼 중합

전체 반응

$$n(\mathrm{H_2C{=}CH_2}) \longrightarrow \mathrm{+CH_2CH_2+}_n$$

에틸렌 폴리에틸렌

메커니즘:

1단계: 과산화물의 균일 분해는 자유 라디칼 개시제로 작용하는 알콕시 라디칼을 생성한다.

$$\mathrm{R\ddot{O}{-}\ddot{O}R} \longrightarrow \mathrm{R\ddot{O}\cdot} + \mathrm{\cdot\ddot{O}R}$$

과산화물 → 두 개의 알콕시 라디칼

2단계: 알콕시 라디칼은 탄소-탄소 이중결합에 첨가된다.

$$\mathrm{R\ddot{O}\cdot} + \mathrm{H_2C{=}CH_2} \longrightarrow \mathrm{R\ddot{O}{-}CH_2{-}\dot{C}H_2}$$

알콕시 라디칼 + 에틸렌 → 2-알콕에틸 라디칼

3단계: 2단계에서 생성된 라디칼은 두 번째 에틸렌 분자에 첨가된다.

$$\mathrm{R\ddot{O}{-}CH_2{-}\dot{C}H_2} + \mathrm{H_2C{=}CH_2} \longrightarrow \mathrm{R\ddot{O}{-}CH_2{-}CH_2{-}CH_2{-}\dot{C}H_2}$$

2-알콕에틸 라디칼 + 에틸렌 → 4-알콕시뷰틸 라디칼

3단계에서 생성된 라디칼은 그 다음에 세 번째 에틸렌 분자에 첨가되고, 이 과정이 계속되어 긴 사슬의 메틸렌기를 형성한다.

6.15 유기합성 서론: 역합성 분석

화학자에게 가장 중요한 관심은 합성이다. 경제적인 면에서도 그렇지만, 선택한 방법에 따라 원하는 구조를 가진 특정 화합물에 도전하는 것이다. 이 절에서는 합성에 대한 과제를 소개하는데 특정한 출발물질을 원하는 화합물(목표 화합물)로 변환시키는데 어떤 반응 순서가 가장 적합한지를 결정하기 위하여 체계적 계획의 필요성을 강조할 것이다.

*합성계획에서 중요한 점은 분명히 진행할 수 있는 반응을 이용해야 한다는 점이 첫째이다. 두 번째로는 목표 화합물이 어떻게 출발 물질로부터 만들어지는지에 대한 역추론 과정*이 중요하다. 이러한 역추론 과정을 나타내는 것을 **역합성 분석(retrosynthetic analysis)**이라 한다. 역합성 과정은 생성물로부터 출발물질에 이르는 합성 단계를 굵은 화살표 ⇒로 표시하기로 한다.

역합성분석은 E. J. Corey 교수(Harvard 대학)가 개발된 유기합성 계획에 대한 체계화 내용 중 하나이다. Corey교수는 1990년 합성 유기화학 분야에서의 업적으로 노벨화학상을 수상했다.

출발물질로 사이클로헥산올이 주어지고 1,2-에폭시사이클로헥세인을 합성한다고 생각해 보자. 이를 역합성으로 표현하면:

1,2-에폭시사이클로헥세인 (목표물질) ⇒ 사이클로헥산올 (출발물질)

표 6.2 고분자를 제조하는데 사용되는 탄소-탄소 이중결합을 갖는 몇 가지 화합물

A. $-\!\!(CH_2-CH(X))\!\!-_n$ 의 고분자를 만드는데 사용하는 $H_2C{=}CH-X$ 형태의 알켄들

화합물	구조	고분자에 있는 −X	적용
에틸렌	$H_2C{=}CH_2$	$-H$	포장재로 폴리에틸렌 필름; 플라스틱용 병은 고밀도 폴리에틴렌으로 만들어 진다.
프로펜	$H_2C{=}CH-CH_3$	$-CH_3$	카펫과 차량 타이어에 사용되는 폴리프로필렌 섬유; 소비용재(여행용 가방, 가정용품, 등); 충진제
스타이렌	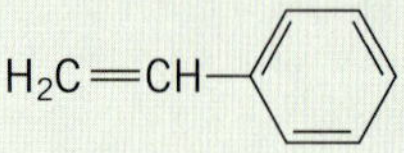 $H_2C{=}CH-C_6H_5$	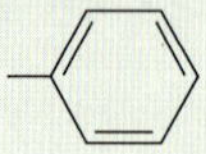 $-C_6H_5$	폴리에틸렌 포장재, 가정용품, 여행용 가방, 라디오 및 TV캐비넷
염화 바이닐	$H_2C{=}CH-Cl$	$-Cl$	폴리염화바이닐(PVC)은 가죽 대용으로 많이 사용된다. PVC 튜브관가 파이프가 구리 대신 사용된다.
아크릴로나이트릴	$H_2C{=}CH-C{\equiv}N$	$-C{\equiv}N$	스웨터, 담요의 양모 대신 사용된다.

B. $-\!\!(CH_2-CX_2)\!\!-_n$ 의 고분자를 만드는데 사용하는 $H_2C{=}CX_2$ 형태의 알켄들

화합물	구조	고분자에 있는 X	적용
1, 1-다이클로로 에텐 (염화 바이닐리덴)	$H_2C{=}CCl_2$	Cl	밀봉용 필름으로 사용하는 사란(Saran)
2-메틸프로펜	$H_2C{=}C(CH_3)_2$	CH_3	폴리아이소뷰틸렌은 최초의 합성 고무 중 하나인 "뷰틸 고무"의 한 성분이다.

C. 기타

화합물	구조	고분자	적용
테트라플루오로에텐	$F_2C{=}CF_2$	$-\!\!(CF_2-CF_2)\!\!-_n$ (테플론)	주방용의 달라붙지 않는 코팅; 베아링, 가스켓, 및 부속품
메타크릴산 메틸	$H_2C{=}C(CH_3)CO_2CH_3$	$-\!\!(CH_2-C(CH_3)(CO_2CH_3))\!\!-_n$	평면으로 성형하면 투명해진다. 유리 대체품(Lucite, Plexiglas)
2-메틸-l, 3-뷰티다이엔	$H_2C{=}C(CH_3)CH{=}CH_2$	$-\!\!(CH_2C(CH_3){=}CH-CH_2)\!\!-_n$ (폴리아이소프렌)	합성고무

Source: R. C. Atkins and F. A. Carey, *Organic Chemistry: A Brief Course,* 3rd ed. McGraw-Hill, New York, 2002, p. 237.

여기서, 알코올을 에폭사이드로 단번에 변환해낼 수 있는 반응은 없다. 그러나 에폭사이드는 알켄으로부터 얻을 수 있으므로 이를 역합성분석에 이용할 수 있다.

Ethylene and Propene: The Most Important Industrial Organic Chemicals

Having examined the properties of alkenes and introduced the elements of polymers and polymerization, let's now look at some commercial applications of ethylene and propene.

Ethylene We discussed ethylene production in an earlier boxed essay (Section 5.1), where it was pointed out that the output of the U.S. petrochemical industry exceeds 5×10^{10} lb/year. Approximately 90% of this material is used for the preparation of four compounds (polyethylene, ethylene oxide, vinyl chloride, and styrene), with polymerization to polyethylene accounting for half the total. Both vinyl chloride and styrene are polymerized to give poly(vinyl chloride) and polystyrene, respectively. Ethylene oxide is a starting material for the preparation of ethylene glycol for use as an antifreeze in automobile radiators and in the production of polyester fibers.

Propene The major use of propene is in the production of polypropylene. Two other propene-derived organic chemicals, acrylonitrile and propylene oxide, are also starting materials for polymer synthesis. Acrylonitrile is used to make acrylic fibers, and propylene oxide is one component in the preparation of polyurethane polymers. Cumene itself has no direct uses but rather serves as the starting material in a process that yields two valuable industrial chemicals: acetone and phenol.

We have not indicated the reagents employed in the reactions by which ethylene and propene are converted to the compounds shown. Because of patent requirements, different companies often use different processes. Although the processes may be different, they share the common characteristic of being extremely efficient. The industrial chemist faces the challenge of producing valuable materials, at low cost. Success in the industrial environment requires both an understanding of chemistry and an appreciation of the economics associated with alternative procedures.

Structure	Compound	%
$\text{+CH}_2\text{CH}_2\text{+}_n$	Polyethylene	(50%)
$H_2C{-}CH_2$ (epoxide, O)	Ethylene oxide	(20%)
$H_2C{=}CHCl$	Vinyl chloride	(15%)
$C_6H_5{-}CH{=}CH_2$	Styrene	(5%)
CH_3CH_2OH	Ethanol	
$CH_3CH{=}O$	Acetaldehyde	

$CH_3CH{=}CH_2$ (Propene) →

Structure	Compound	%
$\text{+CH}_2{-}\text{CH(CH}_3\text{)+}_n$	Polypropylene	(35%)
$H_2C{=}CH{-}C{\equiv}N$	Acrylonitrile	(20%)
$H_2C{-}CHCH_3$ (epoxide, O)	Propylene oxide	(10%)
$C_6H_5{-}CH(CH_3)_2$	Cumene	(10%)
Other chemicals		(25%)

1,2-에폭시사이클로헥세인 ⟹ 사이클로헥센 ⟹ 사이클로헥산올

사이클로헥센은 사이클로헥산올을 산촉매 탈수반응으로 만들 수 있으므로 합성에 맞는 경로를 적합한 시약을 적어 넣어 보면 다음과 같이 된다.

사이클로헥산올 $\xrightarrow[\text{열}]{H_2SO_4}$ 사이클로헥센 $\xrightarrow{CH_3CO_3H}$ 1,2-에폭시사이클로헥세인

문제 6.25

사이클로헥세인에서 1,2-에폭시사이클로헥세인을 합성하는 방법을 제시하시오. 반응 화살표에 적합한 시약도 적어 넣으시오.

요즘 화학자에게 지정되지 않은 출발물질로부터 목표 화합물을 합성해내는 과제가 흔히 주어진다. 그런 경우 "목표 물질은 어떤 종류의 화합물이고, 그 물질을 합성하기 위해 어떤 방법을 사용할 것인가?"라는 의문을 가지게 될 것이다. 이 때 여러 합성경로가 있을 수 있고 여러 가지 조건–출발물질은 쉽게 얻을 수 있는지 비용, 합성 스케일, 기타 위해 부산물의 발생 등을 검토하여 가장 좋은 방법은 무엇인지 선택해야 할 수 있다. 교재를 배워 가면서 작용기 변환과 탄소–탄소 결합 형성 방법에 대한 지식이 늘어나면 임의의 합성계획을 평가할 수 있는 능력도 커지게 될 것이다. 대부분의 경우 가장 좋은 합성계획은 가장 짧은 단계를 거치는 합성계획이다.

6.16 요약

알켄은 **불포화 탄화수소(unsaturated hydrocarbon)**이고 이중결합에 첨가될 수 있는 화합물과 반응한다. 이 장에서 알켄과 반응할 수 있는 물질의 종류와 그들이 반응하는 메커니즘, 그리고 합성적 응용에 대해 배운다.

6.1~6.3절

표 6.3을 보라. 첨가반응의 여러 특성과 함께 알켄의 촉매 수소화를 다룬다.

6.4~6.5절

표 6.3을 보라. 알켄에 대한 할로젠화 수소의 첨가는 이중결합의 전자에 친전자성 시약의 공격에 의해 진행된다. 탄소양이온이 중간체이다.

$$\mathrm{C{=}C} + \mathrm{H{-}X} \longrightarrow {}^{+}\mathrm{C{-}C{-}H} + \mathrm{X^{-}} \longrightarrow \mathrm{X{-}C{-}C{-}H}$$

알켄 할로젠화 수소 탄소양이온 할로젠화 이온 할로젠화 알킬

비대칭 알켄에의 첨가는 이중결합의 양성자화에서 가능한 두 개의 탄소양이온 중 더 안정한 탄소양이온이 이루어지므로 위치선택적이다.

6.6절 표 6.3을 보라. 알켄의 이중결합은 산촉매 수화에 의해 알코올을 형성한다. 메커니즘은 할로젠화 수소의 친전자성 첨가와 유사하며 알콜의 산촉매 탈수의 반대 과정이다.

6.7절 보통 첨가와 제거는 서로 가역적이며, 자유에너지 G가 감소되면 자발적으로 진행된다. 평형에서는 ΔG = 0이 된다. 자유에너지는 다음과 같이 엔탈피 (H)와 엔트로피(S)로 표현할 수 있다.

$$G = H - TS \quad \text{및} \quad \Delta G = \Delta H - T\Delta S$$

표준자유에너지 ΔG°는 평형상수 K와 다음과 같은 관계로 표현된다.

$$\Delta G^\circ = -RT \ln K$$

6.8~6.9절

표 6.3을 보라. 수소붕소화–산화는 알켄을 알코올로 만드는데 합성적으로 유용하며 그 메커니즘은 새로운 면을 보여준다.

6.10절 표 6.3을 보라. 브로민과 염소는 알켄과 반응하여 고리 할로늄 이온 중간체를 형성시키며 더 반응하여 이웃자리 할로젠화물을 생성한다. 수용액 조건에서는 이웃자리 할로하이드린이 생성된다.

6.11절 표 6.3을 보라. 과산소산은 친전자성 산소를 내어주며 알켄을 에폭사이드로 변환시킨다.

표 6.3 알켄의 첨가반응

반응(절)과 설명	일반적 반응식과 특정 예
촉매 수소화(6.1~6.3절) 알켄은 백금, 팔라듐, 로듐, 또는 니켈 촉매하에서 수소와 반응하며 상응하는 알케인으로 된다. 두 개의 수소는 이중결합의 동일면에 첨가된다(syn 첨가). 수소화 열은 다양한 이중결합 형태의 상대적 안정도를 비교하는데 사용될 수 있다.	$R_2C{=}CR_2$ (알켄) + H_2 (수소) $\xrightarrow{\text{Pt, Pd, Rh, 및 Ni}}$ R_2CHCHR_2 (알케인) *cis*-Cyclododecene $\xrightarrow[\text{Pt}]{H_2}$ Cyclododecane (100%)
할로젠화 수소 첨가(6.4~6.5절) 양성자와 할로젠은 알켄의 이중결합에 첨가되어 할로젠과 알킬을 형성한다. 첨가는 Markavnikov 규칙을 따른다: 수소는 수소가 많은 탄소에 첨가되고 할로젠은 수소가 적은 탄소에 첨가된다. 입체선택성은 두 개의 가능한 탄소양이온의 상대적 안정성에 의해서 조절된다. 이 반응은 탄소양이온이 포함되기 때문에, 자리옮김(전이)이 가능하다.	$RCH{=}CR'_2$ (알켄) + HX (할로젠화 수소) $\longrightarrow$ $RCH_2{-}CR'_2X$ (할로젠화 알킬) Methylene-cyclohexane + HCl (Hydrogen chloride) $\longrightarrow$ 1-Chloro-1-methylcyclohexane (75–80%)
산-촉매 수화(6.6절) 알켄의 이중결합에 물 첨가는 산성 수용액에서 Markavnikov 규칙을 따른다. 탄소양이온이 중간체이며 친핵체로 작용하는 물 분자에 의해서 포획된다. 자리옮김이 가능하다.	$RCH{=}CR'_2$ (알켄) + H_2O (물) $\xrightarrow{H^+}$ $RCH_2{-}CR'_2OH$ (알코올) 2-Methylpropene $\xrightarrow{50\%\ H_2SO_4/H_2O}$ *tert*-Butyl alcohol (55–58%)
수소붕소화-산화(6.8~6.9절) 이 두 단계 순서는 알켄을 Markavnikov 규칙의 반대라는 위치특성을 갖는 알코올로 변환한다. H와 OH의 첨가는 입체특이성이고 syn이다. 반응은 이중결합에 수소화붕소의 친전자성 첨가를 하고, 이어서 과산화수소에 의한 유기붕소 중간체의 산화가 일어난다. 탄소양이온은 중간체가 아니므로 자리옮김이 일어나지 않는다.	$RCH{=}CR'_2$ (알켄) $\xrightarrow[\text{2. } H_2O_2,\ HO^-]{\text{1. } B_2H_6,\ \text{다이글라임}}$ $RCH(OH){-}CHR'_2$ (알코올) 4-Methyl-1-pentene $\xrightarrow[\text{2. } H_2O_2,\ HO^-]{\text{1. } H_3B\cdot THF}$ 4-Methyl-1-pentanol (80%)
할로젠의 첨가**(6.10절)** Br_2 또는 Cl_2와 반응은 가장 일반적이고 이웃자리 다이할로젠화물이 생성되는데, 이 반응은 물에서는 일어나지 않는다. 수용액에서의 생성물은 이웃자리 할로하이드린이다. 이 반응은 고리 할로늄 이온 중간체를 포함하며 입체특이적이다(anti 첨가). 할로하이드린 형성은 위치특이적이다; C=C 탄소의 할로젠 결합은 수소가 많은 쪽에서 일어난다.	$R_2C{=}CR'_2$ (알켄) + X_2 (할로젠) $\longrightarrow$ $R_2CX{-}CR'_2X$ (이웃자리 다이할로젠화물) $RCH{=}CR'_2$ (알겐) + X_2 (할로젠) + H_2O (물) $\longrightarrow$ $RCHX{-}CR'_2OH$ (이웃자리 할로하이드린) + HX (할로젠화 수소)

표 6.3 알켄의 첨가반응 계속

	1-Hexene → (Br_2) 1,2-Dibromohexane (100%) Methylenecyclohexane → (Br_2, H_2O) (1-Bromomethyl)cyclohexanol (89%)
에폭시화 (6.11절) 과산소산은 알켄의 이중결합에 산소를 전달하여 에폭사이드를 생성한다. 첨가는 입체특이적이고 신(syn)이다.	$R_2C{=}CR_2$ + R'COOH (O) ⟶ $R_2C{-}CR_2$ (O) + R'COH (O) 알켄 과산소산 이웃자리 다이할로젠화물 카복실산 1-Methylcycloheptene → (peroxyacetic acid) 1,2-Epoxy-1-methylcycloheptane (65%)

6.12절 알켄은 **가오존분해(ozonolysis)**에 의해 카보닐 화합물로 분해된다. 이 반응은 합성(알데하이드, 케톤 또는 카복실산)과 혼합물의 구조 분석에서 유용하게 이용되는 반응이다. 구조 분석에 이용할 때는 카보닐 화합물을 분리하여 확인하면 이중결합에 결합된 치환기를 추정할 수 있다.

3-Ethyl-2-pentene → (1. O_3 2. H_2O, Zn) Acetaldehyde + 3-Pentanone

6.13절 브로민화 수소는 할로젠화 수소 중에서는 독특하게도 이온 메커니즘 또는 자유 라디칼 메커니즘 중 어느 경로에 의해서든 알켄에 첨가될 수 있다. 또한 광화학 조건이거나 과산화물의 존재 하에서도 자유 라디칼 첨가가 관찰된다. HBr은 Markovnikov 규칙에 반대되는위치선택성에 따라 이중결합에 첨가된다.

Methylenecycloheptane → (HBr, $h\nu$) (Bromomethyl)cycloheptane (61%)

6.14절 **중합(polymerization)**에서 개개의 알켄 분자들은 고분자 생성물로 결합된다. 몇 가지 중요한 중합체가 자유 라디칼 중합과정에 의해 만들어 진다.

6.15절 지금까지 다룬 반응을 조합 활용하여 주어진 출발물질로부터 특정한 구조의 화합물을 합성할 수 있다. 합성에 접근하기 위해 가장 좋은 방법은 목표 화합물이 어떻게 출발 물질로부터 만들어지는지에 대한 역추론 해보는 **역합성 분석(retrosynthetic analysis)**이다. 이 때 분명히 진행될 수 있는 반응을 이용해야 한다.

문제

6.26 (a) 촉매 수소화되면 2,2,3,4,4-펜타메틸펜테인을 생성시킬 알켄은 몇 개인가?

(b) 2,3-다이메틸뷰테인을 생성시키는 알켄은 몇 개인가?

(c) 메틸사이클로뷰테인을 생성시키는 알켄은 몇 개인가?

6.27 두 가지 알켄이 수소화되면 *cis*-와 *trans*-1,4-다이메틸사이클로헥세인의 혼합물을 생성할 수 있다. 두 알켄은 무엇인가? 그런데 *cis*-1,4-다이메틸사이클로헥세인만을 생성시킬 수 있는 또 다른 알켄이 가능하다. 이것은 무엇인가?

6.28 1-뷰텐은 2,3-다이메틸-2-뷰테인보다 큰 수소화 열을 가진다. 연소열은 어느 것이 더 큰가? 설명하시오.

6.29 다음 알켄을 적절한 수소화 열과 짝지으시오.

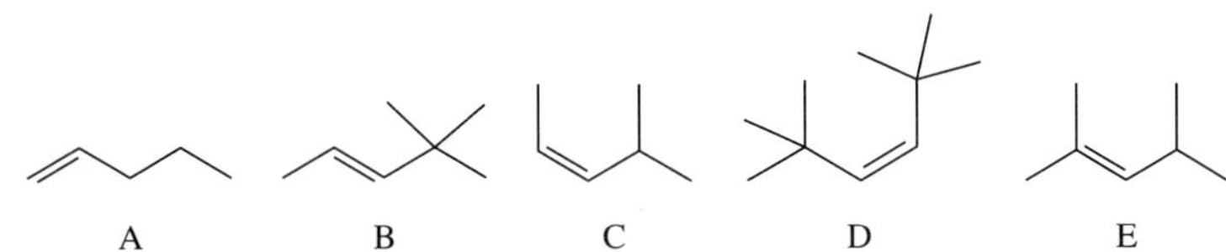

수소화 열 kJ/mol(kcal/mol):151(36.2); 122(29.3); 114(27.3); 111(26.5); 105(25.1)

6.30 1,4-다이메틸사이클로펜텐의 촉매 수소화로 두 생성물의 혼합물이 얻어진다. 이 생성물들을 확인하시오. 한 생성물은 다른 생성물보다 많은 양이 얻어진다(관찰된 비 10:1). 어느 것이 주 생성물인가?

6.31 화합물 A는 B보다 촉매 수소화를 더 빨리 일으킨다. 그 이유는 무엇인가?

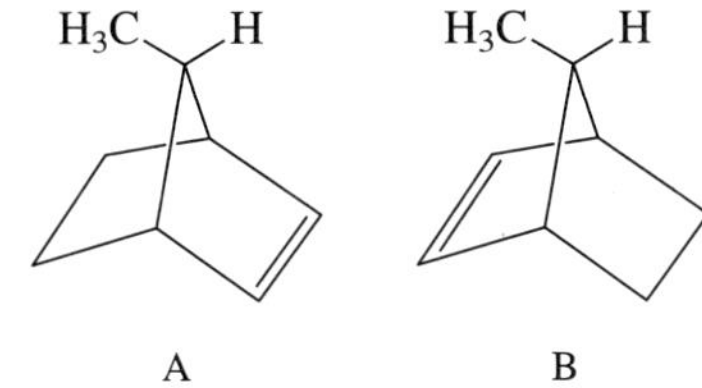

6.32 3-카렌(carene)을 수소화하면 이론적으로 두 입체이성질체가 생성된다. 이들의 구조를 쓰시오. 실제로는 백금 촉매로 수소화하면 이 중 한 가지만 생성된다. 이것은 무엇인가? 구조를 그리거나 분자 모형을 사용하여 그 이유를 설명하시오.

6.33 브로민화 수소의 *시스*-와 *트랜스*-2-뷰텐에 대한 반응 열이 아래와 같았다.

$$CH_3CH{=}CHCH_3 + HBr \longrightarrow CH_3CH_2CH(Br)CH_3$$

시스-2-뷰텐: $\Delta H° = -77$ kJ (-18.4 kcal)

트랜스-2-뷰텐: $\Delta H° = -72$ kJ (-17.3 kcal)

이 값을 이용하여 *시스*-와 *트랜스*-2-뷰텐의 에너지 차이를 구하시오. 이 에너지 값의 차이를 수소화 열(6.3절)과 연소 열(5.6절)과 관련지어 설명하시오.

6.34 다음 각 화합물과의 반응에서 생성되는 주 생성물의 구조를 쓰시오.

(a) 염화 수소

(b) 브로민화 수소

(c) 과산화물의 존재하에서 브로민화 수소

(d) 아이오딘화 수소
(e) 묽은 황산
(f) 다이글라임에서 다이보레인과 반응 후 염기성 과산화수소 처리
(g) 사염화탄소에서 브로민
(h) 물에서 브로민
(i) 과산화아세트산
(j) 오존
(k) (j)의 생성물을 아연과 물로 처리
(l) (j)의 생성물을 다이메틸 설파이드 $(CH_3)_2S$로 처리

6.35 문제 6.34를 2-메틸-2-뷰텐에 대해서도 반복한다.

6.36 문제 6.34를 1-메틸사이클로헥센에 대해서도 반복한다.

6.37 3-에틸-2-펜텐을 다음 각 화합물로 변환시키는 데 적합한 시약을 제시하시오.
(a) 2,3-다이브로모-3-에틸펜테인
(b) 3-클로로3-에틸펜테인
(c) 2-브로모-3-에틸펜테인
(d) 3-에틸-3-펜탄올
(e) 3-에틸-2-펜탄올
(f) 2,3-에폭시-3-에틸펜테인
(g) 3-에틸펜테인

6.38 (a) 분자식이 $C_5H_{12}O$인 1차 알코올 중에서 알켄으로부터 합성되지 않는 것은 무엇인가? 그 이유는 무엇인가?
(b) 알켄으로부터 세 이성질체 1차 알코올($C_5H_{12}O$)의 생성을 식으로 쓰시오.
(c) 두 종류의 알켄에서 분자식 $C_5H_{12}O$인 3차 알코올이 생성되는 것을 식으로 쓰시오.

6.39 다음 반응은 모두 화학 문헌에 보고된 반응이다. 각 반응에서 생성되는 주 생성물의 구조를 쓰시오.

(a) $CH_3CH_2CH{=}CHCH_2CH_3 + HBr \xrightarrow{\text{과산화물 없음}}$

(b) $(CH_3)_2CHCH_2CH_2CH_2CH{=}CH_2 \xrightarrow[\text{과산화물}]{HBr}$

(c) 2-*tert*- 뷰틸 -3,3-다이메틸1-1-뷰텐 $\xrightarrow[\text{2. } H_2O_2,\ HO^-]{\text{1. } B_2H_6}$

(d) (사이클로헥센 고리, 이중 결합 탄소에 CH_3, CH_3) $\xrightarrow[\text{2. } H_2O_2,\ HO^-]{\text{1. } B_2H_6}$

(e) $H_2C{=}C(CH_3)CH_2CH_2CH_3 + Br_2 \xrightarrow{CHCl_3}$

(f) $(CH_3)_2C{=}CHCH_3 + Br_2 \xrightarrow{H_2O}$

(g) (사이클로펜텐 고리)$-CH_3 \xrightarrow[H_2O]{Cl_2}$

(h) $(CH_3)_2C{=}C(CH_3)_2 + CH_3\overset{O}{\overset{\|}{C}}OOH \longrightarrow$

(i) (이중 결합 고리 접합 이환 고리) $\xrightarrow[\text{2. } H_2O]{\text{1. } O_3}$

6.40 다음 화합물은 로듐 촉매로 수소화 하면 *cis*-1-*tert*-뷰틸-4-메틸사이클로헥세인(88%)과 *trans*-1-*tert*-뷰틸-4-메틸사이클로헥세인(12%)의 혼합물을 생성한다.

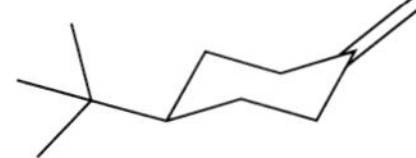

(a) 4-*tert*-뷰틸(메틸렌)사이클로헥세인의 에폭시화로 생성되는 두 생성물은 무엇인가? 어느 것이 더 유리한가?

(b) 4-*tert*-뷰틸(메틸렌)사이클로헥세인의 수소붕소화 첨가−산화에 의해 생성되는 두 생성물은 무엇인가? 어느 것이 더 유리한가?

6.41 지시된 출발 물질을 사용하여 다음 각 화합물을 만드는 데 적합한 반응 순서를 제시하시오. 필요하다면 무기 시약이나 유기 시약을 사용할 수 있다.

(a) 2-프로판올에서 1-프로판올

(b) 2-브로모프로페인에서 1-브로모프로페인

(c) 2-브로모프로페인에서 1,2-다이브로모프로페인

(d) 2-프로판올에서 1-브로모-2-프로판올

(e) 브로민화 *tert*-뷰틸에서 1-브로모-2-메틸-2-프로판올

(f) 2-프로판올에서 1,2-에폭시프로페인

(g) 아이소뷰틸 알코올에서 *tert*-뷰틸 알코올

(h) 아이오딘화 아이소뷰틸에서 아이오딘화 *tert*-뷰틸

(i) 염화 사이클로헥실에서 *trans*-2-클로로사이클로헥산올

(j) 사이클로펜테인에서 아이오딘화 사이클로펜틸

(k) 사이클로펜테인에서 *trans*-1,2-다이클로로사이클로펜테인

6.42 다음 반응에서 한 에폭시화물만이 79~84%의 수득률로 분리되었다. 그 에폭시화물은 A인가, B인가? 그 이유를 설명하시오.

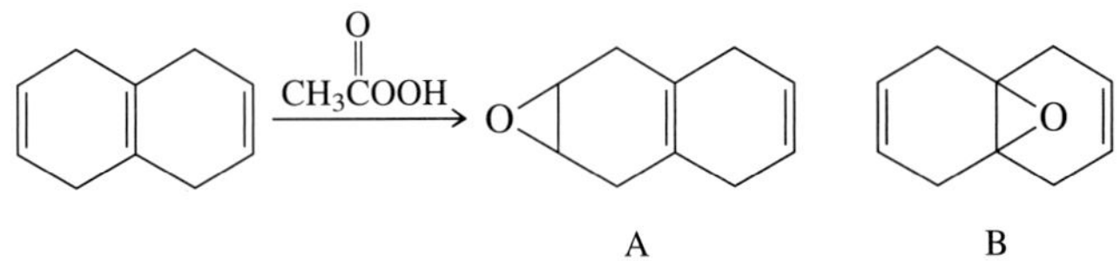

6.43 진한 황산은(95~98%) 알켄에 첨가되어 황산수소 알켄을 만든다. 이때 Markovnkov 규칙을 따른다. 이 반응은 아이소프로필 알코올의 공업적 합성에 유용하다. 이것은 형성된 황산수소 알킬이 가수분해로 O−S 결합이 끊어지고 아이소프로필 알코올이 되기 때문이다.

$$\underset{\text{Propene}}{CH_3CH{=}CH_2} + \underset{\text{Sulfuric acid}}{HO\overset{O}{\overset{\|}{S}}OH \ (\text{S}{=}O)_2} \longrightarrow \underset{\text{Isopropyl hydrogen sulfate}}{\underset{OSO_2OH}{CH_3\overset{|}{C}HCH_3}} \xrightarrow[\text{가열}]{H_2O} \underset{\text{Isopropyl alcohol}}{\underset{OH}{CH_3\overset{|}{C}HCH_3}}$$

세 가지 이성질성 알켄의 혼합물이 이 방법으로 단일 $C_4H_{10}O$ 알코올이 된다. 어떤 알코올인가? 이 세 이성질체는 무엇인가?

6.44 브로민은 다음 반응식에 따라 메탄올에서 알켄과 반응한다:

$$R_2C{=}CR_2 + CH_3OH + Br_2 \longrightarrow \underset{Br\quad OCH_3}{R_2C{-}CR_2} + HBr$$

이 반응이 4-*tert*-뷰틸사이클로헥센과 일어날 때, 분자식 $C_{11}H_{21}B_rO$을 갖는 유일한 이성질체가 형성되었다(80% 수득률). 다음 중 어느 것이 가장 적당한 이 화합물의 구조인가? 이유를 설명하시오.

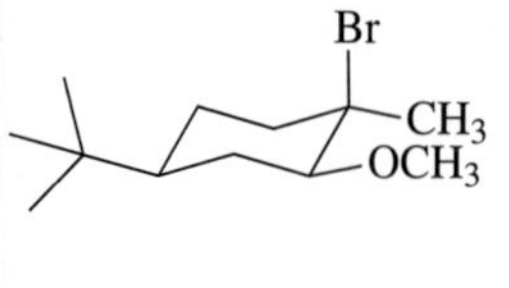

Br, CH_3, OCH_3 — A
Br, CH_3, OCH_3 — B
CH_3, OCH_3, Br — C
OCH_3, CH_3, Br — D

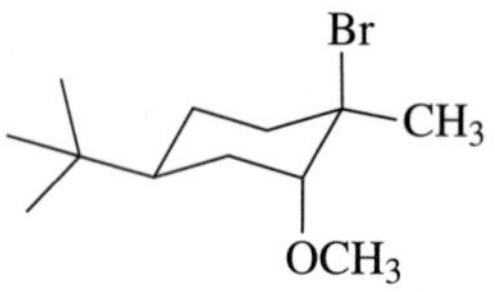

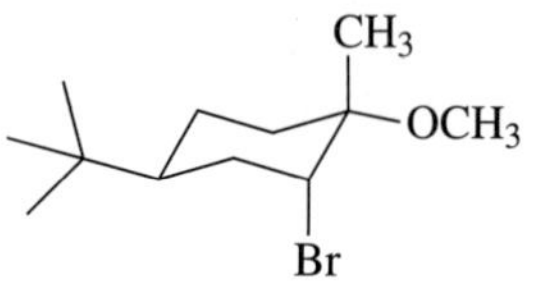

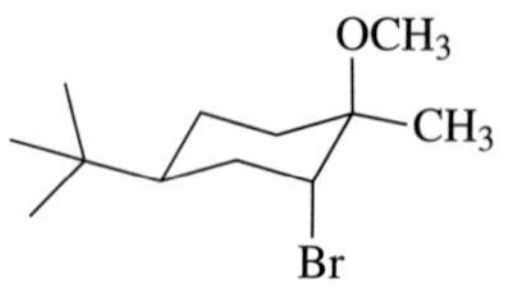

6.45 가역반응에서 아래 온도에 따라 $\Delta H°$와 $\Delta S°$의 값이 각각 어떻게 되는지 +와 − 부호로 표시하시오.

의 부호	반응 $\Delta H°$	반응 $\Delta S°$
(a) 모든 온도에서 자유에너지 감소		
(b) 저온에서 자유에너지 감소, 고온에서 자유에너지 증가		
(c) 모든 온도에서 자유에너지 증가		
(d) 저온에서 자유에너지 증가, 고온에서 자유에너지 감소		

6.46 25°C에서 에틸렌의 아이오드화의 열역학적 자료는 다음과 같다.

$$H_2C{=}CH_2(g) + I_2(g) \rightleftharpoons ICH_2CH_2I(g) \qquad \Delta H° = -48\ kJ;\ \Delta S° = -0.13\ kJ/K$$

(a) 25°C에서의 $\Delta G°$와 K를 계산하시오.

(b) 25°C에서의 반응은 자유에너지 감소과정인가 또는 자유에너지 증가과정인가?

(c) 온도가 증가하면 K는 어떻게 변화하는가?

6.47 다음 반응에 대해 메커니즘을 제시하시오. 전자 이동에 대해서는 굽은 화살표를 사용하시오.

(a) 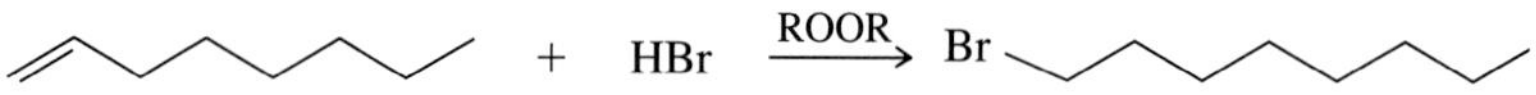 + HBr $\xrightarrow{ROOR}$ Br

(b) 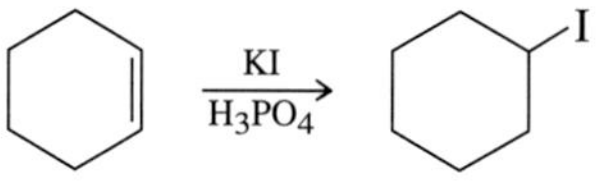 $\xrightarrow[H_3PO_4]{KI}$ I

(c) 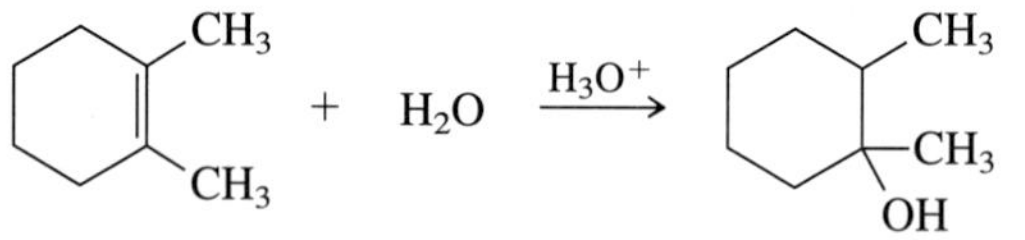 CH_3, CH_3 + H_2O $\xrightarrow{H_3O^+}$ CH_3, CH_3, OH (입체이성질체 혼합물)

(d) 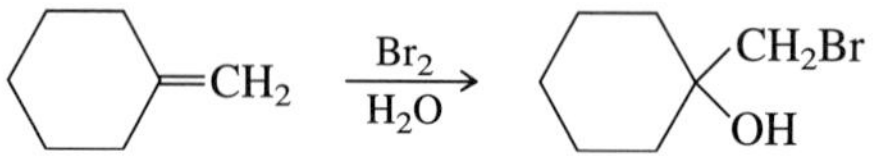 $=CH_2$ $\xrightarrow[H_2O]{Br_2}$ CH_2Br, OH

6.48 산−촉매 수화의 메커니즘을 고려하여 다음 반응을 살펴보자.

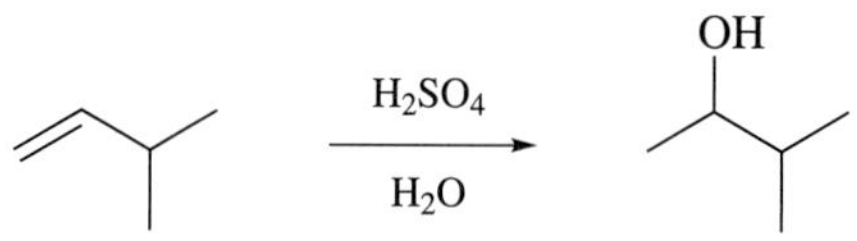

$\xrightarrow[H_2O]{H_2SO_4}$ OH

이것이 3-메틸-2-뷰탄올 합성에 좋은 방법이 될 수 없는 이유를 제시하시오.

6.49 알켄의 합성에서 알코올을 산−촉매 하에서 수화시키는 방법은 처음 생성된 알켄(또는 알켄의 혼합물)이 그 생성 조건에서 종종 이성질화된다는 점을 바탕으로 한다. 2-메틸-1-뷰텐이 황산에 의해 2-메틸-2-뷰텐으로 이성질화되는 메커니즘을 단계적으로 제시하시오.

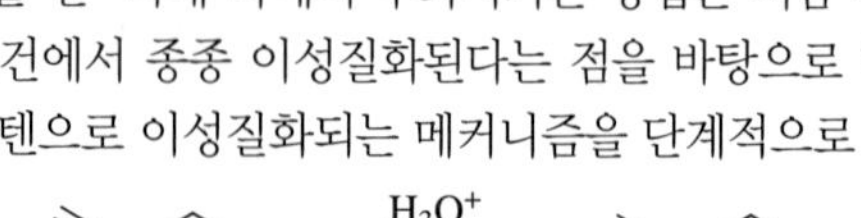

$\xrightarrow{H_3O^+}$

6.50 다음 반응은 미국 국립보건원(National Institute of Health)이 코카인 중독증을 치료하기 위해 추진하고 있는 연구 과제에 관련된 것이다. 알켄과 할로젠의 반응이 관계하는 다음 과정에 대한 메커니즘을 제시하시오.

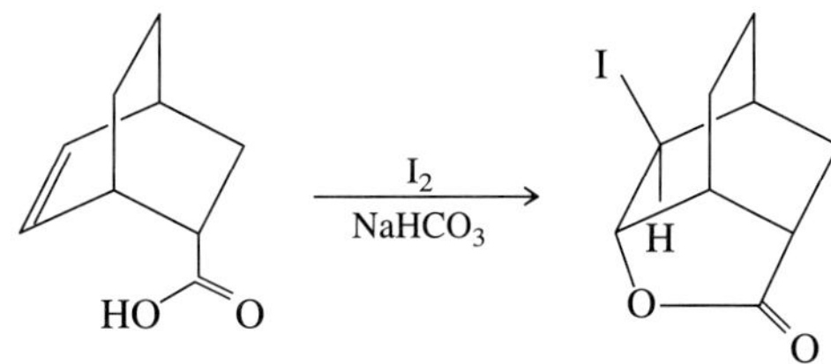

6.51 화합물 A($C_7H_{15}Br$)를 에탄올 용매에서 에톡시화 소듐와 가열하면 분자식 C_7H_{14}인 두 가지 알켄 B와 C의 혼합물이 생성된다. 주 생성물 B와 부 생성물 C를 촉매 수소화하면 모두 3-에틸펜테인으로 된다. 위의 내용과 일치하는 혼합물 A, B, C의 구조를 제시하시오.

6.52 화합물 A($C_7H_{15}Br$)는 1차 브로민화 알킬이 아니다. 이 화합물을 에탄올에서 에톡시화 소듐와 가열하면 한 종류의 알켄(화합물 B)이 생성된다. 화합물 B를 수소화하면 2,4-다이메틸펜텐을 생성한다. 화합물 A와 B를 확인하시오.

6.53 화합물 A와 B는 분자식 $C_9H_{19}Br$인 두 이성질체이다. 이 두 화합물은 다이메틸설폭사이드에서 *tert*-뷰톡시화 포타슘으로 처리한 제거반응에서 단일 생성물인 동일한 알켄 C를 생성한다. 알켄 C의 수소화는 2,3,3,4-테트라메틸펜테인을 형성한다. 화합물 A와 B, 알켄 C의 구조는 무엇인가?

6.54 알코올 A($C_{10}H_{18}O$)를 황산수소 포타슘($KHSO_4$)과 함께 가열하면 알켄 B와 C의 혼합물이 생긴다. 이 B와 C의 혼합물을 촉매 수소화하면 단일 화합물이 생성된다. 알코올 A의 탈수화 과정에서 자리옮김이 일어나지 않는다고 가정할 때 알코올 A와 알켄 C의 구조를 밝히시오.

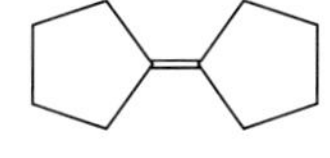

화합물 B

6.55 1,2-다이메틸사이클로헥산올이 탈수되면 세 가지 알켄(A, B, C)의 혼합물이 얻어진다. 그의 조성은 A(3%), B(31%), C(66%)였다. A, B, C를 촉매를 써서 수소를 첨가하면 1,2-다이메틸사이클로헥세인이 얻어진다. 위 혼합물을 황산과 가열하면 A(0%), B(15%), C(85%)로 조성이 바뀐다. A, B, C의 구조를 밝히시오.

6.56 3,3-다이메틸-1-뷰텐이 아이오딘화 수소와 반응하면 분자식이 $C_6H_{13}I$이고 생성비가 A:B = 90:10인 두 화합물 A와 B가 생성된다. 화합물 A를 *n*-프로필 알코올에서 수산화 포타슘과 같이 가열하면 3,3-다이메틸-1-뷰텐만이 주 생성물로 얻어진다. 화합물 B는 이 조건 하에서 제거 반응을 일으켜 2,3-다이메틸-2-뷰텐이 주 생성물로 얻어진다. 화합물 A와 B의 구조를 제시하고, 이들의 생성에 대한 합리적인 반응 메커니즘을 설명하시오.

6.57 2,2,3,4,4-펜타메틸-3-펜탄올이 탈수화하면 두 알켄 A와 B가 생성된다. 이 중 끓는점이 낮은 알켄 A는 가오존분해하면 폼알데하이드($H_2C{=}O$)와 2,2,4,4-테트라메틸-3-펜탄온이 생긴다. B를 가오존분해하면 폼알데하이드와 3,3,4,4-테트라메틸-2-펜탄온이 생긴다. A와 B의 구조를 밝히고 탈수화에 의해 B가 생성되는 과정을 설명하시오.

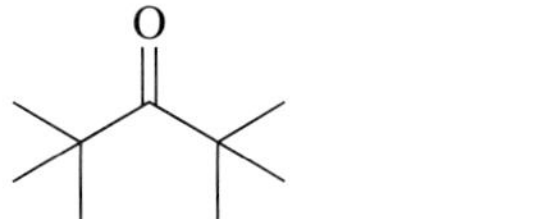

2,2,4,4-테트라메틸 1-3-펜탄온

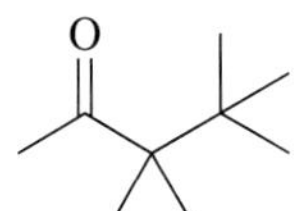

3,3,4,4-테트라메틸 1-2-펜탄온

6.58 화합물 A($C_7H_{13}Br$)는 3차 브로민화물이다. 에탄올에서 에폭시화 소듐으로 처리하면 B(C_7H_{12})로 변환된다. B를 가오존분해하면 C만이 생성된다. A와 B의 구조를 추정하시오. 이 조건 하에서 A를 B로 변환시키는 반응 메커니즘을 기호로 표시하시오.

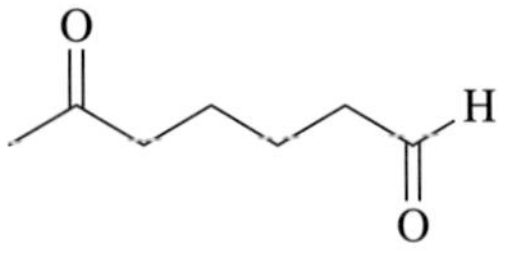

6.59 동인도의 백단나무 기름은 산텐(Santene, C_9H_{14})이라는 탄수화물을 포함하고 있다. 샌텐을 가오존분해 후 가수분해하면 화합물 A가 생성된다. 샌텐의 구조를 쓰시오.

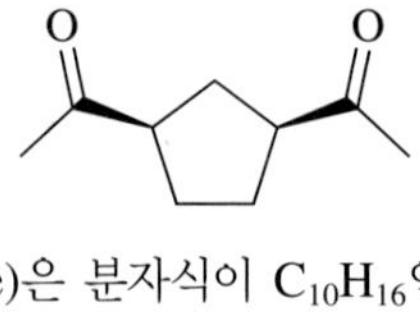

6.60 사비넨(Sabinene)과 Δ^3-카렌(carene)은 분자식이 $C_{10}H_{16}$인 두 이성질체이다. (a) 사비넨을 가오존분해한 후 아연 존재 하에 가수분해하면 화합물 A가 생성된다. 사비넨의 구조는 무엇인가? 가오존분해에서 생성되는 다른 화합물은 무엇인가? (b) Δ^3-카렌을 가오존 분해한 후 아연 존재 하에 가수분해하면 화합물 A가 생성된다. Δ^3-카렌의 구조를 쓰시오.

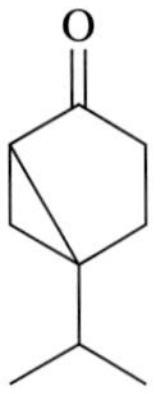

화합물 A 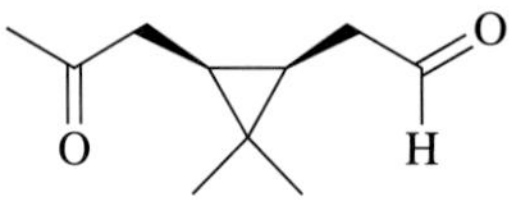 화합물 B

6.61 암컷 집파리는 수컷을 유인하는 데 분자식 $C_{23}H_{46}$인 성 유인체를 쓴다. 이를 촉매 수소화하면 $C_{23}H_{48}$인 알케인이 된다. 가오존분해하면 다음의 생성물이 만들어진다. 이 집파리 성 유인체의 구조는 무엇인가?

$CH_3(CH_2)_7\overset{O}{\overset{\|}{C}}H$ 및 $CH_3(CH_2)_{12}\overset{O}{\overset{\|}{C}}H$

6.62 분자식 $C_{19}H_{38}$인 혼합물이 어류의 기름과 플랑크톤에서 분리되었다. 그것을 수소화하면 2,6,10,14-테트라메틸펜타데케인이 된다. 가오존분해하면 $(CH_3)_2C{=}O$와 탄소 16개인 알데하이드가 생긴다. 이 천연물의 구조와 알데하이드의 구조를 쓰시오.

6.63 Arctiid 암컷 모기는 분자식 $C_{21}H_{40}$인 성유인체를 갖는데 이를 가오존분해하면 다음의 생성물을 얻을 수 있다. 이 물질의 구조를 밝히시오.

설명문과 이해 문제 6

옥시수은첨가

수은독성에 대한 우려로 인하여 합성 유기화학에서 수은이 포함된 시약의 사용이 감소하고 있다. 그래서 기존의 수은 관련 화합물의 사용으로 이루어지던 많은 화학적 변환이 다른 방법으로 대체되고 있다. 여기서 몇 가지 흥미로운 관련 반응에 대해 알아보기로 하자.

합성적으로 수은 (II) 염을 이용하는 유용한 반응 중 가장 잘 알려진 것은 알켄을 두 단계를 거쳐 수화 시키는 **oxymercuration-demercuration (옥시수은화–탈수은화)**일 것이다. 예를 들면 3,3-다이메틸-1-뷰텐을 3,3-다이메틸-2-뷰탄올로 전환시키는데 이용된다.

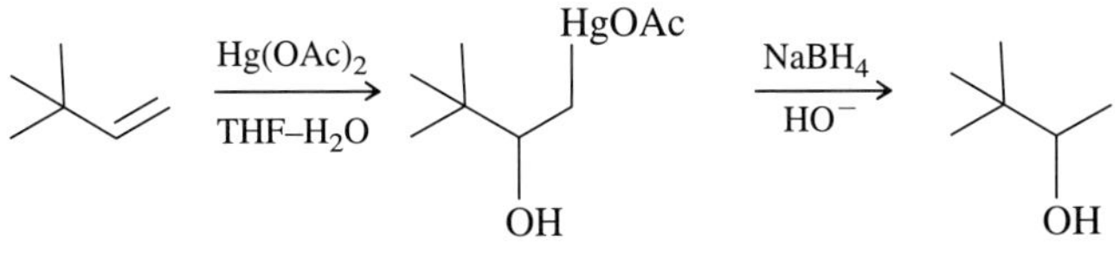

$\xrightarrow[\text{THF–H}_2\text{O}]{\text{Hg(OAc)}_2}$ HgOAc, OH $\xrightarrow[\text{HO}^-]{\text{NaBH}_4}$ OH

옥시수은첨가 단계 탈수은화 단계

이 반응은 두 단계에 의해 진행된다. 첫 단계는 옥시수은 첨가반응이다. 이 단계에서는 알켄을 아세트산 수은(II) [$Hg(O_2CCH_3)_2$, 간략 표현으로는 $Hg(OAc)_2$]과 반응시킨다. 아세트산 수은(II)은 친전자체 $^+$HgOAc를 내어 알켄의 C-1과 결합된다. THF-물 혼합 용매 중에 존재하는 물의 산소 원자는 C-2에 결합된다. 탈수은화 과정에서는 수소화붕소 소듐 ($NaBH_4$, 환원제)를 사용하여 C—Hg를 C—H로 바꾸게 된다.

옥시수은 첨가와 탈수은화를 거친 전체 반응을 거치면

1. Markovnikov의 규칙에 따른 이중결합의 수화가 일어난다.
2. 이 때, 탄소양이온 자리옮김은 발생하지 않는다.

여러 알켄과의 반응에서 밝혀진 바에 의하면 이 반응은 입체화학적으로

3. 옥시수은 첨가 과정에서 HgOAc와 OH는 안티 첨가이다.
4. 탈수은 첨가 과정에서 HgOAc가 H로 바뀔 때 입체특이적이지는 않다.

옥시수은화 반응의 중간체의 구조는 학계의 큰 관심을 끌었는데 $^+$HgOAc이 알켄의 이중결합과 반응이 실제 어떠할지를 알려줄 것이기 때문이었다.

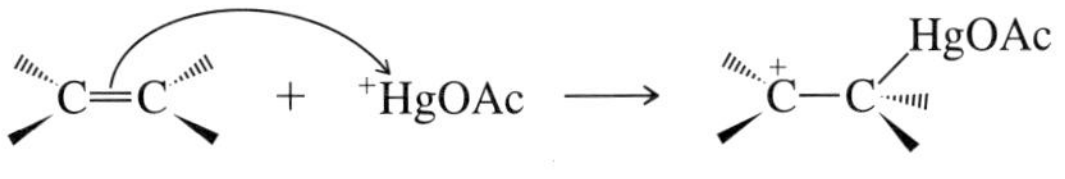

C=C + $^+$HgOAc ⟶ $\overset{+}{C}$—C—HgOAc

4.10절에서 보았던 것처럼 β위치 결합 내 전자의 하이퍼 콘쥬게이션 효과를 인하여 안정화가 이루어지도록 탄소양이온이 발생한다.

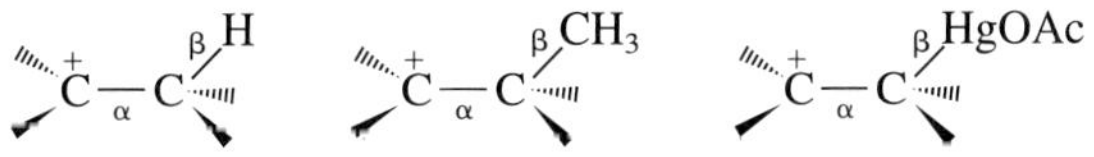

$\overset{+}{C}$ —α— C —β H $\overset{+}{C}$ —α— C —β CH_3 $\overset{+}{C}$ —α— C —β HgOAc

C — Hg σ 결합내의 전자는 C — H나 C — C의 전자 보다 느슨하게 결합되어 있어 β-C — Hg의 경우 β-C — H나 β-C — C보다 하이퍼콘쥬게이션 효과에 의한 안정화가 더 크다. 옥시수은화 과정 중간체의 하이퍼콘쥬게이션 효과에 의한 안정화는 보통 점선으로 표시하는 부분 결합을 형성으로 표현한다. 이 중간체를 "다리화"된 (bridged) 수은 양이온(mercurium ion)이라한다.

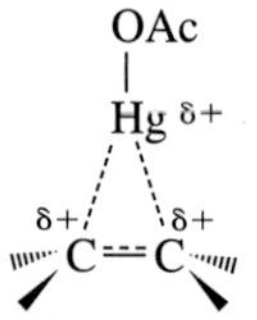

다음의 문제들은 옥시수은화 –탈수은화 반응의 합성적 응용을 보여주는 것들이다. 친전자체를 내는 화합물은 $Hg(OAc)_2$가 아닌 다른 Hg(II)염 일 수 있고, 친핵체는 물이 아닌 경우도 있으며 분자간 아닌 분자내 반응인 경우도 있다.

6.64 메틸 사이클로펜텐의 옥시수은화–탈수은화 반응의 생성물은 어떤 것인가?

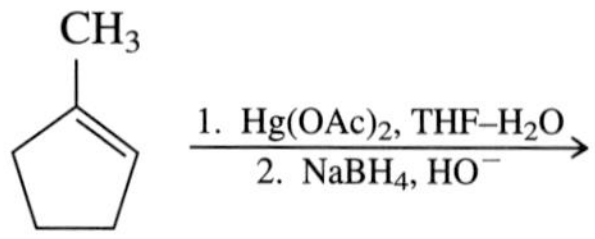

1. $Hg(OAc)_2$, THF–H_2O
2. $NaBH_4$, HO^-

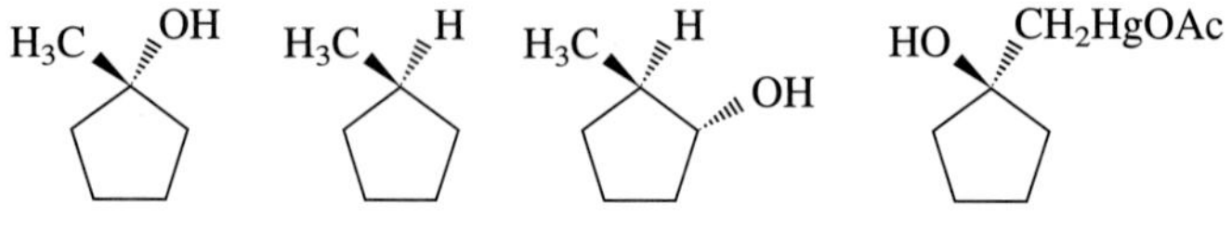

A. B. C. D.

6.65 옥시수은화–탈수은화 반응에 의해 아래 알코올을 생성시키는 알켄은 어떤 것인가?

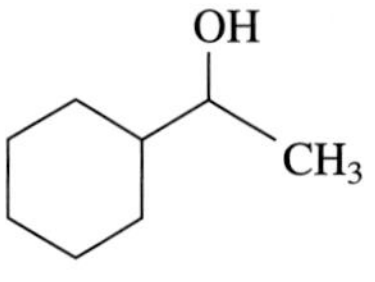

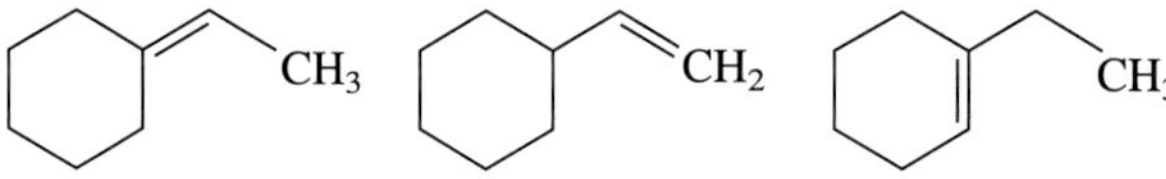

A. B. C.

6.66 2-메틸-1-펜텐은 2-메틸-2-펜텐보다 약 35배 빠르게 수은 촉매 산소화–탈 수은화 반응을 한다고 한다. 리모넨의 옥시수은화–탈수은화 반응의 생성물의 구조를 예측하시오.

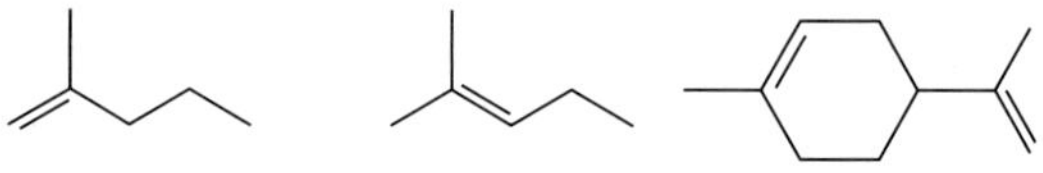

2-메틸 -1-펜텐 2-메틸 -2-펜텐 리모넨

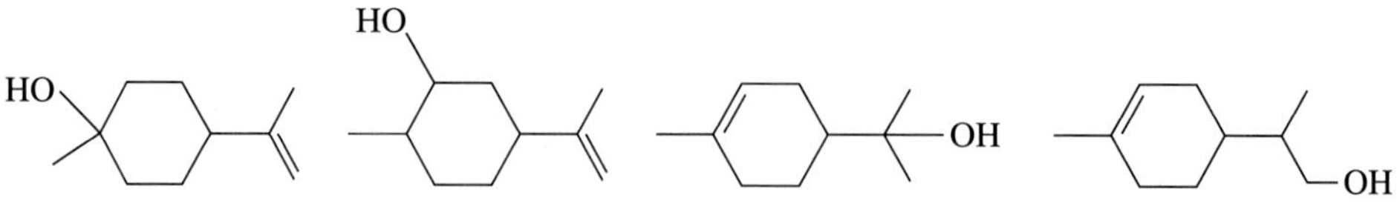

A. B. C. D.

6.67 옥시수은화–탈수은화에서 사용되었던 THF-물 용매 대신 알코올 용매를 사용하여 알켄을 $Hg(OAc)_2$ 또는 과 $Hg(OCCF_3)_2$ (C=O) 반응하면 용매수은화–탈수은화 반응이 된다. 이 때 알코올의 산소 원자가 수은 양이온과 결합한다. 다음 반응의 생성물은 무엇인가?

$C_6H_5-C(=CH_2)-CH_3 \xrightarrow[2.\ NaBH_4,\ HO^-]{1.\ Hg(OAc)_2,\ CH_3OH}$

A. $C_6H_5-CH(CH_2OH)-CH_3$

B. $C_6H_5-CH(CH_2OCH_3)-CH_3$

C. $C_6H_5-C(CH_3)_2-OH$

D. $C_6H_5-C(CH_3)_2-OCH_3$

6.68 다음 반응의 생성물은 문제 6.67의 생성물 중 어떤 것인가?

$C_6H_5-C(=CH_2)-CH_3 \xrightarrow[2.\ H_2O_2,\ HO^-]{1.\ H_3B\text{–}THF}$

6.69 알릴 알코올의 옥시수은화–탈수은화 반응은 1,2-프로판다이올을 생성시킨다.

$CH_2=CHCH_2OH \xrightarrow[2.\ NaBH_4,\ HO^-]{1.\ Hg(OAc)_2,\ THF\text{–}H_2O} CH_3CH(OH)CH_2OH$

같은 조건에서 4-펜텐-1-올은 분자식 $C_5H_{10}O$인 화합물로 변환된다.

$CH_2=CHCH_2CH_2CH_2OH \xrightarrow[2.\ NaBH_4,\ HO^-]{1.\ Hg(OAc)_2,\ THF\text{–}H_2O} C_5H_{10}O$

이 생성물에 적합한 구조는 어느 것인가?

A. (tetrahydropyran, O in ring)

B. H_3C–(tetrahydrofuran, O in ring)

C. HO–(cyclopentane)

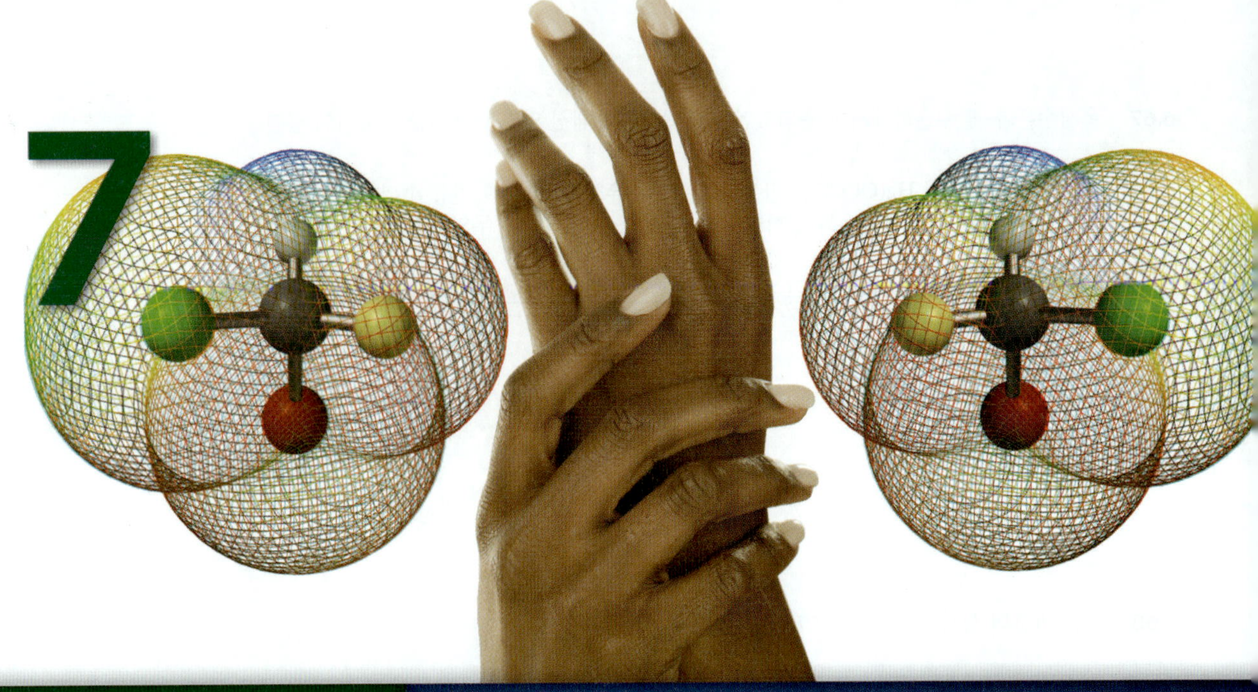

장의 개요

브로모클로로플루오로메테인(Bromochlorofluoromethane) 분자를 오른쪽 손잡이성과 왼쪽 손잡이성의 두 가지로 보였다.

카이랄성
Chirality

입체화학(stereochemistry)은 삼차원에서의 화학이다. 유기 입체화학의 기초는 1874년에 Jacobus van't Hoff와 Joseph Achille Le Bel에 의해 이루어졌다. Van't Hoff*와 Le Bel은 탄소의 네 결합이 서로 독립적으로 사면체의 모서리를 향하고 있다고 제안하였다. 그리고 탄소의 결합이 사면체 배열을 하고 있는 결과로 그들 원자의 배열이 달라지면 두 화합물이 서로 달라진다고 보았다. 같은 구조를 갖고 있지만 원자들의 입체적 배열이 다른 이성질체를 **입체이성질체(stereoisomer)**라 한다. 우리는 이미 알켄과 사이클로알케인에서 시스와 트랜스 치환 양식을 포함한 입체이성질체 형태를 상당히 다루었다.

이장의 주 목적은 분자를 삼차원적 대상으로 그려보고 입체화학적 원리, 용어 및 표시법과 친밀하게 하는 데 있다. 유기화학과 생화학의 완전한 이해를 위해서는 분자 간 상호작용에 대하여 입체적으로 인식할 필요가 있다. 이 장은 이와 같은 것을 이해하는 기초를 마련해 준다.

*Van't Hoff는 입체화학과는 동떨어진 두 분야, 화학동력학과 삼투압에 대한 연구 업적으로 1901년 첫 번째 노벨화학상을 받았다.

7.1 분자 카이랄성: 거울상이성질체

모든 물질은 거울상을 가지고 있으나 모든 거울상이 포개지는 것은 아니다. 다만 매일 사용하는 많은 물체에서 거울상 포개짐 현상을 볼 수 있다. 컵과 접시, 포크와 숟가락, 의자와 침대 모두가 거울상과 동일하다. 그러나 흥미롭게도 어떤 대상들은 그렇지 않다. 예를 들어, 왼손과 오른손은 서로 거울상이다. 그러나 3차원에서 손바닥과 손바닥, 손가락 매듭과 손가락 매듭 하나하나를 겹칠 수는 없다. 1894년 William Thomson (Kelvin 경)은 이러한 성질을 지칭하는 용어를 만들었다. 그는 거울상과 겹쳐지지 않는 대상을 **카이랄(chiral)**하다고 정의하였다. Thomson의 이 용어를 화학에 적용하면 *분자의 두 거울상 형태가 3차원에서 겹쳐지지 않으면 분자는 카이랄하다고 한다.* '*카이랄*'(*chiral*)이라는 말은 손이라는 의미의 그리스어 cheir에서 유래하였으며, 분자의 손잡이성(handedness)이라고 말하는 것이 타당하다. 카이랄의 반대는 **비카이랄(achiral)**이며, 거울상에 겹쳐질 수 있는 분자를 비카이랄이라 한다.

유기화학에서 카이랄성(chirality)은 대부분 네 개의 다른 기가 결합된 탄소 원자를 포함한 분자에서 일어난다. 예를 들면, 브로모클로로플루오로메테인이다.

브로모클로로플루오로메테인(Bromochlorofluoromethane)

> 브로모클로로플루오로메테인은 두 이성질체 중 하나의 거울상이성질체를 과잉으로 함유하는 시료로서의 존재가능성은 이미 알려져 있었다. 1989년 Polytechnic University(뉴욕시Brooklyln 소재)의 두 화학자는 한 거울상이성질체만 얻는 방법을 발표한 바 있다.

그림 7.1에서 보는 것처럼 브로모클로로플루오로메테인의 두 거울상은 서로 겹쳐질 수 없다. *브로모클로로플루오로메테인의 두 거울상은 겹쳐지지 않으므로 BrClFCH는 카이랄이다.*

브로모클로로플루오로메테인의 두 거울상은 같은 구조를 가지고 있다. 즉, 원자는 같은 순서로 연결되어 있다. 그러나 공간에서 원자들의 입체적 배열은 다르다. 이들은 입체이성질체이다. 물체와 그 겹쳐지지 않는 거울상 관계가 있는 입체이성질체를 **거울상이성질체(enantiomer)**로 분류한다. 거울상이성질체라는 용어는 두 대상 간의 특정한 관계를 기술해 준다. 어떤 사람을 보고 "사촌인가?"라고 물어 볼 수 없는 것처럼 어떤 한 분자를 그의 거울상과의 관계와 떼어서 거울상이성질체인가 아닌가라고 말할 수는 없다. 한 물체가 하나의 거울상만을 갖는 것과 마찬가지로 카이랄 분자는 오로지 하나의 거울상이성질체를 갖는다.

그림 7.1c에서 브로모클로로플루오로메테인의 두 거울상이성질체는 각 원자가 똑같이 배향되어 있지만, 브로민과 염소의 위치는 뒤바뀌어 있다. 이것은 일반적으로 C(*w*, *x*, *y*, *z*) 형태의 화학종에 대해서 적용된다. 여기서 *w*, *x*, *y*, *z*는 다른 원자 또는 작용기이며, 이들 중 둘을 교환하면 그 거울상이성질체로 변환되고 셋을 교환하면 배향은 다르지만 원래의 구조로 되돌아간다.

탄소에 같은 두 원자가 결합하고 있는 클로로다이플루오로메테인(ClF_2CH)과 같은 분자를 생각해 보자. 그림 7.2에는 거울상이 되도록 그린 ClF_2CH의 두 분자 모형을 나타내었다. 이 그림에서 알 수 있듯이 모든 원자들이 짝짓도록 하면 두 모형은 간단하게 합쳐진다. *클로로다이플루오로메테인의 거울상 표현은 서로 겹쳐지므로 ClF_2CH는 비카이랄이다.* 카이랄성 인자에 대한 가장 확실한 결정 방법은 거울상 형태의 겹침성을 잘 조사해 보는 것이다. 삼차원 대상으로 분자를 이해하는 데 있어 가장 좋은 방법이 화합물을 모형을 가지고 다루어 보는 것이다. 따라서 이의 활용을 강력하게 권하는 바이다.

그림 7.1

한 탄소에 네 개의 다른 기가 결합된 분자는 카이랄이다. 두 거울상 형태는 겹쳐지지 않는다.

(*a*) 구조 A와 B는 브로모클로로플루오로메테인 (BrClFCH)의 거울상 표현이다.

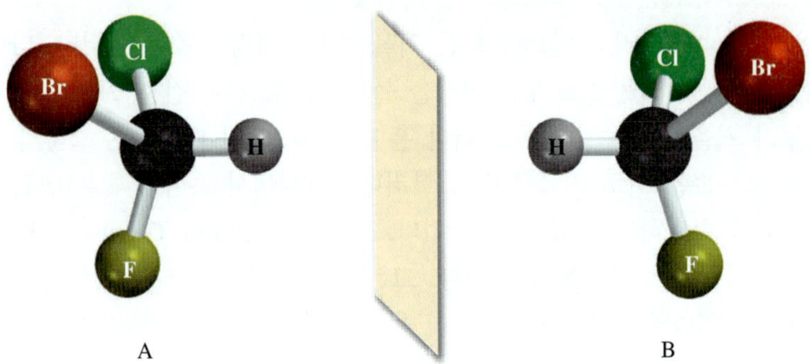

(*b*) 겹침성을 시험하기 위하여 B를 180°회전하여 재배향한다.

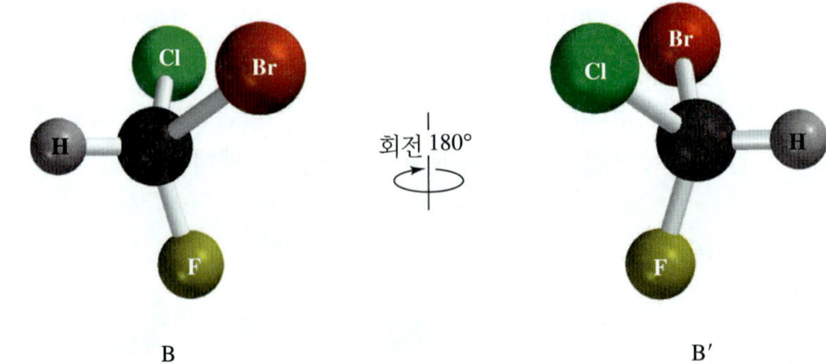

(*c*) A와 B를 비교해 보자. A와 B′는 서로 겹쳐질 수 없다. 그러므로 브로모클로로플루오로메테인은 카이랄 분자이다. 두 거울상 형태는 서로 거울상이성질체이다.

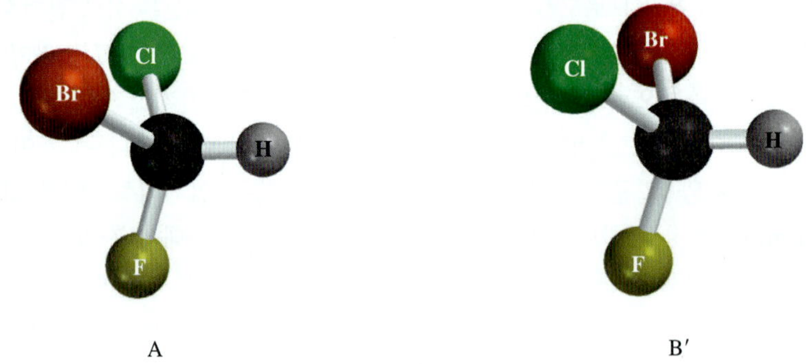

그림 7.2

클로로다이플루오로메테인의 거울상 형태들은 서로 겹쳐진다. 클로로다이플루오로메테인은 비카이랄이다.

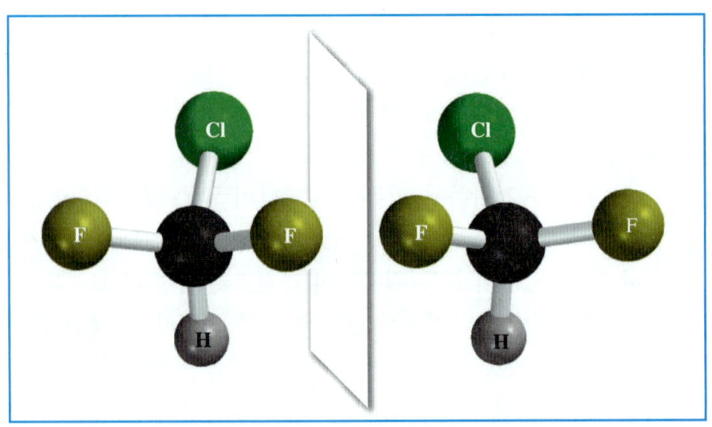

7.2 카이랄 중심

다음과 같은 일반 형태의 분자는 *w*, *x*, *y*, *z*가 모두 다른 치환기일 때 카이랄이다.

$$w\text{—}C(x)(y)(z)$$

IUPAC에서는 네 개의 다른 치환기가 결합된 사면체 탄소 원자를 **카이랄 중심(chirality center)**이라 부르기로 정했고, 이것이 현재 표준적으로 사용하는 용어가 되었다. 그러나 *비대칭 중심(asymmetric center)*, *비대칭 탄소(asymmetric carbon)*, *카이랄 중심(chiral center)*, *입체생성 중심(stereogenic center)*, *입체중심(stereocenter)* 등 이전에 사용하는 용어가 아직도 많이 사용된다.

분자에 한 개의 카이랄성 중심(한 개 이상이 아닌)이 존재하면 그것이 카이랄이라는 것을 간단하게 결정할 수 있다. 예를 들면, 2-뷰탄올에서 C-2는 카이랄 중심이다. 이 탄소에는 네 개의 다른 치환기로서 H 원자와 OH, CH_3 및 CH_3CH_2가 결합되어 있다. 이와는 대조적으로 비카이랄 알코올인 2-프로판올에는 네 개의 다른 기가 결합된 탄소 원자가 없다.

IUPAC의 입체화학적 용어에 대한 권장 내용을 http://www.chem.qmul.ac.uk/ iupuc/stereo에서 찾아볼 수 있다.

문제 7.1

다음 화합물의 카이랄 중심을 지적하시오.

(a) 2-브로모펜테인 (c) 1-브로모-2-메틸뷰테인
(b) 3-브로모펜테인 (d) 2-브로모-2-메틸뷰테인

풀이 예시 카이랄 중심은 네 개의 다른 치환기를 갖고 있다. (a) 2-브로모펜테인에서는 C-2에서 이 조건을 만족시켜 준다. (b) 3-브로모펜테인에서는 네 개의 다른 치환기를 가진 탄소가 없다. 그러므로 카이랄 중심을 가진 원자가 없다.

$H_3C—CH(Br)—CH_2CH_2CH_3$ (2-브로모펜테인)

$CH_3CH_2—CH(Br)—CH_2CH_3$ (3-브로모펜테인)

카이랄 중심을 가진 분자는 천연물이나 인공적 합성물에서 흔하게 찾아볼 수 있다(이중결합 또는 삼중결합의 탄소는 카이랄 중심이 될 수 없다).

$CH_3CH_2CH_2—C(CH_3)(CH_2CH_3)—CH_2CH_2CH_2CH_3$

4-에틸-4-메틸옥테인 (카이랄 알케인)

$(CH_3)_2C{=}CHCH_2CH_2—C(CH_3)(OH)—CH{=}CH_2$

라이나룰(오렌지 꽃의 좋은 향을 내는 기름 성분)

라이나룰은 오렌지 주스에서 수분을 제거하면 남는 유기 화합물 90여종 중 가장 많이 존재하는 여섯 가지 물질 중 하나이다.

고리에 있는 탄소 원자가 두 개의 다른 치환기를 가지고 있고, 그 탄소로부터 한 방향

으로 고리를 도는 과정이 다른 방향으로 도는 과정과 다를 때 카이랄 중심이 될 수 있다. 예를 들어, 1,2-에폭시프로페인에서 메틸기가 결합된 탄소 원자는 카이랄 중심이다. 그 원자로부터 고리 둘레를 시계 방향으로 진행할 때 기의 순서는 O—CH_2이고, 시계 반대 방향으로 진행할 때는 CH_2—O이다. 마찬가지로 라이모넨에서 C-4는 카이랄 중심이다.

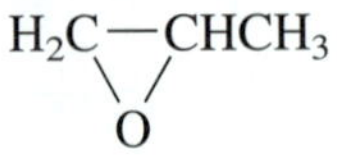

H_2C—$CHCH_3$ (O)

1,2-에폭시프로펜
(프로펜의 에폭시화 반응생성물)

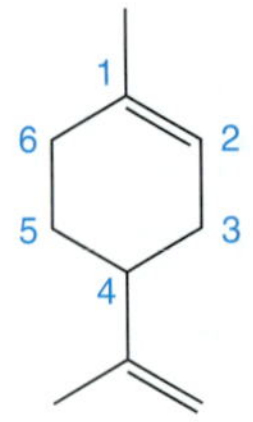

1, 2, 3, 4, 5, 6

라이모넨
(레몬 기름의 성분)

문제 7.2

다음 화합물에서 카이랄 중심을 확인하시오.

(a) 2-사이클로펜텐올 및 3-사이클로펜텐올

(b) 1,1,2-트라이메틸사이클로뷰테인 및 1,1,3-트라이메틸사이클로뷰테인

풀이 예시 (a) 2-사이클로펜텐올에서 하이드록실기가 결합된 탄소는 카이랄 중심이다. 3-사이클로펜텐올에는 카이랄 중심이 없다. 왜냐하면 원자의 순서 1 → 2 → 3 → 4 → 5는 시계 방향 진행 또는 시계 반대 방향 진행과는 무관하게 동등하기 때문이다.

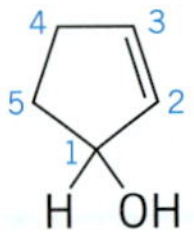

4, 3, 5, 2, 1, H, OH

2-사이클로펜텐올

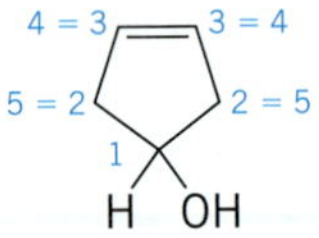

4 = 3, 3 = 4, 5 = 2, 2 = 5, 1, H, OH

3-사이클로펜텐올
(카이랄 중심이 없다.)

동위원소라 하더라도 카이랄 중심에서는 다른 치환기로 간주한다. 중수소(D = ^{2}H)와 삼중수소(T = ^{3}H)를 이용하여 카이랄인 에테인 유도체의 생화학적 산화에 대한 다음과 같은 입체화학적 연구가 진행된 바 있다.

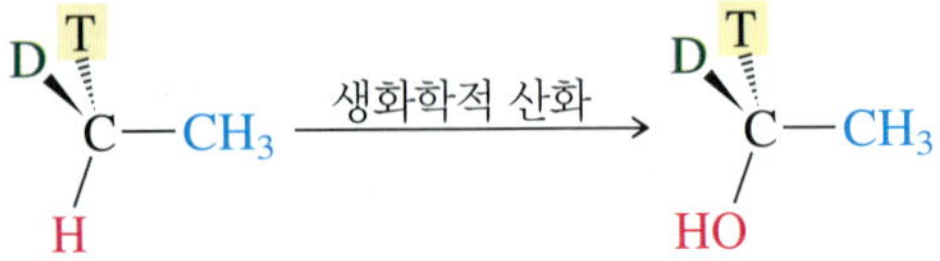

D, T, C—CH_3, H —생화학적 산화→ D, T, C—CH_3, HO

반응물과 생성물간의 입체화학적 관계는 동위원소 표지로 확인할 수 있었는데, 산소는 수소가 결합되어 있던 같은 편에서 탄소와 결합하였다. 이 장 및 이후의 장에서 배우겠지만 화학 및 생화학적 변환에 대한 3차원적 특성을 이해하는 것은 반응의 이해를 증진시키는데 매우 중요한 방법임을 알게 될 것이다.

이 장에서 다룰 요점은 다음과 같다. *모든 것은 한 개의 카이랄 중심을 가진 분자이다. 하나 이상의 카이랄 중심을 가진 분자는 카이랄일 수도 있고 아닐 수도 있다.* 하나 이상의 카이랄 중심을 가진 분자들은 7.11~7.14절에서 논의하게 될 것이다.

7.3 비카이랄 구조의 대칭

어떤 구조적인 특징을 살펴보면 카이랄인가 아닌가의 여부를 쉽게 알수 있다. 예를 들면, *대칭면(plane of symmetry)* 또는 *대칭 중심(center of symmetry)*을 가진 분자는 거울상에

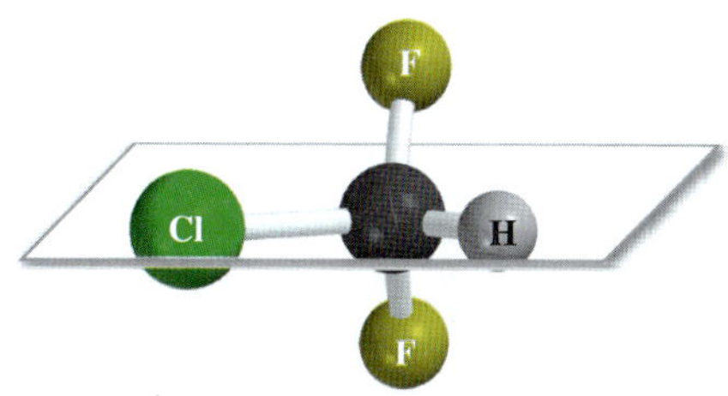

그림 7.3

H—C—Cl 원자로 이루어진 대칭면은 클로로다이플루오로메테인을 두 거울상으로 이등분한다. 대칭면 내에 놓인 Cl과 H 원자는 거울에서 같은 위치에 보인다.

겹쳐지고 비카이랄이다.

대칭면(plane of symmetry)은 분자를 이등분하기 때문에 분자의 반이 다른 반의 거울상이 된다. 예를 들어, 비카이랄 분자인 클로로다이플루오로메테인은 그림 7.3에 나타낸 것처럼 대칭면을 갖는다.

문제 7.3

다음 각 화합물에서 대칭면 또는 대칭 중심을 지적하시오. 어느 화합물이 카이랄이고 어느 화합물이 비카이랄인가?

(a) (*E*)-1,2-다이클로로에텐 (c) *cis*-1,2-다이클로로사이클로프로페인
(b) (*Z*)-1,2-다이클로로에텐 (d) *trans*-1,2-다이클로로사이클로프로페인

풀이 예시 (*E*)-1,2-다이클로로에텐은 평면이며, 분자면이 대칭면이다. 대칭면을 가지므로 이 분자는 비카이랄이다.

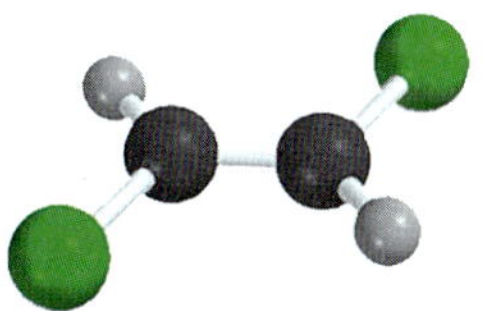

분자에 있는 점은 **대칭 중심(center of symmetry)**이다. 만일 이 점으로부터 몇몇 구조 요소로 선을 긋고 반대 방향으로 같은 거리만큼 늘리면 동등한 요소와 만나게 된다. 트란스-1,3-사이클로뷰탄다이올은 대칭 중심과 함께 대칭면을 갖고 있다. 대칭 중심은 분자의 중심이 된다. 수산기 중 하나에서 선을 그어 분자의 중심을 이으면 반대편의 수산기가 같은 거리에서 만나게 된다. 거울상 A와 B는 포개진다. 따라서, 트란스-1,3-사이클로뷰테인다이올은 비카이랄이다.

문제7.3에 나온 화합물 중 (*E*)-1,2-다이클로로에텐만이 대칭 중심을 가지고 있다.

문제 7.4

(a) *트랜스*-1,3-사이클로뷰테인다이올에서 대칭면을 지적하시오.
(b) *시스*-1,3-사이클로뷰테인다이올은 대칭 중심을 가지는가? 대칭면은? 카이랄 여부를 말하시오.

대칭면의 존재여부는 대칭 중심보다 확인하기 쉽고 카이랄의 확인에 더 많이 사용된다. 분자의 카이랄 여부를 판단하기에 두 조건 중 먼저 대칭면의 존재여부를 살피는 것이 우선이다. 대칭면 또는 대칭 중심이 없는 분자는 카이랄이 될 수 있지만, 확실하게 하기 위

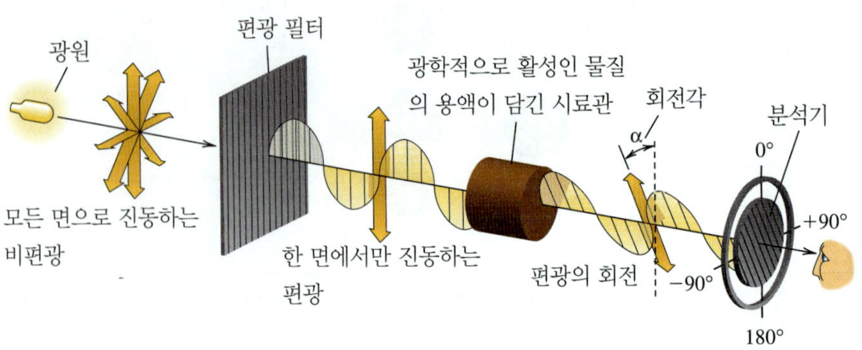

그림 7.4

소듐 램프는 모든 면으로 이동하는 빛을 방출한다. 이 빛을 첫 번째 편광 필터에 통과시켜 주면 편광면이 생긴다. 편광면 빛살이 카이랄 물질의 한 거울상이성질체를 함유한 시료관에 들어간다. 그러면 빛이 용액을 통과하면서 편광면이 회전한다. 두 번째 편광 필터(분석기)는 회전각 α를 측정하는 데 사용되는 각도가 보정된 회전하는 고리에 결합되어 있다(M. Silberberg, Chemistry, 5nd edition, McGraw-Hill Higher Education, New York, 2009, p. 640에서 인용).

하여 겹침 실험을 적용하지 않으면 안 된다.

7.4 광학 활성도

광학 활성 현상은 1815년에 프랑스 물리학자인 Vean-Baphiste Biot에 의해 처음 밝혀졌다.

Van't Hoff와 Le Bel이 같은 구조를 가진 분자도 공간에서 그들 원자들의 입체적 배열이 다를 수 있다고 제안한 실험적 사실은 **광학 활성(optical activity)**이라는 물리적 성질에 근거를 두고 있다. 광학 활성이라는 것은 카이랄 물질이 편광(plane-polarized light)면을 회전시킬 수 있는 능력이며, **편광계(polarimeter)**라 부르는 기구를 사용하여 측정한다(그림 7.4).

광학 활성도를 측정하는 데 사용하는 빛은 두 가지 성질을 갖고 있다: 단파장이며 편광면이다. 파장은 대부분 589 nm(*D*선)를 사용하는데, 이는 소듐 램프에서 생성되는 황색광에 해당한다. 소듐 램프는 단파장을 내지만 다른 램프와 같이 편광되어 있지 않다. 이것은 광의 전기장 벡터면이 진행선에 대해 어느 방향으로도 배향될 수 있다는 것을 의미한다. 편광되지 않은 빛살이 편광 필터를 통과하면 편광면으로 변화된다. 필터는 필터와 같은 면에 있는 전기장 벡터를 가진 파를 제외하고는 모든 파를 제거한다. 이 편광면을 실험하려는 물질의 액상 또는 용액(용매로는 보통 물, 에탄올 또는 클로로폼)이 들어 있는 시료관에 통과시킨다. 편광면을 회전시키면 시료는 "광학적으로 활성"이다. 회전의 방향과 크기를 두 번째 편광 필터(분석기)를 사용하여 측정하고 있는데, 측정값을 α라고 한다.

광학적으로 활성화되려면 시료는 카이랄 물질을 반드시 포함해야 하며, 한 거울상이성질체가 다른 이성질체보다 과잉으로 존재해야 한다. 편광면을 회전시키지 못하는 물질을 광학적으로 비활성이라고 한다. 비카이랄 물질은 광학적으로 비활성이다.

그러면 무엇이 광학적 회전을 일으키는가? 편광면은 카이랄 분자와 만나면 곧 회전을 일으킨다. 카이랄 분자의 거울상 형태들은 방향이 반대이고, 정확히 같은 양만큼 편광면 회전을 일으킨다. 그러므로 같은 양의 거울상이성질체를 포함한 용액은 알짜 회전을 일으키지 않는다. 한 거울상체에 의해 생기는 시계 방향 회전의 모든 증가는 다른 거울상체에 의해 생기는 반시계 방향 회전의 증가량에 의해 상쇄된다.

같은 양의 거울상이성질체를 포함한 혼합물을 **라세미 혼합물(racemic mixture)**이라 한다. *라세미 혼합물은 광학적으로 비활성이다.* 역으로 한 거울상이성질체가 과잉으로 존재하면 편광면이 알짜 회전을 일으킨다. 모든 분자가 다 같은 손잡이성을 가지고 있으면 이 물질을 **거울상적으로 순수하다(enantiopure)**고 말한다. 광학적 순도 또는 **거울상체 초과** 퍼센트(percent **enantiomeric excess** e.e.)는 다음과 같이 정의된다.

$$\% \text{ 초과 거울상} = (\% \text{ 주 거울상}) - (\% \text{ 부 거울상})$$

그러므로 광학적으로 50% 순수한 물질은 75%의 한 거울상이성질체와 25%의 다른 거울상이성질체를 포함한다.

문제 7.5

카이랄 분자인 라이모넨 시료가 95% 광학 활성이라고 하자. 이 시료는 각 거울상이성질체를 각각 얼마씩 포함하고 있는가?

편광면이 시계 방향과 같은 방향으로 회전하면 양(+)의 회전이라 하고, 시계 반대 방향으로 회전하면 음(−)의 회전이라고 한다. 양과 음의 회전에 대한 고전적인 용어는 *우회전성*(*dextrorotatory*)과 *좌회전성*(*levorotatory*)이라 하는데, 이는 라틴어 접두사 *dextro*-(오른쪽으로)와 *levo*-(왼쪽으로)로부터 각각 유래하였다. 한때 *d*와 *l*이라는 기호가 물질의 거울상이성질체를 구별하는 데 사용되었다. 그러므로 2-뷰탄올의 우회전성 거울상이성질체를 *d*-2-뷰탄올이라 하며, 좌회전성 형태를 *l*-2-뷰탄올이라 한다. 그리고 두 이성질체의 라세미 혼합물을 *dl*-2-뷰탄올이라 한다. 최근에는 대수학적 부호를 사용하여 각각 (+)-2-뷰탄올, (−)-2-뷰탄올 및 (±)-2-뷰탄올로 나타낸다.

광학적으로 순수한 물질의 관찰된 회전은 얼마나 많은 분자가 빛살과 만나게 되느냐에 달려 있다. 용액의 농도가 두 배가 되었을 때와 같이 시험관의 길이가 두 배가 되면 관찰된 회전도 두 배가 된다. 통과 길이와 농도를 고려하여 화학자들은 [α]라는 기호로 주어진 **고유 광회전도(specific rotation)**라는 용어를 정의하였다. 고유 광회전도는 관찰된 회전값으로부터 다음의 식에 따라 계산한다.

$$[\alpha] = \frac{100\,\alpha}{cl}$$

여기서 *c*는 g/100 mL로 나타낸 시료의 농도이고 *l*은 dm로 나타낸 편광계 관의 길이이다(1 dm는 10 cm이다).

이때 농도 단위를 g/100 mL가 아닌 g/mL로 쓰면, 다음과 같다.

$$[\alpha] = \frac{\alpha}{cl}$$

고유 광회전도는 녹는점, 끓는점, 밀도 및 용해도와 같은 물질의 물리적 성질이다. 예를 들어, 우유에서 얻을 수 있는 락트산은 전적으로 한 거울상이성질체로만 되어 있다. 이 거울상이성질체의 고유 광회전은 $[\alpha]_D^{25} = +3.8°$로 나타낸다. 측정할 때 섭씨로 나타낸 온도와 빛의 파장을 각각 위첨자와 아래첨자로 나타낸다. 시료의 광학 순도는 고유 광회전도로부터 계산할 수 있다:

$$\text{광학 순도(Optical purity)} = \frac{\text{시료의 고유 광회전도}}{\text{순수한 거울상이성질체의 고유 광회전도}} \times 100$$

문제 7.6

(a) 천연물로부터 분리되는 콜레스테롤은 한 거울상이성질체만을 얻을 수 있다. 콜레스테롤 0.3 g을 포함한 15 mL의 클로로폼 용액이 10 cm 편광 계관에 들어 있을 때 관찰된 a는 −0.78°이다. 이 때, 콜레스테롤의 고유 광회전도를 계산하시오.

(b) 합성 콜레스테롤의 시료는 전적으로 (+)-콜레스테롤의 거울상체로 이루어져 있다. 합성 (+)-콜레스테롤은 약간의 천연 (−)-콜레스테롤과 혼합되어 있다. 천연과 합성 콜레스테롤의 혼합물은 고유 광회전도$[\alpha]_D^{20} = -13°$를 나타냈다. 혼합물 중 (+)-콜레스테롤의 분율은 얼마인가?

이 때, 물질의 이름에 회전에 대한 접두사 부호를 써서 거울상이성질체를 구별하는 것이 편리하다. 예를 들어, 2-뷰탄올의 한 거울상체를 (+)-2-뷰탄올, 다른 거울상체를 (−)-2-뷰탄올로 부른다. 광학적으로 순수한 (+)-2-뷰탄올은 고유 광회전도 $[\alpha]_D^{27}$ + 13.5°를 가지며, 광학적으로 순수한 (−)-2-뷰탄올은 정확히 반대인 고유 광회전도 $[\alpha]_D^{27}$ − 13.5°를 갖는다.

7.5 절대배열 및 상대배열

카이랄 중심에서 치환기의 입체배열은 **절대배열(absolute configuration)**이다. 편광 회전의 부호와 양은 물질의 절대배열을 결정해 주지 못한다. 앞의 예를 인용하면 다음 구조 중의 하나가 (+)-2-뷰탄올이고, 다른 것은 (−)-2-뷰탄올이다. 그러나 추가적인 정보 없이는 어느 것이 어느 것인지 구별할 수 없다.

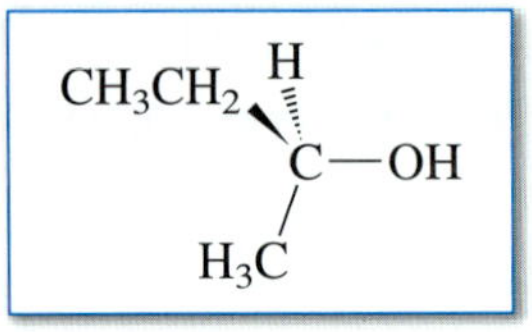

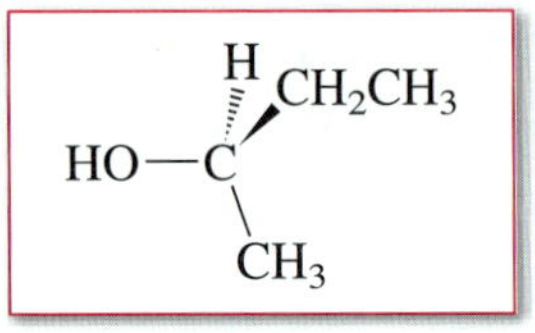

CH_3CH_2, H, C—OH, H_3C

H, CH_2CH_3, HO—C, CH_3

앞으로 이 장에서는 옆의 경우와 같이 두 거울상이성질체를 좌우에 비교하여 표시하기로 한다.

20세기 중반 전까지는 물질의 절대배열이 알려져 있지 않았지만, 유기화학자들은 수천의 화합물에 대한 비교와 화학적인 변환을 통하여 서로에 관한 **상대배열(relative configuration)**을 실험적으로 결정하였다. (+)-3-뷰텐-2-올을 생각해 보자. 이 화합물의 수소화는 (+)-2-뷰탄올을 생성시킨다.

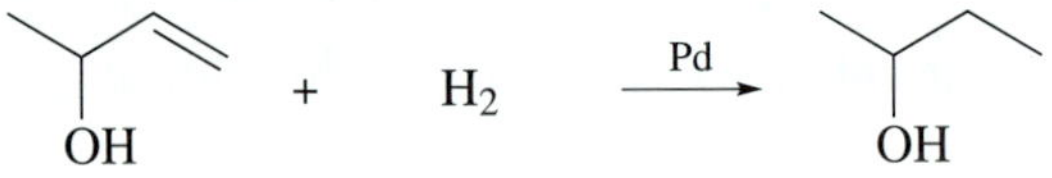

3-Buten-2-ol (OH) $[\alpha]_D^{27}$ +33.2° + Hydrogen H_2 —Pd→ 2-Butanol (OH) $[\alpha]_D^{27}$ +13.5°

이중결합의 수소화로 어느 결합도 카이랄 중심을 포함하고 있지 않으므로 (+)-3-뷰텐-2-올 치환기의 입체적 배열은 (+)-2-뷰탄올 치환기의 입체적 배열과 같다. 이 두 화합물이 같은 상대배열을 가짐으로써 같은 회전 부호를 갖는다는 사실이 수소화 실험에 의해 입증되었다. 이 사실은 실험 전에는 결코 예측할 수가 없었다.

때때로 같은 상대배열을 가진 화합물이더라도 반대 부호의 광학 회전을 갖는다. 예를 들면, (−)-2-메틸-1-뷰탄올을 HBr로 처리하면 (+)-1-브로모-2-메틸뷰테인으로 변환된다.

2-Methyl-1-butanol (OH) $[\alpha]_D^{25}$ −5.8° + Hydrogen bromide HBr → 1-Bromo-2-methylbutane (Br) $[\alpha]_D^{25}$ +4.0° + Water H_2O

앞의 반응 중에 어느 결합도 카이랄 중심을 포함하지 않으므로 출발 알코올(−)과 브로민화 생성물(+)은 같은 상대적 배열을 갖는다.

한편, 유기화학과 생화학에서 가장 중요한 화합물에 관한 상대적인 배열과 회전 부호를 관계지을 수 있는 규칙이 개발되었다. 1951년 (+)-타르탈산염의 절대배열이 결정된 후 (+)-타르탈산과 연관된 배열을 가진 모든 화합물들의 입체배열 또한 결정되었다. 그러므로 이 절에서 소개한 2-뷰탄올 거울상이성질체 쌍의 절대배열도 다음과 같이 나타낼 수 있음을 알 수 있게 되었다.

타르탈산염을 X-선 결정학으로 분석한 결과 그 염은 (+)-타르탈산 소듐 루비디움 염으로 나타났다. 생체 분자에 대한 X-선 결정학은 14.13절과 26.8절에서 다루기로 한다.

$NaO_2CCHCHCO_2Rb$ (HO, OH)

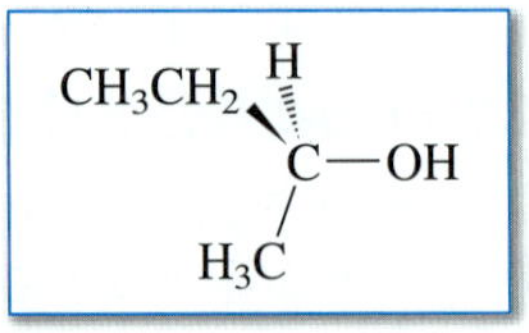

CH_3CH_2, H, C—OH, H_3C

(+)-2-뷰탄올

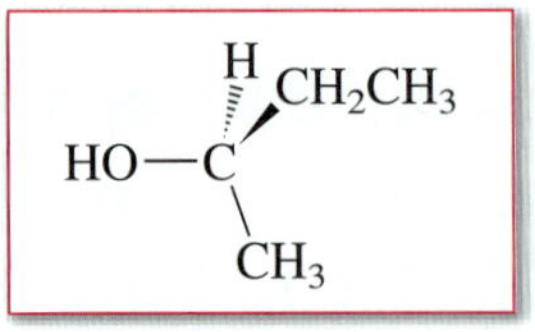

H, CH_2CH_3, HO—C, CH_3

(−)-2-뷰탄올

문제 7.7

다음의 분자 모형은 (+)-2-뷰탄올을 나타내는 것인가 또는 (−)-2-뷰탄올을 나타내는 것인가?

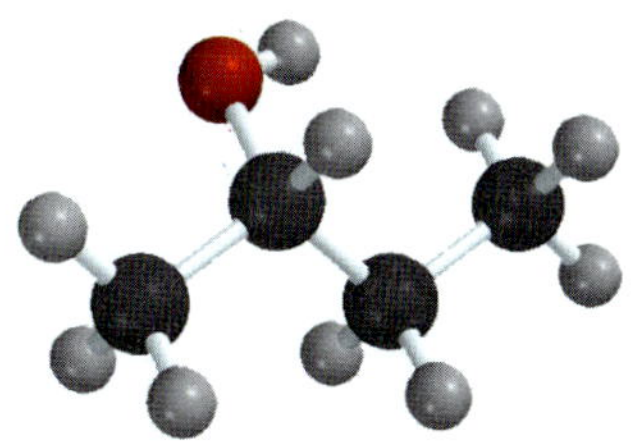

7.6 Cahn–Ingold–Prelog *R*–*S* 부호 체계

경우에 따라서는 그림보다는 말로서 분자의 구조를 규정할 수 있는 명명 체계를 갖는 것이 유용한데, 입체화학을 기술할 때에도 이런 체계를 갖는 것이 도움이 된다. 알켄의 *E*와 *Z* 체계에서도 입체이성질체를 구별할 때 이미 이런 개념을 사용한 적이 있다.

E-*Z* 체계에서는 R. S. Cahn, Sir Christoper Ingold 및 Vladimir Prelog에 의해 고안된 규칙에 따라 원자번호로 치환기의 우선순위를 결정할 것을 제안하였다(5.4절). 실제로 Cahn, Ingold 및 Prelog가 카이랄 중심에서 절대배열 문제를 다루기 위하여 우선순위 체계를 처음으로 개발하였다. 그림 7.1은 **순위결정 규칙(sequence rule)**이라 부르는 **Cahn-Ingold-Prelog 체계**가 (+)-2-뷰탄올의 카이랄 중심에서 절대배열을 규정하는 데 어떻게 사용되는가를 나타내 준다.

표 7.1에서 요약한 것과 같이 (+)-2-뷰탄올은 *S* 배열을 가지며, 그 거울상은 (−)-2-뷰탄올이고 *R* 배열이 된다.

순위를 정하는 규칙은 표 5.1에 있다.

CH_3CH_2, H, C—OH, H_3C

(*S*)-2-뷰탄올

및

H, CH_2CH_3, HO—C, CH_3

(*R*)-2-뷰탄올

흔히 *R* 또는 *S* 배열에서 회전 부호는 (*R*)-(−)-2-뷰탄올과 (*S*)-(+)-2-뷰탄올에서와 같이 화합물의 이름 앞에 표기한다.

문제 7.8

다음 각 화합물에 대한 *R* 또는 *S*로 절대배열을 결정하시오.

(a) OH

(+)-2-메틸-1-뷰탄올

(c) Br

(+)-1-브로모-2-메틸뷰테인

(b) F

(+)-1-플루오로-2-메틸뷰테인

(d) HO

(+)-3-뷰텐-2-올

풀이 예시 (a) 2-메틸-1-뷰탄올의 카이랄 중심에서 가장 높은 순위의 치환기는 CH_2OH이고, 가장 낮은 것은 수소이다. 나머지 두 치환기에서는 에틸이 메틸보다 우선순위가 높다.

표 7.1 Cahn-Ingold-Prelog 부호체계에 따른 절대배열

단계	예
(+)-2-뷰탄올의 절대배열이 주어지면,	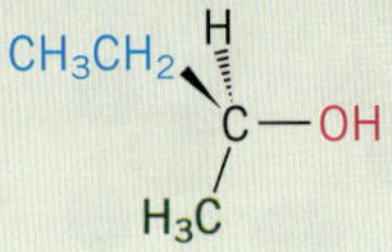 CH_3CH_2, H, C—OH, H_3C (+)-2-뷰탄올
1. 카이랄 중심에 있는 치환기를 확인하고, 표 5.1(5.4절)의 체계적으로 서술된 순서에 따라 이들을 감소하는 순서로 정렬한다. 우선 순위는 원자번호로 결정하고 카이랄 중심에 연결된 점으로부터 바깥쪽으로 진행한다.	순위가 감소하는 순서에 따라, 2-뷰탄올이 카이랄 중심에 연결된 치환기는 다음과 같다. HO— (최우선) > CH_3CH_2— > CH_3— > H— (최하위)
2. 가장 낮은 순위의 원자 또는 그룹이 멀어지도록 분자를 향하게 한다.	이 표의 위에 쐐기-점선 그림으로 나타낸 것처럼, 분자는 이미 적절하게 배치되었다. 수소는 카이랄 중심이 연결된 가장 순위가 낮은 원자이고 멀리 떨어져 있다. 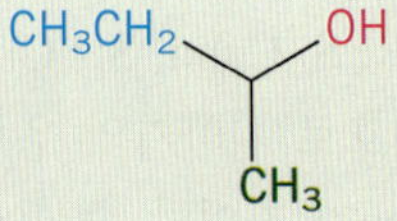
3. 가장 낮은 순위의 그룹이 멀어지도록 하면서 나머지 순위가 높은 세 개의 치환기가 보이도록 분자를 배치한다.	CH_3CH_2, OH, CH_3
4. 만일 세 개의 높은 순위의 차환기의 우선 순위가 시계 방향으로 감소한다면 절대배열이 *R*(라틴어 rectus, "오른쪽", "올바른")이다. 만일 감소하는 순서가 시계 반대 방향이면 절대배열은 S(라틴어 sinister, "왼쪽")이다.	감소하는 순서는 시계 반대 방향이다. 카이랄 중심의 배열은 *S*이다. 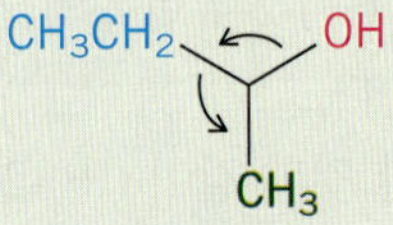 (두 번째 높은) CH_3CH_2, OH (가장 높은), CH_3 (세 번째 높은)

우선순위 순서: $CH_2OH > CH_3CH_2 > CH_3 > H$

그림에서 가장 낮은 우선순위의 치환기(수소)가 관찰자로부터 멀리 향하도록 배치한다. 나머지 세 개의 높은 순위의 치환기는 $CH_2OH \rightarrow CH_3CH_2 \rightarrow CH_3$로 시계 방향으로 진행된다.

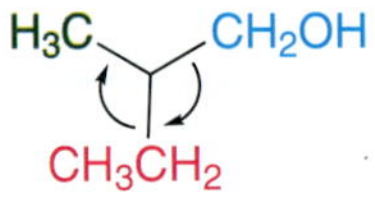

H_3C, CH_2OH, CH_3CH_2

그러므로 이 화합물은 *R* 배열을 가졌다. 따라서 (*R*)-(+)-2-메틸-1-뷰탄올이다.

카이랄 중심이 고리의 한 부분인 화합물은 유사한 방법으로 처리한다. 예를 들어, (+)-4-메틸사이클로헥센의 배열이 *R* 또는 *S*인가를 결정하기 위해서 고리 주위를 오른쪽과 왼쪽 경로로 나누어 마치 두 독립된 치환기처럼 취급한다.

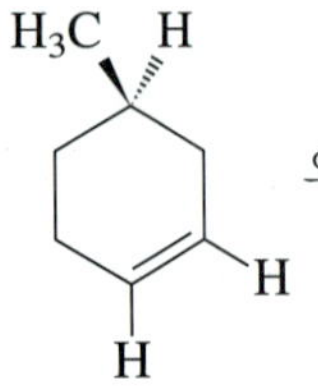

H_3C H ... H, H — 오른쪽과 같이 취급한다 — H_3C H; 순위가 낮은 방향: H_2C, H_2C, C; 순위가 높은 방향: CH_2, C—H, C C

(+)-4-메틸사이클로헥센

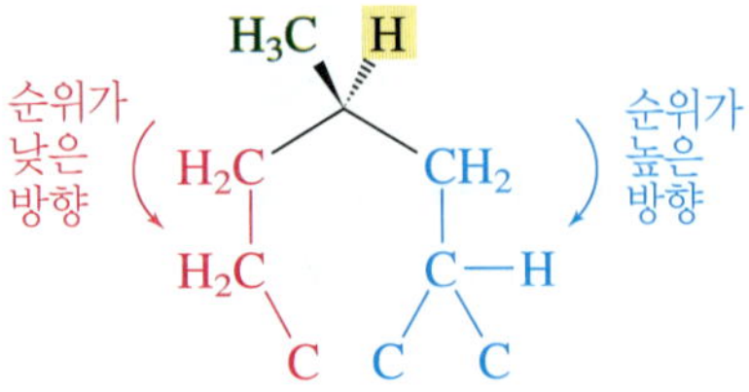

우선순위가 가장 낮은 치환기(수소)를 관찰자로부터 멀리 향하게 하면 우선순위가 감소하는 순서는 시계 방향이며, 절대배열은 *R*이다.

문제 7.9

다음 화합물을 입체적인 표현으로 나타내시오.

(a) *R* 거울상이성질체 (b) *S* 거울상이성질체

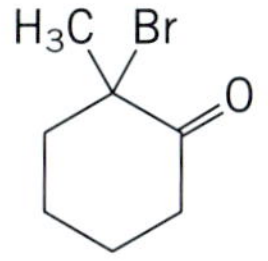

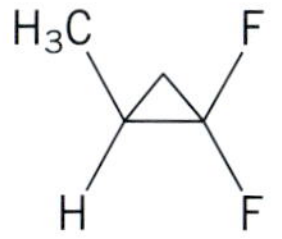

H_3C Br O H_3C F H F

풀이 예시 (a) 카이랄 중심은 브로민이 결합된 탄소 원자이다. 카이랄 중심에 결합되어 있는 치환기의 우선순위가 감소하는 순서는 다음과 같다.

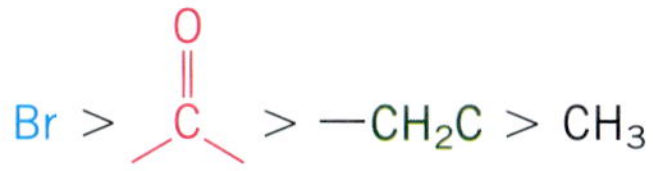

Br > C(=O) > $-CH_2C$ > CH_3

가장 순위가 낮은 치환기(메틸기)를 관찰자로부터 멀리 있도록 배향하면 나머지 기들의 우선순위가 감소하는 순서는 *R* 거울상이성질체에서는 시계 방향이 되지 않으면 안 된다.

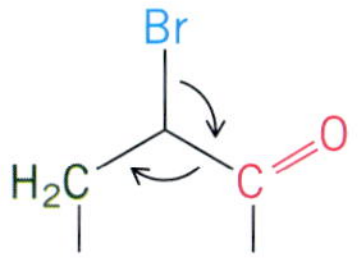

Br H_2C C O 은 다음 구조가 된다. Br CH_3 O

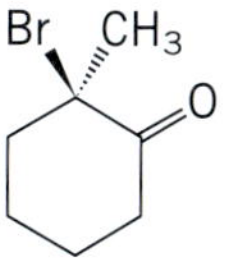

(*R*)-2-브로모-2-메틸사이클로헥산온

Cahn-Ingold-Prelog 체계는 입체화학적 표기의 표준 방법이다. 특정 기준 화합물에 D, L 기호로 붙여 표시하던 기존 방법은 현재 이 방법으로 대체 되었다. D, L 표기법은 대상 화합물이 기준 화합물과 유사한 경우에는 문제가 없다. 그러나 기준 화합물과 상이한 구조로 되어 있는 때에는 애매한 경우가 많이 생겨 입체배열을 표시하는 일반적 방법으로 사용하기에는 부적절하다. 다만 탄수화물과 아미노산류 화합물의 경우에는 D, L 표기법이 확실히 확립되어 잘 이용되고 있다. 23~26장에서 그 사용법을 익힐 것이다.

7.7 Fischer 투영

입체화학은 분자를 이루는 원자의 3차원적인 배열을 다루는데, 쐐기-점선 그림 또는 컴퓨터로 만들어 낸 모형으로 나타낸다. 독일의 화학자 Emil Fischer가 고안해 낸 방법을 사용하여 간략한 형태로 입체화학의 정보를 표현할 수도 있다.

Fischer는 19세기의 선구적 유기화학자였다. 그는 1902년에 탄수화물과 단백질 화학에 대한 선도적 업적으로 노벨 화학상을 수상하였다.

다시 카이랄 분자의 간략한 예인 브로모클로로플루오로메테인을 생각해 보자. 그림 7.6에 BrClFCH의 두 거울상이성질체를 공-막대 모형, 쐐기-점선 그림 및 **Fischer 투영(Fischer projection)**으로 나타내었다. Fischer 투영에서는 카이랄 중심에서 수직 결합은 관찰자로부터 멀리 배향하게 하고 수평 결합은 관찰자를 향하게 하도록 배치한다. 종이 위에 결합을 투영하면 교차된다. 카이랄 중심은 교차의 중심에 놓이지만 특별하게 나타내지는 않는다.

예를 들어, (*R*)-2-뷰탄올을 Fischer 투영식으로 나타내면, 가장 작은 번호의 탄소가 맨 위에 오도록 하여 탄소 사슬을 수직으로 배열한다.

그림 7.5

브로모클로로플루오로메테인의 *R*와 *S* 거울상 이성질체의 공-막대 모형(*왼쪽*), 쐐기-점선 그림(*중앙*) 및 Fischer 투영(*오른쪽*).

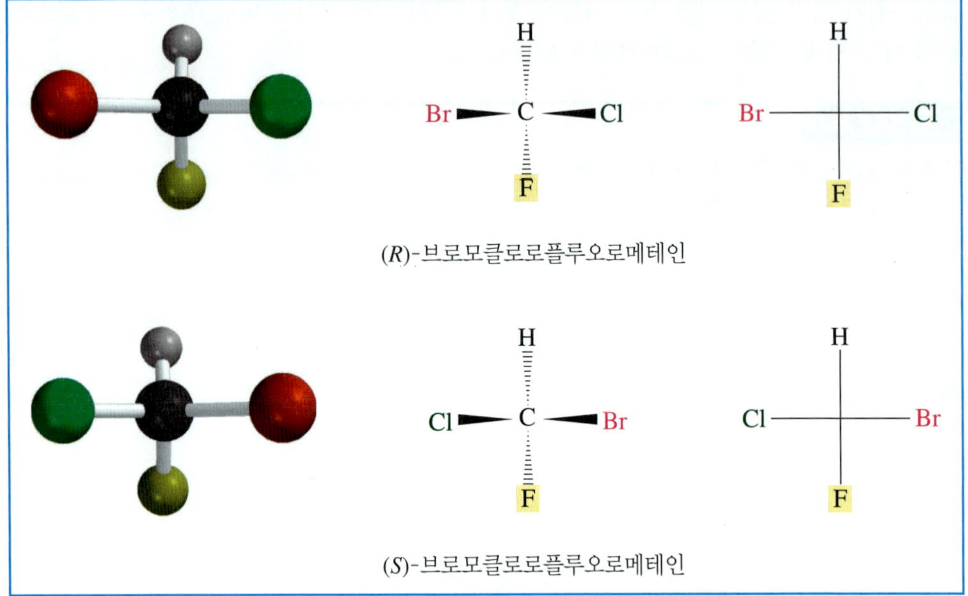

CH_3 / HO—┼—H / CH_2CH_3 Fischer 투영은 CH_3 / HO◀C◀H / CH_2CH_3 과 일치한다.

(*R*)-2-뷰탄올

이 Fischer 투영에서 카이랄 중심의 절대배열이 *R*임을 확인하자면 가장 순위가 작은 원자(H)가 관찰자로부터 멀리 놓이도록 하여 생긴 3차원 배치를 회전시켜 보면 된다.

CH_3 / HO◀C◀H / CH_2CH_3 —수직 축에 대하여 180° 회전→ CH_3 / H⋯C⋯OH / CH_2CH_3

H를 가장 멀리 두었을 때 순위(CH > CH_2CH_3 > CH_3)에 따른 회전 순서는 시계 방향이 되므로 *R* 배열임을 알 수 있다.

CH_3 / H⋯C⋯OH / CH_2CH_3 H_3C OH CH_2CH_3

문제 7.10

다음 Fischer 투영으로 표시된 화합물의 절대배열은 무엇(*R* 또는 *S*)인가?

풀이 예시

(a) CH_2OH / H—┼—OH / CH_2CH_3 (b) CHO / HO—┼—H / CH_2OH

풀이 예시

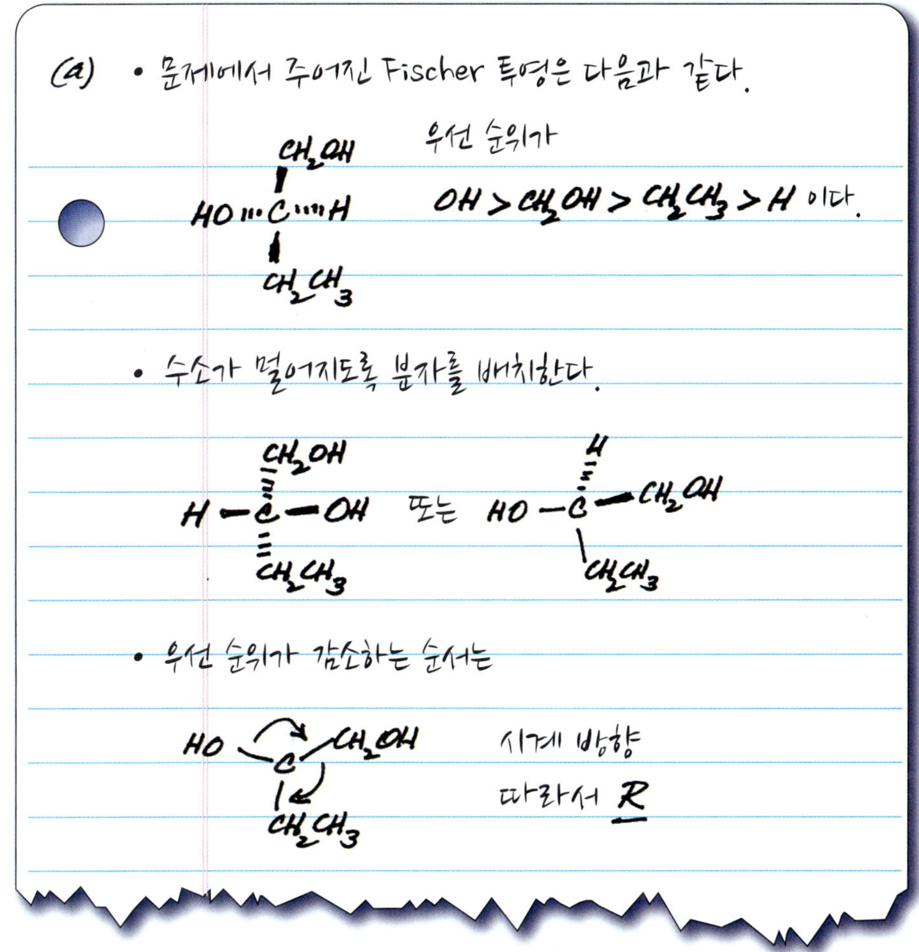

Fischer 투영을 익혀감에 따라 몇 가지 구조상의 배열을 바꾸면 절대배열이 어떻게 바뀔지를 쉽게 예측할 수 있다. 그러면 많은 입체화학적 문제를 풀기 위해 필요한 단계를 줄일 수도 있을 것이다. 문제 7.11에서 이러한 방법을 익혀보자.

문제 7.11

위에서 표시한 (*R*)-2-뷰탄올의 Fischer 투영을 써서 다음 조작에 의해 나타나는 카이랄 중심의 변화를 설명하시오.

(a) H와 OH의 위치를 바꿈.
(b) CH_3와 CH_2CH_3의 위치를 바꿈.
(c) 세 작용기의 위치를 바꿈.
(d) H와 OH, CH_3와 CH_2CH_3를 함께 위치 바꿈.
(e) 책의 면과 수직인 축을 중심으로 Fischer 투영을 180° 회전

CH_3
HO —+— H
CH_2CH_3

풀이 예시 (a) (*R*)-2-뷰탄올의 Fischer 투영에서 H와 OH의 위치를 바꾸면 거울상 투영이 된다. 따라서 카이랄 중심의 배열이 *R*에서 *S*로 바뀐다.

H와 OH의 위치 바꿈

CH_3
HO —+— H
CH_2CH_3
(*R*)-2-뷰탄올

—— H와 OH의 위치를 교환한다. ——→

CH_3
H —+— OH
CH_2CH_3
(*S*)-2-뷰탄올

Fischer 투영에서 두 치환기의 위치를 바꾸면 카이랄 중심의 배열도 바뀐다.

앞서 7.6절에서 입체 화학적 D, L 표기 방법은 탄수화물과 아미노산에 흔히 이용되고 있고, 다른 종류의 화합물에는 쓰이지 않는다고 하였는데, Fischer 투영도 이 두 종류의 화합물에 주로 이용되고 있다.

7.8 거울상이성질체의 성질

밀도, 녹는점 및 끓는점과 같은 물리적 성질은 카이랄 화합물의 두 거울상이성질체에 대해 실험 오차 내에서 동일하다.

그러나 거울상이성질체들은 공간 배열에 의존하는 물리적 성질에서는 큰 차이를 가지게 된다. 카본(carvone)의 거울상이성질성 형태를 예로 들어 보자. (*R*)-(−)-카본은 박하유의 주 성분이고, 그 거울상이성질체인 (*S*)-(+)-카본은 카라웨이유의 주 성분이다. 두 거울상이성질체는 각각 다르고, 독특한 냄새를 갖는다.

박하나무잎

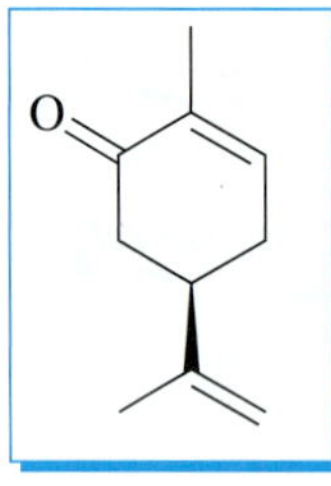

(*R*)−(−)−카본
(박하유 성분)

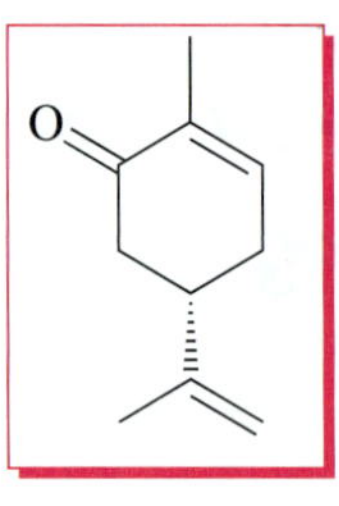

(*S*)−(+)−카본
(카라웨이유 성분)

카라웨이의 씨앗

(*R*)−와 (*S*)−카본 간의 냄새 차는 코의 감각 부위에 대한 다른 작용 때문에 생긴다. 휘발성 분자는 그들을 수용할 수 있도록 알맞은 모양을 가진 냄새의 감각 부위에서만 작용한다. 감각 부위는 그 자체가 카이랄이기 때문에 한 거울상이성질체는 한 종류의 감각 부위에 꼭 맞고, 다른 거울상이성질체는 다른 감각 부위에 맞게 된다. 예를 들어, 비유하면, 손과 장갑의 관계와 같다. 왼손과 오른손은 거울상이성질체이다. 왼손은 왼쪽 장갑에 끼울 수 있고, 오른쪽 장갑에는 끼울 수가 없다. 감각 부위 (장갑)는 카이랄 대상(손)의 한 거울상이성질체만 수용할 수 있고, 다른 이성질체는 수용할 수 없다.

카이랄 인식(*chiral recognition*)이라는 용어는 카이랄 감각 기관 또는 시약이 카이랄 분자의 한 거울상이성질체와 선택적으로 상호작용하는 과정을 나타내 준다. 생물학적 과정에서는 대단히 정밀한 카이랄 인식이 일어난다. 예를 들어, (−)-니코틴은 (+)-니코틴보다 상당히 독성이 강하며, (+)-아드레날린은 (−)-아드레날린보다 혈관 수축에 더 활성이다. (−)-타이록신은 갑상선에 있는 아미노산으로 대사를 촉진시키는 의약품으로 미국에서만 하루 약 천만 명이 복용하고 있다. 그 거울상이성질체인 (+)-타이록신은 이런 효과를 나타내지 않는데도 전에는 심장병 환자의 콜레스테롤 수치를 낮추는 용도로 많이 사용되었으나, 이제는 더 좋은 의약품으로 대체되었다.

문제 7.12

(−)니코틴, (−)-아드레날린, (−)-타이록신의 카이랄 중심의 절대배열 (*R* 또는 *S*)을 정하시오.

(−)-니코틴　　(−)-아드레알린　　(−)-타이록신

7.9 카이랄 축

지금까지는 카이랄 중심을 가지는 카이랄성 분자에 대해서만 살펴보았다. 이런 것들이 가장 흔하지만 카이랄 분자가 이런 종류만 있는 것은 아니다. **카이랄 축(chiral axis)** 즉, 원자나 작용기가 그의 거울상과 포개지지 않도록 공간적으로 배열된 축을 지닌 분자도 카이랄성이 될 수 있다. 이런 카이랄 축을 지님으로써 생긴 거울상입체이성질체는 왼쪽 나사와 오른쪽 나사 관계와 유사하다.

카이랄 축을 가진 분자 중에서 치환체를 포함하는 두 아릴고리 화합물이 흥미를 많이 끌고 있다. **두 아릴고리 화합물(biaryl)**은 두 개의 방향족고리가 단일 결합으로 합쳐진 것으로 바이페닐이나 1,1′-바이나프틸과 같은 예가 있다.

바이페닐　　　　　1,1′-바이나프틸

바이페닐이나 1,1'-바이나프틸에서 각각의 고리는 평면이나 분자 전체의 모양은 평면이 아니다. 여기서 한쪽 고리의 수소 원자(붉은색) 다른 고리의 수소 원자(녹색) 간에 입체적 장애를 감소시키기 위해 두 고리를 연결하는 단일결합 중심으로 회전이 일어나게 된다. 이러한 회전 결과 각 원자가 동일 평면상에 있지 못하고 좀 더 안정한 "비틀린(twisted)" 형태를 취하게 된다.

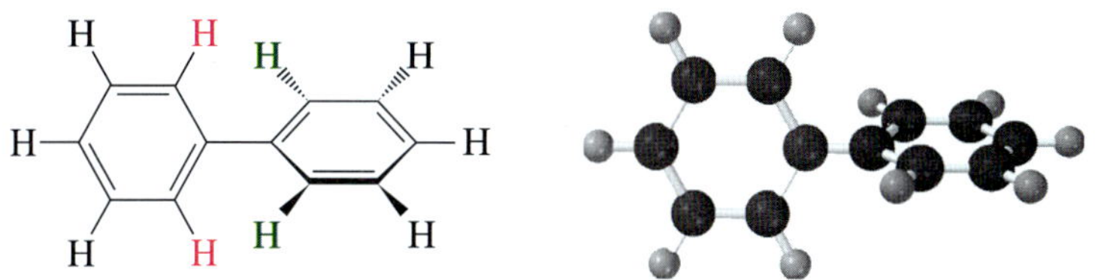
바이페닐의 비평면의 "비틀린" 형태

기체상 바이페닐의 두 고리가 이루는 각은 실험적으로 44° 임이 밝혀졌다.

바이페닐의 경우 두 고리를 연결한 결합 주위의 회전은 에탄의 경우와 같이 매우 빠르게 진행되나 고리의 치환기가 수소가 아닌 때는 느릴 수 있다.

치환체가 매우 커지면 회전 중 발생하는 입체적 장애가 꺼져서 형태 간의 평형 속도가 작아지고 평상 조건에서 두 형태를 분리해 낼 수 있게 된다.

A ≠ B이고 X ≠ Y이면 두 형태의 거울상은 서로 포개지지 않게 되어 거울상 입체이성질체가 된다. 이 때 두 고리간의 결합은 카이랄 축에 따라 놓이게 된다.

A ≠ B이고 X ≠ Y일 때이 카이랄 축

Chiral Drugs

A recent estimate places the number of prescription and overthe-counter drugs marketed throughout the world at about 2000. Approximately one third of these are either naturallyoccurring substances themselves or are prepared by chemical modification of natural products. Most of the drugs derived from natural sources are chiral and are almost always obtained as a single enantiomer rather than as a racemic mixture. Not so with the over 500 chiral substances represented among the more than 1300 drugs that are the products of synthetic organic chemistry. Until recently, such substances were, with few exceptions, prepared, sold, and administered as racemic mixtures even though the desired therapeutic activity resided in only one of the enantiomers. Spurred by a number of factors ranging from safety and efficacy to synthetic methodology and economics, this practice is undergoing rapid change as more and more chiral synthetic drugs become available in enantiomerically pure form.

Because of the high degree of chiral recognition inherent in most biological processes (Section 7.8), it is unlikely that both enantiomers of a chiral drug will exhibit the same level, or even the same kind, of effect. At one extreme, one enantiomer has the desired effect, and the other exhibits no biological activity at all. In this case, which is relatively rare, the racemic form is simply a drug that is 50% pure and contains 50% "inert ingredients." Real cases are more complicated. For example, the S enantiomer is responsible for the pain-relieving properties of ibuprofen, normally sold as a racemic mixture. The 50% of racemic ibuprofen that is the *R* enantiomer is not completely wasted, however, because enzyme-catalyzed reactions in our body convert much of it to active (S)-ibuprofen.

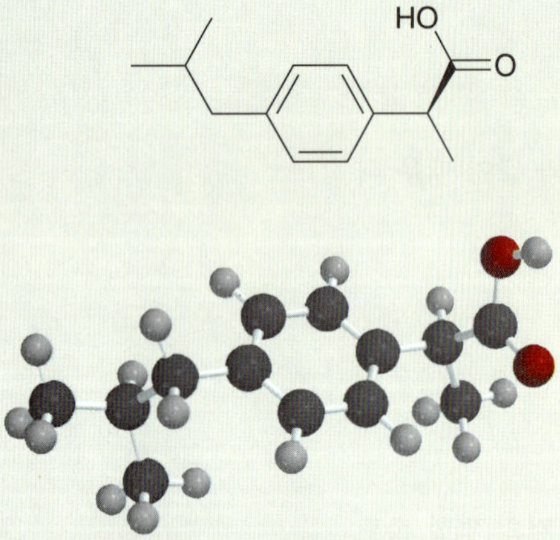

HO
O

Ibuprofen

A much more serious drawback to using chiral drugs as racemic mixtures is illustrated by thalidomide, briefly employed as a sedative and antinausea drug in Europe during the period 1959–1962. The desired properties are those of (*R*)-thalidomide. (*S*)-Thalidomide, however, has a very different spectrum of biological activity and was shown to be responsible for over 2000 cases of serious birth defects in children born to women who took it while pregnant

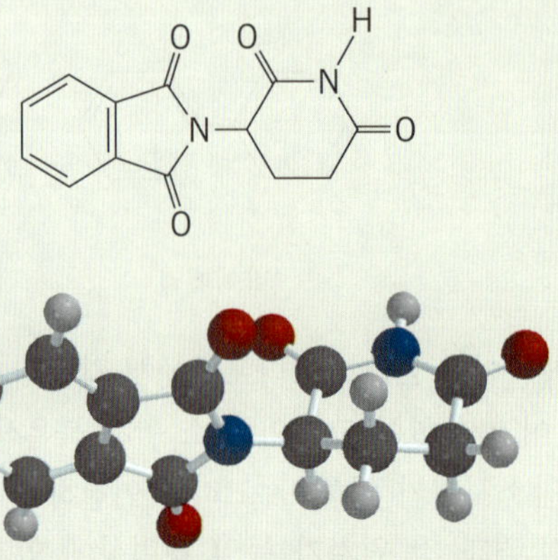

O O H N N O O

Thalidomide

Basic research aimed at controlling the stereochemistry of chemical reactions has led to novel methods for the synthesis of chiral molecules in enantiomerically pure form. Aspects of this work were recognized with the award of the 2001 Nobel Prize in Chemistry to William S. Knowles (Monsanto), Ryoji Noyori (Nagoya University), and K. Barry Sharpless (Scripps Research Institute). Most major pharmaceutical companies are examining their existing drugs to see which are the best candidates for synthesis as single enantiomers and, when preparing a new drug, design its synthesis so as to provide only the desired enantiomer. One incentive to developing enantiomerically pure versions of existing drugs, called a "chiral switch," is that the novel production methods they require may make them eligible for extended patent protection.

Problem 7.13

Find the chirality center in the molecular model of thalidomide shown above and identify its configuration as *R* or *S*.

이렇게 단일 결합 주위로의 회전 장애로 인해 생긴 카이랄성을 보인 최초의 분자는 1922년 에 발견된 6,6′-다이나이트로페닐-2,2′-다이카복실산이였다.

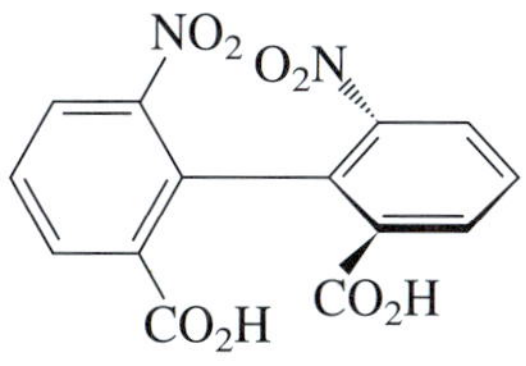

(+)-6,6′-다이나이트로페닐-2,2′-다이카복실산 +127° (메탄올)

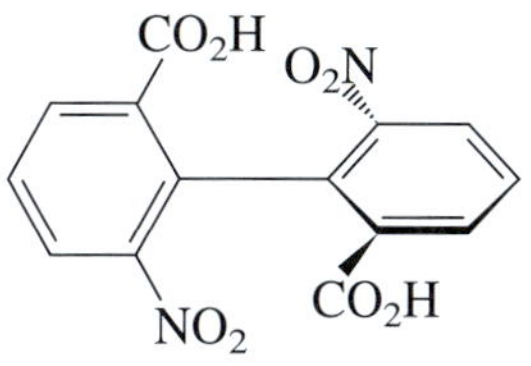

(−)-6,6′-다이나이트로페닐-2,2′-다이카복실산 −127°(메탄올)

문제 7.14

아래 보인 카이랄 축을 지닌 3,3′-5,5′ 화합물은 그의 거울상 입체이성질체를 서로 분리해내기가 매우 어렵다고 한다. 그 이유는?

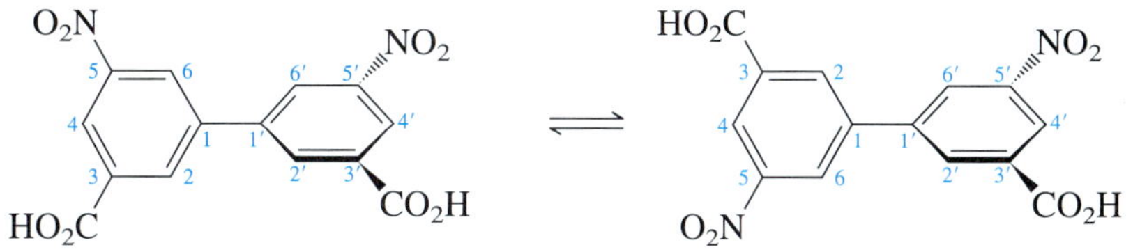

카이랄 바이페닐 같은 구조의 화합물은 단일결합 주위로의 회전으로 인해 서로 분리 가능한 이성질체를 가지는데 이를 때때로 **회전이성질체(atropisomer)**라 한다. 그리스어에서 *a*는 아님(not), *tropos*는 회전(turn)을 뜻하는 데서 유래했다. 이들은 형태 이성질체의 한 부류이다.

1,1′-바이나프틸은 두 나프탈렌 고리를 연결한 단일결합 주위의 회전 장애로 회전이성질현상이 보인다. 상업적으로 중요하게 응용되는 카이랄 바이나프틸 화합물은 수소화 반응의 촉매의 구조를 이루는 BINAP이다. 이 촉매에는 나프탈렌 고리에 붙어있는 두 개의 인 원자에 루테늄이 결합되어 있다.

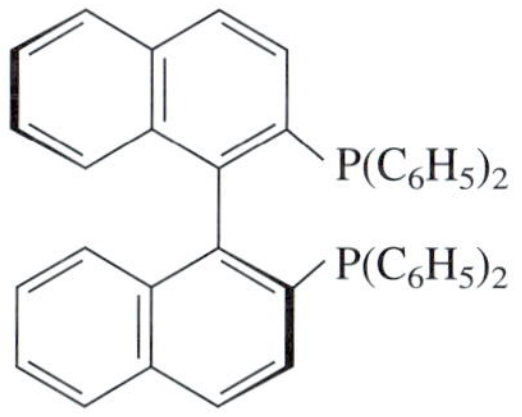

실온에서 거울상 입체 이성질 현상을 내는 회전이성질체의 회전 분리를 일으키기 위한 최소의 에너지 값에 대해 화학자의 의견이 정확히 일치되지는 않았지만 100 kJ/mol(24 kcal/mol) 수준이다. 알케인 화합물에서 C—C 단일결합의 회전에 필요한 활성화 에너지는 약 12 kJ/mol (3 kcal/mol)임을 참조하라.

(*S*)-(−)-BINAP

BINAP은 2,2′-비스(다이페닐포스피노)-1,1′-비이나프틸의 약어이다.

14.12절에서 루테늄 BINAP 촉매를 이용하여 카이랄성 의약품을 거울상입체 선택적으로 합성하는 예를 다루게 된다.

7.10 카이랄 중심을 형성하는 반응

이미 다룬 많은 반응들은 비카이랄 출발 물질로부터 카이랄 생성물을 만들 수 있다. 예를 들어, 프로펜의 에폭시화는 이중결합에 산소가 첨가되어 카이랄 중심을 형성한다.

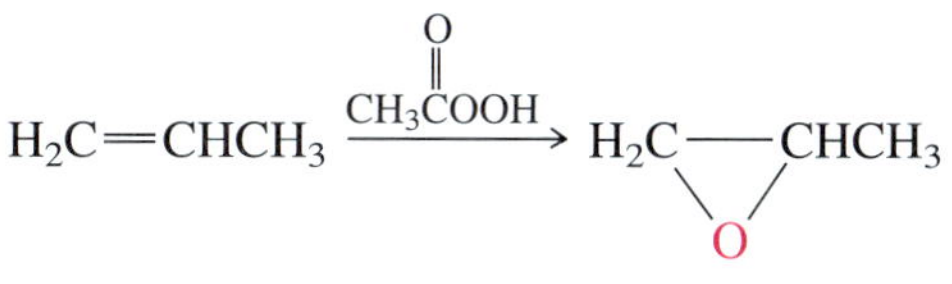

$$H_2C{=}CHCH_3 \xrightarrow{CH_3COOH} H_2C\overset{O}{—}CHCH_3$$

Propene (비카이랄) 1,2-Epoxypropane (카이랄)

그림 7.6

프로펜의 에폭시화로 (*R*)-와 (*S*)-1,2-에폭시프로페인이 같은 양으로 생성된다.

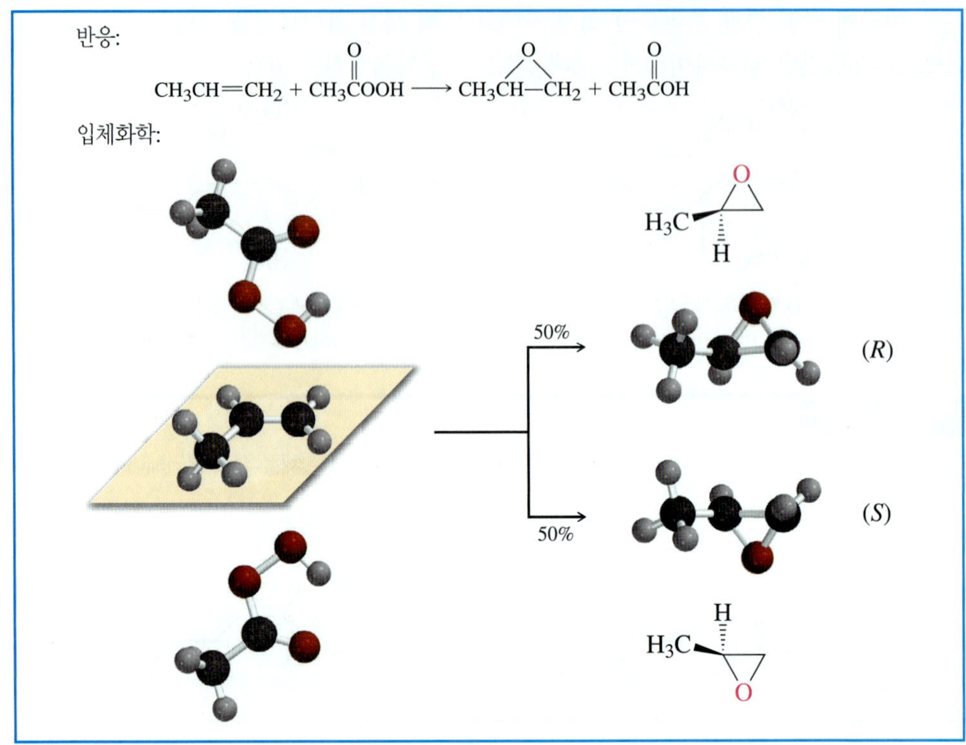

비카이랄 반응물이 카이랄 생성물을 형성하는 다른 반응에서와 같이 이 반응에서도 생성물은 *라세미 혼합물이 형성되고, 광학적으로 비활성*이다. 물질이 광학적으로 활성이 되기 위해서는 카이랄이 되어야 할 뿐만 아니라 한 거울상이성질체가 다른 것보다 과잉으로 존재하지 않으면 안 된다.

*적어도 한 개의 광학적으로 활성인 반응물이나 촉매가 사용하지 않는다면, 광학적으로 비활성인 반응물에서는 광학적으로 활성인 생성물은 형성되지 않는다는 것*이 일반적인 원리이다. 이 원리는 신(syn)- 또는 안티(anti)-, 협동반응인지 또는 단계적인 첨가 인지와 무관하게 유지된다. 반응에서 아무리 많은 단계가 참여할지라도 반응물이 비카이랄이면 한 거울상 입체이성질체가 다른 이성질체와 같이 생성되고 라세미 혼합물이 생성된다.

그림 7.6은 이 반응에서 왜 같은 양의 (*R*)-와 (*S*)-1,2-에폭시프로페인이 생성되는가를 나타내 준다. 과아세트산은 이중결합의 한 면에 대해 다른 면에서와 똑같이 산소를 전달하므로 *R*와 *S* 거울상 이성질체의 생성 속도는 같고, 두 거울상체의 라세미 혼합물이 생성된다. 이 반응 과정에서 비카이랄성 알켄의 이중결합에 첨가가 이루어져 카이랄 분자로 바뀐다. 어떤 분자가 반응 후에 카이랄 중심이 새로 생성되는 경우 그 분자를 **선구 카이랄(prochiral)**이라고 한다.

프로펜의 이중결합에 과산화산이 작용하여 하나의 카이랄 중심이 생긴다. 이 때, 이중결합은 선구 카이랄성 구조 단위가 되며, 이중결합의 윗면과 아랫면을 각각 선구 카이랄 면이라 부른다. 한쪽 선구 카이랄 면에의 공격은 다른 쪽 공격으로 나타나는 화합물과 거울상 입체이성질체 관계를 가지게 될 것이므로 두 면의 관계를 **거울상성(enantiotopic)**이라 한다.

이 장의 끝에 있는 설명문과 이해 문제에서 선구 카이랄성에 대해 더 자세히 설명할 것이다.

또 다른 예를 보자. 비카이랄성인 2-뷰텐에 브로민화 수소가 첨가되면 카이랄성인 2-브로모뷰테인이 생성된다. 그러나 앞서의 예에서와 같이 두 거울상이성질체가 똑같은 속도로 생성되므로 생성물은 라세미체이다. 이는 출발하는 알켄이 *cis*-나 *trans*-2-뷰텐 여부나 반응 메커니즘이 친전자성 첨가이든 자유 라디칼 첨가로 이루어지든 똑같은 결과로 나타난다.

$$CH_3CH{=}CHCH_3 + HBr \longrightarrow CH_3\underset{\displaystyle Br}{\underset{|}{C}}HCH_2CH_3$$

cis-와 *trans*-2-Butene (비카이랄) — Hydrogen bromide (비카이랄) — 2-Bromobutane (카이랄이지만 라세미체)

시스-나 *트랜스*-2-뷰텐에서의 이중결합의 두 개의 거울상성면에 첨가가 똑같은 속도로 이루어지므로 (*R*)-와 (*S*)-2-브로모뷰테인은 1:1 혼합물이 생성되는 것이다.

문제 7.15

(*E*)-3-메틸-2-헥센의 수소 촉매화에 의해 생성되는 두 가지 입체이성질체 생성물은 무엇인가? 각각의 상대적 양은 어떠한가?

비카이랄 분자가 카이랄 분자로 전환하는 데는 이중결합에의 첨가말고 다른 경우도 있을 수 있다. 뷰테인을 자유 라디칼 염소화를 통하여 2-클로로뷰테인으로 만드는 치환 반응이 그 예이다. 이 때도 생성물은 카이랄성이나 라세미체로 얻어진다.

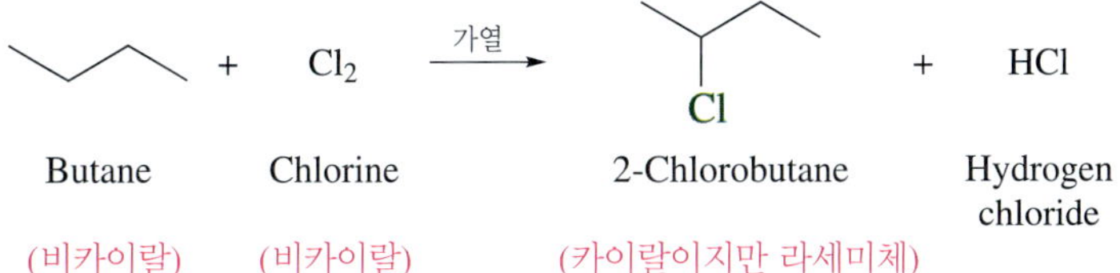

Butane (비카이랄) — Chlorine (비카이랄) — 2-Chlorobutane (카이랄이지만 라세미체) — Hydrogen chloride

이 때 1-클로로뷰테인도 함께 생성된다.

뷰테인 분자의 C-2 위치는 두 메틸렌 수소 중 어느 하나에 염소로 치환이 일어나는 선구카이랄 중심으로 2-클로로뷰테인이 된다. 뷰테인의 C-2 수소는 거울상성(enantiotopic)으로 이들 중 한 개를 어떤 다른 원자 또는 그룹으로 바꾸면 다른 것으로 치한된 거울상이성질체가 얻어진다. 거울상성 수소는 비카이랄 시약과는 반응성이 같고 라세미 생성물이 얻어진다.

문제 7.16

시트르산은 세 개의 CO_2H 기를 가진다. 이 중 어떤 것이 거울상성인가?

$$HO_2CCH_2\overset{\displaystyle OH}{\overset{|}{\underset{\displaystyle CO_2H}{\underset{|}{C}}}}CH_2CO_2H$$

시드르산

카이랄이라 하더라도 *라세미체*이기 때문에 광학적으로 비활성인 반응물이 광학적으로 비활성인 시약과 반응하여 얻어지는 생성물은 *광학적으로 비활성*이다. 예를 들어, 2-뷰탄올은 카이랄이고, HBr과의 반응으로 역시 카이랄인 2-브로모뷰테인으로 변화될 수 있다. 만일 라세미 2-뷰탄올을 사용하면 각 거울상이성질체는 비카이랄 시약과 같은 속도로 반응한다. (*R*)-(−)-2-뷰탄올에서 얻어지는 생성물은 (*S*)-(+)-2-뷰탄올의 대응하는 반응에서 얻어지는 생성물과 거울상이 된다. 결과적으로 라세미이고 광학적으로 비활성인 생성물이 얻어진다.

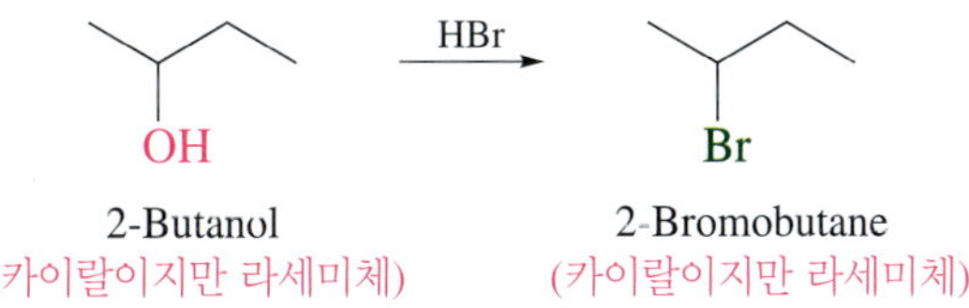

2-Butanol (카이랄이지만 라세미체) — 2-Bromobutane (카이랄이지만 라세미체)

광학적으로 비활성인 물질이라도 광학적으로 활성인 시약을 사용하거나 또는 반응이 광학적으로 활성인 물질에 의해 촉매화되면 광학적으로 활성인 생성물을 생성한다. 가장 좋은 예는 생물학적 과정에서 발견된다. 대부분의 생화학적 반응은 효소에 의해 촉매화된다. 효소는 카이랄이고, 한 개의 거울상 입체이성질체만 존재한다. 즉, 효소는 화학반응을 일으킬 수 있는 비대칭 환경을 만들어 준다. 보통 효소 촉매반응은 고도의 입체선택성을 가지고 일어나기 때문에 기질이 비카이랄이라 하더라도 전적으로 한 거울상이성질체만을 생성한다. 예를 들어, 효소 *퓨마레이즈(fumarase)*는 사과와 다른 과일에 있는 퓨마르산(fumaric acid)을 말산(malic acid)으로의 수화를 촉매한다. 이 반응에서는 말산의 *S* 거울상이성질체만이 생성된다.

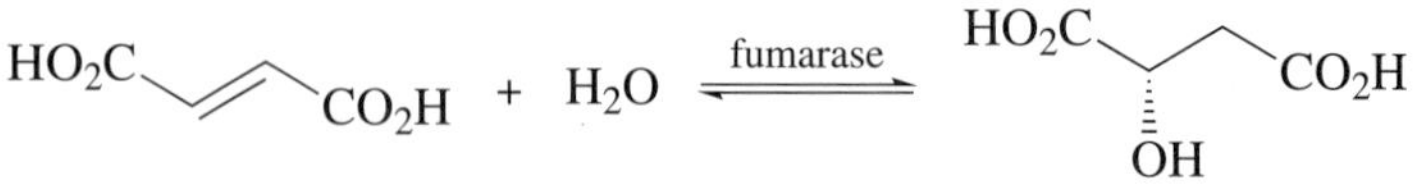

$$HO_2C\text{-}CH{=}CH\text{-}CO_2H + H_2O \xrightleftharpoons{\text{fumarase}} HO_2C\text{-}CH(OH)\text{-}CH_2\text{-}CO_2H$$

Fumaric acid (*S*)-(−)-Malic acid

반응은 가역적이며 입체화학적 요구가 분명하기 때문에 퓨마르산(말레산)의 시스 이성질체 또는 말산의 *R* 거울상이성질체는 퓨마레이즈 효소가 촉매하는 수화-탈수 반응 평형에 대한 기질로 사용될 수 없다.

퓨마르산에서 *S* 거울상 말산으로의 입체특이적 생성은 트라이카복실산 (TCA) 순환 과정에서 발생한다. 생성된 (*S*)-(−)-말산은 *말산 탈수소화 효소(malate dehydrogenase)*에 의해 옥살로아세트산으로 바뀐다.

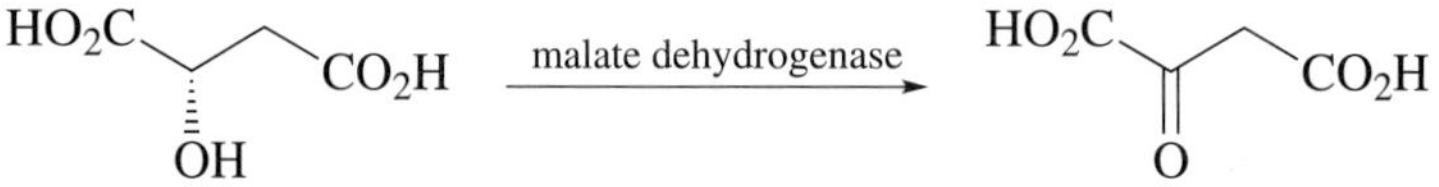

$$HO_2C\text{-}CH(OH)\text{-}CH_2\text{-}CO_2H \xrightarrow{\text{malate dehydrogenase}} HO_2C\text{-}C(=O)\text{-}CH_2\text{-}CO_2H$$

(*S*)-(−)-Malic acid Oxaloacetic acid

문제 7.17

파이루빅산의 생물학적 환원은 락트산 탈수소 효소에 의해 촉매화되어 Fischer 투영으로 나타낸 것처럼 (+)-락트산을 생성한다. Cahn-Ingold-Prelog *R*–*S* 부호 체계에 따른 (+)-락트산의 배열은 무엇인가?

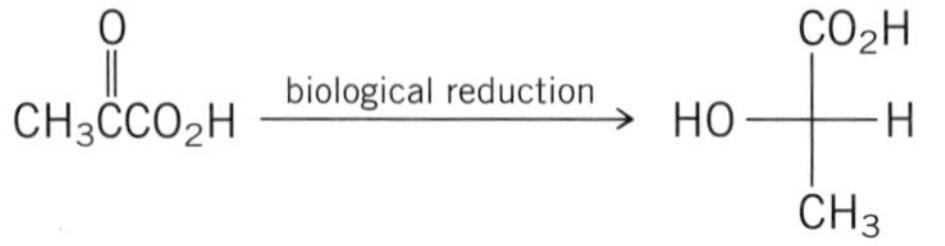

$$CH_3\overset{O}{\overset{\|}{C}}CO_2H \xrightarrow{\text{biological reduction}} \text{Fischer: } CO_2H \text{ (top)}, HO \text{ (left)}, H \text{ (right)}, CH_3 \text{ (bottom)}$$

Pyruvic acid (+)-Lactic acid

이 장의 후반에서 삼차원적 화학반응을 상세히 기술할 것이다. 또한, 하나 이상의 카이랄 중심을 가진 구조에 관한 추가적인 입체화학적 원리를 다룰 것이다.

7.11 두 카이랄 중심을 가진 카이랄 분자

2,3-다이하이드록시뷰탄산처럼 두 개 카이랄성 중심을 포함한 분자는 얼마나 많은 입체이성질체가 가능한가?

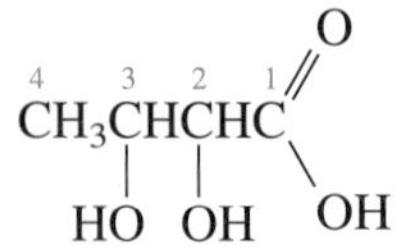

$$\overset{4}{C}H_3\overset{3}{C}H(OH)\overset{2}{C}H(OH)\overset{1}{C}(=O)OH$$

2,3-다이하이드록시뷰테인산

간단한 추리로 해답을 얻을 수 있다. C-2에서의 절대배열은 *R* 또는 *S*가 될 것이고, 마찬가지로 C-3에서도 *R* 또는 *S*의 절대배열을 갖는다. 따라서 이 두 입체배열의 가능한 네 결합은 다음과 같다.

(2*R*, 3R) (입체이성질체 I) (2*S*, 3*S*) (입체이성질체 II)
(2*R*, 3S) (입체이성질체 III) (2*S*, 3*R*) (입체이성질체 IV)

그림 7.7은 이들 네 입체이성질체에 대한 구조식이다. 입체이성질체 I과 II는 서로 거울상 입체이성질체이고, (*R*,*R*)의 거울상체는 (*S*,*S*)이다. 마찬가지로 입체이성질체 III과 IV는 서로 거울상체이고 (*R*,*S*)의 거울상체는 (*S*,*R*)이다.

입체이성질체 I은 III 또는 IV와 거울상이 아니므로 서로 거울상이성질체가 아니다. 대상과 거울상 관계가 아닌 입체이성질체를 부분입체이성질체라 부른다. ***부분입체이성질체* (diastereoisomer)**는 *거울상이성질체가 아닌 입체이성질체이다.* 그러므로 입체이성질체 I은 III과 IV의 부분입체이성질체이다. 마찬가지로 II는 III과 IV의 부분입체이성질체이다.

두 카이랄 중심을 가진 분자를 그 거울상체로 변환시키려면 두 중심의 배열을 변화시키지 않으면 안 된다. 단 하나의 카이랄 중심에서 배열을 바꾸면 부분입체이성질체의 구조로 변환시킬 수 있다.

거울상이성질체는 부호가 반대인 같은 고유 광회전도를 갖지 않으면 안 된다. 부분 거울상체는 크기와 부호가 다 다른 광회전도를 갖는다. 그러므로 그림 7.7에서와 같이 (2*R*,3*R*)와 (2*S*,3*S*) 거울상체 (I과 II)는 부호가 반대인 같은 크기의 고유 광회전도를 갖는다. 마찬가지로 (2*R*,3*S*)와 (2*S*,3*R*) 거울상체 (III과 IV)도 부호가 반대인 같은 크기의 고유 광회전도를 갖는다. 그러나 I과 II의 광회전의 크기는 그들의 부분입체이성질체 III과 IV의

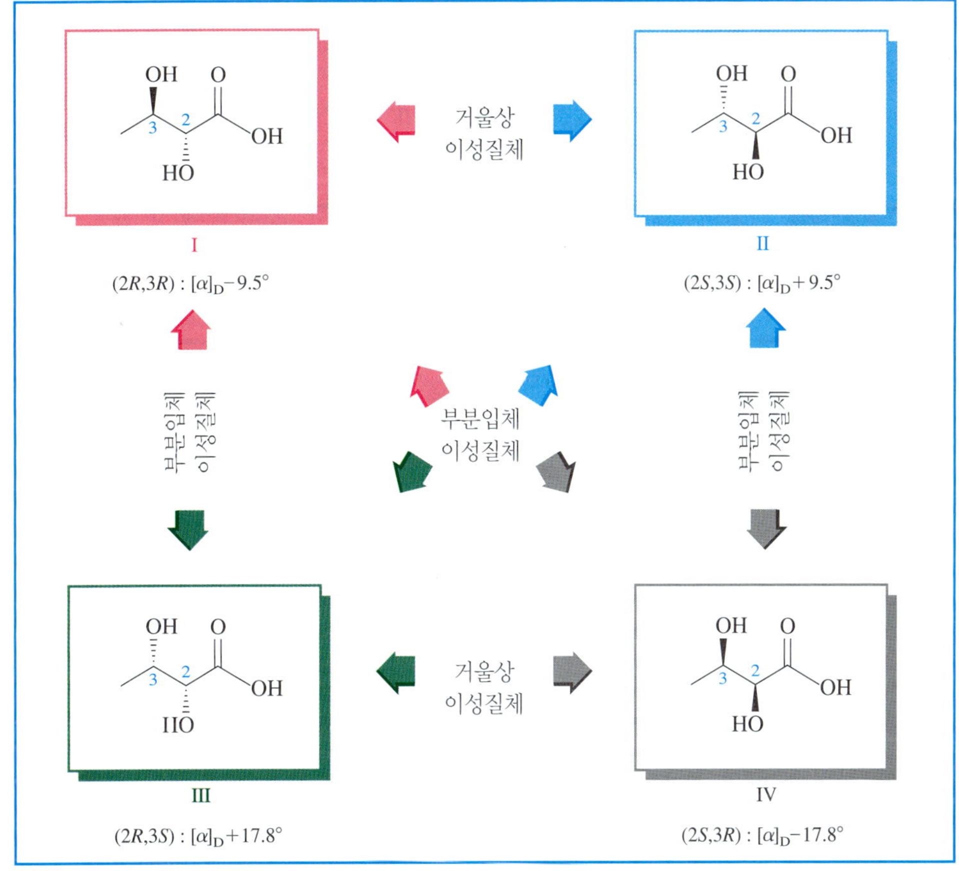

그림 7.7
2,3-다이하이드록시뷰탄산의 입체이성질체. 입체이성질체 I과 II는 거울상이성질체이다. 입체이성질체 III과 IV는 거울상이성질체이다. 그리고 다른 모든 관계는 부분입체이성질체이다.

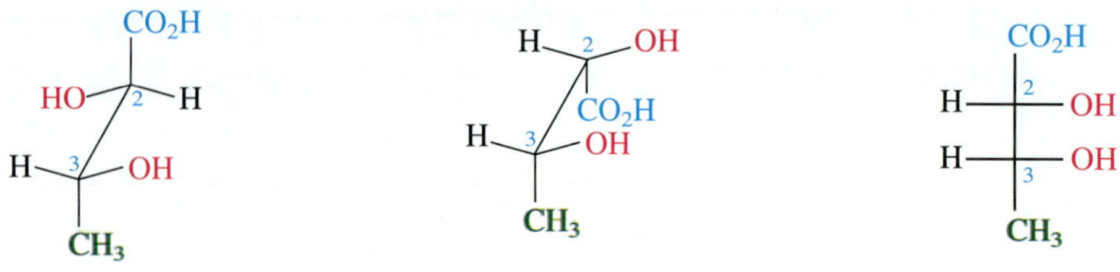

(a) (b) (c)

그림 7.8

(2*R*, 3*R*)-다이하이드록시뷰탄산을 나타냄. (a) 엇갈린 형태가 가장 안정하지만 Fischer 투영에 따른 입체화학을 나타내는 데는 적합한 배열이 아니다. (b) C-2—C-3 결합을 회전시키면 가리움 형태가 되고, 가리움 형태를 종이 위에 투영하면 Fischer 투영 (c)가 된다.

광회전의 크기와는 다르다.

두 카이랄성 중심을 가진 분자의 Fischer 투영을 그릴 때는 종이 위에 투영하기 위하여 그림 7.8에서처럼 분자를 *가리움(eclipsed)* 형태로 배열한다. 수평선은 관찰자를 향해 있는 결합을 나타내며, 수직선은 멀리 향해 있는 결합을 나타낸다.

유기 화학자들은 부분입체이성질체를 구별하는 데 Fischer 투영을 근거로 한 비공식적인 명명 체계를 사용한다. 탄소 사슬이 수직으로 배열되어 있고 같은 기가 Fischer 투영식의 같은 면에 있을 때 분자를 **에리스로(erythro)** 부분입체이성질체라고 기술한다. 그리고 같은 치환기가 Fischer 투영식의 반대면에 있으면 분자는 **스레오(threo)** 부분 이성질체로 기술한다. 그러므로 2,3-다이하이드록시뷰탄산의 입체이성질체의 Fischer 투영식에서 볼 수 있는 것처럼 화합물 I과 II는 에리스로 입체이성질체이고, III과 IV는 스레오이다.

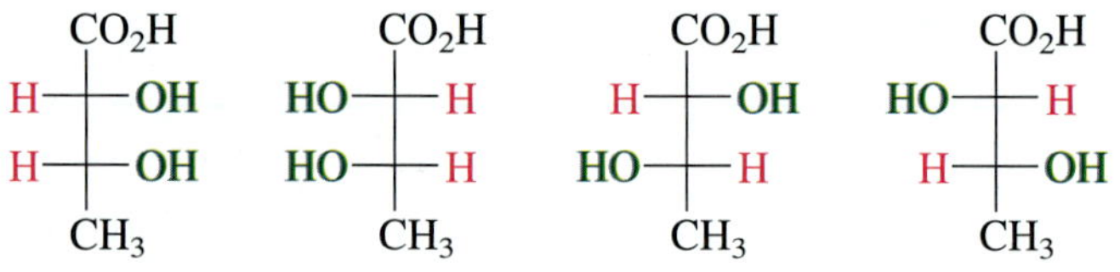

I 에리스로 II 에리스로 III 스레오 IV 스레오

문제 7.18

위 Fischer 투영에 보인 2,3-다이하이드록시뷰탄산의 네 이성질체의 카이랄 중심에 대해 *R*과 *S* 배열을 정하시오. 결과를 그림 7.7과 맞추어 보시오.

부분입체이성질체는 서로 거울상이 아니므로 그들은 물리적 · 화학적 성질이 다르다. 예를 들어, 3-아미노-2-뷰탄올의 (2*R*,3*R*) 입체이성질체는 액체이지만 (2*R*,3*S*) 입체이성질체는 결정인 고체이다.

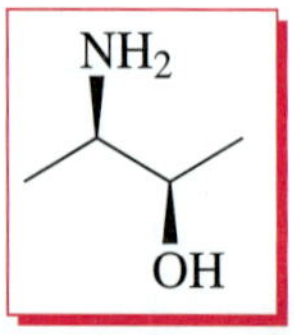

(2*R*,3*R*)-3-아미노-2-뷰탄올 (액체)

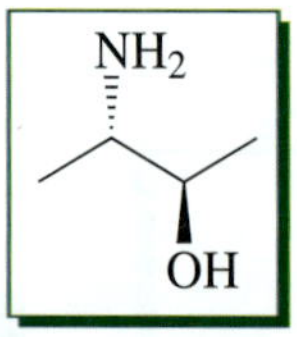

(2*R*,3*S*)-3-아미노-2-뷰탄올 (고체, mp 49°C)

문제 7.19

3-아미노-2-뷰탄올의 네 개 입체이성질체의 투영을 그리고, 각각을 에리스로와 스레오로 표시하시오.

문제 7.20

3-아미노-2-뷰탄올의 한 입체이성질체는 고체이다. 그러면 고체는 어느 것인가?

고리에 두 카이랄 중심이 있을 때도 사정은 같다. 1-브로모-2-클로로사이클로프로페인에서도 네 입체이성질체가 존재한다. 할로젠이 트랜스인 거울상이성질체의 쌍과 시스인 쌍이다. 시스 화합물은 트랜스의 부분입체이성질체이다.

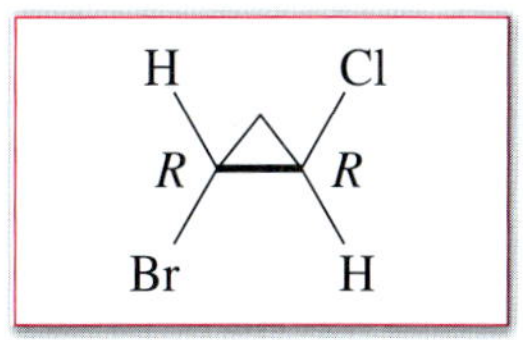

(1*R*,2*R*)-1-브로모-2-클로로사이클로프로페인

거울상이성질체

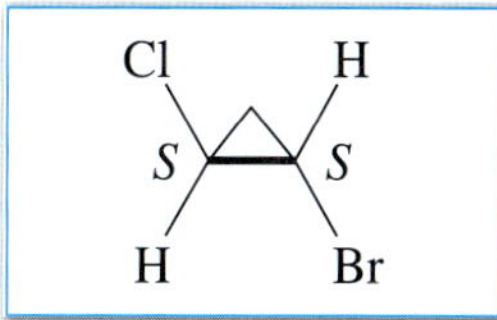

(1*S*,2*S*)-1-브로모-2-클로로사이클로프로페인

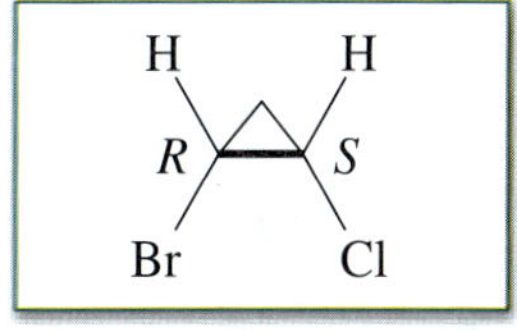

(1*R*,2*S*)-1-브로모-2-클로로사이클로프로페인

거울상이성질체

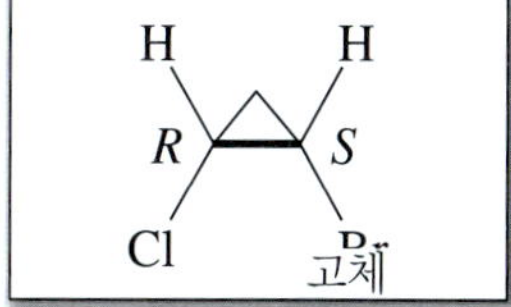

(1*S*,2*R*)-1-브로모-2-클로로사이클로프로페인

어떤 화합물의 시스와 트랜스 이설질체의 관계는 서로 부분입체이성질체임을 기억해두는 것이 좋다.

7.5절에서 "상대배열(relative configuration)"이란 용어는 어떤 분자의 한 카이랄 중심과 다른 분자의 카이랄 중심과의 입체화학적 관계를 표현하기 위한 것이다. 상대배열은 분자 내 여러 개의 카이랄 중심이 존재할 때 그들 간의 관계를 설명할 때도 사용된다. 2,3-다이하이드록시뷰탄산의 두 에리스로 이성질체는 동일한 상대배열을 가진다. 이 때 두 카이랄 중심의 상대배열은 같으나 스레오 이성질체에서는 서로 다르다.

문제 7.21

1-브로모-2-사이클로프로페인의 입체 이성질체들은 서로 같은 상대배열을 가지는가?

7.12 두 카이랄 중심을 가진 비카이랄 분자

동등하게 치환된 두 카이랄 중심을 가진 2,3-뷰테인다이올과 같은 분자를 생각해 보자.

OH

OH

2,3-뷰테인다이올

네 개가 아닌 세 개만의 2,3-뷰테인다이올의 입체이성질체가 가능하다. 이 세 입체이성질체를 그림 7.9에 나타냈다. (2*R*,3*R*)와 (2*S*,3*S*) 형태는 서로 거울상이성질체이고, 크기는 같으나 부호가 반대인 광회전도를 갖는다. 그러나 세 번째 카이랄 중심의 결합 (2*R*,3*S*)은 그 거울상 (2*S*,3*R*)과 겹쳐지기 때문에 비카이랄 구조가 된다. 이 세 번째 입체이성질체는 비카이랄이기 때문에 광학적으로 비활성이다. 카이랄 중심을 갖고 있으면서도 비카이랄인 분자들은 **메조형(meso form)**이라고 부른다. 그림 7.9에 있는 메조형은 메조-2,3-2,3-뷰테

그림 7.9

가리움 형태로 나타낸 2,3-뷰테인다이올의 입체이성질체. 입체이성질체 (a)와 (b)는 서로 거울상이성질체이다. 구조 (c)는 (a)와 (b)의 부분입체이성질체이고 비카이랄이다. 이 입체이성질체를 *메소*-2,3-뷰테인다이올이라 부른다.

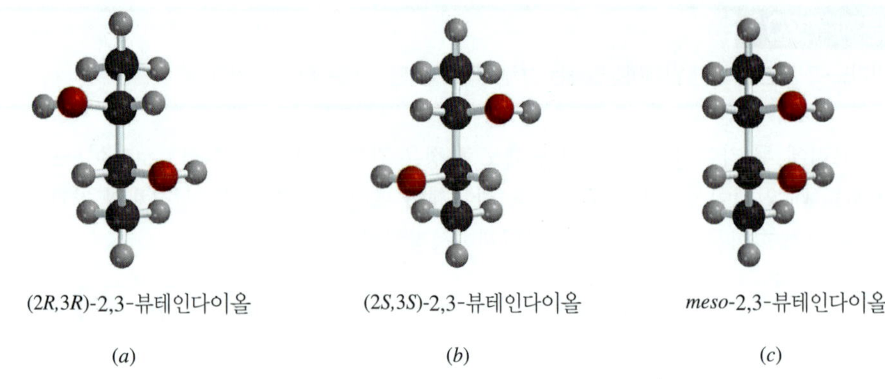

그림 7.10

(a) *메조*-2,3-뷰테인다이올의 가리움 형태는 대칭면을 갖는다. (b) *메조*-2,3-뷰테인다이올의 안티 형태는 대칭 중심을 갖는다.

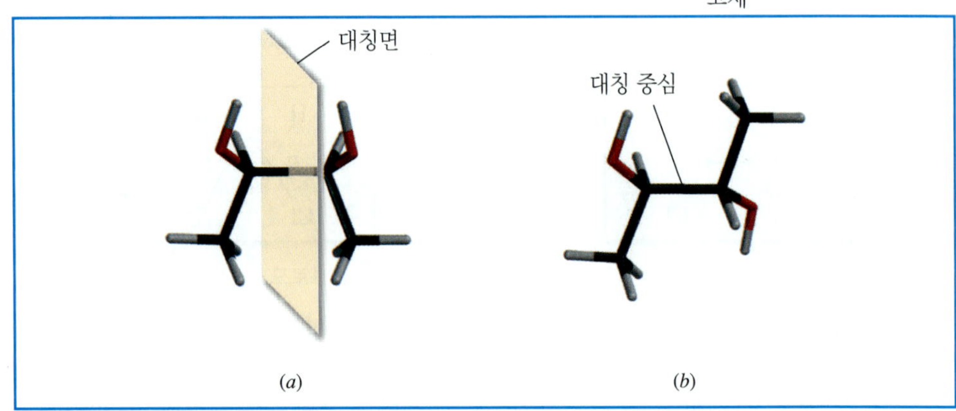

인다이올로 알려졌다.

메조-2,3-뷰테인다이올이 비카이랄이라는 것을 입증해 주는 한 방법은 그림 7.10a에서 설명한 것처럼 가리움 형태가 C-2—C-3 결합에 대해 수직인 대칭면을 갖는다는 것을 확인하는 것이다. 안티-형태도 마찬가지로 비카이랄이다. 그림 7.10b에 나타낸 것처럼 이 형태는 C-2—C-3 결합의 중심에서 대칭 중심을 갖는다.

Fischer 투영은 메소 형태를 확인하는 데 도움을 준다. 2,3-뷰테인다이올의 세 입체이성질체 중 메조 입체이성질체만은 Fischer 투영의 중앙에 점선을 그어서 분자를 두 반거울상으로 나눈다.

Fischer식은 책의 면에 그려진 가리움 입체배열을 투영한 것이다. *메조*-2,3-뷰테인다이올의 분자의 중심을 연결하는 선은 가리움 입체배열에서 대칭면에 포함된다.

(2*R*,3*R*)-2,3-뷰테인다이올	(2*S*,3*S*)-2,3-뷰테인다이올	*meso*-2,3-뷰테인다이올
CH_3	CH_3	CH_3
HO—┼—H	H—┼—OH	H—┼—OH
		- - - - - - - -
H—┼—OH	HO—┼—H	H—┼—OH
CH_3	CH_3	CH_3

이 경우 Fischer 투영을 사용할 때는 3차원적인 대상이 무엇을 나타내는지 기억해야 한다. 예를 들면, Fischer 투영의 일부분만을 종이면 밖으로 움직여서 두 카이랄 입체이성질체의 포개짐 여부를 결정하면 안된다.

문제 7.22

다음 화합물 중 하나만이 메조 입체이성질체가 가능하다. 어느것인가?

$CH_3CHCHCH_2CH_3$ (C-2: Br, C-3: Br) $CH_3CHCH_2CHCH_3$ (C-2: Br, C-4: Br) $CH_3CHCHCH_2CH_3$ (C-2: HO, C-3: Br) $CH_3CHCH_2CHCH_3$ (C-2: OH, C-4: Br)

Chirality of Disubstituted Cyclohexanes

Disubstituted cyclohexanes present us with a challenging exercise in stereochemistry. Consider the seven possible dichlorocyclohexanes: 1,1-; *cis*- and trans-1,2-; *cis*- and *trans*- 1,3-; and *cis*- and *trans*-1,4-. Which are chiral? Which are achiral?

Four isomers—the ones that are achiral because they have a plane of symmetry—are relatively easy to identify:

Achiral Dichlorocyclohexanes

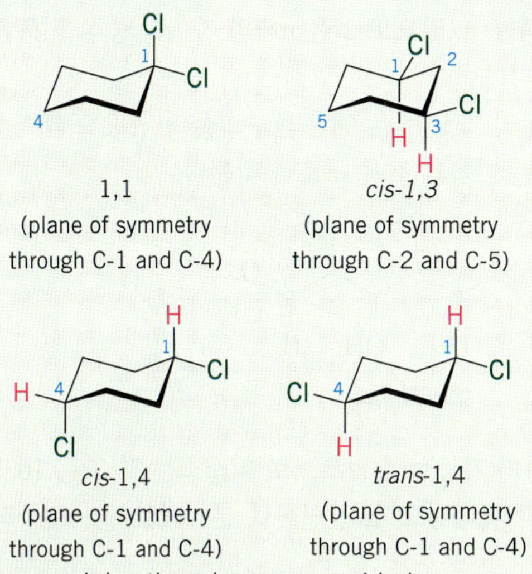

1,1 (plane of symmetry through C-1 and C-4)

cis-1,3 (plane of symmetry through C-2 and C-5)

cis-1,4 (plane of symmetry through C-1 and C-4)

trans-1,4 (plane of symmetry through C-1 and C-4)

The remaining three isomers are chiral:

Chiral Dichlorocyclohexanes

cis-1,2 *trans*-1,2 *trans*-1,3

Among all the isomers, *cis*-1,2-dichlorocyclohexane is unique in that the ring-inverting process typical of cyclohexane derivatives converts it to its enantiomer.

A ⇌ A′ which is equivalent to A′

Structures A and A′ are nonsuperimposable mirror images of each other. Thus although *cis*-1,2-dichlorocyclohexane is chiral it is optically inactive when chair–chair interconversion occurs. Such interconversion is rapid at room temperature and converts optically active A to a racemic mixture of A and A′. Because A and A′ are enantiomers interconvertible by a conformational change, they are sometimes referred to as **conformational enantiomers.**

The same kind of spontaneous racemization occurs for any *cis*-1,2 disubstituted cyclohexane in which both substituents are the same. Because such compounds are chiral, it is incorrect to speak of them as meso compounds, which are achiral molecules that have chirality centers. Rapid chair–chair interconversion, however, converts them to a 1:1 mixture of enantiomers, and this mixture is optically inactive.

다시 고리 화합물의 예를 살펴보자. 1,2-다이브로모사이클로프로페인은 네 개가 아니라 세 개의 입체이성질체를 갖는다. 이 중 두 개는 *트랜스*-1,2-다이브로모사이클로프로페인의 거울상이성질체이다. 시스 부분 이성질체는 메조 형태이고, 대칭면을 갖는다.

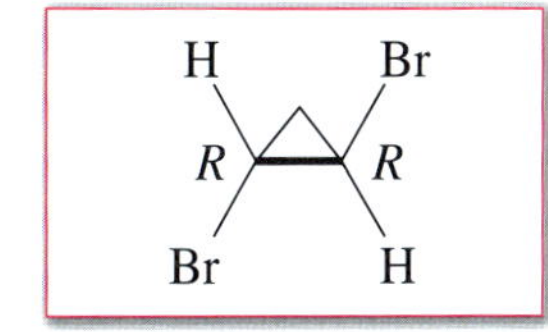

(1*R*,2*R*)-1,2-다이브로모사이클로프로페인

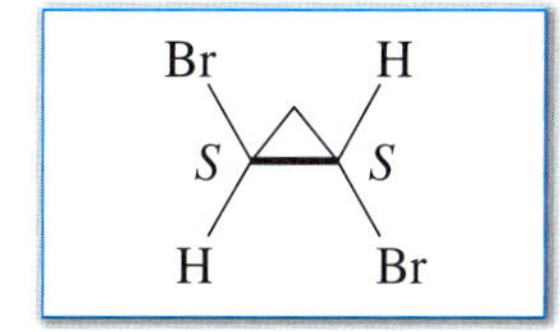

(1*S*,2*S*)-1,2-다이브로모사이클로프로페인

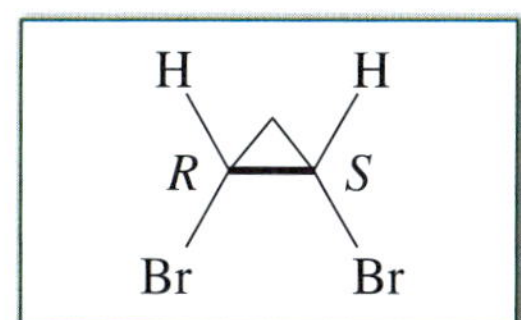

cis-1,2-다이브로모사이클로프로페인

문제 7.23

1,3-다이메틸사이클로헥세인의 입체이성질체의 하나는 메조형이다. 어느 것인가?

7.13 다중 카이랄 중심을 가진 분자

많은 천연물은 여러 개의 카이랄 중심을 포함한다. 두 개의 카이랄 중심의 경우에 대해 기술한 것과 유사한 해석에 의한 특정한 구조에 대해 최대의 입체이성질체의 수는 2^n이고, 이때 n은 카이랄 중심의 수와 같다.

문제 7.24

*R*와 *S* 기호를 사용하여 세 개 카이랄 중심을 가진 분자에 대한 가능한 모든 조합을 쓰시오.

분자에서 둘 또는 그 이상의 카이랄 중심이 동등하게 치환되어 있으면 메조형이 가능하고, 광학 이성질체 수는 2^n보다 적다. 그러므로 2^n은 n개의 카이랄 중심을 포함한 분자에 대한 최대의 입체이성질체의 수를 나타낸다.

다중 카이랄 중심을 가진 물질의 가장 좋은 예는 *탄수화물*이다. *알도헥소스*(*aldohexose*)라 부르는 한 종류의 탄화수소는 다음과 같은 구조를 갖는다.

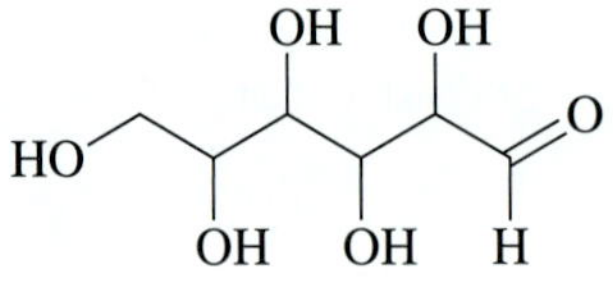

알도헥소스

네 개의 카이랄 중심이 있고 메조형의 가능성이 없으므로 헥소스는 2^4 또는 16개의 입체이성질체를 갖는다. 이는 16개 모두가 알려졌으며, 천연물로 분리되었거나 화학적으로 합성되었다.

문제 7.25

케토헥소스라 부르는 여섯 개 탄소로된 탄화수소의 두 번째 부류는 다음과 같은 구조를 갖는다. 2-케토헥소스는 몇 개의 입체이성질체를 가지는가?

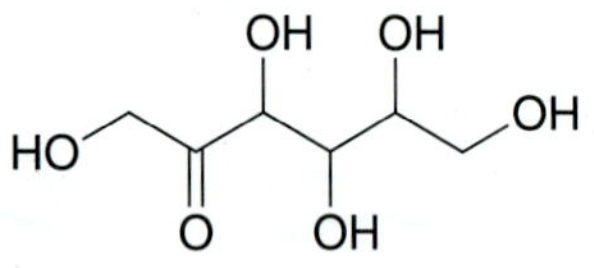

A 2-케토헥소스

스테로이드(*steroid*)는 다중 카이랄 중심을 가진 또 다른 종류의 천연물이다. 그 중의 하나인 *콜산*(*cholic acid*)은 담즙으로부터 얻어진다. 그 구조식을 그림 7.11에 나타냈다. 콜산은 열한 개의 카이랄 중심을 갖고 있으며, 따라서 총 211, 즉 2,048개의 입체이성질체를 갖는다. 그러면 이들 2,048개의 입체이성질체 중 얼마나 많은 콜산의 부분입체이성질체

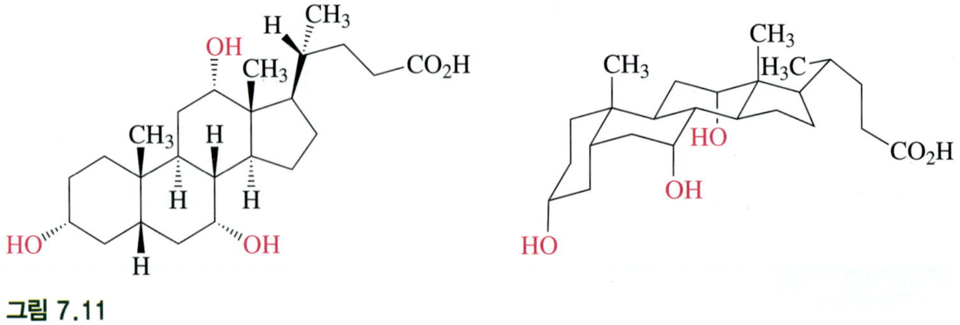

그림 7.11

콜산의 구조. 11개의 카이랄 중심은 왼쪽 그림에서와 같이 입체 화학으로 나타낸 탄소들에 있다. 오른쪽 분자 모형은 분자의 전체 모양을 잘 보여 주고 있다.

가 가능한가? 부분입체이성질체는 거울상이성질체가 아니며, 어떤 물체는 단지 하나의 거울상만을 갖는다. 그러므로 2,048개의 입체이성질체 중 하나는 콜산이고, 또 하나는 그 거울상이성질체이며, 나머지 2,046개는 콜산의 부분입체이성질체이다. 이 화합들 중 일부만이 알려졌으며, (+)-콜산은 천연에서 분리된 유일한 입체이성질체이다.

11개의 카이랄 중심은 많아 보이지만 세계 기록에는 미치지 못한다. 대부분의 작은 단백질에 대한 100개 이상의 카이랄 중심과 핵산에 존재하는 수천 개의 카이랄과 비교하면 큰 수가 아니다.

카이랄 중심과 이중결합을 가진 분자는 추가적인 입체이성질현상을 나타낸다. 예를 들면, 3-펜텐-2-올의 카이랄 중심 배열은 *R* 또는 *S*이고 이중결합은 *E* 또는 *Z*가 된다. 그러므로 3-펜텐-2-올은 한 개의 카이랄 중심을 갖고 있지만 네 개의 입체이성질체가 존재하게 된다.

2^n에서 *n* 값에는 카이랄 중심이지만, 입체화학적 변이(*E*, *Z*)를 유발하는 이중결합도 포함된다.

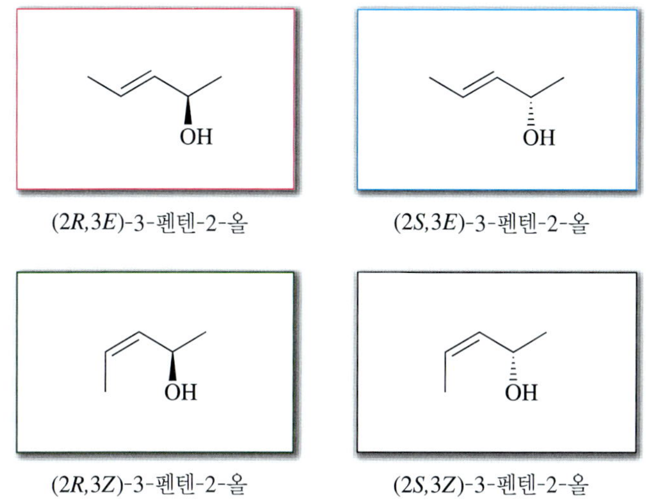

(2*R*,3*E*)-3-펜텐-2-올 (2*S*,3*E*)-3-펜텐-2-올

(2*R*,3*Z*)-3-펜텐-2-올 (2*S*,3*Z*)-3-펜텐-2-올

(2*R*,3*E*) 입체이성질체는 (2*S*,3*E*)-3-펜텐-2-올과는 거울상이성질체, (2*R*,3*Z*)와 (2*S*,3*Z*) 이성질체와는 부분입체이성질체의 관계가 있다.

7.14 부분입체이성질체를 생성시키는 반응

2개 이상의 카이랄 중심을 가진 분자의 입체이성질현상에 대한 개념을 터득하였으므로 알켄의 첨가반응에 대한 더 상세한 점을 다룰 수 있다.

브로민이 (*Z*)- 또는 (*E*)-2-뷰텐에 첨가될 때 생성되는 2,3-다이브로모뷰테인은 동등하게 치환된 두 카이랄 중심을 포함한다.

$$CH_3CH{=}CHCH_3 \xrightarrow{Br_2} CH_3\underset{Br}{\underset{|}{C}}H\underset{Br}{\underset{|}{C}}HCH_3$$

(*Z*)- 또는 (*E*)-2-뷰텐 2,3-다이브로모뷰테인

따라서 3개의 입체이성질체, 즉 한 쌍의 거울상이성질체와 메조 형태가 가능하다.

다음 두 인자가 반응해 실제로 어떤 입체이성질체가 형성될 것인가를 결정해 준다.

1. 출발 물질 알켄의 (*E*)- 또는 (*Z*)-배열
2. 첨가의 안티 입체화학(6.10절)

그림 7.12는 (*E*)-와 (*Z*)-2-뷰텐에 대한 브로민의 안티 첨가와 관련된 입체 화학적 관계를 각각 보여 주고 있다. 트랜스 알켄, (*E*)-2-뷰텐은 메조-2,3-다이브로모뷰테인만을 생

그림 7.12

(E)-2-뷰텐에 대한 Br_2의 첨가는 입체특이적이다. 각 입체이성질체 반응물로부터 서로 다른 입체이성질체 생성물이 생긴다.

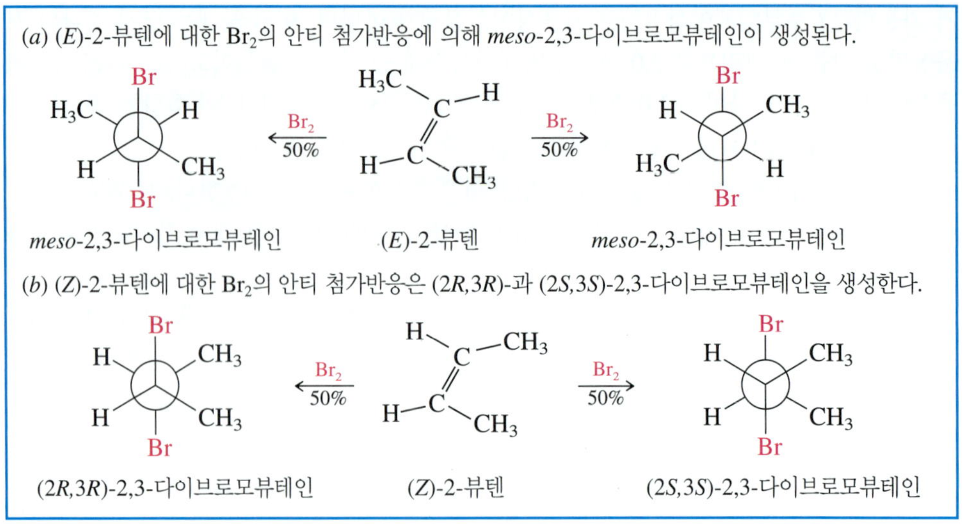

(*a*) (E)-2-뷰텐에 대한 Br_2의 안티 첨가반응에 의해 *meso*-2,3-다이브로모뷰테인이 생성된다.

Br_2 50%

meso-2,3-다이브로모뷰테인 (E)-2-뷰텐 *meso*-2,3-다이브로모뷰테인

(*b*) (Z)-2-뷰텐에 대한 Br_2의 안티 첨가반응은 (2R,3R)-과 (2S,3S)-2,3-다이브로모뷰테인을 생성한다.

Br_2 50%

(2R,3R)-2,3-다이브로모뷰테인 (Z)-2-뷰텐 (2S,3S)-2,3-다이브로모뷰테인

성하고 시스 알켄, (Z)-2-뷰텐으로부터는 (2R,3R)-와 (2S,3S)-2,3-다이브로모뷰테인의 라세미 혼합물이 얻어진다.

알켄에의 브로민의 첨가는 **입체특이적 반응(stereospecific reaction)**이다. 입체특이적 반응이란 입체이성질체인 각각의 출발 물질마다 서로 다른 입체이성질체를 생성시키는 반응이다. 이 경우 두 출발 물질은 2-뷰텐의 E와 Z 입체이성질체이다. (Z)-2-뷰텐으로부터 생성된 카이랄 다이브로민화물은 (E)-2-뷰텐으로부터 형성된 메조 다이브로민화물의 입체이성질체(부분입체이성질체)이다. 이들 반응에서 비활성인 출발 물질(비카이랄 알켄과 브로민)들은 광학적으로 비활성인 생성물(라세미 혼합물 또는 메조 구조)을 생성한다.

문제 7.26

알켄의 에폭시화는 입체특이적 신-첨가이다. 2-뷰텐의 어느 이성질체가 과아세트산과 반응하여 메조-2,3-에폭시뷰테인을 생성하는가? 어느 것이 (2R,3R)-와 (2S,3S)-2,3-에폭시뷰테인의 라세미 혼합물을 생성하는가?

7.10절에서 밝힌 원리와 동일하게, 광학적으로 비활성인 출발물질(비카이랄 알켄 및 브로민)은 광학적으로 비활성인 생성물(라세미 혼합물 또는 메조 화합물)이 이 반응에서도 생성된다는 것에 유의하시오.

이미 한 카이랄성 중심을 갖고 있는 출발 물질에 제 2의 카이랄 중심이 도입되는 반응에서는 두 개의 가능한 부분입체이성질체가 반드시 같은 양으로 생성되지는 않는다. 2-메틸(메틸렌)사이클로헥세인의 촉매 수소화를 생각해 보자. 기대했던 대로 *시스*-와 *트랜스*-1,2-다이메틸사이클로헥세인이 생성된다.

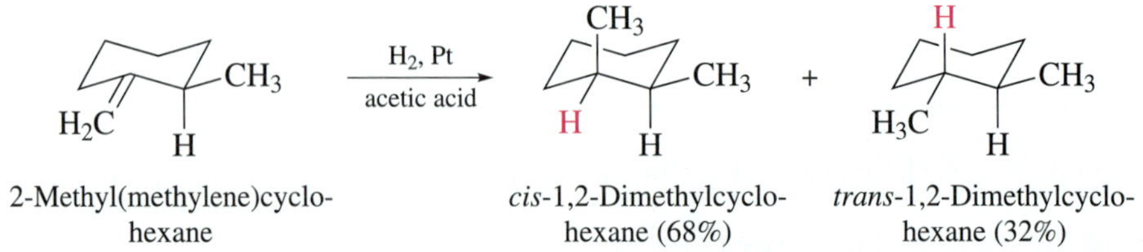

H_2, Pt / acetic acid

2-Methyl(methylene)cyclohexane → *cis*-1,2-Dimethylcyclohexane (68%) + *trans*-1,2-Dimethylcyclohexane (32%)

그러나 두 생성물의 상대적 양은 같지 않다. *시스*-1,2-다이메틸사이클로헥세인이 트랜스보다 더 많이 생성된다. 이유는 이중결합의 장애가 작은 면이 촉매 표면에 접근하여 수소가 이 면으로 전달되기 때문이다. 2-메틸(메틸렌)사이클로헥세인의 수소화는 메틸기가 있는

이중결합의 반대면에서 유리하여 시스 이성질체가 더 빨리 생성된다.

문제 7.27

2-메틸(메틸렌)사이클로헥세인의 수소화는 트랜스보다 시스-1,2-다이메틸사이클로헥세인을 더 많이 생성한다는 사실을 두 입체이성질체의 상대적 안정성을 근거로 해서 설명할 수 있겠는가?

2-메틸(메틸렌)사이클로헥세인의 이중결합은 선구 카이랄성(prochiral)이다. 그러나 7.10절에서 알켄에 대해 논의했듯이 양쪽 면은 거울상이성질성(diastereotopic)이 아니다. 앞선 예에서, 이중결합의 첨가로 새로운 카이랄 중심을 형성할 때 한쪽 면을 공격하여 하나의 거울상이성질체를 만들고, 나머지 다른 한 면을 공격하여 다른 거울상이성질체를 만든다. 2-메틸(메틸렌)사이클로헥세인의 경우 이미 한 개의 카이랄성 중심을 가지며, 이중결합의 반대면들을 공격하여 서로 부분입체이성질체인 두 생성물을 만든다. 이런 형태의 선구 카이랄 면들을 **부분입체이성질성(diastereotopic)**이라고 한다.

2-메틸(메틸렌)사이클로헥세인의 수소화는 *입체선택성 반응*의 한 예이다. 하나의 출발 물질로부터 생성되는 입체이성질체 중 어느 한 가지의 이성질체가 더 많이 생성되는 것을 의미한다.

입체특이성 반응을 단순히 100% 입체선택성 반응이라고 간주하는 것은 잘못된 생각이다. 두 용어는 서로 독립적인 엄밀한 정의를 가지고 있다. 입체이성질성 출발 물질들로부터 반응을 수행할 때 한 반응물로부터 얻어지는 생성물이 다른 반응물로부터 얻어지는 생성물과 다른 입체이성질체를 생성시킬 때, 이를 *입체특이성* 반응이라 한다. 한 출발 물질이 두 개 이상의 입체이성질체를 생성할 가능성이 있을 때, 한 입체이성질체가 유리하게 생성되는 반응을 *입체선택성* 반응이라 한다. 입체특이성은 반응물보다는 반응의 형태와 더 밀접하게 연관되어 있다. 그러므로 신-*첨가*, 안티-*제거*와 같은 용어는 반응의 입체특이성에 해당한다. 입체선택성은 *장애가 작은 면에 대한 첨가*와 같은 표현에 나타낸 것과 같이 반응물의 구조 효과와 더 밀접한 관계가 있다. 입체특이성 반응은 입체선택성이 될 수 있다. 예를 들면, 신-첨가는 알켄의 촉매 수소화에서 입체특이성을 기술해 주는 한편, 이중결합의 장애가 작은 면으로의 첨가가 유리하다는 것은 입체선택성을 기술한 것이다.

*입체선택성과 입체특이성*은 서로 관련된 용어이다. 입체특이적이라 함은 100% 입체선택적 임을 의미한다.

7.15 거울상이성질체의 분할

라세미 혼합물을 거울상이성질체 성분으로 분리하는 것을 **분할(resolution)**이라 한다. 역사상 가장 첫 번째 분할은 주석산의 분할로서 1848년에 Louis Pasteur에 의해 수행되었다. 주석산(tartaric acid)은 포도주를 만들 때 얻어지는 부산물이며, 모두 우선성 *2R,3R* 입체이성질체였다. 이를 투시도와 Fischer 투영식으로 나타내면 다음과 같다.

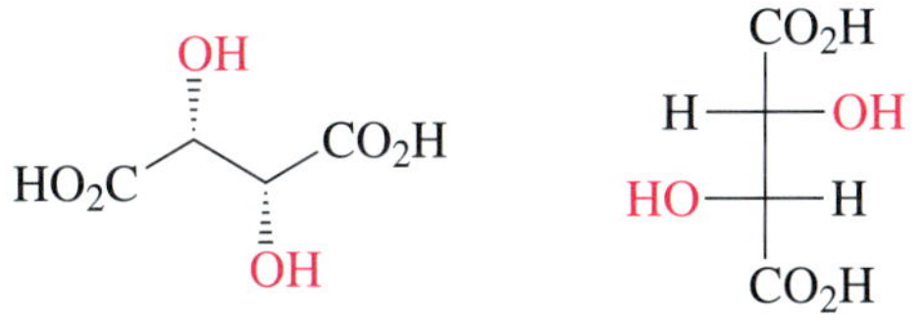

HO_2C, OH, CO_2H, OH (투시도)

CO_2H / H—OH / HO—H / CO_2H (Fischer 투영식)

(*2R,3R*)-타타르산 (mp 170°C, $[\alpha]_D$ + 12°)

문제 7.28

타타르산 에는 다른 두 입체이성질체가 있다. 이를 Fischer 투영으로 나타내고 그들의 카이랄 중심에 대한 배열을 정하시오.

때때로 광학적으로 비활성인 주석산 시료도 얻을 수 있다. Pasteur는 광학적으로 비활성인 주석산의 소듐 암모늄염은 두 거울상 결정 형태의 혼합물이라고 생각했다. 그래서 현미경과 핀셋으로 조심스럽게 두 결정을 분리하였다. 한 종류의 결정(수용액에서)은 우선성이고, 그 거울상의 결정은 편광면을 같은 크기로 회전시켰고 좌선성이었다.

그 당시에 Pasteur는 이에 대한 설명을 할 수 없었으나, 사반세기 후에 van't Hoff와 Le Bel에 의해 확립된 구조에 대한 이론에 의하면 그 결정의 거울상이성질체의 성질은 거울상이성질체 분자가 존재하기 때문이라고 한 그의 추론은 옳은 것이었다. 주석산은 드물게 (+)-주석산과 (−)-주석산을 같은 양으로 함유하고 있기 때문에 광학적으로 불활성인 상태로도 발견된다. 이것은 일찍부터 라셈산(racemic acid; '포도송이'라는 의미의 라틴어 racemus에서 유래)이라고 불렸는데, 이 이름은 현재 사용하고 있는 같은 양의 거울상이성질체 혼합물에 대한 용어의 유래가 되었다.

문제 7.29

Pasteur가 발견한 광학적 비활성의 타타르산 형태는 메조-타타르산이었을까?

Pasteur의 방법과 같이 거울상이성질체를 분리하는 것은 힘든 작업일 뿐만 아니라 이성질체의 결정 형태를 구별하는 전제 조건이 필요했다. 그러나 이러한 경우는 흔하지 않다. 따라서 거울상이성질체를 분리하기 위한 더 일반적인 방법이 개발되었다. 이 방법은 거울상이성질체의 라세미 혼합물을 일시적으로 부분입체이성질체의 유도체로 변환시키는 방법에 근거를 두고 있다. 이 부분입체이성질체를 분리해 낸 후 이로부터 출발 물질의 거울상이성질체를 재생한다.

그림 7.13에 이 방법을 설명하였다. 거울상이성질체의 혼합물이 있을 때 단순화를 위하여 각각을 C(+)와 C(−)로 표시한다. C(+)와 C(−)는 시약 P와 결합하여 C(+)−P와

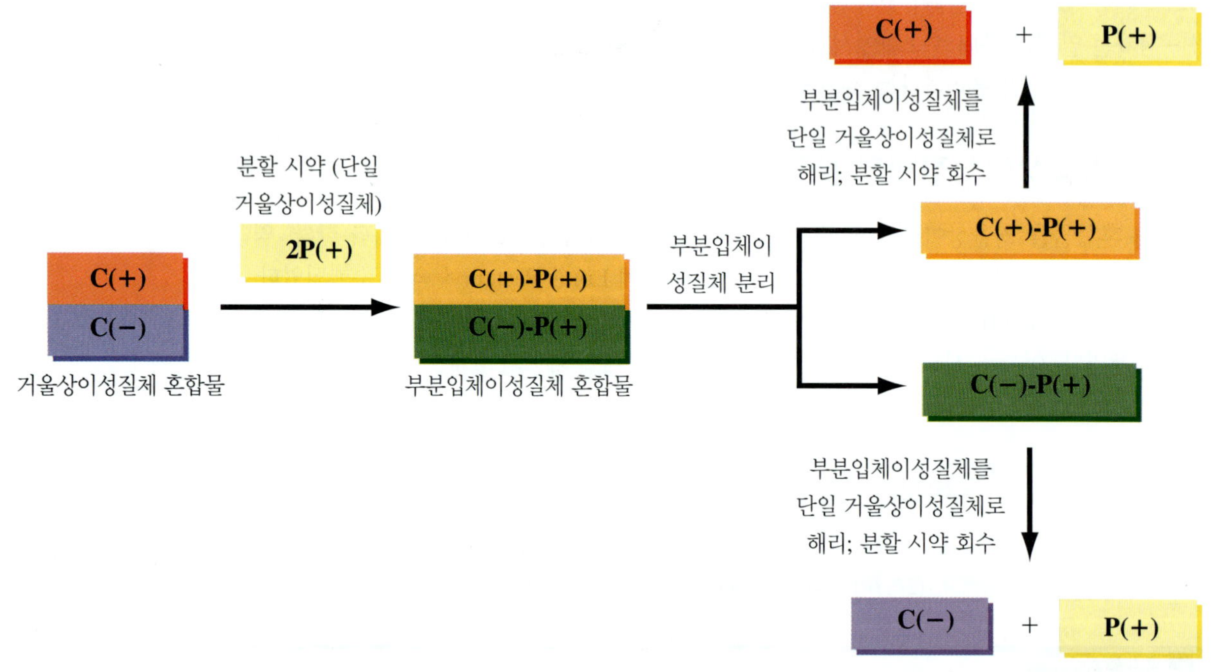

그림 7.11

카이랄 물질을 거울상이성질체로 분할하는 일반적인 과정. 카이랄 분할 시약 P(+)을 한 거울상이성질체가 거울상이성질체 C(+)와 C(−)의 라세미 혼합물과 반응시켜 부분입체이성질체 C(+)-P(+)와 C(−)-P(+)의 혼합물을 생성시킨다. 부분입체이성질체의 혼합물을 적절한 방법(예를 들면 분별 결정)으로 분리시킨다. 그 다음 화학반응을 통해 부분입체이성질체 C(+)-P(+)를 C(+)와 분할 시약 P(+)로 변환시킨다. 같은 방법으로 부분입체이성질체 C(−)-P(+)를 C(−)와 P(+)로 변환시킨다. C(+)는 C(−)로부터 분리되고, 분할 시약 P(+)는 다시 사용되기 위하여 회수된다.

C(−)-P 첨가물을 생성할 수 있는 작용기를 가졌다고 가정하자. 만일 P가 카이랄이고 P의 한 거울상이성질체 P(+)가 그림 7.15에 나타낸 것처럼 C(+)와 C(−)에 첨가되면 반응의 생성물은 C(+)-P(+)와 C(−)-P(+)가 된다. 이 생성물은 거울상이 아니고 부분입체이성질체이다. 부분입체이성질체는 다른 물리적 성질을 가지며, 이들을 분리할 수 있다. 부분입체이성질체의 혼합물은 적당한 용매로 재결정하여 분리한다. 최종 단계에서 적당한 화학적 변환에 의해 거울상이성질체를 유리시키고 분할 시약을 회수한다.

대부분의 분할 시약은 단일 거울상입체이성질체 상태로 천연에서 얻어낼 수 있다. *S*-(−)-말산은 사과에서 얻는다.

부분입체이성질체의 형성과 거울상이성질체를 분리하는 변환을 포함한 화학적 반응은 간단한 산–염기 반응이다. 예를 들어, 천연물 (*S*)-(−)-말산은 흔히 아민을 분할하는 데 사용된다. 이 방법으로 분할된 아민 중 하나가 1-페닐에틸아민이다. 아민은 염기이고, 말산은 산이다. (*S*)-(−)-말산으로부터 (*R*)-와 (*S*)-1-페닐에틸아민의 라세미 혼합물로 양성자 이동은 부분 이성질체염의 혼합물을 생성한다.

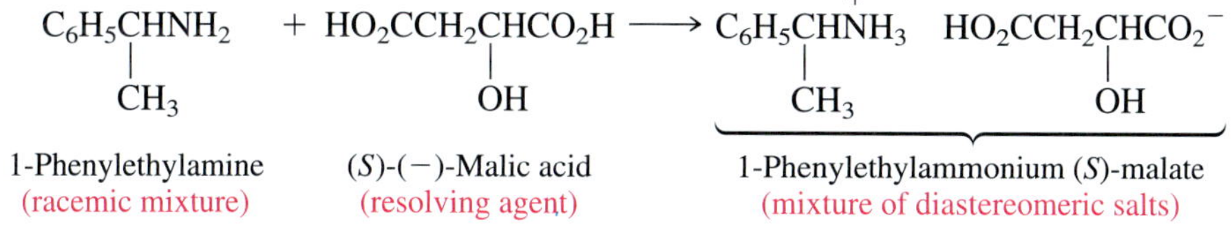

부분입체이성질체염을 분리하고 염기로 처리하여 아민의 거울상이성질체들을 분리한다.

$$\underbrace{C_6H_5\underset{\displaystyle CH_3}{\underset{|}{C}}H\overset{+}{N}H_3 \quad HO_2CCH_2\underset{\displaystyle OH}{\underset{|}{C}}HCO_2^-}_{\substack{\text{1-Phenylethylammonium (S)-malate} \\ \text{(a single diastereomer)}}} + \underset{\substack{\text{Hydroxide} \\ \text{ion}}}{2OH^-} \longrightarrow$$

$$\underset{\substack{\text{1-Phenylethylamine} \\ \text{(a single enantiomer)}}}{C_6H_5\underset{\displaystyle CH_3}{\underset{|}{C}}HNH_2} + \underset{\substack{\text{(S)-(−)-Malic acid} \\ \text{(recovered resolving agent)}}}{{}^-O_2CCH_2\underset{\displaystyle OH}{\underset{|}{C}}HCO_2^-} + \underset{\text{Water}}{2H_2O}$$

문제 7.30

(−)-말산을 사용한 1-페닐에틸아민의 분할에서 부분입체이성질체염의 혼합물의 재결정으로 얻어지는 화합물은 (*S*)-말산의 (*R*)-1-페닐에암모늄염이다. 혼합물의 다른 성분은 더 가용성이기 때문에 용액 속에 남아 있다. 더 가용성인 염의 입체적 배열은 무엇인가?

이 방법은 카이랄 아민과 카복실산을 분할하는 데 사용된다. 부분입체이성질체의 생성과 분리를 근거로 한 유사한 방법이 다른 작용기에 대해서도 개발되었다. 이는 분자 내에 존재하는 작용기의 화학적 반응성을 정교하게 이용하는 것이다.

생화학적 변환에 이용되는 실험 기술이 더욱 발달함에 따라 실험실에서 이러한 변환을 실행하는 경우가 많이 있으며, 보통 거울상적으로 순수한 카이랄 분자를 생성하는 유기화학적 과정에 생화학적 방법을 이용하고 있다.

관련된 또 하나의 방법은 **속도론적 분할(kinetic resolution)**로서 카이랄 시약이 두 거울상입체이성질체에 대해 각기 다른 속도로 반응하는 것을 이용하는 것이다. **효소적 분할(enzymatic resolution)**이라는 방법은 거울상체 중 한 가지만의 반응을 촉매하는 효소를 이용하여 라세미 혼합물을 다룬다. 이 중 가장 흔히 이용되는 것은 에스터의 두 분해를 촉매하는 효소인 *라이파제(lipase)*나 *에스터레이즈(esterase)*이다. 이 때는 보통 라세미 알코올의 아세트산 에스터의 한쪽 거울상체가 돼지 간의 에스터레이즈에 의해 가수분해되고 다른 쪽 거울상체는 변환되지 않음을 이용한다.

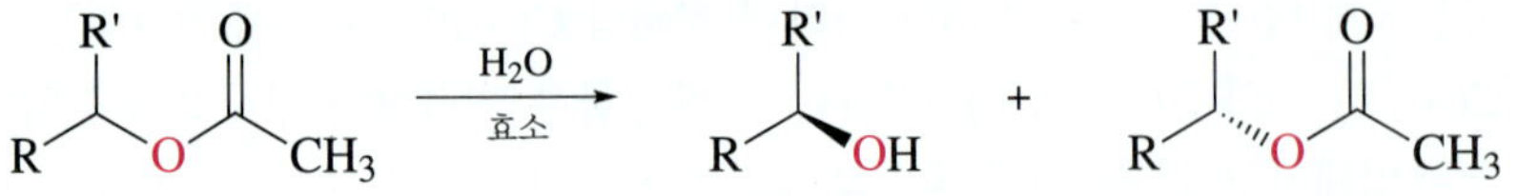

라세미 알콜의 아세트산 에스터 → (H_2O, 효소) → 거울상 입체이성질성이 증가된 알코올 + 거울상 입체이성질성이 증가된 아세트산 에스터 (가수분해 전)

이런 효소적 분할법은 고혈압, 협심증 치료제인 *딜타이아젬(diltiazem)*의 산업적 합성에 쓰이는 중요한 중간체를 얻는 데 이용되고 있다. 이 경우, 라세미 혼합물의 반응물질은 메틸 에스터이며 라이페이즈 효소를 써서 선택적으로 가수분해를 하는데 원하지 않는 이성질체는 카복시산으로 전환되며 원하는 에스터만 99% 퍼센트의 초과 거울이성질체 상태로 얻을 수 있다.

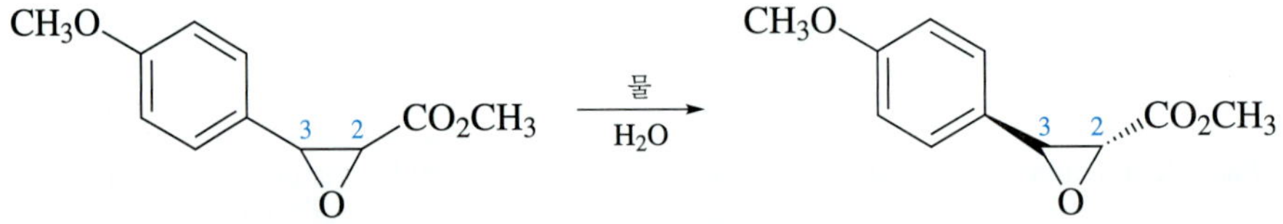

2*R*,3*S*와 2*S*,3*R*의 라세미 혼합물 → (물, H_2O) → 순수한 2*R*,3*S*만 남음

효소적 분할의 이용은 생물학적 촉매 사용 공정에서와 같이 환경친화적인 산업적 공정으로서 그 개발이 가속화되고 있다.

7.16 입체규칙성 중합체

Ziegler-Natta 촉매 체계(6.14절)가 개발되기 전에는 프로펜의 중합은 유용한 반응이 아니었다. 그 이유는 입체 화학적 근거에 있다. *폴리프로필렌*을 생각해 보자.

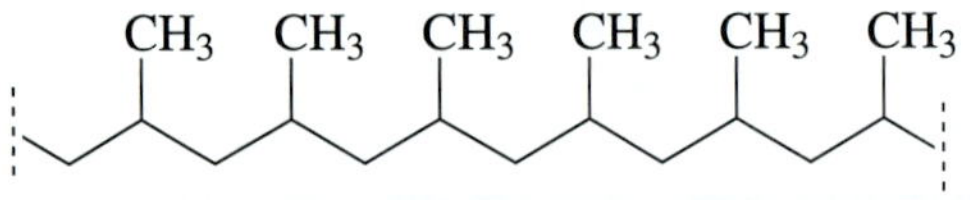

메틸기가 결합된 탄소의 상대적 배열에서 입체화학적으로 서로 다른 세 가지 가능성이 나타난다. 이중 하나는 고분자 사슬에 대해서 모든 메틸기가 같은 방향으로 배향되어 있다. 이런 입체 화학적 배열을 **동일배열(isotactic)**이라 한다.

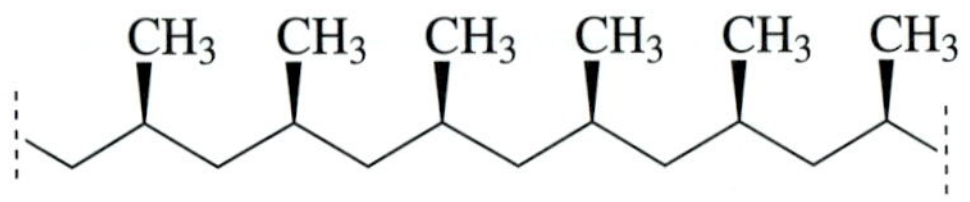

두 번째 구조는 사슬을 따라 앞뒤에 교대로 메틸기를 갖고 있다. 이를 **교대배열(syndiotactic)**이라 한다.

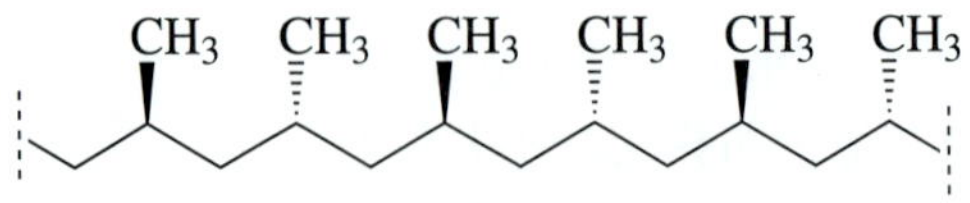

폴리프로필렌의 동일배열과 교대배열은 다 **입체규칙성 고분자(stereoregular polymer)**로 알려져 있다. 각각은 메틸기가 결합된 탄소 원자에서 정확한 입체화학을 나타낸다. 세 번째 가능성은 **무규칙배열(atactic)**이라 한다. 혼합배열 폴리에틸렌은 메틸기가 불규칙하게 배향되어 있는 것으로 입체규칙성 중합체는 아니다.

폴리프로필렌 사슬은 van der Waals 힘의 인력 때문에 서로 회합한다. 이 회합의 정도는 고분자 사슬의 입체규칙성이 효과적으로 채워지도록 해주기 때문에 동일배열과 교대배열 고분자에서는 대단히 크다. 한편, 혼합배열 폴리프로필렌에서는 강하게 회합되지 않는다. 이것은 입체규칙성 형태보다 밀도가 작고 끓는점도 낮다. 대부분의 경우 입체규칙성 폴리프로필렌은 혼합배열 폴리프로필렌보다 더 유용한 물리적 성질을 나타낸다.

폴리프로필렌은 대부분 동일배열 폴리프로필렌이다.

프로펜을 자유 라디칼 조건하에서 중합하면 혼합배열 폴리프로필렌이 생성된다. 그러나 Ziegler-Natta 촉매를 사용하면 동일배열 또는 교대배열 폴리프로필렌을 생성할 수 있다. 이 예는 실험 조건을 적절히 선택하는 것이 독특한 성질을 가진 새로운 물질을 생성하는 화학반응의 입체적 과정에 어떻게 영향을 미치는가를 알려 준다.

7.17 탄소 이외의 카이랄 중심

지금까지의 논의는 카이랄 중심이 탄소인 분자에만 한정되었다. 탄소 이외의 원자도 카이랄 중심이 될 수 있다. 탄소와 같이 실리콘도 네 개의 치환기가 결합되면 사면체로 배열된 결합을 가질 수 있다. 실리콘이 네 개의 다른 기로 결합된 많은 유기 실리콘 화합물은 그들의 거울상이성질체가 분할되었다.

중심 원자가 세 개의 다른 기로 결합되어 있는 삼각 피라미드 분자는 카이랄이다. 그러나 이런 형태의 물질을 분할하기 위해서는 거울상이성질체의 상호변환을 일으키는 피라미드 반전이 실온에서 천천히 일어나야 한다. 질소는 이러한 피라미드 반전이 대단히 빨리 일어난다. 빠른 라세미화 때문에 카이랄 아민을 분할할 수가 없다.

인은 주기율표에서 질소와 같은 쪽에 있고, 아민과 같은 삼배위 인화합물(포스핀)은 삼각 피라미드이다. 그러나 포스핀은 아민보다 피라미드 반전이 대단히 느려서 광학적으로 상당한 활성인 포스핀이 제조되었다.

삼배위 황화합물은 황이 세 개의 다른 치환기와 결합되어 있으면 카이랄이다. 황은 피라미드 반전 속도가 더 느리다. 황이 카이랄 중심인 대부분의 화합물은 다음과 같은 설폭사이드이다.

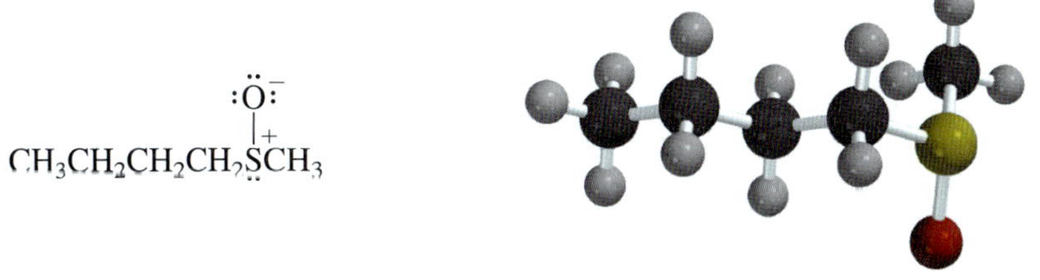

뷰틸 메틸 설폭사이드 (*S*)-(+)-뷰틸 메틸 설폭사이드

이 때, 황에서의 절대배열은 비공유 전자쌍을 가장 순위가 낮은 치환기로 규정한 Cahn-Ingold-Prelog 법에 의해 결정한다. *아모다피닐*(*armodafinil*)은 불면증 치료제로서 카이랄 설폭사이드(sulfoxide) 화합물이나 라세미체 혼합물로 판매되고 있다.

O
S
NH_2
O

아모다피닐

7.18 요약

3차원에서의 화학을 입체화학(stereochemistry)이라 한다. 입체화학은 가장 기본적인 수준에서 분자 구조를 다루며 같은 수준에서 화학적 반응성을 다룬다. 표 7.2에 분자의 구조와 입체화학에 대한 몇 가지 기본 정의를 요약하였다.

7.1절 분자가 그 거울상과 포개지지 않을 때 **카이랄(chiral)**이라 한다. 포개지지 않는 거울상을 서로 거울상이성질체(enantiomer)라 한다. 거울상과 포개지는 분자는 비카이랄이다.

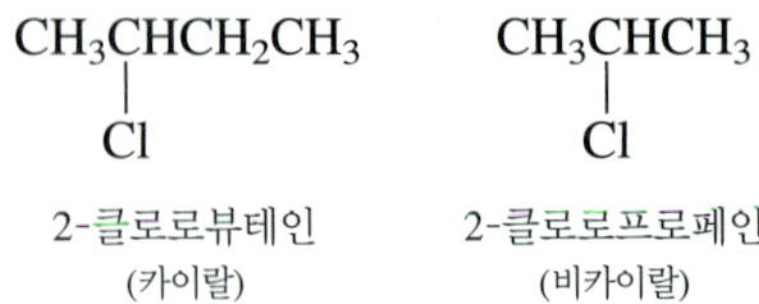

2-클로로뷰테인 (카이랄) 2-클로로프로페인 (비카이랄)

7.2절 대부분의 카이랄 분자는 네 개의 다른 원자 또는 작용기가 결합된 탄소 원자를 포함한다. 이와 같은 원자를 **카이랄 중심 (chirality center)**이라 한다. 표 7.2에 2-클로로뷰테인의 거울상이성질체를 나타냈다. C-2는 2-클로로뷰테인의 카이랄 중심이다.

7.3절 대칭면이나 대칭 중심을 가진 분자는 비카이랄이다. *시스*-4-메틸사이클로헥산올(표 7.2)은 분자를 두 거울상으로 이등분하는 대칭면을 가지며, 비카이랄이다. *트랜스*-4-메틸사이클로헥산올 경우도 같다.

7.4절 **광학 활성(optical activity)** 또는 물질이 편광면을 회전시키는 정도는 카이랄 물질의 특성을 나타내는 데 사용되는 물리적 성질이다. 거울상이성질체는 크기가 같고 부호가 반대인 편광회전(optical rotation)를 갖는다. 물질이 광학 활성이 되기 위해서는 카이랄이 되지 않으면 안되며, 한 광학 이성질체가 다른 이성질체보다 과잉으로 존재해야 한다. **라세**

표 7.2 이성질체의 분류

정의	예
이성질체는 동일한 분자식을 갖는 다른 화합물이다. 그들은 구성 이성질체 또는 입체이성질체이다.	
1. 구성이성질체는 원자의 연결된 순서가 다른 이성질체이다.	세 개의 구성이성질성 화합물은 C_3H_8O의 분자식을 갖는다. $CH_3CH_2CH_2OH$ (1-프로판올), CH_3CHCH_3 with OH (2-프로판올), $CH_3CH_2OCH_3$ (에틸 메틸 에터)
2. 입체이성질체는 같은 구성을 갖지만 공간적으로 원자의 배열이 다른 이성질체이다. (a) 거울상이성질체는 대상과 이것의 겹치지 않은 거울상 관계에 있는 입체이성질체이다.	클로로뷰테인의 두 가지 거울상이성질체는 아래와 같다. H_3C, H, C—Cl, CH_3CH_2 와 H, CH_3, Cl—C, CH_2CH_3 (*R*)-(−)-2-클로로뷰테인 (*S*)-(+)-2-클로로뷰테인
(b) 부분입체이성질체는 거울상이 아닌 입체이성질체이다.	4−메틸사이클로헥산올의 *cis* 및 *trans* 이성질체는 입체이성질체이지만, 이들은 거울상의 관계는 아니다; 이들은 부분입체이성질체이다. CH_3, HO — *cis*-4-메틸사이클로헥산올; HO, CH_3 — *trans*-4-메틸사이클로헥산올

미 혼합물(**racemic mixture**)은 광학적으로 비활성이고 거울상이성질체를 같은 양으로 함유한다.

7.5절 **상대배열(relative configuration)**은 기준 배열에 대해 공간에서 원자들의 배열을 비교하는 것이다. 예를 들어, 시스-4-메틸사이클로헥산올에서 접두사 시스는 OH에 대한 CH_3의 배향을 기준으로 한 상대배열을 기술한다. **절대배열(absolute configuration)**은 공간에서 원자들의 배열을 정확하게 표현한 것이다.

7.6절 카이랄 분자의 절대배열은 Cahn-Ingold-Prelog 부호 체계의 *R*와 *S* 접두사를 사용하여 규정한다. 카이랄 중심에서의 치환기는 우선순위가 감소하는 순서로 순위를 결정한다. 가장 순위가 낮은 치환기를 관찰자로부터 멀리 했을 때 세 개의 높은 순위의 치환기의 순서가 시계 방향으로 돌면 (가장 높은 — 두 번째 높은 — 세 번째 높은) 배열은 *R*이다. 순서가 반시계 방향이면 배열은 *S*이다. 표 7.2에 2-클로로뷰테인의 *R*와 *S* 거울상이성질체를 나타내었다.

7.7절 **Fischer 투영**은 그 결합을 평면에 투영했을 때 분자가 어떻게 보이는가를 나타낸다. 수평선은 결합이 관찰자를 향해 있고, 수직선은 관찰자로부터 멀리 떨어져 있음을 나타낸다. 투영도는 탄소 사슬이 수직이 되도록, 가장 작은 번호의 탄소가 사슬의 맨 위에 오도록 그린다.

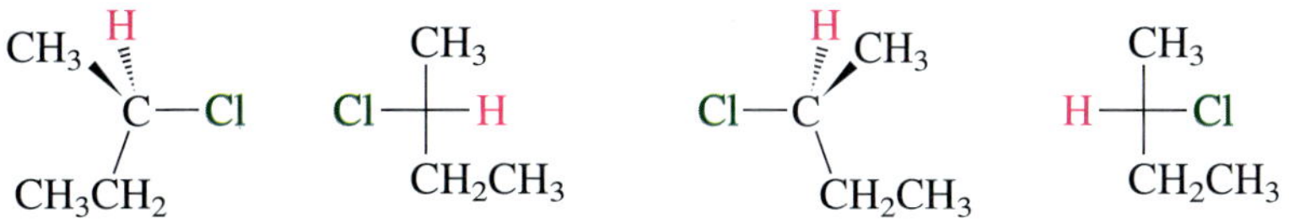

CH_3 H C—Cl CH_3CH_2 Cl—H (CH_3 위, CH_2CH_3 아래)

(R)-2-클로로뷰테인

H CH_3 Cl—C CH_2CH_3 H—Cl (CH_3 위, CH_2CH_3 아래)

(S)-2-클로로뷰테인

7.8절 같은 물질의 두 거울상이성질체는 대부분의 물리적 성질이 동일하다. 뚜렷한 차이는 물질이 생체의 카이랄 수용 부위와 상호작용으로 생기는 맛이나 냄새와 같은 생물학적 성질에서 나타난다. 거울상이성질체는 의약품에서 중요한 의미를 나타내는데, 약품의 두 거울상이성질체는 환자에게 상당히 다른 효과를 나타낸다.

7.9절 카이랄 중심을 가지지 못한 화합물도 카이랄일 수 있다. 치환된 바이페닐 화합물은 **카이랄 축(axis of chirality)**을 가진다. A ≠ B이고 X ≠ Y일 때 두 형태의 거울상은 서로 포개지지 않게 되어 거울상 입체이성질체가 된다. 이 때 두 고리를 연결하는 결합은 카이랄 축 상에 놓이게 된다.

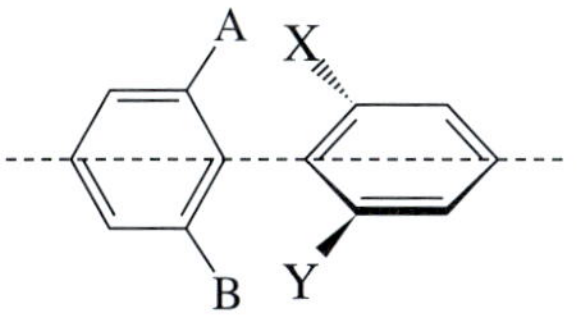

A X B Y

A≠B이고 X≠Y일 때의 카이랄 축

7.10절 화학반응은 비카이랄 물질을 카이랄로 변환시킬 수 있다. 만일 생성물이 한 카이랄 중심을 포함하고 있으면 라세미 혼합물로 생성된다. 광학적으로 활성인 생성물은 광학적으로 활성인 시약이 존재하기만 하면 비활성인 출발 물질로부터 생성될 수 있다. 가장 좋은 예는 생물학적 과정인데, 여기서 효소는 한 거울상이성질체만 생성하도록 촉매 작용을 한다.

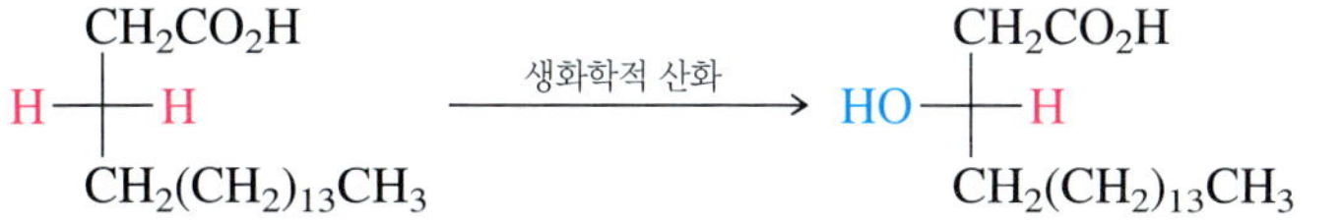

CH_2CO_2H, H—H, $CH_2(CH_2)_{13}CH_3$ —생화학적 산화→ CH_2CO_2H, HO—H, $CH_2(CH_2)_{13}CH_3$

스테아르산 (*S*)-3-하이드록시스테아르산

7.11절 분자가 두 개의 카이랄 중심을 갖고 동등하지 않으면 네 개의 입체이성질체가 가능하다.

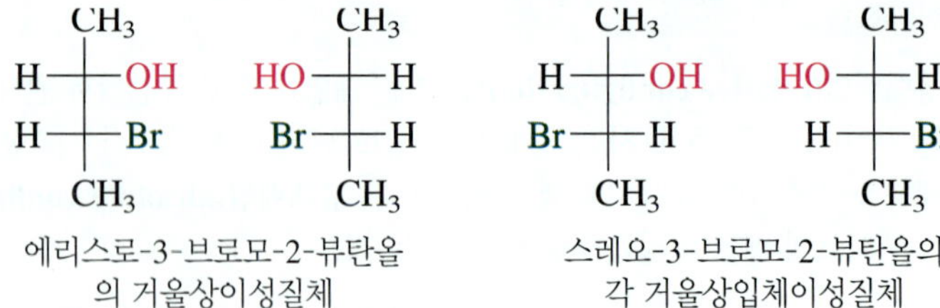

에리스로-3-브로모-2-뷰탄올의 거울상이성질체 스레오-3-브로모-2-뷰탄올의 각 거울상입체이성질체

거울상이성질체가 아닌 입체이성질체를 **부분입체이성질체(diastereomer)**라 한다. 에리스로-3-브로모-2-뷰탄올의 각 거울상입체이성질체는 스레오-3-브로모-2-뷰탄올의 각 거울상입체이성질체의 부분 입체이성질체가 된다.

7.12절 카이랄 중심을 가진 비카이랄 분자는 **메조형(meso form)**이다. 메조형은 전형적으로 두 동등한 카이랄 중심을 가지며, 광학적으로 비활성이다.

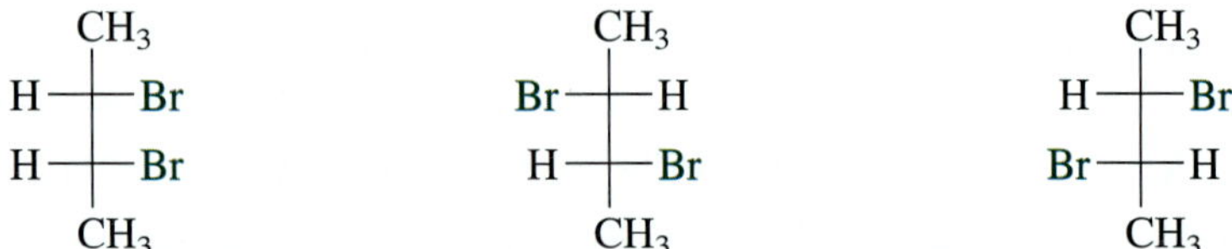

meso-2,3-다이브로모뷰테인 (2*R*,3*R*)-2,3-다이브로모뷰테인 (2*C*,3*C*)-2,3-다이브로모뷰테인

7.13절 특정한 구조에 대해서 최대 입체이성질체 수는 2^n이고, 이 때 n은 카이랄 중심의 수이다. *E*와 *Z*의 이중결합을 포함할 수 있다. 입체이성질체의 수는 메조형태가 존재하면 2^n보다 적어질 수 있다.

7.14절 알켄의 첨가반응으로 한 개(7.10절) 또는 두 개(7.14절)의 카이랄 중심이 생성된다. 두 개의 입체 중심이 생성될 때 상대적인 입체화학은 알켄의 배열(*E* 또는 *Z*)과 신(syn) 또는 안티(anti) 첨가 여부에 따라 달라진다.

7.15절 **분할(resolution)**은 라세미 혼합물을 그 거울상이성질체로 분리하는 것이다. 분할은 거울상이성질체의 혼합물을 부분입체이성질체의 혼합물로 변환시키고 부분입체이성질체를 분리한 다음, 거울상이성질체를 재생하여 이루어진다.

7.16절 폴리프로필렌과 같은 고분자는 카이랄 중심을 포함하는데, 이들 중심에서의 상대적인 배열은 중합체의 물리적 성질에 영향을 미친다. **동일배열(isotactic)** 고분자에서는 같은 치환기가 탄소 사슬의 같은 면에 있고, **교대배열(syndiotactic)** 고분자에서는 치환기가 탄소 사슬을 따라 교대로 배열되어 있으며, **혼합배열(atactic)** 고분자에서는 치환기가 불규칙하게 배열되어 있다. 동일배열과 교대배열 고분자는 **입체규칙성(stereoregular)** 고분자에 속한다.

7.17절 탄소 이외의 원자도 카이랄 중심이 될 수 있다. 예를 들어, 카이랄 중심 원자로서 사배위 규소와 삼배위 황으로 된 것들이 포함된다. 원칙적으로 *x, y, z*가 다르면 삼배위 질소도 N(*x, y, z*) 형태의 화합물에서 카이랄 중심이 될 수 있다. 질소 피라미드의 반전은 대단히 빠르기 때문에 라세미화는 실온에서 순간적으로 일어난다.

문제

7.31 분자식이 $C_5H_{12}O$인 알코올 이성질체 중 어느 것이 카이랄이고 어느 것이 비카이랄인가?

7.32 다음 각 쌍의 화합물에서 하나는 카이랄이고 다른 하나는 비카이랄이다. 각 화합물이 카이랄 또는 비카이랄인지를 확인하시오.

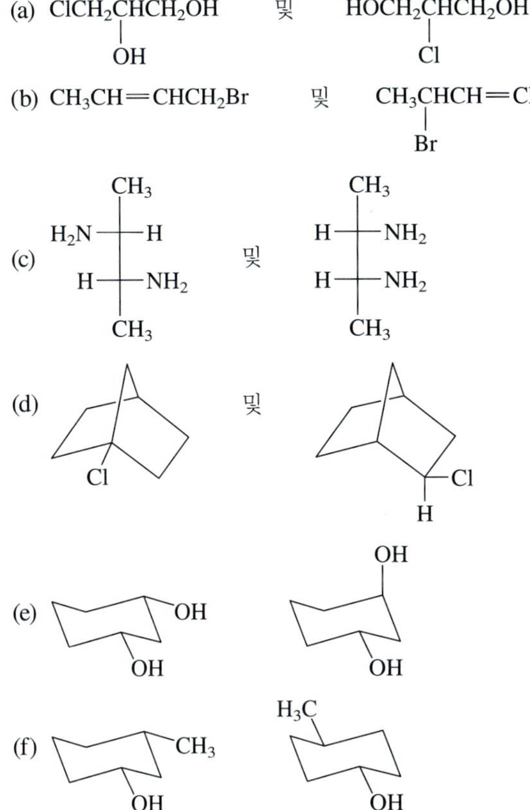

7.33 1996년 (−)-브로모클로로플루오로메테인의 절대배열은 R라고 정했다. 다음 중 어느 것이 (−)-BrClFCH인가?

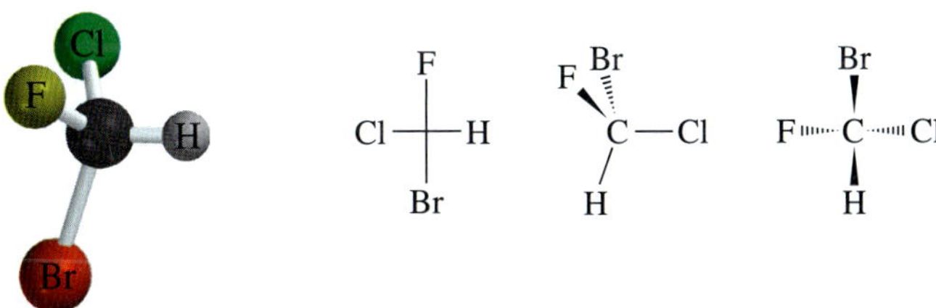

7.34 Cahn-Ingold-Prelog 체계에는 동위원소에 대해서도 질량 수에 따른 우선순위를 정하는 세부 규칙이 있다.

(a) 7.2절에서 보인 동위원소로 표시된 에테인의 생물적인 산화 과정의 예에서 반응물과 생성물의 절대배열을 정하시오.

$$\text{(D)(T)(H)C—CH}_3 \xrightarrow{\text{생물학적 산화}} \text{(D)(T)(HO)C—CH}_3$$

(b) OH와 탄소의 결합은 H가 떨어져 나가는 쪽에서 이루어지므로 산화는 배열 보존(retention of configuration)으로 진행된다. 이 사실을 앞의 (a)에서 정한 R, S 배열 방법으로 비교·분석하고, 두 경우가 서로 모순적으로 보이는 점에 대한 정확한 해설을 붙이시오.

7.35 *무스카린(muscarine)*은 독버섯에 있는 독성 성분이다. 이 구조는 다음과 같다.

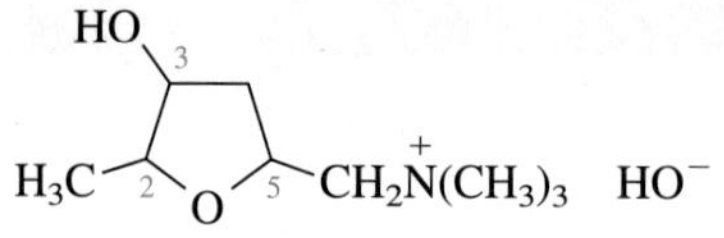

HO 3

H_3C 2 O 5 $CH_2\overset{+}{N}(CH_3)_3$ HO^-

(a) 무스카린을 포함해서 얼마나 많은 입체이성질체가 존재하는가?

(b) 무스카린고리에 있는 한 치환기는 다른 두 치환기에 대해 트랜스이다. 이를 만족하는 입체이성질체는 얼마나 많은가?

(c) 무스카린은 2*S*, 3*R*, 5*S*의 입체배열을 가졌다. 입체화학을 나타낸 무스카린 구조식을 쓰시오.

7.36 *멀티파이덴(multifidene)*은 *갈조류(cutleria multifida)*의 암컷에서 방출되는 정자 유인체이다. 그 구조는 다음과 같다

(a) 이 구조는 몇 개의 입체이성질체를 포함하는가?

(b) 멀티파이덴의 두 알켄성 치환기는 서로 시스이다. 그렇다면 몇 가지 입체이성질체가 가능한가?

(c) 뷰텐일 곁사슬의 이중결합은 *Z* 배열로 되어 있다. 이에 해당하는 입체이성질체는 몇 가지인가?

(d) 앞서 제시한 멀티파이덴의 구조적 특징에 맞도록 가능한 모든 입체이성질체를 그리시오.

(e) 멀티파이덴의 입체이성질체(거울상 및 부분입체이성질체를 포함한)들의 입체화학적 관계를 설명하시오.

7.37 (−)-멘쏠(menthol)은 2-아이소프로필-5-메틸사이클로헥산올 중 가장 안정한 입체이성질체로서 하이드록실기가 치환된 탄소의 절대배열은 *R*이다.

(a) (−)-멘쏠의 적정한 입체 형태를 그리시오.

(b) (+)-아이소멘쏠(Isomenthol)은 (−)-멘쏠과 같은 구조를 갖는다. (+)-아이소멘쏠의 C-1과 C-2의 입체배열은 (−)-멘쏠의 카이랄 중심과 반대이다. (+)-아이소멘쏠의 유리한 형태를 쓰시오.

7.38 고대 세균(지구상의 가장 오래된 생명체 중 하나)에서 얻어지는 주요 물질은 40-탄소 다이올 유도체이다. 다이올이 광학적 활성을 가진다면 이는 A 화합물인가, B 화합물인가?

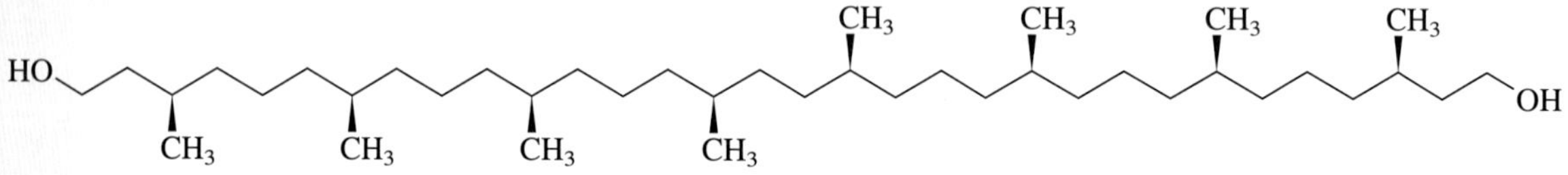

CH_3 CH_3 CH_3 CH_3

HO OH

CH_3 CH_3 CH_3 CH_3

화합물 A

CH_3 CH_3 CH_3 CH_3

HO OH

CH_3 CH_3 CH_3 CH_3

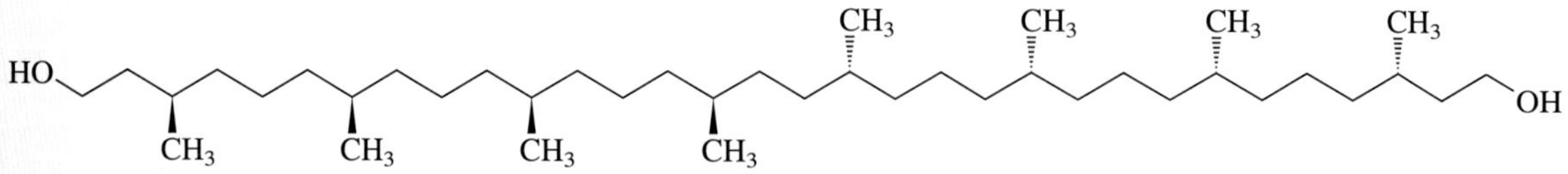

화합물 B

7.39 아래는 많이 사용되는 의약품이다. 딜타이아젬(diltiazem)은 혈압강하제이고 심바스타틴(simvastatin)은 콜레스테롤을 낮추는 약이다. 키랄 중심을 지적하시오.

딜타이아젬 심바스타틴

7.40 아래 각 반응에서는 생성물을 쓰시오. 두 입체이성질체가 생성되는 경우 두 이성질체의 구조를 쓰시오. 이들은 거울상이성체인지 부분입체이성질체인가? 카이랄성 여부를 밝히고 두 가지가 같은 양이 생성되는지 여부를 밝히시오.

(a) $BrCH_2CH_2Br + Cl_2 \xrightarrow{\text{빛}} C_2H_3Br_2Cl + HCl$

(b) $\xrightarrow{HCl}$

(c) $\xrightarrow{HCl}$

7.41 아코니트산(aconitic acid)은 *아코니테이즈(aconitase)* 효소에 의해 촉매 수화되어 두 가지 생성물로 바뀐다. 아이소시트르산은 광학 활성을 갖는다. 시트르산은 광학 활성을 갖지 않는다. 시트르산과 아이소시트르산의 각각의 구조는 무엇인가?

7.42 (a) 중수소(D)으로 표지된 브로민화 알킬 화합물이 에톡시화 포타슘이 포함된 에탄올(70°C)에서 가열되었을 때 1-뷰텐, *cis*-2-뷰텐, *trans*-2-뷰텐의 혼합물이 생성된다. E2 메커니즘을 기초로 하여 어떤 알켄이 중수소를 포함하는지 예상하시오.

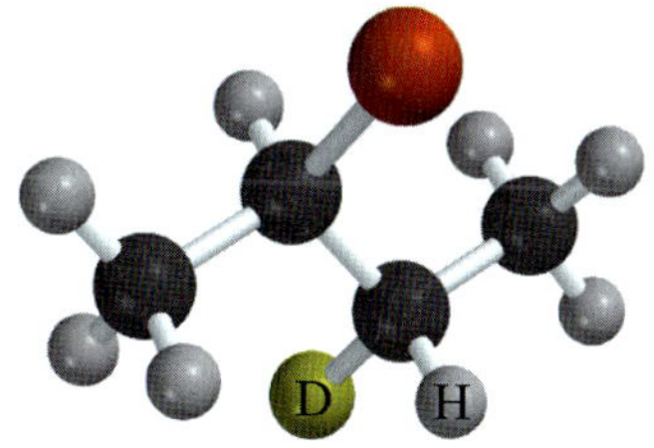

(b) (a)의 브로민화물은 에리스로 부분입체이성질체이다. 스레오 부분입체이성질체의 탈할로젠화 수소로부터 생성되는 알켄의 중수소의 양은 (a) 생성물과 얼마나 차이가 나는가?

7.43 광학적으로 순수한 2,3-다이메틸-2-펜탄올에서 탈수가 이루어지면 두 가지 알켄의 혼합물이 얻어진다. 이 알켄 혼합물의 수소화로 2,3-다이메틸펜테인이 생성되며, 이는 50%의 광학적 순도를 갖는다. 제거반응에서 생성되는 두 가지 알켄은 무엇이며, 각각의 상대적인 양은 얼마인가?

7.44 화합물 (a)–(d) 중 카이랄 축을 가진 화합물을 고르시오.

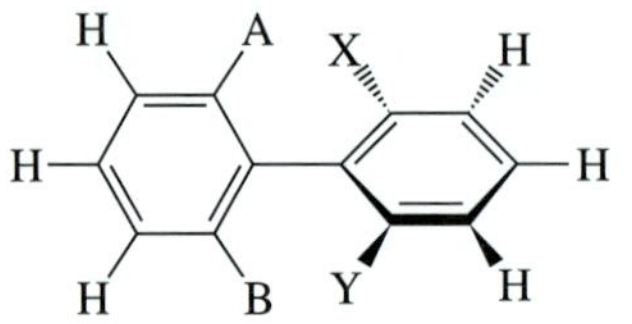

	A	B	X	Y
(a)	$(CH_3)_3C—$	H—	H—	H—
(b)	$(CH_3)_3C—$	$(CH_3)_3C—$	H—	H—
(c)	$(CH_3)_3C—$	H—	$(CH_3)_3C—$	H—
(d)	$(CH_3)_3C—$	$(CH_3)_3C—$	$(CH_3)_3C—$	$(CH_3)_3C—$

설명문과 이해 문제 7

선구 카이랄성

다음 두 경우의 화학적 변화에 대해 생각해보자: *x, y, z*를 C에 치환된 원자나 작용기라 할 때 사면체 sp^3 탄소 C(*x, x, y, z*)와 평면삼각형의 sp^2 탄소 C(*x, y, z*)에서 일어나는 두 반응. 반응물질은 모두 비카이랄인데 모두 카이랄 생성물 C(*w, x, y, z*)로 바뀌는 중이다. 첫 경우에는 *w*가 *x*를 대치하고 둘째 경우에는 *w*가 평면 삼각 탄소에 첨가되는 것이다.

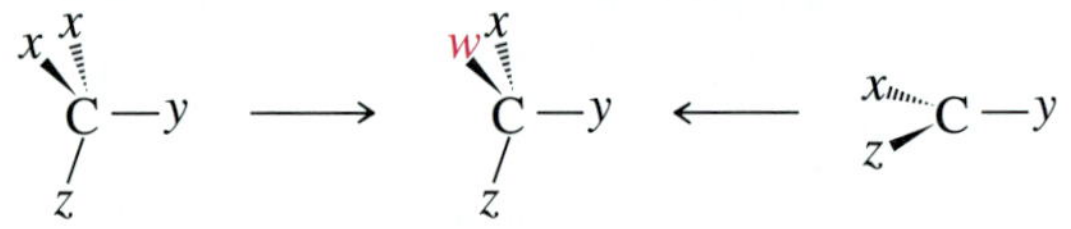

비카이랄 → 카이랄 ← 비카이랄

두 경우 모두 비카이랄성 반응물의 C가 카이랄 중심으로 바뀐다. 두 비카이랄 반응물을 **선구 카이랄 (prochiral)**이다. 이 때, C(*x,x,y,z*)는 탄소는 하나의 **선구 카이랄 중심(prochirality centert)**을 가지며, C(*x, y, z*)는 두 개의 선구 카이랄면(prochiral face)을 가진다.

사면체 선구 카이랄 중심을 가진 비카이랄 분자는 두 *x* 중 하나가 *w*로 치환되면 서로 거울상 관계인 거울상 입체이성질체를 형성하게 된다. 두 *x* 작용기는 각각 거울상이 되어 **거울상이성질성 (enantiotopic)**이 된다.

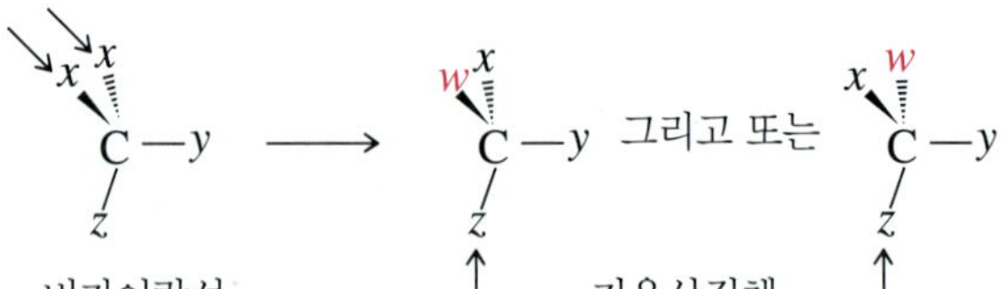

거울상이성질성

비카이랄성 → 그리고 또는 (거울상질체)

거울상이성질성 작용기는 Cahn-Ingold-Prelog 방식을 모방하여 *pro-R* 또는 *pro-S* 로 표기한다. 나머지 작용기의 우선 순위는 변함이 없는 상태에서 한 작용기를 다른 보다 우선시킨다. 그러면 그 키랄 중심의 *R*, *S* 배열은 보통의 방식으로 정해진다. 만일 *R*이라면 우선된 작용기는 *pro-R*이 된다. 만일 *S*라면 *pro-S*가 되는 식이다. 에탄올과 시트르산에서 이러한 선구 카이랄성 분자에 대한 표기방법을 적용해 보자.

pro-S → H
pro-R → H—C—OH
H_3C
비카이랄

pro-S → HO_2CCH_2
pro-R → HO_2CCH_2—C—OH
HO_2C
거울상이성질체

선구 카이랄성 개념을 발전시키는 데 시트르산은 중요한 역할이 하였다. 그의 두 CH_2CO_2H 작용기가 Krebs 순환과정에서 매우 중요하게 반응하였는데 그 다른 과정이 너무 교묘해서 어떤 이들은 시트르산의 정말로 참여되었는지를 의심할 정도였다. Alexander Ogsten (Oxford)이 1948년 두 CH_2CO_2H 작용기 시트르산이 효소의 카이랄 환경과 서로 다르게 반응한다는 것을 알아냄으로써 증명되었다.

삼각 평면 원자인 C(*x*,*y*,*z*)의 두 선구 카이랄면은 서로 거울상 이성질성이며 *x*, *y*, *z*가 Cahn–Ingold–Prelog 규칙상의 우선순위대로 나열하면 시계방향 (*Re*)와 반시계방향 (*Si*)각각 *Re*와 *Si*로 둘 수 있어 각각 *Re*와 *Si*로 정한다. 아래 종이의 면에 놓인 아세트 알데하이드 분자를 예로 들면 배열을 어떻게 하면 *Re*와 *Si*면이 되는지 알 수 있다.

Re(*x*>*y*>*z*)

x—C—*y*, *z*

Si(*x*>*y*>*z*)

Re 에탄올 시트르산 *Si*

많은 효소 촉매반응에 대한 입체화학적 특징이 밝혀졌다. *알코올 탈수소화 효소(alcohol dehydrogenase)*는 *pro-R* 수소(H_R 로 표시)를 제거하며 산화시켜 아세트알데하이드로 만드는 과정을 촉매한다. 같은 효소는 아세트 알데하이드를 환원시킬 때 수소 원자를 *Re* 면에 옮긴다.

H_R, H—C—OH, H_3C ⇌ (알코올 탈수소 효소, NAD+ / 알코올 탈수소 효소, NADH) H—C=O, H_3C

에탄올 → 아세트알데하이드

7.45 어떤 분자가 비카이랄성인가?

A. 에테인 C. 뷰테인

B. 프로페인 D. 사이클로프로페인

7.46 2-메틸펜테인에는 몇 개의 선구 카이랄 탄소 중심이 존재하는가?

A. 한 개 C. 세 개

B. 두 개 D. 네 개

7.47 1-프로판올에 있는 거울상 입체이성질성 수소는 *pro-R* 또는 *pro-S*인가?

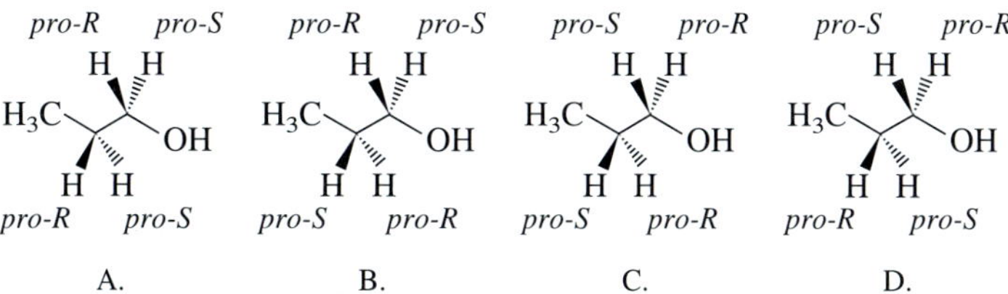

7.48 퓨마레이즈는 퓨마르산의 이중결합에 물을 첨가하는 반응을 촉매하는 효소이다.

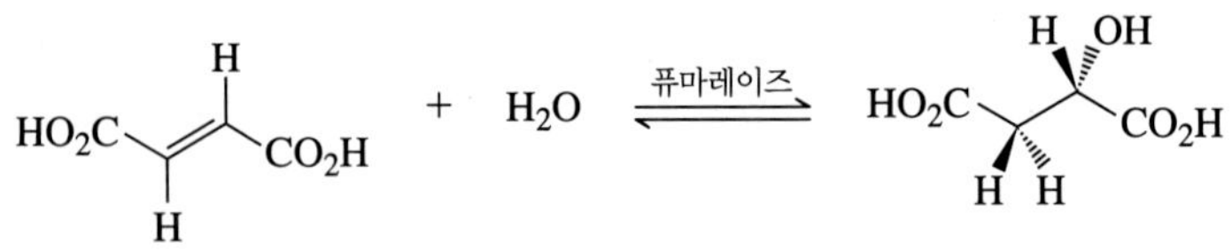

퓨마르산 + 물 ⇌(퓨마레이즈) (S)-말산

OH 기와 (S)-(−)-말산의 CH_2 작용기의 *pro-R* 수소 원자가 물에서 온 것이라면 이중결합에 대한 물의 첨가반응에서 입체화학적 경로는 다음 중 어떤 것인가?

A. syn 첨가 B. anti 첨가

7.49 앞서의 퓨마레이즈에 의한퓨마르산에의 물 첨가반응에서 퓨마르산의 이중결합의 어떤 선구카이랄면에 OH 기가 첨가되는가?

A. *Re* B. *Si*

7.50 입체선택적 합성 방법은 매우 높은 거울상 초과량으로 카이랄 에폭사이드를 생성시킨다. 이중결합된 탄소의 어떤 면에 산소가 도입되는가?

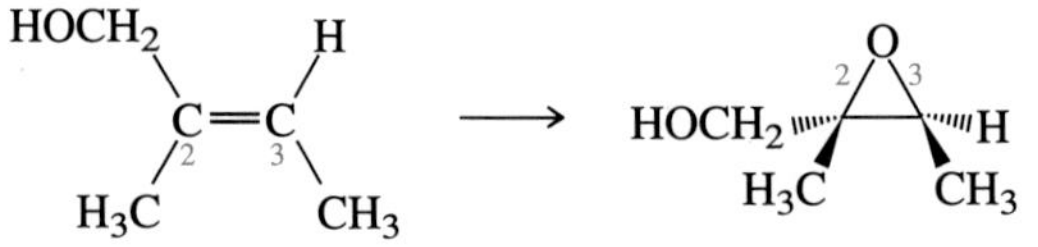

A. *Re Re* C. *Si Si*
B. *Re Si* D. *Si Re*

7.51 비카이랄 다이온(dione)(아래 왼쪽)을 Baker 효모를 이용하여 물과 발효시키면 C=O작용기 중 하나가 환원되어 한 가지 입체 이성질체만 생성된다. 이 생성물은 *pro-R* 카보닐 작용기에 수소가 전달된 것이다. 생성물의 구조는 무엇인가?

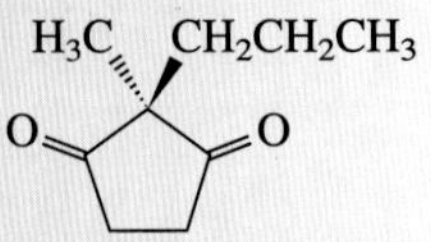

비카이랄 다이온 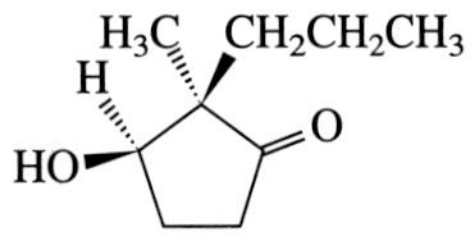 A. 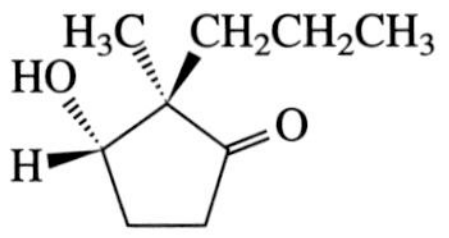 B. 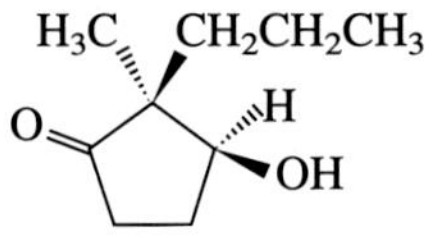 C. 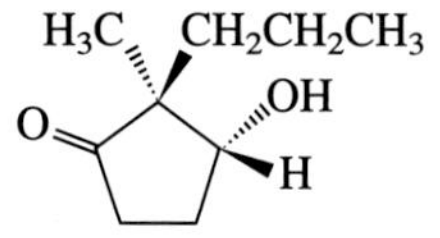 D.

장의 개요

이 정전기 퍼텐셜지도는 클로로메테인과 수산화 이온의 반응에 대한 전이상태를 나타낸 것이다. 결합의 사면체 배열은 우산이 폭풍에 뒤집혀지는 것과 같이 반응 중에 거꾸로 뒤집혀 진다.

친핵성 치환
Nucleophilic Substitution

5장에서 제거반응을 설명할 때, Lewis 염기가 할로젠화 알킬과 반응하여 알켄을 생성할 수 있음을 배웠다. 이 장에서는 같은 종류의 반응물이 다른 반응으로도 일어날 수 있음을, 즉 Lewis 염기가 **친핵체(nucleophile)**로 작용하여 탄소에 결합한 할로젠 치환기를 치환할 수 있음을 알게 될 것이다.

$$\mathrm{R{-}\ddot{\underset{..}{X}}{:}} + \mathrm{Y{:}^-} \longrightarrow \mathrm{R{-}Y} + \mathrm{{:}\ddot{\underset{..}{X}}{:}^-}$$

할로젠화 알킬   Lewis 염기   친핵성 치환의 생성물   할로젠화 음이온

4장에서 우선 알코올이 할로젠화 수소와 반응하여 할로젠화 알킬을 생성하는 친핵성 치환을 배운 적이 있다. 이제는 할로젠화 알킬이 친핵성 치환으로 어떻게 다른 종류의 유기 화합물로 전환될 수 있는지를 배우게 될 것이다.

이 장에서는 실제적 결과를 얻도록 메커니즘적으로 강조하고자 한다. 친핵성 치환의 메커니즘을 이해함으로써 할로젠화 알킬을 특정한 작용기로 전환하는 가장 적절한 실험 조건을 선택할 수 있다. 원하는 생성물을 하게 얻을 수 있는 성공적인 반응과 그렇지 못한 반응의

차이는 흔히 미묘한 차이이다. 메커니즘적 분석은 우리로 하여금 이와 같은 미묘한 차이를 식별하여 유리하게 이용하도록 도움을 준다.

8.1 친핵성 치환에 의한 작용기 변환

할로젠화 알킬의 친핵성 치환반응은 할로젠이 탄소에서 이탈기로 작용하여 음이온으로 이탈되는 제거반응과 관련된다. 할로젠화 알킬의 탄소–할로젠 결합은 **불균등하게(heterolytically)** 끊어진다. 즉, 그 결합을 이루는 두 개의 전자를 이탈기와 함께 잃는다.

할로젠화 알킬의 탄소–할로젠 결합은 극성이다.

$$\overset{\delta+}{R}-\overset{\delta-}{X} \qquad X = I, Br, Cl, F$$

그리고 친핵체의 공격으로 끊어져서 결합을 이루는 두 개의 전자는 할로젠과 함께 이탈된다.

$$^{-}Y\colon \; R-\ddot{X}\colon \longrightarrow R-Y + \colon\ddot{X}\colon^{-}$$

가장 자주 사용되는 친핵체들은 음이온으로, 이들의 리튬, 소듐 또는 포타슘염으로 사용되고 있다. 리튬, 소듐 또는 포타슘을 M으로 나타내면 대표적인 몇 가지 친핵성 시약은 다음과 같다.

MOR (*알콕시화* 금속, 친핵성 음이온 $R\ddot{O}\colon^{-}$의 공급원)

$M\overset{O}{\overset{\|}{OC}}R$ (*카복실산* 금속, 친핵성 음이온 $R\overset{\colon O\colon}{\overset{\|}{C}}-\ddot{O}\colon^{-}$의 공급원)

MSH (*황화수소* 금속, 친핵성 음이온 $H\ddot{S}\colon^{-}$의 공급원)

MCN (*사이안화* 금속, 친핵성 음이온 $^{-}\colon C\equiv N\colon$의 공급원)

MN_3 (*아자이드화* 금속, 친핵성 음이온 $\colon\overset{-}{N}=\overset{+}{N}=\overset{-}{N}$의 공급원)

표 8.1은 작용기 전환에 대한 이들 친핵성 음이온 각각의 응용을 나타낸다. 염의 음이온 부분이 할로젠화 알킬의 할로젠 대신 치환된다. 금속 양이온 부분은 리튬, 소듐 혹은 포타슘 할로젠화물이 된다.

$$M^{+}\;{}^{-}Y\colon + R-\ddot{X}\colon \longrightarrow R-Y + M^{+}\;\colon\ddot{X}\colon^{-}$$

친핵성 시약 / 할로젠화 알킬 / 친핵성 치환의 생성물 / 할로젠화 금속

표 8.1 할로젠화 알킬의 친핵성 치환에 의한 작용기 변환

친핵체와 코멘트	일반식과 구체적 예
알콕시화 이온(또는 알콕사이드) – 금속 알콕사이드의 산소 원자가 친핵성으로 할로젠화 알킬의 할로젠을 치환한다. 생성물은 에터(*ether*)이다.	$R\ddot{O}\colon^{-} + R'-\ddot{X}\colon \longrightarrow R\ddot{O}R' + \colon\ddot{X}\colon^{-}$ (알콕시화 이온, 할로젠화 알킬, 에터, 할로젠화 이온) Sodium isobutoxide (ONa) + Ethyl bromide (Br) —isobutyl alcohol→ Ethyl isobutyl ether (66%)

(*계속*)

표 8.1 할로젠화 알킬의 친핵성 치환에 의한 작용기 변환 (*계속*)

친핵체와 코멘트	일반식과 구체적 예
카복실산 이온 (또는 카복실레이트 이온) – 카복실레이트 이온의 음으로 하전된 산소가 할로젠화 알킬의 할로젠과 치환하면 *에스터 (ester)* 가 생성된다.	RCO_2^- (카복실산 이온) + $R'-X$ (할로젠화 알킬) ⟶ RCO_2R' (에스터) + X^- (할로젠화 이온) $CH_3(CH_2)_{16}COK$ (Potassium octadecanoate) + CH_3CH_2I (Ethyl iodide) $\xrightarrow[\text{water}]{\text{acetone}}$ $CH_3(CH_2)_{16}COCH_2CH_3$ (Ethyl octadecanoate (95%))
황화수소 이온 – 황화 수소를 친핵체로 사용하면 할로젠화 알킬을 RSH 형태의 화합물로 전환시킬 수 있다. 이 화합물은 알코올의 황 유사체이며, *싸이올 (thiol)* 로 알려져 있다.	HS^- (황화수소 이온) + $R'-X$ (할로젠화 알킬) ⟶ HSR' (싸이올) + X^- (할로젠화 이온) KSH (Potassium hydrogen sulfide) + $CH_3CH(Br)(CH_2)_6CH_3$ (2-Bromononane) $\xrightarrow[\text{water}]{\text{ethanol}}$ $CH_3CH(SH)(CH_2)_6CH_3$ (2-Nonanethiol (74%))
사이안화 이온 – 사이안화 이온에서 음으로 하전된 탄소 원자가 보통 친핵성을 나타낸다. 친핵체로 사이안화 이온을 사용하면 탄소 – 탄소 결합이 형성되어 탄소 사슬을 연장할 수 있다. 생성물은 *사이안화 알킬 (alkyl cyanide)*, 또는 *나이트릴 (nitrile)* 이다.	$N\equiv C^-$ (사이안화 이온) + $R'-X$ (할로젠화 알킬) ⟶ $N\equiv CR'$ (사이안화 알킬) + X^- (할로젠화 이온) NaCN (Sodium cyanide) + Cyclopentyl chloride $\xrightarrow{\text{dimethyl sulfoxide}}$ Cyclopentyl cyanide (70%)
아자이드화 이온 – 아자이드화 소듐은 탄소 – 질소 결합 형성에 사용되는 시약이다. 생성물은 *아자이드화 알킬 (alkyl azide)* 이다.	$^-N=\overset{+}{N}=N^-$ (아자이드화 이온) + $R'-X$ (할로젠화 알킬) ⟶ $^-N=\overset{+}{N}=NR'$ (아자이드화 알킬) + X^- (할로젠화 이온) NaN_3 (Sodium azide) + Pentyl iodide $\xrightarrow[\text{water}]{\text{1-propanol}}$ Pentyl azide (52%)
아이오딘화 이온 – 염화 알킬과 브로민화 알킬은 아세톤에서 아이오딘화 소듐과 반응함으로써 *아이오딘화 알킬(alkyl iodide)*로 전환된다. NaI은 아세톤에 녹지만 NaCl와 NaBr는 녹지 않고 반응 혼합물로부터 결정화되어 반응이 비가역적으로 일어나서 완결되게 한다.	I^- (아이오딘화 이온) + $R'-X$ (염화 또는 브로민화 알킬) ⟶ IR' (아이오딘화 알킬) + X^- (염화 또는 브로민화 이온) NaI (Sodium iodide) + 2-Bromopropane $\xrightarrow{\text{acetone}}$ 2-Iodopropane (63%)

표 8.1에 있는 모든 예들은 할로젠화 알킬(alkyl halide), 즉 할로젠이 sp^3 혼성화된 탄소에 결합된 화합물임에 주목하라. 할로젠이 sp^2 혼성화된 탄소에 결합한 할로젠화 알켄일(alkenyl halide)과 할로젠화 아릴(aryl halide)은 이와 같은 조건에서는 근본적으로 반응하지 않으며, 이 장에서 전개되는 원리는 이들에게 적용되지 않는다.

할로젠화 알켄일은 할로젠화 바이닐(*vinylic halide*)이라고도 한다.

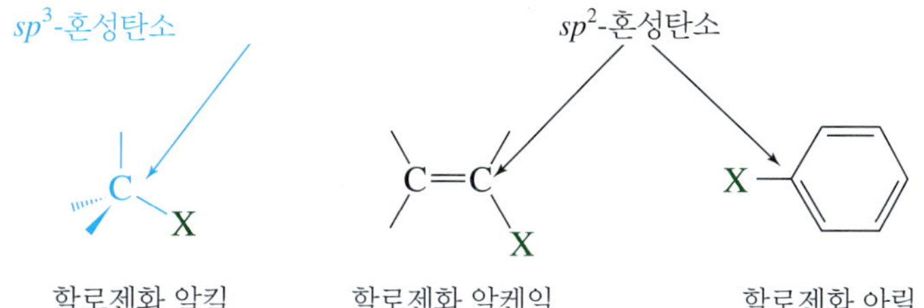

반응이 균일 용액에서 일어나게 하기 위하여 할로젠화 알킬과 이온성 염을 둘 다 녹이는 용매를 선택한다. 할로젠화 알킬 기질은 유기 용매에 녹지만 염은 보통 유기 용매에 녹지 않는다. 그리고 무기염은 물에 녹지만 할로젠화 알킬은 물에 녹지 않는다. 에탄올–물 혼합물과 같이 기질과 친핵체를 모두 녹여 상당히 진한 용액을 만들 수 있는 혼합 용매가 자주 사용된다. 대부분의 할로젠화 알킬과 마찬가지로 많은 염들은 다이메틸 설폭사이드(dimethyl sulfoxide, DMSO)나 *N,N*-다이메틸폼아마이드(*N,N*-dimethylformamide, DMF)에 매우 큰 용해도를 가지므로 이를 친핵성 치환반응을 일으키는 좋은 매체로 이용한다(8.9절).

제거반응에서 용매로 DMSO를 사용하는 것은 5.14절에서 이미 언급하였다.

문제 8.1

브로민화 메틸이 다음 각각의 화합물과 반응할 때 생성하는 주된 유기 생성물의 구조식을 쓰시오.

(a) NaOH (수산화 소듐)
(b) $KOCH_2CH_3$ (에톡시화 포타슘)
(c) $NaO\overset{O}{\overset{\|}{C}}-C_6H_5$ (벤조산 소듐)
(d) LiN_3 (아자이드화 리튬)
(e) KCN (사이안화 포타슘)
(f) NaSH (황화수소 소듐)
(g) NaI (아이오딘화 소듐)

풀이 예시 (a) 수산화 소듐에서의 친핵체는 음으로 하전된 수산화 이온이다. 일어나는 반응은 수산화 이온에 의한 브로민화 음이온의 친핵성 치환이다. 생성물은 메틸 알코올이다.

표 8.1을 기초로 할로젠화 알킬이 유기합성화학에서 얼마나 유용하게 쓰이는지 알게 될 것이다. 할로젠화 알킬은 알코올의 친핵성 치환, 알케인의 자유 라디칼 할로젠화, 알켄에 할로젠화 수소를 첨가하여 만들어질 수 있다. 그 다음 이들은 할로젠화 이탈기를 친핵체로 치환함으로써 기능적으로 치환된 다른 유기 화합물들을 합성하는 출발 물질로 유용하게 쓰인다. 할로젠화 알킬의 친핵성 치환반응으로 합성될 수 있는 화합물들의 범위는 매우 넓다. 표 8.1에서 보여 준 예들은 이들 중 단지 몇 개만을 나타내고 있다. 수많은 다른 예들이 이 장과 다음의 장 목록으로 추가될 것이다.

8.2 할로젠화 이탈기의 상대적 반응성

할로젠화 알킬 중 아이오딘화 알킬이 가장 빠른 속도로 친핵성 치환을 일으키며, 플루오린화 알킬이 가장 느리게 반응한다.

이들 반응성의 차이는 (1) 탄소–할로겐 결합 세기와 (2) 할로젠화 음이온의 염기성과 관련 지을 수 있다. 아이오딘화 알킬은 가장약한 탄소–할로젠 결합을 가지고 있어 결합을 끊는데 가장 낮은 활성화에너지를 요구한다. 플루오린화 알킬은 가장 강한 탄소–할로젠 결합을 가져서 가장 높은 활성화에너지를 요구한다. 할로젠 이탈기의 염기성으로 관련지으면 아이오딘화 음이온은 가장 약한 염기이고, 플루오린화 음이온은 가장 강한 염기이다. 일반적으로 이탈기와 염기성이 약할수록 탄소에 결합된 결합을 끊는데 필요한 에너지는 적고 반응속도는 빠른 것이 일반적인 사실이다.

이탈기 능력과 염기도 사의의 관계는 8.11 절에서 더 자세히 탐구할 것이다.

문제 8.2

1-브로모-3-클로로프로페인을 에탄올 수용액에서 사이안화 소듐 1몰 당량과 반응시켜 한 가지의 유기생성물을 얻었다. 이 생성물은 무엇인가?

8.3 친핵성 치환의 S_N2 메커니즘

Christopher Ingold경과 그의 동료 Edward D. Hughes가 제거반응의 메커니즘을 연구하던 때와 거의 같은 시기에, 이들은 친핵성 치환을 연구하는데 반응속도와 입체화학을 연구의 도구로서 적용하였다.

반응속도론(Kinetic):이미 친핵성 치환의 속도가 이탈기(I > Br > Cl > F)에 의존한다는 것을 알고 있으므로 탄소–할로젠 결합이 반응의 느린 단계에서 반드시 끊어져야 한다는 것도 알고 있다. 따라서 반응속도 역시 할로젠화 알킬의 농도에 의존한다고 예상된다.

$$CH_3\ddot{\underset{\cdot\cdot}{Br}}: \quad + \quad H\ddot{\underset{\cdot\cdot}{O}}:^- \longrightarrow CH_3\ddot{\underset{\cdot\cdot}{O}}H \quad + \quad :\ddot{\underset{\cdot\cdot}{Br}}:^-$$

브로민화 메틸 수산화 이온 메틸 알코올 브로민화 이온

그러면 친핵체는 어떠한가? Hughes와 Ingold는 많은 친핵성 치환, 즉 염기로 브로민화 메틸의 가수분해는 *2차* 반응 속도법칙, 즉 할로젠화 알킬에 1차와 친핵체에 대하여 1차 반응에 따른다.

$$속도 = k[CH_3OH][HO^-]$$

가장 합리적인 결론은 수산화 이온과 브로민화 메틸이 *이분자(bimolecular)* 단일단계로 함께 반응하며, 이 반응단계가 속도결정 단계이다. **친핵성 이분자 치환(Substitution nucleophile bimolecular, S_N2)**이라고 Haughes와 Ingold가 제안한 메커니즘이 메커니즘 8.1 반응식과 그림 8.1의 퍼텐셜 에너지 도표로 나타내었다.

S_N2 메커니즘은 4.11 절에서 이미 소개되었다.

이는 할로젠화 알킬과 친핵체 둘 다 전이 상태에 관여하는 단일단계(one-step) 협동과정이다. 탄소와 이탈기가 결합의 분해는 탄소와 친핵체 사이의 결합이 형성됨으로써 도움을 받게된다. 사실상 친핵체가 탄소에 붙어 있던 자리로부터 이탈기를 "밀어 떨어뜨린다". 전이 상태에서 탄소는 공격해 오는 친핵체와 이탈하는 할로젠화 이온 모두와 부분적으로 결합된다. 친핵체가 자기의 전자쌍을 탄소와 공유하기 시작하고, 할로젠화 이온은 탄소와의 결합에 있던 전자쌍을 가지고 떨어지기 시작하면서 전이상태 과정이 이루어진다.

문제 8.3

아래의 반응식에서 묘사된 두 단계 연속반응은 브로민화 메틸의 가수분해에서 관찰된 1차 반응속도론적 거동과 일관성이 있는가?

$$H_3C—\ddot{Br}: \xrightarrow{\text{느림}} CH_3^+ + :\ddot{Br}:^-$$

$$H—\ddot{O}:^- + CH_3^+ \xrightarrow{\text{빠름}} H—\ddot{O}—CH_3$$

입체화학(streochemistry). 브로민화 메틸과 수산화 이온의 반응에 대한 메커니즘 8.1과 그림 8.1의 전이상태의 그림으로 부터 S_N2 메커니즘의 주요한 입체화학적 특징을 미리 예측할 수 있다. *친핵체는 이탈기의 결합에 대하여 반대쪽으로부터 탄소를 공격한다.* 다른 방법으로 표현하면 특히 치환이 카이랄성 중심에서 일어난다면 S_N2 반응은 이탈기가 연결된 탄소에서 *배열의 반전*을 동반하며 진행한다. 반응물에서의 결합의 사면체 배열이 생성물에서 반전된 사면체 배열로 전환된다.

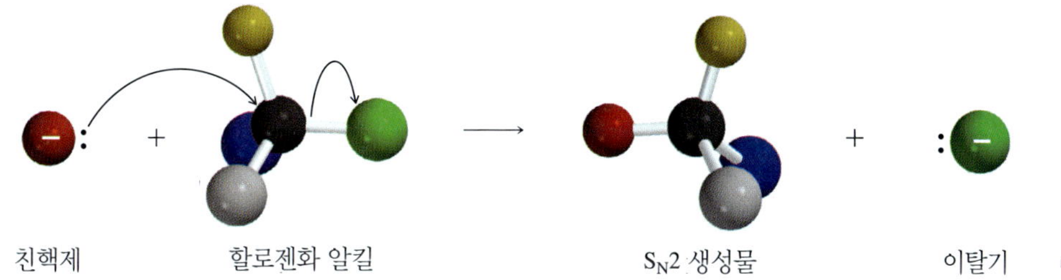

이와 같은 입체화학적 사실은 광화학적 활성인 할로젠화 알킬의 친핵성 치환반응을 연구함으로써 알려졌다. 이와 같은 실험에서 Haughes와 Ingold는 광학 활성인 2-브로모

메커니즘 8.1

친핵성 치환의 S_N2 메커니즘

전체 반응:

CH_3Br	+	HO^-	⟶	CH_3OH	+	Br^-
브로민화 메틸		수산화 이온		메틸 알코올		브로민화 이온

메커니즘: 반응은 단일단계로 진행된다. 수산화 이온은 친핵체로서 작용한다. C—Br 결합이 절단되는 동안 C—O 결합이 형성된다.

$$H—\ddot{O}:^- + H_3C—\ddot{Br}: \longrightarrow H—\ddot{O}—CH_3 + :\ddot{Br}:^-$$

수산화 이온 브로민화 메틸 메틸 알코올 브로민화 이온

전이상태: 수산화 이온은 C−Br 결합의 반대 방향으로부터 탄소를 공격한다.

$$\overset{\delta-}{H—\ddot{O}}\text{------}\overset{H\ \ H}{C}\text{------}\overset{\delta-}{\ddot{Br}:}$$

탄소는 수산화 이온과 브로민화 이온에 부분적으로 결합된다. 반응이 진행함에 따라 결합의 배열 $\gt C—$ 은 부터 $—C\lt$ 까지 사면체의 반전을 거친다.

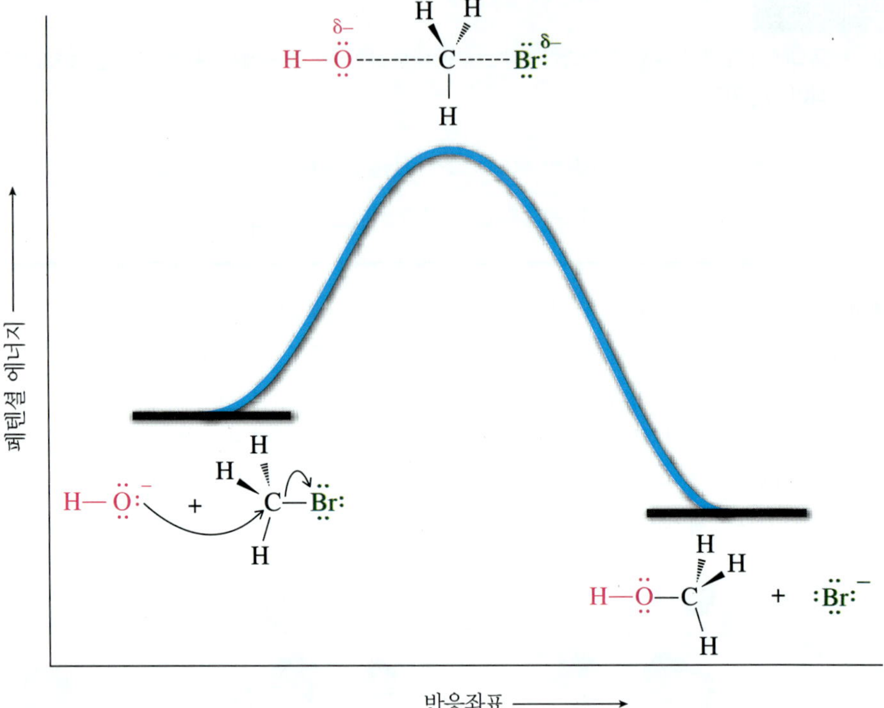

그림 8.1

S_N2 메커니즘에 의한 브로민화 메틸의 수산화 이온과의 반응에 대한 퍼텐셜 에너지 도표

이 예에서 주어진 할로젠화 알킬과 알코올은 서로 반대의 배열을 가지고 있고, 반대 부호의 광회전을 보이지만, 모든 할로젠화 알킬과 알코올 짝들에 대해서도 그럴 것이라고 가정될 수 없다.

옥테인과 수산화 이온의 반응이 카이랄 중심에서 반대 배열을 갖는 2-옥탄올을 생성한다는 것을 알았다.

S-(+)-2-Bromooctane (Br) —NaOH, 에탄올–물→ *R*-(−)-2-Octanol (OH)

친핵성 치환은 아래의 전이상태와 일치하는 배열의 반전과 더불어 일어난다.

$CH_3(CH_2)_5$, H, $\overset{\delta-}{HO}$------C----$\overset{\delta-}{Br}$:, CH_3

문제 8.4

(+)-2-브로모옥테인의 Fischer 투영은 다음과 같다. S_N2 메커니즘으로 생성되는 (−)-2-옥탄올의 Fischer 투영을 쓰시오.

CH_3 (위), H (왼쪽), Br (오른쪽), $CH_2(CH_2)_4CH_3$ (아래)

문제 8.5

(−)-2-브로모옥테인의 S_N2 가수분해로 생성된 2-옥탄올이 광학 활성을 가질 것으로 기대하는가? 만약에 그렇다면 이의 절대배열과 회전 방향은 어떻게 될 것인가? 2-브로모옥테인의 라세미 혼합물의 가수분해로 생성되는 2-옥탄올에 대해서는 어떻게 되겠는가?

S_N2 메커니즘에 의한 치환은 입체특이성 반응이라는 것이 수많은 실험에 의해 확인되었고, 친핵체가 이탈기가 연결된 결합의 반대쪽으로부터 탄소에 접근하기 위한 *입체전자적*(*streoelectronic*) 요건을 갖추어야 한다는 것을 시사한다. 분자 오비탈 계산 결과가 그 이유를 이해하는 데 도움이 된다.

이 교재에서 입체전자효과에 대한 첫 예는 할로젠화 알킬의 E2 반응에서의 안티 제거에 관한 것이다 (5.16절).

수산화 이온과 같은 친핵체가 브로민화 메틸과 반응할 때 전자는 HO^-의 최고 점유 분자 궤도함수(HOMO)로부터 CH_3Br의 최저 비점유 분자 궤도함수(LUMO)로 이동한다. 브로민화 메틸의 LUMO에 주의하여 살피면 친핵체의 HOMO가 LUMO와 중첩할 수 있는 중요한 세 곳을 발견할 수 있다. 그들 중 한 곳, 즉 오른쪽에 보이는 파란 영역은 Br과 관련되기 때문에 무시할 수 있고, 그 방향으로 공격하는 친핵체는 C—O 결합을 형성할 수 없다.

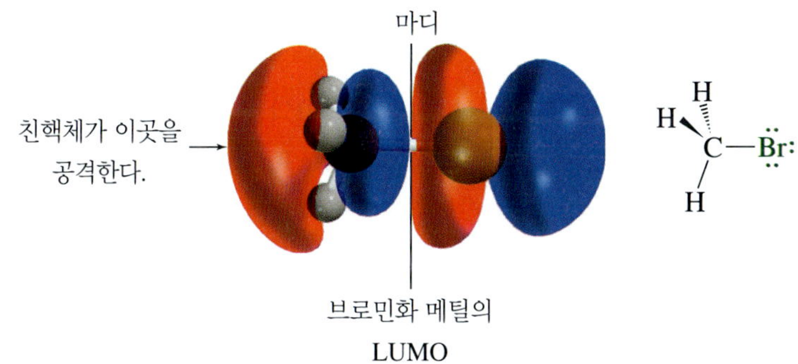

탄소와 브로민 사이의 영역은 마디(nodal)면을 포함한다. 따라서 HO^-의 HOMO와 이의 중첩으로는 결합이 일어나지 않는다. 실험적 관찰과 일치하는 나머지 가능성은 HO의 HOMO와 CH_3Br의 LUMO가 C—Br 결합의 반대 영역에서 중첩하는 것이다. 이는 마디를 피할 수 있고, LUMO의 중요한 곳을 포함하며, 탄소에서 배열의 반전을 동반한 C—O 결합을 형성한다.

간단한 1차와 2차 할로젠화 알킬이 음으로 하전된 친핵체와의 반응에서 대부분의 치환은 S_N2 메커니즘으로 설명된다고 믿어진다. 표 8.1에 소개된 친핵성 치환의 모든 예들은 S_N2 메커니즘 으로 진행된다(혹은 거의 S_N2 유사한 메커니즘으로 진행한다고 기억하시오. 메커니즘은 확정적으로 결코 확립되어 질 수 있는 것이 아니고, 단지 실험적 관찰을 최선책으로 설명을 하는 방편이다).

문제 8.6

표 8.1에서 취한 아래의 반응에 대한 S_N2 전이상태의 구조를 그리시오. Na^+는 구경꾼 이온이며, 전이상태에서 생략될 수 있다.

$$(CH_3)_2CHBr + NaI \xrightarrow{\text{아세톤}} (CH_3)_2CHI + NaBr$$

8.2절에서 친핵성 치환의 속도는 이탈기에 매우 크게 의존한다는 것을 알았다, 즉 아이오딘화 알킬이 가장 반응성이 크고 플루오린화 알킬이 반응성이 가장 적다는 것을 보았다. 다음 절에서 알칼기의 구조가 더 큰 영향을 미치게 된다는 것을 알게 될 것이다.

8.4 입체효과와 S_N2 반응 속도

메틸, 1차, 2차 또는 3차와 같은 여러 종류의 할로젠화 알킬의 친핵성 치환 속도에는 큰 차이가 있다.

$$RBr + LiI \xrightarrow{\text{아세톤}} RI + LiBr$$

브로민화 알킬   아이오딘화 리튬   아이오딘화 알킬   브로민화 리튬

이 반응에 대해, 일련의 브로민화 알킬의 친핵성 치환 반응의 속도는10^6 이상의 차이를 나타낸다.

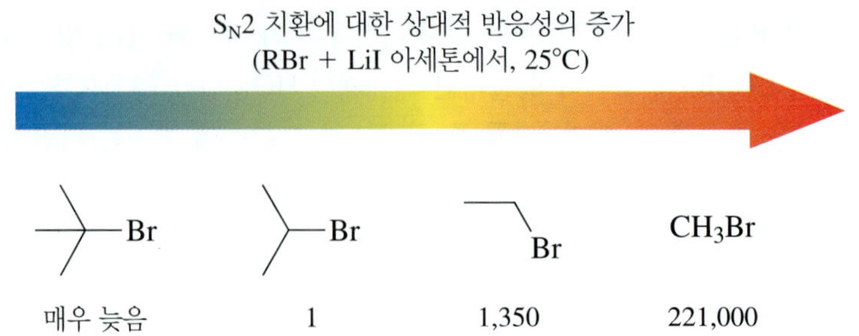

브로민화 메틸, 에틸, 아이소프로필과 *tert*-뷰틸 간의 반응속도에 큰 차이를 보이는 것은 친핵성 공격에 미치는 이들 각각의 **입체장애(steric hindrance)**를 반영하고 있다. 친핵체는 반드시 이탈기가 결합된 결합의 반대쪽으로부터 할로젠화 알킬에 접근해야 한다. 그리고 그림 8.2에서 나타낸 것처럼, 이 접근은 공격을 당하는 탄소에 있는 알킬 치환기들에 의하여 방해를 받는다. 브로민화 메틸의 세 개의 수소는 친핵체의 접근을 가장 적게 방해하며, 빠른 반응이 일어난다. 수소 하나를 메틸기로 바꾸면 친핵체의 공격으로부터 탄소를 어느 정도 막아주므로 브로민화 에틸은 브로민화 메틸보다 반응성이 약간 작아진다. 세 개의 모든 수소 치환기를 메틸기로 바꾸면 $(CH_3)_3CBr$의 3차 탄소에 후면 접근을 거의 완전히 막아서 이분자 친핵성 치환을 못하게 한다.

일반적으로 할로젠화 알킬의 S_N2 반응은 다음과 같이 기질 구조에 따라 속도 의존성을 나타낸다: CH_3X > 1차 > 2차 > 3차.

문제 8.7

아세톤에서 아이오딘화 소듐과 반응할 때 더 빠른 속도로 반응하는 화합물을 아래 각 쌍에서 확인하시오.

(a) 1-클로로헥세인 또는 염화 사이클로헥실
(b) 1-브로모펜테인 또는 3-브로모펜테인
(c) 2-클로로펜테인 또는 2-플루오로펜테인
(d) 2-브로모-2-메틸헥세인 또는 2-브로모-5-메틸헥세인
(e) 2-브로모프로페인 또는 1-브로모데케인

풀이 예시 (a) 두 개의 염화물의 구조를 비교해 보자. 1-클로로헥세인은 1차 염화 알킬이다. 염화 사이클로헥실은 2차이다. 1차 할로젠화 알킬이 2차 할로젠화 알킬보다 치환이 일어나는 위치에서 덜 복잡하며, S_N2 메커니즘에 의한 치환에서 더 빠르게 반응한다. 1-염화 헥산이 반응성이 더 크다.

Cl   Cl

1-클로로헥세인 (1차, 더 반응성)   염화 사이클로헥실 (2차, 덜 반응성)

친핵성 공격이 일어나는 곳과 *인접한(adjacent)* 탄소에 있는 알킬기들도 역시 S_N2 반응 속도를 감소시킨다. 브로민화 에틸을 기준으로 하고 이의 C-2의 수소를 메틸기로 잇따라 하나씩 바꾸면 각각 첨가되는 메틸기가 브로민화 이온을 아이오딘화 이온으로 치환하는 속도를 감소시킨다. 브로민화 네오펜틸 $[(CH_3)_3CCH_2Br]$에서와 같이 C-2를 완전히 메

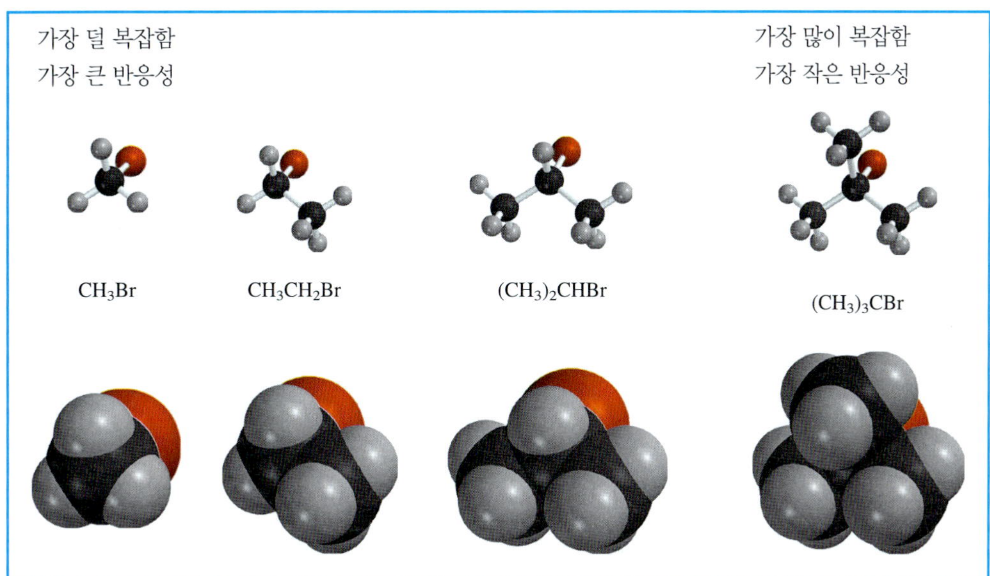

그림 8.2

브로민화 알킬의 공–막대(위)와 공간–채움(아래) 모델, 친핵체의 공격으로 부터 이탈기를 가지고 있는 탄소 원자에 치환기가 얼마나 가려지는지를 보여 주고 있다. 친핵체는 이탈기의 결합에 반대 측에서 공격해야 한다.

틸기로 치환할 때는 1차 할로젠화 알킬이지만, 입체 장애 때문에 S_N2 메커니즘에 의한 치환에 대하여 실제로 비활성인 비정상적인 경우를 보여 준다.

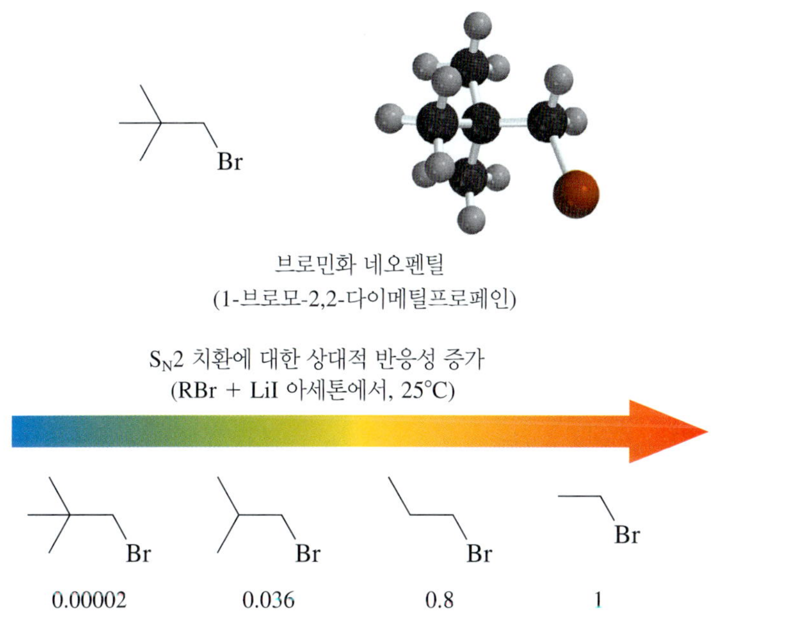

문제 8.8

다음에 나타낸, 즉 1,4-다이브로모펜테인으로 반응을 하는, 이 반응은 말라리아 치료제인 *프리마퀸* (*primaquine*) 합성의 첫 단계이다. 이 반응은 S_N2 메커니즘으로 진행하며 $C_{13}H_{14}BrNO_2$의 분자식을 갖는 화합물을 준다. 이 화합물은 무엇인가?

NK + RBr ⟶ NR + KBr

8.5 친핵체와 친핵성

친핵체로 작용하는 Lewis 염기는 언제나 그렇지는 않지만 흔히 음이온이다. 아민(R_3N:), 포스핀(R_3P:), 그리고 설파이드($R_2\ddot{S}$:)와 같은 중성 Lewis 염기도 역시 친핵체로 작용할 수 있다.

$$(CH_3)_2\ddot{S}: + CH_3-\ddot{I}: \longrightarrow (CH_3)_2\overset{+}{S}-CH_3 \quad :\ddot{I}:^-$$

설파이드화 다이메틸 아이오딘화 메틸 아이오딘화 트라이메틸설포늄

중성 친핵체를 포함하는 치환의 다른 일반적인 예는 **가용매분해(solvolysis)**반응을 들 수 있다. 가용매분해 반응은 반응을 수행하는 용매가 친핵체로 작용하는 치환이다. 물에서 가용매분해(가수분해: *hydrolysis*)는 할로젠화 알킬을 알코올로 전환시킨다.

$$RX + 2H_2O \longrightarrow ROH + H_3O^+ + X^-$$

할로젠화 알킬, 물, 알코올, 하이드로늄 이온, 할로젠화 이온

이 반응은 두 단계로 일어난다. 두 단계 중 첫 번째 단계에서만 친핵성 치환과 관련되고, 이 단계가 속도결정 단계이다. 두 번째 단계는 양성자 전달단계로 알코올을 생성하는 단계로 Brønsted 산–염기 반응으로 빠르게 일어나는 반응이다.

$$H_2\ddot{O}: + R-\ddot{X}: \xrightarrow{\text{느림}} :\ddot{X}:^- + H_2\overset{+}{O}-R \xrightarrow[\text{빠름}]{H_2\ddot{O}:} H\ddot{O}-R + H_3\overset{+}{O}:$$

물, 할로젠화 알킬, 할로젠화 이온, 알킬옥소늄 이온, 알코올, 하이드로늄 이온

물과 같이 —OH 기를 포함하는 다른 용매에서도 이와 유사한 반응이 일어난다. 메탈올에서 가용매분해(가메탄올분해 : *methanolysis*)로 메틸 에터를 형성한다.

$$H_3C\ddot{O}H + R-\ddot{X}: \xrightarrow{\text{느림}} :\ddot{X}:^- + H_3C\overset{+}{O}(H)-R \xrightarrow[\text{빠름}]{CH_3\ddot{O}H} H_3C\ddot{O}-R + CH_3\overset{+}{O}H_2$$

메탄올, 할로젠화 알킬, 할로젠화 이온, 알킬메틸옥소늄 이온, 알킬 메틸 에터, 메틸옥소늄 이온

표 8.2 몇 가지 일반적인 친핵체의 친핵성

반응성 분류	친핵체	상대 반응성*
매우 좋은 친핵체	I^-, HS^-, RS^-	$> 10^5$
좋은 친핵체	Br^-, HO^-, RO^-, CN^-, N_3^-	10^5
양호한 친핵체	NH_3, Cl^-, F^-, RCO_2^-	10^3
약한 친핵체	H_2O, ROH	1
매우 약한 친핵체	RCO_2H	10^{-2}

* 전형적인 S_N2 반응에 대한 상대 반응성은 *k*(친핵체)/(메탄올)이며 대략적인 값이다. 이 데이타는 용매로 메탄올에서의 값이다.

친핵체의 공격이 S_N2 메커니즘의 속도결정 단계이기 때문에 치환의 속도는 다양한 친핵체에 따라 달라질 수 있고, 달라진다. 친핵성의 세기 혹은 친핵성도(**nucleophilicity**)는 Lewis 염기가 적절한 기질로부터 이탈기를 얼마나 빨리 치환하는가의 척도이다. 여러 종류의 Lewis 염기가 메탄올에서 아이오딘화 메틸과 반응하는 속도를 측정하여 메탄올을 표준 친핵체로 비교한 이들의 상대적 친핵성도를 편집하여 표 8.2에 나타내었다.

친핵체의 원자가 같으면 염기성이 더 큰 친핵체가 반응성이 더 크다. 알콕시화 이온(RO^-)은 카복실산 이온(RCO_2^-)보다 염기성이 더 크며, 친핵성도 더 크다.

$R-\ddot{\underset{..}{O}}:^-$ 가 $RC(=O)-\ddot{\underset{..}{O}}:^-$ 보다 더 친핵성이다.

(는 더 센 염기, 짝산은 ROH이다.) $pK_a = 16$

(는 더 약한 염기. 짝산은 RCO_2H이다.) $pK_a = 5$

염기성도와 친핵성도 사이에는 주기율표의 같은 열에 있는 원자들을 비교할 때 연관성이 있다. 그러므로 HO^-는 F^-보다 더 염기성이고 친핵성이 더 크며, H_3N은 H_2O보다 더 염기성이고 친핵성이 더 크다. *주기율표에서 열의 아래로 내려갈 때는 이런 연관성을 가지지 않는다.* 예를 들면, I^-는 할로젠화 이온 중에서 가장 약한 염기성이지만 가장 좋은 친핵체이다. F^- 이온은 가장 센 염기성의 할로젠화 이온이지만 가장 약한 친핵체이다.

할로젠화 이온 가운데서 염기도와 친핵성도 사이의 역전관계를 가장 잘 설명할 수 있는 요소는 그림 8.3에 보여 주는 이온−쌍극자 힘의 형태로 이들이 *용매화(solvated)*되는 정도이다. 음이온의 크기가 적을수록 그들의 높은 전하−크기 비율 때문에 크기가 큰 음이온들보다 더 강하게 용매화된다. 친핵체로 작용하기 위해서는 할로젠화물은 이를 둘러싼 용매 분자들의 몇몇은 떼어내야만 한다. 할로젠화 이온 가운데 F^- 이온이 이온−쌍극자 힘이 제일 강하고, I^- 이온이 가장 약한 결합을 형성한다. 그러므로 F^- 이온의 친핵성도는 Cl^- 이온보다 더욱 제약을 받으며, Cl^- 이온은 Br^- 이온 보다, Br^- 이온은 I^- 이온보다 더 제약을 받는다. 유사하게 HO^-가 HS^- 보다 크기가 더 작고 더 강하게 용매화되며, 그리고 친핵성이 약하다. 큰 이온보다 작은 이온에서 친핵성의 감소에 끼치는 용매화의 중요성은 용매화가 일어나지 않는 기체상에서 측정할 때 실제로 할로젠화 이온들의 친핵성도의 순서가 반대가 되고 염기성도에 따르는 것으로 알 수 있다. $F^- > Cl^- > Br^- > I^-$ 같은 친핵성 원자를 가지는 화학종을 비교해 보면 음전하의 친핵체가 중성 친핵체보다 반응성이 더 크다.

$R-\ddot{\underset{..}{O}}:^-$ $R-\ddot{\underset{..}{O}}-H$

알콕시화 이온은 알코올 보다 친핵성이 크다.

$RC(=O)-\ddot{\underset{..}{O}}:^-$ $R-C(=O)-\ddot{\underset{..}{O}}-H$

카복실산 이온은 카복실산 보다 친핵성이 크다.

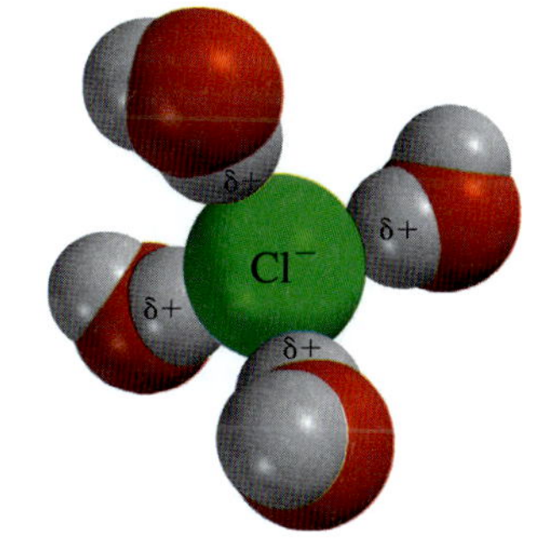

그림 8.3

물에 의한 염화 이온의 용매화

8.6 친핵성 치환의 S_N1 메커니즘

3차 할로젠화 알킬이 입체장애 때문에 S_N2 메커니즘에 의한 치환에 대하여 실제로 비활성임을 알고 있으나, 이들이 친핵성 치환을 조금이라도 일으키는지 아닌지가 궁금하다. 이들 반응이 일어나고 있지만, 전혀 다르게 일어나고 있다.

Enzyme-Catalyzed Nucleophilic Substitutions of Alkyl Halides

Nucleophilic substitution is one of a variety of mechanisms by which living systems detoxify halogenated organic compounds introduced into the environment. Enzymes that catalyze these reactions are known as *haloalkane dehalogenases.* The hydrolysis of 1,2-dichloroethane to 2-chloroethanol, for example, is a biological nucleophilic substitution catalyzed by the dehalogenase shown in Figure 8.4.

$$ClCH_2CH_2Cl \xrightarrow[\text{dehalogenase}]{H_2O} ClCH_2CH_2OH$$

This haloalkane dehalogenase is believed to act by *covalent catalysis* using one of its side-chain carboxylates to displace chloride by an S_N2 mechanism.

Enzyme–CO_2^- + $ClCH_2CH_2Cl$ $\xrightarrow[-Cl^-]{S_N2}$ Enzyme–$C(=O)OCH_2CH_2Cl$

The product of nucleophilic substitution then reacts with water, restoring the enzyme to its original state and giving the observed products of the reaction.

Enzyme–$C(=O)OCH_2CH_2Cl$ $\xrightarrow[\text{several steps}]{H_2O}$ Enzyme–CO_2^- + $HOCH_2CH_2Cl$

Both stages of the mechanism are faster than the hydrolysis of 1,2-dichloroethane in the absence of the enzyme. Enzyme-catalyzed hydrolysis of racemic 2-chloropropanoic acid is a key step in the large-scale preparation (2000 tons per year!) of (*S*)-2-chloropropanoic acid used in the production of agricultural chemicals.

Racemic 2-chloropropanoic acid $\xrightarrow{H_2O,\ \text{dehalogenase}}$ (*S*)-2-Chloropropanoic acid + (*S*)-Lactic acid

In this enzymatic resolution, the dehalogenase enzyme catalyzes the hydrolysis of the *R*-enantiomer of 2-chloropropanoic acid to (*S*)-lactic acid. The desired (*S*)-2-chloropropanoic acid is unaffected and recovered in a nearly enantiomerically pure state.

Some of the most common biological S_N2 reactions involve attack at methyl groups, especially the methyl group of *S*-adenosylmethionine. Examples of these will be given in Chapter 16.

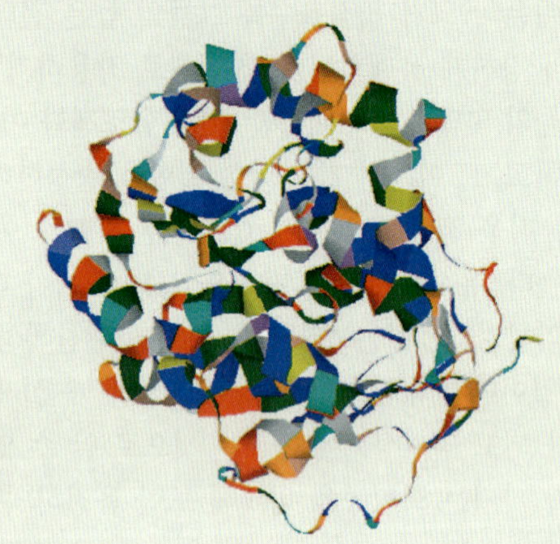

Figure 8.4

A ribbon diagram of the dehalogenase enzyme that catalyzes the hydrolysis of 1,2-dichloroethane. The progression of amino acids along the chain is indicated by a color change. The nucleophilic carboxylate group is near the center of the diagram.

Haughes와 Ingold는 반응속도 연구에서 브로민화 *tert*-뷰틸의 가수분해는 쉽게 일어나며, 1차 반응 속도법칙에 따른다는 것을 관찰하였다.

$(CH_3)_2CBr$	+	$2H_2O$	⟶	$(CH_3)_2COH$	+	H_3O^+	+	Br^-
브로민화 *tert*−뷰틸		물		*tert*-뷰틸 알코올		하이드로늄 이온		브로민화 이온

$$속도 = k[(CH_3)_3CBr]$$

반응속도는 오로지 브로민화 *tert*-뷰틸의 농도에만 의존한다. Hughes와 Ingold가 2차 반응 속도법칙을 이분자 속도−결정 단계로 설명한 것처럼, 1차 반응 속도식을 일분자 속도결정 단계로 보았다—즉 단지 할로젠화 알킬만이 관여하는 단계이며 친핵체의 농도와 종류와는 무관하다. 할로젠화 수소와 알코올의 반응에 대한 메커니즘에서처럼(4.8절), 이 반응 경로는 $\mathbf{S_N1}$(치환-친핵성-일분자)로서 분류되며, 속도결정 단계에서 탄소양이온을 형성하는 것으로 특성을 가지고 있다.

브롬민화 *tert*-뷰틸의 가수분해에 대한 S_N1 메커니즘은 메커니즘 8.2와, 그림 8.5의 퍼텐셜 에너지 도표로서 그리고 다음과 같이 약식의 형태로 나타낸 것과 같이 일련의 단일 단계로 표시될 수 있다.

$$(CH_3)_3C{-}\ddot{Br}: \xrightarrow{\text{느림}} :\ddot{Br}:^- + (CH_3)_3C^+ \xrightarrow[\text{빠름}]{H_2\ddot{O}} (CH_3)_3C{-}\overset{+}{O}H_2 \xrightarrow[\text{빠름}]{H_2\ddot{O}} (CH_3)_3C{-}\ddot{O}H + H_3\overset{+}{O}:$$

브롬민화 *tert*-뷰틸 브로민화 이온 *tert*-뷰틸 양이온 *tert*-뷰틸옥소늄 이온 *tert*-뷰틸 알코올 하이드로늄 이온

주요 단계는 첫 번째 단계로 할로젠화 알킬이 탄소양이온과 할로젠 이온으로 되는 속도-결정 일분자 해리 단계이다. 이에 따라서 탄소양이온이 친핵체로 작용하는 물 분자를 잡아

메커니즘 8.2

친핵성 치환의 S_N1 메커니즘

전체 반응

$$(CH_3)_3C{-}Br + 2H_2O \longrightarrow (CH_3)_3C{-}OH + H_3O^+ + Br^-$$

브로민화 *tert*-뷰틸 물 *tert*-뷰틸 알코올 하이드로늄 이온 브로민화 이온

메커니즘:

1단계: 할로젠화 알킬이 탄소양이온과 할로젠화 이온으로 해리한다.

$$(CH_3)_3C{-}\ddot{Br}: \xrightarrow{\text{느림}} (CH_3)_3C^+ + :\ddot{Br}:^-$$

브로민화 *tert*-뷰틸 *tert*-뷰틸 양이온 브로민화 이온

2단계: 1단계에서 형성된 탄소양이온은 물 분자와 빠르게 반응한다. 물 분자가 친핵체이다. 이 단계는 메커니즘의 선택성 치환을 완결하고 알킬옥소늄 이온을 생성한다.

$$(CH_3)_3C^+ + H{-}\ddot{O}{-}H \longrightarrow (CH_3)_3C{-}\overset{+}{O}H_2$$

tert-뷰틸 양이온 물 *tert*-뷰틸 옥소늄 이온

3단계: 2단계는 친핵성 치환 뒤에 일어나는 빠른 산-염기 반응이다. 물은 알킬옥소늄 이온으로부터 양성자를 제거하여 기대하는 반응 생성물인 *tert*-butyl alcohol을 생성한다.

$$(CH_3)_3C{-}\overset{+}{O}H_2 + H{-}\ddot{O}{-}H \longrightarrow (CH_3)_3C{-}\ddot{O}H + H_3\overset{+}{O}$$

tert-뷰틸 옥소늄 이온 물 *tert*-뷰틸 알코올 하이드로늄 이온

그림 8.5

브로민화 *tert*−뷰틸의 가수분해에 대한 S_N1 메커니즘을 나타내는 에너지 도표.

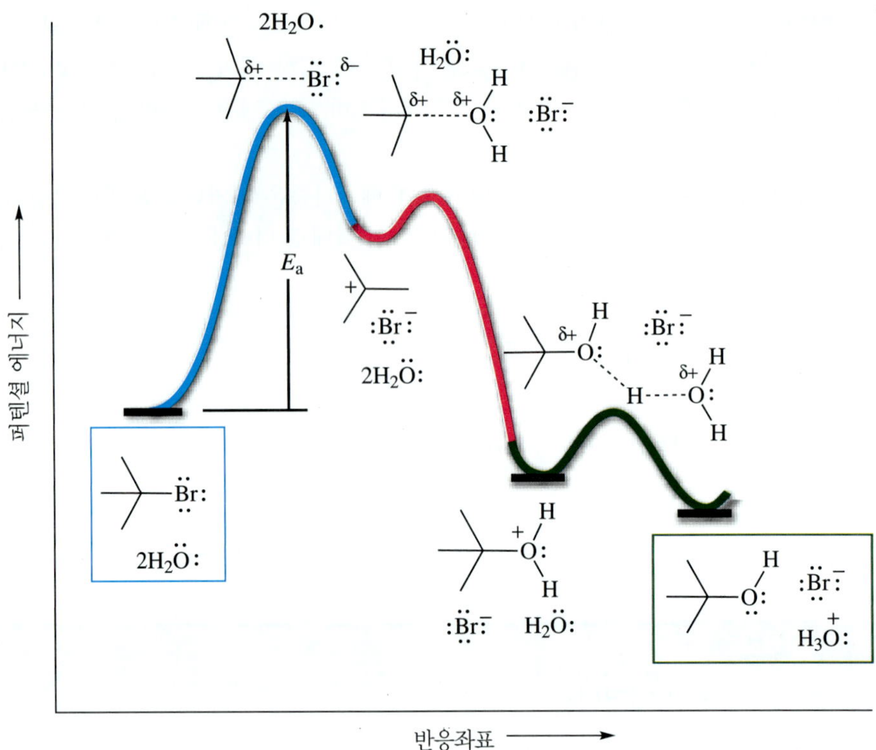

서 알킬옥소늄 이온이 되고나서 Brønsted 염기로 작용하는 두번째 물 분자에 의해 탈양성자화되어 이 과정이 완료된다.

일련의 할로젠화 알킬의 S_N1 반응속도를 비교하기 위하여, S_N2 반응과의 경쟁을 억제할 수 있는 가용매분해에서와 같이 친핵성이 낮은 실험조건을 선택하였다. 이 조건 하에서는 할로젠화 알킬의 구조/반응성의 경향은 S_N2 반응과는 완전히 반대로 일어난다.

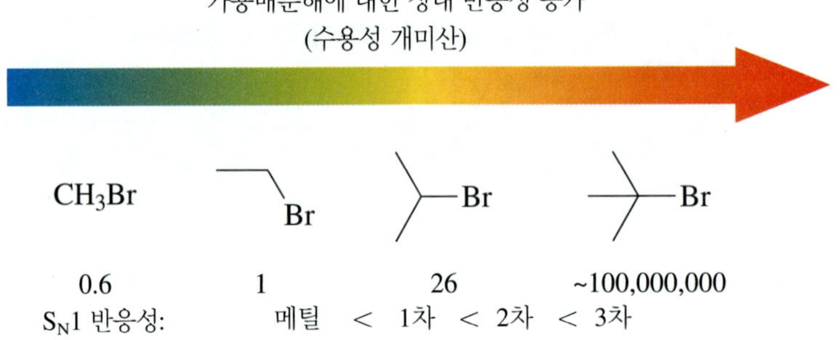

0.6 1 26 ~100,000,000

S_N1 반응성: 메틸 < 1차 < 2차 < 3차

할로젠화 수소와 알코올의 반응(4.10절)과 알코올의 산−촉매 탈수(5.12절)와 E1 메커니즘에 의한 할로젠화 알킬의 알켄 변환 반응(5.18절)에서 유사한 경향을 보았었다. 이들 다른 반응에서처럼 탄소양이온이 안정할수록, 더 빨리 형성되고, 반응속도는 더 빨리 일어난다. 메틸과 1차 탄소양이온은 에너지가 높아서 친핵성 치환에서의 중간체일 것 같지는 않다. 브로민화 메틸과 에틸이 지금 설명한 바와 같은 조건에서 가수분해가 일어나지만, 아마도 치환은 물이 친핵체로 작용하는 S_N2 과정으로 일어난다고 본다

일반적으로 할로젠화 메틸과 1차 할로젠화 알킬은 절대로 S_N1 메커니즘으로는 일어나지 않는다; 할로젠화 3차 알킬은 S_N2로는 절대 반응하지 않는다.

할로젠화 2차 알킬은 메커니즘의 관점에서는 친핵체의 특성이 주요 결정 인자가 되는 중간 영역에 놓여있다. 할로젠화 2차 알킬은 좋은 친핵체와는 S_N2 메커니즘으로 반응하고 약한 친핵체와는 S_N1으로 반응한다.

문제 8.9

아래의 각 쌍에서 S_N1 반응으로 더 빨리 반응하는 화합물을 구별하시오.

(a) 브로민화 아이소프로필 또는 브로민화 아이소뷰틸
(b) 아이오딘화 사이클로펜틸 또는 아이오딘화 1-메틸사이클로펜틸
(c) 브로민화 사이클로펜틸 또는 1-브로모-2,2-다이메틸프로페인
(d) 염화 *tert*-뷰틸 또는 아이오딘화 *tert*-뷰틸

풀이 예시 (a) 브로민화 아이소프로필, $(CH_3)_3CHBr$는 할로젠화 1차 알킬이고, 브로민화 아이소뷰틸, $(CH_3)_2CHCH_2Br$는 할로젠화 2차 알킬이다. S_N1 반응에서 속도결정 단계는 탄소양이온 형성이며, 또한 2차 탄소양이온이 1차 탄소양이온보다 더 안정적이기 때문에 S_N1 메커니즘에 의한 친핵성 치환반응은 브로민화 아이소뷰틸보다는 브로민화 아이소프로필의 반응성이 더 크다.

문제 8.10

이들의 가용매분해반응(S_N1)에 대한 많은 연구결과 바이사이클 화합물 A와 B의 친핵 치환의 대략적인 반응속도를 이의 대응체인 *tert*-뷰틸에 비해서 확정하였다. 여기에서 X는 할라이드나 설포네이트 이탈기이다.

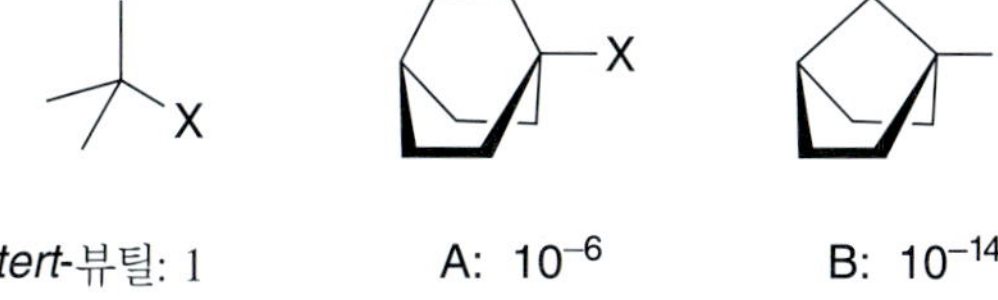

이들 반응속도가 매우 크게 차이가 나는 이유를 논리적으로 설명하시오.

8.7 S_N1 반응의 입체화학

S_N2 반응은 입체특이성이며, 탄소에서 배열의 반전을 동반하며 진행하지만. S_N1 반응에 대하여는 이와 같은 상황이 그렇게 명확하지 못하다. 이탈기가 광학적 활성인 할로젠화물의 카이랄성 중심으로부터 떨어져서 생긴 양으로 하전된 탄소는 sp^2 혼성화여서 카이랄성 중심이 될 수 없다. 탄소에 연결된 세 결합은 대칭평면으로 규정되고 있다.

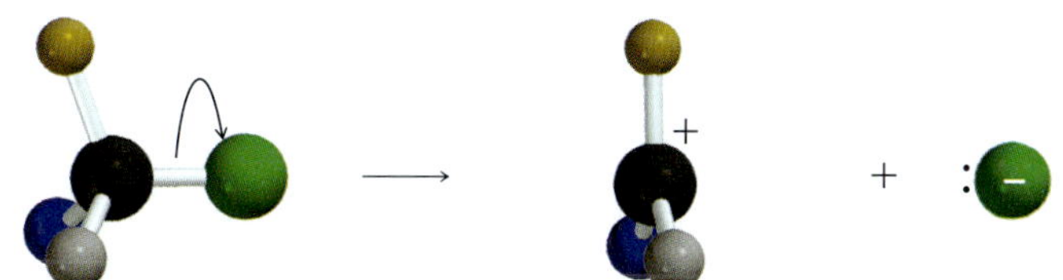

할로젠화 알킬은 카이랄성이다 탄소양이온은 비카이랄성이다

친핵체가 탄소양이온의 양쪽 면에 똑같이 접근할 수 있기 때문에 S_N1 메커니즘에 의한 치환은 출발 물질인 할로젠화 알킬이 *R* 혹은 *S*, 라세미에 상관없이 1:1 거울상이성질체의 혼합물을 생성하게 된다. S_N1 반응은 광학 활성 출발물질에서 라세미 생성물을 주어야 한다.

그러나 이와 같은 현상은 좀처럼 일어나지 않는다. 할로젠화 3차 알킬, (*R*)-3-클로로-3,7-디메틸옥탄의 가메탄올분해는 확실히 S_N1 메커니즘으로 일어나는데 매우 높은 배열의 반전으로 일어난다.

(R)-3-Chloro-3,7-dimethyloctane —CH_3OH→ (S)-3,7-Dimethyl-3-methoxyoctane (89%) + (R)-3,7-Dimethyl-3-methoxyoctane (11%)

비슷하게, (*R*)-2-브르모옥테인의 가수분해는 1차 반응속도법칙에 따르고 66%의 배열의 반전으로 2-옥탄올을 생성한다.

S_N1 반응에서 광학 활성이 완전히는 아니나 부분적으로 손실이 일어나는 것은 그림 8.6에 나타낸 것처럼 설명되고 있다. 이 메커니즘의 중요한 특징은 탄소양이온이 형성될 때 이탈기로부터 완전히 자유롭지 못하다는 것이다. 비록 이온화 반응이 완료되었지만 이 탈기는 연결되어 있던 탄소로부터 그리 멀리 확산하여 나가지 못하여서 친핵체가 그 방향으로 접근하는 것을 부분적으로 막게 된다. *이온쌍(ion pair)*이라고 하는 이런 화학종에 대한 친핵성 공격은 이탈기의 반대쪽에서 더욱 빠르게 일어난다. 두 이온이 얼마나 가깝게 회합되어 있는지에 따라 완전히 배열이 반전된 생성물이 주 생성물로 얻어진다. 그러나 일단 이탈기가 멀리 떨어지면 탄소양이온의 양쪽 면은 친핵체에 의하여 동일하게 접근이 가능하여 같은 양의 거울상이성질체 생성물이 생긴다.

S_N1 치환의 입체화학은 이온쌍에 대한 친핵체의 공격과 이온의 분리와의 경쟁 과정의 상대 속도에 의존한다. 결론적으로 관찰된 입체화학은 할로젠화 알킬, 친핵체와 실험 조건에 따라 상당히 다양하다. 방금 언급했던 2-브로모옥테인의 가수분해와 같은 경우에는 불완전하지만 배열의 반전이 우선적으로 일어난다. 다른 경우에는 거의 완전한 라세미 생성물을 생성한다.

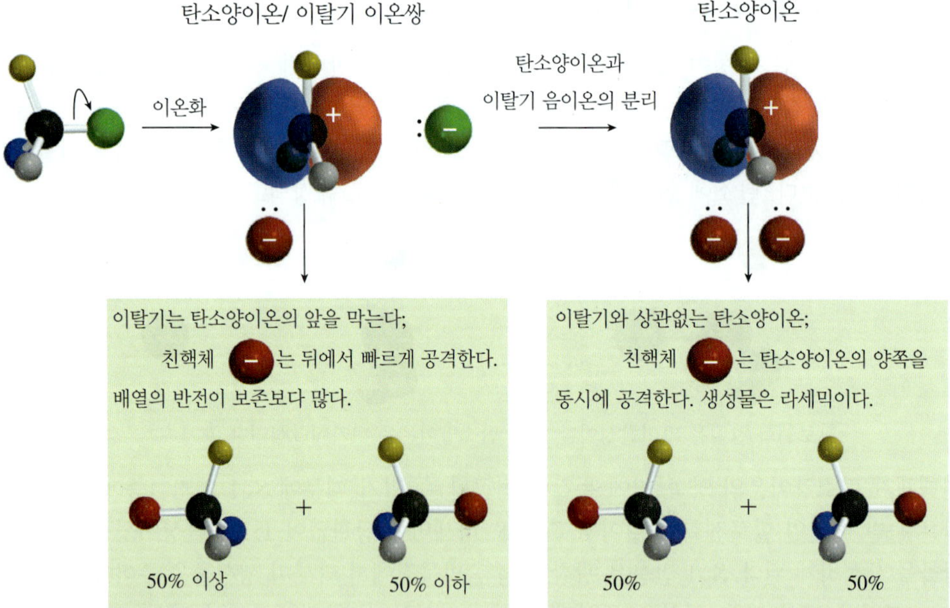

그림 8.6

S_N1 입체화학. 할로젠화 알킬의 이온화로 형성된 탄소양이온은 이탈기에 의하여 "앞"쪽이 막혀진다. 친핵체는 이와 같은 탄소양이온 이온쌍의 덜 막힌 "뒤"쪽을 더 빠르게 공격한다. 그리고 완전한 배열의 반전을 동반한 생성물을 형성한다. 이온쌍에 대한 친핵성 공격에 경쟁하는 과정에서는 이탈기는 탄소양이온으로 부터 멀리 떨어진다. 친핵체는 탄소양이온을 양쪽으로부터 같은 속도로 공격하여 같은 양의 거울상이성질체를 형성한다.

문제 8.11

브로민화 *cis*-1,4-다이메틸사이클로헥실의 가수분해에서 어떠한 두 개의 거울상 이성질체 치환 생성물을 분리할 것이라 생각하는가? 브로민화 *trans*-1,4-다이메틸사이클로헥실의 가수분해로 분리되는 두 개의 거울상이성질체 치환의 생성물은 무엇인가?

8.8 S_N1 반응에서 탄소양이온 재배열

어떤 친핵성 치환에서 탄소양이온 중간체에 대한 증거는 이 화학종이 정상적으로 관련된 유형의 재배열을 관찰함으로써 부가적으로 얻을 수도 있다. 예를 들면, 브로민화 2차 알킬, 2-브로모-3-메틸뷰테인을 가수분해하면 치환 반응 생성물로 재배열된 2-메틸-2-뷰탄올인 3차 알코올만 얻어진다.

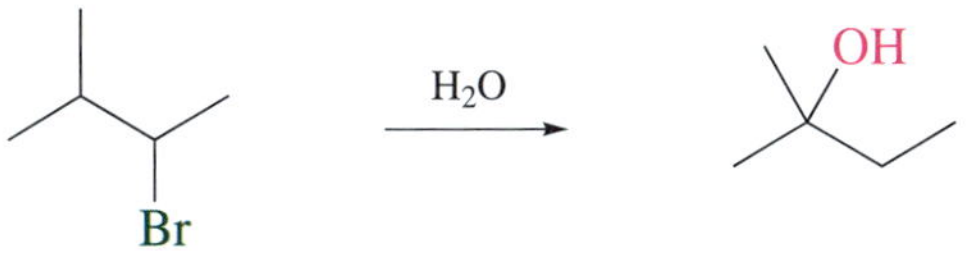

Br —(H_2O)→ OH

2-Bromo-3-methylbutane 2-Methyl-2-butanol (93%)

이 반응에 대한 메커니즘 8.3은 할로젠화 알킬의 속도결정 이온화(1단계)에 이어, 2차 탄소양이온을 더 안정적인 3차 탄소양이온으로 전환하는 수소음이온의 이동이(2단계) 일어난다고 가정하고 있다. 그리고 3차 탄소양이온이 물과 반응하여 관찰된 생성물을 형성한다(3과 4단계).

문제 8.12

2-브로모-3-메틸뷰테인의 가수분해에서 탄소양이온 중간체가 메틸기가 이동하지 보다는 수소음이온이 이동함으로써 재배열이 일어나는가?

재배열 반응이 일어난다는 것은 탄소양이온 중간체에 대한 증거로 간주할 수 있으며, 또 반응 경로로 S_N1 메커니즘임을 가리킨다. 재배열 반응은 S_N2 반응에서는 절대로 관찰되지 않는다.

메커니즘 8.3

2-브로모-3-메틸뷰테인의 S_N1 가수분해에서 탄소양이온 재배열

전체 반응

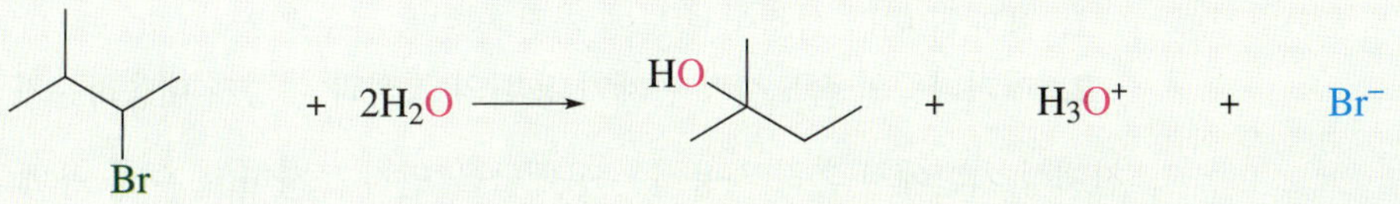

Br + $2H_2O$ → HO + H_3O^+ + Br^-

2-브로모-3-메틸뷰테인 물 2-메틸-2-뷰탄올 하이드로늄 이온 브로민화 이온

메커니즘:

1단계: 할로젠화 알킬은 탄소양이온과 브로민화 이온으로 이온화한다. 이 반응이 속도결정 단계이다.

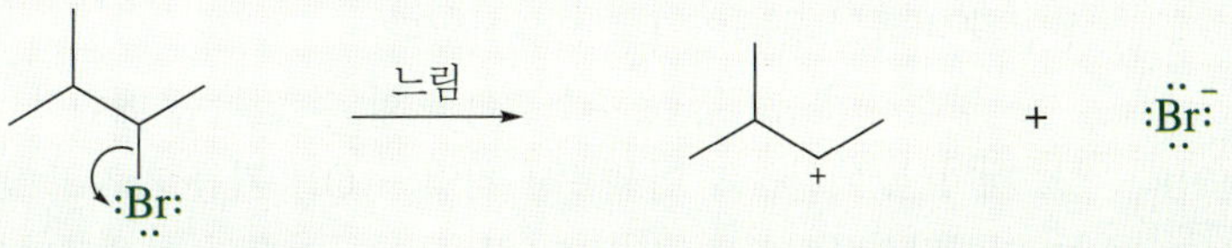

:Br: —(느림)→ + + :Br:$^-$

2-브로모-3-메틸뷰테인 1,2-다이메틸프로필 양이온 브로민화 이온

(계속)

메커니즘 8.3

2-브로모-3-메틸뷰테인의 S_N1 가수분해 반응에서 탄소양이온 재배열 (*계속*)

2단계: 1단계에서 형성된 탄소양이온은 2차 탄소양이온이다. 이 양이온은 안정한 3차 탄소양이온을 형성하도록 수소 음이온 옮김으로 재배열한다.

빠름

1,2-다이메틸프로필 양이온 1,1-다이메틸프로필 양이온

3단계: 3차 탄소양이온은 친핵체로 작용하는 물에 의해 공격 당한다.

빠름

1,1-다이메틸프로필 양이온 물 1,1-다이메틸프로필옥소늄 이온

4단계: 알킬옥소늄 이온에서 물로 양성자 이동이 일어나서 과정이 완료된다.

빠름

1,1-다이메틸프로필옥소늄 이온 물 2-메틸-2뷰탄올 하이드로늄 이온

8.9 친핵성 치환 속도에 미치는 용매 효과

용매의 중요한 효과는 친핵성 치환 속도에 영향을 미치는 것에 관한 것이지 생성물이 무엇인가에 관한 것은 아니다. 그래서 이에 관련된 두 가지 물음을 고려할 필요가 있다.

1. 용매의 어떤 성질이 속도에 가장 영향을 주는가?
2. 메커니즘의 속도결정 단계가 용매의 특성과 어떻게 대응하는가?

친핵성 치환에서 흔히 사용하는 용매들을 먼저 조사하고, 이들 용매의 특성이 어떻게 S_N1과 S_N2 메커니즘에 영향을 미치는지 조사해 보자. S_N1과 S_N2 메커니즘은 서로 너무나 다르기 때문에 이를 각각 분리하여 토론 하고자 한다.

용매의 종류. 표 8.3에 친핵성 치환을 수행하는 많은 용매들을 목록으로 나타내었고, 두 가지 기준에 따라서 용매들을 분류하였다. 즉 양성자성인가 혹은 비양성자성 용매인가와 극성인가 비극성 용매인가로 분류하였다.

"양자택일"의 한 쪽으로만 양성자성과 비양성자성로 구별하는 것과 다르게, 극성과 비극성으로 구별할 때는 명확하게 정의된 경계가 없이 연속적으로 단계적 차이를 보인다.

양성자성 용매류는 수소결합을 할 수 있는 용매이다. 대부분이 표 8.3에 있는 예들 즉 물, 개미산, 메탄올과 아세트산 처럼 —OH 기를 가지고 있다. 표에 있는 비양성자성 용매들 디메틸설폭사이드, *N,N*-디메틸폼아미이드와 아세토나이트릴은 —OH 기를 가지고 있지 않다.

용매의 극성은 **유전상수(dielectric constant**, ε)와 관련이 있고, 반대로 하전된 입자들 사이의 인력을 완화하는 능력의 척도이다. 표준 유전체는 진공으로 정확히 1의 ε 값을

표 8.3 친핵성 치환에 사용되는 용매의 특성

용매	구조식	양성자성 혹은 비양성자성	유전상수 ε*	극성
물	H_2O	양성자	78	최대 극성
폼산	$HC(=O)OH$	양성자	58	
다이메틸 설폭사이드	$(CH_3)_2\overset{+}{S}—O^-$	비양성자	49	
아세토나이트릴	$CH_3C\equiv N$	비양성자	37	
N,*N*-다이메틸폼아마이드	$(CH_3)_2NC(=O)H$	비양성자	37	
메탄올	CH_3OH	양성자	33	
아세트산	$CH_3C(=O)OH$	양성자	6	최소 극성

* 유전상수는 근사치이며 온도 의존성이다.

부여하여, 다른 물질의 극성을 비교하고 있다. 유전상수 ε가 클수록, 양전하와 음전하로 하전된 종들을 분리 유지하는 능력이 더 좋은 매질이다. 높은 유전상수를 갖는 용매들을 극성 용매(polar solvent)로 분류하고 있고, 낮은 유전상수의 용매들을 비극성이라 한다.

문제 8.13

다이에틸 에터($CH_3CH_2OCH_2CH_3$)는 유전상수가 4이다. 이 용매의 성질을 극성 양성자성, 비극성 양성자성, 극성 비양성자성 혹은 비극성 비양성자성으로 어떻게 가장 잘 묘사하겠는가?

S_N2 메커니즘에 의한 치환 속도에 미치는 용매 효과. 앞의 표 8.1에 인용한 소듐, 포타슘 염과 같은 이온성 물질은 비극성 용매에서는 완전히 용해하지 못하여 반응을 빠르게 일으키기에 필요한 친핵체의 농도를 충분하게 녹일 수 없기 때문에 전형적인 이분자 치환 반응에는 극성 용매가 요구된다. 그러나 용매가 이온성 화합물을 용해하기 위하여 극성이어야 한다는 조건 이외에는 S_N2 반응 속도에 미치는 용매의 극성 효과는 적다. 무엇보다 가장 중요한 것은 용매가 양성자성(protic)인지 비양성자성(aprotic)인지가 중요하다. 물, 개미산, 메탄올과 아세트산 같은 양성자성 용매들은 모두 음이온성 친핵체와 수소결합을 형성할 수 있는 —OH 기를 가지고 있다.

$$\underset{\text{용매}}{R\overset{\delta^-}{O}—H^{\delta^+}} \quad + \quad \underset{\text{친핵체}}{:Y^-} \quad \longrightarrow \quad \underset{\text{수소결합한 착물}}{R\overset{\delta^-}{O}—H\text{---}Y^{\delta^-}}$$

음이온성 친핵체 주위에 *양성자성* 용매 분자들이 뭉침(*용매화*, *solvation*)으로써 음이온의 친핵성을 억제하여 이분자 치환 속도를 지체시킨다.

반면에 *비양성자성* 용매는 —OH 기가 없으며, 음이온들은 강하게 용매화하지 않으므로 이들이 친핵성 특징을 충분히 발휘하도록 내버려 둔다. 표 8.4은 몇까지 극성 비양성자성 용매에서 아자이드화(azide) 이온(좋은 친핵체)에 의한 1-브로모뷰테인의 S_N2 치환 반응의 2차 반응 속도 상수 *k*를 극성 양성자성 용매에서는 훨씬 느린 반응에 해당하는 *k*값과 비교하고 있다.

$$\text{1-브로모뷰테인 (CH}_3\text{CH}_2\text{CH}_2\text{CH}_2\text{Br)} + N_3^- \longrightarrow \text{1-아지도뷰테인 (CH}_3\text{CH}_2\text{CH}_2\text{CH}_2\text{N}_3\text{)} + Br^-$$

1-브로모뷰테인 아자이드화 이온 1-아지도뷰테인 브로민화 이온

문제 8.14

음이온을 용매화하는 양성자성 용매와는 달리, 비양성자성 용매는 음이온 보다는 양이온과 착물을 형성한다. 양이온의 원천으로 아자이드화 나트륨(NaN_3)를 사용하여 다이메틸 설폭사이드와의 상호작용을 보이도록 점선을 사용하여 표시하시오.

극성 비양성자성 용매에서 이분자 친핵성 반응에 대하여 측정된 반응속도가 빨라진 것은 합성반응에 유리한 장점을 주고있다. 예를 들면 사이안화 소듐과 할로젠화 알킬의 반응으로 사이안화 알킬(나이트릴)의 합성을 들 수 있다.

$$\text{CH}_3(\text{CH}_2)_5\text{X} + \text{NaCN} \longrightarrow \text{CH}_3(\text{CH}_2)_5\text{CN} + \text{NaX}$$

Hexyl halide Sodium cyanide Hexyl cyanide Sodium halide

용매로 메탈올 수용액에서 반응을 수행할 때 브로민화 헥실은 71% 수득률로 사이안화 헥실로 전환된다. 비록 이 반응은 완전히 가능한 합성반응이지만 *20시간* 이상 가열이 필요하다. 용매를 DMSO로 바꾸면 반응성이 더 작은(가격이 싼) 기질인 염화 헥실을 대신 사용해도 충분히 반응할 정도로 반응 속도의 증가를 나타내어 이 반응이 단지 *20분만*에 완결(91% 수득률)될 수 있다.

반응이 일어나는 속도(*rate*)는 실험실에서는 중요하기 때문에, 용매가 속도에 미치는 효과를 이해하는 것은 실질적인 의의가 있다. 그렇지만 본문을 통하여 어떻게 친핵성 치환이 다양한 작용기 변환에 응용되는가를 알며, 무엇보다 어떤 생성물(product)이 형성되는지를 결정하는 기질과 친핵체의 본질을 깨달아야 한다.

표 8.4 여러 용매에서의 아자이드화 이온에 의한 1- 브로모뷰테인의 S_N2 치환의 상대 속도

용매	구조식	유전상수	용매의 종류	상대속도
메탄올	CH_3OH	33	극성 양성자성	1
물	H_2O	78	극성 양성자성	7
다이메틸 설폭사이드	$(CH_3)_2\overset{+}{S}-O^-$	49	극성 비양성자성	1300
N,*N*-다이메틸폼아마이드	$(CH_3)_2NCH=O$	37	극성 비양성자성	2800
아세트나이트릴	$CH_3C\equiv N$	37	극성 비양성자성	5000

* 25°C에서 메탄올에서의 치환반응의 2차 속도상수에 대한 표시한 각 용매에서의 치환반응에 대한 속도상수의 비.

표 8.5 용매극성의 기능에 따른 염화 *tert*- 뷰틸의 S_N1 가용매분해 반응의 상대속도

용매	유전상수 ε	상대속도
아세트산	6	1
메탄올	33	4
품산	58	5,000
물	78	150,000

* 25°C에서 아세트산에서의 가용매분해반응의 1차 속도상수에 대한 표시한 각 용매에서의 가용매분해 반응에 대한 속도상수의 비.

S_N1 메커니즘에 의한 치환 속도에 미치는 용매 효과. 표 8.5은 유전상수가 증가하는 순서로 여러 양성자성 용매에서의 염화 *tert*-뷰틸의 가용매분해 속도의 상대속도를 보여 주고 있다. 표에서 나타나는 것처럼 염화 *tert*-뷰틸의 가용매분해 속도는(이온화 속도와 같은) 용매의 유전 상수가 증가함에 따라 극적으로 증가한다.

S_N1 메커니즘에 따라 할로젠화 알킬 분자는 속도결정 단계에서 양으로 하전된 탄소 양이온과 음으로 하전된 할로젠화 이온으로 이온화된다(그림 8.5). 할로젠화 알킬이 이 단계에서 위한 전이상태에 접근함에 따라 부분 양전하는 탄소에, 부분 음전하는 할로젠에 나타난다. 그림 8.7은 전이 상태의 에너지에 대한 비극성 용매와 극성 용매의 영향을 대조하여 보여주고 있다. 극성과 비극성 용매는 출발물질인 할로젠화 알킬과의 상호작용은 비슷하다. 그러나 이들이 전이상태를 안정화하는 데에는 현저한 차이를 보이고 있다. 낮은 유전 상수를 가진 용매는 전이상태의 에너지에 거의 영향을 주지 않는 반면에 높은 유전 상수의 용매는 전하−분리 전이상태를 안정화하고, 활성화 에너지를 낮추며, 반응속도를 증가시킨다.

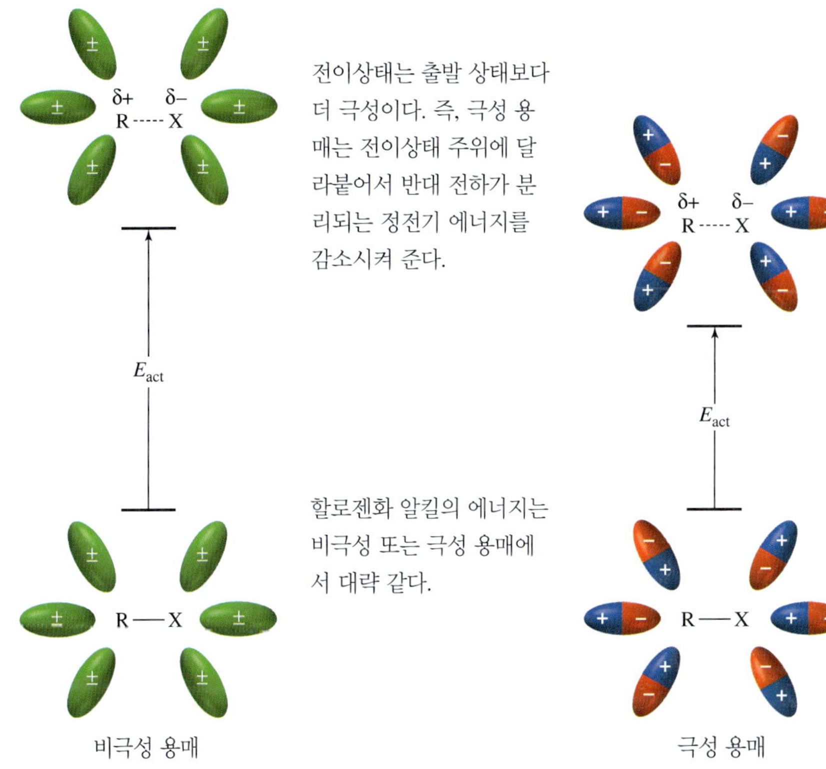

그림 8.7
극성 용매는 S_N1 반응의 전이상태를 안정화 시키며, 이의 속도를 증가시킨다.

극성 용매가 양성자성 용매라면, 이탈기가 음으로 하전됨에 따라 수소결합이 더 향상되기 때문에 전이상태는 확연히 더 안정화된다.

8.10 경쟁 반응으로서의 치환과 제거

할로젠화 알킬과 Lewis 염기는 치환이나 제거에서 함께 반응할 수 있음을 알았다.

β 제거: H–C–C–X + Y^- → C=C + H—Y + X^-

친핵성 치환: H–C–C–X + Y^- → H–C–C–Y + X^-

치환은 S_N1 또는 S_N2 메커니즘으로, 제거는 E1 또는 E2 메커니즘으로 일어날 수 있다.

그러면 치환이나 제거 중, 특정한 반응물의 조합에서는 어느 반응이 관측되는 주된 반응이 될 것인지 어떻게 예측할 수 있겠는가? 가장 중요한 두 가지 요소는 *할로젠화 알킬의 구조*와 *음이온의 염기성도*이다. 할로젠화 알킬과 Lewis 염기의 특징적 반응은 *제거*(*elimination*)이며, 치환은 특별한 경우에서만 우세하다는 전제로 이 물음에 접근하는 것이 유효하다. 전형적 반응에서 브로민화 아이소프로필(isopropyl bromide)과 같은 전형적인 2차 할로젠화 알킬은 에톡시화 소듐(sodium ethoxide)과 같은 대표적인 친핵체와는 주로 제거를 한다.

Isopropyl bromide $\xrightarrow[\text{CH}_3\text{CH}_2\text{OH, 55°C}]{\text{NaOCH}_2\text{CH}_3}$ Propene (87%) + Ethyl isopropyl ether (13%)

그림 8.8은 이 경우에 대한 E2와 S_N2 결로 사이의 밀접한 관계를 밝혀주며, 2차 할로젠화 알킬이 강 염기와 반응할 때는 E2가 S_N2 보다 더 빠르게 일어남을 앞의 반응식에서 인용된 결과로부터 분명히 알 수 있다.

이탈기가 붙어있는 탄소 주위의 입체적 혼잡도가 적어질수록 Lewis 염기에 의한 친핵성 공격의 속도는 증가한다. 치환반응을 우세하게 하는 특별한 상황 중의 하나는 친핵체의 접근에 대한 입체적 장애를 작게 하는 것이며, 1차 할로젠화 알킬은 E2 보다 우선적으로 S_N2 메커니즘으로 알콕시화 염기와 반응한다.

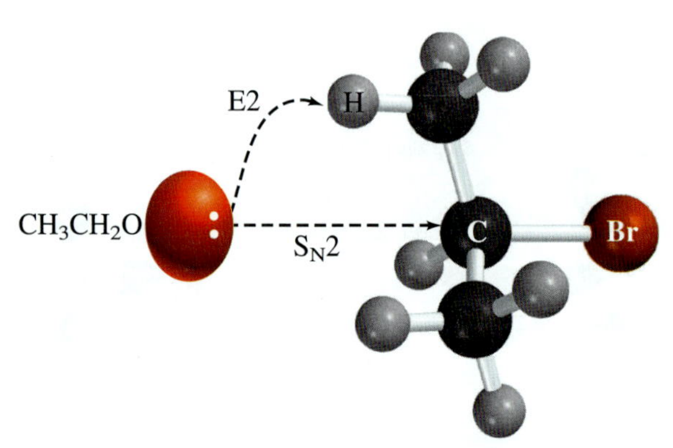

그림 8.8

Lewis 염기가 할로젠화 알킬과 반응할 때는 치환이나 제거가 일어날 수 있다. 치환(S_N2)은 Lewis 염기가 친핵체로 작용하여 브로민화 이온을 치환하려고 탄소를 공격할 때 일어난다. 제거(E2)는 Lewis 염기가 탄소로부터 양성자를 떼어낼 때에 일어난다. 여기서 할로젠화 알킬은 브로민화 아이소프로필이다. 알콕시화 염기와는 제거(E2)가 치환보다 우세하다.

$$\text{Propyl bromide} \xrightarrow[\text{CH}_3\text{CH}_2\text{OH, 55°C}]{\text{NaOCH}_2\text{CH}_3} \text{Propene (9\%)} + \text{Ethyl propyl ether (91\%)}$$

그러나 만일 염기 자체가 *tert*-뷰톡시화 포타슘처럼 입체적으로 혼잡하면 비록 1차 할로젠화 알킬이라도 치환보다 제거를 더 일으킨다.

$$CH_3(CH_2)_{15}CH_2CH_2Br \xrightarrow[(CH_3)_3COH,\ 40°C]{KOC(CH_3)_3} CH_3(CH_2)_{15}CH{=}CH_2 + CH_3(CH_2)_{15}CH_2CH_2OC(CH_3)_3$$

1-Bromooctadecane → 1-Octadecene (87%) + *tert*-Butyl octadecyl ether (13%)

치환이 우세하도록 균형을 뒤집을 수 있는 두 번째 요소는 친핵체의 염기성을 약하게 하는 것이다. 수산화 이온보다 약한 염기성의 친핵체는 1차 할로젠화 알킬과 2차 할로젠화 알킬 모두와 반응하여 높은 수득률로 친핵성 치환의 생성물을 형성한다. 실례를 들면, 사이안화 이온은 수산화 이온보다 훨씬 약한 염기성이지만 2-클로로옥테인과 반응하여 주 생성물로 이에 해당하는 사이안화 알킬을 생성한다.

사이안화 이온은 이의 짝산인 HCN(pK_a 9.1)이 물(pK_a 15.7)보다 더 강 산이기 때문에 수산화 이온보다 더 약한 염기이다.

$$\text{2-Chlorooctane} \xrightarrow[\text{DMSO}]{\text{KCN}} \text{2-Cyanooctane (70\%)}$$

아자이드화 이온의 짝산은 *hydrazoic acid* (HN_3)라 한다. 이의 pK_a는 4.6이며 이는 아세트산과 비슷한 산성도를 갖는다.

아자이드화 이온($:\overset{-}{\underset{..}{N}}{=}\overset{+}{N}{=}\overset{-}{\underset{..}{N}}:$)은 사이안화 이온보다도 염기성이 약하다. 이 이온은 2차 할로젠화 알킬과 주로 치환으로 반응을 한다.

$$\text{Cyclohexyl iodide} \xrightarrow{\text{NaN}_3} \text{Cyclohexyl azide (75\%)}$$

H_2S(pK_a 7.0)는 물(pK_a 15.7)보다 강 산이다. 따라서 HS_2는 HO^-보다 훨씬 약한 염기이다.

황화수소 이온, HS^-과 RS^- 형태의 음이온들은 대체로 수산화 이온보다 염기성이 약하며, 1차와 2차 할로젠화 알킬 모두와 반응하여 주로 치환 생성물을 준다.

3차 할로젠화 알킬은 친핵성 공격에 대하여 입체적 장애가 너무 크기 때문에 어떤 음이온성 Lewis 염기라도 존재하면 제거가 우세하게 일어난다. 보통 음이온성 Lewis 염기가 없을 때에만 3차 할로젠화 알킬에서는 치환이 제거보다 우세하게 일어난다. 예를 들면, 3차 브로민화물인 2-브로모-2-메틸뷰테인의 가용매분해에서 치환 대 제거의 비율은 순수한 에탄올에서는 64:36이지만 2M 에톡시화 소듐 존재하에서는 1:99로 떨어진다.

$$\text{2-Bromo-2-methylbutane} \xrightarrow[\text{25°C}]{\text{ethanol}} \text{2-Ethoxy-2-methylbutane} + \text{2-Methyl-2-butene} + \text{2-Methyl-1-butene}$$

2-Ethoxy-2-methylbutane (에톡시화 소듐이 없으면 주 생성물이다.)

2-Methyl-2-butene, 2-Methyl-1-butene (알켄 혼합물이 에톡시화 소듐의 존재 하에서도 주 생성물이다.)

이 경우에서는 치환된 생성물은 에톡시화 소듐의 존재와는 관계없이 S_N1 메커니즘으로 형성된다. 알켄들은 에톡시화 소듐이 없을 때에는 E1 메커니즘으로, 에톡시화 소듐이 있을 때에는 E2(주 반응)와 E1(부 반응)의 조합하여 생성된다.

문제 8.15

다음 각 반응의 주된 유기생성물은 예측하시오.

(a) 브로민화 사이클로헥실과 에톡시화 포타슘
(b) 브로민화 에틸과 사이클로헥산산 포타슘
(c) 메탄올에서의 브로민화 *sec*-뷰틸의 가용매분해
(d) 2M 메톡시화 소듐을 포함한 메탄올에서 브로민화 *sec*-뷰틸의 가용매분해

풀이 예시 (a) 브로민화 사이클로헥실은 2차 할로젠화물이며, 알콕시화물 염기와는 치환보다 제거를 먼저 일으킨다. 주 유기생성물은 사이클로헥센과 에탄올이다.

$$\text{Cyclohexyl bromide} + KOCH_2CH_3 \longrightarrow \text{Cyclohexene} + CH_3CH_2OH$$

Cyclohexyl bromide   Potassium ethoxide   Cyclohexene   Ethanol

문제 8.16

에터 합성에 대한 표준방법은 알콕시화물과 할로젠화 알킬의 S_N2 반응이다.

$$R-\ddot{\underset{..}{O}}:^- + R'-\ddot{\underset{..}{X}}: \longrightarrow R-\ddot{\underset{..}{O}}-R' + :\ddot{\underset{..}{X}}:^-$$

다음 에터들을 제조하기 위한 알콕시화물과 할로젠화 알킬의 가능한 조합을 나타내시오. 이들 에터 중 어느 것이 이 방법으로 효과적으로 제조될 수 있는가?

(a) $CH_3CH_2CH(CH_3)OCH(CH_3)_2$ (b) $CH_3CH_2CH_2OCH(CH_3)_2$

풀이 예시

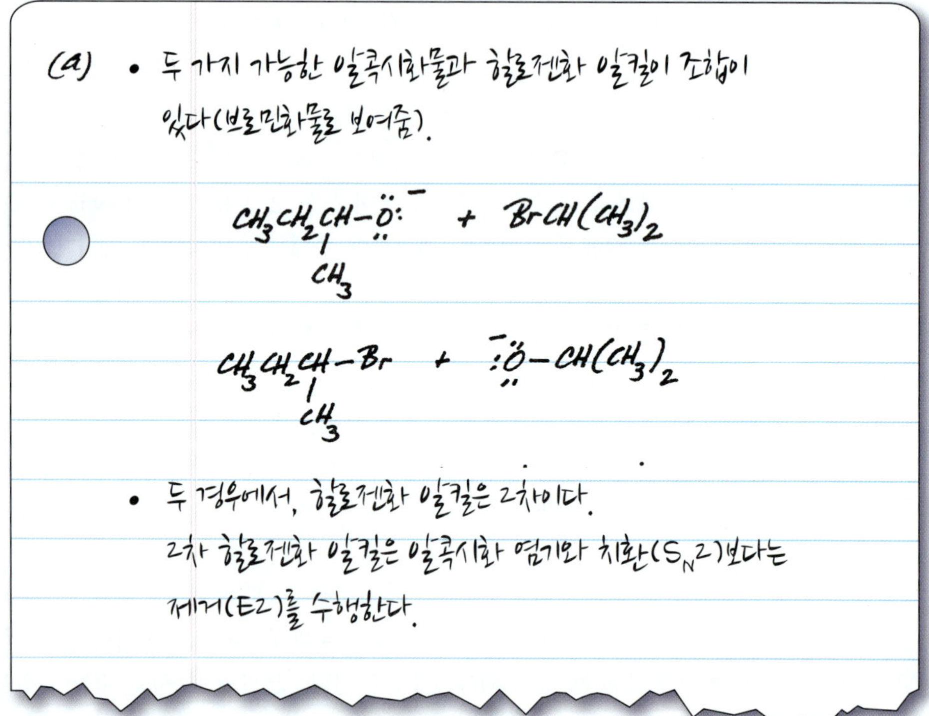

할로젠화 알킬이 무엇이든 상관없이 온도를 높이면 치환 속도와 제거 속도 모두가 증가한다. 그러나 보통 제거 속도가 치환 속도보다 더 빠르게 증가한다. 그래서 온도가 높을

수록 제거 생성물의 비율은 치환 생성물이 감소되는 만큼 증가한다.

실용적인 면에서 제거는 항상 정량적으로 일어나도록 할 수 있다. 특히 *tert*-뷰톡시화 이온과 같이 부피가 크고 강한 염기는 높은 온도에서 1차 할로젠화 알킬과도 E2 과정으로 반응한다. 치환을 촉진시키는 조건을 찾는 것이 더 어려운 일이다. 일반적으로 S_N2 메커니즘이 유리한 조건을 선택하는 것, 즉 입체적으로 장애를 덜 가진 기질, 염기성이 너무 강하지 않은 친핵체와 적당한 반응속도를 유지하는 가장 낮은 실질적 온도를 선택하는 것이 가장 좋은 접근 방법이다.

작용기의 전환을 S_N1 메커니즘에 의한 치환에 의존하는 것은 일반적으로 S_N2 형태에 의존하는 것만큼은 적당하지 않다. 입체적으로 장애를 받는 기질은 제거를 하기 쉬우며, 그리고 탄소양이온 중간체를 포함할 때는 자리옮김의 가능성이 있다. 제거가 불가능한 경우에만 S_N1 반응이 작용기 전환에 사용된다.

8.11 설폰산 알킬의 친핵성 치환

소수의 다른 유기 화합물들이 할로젠화 알킬과 유사한 친핵성 치환반응을 일으키는데, 이들 중에 가장 중요한 것이 설폰산 에스터이다.

메테인설폰산(methanesulfonic acid), *p*-톨루엔설폰산(*p*-toluenesulfonic acid)과 같은 설폰산들은 황산의 산성도와 비교할 정도로 강한 산이다.

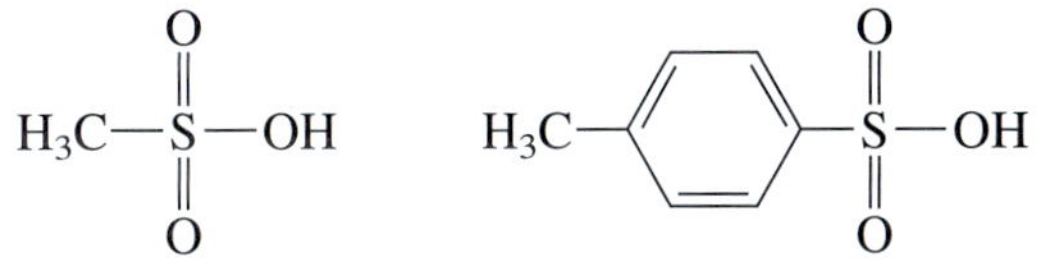

$$H_3C-S(=O)_2-OH \qquad H_3C-C_6H_4-S(=O)_2-OH$$

메테인설폰산 *p*-톨루엔설폰산

설폰산 알킬(alkyl sulfonate)은 —OH 기 중의 양성자를 알킬기와 치환한 황산의 유도체이다. 이것은 보통 약한 염기인 피리딘의 존재 하에 알코올을 적당한 염화 설포닐과 반응하여 만든다.

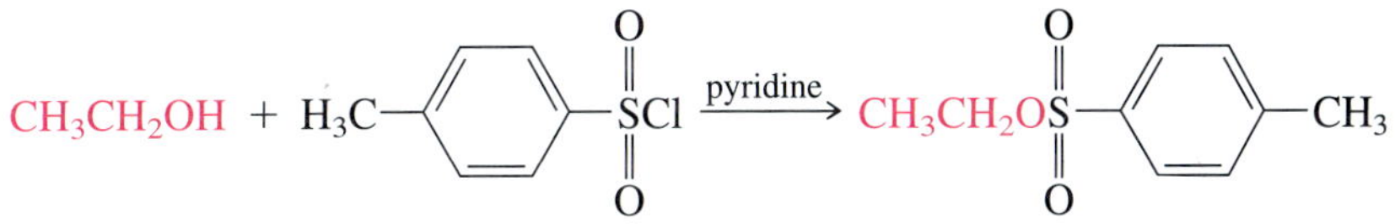

$$CH_3CH_2OH + H_3C-C_6H_4-S(=O)_2Cl \xrightarrow{\text{pyridine}} CH_3CH_2OS(=O)_2-C_6H_4-CH_3$$

Ethanol *p*-Toluenesulfonyl chloride Ethyl *p*-toluenesulfonate (72%)

설폰산 알킬은 할로젠화 알킬처럼 제거와 친핵성 치환을 할 수 이다. 가장 흔히 사용되는 설폰산 에스터는 *p*-톨루엔설폰산염(*p*-toluenesulfoniate)이다. 이들은 보통 *토실산염* (*tosylate*)으로 알려져 있고 약자로 ROTs라 쓴다.

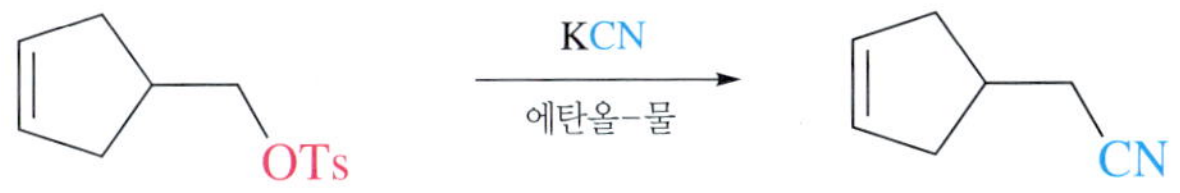

$$\text{(3-Cyclopentenyl)methyl–OTs} \xrightarrow[\text{에탄올–물}]{\text{KCN}} \text{(4-Cyanomethyl)cyclopentene–CN}$$

(3-Cyclopentenyl)methyl *p*-toluenesulfonate (4-Cyanomethyl)cyclopentene (86%)

표 8.6에 나타낸 것처럼 *p*-톨루엔설폰산 알킬은 아이오딘화 알킬보다 더 빠른 속도로 친핵성 치환을 일으킨다. 아이오딘화 음이온 할로젠화 음이온 중에서 가장 약염기로 제일 좋은 이탈기이다. 유사하게 설폰산염 이온은 산소를 가지는 이탈기중에서 가장 약한 염기 중의 하나이다. 약한 염기일수록 더 좋은 이탈기이다. 표에서 보듯이 트라이플로오로설폰산 이

표 8.6 이탈기의 대략적 상대 능력*

이탈기	상대 속도	이탈기의 짝산	짝산의 pK_a
F^-	10^{-5}	HF	3.1
Cl^-	10^{0}	HCl	−3.9
Br^-	10^{1}	HBr	−5.8
I^-	10^{2}	HI	−10.4
H_2O	10^{1}	H_3O^+	−1.7
$CH_3SO_2O^-$	10^{4}	CH_3SO_2OH	−2.6
TsO^-	10^{5}	TsOH	−2.8
$CF_3SO_2O^-$	10^{8}	CF_3SO_2OH	−6.0

*값은 근사값이고, 기질에 따라 변화한다.

온(trifluorosulfonate)은 *p*-톨루엔선폰산 이온보다 훨씬 약한 염기이고, 또 훨씬 좋은 이탈기이다.

염기성이 센 이탈기들은 표 8.6에 없다는 것에 주목하라. 일반적으로 그의 짝산의 pK_a가 약 2보다 큰 화학종들은 친핵성 치환에서 이탈기가 될 수 없다. 그래서 수산화 이온(HO^-)은 알코올(ROH)로부터 치환되기에는 너무나 강한 염기이며, 알코올은 친핵성 치환을 일으키지 못한다. 강한 산성 매질에서 알코올은 양성자화하여 알킬옥소늄 이온을 만들고, 이탈기는 매우 약한 염기성의 물 분자이기 때문에 이 알킬옥소늄 이온은 친핵성 치환을 일으킨다. 더 염기성인 친핵체가 덜 염기성인 이탈기를 치환할 때 S_N2 반응은 가장 유리하게 일어난다.

할로젠화 이온들이 *p*-톨루엔설폰산 이온보다 나쁜 이탈기이기 때문에, *p*-톨루엔설폰산 알킬은 친핵체로서 염소화, 브로민화와 아오딘화 이온들과 S_N2 반응을 거쳐서 할로젠화 알킬로 전환될 수 있다.

OTs + NaBr —DMSO→ Br + NaOTs

sec-Butyl *p*-toluenesulfonate + Sodium bromide → *sec*-Butyl bromide (82%) + Sodium *p*-toluenesulfonate

문제 8.17

p-톨루엔설폰산 옥타데실의 제법을 나타내는 화학 반응식을 쓰시오.

문제 8.18

p-톨루엔설폰산 옥테데실과 아래 각 시약들과의 반응을 나타내는 반응식을 쓰시오.

(a) 아세트산 포타슘 ($KOCCH_3$)
(b) 아이오딘화 포타슘 (KI)
(c) 사이안화 포타슘(KCN)
(d) 황화수소 포타슘 (KSH)
(e) 뷰테인싸이올산 소듐 ($NaSCH_2CH_2CH_2CH_3$)

풀이 예시 *p*-톨루엔설폰산 옥타데실의 모든 반응들은 화학 문헌에 보고되었으며, 합성에 유용할 만한 수득률로 모든 반응이 진행된다. 따라서 이 문제의 각 부분에 있는 친핵체를 먼저 확인하고서 풀이를 시작해야 한다. 친핵체는 S_N2 반응에서 *p*-톨루엔설폰산 이온 이탈기를 치환한다. (a)에서는 친핵체가 아세트산 음이온이며, 이 때 친핵성 치환의 생성물은 아세트산 옥타데실이다.

$$CH_3C(=O)O^- + H_2C(-OTs)(CH_2)_{16}CH_3 \longrightarrow CH_3C(=O)OCH_2(CH_2)_{16}CH_3 + {}^-OTs$$

아세트산 이온 토실산 옥타데실 아세트산 옥타데실 토실산 이온

할로젠화 알킬보다 설폰산 에스터가 갖는 이로운 점은 알코올로부터 설폰산 에스터를 제조할 때 탄소의 결합에는 어떠한 것도 관여하지 않는다. 알코올의 산소는 설포닐기에 알킬기를 연결하는 산소가 된다. 그래서 설폰산 에스터의 배열은 에스터가 만들어지는 알코올의 배열과 정확하게 같다. 예를 들면, 광학적 활성인 기질에서 입체화학을 연구하려면 토실산 에스터가 이것을 만든 알코올과 같은 배열을 가지며, 또한 같은 광학적 순도를 가질 것이라고 알 수 있다.

OH → (염화 p-톨루엔설폰일 / 피리딘) → OTs

(*S*)-(+)-2-Octanol
$[\alpha]_D^{25}$ +9.9°
(광학적으로 순수함)

(*S*)-(+)-1-Methylheptyl *p*-toluenesulfonate
$[\alpha]_D^{25}$ +7.9°
(광학적으로 순수함)

기질로써 할로젠화 알킬과 반응하는 경우에 대하여는 모두 이와 같다고 할 수는 없다. 광학적 활성인 2-옥탄올을 이에 상응하는 할로젠화물로 전환하는 데는 카이랄성 중심과의 결합에 반응이 관여하며, 따라서 할로젠화 알킬의 광학적 순도와 절대배열은 별도로 확인하여 결정되어야 한다.

설폰산 에스터가 친핵성 치환을 일으키는 메커니즘은 할로젠화 알킬의 치환 메커니즘과 같다. 설폰산 알킬의 S_N2 반응에서는 배열의 반전이 관찰되고, S_N1 과정에서는 라세미화를 동반하는 반전이 우세하다.

문제 8.19

2-옥탄올의 설폰산 에스터의 가수분해는 입체특이성이며, 완전한 배열의 반전을 동반하며 진행한다. 광학적으로 순순한 (*S*)-(+)-1-*p*-톨루엔설폰산 메틸헵틸의 가수분해로 형성되는 2-옥탄올의 입체화학을 보여주는 구조식을 쓰시오. 그리고 생성물은 *R* 또는 *S*로 확인하고, 이의 고유 광회전도를 추정하시오.

설폰산 에스터는 할로젠화 알킬과 같은 제한을 받는다. 음이온성 친핵체를 요구하는 작용기 전환을 계획할 때 토실산은 할로젠화 알킬처럼 제거를 일으키기 때문에 제거 반응과의 경쟁을 고려해야 한다. 예를 들면, *p*-톨루엔설폰산 1-메틸펜틸이 메탄올에서 메톡시화 소듐의 존재하에 제거반응이 일어나면 1-헥센과 (*E*)/(*Z*)-2-헥센의 혼합물이 얻어진다.

OTs → ($NaOCH_3$ / CH_3OH, 가열) → + +

1-Methylpentyl *p*-toluenesulfonate

1-Hexene (33%)

(*E*)-2-Hexene (44%)

(*Z*)-2-Hexene (23%)

이탈기가 2차 탄소에 붙어 있고 메톡시화 이온이 강한 염기이기 때문에 제거가 주도적으로 일어난다. 그러나, 약한 염기성인 아지드화 이온은 나타낸 것 처럼 2차 *p*-투루엔-설폰산과 치환과 배열의 반전으로 반응하는 것을 주시하라.

TsO — $\xrightarrow[\text{DMSO}]{NaN_3}$ — N_3

(1*S*,2*S*,5*S*)-*p*-톨루엔설폰산 -5-아이소프로페인-2-메틸사이클로헥실 (1*S*,2*S*,5*S*)-아자이드화 -5-아이소프로펜일-2-메틸사이클로헥실(76%)

알코올은 다른 물질로부터 얻기 쉽고, 다른 류의 화합물로 전환될 수 있기 때문에 알코올은 흔히 복잡한 분자를 합성할 때 중요한 중간물로 간주된다. 친핵성 치환에 이용하기 위해 알코올을 할로젠화나 설폰산 알킬로 전환할 수 있어서 해서 다양한 값진 유기 화합물의 합성을 가능하게 하고 있다. 14장과 15장에서 다시 합성에 이용할 알코올의 용도에 대해 되풀이 할 것이다.

8.12 친핵성 치환과 역합성 분석

6.15절에서 역합성 분석을 확실히 일어날 것으로 예상하는 반응을 이용하여 적당한 출발물질로부터 목표한 분자의 합성을 계획하는 도구로서 소개하였다. 이 절에서는 친핵성 치환에 기반한 방법을 도입하여 역합성 원리를 발전시키고자 한다. 게다가 도움이 되는 지원으로서 *결합끊기*(*bond-disconnection*)를 사용하는 것을 소개하고자 한다.

예: 당신이 선택한 어떤 탄화수소와 무기물질로부터 $(CH_3)_2CHCH_2SH$를 제조하시오.

목표하는 화합물의 구조식을 쓴것으로부터 시작하여 형성되어야 할 결합을 선택하고 합성 변환과 관련된 방법으로 그 결합을 끊으시오. 한 가능한 방법은:

SH ⟹ X + $^-$SH

여기는 끊는다.

여기에서 X는 할로젠화 이온이나 토실염 이온과 같은 이탈기이다. 개별적으로 이들의 가능성을 각각 고려하시오. 토실화물은 알코올로부터 만들어진다, 그래서 다음의 역합성은:

OTs ⟹ OH

문제는 탄화수소가 출발물질이라는 것을 명확히하면서 역합성을 완성하기위해서는 알켄의 수소붕소화–산화가 타당한 가능성이 있다.

SH ⟹ OTs ⟹ OH ⟹

길잡이한 역합성으로, 정방향으로 반응들을 순서대로 쓰고 필요한 시약들을 나타낸다.

$\xrightarrow[\text{2. } H_2O_2,\ HO^-]{\text{1. } B_2H_6,\ \text{THF}}$ OH $\xrightarrow[\text{피리딘}]{\text{염화 } p\text{-톨루엔설폰일}}$ OTs $\xrightarrow{NaSH}$ SH

많은 다른 합성법들이 종종 고안될 수 있어서 각각의 방법을 냉정하게 평가하여 목적물이 요구하는 위치 및 입체선택성의 표준을 만족하는지를 확실히 하는 것이 중요하다.

문제 8.20

다음의 모든 합성법에는 결함이 있다. 각각에 대하여 무엇이 잘 못인지 설명하시오.

(a)

Br_2 / $h\nu$, 가열 → Br; NaSH → SH

(b)

HCl → Cl; NaSH → SH

(c)

H_2O, H_2SO_4 → OH; 염화 *p*-톨루엔설폰일 / 피리딘 → OTs; NaSH → SH

(d)

1. B_2H_6, THF 2. H_2O_2, HO^- → OH; HBr / 가열 → Br; NaSH → SH

8.13 요약

8.1절 친핵성 치환은 작용기 전환을 위한 주요한 방법 중 하나이다. 합성에 유용한 친핵성 치환의 실예들이 표 8.1에 주어졌다. 이 표를 다시 보면서 여태 다루었던 친핵성 친환의 세부사항인 전 항목들을 복습하는 것이 좋다.

8.2~8.9절

이 절들은 친핵성 치환에 대한 S_N1과 S_N2 메커니즘의 제안을 가져온 다양한 실험적 관찰내용을 보여 준다. 표 8.7는 이 절에서 설명한 모든 자료를 통합하여 보여주고 있다.

8.10절 친핵성 치환을 합성에 이용할 때는 치환과 제거 사이의 경쟁이 치환이 우세하여야 한다. 그러나 *2차 할로젠화 알킬과 수산화 이온보다 더 센 염기나 강한* 염기 *사이에는 제거 (E2)*가 일반적으로 일어나는 반응이다. S_N2 메커니즘에 의한 치환은 염기가 수산화 이온보다 약하거나 또는 할로젠화 알킬이 1차일 때에만 우세하게 일어난다. 3차 할로젠화 알킬이 음이온과 반응할 때는 제거가 우세하다.

8.11절 친핵성 치환은 할로젠화 이온이 아닌 다른 이탈기와도 반응할 수 있다. 알코올과 염화 *p*-톨루엔설폰일과의 반응으로 만든 *p*-톨루엔설폰산 알킬(토실산 에스터)이 종종 이용된다.

$$\text{ROH} + \text{H}_3\text{C}-\text{C}_6\text{H}_4-\text{SO}_2-\text{Cl} \xrightarrow{\text{피리딘}} \text{ROSO}_2-\text{C}_6\text{H}_4-\text{CH}_3\ (\text{ROTs})$$

알코올 염화 *p*-톨루엔설폰일 *p*-톨루엔설폰산 (토실산 알킬)알킬

이탈기로서 작용하는 p-톨루엔설폰산의 능력은 아이오딘화 이온보다 더 반응성이 좋다.

$$\bar{\text{Nu}}: \quad \text{R}-\text{OTs} \longrightarrow \text{Nu}-\text{R} + {}^-\text{OTs}$$

친핵체 *p*-톨루엔설폰산 알킬 치환 생성물 *p*-톨루엔설폰산 이온

8.12절 역합성 분석은 기능기의 결합을 끊음으로써 그리고 어떻게 하여 이들 기능기를 친핵성 치환으로 탄소골격에 도입할 수 있을지를 고려함으로써 합성 전환을 제시할 수 있다.

$$\mathrm{R} \nmid \mathrm{Y} \Longrightarrow \mathrm{R-X} + \mathrm{Y}^-$$

표 8.7 할로젠화 알킬의 친핵성 치환에서 S_N1 과 S_N2 메커니즘의 비교

용매	S_N1	S_N2
메커니즘의 특징	두 개의 단일단계 1단계: $R-\ddot{X}: \rightleftharpoons R^+ + :\ddot{X}:^-$ 2단계: $R^+ + :Nu^- \longrightarrow R-Nu$ 할로젠화 알킬의 이온화(1단계)가 속도결정 단계이다(8.6절).	단일단계 $^-Nu: \; R-\ddot{X}: \longrightarrow Nu-R + :\ddot{X}:^-$ 친핵체가 이탈기를 치환한다. 즉, 공격해 들어오는 친핵체와의 결합형성이 이탈기 결합의 끊어지게 한다(8.3절).
속도결정 전이 상태	$^{\delta+}R---\ddot{X}:^{\delta-}$ (8.6절)	$^{\delta-}Nu---R---\ddot{X}:^{\delta-}$ (8.3절)
분자성	일분자 (8.6절)	이분자 (8.3절)
반응속도록과 속도 법칙	1차: 속도 = k [할로젠화 알킬] (8.6절)	2차: 속도 = k [할로젠화 알킬][친핵체] (8.3절)
할로젠화 이탈기의 상대 반응성	RI > RBr > RCl >>RF (8.2절)	RI > RBr > RCl >>RF (8.2절)
속도에 미치는 구조의 영향	$R_3CX > R_2CHX > RCH_2X > CH_3X$ 속도는 이온화 단계에서 형성되는 탄소양이온의 안정도에 의해서 결정된다. 3차 할로젠화 알킬은 S_N1 메커니즘에 의해서만 반응할 수 있다. 이들은 절대 S_N2 메커니즘으로 반응하지 않는다(8.6절).	$CH_3X > RCH_2X > R_2CHX > R_3CX$ 속도는 입체효과(전이 상태에서 붐빔)에 의하여 결정된다. 메틸과 1차 할로젠화 알킬은 S_N2 메커니즘에 의해서만 반응할 수 있다. 이들은 절대 S_N1 메커니즘으로 반응하지 않는다(8.4절).
속도에 미치는 친핵체의 영향	치환의 속도는 친핵체의 농도와 성질과는 관계 없다. 친핵체는 속도결정 단계 이후까지는 관여하지 않는다(8.6절).	속도는 친핵체의 본질과 이의 농도에 모두 의존한다(8.3절과 8.5절).
속도에 미치는 용매 효과	유전 상수 ε로 측정된 용매의 극성이 증가하면 속도도 증가한다(8.9절).	극성 비양성자성 용매는 치환의 속도를 가장 빠르게 한다. $Nu:^-$의 용매화는 최소이고, 친핵성도는 최대이다(8.9절).
입체화학	입체특성이성 아니다. 이탈기가 카이랄성 중심에 결합해 있을 때는 라세미화가 일어나는 반전을 동반한다(8.7절).	입체특이성이다. 반응 부위에서 100% 반전한다. 친핵체는 이탈기가 결합된 결합의 반대쪽으로부터 탄소를 공격한다(8.3절).
자리옮김 가능성	자리옮김이 일어날 수 있는 탄소양이온 중간체 (8.8절).	탄소양이온 중간체가 아님; 자리옮김 없음

문제

8.21 1-브로모프로페인과 다음 개개와의 반응으로부터 기대되는 주 유기 생성물의 구조를 쓰시오.

(a) 아세톤에서 아이오딘화 소듐

(b) 아세트산에서 아세트산 소듐 ($CH_3\overset{O}{\overset{\|}{C}}ONa$)

(c) 에탄올에서 에톡시화 소듐

(d) 다이메틸 설폭사이드에서 사이안화 소듐

(e) 에탄올 수용액에서 아자이드화 소듐

(f) 에탄올에서 황화수소 소듐

(g) 에탄올에서 메탄싸이올산 소듐 ($NaSCH_3$)

8.22 다음의 각 친핵성 치환반응은 화학 문헌에 보고된 것들이다. 그들 중의 대다수는 이 시점에서 취급되었던 것보다 좀 더 복잡한 반응 물질들을 포함한다. 그렇지만 단순한 체계의 친핵성 치환 반응에 관한 지식에 유추하여 생성물을 예측할 수 있을 것이다.

(a) $BrCH_2COCH_2CH_2CH_3$ $\xrightarrow[\text{아세톤}]{NaI}$

(b) $O_2N-C_6H_4-CH_2Cl$ $\xrightarrow[\text{아세트산}]{CH_3\overset{O}{\overset{\|}{C}}ONa}$

(c) $CH_3CH_2OCH_2CH_2Br$ $\xrightarrow[\text{에탄올-물}]{NaCN}$

(d) $NC-C_6H_4-CH_2Cl$ $\xrightarrow{H_2O,\ HO^-}$

(e) $ClCH_2\overset{O}{\overset{\|}{C}}OC(CH_3)_3$ $\xrightarrow[\text{아세톤-물}]{NaN_3}$

(f) TsO–CH_2–(2,2-다이메틸-1,3-다이옥솔레인-4-일) $\xrightarrow[\text{아세톤}]{NaI}$

(g) (2-퓨릴)CH_2SNa + CH_3CH_2Br $\longrightarrow$

(h) 2,3,4-트라이메톡시페닐–$CH_2CH_2CH_2CH_2$–OH (OCH_3, CH_3O, CH_3O) $\xrightarrow[\text{2. LiI, 아세톤}]{\text{1. TsCl, 피리딘}}$

8.23 1-클로로헥세인, 2-클로로헥세인과 3-클로로헥세인이 아세톤에서 아이오딘화 포타슘에 대한 반응성에는 전체적으로 29배의 차이가 있다.

(a) 어느 것이 가장 반응성이 큰가? 그 이유는 무엇인가?

(b) 이성질체 중에서 두 개의 반응성은 단지 두 배만 차이가 난다. 이들 중에서 이 두 개의 이성질체들은 어느 것인가? 그리고 어느 것이 더 반응성이 크며, 그 이유는 무엇인가?

8.24 $(CH_3)_3CCH_2C(CH_3)_3$의 광화학적 염소화는 두 개의 일염소화물의 혼합물을 4:1의 비율로 생성한다. 이 두 생성물의 구조는 에탄올 수용액에서 이들의 S_N1 가수분해의 비율을 기초로 하여 배정된 것이다. 주 생성물(화합물 A)은 부 생성물 (화합물 B)보다 훨씬 느리게 가수분해 반응을 일으킨다. 화합물 A와 B의 구조를 추론하시오.

8.25 아질산 소듐($NaNO_2$)은 2-아이오도옥테인과 반응하여, 88%의 통합 수득률로 분자식 $C_8H_{17}NO_2$인 두 개의 구조이성질체 화합물의 혼합물을 주었다. 이 두 이성질체의 적당한 구조식을 제시하시오.

8.26 아세톤에서 (*S*)-1-브로모-2-메틸뷰테인과 아이오딘화 소듐의 반응에 대하여 출발 물질과 생성물의 입체화학을 분명하게 보여 주는 반응식을 쓰시오. 이 생성물의 배열(*R* 또는 *S*)은 무엇인가?

8.27 다음의 각 진술과 가장 잘 일치하는 메커니즘의 기호(S_N1, S_N2, E1, E2)를 쓰시오.

(a) 할로젠화 메틸은 이 메커니즘으로만 에탄올에서 에톡시화 소듐과 반응한다.
(b) 입체 장애가 없는 1차 할로젠화물들은 주로 이 메커니즘으로 에탄올에서 에톡시화 소듐과 반응한다.
(c) 브로민화 사이클로헥실을 에탄올에서 에톡시화 소듐으로 처리하면 주 생성물이 이 메커니즘에 의하여 생성된다.
(d) 에탄올에서 브로민화 *tert*-뷰틸의 가용매분해로 얻은 치환 생성물은 이 메커니즘에 의하여 생긴다.
(e) 에톡시화 소듐을 포함하는 에탄올에서 브로민화 *tert*-뷰틸은 주로 이 메커니즘으로 반응한다.
(f) 이들 반응 메커니즘들을 협동 과정이라 한다.
(g) 이들 메커니즘으로 진행하는 반응은 입체특이성이다.
(h) 이들 반응 메커니즘은 탄소양이온 중간체를 포함한다.
(i) 이들 반응 메커니즘은 생성물이 기질과는 다른 탄소 골격을 갖는 것이 발견되었을 때 수반되어지는 반응 메커니즘에 가장 적당한 것이다.
(j) 아이오딘화 알킬은 이 메커니즘으로 진행되는 반응에서 브로민화 알킬보다 더 빠르게 반응한다.

8.28 다음 에터의 합성에 가장 효과적인 브로민화 알킬과 알콕시화 포타슘의 짝을 선택하시오.

(a) $CH_3OC(CH_3)_3$
(b) 
(c) $(CH_3)_3CCH_2OCH_2CH_3$

8.29 (*학생들 주목바람*: 이 문제는 9장의 중요한 물질들을 미리 소개하여, 여기에 제시한 내용을 남보다 일찍 시작해 볼만한 가치가 있다.)

RC≡CH 형태의 알카인은 출발 물질의 하나인 아세틸화 소듐(Na^+ $:\bar{C}$≡CH)의 친핵성 치환반응으로 합성될 수 있다.

(a) 아세틸렌화 소듐과 필요한 유기 또는 무기 시약으로부터 CH_3CH_2C≡CH의 제조법을 고안하시오.
(b) 아세틸렌(HC≡CH)의 pK_a가 26이라는 사실을 알고 RC≡CH 에서 R에 대하여 이 합성 과정의 범위를 논하시오. 이 방법으로 $(CH_3)_2CHC$≡CH나 $(CH_3)_3CC$≡CH를 좋은 수득률로 만들 수 있는가?

8.30 (a) *trans*-2-메틸사이클로펜탄올을 아세테이트 *cis*-2-메틸사이클로펜틸로 전환 시키기 위한 일련의 합당한 합성 변환을 제시하시오.

(b) 어떻게 1-메틸사이클로펜탄올로부터 아세트산 *cis*-2-메틸사이클로펜틸을 합성할 수 있는가?

8.31 25°C, 80% 에탄올/20% 물에서 2-브로모-2-메틸뷰테인과 2-아이오도-2-메틸뷰테인에 대한 치환 대 제거의 비율은 정확히 같다(26% 제거).

(a) 이 조건하에 이 화합물들에서 가장 그럴 뜻하게 치환이 일어나게 하는 메커니즘은 무엇인가?

(b) 이 조건하에 이 화합물들에서 가장 그럴 뜻하게 제거가 일어나게 하는 메커니즘은 무엇인가?

(c) 어떤 기질이 치환을 더 빠르게 일으키는가?

(d) 어떤 기질이 제거를 더 빠르게 일으키는가?

(e) 각 기질로부터 형성되는 두 개의 치환 생성물은 무엇인가?

(f) 각 기질로부터 형성되는 두 개의 제거 생성물은 무엇인가?

(g) 왜 두 개의 기질에 대하여 제거/치환 비율이 같다고 가정하는가?

8.32 아세트산 포타슘을 포함하는 아세트산에서 2-브로모-2-메틸뷰테인의 가용매분해는 세 개의 생성물을 만든다. 이들을 확인하시오.

8.33 만일 피리딘 존재 하에 1차 알코올과 염화 *p*-톨루엔설폰일이 반응 하는 동안 온도를 25°C 이하로 유지하지 않으면, 분리된 생성물이 기대하던 *p*-톨루엔설폰산염이 아니라 이에 해당하는 염화 알킬임을 종종 관찰한다. 이 관찰에 대한 메커니즘 설명을 제시하시오.

8.34 친핵체와 이탈기에 관한 지식을 토대로 아세톤에서 (*R*)-2-클로로뷰테인과 아이오딘화 소듐의 반응이 (*S*)-2-아이오도뷰테인의 합성법으로 유용하지 않다는 것을 알 수 있다. 그 이유를 설명하시오.

설명문과 이해 문제 8

친핵성 치환

이 문제들은 앞장들에 있은 문제들과는 다르다, 앞장에서서는 핵심 자료의 지식을 직접적으로 테스트 하였으나, 여기에서는 용어를 설명하면서 내용를 확장하거나 새로운 아이디어를 소개한다. 친핵성 치환에 관여하는 인자는 엄청나게 많다. 그러나, 정말 중요한 인자는 소수이며, S_N1과 S_N2 메커니즘을 분석검토 함으로서 특정 반응에 쉽게 응용할 수 있다.

8.35 어느 화합물이 S_N1 메커니즘으로 가장 빠른 속도로 치환을 하는가?

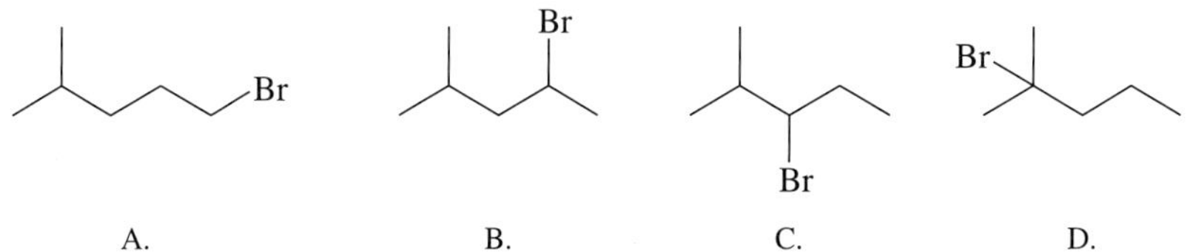

8.36 어느 화합물이 S_N2 메커니즘으로 가장 빠른 속도로 치환을 하는가?

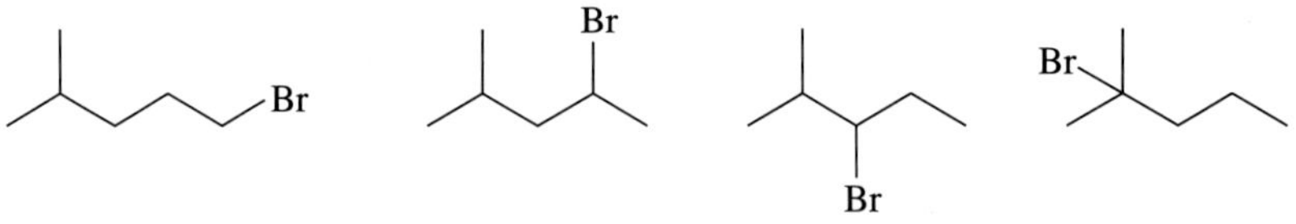

A. B. C. D.

8.37 가장 빠른 속도로 일어나는 반응은 어느 반응인가?

A. $CH_3CH_2CH_2CH_2Cl$ + NaSH $\xrightarrow{\text{에탄올, 25°C}}$ $CH_3CH_2CH_2CH_2SH$ + NaCl

B. $CH_3CH_2CH_2CH_2Cl$ + NaSH $\xrightarrow{\text{에탄올, 25°C}}$ $CH_3CH_2CH{=}CH_2$ + NaCl + H_2S

C. $CH_3CH_2CH_2CH_2Br$ + NaSH $\xrightarrow{\text{에탄올, 25°C}}$ $CH_3CH_2CH_2CH_2SH$ + NaBr

D. $CH_3CH_2CH_2CH_2Br$ + NaSH $\xrightarrow{\text{에탄올, 25°C}}$ $CH_3CH_2CH{=}CH_2$ + NaBr + H_2S

8.38 다음 반응에서 주 생성물에 가장 관련이 있는 메커니즘을 구별하시오.

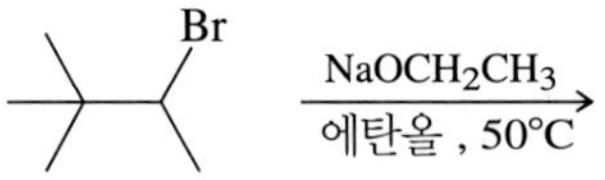

Br

$\xrightarrow[\text{에탄올, 50°C}]{NaOCH_2CH_3}$

A. S_N1
B. S_N2
C. E1
D. E2

8.39 아래 반응의 주 생성물은 무엇인가?

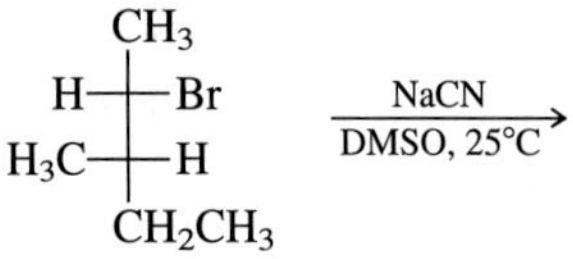

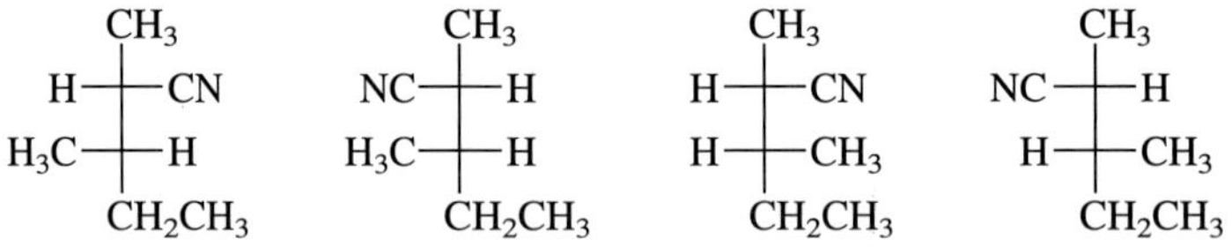

CH_3 / H—Br / H_3C—H / CH_2CH_3 $\xrightarrow[\text{DMSO, 25°C}]{NaCN}$

A. CH_3 / H—CN / H_3C—H / CH_2CH_3

B. CH_3 / NC—H / H_3C—H / CH_2CH_3

C. CH_3 / H—CN / H—CH_3 / CH_2CH_3

D. CH_3 / NC—H / H—CH_3 / CH_2CH_3

8.40 다음 연속반응에서 반응물 X와 생성물 Y는 무엇인가?

반응물 X —($H_3C-C_6H_4-SO_2Cl$, 피리딘)→ H_3C, H / O–SO_2–C_6H_4–CH_3, H —(NaN_3, 에탄올-물)→ 생성물 Y

	반응물 X	생성물 Y
A.	H_3C, H / OH, H	H_3C, H / N_3, H
B.	H_3C, H / OH, H	H_3C, H / H, N_3
C.	H_3C, H / H, OH	H_3C, H / H, N_3
D.	H_3C, H / H, OH	H_3C, H / N_3, H

8.41 테트라플루오로붕산 트라이메틸옥소늄은 메탄올(CH_3OH)과 반응하여 다이메틸 에터 (CH_3OCH_3)를 생성한다. 어느 식이, 굽은 화살을 포함하여, 메커니즘에서 속도결정 단계를 가장 잘 나타내고 있는가?

$(CH_3)_3O^+$ BF_4^-

테트라플루오로붕산 트라이메틸옥소늄

A. $(CH_3)_3O^+ \longrightarrow H_3C^+ + (CH_3)_2O$

B. $H_3C-OH + H_3C^+ \longrightarrow (CH_3)_2OH^+$

C. $H_3C-OH + (CH_3)_3O^+ \longrightarrow (CH_3)_2OH^+ + (CH_3)_2O$

D. $H_3C-O^- + (CH_3)_3O^+ \longrightarrow H_3C-O-CH_3 + (CH_3)_2O$

장의 개요

중남미의 밝은 색의 독침 개구리는 다른 동물의 공격을 억제할 수 있는 아세틸렌 알칼로이드 히스트리오니코톡신과 같은 유독성 물질을 체내에 저장하고 있다.

알카인

Alkynes

탄소–탄소 삼중결합을 포함하는 탄화수소를 **알카인(alkyne)**이라고 한다. 비고리형 알카인은 C_nH_{2n-2}의 분자식을 갖는다. 아세틸렌(*acetylene*, HC≡CH)은 가장 간단한 알카인이다. 또한, 탄소 사슬 끝에 삼중결합이 있는 화합물은 *일치환 알카인*(*monosubstituted alkyne*, RC≡CH) 또는 **말단 알카인(terminal alkyne)**이라고 한다. 이치환 알카인(RC≡CR′)은 *내부*(*internal*) 삼중결합을 갖고 있다. 탄소–탄소 삼중결합은 작용기의 하나로 알켄의 이중결합과 반응하는 시약들과 같은 반응을 하게 된다.

아세틸렌과 말단 알카인의 화학적 특징 중 가장 중요한 특성은 산성도이다. 탄화수소의 한 부류로서, RC≡CH 유형의 화합물은 모든 탄화수소 가운데 산성도가 가장 크다. 이와 같은 특성을 갖는 구조적인 요인뿐만 아니라 유기합성에서 이러한 이점을 활용하는 방법은 이 장에서 다룰 중요한 요소이다.

9.1 알카인 공급원

아세틸렌은 1836년에 발견되었으나, 주목을 받지 못하다가 19세기 말엽에 이르러서야 칼슘 카바이드로부터 대량 생산의 길이 트이면서 공업적 응용에 관심을 갖기 시작하였다. 합성의 첫 단계는 석회석과 석탄에서 얻는 원소성 탄소가 많이 포함된 코크스(coke)를 전기로에서 가열하여 칼슘 카바이드를 제조하는 공정이다.

$$\underset{\substack{\text{Calcium oxide}\\\text{(석회석에서)}}}{CaO} + \underset{\substack{\text{Carbon}\\\text{(코크스에서)}}}{3C} \xrightarrow{1800\text{–}2100°C} \underset{\text{Calcium carbide}}{CaC_2} + \underset{\text{Carbon monoxide}}{CO}$$

이 반응은 1892년 캐나다 발명가인 Thomas L. Willson이 알루미늄을 제조하는 방법을 찾던 중 우연히 발견하였다.

칼슘 카바이드란 이중 음이온인 카바이드 이온($:\bar{C}\equiv\bar{C}:$)의 칼슘염이다. 카바이드(carbide) 이온은 강한 염기이고 물과 반응하여 아세틸렌을 형성한다.

$$\underset{\text{Calcium carbide}}{Ca^{2+}\left[:C\equiv C:\right]^{2-}} + \underset{\text{Water}}{2H_2O} \longrightarrow \underset{\text{Calcium hydroxide}}{Ca(OH)_2} + \underset{\text{Acetylene}}{HC\equiv CH}$$

문제 9.1

굽은 화살표를 이용하여 칼슘카바이드(calcium carbide)가 어떻게 물과 반응하여 아세틸렌을 생성하는지 보이시오.

20세기 중엽에 이르러 아세틸렌을 생산하는 다른 실용적인 생산 방법들이 새로 개발되었다. 그 중 하나는 에틸렌 탈수소화이다.

$$\underset{\text{Ethylene}}{H_2C=CH_2} \xrightleftharpoons{\text{heat}} \underset{\text{Acetylene}}{HC\equiv CH} + \underset{\text{Hydrogen}}{H_2}$$

이 반응은 흡열반응이며, 낮은 온도에서는 평형이 에틸렌에 유리하지만 1150°C가 넘는 고온에서는 아세틸렌에 유리하게 된다. 아주 고온에서는 대부분의 탄화수소, 심지어 메테인까지도 아세틸렌으로 전환된다. 아세틸렌은 그 자체로도 유용하지만 이를 출발 물질로 하여 더 고급의 알카인을 제조할 수 있다.

1000여 종이 넘는 탄소-탄소 삼중결합을 갖고 있는 천연물이 알려져 있다. 스테아롤산(stearolic acid)과 타리르산(tariric acid, 과테말라산 식물 씨의 지방에 들어있음) 같이 대부분은 **지방산(fatty acid)**이나 이들의 유도체이다. 지방산이란 가지가 없는 12~20개의 탄소 원자 사슬로 구성된 카복실산이다.

$$\underset{\text{스테아롤산}}{CH_3(CH_2)_7C\equiv C(CH_2)_7\overset{O}{\overset{\|}{C}}OH} \qquad \underset{\text{타리르산}}{CH_3(CH_2)_{10}C\equiv C(CH_2)_4\overset{O}{\overset{\|}{C}}OH}$$

식물에 존재하는 아세틸렌 지방산의 주된 생합성 경로는 탄소-탄소 이중결합을 갖는 유사 화합물의 효소촉매 산화이다. 이 반응에 관여하는 *효소(아세틸렌효소, acetylenases)*들은 *불포화효소(desaturases)*라 부르는 부류의 효소에 속한다.

$$\underset{\text{Linoleic acid}}{(Z,Z)\text{-}CH_3(CH_2)_4CH=CHCH_2CH=CH(CH_2)_7\overset{O}{\overset{\|}{C}}OH} \longrightarrow \underset{\text{Crepenynic acid}}{(Z)\text{-}CH_3(CH_2)_4C\equiv CCH_2CH=CH(CH_2)_7\overset{O}{\overset{\|}{C}}OH}$$

Micromonospora chersina 박테리아를 배양하면 하나의 이중결합과 두 개의 삼중결합(*엔디아인, enediyne*)을 갖는 십각형 고리의 독특한 물질인 다이네마이신 A(dynemicin A)가 생산된다. 다이네마이신 A는 특이한 구조 뿐만 아니라 흥미로운 생리활성으로 많은 관심을 끌었다. 이것은 독특한 메커니즘으로 DNA를 쪼개는 능력을 가지고 있어서, 이 메

커니즘이 엔디아인 구조를 기반으로 한 항암제를 개발하는 길잡이가 되고 있다. 중앙아메리카와 남아메리카의 독침 개구리는 다른 동물의 공격을 제지하기 위하여 체내에 아세틸렌 알카로이드 히스트리오니코톡신(histrionicotoxin, 중남미에 서식하는 독침 개구리에서 얻은 독) 같은 독성 물질을 저장하고 있다. 히스트리오니코톡신은 신경전달 아세틸콜린의 수용체와 상호작용하여 동물의 신경근에 지장을 준다.

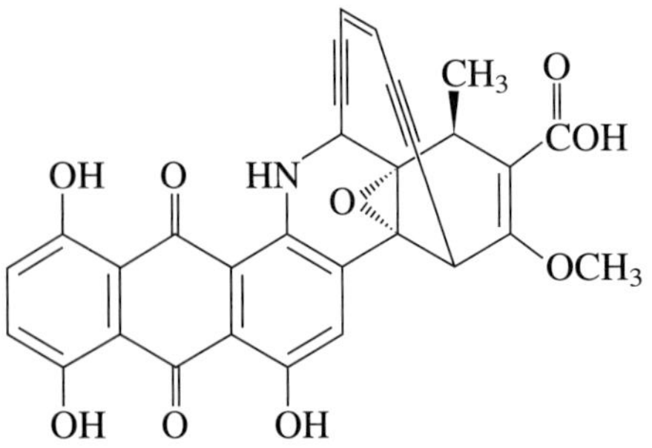

다이네마이신 A

다이아세틸렌(HC≡C−C≡CH)은 탄화수소가 풍부한 천왕성, 해왕성, 명왕성의 대기 중 한 성분임이 확인되었다. 또한, 토성과 해왕성의 위성인 타이탄이나 트리톤의 대기에도 존재한다고 한다.

9.2 명명법

알카인의 명명은 탄화수소의 IUPAC 규칙을 일반적으로 따르며, 어미 −에인(*-ane*)이 어미 −아인(*-yne*)으로 바뀌게 된다. HC≡CH에 대해서는 아세틸렌(acetylene)과 에타인(ethyne) 둘 다 IUPAC 명으로 허용된다. 사슬 내의 삼중결합의 위치는 알켄의 명명에서와 유사하게 번호를 붙여 식별한다.

$HC\equiv CCH_3$	$HC\equiv CCH_2CH_3$	$CH_3C\equiv CCH_3$	$(CH_3)_3CC\equiv CCH_3$
프로파인 또는 프로프-1-아인	1-뷰타인 또는 뷰트-1-아인	2-뷰타인 또는 뷰트-2-아인	4,4-다이메틸-2-펜타인 또는 4,4-다이메틸펜트-2-아인

문제 9.2

분자식인 C_5H_8인 모든 알카인의 구조식을 그리고, IUPAC 명을 붙이시오.

화합물이 이중결합과 삼중결합을 모두 가지고 있으면, 이중결합이던 삼중결합이든 관계없이 첫 번째의 다중결합이 제일 낮은 번호가 되도록 사슬에 번호를 붙인다. 순서가 대등하면 이중결합이 우선권을 가진다. 이중결합의 *en* 접미사가 삼중결합을 뜻하는 *yne* 보다 앞에 쓰고, 삼중결합 번호로 분리하여 쓴다. 따라서, 바이닐아세틸렌 화합물 $H_2C{=}CH{-}C\equiv CH$은 최신 IUPAC 규칙에 따라 뷰트-1-엔-3-아인(but-1-en-3-yne)으로 명명된다.

바이닐아세틸렌(vinylacetylene)은 네오프렌(neoprene)의 제조에 사용되며 공업용으로 대량 사용되는 화학제품이다.

—C≡CH 기를 치환기로 명명할 때는 *에타인일*(*ethynyl*)기라고 명명한다.

9.3 알카인의 물리적 성질

알카인의 물리적 성질은 알케인이나 알켄의 성질을 닮았다. 알카인은 다른 탄화수소와 마찬가지로 밀도가 낮고 물에 대한 용해도가 낮다. 알카인의 끓는 점도 알케인의 끓는 점과 비슷하다.

9.4 알카인 구조와 결합: *sp* 혼성화

아세틸렌은 탄소-탄소의 결합 길이가 120 pm과 탄소-수소의 결합 길이가 106 pm인 선형분자이다.

아세틸렌

그림 9.1

삼중결합 탄소와 관련된 결합 각의 굽힘을 보여주는 사이클로노나인(cyclononyne)의 분자모델. 이 모델은 실험으로 결정한 구조와 매우 일치하고 있다. 인접한 원자들의 결합들이 비틀림이 고리의 전체적인 모양이 지배되고 있음을 주지하시오.

말단 삼중결합 부위인 H—C≡C—C 뿐만 아니라 내부 삼중결합 부위인 C—C≡C—C도 선형 기하 구조의 특성을 갖는다. 이러한 선형 기하 구조로 인하여 사이클로알카인(cycloalkyne)은 상대적으로 많이 알려져 있지 않다. 그림 9.1에 사이클로노나인(cyclononyne)의 분자 모형을 나타내었는데, C—C≡C—C가 구부러져 있음을 분명히 알 수 있다. 각 스트레인으로 인한 사이클로알카인의 불안정화로 인하여 사이클로노나인이 안정하게 오래 보관할 수 있는 가장 작은 사이클로알카인이다. 한편, 이보다 하나 작은 *사이클로옥타인(cyclooctyne)*은 분리되기는 하였으나 반응성이 커서 그냥 방치하면 쉽게 중합하여 고분자가 된다.

탄소-탄소 삼중결합에 관한 *sp* 혼성화 모형은 2.9절에서 다루었으며, 그림 9.2에서 아세틸렌에 대하여 복습하도록 하였다. 그림 9.3에서는 에틸렌과 아세틸렌의 정전기 퍼텐셜지도를 비교하였으며, 아세틸렌에 있는 두 개의 π 결합이 어떻게 높은 전자 밀도의 띠를 형성하여 분자 전체를 둘러싸게 되는지를 보여 준다.

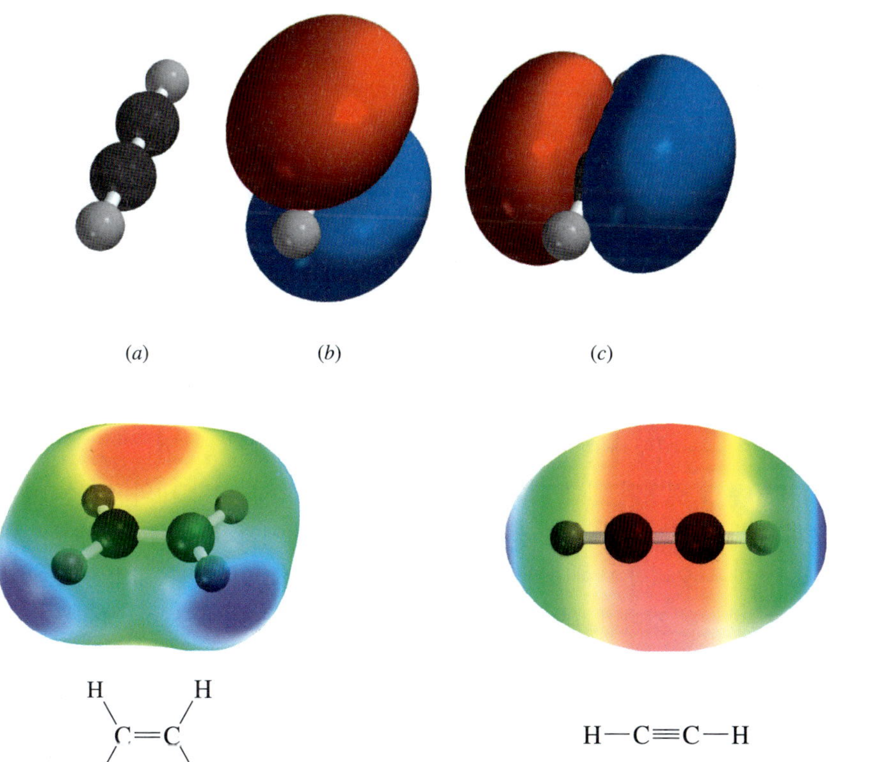

에틸렌 아세틸렌

그림 9.2

아세틸렌의 두 탄소는 δ + π + π의 삼중결합으로 연결되어 있다. (a) 두 탄소 모두 *sp* 혼성화되어 있고, 각각 δ 결합으로 수소 원자와 결합하고 있다. 두 π 결합은 서로 수직이며, 각각 따로 (b)와 (c)에 분리하여 나타내었다.

그림 9.3

에틸렌과 아세틸렌의 정전기 퍼텐셜지도. 음전하가 제일 큰 영역(빨간색)은 π 결합과 연관이 있고, 둘 다 두 개의 탄소 사이에 위치하고 있다. 전자가 풍부한 영역은 에틸렌 분자평면의 위와 아래이다. 아세틸렌은 두 개의 π 결합을 가지고 있어서, 높은 전자 밀도의 띠가 분자를 에워 싸고 있다.

표 9.1 에테인, 에틸렌과 아세틸렌의 구조적 특징

특징	에테인	에틸렌	아세틸렌
체계적 명명	에테인(Ethane)	에텐(Ethene)	에타인(Ethyne)
분자식	C_2H_6	C_2H_4	C_2H_2
구조식	(H₃C—CH₃ 입체 구조식)	(H₂C=CH₂ 구조식)	H—C≡C—H
C—C 결합 길이, pm	153	134	120
C—H 결합 길이. pm	111	110	106
H—C—C 결합 각	111.0°	121.4°	180°
C—C 결합 해리 에너지, kJ/mol (kcal/mol)	368(88)	611(146)	820(196)
C—H 결합 해리 에너지, kJ/mol (kcal/mol)	410(98)	452(108)	536(128)
탄소의 혼성화	sp^3	sp^2	sp
C—H 결합의 *s* 성질	25%	33%	50%
pK_a 근사값	62	45	26

표 9.1에 몇몇 알케인과 알켄, 알카인의 구조적 특성을 비교하여 나타내었다. 이를 에테인 → 에틸렌 → 아세틸렌의 순으로 살펴보면,

1. 탄소의 기하학적 모양은 사면체 → 삼각 평면 → 선형으로 바뀐다.
2. C—C와 C—H 결합은 점점 짧아지고 강해진다.
3. C—H 결합의 산성도는 증가한다.

이러한 모든 경향성은 오비탈 혼성화 모형을 적용하여 설명할 수 있다. 결합 각은 탄소의 sp^3, sp^2, sp 혼성화 상태의 전형적인 특징을 나타내고 있으며 부가적인 설명이 필요 없다. 결합 길이, 결합 세기, 및 산성도는 결합에 사용된 오비탈 내의 *s* 성질과 관련이 있다. *s* 성질은 혼성오비탈에 기여하는 *s* 오비탈의 백분율이다. 즉, sp^3 오비탈은 1/4의 *s* 성질과 3/4 *p* 성질을 띠는 반면, sp^2 오비탈은 1/3의 *s* 성질과 2/3의 *p* 성질을 가지며, *sp* 오비탈은 1/2의 *s* 성질과 1/2 *p* 성질을 갖는다. 우리는 이러한 정보를 이용하여 혼성 오비탈의 여러 성질이 *s*와 *p*의 기여도를 어떻게 반영하고 있는가를 분석할 수 있다.

C—O—H 결합 길이와 결합 세기를 예로 들어 보자. 2*s* 오비탈 내의 전자는 평균적으로 2*p* 오비탈 내의 전자보다 핵에 가까이 있으며, 강하게 당겨진다는 사실을 상기해 보면, *s* 성질이 더 많은 오비탈 내에 있는 전자가 *s* 성질이 더 적은 오비탈 내의 전자에 비해 핵에 더 가까이 있게 될 것이며, 더 강하게 당겨질 것이라는 결론에 이른다. 그러므로 탄소의 *sp* 오비탈이 수소의 1*s* 오비탈과 중첩되어 C—O—H δ 결합을 형성하면, 그 전자들은 수소와 sp^2 혼성화 탄소 간의 결합 전자보다 더 강하게 당겨질 것이고, 따라서 결합은 강해지고 짧아지게 된다.

비록 아세틸렌에는 π 결합이 하나 더 있다는 요인도 있지만, 혼성화의 *s* 성질로 에틸렌에 비해 아세틸렌의 C—C 결합 길이가 더 짧아지는 이유이기도 하다.

아세틸렌의 결합에 대한 혼성화 모형은 그림 2.18에 표시되어 있다.

이러한 양상은 더 고급의 알카인에서도 마찬가지여서 프로파인(propyne)과 프로펜

(propene)을 비교할 때도 그대로 적용된다. 프로파인의 *sp* 혼성 탄소와의 결합은 프로펜의 sp^2 혼성 탄소의 결합보다 더 짧다.

$H-C\equiv C-CH_3$ (106 pm, 121 pm, 146 pm)
프로파인

$H_2C=CH(CH_3)$ (108 pm, 134 pm, 151 pm)
프로펜

탄소의 *s* 성질 효과를 쉽게 이해하는 한 방법으로 전기음성도와 결부시켜 볼 수 있다. 탄소의 *s* 성질이 증가하면 탄소의 전기음성도도 증가한다(그 오비탈 내의 결합 전자들이 탄소에 더 가까워진다). C—H 결합의 수소는 에테인 → 에틸렌 → 아세틸렌의 순으로 점점 더 전기음성인 탄소에 결합하고 있는 것처럼 행동하게 된다.

문제 9.3

NH_3, H_2O, HF의 계열에서 전기음성도에 따라 결합 길이와 결합 세기가 어떻게 변화하는가?

아세틸렌이 에테인, 에틸렌과 확실히 구분되는 성질의 하나는 산성도이다. 이 또한 sp^3와 sp^2 혼성 탄소에 비해 *sp* 혼성 탄소의 전기음성도가 더 크다는 사실에 근거하여 설명할 수 있다.

9.5 아세틸렌과 말단 알카인의 산성도

탄화수소의 C—H 결합은 이온화되는 경향이 거의 없어, 알케인과 알켄, 알카인 모두 매우 약한 산이다. 메테인의 이온화 상수 K_a를 예로 들면 너무 작아서 직접 측정할 수는 없지만, 약 10^{-60} 정도로 추정된다(pK_a 60).

$$CH_4 + H_2O \rightleftharpoons {}^-:CH_3 + H_3O^+$$

메테인 (pK_a = 60) 물 메테인화 이온 (a 탄소음이온) 하이드로늄 이온 (pK_a = −1.7)

탄화수소의 짝염기를 **탄소음이온(carbanion)**이라고 한다. 음이온으로서 탄소가 음전하를 띠고 있기 때문이다. 아주 약한 산으로부터 생성되기 때문에 $^-:CH_3$와 같은 탄소음이온은 엄청나게 강한 염기이다.

탄소의 전기음성도는 *s* 성질에 따라 증가하는($sp^3 < sp^2 < sp$) 앞 절에서의 관계로부터, 탄화수소의 산성도의 순서는 탄소의 *s* 성질이 증가함에 따라 증가한다.

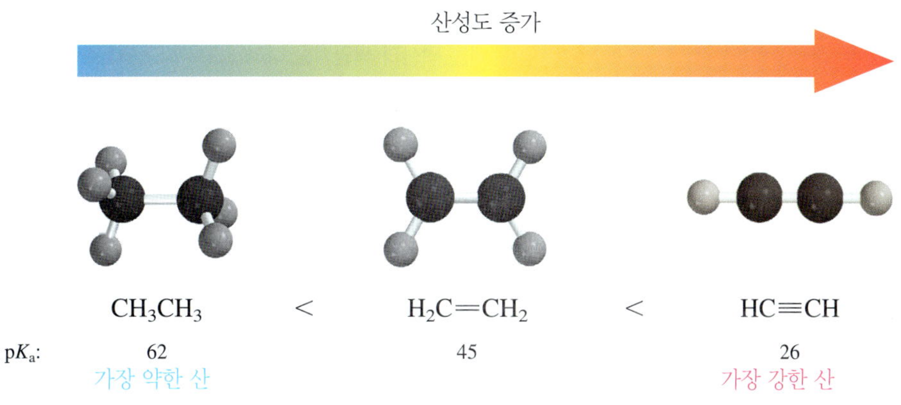

CH_3CH_3 < $H_2C=CH_2$ < $HC\equiv CH$

pK_a: 62 (가장 약한 산), 45, 26 (가장 강한 산)

아세틸렌이 이온화하면 아세틸렌화(acetylide) 이온이 되는데, 이는 비공유 전자쌍이 50% *s* 성질의 오비탈에 자리하고 있다.

$$H{-}C{\equiv}C{-}H + :\ddot{O}(H)_2 \rightleftharpoons H{-}C{\equiv}C:^{-} + H{-}\overset{+}{\ddot{O}}(H)_2$$

아세틸렌 ($pK_a = 26$) 물 아세틸렌화 이온 (*sp*) 하이드로늄 이온 ($pK_a = -1.7$)

이에 상당하는 에틸렌과 에테인의 이온화에서는 비공유 전자쌍이 33%(sp^2)와 25%(sp^3)의 *s* 성질을 갖는 오비탈을 각각 차지하게 된다.

말단 알카인(RC≡CH)의 산성도는 아세틸렌과 거의 유사하다.

$(CH_3)_3CC{\equiv}CH$ $pK_a = 25.5$

3,3−다이메틸−1−뷰타인

아세틸렌과 말단 알카인은 다른 탄화수소에 비하면 훨씬 강한 산이지만 물이나 알코올과는 비교도 안 되는 약한 산이라는 사실을 알아야 한다. 수산화(hydroxide) 이온은 너무 약한 염기여서 아세틸렌을 의미있는 수준까지 음이온으로 변환시키기에는 너무 약하다. 다음 반응식으로 표시되는 평형의 위치는 압도적으로 왼쪽으로 치우쳐 있다.

$$H{-}C{\equiv}C{-}H + {}^{-}:\ddot{O}H \rightleftharpoons H{-}C{\equiv}C:^{-} + H{-}\ddot{O}H$$

아세틸렌	수산화 이온	아세틸렌화 이온	물
(더 약한 산)	(더 약한 염기)	(더 강한 염기)	(더 강한 산)
$pK_a = 26$			$pK_a = 15.7$

아세틸렌은 물이나 알코올에 비해서 훨씬 약한 산이므로 이러한 물질은 아세틸렌화(acetylide) 이온이 관여되는 반응의 적절한 용매가 될 수 없다. 아세틸렌화 이온은 —OH기를 가진 화합물과의 양성자 전달에 의해 순식간에 아세틸렌으로 바뀌기 때문이다.

아마이드화(*amide*) 이온은 아세틸렌화 이온보다 훨씬 강한 염기이므로 아세틸렌을 정량적으로 짝염기인 아세틸렌화 이온으로 전환시킨다.

$$H{-}C{\equiv}C{-}H + {}^{-}:\ddot{N}H_2 \rightleftharpoons H{-}C{\equiv}C:^{-} + H{-}\ddot{N}H_2$$

아세틸렌	아마이드화 이온	아세틸렌화 이온	암모니아
(더 강한 산)	(더 약한 염기)	(더 약한 염기)	(더 약한 산)
$pK_a = 26$			$pK_a = 36$

액체 암모니아를 용매로 하여 아세틸렌에 아마이드화 소듐(sodium amide, $NaNH_2$)을 첨가하면 아세틸렌화 소듐(HC≡CNa)을 만들 수 있다. 말단 알카인을 유사한 방법으로 처리하면 RC≡CNa 유형의 화학종을 얻을 수 있다.

문제 9.4

표시된 두 화학종 간의 양성자 전달에 의해 형성되는 짝산과 짝염기를 나타내도록 다음 각 화학 반응식을 완성하시오. 전자의 흐름을 굽은 화살표를 이용하여 나타내고, 평형의 위치가 반응물과 생성물 중 어느 쪽에 놓이는가를 구체적으로 밝히시오.

(a) $CH_3C{\equiv}CH + {}^{-}:\ddot{O}CH_3 \rightleftharpoons$

(b) $HC{\equiv}CH + H_2\ddot{C}^{-}CH_3 \rightleftharpoons$

(c) $H_2C{=}CH_2 + {}^{-}:\ddot{N}H_2 \rightleftharpoons$

(d) $CH_3C{\equiv}CCH_2OH + {}^{-}:\ddot{N}H_2 \rightleftharpoons$

풀이 예시 (a) 프로파인과 메톡시화(methoxide) 이온 간의 산-염기 반응을 나타내는 식은 다음과 같다.

$$CH_3C{\equiv}C{-}H + {}^{-}{:}\ddot{O}CH_3 \rightleftharpoons CH_3C{\equiv}C{:}^{-} + H{-}\ddot{O}CH_3$$

프로파인 (약한 산 pK_a=26) 메톡시화 이온 (약한 염기) 프로파인화 이온 (강한 염기) 메탄올 (약한 산 pK_a=16)

알코올은 아세틸렌보다 강한 산이므로 평형의 위치는 왼쪽으로 치우친다. 메톡시화 이온은 아세틸렌으로부터 양성자를 제게할 수 있을 만큼 충분히 강한 염기가 아니다.

아세틸렌과 말단 알카인의 음이온은 친핵성이어서 할로젠화 메틸과 1차 할로젠화 알킬과 친핵성 치환을 일으켜 탄소-탄소 결합을 형성한다. 이것들은 이처럼 강한 염기이나, 2차 할로젠화 알킬과는 제거에 의한 반응을 한다.

9.6 아세틸렌과 말단 알카인의 알킬화에 의한 알카인 제조

다음의 두 종류의 주요 반응을 이용하여 유기 합성을 한다.

1. 탄소-탄소 결합 형성 반응
2. 작용기의 변환

이 두 합성전략을 알카인의 합성에 응용할 수 있다. 이 절에서는 탄소-탄소 결합 형성 반응으로 알카인을 합성하는 법을 다룰 것이다. 아세틸렌에 알킬기를 첨가함에 의해서(**알킬화, alkylation**) 좀 더 복잡한 알카인을 만들 수 있다.

$$H{-}C{\equiv}C{-}H \longrightarrow R{-}C{\equiv}C{-}H \longrightarrow R{-}C{\equiv}C{-}R'$$

아세틸렌 일치환 또는 말단 알카인 아세틸렌의 이치환 유도체

아세틸렌의 알킬화는 별개의 두 조작을 연속적으로 행함으로써 이루어진다. 먼저 아세틸렌을 소듐 아마이드로 처리하여 아세틸렌의 짝염기를 만든다.

$$HC{\equiv}CH + NaNH_2 \longrightarrow HC{\equiv}CNa + NH_3$$

아세틸렌 아마이드화 소듐 아세틸렌화 소듐 암모니아

그 다음 아세틸렌화 소듐(sodium acetylide) 용액에 할로젠화 알킬(*알킬화 시약*)을 첨가한다. 아세틸렌화 이온이 친핵체로 작용하여 탄소로부터 할로젠을 대체하여 새로운 탄소-탄소 결합을 형성한다. 이 치환은 S_N2 메커니즘으로 일어난다.

$$HC{\equiv}CNa + RX \longrightarrow HC{\equiv}CR + NaX \qquad HC{\equiv}C{:}^{-} \curvearrowright R{-}X \text{ 을 경유함.}$$

아세틸렌화 소듐 할로젠화 알킬 알카인 할로젠화 소듐

이 합성의 순서는 보통 액체 암모니아 혹은 다이에틸 에터, 테트라하이드로퓨란(tetrahydrofuran)을 용매로 사용하여 수행된다.

$$NaC{\equiv}CH + CH_3CH_2CH_2CH_2Br \xrightarrow{NH_3} CH_3CH_2CH_2CH_2C{\equiv}CH$$

Sodium acetylide 1-Bromobutane 1-Hexyne (70–77%)

말단 알카인을 출발 물질로 하여 유사한 반응 순서로 RC≡CR′형의 알카인을 얻을 수 있다.

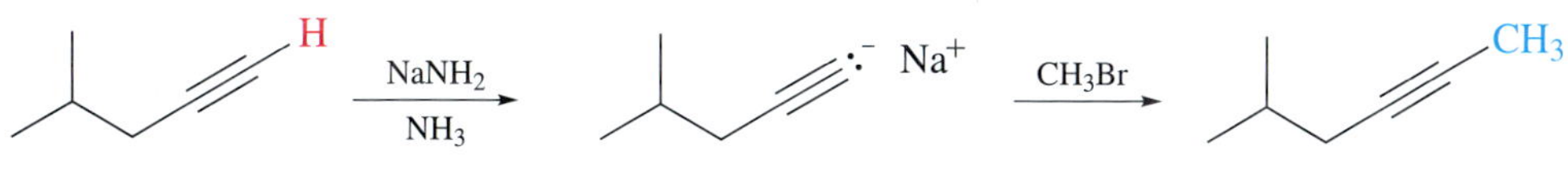

4-Methyl-1-pentyne Sodium 4-methylpentynylide 5-Methyl-2-hexyne (81%)

이러한 반응 순서를 두 번 수행하면 아세틸렌의 이중 알킬화가 가능하다.

$$HC{\equiv}CH \xrightarrow[\text{2. } CH_3CH_2Br]{\text{1. } NaNH_2,\ NH_3} \text{1-Butyne} \xrightarrow[\text{2. } CH_3Br]{\text{1. } NaNH_2,\ NH_3} \text{2-Pentyne (81\%)}$$

Acetylene 1-Butyne 2-Pentyne (81%)

다른 친핵성 치환반응에서와 마찬가지로 할로젠화 알킬 대신 *p*-톨루엔설폰산 알킬(alkyl *p*-toluenesulfonate)을 대신에 사용할 수도 있다.

문제 9.5

아세틸렌과 필요한 유기 시약이나 무기 시약을 사용하여 다음과 같은 알카인의 효과적인 합성법을 간략하게 쓰시오.

(a) 1-헵타인
(b) 2-헵타인
(c) 3-헵타인

풀이 예시 (a) 1-헵타인의 구조를 잘 살펴보면 아세틸렌 위치에 펜틸기 하나가 달려 있음을 알 수 있다. 아세틸렌 음이온 방법으로 할로젠화 펜틸(pentyl halide)로 아세틸렌을 알킬화하는 것이 1-헵타인을 합성하는 적절한 방법이다.

$$HC{\equiv}CH \xrightarrow[NH_3]{NaNH_2} HC{\equiv}CNa \xrightarrow{CH_3CH_2CH_2CH_2CH_2Br} HC{\equiv}CCH_2CH_2CH_2CH_2CH_3$$

Acetylene Sodium acetylide 1-Heptyne

합성에 이용할 만한 수득률을 얻기 위해서는 할로젠화 메틸이나 1차 할로젠화 알킬만 반응에 활용할 수 있다는 점이 이 반응의 심각한 한계이다. 아세틸렌화 음이온은 매우 염기성이 커서, 예를 들면 수산화 이온보다 훨씬 강한 염기이므로 2차 또는 3차 할로젠화 알킬과 반응할 경우에는 제거가 주로 일어난다.

$$H{-}C{\equiv}C:^- + H{-}CH_2C(CH_3)_2{-}Br \xrightarrow{E2} H{-}C{\equiv}C{-}H + CH_2{=}C(CH_3)_2 + :Br:^-$$

아세틸렌화 이온 브로민화 *tert*-뷰틸 아세틸렌 2-메틸프로펜 브로민화 이온

바람직한 S_N2 반응은 할로젠화 메틸과 1차 할로젠화 알킬과의 반응에서만 일어난다.

문제 9.6

분자식이 C_5H_8인 알카인 중에서 어느 것이 아세틸렌의 알킬화나 이중 알킬화를 통해 좋은 수득률을 얻을 수 있는가? 그리고 왜 다른 C_5H_8 이성질체들의 실용적인 합성법이 되기 어려운지를 설명하시오.

알카인의 두 번째 합성 전략으로 작용기 변환 반응을 이용한 알카인 합성은 다음 절에서 다루기로 한다.

9.7 제거반응에 의한 알카인 제조

할로젠화 알킬의 탈할로젠화수소로 알켄을 제조할 수 있는 것과 마찬가지로, 다이할로알케인의 이중 *탈할로젠화수소(double dehydro halogenation)*를 이용하여 알카인을 제조할 수 있다. 다이할로젠화물의 두 할로젠은 같은 탄소에 결합된 **같은자리 다이할로젠화물(geminal dihalide)**일 수도 있고, 할로젠이 서로 이웃한 탄소에 결합된 **이웃자리 다이할로젠화물(vicinal dihalide)**일 수도 있다.

R–CH₂–C(X)(X)–R' 또는 R–CH(X)–CH(X)–R' $\xrightarrow{2NaNH_2}$ R–C≡C–R' + $2NH_3$ + 2NaX

같은자리 다이할로젠화물 / 이웃자리 다이할로젠화물 / 알카인 / 암모니아 / 할로젠화 소듐

이러한 방법들은 말단 알카인을 합성할 경우 매우 흔히 활용된다. 생성물인 말단 알카인은 아마이드 음이온에 양성자를 전달할 수 있을 만큼 충분히 산성이므로 이중 탈할로젠화수소 반응을 수행하는 데 필요한 2당량의 염기 이외에 1당량의 염기를 추가적으로 필요로 한다. 또한, 반응 종료 후에 물이나 산을 가하면 알카인 소듐염은 완전하게 이에 해당하는 알카인으로 전환된다.

같은자리 다이할로젠화물의 이중 탈할로젠화수소

1,1-Dichloro-3,3-dimethylbutane $\xrightarrow[NH_3]{3NaNH_2}$ Sodium salt of alkyne product (not isolated) (≡:⁻ Na^+) $\xrightarrow{H_2O}$ 3,3-Dimethyl-1-butyne (56–60%)

이웃자리 다이할로젠화물의 이중 탈할로젠화수소

$CH_3(CH_2)_7CH(Br)CH_2Br$ $\xrightarrow[NH_3]{3NaNH_2}$ $CH_3(CH_2)_7C{\equiv}C{:}^-\ Na^+$ $\xrightarrow{H_2O}$ $CH_3(CH_2)_7C{\equiv}CH$

1,2-Dibromodecane / Sodium salt of alkyne product (not isolated) / 1-Decyne (54%)

말단 알카인을 합성하기 위한 이중 탈할로젠화수소는 같은자리나 이웃자리 다이할로젠화물과 *tert*-뷰톡시화 포타슘(potassium *tert*-butoxide)을 다이메틸설폭사이드(dimethyl sulfoxide) 용매에서 가열하여 수행할 수도 있다.

문제 9.7

3,3-다이메틸-1-뷰탄인의 합성을 위한 출발 물질로 사용할 수 있는 이브로민화물의 세 가지 이성질체의 구조를 그리시오.

- 3,3-다이메틸-1-뷰타인 $HC{\equiv}C{-}C(CH_3)_2{-}CH_3$
- 인접한 탄소들에서 H와 Br을 두 번 제거한다.

$H_2C(Br)-CH(Br)-C(CH_3)_3$ 와 $H_3C-CBr_2-C(CH_3)_3$ 와 $HCBr_2-CH_2-C(CH_3)_3$

이웃자리 이할로젠화물은 알켄에 염소 또는 브로민을 첨가하여 얻을 수 있기 때문에 (6.10절) 알켄 특히 말단 알켄은 다음 예에 나타낸 것처럼 알카인의 합성에 필요한 출발 물질로 이용될 수 있다.

$$\text{3-Methyl-1-butene} \xrightarrow{Br_2} \text{1,2-Dibromo-3-methylbutane} \xrightarrow[\text{2. } H_2O]{\text{1. } NaNH_2,\ NH_3} \text{3-Methyl-1-butyne (52\%)}$$

3-Methyl-1-butene 1,2-Dibromo-3-methylbutane 3-Methyl-1-butyne (52%)

문제 9.8

다음 각 화합물로부터 프로파인을 어떻게 만들 수 있는지 적절한 연속 반응의 반응식을 쓰시오. 필요하다면 어떤 유기 시약이나 무기 시약을 사용해도 무방하다.

(a) 2-프로판올
(b) 1-프로판올
(c) 브로민화 아이소프로필
(d) 1,1-다이클로로에테인
(e) 에틸 알코올

풀이 예시 (a) 다음의 연속 반응으로 프로펜을 프로파인으로 변환할 수 있음을 이미 알고 있으므로,

$$CH_3CH{=}CH_2 \xrightarrow{Br_2} CH_3CHBrCH_2Br \xrightarrow[\text{2. } H_2O]{\text{1. } NaNH_2,\ NH_3} CH_3C{\equiv}CH$$

Propene 1,2-Dibromopropane Propyne

합성법을 완전히 기술하기 위해 마지막 남은 일은 2-프로판올에서 프로펜을 만드는 방법을 찾아내는 일이다. 이 경우에 산-촉매 탈수가 적합하다.

$$(CH_3)_2CHOH \xrightarrow[\text{heat}]{H_2SO_4} CH_3CH{=}CH_2$$

2-Propanol Propene

9.8 알카인 반응

앞에서 알카인의 중요한 화학적 성질 중의 하나인 아세틸렌과 말단 알카인의 산성도에 대해 논의하였다. 이 장의 나머지 절에서는 알카인의 다른 여러가지 반응성을 탐구하고자 한다. 대부분이 알켄의 반응성과 흡사하다. 즉, 알켄과 마찬가지로 알카인도 첨가반응을 일으킨다. 알켄에서 이미 다루어서 친숙해진 촉매 수소화에서부터 시작해 보자.

9.9 알카인 수소화

알카인의 수소화 조건은 알켄에서 이용했던 조건과 유사하다. 백금, 팔라듐, 니켈, 로듐의 금속 분말이 존재하면 2당량의 수소가 삼중결합에 첨가되어 알케인이 얻어진다.

$$RC{\equiv}CR' + 2H_2 \xrightarrow{\text{Pt, Pd, Ni, 또는 Rh}} RCH_2CH_2R'$$

알카인 수소 알케인

$$\text{4-Methyl-1-hexyne} + 2H_2 \xrightarrow{Ni} \text{3-Methylhexane (77\%)}$$

4-Methyl-1-hexyne Hydrogen 3-Methylhexane (77%)

문제 9.9

아세틸렌과 이에 필요한 유기 시약이나 무기 시약을 사용하여 어떻게 옥테인을 얻을 수 있는가를 나타내는 일련의 연속반응을 쓰시오.

알카인의 수소화 열은 알켄의 수소화 열의 두 배보다 더 크다. 2몰의 수소가 알카인에 첨가될 때, 첫 번째 1몰의 첨가(삼중결합 → 이중결합)는 두 번째(알켄 → 알케인)보다 더 발열성이다.

치환체는 알켄에서와 똑같이 알카인의 수소화 열에도 영향을 미친다. 1-뷰타인과 2-뷰타인은 2몰의 수소를 취하여 모두 뷰테인이 되는데, 이들의 수소화열을 비교해 보라.

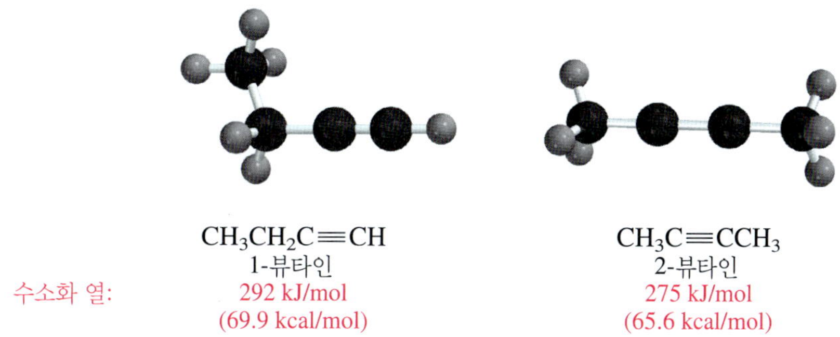

	$CH_3CH_2C{\equiv}CH$ 1-뷰타인	$CH_3C{\equiv}CCH_3$ 2-뷰타인
수소화 열:	292 kJ/mol (69.9 kcal/mol)	275 kJ/mol (65.6 kcal/mol)

2-뷰타인의 내부 삼중결합은 1-뷰타인의 말단 삼중결합에 비하여 보다 안정화되어 있다. 알킬기는 *sp* 혼성화 탄소에 전자를 밀어주어 알카인을 안정화시키며, 그 결과 수소화 열을 감소시킨다.

알켄의 수소화에서처럼 알카인의 수소화 역시 신(*syn*)−첨가가 일어나며, 시스 알켄을 중간체로 경유하여 알케인으로 바뀌게 된다.

$$RC{\equiv}CR' \xrightarrow[\text{촉매}]{H_2} \underset{H\quad\;\; H}{\overset{R\quad\;\; R'}{C{=}C}} \xrightarrow[\text{촉매}]{H_2} RCH_2CH_2R'$$

알카인 *cis* 알켄 알케인

알카인의 촉매 수소화 과정에서 시스 알켄이 중간체라는 사실은 알카인의 부분 수소화로 다음과 같은 화합물의 합성이 가능하다는 것을 제시한다.

1. 알카인에서 알켄 합성
2. 트랜스 입체이성질체가 없는 시스 알켄의 합성

이 두 가지 목표를 모두 충족시키는 특별한 수소화 촉매가 필요하다. 이러한 목적으로 가장 자주 사용되는 촉매가 **Lindlar 촉매(Lindlar catalyst)**인데, 팔라듐을 탄산 칼슘에 분산시켜 여기에 아세트산 납(lead acetate)과 퀴놀린(quinoline)을 첨가한 것이다. 아세트산 납과 퀴놀린은 촉매를 부분적으로 비활성화시켜서("독"), 삼중결합에 수소를 첨가하는 촉매 능력은 그대로 유지하면서도 알켄의 수소화에는 부적절한 촉매가 되도록 한다.

퀴놀린의 구조는 448쪽에 나와 있다. 차후의 반응식에서는 Lindlar 촉매의 모든 성분을 포함하는 것으로 *Lindlar Pd*라는 용어로 사용할 것이다.

$$\text{1-Ethynylcyclohexanol} + H_2 \xrightarrow[\text{lead acetate, quinoline}]{Pd/CaCO_3} \text{1-Vinylcyclohexanol}$$

1-Ethynylcyclohexanol Hydrogen 1-Vinylcyclohexanol (90–95%)

내부 삼중결합을 갖는 알카인을 수소화하면 시스 알켄을 얻을 수 있다.

5-Decyne $\xrightarrow[\text{Lindlar Pd}]{H_2}$ *cis*-5-Decene (87%)

문제 9.10

아세틸렌과 1-브로모뷰테인을 탄소의 공급원으로 하고 이에 필요한 유기 시약이나 무기 시약을 사용하여 *cis*-5-데켄을 제조하는 방법을 나타내는 일련의 반응식을 쓰시오(힌트: 9.6절을 복습하는 것이 도움이 될 수 있다).

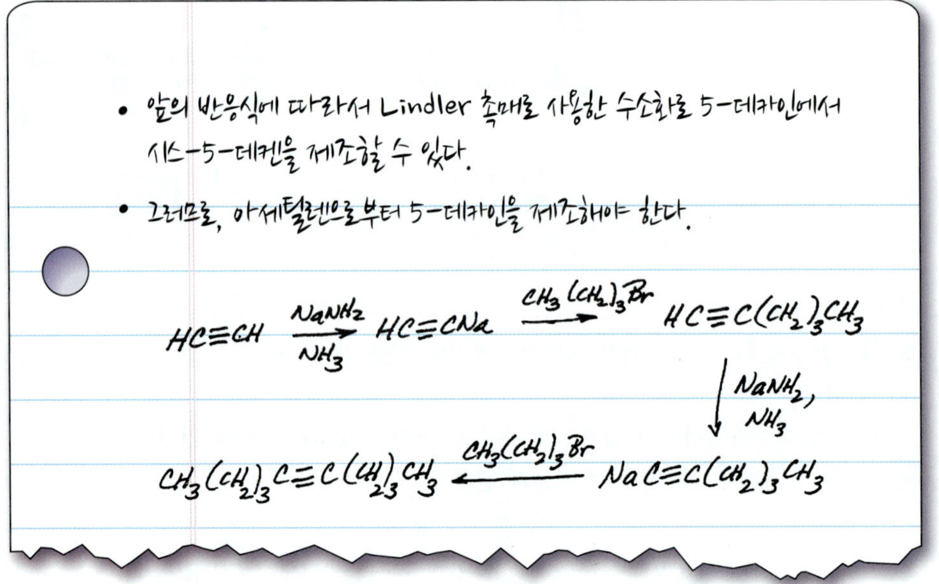

Lindlar촉매를 사용하여 알카인을 알켄으로 수소화하는 반응은 알코올의 탈수나 할로젠화 알킬의 탈할로젠화수소에서 수반하는 입체선택성이나 위치선택성의 문제를 피할 수 있어 매력적인 반응이다. 위치선택성에 관한 한 이중결합의 위치는 의심할 여지 없이 삼중결합이 있던 바로 그 자리에 있다. 입체선택성으로 말한다면 오직 시스 알켄만이 생성된다. 탈수이나 탈할로젠화수소에서는 시스–트랜스 혼합물이 생성되며, 시스 화합물이 부성생물인 경우가 대부분이다.

다음 절에서 알카인을 알켄으로 변환하는 또 다른 방법을 다룰 것이다. 이 반응의 조건은 Lindlar 수소화와는 사뭇 다르며, 입체화학 또한 전혀 다르다.

9.10 알카인의 금속–암모니아 환원반응

알카인을 알켄으로 변환시키는 촉매 부분 수소화의 유용한 대안은 액체 암모니아 속에서 1족 금속(리튬, 소듐, 포타슘)에 의한 환원법이다. 알카인을 촉매 수소화하면 시스 알켄을 얻는 데 반하여, 금속–암모니아 환원을 시키면 알카인은 트랜스 알켄으로 변환된다는 점이 특별하다. 따라서 같은 알카인을 출발 물질로부터 적절한 반응 조건을 택하면 시스 또는 트랜스 알켄을 선택적으로 얻을 수 있다.

Na / NH_3

3-Hexyne → *trans*-3-Hexene (82%)

문제 9.11

프로파인과 이에 필요한 유기 시약이나 무기 시약을 사용하여 *트랜스*-2-헵텐을 효과적으로 만들 수 있는 합성법을 제안하시오.

알카인의 금속–암모니아 환원과 촉매 수소화의 입체화학은 서로 다른데, 그 이유는 두 반응의 메커니즘이 전혀 다르기 때문이다. 알카인의 수소화 메커니즘은 알켄의 촉매 수소화와 유사하다(6.1~6.3절). 알카인의 금속–암모니아 환원 메커니즘은 메커니즘 9.1에 요약되어 있다.

이 메커니즘에는 홀전자 전달이 두 번(1단계와 3단계), 양성자 전달이 두 번(2단계와 4단계)이 일어난다. 2단계가 속도 결정 단계임이 실험적으로 밝혀졌으며,이 단계에서 생성된 (*E*)-와 (*Z*)-알켄일 라디칼은 빠르게 상호전환한다.

(*Z*)-알켄일 라디칼 (덜 안정) ⇌ (*E*)-알켄일 라디칼 (더 안정)

이들 알켄일 라디칼이 환원되면 (*E*)-와 (*Z*)-알켄일 음이온의 혼합물이 생성되고 보다 안정한 *E* 입체이성질체가 지배적이다. 알켄일 라디칼과는 달리 (*E*)-와 (*Z*)-알켄일 음이온은 반응조건하에서는 배열 구조적으로 안정하여 3단계에서 생성된 알켄일 음이온의 *E*/*Z* 비율을 반영하여 4단계에서의 *E*/*Z* 비율의 알켄을 생성한다.

9.11 알카인의 할로젠화 수소 첨가

알카인은 알켄의 탄소–탄소 이중결합에 첨가되는 여러 가지의 같은 친전자성 시약과 반응한다. 예들 들면, 할로젠화 수소는 알카인에 첨가되어 할로젠화 알켄일을 생성한다.

$$\mathrm{RC{\equiv}CR'} + \mathrm{HX} \longrightarrow \mathrm{RCH{=}CR'X}$$

알카인 염화 수소 할로젠화 알켄일

이 첨가의 위치선택성은 Markovnikov의 규칙에 따른다. 양성자는 수소의 수가 더 많은 탄소에 첨가되며, 할로젠은 수소의 수가 적은 탄소에 결합된다.

1-Hexyne + HBr (Hydrogen bromide) → 2-Bromo-1-hexene (60%)

알카인에 대한 할로젠화 수소 첨가 메커니즘을 살펴보면, 첫 단계에서 탄소양이온이 생성되며, 이 단계가 곧 속도결정 단계가 되는 알켄의 친전자성 첨가와 유사한 메커니즘을 제안하게 된다. 이 메커니즘에 따르면 둘째 단계에서는 탄소양이온이 친핵체인 할로젠화 이온에 포획되어 진다.

메커니즘 9.1

알카인의 소듐–암모니아 환원

전체 반응

액체 암모니아에 소듐을 용해하는 중에, 소듐 원자는 소듐 이온과 전자로 해리하고, 이들 모두 암모니아로 용매화된다. 이를 반영하여 용매화된 전자는 화학식에서는 e$^-$(*am*)으로 표시된다.

$$RC{\equiv}CR' + 2e^-(am) + 2NH_3 \longrightarrow (E)\text{-}RCH{=}CHR' + 2NH_2^-$$

알카인 전자 암모니아 (*E*)-알켄 아마이드화 이온

메커니즘:

1단계: *전자 전달.* 삼중결합 탄소중의 하나에 전자가 첨가되어 음이온 라디칼이 된다

$$RC{\equiv}CR' + e^-(am) \underset{}{\overset{\text{빠름}}{\rightleftharpoons}} R\dot{C}{=}\ddot{C}R'$$

알카인 전자 음이온 라디칼

2단계: *양성자 전달.* 첫 단계에서 생성된 음이온 라디칼은 강한 염기라서 암모니아에서 양성자를 취한다. 이 단계가 속도 결정 단계로 믿어진다. 생성된 알켄일 라디칼은 빠른 평형상태의 *E*와 *Z* 입체이성체의 혼합물이다.

$$R\dot{C}{=}\ddot{C}R' + H{-}\ddot{N}H_2 \xrightarrow{\text{느림}} R\dot{C}{=}CHR' + :\ddot{N}H_2^-$$

라디칼 음이온 암모니아 알켄일 라디칼 (*E*/*Z* 혼합물) 아마이드화 이온

3단계: *전자 전달.* 알켄일 라디칼은 용매화된 전자와 반응하여 바이닐 음이온이 된다. 더 안정한 *E*-알켄일 음이온이 주를 이루고 *E*-*Z* 평형은 느리게 일어난다.

$$R\dot{C}{=}CHR' + e^-(am) \xrightarrow{\text{빠름}} R\ddot{C}{=}CHR'$$

알켄일 라디칼 (*E*/*Z* 혼합물) 전자 알켄일 음이온 (주로 *E*)

4단계: *양성자 전달.*

$$H_2\ddot{N}{-}H + R\ddot{C}{=}CHR' \xrightarrow{\text{빠름}} RCH{=}CHR' + H_2\ddot{N}:$$

암모니아 알켄일 음이온 (주로 *E*) 알켄 (주로 *E*) 아마이드화 이온

$$R{-}C{\equiv}C{-}H + H{-}\ddot{X}: \xrightarrow{\text{느림}} R{-}\overset{+}{C}{=}CH_2 + :\ddot{X}:^- \xrightarrow{\text{빠름}} R(X)C{=}CH_2$$

알카인 할로젠화 수소 알켄일 양이온 할로젠화 이온 할로젠화 알켄일

그러나 여러 출처의 증거를 종합하면, 알켄일 양이온[바이닐 양이온(vinylic cation)이라고도 한다]은 단순한 알킬 양이온보다 훨씬 불안정하기 때문에 알켄일 양이온이 과연 반응에 관여할 수 있을지 의문시되고 있다. 예를 들면, 알카인에 대한 할로젠화 수소의 친전자성 첨가는 알켄에 대한 할로젠화 수소의 첨가보다 더 느리지만 탄소양이온의 안정도 차이에서 예측할 수 있을 정도 만큼 그렇게 느리지는 않다.

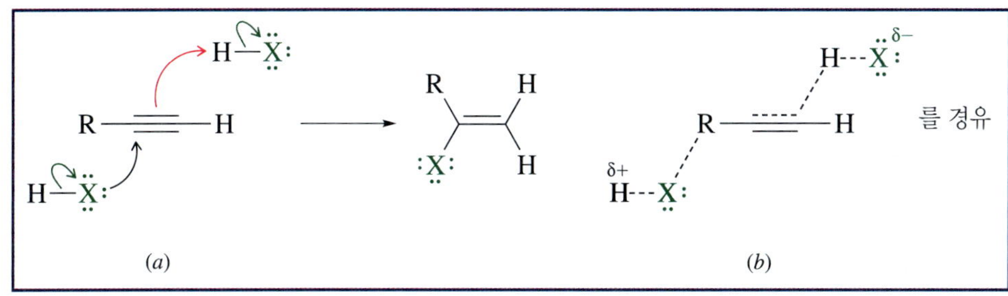

그림 9.4

Ad_E3 메커니즘에 의한 알카인에서 할로젠화 수소 HX의 친전자성 첨가에 대한 (a) 굽은 화살표 표기법과 (b) 전이상태.

더욱이 반응속도론적 연구 결과에 의하면 알카인에 대한 할로젠화 수소의 친전자성 첨가의 속도법칙은 전체적으로 3차이며, 할로젠화 수소에 대해 2차이다.

$$\text{속도} = k\,[\text{알카인}]\,[\text{HX}]^2$$

이 3차 속도 의존성으로부터 할로젠화 수소 두 분자와 한 분자의 알카인이 관여하는 전이상태가 제안되고 있다. 그림 9.4는 일단계 삼분자 과정을 나타내고 있는데, 굽은 화살표는 전자들의 흐름을 표현하고, 점선은 전이상태에서 형성되고 끊어지는 결합을 표기한다. Ad_E3 (*addition-electrophilic-termolecular*)라고 하는 메커니즘은 초기 단계에 할로젠이 친핵체로 참여하게 함으로써 아주 불안정한 알켄일 탄소양이온 중간체가 생성하지 않도록 방지한다. 그럼에도 불구하고 Markovnikov의 규칙이 관찰되는 것을 보면 이 메커니즘에서도 탄소에 어느 정도 양전하의 성질을 띠어 그 결과로 첨가의 위치선택성이 나타나는 것이 아닌가 여겨진다.

과량의 할로젠화 수소가 존재하면 탄소–탄소 삼중결합에 할로젠화 수소 두 분자가 순차적으로 첨가되어 같은자리 이할로젠화물이 생성된다.

$$\underset{\text{알카인}}{RC{\equiv}CR'} + \xrightarrow{HX} \underset{\text{할로젠화 알켄일}}{RCH{=}C(X)R'} \xrightarrow{HX} \underset{\text{같은자리 다이할로젠화물}}{RCH_2CX_2R'}$$

먼저 생성된 할로젠화 알켄일에 두 번째 할로젠화 수소가 Markovnikov의 규칙에 따라 한 번 더 첨가된다. 전체적으로 보아 두 수소 모두 같은 탄소에, 그리고 두 할로젠 모두 바로 이웃한 탄소에 결합된다.

$$\underset{\text{3-Hexyne}}{CH_3CH_2C{\equiv}CCH_2CH_3} + \underset{\text{Hydrogen fluoride}}{2HF} \longrightarrow \underset{\text{3,3-Difluorohexane (76\%)}}{CH_3CH_2CF_2CH_2CH_2CH_3}$$

문제 9.12

다음의 각각으로부터 1,1-다이클로로에테인의 합성을 설계하시오. 모범답안에 나타낸 것처럼 반응물과 생성물을 보여주는 일련의 반응식을 쓰시오.

(a) 에틸렌 (c) 1,1-다이브로모에테인
(b) 염화 바이닐($H_2C{=}CHCl$)

풀이 예시 (a) 반대로 생각하면 1,1-다이클로로에테인은 아세틸렌에 염화 수소 두 분자가 첨가되어 생성되는 화합물임을 알 수 있다. 따라서 핵심 특징으로서 에틸렌을 아세틸렌으로 변환하는 합성이 필요하다. 9.7절에서 기술한 것처럼 이는 에틸렌을 이웃자리 다이할로젠화물로 변환한 다음, 이중 탈할로젠화수소를 통해 수행할 수 있다. 이러한 분석에 근거한 알맞은 합성법은 아래와 같다.

$$H_2C{=}CH_2 \xrightarrow{Br_2} BrCH_2CH_2Br \xrightarrow[2.\ H_2O]{1.\ NaNH_2} HC{\equiv}CH \xrightarrow{2HCl} CH_3CHCl_2$$

Ethylene — 1,2-Dibromoethane — Acetylene — 1,1-Dichloroethane

반응 혼합물에 과산화물이 존재하면 브로민화 수소(염화 수소와 아이오딘화 수소는 아니다)가 자유 라디칼 메커니즘에 의해 알카인에 첨가된다. 알켄에 브로민화 수소의 자유 라디칼 메커니즘에 의한 첨가(6.13절)와 마찬가지로 Markovnikov의 규칙에 반대되는 위치선택성이 관찰된다.

1-Hexyne + HBr (Hydrogen bromide) $\xrightarrow{\text{peroxide}}$ 1-Bromo-1-hexene (79%) (=CHBr)

9.12 알카인 수화

알켄의 수화와 유사하게 알카인을 수화하면 알코올을 얻을 것이라고 예상할 수 있다. 그러나 얻어지는 알코올은 특이한 종류로, −OH 기가 탄소−탄소 이중결합에 치환되어 있다. 이러한 종류의 알코올을 **엔올(enol**, 이중결합의 어미 −*엔*(*-ene*)과 알코올의 어미 −*올*(*-ol*)의 결합)이라고 한다. 엔올의 중요한 특성 중 하나는 그들이 생성되는 바로 그 조건에서 알데하이드나 케톤으로 아주 빠르게 이성질체화가 일어난다는 점이다.

$$R{-}C{\equiv}C{-}R' + H_2O \xrightarrow{\text{느림}} RCH{=}C(OH)R' \xrightarrow{\text{빠름}} RCH_2C(=O)R'$$

알카인 — 물 — 엔올 (분리되지 않음) — 케톤

알데하이드나 케톤을 **케토형(keto form)**이라 하며, 케토⇄엔올 평형을 케토−엔올 이성질화(keto-enol isomerism) 혹은 케토−엔올 토토머화(keto-enol tautomerism)라고 한다. **토토머(tautomer)**란 원자 또는 원자단의 이동으로 평형을 이루는 구조 이성질체들을 말하는데, 이 평형을 토토머화(tautomerim)라고 한다. 양성자 전달 과정이 순차적으로 일어나는 케토−엔올 이성질체화의 메커니즘은 메커니즘 9.2에 나타나 있다.

첫째 단계인 엔올의 이중결합의 양성자 첨가는 알켄의 이중결합의 양성자 첨가와 유사하다. 그러나 이 과정은 매우 쉽게 일어난다. 이는 이 단계에서 생성된 탄소양이온이 산소의 비공유 전자쌍이 비편재화되는 공명에 의해 안정화되기 때문이다.

$$RCH_2{-}C(R'){=}\overset{+}{O}{-}H \longleftrightarrow RCH_2{-}\overset{+}{C}(R'){-}\ddot{O}{-}H$$

A — B

두 개의 기여구조 중에서 A는 탄소와 산소 원자 모두에 팔전자 법칙을 만족하지만 B는 양으로 하전된 탄소에는 여섯 개의 전자만 가지고 있다.

문제 9.13

2-뷰타인의 수화로 얻어지는 엔올의 구조를 그리고, 이에 해당하는 케톤 이성질체로 변환되는 과정을 일련의 화학 반응식으로 나타내시오.

메커니즘 9.2

엔올에서 케톤으로 변환

전체 반응:

$$RCH{=}C(OH)R' \longrightarrow RCH_2C(=O)R'$$

엔올 케톤 (R′ = H이면 알데하이드)

메커니즘:

1단계: 산성 수용액에서 탄소–탄소 이중결합에 양성자가 전달되는 것이 첫 단계이다.

$$H_2\ddot{O}^+{-}H + RCH{=}C(\ddot{O}H)R' \rightleftharpoons H_2\ddot{O}: + RCH(H){-}C(=\ddot{O}^+H)R'$$

하이드로늄 이온 엔올 물 케톤의 짝산

2단계: 케톤 짝산의 산소에 있는 양성자가 물 분자로 이동하여, 케톤이 된다.

$$RCH_2{-}C(=\ddot{O}^+{-}H)R' + H_2\ddot{O}: \rightleftharpoons RCH_2{-}C(=\ddot{O}:)R' + H{-}\ddot{O}^+H_2$$

케톤의 짝산 물 케톤 하이드로늄 이온

일반적으로 엔올 전구체보다는 케톤이 더 안정하므로 알카인을 산 촉매로 수화하였을 때 실제로 분리해 내는 생성물은 케톤이다. 알카인을 수화하는 표준 반응조건은 황산 수용액을 반응 매체로 하여 황산 수은(II)[mercury(II) sulfate] 또는 산화 수은(II)[mercury(II) oxide]을 촉매로 이용한다.

$$\text{4-Octyne} + H_2O \xrightarrow{H_3O^+,\ Hg^{2+}} \text{4-Octanone (89\%)}$$

4-Octyne Water 4-Octanone (89%)

알카인의 수화는 Markovnikov의 규칙을 따르며, 말단 알카인을 수화하면 메틸 케톤을 얻을 수 있다.

$$\text{1-Octyne} + H_2O \xrightarrow[HgSO_4]{H_2SO_4} \text{2-Octanone (91\%)}$$

1-Octyne Water 2-Octanone (91%)

문제 9.14

이에 필요한 유기 시약이나 무기 시약을 써서 아세틸렌으로부터 2-옥탄올을 제조할 수 있는 방법을 일련의 화학 반응식으로 나타내시오. 또한, 4-옥탄올은 어떤 식으로 제조할 수 있는가?

9.13 알카인 할로젠 첨가

알카인은 염소나 브로민과 반응하여 테트라할로알케인(tetrahaloalkane)을 생성한다. 삼중결합에 2몰의 할로젠이 첨가된다.

$$RC{\equiv}CR' + 2X_2 \longrightarrow RCX_2{-}CX_2R'$$

알카인 할로젠 (염소 또는 브로민) 테트라할로알케인

$$CH_3C{\equiv}CH + 2Cl_2 \longrightarrow CH_3CCl_2{-}CHCl_2$$

Propyne Chlorine 1,1,2,2-Tetrachloropropane (63%)

다이할로알켄(Dihaloalkene)은 반응 중간체이며, 알카인과 할로젠이 같은 몰로 존재할 때에는 분리되는 생성물이다. 반응의 입체화학은 안티-첨가이다.

Some Things That Can Be Made from Acetylene . . . But Aren't

Acetylene had several uses around the time of World War I, primarily because it burned with a hot, luminous flame. The oxyacetylene torch and automobile and bicycle headlamps made by the Prest-O-Lite Company are representative of this period.

In an attempt to find a route to acetylene other than from calcium carbide, Prest-O-Lite sponsored research carried out by George O. Curme at Pittsburgh's Mellon Institute. Curme's research, which was directed toward converting the gases produced during petroleum refining to acetylene, led to methods better suited for making ethylene than acetylene. Viewed from our present perspective, Curme's petroleum-based route to ethylene ranks as a major discovery. It wasn't at the time though, because ethylene had virtually no uses before the 1920s. Curme's second great contribution was the research he carried out to see what useful products he could make from ethylene. The first was ethylene glycol, which became Prestone antifreeze. Others followed, and now ethylene is clearly the most important industrial organic chemical—perhaps the most important of all industrial chemicals.

What about acetylene? Based on the reactions described in this chapter we can write the following equations, all of which lead to useful compounds.

$HC{\equiv}CH$ + HCl → Vinyl chloride

$HC{\equiv}CH$ + HCN → Acrylonitrile

$HC{\equiv}CH$ + H_2O → Acetaldehyde

$HC{\equiv}CH$ + CH_3CO_2H → Vinyl acetate

In fact, very little of each of these products is made from acetylene. Ethylene is the starting material for the preparation of vinyl chloride, vinyl acetate, and acetaldehyde. Propene is the starting material for acrylonitrile.

Economics dictate the choice of alkene in each case. Acetylene, because of the high energy cost of preparing it, is much more expensive than ethylene and propene. At present, acetylene is used as a starting material only in those few countries where local coal versus petroleum prices favor it. Ethylene comes from petroleum, acetylene can be made from coal. In time, as petroleum becomes increasingly expensive, acetylene-based syntheses may become competitive with ethylene-based ones.

3-Hexyne + Br_2 (Bromine) → (*E*)-3,4-Dibromo-3-hexene (90%)

9.14 알카인 가오존분해

알카인이 가오존분해를 받게되면 카복실산이 생성된다.

$$RC{\equiv}CR' \xrightarrow[2.\ H_2O]{1.\ O_3} RCOH + HOCR'$$

(생성물 RCOH와 HOCR'의 C에는 각각 =O가 결합되어 있다.)

> 생성물로 탄산이 형성되지만, 이산화탄소와 물로 분해되는 것을 상기하시오.

1-Hexyne → (1. O_3, 2. H_2O) → Pentanoic acid (51%) + Carbonic acid

가오존분해는 때로는 구조 결정에 사용되기도 한다. 생성물인 카복실산의 구조를 밝힘으로써 알카인의 구조를 추정할 수 있기 때문이다. 그러나 구조를 결정하는데 활용되던 많은 다른 화학적 방법들과 마찬가지로 이제는 분광학적인 방법으로 대체되어 왔다.

문제 9.15

어느 탄화수소의 분자식이 $C_{16}H_{26}$이고 삼중결합을 두 개 가지고 있다. 가오존분해를 하면 $CH_3(CH_2)_4CO_2H$와 $HO_2CCH_2CH_2CO_2H$가 유일한 생성물로 얻어진다. 이 탄화수소의 적절한 구조를 제안하시오.

9.15 합성에 있어서의 알카인과 역합성

아세틸렌은 그 짝 염기가 할로젠화 알킬과 설폰산 알킬 같은 알킬화 시약과 반응하여 C—C 결합을 형성하는데 적용될 수 있는 유기합성에서 유용하게 쓰이고 있다. 탄소사슬이 확장된 생성물이 삼중결합을 가지고 있어서 연속적으로 부가적인 반응으로 다른 종류의 유기 화합물을 생성하거나, 두 번째 첨가반응을 할 수있다. 다음에 역합성 접근법을 나타내었고 탄소사슬확장에 더붙여 두 개의 작용기 변환을 포함하고 있다.

예: 모든 탄소 원자의 공급원으로서 브로민화 에틸과 아세틸렌을 사용하여 1, 2-에폭시뷰테인의 합성을 개략적으로 나타내었다.

에폭사이드를 합성하는 가장 일반적인 방법은 알켄을 과산화산으로 반응하는 경로를 인식하고 이 합성에서 가장 마지막 단계에서 행하기로 결정하였다.

1,2-에폭시뷰테인 ⟹ 1-뷰텐

문제는 이제 브로민화 에틸과 아세틸렌으로부터 1-뷰텐을 합성하는 것, 즉 C—C 결합 형성이 분명히 요구되는 반응단계이다. 이 반응은 역합성에서 나타낸 것처럼 두 반응조작으로 이들 수행할 수 있다.

1-뷰텐 ⟹ 1-뷰틴 ⟹ 브로민화 에틸(Br) + $HC{\equiv}C:^-$

이 분석에 기반하여 합성은 다음과 같이 될 수 있다.

$$HC{\equiv}CH \xrightarrow[NH_3]{NaNH_2} HC{\equiv}CNa \xrightarrow{CH_3CH_2Br} \text{(1-butyne)} \xrightarrow[\text{Na, NH}_3]{\text{H}_2\text{, Lindlar Pd or}} \text{(1-butene)} \xrightarrow{CH_3CO_2OH} \text{(epoxide)}$$

문제 9.16

(*E*)-$H_2C{=}CHCH_2CH_2CH{=}CHCH_3$을 프로파인과 탄소 네 개 이하의 유기 화합물과 필요한 무기 시약으로 합성하는 대략적인 방법을 제시하시오.

9.16 요약

9.1절 **알카인(alkyne)**은 탄소-탄소 *삼중결합*(*tripie bond*)을 갖는 탄화수소이다. 다른 작용기나 고리를 갖고 있지 않는 간단한 알카인은 C_nH_{2n-2}의 일반식을 갖는다. 아세틸렌은 가장 간단한 알카인이다.

9.2 절 알카인은 어미 -*엔*(*-ene*) 대신 -*아인*(*-yne*)을 붙여 알켄과 거의 동일한 방식으로 명명한다.

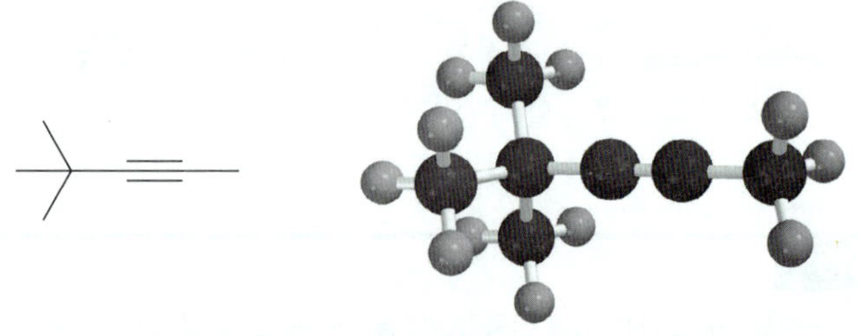

4,4,4-다이메틸-2-펜타인

9.3 절 알카인의 물리적 성질(끓는점, 물에 대한 용해도, 극성)은 알켄이나 알케인과 비슷하다.

9.4 절 아세틸렌은 선형이며, 알카인의 X—C≡C—Y 단위는 기하학적으로 선형이다. 알카인의 탄소-탄소 삼중결합은 하나의 δ 결합과 두 개의 π 결합으로 이루어져 있다.

삼중결합을 하고 있는 탄소는 *sp* 혼성화되어 있다. 삼중결합의 δ 성분은 이웃한 두 탄소의 *sp* 혼성오비탈의 중첩에 의해 만들어진다. 각 탄소는 두 개의 2*p* 오비탈을 가지고 있으며, 이들은 한 짝씩 중첩하여 두 개의 π 오비탈을 형성하고, 각각의 오비탈에 전자 두 개씩을 수용한다.

9.5 절 아세틸렌과 말단 알카인은 다른 탄화수소에 비해서 훨씬 더 산성이다. 이들의 pK_a 값은 약 26으로 알켄의 약 45와 알케인의 약 60과 크게 대비된다. 아마이드화 소듐은 아세틸렌이나 말단 알카인으로부터 양성자를 제거할 수 있을 정도로 충분히 강한 염기이지만, 수산화 나트륨은 그렇지 못하다.

$$\underset{\text{1-Butyne}}{CH_3CH_2C{\equiv}CH} + \underset{\text{Sodium amide}}{NaNH_2} \longrightarrow \underset{\text{Sodium 1-butynide}}{CH_3CH_2C{\equiv}CNa} + \underset{\text{Ammonia}}{NH_3}$$

표 9.2 알카인의 제법

반응(절)과 설명	일반 반응식과 특정한 반응 예
아세틸렌과 말단 알카인의 알킬화(9.6절) 아세틸렌과 말단 알카인은 산성이 커서 아마이드화 소듐으로 처리하면 해당 짝염기로 전환된다. 이 음이온들은 좋은 친핵체로서 메틸 또는 1차 할로젠화 알킬과 반응하여 탄소–탄소 결합을 형성한다. 2차 및 3차 할로젠화 알킬은 이 조건 하에서 제거 생성물만 얻게 되므로 사용할 수 없다	$RC{\equiv}CH + NaNH_2 \longrightarrow RC{\equiv}CNa + NH_3$ 알카인 + 아마이드화 소듐 → 알카인화 소듐 + 암모니아 $RC{\equiv}CNa + R'CH_2X \longrightarrow RC{\equiv}CCH_2R' + NaX$ 알카인화 소듐 + 1차 할로젠화 알킬 → 알카인 + 할로젠화 소듐 3,3-Dimethyl-1-butyne —(1. $NaNH_2$, NH_3; 2. CH_3I)→ 4,4-Dimethyl-2-pentyne (96%)
같은자리 다이할로젠화물의 이중 탈할로젠화수소 (9.7절) 같은자리 다이할로젠화물의 E2 제거반응으로부터 할로젠화 알켄일이 얻어진다. 만일 아마이드화 소듐과 같이 충분히 강한 염기를 사용하면 할로젠화 알켄일은 두 번째 제거 단계를 거쳐 알카인을 생성한다.	$RCH(X){-}CH(X)R' + 2NaNH_2 \longrightarrow RC{\equiv}CR' + 2NaX + 2NH_3$ 이웃자리 다이할로젠화물 + 아마이드화 소듐 → 알카인 + 할로젠화 소듐 + 암모니아 1,2-Dibromobutane —(1. $3NaNH_2$, NH_3; 2. H_2O)→ 1-Butyne (78-85%)
이웃자리 다이할로젠화물의 이중 탈할로젠화수소 (9.7절) 이웃한 두 탄소에 할로젠이 있는 다이할로젠화물은 같은자리 다이할로젠화물과 비슷하게 두 번의 제거 반응을 통하여 알카인을 생성한다	$RCH_2{-}CX_2R' + 2NaNH_2 \longrightarrow RC{\equiv}CR' + 2NaX + 2NH_3$ 같은자리 다이할로젠화물 + 아마이드화 소듐 → 알카인 + 할로젠화 소듐 + 암모니아 1,1-Dichloro-3,3-dimethylbutane —(1. $3NaNH_2$, NH_3; 2. H_2O)→ 3,3-Dimethyl-1-butyne (56-60%)

9.6~9.7절

알카인의 제조법은 표 9.2에 요약되어 있다.

9.8 절 알켄과 마찬가지로 알카인도 첨가반응을 한다.

9.9~9.10 절

알카인을 알켄이나 알케인으로 환원하는 반응을 표 9.3에 요약하였다.

9.11~9.13 절

알카인에 대한 친전자성 첨가는 표 9.4에 요약하였다.

표 9.3 알카인의 알켄 또는 알케인으로의 변환

반응(절)과 설명	일반 반응식과 특정한 예
알카인의 알케인으로의 수소화(9.9절) 알카인은 보통 많이 사용하는 수소화 금속 촉매 존재 하에서 완전 수소화가 일어나 알케인이 얻어진다.	$RC\equiv CR'$ + $2H_2$ →(촉매) RCH_2CH_2R' 알카인 수소 알케인 Cyclodecyne →($2H_2$, Pt) Cyclodecane (71%)
알카인의 알켄으로의 수소화(9.9절) 알카인을 특수한 촉매를 사용하여 수소화하면 알켄 단계에서 수소화를 멈출 수 있다. Lindlar 팔라듐이 가장 많이 활용되는 금속 촉매이다. 수소화는 syn 입체화학으로 진행되어 시스 알켄이 얻어진다.	$RC\equiv CR'$ + H_2 →(Lindlar Pd) 알켄 (R, R' 시스; H, H) 알카인 수소 알켄 2-Heptyne →(H_2, Lindlar Pd) *cis*-2-Heptene (59%)
금속–암모니아 환원(9.10절) 1족 금속(특히 소듐)을 액체 암모니아 용매에서 알카인과 반응시키면 환원되어 트랜스 알켄으로 변환된다. 이 반응은 전자 전달과 양성자 전달 단계가 교차하여 일어나는 네 단계에 의해 연속으로 진행된다.	$RC\equiv CR'$ + 2Na + $2NH_3$ → *Trans* 알켄 (R, H; H, R') + $2NaNH_2$ 알카인 소듐 암모니아 *Trans* 알켄 아마이드화 소듐 2-Hexyne →(Na, NH_3) *trans*2-Hexene (69%)

9.14 절 가오존분해에 의하여 탄소–탄소 삼중결합은 절단될 수 있다. 절단된 생성물은 카복실산이다.

2-Hexyne →(1. O_3 2. H_2O) Butanoic acid + Acetic acid

9.15 절 아세틸렌을 알킬화하고 생성된 알카인의 삼중결합에 작용기를 변환하는 반응은 다양한 유기 화합물의 합성에 응용될 수 있다.

표 9.4 알카인에 친전자성 첨가

반응(절)과 설명	일반 반응식과 특정한 반응 예
할로젠화 수소 첨가(9.11절) 할로젠화 수소는 Markovnikov 규칙에 따라 알카인에 첨가되어 할로젠화 알켄일을 생성한다. 할로젠화 수소가 2몰 있을 경우에는 두 번째 첨가가 일어나 같은자리 다이할로젠화물이 생성된다.	$RC\equiv CR' \xrightarrow{HX} RCH{=}C(X)R' \xrightarrow{HX} RCH_2CX_2R'$ 알카인 → 할로젠화 알켄일 → 같은자리 다이할로젠화물 Propyne + 2HBr (Hydrogen bromide) → 2,2-Dibromopropane (100%)
산-촉매 수화(9.12절) 알카인의 삼중결합에 물이 첨가되면 불안정한 엔올 중간체를 거쳐 케톤이 생성된다. 엔올은 알카인의 Markovnikov 수화에 의해 생겨난다. 엔올 생성에 이어 빠르게 이성질체화가 일어나 엔올은 케톤으로 전환된다.	$RC\equiv CR' + H_2O \xrightarrow[Hg^{2+}]{H_2SO_4} RCH_2C(=O)R'$ 알카인 + 물 → 케톤 1-Hexyne + Water (H_2O) $\xrightarrow[HgSO_4]{H_2SO_4}$ 2-Hexanone (80%)
할로젠화(9.13절) 1몰의 염소나 브로민이 알카인에 첨가되면 트랜스-다이할로알켄이 생성된다. 둘째 당량의 할로젠이 첨가되면 테트라할로젠화물이 생성된다.	$RC\equiv CR' \xrightarrow{X_2} RC(X){=}C(X)R' \xrightarrow{X_2} RCX_2CX_2R'$ 알카인 → 다이할로 알켄 → 테트라할로 알켄 Propyne + $2Cl_2$ (Chlorine) → 1,1,2,2-Tetrachloropropane (63%)

문제

9.17 다음 각 알카인의 IUPAC 명을 쓰시오.

(a) $CH_3CH_2CH_2C\equiv CH$

(b) $CH_3CH_2C\equiv CCH_3$

(c) $CH_3C\equiv CCHCH(CH_3)_2$ (with CH_3 on the CH carbon)

(d) —$CH_2CH_2CH_2C\equiv CH$

(e) 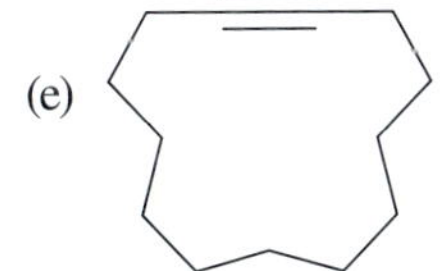

(f)

(g)

9.18 다음 각 화합물의 구조식을 그리시오.

(a) 1-옥타인 (e) 2,5 다이메틸-3-헥사인

(b) 2-옥타인 (f) 4-에틸-1-헥사인

(c) 3-옥타인 (g) 에타인일사이클로헥세인

(d) 4-옥타인 (h) 3-에틸-3-메틸-1-펜타인

9.19 문제 9.18에 나와 있는 모든 화합물은 하나를 빼고는 모두 이성질체들이다. 이성질체가 아닌 하나는 어느 것인가?

9.20 촉매 수소화에 의해 3-에틸헥세인을 얻을 수 있는 분자식이 C_8H_{14}인 모든 알카인의 구조식을 쓰시오.

9.21 다음의 각 화합물을 어떻게 하면 3-헥사인으로 변환될 수 있는가를 보여주는 적절한 화학 반응식을 쓰시오.

(a) 1-뷰테인 (c) 아세틸렌

(b) 1,1-다이클로로뷰테인

9.22 다음에 주어진 화합물과 1-헥사인의 반응에서 얻을 수 있는 주 생성물의 구조를 그리시오.

(a) 수소(2 몰), 백금

(b) 수소(1 몰), Lindlar pd

(c) 액체 암모니아에서 리튬

(d) 액체 암모니아에서 아마이드화 소듐

(e) (d)의 생성물을 1-브로모뷰테인으로 처리

(f) (d)의 생성물을 브로민화 *tert*-뷰틸로 처리

(g) 염화 수소(1 몰)

(h) 염화 수소(2 몰)

(i) 염소(1 몰)

(j) 염소(2 몰)

(k) 황산 수용액, 황산 수은(II)

(l) 오존 다음에 가수분해

9.23 황산 수은(II)를 함유하고 있는 수용성 황산 수용액으로 2-헵타인을 처리하면 각각 $C_7H_{14}O$의 분자식을 갖는 두 생성물을 거의 같은 비로 얻게 된다. 이 두 화합물은 무엇인가?

9.24 (*S*)-4-메틸-1-헥사인을 수소화하여 생성한 알케인은 광학 활성이지만, (*S*)-3-메틸-1-펜타인을 수소화하여 얻은 알케인은 광학 활성이 없다. 그 이유를 설명하시오. 이 화합물들은 Lindlar Pd 촉매 존재 하에서 수소화하면 생성물이 광학 활성인가를 예측할 수 있는가?

9.25 다음 반응은 모두 화학문헌에 기술되어 있는 것들로, 좋은 수득률로 진행된다고 한다. 반응물 중 몇몇은 우리가 배운 것보다 좀 복잡하게 생겼다. 그럼에도 불구하고 이제까지 배운 것을 근거로 하여 다음 각 반응의 주 생성물을 예상할 수 있어야 한다.

(a) $NaC\equiv CH$ + $Cl(CH_2)_6I$ ⟶

(b) $BrCH_2CH(Br)CH_2CH_2CH(Br)CH_2Br$ $\xrightarrow[2.\ H_2O]{1.\ 과량\ NaNH_2,\ NH_3}$

(c) 사이클로프로필–$C(Cl)_2CH_3$ $\xrightarrow[가열]{KOC(CH_3)_3,\ DMSO}$

(d) $C_6H_5C\equiv CNa$ + $CH_3CH_2OSO_2C_6H_4CH_3$ ⟶

(e) 사이클로데카인 $\xrightarrow[2.\ H_2O]{1.\ O_3}$

(f) 1-에타이닐사이클로헥산올 ($HC\equiv C$–, –OH) $\xrightarrow[2.\ H_2O]{1.\ O_3}$

(g) $(CH_3)_2CHCH_2C(OH)(CH_3)C\equiv CH$ $\xrightarrow[HgO]{H_2O,\ H_2SO_4}$

(h) (*Z*)-$CH_3CH_2CH_2CH_2CH{=}CHCH_2(CH_2)_7C\equiv CCH_2CH_2OH$ $\xrightarrow[2.\ H_2O]{1.\ Na,\ NH_3}$

(i) 2-테트라하이드로피라닐–$O(CH_2)_8Cl$ + $NaC\equiv CCH_2CH_2CH_2CH_3$ ⟶

(j) (i)의 생성물 $\xrightarrow[Lindlar\ Pd]{H_2}$

9.26 케톤인 2-헵탄온은 연유나 채더치즈와 같은 여러 유제품의 냄새를 유발하는 물질로 확인되었다. 아세틸렌과 필요한 유기 시약이나 무기 시약을 사용하여 2-헵탄온의 합성법을 기술하시오.

$CH_3C(=O)CH_2CH_2CH_2CH_2CH_3$

2-헵탄온

9.27 알카인은 수소붕소화에 의해서 알켄일붕소가 된다. 이것은 과산화 수소와 반응하여 카보닐 화합물로 산화될 수 있다. 두 단계 과정의 결과는 수화(hydration)이며, 이것은 말단 알카인으로부터 알데하이드를 생성한다.

$$R{-}C\equiv CH \xrightarrow{R'_2BH} \underset{\text{알켄일붕소}}{(R)(H)C{=}C(H)(BR'_2)} \xrightarrow{H_2O_2} RCH_2\overset{O}{\overset{\|}{C}}H$$

산화 단계는 엔올 중간체를 포함한다. 메커니즘 9.2를 지표로 하여, 1-헥사인에서 헥산알의 변환에서 형성되는 엔올이 구조를 쓰시오.

$$\underset{\text{헥사인}}{CH_3CH_2CH_2CH_2C{\equiv}CH} \xrightarrow[\text{2. } H_2O_2,\ NaOH]{\text{1. } R'_2BH} \underset{\text{헥산알}}{CH_3CH_2CH_2CH_2CH_2\overset{O}{\overset{\|}{C}}H}$$

9.28 주어진 출발 물질과 필요한 유기 시약이나 무시약을 사용하여 다음 각 화합물을 합성할 수 있는 일련의 적절한 화학 반응식을 제시하시오.

(a) 1,1-다이브로모프로페인으로부터 2,2-다이브로모프로페인
(b) 1,2-다이브로모프로페인으로부터 2,2-다이브로모프로페인
(c) 1,2-다이클로로프로페인으로부터 1,1,2,2-테트라클로로프로페인
(d) 아세틸렌 및 브로민화 에틸로부터 2,2-다이아이오도뷰테인
(e) 1-뷰텐 및 아세틸렌으로부터 1-헥센
(f) 1-뷰텐 및 아세틸렌으로부터 데케인
(g) 사이클로펜타데카인으로부터 사이클로펜타데카인
(h) 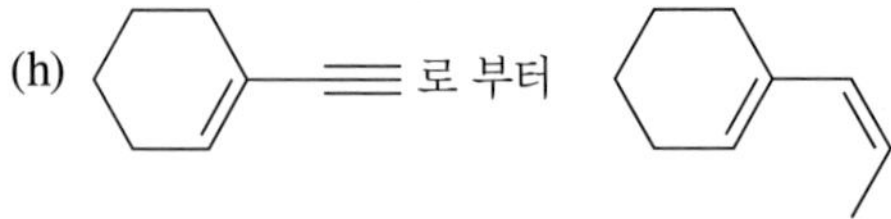

(i) 2-뷰타인으로부터 *meso*-2,3-다이브로모뷰테인

9.29 분자식이 $C_{14}H_{25}Br$인 화합물 A를 아세틸렌화 소듐과 1,12-다이브로모도데케인을 반응하여 얻어냈다. 화합물 A를 아자이드화 소듐로 처리하였더니 화합물 B($C_{14}H_{24}$)로 변환되었다. 또 화합물 B를 가오존분해하였더니 이가산인 $HO_2C(CH_2)_{12}CO_2H$가 생성되었다. 화합물 B를 Lindlar 팔라듐 촉매로 수소화하면 화합물 C($C_{14}H_{28}$)를 생성하고 백금 촉매로 수소화하면 화합물 D($C_{14}H_{28}$)를 생성하였다. 화합물 B를 소듐-암모니아로 환원하였더니 화합물 E($C_{14}H_{26}$)가 생성되었다. 그리고 화합물 C와 E를 가오존분해하면 $OCH(CH_2)_{12}CHO$를 생성하였다. 그러면 위에서 관찰된 변환과 일치하도록 화합물 A로부터 E까지의 구조를 지정하시오.

설명문과 이해 문제 9

알카인에 대한 메커니즘적 고찰

알카인의 제조와 성질들이 앞장에서 탐구한 몇 가지 주제를 확장하고 있다.

- 알카인은 알켄을 합성하는데 사용한 할로젠화 알킬의 E2 탈할로젠화수소과 관련된 제거반응으로 제조될 수 있다.
- 알카인은 $RC{\equiv}C:^-$ 형태의 친핵체와 1차 할로젠화 알킬이 반응하는 S_N2 반응으로 제조될 수 있다.
- 알카인은 알켄에 첨가하는 것과 같은 많은 화합물과 첨가반응, 특히 특히 친전자성 첨가반응을 한다.

sp^3와 sp^2 혼성오비탈과 비교하여 sp 혼성오비탈의 s의 특성이 더 커서, 알케인과 알켄에서 본 것과는 다른 특성이 알카인에 있다. sp 혼성화된 탄소는 sp^3와 sp^2 혼성화 탄소 보다 전기음성도가 더 크다고 생각하면 된다.

- 알카인의 $\equiv$C—H 기는 알켄과 알카인의 C—H 기보다 더 산성적이다, 따라서 아세틸렌과 말단 알카인이 강염기인 $NaNH_2$에 의해 짝염기인 $\equiv C:^-$ 로 전환될 수 있게 한다.
- 알켄과는 달리 알카인은 금속, 특히 Li, Na와 K에 의해 환원된다.
- 알켄과는 달리 알카인은 친핵성 뿐만 아이라 친전자성 첨가를 받을 수 있다.

$-C\equiv C-$ with E^+: E^+는 친전자체이며,
$-C\equiv C-$ with $\bar{N}u:$: $Nu:^-$는 친핵체이다.

문제 9.38~9.42는 메커니즘적 추론의 중요성을 강조하고 있다. 메커니즘적으로 생각함으로서 새로운 자료를 분석하고 이해하는 능력을 증진함으로써 사실들을 외울 필요성을 줄인다. 예를들면 알카인의 친핵성 첨가는 이 장에서 다루지 않고 있지만, 문제 9.42는 메커니즘적으로 생각함으로써 문제를 해결할 수 있다는 것이 주안점이다.

9.30 아래에 나타낸 반응의 메커니즘에서 첫 단계에서 일어나는 것으로 다음 중 어느 것이 가장 잘 설명하고 있는가?

$$CH_3CH_2CH_2CHBr_2 + 3NaNH_2 \xrightarrow{NH_3} CH_3CH_2C\equiv CNa + 2NaBr + 3NH_3$$

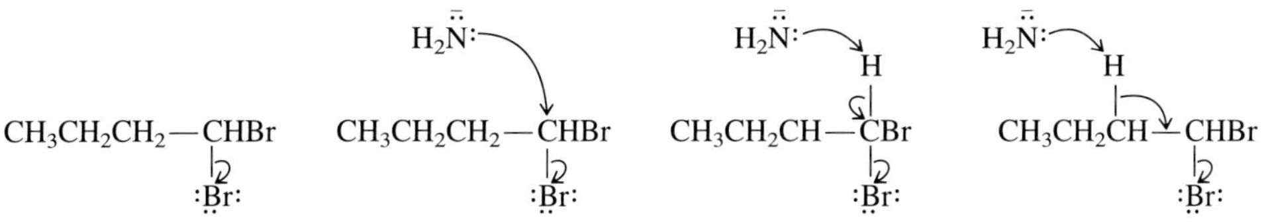

A. $CH_3CH_2CH_2-CHBr$ (C–Br 결합에서 :Br:로 화살표)

B. $H_2\ddot{N}:$ → $CH_3CH_2CH_2-CHBr$ (탄소 공격, C–Br 결합에서 :Br:로 화살표)

C. $H_2\ddot{N}:$ → H, $CH_3CH_2CH-CBr$ (C–H 결합 전자 → C, C–Br 결합에서 :Br:로 화살표)

D. $H_2\ddot{N}:$ → H, $CH_3CH_2CH-CHBr$ (C–H 결합 전자 → C–C, C–Br 결합에서 :Br:로 화살표)

9.31 아래에 나타낸 수소-중수소 교환반응의 메커니즘에서 첫 단계에서 일어나는 것으로 다음 중 어느 것이 가장 잘 설명하고 있는가?

$$CH_3C\equiv CD \xrightarrow[NH_3]{NaNH_2} CH_3C\equiv CH$$

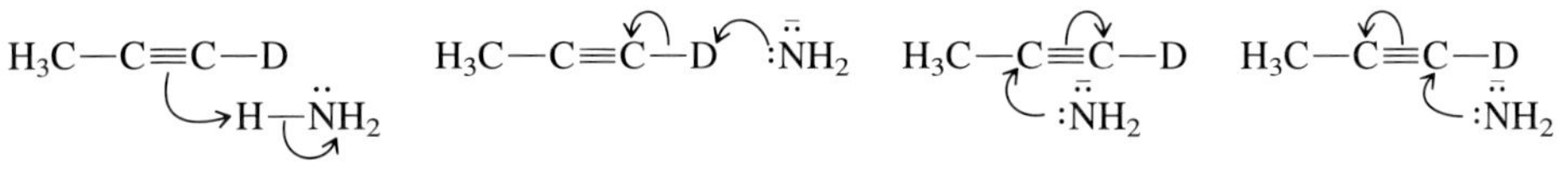

A. $H_3C-C\equiv C-D$ → $H-\ddot{N}H_2$

B. $H_3C-C\equiv C-D$ ← $:\ddot{N}H_2$

C. $H_3C-C\equiv C-D$, $:\ddot{N}H_2$

D. $H_3C-C\equiv C-D$, $:\ddot{N}H_2$

9.32 프로파인에 대한 플루오로설폰산(FSO_2OH)의 친전자성 첨가는 대단히 불안정한 바이닐 양이온 중간체를 거쳐서 진행한다. 이 중간체의 가장 합리적인 기하 구조는 무엇인가? (*힌트*: 기하 구조를 규명하기 위해서 VSPER 이론을 이용하시오.)

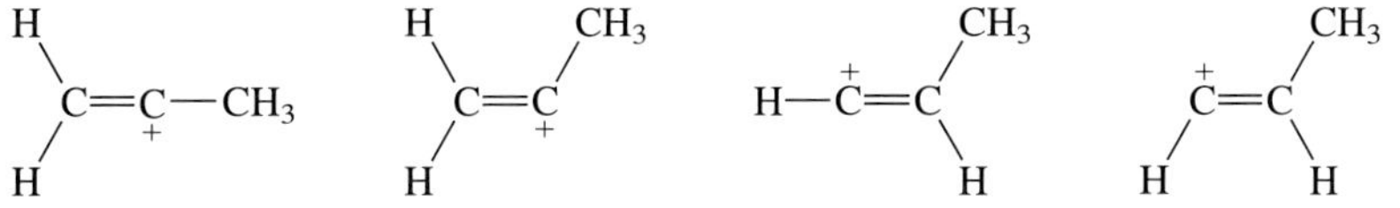

A. $H_2C=\overset{+}{C}-CH_3$ (선형)

B. $H_2C=\overset{+}{C}(CH_3)$ (굽은형)

C. $H-\overset{+}{C}=C(CH_3)(H)$ (선형)

D. $\overset{+}{C}(H)=C(CH_3)(H)$ (굽은형)

9.33 일련의 알카인에 Br_2이 첨가되는 반응속도를 측정하여 데이터로 나타내었다.

알카인	상대속도
$HC\equiv CH$	1.0
$HC\equiv CCH_3$	13.4
$H_3CC\equiv CCH_3$	120
$(CH_3)_3C-C\equiv CCH_3$	558

알카인에 Br_2이 첨가는 고리형 브로모늄 이온의 형성이 속도결정 단계로 진행한다고 가정하면, 속도결정 전이상태의 구조를 어떻게 일반화할 수 있는가?

본래 삼중결합 탄소에 양이온이 발생	삼중결합에 있는 치환기의 더 중요한 효과
A. 한 개의 탄소	전자 제공
B. 한 개의 탄소	입체장애
C. 두 개의 탄소 모두	전자 제공
D. 두 개의 탄소 모두	입체장애

9.34 삼중결합에 CF_3같은 강한 전자 끌기 치환기를 갖는 알카인에 친핵성 첨가가 일어날 수 있다. 3,3,3-트라이플루오로프로파인에 대한 CH_3OD의 친핵성 첨가 생성물을 예측하시오. 이 반응의 입체화학은 안티(anti) 첨가이며, 메커니즘에서 첫 단계는 삼중결합의 한 탄소와 CH_3O^- 사이의 결합형성이다.

$$HC{\equiv}CCF_3 \xrightarrow[CH_3OD]{NaOCH_3}$$

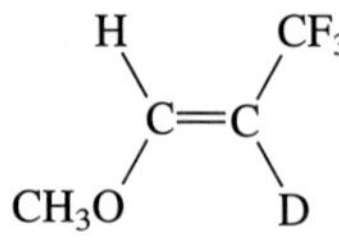

A. (H)(CH_3O)C=C(CF_3)(D) — H와 CF_3 위쪽, CH_3O와 D 아래쪽

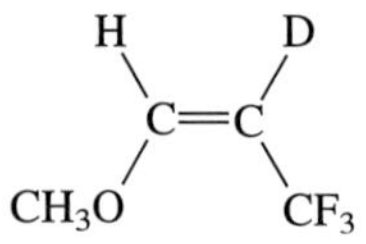

B. (H)(CH_3O)C=C(D)(CF_3) — H와 D 위쪽, CH_3O와 CF_3 아래쪽

C. (H)(D)C=C(CF_3)(OCH_3) — H와 CF_3 위쪽, D와 OCH_3 아래쪽

D. (D)(H)C=C(CF_3)(OCH_3) — D와 CF_3 위쪽, H와 OCH_3 아래쪽

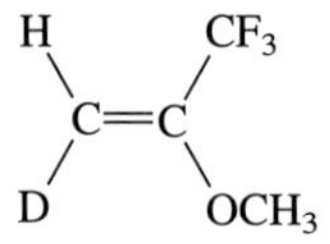

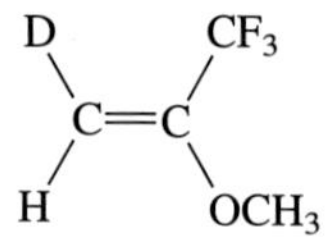

10

*알릴(Allyl)*은 마늘(*Allium sativum*)의 식품학명에서 따왔다. 마늘 증류물에서 얻어진 주 성분이 $H_2C{=}CHCH_2SSCH_2CH{=}CH_2$인 것이 100여년 넘게 알려졌다. *알릴(allyl)*이라는 용어는 이러한 기원을 근거로 $H_2C{=}CHCH_2$ 기와 같다.

알카다이엔과 알릴자리계의 컨쥬게이션

Conjugation in Alkadienes and Allylic Systems

알켄의 모든 성질이 이중결합의 작용기 반응에만 전적으로 집중되어 나타나는 것은 아니다. 이중결합은 직접 결합되어 있는 제 2의 작용기에 영향을 미칠 수 있다. 예를 들면, **알릴자리 탄소양이온(allylic carbocation)**에서 양으로 하전된 탄소 또는 **알릴자리 자유 라디칼(allylic free radical)**에서는 홀전자를 가진 탄소, **알릴자리 음이온(allylic anion)**의 탄소음이온, 혹은 **컨쥬게이트된 다이엔(conjugated diene)**에서는 두 번째 이중결합에 대한 치환기 일 수 있다.

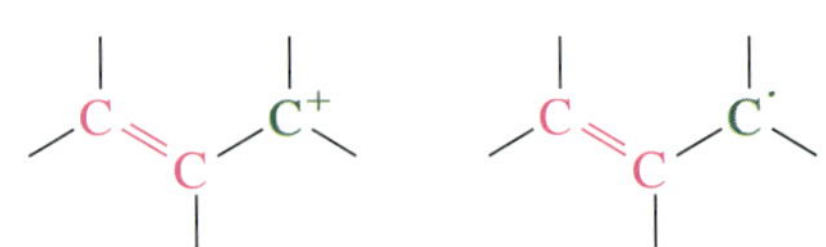

알릴자리 탄소양이온 알릴자리 자유 라디칼

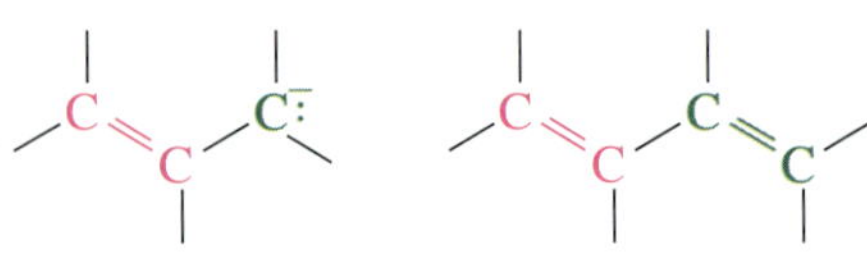

알릴자리 음이온 컨쥬게이트된 다이엔

"*Conjugare*"라는 말은 '연결하다 또는 함께 하다'라는 의미의 라틴어 동사이며, 알릴자리 탄소양이온, 알릴자리 자유 라디칼, 알릴자리 음이온 및 컨쥬게이트된 다이엔은 모두 **컨쥬게이션 계(conjugated system)**의 예이다. 이 장에서는 동일 분자 내의 두 작용기 단위가 컨쥬게이션 되면 단독으로 있을 때와는 어떻게 정성적으로 다른 반응성을 갖게 되는가를 배우게 될 것이다.

10.1 알릴기

$H_2C{=}CHCH_2$ 기는 *알릴(allyl)*기라고 알려져 있는데 이는 일반명이며 IUPAC 명으로도 허용되고 있다. 이 기를 갖고 있는 화합물들은 치환기로서의 이름보다는 작용기 단위로서의 이름으로 더 잘 알려져 있다.

OH — 알릴 알코올 (2-프로펜-1-올)

Cl — 염화 알릴 (3-클로로-1-프로펜)

NH_2 — 알릴 아민 (2-프로펜-1-아민)

알릴기의 sp^3-혼성 탄소를 **알릴자리 탄소(allylic carbon)**라고 하며, 알릴자리 치환기(allylic substituent)는 이 알릴자리 탄소에 결합된 원자 또는 기를 지칭한다.

문제 10.1

α-Terpineol은 송진에서 얻을 수 있는 향긋한 냄새의 오일이다. 알킬자리 수소는 몇 개인가? 수산기는 알릴자리에 있는가?

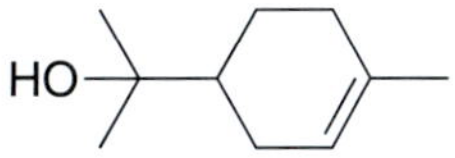

HO

전자 갯수에 따라 알릴기는 분류되며, 양전하 탄소양이온($H_2C{=}CHCH_2^+$), 중성 자유 라디칼($H_2C{=}CHCH_2\cdot$), 음전하 탄소음이온($H_2C{=}CHCH_2{:}^-$)등이 있다. 각각은 이중결합의 π 전자와 비편재화되며 안정화된다. 양전하, 음전하, 홀전자등은 알릴기의 양끝 탄소에서 공유된다.

알릴 양이온: $H_2C{=}CH{-}\overset{+}{C}H_2 \longleftrightarrow H_2\overset{+}{C}{-}CH{=}CH_2$ 또는 (H, H, H, H, H 점-선 구조, +)

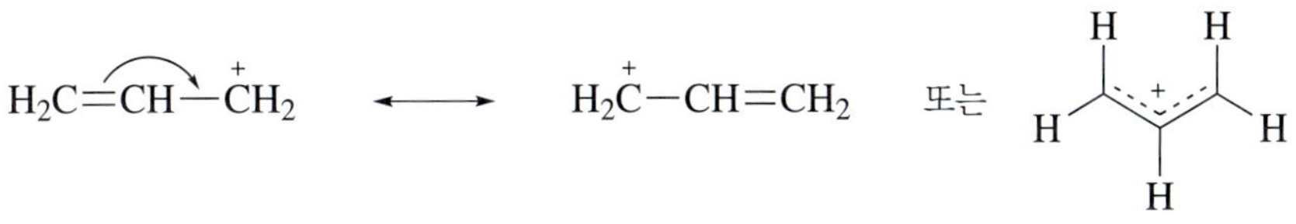

알릴 라디칼: $H_2C{=}CH{-}\dot{C}H_2 \longleftrightarrow H_2\dot{C}{-}CH{=}CH_2$ 또는 (H, H, H, H, H 점-선 구조, ·)

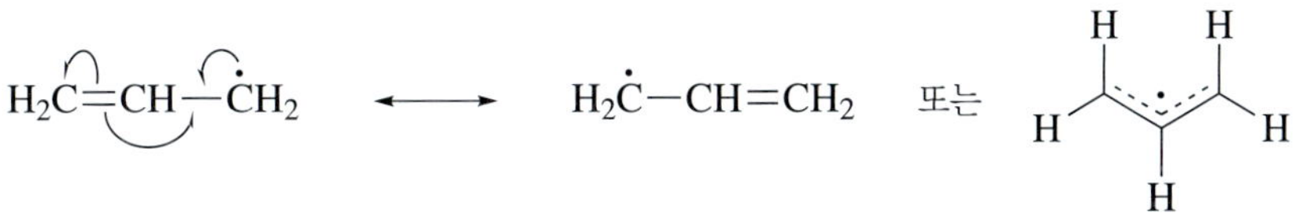

알릴 음이온: $H_2C{=}CH{-}\overset{-}{\ddot{C}}H_2 \longleftrightarrow H_2\overset{-}{\ddot{C}}{-}CH{=}CH_2$ 또는 (H, H, H, H, H 점-선 구조, −)

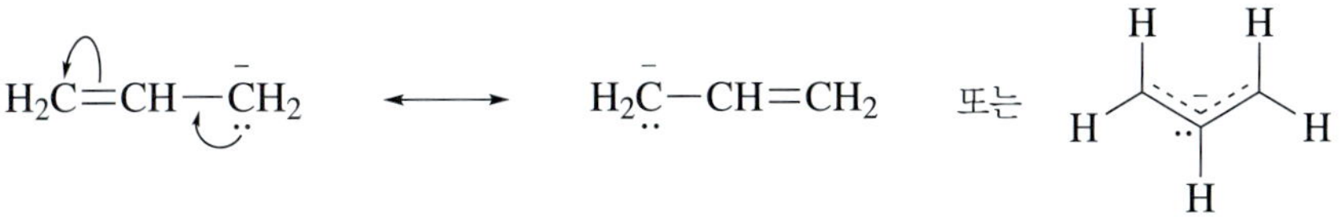

이 전자 비편재화를 나타내는 다른 방법은 오른쪽에 보이는 점-선 구조이다. 그러나 이 단위에 대체로 적용하는 점선의 중간 위에 있는 +, −, 또는 •은 양끝의 탄소에만 공유된다는 것을 인식하는 것이 중요하다.

대칭적으로 치환되지 않은 알릴자리 화학종에 있어서는, 두 개의 공명구조가 동등하지 않고 혼성에 동등하게 기여하지 않는다.

또는

주 기여체

이러한 알릴자리 탄소양이온은 1차 탄소양이온보다 3차 양이온의 성질을 더 많이 가진다.

문제 10.2

다음 각 탄소양이온의 두 번째 공명구조를 쓰시오. 전하는 두 알릴자리 탄소에 균등하게 배분되는가? 그렇지 않으면 어느 탄소가 더 많은 전하를 띠겠는가?

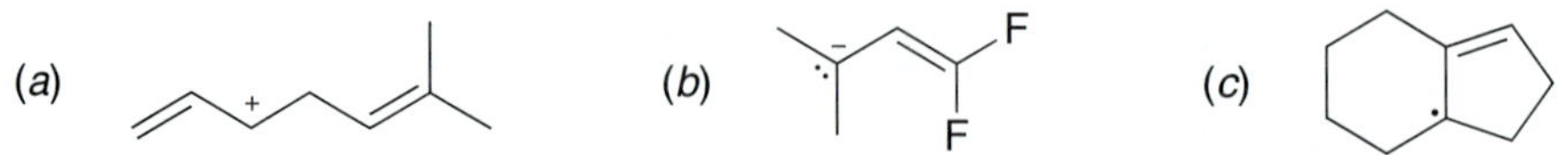

풀이 예시 (a) 우선 C=C—C^{+} 단위를 확인하여 알릴 단위를 확인한다. 이 구조의 두 이중결합 중에서 왼쪽 것만이 C=C—C^{+}의 일부이다. 오른쪽 이중결합은 양으로 하전된 탄소에서 한 CH_2 단위만큼 떨어져 있어 컨쥬게이션되어 있지 않다. 이중결합의 전자쌍을 양으로 하전된 탄소로 이동하여 둘째 공명구조를 그린다.

2
1 3

두 기여구조는 동일하지 않다. 따라서 양전하는 C-1과 C-3에 균등하게 배분되지 않는다. C-1은 1차 탄소이고 C-3는 2차 탄소이다. 더 많은 양전하가 C-1보다는 C-3에 머물게 된다. 원래의 왼쪽 구조가 새로 그린 오른쪽 구조보다 공명 혼성체에 더 많은 기여를 하게 된다.

그림 10.1에 알릴 양이온의 결합을 원자가결합 표시로 나타냈다. $H_2C{=}CHCH_2^{+}$의 평면구조(*a*)를 바탕으로 세 개의 이웃한 sp^2 혼성 탄소의 2*p* 오비탈이 연속적으로 겹쳐진 (*b*와 *c*) 골격을 나타낸다. 지금까지는 두 개 이웃한 탄소에 포함된 π 오비탈만을 보아왔다. 컨쥬게이션계는 세 개 또는 그 이상의 원자들이 포함되어 π 오비탈이 확장되는 특성을 가진다.

그림 10.1에서 알릴 양이온을 설명할 수 있지만, π 전자가 세 개 이상일 때는 한 개의 π 결합에 다 놓이지 않으며, 이로써 설명이 충분하지 않다. 하지만 분자오비탈(MO) 이론은 알릴자리 양이온 뿐만 아니라 라디칼(세 개의 π 전자) 및 음이온(네 개의 π 전자)까지도 반응과 구조를 이해하는데 공명과 원자가전자 이론의 대안을 제공한다. Hückel 또는 π-전자, 근사법으로 알려진 단순화에 있어서 π MO는 σ 결합 골격과는 별개로 간주된다. 2.4절에서 오비탈의 수는 오비탈을 형성하기 위해 합쳐지는 원자오비탈(AO)의 수와 동일

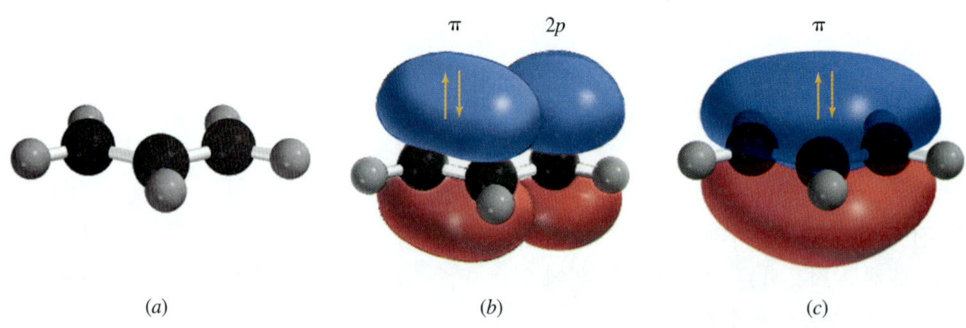

그림 10.1

알릴 양이온의 결합 (*a*) $H_2C{=}CHCH_2^{+}$의 모든 원자는 같은 평면 상에 놓인다. 각 탄소는 sp^2-혼성화되어 있다. (*b*) 이중결합의 π 요소와 비어 있는 *p* 오비탈의 나란한 배열로 인하여 이들 간의 겹침이 일어날 수 있다. (*c*) π 오비탈은 $H_2C{=}CHCH_2^{+}$의 세 탄소 모두에 걸쳐 있다. 이 오비탈의 두 전자는 세 탄소에 비편재화되어 있다.

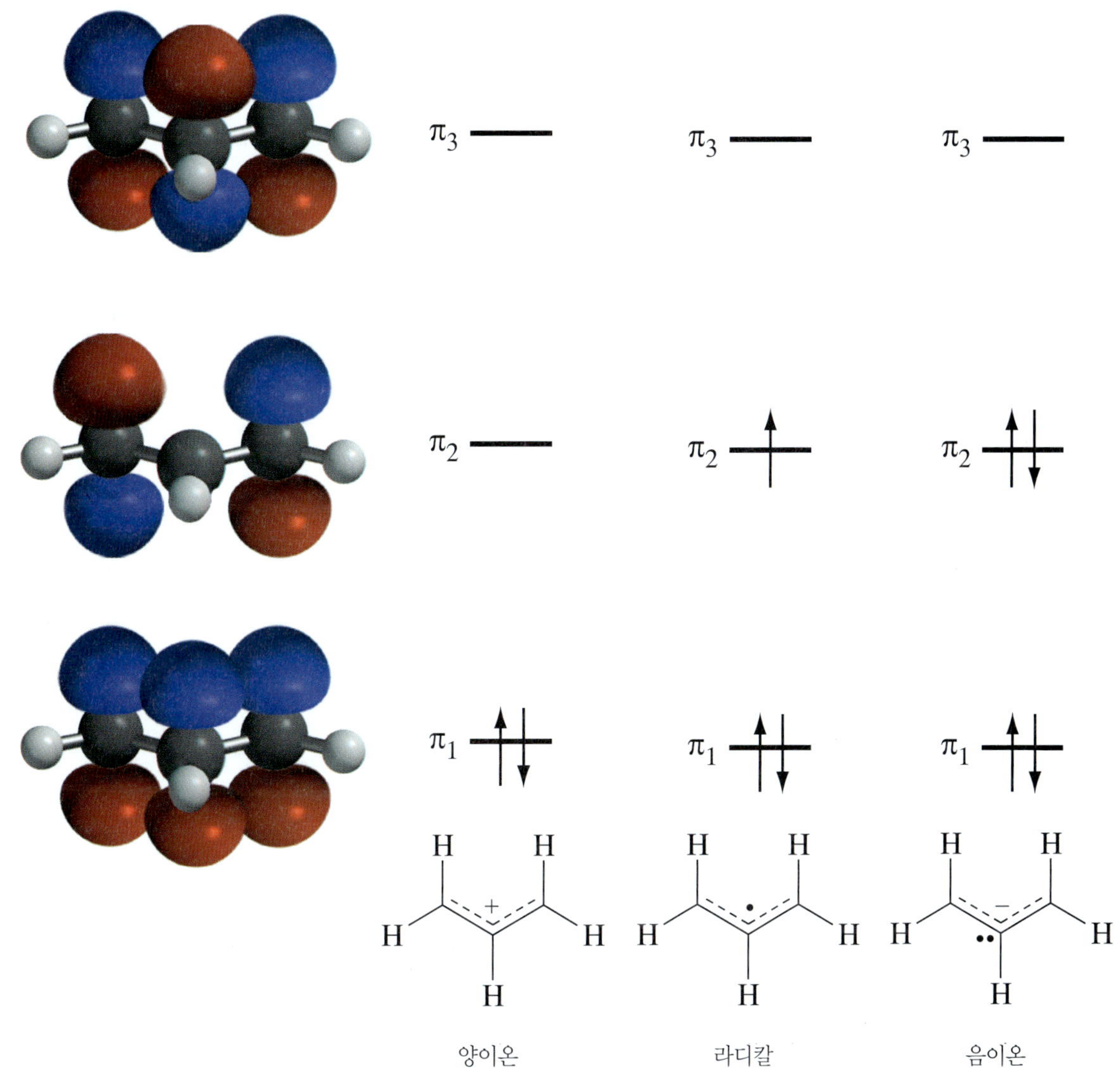

그림 10.2

알릴 양이온, 라디칼, 음이온의 π 분자오비탈. 알릴양이온에는 두 개의 π 전자, 알릴라디칼에는 세 개의 π 전가, 알릴 음이온에는 네 개의 π 전가가 있다,

하다는 것을 상기하면, 세 개의 $2p$ AO를 합쳐서, 알릴의 sp^2-혼성 탄소 각 세 개로부터 얻어진 한 개는 그림 10.2에서 보여준 세 개의 π MO의 일부이다.

최저에너지 궤도 π_1는 세 군데 모두에서 전자쌍으로 채워지고; π_2는 알릴 양이온에서는 비어있고, 알릴 라디칼에서는 홑전자로, 알릴 음이온에서는 전자쌍으로 채워진다. $H_2C{=}CHCH_2^+$가 친핵체와 반응할 때, 친핵체의 전자쌍이 최저 비점유 분자오비탈(LUMO)로 이동하며, 이 경우 π_2로 전자가 흘러들어간다. π_2에서는 C-2에 마디가 존재하기 때문에 친핵체는 C-1과 C-3와 결합하게 된다. 알릴 음이온의 경우에는 최고 점유 분자오비탈(HOMO) π_2의 전자쌍과 친전자체가 결합하며, 여기서도 C-2는 마디이기 때문에 C-1 혹은 C-3에서 결합이 진행된다. 알릴 라디칼도 이와 유사하다.

Erich Hückel은 독일의 물리 화학자로 Peter Debye와 공동으로 전해질 용액의 가장 포괄적으로 인정된 이론을 개발한 것으로 처음 알려졌으며, 나중에는 컨쥬게이트된 탄화수소, 특히 방향족 탄화수소에 분자오비탈 이론을 적용하였다(11장).

10.2 알릴자리 할로젠화물의 S_N1과 S_N2 반응

알릴계에 있어서 컨쥬게이션 효과의 대부분 지식(이해)은 친핵성 치환, 특히 S_N1 메커니즘으로 일어나는 속도와 반응 생성물로부터 얻어진다. 알릴자리 할로젠화물은 알릴이 아닌 유사 화합물에 비해서 S_N1과 S_N2에서 빠르게 반응하며, 이유는 약간 다르다. S_N1을 먼저, S_N2는 후반에 설명한다.

S_N1 상대 속도: 에탄올에서 가용매분해와 같은 S_N1조건에서, 3차 알릴자리 염화물, 3-클로로-3-메틸-1-뷰텐은 염화 *tert*-뷰틸에 비해서 100배 이상 빠르다. 두 반응은 1차 속도법칙을 따르고 $[(CH_3)_2C{=\!=}CH{=\!=}CH_2]^+$이 $(CH_3)_3C^+$에 비해서 훨씬 안정하다는 것을 반영한다.

알릴자리 탄소양이온은 일반 알킬 양이온보다 더 안정하며, 바이닐기($H_2C=CH_2$)는 메틸기에 비해서 탄소양이온을 더 안정화시키는 치환체이다. 예를 들어 $H_2C=CHCH_3{}^+$는 1차 탄소양이온이지만 $(CH_3)_2CH^+$와 같은 2차 탄소양이온 정도의 안정도를 나타낸다.

더 빠른속도: $k_{rel} = 123$ 3-클로로-2-메틸-1-뷰텐 $\xrightarrow{-[:\ddot{Cl}:^-]}$ 1,1-다이메틸알릴 양이온

더 느린속도: $k_{rel} = 1.0$ 염화 *tert*-뷰틸 $\xrightarrow{-[:\ddot{Cl}:^-]}$ *tert*-뷰틸 양이온

문제 10.3

가수분해조건으로, 50% 에탄올-물, 45°C에서 아래 두 물질은 1차 반응속도 상수값이 60배 차이를 보인다. 어느 것이 더 반응성이 있는가? 이유는?

trans-1-클로로-2-부텐   3-클로로-2-메틸프로펜

S_N1 반응생성물: 1,1-다이메틸알릴 양이온의 공명 그림에 따라서 양전하는 1차 탄소와 3차 탄소 간에 배분되어 있다. 탄소양이온이 친핵체와 반응한다고 하면, 친핵체는 어느 탄소와 결합을 형성하게 될까? 이에 대한 대답은 모두이다. 그러나 3차 탄소가 입체선택적으로 우세하다.

3-Chloro-3-methyl-1-butene $\xrightarrow[Na_2CO_3]{H_2O}$ 2-Methyl-3-buten-2-ol (85%) + 3-Methyl-2-buten-1-ol (15%)

경유: 1,1-다이메틸알릴 양이온

메커니즘 10.1은 가수분해에 S_N1 메커니즘을 적용한다. 핵심적인 특징은 1단계로 탄소양이온 형성과 2단계에서 친핵체 (물)과 탄소양이온의 결합이다. 물의 산소는 알릴자리 단위의 양끝과 결합할 수 있으나, 속도는 다르다.

물 분자의 산소는 양전하가 더 큰 탄소를 공격하게 되며, 따라서 3차 알코올이 주 생성물이 된다.

부 생성물인 1차 알코올은 물의 산소가 1차 탄소와 결합할 때 얻어진다.

메커니즘 10.1

알릴자리 할로젠화물의 S_N1 가수분해

전체 반응:

3-Chloro-3-methyl-1-butene + H_2O (Water) → 2-Methyl-3-buten-2-ol + 3-Methyl-2-buten-1-ol

메커니즘:

1단계: 할로젠화 알킬은 이온화하여 탄소양이온이 형성된다. 이 단계가 속도결정 단계이며, 비편재화된 탄소양이온이 생성된다.

3-클로로-3-메틸-1-뷰텐 —느림→ 염화 이온 + 1,1-다이메틸알릴 양이온

2단계: 탄소양이온(주 기여체로)은 물과 반응한다. 물은 친핵체로 작용하며 산소가 3차(a) 또는 1차 탄소(b)와 결합할 수 있다.

(a) 물 + 1,1-다이메틸알릴 양이온 (주 기여체) —빠름→ 1,1-다이메틸알릴옥소늄 이온

(b) 1,1-다이메틸알릴 양이온 (주 기여체) + 물 —빠름→ 3,3-다이메틸알릴옥소늄 이온

3단계: 2단계에서 생성된 알킬옥소늄 이온은 양성자 전달에 의하여 알코올로 변환된다. 물은 양성자 받개가 된다.

물 + 1,1-다이메틸알릴옥소늄 이온 —빠름→ 하이드로늄 이온 + 2-메틸-3-뷰텐-2-올 (주 생성물)

3,3 다이메틸알릴옥소늄 이온 + 물 —빠름→ 3-메틸-2-뷰텐-1-올 (부 생성물) + 하이드로늄 이온

대등한 실험으로, 이성질성 1차 알릴자리 염화물인 1-클로로-3-메틸-2-뷰텐은 3-클로로-3-메틸-1-뷰텐과 동일한 두 개의 알코올이 동일한 비율로 얻어졌다.

이 반응은 3-클로로-3-메틸-1-뷰텐의 메커니즘 10.1과 완전히 같은 메커니즘을 거친다. 오직 출발 알릴자리 할로젠화물의 구조만 다르다. 동일한 탄소양이온이 두 경우에서 주 반응 중간체이다.

이와 같은 반응은 **알릴자리 재배열(allylic rearrangement)**을 거쳐 진행된다.

이는 앞 장에서 다루었던, 원자나 기이동의 결과인 구조적 변화를 포함하는 탄소양이온의 재배열과는 다르다. 전자 위치의 변화는 알릴자리 재배열의 원인이다.

문제 10.4

다음 물질의 S_N1 가수분해에서 예상되는 세 가지 알코올 생성물은?

확실히 할 것은 두 가지 이성질체 탄소양이온 사이의 평형을 다루는 것이 아니다. *알릴자리 탄소양이온은 한 구조 밖에 없다.* 따라서 Lewis 구조의 표현으로는 부족하며, 양이온의 분배를 달리하는 공명구조로 표현된다. MO 이론의 π-전자 근사법은 알릴기의 양 끝 탄소가 들어오는 친핵체와 반응하는 주된 위치라는 사실과 일치한다. 이것은 이들만이 LUMO의 *P* 오비탈에 기여하기 때문이다.

문제 10.5

다음 화합물 중에서 이온화하여 같은 탄소양이온을 형성하는 화합물 두 개를 고르시오.

S_N2 상대속도: S_N1과 마찬가지로 알릴자리 할로젠화물의 S_N2 반응은 다른 유사한 할로젠화 알킬보다 빠르게 반응한다. 알킬기와 알릴자리 할로젠화물들의 상대속도 측면에서 두 가지 중요한 경향을 보여준다.

45°C 에탄올에서 에톡시화 소듐과 반응에서 상대적 2차 속도상수

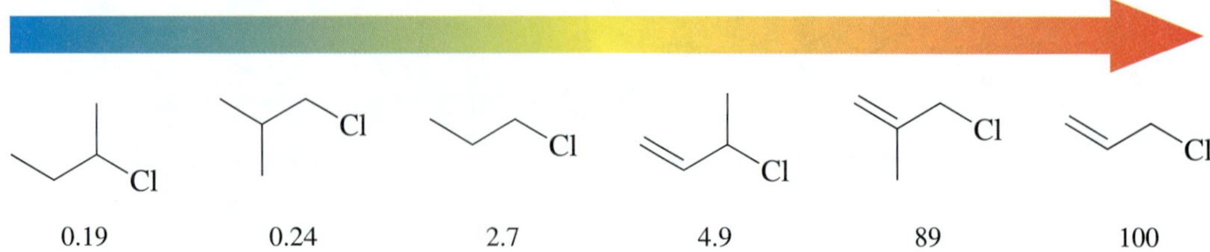

가장 빠른 속도로 반응하는 세 가지 할로젠화물은 모두 알릴자리이다; 세 가지 가장 느린

것들은 아니다. 각 기들 중에서, 전형적인 S_N2 순서(1차는 2차보다 더 빠른)가 관찰된다.

알릴자리 할로젠화물의 높은 S_N2 반응성은 두 가지 효과가 결합된 결과이다: 입체적 및 전자적. 입체적으로, CH_2Cl 기는 할로젠화 알킬의 sp^3-혼성 탄소와 비교하여 알릴자리 할로젠화물의 sp^2-혼성 탄소에 붙어있을 때, 덜 복잡하고, 더 반응성이다. 전자적으로, 반응물이 알릴 양이온, 라디칼, 또는 음이온이 아닌 염화 알릴이기 때문에 π-전자 MO 근사법이 적용되지 않는다. 그러나 8.3절에서 S_N2 메커니즘에 대하여 처음에 보여준 것 같은 고급 MO 처리는 즉시 염화 알릴에 적용할 수 있다. 그 그림에서는 친핵체로부터 전자가 염화 알릴의 LUMO로 이동한다. 염화 알릴의 LUMO는 알릴기의 세 탄소에 걸쳐서 펼쳐져 있기 때문에, 1-클로로프로페인의 LUMO보다 더 전자 비편재화가 진행되고, 활성화 에너지도 낮아지며 반응의 속도는 빨라진다.

염화 알릴 염화 알릴의 LUMO

S_N2 반응생성물: 1차 및 막혀있지 않은 2차 알릴자리 할로젠화물은 좋은 친핵체와 반응할 때는 전형적인 S_N2 치환이 일어난다.

$$\text{trans-1-Chloro-2-butene} \xrightarrow[CH_3CH_2OH]{NaOCH_2CH_3} \text{trans-1-Ethoxy-2-butene}$$

trans-1-Chloro-2-butene → *trans*-1-Ethoxy-2-butene (유일한 생성물; 82% 수득률)

$$\text{3-Chloro-1-butene} \xrightarrow[CH_3CH_2OH]{NaOCH_2CH_3} \text{3-Ethoxy-1-butene}$$

3-Chloro-1-butene → 3-Ethoxy-1-butene (유일한 치환 생성물; 53% 수득률)

에톡시화 소듐의 농도가 낮을때는 S_N1 반응이 S_N2 반응과 경쟁하여 직접 치환과 알릴자리 재배열에 따른 각각의 혼합 생성물이 얻어진다.

문제 10.6

앞서 언급한 반응식에서 *trans*-1-클로로-2-뷰텐이 3-클로로-1-뷰텐보다 더 많은 치환 생성물을 준다. 이유를 설명하시오.

10.3 알릴자리 자유 라디칼 할로젠화

앞서 10.1에서 보듯이, 알릴 라디칼은 기여하는 Lewis 구조들간의 공명으로 표시되는 전자 비편재화 또는 π-전자 분자오비탈 근사법에 의해서 안정하게 된다.

$$H_2C{=}CH{-}\dot{C}H_2 \longleftrightarrow H_2\dot{C}{-}CH{=}CH_2$$ 또는 (H로 치환된 비편재화 알릴 라디칼 구조)

그림 10.3

(*a*) 알릴 라디칼의 스핀 밀도(노란색)는 두 알릴자리 탄소에 균등하게 나뉘어져 있다. C-2 수소의 스핀 밀도는 이보다 아주 작다. (*b*) 홀전자는 알릴자리 π 계의 일부인 오비탈에 존재한다.

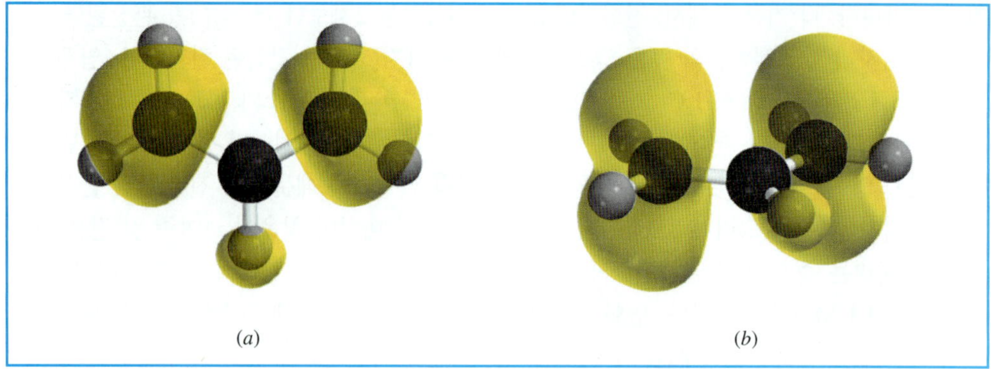

두 가지 모두 홀전자가 C-1 또는 C-3에 동등하게 분포된다. π-전자 근사법에서 C-2에 마디가 있는 π_2에 이 홀전자가 놓인다. 알릴 라디칼과 다른 화학종의 결합형성은 비결합성 전자밀도가 높은 양끝단 탄소에서 진행된다. 알릴 라디칼의 스핀밀도에 대한 분자오비탈 계산이 이들 해석을 뒷받침한다(그림 10.3).

알릴 라디칼의 π_2

스핀밀도는 원자에 있는 쌍을 이루지 않은 전자밀도의 척도이며 4.15절에서 이미 소개하였다.

홀전자의 비편재화는 알릴자리 라디칼을 안정화하고 이들이 생성되는 반응이 단순한 알킬 라디칼이 생성되는 반응보다 쉽게 일어나는 요인이 된다. 예를 들어, 프로페인과 프로펜의 1차 C—H 결합의 결합 해리 엔탈피를 비교해보자.

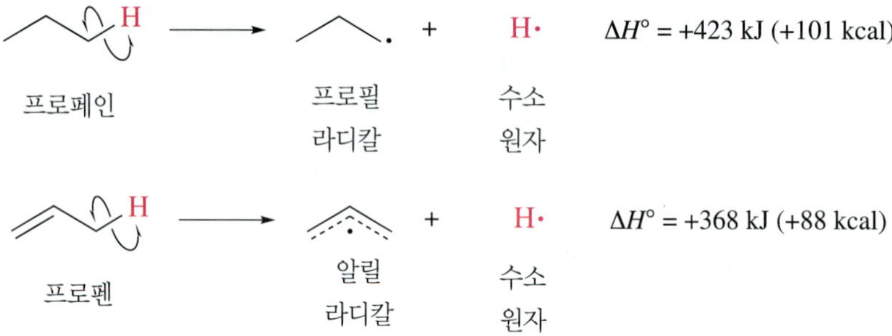

프로펜에 있는 1차 수소 원자의 결합을 해리하는 데는 프로페인에서보다 55 kJ/mol (13 kcal/mol) 더 적은 에너지가 필요하다. 알릴 라디칼은 π-전자 비편재화로 안정하게 된다; 프로필 라디칼은 그렇지 않다.

문제 10.7

trans-3-헥센에서 각 C—H 결합의 겹합 해리 엔탈피값을 감소하는 순서로 나열하시오.

동종 알킬 라디칼에 비해서 알릴자리 라디칼의 큰 안정성은 알켄의 자유 라디칼 할로젠화가 알릴자리 위치를 타당하고 위치선택성이라고 제시한다. 앞서 본대로, 알켄과 할로젠의 반응은 실온 및 낮은 온도에서 이중결합에 *친전자성 첨가*이지만, 고온에서는 *자유 라디칼 치환*이 우세하다. 염화 알릴의 공업적 제조는 프로펜과 염소를 300~500°C로 가열한다.

$$\text{Propene} + Cl_2 \xrightarrow{500°C} \text{Allyl chloride (80–85\%)} + HCl \text{ (Hydrogen chloride)}$$

Propene　　Chlorine　　Allyl chloride (80–85%)　　Hydrogen chloride

반응은 메커니즘 10.2에서와 같은 자유 라디칼 사슬(연쇄) 메커니즘에 의해 진행된다.

실험실에서 알릴자리 브로민화는 *N*-브로모석신이마이드(NBS)처럼 특별한 시약 중의 하나를 사용하여 이루어진다. 때때로 소량의 과산화물을 자유 라디칼 개시제로 첨가한다.

$$\text{Cyclohexene} + \text{N-Bromosuccinimide (NBS)} \xrightarrow[CCl_4]{\text{가열}} \text{3-Bromocyclohexene (82–87\%)} + \text{Succinimide}$$

Cyclohexene　　*N*-Bromosuccinimide (NBS)　　3-Bromocyclohexene (82–87%)　　Succinimide

N-브로모석신이마이드는 선택적 브로민화의 시약이며 11.11절에서도 소개될 것이다.

N-브로모석신아마이드는 소량의 브로민 분자를 방출하고, 이것은 자유 라디칼 할로젠과 유사한 메커니즘으로 알켄과 반응한다.

문제 10.8

N-브로모석신이마이드가 Br_2의 공급원이라고 가정하고 사이클로헥센의 알릴자리 브로민화에 의해 3-브로모사이클로헥센을 생성하는 전파단계의 반응식을 적으시오.

메커니즘 10.2

프로펜의 알릴자리 염소화

전체 반응:

$$H_2C{=}CHCH_3 + Cl_2 \xrightarrow{500°C} H_2C{=}CHCH_2Cl + HCl$$

Propene　　Chlorine　　Allyl chloride　　Hydrogen chloride

메커니즘:

개시단계: 염소 분자가 두 원자로 해리된다.

$$:\ddot{Cl}{-}\ddot{Cl}: \longrightarrow :\ddot{Cl}\cdot + \cdot\ddot{Cl}:$$

염소　　염소 원자

전파단계: 첫 전파단계에서는 염소 원자가 프로펜의 알릴자리 수소를 떼어내어 알릴 라디칼을 형성한다.

$$H_2C{=}CHCH_2{-}H + \cdot\ddot{Cl}: \longrightarrow H_2C{=}CH\dot{C}H_2 + H{-}\ddot{Cl}:$$

프로펜　　염소 원자　　알릴 라디칼　　염화 수소

처음 전파단계에서 생성된 알릴 라디칼은 Cl_2와 반응하여 염화 알릴(allyl chloride)이 형성된다.

$$H_2C{=}CH\dot{C}H_2 + :\ddot{Cl}{-}\ddot{Cl}: \longrightarrow H_2C{=}CHCH_2{-}\ddot{Cl}: + \cdot\ddot{Cl}:$$

알릴 라디칼　　염소　　염화 알릴　　염소 원자

이 전파단계에서 생성된 염소 원자는 다른 프로펜 분자로부터 수소를 떼어내며, 두 개의 전파단계가 계속해서 일어난다.

알릴자리 브로민화와 염소화는 탄화수소 골격에 반응성이 큰 작용기를 도입하는 방편을 제공해 주지만, 두 가지 중요한 제한성이 있음도 간과해서는 안 된다. 알릴자리 할로젠화가 특정 반응에 효과적이기 위해서는

1. 출발 물질인 알켄의 알릴자리 수소는 모두 동등해야 하고
2. 알릴자리 라디칼의 두 공명구조가 동등해야만 한다.

지금까지 인용한 두 반응의 예, 즉 프로펜의 염소화와 사이클로헥센의 브로민화는 이 두 조건을 모두 만족하고 있다.

프로펜의 모든 알릴자리 수소는 동등하다. $H_2C{=}CH{-}CH_3$

알릴 라디칼의 두 공명구조는 동등하다. $H_2C{=}CH{-}\dot{C}H_2 \longleftrightarrow H_2\dot{C}{-}CH{=}CH_2$

사이클로헥센의 알릴자리 수소는 모두 동등하다.

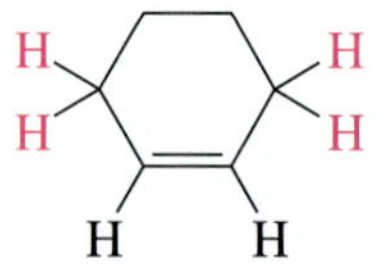

2-사이클로헥센일 라디칼의 두 공명구조는 동등하다.

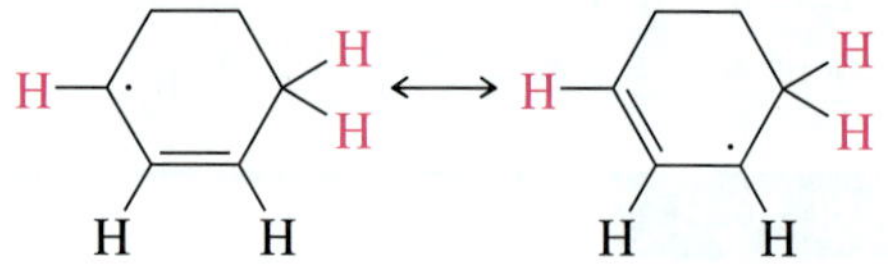

두 기준이 동시에 만족되지 않는 한, 알릴자리 할로젠화물이 구성 이성질체의 혼합물로 생성된다. 예를 들면, 1-옥텐의 브로민화 반응에서 알릴자리 라디칼 중간체의 두 공명구조는 동등하지 않고 3-브로모-1-옥텐과 cis와 trans-1-브로모-2-옥텐의 혼합물이 생성된다.

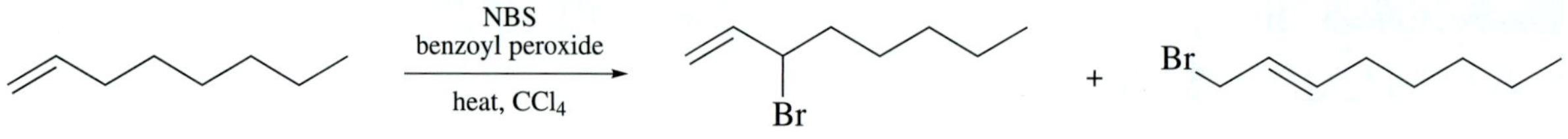

NBS, benzoyl peroxide / heat, CCl_4

1-Octene → 3-Bromo-1-octene (17%) + 1-Bromo-2-octene (83%) (*cis* + *trans*)

을 경유

문제 10.9

2,3,3-트라이메틸-1-뷰텐을 *N*-브로모석신이마이드를 이용하여 자유 라디칼 브로민화 반응을 시킨다면, 몇 가지의 알릴자리 브로민화물이 생성되는가?

10.4 알릴자리 음이온

알릴 양이온은 알릴 라디칼과 마찬가지로 알릴 음이온도 평면구조를 가지며 전자의 비편재화로 안정화된다. 음이온을 띠는 탄소의 비공유 전자쌍과 이중결합의 두 π 전자가 알릴 구조의 세 탄소에 의해 공유된다. 이 비편재화는 공명구조로 표현되거나 분자오비탈 방법으로 설명할 수 있다.

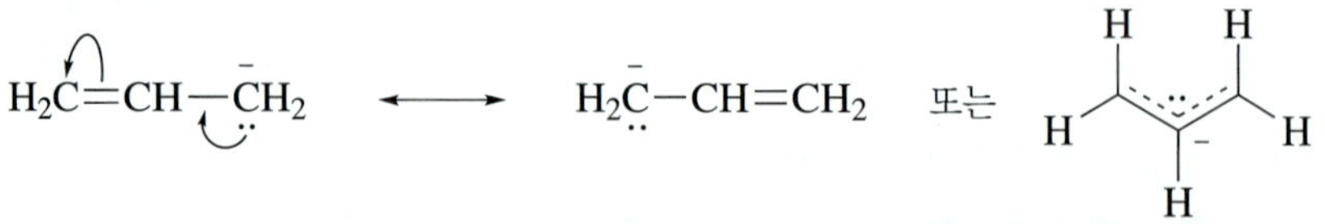

$$H_2C{=}CH{-}\ddot{C}H_2^{-} \longleftrightarrow H_2\ddot{C}^{-}{-}CH{=}CH_2$$

또는

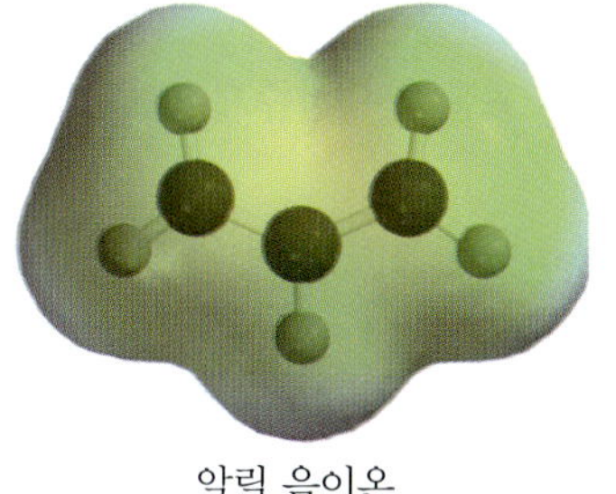

알릴 음이온

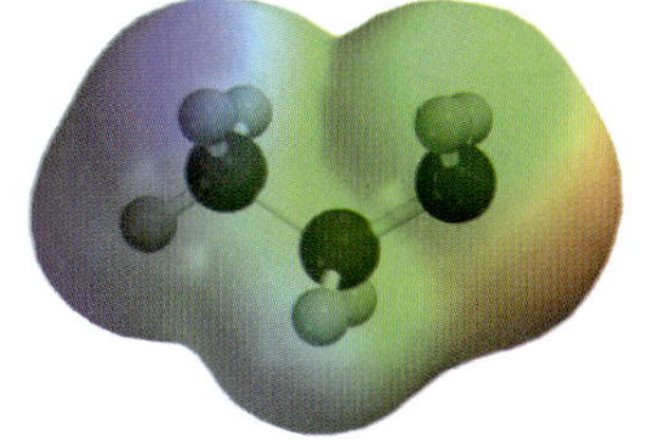

프로필 음이온

그림 10.4

알릴과 프로필 음이온의 정전기 퍼텐셜지도. 알릴에서는 음이온이 C-1과 C-3에서 동등하게 배분되고, 프로필에서는 C-1에 편재된다. 색깔 척도는 양쪽 지도에서 동일하다.

π-전자 근사법에 따라, 알릴 음이온의 π 전자 네 개는 쌍을 이루어 π_1과 π_2에 놓인다(그림 10.2). HOMO π_2에 있는 전자는 C-1과 C-3에 대등하게 분포한다. 그러므로 음전하도 대등하게 분포하게 되고 반응성도 동일하게 된다.

알릴 음이온을 안정화하는 전자 비편재화 정도는 프로페인과 프로펜의 p*K*a를 비교함으로 평가할 수 있다.

프로페인 ⇌ 프로필 음이온 + 양성자 (H^+) $pK_a \cong 62$

프로펜 ⇌ 알릴 음이온 + 양성자 (H^+) $pK_a \cong 43$

탄화수소의 pK_a 값은 매우 불확실하고 측정된 방법에 따라 다르지만, 모든 방법은 알릴 음이온이 프로필 음이온보다 훨씬 약한 염기인 것으로 일치한다.

그림 10.4의 정전기 퍼텐셜지도는 프로필 음이온에 비하여 알릴 음이온의 음전하가 더 많이 분산된 것을 보여준다.

π 전자의 전자 비편재화에 의한 안정화에 더하여, 프로펜의 C-2는 sp^2 혼성이다. 이것은 전자끌기 유도효과에 의해서 알릴자리 수소의 산도를 증가한다.

탄소의 전기음성도는 *S* 성질이 증가함에 따라서 증가한다는 9.5절을 상기하여라. *sp*-혼성 탄소는 sp^2보다 더 전기음성적이고, sp^2는 sp^3보다 더 전기음성적이다.

문제 10.10

알릴 *tert*-뷰틸 셀파이드와 에톡시화 소듐을 에탄올 용매에서 몇 시간 가열하면, *tert*-뷰틸 프로펜일 설파이드가 66% 수득률로 생성된다. 이 이성질화의 단계별 메커니즘을 제시하시오. 반응물과 생성물 중에서 더 작은 pK_a 값 (더 강한 산)을 가지는 것은?

Allyl *tert*-butyl sulfide —($NaOCH_2CH_3$, CH_3CH_2OH)→ *tert*-Butyl propenyl sulfide

10.5 다이엔의 분류: 켄쥬게이션 유무

10.1~10.4절에서 보았듯이, 알릴자리 탄소양이온과 라디칼과 음이온은 화학반응에서 중

간체로 관여하는 컨쥬게이션 π-전자계이다. 이 장의 나머지 절들은 안정한 분자, 특히 두 개의 C=C 단위가 단일결합으로 연결된 C=C—C=C를 포함하는 **컨쥬게이트된 다이엔(conjugated diene)**이라고 하는 탄화수소이다.

이것은 두 개의 C=C 단위가 한 개 또는 그 이상의 sp^3-혼성 탄소에 의해 분리된 **고립 다이엔(isolated diene)**의 구조 및 안정성을 두 개의 C=C 단위가 한 개의 탄소를 공유하는(C=C=C) 연이은 다이엔(cumulated diene) 또는 큐물렌(cumulenes 또는 알렌으로 부름)의 구조 및 안정성을 비교하는 것으로 시작한다.

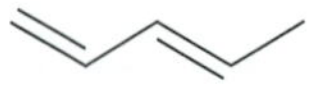

$H_2C{=}C{=}CHCH_2CH_3$

(*E*)-1,3-펜타다이엔 (컨쥬게이트된) 1,4-펜타다이엔 (고립된) 1,2-펜타다이엔 (연이은)

문제 10.11

많은 천연 화합물들은 여러 탄소–탄소 이중결합을 갖고 있다. 몇몇은 고립된 혹은 컨쥬게이트되고 또 어떤 것들은 연이어져 있다. 다음 각 물질에서 볼 수 있는 탄소–탄소 이중결합의 유형을 확인하시오.

(a) β-스프린진(영양 등샘의 향선 물질)

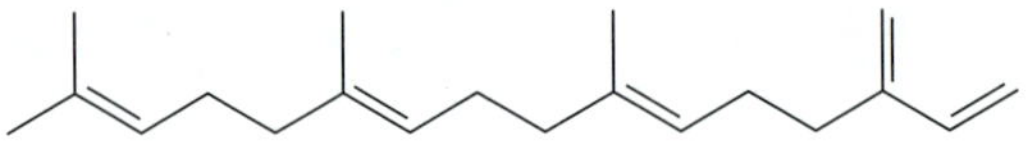

(b) 셈브렌(송진 성분)

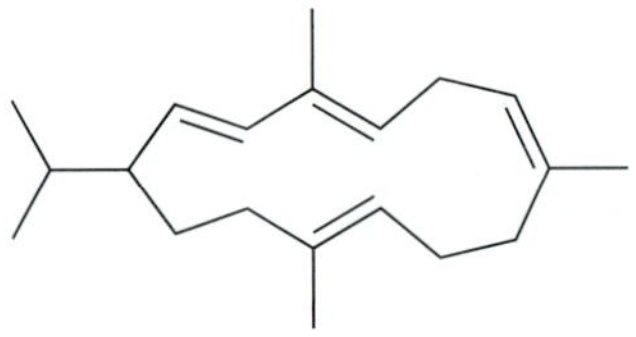

(c) 마른콩 딱정벌레 수컷의 성 유인제

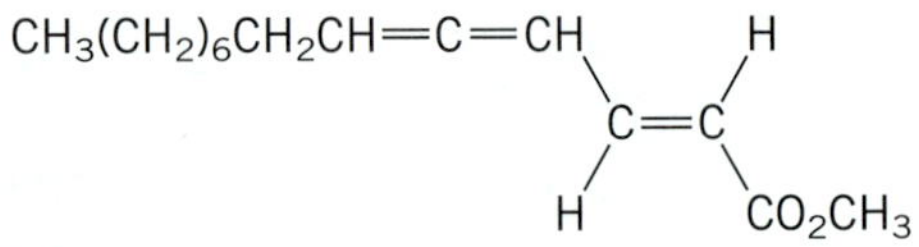

$CH_3(CH_2)_6CH_2CH{=}C{=}CH$ H C=C H CO_2CH_3

풀이 예시 (a) β-스프린진은 고립 이중결합이 세 개 있고, 한 쌍의 컨쥬게이트된 이중결합이 있다.

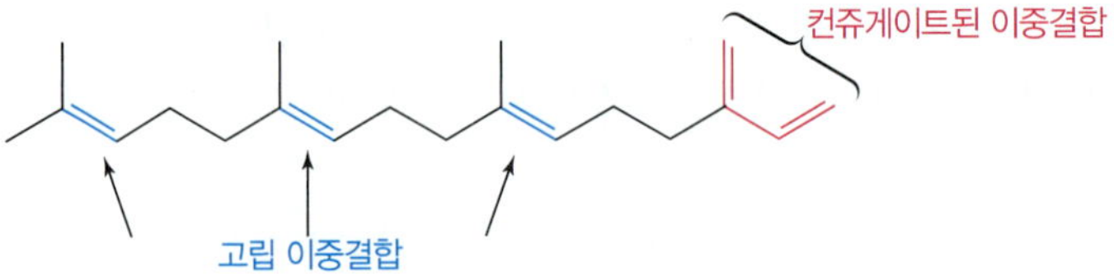

컨쥬게이트된 이중결합

고립 이중결합

고립된 이중결합은 서로 간에 최소 하나 이상의 sp^3 혼성화 탄소를 두고 떨어져 있다. 컨쥬게이트된 이중결합은 하나의 단일결합으로 바로 연결되어 있다.

알카다이엔은 IUPAC 규칙에 따라 알케인(alkane)의 어미 -*에인(-ane)*을 -*아다이엔(-adiene)*으로 바꾸어 명명하고, 각 이중결합의 위치를 번호로 나타낸다. 세 개의 탄소–탄소 이중결합을 가진 화합물을 *알카트라이엔(alkatriene)*, 네 개의 이중결합을 가진 화합물을 *알카테트라엔(alkatetraene)* 등으로 부른다.

10.6 다이엔의 상대적 안정성

알카다이엔에서 가장 안정적인 이중결합의 배열은 어느 것일까? 고립된, 컨쥬게이트된 또는 연이은 다이엔일까?

6.3절에서 본 것처럼 알켄의 상대적 안정성은 이들의 수소화 열을 비교함으로써 추정할 수 있다. 그림 10.5에 고립 다이엔인 1,4-펜타다이엔과 컨쥬게이트된 이성질체 (*E*)-

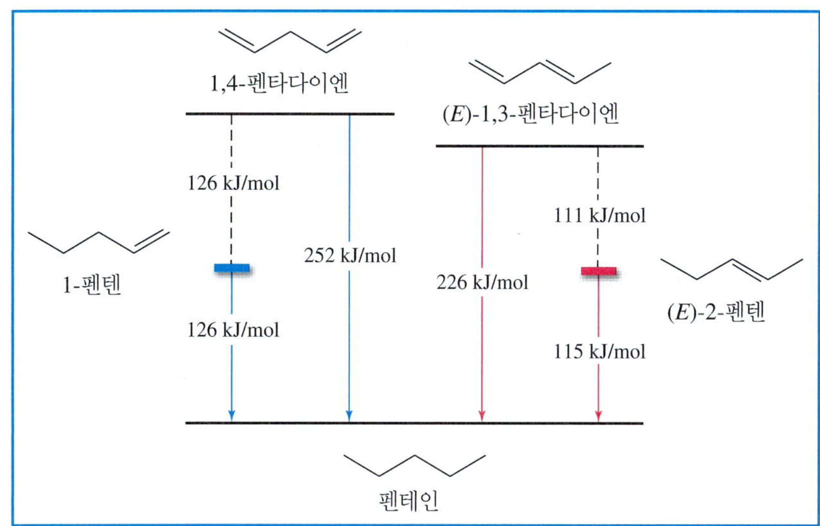

그림 10.5

고립 및 컨쥬게이트된 이중결합의 안정성은 수소화 열을 비교하면 알 수 있다. 네 화합물에 대해 측정한 수소화 열(실선)을 비교하면 1,4-펜타다이엔 및 (*E*)-1,3-펜타다이엔의 말단 이중결합의 수소화 열을 알 수 있다. 컨쥬게이트된 이중결합은 고립된 이중결합에 비해 대략 15 kJ/mol 더 안정적이다.

1,3-펜타다이엔의 값을 비교하였다. 그림에서 고립된 이중결합 한 쌍은 독립된 두 개의 알켄 단위와 같이 작용한다. 1,4-펜타다이엔에서 두 이중결합의 측정된 수소화 열은 252 kJ/mol (60.2 kcal/mol)로서 1-펜텐의 수소화 열의 정확히 두 배가 된다. 더욱이 각 이중결합의 수소화에서 발생하는 열은 126 kJ/mol (30.1 kcal/mol)이 되지 않으면 안 된다. 왜냐하면 1-펜텐은 1,4-펜타다이엔이 펜테인으로 수소화될 때 거치는 중간체이기 때문이다.

같은 식으로 추론하면 컨쥬게이트된 다이엔인 (*E*)-1,3-펜타다이엔의 말단 이중결합의 수소화로 (*E*)-2-펜텐이 될 때 111 kJ/mol (26.5 kcal/mol)만을 방출한다. 컨쥬게이트된 다이엔에서 말단 이중결합의 수소화는 고립된 이중결합을 가진 다이엔의 말단 이중결합의 수소화보다 15 kJ/mol (3.6 kcal/mol)만큼 더 적은 열을 방출한다. *컨쥬게이트된 이중결합은 고립된 이중결합보다 15 kJ/mol (3.6 kcal/mol) 더 안정적이다.* 컨쥬게이션에서 비롯된 이 안정성의 증가를 **비편재화 에너지(delocalization energy)**, **공명 에너지(resonance energy)** 또는 **컨쥬게이션 에너지(conjugation energy)**라 한다.

알렌계의 연이은 이중결합은 상대적으로 높은 에너지를 가진다. 알렌의 수소화 열은 프로펜의 수소화 열의 두 배 이상이 된다.

$$\underset{\text{Allene}}{H_2C{=}C{=}CH_2} + \underset{\text{Hydrogen}}{2H_2} \longrightarrow \underset{\text{Propane}}{CH_3CH_2CH_3} \qquad \Delta H^\circ = -295\ \text{kJ}\ (-70.5\ \text{kcal})$$

$$\underset{\text{Propene}}{CH_3CH{=}CH_2} + \underset{\text{Hydrogen}}{H_2} \longrightarrow \underset{\text{Propane}}{CH_3CH_2CH_3} \qquad \Delta H^\circ = -125\ \text{kJ}\ (-29.9\ \text{kcal})$$

문제 10.12

이성질체의 에너지를 비교할 수 있는 다른 방법은 연소 열을 비교하는 것이다. 주어진 다이엔을 적당한 연소 열과 연결시키시오.

다이엔 : 1,2-펜타다이엔, (*E*)-1,3-펜타다이엔, 1,4-펜타다이엔
연소 열 : 3186 kJ/mol, 3217 kJ/mol, 3251 kJ/mol

그러므로 알카다이엔의 안정도는 컨쥬게이트된 다이엔 (가장 안정) → 고립된 다이엔 → 연이은 다이엔(가장 덜 안정)의 순으로 감소한다. 이러한 순서를 이해하기 위해서는 알카다이엔의 구조와 결합을 더 상세하게 다룰 필요가 있다.

10.7 컨쥬게이트된 다이엔 결합

1,3-뷰타다이엔의 C-2—C-3 결합 길이 146 pm는 탄소-탄소 단일결합치고는 비교적 짧다. 이는 혼성화 효과 때문이라고 할 수 있다. 에테인에서 두 탄소는 모두 sp^3 혼성화되어 있으며 결합 길이는 153 pm이다. 프로펜의 탄소-탄소 단일결합은 sp^3와 sp^2 혼성 탄소로 연결되어 있으며, 에테인보다 더 짧다. 1,3-뷰타다이엔에서 C-2와 C-3가 모두 sp^2 혼성이고, 이들 간의 결합 길이의 감소는 *s* 성질이 증가함에 따라 탄소가 전자를 더 강력히 끌어당기는 경향성을 반영하고 있다.

$$\underset{153\text{ pm}}{\overset{sp^3\ \ sp^3}{H_3C-CH_3}} \qquad \underset{151\text{ pm}}{\overset{sp^3\ \ sp^2}{H_3C-CH=CH_2}} \qquad \underset{146\text{ pm}}{\overset{sp^2\ \ sp^2}{H_2C=CH-CH=CH_2}}$$

컨쥬게이트된 이중결합의 안정성 증가의 가장 큰 요인은 고립된 이중결합의 π 계에 비해 π 전자들이 상대적으로 더 많이 비편재화된다는 점이다. 그림 10.6*a*에서 나타낸 것처럼 컨쥬게이트된 다이엔 1,3-펜타다이엔의 *p* 오비탈 네 개는 연결된 π 계가 되도록 결합되는데, 이것으로 π 전자들 각각이 네 개의 탄소에 모두 작용하게 된다. 1,4-펜타다이엔(그림 10.6*b*)에서 네 개의 *p* 오비탈이 모두 이어지는 겹침은 불가능한데, 이것은 CH_2 기가 두 알켄 단위를 분리하고 이들의 π 전자가 에틸렌에 있는 것보다 더 비편재화하지 않기 때문이다. 전자 비편재화에 대한 더 자세한 분자오비탈 그림은 1,3-뷰타다이엔의 경우로 그림 10.7에 보여준다. 네 개의 *p* AO가 결합하여 네 개의 π MO가 된다.

이들 중에서 두 개(π_1 및 π)는 결합성이다; π 오비탈 각각은 두 개의 전자를 포함한다. 두 개의 반결합 오비탈은 채워져 있지 않으며, 그림에는 나타내지 않았다.

1,3-뷰타다이엔의 전자 비편재화는 네 개의 탄소가 모두 동일평면에 있을 때 가장 효과적이다. *s*-시스 및 *s*-트랜스의 두 형태는 *s*-시스보다 12 kJ/mol (2.8 kcalj/mol) 더 안정한데, *s*-시스에는 안정성 감소에 원인이 되는 C(1)과 C(4)의 "내부(interior)" 수소들 사이의 van der Waals 긴장이 있기 때문이다. 두 형태는 25 kJ/mol (6 kcal/mol)의 *s*-트랜스 → *s*-시스 전환 활성화 에너지를 갖는 C(2)-C(3) 단일결합의 회전으로 상호전환될 수 있다. 이 에너지 대가는 동일평면 C=C—C=C 배열에서 전이상태의 비평면 배열로 가는 π-전자 비편재화의 손실을 반영한다.

(*a*) 1,3-펜타다이엔에서 컨쥬게이트된 이중결합

(*b*) 1,4-펜타다이엔에서 고립된 이중결합

그림 10.6

(*a*) 컨쥬게이트된 다이엔에서는 인접한 두 *p* 오비탈이 겹쳐져서 네 탄소 원자를 둘러싸는 확장 π 계를 형성한다. (*b*) 고립된 이중결합은 하나 이상의 sp^3 혼성화 탄소에 의해 서로 분리되어 있기 때문에 겹침에 의한 연속된 π 오비탈을 형성할 수 없다.

1,3-뷰타다이엔의 *s*-Trans 형태 ⇌ 전이상태 ⇌ 1,3-뷰타다이엔의 *s*-Cis 형태

(*s*-시스 및 *s*-트랜스에서 글자 *s*는 단일결합 주위의 형태를 나타낸다)

s-시스와 *s*-트랜스에서 문자 s는 다이엔에서 C—C 단일결합 주위의 형태를 나타낸다. 1,3-뷰타다이엔의 *s*-트랜스 회전 배열은 *s*-시스보다 12 kJ/mol (2.8 kcal/mol) 더 안정한데, 이는 *s*-시스의 C-1과 C-4의 두 수소 간의 van der Waals 변형으로 비안정화되기 때문이다.

이 두 가지 형태는 C(2)-C(3) 단일 결합을 축일 회전을 통해 상호전환이 되며 *s*-trans → *s*-cis의 전환 에너지는 25 kJ/mol (6 kcal/mol)이다. 이는 평면의 C=C—C=C의 π 전자비편재가 여가 상태에서 비평면을 바뀌는 과정의 에너지 값에 해당한다.

문제 10.13

Hammond 가설(4.8절)을 활용하여, 1,3-뷰타다이엔에서 C(2)-C(3) 결합에 대한 회전으로 전이상태에서 두 C=C 단위의 각도가 90°, 90° 이하, 90° 이상인지를 예측하시오.

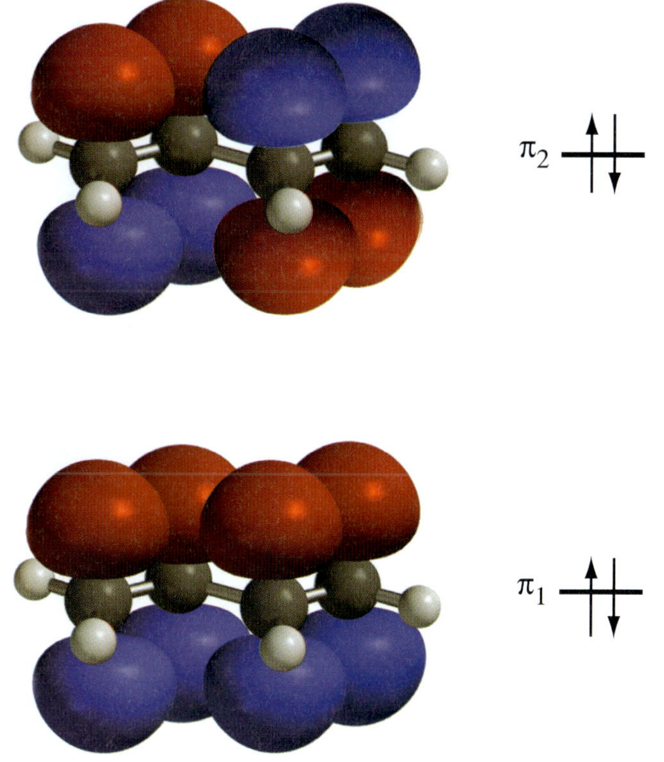

그림 10.7

1,3-부타아이엔의 최저 에너지 π-오비탈 두 개는 결합성이며, 모두 전자쌍으로 채워진다. 각 π-오비탈의 전자들은 모두 네 개의 sp^2 탄소에 비편재화 된다.

10.8 알렌 결합

알렌의 세 탄소는 직선 상에 놓이게 되며, 비교적 짧은 131 pm의 탄소–탄소 결합 길이를 갖는다. 중앙 탄소는 두 개의 π 결합을 가지고 있기 때문에 *sp* 혼성화되어 있다. 알렌의 말단 탄소들은 sp^2 혼성이다.

sp sp²
H
118.4° C=C=CH₂
H
108 pm 131 pm
알렌

그림 10.8에서 설명한 것처럼 알렌의 구조는 평면이 아니며 한 HCH 단위의 평면은 다른 CH_2 평면에 대해 수직이다. 알렌의 이러한 기하 구조의 이유 또한 그림 10.8을 보면 알 수 있다. 각 말단 탄소의 2*p* 오비탈은 중앙 탄소의 각기 다른 2*p* 오비탈과 겹친다. 중앙 탄소의 2*p* 오비탈은 서로 수직이므로 두 HCH 단위는 자연스럽게 서로 수직이 되는 것이다.

알렌의 비평면성으로 인하여 입체화학적으로 재미있는 일이 발생한다. 1,3-이치환 알렌은 카이랄성으로 서로의 거울상과 겹쳐지지 않는다. 2,3-펜타다이엔($CH_3CH{=}C{=}CHCH_3$) 정도의 간단한 알렌도 거울상이성질체(enantiomer)를 분리하여 얻을 수 있다.

(*a*) H(C-1)H와 H(C-3)H로 정의되는 두 평면은 서로 수직이다.

H H C=C=C H H (1, 3)

(*b*) C-1의 *p* 오비탈과 C-2의 두 *p* 오비탈 중 하나가 겹쳐져서 π 결합 형성에 참여한다.

(*c*) C-3의 *p* 오비탈과 C-2의 (*b*)의 *p* 오비탈과 수직인 나머지 하나의 *p* 오비탈이 겹쳐져서 π 결합의 형성에 참여한다.

(*d*) 알렌은 선형 탄소 사슬과 서로 수직인 두 π 결합으로 특징지어지는 비평면형 분자이다.

그림 10.8

1,2-프로파다이엔(알렌)의 결합과 기하 구조. 오비탈의 색은 오비탈을 구별하기 위한 것이지 상을 나타내는 것은 아니다.

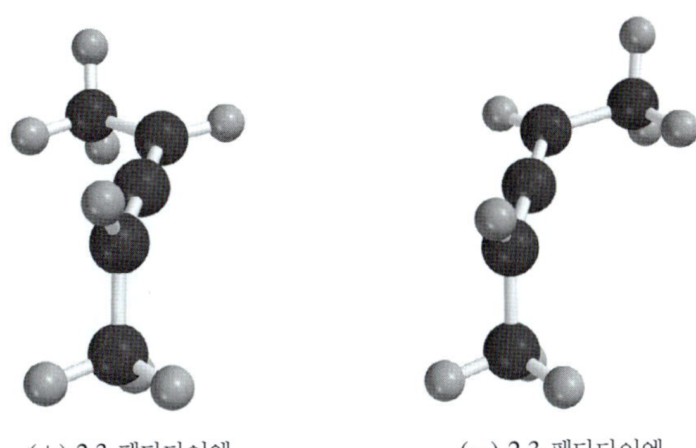

(+)-2,3-펜타다이엔 (−)-2,3-펜타다이엔

보여준 거울상이성질체는 각각 오른손성과 왼손성 나사의 관계에 있다.

카이랄 알렌은 카이랄 중심을 갖고 있지 않으면서도 카이랄성을 나타내는 분자 집단에 속한다. 7.9절에서 논의한 카이랄 바이아릴 유도체처럼, 카이랄 알렌은 카이랄 축을 갖는다. 2,3-펜타다이엔의 카이랄 축(chirality axis)은 알렌 단위의 세 탄소(탄소 2, 3, 4)를 지나는 축이다.

Cahn-Ingold-Prelog의 *R*,*S*-표시법은 카이랄성 알렌 및 다른 카이랄성 축을 갖는 화합물에도 확장된다. 카이랄 중심을 갖지 않는 카이랄 분자에 *R* 또는 *S*를 할당하는 간단한 논의에 대한 것은 Journal of Chemical Education의 2004년 11월호 Mak의 논문을 참조한다.

문제 10.14

2-메틸-2,3-펜타다이엔은 카이랄인가? 또 2-클로로-2,3-펜타다이엔은 어떠한가?

10.9 다이엔 제법

컨쥬게이트된 다이엔인 1,3-뷰타다이엔은 합성고무의 제조에 사용되며, 공업적으로 대규모로 생산된다. 적당한 촉매의 존재 하에서 뷰테인을 열에 의해 1,3-뷰타다이엔으로 탈수소화시킨다.

$$CH_3CH_2CH_2CH_3 \xrightarrow[\text{chromia–alumina}]{590\text{–}675°C} H_2C{=}CHCH{=}CH_2 + 2H_2$$

합성고무 제조에서 1,3-뷰타다이엔의 사용은 상자 속 소고, "Diene Polymers"에서 다루었다.

실험실에서는 컨쥬게이트된 다이엔의 경우 불포화 알코올 및 할로젠화 알킬을 제거반응으로 합성한다. 이 때, 고립된 다이엔이 얻어질 가능성은 있으나 다음 두 보기와 같이 컨쥬게이트된 다이엔이 높은 수득률로 얻어진다.

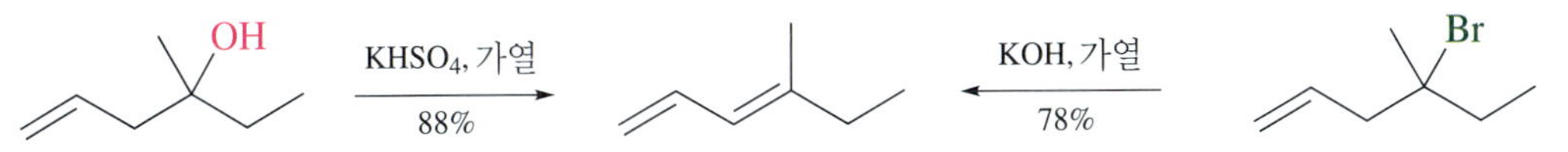

3-Methyl-5-hexen-3-ol 4-Methyl-1,3-hexadiene 4-Bromo-4-methyl-1-hexene

5장에서 이미 살펴본 대로, 탈수와 탈할로젠화 수소는 가장 안정적인 이중결합에 이르는 방향으로 일어나는 전형적인 위치선택성 반응이다. 컨쥬게이트된 다이엔은 고립된 다이엔보다 더 안정하며, 보다 낮은 에너지의 전이상태를 거쳐 훨씬 빠르게 생성된다.

문제 10.15

앞에서 기술한 3-메틸-5-헥센-3-올 및 4-브로모-4-메틸-1-헥센의 제거에서 실제로는 관찰되지 않지만 고립된 이중결합을 갖는 다이엔이 생성된다면 그들의 구조식은?

Diene Polymers

We begin with two trees, both cultivated on plantations in Southeast Asia. One, *Hevea brasiliensis*, is a source of natural rubber and was imported from Brazil in the nineteenth century. The other, *Isonandra gutta*, is native to Sumatra, Java, and Borneo and gives a latex from which gutta-percha is obtained.

Some 500 years ago during Columbus's second voyage to what are now the Americas, he and his crew saw children playing with balls made from the latex of trees that grew there. Later, Joseph Priestley called this material "rubber" to describe its ability to erase pencil marks by rubbing, and in 1823 Charles Macintosh demonstrated how rubber could be used to make waterproof coats and shoes. Shortly thereafter Michael Faraday determined an empirical formula of C_5H_8 for rubber. It was eventually determined that rubber is a polymer of 2-methyl-1,3-butadiene.

$$H_2C{=}C(CH_3)CH{=}CH_2 \quad \text{or}$$

2-Methyl-1,3-butadiene (common name: *isoprene*)

The structure of rubber corresponds to 1,4 addition of several thousand isoprene units to one another:

All the double bonds in rubber have the *Z* configuration.

Gutta-percha is a different polymer of isoprene. Its chains are shorter than those of natural rubber and have *E* double bonds.

Gutta-percha is flexible when heated, but is harder and more durable than rubber at room temperature. It was, at one time, the material of choice for golf ball covers. Gutta-percha's main claim to fame though lies out of sight on the floors of the world's oceans. The first global communication network—the telegraph—relied on insulated copper wire to connect senders and receivers. Gutta-percha proved so superior to natural rubber in resisting deterioration, especially underwater, that it coated the thousands of miles of insulated telegraph cable that connected most of the countries of the world by the close of the nineteenth century.

In natural rubber the attractive forces between neighboring polymer chains are relatively weak, and there is little overall structural order. The chains slide easily past one another when stretched and return, in time, to their disordered state when the distorting force is removed. The ability of a substance to recover its original shape after distortion is its *elasticity*. The elasticity of natural rubber is satisfactory only within a limited temperature range; it is too rigid when cold and too sticky when warm to be very useful. Rubber's elasticity is improved by *vulcanization*, a process discovered by Charles Goodyear in 1839. When natural rubber is heated with sulfur, a chemical reaction occurs in which neighboring

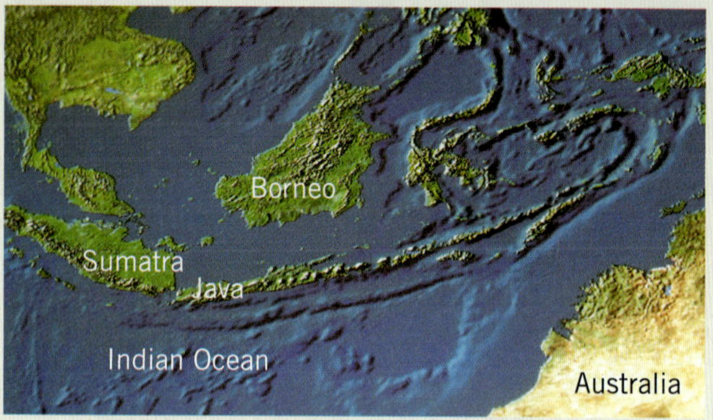

polyisoprene chains become connected through covalent bonds to sulfur. Although these sulfur "bridges" permit only limited movement of one chain with respect to another, their presence ensures that the rubber will snap back to its original shape once the distorting force is removed.

As the demand for rubber increased, so did the chemical industry's efforts to prepare a synthetic substitute. One of the first **elastomers** (a synthetic polymer that possesses elasticity) to find a commercial niche was *neoprene*, discovered by chemists at Du Pont in 1931. Neoprene is produced by free-radical polymerization of 2-chloro-1,3-butadiene and has the greatest variety of applications of any elastomer. Some uses include electrical insulation, conveyer belts, hoses, and weather balloons.

$$H_2C{=}C(Cl){-}CH{=}CH_2 \longrightarrow \left[CH_2{-}C(Cl){=}CH{-}CH_2\right]_n$$

2-Chloro-1,3-butadiene — Neoprene

The elastomer produced in greatest amount is *styrene-butadiene rubber* (SBR). Annually, just under 10^9 lb of SBR is produced in the United States, most of which is used in automobile tires. As its name suggests, SBR is prepared from styrene and 1,3-butadiene. It is an example of a **copolymer**, a polymer assembled from two or more different monomers. Free-radical polymerization of a mixture of styrene and 1,3-butadiene gives SBR.

$$H_2C{=}CHCH{=}CH_2 + H_2C{=}CH{-}C_6H_5 \longrightarrow$$

1,3-Butadiene — Styrene

$$\left[CH_2{-}CH{=}CH{-}CH_2{-}CH_2{-}CH(C_6H_5)\right]_n$$

Styrene-butadiene rubber

Coordination polymerization of isoprene using Ziegler–Natta catalyst systems (Section 6.14) gives a material similar in properties to natural rubber, as does polymerization of 1,3-butadiene. Poly(1,3-butadiene) is produced in about two thirds the quantity of SBR each year. It, too, finds its principal use in tires.

10.10 컨쥬게이트된 다이엔의 할로젠화 수소 첨가

친전자성 첨가는 알켄의 특징적인 반응으로 컨쥬게이트된 다이엔도 일반 알켄과 반응하는 친핵체에 의해 유사한 메커니즘으로 첨가를 일으킨다. 예를 들면, 염화 수소가 1,3-사이클로펜타다이엔의 다이엔 단위에 첨가되면 3-클로로사이클로펜텐이 된다. 메커니즘 10.3은 HCl의 친전자성 알켄 첨가와 거의 비슷하다.

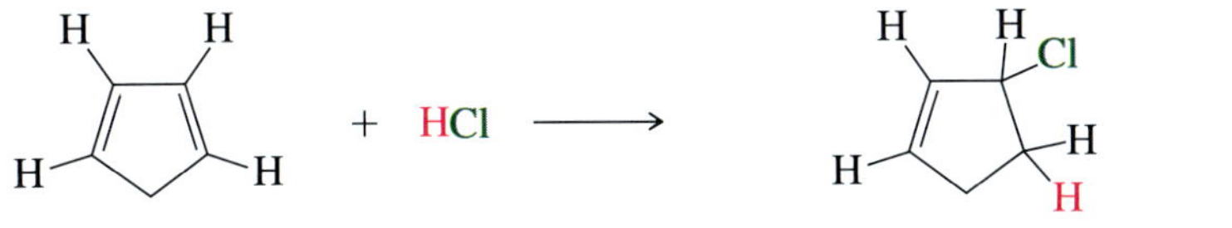

1,3-Cyclopentadiene + HCl → 3-Chlorocyclopentene (70–90%)

알켄에서와 마찬가지로 켄쥬게이트된 다이엔에 친전자성 첨가의 위치선택성은 생겨나는 탄소양이온의 안정도에 의하여 결정된다. 컨쥬게이트된 다이엔의 양성자화는 항상 말단 탄소에서 일어나는데, 이는 알릴자리 탄소양이온이 형성되기 때문이다.

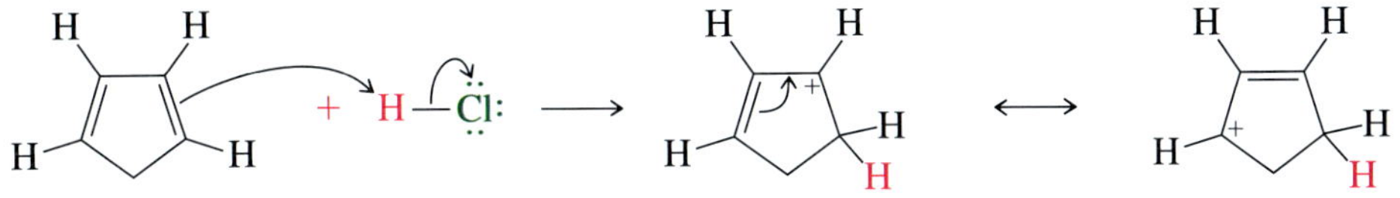

1,3-사이클로펜타다이엔 + H—Cl: → ⟷

사이클로펜텐일 양이온의 공명 기여체들

메커니즘 10.3

1,3-사이클로펜타다이엔에 염화 수소의 첨가

전체 반응:

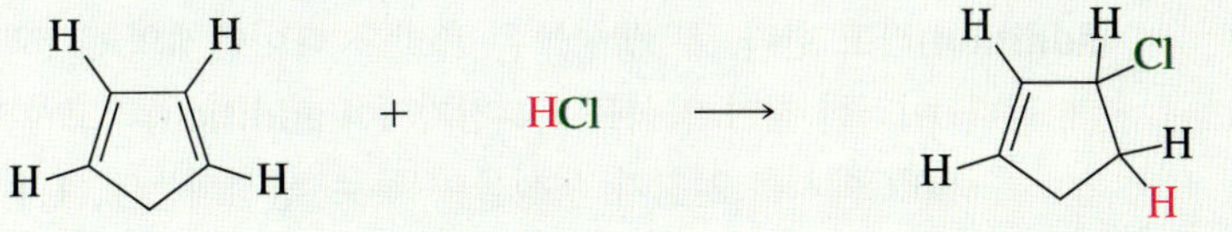

1,3-Cyclopentadiene + Hydrogen chloride → 3-Chlorocyclopentene

메커니즘:

1단계: HCl의 양성자가 다이엔계의 말단 탄소에 전달되어 알릴자리 탄소양이온이 형성된다.

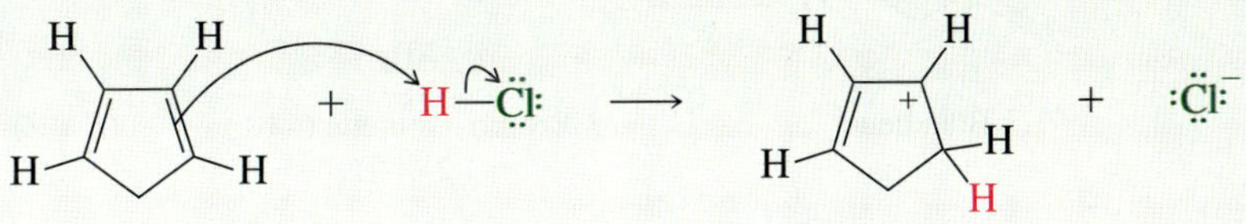

1,3-사이클로펜타다이엔 + 염화 수소 → 2-사이클로펜텐일 양이온 + 염화 이온 ($:\ddot{Cl}:^-$)

2단계: 염소 음이온이 친핵체로 양으로 하전된 탄소양이온에 결합된다.

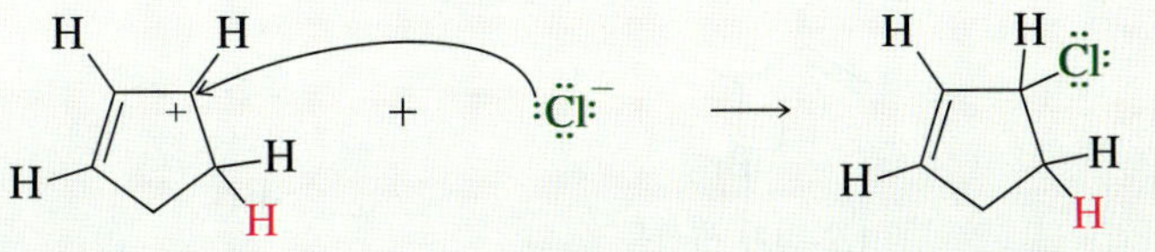

2-사이클로펜텐일 양이온 + 염화 이온 → 3-클로로사이클로펜텐

문제 10.16

1,3-사이클로펜타다이엔의 탄소 1과 4는 동등하며, 양성자 첨가로 같은 탄소양이온이 형성된다. 마찬가지로 탄소 2와 3도 동등하다. C-2 또는 C-3 자리에 양성자가 첨가되어 형성되는 탄소양이온의 구조를 그려서 알릴자리 양이온이 형성되지 않으며, C-1 또는 C-4에 첨가되는 양이온보다 덜 안정하다는 점을 확인하시오.

1,3-사이클로펜타다이엔으로부터 생성되는 알릴자리 탄소양이온의 두 공명구조는 동등하므로 양으로 하전된 어느 탄소를 공격하여도 동일한 화합물인 3-클로로사이클로펜텐을 생성한다.

그러나 1,3-뷰타다이엔의 경우에는 그렇지 않다. 다이엔에 양성자 첨가는 위치선택적으로 말단 탄소에서 일어나지만, 결과적으로 형성되는 알릴자리 탄소양이온의 두 공명구조는 같지 않다.

1,3-뷰타다이엔 + H—Br: (브로민화 수소) → 1-메틸알릴 양이온

그러므로 HBr이 1,3-뷰타다이엔에 첨가되면 두 개의 알릴자리 브로민화물의 위치이성질성 혼합물을 얻게 된다.

1,3-Butadiene —HBr, −80°C→ 3-Bromo-1-butene (81%) + (*E* + *Z*)-1-Bromo-2-butene (19%)

두 생성물 모두가 동일한 알릴자리 탄소양이온에서 생성된다. 주 생성물은 1,3-뷰타다이엔의 C-1에 양성자, C-2에 브로민이 첨가되는 꼴이다. 이러한 첨가 양식을 **1,2-첨가(1,2 addition)**라고 한다. 부 생성물은 출발물 다이엔계의 C-1과 C-4에 양성자와 브로민을 갖게 된다. 이러한 첨가 양식을 **1,4-첨가(1,4 addition)**라고 한다.

−80°C에서 1,2-첨가 생성물이 주로 생성되는데, 1,4-첨가보다 빠르게 일어나기 때문이다. 생성물 분포는 **속도론적 지배(kinetic control)**를 받는다고 한다.

상온에서는 이와는 아주 다른 생성물 분포를 보이며, 1,4-첨가 생성물이 주로 생성된다.

1,3-Butadiene —HBr, 실온→ 3-Bromo-1-butene (44%) (1,2-첨가) + (*E* + *Z*)-1-Bromo-2-butene (56%) (1,4-첨가)

무엇 때문에 온도에 따라 생성물의 조성비가 달라지는지를 이해하려면 중요한 사실 하나를 추가하여야 한다. *1,2-첨가, 1,4-첨가 생성물은 브로민화 수소가 존재하고 온도가 높아지면 상호 변환이 일어난다는 점이다.*

1,2-첨가 생성물 빠르게 형성 ⇌ (알릴자리 양이온 + :Br:⁻) ⇌ 1,4-첨가 생성물 더욱 안정

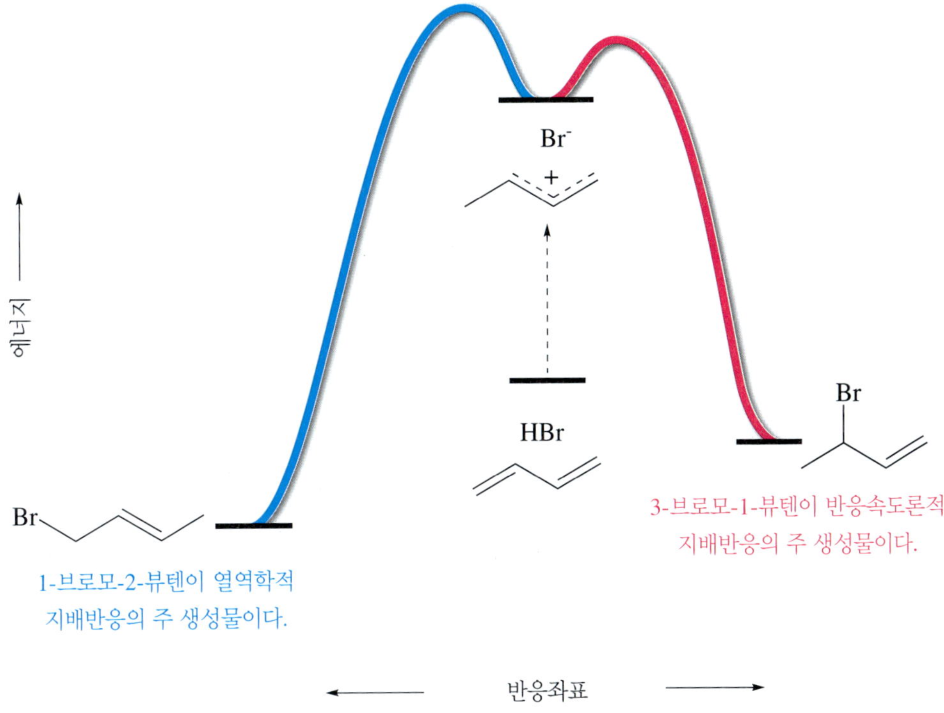

그림 10.9

3-브로모-1-뷰텐(빨강색)의 생성 전이상태는 낮은 에너지 상태이며, 1-브로모-2-뷰텐보다 빠르게 생성된다. 평형에서는 1-브로모-2-뷰텐이 더 안정하며 많이 생성된다.

예를 들어, 45°C에서는 상호 변환이 대단히 빨라 1,4-첨가 생성물 85%와 1,2-첨가 생성물 15%인 평형 혼합물을 얻게 된다. 이는 1,4-첨가 생성물이 더욱 안정하다는 증거이며, 이는 아마도 1,2-치환 생성물이 이중결합 치환기가 하나임에 비해 1,4-첨가 생성물이 이치환 이중결합을 갖고 있기 때문으로 여겨진다.

생성물 간의 평형 이동이 가능한 조건에서 첨가가 일어나면 반응 혼합물 내의 생성물 조성은 더 이상 상대적 속도에 따라 달라지지 않으며, *상대적인 안정성(relative stability)*을 그대로 반영하게 된다. 이러한 유형의 반응은 **열역학적 지배(thermodynamic control)**를 받는다고 한다.

1,3-뷰타다이엔에 대한 브로민화 수소 첨가에서 속도론 및 열역학적 지배를 그림 10.9의 에너지 도표에 나타내었다. 낮은 온도에서는 첨가가 비가역적으로 일어나며, 생성물이 이온화에 필요한 활성화 에너지 장벽을 극복하기 위한 에너지가 충분하지 않기 때문에 이성질화는 아주 느리다. 반면, 높은 온도에서는 이성질화가 가능하며, 더 안정한 생성물이 더 많이 생성된다.

이 절을 마치기 전에 꼭 지적해 두지 않으면 안 되는 것은 C=C—C=C 단위에서는 IUPAC 번호 매김과는 상관없이 늘 1,2-첨가와 1,4-첨가라는 숫자를 쓴다는 점이다. 예를 들어, 2,4-헥사다이엔의 1,2-첨가 및 1,4-첨가는 아래에 나타낸 것과 같은 탄소를 지칭하는 것이다.

1,2-첨가

1,4-첨가

문제 10.17

2,4-헥사다이엔에 염화 수소의 1,2- 및 1,4-첨가 생성물의 구조를 그리시오.

10.11 다이엔의 할로젠 첨가

1,3-뷰타다이엔이 염소 및 브로민과 반응하면 1,2- 및 1,4-첨가 생성물의 혼합물이 생성된다.

1,3-Butadiene + Br_2 (Bromine) $\xrightarrow{CHCl_3}$ 3,4-Dibromo-1-butene (37%) + (*E*)-1,4-Dibromo-2-butene (63%)

1,4-첨가의 경향은 뚜렷하며, 거의 전적으로 *E* 이중결합이 생성된다.

문제 10.18

입체이성질체를 무시한다고 할 때, 2-메틸-1,3-뷰타다이엔에 브로민 1몰의 친전자성 첨가로 몇 가지의 생성물을 얻을 수 있는가?

10.12 Diels-Alder 반응

우리는 탄소–탄소 결합을 형성하는 것이 유기합성에서 얼마나 중요한 것인가에 관하여 이미 언급한 바 있다. 그렇다면 산도, 염기도, 촉매도 없이 단순히 두 화합물을 조합하는 단일 조작에서 두 개의 탄소–탄소 결합을 형성할 수 있는 반응이 있다면 얼마나 유용하겠는지 한 번 상상해보라. 이러한 반응을 개발한 공적으로 독일 Kiel 대학의 Otto Diels와 Kurt Alder에게 1950년 노벨 화학상이 수여되었다. **Diels-Alder 반응**은 다이엔에 알켄의 컨쥬게이션 첨가이다.

다이엔 + 친다이엔체 ⟶ 고리화 첨가의 전이상태 ⟶ Diels–Alder 첨가체

다이엔에 첨가되는 알켄을 **친다이엔체(dienophile** "다이엔을 구하는": diene seeker)라고 한다. 이 반응을 **고리화 첨가(cycloaddition)**라 칭하며, 생성물은 사이클로헥센의 구조 단위를 갖게 된다.

이 반응은 반응 중간체가 없이 단일단계 반응 메커니즘을 거쳐 일어나게 되는데, 여섯 원자가 π 전자의 고리형으로 인지하는 동일 전이상태에서 결합의 변화를 일으키게 된다. Diels-Alder 고리화 첨가처럼 필요한 이러한 전이상태의 기하 구조를 이루기 위해서 다이엔은 *s*-시스 배열을 취하지 않으면 안 된다. Diels-Alder 고리화 첨가처럼 고리형 전이상태를 거쳐 진행되는 반응을 **고리협동반응(pericyclic reaction)**이라고 부른다.

친다이엔체의 반응성에 대한 치환기 효과 가장 간단한 Diels–Alder 반응인 1,3-뷰타다이엔에 대한 에틸렌의 고리화 첨가는 활성화 에너지가 높고, 반응속도가 느려서 쉽게 일어나지 않는다. 그러나 전자끌개 치환체 C═O와 C≡N이 이중결합에 연결되어 있으면 친다이엔체가 활성화 된다. 예를 들면 아크롤린 (H_2C═CHCH═O)과 1,3-뷰타다이엔의 고리화 첨가반응은 적당한 온도에서도 높은 수득률로 Diels–Alder 첨가 생성물을 생성한다.

benzene
100°C

을 경유

1,3-Butadiene Acrolein Cyclohexene-4-carboxaldehyde (100%)

퓨마르산 다이메틸과 말레산 무수물(maleic anhydride)은 두 개의 C═O 전자끌기 치환기를 가지고 있고 아크롤린보다 반응성이 더 크다. 테트라사이아노 에틸렌은 더 반응성이 높다.

퓨마르산 다이메틸 말레산 무수물 테트라사이아노에틸렌

Diels-Alder 반응의 생성물은 항상 반응물에 존재하던 것보다 하나 더 많은 고리를 갖게 된다. 친다이엔체로서 말레산 무수물(maleic anhydride)은 고리 하나를 이미 갖고 있으므로 2-메틸-1,3-뷰타다이엔과 첨가 생성물은 두 개의 고리를 갖게 된다.

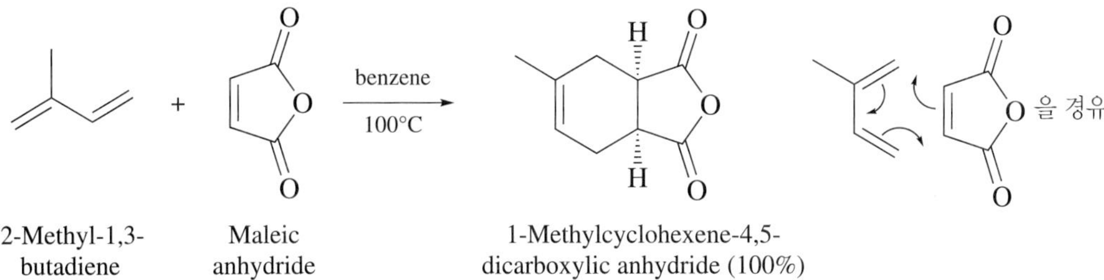

2-Methyl-1,3-butadiene Maleic anhydride 1-Methylcyclohexene-4,5-dicarboxylic anhydride (100%)

문제 10.19

퀴논과 같은 다이카보닐 화합물은 반응성이 높은 친다이엔체이다.

(a) 1,4-벤조퀴논은 2-클로로-1,3-뷰타다이엔과 반응하여 단일 생성물 $C_{10}H_9ClO_2$를 95%의 수득률로 생성한다. 이 생성물의 구조식을 쓰시오.

(b) 사이아노벤조퀴논과 1,3-뷰타다이엔이 Diels-Alder 반응을 통해 84% 수득률의 단일 고리첨가물을 만든다. 이 생성물의 구조식을 쓰시오.

1,4-벤조퀴논 2-사이아노-1,4-벤조퀴논

풀이 예시

(a)

• 2-클로로-1,3-뷰타다이엔은 $H_2C{=}C(Cl){-}CH{=}CH_2$ 이다.

• $H_2C{=}C(Cl){-}CH{=}CH_2$ =

• 반응은 → 이다.

$C_{10}H_9ClO_2$

다이엔의 반응에 대한 형태적 효과 Diels-Alder 전이상태의 구조를 가지기 위해 다이엔은 *s*-cis 형태를 가져야만 한다. 10.7절에서 1,3-뷰타다이엔의 *s*-시스 형태는 *s*-트랜스 형태에 비해서 12 kJ/mol (2.8 kcal/mol)만큼 불안정함을 알았다. 이 에너지 차이는 비교적 작아서 1,3-뷰타다이엔은 Diels-Alder 반응을 수행한다. 다이엔 중에서 *s*-시스 형태를 쉽게 갖추지 못하는 경우에는 반응성이 낮아진다. 예를 들면 4-메틸-1,3-펜타다이엔은 Diels-Alder 반응에서 *trans*-1,3-펜타다이엔에 비해서 1,000배 정도 반응성이 약하며, 이 경우 *s*-시스 형태는 추가된 메틸기에 의한 입체장애 효과로 불안정하게 되기 때문이다.

CH_3 H H H

tarns-1,3-펜타다이엔

CH_3 CH_3 H H

4-메틸-1,2-펜타다이엔

문제 10.20

2,3-다이-*tert*-뷰틸-1,3-뷰타다이엔의 Diels-Alder 반응성은 매우 낮다. 이유를 설명하시오.

1,3-사이클로펜타다이엔 등의 고리형 콘쥬게이트 다이엔은 Diels-Alder 반응에서 다이엔 성분으로 사용되고, *s*-시스 기하 구조를 가지기 때문에 비교적 반응성이 좋다.

Diels-Alder반응은 입체특이성과 입체선택성이다. 다음 두 개의 관련된 고리화 첨가는 Diels-Alder반응의 중요한 두 가지 양상을 보여준다. 첫째, 입체특이적반응은 입체이성질성 반응물은 입체이성질성 생성물을 만든다는 것을 기억하자. 예를 들면 1,3-사이클로펜타다이엔은 친다이엔체인 두 입체이성질체, 프마르산 다이메틸은 말레산 다이메틸과 반응한다. 프마르산 다이메틸은 트랜스 이중결합을, 말레산 다이메틸은 시스 이중결합을 가진다.

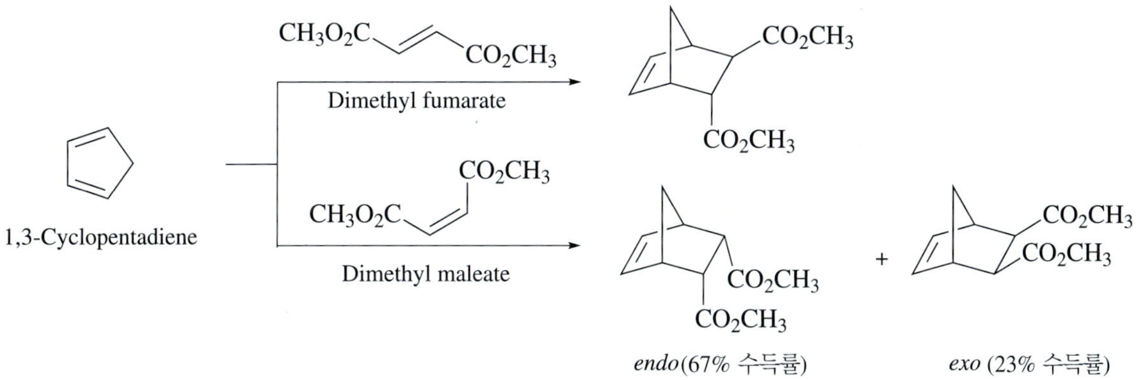

1,3-Cyclopentadiene

Dimethyl fumarate

Dimethyl maleate

endo(67% 수득률) + *exo* (23% 수득률)

두 반응은 모두 입체특이적이다. 프마르산 다이메틸의 두 $-CO_2CH_3$의 트랜스 관계는 고리화 반응에서 유지되어, 생성물에서 각각 exo, endo 위치를 차지한다. 마찬가지로 말레산 다이메틸의 반응에서 두 치환기는 cis 관계가 유지되어, 생성물에서 모두 endo, 혹은 모두 exo 위치를 가지게 된다.

바이사이클로[2.2.1]구조에서 연결다리에 놓이지 않은 치환체가 단일 탄소자리 쪽으로 놓이면 exo라고하고 멀어지는 방향으로 놓이면 endo라고 한다.

문제 10.21

신남산($C_6H_5CH{=}CHCO_2H$)의 두 입체이성질체는 1,3-뷰타다이엔과의 반응에에서 각각 다른 생성물을 만든다. 각 반응의 반응식을 제시하시오.

입체특이성에 더하여, 이전 반응식에서 보인 1,3-사이클로펜타다이엔과 말레산 다이메틸의 반응에서 endo-exo의 관찰된 비율이 3:1인 것처럼, 고리형 다이엔으로부터 endo-Diels-Alder 첨가물의 형성을 선호하는 입체선택적 우위가 있다. 이러한 결과는 일반적이고, **endo 규칙(endo rule)**의 근간이다. 이것은 특정 친다이엔이 두 개의 입체이성질성 Diels-Alder 첨가물을 생성할 때, 주 입체이성질체는 전기음성적 치환기의 배열이 endo라는 것이다.

문제 10.22

아크릴산 메틸($H_2C{=}CHCO_2CH_3$)는 1,3-사이클로펜타다이엔과 반응하여 두 가지 생성물을 만든다. 생성물의 구조식을 기술하고, 주 생성물을 예측하시오.

10.13 역합성 분석과 Diels-Alder 반응

Diels-Alder 반응을 C−C 결합생성에 널리 이용되며, 역합성 분석으로 응용성을 높일 수 있다. 합성목표물이 사이클로헥센 고리를 가지고 있으면, 이중결합을 출발점으로 하여 굽은 화살표를 이용하여, 고리화 첨가에서 생성된 것으로 판단되는 결합들을 절단한다. 예를들면:

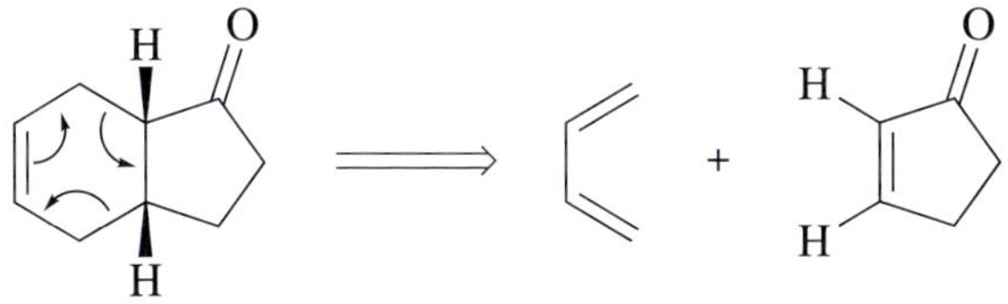

결합 절단으로 나타낸 고리화 첨가가 타당한지 아닌지를 결정하기 위해서, 알켄이 반응성이 있는 친다이엔체인지 검토하시오. 대개 이것은 이중결합이 전자-끌개 치환기, 특히 C=O 또는 C≡N를 가지고 있는 것을 의미한다.

문제 10.23

다음 화합물을 만드는 다이엔과 친다이엔체는 무엇인가?

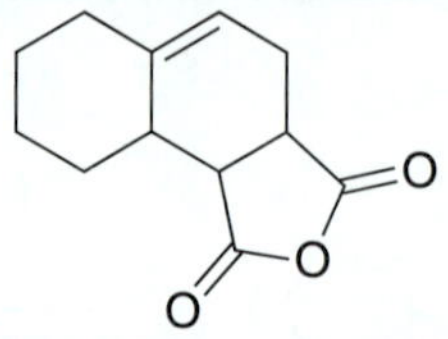

지금까지 논의된 많은 반응형태는 간단하고 쉽게 얻을 수 있는 출발 물질로부터 비교적 복잡한 생성물을 만들기에 충분히 다양하다. 따라서 보여준 마이사이클로[2.2.2]옥텐 유도체를 Diels-Alder 반응으로 얻을 수 있다는 것이 인식되면, 여섯 개 탄소의 공급원으로 사이클로헥사올에 이르게 된다.

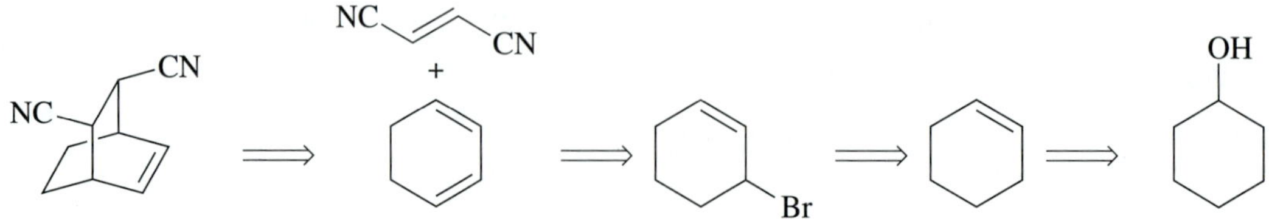

5,6-다이사이아노바이사이클로[2,2,2]옥트-2-엔

사이클로헥산올

문제 10.24

사이클로헥산올과 필요한 유기 또는 무기 시약으로부터 5,6-다이사이아노바이사이클로[2.2.2]옥트-2-ene을 제조하는 합성 방향으로 반응식을 쓰시오.

10.14 Diels-Alder 반응의 분자오비탈 분석

Diels-Alder 반응의 일반적인 굽은 화살표 표시는 전이상태에서−다이엔의 네 개와 친다이엔의 두 개−여섯 개 전자의 고리형 재편을 포함하는 1단계 메커니즘을 보여준다.

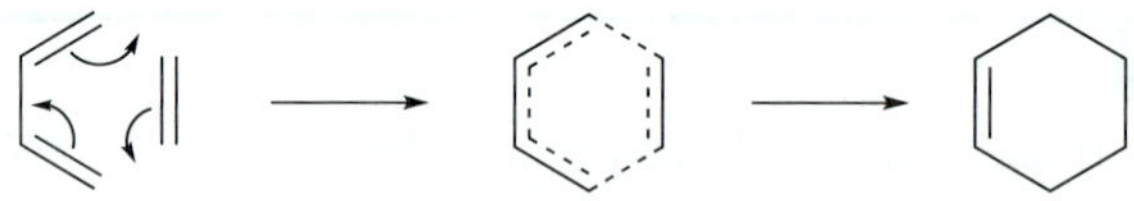

다이엔 + 알켄 전이상태 사이클로헥센

이와같은 협동과정은 두 개의 새로운 σ 결합이 별개의 단계에서 형성되는 것보다는 입체화학적 관찰에 더 일치된다. 친다이엔체에 있는 cis 치환기는 생성물에서도 cis로 남아있다; 친다이엔체의 trans는 생성물에서도 trans를 유지한다.

모든 결합이 동일한 단계에서 형성되고 π 전자들만이 포함된다고 가정한다면, 우리는 분자오비탈 관점에서 I 과정을 탐구하는데 Hückel π-전자 근사법을 사용할 수 있고 결합 형성에 직접 포함되는 반응물의 오비탈만을 관찰할 필요가 있다. 이들을 **경계 오비탈 (frontier orbital)**이라고 하며, 대개는 한 반응물의 HOMO와 다른 반응물의 LUMO이다. Diels-Alder 반응에서, 이들은 다이엔의 HOMO와 친다이엔의 LUMO이며 그림 10.10에서 보였다. HOMO−LUMO 조합의 이러한 선택은 친다이엔의 전자−끌개 친환기가 반응성을 증가시킨다는 실험적 사실과 일치하고 다이엔에서 친다이엔체로 전자가 이동한다고 제안한다. 이들 두 오비탈의 대칭적 특성은 다이엔과 친다이엔체 사이의 σ 결합 형성에 필요한 동일 위상 겹침을 허락하는 것과 같다. MO 용어로는, Diels-Alder 반응은 **대칭 허용 (symmetry-allowed)**으로 분류된다.

Diels-Alder 반응을 한 개의 에틸렌 분자를 다른 에틸렌에 고리화 첨가하면 사이클로뷰테인이 되는 비슷하게 보이는 반응과 비교해 보자.

에틸렌 + 엘틸렌 → 전이상태 → 사이클로뷰테인

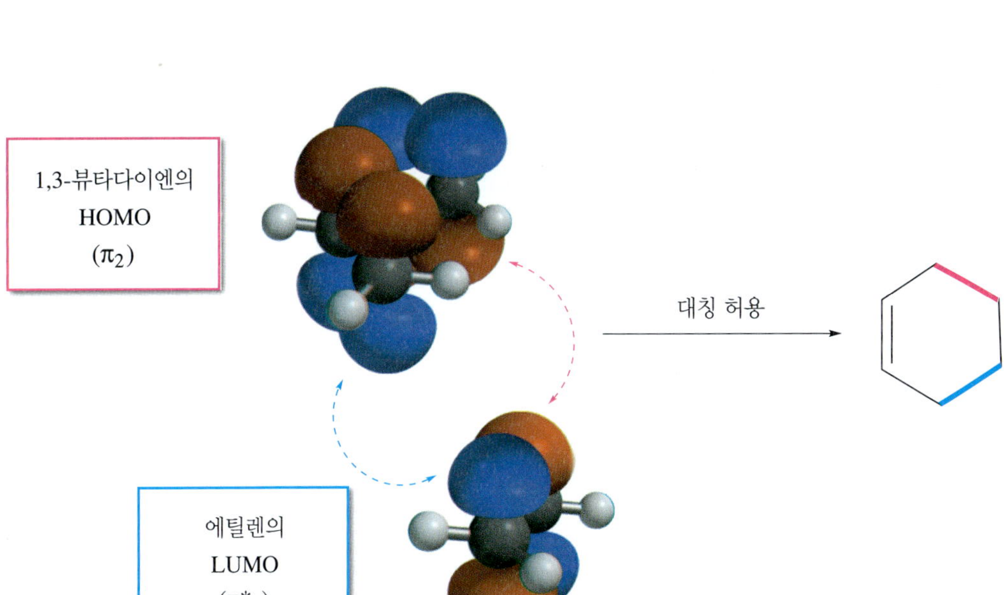

그림 10.10

에틸렌의 LUMO와 1,3-뷰타다이엔의 HOMO는 고리화 첨가에 적합한 대칭성을 가진다. 두 분자가 평형면을 따라 접근하면서 1,3-뷰타다이엔의 HOMO로부터 전자가 에틸렌의 LUMO로 흘러간다. σ결합은 체도의 동일 대칭성(파랑-파랑과 빨강-빨강)의 중첩으로 가능하다.

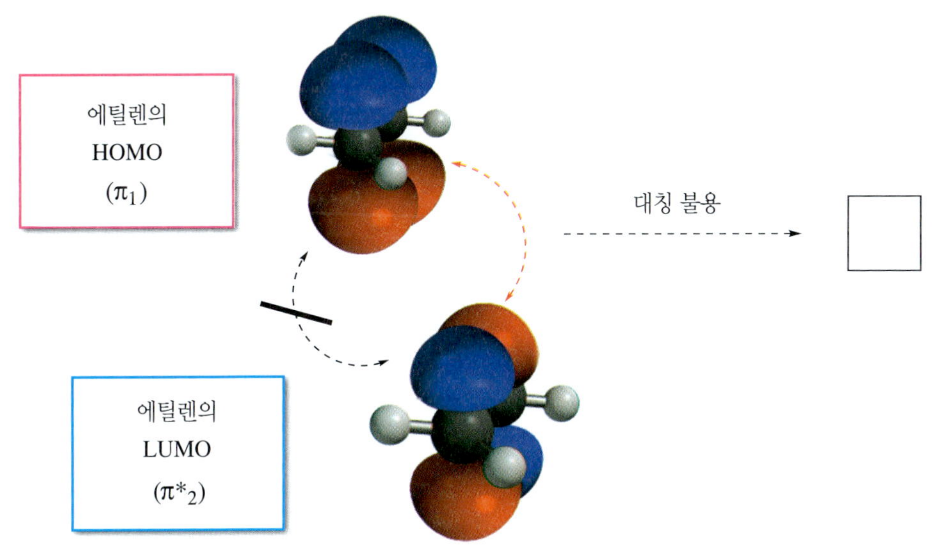

그림 10.11

두 에틸렌 분자의 협동 고리화 첨가가 일어나는 적합한 대칭이 결여된 HOMO와 LUMO. 오비탈의 불일치는 한 에틸렌의 탄소와 다른 에틸렌의 탄소간 σ 결합 형성을 방해한다.

알켄의 고리화 첨가는 드물고 반응식에서 의도된 협동 과정보다는 오히려 단계적 방식으로 진행되기 쉽다. 그림 10.11은 한 에틸렌 분자의 HOMO와 다른 분자의 LUMO를 보여준다. 서로 σ 결합이 되는 탄소는 고리화 첨가 동안에 활성화 에너지가 증가하는 반결합 상호작용을 받게된다. 이 반응은 **대칭 불용(symmetry-forbidden)**이다. 이 반응이 일

Fukui와 Hoffmann은 1981년 노벨 화학상을 공동수상하였다. Woodward는 1965년 까다로운 유기 분자구조 합성을 성공시키며 이미 노벨상을 수상하였으며 1979년 생애 두 번째 수상을 할 수 있었으나 죽음으로 이루지 못하였다.

어난다면, 반응은 느리고 단일 전이상태를 포함하기보다는 오히려 별개의 단계로 두 개의 새로운 σ 결합이 형성되는 메커니즘으로 일어날 것이다.

HOMO–LUMO 상호작용에 집중하면 많은 유기반응을 이해하는데 도움이 될 수 있다. 이것의 초기 개발은 Kenichi Fukui 교수(일본)의 업적이고, Diels-Alder 반응에 이것의 응용은 R. B. Woodward (Harvard)와 Roald Hoffmann (Cornell) 교수들이 제안한 *Woodward-Hoffmann 규칙*의 한 부분을 구성한다.

10.15 요약

이 장에서는 **알릴자리 탄소양이온**에서 양으로 하전된 탄소, **알릴자리 자유 라디칼**에서 홀전자를 갖는 탄소, **알릴자리 음이온**의 음으로 하전된 탄소 그리고 **컨쥬게이트된 다이엔**에서 둘째 이중결합에 안정화 효과를 갖는 치환기로의 탄소–탄소 이중결합에 초점을 맞추었다.

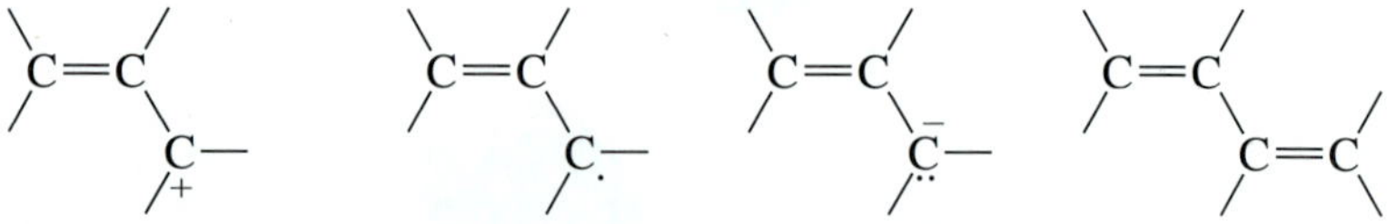

알릴자리 탄소양이온 알릴자리 라디칼 알릴자리 음이온 컨쥬게이트된 다이엔

10.1절 **알릴(allyl)**은 $H_2C{=}CHCH_2$를 모체로 하는 일반명이고, IUPAC 명으로 허용된 이름이다.

10.2절 알릴자리 할로젠화물이 S_N1 반응의 중간체로 형성되는 탄소양이온은 양전하를 알릴계의 두 말단 탄소가 공유하며, 어느 자리도 친핵체의 공격을 받을 수 있다. 또한, 생성물의 새로운 결합은 출발 물질과 똑같은 모양일 수도 있고, *알릴자리 재배열(allylic rearrangement)*로 생성될 수도 있다.

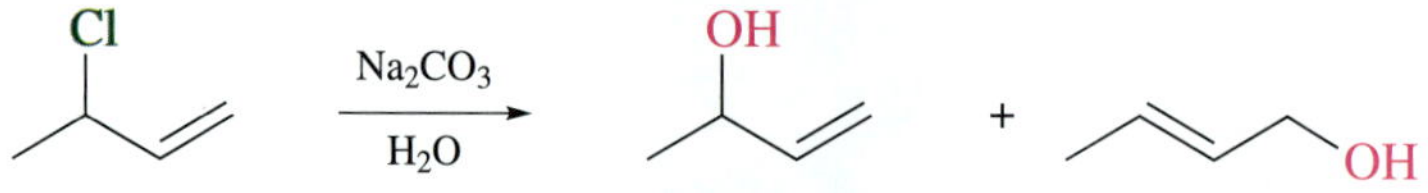

Na_2CO_3, H_2O

3-Chloro-1-butene → 3-Buten-2-ol (65%) + 2-Buten-1-ol (35%)

알릴자리 할로젠화물은 S_N2 메커니즘의 반응조건에서 알킬 할로젠화물보다 더 빠르게 반응한다.

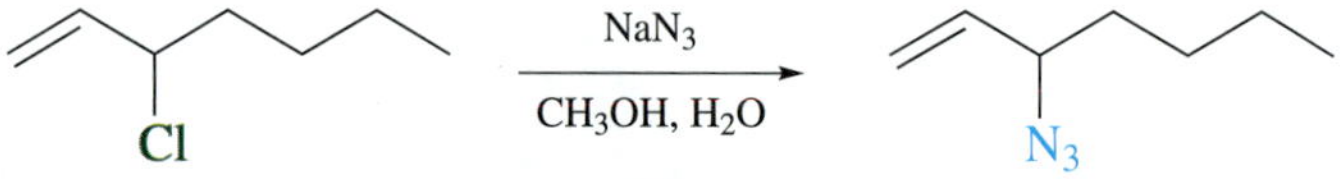

NaN_3, CH_3OH, H_2O

3-Chloro-1-heptene → 3-Azido-1-heptene (78%)

10.3절 알켄은 *N*-브로모석신이마이드 (NBS)와 반응하여 알릴자리 브로민화물을 생성한다. NBS는 Br_2의 공급원으로 사용되며, 치환은 자유 라디칼 메커니즘에 의해 일어난다. 이 반응은 알릴자리 라디칼의 두 공명구조가 동등할 때만 합성의 목적으로 사용되며, 그렇지 않은 경우에는 알릴자리 브로민화물의 이성질체의 혼합물이 생성된다.

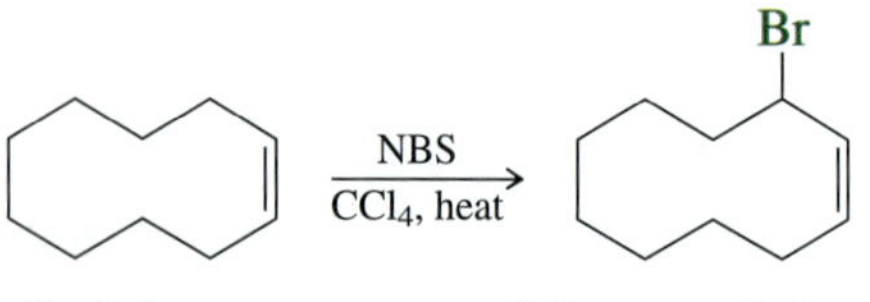

NBS, CCl_4, heat

Cyclodecene → 3-Bromocyclodecene (56%)

10.4절 알릴자리 음이온은 전자 비편재화에 의해서 안정화된다. 음전하는 알릴 구조 양 끝단의 탄소에 위치한다.

알릴자리 수소의 산성도는 $pK_a \sim 43$이며 알케인의 수소($pK_a \sim 62$)보다 더 산성이다.

10.5절 다이엔은 **고립된**, **컨쥬게이트된** 또는 **연이은** 이중결합을 갖는 것으로 분류한다.

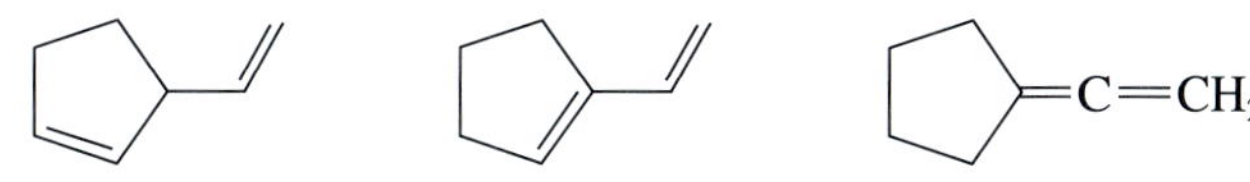

고립된 다이엔 컨쥬게이트된 다이엔 연이은 다이엔

10.6절 컨쥬게이트된 다이엔은 고립된 다이엔보다 더 안정적이고, 연이은 다이엔이 이들 중 가장 불안정하다.

10.7절 컨쥬게이트된 다이엔은 전자 비편재화로 12~16 kJ/mol (3~4 kcal/mol) 정도가 더 안정화된다. 컨쥬게이트된 다이엔에서는 네 개의 이웃한 sp^2 혼성 탄소의 p 오비탈 겹침으로 확장 π 계를 형성하는데, 이로 인해 전자의 비편재화가 일어난다.

가장 안정한 두 컨쥬게이트된 다이엔의 형태는 *s*-시스와 *s*-트랜스이다. *s*-트랜스 형태는 보통 *s*-시스보다 더 안정하다. 두 형태 모두 평면형이어서 p 오비탈의 겹침으로 확장 π 계의 형성이 가능하다.

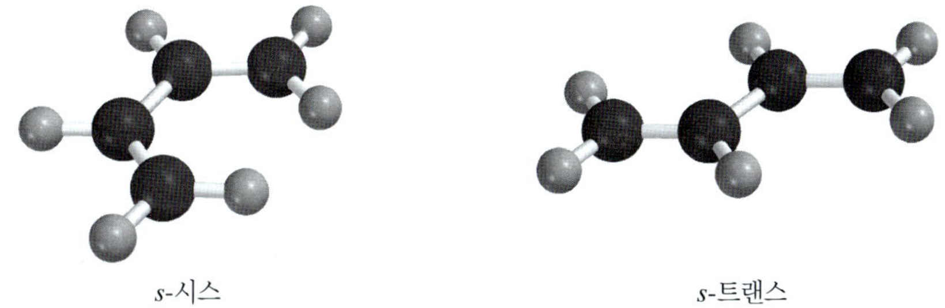

s-시스 *s*-트랜스

10.8절 **알렌**이라고 부르기도 하는 1,2-프로파다이엔 ($H_2C{=}C{=}CH_2$)은 가장 간단한 연이은 다이엔이다. 알렌의 두 π 결합은 중앙의 sp 혼성 탄소를 공유하며, 서로 수직이다. 2,3-펜타다이엔 ($CH_3CH{=}C{=}CHCH_3$)과 같은 몇몇 알렌은 *카이랄 축*(*chirality axis*)을 가지며, 카이랄성이기도 하다.

10.9절 탈수와 탈할로젠화와 같은 제거는 알카다이엔을 만드는 데 흔히 사용되는 반응이다.

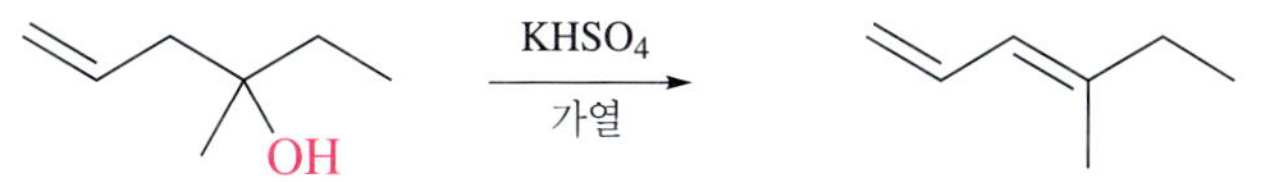

3-Methyl-5-hexen-3-ol 4-Methyl-1,3-hexadiene (88%)

제거는 위치선택성이며, 고립된 또는 연이은 다이엔이 아닌 컨쥬게이트된 다이엔을 형성한다.

10.10절 컨쥬게이트된 다이엔의 말단 탄소가 양성자화 되면 알릴자리 탄소양이온이 생성되는데, 이 때 양전하를 공유하는 두 자리에서 할로젠화 친핵체에 의해 새로운 결합이 형성된다. 양성자화 된 바로 이웃 탄소에 대한 친핵성 공격으로 *1,2-첨가* 생성물을 형성한다. 다른 자리에서 포획되면 *1,4-첨가* 생성물을 얻어진다.

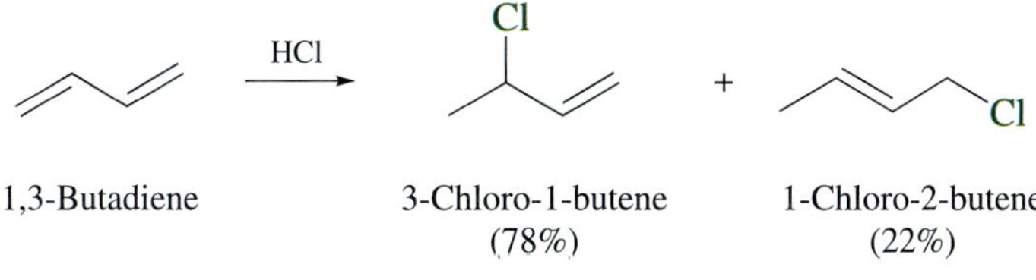

1,3-Butadiene 3-Chloro-1-butene (78%) 1-Chloro-2-butene (22%)

10.11절 Cl_2 및 Br_2가 컨쥬게이트된 다이엔에 첨가되면 1,4-첨가가 우세하게 일어난다.

10.12절 컨쥬게이트된 다이엔에 알켄(*친다이엔체*)의 컨쥬게이트 첨가가 일어나면 사이클로헥센이 생성되는데, 이를 *Diels-Alder* 반응이라고 한다. 이 반응은 협동형이며, 입체선택적이다. 따라서 친다이엔체에서 서로 시스였던 치환기는 생성물에서도 시스로 남게 된다.

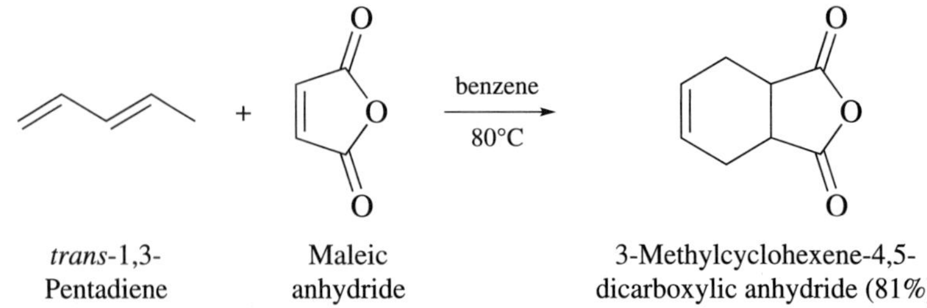

10.13절 사이클로헥센 유도체를 합성하는 Diels-Alder 과정을 역합성 분석으로 규명할 수 있으며, 결합 절단을 통해 다이엔과 친다이엔체를 알 수 있다.

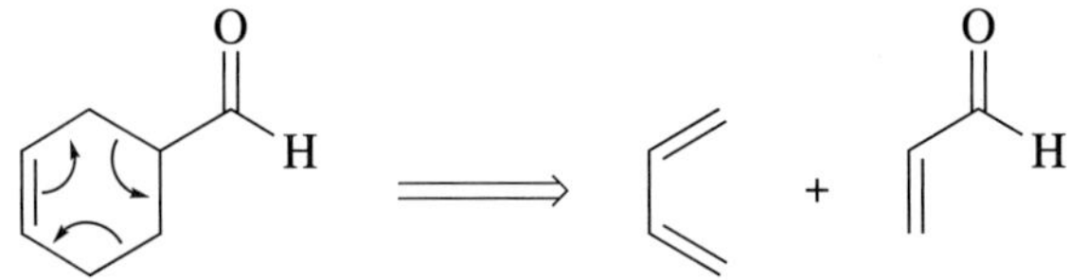

10.14절 Diels-Alder 반응은 단일단계로 진행된다. 다이엔의 최고 점유 분자오비탈(HOMO)과 친다이엔체의 최저 비점유 분자오비탈(LUMO)의 마디 성질을 살펴봄으로써 전이상태에서의 결합의 변화를 상세히 이해할 수 있다.

문제

10.25 다음 각 화합물의 구조식을 그리시오.

(a) 3,4-옥타다이엔
(b) (*E*,*E*)-3,5-옥타다이엔
(c) (*Z*,*Z*)-1,3-사이클로옥타다이엔
(d) (*Z*,*Z*)-1,4-사이클로옥타다이엔
(e) (*E*,*E*)-1,5-사이클로옥타다이엔
(f) (2*E*,4*Z*,6*E*)-2,4,6-옥타트라이엔
(g) 5-Allyl-1,3-사이클로펜타다이엔
(h) *trans*-1,2-다이바이닐사이클로프로페인
(i) 2,4-다이메틸-1,3-펜타다이엔

10.26 다음 화합물의 IUPAC 이름은?

(a) $H_2C{=}CH(CH_2)_5CH{=}CH_2$

(b)

(c) $(H_2C{=}CH)_3CH$

(d)

(e) Cl Cl

(f) $H_2C{=}C{=}CHCH{=}CHCH_3$

(g)

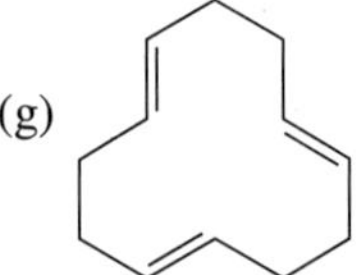

(h)

10.27 (a) 분자식이 C_6H_{10}인 어떤 화합물이 백금 촉매 위에서 촉매 수소화하여 2,3-다이메틸뷰테인을 생성하는가?

(b) 분자식이 $C_{11}H_{20}$인 어떤 두 화합물이 촉매 수소화하여 2,2,6,6-테트라메틸헵테인을 생성하는가?

10.28 촉매수수화 반응을 통해 2,4-다이메틸펜테인을 생성하는;

(a) 켄쥬게이트 다이엔(들)
(b) 고립 다이엔(들)
(c) 연이은 다이엔(들)

10.29 프로펜을 필요한 유기 시약이나 무기 시약을 사용하여 다음 각 화합물을 어떻게 제조할 수 있는지 보이시오.

(a) 알릴브로모
(b) 1,2-다이브로모프로펜
(c) 1,3-다이브로모프로펜
(d) 1-브로모-2-클로로프로펜
(e) 1,2,3-트라이브로모프로펜
(g) 알릴 알코올
(h) 펜트-1-엔-4-아인($H_2C{=}CHCH_2C{\equiv}CH$)
(i) 1,4-펜타다이엔

10.30 2,3-다이메틸-1,3-뷰타다이엔이 다음 각 시약과 반응하여 생성하는 주된 유기 생성물의 구조(입체화학은 제외)를 그리시오.

(a) 2 mol H_2, 백금 촉매
(b) 1 mol HCl(직접 첨가 생성물)
(c) 1 mol HCl(컨쥬게이션 첨가 생성물)
(d) 1 mol Br_2(직접 첨가 생성물)
(e) 1 mol Br_2(컨쥬게이션 첨가 생성물)
(f) 2 mol Br_2
(g) 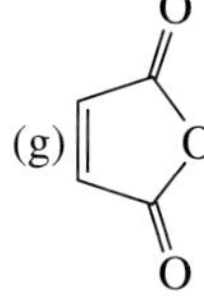

10.31 아래 각 쌍의 화합물중 반응성이 더 높은 친다이엔체를 구별하시오.

(a) $CH_3COCH{=}CHCO_2CH_3$ 또는 $HOCH_2CH{=}CHCH_2OH$

(b) 또는

(c) $H_3C{-}S{-}CH{=}CH_2$ 또는 $H_3C{-}SO_2{-}CH{=}CH_2$

10.32 아래 두 다이엔 중에서 어느것이 Diels-Alder 반응을 진행했는가? 이유는?

10.33 분자식 $C_8H_{12}O$의 두 가지 구조이성질체가 다음 반응에서 생성된다. 입체화학을 무시하고 Diels-Alder 반응의 생성물은?

$CH_3CH{=}CHCH{=}CH_2$ + $CH_2{=}CHCHO$ $\xrightarrow{\text{가열}}$

10.34 다음 반응과 생성물로부터 적절한 메커니즘을 밝히시오.

$CH_3CH{=}CHCH_2Cl$ + C_6H_5SNa $\xrightarrow{\text{에탄올}}$ $CH_3CH(SC_6H_5)CH{=}CH_2$

10.35 아래는 화합물 A의 화합물 B로의 반응이다. 첫 단계에서 두 이성질체 생성물이 만들어지며 그들의 분자식은 $C_{10}H_{15}BrO_2$이다. 이들은 함께 화합물 B로 반응한다.

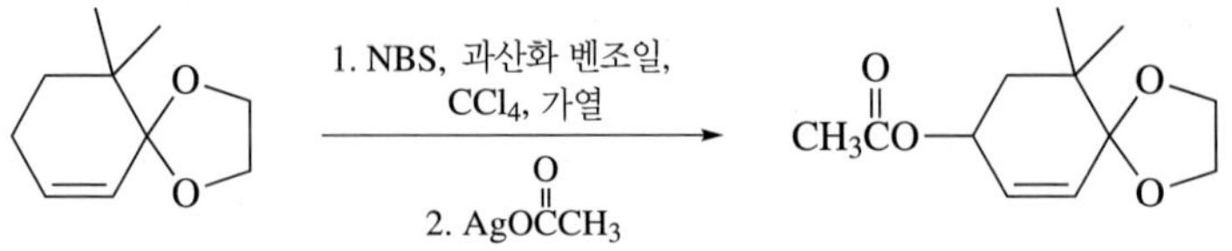

1. NBS, 과산화 벤조일, CCl_4, 가열
2. $AgOCCH_3$ (O)

화합물 A 화합물 B

(a) 첫 단계의 두 이성질체, $C_{10}H_{15}BrO_2$의 구조식은?

(b) 둘째 단계에서 두 이성질체가 화합물 B로 바뀌는 반응 메커니즘을 보이시오.

10.36 다음 각 결과에 합당한 설명은?

(a) $(CH_3)_2C{=}CHCH_2Cl$의 에탄올 용매화 반응의 1차 반응속도상수는 알릴클로라이드의 용매화 반응속도상수보다 6000배 빠르다(25°C)

(b) 3-부텐-2-올의 황산수용액을 1주일 유지하면, 3-부텐-2-올과 2-부텐-1-올이 생성된다.

(c) $CH_3CH{=}CHCH_2OH$를 브로모수소와 반응시키면 1-브로모-2-부텐과 3-브로모-1-부텐의 혼합물이 생성된다.

(d) 3-부텐-2-올을 브로모수소와 반응시키면 위 (c)와 동일한 혼합물이 생성된다.

(e) 위 (c)와 (d)의 주 생성물을 1-브로모-2부텐이다.

10.37 다음 반응의 1,2-첨가 생성물은?

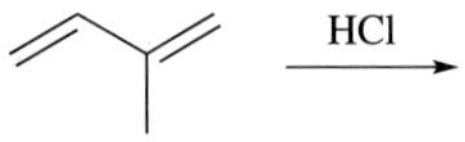

HCl

10.38 다음중 키이랄성 화합물은?

(a) 2-메틸-2,3-헥사다이엔

(b) 4-메틸-2,3-헥사다이엔

(c) 2,4-다이메틸-2,3-펜타다이엔

10.39 다음 합성 단계의 각각에 적합한 시약을 제시하시오.

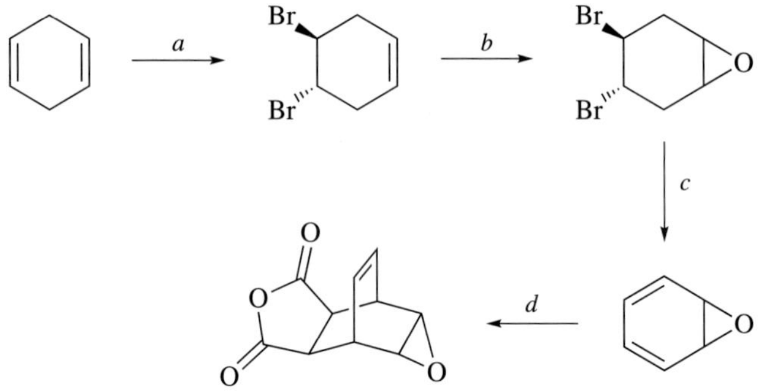

a b c d

10.40 항암제(유방, 자궁, 폐암)인 paclitaxel의 합성 과정의 주요 중간체 C의 합성과정이 제시되었다. 여기서 화합물 B의 구조식은?

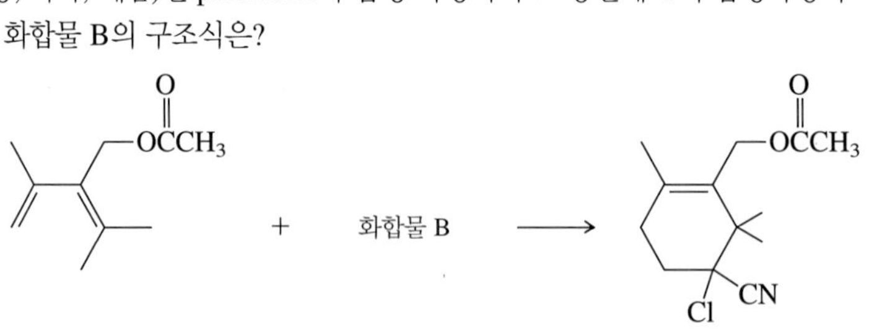

$OCCH_3$ + 화합물 B ⟶ $OCCH_3$, CN, Cl

화합물 A 화합물 C

10.41 다음 각 반응은 Woodward-Hoffmann 규칙에 따라서 "허용" 혹은 "불용"인가? 그림 10.2의 알릴양이온, 에틸렌, 1,3-뷰타다이엔(그림 10.10)의 분자오비탈 모형을 참고하시오.

(a)

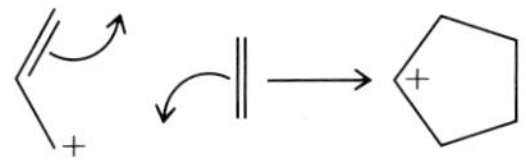

(b)

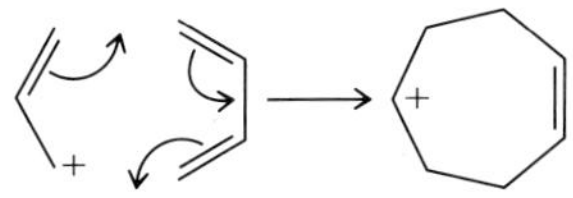

설명문과 이해 문제 10

분자간 및 역 Diels-Alder 반응

Diels-Alder 반응은 그 자체로도 유용성이 높으며, 더욱이 고리화 첨가에 다양성을 추가하여 합성기술에 큰 도움을 준다. 일반적으로 Diels-Alder 고리화 첨가에서 작용하는 다이엔과 친다이엔체는 각각 다른 분자들이다. 이 반응은 **분자간(intermolecular**, 두 분자끼리)이라고 한다.

분자간 Diels-Alder 반응:

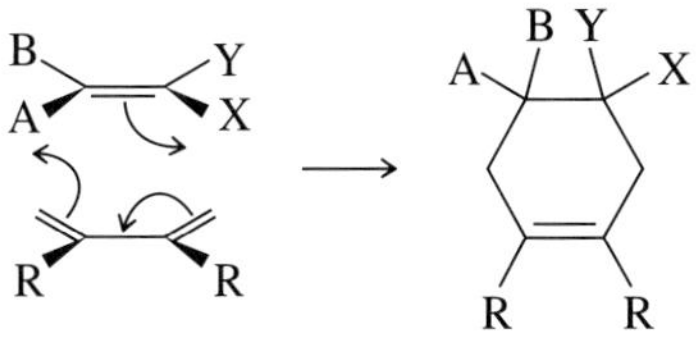

분자내(intramolecular, 한 분자 내에서) 고리화 첨가는 컨쥬게이트된 다이엔과 격리된 C=C 이중결합이 동일한 분자에 존재할 때 가능하다.

분자내 Diels-Alder 반응:

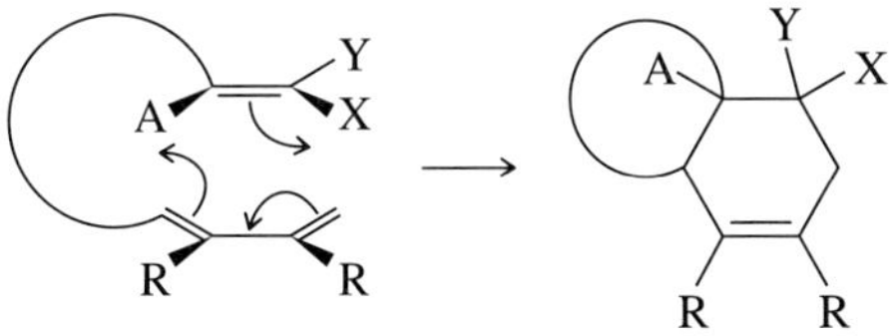

분자내 Diels-Alder 고리화에서는 한 반응으로 *두 개*의 새로운 고리가 생성된다. 한 고리는 분자 간 반응과 마찬가지로 사이클로헥센이다. 다른 고리는 보통 5각 혹은 6각 고리이다.

Diels-Alder 반응은 가역적이다. 사이클로헥센은 다이엔과 알켄으로 분해되며, 이를 **역 Diels-Alder 반응(retro Diels-Alder)**이라고 한다.

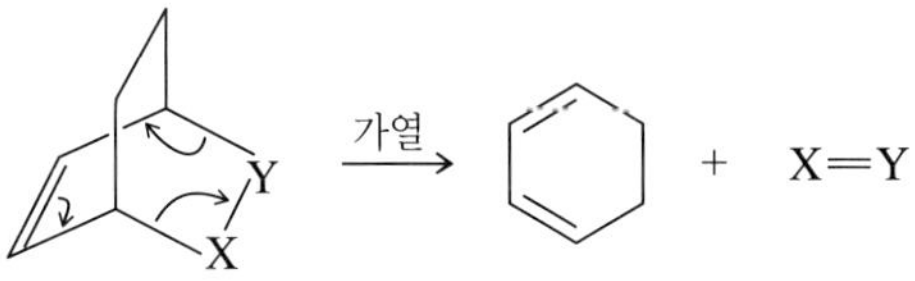

가열 + X=Y

합성에 응용할때, 고리화 첨가의 생성물 X=Y는 주로 에틸렌 혹은 이산화탄소 혹은 삼중결합을 가진 아세틸렌 혹은 N_2 등이다. 이중 고리 반응물은 Diels-Alder 반응으로 만들어지거나 혹은 다른 유사방법으로 합성된다.

10.42 아래 화합물은 실온에서 분자내 Diels-Alder 반응을 진행한다. 생성물의 구조식은 어느 것인가(입체구조는 표기하지 않음)?

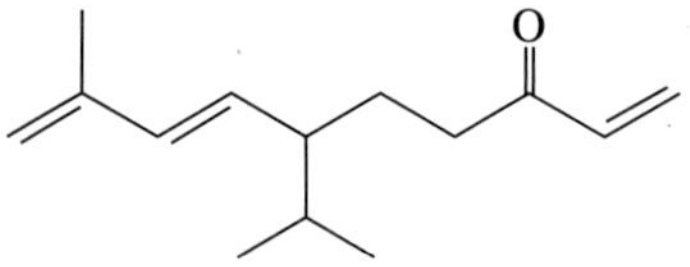

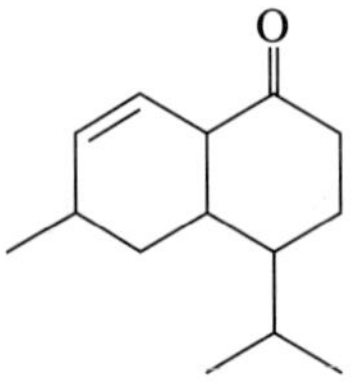

A. 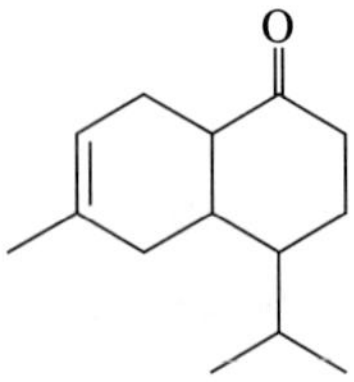 B. 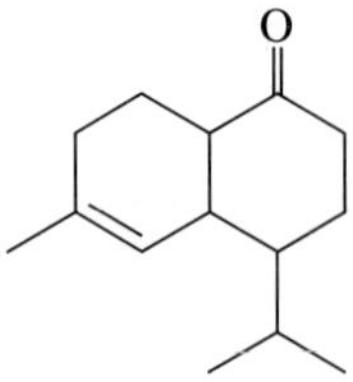 C. 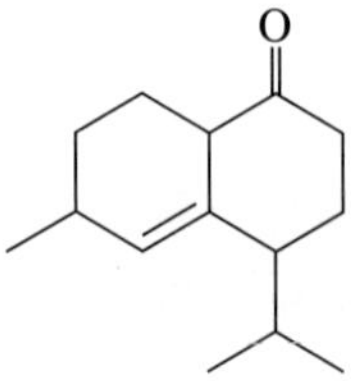 D.

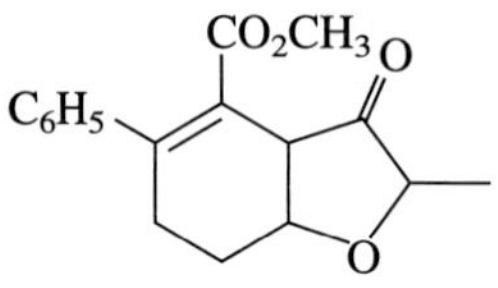

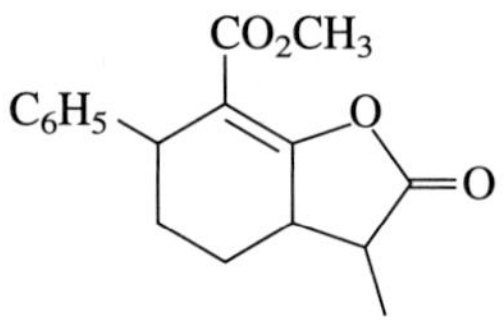

10.43 다음 물질의 분자간 Diels-Alder 반응의 생성물은 어느 것인가(입체구조는 표기하지 않음)?

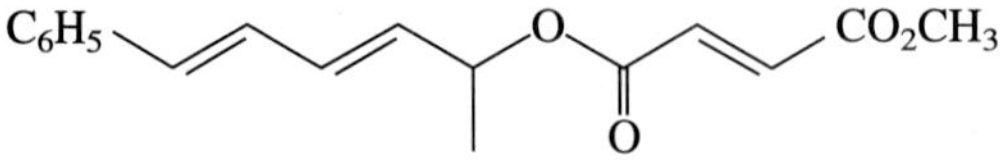

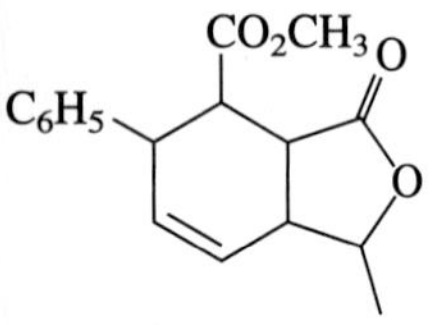

C_6H_5 O CO_2CH_3 O

A. C_6H_5 CO_2CH_3 O O

B. C_6H_5 CO_2CH_3 O O

C. C_6H_5 CO_2CH_3 O O

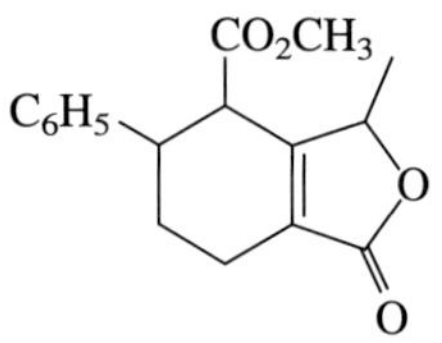

D. C_6H_5 CO_2CH_3 O O

10.44 다음 분자내 Diels-Alder 반응의 생성물은 보기 중 어느 반응물로부터 합성되는가?

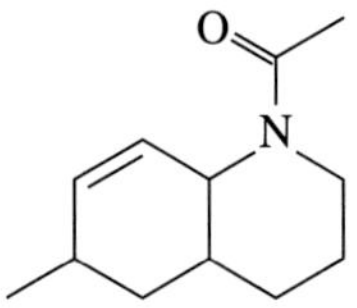

O N

A. 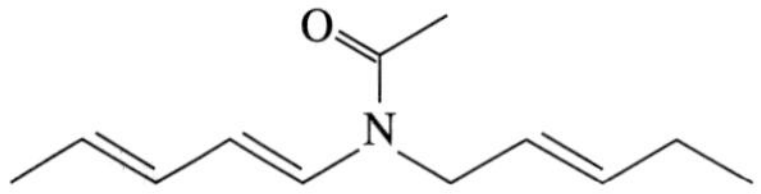 O N

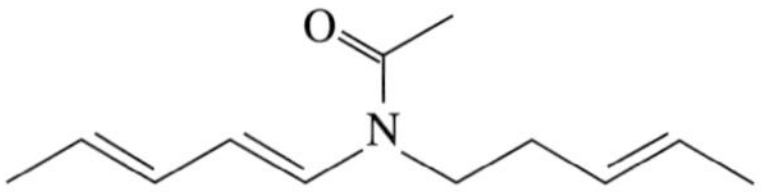

B. 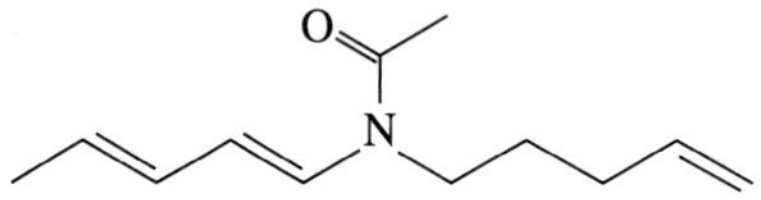 O N

C. O N

D. 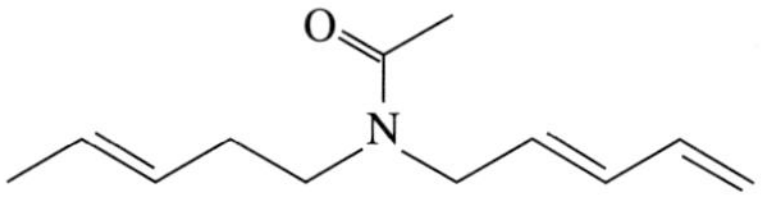 O N

10.45 실제 실험실에서는 1,3-사이클로펜타다이엔을 화합물 "다이사이클로펜타다이엔" ($C_{10}H_{12}$) 로부터 얻는다. 이 다이사이클로펜타다이엔은 두 분자의 사이클로펜타다이엔의 Diels-Alder 고리화 첨가를 통하여 형성된다. 다이사이클로펜타다이엔을 가열하면 역 Diels-Alder 반응이 진행되어 사이클로펜타다이엔이 생성된다.

$C_{10}H_{12}$ $\xrightarrow{\text{가열}}$ 2

다이사이클로펜타다이엔의 구조식은 어느 것인가?

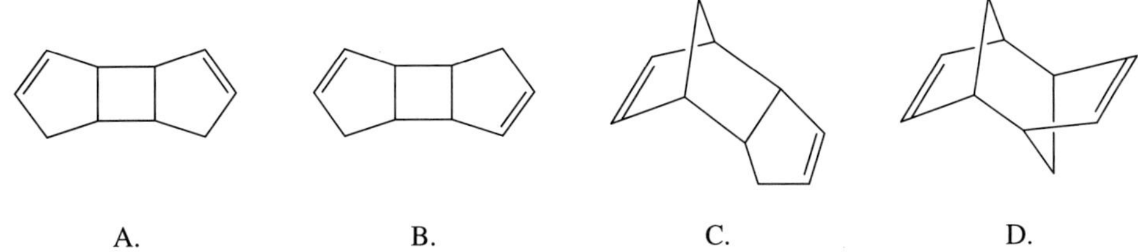

A. B. C. D.

10.46 화합물 X는 순차적으로 고리화 첨가–고리화 제거를 통해 형성된다. 이 화합물의 구조식은?

O, O + $H_2C{=}CH\overset{O}{\overset{\|}{C}}CH_3$ $\longrightarrow$ $C_8H_{10}O$ + CO_2

Compound X

A. $\overset{O}{\overset{\|}{C}}CH_3$ B. $\overset{O}{\overset{\|}{C}}CH_3$ C. $\overset{O}{\overset{\|}{C}}CH_3$ D. $\overset{O}{\overset{\|}{C}}CH_3$

10.47 화합물 X의 구조식은 어느 것인가?

H_3C, CH_3, H_3C, CH_3 + $F_3CC{\equiv}CCF_3$ $\xrightarrow{\text{고리화 첨가}}$ $C_{14}H_{14}F_6$ $\xrightarrow{\text{고리화 제거}}$ 화합물 X + $H_3CC{\equiv}CCH_3$

A. CF_3, H_3C, CF_3, H_3C

B. CF_3, H_3C, H_3C, CF_3

C. CF_3, H_3C, H_3C, CF_3

D. H_3C, CF_3, H_3C, CF_3

11

장의 개요

조명 기체는 오페라의 유령 무대장치가 있는 Opéra de Paris의 유명한 샨들리에를 포함하여 19세기 유럽에서는 전등용으로 사용되었다. 메테인, 에틸렌 및 수소는 조명 기체의 주 성분이다. 그러나 다른 탄화수소들이 소량 포함되며 벤젠은 그 중의 하나이다.

아렌과 방향족성

Arenes and Aromaticity

이 장과 다음 장에서는 컨쥬게이션계의 범위를 **아렌(arene)**에 까지 확장하려고 한다. 아렌은 벤젠 고리를 구조 단위로 하는 탄화수소이다. 예를 들어, 벤젠, 톨루엔, 나프탈렌은 아렌이다.

[벤젠, 톨루엔(CH_3), 나프탈렌 구조식]

벤젠　　톨루엔　　나프탈렌

아렌의 컨쥬게이션이 특별한 한 가지 요인은 고리의 성질이다. 고리를 이룬 컨쥬게이션계는 열린 사슬 폴리엔과는 매우 다른 성질을 가진다. 아렌은 방향족 탄화수소(aromatic hydocarbon)라고도 한다. 이런 의미에서 사용되는 말인 *방향족(aromatic)*은 향기와는 관련이 없고 대신 컨쥬게이트된 트라이엔(triene)보다 기대 이상으로 훨씬 더 안정적이라는 것을 의미한다. 이 장의 목적은 **방향족성(aromaticity)**의 개념을 올바르게 인식하는 데 있다. 즉, 특별한 안정성을 나타내는 벤젠과 그 유도체의 성질이 무엇이며, 왜 그런 성질을 가지게 되는가를 이해하는 데 있다. 이 장에서는 치환기로서 벤젠 고리의 효과에 대해 알아본다. 그리고 다음 장에서는 고리 자체를 포함한 반응을 기술하기로 한다.

벤젠의 역사, 기원, 구조를 밝혀보자. *방향족성*을 포함하여 우리가 사용하는 용어 중 많은 것은 역사적 기원이 있다. 이제 벤젠의 발견에 대해 알아보도록 하자.

11.1 벤젠

1825년에 Michael Faraday는 조명 기체로부터 새로운 탄화수소를 분리하였으며, 이것을 "수소의 이탄화물(bicarburet of hydrogen)"이라 불렀다. 9년 후에 Berlin 대학의 Eilhardt Mitscherlich는 벤조산을 석회와 함께 가열하여 같은 물질을 제조하였으며, 이 물질이 실험식 C_nH_n을 가지는 탄화수소라는 것을 알아냈다.

Faraday는 화학에서 전기분해 법칙, 물리에서 전기장과 자기장 관계, 자기장 유도에 대한 원리를 제안한 것으로 잘 알려져 있다.

$$\underset{\text{Benzoic acid}}{C_6H_5CO_2H} + \underset{\text{Calcium oxide}}{CaO} \xrightarrow{\text{heat}} \underset{\text{Benzene}}{C_6H_6} + \underset{\text{Calcium carbonate}}{CaCO_3}$$

결국 벤조산과 관련이 있기 때문에 이 탄화수소는 *벤진(benzin)*으로 명명되었으며, 그 후에 현재의 이름인 *벤젠(benzene)*으로 명명되었다.

벤조산은 Mitscherlich가 실험했던 시대이전에 수백 년 동안 알려져왔다. 이 벤조산은 자바섬이 원산지인 나무에서 얻어지는 향기 좋은 수지상의 벤조인검(gum benzoin)으로부터 제조된다.

비슷하게, 벤젠의 메틸 유도체인 톨루엔은 톨루엔의 유도체는 얻을 수 있는 남미 톨루(*tolu*)나무에서 따왔다.

비록 벤젠과 톨루엔 그 자체가 특별한 향을 가지는 화합물은 아니지만, 방향성 식물 추출물로부터 유래했기 때문에 벤젠과 톨루엔 그리고 그들과 관련된 화합물을 *방향족 탄화수소(aromatic hydrocarbon)*으로 분류되었다. 알케인, 알켄, 알카인은 다른 부류인 **지방족 탄화수소(aliphatic hydrocarbon)**에 속한다. 지방족(*Aliphatic*)이란 단어는 그리스어의 *aleiphar* ("기름" 또는 "연고"를 의미)로부터 유래되며, 지방의 화학 분해에 의해 얻어진 탄화수소를 나타내었다.

1845년에 벤젠은 August W. von Hofmann에 의해 콜타르로부터 분리되었다. 약 1950년경에 석유를 기반으로 하는 기술과 경쟁을 하기 전까지, 콜타르는 수 년 동안 벤젠을 공업적으로 생산하는 주요 원료가 되었다. 현재 미국의 연간 벤젠 생산량은 약 6백만 톤이다. 많은 양의 벤젠이 폴리스타이렌 플라스틱과 필름 제조에 사용되는 스타이렌으로 바뀌게 된다.

톨루엔 역시 중요한 유기 화합물이다. 벤젠과 마찬가지로 초기에는 콜타르로부터 생산되었지만, 현재에는 대부분 석유로부터 얻는다.

11.2 벤젠 구조

19세기 중엽, 화학적 성질과 여전히 새로운 개념인 분자구조를 연결지으려는 과학자들에게 벤젠은 수수께끼였다. C_6H_6 분자식에도 불구하고, 벤젠은 알켄과 알카인에는 쉽게 첨가되는 화합물과는 반응하지 않거나 또는 반응을 한다해도 치환이 대신 일어났다.

반응은 한 개 이상의 수소가 치환되어 일어났지만 벤젠의 여섯 개 탄소 골격은 유지되었다. 이것은 초기 화학자들에게 벤젠을 한 개의 단위로 인식하도록 임시하였다. 이 단위는 무엇이고, 왜 특별한가?

현재 알려진 유기화학 구조론과 관련된 개념을 August Kekulé가 발표한지 몇 년이 안 된 1866년에, 그는 벤젠의 구조에 이 개념을 적용하였다. 그는 다음의 세 가지 전제를 이론의 근거로 삼았다.

1. 벤젠은 C_6H_6이다.
2. 벤젠의 모든 수소는 동등하다.
3. 구조론에 의하면 각 탄소는 네 개의 결합으로 이루어져야 한다.

1861년에 Johann Josef Loschmidt는 5년 후에 Kekulé가 제안한 벤젠의 구조와 비슷한 벤젠 구조가 포함된 책을 출간했다. Loschmidt의 책은 몇몇 독자에게만 전해졌고, 그의 생각은 잘 알려지지 않았다. 후에 그는 Vienna 대학 교수가 되었다.

Kekulé는 벤젠의 여섯 개 탄소 원자가 고리로 함께 연결되어 있다고 제안하였다. 각 탄소의 네 개의 결합은 각 탄소에 한 개의 수소가 결합되어 있고, 단일결합과 이중결합이 교대되는 조직으로 이루어져 있다.

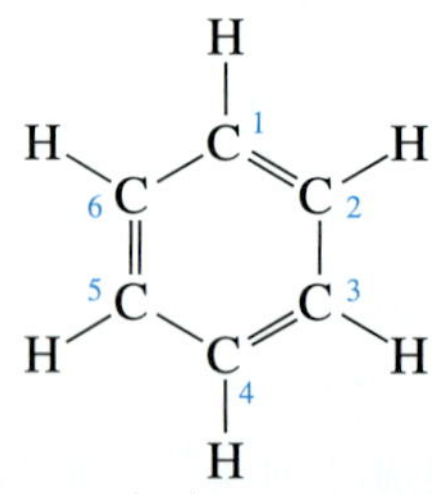

Kekulé 벤젠 구조의 한 가지 결점이 곧 밝혀졌다. **Kekulé 구조(structure)**에서 1,2-와 1,6-이치환 형태는 다른 화합물 (이성질체)이 요구된다.

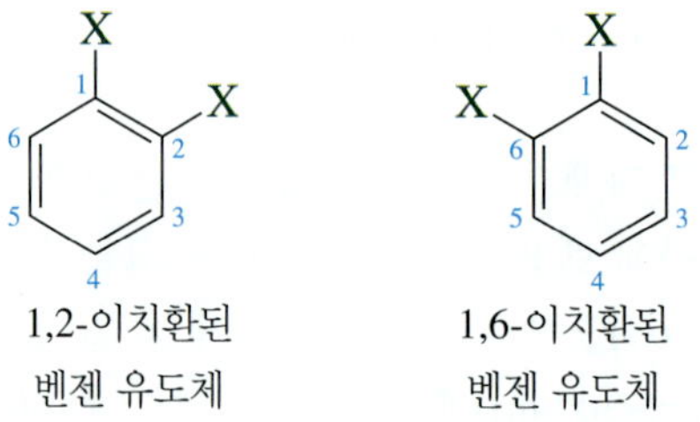

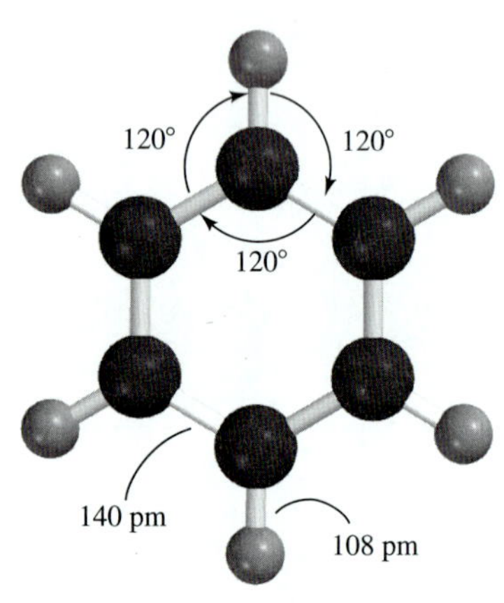

그림 11.1

벤젠의 결합 길이와 결합 각.

두 개의 치환된 탄소 중에 한 개는 이중결합으로, 다른 한 개는 단일결합으로 연결되어 있다. 벤젠 유도체에서는 이러한 이성질체화의 경우가 알려지지 않았고 어떠한 것도 발견할 수 없었기 때문에 Kekulé는 두 개의 이성질성(isomeric) 사이클로헥사트라이엔이 존재할 수는 있으나 너무 빠르게 상호 전환되어 분리할 수 없다고 제안하였다.

벤젠은 사이클로헥사트라이엔이 아니며, 또한 이것은 빠르게 평형을 유지하는 사이클로헥사트라이엔 이성질체의 한 쌍도 아니다. 벤젠은 평면이고, 벤젠의 탄소 골격은 정육각형 형태로 되어 있다. 벤젠이 단일결합과 이중결합이 교대로 되어 있다는 증거가 없다. 그림 11.1에 나타낸 것처럼, 모든 탄소-탄소 결합의 길이(140 pm)가 같고, 탄소의 120° 결합각은 완전한 sp^2 혼성과 일치한다. 흥미롭게도 벤젠의 140 pm 결합 길이는 전형적인 146 pm의 sp^2-sp^2 단일결합 길이와 134 pm의 sp^2-sp^2 이중결합 길이의 정확히 중간이다.

벤젠의 두 가지 Kekulé의 구조는 같은 원자 배열을 가지지만 전자의 배치는 다르다. 그러므로 그들은 공명구조이며, 어느 하나의 구조도 단독으로는 실제 분자의 결합을 정확하게 설명할 수 없다. 두 Kekulé 구조의 혼성체는 내접원을 포함하는 육각형으로 나타낼 수 있다.

[Kekulé 구조 ⟷ Kekulé 구조] 와 (Robinson 기호) 은 동등하다.

원을 포함하는 육각형 기호는 3개 이중결합의 6개 비편재화된 π 전자를 나타내기 위하여 영국의 화학자 Robert Robinson 경에 의해서 처음으로 제안되었다. Robinson 기호는 편리하며, 빠르게 그릴 수 있는 구조이지만, Kekulé 형태의 구조는 화학반응에서 전자의 수를 계산하고 전자의 경로를 추적하는 데 더 좋다.

Robinson은 천연물 연구로 1947년에 노벨 화학상을 수상하였다. 또한 그는 전자 이동 행로에 굽은 화살표를 처음 사용하였다.

문제 11.1

(a) 두 Kekulé 형태의 공명 혼성체와 (b) Robinson 기호를 사용하여, 톨루엔 ($C_6H_5CH_3$)과 벤조산 ($C_6H_5CO_2H$)의 구조식을 그리시오.

한 공명구조에서 단일결합인 탄소들이 또 다른 하나의 공명구조에서는 이중결합이기 때문에, 공명구조는 벤젠에서 관찰된 탄소–탄소 결합 길이와 일치한다. 이들 결합 길이는 모두 같을 뿐만 아니라 전형적인 단일결합과 이중결합 길이의 중간이기도 하다.

우리는 전자 비편재화를 안정성의 증가와 연관시키게 되었다. 이 원리만으로도 벤젠이 안정한 것은 틀림이 없다. 그러나 π 전자가 고리 컨쥬게이션계에 비편재화된다는 점에서 지금까지 다룬 다른 컨쥬게이션계와 다르다는 것을 알 수 있다. 벤젠에서 Kekulé의 두 구조는 모두 똑같은 에너지를 가지며, 기여구조가 비슷한 에너지를 가지는 경우 안정화가 가장 크다는 것이 공명이론 중의 하나이다. 그러므로 벤젠에서 *고리 컨쥬게이션(cyclic conjugated)*은 컨쥬게이션이 된 비고리 트라이엔에서 관찰된 것보다 안정화가 훨씬 커진다. 그 안정화가 얼마만큼 커지는가는 수소화 열로부터 계산할 수 있다.

11.3 벤젠 안정도

벤젠과 다른 아렌의 수소화는 알켄과 알카인의 수소화보다 더 어렵다. 효과적인 두 가지 촉매로 로듐과 백금이 있으며, 실온과 적당한 압력에서 이러한 촉매들을 사용하면 아렌이 수소화된다. 벤젠은 수소 3몰 당량을 소모하여 사이클로헥세인이 된다.

$$\text{Benzene} + \underset{\text{Hydrogen (2–3 atm pressure)}}{3H_2} \xrightarrow[\text{acetic acid, 30°C}]{\text{Pt}} \text{Cyclohexane (100\%)}$$

니켈 촉매는 로듐과 백금보다 싸고 활성이 약하다. 니켈 존재 하에 아렌의 수소화는 높은 온도 (100~200°C)와 압력(100 atm)이 필요하다.

벤젠이 사이클로헥세인으로 전환될 때 측정된 수소화 열은 촉매와 상관없이 같으며, 208 kJ/mol(49.8 kcal/mol)이다. 이 값을 이해하기 위해서는 그림 11.2에서 이 값을 사이클로헥센과 1,3-사이클로헥사타이엔의 수소화 열과 비교해보자. 그림 11.2의 가장 현저한 특성은 *세 개의 이중결합을 가지는 벤젠의 수소화 열이 두 개의 "이중결합"을 가지는 1,3-사이클로헥사다이엔의 수소화 열보다 적다는 것이다.* 벤젠의 수소화 열은 서로 영향을 끼치지 않는 이중결합을 가지는 가상의 한 씽의 1,3,5-시이클로헥사트라이엔에서 기대했던 것보다 152 kJ/mol (36 kcal/mol)이 더 *적다*. 이것이 벤젠의 **공명 에너지(resonance energy)**이다. 공명 에너지란 빠르게 상호 전환되는 1,3,5-사이클로헥사트라이엔의 구조식

그림 11.2

사이클로헥센, 1,3-사이클로헥사다이엔 기상의 1,3,5-사이클로헥사트라이엔과 벤젠의 수소화 열, 수소화 열은 kJ/mole로 표시된다.

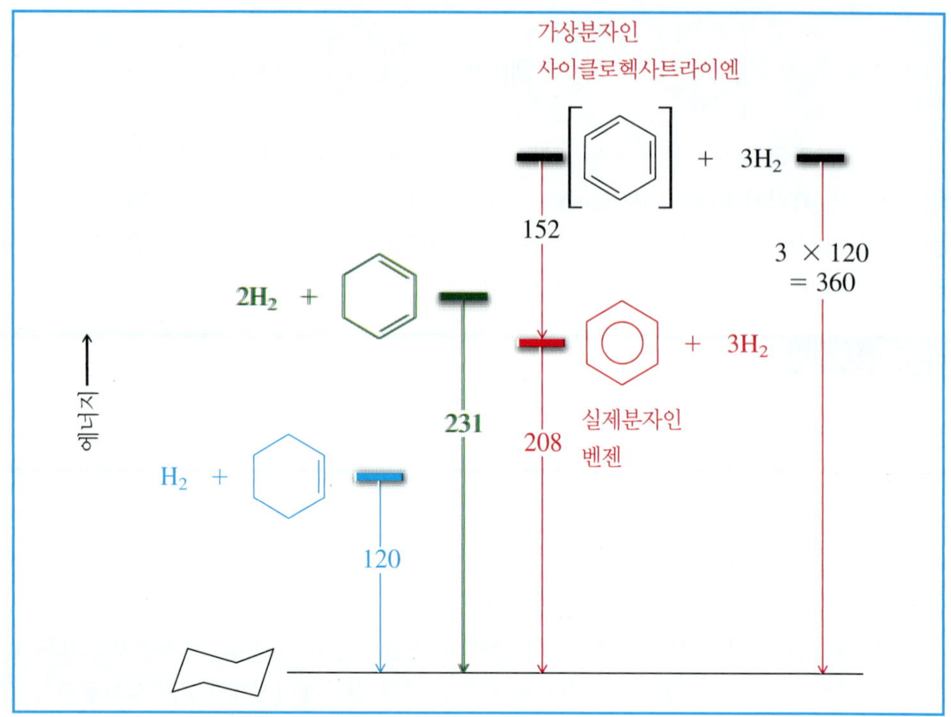

에서 예측할 수 있는 것보다 벤젠이 얼마나 더 안정한지를 나타내는 척도이다.

벤젠과 컨쥬게이션된 열린 사슬 트라이엔, (*Z*)-1,3,5-헥사트라이엔을 비교할 때도 유사한 결론에 도달한다. 여기서 두 개의 실제 분자를 비교하면 둘 다 컨쥬게이션 트라이엔이지만 하나는 고리이고 다른 하나는 고리가 아니다. (*Z*)-1,3,5-헥사트라이엔의 수소화 열은 337 kJ/mol (80.5 kcal/mol)이며, 벤젠보다 129 kJ/mol (30.7 kcal/mol) 더 많다.

(*Z*)-1,3,5-Hexatriene + $3\ H_2$ (Hydrogen) ⟶ Hexane $\Delta H° = -337$ kJ (-80.5 kcal)

1,3,5-사이클로헥사트라이엔과 (*Z*)-1,3,5-헥사트라이엔를 비교하여 예시한 것처럼, 벤젠의 공명 에너지의 정확한 값은 기준으로 선택된 화합물에 따라 달라진다. 중요한 것은 벤젠의 공명 에너지가 매우 크다는 것이며, 그 차이는 컨쥬게이션 트라이엔보다 여섯 배에서 열 배나 된다. 벤젠 관련 화합물을 *방향족*이라는 별개의 범주에 넣는 것은 바로 이러한 큰 공명 에너지의 증가 때문이다.

문제 11.2

사이클로헵텐과 1,3,5-사이클로헵타트라이엔의 수소화 열은 각각 110 kJ/mol (26.3 kcal/mol), 305 kJ/mol (73.0 kcal/mol)이다. 이 두 가지 경우에서 사이클로헵테인이 생성물이다. 이 때, 1,3,5-사이클로헵타트라이엔의 공명 에너지를 계산하시오. 또한, 벤젠의 공명 에너지와 비교하여 설명하시오.

11.4 벤젠 결합

벤젠은 평면이고 모든 결합각이 120°이며, 각 탄소가 세 개의 다른 원자와 결합되어 있는 구조적 요인은 탄소의 sp^2 혼성과 그림 11.3*a*에서 보여주는 σ 결합의 골격을 나타내고 있다.

세 개의 sp^2 혼성오비탈 이외의 각 탄소는 π 결합에 참여하는 반만 채워진 2*p* 오비탈을 가진다. 그림 11.3*b*는 2*p* 오비탈의 겹쳐짐으로부터 만들어지는 모든 탄소를 둘러싸는 연속적인 π 계를 나타내고 있다. 벤젠의 여섯 개 π 전자는 여섯 개의 모든 탄소에 비편재화 되어 있다.

비편재화된 π 오비탈의 여섯 개 전자와 함께 σ 결합의 평면 골격으로 나타난 벤젠의 원자가결합 그림은 유용하기는 하지만 피상적이다. 여섯 개의 전자는 그것이 원자오비탈이든 분자오비탈이든 간에 어느 한 오비탈을 동시에 점유할 수 없다. 그림 11.4에서 보여주는 실제적인 분자오비탈 그림에서 이를 확인할 수 있다. 2.4절에서 원자오비탈(AO)들이 조합하여 분자오비탈(MO)들을 만들 때에, 분자오비탈의 전체 수는 초기 원자오비탈 수와 일치해야 한다. 따라서 벤젠에서 여섯 개의 sp^2 혼성 탄소의 $2p$ 원자오비탈 여섯 개를 조합하면 여섯 개의 π 분자오비탈이 형성된다.

그림 11.4의 오비탈은 에너지 증가 순서로 배열되었다. 세 개의 오비탈은 결합성이고, 나머지 세 개는 반결합성이다. 세 개의 결합 분자오비탈은 각각 두 개씩의 전자를 포함하며, 벤젠의 여섯 개 π 전자에 해당한다. 반결합성 분자오비탈에는 전자가 없다. 벤젠은 **닫힌 껍질(closed shell)** π 전자 배열을 갖는다.

또한 그림 11.4는 벤젠의 분자오비탈의 오비탈 중첩과 마디 특성을 나타낸다. 한 파동 함수가 마디를 통하여 지날 때 부호가 바뀌고 마디에서는 영이 된다(1.1절). 가장 낮은 에너지 오비탈 π_1에서 모든 오비탈의 상호작용은 결합성이다. 그러므로 π_1은 마디를 갖지 않는다. 나머지 두 개의 결합성 오비탈인 π_2와 π_3는 각각 한 개의 마디 면을 갖는다. 처음 두 반결합성 오비탈인 π_4*와 π_5*는 각각 두 개의 마디 면을 갖는다. 가장 높은 에너지 오

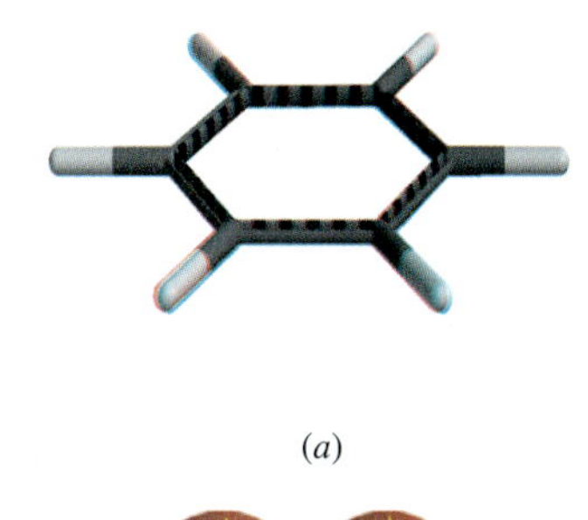

(a)

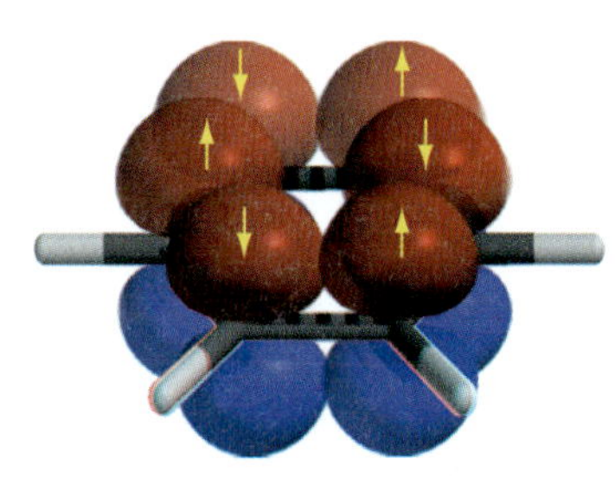

(b)

그림 11.3

(a) 벤젠의 튜브 모형에서 나타낸 결합의 골격은 σ 결합이다. (b) 각 탄소는 sp^2 혼성화되어 있고 σ 골격에 대하여 수직으로 $2p$ 오비탈을 가지고 있다. $2p$ 오비탈이 겹쳐져서 전체 고리를 둘러싸는 π 계를 형성한다.

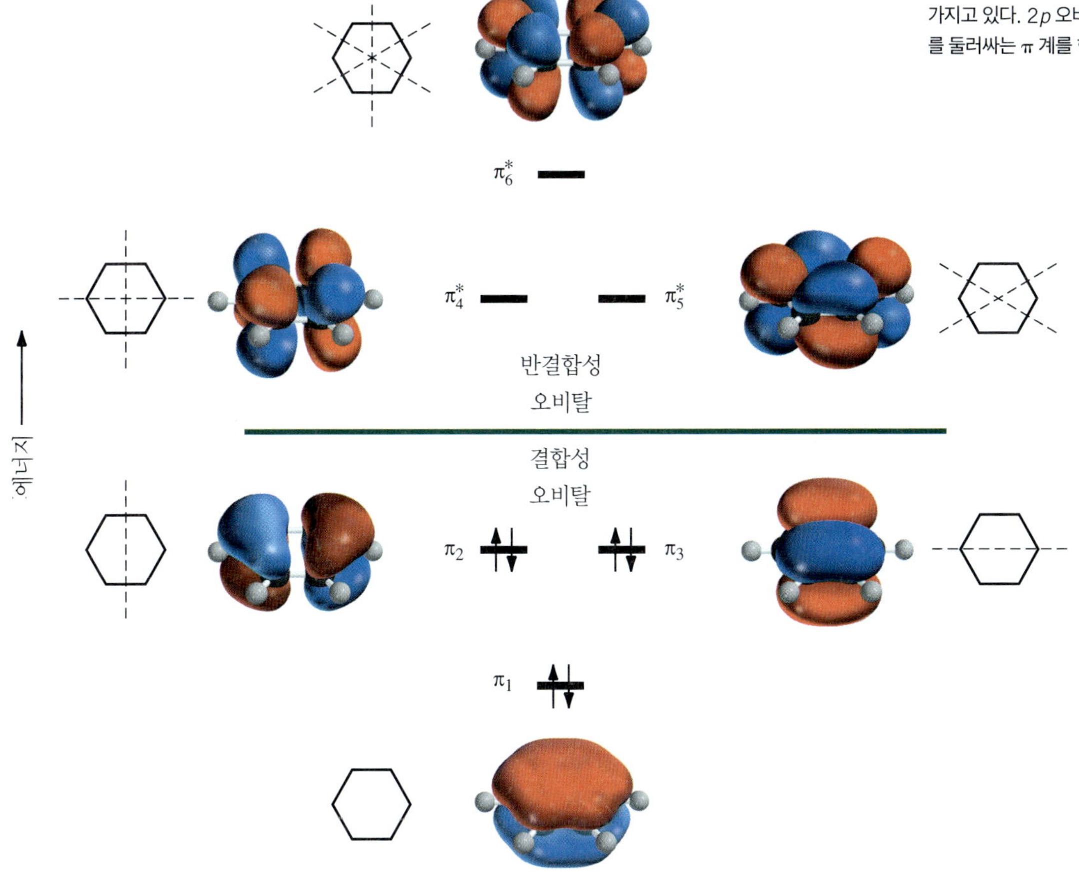

그림 11.4

벤젠의 π 분자오비탈은 에너지가 증가하는 순서로 배열된다. 벤젠의 여섯 개 π 전자는 가장 낮은 세 개의 에너지 오비탈을 점유하며, 이들은 모두 결합성 오비탈이다.

그림 11.5

벤젠의 정전기 퍼텐셜지도. 고리 평면의 상하에 있는 붉은 영역에 π 전자가 집중되어 있다.

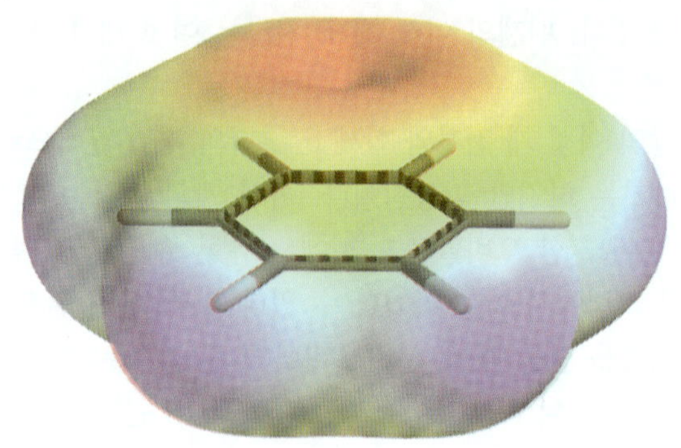

비탈 π_6*는 세 개의 마디 면을 갖는다. 모든 상호작용이 반결합성인 π_6*에서 이웃한 p 오비탈 모두는 서로 반대 위상을 갖는다.

벤젠에 대한 오비탈 에너지의 형식은 여섯 개의 π 전자들이 세 개의 상호작용이 없는 이중결합에 한정되었을 경우와는 다르다. 벤젠에서 고리형 컨쥬게이션에 의해 제공되는 비편재화는 고리형 컨쥬게이션이 없는 경우보다 π 전자가 더 강하게 붙들려 있다. π 전자의 더 강한 결합은 벤젠의 특별한 안정성 (방향족성)에 가장 큰 원인이 된다.

그러나 정전기 퍼텐셜지도(그림 11.5)에서 고리 평면 상하의 높은 전자밀도 영역에서 알 수 있듯이 π 전자는 C—H 결합의 전자보다 약하게 연결되어 있다. 12장에서 이와 같은 성질이 벤젠과 그 치환체의 반응성에 어떤 영향을 미치는지 살펴본다.

이 장 후반부에서 다른 크기의 고리를 갖는 고리형 폴리엔에 이를 어떻게 적용시키는지 더 자세하게 다루면서 방향족에 대한 특징을 알아볼 것이다. 다음 몇몇 절에서는 구조 단위로 벤젠 고리를 포함하고 있는 화합물의 화학을 소개하고자 한다. 우리는 그들의 명명법에 대해 알아보도록 하자.

11.5 치환된 벤젠 유도체 및 명명법

벤젠 고리를 포함하는 모든 화합물들은 방향족이며, 치환된 벤젠 유도체는 방향족 화합물의 가장 큰 부분을 이룬다. 이러한 화합물들은 *벤젠*에 접두사로서 치환기의 이름을 붙여 명명한다.

Br / $C(CH_3)_3$ / NO_2

브로모벤젠　*tert*-뷰틸벤젠　나이트로벤젠

오랫동안 사용되어 온 일반명을 갖는 많은 벤젠의 일치환 유도체들의 이름은 IUPAC에서도 허용된다. 표 11.1은 가장 중요한 벤젠의 일치환 유도체들을 나타내고 있다.

벤젠의 다이 메틸 유도체는 *자일렌*(*xylene*)이라고 부른다. 자일렌은 *오쏘*(*o*)-, *메타*(*m*)-, *파라*(*p*)-치환 유도체와 같은 세 개의 이성질체가 있다.

CH_3 CH_3 / CH_3 CH_3 / CH_3 CH_3

o-자일렌 (1,2-다이메틸벤젠)　*m*-자일렌 (1,3-다이메틸벤젠)　*p*-자일렌 (1,4-다이메틸벤젠)

표 11.1 많이 사용하는 벤젠 유도체의 이름

구조	계통명	일반명
	벤젠카브알데하이드 (Benzenecarbaldehyde)	벤즈알데하이드 (Benzaldehyde)
	벤젠카복실산 (Benzenecarboxylic acid)	벤조산 (Benzoic acid)
	바이닐벤젠 (Vinylbenzene)	스타이렌 (Styrene)
	메틸 페닐 케톤 (Methyl phenyl ketone)	아세토페논 (Acetophenone)
OH	벤젠올 (Benzenol)	페놀 (Phenol)
OCH_3	메톡시벤젠 (Methoxybenzene)	아니솔 (Anisole)
NH_2	벤젠아민 (Benzenamine)	아닐린 (Aniline)

*이들 일반명은 IUPAC 명명법에서 인정된다 그리고 이 교재에서도 사용할 것이다.

접두사 **오쏘(ortho)**는 1,2-이치환 벤젠 고리를 의미하며, **메타(meta)**는 1,3-이치환, **파라(para)**는 1,4-이치환을 의미한다. 접두사 *o*, *m*, *p*는 한 물질이 벤젠 유도체로서 명명되거나 특수한 기본 이름(아세토페논과 같이)이 사용될 경우에 사용된다. 예를 들면, 다음과 같다.

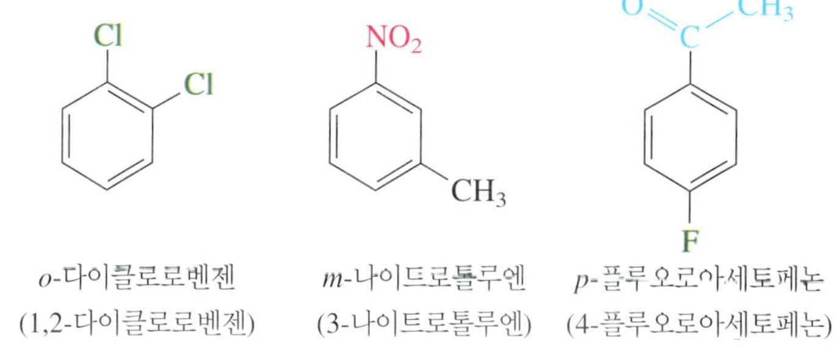

o-다이클로로벤젠 (1,2-다이클로로벤젠) *m*-나이트로톨루엔 (3-나이트로톨루엔) *p*-플루오로아세토페논 (4-플루오로아세토페논)

문제 11.3

다음 화합물의 구조식을 쓰시오.

(a) *o*-에틸아니솔 (b) *m*-클로로스타이렌 (c) *p*-나이트로아닐린

풀이 예시 (a) *o*-에틸아니솔의 모체 화합물은 아니솔이다. 표 11.1에서 알 수 있듯이 아니솔은 벤젠 고리에 메톡시(CH_3O—) 치환체를 가진다. *o*–에틸아니솔에서 에틸기는 메톡시 치환체를 가지고 있는 탄소와 근접한 탄소에 붙어 있다.

OCH_3 CH_2CH_3

o-에틸아니솔

접두사 *o*, *m*, 및 *p*는 벤젠에 세 개 또는 그 이상의 치환기가 존재할 경우에는 사용되지 않는다. 대신 이런 경우에는 자리 번호를 사용해야 한다.

4-에틸-2-플루오로아니솔 2,4,6-트라이나이트로톨루엔 3-에틸-2-메틸아닐린

이들 예에서 벤젠 유도체의 기본 이름은 번호가 시작되는 탄소를 결정한다. 아니솔은 C-1에 메톡시기를 가지며, 톨루엔은 C-1에 메틸기, 아닐린은 C-1에 아미노기를 가진다. 번호를 붙이는 방향은 치환기와 상관없이 다음 치환 위치가 가장 낮은 번호가 되도록 선택한다. *이름에 치환기를 나타내는 순서는 알파벳 순서이다.* 간단한 기본 이름으로 벤젠이 사용될 경우, 위치는 첫 번째 차이점에서 가장 낮은 자리가 되도록 번호를 붙인다. 따라서 다음의 예는 1,3,4-삼치환 유도체보다는 1,2,4-삼치환 유도체로서 명명된다.

"첫 차이점" 법칙은 2.17절에서 소개하였다.

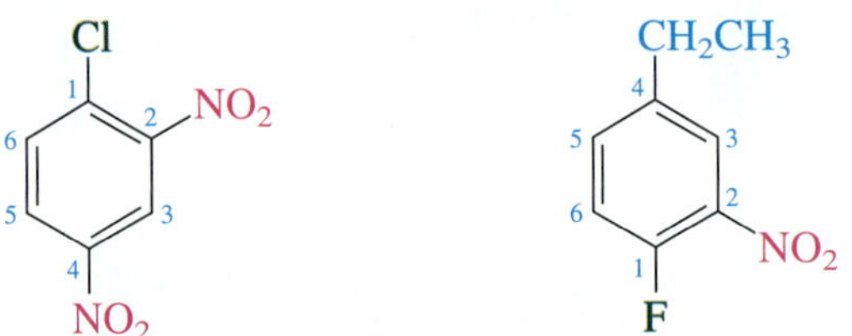

1-클로로-2,4-다이나이트로벤젠 4-에틸-1-플루오로-2-나이트로벤젠

벤젠 고리가 치환기로 명명될 경우에 단어로 **페닐-(phenyl-)**을 사용하며, C_6H_5—로 나타낸다. 마찬가지로 치환기로 명명되는 *아렌은 아릴기(aryl group)*로 부른다. **벤질기 (benzyl group)**는 $C_6H_5CH_2$—이다.

2-페닐에탄올 브로민화 벤질

*바이페닐(biphenyl)*은 두 개의 벤젠 고리가 단일결합으로 연결된 화합물에 대해 IUPAC 명명법에서 허용된 이름이다. 바이페닐 치환체의 경우 각 고리에 아래와 같이 고유의 번호를 부여한다. 치환체가 하나라면 치환체의 위치를 다른 고리에 대하여 오쏘, 메타 혹은 파라로 표시한다.

바이페닐 2-클로로-4'-메톡시바이페닐 *p*-클로로바이페닐 (4-클로로바이페닐)

문제 11.4

바이페닐은 곰팡이 제거제로 사용되나 어떤 곰팡이는 저항성이 있어 바이페닐을 수산기 치환체로 전환하기도 한다. 3,4,4´-트라이하이드록시바이페닐이 그 예이다. 이 화합물의 구조식을 완성하시오.

11.6 다환 방향족 탄화수소

다환 방향족 탄화수소(polycyclic aromatic hydrocarbon)로 불리는 아렌류는 서로 결합된 벤젠 고리의 집합이기 때문에 상당한 공명 에너지를 가진다.

나프탈렌, 안트라센 및 페난트렌은 이들 종류 중 가장 간단한 세 개의 화합물이다. 이 화합물들은 석탄을 공기 없는 고온(약 1000°C)에서 가열하여 코크스로 전환될 때에 형성되는 유기 혼합 물질인 콜타르에 존재한다. 나프탈렌은 두 고리(두 개의 고리를 가지는) 화합물이며, 두 개의 벤젠 고리가 측면을 공유한다. 안트라센과 페난트렌은 모두 세 고리 방향족 탄화수소이다. 안트라센은 "직선"의 형태로, 페난트렌은 "각을 이룬" 형태로 접합되어 세 개의 고리를 가진다. 나프탈렌, 안트라센 및 페난트렌의 구조식을 치환된 유도체 명명에 사용했었던 번호 매김 체계에 적용하여 나타내었다.

나프탈렌은 쉽게 승화하고 80°C에서 녹는 흰 결정성 고체이다. 그것은 특별한 향을 가지며, 원래 나방을 쫓는 데 사용하였다.

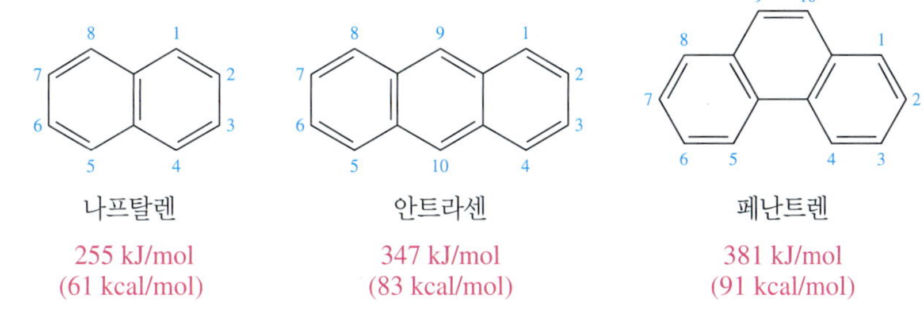

아렌:	나프탈렌	안트라센	페난트렌
공명 에너지:	255 kJ/mol (61 kcal/mol)	347 kJ/mol (83 kcal/mol)	381 kJ/mol (91 kcal/mol)

문제 11.5

안트라센에는 한 개의 염소 유도체가 몇 개나 가능한가? 구조식을 쓰고 IUPAC으로 명명하시오.

일반적으로 다환 방향족 탄화수소의 가장 안정한 공명구조는 벤젠의 Kekulé 구조식에 해당하는 가장 많은 수의 고리를 가지는 공명구조이다. 나프탈렌은 그 전형적인 예이다.

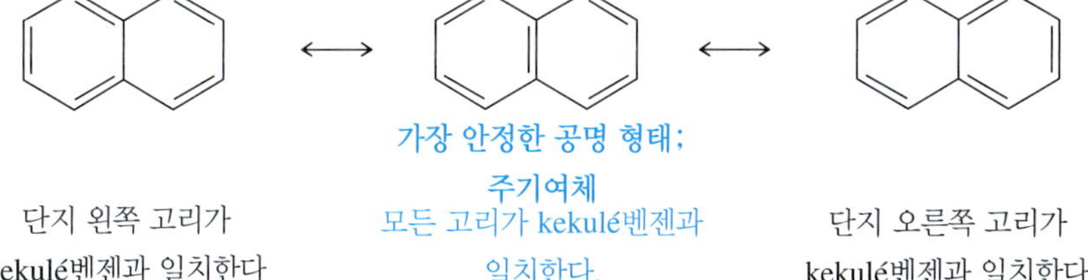

단지 왼쪽 고리가 kekulé벤젠과 일치한다

가장 안정한 공명 형태; 주기여체 모든 고리가 kekulé벤젠과 일치한다.

단지 오른쪽 고리가 kekulé벤젠과 일치한다

안트라센은 모든 세 개의 고리가 벤젠의 Kekulé 구조식에 해당하는 단일 Lewis 구조로 나타낼 수 없지만 페난트렌은 나타낼 수 있다.

문제 11.6

크라이센은 콜타르에서 발견되는 방향족 탄화수소이다. 다음 분자모형을 벤젠의 Kekulé 구조식에 일치하는 고리에 해당하는 Lewis 구조로 변환하시오(구조식).

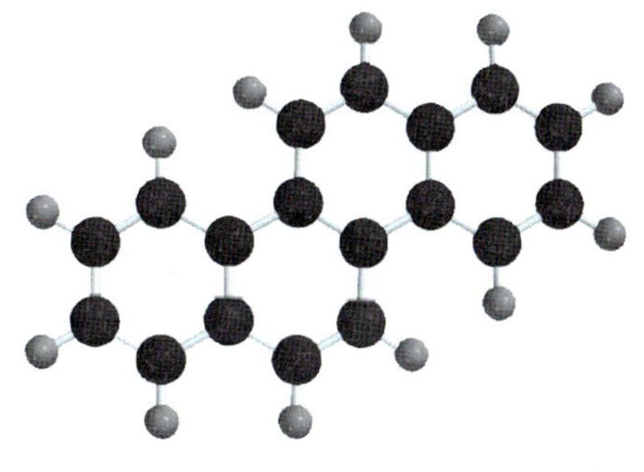

크라이센(chrysene)

1775년에 영국 외과의사 Percivall Pott 경은 굴뚝 청소부의 음낭암은 검댕이 때문이라는 것을 암시했고, 그것은 오늘날의 암이 작업장의 화학 물질에 의해서 기인할 수 있다는 첫 번째 제안자였다.

많은 다환 방향족 탄화수소가 알려져 있다. 그들 중 많은 화합물이 실험실에서 합성되었으며, 기타 몇 가지 화합물은 연소에 의한 생성물이다. 예를 들어, 벤조[a]파이렌은 담배 연기에 있으며, 바비큐 그릴에서 요리된 음식을 오염시키고, 굴뚝의 검댕으로부터 얻을 수 있다. 벤조[a]파이렌은 **발암성 물질(carcinogen)**이다. 이 화합물은 간에서 에폭시 다이올(epoxy diol)로 전환되어 세포에서 조절되지 않는 성장을 일으켜 돌연변이를 유발할 수 있다.

간에서 산화

벤조[a]파이렌 → 7,8-다이하드록시-9,10-에폭시 7,8,9,10-테트라하이드로벤조[a]파이렌

Fullerenes, Nanotubes, and Graphene

In general, the term *nanoscale* applies to dimensions on the order of 1–100 nanometers (1 nm = 10^{-9} m), and one goal of *nanotechnology* is to develop useful nanoscale devices (*nanodevices*). Because typical covalent bonds range from 0.1–0.2 nm, chemical structures hold promise as candidates upon which to base nanodevices. Among them, much recent attention has been given to carbon-containing materials and even elemental carbon itself.

Until 1985, chemists recognized two elementary forms (*allotropes*) of carbon: diamond and graphite (Figure 11.6). Then, Professors Harold W. Kroto (University of Sussex), Robert F. Curl, and Richard E. Smalley (both of Rice University) reported that laser-induced evaporation of graphite gave a species with a molecular formula of C_{60} and proposed the spherical cluster of carbon atoms now called **buckminsterfullerene** (Figure 11.7) for it. Other closed carbon clusters, some larger than C_{60} and some smaller, were also formed in the experiment. These forms of carbon are now known as fullerenes, and Kroto, Smalley, and Curl were awarded the 1996 Nobel Prize in Chemistry for discovering them.

Continued

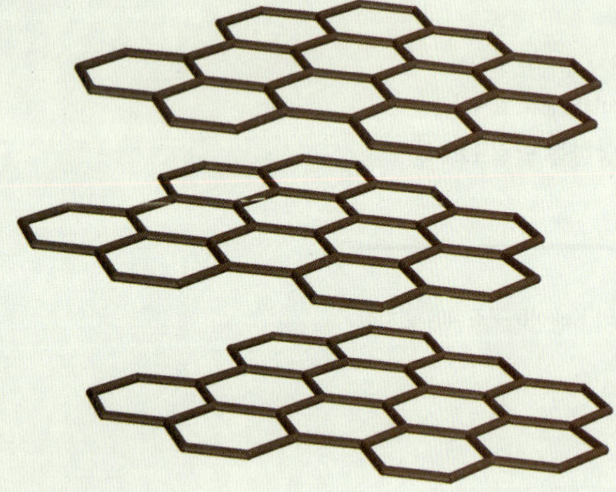

Figure 11.6

Graphite is a form of elemental carbon composed of parallel layers of graphene.

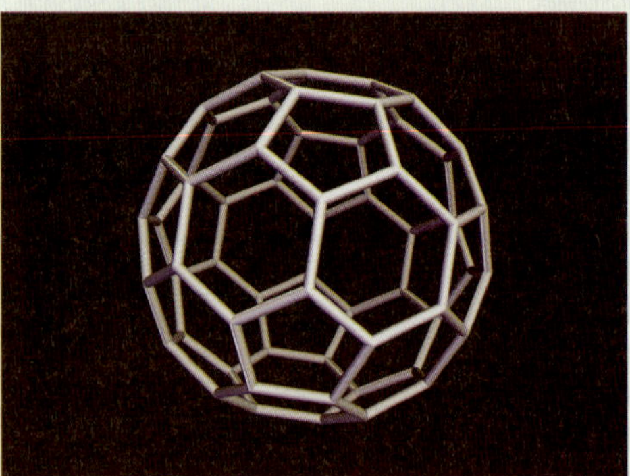

Figure 11.7

Buckminsterfullerene (C_{60}). All of the carbon atoms are equivalent and are sp^2-hybridized; each one simultaneously belongs to one fivemembered ring and two benzene-like six-membered rings. Courtesy of Dimitry Kazachkin, Temple University.

Research on fullerenes carried out at NEC Corporation (Japan) and at IBM (United States) led in 1991 to the isolation of fibrous clusters of *single-walled carbon nanotubes* (SWCNTs) (Figure 11.8). SWCNTs have since been joined by *multiwalled carbon nanotubes* (MWCNTs) (Figure 11.9) as well as nanotubes containing elements other than carbon.

CNTs are of interest because of their electrical and mechanical properties, and functionally modified ones are being examined in applications ranging from medical diagnosis and therapy to photovoltaic systems. Methods for adding functionality to CNTs include both covalent attachment of a reactive group and noncovalent coating of the outer surface of the CNT with a substance that itself bears a functional substituent.

The cover of this edition displays the most recent nanomaterial to create interest: a single sheet, one atom thick, of six-membered rings or carbon atoms called graphene. As its name suggests, graphene is related to graphite in that graphite is an assembly of many graphene layers held together by van der Waals forces. The successful separation of single sheets of graphene was recognized with the award of the 2010 Nobel Prize in Physics to Andre Geim and Konstantin Noroselov of the University of Manchester. Much attention is being directed toward producing it on a scale that would make it available for use in novel materials and as a superior substitute for silicon in electronic devices.

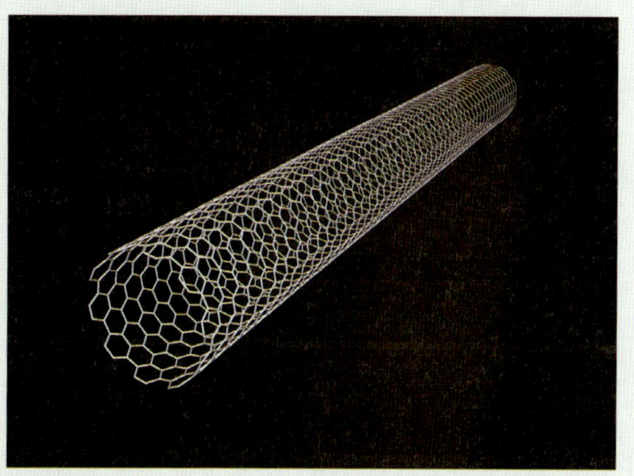

Figure 11.8

A single-walled carbon nanotube (SWCNT). SWCNTs can be regarded as a graphite sheet rolled into a cylinder. Courtesy of Dimitry Kazachkin, Temple University.

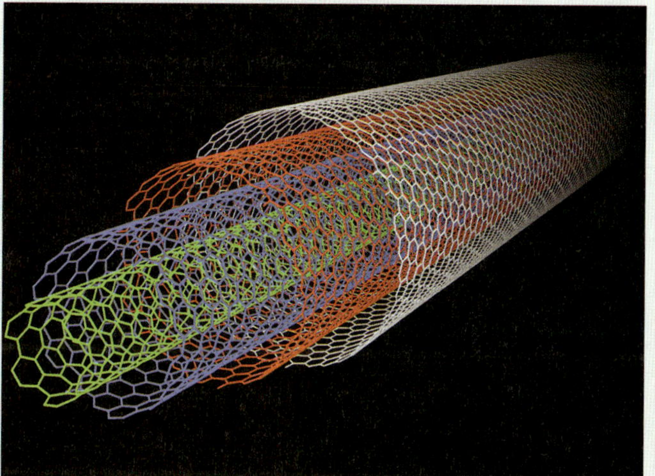

Figure 11.9

A multiwalled carbon nanotube (MWCNT). Courtesy of Dimitry Kazachkin, Temple University.

11.7 아렌의 물리적 성질

일반적으로 아렌은 다른 탄화수소와 물리적인 성질이 유사하다. 그들은 비극성이고, 물에 녹지 않으며, 물보다 밀도가 낮다. 벤젠의 끓는점은 유사 탄화수소의 끓는점과 크게 다르지 않으며, 액상에서 분자간력이 거의 유사하다.

사이클로헥세인 (끓는점 81°C)

사이클로헥센 (끓는점 83°C)

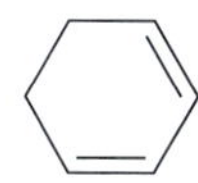

1,3-사이클로헥사다이엔 (끓는점 80°C)

1,4-사이클로헥사다이엔 (끓는점 88°C)

벤젠 (끓는점 80°C)

벤젠에서 분자간 인력을 조사하기 위하여 벤젠 이량체를 대상으로 여러가지 실험과 이론적 계산이 행해졌다. 그림 11.10에 나타냈듯이 네 가지 배열이 가능하다. (*a*)와 (*b*)에서는 각 고리가 평행면에, (*c*)와 (*d*)에서는 직각으로 위치한다.

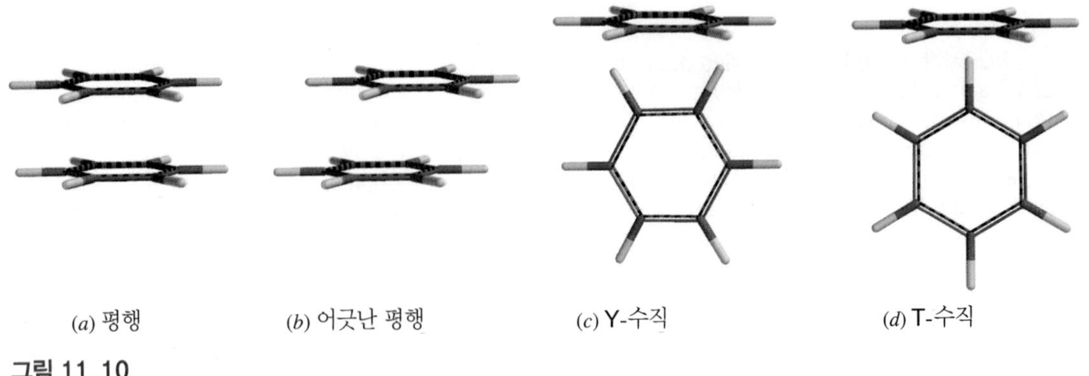

그림 11.10

이량체 상태에서 벤젠의 배열. 모두 에너지가 유사하나 (c)가 전자회절 연구를 통해 가장 안정함을 알아냈다.

그림 11.11

밀집된 벤젠의 결정 구조.

(a)와 (b)에서와 같이 고리가 평행하게 배열하는 것을 π−π 쌓임이라 하며 두 벤젠의 π 전자계사이의 반발력 때문에 불안정화되고, 분자간 Van der Weaals 인력과 같은 여러 가지 안정화 요소가 감해지게 된다. 하나의 고리를 다른 것으로 자리바꿈하게 되면 전자간 반발력을 줄여 (b)와 (a)보다 안정화 된다. (c)와 (d)는 π−π 쌓임에 의한 반발력이 사라져 평행한 경우보다 안정하며 (c)가 (d)보다 약간 더 안정하다. 4가지 벤젠 이량체의 에너지 차이는 몇 KJ에 불과하며 치환체가 존재하는 경우 이와 같은 해석이 달라질 수도 있다.

고체상에서 벤젠 분자는 소위 “herring-bone”형태로 배열하게 된다. 즉 그림 11.11에 나타낸 것과 같이 쌓임, 병렬, 직각 배열이 적절히 조화된 형태이다.

다환고리 화합물은 비슷한 크기의 다른 탄화수소보다 월등히 높은 녹는점을 보인다. 나프탈렌의 녹는점은 사이클로데케인보다 높으며, 안트라센은 사이클로테트라데케인보다 높은 녹는점을 보인다.

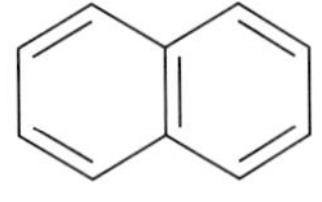

나프탈렌
(mp: 80°C)

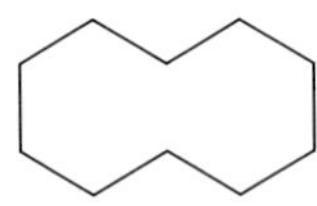

사이클로데케인
(mp: 10°C)

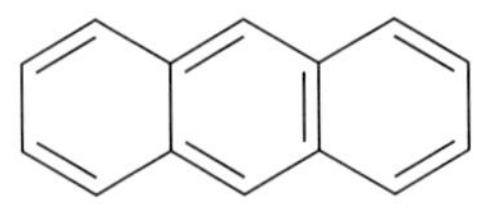

안트라센
(mp: 218°C)

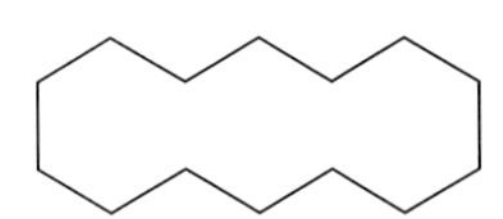

사이클로테트라데케인
(mp: 56°C)

벤젠보다 큰 방향족 탄화수소가 평행하게 쌓이는 배열이 더욱 손쉽게 일어난다. 벤젠의 수직 herring-bond 배열에서 보이는 것과 같은 분자간 인력보다는 평행배열에 의한 van der Waals 인력이 더욱 우세하게 된다.

흑연에서 쌓임구조 그래핀은 이와 같은 배열이 거시적인 형태로 나타난 좋은 예이다. 단백질과 핵산의 3차원 형태는 멀리 떨어진 방향족 고리를 공간에서 충분히 가깝게 유도하여 분자사이의 상호작용이 분자의 전체 모양을 다르게 한다.

한땐 벤젠은 용매로 널리 사용되었다. 그러나 벤젠이 1 ppm보다 낮은 환경에서 일하는 작업자들 가운데에서도 백혈병의 발생이 증가한다는 통계학적인 연구가 발표됨에 따라 벤젠을 더 이상 용매로 사용하지 않게 되었다. 지금은 벤젠과 비슷한 용매 성질을 가지며 저렴한 톨루엔을 유기용매로 대체하여 사용하고 있다. 이것은 같은 농도 수준에서 세포에 발암성을 일으키지 않는다.

11.8 벤질기

벤젠고리에서 일어나는 화학반응은 두 가지로 요약할 수 있다. 벤젠고리가 작용기인 경우가 첫 번째이고 두 번째는 고리에 결합되어 있는 다른 작용기에 영향을 미치는 치환기로 작용할 수 있다. 탄소가 고리에 직접 연결되어 있는 *벤질성*(*benzylic*) 탄소가 치환기로 작용하는 대표적인 예이다.

벤질 탄소양이온, 라디칼 및 음이온은 알릴 구조와 전자의 비편재화에 의해 안정화되는 컨쥬게이션계라는 점에서 유사하다. 비편재화는 공명, 원자가결합 및 분자궤도용어로 묘사할 수 있다.

벤질성 탄소양이온 공명구조:

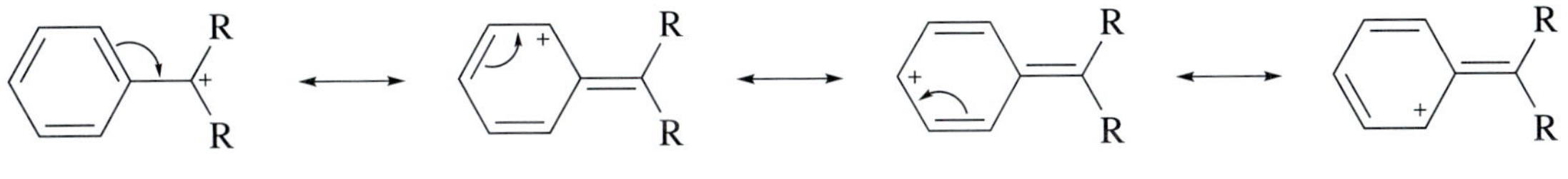

주 기여구조

벤질성 라디칼 공명구조:

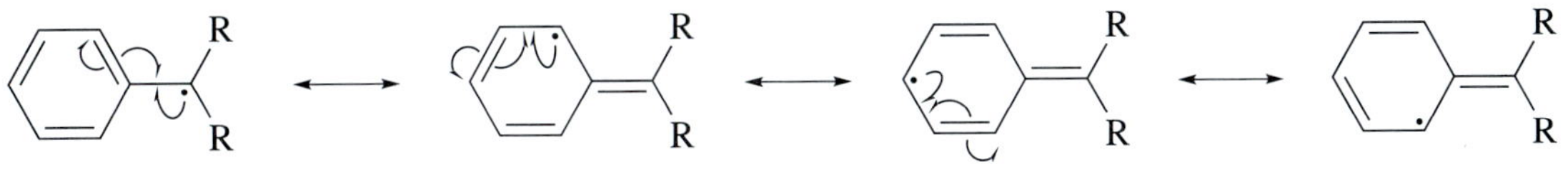

주 기여구조

벤질성 음이온 공명구조:

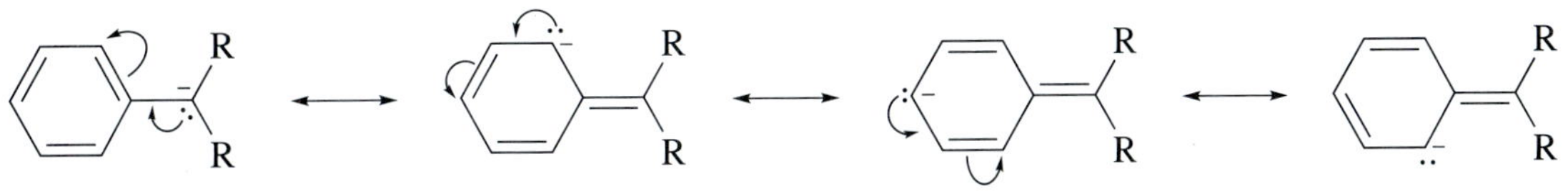

주 기여구조

문제 11.7

수소 이외의 모든 원자가 8전자 규칙을 만족한다고 가정하고 아래 각각의 공명구조의 주 기여구조를 쓰시오.

(a) 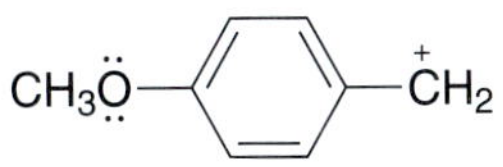 $CH_3\ddot{O}-C_6H_4-\overset{+}{C}H_2$ (b) 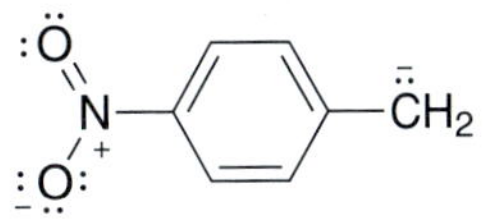 $O_2N-C_6H_4-\overset{-}{C}H_2$

풀이 예시 (a) 여섯 개의 전자를 가진 원자(양전하 탄소)가 8전자 규칙을 만족하도록 전자를 움직인다. 그리고 형식전하를 표시한다.

(a)  $CH_3\ddot{O}-C_6H_4-\overset{+}{C}H_2 \longleftrightarrow CH_3\overset{+}{O}=C_6H_4=CH_2$

벤질 양이온, 라디칼 및 음이온의 원자가결합 그림 11.12에 벤질 양이온, 음이온 및 라디칼의 원자가결합을 나타냈다. 벤젠고리의 π 계 전자의 비편재화에 의해 서로 겹치고, 벤질 탄소의 2*p*궤도에 전자가 비어있는 경우, 반만 채워진 경우, 두 개가 모두 채워진 경우가 있음을 알 수 있다. 벤질 양이온 (*a*)는 벤젠고리의 π 전자가 빈 2*p* 궤도에 전자를 공여함으로써 결과적으로 양전하를 분산시키고 고리의 π 전자의 비편재화를 크게한다. 벤질 라디칼 (b)에서는 전하의 분산은 없으나 전자의 비편재화에 의해 안정화되고 알킬벤젠의 라디칼 반응의 속도를 지배한다. 벤질 음이온(c)에서도 전하의 분산이 존재하며 전자의 비편재화와 함께 안정도에 기여하게 된다. 이 경우 벤젠은 전가 끌개로 작용한다.

그림 11.12

원자가결합 모델 (*a*) 벤질 양이온, (*b*) 벤질라디칼 (*c*) 벤질 음이온. 벤질탄소의 2*p*궤도가 벤젠 고리의 π 전자와 겹쳐 전자 비편재와에 의해 안정되는 π 계가 확장된다.

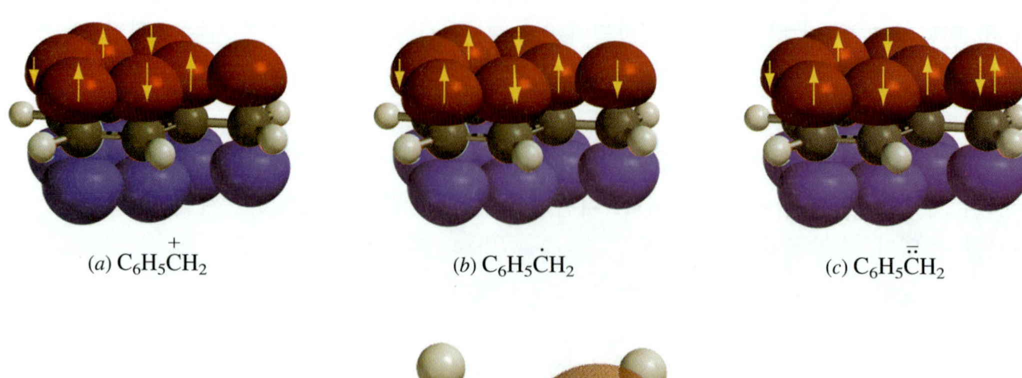

그림 11.13

벤질 양이온의 최저 비점유 분자오비탈 (LUMO). 적색과 청색 부분이 LUMO를 구성하는 원자궤도에 가장 크게 기여하는 원자와 관련이 있다. 이들 원자는 벤질 탄소와 벤질에 대한 오쏘와 파라 탄소이다.

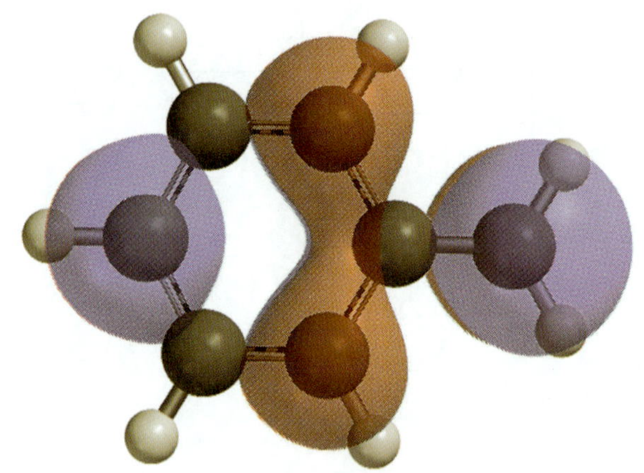

벤질 양이온, 라디칼 및 음이온의 경계 분자오비탈. 분자오비탈 수준에서 벤질 양이온의 가장 중요한 분자오비탈은 LUMO이고, 벤질 라디칼에서는 하나만 채워진 분자오비탈이며 벤질 음이온에서는 HOMO이다. 그림 11.13에 벤질 양이온의 LUMO를 나타냈는데 벤질 탄소의 2*p* 원자궤도가 가장 크게 기여하고, 탄소로부터 오르쏘와 파라위치에 있는 고리탄소가 그 다음으로 기여함을 알 수 있다. 라디칼과 음이온의 경우 나타내지는 않았지만 벤질양이온의 LUMO와 유사하다.

11.9 벤질자리 할로젠화물의 친핵성 치환

알릴자리 할로젠화물처럼 벤질자리 할로젠화물은 일반적인 할로젠화 알킬보다 빠르게 S_N1 및 S_N2 반응이 일어난다.

S_N1 상대속도. 아세톤 수용액에서 두 가지 3차 염화물의 가수분해 속도를 비교할 경우, 2-클로로-2-페닐프로페인이 염화 *tert*-뷰틸보다 620배 이상 빠르게 반응한다(90% 아세톤—10% 물 at 25°C).

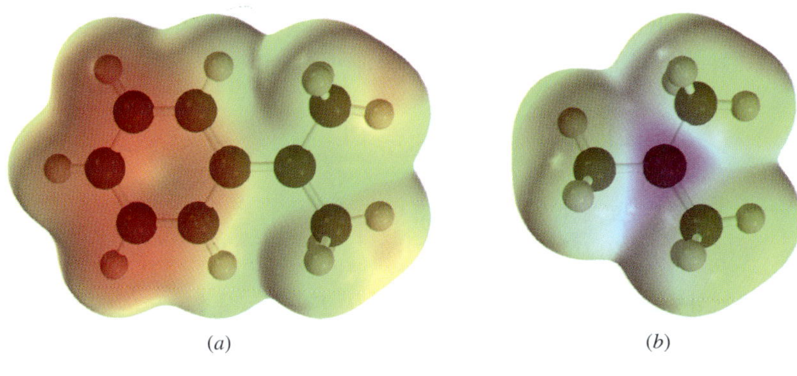

(a) (b)

그림 11.14

각각의 정전기 퍼텐셜지도는 *tert*-뷰틸 양이온의 3차 탄소에서 1-메틸-1-페닐에틸의 벤질 3차 탄소보다 양전하가 더 집중된 (파란색) 부분을 보여준다. 색상 범위는 두 모형 모두 같다.

S_N1 속도가 탄소양이온 형성을 위한 활성화 에너지를 반영하기 때문에, 페닐 치환기는 메틸기보다 탄소양이온을 더 안정화 한다고 결론 짓는다.

1-메틸-1-페닐에틸 양이온 *tert*-뷰틸 양이온

두 가지 탄소양이온의 정전기 퍼텐셜지도(그림 11.14)은 1-메틸-1-페닐에틸 양이온을 *tert*-뷰틸 양이온과 비교했을 때 1-메틸-1-페닐에틸 양전하가 더욱 잘 분산되어 있다는 것을 보여준다.

문제 11.8

1차 속도상수로 측정된, 주어진 화합물(R = CH_3)는 25°C, 90%아세톤-10% 물에서 2-클로로-2-페닐프로페인 (R = H) 보다 26배 더 빨리 가수분해된다. 이 속도 차이를 공명으로 설명하시오.

R— (구조식) Cl

페닐 치환기의 속도-증강효과는 누적된다; $(C_6H_5)_2CHCl$은 $C_6H_5CH_2Cl$보다 더 빨리 S_N1 치환을 한다. 그리고 과염소산 트라이페닐메틸 $[(C_6H_5)_3C^+\ ClO_4^-]$은 안정한 이온성 화합물로 무기한 저장할 수 있다.

S_N1 반응생성물. 알릴자리 할로젠화물의 S_N1 반응과는 달리, 벤질자리 할로젠화물의 전하 분산은 이탈기가 있는 탄소 이외의 탄소와 친핵체간 결합에 의한 것이 아니다. 친핵체가 벤질자리 탄소와 결합하면 고리의 방향족성이 유지된다.

Cl $\xrightarrow{CH_3CH_2OH}$ OCH_2CH_3 (+) 을 경유함

2-Chloro-2-phenylpropane 2-Ethoxy-2-phenylpropane (87%)

S_N2 상대속도. 아세톤에서 요오드화 칼륨과 염화 벤질의 S_N2 치환은 1-클로로프로페인에 비해 197배가 빠르며 염화 알릴에 비하여 두 배가 빠르다.

1-클로로프로페인	염화 알릴	염화 벤질
가장 반응성이 적음: k(rel) 1.0	k(rel) 80	가장 반응성이 큼: k(rel) 197

알릴자리 할로젠화물의 S_N2 반응에서 본것 처럼(10.2절), 주 상호작용은 친핵체의 HOMO와 유기 할로젠화물의 LUMO에서 일어난다. 할로젠화 벤질에서 LUMO는 CH_2Cl 단위와 방향족 고리의 π 계 모두 포함한다.

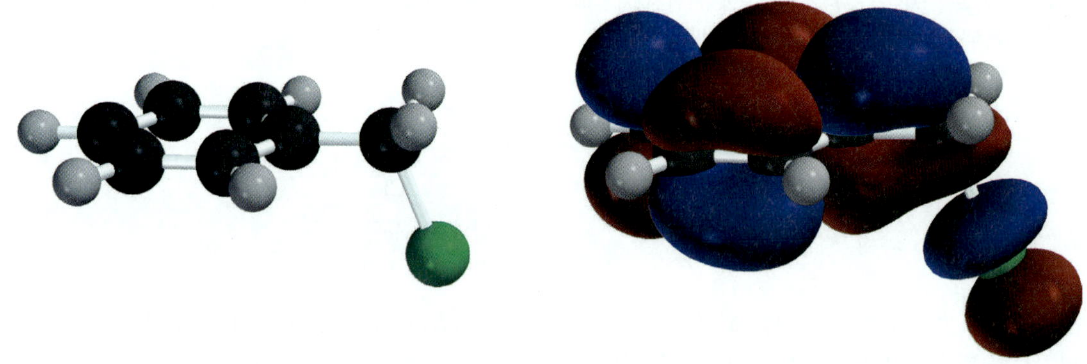

염화 벤질 　　　　　　염화 벤질의 LUMO

LUMO로의 전자 흐름은 벤질 탄소와 고리 탄소의 인력을 발생시키며, 이것은 염화 알릴과 염화 프로필에 비하여 전이상태의 에너지를 낮추고 반응속도를 증가시킨다.

S_N2 반응생성물. 1차 할로젠화 벤질(benzylic halide)은 매우 반응성이 크고 경쟁적인 E2 제거가 일어나지 않기 때문에 S_N2 반응에서 이상적인 기질이다.

$$\text{p-Nitrobenzyl chloride} \xrightarrow{CH_3CO_2^-\ Na^+} \text{p-Nitrobenzyl acetate (78–82\%)}$$

p-Nitrobenzyl chloride 　　　　*p*-Nitrobenzyl acetate (78–82%)

2차 및 3차 벤질자리 할로젠화물은 친핵체가 약한 염기일 경우 치환을 하는 점에서 2차 및 3차 할로젠화 알킬과 유사하다. 에톡시화 소듐(sodium ethoxide)과 같이 친핵체가 강염기일 경우 E2 매커니즘에 의한 제거가 치환보다 더 빨리 일어난다.

문제 11.9

브로민화 벤질와 다음의 각 시약과의 반응에 의해 생성되는 주 유기 생성물의 구조를 그리시오.

(a) 에톡시화 소듐
(b) *tert*-뷰톡시화 포타슘
(c) 아자이드화 소듐
(d) 황화수소 소듐
(e) 아이오딘화 소듐(아세톤에서)

풀이 예시 (a) 브로민화 벤질은 1차 브로민화물이며, S_N2 반응이 쉽게 일어난다. 이탈기로 작용하는 β 수소가 없기 때문에 제거가 일어나지 않는다. 에톡시화 이온은 친핵체로 작용하여 브로민화 이온을 치환함으로써 벤질 에틸에터를 생성시킨다.

에톡시화 이온 + 브로민화 벤질 벤질 에틸 에터

11.10 벤질자리 자유 라디칼 할로젠화

결합 해리 에너지로 측정된 것처럼, 벤질자리 C—H 결합은 알릴자리 C—H 및 알킬 C—H 결합보다 약하다.

톨루엔 → 벤질 라디칼 + H· $\Delta H° = 356$ kJ (85 kcal)

프로펜 → 알릴 라디칼 + H· $\Delta H° = 368$ kJ (88 kcal)

2-메틸프로페인 → *tert*-뷰틸 라디칼 + H· $\Delta H° = 380$ kJ (91 kcal)

2-메틸프로페인과 비교하여 프로펜의 감소된 결합 해리 엔탈피는 고립 전자의 비편재화에 의한 알릴 라디칼의 안정화 증거로 간주한 10.3절과 마찬가지로, 프로펜에 대한 톨루엔의 감소된 C—H 결합의 세기를 알릴에 비하여 벤질 라디칼의 더 나은 전자 비편재화의 영향이라고 간주한다.

벤질 수소를 떼어내는 상대적인 용이성은 알킬벤젠의 자유 라디칼 할로젠화에서 벤질자리 탄소의 치환에서 위치선택적 우위를 갖는다. *N*-브로모석신이마이드(10.3절을 보시오)를 이용한 알킬벤젠의 브로민화는 벤질자리 브로민화물을 합성하는 편리성을 제공한다.

Ethylbenzene + *N*-Bromosuccinimide (NBS) —(과산화 벤조일, CCl_4, 80°C)→ 1-Bromo-1-phenylethane (87%) + Succinimide

문제 11.10

N-브로모석신이마이드와 다음 화합물의 반응이 화학 문헌에 보고되었다. 각 화합물은 단일 생성물이 95% 수득률로 얻어진다. 각 출발 물질로부터 형성된 생성물을 확인하시오.

(a) *p-tert*-뷰틸톨루엔 (b) 4-메틸-3-나이트로아니솔

풀이 예시 (a) *p-tert*-뷰틸톨루엔에서 벤질자리 수소는 고리에 직접 결합되어 있는 메틸기의 수소이다. 여기서 치환이 일어나 *p-tert*-뷰틸벤질이 생성된다.

NBS
CCl_4, 80°C
자유 라디칼
개시제

p-tert-Butyltoluene → *p-tert*-Butylbenzyl bromide (Br)

11.11 벤질자리 음이온

벤질 *양이온*은 고리에 있는 π 전자를 벤질자리 양이온의 비어있는 2*p* 궤도에 공여함으로써 비편재화 되어 안정화된다. 이와 유사하게 벤질자리 라다칼도 반만 채워진 벤질자리 2*p* 궤도전자가 고리의 전자와 상호작용하여 고리의 전자를 비편재화하고 결과적으로 비공유전자를 비편재화하게 된다. 그렇다면 벤질자리 음이온의 경우는 어떨까?

음이온의 안정화를 설명할 수 있는 하나는 음이온을 산의 짝염기로 가정하고 다른 물질과 산의 pK_a 값을 비교하는 방법이다. 짝염기가 약할수록 비공유전자쌍을 더욱 강하게 붙들것이다. 벤질자리 음이온의 경우 톨루엔을 다른 탄화수소–에테인, 다이페닐메테인, 및 트라이페닐메테인과 비교하면 쉽게 알 수 있다.

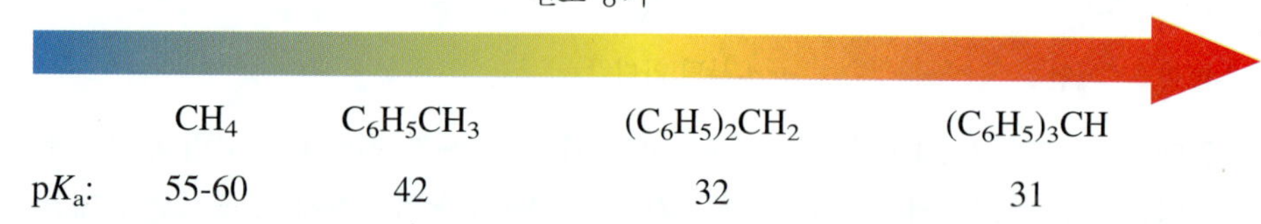

모두 매우 약한 산이기는 하나 톨루엔이 메탄보다 13–18 pK_a 단위로 더 강한 산이고 톨루엔의 짝염기는 그만큼 훨씬 더 약하다. 페닐기로 톨루엔의 수소를 차환한 경우 짝염기를 안정화시키고 결과적으로 산도가 증가함을 알 수 있다.

문제 11.11

비록 21장 전까지는 아민의 염기도를 배우지 않지만 *N*-메틸아닐린($C_6H_5NHCH_3$)과 벤질아민($C_6H_5CH_2NH_2$)의 염기도가 어느 것이 강할까 예측해보라. 그 이유를 설명하되 적절한 공명 기여체를 바탕으로 하라.

11.12 알킬벤젠 산화

산화(*oxidation*)는 매우 다양하게 일어나고, 매우 복잡하다. 여기에서는 산업현장에서 사용하는 산화와 실험실에서 행하는 산화, 그리고 생물학적 산화를 간단히 다루고자 한다.

규멘은 아이소프로필벤젠의 상용명으로 산업에서 매우 중요한 페놀과 아세톤을 제조하는 원료이다.

O_2 / H_3O^+ / OOH / OH / O

큐멘 큐멘 과산화수소 페놀 아세톤

첫 번째 단계에서 산소가 벤질자리 탄소에 있는 수소를 빼앗고 큐멘 과산화수소 라디칼이 다시 산소를 공격하는 형태를 띈다.

·Ö−Ö· ·Ö−ÖH / H / ·Ö−Ö· / Ö−Ö·

큐멘 큐밀 라디칼 큐멘 과산화수소 라디칼

문제 11.12

큐밀 라디칼과 산소가 반응하는 단계가 큐멘을 큐멘 과산화수소로 전환하는 자유 라디칼 사슬반응의 전파단계이다. 사슬반응에서 다음 단계의 반응식을 쓰시오. (*힌트*: 수소 원자 주개가 어떤 것인가를 생각하라)

알킬벤젠의 실험실적 산화는 무기 산화제인 크로뮴산(H_2CrO_4) 또는 과망가니즈 포타슘(KM_MO_K)이 대표적으로 사용된다. 이들 중 어느 것도 벤젠이나 알케인을 산화시키지 못하지만, 적어도 한 개 이상의 벤질자리 수소를 갖는 알킬벤젠을 벤조산으로 산화시킨다.

$Na_2Cr_2O_7$ / H_2O, H_2SO_4, 가열 / O / HO / OH

p-Isopropyltoluene 1,4-Benzenedicarboxylic acid (45%)

중크로뮴산 소듐과 황산의 혼합은 크로뮴산과 동일하다.

Cl / 1. $KMnO_4$, H_2O / 2. HCl / Cl / O / OH

o-Chlorotoluene *o*-Chlorobenzoic acid (76–78%)

1단계에서 과망가니즈산염 산화의 생성물은 카복실산 이온이고, 이어지는 산성화 단계에서 카복실산이 얻어진다.

문제 11.13

(a) 4-*tert*-뷰틸-1,2-다이메틸벤젠을 크로뮴산으로 산화시키면 분자식이 $C_{12}H_{14}O_4$인 단일 화합물이 생성된다. 이 화합물은 무엇인가?

(b) 2,3-다이하이드로인덴의 크롬산 산화반응의 산물은 무엇인가?

2,3-다이하이드로인덴

풀이 예시

(a)

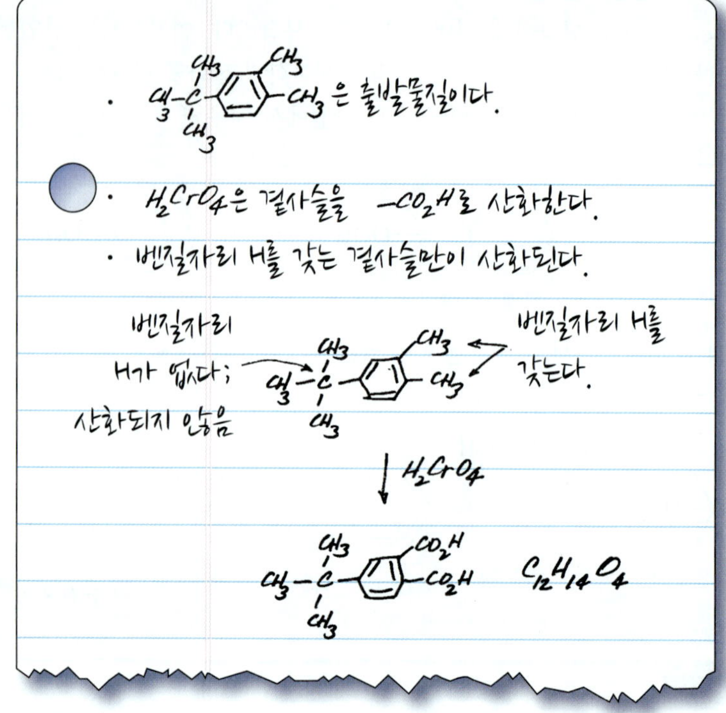

알킬벤젠의 곁사슬 산화는 신진대사 과정에서 매우 중요하다. 신체가 이물질을 제거하는 한 가지 방법은 간에서 산화시켜 소변으로 쉽게 배설될 수 있는 화합물로 만드는 것이다. 예를 들면, 톨루엔은 이 과정을 거쳐 벤조산으로 산화되어 쉽게 제거된다.

Toluene ($-CH_3$) $\xrightarrow[\text{(간에 있는 효소)}]{O_2,\ \text{사이토크롬 P-450}}$ Benzoic acid ($-COH$, C=O)

결사슬과 벤질자리 수소가 없는 벤젠은 이러한 조건에서 다른 반응이 일어난다. 고리의 산화는 벤젠을 이의 에폭시로 전화시킨다.

Benzene $\xrightarrow{O_2,\ \text{사이토크롬 P-450}}$ Benzene oxide

곁사슬이 없는 벤젠은 이 효소들로 인하여 다른 반응이 일어나 DNA에서 돌연변이를 유발할 수 있는 물질로 전환된다. 화학적인 작용에서 이러한 차이는 벤젠은 발암성이지만 톨루엔은 발암성이 아님을 나타낸다.

11.13 알켄일벤젠

알켄일벤젠(alkenylbenzene)은 5장의 알켄 제조에서 기술하였던 여러 가지 방법(*탈수소화*, *탈수 및 탈할로젠화수소*)에 의해 만들어진다.

알킬벤젠의 탈수소화는 실험실에서 편리하게 사용하는 방법은 아니지만 폴리스타이렌 제조를 위하여 공업적으로 에틸벤젠을 스타이렌으로 전환시키기 위해 사용된다.

Ethylbenzene $\xrightarrow[\text{ZnO}]{630°C}$ Styrene + H_2 Hydrogen

알켄일벤젠을 제조하는 실험실적 방법은 탈수 및 탈할로젠화수소이다.

1-(*m*-Chlorophenyl)ethanol $\xrightarrow[\text{가열}]{KHSO_4}$ *m*-Chlorostyrene (80–82%)

2-Bromo-1-(*p*-methylphenyl)propane $\xrightarrow[CH_3CH_2OH,\ 50°C]{NaOCH_2CH_3}$ 1-*p*-Methylphenyl-1-propene (99%) (*cis* + *trans*)

두 번째 예는 이중결합이 벤젠고리와 컨쥬게이트 되는 이성질체 형성이 우선되는 위치선택성을 나타낸다. C=C단위가 방향족 고리와 컨쥬게이션을 형성하는 탄화수소는 컨쥬게이트된 다이엔의 이중결합과 같은 정도로 안정화 된다.

대부분의 친전자성 시약에 대하여 곁사슬 이중결합은 방형족 고리보다 더 반응성이 좋다.

6장에서 다룬 알켄의 많은 반응은 알켄일벤젠의 반응에도 동일하게 일어난다. 그러므로 곁사슬 이중결합에 수소화 및 할로젠 첨가는 고리를 변화시키지 않고 진행할 수 있다.

2-(*m*-Bromophenyl)-2-butene (*cis* + *trans*) $\xrightarrow[\text{Pt}]{H_2}$ 2-(*m*-Bromophenyl)butane (92%)

Styrene $\xrightarrow{Br_2}$ 1,2-Dibromo-1-phenylethane (82%)

문제 11.14

1,2-다이페닐에틸렌의 시스 및 트랜스 입체이성질체에 브로민을 첨가하면 입체이성질체가 만들어진다. 각 생성물의 구조식을 써라. 어떤 1,2-다이페닐에틸렌 입체성질체가 메조형 다이브로민화물을 생성하겠는가? 어떤 것이 카이랄 다이브로민화물을 형성하겠는가?

친전자성 첨가의 위치선택성은 주변의 탄소양이온을 안성화시키기 위한 방향족 고리의 능력에 의해 지배된다. 이것은 인덴(indene)의 염화 수소 첨가에서 분명하게 보여준다. 하나의 단일 염화물만 형성된다.

Cl

HCl

Indene 1-Chloroindane (75–84%)

이중결합의 양성자화는 2차와, 벤질 탄소양이온만이 생성되는 방향에서 일어나기 때문에 벤질성 염화물만이 생성된다.

반대 방향에서 일어나는 양성자화는 2차 탄소양이온을 만들지만 벤질은 아니다.

이 탄소양이온은 벤질성 이성질체처럼 여분의 안정화가 증가되지 않는다. 더 안정된 벤질성 탄소양이온이 더 빠르게 형성되어 반응 생성물을 결정하는 것이다.

문제 11.15

다음의 각 반응들은 화학 문헌에 발표되었으며, 단일 유기 생성물이 높은 수득률로 얻어진다. 각 반응 생성물의 구조를 그리시오.

(a) 2-페닐프로펜 + 염화 수소
(b) 테트라하이드로퓨란에서 2-페닐프로펜을 다이보레인으로 처리한 다음, 염기성 과산화수소로 산화
(c) 스타이렌 + 브로민 수용액
(d) 스타이렌 + 과벤조산(이 반응에서 2개의 유기 생성물이 만들어진다. 균형 반응식을 써서 두 화합물의 구조를 확인하시오)

풀이 예시 (a) 이중결합에 염화 수소의 첨가는 3차 벤질 탄소양이온이 형성되는 방향으로 일어난다.

2-페닐프로펜 염화 수소 2-클로로-2-페닐프로페인

과산화물 존재 하에서 브로민화 수소는 Markovnikov의 법칙과 반대의 위치선택성을 가지고 스타이렌의 이중결합에 첨가된다. 이 반응은 자유 라디칼 첨가반응이며, 위치선택성은 더 안정한 라디칼이 우선적으로 생성되도록 일어난다.

HBr 과산화물

Br Br 을 경유함

Styrene 1-Bromo-2-phenylethane (유일한 생성물)

11.14 스타이렌 중합

10장에 상자속 소론의 다이엔 *고분자*에서 서술한 것처럼, 대부분의 합성 고무는 스타이렌과 1,3-뷰타다이엔의 공중합체이다.

미국에서 스타이렌의 연간 생산량은 약 1.1×10^{10} 파운드이며, 이들 중 약 65%가 폴리스타이렌 플라스틱과 필름 제조에 사용된다. 스티로폼 커피 컵은 폴리스타이렌으로부터 만들어진다. 폴리스타이렌은 충격에 매우 강하기 때문에 여행용 가방, 텔레비전과 라디오 장식장, 가구에 널리 사용된다.

메커니즘 11.1

스타이렌의 자유 라디칼 중합

1단계: 스타이렌의 중합은 개시제로서 과산화물을 사용한다. 과산화물은 가열하면 두 개의 알콕시 라디칼을 생성하도록 분해 된다.

RÖ—ÖR —가열→ RÖ· + ·ÖR

과산화물 두 개의 알콕시 라디칼

2단계: 1단계에서 생성된 자유 라디칼은 스타이렌의 이중결합에 첨가된다. 첨가는 벤질 라디칼이 생성되는 방향으로 일어난다.

RÖ: + (스타이렌) → (벤질 라디칼)

알콕시 라디칼 스타이렌 벤질 라디칼

3단계: 2단계에서 생성된 벤질 라디칼은 스타이렌 분자에 첨가된다. 벤질 라디칼이 생성되는 방향으로 첨가가 다시 일어난다.

2단계로부터 벤질 라디칼 + 스타이렌 → 사슬 확장된 벤질 라디칼

4단계: 3단계에서 생성된 라디칼은 다른 스타이렌 분자와 반응한다. 그리고 이 과정은 반복해서 되풀이 되어 사슬의 매두 번째 탄소에 페닐 치환기를 갖는 긴 사슬의 고분자를 생성한다.

3단계를 n번 반복한다

3단계로부터 벤질 라디칼 성장하는 스타이렌 사슬

스타이렌의 중합은 자유 라디칼(메커니즘 11.1), 양이온, 음이온 또는 Ziegler–Natta 조건(14.14절)에서 진행될 수 있다.

11.15 Birch 환원

9.10절에서는 1족 금속과 액체 암모니아가 알카인을 트랜스 알켄으로 환원시키는 강력한 환원제라는 것을 살펴보았다. 알코올 존재 하에서 이와 같은 환원제는 아렌을 *컨쥬게이션 되지 않은 다이엔*으로 환원시킨다. 따라서 액체 암모니아에서 소듐과 메탄올 또는 에탄올

방향족 고리의 금속-암모니아-알코올 환원은 유기합성에서 유용성을 보여준 Australia 화학자인 Arthur J. Birch의 이름을 따서 **Birch 환원** 이라고 한다.

로 벤젠을 처리하면 1,4-사이클로헥사다이엔으로 전환된다. 알킬치환 벤젠은 알킬기가 이중결합상의 치환체인 경우 1,4-사이클로헥사디엔으로 변환된다.

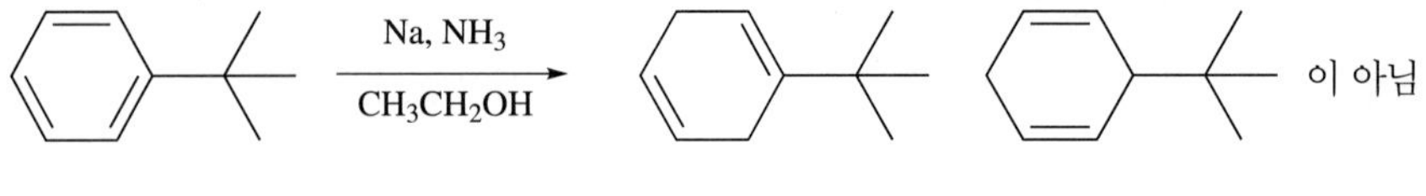

Na, NH_3 / CH_3CH_2OH

tert-Butylbenzene → 1-*tert*-Butyl-1,4-cyclohexadiene (86%) 3-*tert*-Butyl-1,4-cyclohexadiene 이 아님

문제 11.16

알콕시-치환된 벤젠의 Birch 환원의 위치선택성은 알킬벤젠과 동일하다. 60년 전에 다음 반응을 Arthur Birch가 수행했다면 어떤 물질을 얻었을까?

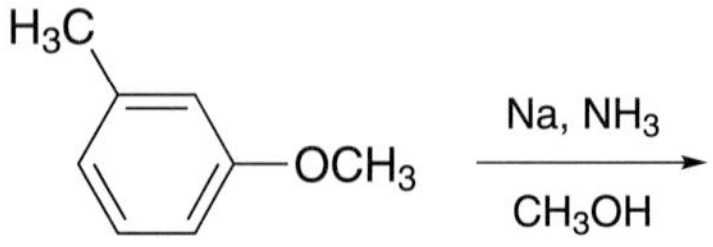

H_3C —(벤젠)— OCH_3 → Na, NH_3 / CH_3OH

벤젠의 Birch 환원 메커니즘은 알카인의 금속–암모니아 환원 메커니즘과 유사하다 (메커니즘 11.1). 그것은 4단계로 이루어지는데, 1단계와 3단계는 금속으로부터 한 개의 전자 이동이며, 2단계와 4단계는 알코올로부터 양성자 이동이다.

메커니즘 11.2

Birch 환원

전체 반응:

1족 금속으로 알카인 환원을 다룬 메커니즘 9.1에서 처럼, 소듐은 액체 암모니아에서 Na^+ 이온과 한 개의 전자로 해리되고, 암모니아에 모두 용해된다. 용매화된 전자는 반응식에서 $e^-(am)$으로 나타낸다.

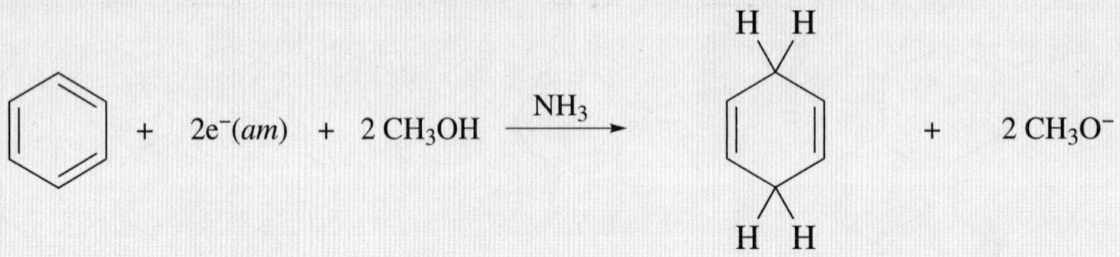

$$\text{벤젠} + 2e^-(am) + 2\,CH_3OH \xrightarrow{NH_3} \text{사이클로헥사다이엔} + 2\,CH_3O^-$$

벤젠 전자 메탄올 사이클로헥사다이엔 메톡시화 소듐

메커니즘:

1단계: *전자 전달:* 전자는 벤젠의 LUHO에 첨가되어 음이온 라디칼이 된다.

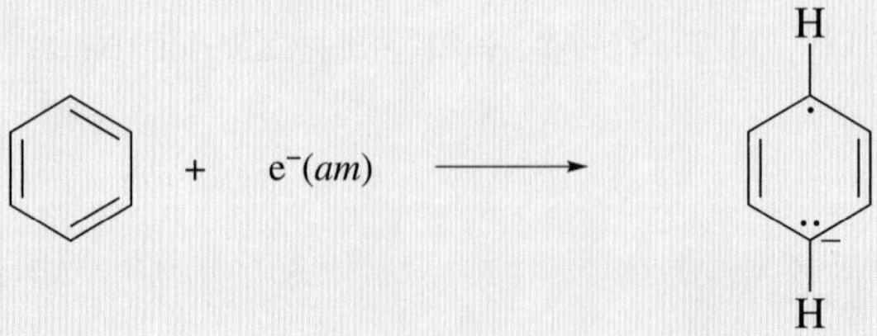

$$\text{벤젠} + e^-(am) \longrightarrow \text{벤젠 음이온 라디칼}$$

벤젠 전자 벤젠 음이온 라디칼

메커니즘 11.2

Birch 환원 (*계속*)

2단계: *양성자 전달:* 음이온 라디칼은 강염기이고 메탄올에서 양성자를 빼앗는다. 알카인의 환원처럼, 이 단계가 속도결정 단계이다.

벤젠 음이온 라디칼 + $H-\ddot{O}CH_3$ (메탄올) ⟶ 사이클로헥사다이엔일 라디칼 + $:\ddot{O}CH_3^-$ (메톡시화 이온)

3단계: *전자전달:* 2단계에서 생성된 사이클로헥사다이엔일 라디칼은 용매화된 전자와 반응하여 음이온으로 변환된다.

사이클로헥사다이엔일 라디칼 + $e^-(am)$ (전자) ⟶ 사이클로헥사다이엔일 음이온

4단계: *양성자 전달:* 메탄올에서 음이온으로 양성자가 전달되어 1,4-사이클로헥사다이엔이 생성된다.

사이클로헥사다이엔일 음이온 + $H-\ddot{O}CH_3$ (메탄올) ⟶ 사이클로헥사다이엔 + $:\ddot{O}CH_3^-$ (메톡시화 이온)

11.16 벤질자리 곁사슬 및 역합성 분석

벤질자리 탄소양이온, 라디칼, 탄소음이온의 상대적 안정성으로 인하여 방향족 고리의 곁사슬을 조작할 수 있다. 예를 들어 벤질자리의 작용기화는 자유 라디칼 할로겐화를 통해 쉽게 할 수 있으며 이를 통해 일반적인 치환 및 제거반응을 진행할 수 있다.

예를 들어 (*Z*)-1-페닐-2-뷰텐의 합성에 대해 알아보자. 촉매를 사용하는 해당 알카인의 수소화로 이중결합의 입체화학을 조절할 수 있다.

(*Z*)-1-페닐-2-뷰텐 ⟹ 1-페닐-2-뷰타인

그렇다면 (*Z*)-1-페닐-2-뷰텐을 제조할 수 있는 방법을 생각해야 한다. 아세틸렌과 다른 알카인의 알킬화가 알카인의 표준 제법이다. 여기에서는 프로파인과 할로젠화 벤질을 조합하는 것이 좋다. 할로젠화 벤질은 톨루엔으로부터 제조할 수 있다.

(Z)-1-페닐-2-뷰텐 ⟹ 1-페닐-2-뷰타인 ⟹ 할로젠화 벤질 (X) ⟹ 톨루엔

이와 같은 역합성 분석을 요약하면 아래와 같다.

Toluene —NBS, 가열 또는 빛→ Benzyl bromide (Br) —$NaC{\equiv}CCH_3$→ 1-Phenyl-2-butyne —H_2, Lindlar Pd→ (Z)-1-Phenyl-2-butene

문제 11.17

역합성 분석을 통해 사이클로펜틸벤젠으로부터 트렌스-2-페닐사이클로펜탄올의 제법을 제시하고 합성을 위한 반응식을 적절한 시약과 함께 나타내라.

11.17 사이클로뷰타다이엔과 사이클로옥타테트라엔

벤젠과 그 유도체를 공부하는 동안에, 사이클로뷰타다이엔과 사이클로옥타테트라엔이 벤젠과 같은 방법으로 π 전자 비편재화에 의해 안정화될 수 있으리라는 생각이 들 수도 있다.

사이클로뷰타이엔 사이클로옥타테트라엔

1915년 노벨 화학상을 수상한 Willstätter's의 중요한 업적은 클로로필 구조를 결정한 것이었다.

초기 화학자들도 같은 생각을 했을 것이다. 그러나 사이클로뷰타다이엔과 사이클로옥타테트라엔에 관한 화합물이 천연에서 전혀 발견되지 않는다는 것은 벤젠핵을 모체로 한 화합물이 매우 풍부한 것과는 대조를 이룬다. 사이클로뷰타다이엔과 사이클로옥타테트라엔을 합성하려는 시도는 실패하였고, 실제로 그들이 일단 분리된다 하더라도 이들 화합물은 벤젠과는 매우 다를 것이라는 확신이 커졌다.

최초의 돌파구는 1911년 Richard Willstätter가 석류나무 껍질로부터 얻은 천연물 수도펠레티에린(*pseudopelletierine*)의 장시간 분해에 의해 사이클로옥타테트라엔을 제조함으로써 마련되었다. 현재는 아세틸렌과 사이안화 니켈 촉매를 사용한 반응으로 사이클로옥타테트라엔을 제조된다.

$$4HC{\equiv}CH \xrightarrow[\text{가열, 가압}]{Ni(CN)_2}$$ Cyclooctatetraene (70%)

Acetylene Cyclooctatetraene (70%)

석류나무는 크고, 수분이 많은 씨를 갖고 있는 과일로 가장 잘 알려져 있다.

사이클로옥타테트라엔은 비교적으로 안정하지만, 벤젠의 "특별한 안정성"에는 부족하다. 벤젠과 다르게 사이클로헥센의 수소화 열보다 세 배 더 적은 152 kJ/mol (36 kcal/mol)을 가지며, 사이클로옥타테트라엔의 수소화 열은 *cis*-사이클로옥텐의 네 배보다 더 많은 26 kJ/mol (6 kcal/mol) 가진다.

cis-Cyclooctene + Hydrogen (H_2) $\xrightarrow{Pt}$ Cyclooctane $\quad \Delta H^\circ = -96$ kJ (-23 kcal)

Cyclooctatetraene + Hydrogen ($4H_2$) $\xrightarrow{Pt}$ Cyclooctane $\quad \Delta H^\circ = -410$ kJ (-98 kcal)

문제 11.18

사이클로옥타테트라엔과 스타이렌의 분자식은 C_8H_8이며, 다음 반응식과 같이 연소가 일어난다.

$$C_8H_8 + 10O_2 \rightarrow 8CO_2 + 4H_2O$$

측정된 연소 열은 4393과 4543 kJ/mol(1050과 1086 kcal/mol)이다. 각 연소 열은 어떤 화합물에 속하는가?

열역학적으로 사이클로옥타테트라엔을 방향족으로는 평가하지 않는다. 사이클로옥타테트라엔의 구조는 방향족성의 원인이 되는 π 전자 비편재화의 어떠한 가능성도 제공하지 않는다. 그림 11.15와 같이 사이클로옥타테트라엔은 네 개의 짧은 탄소–탄소 결합 길이와 네 개의 긴 탄소–탄소 결합 길이를 가지는 *비평면* 탄화수소이다. 사이클로옥타테트라엔은 물통 형태의 팔각형 고리에서 단일결합과 이중결합이 교대되어 있는 하나의 Lewis 구조로 나타낼 수 있다. 그림 11.15에 나타낸 사이클로옥타테트라엔 구조는 평면 비편재화된 다른 구조보다 더 안정한 약 75 kJ/mol (18 kcal/mol)이라는 것을 실험적 연구들과 이론적 계산 등이 나타내고 있다.

사이클로뷰타다이엔은 어떤가?

사이클로뷰타다이엔은 1950년대 순간적인 반응 중간체로서 사이클로뷰타다이엔을 생성하는 여러 가지 새로운 기술이 개발되기 전까지 화학적 특성이 기술되지 못했다.

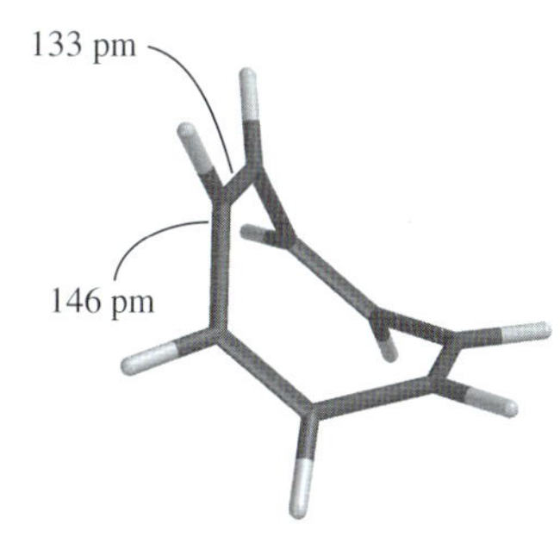

그림 11.15

사이클로옥타테트라엔 분자의 기하 구조. 고리는 평면이 아니며, 결합 길이는 짧은 이중결합과 긴 단일결합이 교대로 되어 있다.

문제 11.19

사이클로뷰타다이엔의 분리를 어렵게 하는 화학적 성질 중 하나는 사이클로뷰타다이엔이 스스로 반응하여 쉽게 이합체를 만드는 것이다.

그것은 다이엔과 무슨 반응이 닮았는가?

사이클로뷰타다이엔 자체의 고급 수준 분자오비탈 계산과 실험적으로 측정한 안정하고 치환이 많이 된 사이클로뷰타다이엔 유도체들은 단일결합과 이중결합이 교대로 되어 있으며, 정사각형보다는 직사각형의 형상을 보여준다.

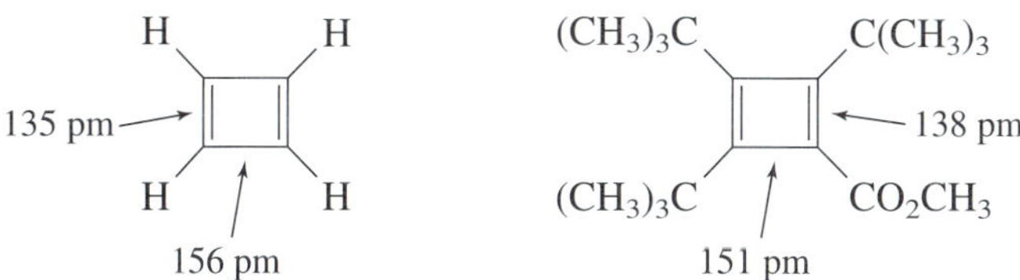

사이클로뷰타다이엔 입체적으로 제한받는 사이클로뷰타다이엔 유도체

실험적 측정은 비편재화된 사이클로뷰타다이엔이 이중결합에 영향을 주지 않는 구조보다 약 150 kJ/mol(36 kcal/mol) 높은 에너지임을 나타냈다.

그래서 사이클로뷰타다이엔은 사이클로옥타테트라엔과 마찬가지로 *반방향족*이다. **반방향족(antiaromatic)** 분자는 *그의 π 전자들의 비편재화에 의해 불안정 화합물*이다. 결과적으로 사이클로뷰타다이엔과 사이클로옥타테트라엔은 π 전자들에 의해 비편재화를 최소화 시키는 구조이다.

고리 컨쥬게이션은 방향족성에 필수적이지만, 충분하지는 않다. 벤젠과 그 유도체의 특별한 안정성은 기타 인자에 의해 이루어진다. 이러한 인자들을 이해하기 위해 벤젠의 분자오비탈 기술로 돌아가보자.

11.18 Hückel 법칙

Hückel은 독일의 물리 화학자다. 방향족에 대한 이론적 연구 전에는 가장 광범위하게 알려진 전해질 용액에 남아있는 어떤 것을 개발하는데 Peter Debye와 공동 연구를 하였다.

분자오비탈 이론에 관한 연구 중에서 초기에 성공한 한 가지는 1931년 Erich Hückel이 벤젠, 사이클로뷰타다이엔, 사이클로옥타테트라엔의 π 오비탈 준위에 대한 흥미로운 형태를 발견함으로써 이루어졌다. Hückel은 단일 고리 컨쥬게이션 폴리엔에 국한시키고, 평면 기하학적 구조로 한정시켜서 조사함으로써 이런 형태 탄화수소의 방향족성은 π 전자 수에 의존한다는 것을 발견하였다. 그는 오늘날 **Hückel 법칙**이라고 하는 다음 규칙을 발표하였다.

> *평면 단일 고리이고 전체가 컨쥬게이션된 폴리엔(polyene) 중에서,* $(4n + 2)$ π *전자 (n은 정수)의 화합물만이 특별히 안정성을 가지며, 즉 그들은 방향족성이다.*

따라서 $(4n + 2) = 6, 10, 14, \cdots,$ π 전자를 가지는 탄화수소들은 방향족성이다. 이 π 전자 수에 대한 값들은 $n = 1, 2, 3, \cdots$일 때 $(4n + 2)$의 수에 해당한다.

Hückel은 반방향족성에 대한 발상이 나오기 전에 그의 이론을 제안하였다. Hückel의 일반론에 $(4n)$ π 전자를 가지는 화합물은 방향족성이 아니며, 반방향족성이라는 주석을 달아 확장시킬 수 있다.

벤젠, 사이클로뷰타다이엔 및 사이클로옥타테트라엔은 Hückel의 법칙에 맞는 좋은 예들이다. 벤젠은 여섯 개의 π 전자를 가지는 $(4n + 2)$ 계이며, 규칙에 의해 방향족성이라고 예상된다. 정사각형인 사이클로뷰타다이엔과 평면인 사이클로옥타테트라엔은 각기 네 개와 여덟 개의 π 전자를 가지는 $4n$ 계이며, 반방향족성이다.

$(4n + 2)$ π 전자의 기준은 단일 고리이며, 전체가 컨쥬게이트된 폴리엔에서의 오비탈 에너지여야 한다. 벤젠에 대한 π 에너지 준위는 앞의 그림 11.4에 나타냈고, 그림 11.16*b*에서도 또 나타냈다. 그림 11.16*a*와 11.16*c*는 정사각형인 사이클로뷰타다이엔과 평면인 사이클로옥타테트라엔에 대한 π 에너지 준위를 나타냈다.

고리 기억술은 Northwestern 대학의 이론 화학자인 Arthur A, Frost에 의해 고안된 것이다.

그림 11.16의 에너지 도표는 "평면이며, 단일 고리이고, 전체가 컨쥬게이션된 폴리엔"의 Hückel MO를 그리는 **Frost 원(Frost circle)**이라 부르는 간단한 방법을 나타낸 것이다. 하나의 원 안에 하나의 꼭지점을 원 바닥에 두고 적당한 면수를 가지는 다각형을 그리고, 이 다각형의 각 꼭지점을 π 전자 에너지 준위로 정의한다. 이 꼭지점들의 수직 간 거리는 MO 간의 에너지 차이에 비례한다. 하나의 수평선을 원의 중앙을 지나도록 그려서 결합 MO와 반결합 MO를 분리한다. 이 선상에 놓이는 오비탈은 비결합성 오비탈(nonbonding orbital)이다.

정성적인 목적이라면 이러한 원 자체는 필요 없다. 다각형 그 자체만을 조작하여 Hückel의 MO를 나타낼 수 있다. Frost 원은 정량적으로 이용할 때만 필요하다. 이들 경우에 원의 반지름은 특정한 에너지가 할당된 각 MO의 규정된 값을 가진다.

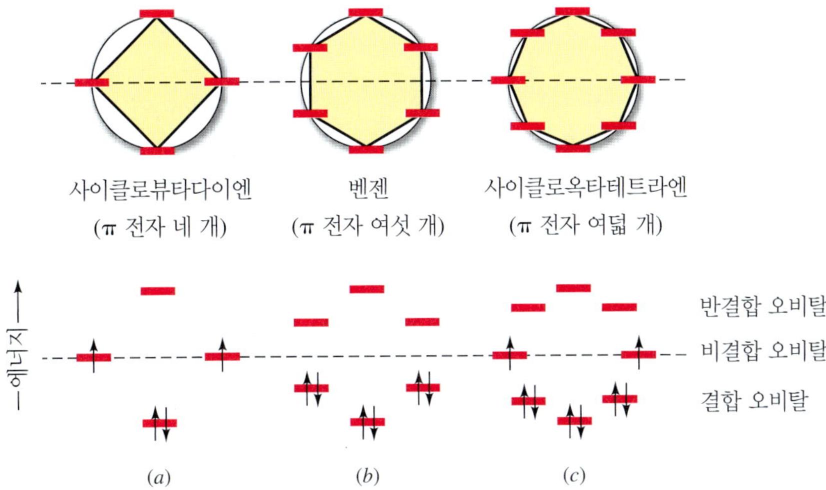

그림 11.16

(*a*) 정사각형 사이클로뷰타다이엔, (*b*) 벤젠, (*c*) 평면 사이클로옥타테트라엔의 π 분자오비탈과 Frost 원의 π 전자 배치.

그림 11.13에 나타낸 오비탈 에너지 형태는 왜 벤젠이 방향족성이고, 정사각형인 사이클로뷰타다이엔과 평면인 사이클로옥타테트라엔은 왜 방향족성이 아닌지를 설명하는 데 편리하다. π 전자를 세어보자. 사이클로뷰타다이엔은 네 개, 벤젠은 여섯 개, 사이클로옥타테트라엔은 여덟 개의 π 전자를 가진다. 이들 π 전자를 통상적인 규칙에 따라 MO에 할당한다. 그리고 두 오비탈이 동일한 에너지를 가질 때 각 오비탈에 각각 두 개를 채우기 전에 하나씩 전자를 채운 뒤에 나머지 전자를 채운다(Hund 규칙).

벤젠 이미 그림 11.4(11.4절)에서 살펴본 것처럼 벤젠의 여섯 개 π 전자는 세 개의 결합 π MO에 닫힌 껍질 전자 배치를 이루며, 짝을 이루어 배치되어 있다. 모든 결합성 오비탈은 전자가 채워져 있고, 모든 전자 스핀은 쌍을 이룬다.

사이클로뷰타다이엔 정사각형 사이클로뷰타다이엔은 하나의 결합 π MO와 에너지가 동일한 두 개의 비결합성 π MO와 하나의 반결합성 π* MO를 가진다. 결합성 MO를 채운 뒤에 남은 두 개의 전자를 Hund 규칙에 따라서 다른 비결합성 MO에 다이라디칼(diradical)이 되도록 할당한다. 이것은 두 개의 쌍을 이루지 않은 전자를 갖는 화학종이 된다—다이라디칼. 정사각형 기하 구조에서 사이클로뷰타다이엔은 닫힌 껍질 전자 배치가 결핍되어 있다. 두 개의 쌍을 이루지 않은 전자를 가지고 있이 불안정히고 반응성이 매우 크다.

사이클로옥타테트라엔 평면인 사이클로옥타테트라엔의 여덟 개 π 전자 중 여섯 개가 세 개의 결합성 오비탈을 점유하고 있다. 남은 두 개의 π 전자는 에너지가 동일한 두 개의 비결합성 오비탈을 각각 하나씩 점유하고 있다. 평면 사이클로옥타테트라엔은 정사각형 뷰타다이엔처럼 이중 라디칼이다.

정성적인 MO 도표로 부터 얻은 중요한 결론은 π 전자가 최대한 비편재화되기 위하여 요구되는 기하 구조는 C—C 결합 길이가 동일하고, *p* 오비탈이 나란히 배열된 평면 고리이며, 정사각형인 사이클로뷰타다이엔과 평면인 사이클로옥다데트라엔은 상대적으로 불안정한 전자 배치를 가지므로 이들은 방향족성을 가지지는 않지만 최소한 모든 전자 스핀이 쌍을 이루는 기하 구조를 선택해야 한다. 사이클로뷰타다이엔의 안정한 기하 구조는 직사각형이고, 사이클로옥타테트라엔의 안정한 기하 구조는 물통 모양(tub-shaped)이다.

벤젠의 구조는 효과적인 π 전자 배치를 이루고 있고, 닫힌 껍질 전자 배치를 한다. 또한, 벤젠이 왜 특별히 더 안정한가를 이해하기 위해서는 한 단계 더 나아가 벤젠의 Hückel π MO와 단일결합과 이중결합을 교대로 가지고 있는 가상적인 "사이클로헥사트라이엔(cyclohexatriene)" π MO를 비교해 보아야 한다. 정량적인 자세한 설명 없이, π 전자가 상호작용이 없는 세 개의 이중결합에만 제한된 구조에서 전자가 점유된 오비탈은 벤젠의 전자가 점유된 Hückel MO보다 더 높은 에너지를 가진다(즉, 덜 안정하다)고 간단히 표시된다.

Hückel 법칙의 다른 응용에 대해 고찰해보기 전에 "평면, 단일 고리이며, 전체가 컨쥬게이트된 폴리엔 중에서"는 "평면, 단일 고리이며, 전체가 컨쥬게이트된 폴리엔"만이 방향족성이 될 수 있다는 의미는 아니라는 점을 지적하는 것이 중요하다. 이러한 형태의 화합물은 매우 제한되어 있다. 수 천의 방향족 화합물, 예를 들면 나프탈렌(naphthalene)처럼 단일 고리가 아니며 다중 고리 방향족 탄화수소이다(11.7절). 벤젠 고리를 가지는 모든 화합물은 방향족이다. 그러나 고리 컨쥬게이션은 방향족성이 되기 위한 필요조건이며, 이 경우에 컨쥬게이션 계는 $(4n + 2)$의 π 전자를 포함해야 한다.

문제 11.20

다음 각 현상을 설명하시오.

(a) 화합물 A는 여섯 개의 π 전자를 갖지만 방향족성이 아니다.
(b) 화합물 B는 여섯 개의 π 전자를 갖지만 방향족성이 아니다.
(c) 화합물 C는 열두 개의 π 전자를 갖고 방향족성이다.

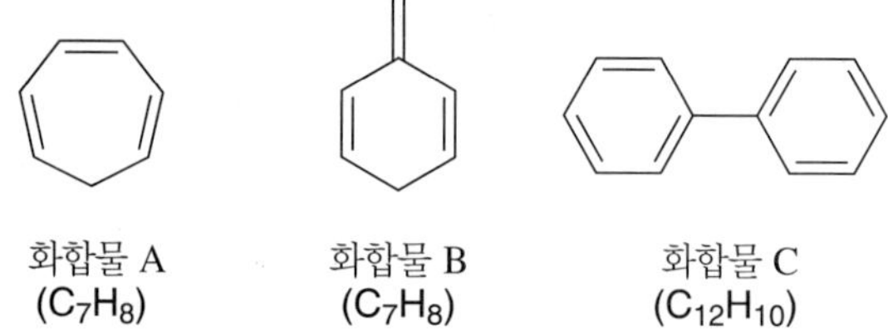

화합물 A (C_7H_8)　화합물 B (C_7H_8)　화합물 C ($C_{12}H_{10}$)

풀이 예시 (a) 사이클로헵타트라이엔 (화합물 A)은 여섯 개의 π 전자를 갖더라도 세 개의 이중결합의 컨쥬게이션 계는 이중결합끼리 가깝지 않기 때문에 방향족이 아니다 (고리 컨쥬게이션이 부족하다). CH_2 기가 π 전자의 고리 비편재화를 방해한다.

다음 절에서 1보다 큰 n 값을 갖는 Hückel 법칙을 사이클로뷰타다이엔, 벤젠 그리고 사이클로옥타테트라엔보다 큰 물질에 어떻게 적용되는지를 조사해보자.

11.19 아눌렌

고급 아눌렌에 대한 합성업적의 대부분은 Franz Sondheimer와 그의 학생들에 의해서 이루어졌다. 그는 처음에는 Israe의 Weizmann Institute와 나중에는 London 대학에서 재직하였다.

일반적인 용어 **아눌렌(annulene)**은 여섯 개 이상의 탄소를 가지는 완전하게 콘쥬게이트된 단일 고리 탄화수소에 적용된다. 사이클로뷰타다이엔과 벤젠은 그들의 이름을 그대로 사용하지만 이들 보다 더 많은 수는 **[*x*]아눌렌**이라 한다. *x*는 고리의 탄소수이다. 그래서 사이클로옥타테트라엔은 [8]아눌렌, 사이클로데카펜타엔은 [10]아눌렌 등이 된다.

문제 11.21

Frost 원을 사용하여 다음 화합물의 오비탈 에너지 도표를 그리시오. 두 구조가 Hückel의 법칙에 일치하는가? (a) [10]아눌렌 (b) [12]아눌렌

풀이 예시 (a) [10]아눌렌은 다섯 개의 콘쥬게이트된 이중결합을 갖는 탄소 10개의 고리이다. 원의 내부에 꼭지점의 한개를 아래로 위치한 10개의 변을 갖는 다각형을 그리면 오비탈의 모양이 얻어진다. 각 꼭지점이 원과 접하는 위치에 오비탈을 정한다. [10]아눌렌의 10개 π 전자는 $n = 2$인 $(4n + 2)$를 만족하고 그리고 다섯 개의 쌍을 이룬 결합 오비탈을 갖는다. [10]아눌렌은 Hückel 규칙에 따라서 방향족성이다.

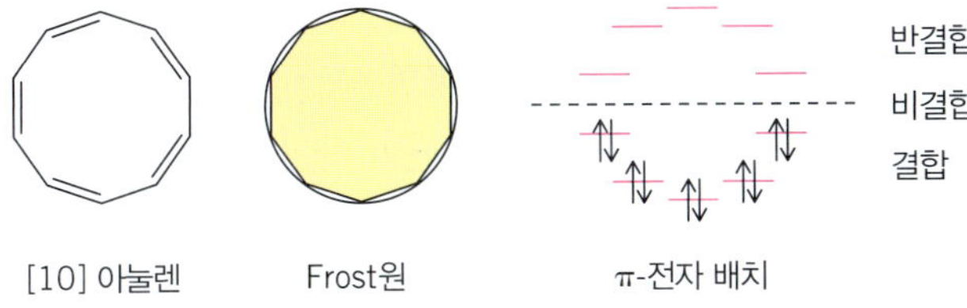

10, 14, 18 등의 π 전자를 갖는 컨쥬게이션 폴리엔에서 방향족성 관찰에 대한 기대는 더 숫자가 높은 아눌렌의 합성에 대한 노력에 박차를 가하게 되었다. 즉시 [10]아눌렌의 모두가 시스이성질체인 경우의 문제가 발생하고, 앞의 문제에서 구조를 보여준다. 10개의 변을 갖는 정다각형의 기하 구조에서 결합각은 144°를 필요로 한다. 즉, 탄소에서 sp^2 혼성화는 120°의 결합각을 요구한다. 그러므로 모두-시스-[10]아눌렌에서 컨쥬게이션에 의한 방향족 안정성은 각각의 탄소 원자에서 24°의 각 변형으로 인한 불안정 효과에 의해 방해를 받는다. 모두-*시스*-[10]아눌렌이 합성되었고, 매우 불안정하며, 반응성이 높다.

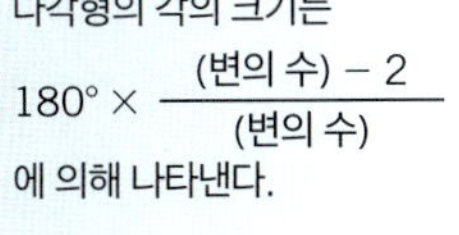

[10]아눌렌의 두 번째 이성질체 (시스, 트랜스, 시스, 시스, 트랜스 입체이성질체)는 결합각이 120°에 근접하지만 고리 안쪽으로 배향된 두 개의 수소가 근접해 있어서 불안정하다. 이 수소들 사이의 van der Waals 변형을 최소화시키기 위해 고리는 평면을 이루지 않는 기하 구조를 갖게 되어 π 전자 비편재화에 의한 안정화 능력을 제한한다. 이 이성질체도 제조되었으며, 매우 불안정하다. 마찬가지로 다음 높은 $(4n + 2)$ 계인 [14]아눌렌도 van der Waals 변형에 의해 불안정화되고 평면이 아니다.

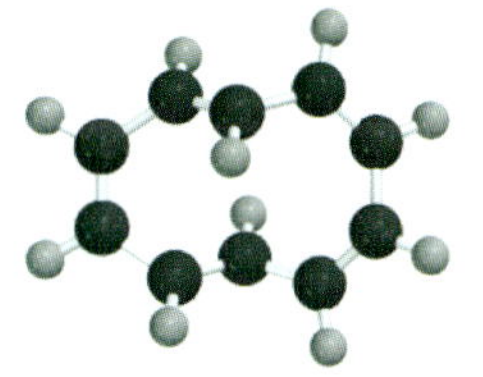

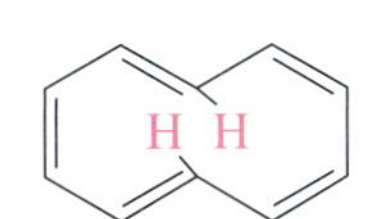

시스, 트랜스, 시스, 시스, 트랜스-[10]아눌렌

나타낸 수소들 사이의 van der Waals 척력에 의해서 불안정해진 방향족에 요구되는 평면 기하

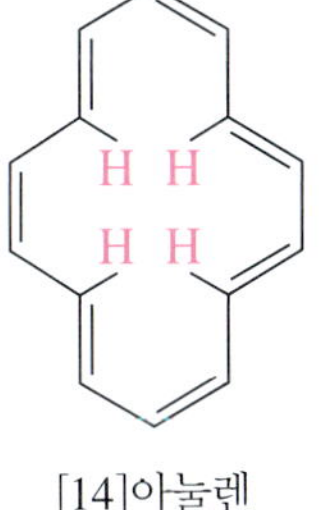

[14]아눌렌

고리가 18개의 탄소 원자를 포함할 경우 고리 내부에 들어 있는 수소는 서로 간섭받지 않도록 멀리 떨어져 있으며, 평면을 이루기에 충분한 크기이다. 나타낸 [18]아눌렌은 평면 또는 거의 평면이고, 모든 탄소—탄소 결합 길이는 137~143 pm의 범위에 있다. 이는 벤젠과 매우 유사하며, 공명 에너지는 약 418 kJ/mol (100 kcal/mol)로 추정된다. 이러한 구조와 공명 에너지는 Hückel 법칙의 타당성을 입증할 수 있고, [18]아눌렌의 "특별한 안정성"을 예측할 수는 있지만, 화학적 반응성은 예측할 수 없다. [18]아눌렌은 쉽게 수소화되고, 브로민과는 치환보다 첨가반응이 일어나며, 무수 말레산(maleic anhydride)과는 Diels-Alder 첨가 생성물을 형성하기 때문에 벤젠보다는 폴리엔처럼 행동한다.

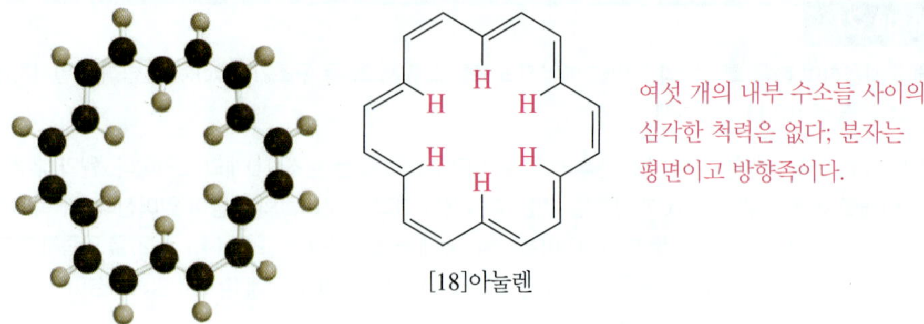

앞에서 지적한 것처럼 4*n* π 전자를 가지는 평면 아눌렌은 반방향족이다. 이 그룹 중 하나로 [16]아눌렌이 제조되었다. [16]아눌렌은 평면이 아니며, 전형적인 반방향족 고리화 폴리엔의 짧은 결합(평균 134 pm)과 긴 결합(평균 146 pm)이 교대로 이루어진 형태를 나타내고 있다.

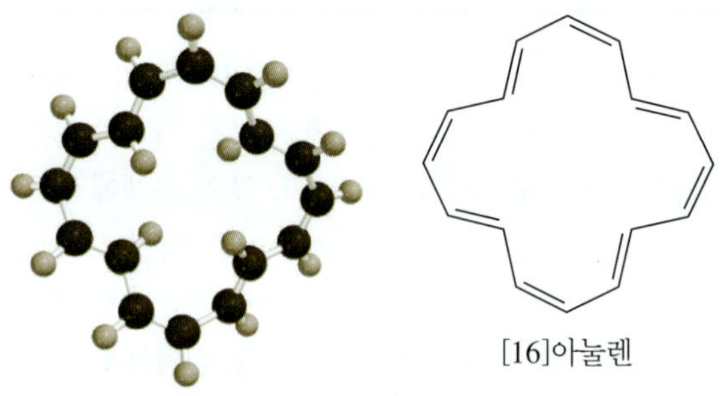

문제 11.22

벤젠(3265 kJ/mol, 781 kcal/mol), 사이클로옥타테트라엔(4543 kJ/mol, 1086 kcal/mol), [16]아눌렌(9121 kJ/mol, 2182 kcal/mol) 및 [18]아눌렌(9806 kJ/mol, 2346 kcal/mol)의 연소 열의 비교는 무엇을 나타내는가?

11.20 방향족 이온

Hückel은 컨쥬게이션계의 분자오비탈 분석이 중성 탄화수소를 넘어 확장될 수 있다는 것을 알았다. 그리고 그는 사이클로헵타트라이엔일(cyclohetatrienyl) 양이온, 즉 *트로필륨(tropylium) 이온*이 벤젠과 유사하게 닫힌 껍질 전자 배치를 가지는 π 계를 포함한다는 것을 지적하였다.

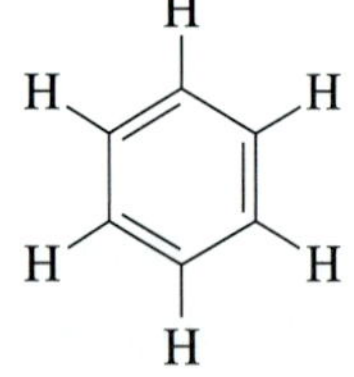		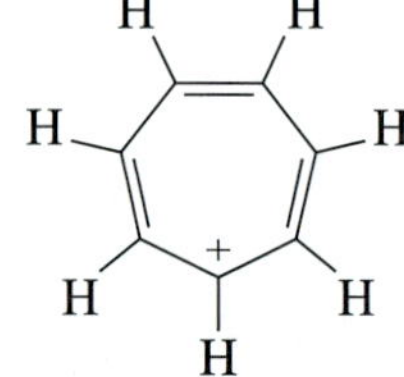
벤젠: 완전히 콘쥬게이트된, 여섯개 탄소 전체에 비편재화된 여섯 개의 π 전자	사이클로헵타트라이엔: 고리 컨쥬게이션이 결여 CH_2 기에 의한 방해	사이클로헵타트라이엔일 양이온: 완전히 콘쥬게이된, 일곱 개의 탄소 전체에 비편재화된 여섯 개의 π 전자

탄화수소 사이클로헵타이트라이센과 사이클로헵타트라이엔일 양이온 사이의 차이를 이해하는 것이 중요하다. 탄소양이온은 방향족이고; 탄화수소는 아니다. 사이클로헵타트

라이엔은 여섯 개의 π 전자를 컨쥬게이션계에 가지고 있지만, 이 트라이엔계의 말단은 sp^3 혼성 탄소에 의해서 분리된다. 이것은 연속적인 고리형 π 전자 비편재화를 방해한다. 그림 11.17은 사이클로헵타트라이엔일 양이온의 분자오비탈 그림이다. 사이클로헵타트라이엔일 양이온은 일곱 개의 π 분자오비탈을 갖는다. 이들 중 세 개는 결합 오비탈이고, 양이온의 여섯 개 π 전자를 포함한다. 사이클로헵타트라이엔일 양이온은 $(4n + 2)$의 Hückel계를 가지며, 방향족성 이온이다.

문제 11.23

사이클로헵타트라이엔일 양이온에 대한 그림 11.17에 나타난 오비탈 에너지 순위 도표를 그리기 위해 Frost 원을 어떻게 적용할 수 있는가?

문제 11.24

사이클로헵타트라이엔일 라디칼 ($C_7H_7\cdot$)은 π 전자가 완전히 컨쥬게이션을 이룬 고리 계를 포함한다. 방향족인가, 반방향족인가? 설명하시오.

탄화수소 사이클로헵타트라이엔과 사이클로헵타트라이엔일 양이온 사이의 차이를 아는 것이 중요하다.

사이클로헵타트라이엔일 양이온은 방향족이지만, 사이클로헵타트라이엔은 방향족이 아니다. 사이클로헵타트라이엔은 컨쥬게이션 계에서 여섯 개의 π 전자를 갖지만, 트라이엔 계의 끝은 sp^3 혼성 탄소에 의해 분리되며, 이 탄소는 연속적인 π 전자 비편재화를 막는다.

사이클로헵타트라이엔이 방향족이 아니고 사이클로헵타트라이엔일 양이온은 방향족이라고 할 때, 이들 서로의 안정성을 비교하는 것은 아니다. 사이클로헵타트라이엔은 안정된 탄화수소이지만 방향족에서 필요한 *특별한 안정성*을 갖고 있지 않다. 한편, 사이클로헵타트라이엔일 양이온은 방향족이지만 여전히 탄소양이온이며, 친핵체에 대하여 상당한 반응성이 있다. 그의 특별한 안정성은 바위와 같은 수동성을 의미하는 것이 아니며, 사이클로헵타트라이엔일 양이온의 Lewis 구조를 근거로 하여 예상할 수 있는 것보다 훨씬 더 쉽게 형성된다는 의미이다. 사이클로헵타트라이엔일 양이온이 대부분의 다른 탄소양이온보다 훨씬 안정하다는 것은 많은 관찰로 인해 알려졌다. 사이클로헵타트라이엔의 방향족 성질을 강조하기 위해서 고리 안에 원으로 방향족 육전자 계를 나타내고 원 안에 양전하를 나타내는 Robinson 방법이 가끔 사용되기도 한다.

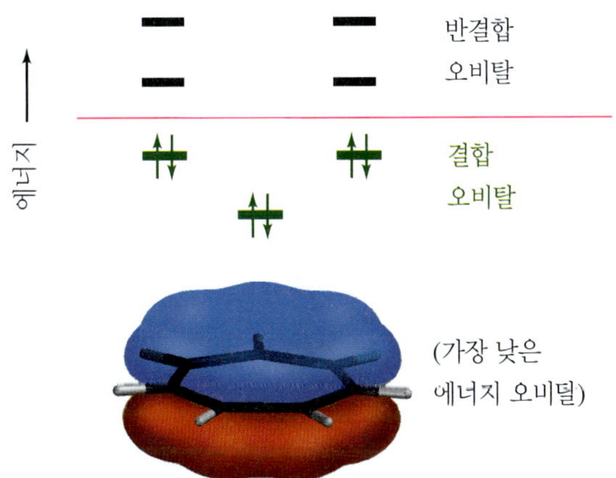

그림 11.17
사이클로헵타드라이엔일 양이온의 π 분자오비탈.

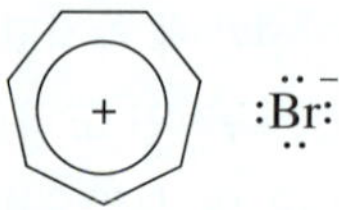

브로민화 트로필륨

1891년에 브로민화 트로필륨(tropylium bromide)이 처음으로 제조되었지만, 이와 같은 것을 알지 못하였다. 이 결과는 1954년에 재현되었으며, 여기서 브로민화 트로필륨의 이온 성질이 증명되었다. 브로민화 트로필륨의 이온 성질은 매우 높은 녹는점(203°C)과 물에서의 용해도, 다이에틸 에터에서 녹지 않는다는 점으로부터 분명하게 나타난다.

문제 11.25

일곱 개의 모든 탄소 전체에 양전하가 비편재화된 것을 보여주기에 충분한 트로필륨 양이온에 대한 공명구조를 쓰시오.

다섯 고리 사이클로펜타다이엔일 계는 사이클로헵타다이엔일과는 상반된다. 여기서 네 개의 π 전자를 갖는 양이온은 반방향족으로 매우 불안정하며, 생성되기가 매우 어렵다. 그러나 사이클로펜타다이엔일 음이온은 다섯 탄소 전체에 비편재화된 여섯 개의 π 전자를 가지며, 방향족이다.

은 와 동등하다

사이클로펜타다이엔일 양이온 사이클로펜타다이엔일 음이온

그림 11.18은 사이클로펜타다이엔일 음이온의 분자오비탈을 Hückel의 방법으로 나타낸 것이다. 사이클로펜타다이엔일 음이온은 벤젠과 사이클로펜타다이엔일 양이온처럼 여섯 개의 π 전자의 닫힌 껍질 배치를 갖는다.

문제 11.26

사이클로펜타다이엔일 음이온에 대한 그림 11.18에 나타난 오비탈 에너지 준위표를 그리기 위해 Frost 원을 어떻게 적용할 수 있는가?

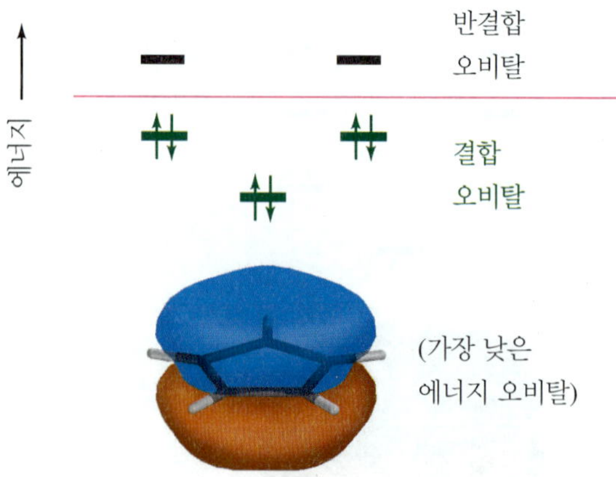

그림 11.18

사이클로펜타다이엔일 음이온의 π 분자오비탈.

사이클로펜타다이엔일 음이온의 안정성에 관한 확실한 증거는 사이클로펜타다이엔의 산성도에서 발견된다.

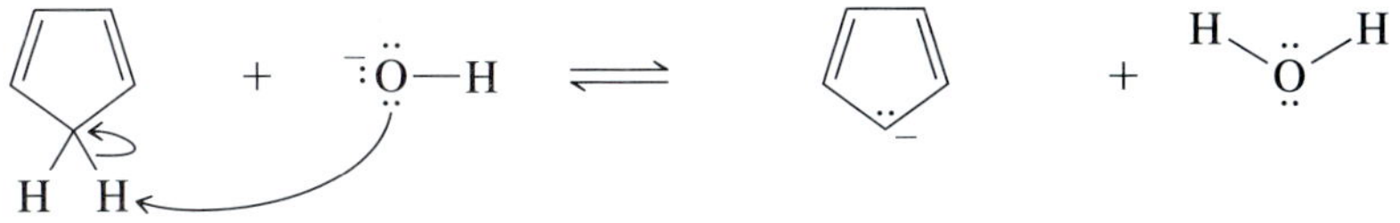

사이클로펜타다이엔 $pK_a = 16$ + 수산화 이온 (또는 수산화 이온) ⇌ 사이클로펜타다이엔일 음이온 + 물 $pK_a = 15.7$

사이클로펜타다이엔 (pK_a = 16)은 물 (pK_a = 15.7)보다 조금 약산이다. 사이클로펜타다이엔은 짝염기가 방향족이며, 전자의 비편재화에 의해 안정화되기 때문에(사이클로펜타다이엔의 이온화 상수 K_a는 아세틸렌의 경우보다 10^{10}배 정도 더 크다) 다른 탄화수소보다 더 산성이다.

문제 11.27

다섯 개의 모든 탄소 전체에 음전하가 비편재화된 것을 보이기에 충분한 사이클로펜타다이엔일 음이온의 공명구조를 쓰시오.

사이클로헵타트라이엔과 비교해보면 사이클로펜타다이엔의 산성도는 큰 차이가 있다. 사이클로헵타트라이엔은 pK_a가 36이고, 이는 사이클로펜타다이엔보다 산의 세기 측면에서 10^{20}배 정도 더 약하다.

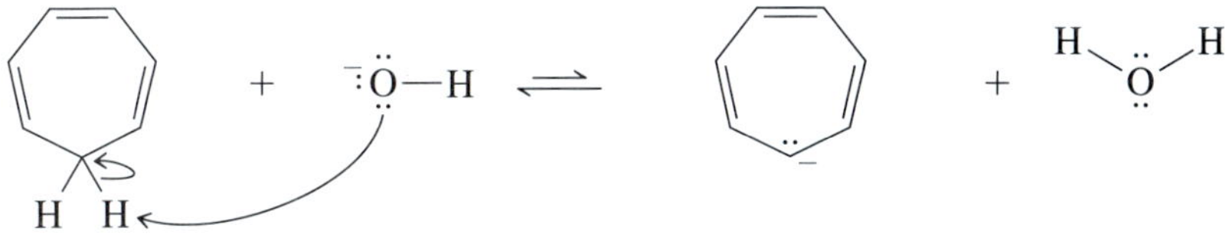

사이클로헵타트라이엔 $pK_a = 36$ + 수산화 이온 ⇌ 사이클로헵타트라이엔일 음이온 + 물 $pK_a = 15.7$

공명구조가 사이클로헵타트라이엔일 음이온의 음전하는 일곱 개의 모든 탄소에 공유될 수 있음을 말해준다 해도 이러한 비편재화는 안정도 면에서 거의 제공하지 못한다. 실제로 8개의 π 전자를 갖는 사이클로헵타트라이엔 음이온은 반방향족이며, 상대적으로 불안정하다.

Hückel 법칙은 중성 탄화수소에만 적용되는 것이 아니라 평면이고, 단일 고리이며, 완전한 컨쥬게이션계에도 적용된다.

평면의 단일 고리를 이루는 p 오비탈의 연속 계가 (4n + 2) π 전자를 포함할 경우 방향족 안정성을 갖는다.

기타 방향족 이온은 사이클로프로펜일 양이온(두 개의 π 전자)과 사이클로옥타테트라엔 2가 음이온(열 개의 π 전자)을 포함한다.

사이클로프로펜일 양이온

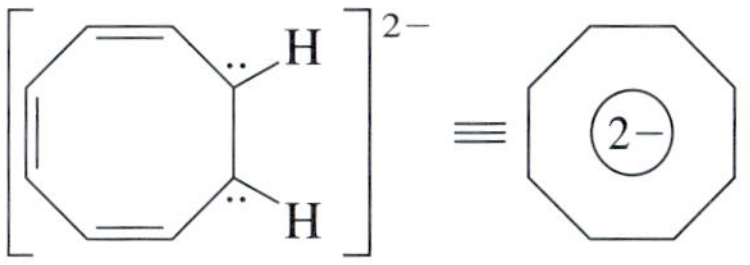

사이클로옥타테트라엔 2가 음이온(dianion)

여기에 Robinson 기호를 사용하였다. 유기화학자들은 그 기호의 사용을 육전자 계에만 한정시키는 대신에, 고리 전자 비편재화에 대한 다목적용 기호로 사용하고 있다.

문제 11.28

다음 이온은 방향족인가?

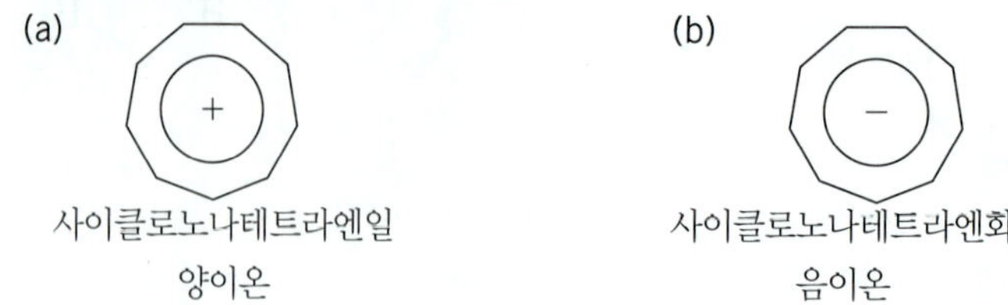

풀이 예시 (a) 중요한 것은 고리 컨쥬게이션 계에서의 π 전자의 수이다. 만일 $(4n + 2)$ π 전자가 있으면 그 이온은 방향족이다. 이온을 단일 Lewis 구조로 그리면 전자를 세는 것은 아주 간단하다. 그리고 각 이중 결합은 두 개의 π 전자를 나타내며, 음으로 하전된 탄소는 두 개의 π 전자를, 양으로 하전된 탄소는 π 전자가 없다는 것을 기억하라.

사이클로노나테트라엔일 양이온은 8개의 π 전자를 갖는다; 이것은 방향족이 아니다. 이것이 평면이라면 반방향족이다($4n = 8$; $n = 2$)

11.21 헤테로고리 방향족 화합물

고리에 탄소 이외의 다른 원자를 한 개 이상 포함하는 고리 화합물을 **헤테로고리 화합물(heterocyclic compound)**이라고 하며, 여기에 방향족 안정성을 가지는 화합물을 **헤테로고리 방향족 화합물(heterocyclic aromatic compound)**이라고 한다. 몇 가지 대표적인 헤테로고리 방향족 화합물은 *피리딘(pyridine)*, *피롤(pyrrole)*, *퓨란(furan)*, *싸이오펜(thiophene)*이다. 구조와 그들 유도체의 명명에는 IUPAC 번호 체계가 사용된다. 이 화합물들은 안정성과 화학적 작용에서 알켄보다는 벤젠과 더 유사하다.

피리딘, 피롤, 싸이오펜은 벤젠과 마찬가지로 콜타르에 존재하며, 퓨란은 옥수수의 속대로부터 얻어지는 *푸르푸랄(furfural)*이라는 물질로부터 제조된다.

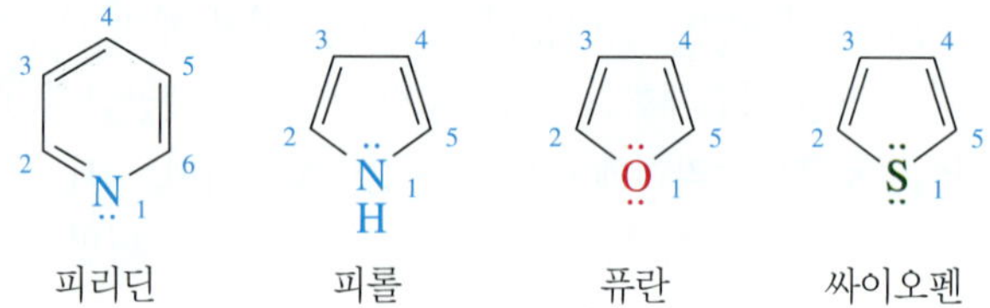

헤테로고리 방향족 화합물 역시 다환 화합물일 수도 있다. 예를 들면, 하나의 벤젠 고리와 하나의 피리딘 고리는 두 가지 다른 방법으로 공통 변을 가질 수 있다. 한 가지 방법으로는 *퀴놀린(quinoline)*이라는 화합물이 얻어지며, 다른 한 가지 방법으로는 *아이소퀴놀린(isoquinoline)*이 얻어진다.

퀴놀린 아이소퀴놀린

피롤, 퓨란 또는 싸이오펜의 핵에 벤젠 고리가 접합되어 얻어진 유사 화합물을 인돌, *벤조퓨란*, *벤조싸이오펜*이라고 한다.

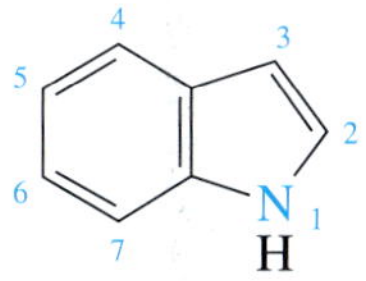

인돌 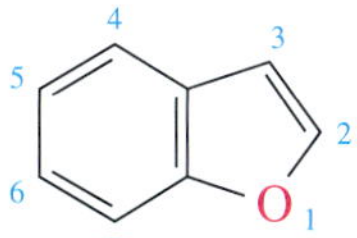 벤조퓨란 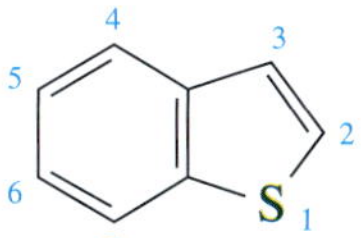 벤조싸이오펜

문제 11.29

안정성이 비슷한 퀴놀린과 아이소퀴놀린과는 달리, 인돌과 아이소인돌은 서로 매우 다르다. 어느 것이 더 안정한가? 그 이유를 설명하시오.

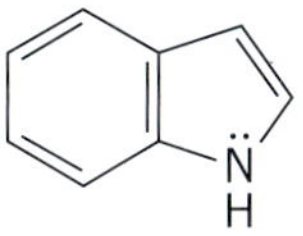

인돌 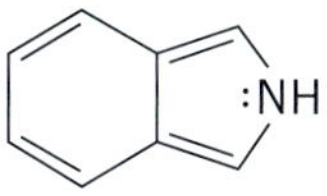 아이소인돌

헤테로고리 방향족 화합물의 한 부류는 질소에 대해 β 위치인 고리 탄소 중의 하나가 두 번째 헤테로 원자로 치환된 피롤과 연관이 있다. 이들 형태의 화합물을 *아졸*(*azole*)이라 한다.

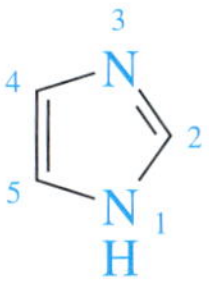

이미다졸 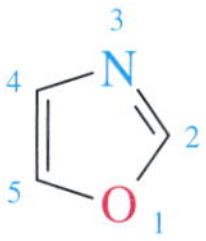 옥사졸 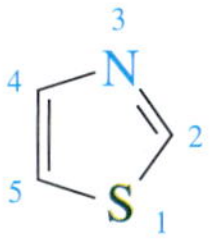 싸이아졸

위궤양 치료에 널리 처방되는 의약품에는 속명으로 *시메티딘*(*cimetidine*)이 있으며, 이것은 합성 이미다졸 유도체이다. *개똥벌레 루시페린*(*firefly luciferin*)는 개똥벌레에 존재하는 천연 발광 물질로써, 싸이아졸 유도체이다.

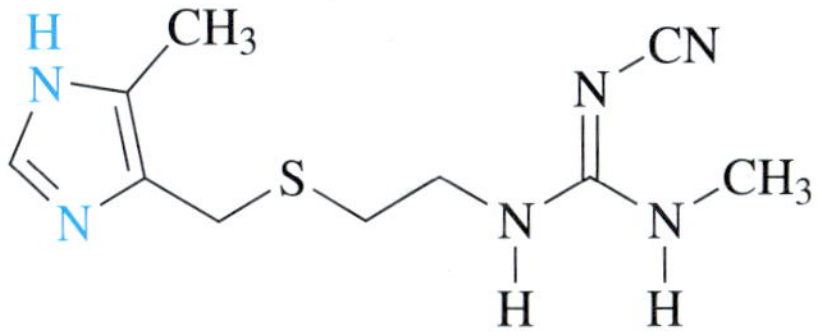

시메티딘 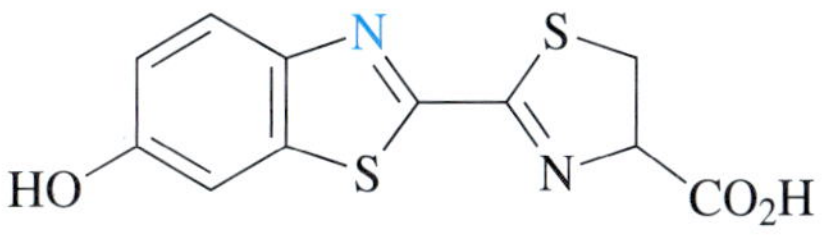 개똥벌레 루시페린

개똥벌레 루시페린는 오각형 고리에 접합된 벤젠 고리를 포함하는 아졸의 한 예이다. 이런 구조는 매우 일반적이다. 또 다른 예는 *벤즈이미다졸*(*benzimidazole*)이며, 바이타민 B_{12}에서 구조적 단위로서 존재한다. 벤즈이미다졸과 관련된 몇 가지 화합물은 *퓨린*과 그의 아미노-치환 유도체인 아데닌을 포함하며, 이 *아데닌*(*adenien*)은 DNA와 RNA에서 발견되는 이른바 헤테로 고리 염기의 한 종류이다(26장 참조).

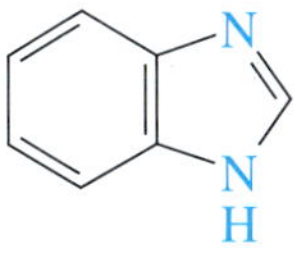

벤즈이미다졸 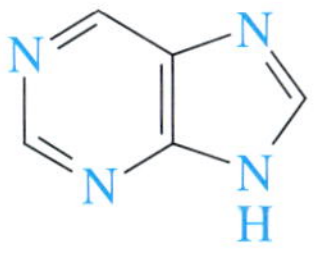 퓨린 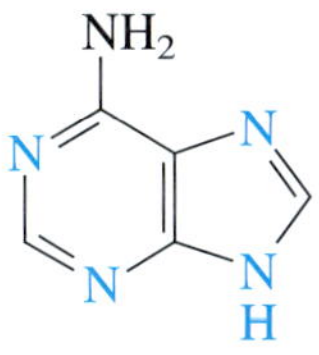 아데닌

문제 11.30

*벤즈옥사졸*과 *벤조싸이아졸*의 구조식을 그리시오.

11.22 헤테로고리 방향족 화합물과 Hückel 법칙

Hückel 법칙은 헤테로고리 방향족 화합물에도 적용될 수 있다. 산소나 질소와 같은 헤테로원자는 $(4n+2)$ π 전자의 요구를 만족시키기 위해 π 계에 필요한 비공유 전자쌍을 0개 또는 두 개를 제공할 수 있다.

예를 들어, 피리딘의 비공유 전자쌍은 방향족에 필요한 여섯 개의 π 전자를 만족시키는 데 필요하지 않다. 질소에 완전히 속해있고 방향족 π 계에 비편재화되지 않는다.

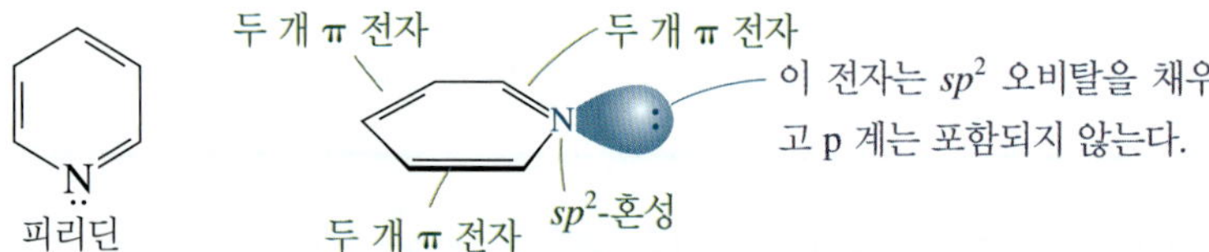

반대로 피롤에 대한 Lewis 구조에서 비공유 전자쌍은 여섯 개의 π 전자 요구를 만들기 위해 두 개의 이중결합에 네 개의 π 전자를 더해야 한다.

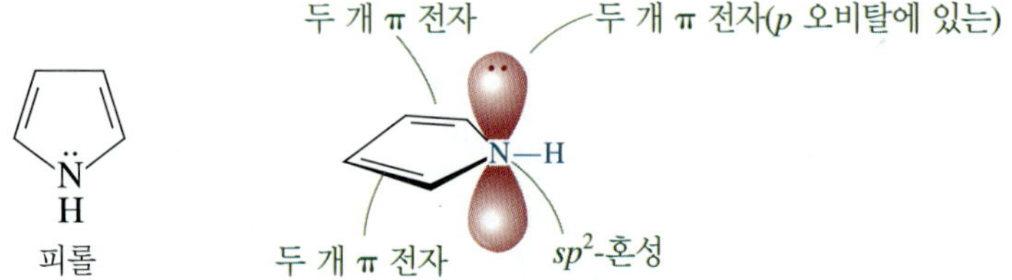

피리딘과 피롤에서 비공유 전자쌍은 가장 안정한 구조를 제공하는 오비탈에 채워져 있다. 피리딘에서 비공유 전자쌍은 질소에 위치한 sp^2 혼성오비탈에 있고, 피롤에서는 비편재화된 π 계를 만들기 위해 고리 탄소의 *p* 오비탈과 중첩된 질소의 *p* 오비탈에 있다.

그림 11.19에서 정전기 퍼텐셜지도는 피리딘과 피롤에서 전하의 분포에 대해 어떻게 다른지를 보여주고 있다. 피리딘에서 질소를 둘러싸고 있는 영역은 붉은색(음의 전하)이고 피롤에서는 질소를 둘러싸고 있는 영역은 푸른색(양의 전하)이다.

피리딘이 피롤에서 결합의 차이는 그들의 성질을 나타낸다. 두 개 모두 약한 염기임에도 불구하고 피리딘은 피롤보다 10^7~10^9배 센 염기에 해당된다. 피리딘이 Brønsted 염기로 작용할 때 질소의 양성자화는 질소의 비공유 전자쌍을 방향족 π 계를 그대로 둔 채 결합 쌍(N—H)으로 바꾼다.

그림 11.19

피리딘과 피롤의 정전기 퍼텐셜지도. 색깔의 범위는 두 개 다 똑같다. 피리딘에서 비공유 전자쌍은 질소 근처의 음의 전하 (붉은색)의 농도를 나타내고, 피론에서 상응하는 전자쌍은 고리의 π 계에 비편재화되어 있다.

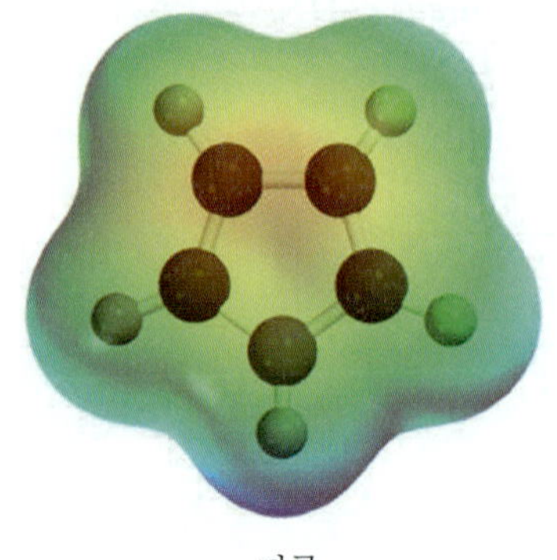

피롤

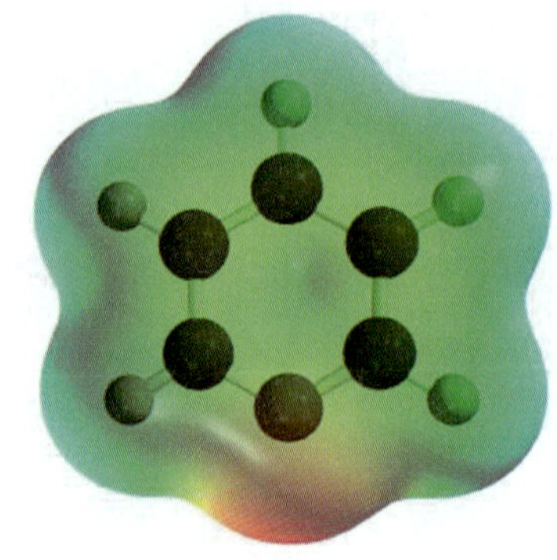

피리딘

피리딘 + 물 $\underset{}{\overset{K = 10^{-10.5}}{\rightleftharpoons}}$ 피리디늄 이온 + 수산화 이온

피리딘 | 물 약산(pK = 15.7) | 피리디늄 이온 강산(pK = 5.2) | 수산화 이온

그러나 피롤에서는 Lewis 식에서 공유하지 않은 것처럼 나타난 전자쌍들은 실질적으로 방향족 π 계의 부분이다. 하나의 양성자와 공유결합에 포함된 그 두 개의 전자들은 방향족에 관계된 모든 안정화를 잃을 수 있다.

N: = N: 그러나 :N—H = N—H

문제 11.31

피리딘 짝산의 pK_a가 5.20이고, 피리딘은 피롤보다 10^7~10^9배 더 염기성이라고 할 때 피롤 짝산의 pK_a를 예측하시오. 피리딘의 짝산은 강산인가 약산인가? 또 피롤의 짝산은 어떤가?

이미다졸은 오원자 고리에 두 개의 질소를 갖는 헤테로고리 방향족 화합물이다. 질소 하나는 피리딘처럼 비공유 전자쌍을 가지고 다른 질소는 방향족 π 계에 섞인 피롤과 같은 전자쌍을 갖는다. 이미다졸은 피리딘보다 약간 더 염기다. 이미다졸이 Brønsted 염기로 작용할 때 피리딘과 같은 질소의 양성자화는 피롤과 같은 질소는 그대로 남겨 두고 방향족이 유지된다.

이미다졸 + 물 $\overset{K = 10^{-8.7}}{\rightleftharpoons}$ 이미다졸륨 이온 + 수산화 이온

이미다졸 | 물 더 약산(pK = 15.7) | 이미다졸륨 이온 더 강산(pK = 7) | 수산화 이온

문제 11.32

이미다졸륨의 구조를 참조하여 이미다졸 이온의 구조를 언급하시오. 팔전자계에 따르고 다른 질소가 양전하를 갖는 두 번째 Lewis 구조를 쓰시오. 어떻게 전자들이 재구성되는가를 굽은 화살표를 사용하시오.

헤테로 원자처럼 산소로 바꾸면 똑같은 원소에 두 쌍의 비공유 전자쌍 문제가 생긴다.

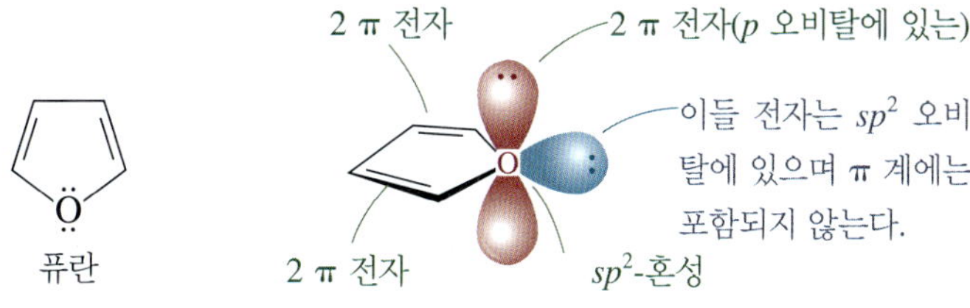

피롤의 전자쌍과 같은 한 쌍은 p 오비탈을 점유하고, 그 두 개의 전자는 방향족 안정화에 필요로 하는 여섯 개의 π 전자에 기여한다. 퓨란에서처럼 다른 두 개의 전자쌍은 방향족의 $4n + 2$ 법칙을 만족시키는 데 필요하지 않은 "여분의" 전자쌍이다. 피리딘에서처럼 비공유 전자쌍은 sp^2 혼성화 오비탈을 점유하고 있다.

11.23 요약

11.1절 벤젠은 **아렌**이라고 하는 화합물의 모체이며, 방향족 탄화수소이다.

11.2절 방향족 탄화수소의 중요한 성질은 다른 불포화 화합물보다 훨씬 안정하며, 반응성이 더 작다는 것이다. 벤젠의 Kekulé 구조식은 벤젠의 낮은 반응성과 모든 C—C 결합이 같은 길이(140 pm)를 갖는다는 사실과는 일치하지 않는다.

벤젠과 기타 아렌의 구조와 안정성은 공명을 근거로 해서 설명할 수 있는데, 이에 따라 벤젠은 두 개의 Kekulé 구조의 혼성체로서 간주된다.

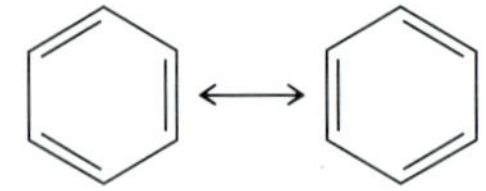

11.3절 벤젠이 Kekulé 구조보다 더 안정된 정도는 **공명 에너지(resonance energy)**로 나타나며, 수소화 열의 자료로부터 152 kJ/mol (36 kcal/mol)로 추정된다.

11.4절 오비탈혼성 모형에서 알 수 있듯이 벤젠은 여섯 개의 π 전자를 가지며, 그들은 모두 여섯 개의 sp^2 혼성 탄소에 의해 공유된다. 높은 π 전자 밀도의 영역은 고리 평면의 위아래에 위치한다.

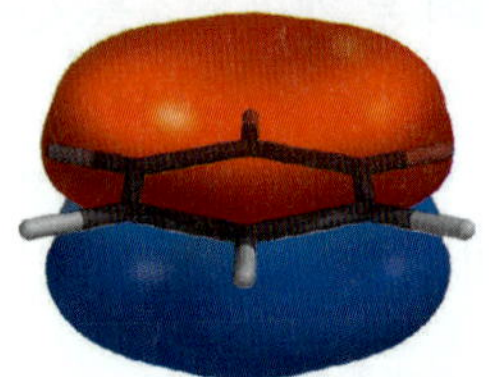

벤젠의 분자오비탈 묘사는 세 개의 결합성 π 오비탈과 세 개의 반결합성 π 오비탈을 갖는다. 결합성 오비탈 각각은 완전히 채워져 있고(각각 두 개씩), 반결합성 오비탈은 비어 있다.

11.5절 많은 방향족 화합물은 단순히 치환된 벤젠의 유도체이며, 그에 알맞게 명명된다. 기타 많은 방향족 화합물들은 다른 모체 방향족 화합물을 근거로 명명한다.

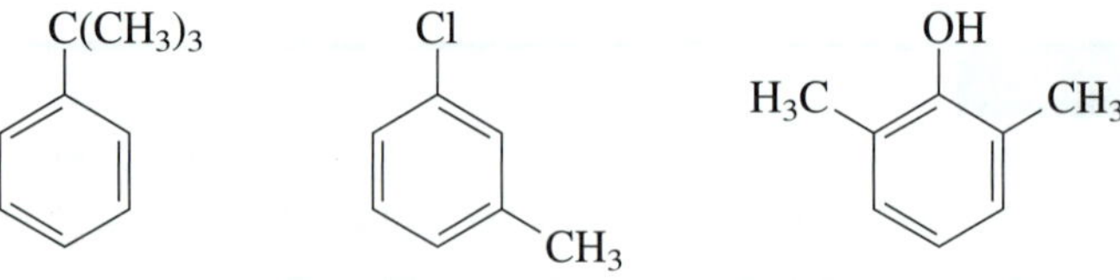

tert-뷰틸벤젠 *m*-클로로톨루엔 2,6-다이메틸페놀

11.6절 한 예로 안트라센과 같은 **다환 방향족 탄화수소**는 두 개 또는 그 이상의 벤젠 고리가 서로 접합된 화합물이다.

안트라센

11.7절 아렌의 물리적 성질은 다른 탄화수소와 비슷하다. 약하긴 하여도 분자간 인력이 비슷한 크기의 다른 탄화수소에 비하여 강하다.

11.8절 아렌의 화학반응은 고리 자체 또는 곁사슬에서 일어날 수 있다. 곁사슬에서 일어나는 반응은 벤질자리 라디칼(benzylic radical)과 벤질자리 탄소양이온(benzylic carbocation)의 안정성에 의해 크게 영향을 받는다.

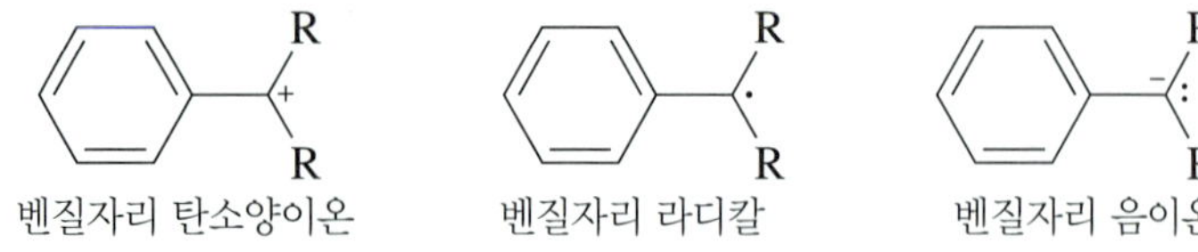

벤질자리 탄소양이온 벤질자리 라디칼 벤질자리 음이온

11.9절~11.12절

표 11.2를 참조하라

11.13절 가장 간단한 알켄일 벤젠은 스타이렌($C_6H_5CH{=}CH_2$)이다. 아릴기는 결합되어 있는 이중결합을 안정화시킨다. 알켄일 벤젠은 보통 벤질 알코올의 탈수 또는 할로젠화 벤질의 탈할로젠화수소에 의해 제조된다.

OTs — KOH, 에탄올, 가열 →

cis-2-Phenylcyclohexyl *p*-toluenesulfonate → 1-Phenylcyclohexane (87%) + 3-Phenylcyclohexane (7%)

표 11.2 아렌과 아렌 유도체의 알킬과 알켄일 곁사슬에서 일어나는 반응

반응(절)과 설명	일반적인 반응식과 특정 예
친핵체 치환 (11.9절) 벤질자리 할로젠화물의 S_N1 및 S_N2 반응은 할로젠화 알킬의 대응하는 반응보다 더 빠르게 일어난다. 세 가지 친핵성 치환이 보여준 합성에 포함된다. 벤질자리 알코올은 HCl과 반응하여 대응하는 염화물로 변환되고, 이어서 대응하는 염화물로 변환되고, 이어서 대응하는 사이안화물로 된다. 아이오딘화 소듐은 두 번째 반응을 촉매화하여 벤질자리 염화물은 더욱 반응성이 높은 아이오딘화물로 변환한다.	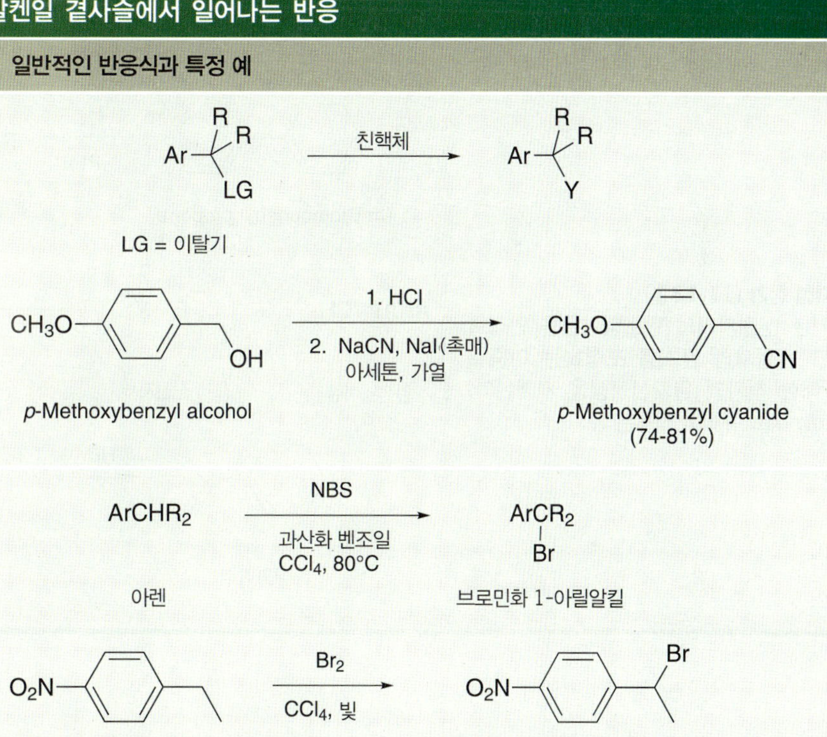
할로젠화 (11.10절) 알킬벤젠의 자유 라디칼 할로젠화는 벤질자리에서 매우 선택적으로 치환이 일어난다. 예에서 보여준 바와 같이 브로민이 사용되었다. 또 하나의 대안으로, *N*-브로모석신이마이드(NBS)는 벤질자리 브로민화에 편리한 시약이다.	
산(성)도 (11.11절) 알킬 벤젠은 매우 약산이지만 알케인보다는 훨씬 강한 산이다. 예를 들어, 톨루엔의 pK_a는 42이다.	$ArCHR_2 \rightleftharpoons Ar\ddot{C}R_2^- + H^+$ 아릴 알케인 ⇌ 짝염기 + 양성자 Toluene (더 약산: pK_a = 42) + *tert*-Butoxide ion ⇌ ($K = 10^{-24}$) Benzyl anion + *tert*-Butyl alcohol (더 강산: pK_a = 18)

(계속)

표 11.2 아렌과 아렌 유도체의 알킬과 알켄일 곁사슬에서 일어나는 반응(계속)

산화 (11.12절)
알킬벤젠의 산화는 알킬기의 벤질 자리에서 일어나며, 벤조산 유도체가 생성된다. 산화제로 황산 수용액에서 다이크로뮴산 소듐 또는 다이크로뮴산 포타슘이 사용된다. 과망가니즈산 포타슘($KMnO_4$)도 효과적인 산화제이다.

$ArCHR_2$ (아렌) —산화→ $ArCO_2H$ (아렌카복실산)

2,4,6-Trinitrotoluene —$Na_2Cr_2O_7$, H_2SO_4, H_2O, 가열→ 2,4,6-Trinitrobenzoic acid (57-69%)

수소화 (11.13절)
방향족 고리의 수소화는 알켄의 수소화보다 다소 느리며, 고리는 그대로 두고 아렌의 불포화된 곁사슬의 이중결합을 환원시키는 것은 간단하다.

$ArCH{=}CR_2$ (알켄일아렌) + H_2 (수소) —Pt→ $ArCH_2CHR_2$ (알킬아렌)

1-(*m*-Bromophenyl)propene —H_2, Pt→ *m*-Bromopropylbenzene (85%)

친전자성 첨가 (11.13절)
아릴기는 벤질자리의 탄소양이온을 안정화시키고 벤질자리 탄소를 포함하는 이중결합에 대한 첨가의 위치선택성을 지배한다. Markovnikov 규칙이 적용된다.

$ArCH{=}CH_2$ (알켄일아렌) + $\overset{\delta+}{E}-\overset{\delta-}{Y}$ (친전자체) → $ArCH(Y)CH_2E$ (친전자성 첨가 생성물)

Styrene —HBr→ 1-Phenylethyl bromide (85%)

11.14절 폴리스타이렌은 스타이렌의 자유 라디칼 중합에 의해 제조되어 널리 사용되는 바이닐 고분자이다.

폴리스타이렌

11.15절 고리 자체가 반응하는 예는 Birch 환원이다. 아렌의 고리는 알코올이 있는 액체 암모니아에서 1족 금속(대개는 소듐)을 처리되어 비컨쥬케이트된 다이엔으로 환원된다.

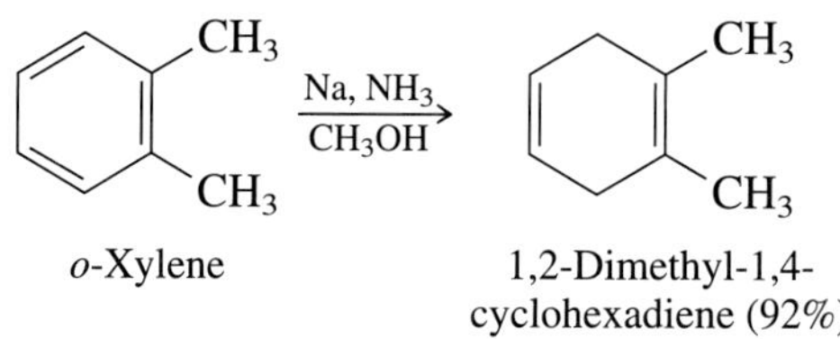

o-Xylene 1,2-Dimethyl-1,4-cyclohexadiene (92%)

11.16절 방향족 화합물을 합성하는 방법을 선택할 때 벤질자리 탄소에 의한 반응 속도 및 위치선택성이 큰 영향을 준다.

11.17절 고리 컨쥬게이션은 방향족성의 필수 조건이지만 이것만으로는 충분하지 않다. 만일 그렇다면 사이클로뷰타다이엔과 사이클로옥타테트라엔이 방향족이 될 것이다. 그러나 그들은 방향족이 아니다.

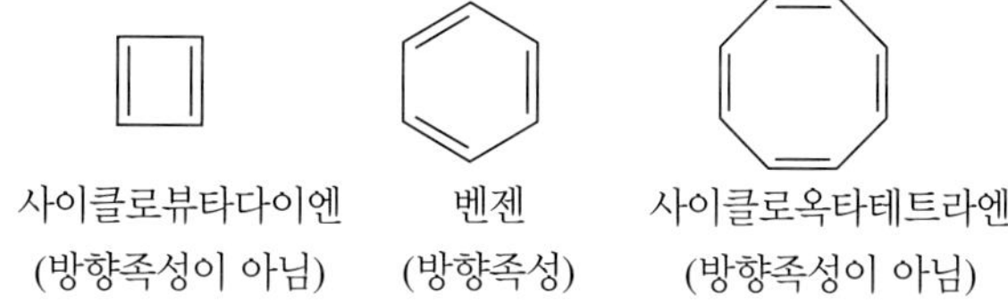
사이클로뷰타다이엔 (방향족성이 아님) 벤젠 (방향족성) 사이클로옥타테트라엔 (방향족성이 아님)

11.18절 방향족성의 추가적인 필요 조건은 컨쥬게이션된 평면의 단일 고리 화학종에서 π 전자의 수가 $4n + 2$이어야 한다(여기서 n은 정수이다). 이것을 **Hückel 법칙**이라 한다. 여섯 개의 π 전자를 갖는 벤젠은 $n = 1$로 Hückel 법칙을 만족시킨다. 사각형의 사이클로뷰타다이엔(네 개의 π 전자)과 평면의 사이클로옥타테트라엔(여덟 개의 π 전자)은 그렇지 않다. 모두는 $4n$ π 계를 갖는 예들이고 반방향족성이다.

11.19절 **아눌렌(annulene)**은 단일 고리로 Hückel 법칙을 시험하기 위한 목적으로 합성된 완전히 컨쥬게이션된 폴리엔이다. 그들은 탄소수를 나타내기 위해 꺽쇠 괄호의 숫자 접두사를 *아눌렌* 앞에 사용하여 명명한다. [$4n$]아눌렌은 짧은(이중) 결합과 긴(단일) 결합이 교대로 이루어진 고리로 특징지어지며 *반방향족*이다. [$4n + 2$] 아눌렌의 예상되는 방향족성은 고리가 대략 18탄소를 포함하지 않는다면 결합 각과 van der Waals 변형에 의해 감소된다.

11.20절 "특별한 안정성"을 갖는 여섯 개의 π 전자로 되어 있는 화학종은 *사이클로펜타다이엔 음이온이나 사이클로헵타트라이엔일* 양이온과 같은 이온이다.

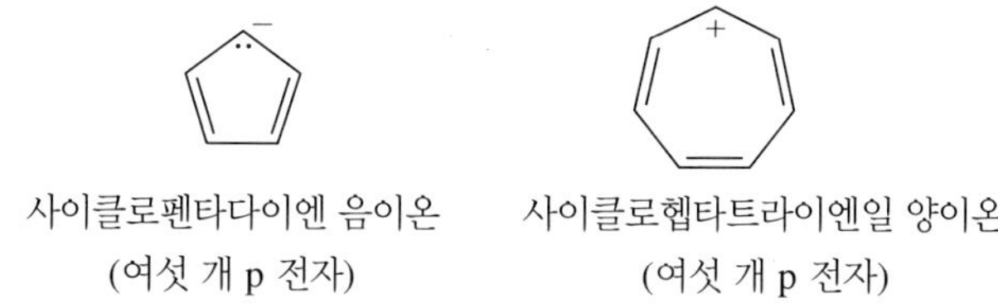
사이클로펜타다이엔 음이온 (여섯 개 p 전자) 사이클로헵타트라이엔일 양이온 (여섯 개 p 전자)

11.21절 **헤테로 고리 방향족 화합물(Heterocyclic aromatic compound)**은 방향족 고리 안에 탄소 이외의 다른 원자가 한 개 이상 포함된 화합물이다.

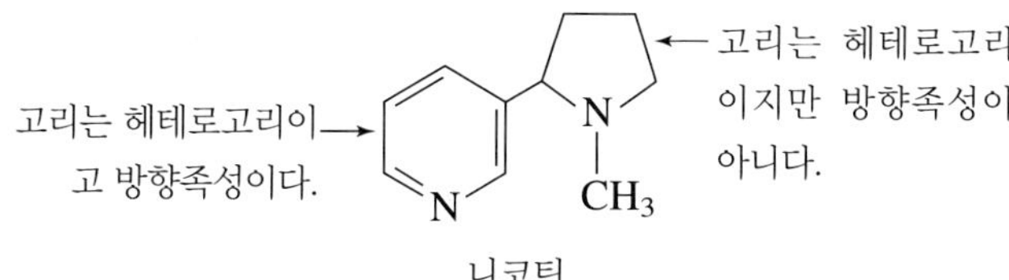

니코틴

11.22절 Hückel 법칙은 헤테로고리 방향족 화합물에도 확장될 수 있다. 헤테로원자의 비공유 전자쌍은 $4n + 2$ 법칙을 만족시키기 위해 필요한 π 전자로 사용될 수 있다

문제

11.33 단일 치환된 벤젠고리를 포함하는 $C_6H_5C_4H_9$의 이성질체를 모두 그리고 IUPAC 이름을 쓰시오.

11.34 다음 각각에 상응하는 구조식을 쓰시오.

(a) 알릴벤젠

(b) (*E*)-1-페닐-1-뷰텐

(c) (*Z*)-2-페닐-2-뷰텐

(d) (*R*)-1-페닐에탄올

(e) *o*-클로로벤질 알코올

(f) *p*-클로로페놀

(g) 2-나이트로벤젠카복실산

(h) *p*-다이아이소프로필벤젠

(i) 2,4,6-트라이브로모아닐린

(j) *m*-나이트로아세토페논

(k) 4-브로모-3-에틸스타이렌

11.35 표 11.1을 참조하여 다음 화합물의 IUPAC이름을 쓰시오.

(a) 에스트라골(약쑥의 주 성분)

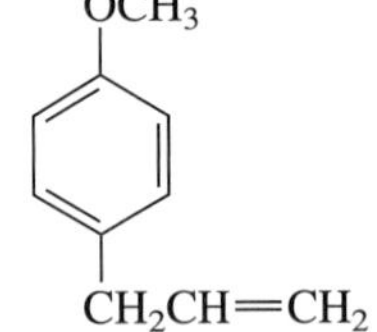

(b) 디오스페놀(가축병원에서 사용하는 기생충약)

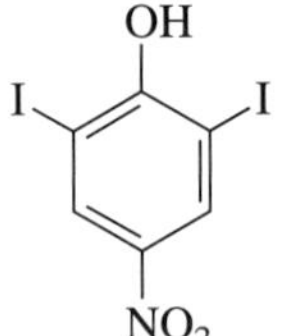

(c) *m*-자일리다인 (리도케인 합성 및 국부 마취에 사용)

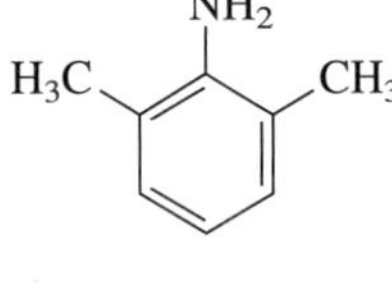

11.36 다음의 화합을 하나 이상의 공명구조를 갖고 있다. 각각의 화합물에 대한 공명구조를 그리라.

(a)

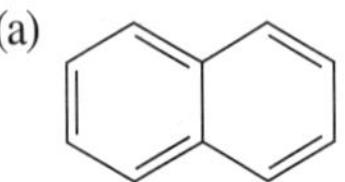

(b)

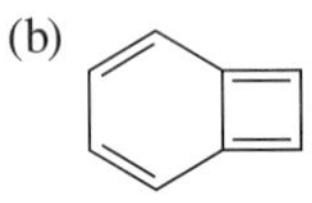

(c)

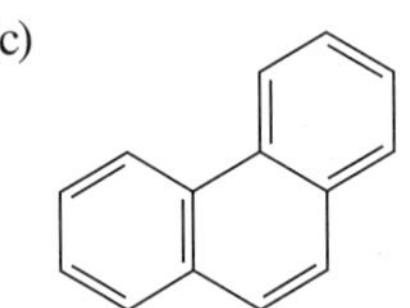

11.37 안트라센은 말레산 부수물과 Diels-Alder 반응하여 $C_{18}H_{12}O_3$의 식을 갖는 고리첨가물을 생성한다. 그 구조는 무엇인가?

$$+ \longrightarrow C_{18}H_{12}O$$

11.38 아이소프로필벤젠과 아래에 주어진 조건으로 반응시켰을 때 기대되는 생성물의 구조를 그리시오.

(a) 수소(3몰), 백금

(b) 액체 암모니아에서 Na 및 에탄올

(c) 중크롬산 소듐, 물, 황산, 가열

(d) NBS와 벤조일퍼옥사이드를 CCl_4에 넣고 가열

(e) (d)의 생성물을 에톡시화 소듐과 에탄올에서 반응

11.39 다음 각 반응은 화학 문헌에 발표되었으며 높은 수득률의 단일 생성물을 생성한다. 각 반응의 생성물을 쓰시오

(a) 1. B_2H_6, 디글라임 / 2. H_2O_2, HO^- →

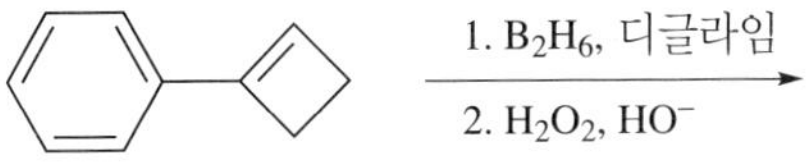

(b) + H_2 (1 mol) Pt →

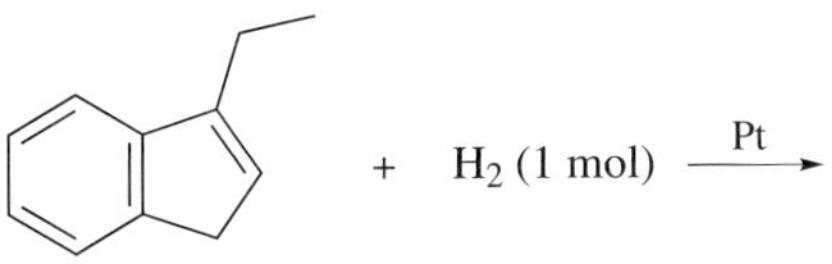

(c) $(C_6H_5)_2CH$—⟨벤젠⟩—CH_3 (과량의 Cl_2 / CCl_4, 빛) → $C_{20}H_{14}Cl_4$

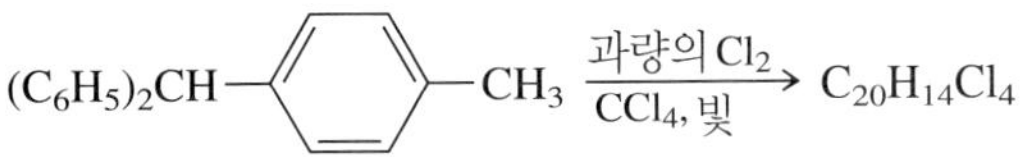

(d) CH_3CO_2OH / 아세트산 →

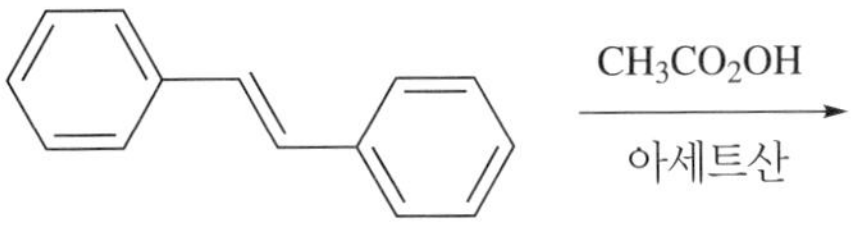

(e) OH, H_3C … (H_2SO_4 / 아세트산) →

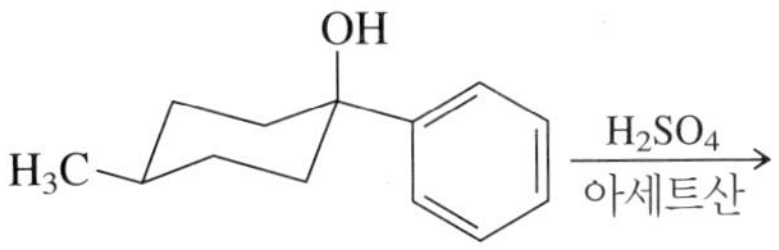

(f) HO … OH (KHSO₄ / 가열) → $C_{12}H_{14}$

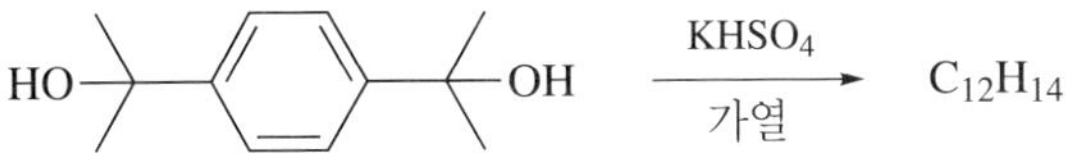

(g) (Cl—⟨벤젠⟩—$)_2CHCCl_3$ ($NaOCH_3$ / CH_3OH) → $C_{14}H_8Cl_4$

(DDT)

(h) CH_3 (*N*-브로모석신이마이드 / CCl_4, 가열) → $C_{11}H_9Br$

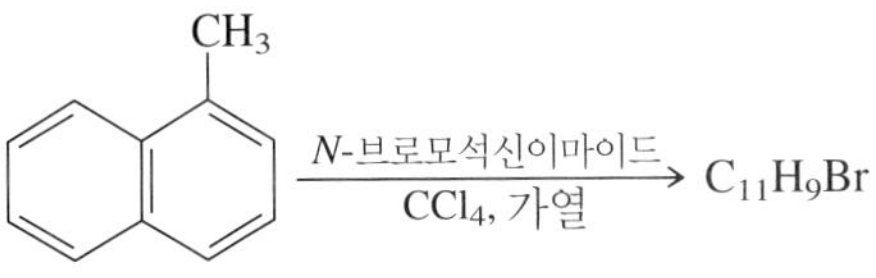

(i) N≡C—⟨벤젠⟩—CH_2Cl (K_2CO_3 / 물) → C_8H_7NO

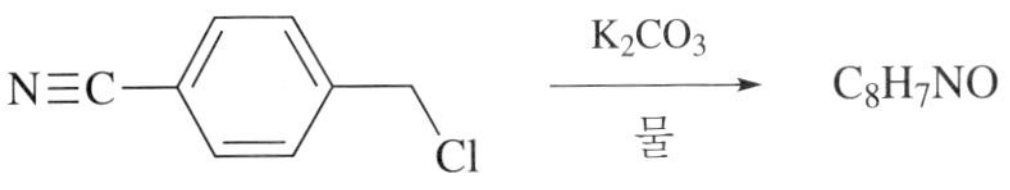

11.40 알칸의 자유 라디칼 할로젠화에서와 같이 알킬벤젠의 염소화도 브로민화보다 선택도가 낮다. 1-페닐부테인에서도 염소로 수소를 떼어내는 단일반응에서 각각의 수소를 떼어내는 상대속도가 아래와 같이 주어졌을때 산불인 $C_{10}H_{13}Cl$에서 1-클로로-1-페닐부테인이 생성되는 %를 계산하시오.

5.9 4.0 H H H H 2.7 1.0

for R—H + ·Cl: ⟶ R· + H—Cl:

11.41 (*E*)-2-(*p*-아니실)-2-뷰텐의 수소붕소화–산화를 통해 녹는점이 60°C인 알코올 A가 72% 수득률로 얻어진다. 같은 반응을 *Z*알켄과 수행하면 이성질체인 액상 알코올 B가 77% 수득률로 얻어진다. A와 B의 공명구조를 제안하고, 둘 사이의 관계를 설명하시오.

CH_3O—

(*E*)-2-(*p*-아니실)-2-뷰텐

11.42 다음 각 변환을 수행하는데 적당한 시약을 제안하시오. 대부분의 경우에 한 개 이상의 합성 과정이 필요하다.

(a) C_6H_5 ⟶ Br C_6H_5

(b) Br C_6H_5 ⟶ Br C_6H_5 Br

(c) C_6H_5 ⟶ C_6H_5—≡

(d) C_6H_5—≡ ⟶ C_6H_5

(e) OH C_6H_5 ⟶ C_6H_5

(f) Br C_6H_5 ⟶ HO C_6H_5 Br

11.43 1,2-다이하이드로나프탈렌과 1,4-다이하이드로나프탈렌은 선택적으로 수소화 되어 1,2,3,4-테트라하이드로나프탈렌을 형성한다.

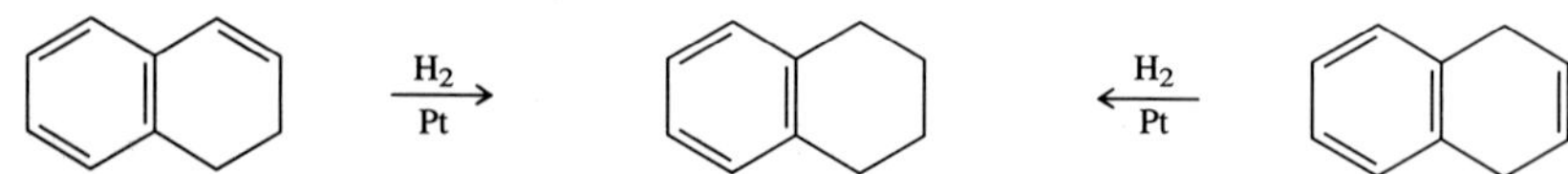

두 이성질체 중 하나의 수소화 열은 101 KJ/mol이고 다른 하나는 113 KJ/mol이다. 수소화 열과 다이하이드로나프탈렌을 적절히 연결하시오.

11.44 사이클로펜타다이엔화 소듐(C_5H_5Na) 을 제조하는 표준방법은 사이클로펜타다이엔과 액체 암모니아에서 $NaNH_2$ 용액의 반응이다. 이 반응의 알짜이온 반응식을 쓰시오. 산과 염기를 구분하시오. 그리고 전자의 흐름을 추적하기 위하여 굽은 화살표를 사용하시오.

11.45 사이클로옥타데트라엔은 네 개의 인접한 탄소원자에 메틸기를 갖는 두 개의 다른 테트라메틸 유도체를 갖는다. 이들은 모두 완전히 컨쥬게이션 되었으며 입체이성질체가 아니다. 이들의 구조를 쓰시오.

11.46 사이클로노나테트라엔에 적용되는 다음 각 과정을 평가하고 그리고 형성된 화학종이 방향족인지 아닌지 결정하시오.

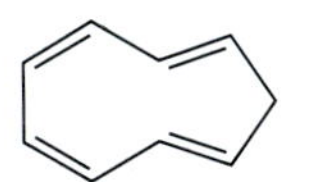

사이클로노나테트라엔

(a) π 전자 한개를 첨가하면 $C_9H_{10}^-$는?

(b) π 전자 한개를 첨가하면 $C_9H_{10}^{2-}$는?

(c) sp^3-혼성화된 탄소에서 H^+를 제거하면?

(d) sp^2-혼성화된 탄소 한 개에서 H^+를 제거하면?

11.47 (a) 그림 11.20에 캘리센의 정전기 퍼텐셜지도를 나타냈다. 갈리센은 라틴어로 컵을 뜻하는 칼릭스(calix)에서 기원한 이름이다. 정전기적 퍼텐셜과 계산한 쌍극자 모멘트 값(μ = 4.3 D)을 보면 캘리센이 비정상적으로 가진 탄화수소임을 알 수 있다. 아래의 공명구조 A와 B중 어떤 것이 분자의 전자 분포에 더 크게 기여하겠는가? 어떤 공명구조가 다른 공명구조에 비하여 더 중요한 이유는 무엇인가?

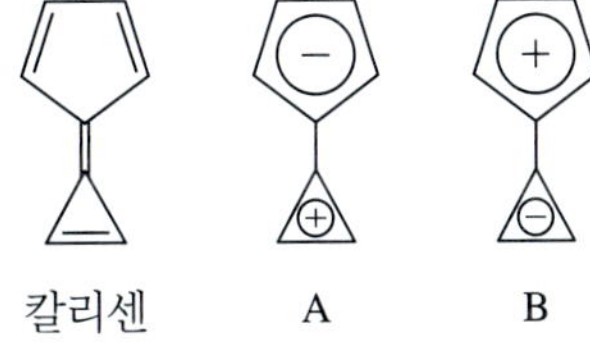

칼리센 A B

(b) 다음 중 어느 것이 공명에 의해서 더 많이 안정화되는가?(*힌트*: 쌍극자 공명 형태의 타당성을 보이시오.)

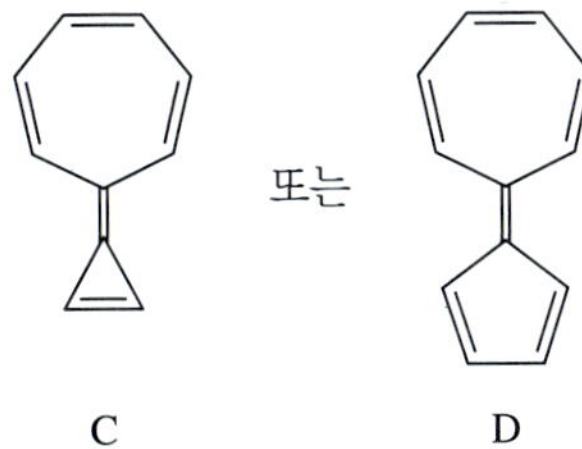

C 또는 D

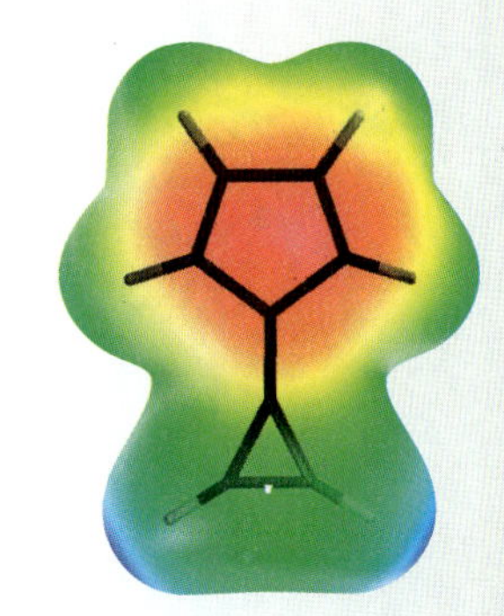

그림 11.20

칼리센의 정전기 퍼텐셜지도 (문제 11.47).

11.48 퓨란은 벤젠보다 공명에 의해서 덜 안정하다 그리고 브로민과 1.4 첨가를 하여 불안정한 다이브로민화물 $C_4H_4Br_2O$를 생성한다. 이 화합물의 구조는 무엇인가?

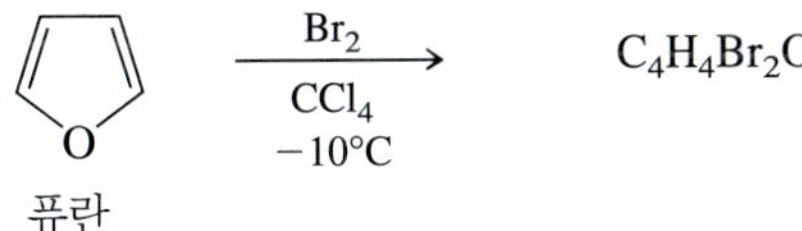

퓨란

11.49 *나이트록솔린(Nitroxoline)*은 항박테리아 약으로 시판되는 5-나이트로-8-하이드록시퀴놀린의 일반명이다. 구조식을 쓰시오.

설명문과 이해 문제 11

Hammett 식

우리는 유기반응의 속도와 평형에 대한 치환기 효과의 많은 예를 보았다. 그리고 전자-주기 또는 전자-끌기로서 다양한 그룹의 *정성적* 특징을 개발하였다. 1930년대를 시작으로 Columbia 대학교의 Lewis P. Hammett는 *정성적인* 치환기 효과를 나타내는 식을 개발하였다.

$$\log \frac{k}{k_0} = \sigma\rho \qquad \text{및} \qquad \log \frac{K}{K_0} = \sigma\rho$$

k와 k_0는 속도 상수이고 K와 K_0는 평형상수이다. σ와 ρ는 치환기 (σ)와 반응(ρ)의 특징을 실험적으로 결정한 상수이다.

k_0와 K_0는 각각 치환되지 않은 모체 화합물의 속도와 평형상수이다; 즉 치환기가 H이다. 기준 치환기 H의 σ 값은 0으로 정한다. ρ = 1.0으로 정한 기본 반응은 치환된 벤조산의 이온화이다.

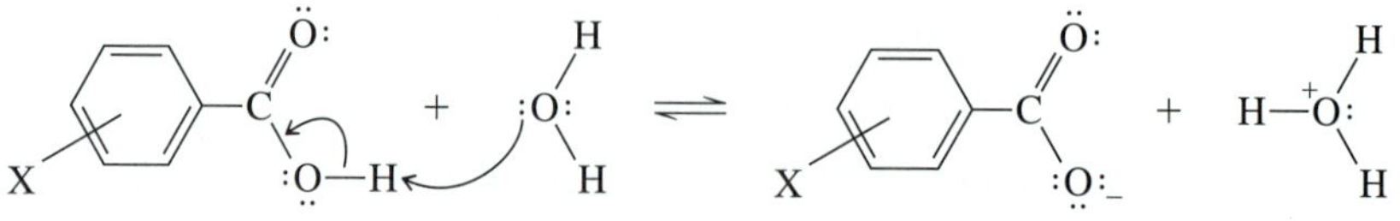

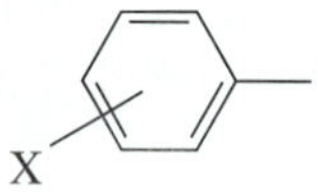

은 메타 또는 파라 치환된 아릴기이다.

ρ를 1.0으로 정하고 벤조산과 치환된 유도체의 측정된 K_a 값을 Hammett 식에 대입하면 치환기의 σ 값을 얻는다. X가 전자를 끌면 산은 벤조산보다 강산이며, σ의 부호는 +이다. 반대로 전자-주는 산을 약화시키는 σ의 부호가 −이다. 각각의 치환기에서 σ는 반응 위치에서 메타 또는 파라인지에 따라서 다르다. 표 11.3은 문제 11.50~11.56에 필요한 원자 및 그룹의 σ 값을 제공한다.

표 11.3 치환기 상수(σ)

치환기 X	σ_{mata}	σ_{para}
CH_3	−0.06	−0.14
CF_3	0.46	0.53
CN	0.62	0.70
CH_3O	0.10	−0.12
Cl	0.37	0.24
F	0.34	0.15
NO_2	0.71	0.81

출처: O. Exner, *Correlation Analysis in Chemistry*, N.B. Chapman and J. Shorter, eds. Plenum Press, New York, 1978, 10장.

11.50 일련의 3차 염화 벤질의 가수분해 ρ는 −4.5이다.

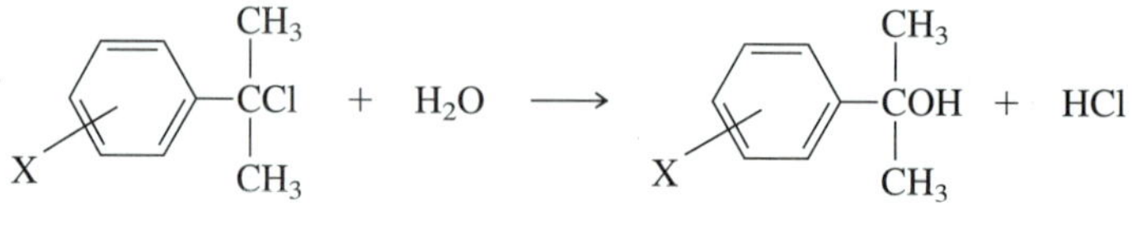

어떤 화합물이 이 반응을 빠르게 진행하는가?

A. $N{\equiv}C-C_6H_4-CCl(CH_3)_2$ B. $Cl-C_6H_4-CCl(CH_3)_2$ C. $H_3C-C_6H_4-CCl(CH_3)_2$ D. $O_2N-C_6H_4-CCl(CH_3)_2$

11.51 아세톤에서 일련의 염화 벤질과 아이오딘화 포타슘 반응의 ρ는 +0.8이다.

$$X-C_6H_4-CH_2Cl \xrightarrow[\text{아세톤}]{KI} X-C_6H_4-CH_2I$$

어떤 화합물이 가장 빠르게 이 반응을 진행하는가?

A. $N{\equiv}C-C_6H_4-CH_2Cl$ B. $Cl-C_6H_4-CH_2Cl$ C. $H_3C-C_6H_4-CH_2Cl$ D. $CH_3O-C_6H_4-CH_2Cl$

11.52 일련의 브로민화 2-아릴에틸과 에탄올에서 에톡시화 소듐의 E2 제거의 ρ는 +2.1이다.

$$X-C_6H_4-CH_2CH_2Br \xrightarrow[\text{에탄올}]{NaOCH_3CH_3} X-C_6H_4-CH{=}CH_2$$

어떤 화합물이 가장 빠르게 이 반응을 진행하는가?

A. $F_3C-C_6H_4-CH_2CH_2Br$ (para) B. $F_3C-C_6H_4-CH_2CH_2Br$ (meta) C. $F-C_6H_4-CH_2CH_2Br$ (para) D. $F-C_6H_4-CH_2CH_2Br$ (meta)

11.53 벤조산의 pK_a는 4.2이다. *m*-나이트로벤조산의 pK_a를 계산하는데 Hammett 식과 표 11.3을 사용하시오(힌트: Hammett 식과 pK_a의 정의를 깊이 생각한다면 계산기가 필요없을 것이다).

A. 3.0

B. 3.5

C. 4.9

D. 6.0

11.54 다음 치환된 벤조산을 산도가 증가하는 순서로 정렬하는데 σ 값의 표를 사용하시오(가장 작은 pK_a = 가장 강산).

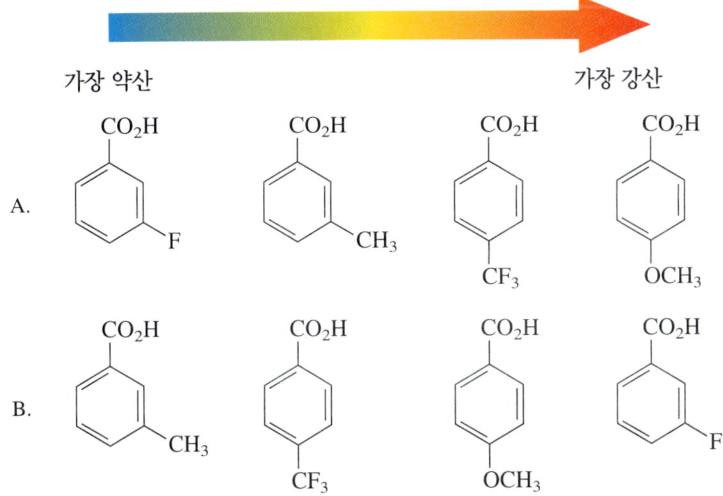

C. 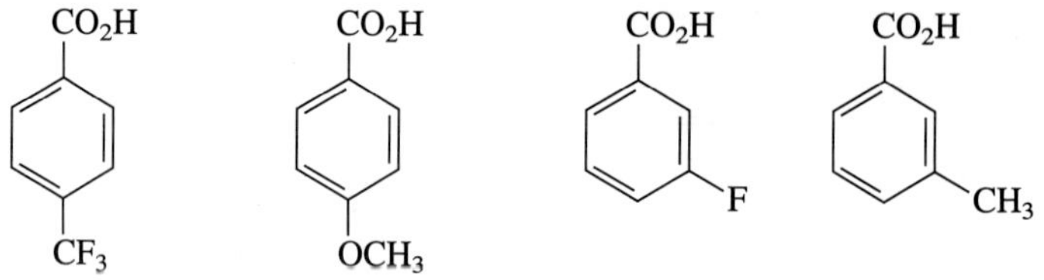 (p-CF_3-벤조산), (p-OCH_3-벤조산), (m-F-벤조산), (m-CH_3-벤조산)

D. 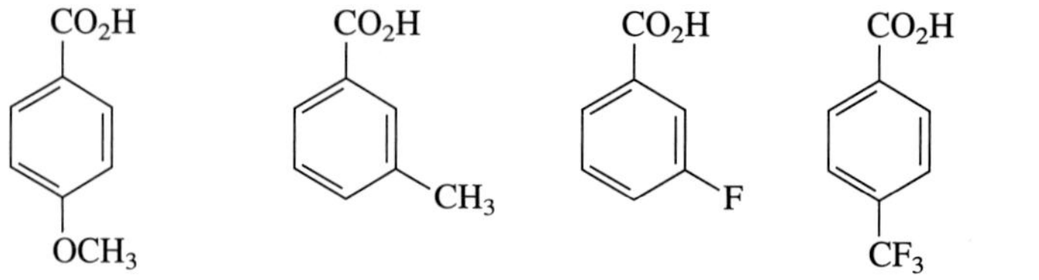 (p-OCH_3-벤조산), (m-CH_3-벤조산), (m-F-벤조산), (p-CF_3-벤조산)

11.55 다음의 염화 바이닐성 친핵성 치환은 특이한 두 단계 메커니즘을 따른다. 첫 단계에서 친핵체는 이중결합에 첨가된다; 염화 이온은 두 번째 단계에서 축출된다.

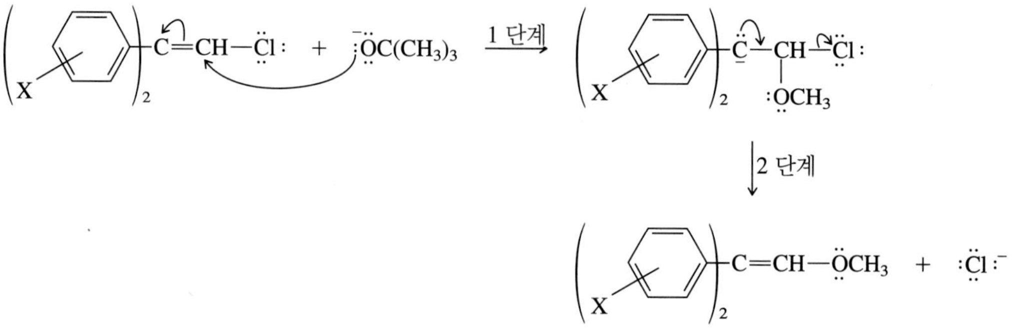

$$(X\text{-}C_6H_4)_2C{=}CH{-}Cl + {}^{-}OC(CH_3)_3 \xrightarrow{\text{1 단계}} (X\text{-}C_6H_4)_2\overset{-}{C}{-}CH(OCH_3){-}Cl \xrightarrow{\text{2 단계}} (X\text{-}C_6H_4)_2C{=}CH{-}OCH_3 + Cl^{-}$$

전체 반응의 측정된 ρ 값은 최소 +4.5라고 보고 되었다. 이 정보에 기초한 속도결정 단계의 가장 타당한 선택은 어느것인가?

A. 1 단계

B. 2 단계

11.56 이탈기가 다른 일련의 두 화합물에서 E2 제거의 전이상태와 ρ 값들이 주어졌다 이들의 값을 근거로, 어떤 반응물이 전이상태에서 C—H 결합 절단의 정도가 더 큰가?

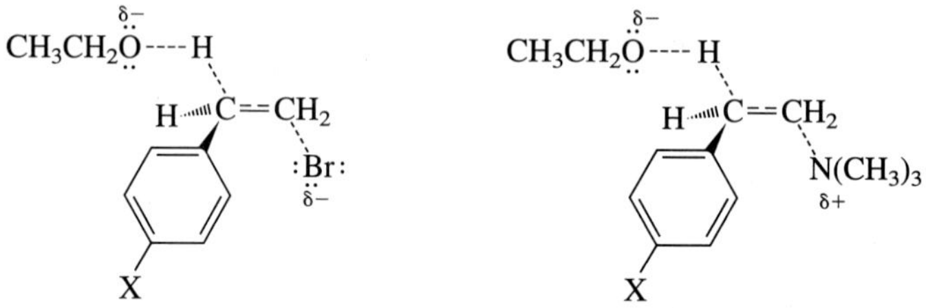

$CH_3CH_2\overset{\delta-}{O}$----H, H····C=$CH_2$, $\overset{\delta-}{Br}$ (Ar = p-X-C_6H_4)

$CH_3CH_2\overset{\delta-}{O}$----H, H····C=$CH_2$, $\overset{\delta+}{N}(CH_3)_3$ (Ar = p-X-C_6H_4)

반응물은 $ArCH_2CH_2Br$이다; ρ = +2.1 반응물은 $ArCH_2CH_2\overset{+}{N}(CH_3)_3$이다; ρ = +3.8

A. $ArCH_2CH_2Br$

B. $ArCH_2CH_2\overset{+}{N}(CH_3)_3$

12

칠판은 벤젠과 나이트로늄 이온 간의 반응에서 전자 흐름을 보여준다. 정전기 퍼텐셜지도는 벤젠의 π-전자계와 나이트로늄 이온의 질소사이의 상호 보완성을 보여준다.

장의 개요

친전자성 및 친핵성 방향족 치환

Electrophilic and Nucleophilic Aromatic Substitution

앞장에서 벤젠의 특별한 안정성(special stability)과 방향족 고리가 치환기로 존재할 때의 반응을 다루었다. 방향족 고리 자체는 어떤 반응이 일어나는가? 벤젠과 그 유도체에서는 어떤 반응들이 유용한가? 어떤 종류의 시약들이 방향족 화합물과 반응을 하며, 이 반응들에서는 어떤 생성물이 얻어지고, 어떤 메커니즘으로 진행되는가?

그와 같은 대부분의 반응과 가장 중요한 종류에는 *친정전자성*(*electrophilic*) 반응이 포함된다. 우리는 이미 친전자체를 경험하였고, 특히 그들이 알켄과 반응하는 것을 다루었다. 친전자성 시약은 알켄에 *첨가*(*add*)된다.

$$\text{C}=\text{C} + \overset{\delta+}{\text{E}}-\overset{\delta-}{\text{Y}} \longrightarrow \text{E}-\text{C}-\text{C}-\text{Y}$$

알켄 　　친전자성 시약 　　친전자성 첨가의 생성물

아렌과는 다른 반응이 일어난다. *첨가반응대신에 치환반응*이 관찰된다. 시약의 친전자성 부분이 고리의 수소 한 개와 치환된다.

$$\text{Ar}-\text{H} + \overset{\delta+}{\text{E}}-\overset{\delta-}{\text{Y}} \longrightarrow \text{Ar}-\text{E} + \text{H}-\text{Y}$$

아렌 　　친전자성 시약 　　친전자성 방향족 치환의 생성물

이 반응은 **친전자성 방향족 치환(electrophilic aromatic substitution)**

으로 알려져 있다. 이 반응은 유기화학의 기본반응 중 하나이고, 이 장의 주 관심사이다. 할로젠화 아릴에서 친핵성 치환은 무엇인가?

$$\underset{\text{할로젠화 아릴}}{Ar-\ddot{\underset{..}{X}}:} + \underset{\text{친핵체}}{:Nu^-} \longrightarrow \underset{\text{친핵성 방향족 치환의 생성물}}{Ar-Nu} + \underset{\text{할로젠화 이온}}{:\ddot{\underset{..}{X}}:^-}$$

8장에서, 할로젠화 아릴은 할로젠화 알킬에 비해서 친핵성 치환의 반응성이 훨씬 낮다는 것을 알았다. 이 장에서는 새롭고, 유용한 메커니즘적으로 흥미 있는 **친핵성 방향족 치환(nucleophilic aromatic substitution)**의 예를 보게 될 것이며 이들 반응의 원인이 되는 구조적인 특징을 탐구할 것이다.

12.1 벤젠의 대표적인 친전자성 방향족 치환반응

친전자성 방향족 치환의 범위는 아주 넓다; 방향족 화합물과 친전자성 시약은 모두 그 종류가 매우 다양하다. 이 때문에 친전자성 방향족 치환은 매우 중요하다. 친전자성 방향족 치환은 치환된 벤젠 유도체를 제조하는 방법이다. 여기서는 벤젠을 반응물로 이용하는 몇

표 12.1 재활용 플라스틱

반응과 설명	반응식
1. **나이트로화** 벤젠과 질산 및 황산 혼합물을 가열하면 나이트로($-NO_2$)기가 고리 수소 중의 한 개와 치환된다.	Benzene (C₆H₅–H) + HNO_3 (Nitric acid) $\xrightarrow[30\text{–}40°C]{H_2SO_4}$ $C_6H_5NO_2$ Nitrobenzene (95%) + H_2O Water
2. **설폰화** 벤젠을 뜨거운 진한 황산으로 처리하면 벤젠설폰산이 얻어진다. 설폰산($-SO_2OH$)기가 고리 수소 중의 한 개와 친환 된다.	Benzene + $HOSO_2OH$ (Sulfuric acid) $\xrightarrow{heat}$ $C_6H_5SO_2OH$ Benzenesulfonic acid (100%) + H_2O Water
3. **할로젠화** 촉매인 브로민화 철(III) 존재 하에서 브로민이 벤젠과 반응하여 브로모벤젠이 생성된다. 마찬가지로 염소도 염화 철(III) 존재 하에서 반응하여 클로로벤젠을 만든다.	Benzene + Br_2 (Bromine) $\xrightarrow{FeBr_3}$ C_6H_5Br Bromobenzene (65–75%) + HBr Hydrogen bromide
4. **Friedel-Craft 알킬화** 할로젠화 알킬이 $AlCl_3$ 존재 하에서 벤젠과 반응하여 알킬벤젠을 생성한다.	Benzene + $(CH_3)_3CCl$ (*tert*-Butyl chloride) $\xrightarrow[0°C]{AlCl_3}$ $C_6H_5C(CH_3)_3$ *tert*-Butylbenzene (60%) + HCl Hydrogen chloride
5. **Friedel-Craft 아실화** 할로젠화 아실이 염화 알루미늄 존재 하에서 벤젠과 반응하면 유사한 반응이 일어난다. 생성물은 아릴 케톤이다.	Benzene + $CH_3CH_2\overset{O}{\overset{\Vert}{C}}Cl$ (Propanoyl chloride) $\xrightarrow[40°C]{AlCl_3}$ $C_6H_5\overset{O}{\overset{\Vert}{C}}CH_2CH_3$ 1-Phenyl-1-propanone (88%) + HCl Hydrogen chloride

가지의 전형적인 예를 검토함으로써 이 반응들을 이해할 수 있다. 이들의 예를 표 12.1에 나타내었고, 각 반응에 대한 상세한 내용은 12.3~12.7절에서 다루게 될 것이다. 우선 친전자성 방향족 치환의 일반적인 메커니즘을 알아보자.

12.2 친전자성 방향족 치환의 메커니즘 원리

알켄에 대한 친전자성 첨가의 일반적인 메커니즘을 상기해보자.

느림 빠름

알켄과 친전자체 탄소양이온 친핵체 친전자성 첨가 생성물

첫 번째 단계는 속도결정 단계이다. 여기서 알켄의 π 전자쌍이 친전자체와 결합이 만들어지면서 탄소양이온이 형성된다. 그런 다음 생성된 탄소양이온은 용매에 존재하는 Lewis 염기에 의해 빠른 공격을 받는다.

벤젠과 친전자성 시약의 반응에 있어서 첫 번째 단계는 비슷하다. 친전자체는 벤젠의 π 계로부터 전자쌍을 받아 탄소양이온을 형성한다.

느림 빠름

벤젠 및 친전자체 탄소양이온 친전자성 방향족 치환 생성물

이 단계에서 생성된 탄소양이온은 σ-**착물(s-complex)**로 알려져 있는 **아레늄 이온(arenium ion)**, 또는 **사이클로헥사다이엔일 양이온(cyclohexadienyl cation)**이다. 만약 Lewis 염기(:Y^-)가 친핵체로 작용하여 탄소에 결합하였다면, 그 생성물은 비방향족성 사이클로헥사다이엔 유도체가 된다. 이 때 재방향족화(rearomatization) 되려는 상당한 추진력 때문에 치환이 우선적으로 일어난다.

그림 12.1은 친전자성 방향족 치환의 일반적인 메커니즘을 설명한 퍼텐셜 에너지 도표이다. 친전자성 방향족 치환반응에서 첫 번째 단계의 특징인 높은 활성화 에너지를 극복하기 위하여, 친전자체는 큰 반응성을 가져야 한다. 알켄과 빠르게 반응하는 대부분의 친전자성 시약은 벤젠과는 전혀 반응하지 못한다. 예를 들면, 과산화산 및 다이보레인이 여기에 속한다. 브로민과 같은 다른 시약은 단지 친전자성을 증가시키는 촉매가 존재할 때 벤젠과 반응한다. 친전자체에 대한 벤젠의 낮은 반응성은 속도결정 단계에서 전이상태에 있는 방향족성의 손실에 기인된다.

문제 12.1

Hammond 가설을 기초로하여 탄소양이온 중간체 생성에 대한 전이상태 구조는 벤젠 또는 사이클로헥사다이엔일 양이온 중 어느 것을 더 닮았는가?

이와 같은 반응의 배경에 따라, 표 12.1에 열거한 각 친전자성 방향족 치환을 자세하게 조사해보고, 특히 벤젠과 반응하는 친전자체에 대해서 살펴보기로 하자.

그림 12.1

친전자성 방향족 치환의 퍼텐셜 에너지 도표

12.3 벤젠의 나이트로화

지금까지 친전자성 방향족 치환에 관한 일반적인 메커니즘의 개요를 서술하였고, 벤젠의 나이트로화에서 반응이 어떻게 진행되는지에 대한 명확한 개념을 파악하기 위해서 특정 친전자체를 확인해야 할 필요가 있다.

$$\text{Benzene} + HONO_2 \xrightarrow[30-40°C]{H_2SO_4} \text{Nitrobenzene (95\%)} + H_2O$$

Benzene　Nitric acid　Nitrobenzene (95%)　Water

벤젠의 나이트로화에서 나이트로늄 이온의 역할은 C. Ingold 경에 의해 알려졌다. C. Ingold는 친핵성 치환의 S_N1 및 S_N2 메커니즘을 제안하였고 *R* 및 *S* 표기 체계에 대해서 Cahn 및 Prelog와 공동 연구를 수행한 동일 인물이다.

이 반응에서 친전자체(E^+)는 *나이트로늄 이온*(*nitronium ion*, $:\ddot{O}=\overset{+}{N}=\ddot{O}:$)이다. 나이트로늄 이온의 전하 분포는 Lewis 구조와 그림 12.2에 있는 정전기 퍼텐셜지도에 명확하게 나타난다. 질산과 황산의 반응으로 생성된 나이트로늄 이온은 양성자화된 질산 및 물을 잃은 결과이다.

$$HOSO_2O{-}H + HO{-}NO_2 \longrightarrow HOSO_2O^- + H_2\overset{+}{O}{-}NO_2 \longrightarrow H_2O + NO_2^+$$

황산　질산　황산수소 이온　양성자화된 질산　물　나이트로늄 이온

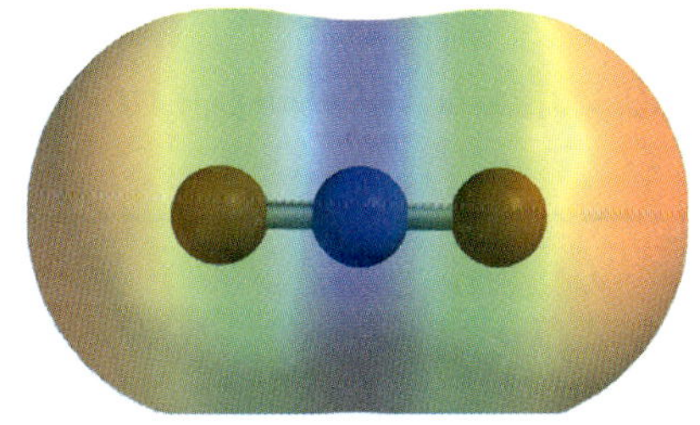

그림 12.2

나이트로늄 이온(NO_2^+)의 정전기 퍼텐셜지도. 양전하는 질소에 집중되어있다.

메커니즘 12.1

벤젠의 나이트로화

전체 반응:

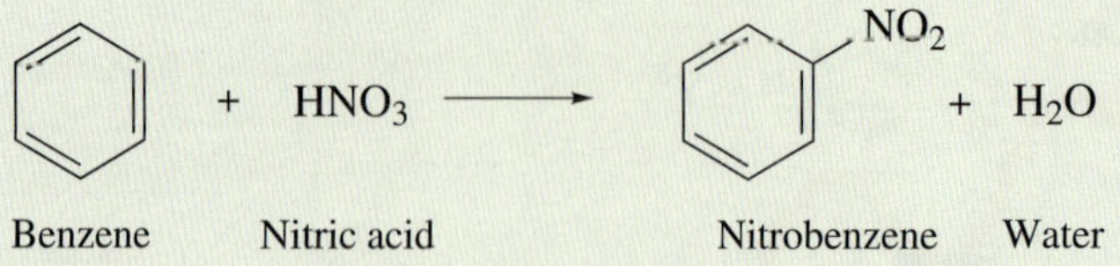

Benzene + HNO_3 ⟶ Nitrobenzene (NO_2) + H_2O

Benzene Nitric acid Nitrobenzene Water

메커니즘:

1단계: 나이트로늄 양이온과 방향족 고리계의 반응(분자모형은 사이클로헥사다이엔일 양이온 중간체를 나타낸다.)

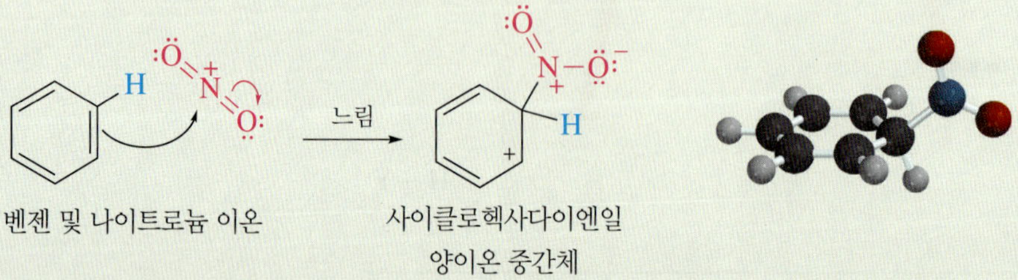

느림

벤젠 및 나이트로늄 이온 　 사이클로헥사다이엔일 양이온 중간체

2단계: 사이클로헥사다이엔일 양이온으로부터 양성자를 잃고 고리의 방향족성이 복원된다.

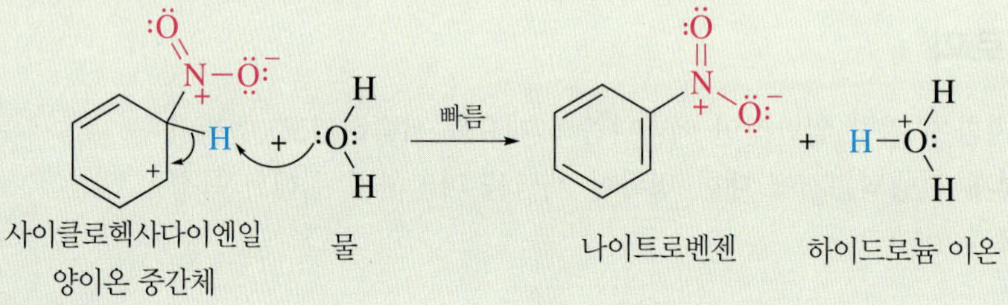

빠름

사이클로헥사다이엔일 양이온 중간체 　 물 　 나이트로벤젠 　 하이드로늄 이온

메커니즘 12.1은 친전자성 방향족 치환의 일반적 메커니즘을 벤젠의 나이트로화에 적용한 것이다. 첫 번째 단계는 속도결정이다; 벤젠이 나이트로륨 이온과 반응하여 사이클로헥사다이엔일 양이온 중간체를 만든다. 두 번째 단계에서 사이클로헥사다이엔일 양이온이 양성자를 잃어버리게 되어 고리의 방향족성이 회복된다.

1단계가 속도결정 단계임을 확인하는 한 가지 방법은 벤젠의 나이트로화에서 중수소 동위원소 효과(5.17절을 참조)가 나타나지 않는 것으로부터 알 수 있다. C_6H_5D가 나이트로화 반응을 하는 동안 중수소($D = {}^2H$)를 잃는 속도는 한 개의 ^1H를 잃는 속도와 같게 되어, C—D 결합은 속도결정 단계에서 끊어지는 것이 아니라 속도결정 단계 *이후*에 끊어진다.

친전자성 방향족 치환에 의한 나이트로화는 벤젠 자체에만 국한되는 것이 아니라, 벤젠 고리를 가지는 화합물에 대한 일반적인 반응이다. 다음 절을 시작하기 전에 아래 문제의 답을 작성해 본다면 방향족 나이트로화에 대한 출발 물질과 생성물의 관련성을 이해하는데 큰 도움이 될 것이다.

문제 12.2

1,4-다이메틸벤젠(*p*-자일렌)의 나이트로화로 분자식이 $C_8H_9NO_2$인 단일 생성물이 만들어 진다. 이 생성물은 무엇인가?

문제 12.3

친전자성 시약으로 :Ö═N̈(+)═Ö:를 이용하여 문제 12.2에 주어진 반응에 대한 타당한 메커니즘을 써라. 전자의 흐름은 굽은 화살표를 사용하여 나타내어라.

12.4 벤젠의 설폰화

벤젠과 황산을 반응시켜 벤젠설폰산(benzenesulfonic acid)이 만들어지는 반응은 가역적이지만 몇 가지 실험 기법에 의해 완결된다. 예를 들면, 반응 중에 생성되는 물을 지속적으로 제거하면 정량적으로 벤젠설폰산이 얻어진다.

$$\text{C}_6\text{H}_5\text{H} + \text{HOSO}_2\text{OH} \underset{}{\overset{\text{가열}}{\rightleftharpoons}} \text{C}_6\text{H}_5\text{SO}_2\text{OH} + \text{H}_2\text{O}$$

Benzene Sulfuric acid Benzenesulfonic acid Water

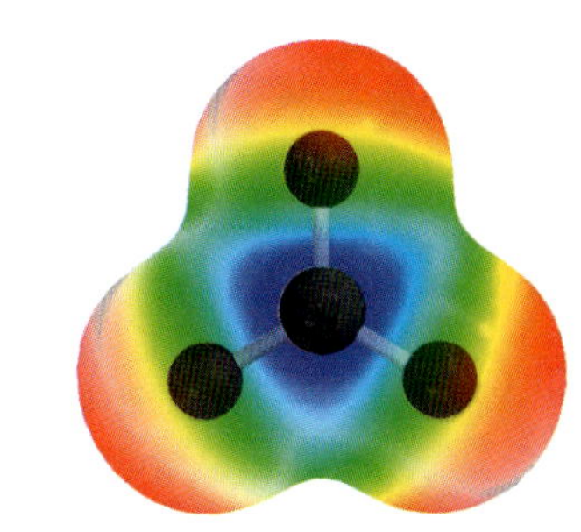

그림 12.3

삼산화 황의 정전기 퍼텐셜지도. 최대 양전하 영역은 황 주변이다.

삼산화 황(sulfur trioxide)을 포함하는 황산 용액을 설폰화 시약으로 사용하면, 아래의 반응식처럼 설폰화 속도가 더 빨라지고, 평형이 생성물 쪽으로 기울어진다.

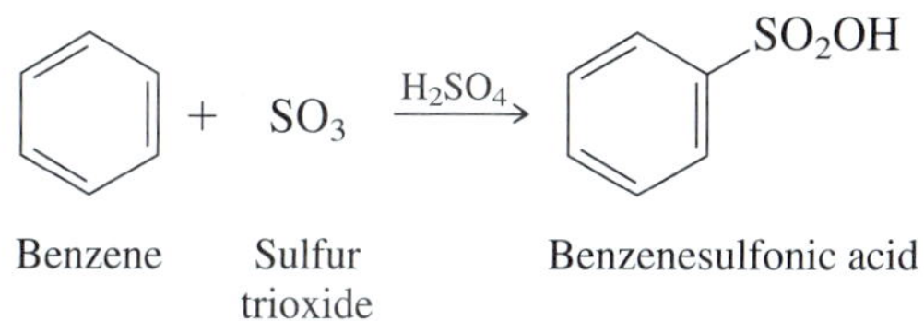

진한 황산 중에 존재하는 다양한 친전자체의 종류 중에서 삼산화 황(그림 12.3)은 메커니즘 12.2에 보이는 것처럼 방향족 설폰화에서 아마도 실질적인 친전자체이다.

문제 12.4

1,2,4,5-테트라메틸벤젠은 황산에서 삼산화 황과 함께 가열하면, 분자식 $C_{10}H_{14}O_3S$인 생성물이 94%의 수득률로 얻어진다. 이 생성물의 구조식을 제안하시오.

메커니즘 12.2

벤젠의 설폰화

전체 반응:

$$\text{C}_6\text{H}_6 + \text{H}_2\text{SO}_4 \longrightarrow \text{C}_6\text{H}_5\text{SO}_2\text{OH} + \text{H}_2\text{O}$$

Benzene Sulfuric acid Benzenesulfonic acid Water

메커니즘:

1단계: 삼산화 황이 속도결정 단계에서 벤젠과 반응한다(분자 모형은 사이클로헥사다이엔일 양이온을 나타낸다).

$$\text{C}_6\text{H}_6 + \text{SO}_3 \overset{\text{느림}}{\rightleftharpoons} \text{C}_6\text{H}_6\text{SO}_3 \ (\text{양이온 중간체})$$

벤젠 및 삼산화 황 사이클로헥사다이엔일 양이온 중간체

(계속)

메커니즘 12.2

벤젠의 설폰화 (계속)

2단계: 중간체의 sp^3-혼성 탄소로부터 양성자가 제거되어 고리의 방향족성이 복구된다. 양성자를 떼어내는 화학종은 황산의 이온화에 의해 형성된 황산수소 이온이다.

사이클로헥사다이엔일 양이온 중간체 + 황산수소 이온 ⇌(빠름) 벤젠설폰산 이온 + 황산

3단계: 황산의 산소로부터 벤젠설폰산의 산소로 빠른 양성자 이동에 의해 반응이 완결된다.

벤젠설폰산 이온 + 황산 ⇌(빠름) 벤젠설폰산 + 황산수소 이온

12.5 벤젠의 할로젠화

브로모벤젠을 제조하는 통상적인 과정에 따르면, 금속 철(통상 소량의 카펫용 압정을 이용)의 존재 하에서 벤젠에 브로민을 넣고 반응 혼합물을 가열하는 것이다.

$$C_6H_6 + Br_2 \xrightarrow[\text{heat}]{\text{Fe}} C_6H_5Br + HBr$$

Benzene, Bromine, Bromobenzene (65–75%), Hydrogen bromide

브로민화 철(III)($FeBr_3$)은 또한 브로민화 제2철로 부르기도 한다.

브로민은 알켄과의 반응에서는 빠르게 첨가되지만, 친전자성이 너무 약하므로 벤젠과는 주목할 만한 속도로 반응할 수 없다. 브로민의 친전자적 성질을 증가시킬 수 있는 촉매가 존재해야 한다. 어쨌든 카펫용 압정이 이런 역할을 할 수 있다. 왜 그런가?

활성 촉매는 철 자체가 아니고 브로민화 철(III)이며, 브로민과 철을 반응시켜 만든다.

$$2Fe + 3Br_2 \longrightarrow 2FeBr_3$$

Iron, Bromine, Iron(III) bromide

브로민화 철(III)은 약한 Lewis 산으로, 브로민과 결합하여 Lewis 산/Lewis 염기 착물을 형성한다.

$$:\ddot{Br}-\ddot{Br}: + FeBr_3 \rightleftharpoons :\ddot{Br}-\overset{+}{\ddot{Br}}-\overset{-}{Fe}Br_3$$

Lewis 염기, Lewis 산, Lewis 산/Lewis 염기 착물

메커니즘 12.3

벤젠의 브로민화

전체 반응:

Benzene + Br_2 —(Fe)→ Bromobenzene + HBr (Hydrogen bromide)

메커니즘:

1단계: 브로민화 철(III) 착물은 벤젠을 공격할 정도로 활성화된 친전자체이다. 벤젠의 전자 중 두 개가 브로민과 결합에 이용되어 사이클로헥사다이엔일 양이온 중간체를 형성한다(분자 모형은 사이클로헥사다이엔일 양이온 중간체를 나타낸다).

벤젠 및 브로민화 철(III) 브로민 착물 —(느림)→ 사이클로헥사다이엔일 양이온 중간체 + 테트라브로모철 이온 ($:\ddot{Br}—\bar{F}eBr_3$)

2단계: 사이클로헥사다이엔일 양이온에서 양성자의 제거로 브로모벤젠이 얻어진다.

사이클로헥사다이엔일 양이온 중간체 + 테트라브로모철 이온 —(빠름)→ 브로모벤젠 + H—Br: (브로민화 수소) + $FeBr_3$ (브로민화 철(III))

브로민화 철(III)과 브로민의 착물화는 브로민을 더욱 친전자성으로 만들고, 이 착물은 메커니즘 12.3의 1단계에서 보여 준 것처럼 벤젠과 반응하여 사이클로다이엔일 중간체가 형성된다. 나이트로화는 설폰화와 같이 2단계에서, 사이클로다이엔일 양이온으로부터 빠르게 양성자가 제거되어 친전자성 방향족 치환의 생성물이 생성된다.

단지 소량의 브로민화 철(III)을 필요로 한다. 메커니즘 12.3에서 지적한 것처럼, 이 물질은 브로민화의 촉매이며 반응 과정 중에서 재생된다. 우리는 이 장의 마지막 부분에서 몇 가지 방향족 기질은 벤젠보다 반응성이 훨씬 더 크기 때문에 촉매가 없더라도 브로민과 빠르게 반응하는 것을 보게 될 것이다.

염소화도 브로민화와 비슷한 방법으로 진행되고 비슷한 메커니즘으로 할로젠화 아릴을 생성한다.

방향족 화합물에 대한 아이오딘화 반응에서 아이오딘은 매우 효과적이지 않지만 차아아이오딘산 아세틸(acetyl hypoiodite)과 같은 특별한 시약을 개발하여 아이오딘화 아릴의 유용한 합성방법을 제공한다.

Benzene + Acetyl hypoiodite → Iodobenzene (72%) + Acetic acid

문제 12.5

I_2보다 차아아이오딘산 아세틸(acetyl hypoiodite)에서의 아이오딘이 훨씬 더 친전자성이라는 사실을 토대로 하여 아이오딘화 반응의 메커니즘을 제안하시오.

12.6 벤젠의 Friedel-Crafts 알킬화

발견자의 이름이 포함된 이 반응은 1877년 Paris의 Sorbond 대학의 Charles Friedel과 Janes H. Crafts에 의하여 발견되었다. Crafts는 나중에 M.I.T의 총장이 되었다.

Friedel-Crafts 반응에서 할로젠화 알킬은 염화 알루미늄 존재 하에서 벤젠과 반응하여 알킬벤젠을 만든다.

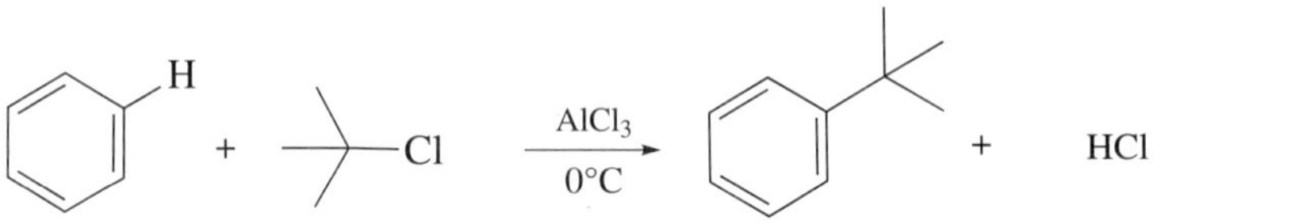

$$C_6H_6 + (CH_3)_3CCl \xrightarrow[0°C]{AlCl_3} C_6H_5C(CH_3)_3 + HCl$$

Benzene + *tert*-Butyl chloride → *tert*-Butylbenzene (60%) + Hydrogen chloride

할로젠화 알킬 자체만으로는 벤젠과 반응하기에 충분한 친전자체가 아니지만, 염화 알루미늄은 3차 및 2차 할로젠화 알킬을 탄소양이온으로 전환시키는 Lewis 산 촉매로 작용한 다음 방향족 고리를 알킬화시킨다.

Biosynthetic Halogenation

Over 4000 natural products contain halogens. Some naturally occurring aryl halides include:

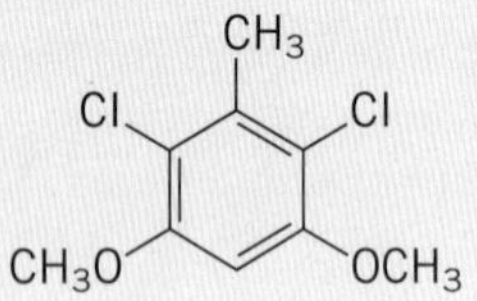

2,6-Dichloro-3,5-dimethoxytoluene: an antifungal compound isolated from lily plants

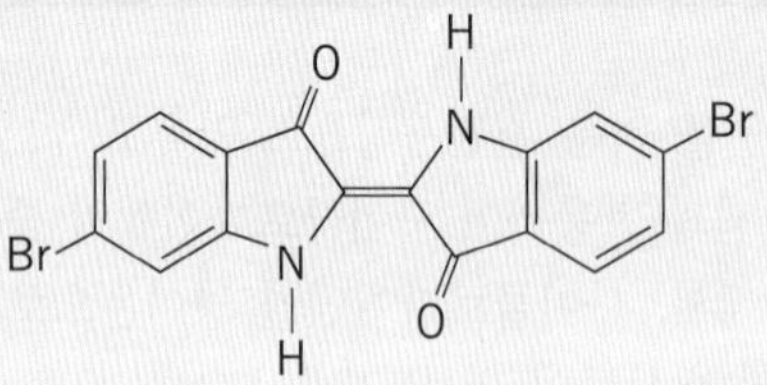

Dibromoindigo: principal constituent of a dye known as Tyrian purple and prized by ancient cultures, isolated from a species of Mediterranean sea snail

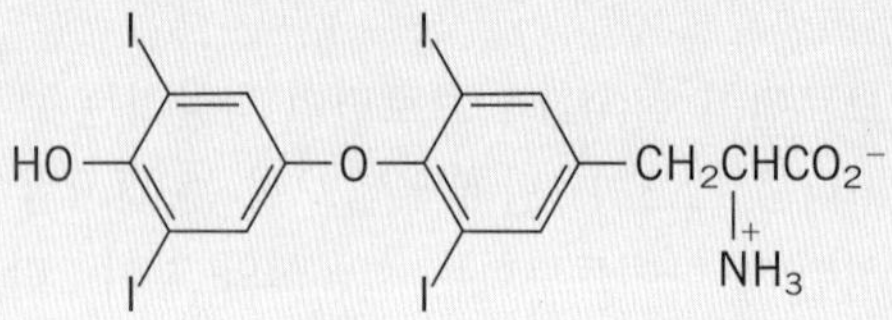

Thyroxine: a hormone of the thyroid gland; the (*S*)–enantiomer is a widely used drug prescribed to increase metabolic rate

The presence of the halogen in these and in other halogenated natural products has a strong effect on their properties, and their biosynthetic origin was a scientific puzzle of longstanding. What are the biological halogenating agents, what enzymes catalyze the halogenation, and how do they do it? Recent studies have unlocked the answers to some of these questions.

Biosynthetic halogenation can occur through multiple pathways, but many halogenase enzymes use *electrophilic* halogenating species that are produced by oxidation of halide ions.

The biosynthesis of the antifungal antibiotic pyrrolnitrin begins with enzyme-catalyzed chlorination of the benzene ring of the amino acid tryptophan. The enzyme is a halogenase, and the electrophilic chlorinating agent is thought to be hypochlorous acid (HOCl), which is generated in a separate step. Although theoxidation state of chlorine in HOCl is +1, it alone is not electrophilic enough to chlorinate tryptophan but can be activated through hydrogen bonding with a nearby amino group found in the catalytic site of the enzyme. Loss of a proton to rearomatize the ring occurs from the σ complex and gives 7-chlorotryptophan, which undergoes subsequent conversion to pyrrolnitrin by way of additional enzyme-catalyzed processes, including a second biochemical chlorination.

Halogenase

Enzyme + Hypochlorous acid + Tryptophan

Halogenase

Enzyme + Water + σ Complex

Rearomatization via proton transfer from σ complex to a basic site of enzyme

Several more enzyme-catalyzed reactions, including a second halogenation

Pyrrolnitrin

7-Chlorotryptophan

염화 *tert*-뷰틸 염화 알루미늄 Lewis 산/Lewis 염기 착물 *tert*-뷰틸 양이온 사염화알루미늄 음이온

메커니즘 12.4는 *tert*-뷰틸 양이온과 벤젠이 반응한 다음 (1단계) 사이클로다이엔일 양이온 중간체에서 양성자의 제거가 일어나 *tert*-뷰틸벤젠이 형성되는(2단계) 것을 설명해 준다.

2차 할로젠화 알킬은 2차 탄소양이온을 포함하는 유사한 메커니즘으로 반응이 일어난다. 할로젠화 메틸과 할로젠화 에틸은 염화 알루미늄에 의해 탄소양이온이 형성되지 않지만, Friedel-Crafts 조건에서는 벤젠에 대한 알킬화가 일어난다. 할로젠화 메틸 및 에틸의 염화 알루미늄 착물은 극성이 큰 탄소-할로젠 결합을 포함하고, 이들 착물이 벤젠과 반응하는 친전자성 화학종이다.

$H_3C-\overset{+}{X}-\overset{-}{Al}X_3$ $CH_3CH_2-\overset{+}{X}-\overset{-}{Al}X_3$

할로젠화 메틸/할로젠화 알루미늄 착물 할로젠화 에틸/할로젠화 알루미늄 착물

Friedel-Crafts 알킬화의 한 가지 문제는 재배열이 일어날 수 있다는 것인데, 특히 1차 할로젠화 알킬을 사용할 경우이다. 예를 들면, 염화 아이소뷰틸(1차 할로젠화 알킬)과 벤젠의 Friedel-Crafts 알킬화에서는 단지 *tert*-뷰틸벤젠이 얻어진다.

메커니즘 12.4

Friedel-Crafts 알킬화

전체 반응:

Benzene + *tert*-Butyl chloride —($AlCl_3$, 0°C)→ *tert*-Butylbenzene + Hydrogen

메커니즘:

1단계: 염화 *tert*-뷰틸과 염화 알루미늄의 반응으로 생성된 *tert*-뷰틸 양이온이 벤젠의 π 전자를 공격하여 새로운 탄소–탄소 결합이 형성된다. (분자 모형은 사이클로헥사다이엔일 양이온 중간체를 나타낸다.)

벤젠 + *tert*-뷰틸 양이온 —(느림)→ 사이클로헥사다이엔일 양이온 중간체

2단계: 사이클로헥사다이엔일 양이온 중간체에서 양성자가 제거되어 *tert*-뷰틸벤젠이 얻어진다.

사이클로헥사다이엔일 양이온 중간체 + 테트라클로로알루미늄 이온 —(빠름)→ *tert*-뷰틸벤젠 + 염화 수소 + 염화 알루미늄

Friedel-Crafts 반응의 다른 한계를 이 장에서 보게 될 것이며 표 12.4에 요약하였다.

Benzene + Isobutyl chloride —($AlCl_3$, 0°C)→ *tert*-Butylbenzene + Hydrogen chloride

여기서, 친전자체는 탄소–염소 결합의 이온화가 수반되는 수소음이온의 이동에 의해 형성된 *tert*-뷰틸 양이온이다.

앞의 5.13절 및 6.5절에서 수소음이온 이동을 포함하는 재배열 반응을 보았다.

염화 아이소뷰틸/염화 알루미늄 착물 → *tert*-뷰틸 양이온 + 테트라클로로 알루미늄 이온

문제 12.6

어떤 화학자가 프로필벤젠의 합성을 시도하려고 벤젠을 1-클로로프로페인과 염화 알루미늄으로 처리하였다. 그러나, 두 가지의 탄화수소 이성질체가 2:1의 비율로 생성되었고, 목표물질인 프로필벤젠은 부 생성물이었다. 주 생성물은 무엇이고, 어떻게 그 물질이 생성되겠는가?

천진자성 방향족 반응은 단지 탄소양이온이 필요한 또 다른 반응이므로, 할로젠화 알킬 대신에 다른 탄소양이온의 전구체를 이용할 수 있다. 예를 들면, 알켄은 양성자화에 의해 탄소양이온으로 전환되므로 벤젠의 알킬화에 사용된다.

Benzene + Cyclohexene $\xrightarrow{H_2SO_4}$ Cyclohexylbenzene (65–68%)

문제 12.7

벤젠, 사이클로헥센 및 황산의 반응으로부터 사이클로헥실벤젠이 얻어지는 적절한 메커니즘을 제시하시오.

문제 12.8

탄소양이온 공급원으로 알켄 또는 알코올을 이용하여 벤젠의 알킬화에 의해 *tert*-뷰틸벤젠을 합성할 수 있다. 어떤 알켄인가? 어떤 알코올인가?

염화 바이닐(($H_2C{=}CHCl$), vinyl chloride)과 같은 염화 알켄일은 염화 알루미늄의 처리로 탄소양이온을 생성하지 *않음으로* Friedel-Crafts 반응에 이용할 수 없다. 그러므로, 벤젠과 에틸렌에 의한 스타이렌의 공업적 제법에는 염화 바이닐이 포함되지 않고 에틸벤젠을 경유하여 만든다.

Benzene + $H_2C{=}CH_2$ (Ethylene) $\xrightarrow{HCl, AlCl_3}$ $C_6H_5{-}CH_2CH_3$ (Ethylbenzene) $\xrightarrow[ZnO]{630°C}$ $C_6H_5{-}CH{=}CH_2$ (Styrene)

알킬벤젠의 탈수소화는 스타이렌의 공업적 제법으로는 유용하지만 일반적인 방법이 아니고, 알켄일벤젠의 실험실 제법으로도 아주 적당하지가 않다. 이런 경우에는 알킬벤젠의 벤질자리를 브로민화시키고(11.10절), 이 결과의 생성물인 브로민화 벤질을 염기로 처리하는 탈할로젠화수소가 효과적이다.

문제 12.9

벤젠과 사이클로헥세인으로부터 1-페닐사이클로헥센을 합성하는 개요를 쓰시오.

12.7 벤젠의 Friedel-Crafts 아실화

Friedel-Crfats 반응의 다른 형태는 할로젠화 알킬 대신에 **할로젠화 아실(acyl hacides)**을 사용하는 것인데, 이 경우에는 아릴 케톤이 얻어진다.

Benzene + Propanoyl chloride $\xrightarrow{AlCl_3}$ 1-Phenyl-1-propanone (88%) + HCl (Hydrogen chloride)

Friedel-Crfats 아실화에서 친전자체는 **아실 양이온(acyl cation, 아실륨 이온, acylium ion이라고도 함)**으로, 알킬 양이온이 할로젠화 알킬로부터 형성되는 것처럼 아주 똑같이 염

아실기는 일반적으로 다음의 구조를 가진다.

$RC(=O)-$

화 알루미늄과 염화 아실의 반응으로부터 형성된다.

염화 프로판오일에서 변형된 아실 양이온의 전자 비편재화는 다음 두 개의 공명 기여체로 나타낸다. 산소에서 유리된 전자는 팔전자규칙을 만족하고 양전하를 분산하는 기여 구조를 생성한다.

프로판오일 양이온

알킬 탄소양이온과는 달리, *아실 양이온은 재배열하지 않는다.* 아실 양이온은 전자 비편재화에 의해서 매우 강하게 안정화되기 때문에 수소음이온 또는 알칼기 이동이 일어나는 어떤 다른 이온들보다 더 안정하다. 그림 12.4에 프로판오일 양이온의 정전기 퍼텐셜 지도는 아실 탄소를 양성으로 보였으며, 친전자성 방향족 치환의 반응 위치가 바로 이 탄소이다(메커니즘 12.5).

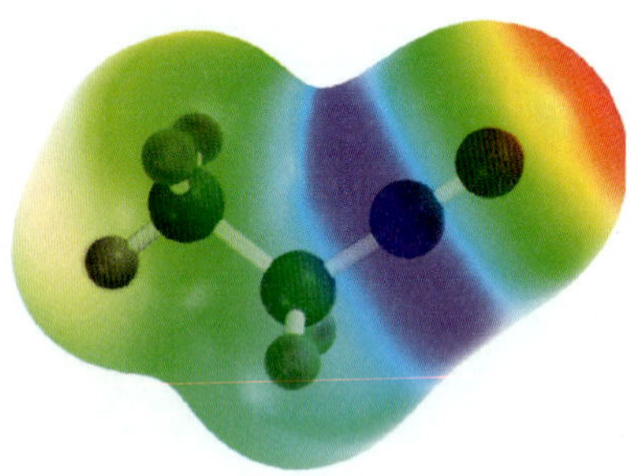

그림 12.4

프로판오일 양이온의 정전기 퍼텐셜지도. 최대 양전하의 영역은 C=O 기의 탄소와 연관된다.

문제 12.10

아래의 반응으로부터 단일 생성물이 88% 수득률로 얻어진다. 그 생성물은 무엇인가?

CH_3O, OCH_3, OCH_3 + (O, Cl) $\xrightarrow{AlCl_3}$

염화 아실은 카복실산을 염화 싸이오닐로 처리하여 쉽게 만들어진다.

$$\underset{\text{카복실산}}{\text{RCOH}} + \underset{\text{염화 싸이오닐}}{\text{SOCl}_2} \longrightarrow \underset{\text{염화 아실}}{\text{RCCl}} + \underset{\text{이산화 황}}{\text{SO}_2} + \underset{\text{염화 수소}}{\text{HCl}}$$

RCOCR 형태의 화합물인 카복실산 무수물 또한 아실 양이온을 제공해주는 공급원인데, 이 물질은 염화 알루미늄 존재 하에서 벤젠을 아실화시킨다. 산무수물에서 한 개의 아실기는 벤젠 고리에 결합되고, 다른 한 개는 카복실산의 한 부분이 된다.

*아세토페논*은 표 11.1에 요약된 벤제 유도체로 자주 볼 수 있다.

$$\underset{\text{Benzene}}{} + \underset{\text{Acetic anhydride}}{} \xrightarrow{AlCl_3} \underset{\text{Acetophenone (76\%)}}{} + \underset{\text{Acetic acid}}{}$$

문제 12.11

아래 구조인 무수 석신산은 종종 Friedel-Crafts 아실화에 이용되는 고리형 무수물이다. 벤젠을 염화 알루미늄 존재 하에서 무수 석신산으로 아실화시킬 때 얻을 수 있는 생성물의 구조를 제안하시오.

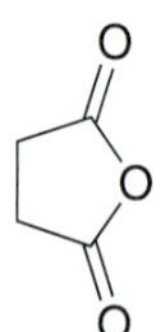

메커니즘 12.5

Friedel-Crafts 아실화

전체 반응:

Benzene + Propanoyl chloride $\xrightarrow{AlCl_3}$ 1-Phenyl-1-propanone + HCl (Hydrogen)

메커니즘:

1단계: 아실 양이온이 벤젠과 반응한다. 벤젠의 π 전자쌍은 아실 양이온의 탄소 원자와 공유결합을 형성하는데 이용된다 (분자 모형은 사이클로헥사다이엔일 양이온 중간체를 나타낸다).

벤젠 + 프로판오일 양이온 $\xrightarrow{\text{느림}}$ 사이클로헥사다이엔일 양이온 중간체

2단계: 고리의 방향족성은 양성자를 잃어 아릴케톤이 될 때 복구된다.

사이클로헥사다이엔일 양이온 중간체 + 테트라클로로 알루미늄 이온 $\xrightarrow{\text{빠름}}$ 1-페닐-1-프로판올 + 염화 수소 (H—Cl:) + 염화 알루미늄 ($AlCl_3$)

12.8 아실화-환원에 의한 알킬벤젠의 합성

방향족 고리의 아실화는 재배열 없이 진행되므로, 이 반응은 종종 *아실화-환원(acylation-reduction)*에 의한 방향족 화합물의 *알킬화(alkylation)*에 대한 제조 과정에서 첫 번째 단계로 이용한다. 12.6절에서 본 것처럼, 1차 할로젠화 알킬의 반응에 의한 벤젠의 Friedel-Crafts 알킬화에서는 알킬기의 재배열이 일어난 생성물이 얻어진다. $ArCH_2R$ 형태의 화합물을 만들고자할 경우에는 일련의 두 단계의 반응이 이용되는데, 첫 번째 단계가 Friedel-Crafts 아실화이다.

벤젠 $\xrightarrow[AlCl_3]{RCCl(=O)}$ 아릴케톤 ($C_6H_5C(=O)R$) $\xrightarrow{\text{환원}}$ 알킬벤젠 ($C_6H_5CH_2R$)

아말감은 수은과 다른 금속의 혼합물 또는 합금이다. 예전에 은 아말감은 치과에서 치아 충진제로 사용하였다.

두 번째 단계는 카보닐 (C ═ O)기를 메틸렌 (CH_2)기로 환원시키는 것이다.

아릴 케톤을 알킬벤젠으로 환원하는 가장 흔한 방법은 진한 염산에서 아연-수은 아말감을 사용하는 것으로, **Clemmensen 환원(redution)**이라고 한다. 아연은 환원제이다.

뷰틸벤젠의 합성에 대한 일련의 아실화-환원과정을 예로 들어보자.

Benzene + Butanoyl chloride —($AlCl_3$)→ 1-Phenyl-1-butanone (86%) —(Zn(Hg), HCl)→ Butylbenzene (73%)

1-클로로뷰테인과 염화 알루미늄을 이용한 벤젠의 직접적인 알킬화로는 재배열에 의한 *sec*-뷰틸벤젠이 생성되므로 이 반응은 적용할 수 없다.

문제 12.12

벤젠과 적절한 유기 시약이나 무기 시약을 이용한 다음 물질의 효율적인 합성법을 제시하라.

(a) 아이소뷰틸벤젠, $C_6H_5CH_2CH(CH_3)_2$
(b) (2,2-다이메틸프로필)벤젠, $C_6H_5CH_2C(CH_3)_3$

풀이 예시 (a) 염화 아이소뷰틸과 벤젠의 Friedel-Crafts 반응은 적합하지 않은데, 그 이유는 재배열에 의해 *tert*-뷰틸벤젠이 생성되기 때문이다.

Benzene + Isobutyl chloride —($AlCl_3$)→ *tert*-Butylbenzene (66%)

두 단계의 아실화-환원과정이 필요하다. 벤젠의 아실화로 고리 상에 동일한 탄소 골격을 가지는 탄소 사슬을 붙인다. Clemensem 환원에 의해 카보닐기를 메틸렌기로 전환시킨다.

Benzene + 2-Methylpropanoyl chloride —($AlCl_3$)→ 2-Methyl-1-phenylpropan-1-one (84%) —(Zn(Hg), HCl)→ Isobutylbenzene (80%)

알데하이드와 케톤을 카보닐기로 환원시키는 다른 방법으로 **Wolff-Kishner 환원(reduction)**이 있다. 알데하이드 또는 케톤은 트라이메틸렌 글리콜(triethylene glycol, $HOCH_2CH_2OCH_2OCH_2CH_2OH$, bp 287°C)와 같이 끓는점이 높은 알코올에 하이드라진(hydrazine, H_2NNH_2)과 수산화 칼륨 또는 수산화 소듐을 넣고 가열하면 카보닐기는 CH_2 기로 변환된다.

1-Phenyl-1-propanone —(H_2NNH_2, KOH / triethylene glycol, 175°C)→ Propylbenzene (82%)

Clemmensen과 Wolff-Kishner 환원은 모두 특정한 작용기의 변환에 이용되는 반응으로, 알데하이드나 케톤의 카보닐기를 메틸렌기로 환원시킨다. 카복실산의 카보닐기를 환원 시킬 수 없고 또한 이 방법에 영향을 받는 탄소-탄소 이중결합이나 삼중결합을 가지는 화합물에도 적용할 수 없다.

12.9 친전자성 방향족 치환의 속도와 위치선택성

지금까지는 벤젠의 친전자성 방향족 치환만을 다루었다. 방향족 고리에 이미 적어도 한 개의 치환기가 존재할 때 치환을 수행시키면 두 가지 중요한 문제점이 나타난다.

1. 친전자성 방향족 치환의 속도에 대한 치환기의 효과는 무엇인가?
2. 친전자성 방향족 치환의 *위치선택성*에 대한 치환기의 효과는 무엇인가?

속도에 대한 치환기의 효과를 설명하기 위해서, 벤젠, 톨루엔 및 트라이플루오로메틸벤젠[(trifluoromethyl)benzene]의 나이트로화를 생각해보자.

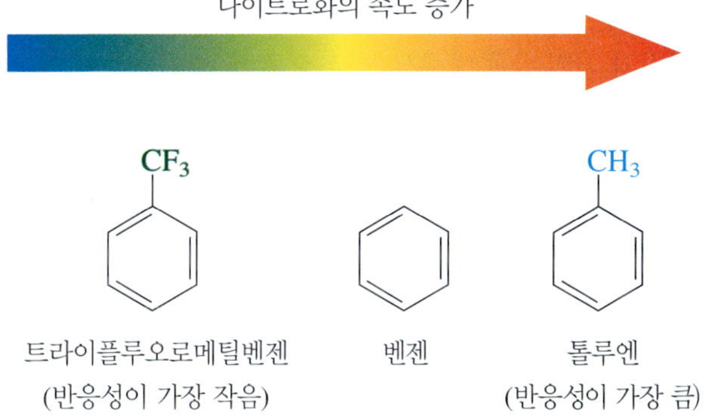

이들 세 화합물들 간의 나이트로화 속도의 범위는 상당히 넓다. 이 범위는 대략 백만 배의 범위로 넓게 펴져있다. 톨루엔은 벤젠보다 반응속도가 20~25배 정도 빠르다. 톨루엔이 벤젠보다 반응성이 더 크기 때문에 친전자성 방향족 치환에서 메틸기는 고리를 *활성화*시킨다. 반면에 트라이플루오로메틸벤젠은 벤젠보다 나이트로화가 약 40,000만 배 늦게 일어난다. 친전자성 방향족 치환에서 트라이플루오로메틸기는 고리를 *비활성화*시킨다. 이들 치환기들간의 치환반응 속도의 차이에 대한 구조적인 인자에 대해서 다음 절에서 자세히 설명할 것이지만 그림 12.5에 세 가지 정전기 퍼텐셜지도로부터 어떻게 해서 (트라이플루오로메틸)벤젠의 고리보다 벤젠과 톨루엔의 방향족 고리가 더 "전자-풍부"한가를 설명하는 단서를 얻을 수 있다.

톨루엔의 나이트로화에서는 세 종류의 생성물이 가능하다. *o*-나이트로톨루엔, *m*-나이트로톨루엔 및 *p*-나이트로톨루엔, 세 화합물이 모두 생성되지만 양적으로는 동일하지 않다. 오쏘- 와 파라- 치환 이성질체가 생성 혼합물의 97%이고 메타-이성질체는 3% 정도에 불과하다.

Toluene (CH_3) —(HNO_3, Acetic anhydride)→ *o*-Nitrotoluene (63%) (CH_3, NO_2) + *m*-Nitrotoluene (3%) (CH_3, NO_2) + *p*-Nitrotoluene (34%) (CH_3, NO_2)

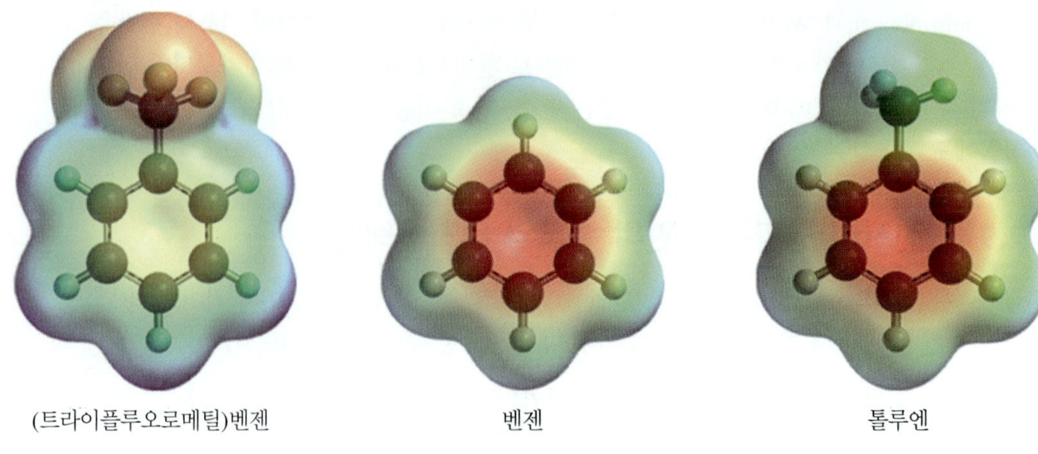

그림 12.5

(트라이플루오로메틸)벤젠, 벤젠 및 톨루엔의 정전기 퍼텐셜지도는 벤젠 및 톨루엔과 비교해서 (트라이플루오로메틸)벤젠 π-전자 밀도가 감소되고 있음을 설명해 준다. 색갈의 범위는 모든 세 지도에 대해서 같다.

톨루엔의 치환은 메틸기 치환체에 대해서 주로 오쏘 및 파라 위치에서 일어나므로 메틸 치환기를 **오쏘, 파라 지향기**라고 한다.

반면에 (트라이플루오로메틸)벤젠의 나이트로화에서는 주로 *m*-나이트로(트라이플루오로메틸)벤젠(91%)이 생성된다. 오쏘– 와 파라– 치환 이성질체는 반응 혼합물의 극히 적은 양을 차지한다.

(Trifluoromethyl)benzene (CF_3) $\xrightarrow[H_2SO_4]{HNO_3}$ *o*-Nitro(trifluoromethyl)benzene (6%) + *m*-Nitro(trifluoromethyl)benzene (91%) + *p*-Nitro(trifluoromethyl)benzene (3%)

(트라이플루오로메틸)벤젠의 치환은 치환기에 대해서 주로 메타 위치에서 일어나므로, *트라이플루오로메틸기*는 **메타 지향기(meta director)**이다.

반응속도와 마찬가지로 치환의 위치선택성은 치환기의 영향을 강하게 받는다. 다음의 여러 절에서 친전자성 방향족 치환의 속도와 위치선택성에 대해서 치환기의 구조와 그 효과와의 관련성을 조사할 것이다.

12.10 톨루엔의 나이트로화에서 속도와 위치선택성

친전자성 방향족 치환에서 치환기의 영향으로 메틸기와 트라이플루오로메틸기에서 현저한 차이가 나타나는 이유는 무엇인가? 메틸기는 **활성화기(activating)**로서 오쏘 및 파라 지향성이며, 트라이플루오로메틸기는 **비활성화기(deactivating)**로서 메타 지향성이다. 여기서 먼저 기억해야 할 점은 치환의 위치선택성은 사이클로헥사다이엔일 중간체가 형성될 때 결정된다는 것이다. 왜 그런지 그 의문점을 설명할 수 있다면 속도결정 단계에서 위치선택성에 관한 이유를 이해할 수 있을 것이다.

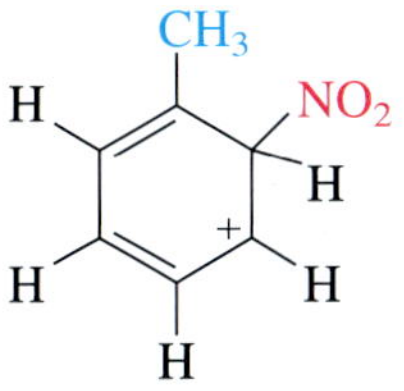

와 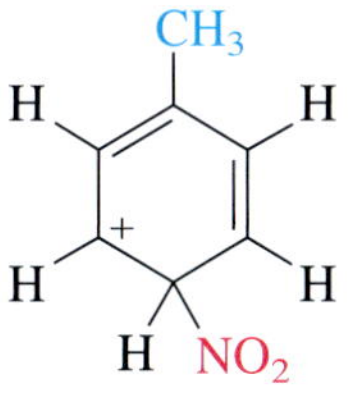 는 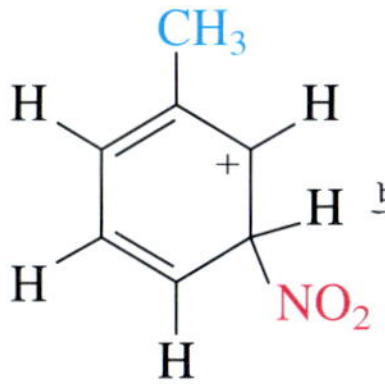 보다 더빨리 형성된다.

앞서 사용한 원리: *더 안정한 탄소양이온이 덜 안정한 탄소양이온보다 더 빠르게 형성된다*는 것은 여기에서도 적용이 된다. CH_3 기의 지향성 효과에 대한 가장 타당한 이유는 *o*-와 *p*-나이트로톨루엔의 경우가 *m*-나이트로톨루엔보다 더 안정한 탄소양이온을 생성한다는 사실에 기인한다.

이들 탄소양이온들의 상대적 안정성을 알아보는 한 가지 방법은 공명구조를 이용하여 그들의 전자 비편재화를 조사하는 것이다. *o*-와 *p*-나이트로톨루엔을 생성시키는 사이클로헥사다이엔일 양이온은 3차 탄소양이온의 성질을 가진다. 각각은 메탈기를 가지고 있는 탄소에 양전하가 놓이는 기여구조이다.

오쏘 공격

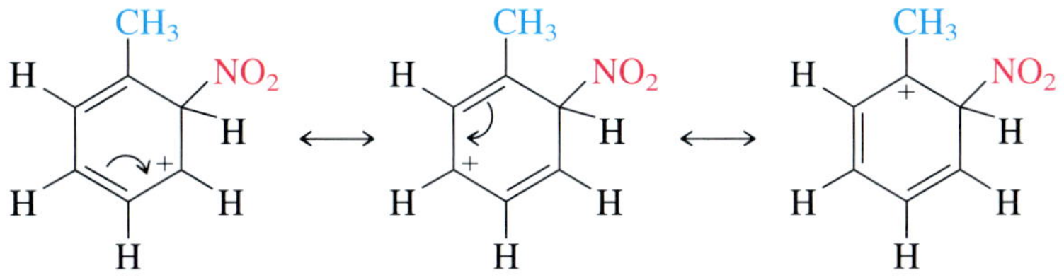

이 공명 기여구조는
3차 탄소양이온이다

파라 공격

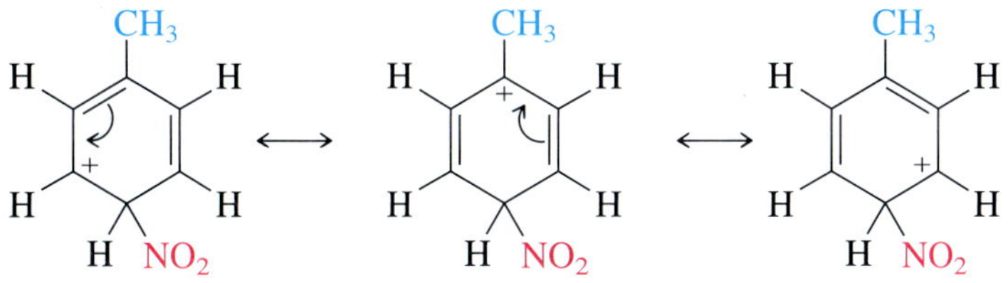

이 공명 기여구조는
3차 탄소양이온이다

메타 치환된 생성물이 되는 중간체의 세 가지 공명구조는 모두 2차 탄소양이온이다.

메타 공격

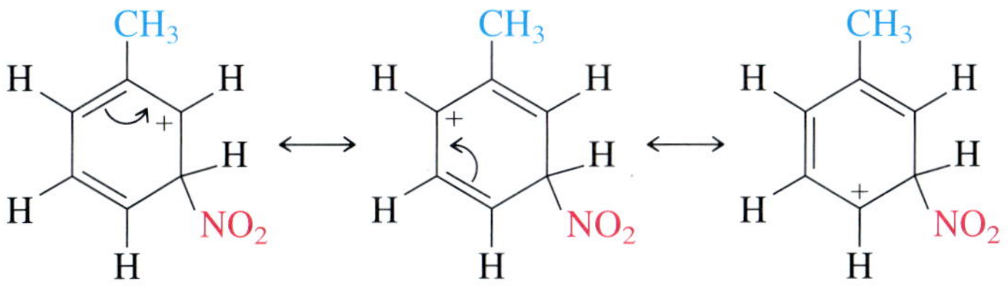

메틸기는 *o*- 및 *p*-나이트로톨루엔을 유도하는 탄소양이온이 *m*-나이트로톨루엔을 유도하는 탄소양이온보다 더 안정하고 빠르게 생성되기 때문에 오쏘와 파라 지향성이다. 그들의 3차 탄소양이온 성질 때문에 오쏘와 파라 치환에 대한 탄소양이온 중간체가 더 안정하다. 메타 치환에서의 탄소양이온의 모든 공명 기여구조는 2차이다.

메틸기는 수소보다 속도결정 단계에서 얻어진 탄소양이온 중간체를 안정화시키기 때문에 활성화 치환기이다. 그림 12.6은 벤젠의 나이트로화와 톨루엔의 다양한 위치에서 나이트로화에 대한 활성화 에너지를 비교한 것이다. 벤젠의 나이트로화는 높은 활성화 에너지를 가지고 톨루엔의 나이트로화는 가장 낮은 활성화 에너지를 가진다.

메틸기는 **전자 주개기(electron releasing group)**로서 친전자성 공격에 대해 가능한 모든 고리 탄소를 활성화시킨다. 오쏘와 파라 위치가 메타 위치보다 더 활성화되어 있다. 25°C에서, 벤젠의 단일 위치와 톨루엔의 다양한 위치에 대한 나이트로화의 상대속도를 비교해 보면 다음과 같다.

(톨루엔: CH_3, 오쏘 42, 42; 메타 2.5, 2.5; 파라 58) 을 (벤젠: 각 위치 1, 1, 1, 1, 1, 1) 와 비교한다.

위치에 대한 상대적인 속도 자료는 실험적으로 구한 것이고, **부분 속도인자(partial rate factor)**로 알려져 있다. 이 요인들은 친전자성 방향족 치환에서 치환기 효과를 나타내는 편리한 방법을 제공한다.

메틸기의 주된 영향은 탄소양이온의 안정성에 대한 *전자적*(*electronic*)인 효과이다. 작기는 하지만, 메틸기는 오쏘 위치의 친전자성 접근을 입체적으로 방해하므로 파라 탄소 위치보다는 한 개의 오쏘 탄소 위치의 공격이 약간 더 느리게 일어난다. 그러나 오쏘 위치는 두 개의 동등한 자리가 있지만 파라 위치는 한 개이기 때문에 파라 치환이 통계적으로 불리하다.

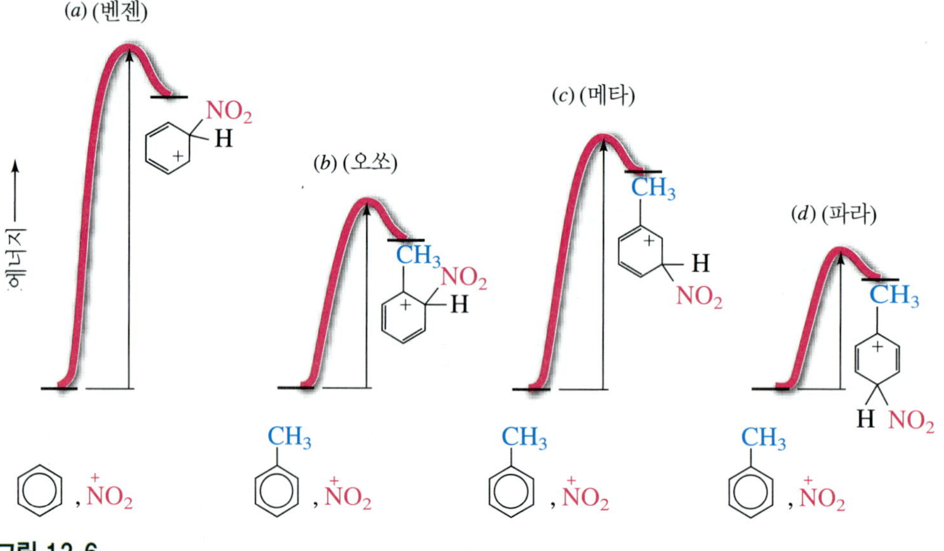

그림 12.6

(a) 벤젠의 (b) 오쏘, (c) 메타, (d) 파라 위치의 나이트로늄 공격에 대한 에너지 비교 도표. E_{act}(벤젠) > E_{act}(메타) > E_{act}(오쏘) > E_{act} (파라).

문제 12.13

tert-뷰틸벤젠의 나이트로화에 대한 부분 속도인자는 다음과 같다.

($C(CH_3)_3$; 오쏘 4.5, 4.5; 메타 3, 3; 파라 75)

(a) 나이트로화에서 벤젠과 비교할 때 *tert*-뷰틸벤젠의 반응성은 어떤가?
(b) 나이트로화에서 톨루엔과 비교할 때 *tert*-뷰틸벤젠의 반응성은 어떤가?
(c) *tert*-뷰틸벤젠의 다양한 일치환 나이트로화 생성물에 대한 분포를 예측하시오.

풀이 예시 (a) 벤젠은 나이트로화가 일어날 수 있는 여섯 곳의 동등한 자리를 가진다. *tert*-뷰틸벤젠에서 각 위치에 대한 공격의 개별적인 상대속도로 합하면 *tert*-뷰틸벤젠이 벤젠보다 15배 더 빠르다.

$$\frac{tert\text{-뷰틸벤젠}}{\text{벤젠}} = \frac{2(4.5) + 2(3) + 75}{6(1)} = \frac{90}{6} = 15$$

tert-뷰틸벤젠의 나이트로화는 벤젠보다 15배 빠르다.

메틸기뿐만 아니라 모든 알킬기는 전자 주개 고리 활성화 치환기이고, 오쏘와 파라 지향성이다. 이것은 메틸, 에틸, 아이소프로필, *tert*-뷰틸 및 다른 알킬기와 직접 결합된 위치의 탄소양이온을 안정화시키기 때문이다.

와 은 보다 더 안정적이다.

여기서 E^+는 친전자체이다. 다음의 세 가지 구조 모두 R = H일 때보다 R = 알킬인 경우 더 안정하고, 더 빠르게 생성된다.

12.11 (트라이플루오로메틸)벤젠의 나이트로화에서 속도와 위치선택성

(트라이플루오로메틸)벤젠의 친전자성 방향족 치환으로 되돌아가서, 트라이플루오로메틸기의 전자적 성질을 고려해보자. 세 개의 플루오린 원자의 높은 전기음성도 때문에 플루오린 원자와 σ 탄소 간의 결합의 전자 분포를 편극화시켜 탄소는 부분적인 양전하를 가지게 된다.

σ 결합의 극성에 의해 전달되는 효과를 1.14절에서 *유도효과(inductive effect)*라고 한 것을 기억하라.

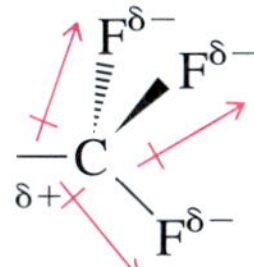

약한 전자 주개인 메틸기와는 달리, 트라이플루오로메틸기는 강한 **전자-끌개기(electron-withdrawing group)**이다. 결과적으로 CF_3기는 이 작용기가 결합하고 있는 탄소양이온을 불안정하게 한다.

$H_3C—C^+$ > $H—C^+$ > $F_3C—C^+$

가장 안정
메틸기는 전자 주개로 탄소양이온을 안정화한다

가장 불안정
트라이플루오로메틸기는 전자 받개 탄소양이온을 불안정화한다

트라이플루오로메틸의 나이트로화에서 생성된 사이클로헥사다이엔일 양이온 중간체를 조사해보면, 오쏘 및 파라 치환으로 유도되는 중간체들은 매우 불안정화 됨을 알 수 있다.

오쏘 나이트로화

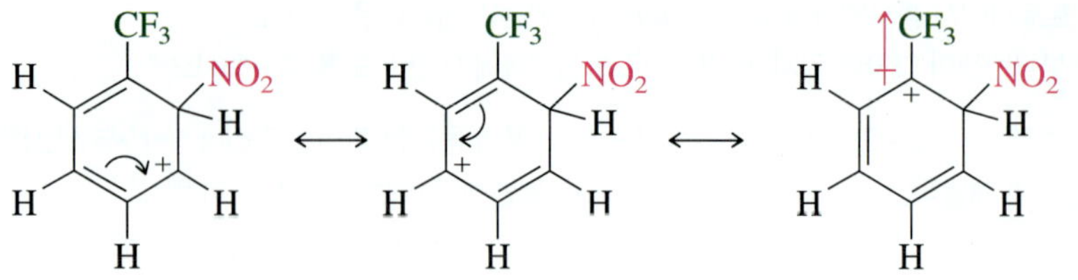
CF3
NO2
H

CF_3 기와 결합된
탄소의 양전하(대단히 불안정)

파라 나이트로화

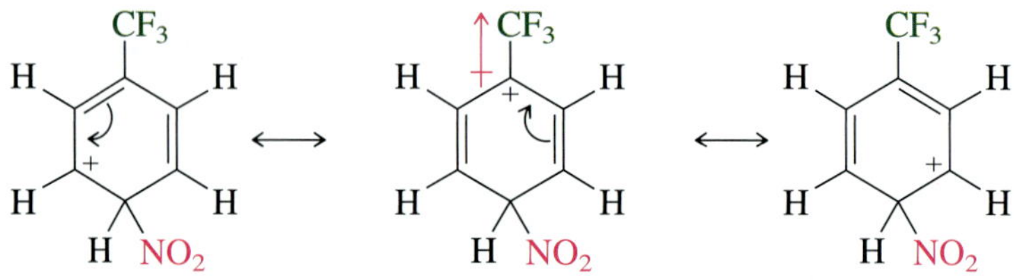
CF3
NO2
H

CF_3 기와 결합된
탄소의 양전하(대단히 불안정)

메타 위치의 공격으로 생성된 중간체의 세 가지 주 공명구조는 모두 트라이플루오로메틸기(— CF_3)가 결합된 탄소에서 양전하를 나타내지 않는다.

메타 나이트로화

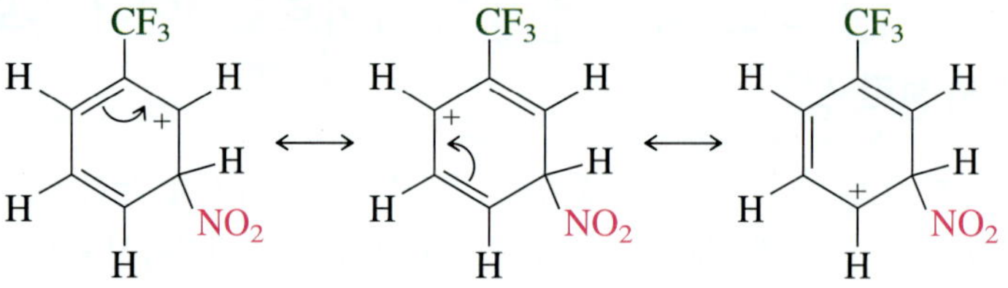
CF3
NO2
H

메타위치에 NO_2^+의 결합은 오쏘 또는 파라 위치와의 결합보다 더 안정한 중간체를 형성하므로, 메타 치환이 우선적으로 일어난다. 그러나 메타 나이트로화에 대응하는 탄소 양이온 중간체는 매우 불안정하므로 그 중간체는 어렵게 형성된다. 트라이플루오로메틸기는 오쏘와 파라 공격의 중간체에서보다 양전하로부터 멀리 떨어져있는 단 한 개의 결합이 존재하여 유도효과에 의한 불안정화가 다소 상쇄되지만 여전히 그 효과는 중요하다.

(트라이플루오로메틸)벤젠의 모든 고리 위치는 벤젠과 비교해서 비활성이다. 메타 위치는 오쏘와 파라 위치보다 약간 덜 비활성화 된다. (트라이플루오로메틸)벤젠의 나이트로화에 대한 부분 속도 요인은 다음과 같다.

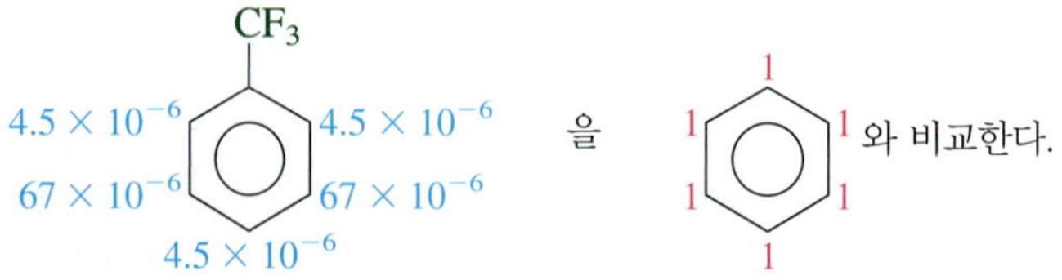
CF3
4.5 × 10−6
4.5 × 10−6
67 × 10−6
67 × 10−6
4.5 × 10−6
을
1
1
1
1
1
1
와 비교한다.

그림 12.7은 벤젠의 나이트로화와 (트라이플루오로메틸)벤젠의 오쏘, 메타 및 파라 위치의 나이트로화를 비교한 에너지 도표이다. 전자 끌개 트라이플루오로메틸기의 존재는 모든 고리 위치의 공격에 대해 활성화 에너지를 높이는데, 그 중에서도 메타 위치 공격의 경우에 활성화 에너지의 상승이 가장 적다.

문제 12.14

화합물 염화 벤질($C_6H_5CH_2Cl$), (다이클로로메틸)벤젠($C_6H_5CHCl_2$) 및 (트라이플루오로메틸)벤젠($C_6H_5CCl_3$)은 나이트로화에서 모두 벤젠보다 훨씬 늦게 일어난다. *m*-나이트로 치환 생성물의 비율이 4%, 34%, 64%였다. 친전자성 치환에서 속도와 위치선택성에 대한 각 치환기 효과를 $—CH_2Cl$, $—CHCl_2$, $—CCl_3$에 따라 구분하라.

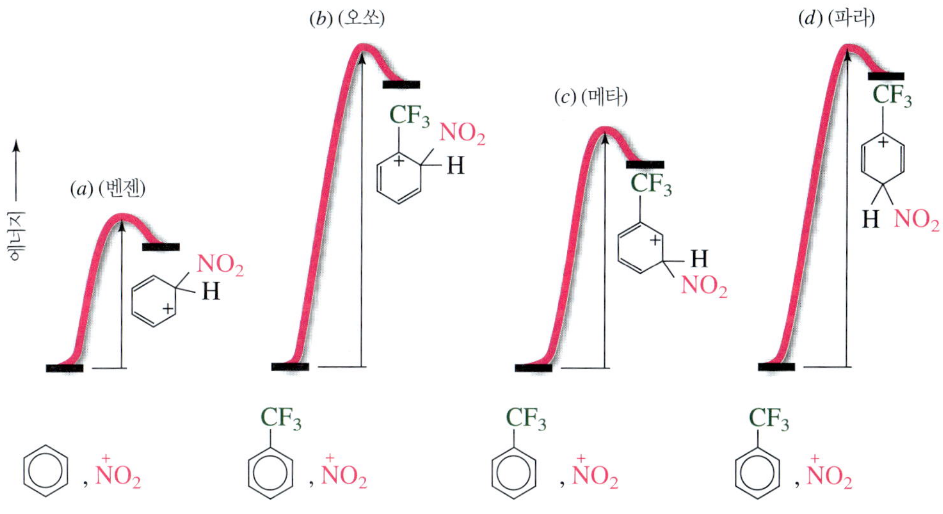

그림 12.7

(a)벤젠의 (b)오쏘, (c)메타, (d)파라 위치의 나이트로늄 공격에 대한 비교 에너지 도표. E_{act}(오쏘) > E_{act}(파라) > E_{act}(메타) > E_{act}(벤젠)

12.12 친전자성 방향족 치환에서 치환기 효과: 활성화 치환기

이제까지는 치환기 효과를 분석하는 데 두 개의 치환기인 메틸기와 트라이플루오로메틸기를 대상으로 하였다. 메틸 치환기는 전자 주개 활성화기로서 오쏘와 파라 지향성이다. 트라이플루오로메틸기는 강한 전자 끌개 비활성화기로서 메타 지향성이다. 다른 치환기들은 어떠한가?

표 12.2에 자주 보게 되는 몇 가지 치환기에 대한 친전자성 방향족 치환에서 지향성과 속도 효과를 요약하였다. 활성화 능력의 감소 순으로 나열하였다. *가장 활성(activating)*이 강한 치환기는 위에, *가장 비활성(deactivating)*인 치환기는 아래에 배열하였다. 이 표의 중요한 특징을 요약하면 다음과 같다.

1. 모든 활성화 치환기는 오쏘와 파라 지향성이다.
2. 할로젠 치환기는 약한 비활성화 치환기이지만 오쏘와 파라 지향성이다.
3. 강한 비활성화 치환기는 메타 지향성이다.

가장 강력한 활성화 치환기 중 일부는 고리에 산소 원자가 직접 결합된 치환기들이 있다. 이들 치환기에는 알콕시기 및 아실옥시기는 물론 하이드록실기가 있다. 이들은 모두 오쏘와 파라 지향성이다.

$$H\ddot{O}— \qquad R\ddot{O}— \qquad RC(=O)\ddot{O}—$$

하이드록실 알콕시 아실옥시

표 12.2 친전자성 방향족 치환반응에서의 치환기의 분류

속도에 대한 효과	치환기		배향에 대한 효과
매우 강한 활성	$-\ddot{N}H_2$	(아미노)	오쏘, 파라지향성
	$-\ddot{N}HR$	(알킬아미노)	
	$-\ddot{N}R_2$	(다이알킬아미노)	
	$-\ddot{O}H$	(하이드록실)	
강한 활성	$-\ddot{N}HCR$ (C=O)	(알킬아미노)	오쏘, 파라지향성
	$-\ddot{O}R$	(알콕시)	
	$-\ddot{O}CR$ (C=O)	(아실옥시)	
활성	$-R$	(알킬)	오쏘, 파라지향성
	$-Ar$	(아릴)	
	$-CH{=}CR_2$	(알켄일)	
비교 기준	$-H$	(수소)	
비활성	$-X$	(할로젠)	오쏘, 파라지향성
	($X = F, Cl, Br, I$)		
	$-CH_2X$	(할로메틸)	
강한 비활성	$-CH$ (C=O)	(포밀)	메타지향성
	$-CR$ (C=O)	(아실)	
	$-COH$ (C=O)	(카복실산)	
	$-COR$ (C=O)	(에스터)	
	$-CCl$ (C=O)	(염화 아실)	
	$-C{\equiv}N$	(사이아노)	
	$-SO_2OH$	(설폰산)	
매우 강한 비활성	$-CF_3$	(트라이플루오로메틸)	메타지향성
	$-NO_2$	(나이트로)	

:ÖH + HNO_3 —acetic acid→ :ÖH (NO_2) + :ÖH (NO_2)

Phenol o-Nitrophenol (44%) p-Nitrophenol (56%)

하이드록실기, 알콕시기 및 아실옥시기는 촉매가 없더라도 브로민화가 어느 정도 빠르게 진행될 만큼 고리를 활성화시킨다.

*페놀*과 *아니솔*은 표 11.1에 벤젠의 유도체로 들어 있으며, 자주 접하는 것이다. 페놀의 친전자성 치환은 22.8절에서 자세히 논의하게 된다.

:ÖCH₃ —Br_2, acetic acid, 25°C→ :ÖCH₃ (Br)

Anisole p-Bromoanisole (90%)

산소의 전기음성도 때문에 하이드록실기 및 알콕시기는 전자를 끌어당기는 유도 효과가 나타나므로 이러한 치환기는 고리를 비활성화시키는 것처럼 보인다. 그러나 전자 끌개 기의 유도 효과는 산소의 비공유 전자쌍에 의한 큰 전자 주개 공명효과에 의해 극복된다. —ÖR 형태의 치환기가 존재하는 벤젠의 대한 오쏘 및 파라 위치의 친전자체와의 결합은 산소의 비공유 전자쌍이 고리의 π 계와의 비편재화에 의해 양이온을 안정화된다.

E⁺의 오쏘 공격

:ÖR, E, H ⟷ :ÖR, E, H ⟷ :ÖR, E, H ⟷ ⁺ÖR, E, H

가장 안정한 공명 기여구조.
산소와 모든 탄소는
팔전자계를 이루고 있다.

E⁺의 파라 공격

:ÖR, E, H ⟷ :ÖR, E, H ⟷ :ÖR, E, H ⟷ ⁺ÖR, E, H

가장 안정한 공명 기여구조.
산소와 모든 탄소는
팔전자계를 이루고 있다.

이런 형태의 산소에 의해 안정화된 탄소양이온은 3차 탄소양이온보다 훨씬 더 안정하다. 그들의 구조는 그 때 모든 원자들이 팔전자계를 가지게 됨으로 산소에 양전하를 가진 구조로 잘 나타낼 수 있다. 그들의 안정성으로 인해 탄소양이온이 빠르게 형성되고, 그 결과 친전자성 방향족 치환이 벤젠보다 더 빠르게 진행된다.

E^+의 메타 공격

메타 탄소에 친전자체와의 결합이 형성될 때, 산소의 비공유 전자쌍은 직접적으로 탄소양이온의 안정화에 관여할 수 없다.

산소의 비공유 전자쌍은 공명구조의
양전하를 안정화하는데 이용될 수 없다.
양전하를 띤 탄소 주위에 여섯 개의 전자가 있다.

산소 원자를 가진 치환기가 존재할 때 메타 위치에 대한 공격으로 생성된 탄소양이온의 안정성과 비교하여 오쏘와 파라 위치의 공격에 의해 생성된 탄소양이온의 큰 안정성은 —ÖH, —ÖR 및 —ÖC(O)R의 오쏘와 파라 지향성 성질을 설명해준다.

아미노기에 관련된 질소 원자를 가진 치환기는 상응하는 산소 원자를 가진 치환기보다 더 큰 활성을 나타낸다.

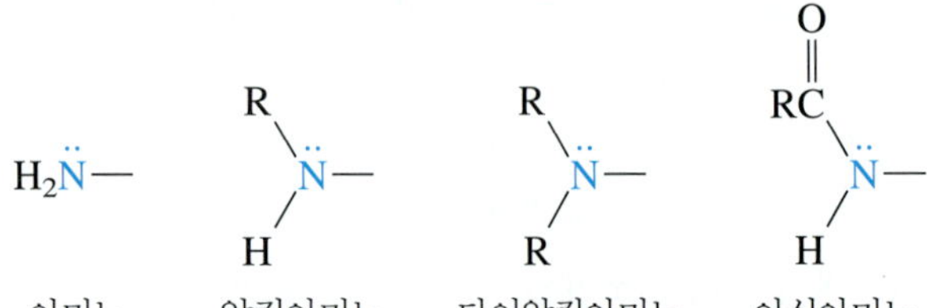

이들 각 치환기들의 질소 원자는 산소의 비공유 전자쌍처럼 전자쌍을 가지며, 그들이 결합된 자리의 탄소양이온을 안정화시킨다. 질소는 산소보다 전기음성도가 작지만, 더 좋은 전자쌍 주개이므로 어느 정도는 친전자성 방향족 치환에서 사이클로헥사다이엔일 양이온 중간체를 안정화시킨다.

문제 12.15

*아닐린*과 그 유도체는 반응성이 크기 때문에 친전자성 방향족 치환을 효과적으로 수행시키기 위해서는 보통 특별한 전략이 필요하다. 그러한 주제는 21.14절에서 논의하게 된다.

아래의 반응 조건으로 아닐린 ($C_6H_5NH_2$)에서 생성된 사이클로헥사다이엔일 양이온의 구조식을 쓰시오.

(a) 오쏘 브로민화(네 종류의 공명구조)
(b) 메타 브로민화(세 종류의 공명구조)
(c) 파라 브로민화(네 종류의 공명구조)

풀이 예시 (a) 사이클로헥사다이엔일 양이온의 보통의 세 가지 공명 기여체와 질소 비공유 전자쌍의 고리에 대한 비편재화로 생성된 기여체(가장 안정한 기여체)이 있다.

가장 안정한 기여체

12.10절 톨루엔의 나이트로화에서 논의한 것처럼, 알킬기는 활성화 및 오쏘와 파라 지향성 치환기이다. 이러한 점에서 아릴기와 알켄일기도 유사하다. 이들 역시 활성이고, 오쏘와 파라 지향성이다.

문제 12.16

바이페닐(구조를 알려면 11.5절을 보라)을 질산과 황산의 혼합 산으로 처리하면 분자식, $C_{12}H_9NO_2$를 갖는 두 종류의 주 생성물이 얻어진다. 이들 두 생성물들은 무엇인가?

앞으로 공부할 치환기의 종류는 표 12.2의 아래 부분에 있는 것으로서 메타 지향성이며, 강한 비활성화기이다.

12.13 친전자성 방향족 치환에서 치환기 효과: 강한 비활성화 치환기

표 12.2에서 지적한 것처럼 여러 종류의 치환기들이 *메타 지향성이고 강한 비활성*이다. 우리는 이미 이들 중의 한 예로서 트라이플루오로메틸기에 관해 논의하였다. 다른 몇 종류는 방향족 고리에 카보닐기가 직접 결합된 화합물이다.

—CH(=O)	—CR(=O)	—COH(=O)	—CCl(=O)	—COR(=O)
알데하이드	케톤	카복실산	염화 아실	에스터

방향족 알데하이드의 거동은 특별하다. 벤즈알데하이드의 나이트로화는 벤젠보다 수천 배나 느리게 진행되고, 주 생성물로 *m*-나이트로벤즈알데하이드를 생성한다.

$$\text{Benzaldehyde} \xrightarrow[H_2SO_4]{HNO_3} m\text{-Nitrobenzaldehyde (75–84\%)}$$

고리에 직접 결합된 카보닐기의 효과를 이해하기 위해서, 카보닐기의 편극을 생각해 보자. 탄소–산소 이중결합에서 전자들은 산소 쪽으로 끌리고, 탄소로부터 멀어져서 고리에 결합된 탄소는 부분적인 양전하를 띠게 된다. 벤즈알데하이드를 예를 들면 다음과 같다.

$$C_6H_5\text{–CH}{=}\ddot{O}: \longleftrightarrow C_6H_5\text{–}\overset{+}{C}H\text{–}\ddot{O}:^- \quad \text{or} \quad C_6H_5\text{–}\overset{\delta+}{C}H{=}O^{\delta-}$$

고리에 결합된 탄소 원자는 양으로 편극되므로, 카보닐기는 *강한 전자 끌개이고* 트라이플루오로메틸기와 같은 방법으로 행동하여 친전자성 방향족 치환에서 모든 사이클로헥사다이엔일 양이온 중간체를 불안정화시킨다. 벤즈알데하이드 고리의 어떤 위치에서의 반응도 벤젠보다 느리다. 오쏘와 파라 치환에 대한 중간체들은 전자–받개 치환기가 결합된 탄소에 양전하를 띤 공명 기여구조가 각각 존재하므로 특히 불안정하다. 메타 치환에 대한 중간체에는 이러한 불리한 양전하를 가진 공명구조를 피하게 되어 더 이상 불안정해지지 않으므로 생성물이 얻어지게 된다. 벤즈알테하이드의 나이트로화는 다음과 같다:

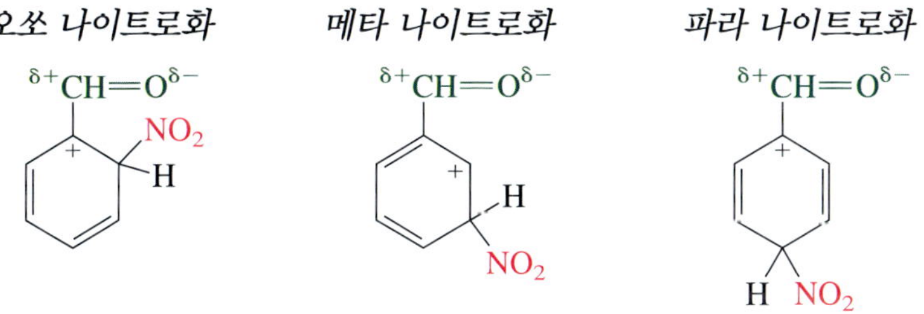

양전하로 편극된 이웃 원자 때문에 불안정	양전하로 편극된 이웃 원자가 없다. 가장 안정한 중간체	양전하로 편극된 이웃 원자 때문에 불안정

문제 12.17

다음 각 반응은 화학 문헌에 보고된 것으로, 주 유기 생성물이 좋은 수득률로 분리된다. 각 반응의 생성물에 대한 구조식을 쓰시오.

(a) 염화 벤조일 ($C_6H_5\overset{O}{\overset{\|}{C}}Cl$)를 염소와 염화 철(III)로 처리

(b) 벤조산 메틸 ($C_6H_5\overset{O}{\overset{\|}{C}}OCH_3$)를 질산과 황산으로 처리

(c) 1-페닐-1-프로판온 ($C_6H_5\overset{O}{\overset{\|}{C}}CH_2CH_3$)의 나이트로화

풀이 예시 (a) 염화 벤조일에는 카보닐기가 고리에 직접 결합되어 있다. A $-\overset{O}{\overset{\|}{C}}Cl$ 치환기는 메타 지향성이다. 염소와 염화 철(III)의 처리로 염소 원자가 고리에 도입된다. 생성물은 염화 *m*-클로로벤조일이다.

$$\text{Benzoyl chloride} \xrightarrow[FeCl_3]{Cl_2} m\text{-Chlorobenzoyl chloride}$$

Benzoyl chloride

m-Chlorobenzoyl chloride
가장 안정한 기여구조

사이아노기도 카보닐기와 유사한 이유로 벤조나이트릴에서 보여준 형태의 공명 기여구조를 포함하고 있다.

$$C_6H_5-C\equiv\ddot{N}: \longleftrightarrow C_6H_5-\overset{+}{C}=\ddot{N}:^{-} \quad \text{또는} \quad C_6H_5-\overset{\delta+}{C}\equiv\overset{\delta-}{N}$$

사이아노기는 전자 끌기로, 비활성화기이고 메타 지향성이다.

설폰산기는 황 원자가 $-SO_3H$의 여러 가지 공명 기여구조에서 양의 형식전하를 가지기 때문에 전자 받개이다.

$$Ar-S(=O)_2OH \longleftrightarrow Ar-\overset{+}{S}(-O^-)(=O)OH \longleftrightarrow Ar-\overset{+}{S}(=O)(-O^-)OH \longleftrightarrow Ar-\overset{2+}{S}(-O^-)_2OH$$

벤젠에 설폰화가 두 번 일어나면 *m*-벤젠다이설폰산이 형성된다. 첫 번째의 설폰산기에 대해 두 번째 설폰산기는 메타 위치에 결합된다.

$$\text{Benzene} \xrightarrow[H_2SO_4]{SO_3} \text{Benzenesulfonic acid} \xrightarrow[H_2SO_4]{SO_3} m\text{-Benzenedisulfonic acid (90\%)}$$

Benzene

Benzenesulfonic acid

m-Benzenedisulfonic acid (90%)

나이트로기의 질소 원자는 두 가지의 가장 안정한 기여구조에서 완전한 양전하를 가진다.

Ar—N⁺(=O:)—O:⁻ ⟷ Ar—N⁺(—O:⁻)=O:

이런 현상은 나이트로기를 강력한 전자 끌개 비활성화 치환기이며, 메타 지향성이다.

NO_2 (Br_2, Fe) → NO_2, Br

Nitrobenzene — *m*-Bromonitrobenzene (60–75%)

문제 12.18

치환기 —$\overset{+}{N}(CH_3)_3$의 친전자성 방향족 치환에서 속도와 위치선택성이 —$\ddot{N}(CH_3)_3$ 또는 —NO_2와 아주 밀접하게 닮았다고 예상할 수 있는가? 그리고 그 이유는 무엇인가?

—$\ddot{N}$(CH$_3$)CH$_3$ N에 있는 비공유 전자쌍은 오쏘, 파라 지향을 강하게 활성화한다.

—$\overset{+}{N}$(=O:)—O:⁻ N의 양전하는 메타 지향을 강하게 비활성화한다.

—$\overset{+}{N}$(CH$_3$)$_3$ N의 양전하는 —N(CH$_3$)$_2$보다 —NO$_2$와 더 닮은 구조이다. 그러므로 강한 비활성 메타 지향성으로 예측된다.

12.14 친전자성 방향족 치환에서 치환기 효과: 할로젠

표 12.2를 다시 보면 *할로젠 치환기들은 도입되는 친전자체를 오쏘와 파라 위치에 결합되도록 지향하지만 치환에서 고리를 비활성화함을 주목하라.* 클로로벤젠의 나이트로화가 전형적인 예이다. 그 속도는 대응하는 벤젠의 나이트로화보다 약 30배 정도 느리고, 이때 주 생성물은 *o*-클로로나이트로벤젠과 *p*-클로로나이트로벤젠이다.

Cl (HNO_3, H_2SO_4) → Cl, NO_2 + Cl, NO_2 + Cl, NO_2

Chlorobenzene — *o*-Chloronitrobenzene (30%) — *m*-Chloronitrobenzene (1%) — *p*-Chloronitrobenzene (69%)

문제 12.19

클로로벤젠을 *p*-염화 클로로벤조일 및 $AlCl_3$와 반응시키면 두 가지 생성물의 혼합물이 좋은 수득률로 얻어진다(76%). 이 두 생성물은 무엇인가?

할로벤젠에 있어서 친전자성 방향족 치환의 속도와 생성물의 연구는 반응성과 잘 일치하는 유형을 보인다. 한 개의 예를 제외하고 염소화에 대한 부분 속도인자는 플루오로-, 클로로- 및 브로모벤젠의 모든 고리 위치가 비활성화되었음을 보여준다. 예외는 플루오로벤젠의 파라 위치인데, 플루오로벤젠은 벤젠의 단일 위치보다 약간 반응성이 크다.

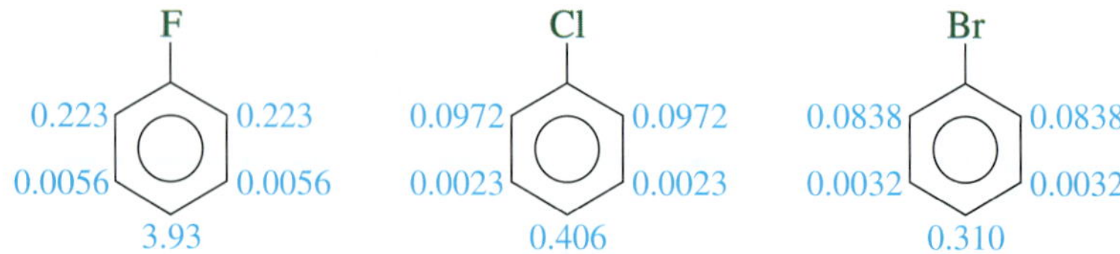

반응성의 범위는 크지 않다. 벤젠은 가장 반응성이 큰 플루오로벤젠보다 약 1.4배 빠르고 가장 반응성이 낮은 브로모벤젠보다 14배 빠르다. 각 할로벤젠에서 파라 위치는 가장 반응성이 크고, 그 다음이 오쏘 위치이다.

오쏘, 파라 지향성 효과는 활성 치환기와 관계가 있고 메타 위치는 비활성 치환기와 관계가 있기 때문에 할로젠 치환기의 성질은 초기 관찰에서 비정상적인 것처럼 나타난다. 위치선택성과 속도의 불일치성이 보여지는 것은 할로젠 치환기의 유도효과와 공명효과의 분석에 의해 이해할 수 있다.

유도효과를 통해서 할로젠 (X)은 σ 결합의 극성에 의해 고리로부터 전자를 끌어당긴다. 그 효과는 플루오린이 가장 크고, 아이오딘이 가장 작다.

할로젠의 유도효과는 고리로부터 전자를 끌어당긴다. (구조: 벤젠 고리–X)

다음으로 고리 탄소의 π 전자들이 더 단단하게 결합하여 생긴 극성은 접근하는 친전자체들의 "이용성"을 감소시키고, 친전자성 방향족 치환의 활성화 에너지를 상승시켜 반응속도가 감소된다. 그림 12.8은 플루오로벤젠과 벤젠의 정전기 퍼텐셜지도를 비교하여 그 효과를 설명한 예이다.

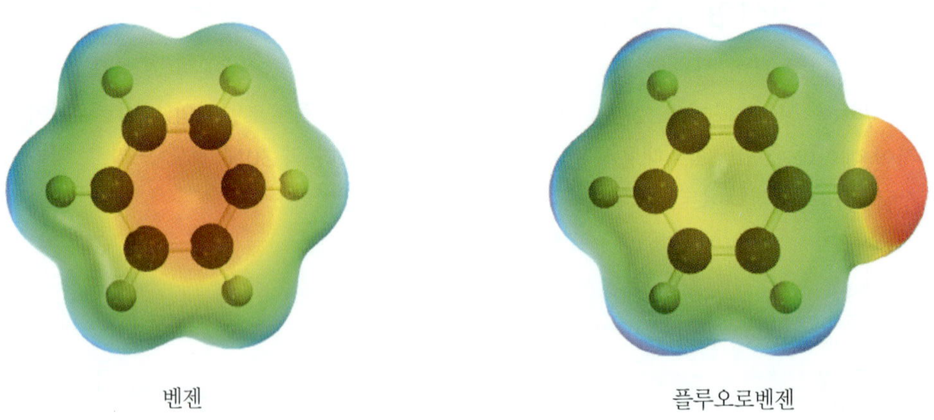

벤젠 플루오로벤젠

그림 12.8

플루오로벤젠과 벤젠의 정전기 퍼텐셜지도. 전기음성도가 큰 플루오린은 벤젠이 π 전자를 끌어당기는 것보다 플루오로벤젠의 π 전자를 더 강하게 끌어당기게 하는 원인이 된다. 그 차이는 벤젠의 π 전자와 관련된 붉은색이 더 많이 나타낸다. 색깔의 크기는 두 모형이 동일하다.

그러나 —$\ddot{O}$H 기나 —$\ddot{N}H_2$ 기처럼 비공유 전자쌍을 가진 할로젠 치환체는 양전하를 띤 탄소 원자에 전자쌍을 줄 수 있다. π 계에 전자를 제공하여 오쏘나 파라 공격에 의해 만들어진 중간체를 안정화시킨다.

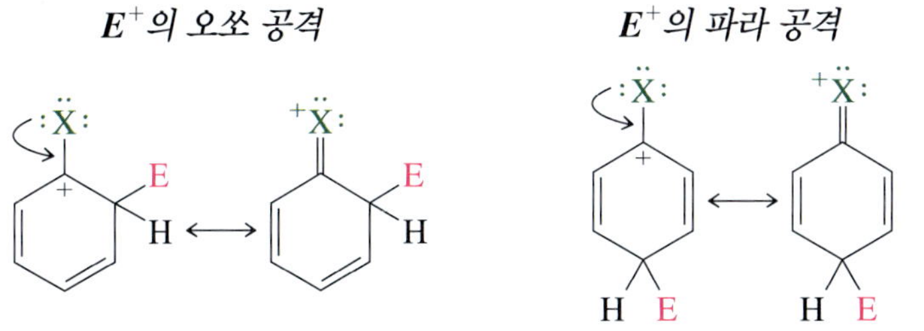
E^+의 오쏘 공격
E^+의 파라 공격

메타 치환에 대한 중간체의 안정성의 비교는 불가능하다. 그러므로, 비공유 전자쌍을 포함하는 공명은 할로젠을 오쏘, 파라-지향 치환체가 되게 하는 원인이 된다.

공명효과는 플루오린이 가장 크고 다른 할로젠은 아주 작다. 효과적인 공명 안정화를 위해서는 치환기의 비공유 전자쌍 *p* 오비탈이 고리의 π 계와 중첩이 되어야만 한다. 플루오린의 $2p$ 오비탈은 그러한 중첩이 잘 이루어지지만 염소의 $3p$ 오비탈은 C—Cl 결합이 좀더 분산되어 있는 특성 및 긴 C—Cl 결합 길이 때문에 중첩이 잘 이루어지지 않는다. 그러한 상황은 브로민과 아이오딘에서는 더 좋지 않다.

사이클로헥사다이엔일 양이온 중간체의 안정성에 의해서 플루오린의 비공유-전자쌍 제공은 플루오로벤젠에서 친전자성 방향족 치환 속도에 대해서 어느 정도 유도효과가 반대로 작용한다. 대부분 경우에 벤젠의 경우보다 단지 약간 덜 한다. 다른 할로젠의 비공유 쌍 주개는 오쏘, 파라 지향성이지만, 플루오린의 오쏘, 파라 지향성은 아주 낮다.

12.15 다중 치환기 효과

벤젠이 두 개 또는 그 이상의 치환기를 가졌을 때, 치환을 더 진행시키는 경우의 반응성과 위치는 치환기들의 누적 효과로부터 예상될 수 있다.

문제 12.2, 12.4 및 12.10은 친전자성 방향족 반응에서 유일한 한 개의 생성물이 가능한 과정의 부가적인 반응의 예를 제시하였다.

가장 단순한 경우로서 가능한 모든 위치가 동등하고, 그 위치들 중의 어느 한 곳에 대한 치환은 동일한 생성물을 얻어진다.

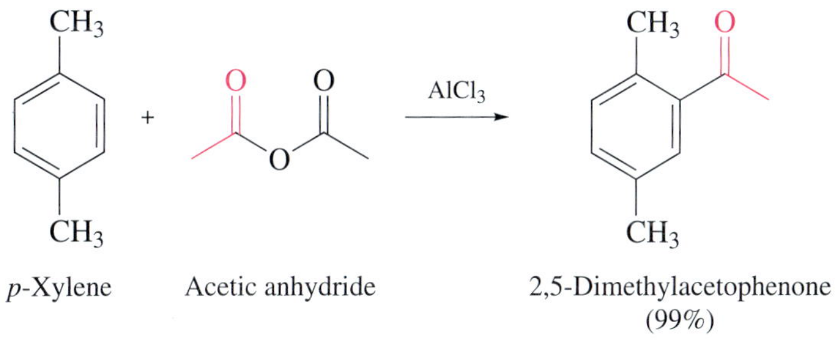
CH_3
CH_3
+
O
O
O
$AlCl_3$
CH_3
O
CH_3
p-Xylene
Acetic anhydride
2,5-Dimethylacetophenone
(99%)

종종 치환기의 지향성 효과는 서로를 보강한다. 예를 들면, *p*-나이트로톨루엔의 브로민화는 오쏘와 파라 지향성인 메틸기에 대해서는 오쏘 위치에서 일어나고 메타 지향성인 나이트로기에 대해서는 메타의 위치에서 반응이 일어난다.

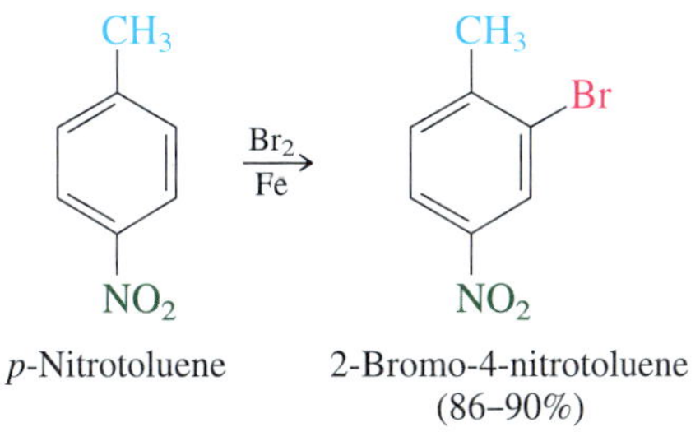
CH_3
NO_2
Br_2
Fe
CH_3
Br
NO_2
p-Nitrotoluene
2-Bromo-4-nitrotoluene
(86–90%)

개별적인 치환기의 지향성 효과가 서로 반대되는 경우를 포함해서 거의 대부분의 경우, *친전자성 방향족 치환에서 위치선택성을 지배하는 것은 활성이 더 큰 치환기이다.* 따라서 4-클로로-*N*-메틸아닐린의 브로민화는 *N*-메틸아미노기가 강한 고리활성 치환기인 반면 염소는 약한 고리 비활성기이기 때문에 오쏘 위치에서 일어난다.

NHCH$_3$ / Cl → (Br_2, acetic acid) → NHCH$_3$ / Br / Cl

4-Chloro-*N*-methylaniline → 2-Bromo-4-chloro-*N*-methylaniline (87%)

문제 12.20

바로 앞 반응식의 반응물(4-클로로-*N*-메틸아닐린)은 친전자성 방향족 치환에 대해서 반응성이 상당히 크므로 브로민화를 수행하는데 촉매가 필요하지 않다. 친전자체 Br_2에 대한 이런 반응의 타당한 메커니즘을 제시하시오.

문제 12.21

화합물 A는 고혈압 치료에 사용되는 β-차단제로 알려진 의약품의 한 형태인 라벨테롤(labetelol)이라는 약품을 합성하는 중간체로 사용된다. 화합물 A의 구조는 무엇인가?

HO / H_2N / O → (CH_3CCl (O), $AlCl_3$) → 화합물 A → (몇 단계들) → OH / HO / H_2N / O / N / H / CH_3

라베테롤 (β-차단제)

알킬기에 의해 두 위치가 비슷하게 활성화되었을 때, 보통 덜 입체 방해를 받는 쪽으로 치환이 일어난다. *p-tert*-뷰틸톨루엔의 나이트로화는 큰 *tert*-뷰틸기의 오쏘 위치보다는 메틸기의 오쏘 위치에 우선적으로 일어난다. 이것은 *입체효과(steric effect)*의 한 예이다.

CH_3 → (HNO_3, H_2SO_4) → NO_2 / CH_3

p-tert-Butyltoluene → 4-*tert*-Butyl-2-nitrotoluene (88%)

m-자일렌의 나이트로화는 하나의 메틸기에 대해서는 오쏘, 다른 메틸기에 대해서는 파라 위치를 지향한다.

CH_3 / CH_3 → (HNO_3, H_2SO_4) → CH_3 / CH_3 / NO_2

m-Xylene → 2,4-Dimethyl-1-nitrobenzene (98%)

두 개의 메틸기 사이의 오쏘 위치는 입체적으로 방해를 받기 때문에 반응성이 작다.

문제 12.22

다음 각각의 나이트로화에서 얻어지는 주 유기생성물의 구조식을 쓰시오.

(a) *p*-메틸벤조산 (b) *m*-다이클로로벤젠
(c) *m*-다이나이트로벤젠 (d) *p*-메톡시아세토페논
(e) *p*-메틸아니솔 (f) 2,6-다이브로모아니솔

풀이 예시 (a) *p*-메틸벤조산에서 두 개의 치환기 중 메틸기는 더 활성화기이므로 친전자성 방향족 치환의 위치선택성을 지배한다. 오쏘와 파라 지향성 메틸기의 파라 위치에 이미 하나의 치환기(카복실기)가 존재하므로 치환은 메틸기의 오쏘 위치에서 일어난다. 바로 이 위치는 메타 지향성 카복실기의 메타 위치이고, 두 개의 치환기의 배향성을 서로 보강하고 있다. 생성물은 4-메틸-3-나이트로벤조산이다.

CH_3 / CO_2H $\xrightarrow[H_2SO_4]{HNO_3}$ CH_3 / NO_2 / CO_2H

p-Methylbenzoic acid 4-Methyl-3-nitrobenzoic acid

위치선택성이 활성화가 가장 큰 치환기에 의해 지배를 받는 규칙의 예외는 알킬기와 할로젠기의 지향성 효과가 서로 반대일 때 나타난다. 알킬기는 약한 활성화기이고, 할로젠 치환기는 약한 비활성화기인데, 그들 사이의 차이가 매우 적기 때문에 간단히 일반화시킬 수 없다.

문제 12.45는 부분 속도인자 자료가 어떻게 그와 같은 경우에 적용되는가를 예로 든 것이다.

12.16 치환된 벤젠의 합성 및 역합성 분석

친전자성 방향족 치환의 위치선택성은 이미 존재하는 치환기의 지향성 효과에 지배를 받기 때문에, 더 다중치환된 벤젠고리를 합성할 때는 반응을 수행하는 순서를 신중히 생각해야 한다. 역합성 분석이 유용한 길을 제공해준다.

그 분석법은 간단하다; 단순하게 표적분자의 고리로부터 치환기 한 개를 잘라내고 남아있는 치환기의 지향성 성질에 대해 조사한다. *m*-브로마아세토페논을 고려해 보기로 하자.

Br^+ + (아세토페논) $\overset{a}{\Longleftarrow}$ [Br, *a*, *b*, O — *m*-브로모아세토페논] $\overset{b}{\Longrightarrow}$ Br(브로모벤젠) + $^+$(아세틸, O)

브로민은 오쏘, 파라 지향성이고, 아세틸은 메타 지향성이다. 목표물질을 합성하는 타당한 역반응을 생각해 보면, 절단과정 *a*는 아세토페논의 친전자성 브로민화의 마지막 단계이고, 절단과정 *b*는 브로모벤젠의 Friedel-Crafts 반응의 마지막 단계이다. 두 접근 방법에서 아세토페논의 브로민화만이 희망했던 두 치환기들의 메타 관계를 유도하게 되므로 다음 합성과정을 세안할 수 있다.

염화 알루미늄은 브로민화 철(II)보다 센 Lewis 산이다. 예에서 볼 수 있는 것처럼 강한 비활성화 치환기를 갖는 방향족 고리의 친전자성 브로민화에서 촉매로 사용한다.

Benzene → (아세트산 무수물, $AlCl_3$) → Acetophenone (76-83%) → (Br_2, $AlCl_3$) → *m*-Bromoacetophenone (59%)

반대로, *p*-브로모아세토페논이 목표물질인 경우는, 브로모벤젠의 Friedel-Crafts 아실화 반응이 마지막 단계(절단과정 *b*)이고,

Br^+ + 아세토페논 ⟸(*a*) *p*-브로모아세토페논 ⟹(*b*) 브로모벤젠 + 아실 양이온

합성과정은 다음과 같다.

Benzene → (Br_2, Fe) → Bromobenzene (65–75%) → (아세트산 무수물, $AlCl_3$) → *p*-Bromoacetophenone (69–79%)

합성의 성공 여부가 치환기의 도입 순서에 의존되지 않는 경우의 예는 *m*-나이트로아세토페논의 제법을 들 수 있다. 여기서 두 치환기는 모두 메타 지향성이지만, 실제 합성에는 아세토페논의 나이트로화가 포함된다(절단 *a*).

$^+NO_2$ + 아세토페논 ⟸(*a*) *m*-Nitroacetophenoı나이트로아세토페논 ⟹(*b*) 나이트로벤젠 + 아실 양이온

나이트로벤젠과 같은 강한 비활성화된 방향족성 고리는 Friedel-Crafts 아실화 또는 알킬화가 성공적으로 수행되지 않기 때문에 나이트로화 이전에 아실화를 먼저 수행해야 한다.

Benzene → (아세트산 무수물, $AlCl_3$) → Acetophenone (76–83%) → (HNO_3, H_2SO_4) → *m*-Nitroacetophenone (55%)

방향족 고리가 모노할로벤젠보다 더 비활성이면 Friedel-Crafts 조건 하에서의 알킬화와 아실화는 일어날 수 없다.

방향족 화합물에서 치환기의 지향성은 이전의 예와 같이 간단한 합성을 불가능하게 할 때에는 작용기를 교묘하게 처리하는 것이 유용할 수 있다. *p*-나이트로벤조산를 예를 들면, 두 치환기가 모두 메타 지향성이기 때문에 나이트로벤젠 또는 벤조산으로부터 직접 합성할 수 없다. 그러나, 카복실기는 메틸기의 산화에 의해 접근할 수 있음이 알려져 있으므로 톨루엔의 나이트로화를 이용하여 정확한 위치화학을 얻을 수 있다.

p-나이트로벤조산 ⟹ *p*-나이트로톨루엔 ⟹ 톨루엔

목표물질을 결정하고, 합성계획과 적절한 시약의 선정은 역합성(retrosynthesis) 변환에 따라 수행하면 된다.

Toluene $\xrightarrow[H_2SO_4]{HNO_3}$ *p*-Nitrotoluene (오쏘 이성질체로부터 분리) $\xrightarrow[H_2SO_4,\ H_2O]{Na_2Cr_2O_7}$ *p*-Nitrobenzoic acid

문제12.23

많은 합성에는 여러 개의 작용기의 변환을 포함할 수 있다. 역합성에서 보여준 화합물 A—C를 결정하고 각 합성 단계에 대한 시약들을 제시하시오.

⟹ A ⟹ B ⟹ C ⟹

문제12.24

역합성 분석법을 이용하여 벤젠으로부터 *m*-클로로에틸벤젠의 합성법을 제시하시오. 당신이 제시한 역합성 변환에 따라 합성하고 각 단계에 대한 필요한 시약을 제시하시오. (*힌트:* Clemmensen 또는 Wolff-Kishner 환원이 필요하다.)

12.17 나프탈렌의 치환

다환 방향족 탄화수소계에 벤젠이 반응하는 동일한 시약으로 처리하면 친전자성 방향족 치환이 이루어진다. 일반적으로 다환 방향족 탄화수소계는 벤젠보다 반응성이 더 크다. 그러나 대부분의 화합물은 벤젠이 가지는 대칭성이 결여되어 있기 때문에 일치환 반응에서도 혼합 생성물이 얻어진다. 다환 방향족 탄화수소계 중에서 나프탈렌에 대해서만 간략하게 논의 할 것이다.

나프탈렌에서 치환에 대해서 두 종류의 유용한 반응 위치인 C-1과 C-2가 존재한다. 정상적으로는 C-1 위치가 친전자성 반응성이 더 크다.

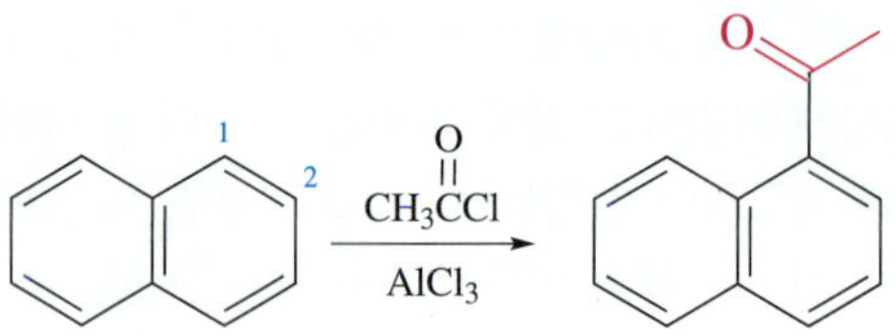

O
‖
CH_3CCl
$AlCl_3$

Naphthalene 1-Acetylnaphthalene
(90%)

C-1의 반응성이 더 높은데, 그 이유는 친전자성 공격으로 생성된 아레늄(arenium) 이온이 상대적으로 안정한 공명구조를 가지기 때문이다. 한쪽 고리에서는 방향족이 유지되고, 양전하는 알릴 위치 공명에 의해 비편재화된다.

E^+의 C-1으로의 접근

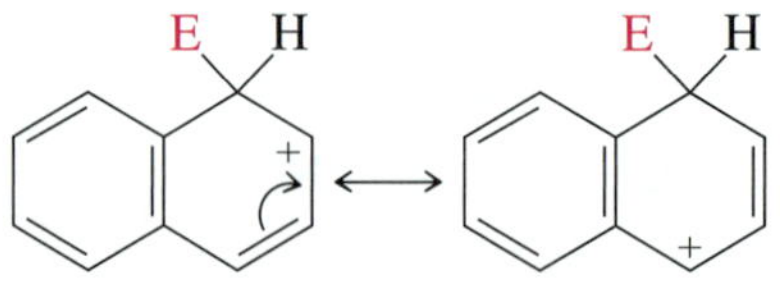

C-2에 대한 친전자성 공격에서 생성된 탄소양이온 중간체를 안정화시키는 알릴 형태의 공명이 포함되기 위해서 다른 고리의 벤젠같은 성질이 희생된다.

E^+의 C-2으로의 접근

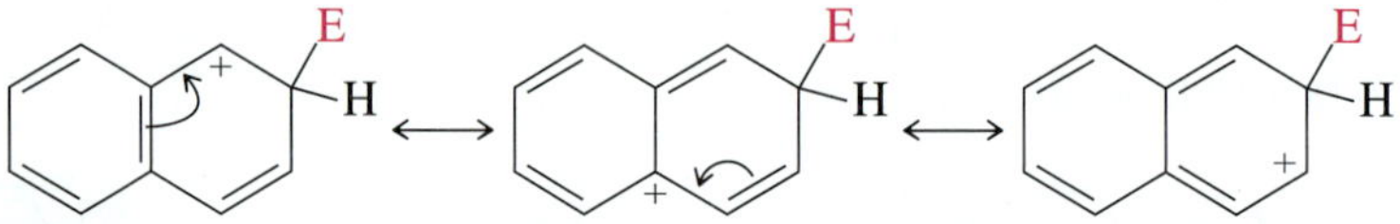

문제 12.25

나프탈렌의 설폰화는 높은 온도에서 가역적이다. 나프탈렌설폰산의 다른 이성질체는 0°C의 경우보다 160°C에서 주 생성물이 얻어진다. 어느 이성질체가 속도론적 지배 생성물이며, 어느 것이 열역학적 지배의 조건에서 생성되는가? 한 이성질체가 다른 것보다 더 안정적인 이유는 무엇인가?

12.18 헤테로 고리 방향족 화합물의 치환

헤테로 고리 방향족 화합물은 구조적 형태의 다양성 때문에 친전자성 방향족 치환에서 반응성은 극도로 큰 것으로부터 거의 비활성인 것까지 다양하다.

피리딘은 친전자성 시약에 의한 치환에서 벤젠보다 훨씬 반응성이 작다. 이런 관점에서 볼 때, 나이트로벤젠 처럼 크게 비활성화된 방향족 화합물에 속한다. Friedel-Crafts 조건 하에서 아실화와 알킬화는 불가능하지만, 높은 온도에서 설폰화가 일어난다. 피리딘에서 친전자성 반응이 일어난다면 C-3에서는 진행된다.

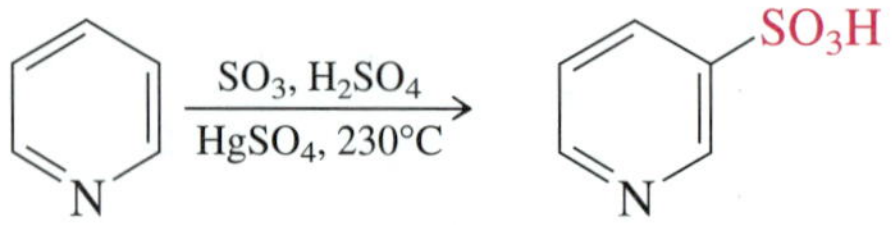

SO_3, H_2SO_4
$HgSO_4$, 230°C

Pyridine Pyridine-3-sulfonic acid
(71%)

피리딘의 반응성이 적은 이유 중의 하나는 질소 원자가 탄소 원자보다 더 전기음성적이고, 질소 원자가 π 전자를 더욱 강하게 붙들고 있어서 친전자체의 공격에 대한 활성화 에너지를 높게 하기 때문이다. 또 다른 이유는 피리딘의 질소가 황산에 의해 양성자화된 피리디늄 이온이 피리딘 자체보다도 더욱 비활성이기 때문이다. 그러므로 반응성 순서는 다음과 같다.

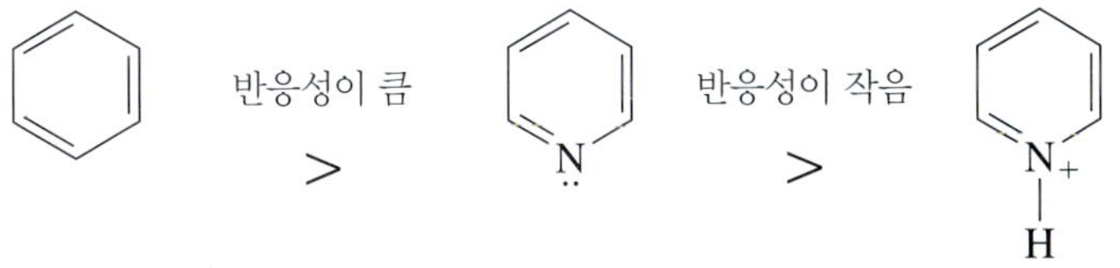

벤젠 > (반응성이 큼) 피리딘 > (반응성이 작음) 피리디늄 이온

또한, $AlCl_3$와 할로젠화 철(III)의 Lewis 산-촉매가 질소화 결합하여 Friedel-Crafts 반응과 할로젠화에 대해 고리를 강하게 비활성화시킨다.

반면에 피롤, 퓨란 및 싸이오펜은 전자가 풍부한 방향족 고리를 가지며, 친전자성 방향족 치환에 대해 대단히 반응성이 큰데 이들은 벤젠보다는 페놀이나 아닐린과 유사하다. 벤젠과 같이 그들은 여섯 개의 π 전자를 가지며, π 전자는 여섯 개 원자가 아니라 다섯 개 원자에 비편재화되어 있기 때문에 벤젠의 π 전자만큼 강하게 결합되어 있지 않다. 고리 원자가 산소처럼 전기음성일 때는 치환이 쉽게 일어난다.

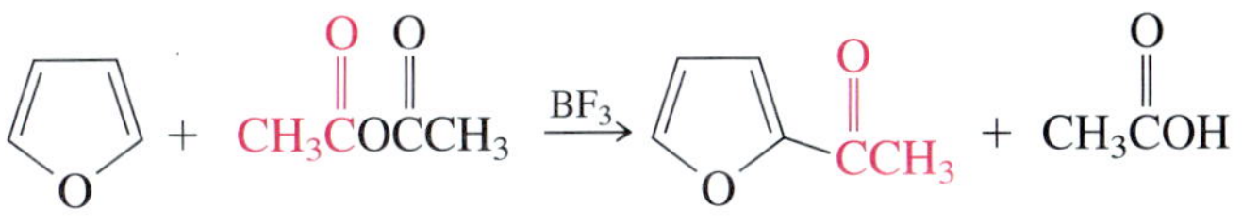

$$\text{Furan} + CH_3\overset{O}{\overset{\|}{C}}O\overset{O}{\overset{\|}{C}}CH_3 \xrightarrow{BF_3} \text{2-Acetylfuran (75–92\%)} + CH_3\overset{O}{\overset{\|}{C}}OH$$

Furan　Acetic anhydride　2-Acetylfuran (75–92%)　Acetic acid

퓨란에서 치환의 위치선택성은 공명구조를 사용하여 설명할 수 있다. 친전자체가 C-2를 공격할 때, 양전하는 세 원자인 C-3, C-5 및 산소에 나뉘어진다.

C-2에 E^+의 접근

더 안정한 탄소양이온; 양전하는 C-3, C-5 및 O에 나뉘어진다.

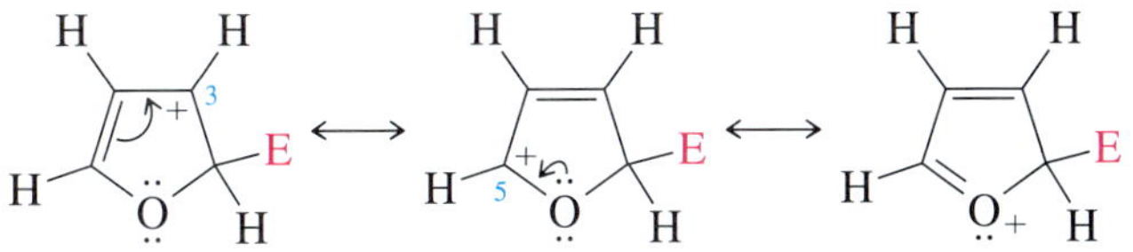

친전자체가 C-3를 공격할 때 양전하는 단지 두 원자인 C-2와 산소에 나뉘어지고, 탄소양이온 중간체는 덜 안정해서 더 천천히 생성된다.

C-3에 E^+의 접근

덜 안정한 탄소양이온; 양전하는 C-2와 O에 나누어진다.

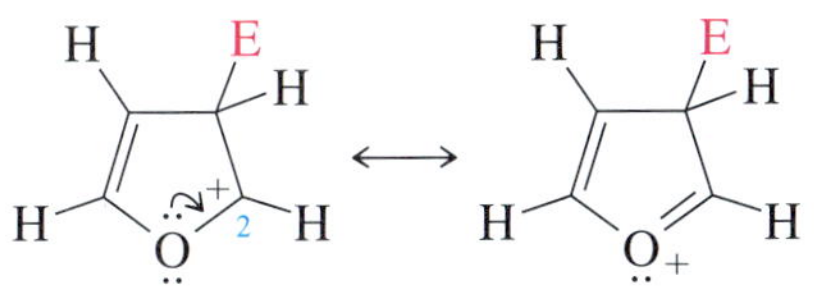

피롤과 싸이오펜에서 치환의 위치선택성은 비슷한 이유로 퓨란과 같다.

문제 12.26

다음 반응식과 같이 산-촉매 조건 하에서, *N*-메틸피롤의 C-2 수소가 C-3 수소보다 더 빨리 중수소에 의해 치환된다.

이 반응의 타당한 메커니즘을 제안하라.

12.19 친핵성 방향족 치환

(*a*) 하이드록시화 이온+염화 메틸

친핵체는 이탈기가 결합하고 있는 반대쪽으로부터 탄소에 접근한다.

(*b*) 하이록시화 이온 + 클로로벤젠

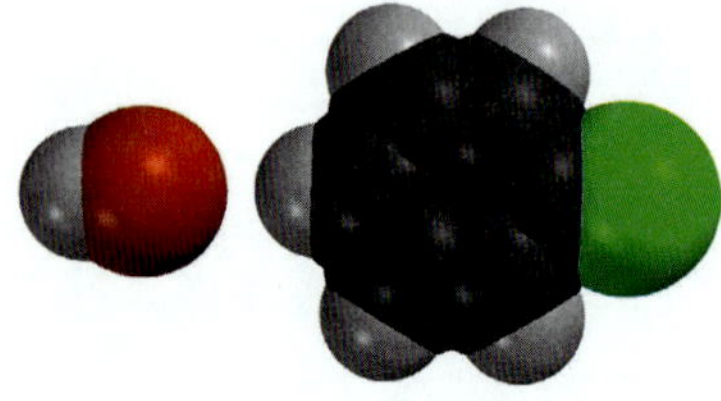

이탈기 반대쪽으로 친핵체의 접근은 고리에 막혀있다.

그림 12.9

할로젠화 아릴에서 S_N2 메커니즘에 의한 친핵성 치환은 벤젠고리에 의해 막혀있다.

이 장에서 *친전자성*(*electrophilic*) 방향족 치환의 수많은 예를 다루었다. 고리의 할로젠 치환기를 *친핵체*(*nucleophiie*)로 변환시키는 반응인 *친핵성*(*nucleophilic*) 방향족 치환은 무엇인가?

일반적으로, 할로젠화 아릴은 할로젠화 알킬이 친핵성 치환이 일어나는 것보다 훨씬 반응성이 적다. 이 반응에 대한 첫 번째 이유는 탄소-할로젠 결합의 절단과정은 S_N1과 S_N2 반응 모두 속도결정 단계이며 할로젠화 아릴의 탄소-할로젠 결합이 할로젠화 알킬의 결합보다 더 강한 결합이다. 두 번째 이유는, 그림 12.9에서 설명한 것처럼, 할로젠화 아릴에서는 탄소-할로젠 결합의 반대쪽으로부터 친핵체의 접근은 고리 자체가 막기 때문에 S_N2과정에서 최적의 전이상태 배치가 불가능하다.

니이트로기와 같은 전기음성인 치환기가 존재하는 할로젠화 아릴은 예외이다. 이러한 화합물은 친핵성 치환이 비교적 쉽게 일어난다. 예를 들면:

고리에 붙어 있는 나이트로기의 위치도 중요하다. *o*- 및 *p*-클로로나이트로벤젠은 둘다 유사한 속도로 반응하지만, *m*-클로로나이트로벤젠은 수 천배 느리게 반응한다. *o*- 및 *p*-나이트로 치환기 효과는 아래의 그림과 같이 누적된다.

문제 12.27

다음 각 시약이 1-클로로-2,4-다이나이트로벤젠과 반응으로부터 예상되는 생성물의 구조를 쓰시오.

(a) CH_3CH_2ONa (b) CH_3NH_2 (c) $C_6H_5CH_2SNa$

풀이 예시 (a) 에톡시화 소듐은 1-클로로-2,4-다이나이트로벤젠으로부터 염화 이온과 치환하는 CH_3CH_2O-의 공급원이다.

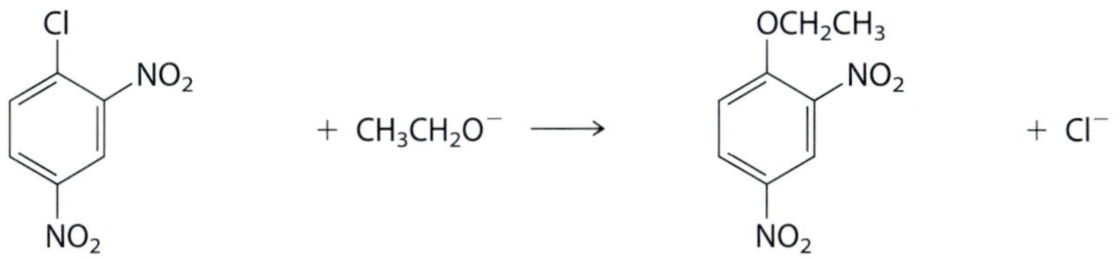

$$\text{1-클로로-2,4-다이나이트로벤젠} + CH_3CH_2O^- \longrightarrow \text{1-에톡시-2,4-다이나이트로벤젠} + Cl^-$$

1-클로로-2,4-다이나이트로벤젠 에톡시화 음이온 1-에톡시-2,4-다이나이트로벤젠

플루오린화 알킬이 할로젠화 알킬의 친핵성 치환에 대해 극히 비활성인 것과 대조적으로 플루오린화 아릴은 고리의 *o*- 또는 *p*-나이트로기가 존재하면 쉽게 친핵성 치환이 일어난다. *Sanger* 반응으로 알려진 1-플루오로-2,4-다이나이트로벤젠과 페닐알라닌 아미노산과의 반응은 상온에서 일어난다.

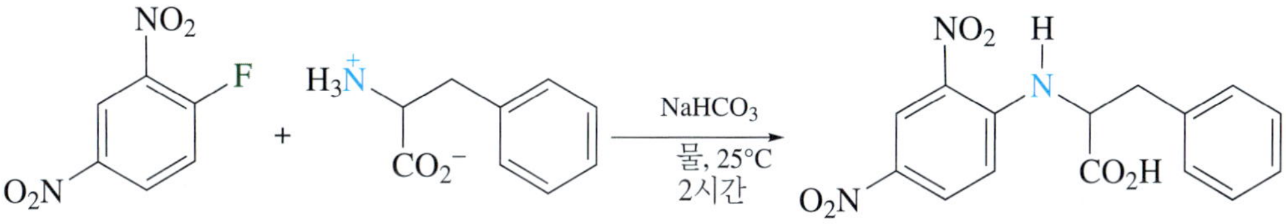

$$\text{1-Fluoro-2,4-dinitrobenzene} + \text{Phenylalanine} \xrightarrow[\text{물, 25°C, 2시간}]{NaHCO_3} N\text{-(2,4-Dinitrophenyl)phenylalanine (67\%)}$$

1-Fluoro-2,4-dinitrobenzene Phenylalanine *N*-(2,4-Dinitrophenyl)phenylalanine (67%)

실제로, 친핵성 방향족 치환에서 이탈기에 대한 반응성의 순서는 지방족 치환에서 보이는 것과는 반대이다. *플루오린이 친핵성 방향족 치환에서 반응성이 가장 큰 이탈기이고, 아이오딘이 가장 반응성이 낮은 이탈기이다.*

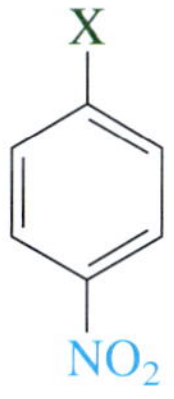

	메탄올에서 메톡시화 소듐에 대한 상대적 반응성 (50°C):
X = F	312
X = Cl	1.0
X = Br	0.8
X = I	0.4

12.20 친핵성 방향족 치환의 첨가–제거 메커니즘

이 반응에 대한 속도론적 연구는 2차 속도 법칙을 따른다는 것을 나타내 준다:

$$\text{반응속도} = k[\text{할로젠화 아릴}][\text{친핵체}]$$

이것은 이분자반응 속도결정 단계를 제안한다. 이와 같은 경우에는 할로젠화 아릴과 친핵체 둘 다 가장 느린 단계에 참여하는 메커니즘을 생각 할 수 있다. 이러한 메커니즘을 다음 절에서 기술하려고 한다.

p-플루오로나이트로벤젠과 메톡시화 소듐과의 반응에서 설명한 것처럼 나이트로-치환된 할로젠화 아릴의 친핵성 방향족 치환은 메커니즘 12.6에서 요약된 일반적인 메커니즘이 허용된다. 이 메커니즘은 친핵체가 할로젠화 아릴에 첨가된 후 이어서 이탈기인 할로

이 메커니즘을 종종 S_NAr (*치환-친핵성-방향족*)로 부르기도 한다.

젠이 제거되는 **첨가-제거 메커니즘(addition-elimination mechanism)**이다. 그 메커니즘은 다음과 같은 실험적인 관찰과 일치한다.

1. *반응속도론:* 2차-속도법칙의 관찰에서 요구하는 것처럼 속도결정 단계(1단계)에서 할로젠화 아릴과 친핵체 두 가지가 모두 포함된다.
2. *나이트로기의 속도-상승 효과:* 친핵성 첨가 단계는 고리의 방향족성 특성이 사라지는 사이클로헥사다이엔일 음이온 중간체로 변환되기 때문에 속도결정 단계가 된다. 이탈기에 대하여 오쏘나 파라에 강한 전자 받개가 존재하게 되면 음이온 중간체가 안정화되고, 적절한 반응속도로 일어날 수 있는 중간체로 형성되는 과정의 활성화 에너지가 작아진다. 그리고 메톡시화 이온과 *p*-플루오로나이트로벤젠의 반응으로부터 형성되는 사이클로펜타다이엔일 음이온 중간체에 대한 공명구조를 검토해 봄으로써 *p*-나이트로기에 의한 중간체의 안정화를 설명할 수 있다.

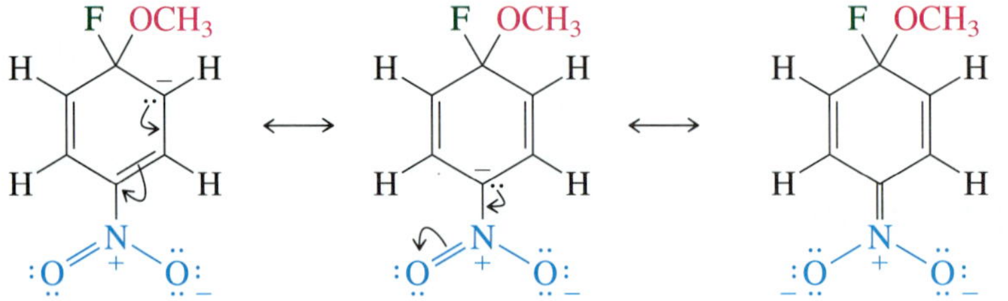

가장 안정한 기여구조.
음전하는 산소에 있다.

문제 12.28

o-플루오로벤젠과 메톡시화 이온의 반응에서 형성된 사이클로헥사다이엔일 음이온의 안정한 공명구조를 그리시오.

m-플루오로나이트로벤젠은 메톡시화 소듐과의 반응에서 오쏘와 파라 이성질체보다 10^5배 더 천천히 반응한다. 공명 표기에 따라 음으로 하전된 탄소가 나이트로기와 직접 컨쥬게이션은 *m*-플루오로나이트로벤젠으로부터 생기는 사이클로헥사다이엔일 음이온 중간체에서 가능하지 않다. 감소된 반응속도는 이 중간체의 안정성을 감소시킨다.

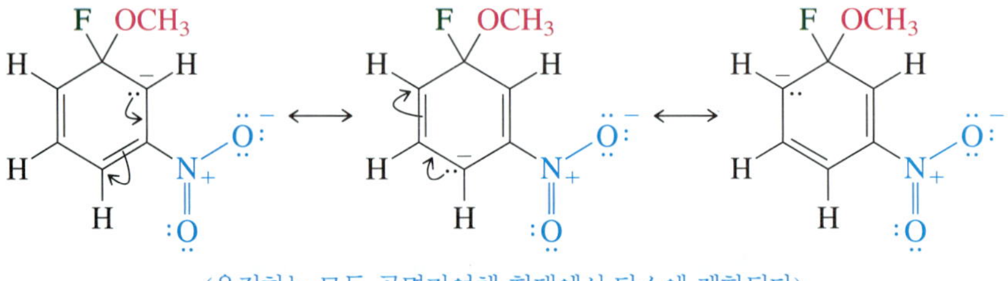

(음전하는 모든 공명기여체 형태에서 탄소에 제한된다)

문제 12.29

1,2,3-트라이브로모-5-나이트로벤젠과 에탄올에서 에톡시화 소듐의 반응은 정량적으로 단일 생성물 $C_8H7Br_2NO_3$를 생성한다. 이 화합물의 타당한 구조를 제안하시오.

3. *이탈기 효과:* 플루오린화 아릴은 가장 강한 탄소-할로젠 결합을 가지며, 가장 빠르게 반응하기 때문에 속도결정 단계에서는 탄소-할로젠 결합 절단이 포함되지 않는다. 메커니즘 12.6에 따라 속도결정 첨가 단계에 이어서 탄소-할로젠 결합이 빠른 제거 단계에서 절단된다. 플루오린화 아릴의 비정상적으로 큰 반응성은 플루오린이 할

메커니즘 12.6

첨가-제거 메커니즘에 의한 *p*-플루오로나이트로벤젠에서의 친핵성 방향족 치환

전체 반응

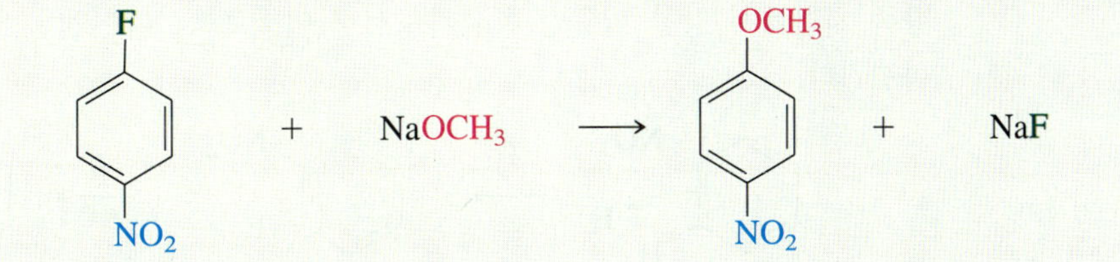

F, NO_2 + $NaOCH_3$ ⟶ OCH_3, NO_2 + NaF

p-Fluoronitrobenzene Sodium methoxide *p*-Nitroanisole Sodium fluoride

메커니즘:

1단계: 첨가 단계. 친핵체가 메톡시화 이온인 경우에 이탈기가 결합되어 있는 탄소 원자에 첨가되어 사이클로헥사다이엔일 음이온 중간체를 형성한다.

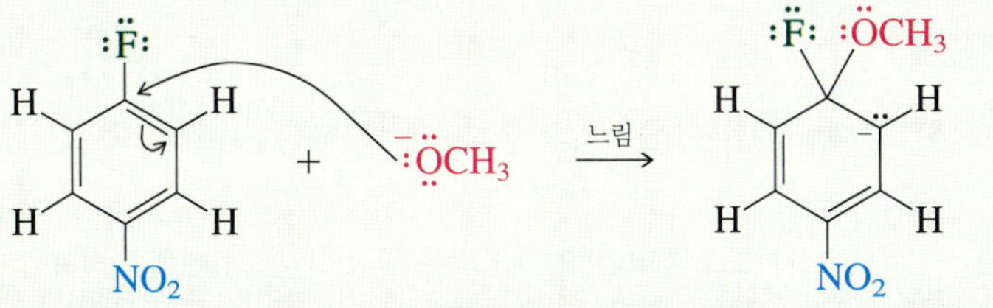

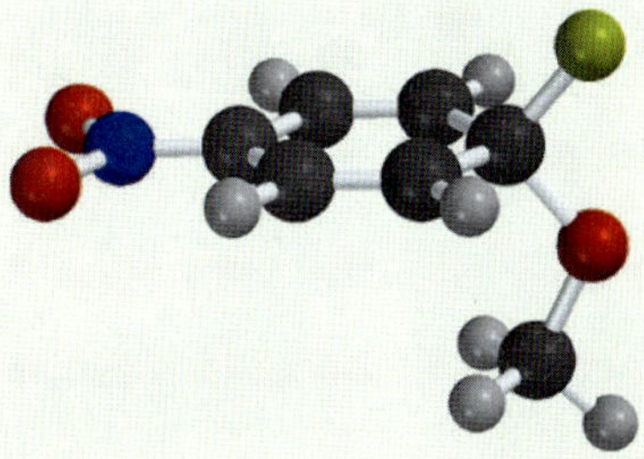

:F: H H H H NO_2 + $^-$:ÖCH_3 —느림→ :F: :ÖCH_3 H H H H NO_2

p-플루오로나이트로벤젠 메톡시화 이온 사이클로헥사다이엔일 음이온 중간체

2단계: 제거단계. 사이클로헥사다이엔일 중간체로부터 할로젠화 이온이 제거되어 고리의 방향족성이 회복되고 친핵성 방향족 치환의 생성물이 생성된다.

:F: :ÖCH_3 H H H H NO_2 —빠름→ :ÖCH_3 H H H H NO_2 + :F:$^-$

사이클로헥사다이엔일 음이온 중간체 *p*-나이트로아니솔 플루오린화 이온

로젠 중에서 전기음성도가 가장 크기 때문이다. 전자를 끌어 당기는 큰 능력은 메커니즘의 첫 번째 단계에서 사이클로헥사다이엔일 음이온 중간체의 형성 속도를 증가시킨다.

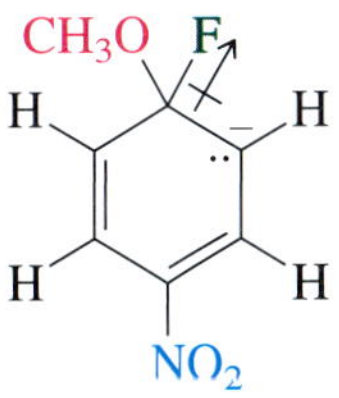

CH_3O F H H H H NO_2 는 CH_3O Cl H H H H NO_2 보다 더 안정하다.

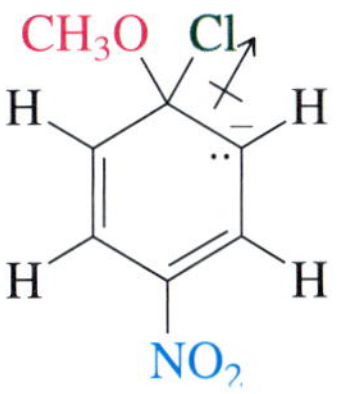

플루오린이 전자를 끌어당기기 때문에 사이클로헥사다이엔일 음이온이 안정하다.

염소는 플루오린보다 전기음성도가 작고 사이클로헥사다이엔일 음이온을 크게 안정화시키지 않는다.

이 메커니즘적인 논의를 마치기 전에 친핵성 방향족 치환에 대한 첨가-제거 메커니즘의 원리에 대해 설명하면 다음과 같다. 유기화학에서 치환기 효과에서 적용한 것처럼 *활성화* 및 *비활성화*라는 말은 단독으로는 아무런 의미가 없다. 활성이거나 비활성이라고 말할 때는 고려해야 할 반응 형태를 규정할 필요가 있다. 나이트로기는 친전자성 방향족 치환에서 강한 비활성 치환기로서 사이클로헥사다이엔일 양이온 중산체를 불안정화시킨다.

나이트로벤젠과 친전자체 —(아주 느림)→ 사이클로헥사다이엔일 양이온 중간체. 나이트로기는 불안정화 —($-H^+$, 빠름)→ 친전자성 방향족 치환 생성물

나이트로기는 *친핵성* 방향족 치환에서 강한 *활성화기*로서, 사클로헥사다이엔일 음이온 중간체를 안정화시킨다.

o-할로벤젠 (X = F, C1, Br or 1) 과 친핵체 —(느림 첨가)→ 사이클로헥사다이엔일 음이온 중간체. 나이트로기는 안정화한다 —(빠름 제거)→ 친핵성 방향족 친환 생성물 $+ :X^-$

나이트로기는 두 반응에서 같은 방법으로 작용한다. 나이트로기는 잔자를 끌어 당긴다. 전자가 방향족 고리로부터 공격하는 화학종으로 이동할 때 반응은 느려진다(친전자성 방향족 치환). 전자가 공격하는 화학종으로부터 방향족 고리로 이동할 때 반응은 빨라진다(친핵성 방향족 치환). 반응성과 치환기 효과간의 관계를 잘 이해하면 반응이 어떻게 일어나는가에 대해 올바르게 인식할 수 있다.

12.21 관련된 친핵성 방향족 치환

친핵성 방향족 치환에서 할로젠화 아릴의 가장 일반적인 형태는 *o*-나 *p*-나이트로 치환기가 결합된 화합물들이다. 반응성이 큰 다른 종류의 할로젠화 아릴 중에서 특별히 고려할 만한 것이 몇 가지가 있다. 한 종류는 헥사플루우오르벤젠과 같은 다수의 플루오린화된 방향족 화합물을 포함한다. 이 화합물들은 메톡시화 소듐과 같은 친핵체와의 반응으로 그들의 플루오린 중의 하나를 치환한다.

Hexafluorobenzene —($NaOCH_3$, CH_3OH, 65°C)→ 2,3,4,5,6-Pentafluoroanisole (72%)

여기서 사이클로헥사다이엔일 음이온 중간체를 안정화하고 반응이 용이하게 진행되도록 하는 것은 여섯 개의 플루오린 치환기의 전자 받개 효과 때문이다.

문제 12.30

헥사플루오로벤젠과 메톡시화 소듐의 반응에 첨가–제거 반응 메커니즘을 기술하는 반응식을 쓰고, 속도결정 중간체의 구조를 쓰시오.

헤테로고리 방향족 화합물과 결합된 할로젠화물은 친핵체에 대하여 반응성이 아주 크다. 예를 들면, 2-클로로피리딘은 메톡시화 소듐과 50°C에서 클로로벤젠보다 2억 3천 배 더 빠르게 반응한다.

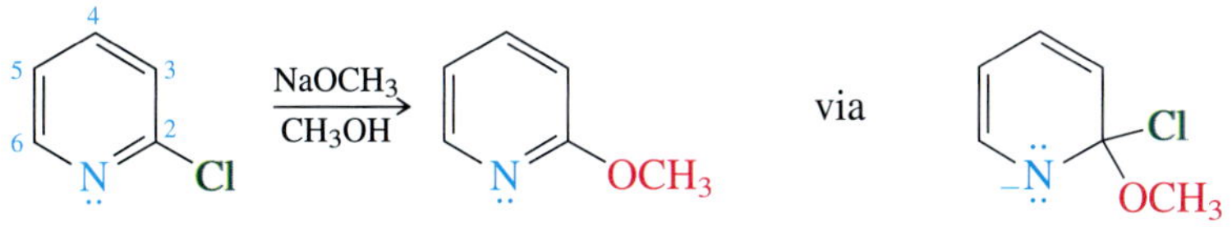

$NaOCH_3$, CH_3OH ; via

2-Chloropyridine 2-Methoxypyridine Anionic intermediate

다시 말해서 빠른 반응은 첨가 단계에서 생성되는 중간체의 안정성에 기인한다. 중간체의 음전하가 탄소에 있는 클로로벤젠과 대조적으로 2-클로로피리딘의 음이온 중간체는 질소에 음전하가 존재한다. 질소는 탄소보다 전기음성도가 더 크기 때문에 중간체는 클로로벤젠으로부터 생성되는 중간체보다 안정하고 더 빨리 진행된다.

문제 12.31

4-클로로피리딘이 3-클로로피리딘보다 친핵체에 대한 반응성이 크다는 사실을 설명하시오.

2-클로로피리딘과 유사한 화합물들의 반응성은 전자 받개의 존재에 의하여 증가될 수 있다. 다음의 예로서 이탈기 염소는 오쏘 위치의 전자 받개인 사이아노기뿐만 아니라 고리에 있는 질소에 의하여 친핵성 방향족 치환이 활성화된다. 암모니아에 의한 치환은 0°C에서 수득률이 96%이다.

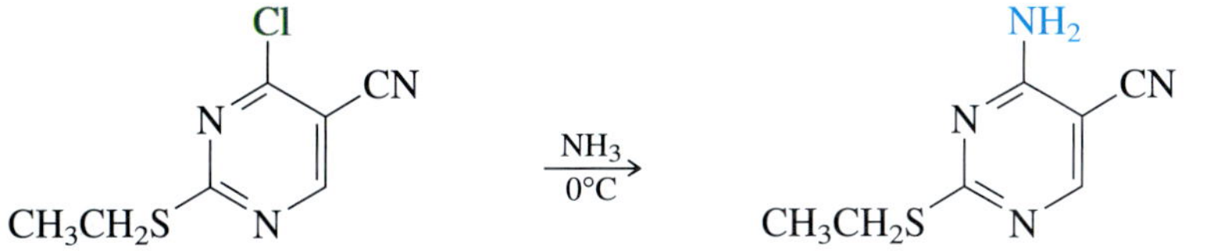

NH_3, 0°C

4-Chloro-5-cyano-2-(thioethyl)pyrimidine 4-Amino-5-cyano-2-(thioethyl)pyrimidine (96%)

문제 12.32

앞의 반응에서 중간체의 음전하가 세 개의 고리 원자와 사이아노기의 질소에 어떻게 공유하는지를 보이기 위한 공명 기여구조를 쓰시오. 여기에 시작으로 공명 기여구조 한 개를 제시하였다.

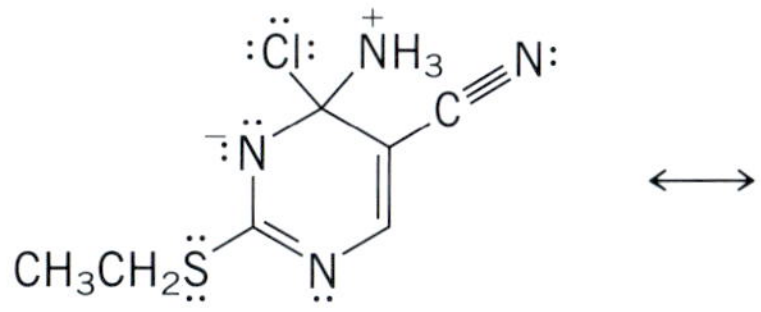

대단히 강한 염기는 지금까지 논의해왔던 것보다 다른 메커니즘에 의하여 친핵성 방향족 치환이 일어날 수 있다. 이 장의 말미에 있는 서술문에 소개된 이러한 다른 메커니즘에 대한 중간체는 여러분을 놀라게 할 것이다.

12.22 요약

12.1절 친천자성 시약과 벤젠 고리를 포함하는 화합물의 반응에서 **친전자성 방향족 치환(electrophilic aromatic substitution)**이 일어난다. 12.1절의 표 12.1과 표 12.3에 관련 예들을 요약하였다.

12.2절 친전자성 방향족 치환의 메커니즘은 두 단계로 진행한다. 고리의 *p* 전자에 의한 친전자체의 공격 (느림, 속도결정)에 이어 고리의 방향족성을 회복하기 위한 양성자 이탈이 일어난다.

벤젠 + $\overset{\delta+}{E}$—$\overset{\delta-}{Y}$ —느림→ 사이클로헥사다이엔일 양이온 중간체 + Y^- —빠름→ 친전자성 방향족 치환 생성물 + H—Y

벤젠 친전자 시약 사이클로헥사다이엔일 양이온 중간체 친전자성 방향족 치환 생성물

12.3~12.5절

표 12.3을 보라.

12.6~12.7절

표 12.3과 12.4를 보라.

12.8절 Friedel-Crafts 아실화 다음에 Clemmensen 또는 Wolff-Kishner 환원은 방향족 고리에 일차 알킬기를 도입하는 일련의 표준 반응이다.

1,2,4-Triethylbenzene —(CH_3CCl (O), $AlCl_3$)→ 2,4,5-Triethylacetophenone (80%) —(H_2NNH_2, NaOH, triethylene glycol, heat)→ 1,2,4,5-Tetraethylbenzene (73%)

12.9절 방향족 고리의 치환기들은 친전자성 방향족 치환의 속도(*rate*)와 *위치선택성*(*regioselectivity*)에 모두 영향을 줄 수 있다. 치환기들은 그들이 고리에 반응을 일으킬 때 벤젠보다 더 빠른지 느린지에 따라서 *활성화*(*activating*) 기 또는 *비활성화*(*deactivating*) 기로 분류된다. 위치선택성에 관해서 치환기들은 오쏘, 파라 지향성 또는 메타 지향성으로 나뉜다. 메틸기는 활성화기이고 오쏘와 파라 지향성이다. 트라이플루오로메틸기는 비활성화 기이고 메타 지향성이다.

표 12.3 대표적인 친전자성 방향족 치환반응

반응(절)과 설명	일반 반응식과 특정한 예
나이트로화(12.3절) 벤젠과 그 유도체의 나이트로화에서 활성 친전자체는 나이트로늄 양이온(:Ö=$\overset{+}{N}$=Ö:)이다. 질산과 황산의 반응에 의해 일어난다. 매우 반응성이 큰 방향족 화합물(활성이 치환기를 가진 화합물)은 질산 단독으로 나이트로화가 일어난다.	$ArH + HNO_3 \xrightarrow{H_2SO_4} ArNO_2 + H_2O$ 아렌 질산 나이트로아렌 물 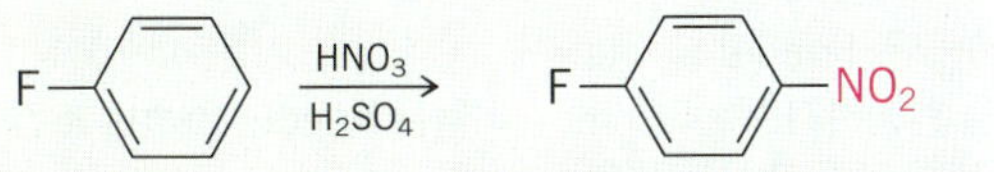 Fluorobenzene $\xrightarrow[H_2SO_4]{HNO_3}$ *p*-Fluoronitrobenzene (80%)
설폰화(12.4절) 설폰산은 방향족 화합물과 삼산화 황을 포함하는 물질로 처리하면 생성된다. 삼산화 황의 황산 용액(벤젠 및 벤젠보다 반응성이 약한 방향족 화합물의 경우)에서 얻어진다.	$ArH + SO_3 \longrightarrow ArSO_3H$ 아렌 삼산화 황 아렌설폰산 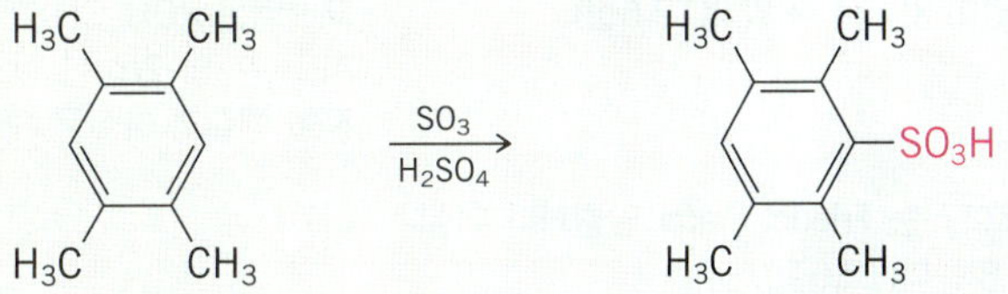 1,2,4,5-Tetramethylbenzene $\xrightarrow[H_2SO_4]{SO_3}$ 2,3,5,6-Tetramethylbenzenesulfonic acid (94%)
할로젠화(12.5절) 방향족 화합물의 염소화와 브로민화는 Lewis 산-촉매 존재 하에서 적절한 할로젠으로 처리하면 진행된다. 반응성이 매우 큰 방향족 화합물은 촉매 없이도 반응이 일어난다.	$ArH + X_2 \xrightarrow{FeX_3} ArX + HX$ 아렌 할로젠 할로젠화 아릴 할로젠화 수소 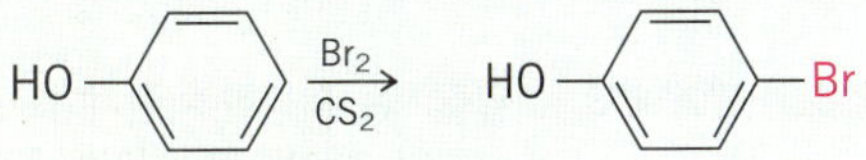 Phenol $\xrightarrow[CS_2]{Br_2}$ *p*-Bromophenol (80–84%)
Friedel-Craft 알킬화(12.6절) 할로젠화 알킬과 $AlCl_3$로부터 생성된 탄소양이온은 알킬벤젠을 생성하기 위해 방향족 고리를 공격한다. 방향족 화합물은 적어도 할로벤젠만큼 반응성이 있어야 한다. 특히 1차 할로젠화 알킬의 경우는 탄소양이온 재배열이 일어날 수 있다.	$ArH + RX \xrightarrow{AlCl_3} ArR + HX$ 아렌 할로젠화 알킬 알킬아렌 할로젠화 수소 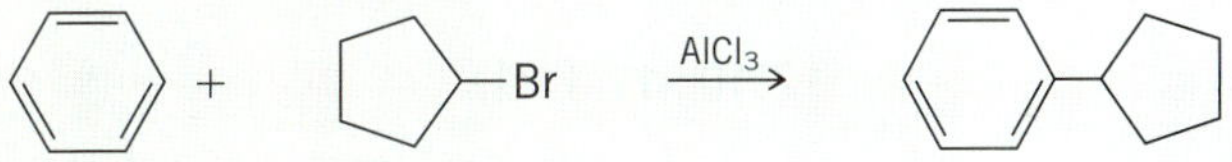 Benzene + Cyclopentyl bromide $\xrightarrow{AlCl_3}$ Cyclopentylbenzene (54%)
Friedel-Craft 아실화(12.7절) 염화 아실이나 산 무수물의 $AlCl_3$ 처리로 생성된 아실 양이온(아실륨 이온)은 케톤을 생성하기 위해 방향족 고리에 아실화 된다. 방향족 화합물은 적어도 할로벤젠만큼 반응성이 있어야 한다. 아실 양이온은 비교적 안정하고, 재배열은 일어나지 않는다.	$ArH + RCCl(=O) \xrightarrow{AlCl_3} ArCR(=O) + HCl$ 아렌 염화 아실 케톤 염화수소 $ArH + RCOCR(=O)(=O) \xrightarrow{AlCl_3} ArCR(=O) + RCOH(=O)$ 아렌 산 무수물 케톤 카복실산 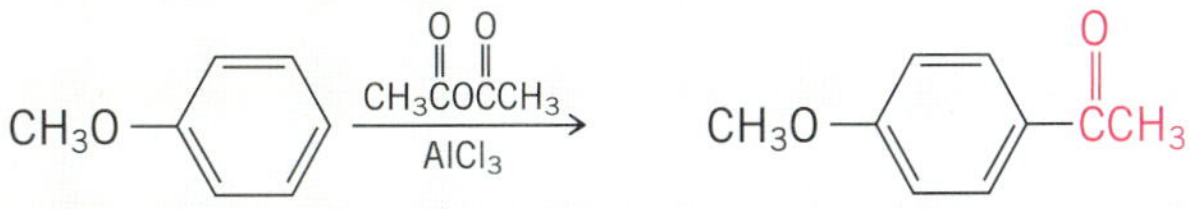 Anisole (CH_3O–C₆H₅) $\xrightarrow[AlCl_3]{CH_3COCCH_3}$ *p*-Methoxyacetophenone (90–94%)

표 12.4 Friedel-Craft 반응의 한계

1. 방향족 화합물과 반응하는 유기 할로젠화는 할로젠화 알킬(12.6절) 또는 할로젠화 아실(12.7절)이다.	이들은 Friedel-Crafts 조건 하에서 벤젠과 반응할 것이다: 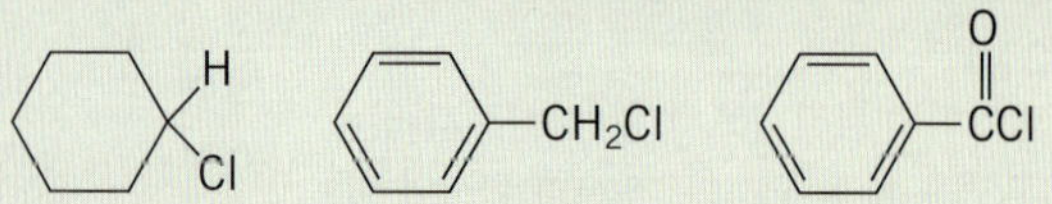 H, Cl $-CH_2Cl$ O, ‖, CCl 할로젠화 알킬 할로젠화 벤질 할로젠화 아실
할로젠화 바이닐과 할로젠화 아릴은 Friedel-Crafts 반응 조건 하에서 탄소양이온을 형성하지 못한다. 따라서 할로젠화 알킬이나 할로젠화 아릴 대신 사용할 수 없다.	이들은 Friedel-Crafts 조건 하에서 벤젠과 반응할 수 없다. 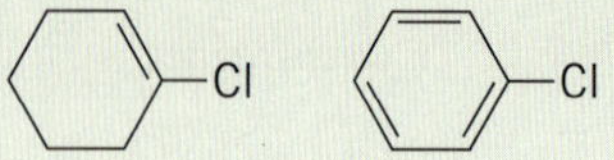 —Cl —Cl 할로젠화 바이닐 할로젠화 아릴
2. 알킬기의 재배열이 일어날 수 있다(12.6절).	재배열은 RCH_2CHX 및 R_2CHCH_2X 형태의 1차 할로젠화 알킬에서 특히 잘 일어난다. $AlCl_3$는 더 안정한 탄소양이온을 생성하기 위해서 재배열과 이온화를 유도한다. 할로젠화 벤질과 아실은 재배열을 일으키지 않는다.
3. 강한 비활성화 고리는 Friedel-Crafts 알킬화나 아실화가 일어나지 않는다(12.6절). Friedel-Crafts 알킬화와 아실화를 다음 형태의 화합물에 적용시키면 실패한다. 여기서 EWG는 강한 전자끌기 그룹이다. 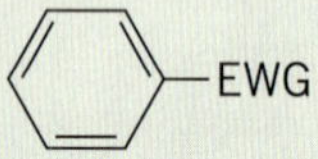 —EWG	*EWG:* $-CF_3$, $-NO_2$, $-SO_3H$, $-C{\equiv}N$, 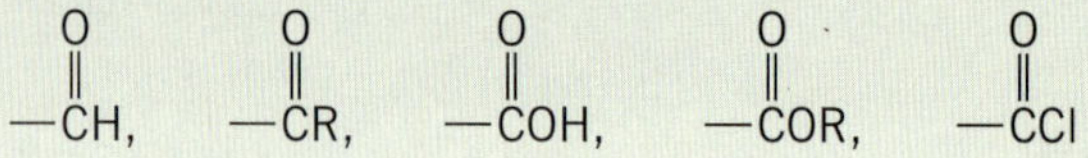 $-\overset{O}{\overset{\Vert}{C}}H$, $-\overset{O}{\overset{\Vert}{C}}R$, $-\overset{O}{\overset{\Vert}{C}}OH$, $-\overset{O}{\overset{\Vert}{C}}OR$, $-\overset{O}{\overset{\Vert}{C}}Cl$
4. 종종 Friedel-Crafts 알킬화를 단일 알킬화 단계에서 멈추는 것은 어렵다. 모노 아실화는 오직 Friedel-Crafts 아실화 동안에 일어난다.	알킬기는 활성화 치환기이므로 첫 번째 알킬기는 다음의 치환에 대해 고리를 더 활성화시킨다. 첫 번째 아실기는 강한 전자 끌기 그룹이고, 다음 치환에 대해 고리를 비활성화하므로 모노 아실화가 가능하다.

12.10~12.14절

치환기가 어떻게 친전자성 치환에서 속도와 위치선택성을 조절하는가는 탄소양이온의 안정성 효과에 기인한다. 전자를 밀어내는 치환기는 메타보다는 오쏘와 파라 공격에 대응하는 사이클로헥사다이엔일 양이온 중간체를 안정화한다.

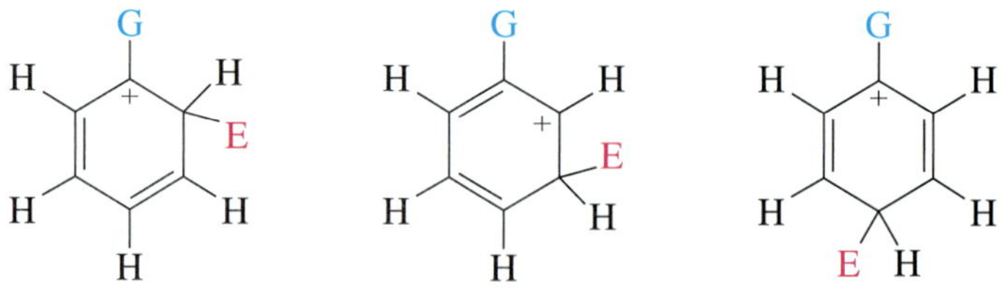

G, H, H, E, H, H, H, +   G, H, H, E, H, H, H, +   G, H, H, H, H, E, H, +

G가 전자주개일 때 안정화된다.   G가 전자주개일 때 덜 안정화가된다.   G가 전자주개일 때 안정화된다.

반대로, 전자받개 치환기는 메타보다 오히려 오쏘와 파라 공격에 대한 사이클로헥사다이엔일 양이온 중간체를 불안정하게 만든다. 따라서 메타치환 반응이 우선적이다.

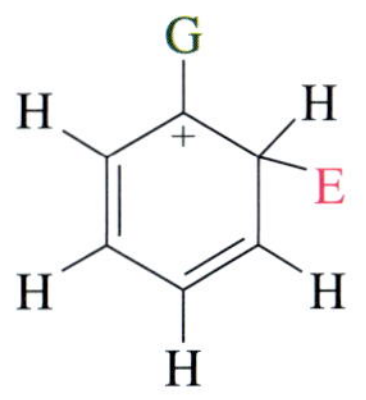

G가 전자 받개일 때 불안정화된다.

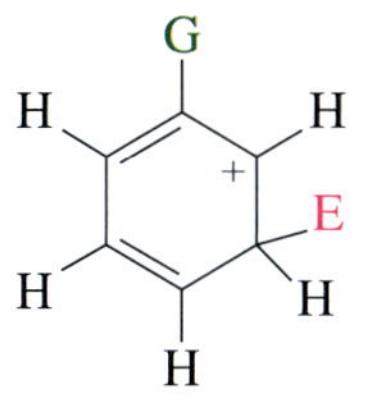

G가 전자 받개일 때 덜 불안정화가된다.

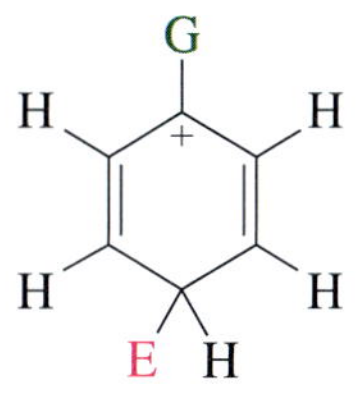

G가 전자 받개일 때 불안정화된다.

치환기를 세 가지로 나눌 수 있다.

1. **활성화와 오쏘 및 파라 지향성:** 이 치환기들은 속도결정 단계에서 생성된 사이클로헥사다이엔일 양이온을 안정화시킨다. 이들은 $-\ddot{N}R_2$, $-\ddot{\underset{..}{O}}R$, $-R$, $-Ar$을 포함하며, 이들과 연관된 화학종이다. 이들 기 중에서 가장 강한 활성화 기들은 비공유 전자쌍을 가진 질소나 산소 원자에 의해 고리에 결합되어 있다.
2. **비활성화와 오쏘 및 파라 지향성:** 할로젠이 주로 이 부류에 해당한다. 그들은 유도효과에 의해 고리의 모든 위치로부터 전자밀도를 끌어당기고, 할로벤젠의 반응성을 벤젠보다 낮게 한다. 비공유 전자쌍의 제공은 메타 위치의 공격보다 오쏘와 파라 위치에 대한 공격으로 생성된 대응하는 사이클로헥사다이엔일 양이온 중간체를 안정화한다.
3. **비활성화와 메타 지향성:** 이 치환기들은 강한 전자받개 치환기이고, 탄소양

$$-CF_3,\ -\overset{\overset{O}{\|}}{C}R,\ -C{\equiv}N,\ -NO_2$$

이온을 불안정화시킨다. 그들은 같은 화학종을 포함한다. 모든 고리의 위치는 비활성이고, 메타 위치가 오쏘와 파라보다 덜 비활성이므로 메타 치환이 유리하다.

12.15절 둘 또는 그 이상의 치환기가 고리에 존재할 때, 친전자성 치환의 위치선택성은 일반적으로 더 강력한 활성화 치환기의 지향성 효과에 의해 지배를 받게 된다.

12.16절 다단계 합성에서 목적하는 이성질체를 제조하기 위하여 벤젠 고리에 치환기를 도입하는 순서를 고려할 필요가 있다.

12.17절 다환 방향족 탄화수소는 벤젠과 동일한 친전자성 방향족 치환반응을 일으킨다.

12.18절 헤테로 고리 방향족 화합물은 벤젠보다 반응성이 클 수도 있고 작을 수도 있다. 피리딘은 벤젠보다 반응성이 작지만, 피롤, 퓨란 및 싸이오펜은 반응성이 더 크다. 피리딘은 탄소-3 위치에서 치환이 일어나지만, 피롤, 퓨란 및 싸이오펜은 주로 탄소-2-치환된 생성물을 얻는다.

12.19절 ArX의 친핵성 치환반응은 할로젠에 대해 오쏘 또는 파라에 NO_2와 같은 강한 전자 끌기의 존재 하에서 촉진된다.

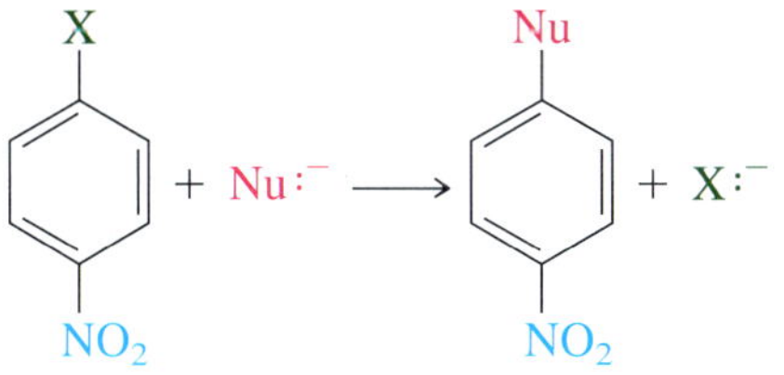

이런 형태의 반응에서, 플루오린화 이온은 할로젠 중에서 가장 좋은 이탈기이고 아이오린화 이온은 가장 나쁜 이탈기이다.

12.20절 다음에 보여준 형태의 친핵성 방향족 치환은 **첨가–제거 메커니즘**이다.

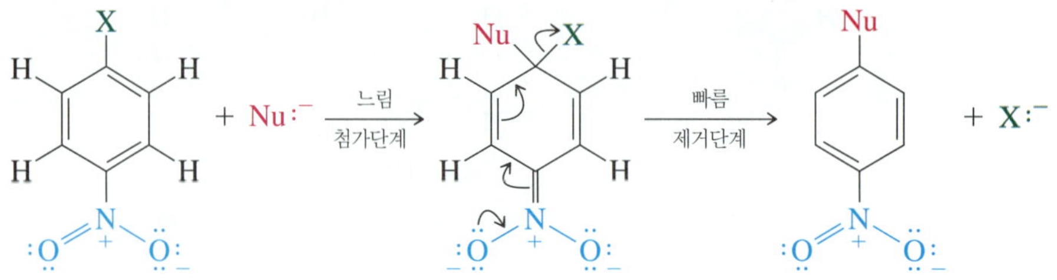

느림 첨가단계 빠름 제거단계

나이트로–치환 할로젠화 아릴 + $Nu:^-$ → 사이클로헥사다이엔일 음이온 중간체 → 친핵성 방향족 치환의 생성물 + $X:^-$

속도결정 중간체는 사이클로헥사다이엔일 음이온이고 전자–받개 치환기에 의해 안정화된다.

12.21절 음이온을 안정화시키는 다른 할로젠화 아릴은 첨가–제거 메커니즘에 의한 친핵성 방향족 치환이 일어날 수 있다. 두 가지 예로서, 헥사플루오로벤젠과 2-클로로피리딘을 들 수 있다.

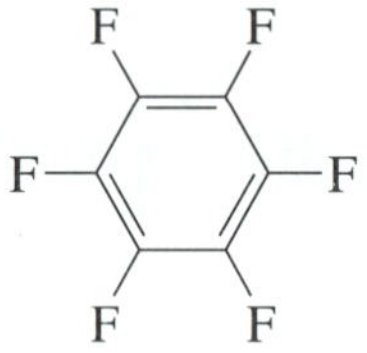

헥사플루오로벤젠 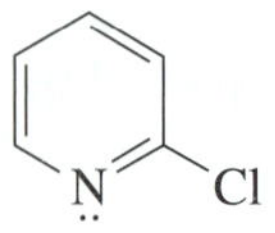 2-클로로피리딘

문제

12.33 다음 각 반응을 수행하기 위한 적절한 시약을 제시하라. 만일, 오쏘, 파라 혼합물이 예상되면 두 화합물 모두 나타내어라. 만일 메타 이성질체가 주 생성물로 기대되면 그 이성질체만 써라.

(a) 나아트로벤젠의 나이트로화
(b) 톨루엔의 브로민화
(c) (트라이플루오로메틸) 벤젠의 브로민화
(d) 아니설의 설폰화
(e) 아세트아닐라이드 ($C_6H_5NHCCH_3$, C=O)의 설폰화)
(f) 브로모벤젠의 염소화
(g) 아니솔과 염화 벤질과의 Friedel-Crafts 알킬화
(h) 벤젠과 염화 벤조일(C_6H_5CCl, C=O)의 Friedel-Crafts 아실화
(i) 생성물 h의 나이트로화
(j) 생성물 h의 Clemmensen 환원
(k) 생성물 h의 Wolff-Kishner 환원

12.34 다음의 각 반응은 화학 문헌에 보고되어 있고, 좋은 수득률로 단일 생성물이 주로 얻어진다. 생성물의 구조를 쓰시오. 다른 지시가 없는 한 일치환만을 나타내시오.

(a) CO_2H, Cl, CO_2H $\xrightarrow[H_2SO_4]{HNO_3}$

(b) CF_3, NH_2, O_2N $\xrightarrow[\text{아세트산}]{Br_2}$

(c) OH $\xrightarrow[CHCl_3]{Br_2}$

(d) $\xrightarrow[\text{아세트산}]{HNO_3}$

(e) + $\xrightarrow{H_2SO_4}$

(f) F, OCH_3 + O O O $\xrightarrow{AlCl_3}$

(g) O_2N $\xrightarrow[H_2SO_4]{HNO_3}$

(h) OCH_3, CH_3 + $\xrightarrow{H_2SO_4}$

(i) OH $\xrightarrow[CHCl_3]{Br_2}$

(j) F + Cl $\xrightarrow{AlCl_3}$

(k) Br, NO_2, Br + NH $\longrightarrow$

(l) O, HN + O, Cl $\xrightarrow[CS_2]{AlCl_3}$

(m) 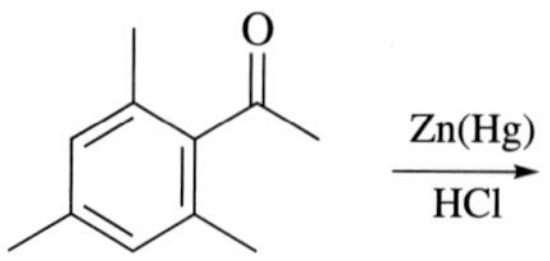 [structure] $\xrightarrow[\text{HCl}]{\text{Zn(Hg)}}$

(n) 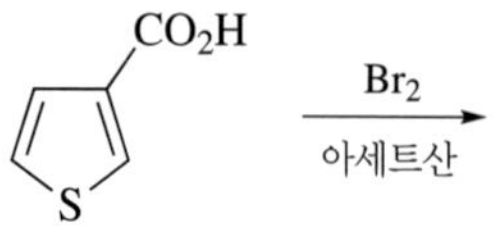 [structure: CO_2H, S] $\xrightarrow[\text{아세트산}]{Br_2}$

(o) 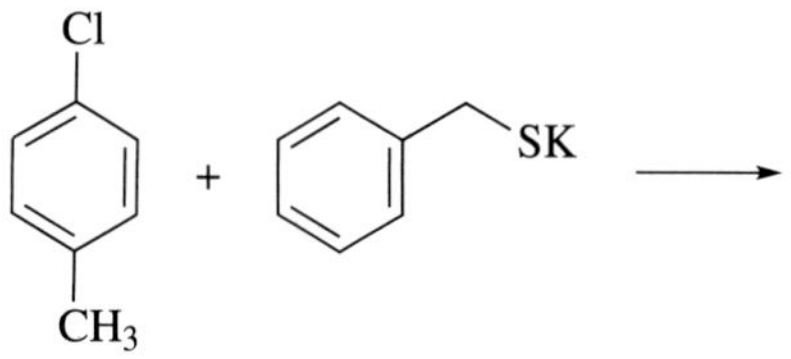 [structure: Cl, CH_3] + [structure: SK] ⟶

(p) 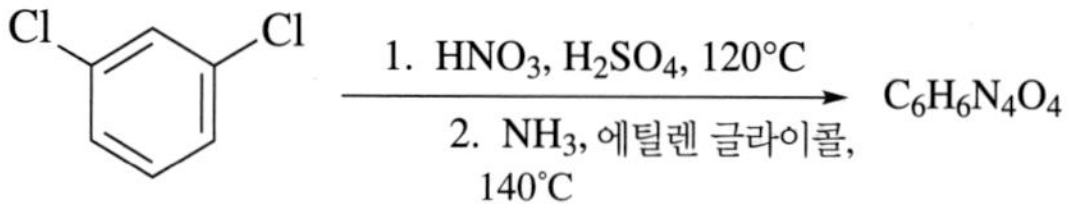 Cl [structure] Cl $\xrightarrow[\text{2. } NH_3\text{, 에틸렌 글라이콜, 140°C}]{\text{1. } HNO_3\text{, } H_2SO_4\text{, 120°C}}$ $C_6H_6N_4O_4$

(q) 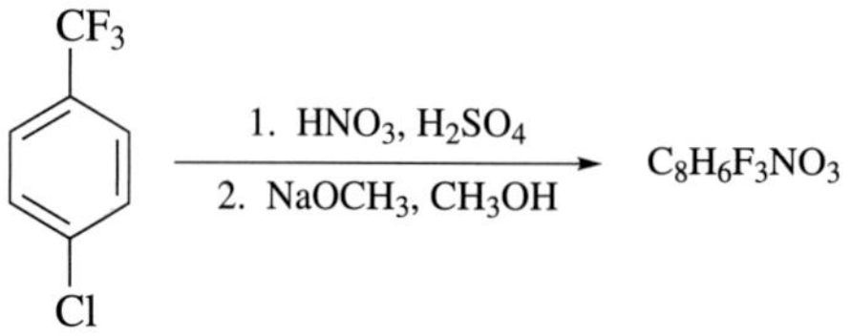 [structure: CF_3, Cl] $\xrightarrow[\text{2. } NaOCH_3\text{, } CH_3OH]{\text{1. } HNO_3\text{, } H_2SO_4}$ $C_8H_6F_3NO_3$

(r) 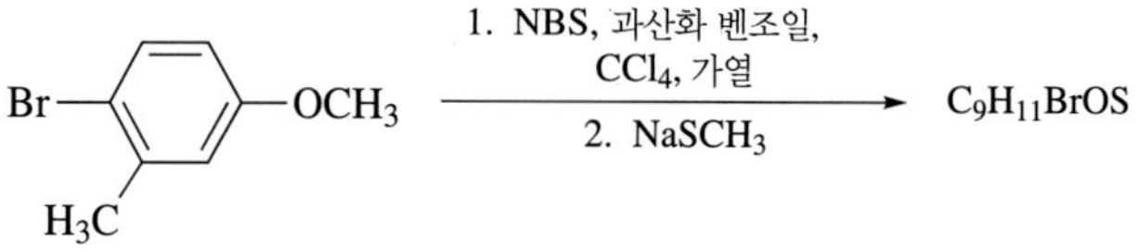 Br [structure: H_3C] OCH_3 $\xrightarrow[\text{2. } NaSCH_3]{\text{1. NBS, 과산화 벤조일, } CCl_4\text{, 가열}}$ $C_9H_{11}BrOS$

12.35 자일렌의 각 이성질체와 염화 아세틸과 $AlCl_3$에 의한 Friedel-Crafts 아실화로부터 높은 수득률로 대응하는 각 이성질체의 단일 생성물이 얻어졌다. *o*- *m*- 및 *p*-자일렌의 아실화 생성물의 구조식을 쓰시오.

12.36 상온 메탄올 용매계에서 1,2,3,4,5-펜타플루오로-6-나이트로벤젠은 메톡시화 소듐과 쉽게 반응하여 분자식이 $C_7H_3F_4NO_3$인 두 주 생성물을 생성한다. 이들 두 화합물에 대한 합당한 구조를 제시하시오.

12.37 다음 각 반응에서 형성되는 가장 안전한 양이온 사이클로헥사다이엔일 중간체에 대한 구조식을 쓰시오. 이 중간체가 벤젠으로부터 형성된 중간체보다 더 안정한가 또는 불안정한가?

(a) *p*-자일렌의 브로민화

(b) *m*-자일렌의 염소화

(c) 아세토페논의 나이트로화

(d) 아니솔과 염화 아세틸($CH_3\overset{O}{\overset{\|}{C}}Cl$)의 Friedel-Crafts 아실화

(e) 아이소프로필벤젠의 나이트로화

(f) 나이트로벤젠의 브로민화

(g) 퓨란의 설폰화

(h) 파리딘의 브로민화

12.38 메탄올 용매속에서 다음 각 쌍의 화합물 중 메톡시화−소듐과 빠르게 반응하는 화합물을 고르고, 빠른 반응에 대한 화학식을 쓰시오.

(a) 클로로벤젠 또는 *o*-클로로나이트로벤젠

(b) *o*-클로로나이트로벤젠 또는 *m*-클로로나이트로벤젠

(c) 4-클로로-3-나이트로아세토페놀 또는 4-클로로-3-나이트로톨루엔

(d) 2-플루오로-1, 3-다이나이트로벤젠 또는 1-플루오로-3, 5-다이나이트로벤젠

(e) 1,4-다이브로모-2-나이트로톨루엔 또는 1-브로모-2, 4-다이나이트로벤젠

12.39 염소화 반응에 대한 부분 속도인자를 근거로 하여 다음에 제시한 그룹 중 치환기 X에 대해 가장 적절한 것은 어느 것인가?

$-CF_3$ $-C(CH_3)_3$ $-Br$ $-SO_3H$ $-CH{=}O$

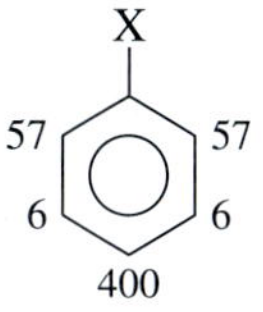

X
57 57
6 6
400

12.40 부분 속도인자는 이치환벤젠 유도체에서 생성물 분포를 추정하는데 이용될 수 있다. 예를 들면, *o*-브로모톨루엔에서 특정위치의 반응성은 톨루엔에 해당하는 위치와 브로모톨루엔에 대한 부분 속도인자의 생성물로 주어진다. 부분 속도인자의 기초자료가 Friedel-Crafts 아실화에 대해 주어졌을 때, *o*-브로모톨루엔 염화 아세틸 및 $AlCl_3$와 반응에 대한 주 생성물을 예측하라.

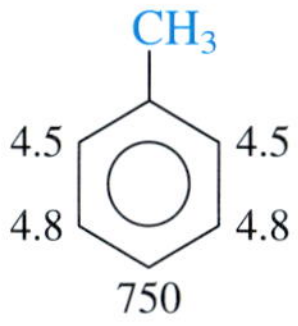

CH_3
4.5 4.5
4.8 4.8
750

$CH_3\overset{O}{\overset{\|}{C}}Cl$, $AlCl_3$ 과 톨루엔 및 브로모벤젠의 반응에서 부분 속도인자

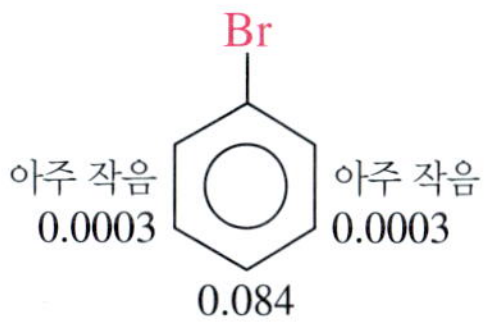

Br
아주 작음 0.0003 아주 작음 0.0003
0.084

12.41 아니솔과 필요한 유기 및 무기 시약으로부터 다음 각 화합물을 어떻게 합성할 것인가를 반응식으로 써라. 여러분의 합성과정의 어떤 단계에서 *오쏘*와 *피라*의 혼합물이 형성되었다면, 두 이성질체는 분리 가능하다고 가정하라.

(a) *p*-메톡시벤젠설폰산

(b) 2-브로모-4-나이트로아니솔

(c) 4-브로모-2-나이트로아니솔

(d) *p*-메톡시스타이렌

12.42 어떤 염화 아실 혹은 산 무수물 및 아렌의 조합으로 Friedel-Crafts 아실화에 의해 다음 각 화합물을 합성할 수 있는지를 쓰시오.

(a) O

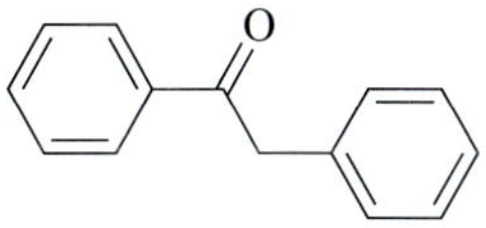

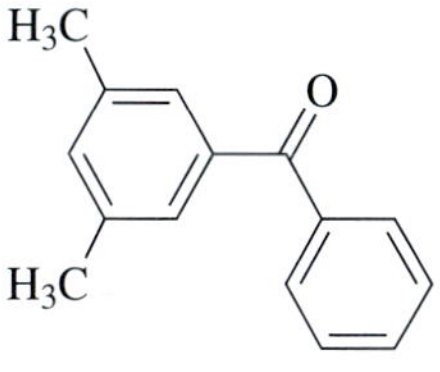

(b) CH_3, H_3C, O, OH, O

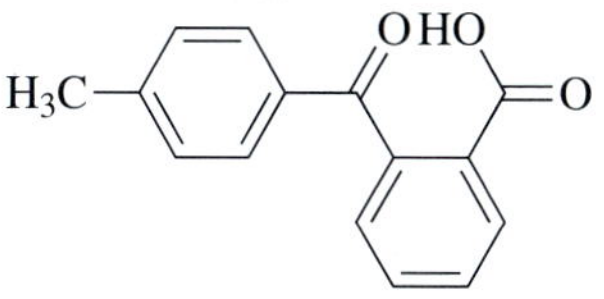

(c) O, O_2N

(d) H_3C, O, H_3C

(e) H_3C, O HO, O

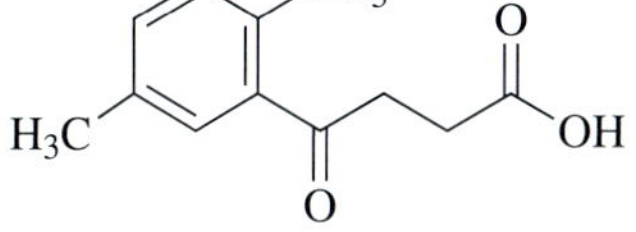

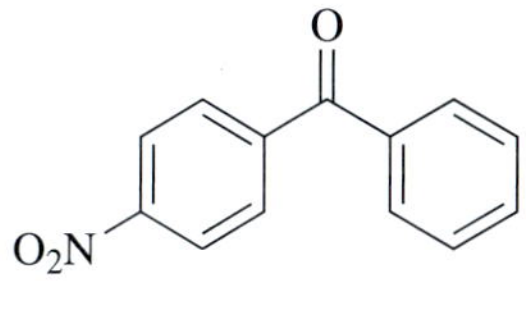

12.43 제초제인 *트라이플루라린(trifluralin)*은 다음 일련의 반응으로 얻어진다. 화합물 A를 확인하고 트라이플루라린(trifluralin)의 구조를 제시하라.

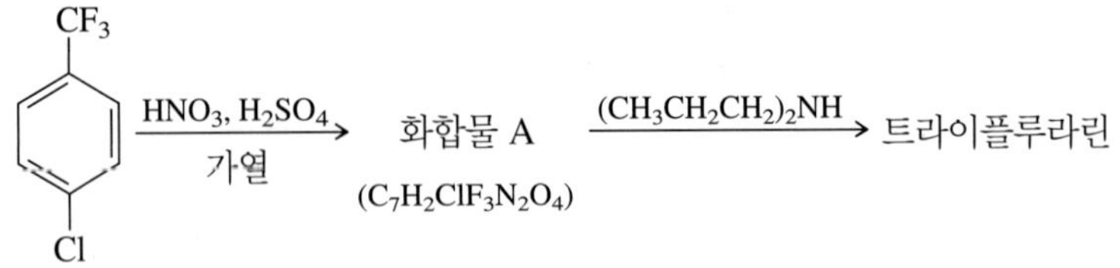

CF_3 / Cl 치환 벤젠 $\xrightarrow[\text{가열}]{HNO_3,\ H_2SO_4}$ 화합물 A ($C_7H_2ClF_3N_2O_4$) $\xrightarrow{(CH_3CH_2CH_2)_2NH}$ 트라이플루라린

12.44 다음에 나타낸 각 화합물은 분자내 Friedel-Crafts 아실화로 고리상 케톤을 형성한다. 각 경우에 예측되는 생성물의 구조식을 쓰시오.

(a) O, Cl

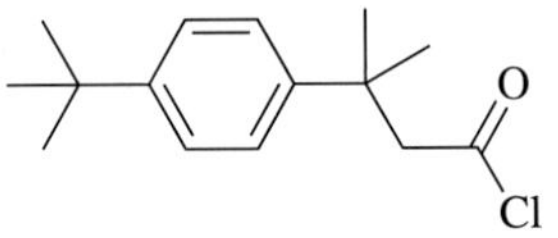

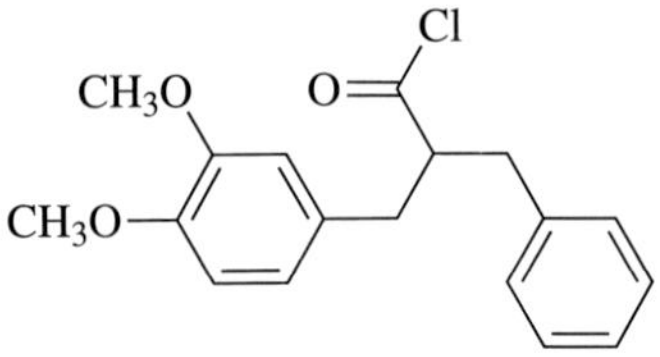

(b) O, Cl

(c) CH_3O, CH_3O, O, Cl

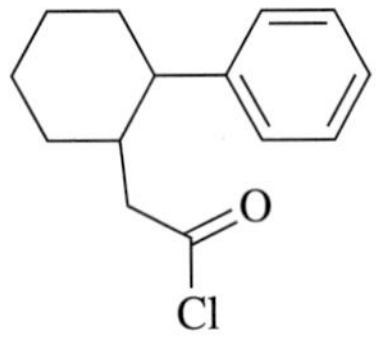

12.45 이황화 탄소에 염화 6-페닐헥산오일을 묽힌 용액에서 염화 알루미늄 현탁액을 천천히 가하면(8일 이상), 생성물 A($C_{12}H_{14}O$)가 67%로 얻어진다. A를 산화시키면 벤젠-1,2-다이카복실산이 얻어진다.

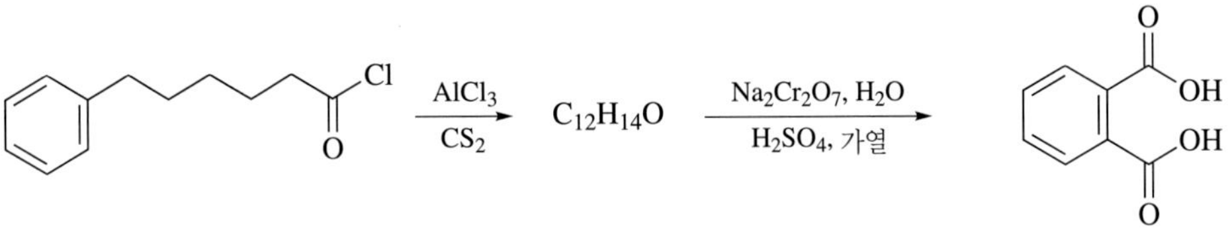

염화 6-페닐헥산오일 $\xrightarrow[CS_2]{AlCl_3}$ $C_{12}H_{14}O$ (화합물 A) $\xrightarrow[H_2SO_4,\ \text{가열}]{Na_2Cr_2O_7,\ H_2O}$ 벤젠-1,2-다이카복실산

화합물 A에 대한 타당한 구조를 제시하라.

12.46 다음 반응에 대한 합당한 구조를 제시하라.

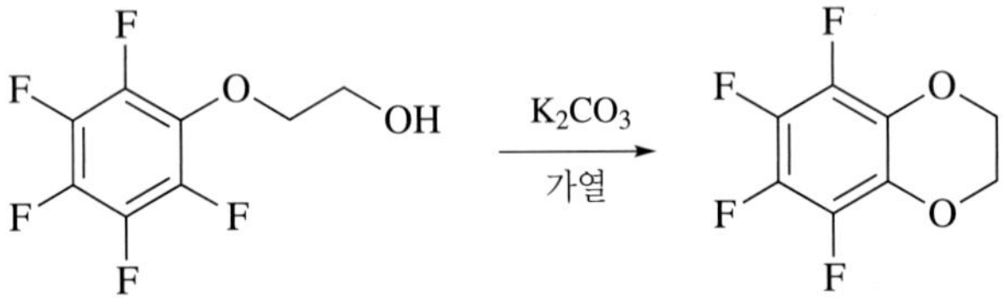

(F, F, F, F, F, O, OH) $\xrightarrow[\text{가열}]{K_2CO_3}$ (F, F, F, F, O, O)

12.47 스타이렌을 황산 수용액에서 가열하면 두 개의 "스타이렌 이성질체"가 다음 구조와 같은 주생성물이 얻어진다. 입체화학을 무시하고 각 이성질체의 화학식에 대한 합당한 메커니즘을 제시하라. 제시된 메커니즘에서 양성자 주개는 H_3O^+로 가정하라.

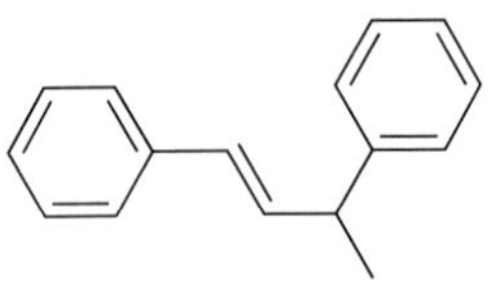

1,3-다이페닐-1-뷰텐

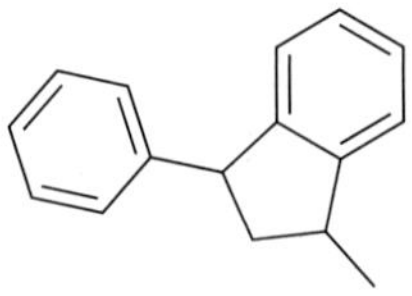

1-메틸-3-페닐인덴

설명문과 이해 문제 12

벤자인(Benzyne)

소듐 또는 포타슘 아마이드와 같은 매우 강한 염기들은 전자-끌개 치환기가 없더라도 할로젠화 아릴과 쉽게 반응하여 염기에 의해 친핵성 치환 생성물이 얻어진다. 치환 반응은 다음의 *o*-브로모톨루엔과 소듐 아마이드와의 반응에서 보는 것처럼 할로젠이 결합된 탄소 원자에서 직접 일어나지 않는다.

CH_3 Br / $NaNH_2$, NH_3, −33°C / CH_3 NH_2 + CH_3 NH_2

o-Bromotoluene → *o*-Methylaniline + *m*-Methylaniline

이 실험은 친핵체가 이탈되는 할로젠 이탈기가 붙어 있는 탄소에 전적으로 결합하지 않기 때문에 첨가-제거 메커니즘에 의한 치환과 일치하지 않는다. 선택 가능한 메커니즘은 ^{14}C 표지된 클로로벤젠의 동위원소 실험 즉 표지된 C-1에 1/2 그리고 C-2에 1/2의 치환 생성물의 존재한다는 것을 기초로 하여 제안되었다.

Cl* / KNH_2, NH_3, −33°C / NH_2 + NH_2

Chlorobenzene-1-^{14}C → Aniline-1-^{14}C (48%) + Aniline-2-^{14}C (52%)

동위원소 표지 실험을 기초로 한 할로젠화 아릴의 치환반응에 대한 메커니즘은 강한 염기-제거-첨가 메커니즘으로 제안되었다. 제거 단계인, 첫 번째 단계에서 아마이드화 이온이 할로젠 인접 위치 탄소에 있는 양성자를 떼어낸다. 그 생성물은 벤자인(benzyne)으로 알려진 불안정한 중간체이다.

H H :Cl: H H :$\bar{N}H_2$ H → H H H H + :NH_3 + :Cl:⁻

클로로벤젠 → 벤자인

아마이드화 음이온이 친핵체로서 작용하는 두 번째 단계에서 삼중결합 탄소의 한 개에 첨가된다. 이 첨가 단계에서 아릴 음이온이 생성된다.

H H H H :$\bar{N}H_2$ → H H H H NH_2

벤자인 → 아릴 음이온

마지막 단계에서, 아릴 음이온은 암모니아로부터 양성자를 떼어내어 아닐린이 생성된다.

H H H H—NH_2 NH_2 → H H H H H NH_2 + :$\bar{N}H_2$

아릴 음이온 → 아닐린

그림 12.10

(a) 벤자인 고리 면에 있는 sp^2 오비탈이 잘 겹쳐지도록 배열되어 있지 않다. 그리고 π 결합은 약하다. (b) 정전기 퍼텐셜지도는 밀도가 큰 영역이 '삼중결합'과 관련되어 있음을 나타낸다.

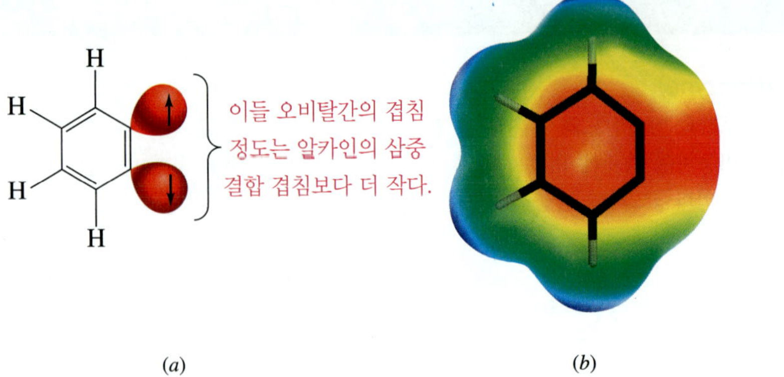

벤자인의 삼중결합은 알카인에 있는 보통의 삼중결합과는 다르다. 벤자인에서 삼중결합의 한 π 성분은 *p-p* 겹침의 결과에 의한 것과 방향족 고리의 비편재화된 π 계의 일부분이다. 두 번째의 π 성분은 이웃 *sp*2 혼성오비탈의 겹침에 의해 생성되며 고리 평면에 놓여있고, 그림 12.8 및 정전기 퍼텐셜지도에서 보여준 것처럼 방향족 π 계와는 상호작용을 하지 않는다.

할로젠화 아릴에 대한 제거−첨가 메커니즘에서 벤자인 중간체는 표지된 클로로벤젠 및 *o*-브로모벤젠의 치환 반응에서 두 화합물이 단지 한 개의 아라인(aryne)에서 얻어지기 때문에 관측된 위치 선택성으로 설명된다. 아라인 탄소의 어느 한쪽을 공격하여 생성물이 얻어진다.

벤자인에서 삼중결합은 변형되어있고 Diels-Alder 반응에서 친디엔체이다. 고리화 첨가와 다른 합성의 응용에서 벤자인의 생성은 대체 방법으로 존재한다. 다음 반응의 예에서, *o*-브로모플루오로벤젠을 THF 용매에서 마그네슘을 처리하였다. 사이클로헥사다이엔의 존재 하에서 이 반응을 수행시키면 Diels-Alder 반응이 일어난다.

o-Bromofluorobenzene + 1,3-Cyclohexadiene $\xrightarrow[\text{heat}]{\text{Mg, THF}}$ 5,6-Benzobicyclo[2.2.2]octa-2,5-diene (46%)

을 경유

12.48 −33°C에서 암모니아 속에서 *p*-브로모톨루엔을 아마이드화 소듐의 반응에 의해 형성될 수 있는 메틸아닐린은 다음 중 어느 것인가?

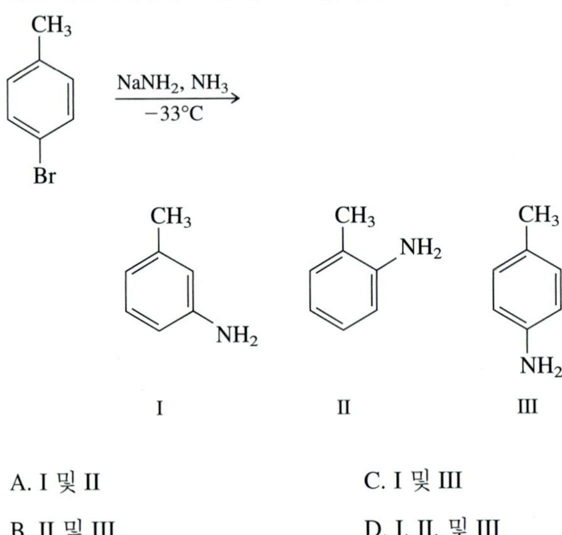

A. I 및 II

B. II 및 III

C. I 및 III

D. I, II, 및 III

12.49 −33°C에서 암모니아 속에서 *m*-브로모톨루엔을 소듐 아마이드와의 반응에 의해 형성될 수 있는 메틸아닐린은 다음 중 어느 것인가?.

CH_3, Br $\xrightarrow[-33°C]{NaNH_2,\ NH_3}$

CH_3 / NH_2 (I) CH_3 / NH_2 (II) CH_3 / NH_2 (III)

A. I 및 II C. I 및 III

B. II 및 III D. I, II, 및 III

12.50 액체 암모니아에서 아마이드화 소듐 처리에 의해 친핵성 방향족 치환이 일어날 수 없는 브로모다이메틸벤젠의 다음 이성질체들 중 어느 것인가?

A. CH_3, Br, CH_3 B. CH_3, Br, CH_3

C. H_3C, CH_3, Br D. CH_3, Br, CH_3

12.51 두 개의 페놀 이성질체들은 300°C에서 *p*-아이오도톨루엔을 1 M NaOH와 가수분해로 상당량이 얻어진다. 각각의 구조는 무엇인가?

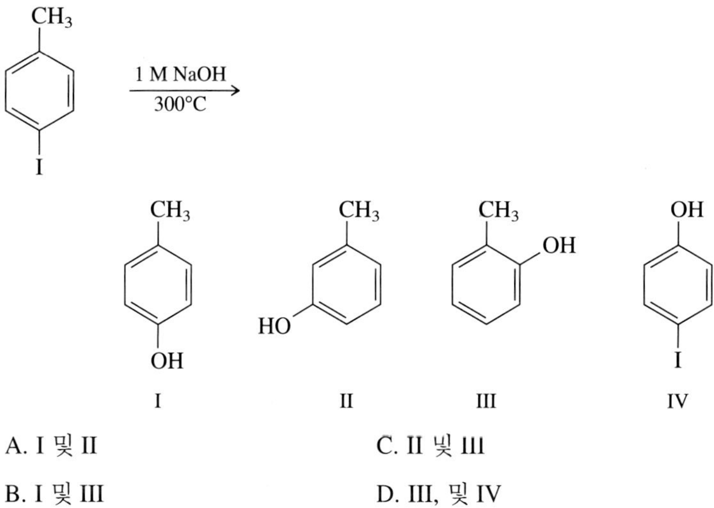

A. I 및 II C. II 및 III

B. I 및 III D. III, 및 IV

장의 개요

테트라메틸사일레인과[$(CH_3)_4Si$] 같은 많은 유기 실리콘 화합물은, 석영을 포함한 다양한 형태로 자연계에 존재하는 SiO_2로부터 만들어진다. 핵자기공명 분광학에서, 테트라메틸사일레인에 있는 수소와 탄소는 핵자기공명 분광법에서 다른 분자에 존재하는 수소 및 탄소들을 비교할 때 사용되는 기준 물질이다.

분광법
Spectroscopy

20세기 후반에 이르기까지 물질의 구조는, -예를 들어 새로 발견되는 천연물- 화학반응에서 얻은 자료를 이용하여 결정하였다. 이러한 자료에는 물질을 한층 더 작고 확인하기 쉬운 조각들로 나눈 후에 수행한 화학분석에서 얻은 결과로, 작용기들을 확인하는 일이 포함되었다. 이 접근법의 대표적인 예로서, 촉매 수소화로 알켄에 있는 이중결합의 존재를 증명한 후에 가오존분해(ozonolysis)로 이중결합의 위치를 결정하는 것을 들 수 있다. 화학자들은 이용할 수 있는 모든 화학적 증거를 고려한 후에 관찰한 것과 모순이 없는 후보 구조(또는 구조들)를 제안하였다. 그 물질을 이미 알고 있는 몇 가지 화합물로 변환해 보거나 독립적으로 합성해 봄으로써 구조에 대한 확증을 얻었다.

정서적인 실험 및 화학적 분해법이 기기를 이용한 구조 분석법으로 대치되었다. 가장 주목할 만한 기기 분석법들과 그들의 기능은 다음과 같다.

- **핵자기공명(Nuclear magnetic resonance, NMR) 분광법,** 탄소 골격과 그 곳에 결합된 수소들의 환경에 관해서 알려준다.
- **적외선(Infrared, IR) 분광법,** 주요한 작용기들이 있는지 없는지를 밝혀준다.

- **자외선-가시광선(Ultraviolet-visible, UV-VIS) 분광법,** 전자 분포, 특히 컨쥬게이션 π 전자계를 가진 분자의 전자 분포를 알려준다.
- **질량 분석법(Mass spectrometry, MS),** 분자 자체 뿐 만 아니라 분자의 여러 가지 구조 단위의 분자량과 화학식을 알려준다.

위의 기술들이 다양하기는 하지만 이들은 모두 분자가 에너지를 흡수하는 것을 근거로 하며, 분자가 에너지의 흡수에 어떻게 반응하는지를 측정하는 것이다. 이 기술들을 설명하는데 있어서, 우리는 이 기술들이 구조 결정에 응용되는 면에 역점을 둘 것이다. 먼저 NMR, IR 그리고 UV-VIS 분광학에서 분자가 흡수하는 에너지의 근원이 되는 전자기 복사를 간략하게 설명하고자 한다. 질량 분석법은 전자기 복사 대신에 전자와 같은 전하를 띤 입자의 흐름이 에너지의 근원이다.

13.1 분자 분광법의 원리: 전자기 복사

전자기 복사(electromagnetic radiation)은 입자와 파동의 두 성질을 모두 가지고 있다. 가시광선은 전자기 복사의 한 예이다. 그 입자를 **광자(photon)**라고 하며, 각각의 광자는 **양자(quantum)**라는 일정한 양의 에너지를 가진다. 1900년대, 독일의 물리학자 Max Plank는 광자의 에너지(E)는 그 **진동수(frequency, ν)**에 정비례한다고 제안하였다.

에너지가 양자화되어 있다는 Plank의 가설로부터 얻어진 현대 물리학은 양자 역학의 발전을 가져왔다. Plank는 1918년에 노벨 물리학상을 받았다.

$$E = h\nu$$

진동수의 SI 단위는 초의 역수(s^{-1})이며, 19세기 물리학자 Heinrich R. *Hertz*에게 경의를 표하기 위하여 헤르츠(hertz)라는 이름과 Hz라는 기호가 주어졌다. 비례 상수 h를 **Plank 상수(Plank's constant)**라고 하며, 아래의 값을 가진다.

$$h = 6.63 \times 10^{-34}\ \mathrm{J \cdot s}$$

전자기 복사선은 빛의 속도 (3.0×10^8 m/s)로 진행한다. 빛의 속도는 그 진동수 ν와 파장 λ의 곱과 같다.

$$c = \nu\lambda$$

광자 에너지의 범위를 *전자기 스펙트럼(electromagnetic spectrum)*이라 하며, 그것을 그림 13.1에 나타내었다. 가시광선은 전자기 스펙트럼의 극히 작은 영역을 차지하고 있

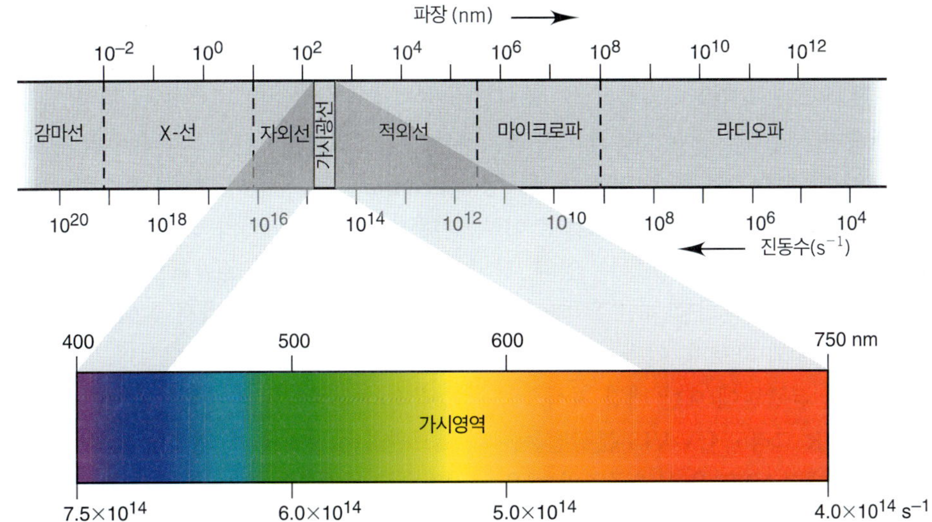

그림 13.1
전자기 스펙트럼(출처, M. Silberberg, Chemistry, 6th ed., McGraw-Hill Higher Education, 2009, p.271).

1 nm = 10^{-9} m

다. 그것의 특성은 400 nm(보라색)에서 800 nm(붉은색)까지의 파장을 가지는 것이다. 그림 13.1을 살펴볼 때 다음의 두 관계를 알아두도록 하자.

1. *진동수는 파장에 반비례한다.* 즉, 진동수가 클수록 파장은 짧다.
2. *에너지는 진동수에 비례한다.* 즉, 진동수가 큰 전자기 복사선일수록 진동수가 작은 복사선보다 더 많은 에너지를 가진다.

감마선과 X-선은 매우 높은 에너지를 가진 광자들의 흐름이다. 라디오파들은 상대적으로 낮은 에너지를 가진다. 자외선은 가시광선의 보라색 끝보다 더 높은 에너지를 가진다. 적외선은 가시광선의 붉은색 끝보다 더 낮은 에너지를 가진다. 전자기 복사선에 노출되었을 때 분자는 광자를 흡수할 수 있으며, 광자 에너지와 같은 양만큼 분자의 에너지가 증가될 것이다. 분자들은 그들이 흡수하는 진동수에 대한 선택성이 매우 높다. 한 분자는 특정한 진동수의 광자만을 흡수한다. 분자가 흡수하는 특정한 광자 에너지들은 분자구조에 따라 다르며, **분광계(spectrometer)**라는 기구로 측정할 수 있다. 얻어진 자료는 분자구조를 나타내는 매우 민감한 지표가 된다.

13.2 분자 분광법의 원리: 양자화된 에너지 상태

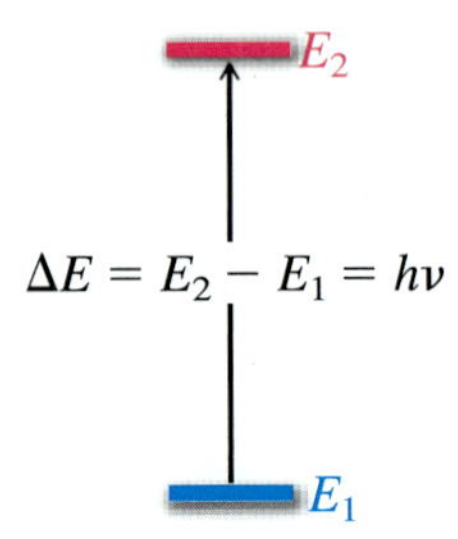

그림 13.2

분자의 두 가지 에너지 상태. 분자가 $E_2 - E_1$와 동일한 크기의 에너지를 흡수하면 분자는 낮은 에너지 상태에서 그 다음 높은 에너지 상태로 들뜬다.

분자가 전자기 복사를 흡수할 것인지 아닌지는 무엇이 결정하는가? 제일 중요한 요구 조건은 광자의 에너지가 두 핵 스핀상태들, 두 진동 상태들 또는 두 전자 상태들과 같은 두 상태들 사이의 에너지 차와 같아야 한다는 것이다. 물리학에서는 이 경우 *공명(resonance)*이라는 용어를 쓰는데, 두 물체의 진동수가 일치할 때 두 물체 사이의 에너지 이동을 말한다. 분자 분광학에서 우리가 관심을 가지는 것은 에너지가 광자로부터 분자로 이동하는 것이다. 예를 들어 그림 13.2에서 E_1과 E_2로 나타낸 분자의 두 가지 상태를 생각해 보자. 두 상태 사이의 에너지 차는 $E_2 - E_1$, 즉 ΔE이다. 분자들의 운동 에너지가 연속적인 값을 가지는 것에 반해, 분자들의 전자 상태, 진동 상태, 또는 핵 스핀상태에서는 일정한 크기의 에너지 상태만이 가능하며, 이러한 에너지 상태들을 **양자화(quantized)**되었다고 한다. 더 낮은 에너지 상태 E_1에는 더 높은 에너지 상태 E_2보다 더 많은 분자가 존재한다. 분자가 낮은 상태에서 높은 상태로 들뜨는 데는 ΔE만큼의 에너지 증가가 필요하다. 그러므로 전자기 복사선을 분자에 쪼일 때, ΔE와 동일한 크기의 에너지를 가지는 진동수만이 흡수되고, 그 밖의 모든 진동수는 투과된다.

분광계는 시료가 흡수하는 전자기 복사선을 측정할 수 있도록 설계되어 있다. 기본적으로 분광계는 복사선의 광원, 복사선이 지나갈 수 있는 시료실 그리고 검출기로 구성된다. 복사선의 진동수는 연속적으로 변하며, 검출기에서 측정한 복사선의 세기와 광원에서 측정한 복사선의 세기를 비교한다. 특정 진동수가 시료에 도달하여 시료가 이 특정 진동수를 흡수하면 검출기는 진동수의 세기가 감소하는 것을 감지한다. 진동수와 흡수의 세기 변화에 대한 관계를 그려 놓은 것을 **스펙트럼(spectrum)**이라고 한다. 이 스펙트럼은 특정 진동수에서 나타나는 일련의 피크들로 이루어지는데, 이 스펙트럼의 해석을 통해서 화합물의 구조에 관한 정보를 얻을 수 있다. 각 유형의 분광법은 서로 독립적으로 개발되었으며, 그 측정 자료를 나타낼 때 쓰는 데이터 처리법이 서로 다르다. 따라서, NMR 스펙트럼은 IR 스펙트럼과 다르며, 이 두가지 스펙트럼은 UV-VIS 스펙트럼과도 다르다.

이러한 분광법에 대한 배경 지식으로부터, 각각의 분광법들에 대해서 논의하고자 한다. NMR, IR 그리고 UV-VIS 분광법들은 서로 보완하는 정보를 제공함으로 모두가 유용하다. 그 중에서 NMR은 분자구조와 매우 직접적으로 관계되는 정보를 주기 때문에 그것을 먼저 살펴보고자 한다.

13.3 ^{1}H NMR 분광법 서론

핵자기공명 분광법은 원자핵이 가장 낮은 에너지 스핀상태에서 그 다음 높은 에너지 스핀 상태로 들뜰 때 흡수하는 에너지에 의존한다. 몇가지 원소들의 핵은 NMR을 통해서 연구될 수 있는데, 유기분자들에 가장 흔한 두 원소, 탄소와 수소는 동위원소(^{1}H와 ^{13}C)를 가지고 있어 구조에 관한 정보를 많이 가진 NMR 스펙트럼을 보여줄 수 있다. 양성자 핵자기공명(^{1}H NMR) 스펙트럼은 분자에 있는 제각기 다른 수소들의 환경에 관한 정보를 제공하고, 탄소-13 핵자기공명(^{13}C NMR) 스펙트럼은 탄소 원자들의 환경에 관한 정보를 제공한다. 따로 사용하든 함께 사용하든, ^{1}H NMR과 ^{13}C NMR은 물질의 분자구조를 결정하는 데 오랜 시간이 소요된다. 먼저 ^{1}H NMR의 논의에서 NMR의 기본 원리를 다룬 후에 이 원리를 ^{13}C NMR로 확대해 나갈 것이다. ^{13}C NMR에 관한 논의가 조금 짧은 것은 그것이 ^{1}H NMR보다 덜 중요해서가 아니라 동일한 원리들이 두 기술에 적용되기 때문이다.

양성자의 핵자기공명 현상은 1946년에 Edward Purcell(Harvard)과 Felix Bloch(Stanford)에 의해 처음으로 발견되었다. Purcell 과 Bloch는 1952년 노벨 물리학상을 받았다.

전자와 마찬가지로, 양성자는 양자수가 $+\frac{1}{2}$과 $-\frac{1}{2}$인 두 개의 스핀상태를 가진다. 두 핵스핀 사이에는 에너지 차가 전혀 없다. 즉, 양성자는 $+\frac{1}{2}$ 또는 $-\frac{1}{2}$ 스핀을 가질 수 있다. 전자기 복사선의 흡수는 두 개의 스핀상태들이 상이한 에너지를 가질 때 일어날 수 있는데, 두 스핀상태의 에너지를 상이하게 할 수 있는 방법은 양성자를 자기장이 형성된 공간에 놓는 것이다. 자기장에서 양성자는 조그마한 막대 자석처럼 행동하게 되며 자기 모멘트를 가지게 된다(그림 13.3). 외부의 자기장 B_0가 존재할 때, B_0와 동일한 방향으로 자기 모멘트를 형성하는 스핀상태는 B_0와 반대 방향으로 자기 모멘트를 형성하는 스핀상태에 비해 낮은 에너지 상태를 가진다.

그림 13.4에 나타낸 바와 같이 두 상태 사이의 에너지 차는 가해준 자기장의 세기에 정비례한다. 전자기 복사의 알짜 흡수는 낮은 에너지 상태의 스핀 개수가 높은 상태의 스핀의 개수보다 훨씬 더 많아야 하며, 검출 가능한 신호를 내는 데 필요한 스핀상태를 충분히 분리하기 위한 상당히 강한 자기장이 필요하다. 예를 들면, 지구 자기장의 약 100,000배에 해당하는 4.7 T의 자기장은 양성자의 두 스핀상태를 8×10^{-5} kJ/mol (1.9×10^{-5} kcal/mol)만큼 분리한다. Planck의 식 $\Delta E = h\nu$에서, 이 에너지 간격은 2×10^{8} Hz (200 MHz)의 진동수를 가진 복사선 해당하며, 전자기 스펙트럼의 라디오 주파수(rf) 영역에 있다(그림 13.1).

자기장 세기에 대한 SI 단위는 tesla(T)이다. 이것은 전기를 발명한 Thomas Edison과 동시대 사람인 Nikola Tesla의 이름을 따서 나타낸 것이다.

전자기복사선의 파수 (s^{-1} or Hz) —는 다음에 비례한다.→ 핵스핀 상태간의 에너지 차 (kJ/mol or kcal/mol) —는 다음에 비례한다.→ 자기장 (T)

그림 13.3

(a) 외부 자기장이 없을 때는 양성자의 핵 스핀은 무작위하게 배향한다. (b) 외부 자기장 B_0가 있을 때에는 핵 스핀들이 일정한 배향을 취하여 핵자기 모멘트가 B_0에 평행 (순방향) 하거나 B_0에 역평행 (역방향)하게 배열된다. 더 낮은 에너지를 가진 배향이 B_0에 평행한 것이며, 이 배향을 취한 핵들이 더 많다.

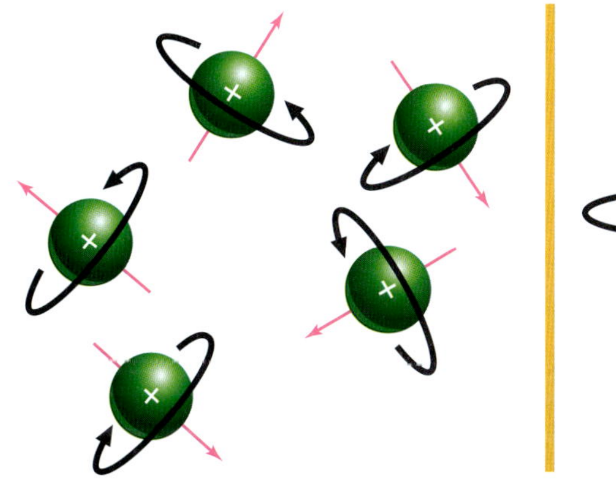
(a) 외부 자기장이 없음

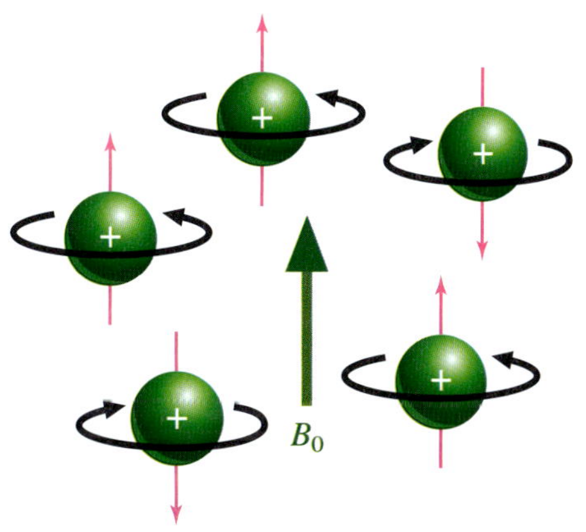

(b) 외부 자기장 B_0를 적용

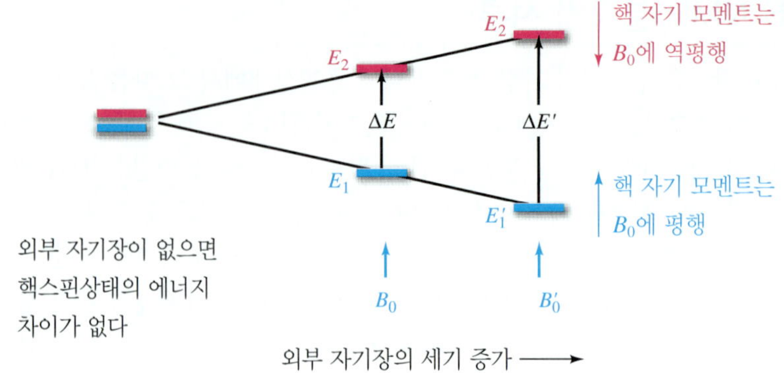

그림 13.4

외부 자기장에 의해서 두 핵스핀상태가 서로 다른 에너지를 가지게 된다. 에너지 차 ΔE는 가한 자기장의 세기에 비례한다.

문제 13.1

이 책에서 나오는 대부분의 NMR 스펙트럼은 7 T의 자기장 세기(^{1}H에 대해서 300 MHz)를 가진 분광계에서 기록한 것이다. 널리 사용된 NMR 분광계 1세대는 60-MHz의 기기였다. 이 초기 분광계의 자기장 세기는 얼마인가? 이제는 상업적으로 구매가 가능한 920-MHz 기기의 자기장은 얼마인가?

외부 자기장의 세기에 대한 원자의 반응은 다른 원소들에 대해서 그리고 같은 원소의 다른 동위원소들에 대해서 서로 다르다. 대부분 원자핵의 공명 진동수는 서로 충분히 다르기 때문에 NMR 실험은 한 가지 원소의 특정한 동위원소에만 특별히 감응한다. ^{1}H에 대한 진동수는 4.7 T에서 200 MHz이지만, ^{13}C에 대한 진동수는 50.4 MHz이다. 그러므로 유기화합물의 NMR 스펙트럼을 기록할 때, ^{1}H 또는 ^{13}C에 대해서만 신호를 볼 수 있으며, 두 개의 신호를 동시에 모두 볼 수 없다. 대신, ^{1}H와 ^{13}C NMR 스펙트럼은 기기 설정조건을 달리한 별도의 실험을 통해서 얻어질 수 있다.

문제 13.2

양성자에 대해서 100 MHz에서 작용하는 NMR 분광계의 진동수를 ^{13}C에 대해서는 얼마로 맞추어야 하는가?

NMR 분광기는 일반적으로 핵스핀을 배열시키기 위한 자석, 핵을 가장 낮은 에너지 상태에서 다음의 높은 상태로 들뜨게 하기 위한 에너지원이 되는 라디오 주파수(rf) 송신기, 라디오 주파수 복사선의 흡수를 검출하는 수신기, 그리고 스펙트럼을 기록하는 기록기로 구성되어 있다.

NMR 스펙트럼은 *펄스파 푸리에 변환*(*pulsed Fourier-transform*) 핵자기공명(FT-NMR) 분광계를 통해 얻어진다(그림 13.5). 시료를 자기장에 위치시킨 후 펄스 형태의, 짧고 강한 라디오 주파수를 조사하면 분자 내 모든 양성자들은 동시에 들뜨게 된다. 핵스핀의 새로운 배향에 따른 자기장의 세기 변화는 수신기에서 전기적 신호를 일으키고, 이 신호는 핵스핀이 본래의 배향으로 되돌아감에 따라 감소한다. 이 결과로서 생기는 *자유-유도 감쇠*(*free-induction decay*, FID)는 분자 내 모든 양성자들의 감쇠 양식이 혼합된 형태로 나타난다. 모든 자유 유도 감쇠 형태는 컴퓨터에 저장되며, *푸리에 변환*(*Fourier transform*)이라는 수학적 연산을 통해 스펙트럼으로 전환된다. 펄스 이완 연속과정(pulse-relaxation sequence)은 약 1초가 걸리지만 보통은 배경잡음과 구별할 수 없을 정도로 약한 신호를 주는데, 이 과정을 여러 번 되풀이한 후 얻어진 데이터 값을 평균함으로써 신호 대 잡음(signal-to-noise)의 비를 증대시킬 수 있다. 잡음은 무작위하게 일어나므로 평균값을 취하면 없앨 수 있다. 이와는 달리, 신호는 언제나 같은 자리에서 나타나기 때문에 축적

1. 중수소 치환된 클로로폼($CDCl_3$)에 시료를 녹인 다음 NMR시료관에 넣는다.
2. NMR시료관을 자석의 수직 공동(구멍)에 삽입한다.
3. 자석의 구멍은 라디오진동수(RF)의 송신기와 시료로부터 신호를 받는 수신기로 작용하는 탐침을 포함한다. 송신기는 다른 전자 장치와 함께 제어판에 장착되어 있다.
4. 짧고(5μs) 강한 RF파는 제어판의 RF 송신기로부터 탐침으로 전달된다. RF에너지 흡수는 시료에 있는 핵의 자기 벡터를 뒤집는다.
5. 핵의 새로운 배향에 의한 자기장은 원래 상태로 되돌아 온다(이완된다). 핵의 이완은 빠르지만 핵의 화학적 환경에 따라서 다른 속도를 갖는다. 자기장이 변화할 때 발생하는 전기적 충격은 탐침으로부터 제어판의 수시기로 "자유-유도감쇠"로서 송신된다.
6. 펄스-이완 연속과정은 여러번 되풀이되고 그리고 자유-유도 감쇠 자료는 제어판의 컴퓨터에 저장된다.
7. 컴퓨터에 의해서 푸리에 변환이라고 하는 수학연산이 실행되어 자유-유도 감쇠의 진폭-시간 자료가 진폭-진동수로 변화되고 그리고 화면에 스펙트럼으로 나타나거나 또는 프린트 된다.

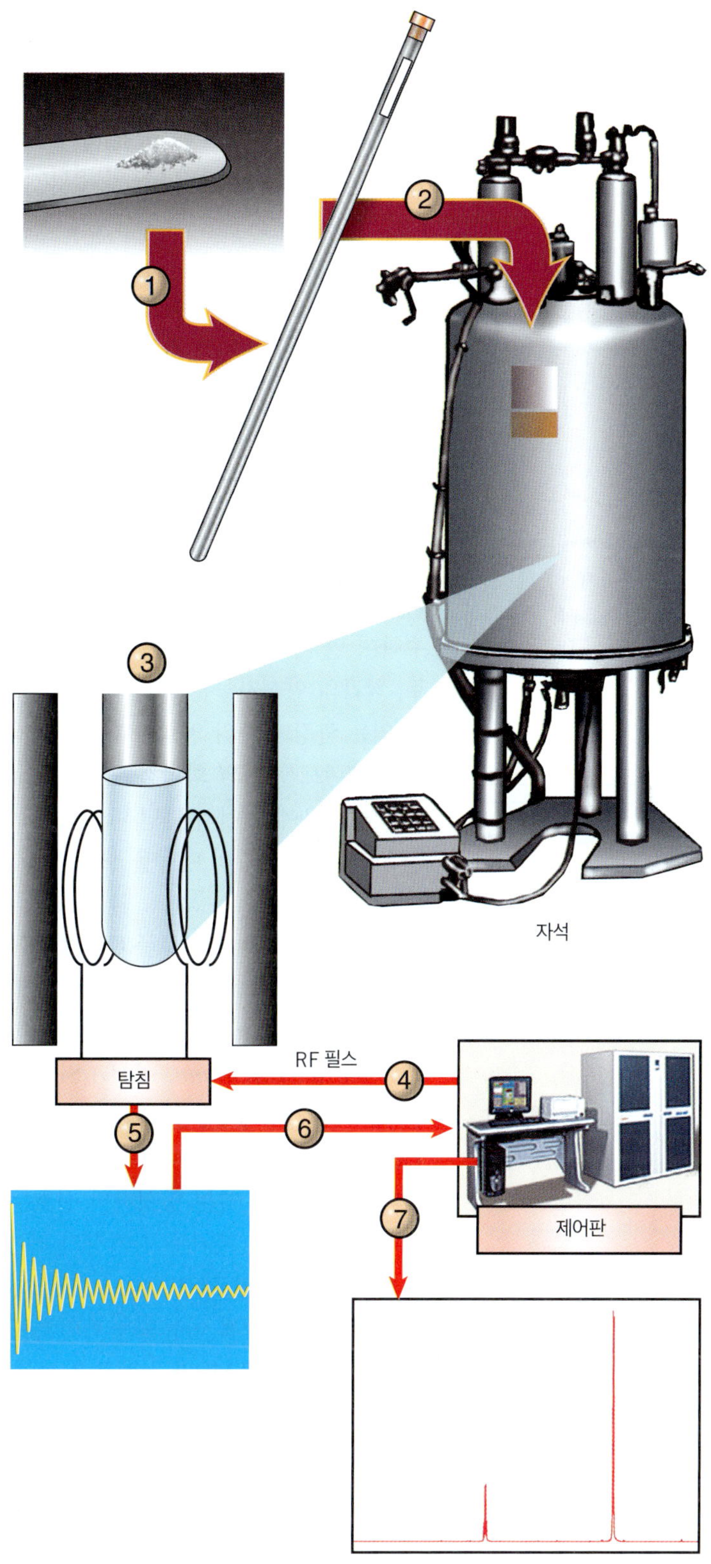

그림 13.5

펄스파-푸리에 전환 (FT) NMR 기기를 사용하여 NMR 스펙트럼을 얻는 방법.

된다. 펄스파들 사이의 시간 간격, 자료의 수집 및 저장, 데이터의 평균 처리, 그리고 푸리에 변환법을 통한 데이터의 스펙트럼 전환 등의 모든 일련의 과정은 컴퓨터로 조정이 가능하여, 실제로 FT-NMR 스펙트럼을 얻는 일은 상당히 쉬운 과정이 되고 있다.

Swiss Federal Institute of Technology의 Richard R. Ernst는 펄스-이완 NMR 기술을 고안한 공로로 1991년 노벨 화학상을 받았다.

13.4 핵 가리움과 ^{1}H 화학적 이동

지금까지는 분자에 있는 양성자들 개개의 환경을 고려하지 않고 ^{1}H 핵들의 일반적인 문제에 관해서 논의하였다. 분자에 있는 양성자들은 공유결합을 통해 탄소, 산소, 질소 등의 다른 원자들과 결합하고 있다. 이 결합에 참여하는 분자 내 모든 전자들은 실제로 분자 내 모든 양성자들의 자기장 환경에 영향을 미친다. 양성자들은 외부 자기장뿐만 아니라 분자 내부에서 생성되는 부분 자기장에 모두 감응하는데, 외부 자기장은 분자 내에 있는 모든 전자들의 운동에 영향을 미침으로써 분자 내 국부적 자기장을 유도한다. 이 때 분자 내 형성되는 자기장은 외부에서 가해준 자기장에 *반대되는*(*oppsite*) 방향으로 회전한다(그림 13.6). 그러므로 분자에 있는 양성자가 느끼는 알짜 전기장은 가해준 자기장보다 언제나 작다. 이 때, 양성자는 **가려져 있다(shielded)**고 한다. 분자의 모든 양성자들은 전자들에 의해서 가려지는데, 일부는 다른 양성자에 비해 덜 가려지게 된다. 한 양성자가 다른 것에 비해서 가리움이 줄어든 것을 표현하기 위해서 *벗겨짐*(*deshieded*)이라는 용어를 쓰기도 한다.

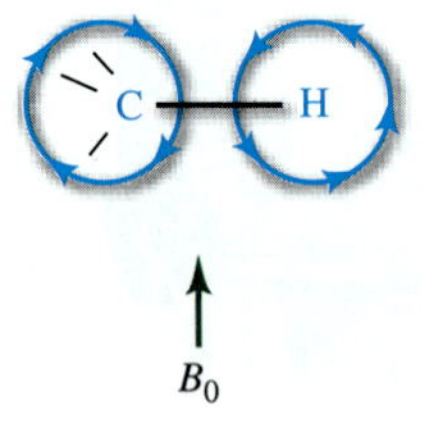

그림 13.6

탄소-수소 결합에 있는 전자에 의해 유도된 자기장은 외부 자기장 B_0와 반대이다. 이 결과로서 수소와 탄소가 느끼는 자기장은 B_0보다 조금 작다.

양성자가 더 많이 가려질수록 공명에 도달하는 신호를 내기 위해서 가해 줄 세기가 더 세야 한다. 더 많이 가려진 양성자는 **더 높은 자기장(upfield)**에서 라디오 진동수를 흡수하며 덜 가려진 양성자는 **낮은 자기장(downfield)**의 라디오 진동수를 흡수한다. 그러므로, 각각의 양성자들은 각기 다른 자기장 세기에서 신호를 나타낸다. 분자 내 양성자가 놓여 있는 환경에 따라 양성자 핵의 공명 위치가 달라지게 되는데, *환경에 따른 각 핵의 공명 위치 의존도를 핵의* **화학적 이동(chemical shift)**이라고 한다. 화학적 이동이 실제 NMR 기기의 사용에 있어서 대단히 중요한 정보를 가지고 있는데, 이는 분자 내 다양한 양성자는 각기 다른 화학적 이동을 보여주기 때문에 이를 통해 분자의 특정 구조를 결정할 수 있기 때문이다.

그림 13.7은 클로로폼($CHCl_3$)의 ^{1}H NMR 스펙트럼을 나타낸 것인데, 이것은 위에서 기술한 용어들을 실제의 스펙트럼에서 어떻게 응용하는지를 보여주고 있다.

화학적 이동을 절대값으로 측정하는 대신 TMS라는 약자로 나타낸 *테트라메틸사일레인*[*tetramethylsilane*, $(CH_3)_4Si$]이라는 표준물에 대해서 측정한다. TMS의 양성자들은 대부분의 유기화합물들의 양성자보다 더 많이 가려져 있으므로, 시료의 신호들은 보통 TMS 기준물의 신호들보다 낮은 자기장에서 나타난다. 예를 들어, 100 MHz 기기로 측정하면 클로로폼에 있는 양성자의 신호는 TMS 신호보다 728 Hz 낮은 장쪽에서 나타난다. 그러나 진동수의 세기는 자기장의 세기에 비례하므로, 같은 신호를 200 MHz 기기에서 측정할 때는 TMS로부터 1453 Hz 낮은 장쪽에서 나타날 것이다. 기준값을 0으로 지정한 TMS로부터 화학적 이동들을 백만분율(part per million, ppm)로 환산함으로써 간단하게 나타낼 수 있다. TMS가 실제로 시료에 들어있을 필요도 없으며, 기준이 되기 위해서 스펙트럼에 나타낼 필요도 없다. 화학적 이동이 이 방법으로 기록하면 기호 δ로 표시되며, 자기장의 세기와는 관계가 없다.

$$\text{화학적 이동}(\delta) = \frac{\text{신호 위치} - \text{TMS 위치}}{\text{분광계 진동수}} \times 10^6$$

클로로폼에 있는 양성자의 화학적 이동은 다음으로부터 구할 수 있다.

$$\delta = \frac{2184\ \text{Hz} - 0\ \text{Hz}}{300 \times 10^6\ \text{Hz}} \times 10^6 = 7.28$$

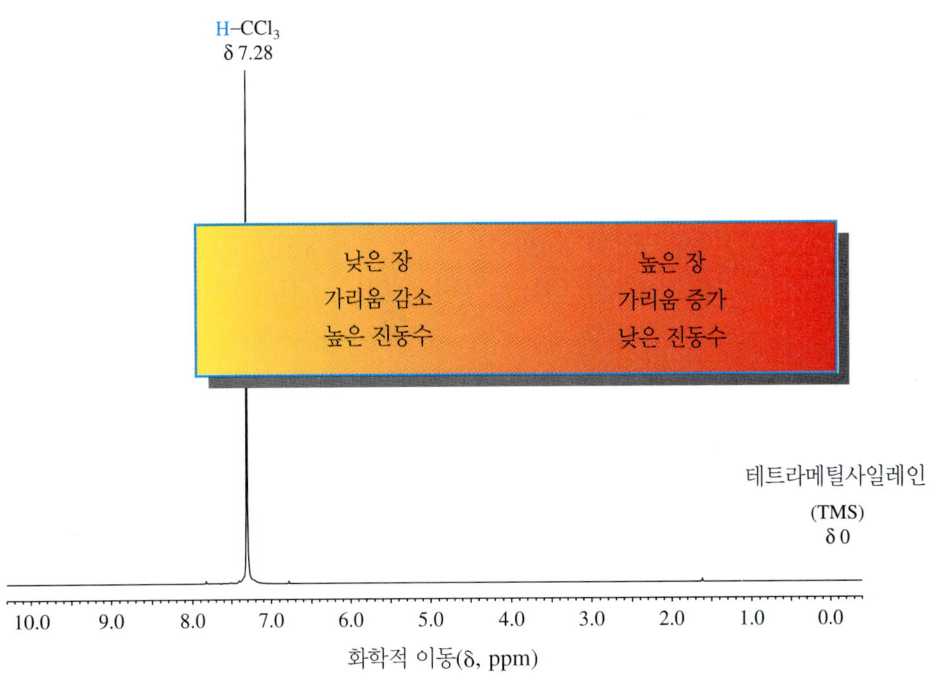

그림 13.7

클로로폼($CHCl_3$)의 ¹H NMR 스펙트럼. 화학적 이동은 TMS가 나타나는 위치를 0으로 한 기준으로 백만분율(ppm)로 *x*축을 따라서 측정한 것이다.

문제 13.3

브로모폼($CHBr_3$)의 ¹H NMR 신호는 300 MHz 분광계에서 기록될 때 2065 Hz에서 나타난다.(a) 이 양성자의 화학적 이동은 얼마인가? (b) 400-MHz 분광계에서 $CHBr_3$의 화학적 이동은 얼마인가? (c) 400-MHz 분광계에서 측정할 때 TMS로부터 얼마만큼 떨어져 있는가?

보통 NMR 스펙트럼은 용액에서 측정한다. 클로로폼은 대부분의 유기화합물들의 좋은 유기 용매이지만, 7.28 ppm에 나타나는 그 자신의 신호가 대단히 강하기 때문에 시료의 신호들을 덮어 감출 수 있으므로 잘 쓰지 않는다. 중수소(D = ²H)의 자기적 성질은 ¹H와 다르므로 $CDCl_3$는 ¹H NMR 스펙트럼에서 전혀 신호를 내지 않는다. 실제로, CDCl3는 ¹H NMR 분광학에서 흔히 쓰이는 용매이다. 마찬가지로, 탄수화물과 같은 수용성 물질들의 경우에는 H_2O 대신에 D_2O가 쓰인다.

13.5 ¹H 화학적 이동에 대한 분자구조의 영향

다른 환경에 있는 양성자들은 정도가 다른 가리움을 느끼며, 다른 화학적 이동을 가지기 때문에 핵자기공명 분광법은 구조 결정에 매우 좋은 방법이다. 예를 들어 CH_3X형 화합물에서는 X의 전기음성도가 더 작아짐에 따라 메틸 양성자들의 가리움이 증가한다.

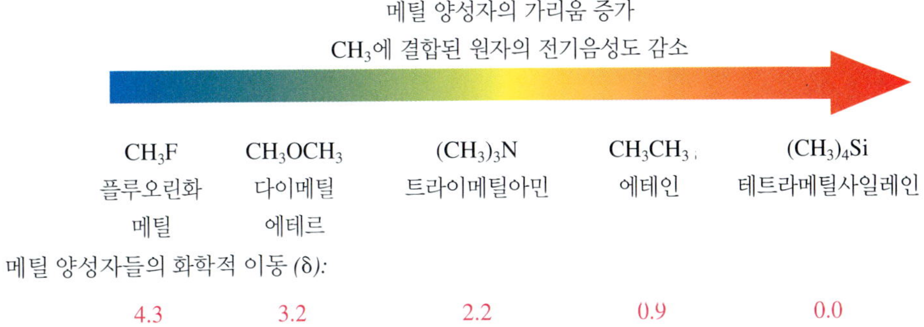

가리움은 전자들에 기인하는 것이기 때문에 X가 메틸기로부터 전자를 당기는 정도에 따라 화학적 이동이 달라지는 것은 놀라운 일이 아니다. 비슷한 경향을 할로젠화 메틸 화합물들

이전 절에 있는 문제 13.3은 $CHCl_3$와 $CHBr_3$의 양성자간 화학적 이동 및 가리움에 관련된 것이다.

에서 볼 수 있는데, 이 경우에는 CH_3F의 양성자들이 제일 적게 가려지고(δ 4.3), CH_3I의 양성자(δ 2.2)들이 제일 많이 가려진다.

전기음성적인 치환체에 의해 유발된 가리움의 감소는 우선적으로 유도효과이고, 다른 유도효과와 마찬가지로, 이 효과는 치환체와 양성자 사이의 결합의 수가 증가함에 따라 급속히 줄어든다. 프로페인과 1-나이트로프로페인의 화학적 이동을 비교해 보자.

δ 0.9 δ 1.3 δ 0.9
$H_3C-CH_2-CH_3$
프로페인

δ 4.3 δ 2.0 δ 1.0
$O_2N-CH_2-CH_2-CH_3$
1-나이트로프로페인

강하게 전자를 당기는 나이트로기는 C-1 위치의 양성자를 3.4 ppm (δ 4.3 - 0.9)만큼 덜 가려지게 한다. 이 효과는 C-2 (0.7 ppm)에 있는 양성자에서는 더 적고, C-3에서는 거의 사라진다.

전기음성적인 치환체에 의한 벗겨짐(deshielding) 효과는 누적되는데, 메테인의 여러 가지 염소화된 유도체들에 대한 화학적 이동이 이를 보여준다.

	CH_3Cl	CH_2Cl_2	$CHCl_3$
	클로로메테인	다이클로로메테인	트라이클로로메테인
화학적 이동 (*δ*):	3.1	5.3	7.3

문제 13.4

다음 화합물에서 가장 많이 가려진 양성자와 가장 벗겨진 양성자를 찾으시오

(a) 2-브로모뷰테인
(b) 1,1,2-트라이클로로프로페인
(c) 테트라하이드로퓨란: 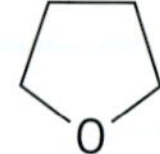

풀이 예시 (a) 브로민은 전기음성적이고, 양성자에 가장 큰 전자 끌기 효과를 나타낸다. 그러므로 C-2에 있는 양성자가 가장 덜 가려져 있고, C-4에 있는 양성자가 가장 많이 가려져 있다.

가장 적게 가려짐 ⟶ H
$CH_3CCH_2CH_3$ ⟵ 가장 많이 가려짐
Br

C-2에 있는 양성자의 관측되 화학적 이동은 δ 4.1이고, C-4는 δ 1.1이다. C-1과 C-3에 있는 양성자는 δ 1.7~2.0 사이에 나타난다.

그림 13.8은 여러 종류의 양성자에 대한 화학적 이동 정보를 보여준다. 이 표의 주된 부분은 탄소와 결합한 수소에 관한 것이다. 각 종류에서 메틸(CH_3) 양성자는 메틸렌(CH_2) 양성자보다 더 가려져 있고, 메틸렌 양성자는 메틴(CH)보다 더 가려져 있다. 그러나, 이들의 차이는 작다.

δ 0.9 CH_3
$H_3C-C(CH_3)-H$ δ 1.6
CH_3
2-메틸프로페인

δ 0.9 CH_3
$H_3C-C(CH_3)_2-CH_2-CH_3$ (δ 1.2, δ 0.8)
CH_3
2,2-다이메틸뷰테인

메테인의 화학적 이동이 δ 0.2라는 정보로부터 RCH_3, R_2CH_2, R_3CH의 양성자에 대한 감소된 가리움은 1차, 2차, 3차 탄소에 붙은 탄소의 수에 기인한다. 탄소와 수소는 더 전기음성적이어서 CH_4의 수소를 한 개, 두 개, 세 개의 탄소로 치환하면 남아있는 양성자의 가

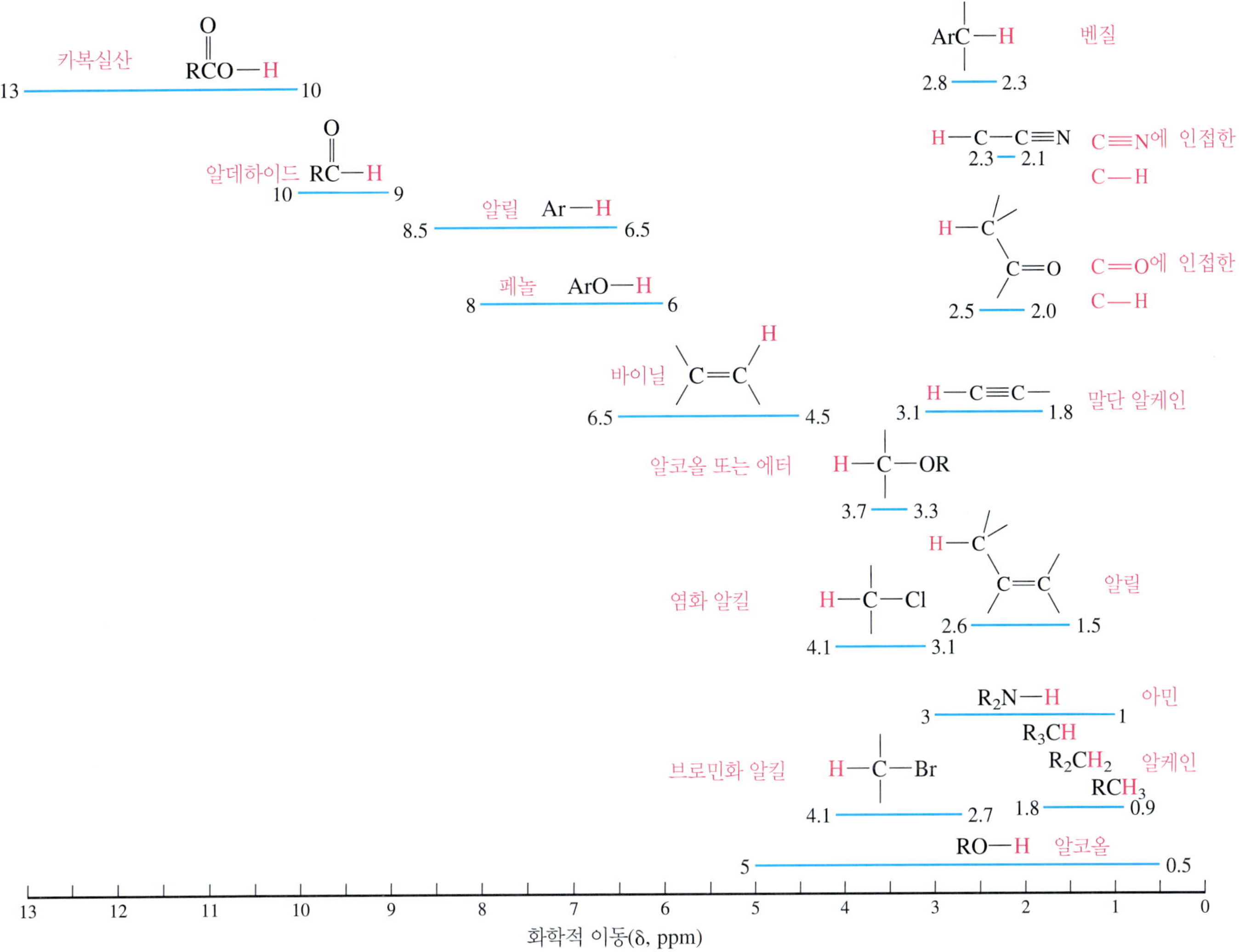

그림 13.8

다양한 구조적 특징에 따른 양성자들의 대략적인 화학적 이동 값(δ, TMS로 부터의 상대적 위치). 특정 화합물의 양성자들은 치환기의 가리움 또는 벗겨짐 효과에 따라 표의 화학적 이동 값 범위를 벗어나기도 한다. O—H와 N—H 양성자의 화학적 이동은 스펙트럼이 측정되는 조건(용매, 온도, 농도)에 따라 달라지게 된다.

리움은 감소한다.

이와 마찬가지로 sp^2 혼성 탄소가 sp^3 혼성 탄소보다 더 전기 음성적이라는 것은 알릴(allylic)과 벤질(benzylic) 양성자의 가리움이 감소된다는 것과 일치한다.

δ 1.5 H_3C δ 0.8 CH_3

1,5-다이메틸사이클로헥센

δ 1.2 δ 2.6 $H_3C—CH_2$

에틸벤젠

이중결합에 결합된 양성자(바이닐 양성자) 또는 방향족 고리의 양성자(아릴 양성자)에 직접 연결된 수소는 특별히 더 벗겨진다.

δ 5.3 H H C=C H H

에틸렌

δ 7.3 H H H H H H

벤젠

바이닐과 아릴 양성자의 벗겨짐에 대한 주된 이유는 π 전자와 관련된 유도 자기장과 관계가 있다. C—H σ 결합에 있는 전자에서 생기는 부분적인 자기장은 외부 자기장에 역행하며, 분자의 양성자들을 가린다는 것을 13.4절에서 배웠다. 그러나 에틸렌과 벤젠의 수소는 π 전자의 유도 자기장이 외부 자기장을 강화하여 벗김(deshieded) 효과를 나타내는 영역에 위치하여 벗겨진(deshielding) 양성자가 된다(그림 13.9). 벤젠의 경우에 이것을 고리 전류(ring current)라고 하며, 회전하는 π 전자로부터 생긴다. 이것은 흥미로운 결과이며 "고리 전류(ring current): 방향족(aromatic)과 반방향족성(antiaromatic)" 상자 속 소고에 일부 소개되었다.

알켄(C=C)과 아릴 그룹의 유도 자기장은 알릴 및 벤질 양성자의 벗겨짐을 일으킨다.

문제 13.5

(a) 메틸렌사이클로펜테인의 각각 양성자들에게 화학적 이동 δ 1.6, δ 2.2, δ 4.8을 지정하시오.

$=CH_2$

풀이 예시

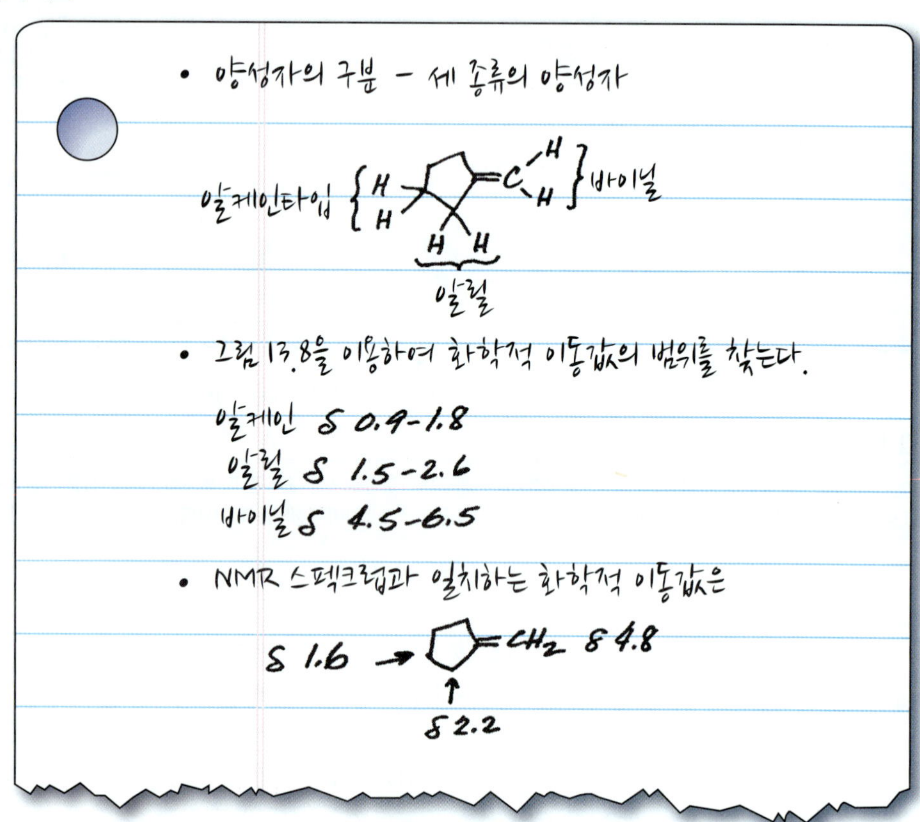

(b) 아세트산 벤질에 있는 양성자들의 화학적 이동 δ 2.0, 5.1, 7.2를 지정하시오.

CH_2OCCH_3 (O)

아세틸렌 양성자는 특이하게도, *sp* 혼성된 탄소에 연결된 양성자에서 예상되는 것보다 더 가려져 있다. 이것은 π 전자가 삼중결합 주위를 회전하기 때문이다(그림 13.10a). 그러므로 유도 자기장은 삼중결합의 긴 축에 평행하며, 아세틸렌의 양성자를 가린다(그림 13.10b). 아세틸렌의 양성자는 대략 δ 1.8~3.1에서 화학적 이동을 나타낸다.

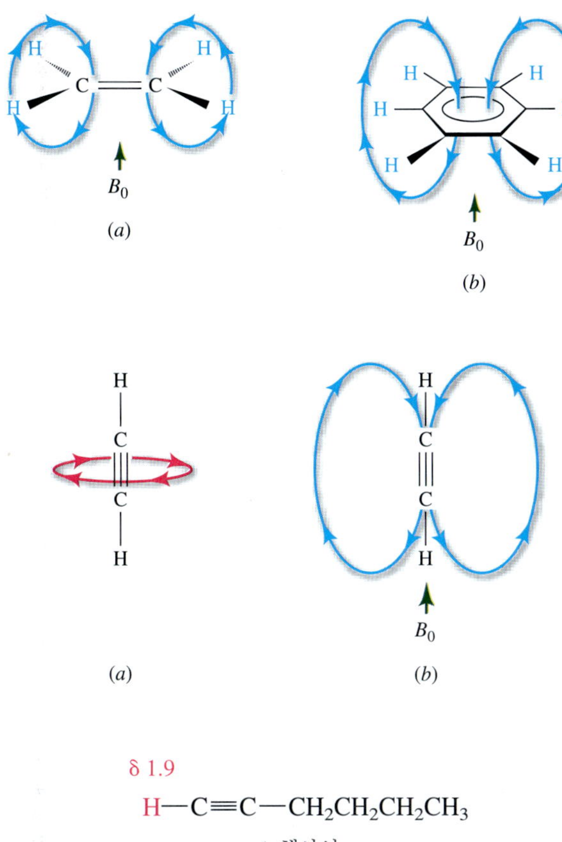

그림 13.9

(a) 에틸렌과 (b) 벤젠의 π 전자들의 유도 자기장은 바이닐(vinyl) 양성자들과 아릴 양성자들이 있는 주위 부근에서 외부장을 강화시킨다. 그 결과 이들 양성자는 벗겨진다.

그림 13.10

(a) 아세틸렌(acetylene)의 π 전자는 분자의 긴 축 주위의 영역을 회전한다. (b) π 전자에 의해 유도된 자기장은 외부 자기장과 반대이며 양성자를 가린다.

카보닐기(C═O)의 유도된 자기장은 탄소 이중결합 보다 양성자를 덜 가리는데, 이는 산소가 존재함으로써 전자 끌기 효과가 더 커진다. 따라서 알데하이드에 있는 C═O에 연결된 양성자는 탄소에 결합한 어떤 양성자보다도 덜 가려져 있다. 이것의 화학적 이동은 δ 9~10이다.

$H_3C—C(H)(CH_3)—C(═O)—H$ (δ 1.1, δ 2.4, δ 9.7)

2-메틸프로판알

$CH_3CH_2O—C_6H_4—C(═O)—H$ (δ 1.4, δ 4.1, δ 6.9, δ 7.8, δ 9.9)

p-에톡시벤즈알데하이드

카보닐기 옆에 있는 탄소에 붙어 있는 양성자는 알릴 수소보다 덜 가려져 있다.

문제 13.6

2-펜탄온의 각각의 양성자에 화학적 이동 δ 1.1, δ 1.7, δ 2.0 그리고 δ 2.3을 지정하시오.

$$CH_3C(═O)CH_2CH_2CH_3$$

이들의 화학적 이동은 탄소에 결합된 양성자보다 훨씬 변화가 심하다. 이것은 O—H 기와 N—H 기가 분자 간 수소결합에 관련되어 있기 때문인데, 수소결합의 크기는 분자구조, 온도, 농도 그리고 용매에 의존한다. 일반적으로 수소결합이 증가하면 가리움 효과는 감소한다. 특히 카복실산의 O—H 양성자는 10~12 ppm 영역에서 나타나는데, 그림 13.8

에 있는 모든 양성자 중에 가장 덜 가려져 있다. 카복실산에서의 수소결합은 O—H를 포함하는 다른 어떤 종류의 화합물보다 강하다.

문제 13.7

2-(*p*-나이트로페닐)프로판산의 각각의 양성자에 화학적 이동 δ 1.6, 4.0, 7.5, 8.2, 12.0을 지정하시오.

$O_2N-C_6H_4-CH(CH_3)COOH$

여러 종류의 양성자들이 비슷한 화학적 이동을 가지는 경우가 흔히 일어난다. ^{1}H 화학적 이동에 대한 범위는 최대 12 ppm으로 ^{13}C 화학적 이동의 영역이 200 ppm에 이르는 것과 비교할 때 매우 작다. 신호를 분리해서 비슷한 화학적 이동을 가진 신호를 분리하는 능력을 *분해능(resolving power)*이라 하며, 이것은 기계의 자기장 세기와 직접적으로 관련이 있다. 화학적 이동 값은 변하지 않더라도 60 MHz에서의 두 개의 신호는 300 MHz에서 더 잘 분리된다.

Ring Currents: Aromatic and Antiaromatic

We saw in Chapter 11 that aromaticity reveals itself in various ways. Qualitatively, aromatic compounds are more stable and less reactive than alkenes. Quantitatively, their heats of hydrogenation are smaller than expected. Theory, especially Hückel's rule, furnishes a structural basis for aromaticity. Now let's examine some novel features of the NMR spectra of aromatic compounds.

We have mentioned that the protons in benzene appear at relatively low field because of deshielding by the magnetic field associated with the circulating π electrons. The amount of deshielding is sufficiently large—on the order of 2 ppm more than the corresponding effect in alkenes—that its presence is generally accepted as evidence for aromaticity. We speak of this deshielding as resulting from an aromatic ring current.

Something interesting happens when we go beyond benzene to apply the aromatic ring current test to annulenes.

[18]Annulene satisfies the Hückel $(4n + 2)$ π electron rule for aromaticity, and many of its properties indicate aromaticity (Section 11.19). As shown in Figure 13.11a, [18] annulene contains two different kinds of protons; 12 lie on the ring's periphery ("outside"), and 6 reside near the middle of the molecule ("inside"). The 2:1 ratio of outside/ inside protons makes it easy to assign the signals in the 1H NMR spectrum. The outside protons have a chemical shift δ of 9.3 ppm, which makes them even less shielded than those of benzene. The six inside protons, on the other hand, have a negative chemical shift (δ –3.0), meaning that the signal for these protons appears at higher field (to the right) of the TMS peak. *The inside protons of [18]annulene are more than 12 ppm more shielded than the outside protons.*

As shown in Figure 13.11*a*, both the shielding of the inside protons and the deshielding of the outside ones result from the same aromatic ring current. When the molecule is placed in an external magnetic field B_0, its circulating π electrons produce their own magnetic field. This induced field opposes the applied field B_0 in the center of the molecule, shielding the inside protons. Because the induced magnetic field closes on itself, the outside protons lie in a region where the induced field reinforces B_0. The aromatic ring current in [18]annulene shields the 6 inside protons and deshields the 12 outside ones.

Exactly the opposite happens in [16]annulene (Figure 13.11b). Now it is the outside protons (δ 5.3) that are more shielded. The inside protons (δ 10.6) are less shielded than the outside ones and less shielded than the protons of both benzene and [18]annulene. This reversal of the shielding and deshielding regions in going from [18] to [16]annulene can only mean that the directions of their induced magnetic fields are reversed. Thus [16]annulene, which has $4n$ π electrons and is antiaromatic, not only lacks an aromatic ring current, its π electrons produce exactly the opposite effect when placed in a magnetic field.

Score one for Hückel.

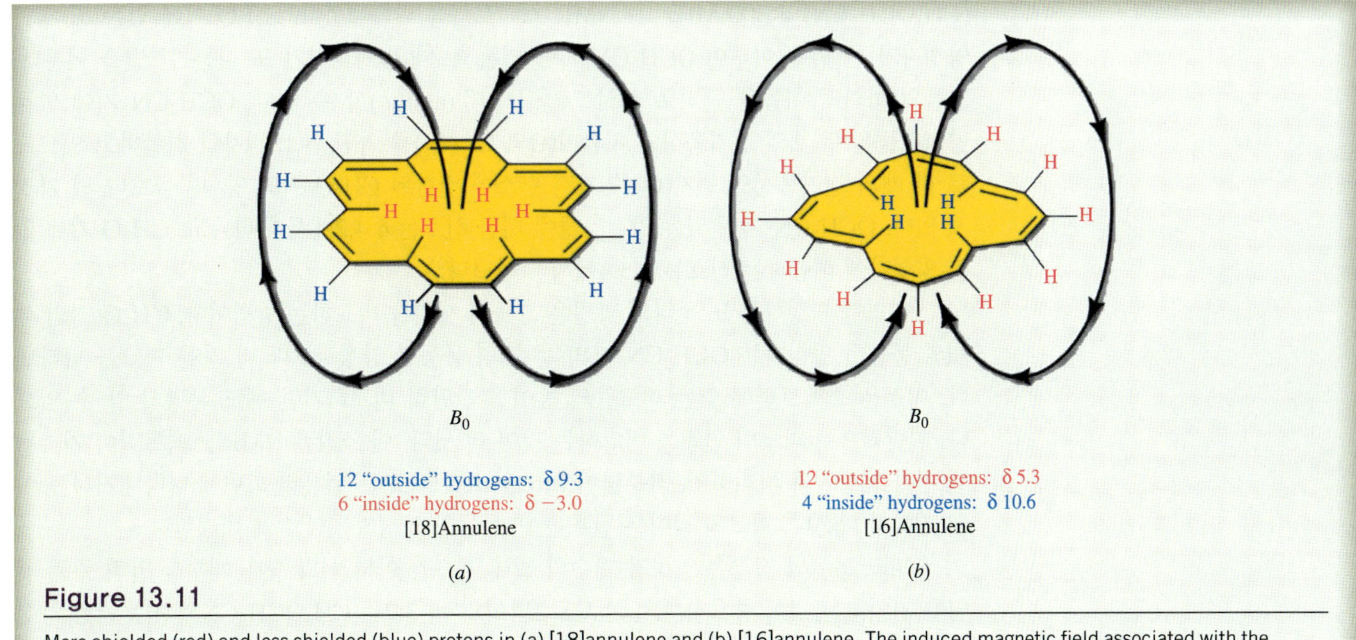

Figure 13.11

More shielded (red) and less shielded (blue) protons in (a) [18]annulene and (b) [16]annulene. The induced magnetic field associated with the aromatic ring current in [18]annulene shields the inside protons and deshields the outside protons. The opposite occurs in [16]annulene, which is antiaromatic.

13.6 ¹H NMR 스펙트럼 해석

NMR 스펙트럼은 화학적 이동을 통해 분자의 구조적 특성에 대한 정보를 제공할 수 있음은 물론 다음과 같은 유용한 정보를 제공한다.

1. *신호의 수(the number of signal)*는 종류가 다른 양성자들이 몇 개 있는지를 알려 준다.
2. 각 피크의 넓이를 측정해서 얻은 *신호의 세기(the intensity of the signal)*는 다른 종류의 양성자들의 상대적 비를 알려 준다.
3. *각 신호의 다중도, 즉 갈라짐(the multiplicity, or splitting, of each signal)*은 신호를 내는 양성자에 인접한 양성자들이 몇 개 있는지를 알려 준다.

화학적 이동이 서로 다른 양성자들은 **화학적 이동 비동등성(chemical-shift-nonequivalent)** 또는 **화학적으로 비동등(chemically nonequivalent)**하다고 말한다. 한 물질에 있는 화학적 이동이 동등하지 않은 각 양성자에 대해서는 별개의 NMR 신호가 생긴다. 그림 13.12에 환경이 다른 두 양성자를 가진 분자, 메톡시아세토나이트릴

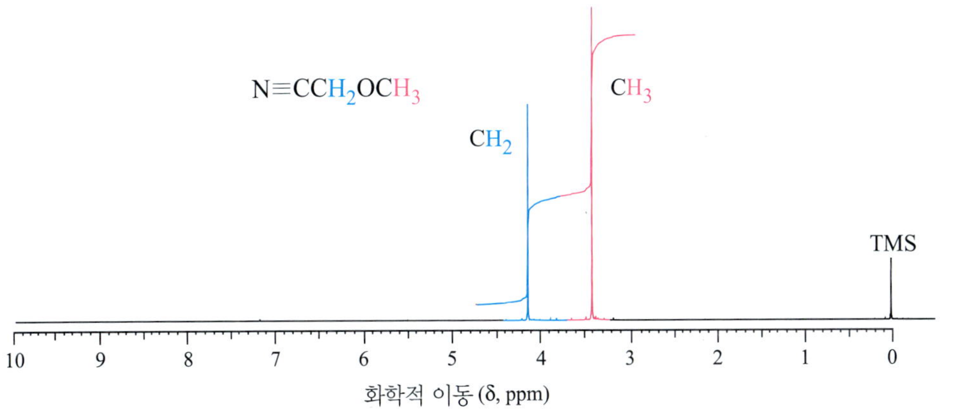

그림 13.12

메톡시아세토나이트릴 (CH_3OCH_2CN)의 300-MHz ¹H NMR 스펙트럼

(CH_3OCH_2CN)의 300 MHz ^1H NMR 스펙트럼을 나타내었다. CH_3O 기에 있는 세 개의 양성자가 한 벌을 이루며 OCH_2CN 기에 있는 두 개의 양성자가 또 다른 한 벌을 이룬다. 그들의 화학적 이동을 근거로 해서 그들을 지정(assign)할 수 있다. OCH_2CN 기에 있는 양성자들은 두 개의 전기음성인 치환기(O와 C≡N)를 가진 탄소 원자와 결합하고 있으므로 한 개의 전기음성인 원자(O)를 가진 탄소에 결합된 CH_3O 기의 양성자들보다 덜 가려져 있다. OCH_2CN 기에 있는 양성자들에 대한 신호는 δ 4.2에서 나타나고, CH_3O 기에 있는 양성자에 해당하는 신호는 δ 3.4에서 나타난다.

피크를 지정하는 또 하나의 방법은 그들의 세기를 비교하는 방법이다. CH_3O 기의 세 개의 동등한 양성자는 OCH_2CN 기의 두 개의 동등한 양성자보다 더 강한 피크를 나타낸다. 이것은 스펙트럼에 있는 피크들의 높이를 간단히 비교하기만 해도 분명히 알 수 있으나, 일반적으로 피크의 면적을 비교하는 것이 더 낫다. 이 조작은 NMR 스펙트럼이 기록될 때 전자 계산기가 처리하며, **적분넓이(integrated area)**는 컴퓨터 화면에 나타내거나 종이에 찍혀서 나온다. 피크의 넓이는 신호를 낸 동등한 양성자들의 수에 비례한다.

피크 넓이의 적분은 양성자 개수의 절대 계수가 아니라 그 상대 개수를 알려 주는 것임을 기억하는 것이 중요하다. 그러므로, 넓이의 비 3:2는 CH_3OCH_2CN의 경우처럼 양성자의 비 3:2와 같을 수 있다. 그러나, 그 밖의 일부 화합물에서는 넓이의 비 3:2가 양성자의 비 6:4 또는 9:6에 해당할 수 있다.

문제 13.8

1,4-다이메틸벤젠의 300-MHz NMR 스펙트럼은 두 피크의 화학적 이동들이 δ 2.2와 δ 7.0 이라는 것을 제외하고는 CH_3OCH_2CN의 스펙트럼과 똑같은 것처럼 보인다. 1,4-다이메틸벤젠의 양성자에 의해 나타나는 피크들을 지정하시오.

양성자들이 동등한 환경에 있으면 그들은 화학적으로 서로 동등하며, 같은 화학적 이동을 가진다. 간단한 점검만으로 양성자들이 동등한지 아닌지를 쉽게 결정할 수 있을 때가 자주 있다. 더 어려운 경우에는 분자에 있는 양성자를 머릿속에서 "시험 원자단(test group)"으로 치환해 보면 도움이 된다. 프로페인의 양성자들과 같은 간단한 경우를 예로 들어서 그 절차를 설명해 보자. 이 양성자들이 같은 화학적 이동을 가지는지를 알기 위해서 C-1에 있는 메틸 양성자들의 하나를 염소(Cl)로 치환한다. 그 다음에 C-3에 있는 양성자에 대해서 같은 일을 한다. 두 치환 반응에서 모두 1-클로로프로페인이라는 같은 분자가 생긴다. 그러므로 C-1의 메틸 양성자들은 C-3의 메틸 양성자들과 동등하다.

$CH_3CH_2CH_3$	$ClCH_2CH_2CH_3$	$CH_3CH_2CH_2Cl$
프로페인	1-클로로프로페인	1-클로로프로페인

만일 한 분자의 두 수소들을 머릿속에서 시험 원자단으로 치환해서 생기는 두 구조들이 같으면, 그 수소들은 화학적으로 동등하다. 그러므로 프로페인의 여섯 개의 메틸 양성자들은 모두 화학적으로 서로 동등하며, 같은 화학적 이동을 가진다.

프로페인의 CH_2 양성자들의 어느 하나를 치환하면 2-클로로프로페인이 생긴다. 따라서 두 CH_2 양성자들은 동등하며, 이 수소의 어느 것도 메틸 양성자들과 동등하지 않다.

프로페인의 ^1H NMR 스펙트럼에는 두 개의 신호가 있다. 하나는 여섯 개의 동등한 메틸 양성자들의 것이고, 또 하나는 두 개의 동등한 CH_2 양성자들의 것이다.

문제 13.9

다음 화합물의 각각의 ^1H NMR 스펙트럼에는 몇 개의 신호가 있을 것으로 예상하는가?

(a) 1-브로모뷰테인
(b) 1-뷰탄올
(c) 뷰테인
(d) 1,4-다이브로모뷰테인
(e) 2,2-다이브로모뷰테인
(f) 2,2,3,3-테트라브로모뷰테인
(g) 1,1,4-트라이브로모뷰테인
(h) 1,1,1-트라이브로모뷰테인

풀이 예시 (a) 화학적 이동의 동등성을 시험하기 위해서 1-브로모뷰테인의 C-1, C-2, C-3 그리고 C-4에 있는 양성자들을 염소와 같은 시험 원자단으로 치환한다. 네 가지 구조이성질체들이 생긴다.

$CH_3CH_2CH_2\underset{\mid \atop Cl}{C}HBr$	$CH_3CH_2\underset{\mid \atop Cl}{C}HCH_2Br$	$CH_3\underset{\mid \atop Cl}{C}HCH_2CH_2Br$	$ClCH_2CH_2CH_2CH_2Br$
1-브로모-1-클로로뷰테인	1-브로모-2-클로로뷰테인	1-브로모-3-클로로뷰테인	1-브로모-4-클로로뷰테인

그러므로, C-1, C-2, C-3 그리고 C-4에 있는 양성자들에 대해서 분리된 신호들을 보일 것이다. 우연한 겹침이 없는 한, 1-브로모뷰테인의 NMR 스펙트럼에는 네 개의 신호가 예상된다.

화학적 이동 비동등성은 두 개의 양성자가 입체화학적으로 다른 환경에 놓이게 될 때 발생한다. 2-브로모뷰테인의 두 개의 비닐 양성자는 서로 다른 화학적 이동을 가진다.

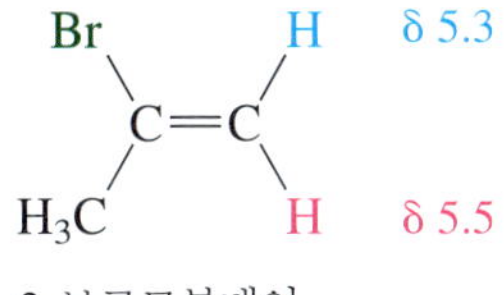

2-브로모뷰테인

바이닐 양성자들의 하나를 예를 들어 염소와 같은 시험 원자단으로 치환하면 2-브로모-1-클로로프로펜의 *Z* 이성질체가 생긴다. 다른 수소를 치환하면 *E* 이성질체가 생긴다. 2-브로모-1-클로프로펜의 *E*형과 *Z*형들은 거울상이성질체가 아닌 입체이성질체이다. 그들은 서로 부분입체이성질체이다. 어떤 시험 원자단으로 치환하였을 때 부분입체이성질체를 나타내는 양성자들을 *부분입체이성질성*(*diastereotopic*, 7.11절)이라고 부른다. 부분입체이성질성 양성자는 다른 화학적 이동을 가진다. 그러나, 그들의 환경은 비슷하므로 화학적 이동의 차는 작은 것이 보통이며, 가끔 두 부분입체이성질성 양성자들이 우연히 같은 화학적 이동을 나타낼 때도 있다. 흔히 높은장 NMR 분광계에서 스펙트럼을 기록하면 비슷한 화학적 이동들을 가진 신호들을 분리하는 데 도움이 되는 경우가 있다.

문제 13.10

다음 화합물들의 각각의 ¹H NMR 스펙트럼에는 몇 개의 신호가 있을 것으로 예상하는가?

(a) 브로민화 바이닐
(b) 1,1-다이브로모에텐
(c) *cis*-1,2-다이브로모에텐
(d) *trans*-1,2-다이브로모에텐
(e) 브로민화 알릴
(f) 2-메틸-2-뷰텐

풀이 예시 (a) 브로민화 바이닐의 각 양성자는 톡특하며, 다른 두 수소들과 다른 화학적 이동을 가진다. 가장 적게 가려진 양성자는 브로민을 지닌 탄소에 결합되어 있다. C-2에 있는 두 양성자들은 서로 부분입체이성질성이다. 하나는 브로민에 대해서 시스(cis)이고 다른 것은 브로민에 대해서 트랜스(trans)이다. 브로민화 바이닐의 NMR 스펙트럼에는 세 개의 신호가 있다. 관찰한 그들의 화학적 이동을 아래의 화학식에 나타내었다.

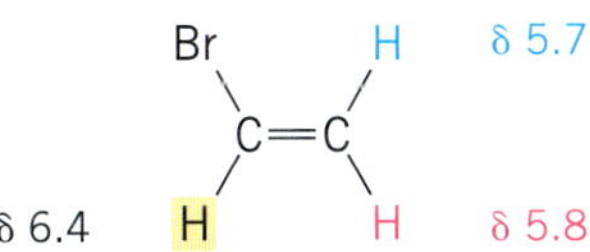

시험 원자단으로 먼저 한 원자를 치환하고, 다음에는 다른 것을 치환함으로서 거울상이성질체들이 생성되면 두 양성자는 서로 *거울상이성질성*(*enantiotopic*)이다(7.10절). 예를 들어, 1-프로판올의 C-2에 있는 메틸렌 양성자들은 거울상이성질성이다.

거울상이성질성 양성자

1-프로판올 (*R*)-2-클로로-1-프로판올 (*S*)-2-클로로-1-프로판올

거울상이성질성 양성자는 광학적으로 순수한 용매에서 서로 다른 화학적 이동을 나타낼 수 있다. 그러나, NMR 측정 시 흔히 사용되는 $CDCl_3$가 비카이랄성이기 때문에 거울상이성질성 양성자는 동일한 화학적 이동을 나타낸다.

시험 원자단으로 쓴 염소로 양성자들의 하나를 치환하면 (*R*)-2-클로로-1-프로판올을 내고 다른 수소를 치환하면 (*S*)-2-클로로-1-프로판올을 낸다. 거울상이성질성 양성자들은 NMR 분광계의 자기장 세기와는 관계없이 같은 화학적 이동을 가진다.

이 절의 첫 머리에서 NMR 스펙트럼은 화학적 이동, 피크의 수, 피크들의 상대 넓이 그리고 피크의 다중도, 즉 갈라짐을 근거로 하여 구조에 관한 정보를 제공해 준다는 것을 언급하였다. 지금까지 ^{1}H NMR 분광법의 이러한 특징들의 처음 세 가지를 논의하였다. 이제 피크의 갈라짐이 어떤 종류의 정보를 주는지에 대해서 논의하고자 한다.

13.7 ^{1}H NMR에서 스핀–스핀 갈라짐

앞 절에서 논의한 CH_3OCH_2CN의 ^{1}H NMR 스펙트럼(그림 13.12)은 두 신호들이 단일선(singlet)이기 때문에 비교적 간단하다. 그러나 개개의 양성자에 대한 신호가 단일선이 아니라 피크들의 집합체로 나타나는 일이 매우 흔하다. 신호가 두 개의 피크(이중선, doublet), 세 개의 피크(삼중선 triplet), 네 개의 피크(사중선, quartet) 또는 더 많은 피크들로 갈라질 수 있다. 그림 13.13에 1,1-다이클로로에테인(CH_3CHCl_2)의 ^{1}H NMR 스펙트럼을 나타내었는데, 메틸 양성자에 대하여 δ 2.1에 중심에 있는 이중선 그리고 CH (methine) 양성자에 대하여 δ 5.9에서 사중선을 가지는 것이 특징이다.

개개의 양성자에 대한 신호가 갈라져서 생기는 피크의 수를 **다중도(multiplicity)**라고 한다. 간단한 경우에는 ^{1}H NMR 분광법에서 갈라짐을 예견하는 규칙을 다음의 식으로 나타낼 수 있다.

$$H_a\text{에 대한 신호의 다중도} = n + 1$$

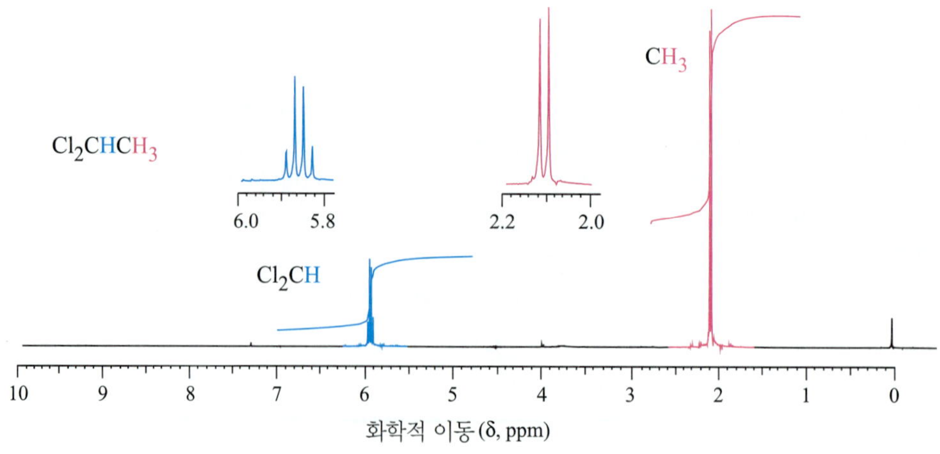

그림 13.13

1,1-다이클로로메테인(Cl_2CHCH_3)의 300-MHz ^{1}H NMR 스펙트럼이며, 메틴(methine) 양성자는 사중선으로, 메틸 양성자들은 이중선으로 나타나는 것을 보여 준다. 확대한 그림에서 피크의 다중도를 더 분명히 보여준다.

이 식에서 n은 H_a에 인접해 있는 동등한 양성자들의 수이다. 두 양성자가 옆에 있는 원자들에 결합되어 있을 때 두 양성자는 인접해 있다. H_a에 인접한 양성자들은 H_a로부터 세 개의 결합으로 떨어져 있다. 1,1-다이클로로에테인에서 세 개의 메틸 양성자들은 CH 양성자에 인접해 있으며, CH 양성자의 신호를 사중선으로 갈라지게 한다.

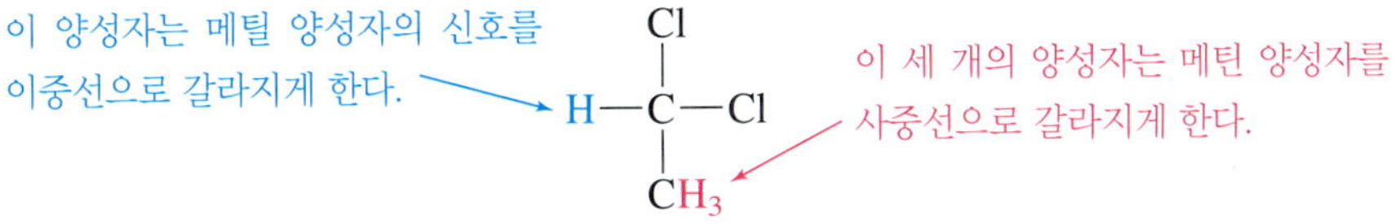

이 양성자는 메틸 양성자의 신호를 이중선으로 갈라지게 한다. → H—C(Cl)(Cl)—CH_3 ← 이 세 개의 양성자는 메틴 양성자를 사중선으로 갈라지게 한다.

1,1-다이클로로에테인에서 일어나는 피크 갈라짐의 물리학적 근거를 그림 13.14로 설명할 수 있다. 이 그림은 메틸 양성자들의 화학적 이동이 CH 양성자의 스핀 때문에 어떤 영향을 받는지를 알아보기 위한 것이다. 메틸 양성자들에게는 두 가지 자기적 환경이 있는데, 그 하나에서는 CH 양성자의 자기 모멘트가 가해 준 자기장에 평행하면 가해 준 자기장이 증강된다. 이것은 메틸 양성자의 가리움을 감소시키므로 그들의 신호를 조금 더 낮은 자기장의 세기에서 나타나게 한다. 반대로, CH 양성자의 자기 모멘트가 가해 준 자기장에 역평행할 때는 가해 준 자기장에 반대가 되고 메틸 양성자들의 가리움을 증가시킨다. 메틸 양성자들에 대한 한 개의 피크 대신에 거의 같은 세기의 두 피크가 있다. 즉, 하나는 '실제' 화학적 이동보다 조금 더 높은 장에 있고 또 하나는 조금 더 낮은 장에 있다.

이제 CH 양성자로 화제를 돌려 보자. 메틸 양자들은 CH 양성자의 신호를 사중선으로 갈라지게 한다. 여기서도 메틸 양성자의 경우와 같은 분석이 적용되는데, 그것은 그림 13.15에 나타내었다. CH 양성자는 메틸 양성자에 대한 핵스핀들의 여덟 가지 조합의 영향을 받는다. 한 조합에서는 세 개의 메틸 양성자 모두의 자기 모멘트가 가해 준 자기장을 증가한다. 다른 쪽 끝에 있는 조합에서는 세 개의 메틸 양성자 모두의 자기 모멘트가 가해 준 자기장에 반대가 된다. 두 개의 메틸 양성자의 자기 모멘트가 가해 준 자기장을 증강하는 데 반해서 하나는 그것에 반대가 되는 세 가지 조합이 있다. 끝으로, 두 개의 메틸 양성자의 자기 모멘트가 가해 준 자기장에 반대가 되는 데 반해서 하나는 그것을 증강하는 세 가지 조합이 있다. 이 여덟 가지 가능한 조합들이 CH 양성자에 대해서 세기의 비 1:3:3:1을 가진 네 개의 피크들을 생기게 한다.

관찰된 NMR 신호들의 갈라짐을 **스핀–스핀 갈라짐(spin-spin spitting)**이라는 말로 나타내고, 그 물리학적 근거로 **스핀–스핀 짝지음(spin-spin couplng)**이라는 말로 나타낸다. 스핀–스핀 짝지음은 핵 스핀 정보가 핵들 사이에 전달되기 때문에 일어날 수 있다. 이 정보는 핵들 사이의 결합을 하는 전자들을 통해서 전달된다. 짝지음의 효과는 결합의 수가 작을 때가 제일 크다. 이웃한 양성자들은 세 개의 결합으로 떨어져 있으며, 1,1-다이

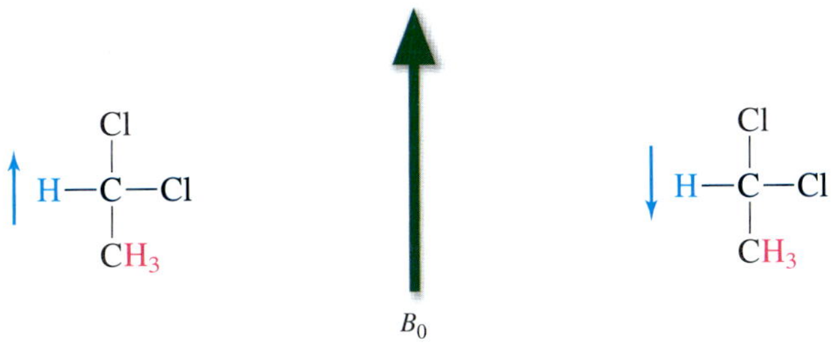

↑ H—C(Cl)(Cl)—CH_3 ↑ B_0 ↓ H—C(Cl)(Cl)—CH_3

메틴 양성자의 스핀은 B_0를 증가 시킨다. 메틸 신호는 낮은 장에서 나타난다. (높은 진동수)

메틴 양성자의 스핀은 B_0로부터 메틸 양성자를 가려막는다. 메틸 신호는 높은 장에서 나타난다.(낮은 진동수)

그림 13.14

메틴(methine) 양성자의 두가지 가능한 스핀 상태들의 자기 모멘트 (푸른색 화살표)가 1,1-다이클로로에테인의 화학적 이동에 영향을 미친다. 자기 모멘트가 외부 자기장 B_0에 평행할 때 (녹색 화살표)는 외부 자기장에 그것을 더하므로 공명을 위해서 더 작은 B_0가 필요하다. 자기 모멘트가 외부 자기장에 역평행할 때는 외부 자기장에서 그것을 빼므로 메틸 양성자들을 가린다.

그림 13.15

1,1-다이클로로에테인의 메틸(methyl) 양성자들은 메틴(methane) 양성자의 신호를 사중선(quartet)으로 갈라지게 한다.

CH_3CHCl_2에 있는 세개의 메틸 양성자의 핵 스핀에는 여덟 개의 가능한 조합이 있다.

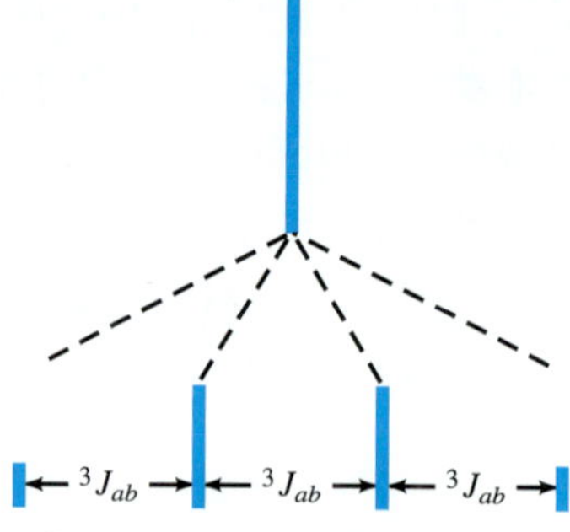

이들 여덟 개의 조합은 $CHCl_2$ 양성자의 신호를 사중선으로 갈라지도록 하며, 피크들의 세기는 비율이 1:3:3:1이다.

클로로에테인에서와 같이 이웃한 양성자들 사이의 짝지음을 **세 결합 짝지음(three-bond coupling)** 또는 **이웃자리 짝지음(vicinal coupling)**이라고 한다. 네 결합 짝지음은 비교적 약해서 보통은 관찰할 수 없다.

스핀-스핀 갈라짐의 매우 중요한 특성은 같은 화학적 이동을 가지는 양성자들은 서로의 신호를 갈라지지 않게 한다는 것이다. 예를 들어, 에테인은 그 NMR 스펙트럼에서 한 개의 날카로운 피크만을 보인다. 한 메틸기의 양성자들과 다른 메틸기의 양성자들 사이에는 인접 관계가 있지만, 그들이 동등하기 때문에 서로의 신호를 갈라지지 않게 한다.

문제 13.11

다음 화합물들의 각각의 ^1H NMR 스펙트럼이 나타나는 모양을 설명하시오. 몇 개의 신호가 있을 것으로 예상하는가? 그리고 각 신호는 몇 개의 피크로 갈라지겠는가?

(a) 1,2-다이클로로에테인
(b) 1,1,1-트라이클로로에테인
(c) 1,1,2-트라이클로로에테인
(d) 1,2,2-트라이클로로프로페인
(e) 1,1,1,2-테트라클로로프로페인

풀이 예시 (a) 1,2-다이클로로에테인의 양성자들은 모두 화학적으로 동등하며 같은 화학적 이동을 가진다. 같은 화학적 이동을 가진 양성자들은 서로의 신호를 갈라지지 않게 한다. 그러므로 1,2-다이클로로에테인의 NMR 스펙트럼은 한 개의 날카로운 피크로 이루어진다.

핵스핀의 짝지음은 핵들이 서로의 신호를 동등한 정도로 갈라지게 하는 것을 요구한다. 1,1-다이클로로에테인의 메틸 이중선의 두 반쪽들 사이의 간격은 CH 사중선의 어느 두 개의 인접한 피크 사이의 간격과 같다. 두 개의 핵이 짝짓는 범위를 **짝지음 상수(coupling constant)** J라고 하며, 이것은 간단한 경우에는 특정한 양성자 신호의 인접한 선들 사이의 간격과 같다. 1,1-다이클로로에테인에서 세 결합 짝지음 상수 $^3J_{ab}$의 값은 7 Hz이다. *짝지음 상수의 크기와 자기장 세기는 관계가 없다.* 스펙트럼이 300 MHz에서 기록되든 500 MHz에서 기록되든 간에 1,1-다이클로로에테인에서 인접한 피크들 사이의 간격은 7 Hz이다.

13.8 갈라짐 양식: 에틸기

신호 피크의 가장 특징적인 갈라짐 양식을 나타내는 것 중의 하나는 에틸기인데, 그림 13.16에서 브로민화 에틸의 NMR 스펙트럼을 나타내었다. CH_3CH_2X형의 화합물들, 특히

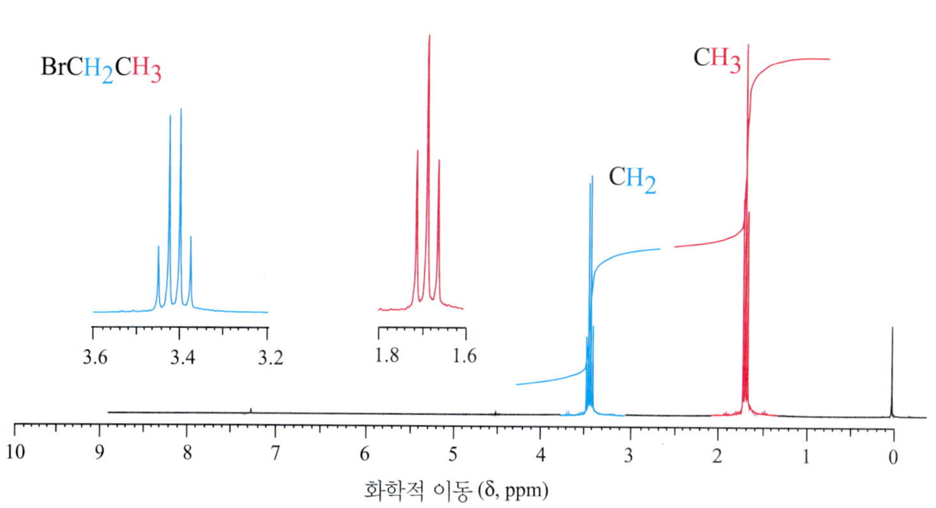

그림 13.16

브로민화 에틸 ($BrCH_2CH_3$)의 300-MHz ^{1}H NMR 스펙트럼이며, 에틸기의 특성적인 삼중선-사중선 양식을 보여 준다. δ 1.6의 작은 피크는 불순물이다.

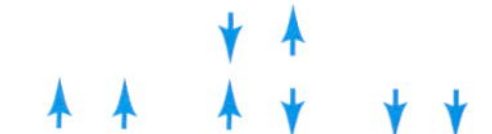

CH_3CH_2Br에 있는 두 개의 메틸렌 양성자의 핵스핀에는 네 개의 가능한 조합이 있다.

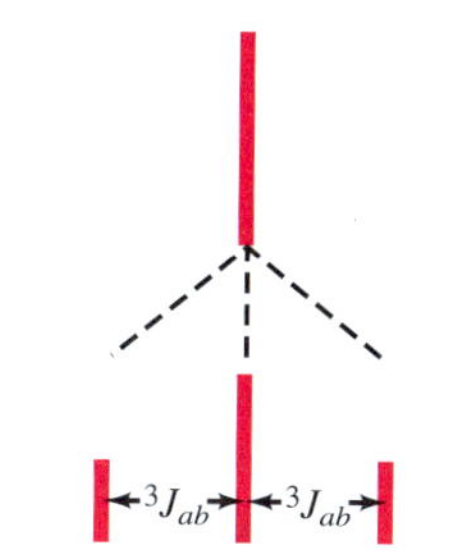

이들 네 개의 조합은 CH_3 양성자의 신호를 삼중선으로 갈라지게 하고, 피크의 세 개는 1:2:1의 비율이다.

그림 13.17

브로민화 에틸의 메틸렌 양성자들은 메틸 양성자들의 신호를 삼중선으로 갈라지게 한다.

X가 브로민화 에틸에 있는 브로민처럼 전기음성인 원자 또는 원자단인 화합물에서 에틸기는 삼중선–사중선 양식(triplet-quartet pattern)으로 나타난다. CH_2양성자 신호는 메틸 양성자들과 짝지음으로써 사중선으로 갈라진다. 메틸 양성자들에 대한 신호는 인접한 CH_2기의 두 양성자와의 인접한 짝지음 때문에 삼중선으로 나타난다.

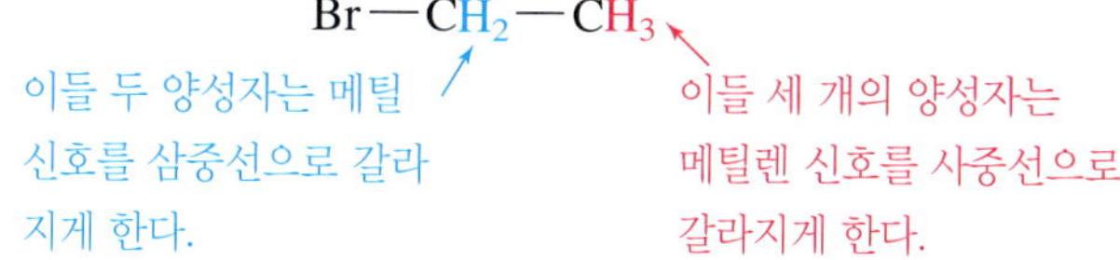

앞 절에서 왜 메틸기가 인접한 양성자들의 신호를 사중선으로 갈라지게 하는지를 설명하였다. 메틸렌기로 인한 갈라짐은 삼중선으로 나타내는데, 이것은 브로민화 에틸의 경우 그림 13.17에 나타난 스핀의 조합들에 해당한다. 이 삼중선의 피크들의 상대 세기는 1: 2:1이다.

표 13.1는 각기 다른 수의 양성자들과 짝지었을 때 예상되는 갈라짐 양식들과 피크들의 세기를 나타낸 것이다.

표 13.1 공통 다중선의 갈라짐 양식

핵이 짝짓고 있는 동등한 양성자의 수	다중선의 모양	다중선에서 선들의 세기
1	이중선(doublet)	1:1
2	삼중선(triplet)	1:2:1
3	사중선(quartet)	1:3:3:1

(계속)

세기는 이항 전개식의 계수에 해당한다 (파스칼의 삼각형).

표 13.1 공통 다중선의 갈라짐 양식 *(계속)*

핵이 짝짓고 있는 동등한 양성자의 수	다중선의 모양	다중선에서 선들의 세기
4	오중선(quintet)	1:4:6:4:1
5	육중선(sextet)	1:5:10:10:5:1
6	칠중선(septet)	1:6:15:20:15:6:1

문제 13.12

다음 화합물들 각각의 ^{1}H NMR 스펙트럼이 나타나는 모양을 설명하시오. 몇 개의 신호가 있을 것으로 예상하는가? 그리고 각 신호는 몇 개 피크로 갈라지겠는가?

(a) $ClCH_2OCH_2CH_3$
(b) $CH_3CH_2OCH_3$
(c) $CH_3CH_2OCH_2CH_3$
(d) *p*–다이에틸벤젠
(e) $ClCH_2CH_2OCH_2CH_3$

풀이 예시 (a) 에틸기의 삼중선–사중선 양식과 함께 이 화합물의 NMR 스펙트럼은 클로로메틸기의 두 양성자들에 대한 단일선을 포함할 것이다.

$ClCH_2—O—CH_2—CH_3$

이웃한 메틸렌기의 두 양성자에 의해서 삼중선으로 갈라진다.

단일선; 이들 근처에는 양성자가 없다; 그러므로 갈라짐이 없다

메틸기의 세 양성자에 의해서 사중선으로 갈라진다.

13.9 갈라짐 양식: 아이소프로필기

염화 아이소프로필의 NMR 스펙트럼(그림13.18)은 아이소프로필기의 신호가 나타내는 모양을 설명해 주고 있다. δ 1.5에서 나타나는 여섯 개의 동등한 메틸 양성자에 대한 신호는 H—C—Cl 단위의 양성자 때문에 이중선으로 갈라진다. 다음에 δ 4.2에서 나타나는 H—C—Cl 양성자의 신호는 여섯 개의 메틸 양성자들 때문에 칠중선으로 갈라진다. 이중선–칠중선(doublet-septet) 양식이 아이소프로필기의 특징이다.

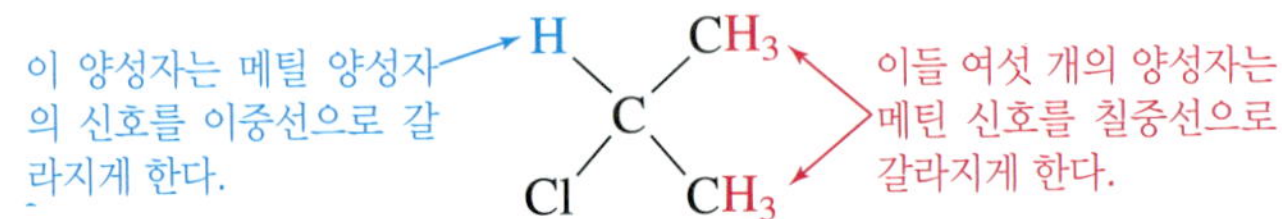

그림 13.18

염화 아이소프로필의 300-MHz ^{1}H NMR 스펙트럼이며, 아이소프로필기의 이중선-칠중선 양식을 보여준다.

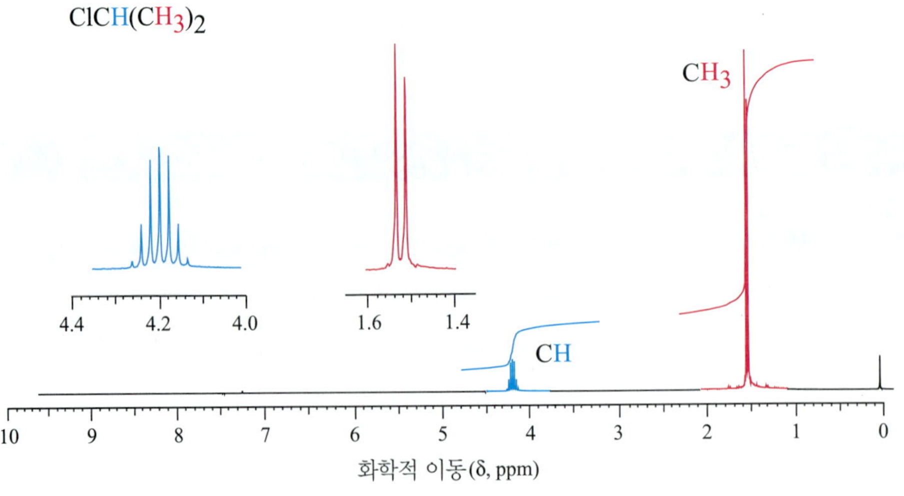

13.10 갈라짐 양식: 이중선 쌍들

각 피크들의 세기가 표 13.1에 주어진 값들과 일치하지 않는 갈라짐 양식을 나타낼 때가 자주 있다. 이런 경우에는 짝지어진 양성자들에 대한 피크들이 서로 `기울어져 있어서(lean)` 피크들이 일그러져 있다. 이러한 기울기는 일반적인 현상이지만, 그림 13.19에 나타낸 바와 같이 동등하지 않은 인접한 두 양성자들의 경우에 대해서 매우 쉽게 설명할 수 있다.

$$\begin{array}{c} \quad X \quad Y \\ \quad | \quad\;\; | \\ W-C-C-Z \\ \quad | \quad\;\; | \\ \quad H_1 \;\; H_2 \end{array}$$

양성자 1과 2의 갈라짐 양식의 모양은 짝지음 상수 J와 두 양성자 사이의 화학적 이동의 차 $\Delta\nu$에 따라서 정해진다. $\Delta\nu/J$의 비가 클 때 두 개의 대칭인 이중선들이 1:1로 관찰된다. 이것을 “AX”의 경우라고 하며, 스펙트럼에서 서로 충분히 떨어진 신호들이라는 것을 상징하기 위해서 알파벳에서 멀리 떨어진 두 글자를 쓴다. 짝지음 상수를 동일하게 유지하면서 $\Delta\nu$를 감소시키면 AX에서 AM을 거쳐 AB로 나아감에 따라 바깥쪽의 두 피크의 세기는 계속 감소하고, 이와 동시에 안쪽의 두 피크들의 세기는 증가한다. 맨 끝의 A_2에 가서는 두 양성자들이 동일한 화학적 이동을 가지고 맨 바깥 선들이 사라지며, 갈라짐이 전혀 관찰되지 않는다. 스펙트럼의 모양 때문에 AB 양식을 사중선으로 해석하기 쉽지만 실제로 그것은 비스듬하게 일그러진 한 쌍의 이중선들이다.

비스듬해진 한 쌍의 이중선 양식은 2,3,4-트라이클로로아니솔(2,3,4-trichloroanisole)의 ^{1}H NMR 스펙트럼(그림 13.20)에서 분명하게 볼 수 있다. δ 3.9에서 나타나는 $-OCH_3$ 기의 양성자들에 대한 단일선 이외에 방향족 고리의 두 양성자들에 대한 이중선들을 δ 6.8과 δ 7.3에서 볼 수 있다.

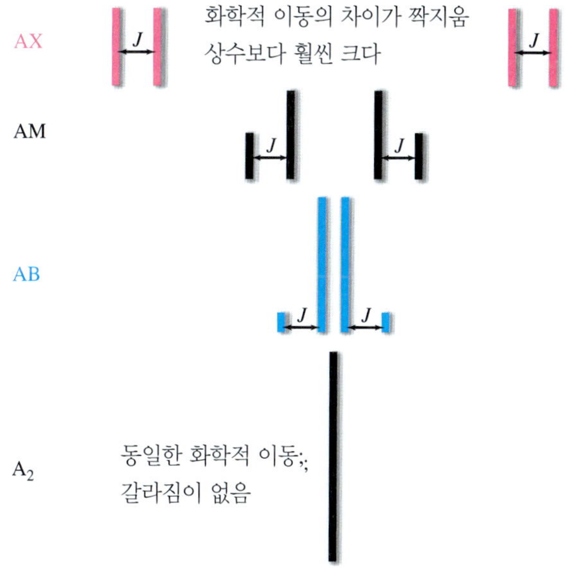

그림 13.19

두 짝지어진 양성자들의 갈라짐 양식이 나타나는 모양은 짝지음 상수 J와 그들 사이의 화학적 이동의 차 $\Delta\nu$에 따라서 정해진 $\Delta\nu/J$의 비가 감소함에 따라 이중선들이 점점 더 일그러진다. 두 양성자의 화학적 이동이 같으면 갈라짐은 전혀 관찰되지 않는다.

그림 13.20

2,3,4-트라이클로로아니솔의 300-MHz ^{1}H-NMR 스펙트럼이며, 방향족 고리의 양성자들이 서로 기울어지는 한 쌍의 이중선으로 갈라지는 것을 설명해 준다.

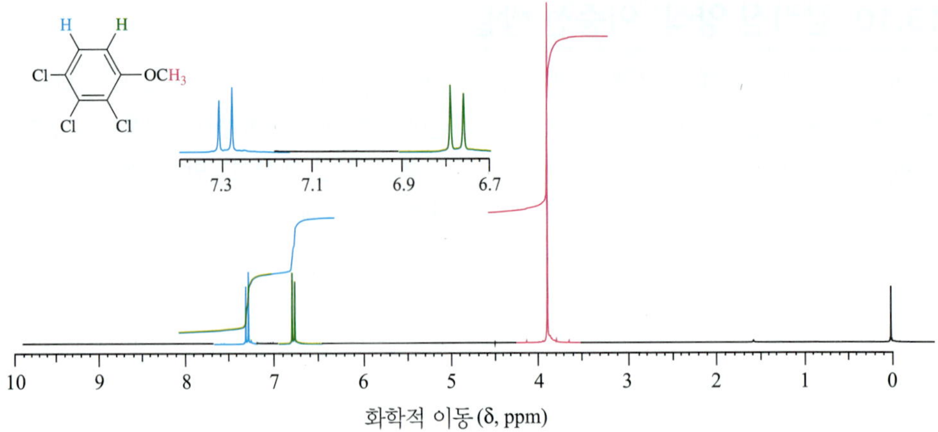

이중선 δ 7.3 — H, H — 이중선 δ 6.8

OCH_3 ← 단일선 δ 3.9

2,3,4-트라이클로로아니솔

한 쌍의 이중선 형식이 같은자리(*geminal*) 양성자들(같은 탄소에 결합한 양성자들)에서도 일어 날 수 있다. 같은자리 양성자들은 두 개의 결합으로 떨어져 있으며, 이웃자리 짝지음을 *세 결합 짝지음*(*three-bond coupling*, ^{3}J)이라고 하듯이 같은자리 짝지음을 *두 결합 짝지음*(*two-bond coupling*, ^{2}J)이라고 한다. 같은자리 짝지음의 예를 1-클로로-1-사이아노에텐이라는 화합물에서 볼 수 있다. 이 화합물의 스펙트럼에서 두 개의 수소들은 한 쌍의 이중선으로 나타난다. 각각의 이중선의 갈라짐은 2 Hz이다.

> 1-클로로-1-사이아노에텐(1-chloro-1-cyanoethene)에 있는 양성자는 부분입체이성질성(*diastereotopic*, 13.6절)이다. 이것들은 서로 다르며, 다른 화학적 이동 값을 가진다. 갈라짐은 서로 다른 화학적 이동 값을 가진 양성자 사이에만 일어날 수 있음을 기억하라.

이중선 H, 이중선 H: $^2J = 2$ Hz, C=C, Cl, CN — 1−클로로−1−사이아노에틴

같은자리 짝지음으로 일어나는 갈라짐은 오직 CH_2 기에서 두 양성자의 화학적 이동이 다를 때에만 나타난다. 메틸기(CH_3)의 세 양성자는 모두 동등하고 서로의 신호가 갈라질 수 없으며, 단 한 개의 메틴(CH) 양성자에는 당연히 같은자리 양성자가 없다.

13.11 복잡한 갈라짐 양식

지금까지 논의한 것은 양성자 신호가 서로 동등한 다른 양성자들과 짝지음에 의해 갈라지는 경우들에 관한 것이었다. 실제로, 신호의 다중도에 대한 갈라짐 규칙은 $n + 1$과 같다는 것을 설명하였다. 여기서 n은 신호를 내는 양성자가 짝짓고 있는 동등한 양성자들의 수이다. 만일 모든 이웃한 양성자들이 동등하지 않을 경우에는 어떻게 되겠는가?

> 시스와 트랜스 H—C=C—H 짝지음 상수가 같은 경우에도 그림 13.21과 같은 갈라짐 도식을 그릴 수 있다. 이 경우에 네 개의 선은 삼중선으로 간단해진다.

그림 13.21a에는 *m*-나이트로스타이렌에서 $ArCH_a{=}CH_2$로 표지한 양성자에 대한 신호를 나타낸 것이다. 이 신호는 δ 6.7~6.9의 범위에서 한 벌의 네 개의 피크로 나타낸다. 이 네 개의 피크들은 실제로는 "이중선들의 이중선(doublet of doublets)"인 것이다. 문제의 양성자는 바이닐 곁사슬의 끝에 있는 두 양성자들과 *동등하지 않게 짝지어져*(*unequally coupled*)있다. 이중결합에서 서로 트랜스인 양성자들 사이의 이웃자리 짝지음 상수는 시

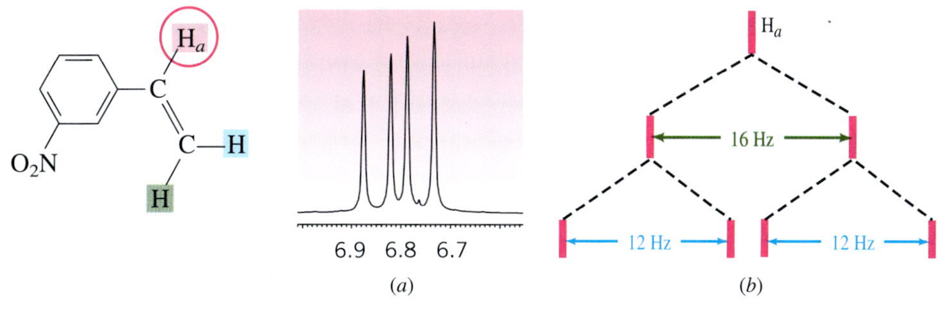

그림 13.21

두 개의 동등하지 않은 양성자들과 동등하지 않게 짝짓기를 함으로써 신호가 이중선으로 갈라지는 것을 보여주는 그림.
(*a*) *m*-나이트로스타이렌에서 H_a로 표지한 양성자에 대한 신호가 한 벌의 네 개의 피크로 나타나는 모양. (*b*) H_a에 대한 신호의 연이은 갈라짐으로 이들 네 개의 피크들이 생긴다.

스인 양성자들 사이의 것보다 더 크다. 지금 이 경우에는 트랜스 짝지음 상수가 16 Hz이고, 시스 짝지음 상수가 12 Hz이다. 그러므로 그림 13.20b에 나타낸 바와 같이, 신호는 한 개의 이웃한 양성자에 의한 16 Hz의 간격을 가진 이중선으로 갈라지고, 각 이중선은 다음에 12 Hz의 간격을 가진 또 하나의 이중선으로 갈라진다.

"$n+1$ 규칙"은 다음과 같이 고쳐야 할 것이다. 즉, 양성자 H_a가 H_b, H_c, H_d들로 짝지어지고 $J_{ab} \neq J_{ac} \neq J_{ad}$이라면, H_a의 본래의 신호는 n 개의 H_b 양성자 때문에 $n+1$ 개의 피크들로 더 갈라지고, 이 선들은 각각 n 개의 H_c 때문에 $n+1$ 개의 피크들로 갈라진다. 실제로 관찰 되는 선들의 수는 피크들의 겹침 때문에 갈라짐 규칙으로 예상하는 수보다 적을 수 있다.

입체이성질성 양성자는 카이랄 분자의 NMR 스펙트럼을 더욱 복잡하게 만드는데 특히, 카이랄 중심의 인접위치에 존재하는 CH_2가 복잡하게 나타난다. C-2 위치에 카이랄 중심을 가지는 (S)-1,2-다이페닐-2-프로판올에서의 H_a및 H_b를 예로 들어보자(그림 13.22). H_a가 중수소로 치환된 화합물은 H_b가 중수소로 치환된 화합물과 서로 입체이성질체이

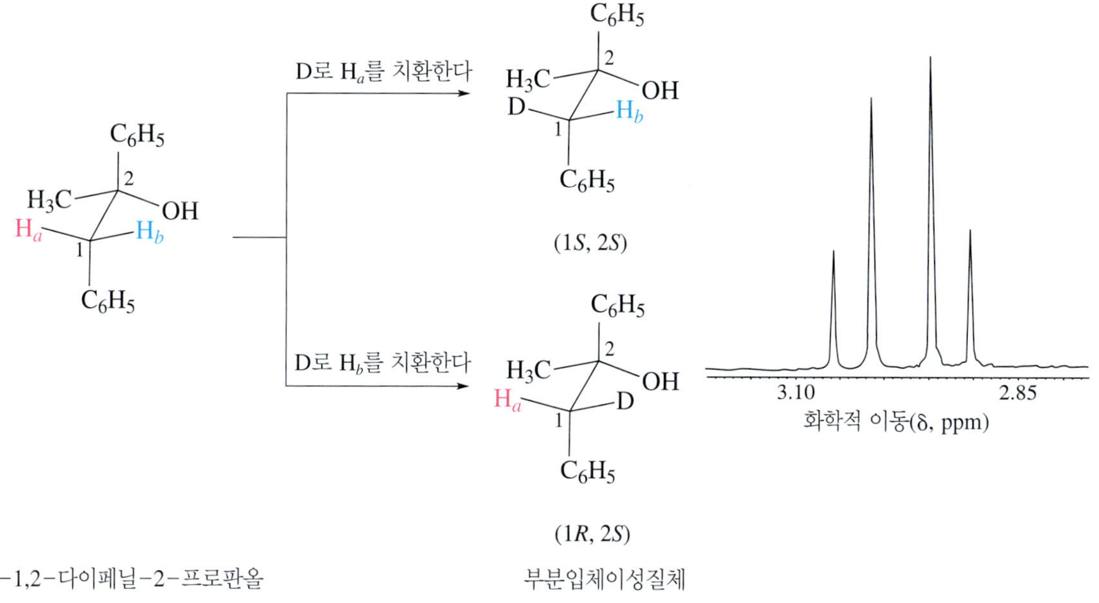

그림 13.22

300-MHz ^{1}H NMR (*S*)-1,2-다이페닐-2-프로판올의 메틸렌 양성자 H_a와 H_b는 입체이성질성이며 한 쌍의 이중선을 나타낸다.

다. 양성자의 치환을 통해 입체이성질체가 되는 경우에 있어서 이들 양성자는 입체이성질성 양성자이고 서로 다른 화학적 이동을 가진다는 것을 기억하자(13.6절). 1,2-다이페닐-2-프로판올에서는, H_a와 H_b는 입체이성질성 양성자이며 서로 다른 화학적 이동을 가지고, NMR 스펙트럼에서 한 쌍의 이중선 피크로 나타난다. 이 한 쌍의 이중선 피크는 AM 갈라짐 양식(그림 13.19)을 나타내는데 이는 H_a와 H_b 간의 화학적 이동의 차이가 짝지음 상수보다 매우 크지 않기 때문이다.

*R*과 *S* 형을 포함하는 라세미 혼합체 및 거울상이성질성인 (*R*)-1,2-다이페닐-2-프로판올은 그림 13.22에 나타나는 NMR 스펙트럼과 동일한 양식을 나타낸다. 앞서 언급한 바와 같이, 입체이성질성 양성자는 화학적 이동의 차이가 매우 작거나 또는 거의 동시에 나타나는 경우가 많다. 이러한 경우는 갈라짐이 관찰되지 않는다.

문제 13.13

아래의 화합물에서 C-2의 양성자에 대하여 예상하는 갈라짐 양식을 설명하시오.

(a) (*Z*)-1,3-다이클로로프로펜의 C-2탄소

(b) 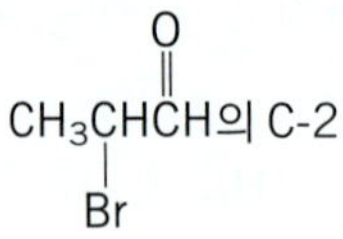 $CH_3CHBrCHO$ (CH₃CH(Br)C(=O)H)의 C-2

풀이 예시 (a) C-2에 있는 양성자의 신호는 그 양성자가 이중결합에서 시스인 양성자와 짝지음으로써 이중선으로 갈라지고, 이 이중선의 각 선은 CH_2Cl 기의 두 개의 양성자에 의하여 삼중선으로 갈라진다.

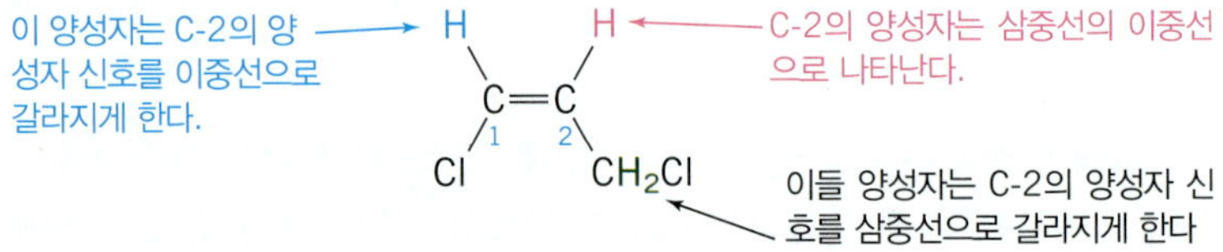

문제 13.14

아미노산인 페닐알라닌(phenylalanine)의 ^1H NMR의 일부를 그림 13.23에 나타내었다. H_a와 H_b에 대해서 왜 여덟 개의 선이 나타나는가?

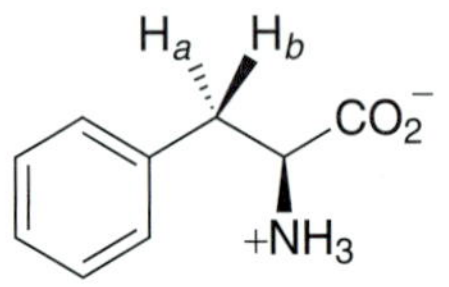

(*S*)-페닐알라닌

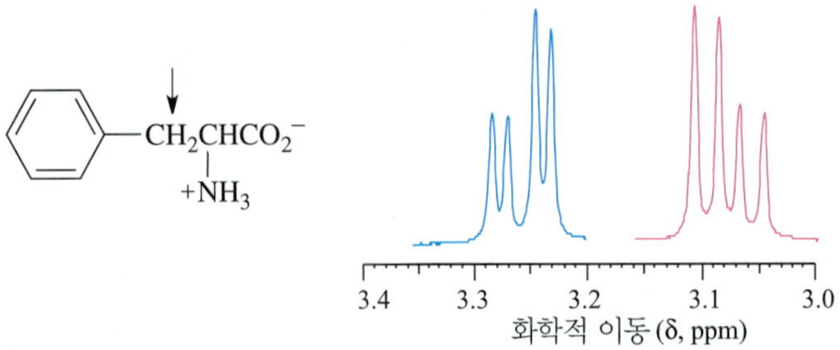

그림 13.23

문제 13.14의 H_a 및 H_b에 대한 페닐알라닌의 300-MHz ^1H NMR 스펙트럼의 일부.

13.12 알코올의 ¹H NMR 스펙트럼

1차 알코올 RCH_2OH의 −OH 양성자는 두 개의 메틸렌(CH_2) 양성자와의 이웃자리 짝지음을 통해 삼중선(triplet)으로 갈라질 것이라고 예상할 수 있다. 그림 13.24에 나타난 벤질 알코올의 300-MHz NMR 스펙트럼에서 −OH 양성자가 삼중선으로 갈라지는 것을 관찰할 수 있다. 마찬가지로, −OH 양성자는 메틸렌(CH_2) 양성자를 이중선(doublet)으로 갈라지게 한다. 그러나, H—C—O—H 내의 양성자간 짝지음을 통한 피크의 갈라짐은 종종 관찰되지 않는데 이는 알코올 분자간 −OH 양성자간의 빠른 교환반응이 일어나기 때문이다. −OH 양성자의 교환반응 속도는 온도와 농도의 증가에 따라 증가하며 산-염기 반응을 가속시킨다. 센 자기장을 이용하는 NMR 장비는 묽은 용액을 이용한 스펙트럼 측정이 가능하기 때문에 보통의 경우, 200 MHz 스펙트럼 보다 300 MHz 스펙트럼에서 피크의 갈라짐이 관찰된다.

문제 13.15

다이메틸 설폭사이드(dimethyl sulfoxide, DMSO)의 산소와 OH의 양성자간에는 수소결합이 강하게 형성될 수 있다. 알코올의 NMR 스펙트럼을 얻는데 있어 $CDCl_3$ 보다 DMSO를 용매로 사용할 경우 1차, 2차, 3차 알코올을 어떻게 구분할 수 있는지 설명하시오

하이드록실 양성자의 화학적 이동은 용매, 스펙트럼을 기록할 때의 온도, 용액의 농도 등에 의하여 δ 0.5~5 범위에서 변할 수 있다. 농축된 용액에서는 알코올 양성자들이 낮은 자기장 세기 쪽으로 이동한다.

특정한 신호가 하이드록실 양성자와 관계가 있다는 것을 증명하는 쉬운 방법은 D_2O를 첨가하는 것이다. 하이드록실 양성자는 아래 반응의 반응식에 따라서 중수소로 치환된다.

$$RCH_2OH + D_2O \rightleftharpoons RCH_2OD + DOH$$

중수소는 ¹H NMR 분광법의 조건에서 신호를 내지 않는다. 그러므로 중수소로 하이드록실 양성자를 치환하면 OH 피크가 사라지게 된다. 질소와 황에 결합한 양성자들도 D_2O로 교환된다. 탄소에 결합한 양성자들은 보통 교환되지 않기 때문에, 이 기술은 OH 기, NH 기 그리고 SH 기들의 양성자 공명을 결정하는 데 유용하다.

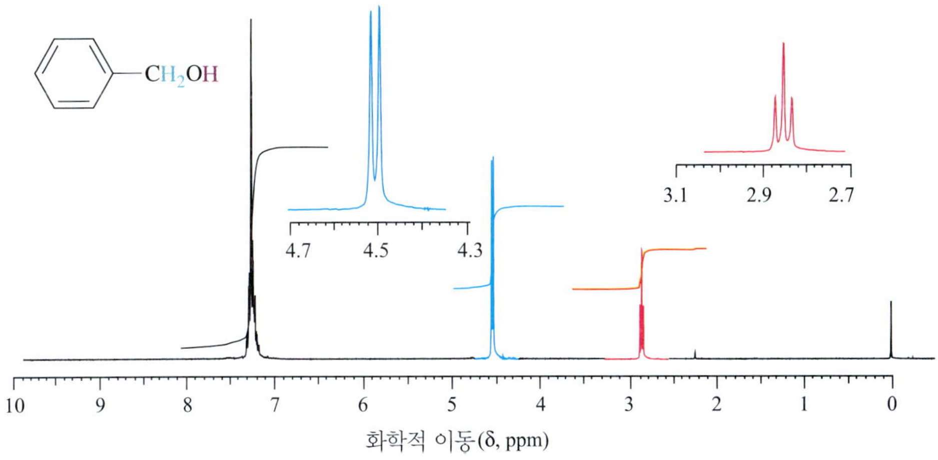

그림 13.24

벤질 알코올의 300-MHz ¹H NMR 스펙트럼. 하이드록실 양성자와 메틸렌 양성자들은 이웃해 있지만 서로 갈라지게 하지 못한다. 그 이유는 하이드록실 양성자들이 분자들 사이에서 빠른 속도로 교환되고 있기 때문이다.

Magnetic Resonance Imaging (MRI)

It isn't often that someone goes to the emergency room because of a headache, and when the staff discovered that the man who did was due in court for sentencing the next day, some of them felt that there might not be anything wrong with him at all. There was.

The man's behavior toward the staff soon convinced them that he should be admitted, kept overnight, and seen by a neurologist the next day. After a preliminary examination, a magnetic resonance image, or MRI, was ordered which revealed a brain tumor. The tumor was located in the right frontal cortex, aportion of the brain known to be involved in controlling impulsive behavior.

The man had behaved normally until middle age; then his personality underwent significant changes, involving certain impulsive behaviors and criminal tendencies. These, as well as other behaviors, had not responded to drugs or counseling. Even though he had earned a master's degree, the man performed poorly on some simple mental tests and was unable to sketch the face of a clock or write a legible, coherent sentence.

Once the tumor was found, it was surgically removed. The man's ability to curb his impulses was restored, his mental, graphical, and writing skills improved to the normal range, and he successfully completed a rehabilitation program. About a year later though, the headaches and some of the earlier behaviors returned. When a new MRI showed that the tumor had regrown, it was removed and again the symptoms disappeared.

At a turning point in this man's life, an MRI made all the difference. MRI is NMR. The word nuclear is absent from the name to avoid confusion with nuclear medicine, which involves radioactive isotopes. MRI is noninvasive, requires no imaging or contrast agents, and is less damaging than X-rays. In the time since the first MRI of a living creature—a clam—was successfully obtained in the early 1970s, MRI has become a standard diagnostic tool. Two of its early developers, Paul Lauterbur (University of Illinois) and Peter Mansfield (University of Nottingham) were recognized with the 2003 Nobel Prize in Physiology or Medicine.

An MRI scanner is an NMR machine large enough to accommodate a human being, has a powerful magnet, operates in the pulse-FT mode, and detects protons—usually the protons in water and, to a lesser extent, lipids. The principles are the same as those of conventional FT-NMR spectroscopy but, because the goal is different, the way the data are collected and analyzed differs too. Some key features of MRI include:

1. A selective pulse is used in order to excite protons in a particular slice of the object to be imaged.
2. Unlike conventional NMR, the magnetic field in MRI is not uniform. A linear gradient is applied in addition to the static field so that the field strength varies as a function of position in the object but is precisely known. Because the frequency of a proton signal is directly proportional to the strength of the applied magnetic field, the measured resonance frequency is linearly related to the position in the magnetic field gradient.
3. Computer software carries out the essential task of reconstructing the 2D or 3D image from the NMR signals. The data are generally presented as a series of slices through the imaged object.
4. The intensity of the signal—its relative lightness or darkness in the image—depends on the concentration and spin relaxation times of the various protons. Spin relaxation time is the time it takes for the perturbed magnetization associated with a proton to return to its equilibrium value. The relaxation time is quite sensitive to the environment and is different for water in blood and various tissues.

New applications of nuclear magnetic resonance in biomedical science continue to appear. Functional MRI (fMRI) is an offshoot of MRI. Unlike MRI, which is used for diagnosis in a clinical setting, fMRI is a research tool that detects regions of the brain that are actively responding to stimuli. Increased brain activity is accompanied by an increase in blood flow to the region involved. This alters the ratio of oxygenated hemoglobin to its nonoxygenated counterpart. Because the two hemoglobins have different magnetic properties, the nuclear spin relaxation times of the protons in water are affected and can be studied by MRI. In the short time since its development, fMRI has been used successfully to study memory and cognition in relation to brain activity.

13.13 NMR과 분자의 형태

3장에서 사이클로헥세인의 양성자들은 축방향과 수평방향의 두 가지 다른 환경에 있다는 것을 배웠다. 그러나 사이클로헥세인의 NMR 스페트럼은 δ 1.4에서 단 한 개의 날카로운 피크를 나타낸다. NMR 스펙트럼에서는 사이클로헥세인의 모든 양성자들이 동등한 것같이 보인다. 그 이유는 무엇인가?

그 답은 사이클로헥세인에서 매우 빠른 속도로 일어나는 고리면 뒤집힘과 관계가 있다.

H_x H_y ⇌ H_x H_y

NMR은 너무 느려서 사이클로헥세인의 개개의 회전 형태를 "볼 수 없다"는 것이다. 사이클로헥세인에서 일어나는 의자-의자 구조 상호 전환은 각 수직방향 양성자를 수평방향으로 변환시키고 그 역방향으로도 일어나므로, 모든 양성자들의 평균 환경은 동일하다. 수직방향과 수평방향 양성자들의 진짜 화학적 이동 사이의 중간 화학적 이동을 가지는 단 한 개의 피크가 관찰된다.

온도를 내림으로써 상호 전황의 속도를 늦출 수 있다. −100°C 정도의 온도에서는 사이클로헥세인의 수직방향과 수평방향 양성자가 분리된 신호를 나타낸다.

13.14 ^{13}C NMR 분광법

13.3절에서 NMR을 이용해서 연구하면 ^{1}H와 ^{13}C는 둘 다 구조에 관한 유용한 정보를 제공한다는 것을 지적하였다. ^{1}H NMR 스펙트럼이 분자의 탄소 골격에 관해서 많은 것을 추측하는 데 도움이 되기는 하지만, ^{13}C NMR 스펙트럼은 탄소 골격을 직접 세밀하게 조사하는 확실한 장점을 가지고 있다. ^{13}C NMR 스펙트럼은 신호의 수가 종류가 다른 탄소들의 수에 관해서 정보를 준다는 점에서 ^{1}H NMR 스펙트럼과 비슷하며, 또 탄소 원자들의 화학적 이동은 특정한 화학적 환경과 관련이 있다.

그러나 수소 동위원소들 중 가장 많은 동위원소인 ^{1}H (99.985%)와 달라서, 시료에 있는 탄소 원자의 1.1 %만이 ^{13}C이다. 더욱이 ^{13}C 원자핵이 내는 신호의 세기는 같은 수의 ^{1}H 원자핵이 내는 세기보다 훨씬 더 약하다. ^{13}C NMR이 구조 결정에 유용한 기술이 되려면 신호 대 잡음비가 매우 커야 한다. 펄스파 푸리에 전환(FT) NMR이 이러한 약점에 대비하는 기술이다. 펄스 NMR의 발달은 ^{13}C NMR이 오늘날과 같은 일상적인 도구가 되게 하는 데 결정적 돌파구가 되게 하였다.

^{13}C NMR이 주는 정보를 익히기 위해 1-클로로펜테인의 ^{1}H NMR 스펙트럼(그림 13.25a와 13.25b)을 비교 분석해 보자. ^{1}H NMR 스펙트럼은 CH_3기와 CH_2Cl기의 양성자에 대한 매우 분명한 삼중선들(각각, δ 0.9와 3.55)을 나타내준다. 그러나 $CH_3CH_2CH_2CH_2CH_2Cl$의 C-2, C-3 및 C-4에 있는 여섯 개의 CH_2 양성자에 대한 신호들이 δ 1.4와 1.8에서 분리되지 않은 두 개의 다중선들로 나타난다.

반면에, ^{13}C NMR 스펙트럼은 매우 간단하다. 즉, *각 탄소에 대해서 별개의 분명한 피크가 관찰된다.* 또한, ^{13}C 신호들이 잘 분리되어 있다는 것도 주목하라. 같은 화합물의 양성자 신호가 3 ppm보다 작은 데 비해서 ^{13}C 신호들은 30 ppm 이상의 범위에 있다. 일반적으로 유기분자들의 양성자 신호들에 대한 범위는 약 12 ppm이고, ^{13}C 화학적 이동들은 200 ppm 이상의 범위에 걸쳐 있다. ^{13}C 화학적 이동의 범위가 더 크기 때문에 스펙트럼의 해석이 더 쉬워진다.

문제 13.16

다음 각 화합물들의 ^{13}C NMR 스펙트럼에서 몇 개의 신호가 나타날 것으로 예상하는가?

(a) 프로필벤젠
(b) 아이소프로필벤젠
(c) 1,2,3-트라이메틸벤젠
(d) 1,2,4-트라이메틸벤젠
(e) 1,3,5-트라이메틸벤젠

(계속)

풀이 예시 (a) 프로필 치환기에 오쏘(ortho)인 두 고리 탄소들은 동등하기 때문에 동일한 화학적 신호를 가질 것이다. 마찬가지로, 프로필기에 메타(meta)인 두 고리 탄소들은 동등하다. 치환기를 가진 탄소와 마찬가지로 치환기에 파라(para)인 탄소 원자는 특이하다. 그러므로 고리 탄소들에 대해서 네 개의 신호가 있을 것이며, 그것들을 구조식에 w, x, y 및 z로 표시하였다.

x y
w z $-CH_2CH_2CH_3$
x y

프로필벤젠

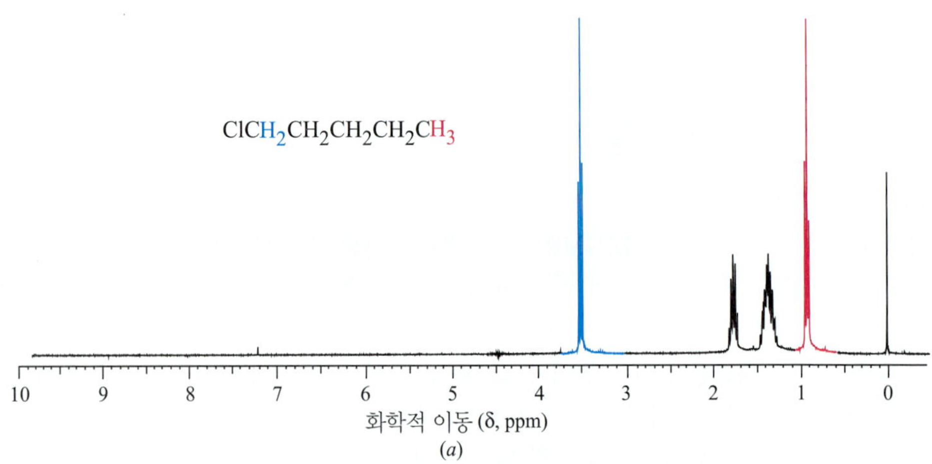

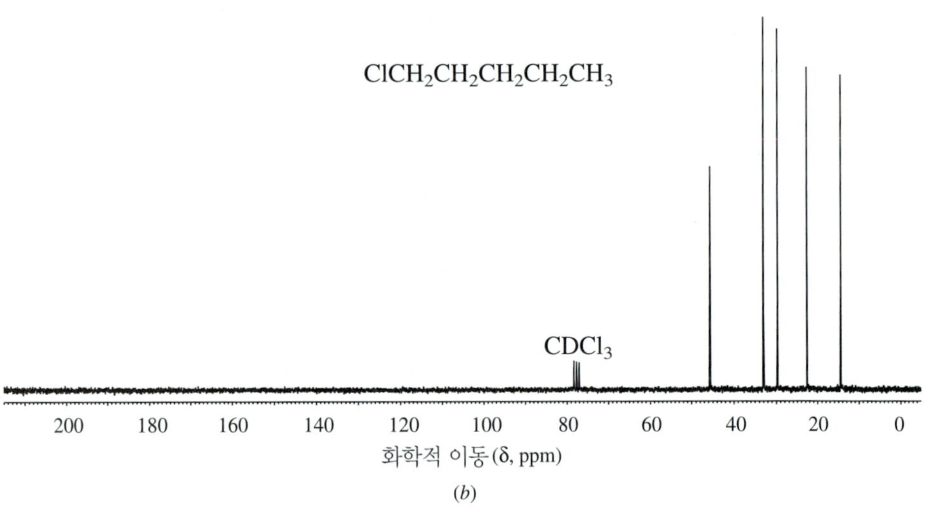

그림 13.25

(a) 1-클로로펜테인의 300-MHz ^1H NMR 스펙트럼과 (b) ^{13}C NMR 스펙트럼.

13.15 ^{13}C 화학적 이동

^1H NMR에서 화학적 이동을 테트라메틸사일레인(TMS)의 *양성자(proton)*에 관해서 측정한 것처럼, ^{13}C NMR에서도 화학적 이동 척도의 영점으로 TMS의 *탄소(carbon)*가 이용된다. 표 13.3은 탄소 원자들의 몇 가지 대표적인 유형들에 대한 화학적 이동 값의 전형적인

표 13.2 대표적 탄소들의 화학적 이동

탄소의 유형	화학적 이동 (δ), ppm*	탄소의 유형	화학적 이동 (δ), ppm*
탄화수소		**작용기로 치환된 탄소**	
RCH_3	0~35	RCH_2Br	20~40
R_2CH_2	15~40	RCH_2Cl	25~50
R_3CH	25~50	RCH_2NH_2	35~50
R_4C	30~40	RCH_2OH와 RCH_2OR	50~65
RC≡CR	65~90	RC≡N	110~125
$R_2C=CR_2$	100~150	RC(=O)H 및 RC(=O)R	160~185
(벤젠 고리)	110~175	RC(=O)OH 및 RC(=O)OR	190~220

*테트라메틸싸일레인에 대한 상대적 근사값

범위를 나타낸 것이다.

일반적으로 ^{13}C 화학적 이동에 매우 큰 영향을 미치는 요인들은 아래와 같다.

1. 탄소에 결합된 기들의 전기음성도
2. 탄소의 혼성화

전기음성도 효과(electronegativity effect). 전기음성인 치환체는 ^{1}H 화학적 이동에 영향을 주는 것과 같은 방법으로 ^{13}C 화학적 이동에 영향을 준다. ^{1}H NMR에서 탄소는 수소보다 더 전기음성적이기 때문에 메테인(CH_4)에 있는 양성자는 1차 수소(RCH_3)보다 더 가려져 있고, 1차 수소는 2차 수소(R_2CH_2)보다 더 가려져 있으며, 2차 수소는 3차 수소(R_3CH)보다 더 가려져있다. 같은 경향이 ^{13}C NMR에서 탄소에서 적용하지만 그 영향은 10~20배 크다.

	$(CH_3)_4C$	$(CH_3)_3CH$	$CH_3CH_2CH_3$	CH_3CH_3	CH_4
분류 :	4차	3차	2차	1차	
화학적 이동 (δ), ppm:					
H		1.7	1.3	0.9	0.2
C	28	25	16	8	−2

작용기로 치환된 메틸기에 대한 경우와 마찬가지로:

	CH_3F	CH_3OH	CH_3NH_2	CH_4
화학적 이동 (δ), ppm:				
H	4.3	3.4	2.5	0.2
C	75	50	27	−2

그림 13.25은 1-클로로펜테인의 ^{1}H와 ^{13}C NMR 스펙트럼을 나타내며, 각각의 탄소는다른 탄소와 잘 분리된 피크로 나타나고 있다. 1-클로로펜테인의 ^{13}C NMR 스펙트럼에서 나타난 각각의 피크에 해당하는 탄소들을 지적해 보자.

^{13}C 화학적 이동(δ), ppm: Cl (45, 33, 29, 22, 14)

이 ^{13}C 화학적 이동의 가장 명확한 특징은 전기음성적인 염소에 탄소가 가까울수록 탄소가 덜 가려진다는 것이다. 피크 확인은 항상 쉬운 것은 아니며, 전기음성도와 관련성을 염두에 두면 구조식에서 ^{13}C 화학적 이동 값을 예상할 수 있다. 이 계산은 분자 내에 있는 여러 가지 구조 단위에 대한 실험적으로 유도된 화학적 이동 증가분을 결합하는 산술식에 의존한다.

문제 13.17

1-브로모-3-클로로프로페인의 ^{13}C NMR는 δ 30, δ 35, δ 43에서 피크를 가진다. 이 신호들에 대응하는 탄소를 지정하시오.

혼성화 효과(hybridization effect). 전이 효과도 ^1H NMR에서 보여준 것과 비슷하다. 예를 들어, 4-페닐-1-뷰텐의 경우 sp^3 혼성된 탄소는 sp^2혼성된 탄소보다 더 가려져 있다.

^{13}C 화학적 이동 (δ), ppm: 114, 138, 36, 36, 126–142

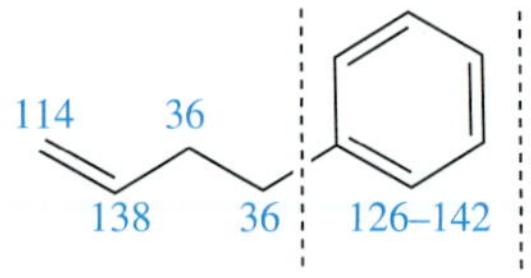

sp^2 혼성된 탄소 중에서는 C-1이 단지 다른 하나의 탄소에 연결되어 있기 때문에 가장 많이 가려져 있다. 가장 적게 가려진 탄소는 고리 탄소이다. 이것은 세 개의 다른 탄소에 연결된 sp^2 혼성된 탄소이다.

문제 13.18

p-메틸아니솔에 있는 탄소 x, y, z를 고려해 보자. 이들은 δ 20, δ 55 그리고 δ 157을 화학적 이동 값으로 가진다. 화학적 이동 값과 대응하는 탄소를 지정하시오.

$H_3\overset{x}{C}$–C₆H₄–$\overset{y}{}$–$O\overset{z}{C}H_3$

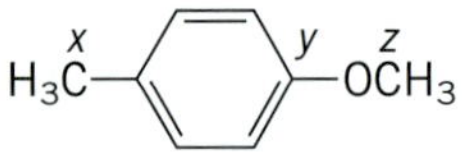

아세틸렌은 ^1H NMR에서와 같이 ^{13}C NMR에서도 비정상적이다. *sp* 혼성 탄소는 sp^3 혼성 탄소보다 덜 가려져 있으나 sp^2 혼성 탄소보다는 더 가려져 있다.

^{13}C 화학적 이동 (δ), ppm: 68, 84, 22, 20, 13

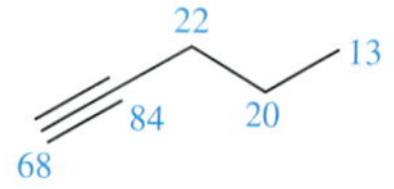

전기음성도와 혼성화 효과 때문에 특히 카보닐기의 탄소가 덜 가려지게 한다. 일반적으로 C=O 탄소는 ^{13}C NMR 스펙트럼에서 가장 덜 가려져 있다.

^{13}C 화학적 이동(δ), ppm: 127–134, 41, 171, O, 61, 14

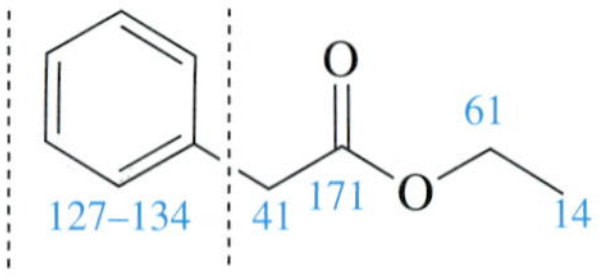

문제 13.19

알데하이드나 케톤에 있는 카보닐 탄소 중에서 더 가려진 것은 어느 것인가? 그 이유는 무엇인가?

다음 장들에서 우리는 ^{13}C 화학적 이동에 대하여 여러 종류의 화합물, 특히 카보닐기를 가진 화합물에 대하여 좀 더 자세히 배울 것이다.

13.16 ^{13}C NMR과 피크의 세기

^{1}H NMR 분광법에서 기본이 되는 두 가지 특징, 즉 적분한 넓이와 갈라짐 양식들이 ^{13}C NMR 분광법에서는 대단히 중요한 것이 아니다.

^{13}C 신호를 적분하는 것은 간단한 일이지만, 관찰한 신호 적분비들이 도움이 되기보다는 오해하게 만드는 일이 더 많기 때문에 적분은 거의 하지 않는다. ^{13}C NMR이 표준이 되는 펄스파 FT 기술은 신호의 세기를 일그러뜨리는 부작용이 있는데, 결합된 수소가 없는 탄소들의 경우가 특히 그렇다. 3-메틸페놀(*m*-크레졸)의 ^{13}C 스펙트럼을 나타내는 그림 13.26를 살펴보자. 일곱 개의 다른 탄소에 대한 일곱 개의 피크들을 가진 화합물에서 기대와는 달리 이 피크들의 세기들이 거의 같지 않다는 것을 주목하라. δ 140과 δ 157에서 세기가 제일 작은 두 신호는 결합된 수소가 없는 탄소들에 해당한다.

문제 13.20

그림 13.27의 ^{13}C NMR 스펙트럼은 문제 13.16의 화합물들의 어느 것과 관계가 있는가?

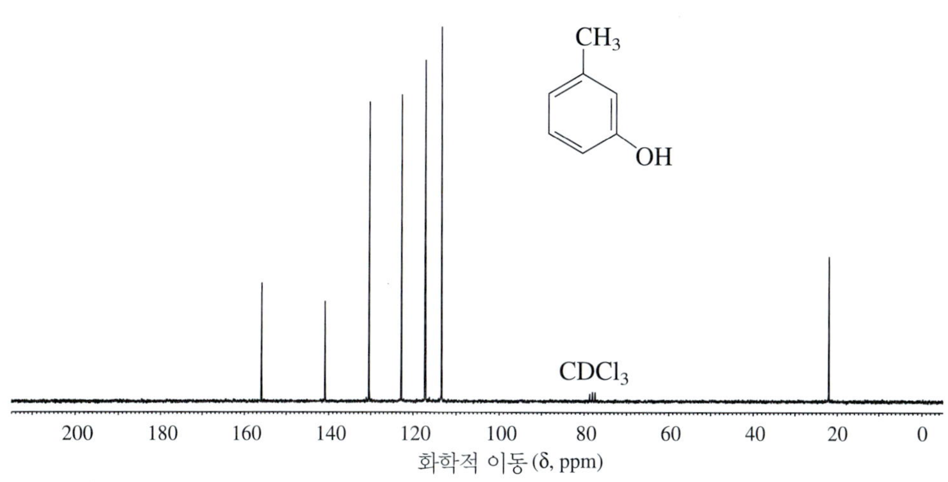

그림 13.26

m-크레졸의 ^{13}C NMR, *m*-크레졸의 일곱 개의 탄소는 각각 별개의 피크를 낸다. 스펙트럼의 적분은 유용한 정보를 주지 않을 것이다. 왜냐하면 각각의 피크가 단일 탄소에 해당한다고 해도 피크의 세기가 매우 다르기 때문이다.

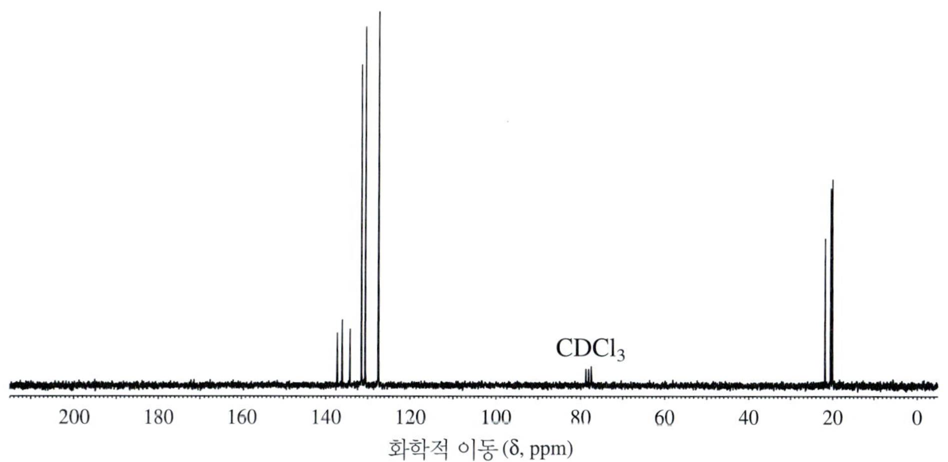

그림 13.27

문제 13.20의 미지 화합물 ^{13}C NMR 스펙트럼.

13.17 $^{13}C—^{1}H$ 짝지음

^{13}C NMR 스펙트럼의 또 다른 특징, 즉 피크들이 모두 단일선이라는 것을 알았을 것이다. $\pm\frac{1}{2}$ 의 스핀을 가진 ^{13}C 원자핵은 ^{1}H에 적용되는 것과 같은 동일한 갈라짐 규칙의 지배를 받는다. 따라서 $^{13}C—^{13}C$ 짝지음과 $^{13}C—^{1}H$ 짝지음으로 인한 갈라짐을 볼 수 있을 것으로 예상되지만 갈라짐을 볼 수 없다. 그 이유는 무엇인가?

$^{13}C—^{13}C$ 짝지음으로 생길 갈라짐이 없는 이유는 이해하기 쉽다. ^{13}C NMR 스펙트럼은 ^{13}C를 '자연 존재비' 수준으로 함유하는 시료로 측정한다. 그런데 시료에 있는 모든 탄소의 1%만이 ^{13}C이며, 한 분자가 한 개 이상의 ^{13}C 원자를 함유할 확률은 매우 작다.

$^{13}C—^{1}H$ 짝지음으로 인한 갈라짐이 없는 것은 다른 이유 때문인데, 그것은 스펙트럼을 측정하는 방법과 관련된다. ^{13}C 신호는 탄소에 직접 결합된 양성자들뿐 아니라, 탄소에서 두 개, 세 개 또는 그 이상의 결합들에 의해 분리되어 있는 양성자들 때문에도 갈라지므로 갈라짐의 수가 매우 많아져서 스펙트럼을 해석할 수 없을 정도로 복잡하게 만든다. 그러므로 이러한 갈라짐을 억제할 수 있는 **넓은띠 짝풀림(broadband decoupling)**이라는 조건에서 스펙트럼을 측정한다.

간단하게 보이는 스펙트럼이지만, 넓은띠 짝풀림으로 얻을 수 있는 것은 유용한 정보의 일부를 잃는 대가에서 오는 것이다. 예를 들어, 만일 한 결합(one-bond) $^{13}C—^{1}H$ 짝지음에 해당하는 갈라짐을 볼 수만 있다면 그것은 각 탄소에 직접 결합된 수소의 수를 바로 알려줄 수 있을 것이다. 결합된 수소가 없는 탄소(4차 탄소)에 대한 신호들은 단일선이 될 것이고, CH 기와 CH_3 기의 탄소에 대한 신호들은 각각 삼중선과 사중선으로 나타날 것이다. *탈공명 짝풀림(off-resonance decoupling)*이라는 기술을 쓰면 이러한 결합 짝지음을 관찰할 수 있지만, 신호가 4차 탄소와 관련된 것인지 아니면 CH 기, CH_2 기 또는 CH_3 기의 탄소와 관련된 것인지를 확인하는 것은 DEPT라는 방법을 사용한다. 다음 절에서 그것을 설명하고자 한다.

13.18 수소의 수를 세기 위한 DEPT의 사용

일반적으로, 간단한 펄스파 FT-NMR 실험은 다음의 단계들이 포함되어 있다.

1. 자기장의 영향으로 핵들을 낮은 스핀상태와 높은 스핀상태 사이에서 평형을 이루게 한다.
2. 높은 스핀상태의 핵들을 과량으로 발생시키기 위해서 라디오 주파수 펄스를 가해준다.
3. 핵스핀들의 평형 분포가 회복되는 시간에 자유 유도 감쇠의 자료를 얻는다.
4. 스펙트럼을 도시하기 위한 자료들을 수학적으로 처리한다(푸리에 변환).

신호 대 잡음 비를 높이기 위해서 펄스파 연속과정(2~3단계)을 수백 번 반복할 수 있다. 2단계를 위한 지속 시간은 천 분의 수초 정도이고, 3단계를 위한 시간은 약 1초이다.

NMR의 주요한 발전들은 연속과정의 어떤 시점에서 시료를 라디오 주파수로 조사하기 위해서 두 번째 라디오 주파수 송신기를 사용함으로써 이루어졌다. 이러한 기술들을 **DEPT (distortionless enhancement of polarization transfer)**라고 한다.

DEPT의 일상적인 사용에서 두 번째 송신기는 ^{1}H 들뜨게 하고, 이것은 ^{13}C 스펙트럼의 모양에 영향을 미친다. 전형적인 DEPT 실험을 그림 13.28에 1-페닐-1-펜탄온을 예로

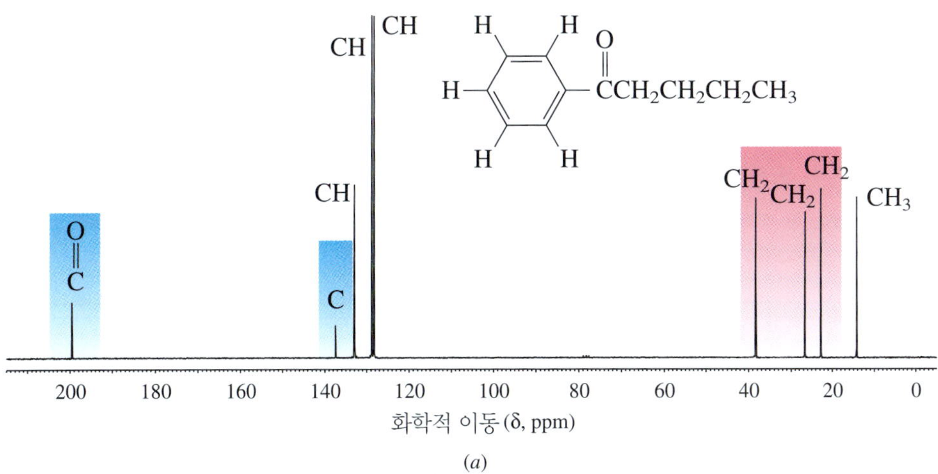

(a)

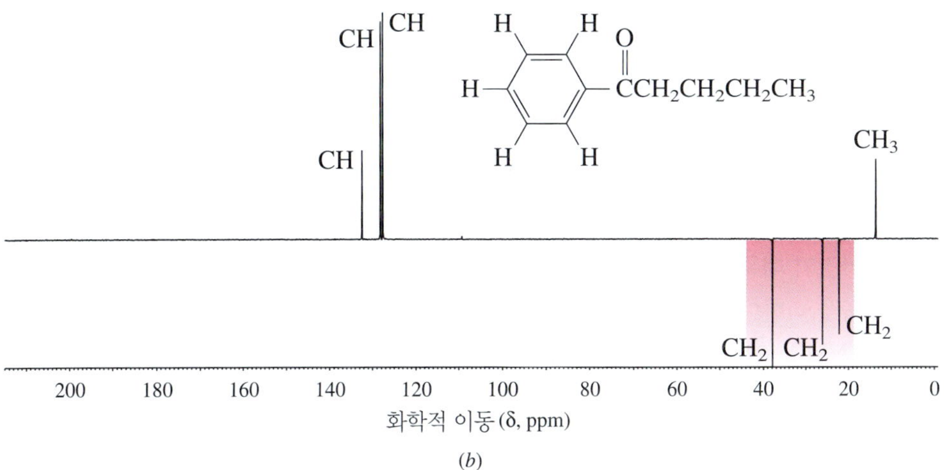

(b)

그림 13.28

1-페닐-1-펜탄온의 ^{13}C NMR 스펙트럼.(a) 정상적인 스펙트럼. (b) 펄스파 연속과정을 사용해서 기록한 DEPT 스펙트럼. 이 스펙트럼에서 CH_3와 CH 탄소는 양의 피크로 나타나고, CH_2탄소는 음의 피크로 나타나며, 결합된 수소가 없는 탄소의 피크는 없어진다.

들어 설명하였다. 그림 13.28a에 나타낸 정상 스펙트럼 이외에 규정한 펄스 연속과정을 사용하여 네 개의 스펙트럼을 더 측정하였다. 그 하나(그림 13.28b)에서 CH_3와 CH의 탄소들에 대한 신호들은 정상으로 나타나는 데 반해서 CH_2 기들에 대한 신호들은 거꾸로 나타났고, 결합된 수소가 하나도 없는 C에 대한 신호들은 없어졌다. 그 밖의 측정들에서(여기서는 나타내지 않았음) 다른 펄스 연속과정들은 정상의 피크, 없어진 피크, 거꾸로 나타난 피크들의 몇 가지 배합을 나타내었다. 이 결과로 여러 가지 유형의 탄소들을 확신을 가지고 결정할 수 있다.

문제 13.21

분자식이 $C_6H_{12}O$인 화합물의 DEPT 스펙트럼이 그림 13.29에 주어져 있다. 화합물의 구조를 분석하시오(한 개 이상의 답이 가능하다).

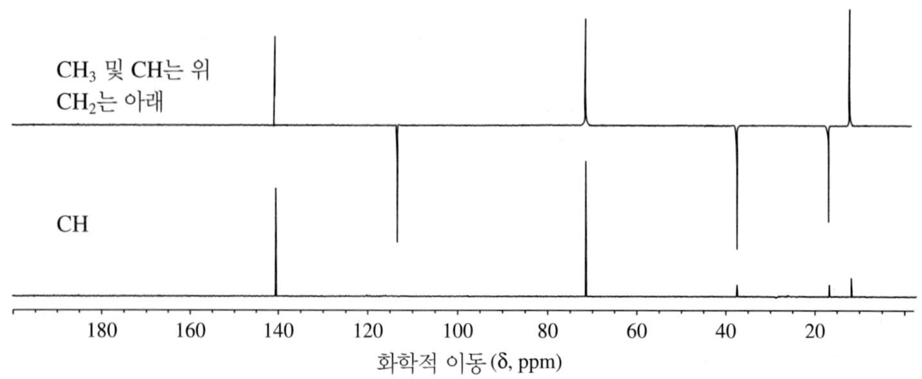

그림 13.29

문제 13.21의 DEPT 스펙트럼.

13.19 2D NMR: COSY와 HETCOR

NMR 스펙트럼에서 정보를 많이 알아낼수록 구조 해석을 할 기회가 더 많아진다. ^{1}H NMR 스펙트럼을 복잡하게 만드는 스핀–스핀 갈라짐은 추가 정보를 제공한다. 2D NMR은 NMR을 좀 더 복잡하게 보이게 하지만 구조 결정은 더 쉬워진다.

NMR에서 중요한 차원은 진동수 축이다. 이제까지 본 모든 스펙트럼은 한 가지 진동수 축을 가졌기 때문에 1D 스펙트럼이라고 한다. 2D NMR에서는 표준 펄스 순서에 두 번째 파수 축을 더한다.

2D NMR 기법 중 한 가지 종류는 **COSY (correlated spectroscopy)**이다. COSY 스펙트럼에서 스핀 결합된 양성자에 관련된 신호를 봄으로써 구조를 결정할 수 있다. 짝지음 관계를 알아내면 분자의 *구성(connectivity)*을 알게 된다.

그림 13.30은 2-헥산온(2-hexanone)의 COSY 스펙트럼으로 *x* 축과 *y* 축이 모두 화학적 이동 값으로 표현된 파수 축이다. *x* 축과 *y* 축을 따라 2-헥산온의 1D ^{1}H NMR 스펙트럼을 나열하는 것이 2D 정보를 이해하기 쉽게 만든다. 그런데 2D 정보는 축 안의 등고선 형태를 한 선의 집합체이다. 해석하기 위해서 먼저 왼쪽 아래에서 오른쪽 위를 따라 대각선을 그으면 대각선에 따라 많은 등고선이 놓이게 된다. 이 대각선은 2D NMR를 두 개의 거울상으로 나눈다. 탈대각선 등고선(off-diagonal contours)은 교차 피크(cross peak)라고 하며, 우리가 필요한 연결 정보를 준다.

각각의 교차 피크는 *x* 좌표와 *y* 좌표를 가진다. 한 가지 좌표는 양성자의 화학적 이동 값을 나타내며, 다른 좌표는 이것과 짝지은 다른 양성자의 화학적 이동 값이다. 대각선이 2D 스펙트럼을 둘로 나누기 때문에 각각의 교차 피크는 다른 대각선의 다른 쪽에 그대로 나타나면서 단지 순서만 반대가 된다. 그러므로 교차 피크의 반만을 점검하면 된다.

예를 들어, 2-헥산온의 가장 낮은 자기장 신호 (δ 2.4)를 보자. 우리는 1D 스펙트럼에서 화학적 이동과 갈라짐을 참고로 하여 C-3에 있는 양성자를 이 신호라고 하였다.

$$CH_3\overset{O}{\overset{\|}{C}}\underset{\underset{\delta\ 2.4}{\uparrow}}{CH_2}CH_2CH_2CH_3$$

δ 2.4에서 수직선을 그려 교차 피크를 찾으면 *y* 축의 δ 1.6에서 교차 피크를 발견할 수 있다. *이것은 δ 2.4에 있는 신호의 양성자가 δ 1.6에 있는 양성자와 짝지어진 것을 의미한다.* 그러므로 C-4 양성자의 화학적 이동 값은 δ 1.6이다.

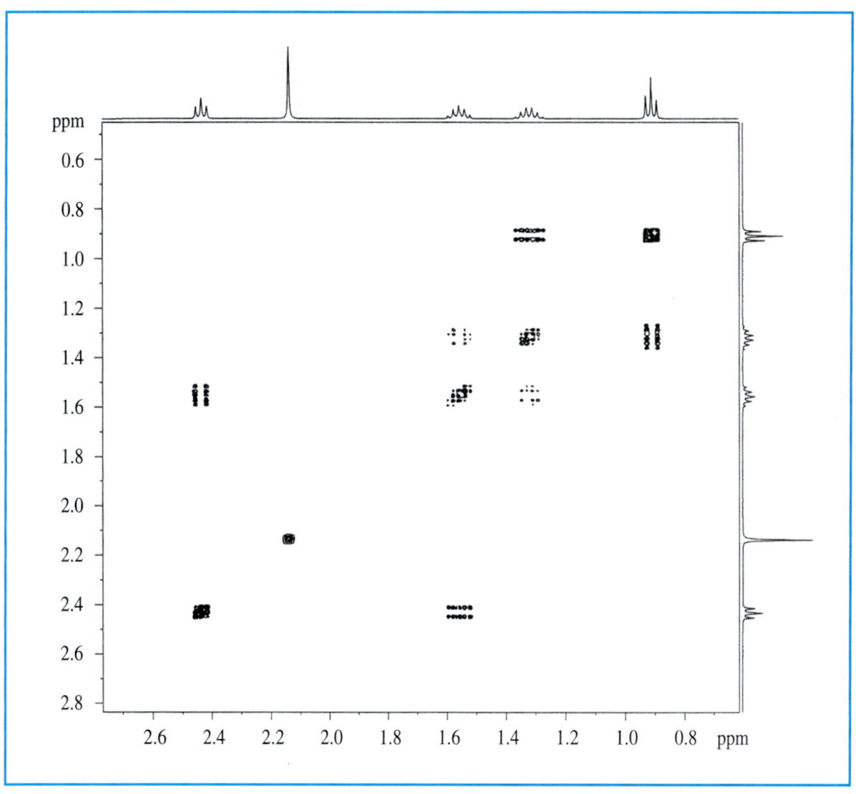

그림 13.30

2-헥산온 (2-hexanone)의 ^{1}H—^{1}H COSY NMR 스펙트럼.

이제 C-4 양성자를 보자. *x* 축에 있는 δ 1.6으로부터 수직선을 그으면 두 개의 교차 피크를 발견하게 된다. 하나의 교차 피크는 C-3에 있는 양성자의 짝지음을 나타낸다. 다른 하나는 *y* 축에 있는 δ 3.1이며, 따라서 C-5에 있는 양성자에 해당한다.

δ 1.3으로부터 그려진 수직선은 δ 1.6과 δ 0.9에 있는 교차 피크를 가른다. 처음 것은 C-4에 C-5의 짝지음을 나타내고, 나중 것은 C-6에 C-5의 짝지음을 나타낸다. 따라서 C-6에 있는 양성자는 δ 0.9에 신호로 인식된다.

마지막으로 δ 2.1로부터 그려진 수직선은 교차 피크가 없다. 예측한 대로 δ 2.1에 있는 단일선은 C-1에 있는 양성자에 기인하며, 분자에 있는 어떤 다른 양성자와 짝지음을 하지 않는다. ^{1}H 화학적 이동의 완전한 연결과 지정은 다음과 같다.

$$\underset{2.1}{H_3C}-\overset{\overset{\displaystyle O}{\|}}{C}-\underset{2.4}{CH_2}-\underset{1.6}{CH_2}-\underset{1.3}{CH_2}-\underset{0.9}{CH_3}$$

2-헥산온의 1D ^{1}H 스펙트럼을 간단히 해석할 수 있다고 해도 COSY는 좀 더 복잡한 경우에 중요한 도구로 사용된다.

두 번째 2D NMR 방법은 **HETCOR (heteronuclear chemical shift correlation)**이며, 두 개의 파수 축이 ^{1}H와 ^{13}C의 화학적 이동 값을 가진다. HETCOR에서는 ^{13}C 스펙트럼에 있는 피크를 그 탄소에 연결된 양성자의 ^{1}H 신호에 연관시킬 수 있다. COSY에 2-헥사온을 같이 사용하여 설명하면 다음과 같다. 2-헥산온의 HETCOR 스펙트럼은 그림 13.31에 있다. 이것은 대각선 피크와 등고선 교차 피크가 없어서 COSY 스펙트럼보다 더 간단하다. 그 대신 ^{1}H 신호의 크기만큼 ^{13}C의 신호가 크다. COSY 교차 피크에서와 같이

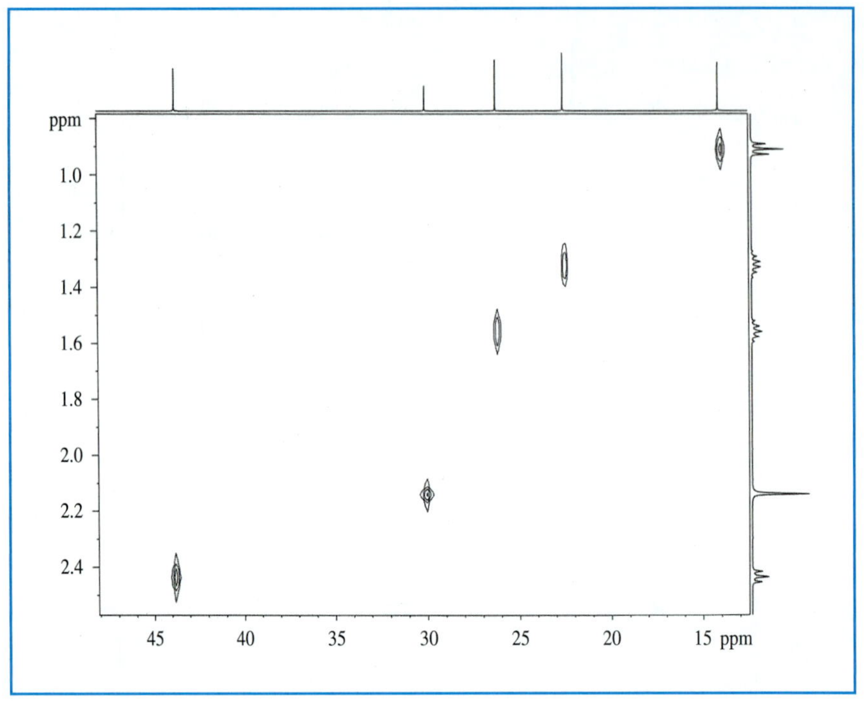

그림 13.31

2-헥산온의 ¹H—¹³C HETCOR NMR 스펙트럼.

중요한 것은 피크의 크기나 모양이 아니라 좌표이다. 스펙트럼을 해석해 보자. δ 30에 있는 ^{13}C 피크는 δ 2.1에 있는 ^{1}H 단일성과 관련 되어 있어서 C-1에 있는 양성자의 화학적 이동 값을 가진다. 그러므로 ^{13}C 피크는 2-헥사온의 C-1에 해당한다. 이 과정을 다른 탄소들에 적용하면 다음과 같다.

	H_3C	$-\overset{O}{\overset{\|}{C}}-$	CH_2-	CH_2-	CH_2-	CH_3
^{1}H 화학적 이동 (δ), ppm:	2.1		2.4	1.6	1.3	0.9
^{13}C 화학적 이동 (δ), ppm:	30		43	26	22	14

카보닐 탄소(δ 209)의 화학적 이동은 수소가 연결되어 있지 않기 때문에 보이지 않는다.

많은 2D NMR 기술이 여러 가지 목적으로 유용하다. 이 기술은 복잡한 천연물이나 생물질의 형태를 결정하는 데 유용하다.

13.20 적외선 분광법 소개

적외선의 중요성은 2차 세계대전 중 "기적의 약"으로 불리는 페니실린의 비이상적인 β-락탐 구조의 실마리를 제공함으로 인식되었다.

NMR 분광법이 나오기 전에는 적외선 분광법이 유기화합물의 구조 결정에 가장 흔히 쓰이던 기기 분석법이었다. 일반적으로 NMR 분광법이 미지 화합물의 구조에 관해서 더 많은 것을 알려 주기는 하지만, 아직도 적외선은 분자 내의 어떤 *작용기(functional group)*들의 존재를 확인하는 데 유용하게 이용되고 있기 때문에 화학자들이 사용하고 있는 분광법의 목록에서 중요한 자리를 차지하고 있다. 작용기를 포함하는 구조적 단위는 특징적인 방식으로 진동하게 되는데 이러한 *그룹 진동(group vibration)*의 *감도(sensitivity)*가 적외선 분광법의 기본 요건이 된다.

분자가 흡수되는 에너지에 감응하여 진동하는 방법으로는 결합의 신축과 수축이 일

Spectra by the Thousands

The best way to get good at interpreting spectra is by experience. Look at as many spectra and do as many spectroscopy problems as you can.

Among Web sites that offer spectroscopic problems, two stand out (Figure 13.32). One, called *WebSpectra*, was developed by Professor Craig A. Merlic (UCLA):

www.chem.ucla.edu/~webspectra

The other is the *Organic Structure Elucidation* workbook, created by Professor Bradley D. Smith (Notre Dame):

www.nd.edu/~smithgrp/structure/workbook.html

WebSpectra includes 75 problems. All the problems display the ^{1}H and ^{13}C spectra, several with DEPT or COSY enhancements. A number include IR spectra. *Organic Structure Elucidation* contains 64 problems, all with ^{1}H and ^{13}C NMR, IR, and mass spectra. The exercises in both *WebSpectra and Organic Structure Elucidation* are graded according to difficulty. Give them a try.

Vast numbers of NMR, IR, and mass spectra are freely accessible via the *Spectral Data Base System* (SDBS) maintained by the Japanese National Institute of Advanced Industrial Science and Technology at:

http://riodb.ibase.aist.go.jp/riohomee.html

The SDBS contains 15,400 ^{1}H NMR, 13,600 ^{13}C NMR, 52,500 IR, and 24,700 mass spectra. Not only does the SDBS contain more spectra than anyone could possibly browse through, it incorporates some very useful search features. If you want spectra for a particular compound, entering the name of the compound calls up links to its spectra, which can then be displayed. If you don't know what the compound is, but know one or more of the following:

- Molecular formula
- ^{1}H or ^{13}C chemical shift of one or more peaks
- Mass number of mass spectra fragments

entering the values singly or in combination returns the names of the best matches in the database. You can then compare the spectra of these candidate compounds with the spectra of the sample to identify it.

As extensive as the SDBS is, don't be disappointed if the exact compound you are looking for is not there. There are, after all, millions of organic compounds. However, much of structure determination (and organic chemistry in general) is based on analogy. Finding the spectrum of a related compound can be almost as helpful as finding the one you really want.

These Web resources, in conjunction with the figures and problems in your text, afford a wealth of opportunities to gain practice and experience in modern techniques of structure determination.

Organic Structure Elucidation

A Workbook of Unknowns

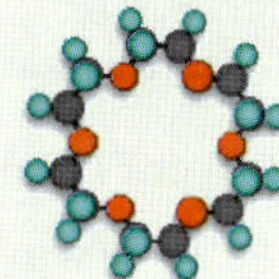
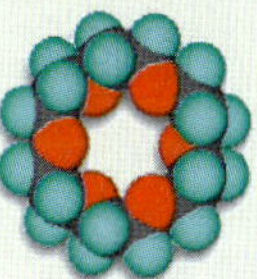
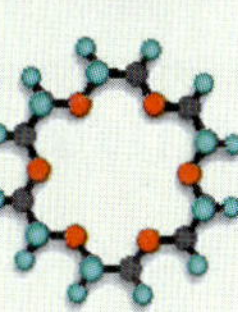

Figure 13.32

These two welcome screens open the door to almost 150 spectroscopy problems. The screens are used with permission of Professors Craig A. Merlic (*WebSpectra*) and Bradley D. Smith (*Organic Structure Elucidation*).

어나는 진동 운동과 결합 각의 열림과 닫힘(굽힘)과 같은 진동 운동이 있다. 진동 운동과 그에 해당하는 에너지는 양자화되어 있는데, 이는 오직 특정한 진동 에너지 준위만을 허용함을 뜻한다.

공과 스프링으로 원자와 결합을 나타내어 분자의 진동을 모식화할 수 있다.

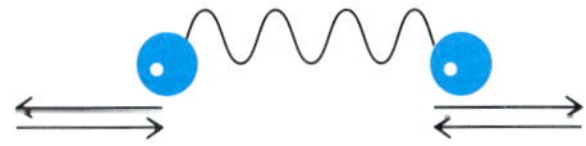

절대 영도에서도 분자 내 원자들은 이들 간을 결합시키는 결합을 축으로 하여 진동한다. 상온에서는 분자들이 다양한 진동 에너지 준위에 분포한다. *진동수(Frequency)*는 진동

의 상태를 나타내며 진동 에너지 준위간의 에너지 차이는 $\Delta E = h\nu$ (13.1절)로 주어진다. 분자를 낮은 에너지 상태에서 높은 에너지 상태로 들뜨게 하면 진동의 *진폭(amplitude)*이 증가한다.

*영점 에너지(Zero-point energy)*는 절대 영도에서의 에너지이다.

분자가 가질 수 있는 다양한 형태의 진동 유형을 CH_2를 이용하여 살펴보자. C—H 결합의 신축 운동은 다음 두 가지 형태로 나타난다. 대칭적(symmetric) 신축 운동에서는, 두 개의 C—H 결합이 동시에 늘어나는 반면, 비대칭적(antisymmetric) 신축 운동에서는 하나의 C—H 결합이 늘어날 때 다른 C—H 결합은 줄어든다.

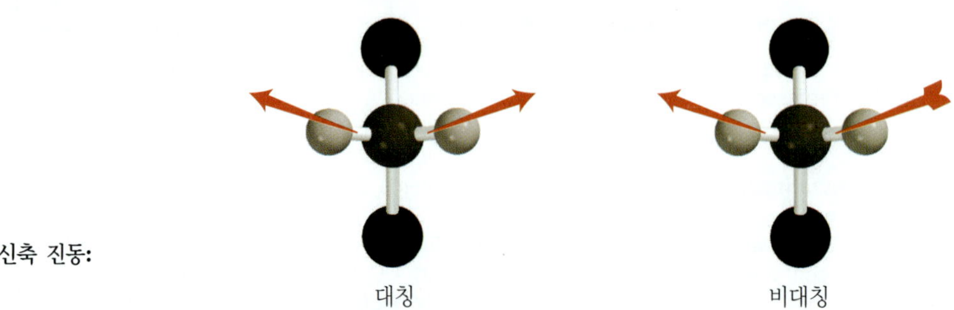

신축 진동과 더불어 CH_2 기는 굽힘 운동이 가능한데, 각 굽힘운동은 고유한 에너지 상태를 가지고 있다.

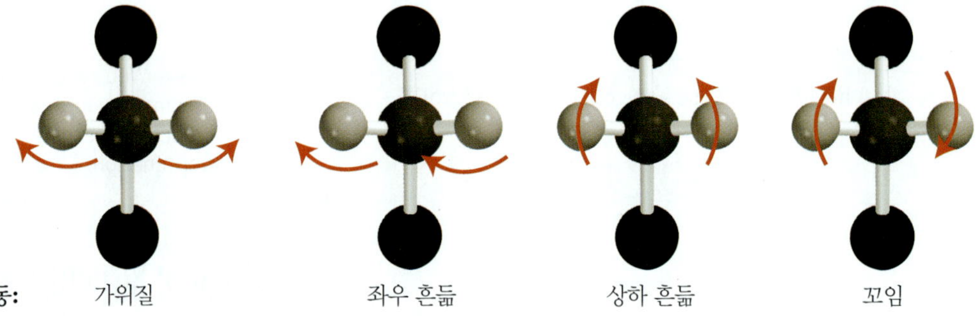

인접한 진동 준위 간의 에너지 차이는 NMR에서의 핵 스핀 준위 간 차이보다 10,000배 이상 크다.

분자는 진동 에너지 준위의 차에 해당하는 진동수를 흡수한다. 이 진동수는 전자기스펙트럼의 적외선 영역에 해당한다(13.1절). 구조 결정에서 제일 많이 사용하는 적외선 영역은 2.5~16 μm (1 μm = 10^{-6} m) 사이의 파장이다. 적외선 분광법에서는 파장 또는 진동수 대신에 **파수(wavenumber, λ^{-1})**를 사용하는데 cm^{-1}의 단위로 나타낸다. 그러므로, 2.5~16 μm 는 4000~625 cm^{-1}에 해당된다. 파수를 쓰는 이점은 그것이 에너지에 정비례한다는 것이다. 그러므로 4000 cm^{-1}는 적외선 영역에서 가장 높은 에너지 끝이 되고 625 cm^{-1}는 가장 낮은 에너지 끝이 된다.

문제 13.22

진동 모드의 진동수는 동위원소가 치환된 경우 매우 민감하게 변화한다. O—H 신축 진동의 진동수는 3600 cm^{-1} 부근에 해당하는데, O—D의 진동수는 2630 cm^{-1}이다. 각각의 O—H와 O—D가 두 개의 진동 준위를 가지고 있을 때 두 개의 진동 준위 간 차이가 더 가까운 것은 무엇인가?

대부분의 분자들은 앞서 CH_2 기에서 살펴보았던 것 보다 더 많은 진동 모드를 가지고 있다. 이 중 일부는 간단한 구조 단위에서 나타나는 진동 모드이며 나머지는 분자를 이루는 원자들의 특정 부분에서 나타나는 진동이다. 그러므로, 각 화합물의 적외선 스펙트럼은 그 화합물만이 가지는 특징적인 스펙트럼이며, 만일 이 스펙트럼들이 겹쳐지게 되면 두 개의 화합물들이 서로 동일하다는 증거이다.

13.21 적외선 스펙트럼

적외선 스펙트럼은 시료의 물리적 상태, 즉 고체, 액체, 기체 또는 어떤 액체에 녹아 있는 상태와는 관계없이 얻을 수 있다. 시료가 액체인 경우는, 한 방울 또는 두 방울의 시료를 두 개의 염화 소듐 원판 사이에 떨어뜨리고 난 후 이 원판에 적외선을 통과시켜 주면 된다. 고체 시료는 사염화탄소 또는 클로로포름에 녹여서 측정한다. 보다 간단하게는, 고체 시료를 염화 포타슘(KBr) 분말과 혼합한 후 압축시켜 얇은 판을 만든 후 여기에 적외선을 통과시켜 주면 된다. 새로운 기기들은 시료를 별도로 제작할 필요가 없을 정도로 단순화 되어 있다.

이 교재의 모든 적외선 스펙트럼은 ATR 기법을 사용하여 용매 없이 측정된 스펙트럼이다.

적외선 분광 기기의 발전은 NMR 분광기기의 발전과 유사하게, 이전 기기와는 다른 방식으로 데이터를 수집하여 최종적으로 푸리에 변환법(FT)을 사용하여 스펙트럼을 얻는다. 현재의 적외선 분광기기는 푸리에 변환 데이터 분석기와 짝을 이룬 감쇠 전반사(Attenuated total reflectance, ATR) 기술을 적용하고 있다. 전 영역의 진동 준위가 한 번에 처리된 후 푸리에 변환을 통해 스펙트럼을 얻게 된다.

그림 13.33는 다양한 구조적 단위에 따른 적외선 흡수 영역을 보여준다. 4000~1600 cm^{-1} 영역에서의 피크가 중요한데 이는 특정 작용기의 특유의 진동들이 있는 영역이기 때문이다. 13.22절에서 일부 작용기들의 적외선 흡수 양식에 대해서 상세히 언급할 것이다. 1500~500 cm^{-1} 영역은 **지문영역(fingerprint region)**으로 알려져 있다. 화합물마다 피크들의 양식이 제일 많이 달라지는 영역은 이 지문 영역이다.

일반적으로 적외선 스펙트럼은 우리가 분석할 수 있거나 또는 분석이 필요한 피크들을 많이 포함하고 있다. 적외선 스펙트럼에서는 화합물의 구조를 밝혀줄 주 피크가 없기 때문에 특정한 구조적 단위와 작용기를 연결시켜 생각하거나 혹은 어떤 구조적 단위가 없는지를 고려 함으로써 화합물의 구조에 대한 정보를 얻는다.

그림 13.34a~d는 네 개의 탄화수소에 대한 적외선 스펙트럼이다: 헥세인, 1-헥센, 벤젠, 그리고 헥실벤젠. 각 스펙트럼은 일련의 다양한 모양과 세기를 가지는 피크을 보여준다. 각각의 피크들의 세기가 핵의 수와 연관되어 있는 NMR 스펙트럼과는 달리, 어떤 적외선 진동 피크는 다른 것에 비해 대단히 크게 나타난다. 적외선 분광법에서 관측 가능한 피크를 얻기 위해서는 분자의 진동 운동은 분자 내 쌍극자 변화를 야기할 수 있어야 하는데 특히, 전기음성도가 서로 다른 원자 간의 결합이 있을 때 피크의 세기는 커진다. 그러므로, C—C 단일 결합의 신축 진동은 보통 약한 세기를 나타낸다. 적외선 스펙트럼에서의 세기는 % 투과도(%T)로 나타내며 약(weak), 중간(medium), 강(strong)으로 기술한다.

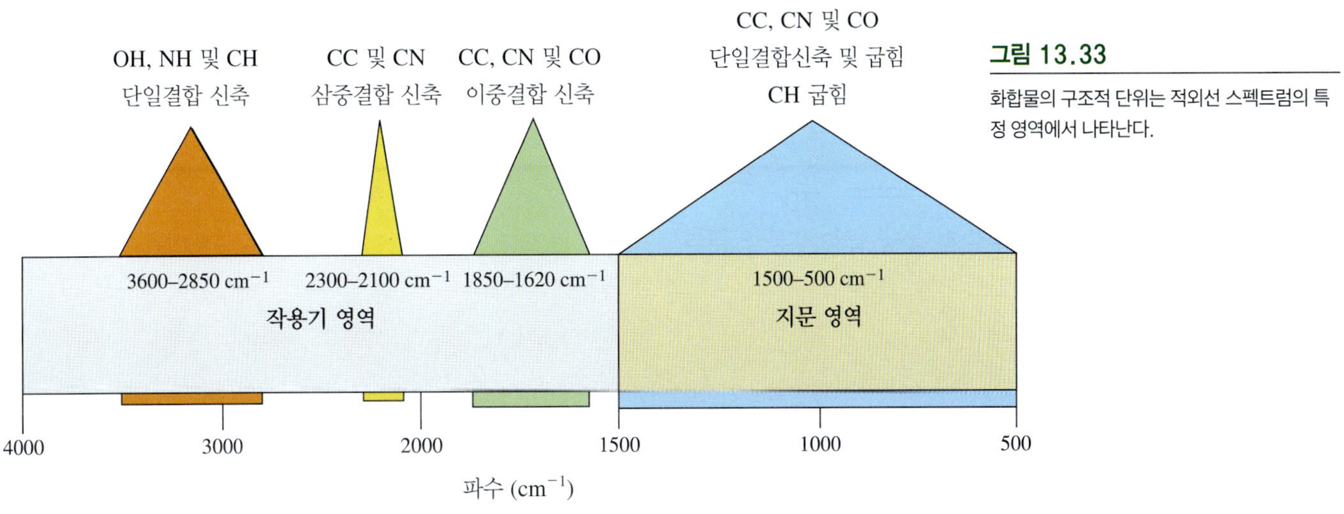

그림 13.33

화합물의 구조적 단위는 적외선 스펙트럼의 특정 영역에서 나타난다.

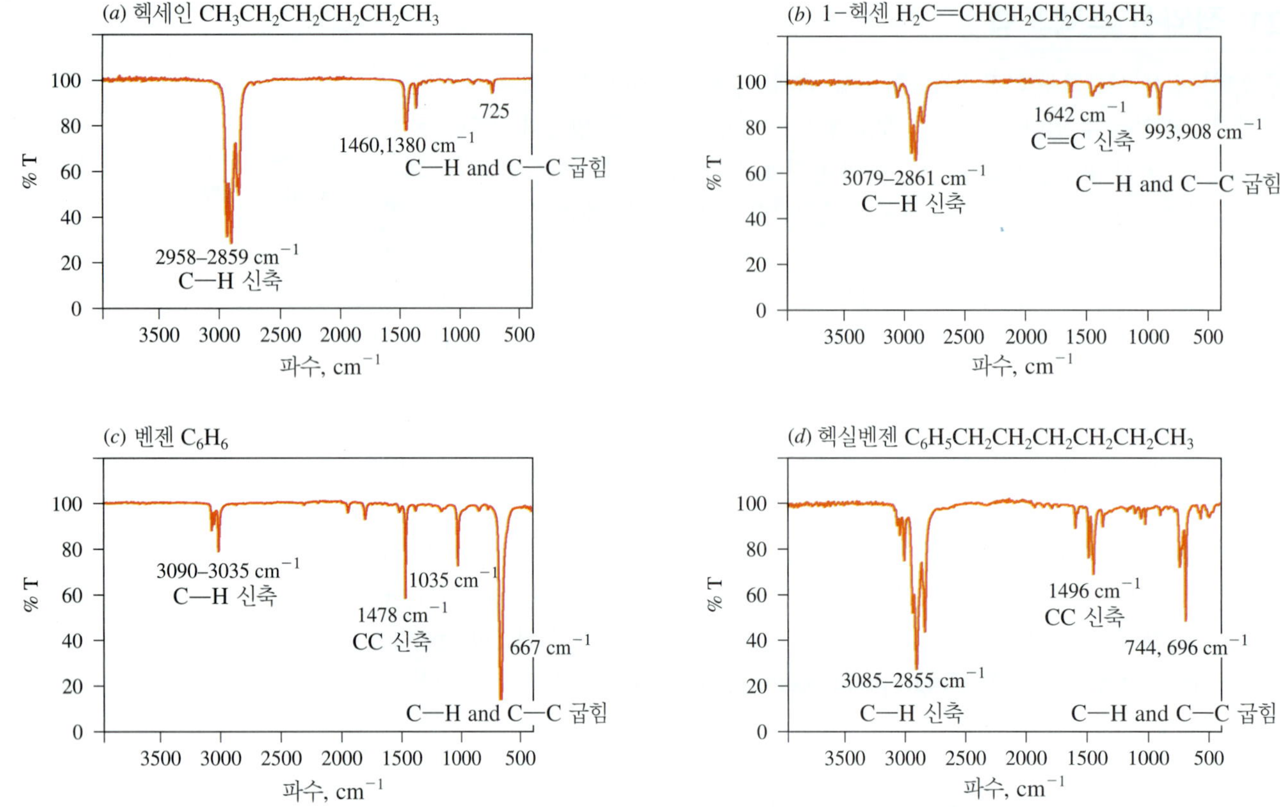

그림 13.34

탄화수소의 적외선 스펙트럼: (a) 헥세인, (b) 1-헥센, (c) 벤젠 및 (d) 헥실벤젠.

> 이 교재에서 나타나는 모든 적외선 스펙트럼 %T로 나타내었으며 이를 통해, 각 피크의 세기가 다양한 작용기에 따라 얼마나 다른지를 잘 보여준다.

헥세인의 적외선 스펙트럼(그림 13.34a)은 상대적으로 간단하게 나타난다. C—H 신축 진동에 의한 3000 cm^{-1}부근의 여러 피크, C—H 및 C—C 굽힘 진동에 의해서 나타나는 1460, 1380 및 725 cm^{-1}가 헥센인의 특징적인 피크이다.

헥세인과 다른 알켄 화합물인 1-헥센(그림 13.34b)의 구조를 결정할 수 있는 가장 특징적이며 유용한 피크는 C—H 신축 진동에 의해 나타난다. 헥세인에서 C—H 신축 진동 피크는 3000 cm^{-1}이하에서 나타나지만, *1-헥센은* 3079 cm^{-1}에서 나타난다. 3000 cm^{-1} 이상에서의 C—H 신축 진동 피크는 sp^2-혼성 탄소에 결합된 수소의 특징적 피크이다. 또한, 1-헥센은 C=C 신축 진동에 해당하는 피크가 1642 cm^{-1}에서, H_2C=C의 굽힘 진동에 해당하는 피크가 993과 908 cm^{-1}에서 나타난다.

문제 13.23

에틸렌은 적외선 스펙트럼에서 C=C 신축 진동에 해당하는 피크가 나타나지 않는다. 왜 그럴까?

벤젠(그림 13.34c)은 sp^2-혼성 탄소만 가지고 있어서 모든 C—H 신축 진동에 해당하는 피크는 3000 cm^{-1}이상에서 나타나며, CC 신축 진동은 1478 cm^{-1}에서 약하게 나타난다. 벤젠에서 가장 강한 피크(667 cm^{-1})는 고리 평면의 위아래 방향으로 진동하는 C—H 굽힘 진동에 의해 나타난다.

헥실벤젠(그림 13.34d) 헥세인과 벤젠의 스펙트럼과 유사하다. C—H 신축 진동에 의해 나타나는 피크가 3000 cm^{-1} 중심으로 전(sp^3C—H), 후(sp^2C—H)로 나타난다. 벤젠 고리에 있는 C—C 신축 진동은 1496 cm^{-1}에서 약한 피크를 나타내고, 헥실과 고리의 굽힘 진동에 의해 750과 690 cm^{-1}에서 세 개의 피크를 나타낸다.

적외선 분광법만으로 탄화수소의 구조를 결정하기는 대단히 어렵다. 그림 13.34에서 알 수 있듯이 스펙트럼에서 나타나는 대부분의 피크들은 탄소 골격과 이들 탄소에 결합된 수소에 기인하기 때문이다. 화학자들은 이들 피크에 대해서 큰 관심을 두지 않는데, 이는 ^{1}H 과 ^{13}C NMR을 통해서 이들에 대한 정보를 쉽게 얻을 수 있기 때문이다. 그러나, 적외선 분광기법은 다음 절에서 설명하듯이 특정 작용기의 존재 여부를 확인하는 것에는 대단히 유용하다.

13.22 특징적인 흡수 진동수

표 13.3는 유기화합물에서 나타나는 다양한 구조적 단위들이 가지는 특징적인 흡수 진동수(characteristic absorption frequencies, 파수로 나타냄)를 요약하였다. 일반적으로 1500 cm^{-1} 이상에서 나타나는 OH, C=O 및 C≡N 피크는 쉽게 확인이 가능하며 매우 유용한 구조적 정보를 제공한다.

그림 13.35에는 여덟 개의 작용기에 의해 나타나는 특징적인 흡수 진동수를 나타내었다: 알코올, 니트릴, 카르복실산, 케톤, 에스터, 에테르, 아민, 그리고 아마이드. 이들 모든 화합물들은 sp^2-혼성 탄소에 결합된 수소를 포함하고 있지 않기 때문에 C—H 신축 진동 피크가 모두 3000 cm^{-1}이하에서 나타난다. 또한, 모든 화합물은 곁가지가 없는 여섯 개의 탄소로 구성되어 있어 유사한 스펙트럼 모양을 가진다.

문제 13.24

그림 13.36에 나타낸 스펙트럼에 해당하는 화합물의 구조는 다음 중 어떤 것인가?

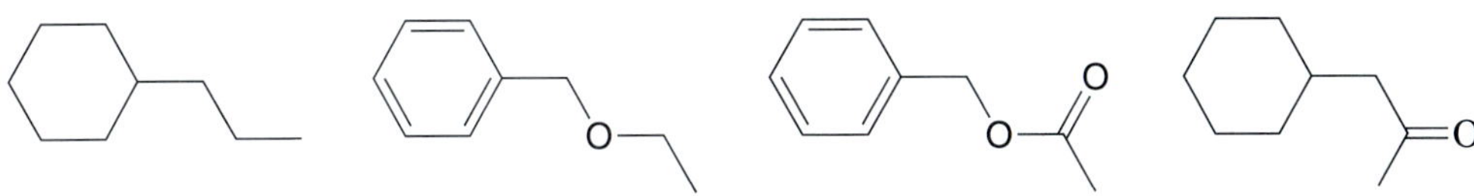

다음 장들에서 화합물군을 자세히 논의할 때, 각 작용기들이 관련된 IR 진동수를 다시 보게 될 것이다.

(*a*) **알코올:** 3200~3400 cm^{-1}에서의 넓은 피크는 수소결합한 OH 기의 특징이다. 묽은 용액에서는 수소결합이 "자유" OH 기에 해당하는 두 번째의 뾰족한 피크가 3600 cm^{-1}에서 나타난다.

1070 cm^{-1}의 피크는 C—O 신축 진동에 해당하며 표 13.4를 이용하여 해당하는 피크를 분석할 수 있다.

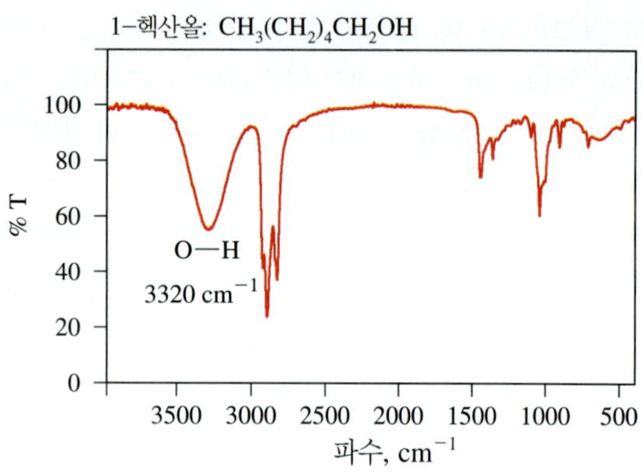

(*b*) **나이트릴:** C≡N 삼중결합은 2240~2280 cm^{-1}부근에서 중간 세기의 뾰족한 피크가 나타나기 때문에 적외선 스펙트럼에서 찾기가 쉽다.

C≡C 삼중결합 (2100~2200 cm^{-1})을 제외하고 이 영역에서 나타나는 피크는 드물다.

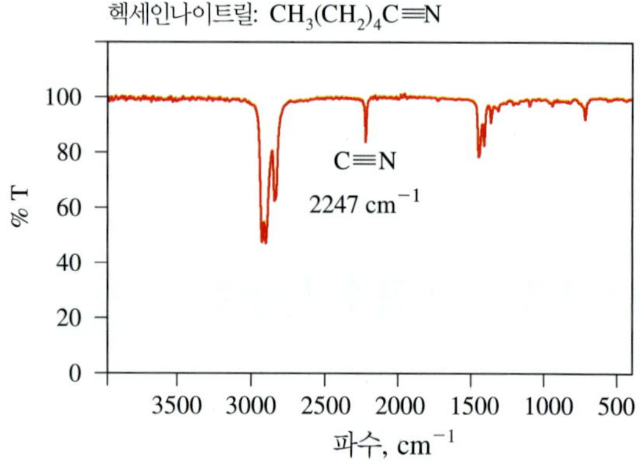

(*c*) **카복실산:** 카르복실산은 두 개의 특징적인 흡수 피크를 나타낸다. 2500~3600 cm^{-1} 부근에서 O—H 신축 진동에 의한 넓은 피크와 1700~1725 cm^{-1} 부근에서 C═O 신축 진동에 의한 강한 피크

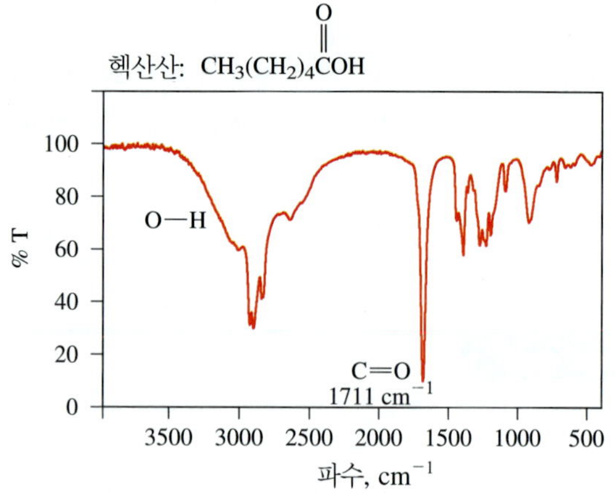

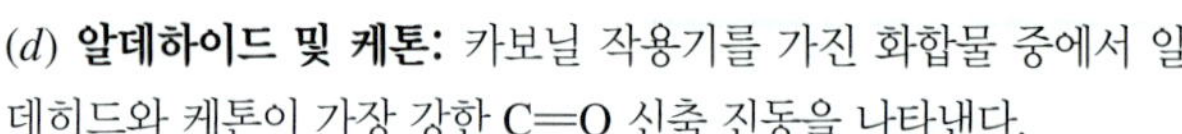
(*d*) **알데하이드 및 케톤:** 카보닐 작용기를 가진 화합물 중에서 알데히드와 케톤이 가장 강한 C═O 신축 진동을 나타낸다.

알데하이드의 C═O 신축 진동은 케톤의 신축 진동과 유사하다.

알데하이드의 CH═O기의 C—H 신축 진동은 2700~2900 cm^{-1} 영역에서 한 쌍의 피크로 나타난다.

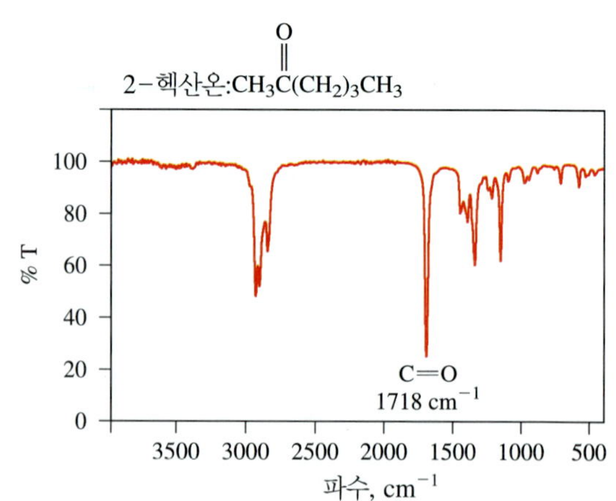

그림 13.35

적외선 스펙트럼. (a) 1-헥산올, (b) 헥세인나이트릴, (c) 헥산산, (d) 2-헥산온, (e) 헥산산 메틸, (f) 다이헥실 에터, (g) 헥실아민, (h) 헥산아마이드

(계속)

(*e*) **에터:** C═O 의 강한 흡수 (1730~1750 cm^{-1}) 이외에 에스터는 1050~1300 cm^{-1} 영역에서 대칭 및 비대칭의 C—O—C 신축 진동을 나타낸다.

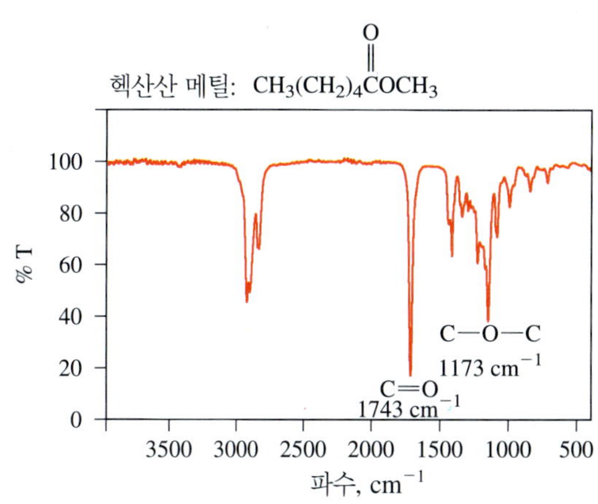

(f) **에터:** 에테르에서의 C—O—C 신축 진동은 1070~1150 cm^{-1}서 나타난다. ROR′ 형태에서 R과 R′이 서로 다르다.

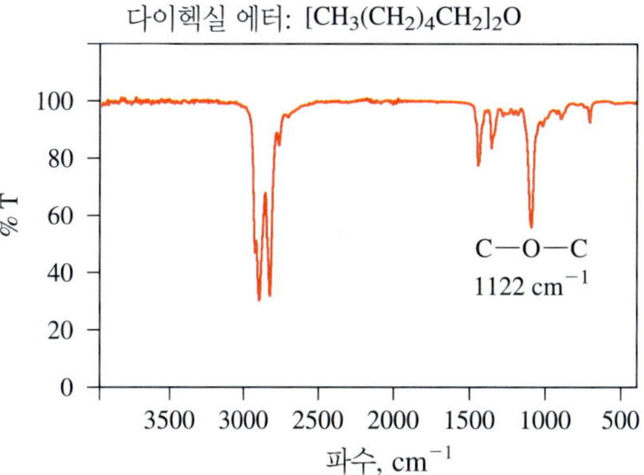

(*g*) **아민:** 1차 아민 (RNH_2) 3300~3500 cm^{-1} 영역에서 NH_2에 의해 두 개의 피크를 나타내는 데, 이 중 하나는 대칭적인 N—H 신축 진동이고 다른 하나는 비대칭적인 N—H 신축 진동이다. 2차 아민 (RNHR′)은 3310~3350 cm^{-1}에서 오직 하나의 피크만 나타낸다.

RNH_2 및 RNHR′은 650~900 cm^{-1} 부근에서 N—H 굽힘 진동에 의한 피크가 나타난다. 1차 아민은 1580~1650 cm^{-1}에서 부가적인 NH 굽힘 진동 피크를 가진다.

C—N 신축 진동 피크는 1020~1250 cm^{-1}에서 나타난다.

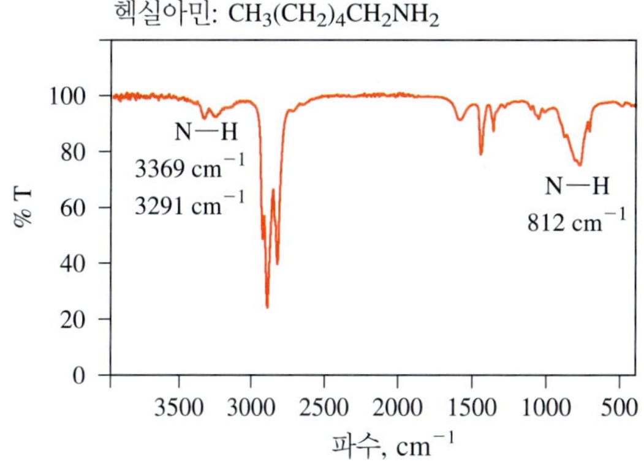

(*h*) **아마이드:** $RC(O)NH_2$ 형태의 아마이드는 대칭 및 비대칭의 N—H 신축 진동 피크를 3400~3150 cm^{-1} 사이에서 보여준다.

아마이드의 C═O 흡수는 케톤보다 약간 낮은 진동수 (1650~1700 cm^{-1})에서 나타난다. 아마이드의 NH_2 굽힘 진동 피크는 C═O 보다 약간 낮은 진동수 (1600~1650 cm^{-1})에서 나타난다.

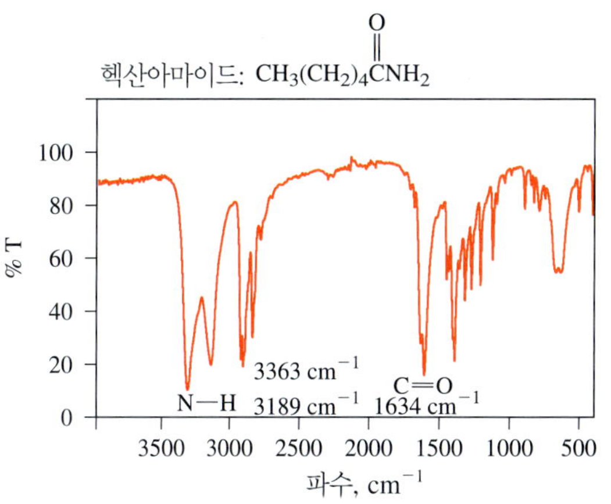

표 13.3 몇 가지 일반적인 구조적 단위의 적외선 흡수 진동수

구조 단위	파수, cm^{-1}	구조 단위	파수, cm^{-1}
		신축 진동	
단일결합		**이중결합**	
—O—H (알코올)	3200~3600	>C=C<	1620~1680
—O—H (카복실산)	2500~3600	>C=O	
>N—H	3350~3500		
sp C—H	3310~3320	알데하이드 및 케톤	1710~1750
sp^2 C—H	3000~3100	카복실산	1700~1725
sp^3 C—H	2850~2950	산 무수물	1800~1850 및1740~1790
sp^2 C—O	1200	할로젠화 아실	1770~1815
sp^3 C—O	1025~1200	에스터	1730~1750
		아마이드	1680~1700
		삼중결합	
		—C≡C—	2100~2200
		—C≡N	2240~2280
		특징적인 값을 갖는 굽힘 진동	
알켄		**벤젠의 치환된 유도체**	
$RCH{=}CH_2$	910, 990	일치환	730~770 및 690~710
$R_2C{=}CH_2$	890	오쏘-이치환	735~770
cis RCH=CHR′	665~730	메타-이차환	750~810 및 680~730
trans RCH=CHR′	960~980	파라-이치환	790~840
$R_2C{=}CHR'$	790~840		

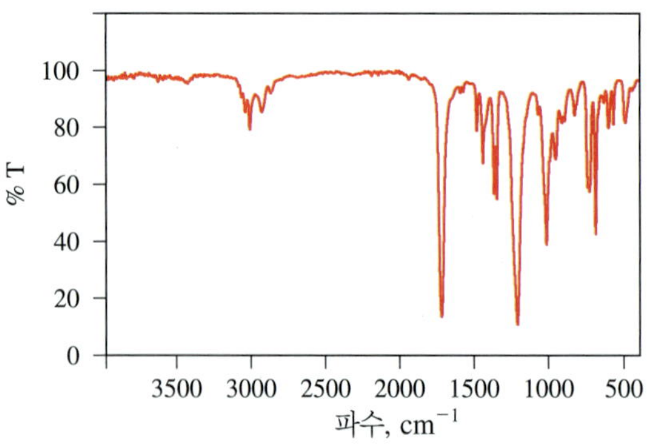

그림 13.36

문제 13.24의 적외선 스펙트럼.

13.23 자외선-가시광선(UV-VIS) 분광법

전자 에너지 준위들 사이의 전이에 의존하는 UV-VIS 분광학의 주된 응용은 컨쥬게이트된 π 전자계들을 확인하는 것이다.

핵 스핀상태들 사이의 에너지 차보다 진동 상태들 사이의 에너지 차가 더 크고 전자 상태들 사이의 에너지 차는 한층 더 크다. 한 전자 상태에서 다음의 높은 상태로 전자 하나를 올리는 데 필요한 에너지는 전자기 스펙트럼(그림 13.1)의 가시광선과 자외선 범위에 있다. 일반적으로 UV-VIS 범위의 복사선은 나노미터(1 nm = 10^{-9} m)로 나타낸 파장으로 확인한다. 그러므로 가시광선 영역은 400~800 nm에 해당한다. 빨간빛은 가시광선 스펙트럼의 저에너지(장파장)쪽 끝이고, 보랏빛은 고에너지(단파장)쪽 끝이다. 자외선은 가시광선 스펙트럼 너머에 있는 200~400 nm 범위의 파장을 가진 빛이다.

그림 13.38은 에탄올을 용매로 써서 측정한 컨쥬게이션 다이엔(diene)인 cis, trans-1,3-사이클로옥타다이엔의 UV 스펙트럼을 나타낸 것이다. 대부분의 UV 스펙트럼에서 흔히 그러한 것처럼 흡수 스펙트럼은 폭이 조금 넓기 때문에 "피크"라고 하지 않고 흔히 "띠"라고 한다. 최대 흡수의 파장을 $\lambda_{최대}$라고한다. 1,3-사이클로옥타다이엔의 경우 $\lambda_{최대}$는 230 nm이다. $\lambda_{최대}$ 이외에도 UV-VIS 띠들은 그들의 **흡광도**(*absorbance, A*)로 그 특성을 설명한다. 흡광도는 시료를 통과하는 복사선이 얼마나 흡수되는지를 나타내는 척도이다. 농도와 통과한 길이의 영향을 보정하기 위하여, 리터당 몰수로 나타낸 농도 c와 센티미터로 나타낸 통과한 길이(l)로 흡광도를 나누어서 흡광도를 **몰 흡광계수(molar absorptivity, ϵ)**로 전환한다.

$$\epsilon = \frac{A}{c \cdot l}$$

몰 흡광계수를 $\lambda_{최대}$에서 측정했을 때 그것을 $\epsilon_{최대}$라고 한다. 이것은 보통 단위 없이 나타낸다. $\lambda_{최대}$와 $\epsilon_{최대}$는 모두 용매의 영향을 받으므로, UV-VIS 분광학으로 얻은 자료를 보고할 때는 용매를 명시해서 포함시킨다. 따라서 다음과 같이 나타낸 것을 문헌에서 보게 될 것이다.

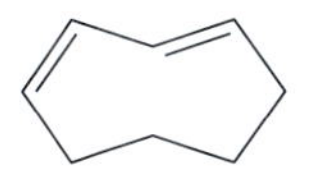

cis,trans-1,3-사이클로옥타다이엔

$\lambda_{max}^{ethanol}$ 230 nm

$\epsilon_{max}^{ethanol}$ 2630

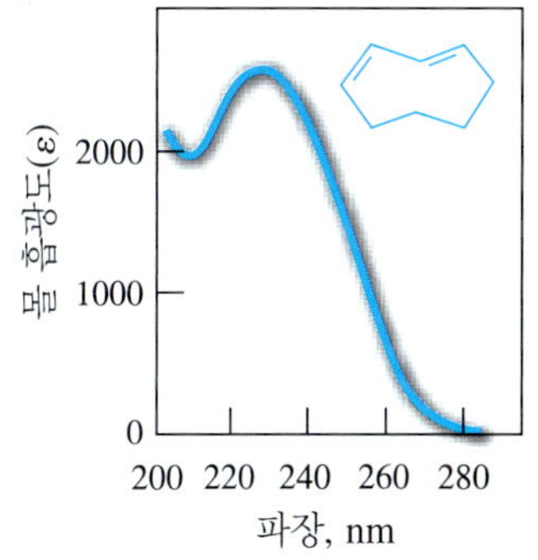

그림 13.37

cis, trans-1,3-사이클로옥타다이엔의 자외선 스펙트럼.

그림 13.39는 *cis,trans*-1,3-사이클로옥타다이엔의 230-nm UV 띠를 예로 들어서 전자 에너지 상태들 사이의 전이를 설명한 것이다. 자외선이 흡수되면 최고 점유 분자 오비탈(HOMO)에서 최저 비점유 분자오비털(LUMO)로 전자가 들뜬다. 알켄류와 폴리엔류에서는 HOMO와 LUMO 모두 π 오비탈(σ 오비탈이 아니다)이다. HOMO는 가장 높은 에너지 준위의 π 오비탈이고, LUMO는 가장 낮은 에너지 준위의 π^* 오비탈이다. 전자 하나를 결합성 π 오비탈에서 반결합성 π^* 오비탈로 들뜨게 하는 것을 $\pi \rightarrow \pi^*$ 전이라고 한다.

문제 13.25

에틸렌의 $\pi \rightarrow \pi^*$ 전이에 대한 $\lambda_{최대}$는 170 nm이다. 사이클로옥타다이엔에서 HOMO-LUMO 에너지 차는 *cis,trans*-1,3-사이클로옥타다이엔 (230 nm)의 것보다 더 큰가, 더 작은가?

HOMO-LUMO 에너지 차와 $\pi \rightarrow \pi^*$ 전이에 대한 $\lambda_{최대}$는 이중결합에 있는 치환기들에 따라 달라진다. 표 13.4의 자료는 이중결합에 메틸 치환기를 첨가할 때의 영향과 컨쥬게이션을 확장했을 때의 영향과 같은 두 가지 치환기 영향을 설명해 준다. 위의 두 가지

표 13.4 대표적인 알켄과 폴리엔 분자의 최대 흡수*

화합물	구조	$\lambda_{최대}$ (nm)
에틸렌	$H_2C{=}CH_2$	170
2-메틸프로펜	$H_2C{=}C(CH_3)_2$	188
1,3-뷰타다이엔	$H_2C{=}CHCH{=}CH_2$	217
4-메틸-1,3-펜타다이엔	$H_2C{=}CHCH{=}C(CH_3)_2$	234
2,5-다이메틸-2,4-헥사다이엔	$(CH_3)_2C{=}CHCH{=}C(CH_3)_2$	241
(2*E*,4*E*,6*E*)-2,4,6-옥타트라이엔	$CH_3CH{=}CHCH{=}CHCH{=}CHCH_3$	263
(2*E*,4*E*,6*E*,8*E*)-2,4,6,8-데카테트라엔	$CH_3CH{=}CH(CH{=}CH)_2CH{=}CHCH_3$	299
(2*E*,4*E*,6*E*,8*E*,10*E*)-2,4,6,8,10-도데카펜타엔	$CH_3CH{=}CH(CH{=}CH)_3CH{=}CHCH_3$	326

*$\lambda_{최대}$의 값은 $\pi \rightarrow \pi^*$ 전이의 가장 긴 파장

치환기 영향은 모두 $\lambda_{최대}$ 값들을 더 긴 파장 쪽으로 이동시키지만, 그 중에서 컨쥬게이션의 영향이 더 크다. 많은 다이엔류에 대해서 수집한 자료를 근거로 하여 이중결합의 각 메틸 치환기는 차장을 약 5 nm 더 긴 쪽으로 이동시키고, 컨쥬게이션을 확장했을 때는 각 이중결합에 대하여 파장을 36 nm 더 긴 쪽으로 이동시키는 것을 알 수 있다.

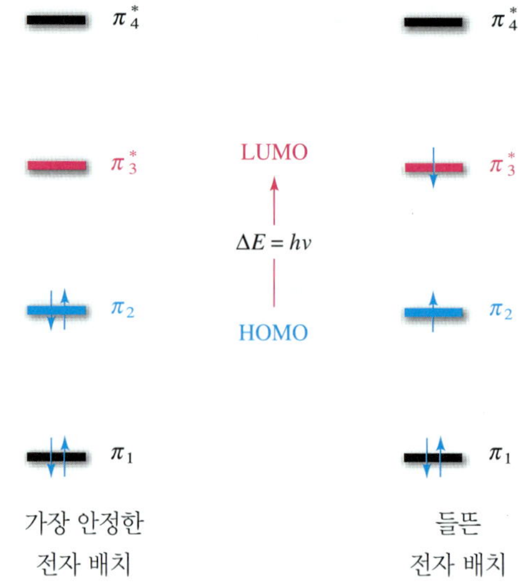

그림 13.38

cis,trans-1,3-사이클로옥타다이엔에서 $\pi \rightarrow \pi^*$ 전이가 일어나면 최고 점유 분자 오비탈에서 최저 점유 분자 오비탈 LUMO로 전자가 들뜨게 된다.

문제 13.26

다음의 C_5H_8 이성질체들 중 어느 것의 $\lambda_{최대}$가 제일 긴 파장에서 나타나겠는가?

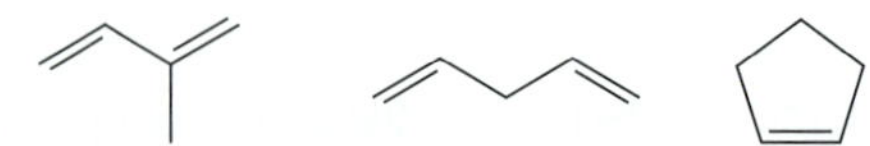

빛의 흡수에 미치는 컨쥬게이션 효과의 두드러진 예는 익은 토마토의 색소들의 하나인 *라이코펜(lycopene)*에서 볼 수 있다. 라이코펜은 열한 개의 이중결합이 컨쥬게이션된 계를 가지며 *가시광선(visble light)*을 흡수한다. 그것은 몇 개의 UV-VIS 띠를 가지는데,

띠마다 별개의 $\lambda_{최대}$를 가지는 것이 특징이다. 라이코펜의 가장 긴 흡수 파장은 505 nm이다. 화합물의 색깔과 흡수되는 파장은 역비례 관계에 있다는 사실을 기억하자. 라이코펜은 가시광선의 파란색 영역에서 빛을 흡수하지만 붉은색을 띤다. 라이코펜의 붉은색은 흡수되지 못한 빛의 색에 의해서 나타난다.

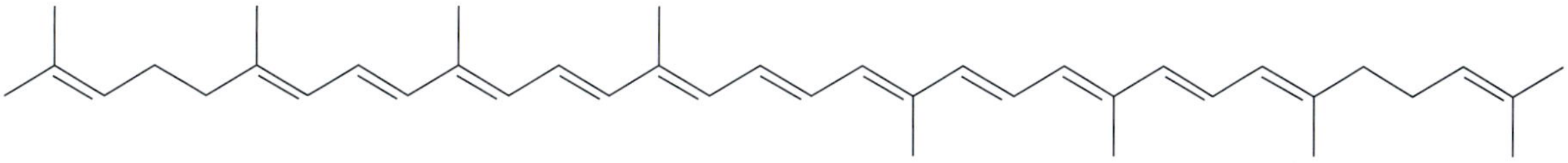

라이코펜

라이코펜과 같은 유기 화합물들은 HOMO-LUMO 에너지 차가 충분히 작아서 그 $\lambda_{최대}$가 스펙트럼의 가시광선 범위에서 나타나기 때문에 색을 가진 것들이 많다. 그러나 화합물이 색을 가지는 데는 그 화합물이 가시광선 범위에서 약간 흡수하는 성질만 있으면 된다. 화합물의 $\lambda_{최대}$가 UV 영역에 있지만 그 피크가 넓어서 가시광선 영역으로 확장될 때도 있다. 가시광선의 파란색에서 자주색까지의 성분들을 흡수함으로써 이 화합물은 노란색으로 보인다.

Hückel 법칙의 *n*과 $n \rightarrow \pi^*$에서의 *n*을 혼동하지 말아라.

유기 화합들의 UV-VIS 실험에서 중요한 두 번째 유형의 흡수는 카보닐(C=O)기의 $n \rightarrow \pi^*$ 전이에서 *n*은 산소에 있는 결합하지 않은 전자들 중의 하나이다. 이 전이 때문에 비교적 약한 흡수 피크들($\epsilon_{최대}$, 100)이 270~300 nm에서 생긴다. UV-VIS 분광학에서 전자의 전이와 관련된 구조를 **발색단(chromophore)**이라고 한다. UV-VIS 스펙트럼은 생화학에서 다양한 응용이 가능한데, 특히 핵산에서 발견되는 헤테로고리를 가지는 염기나 생화학적 반응에 관여하는 조효소와 같은 발색단이 있는 화합물에서 응용된다.

생물학에서 전자 전달에 관여하는 중요한 효소인 사이토크롬(cytochrome) *P450* 은 UV 흡수 특성에 따라서 그 이름이 유래하였다. "*P*"는 색소(pigment)를 의미하며, "450"은 이 효소의 유도체 중 하나가 450-nm의 파장을 흡수한다는 것을 의미한다.

13.24 질량 분석법

질량 분석법은 이 장에서 논의한 다른 기기 분석법들과 근본적으로 다르다. 질량 분석법은 전자기 복사선의 흡수에 의존하는 것이 아니라 고에너지 전자들로 분자에 충격을 가했을 때 기체상의 분자로부터 생성되는 이온을 조사하는 것이다. 질량 분석법에 있어서 몇 가지 방법들이 분자의 이온에 사용되고 있다. 만일 약 10 전자 볼트(10 eV = 230.5 kcal/mol)의 에너지를 가진 전자가 유기분자와 충돌하면, 이 충돌로 옮겨지는 에너지는 분자에 있는 전자들의 하나를 쫓아내기에 충분하다.

$$\underset{\text{분자}}{A\!:\!B} \quad + \quad \underset{\text{전자}}{e^-} \quad \longrightarrow \quad \underset{\text{양이온 라디칼}}{A\overset{+}{\cdot}B} \quad + \quad \underset{\text{전자 두 개}}{2e^-}$$

이 때, 분자 AB가 **전자 충격(electron impact)**으로 이온화했다고 말한다. 이 결과로 생기는 **분자 이온(molecular ion)**이라는 화학종은 양으로 하전되어 있고, 홀수 개의 전자를 가진다. 다시 말하면, 이것은 **양이온 라디칼(cation radical)**이다. 이 분자 이온은 이것을 형성시킨 분자와 같은 질량을 가진다(한 개의 전자가 떨어져나갔지만 그로 인한 질량의 감소는 무시할 수 있다).

약 10 eV의 에너지가 필요하지만, 약 70 eV의 에너지를 사용한다. 많은 에너지를 가진 이러한 강력한 전자들은 분자를 이온화시킬 뿐만 아니라, 화학결합들을 끊기에 충분한 나랑의 에너지를 분자 이온에 나누어준다. 분자 이온이 더 작은 조각들로 해리됨으로써 이 과량의 에너지는 흩어지게 된다. 양이온 라디칼의 조각내기로 중성 조각과 양으로 하전된 조각이 생긴다.

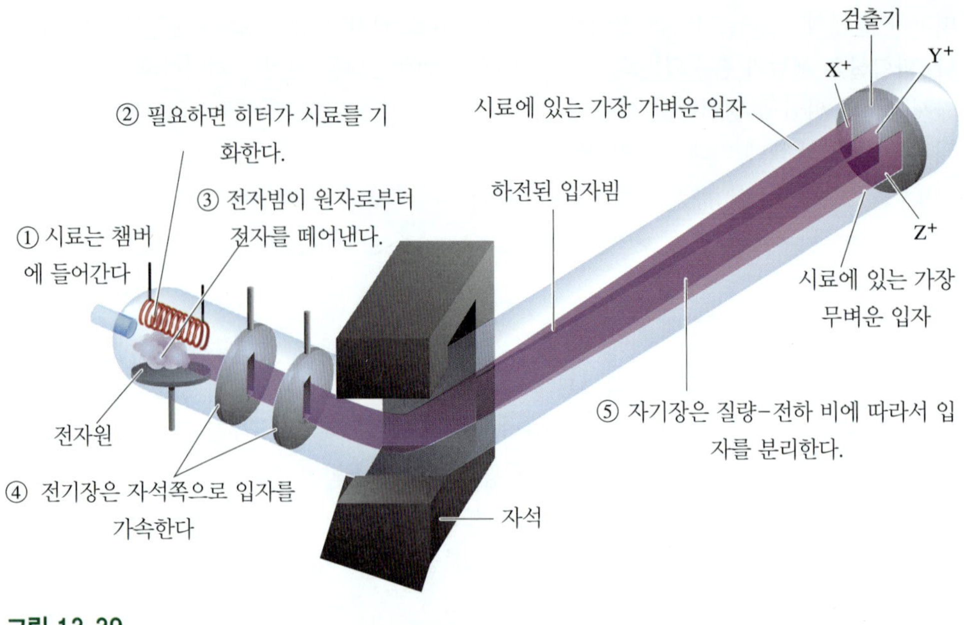

그림 13.39

질량 분석계의 그림. 양이온들만이 검출된다. 양이온 X^+가 가장 낮은 질량 대 전하의 비를 가지므로 자석에 의해 그 경로가 제일 많이 빗나간다. 양이온 Z^+는 가장 높은 질량 대 전하의 비를 가지므로 그 경로가 제일 적게 빗나간다(M. Silberberg, Chemistry, McGraw-Hill Higher Education, 2009, p.55의 허가를 받아 개작한 것임).

$$\overset{+}{A \cdot B} \longrightarrow A^+ + B\cdot$$

양이온 라디칼 양이온 라디칼

이온화와 조각내기로 입자들의 혼합물이 생기는데, 그 일부는 중성이고 다른 일부는 양으로 하전되어 있다. 그 다음에 일어나는 일을 이해하기 위해서, 그림 13.39에 모형도로 나타낸 전자 충격 분석기의 설계를 살펴보아야 한다. 70 eV 전자들로 시료에 충격을 가하고, 그 결과로 생기는 양으로 하전된 이온들(조각 이온들과 분자 이온)을 자석으로 둘러싼 분석기의 시험관으로 향해서 가게 한다. 이 자석은 이온들을 본래의 궤도에서 빗나가게 하여 그들에게 원형의 행로를 택하게 한다. 이 원형 행로의 반지름은 질량 대 전하의 비(m/z)에 따라 달라진다. m/z가 작은 이온들은 m/z가 더 큰 이온들보다 더 많이 빗나가게 된다. 자기장의 세기 또는 이온들이 분석기로 들어갈 때 가속되는 정도를 바꾸어줌으로써 특정한 m/z의 이온들을 선택적으로 모아서 갈라진 틈새(slit)를 거쳐 검출기로 들어가게 할 수 있다. 검출기는 이온들의 양을 계측한다. m/z값들을 모두 훑어봄으로써 양이온들의 분포를 측정할 수 있으며, 양이온들의 분포를 **질량 스펙트럼(mass spectrum)**이라고 하는데, 이것은 특정한 화합물의 특성을 나타낸다.

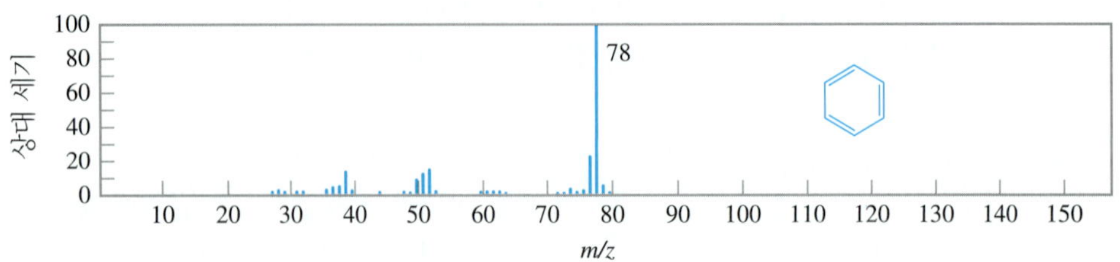

그림 13.40

벤젠의 질량 스펙트럼. $m/z = 78$에 있는 피크는 C_6H_6 분자 이온에 해당한다.

최신 질량 분석기들은 여러 가지 양식에 따라서 질량 스펙트럼을 나타낼 수 있는 컴퓨터화한 자료 처리 체계들과 연결되어 있다. *m/z*에 대해서 상대 세기를 막대 그래프로 그리는 방식이 제일 흔하게 쓰인다. 그림 13.40은 막대 그래프로 그린 벤젠의 질량 스펙트럼이다.

벤젠의 질량 스펙트럼은 비교적 간단하며, 질량 분석법이 제공하는 정보의 일부를 보여준다. 질량 스펙트럼에서 제일 강한 피크를 **기준 피크(base peak)**라고 하며, 이 피크의 상대 세기의 값을 100으로 배정한다. 이온의 존재양은 피크의 세기에 비례하며, 기준 피크에 대한 상대 세기로 보고한다. 벤젠의 질량 스펙트럼에서 기준 피크는 m/z = 78에 있는 분자 이온(M^+)에 해당한다.

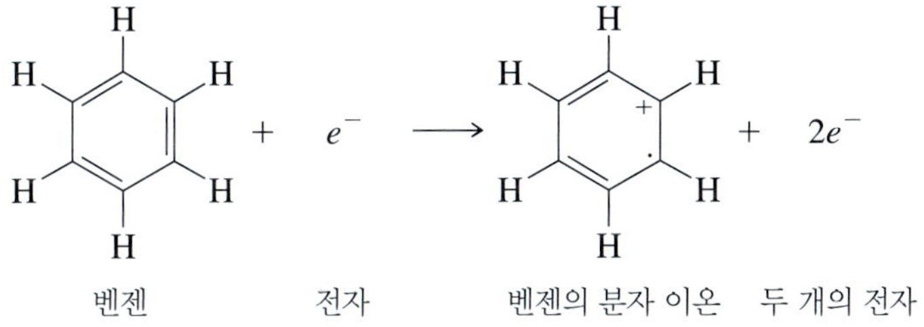

$$\text{벤젠} + e^- \longrightarrow \text{벤젠의 분자 이온} + 2e^-$$

벤젠 전자 벤젠의 분자 이온 두 개의 전자

벤젠은 다양한 조각들로 쪼개지지 않는다. 즉, 질량 스펙트럼에 있는 조각 이온들은 분자 이온처럼 많이 있는 것이 하나도 없다.

벤젠의 질량 스펙트럼을 보면 M^+보다 질량 단위가 하나 더 큰 작은 피크가 있다. 이 피크는 어떻게 해서 생긴 것일까? 그림 13.41에서 단 하나의 질량 스펙트럼으로 보이는 것은 실제로는 동위원소의 관점에서 세 가지 다른 벤젠의 스펙트럼들이 겹친 것이다. 대부분의 벤젠 분자들은 ^{12}C와 H들만을 가지고 있으며 분자 질량은 78이다. 그런데 작은 비율의 벤젠이 ^{12}C원자 중 한 자리에 ^{13}C를 포함하거나 양성자들 중 한 자리에 ^2H를 포함한다. 이 두 화합물의 분자 질량은 모두 79이다.

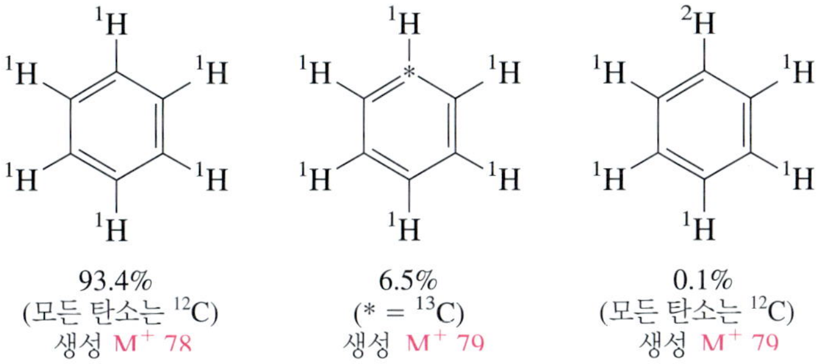

93.4%
(모든 탄소는 ^{12}C)
생성 M^+ 78

6.5%
(* = ^{13}C)
생성 M^+ 79

0.1%
(모든 탄소는 ^{12}C)
생성 M^+ 79

벤젠의 질량 스펙트럼을 보면 분자 이온뿐만 아니라 모든 피크에는 1 만큼 큰 질량 단위의 작은 피크가 옆에 따른다. 실제로 모든 유기화합물들이 탄소를 포함하고 거의 모든 화합물들이 수소를 포함하므로, 이와 비슷한 **동위원소 집단(isotopic cluster)**이 모든 유기화합물들의 질량 스펙트럼에 나타날 것이다.

특히, 유기화합물에 브로민과 염소 같은 원자들이 있을 때 동위원소 효과가 분명하다. 이 원소들의 동위원소의 자연의 존재비는 다음과 같다.

$$\frac{^{35}Cl}{^{37}Cl} = \frac{100}{32.7} \qquad \frac{^{79}Br}{^{81}Br} = \frac{100}{97.5}$$

그림 13.41에 클로로벤젠의 질량 스펙트럼을 나타내었다. 두 개의 두드러진 분자 이온 피크가 있는데, 하나는 m/z 112에 있는 $C_6H_5{}^{35}Cl$에 대한 것이고, 또 하나는 m/z 114에 있는 $C_6H_5{}^{37}Cl$에 대한 것이다. m/z 112에 있는 피크는 m/z 114에 있는 피크만큼 강하다.

문제 13.27

동위원소 무리에 관해서 무엇을 구할 것인지를 알면 질량 스펙트럼을 해석하는 데 도움이 될 수 있다. 다음의 각 화합물에서 몇 개의 분자 이온을 볼 것으로 예상하는가? 이 피크들이 얼마의 *m*/*z* 값을 나타낼 것으로 생각하는가(^{13}C와 ^{2}H에 기인하는 작은 피크들은 무시하라)?

(a) *p*-다이클로로벤젠 (c) *p*-다이브로모벤젠
(b) *o*-다이클로로벤젠 (d) *p*-브로모클로로벤젠

풀이 예시 (a) 염소의 두 동위원소는 ^{35}Cl와 ^{37}Cl이다. 동위원소의 관점에서 *p*-다이클로로벤젠에는 세 가지가 있을 것이다. 각각 다른 *m*/*z* 값에서 M^+피크를 낼 것이다.

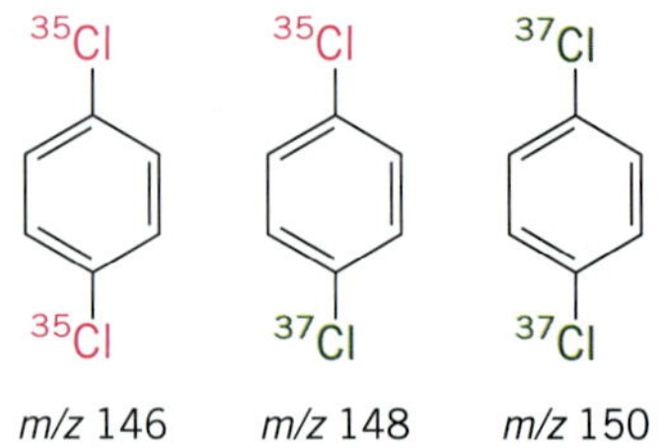

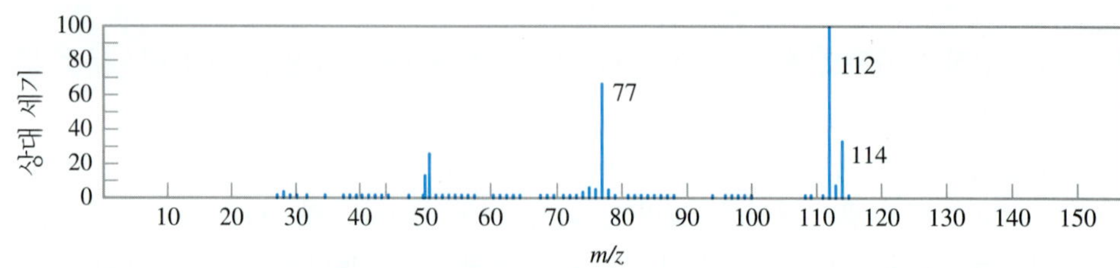

그림 13.41

클로로벤젠의 질량 스펙트럼.

고리의 전자 하나가 없어짐으로써 이온화가 일어나는 벤젠의 경우와는 달리 전자 충격으로 유발되는 클로로벤젠의 이온화는 염소의 비공유 전자쌍에서 전자 하나가 없어진다. 그 다음에 탄소-염소 결합의 분해로 조각들이 생긴다.

클로로벤젠 —(e^-)→ 클로로벤젠의 분자 이온 ⟶ 염소 원자 + 페닐 양이온 *m*/*z* 77

그림 13.41의 클로로벤젠의 질량 스펙트럼에서 *m*/*z*의 클로로벤젠의 질량 스펙트럼에서 m/z 77에 나타나는 피크는 이러한 토막내기 때문에 생긴 것이다. 두 원자 질량 단위만큼 더 큰 자리에서 상당히 센 피크가 전혀 나타나지 않는 것으로 보아, *m*/*z* 77에 있는 피크에 해당하는 양이온이 염소를 포함할 수 없다는 것을 알 수 있다.

어떤 부류의 화합물들은 조각으로 쪼개지는 경향이 크기 때문에 분자 이온 피크가 매우 약하다. 예를 들어, 대부분의 가지 없는 알케인류의 기준 피크는 *m*/*z* 43에 있고, 그 다음에 세기가 점점 감소하는 피크들이 67, 71, 85 등의 *m*/*z* 값들에서 나타난다. 이 피크들은 분자에 있는 각각의 가능한 탄소-탄소 결합의 절단에 해당하는 것이다. 이러한 양식은 그림 13.42에 나타낸 데케인의 질량 스펙트럼에서 분명하게 볼수 있다. 다음 그림에 절단 자리들을 표시하였다.

$H_3C—CH_2—CH_2—CH_2—CH_2—CH_2—CH_2—CH_2—CH_2—CH_3$ M^+ 142

절단 자리: 43, 57, 71, 85, 99, 113, 127

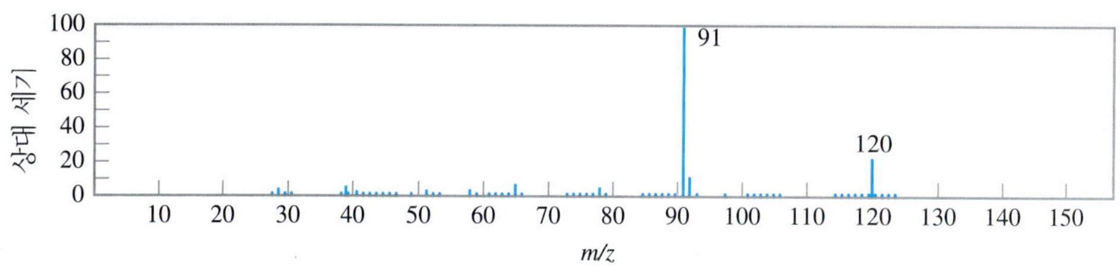

그림 13.43

프로필벤젠의 질량 스펙트럼. 제일 강한 피크는 $C_7H_7^+$이다.

질량 분석에서 많이 보는 토막내기 현상들은 안정한 탄소양이온이 형성되도록 일어나며, 탄소양이온 안정성에 관하여 밝혀진 원칙들이 적용된다. $C_6H_5CH_2R$형의 알킬벤젠류는 벤질자리 탄소 옆의 결합이 쪼개져서 *m/z* 91값을 가진 기준 피크를 나타낸다. 그림 13.43의 질량 스펙트럼과 토막내기를 나타내는 다음 그림은 프로필벤젠에 대한 이러한 경향을 설명해 주는 것이다.

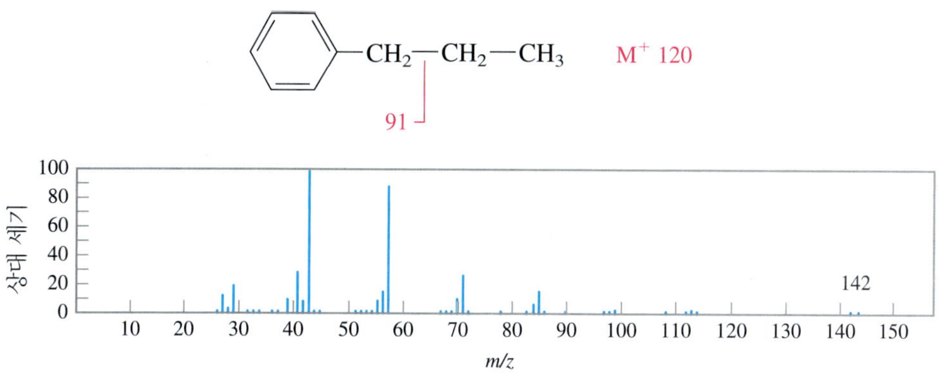

그림 13.42

데케인의 질량 스펙트럼. 분자 이온에 대한 피크는 극히 작다. 가장 뚜렷한 피크들은 분자 이온이 조각들로 분해해서 생긴다.

이 쪼개짐은 벤질 양이온의 안정성 때문에 생성되지만, 실제로는 벤질 양이온의 재배열로 형성되는 트로필륨(tropylium) 양이온이 이 피크를 나타나는 화학종임을 암시하는 증거가 된다.

트로필륨(tropylium) 양이온에 대한 구조는 11.20절에 있다.

문제 13.28

다음 화합물 중 하나에 대한 기준 피크가 *m/z* 105에서 나타나고, 다른 두 개에 대해서는 *m/z* 119에서 나타난다. 이 화합물들을 그들의 기준 피크들에 대한 *m/z* 값들과 맞추시오.

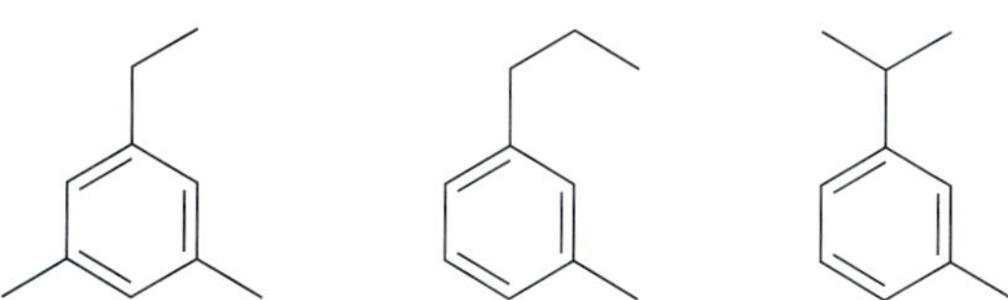

문제 13.29

1-브로모-4-프로필벤젠과 (3-브로모프로필)벤젠의 질량 스펙트럼이 그림 13.44에 주어져 있다. 각 화합물에 해당하는 질량 스펙트럼을 짝지으시오. 그리고 각 스펙트럼에서 기준 피크에 해당하는 이온의 구조를 그리시오.

Br　　　　Br

1-브로모-4-프로필벤젠　　(3-브로모프로필)벤젠

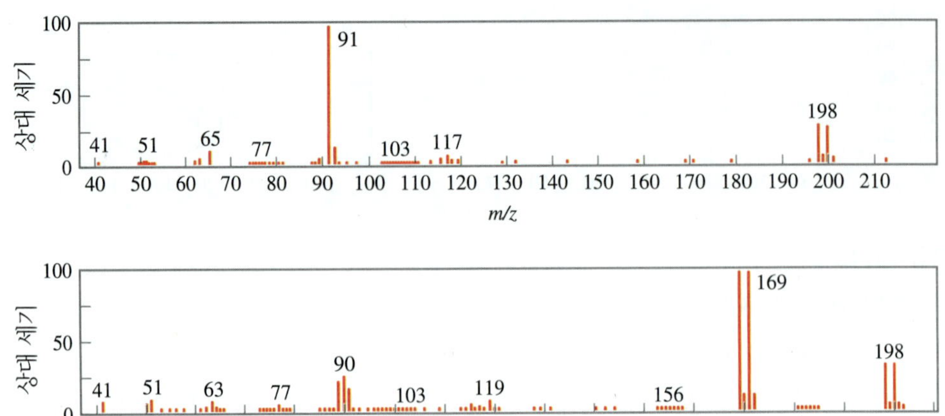

그림 13.44

1-브로모-4-프로필벤젠과 (3-브로모프로필)벤젠의 질량 스펙트럼.

전자충격법(EI) 외 다른 이온화 방법은 25장의 *Peptide Mapping and MALDI Mass Spectrometry*에 소개되어 있다.

전자 충격 때 분자들이 어떻게 쪼개지는지를 이해하면 질량 스펙트럼을 자세히 분석하여 미지 화합물의 구조를 쉽게 추론할 수 있고, 서로 다른 종류의 화합물임을 밝혀주는 토막내기 양식들이 문헌에 충분히 밝혀져 있다. 뒤에 오는 장들에서 여러 무리의 화합물들이 다루어질 때 전자 충격의 여러 조건들에서 그들이 어떤 양식으로 쪼개지는지에 대해서 설명하고자 한다.

13.25 구조 결정의 실마리가 되는 분자식

바로 앞 절에서 본 바와 같이 질량 스펙트럼의 토막내기 형식을 분자구조 단위의 견지에서 해석하면 질량 분석법은 단지 분자량을 결정하는 도구라 아니라 그 이상의 유용한 방법임을 알 수 있다. 그러나 분자량만으로도 우리가 생각할 수 있는 것 이상의 많은 정보를 제공할 수 있다.

상대적으로 간단한 예는 **질소 법칙(nitrogen rule)**이다. 홀수 개의 질소를 가진 분자는 분자량이 홀수이다. 단지 C, H, O나 짝수 개의 질소를 가진 분자는 분자량이 짝수이다.

아닐린(C_6H_7N) — *p*-나이트로아닐린($C_6H_5N_2O_2$) — 2,4-다이나이트로아닐린($C_6H_5N_3O_4$)

분자량: 93 — 138 — 183

두 번째 예는 헵테인과 아세트산 사이클로프로필과 같이 분자량은 같지만 다른 분자식을 가진 다른 화합물에 관한 것이다.

헵테인(C_7H_{16}) — 아세트산 사이클로 프로필($C_5H_8O_2$)

보통 분자량은 정수가 되도록 사사오입하므로 두 화합물의 분자량은 모두 100이며, 전형적인 질량 스펙트럼에서는 둘 다 *m/z* 100에서 분자 이온의 피크가 생긴다. 그러나 질량 스펙트럼들은 각 이온에 있는 동위원소들에 따라서 다른 동위원소 무리들을 가진다. C, H 그리고 O들의 주요한 동위원소들의 정확한 값들을 사용하면 헵테인(C_7H_{16})과 아세트산 사이클로프로필($C_5H_8O_2$)의 분자 이온들에 대해서 *m/z*가 100.1253과 100.0524인 정확한 질량(exact masses)이 계산된다. 이 값들은 비슷하지만 *고분해능의 질량 분석기(high resolution mass spectroscopy)*를 사용하여 구별할 수 있다. 이 사실은 분자 이온의 정확한 질량을 보통 고유한 분자식 형태로 바꿀 수 있음을 의미한다.

주기율표에 있는 원자량을 사용하여 C_7H_{16}과 $C_5H_8O_2$에 대한 분자량을 계산할 수 없다. 왜냐하면, 정확한 ^{12}C에 대한 값은 12.00000이고 ^{1}H은 1.00783, ^{16}O은 15.9949이기 때문이다.

일단 분자식을 알면 구조식을 결정하는 시행착오의 횟수를 줄일 수 있다. 예를 들어, 분자식이 C_7H_{16}인 헵테인의 경우를 생각해 보자. C_nH_{2n+2}에 해당하는 분자식으로부터 이 화합물은 알케인류의 화합물임을 쉽게 알 수 있다.

C_7H_{14}이라는 분자식을 가진 물질의 경우는 어떠한가? 이 화합물은 알케인일 수는 없고, 사이클로알케인이거나 알켄일 것이다. 왜냐하면, 이 두 부류의 탄화수소는 일반 분자식 C_nH_{2n}에 상응하기 때문이다. *고리 또는 이중결합이 유기분자에 있을 때는 언제나 그 분자식은 같은 수의 탄소를 가진 알케인의 분자식보다 수소 두 개가 적다.*

수소결핍 지수를 의미하는 다른 단어는 불포화 원소수, 불포화 자리수, 그리고 이중결합 및 고리의 전체 갯수의 합이다.

분자식, 다중결합 그리고 고리들 사이의 관계를 **수소결핍 지수(index of hydrogen degiciency)**라고 하며, 다음의 식으로 나타낼 수 있다.

$$\text{수소결핍 지수} = \frac{1}{2}(C_nH_{2n+2} - C_nH_x)$$

이 식에서 C_nH_x는 화합물의 분자식이다.

C_7H_{14}이라는 분자식을 가진 분자의 수소결핍 지수는 1이다.

$$\text{수소결핍 지수} = \frac{1}{2}(C_7H_{16} - C_7H_{14})$$

$$\text{수소결핍 지수} = \frac{1}{2}(2) = 1$$

그러므로 이 화합물은 한 개의 고리 또는 한 개의 이중결합을 가진다. 이 화합물은 삼중결합을 가질 수 없다.

C_7H_{12}라는 분자식을 가진 분자는 상응하는 알케인보다 네 개의 수소를 덜 가진다. 이 화합물은 수소결핍 지수가 2이며, 두 개의 고리, 두 개의 이중결합, 한 개의 고리와 한 개의 이중결합, 또는 한 개의 삼중결합을 가질 수 있다.

탄화수소들이 아닌 물질들, 예를 들어, 1-헵탄올[$CH_3(CH_2)_5CH_2OH$]과 같은 물질은 어떠한가? 이 화합물의 분자식($C_7H_{16}O_2$)은 헵테인과 같은 탄소 대 수소의 비를 가지며, 헵테인과 마찬가지로 이중결합이나 고리를 가지지 않는다. 이 절의 앞에서 구조식을 보여 준 아세트산 사이클로프로필($C_5H_8O_2$)은 한 개의 고리와 한 개의 이중결합을 가지며, 수소결핍 지수는 2이다. *산소 원자는 수소결핍 지수에 아무런 영향을 미치지 않는다.*

수소와 마찬가지로 할로젠 치환기는 1가이며, 이 치환기가 분자식에 있을 때 이것은 마치 수소인 것처럼 취급해서 센다. 질소가 있을 때는 분자식에서 수소를 하나 제거한다.

고리와 이중결합을 어떻게 구별하는가? 이 추가 정보는 촉매 수소화 실험에서 얻는데, 이 실험에서 소비되는 수소의 양을 정확하게 측정한다. 분자에 있는 각 이중결합은 1몰 당량의 수소를 소비하지만, 고리는 영향을 받지 않는다. 예를 들어 수소결핍 지수가 5이고 3몰의 수소를 흡수하는 물질은 두 개의 고리를 가져야 한다.

문제 13.30

다음의 각 화합물에는 몇 개의 고리가 있는가? 각 화합물은 촉매 수소화에서 2mol의 수소를 소비한다.

(a) $C_{10}H_{18}$
(b) C_8H_8
(c) $C_8H_8Cl_2$
(d) C_8H_8O
(e) $C_8H_{10}O_2$
(f) C_8H_9ClO
(g) C_3H_5N
(h) C_4H_5N

풀이 예시 (a) 분자식 $C_{10}H_{18}$은 같은 탄소를 가지는 알케인($C_{10}H_{22}$)보다 네 개의 수소가 적다. 그러므로 이 화합물의 수소결핍 지수는 2이다. 이것은 촉매 수소화 반응에서 2mol 당량의 수소를 소비하므로, 두 개의 이중결합을 가지고 고리를 가지지 않는다.

13.26 요약

13.1절 오늘날의 유기화학에서 구조 결정은 기기 분석법에 크게 의존한다. 가장 널리 사용하는 몇 가지 방법들은 전자기 복사의 흡수에 의존한다.

13.2절 전자기 복사의 흡수는 분자를 가장 안정한 상태[바닥(ground) 상태]에서 더 높은 에너지 상태[들뜬(excited) 상태]로 들뜨게 한다.

분광법	*일어나는 전이*
핵자기공명	원자핵의 스핀상태들 사이에서
적외선	진동 상태들 사이에서
자외선-가시광선	전자 상태들 사이에서

질량 분석법은 전자기 복사선의 흡수에 근거를 둔 것이 아니라 물질이 고에너지의 전자와 충돌해서 이온화할 때 일어나는 일을 조사하는 것이다.

^1H 핵자기공명 분광법

13.3절 외부 자기장이 있을 때 양성자의 $+\frac{1}{2}$과 $-\frac{1}{2}$의 핵 스핀상태들은 근소하게 다른 에너지를 가진다.

13.4절 양성자가 낮은 스핀상태에서 높은 스핀상태로 갑자기 바뀌는 데 필요한 에너지는 분자들이 외부의 자기장으로부터 핵을 어느 정도 가리는가에 따라 달라진다.

13.5절 분자 안에서 다른 환경에 있는 양성자들은 **화학적 이동(chemical shift)**이 다르다. 즉, 양성자들이 겪는 가리움의 정도가 서로 다르다. 화학적 이동 δ은 테트라메틸사일레인(TMS)을 기준으로 하여 백만분율(ppm)로 나타낸다. 표 13.1은 여러 유형의 양성자들에 대한 특성적인 화학적 이동을 나타낸 것이다.

13.6절 화학적 이동 이외에 ^1H NMR 스펙트럼은 아래의 자료들을 근거로 해서 구조에 관한 정보를 제공한다.

신호의 수(number of signals): 다른 종류의 양성자들이 몇 개 있는지를 알려준다.

적분한 넓이(integrated areas)*:* 다른 종류의 양성자들의 존재비를 알려준다.

갈라짐 양식(splitting pattern)*:* 신호를 내는 양성자로부터 두 개 또는 세 개의 결합 내에 있는 양성자들의 수에 관한 정보를 제공한다.

13.7절 NMR 신호의 **스핀-스핀 갈라짐(spin-spin splitting)**은 두 개의 결합 [*같은자리 짝지음(geminal coupling)*] 또는 세 결합[*이웃자리 짝지음(vicinal coupling)*]으로 분리된 핵 스핀들의 결과로 일어난다.

같은 자리수소는 두 개의 결합으로 분리된다 / 아웃자리 수소는 세 개의 결합으로 분리된다

가장 간단한 경우에는 신호가 갈라져서 생기는 피크의 수가 $n + 1$과 같다. 여기서 n은 문제의 양성자와 짝짓는 양성자들의 수이다. 동일한 화학적 이동을 가지는 양성자들은 서로의 신호를 가르지 않는다.

13.8절 CH_3CH_2X형의 화합물들에서 에틸기의 메틸 양성자들은 *삼중선*(*triplet*)으로 나타나고, 메틸렌 양성자들은 *사중선*(*quarter*)으로 나타난다.

13.9절 $(CH_3)_2CHX$형의 화합물들에서 아이소프로필기의 메틸 양성자들은 *이중선*(*doublet*)으로 나타나고, 메틴 양성자들은 *칠중선*(*septet*)으로 나타난다.

13.10절 *한쌍의 이중선*(*a pair of doublet*)은 아래에 나타낸 형의 양성자들에 대한 신호의 특성이다(W, X, Y 및 Z들은 H 또는 H 자신을 가르는 원자들이 아니다).

```
    X   Y
    |   |
W — C — C — Z
    |   |
    H   H
```

13.11절 한 양성자가 서로 다른 두 개 또는 두 개 이상의 양성자들과 동등하지 않게 짝지었을 때는 복잡한 갈라짐 양식들이 일어난다.

13.12절 알코올 O—H 양성자와 짝지음으로 일어나는 갈라짐은 보통은 관찰되지 않는데, 그 이유는 하이드록실 양성자가 다른 알코올 분자들과 빠른 분자 간 교환 반응을 하기 때문이다.

13.13절 형태의 변환과 같은 작용들은 NMR로 검출할 수 있는 것보다 더 빨리 일어난다. 따라서, NMR은 양성자의 평균(average) 환경에 관한 정보를 제공한다. 예를 들어, 사이클로헥세인은 어느 순간에서든 열두 개의 양성자들 중 여섯 개는 수직에 있고, 나머지 여섯 개는 수평에 있는데도 열두 개의 양성자들에 대해서 하나의 피크만을 나타낸다.

^{13}C 핵자기공명 분광학

13.14절 ^{13}C는 $\pm\frac{1}{2}$의 핵 스핀을 가지지만 시료의 모든 탄소의 약 1%만이 ^{13}C이다. 그러나 펄스파 FT-NMR 기술을 쓰면 양질의 ^{13}C NMR 스펙트럼을 얻을 수 있으며, ^{1}H NMR 스펙트럼의 유용한 보체이다.

13.15절 ^{13}C 신호들은 양성자 신호들보다 서로 멀리 떨어져 있으며, ^{13}C NMR 스펙트럼은 해석하기가 비교적 쉽다. 표 13.2은 다양한 환경에 있는 탄소들에 대한 화학적 이동 값들을 나타낸 것이다.

13.16절 ^{13}C NMR 스펙트럼은 적분하는 경우가 거의 없는데, 그 이유는 펄스파 FT 기술은 신호의 세기를 일그러뜨리기 때문이다.

13.17절 탄소의 신호들은 보통 단일선으로 나타나지만, 아래에 보인 다양한 종류의 탄소들을 구별할 수 있는 몇 가지 기술들이 있다.

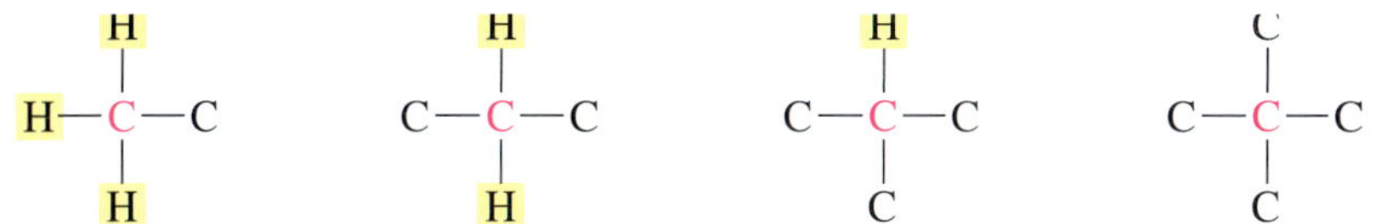

세 개의 수소가 결합 (1차 탄소) | 두 개의 수소가 결합 (2차 탄소) | 한 개의 수소가 결합 (3차 탄소) | 결합된 수소가 없다 (4차 탄소)

13.18절 결합된 수소의 수에 따라서 탄소를 구별하는 특수한 기술들 중의 하나를 **DEPT**라고 한다. 서로 다른 펄스파 연속과정을 사용한 일련의 NMR 측성들은 정상의 피크, 잃어진 피크 그리고 거꾸로 된 피크를 내는데, 이 피크들을 근거로 해서 1차, 2차, 3차 및 4차 탄소들을 지정할 수 있다.

13.19절 2D NMR 기술은 추가로 구조 정보를 얻는 데 매우 유용하다. ^1H-^1H COSY스펙트럼은 양성자가 다른 양성자와 짝지음하는 것을 보여 준다. HETCOR 스펙트럼은 ^{13}C와 ^1H 화학적 이동을 연관시켜 C—H 연결을 보여 준다.

적외선 분광법

13.20절 적외선 분광법은 625~4000 cm^{-1}범위의 전자기 복사를 사용하여 진동 에너지 준위들 사이의 전이를 살펴서 분자구조를 조사하는 방법이다. 여기서 cm^{-1}는 파수(wavenumber)의 단위로서 λ^{-1}로 정의한다. 가장 단순한 진동 운동은 두 원자간 결합을 통한 신축 진동이고, 보다 복잡한 진동 운동으로서 분자 내 많은 수의 원자가 함께 관여할 수 있다.

13.21절 적외선 스펙트럼은 작용기에 의해 나타나는 영역(1500~4000 cm^{-1})과 지문 영역(500~1500 cm^{-1})으로 구성된다. 작용기 영역에는 C—H 신축 진동도 포함이 된다. 일반적으로, C—H 신축 진동수는 sp^3혼성 탄소인 경우 3000 cm^{-1} 이하에서 나타나고 sp^2 혼성 탄소인 경우 3000 cm^{-1} 이상에서 나타난다. 지문 영역은 화합물의 구조 결정에 이용되는 것보다는 두 화합물이 서로 같은 화합물인지 아닌지를 구별하기 위해 이용된다.

13.22절 적외선 분광법은 유기화학에 있어서 작용기를 식별하는 데 중요한 역할을 한다. 특정한 작용기를 가진 화합물은 특정한 진동수 영역에서 피크를 나타낸다(표 13.3).

자외선-가시광선 분광법

13.23절 200~800 nm 범위의 전자기 복사가 요구되는 전자 에너지 준위들 사이의 전이는 UV-VIS 분광학의 기초가 된다. 흡수 피크는 폭이 넓은 경향이 있지만, 분자의 내부에 특정한 π 전자의 존재를 확인하는 데 유용하게 사용된다.

질량 분석법

13.24절 질량 분석법은 전자 충격으로 분자가 이온화하고, 이 이온이 작은 조각들로 분해할 때 얻는 정보를 이용한다. 양이온들은 그들의 질량 대 전하의 비(m/z)에 따라서 분리되고 검출된다. 조각들을 살펴보고 전자 충격 때 분자의 부류들이 어떻게 분해하는지를 알아봄으로써 화합물의 구조를 추론할 수 있다. 질량 분석법은 상당히 예민하기 때문에 10^{-9} g정도로 적은 양의 화합물도 충분히 분석할 수 있다.

13.25절 화합물의 분자식은 그 안에 든 이중결합과 고리의 수에 관한 정보를 제공하며, 구조 결정에서 분광법을 보안해 준다.

문제

13.31 다음의 각 화합물은 아래에 나타낸 화학적 이동을 가진 한 개의 피크만으로 이루어지는 ^1H NMR 스펙트럼을 내는 특성이 있다. 각 화합물은 무엇인가?

(a) C_8H_{18}; δ 0.9
(b) C_5H_{10}; δ 1.5
(c) C_8H_8; δ 5.8
(d) C_4H_9Br; δ 1.8
(e) $C_2H_4Cl_2$; δ 3.7
(f) $C_2H_3Cl_3$; δ 2.7
(g) $C_5H_8Cl_4$; δ 3.7
(h) $C_{12}H_{18}$; δ 2.2
(i) $C_3H_6Br_2$; δ 2.6

13.32 ^1H NMR 스펙트럼 및 분자식을 근거로 하여 다음의 각 화합물의 구조를 유추하시오.

(a) C_8H10; δ 1.2 (삼중항, 3H)
δ 2.6 (사중항, 2H)
δ 7.1 (넓은 단일항, 5H)

(b) $C_{10}H_{14}$; δ 1.3 (단일항, 9H)
δ 7.0 to 7.5 (다중항, 5H)

(e) $C_4H_6Cl_4$; δ 3.9 (이중항, 4H)
δ 4.6 (삼중항, 2H)

(d) $C_4H_6Cl_2$; δ 2.2 (단일항, 3H)
δ 4.1 (이중항, 2H)
δ 5.7 (삼중항, 1H)

(c) C_6H_{14}; δ 0.8 (이중항, 12H)
δ 1.4 (칠중항, 2H)

(d) C_6H_{12}; δ 0.9 (삼중항, 3H)
δ 1.6 (단일항, 3H)
δ 1.7 (단일항, 3H)
δ 2.0 (사중항, 2H)
δ 5.1 (삼중항, 1H)

(g) C_3H_7ClO; δ 2.0 (오중항, 2H)
δ 2.8 (단일항, 1H)
δ 3.7 (삼중항, 2H)
δ 3.8 (삼중항, 2H)

(h) $C_{14}H_{14}$; δ 2.9 (단일항, 4H)
δ 7.1 (넓은 단일항, 10H)

13.33 분자식 C_4H_9Cl의 이성질성 화합물들에서 아래의 ^1H NMR 스펙트럼을 가진 것을 선택하시오.

(a) 한 개의 피크만을 가진다.
(b) δ 3.4의 이중선을 포함해서 몇 개의 피크들을 가진다.
(c) δ 3.5의 삼중선을 포함해서 몇 개의 피크들을 가진다.
(d) 한 개의 신호는 δ 1.0에서 삼중선으로 나타나고 또 하나는 δ 1.5에서 이중선으로 나타나는 두 개의 분명한 세 양성자 신호를 포함해서 몇 개의 피크를 가진다.

13.34 다음을 정보를 바탕으로 C_3H_5Br의 이성질성 화합물들을 구분하시오

(a) 이성질체 A는 그림 13.45에 나타나는 ^1H NMR 스펙트럼을 가진다.
(b) 이성질체 B는 ^{13}C NMR에서 세 개의 피크가 다음의 위치에서 나타난다: δ 32.6 (CH_2); 118.8 (CH_2); 134.2 (CH)
(c) 이성질체 C는 ^{13}C NMR에서 두 개의 피크가 δ 12.0 (CH_2) 및 δ 16.8 (CH)에서 나타나고, 낮은 장(lower field)에서 나타나는 피크의 세기는 높은 장(higher field)에서 나타나는 피크의 반 (half)이다.

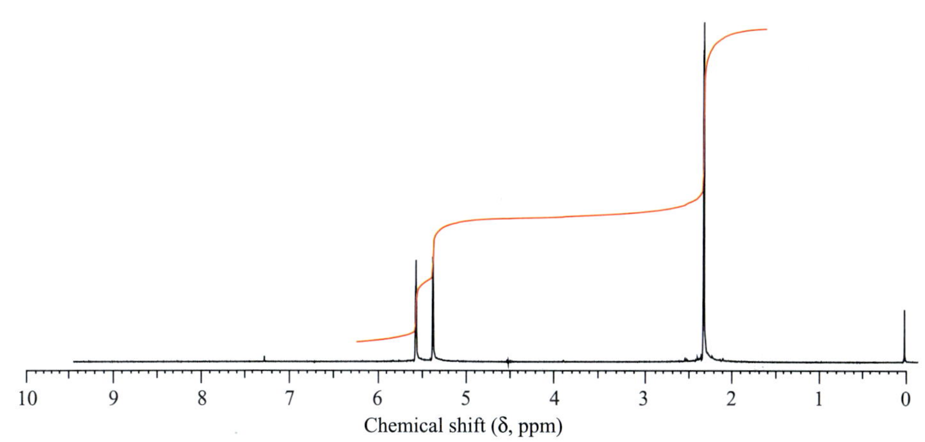

그림 13.45
이성질체 A의 300-MHz ^1H NMR 스펙트럼 (문제 13.34a).

13.35 ^{13}C NMR 스펙트럼들을 근거로 하여 $C_4H_{10}O$ 이성질체들을 구분하시오.

(a) δ 18.9 (CH_3, 두 개의 탄소)
δ 30.8 (CH, 한 개의 탄소)
δ 69.4 (CH_2, 한 개의 탄소)

(b) δ 10.0 (CH_3)
δ 22.7 (CH_3)
δ 32.0 (CH_2)
δ 69.2 (CH)

(c) δ 31.2 (CH_3, 세 개의 탄소)
δ 68.9 (C, 한 개의 탄소)

13.36 분자식이 $C_3H_7ClO_2$인 화합물은 ^{13}C NMR 스펙트럼에서 세 개의 피크가 δ 46.8 (CH_2), δ 63.5 (CH_2), 그리고 δ 72.0 (CH)에서 나타난다. 동일한 탄소 원자에 Cl과 OH를 동시에 가지지 않는다고 할 때(그렇지 않은 경우에는 화합물이 대단히 불안정하다), 이 화합물이 가지는 화학적 구조는 무엇인가?

13.37 다음 화합물에서 비동등 탄소를 표시하여라.

OCH_3 / O / CH_3O / OCH_3 — (*a*)

CH_3O / O / CH_3O / OCH_3 — (*b*)

(*c*)

(*d*)

13.38 플루오렌 (fluorene)의 ^1H NMR 스펙트럼은 δ 3.8과 δ 7.2−7.7에서 적분비가 1:4의 비(ratio)로 나타난다. 이 화합물을 CH_3OD 용매에서 $NaOCH_3$를 함께 넣고 15분 동안 가열교반한 후, ^1H NMR을 측정하였을 때, δ 7.2~7.7에서 나타나는 피크는 그대로인 반면, δ 3.8인 피크는 사라졌다. 이 실험의 결과를 설명하고 반응메커니즘을 제안하여라.

플루오렌

13.39 페닐 바이닐 설폭사이드의 ^1H NMR에서 이웃자리 양성자의 피크가 나타나는 영역을 그림 13.46에 나타내었다. 그림 13.21과 같이 갈라짐 도식을 그리고 각각의 $J_{a,b}$, $J_{b,c}$, 및 $J_{a,c}$를 해당하는 위치에 표시하시오.

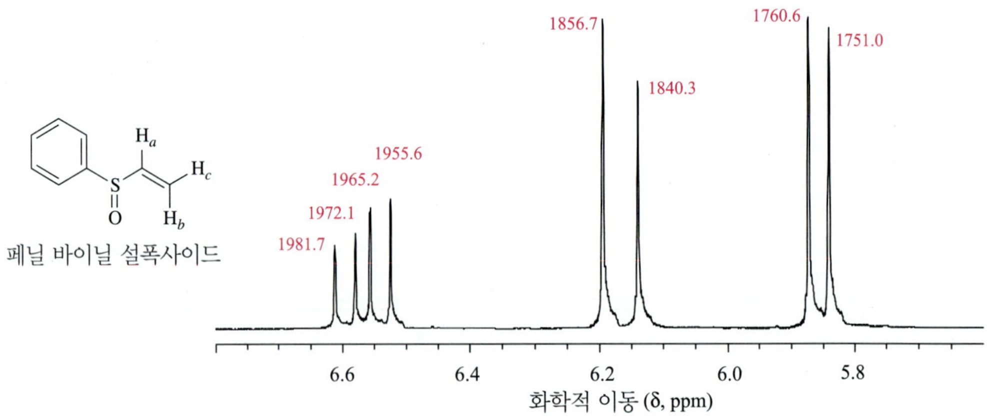

그림 13.46

페닐 비닐 설폭사이드 (phenyl vinyl sulfoxide)의 300-MHz ^1H NMR 스펙트럼에서 이웃자리 양성자 피크가 나타나는 영역.

13.40 화합물 A와 B는 $C_{10}H_{14}$의 분자식을 가지는 이성질체이다. 그림 13.47에 주어진 ^{13}C NMR을 이용하여 각 화합물의 구조를 결정하시오

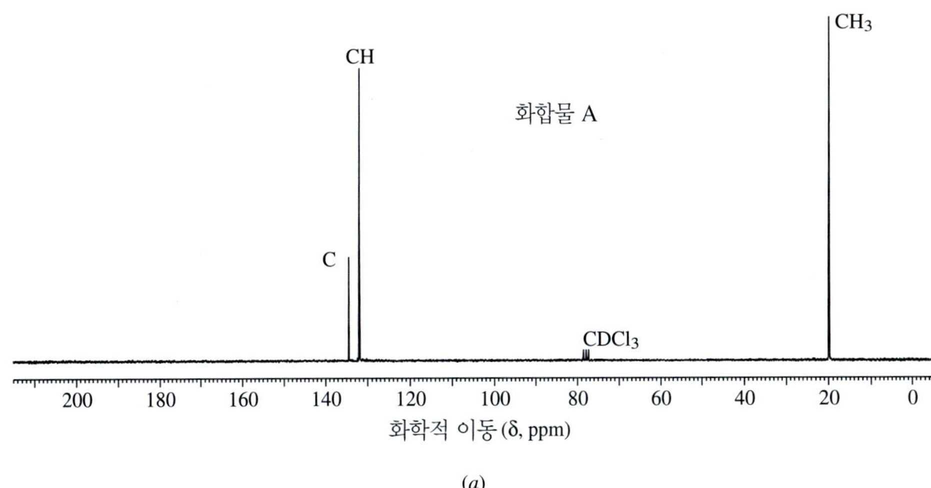

(*a*)

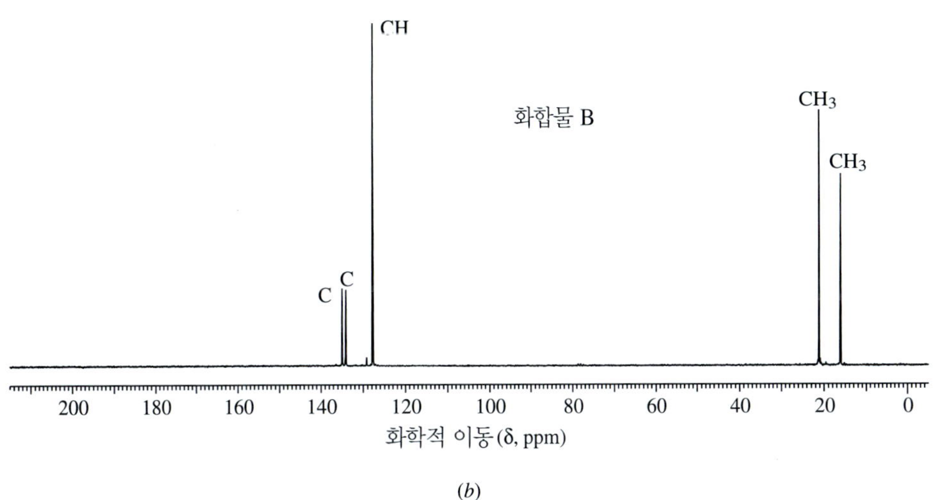

(*b*)

그림 13.47

분자식 $C_{10}H_{14}$을 가지는 이성질체 (a) 화합물 A, (b) 화합물 B의 ^{13}C NMR 스펙트럼 (문제 13.40).

13.41 어떤 탄화수소(hydrocarbon) 화합물에 의해 나타나는 적외선 스펙트럼이 그림 13.48에 주어져 있으며, 이 화합물은 질량 스펙트럼에서 분자이온 (M^+)이 m/z 102에서 나타난다. 이 화합물의 구조는 무엇인가?

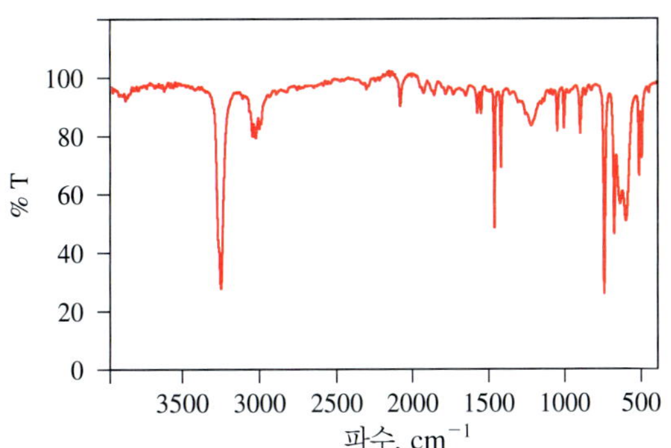

그림 13.48

문제 13.41에서 탄화수소 화합물의 적외선 스펙트럼

13.42 어떤 화합물 ($C_8H_{10}O$)이 그림 13.49에 나타낸 적외선 스펙트럼과 ^1H NMR 스펙트럼을 가진다. 이 화합물의 구조는 무엇인가?

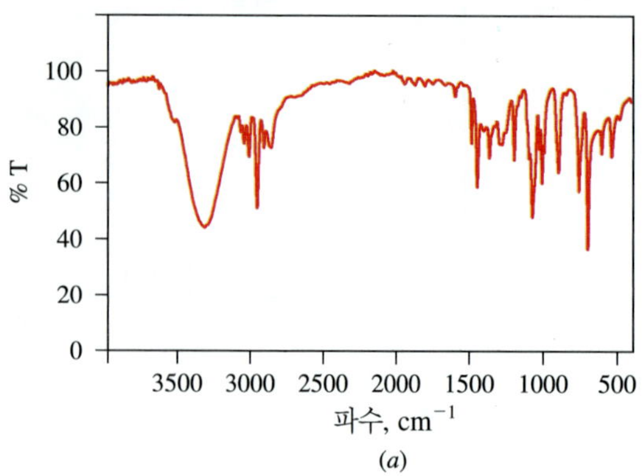

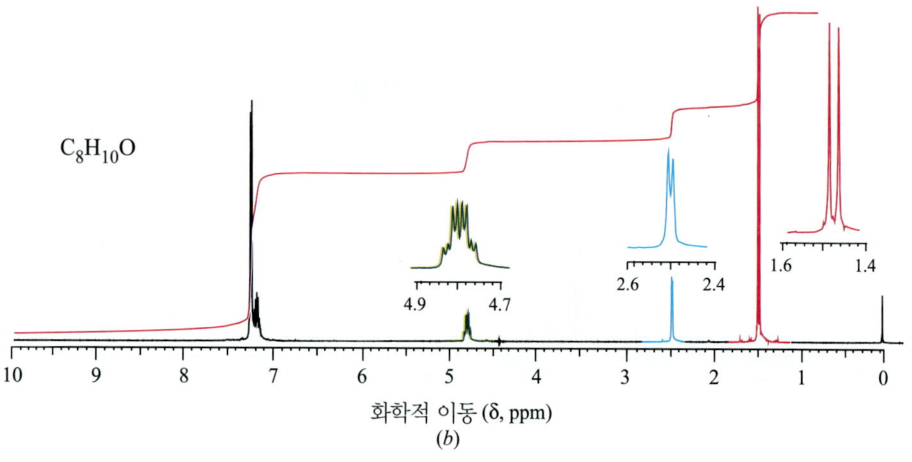

그림 13.49

화합물 $C_8H_{10}O$의 (a) 적외선 스펙트럼과 (b) 300-MHz ^1H NMR 스펙트럼 (문제 13.42).

13.43 그림 13.50에 나타난 질량스펙트럼, 적외선스펙트럼 및 ^{1}H NMR 스펙트럼을 모두 가지는 화합물의 구조를 유추하시오.

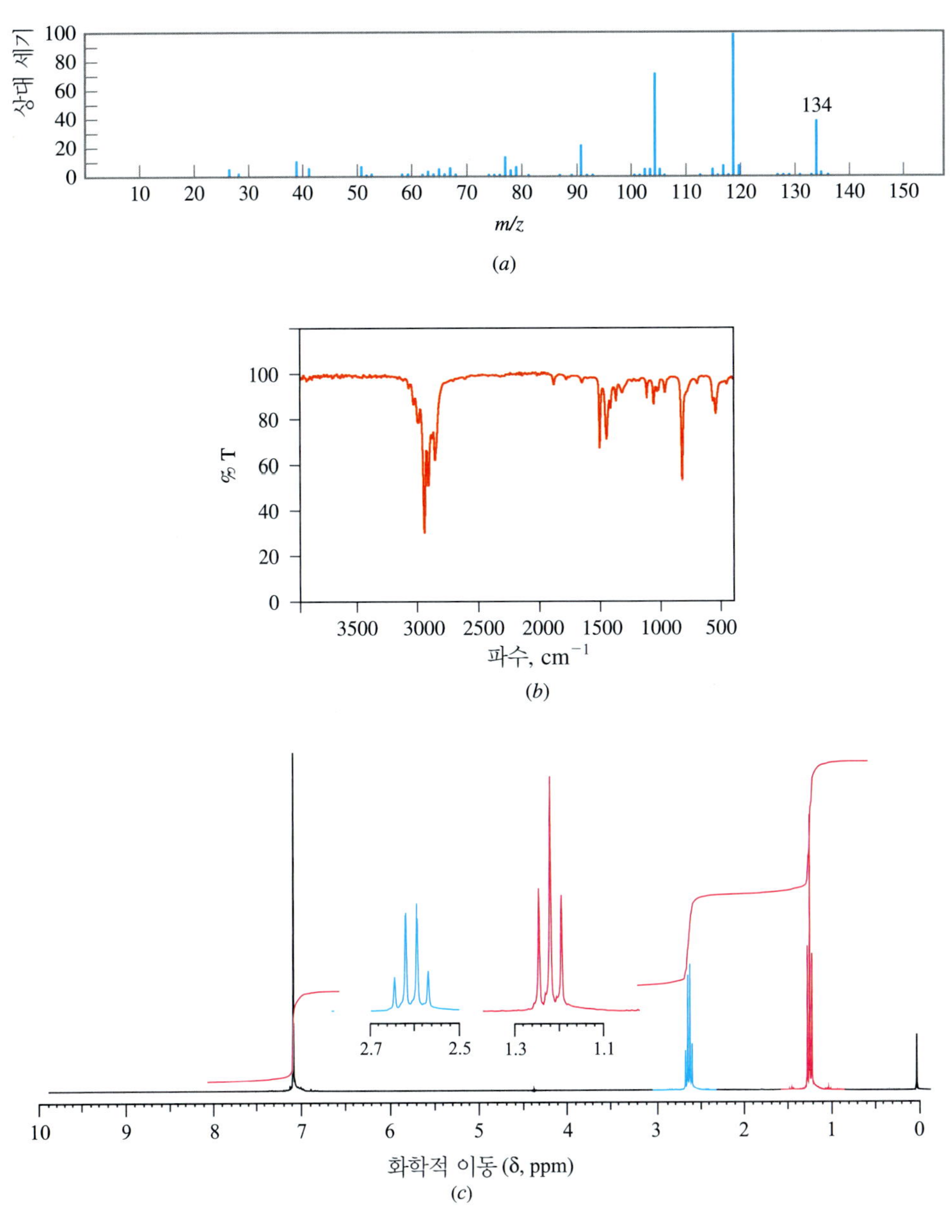

그림 13.50

문제 13.43에 해당하는 화합물의 (a) 질량, (b) 적외선, 및 (c) ^{1}H NMR 스펙트럼

13.44 분자식이 $C_5H_{11}Br$인 브로민화 알킬 화합물은 네 개의 이성질체가 존재하며 이들의 ^{13}C NMR 스펙트럼이 그림 13.51에 주어져 있다. 또한, DEPT 분석을 통해서 얻어진 탄소의 수소 다중도가 각 피크에 표시되어 있다. 각 브로민 알킬 화합물들의 구조를 결정하고 각 화합물들의 피크를 분석하시오.

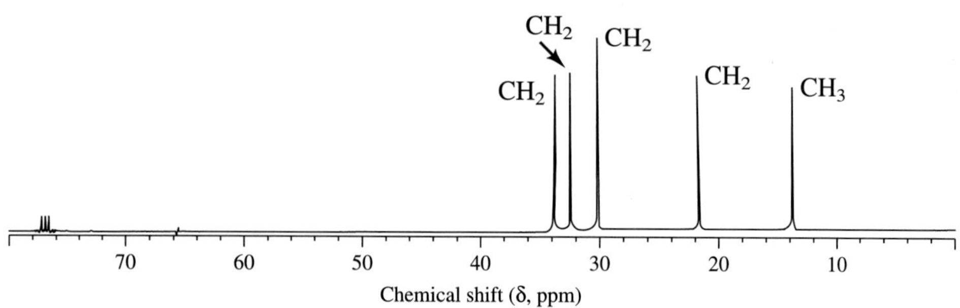

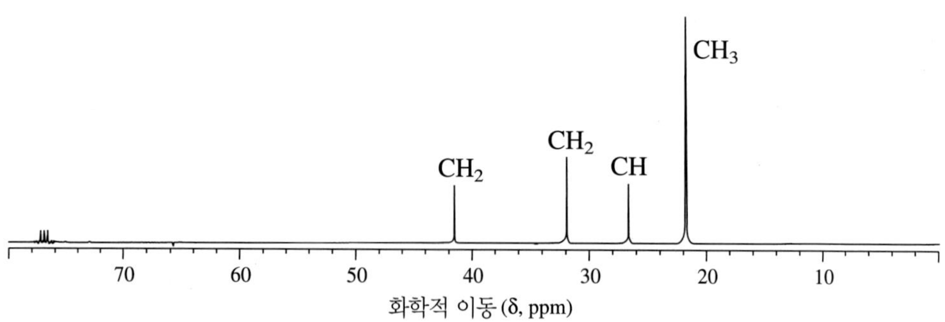

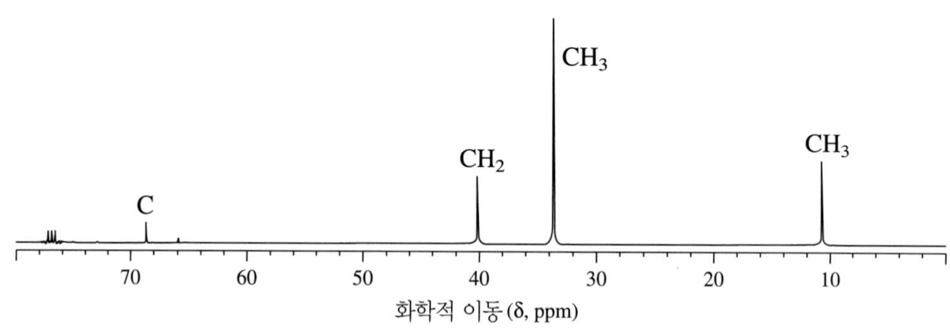

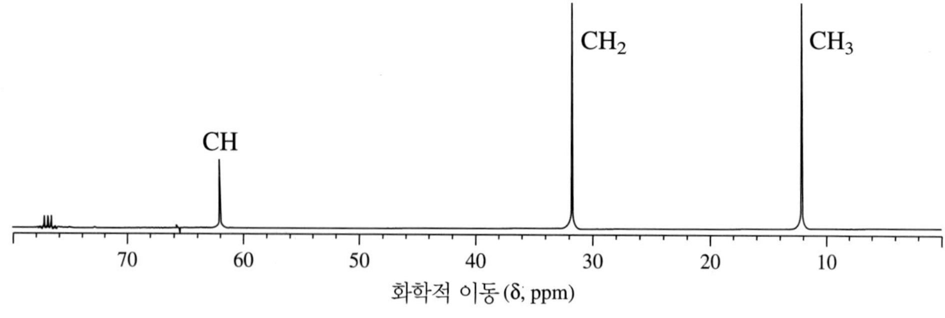

그림 13.51

문제 13.44에서 브로민화 알킬 화합물들의 ^{13}C NMR.

13.45 그림 13.52은 어떤 화합물의 적외선, ^{1}H NMR, ^{13}C NMR, 그리고 질량 스펙트럼을 보여준다. 이 화합물의 구조를 유추하시오.

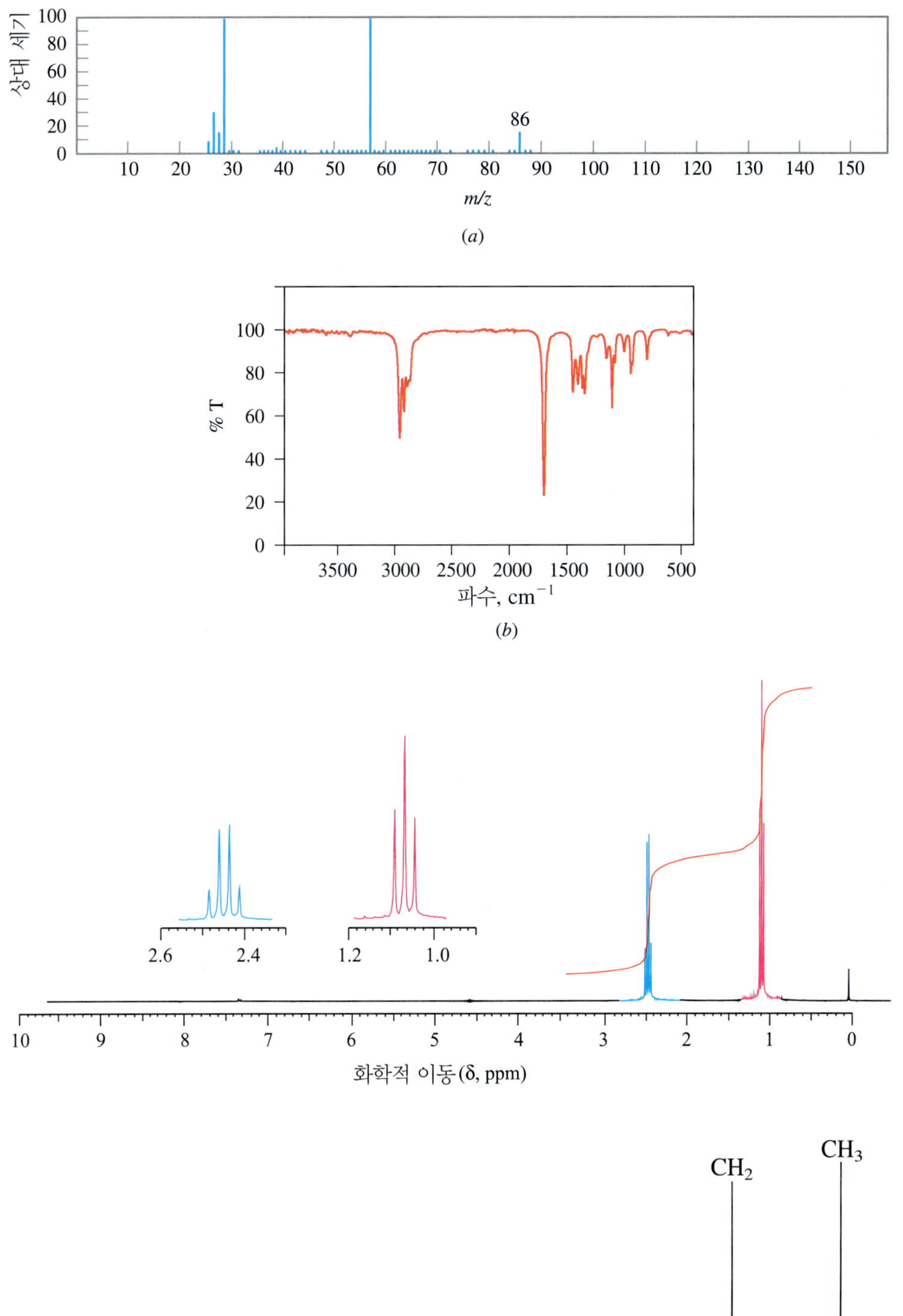

그림 13.52

문제 13.45의 화합물에 해당하는 (a) 질량, (b) 적외선, (c) 300-MHz ^{1}H NMR, (d) ^{13}C NMR 스펙트럼

13.46 [24]아뉼렌(annulene)의 안쪽과 바깥쪽에 있는 양성자 중 어느 것이 좀 더 가려져 있는가?

13.47 ^{31}P은 자연계에 존재하는 인 동위원소이며, $\pm\frac{1}{2}$의 핵 스핀을 가지고 있다. 트라이메틸 포스파이트, $(CH_3O)_3P$의 ^1H NMR 스펙트럼에서는 12 Hz만큼 갈라진 메틸 양성자에 대한 이중선이 나타난다.

(a) ^{31}P 신호는 몇 개의 피크로 나뉘겠는가?

(b) ^{31}P 다중선의 가장 낮은 것과 높은 자기장의 피크 사이의 화학적 이동(Hz로 나타낸)은 얼마인가?

13.48 어떤 화합물의 ^1H NMR, ^{13}C NMR,적외선 스펙트럼 및 질량 스펙트럼이 그림 13.53에 주어져 있다. 이 화합물의 구조를 각 스펙트럼의 해석에 기초하여 구조를 제안하시오.

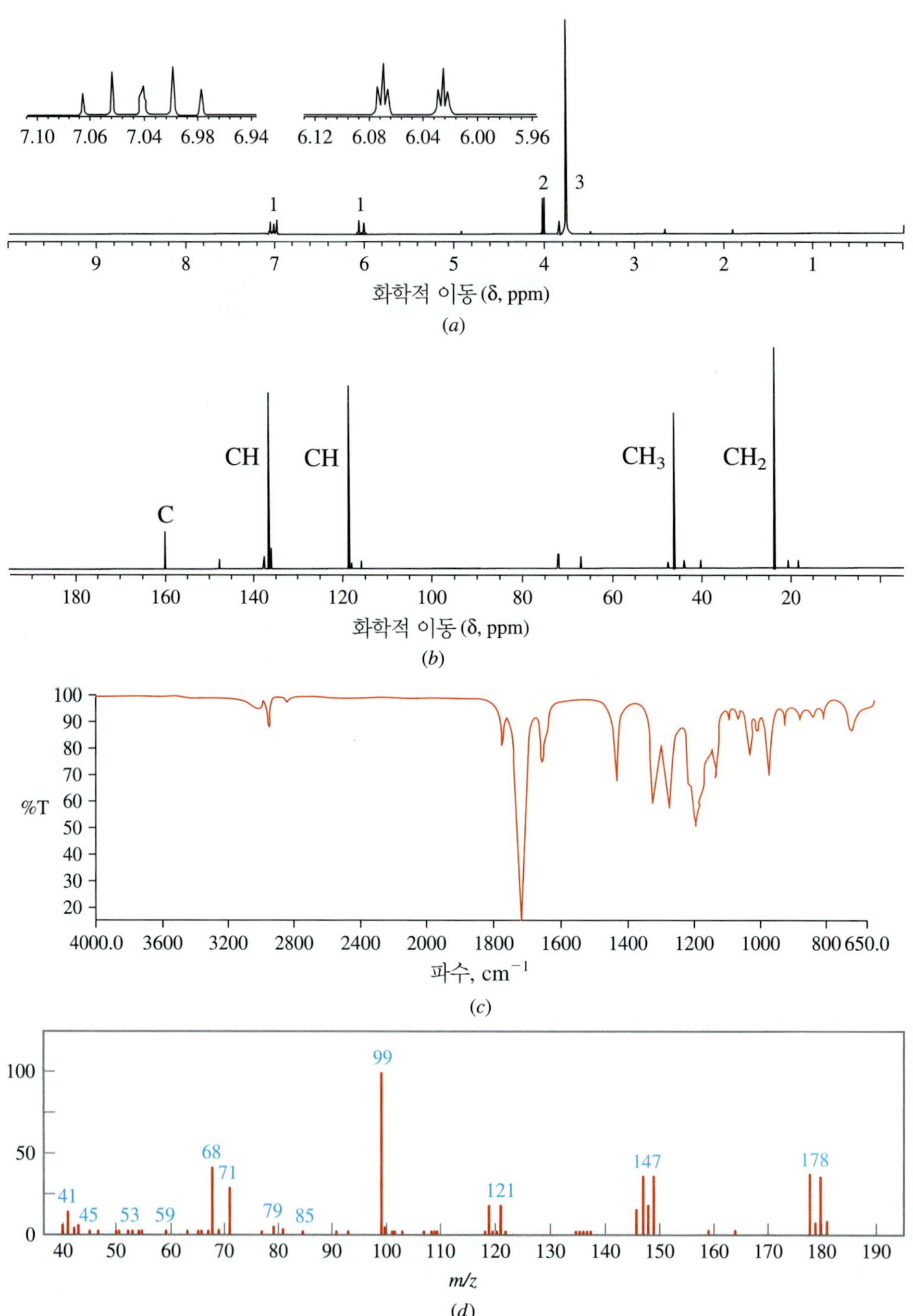

그림 13.53

문제 13.48의 화합물에 대한 (a) ^1H NMR, (b) ^{13}C NMR, (c) 적외선, (d) 질량 스펙트럼.

13.49 벤젠과 1-클로로벤젠의 Friedel-Crafts 알킬화 반응을 통해서 얻어지는 화합물을 가지고 ^{1}H 및 ^{13}C NMR을 측정하였다(그림 13.54). DEPT 분석을 통한 탄소의 수소 다중도를 결정하여 ^{13}C NMR 스펙트럼에 표시하였다. 생성물의 구조를 결정하시오.

$$\text{C}_6\text{H}_6 + CH_3CH_2CH_2CH_2Cl \xrightarrow{AlCl_3} C_{10}H_{14}$$

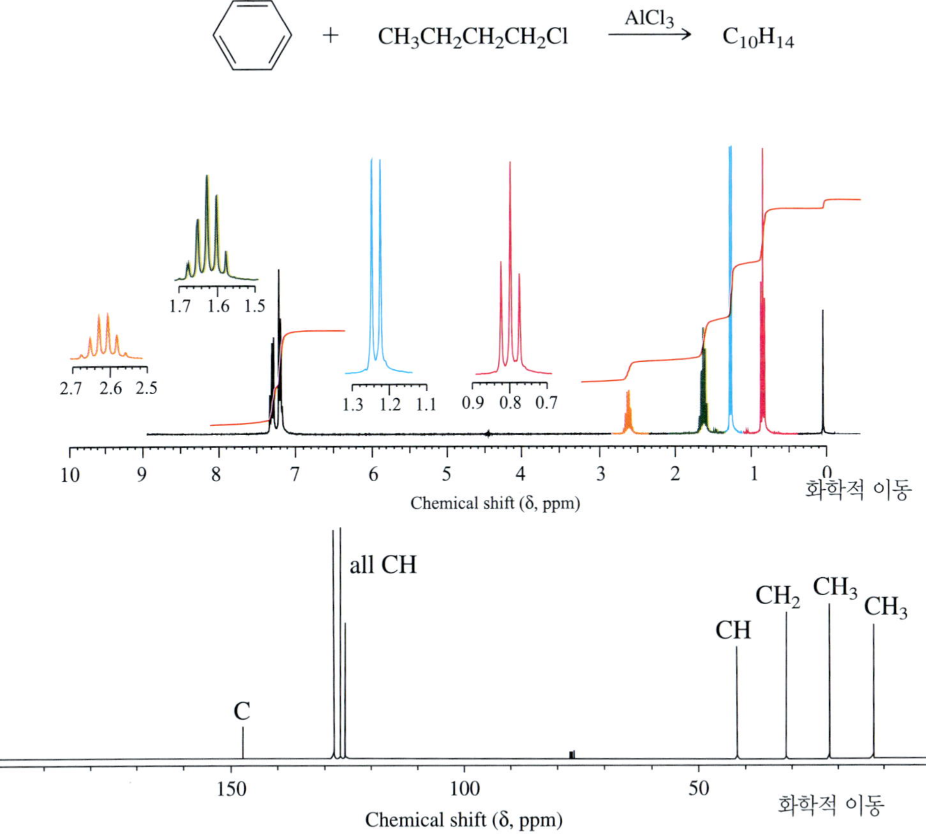

그림 13.54

문제 13.49의 화합물에 대한 (a) ^{1}H NMR, (b) ^{13}C NMR.

설명문과 이해 문제 13

짝지움 상수에 대한 심화 이해

양성자는 인접한 다른 양성자와의 핵스핀 짝지움으로 인해 ^{1}H NMR에서 그 양성자의 신호가 두 개 또는 그 이상의 개수로 갈라지게 된다. 갈라진 피크간의 차이를 Hertz (Hz) 단위로 나타낸 화학적 이동 값의 차이는 분자의 구조적 정보를 제공할 수 있으며, 이 차이의 크기는 짝지움 상수 (*J*)에 영향을 받는다. 대부분의 경우 짝지움 상수는 스펙트럼상에서 바로 결정할 수 있다. 예를 들면, 브로민화 에틸(ethyl bromide)의 ^{1}H NMR 스펙트럼에서 사중선(quartet) 또는 삼중선(triplet)이 나타나는데, 이들 다중선간의 차이는 7.5 Hz이다. 이는 이웃자리(vicinal) 짝지움 또는 세 결합 짝지움 (H—C—C—H)에 의해 나타나는 짝지움 상수(^{3}J)이다.

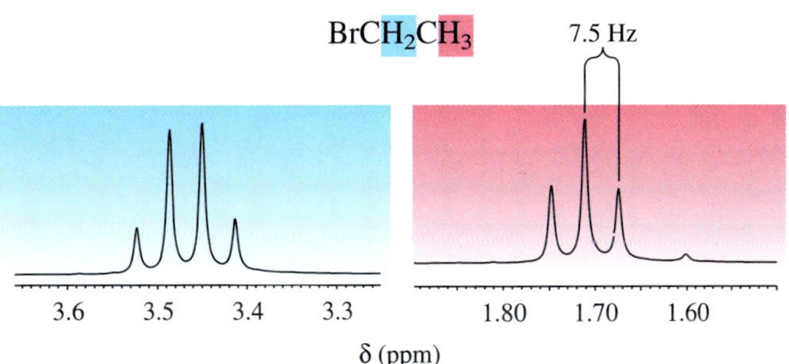

브로민화 에틸에서 나타나는 갈라짐 양식은 $n + 1$ 규칙을 따른다. 이는 n 개의 인접한 비등동성 양성자가 관찰하고자 하는 양성자 피크를 $n + 1$개로 갈라지게 한다는 것을 의미한다. 그러나, 관찰하고자 하는 양성자가 인접한 두 개 이상의 비등동성 수소와 동일하게 짝지음이 일어나지 않을 때, 관찰하고자 하는 양성자의 갈라짐 정도는 서로 상이하게 일어난다. 예를 들어, 바이닐 아세테이트(vinyl acetate)에 있는 바이닐 양성자 H_a, H_b, 및 H_c는 서로간의 짝지음 정도가 같지 않아 각각의 양성자가 이중선의 이중선(doublet of doublets)으로 갈라진다(그림 13.56).

표 13.5는 몇 가지 분자들에 대한 대표적인 짝지음 상수를 보여준다. 주어진 짝지음 상수 범위 내에서, 정확한 짝지음 상수 값은 양성자간 짝지음 거리, 양성자가 결합된 원자의 혼성화 및 전자친화도 정도, 결합각 및 π-결합의 존재 등 다양한 요소들에 의해 영향을 받는다.

표에서 나타낸 바와 같이, ^{1}H NMR은 벤젠고리내 양성자가 서로 어떠한 관계(예를 들면, ortho, meta 그리고 para)에 있는지를 보여줄 수 있고, 이중결합내에서 두 양성자가 어떤한 관계(예를 들면, 시스(cis), 트랜스(trans) 또는 동일자리(germinal)에 있는지 보여줄 수 있으며, 또한 사이클로헥세인(cyclohexane)의 인접한 양성자가 어떠한 관계(예를 들면, gauche 또는 anti)에 있는지를 보여줄 수 있다.

이웃자리 양성자간의 결합각과 짝지음 상수 (J) 간의 상관관계는 Columbia 대학의 Martin Karplus 교수에 의해 이론적으로 연구가 되었다. 그에 따르면, 이웃한 양성자(H—C—C—H)간의 결합각이 0° 또는 180°일 때 ^{3}J가 최대가 되며, 90° 일대 최소가 된다(그림 13.57).

13.50 그림 13.56과 표 13.5를 참조하여, 아세트산 바이닐(vinyl acetate)의 바이닐 양성자 H_a, H_b, H_c의 화학적 이동 (d) 값을 정하여라.

(a) H_a: δ 4.57 H_b: δ 4.88 H_c: δ 7.28
(b) H_a: δ 4.88 H_b: δ 4.57 H_c: δ 7.28
(c) H_a: δ 7.28 H_b: δ 4.88 H_c: δ 4.57
(d) H_a: δ 7.28 H_b: δ 4.57 H_c: δ 4.88

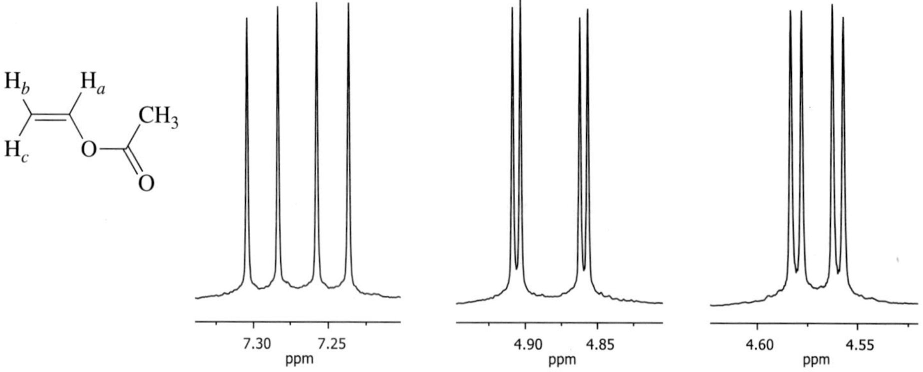

그림 13.56

아세트산 바이닐 (vinyl acetate)의 300 MHz ^{1}H NMR 스펙트럼에서 이중선의 이중선 (doublet of doublets)으로 나타나는 바이닐 양성자들

표 13.5 대표적인 짝지음 상수값 (Hz)*

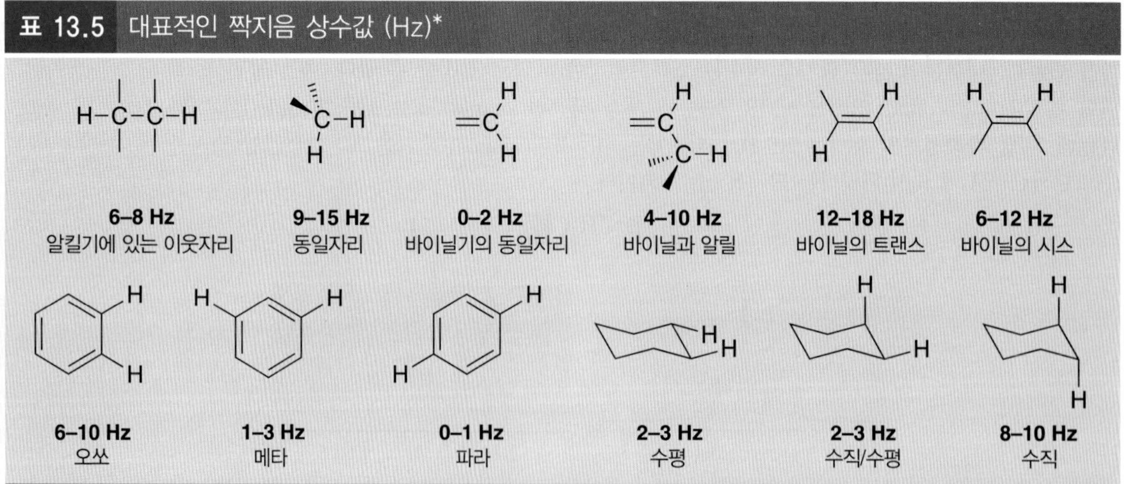

6–8 Hz	9–15 Hz	0–2 Hz	4–10 Hz	12–18 Hz	6–12 Hz
알킬기에 있는 이웃자리	동일자리	바이닐기의 동일자리	바이닐과 알릴	바이닐의 트랜스	바이닐의 시스
6–10 Hz	**1–3 Hz**	**0–1 Hz**	**2–3 Hz**	**2–3 Hz**	**8–10 Hz**
오쏘	메타	파라	수평	수직/수평	수직

* 일부 화합물에서 ^{1}H 짝지음 상수 (J)가 음의 값을 가질 수 있으나, 스펙트럼의 모양에는 영향을 미치지 않는다.

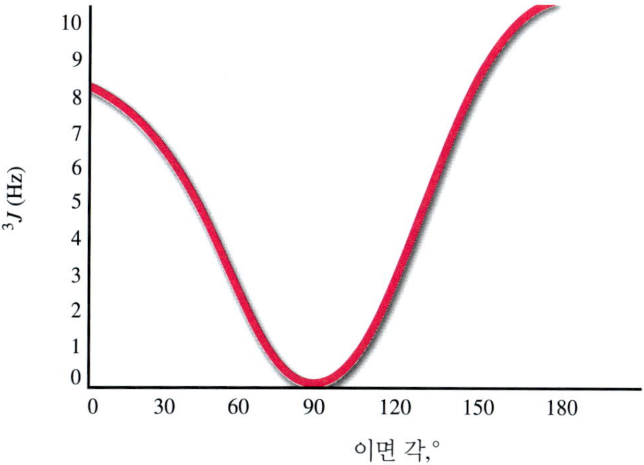

그림 13.57

이웃한 양성자 (H—C—C—H)간 결합각과 짝지음 상수간의 Karplus 관계도

13.51 입체이성질체인 4-*tert*-뷰틸사이클로헥산올에서 C(1)에 결합된 양성자의 짝지음 상수에 대한 설명 중 올바르지 않은 것을 고르시오.

trans-4-*tert*-뷰틸사이클로헥산올 *cis*-4-*tert*-뷰틸사이클로헥산올

(a) C(1)에 있는 양성자와 C(2) 및 C(6)에 있는 수직방향(axial) 양성자간 짝지음 상수는 8 Hz이다.

(b) C(1)에 있는 양성자와 C(2) 및 C(6)에 있는 수평방향(equatorial) 양성자간 짝지음 상수는 2 Hz이다.

시스 (cis) 이성질체에서

(c) C(1)에 있는 양성자와 C(2) 및 C(6)에 있는 수직방향(axial) 양성자간 짝지음 상수는 8 Hz이다.

(d) C(1)에 있는 양성자와 C(2) 및 C(6)에 있는 수평방향(equatorial) 양성자간 짝지음 상수는 2 Hz이다.

13.52 에이피오스(apiose)는 자연계에 존재하는 탄수화물로서 'diacetone apiose'로부터 추출되어진 물질이다. 이 물질의 C(1) 및 C(2) 존재하는 양성자들은 3.7 Hz의 짝지음 상수를 가진다. 다음의 설명 중 올바른 것을 고르시오.

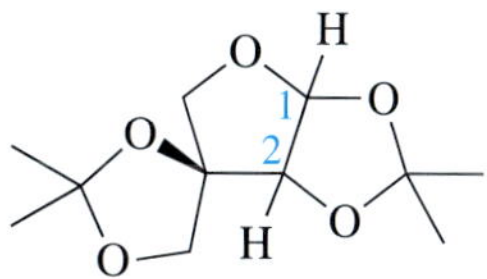

다이아세톤 에이피오스
(diacetone apiose)

(a) C(1)과 C(2)의 양성자는 서로 겹친다 (eclipsed).

(b) H—C(1)—C(2)—H의 결합각이 30°–60° 사이의 각을 이룬다.

(c) H—C(1)—C(2)—H의 결합각이 145°~165° 사이의 각을 이룬다.

(d) C(1)과 C(2)의 양성자는 서로 반대 방향(anti)으로 배열된다.

13.53 그림 13.58에는 두 개의 이성질체를 가지는 글루코스 혼합물의 ^{1}H NMR 스펙트럼으로서 H_1에 대한 피크를 보여준다. 이 스펙트럼으로부터 어떤 이성질체가 주로 분포하는지 설명하시오.

(a) 이성질체 A (b) 이성질체 B

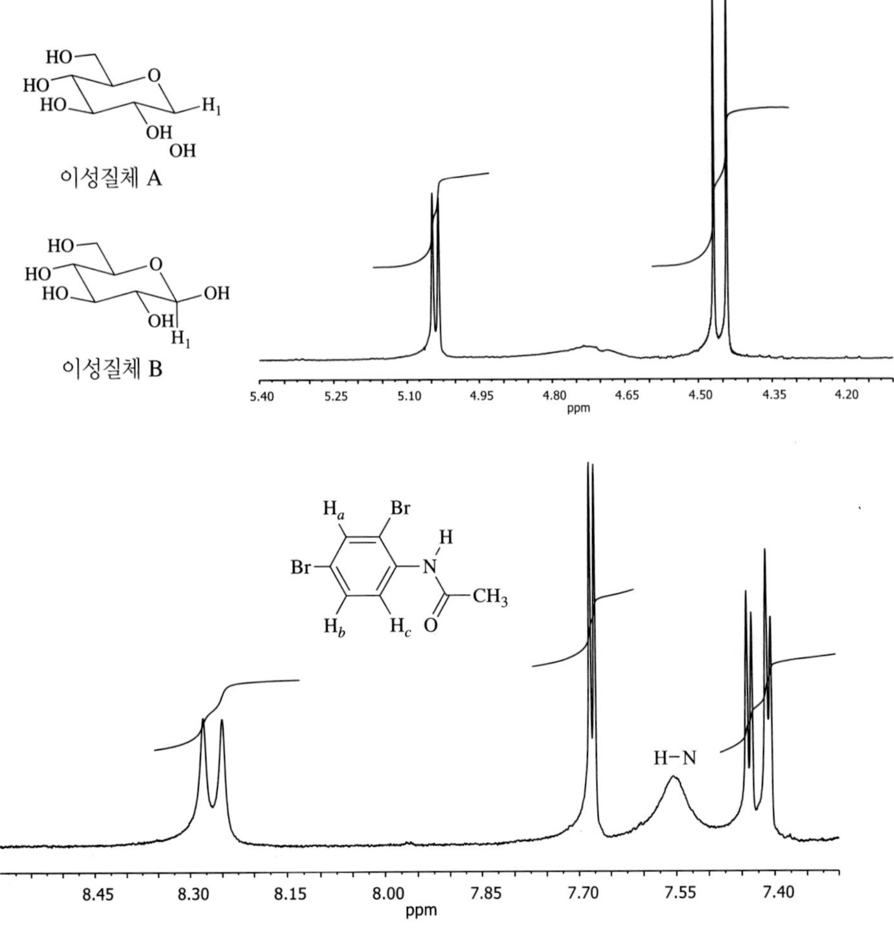

그림 13.58

문제 13.53의 글루코스 이성질체 A와 B 혼합물에서 나타나는 H_1의 300- MHz 스펙트럼

그림 13.59

문제 13.54의 2,4-다이브로모아세트아닐라이드에서 나타나는 300-MHz ^{1}H NMR 스펙트럼의 일부

13.54 그림 13.59는 2,4-다이브로모아세트아닐라이드(2,3-dibromoacetanilide)의 ^{1}H NMR 스펙트럼을 보여준다. 다음의 보기 중 고리내에 존재하는 양성자의 화학적 이동 값(δ)과 일치하는 것은 어느 것인지 고르시오.

(a) H_a: δ 8.27 H_b: δ 7.68 H_c: δ 7.43
(b) H_a: δ 8.27 H_b: δ 7.43 H_c: δ 7.68
(c) H_a: δ 7.43 H_b: δ 8.27 H_c: δ 7.68
(d) H_a: δ 7.68 H_b: δ 7.43 H_c: δ 8.27

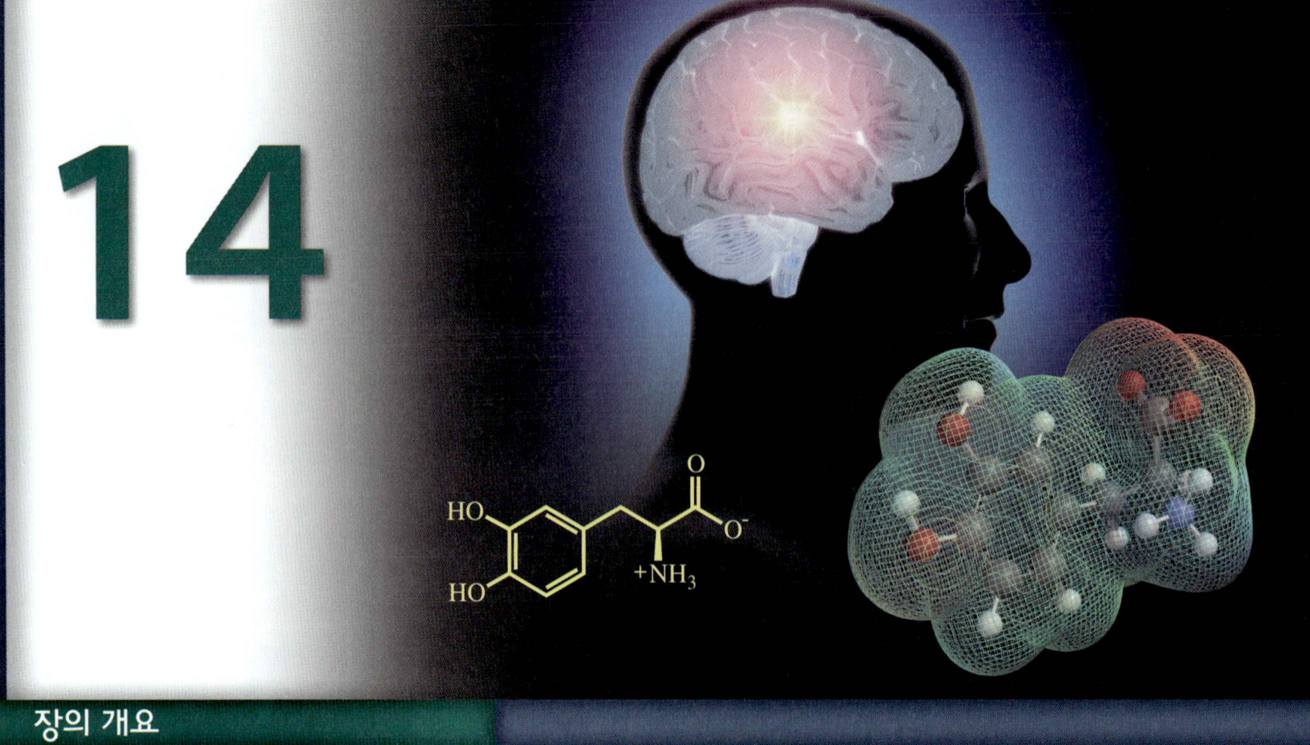

장의 개요

파킨슨병은 뇌에서 신경전달에 영향을 주는 도파민 결핍으로 발생한다. 이 질병은 14.12절에서 다루는 거울선택성 유기로듐 촉매에 의한 수소화의 상업적 합성물인 카이랄 약품(L–도파)으로 치료한다.

유기금속 화합물
Organometallic Compounds

유기금속 화합물은 *탄소–금속 결합을 가지고 있는 화합물이다*; 그것은 유기와 무기화학이 만나는 곳에 위치한다. 여러분은 이미 적어도 한 개의 유기금속 화합물과 익숙한데, 그것은 탄소와 소듐 사이에 이온 결합을 가지고 있는 아세틸렌화 소듐(NaC≡CH)이다. 그러나 이것을 유기금속으로 분류하는 것은 화합물이 금속과 탄소 모두를 가지고 있기 때문만은 아니다. 아세틸렌화 소듐처럼, 메톡시화 소듐($NaOCH_3$)도 이온성 화합물이다. 그러나 아세틸렌화 소듐과는 다르게 메톡시화 소듐의 음전하는 탄소가 아닌 산소에 남아 있다.

$Na^+ \; :\bar{C}{\equiv}CH$	$Na^+ \; ^{-}:\ddot{O}CH_3$
아세틸렌화 소듐	메톡시화 소듐
(탄소–금속 결합을 가지고 있다)	(탄소–금속 결합을 가지고 있지 않다)

유기금속 화합물의 성질은 이제까지 공부한 다른 종류의 화합물과는 다르고, 그것들 중에서도 금속, 금속의 산화상태, 및 금속이 결합된 기들에 따라서 달라진다. 많은 유기금속 화합물들은 친핵성 탄소의 공급원이고, 탄소–탄소 결합형성을 원하는 유기합성 화학자들에게 이들의 속성은 특별히 가치가 있다. 예를 들어, 할로젠화 알킬과 아세틸렌화 소듐의 반응에 의한 알카인의 제조(9.6절)는 아세틸렌화 이온의 음으로 하전된 친핵성 탄소에 달려 있다. 반대로, 어떤 다른

유기금속 화합물은 친전자체로 작용한다.

유기금속 화학에 대한 포괄적인 내용은 그 자체만을 다루는 책이 필요할 것이다. 이 장에서는, 마그네슘과 리튬에 의한 가장 흔한 몇몇 유기금속 시약들의 제조, 특성, 쓰임새 등을 조금 자세히 다룬다. 아연, 구리 그리고 대 여섯 개의 덜 친숙한 화합물에서 유도된 다른 유기금속 화합물은 그것들의 응용 합성을 강조하면서 소개된다. 우리는 6장 및 7장에서 알켄의 중합 메커니즘을 조사하면서 시작한 알켄 중합의 Ziegler–WoHa 촉매작용 이야기도 계속할 것이다.

14.1 유기금속 명명법

주족 금속의 유기금속 화합물은 금속의 치환된 유도체로 이름 짓는다. 금속은 모체이고, 연결된 알킬기를 적당한 접두어로 구별한다.

싸이클로프로필리튬　　$H_2C{=}CHNa$ 바이닐소듐　　$(CH_3CH_2)_2Mg$ 다이에틸마그네슘

금속이 탄소가 아닌 다른 치환체를 가지고 있으면, 그 치환체를 음이온으로 하고 분리해서 명명한다.

CH_3MgI 아이오딘화 메틸마그네슘　　$(CH_3CH_2)_2AlCl$ 염화 다이에틸알루미늄

문제 14.1

다음 유기금속 시약은 모두 이 장에서 보게 될 것이다.

(a) $(CH_3)_3CLi$　　(b) (H, MgCl이 치환된 사이클로헥세인)

풀이 예시 (a) 금속 리튬이 주체가 된다. 리튬에 연결되어 있는 알킬기는 *tert*–뷰틸이고, 그래서 이 유기금속 화합물의 이름은 *tert*–뷰틸리튬이다. 또 다른 동등하게 올바른 이름은 1,1–다이메틸에틸리튬이다.

이러한 형태의 명명법에서 예외는 $NaC{\equiv}CH$인데, 보통 아세틸렌화 소듐으로 불린다.

이 장의 후반부는 전이금속의 유기금속 착물을 다룬다. 이들 착물은 일반적으로 금속에 우선하여 알파벳 순서에 의해 표시된, 연결 그룹(리간드)을 갖는 금속이 주체가 되도록 명명한다.

14.2 탄소–금속 결합

전기음성도가 2.5(그림 14.1)인 탄소는 강한 양전기성도 아니고 강한 음전기성도 아니다. 탄소가 자신보다 더 전기적 음성인 산소나 염소같은 원소에 결합되어 있을 때, 그 결합의 전자분포가 편극되어서 탄소는 약간 양성이고 더 전기음성인 원자는 약간 음성이다. 반대로, 탄소가 금속처럼 덜 전기적 음성인 원소에 결합되어 있을 때는 그 결합에서 전자가 탄소 쪽으로 더 강하게 끌려온다.

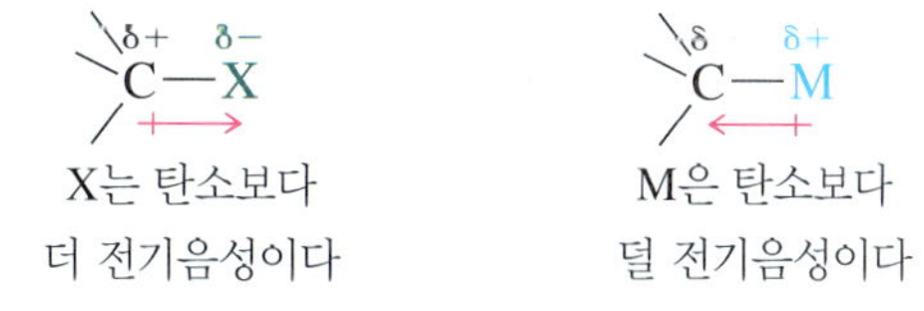

그림 14.1

Pauling 척도에 따른 원소의 전기음성도. 이 장에서 나타나는 금속은 파란색이다. 수소와 탄소는 붉은색이다. Silberberg, Chemistry, 6/e, McGraw-Hill Higher Education, 2012, p.349 인용

이것은 금속과 금속에 결합된 유기 그룹의 성질에 따라서 이온성과 극성 공유성의 결합 범위에 있는 1A족과 2A족 금속에서는 특히 사실이다. 구리와 같이 덜 전기양성인 금속은 탄소와 훨씬 덜 편극된 공유결합을 갖는다(그림 14.2).

탄소음이온은 탄화수소의 짝염기이고 9.5절에서 소개하였다.

많은 유기금속 화합물은 탄소음이온의 특성을 가지며, 탄소-금속의 이온성 특징은 금속이 더 전기양성임에 따라서 더욱 현저하다. 유기소듐과 유기포타슘 화합물은 이온성 탄소-금속 결합을 갖고; 유기리듐과 유기마그네슘 화합물은 공유성이지만 상당한 탄소음

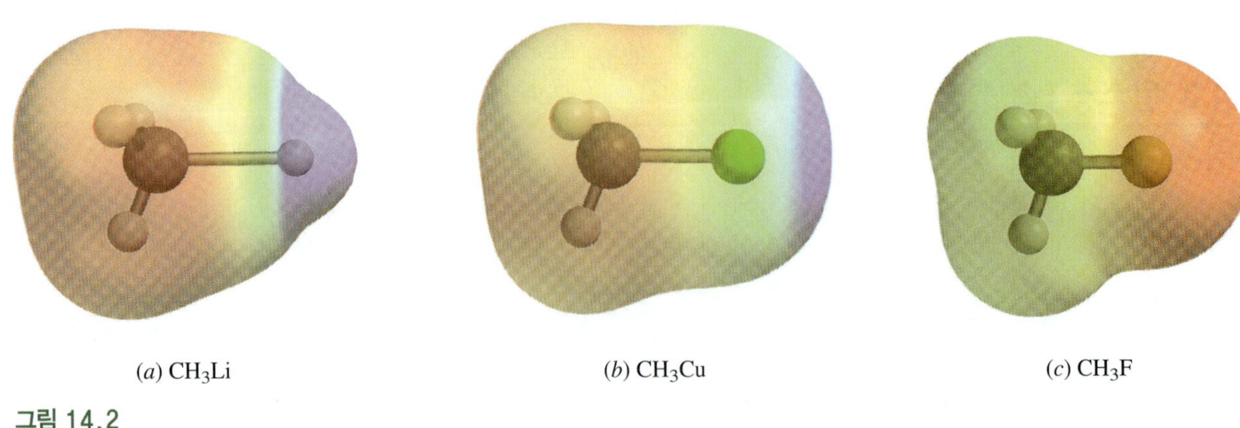

(*a*) CH_3Li (*b*) CH_3Cu (*c*) CH_3F

그림 14.2

(a) 메틸리튬 (b) 메틸구리 및 (c) 플루오린화 메틸의 정전기 전위 지도. 세 지도에서 색깔의 정도는 동일하다. C-Li와 C-F 결합은 정반대로 편극되어 있다. C-Cu 결합은 가장 덜 편극되어 있다.

이온 특성의 다소 극성인 탄소–금속 결합을 갖는다. *이러한 탄소음이온의 특성은 유기합성에 있어서 친핵성 탄소의 공급원으로 이들 화합물을 매우 유용하게 만든다.*

일반적으로, 전이 원소를 포함하는 탄소–금속 결합은 1A족과 2A족 원소의 결합만큼 극성이지 않고 덜 탄소음이온의 특성을 나타낸다. 그러나 전이 원소의 이용 가능한 *d* 오비탈은 주족 원소에서는 이용할 수 없는 고유하고 유용한 종류의 반응성의 기회를 제공한다. 이 장의 절반은 1A족과 2A족의 유기금속을 다루고, 나머지는 전이–금속 유기금속을 다룬다. 두 부분 모두 합성적 응용을 강조한다.

14.3 유기리튬 및 유기마그네슘 화합물 제조

1A족과 2A족의 가장 유용한 유기금속 화합물은 리튬과 마그네슘의 화합물이다. 유기마그네슘 화합물은 Grignard 시약이라고 하는데, 이것은 유기마그네슘 화합물 제조에 있어서 효율적인 방법을 개발하고 합성에서 이들의 유용함을 보여준 프랑스 화학자 Victor Grignrd의 이름을 붙인 것이다. Grignard 시약과 리튬의 화합물은 대개 다이에틸 에터 용매에서 이들 금속과 할로젠화 알킬(1차, 2차, 또는 3차), 아릴, 또는 바이닐의 반응으로 제조한다.

Grignard는 미세한 가루의 니켈이 수소화 촉매에 효과적이라는 것을 보여준 Paul Sabatier와 1912년 노벨상을 공동 수상하였다.

$$\underset{\text{유기 할라이드}}{RX} + \underset{\text{리튬}}{2Li} \longrightarrow \underset{\text{유기리튬}}{RLi} + \underset{\text{할로젠화 리튬}}{LiX}$$

$$\underset{tert\text{-Butyl chloride}}{(CH_3)_3CCl} + \underset{\text{Lithium}}{2Li} \xrightarrow[-30°C]{\text{diethyl ether}} \underset{\substack{tert\text{-Butyllithium} \\ (75\%)}}{(CH_3)_3CLi} + \underset{\text{Lithium chloride}}{LiCl}$$

$$\underset{\text{유기 할라이드}}{RX} + \underset{\text{마그네슘}}{Mg} \longrightarrow \underset{\text{할로젠화 유기마그네슘}}{RMgX}$$

$$\underset{\text{Bromobenzene}}{C_6H_5Br} + \underset{\text{Magnesium}}{Mg} \xrightarrow[35°C]{\text{diethyl ether}} \underset{\substack{\text{Phenylmagnesium bromide} \\ (95\%)}}{C_6H_5MgBr}$$

할라이드 반응성의 순서는 I > Br > Cl > F이고, 알킬 할라이드(또는 할로젠화 알킬)이 아릴 및 바이닐 할라이드 보다 더 반응성이 있다. 이전의 예에서 보인 것처럼, 이들 반응은 대개 다이에틸 에터에서 일어난다. 염화 바이닐로부터 염화 바이닐마그네슘을 제조하는 것처럼, 매우 강한 조건이 필요할 때는 끓는점이 더 높은 테트라하이드로퓨란을 사용한다.

3.15절에 있는 테트라하이드로퓨란의구조를 상기하시오.

$$\underset{\text{Vinyl chloride}}{CH_2{=}CHCl} \xrightarrow[\text{THF, 60°C}]{Mg} \underset{\substack{\text{Vinylmagnesium chloride} \\ (92\%)}}{CH_2{=}CHMgCl}$$

모든 경우에, *용매는 무수 상태이어야 한다는 것이 매우 중요하다.* 아주 소량의 물이나 알코올일지라도 유기리튬 및 유기마그네슘 화합물과 반응하여 불용성의 수산화물 또는 알콕시화물을 생성하는데 이들이 금속의 표면을 덮어서 할로젠화 알킬과 반응하는 것을 방해한다. 또한 14.4절에서 논의할 것이지만 유기리튬과 유기마그네슘 시약은 매우 강한 염기로 물 및 알코올과 즉시 반응하여 탄화수소를 생성한다.

문제 14.2

필요한 유기 또는 무기 시약과 2-메틸프로펜으로부터 브로민화 2-메틸프로필마그네슘 $[(CH_3)_2CHCH_2MgBr]$을 어떻게 제조하는지 보여주는 반응식을 쓰시오.

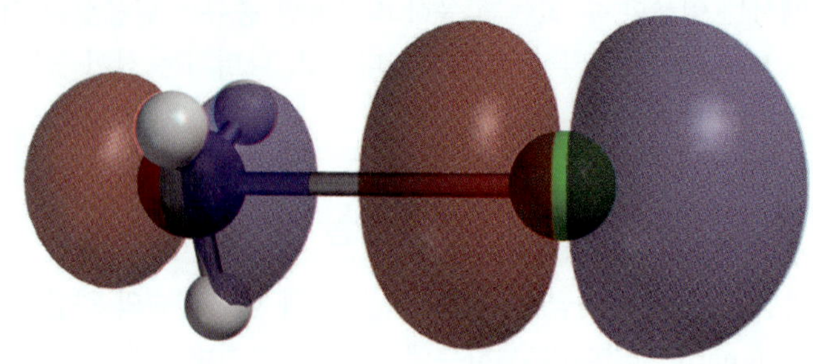

그림 14.3

염화 메틸에 전자가 제공되어 형성된 라디칼 음이온의 최고 점유분자 오비탈은 탄소와 염소의 반결합 상호작용의 특성이 있다.

금속과 유기할라이드의 반응은 금속이 환원제인 산화-환원 반응이다. 리튬 및 마그네슘이 염화 메틸과 반응하는 다음 예에서 보이는 것처럼, 금속에 의한 단일-전자 전달로 염화 메틸은 *라디칼 음이온*으로 변환되고, 그 다음 메틸 라디칼과 염화 이온으로 분해된다. 메틸 라디칼과 금속 종(·Li 또는 $\dot{\text{M}}\text{g}^+$)의 결합 형성은 다음과 같다.

$$\underset{\text{염화 메틸}}{H_3C-\ddot{\underset{\cdot\cdot}{Cl}}:} \xrightarrow{\cdot Li \;\; Li^+} \underset{\text{라디칼 음이온}}{[H_3C-\ddot{\underset{\cdot\cdot}{Cl}}:]^{\cdot -}} \xrightarrow{-:\ddot{\underset{\cdot\cdot}{Cl}}:^-} \underset{\text{메틸 라디칼}}{H_3C\cdot} \xrightarrow{\cdot Li} \underset{\text{메틸리튬}}{H_3C-Li}$$

$$\underset{\text{염화 메틸}}{H_3C-\ddot{\underset{\cdot\cdot}{Cl}}:} \xrightarrow{Mg: \;\; \overset{+}{M}g\cdot} \underset{\text{라디칼 음이온}}{[H_3C-\ddot{\underset{\cdot\cdot}{Cl}}:]^{\cdot -}} \xrightarrow{-:\ddot{\underset{\cdot\cdot}{Cl}}:^-} \underset{\text{메틸 라디칼}}{H_3C\cdot} \xrightarrow[:\ddot{\underset{\cdot\cdot}{Cl}}:^-]{\overset{+}{M}g\cdot} \underset{\text{염화 메틸마그네슘}}{H_3C-Mg-\ddot{\underset{\cdot\cdot}{Cl}}:}$$

우리는 라디칼 음이온이 메틸 라디칼과 염화 이온으로 분해되는 경향을 이해할 수 있는데, 이것은 최고 점유 분자오비탈 (HOMO)에 있는 라디칼 음이온의 탄소와 염소간 반결합성 상호작용이 불안정한 것을 보여주는 그림 14.3으로 알 수 있다. 이로 인하여 C—Cl의 결합은 매우 약해지고, C—Cl간 거리가 염화 메틸 자체(181pm)보다 더 긴 324pm가 된다.

유기리튬과 유기마그네슘 화합물의 실제 구조는 여기서 나타낸 것처럼 거의 단량체가 아닌 이량체가 보통이고, 더 응집된 것도 있는데 이것은 용매와 유기금속의 구조에 의존한다.

유기리튬과 유기마그네슘 화합물의 주된 사용은 알데하이드 및 케톤과의 반응으로 알코올을 제조하는 것이다. 이들 반응을 논의하기 전에, 양성자 주개와 이들 유기금속의 반응을 우선 보기로 하자.

14.4 Brønsted 염기로서 유기리튬과 유기마그네슘 화합물

유기리튬과 유기마그네슘 화합물은 다이에틸 에터와 같은 비양성자성 용매에서는 안정한 물질이다. 이들은 강한 염기성이지만 물이나 알코올 정도의 약하게 산성인 양성자 주개와 즉시 반응한다. 양성자는 하이드록실기로부터 음으로 편극된 유기금속 화합물의 탄소로 이동하여 탄화수소가 생성된다.

$$\underset{\text{더 강한 염기}}{R-M} + \underset{\text{더 강한 산}}{R'-\ddot{O}-H} \rightleftharpoons \underset{\text{더 약한 산}}{R-H} + \underset{\text{더 약한 염기}}{R'-\ddot{O}:^- \; M^+}$$

$^{\delta-}R$ / $^{\delta+}M$ → $^{\delta+}H-\ddot{O}R'$ 을 경유함

유기금속 화합물은 염기성으로 인하여 —OH 기를 갖는 어떤 물질이 존재하면 유기리튬 화합물과 Grignard 시약은 제조하거나 사용할 수 없다. 이들 시약은 양성자 전달에 의해 유기리튬과 유기마그네슘 화합물을 탄화수소로 변환할 수 있는 —NH 또는 —SH 기와도 양립할 수 없다.

유기리튬과 유기마그네슘 화합물의 탄소–금속 결합은 상당한 정도의 탄소음이온성을 갖는다. 탄소음이온은 이 교재에서 보게 될 가장 강한 염기들에 속한다.

사실, 이들의 짝산은 p*K*a가 25~70범위의 있는 탄화수소이다.

$$\underset{\substack{\text{탄소음이온}\\\text{(매우 강한 염기)}}}{\rangle C:^-} + \underset{\substack{\text{물}\\\text{(약한 산:)}\\pK_a = 15.7)}}{H-\ddot{O}-H} \longrightarrow \underset{\substack{\text{탄화수소}\\\text{(더 약한 산:}\\pK_a \sim 25\text{-}70)}}{\rangle C-H} + \underset{\substack{\text{수산화 이온}\\\text{(더 약한 염기)}}}{^-:\ddot{O}-H}$$

Grignard와 유기리튬 시약의 염기도는 몇 가지 응용성을 가지고 있다. 한 가지는 아세틸렌과 말단 알카인의 동종 유기금속물의 제조하는 것이다.

$$\underset{\substack{\text{Ethylmagnesium}\\\text{bromide}\\\text{(더 강한 염기)}}}{CH_3CH_2MgBr} + \underset{\substack{\text{Acetylene}\\\text{(더 강한 산:}\\pK_a = 26)}}{HC\equiv CH} \longrightarrow \underset{\substack{\text{Ethane}\\\text{(더 약한 산:}\\pK_a = 26)}}{CH_3CH_3} + \underset{\substack{\text{Ethynylmagnesium}\\\text{bromide}\\\text{(더 약한 염기)}}}{HC\equiv CMgBr}$$

다른 한 가지는 탄소 사슬의 특정 위치에 중수소를 넣어 주는 것이다.

$$\underset{\text{1-Bromopropene}}{CH_3CH{=}CHBr} \xrightarrow[\text{THF}]{\text{Mg}} \underset{\text{Propenylmagnesium bromide}}{CH_3CH{=}CHMgBr} \xrightarrow{D_2O} \underset{\text{1-Deuteriopropene (70\%}}{CH_3CH{=}CHD}$$

세 번째는 다음 문제에서 소개한다.

문제 14.3

디아이소프로필아마이드화 리튬은 유기 합성에서 강염기로 자주 사용되고, 뷰틸리튬과 *N*,*N*-다이아이소프로필아민의 산–염기 반응에 의해서 제조된다. 적절한 구조식으로 보여준 반응식을 완결하고 굽은 화살표를 이용하여 전자의 이동을 보이시오. 평형상수 *K*의 값은 무엇인가?

뷰틸 음이온 + *N*,*N*-다이아이소프로필아민: pK_a = 36 ⇌ 뷰테인: pK_a = 62 + *N*,*N*-다이아이소프로필아마이드화 이온

14.5 Grignard 및 유기리튬 시약을 이용한 알코올 합성

Grignard와 유기리튬 시약의 주된 합성적 응용은 카보닐을 포함하는 화합물과 반응하여 알코올을 합성하는 것이다. Grignard와 유기리튬 시약이 알데하이드 및 케톤과 반응할 때 탄소–탄소 결합의 형성이 신속하며 발열성이다.

$$\underset{\text{알데하이드 또는 케톤}}{\overset{\delta-}{:\ddot{O}}=\overset{\delta+}{C}<} + \underset{\text{Grignard 시약}}{\overset{\delta-}{R}-\overset{\delta+}{MgX}} \longrightarrow {}^{-}:\ddot{O}-\underset{|}{\overset{|}{C}}-R\ {}^{+}MgX \quad \text{보통} \quad \underset{\text{할로젠화 알콕시마그네슘}}{R-\underset{|}{\overset{|}{C}}-OMgX} \text{ 로 쓴다}$$

그리고

$$\underset{\text{알데하이드 또는 케톤}}{\overset{\delta-}{:\ddot{O}}=\overset{\delta+}{C}<} + \underset{\text{유기리튬 시약}}{\overset{\delta-}{R}-\overset{\delta+}{Li}} \longrightarrow {}^{-}:\ddot{O}-\underset{|}{\overset{|}{C}}-R\ {}^{+} \quad \text{보통} \quad \underset{\text{알콕시화 마그네슘}}{R-\underset{|}{\overset{|}{C}}-OLi} \text{ 로 쓴다}$$

카보닐기는 매우 극성이며 이것의 탄소는 친전자성이다. Grignard와 유기리튬 시약은 친핵성이고 카보닐기에 첨가되어 새로운 탄소–탄소 결합을 형성한다. 이 첨가단계에서 할로젠화 알콕시마그네슘 또는 알콕시화 리튬이 생성되고, 이것은 이 합성의 두 번째 단계에서 산성 수용액의 첨가로 원하는 알코올로 변환된다.

$$\underset{\text{알콕시화 리튬}}{R-\underset{|}{\overset{|}{C}}-\ddot{O}:^{-}} + \underset{\text{하이드로늄 이온}}{H-\overset{+}{O}(H)_2} \longrightarrow \underset{\text{알코올}}{R-\underset{|}{\overset{|}{C}}-\ddot{O}-H} + \underset{\text{물}}{H-\ddot{O}-H}$$

생성되는 알코올의 형태는 카보닐 화합물에 의존한다. 알데하이드 또는 케톤의 카보닐에 존재하는 치환기는 그대로 남는다 – 이들 치환기는 생성물에서 하이드록실기가 결합된 탄소에 치환기가 된다. 따라서 표 14.1에 보인 것처럼, Grignard 시약과 반응하는 폼알데하이드는 1차 알코올, 알데하이드는 2차 알코올, 그리고 케톤은 3차 알코올이 된다. 유사 반응이 유기리튬에서도 일어난다.

문제 14.4

다음 각 반응의 유기 생성물을 쓰시오.

(a) C_6H_5CHO (벤즈알데하이드) + $CH_2{=}CHLi$ $\xrightarrow[\text{2. } H_3O^+]{\text{1. 다이에틸 에터}}$

(b) $CH_3COCH_2CH_3$ + $CH_3CH_2CH_2MgBr$ $\xrightarrow[\text{2. } H_3O^+]{\text{1. 다이에틸 에터}}$

(c) $H_2C{=}O$ + $ClMg$–(m-OCH_3 페닐) $\xrightarrow[\text{2. } H_3O^+]{\text{1. 다이에틸 에터}}$

풀이 예시

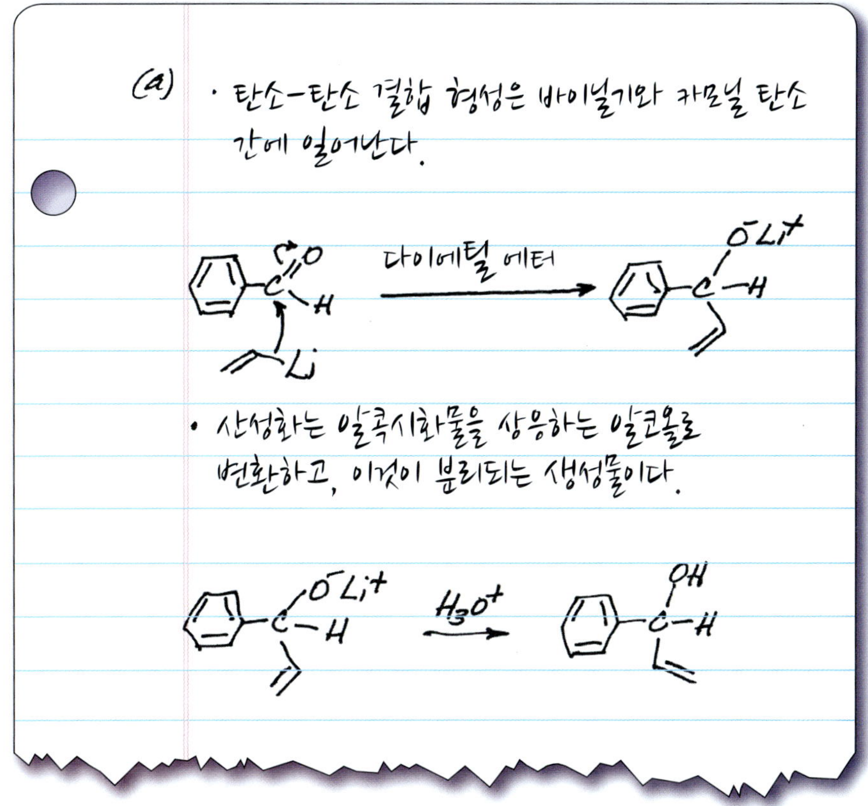

탄소–탄소 결합을 형성하는 능력은 유기 합성에서 필수적이다. 알데하이드 및 케톤에 Grignard 및 유기리튬 시약의 첨가는 합성 유기화학에서 가장 흔하게 사용되는 반응의 한 가지이다. 이것은 탄소 사슬의 연장뿐만 아니라 다양한 연속적인 작용기 변환이 가능한 알코올이 생성물이기 때문이다.

14.6 아세틸렌화 알코올의 합성

우리가 보았던 최초의 유기금속 화합물은 RC≡CNa 형태의 화합물로 액체 암모니아에서 아마이드화 소듐으로 말단 알카인을 처리하여 얻었다(9.5절).

$$\underset{\text{말단 알카인}}{RC{\equiv}CH} + \underset{\text{아마이드화 소듐}}{NaNH_2} \xrightarrow[-33°C]{NH_3} \underset{\text{아세틸렌화 소듐}}{RC{\equiv}CNa} + \underset{\text{암모니아}}{NH_3}$$

이 화합물은 친핵성 음이온 $RC{\equiv}C{:}^-$의 공급원이고, 1차 할로젠화 알킬과 반응하여 효과적으로 알카인을 합성한다(9.6절). 아세틸렌화 음이온의 친핵성은 알데하이드 및 케톤과 이들의 반응으로 증명되는데, 이것은 Grignard 및 유기리튬 시약의 반응과 완전히 유사하다.

이들 반응은 보통 액체 암모니아에서 진행되는데, 이것은 알카인의 소듐염이 제조되는데 용매이기 때문이다.

$$\underset{\text{알카인화 소듐}}{RC{\equiv}CNa} + \underset{\text{알데하이드 또는 케톤}}{R'\overset{O}{\overset{\|}{C}}R''} \xrightarrow{NH_3} \underset{\text{알카이닐 알코올의 소듐염}}{RC{\equiv}C{-}\overset{R''}{\underset{R'}{C}}{-}ONa} \xrightarrow{H_3O^+} \underset{\text{알카이닐 알코올}}{RC{\equiv}C\overset{R''}{\underset{R'}{C}}OH}$$

표 14.1 알데하이드 및 케톤과 Grignard 시약의 반응

반응	일반적 반응식과 특정 예
폼알데하이드와 반응 Grignard 시약은 폼알데하이드($H_2C{=}O$)와 반응하여 Grignard 시약보다 한 개 더 많은 탄소를 가진 *1차 알코올*을 만든다	RMgX (Grignard 시약) + HCH(=O) (폼알데하이드) →(diethyl ether) $R{-}CH_2{-}OMgX$ (1차 할로젠화 알콕시마그네슘) →(H_3O^+) $R{-}CH_2{-}OH$ (1차 알코올) Cyclohexylmagnesium chloride + Formaldehyde →(1. diethyl ether 2. H_3O^+) Cyclohexylmethanol ($C_6H_{11}CH_2OH$) (64–69%)
알데하이드와 반응 Grignard 시약은 알데하이드($R'CH{=}O$)와 반응하여 *2차 알코올*을 만든다	RMgX (Grignard 시약) + R′CH(=O) (알데하이드) →(diethyl ether) $R{-}CH(R'){-}OMgX$ (2차 할로젠화 알콕시마그네슘) →(H_3O^+) $R{-}CH(R'){-}OH$ (2차 알코올) $CH_3(CH_2)_4CH_2MgBr$ (Hexylmagnesium bromide) + $CH_3CH(=O)$ (Ethanol (acetaldehyde)) →(1. diethyl ether 2. H_3O^+) $CH_3(CH_2)_4CH_2CH(OH)CH_3$ 2-Octanol (84%)
케톤과 반응 Grignard 시약은 케톤($R'C(=O)R''$)과 반응하여 *3차 알코올*을 만든다.	RMgX (Grignard reagent) + R′C(=O)R″ (케톤) →(diethyl ether) $R{-}C(R')(R''){-}OMgX$ (3차 할로젠화 알콕시마그네슘) →(H_3O^+) $R{-}C(R')(R''){-}OH$ (3차 알코올) CH_3MgCl (Methylmagnesium chloride) + Cyclopentanone →(1. diethyl ether 2. H_3O^+) 1-Methylcyclopentanol (62%)

$$HC{\equiv}CNa + \text{Cyclohexanone} \xrightarrow[2.\ H_3O^+]{1.\ NH_3} \text{1-Ethynylcyclohexanol}$$

Sodium acetylide + Cyclohexanone → 1-Ethynylcyclohexanol (65–75%)

14.4절에서 언급한 것처럼, $RC{\equiv}CMgBr$ 형태의 아세틸렌화 Grignard 시약은 할로젠화 아세틸렌이 아닌 Grignard 시약이 말단 알카인의 양성자를 얻는 산-염기 반응에 의해서 만들어진다. 일단 만들어지면, 알데하이드 및 케톤과 통상적인 방법으로 반응한다.

$$CH_3(CH_2)_3C{\equiv}CMgBr + HCH(=O) \xrightarrow[2.\ H_3O^+]{1.\ \text{diethyl ether}} CH_3(CH_2)_3C{\equiv}CCH_2OH$$

1-Hexynylmagnesium bromide · Formaldehyde · 2-Heptyn-1-ol (82%)

상응하는 아세틸렌화 유기리튬 시약은 메틸리튬 또는 뷰틸리튬과 말단 알카인의 반응으로 제조된다.

14.7 역합성 분석과 Grignard 및 유기리튬 시약들

원하는 탄소 골격을 구성하는 것은 합성 유기화학에 있어 일차적 관심사이고, 그래서 우리는 이미 전 장들에서 탄소-탄소 결합을 만드는 수많은 방법을 보아왔다. 이번 절에서는 탄소 사슬을 늘리는데 유리하게 사용될 수 있는 알데하이드 또는 케톤과 Grignard 또는 유기리튬 시약의 반응 상황을 구별하는데 어떻게 역합성 분석을 이용하는가를 보여줄 것이다.

표 14.1에서 이미 나타낸바와 같이, Grignard 및 유기리튬 시약의 주된 용도는 알코올의 합성에 있다. 그 경우에 있어서, 역합성은 하이드록실기를 갖는 탄소에 집중하고, 그 탄소에 있는 유기 치환기의 하나를 상응하는 음이온이 되도록 절단하는 것으로 시작한다.

(a)(b)(R)C—OH (절단: C—R) ⟹ R:⁻ + (a)(b)C=O

이런 절단은 카보닐 성분을 잠재적인 C—C 결합-형성 단계로 간주하고, R은 카보닐기에 음이온으로 첨가되는 단위를 나타낸다. 역합성의 목적에서 Grignard 및 유기리튬 시약 (RMgX 및 RLi)은 탄소음이온 ($R:^-$)과 합성적으로 동등하게 간주된다. 만일 목표물이 1차 알코올 (RCH_2OH)이면, 카보닐 성분은 폼알데하이드이다. 만일 목표물이 2차 알코올이면, 어떤 R 단위가 음이온 동등체이고 어떤 것이 카보닐에 남아 있는지에 따라서 두 가지 역합성이 있다.

R'$:^-$ + H(R)C=O ⟸ R'(H)(R)C—OH ⟹ R$:^-$ + H(R')C=O

3차 알코올에는 세 가지 절단이 가능하다.

특징 목표 알코올을 제조할 때 다른 경로에 비하여 한 경로를 선택하는 것이 보통 쓸데 없는 일이다. 예를 들면, 다음 조합의 세 가지 모두가 3차 알코올 2-페닐-2-뷰탄올을 합성하는데 이용되고, 각각이 유효하다.

$$CH_3MgI + \text{1-Phenyl-1-propanone} \xrightarrow[2.\ H_3O^+]{1.\ \text{diethyl ether}} \text{2-Phenyl-2-butanol}$$

Methylmagnesium iodide · 1-Phenyl-1-propanone · 2-Phenyl-2-butanol

$$CH_3CH_2MgI + \text{Acetophenone} \xrightarrow[2.\ H_3O^+]{1.\ \text{diethyl ether}} \text{2-Phenyl-2-butanol}$$

Ethylmagnesium iodide · Acetophenone · 2-Phenyl-2-butanol

Phenylmagnesium bromide + 2-Butanone $\xrightarrow[\text{2. } H_3O^+]{\text{1. diethyl ether}}$ 2-Phenyl-2-butanol

문제 14.5

전체 탄소의 공급원으로 벤젠과 2-뷰타인으로부터 2-페닐-2-뷰탄올 합성을 개발하기 위해서 역합성 분석을 하고, 필요한 모든 시약이 포함된 일련의 합성 반응식을 쓰시오.

이 절에서 언급되는 모든 것은 유기리튬에 대해서도 동일하게 적용이 된다. Grignard 시약은 친핵성 탄소 공급원의 하나이고; 유기리튬은 다른 또 한 가지이다. 두 가지 모두가 그들의 탄소–금속 결합에 있어서 상당히 탄소음이온성 특성을 가지며, 그리고 알데하이드 및 케톤과 동일한 종류의 반응을 한다.

14.8 사이클로프로페인 합성을 위한 유기아연 시약

아연은 마그네슘의 경우와 유사하게 할로젠화 알킬과 반응한다.

$$RX + Zn \xrightarrow{\text{diethyl ether}} RZnX$$

할로젠화 알킬 아연 할로젠화 알킬아연

Victor Grignard는 그의 초기 연구가 아연의 유기 유도체였기 때문에 유기 마그네슘 화합물을 연구하게 되었다.

아연은 리튬과 마그네슘보다 전기적으로 덜 양성이며, 탄소–아연 결합은 덜 극성이다. 유기 아연 시약은 Grignard 시약과 유기리듐 화합물만큼 알데하이드와 케톤에 대하여 반응성이 없다.

아이오딘화 아이오도메틸아연은 DuPont에서 사이클로프로페인을 제조하는데 이것의 사용을 처음으로 기술한 Howard E. Simmons와 Ronald D. Smith의 이름을 딴 *Simmons-Smith 시약*으로 알려진다.

유기 합성에서 특별히 중요한 유기아연 화합물은 *아이오딘화 아이오도메틸아연* (ICH_2ZnI)

이다. 이것은 다이에틸 에터에서 다이아이오도메테인과 함께 아연–구리 쌍[Zn(Cu), 아연의 표면이 소량의 구리로 활성화된 아연]의 반응으로 제조된다.

$$CH_2I_2 + Zn \xrightarrow[\text{Cu}]{\text{diethyl ether}} ICH_2ZnI$$

Diiodomethane Zinc Iodomethylzinc iodide

아이오딘화 아이오도메틸아연은 알켄과 반응하여 사이클로프로페인을 만들기 때문에 매우 유용한 시약이다. 이 반응은 ***Simmons-Smith 반응***이라고 부르고, 사이클로프로페인 합성에 쓰이는 몇 개 안되는 방법들 중에 하나이다. 이 반응은 *입체 특이적*이다. 알켄에서 시스 치환체는 사이클로프로페인에서 시스로 유지된다.

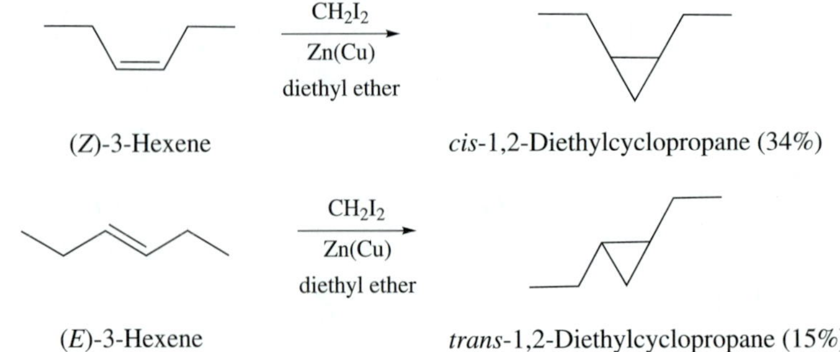

문제 14.6

(*E*)-3-펜텐-2-올과 Simmon-Smith 시약의 반응은 분자식이 $C_6H_{12}O$인 두 개의 이성질체 혼합물을 생성한다. 이들 생성물의 타당한 구조를 제안하시오.

변형된 Simmon-Smith 반응은 여섯 개의 사이클로프로페인 고리를 갖는 U-106305라고 불리는 천연에서 발견되는 물질의 입체선택적 합성에 사용되어왔다. 이 합성에 있어서, 여섯 개 고리 중 네 개는 Simmon-Smith-형태의 사이클로프로페인화에 의해서 얻어진다. 아래 구조식의 빨간 선은 위의 방법으로 붙여진 CH_2 기의 결합을 나타낸다; 파란 선은 초기 반응물에 있었던 결합을 나타낸다.

HO OH → 14 단계 5% 전체 수득률

U-106305

처음 다이올의 배열이 (1*R*,2*R*)임을 알면, 생성물에서 모든 카이랄 중심의 절대 배열을 알 수 있다.

반응성에 있어서, 아이오딘화 아이오도메틸아연은 메틸렌이라고 하는 물질인 H_2C:의 공급원으로 작용한다. 그렇지 않으면, 메틸렌은 **카벤(carbenes)**이라고 하는 중성 분자군에 속하는데, 이것은 원자가가 2인 탄소와 쌍을 이루거나 또는 쌍을 이루지 않은 두 개의 비공유 전자를 가지고 있다. 많은 카벤의 특징적 반응은 이중 결합에 고리 첨가로 사이클로프로페인을 형성하는 것이며, 아이오딘화 아이오도메틸아연과 동일한 특성이다. Simmon-Smith 반응에서는 자유 H_2C:가 존재하지 않지만, 알켄에 대한 아이오딘화 아이오도메틸아연 작용의 유사성으로 인해서 이 물질과 관련 화합물을 **카베노이드(carbenoids)**라고 한다.

14.9 전이-금속 유기금속 화합물

전이 원소는 주기율표에서 3-11족에 속하고, 전자적인 면에서는 부분적으로 채워진 *d* 껍질을 갖는 특징이 있다. 관련이 있지만 동일한 용어가 아닌 ***d*-block 원소**가 있는데, 이것은 이들 원소 모두에 12족 원소가 포함된 것이다. *d*-block 원소의 처음 순서는 4주기의 3*d*에 한 개의 전자를 가지고 있는 스칸디움을 시작으로 10개의 전자를 가지고 있는 아연까지 이어진다. 두 번째 (4*d*) 및 세 번째 (5*d*) 전이 계열도 유사체이다.

3	4	5	6	7	8	9	10	11	12
Sc	Ti	V	Cr	Mn	Fe	Co	Ni	Cu	Zn

족 번호(3~12)는 원자가 전자의 수와 일치하고, *d* 전자의 수는 족의 수보다 두 개가 적다. 예를 들면, 망가니즈는 일곱 개의 원자가 전자를 가지고 있고 다섯 개의 3*d* 전자를 가지고 있어서 d^5 원소라고 한다. Mn^{2+}는 d^3 이온이고 Fe^{3+}도 마찬가지이다.

문제 14.7

Pd^{2+}에는 4*d* 전자가 몇 개인가? 4주기에서 어떤 +2 이온이 동일한 수의 3*d* 전자를 가지고 있는가? 6 주기에서는 어떤가?

이미 꾸준하게 증가된 수많은 전이 원소 유기금속 화합물이 알려져 있으며, 연구 및 산업 공정 모두에서 이들의 응용이 합성 유기화학을 변형시키고 있다. 이것은 다른 방법으로는 어려운 반응을 가능하게 할 뿐 아니라 많은 경우에 반응물이라기 보다는 촉매로 반응한다. 이 절과 다음 절의 전이-금속 유기금속의 반응을 보기 전에, 몇 가지 구조적 배경을 다루는 것이 우선이다.

우리는 백여 년 전에 처음 제조된 니켈 정제 과정의 중간물인 니켈 카보닐을 가지고 시작할 것이다. 이것은 일산화 탄소를 니켈 원소에 흘려보낼 때 자발적으로 생성되는 중성 분자(끓는점: 43°C)이다.

$$Ni + 4CO \longrightarrow Ni(CO)_4$$

Nickel Carbon monoxide Nickel carbonyl

전이 금속에 붙어 있는 구조 단위를 리간드라고 부르고, 원소, 화합물(이 경우에는 일산화 탄소), 혹은 이온일 수 있으며, 유기물 혹은 무기물이다. 리간드는 전자-쌍 주개(Lewis 염기)이고 다음의 다른 많은 것들이 포함된다.

$:H^-$	$:R^-$	$:\ddot{Cl}:^-$	$:NH_3$	$:P(C_6H_5)_3$	$:\bar{C}\equiv\overset{+}{O}:$	$:\bar{C}\equiv N:$
수소화 이온	알킬 음이온	염화 이온	암모이아	트라이페닐포스핀	일산화 탄소	사이안화 이온

많은 전이-금속 착물은 **18-전자 규칙**을 따르고, 이것은 팔전자 규칙이 주족 원소에 적용되는 것처럼 전이 원소에 적용되는 것으로 다음과 같다:

전이-금속에 결합할 수 있는 리간드의 수는 금속과 결합한 전자 수와 해당 금속이 갖는 원자가전자수의 합인 18과 같다.

팔전자 규칙과 18-전자 규칙은 안정성을 비활성 기체 전자 배치와 관련짓는다. 주기율표에서 2주기와 3주기에 있는 비활성 기체 (Ne 및 Ar)은 8개, 4 및 5주기(Kr 및 Xe)는 18개의 원자가 전자를 갖는다.

전이-금속 착물의 구조식을 쓰는 관행은 전자와 전하를 생략하기 때문에, 18-전자 규칙을 적용하기 위해서는 먼저 착물 자체의 전하를 알 필요가 있다. 예를 들면, $Ni(CO)_4$는 중성 분자이다. 니켈이 속한 족의 수 (10)에서 주어진 원자가 전자수를 계산하고, 여기에 Ni—C 결합에 있는 전체 전자수 합 (8)을 더한다. $Ni(CO)_4$은 18-전자 규칙을 만족하고 있다.

문제 14.8

니켈처럼, 철은 일산화 탄소와 반응하여 18-전자 규칙을 따르는 $M(CO)_n$의 구조식을 갖는 화합물을 형성한다. $Fe(CO)_n$의 구조식에서 n은 무엇인가?

18보다 적은 전자수를 갖는 전이-금속 착물은 *배위적으로 불포화*되었다고 말하고 부가적인 리간드를 가질 수 있다.

모든 리간드가 전이 금속과 결합하기 위해서 단 두 개의 전자만을 사용하는 것이 아니다. 벤젠은 (벤젠)트라이카보닐크로뮴과 같은 유기금속 화합물에서 여섯 개의 π 전자를 이용한다.

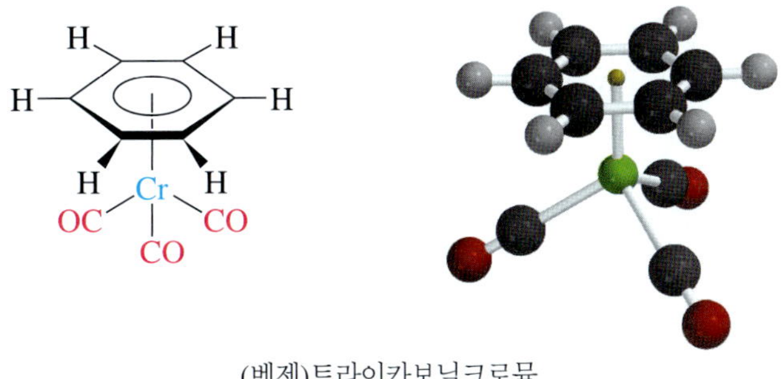

(벤젠)트라이카보닐크로뮴

위 착물은 중성으로, 크로뮴은 6족 전이 금속이어서 여섯 개의 원자가전자가 된다. 세 개의 CO 리간드가 여섯 개의 전자, 그리고 벤젠의 여섯 개 π 전자를 합치면 전체 18개의 전자가 된다.

문제 14.9

아래의 양이온에서 망가니즈의 전자수는 무엇인가? 이것은 배위적으로 불포화되었는가?

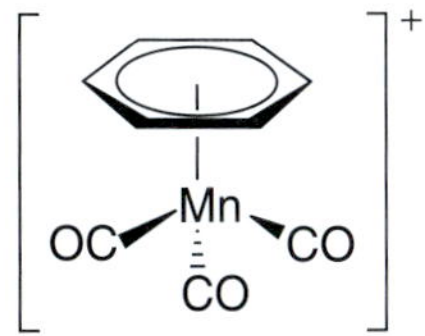

벤젠과 같이, 사이클로펜타다이엔화 음이온은 방향족성의 여섯 개 π-전자계이고 (11.20절) 동일한 방법으로 전이 금속과 결합한다. 페로센은 *샌드위치*라고 훌륭하게 묘사되는 구조를 갖는 가장 잘 알려진 예이다.

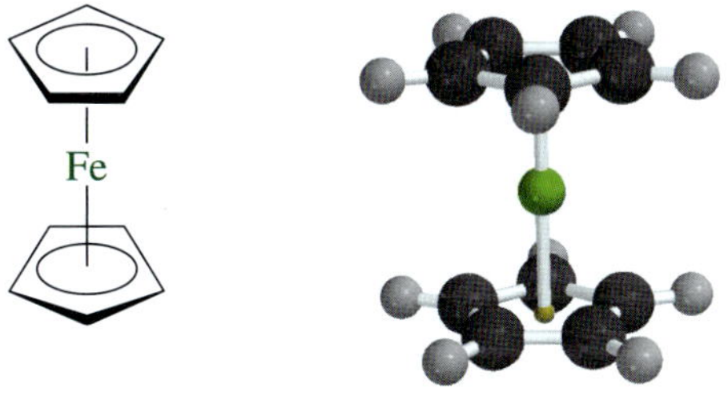

페로센

페로센은 중성으로 각각의 사이클로펜타다이엔화 음이온은 −1의 전하를 갖고 있다; 따라서 철의 산화 상태는 +2이다. 철은 8족의 금속이지만, +2의 산화 상태이어서 여덟 개가 아닌 여섯 개의 전자를 갖게 된다. 이들 여섯 개에, 두 개의 사이클로펜타다이엔화 리간드로부터 12개를 더하면 전체 18개의 전자가 된다.

문제 14.10

문제 14.9에 주어진 착물에서 망가니즈의 산화 상태는 무엇인가?

사이클로펜타다이엔화 리간드를 가지고 있는 유기금속 화합물, 메탈로센은 구조적으로 흥미로울 뿐만 아니라 이들 대부분이 공업적인 공정에서 촉매로 유용한 응용성을 가지고 있다. 예를 들면, 지르코늄-기반 메탈로센은 알켄의 Ziegler-Natta 중합에 가장 광범위하게 사용되는 촉매이다. 우리는 이들에 대하여 14.4절 및 27장에서 더 언급할 것이다.

An Organometallic Compound That Occurs Naturally: Coenzyme B_{12}

Pernicious anemia is a disease characterized, as are all anemias, by a deficiency of red blood cells. Unlike ordinaryanemia, pernicious anemia does not respond to treatment withsources of iron, and before effective treatments were developed, was often fatal. Injection of liver extracts was one such treatment, and in 1948 chemists succeeded in isolating the "antipernicious anemia factor" from beef liver as a red crystalline compound, which they called *vitamin* B_{12}. This compound had the formula $C_{63}H_{88}CoN_{14}O_{14}P$. Its complexity precluded structure determination by classical degradation techniques, and spectroscopic methods were too primitive to be of much help. The structure was solved by Dorothy Crowfoot Hodgkin of Oxford University in 1955 using X-ray diffraction techniques and is shown in Figure 14.4*a*. Structure determination by X-ray crystallography can be superficially considered as taking a photograph of a molecule with X-rays. It is a demanding task and earned Hodgkin the 1964 Nobel Prize in Chemistry. Modern structural studies by X-ray crystallography use computers to collect and analyze the diffraction data and take only a fraction of the time required years ago to solve the vitamin B_{12} structure.

The structure of vitamin B_{12} is interesting in that it contains a central cobalt atom that is surrounded by six atoms in an octahedral geometry. One substituent, the cyano (—CN) group, is what is known as an "artifact." It appears to be introduced into the molecule during the isolation process and leads to the synonym *cyanocobalamin* for vitamin B_{12}. This is the material used to treat pernicious anemia, but is not the form in which it exerts its activity. The biologically active substance is called *coenzyme* B_{12} and differs from vitamin B_{12} in the ligand attached to cobalt (Figure 14.4*b*). Coenzyme B_{12} is the only known naturally occurring substance that has a carbon–metal bond. Moreover, coenzyme B_{12} was discovered before any compound containing an alkyl group σ-bonded to cobalt had ever been isolated in the laboratory!

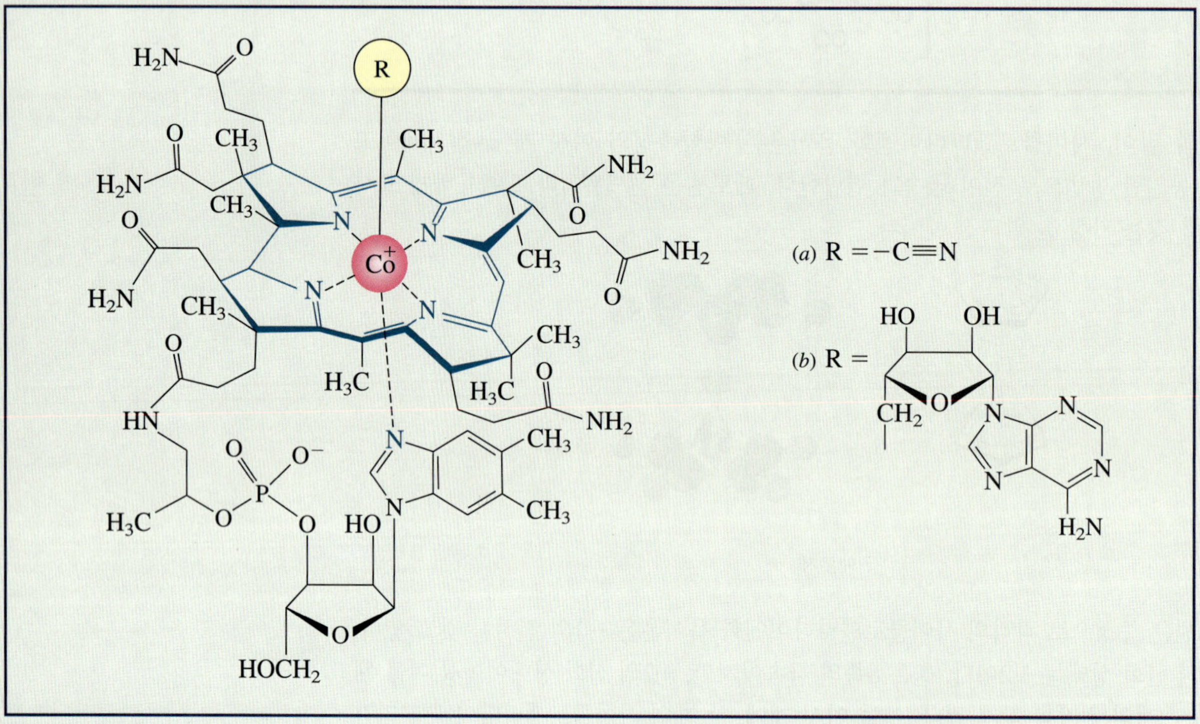

(*a*) R = —C≡N

(*b*) R =

Figure 14.4

The structures of (*a*) vitamin B_{12} and (*b*) coenzyme B_{12}.

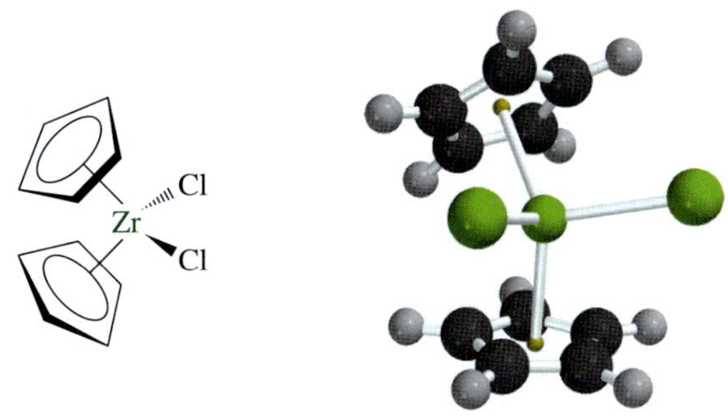

이염화 지르코노센

문제 14.11

이염화 지르코노센은 중성이다. 지르코늄의 산화 상태와 전자수는 무엇인가? 이염화 지르코노센은 배위적으로 불포화되었는가?

탄소-금속 결합을 갖는 자연에서 얻어지는 화합물은 매우 드물고, 조효수 B_{12}는 가장 잘 알려진 예이다(이절에서 소개된 상자 속 소고의 *An Organometallic Compound That Occurs Naturally: Coenzyme B_{12}*를 보시오).

다음 두 절에서는 유기 단위들간 C—C 결합을 형성하는데 사용되는 유기구리 및 유기팔라듐 화합물의 합성적 응용에 대한 몇 가지를 논의할 것이다. 이들 두 형태에서 유기구리 화합물은 화학양론적 양으로 존재하는 시약이지만 유기팔라듐 화합물은 촉매인 점에서 서로 다르다.

14.10 유기구리 시약

어떤 Grignard 반응이 구리 염으로 촉매화할 수 있다는 초기 관찰은 결국 탄소-탄소 결합을 형성하는 시약으로서 유기구리 화합물을 체계적으로 연구하도록 하였다. 이들 중에서 Gilman 시약으로 알려진 다이유기구리 리튬이 가장 효과적인 것으로 증명되었다.

Gilman 시약은 다이에틸 에터 또는 테트라하이드로퓨란에서 할로젠화 구리(I)와 2 당량의 알킬- 또는 아릴리튬의 반응으로 제조된다.

1919년-1975년 동안 Iowa 주립 대학교에 재직하였던 Henry Gilman은 최초로 유기구리 화합물을 제조하고 연구하였다.

$$\underset{\substack{\text{할로젠화 Cu(I)}\\(X = Cl, Br, I)}}{CuX} \xrightarrow[\;]{RLi \;\to\; Li^+X^-} \underset{\text{알킬구리}}{R-Cu} \xrightarrow{RLi} \underset{\text{다이알킬구리 리튬}}{Li^+[R-Cu-R]^-}$$

다이알킬구리 리튬 용액에 할로젠화 알킬을 더하면 할로젠화물의 알킬기와 유기구리의 알킬기사이에 탄소-탄소 결합 형성이 일어난다.

$$\underset{\text{다이알킬구리 리튬}}{Li^+[R-Cu-R]^-} + \underset{\text{할로젠화 알킬}}{R'-X} \longrightarrow \underset{\text{알케인}}{R-R'} + \underset{\text{알킬구리}}{R-Cu} + \underset{\text{할로젠화 리튬}}{LiX}$$

두 반응물에서 합쳐지는 그룹이 서로 다르면 이 과정을 교차-짝지움이라고 한다. 메틸과 1차 할로젠화 알킬, 특히 아이오딘화물이 가장 좋다.

$$(CH_3)_2CuLi + CH_3(CH_2)_8CH_2I \xrightarrow[0°C]{\text{diethyl ether}} CH_3(CH_2)_8CH_2CH_3$$

Lithium dimethylcuprate　1-Iododecane　Undecane (90%)

2차 및 3차 할로젠화 알킬에서는 제거반응이 문제가 된다. 다이아릴구리 리튬은 다이알킬구리 리튬과 동일한 방법으로 제조되며 1차 할로젠화 알킬과 상응하는 반응이 일어난다.

$$(C_6H_5)_2CuLi + ICH_2(CH_2)_6CH_3 \xrightarrow{\text{diethyl ether}} C_6H_5CH_2(CH_2)_6CH_3$$

Lithium diphenylcuprate　1-Iodooctane　1-Phenyloctane (99%)

할로젠화 알킬처럼, 할로젠화 바이닐과 아릴은 다이유기구리와 교차-짝지음을 한다.

$$(CH_3CH_2CH_2CH_2)_2CuLi + C_6H_5I \xrightarrow{\text{diethyl ether}} C_6H_5CH_2CH_2CH_2CH_3$$

Lithium dibutylcuprate　Iodobenzene　Butylbenzene (75%)

이중 결합의 입체화학은 할로젠화 바이닐과의 반응에서 유지된다.

$$(CH_3CH_2)_2CuLi + C_6H_5CH{=}CHBr \xrightarrow[-70°C]{\text{diethyl ether}} C_6H_5CH{=}CHCH_2CH_3$$

Lithium diethylcuprate　(*E*)-1-Bromo-2-phenylethene　(*E*)-1-Phenyl-1-butene (65%)

문제 14.12

개화 관목의 껍질에서 얻어지는 항박테리아성 물질이 아래의 반응으로 합성되었다. 이것의 구조는 무엇인가?

Cl, O, O, O, OCH_3 + Cu⁻ (다이바이닐구리) $\xrightarrow{\text{다이에틸 에터}}$

할로젠화 알킬과 다이유기구리의 반응은 S_N2 메커니즘과 연관된 특징을 갖는다:

반응성:	RI > RBr > RCl > RF
	CH_3 > 1차 > 2차 > 3차
치환/제거:	1차 할로젠화 알킬은 주로 치환; 2차 및 3차 할로젠화 알킬은 제거.
입체화학:	sp^3-혼성 탄소의 배열의 반전.

그러나 할로젠화 바이닐 및 아릴이 비슷한 반응을 한다는 사실은 S_N2가 유일한 메커니즘이 아님을 암시하는 것이다. 대안으로는 그리고 더 타당한 메커니즘은 Cu^+와 두 개의 메틸 음이온 간 반응의 생성물과 동등한 것으로 다이알킬구리를 간주하는 것으로 시작한다.

$$H_3\bar{C}: \;\; \overset{+}{Cu} \;\; :\bar{C}H_3 \longrightarrow [H_3C-Cu-CH_3]^-$$

구리는 11족 원소이다. 그래서 Cu^+는 10개의 원자가전자를 갖고, 두 개의 메틸기는 네 개의 전자를 더 가지게 되어 전체 14개가 된다. 18개의 원자가전자보다 적어서 구리는 배위적으로 불포화되어 추가적인 리간드를 수용할 수 있다. 할로젠화 알킬 RX와 다이메틸구리가 반응할 때 R과 X 모두가 구리에 리간드가 된다.

$$[H_3C-Cu-CH_3]^- + R-X \xrightarrow[\text{첨가}]{\text{산화성}} \left[H_3C-\underset{X}{\overset{R}{Cu}}-CH_3\right]^-$$

구리는 R—X 결합으로부터 두 개의 전자를 얻어 구리의 전자수가 14에서 16으로 증가하고, 18-전자 규칙을 초과하지는 않는다.

이렇게 전자수의 증가에도 불구하고, 이 반응은 *산화 첨가*로 분류한다. 이런 외견상의 변칙성은 18-전자 규칙의 목적이 산화 상태를 계산하는 것과는 다르게 전자를 계산하기 때문이다. 두 개의 새로운 결합, Cu—R과 Cu—X는 R—X로부터 두 개의 전자와 구리의 *d*로부터 두 개의 전자가 들어오는 과정으로 형성된다. 우리는 18-전자 규칙을 만족하려고 원자 주의에 있는 전자 모두를 계산하지만, 산화 상태를 계산할 때는 결합에 있는 두 전자를 거의 금속이 아닌, 더 전기음성인 짝에 할당한다. 따라서 구리는 R_2Cu^-에서 +1의 산화 상태와 산화성 첨가의 생성물에서는 +3의 산화 상태에 있게 된다. 산화성 첨가는 전이 금속의 전자수를 증가하지만, 산화 상태를 계산할 때는 두 개의 전자가 감소하는 것으로 계산된다.

산화성 첨가의 대응 짝은 *환원성 제거*이며, 반응의 다음 단계로 구성된다.

$$\left[H_3C-\underset{X}{\overset{R}{Cu}}-CH_3\right]^- \xrightarrow[\text{제거}]{\text{환원성}} R-CH_3 + [H_3C-Cu-X]^-$$

Cu—X와 Cu—CH_3 결합에 있는 네 개의 전자 중에서, 제거(반응) 후에 두 개는 구리에 남아있고 산화 상태는 +3에서 +1로 감소한다.

산화성 첨가와 환원성 제거 단계의 합은 전체 반응과 같다.

$$R_2Cu^- + R'X \xrightarrow[\text{첨가}]{\text{산화성}} \left[R-\underset{R'}{\overset{X}{Cu}}-R\right]^- \xrightarrow[\text{제거}]{\text{환원성}} R-R' + RCu + X^-$$

다이알킬구리리튬 | 할로젠화 알킬 | 중간체 | 알케인 | 알킬구리 | 할로젠화 이온

문제 14.13

주어진 출발 물질과 일부 필요한 시약으로 다음 각각의 합성을 고안하는데 역합성 분석을 이용하시오.

(a) (2-펜틸벤젠 구조) 로 부터 (α-메틸스타이렌 구조)

(b) (2-메틸-2-헵텐 구조) 로 부터 $(CH_3)_2CHCHBr_2$

풀이 예시 (a) 표시된 결합 절단은 목표와 주어진 물질의 탄소 골격간의 관계를 나타낸다.

$\Longrightarrow$ + $CH_3CH_2^-$

에틸 음이온 동등체와 가지 사슬의 친전자성 위치 사이의 탄소-탄소 결합 형성은 1차 할로젠화 알킬과 다이에틸구리 리튬의 반응에 의해서 달성될 수 있다

Br + $(CH_3CH_2)_2CuLi$ —다이에틸 에터→

1차 브로민화물은 예시된 출발 물질에 HBr의 자유-라디칼 첨가로 제조할 수 있다.

—HBr, 과산화물→ Br

14.11 팔라듐 촉매화 교차-짝지움

Stille, Negishi, Suzuki, 및 Heck 짝지움으로 각각 알려진, 네 가지 전이-금속 촉매화 교차 -짝지움 과정은 탄소-탄소 결합을 만드는 강력한 방법으로 대두되었다. 전체적으로, 이들의 가장 중요한 특징은 효율성, 반응 분자의 어느 곳에서도 작용기의 보존성, 혼성화 상태에 대한 다양성, 및 팔라듐이 오직 촉매량으로 사용된다는 사실이다. 이들 네 가지는 다음과 같이 적절한 유기 작용기의 Pd(0)-촉매화 반응을 포함한다:

(a) 유기주석 시약 (Stille)

$SnBu_3$ / OCH_3 + OSO_2CF_3 / NO_2 —$(Ph_3P)_2PdCl_2$, LiCl→ O_2N—⟨⟩—⟨⟩—OCH_3

Tributyl(*p*-methoxyphenyl)stannane　*p*-Nitrophenyl trifluoromethanesulfonate　4-Methoxy-4'-nitrobiphenyl (48%)

(b) 유기아연 시약 (Negishi)

CH_3 ZnCl + Br—⟨⟩—NO_2 —$Pd(PPh_3)_4$, 1 mol %→ CH_3 —NO_2

o-Tolylzinc chloride　1-Bromo-4-nitrobenzene　2-Methyl-4'-nitrobiphenyl (78%)

(c) 유기붕소 시약 (Suzuki)

O, H —$B(OH)_2$ + Br— N —$Pd(PPh_3)_4$, 0.2 mol %→ O, H, N

(*p*-Formylphenyl)boronic acid　2-Bromopyridine　2-(*p*-Formylphenyl)pyridine (80%)

(d) 알켄 (Heck)

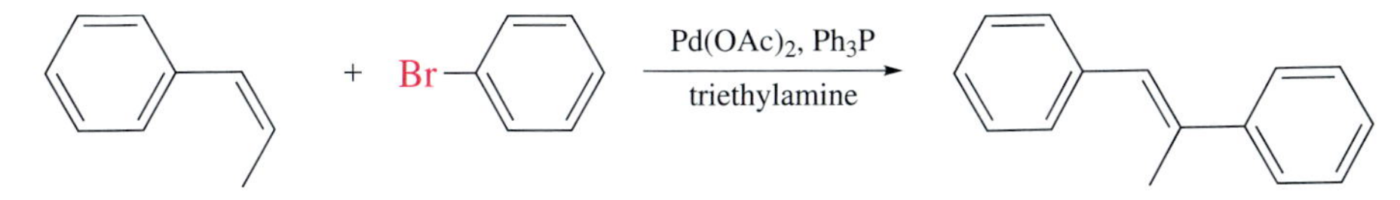

(Z)-1-Phenylpropene + Bromobenzene → ($Pd(OAc)_2$, Ph_3P / triethylamine) (E)-1,2-Diphenylpropene (79%)

Richard F. Heck (Delaware 대학교), Ei-ichi Negishi (Purdue 대학교), 및 Akira Suzuki (Hokkaido 대학교)등이 팔라듐-촉매화 교차-짝지움 반응 연구의 공로로 2010년 노벨 화학상을 공동 수상하였다. 최초의 중요한 기여는 1989년 비행기 사고로 갑작스레 타계하기 전까지 John Stille (Colorado State 대학교)에 의해서 이루어졌다.

예에서 보이는 것처럼, 바이아릴의 합성은 상당한 관심을 끌었다. 한 가지 이유는 이것을 합성하기가 어려웠기 때문이고, 다른 이유는 이것이 종종 새로운 의약품을 만드는 후보 물질이었기 때문이다. 예를 들면, Suzuki 짝지움 생성물은 HIV-AIDS 치료에 사용하는 단백질 효소 저해제인 *atazanavir* 합성의 중간체이다. 많은 다른 종류의 화합물은 적절한 반응물을 선택하여 얻을 수 있다.

이 반응은 분자의 어느 곳에 있던 OH, C═O, 및 NO_2를 포함한 많은 작용기에 대하여 관대하고, Heck의 예에서처럼, sp^{2-}혼성 탄소가 짝자움에 포함될 때 이중 결합의 입체화학이 보존된다.

주어진 예에서 다양한 팔라듐의 공급원이 주어진다는 것에 역시 주의할 필요가 있다. 아세트산 팔라듐을 사용하는 Heck 반응의 예처럼 Pd^{2+}가 공급원일 경우일지라도 이들 모든 반응에서 활성 산화상태는 Pd(0)이다.

문제 14.14

다음 각 반응 생성물의 입체화학을 포함하는 구조식을 쓰시오.

(a) 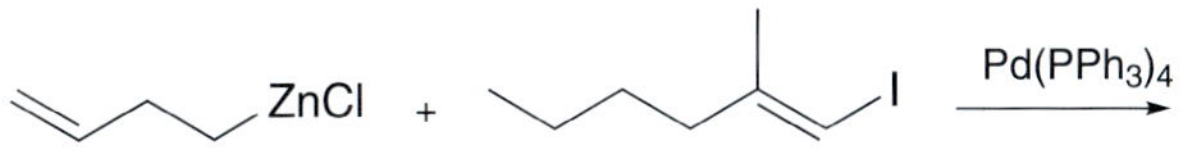 ZnCl + I → $Pd(PPh_3)_4$

(b) 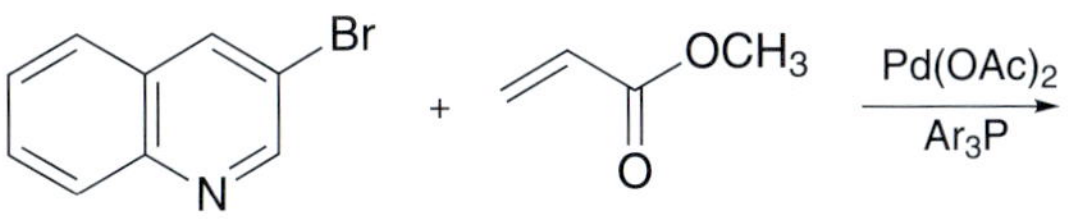 Br (quinoline) + OCH_3, O → $Pd(OAc)_2$ / Ar_3P

(c) 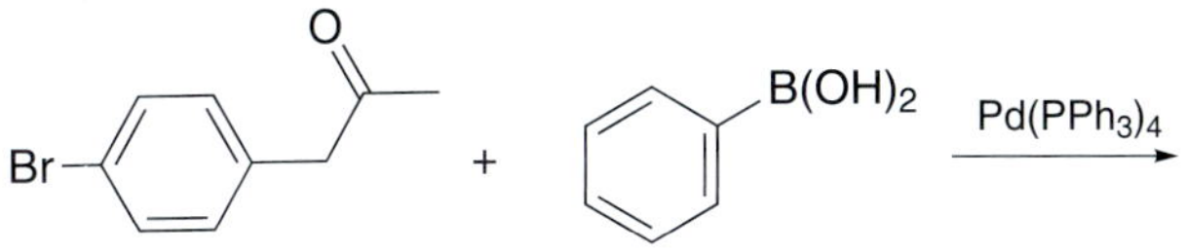 Br—(O) + $B(OH)_2$ → $Pd(PPh_3)_4$

풀이 예시 (a) 유기아연 화합물과 할로젠화 알켄일의 팔라듐-촉매화 반응은 아연에 결합된 탄소 및 할로젠에 결합된 탄소 사이에서 결합 형성이 일어나는 교차-짝지움이다. 아이오도알켄에 있는 이중결합의 입체화학은 보존된다. 생성물은 (*E*)-6-메틸-1,5-데카다이엔이다.

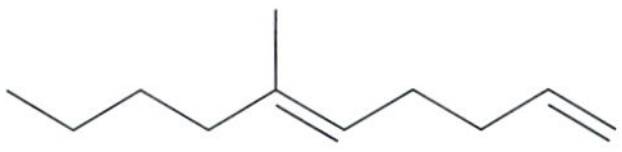

팔라듐-촉매화 교차-짝지움의 메커니즘은 복잡하지만, 모두 동일한 방식 -촉매(PdL2, L은 리간드로 표기)에 할로젠화 알킬의 산화성 첨가로 시작한다. 이것은 팔라듐 금속이 유기금속 반응물에 있는 다른 금속 (Sn, Zn, 또는 B)으로 치환되는 Stille, Negishi, 및 Suzuki 방법등에 있는 금속교환에 적용된다. 환원성 제거는 R과 R'사이의 C-C 결합을 생성하고 촉매를 재생산한다.

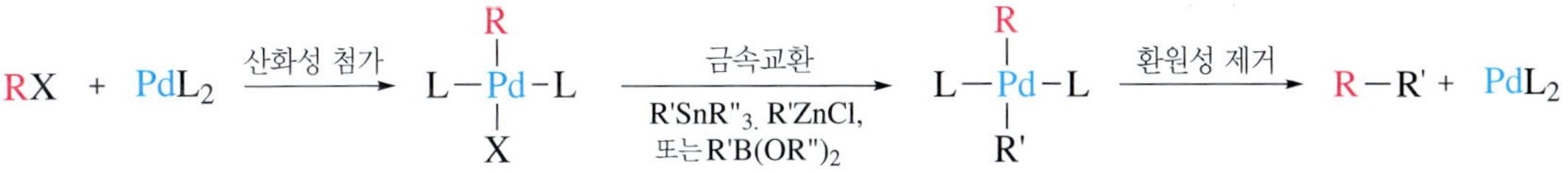

RX + PdL_2 —(산화성 첨가)→ L—Pd(R)(X)—L —(금속교환; $R'SnR''_3$, R'ZnCl, 또는 $R'B(OR'')_2$)→ L—Pd(R)(R')—L —(환원성 제거)→ R—R' + PdL_2

"금속교환(transmetalation)"은 종종 transmetallation으로 쓴다. 이들 모두 사용 가능하다. 이 용어는 Henry Gilman이 처음으로 소개하였는데 그는 한 개의 "l"만을 사용하였다.

팔라듐의 산화 상태는 PdL_2에서는 0이고 산화성 첨가와 금속교환에서는 +2, 그리고 환원성 제거에서는 다시 0으로 되돌아간다.

Heck 과정에 있어서, 산화성 첨가로 형성된 중간체는 알켄과 반응하여 π 착물이 되고, 이것은 다음에 요약한 일련의 과정을 거쳐서 생성물로 된다:

π−착물

팔라듐과 이중 결합 π 전자의 배위는 π-착물을 형성하고, 이것은 팔라듐이 다른 탄소와 결합하는 동안 이중 결합의 덜 치환된 탄소로 치환기 R을 이동함에 의해서 재구성된다. 착물은 분해하여 알켄이 된다. (보이지는 않았지만)다른 단계들은 촉매의 원래 형태로 복원된다.

문제 14.15

자연에서 발견되는 탄화수소인 휴물렌은 호프콩의 원추형 씨앗에 존재하며, 여러 차례 합성되었다. 이들 중 한 가지에서, 역합성 전략은 옆에 보이는 절단에 기초한다. 합성의 최종 단계인 분자내 Suzuki 짝지움에 의해서 휴물렌을 합성할 수 있는 브로민화 알릴의 입체화학을 포함한 구조를 유추하시오. 붕소를 포함하는 단위는 $-B(OH)_2$로 나타내시오.

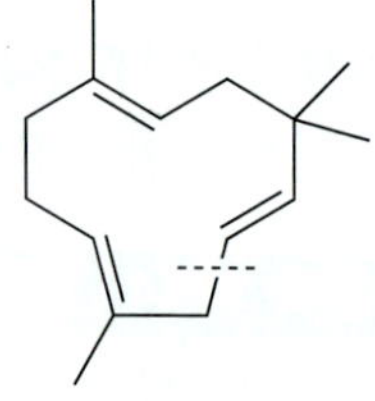

팔라듐−촉매화 교차−짝지움의 범위는 C—C 결합 형성을 넘어서 C—O와 C—N 결합−형성 방법을 포함으로 까지 확장된다.

3-Bromoquinoline + 2-Butanol →(Pd(0)) *sec*-Butyl 3-quinolyl ether (88%)

Pd(PPh_3)$_4$, K_2CO_3, triethylamine

14.12 균일 촉매 수소화 반응

우리는 미세하게 분쇄된 Ni, Pt, Pd, 및 Rh와 같은 다양한 금속으로 촉매화된 알켄 수소화의 많은 예를 보았다. 이들 경우 모두에서 알켄은 용액이지만 *불균일 촉매*로 작용하는 금속은 고체로 존재한다. 어떤 용매도 금속과 탄화수소를 동시에 모두 녹일 수 없는 것처럼 균일한 용액에서 수소화를 진행한다는 생각은 아주 무리한 것처럼 보인다. 그럼에도 불구하고, 그렇게 할 수 있는 방법이 있다.

로듐은 알켄 수소화(6.1절)에 대한 좋은 촉매이다. 촉매의 대부분은 염화 트리스로듐(Wilkinson 촉매)처럼 로듐의 착물이다.

$$(C_6H_5)_3P-Rh(P(C_6H_5)_3)_2-Cl = [(C_6H_5)_3P]_3RhCl$$

염화 트리스(트라이페닐포스핀)로듐

Geoffery Wilkinson (imperial college, London)은 1973년 Ernest O. Fischer (Munich)와 유기금속 화학의 연구 업적으로 노벨 화학상을 공동 수상하였다. 균일 수소화 촉매에 대한 그의 업적에 이외에, Wilkinson은 유기금속 화합물에 대한 다양한 다른 분야뿐만 아니라 페로센의 구조 결정에도 참여하였다.

로듐 자체와 마찬가지로, Wilkinson 촉매는 알켄 수소화에 효과적인 촉매이다. 그러나 로듐 금속과는 다르게 Wilkinson 촉매는 많은 유기 용매에 용해된다. 이것은 C=O에 우선하여 C=C에 그리고 더 치환된 것보다는 덜 치환된 이중 결합을 선택적으로 환원한다.

Carvone + H_2 $\xrightarrow[\text{benzene, 25°C, 1 atm}]{[(C_6H_5)_3P]_3RhCl}$ Dihydrocarvone (90-94%)

Carvone　Hydrogen　Dihydrocarvone (90-94%)

입체특이적 syn 첨가가 관찰되고, 수소는 이중 결합의 덜 치환된 면으로 전달된다.

(*Z*)-1-Methoxy-2-phenylethylene + D_2 $\xrightarrow{[(C_6H_5)_3P]_3RhCl}$ *erythro*-1,2-Dideuterio-1-methoxy-2-phenylethane

(*Z*)-1-Methoxy-2-phenylethylene　Deuterium　*erythro*-1,2-Dideuterio-1-methoxy-2-phenylethane

문제 14.16

옆의 화합물에 대한 균일 촉매 수소화는 두 개의 이성질체를 73 : 27로 생성한다. 이들의 구조는 무엇이고, 어느 것이 주 생성물인가?

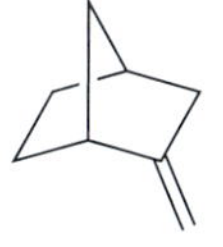

Wilkinson 촉매 존재하에 수소화 메커니즘은 로듐 착물에 대한 수소의 산화성 첨가와 트라이페닐포스핀 리간드 한 개를 잃음으로 시작된다.

$ClRh[P(C_6H_5)_3]_3$ $\xrightarrow{H_2}$ $ClRh(H)_2[P(C_6H_5)_3]_3$ $\xrightarrow{-P(C_6H_5)_3}$ $ClRh(H)_2[P(C_6H_5)_3]_2$

염화 트리스(트라이페닐포스핀)로듐 (Wilkinson 촉매)　Wilkinson 촉매의 이수소화물　비스(트라이페닐포스틴) 이수소화물

로듐은 Wilkinson 촉매에서 +1의 산화 상태이고. 따라서 d^8 이온이다. 촉매에 있는 네 개의 리간드는 8 개의 전자를 제공하여 전체 원자가전자는 16개가 된다. 처음 단계에서 H_2의 첨가는 그 수를 18로 올린다. 두 번째 단계에서 트라이페닐포스핀 리간드의 소실은 원자가전자의 수가 16으로 감소하여, 활성 형태의 촉매가 되고 메커니즘 14.1에서 보이는 알켄 수소화의 네 단계의 순환을 되풀이하는 단계에 놓이게 된다.

입체선택적 합성에서 균일 전이-금속 촉매이 효과는 매우 인상적이다. 카이랄 리간드를 사용하여, 이중 결합의 수소화를 조절하는 것이 가능하며 새로운 카이랄 중심은 특정한 배열을 갖는다. 파킨슨병을 치료하는 L-도파제는 순수한 카이랄 로듐 착물에 의하여 촉매화된 거울선택적 수소화를 이용하여 수만톤의 양으로 제조된다.

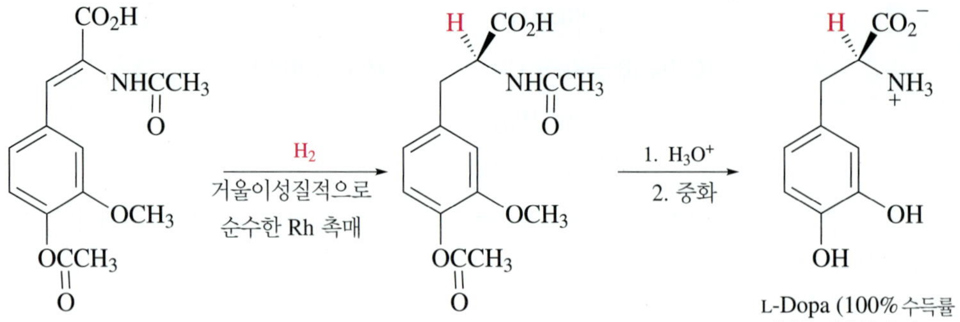

H_2
거울이성질적으로 순수한 Rh 촉매

1. H_3O^+
2. 중화

L-Dopa (100% 수득률 95% 거울상 초과)

L-도파제의 합성은 제약 산업에 있어서 중요한 진전이 된 가장 초기의 – 단일 거울상이성질체로서 합성과 판매된 카이랄 약품이다 7장의 상자 속 소고, Chiral Drug을 보시오). William S. Knowles (Monsanto)와 Ryoji Noyori (일본, Nagoya)는 거울선택적 수소화에 대한 독립적인 연구 업적으로 2001년 노벨 화학상을 공동 수상하였다.

메커니즘 14.1

알켄 수소화의 균일 촉매화

전체 반응:

$$H_2C{=}CHCH_3 + H_2 \xrightarrow{[(C_6H_5)_3P]_3RhCl} CH_3CH_2CH_3$$

Propene Hydrogen Propane

메커니즘:

1단계: 교재에서 소개된 Wilkinson 촉매의 활성 형태는 배위적으로 불포화되있고 알켄과 반응하여 18–전자 착물을 형성한다.

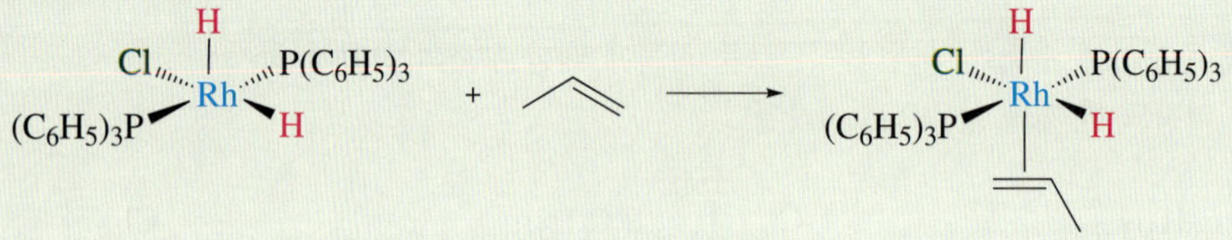

비스(트라이페닐포스핀) 착물의 이수소화물 프로펜 로듐–프로펜 착물

2단계: 로듐–프로펜 착물은 재배열한다. 수소화 이온이 로듐에서 더 치환된 탄소로 이동하는 동안 로듐은 알켄의 덜 치환된 탄소와 결합한다.

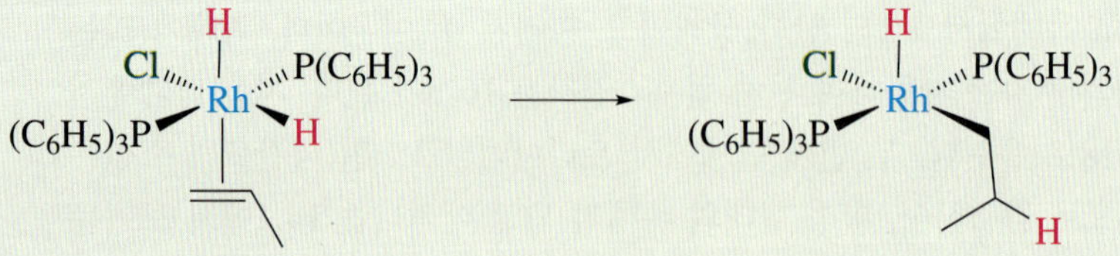

로듐–프로펜 착물 프로필로듐 착물

3단계: 수산화 이온은 로듐에서 탄소로 이동하고 착물은 분해하여 프로페인이 유리된다.

프로필로듐 착물 → 염화 비스(트라이페닐포스핀) 로듐 + 프로펜

4단계: 3단계에서 형성된 착물은 H_2와 반응하여 활성 형태의 촉매로 복원되고, 이것은 다시 1단계로 되돌아가서 계속적으로 순환을 유기한다.

염화 비스(트라이페닐포스핀) 로듐 + 수소 → 비스(트라이페닐포스핀) 착물의 이수소화물

Knowles은 L-도파제를 고안하고 수행하였으며 Noyori는 100%에 근접하는 거울선택성을 얻기 위하여 금속과 리간드 모두를 변형한 다양한 카이랄 촉매를 개발하였다.

카이랄성은 카이랄 중심 또는 축을 갖는 리간드를 사용하여 촉매에 만들어진다. Noyori가 광범위하게 사용한 BINAP는 카이랄 축을 가지며, 밀집성은 연결된 나프탈렌 고리의 결합 회전을 억제하여 거울이성질체의 상호변환을 방해한다. 대개는 루테늄인 금속은 카이랄 환경에 있는 두 개의 인 원자 (노란색) 사이에 위치한다. Ru-BINAP의 금속에 의해 점유되던 공동의 입체적 요구는 반응이 이중결합의 한쪽에 우선적으로 일어나게 하는 원인이 된다.

BINAP는 2,2'-비스(다이페닐포스피노)-1,1'-바이나프틸의 약자이다.

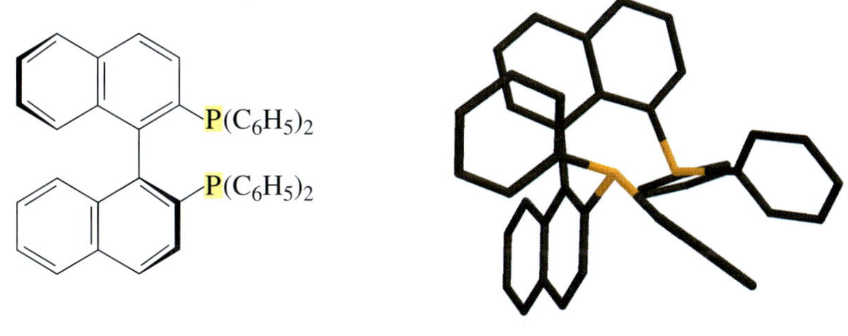

(*S*)-(−)-BINAP

문제 14.17

소염제인 *나프록센은* (S)-거울이성질체로 판매된다. 대량 합성의 한 가지는 Ru-BINAP 수소화 촉매를 사용한다. 나프록센을 합성하려면 어떤 화합물을 수소화해야 하는가?

수소화뿐만 아니라 다른 반응에서도 바찬가지로 많은 거울신덱성 진이-금속 촉매기 개발되었다. 금속, 금속의 산화상태 및 리간드를 변형함으로 촉매의 특성을 정교하게 조절하는 기회는 거의 무제한적이다.

14.13 올레핀 복분해

"복분해"란 말은 대상(물질)의 상호변환 또는 치환되는 것을 나타낸다.

2005년 화학 노벨상은 합성적으로 유용한 반응인 **올레핀 복분해**를 확립하고, 이 새로운 과정의 메커니즘을 이해하는데 기여한 Roberts H. Grubbs (Caltech), Yves Chauvin (French Petroleum Institute), 및 Richard R. Schrock (MIT)가 공동 수상하였다. 올레핀 복분해는 산업 연구자들은 가열된 혼합 금속 위로 알켄을 흘려보낼 때, 알켄이 새로운 반응을 한다는 것을 발견한 1950년대 후반에 처음 알려졌다. 예를 들면, 프로펜은 에틸렌과 2-뷰텐 (시스 + 트랜스)의 혼합물로 변환된다.

$$2CH_3CH{=}CH_2 \xrightleftharpoons{\text{catalyst}} H_2C{=}CH_2 + CH_3CH{=}CHCH_3$$

Propene — Ethylene — *cis*- + *trans*-2-butene

이 동일한 변형은 낮은 온도에서 균일 전이-금속 촉매에 의하여 계속적으로 재현되었다. 평형에 도달하고, 그리고 프로펜 또는 에틸렌과 2-뷰텐의 1:1 혼합물에 상관없이 반응 조건에서 같은 혼합물이 얻어졌다. 이러한 종류의 알켄 복분해를 *교차-복분해*라고 한다.

교차-복분해가 처음 발견되었을 때, 프로펜이 제한적으로 유일하게 사용되었으며 이 반응은 에틸렌의 잠재적인 공급원으로 간주되었다. 그러나 입체규칙성인 폴리프로펠렌을 만드는 방법이 개발된 후에는, 프로펜은 아주 가치가 있게 되었다 그리고 현재는 에틸렌과 2-뷰텐의 교차-복분해가 프로펜의 공급원으로 사용된다.

교차-복분해에 있어서 반응물과 생성물간의 관계는 두 반응물의 이중결합을 점선으로 연결하고, 다음에 다른 방향으로 끊어주는 역합성적으로 분석할 수 있다.

$$\begin{matrix} CH_3CH{=}CH_2 \\ + \\ CH_3CH{=}CH_2 \end{matrix} \Longrightarrow \begin{matrix} CH_3CH\text{- - -}CH_2 \\ \vdots \quad\quad \vdots \\ CH_3CH\text{- - -}CH_2 \end{matrix} \Longleftarrow \begin{matrix} CH_3CH \\ \| \\ CH_3CH \end{matrix} + \begin{matrix} CH_2 \\ \| \\ CH_2 \end{matrix}$$

두 개의 프로펜 분자 — 2-뷰텐 + 에틸렌

이러한 표시가 생성물과 반응물의 연관짓는데 도움이 되기는 하지만, *메커니즘과는 관련이 없다. 네 개의 탄소를 갖는 고리의 어느 것도 올레핀 교차-복분해의 중간체가 아니다.*

문제 14.18

2-펜텐의 올레핀 교차-복분해에 의하여 어떤 알켄이 형성되는가?

올레핀 교차-복분해에 대한 일반적으로 인정되는 메커니즘은 메커니즘 14.2에 있는 프로펜의 경우로 간략히 나타내었다. 촉매의 구조는 대체로 루테늄(Ru), 텅스텐(W), 또는 몰리브데늄(Mo)같은 금속과 탄소-금속 이중결합으로 특성화된다. 이러한 형태의 착물은 Ernst O. Fischer (Munich)이 최초로 제조되었고, 그는 1973년 Geoffrey Wilkinson과 노벨 화학상을 공동 수상하였다.

올레핀 복분해에서 가장 널리 사용되는 촉매 중의 한 가지는 아래에 보이는 루테늄 착물이다. 이것은 *Grubb* 촉매라고 하며 $Cl_2(PCy_3)_2Ru{=}CHC_6H_5$로 간략히 쓴다.

$$\begin{matrix} & PCy_3 & & \\ Cl & | & & \\ & Ru{=}CH{-}C_6H_5 & & \\ Cl & | & & \\ & PCy_3 & & \end{matrix}$$

Cy = 사이클로헥실

Grubb 촉매

메커니즘 14.2

올레핀 교차-복분해

전체 반응:

$$\underset{\text{프로펜}}{2CH_3CH{=}CH_2} \xrightleftharpoons{\text{촉매}} \underset{\text{에틸렌}}{H_2} + \underset{\text{2-뷰텐(cis+trans)}}{CH_3CH{=}CHCH_3}$$

메커니즘:

메커니즘 표기를 간단히 하기 위하여, 기호 Ⓜ으로 전이금속과 리간드를 나타낸다. 리간드가 금속에서 떨어지거나 또는 결합되는 각 단계는 제외된다; 그러므로 리간드의 수는 모든 과정에서 동일할 필요가 없다.

1단계: 이 단계에서는 결합된 그룹을 갖는 알켄의 sp^{2-} 혼성 탄소는 촉매의 벤질리덴기로 치환이 된다. 프로펜과 같은 비대칭 알켄의 경우에, 새로이 형성된 두 개의 카벤 착물 (A와 B)은 서로 다르다.

$$M{=}CHC_6H_5 + CH_3CH{=}CH_2 \longrightarrow \begin{matrix} M-CHC_6H_5 \\ | \quad\quad | \\ CH_3CH-CH_2 \end{matrix} + \begin{matrix} M-CHC_6H_5 \\ | \quad\quad | \\ H_2C-CHCH_3 \end{matrix}$$

$$\downarrow$$

$$\underset{A}{\begin{matrix} M \\ \| \\ CH_3CH \end{matrix}} + \begin{matrix} CHC_6H_5 \\ \| \\ CH_2 \end{matrix} \qquad \underset{B}{\begin{matrix} M \\ \| \\ CH_2 \end{matrix}} + \begin{matrix} CHC_6H_5 \\ \| \\ CHCH_3 \end{matrix}$$

2단계: *착물 A:* 프로펜은 카벤 착물의 이중결합에 첨가되어 메탈로사이클로뷰테인 C와 D를 생성한다. C는 해리되어 프로펜과 A가 되고, D는 2-뷰텐과 B가 된다.

$$\underset{A}{M{=}CHCH_3} + \underset{\text{프로펜}}{CH_3CH{=}CH_2} \rightleftharpoons \underset{C}{\begin{matrix} M-CHCH_3 \\ | \quad\quad | \\ CH_3CH-CH_2 \end{matrix}} + \underset{D}{\begin{matrix} M-CHCH_3 \\ | \quad\quad | \\ H_2C-CHCH_3 \end{matrix}}$$

$$\downarrow$$

$$\underset{A}{\begin{matrix} M \\ \| \\ CH_3CH \end{matrix}} + \underset{\text{프로펜}}{\begin{matrix} CHCH_3 \\ \| \\ CH_2 \end{matrix}} \qquad \underset{B}{\begin{matrix} M \\ \| \\ CH_2 \end{matrix}} + \underset{\text{2-뷰텐}}{\begin{matrix} CHCH_3 \\ \| \\ CHCH_3 \end{matrix}}$$

착물 B: 프로펜은 B의 이중결합에 첨가되어 메탈로사이클로뷰테인 E와 F를 생성한다. E가 해리되어 에틸렌과 A가 되고, F는 프로펜과 B가 된다.

$$\underset{B}{M{=}CH_2} + \underset{\text{프로펜}}{CH_3CH{=}CH_2} \rightleftharpoons \underset{E}{\begin{matrix} M-CH_2 \\ | \quad\quad | \\ CH_3CH-CH_2 \end{matrix}} + \underset{F}{\begin{matrix} M-CH_2 \\ | \quad\quad | \\ H_2C-CHCH_3 \end{matrix}}$$

$$\downarrow$$

$$\underset{A}{\begin{matrix} M \\ \| \\ CH_3CH \end{matrix}} + \underset{\text{에틸렌}}{\begin{matrix} CH_2 \\ \| \\ CH_2 \end{matrix}} \qquad \underset{B}{\begin{matrix} M \\ \| \\ CH_2 \end{matrix}} + \underset{\text{프로펜}}{\begin{matrix} CH_2 \\ \| \\ CHCH_3 \end{matrix}}$$

3단계: 2단계에서 반응하는 두 착물 A와 B가 동일한 단계에서 또한 재생성된다. 따라서 3단계는 2단계의 단순한 반복이고 이 과정은 계속된다.

올레핀 교차-복분해는 각각의 분자에 있는 이중결합들 사이의 분자간 반응이다. 동일한 분자에 있는 두 개의 이중결합의 분자 내 복분해 역시 일반적이고 고리 형성으로 진행된다. 이 과정을 고리-닫힘 복분해라고 한다.

$$\text{Allyl } o\text{-vinylphenyl ether} \xrightarrow[CH_2Cl_2,\ 25°C]{Cl_2(PCy_3)_2Ru{=}CHC_6H_5} \text{2H-1-Benzopyran (95\%)} + H_2C{=}CH_2 \text{ (Ethylene)}$$

올레핀 복분해가 평형 과정이기는 하지만, 에틸렌이 다른 알켄으로 생성되는 경우에는 원하는 물질을 높은 수득률로 얻을 수 있다. 기체인 에틸렌은 반응 혼합물로부터 빠져나가고, Le Chatelier 원리에 따라서 반응은 오른쪽으로 진행한다. 고리-닫힘 복분해는 천연물 합성에 광범위하고 엄청나게 응용되어왔다. 이것은 완화된 조건에서 일어나며, 다양한 작용기가 존재하여도 상관이 없다.

문제 14.19

다음 반응의 생성물은 99%로 생성되었다. 이것은 무엇인가?

$$\xrightarrow[CH_2Cl_2,\ 25°C]{Cl_2(PCy_3)_2Ru{=}CHC_6H_5} C_{15}H_{19}NO_2$$

*고리-열림 복분해*는 고리-닫힘 복분해의 역으로 중합법으로 희망이 있다. 이것은 긴장 완화에 의한, 예를 들면 이고리성 알켄에서처럼 고리 열림이 수반될 때 매우 자주 이용된다.

노보넨은 바이사이클로[2,2,1]헵-2-텐의 일반명이다.

$$\text{Bicyclo[2.2.1]hept-2-ene} \xrightarrow[-80°C]{\text{catalyst}} \text{Polynorbornene}$$

14.14 알켄 중합의 Ziegler-Natta 촉매작용

우리는 6.14절에서 알켄 중합의 세 가지 주된 방법을 나열하였다: 양이온, 자유-라디칼, 및 배위 고분자화. 7.16절에서는 비록 프로펜의 자유-라디칼 중합이 어택틱 폴리프로필렌을 형성하기는 하지만, 배위 고분자화는 월등한 물리적 특성을 갖는 입체규칙성 고분자를 생성하는 것을 주지하면서 고분자의 입체적 양상으로 고분자에 대한 우리의 지식을 확장하였다. 배위 고분자화에 요구되는 촉매는 유기금속 화합물이기 때문에, 우리는 이제 배위 고분자화에 대하여 더 자세하게 알아 볼 때가 되었다.

Karl Ziegler가 1950년대 초기, 그 때는 독일의 석탄 연구를 위한 Max Planck Institute에서 에틸렌의 올리고머화에 필요한 촉매로서 알루미늄 화합물의 사용을 연구하고 있었다.

$$nH_2C{=}CH_2 \xrightarrow{Al(CH_2CH_3)_3} CH_3CH_2(CH_2CH_2)_{n-2}CH{=}CH_2$$

에틸렌 → 에틸렌 올리고머

Ziegler는 어떤 금속이나 그 금속 화합물을 반응 혼합물에 더하면 6-18 탄소의 에틸렌 올리고머가 되었으나, 다른 것들은 곧 아주 긴 탄소 사슬의 폴리에틸렌이 되는 것을 발견하였다. 두 가지가 모두 주요한 발견이었다. 6-18 탄소 에틸렌 올리고머는 미국에서 연간 3×10^9 파운드 정도로 생산되는 *선형 α 올레핀*으로 알려진 산업 유기 화합물의 한 종류이다. Ziegler방법이 훨씬 더 중요한 것은, 6.21절에서 기술한 자유-라디칼 중합으로 형성되는 저밀도 폴리에틸렌보다 월등한 특징을 갖는 *고밀도의 폴리에틸렌*이 낮은 온도와 압력에서 생 성되기 때문이다.

Ziegler는 이탈리아 화학회사 Montecatini와 업무관계를 가지고 있었고, Milan Polytechnic Institute의 Giulio Natta는 그 회사의 자문역이었다. Natta가 Ziegler의 촉매를 가지고 프로펜을 중합할 때, 그는 촉매가 효과적일 뿐만 아니라 주로 아이소택틱 폴리프로필렌이 생성되는 것을 발견하였다. (7.16절에서 프로펜의 자유-라디칼 중합은 어택틱 폴리프로필렌이 생성되는 것을 상기하시오.) 아이소택틱 폴리프로필렌은 어택틱 형태보다 높은 녹는점을 가지며 섬유로 뽑거나 단단하고 내구성인 물질로 성형할 수 있다.

최초의 Ziegler-Natta촉매는 사염화 티타늄($TiCl_4$)과 염화 다이에틸알루미늄 [$(CH_3CH_2)_2AlCl$]의 조합이었으나, 이것은 더욱 효과적인 지르코늄-기반의 메탈로센으로 대체되었다. 가장 간단한 것은 이염화 비스(사이클로펜타다이에닐)지르코늄이다(14.9절).

지르코늄은 주기율표에서 티타늄의 바로 아래에 있다. 그래서 다른 Ziegler-Natta 촉매를 찾을 때, 당연한 선택이었다.

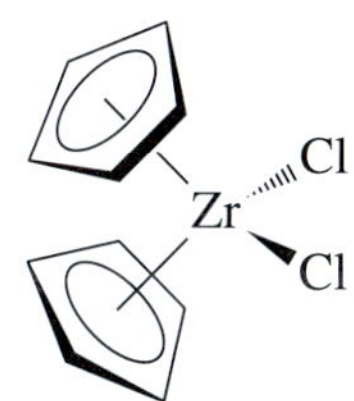

이염화 비스(사이클로펜타다이에닐)지르코늄 (Cp_2ZrCl_2)

수백 개의 Cp_2ZrCl_2 유사체가 만들어졌으며 에틸렌과 프로필렌 중합의 촉매로 검토되었다. 구조적인 변형은 한 개 또는 두 개 모두의 사이클로펜타다이에닐기를 탄소 사슬 등으로 두 고리를 연결한 다양하게 치환된 사이클로펜타다이에닐기로 치환하는 것이다. 어떤 변형은 신디오택틱 폴리프로필렌을 생성하고, 다른 것들은 아이소택틱을 생성한다. 메탈로센 촉매는 대개는 메틸알루목세인 (MAO)인 촉진제와 함께 사용한다.

$$\left[O-\underset{\displaystyle CH_3}{\underset{|}{Al}}-O-\underset{\displaystyle CH_3}{\underset{|}{Al}} \right]_n$$

메틸알루목세인 (MAO)

메커니즘 14.3에는 Cp_2ZrCl_2가 존재하는 에틸렌 중합이 요약되었다. 1단계는 메틸기를 메탈로센으로 전달하여 메탈로센이 활성적인 촉매의 형태로 전환시키는 MAO 촉진제의 목적을 나타낸다. 이 메틸기는 성장하는 사슬에 더해진다-사실, 이것은 사슬 성장의 말단이다.

한 개가 적은 리간드와 양으로 하전된 활성 형태의 촉매는 2단계에서 에틸렌에 대한 친전자체로 작용한다.

에틸렌에서 지르코늄으로 이동하는 전자를 갖고 있는 $Zr-CH_3$ 결합은 약화되고, 에틸렌의 탄소는 양으로 하전되어, 지르코늄의 메틸기가 에틸렌의 탄소 하나로 이동한다. $Zr-CH_3$ 결합의 절단은 3단계에서 지르코늄과 에틸렌의 탄소 한 개와 σ 결합의 형성으로 진행된다. 이 단계의 생성물은 활성 촉매의 사슬 확장 형태이고, 다른 에틸렌 리간드를 받을 준비가 되어 있어서 사슬-확장 단계를 계속하게 된다.

메커니즘 14.3

Ziegler−Natta촉매 존재 하에 에틸렌 중합

1단계: Cp_2ZrCl_2는 촉진제, 메틸알루목세인 (MAO)와 반응하여 활성 촉매로 변환된다. MAO의 메틸기는 Cp_2ZrCl_2의 염소 리간드 한 개와 치환된다. 두 번째 염소는 염화 이온으로 이온화되어 떨어져 나가고, 양으로 하전된 메탈로센이 생성된다.서로 다르다.

Cp_2ZrCl_2 —MAO→ $Cp_2Zr(Cl)(CH_3)$ —$-Cl^-$→ $Cp_2Zr^+{-}CH_3$

Cp_2ZrCl_2 촉매의 활성 형태

2단계: 에틸렌은 활성 형태의 촉매와 반응한다. 에틸렌의 π 전자 두 개는 지르코늄에 리간드로 결합하는데 사용된다.

$Cp_2Zr^+{-}CH_3$ + $H_2C{=}CH_2$ ⟶ 에틸렌−촉매 착물

촉매의 활성 형태 에틸렌 에틸렌−촉매 착물

3단계: 메틸기는 지르코늄에서 에틸렌 리간드의 탄소 중 하나로 이동한다. 동시에 에틸렌 리간드의 π 전자는 다른 탄소와 지르코늄이 σ 결합을 형성하는데 사용된다.

에틸렌−촉매 착물 ⟶ $Cp_2Zr^+{-}CH_2{-}CH_2{-}CH_3$

에틸렌−촉매 착물 촉매의 사슬−확장 형태

4단계: 현재 촉매는 지르코늄에 메틸기 대신 프로필기를 가지고 있다. 2단계와 3단계를 되풀이하여 프로필기를 페닐기로 변환하고, 계속된다. 수없는 반복 후에, 폴리에틸렌이 만들어 진다.

$Cp_2Zr^+{-}CH_2CH_2CH_3$ —$H_2C{=}CH_2$ (2 단계 마다)→ $Cp_2Zr^+(CH_2CH_2CH_3)(H_2C{=}CH_2)$ —(3 단계 마다)→ $Cp_2Zr^+{-}CH_2CH_2CH_2CH_2CH_3$

Ziegler에 의해서 배위 중합이 발견되고 Natta에 의하여 프로펜에 적용되기 전에는 폴리프로필렌 산업이라는 것이 없었다. 현재는 10^{10}파운드 이상의 프로필렌이 매년 미국에서 제조된다. Ziegler는 알켄 중합에 대한 새로운 촉매계를 발견하고 Natta는 입체규칙성 중합을 발견한 공로로 1963년 Ziegler와 Natta는 노벨 화학상을 공동 수상하였다. 우리는 합성 고분자의 성질을 더 자세하게 다루게 될 27장에서 Ziegler−Natta 중합에 대하여 좀 더 공부할 것이다.

14.15 요약

14.1절 유기금속 화합물은 탄소-금속 결합을 포함한다. 주족 금속에서 얻어지는 것들은 금속의 알킬 (또는 아릴) 유도체로 명명한다.

$CH_3CH_2CH_2CH_2Li$ 또는 (Li 골격구조)　　C_6H_5MgBr 또는 (MgBr 벤젠 구조)

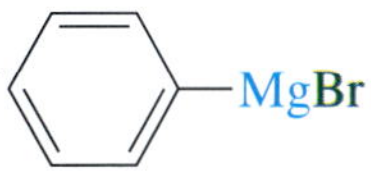

뷰틸리튬　　브로민화 페닐마그네슘

14.2절 탄소는 금속보다 전기적으로 더 음성이어서 탄소-금속 결합은 편극되고, 탄소는 일부분에서 완전한 음이온을 갖고 그리고 금속은 일부분에서 완전한 양이온 을 갖는다.

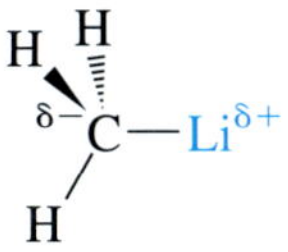

$H_3C^{\delta-}—Li^{\delta+}$　　$HC{\equiv}\bar{C}{:}\ Na^+$

메틸리튬은 극성 공유결합인 탄소-리튬 결합을 갖는다　　아세틸렌화 소듐은 탄소와 소듐 사이에 이온결합을 갖는다.

14.3절 유기리튬 화합물과 Grignard 시약은 해당 금속과 할로젠화 알킬, 아릴, 또는 바이닐의 반응으로 제조되며, 대개는 다이에틸 에터 또는 테트라하이드로퓨란이 용매이다.

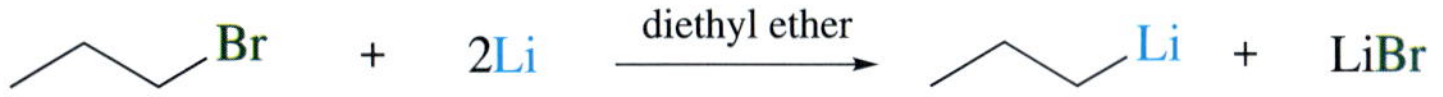

Propyl bromide + 2Li (Lithium) $\xrightarrow{\text{diethyl ether}}$ Propyllithium (78%) + LiBr (Lithium bromide)

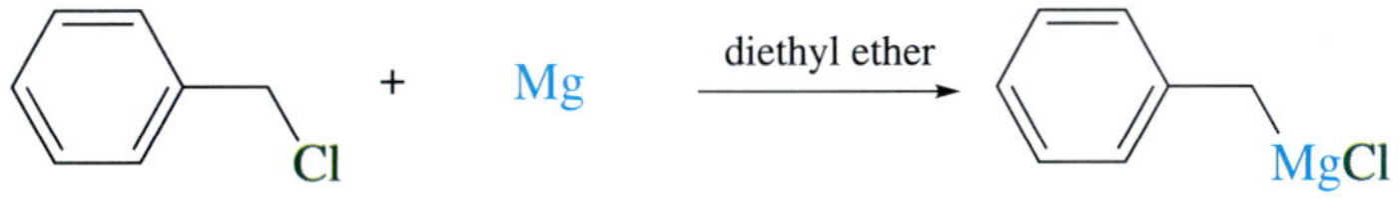

Benzyl chloride + Mg (Magnesium) $\xrightarrow{\text{diethyl ether}}$ Benzylmagnesium chloride (93%)

14.4절 유기리튬 화합물과 Grignard 시약은 강염기이고 −OH 기를 갖는 화합물과 즉시 반응한다.

$$R—M + H—O—R' \longrightarrow R—H + M^+\ {}^-O—R'$$

그러므로 이들 유기금속 시약은 물이나 에탄올과 같은 용매에서는 사용할 수 없다

14.5절 Grignard 및 유기리튬 시약과 카보닐 화합물의 반응은 합성 유기화학에서 탄소- 탄소 결합을 만드는 가장 유용한 방법의 하나이다. 이들 시약이 폼알데하이드와 반응하여 1차 알코올, 알데하이드와는 2차 알코올, 및 케톤과는 3차 알코올을 생성한다.

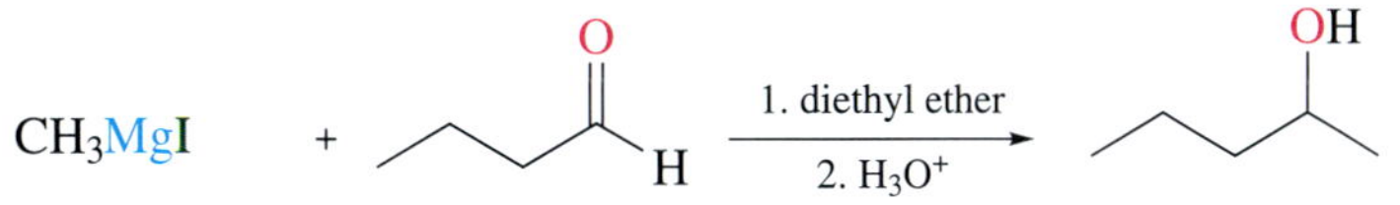

CH_3MgI (Methylmagnesium iodide) + Butanal $\xrightarrow[\text{2. } H_3O^+]{\text{1. diethyl ether}}$ 2-Pentanol (82%)

14.6절 알카인의 소듐염은 Grignard 및 유기리튬 시약과 유사하게 알데하이드 및 케톤과 반응한다.

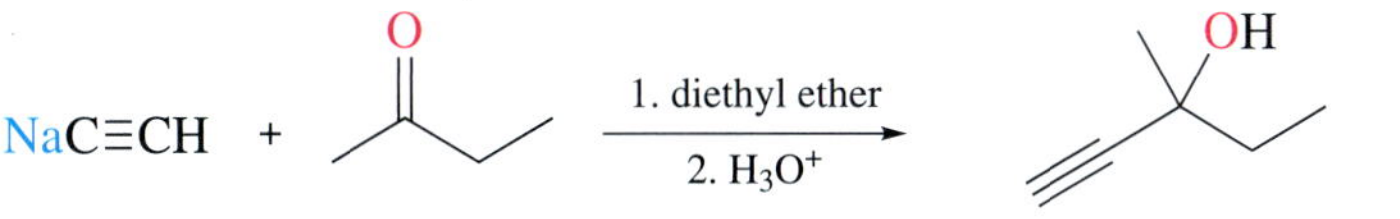

$NaC{\equiv}CH$ (Sodium acetylide) + 2-Butanone $\xrightarrow[\text{2. } H_3O^+]{\text{1. diethyl ether}}$ 3-Methyl-1-pentyn-3-ol (72%)

14.7절 Grignard 및 유기리튬 시약에 의한 알코올의 역합성 분석은 산소를 갖고 있는 탄소에 연결된 그룹의 한 개를 절단하는 것으로 시작한다. 떨어진 그룹은 탄소음이온과 동일한 것으로 간주되고, 이것이 제어된 구조 단위는 알데하이드 또는 케톤 구성물이 된다.

CH_3, OH ⟹ O + $:CH_3$

14.8절 아이오딘화 아이오도메틸구리에서 알켄으로 메틸렌 이동을 *Simmons-Smith* 반응이라고 하며, 알켄을 사이클로프로페인으로 변환한다.

2-Methyl-1-butene $\xrightarrow[\text{diethyl ether}]{CH_2I_2,\ Zn(Cu)}$ 1-Ethyl-1-methylcyclopropane (79%)

이중결합에 대한 CH_2기의 입체특이적 syn 첨가가 일어난다.

14.9절 한 개이상의 유기 리간드를 갖는 전이-금속 착물은 다양한 구조 형태와 반응성을 제공한다. 유기 리간드는 σ 결합 또는 π 결합으로 금속에 결합할 수 있다. 18-전자 규칙은 특정 금속에 결합하는 리간드 수의 지표이다.

14.10절 다이알킬구리 및 다이아릴구리 리튬 (R_2CuLi 및 Ar_2CuLi)은 구리(I)염과 두 당량에 해당하는 유기리튬 시약의 반응으로 제조되며, 1차 할로젠화 알킬과 할로젠화 아릴 및 바이닐과 교차-짝지움 반응을 한다.

$(CH_3)_2CuLi$ + Benzyl chloride $\xrightarrow{\text{diethyl ether}}$ Ethylbenzene(80%)

Lithium dimethylcuprate Benzyl chloride Ethylbenzene(80%)

14.11절 Pd(0)의 특정 구조는 수많은 유용한 탄소-탄소 결합-형성 과정의 촉매이며, 다음과 같이 일반식으로 표시된다:

RX + PdL_2 $\xrightarrow{\text{산화성 첨가}}$ $R(X)PdL_2$ $\xrightarrow{R'_4Sn,\ R'ZnCl,\ R'B(OR'')_2}$ $R(R')PdL_2$ $\xrightarrow{\text{환원성 제거}}$ R−R' + PdL_2

금속전이

유기금속의 성분이 주석, 아연, 또는 붕소 유도체인지에 따라서 각각 Stille, Negishi, 또는 Suzuki 짝지움의 다양한 방법이 알려져 있다. Heck 반응은 동일한 변형을 수행하지만 알켄을 반응물로 사용한다.

N≡C–C₆H₄–Br + Ethyl acrylate $\xrightarrow[Ar_3P]{Pd(OAc)_2}$ Ethyl *p*-cyanocinnamate (70%)

1-Bromo-4-cyanobenzene Ethyl acrylate Ethyl *p*-cyanocinnamate (70%)

14.12절 전이금속, 특히 로듐과 류테늄에 기반한 유기금속 화합물은 균일 조건에서 알켄의 수소화를 촉진 할 수 있다.

Cinnamic acid $\xrightarrow[[(C_6H_5)_3P]_3RhCl]{H_2}$ 3-Phenylpropanoic acid (90%)

카이랄 촉매의 단일 거울상을 사용하면, 높은 거울선택성의 수소화를 수행할 수 있다.

14.13절 두 알켄의 이중으로 결합된 탄소는 전이-금속, 특히 루테늄과 텅스텐의 카벤 착물로 처리하면 상대를 교환할 수 있다.

$$2R_2C{=}CR'_2 \xrightarrow{\text{메탈로센 촉매}} R_2C{=}CR_2 + R'_2C{=}CR'_2$$

다른 응용법들 중에서, **올레핀 복분해(olefin metathesis)**는 고리 알켄의 합성, 프로펜의 공업적 제조와 중합에 유용하다,

14.14절 에틸렌과 프로펜의 배위 중합은 어떤 유기 공정에서도 가장 커다란 경제적 효과를 갖는다. Ziegler–Natta 중합은 티타늄 및 지르코늄과 같은 전이 금속 으로 만들어진 촉매를 사용하여 진행된다. π-결합과 σ-결합의 유기금속 화합물 은 배위 중합의 중간체이다.

문제

14.20 원하는 출발 물질을 사용하는 다음 유기금속 화합물을 합성하는 적절한 방법을 제시하시오.

(a) 사이클로펜틸–Li (b) $(CH_3)_3C$–MgBr (c) $C_6H_5C{\equiv}C$–Li (d) $(H_2C{=}CH)_2CuLi$

14.21 앞의 문제에서 주어진 반응물을 가지고, 다음 각각의 주 유기 생성물을 쓰시오.

(a) 다이에틸 에터에서 폼알데하이드와 사이클로펜틸리튬의 반응 후, 약산 수용액으로 처리.

(b) 다이에틸 에터에서 벤즈알데하이드와 브로민화 *t*-뷰틸마그네슘의 반응 후, 약산 수용액으로 처리.

(c) 다이에틸 에터에서 사이클로헵탄온과 페닐아세틸렌화 리튬 $(C_6H_5C{\equiv}CLi)$의 반응 후, 약산 수용액으로 처리.

(d) 2-브로모나프탈렌과 다이바이닐구리 리튬 $[(H_2C{=}CH)_2CuLi]$

14.22 다음 각 반응의 주 유기생성물을 예상하시오.

(a) $C_6H_5COC_6H_5$ + $NaC{\equiv}CH$ $\xrightarrow[\text{2. } H_3O^+]{\text{1. 액체 암모니아}}$

(b) 아다만탄온 + CH_3CH_2Li $\xrightarrow[\text{2. } H_3O^+]{\text{1. 다이에틸 에터}}$

(c) 1-브로모사이클로펜텐 (Br) $\xrightarrow{\text{1. Mg, THF}}$ 2. HCHO 3. H_3O^+

(d) 알릴벤젠 $\xrightarrow[\text{Zn(Cu), 다이에틸 에터}]{CH_2I_2}$

(e) $C_6H_5CH_2CH{=}CHCH_3$ $\xrightarrow[\text{Zn(Cu), 다이에틸 에터}]{CH_2I_2}$

(f) 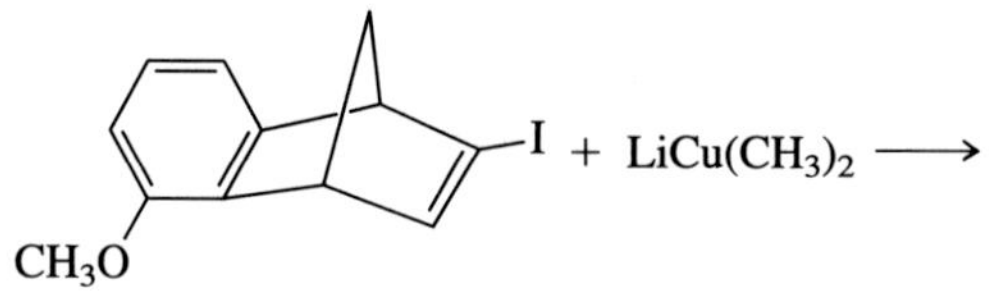 [structure: methoxy-substituted benzonorbornadiene with vinyl iodide, CH_3O, I] + $LiCu(CH_3)_2$ ⟶

(g) 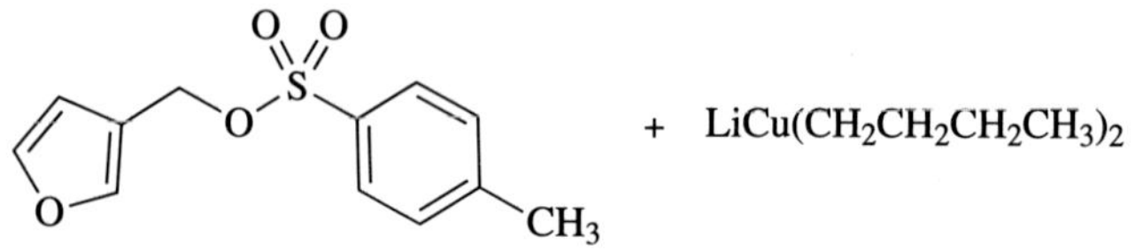 [structure: 3-furylmethyl p-toluenesulfonate, O, O, S, O, CH_3] + $LiCu(CH_2CH_2CH_2CH_3)_2$

(h) 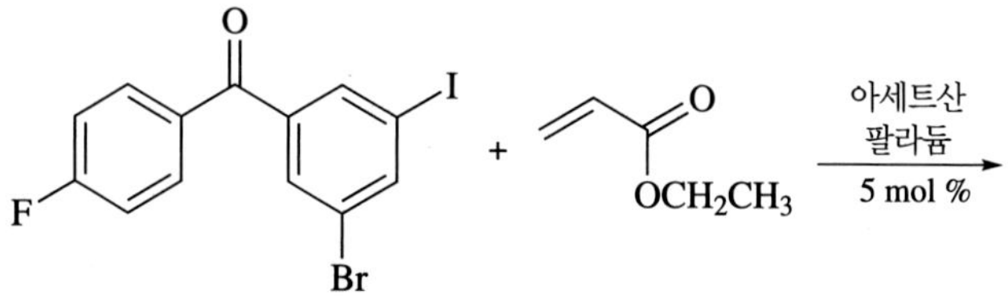 [structure: (4-fluorophenyl)(3-bromo-5-iodophenyl)methanone, O, I, F, Br] + [ethyl acrylate, O, OCH_2CH_3] $\xrightarrow[\text{5 mol \%}]{\text{아세트산 팔라듐}}$

14.23 4-*tert*-뷰틸사이클로헥산온에 브로민화 페닐마그네슘의 첨가는 생성물에 두 개의 3차 이성질성 알코올이 생성된다. 두 알코올 모두 산–촉매 탈수반응으로 동일한 알켄을 생성한다. 이들 두 알코올의 적절한 구조를 제안하시오.

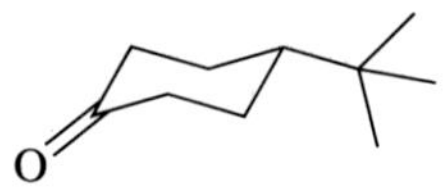

4-*tert*-뷰틸사이클로헥산온

14.24 다이페닐구리 리듐과 광학적으로 활성인 2-브로모뷰테인의 반응은 높은 반전의 배열을 갖는 2-페닐뷰테인을 생성한다. 사용된 2-브로모뷰테인의 절대 배열이 아래와 같다면, 형성된 2-페닐뷰테인은 *R* 또는 *S* 배열 중 어느 것인가?

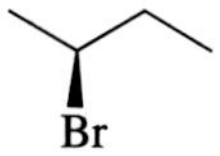

Br

14.25 다이메틸구리 리듐이 다음의 각 화합물과 반응할 때, 1-*tert*-뷰틸-4-메틸사이클로헥산온의 서로 다른 입체이성질체가 생성된다.

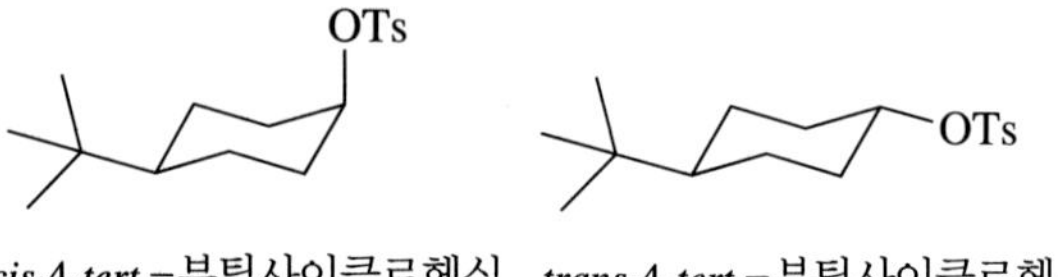

OTs OTs

cis-4-*tert*-뷰틸사이클로헥실 *p*-톨루엔설폰산

trans-4-*tert*-뷰틸사이클로헥실 *p*-톨루엔설폰산

각 반응물에서 얻어지는 생성물의 구조를 쓰시오. 한 가지 반응물은 다른 것보다 높은 수득률의 치환 생성물을 생성한다(36% 대 6%). 어느 것인가? 각 반응의 주 생성물은 무엇인가?

14.26 1-브로모뷰테인과 필요한 유기 및 무기 시약을 사용하여, 다음 각 알코올의 효과적인 합성을 제안하시오.

(a) 1-펜탄올

(b) 2-헥산올

(c) 1-페닐-1-펜탄올

(d) 1-뷰틸사이클로뷰탄올

14.27 페닐리튬과 필요한 유기 및 무기 시약을 사용하여, 다음 각 화합물의 효과적인 합성을 제안하시오.

(a) 브로민화 벤질

(b) 1-브로모-페닐사이클로헥세인

(c) *trans*-2-페닐사이클로헥산올

(d) 2-페닐-1,3-뷰타다이엔

14.28 요구된 목표물이 생성되는 Grignard 시약과 알데하이드 또는 케톤의 모든 실제 조합을 확인하는데 역합성 분석을 적용하시오.

(a) (b) (c) (d) (e)

14.29 탄소-탄소 결합형성이 최종 단계인 반응으로 수많은 약품이 제조된다. 다음 각 화합물의 합성에서 여러분이 믿는 타당한 최종 단계는 무엇인지 나타내시오:

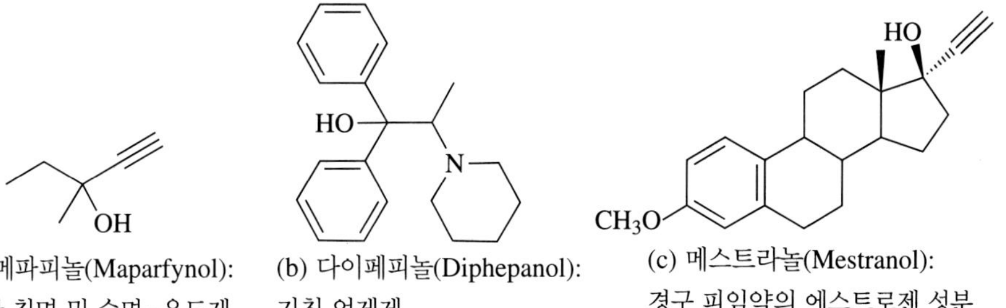

(a) 메파피놀(Maparfynol): 약한 최면 및 수면-유도제

(b) 다이페피놀(Diphepanol): 기침 억제제

(c) 메스트라놀(Mestranol): 경구 피임약의 에스트로젠 성분

14.30 다음 변환은 화학 문헌에 알려진 바 있다. 그것은 두 단계로 진행되며, 첫 번째는 *p*-톨루엔 설폰산염의 형성을 포함한다. 이 단계의 시약을 표시하고, *p*-톨루엔 설폰산염이 어떻게 원하는 생성물로 변하는지를 설명하시오.

두 단계

14.31 (*S*)-(+)-아이브프로펜은 거울선택성 수소화에 의해서 제조된다. 이 반응에 후보로 선택된 이성질체 $C_{13}H_{16}O_2$의 구조를 쓰시오.

(*S*)-(+)-아이브프로펜

14.32 다른 수소붕소화들 처럼, 알카인과 카테콜보레인의 반응은 syn 첨가이고 위치선택성은 Markovnikov 규칙의 반대이다.

$$\text{catecholborane (BH)} + HC{\equiv}CR \longrightarrow \text{(E)-alkenylboronate}$$

이 사실을 이용하여 1-헥사인과 (*Z*)-$C_6H_5CH{=}CHBr$을 이용하여 아래의 화합물의 합성을 나타내시오.

(1*Z*, 3*E*)-1-페닐-1,3-옥타다이엔

14.33 누에 암컷의 성유인제는 다음의 방법으로 합성된다. 이 물질의 구조는 무엇인가?

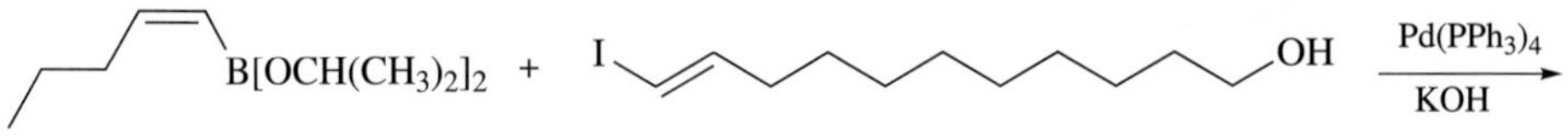

$B[OCH(CH_3)_2]_2$ + I ... OH $\xrightarrow[KOH]{Pd(PPh_3)_4}$

14.34 분자식이 $C_{22}H_{32}O_2$인 화합물은 다음 반응에서 66% 수득률로 얻어진다. 이 화합물의 알맞은 구조를 제안하시오. 이 반응에서 형성되는 다른 유기 화합물은 무엇인가?

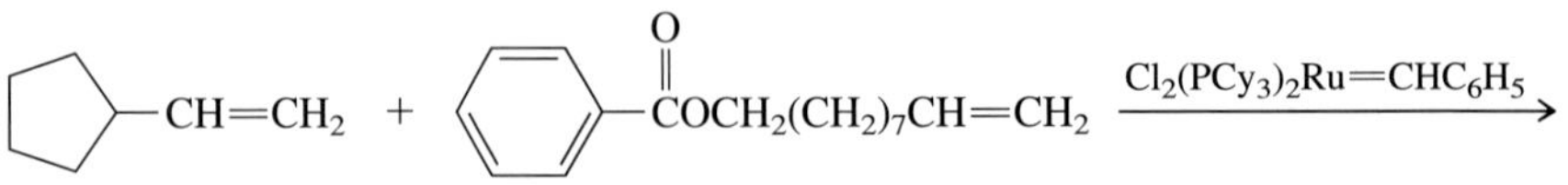

$$-CH{=}CH_2 \;+\; C_6H_5\overset{O}{\overset{\|}{C}}OCH_2(CH_2)_7CH{=}CH_2 \xrightarrow{Cl_2(PCy_3)_2Ru{=}CHC_6H_5}$$

14.35 (a) 사향 물질인 엑살톨라이드는 아래 보여준 연속 반응에 의해서 제조된다. 화합물 A는 무엇인가?

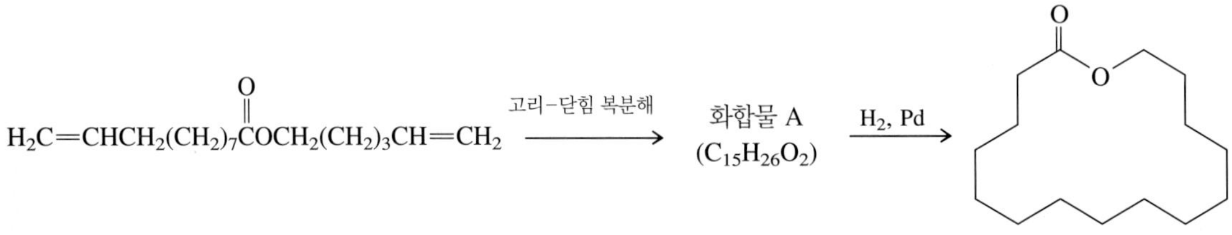

$$H_2C{=}CHCH_2(CH_2)_7\overset{O}{\overset{\|}{C}}OCH_2(CH_2)_3CH{=}CH_2 \xrightarrow{\text{고리-닫힘 복분해}} \text{화합물 A } (C_{15}H_{26}O_2) \xrightarrow{H_2,\ Pd}$$

엑살톨라이드

(b) $H_2C{=}CHCH_2(CH_2)_2\overset{O}{\overset{\|}{C}}OCH_2(CH_2)_8CH{=}CH_2$을 반응물로 사용한 유사한 연속 반응도 역시 엑살톨라이드를 생성한다. 이 반응물의 고리-닫힘 복분해의 생성물은 무엇인가?

14.36 Grubb 올레핀 복분해 촉매를 사용하면, 스타이렌과 반응하는 아래의 화합물은 수득률이 95%이고 분자식이 $C_{25}H_{30}O_3$인 생성물을 만드는데, 이것은 연체동물에서 분리되는 대사물의 합성에 사용된다. 복분해 생성물의 타당한 구조를 제안하시오.

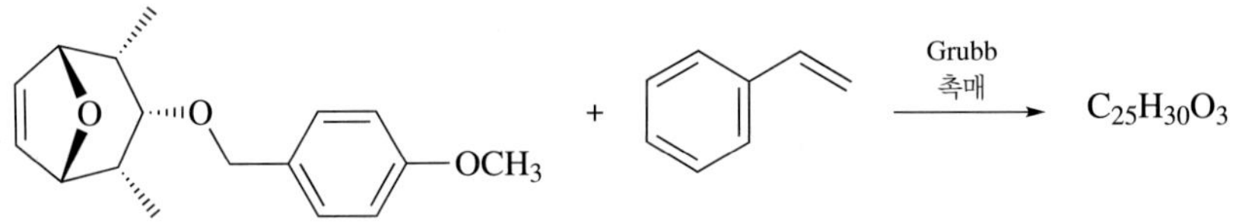

O ... O ... OCH_3 + $\xrightarrow{\text{Grubb 촉매}}$ $C_{25}H_{30}O_3$

14.37 올레핀 복분해의 합성적 장점의 한 가지는 촉매가 반응물에 존재하는 다양한 작용기에는 무관한 것이다. 예를 들면, 소염제인 타미플루 (oseltamivir)의 합성에 있어서, 고리-닫힘 복분해는 반응식에서 보이는 것처럼 아주 치환기가 많은 사이클로헥센 유도체을 제조하는데 사용되었다. 반응물은 무엇인가?

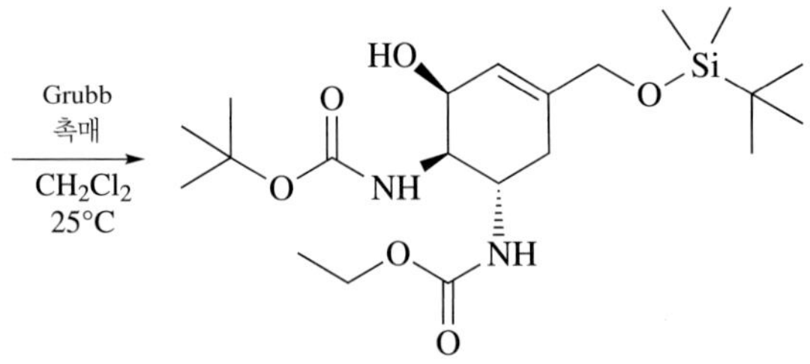

$\xrightarrow[CH_2Cl_2,\ 25°C]{\text{Grubb 촉매}}$ (HO, O, Si, O, NH, NH, O, O)

설명문과 이해 문제 14

사이클로뷰타다이엔과 (사이클로뷰타다이엔)트라이카보닐철

11.17절에서 본 것처럼, 사이클로뷰타다이엔은 반방향족성이고 제조과 연구가 매우 어렵다. 1965년 Rowland Pettit (Texas대학교)에 의한 성공적인 제조로 인하여 전이-금속 유기금속 화합물이 어떻게 새로운 반응과 구조에 다가설 수 있는가를 보여주었다. 그의 접근은 전이-금속 착물로서 사이클로뷰타다이엔을 제조하고, 다음에 이 착물을 불안정하게 하여 분해를 촉발시키는 것이다. 사이클로뷰타다이엔을 합성하기 위한 단계는 *cis*-3,4-다이클로로사이클로뷰텐과 노나카보닐 다이철 [$Fe_2(CO)_9$]의 반응으로 시작한다. 생성된 철-사이클로뷰타다이엔 착물은 18-전자 규칙을 만족하고, 안정하며, 다양한 반응을 수행한다. 가장 중요한 것으로, 질산 암모늄 세린 (Ce^{4+}의 원천)으로 산화하면 전자수가 18에서 16으로 낮아지며, 이 착물이 분해되고 뷰타다이엔이 유리되도록 한다.

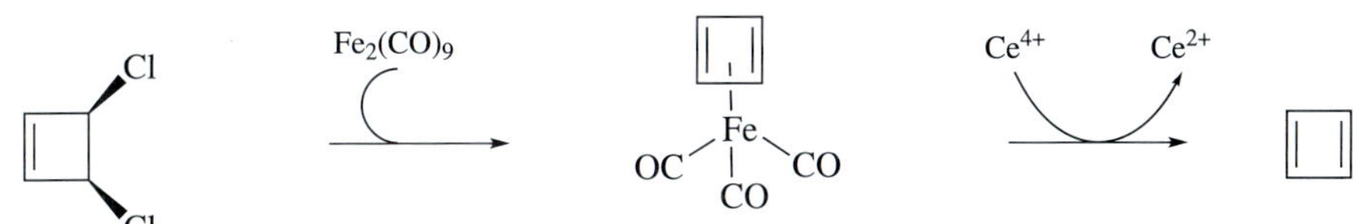

14.38 사이클로뷰타다이엔의 트라이카보닐철 착물은 충분히 안정하여 전형적인 방향족 탄화수소 반응을 수행할 수 있다. 아래 보이는 반응의 생성물은 무엇인가?

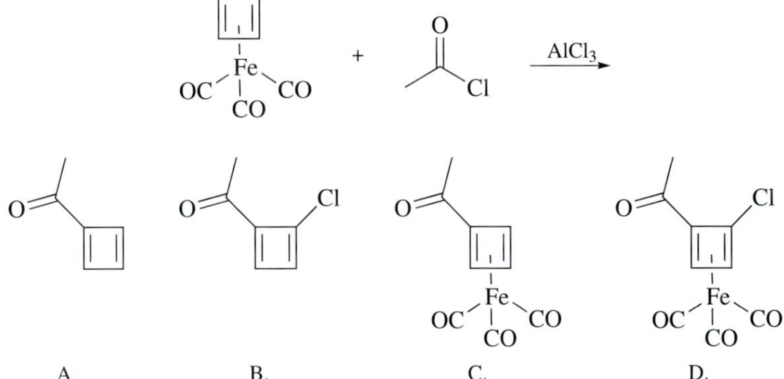

14.39 철 트라이카보닐 착물로부터 분리된 후, 사이클로뷰타다이엔은 불안정하고 곧 이량체가 된다. 이 이량체의 구조는:

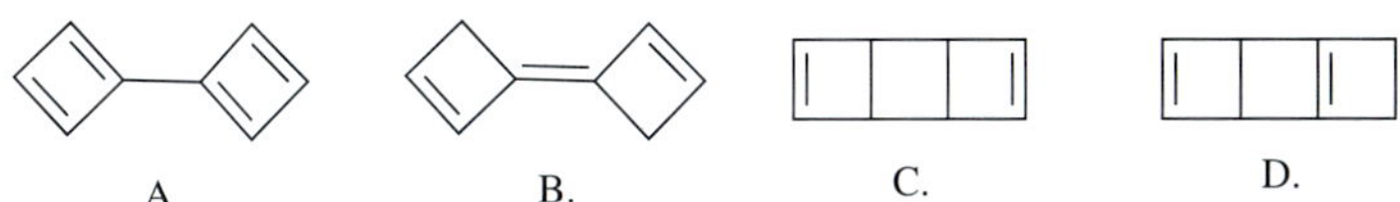

14.40 프로파인산 에틸의 존재 하에 Ce^{4+}와 (사이클로뷰타다이엔)트라이카보닐철의 산화는 사이클로뷰타다이엔과 프로파인산 에틸의 Diels-Alder 첨가생성물과 같은 생성물이 만들어진다.

$$\text{(Cyclobutadiene)Fe(CO)}_3 + \text{HC}\equiv\text{C}-\text{C(=O)OCH}_2\text{CH}_3 \xrightarrow{Ce^{4+}}$$

이 생성물이 구조는 무엇인가?

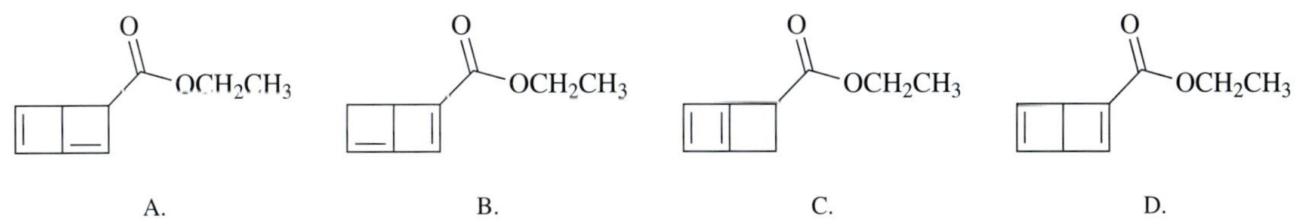

14.41 이 반응의 생성물은 분자간 Diels–Alder 고리첨가로 형성된다. 이것의 구조는 무엇인가?

Ce^{4+}

A. B. C. D.

14.42 다음 반응의 생성물은 무엇인가?

Ce^{4+}

A. B. C. D.

장의 개요

헬륨으로 채워진 행사용 풍선은 마일라로 만들어진다. 이것은 반응물의 한 가지인, 1,2-에테인다이올(에틸렌 글라이콜)로 만드어진 폴리에스터 필름이다.

알코올, 다이올 및 싸이올
Alcohols, Diols, and Thiols

다음 몇 개의 장 들은 산소를 포함하는 다양한 작용기를 다룬다. 이러한 중요한 종류의 화합물들–알코올, 에터, 알데하이드, 케톤, 카복실산, 및 카복실산의 유도체–의 상호작용은 유기화학과 생화학에서는 필수적이다.

ROH	ROR′	RCH (C=O)	RCR′ (C=O)	RCOH (C=O)
알코올	에터	알데하이드	케톤	카복실산

우리는 이미 친숙한 화합물 종류인 *알코올*을 더 자세하게 논의하면서 시작할 것이다. 알코올은 4장에서 소개하였으며, 그 이후로 규칙적으로 보아왔다. 이 장에서는, 특히 카보닐을 포함하는 화합물과의 관계에 관하여 알코올에 대한 우리의 지식을 넓혀 갈 것이다. 알코올을 학습하는 과정에서 우리는 또한 일부 유사물들도 볼 것이다. **다이올(Diols)**은 두 개의 하이드록실기(—OH)가 있는 알코올이고, **싸이올(thiol)**은 —SH 기를 가지고 있는 화합물이다. ArOH 형의 화합물인 **페놀(Phenol)**은 알코올과 많은 특징들을 공유하지만, 22장에서 별도의 논의가 필요할 정도로 아주 다르다.

이 장은 과도적인 장이다. 이것은 앞에서 다룬 많은 물질들을 함께 묶었으며 그리고 다음 장들에 나오는 산소를 포함하는 다른 작용기를 배우는 단계를 준비한다.

15.1 알코올 공급원

한 때는 *메탄올*의 주 공급원이 나무로부터 숯을 생산하는 과정의 부산물이었다. 그 이유 때문에 이름이 *목정*(*wood alcohol*)이었다. 현재 미국에서 매년 사용되는 100억 파운드 이상의 메탄올은 일산화탄소와 수소의 환원에 의해서 합성, 제조된다. 일산화 탄소는 보통 메테인으로부터 만들어진다.

$$\underset{\text{Carbon monoxide}}{CO} + \underset{\text{Hydrogen}}{2H_2} \xrightarrow[400°C]{ZnO/Cr_2O_3} \underset{\text{Methanol}}{CH_3OH}$$

메탄올의 주 용도는 다양한 수지와 플라스틱을 만드는 출발물질인 폼알데하이드의 제조에 쓰인다.

채소류가 발효할 때, 이것의 탄수화물은 효모에 존재하는 효소에 의해서 *에탄올*과 이산화탄소로 변형된다. 보리의 발효는 맥주, 포도는 포도주가 된다. 최대 에탄올의 함량은 15% 정도인데, 이것은 더 높은 농도에서는 효소가 비활성화 되어 발효가 멈추기 때문이다. 발효액을 증류하면 에탄올의 성분이 증가된 "증류 알코올(distilled spirits)"을 얻게 된다. 다양한 알코올 음료의 특징적인 향, 맛, 및 색깔은 이들 음료의 원료 및 숙성법에 따라서 다르다.

합성 에탄올 및 아이소프로필 알코올은 에틸렌 및 프로펜 각각의 수화에 의해서 석유로부터 얻어진다.

많은 고급 알코올과 마찬가지로, 탄소 여섯 개 또는 그 이하의 알코올 대부분은 상업적으로 낮은 가격에 이용할 수 있다. 일부는 자연적으로 얻어지고, 다른 것들은 효율적인 합성의 생산물이다. 그림 15.1은 몇 가지 천연적으로 얻어지는 알코올의 구조를 나타내었다. 표 15.1은 이전의 장들에서 보았던 알코올이 만들어지는 반응을 요약하였으며, 유기화학의 천을 이루는 실로 나타내었다: *한 작용기의 특징적인 반응이 다른 작용기를 제조하는 합성법으로 쓰여진다.*

15.2 알데하이드 및 케톤의 환원에 의한 알코올 제조

환원은 탄소와 산소 결합의 수를 감소하거나 또는 탄소와 수소 결합 수를 증가시키는 (또는 두 가지 모두) 것과 일치한다는 2.19절을 상기하시오.

알데하이드 또는 케톤을 환원하는 가장 명확한 방법은 탄소–산소 이중결합의 수소화이다. 알켄의 수소화와 마찬가지로, 이 반응은 발열적이지만 촉매가 없으면 매우 느리다. 백금, 팔라듐, 니켈, 및 루테늄과 같은 금속의 매우 미세한 가루는 알데하이드 및 케톤의 수소화에 효과적인 촉매이다. 알데하이드는 1차 알코올을 생성한다.

$$\underset{\text{알데하이드}}{RCH{=}O} + \underset{\text{수소}}{H_2} \xrightarrow{\text{Pt, Pd, Ni, 또는 Ru}} \underset{\text{1차 알코올}}{RCH_2OH}$$

$$\underset{p\text{-Methoxybenzaldehyde}}{CH_3O{-}C_6H_4{-}CHO} \xrightarrow[\text{에탄올}]{H_2,\ Pt} \underset{p\text{-Methoxybenzyl alcohol (92\%)}}{CH_3O{-}C_6H_4{-}CH_2OH}$$

케톤은 2차 알코올이 된다:

그림 15.1

자연에서 무수히 많이 발견되는 알코올 중 몇 가지는 우리의 감각을 자극한다.

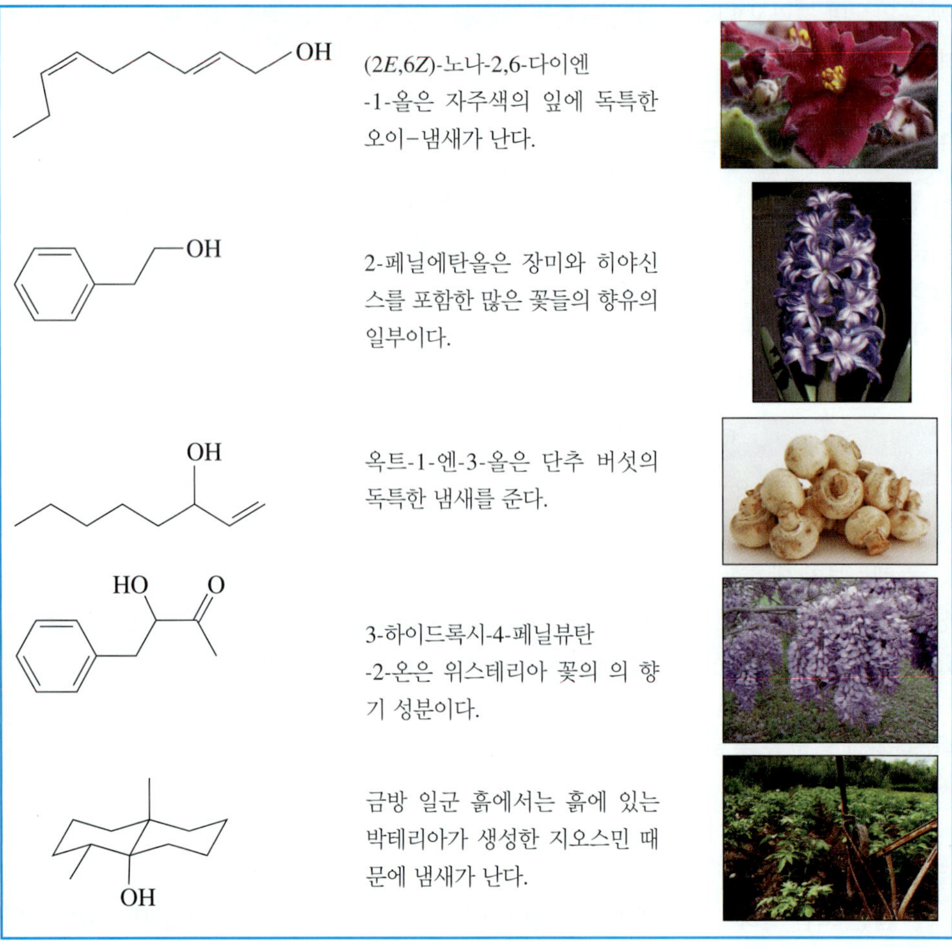

$$\underset{\text{케톤}}{\mathrm{RCR'}\ (\mathrm{C{=}O})} + \underset{\text{수소}}{\mathrm{H_2}} \xrightarrow{\text{Pt, Pd, Ni, 또는 Ru}} \underset{\text{2차 알코올}}{\mathrm{RCHR'}\ (\mathrm{OH})}$$

$$\text{Cyclopentanone} \xrightarrow[\text{메탄올}]{\mathrm{H_2,\ Pt}} \text{Cyclopentanol (93–95\%)}$$

문제 15.1

이성질체 $C_4H_{10}O$의 알코올 중 어느 것을 알데하이드의 수소화에 의해서 제조할 수 있는가? 어느 것을 케톤의 수소화에 의해서 제조할 수 있는가? 카보닐 화합물의 수소화에 의해서 제조할 수 없는 것은 어느 것인가?

알데하이드 및 케톤의 실험실-수준 환원의 대부분에서, 촉매 수소화는 금속 수소화물 환원제에 근거한 방법으로 대체되었다. 가장 일반적인 두 가지 시약은 수소화붕소 소듐과 수소화알루미늄 리튬이다.

표 15.1 이전 장에서 논의했던 알코올을 생성하는 반응들

반응(절)과 설명	일반 반응식과 특정 예
알켄의 산-촉매 수화(6.6절) 물은 Markovnikov 규칙에 따라서 이중결합에 첨가된다.	$R_2C{=}CR_2$ (알켄) + H_2O (물) $\xrightarrow{H^+}$ R_2CCHR_2(OH) (알코올) 2-Methyl-2-butene $\xrightarrow[H_2SO_4]{H_2O}$ 2-Methyl-2-butanol (90%)
알켄의 수소붕소화-산화(6.8절) H와 OH는 Markovnikov 규칙에 반대되는 위치선택성을 가지고 이중결합에 첨가된다. 첨가는 syn이고, 어떤 재배열도 일어나지 않는다.	$R_2C{=}CR_2$ (알켄) $\xrightarrow[2.\ H_2O_2,\ HO^-]{1.\ B_2H_6,\ \text{디글라임}}$ R_2CCHR_2(OH) (알코올)
할로젠화 알킬의 가수분해(8.1절) E2 제거를 쉽게 하지 않는 기질에만 오직 유용한 반응이다. 할로젠화 알킬은 보통 알코올에서 제조하기 때문에, 이것은 알코올 합성에는 거의 사용하지 않는다.	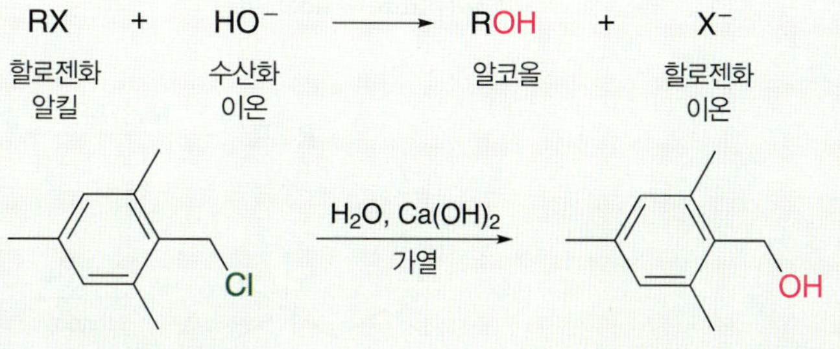 RX (할로젠화 알킬) + HO^- (수산화 이온) ⟶ ROH (알코올) + X^- (할로젠화 이온) 2,4,6-Trimethylbenzyl chloride $\xrightarrow[\text{가열}]{H_2O,\ Ca(OH)_2}$ 2,4,6-Trimethylbenzyl alcohol (78%)
알데하이드 및 케톤과 Grignard 및 유기리튬 시약의 반응(14.5절) 새로운 탄소-탄소 결합 형성으로 알코올을 제조하는 반응. 1차, 2차, 및 3차 알코올을 제조할 수 있다.	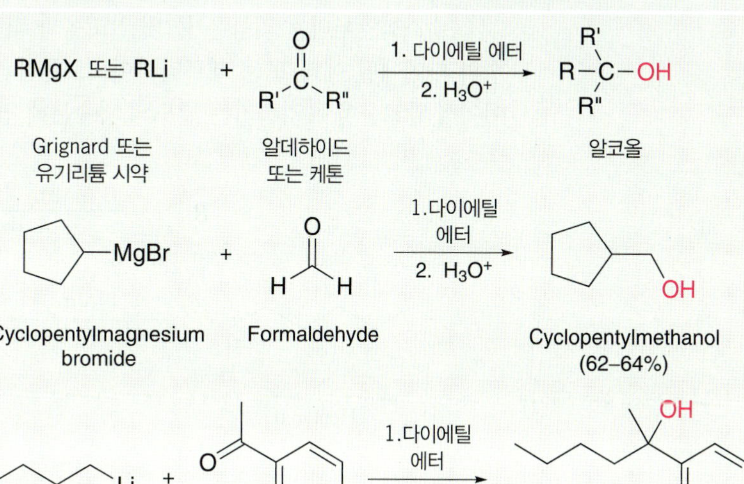 RMgX 또는 RLi (Grignard 또는 유기리튬 시약) + $R'C(=O)R''$ (알데하이드 또는 케톤) $\xrightarrow[2.\ H_3O^+]{1.\ \text{다이에틸 에터}}$ $RR'R''C{-}OH$ (알코올) Cyclopentylmagnesium bromide + Formaldehyde $\xrightarrow[2.\ H_3O^+]{1.\text{다이에틸 에터}}$ Cyclopentylmethanol (62–64%) Butyllithium + Acetophenone $\xrightarrow[2.\ H_3O^+]{1.\text{다이에틸 에터}}$ 2-Phenyl-2-hexanol (67%)

$Na^+ [BH_4]^-$
수소화붕소 소듐($NaBH_4$)

$Li^+ [AlH_4]^-$
수소화알루미늄 리튬($LiAlH_4$)

같은 종류의 비양성자성 용매가 Grignard 시약에서처럼 $LiAlH_4$에서도 사용된다.

수소화붕소 소듐은 특히 사용하기 쉽고, 알데하이드 또는 케톤의 수용액 또는 알코올 용액에 첨가만 하면 된다:

RCH(=O) —$NaBH_4$, 물, 메탄올, 또는 에탄올→ RCH_2OH
알데하이드 → 1차 알코올

m-Nitrobenzaldehyde —$NaBH_4$, methanol→ *m*-Nitrobenzyl alcohol (82%)

RCR′(=O) —$NaBH_4$, 물, 메탄올, 또는 에탄올→ RCHR′(OH)
케톤 → 2차 알코올

4,4-Dimethyl-2-pentanone —$NaBH_4$, ethanol→ 4,4-Dimethyl-2-pentanol (85%)

수소화알루미늄 리튬은 물 및 알코올과 격렬하게 반응한다. 따라서 이것은 반드시 무수의 다이에틸 에터 또는 테트라하이드로퓨란과 같은 용매에서 사용해야만 한다. 환원에 이어서 알코올을 유리시키는 별도의 가수분해 단계가 요구된다.

RCH(=O) —1. $LiAlH_4$, 다이에틸 에터 2. H_2O→ RCH_2OH
알데하이드 → 1차 알코올

Heptanal —1. $LiAlH_4$, 다이에틸 에터 2. H_2O→ 1-Heptanol (86%)

RCR′(=O) —1. $LiAlH_4$, 다이에틸 에터 2. H_2O→ RCHR′(OH)
케톤 → 2차 알코올

1,1-Diphenyl-2-propanone —1. $LiAlH_4$, 다이에틸 에터 2. H_2O→ 1,1-Diphenyl-2-propanol (84%)

수소화붕소 소듐과 수소화알루미늄 리튬은, 탄소음이온의 공급원이기보다는 오히려 *수소음이온 주개*로 작용하는 것을 제외하면, Grignard 시약이 반응하는 것과 매우 같은 방법으로 카보닐기와 반응한다. 알데하이드 또는 케톤의 수소화붕소 소듐 환원을 다음과 같이 요약할 수 있다.

$$R_2C{=}O + H{-}\bar{B}H_3 \longrightarrow R_2CH{-}O\bar{B}H_3 \xrightarrow{3R_2C=O} R_2CH{-}O\bar{B}(OCHR_2)_3 \xrightarrow[HO^-]{H_2O} 4\,[R_2CH{-}OH] + (HO)_4\bar{B}$$

알데하이드 또는 케톤 + 수소화붕소 이온 — 알콕시수소화붕소 — 테트라알콕시붕소 — 알코올 — 붕산 이온

이 과정의 두 가지 점은 특별한 언급이 필요하다.

1. 어디에서도 H_2가 포함되지 않는다. 환원제는 수소화붕소 이온 (BH_4^-)이다.

2. $R_2C{=}O \rightarrow R_2CHOH$의 환원에 있어서, 탄소에 결합된 수소는 BH_4^-에서 온다; 산소에 있는 수소는 용매(물, 메탄올, 또는 에탄올)의 OH 기에서 온다.

문제 15.2

중수소화붕소 소듐($NaBD_4$)와 중수소화알루미늄 리튬($LiAlD_4$)은 질량-2인 수소의 동위원소인 중수소를 유기 화합물에 끼워 넣는 편리한 시약이다. 다음 반응에서 각 중수소 원자 모두의 위치를 분명히 보여주는 유기 생성물의 구조를 쓰시오:

(a) H_2O에서 $CH_3\overset{O}{\overset{\|}{C}}H$ (아세트알데하이드)와 $NaBD_4$의 반응

(b) CH_3OD에서 $CH_3\overset{O}{\overset{\|}{C}}CH_3$ (아세톤)과 $NaBD_4$의 반응

(c) CD_3OH에서 $C_6H_5\overset{O}{\overset{\|}{C}}H$ (벤즈알데하이드)와 $NaBD_4$의 반응

(d) 다이에틸 에터에서 $H\overset{O}{\overset{\|}{C}}H$ (폼알데하이드)와 $LiAlD_4$의 반응, 다음에 D_2O의 첨가

풀이 예시 (a) 중수소화붕소 소듐은 중수소를 아세트알데하이드의 카보닐기에 전달하여, C—D 결 합을 형성한다.

$$CH_3CH{=}O + D{-}\bar{B}D_3 \longrightarrow CH_3{-}CHD{-}O{-}\bar{B}D_3 \xrightarrow{3CH_3CHO} (CH_3CHDO)_4\bar{B}$$

H_2O에서 $(CH_3CHDO)_4B^-$의 가수분해는, O—H 결합이 형성되는 동안 이전 단계에서 형성된 C—D는 유지되는 에탄올의 형성을 유도한다.

$$CH_3CHD{-}O{-}\bar{B}(OCHDCH_3)_3 + H{-}OH \longrightarrow CH_3CHDOH + HO\bar{B}(OCHDCH_3)_3 \xrightarrow{3H_2O} 3CH_3CHDOH + \bar{B}(OH)_4$$

Ethanol-1-*d*

환원과 가수분해가 서로 독립적인 과정인 것을 제외하면, 알데하이드 및 케톤의 수소화알루미늄 리튬 환원의 메커니즘은 수소화붕소 소듐과 유사하다. 이 반응은 다이에틸 에터에서 진행되고, 혼합물에 물이 더해지는 별도의 가수분해 단계가 이어진다.

촉매 수소화는 이런 변환에는 적당하지 않다. 그 이유는 H_2가 카보닐기를 환원하는 것보다 탄소-탄소 이중결합에 더 빨기 첨가되기 때문이다.

$$4R_2C{=}O \xrightarrow[\text{다이에틸 에터}]{LiAlH_4} (R_2CHO)_4Al^- \xrightarrow{4H_2O} 4R_2CHOH + Al(OH)_4^-$$

알데하이드 또는 케톤 — 테트라알콕시알루미늄염 — 알코올

수소화붕소 소듐과 수소화알루미늄 리튬 어느 것도 고립된 탄소-탄소 이중결합을 환원하지 않는다. 이것은 탄소-탄소와 탄소-산소 이중결합을 가지고 있는 분자의 카보닐기에 대한 선택적인 환원을 가능하게 한다.

6-Methyl-5-hepten-2-one → (1. $LiAlH_4$, 다이에틸 에터; 2. H_2O) → 6-Methyl-5-hepten-2-ol (90%)

15.3 카복실산의 환원에 의한 알코올 제조

카복실산은 환원이 아주 어렵다. 예를 들면, 아세트산은 촉매 수소화에서 용매로 종종 사용되는데, 이유는 반응조건에서 비활성이기 때문이다. 수소화알루미늄 리튬은 카복실산을 1차 알코올로 환원할 수 있는 몇 개 안되는 환원제의 하나이다.

$$RCOOH \xrightarrow[2.\ H_2O]{1.\ LiAlH_4,\ \text{다이에틸 에터}} RCH_2OH$$

카복실산 — 1차 알코올

(2*E*,4*E*)-Hexa-2,4-dienoic acid → (1. $LiAlH_4$, 다이에틸 에터; 2. H_2O) → (2*E*,4*E*)-Hexa-2,4-dien-1-ol (92%)

에스터 역시 수소화알루미늄 리튬에 의하여 알코올로 환원될 수 있다. 우리는 19장에서 더 자세히 이 반응을 다룰 것이다.

수소화붕소 소듐은 수소화알루미늄 리튬정도의 효과적인 수소음이온 주개가 아니고, 카복실산을 환원하지 않는다.

15.4 에폭사이드로부터 알코올 제조

Grignard 시약은 에틸렌 옥사이드와 반응하여 유기금속 화합물이 제조된 할로젠화 알킬보다 탄소가 두 개 더 많은 1차 알코올을 생성한다.

$$RMgX + H_2C\overset{O}{—}CH_2 \xrightarrow[2.\ H_3O^+]{1.\ \text{다이에틸 에터}} RCH_2CH_2OH$$

Grignard 시약 — 에틸렌 옥사이드 — 1차 알코올

Hexylmagnesium bromide + Ethylene oxide → (1. 다이에틸 에터; 2. H_3O^+) → 1-Octanol (71%)

유기리튬 시약은 비슷한 방식으로 에폭사이드와 반응한다.

문제 15.3

다음 각각의 알코올은 Grignard 시약과 에틸렌 옥사이드의 반응으로 제조되었다. 각 경우에 적당한 Grignard 시약을 선택하시오.

(a) 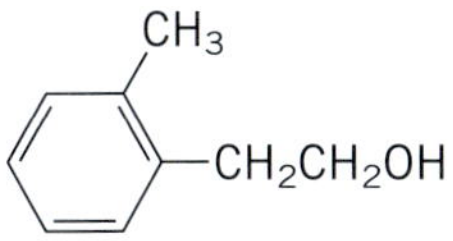 2-(o-methylphenyl)ethanol 구조: 벤젠 고리에 CH_3 와 $—CH_2CH_2OH$ (b) 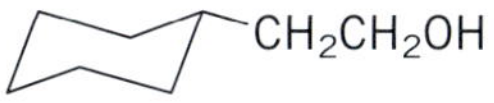 cyclohexane—CH_2CH_2OH

풀이 예시 (a) 에틸렌 옥사이드와 반응의 결과는 Grignard 시약에 $—CH_2CH_2OH$ 단위의 첨가로 나타난다. o-브로모톨루엔(또는 o-클로로톨루엔, 또는 o-아이오도톨루엔)으로 만들어진 Grignard 시약이 여기서는 적절하다.

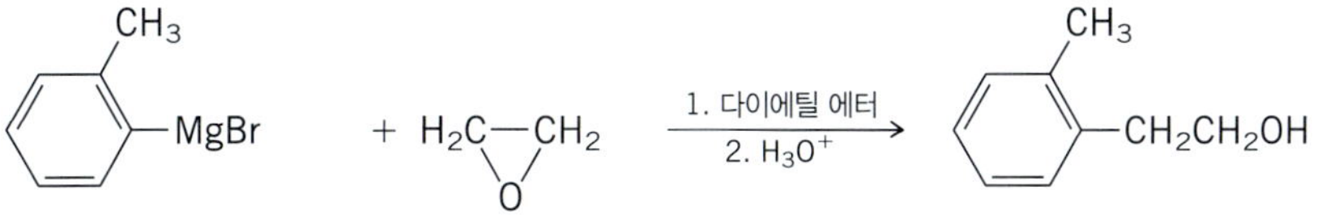

$$o\text{-}CH_3C_6H_4MgBr + H_2C\overset{O}{—}CH_2 \xrightarrow[2.\ H_3O^+]{1.\ \text{다이에틸 에터}} o\text{-}CH_3C_6H_4CH_2CH_2OH$$

o-Methylphenylmagnesium bromide Ethylene oxide 2-(*o*-Methylphenyl)ethanol (66%)

친핵체의 공격에 의해서 탄소-산소 결합이 끊어짐으로 에폭사이드 고리는 쉽게 열린다. 친핵성 탄소의 공급원으로 작용하는 Grignard 시약 및 유기리튬 시약은 에틸렌 옥사이드와 반응한다. 그 메커니즘은 S_N2 반응과 유사하다. 에폭사이드 C—O 결합의 끊어짐은 탄소와 이탈기간의 결합 끊어짐과 유사하다.

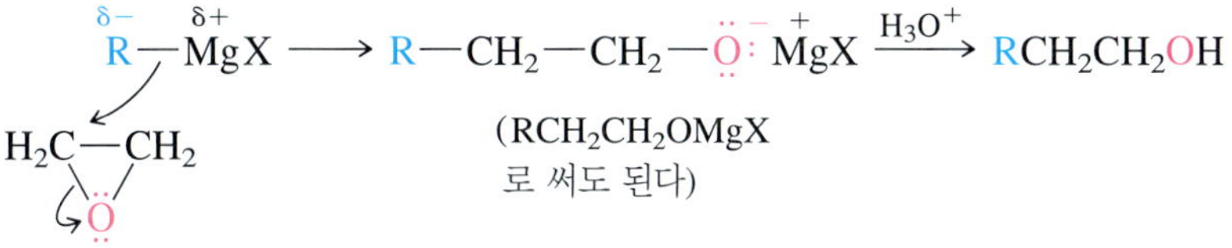

$$\overset{\delta-}{R}—\overset{\delta+}{MgX} + H_2C\overset{O}{—}CH_2 \longrightarrow R—CH_2—CH_2—\ddot{\underset{..}{O}}:^{-}\ \overset{+}{MgX} \xrightarrow{H_3O^+} RCH_2CH_2OH$$

(RCH_2CH_2OMgX 로 써도 된다)

에폭사이드의 이와 같은 화학 반응성은 다소 일반적이다. Grignard 시약이외의 친핵체들은 에폭사이드와 반응하고, 에틸렌 옥사이드보다 더 복잡한 에폭사이드가 사용될 수 있다. 에폭사이드 화학의 이러한 특징은 16.11~16.13절에서 논의할 것이다.

15.5 다이올 제조

다이올-두 개의 하이드록실기를 갖는 화합물-화학의 대부분은 알코올과 유사하다. 예를 들면, 다이올은 두 개의 카보닐기를 포함하는 화합물로부터 알코올 제조에 적용되는 동일한 환원제를 사용하여 제조할 수 있다. 다음의 예는 촉매 수소화에 의하여 다이알데하이드를 다이올로 변환하는 것을 보여준다. 대안으로는 동일한 변환이 수소화붕소 소듐 또는 수소화알루미늄 리튬의 환원에 의해서 달성될 수 있다.

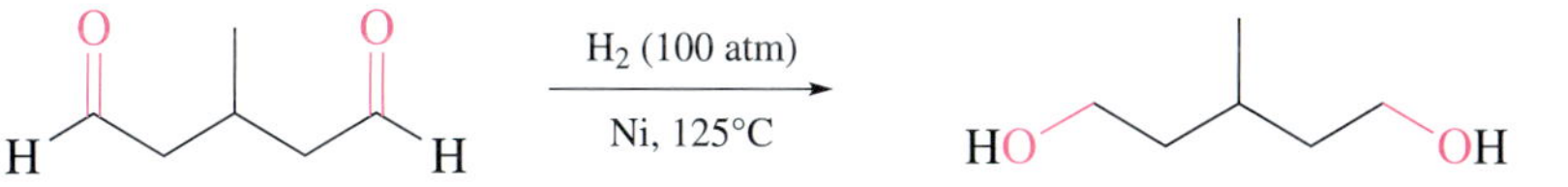

$$OHCCH_2CH(CH_3)CH_2CHO \xrightarrow[\text{Ni, 125°C}]{H_2\ (100\ atm)} HOCH_2CH_2CH(CH_3)CH_2CH_2OH$$

3-Methylpentanedial 3-Methylpentane-1,5-diol (81-83%)

이전의 반응식에서 보았던 것처럼, 다이올의 명명법은 알코올과 비슷하다. 접미사 -*다이올(-diol)*로 -올(-*ol*)을 대체하고, 각 하이드록실기의 한 개씩 두 개의 위치가 필요하다. 모체 알케인 이름의 끝 -*e*는 접미사가 자음 (-*diol*)으로 시작할 때는 유지되지만, 접미사가 모음 (-*ol*)으로 시작할 때는 생략한다.

문제 15.4

다이카복실산으로부터 어떻게 3-메틸-1,5-펜테인다이올이 제조될 수 있는지 보여주는 반응식을 쓰시오.

인접 다이올(vicinal diol)은 인접 탄소에 하이드록실기를 갖는 다이올이다. 자주 보게 되는 두 개의 인접 다이올은 에테인-1,2-다이올과 프로페인-1,2-다이올이다.

에틸렌 글리콜과 프로필렌 글리콜은 대응하는 알켄으로부터 에폭사이드를 경유하여 공업적으로 제조된다.

*에틸렌 글리콜과 프로필렌 글리콜*은 이 두 다이올의 일반명이며 IUPAC에서 인정하는 이름이다. 이 두 화합물을 제외하면, IUPAC에서는 다이올을 명명하는데 *글리콜이*란 말을 사용하지 않는다.

보통 *사산화 오스뮴*(OsO_4)을 사용하여 알켄으로부터 인접 다이올을 제조한다.

$$R_2C{=}CR_2 + OsO_4 \longrightarrow \text{고리 오스뮴 에스터 } (R_2C{-}CR_2 \text{, 두 O가 } Os(=O)_2 \text{에 결합})$$

알켄 사산화 오스뮴 고리 오스뮴 에스터

오스뮴 에스터는 매우 안정하지만, *tert*-뷰틸 과산화수소와 같은 산화제 존재 하에서 쉽게 끊어진다.

$$\text{고리 오스뮴 에스터} + 2(CH_3)_3COOH \xrightarrow[\textit{tert}\text{-뷰틸 알코올}]{HO^-} R_2C(OH){-}C(OH)R_2 + OsO_4 + 2(CH_3)_3COH$$

tert-뷰틸 과산화수소 인접 다이올 사산화 오스뮴 *ter*-뷰틸 알코올

사산화 오스뮴은 이 단계에서 재생되기 때문에, 소량의 사산화 오스뮴과 염기를 포함하는 *tert*-뷰틸 알코올에서 알켄과 *tert*-뷰틸 과산화수소 용액을 단순히 몇 시간 방치하는 단일 공정에 있어서는 사산화 오스뮴을 단지 촉매 량만 사용하여 알켄을 인접 다이올로 변환할 수 있다.

전체적으로 이 반응은 이중결합에 두 개의 하이드록실기의 첨가를 유도하여, **다이하이드록실화(dihydroxylation)**이라고 한다. 다이올의 두 하이드록실기는 이중결합의 같은 쪽에 붙는다: *알켄의 syn 다이하이드록실화가 관찰된다.*

$$\text{Cyclohexene} \xrightarrow[\textit{tret}\text{-뷰틸 알코올}, HO^-]{(CH_3)_3COOH,\ OsO_4(\text{촉매})} \textit{cis}\text{-1,2-Cyclohexanediol (62\%)}$$

Cyclohexene

cis-1,2-Cyclohexanediol (62%)

문제 15.5

cis-2-뷰텐과 *trans*-2-뷰텐의 다이하이드록실화에 의하여 얻어진 다이올의 입체화학을 포함하는 구조를 쓰시오.

사산화 오스뮴-촉매에 의한 다이하이드록실화는 다음 반응식에 나타난 것처럼 높은 거울선택성으로 진행된다.

1-Hexene $\xrightarrow[\text{(+)-dihydroquinidine}]{K_2OsO_2(OH)_4,\ K_3Fe(CN)_6}$ (*R*)-1,2-Hexanediol (90%) + (*S*)-1,2-Hexanediol (10%)

위 예에 있는 카이랄 반응물은 천연에서 발견되며 쉽게 이용할 수 있는 알칼로이드 (+)-다이하이드로퀴니딘이다.

거울선택성 다이하이드록실화는 K. Barry Sharpless (Scripps Institute)가 개발한 새로운 산화법의 한 가지이다. Sharpless는 William S. Knowles 및 Ryogi Noyori와 공동으로 2001년 노벨 화학상을 수상하였다.

문제 15.6

trans-2-뷰텐이 거울선택성 다이하이드록실화가 되면, 형성되는 2,3-뷰테인다이올은 한 탄소에 (*R*)-배치를 갖는다. 다른 탄소의 배치는 무엇인가?

15.6 알코올 반응: 복습과 예습

알코올은 다양한 유기 작용기를 제조하는데 용도가 많은 출발 물질이다. 알코올의 몇 가지 반응은 이미 앞 장에서 보았으며, 표 15.2에 요약하였다. 이번 장의 남은 절이 표에 첨가된다.

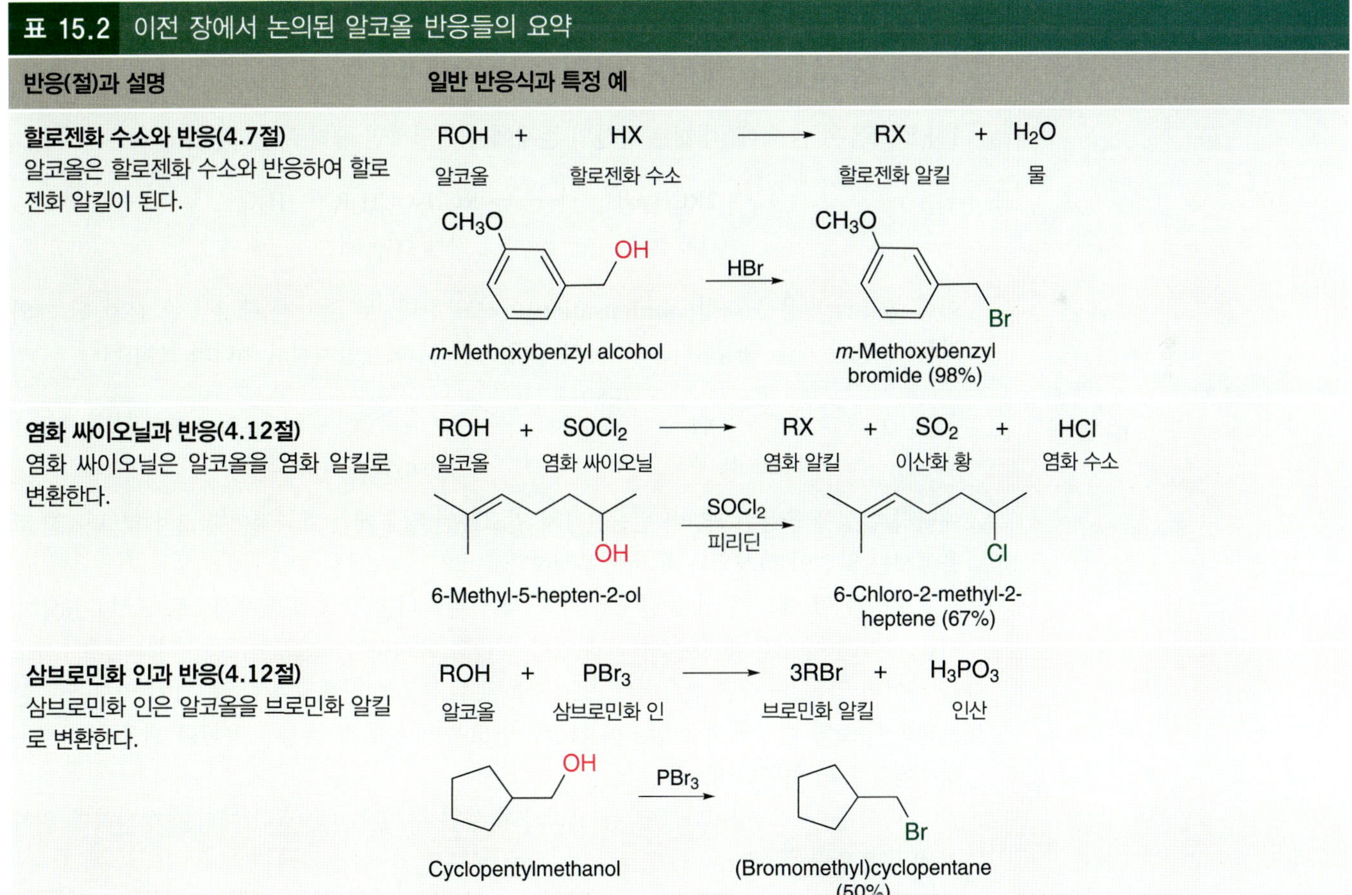

표 15.2 이전 장에서 논의된 알코올 반응들의 요약

반응(절)과 설명	일반 반응식과 특정 예
할로젠화 수소와 반응(4.7절) 알코올은 할로젠화 수소와 반응하여 할로젠화 알킬이 된다.	ROH (알코올) + HX (할로젠화 수소) ⟶ RX (할로젠화 알킬) + H_2O (물) *m*-Methoxybenzyl alcohol $\xrightarrow{HBr}$ *m*-Methoxybenzyl bromide (98%)
염화 싸이오닐과 반응(4.12절) 염화 싸이오닐은 알코올을 염화 알킬로 변환한다.	ROH (알코올) + $SOCl_2$ (염화 싸이오닐) ⟶ RX (염화 알킬) + SO_2 (이산화 황) + HCl (염화 수소) 6-Methyl-5-hepten-2-ol $\xrightarrow[\text{피리딘}]{SOCl_2}$ 6-Chloro-2-methyl-2-heptene (67%)
삼브로민화 인과 반응(4.12절) 삼브로민화 인은 알코올을 브로민화 알킬로 변환한다.	ROH (알코올) + PBr_3 (삼브로민화 인) ⟶ 3RBr (브로민화 알킬) + H_3PO_3 (인산) Cyclopentylmethanol $\xrightarrow{PBr_3}$ (Bromomethyl)cyclopentane (50%)

표 15.2 이전 장에서 논의된 알코올 반응들의 요약

반응(절)과 설명	일반 반응식과 특정 예
산-촉매 탈수(5.9절) 이것은 알켄을 제조하는데 흔히 사용하는 과정이다. 알코올 반응성의 순서는 탄소양이온 안정성의 순서와 대응한다: $R_3C^+ > R_2CH^+ > RCH_2^+$. 벤질성 알코올은 쉽게 반응한다. 재배열이 가끔 발견된다.	$R_2C(OH)CHR_2 \xrightarrow[\text{알}]{H^+} R_2C{=}CR_2 + H_2O$ (알코올 → 알켄 + 물) 1-(*m*-Bromophenyl)-1-propanol $\xrightarrow[\text{가열}]{KHSO_4}$ 1-(*m*-Bromophenyl)propene (71%)
***p*-톨루엔설포네이트로 변환(8.11절)** 알코올은 염화 *p*-톨루엔설포닐과 반응하여 *p*-톨루엔설폰산 에스터가 된다. 이들 화합물을 토실레이트라고 하며 할로젠화 알킬대신 친핵성 치환과 제거에 반응에 사용된다.	$ROH + H_3C{-}C_6H_4{-}SO_2Cl \longrightarrow RO{-}SO_2{-}C_6H_4{-}CH_3 + HCl$ (알코올, 염화 *p*-톨루엔설포닐, *p*-톨루엔설폰산 알킬, 염화 수소) Cycloheptanol $\xrightarrow[\text{피리딘}]{\text{염화 } p\text{-톨루엔 설폰일}}$ Cycloheptyl *p*-toluenesulfonate (83%)

15.7 알코올을 에터로 변환

1차 알코올은 산 촉매, 대개는 황산의 존재에서 가열하면 에터로 변환된다.

$$2RCH_2OH \xrightarrow{H^+,\ \text{열}} RCH_2OCH_2R + H_2O$$

1차 알코올 → 다이알킬 에터 + 물

이런 종류의 반응을 **축합(condensation)**이라고 한다. 두 분자가 합쳐서 큰 분자 한 개와 작은 분자 한 개를 형성한다. 여기에서 두 알코올 분자는 합쳐져서 에터와 물이 된다.

$$2\ \text{1-Butanol} \xrightarrow[130°C]{H_2SO_4} \text{Dibutyl ether (60\%)} + H_2O\ (\text{Water})$$

에터의 합성에 응용할 때, 이 반응은 1차 알코올인 경우에만 효과적이다. 2차 및 3차 알 코올에서는 알켄이 형성되는 제거가 우세하다.

다이에틸 에터 형성에 있어서 각 단계는 메커니즘 15.1에 개략적으로 표시하였으며, 이들 각각은 이전의 메커니즘에서 보았던 것들과 유사하다. 처음과 나중 단계는 모두 산소들 사이의 양성자-전달 반응이다. 양성자화된 알코올과 친핵체의 반응은 1차 알코올과 할로젠화 수소의 반응에서 보았고(4.11절), 알코올의 친핵적 특성은 용매화 반응을 다루는 내용에서 논의 하였다(8.5절).

다이올은 오각형이나 육각형 고리가 형성될 수 있을 때, 고리 에터를 형성하기 위하여 분자내 반응을 한다.

$$\text{HO(CH}_2)_5\text{OH (1,5-Pentanediol)} \xrightarrow[\text{가열}]{H_2SO_4} \text{Oxane (75\%)} + H_2O\ (\text{Water})$$

메커니즘 15.1

에틸 알코올로부터 산-촉매 다이에틸 에터 형성

전체 반응:

$$2CH_3CH_2OH \xrightarrow[140°C]{H_2SO_4} CH_3CH_2OCH_2CH_3 + H_2O$$

Ethanol → Diethyl ether + Water

메커니즘:

1단계: 산 촉매(황산)에서 알코올의 산소에 양성자를 전달하여 알킬옥소늄 이온이 생성된다.

$$CH_3CH_2\ddot{O}H + H\text{—}\ddot{O}SO_2OH \xrightarrow{\text{빠름}} CH_3CH_2\overset{+}{O}H_2 + {}^{-}:\ddot{O}SO_2OH$$

에탄올 황산 에틸옥소늄 이온 황산수소 이온

2단계: 1단계에서 형성된 알킬옥소늄 이온에 알코올 분자에 의한 친핵성 공격.

$$CH_3CH_2\ddot{O}H + CH_3CH_2\overset{+}{O}H_2 \xrightarrow[S_N2]{\text{느림}} (CH_3CH_2)\overset{+}{O}H\text{—}CH_2CH_3 + H\ddot{O}H$$

에탄올 에틸옥소늄 이온 다이에틸옥소늄 이온 물

3단계: 2단계의 생성물은 다이알킬 에터의 짝산이다. 과정의 최종 단계에서 에터를 주기 위하여 탈양성자화 된다.

$$CH_3CH_2\text{—}\overset{+}{O}(CH_2CH_3)H + H\ddot{O}\text{—}CH_2CH_3 \xrightarrow{\text{빠름}} CH_3CH_2\text{—}\ddot{O}\text{—}CH_2CH_3 + H_2\overset{+}{O}\text{—}CH_2CH_3$$

다이에틸옥소늄 이온 에탄올 다이에틸 에터 에틸옥소늄 이온

이 분자내 에터-형성 반응에 있어서, 알코올은 1차, 2차, 또는 3차가 될 수 있다.

옥세인은 테트라하이드로퓨란이라고 한다.

문제 15.7

메커니즘 15.1에 있는 에탄올에서 산-촉매 다이에틸 에터 형성에 근거하여, 1,5-펜테인다이올에서 옥세인이 형성되는 단계적 메커니즘을 쓰시오.

15.8 에스터화

알코올과 카복실산의 산-촉매 축합은 에스터와 물을 생성하고, **Fischer 에스터화(Fischer Esterification)**라고 한다.

$$ROH + R'\overset{O}{\overset{\|}{C}}OH \overset{H^+}{\rightleftharpoons} R'\overset{O}{\overset{\|}{C}}OR + H_2O$$

알코올 카복실산 에스터 물

Fischer 에스터화는 가역적이고, 평형의 위치는 약간 생성물 쪽에 놓인다. 제조 목적을 위

해서는, 알코올 또는 카복실산을 과량으로 사용하여 평형의 위치를 더욱 유리하게 만들 수 있다. 알코올를 과량으로 사용하는 다음 경우에서, 표시된 수득률은 한계 반응물인 카복실산에 근거한 것이다.

메커니즘 18.1은 이 반응의 메커니즘을 보여준다.

$$CH_3OH + C_6H_5COOH \xrightarrow[\text{heat}]{H_2SO_4} C_6H_5COOCH_3 + H_2O$$

Methanol (0.6몰) Benzoic acid (0.1몰) Methyl benzoate (벤조산을 기초로한 70%의 수득률로 분리됨) Water

*아조트로프 혼합물*은 일정한 끓는점에서 함께 증류되는 두 개 이상의 물질을 포함한다. 벤젠-물 아조트로프는 9%의 물을 포함하고 69°C에서 끓는다.

에스터 형성에 유리하게 평형의 위치를 이동시키는 다른 방법은 보조 용매로 벤젠을 사용하여 벤젠-물의 아조트로프 혼합물을 반응 혼합물로부터 증류하여 물을 제거하는 것이다. 이것은 실험실에서 Dean-Stark 관을 사용하여 실행할 수 있다.

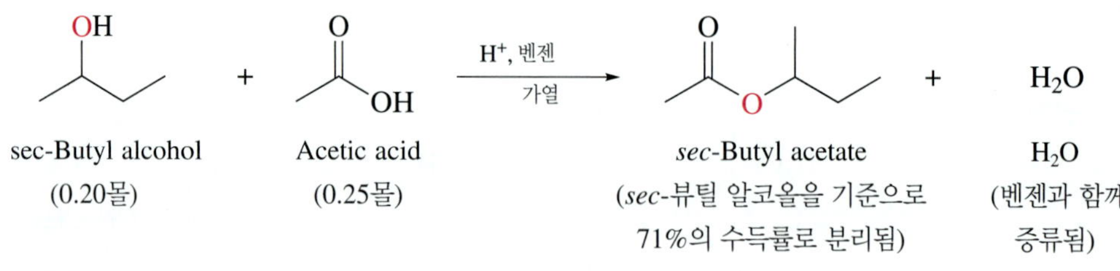

sec-Butyl alcohol (0.20몰) Acetic acid (0.25몰) *sec*-Butyl acetate (*sec*-뷰틸 알코올을 기준으로 71%의 수득률로 분리됨) H_2O (벤젠과 함께 증류됨)

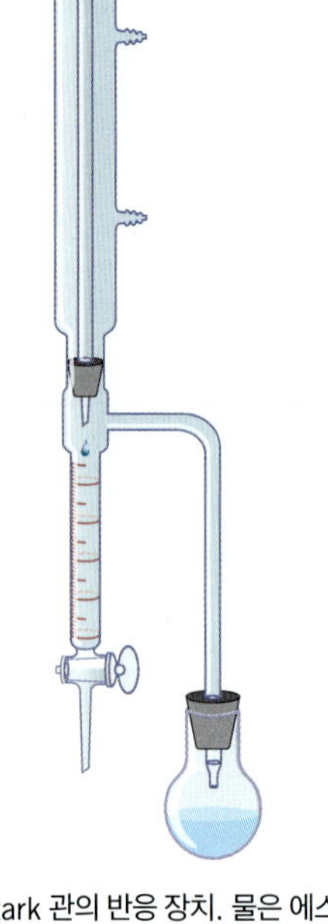

Dean-Stark 관의 반응 장치. 물은 에스터-벤젠 혼합물보다 밀도가 높고, 이 관의 옆가지에 모인다.

문제 15.8

다음 각 반응에서 생성되는 에스터의 구조를 쓰시오.

(a) $CH_3CH_2CH_2CH_2OH + CH_3CH_2\overset{O}{\overset{\|}{C}}OH \xrightarrow[\text{열}]{H_2SO_4}$

(b) $2CH_3OH + HO\overset{O}{\overset{\|}{C}}-C_6H_4-\overset{O}{\overset{\|}{C}}OH \xrightarrow[\text{열}]{H_2SO_4} (C_{10}H_{10}O_4)$

풀이 예시 (a) 이 절에서 언급한 일반 반응식과 특정 예에서와 유사하게, 반응식을 쓸 수 있다.

1-Butanol + Propanoic acid $\xrightarrow[\text{가열}]{H_2SO_4}$ Butyl propanoate + H_2O Water

실험실에서 실제로 수행할 때, 1-뷰탄올 1몰 당 3몰의 프로판산이 사용되었으며, 원하는 에스터를 78%의 수득률로 얻었다.

에스터는, 보통 피리딘과 같은 약한 염기의 존재 하에서, 알코올과 염화 아실의 반응에 의해서도 역시 형성된다.

$$ROH + R'\overset{O}{\overset{\|}{C}}Cl \longrightarrow R'\overset{O}{\overset{\|}{C}}OR + HCl$$

알코올 염화 아실 에스터 염화 수소

Isobutyl alcohol + 3,5-Dinitrobenzoyl chloride $\xrightarrow{\text{피리딘}}$ Isobutyl 3,5-dinitrobenzoate (86%)

산 무수물은 염화 아실과 비슷하게 반응한다.

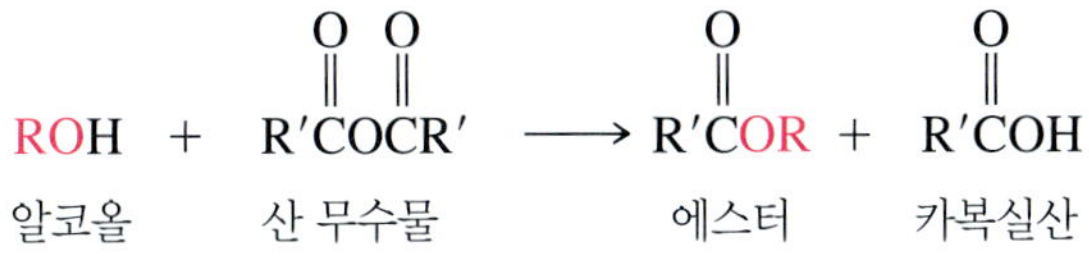

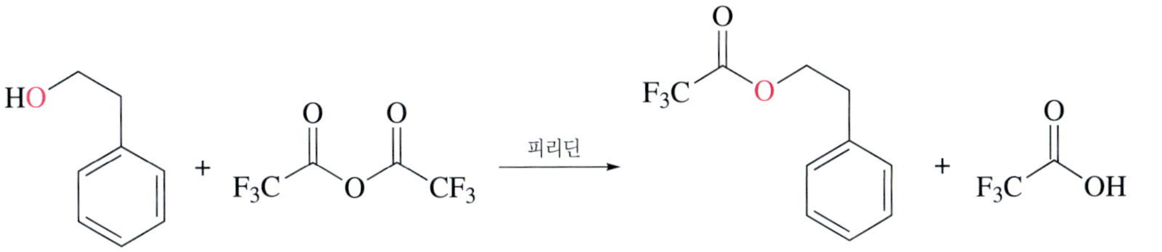

$$\underset{\text{알코올}}{ROH} + \underset{\text{산 무수물}}{R'\overset{O}{\overset{\|}{C}}O\overset{O}{\overset{\|}{C}}R'} \longrightarrow \underset{\text{에스터}}{R'\overset{O}{\overset{\|}{C}}OR} + \underset{\text{카복실산}}{R'\overset{O}{\overset{\|}{C}}OH}$$

2-Phenylethanol + Trifluoroacetic anhydride —(피리딘)→ 2-Phenylethyl trifluroacetate (83%) + Trifluoroacetic acid

카보닐기 반응성의 몇 가지 기본적인 원리를 소개한 다음에 Fischer 에스터화 메커니즘 및 알코올과 염화 아실 그리고 산 무수물의 반응을 18장과 19장에서 자세하게 논의할 것이다. 지금은 알코올을 에스터로 변환하는 대부분의 반응에서 알코올의 C—O 결합이 유지된다는 것을 지적하는 것으로 충분하다.

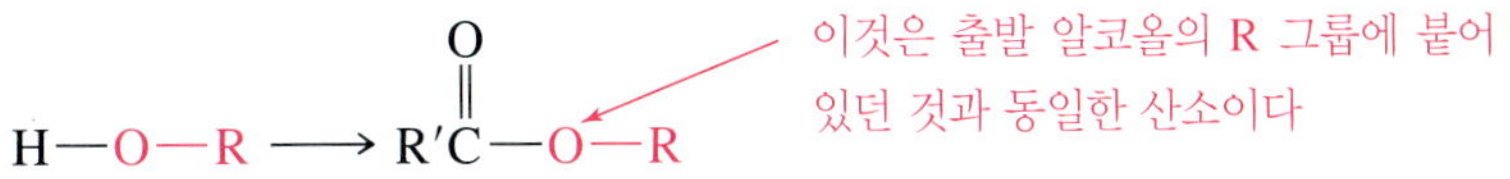

$$H—O—R \longrightarrow R'\overset{O}{\overset{\|}{C}}—O—R$$

이것은 출발 알코올의 R 그룹에 붙어 있던 것과 동일한 산소이다

카복실산, 염화 아실, 또는 산 무수물의 아실기는 알코올의 산소에 전달된다. 이 사실은 카이랄 알코올의 에스터화에서 아주 분명하게 증명된다. 왜냐하면 이 알코올에 있는 카이랄 중심의 어떤 결합도 이 과정에서 끊어지지 않기 때문에, *배열의 보존이 관찰된다.*

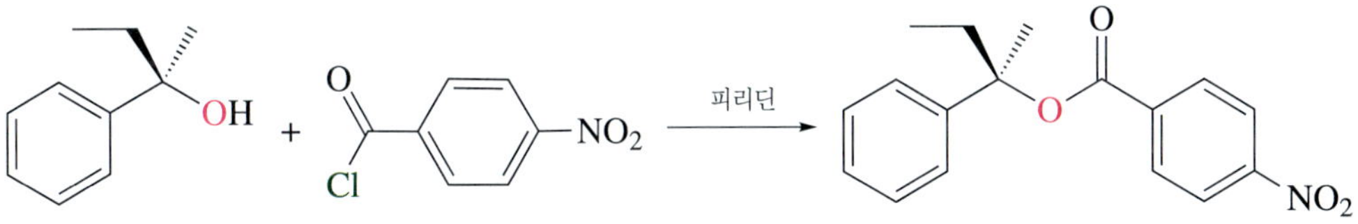

(*R*)-(+)-2-Phenyl-2-butanol + *p*-Nitrobenzoyl chloride —(피리딘)→ (*R*)-(-)-1-Methyl-1-phenylpropyl *p*-nitrobenzoate (63% 수득률)

문제 15.9

다음의 에스터는 어떤 알코올과 염화 아실로부터 합성할 수 있는가? 어떤 알코올과 산 무수물로부터 합성할 수 있는가?

(a) $C_6H_5O\overset{O}{\overset{\|}{C}}CH_3$ (b) $C_6H_5\overset{O}{\overset{\|}{C}}OCH_2CH_2CH_2CH_3$ (c) (CH₃ 및 $O\overset{O}{\overset{\|}{C}}CH_3$ 치환 사이클로헥세인)

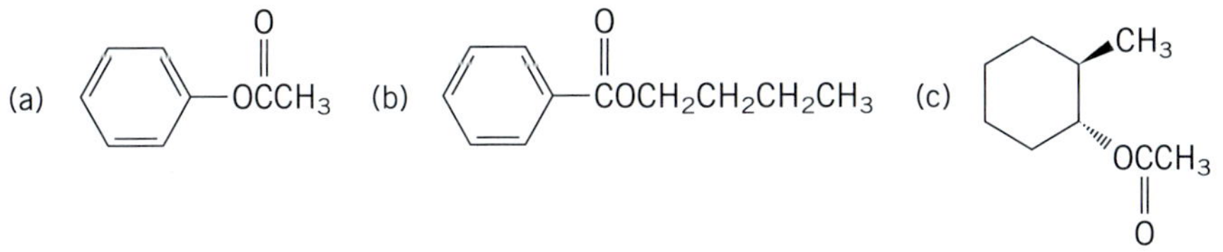

풀이 예시 (a) 카보닐 탄소와 단일결합된 산소는 알코올 산소이고, 그리고 카보닐 탄소는 염화 아실 또는 무수물의 일부이다. (a)에 있는 화합물은 아세트산 페닐이고, 이것은 페놀과 염화 아세틸 또는 아세트산 무수물로부터 제조할 수 있다.

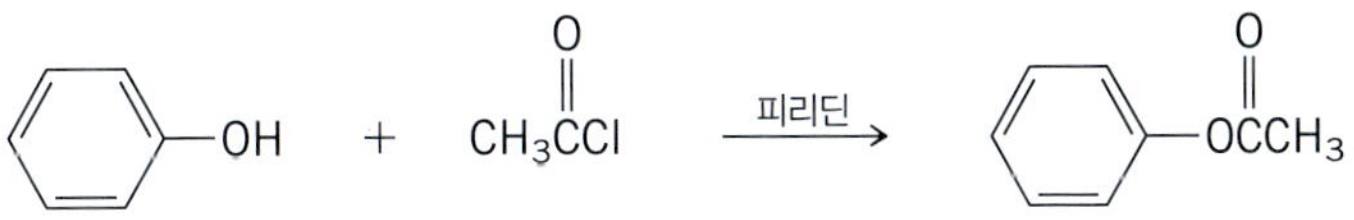

$$\underset{\text{Phenol}}{C_6H_5OH} + \underset{\text{Acetyl chloride}}{CH_3\overset{O}{\overset{\|}{C}}Cl} \xrightarrow{\text{피리딘}} \underset{\text{Phenyl acetate}}{C_6H_5O\overset{O}{\overset{\|}{C}}CH_3}$$

$$\text{Phenol} + CH_3\overset{O}{\overset{\|}{C}}O\overset{O}{\overset{\|}{C}}CH_3 \xrightarrow{\text{피리딘}} C_6H_5O\overset{O}{\overset{\|}{C}}CH_3$$

Phenol Acetic anhydride Phenyl acetate

15.9 알코올 산화

알코올의 산화는 카보닐 화합물을 생성한다. 최종 카보닐 화합물이 알데하이드, 케톤, 또는 카복실산이 되는지는 알코올과 산화제에 의존한다.

1차 알코올은 알데하이드 또는 카복실산으로 산화된다:

$$RCH_2OH \xrightarrow{\text{산화}} R\overset{O}{\overset{\|}{C}}H \xrightarrow{\text{산화}} R\overset{O}{\overset{\|}{C}}OH$$

1차 알코올 알데하이드 카복실산

격렬하게 산화하면 카복실산에 이르지만, 많은 방법으로 중간 알데하이드 단계에서 산화가 멈추게 된다. 알코올을 산화하는데 가장 흔히 사용하는 시약은 높은–산화–상태의 전이금속, 특히 크로뮴(VI)이 기본이다.

크로뮴산(H_2CrO_4)은 훌륭한 산화제이고, 이것은 크롬산 염($CrO_4{}^{2-}$) 또는 이크로뮴산 염($Cr_2O_7{}^{2-}$)을 산성화하면 얻어진다. 가끔은 알데하이드가 더 산화되기 전에 만족스런 수율로 알데하이드를 얻는 것이 가능하지만, 대부분의 경우에 1차 알코올을 크로뮴산으로 처리할 때 얻어지는 주 생성물은 카복실산이다.

$$FCH_2CH_2CH_2OH \xrightarrow[H_2SO_4,\ H_2O]{K_2Cr_2O_7} FCH_2CH_2COOH$$

3-Fluoro-1-propanol 3-Fluoropropanoic acid (74%)

1차 알코올을 산화하여 알데하이드를 좋은 수득률로 간단히 분리하는 조건은 무수 용매에서 산화제로 다양한 종류의 Cr(VI)을 사용하는 것이다. 이러한 조건의 두 가지 시약은 클로로크로뮴산 피리디늄(PCC), $C_5H_5NH^+ClCrO_3{}^-$와 이크로뮴산 피리디늄(PDC), $(C_5H_5NH)_2{}^{2+}Cr_2O_7{}^{2-}$)이다; 이 두 가지는 모두 이염화메테인에서 사용한다.

$$CH_3(CH_2)_5CH_2OH \xrightarrow[CH_2Cl_2]{PCC} CH_3(CH_2)_5CHO$$

1-Heptanol Heptanal (78%)

$$(CH_3)_3C\text{-}C_6H_4\text{-}CH_2OH \xrightarrow[CH_2Cl_2]{PDC} (CH_3)_3C\text{-}C_6H_4\text{-}CHO$$

p-tert-Butylbenzyl alcohol *p-tert*-Butylbenzaldehyde (94%)

2차 알코올은 1차 알코올을 산화하는 동일한 시약에 의하여 케톤으로 산화된다:

$$R\overset{OH}{\overset{|}{C}H}R' \xrightarrow{\text{산화}} R\overset{O}{\overset{\|}{C}}R'$$

2차 알코올 케톤

Cyclohexanol $\xrightarrow[H_2SO_4,\ H_2O]{Na_2Cr_2O_7}$ Cyclohexanone (85%)

1-Octen-3-ol $\xrightarrow[CH_2Cl_2]{PDC}$ 1-Octen-3-one (80%)

H—C—O 단위가 없는 3차 알코올은 쉽사리 산화할 수가 없다. 산화가 일어나면 (강한 산화제와/또는 높은 온도), 복잡한 생성물의 혼합물이 얻어진다.

문제 15.10

다음 각 반응의 주 유기 생성물을 예측하시오:

(a) $ClCH_2CH_2CH_2CH_2OH \xrightarrow[H_2SO_4,\ H_2O]{K_2Cr_2O_7}$

(b) $CH_3CH(OH)CH_2CH_2CH_2CH_2CH_2CH_3 \xrightarrow[H_2SO_4,\ H_2O]{Na_2Cr_2O_7}$

(c) $CH_3CH_2CH_2CH_2CH_2CH_2CH_2OH \xrightarrow[CH_2Cl_2]{PCC}$

풀이 예시 (a) 반응물은 1차 알코올이다. 그래서 알데하이드 또는 카복실산으로 산화될 수 있다. 산화가 무수 용매에서 진행될 때에만 오직 알데하이드가 주 생성물이다. 물이 존재하면 카복실산이 생성된다. 보여주는 반응은 4-클로로뷰탄산이 56%의 수득률로 생성된다.

4-Chloro-1-butanol $\xrightarrow[H_2SO_4,\ H_2O]{K_2Cr_2O_7}$ 4-Chlorobutanoic acid

크롬산의 산화 메커니즘은 복잡하지만, 두 단계의 조합으로 요약할 수가 있다. 첫 단계에서 알코올은 크로뮴산과 반응하여 크로뮴산 에스터를 생성한다. 다음은 크롬산 에스터의

$$R_2CHOH + HO-CrO_2-OH \longrightarrow R_2CH-O-CrO_2-OH + H_2O$$

알코올 크로뮴산 크로뮴산 알킬 물

Cr—O 결합이 끊어지는 동안 탄소에서 양성자가 제거되는 β 제거가 진행된다.

$$H_2\ddot{O}: + R_2CH-\ddot{O}-CrO_2-OH \longrightarrow H_2\ddot{O}^+-H + R_2C{=}\ddot{O}: + O{=}Cr(OH)-\ddot{O}:^-$$

물 크로뮴산 알킬 하이드로늄 이온 알데하이드 또는 케톤 아크로뮴산 이온

두 번째 단계는 $(CH_3)_2CHOH$가 $(CH_3)_2CDOH$ 보다 거의 일곱 배 빠르게 반응한다는 것을 관찰로 증명된 것처럼 처음 단계보다 더 느리다. 이렇게 커다란 H/D 속도적 동위원소 효과는 탄소-수소 결합 끊어짐이 속도-결정이라는 것과 일치한다(5.17절).

크로뮴-기반 산화제의 대체물로서, 화학자들은 알코올을 산화하는 다른 시약을 개발

하였는데 이들 중 몇 가지는 산화제로서 클로로다이메틸설포늄 이온[$(CH_3)_2SCl^+$]에 기초한다. 아주 일반적으로 클로로다이메틸설포늄 이온은 다이메틸 설파이드와 염화 옥살릴의 반응으로 얻어진다.

$$(CH_3)_2S{=}O + ClC(=O)C(=O)Cl \xrightarrow[-78°C]{CH_2Cl_2} (CH_3)_2\overset{+}{S}{-}Cl + CO + CO_2 + Cl^-$$

Dimethyl sulfoxide; Oxalyl chloride; Chlorodimethyl-sulfonium ion; Carbon monoxide; Carbon dioxide; Chloride ion

산화되는 알코올은 다음에 클로로다이메틸설포늄 이온 용액에 더해지고, 이어서 트라이에틸아민과 같은 약한 염기로 처리한다. 1차 알코올은 알데하이드; 2차 알코올은 케톤이 된다.

$$\text{Citronellol} \xrightarrow[2.\ (CH_3CH_2)_3N]{1.\ (CH_3)_2S{=}O,\ (COCl)_2,\ CH_2Cl_2,\ -50°C} \text{Citronellal (83\%)}$$

Citronellol — Citronellal (83%)

문제 15.11

다이메틸 설폭사이드에의한 시트로넬롤의 산화에서 최종 중간체는 옆에 보이는 구조를 갖는다고 알려진다. 굽은 화살표를 이용하여 일분자 분해로 시트로넬랄이 되는 것을 보이시오. 황을 포함하는 생성물은 무엇인가?

(구조: 시트로넬릴–Ö–$\overset{+}{S}(\ddot{C}H_2^-)$–$CH_3$)

15.10 알코올의 생물학적 산화

많은 생물학적인 과정은 알코올이 카보닐 화합물로 산화 또는 카보닐 화합물에서 알코올로 환원인 역과정을 포함한다. 예로서, 에탄올은 간에서 알코올 탈수소효소의 촉매화에 의한 반응으로 아세트알데하이드로 대사된다.

$$CH_3CH_2OH \underset{}{\overset{\text{알코올 탈수소효소}}{\rightleftharpoons}} CH_3CH{=}O$$

에탄올 — 아세트알데하이드

효소에 더하여, 생물적 산화는 *보조효소(Coenzymes)*을 필요로 한다. 보조효소는 기질에 화학 변화가 일어나도록 효소와 함께 작용하는 유기 분자이다. 대부분의 바이타민은 보조효소이다. 보조효소는 기질의 작용기를 보조하는 작용기를 갖는다; 효소는 이러한 상호 보완적인 작용기들의 상호작용을 촉매화한다. 만약 에탄올이 산화되면, 어떤 다른 물질이 환원되어야 한다. 이 다른 물질이 보조효소 *니코틴아마이드 아데닌 다이뉴클레오타이드*(NAD)의 산화된 형태이다. 산화된 형태를 NAD^+로 나타내고 환원된 형태를 NADH로 표시함으로써, 에탄올의 생물적 산화에 대한 화학 반응식은 다음과 같이 쓸 수 있다:

$$CH_3CH_2OH + NAD^+ \overset{\text{알코올 탈수소효소}}{\rightleftharpoons} CH_3CH{=}O + NADH + H^+$$

에탄올; NAD 보조효소의 산화된 형태; 알데하이드; NAD 보조효소의 환원된 형태

Sustainability and Organic Chemistry

In the 1970s, both the U.S. Environmental Protection Agency (EPA) and the United Nations Conference on the Human Environment independently addressed *sustainability*—the efficient and environmentally responsible use of our resources. Ideally, a "green" or "benign" chemical process should be efficient, based on renewable raw materials, produce minimum waste, use catalysts rather than stoichiometric reagents, avoid the use or formation of toxic or hazardous materials, require minimum energy, and yield a product that maximizes the incorporation of all materials.

These objectives have spurred research directed toward developing alternative synthetic methods. Take alcohol oxidation, for example. As described in Section 15.9, primary alcohols are converted to aldehydes by oxidation with pyridinium chlorochromate (PCC).

3,7-Dimethyloct-6-en-1-ol $\xrightarrow[CH_2Cl_2]{PCC}$ 3,7-Dimethyloct-6-enal (82%)

While this oxidation proceeds in synthetically satisfactory yield, it is inefficient in terms of *atom economy*. PCC is used in stoichiometric amounts and none of its atoms are incorporated into the desired product. Moreover, the toxicity of chromium compounds introduces significant hazardus-waste disposal problems.

On the other hand, oxidation according to the equation:

$$RCH_2OH + NaOCl \longrightarrow RCH(=O) + NaCl + H_2O$$

Alcohol, Sodium hypochlorite → Aldehyde, Sodium chloride, Water

offers a more sustainable alternative in that it avoids toxicity problems (aqueous sodium hypochlorite is nothing more than household bleach), and the byproducts (water and sodium chloride) are benign. In practice, however, the reaction was not widely used until it was found that it could be catalyzed by the free-radical compound 2,2,6,6 tetramethylpiperidine-1-oxyl (TEMPO). The active catalyst is an oxoammonium cation formed by hypochlorite oxidation of TEMPO under the reaction conditions.

TEMPO $\xrightarrow{\text{oxidation}}$ An oxoammonium cation + e^-

TEMPO-catalyzed oxidations are replacing more familiar oxidation methods, especially in the pharmaceutical industry. An early step in the synthesis of an HIV protease inhibitor is the oxidation shown where the desired ketone is formed in 98% yield in the presence of 1 mol % of TEMPO.

TEMPO, KBr, NaOCl / $NaHCO_3$, CH_2Cl_2, H_2O, 0°C

The 4-hydroxy derivative of TEMPO is used as the catalyst for the synthesis of a key aldehyde intermediate in the large-scale preparation of progesterone and corticosteroids.

4-Hydroxy-TEMPO / KBr, NaOCl

Not only is the reaction itself green, but the raw material for the synthesis is a plant sterol obtained from soybean waste.

The mechanism of TEMPO-catalyzed oxidation depends on the particular experimental conditions but involves two stages. First, the alcohol undergoes nucleophilic addition to the oxoammonium ion:

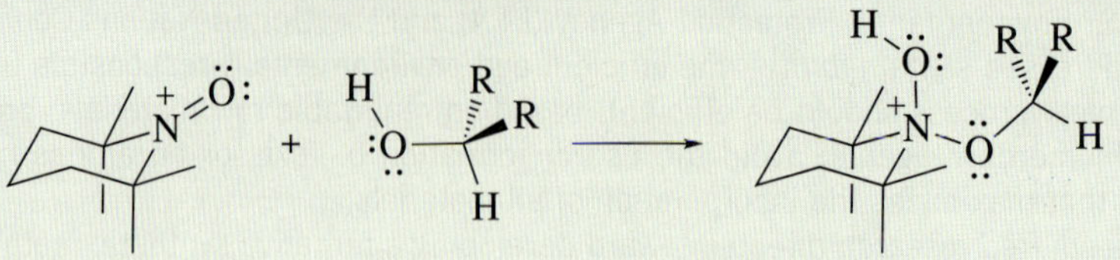

and is followed by elimination of the species produced.

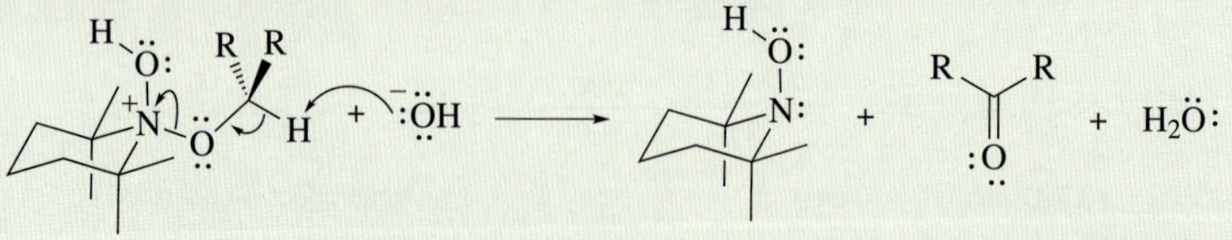

Subsequent steps with the oxidizing agent present in the reaction mixture (hypochlorite) restore the active form of the oxoammonium ion catalyst.

Because of their scale, the methods and practices of the chemical industry can have significant environmental effects. Fortunately, many of the qualities that characterize green chemistry are also the most desirable in economic terms. For example, two industrial chemicals–phenol and acetone–are produced in a process with high atom economy.

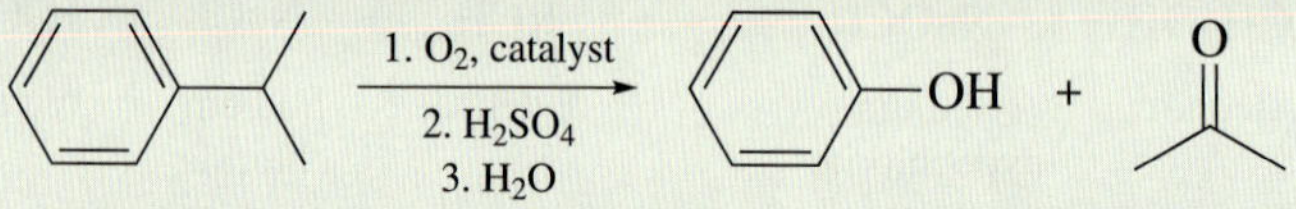

$$\xrightarrow[\text{2. } H_2SO_4 \quad \text{3. } H_2O]{\text{1. } O_2\text{, catalyst}}$$

Isopropylbenzene is made from benzene and propene, both of which are readily available petrochemicals, O_2 is the ultimate green oxidizing agent, and the waste products are either benign (water) or easily managed (sulfuric acid).

On an even larger scale, all of the polymers listed in Table 6.2 and most of them in Chapter 27 are prepared by reactions that are efficient, use catalysts, produce minimum waste, and incorporate all of the atoms in the reactant into the product.

니코틴아마이드 아데닌 다이뉴클레오타이드의 산화된 형태 구조는 그림 15.2에서 보였다. 이 반응에서 화학적 변화를 수행하는 보조효소의 유일한 부분은 니코틴아마이드 단위(그림 15.2에서 붉은색으로 표시된)의 치환된 피리딘 고리이다. 만약 보조효소 분자의 나머지 부분 을 R로 나타내어, 에탄올에서 아세트알데하이드의 산화에서 전자의 흐름을 다음과 같이 나 타낸다:

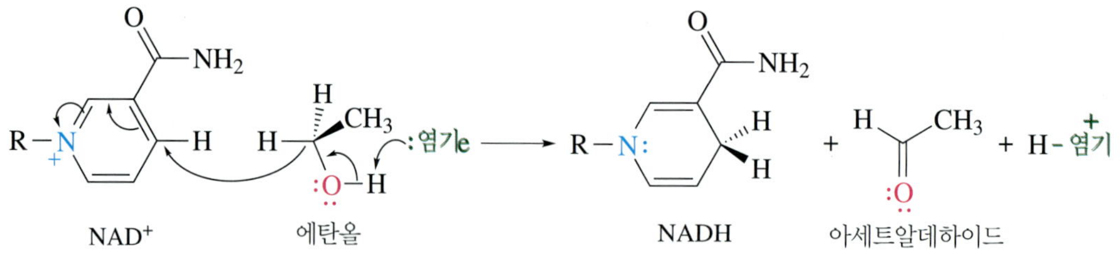

NAD⁺ 에탄올 NADH 아세트알데하이드

그림 15.2

보조효소 니코틴아마이드 아데닌 다이뉴클레오타이드의 산화된 모양인 NAD⁺ 구조. 보조효소의 작용기 부분은 붉은 색으로 표시하였다.

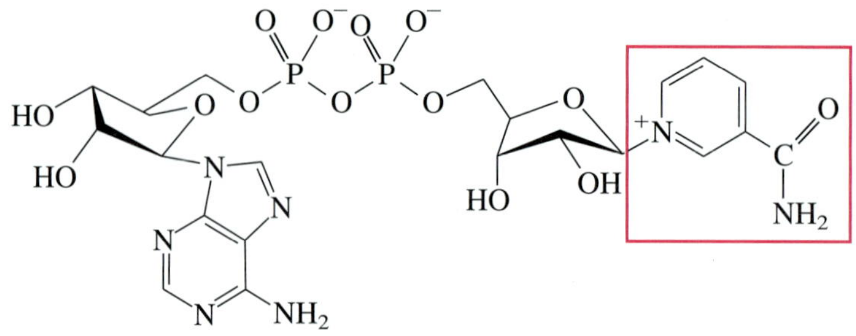

여기에서 주된 특징은 에탄올로부터 양성자(H^+)가 아니라 수소음이온($H:^-$)으로 수소가 전달되는 것이다. 수소음이온을 전달하는 에탄올의 능력은 효소의 염기성 위치에서 O—H 양성자가 제거됨으로써 증진된다. 수소음이온은 결코 유리되지는 않지만, 에탄올로부터 직접 전달되어 양으로 하전된 NAD^+의 피리디늄 고리가 NADH의 다이하이드로피리딘이 된다.

문제 15.12

효소 산화 메커니즘은 에탄올의 동위원소 표지에 의한 중수소 치환체의 도움으로 연구되었다. 주어 진 각 알코올의 효소 산화에 따른 NADH의 다이하이드로피리딘 고리에 부착된 예상되는 중수소 원자의 수를 명시하시오.

(a) CD_3CH_2OH (b) CH_3CD_2OH (c) CH_3CH_2OD

풀이 예시 (a) 보조효소에 전달되는 수소는 에탄올의 C-1에서 온다. 그러므로 알코올의 모든 중수소는 C-2에 붙어있기 때문에, CD_3CH_2OH가 산화될 때 다이하이드로피리딘 고리에는 어떤 중수소 원자도 갖지 않을 것이다.

$$CD_3CH_2OH + NAD^+ \xrightleftharpoons{\text{알코올 탈수소효소}} CD_3CHO + NADH + H^+$$

2,2,2-Trideuterioethanol; NAD^+; 2,2,2-Trideuterioethanal; NADH

역반응 역시 생명계에서 일어난다; NADH는 알코올 탈수소효소의 존재 하에서 알데하이드를 에탄올로 환원한다. 이 과정에서는, NADH는 수소음이온 주개로 작용하고 NAD^+로 산화되는 한편, 아세트알데하이드는 환원된다.

NAD^+-NADH 보조효소 계는 많은 생물학적 산화-환원에 관여된다. 에탄올-아세트알데하이드 변환과 비슷한 다른 반응은 NAD^+와 *젖산 탈수소효소(lactic acid dehydrogenase)*에 의한 젖산(lactic acid)에서 피르부산(pyruvic acid)으로 산화이다:

$$CH_3CH(OH)COOH + NAD^+ \xrightleftharpoons{\text{젖산 탈수소효소}} CH_3COCOOH + NADH + H^+$$

젖산(또는 락트산); 피부르산

우리는 $NAD^+ \rightleftharpoons NADH$ 상호변환이 생물학적 산화-환원에 있어서 두드러진 역할을 하는 다른 생물학적 과정을 보게 될 것이다.

15.11 인접 다이올의 산화성 쪼개짐

인접 다이올 반응의 특징은 과아이오딘산(HIO_4)으로 처리되는 산화성 쪼개짐이다. 인접 다이올 단위의 탄소-탄소 결합이 깨어지고 두 개의 카보닐기가 생성된다. 과아이오딘산은 아이오딘산(HIO_3)으로 환원된다.

$$RR'C(OH)-C(OH)RR' + HIO_4 \longrightarrow RR'C{=}O + RR'C{=}O + HIO_3 + H_2O$$

인접 다이올; 과아이오딘산; 알데하이드 또는 케톤; 알데하이드 또는 케톤; 아이오딘산; 물

HIO_4에서 아이오딘의 산화 상태는 무엇인가? HIO_3에서는?

여기서 보는 과아이오딘산 쪼개짐처럼 알켄의 어떤 반응이 동일한 생성물을 주는지 기억할 수 있는가?

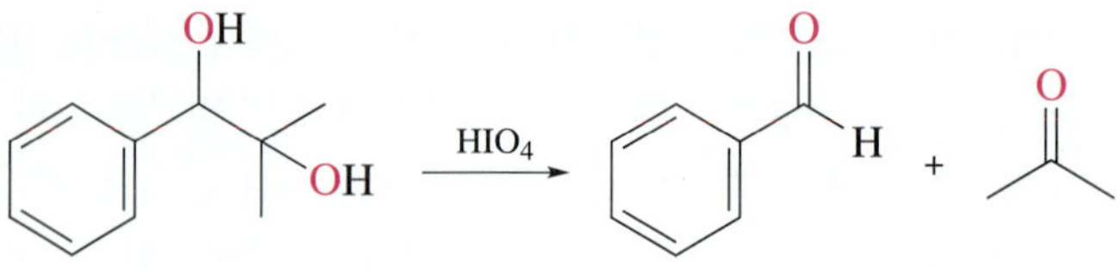

2-Methyl-1-phenyl-1,2-propanediol $\xrightarrow{HIO_4}$ Benzaldehyde + Acetone

이 반응은 하이드록실기가 인접 탄소에 있는 있을 때만 오직 일어난다.

문제 15.13

과아이오딘산으로 다음 각각을 산화할 때 형성되는 생성물을 예측하시오.

(a) $HOCH_2CH_2OH$ (b) 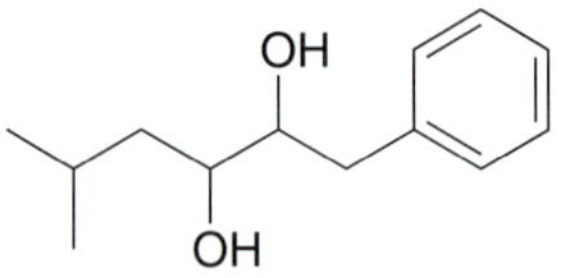 (c)

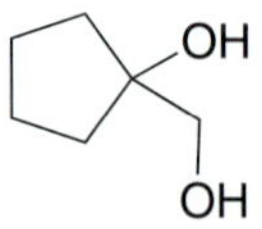

풀이 예시 (a) 1,2-에테인다이올의 탄소–탄소 결합은 과아이오딘산에 의해서 쪼개져서 두 분자의 폼알데하이드로 된다:

$$HOCH_2CH_2OH \xrightarrow{HIO_4} 2HCH(=O)$$

1,2-Ethanediol Formaldehyde

고리 다이올은 다이카보닐 화합물이 된다. 이 반응은 하이드록실기가 트랜스일 때보다 시스일 때 더 빠르지만, 과아이오딘산에 의해서 두 입체이성질체 모두 산화된다.

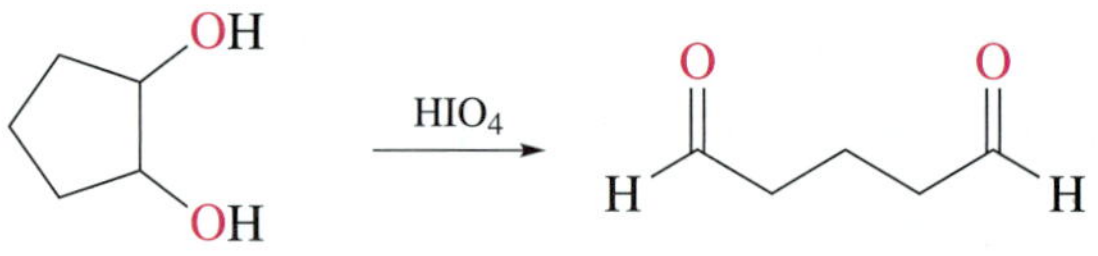

1,2-Cyclopentanediol (시스 또는 트랜스) $\xrightarrow{HIO_4}$ Pentanedial

인접 다이올의 과아이오딘산 쪼개짐은 구조 결정을 위한 분석 목적으로 자주 사용된다. 생성된 카보닐 화합물의 구조를 확인함으로서, 출발 다이올의 구성을 유추할 수 있다. 이 기술은 탄수화물에서 광범위하게 적용되는 것으로 알려지며 23장에서 더 충분히 논의될 것이다.

15.12 싸이올

황은 주기율표에서 산소의 바로 아래에 있으며, 산소를 포함하는 많은 유기 화합물은 황의 유사체를 갖는다. 알코올(ROH)의 황 유사체는 **싸이올(thiol) (RSH)**이다. 싸이올은 대응 알케인의 어미에 접미사 -싸이올(*-thiol*) 붙이고, —SH 기를 포함하는 탄소에 가장 낮은 번호를 부여하는 방향으로 사슬에 번호를 붙이는 치환된 IUPAC 이름이 된다. 다이올에서처럼(15.5절), 알케인 이름의 끝에 있는 -*e*는 유지된다. —SH 기가 치환기로 명명될 때는 *머캅토*(*mercapto*), 또는 *설파닐*(*sulfanyl*) 기로 명명한다. 이것은 가끔 일반명으로 설프하이드릴(sulfhydryl) 기라고 하지만 계통명에서는 사용하지 않는다.

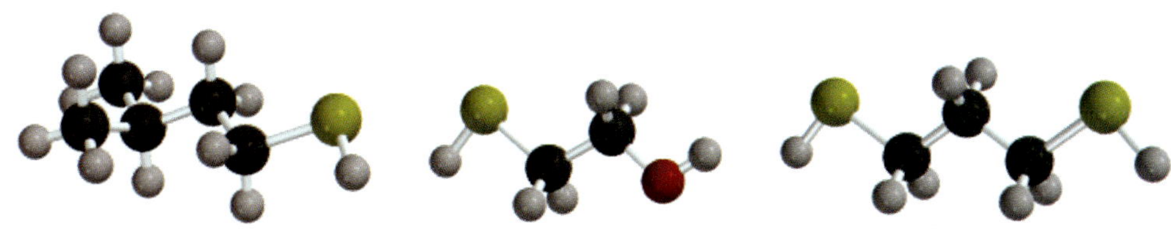

$(CH_3)_2CHCH_2CH_2SH$	$HSCH_2CH_2OH$	$HSCH_2CH_2CH_2SH$
3-메틸-1-뷰테인싸이올	2-머캅토에탄올	1,3-프로페인다이싸이올
3-메틸뷰테인-1-싸이올	2-설파닐에탄올	프로페인-1,3-다이싸이올

한 때는 싸이올을 **머캅탄(mercaptans)**이라고 불렀다. 그러므로 이 체계에 따라서 CH_3CH_2SH를 "에틸 머캅탄"이라고 불렀다. 이 명명법은 1965년 IUPAC 규칙의 개정을 시작으로 폐기 되었지만 여전히 이따금 보게 된다.

싸이올은 수은과 결합하려는 현저한 경향을 가지고 있으며, 머캅탄이란 말은 라틴어 mercurium captan에서 유래하는데 이것은 "수은을 포획하는"의 의미를 갖는다. 다이머카프롤(dimercaprol)이란 약은 수은과 납 중독을 치료하는데 사용하며, 2,3-다이설파닐-1-프로판올이다.

낮은 분자량 싸이올의 가장 분명한 특징은 불쾌한 냄새이다. 에테인싸이올은 천연가스에 첨가되어 특별한 장비가 없이도 누출을 확인할 수 있다. 사람의 코는 아주 민감하여 공기 중에서 백억 분의 한 개 이하의 에테인싸이올 냄새도 맛을 수 있다! 싸이올의 냄새는 탄소 수에 따라서 약해지는데, 이것은 휘발성과 황의 함량 모두가 줄어들기 때문이다. 1-도데케인싸이올을 예로 들면, 매우 약한 냄새만 가지고 있다. 긍정적인 면에서는, 방금 내린 커피의 냄새에 기여하는 수백 개의 성분들 중에서, 특징적인 냄새에 가장 원인이 되는 것의 한 가지는 싸이올 2-(머캅토메틸)퓨란이다. 마찬가지로 방금 짠 자몽 주스의 맛과 냄새인 *p*-1-멘텐-8-싸이올의 기여는 현재까지 확인된 260개 이상의 다른 휘발성 물질을 훨씬 능가한다.

p-1-멘텐-8-싸이올은 IUPAC 이름이 아닌 일반명이다

SH　　　　SH

3-(머캅토메틸)퓨란　　　　*p*-1-멘텐-8-싸이올

문제 15.14

스컹크 냄새 액체의 주요한 두 성분은 3-메틸-1-뷰테인싸이올과 *trans*-2-뷰텐-1-싸이올이다. 이들 각 화합물의 구조를 쓰시오.

S—H 결합은 그림 15.3의 정전기 전위 지도가 증명하는 것처럼 O—H 결합보다 덜 극성이다. S—H 결합의 감소한 극성, 특히 양성자의 감소된 양성적 특성은 싸이올에서 수소결합 부재의 원인이 된다. 따라서 메테인싸이올(CH_3SH)는 상온에서 기체지만(bp 6°C), 메탄올(CH_3OH)는 액체이다(bp 65°C).

H_2S (−60°C)와 H_2O (100°C)의 끓는점을 비교하시오.

S—H 결합이 O—H 결합보다 덜 극성임에도 불구하고, 싸이올은 알코올보다 강산이다. 이것은 주로 S—H 결합이 O—H 결합보다 약하기 때문이다. 우리는 대부분의 알코올이 16−18의 pK_a를 갖는 것을 보았다. 싸이올의 대응 값은 약 11이다. 이 차이의 중요성은 수산화 이온에 의하여 싸이올이 **알케인싸이올산염(alkanethiolate)**이라고 하는 그 짝 염기(RS^-)로 당량적으로 변환될 수 있다. 결과적으로 싸이올은 염기성 수용액에 녹는다.

$$RS{-}H + {}^{-}OH \longrightarrow RS^{-} + H{-}OH$$

알케인싸이올	수산화 이온	알케인싸이올산 이온	물
(더 강산)	(더 강염기)	(더 약염기)	(더 약산)

알콕시화 이온과 2차 알코올 반응의 주된 경로가 S_N2가 아닌 E2인 것을 8.11절에서 상기하시오.

(pK_a = 11) (pK_a = 15.7)

알케인싸이올산 이온(RS^-)는 알콕시화 이온(RO^-)보다 더 약한 염기이지만, 강력한 친핵체이며, 2차 할로젠화 알킬에서도 합성적으로 유용한 S_N2 반응을 수행한다.

3-Chlorocyclopentene $\xrightarrow[\text{THF}]{C_6H_5SNa}$ 3-Benzenesulfanyl-cyclopentene (75%)

싸이올 자체는 H_2S의 짝염기를 사용한 친핵성 치환으로 종종 제조할 수 있다.

1-Bromohexane $\xrightarrow[\text{에탄올}]{KSH}$ 1-Hexanethiol (67%)

문제 15.15

(a) 1-헥산올에서 1-헥세인싸이올 합성을 간단히 쓰시오.

(b) 브로민화 알릴에서 (페닐 알릴 설파이드) 의 합성을 간단히 쓰시오.

풀이 예시

(a)

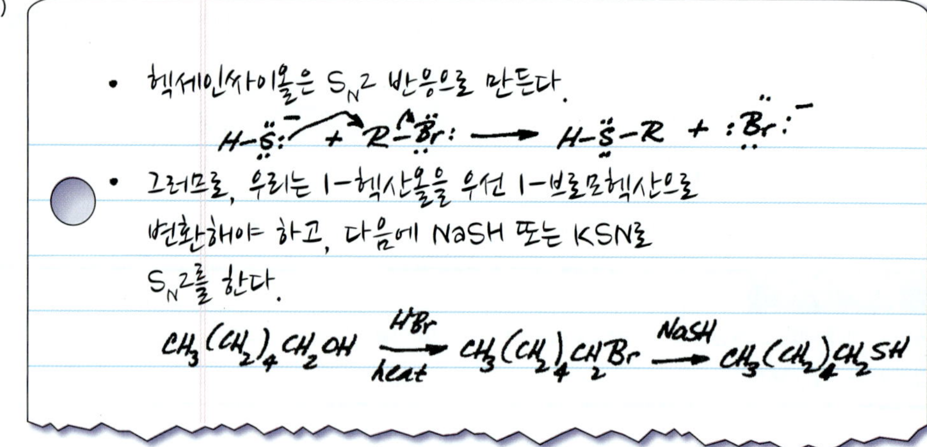

(*a*) 메탄올 (CH_3OH)

(*b*) 메테인싸이올 (CH_3SH)

그림 15.3

(a)메탄올, 및 (b)메테인싸이올의 정전기 전위 지도. 색깔 정도는 두 분자을 직접 비교할 수 있도록 동일하게 조정하였다. 전하 발생은 메테인싸이올의 —SH 양성자보다 메탄올의 —OH 양성자에서 더 푸른 것이 더욱 현저하다.

알코올과 싸이올의 주된 차이는 이들의 산화에 관한 것이다. 우리는 알코올의 산화로 카보닐 화합물이 생성되는 것을 이장의 앞에서 보았다. 싸이올의 산화에 의한 유사 화합물 C=S는 생성되지 않는다. 탄소가 아니라 오직 황이 산화되어, 다양한 산화상태의 황을 포함하는 화합물이 가능하다. 이것은 황에 연결된 산소의 수에 따라서 설펜산(*sulfenic* acid), 설파인산(*sulfinic* acid) 및 설폰산(*sulfonic* acid)으로 분류되는 일련의 산을 포함한다.

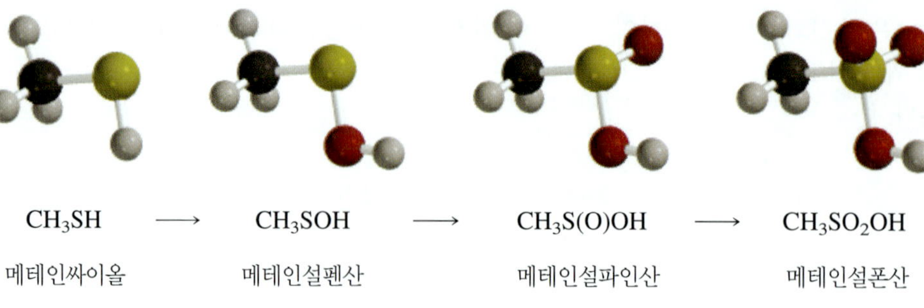

$CH_3SH \longrightarrow CH_3SOH \longrightarrow CH_3S(O)OH \longrightarrow CH_3SO_2OH$

메테인싸이올 메테인설펜산 메테인설파인산 메테인설폰산

이들 중에서 가장 중요한 것은 설폰산이다. 일반적이기는 하지만, 설폰산은 싸이올의 산화로 제조되지 않는다. 예를 들면, 벤젠설폰산($C_6H_5SO_2OH$)는 벤젠을 설폰화하여 제조한다(12.4절).

생화학적인 면에서, 가장 중요한 산화는 싸이올을 **이황화물(disulfides)**로 변환이다.

$$2RSH \underset{\text{환원}}{\overset{\text{산화}}{\rightleftharpoons}} RSSR$$

싸이올 이황화물

이 변환에 다양한 산화제가 이용 가능하지만, 공기 중의 산소에 의해서 싸이올이 서서히 이황화물로 변환되는 것이다. 이황화물은 분자 내 황–황 결합 형성으로 고리 이황화물을 생성한다. 고리 이황화물의 예는 조효소 α-*리포산*이다. α-리포산의 실험실적 합성의 최종 단계는 아래 보이는 다이싸이올의 철(III)–촉매 산화이다:

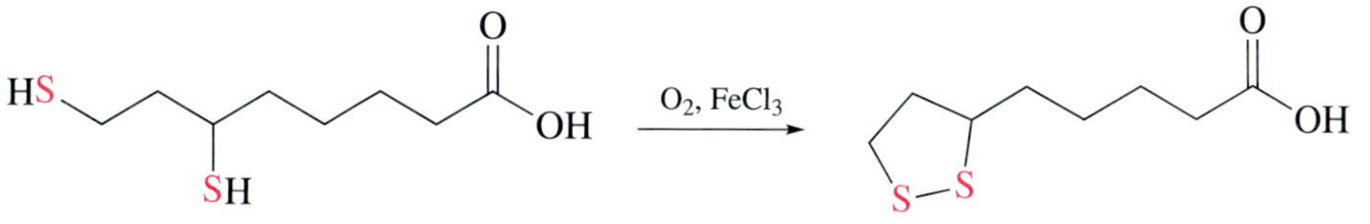

O_2, $FeCl_3$

6,8-Dimercaptooctanoic acid α-Lipoic acid (78%)

황–황 결합의 급속하고 가역적인 형성 및 절단은 α-리포산의 생물학적 작용의 본질이다.

이황화물에서 S—S 결합은 전형적인 공유결합과 수소결합 같은 약한 결합의 중간 세기이다. C, H, N 및 O를 포함하는 공유결합은 330~420 kJ/mol의 세기를 갖는다. S—S 결합 세기는 약 220 kJ/mol 이고, 수소결합의 세기는 30 kJ/mol 보다 작다. 따라서 S—S 결합은 수소결합보다 더 구조적으로 안정성을 제공하지만, 공유성 골격이 유지되는 동안 끊어질 수 있다.

모든 포유동물의 세포는 *글루타치온*이라고 하는 싸이올을 가지고 있는데, 이 글루타치온은 해로운 산화제를 제거하여 세포를 보호한다. 이것은 이황화물을 형성함으로 산화제와 반응하는데, 궁극적으로는 글루타치온으로 되돌아간다.

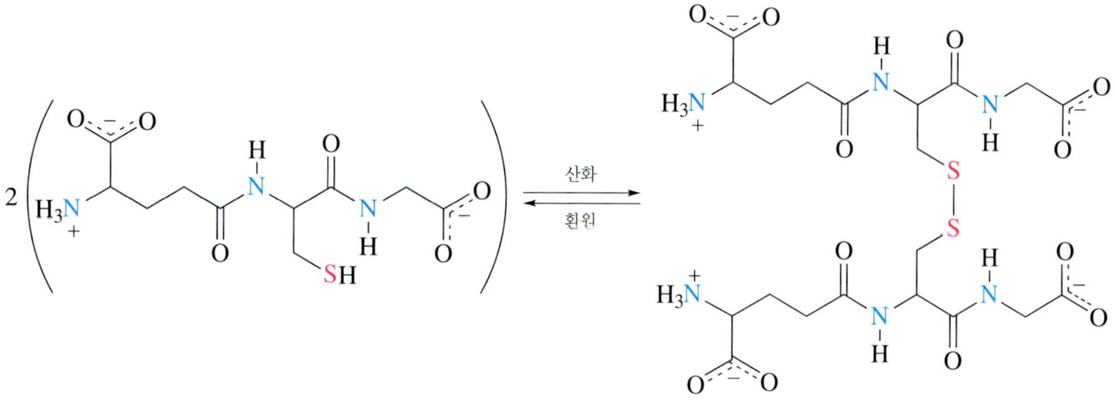

산화 / 환원

글루타치온 (환원된 형태) 글루타치온 (산화된 형태)

많은 단백질의 3차원 구조는 보통 분자의 먼 부분을 연결하는 S—S 결합에 의하여 관리되고 안정화된다. 우리는 25장에서 이들 이황화물 다리에 대하여 더 자세히 다룰 것이다.

15.13 알코올과 싸이올의 분광학적 분석

적외선: 앞에서 우리는 *알코올* 적외선 스펙트럼의 가장 독특한 성질을 논의하였다(13.22절). 3200–3650 cm^{-1} 지역에서 나타나는 O—H 신축 진동은 확인하기가 특히 쉽다. 그림 15.4에 있는 사이클로헥산올의 적외선 스펙트럼에서 나타내는 것처럼, 이 피크는 중간 세기의 넓은 흡수로 보인다. 알코올의 C—O 결합 신축은 1025 cm^{-1}와 1200 cm^{-1} 사이에 중간에서 강한 흡수로 나타난다. 이것은 전형적인 2차 알코올인 사이클로헥산올에서는 1065 cm^{-1}에서 나타나지만, 3차 에서는 약간 높은 에너지 쪽으로 그리고 1차에서는 약간 낮은 쪽으로 이동한다.

*싸이올*의 S—H 신축 진동은 2550–2700 cm^{-1}에 약한 띠로 나타난다.

^{1}H NMR: 알코올의 ^{1}H NMR에서 가장 도움이 되는 신호는 1차 및 2차 *알코올*의 O—H 양성자 및 H—C—O 단위에 있는 양성자의 결과이다.

H—C—O—H

δ 3.3–4.0 δ 0.5–5

하이드록실 양성자 신호의 화학적 이동은 용매, 온도, 및 농도에 따라서 다양하다. 이것의 정밀한 위치는 구조 결정에 있어서는 특별히 중요하지 않다. 하이드록실 양성자에 기인한 신호는 대개는 분자에 있는 다른 양성자에 의하여 쪼개지지 않으며, 다소 넓기 때문에, 이들은 매우 쉽게 확인이 된다. 설명을 하기 위해서 그림 15.5는 2-페닐에탄올의 ^{1}H NMR 스펙트럼을 보여주며, 여기에서 하이드록실 양성자 신호는 δ 2.2에 단일항으로 나타난다. 이 스펙트럼에 있는 두 개의 삼중항에서, 낮은 장(δ 3.8)에 있는 것은 CH_2O 단위에 있는 것

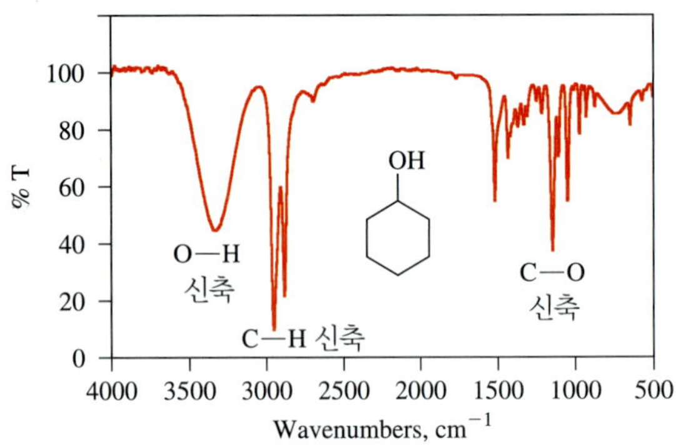

그림 15.4

사이클로헥산올의 적외선 스펙트럼

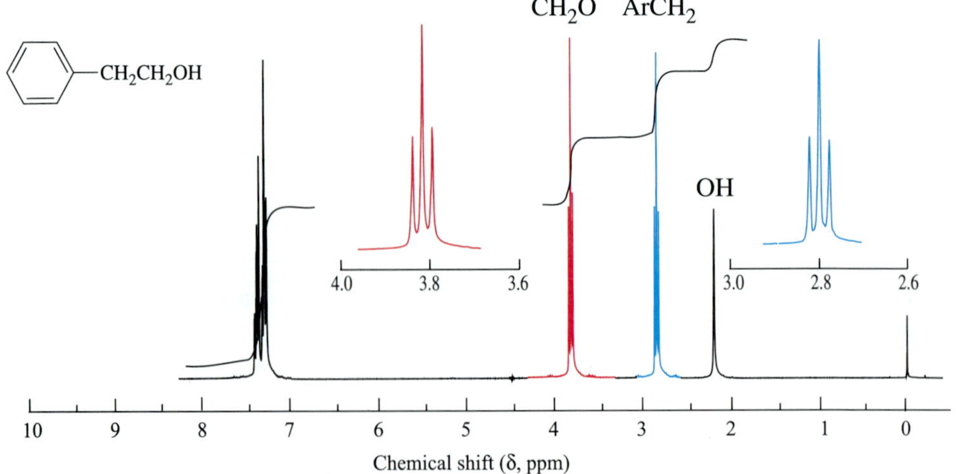

그림 15.5

2-페닐에탄올 ($C_6H_5CH_2CH_2OH$)의 300-MHz ^{1}H NMR 스펙트럼

에 해당한다. 높은 장 δ 2.8의 삼중항은 벤질 CH_2 그룹에 의한 것이다. 하이드록실 양성자의 특정 신호의 배당은 D_2O를 가하여 확인할 수 있다. 하이드록실 양성자는 중수소로 치환되고, 그리고 그 ^1H NMR 신호는 사라진다.

낮은 전기음성도 때문에, 황은 산소보다 이웃한 양성자를 덜 가린다. 따라서 CH_2SH기의 양성자는 CH_2OH 그룹보다 더 높은 장에서 나타난다.

$$CH_3CH_2CH_2—CH_2—OH \qquad CH_3CH_2CH_2—CH_2—SH$$

^1H 화학적 이동: δ 3.6 δ 2.5

^{13}C NMR: 알코올의 전기적 음성인 산소는 이것에 연결된 탄소의 가려막기를 감소시킨다. C—OH에서 탄소의 화학적 이동은 대부분의 알코올에서 60~75 ppm이다. C—S 그룹의 탄소는 C—O 탄소보다 더 가려막힌다.

^{13}C 화학적 이동: δ 19 δ 62 δ 14 δ 35 OH δ 21 δ 24 δ 13 δ 36 SH

UV-VIS: 분자가 다른 발색단을 가지고 있지 않다면, 알코올은 약 200 nm 이상에서는 투명하다; 예를 들면, 메탄올의 λ_{max}는 177 nm이다.

질량 분석: 알코올의 질량 스펙트럼에서 분자 이온 피크는 대개 아주 작다. 물의 손실로 얻은 피크가 종종 증거가 된다. 알코올은 또한 분자 이온이 안정한 양이온을 형성하기 위하여 하이드록실-포함 탄소에서 알킬기를 잃는 경로에 의해서 쉽게 쪼개진다. 따라서 대부분의 1차 알코올은 *m/z* 31에서 현저한 피크를 보인다.

$$RCH_2\ddot{O}H \longrightarrow R—CH_2—\dot{\ddot{O}}^{+}H \longrightarrow R\cdot + H_2C=\ddot{O}^{+}H$$

1차 알코올 / 분자 이온 / 알킬 라디칼 / 폼알데하이드의 짝산, *m/z* 31

황 화합물의 질량 스펙트럼 해석은 황의 동위원소 질량-34의 존재로 인하여 M + 2 피크의 관찰이 도움이 된다. 싸이올의 주요 절단 경로는 알코올과 비슷하다. 황 화합물의 질량 스펙트럼 해석은 황의 질량-34 동위원소 존재로 인하여 M+2 피크의 관찰이 도움이 된다. 싸이올의 주요 절단 경로는 알코올과 비슷하다.

15.14 요약

15.1절 반응물이나 생성물로서 알코올을 포함하는 작용기의 변환이 이 장의 중심이다. 알코올은 흔한 천연물이다. 표 15.1은 알코올을 제조하는데 사용할 수 있는 초기 절들에서 논의된 반응을 요약하였다.

15.2절 알코올은 알데하이드 및 케톤의 환원에 의하여 카보닐 화합물로부터 제조할 수 있다. 표 15.3을 보시오.

15.3절 알코올은 카복실산의 환원에 의하여 카보닐 화합물로부터 제조할 수 있다. 표 15.3을 보시오.

15.4절 Grignard 및 유기리튬 시약은 에틸렌 옥사이드와 반응하여 1차 알코올을 생성한다.

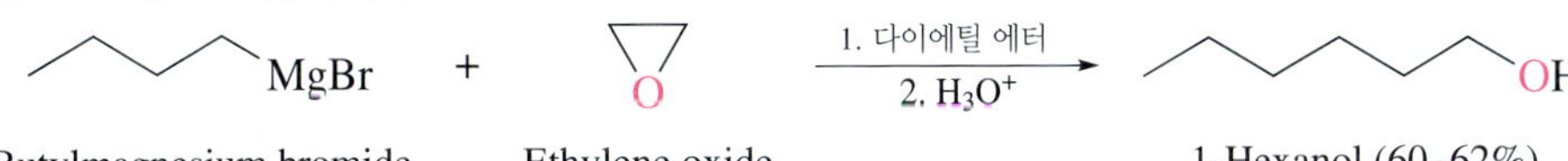

표 15.3 카보닐 작용기의 환원에 의한 알코올의 제조

카보닐 화합물	특정 환원제에 의한 카보닐 화합물 환원 생성물: 수소화알루미늄 리튬 ($LiAlH_4$)	수소화붕소 나트륨 ($NaBH_4$)	수소 (촉매의 존재 하에서)
알데하이드 RC(=O)H (15.2절)	1차 알코올 RCH_2OH	1차 알코올 RCH_2OH	1차 알코올 RCH_2OH
케톤 RC(=O)R′ (15.2절)	2차 알코올 RCH(OH)R	2차 알코올 RCH(OH)R	2차 알코올 RCH(OH)R′
카복실산 RC(=O)OH (15.3절)	1차 알코올 RCH_2OH	환원되지 않음	환원되지 않음

15.5절 사산화 오스뮴은 알켄을 인접 다이올로 변환하는 핵심적인 시약이다.

2-Phenylpropene $\xrightarrow[\textit{tert}\text{-butyl alcohol, HO}^-]{(CH_3COOH, OsO_4 \text{ (cat)})}$ 2-Phenyl-1,2-propanediol (71%)

이 **다이하이드록실화(dihydroxylation)**는 이중결합에 *syn* 첨가로 진행된다. 카이랄 리간드를 갖는 오스뮴-기반 시약은 알켄의 거울선택성 다이하이드록실화를 촉매화한다.

15.6절 표 15.2는 이전 장에서 소개했던 알코올의 반응을 요약하였다.

15.7절 표 15.4를 보시오.

15.8절 표 15.4를 보시오.

15.9절 표 15.5를 보시오.

15.10절 알코올에서 알데하이드와 케톤으로 산화는 흔한 생물학적 반응이다. 대부분은 니코틴아마이드 아데닌 다이뉴클레오타이드(NAD^+)의 산화된 형태와 같은 보조효소를 필요로 한다.

에스트라다이올 $\xrightarrow[\text{효소}]{NAD^+}$ 에스트론

15.11절 과아이오딘산은 인접 다이올을 절단한다; 알데하이드 두 개, 케톤 두 개, 또는 알데하이드와 케톤이 형성된다.

$$R_2C(OH)-C(OH)R_2 \xrightarrow{HIO_4} R_2C{=}O + O{=}CR_2$$

다이올 두 개의 카보닐-포함 화합물

$$CH_3(CH_2)_7\underset{HO}{CH}-\underset{OH}{CH}(CH_2)_7\overset{O}{\overset{\|}{C}}OH \xrightarrow{HIO_4} CH_3(CH_2)_7\overset{O}{\overset{\|}{C}}H + H\overset{O}{\overset{\|}{C}}(CH_2)_7\overset{O}{\overset{\|}{C}}OH$$

9,10-Dihydroxyoctadecanoic acid — Nonanal (89%) — 9-Oxononanoic acid (76%)

15.12절 싸이올(Thiols)은 RSH 형의 화합물이다. 이것은 알코올보다 더 산성이고 염기성 수용액에서 쉽게 탈양성자화 된다. 싸이올은 산화되어 설펜산(RSOH), 설파인산(RSO_2H), 및 설폰산(RSO_3H)이 된다. 싸이올과 다이설파이드간의 산화-환원 관계는 어떤 생물학적 과정에서는 중요하다.

$$\underset{\text{싸이올}}{2RSH} \underset{\text{환원}}{\overset{\text{산화}}{\rightleftharpoons}} \underset{\text{이황화물}}{RSSR}$$

표 15.4 이 장에서 소개한 알코올 반응의 요약

반응(절)과 설명	일반 반응식과 특정 예
다이알킬 에터로 변환(15.7절) 산 촉매 존재에서 가열하면, 두 분자의 1차 알코올이 에터와 물로 변환된다. 만약 오각형 또는 육각형 고리 에테르가 가능하면, 다이올은 분자내 축합을 진행할 수 있다.	$2RCH_2OH \xrightarrow{H^+} RCH_2OCH_2R + H_2O$ 알코올 — 다이알킬 에터 — 물 3-Methylbutan-1-ol $\xrightarrow[150°C]{H_2SO_4}$ Di-(3-methylbutyl) ether (27%)
Fischer 에스터화(15.8절) 알코올과 카복실산은 산 촉매 하에 에스터와 물을 생성한다. 반응은 평형 과정으로, 알코올 또는 산을 과량으로 사용하거나 혹은 형성된 물을 제거함으로 완결되게 이끌 수 있다.	$ROH + R'\overset{O}{\overset{\|}{C}}OH \xrightarrow{H^+} R'\overset{O}{\overset{\|}{C}}OR + H_2O$ 알코올 — 카복실산 — 에스터 — 물 1-Pentanol + Acetic acid $\xrightarrow{H^+}$ Pentyl acetate (71%)
염화 아실과 에스터화(15.8절) 염화 아실은 알코올과 반응하여 에스터를 생성한다. 이 반응은 대개 피리딘의 존재에서 수행된다.	$ROH + R'\overset{O}{\overset{\|}{C}}Cl \xrightarrow{H^+} R'\overset{O}{\overset{\|}{C}}OR + HCl$ 알코올 — 염화 아실 — 에스터 — 염화 수소 *tert*-Butyl alcohol + Acetyl chloride $\xrightarrow{\text{피리딘}}$ *tert*-Butyl acetate (62%)
산 무수물과 에스터화(15.8절) 산 무수물은 염화 아실과 동일한 방법으로 알코올과 반응하여 에스터를 형성한다.	$ROH + R'\overset{O}{\overset{\|}{C}}O\overset{O}{\overset{\|}{C}}R' \xrightarrow{H^+} R'\overset{O}{\overset{\|}{C}}OR + R'\overset{O}{\overset{\|}{C}}OH$ 알코올 — 산 무수물 — 에스터 — 카복실 산 *m*-Methoxybenzyl alcohol + Acetic anhydride $\xrightarrow{\text{피리딘}}$ *m*-Methoxybenzyl acetate (99%)

15.13절 알코올의 하이드록실기는 3200–3650과 1025–1200 cm^{-1}에 각각 O–H와 C–O 신축 진동을 갖는다.

O—H 기의 양성자 화학적 이동은 다양(δ 1–5)하고, 그리고 농도, 온도 및 용매에 의존한다. 산소는 H—C—O 단위의 양성자와 탄소 모두를 가려 막지 않는다. H—C—O의 전형적인 NMR 화학적 이동은 ^{1}H에서는 δ 3.3–4.0과 ^{13}C에서는 δ 60–75이다.

알코올의 가장 강한 질량 스펙트럼은 아래에 보이는 형태의 탄소–탄소 절단에 의해서 형성되는 이온과 일치한다.

$$R-\overset{|}{\underset{|}{C}}-\ddot{O}H^{+\cdot} \longrightarrow R\cdot + \;\rangle C=\ddot{O}H^{+}$$

표 15.5 알코올의 산화

알코올의 종류	원하는 생성물	알맞는 산화제
1차, RCH_2OH	알데하이드 RCH(=O)	PCC* PDC* $DMSO/(COCl)_2$; $(CH_3CH_2)_3N$
1차, RCH_2OH	카복실산' $RCOH$(=O)	Na_2Cr_2O7, H_2SO_4, H_2O H_2CrO_4
2차, $RCHR'$(–OH)	케톤 RCR'(=O)	PCC* PDC* Na_2Cr_2O7, H_2SO_4, H_2O H_2CrO_4 $DMSO/(COCl)_2$; $(CH_3CH_2)_3N$

* PCC는 클로로크로뮴산 피리디늄, PDC는 이크로뮴산 피리디늄이다. 모두는 다이클로로메테인을 사용한다.

문제

15.16 다음 각 방법으로 1-뷰탄올을 제조하는데 필요한 모든 시약을 보여주는 화학 반응식을 쓰시오.

(a) 알켄의 수소붕소화-산화
(b) Grignard 시약을 사용
(c) (b)와 다른 방법으로 Grignard 시약을 사용
(d) 카복실산의 환원
(e) 알데하이드의 수소화
(f) 수소화붕소 소듐으로 환원

15.17 다음 각 방법으로 2-뷰탄올을 제조하는데 필요한 모든 시약을 보여주는 화학 반응식을 쓰시오.

(a) 알켄의 수소붕소화-산화
(b) Grignard 시약을 사용
(c) (b)와 다른 방법으로 Grignard 시약을 사용
(d-f) 케톤을 환원하는 세 가지 다른 방법

15.18 이성질체 $C_5H_{12}O$ 알코올의 어느 것이 수소화알루미늄 리튬의 환원으로 제조되는가?

(a) 알데하이드
(b) 케톤
(c) 카복실산
(d) $RC(=O)OCH_3$ 형의 에스터

15.19 솔비톨은 당뇨병에 내성이 있기 때문에, 가끔 사탕수수를 대신하는 감미료이다. 이것은 또한 바이타민 C의 상업적 합성의 중간체이다. 솔비톨은 니켈 촉매에서 글루코스의 고압 수소화로 제조된다. 솔빌톨의(입체화학을 포함하여)구조는 무엇인가?

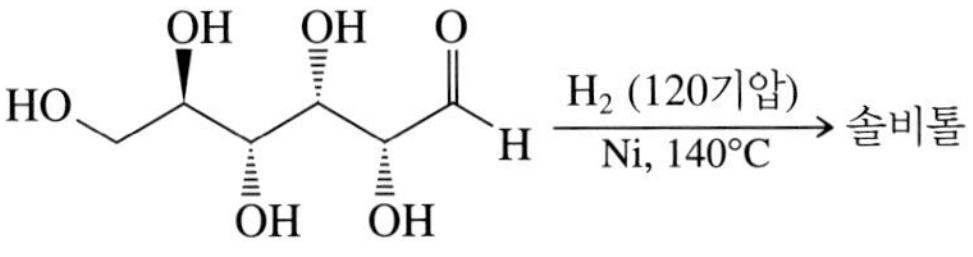

글루코스 $\xrightarrow[\text{Ni, 140°C}]{H_2\ (120\text{기압})}$ 솔비톨

글루코스

15.20 다음의 출발 물질로부터 어떻게 1-페닐에탄올 ($C_6H_5CH(OH)CH_3$)이 제조되는지 보여주는 반응식을 쓰시오.

(a) 브로모벤젠
(b) 벤즈알데하이드
(c) 벤질 알코올
(d) 아세토페논
(e) 벤젠

15.21 다음의 출발 물질로부터 어떻게 2-페닐에탄올($C_6H_5CH_2CH_2OH$)이 제조될 수 있는지 반응식 을 쓰시오.

(a) 브로모벤젠
(b) 스타이렌
(c) 2-페닐에탄알(C_6H_5CHO)
(d) 2-페닐에탄산($C_6H_5CO_2H$)

15.22 지정된 출발 물질과 필요한 유기 또는 무기 시약을 가지고 다음 각 화합물의 개략적 합성을 쓰시오.

(a) 프로펜에서 2-프로펜-1-싸이올
(b) 1-브로모뷰탄에서 1-헥산올
(c) 1-브로모뷰탄에서 2-헥산올
(d) *tert*-뷰틸 알코올에서 2-메틸-1,2-프로판다이올
(e) 벤젠에서 1-클로로-2-페닐에테인

15.23 이 장에서는 알코올에 대한 몇 가지 산화제가 설명되었다. 다음 각 산화에 필요한 것을 제안하시오.

(a) OH ⟶ OH (O)
(b) OH ⟶ O
(c) OH ⟶ O, H
(d) OH, OH ⟶ O, O, H

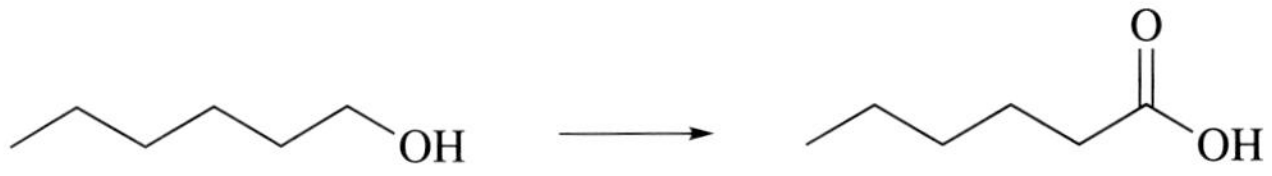

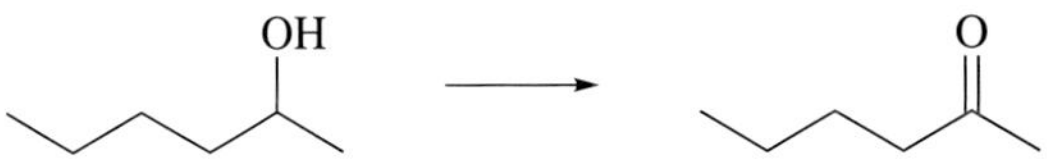

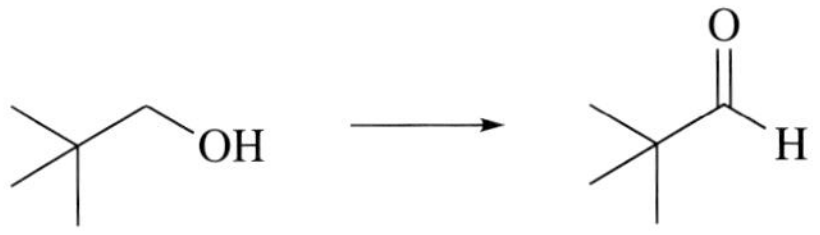

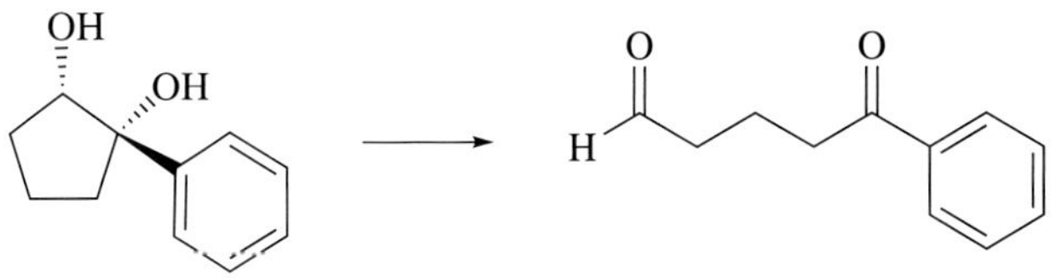

15.24 사이클로펜탄올과 필요한 유기 또는 무기 시약으로부터 다음 각 화합물이 어떻게 합성되는지 보이시오. 많은 경우에 원하는 화합물은 앞의 문제에서 제조된 것으로부터 만들 수 있다.

(a) 1-페닐사이클로펜탄올

(b) 1-페닐사이클로펜텐

(c) *trans*-2-페닐사이클로펜탄올

(d)

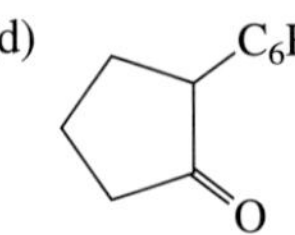

(e)

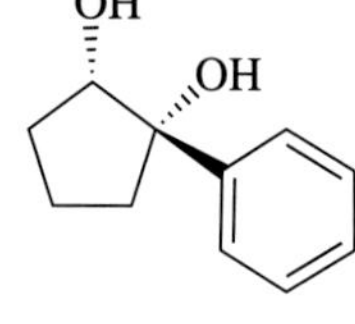

(f) 1-페닐-1,5-펜테인다이올

15.25 1-프로판올과 다음 각 시약의 반응으로 형성되는 주된 유기 생성물의 구조를 쓰시오.

(a) 황산(촉매량), 140°C의 가열

(b) 황산(촉매량), 200°C의 가열

(c) 다이메틸 설폭사이드(DMSO), 염화 옥살릴[$(COCl)_2$], 트라이에틸아민[$N(CH_2CH_3)_3$]

(d) 이염화 메탄에서 클로로크로뮴산 피리디늄(PCC)

(e) 황산 수용액에서 다이크로뮴산 칼륨($K_2Cr_2O_7$), 가열

(f) 소듐 아마이드($NaNH_2$)

(g) 염화 수소가 녹아 있는 아세트산($CH_3\overset{O}{\overset{\|}{C}}OH$)

(h) 피리딘에 있는 $H_3C-C_6H_4-SO_2$

(i) 피리딘에 있는 $CH_3O-C_6H_4-\overset{O}{\overset{\|}{C}}Cl$

(j) 피리딘에 있는 $C_6H_5\overset{O}{\overset{\|}{C}}O\overset{O}{\overset{\|}{C}}C_6H_5$

(k) 피리딘에 있는 (석신산 무수물)

15.26 다음 각 반응은 화학 문헌에 발표되었다. 적절한 곳에 입체화학을 보이면서 다음 경우에 각 생성물을 예측하시오

(a) H_3C-(사이클로헥산)-OH, C_6H_5 $\xrightarrow[\text{열}]{H_2SO_4}$

(b) (테트라메틸에틸렌) $\xrightarrow[(CH_3)_3COH,\ HO^-]{(CH_3)_3COOH,\ OsO_4(\text{촉매})}$

(c) (1-페닐사이클로뷰텐) $\xrightarrow[2.\ H_2O_2,\ HO^-]{1.\ B_2H_6,\ \text{다이에틸 에터}}$

(d) (사이클로펜텐카복실산, C(=O)OH) $\xrightarrow[2.\ H_2O]{\text{다이에틸 에터}}$

(e) $CH_3\underset{OH}{\underset{|}{C}}HC\equiv C(CH_2)_3CH_3 \xrightarrow[H_2SO_4,\ H_2O,\ \text{아세톤}]{H_2CrO_4}$

(f) $CH_3\overset{O}{\overset{\|}{C}}CH_2CH=CHCH_2\overset{O}{\overset{\|}{C}}CH_3 \xrightarrow[2.\ H_2O]{1.\ LiAlH_4,\ \text{다이에틸 에터}}$

(g) H_3C–(cyclohexane)–OH + 3,5-dinitrobenzoyl chloride (O_2N, O_2N, $\overset{O}{\|}$CCl) $\xrightarrow{\text{피리딘}}$

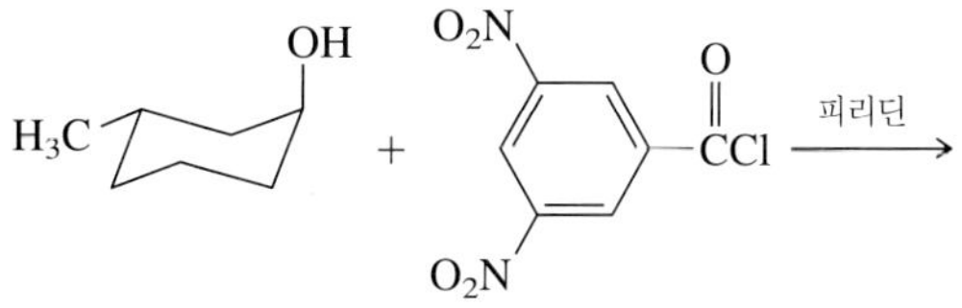

(h) (bicyclic alcohol, OH, H) + $CH_3\overset{O}{\overset{\|}{C}}O\overset{O}{\overset{\|}{C}}CH_3$ $\longrightarrow$

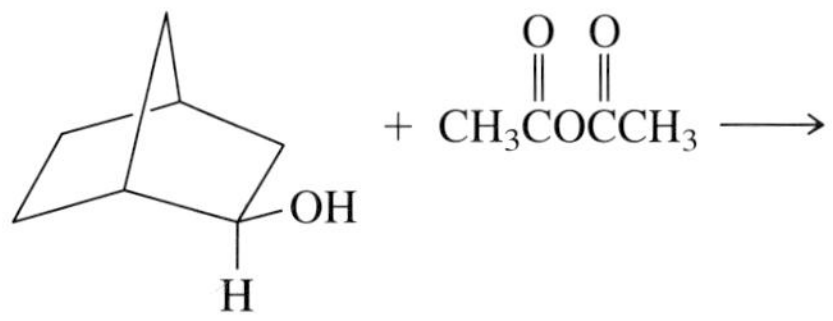

(i) 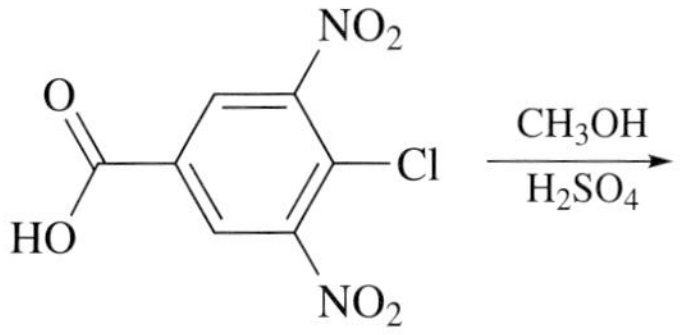 HO(C=O)–(benzene with NO_2, Cl, NO_2) $\xrightarrow[H_2SO_4]{CH_3OH}$

15.27 산 촉매에서 1,2,4-뷰테인트라이올을 가열하면, 분자식이 $C_4H_8O_2$인 고리 에터를 81~88%의 수득률로 얻는다. 이 생성물의 타당한 구조를 제안하시오.

15.28 다음 각 변환을 수행하는 적당한 시약과 반응 단계를 제안하시오. 각 경우에 두 개의 합성 과정이 필요하다.

(a) 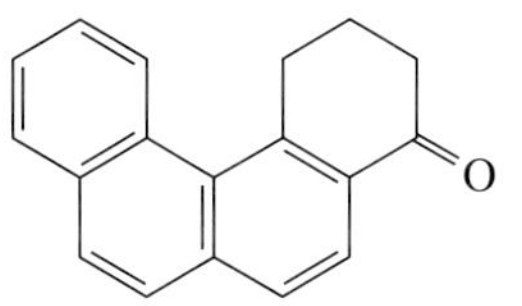 (ketone, O) 에서 (alkene)

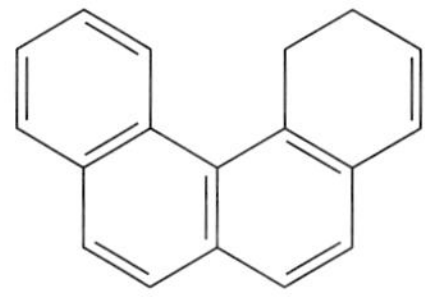

(b) 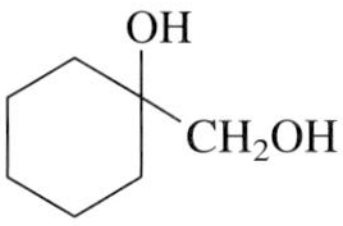 (OH, CH_2OH) 에서 (OH)

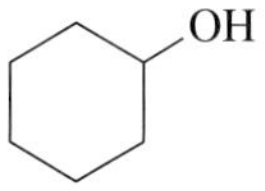

(c) 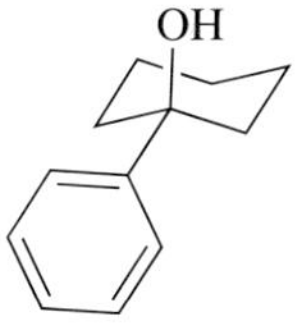 (OH, phenyl) 에서 (OH, OH, phenyl)

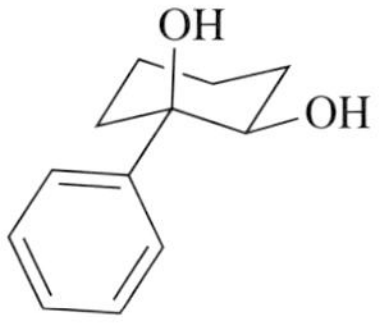

15.29 네덜란드 느릅나무 병의 원인이 되는 곰팡이는 유럽의 느릅나무 투구벌레가 나무속으로 파고 들면서 확산된다. 다른 투구벌레들은 화학적 혼합물, 일부는 곤충에 의해서 발산되고 일부는 나무 로부터 나오는 냄새에 이끌려 한 곳에 모인다. 암컷 느릅나무 투구벌레에 의해서 방출되는 화합물의 한 가지는 4-메틸-3-헵탄올이다. 다섯 개의 탄소 또는 그 이하의 알코올로부터 이 페로몬의 효율적인 합성을 제안하시오.

15.30 (a) 3-헥센-1-올($CH_3CH_2CH{=}CHCH_2CH_2OH$)의 시스 이성질체는 녹색의 잎과 잔디의 특징적인 냄새를 갖는다. 아세틸렌과 필요한 유기 또는 무기 시약으로부터 이 화합물의 합성을 제안하시오.

(b) 익은 토마토의 특징적 냄새의 원인이 되는 화합물의 하나는 $CH_3CH_2CH{=}CHCH_2CH{=}O$의 시스 이성질체이다. 어떻게 이 화합물을 제조하겠는가?

15.31 R. B. Woodward는 20세기 중반에 유기화학을 주도하는 화학자 중의 한 명이었다. 복잡한 천연물의 합성으로 주로 알려진 그는 1965년 노벨 화학상을 수상하였다. 1933년 16살에 신입생으로 MIT에 입학하였고, 4년 후 박사학위를 받았다. 학생으로 그는 암컷 성 호르몬인 에스테론의 합성을 수행하였다. Woodward 에스테론 합성의 초기 단계는 *m*-메톡시벤즈알데하이드 에서 *m*-메톡시벤질 사이아나이드의 변환이 요구되었고, 이것은 세 단계로 진행되었다:

CH_3O–(m-C₆H₄)–CHO —세 단계→ CH_3O–(m-C₆H₄)–CH_2CN —여러 단계→ 에스트론

m-메톡시벤즈알데하이드에서 사이안화 m-메톡시벤질 제조를 위해서 필요한 모든 시약을 보여주는 타당한 세 단계 과정을 제안하시오,

15.32 화합물 A에서 I의 구조식을 써서 다음 각 반응식을 완성하시오.

(a) 사이클로펜타다이엔 $\xrightarrow{HCl}$ C_5H_7Cl (화합물 A) $\xrightarrow[H_2O]{NaHCO_3}$ C_5H_8O (화합물 B) $\xrightarrow[H_2SO_4,\ H_2O]{Na_2Cr_2O_7}$ C_5H_6O (화합물 C)

(b) $H_2C{=}CHCH_2CH_2CH(OH)CH_3$ $\xrightarrow[\text{피리딘}]{SOCl_2}$ $C_6H_{11}Cl$ (화합물 D) $\xrightarrow[2.\ Zn,\ H_2O]{1.\ O_3}$ C_5H_9ClO (화합물 E) $\xrightarrow{NaBH_4}$ $C_5H_{11}ClO$ (화합물 F)

(c) 1-브로모-2-메틸나프탈렌 $\xrightarrow{\text{NBS, 과산화 벤조일, 가열}}$ 화합물 G $\xrightarrow[\text{가열}]{H_2O,\ CaCO_3}$ 화합물 H $\xrightarrow[CH_2Cl_2]{PCC}$ $(C_{11}H_7BrO)$ 화합물 I

15.33 아래 보이는 두 개의 글리세롤 모노벤질 에터를 구분할 수 있는 화학적 검사을 제안하시오.

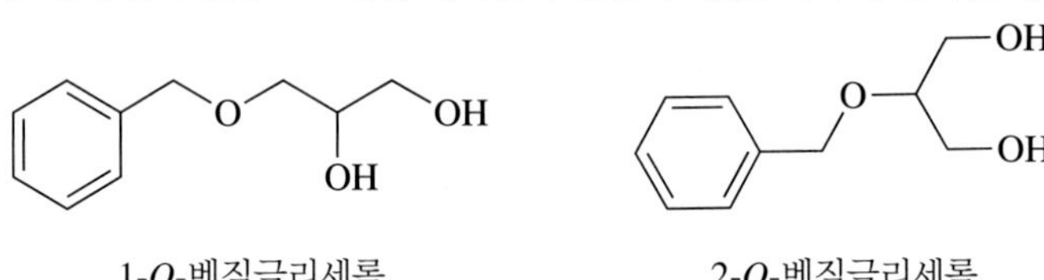

15.34 p-톨루엔설폰산 에스터를 경유하여 (R)-2-뷰테인싸이올을 제조할 수 있는 2-뷰탄올의 정확한 거울상을 선택하시오.

15.35 아미노산 시스테인(cysteine)은 다음 구조를 갖는다.

(a) 시스테인이 생물학적인 산화를 수행할 때, 시스틴(systine) ($C_6H_{12}N_2O_4S_2$)이라 부르는 두 번째 황–포함 아미노산이 형성된다. 시스틴의 타당한 구조를 제안하시오.

(b) 다른 대사과정은 시스테인을 시스테인 설파인산($C_3H_7NO_4S$)로 변환하고, 그 다음 시스테산($C_3H_7NO_5S$)으로 변환한다. 이 두 화합물의 구조는 무엇인가?

15.36 다이올($C_8H_{18}O_2$)은 과아이오딘산과 반응하지 않는다. 이것의 ^1H NMR 스펙트럼이 그림 15.6에 주어졌다. 이 다이올의 구조는 무엇인가?

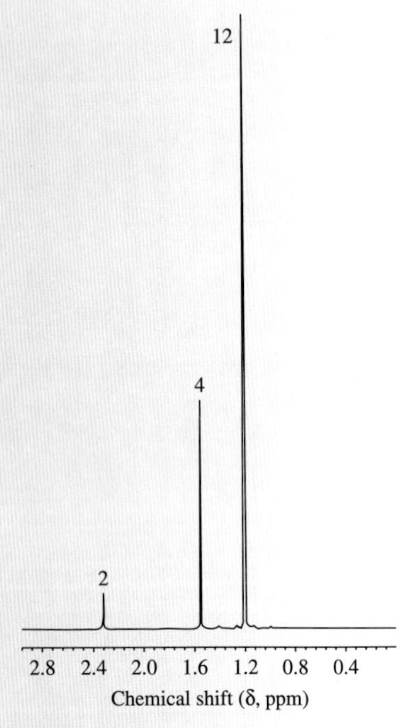

그림 15.6

문제 15.36에 있는 다이올의 ^1H NMR 스펙트럼

15.37 IR 및 ^1H NMR 스펙트럼을 근거로 하여 화합물 $C_8H_{10}O$를 확인하시오(그림 15.7). NMR 스펙트럼에서 δ 2.1의 넓은 띠는 D_2O를 첨가하면 사라진다.

15.38 ^{13}C NMR 스펙트럼에 근거하여 다음 각 $C_4H_{10}O$ 이성질체를 확인하시오:

(a) δ 31.2: CH_3 δ 68.9: C (b) δ 10.0: CH_3 δ 22.7: CH_3 δ 32.0: CH_2 δ 69.2: CH

(c) δ 18.9: CH_3, 면적 2 δ 30.8: CH, 면적 1 δ 69.4: CH_2, 면적 1

15.39 화합물 $C_3H_7ClO_2$는 ^{13}C NMR 스펙트럼에서 세 개의 피크, δ 46.8 (CH_2), δ 63.5 (CH_2), 및 δ 72.0 (CH)를 나타낸다. 이 화합물의 구조는 무엇인가?

15.40 화합물 $C_6H_{14}O$는 그림 15.8에 보여주는 ^{13}C NMR 스펙트럼을 갖는다. 이것의 질량 스펙트럼 은 m/z 31에서 두드러진 피크를 갖는다. 이 화합물의 타당한 구조를 제안하시오.

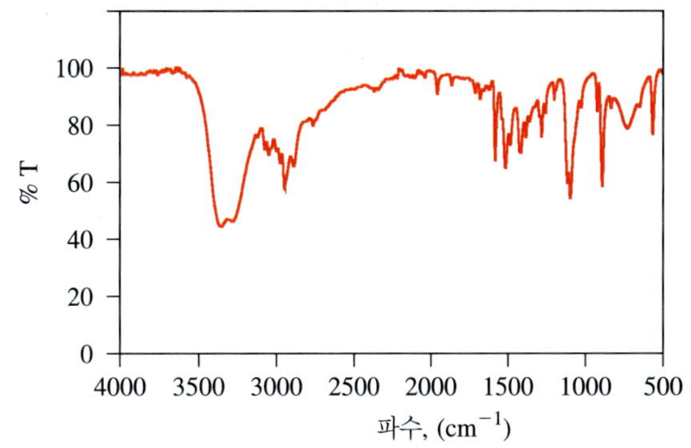

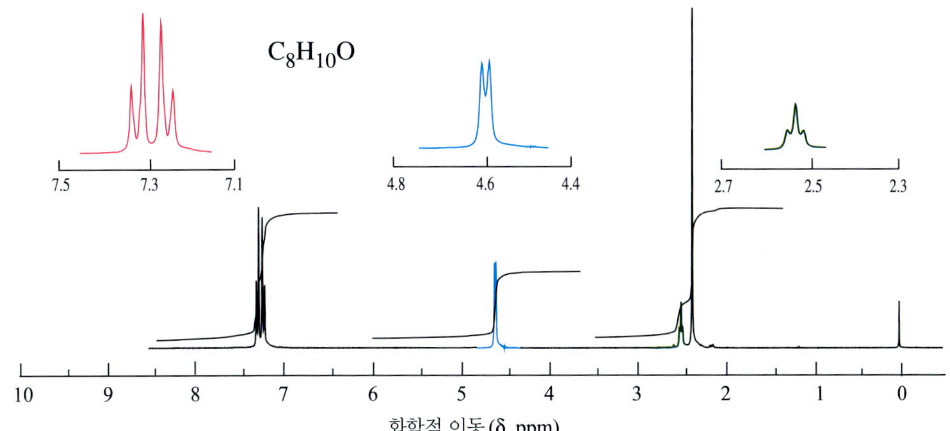

그림 15.7

화합물 $C_8H_{10}O$의 IR (a) 및 300-MHz ^1H NMR (b)스펙트럼(문제 15.37)

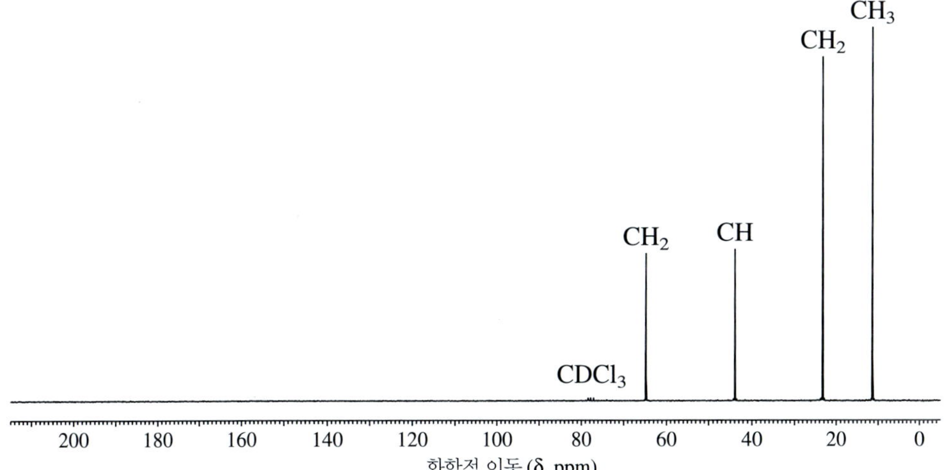

그림 15.8

화합물 $C_6H_{14}O$의 ^{13}C NMR 스펙트럼(문제 15.40)

설명문과 이해 문제 15

피나콜 재배열(The Pinacol Rearaangement)

우리는 2,3-다이메틸-2,3-뷰테인다이올과 같은 인접 다이올을 산 촉매로 처리하면 이중 탈수에 의한 쥬게이트 다이엔을 예상하게 된다.

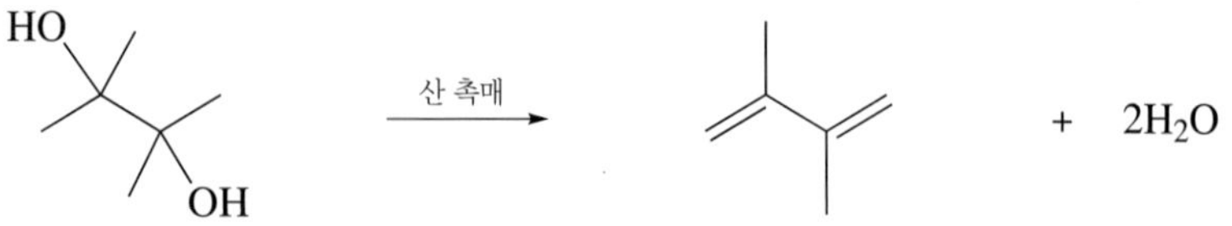

산 촉매

\+ $2H_2O$

2,3-다이메틸-2,3-뷰테인다이올 2,3-다이메틸-1,3-뷰타다이엔 물

이러한 방법으로 2,3-다이메틸-1,3-뷰타다이엔을 제조할 수는 있지만, 어떤 조건에서는 다른 반응이 일어난다.

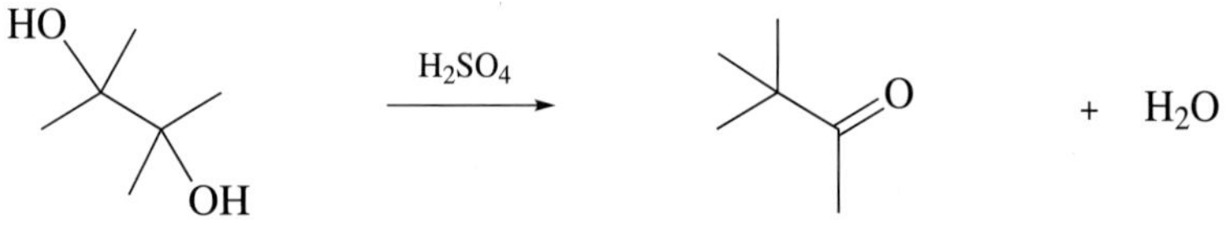

H_2SO_4

\+ H_2O

2,3-Dimethyl-2,3-butanediol (일반명: 피나콜) 3,3-Dimethyl-2-butanone (일반명: 피나콜론) 물

이 반응은 반응물인 다이올의 일반명을 따서 *피나콜 재배열*이라고 한다.

파나콜이 피나콜론으로 변환되는 메커니즘은 인접 다이올의 OH 기 한 개의 양성자화로 시작된다.

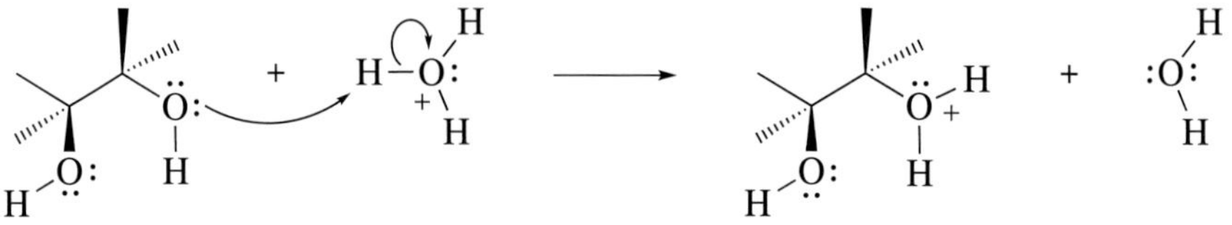

피나콜

이것은 물의 이탈과 이탈되는 물에 anti인 그룹이 이동하는 대개는 단일 단계인 메틸기의 이동으로 이어진다.

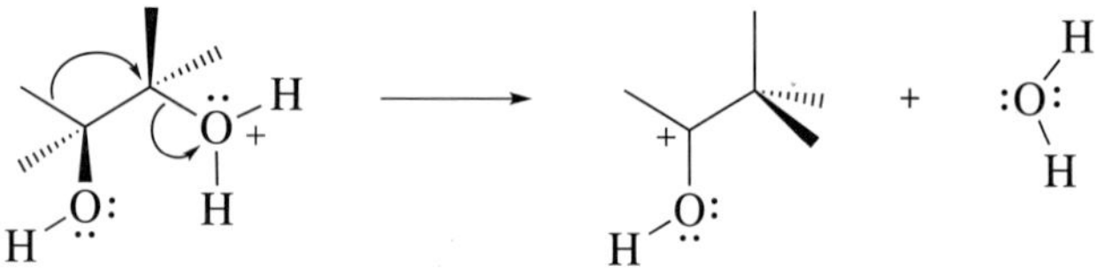

이 이동을 이해하는 열쇠는 결합된 산소에 있는 전자쌍의 비편재화에 의하여 안정화되는 탄소 양이온을 상기하는 것이다.

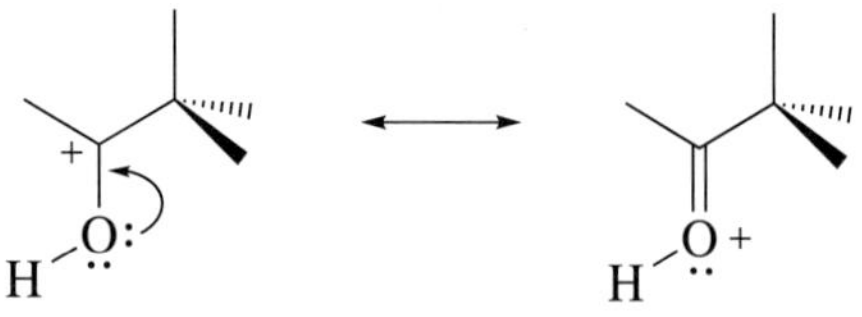

주 기여체

따라서 재배열은 덜 안정한 탄소양이온이 더 안정한 양이온으로 변환되는 보통의 일반론을 따른다. 산소의 탈양성자화는 메커니즘을 완결한다.

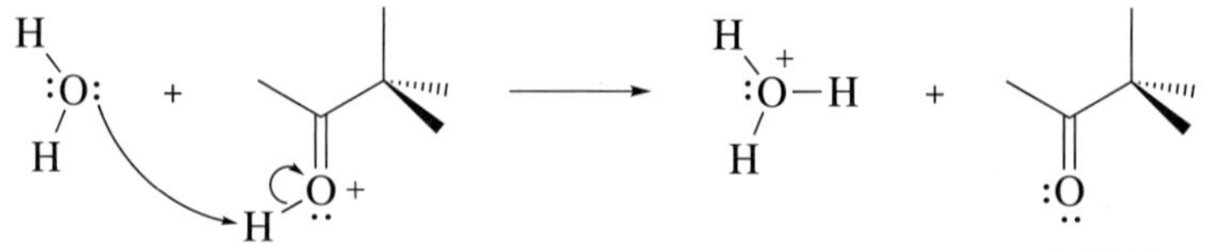

피나콜론

용어 "피나콜 재배열"은 인접한 알코올에서 케톤으로 변형되는 모든 재배열의 일반적인 방법에 적용된다.

15.41 다음에 보여준 다이올의 피나콜 재배열로 형성된 생성물의 입체화학을 가장 잘 설명하는 낱말이나 어귀는 무엇인가?

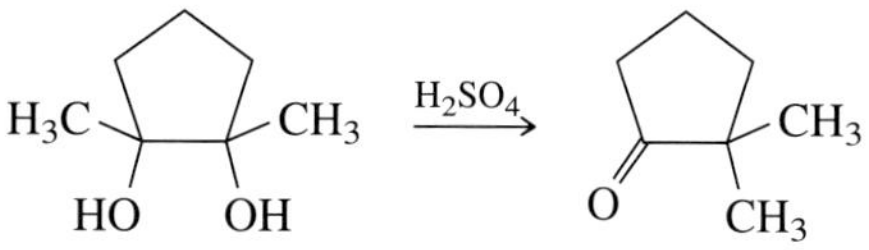

H_3C, CH_3, HO, OH (cyclopentane diol) $\xrightarrow{H_2SO_4}$ O, CH_3, CH_3 (cyclopentanone)

A. 비카이랄
B. 카이랄 분자의 단일 거울상
C. 카이랄이지만 라세미
D. 두 개의 부분입체이성질체

15.42~15-43

다이올 두 개(**1**과 **2**)와 케톤 두 개(**3**과 **4**)를 생각해 보시오

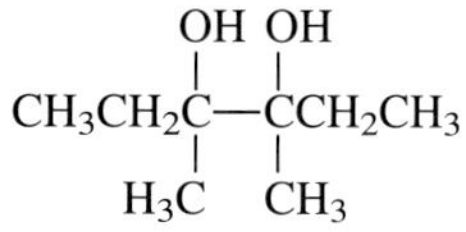

1: $CH_3CH_2C(OH)(CH_3)-C(OH)(CH_3)CH_2CH_3$

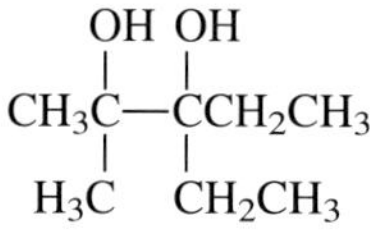

2: $CH_3C(OH)(CH_3)-C(OH)(CH_2CH_3)CH_2CH_3$

인접 다이올

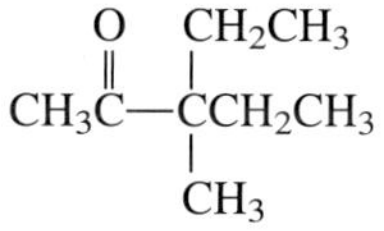

3: $CH_3C(=O)-C(CH_2CH_3)(CH_3)CH_2CH_3$

4: $CH_3CH_2C(=O)-C(CH_2CH_3)(CH_3)CH_3$

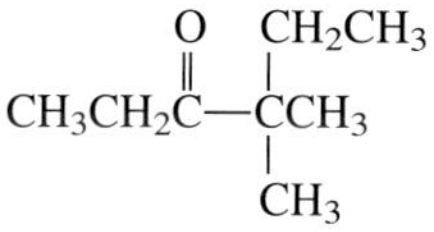

케톤

혼합물 **3**과 **4**는 **1** 또는 **2**의 피나콜 재배열로부터 형성된다. 피나콜 재배열에서 메틸기에 우선하여 에틸기가 이동하다고 하면, 각 다이올의 재배열에 의해 형성되는 주된 케톤은 무엇인가?

15.42 다이올 1은 어느 것을 우세하게 만드는가?
A. 케톤 **3**
B. 케톤 **4**

15.43 다이올 2는 어느 것을 우세하게 만드는가?
A. 케톤 **3**
B. 케톤 **4**

15.44 다음 반응의 생성물은 무엇인가?

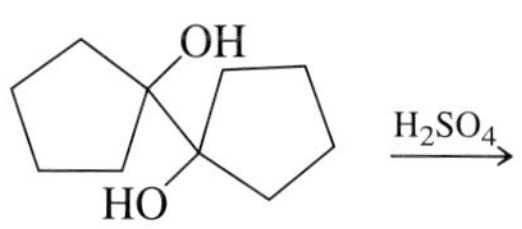

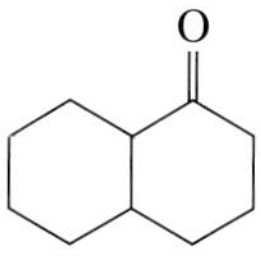

OH, HO (1,1'-bicyclopentyl-1,1'-diol) $\xrightarrow{H_2SO_4}$

A. O (decalin-1-one)

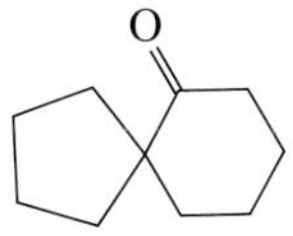

C. O (spiro ketone, cyclohexanone ring)

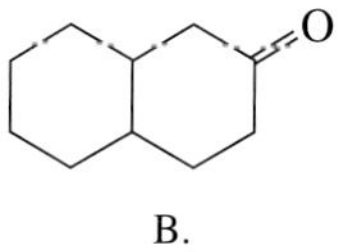

B. O (decalin-2-one)

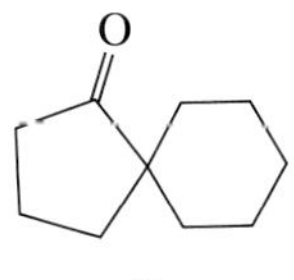

D. O (spiro ketone, cyclopentanone ring)

15.45 보여준 다이올의 피나콜 재배열에서는 산소에 anti인 그룹이 이동한다. 생성물은 무엇인가?

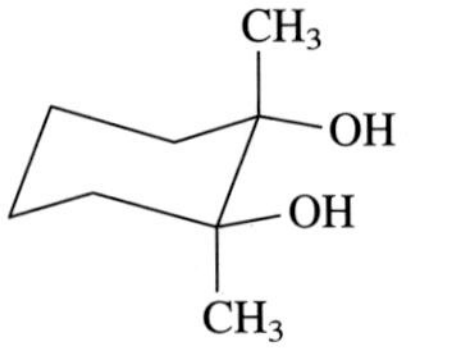

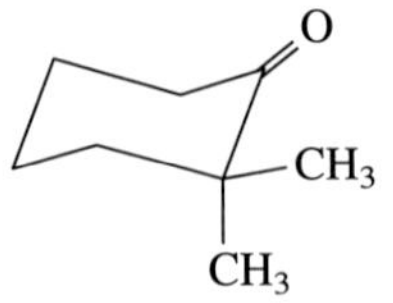

CH_3 OH OH CH_3

O CH_3 CH_3 A.

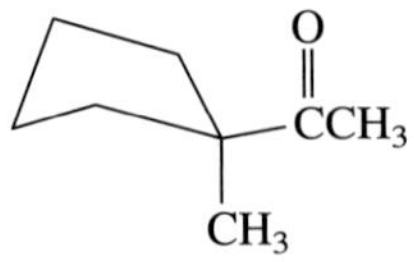

O CCH_3 CH_3 B.

15.46 물이 이탈될 때 동일한 단계에서 그룹이 이동하는 메커니즘을 따르기 보다는 오히려, 아래에 보이는 인접 다이올의 피나콜 재배열은 두 개의 가능한 탄소양이온에서 더 안정한 것을 경유하여 진행된다. 단일 케톤이 73% 수득률로 얻어졌다. 이 케톤의 구조는 무엇인가?

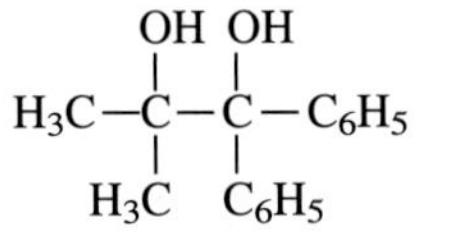

OH OH
$H_3C-C-C-C_6H_5$
H_3C C_6H_5

2-메틸-1,1-다이페닐-1,2-프로페인다이올

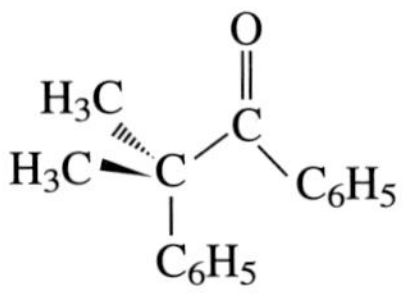

O H_3C H_3C C C C_6H_5 C_6H_5 A.

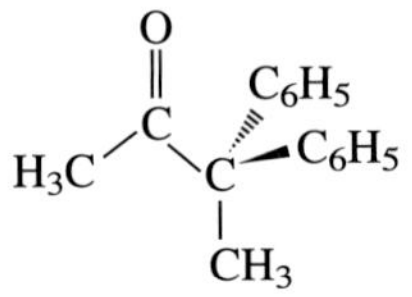

O C_6H_5 C C_6H_5 H_3C C CH_3 B.

15.47 앞 문제의 피나콜 재배열에서처럼, 이 문제 역시 인접 다이올로 부터 가능한 두 개의 탄소양이온 중에서 더 안정한 것이 형성되는 것으로 시작한다. 99% 수득률의 단일 케톤이 분리되었다. 이 케톤은 무엇인가?

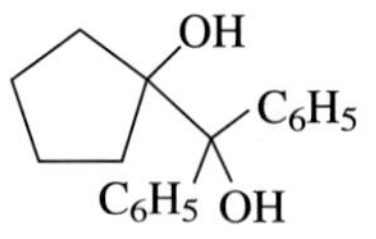

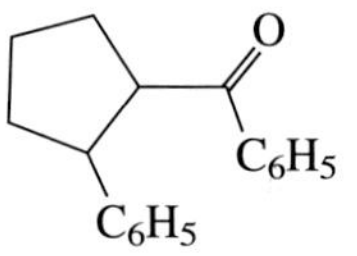

OH C_6H_5 C_6H_5 OH

O C_6H_5 C_6H_5 A.

C_6H_5 O C_6H_5 C.

C_6H_5 O C_6H_5 B.

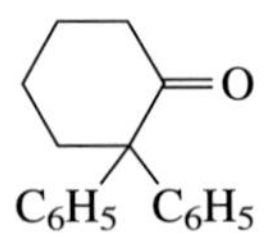

O C_6H_5 C_6H_5 D.

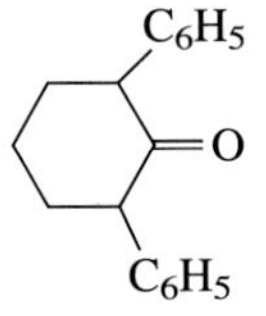

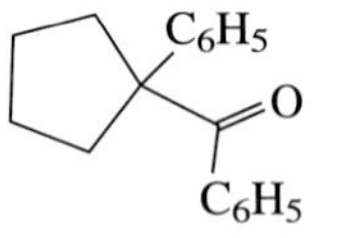

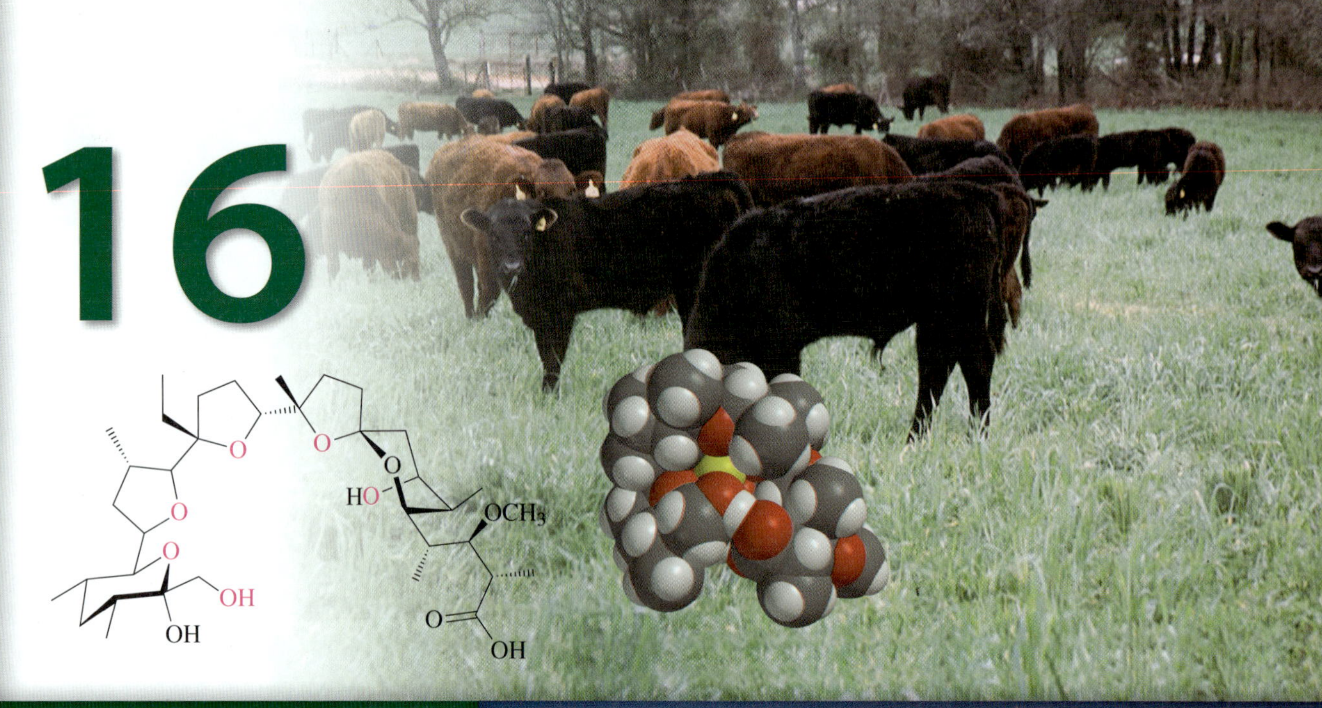

장의 개요

소의 장내 기생충들은 그들의 사료에 모넨신(monensin)을 첨가함으로서 조절되어진다. 모넨신은 공간-채움 모형에서 보이듯이 금속 이온과 안정한 복합체를 형성하여 ionophore("ion 전달체")로 작용하는 항생제에 속한다. 자세한 것은 상자 속 소고 Polyether Antibiotics를 보시오.

에터, 에폭사이드 및 설파이드

Ethers, Epoxides, and Sulfides

화학적으로 다양한 반응성을 지닌 알코올과는 대조적으로 C—O—C 단위를 포함하고 있는 **에터(ether)** 화합물들은 상대적으로 화학반응을 거의 일으키지 않는다. 이미 14장에서 Grignard 시약이나 15장에서 수소화알루미늄 리튬 환원에서 살펴본 바와 같이, 에터의 이러한 비반응성은 합성적으로 중요한 많은 변환 반응에서 용매로써의 많은 가치를 가지고 있다. 이 장에서는 에터 결합이 작용기로 작용하는 조건들과 에터 화합물들의 제조 방법들에 대해 공부하게 될 것이다.

대부분의 에터와는 달리 C—O—C 단위가 삼원자 고리를 형성하는 **에폭사이드(epoxide)**는 반응성이 매우 큰 물질이다. 친핵성 치환의 원리는 에폭사이드의 성질과 제법을 이해하는 데 중요하다.

설파이드(sulfide, RSR′)는 에터의 황 유사체이다. 바로 앞 장에서 싸이올(RSH)의 성질들이 알코올의 성질들과 다른 것을 보았고, 이 장에서 설파이드와 에터 간의 차이점들을 살펴볼 것이다.

16.1 에터, 에폭사이드 및 설파이드 명명법

에터는 치환식 IUPAC 명명법에서 알케인의 *알콕시(alkoxy)* 유도체로서 명명된다. 에터의 기능식 IUPAC 명명법은 일반적 구조인 ROR′에서 두 개의 알킬기를 각각 알파벳 순서로 적은 다음 에터를 끝에 쓴다. 두 개의 알킬기가 동일한 경우에는 접두사인 다이(*di-*)를 알킬기 앞에 쓴다.

	$CH_3CH_2OCH_2CH_3$	$CH_3CH_2OCH_3$	$CH_3CH_2OCH_2CH_2CH_2Cl$
치환식 IUPAC 명명법:	에톡시에테인	메톡시에테인	3-클로로-1-에톡시프로페인
기능식 IUPAC 명명법:	다이 에틸 에터	에틸 메틸 에터	3-클로로프로필 에틸 에터

에터는 산소에 붙어 있는 두 개 기의 동일성 여부에 따라 *대칭*(*symmetrical*) 또는 *비대칭*(*unsymmetrical*) 에터로 표현된다. 다이에틸 에터는 대칭 에터이며, 에틸 메틸 에터는 비대칭 에터이다.

고리형 에터는 고리의 일부로서 산소를 가지고 있으며, 그들은 *헤테로고리 화합물*(*heterocyclic compound*)이다 (3.15절). 몇 개는 특징적인 IUPAC 명명법을 가지고 있다.

옥시레인 (산화 에틸렌) | 옥세테인 | 옥솔레인 (테트라하이드로퓨란) | 옥세인 (테트라하이드로파이란)

각각의 경우에 고리의 번호는 산소부터 시작한다. IUPAC 규칙에서는 치환기가 없는 옥시레인을 *산화 에틸렌*(*ethylene oxide*)으로 부르는 것을 허용하고 있다. *테트라하이드로퓨란*(*tetrahydrofuran*)과 *테트라하이드로파이란*(*tetrahydropyran*)은 각각 옥솔레인(oxolane)과 옥세인(oxane)에 대한 동의어로 인정하고 있다.

문제 16.1

다음 각 에터 화합물들은 실험 세포에서 돌연변이를 일으킬 수 있는 돌연변이 유발인자(mutagen)이거나 또는 돌연변이 유발인자로 의심되는 화합물들이다. 이 에터들의 구조를 쓰시오.

(a) 클로로메틸 메틸 에터
(b) 2-(클로로메틸)옥시레인 (에피클로로하이드린으로 알려져 있다)
(c) 3,4-에폭시-1-뷰텐(2-바이닐옥시레인)

풀이 예시 (a) 클로로메틸 메틸 에터는 산소에 클로로메틸기 ($ClCH_2$—)와 메틸기 (H_3C—)가 연결되어 있다. 그 구조는 $ClCH_2OCH_3$이다.

에폭사이드는 치환식 IUPAC 명명법에서 알케인의 *에폭시*(*epoxy*) 유도체로 명명된다는 6.11절을 상기하시오.

많은 물질들은 한 개 이상의 에터 결합을 가지고 있다. 용매로 가끔 사용되는 두 종류의 *다이에터*(*diether*)는 1,2-다이메톡시에테인과 1,4-다이옥세인이다. 일반적으로 사용되는 용매인 다이글라임(diglyme)은 또한 *트라이에터*(*triether*)이다.

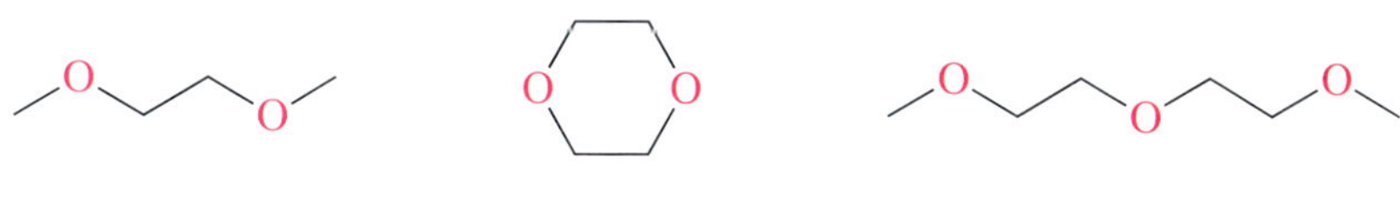

1,2-다이메톡시에테인 | 1,4-다이옥세인 | 다이에틸렌 글리콜 다이메틸 에터 (다이글라임)

여러 개의 에터 작용기를 가지고 있는 분자들은 *폴리에터*(*polyether*)라 한다. 폴리에터들은 몇몇 새로운 성질들을 가지며, 16.4절에서 소개될 것이다.

알콕시기의 황 유도체(RS —)는 *알킬싸이오*(*alkylthio*)기라고 부른다. 다음 예들 중 처음 두 개는 설파이드의 치환식 명명법에서는 알킬싸이오 접두사를 사용하는 것을 보여 주고 있다. 설파이드의 기능식 IUPAC 명명법은 에터의 이름을 붙일 때와 정확히 같지만, 이름 끝에 *설파이드*(*sulfide*)를 붙인다. 황이 포함된 헤테로 고리 화합물의 이름은 산소를 포함하는 고리 화합물과 유사하며, 옥소-(*ox-*) 대신 *싸이-*(*thi-*)를 쓴다. 황을 포함하는 3,

설파이드는 가끔 비공식적으로 *싸이오에터*(*thioether*)로 불리기도 하지만, 체계적인 IUPAC 명명법은 아니다.

4, 5, 6각형 헤테로고리 화합물은 각각 *싸이이레인*(*thiirane*), *싸이에테인*(*thiethane*), *싸이올레인*(*thiolane*)과 *싸이에인*(*thiane*)으로 명명한다.

에틸싸이오에테인
다이에틸 설파이드

(메틸싸이오)사이클로펜테인
사이클로펜틸 메틸 설파이드

싸이이레인

16.2 에터, 에폭사이드의 구조와 결합

에터의 화학결합은 에터를 물과 알코올에 비교함으로써 쉽게 이해할 수 있다. 알킬기를 포함하는 van der Waals 변형은 산소의 결합각이 알코올보다 에터에서 더 크며, 물보다 알코올에서 더 크다. 극단적인 예로는 다이-*tert*-뷰틸 에터로서, *tert*-뷰틸기 간의 입체적 장애가 C—O—C 결합각을 현저하게 증가시키는 원인이 된다.

H–O–H 105° (물) H–O–CH_3 108.5° (메탄올) H_3C–O–CH_3 112° (다이메틸 에터) $(CH_3)_3C$–O–$C(CH_3)_3$ 132° (다이-*tert*-뷰틸 에터)

에터에서 전형적인 탄소–산소 결합 길이는 알코올의 길이와 비슷하며(≈ 142 pm), 알케인에서의 탄소–탄소 결합 길이(≈ 153 pm)보다 짧다.

에터에 있는 산소는 CH_2 단위가 분자의 형태에 영향을 주는 것과 같은 방법으로 형태에 영향을 준다. 다이에틸 에터의 가장 안정한 형태는 모두 엇갈린 anti 형태이다. 테트라하이드로파이란은 의자 형이 가장 안정하며, 그 사실은 많은 탄수화물의 구조에서 중요한 의미를 갖는다.

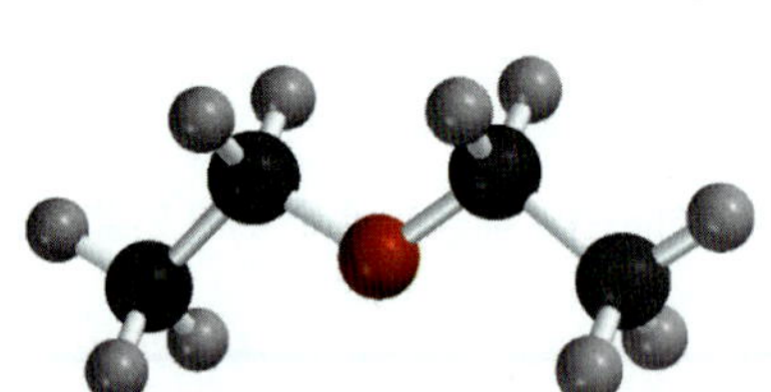
다이에틸 에터의 anti 형태

테트라하이드로파이란의 의자 형태

삼원자 고리에 산소 원자가 들어가게 되면 결합 각이 정상적인 사면체 값으로부터 상당히 벗어나게 된다. 예를 들면, 산화 에틸렌(ethylene oxide)에서 산소의 결합 각은 61.5°이다.

H_2C—CH_2 (C—C 147 pm), O (C—O 144 pm)

C—O—C 각 61.5°
C—C—O 각 59.2°

따라서 사이클로프로페인과 같이 에폭사이드 화합물은 상당한 각 변형을 가진다. 그래서 그들은 탄소–산소 결합 중의 하나를 절단하여 삼원자 고리를 여는 반응이 일어나기 쉽다.

문제 16.2

1,2-에폭시뷰테인 (2-에틸옥시레인)과 테트라하이드로퓨란의 연소 열을 측정하였다. 한 화합물은 2499 kJ/mol, 다른 화합물은 2546 kJ/mol이다. 연소 열과 각각의 화합물을 연결하시오.

표 16.1 다이에틸 에터, 펜테인 및 1-뷰탄올의 물리적 성질

	화합물		쌍극자 모멘트, D	끓는점, ℃	물에 대한 용해도, g/100 mL
다이에틸 에터	$CH_3CH_2OCH_2CH_3$		1.2	35	7.5
펜테인	$CH_3CH_2CH_2CH_2CH_3$		0	36	≈0
1-뷰탄올	$CH_3CH_2CH_2CH_2OH$		1.7	117	9

16.3 에터의 물리적 성질

표 16.1은 유사한 크기와 형태를 가지는 다이에틸 에터와, 알케인(펜테인), 알코올(1-butanol)의 물리적 성질을 비교하였다. 다이에틸 에터는 끓는점에 있어서 1-뷰탄올보다는 펜테인과 유사하다. 물에 대한 용해도와 쌍극자 모멘트에 관해서는 반대의 결과가 나온다.

이전에 공부하였지만, 알코올은 —OH 기들 간에 수소결합을 하기 때문에 매우 높은 끓는점을 가진다.

δ− δ+
H
1-뷰탄올에 있는 분자간 수소결합

—OH 기를 가지고 있지 않은 에터는 분자간 인력에 있어 분산력이 제일 중요한 역할을 한다는 점에 있어서 알케인과 비슷하다. 분산력이 분자간 인력에 있어 주된 기여체로 작용하는 알케인과 유사하다. 비록 에터가 상당한 쌍극자 모멘트를 가지지만, 그들의 끓는점이 알코올보다 알케인에 더 가깝다는 사실은 쌍극자–쌍극자 인력이 그다지 중요한 역할을 하지 않는다는 것을 말한다.

한편, 에터는 물에 있는 —OH 기의 수소와 수소결합이 가능한 음전하를 띠는 산소를 가지고 있다.

δ− δ+
H
다이에틸 에터와 물의 수소결합

그러한 수소결합이 대략적으로 유사한 크기와 형태를 가지는 알코올과 같은 정도로 에터를 물에 녹게 해준다. 알케인은 물과 수소결합을 할 수 없다. 그림 16.1은 다이에틸 에터, 물 그리고 그들 사이에 형성된 수소결합 착물에 대한 정전기 퍼텐셜지도를 나타낸다.

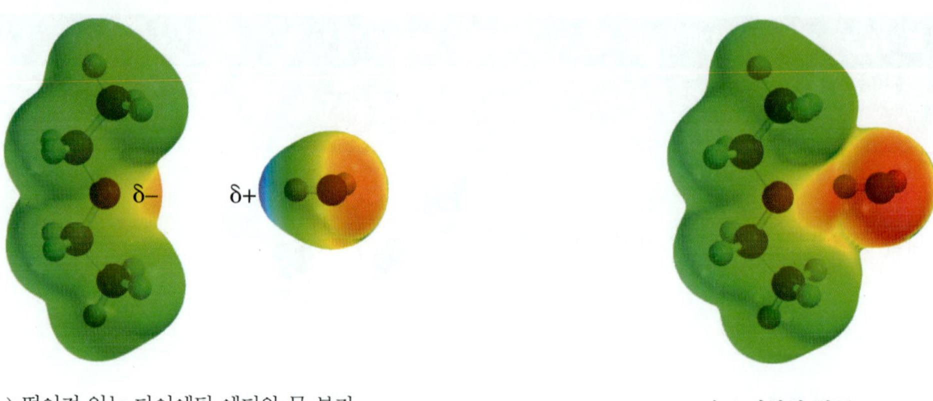

(*a*) 떨어져 있는 다이에틸 에터와 물 분자 (*b*) 수소결합한 착물

그림 16.1

다이에틸 에터와 물 사이의 수소결합은 다이에틸 에터의 음성을 띄는 산소와 물의 양성을 지니는 수소 간의 상호 끌어당기는 인력에 의해서 발생한다. 세 개의 정전기 퍼텐셜지도의 색 범위는 같다.

문제 16.3

두 개의 화합물 사이클로펜테인, 테트라하이드로퓨란이 있다. 하나의 끓는점은 49°C이고, 물에 녹지 않는다. 또 다른 화합물의 끓는점은 65°C이며, 모든 비율에서 물에 혼합된다. 각각의 특성에 맞는 화합물을 찾으시오. 수소결합은 어떤 화합물의 성질에 중요한가? 수소결합 상호작용을 그리시오.

16.4 크라운 에터

에터에서 극성을 지니는 탄소–산소 결합과 산소의 비공유 전자쌍은 에터가 금속 이온과 Lewis 산/Lewis 염기 착물을 형성하는 데 기여한다.

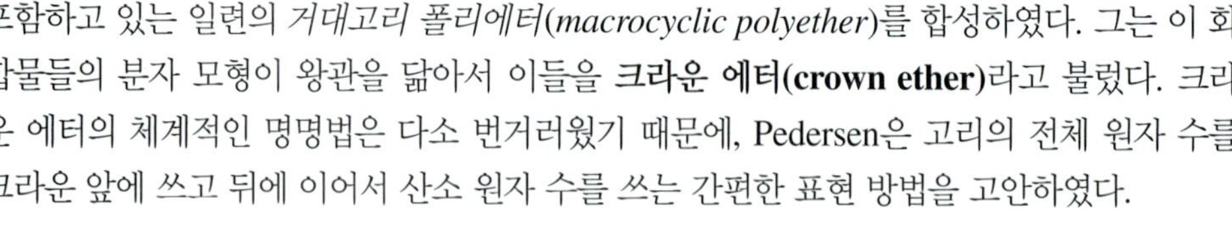

이 결합의 세기는 에터 종류에 의존한다. 단순한 에터는 금속 이온과 비교적 약한 착물을 만든다. 그러나 Du Pont사의 Charles J. Pedersen은 단순한 에터보다 금속 이온과 더 잘 안정한 착물을 형성하는 *폴리에터*(*polyether*) 화합물들을 발견하였다.

Pedersen은 1987년 노벨 화학상의 공동 수상자이다.

Pedersen은 열두 개 또는 그 보다 많은 원자로 이루어진 고리에 네 개 이상의 산소를 포함하고 있는 일련의 *거대고리 폴리에터*(*macrocyclic polyether*)를 합성하였다. 그는 이 화합물들의 분자 모형이 왕관을 닮아서 이들을 **크라운 에터(crown ether)**라고 불렀다. 크라운 에터의 체계적인 명명법은 다소 번거러웠기 때문에, Pedersen은 고리의 전체 원자 수를 크라운 앞에 쓰고 뒤에 이어서 산소 원자 수를 쓰는 간편한 표현 방법을 고안하였다.

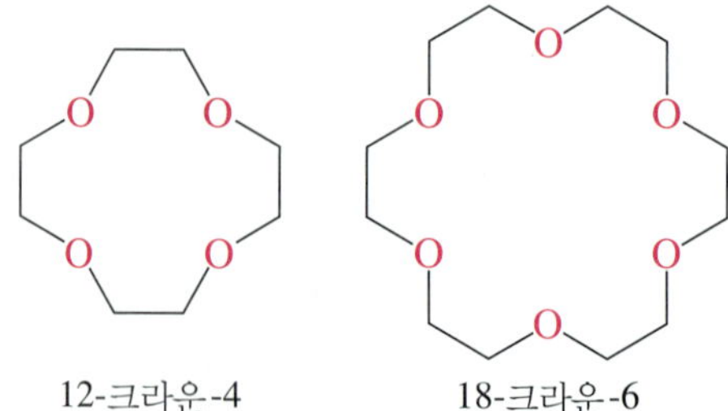

12-크라운-4와 18-크라운-6은 각각 반복 단위가 —OCH_2CH_2—인 고리 사합체와 육합체이다. 이들은 모체 알코올인 에틸렌글리콜 ($HOCH_2CH_2OH$)에 근거한 폴리에터이다.

문제 16.4

이 장의 앞부분에서 언급된 어떤 유기 화합물이 —OCH_2CH_2— 단위의 고리 이합체인가?

크라운 에터의 금속-이온 착물을 형성하는 성질은 비극성 용매에서 이온성 화합물의 용해도와 반응성에 미치는 영향을 고려했을 때 명백해진다. 플루오린화 포타슘 (KF)은 이온성이며, 벤젠만 있을 때에는 실질적으로 불용성이지만, 18-크라운-6이 존재하면 녹는다. 이러한 현상은 그림 16.2a에 나타낸 18-크라운-6의 전자 분포 때문에 일어난다. 정전기적인 퍼텐셜 표면은 본질적으로 두 부분으로 이루어져 있는데, 산소가 모여 있는 전자가 풍부한 안쪽 부분과 CH_2 기가 모여 있는 탄화수소와 같은 바깥 부분이다. KF를 18-크라운-6의 벤젠 용액에 넣었을 때, 포타슘 이온 (K^+)은 Lewis 산/Lewis 염기 착물을 형성하기 위해서 크라운 에터의 산소들과 반응한다. 이 착물의 공간 채움 모형에서 나타내듯이 (그림 16.2b), 이온 반지름이 266 pm인 K^+는 18-크라운-6의 260~320 pm 정도 되는 안쪽 동공에 잘 맞아 들어간다. 비극성 CH_2기들은 착물의 바깥 표면을 차지하여, 극성을 지닌 안쪽 부분을 둘러싸서, 비극성 용매에서 착물이 용해되기를 허용한다. 벤젠 속에서 플루오린화 이온과 같이 운반되는 모든 K^+들은 결과적으로 강하게 착물화된 포타슘 이온과 상대적으로 비용매화된 플루오린화 이온을 함유한 용액이 된다.

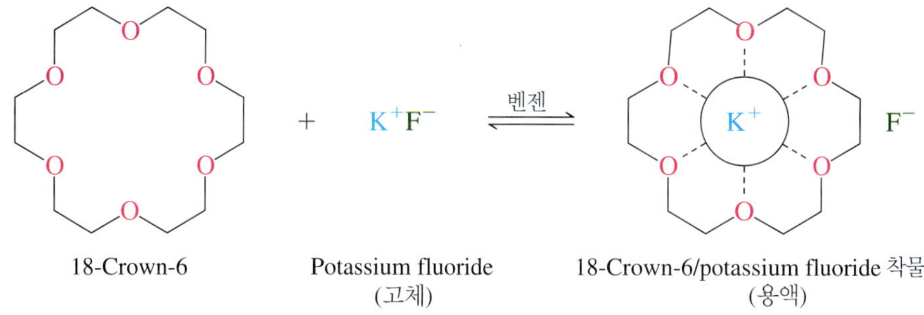

물, 알코올과 같은 용매에서 플루오린화 이온은 이온-쌍극자 힘에 의해 강하게 용매화되어 있기 때문에 강한 염기도 아니고 강한 친핵체도 아니다. 반면에 플루오린화 포타슘이 크라운 에터의 존재 하에 벤젠에 녹아 있을 때, 거의 용매화되어 있지 않거나 '노출된' 플루오린화 이온은 음이온적 반응성을 보다 더 잘 나타낼 수 있다. 따라서 할로젠화 알킬은 18-크라운-6을 포함하는 벤젠 용액 내에서 플루오린화 포타슘과 반응하는데, 그것 때문

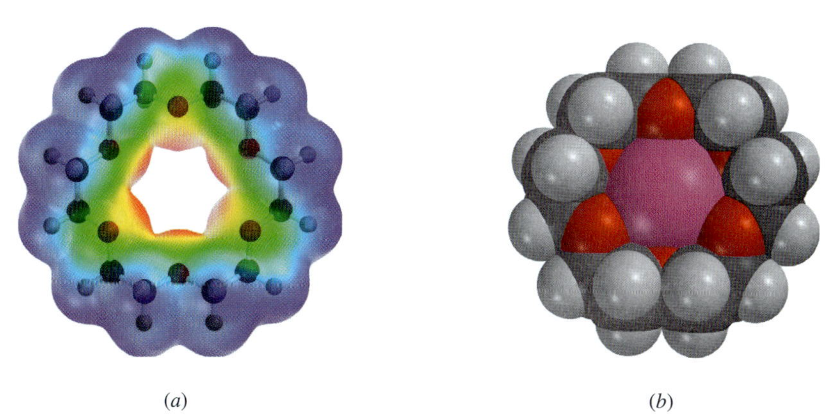

그림 16.2

(a) 18-크라운-6의 정전기 퍼텐셜지도. 가장 높은 전자밀도를 가진 지역 (적색)은 음으로 편극된 산소와 그들의 비공유 전자쌍에 관련된다. 크라운 에터의 바깥 주변 (청색)은 비교적 비극성 (탄화수소와 유사함)이며, 벤젠과 같은 비극성 용매에 분자를 잘 녹을 수 있게 한다. (b) 18-크라운-6과 포타슘 이온 (K^+) 간에 형성된 착물의 공간 채움 모형. K^+는 크라운 에터의 공동에 잘 맞아 들어가며, 여기서 산소 원자들과 Lewis 산/Lewis 염기의 상호작용에 의해 결합된다.

Polyether Antibiotics

One way in which pharmaceutical companies search for new drugs is by growing colonies of microorganisms in nutrient broths and assaying the substances produced for their biological activity. This method has yielded thousands of antibiotic substances, of which hundreds have been developed into effective drugs. Antibiotics are, by definition, toxic (*anti* = "against"; *bios* = "life"), and the goal is to find substances that are more toxic to infectious organisms than to their human hosts.

Since 1950, a number of polyether antibiotics have been discovered using fermentation technology. They are characterized by the presence of several cyclic ether structural units, as illustrated for the case of *monensin* in Figure 16.3*a*. Monensin and other naturally occurring polyethers are similar to crown ethers in their ability to form stable complexes with metal ions. The structure of the sodium salt of monensin is depicted in Figure 16.3*b*, where it can be seen that four ether oxygens and two hydroxyl groups surround a sodium ion. The alkyl groups are oriented toward the outside of the complex, and the polar oxygens and the metal ion are on the inside. The hydrocarbon-like surface of the complex permits it to carry its sodium ion through the hydrocarbon-like interior of a cell membrane. This disrupts the normal balance of sodium ions within the cell and interferes with important processes of cellular respiration. Small amounts of monensin are added to animal feed to kill parasites that live in the intestines of chickens, cows, etc. Compounds such as monensin and the crown ethers that affect metal ion transport are referred to as *ionophores* ("ion carriers").

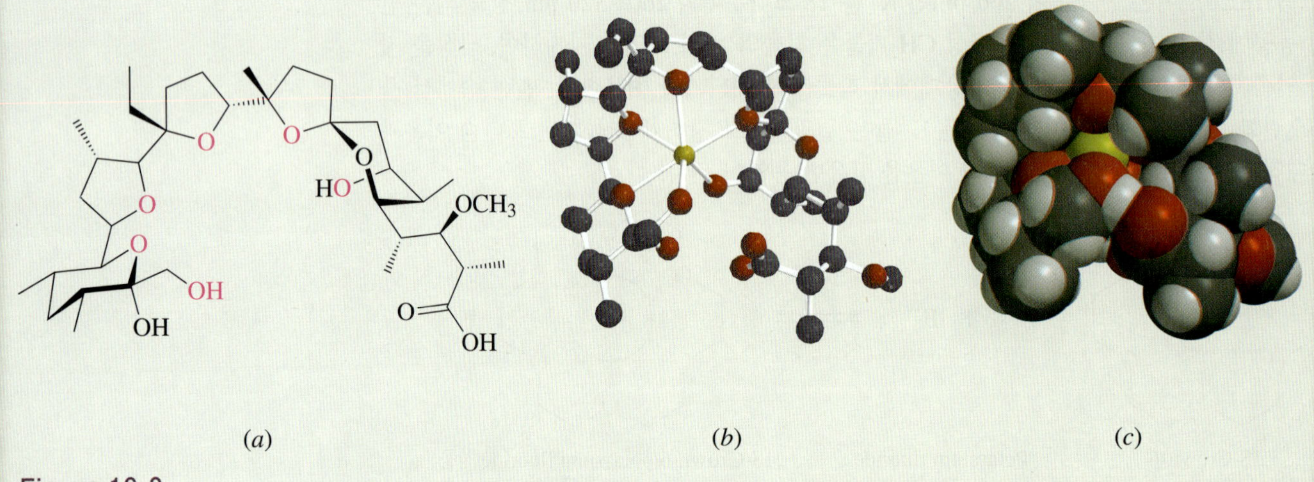

Figure 16.3

(a) The structure of monensin; (b) and (c) Ball-and-stick and space-filling models, respectively, of the sodium salt of monensin showing close contacts between Na^+ (yellow) and the oxygens in the internal cavity of the complex

에 다른 방법으로는 합성하기 어려운 플루오린화 알킬의 합성을 이용 가능하게 해준다. 크라운 에터가 없는 조건 하에서는 반응이 진행되지 않는다.

C—F 결합은 C—Br 결합보다 더 강하기 때문에 이와 같은 반응이 진행된다.

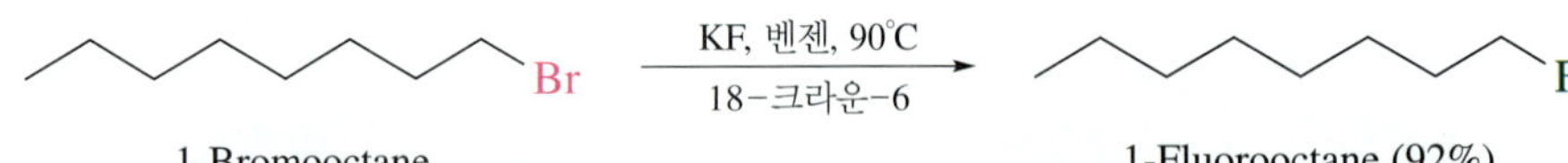

크라운 에터의 촉매작용은 반응물로써 음이온을 포함하는 많은 유기반응에서 반응속도를 증가시키는 데 유리하게 사용된다. 크라운 에터의 촉매작용 연구는 Na^+나 K^+와 같은 금속 이온이 세포막의 비극성 내부를 통과해 운반되는 생물학적인 과정에 대한 지식을 가져다주며, 이해를 증진시켜준다.

16.5 에터 제조

에터는 용매로 널리 사용되기 때문에, 많은 간단한 다이알킬 에터들은 상업적으로 이용 가능하다. 예를 들면, 다이에틸 에터와 다이뷰틸 에터는 이전의 15.7절에서 나타낸 바와 같이 해당되는 알코올의 산-촉매 축합에 의해 제조된다.

산-촉매 조건 하에서 에탄올로부터 다이에틸 에터의 형성에 대한 메커니즘은 메커니즘 15.1에 나타내었다.

$$2CH_3CH_2CH_2CH_2OH \xrightarrow[130°C]{H_2SO_4} CH_3CH_2CH_2CH_2OCH_2CH_2CH_2CH_3 + H_2O$$

1-Butanol — Dibutyl ether (60%) — Water

일반적으로 이 방법은 양쪽의 알킬기가 1차인 대칭적 에터의 합성에 국한된다.

알켄에 알코올의 산-촉매 첨가가 가끔 사용된다. 엄청난 양의 *tert*-뷰틸 메틸 에터 (MTBE)가 이 반응에 의해 제조되었다.

tert-뷰틸 메틸 에터는 간혹 MTBE라고 불리어지는데, 이것은 명명이 잘못된 메틸 *tert*-뷰틸 에터에서 유래된다. 이탤릭체로 된 접두사는 알파벳 순으로 나타낼 때 무시되기 때문에 *tert*-뷰틸이 메틸보다 순서상 먼저 온다는 것을 기억하시오.

$$\text{2-Methylpropene} + CH_3OH \xrightarrow{H^+} \text{tert-Butyl methyl ether } (-OCH_3)$$

2-Methylpropene — Methanol — *tert*-Butyl methyl ether

소량의 *tert*-뷰틸 메틸 에터는 가솔린의 옥테인가를 증가시킨다. 환경적인 문제로 사용을 제한하기 전까지는 MTBE의 수요량이 공급량을 초과하였다.

문제 16.5

앞의 반응식에 따라 *tert*-뷰틸 메틸 에터의 생성에 대한 합리적인 메커니즘을 보이시오.

16.6 Williamson 에터 합성

에터를 제조하는 데 오랫동안 사용된 방법이 **Williamson 에터 합성(ether synthesis)**이다. 알콕시화에 의한 할로젠화 알킬의 친핵성 치환은 에터의 탄소-산소 결합을 만들어준다.

이 반응은 1850년 다이에틸 에터를 제조하는데 사용했던 Alexander Williamson의 이름을 붙였다.

$$R\ddot{\underset{..}{O}}:^- + R'-\ddot{\underset{..}{X}}: \xrightarrow{S_N2} R\ddot{\underset{..}{O}}R' + :\ddot{\underset{..}{X}}:^-$$

알콕시화 이온 — 할로젠화 알킬 — 에터 — 할로젠화 이온

반응은 할로젠화 메틸 및 1차 할로젠화 알킬들을 사용하면 가장 성공적으로 합성할 수 있다.

$$CH_3CH_2CH_2CH_2ONa + CH_3CH_2I \longrightarrow CH_3CH_2CH_2CH_2OCH_2CH_3 + NaI$$

Sodium butoxide — Ethyl iodide — Butyl ethyl ether (71%) — Sodium iodide

2차와 3차 할로젠화 *알킬 화합물*들은 적합하지 않은데, 그 이유는 이들 화합물들이 알콕시화 염기와 S_N2 치환보다는 E2 제거를 하려는 경향이 있기 때문이다. *알콕시화 염기(alkoxide base)*가 1차, 2차, 3차인 것은 할로젠화 알킬 화합물의 성질에 비해 별로 중요하지 않다. 따라서 벤질 아이소프로필 에터는 제거를 할 수 없는 1차 염화물인 염화 벤질과 아이소프로폭시화 소듐으로부터 높은 수득률로 제조된다.

Sodium isopropoxide + Benzyl chloride ⟶ Benzyl isopropyl ether (84%) + Sodium chloride (NaCl)

벤질 알코올의 소듐 염과 할로젠화 아이소프로필을 사용한 다른 합성경로는 할로젠화 알킬의 입체적 장애가 더 커짐에 따라 제거와 경쟁이 증가되기 때문에 훨씬 비효율적이다.

문제 16.6

(a) Williamson 에테르 합성에 의해 벤질 에틸 에테르를 만들 수 있는 두 가지 방법의 화학 반응식을 쓰시오.

풀이 예시

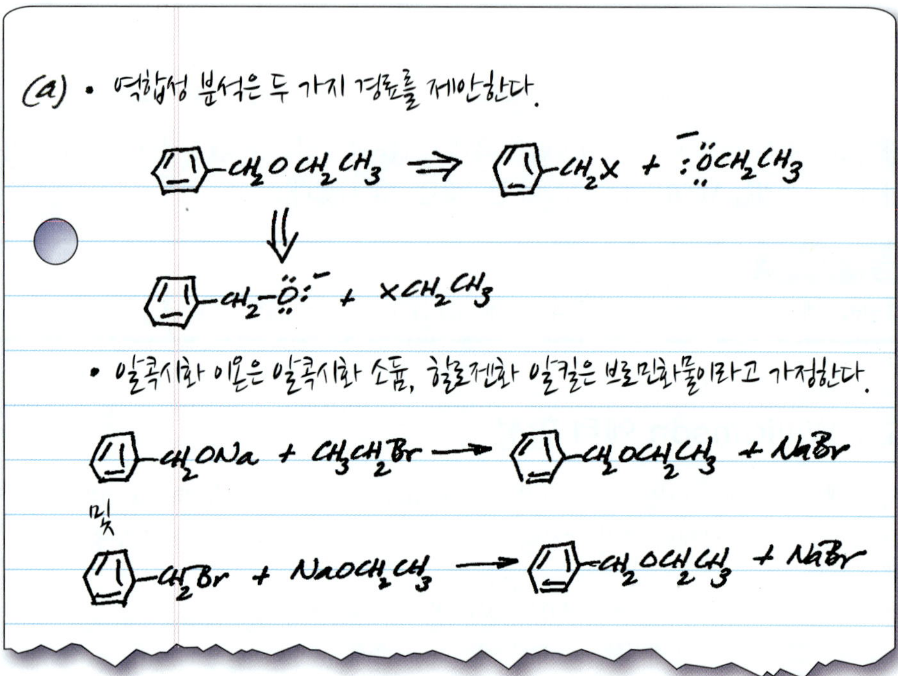

(b) Williamson 에테르 합성법에 의해 알릴 페닐 에테르의 가장 효율적인 합성을 나타내는 화학 반응식을 쓰시오.

문제 16.7

Williamson 에테르 합성으로 다음의 에테르들을 합성할 때 할로젠화 알킬과 알콕시화의 오직 한 가지 조합만이 적당하다. 각각의 경우에 적절한 조합을 쓰시오.

(a) CH_3CH_2O-(cyclopentyl)　(b) $H_2C{=}CHCH_2OCH(CH_3)_2$　(c) $(CH_3)_3COCH_2C_6H_5$

풀이 예시 (a) 사이클로펜틸 에틸 에테르의 에테르 결합은 1차와 2차 탄소를 포함하고 있다. 1차 알킬기에 해당되는 할로젠화 알킬을 선택하고, 알콕시화 친핵체를 만들기 위해 2차 알킬기를 남겨 놓아라.

Sodium cyclopentanolate (cyclopentyl-ONa) + Ethyl bromide (CH_3CH_2Br) $\xrightarrow{S_N2}$ Cyclopentyl ethyl ether (cyclopentyl-OCH_2CH_3)

다른 조합인 브로민화 사이클로펜틸과 에톡시화 소듐의 선택은 제거가 주 반응이 되기 때문에 적당하지 못하다.

CH_3CH_2ONa + Cyclopentyl bromide $\xrightarrow{E2}$ CH_3CH_2OH + Cyclopentene

Sodium ethoxide, Cyclopentyl bromide, Ethanol, Cyclopentene (주 생성물)

문제 16.8

알킬 아릴 에터를 합성하기 위해 두 가지 방법을 생각할 수 있다.

X—C_6H_4—OCH_2CH_3 ⟹ X—C_6H_4—ONa + CH_3CH_2Br

X—C_6H_4—OCH_2CH_3 ⟹ X—C_6H_4—Br + CH_3CH_2ONa

X가 메틸 및 나이트로일 때 어떤 방법이 실현 가능성이 있는가를 평가하시오

16.7 에터 반응: 복습과 예습

지금까지 다이알킬 에터의 반응은 살펴보지 않았다. 실제로 에터는 우리가 공부할 작용기 중에서 가장 반응성이 적은 것 중의 하나이다. 이렇게 반응성이 작은 것과 비극성 물질을 녹일 수 있는 성질 때문에 에터는 유기반응을 시킬 때 용매로서 자주 사용된다. 그럼에도 불구하고 대부분의 에터는 위험한 물질이므로 사용할 때 매우 주의해야 한다. 다이에틸 에터는 인화성이 매우 강하며, 휘발성이 크기 때문에 공기 중에서 비교적 빨리 폭발성 혼합물을 형성한다. 다이에틸 에터가 사용되는 실험실에서는 불꽃을 절대로 금지해야 한다. 다른 저분자량 에터 또한 인화성이 큰 물질로 취급해야만 한다.

에터의 다른 위험한 성질은 공기 중에서 산화하여 폭발성이 있는 과산화물을 쉽게 형성하는 것이다. 다이아이소프로필 에터의 공기 산화는 다음과 같은 식에 따라 진행된다.

Diisopropyl ether + O_2 (Oxygen) ⟶ Diisopropyl ether hydroperoxide (OOH)

반응은 자유 라디칼 메커니즘을 따르며, ROOH 형태의 과산화물을 형성한다. 과산화물은 불안정하며, 충격에 민감하며 격렬하게 분해되기 쉬운 관련된 과산화물 유도체를 만든다. 에터는 공기 중의 산소와 잠시만 접촉하였다 하더라도 수 일 내에 과산화물을 생성한다. 이런 이유로 오래된 다이알킬 에터 병은 사용하면 안 되고, 폐기할 때도 매우 조심해야 한다.

16.8 에터의 산-촉매 분해

알코올의 탄소-산소 결합이 할로젠화 수소와 반응에서 끊어지듯이, 에터 결합도 끊어진다.

$$ROR' + HX \longrightarrow RX + R'OH$$

에터, 할로젠화 수소, 할로젠화 알킬, 알코올

반응은 일반적으로 원래 생성되는 생성물의 하나인 알코올을 할로젠화 알킬로 바꿀 수 있는 조건(과량의 할로젠화 수소, 열)에서 이루어지며 보통 두 분자의 할로젠화 알킬과 물이 생성된다.

$$\underset{\text{에터}}{ROR'} + \underset{\text{할로젠화 수소}}{2HX} \xrightarrow{\text{가열}} \underset{\text{두 개의 할로젠화 알킬}}{RX + R'X} + \underset{\text{물}}{H_2O}$$

sec-Butyl methyl ether —(HBr, 가열)→ 2-Bromobutane (81%) + CH_3Br Bromomethane

할로젠화 수소의 반응성 순서는 HI > HBr >> HCl이다. 플루오린화 수소는 효과적이지 않다.

문제 16.9

일련의 다이알킬 에터를 과량의 브로민화 수소와 반응시켰을 때 다음과 같은 결과를 얻었다. 각각의 경우 에터의 구조를 확인하시오.

(a) 브로모사이클로펜테인과 1-브로모뷰테인의 혼합물을 생성
(b) 브로민화 벤질만을 생성
(c) 에터 1몰당 1,5-다이브로모펜테인 1몰을 생성

풀이 예시 (a) 다이알킬 에터를 과량의 브로민화 수소와 반응시키면 에터 각각의 알킬기는 끊어지고 브로민화 알킬이 된다. 브로모사이클로펜테인과 1-브로모뷰테인이 생성물이므로 출발 에터는 뷰틸 사이클로펜틸 에터이다.

Butyl cyclopentyl ether —(HBr, 가열)→ Bromocyclopentane + 1-Bromobutane

브로민화 수소에 의한 다이에틸 에터의 분해는 메커니즘 16.1에 설명되어 있다. 가장 중요한 단계는 다이알킬옥소늄 이온에 대하여 브로민화 이온의 S_N2와 같은 공격이다(2단계).

문제 16.10

다음 반응에 메커니즘 16.1을 적용하시오.

Tetrahydrofuran —(HI, 150°C)→ 1,4-Diiodobutane (65%)

ROR′ (R ≠ R′) 형태의 에터에서 어느 탄소−산소 결합이 먼저 끊어지는가 하는 문제는 현 단계에서 자세히 검토할 사항은 아니다. 3차 알코올은 에터를 형성하기 위해 할로젠화 수소와 S_N1 메커니즘으로 반응한다.

메커니즘 16.1

할로젠화 수소에 의한 에터 분해

전체 반응:

$$CH_3CH_2OCH_2CH_3 + HBr \xrightarrow{\text{가열}} 2CH_3CH_2Br + H_2O$$

Diethyl ether, Hydrogen bromide, Ethyl bromide, Water

메커니즘:

1단계: 수소가 에터의 산소로 이동하면 다이알킬옥소늄 이온이 생성된다.

다이에틸 에터 + 브로민화 수소 ⇌(빠름) 다이알킬옥소늄 이온 + 브로민화 이온

2단계: 다이알킬옥소늄 이온의 탄소에 할로젠 음이온이 친핵성 공격을 한다. 이 단계는 한 분자의 할로젠화 알킬과 한 분자의 알코올을 생성한다.

브로민화 이온 + 다이알킬옥소늄 이온 →(느림) 브로민화 에틸 + 에탄올

3~4단계: 이 두 단계는 전혀 에터를 포함하지 않는다. 단지, 알코올이 할로젠화 알킬로 전환되는 것을 나타낸다(4.8~4.12절).

에탄올 + 브로민화 수소 ⇌(빠름) 에틸옥소늄 이온 + 브로민화 이온 →(느림) 브로민화 에틸 + 물

16.9 에폭사이드 제조

에폭사이드를 만드는 두 가지 주된 방법은 다음과 같다.

1. 알켄의 에폭시화
2. 염기에 의해 촉진되는 이웃자리 할로하이드린 고리닫힘

과산소산에 의한 알켄의 에폭시화는 6.11절에서 논의하였는데, 다음과 같은 일반식으로 나타낼 수 있다.

$$R_2C{=}CR_2 + R'\overset{O}{\overset{\|}{C}}OOH \longrightarrow R_2C\overset{O}{-}CR_2 + R'\overset{O}{\overset{\|}{C}}OH$$

알켄, 과산소산, 에폭사이드, 카복실산

반응은 쉽게 일어나며, 입체특이적인 syn 첨가이며 수율도 일반적으로 높다.

알릴성 알코올은 어떤 전이금속 존재 하에서 과산화 *tert*-뷰틸에 의한 산화로 에폭사이드로 전환된다. **Sharpless 에폭시화(Sharpless epoxidation)**이라 불리는 반응의 매우 중요한 특징은 과산화 *tert*-뷰틸, 아이소프로폭시화 타이타늄(IV) 및 타타르산 다이에틸을 함께 사용하여 반응하였을 때 높은 거울상이성질선택성을 지닌다는 것이다.

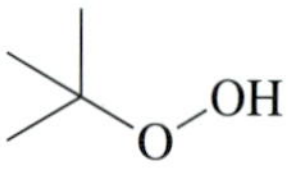

(2*R*,3*R*)-타타르산 다이에틸은 타타르산의 다이에틸 에스터로서 앞의 7.15절에서 기술했던 카이랄 분자이다.

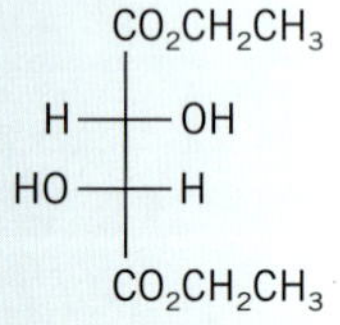

$CO_2CH_2CH_3$ / H—C—OH / HO—C—H / $CO_2CH_2CH_3$

(2*R*,3*R*)-타타르산 다이에틸

과산화 *tert*-뷰틸 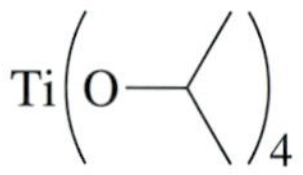 　 아이소프로폭시화 타이타늄(IV) 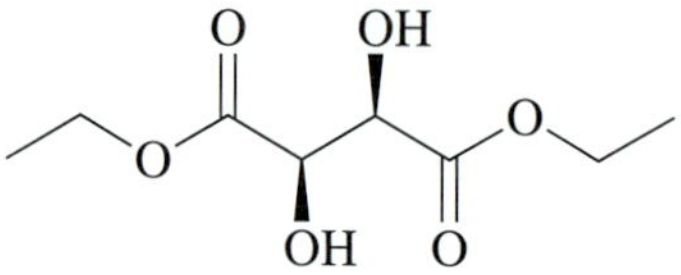 　 (2*R*, 3*R*)-타타르산 다이에틸

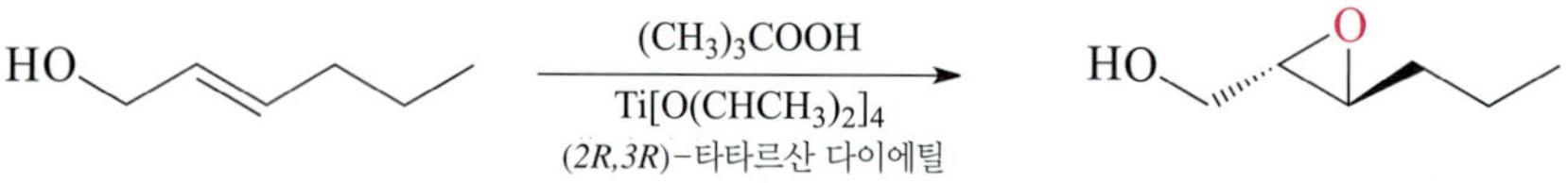

trans-2-Hexen-1-ol $\xrightarrow[\text{Ti[O(CHCH}_3)_2]_4,\ (2R,3R)\text{-타타르산 다이에틸}]{(CH_3)_3COOH}$ (2*S*,3*S*)-2,3-Epoxy-1-hexanol (78% 수득률; 98% 거울상이성질성 초과)

산소는 카이랄 환경 하에서 과산화기로부터 알릴성 알코올의 이중결합으로 이동하여 거울선택성을 나타낸다.

이 반응의 가치는 발명자인 K. Barry Sharpless가 2001년 노벨 화학상 수상으로 인해 인정받게 되었다. 알릴성 알코올의 Sharpless 에폭시화는 아이소프로폭시화 타이타늄(IV)의 촉매 양에 의해서 진행되며, 타타르산 다이에틸의 두 개 거울상이성질체를 쉽게 이용 가능하기 때문에, 원하는 에폭시 알코올의 거울상이성질체의 합성에 응용이 가능하기 때문이다.

Sharpless의 산화 연구에는 알켄의 거울선택성인 다이하이드록실화 반응이 포함된다 (15.5절 참조).

문제 16.11

만약 (2*S*,3*S*)-타타르산 다이에틸이 (2*R*,3*R*) 대신에 사용된다면, 이전의 반응에서 생성된 2,3-에폭시-1-헥산올의 절대 배열은 무엇인가?

Sharpless 에폭시화는 실험실 수준의 소량 합성보다는 오히려 집시나방의 출몰을 조절하기 위해 사용되는 성 호르몬인 (+)-디스팔러(disparlure)와 베타-차단제(beta-blocker)로 알려진 강심제 의약품을 합성하는 중간체인 (*R*)-글리사이돌(glycidol)의 대량 합성을 위한 방법으로 더 많이 적용되어져 왔다.

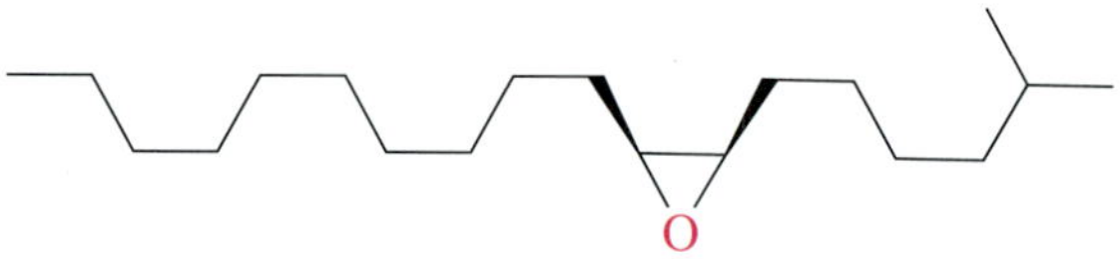

(+)-디스팔러
[(7*R*,8*S*)-7,8-에폭시-2-메틸옥타데케인]

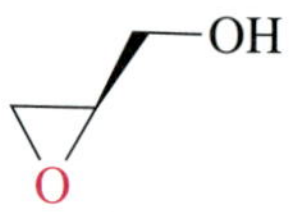

(+)-글리사이돌
[(*R*)-2,3-에폭시-1-프로판올]

다음 절은 염기에 의해 촉진되는 이웃자리 할로하이드린의 고리닫힘에 의한 에폭사이드의 제조를 설명하고 있다. 이웃자리 할로하이드린은 통상적으로 알켄으로부터 만들어지기 때문에 (6.11절), 과산소산을 이용한 에폭시화와 할로하이드린의 고리닫힘 두 가지 방법은 에폭사이드를 제조하기 위해 모두 알켄을 출발 물질로 사용하고 있다.

16.10 이웃자리 할로하이드린의 에폭사이드 변환

수용성 Cl_2, Br_2 또는 I_2(6,10절)와 알켄의 반응에 의해 형성된 이웃자리 할로하이드린은 염기에 의해 에폭사이드로 변환된다.

20억 파운드이상의 많은 양의 1,2-에폭시프로판이 매년 미국에서 이 방법에 의해 생산된다. 이 물질의 주된 사용처는 폴리우레탄 플라스틱 합성에 사용된다.

$$R_2C{=}CR_2 \xrightarrow[H_2O]{X_2} R_2C(OH){-}CR_2(X) \xrightarrow{HO^-} R_2C{-}CR_2 \text{ (epoxide, O)}$$

알켄 이웃자리 할로하이드린 에폭사이드

염기와 반응은 알콕시화와 알코올이 평형상태를 이루게 하며 분자내 친핵성 치환에 의해 삼각형 고리 화합물인 에폭사이드가 형성된다.

이웃자리 할로하이드린 짝염기 에폭사이드 할로젠화 이온

이러한 고리닫힘 단계는 일반적으로 이탈기에 결합된 반대방향으로부터 친핵성 산소가 공격하는 S_N2 입체화학을 따른다. 이것은 사이클로헥세인 고리 화합물에서 산소와 할로젠간의 트랜스-이중 수직배열에 해당된다.

$$\text{trans-2-Bromocyclohexanol} \xrightarrow[H_2O]{NaOH} \text{1,2-Epoxycyclohexane (81\%)}$$

을 경유

trans-2-Bromocyclohexanol 1,2-Epoxycyclohexane (81%)

알켄 → 할로하이드린 → 에폭사이드로의 반응순서에 대한 입체화학은 알켄의 과산소산에 의한 산화에서 관찰된 것과 같다. 알켄에서 서로 시스인 치환기들은 에폭사이드에서도 시스로 남는다. 브로모하이드린을 형성하기 위해 anti 첨가가 진행된 후, 배치의 반전으로 인해 브로모하이드린은 에폭사이드로 되며, 이때 알켄의 syn 에폭시화와 같은 입체특이적인 결과를 만든다.

cis-2-뷰텐 —첨가→ (브로모하이드린) —배열의 반전→ *cis*-2,3-에폭시뷰테인

trans-2-뷰텐 —첨가→ (브로모하이드린) —배열의 반전→ *trans*-2,3-에폭시뷰테인

문제 16.12

시스 및 트랜스-2-뷰텐으로부터 형성된 브로모하이드린은 에리스로 또는 스레오로 구분된다. 어느 것이 카이랄성을 갖는가? 이 방법에 의해 알켄으로부터 생성될 때 어느 것이 광학적으로 활성을 지니는가? 생성된 에폭사이드는 카이랄성인가 아니면 메조 화합물인가를 구분하시오. 이 방법에 의해 생성된 화합물은 어느 것이 광학적으로 활성을 나타내는가?

16.11 음이온성 친핵체와 에폭사이드의 반응

각 변형은 에폭사이드에서 주요 변형 중 하나이지만, 이웃자리 탄소의 결합이 가리워질 때 발생하는 비틀린 변형도 존재한다. 이러한 두 변형은 고리가 열리는 반응이 발생할 때 사라진다.

에폭사이드 성질 중에서 가장 놀랄 만한 것은 간단한 에터에 비해 친핵성 시약에 대한 반응성이 매우 크다는 것이다. 에폭사이드는 다른 에터들이 화학반응을 일으키지 않는 조건에서도 친핵체와 빠르게 반응한다. 이 증가된 반응성은 에폭사이드의 각 변형에서 기인된다.

고리열림 반응이 이 변형을 해소시킨다. 에폭사이드의 친핵성 고리열림의 예를 15.4절에서 살펴보았는데, 여기서는 산화 에틸렌과 Grignard 시약의 반응을 통하여 1차 알코올의 합성 경로를 설명한다.

$$\underset{\text{Grignard 시약}}{RMgX} + \underset{\text{산화 에틸렌}}{H_2C\overset{O}{—}CH_2} \xrightarrow[2.\ H_3O^+]{1.\ \text{다이에틸 에터}} \underset{\text{1차 알코올}}{RCH_2CH_2OH}$$

전형적인 음이온성 친핵체는 수소전달에 의해 빠르게 알코올로 전환되는 알콕시화 이온 중간체를 만들기 위해 용매로 물 또는 알코올을 사용하여 에폭사이드와 반응한다.

$$\underset{\text{친핵체}}{Y:^-} + \underset{\text{에폭사이드}}{R_2C\overset{O}{—}CR_2} \longrightarrow \underset{\text{알콕시화 이온}}{R_2C(Y)—CR_2(:\ddot{O}:^-)} \xrightarrow{H_2O} \underset{\text{알코올}}{R_2C(Y)—CR_2(OH)}$$

$$\underset{\text{Potassium butanethiolate}}{CH_3CH_2CH_2CH_2SK} + \underset{\text{Ethylene oxide}}{H_2C\overset{O}{—}CH_2} \xrightarrow[0°C]{\text{에탄올–물}} \underset{\text{2-(Butylthio)ethanol (99\%)}}{CH_3CH_2CH_2CH_2SCH_2CH_2OH}$$

문제 16.13

산화 에틸렌과 다음 각 화합물과의 반응에서 생성되는 주된 유기 화합물은 무엇인가?

(a) 에탄올 수용액에서 사이안화 소듐 (NaCN)
(b) 에탄올 수용액에서 아자이드화 소듐 (NaN_3)
(c) 물에서 수산화 소듐 (NaOH)
(d) 다이에틸 에터에서 페닐리튬 (C_6H_5Li)과 반응 후 묽은 황산 첨가
(e) 액체 암모니아에서 1-뷰타인일소듐 ($CH_3CH_2C{\equiv}CNa$)

풀이 예시 (a) 사이안화 소듐은 친핵체인 사이안화 음이온의 공급원이다. 사이안화 이온은 산화 에틸렌을 공격하여 고리를 열고, 2-사이아노에탄올을 생성한다.

$$\underset{\text{Ethylene oxide}}{H_2C\overset{O}{—}CH_2} \xrightarrow[\text{에탄올–물}]{NaCN} \underset{\text{2-Cyanoethanol}}{NCCH_2CH_2OH}$$

음이온성 친핵체와 에폭사이드의 반응들은 S_N2반응의 많은 특징을 지닌다. 친핵체와 반응한 탄소에서 배열의 반전이 일어난다.

1,2-Epoxycyclopentane → *trans*-2-Ethoxycyclopentanol (67%)

그리고 친핵체는 덜 치환된-고리 화합물에서 입체적으로 덜 장애를 받는-탄소에 결합한다.

2,3,3-Trimethyloxirane —($NaOCH_3$, methanol)→ 3-Methoxy-2,3-dimethyl-2-butanol (53%)

문제 16.14

암모니아와 아민은 에폭사이드와 반응하여 음이온성 친핵체처럼 같은 입체특이성을 나타낸다. 두 개의 카이랄성 탄소중심에서 입체화학을 나타내고 있는 반응생성물의 톱질대(sawhorse) 또는 Newman 투영식을 그려보시오. 반응물과 생성물에 있어서 이들 카이랄성 중심에 대한 Cahn-Ingold-Prelog *R*, *S* 배위는 무엇인가.

—(NH_3, H_2O)→ 3-아미노 -2-뷰탄올

에폭사이드와 Grignard 시약 및 수소화알루미늄 리튬의 반응은 방금 보여준 예에서처럼 위치선택성이다. 치환은 에폭사이드 고리의 덜 치환된 탄소에서 일어난다.

Phenylmagnesium bromide + 1,2-Epoxypropane —(1. 다이에틸 에터 2. H_3O^+)→ 1-Phenyl-2-propanol (60%)

1,2-Epoxydecane —(1. $LiAlH_4$ 2. H_2O)→ 2-Decanol (90%)

알켄을 에폭시한 후, 생성된 에폭사이드를 수산화 알루미늄으로 환원하면 Markovnikov 법칙이 적용되는 알켄의 수화반응(6.6절)에서 얻을 수 있는 알코올과 동일한 알코올을 만든다.

이와 같이 실험적인 관찰과 친핵성 치환의 원리를 조합해서 에폭사이드 고리열림을 메커니즘 16.2에 도식적으로 나타내었다.

16.12 에폭사이드의 산-촉매 고리열림

친핵체에 의한 에폭사이드의 고리열림은 산에 의해서 촉매화된다.

Ethylene oxide + CH_3CH_2OH (Ethanol) —(H_2SO_4, 25°C)→ 2-Ethoxyethanol (85%)

이 반응은 염기 촉매에서의 반응과 비교하면 산 촉매하에서 에폭사이드의 고리열림 반응은 위치선택성에서 중요한 차이점을 지닌다. 비대칭적으로 치환된 에폭사이드는 음이온성 친핵체와 덜 치환된 고리 화합물의 탄소와 반응한다. 그러나 산 촉매하에서는 더 많이 치환된 탄소에서 반응이 일어난다.

메커니즘 16.2

에폭사이드의 친핵성 고리 열림

전체 반응:

NaN_3 + 1-Oxaspiro[2.5]heptane + H_2O $\xrightarrow{\text{pH 9.5}}$ 1-(Azidomethyl)cyclohexanol (77%) + NaOH

Sodium azide, 1-Oxaspiro[2.5]-heptane, Water, 1-(Azidomethyl)-cyclohexanol (77%), Sodium hydroxide

메커니즘:

1단계: 친핵체는 탄소-산소 결합의 반대 방향으로부터 적게 치환된 탄소를 공격한다. 친핵체와 결합형성은 탄소-산소 결합의 절단을 동반하며, 삼각형 고리 화합물에서 존재하는 긴장 부분이 전이상태에서 고리열림으로 이어져 사라지게 된다.

아자이드화 이온 + 1-옥사스파이로[2.5]-헵테인 → 아지도 알콕시화 이온

2단계: 알콕시화 이온 생성물인 β-아지도알코올을 만들기 위해 용매로부터 빠르게 수소를 탈취한다.

아지도 알콕시화 이온 + 물 → 1-(아지도메틸)-사이클로헥산올 + 수산화 이온

산-촉매 반응에서, 친핵체는 이곳을 공격한다.

음이온성 친핵체는 여기를 공격한다.

2,3-Epoxy-2-methylbutane + CH_3OH $\xrightarrow{H_2SO_4}$ 3-Methoxy-3-methyl-2-butanol (76%)

Methanol

메커니즘 16.3에 나타내듯이 이 반응은 3단계로 진행된다. 단계1과 3은 양성자 이동이다; 2단계는 수소화된 에폭사이드에 대해 친핵제로 작용하는 에탄올의 반응을 나타낸다. 이 단계에서 전이상태는 상당부분의 탄소양이온 성질을 가지고 있다. 고리의 탄소-산소 결합 절단은 친핵체와 결합이 형성되는 것보다 더 많이 진행된다.

2,3-에폭시-2-메틸뷰테인의 짝산과 메탄올 반응에 대한 전이상태

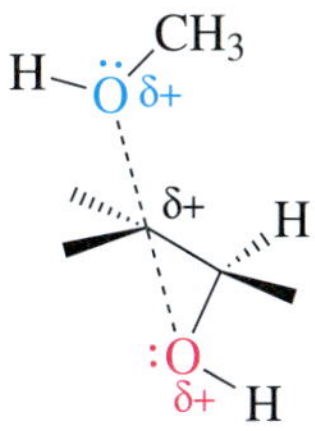

비록 전이상태에서 친핵체의 참여가 에폭사이드와 음이온성 친핵체간의 반응에 참여하는 것보다는 적지만, 치환은 배열의 반전을 일으키기에는 충분하다.

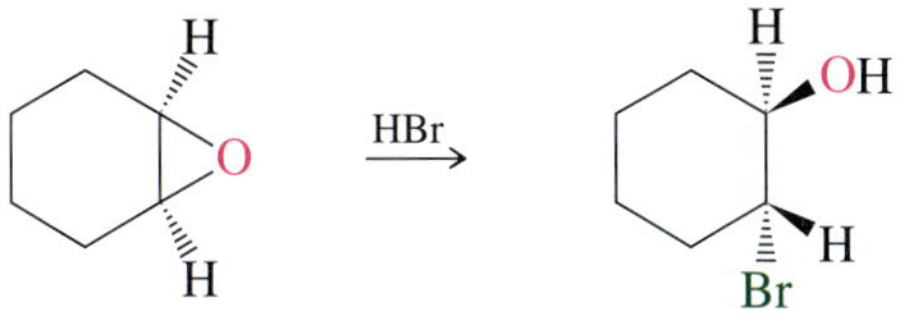

1,2-Epoxycyclohexane —HBr→ *trans*-2-Bromocyclohexanol (73%)

문제16.15

에폭사이드는 산 및 염기성 수용액에서 아자이드화 소듐과 반응하여 혼합물인 두 개의 아지도 알코올이 생성된다.

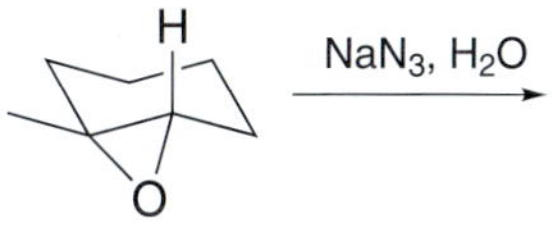

NaN_3, H_2O

pH 9.5에서 생성된 주 생성물의 입체화학적 구조식을 적으시오. pH 4.2에서는 다른 이성질체가 주 생성물이다. 이 이성질체의 구조는 무엇인가?(참조: HN_3의 pK_a는 4.2)

알켄을 anti 하이드록실화하는 방법은 이중결합의 에폭시화와 생성된 에폭사이드의 가수분해의 입체특이적인 두 개의 과정으로 되어 있다.

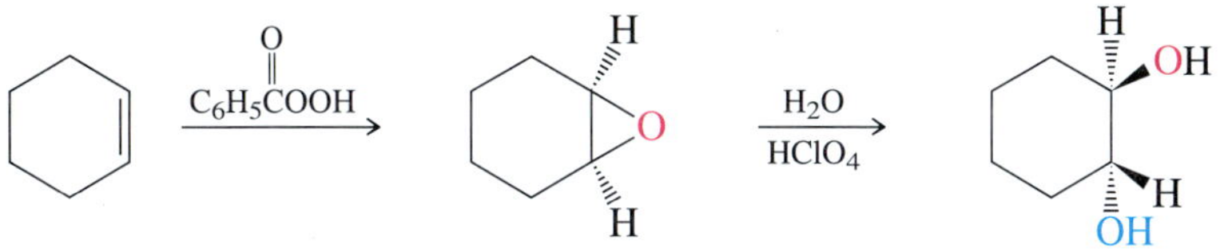

Cyclohexene —C_6H_5COOH (O=C)→ 1,2-Epoxycyclohexane —H_2O, $HClO_4$→ *trans*-1,2-Cyclohexanediol (80%)

문제 16.16

메조-2,3-뷰테인다이올을 만들기 위해서 *cis*-2-뷰텐과 *trans*-2-뷰텐 중 어느 알켄을 에폭시화를 한 후 산-촉매 가수분해를 하면 되는지 선택하시오. 어느 알켄이 사산화 오스뮴 다이하이드록실화 반응에 의해 메조-2,3-뷰테인다이올을 생성하는가?

16.13 생물학적 과정의 에폭사이드

에폭사이드는 천연적으로 많이 발견되는 물질이다. 대부분의 경우 에폭사이드는 알켄에 O_2 분자 중의 산소 원자 한 개를 효소 촉매에 의한 전달에 의해 생합성되어진다. 단지 O_2의 산소 원자 한 개만이 기질로 옮겨지기 때문에 그러한 운반을 촉매하는 효소는 *일산소화효소*(*monooxygenases*)로 분류된다. 보통 생물학적 환원제인 조효소 NADH (15.10절)도 다음과 같이 필요로 한다.

메커니즘 16.3

산화 에틸렌의 산–촉매 고리열림 메커니즘

전체 반응:

2,3-Epoxy-2-methylbutane + Methanol (CH_3OH) $\xrightarrow{H_2SO_4}$ 3-Methoxy-3-methyl-2-butanol (76%)

메커니즘:

1단계: 반응 혼합물에서 용매인 메탄온의 짝산은 매우 풍부한 산으로 작용하여 에폭사이드의 산소에 수소를 전달한다.

2,3-에폭시-2-메틸뷰테인 + 메틸옥소늄 이온 ⇌(빠름) 2,3-에폭소늄-2-메틸뷰테인 + 메탄올

2단계: 메탄올은 수소화된 에폭사이드에 친핵체로 작용하여 고리화합물의 더 많이 치환된(더 탄소양이온 같은) 탄소에 결합한다.이 단계에서 고리의 탄소–산소 결합은 깨어지며 고리가 열리게 된다.

메탄올 + 2,3-에폭소늄-2-메틸뷰테인 →(느림) 3-메틸옥소늄-3-메틸-1-2-뷰탄올

3단계: 메탄올에 수소가 이동하면 이 반응은 완결되며, 산–촉매에 의해서 메틸옥소늄이온이 다시 생성된다.

메탄올 + 3-메틸옥소늄-3-메틸-1-2-뷰탄올 ⇌(빠름) 메틸옥소늄 이온 + 3-메톡시-3-메틸-1-2-뷰탄올

$$R_2C{=}CR_2 + O_2 + H^+ + NADH \xrightarrow{\text{효소}} R_2C\text{—}CR_2\ (\text{epoxide, O}) + H_2O + NAD^+$$

이런 반응의 중요한 한 예는 폴리엔 스쿠알렌의 생물학적 에폭시화이다.

Squalene

O_2, NADH, 일산소화효소

Squalene 2,3-epoxide

친핵성 고리열림에 대한 에폭사이드의 반응성은 생물학적 역할을 하는 반응 중의 하나이다. 예를 들면, 스쿠알렌 2,3-에폭사이드는 콜레스테롤과 테스토스테론, 프로제스테론, 코티손과 같은 스테로이드 호르몬의 생물학적 전구체이다. 스쿠알렌 2,3-에폭사이드로부터 이들 화합물을 만드는 경로는 에폭사이드 고리의 열림에 의해 시작되며, 이는 24장에서 설명할 것이다.

16.14 설파이드 제조

RSR′ 형태의 화합물인 설파이드는 친핵성 치환에 의해 만들어진다. 1차 또는 2차 할로젠화 알킬을 알케인싸이올화 이온(RS^-)으로 처리하면 설파이드를 얻을 수 있다.

CH_3SH의 pK_a는 10.7이다.

$$RS^- \; Na^+ + R'-X \xrightarrow{S_N2} RSR' + Na^+ \; X^-$$

알케인싸이올화 소듐 할로젠화 알킬 설파이드 할로젠화 소듐

$NaSCH_3$ / 메탄올

3-Chloro-1-butene → Methyl 1-methylallyl sulfide (62%)

별도의 작업으로 알케인싸이올화 소듐을 제조하고 분리할 필요는 없다. 싸이올은 물보다 훨씬 산성이기 때문에, 수산화 소듐에 의해 정량적으로 알케인싸이올화 음이온으로 바꿀 수 있다. 따라서 적절한 용매 (물 또는 알코올)에서 수산화 소듐에 싸이올을 넣은 다음 할로젠화 알킬을 넣는 방법이 일반적으로 사용하는 방법이다.

문제 16.17

(*R*)-2-옥탄올과 염화 *p*-톨루엔설포닐로부터 제조된 *p*-톨루엔설폰산 에스터를 벤젠싸이올화 소듐(C_6H_5SNa)과 반응시킨다. 입체화학적으로 그리고 적절한 *R* 또는 *S* 표시를 포함하는 생성물의 구조를 쓰시오.

16.15 설파이드 산화: 설폭사이드와 설폰

싸이올의 산화에 대한 성질이 알코올과 다른 점은 15.12절에서 살펴보았다. 이와 유사하게 설파이드는 산화제에 대한 성질이 에터와 다르다. 에터는 탄소에 산화가 일어나 과산화수소화물(hydroperoxides)을 생성하는 경향이 있는 반면(16.7절), 설파이드는 황에 산화가 일어나 **설폭사이드(sulfoxide)**를 생성한다. 만약 산화제가 충분히 강하고 과량으로 존재한다면, 산화가 더 진행되어 **설폰(sulfone)**을 생성한다.

황과 같은 세 번째 줄의 원소는 팔전자계 범위를 갖는 원자가전자수를 확장할 수 있고, 설폭사이드와 설폰의 황-산소 결합은 때때로 이중결합으로 나타내기도 한다.

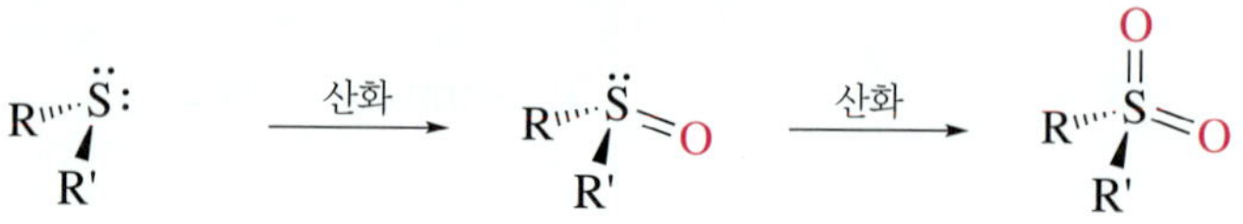

설파이드 —산화→ 설폭사이드 —산화→ 설폰

원하는 생성물이 설폭사이드인 경우는 과아이오딘산 소듐($NaIO_4$)이 이상적인 시약이다. 이 시약은 설파이드를 좋은 수율로 설폭사이드로 산화시키지만, 설폭사이드를 설폰으로 산화시키려는 경향은 없다.

Methyl phenyl sulfide + $NaIO_4$ (Sodium metaperiodate) —물→ Methyl phenyl sulfoxide (91%) + $NaIO_4$ (Sodium iodate)

과산소산은 보통 다이클로로메테인 용매에서 설파이드를 설폭사이드로 바꾸는 최선의 시약이다. 1당량의 과산소산 또는 과산화수소는 설파이드를 설폭사이드로 바꾼다. 2당량을 사용하면 해당되는 설폰을 얻을 수 있다.

Phenyl vinyl sulfide + $2H_2O_2$ (Hydrogen peroxide) → Phenyl vinyl sulfone (74–78%) + $2H_2O$ (Water)

문제 16.18

프릴로젝(Prilosec)과 넥시엄(Nexium) ("the little purple pill")은 위산이 역류하는 것을 치료하기 위해서 그리고 위산이 식도 내벽에 손상주는 것을 방지하기 위해 널리 사용하는 약이다. 프릴로젝은 오메프라졸(omeprazole)의 라세미 형태이고, 넥시엄은 (*S*)-오메프라졸이다. (*S*)-오메프라졸의 입체화학을 확실히 나타내고 있는 구조식을 쓰시오(힌트, 7.17절 참고하시오).

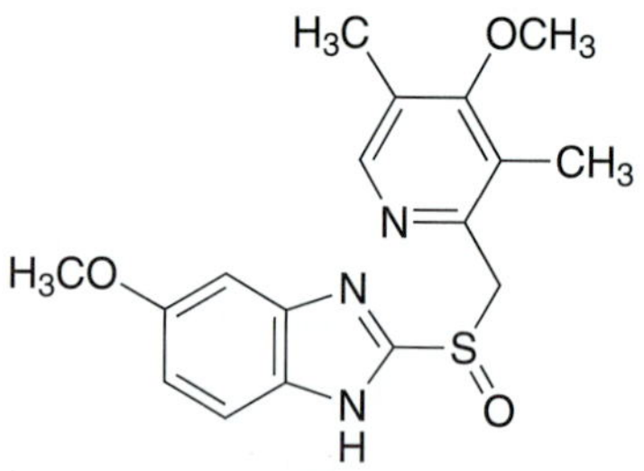

오메프라졸

설파이드의 산화는 생체 내에서도 일어난다. 자연계에서 발견되는 설폭사이드 중에서 최근 주목받고 있는 *설포라페인*(*sulforaphane*)이 있는데, 이 물질은 브로콜리와 그 밖의 다른 채소들에 존재한다. 설포라페인은 항암제로서의 잠재력을 갖고 있는데, 대부분의 항암제와는 달리 정상 세포를 죽이는 속도보다 빠르게 분열하고 있는 암세포들을 좀 더 빨리 죽이는 작용을 하기 때문이다. 또한, 설포라페인은 독성이 없을 뿐만 아니라 종양의 생성을 방해한다.

설포라페인(Sulforaphane)에서 —N=C=S 단위는 *아이소싸이오사이아네이트*(*isothiocyanate*)기이다. 아이소싸이오사이아네이트는 고추냉이 향에 필수적인 핵심 성분 중의 하나이다.

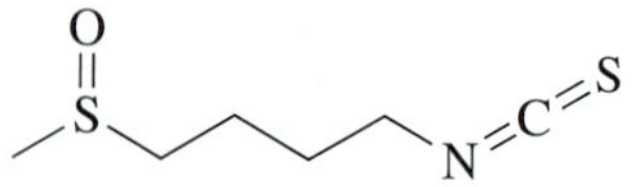

설포라페인

16.16 설파이드 알킬화: 설포늄염

황은 산소보다 더 친핵체이며 (8.5절), 설파이드는 에터보다 훨씬 빠르게 할로젠화 알킬과 반응한다. 이 반응의 생성물들은 *설포늄염*(*sulfonium salt*)이라 부른다.

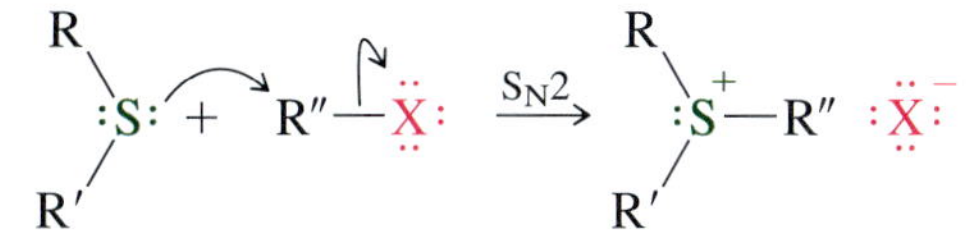

$$R_2S: + R''\text{—}X: \xrightarrow{S_N2} R_2\overset{+}{S}\text{—}R'' \; :X:^-$$

설파이드르 할로젠화 알킬 설포늄염

$$CH_3(CH_2)_{10}CH_2SCH_3 + CH_3I \longrightarrow CH_3(CH_2)_{10}CH_2\overset{+}{S}(CH_3)CH_3 \; I^-$$

Dodecyl methyl sulfide Methyl iodide Dodecyldimethylsulfonium iodide

문제 16.19

할로젠화 알킬과 설파이드의 어떤 다른 조합이 앞의 예에서 본 것과 동일한 설포늄염을 생성하는가? 어떤 조합이 좀 더 빠른 속도로 설포늄염을 생성하는지를 예상하시오.

자연계에서 발견되는 설포늄염인 *S-아데노실메싸이오닌*(*S-adenosylmethionine, SAM*)은 어떤 생물학적 과정에서 중요한 역할을 하는 물질이다. 이것은 친핵성 치환에 의해 생성되는데, 메싸이오닌의 황 원자가 삼인산 아데노신의 1차 탄소를 공격해서 이탈기인 삼인산염(triphosphate)기 대신에 치환된다.

S-아데노실메싸이오닌에서 S는 아데노실기가 황에 결합되어 있음을 나타낸다. 그것을 Cahn-Ingold-Prelog 입체화학적 표시로는 나타낼수 없다.

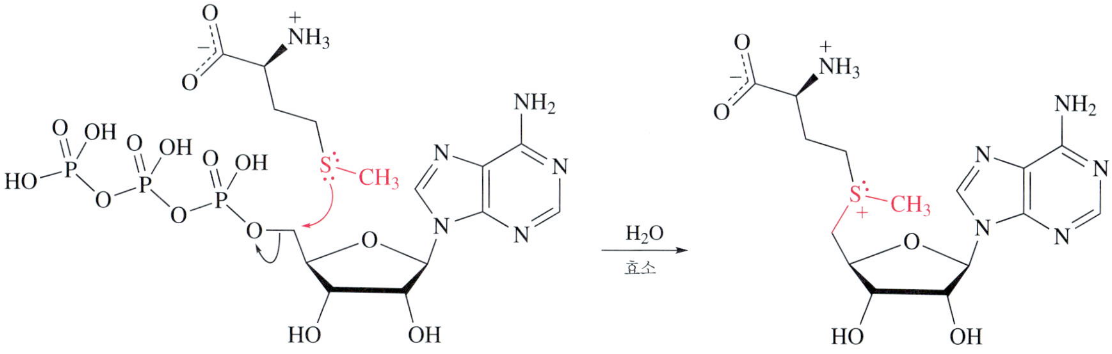

$$\text{Adenosine triphosphate (ATP) + Methionine} \xrightarrow[\text{효소}]{H_2O} S\text{-Adenosylmethionine (SAM)}$$

Adenosine triphosphate (ATP) + Methionine *S*-Adenosylmethionine (SAM)

S-아데노실메싸이오닌은 생물학적 메틸기 운반 물질로 사용한다. 특히 아민의 질소 원자와 같은 친핵체는 SAM의 메틸 탄소를 공격하여 탄소-황 결합을 끊는다. 다음 반응식은 *노르에피네프린*(*norepinephrine*)의 메틸화에 의한 *에피네프린*(*epinephrine*)의 생물학적인 형성을 나타낸다. 이미 학습한 S_N2 반응과 생체 내에서 일어나는 이 반응의 유사성을 강조하기 위해 반응식에서 SAM의 메틸기와 황만을 명확하게 나타내었다.

에피네프린은 아드레날린으로도 알려져 있으며, "싸움 또는 피신"에 대비하도록 신체에 디자인된 중요한 생리학적인 효과를 지닌 호르몬이다.

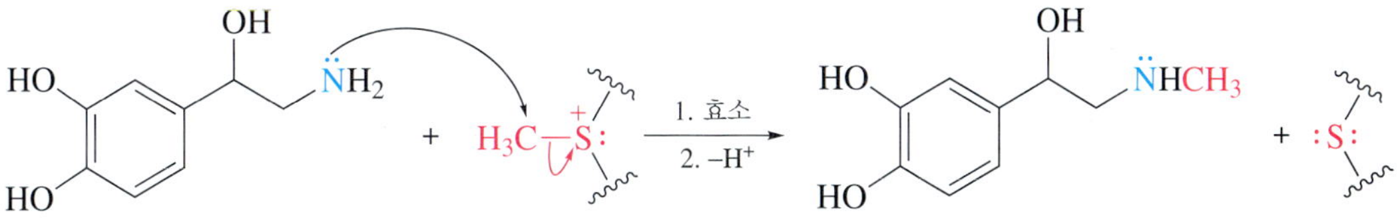

$$\text{Norepinephrine} + H_3C\text{—}\overset{+}{S}: \xrightarrow[2.\ -H^+]{1.\ \text{효소}} \text{Epinephrine} + :S:$$

Norepinephrine SAM Epinephrine

16.17 에터, 에폭사이드, 설파이드의 분광학적 분석

그림 16.4의 *a*, *b*, *c*에 각각 나타낸 다이프로필 에터의 IR, ^{1}H NMR 및 ^{13}C NMR의 스펙트럼은 에터들의 분광학적 특성을 부분적으로 설명하고 있다.

적외선: 에터의 적외선 스펙트럼은 비대칭 C—O—C 신축 운동으로 인해 1070~1150 cm^{-1}에서 비교적 넓고 강한 띠가 있는 특징이 있다. 다이알킬 에터는 다이프로필 에터의 IR 스펙트럼에서 나타낸 것처럼 1120 cm^{-1} 근처에서 이 띠를 나타낸다.

$CH_3CH_2CH_2OCH_2CH_2CH_3$ 다이프로필 에터 C—O—C: $\nu = 1118\ cm^{-1}$

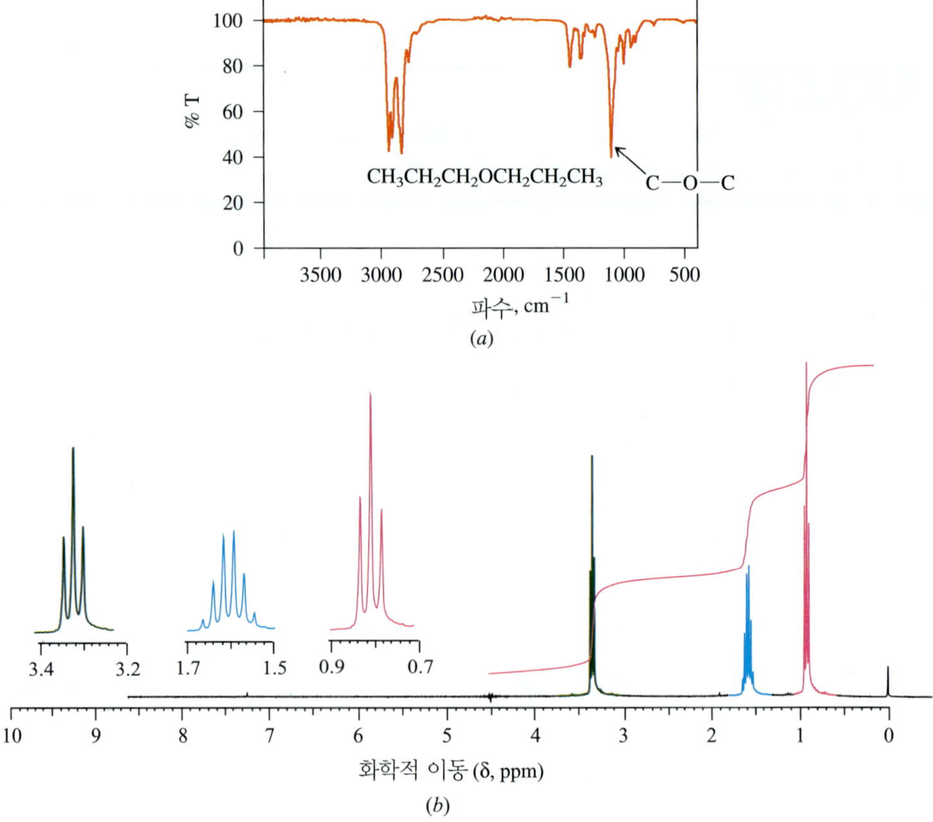

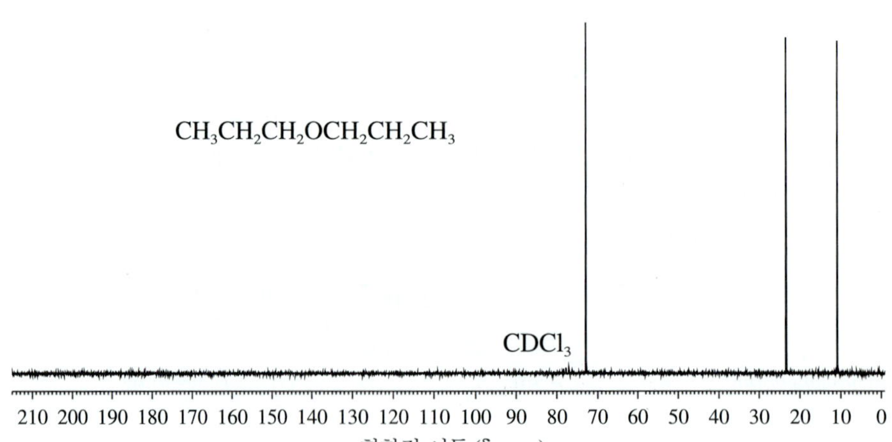

그림 16.4

다이프로필 에터 ($CH_3CH_2CH_2OCH_2CH_2CH_3$)의 (a) 적외선, (b) 300-MHz ^{1}H NMR과 (c) ^{13}C NMR 스펙트럼.

알킬 아릴 에터(ROAr)에서 유사한 띠가 1200~1275 cm^{-1} 에서 나타난다(22.15절).

*에폭사이드*는 전형적으로 세 개의 띠를 나타낸다. 두 개의 띠 들 중 하나는 810~950 cm^{-1} 에서, 다른 띠는 1250 cm^{-1} 근처에서 나타나는데, 이들은 각각 고리의 비대칭과 대칭 신축운동에 상응하는 띠들이다. 세 번째 띠는 750~840 cm^{-1} 영역에서 나타난다.

1,2-에폭시도데케인 설파이드의 에폭사이드 진동: ν = 837, 917, and 1265 cm^{-1}

*설파이드*의 C—S—C 신축 진동은 600~700 cm^{-1} 영역에서 약한 피크로 나타난다. 설폭사이드는 SO 신축으로 인해 1030~1070 cm^{-1} 에서 강한 피크가 나타난다. 두 개의 산소가 황에 붙어 있는 설폰은 대칭의 S—O 신축 (1120~1160 cm^{-1}) 및 비대칭의 S—O 신축(1290~1350 cm^{-1})으로 인해 두 개의 강한 띠를 나타낸다.

다이메틸 설폭사이드 S=O: ν = 1050 cm^{-1}

다이메틸 설폰 S=O: ν = 1139 and 1298 cm^{-1}

^{1}H NMR: *에터*의 **H**—C—O—C 단위에서 양성자의 화학적 이동은 알코올의 **H**—C—OH 단위에서 양성자의 화학적 이동과 매우 유사하다. δ 3.2~4.0의 범위가 전형적이다. *설파이드*의 **H**—C—S—C 단위에서 양성자는 황이 산소보다 전기음성도가 작기 때문에 에터의 양성자에 상응하는 것보다 더 높은 영역에서 나타난다.

$CH_3CH_2CH_2—O—CH_2CH_2CH_3$ $CH_3CH_2CH_2—S—CH_2CH_2CH_3$

^{1}H 화학적 이동(δ): 3.2 2.5

설폭사이드 또는 *설폰으로의 설파이드*의 산화는 **H**—C—S—C 양성자의 가리움으로 인해 각 산화에 대해 약 0.3~0.5 ppm 정도 감소가 수반된다.

*에폭사이드*는 고리에 있는 양성자가 예측한 것보다 더 가려져 있다는 사실이 특이하다. 예를 들면, 산화 에틸렌에서 양성자는 다이알킬 에터에서 나타나는 δ 3.2~4.0 영역 대신에 δ 2.5에서 나타난다.

^{13}C NMR: *에터*에서 C—O—C 기의 탄소들은 알코올의 경우보다 약 10 ppm 정도 덜 가려져 있으며, δ 57~87 범위에서 나타난다. 설파이드에서 C—S—C 기의 탄소들은 에터의 경우보다 약 10 ppm 정도 아주 더 가려져 있다.

$CH_3CH_2CH_2—O—CH_2CH_2CH_3$ $CH_3CH_2CH_2—S—CH_2CH_2CH_3$

^{13}C 화학적 이동(δ): 73 34

*에폭사이드*의 고리 탄소들은 더 큰 고리 화합물 또는 다이알킬 에터의 C—O—C 단위의 탄소들 보다 다소 더 가려진다.

δ 47 δ 52

$H_2C—CH—CH_2CH_2CH_2CH_3$ (O) δ 68

UV-VIS: 단순한 에터는 약 185 nm에서 최대 흡광도를 지니며, 220 nm 보다 높은 영역에서는 자외선에 투명하다.

질량 스펙트럼: 에터는 알코올과 마찬가지로, 그들의 분자 이온으로부터 알킬 라디칼을 잃

고 산소에 의해 안정화된 양이온을 생성한다. 따라서 *sec*-뷰틸 에틸 에터의 질량 분석 스펙트럼에서 *m/z* 73과 *m/z* 87은 둘 다 분자 이온보다 더 풍부하게 나타난다.

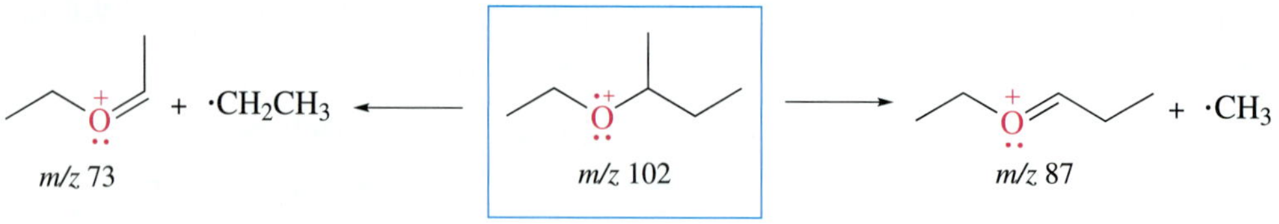

$$\text{(}m/z\ 73\text{)} + \cdot CH_2CH_3 \longleftarrow m/z\ 102 \longrightarrow m/z\ 87 + \cdot CH_3$$

문제 16.20

sec-뷰틸 에틸 에터의 질량 분석 스펙트럼에서 분자 이온의 토막내기에 의해 생성될 수 있는 다른 산소-안정화된 양이온인 *m/z* 87이 있다. 이 이온의 합리적인 구조를 제시하시오.

설파이드의 질량 스펙트럼에서 유사한 토막내기 과정이 일어난다. 다른 황을 포함하고 있는 화합물에서 황의 존재는 M + 2의 *m/z*에서 피크를 나타낼 수 있다.

16.18 요약

16.1절 에터는 C—O—C 결합을 가지는 화합물이다. 치환식 IUPAC 명명법에서는 알케인의 알콕시 유도체로 명명한다. 기능식 IUPAC 명명법에서는 각각의 알킬기를 독립된 단어로 알파벳 순서에 따라 쓴 다음 에터를 쓴다.

$CH_3OCH_2CH_2CH_2CH_2CH_2CH_3$

치환식 IUPAC 명명법: 1-메톡시헥세인
기능식 IUPAC 명명법: 헥실 메틸 에터

에폭사이드는 보통 알케인의 에폭시 유도체로 불리거나 또는 치환된 옥시레인으로 명명한다.

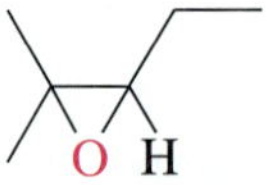

2,3-에폭시-2-메틸펜테인
3-에틸-2,2-다이메틸옥시테인

설파이드는 에터의 황 유사체이며, C—S—C 작용기를 갖는다. 그들은 치환식 IUPAC 명명법에서 알케인의 *알킬싸이오*(*alkylthio*) 유도체로 명명된다. 또한 설파이드의 기능식 IUPAC 명명법은 에터와 같은 방법으로 명명되지만, 마지막에 설파이드를 붙여 명명한다.

$CH_3SCH_2CH_2CH_2CH_2CH_2CH_3$

치환식 IUPAC 명명법: 1-메틸싸이오헥세인
기능식 IUPAC 명명법: 헥실 메틸 설파이드

16.2절 에터 또는 에폭사이드에 있는 산소 원자는 알케인 또는 사이클로알케인의 sp^3-혼성된 탄소와 같이 분자의 모양에 영향을 준다.

펜테인 다이에틸 에터

16.3절 에터의 탄소-산소 결합은 극성이며, 에터는 물이나 알코올과 수소결합할 때에 양성자 *받개*(*acceptor*)로 작용한다.

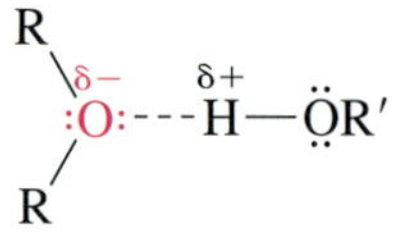

$$R_2\overset{\delta-}{O}: \cdots \overset{\delta+}{H}—\ddot{O}R'$$

그러나 에터는 OH 기가 없어 수소결합을 형성할 때 양성자 *주개*(*donor*)로는 작용할 수 없다.

16.4절 에터는 금속 이온과 Lewis 산/Lewis 염기 착물을 형성한다. 크라운 에터라고 불리는 고리 폴리에터는 특히 Na^+나 K^+와 배위를 하는 데 효과적이며, 이 양이온들의 염은 크라운 에터가 존재할 때 비극성 용매에서 녹을 수 있다. 이런 조건하에서 음이온을 포함하는 많은 반응들의 반응속도는 증가된다.

CH_3CO_2K, 18-크라운-6 / 아세토나이트릴

1-Bromohexane → Hexyl acetate (96%)

16.5절~16.6절

에터를 합성하는 두 가지 주된 방법을 표 16.2에 요약하였다.

16.7절 다이알킬 에터는 유기반응에서 유용한 용매이지만, 열린 병에서는 공기 산화에 의해 쉽게 폭발성이 있는 과산화물을 형성하려는 경향성이 있어 조심스럽게 취급해야 한다.

16.8절 에터의 한 가지 중요한 반응은 할로젠화 수소에 의한 분해이다.

$$ROR' + 2HX \longrightarrow RX + R'X + H_2O$$

에터 / 할로젠화 수소 / 할로젠화 알킬 / 할로젠화 알킬 / 물

할로젠화 수소의 반응성의 순서는 HI > HBr > HCl이다.

HBr / 가열

Benzyl ethyl ether → Benzyl bromide + Ethyl bromide

16.9절 에폭사이드는 표 16.2에 나열한 방법에 의해 제조된다.

16.10절 에폭사이드는 특히 그들의 삼원자 고리가 끊어지는 반응에서 에터보다 훨씬 반응성이 크다.

16.11절 음이온 친핵체는 S_N2 반응과 비슷한 형태로 치환기가 적은 에폭사이드의 탄소를 항상 공격한다.

$NaOCH_3$ / CH_3OH

2,2,3-Trimethyloxirane → 3-Methoxy-2-methyl-2-butanol (53%)

16.12절 산-촉매 조건 하에서 친핵체는 양전하를 더 잘 안정화시켜주는 탄소를 공격한다. 탄소양이온이 전이상태에서 생성되기 때문이다.

CH_3OH / H_2SO_4

2,2,3-Trimethyloxirane → 3-Methoxy-3-methyl-2-butanol (76%)

배열의 반전은 반응이 산성 또는 염기성 용액에서 일어나는가에 관계없이 친핵체에 의해 공격되는 탄소에서 관찰된다.

16.13절 에폭사이드 작용기는 많은 천연물에 존재하며, 에폭사이드 고리열림은 가끔 다른 물질의 생합성에서 핵심 단계이다.

16.14절 설파이드는 알케인싸이올산 이온이 할로젠화 알킬을 공격하는 친핵성 치환반응(S_N2)에 의해 만들어진다.

표 16.2 에터와 에폭사이드의 합성

반응 (절)과 설명	일반적인 식과 특별한 예
알코올의 산-촉매 축합 (15.7절, 16.5절) 두 분자의 알코올은 산-촉매 하에서 축합하여 물과 다이알킬 에터를 생성한다. 이 반응은 1차 알코올로부터 대칭을 지닌 에터 합성에 제한된다.	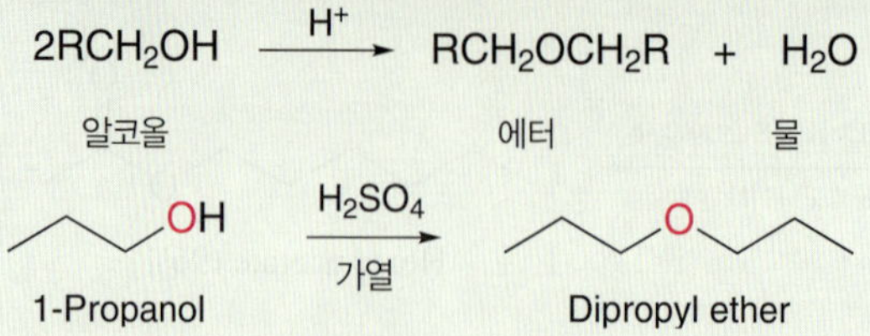 $2RCH_2OH \xrightarrow{H^+} RCH_2OCH_2R + H_2O$ (알코올 → 에터 + 물) 1-Propanol $\xrightarrow[\text{가열}]{H_2SO_4}$ Dipropyl ether
Williamson 에터 합성 (16.6절) 알콕시화 이온은 S_N2 반응으로 할로젠화 또는 유사한 이탈기를 치환한다. 할로젠화 알킬은 제거를 일으키기 때문에, 이 반응은 메틸과 1차 할로젠화 알킬로 제한된다. 알콕시화 이온의 사용에 대한 제한은 없다.	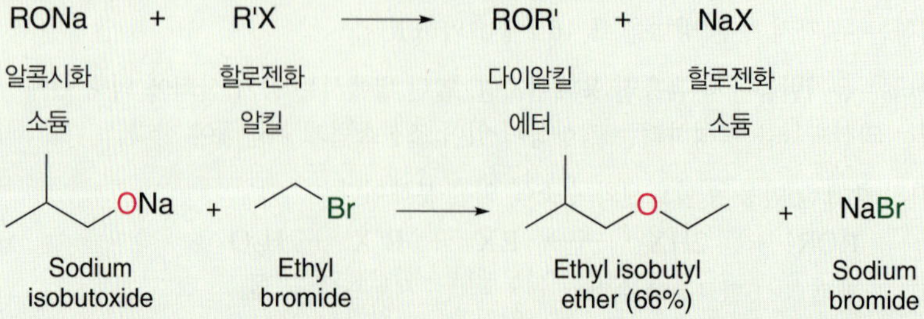 $RONa + R'X \longrightarrow ROR' + NaX$ (알콕시화 소듐 + 할로젠화 알킬 → 다이알킬 에터 + 할로젠화 소듐) Sodium isobutoxide + Ethyl bromide → Ethyl isobutyl ether (66%) + Sodium bromide (NaBr)
알켄의 과산화산의 산화 (6.11절, 16.9절) 과산소산은 알켄에 산소를 전달하여 에폭사이드를 생성한다. 입체특이적인 syn 첨가가 관찰된다.	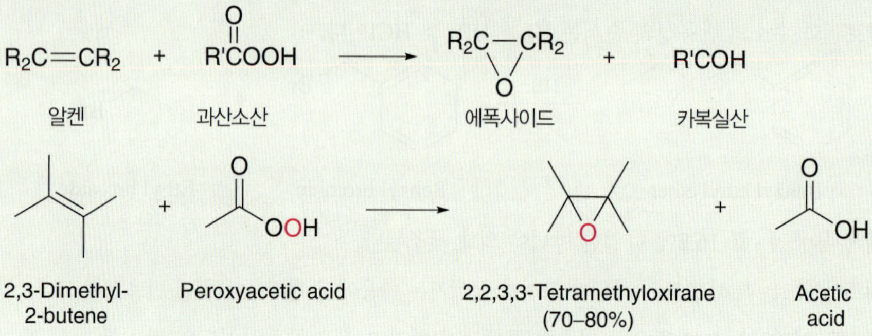 $R_2C{=}CR_2 + R'COOH$ (O) $\longrightarrow$ $R_2C{-}CR_2$ (O 고리) $+ R'COH$ (알켄 + 과산소산 → 에폭사이드 + 카복실산) 2,3-Dimethyl-2-butene + Peroxyacetic acid → 2,2,3,3-Tetramethyloxirane (70–80%) + Acetic acid
Sharpless 에폭시화 (16.9절) 알릴성 알코올은 *tert*-뷰틸 과산화수소와 알콕시화 타이타늄 (IV) 으로 반응시키면 에폭사이드로 전환된다. 이 반응은 거울상이성질체적으로 순수한 타타르산 다이에틸의 존재하에서 높은 거울선택성을 나타낸다.	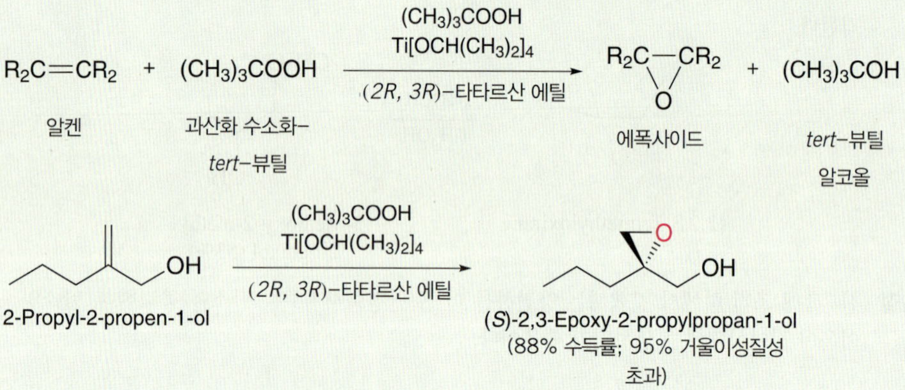 $R_2C{=}CR_2 + (CH_3)_3COOH \xrightarrow[(2R,\ 3R)\text{-타타르산 에틸}]{(CH_3)_3COOH,\ Ti[OCH(CH_3)_2]_4}$ $R_2C{-}CR_2$ (O 고리) $+ (CH_3)_3COH$ (알켄 + 과산화 수소화-*tert*-뷰틸 → 에폭사이드 + *tert*-뷰틸 알코올) 2-Propyl-2-propen-1-ol $\xrightarrow[(2R,\ 3R)\text{-타타르산 에틸}]{(CH_3)_3COOH,\ Ti[OCH(CH_3)_2]_4}$ (*S*)-2,3-Epoxy-2-propylpropan-1-ol (88% 수득률; 95% 거울이성질성 초과)
이웃자리 할로하이드린의 고리화 (16.10절) 이 반응은 Williamson 에터 합성의 분자 내 반응성에 대한 것이다. 이웃자리 할로하이드린의 알코올기는 짝염기로 전환되며, 인접 탄소에 있는 할로젠화 이온을 치환한다.	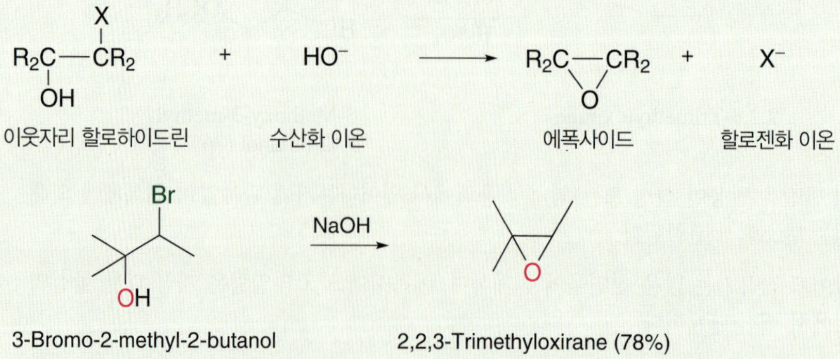 $R_2C(OH){-}CR_2X + HO^- \longrightarrow R_2C{-}CR_2$ (O 고리) $+ X^-$ (이웃자리 할로하이드린 + 수산화 이온 → 에폭사이드 + 할로젠화 이온) 3-Bromo-2-methyl-2-butanol $\xrightarrow{NaOH}$ 2,2,3-Trimethyloxirane (78%)

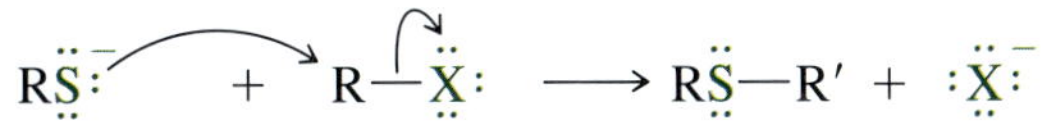

$RS^{-} + R—X \longrightarrow RS—R' + X^{-}$

알케인싸이올화 이온화 할로젠화 알킬 설파이드 할로젠화 이온

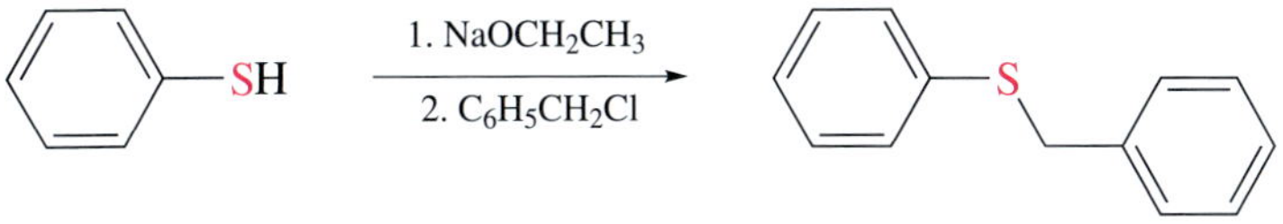

Benzenethiol $\xrightarrow[\text{2. } C_6H_5CH_2Cl]{\text{1. } NaOCH_2CH_3}$ Benzyl phenyl sulfide (60%)

16.15절 설파이드를 산화시키면 설폭사이드를 생성하고, 그 다음에는 설폰을 생성한다. 과아이오딘산 소듐은 설파이드를 산화시켜 설폭사이드로 만드는 특별한 시약이며, 더 이상 반응이 진행되지 않는다. 과산화수소와 과산소산은 설폭사이드(설파이드 몰당 1 몰의 산화제) 또는 설폰(설파이드 몰당 2 몰의 산화제)을 만들 수 있다.

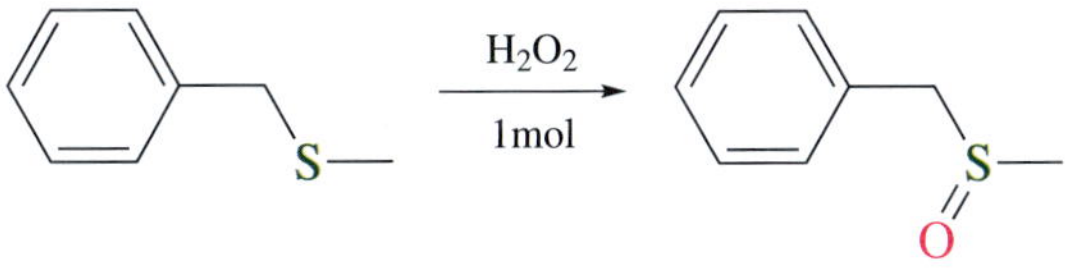

Benzyl methyl sulfide $\xrightarrow[\text{1mol}]{H_2O_2}$ Benzyl methyl sulfoxide (94%)

16.16절 설파이드는 할로젠화 알킬과 반응해서 설포늄염을 생성한다.

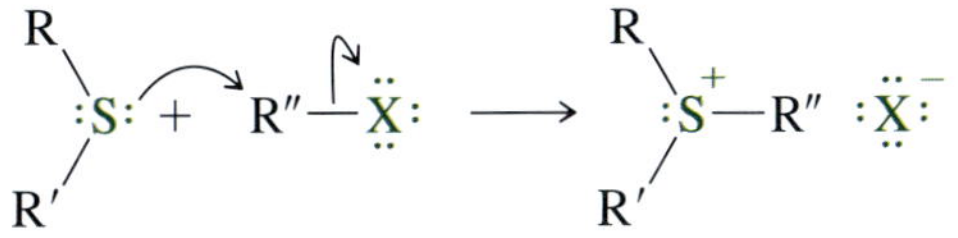

$R(R')S: + R''—X \longrightarrow R(R')S^{+}—R''\ X^{-}$

설파이드 할로젠화 알킬 설포늄염

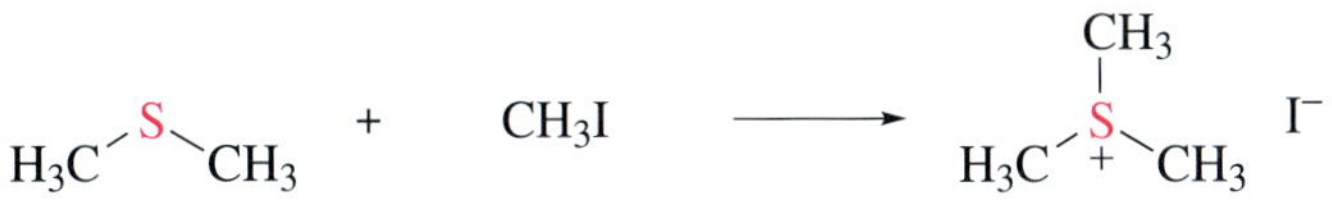

$H_3C—S—CH_3 + CH_3I \longrightarrow (CH_3)_3S^{+}\ I^{-}$

Dimethyl sulfide Methyl iodide Trimethylsulfonium iodide (100%)

16.17절 에터의 H—C—O—C 구조 단위는 적외선 스펙트럼의 C—O 신축 진동수와 ^{1}H NMR 스펙트럼의 H—C 화학적 이동에 있어서 알코올의 H—C—S—C 구조 단위와 유사하다. 황은 산소보다 전기음성도가 작기 때문에 H—C—O—C 단위의 ^{1}H와 ^{13}C 화학적 이동은 H—C—O—C의 화학적 이동보다 더 높은 영역에서 나타난다.

문제

16.21 분자식이 $C_5H_{12}O$인 에터의 모든 구조 이성질체의 구조를 그리고, 각각에 적절한 이름을 쓰시오.

16.22 비록 에폭사이드는 항상 삼원자 고리의 일부로 산소 원자를 갖고 있는 것으로 간주되지만, IUPAC 명명법에서 접두사인 *에폭시*(*epoxy*)는 다양한 크기의 고리 에터를 지칭하는 데 사용될 수 있다.

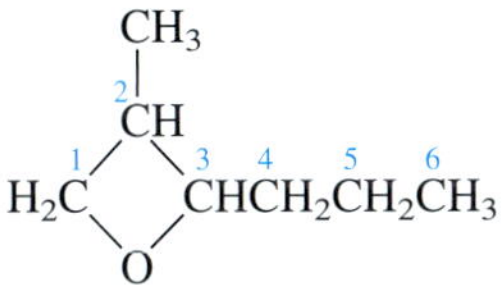

CH_3 (2) CH; H_2C (1), O, $CHCH_2CH_2CH_3$ (3 4 5 6)

따라서 다음 화합물은 1, 3-에폭시-2-메틸헥세인으로 명명할 수 있다. 이러한 방법으로 에폭시 접두사를 사용하여 다음의 각 화합물들을 명명하시오.

(a)  (b) 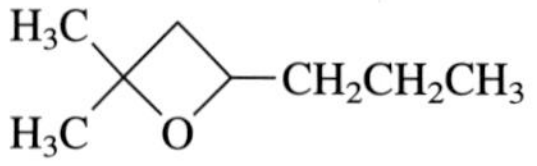 H_3C, H_3C, O, $-CH_2CH_2CH_3$ (c) 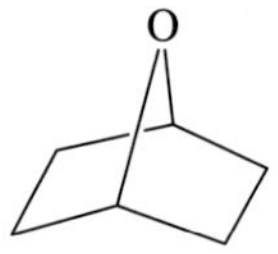 O (d)  O

16.23 다음 각 반응의 주된 유기 생성물을 예측하시오. 그리고 적절한 입체화학을 명기하시오.

(a) 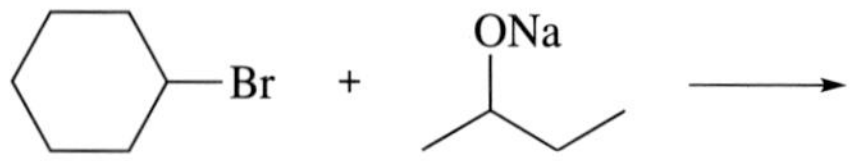 —Br + ONa ⟶

(b) 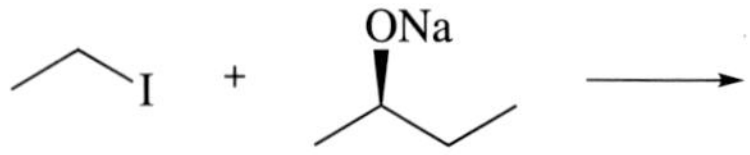 I + ONa ⟶

(c) Br, OH $\xrightarrow{NaOH}$

(d) + O, OOH ⟶

(e) O $\xrightarrow[\text{다이옥세인-물}]{NaN_3}$

(f) Br, O $\xrightarrow[\text{메탄올}]{NH_3}$

(g) O $\xrightarrow[CH_3OH]{CH_3ONa}$

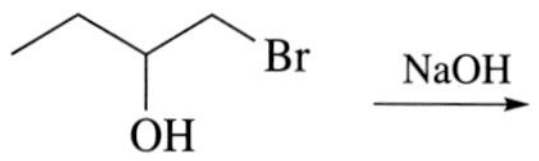

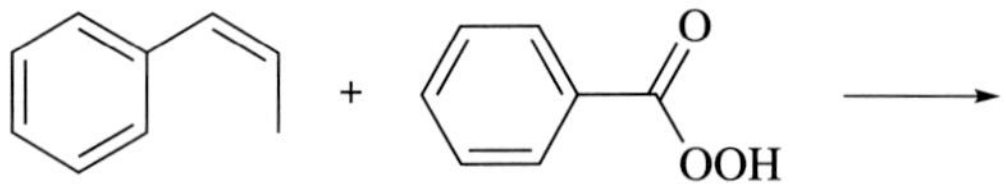

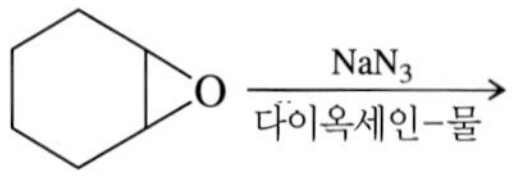

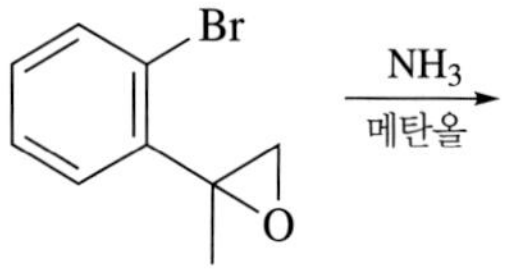

(h) O $\xrightarrow[CHCl_3]{HCl}$

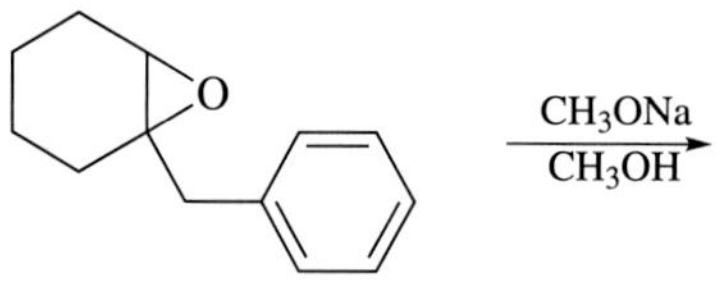

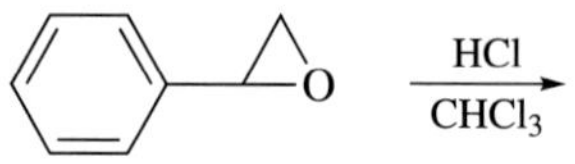

(i) O $\xrightarrow[\text{2. } H_2O]{\text{1. } LiAlH_4\text{, 다이에틸 에터}}$

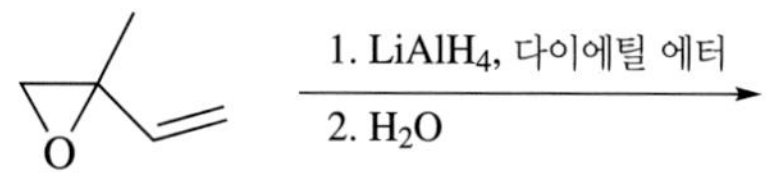

(j) $CH_3(CH_2)_{16}CH_2OTs + CH_3CH_2CH_2CH_2SNa \longrightarrow$

(k) 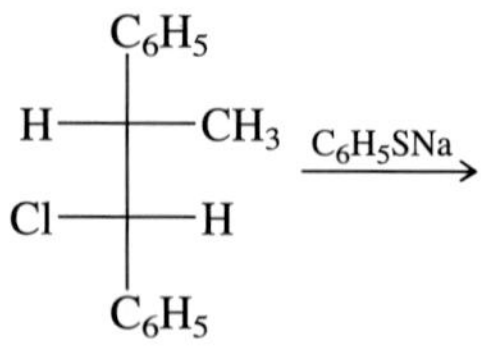 C_6H_5, H—, —CH_3, Cl—, —H, C_6H_5 $\xrightarrow{C_6H_5SNa}$

16.24 다음의 입체특이적인 변환들을 수행할 수 있는 반응 조건들을 선택하시오.

(a) 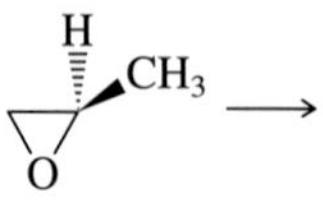 H, CH_3, O ⟶ (*R*)-1,2-프로페인다이올 (b) 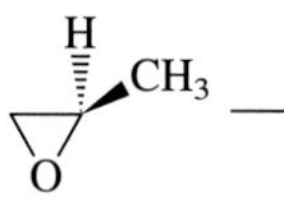 H, CH_3, O ⟶ (*S*)-1,2-프로페인다이올

16.25 주어진 출발 물질과 필요한 유기 또는 무기 시약으로부터 다음의 각 화합물들의 합성에 적당한 반응에 대해 간단하면서 효율적인 과정을 제시하시오.

(a) 브로모벤젠과 사이클로헥산올에서

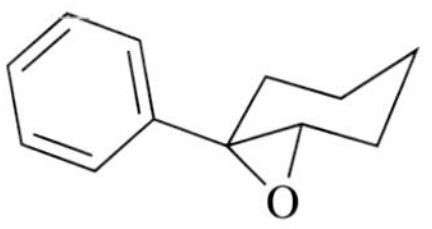

O

(b) 브로모벤젠과 아이소프로필 알코올에서

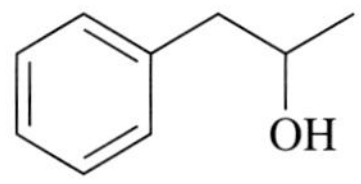

OH

(c) 벤질 알코올과 에탄올에서

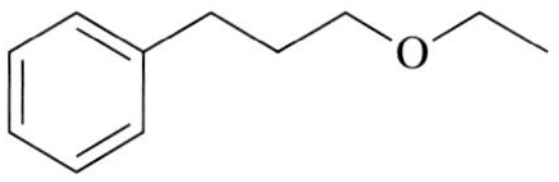

O

(d) 스타이렌과 에탄올에서

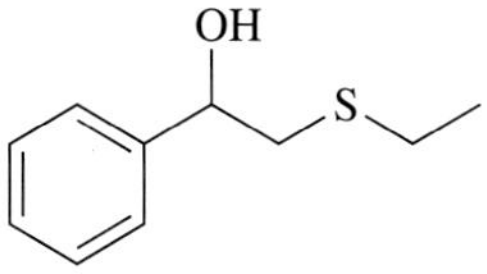

OH S

16.26 프로프라놀롤(Propranolol)은 혈압강하제 및 심장부정맥과 협심증치료제로 처방되는 물질이다. 이 물질은 카이랄성이며, 1개의 거울상체는 치료제로서의 효능을 지닌다. 이 거울상체는 아래에 나타낸 것처럼 (*S*)-글리사이돌(glycidol)로부터 합성이 가능하다. 이 반응과정에 의해 생성된 프로프라놀롤의 배위는 무엇인가? (재배열 일어나지 않음) 이 반응과정에 ⌇형태의 결합은 아직 확정되지 않은 입체화학을 표시한다.

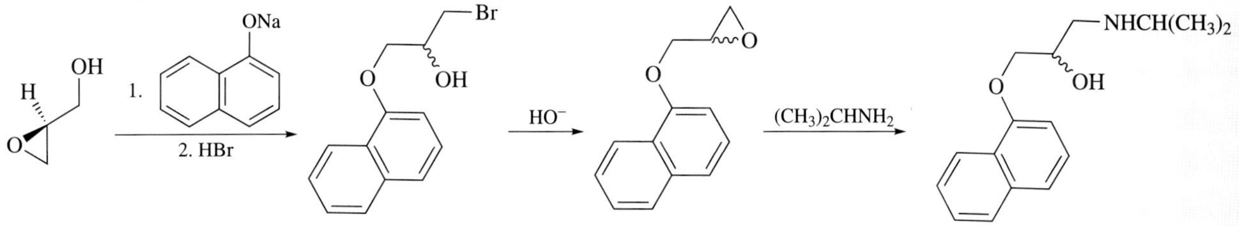

OH H O — 1. ONa (나프톨) 2. HBr → Br O OH — HO^- → O O — $(CH_3)_2CHNH_2$ → $NHCH(CH_3)_2$ O OH

(*S*)-글리사이돌 프리프라놀롤

16.27 다음 반응들은 화학 문헌에 보고되어 있다. 타당한 메커니즘을 제시하시오.

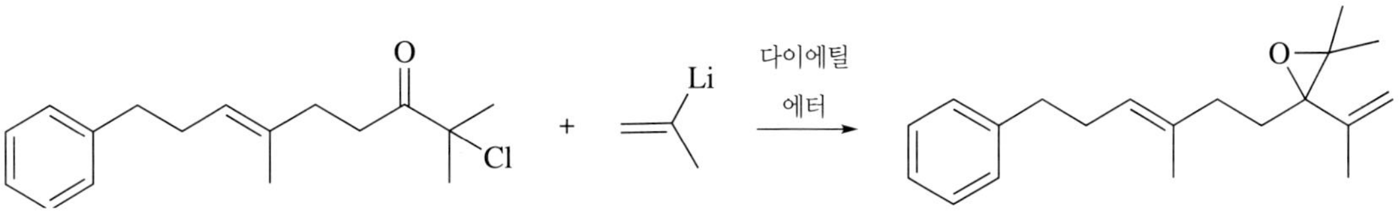

O Cl + Li — 다이에틸 에터 → O

16.28 시네올(Cineole)은 유칼립투스(eucalyptus) 기름의 주 성분이다; 분자식이 $C_{10}H_{18}O$이며, 이중결합 또는 삼중 결합을 포함하고 있지 않다. 시네올을 염산과 반응시키면 다음의 이염화물을 생성한다. 시네올의 구조를 추정하시오.

시네올 —HCl→ Cl Cl

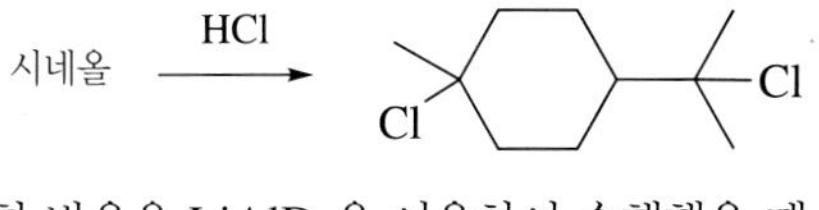

16.29 아래 주어진 반응식과 유사한 반응을 $LiAlD_4$을 이용하여 수행했을 때 축방향 또는 수평방향에 중수소를 포함하는 생성물들은 무엇인가?

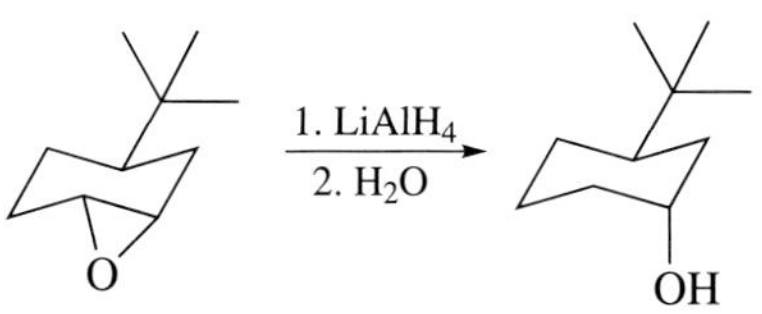

O — 1. $LiAlH_4$ 2. H_2O → OH

16.30 메타과아이오딘산 소듐(Sodium metaperiodate)($NaIO_4$)에 의한 4-*tert*-뷰틸싸이에인(문제 16.38의 싸이에인 구조를 참조)의 산화는 분자식이 $C_9H_{18}OS$를 지닌 두 가지 혼합된 화합물을 만든다. 이 두 가지 생성물을 과산화수소로 산화를 더 진행시키면 동일한 설폰을 생성한다. 이 두 화합물 사이의 관계는 무엇인가?

16.31 다음 각각의 반응에서 다른 생성물이 제조된다. 그림 16.5에 있는 ^{1}H NMR 스펙트럼으로부터 각 생성물에 해당하는 생성물을 확인하고, 관찰되는 위치선택성에 대한 이유가 무엇인지 제안하시오.

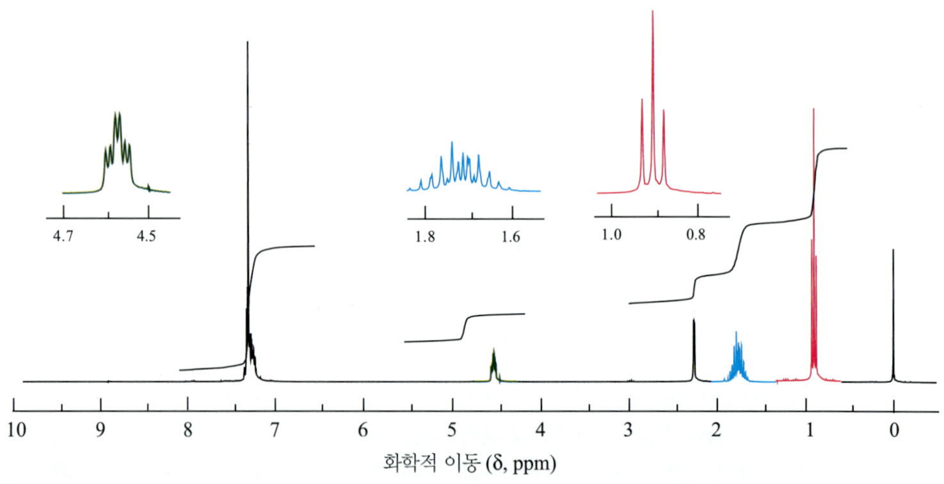

그림 16.5

(a)는 페닐리튬과 1,2-에폭시프로페인, (b)는 메틸리튬과 산화 스타이렌의 반응에 의해 생성된 생성물들의 300-MHz ^{1}H NMR 스펙트럼.

16.32 분자식이 $C_{10}H_{13}BrO$인 화합물의 ^{1}H NMR 스펙트럼이 그림 16.6에 있다. 이 화합물을 브로민화 수소(HBr)와 가열하면 브로민화 벤질과 분자식이 $C_3H_6Br_2$)인 두 번째 화합물을 생성한다. 처음의 화합물은 무엇인가?

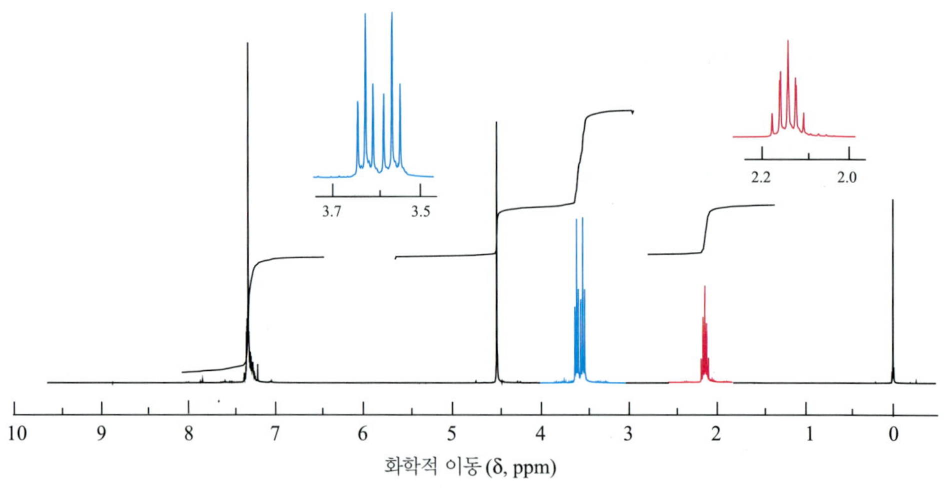

그림 16.6

$C_{10}H_{13}BrO$인 화합물의 300-MHz ^{1}H NMR 스펙트럼(문제 16.32).

설명문과 이해 문제 16

에폭사이드 재배열 및 NIH 이동

이 내용은 표면적으로는 서로 연관이 없어 보이는 에폭사이드의 두 성질에 대한 것이다.

1. 에폭사이드 재배열
2. 아렌 옥사이드

이러한 두 성질은 에폭사이드가 반응물도, 생성물도 아닌 생화학적으로 중요한 변환–아미노산인 페닐알라닌에서 타이로신으로 전환–에서 상호작용을 하게 된다.

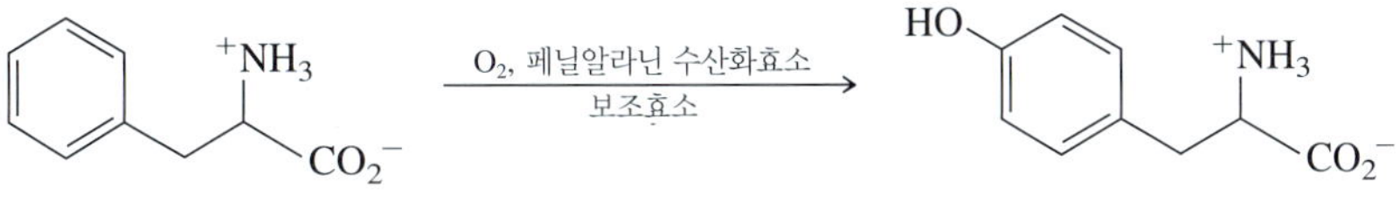

O_2, 페닐알라닌 수산화효소, 보조효소

Phenylalanine → Tyrosine

에폭사이드 재배열

어떤 에폭사이드의 고리열림 반응에서 C—O 결합의 절단은 재배열이 일어날 수 있도록 탄소 ($^{\delta+}$C---O)에 충분히 탄소양이온의 성격을 잘 띠게 한 다음 반응이 동반된다. 이러한 반응들은 보통 에폭사이드 산소의 양성자화 반응 또는 삼플루오린화 보론 (BF_3) 및 염화 알루미늄 ($AlCl_3$)와 같은 Lewis 산에 배위됨으로써 촉진된다.

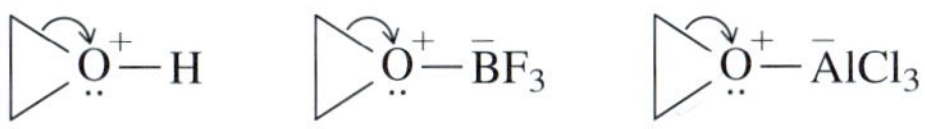

$\ddot{O}^+—H$ $\ddot{O}^+—\bar{B}F_3$ $\ddot{O}^+—\bar{A}lCl_3$

고리 탄소에 양전하가 발달하면서, 인접한 탄소의 작용기 중 하나가 고리 탄소로 이동한다. 이 이동은 산소가 전자쌍을 줌으로써 일어난다. 이 모든 일은 동일한 전이상태에서 일어날 가능성이 높다. 그 후 일어나는 탈양성자화 반응에 의해 알데하이드 또는 케톤을 분리된 생성물로 얻게 된다.

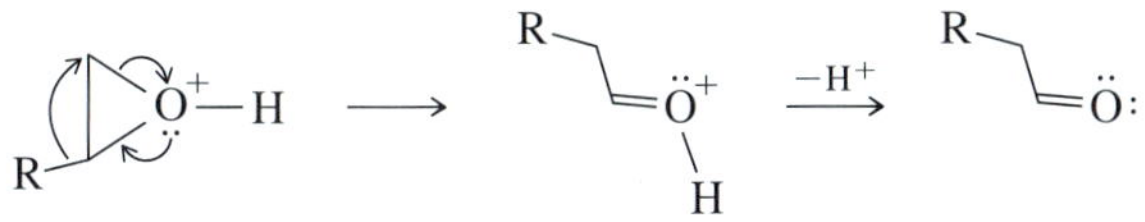

$\xrightarrow{-H^+}$

결과적으로 이 반응은 이웃자리 다이올의 피나콜 재배열(15장의 설명문과 이해 문제 참조)을 연상시키며 또한 비슷한 환경에서 반응이 일어난다.

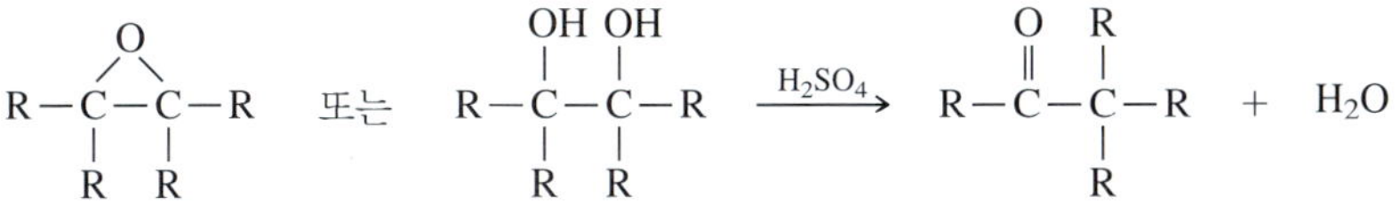

$$R_2C(O)CR_2 \text{ 또는 } R_2C(OH)—C(OH)R_2 \xrightarrow{H_2SO_4} RC(=O)—CR_3 + H_2O$$

아렌 옥사이드

방향족 고리는 보통 알켄을 에폭사이드로 전환시키는 시약들에 대해 불활성이지만, 흔히 아렌 옥사이드는 간접적인 방법으로 실험실에서 합성되기도 한다. 그들의 화학적 반응성은 다른 에폭사이드의 반응성과 비슷하다.

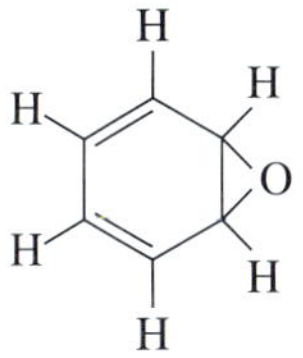

1,2-에폭시 사이클로헥사-3,5-다이엔은 정식으로 벤젠의 에폭사이드이며, 아렌 옥사이드라 불리는 화합물 계열의 모체라고 할 수 있다.

아렌 옥사이드에 있어서 가장 두드러지는 점은 생화학적인 과정에 크게 관련되어 있다는 것이다. 간에 있는 효소가 방향족 탄화수소를 아렌 옥사이드로 산화시킨 후, 다시 생화학적인 친핵체와 반응하여 연속적인 반응에 사용될 화합물을 만들거나 또는 체내에서 아렌 옥사이드의 제거를 도와준다. 일부 아렌 옥사이드, 특히 다환 방향족 탄화수소에서 비롯된 아렌 옥사이드는 발암성 물질이고, DNA의 질소 친핵체과 반응하여 돌연변이를 일으킨다(11.7절).

NIH 이동

비록 페닐리튬이 타이로신으로 되는 하이드록실화 반응이 전형적인 친전자성 방향족 치환처럼 보일 수 있지만, 생화학적 회로에서 벤젠 고리의 에폭시화 반응과 그 후 재배열이 일어나는 에폭사이드 고리열림이 합쳐서 일어난다고 미국 국립보건원(U.S. National Institutes of Health)에 있는 과학자들이 밝혀냈다. 이전에 언급한 피나콜-형태의 반응과 생화학적으로 유사한 이 재배열은 "NIH shift"로 알려져 있다.

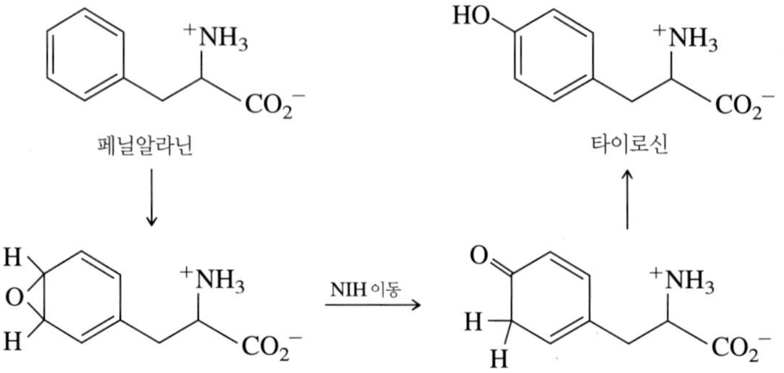

페닐알라닌 → (에폭사이드) —NIH 이동→ (케톤) → 타이로신

16.45 에폭사이드 X와 Y는 BF_3 촉매 재배열에 의해 둘 다 동일한 알데하이드 ($C_{14}H_{12}O$)를 생성한다. 다음 중 재배열 단계를 가장 잘 설명한 것은 무엇인가?

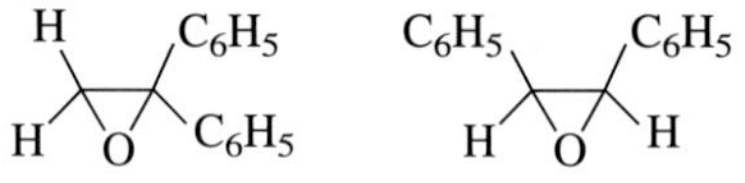

X Y

A. H가 X와 Y에 둘 다 이동한다.
B. C_6H_5는 X와 Y에 둘 다 이동한다.
C. X에 H가, Y에 C_6H_5가 이동한다.
D. X에 C_6H_5가, Y에 H가 이동한다.

16.46 1, 2-에폭시-2-메틸프로페인을 수소화알루미늄 리튬으로 환원하면 예상하듯이 대부분 *tert*-뷰틸 알코올로 만들어진다.

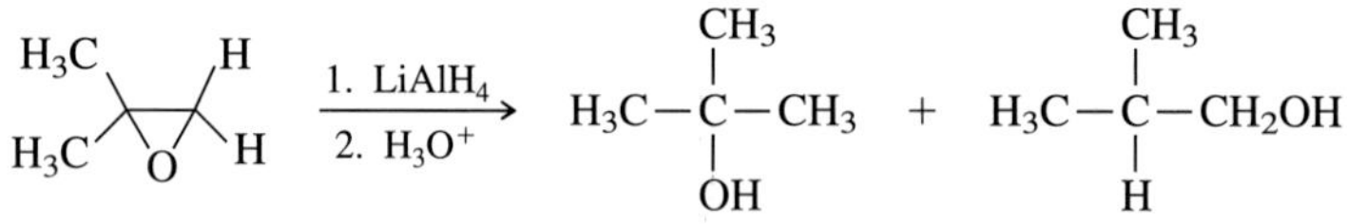

1. $LiAlH_4$ 2. H_3O^+

1,2-Epoxy-2-methylpropane → *tert*-Butyl alcohol (97%) + Isobutyl alcohol (3%)

그러나 이 환원 반응이 $LiAlH_4/AlCl_3$ 혼합물의 환경에서 진행되면, 환원이 되기 전에 에폭사이드 재배열이 일어나게 되고, 아이소뷰틸 알코올이 주 반응생성물이 된다. 이러한 전이반응은 $LiAlD_4/AlCl_3$ 혼합물을 사용한 중수소-표지 실험을 함으로서 입증되었다. 중수소는 생성물인 아이소뷰틸 알코올의 어디에 위치하고 있는가?

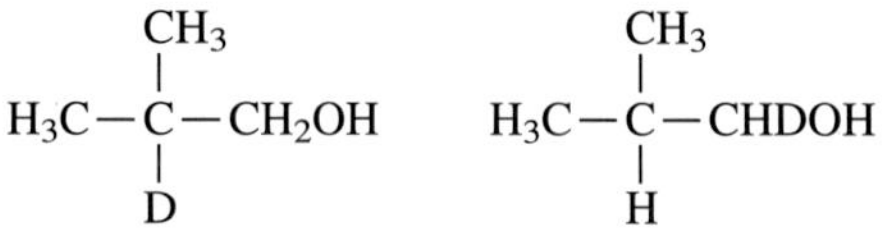

A. $H_3C-C(CH_3)(D)-CH_2OH$ B. $H_3C-C(CH_3)(H)-CHDOH$

16.47 벤젠으로부터 유래된 에폭사이드인 1, 2-에폭시사이클로헥사-3,5-다이엔은 단일 고리 이성질체인 옥세파인(oxepine)과 평형을 이루며 존재한다.

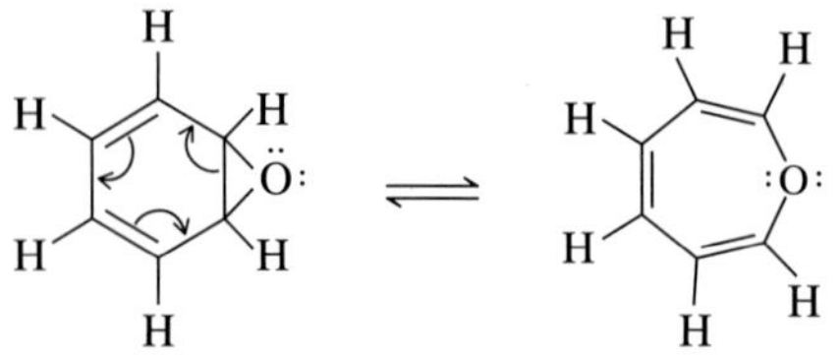

1,2-에폭시사이클로헥사-3,5-다이엔 ⇌ 옥세파인

다음 중 이 두 이성질체의 방향족성에 대한 것으로 옳은 것은 어떤 것 인가?

A. 둘 다 방향족이다.

B. 둘 다 방향족이 아니다.

C. 1,2-에폭시사이클로헥사-3,5-다이엔은 방향족이고, 옥세파인은 방향족이 아니다.

D. 옥세파인은 방향족이고, 1, 2-에폭시사이클로헥사-3, 5-다이엔은 방향족이 아니다.

16.48 나프탈렌이 생화학적인 산화를 하게 되면 에폭사이드 중간체를 경유하여 트랜스 이웃자리 다이올을 만든다. 형성된 다이올은 아래에 나타낸 세 가지 이성질체 중에서 가장 안정한 형태를 가진다. 이 다이올은 어떤 것인가?

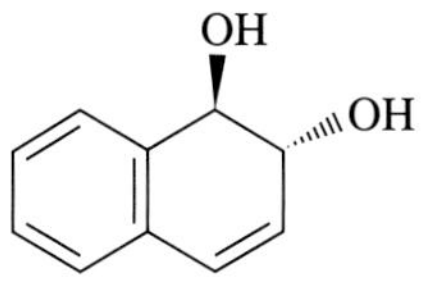

OH OH

A. 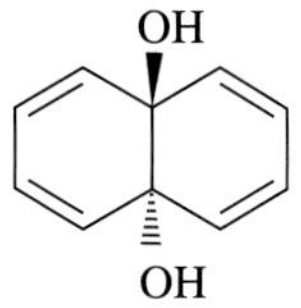 B. 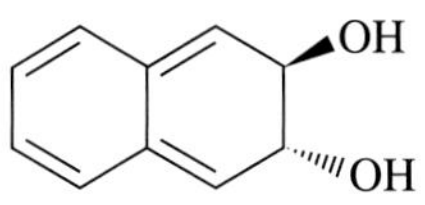 C.

16.49 진통작용을 지니는 아세트아닐라이드는 페닐알라닌에서 일어나는 NIH 이동의 산화와 유사하게 생화학적인 산화를 한다. 아세트아닐라이드로부터 형성된 생성물은 역시 그 물질 자체가 진통효과가 있다. 이 물질(타이레놀로서 잘 알려진)의 구조식은 무엇인가?

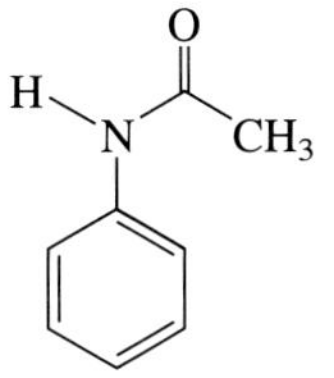

아세트아닐라이드

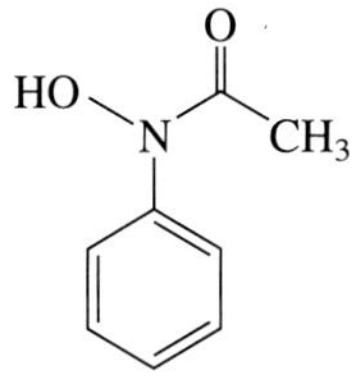

A. 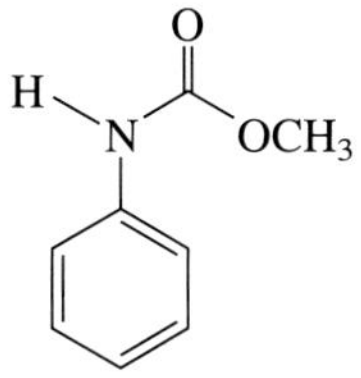 B. 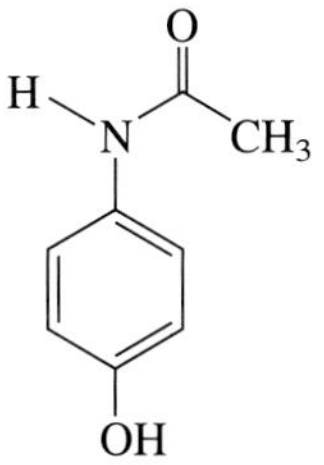 C. 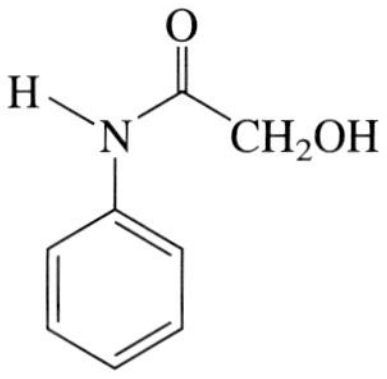 D.

16.50 호르몬인 세로토닌과 멜라토닌은 NIH 이동을 포함하는 일련의 반응에 의해 트립토판으로부터 생합성 된다.

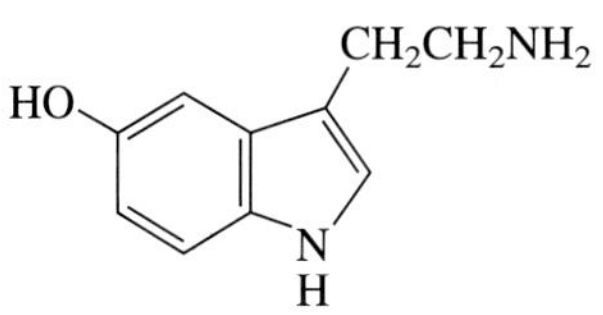

세로토닌

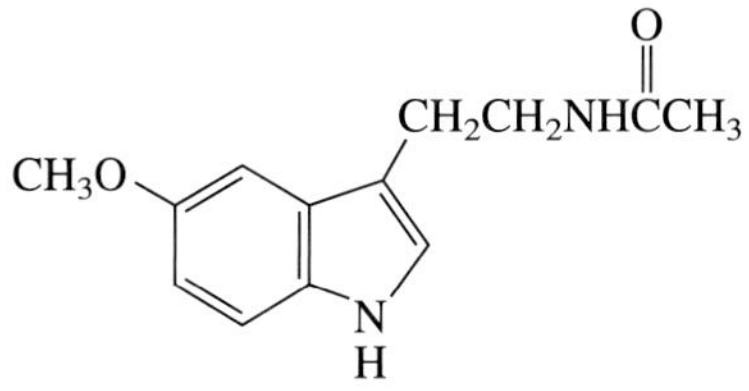

멜라토닌

트립토판과 가장 흡사한 구조는 무엇인가?

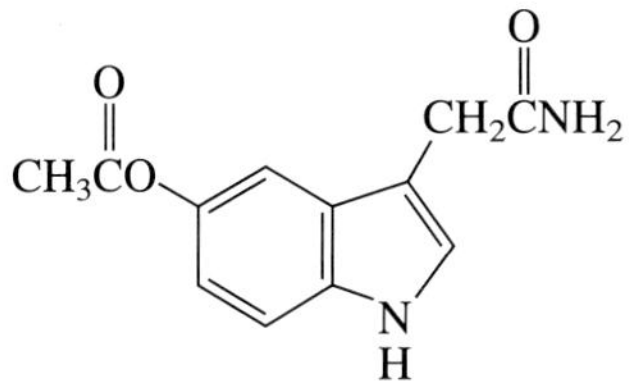

A. 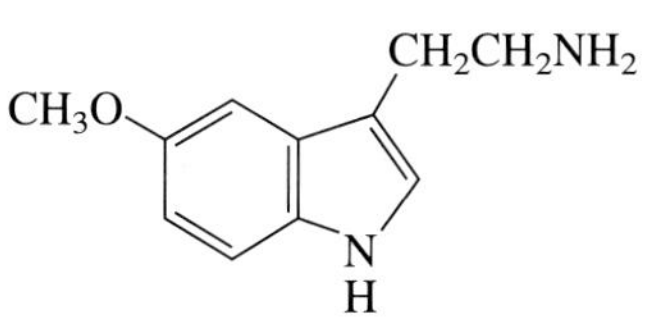 C.

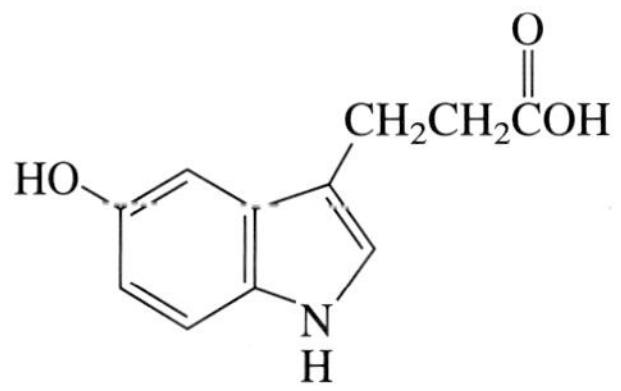

B. 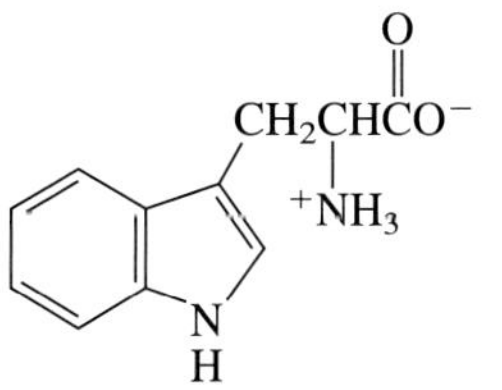 D.

17

장의 개요

머스콘(Muscone)은 15각형 고리를 포함한 사이클로케톤이다. 화학 합성물로서의 주된 용도는 향수이다. 아시아산 수컷 사향노루는 전통적으로 의약품으로 사용된다.

알데하이드와 케톤: 카보닐기에 친핵성 첨가

Aldehydes and Ketones: Nucleophilic Addition to the Carbonyl Group

알데하이드와 케톤은 수소 또는 다른 탄소에 결합되어 있는 아실기 $\mathrm{R\overset{O}{\overset{\|}{C}}}$— 를 포함한다.

비록 이 장에서는 특정 종류의 화합물을 알리기 위해 만든 주제를 모아 수록하기는 했지만, 그 중심 주제는 기본적인 반응의 형태로, *카보닐기에 대한 친핵성 첨가*(*nucleophilic addition to carbonyl groups*)이다. 이 장에서 다루게 될 알데하이드와 케톤에 대한 친핵성 첨가의 원리는 다양한 카복실산 유도체의 변환에 관해 언급되는 후반부에서 폭넓게 응용되는 것을 볼 수 있을 것이다.

17.1 명명법

$-\overset{O}{\overset{\|}{C}}H$ 기를 포함한 가장 긴 연속된 사슬은 알데하이드에 대한 모체 이름으로 한다. 상응하는 알케인의 이름 끝에 있는 *−에*(*-e*)를 *−알*(*-al*)로 치환하고, 치환기는 통상적인 방법에 따라 규정한다. 사슬은 알데하이드기를 C-1으로 해서 번호를 붙이기 때문에 이름에서 알데하이드기의 자리번호를 따로 규정할 필요는 없다. 접미사 *−다이알*(*-dial*)은 화합물이 두 개의 알데하이드 작용기를 포함하고 있을 때 적합한 알케인의 이름에 추가해서 명명한다.

알케인의 어미 *-에*(*-e*)는 접미사가 모음 *-알*(*-al*)로 시작하면 삭제하고 자음 *-다이알*(*-dial*)로 시작하면 그대로 유지한다.

4,4-다이메틸펜탄알 5-헥센알 또는 헥스-5-엔알 2-페닐뷰테인다이알

2-페닐뷰테인다이알에서 알데하이드는 탄소 사슬의 끝에 위치하기 때문에 알데하이드의 위치는 이름에서 숫자로 표시하지 않는 점에 주목하시오.

포밀기(—CH═O; formyl)가 고리에 결합되어 있으면 고리 이름 뒤에 접미사 *−카브알데하이드*(*-carbaldehyde*)를 첨가하여 명명한다.

사이클로펜테인카브알데하이드 2-나프탈렌카브알데하이드 또는 나프탈렌-2-카브알데하이드

일부의 잘 알려진 알데하이드 일반명은 IUPAC 명명으로 인정하고 있다. 그 몇 가지는 다음과 같다.

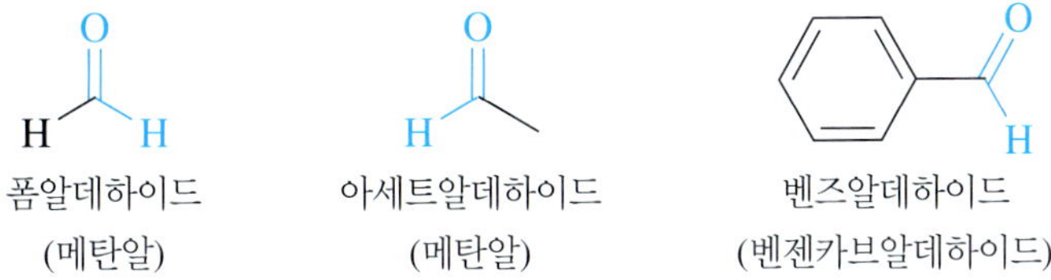

폼알데하이드 (메탄알) 아세트알데하이드 (메탄알) 벤즈알데하이드 (벤젠카브알데하이드)

산소를 포함하고 있는 작용기 중에서, 치환체 이름의 접미사를 결정하는데 있어 더 높은 산화 상태가 낮은 산화 상태보다 우선한다. 따라서 알코올과 알데하이드 작용기를 모두 포함한 화합물은 알데하이드로 명명한다.

5-하이드록시펜탄알 *trans*-4-하이드록시사이클로헥세인카브알데하이드 *p*-하이드록시벤즈알데하이드

문제 17.1

몇 가지 알데하이드의 관용명과 구조식은 다음과 같다. IUPAC 이름을 쓰시오.

(a) 아이소뷰티르알데하이드

(b) 글루타르알데하이드

(c) 글리세르알데하이드

(d) 바닐린

풀이 예시 (a) 일반명이 아이소뷰티르알데하이드라는 것에 대해서 혼동하지 마시오. 가장 긴 연속 사슬은 세 개의 탄소를 가지고 있으므로 그 모체 이름은 *프로판알*(*propanal*)이다. C-2에 메틸기를 가지고 있으므로 이 화합물은 2-메틸프로판알이다.

2-메틸프로판알
(아이소뷰티르알데하이드)

케톤의 경우는 카보닐기를 포함하는 가장 긴 연속된 사슬에 해당하는 알케인의 끝에 있는 -*에*(-*e*)를 -*온*(-*one*)으로 치환한다. 카보닐기가 더 작은 번호가 되도록 사슬에 번호를 붙인다. 고리형 케톤의 카보닐기는 C-1이 되고, 명명할 때 번호는 생략한다.

3-헥산온 또는 헥산-3-온

4-메틸-2-펜탄온 또는 4-메틸펜탄-2-온

4-메틸사이클로헥산온

알데하이드와 같이 케톤 작용기는 모체의 이름을 결정할 때와 번호를 표시할 때는 알코올의 작용기, 이중결합, 할로젠, 알킬기보다 우선한다. 그러나 알데하이드는 케톤보다 우선하며, 알데하이드와 케톤 카보닐기를 동시에 가진 화합물은 알데하이드로 명명한다. 이런 경우에 케톤의 카보닐 산소는 모체에 옥소-(*oxo*-)치환기로 명명된다.

4-메틸-3-펜텐-2-온 또는 4-메틸펜트-3-엔-2-온

2-메틸-4-옥소펜탄알

비록 위에서 기술한 치환식 이름이 우선이지만, IUPAC 규칙은 기능식 명명법에 의한 명명도 케톤에 허용한다. 카보닐기에 결합된 기들을 서로 분리해서 명명하고 끝에 *케톤*(*ketone*)을 명명한다. 기들은 알파벳 순서로 배열한다.

IUPAC 체계에서 알데하이드에 대한 기능식 명명은 없다.

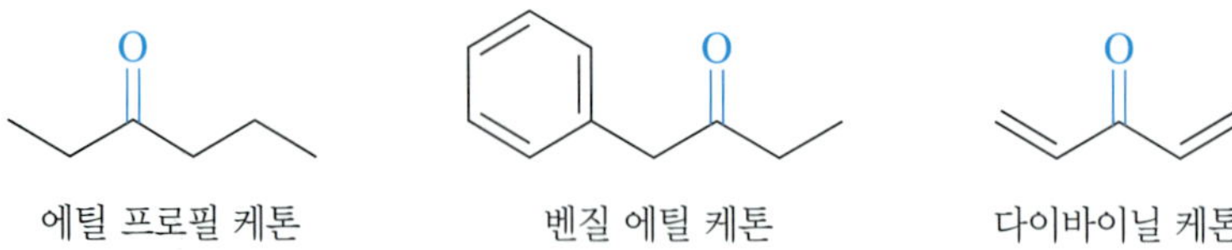

에틸 프로필 케톤 벤질 에틸 케톤 다이바이닐 케톤

문제 17.2

다음 각 기능식 IUPAC 이름을 치환식 이름으로 전환하시오

(a) 다이벤질 케톤
(b) 에틸 아이소프로필 케톤
(c) 메틸 2,2-다이메틸프로필 케톤
(d) 알릴 메틸 케톤

풀이 예시 (a) 먼저 이름에 해당하는 구조식을 쓰시오. 다이벤질 케톤은 카보닐기에 결합된 두 개의 벤질기를 가진다.

다이벤질 케톤

가장 긴 연속 사슬은 세 개의 탄소를 포함하며, C-2는 카보닐기의 탄소이다. 이 케톤에 대한 치환식 IUPAC 이름은 *1,3-다이페닐-2-프로판온* 또는 *1,3-다이페닐프로판-2-온이다*.

케톤에 대해 IUPAC 체계에서 허용된 몇몇 일반명은 다음과 같다.

아세톤 아세토페논 벤조페논

[접미사 *-페논(-phenone)*은 아실기가 벤젠고리에 결합되어 있음을 나타낸다.]

17.2 구조와 결합: 카보닐기

카보닐기의 주목할 만한 두 가지 특성은 그 기하학적 *구조(geometry)*와 *극성(polarity)*이다. 그림 17.1에서 폼알데하이드, 아세트알데하이드, 아세톤 카보닐기의 결합들은 동일평면의 기하 구조를 가지고 있다. 카보닐기를 포함하는 결합 각은 대략 120°이다. 그러나 그림 17.1의 예에서 나타낸 것처럼 화합물과 화합물간의 결합 각은 다소 다르다. 알데하이드와 케톤의 C═O 결합거리(122 pm)는 알코올과 에테르의 C—O 결합 거리인 141 pm보다 상당히 짧다.

폼알데하이드의 결합은 에틸렌(그림 17.2)의 결합과 유사한 sp^2-혼성화 모형에 따라 나타낼 수 있다. 이 모형에 의하면, 탄소–산소 이중결합은 $\sigma + \pi$ 형태의 결합으로 보여진다. 탄소와 산소의 절반이 채워진 sp^2 혼성 오비탈의 겹침으로 σ 결합이 되는 반면, 절반이

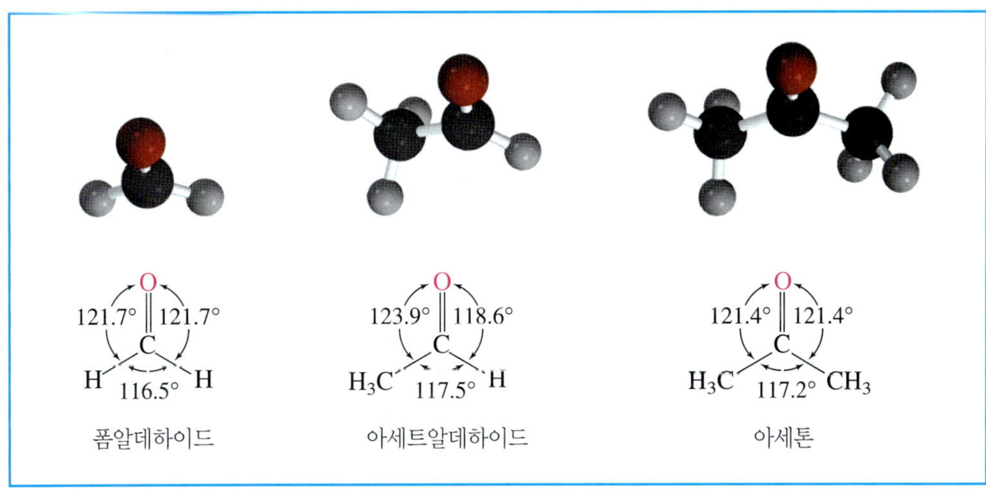

그림 17.1

카보닐기에서 탄소와 결합은 동일 평면 상에 위치하며, 대략 서로 간에 120°의 각을 유지한다.

그림 17.2

(*a*) 에틸렌과 (*b*) 폼알데하이드 두 분자는 같은 전자수를 가지고 있으며, 탄소는 둘다 sp^2-혼성이다. 폼알데하이드에서 탄소 중의 하나가 sp^2-혼성 산소에 의해 치환되었다. 에틸렌의 탄소-탄소 이중결합과 같이 폼알데하이드의 탄소-산소 이중결합은 σ 성분과 π 성분으로 구성되어 있다. 주어진 값은 각각 C=C와 C=O 단위에 대응한다.

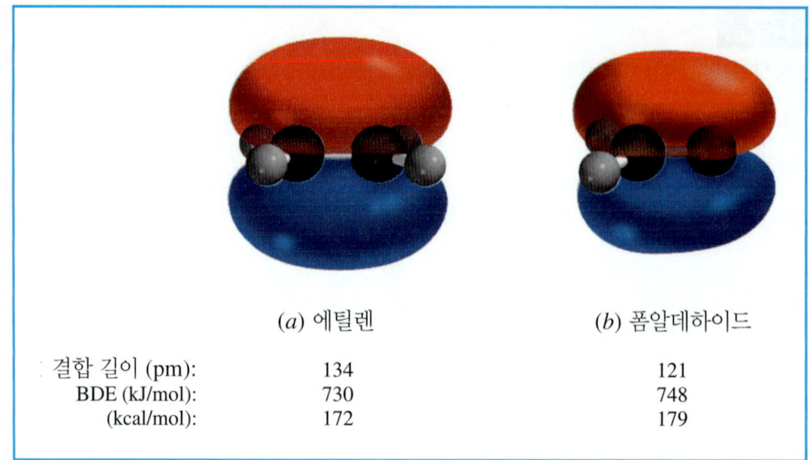

채워진 2*p* 오비탈의 측면-측면 겹침으로 π 결합이 된다. 산소 비공유 전자쌍은 sp^2 혼성 오비탈을 점유하고, 분자와 동일한 평면에 놓이게 된다. 폼알데하이드의 탄소-산소 이중결합은 에틸렌의 탄소-탄소 이중결합보다 거리가 짧고 더 강한 결합을 갖는다.

카보닐기는 알데하이드와 케톤을 다소 극성 분자로 만들어서 알켄보다는 상당히 큰 쌍극자 모멘트의 값을 가진다.

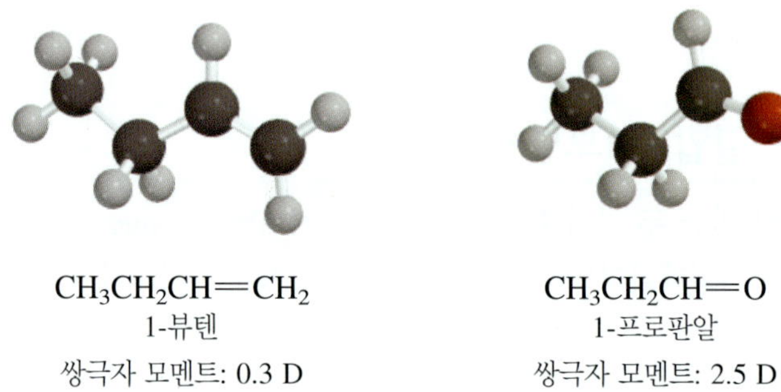

카보닐기가 분자의 전하 분포에 얼마나 영향을 주는지는 1-뷰텐과 프로판알(그림 17.3)의 정전기 퍼텐셜지도에서 분명해진다. 프로판알의 카보닐 탄소는 양전하로, 산소는 음전하로 극성화되어 있다.

이러한 카보닐기의 편극화를 표시하는 방법에는 다음과 같은 것이 있다.

$$\overset{\delta+}{C}{=}\overset{\delta-}{O} \quad \text{또는} \quad \overset{\longmapsto}{C{=}O} \quad \text{와}$$

$$C{=}\ddot{\underset{..}{O}}: \longleftrightarrow {}^{+}C{-}\ddot{\underset{..}{O}}:^{-}$$

그림 17.3

(a) 1-뷰텐과 (b) 프로판알의 정전기 퍼텐셜지도. 색의 정도는 두 성분 간에 직접 비교할 수 있게 전하 분포를 일반적인 척도로 나타냈다. 1-뷰텐에서 가장 높은 음전하의 퍼텐셜의 영역은 이중결합의 π 전자와 연관된다. 전하 분리는 프로판알이 더 크게 일어난다. 카보닐기의 탄소는 양전하를 띠는 퍼텐셜의 위치이다. 가장 높은 음전하 퍼텐셜 영역은 산소 근처이다.

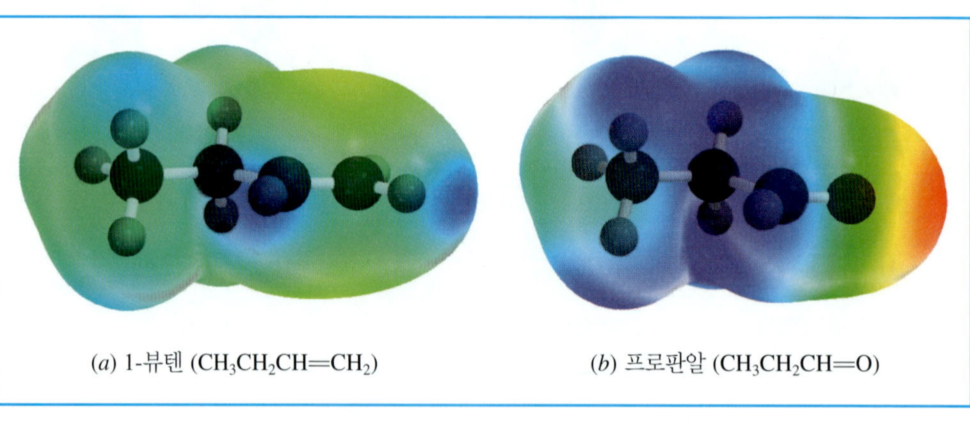

특히 매우 극성을 띠게 되는 카보닐기의 구조적인 특징은 이 장의 알데하이드와 케톤에서 보게 될 것이다. C=O에서 부분적으로 양의 전하를 띤 탄소는 탄소양이온의 성격을 가지게 되고 친전자성이 된다. 이 결합들의 평면적인 배열은 이 탄소가 상대적으로 덜 혼잡하게 하고 친핵체에 의한 공격에 민감하게 만든다. 산소는 부분적으로 음의 전하를 띠며, 약한 염기성이다.

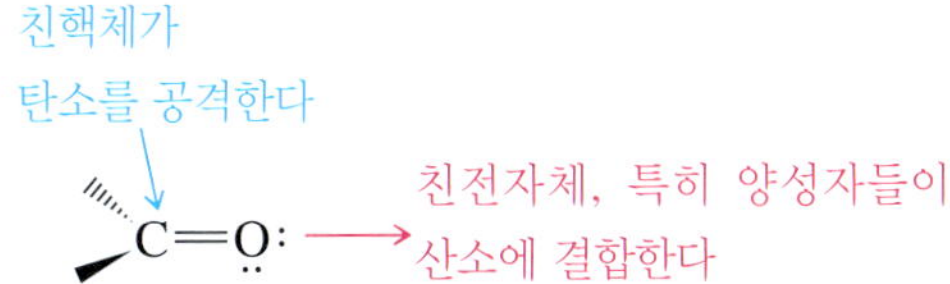

알킬 치환기는 전자를 sp^2-혼성 탄소에 내줌으로써 탄소–탄소 이중결합과 탄소양이온을 안정화하는 것과 같은 방법으로 카보닐기를 안정화한다. 따라서 연소열에서 나타내는 것처럼, 케톤인 2-뷰탄온은 그 알데하이드 이성질체인 뷰탄알보다 더 안정하다.

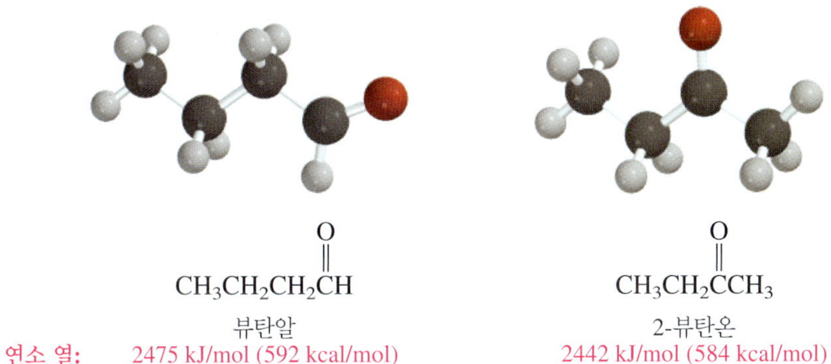

케톤의 카보닐 탄소는 두 개의 전자를 주는 알킬기가 결합되어 있고, 알데하이드 카보닐기는 한 개의 알킬기만을 가지고 있다. 알켄에서 이치환된 이중결합이 일치환된 이중결합보다 더 안정한 것처럼, 케톤의 카보닐은 알데하이드의 카보닐보다 더 안정하다. 알데하이드와 케톤에 있는 카보닐기의 상대적 *안정성*(*stability*)에 미치는 구조적 효과가 그들의 상대적 *반응성*(*reactivity*)에 중요한 인자라는 것을 이 장에서 나중에 다루게 될 것이다.

17.3 물리적 성질

일반적으로 알데하이드와 케톤은 분자 간 쌍극자–쌍극자 인력이 더 강하기 때문에 알켄보다 더 높은 끓는점을 가진다. 그러나 알코올과는 달리 두 카보닐기가 서로 수소결합을 형성할 수 없기 때문에 알코올보다는 끓는점이 낮다.

	1-뷰텐	프로판알	1-프로판올
bp (1 atm)	-6°C	49°C	97°C
물에서의 용해도 (g/100 mL)	무시해도 좋음	20	어떤 비율로도 섞인다

알데하이드와 케톤의 카보닐 산소는 OH의 양성자와 수소결합을 형성할 수 있다. 이러한 점이 알데하이드와 케톤을 알켄보다 물에 잘 녹게 만들게 하지만 알코올보다는 물에 잘 녹지 않는 이유이다.

문제 17.3

벤조알데하이드와 물 사이의 수소결합을 그리시오.

17.4 알데하이드와 케톤 공급원

알데하이드와 케톤이 합성 유기화학에서 가장 많이 반응에 참여한다는 것을 이 장의 후반과 다음 장에서 보게 될 것이다. 그러면 알데하이드와 케톤은 어디서 오는 것일까?

많은 것이 천연에 존재한다. 다양성과 양적인 면에서 알데하이드와 케톤은 가장 일반적이고 친숙한 천연물에 속한다. 그 몇 가지를 그림 17.4에 나타내었다.

많은 알데하이드와 케톤들이 이미 알려진 반응에 의해 실험실에서 만들어지는데, 표 17.1에 이런 방법을 요약하였다. 이들 반응 중 합성 화학자에게 가장 중요한 반응은 마지막 두 반응이다. 즉, 1차 알코올이 알데하이드로, 2차 알코올이 케톤으로 되는 산화이다. *사실 알코올의 생성 반응과 결합하면 산화 방법은 너무나 다양하기 때문에 이 장에서 알데하이드와 케톤을 생성하는 새로운 방법으로 소개할 필요가 없을 것이다. 여기서 몇가지 예를 설명하겠다.*

먼저 카복실산으로부터 어떻게 알데하이드를 만드는가를 고려해보자. RCO_2H로부터 RCHO를 직접 만드는 방법은 없다. 대신에 간접적인 방법으로 먼저 카복실산을 대응하는 1차 알코올로 환원하고, 그 다음에 1차 알코올을 알데하이드로 산화시킨다.

$$\underset{\text{카복실산}}{RCO_2H} \xrightarrow{\text{환원}} \underset{\text{1차 알코올}}{RCH_2OH} \xrightarrow{\text{산화}} \underset{\text{알데하이드}}{RCH{=}O}$$

$$\text{Benzoic acid} \xrightarrow[\text{2. } H_2O]{\text{1. } LiAlH_4} \text{Benzyl alcohol (81\%)} \xrightarrow[CH_2Cl_2]{\text{PDC}} \text{Benzaldehyde (83\%)}$$

그림 17.4

천연에 존재하는 몇 가지 알데하이드와 케톤.

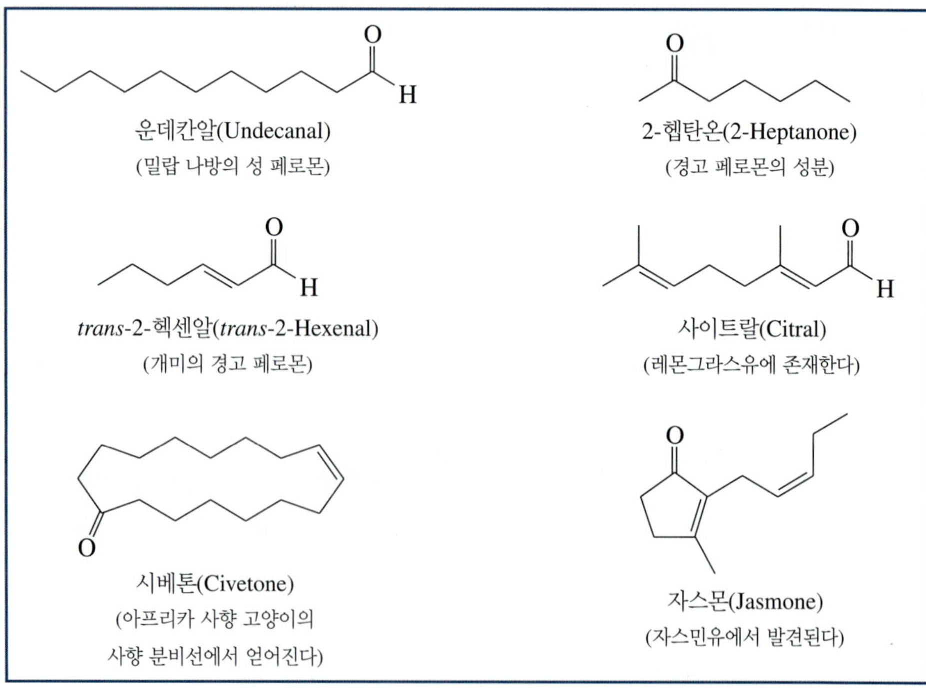

표 17.1 이전 장에서 논의한 알데하이드와 케톤을 생성하는 반응물들의 요약

반응(절)과 설명	일반 반응식과 특정 예
알켄의 가오존분해(6.12절) 이 반응은 합성 및 구조 분석에서 사용된다. 아연 존재 하에서 오존화물 중간체의 가수분해는 더 이상의 산화없이 알데하이드 생성물을 분리할 수 있다. 이중결합 주위의 치환 형태는 생성물을 구성하는 카보닐-포함 화합물을 확인함으로써 알 수 있다.	알켄 $\xrightarrow[2.\ H_2O,\ Zn]{1.\ O_3}$ 케톤 + 알데하이드 2,6-Dimethyl-2-octene $\xrightarrow[2.\ H_2O,\ Zn]{1.\ O_3}$ Acetone + 4-Methylhexanal (91%)
알카인의 수(9.12절) 삼중결합에 물의 Markovnikov 첨가로 형성되는 엔올 중간체에 의해 반응이 일어난다.	$RC{\equiv}CR' + H_2O \xrightarrow[HgSO_4]{H_2SO_4} RCCH_2R'$ (C=O) 알카인 물 케톤 1-Octyne $\xrightarrow[H_2SO_4]{H_2O,\ HgSO_4}$ 2-Octanone (91%)
방향족 화합물의 Friedel-Crafts 아실화(12.7절) 염화 아실과 카복실산 무수물은 염화 알루미늄 존재 하에서 방향족 고리를 아실화한다. 이 반응은 아실륨 이온이 생성되어 고리를 공격하는 친전자성 방향족 치환이다.	$ArH + RCCl \xrightarrow{AlCl_3} ArCR + HCl$ (C=O) $ArH + RCOCR \xrightarrow{AlCl_3} ArCR + RCOH$ (C=O) 1-Chloro-2-phenylethane + Butanoyl chloride $\xrightarrow{AlCl_3}$ (*p*-Chloroethyl)phenyl propyl ketone (85%) Anisole + Acetic anhydride $\xrightarrow{AlCl_3}$ *p*-Methoxyacetophenone (90–94%)
1차 및 2차 알코올을 알데하이드와 케톤으로 산화(15.9절). 많은 시약, 특히 다이클로로메테인 용매 하에서 다이크로뮴산 피리디늄(PDC) 또는 클로로 크로뮴산 피리디늄(PCC)은 1차 알코올을 알데하이드로, 2차 알코올은 케톤으로 산화시킨다. 수용성 Cr(VI) 또한 케톤 합성에는 유용하지만, 카복실산까지 산화되지 않기 때문에 알데하이드 합성에는 유용하지 않다. PDC와 PCC처럼 염화 옥살릴과 트라이메틸아민의 존재하에서 다이메틸 설폭사이드는 1차 알코올을 알데하이드로 그리고 2차 알코올은 케톤으로 산화시킨다.	$RCH_2OH \xrightarrow{산화} RCH$ (C=O) 1차 알코올 알데하이드 $RCHR'$ (OH) $\xrightarrow{산화} RCR'$ (C=O) 2차 알코올 케톤 1-Decanol $\xrightarrow[CH_2Cl_2]{PDC}$ Decanal (98%) 1-Phenyl-1-pentanol $\xrightarrow[아세트산,\ H_2O]{CrO_3}$ 1-Phenyl-1-pentanone (93%)

문제 17.4

다음 반응의 첫 단계에서 카복실산을 1차 알코올로 환원하는데 촉매 수소화를 사용할 수 있겠는가? $RCO_2H \rightarrow RCH_2OH \rightarrow RCHO$.

가끔 탄소–탄소 결합 형성을 포함하는 과정을 이용하여 케톤을 제조할 필요가 있을 때가 있다. 이러한 경우 표준 방법은 알데하이드에 Grignard 시약을 첨가시킨 후 생성되는 2차 알코올을 산화시키는 반응의 조합이다.

$$\underset{\text{알데하이드}}{\overset{O}{\overset{\|}{RCH}}} \xrightarrow[\text{2. } H_3O^+]{\text{1. } R'MgX\text{, 다이에틸 에터}} \underset{\text{2차 알코올}}{\overset{OH}{\overset{|}{RCHR'}}} \xrightarrow{\text{산화}} \underset{\text{케톤}}{\overset{O}{\overset{\|}{RCR'}}}$$

$$\underset{\text{Propanal}}{CH_3CH_2CHO} \xrightarrow[\text{2. } H_3O^+]{\text{1. } CH_3(CH_2)_3MgBr \text{, diethyl ether}} \underset{\text{3-Heptanol}}{CH_3CH_2CH(OH)CH_2CH_2CH_2CH_3} \xrightarrow{H_2CrO_4} \underset{\text{3-Heptanone}}{CH_3CH_2COCH_2CH_2CH_2CH_3}$$

(프로판알로부터 57%)

문제 17.5

(a) 2-뷰탄온은 어떻게 모든 탄소가 아세트산(CH_3CO_2H)에서 유래되는 과정에 의해 제조될 수 있는지 나타내시오.

풀이 예시

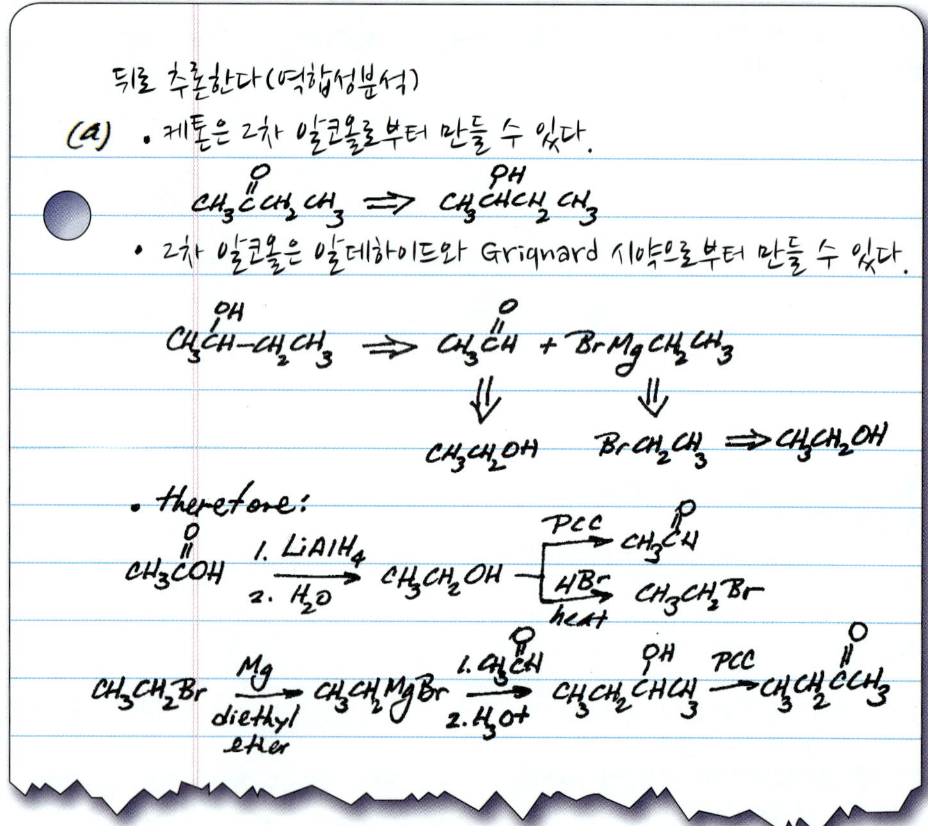

(b) 지중해 연안에서 발견되는 개미 두 종은 경고 페로몬으로 2-메틸-4-헵탄온을 사용한다. 네 개의 탄소로 구성된 알코올 두 개를 사용하여 이 화합물을 제조하는 방법을 제안하시오.

많은 저분자량의 알데하이드와 케톤은 중요한 공업용 화학 약품이다. 다양한 폴리머들에 대한 출발 물질인 폼알데하이드는 높은 온도에서 은 또는 산화 철/산화 몰리브데넘을 촉매로 메탄올을 산화시켜 제조한다.

> *알데하이드(Aldehyde)*라는 명칭은 *알코올의 탈수소화(alcohol dehydrogenatum)*, 즉 알코올에서 수소가 떨어져 나가서 생성된다는 것을 의미하기 위해 만들어졌다.

$$\underset{\text{Methanol}}{CH_3OH} + \underset{\text{Oxygen}}{\tfrac{1}{2}O_2} \xrightarrow[500°C]{\text{촉매}} \underset{\text{Formaldehyde}}{HCH(=O)} + \underset{\text{Water}}{H_2O}$$

유사한 과정이 에탄올을 아세트알데하이드로, 아이소프로필 알코올을 아세톤으로 변화시키는 데 사용된다.

14.14절에서 설명한 '선형 α-올레핀'은 일산화탄소와 반응하여 여러 가지 알데하이드를 만드는 출발 물질이다. 이 과정을 **수소포밀화(hydroformylation)**이라고 한다.

$$\underset{\text{알켄}}{RCH{=}CH_2} + \underset{\text{일산화탄소}}{CO} + \underset{\text{수소}}{H_2} \xrightarrow{Co_2(CO)_8} \underset{\text{알데하이드}}{RCH_2CH_2CH(=O)}$$

과잉의 수소는 알데하이드의 수소화를 일으키고, 이 과정은 1차 알코올의 제조에 사용될 수 있다. 미국에서 연간 2×10^9 파운드의 다양한 알데하이드와 알코올이 수소포밀화에 의해 제조된다.

많은 알데하이드와 케톤은 20장에서 자세하게 논의하게 될 *알돌 축합(aldol condensation)*으로 알려진 반응에 의해 산업에서 뿐만 아니라 실험실에서도 만들어진다.

17.5 알데하이드와 케톤 반응: 복습과 예습

표 17.2에는 이전 장들에서 다루었던 알데하이드와 케톤의 반응들을 요약하였다. 모두가 유기합성 화학자에게는 유용한 반응들이다. 카보닐기는 Clemmensen 또는 Wolff-Kishner 환원에 의해 탄화수소로 되며, 환원제에 의해 또는 Grignard 시약 또는 유기리튬 시약과의 반응에 의해 알코올로 된다.

카보닐기의 가장 중요한 화학적 성질은 일반식에서 나타낸 형태의 **친핵성 첨가(nucleophilic addition)**를 일으키려는 경향성이다.

$$\underset{\text{알데하이드 또는 케톤}}{\overset{\delta+}{C}{=}\overset{\delta-}{O}} + \overset{\delta+}{X}{-}\overset{\delta-}{Y} \longrightarrow \underset{\text{친핵성 첨가의 생성물}}{C(O{-}X)(Y)}$$

음으로 편극된 원자 또는 작용기는 이 반응들의 속도결정 단계에서 양으로 편극된 카보닐기의 탄소에 결합한다. 예를 들면, Grignard 시약, 유기리튬 시약, 수소화알루미늄 리튬 및 수소화붕소 소듐은 모두 카보닐기와 친핵성 첨가를 한다.

다음 절에서는 알데하이드와 케톤에 대한 친핵성 첨가의 메커니즘을 다루게 될 것이다. 그리고 물이 C=O 기에 첨가되는 반응인 *수화(hydration)*를 다루게 될 것이다. 이 반응을 사용하여 몇 가지 일반적인 원리를 밝혀내고 합성, 메커니즘 또는 생물학적 흥미를 지니는 물질과 관련된 많은 반응들을 살펴볼 것이다.

표 17.2 이전 장에서 다루었던 알데하이드와 케톤의 반응 요약

반응(절)과 설명	일반 반응식과 특정 예
탄화수소로 환원(12.8절) 카보닐기를 메틸렌 단위로 변화시키는 두 가지 방법은 Clemmensen 환원(아연 아말감과 진한 염산)과 Wolff–Kishner 환원(끓는점이 높은 알코올에서 하이드라진과 수산화 포타슘을 가열)이다.	$RC(=O)R' \longrightarrow RCH_2R'$ 알데하이드 또는 케톤 → 탄화수소 Citronellal $\xrightarrow[\text{diethylene glycol, heat}]{H_2NNH_2,\ KOH}$ 2,6-Dimethyl-2-octene (80%)
알코올로 환원(15.2절) 다양한 환원제에 의해 알데하이드는 1차 알코올로, 케톤은 2차 알코올로 환원된다. 금속 촉매에서 촉매 수소화와 수소화붕소 소듐 또는 수소화알루미늄 리튬에 의한 환원이 일반적인 방법이다.	$RC(=O)R' \longrightarrow RCH(OH)R'$ 알데하이드 또는 케톤 → 알코올 p-Methoxybenzaldehyde (CH_3O–C_6H_4–CHO) $\xrightarrow[CH_3OH]{NaBH_4}$ p-Methoxybenzyl alcohol (96%)
Grignard 시약과 유기리튬 화합물의 첨가 (14.5~14.6절) 탄소–탄소결합형성은 알데하이드를 2차 알코올로, 케톤을 3차 알코올로 전환시킨다.	$RC(=O)R' + R''M \longrightarrow RC(O^-M^+)(R'')R' \xrightarrow{H_3O^+} RC(OH)(R'')R'$ Cyclohexanone + Ethylmagnesium bromide $\xrightarrow[\text{2. } H_3O^+]{\text{1. diethyl ether}}$ 1-Ethylcyclohexanol (74%)

17.6 친핵성 첨가 원리: 알데하이드와 케톤의 수화

용매(이 경우는 물) 없이 평형상수를 표현하는 규칙은 1.13절에 나타내었다.

평형에 미치는 구조 효과: 알데하이드와 케톤은 물과 반응하여 빠른 평형을 이룬다. 생성물은 수화물이라 불리는 **같은자리 다이올(geminal diol)**이다.

$$RC(=O)R' + H_2O \underset{}{\overset{\text{빠름}}{\rightleftharpoons}} RC(OH)_2R' \qquad K_{hydr} = \frac{[\text{수화물}]}{[\text{카보닐 화합물}]}$$

알데하이드 또는 케톤 · 물 · 같은자리 다이올 (수화물)

전체적으로 반응은 *첨가(addition)*로 분류된다. 물이 카보닐기에 첨가된다. 수소는 음으로 편극된 카보닐 산소에 결합되고, 하이드록실기는 양으로 편극된 탄소에 결합된다.

표 17.3에 몇 가지의 간단한 알데하이드와 케톤의 수화에 대한 평형상수 K_{hydr}를 비교하였다. 평형의 위치는 어떤 기가 C=O 기에 결합되어 있으며, 어떻게 이들이 *입체적(steric)*, *전자적(electronic)* 환경에 영향을 미치는가에 달려 있다. 두 효과가 모두 기여하지만 전자효과가 입체효과보다 더 K_{hydr}를 조절한다.

표 17.3 몇 가지 알데하이드와 케톤의 수화반응에 대한 평형상수(K_{hydr})와 상대적 반응속도

반응*	K_{hydr}†	수화물로의 변환 백분율	상대속도
$HCHO + H_2O \rightleftharpoons H_2C(OH)_2$	2300	>99.9	2200
$CH_3CHO + H_2O \rightleftharpoons CH_3CH(OH)_2$	1.0	50	1.0
$(CH_3)_3CCHO + H_2O \rightleftharpoons (CH_3)_3CCH(OH)_2$	0.2	17	0.09
$CH_3COCH_3 + H_2O \rightleftharpoons (CH_3)_2C(OH)_2$	0.0014	0.14	0.0018

* 중성 용액, 25°C

† $K_{hydr} = \dfrac{[\text{수화물}]}{[\text{카보닐 화합물}]}$

우선 알킬기의 전자효과와 C═O에 결합된 수소 원자를 생각해보자. 알킬 치환기가 C═O를 안정화시키기 때문에 케톤의 카보닐기는 알데하이드의 카보닐기보다 더 안정하게 만든다. 모든 평형에서와 같이 반응물을 안정화시켜 주는 요인들은 평형상수를 감소하게 한다. 따라서 수화 반응의 정도는 카보닐기에 있는 알킬기의 수가 증가할수록 감소한다.

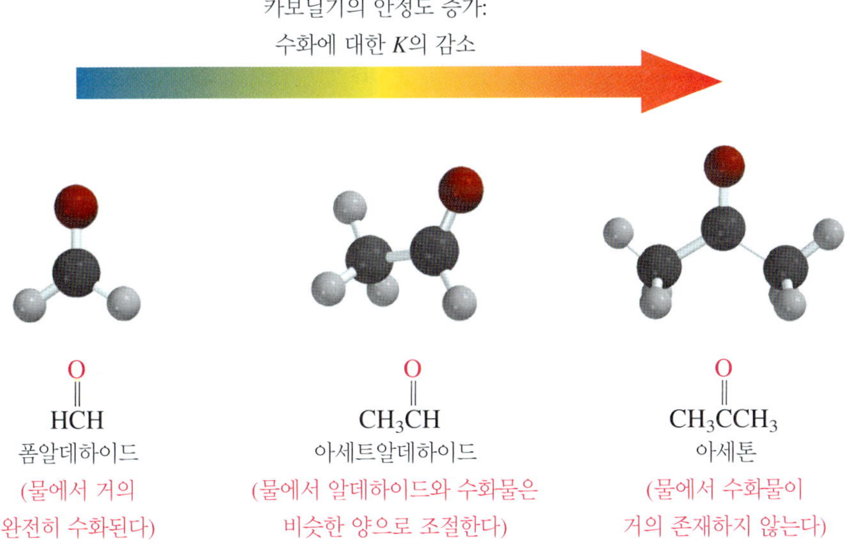

카보닐기의 안정화에 미치는 전자적인 효과와 그에 따른 수화에 대한 평형상수의 관계는 헥사플루오로아세톤의 예에서 두드러지게 찾아볼 수 있다. 아세톤에서 수화는 거의 무시할 수 있을 정도인 데 비해서, 헥사플루오로아세톤은 완전히 수화된다.

$$F_3C{-}CO{-}CF_3 + H_2O \rightleftharpoons F_3C{-}C(OH)_2{-}CF_3 \qquad K - 22,000$$

Hexafluoroacetone　　Water　　1,1,1,3,3,3-Hexafluoro-2,2-propanediol

알킬 치환기처럼 전자를 주어서 카보닐기를 안정화 하는 대신에, 트라이플루우오로메틸기는 전자를 끌어당겨서 카보닐기를 불안정화시킨다. 불안정한 카보닐기는 첨가에서 평형상수를 더 커지게 한다.

문제 17.6

*클로랄(Chloral)*은 트라이클로로에탄알의 관용명이다. 이 수화물은 유명한 녹아웃 술인 'Mickey Finn(마취제가 든 술)'으로 많은 탐정 소설에 등장하는 물질이다. 클로랄 수화물의 구조식을 쓰시오.

C═O 기에 결합된 치환기의 크기가 어떻게 K_{hydr}에 영향을 미치는가를 살펴보기 위해 입체효과로 관심을 돌려 보자. 반응물(알데하이드 또는 케톤)의 혼성화가 sp^2에서 생성물(수화물)의 sp^3로 변함에 따라 탄소에서 결합각은 약 120°에서 약 109.5°로 줄어든다. 이것은 수화물에서의 붐빔을 증가시키고, 치환기들이 클(알킬) 때보다는 치환기가 작을(수소) 때가 K_{hydr} 값은 더 커진다.

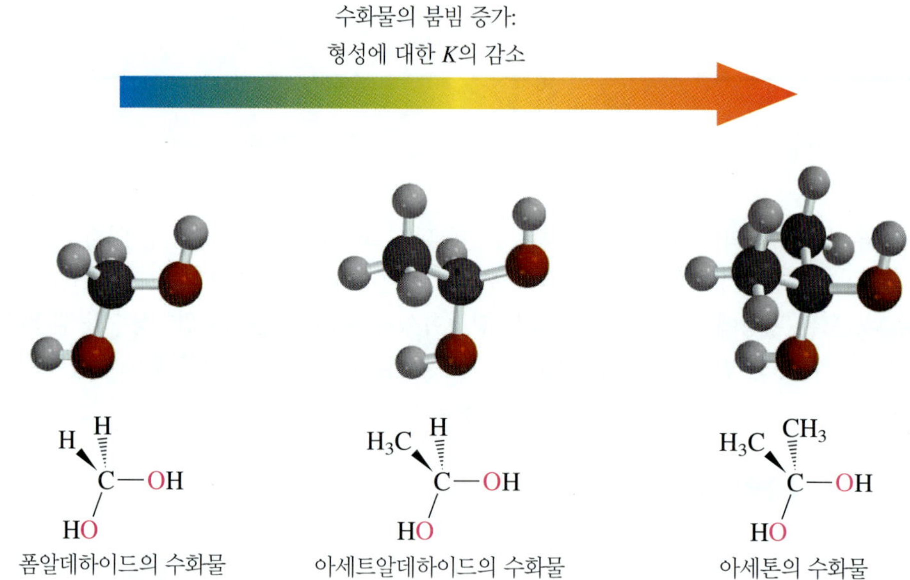

폼알데하이드의 수화물　아세트알데하이드의 수화물　아세톤의 수화물

전자적 및 입체적인 효과는 같은 방향으로 작용한다. 두 효과는 모두 알데하이드의 수화에 대한 평형상수를 케톤의 평형상수보다 더 크게 한다.

반응속도에 미치는 구조 효과: 전자적인 효과와 입체적인 효과는 평형에서와 동일한 방법으로 수화 속도에 영향을 준다. 실제로 표 17.3의 반응속도와 평형의 자료가 거의 정확하게 서로 일치한다.

알데하이드와 케톤의 수화는 빠른 반응이고, 빠르게 평형에 도달한다. 그러나 산 또는 염기 용액에서의 반응이 중성 용액보다 더 빠르다. 따라서 수화의 단일 메커니즘 대신에 염기 용액에서 그리고 산성 용액에서 일어나는 두 메커니즘을 고려해보자.

염기-촉매 수화 메커니즘: 염기-촉매 메커니즘(메커니즘 17.1)은 두 단계로 이루어지는데, 첫 번째 단계가 속도-결정 단계이다. 첫 번째 단계에서 친핵체인 수산화 이온은 카보닐기를 공격하여 탄소와 결합한다. 첫 단계에서 생성된 알콕시화 이온은 두 번째 단계에서 물로부터 양성자를 탈취하여 같은자리 다이올을 생성한다. 두 번째 단계는 다른 모든 산소 간의 수소 이동과 같이 대단히 빠르게 진행된다.

염기-촉매(HO^-)의 역할은 친핵성 첨가 단계의 속도를 증가시켜 주는 것이다. 염기 촉매 반응에서 친핵체인 수산화 이온은 중성 용액에서 친핵체인 물 분자보다 반응성이 상

메커니즘 17.1

염기성 용액에서 알데하이드 또는 케톤의 수화

전체 반응

$$R(R')C{=}\ddot{O}: + H_2\ddot{O}: \xrightleftharpoons{HO^-} R(R')C(OH)(\ddot{O}H)$$

알데하이드 또는 케톤 / 물 / 같은자리 다이올

메커니즘:

1단계: 카보닐기에 수산화 이온의 친핵성 첨가

$$H\ddot{O}:^- + R(R')C{=}\ddot{O}: \xrightleftharpoons{\text{느림}} R(R')(HO)C{-}\ddot{O}:^-$$

수산화 이온 / 알데하이드 또는 케톤 / 알콕시화 이온 중간체

2단계: 물로부터 1단계에서 생성된 중간체로 양성자의 이동

$$R(R')(HO)C{-}\ddot{O}:^- + H{-}\ddot{O}H \xrightleftharpoons{\text{빠름}} R(R')(HO)C{-}\ddot{O}{-}H + {}^-:\ddot{O}H$$

알콕시화 이온 중간체 / 물 / 같은자리 다이올 / 수산화 이온

당히 더 크다.

알데하이드는 수화에 대한 평형상수가 더 유리하다는 동일한 이유 때문에 케톤보다는 더 빨리 반응한다. 수화가 일어나는 카보닐 탄소에서 $sp^2 \rightarrow sp^3$ 혼성화의 변화는 속도-결정 단계인 친핵성 첨가에 대한 전이상태에서 발생한다(그림 17.5). 반응 자리에서 알킬기는 출발 상태의 에너지를 자발적으로 낮추어 줌으로써(케톤은 알데하이드보다 더 안정한 카보닐기를 가진다) 활성화 에너지를 증가시키고, 전이상태의 에너지(입체 붐빔 효과)를 높여준다.

산-촉매 수화 메커니즘: 메커니즘 17.2에서 나타낸 것처럼 산-촉매 수화는 세 단계를 거친다. 첫 단계와 마지막 단계는 산소 사이에서의 빠른 양성자 이동과정이다. 두 번째 단계는 친핵성 첨가이다. 산-촉매는 카보닐기를 활성화시켜 약한 친핵체인 물 분자가 공격을 하도록 한다. 산소의 양성자화는 알데하이드나 케톤의 카보닐 탄소를 더욱 더 친전자성으로 만든다. 공명 형태로 나타내면, 양성자화된 카보닐기는 양성자화되지 않은 카보닐기보다 더 큰 탄소양이온 성격을 가지게 된다.

$$>C{=}\overset{+}{\ddot{O}}{-}H \longleftrightarrow >\overset{+}{C}{-}\ddot{O}{-}H$$

입체적인 효과와 전자적인 효과는 양성자화된 카보닐기에 대한 친핵성 첨가의 속도에 중성 분자에서와 같은 방법으로 영향을 미치고, 양성자화된 알데하이드는 양성자화된 케톤보다 더 빠르게 반응한다.

그림 17.5

알데하이드 또는 케톤의 염기-촉매 수화에 대한 퍼텐셜 에너지 그림.

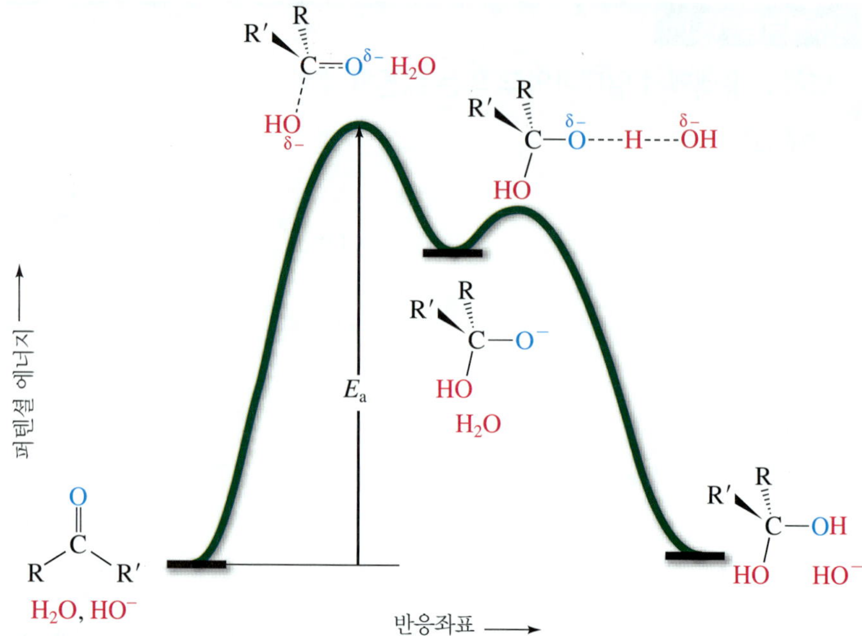

메커니즘 17.2

산성 용액에서 알데하이드 또는 케톤의 수화

전체 반응:

$$\text{RR}'\text{C}{=}\text{O} + \text{H}_2\text{O} \underset{}{\overset{\text{H}_3\text{O}^+}{\rightleftharpoons}} \text{RR}'\text{C(OH)}_2$$

알데하이드 또는 케톤 / 물 / 같은자리 다이올

메커니즘:

1단계: 카보닐 산소의 양성자화

$$\text{RR}'\text{C}{=}\text{O} + \text{H}{-}\text{O}^+\text{H}_2 \underset{}{\overset{\text{빠름}}{\rightleftharpoons}} \text{RR}'\text{C}{=}\text{O}^+\text{H} + \text{H}_2\text{O}$$

알데하이드 또는 케톤 / 하이드로늄 이온 / 카보닐 화합물의 짝산 / 물

2단계: 양성자화된 알데하이드 또는 케톤의 친핵성 첨가

$$\text{H}_2\text{O} + \text{RR}'\text{C}{=}\text{O}^+\text{H} \underset{}{\overset{\text{느림}}{\rightleftharpoons}} \text{RR}'\text{C(OH)}(\text{O}^+\text{H}_2)$$

물 / 카보닐 화합물의 짝산 / 같은자리 다이올의 짝산

메커니즘 17.2

산성 용액에서 알데하이드 또는 케톤의 수화 (계속)

3단계: 같은자리 다이올의 짝산으로부터 물 분자로 양성자의 이동

물 + 같은자리 다이올의 짝산 ⇌(빠름) 하이드로늄 이온 + 같은자리 다이올

이와 같은 배경을 바탕으로 어떻게 친핵성 첨가의 원리가 알데하이드와 케톤의 특징적인 반응에 적용되는가를 다루어 보겠다. 사이안화 수소의 첨가부터 시작해보자.

17.7 사이아노하이드린 형성

알데하이드나 케톤에 사이안화 수소의 첨가에 의한 생성물은 같은 탄소에 결합된 하이드록실기와 사이아노기를 포함한다. 이런 형태의 화합물을 **사이아노하이드린(cyanohydrin)**이라 한다.

$$\mathrm{RCR'}(=\mathrm{O}) + \mathrm{HC{\equiv}N} \rightleftharpoons \mathrm{RCR'(OH)(C{\equiv}N)}$$

알데하이드 또는 케톤 / 사이안화 수소 / 사이아노하이드린

사이아노하이드린의 형성을 나타내고 있는 메커니즘 17.3은 염기-촉매에 의한 수화의 메커니즘과 유사하다. 속도를 결정하는 첫 단계에서 친핵체(싸이안산 이온)는 카보닐 탄소에 결합하고, 계속해서 두 번째 단계에서 카보닐 산소에 수소가 전달된다.

사이안화 수소의 첨가는 사이안산 이온에 의해 촉매화된다. 그러나 HCN은 너무 약한 산이기 때문에 합리적인 속도로 반응이 진행되기 위해 충분한 $:\bar{C}{\equiv}N:$을 마련해주기는 어렵다. 보통 사이아노하이드린은 카보닐 화합물과 사이안화 소듐 또는 사이안화 포타슘을 포함한 용액에 산을 첨가하여 제조한다. 이 방법은 유리된 사이안산 이온이 반응의 속도를 증가시켜 주기에 충분한 양이 항상 존재할 수 있도록 해준다.

사이아노하이드린 생성은 가역 반응이고, 평형의 위치는 앞서 기술한 카보닐기에 대한 친핵성 첨가반응을 지배하는 입체적 및 전자적 인자에 의존한다.

사이아노하이드린 형성에 대한 평형상수

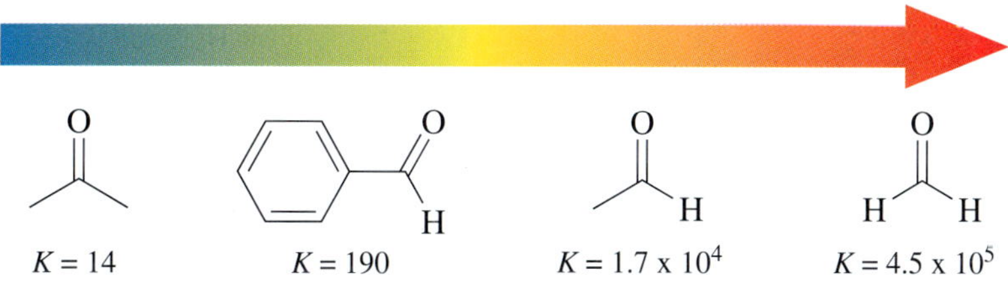

카보닐기의 안정화는 사이아노하이드린의 형성에 대한 평형상수를 감소시킨다. 평형상수,

메커니즘 17.3

사이아노하이드린 형성

전체 반응

$$R(R')C{=}O + H{-}C{\equiv}N \longrightarrow N{\equiv}C{-}C(R)(R'){-}OH$$

알데하이드 또는 케톤 사이안화 수소 사이아노하이드린

메커니즘:

1단계: 음전하를 띤 사이안산 이온의 탄소가 친핵체이며, 알데하이드 또는 케톤의 카보닐 탄소에 결합한다. 사이안화 수소 그 자체는 매우 강한 친핵체가 아니며, 두드러질 정도로 사이안산 이온을 형성하기 위해 이온화되지 않는다. 따라서, NaCN 또는 KCN과 같은 사이안화 이온의 공급원이 사용된다.

$$:N{\equiv}C:^{-} + R(R')C{=}\ddot{O}: \rightleftharpoons :N{\equiv}C{-}C(R)(R'){-}\ddot{O}:^{-}$$

사이안산 이온 알데하이드 또는 케톤 사이아노하이드린의 짝염기

2단계: 첫 번째 단계에서 형성된 알콕시화 이온은 사이안화 수소로부터 양성자를 떼어낸다. 이 단계에서 사이아노하이드린 화합물이 만들어지고, 사이안산 이온이 재생된다.

$$:N{\equiv}C{-}C(R)(R'){-}\ddot{O}:^{-} + H{-}C{\equiv}N: \rightleftharpoons :N{\equiv}C{-}C(R)(R'){-}\ddot{O}H + {}^{-}:C{\equiv}N:$$

사이아노하이드린의 짝염기 사이안화 수소 사이아노하이드린 사이안산 이온

*K*는 덜 안정화된 카보닐인 폼 알데하이드에서 가장 크며, 케톤보다 알데하이드가 더 크다. 벤즈알데하이드에서 카보닐과 페닐치환기의 컨쥬게이션은 안정화를 시키고 있으며, 아세트알데하이드에 비하여 상대적으로 *K* 값을 감소시키고 있다. 합성적 측면에서 알데하이드와 장애를 받지않는 케톤을 좋은 수율로 사이아노하이드린을 생성한다.

치환식 IUPAC 명명법에서 사이아노하이드린은 나이트릴의 수산화 유도체로 명명된다. 나이트릴의 명명은 19.1절에서 언급되기 때문에, 예제에서 나타낸 것처럼 사이아노하이드린은 모체인 알데하이드 또는 케톤의 유도체로 부를 것이다. 이것은 대부분의 화학자들에게는 관례로 되어 있다.

2,4-Dichlorobenzaldehyde $\xrightarrow[\text{다음에 HCl}]{\text{NaCN, 다이에틸 에터-물}}$ 2,4-Dichlorobenzaldehyde cyanohydrin (100%)

Acetone $\xrightarrow[\text{다음에 } H_2SO_4]{NaCN,\ H_2O}$ Acetone cyanohydrin (77–78%)

문제 17.7

사이아노하이드린 형성은 염기성 환경에서 가역적이다. 수산화 소듐을 염기로 사용했을 때, 메커니즘 17.3의 2단계에서 수산화 소듐의 존재 하에서 사이아노하이드린 생성물로부터 사이안화 수소가 제거되는 과정을 굽은 화살표를 사용하여 나타내시오.

알데하이드와 케톤의 사이아노하이드린으로의 변환은 다음과 같은 이유 때문에 합성적인 가치를 지닌다.

1. 새로운 탄소-탄소 결합이 형성된다.
2. —C≡N 기는 카복실산(—COOH) 작용기로(18.12절), 그리고 $—CH_2NH_2$ (21.9절)로 전환될 수 있다.
3. —OH는 다른 작용기로 변환될 수 있다.

문제 17.8

메타크릴로나이트릴(*Methacrylonitirle*)은 플라스틱과 섬유를 생산하는 데 사용되는 산업용 화학 물질이다. 그 합성법 중의 하나가 아세톤 사이아노하이드린의 산-촉매 탈수 반응이다. *메타크릴로 나이트릴*의 구조를 추정하시오.

천연에서 사이아노하이드린은 간혹 -OH가 -OR로 변형되어 있는 유도체로 존재하는데, 여기서 R은 탄수화물 단위로 구성되어 있다. 이러한 *사이아노 배당체*(*cyanogenic glycoside*)는 식물에 광범위하게 분포한다. *아미그달린*(*amygdalin*)이라 불리는 물질은 쓴 아몬드와 복숭아, 자두, 살구 그리고 관련된 과일의 씨에서 발견된다.

아미그달린

살구씨는 아미그달린의 가장 흔한 공급원이다.

아미그달린이 효소-촉매에 의해 가수분해되면, 벤즈알데하이드와 사이안화 수소로 해리되는 벤즈알데하이드 사이아노하이드린과 함께 탄수화물인 젠티오바이오스(gentiobiose)가 생성된다.

젠티오바이오스 벤즈알데하이드 사이아노하이드린

아미그달린의 양과 사이아노젠 글리코사이드를 포함하는 식물의 음식을 조리하는 방법에 따라서 사이안화 수소의 독성이 발생할 수 있다.

문제 17.9

가이노카르딘(Gynocardin)은 아래에 나타낸 구조를 가지며, 천연에 존재하고 있는 사이아노 배당체 이다. 가이노카르딘이 가수분해되면 어떤 사이아노하이드린이 생성되는가를 예측하시오. 그리고 이 사이아노하이드린은 어떤 케톤을 만드는가?

가이노카르딘

그림 17.6

노래기들은 공격을 받으면, 노래기들은 생체 내에 저장된 벤즈알데하이드 사이아노하이드린을 사이안화 수소와 벤즈알데하이드로 만들어 그들 자신을 보호한다.

사이안화 수소를 만들 수 있는 화합물(cyanogenic compound)은 식물에만 국한되지 않는다. 많은 종의 노래기들의 방어 분비물은 사이아노하이드린의 분해 생성물을 포함한다. 이들 노래기들은(그림 17.6) 그들의 생체 내에 존재하는 분리된 소실(chamber)에서 벤즈알데하이드 사이아노하이드린 또는 이들의 유도체와 가수분해를 촉매하는 효소를 저장하고 있다. 노래기가 스트레스를 받으면 두 소실의 내용물이 혼합되고, 사이안화 수소를 포함한 가수분해 생성물이 포식성 곤충이나 새를 위협하기 위해 노래기의 구멍(pore)을 통해 방출된다.

17.8 알코올과 반응: 아세탈과 케탈

알데하이드와 케톤의 흥미 있고 유용한 많은 반응들은 반응 조건 하에서 친핵성 첨가에 의해 만들어진 초기 생성물을 몇 가지 다른 물질로 변환시키는 반응을 포함한다. 하나의 예로 산-촉매 조건 하에서 알데하이드에 알코올의 첨가이다. 예측되는 생성물, **헤미아세탈(hemiacetal)**은 보통 분리되지 않지만, 추가적으로 1몰의 알코올과 반응하여 **아세탈(acetal)**을 만든다.

$$\underset{\text{알데하이드}}{\overset{\text{O}}{\overset{\|}{\text{RCH}}}} \underset{}{\overset{\text{R'OH, H}^+}{\rightleftharpoons}} \underset{\text{헤미아세탈}}{\text{RCH(OH)(OR')}} \overset{\text{R'OH, H}^+}{\rightleftharpoons} \underset{\text{아세탈}}{\text{RCH(OR')}_2} + \underset{\text{물}}{H_2O}$$

$$\underset{\text{Benzaldehyde}}{C_6H_5CHO} + \underset{\text{Ethanol}}{2CH_3CH_2OH} \xrightarrow{\text{HCl}} \underset{\substack{\text{Benzaldehyde diethyl acetal}\\(66\%)}}{C_6H_5CH(OCH_2CH_3)_2} + \underset{\text{물}}{H_2O}$$

메커니즘 17.4는 벤즈알데하이드 다이에틸 아세탈의 생성에 대한 두 단계 메커니즘을 나타내고 있다. 첫 번째 과정(1~3단계)는 헤미아세탈을 만들고, 두 번째 과정(4~7단계)에서 헤미아세탈에서 아세탈로 전환된다. 첫 번째 과정의 특성은 카보닐기에 친핵성 첨가가 일어나는 것이고, 두 번째 과정의 특성은 탄소양이온이 생성되는 것이다. 반응의 핵심이 되는 탄소양이온 중간체는 산소로부터 전자를 방출함으로써 안정화된다.

$$C_6H_5-\overset{+}{C}H-\ddot{O}CH_2CH_3 \longleftrightarrow C_6H_5-CH=\overset{+}{\ddot{O}}CH_2CH_3$$

특별히 안정한 공명 형태: 탄소와 산소는 팔전자계를 만족한다.

메커니즘 17.4

벤즈알데하이드와 에탄올로부터 아세탈 형성

전체 반응

$$C_6H_5CH{=}O + 2CH_3CH_2OH \xrightleftharpoons{HCl} C_6H_5CH(OCH_2CH_3)_2 + H_2O$$

Benzaldehyde, Ethanol, Benzaldehyde diethyl acetal, Water

메커니즘

1~3단계: 카보닐기에 1몰의 에탄올이 산-촉매에 의해 친핵성 첨가. 이러한 세 가지 상세한 단계들은 메커니즘 17.2에 있는 산-촉매 수화의 세 가지 단계와 유사하다. 이러한 세 가지 단계들의 생성물은 헤미아세탈이다.

$$C_6H_5CH{=}O + CH_3CH_2OH \xrightleftharpoons{HCl} C_6H_5CH(OH)OCH_2CH_3$$

Benzaldehyde, Ethanol, Benzaldehyde ethyl hemiacetal

4단계: 4단계와 5단계는 알코올의 산-촉매 반응에서 탄소양이온을 형성하는 두 가지 단계와 유사하다. 4단계는 하이드로늄 이온에서 헤미아세탈의 하이드록실 산소로 양성자를 전달하는 과정이다.

$$C_6H_5CH(OH)OCH_2CH_3 + H_3O^+ \rightleftharpoons C_6H_5CH(OH_2^+)OCH_2CH_3 + H_2O$$

벤즈알데하이드 에틸 헤미아세탈, 하이드로늄 이온, 벤즈알데하이드 에틸 헤미아세탈의 짝산, 물

5단계: 양성자화된 헤미아세탈로부터 물의 이탈은 산소에 의해 안정화된 탄소양이온을 형성한다. 주어진 공명구조들 중에서 더 안정한 구조는 탄소와 산소간에 팔전자 규칙을 동시에 만족시킨다.

$$C_6H_5CH(OH_2^+)OCH_2CH_3 \rightleftharpoons [C_6H_5CH{=}\overset{+}{O}CH_2CH_3 \longleftrightarrow C_6H_5\overset{+}{C}H{-}OCH_2CH_3] + H_2O$$

벤즈알데하이드 에틸 헤미아세탈의 짝산, 보다 더 안정한 기여체, 덜 안정한 기여체, 물

6단계: 산소에 의해 안정화된 탄소양이온에 대한 에탄올의 친핵성 첨가.

$$C_6H_5CH{=}\overset{+}{O}CH_2CH_3 + CH_3CH_2OH \rightleftharpoons C_6H_5CH(OCH_2CH_3)\overset{+}{O}(H)CH_2CH_3$$

산소에 의해 안정화된 탄소양이온, 에탄올, 아세탈의 짝산

7단계: 생성물의 짝산으로부터 에탄올로 양성자의 전달.

$$C_6H_5CH(OCH_2CH_3)\overset{+}{O}(H)CH_2CH_3 + CH_3CH_2OH \rightleftharpoons C_6H_5CH(OCH_2CH_3)_2 + CH_3CH_2\overset{+}{O}H_2$$

아세탈의 짝산, 에탄올, 벤즈알데하이드 다이에틸 아세탈, 에탄올의 짝산

문제 17.10

메커니즘 17.4의 1~3단계에 대한 반응식을 적어 메커니즘을 충분히 이해하시오. 전자들의 흐름을 나타내기 위해 굽은 화살표를 사용하시오.

평형의 위치는 특히 과량의 알코올이 반응 용매로 존재할 때 대부분의 알데하이드로부터 아세탈 생성이 유리하다. 대부분의 케톤에 대해서는 평형의 위치가 불리하기 때문에 케톤으로부터 아세탈을 제조하기 위해서는 다른 방법을 사용해야 한다.

케탈은 케톤으로부터 형성되는 아세탈의 용어로 인정된다. 이 명명은 IUPAC 명명법으로부터 제외되었지만, 케탈이라는 이름이 널리 계속해서 사용되어서 다시 회복되었다.

카보닐과 알코올기를 둘 다 포함하고 있는 화합물은 고리 헤미아세탈 또는 아세탈로 존재하는 것이 가끔 열린 구조보다 더 안정하다. 4-하이드록시뷰탄알의 평형 혼합물은 11.4%의 열린-사슬 하이드록시 알데하이드와 88.6%의 고리 아세탈을 포함한다.

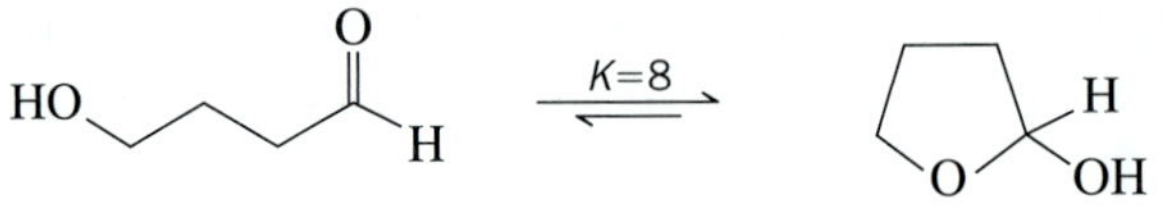

4-Hydroxybutanal ⇌ ($K=8$) Tetrahydrofuran-2-ol

유사하게도, 한 개의 케톤카보닐을 포함하는 탄수화물 D-프럭토스는 거의 전적으로 고리형헤미아세탈의 혼합물로 존재한다.

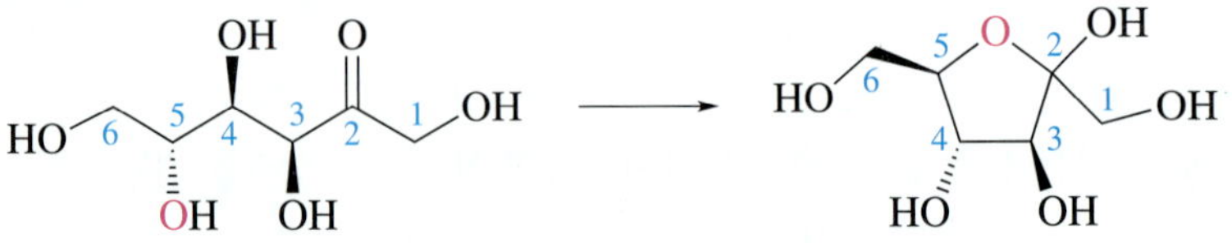

D-프럭토스(D-Fructose)

1,2 또는 1,3 위치에서 두 하이드록실기가 서로 결합되어 있는 *다이올(diol)*은 알데하이드 또는 케톤과 반응하여 *고리 아세탈(cyclic acetal)*을 형성한다. 에틸렌 글리콜로부터 유도되는 다섯 원자 고리 아세탈이 가장 많이 다루게 되는 예이다. 평형의 위치는 가끔 벤젠 또는 톨루엔을 사용한 아조트로픽(azotropic) 증류에 의한 반응으로 생성되는 물을 제거함으로써 더 유리하게 만들 수 있다.

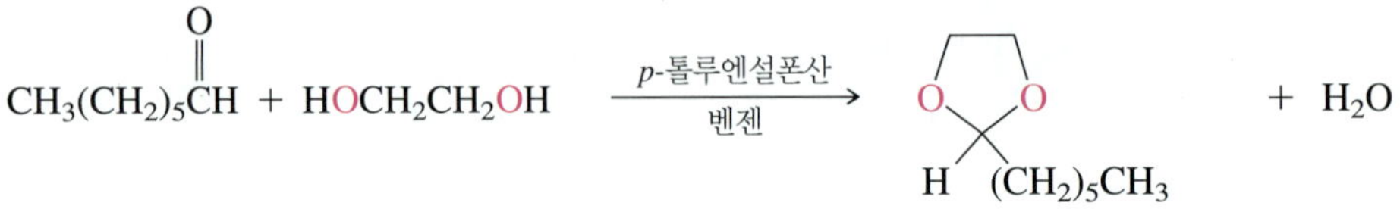

$$CH_3(CH_2)_5CHO + HOCH_2CH_2OH \xrightarrow[\text{벤젠}]{p\text{-톨루엔설폰산}} \text{2-Hexyl-1,3-dioxolane (81\%)} + H_2O$$

Heptanal, Ethylene glycol, 2-Hexyl-1,3-dioxolane (81%), 물

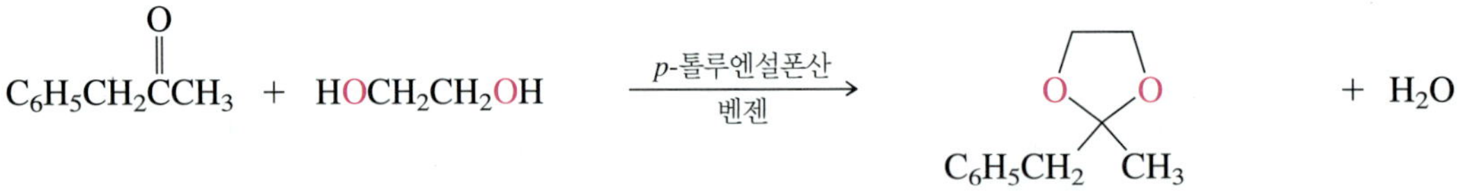

$$C_6H_5CH_2COCH_3 + HOCH_2CH_2OH \xrightarrow[\text{벤젠}]{p\text{-톨루엔설폰산}} \text{2-Benzyl-2-methyl-1,3-dioxolane (78\%)} + H_2O$$

Benzyl methyl ketone, Ethylene glycol, 2-Benzyl-2-methyl-1,3-dioxolane (78%), 물

문제 17.11

다음 각 화합물로부터 생성되는 고리 아세탈의 구조를 쓰시오.

(a) 사이클로헥산온과 에틸렌 글리콜

(b) 벤즈알데하이드와 1,3-프로판다이올

(c) 아이소뷰틸 메틸 케톤과 에틸렌 글리콜
(d) 아이소뷰틸 메틸 케톤과 2,2-다이메틸-1,3-프로페인다이올

풀이 예시 (a) 에틸렌 글리콜로부터 생성되는 고리 아세탈은 다섯 원자 1,3-다이옥소레인 고리를 포함한다.

$$\text{(cyclohexanone)}=O + HOCH_2CH_2OH \xrightarrow{H^+} \text{(spiro 1,3-dioxolane)}$$

사이클로헥산온 / 에틸렌 글라이콜 / 사이클로헥산올과 에틸렌 글라이콜의 아세탈

아세탈은 산 수용액에서 가수분해된다.

$$RC(OR'')_2R' + H_2O \overset{H^+}{\rightleftharpoons} RC(=O)R' + 2R''OH$$

아세탈 / 물 / 알데하이드 또는 케톤 / 알코올

이 반응은 아세탈이 형성되는 반응의 단순한 역반응이다. 과량의 알코올이 존재하면 아세탈 또는 케탈 생성이 유리하고, 과량의 물 존재 하에서는 아세탈의 가수분해가 유리하다. 두 반응들은 같은 메커니즘 경로를 가지지만, 반대 방향으로 진행된다. 다음 절에서는 아세탈 생성과 가수분해를 합성 유기화학에 응용하는 독특한 방법을 다룰 것이다.

문제 17.12

문제 17.10은 벤즈알데하이드와 에탄올로부터 벤즈알데하이드 다이에틸 아세탈 생성에 대한 메커니즘을 기술하는 문제였다. 이 아세탈의 산성 가수분해에 대한 단계적인 메커니즘을 쓰시오.

17.9 보호기로서 아세탈과 케탈

유기합성에서는 반응물들에 있는 작용기 중 하나가 반응 조건과 맞지 않는 작용기를 포함하는 경우가 간혹 발생한다. 예를 들어, 다음의 반응을 생각해보자.

$$CH_3\overset{O}{\overset{\|}{C}}CH_2CH_2C{\equiv}CH \longrightarrow CH_3\overset{O}{\overset{\|}{C}}CH_2CH_2C{\equiv}CCH_3$$

5-헥사인-2-온 / 5-헵타인-2-온

이 반응은 아세틸렌 음이온 $CH_3\overset{O}{\overset{\|}{C}}CH_2CH_2C{\equiv}\bar{C}:$ 을 만들 필요가 있는 것 같이 보이며, 다음에 아이오딘화 메틸로 알킬화한다(9.6절). 그러나 실제로는 대단히 복잡하다. 출발 물질인 알카인의 카보닐기는 음이온 형성에 필요한 강한 염기성 조건을 허용 할 수 없으며, 탄소음이온을 포함한 용액에서도 존재할 수 없다. 아세틸렌화 이온은 카보닐기에 첨가된다(14.6절). 따라서 필요한 음이온은 얻을 수 없다.

일반적으로 사용하는 전략은 적합하지 않은 반응이 진행되는 동안에 카보닐기를 보호하고, 다음 단계에서 보호기를 제거하는 것이다. 특히 에틸렌 글리콜로부터 유도된 아세탈 및 케탈은 쉽게 도입될 수도 있고 제거될 수도 있기 때문에 카보닐 보호를 위해 매우 일반적으로 사용되는 보호기 중의 하나이다. 이들은 카보닐기와 쉽게 반응하는 수소음이

온 환원제와 유기금속 화합물과 같은 많은 시약에 반응하지 않는 에테르와 유사하다는 것이다. 따라서 다음과 같은 과정이 원하는 변환을 일으키기 위해서 실제로 사용되는 방법이다.

(a) 카보닐기의 보호

5-헥사인-2-온 —($HOCH_2CH_2OH$, *p*-톨루엔설폰산 벤젠)→ 반응물의 케탈(80%)

(b) 알카인의 알킬화

반응물의 케탈 —($NaNH_2$, NH_3)→ —(CH_3I)→ 생성물의 케탈(78%)

(c) 가수분해에 의한 보호기의 제거

생성물의 케탈 —(H_2O, HCl)→ 5-헵타인-2-온 (96%)

비록 카보닐기의 보호와 제거는 합성 단계에 있어서 두 단계를 추가하지만, 합성이 성공하기 위해서는 이 두 단계가 필수적이다. 작용기 보호는 제조용 유기화학에서 자주 접하게 되며, 다양한 작용기에 대한 효과적인 보호기를 설계하는 데 상당한 관심을 쏟아왔다.

문제 17.13

아세탈 형성은 알데하이드와 케톤의 특징적인 반응이지만, 카복실산은 그렇지 않다. 다음 합성에서 고리 아세탈 보호기를 어떻게 유리하게 사용할 수 있는가를 나타내시오

(4-아세틸벤조산, OH) 을 (OH) 으로 변환하시오.

이전에 헤미아세탈은 지금은 사용되지 않는 명칭인 카비놀아민(carbinolamine)으로 알려져 있다. 이민은 때때로 19세기 독일 화학자, Hugo Schiff의 이름을 따서 **Schiff** 염기로 불린다.

17.10 1차 아민과 반응: 이민

아세탈 형성과 같이, RNH_2 또는 $ArNH_2$ 형태의 화합물인 1차 아민과 알데하이드 및 케톤과의 반응은 두 단계 과정으로 진행된다. 반응의 첫 번째 단계는 아민이 카보닐기에 친핵성 첨가를 하여 **헤미아미날(hemiaminal)**을 생성하는 것이다. 두 번째 단계에서는 탈수로 인해 반응의 생성물인 **이민(imine)**을 생성한다. 알데하이드로부터 유래된 이민은 **알디민(aldimines)**, 케톤으로부터 유래된 이민은 **케티민(ketimines)**이다.

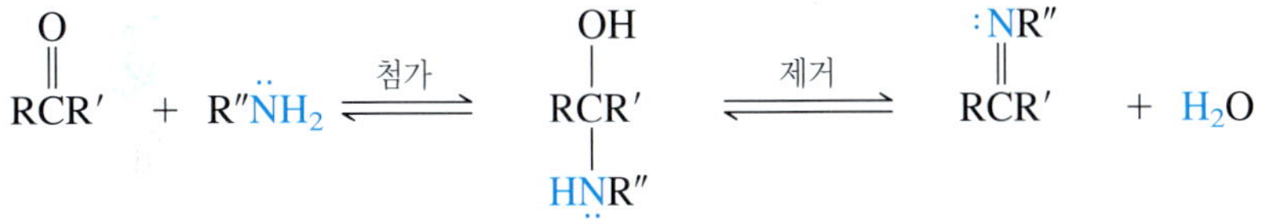

$$\underset{\text{알데하이드 또는 케톤}}{\overset{O}{\overset{\|}{RCR'}}} + \underset{\text{1차 아민}}{R''\ddot{N}H_2} \underset{}{\overset{\text{첨가}}{\rightleftharpoons}} \underset{\text{카비놀아민}}{RC(OH)(H\ddot{N}R'')R'} \overset{\text{제거}}{\rightleftharpoons} \underset{N\text{-치환된 이민}}{RC(=\ddot{N}R'')R'} + \underset{\text{물}}{H_2O}$$

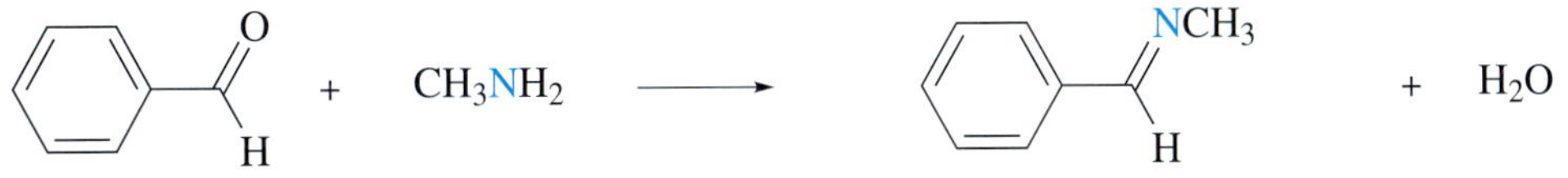

Benzaldehyde + Methylamine (CH_3NH_2) ⟶ *N*-Benzylidenemethylamine (70%) + Water (H_2O)

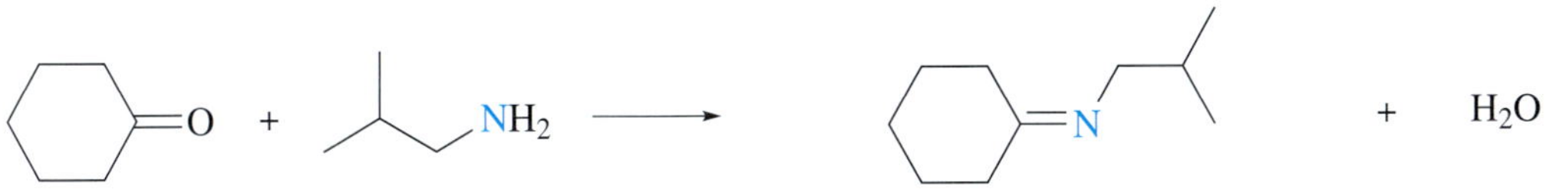

Cyclohexanone + Isobutylamine (NH_2) ⟶ *N*-Cyclohexylideneisobutylamine (79%) + Water (H_2O)

메커니즘 17.5는 첫 번째 예로 나타낸 벤즈알데하이드와 메틸아민 간의 반응을 나타낸다. 처음 두 단계는 헤미아미날을 형성한다. 그리고 다음 세 단계는 이민이 되기 위한 헤미아미날의 탈수를 나타낸다. 탈수에서 핵심인 4단계는 반응이 산 용액 속에서 진행될 때 속도를 결정하는 단계이다. 그러나 만약 용액이 너무 산성화되면, 아민의 양성자화 반응이 1단계를 방해한다. 그러므로 반응속도가 최대가 되는 최적의 pH는 보통 약 5이다. 용액이 너무 염기성이면 4단계의 속도가 줄고, 너무 산성이면 1단계의 속도가 줄어든다.

이민의 형성은 가역적이며, 이 과정에서 생성되는 물을 제거하면 합성이 완료된다. 이민은 산 수용액의 존재 하에서 가수분해되어 알데하이드 또는 케톤 및 아민으로 되돌아간다.

문제 17.14

다음 각 반응에서 형성되는 카비놀아민 중간체와 이민 생성물의 구조를 쓰시오.

(a) 아세트알데하이드와 벤질아민, $C_6H_5CH_2NH_2$
(b) 벤즈알데하이드와 뷰틸아민, $CH_3CH_2CH_2CH_2NH_2$
(c) 사이클로헥산온과 *tert*-뷰틸아민, $(CH_3)_3CH_2NH_2$
(d) 아세토페논과 사이클로헥실아민, (cyclohexyl)$-NH_2$

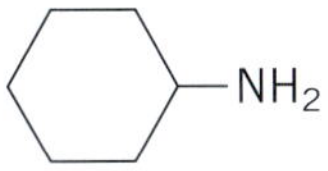

풀이 예시 (a) 카비놀아민은 카보닐기에 아민의 친핵성 첨가에 의해 생성된다. 카비놀 아민의 탈수는 이민 생성물을 만든다.

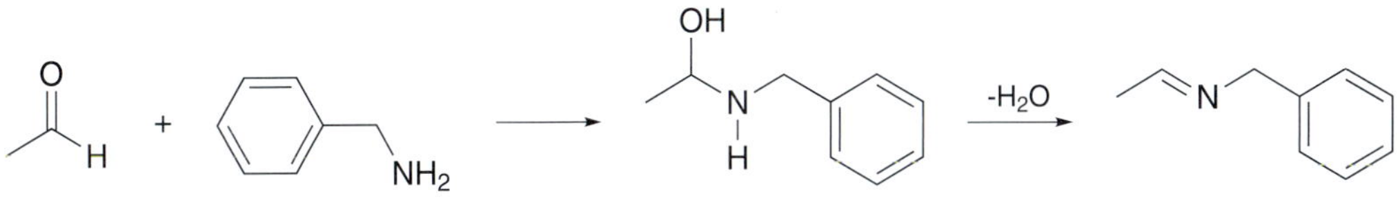

아세트알데하이드 (O, H) + 벤질아민 (NH_2) ⟶ 헤미아미날 중간체 (OH, N, H) $\xrightarrow{-H_2O}$ 이민 생성물 (*N*-에틸리덴-벤질아민) (N)

일반적인 형태인 H_2NZ의 많은 화합물들은 이민보다 더 안정한 생성물을 형성하기 위해서 1차 아민과의 반응과 유사한 방법으로 알데하이드와 케톤과 반응한다. 표 17.4에

메커니즘 17.5

벤즈알데하이드와 메틸아민으로부터 이민 형성

전체 반응

$$C_6H_5CH{=}O + CH_3NH_2 \longrightarrow C_6H_5CH{=}NCH_3 + H_2O$$

Benzaldehyde Methylamine *N*-Benzylidenemethylamine Water

메커니즘:

1단계: 아민은 친핵체로 작용하며, 카보닐기에 첨가되어 C—N 결합을 형성한다.

$$CH_3NH_2 + C_6H_5CH{=}O \rightleftharpoons C_6H_5CH(O^-)(\overset{+}{N}H_2CH_3)$$

메틸 아민 벤즈알데하이드 1차 중간체

2단계: 물과 같은 용매에서, 양성자의 이동으로 인해 헤미아미날이 생성된다.

$$C_6H_5CH(O^-)(\overset{+}{N}H_2CH_3) + H{-}\overset{+}{O}H_2 + :OH_2 \rightleftharpoons C_6H_5CH(OH)(NHCH_3) + H_2O + H{-}\overset{+}{O}H_2$$

1차 중간체 헤미아미날

3단계: 탈수 단계는 카비놀아민의 산소에 양성자화가 되면서 시작된다.

$$C_6H_5CH(OH)(NHCH_3) + H{-}\overset{+}{O}H_2 \rightleftharpoons C_6H_5CH(\overset{+}{O}H_2)(NHCH_3) + H_2O$$

헤미아미날 하이드로늄 이온 *O*-양성자화된 카비놀아민 물

4단계: 양성자가 첨가된 산소를 가지는 헤미아미날에서 물이 떨어져 나가면 질소에 의해 안정화된 탄소양이온이 된다.

$$C_6H_5CH(\overset{+}{O}H_2)(NHCH_3) \rightleftharpoons C_6H_5{-}CH{=}\overset{+}{N}H{-}CH_3 \longleftrightarrow C_6H_5{-}\overset{+}{C}H{-}\ddot{N}H{-}CH_3$$

O-양성자화된 카비놀아민 질소-안정화된 탄소양이온

5단계: 질소에 의해 안정화된 탄소양이온은 이민의 짝산이다. 양성자가 물로 이동되면서 이민이 생성된다.

$$H_2O + C_6H_5{-}CH{=}\overset{+}{N}H{-}CH_3 \longrightarrow H_2\overset{+}{O}{-}H + C_6H_5{-}CH{=}\ddot{N}{-}CH_3$$

물 질소-안정화된 탄소양이온 하이드로늄 이온 *N*-벤질리덴메틸아민

Imines in Biological Chemistry

Many biological processes involve an "association" between two species in a step prior to some subsequent transformation. This association can take many forms. It can be a weak association of the attractive van der Waals type, or a stronger interaction such as a hydrogen bond. It can be an electrostatic attraction between a positively charged atom of one molecule and a negatively charged atom of another. Covalent bond formation between two species of complementary chemical reactivity represents an extreme kind of association. It often occurs in biological processes in which aldehydes or ketones react with amines via imine intermediates.

An example of a biologically important aldehyde is *pyridoxal phosphate*, which is the active form of *vitamin* B_6 and a coenzyme for many of the reactions of α-amino acids. In these reactions the amino acid binds to the coenzyme by reacting with it to form an imine of the kind shown in the equation. Reactions then take place at the amino acid portion of the imine, modifying the amino acid. In the last step, enzyme-catalyzed hydrolysis cleaves the imine to pyridoxal and the modified amino acid.

In a second example, a key step in the chemistry of vision is binding of an aldehyde to an enzyme via an imine. An outline of the steps involved is presented in Figure 17.7. It starts with β-*carotene*, a pigment that occurs naturally in several fruits and vegetables, including carrots. β-Carotene undergoes oxidative cleavage in the liver to give an alcohol known as *retinol*, or *vitamin A*. Oxidation of vitamin A, followed by isomerization of one of its double bonds, gives the aldehyde 11-*cis*-retinal. In the eye, the aldehyde function of 11-*cis*-retinal combines with an amino group of the protein *opsin* to form an imine called *rhodopsin*. When rhodopsin absorbs a photon of visible light, the cis double bond of the retinal unit undergoes a photochemical cis-to-trans isomerization, which is attended by a dramatic change in its shape and a change in the conformation of rhodopsin. This conformational change is translated into a nerve impulse perceived by the brain as a visual image. Enzyme-promoted hydrolysis of the photochemically isomerized rhodopsin regenerates opsin and a molecule of all-transretinal. Once all-*trans*-retinal has been enzymatically converted to its 11-cis isomer, it and opsin reenter the cycle.

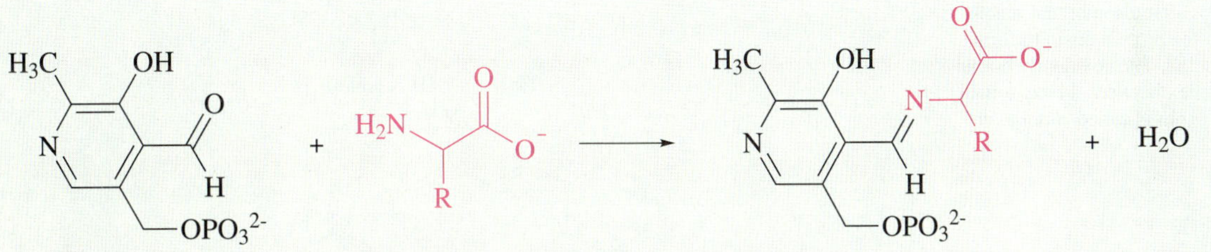

H_3C OH O N H OPO_3^{2-} + H_2N O O^- R → H_3C OH O N O^- R N H OPO_3^{2-} + H_2O

Pyridoxal phosphate α-Amino acid Imine Water

Problem 17.15

Not all biological reactions of amino acids involving imine intermediates require pyridoxal phosphate. The first step in the conversion of proline to glutamic acid is an oxidation giving the imine shown. Once formed, this imine undergoes hydrolysis to a species having the molecular formula $C_5H_9NO_3$, which then goes on to produce glutamic acid. Suggest a structure for the $C_5H_9NO_3$ species. (*Hint*: There are two reasonable possibilities; one is a hemiaminal, the other is not cyclic.)

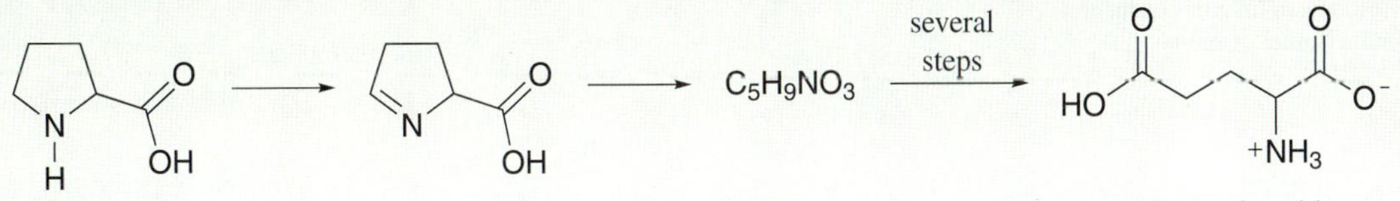

N H O OH → N O OH → $C_5H_9NO_3$ $\xrightarrow{\text{several steps}}$ HO O O O^- $^+NH_3$

Proline Glutamic acid

(계속)

β-Carotene obtained from the diet is cleaved at its central carbon–carbon bond to give vitamin A (retinol).

Oxidation of retinol converts it to the corresponding aldehyde, retinal.

The double bond at C-11 is isomerized from the trans to the cis configuration.

11-*cis*-Retinal is the biologically active stereoisomer and reacts with the protein opsin to form an imine. The covalently bound complex between 11-*cis*-retinal and ospin is called *rhodopsin*.

Rhodopsin absorbs a photon of light, causing the cis double-bond at C-11 to undergo a photochemical transformation to trans, which triggers a nerve impulse detected by the brain as a visual image.

Hydrolysis of the isomerized (inactive) form of rhodopsin liberates opsin and the all-trans isomer of retinal.

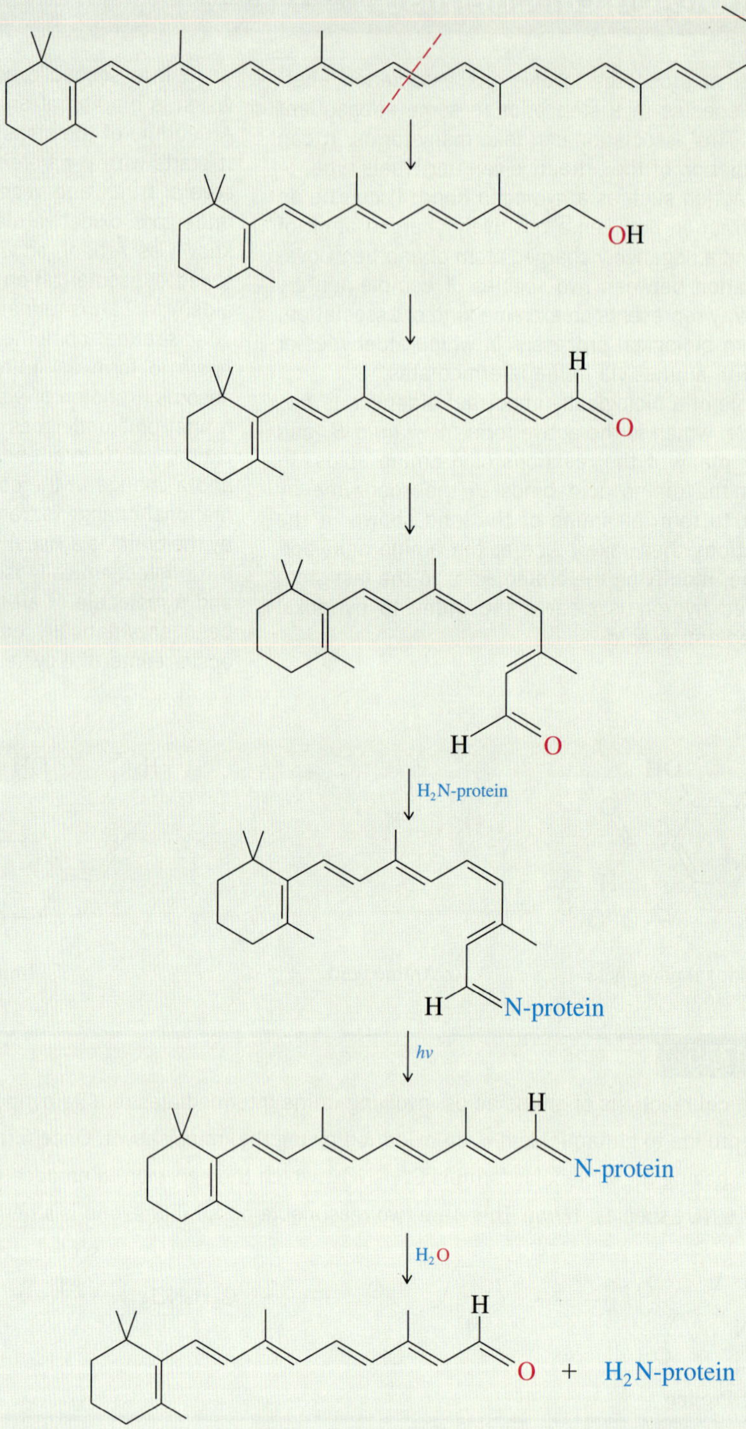

Figure 17.7

Imine formation between the aldehyde function of 11-*cis*-retinal and an amino group of a protein (opsin) is involved in the chemistry of vision. The numbering scheme in retinal was specifically developed for carotenes and related compounds.

표 17.4 알데하이드와 케톤과 암모니아 유도체의 반응

시약	생성물의 형태	일반적인 반응의 특이적인 예: $RC(=O)R' + H_2NZ \longrightarrow RC(=NZ)R' + H_2O$
H_2NOH 하이드록실 아민	옥심	Heptanal —하이드록실아민→ Heptanal oxime (81-93%)
$H_2NNH-C_6H_5$ 페닐하이드라진*	페닐하이드라존	Acetophenone —페닐하이드라진→ Acetophenone phenylhydrazone (87–91%)
$H_2NNHC(=O)NH_2$ 세미카바자이드	세미카바존	Pyruvic acid —세미카바자이드→ Pyruvic acid semicarbazone (94%)

* 페닐하이드라진과 관련 화합물은 유사한 반법으로 반응한다. *p*-나이트로페닐하이드라진은 *p*-나이트로페닐하이드라존을 생성한다. 그리고 2, 4-다이나이트로페닐하이드라진은 2,4-다이나이트로페닐하이드라존을 생성한다.

몇 가지 이런 반응들의 예를 나타내었다. 진행되는 메커니즘은 알데하이드 및 케톤과 1차 아민과의 반응에서 나타낸 친핵성 첨가-제거 메커니즘과 유사하다.

문제 17.16

다음 반응의 생성물은 헤테로고리 방향족 화합물이다. 그것의 구조는 무엇인가?

$$O{=}CH{-}CH{=}CH{-}CH{=}O + H_2NNH_2 \longrightarrow C_4H_4N_2$$

표 17.4에 열거한 반응들은 생물학적 과정과의 연관성 때문에 메커니즘적 견지에서 광범위하게 연구되어 왔다. 많은 생물학적 반응은 이민을 형성하기 위하여 초기에 효소 또는 조효소에 카보닐 화합물의 결합을 포함한다.

17.11 2차 아민과 반응: 엔아민

2차 아민은 R_2NH 형태의 화합물이다. 2차 아민은 알데하이드와 케톤에 첨가되어 헤미아미날을 생성하지만, 이 중간체는 탈수되어 탄소-탄소 이중결합을 형성하는 안정한 생성물을 만든다.

$$\underset{\text{알데하이드 또는 케톤}}{RCH_2\overset{O}{\overset{\|}{C}}R'} + \underset{\text{2차 아민아민}}{R''_2\ddot{N}H} \rightleftharpoons \underset{\text{헤미아미날}}{RCH_2\overset{OH}{\overset{|}{C}}(-R')(\ddot{N}R''_2)} \xrightleftharpoons{-H_2O} \underset{\text{엔아민}}{RCH{=}C(R')(\ddot{N}R''_2)}$$

메커니즘 17.6

엔아민 형성

전체 반응:

Pyrrolidine + 2-Methylpropanal —(벤젠, 가열)→ 1-(2-Methylpropenyl)-pyrrolidine (94-95%) + Water (H_2O)

메커니즘:

1단계: 피롤리딘은 2-메틸프로판알에 친핵성 첨가를 하여 헤미아미날을 만든다. 이 메커니즘은 알데하이드와 케톤에 1차 아민의 첨가와 유사하다(메커니즘 17.5).

피롤리딘 + 2-메틸프로판올 ⇌ 헤미아미날 중간체

2단계: 질소에 있는 비공유 전자쌍이 제공됨으로써 헤미아미날은 이미늄 이온을 형성하기 위해 수산화 이온을 밀어낸다.

헤미아미날 중간체 ⇌ 이미늄 이온 + 수산화 이온

3단계: 이미늄 이온은 탄소–탄소 이중결합을 형성하는 방향으로 양성자이탈을 일으킨다.

이미늄 이온 + 수산화 이온 ⇌ 1-(2-메틸프로펜일)-피롤리딘 + 물

이 생성물은 알켄일–치환 아민 또는 **엔아민(enamine)**이다.

Cyclopentanone + Pyrrolidine —(벤젠, 가열)→ *N*-(1-Cyclopentenyl)-pyrrolidine (80-90%) + Water (H_2O)

메커니즘 17.6은 피롤리딘과 2-메틸프로판알의 반응에 대한 메커니즘을 나타낸다.

문제 17.17

다음 각 반응으로 생성되는 헤미아미날 중간체와 엔아민 생성물의 구조를 쓰시오

(a) 프로판알과 다이메틸아민

(b) 3-펜탄온과 피롤리딘

(c) 아세토페논과 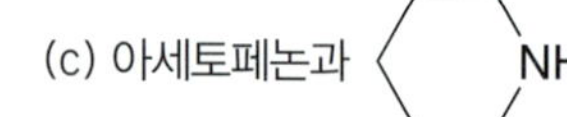

풀이 예시 (a) 프로판알의 카보닐기에 다이메틸아민의 친핵성 첨가는 엔아민을 형성하기 위해 탈수되는 헤미아미날을 생성한다.

$$\text{프로판알} + HN(CH_3)_2 \longrightarrow \text{헤미아미날 중간체} \xrightarrow{-H_2O} N\text{-(1-프로펜일)-다이메틸아민}$$

프로판알 　 다이메틸아민 　 헤미아미날 중간체 　 N-(1-프로펜일)-다이메틸아민

엔아민은 주로 탄소-탄소 결합을 형성하는 시약으로 사용되며, 어떤 적용 예로서 21장의 설명문과 이해 문제에 나타내었다.

17.12 Wittig 반응

Witting reaction들과 이에 관련된 반응들은 알데히드와 케톤으로부터 위치특이적(regiospecific)인 알켄을 합성하는데 사용된다. 이들에 대한 역합성 분석법은 아래에 나타낸 것처럼 알켄의 이중결합이 분해되어 **일라이드(ylide)**라 불리는 새로운 구조 형태가 만들어진다.

이 반응은 합성적 잠재성을 보여준 공로로 1979년 노벨 화학상을 공동 수상한 독일 화학 Wittig의 이름을 붙였다. Georg Wittig는 합성적 수단으로 수소붕소화를 개발한 H. C. Brown과 공동 수상하였다.

$$RR'C{=}CAB \Longrightarrow RR'C{=}O + (C_6H_5)_3\overset{+}{P}{-}\overset{-}{C}AB$$

알켄 목표물 　 알데하이드 또는 케톤 　 트라이페닐포스포늄 일라이드

일라이드(ylide)는 팔전자를 가지며 두 개의 반대 전하를 띈 원자가 서로에게 직접적으로 결합된 기여구조를 가진 중성 분자이다. Witting 시약으로 사용되는 종류의 일라이드(ylide)에서 양전자를 띄는 원자는 인이고, 음전하를 띄는 원자는 탄소이다. 대부분 Witting 시약은 세 개의 페닐 그룹이 인에 결합되어 있고 보통 두 가지 공명 기여구조로 나타낸다.

$$(C_6H_5)_3\overset{+}{P}{-}\overset{-}{C}AB \longleftrightarrow (C_6H_5)_3P{=}CAB$$

비록 인과 같은 두 번째 줄 원소들은 최외각 전자궤도에 여덟 개 이상의 전자를 가질 수 있지만, Witting 시약의 주된 기여구조는 쌍극자 구조라 생각된다. 그림 17.8은 인과 탄소 외에는 모두 수소로 이루어진 매우 간단한 일라이드의 정전위 퍼텐셜지도(electrostatic potential map)을 나타내고 있다. 전자의 분포는 탄소가 친핵체가 되도록 매우 양극화되어 있다.

일라이드는 두 단계 과정을 통하여 만들어진다. 첫째로 할로젠화 알킬을 포스핀(보통 triphenylphosphine)으로 처리하여 포스포늄 염을 얻는다. 할로젠화 알킬은 메틸, 1차, 또는 2차 일 수 있다.

$$(C_6H_5)_3P{:} + R_2CH{-}X \xrightarrow{S_N2} (C_6H_5)_3\overset{+}{P}{-}CHR_2 \quad X^-$$

트라이페닐포스핀 　 할로젠화 알킬 　 할로젠화 알킬트라이페닐포스포늄

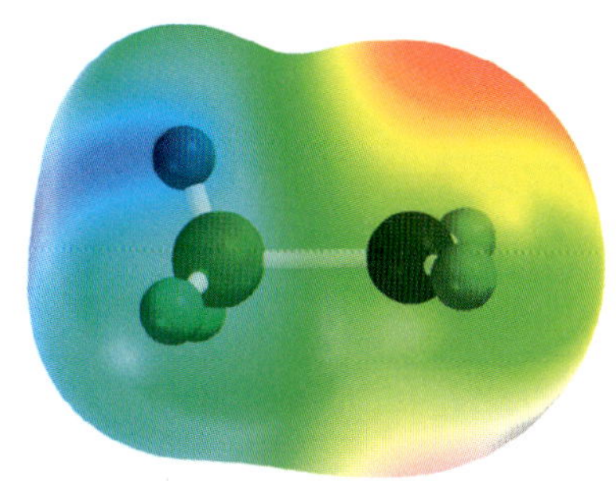

그림 17.8

$H_3\overset{+}{P}{-}\overset{-}{C}H_2$ 일라이드의 정전기 퍼텐셜지도. 탄소 지역에 가장 큰 음전하가 밀집되어 있다.

다이메틸 설폭사이드(Dimethyl sulfoxide)의 짝염기는 수산화 이온보다 약 10^{20}배 더 염기성이다.

포스포늄 염은 분리된 후 산-염기 반응을 통하여 일라이드로 전환된다. 다이메틸 설폭사이드의 짝염기가 자주 사용된다.

$$(C_6H_5)_3\overset{+}{P}-CHR_2 + H_2\overset{-}{\ddot{C}}-S(=O)-CH_3 \longrightarrow (C_6H_5)_3\overset{+}{P}-\overset{-}{\ddot{C}}R_2 + H_3C-S(=O)-CH_3$$

알킬트라이페닐포스포늄 이온 다이메틸 설폭사이드의 짝염기 일라이드 다이메틸 설폭사이드

일라이드가 이 방법을 통하여 다이메틸 설폭사이드를 용매로 하여 만들어지면 알데하이드 또는 케톤의 첨가는 알켄과 함께 산화트라이페닐포스핀을 부산물로 생성한다. 부산물인 산화트라이페닐포스핀의 P—O의 결합력은 540 kj/mol (130 kcal/mol)보다 큰 것으로 추정되며 이것은 다음의 방향으로 반응이 진행되도록 기여한다.

$$\text{Cyclohexanone} + (C_6H_5)_3\overset{+}{P}-\overset{-}{\ddot{C}}H_2 \xrightarrow{\text{DMSO}} \text{Methylenecyclohexane (86\%)} + (C_6H_5)_3\overset{+}{P}-\ddot{\underset{..}{O}}:^-$$

Cyclohexanone Methylenetriphenylphosphorane Methylenecyclohexane (86%) Triphenylphosphine oxide

다른방법으로는 염기로 알킬-리튬 시약을, 용매로 테트라하이드로퓨란을 사용하여 트라이페닐포스포늄 염을 일라이드로 바꾸는 방법이 있다.

문제 17.18

Witting 반응을 통하여 메틸렌사이클로헥세인(methylenecyclohexane)을 생성하는 일라이드와 알데히드 또는 케톤의 조합은 어떤 것이 있는가? 반응을 평형식으로 나타내시오.

문제 17.19

다음 각 Wittig 반응의 알켄 생성물을 확인하시오.

(a) 벤즈알데하이드 + $(C_6H_5)_3\overset{+}{P}-\overset{-}{\ddot{C}}$(cyclopentylidene) ⟶

(b) 뷰탄알 + $(C_6H_5)_3\overset{+}{P}-\overset{-}{\ddot{C}}H-CH=CH_2$ ⟶

(c) 사이클로헥실 메틸 케톤 + $(C_6H_5)_3\overset{+}{P}-\overset{-}{\ddot{C}}H_2$ ⟶

풀이 예시 (a) Wittig 반응에서, 인에 결합된 음으로 하전된 치환기는 카보닐 산소를 치환하면서 알데하이드 또는 케톤으로 전환된다. 다음에 나타낸 반응은 65%의 수율로 생성된 알켄을 제조하는 데 사용한다.

$$\text{Benzaldehyde} + \text{Cyclopentylidenetriphenylphosphorane} \longrightarrow \text{Benzylidenecyclopentane (65\%)}$$

Benzaldehyde Cyclopentylidene-triphenylphosphorane Benzylidenecyclopentane (65%)

문제17.20

1-뷰탄올과 2-뷰탄올을 탄소원으로 사용하여 3-메틸-3-헵텐을 만드는 두 가지 다른 합성법을 나타내는 식을 쓰시오.

⟹ OH 및 OH

Witting 반응의 메커니즘은 실험적, 분광학적 및 이론적 방법을 사용하여 광범위하게 연구되었으며, 옥사포스페테인(oxaphosphetane)이라는 사각형 고리화합물이 중간체라는 것이 일반적으로 받아들여진다.

알데하이드 또는 케톤 / 일라이드 → 옥사포스페테인 → 알켄 + 트라이페닐포스핀 옥사이드

외견상으로, 카보닐 그룹에 일라이드의 친핵성 첨가가 시작되는 것은 한 단계로 일어나는 고리화 첨가이다. 탄소-탄소 결합이 형성되면서 카보닐 산소는 더욱 음전하를 띠게 되며 고리화합물의 전이상태를 통하여 P—O 결합이 생성되는 것을 촉진한다.

문제 17.21

(a) 알데하이드 또는 케톤에 일라이드가 친핵성 첨가를 하여 얻어지리라 예상되는 생성물은 베타인(betaines)이라 불리는 물질 종류에 속한다. 일라이드와 같이 베타인은 양전하를 띠는 원자와 음전하를 띠는 원자를 가지고 있으며 이 둘은 팔전자를 가지고 있다; 베타인은 반대 전하를 띈 이 두 원자가 인접하고 있지 않다는 점에서 일라이드와 다르다. 사이클로헥산온에 메틸렌트라이페닐포스포레인을 친핵성 첨가를 통하여 베타인을 얻는 구조식을 쓰시오.

(b) (a)에 나온 베타인이 옥사포스페테인으로 바뀌는 것을 굽은 화살표를 사용하여 나타내시오.

(c) (a)에 있는 베타인이 한 단계로 일어나는 과정을 통하여 메틸렌사이클로헥세인과 트라이페닐포스핀 옥사이드로 바뀌는 것을 굽은 화살표를 사용하여 나타내시오.

풀이 예시 (a) 카보닐 그룹에 일라이드의 친핵성 첨가는 C–C 결합형성으로 이어진다.

사이클로헥산온 + $H_2\bar{C}-\overset{+}{P}(C_6H_5)_3$ (메틸렌트라이페닐포스포레인) → 베타인 중간체

Witting 반응의 입체특이성은 다양하다. 단순한 일라이드는 Z-알켄이 주로 나오는 입체이성질체 혼합물을 생성시키지만, $(C_6H_5)_3P{=}CH$ (여기서 X는 —C=O 또는 —C≡N과 같은 강한 전자 끄는 치환기)종류의 일라이드는 주로 *E*-알켄을 생성시킨다.

17.13 카보닐기에 대한 입체선택성 첨가

카보닐기에 대한 친핵성 첨가는 때때로 입체이성질체의 혼합물을 생성한다. 첨가의 방향은 주로 입체 요인에 의해 조절되는데, 친핵체는 입체적 장애가 적은 면으로 카보닐기에 접근한다. 7,7-다이메틸바이사이클로[2.2.1]헵탄-2-온의 수소화붕소 소듐 환원은 이 점을 잘 설명해준다.

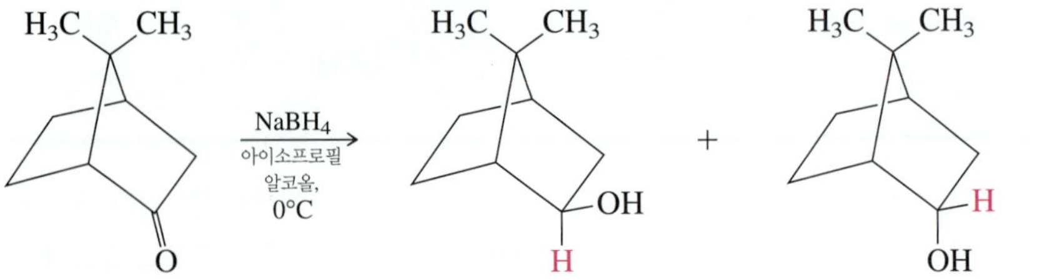

NaBH₄ 아이소프로필 알코올, 0°C

7,7-Dimethylbicyclo-[2.2.1]heptan-2-one → *exo*-7,7-Dimethylbicyclo-[2.2.1]heptan-2-ol (80%) + *endo*-7,7-Dimethylbicyclo-[2.2.1]heptan-2-ol (20%)

수소화붕소가 카보닐기의 윗면으로 접근하는 것은 메틸기들 중의 하나에 의해 입체적인 장애를 받는다. 카보닐기의 밑면이 덜 혼잡하기 때문에 수소음이온은 이 방향으로 이동하여 주 생성물을 형성한다.

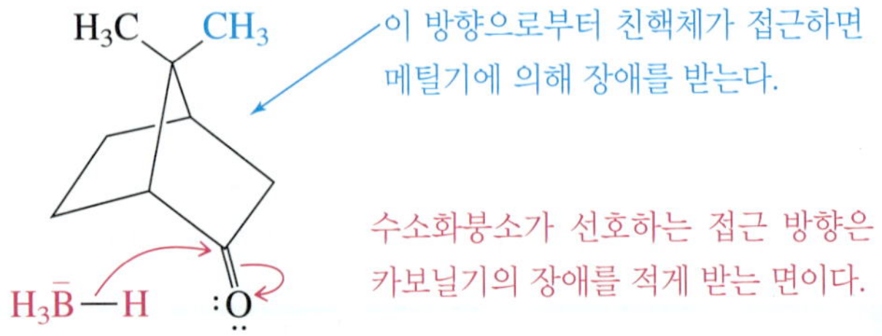

H_3C, CH_3, $H_3\bar{B}—H$, :O:

이 방향으로부터 친핵체가 접근하면 메틸기에 의해 장애를 받는다.

수소화붕소가 선호하는 접근 방향은 카보닐기의 장애를 적게 받는 면이다.

이 환원은 *입체선택성*(*stereoselective*)이다. 한 출발 물질은 두 개의 입체이성질체를 생성하지만, 그 중 한 이성질체가 다른 것 보다 더 많이 생성되거나 또는 심지어 특정 이성질체만을 만든다.

문제 17.22

앞의 반응에서 생성물 사이에는 어떤 관계가 있는가? 그들은 거울상이성질체인가, 부분입체이성질체인가? 이 반응은 거울상이성질체선택성인가 또는 부분입체이성질체선택성인가?

카보닐기의 효소-촉매 환원은 완전한 입체선택성이다. 예를 들면, 피루브산은 락트산 탈수소효소-NADH계(15.10절)에 의해 전적으로 (*S*)-(+)-락트산으로 전환된다. 거울상이성질체 (*R*)-(−)-락트산은 생성되지 않는다.

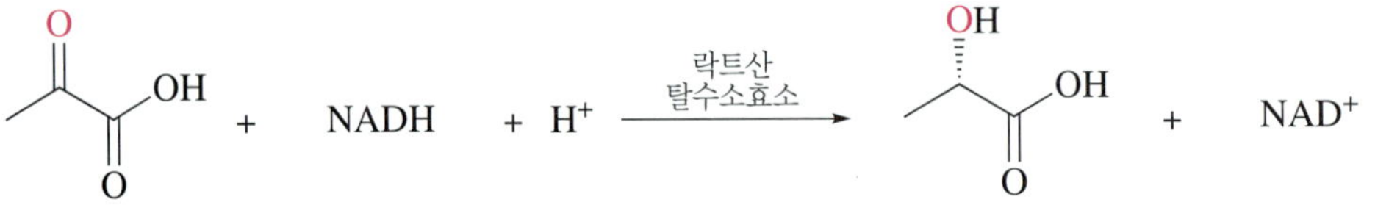

피루브산 + NADH (보조효소의 환원형) + H^+ —(락트산 탈수소효소)→ (*S*)-(+)-락트산 + NAD^+ (보조효소의 산화형)

효소는 카이랄 분자의 단일 거울상이성질체이고, 수소화가 (*S*)-(+)-락트산을 생성하는 카보닐기의 면으로 독점적으로 전달되는 방법으로 조효소와 기질에 결합한다. 효소가 존재하지 않는 비카이랄 환경 하에서 수소화보론 소듐에 의한 피루브산의 환원 역시 락트산을 만들지만, 동일한 양의 *R*과 *S* 거울상이성질체를 포함하는 라세미 혼합물을 만든다.

효소 촉매화 반응의 거울상이성질체선택성은 상대적으로 간단한 모형을 근거로 이해할 수 있다. 그림 17.9*a*에서 보는 바와 같이 sp^2-혼성 탄소가 선구 카이랄 면과 접하는 경우를 고려해보자. 만약 효소에서의 구조적인 특징이 이 탄소와 연결된 기들과 상호보완적이 되면, 하나의 선구 카이랄 면이 다른 것보다 효소와 더 잘 결합할 수 있는, 효소-기질 착물의 적절한 기하 구조가 될 것이다. 결합력은 정전기적 힘, van der Waals, 그 외 다른 힘과 같은 일반적인 힘들이다. 만약 반응이 sp^2-에서 sp^3-혼성화된 탄소로 전환된다면, 그

선구 카이랄은 7.10절에 설명되었으며, 7장의 설명문과 이해 문제를 위한 문제의 주제이다.

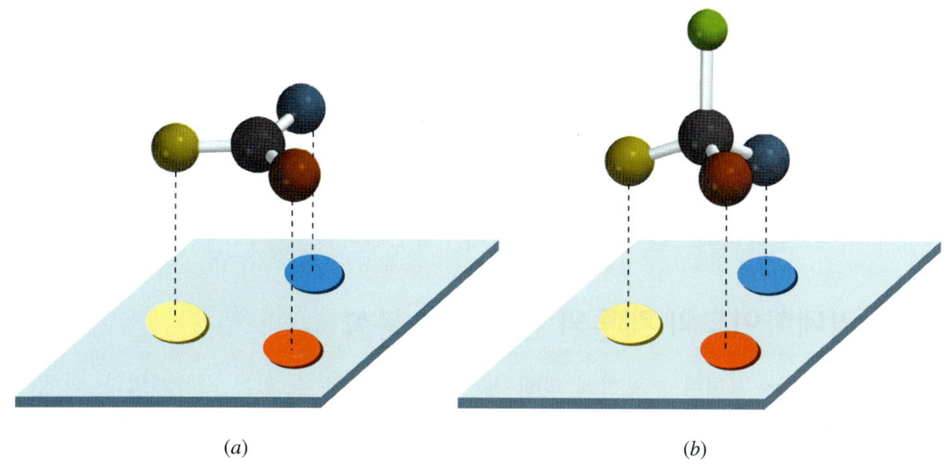

그림 17.9

(*a*) 효소결합 자리는 기질에 있는 선구 카이랄 면들을 구별하여 반응한다. 선구 카이랄의 한 면은 다른 면보다 효소에 더 잘 결합할 수 있다. (*b*) 기질의 윗면에 네 개의 기를 붙여 단지 한 개의 카이랄 생성물인 거울상이성질체를 형성한다.

림 17.9*b*에 나타낸 것처럼 특정한 방향으로 네 개의 기들이 부가된다. 결과적으로, 비카이랄 분자가 카이랄 분자의 단일 거울상이성질체로 변환된다. 반응은 한 선구 카이랄 면에서 일어나기 때문에 거울상이성질체선택성이 된다.

17.14 알데하이드 산화

알데하이드는 수용액 상에서 Cr(VI)을 포함한 많은 시약에 의해 카복실산으로 산화된다.

$$\underset{\text{알데하이드}}{\mathrm{RCH{=}O}} \xrightarrow{\text{산화}} \underset{\text{카복실산}}{\mathrm{RC(=O)OH}}$$

$$\underset{\text{Furfural}}{\text{Furfural}} \xrightarrow[\mathrm{H_2SO_4,\ H_2O}]{\mathrm{K_2Cr_2O_7}} \text{Furoic acid (75\%)}$$

메커니즘적으로 이들 반응은 아마도 알데하이드의 수화물을 통해서 일어나며, 알코올의 산화 메커니즘과 유사한 과정을 거친다.

$$\underset{\text{알데하이드}}{\mathrm{RCH{=}O}} + \mathrm{H_2O} \rightleftharpoons \underset{\text{같은자리 다이올 (수화물)}}{\mathrm{RCH(OH)_2}} \xrightarrow{\text{산화}} \underset{\text{카복실산}}{\mathrm{RC(=O)OH}}$$

알데하이드의 수화물은 알코올보다 더 쉽게 산화되는데, 이것은 PCC와 PDC (15.9절)와 같은 특정한 시약이 1차 알코올을 알데하이드로 산화시켜 주며, 더 이상 반응은 진행되지 않는다. PCC와 PDC는 그들이 Cr(VI) 공급원일 뿐만 아니라 비수용액 상(다이클로로메테인)에서 사용되기 때문에 효과적이다. 반응 혼합물에서 물을 배제함으로써, 알데하이드는 카복실산이 되기 위해 필요한 중간체인 수화물로 전환되지 않는다.

PCC는 클로로크로뮴산 피리디늄 이다. PDC는 다이크로뮴산 피리디늄이다.

특히 에탄올의 알코올 산화는 모든 생물학적인 과정에서 대부분 존재하는 일반적인 예 중의 하나이다. 이 반응은 *탈수효소*(*dehydrogenase*)로 분류되는 2개의 핵심적인 효소를 포함한다. 첫번째 효소는 에탄올을 아세트알데하이드로 산화시키며, 두번째 효소는 아세트알데하이드를 초산으로 산화시킨다.

$$CH_3CH_2OH \xrightarrow[\text{dehydrogenase}]{\text{alcohol}} CH_3\overset{O}{\overset{\|}{C}}H \xrightarrow[\text{dehydrogenase}]{\text{aldehyde}} CH_3\overset{O}{\overset{\|}{C}}OH$$

Ethanol / Acetaldehyde / Acetic acid

아세트알데하이드는 독성을 지니며 에탄올에 관련된 많은 반대효과를 주는 원인 물질이다. 수많은 에탄올은 초산으로 산화되어지는 것보다 빠른 속도로 아세트알데하이드를 생산하며, 아세트알데하이드의 상태를 상승하게끔 유도한다.

17.15 알데하이드와 케톤의 분광학적 분석

***적외선*:** 카보닐기는 적회선 분광법에 의해 가장 쉽게 확인할 수 있는 작용기이다. 알데하이드와 케톤의 C═O 신축 진동은 그림 17.10의 뷰탄알에서 설명한 것처럼 1710~1750 cm^{-1} 영역에서 강한 흡수를 나타낸다. C═O 신축 이외에, 알데하이드의 CH═O 기는 2720과 2820 cm^{-1} 근처에서 C—H 신축에 대한 두 개의 약한 띠를 나타낸다.

^{1}*H NMR*: 알데하이드는 δ 9~10에서 CH═O의 수소에 대한 신호의 존재로 쉽게 확인할 수 있다. 이 영역은 몇몇 다른 양성자들만 나타나는 영역이다. 그림 17.11은 2-메틸프로판알[$(CH_3)_2CHCH{=}O$)]의 ^{1}H NMR 스펙트럼을 나타낸다. 여기서 분자 내에 있는 알데하이드 양성자와 다른 양성자 간의 화학적 이동의 차이가 크기 때문에 분명하게 확인할 수 있다. 확장된 눈금 그림에서 볼 수 있는 것처럼, 알데하이드의 양성자는 C-2에 있는 양성자에 의해 갈라져서 이중선을 나타낸다. HC—CH═O에 있는 양성자 간의 짝지음은 전형적인 이웃자리 짝지음보다 더 적기 때문에 알데하이드 신호의 다중도는 눈금을 넓히지 않으면 확인하기가 어렵다.

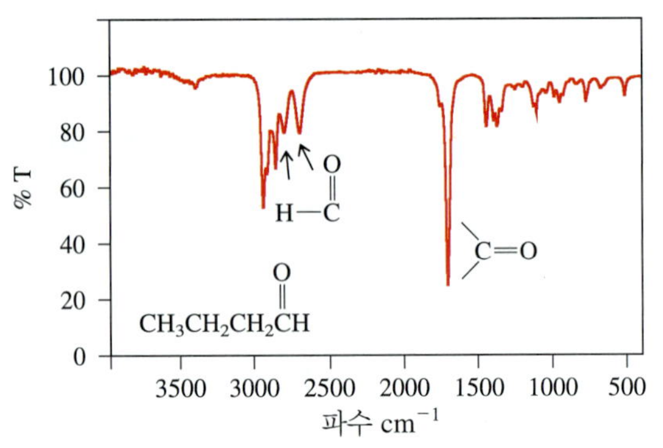

그림 17.10

2700과 2800cm^{-1}(C—H)와 1720cm^{-1}(C═O)에서 CH═O 단위의 특징적인 피크를 나타내고 있는 뷰탄알의 적외선 스펙트럼.

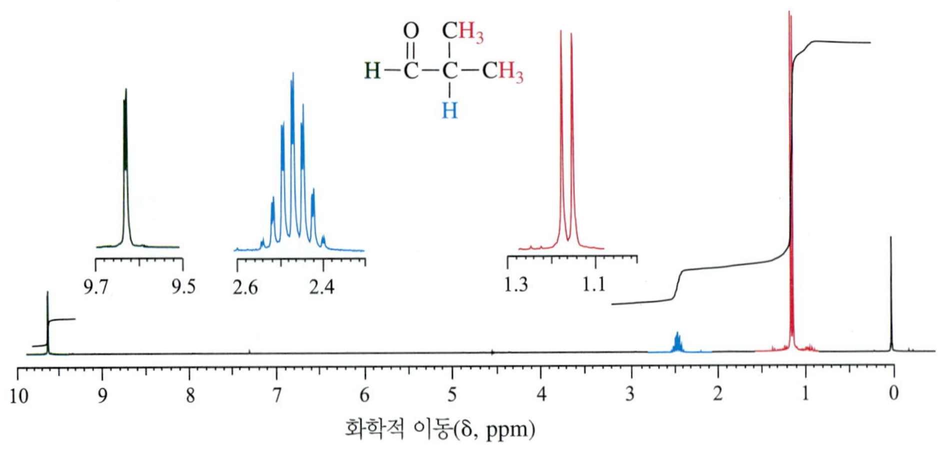

그림 17.11

낮은 장(δ 9.6)에서 이중선으로 알데하이드의 양성자를 나타내는 2-메틸프로판알의 300MHz ^{1}H NMR 스펙트럼.

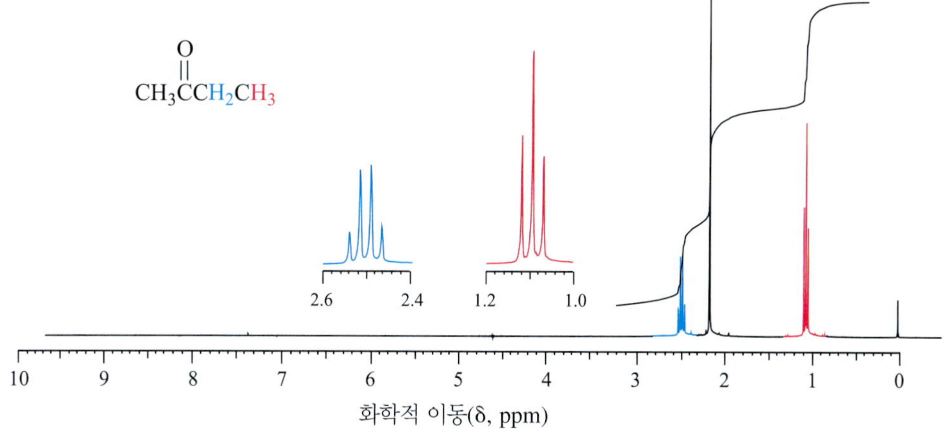

그림 17.12

2-뷰탄온의 300-MHz ^{1}H NMR.

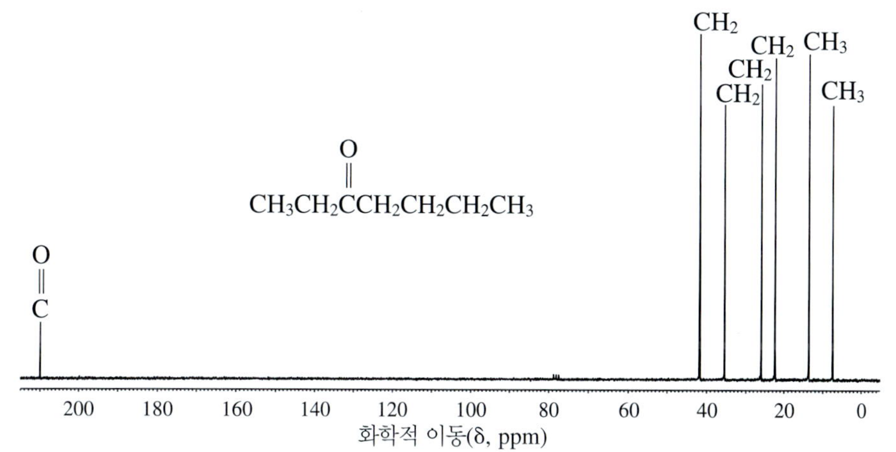

그림 17.13

3-헵탄온의 ^{13}C NMR 스펙트럼. 각 신호는 한 탄소에 해당된다. 카보닐 탄소는 가장 적게 가려져있으며, δ 210에서 나타난다.

그림 17.12에 있는 2-뷰탄올과 같은 메틸 케톤은 $CH_3C{=}O$의 양성자에 대해 δ 2 근처에서 뾰족한 단일선을 나타낸다. 마찬가지로 카보닐기의 벗김 효과는 $CH_2C{=}O$의 양성자를 알케인의 CH_2 기보다 낮은 장 (δ 2.5)에서 나타나게 한다.

***^{13}C NMR*:** 알데하이드와 케톤에 있는 C═O의 탄소에 대한 신호는 대단히 낮은 장, 즉 테트라메틸사일레인으로부터 낮은 장인 190~220 ppm에서 나타난다. 그림 17.13은 3-헵탄온으로 이것을 설명하고 있으며, 이 그림에서 일곱 탄소에 대한 분리된 신호를 관찰할 수 있다. sp^3-혼성화된 여섯 탄소는 δ 8~42에서 나타나며, 카보닐 탄소는 δ 210에서 나타난다. 각 봉우리가 한 탄소에 해당하기는 하지만, C═O 탄소의 신호의 세기는 다른 탄소보다 대단히 작다. 이런 세기의 감소는 수소가 결합되지 않은 탄소에 대한 푸리에 변환(FT) 스펙트럼의 특징이다.

***UV-VIS(자외선-가시광선)*:** 알데하이드와 케톤은 자외선 영역에서 두 개의 흡수 띠를 나타낸다. 두 개의 흡수 띠는 전자가 반결합성 π* 오비탈로 들뜨기 때문에 생긴다. π→π* 전이라고 하는 흡수에서 전자는 C═O 기의 π전자 중 하나이다. 반면 *n*→π* 전이라 부르는 다른 흡수에서는, 전자는 산소의 비공유 전자쌍 중의 하나이다. π 전자는 비공유 전자쌍 전자보다 더 세게 결합되어 있기 때문에 π→π* 전이는 *n*→π* 전이보다 에너지가 더 높고 파장은 더 짧다. 간단한 알데하이드와 케톤에 대해서 π→π* 전이는 200nm 이하에서 일어나기 때문에 구조 결정에는 사용되지 않는다. 비록 *n*→π* 전이는 약하기는 하지만 구조 결정에는 더욱 특징적으로 유용하게 사용된다.

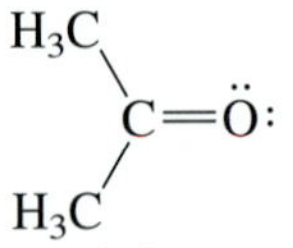

$$(H_3C)_2C=\ddot{O}: \quad \pi \rightarrow \pi^* \ \lambda_{max}\ 187\text{ nm} \quad n \rightarrow \pi^* \ \lambda_{max}\ 270\text{ nm}$$

아세톤

질량분석: 알데하이드와 케톤은 그들의 질량 스펙트럼에서 뚜렷한 분자 이온 봉우리를 나타낸다. 또한 알데하이드는 M-1 봉우리를 나타낸다. 알데하이드와 케톤의 핵심이 되는 토막내기 경로는 카보닐기로부터 알킬기를 절단하여 아실 양이온(아실륨 이온)을 형성하는 것 이다. 예를 들어, 다이에틸 케톤의 질량 스펙트럼에서 가장 강한 봉우리는 *m/z* 57이며, 분자 이온으로부터 에틸 라디칼이 떨어져 나간 것에 해당한다.

$$\underset{m/z\ 86}{CH_3CH_2\overset{:O^{+\cdot}}{\overset{\|}{C}}CH_2CH_3} \longrightarrow \underset{m/z\ 57}{CH_3CH_2C\equiv\ddot{O}^+} + \cdot CH_2CH_3$$

17.16 요약

카보닐기의 화학은 아마도 유기화학 반응에 대한 가장 중요한 형태 중 하나이다. 카보닐기를 포함한 화합물의 부류는 이 장에서 다룬 두 연관 부류인 *알데하이드*와 *케톤* 이외에 많은 카복실산 유도체들(염화 아실, 산 무수물, 에스터 및 아마이드)을 포함하고 있다.

17.1절 알데하이드와 케톤의 치환식 IUPAC 이름은 카보닐기를 포함하는 가장 긴 연속된 사슬을 확인하고, 대응하는 알케인의 어미 −*에*(*-e*)를 알데하이드에 대해서는 −*알*(*-al*), 케톤에 대해서는 −*온*(*-one*)으로 치환하여 명명한다. 카보닐기의 탄소가 가장 낮은 자리 번호가 되도록 사슬에 번호를 붙인다.

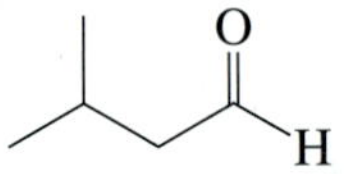

3-메틸뷰탄알

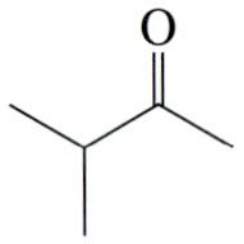

3-메틸-2-뷰탄온
또는
3-메틸뷰탄-2-온

케톤은 또한 카보닐기에 결합된 두 기를 알파벳 순으로 적고, 다음에 케톤(ketone)이라는 말을 붙이는 기능식 IUPAC 명명법을 사용하여 명명할 수 있다. 따라서 3-메틸-2-뷰탄온(치환식)은 아이소프로필 메틸 케톤(기능식)이 된다.

17.2절 카보닐탄소는 sp^2-혼성이고, 여기에 결합된 원자들은 동일평면 상에 있다. 알데하이드와 케톤은 극성 분자이다. 친핵체들은 C=O 결합의 탄소(양전하로 편극화된)를, 특히 친전자체인 양성자는 산소(음전하로 편극화된)를 공격한다.

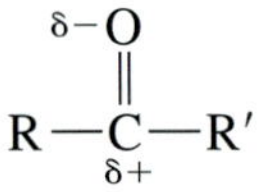

$$R-\overset{\delta-\,O}{\overset{\|}{\underset{\delta+}{C}}}-R'$$

17.3절 알데하이드와 케톤은 탄화수소보다 높은 끓는점을 가진다. 그러나 알코올보다는 낮은 끓는점을 가진다.

17.4절 앞의 장에서 다루고, 표 17.1에서 검토한 알데하이드와 케톤을 생성하는 많은 반응들은 대부분의 합성에 사용된다.

17.5~17.12절

알데하이드와 케톤의 특징적인 반응은 카보닐기에 대한 *친핵성 첨가*이며, 표 17.5에 요약하였다. HY 형태의 시약은 다음과 같은 일반식에 따라 반응한다.

표 17.5 알데하이드와 케톤의 친핵성 첨가

반응(절)과 설명	일반적인 반응식과 특정 예
수화 반응(17.6절) 산 또는 염기-촉매 반응이다. R, R' 또는 둘 다 강하게 전자를 끄는 기가 아닌 한 보통 케톤의 수화에 대한 평형상수는 불리하다.	$RC(=O)R' + H_2O \rightleftharpoons RC(OH)_2R'$ 알데하이드 또는 케톤 / 물 / 같은 자리 다이올 Chloroacetone (평형에서 90%) $\xrightleftharpoons{H_2O}$ Chloroacetone hydrate (평형에서 10%)
사이아노하이드린 생성(17.7절) 반응은 사이안산 이온에 의해 촉진된다. 사이아노하이드린은 유용한 합성 중간체이다. 사이아노기는 CO_2H로 가수분해 되거나 또는 CH_2NH_2로 환원된다.	$RC(=O)R' + HCN \longrightarrow RC(OH)(CN)R'$ 알데하이드 또는 케톤 / 사이안화 수소 / 사이아노하이드린 3-Pentanone $\xrightarrow[H^+]{KCN}$ 3-Pentanone cyanohydrin (75%)
아세탈 및 케탈 생성(17.8~17.9절) 반응은 산에 의해 촉매되며, 중간체로 헤미아세탈 또는 헤미케탈을 경유하여 진행된다. 평형상수는 보통 알데하이드에 대해서는 유리하고 케톤에 대해서는 불리하다. 이웃자리 다이올로부터 고리 아세탈이 쉽게 형성된다.	$RC(=O)R' + 2R''OH \xrightleftharpoons{H^+} RC(OR'')_2R' + H_2O$ 알데하이드 또는 케톤 / 알코올 / R' = H이면 아세탈, R'= 알킬 또는 아릴이면 케탈 / 물 *m*-Nitrobenzaldehyde + $2CH_3OH$ (Methanol) $\xrightarrow{HCl}$ *m*-Nitrobenzaldehyde dimethyl acetal (76-85%)
1차 아민과 반응(17.10절) 분리된 생성물은 중간체인 헤미아미날의 탈수에 의해 생성된 이민이다.	$RC(=O)R' + R''NH_2 \rightleftharpoons RC(=NR'')R' + H_2O$ 알데하이드 또는 케톤 / 1차 아민 / 이민 / 물 2-Methylpropanal + *tert*-Butylamine $\longrightarrow$ *N*-(2-Methyl-1-propylidene)-*tert*-butylamine (50%)

(계속)

표 17.5 알데하이드와 케톤의 친핵성 첨가 (계속)

반응(절)과 설명	일반적인 반응식과 특정 예
2차 아민과 반응(17.11절) 이 경우, 중간체인 헤미아미날은 이민을 형성하지 않고, 탄소–탄소 이중결합을 만들기 위해 탈수된다.	$RC(=O)CH_2R'$ (알데하이드 또는 케톤) + $R''NHR'''$ (2차 아민) ⇌ $RC(NR''R''')=CHR'$ (엔아민) + H_2O (물) Cyclohexanone + Morpholine —(벤젠, 가열)→ 1-Morpholinocyclohexene (85%)
Wittig 반응(17.12절) 알데하이드 또는 케톤과 인 일라이드의 반응은 알켄의 형성을 위한 합성적으로 유용한 방법이다.	$RC(=O)R'$ (알데하이드 또는 케톤) + $(C_6H_5)_3\overset{+}{P}-\overset{-}{C}AB$ (Wittig 시약 (일라이드)) → $R_2C=CAB$ (알켄) + $(C_6H_5)_3\overset{+}{P}-O^-$ (산화 트라이페닐포스핀) Acetone + 1-Pentylidenetriphenylphosphorane → 2-Methyl-2-heptene (56%)

$$\overset{\delta+}{C}=\overset{\delta-}{O} + \overset{\delta+}{H}-\overset{\delta-}{Y} \rightleftharpoons Y-\overset{|}{\underset{|}{C}}-O-H$$

알데하이드 또는 케톤 → 카보닐기에 대한 친핵성 첨가 생성물

알데하이드는 케톤에서보다 더 용이하게 친핵성 첨가가 일어나며, 더 유리한 평형상수를 가진다.

친핵체가 카보닐 탄소를 공격하는 단계는 염기–촉매와 산–촉매 친핵성 첨가에서 모두 속도를 결정하는 단계이다. 염기–촉매 메커니즘에서는 이 단계가 첫 번째 단계이다.

$$Y:^- + C=\ddot{O}: \xrightleftharpoons{\text{느림}} Y-\overset{|}{\underset{|}{C}}-\ddot{O}:^-$$

친핵체 알데하이드 또는 케톤

$$Y-\overset{|}{\underset{|}{C}}-\ddot{O}:^- + H-Y \xrightleftharpoons{\text{빠름}} Y-\overset{|}{\underset{|}{C}}-\ddot{O}H + Y:^-$$

친핵성 첨가에 대한 생성물

산–촉매 조건 하에서는 카보닐 산소에 양성자화가 이루어진 후 친핵성 첨가가 일어난다. 양성자화는 카보닐기의 탄소양이온 특성을 증가시켜 더 친전자성을 띠게 한다.

$$\mathrm{>C{=}\ddot{O}: + H{-}Y: \xrightleftharpoons{\text{빠름}} >C{=}\overset{+}{\ddot{O}}H \longleftrightarrow {}^{+}C{-}\ddot{O}H}$$

알데하이드 또는 케톤 — 양성자화된 알데하이드와 케톤의 공명 기여체

$$\mathrm{HY: + >C{=}\overset{+}{\ddot{O}}H \xrightleftharpoons{\text{느림}} H\overset{+}{Y}{-}C{-}\ddot{O}H \xrightleftharpoons{-H^+} Y{-}C{-}\ddot{O}H}$$

친핵체 첨가에 대한 생성물

간혹 친핵성 첨가의 생성물은 분리되지 않지만, 궁극적인 최종 생성물은 중간체이다. 표 17.5에 있는 대부분의 반응은 이런 형태의 반응이다.

17.13절 카보닐기에 대한 친핵성 치환은 입체선택성이다. 카보닐기에 접근하는 방향이 다른 방향보다 입체적 장애가 적을 때, 친핵체는 보통 입체적 장애가 적은 면에서 공격한다.

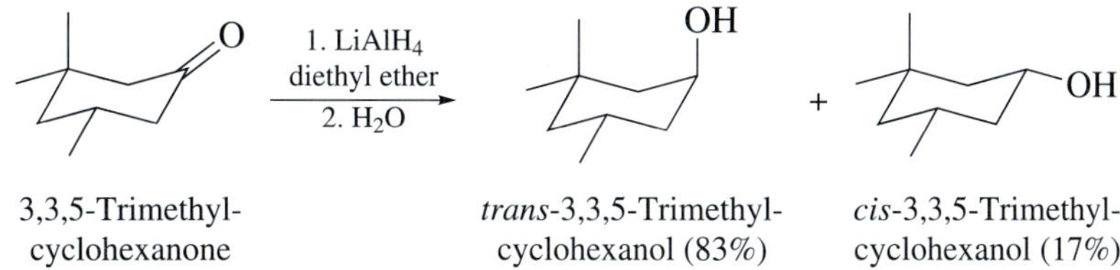

3,3,5-Trimethylcyclohexanone — *trans*-3,3,5-Trimethylcyclohexanol (83%) — *cis*-3,3,5-Trimethylcyclohexanol (17%)

17.14절 알데하이드는 쉽게 카복실산으로 산화된다.

$$\mathrm{R\overset{O}{\overset{\|}{C}}H \xrightarrow[H_2O]{Cr(VI)} R\overset{O}{\overset{\|}{C}}OH}$$

알데하이드 — 카복실산

17.15절 적외선 스펙트럼에서 1700 cm^{-1}근처에서의 강한 피크는 C=O를 포함한 화합물의 특징이다. 알데하이드와 케톤의 ^{1}H NMR과 ^{13}C NMR 스펙트럼은 C=O의 벗김 효과에 의해 영향을 받는다. H—C=O의 양성자는 δ 8~10 ppm 범위에서 나타난다. 또한, H—C=O의 탄소는 δ 190~210 근처에서 나타난다.

문제

17.23 (a) 분자식이 $C_5H_{10}O$인 알데하이드와 케톤의 모든 이성질체에 대한 구조식과 IUPAC 이름을 쓰시오.

(b) 문제 (a)에 있는 이성실제 중 어느 것이 수소화붕소 소듐과 반응하여 카이럴 알코올을 생성할 수 있겠는가?

(c) 문제 (a)에 있는 이성질체 중 어느 것이 아이오딘화 메틸마그네슘과 반응하여 카이랄 알코올을 생성할 수 있겠는가?

17.24 다음 각 알데하이드와 케톤은 관용명으로 알려져 있다. 그 치환식 명명법을 괄호안에 나타내었다. 각 화학물에 대한 구조식을 써라.

(a) 클로랄(Chloral) (2,2,2-트라이클로로에탄알)

(b) 피브알데하이드(Pivaldehyde) (2,2-다이메틸프로판알)

(c) 아크롤린(Acrolein) (2-프로펜알)

(d) 크로톤알데하이드(Crotonaldehyde) [(*E*)-2-뷰텐알]

(e) 사이트랄(Citral) [(*E*)-3,7-다이메틸-2,6-옥타다이엔알]

(f) 다이아세톤 알코올(Diacetone alcohol) (4-하이드록시-4-메틸-2-펜탄올)

(g) 카르본(Carvone) (5-아이소프로펜일-2-메틸-2-사이클로헥산올)

(h) 바이아세틸(Biacetyl) (2,3-뷰테인다이온)

17.25 아프리카의 작은 악어는 성 페로몬이라고 여겨지는 휘발성 물질을 분비한다. 이 물질은 두 가지의 입체이성질체 혼합물이며, 그 중 하나는 다음과 같다.

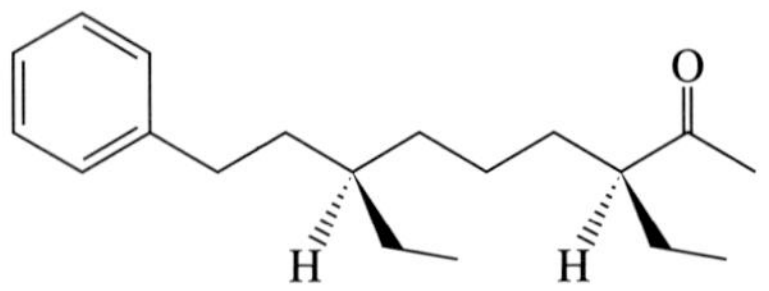

(a) 이 화합물의 IUPAC 이름으로 명명하시오. 그리고 그것의 카이랄 중심들에서 나타나는 *R*, *S* 표시를 하시오.

(b) 냄새를 내는 물질의 한 성분은 두 개의 카이랄 중심에서 *S* 배열을 가진다. 이 화합물은 위의 구조와 어떤 관련성이 있는가? 그리고 이 화합물은 거울상이성질체인가? 아니면 부분입체이성질체인가?

17.26 다음 각 화합물이 프로판알과의 반응으로 생성되는 생성물을 예측하시오.

(a) 수소화알루미늄 리튬, 그 다음 물

(b) 수소화붕소 소듐, 메탄올

(c) 수소(nickel catalyst)

(d) 아이오딘화 메틸마그네슘, 그 다음 묽은산

(e) 아세틸렌화 소듐, 그 다음 묽은산

(f) 페닐리튬, 그 다음 묽은산

(g) 용해된 염산을 포함하고있는 메탄올

(h) 에틸렌 글리콜, *p*-톨루엔설폰산, 벤젠

(i) 아닐린($C_6H_5NH_2$)

(j) 다이메틸아민, *p*-톨루엔설폰산, 벤젠

(k) 하이드록실아민

(l) 하이드라진

(m) (1)의 생성물을 수산화 소듐이 포함된 트라이에틸렌 글리콜에서 가열

(n) *p*-나이트로페닐하이드라존

(o) 세미카바자이드

(p) 에틸리덴트라이페닐포스포레인 $[(C_6H_5)_3\overset{+}{P}—\overset{..}{C}HCH_3]$

(q) 황산이 첨가된 사이안화 소듐

(r) 크로뮴산

17.27 다음 각 쌍 중 제시한 시약과 어느 것이 더 빠르게 반응하고, 유리한 평형상수를 가지는지 선택하고, 그 이유를 설명하시오.

(a) $C_6H_5\overset{O}{\overset{\|}{C}}H$ 또는 $C_6H_5\overset{O}{\overset{\|}{C}}CH_3$ (수산화붕소 소듐과 환원 속도)

(b) $Cl_3C\overset{O}{\overset{\|}{C}}H$ 또는 $CH_3\overset{O}{\overset{\|}{C}}H$ (수화에 대한 평형상수)

(c) 아세톤 또는 3,3-다이메틸-2-뷰탄온 (사이아노 하이드린 형성에 대한 평형상수)

(d) 아세톤 또는 3,3-다이메틸-2-뷰탄온(수산화붕소 소듐과 환원 속도)

(e) $CH_2(OCH_2CH_3)_2$ 또는 $(CH_3)_2C(OCH_2CH_3)_2$ (산-촉매 가수분해 속도)

17.28 다음 각 반응은 화학 문헌에 소개되어 있으며, 좋은 수율로 한 가지 유기 생성물을 형성한다. 각 반응에서 주 생성물은 무엇인가?

(a) 2-브로모-3,4,5-트라이메톡시벤즈알데하이드 (CH_3O, CH_3O, CH_3O, Br, CHO) + HO–$CH_2CH_2CH_2$–OH $\xrightarrow[\text{벤젠, 가열}]{P\text{-톨루엔설폰산}}$

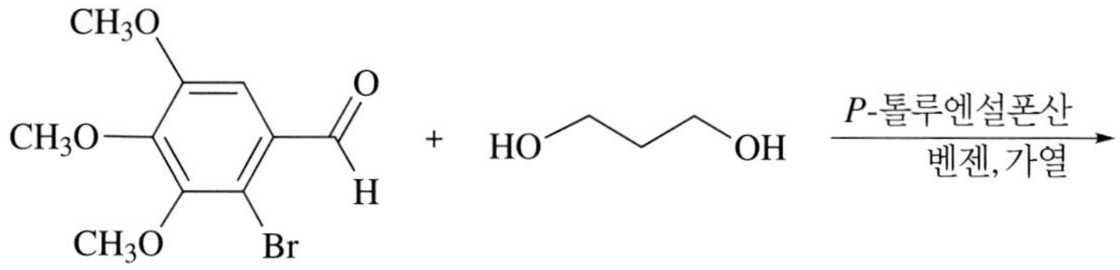

(b) 4-하이드록시-2-메톡시벤즈알데하이드 (HO, OCH_3, CHO) + CH_3ONH_2 ⟶

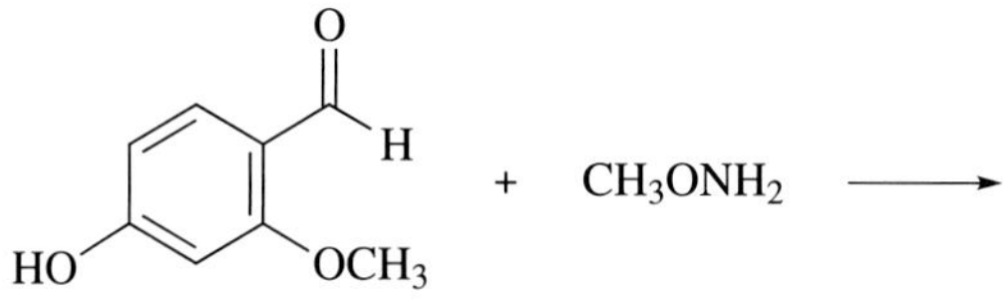

(c) CH_3CH_2CHO + $(H_3C)_2NNH_2$ ⟶

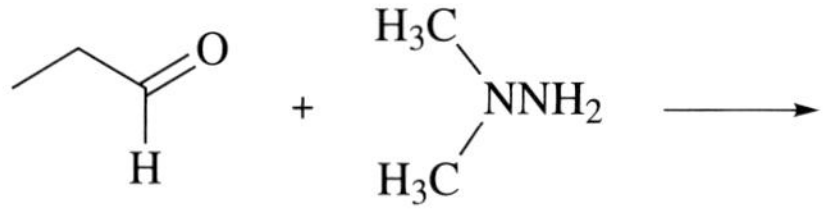

(d) (H_3C–C_6H_4–$CH(CH_3)CH_2CH_2$–1,3-다이옥솔레인) $\xrightarrow[\text{HCl, 가열}]{H_2O}$

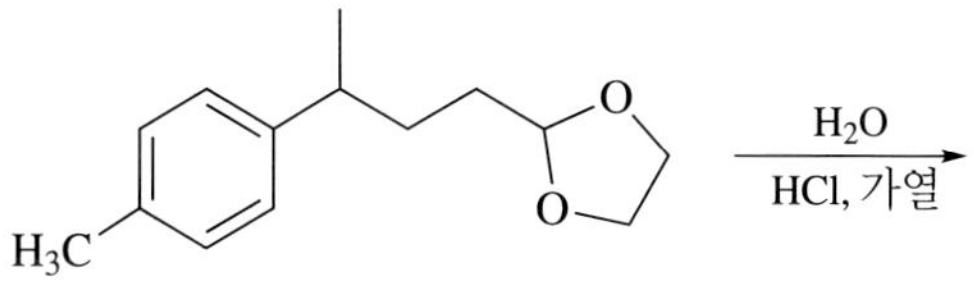

(e) $C_6H_5COCH_3$ $\xrightarrow[\text{HCl}]{\text{NaCN}}$

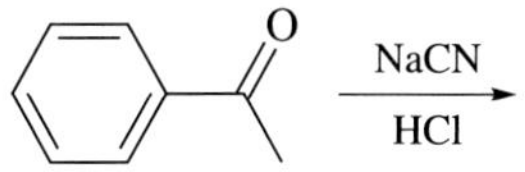

(f) $C_6H_5COCH_3$ + HN(모폴린)O $\xrightarrow[\text{벤젠, 가열}]{p\text{-톨루엔설폰산}}$

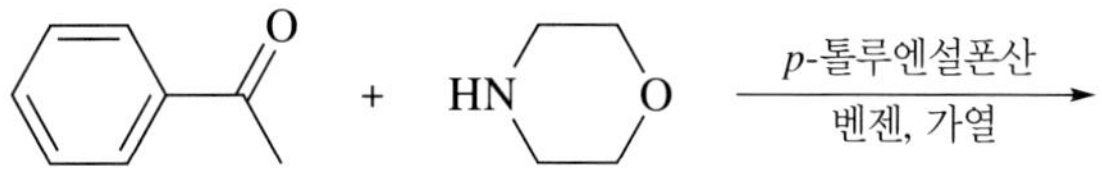

(g) $(CH_3)_2CHCOCH(CH_3)_2$ + HO–CH_2CH_2–SH $\xrightarrow[\text{벤젠, 가열}]{p\text{-톨루엔설폰산}}$ $C_9H_{18}OS$

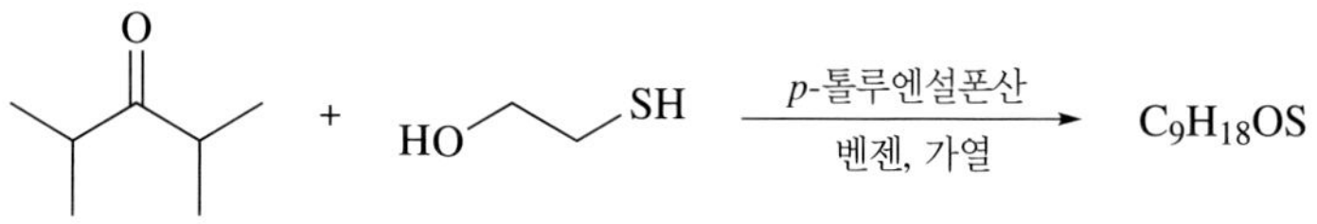

17.29 다음에 나타낸 화합물의 Wolff–Kishner 환원(하이드라진, KOH, 에틸렌 글라이콜, 130°C)으로 화합물 A를 생성하였다. 화합물 A를 *m*-클로로퍼옥시벤조산(MCPBA)로 처리하면 화합물 B를, B를 수소화알루미늄 리튬으로 환원하면 화합물 C를 얻었다. 화합물 C를 크롬산로 산화시켜 화합물 D ($C_9H_{14}O$)를 얻었다. 이 과정에서 화합물 A~D는 각각 무엇인지 확인하시오.

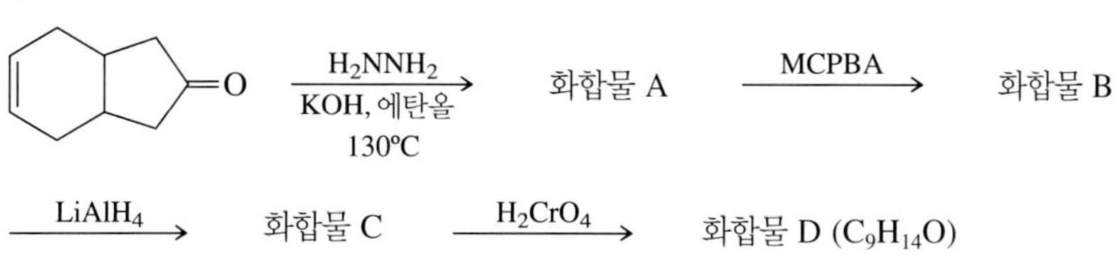

(바이사이클릭 케톤)=O $\xrightarrow[\text{KOH, 에탄올, 130°C}]{H_2NNH_2}$ 화합물 A $\xrightarrow{\text{MCPBA}}$ 화합물 B

$\xrightarrow{LiAlH_4}$ 화합물 C $\xrightarrow{H_2CrO_4}$ 화합물 D ($C_9H_{14}O$)

17.30 카보닐과 알코올 작용기 둘 모두 포함한 화합물은 열린 사슬 화합물로 존재하기보다는 고리 헤미아세탈 또는 고리 아세탈로 존재하는 것이 더 안정하다. 몇가지 예를 다음에 나타내었다. 각각에 대한 열린 사슬 구조를 추정하시오.

(a) O OH

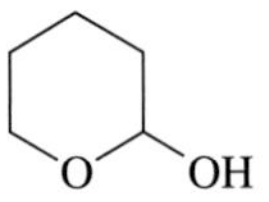

(c) O O CH_3 CH_3CH_2
브레비코민(Brevicomin)
(소나무 투구벌레의 성 유인체)

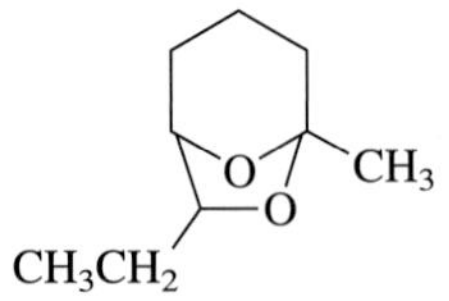

(b) HO O

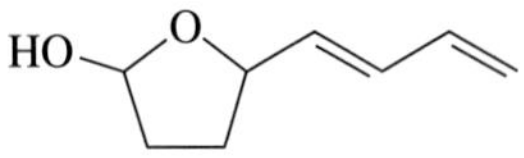

(d) O O CH_2CH_3 $HOCH_2$ OH
탈라로마이신(Talaromycin) A
(마구간에서 자라는 곰팡이에 의해 생기는 독성 물질)

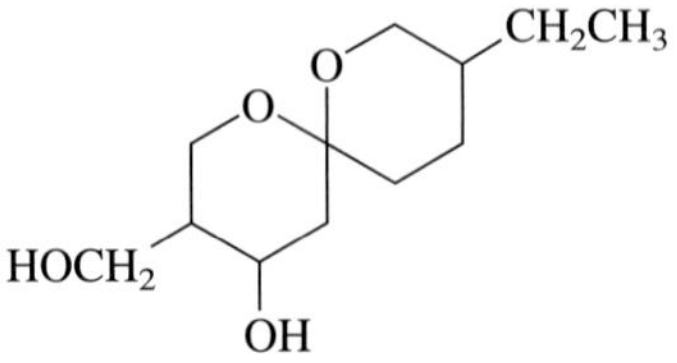

17.31 탄소–질소 이중결합을 포함한 화합물은 알켄과 같이 입체이성질현상이 가능하다. 그 구조는 다음과 같이 입체이성질체이다.

R, R′ C=N X 와 R, R′ C=N X

이런 체계에서 입체화학을 규정하기 위해 E–Z 체계를 사용하고, 여기서 질소의 비공유 전자쌍은 우선권이 가장 낮은 기로 취급한다. 입체화학을 명백히 나타내는 다음 화합물들의 구조를 쓰시오.

(a) (Z)-$CH_3CH{=}NCH_3$

(b) (E)-아세트알데하이드 옥심

(c) (Z)-2-뷰탄온 하이드라존

(d) (E)-아세토페논 세미카바존

17.32 다음 각 반응에 대한 합리적인 메커니즘을 제시하시오.

(a) O, Cl $\xrightarrow[CH_3OH]{NaOCH_3}$ O, OCH_3 (88%)

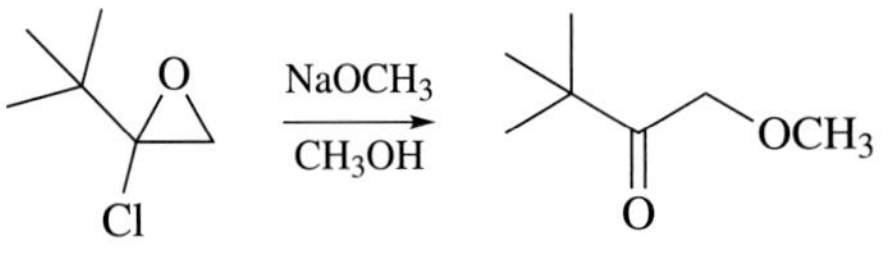

(b) O, H, Cl $\xrightarrow[CH_3OH]{NaOCH_3}$ OCH_3, OCH_3, OH (72%)

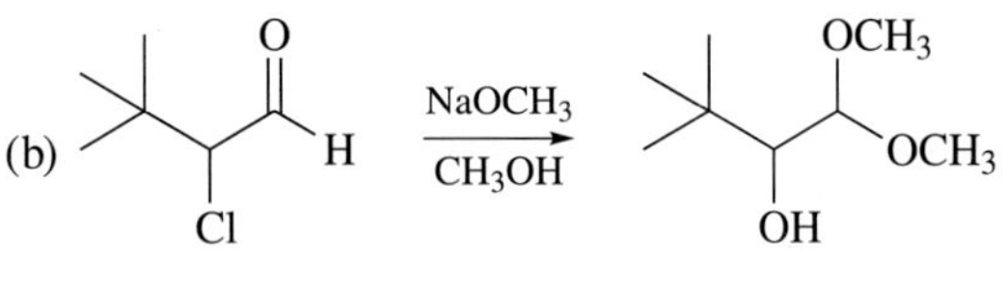

17.33 다음 각 출발 물질과 필요한 무기 시약으로부터 벤조페논, $C_6H_5\overset{O}{\overset{\|}{C}}C_6H_5$의 합리적인 합성을 서술하시오.

(a) 염화 벤질과 벤젠

(b) 벤질 알코올과 브로모벤젠

(c) 브로모다이페닐메테인, $(C_6H_5)_2CHBr$

(d) 다이메톡시다이페닐메테인, $(C_6H_5)_2C(OCH_3)_2$

(e) 1,1,2,2-테트라페닐에텐, $(C_6H_5)_2C{=}C(C_6H_5)_2$

17.34 다이클로로메테인(45°C)에 들어있는 소량의 촉매인 *p*-톨루엔설폰산과 물을 화합물 A와 24 시간 동안 가열한 결과, 화합물 C가 79%의 수율로 분리되었다.

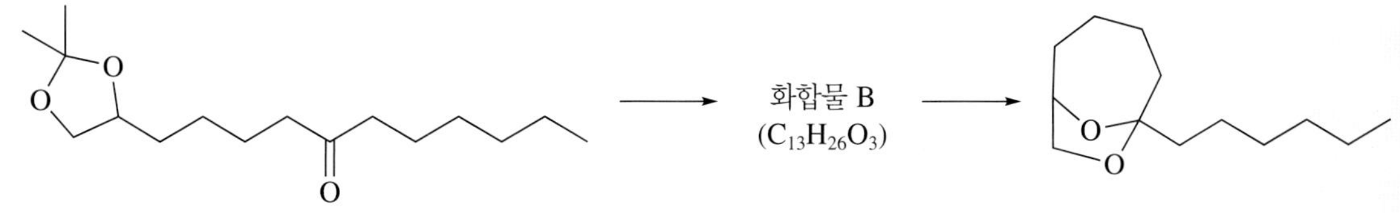

화합물 B ($C_{13}H_{26}O_3$)

화합물 A ($C_{16}H_{30}O_3$)

화합물 C ($C_{13}H_{24}O_2$)

이 전체 반응의 완벽한 이해를 돕기 위해 핵심이 되는 중간체(화합물 B)를 확인하시오. 또한 이 반응에서 생성되는 다른 화합물은 무엇인가?

17.35 루코트라이엔(Leukotrienes)은 염증 효과의 원인이 될 수 있는 물질로 생체 내에서 생성된다. 이 화합물의 구성성분 중의 하나를 합성하기 위해서, 화합물 A는 Z-입체이성질체를 포함한 B 화합물을 만들기 위해 witting 시약과 반응하였다. 이들 화합물의 유래를 설명하시오.

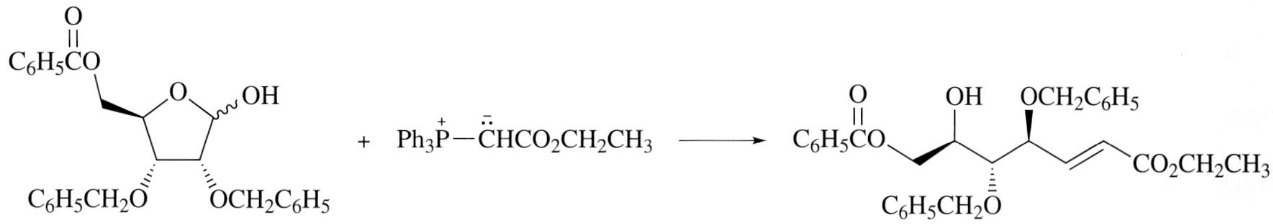

$C_6H_5\overset{O}{\overset{\|}{C}}O$ … OH, $C_6H_5CH_2O$, $OCH_2C_6H_5$ + $Ph_3\overset{+}{P}-\ddot{C}HCO_2CH_2CH_3$ ⟶ $C_6H_5\overset{O}{\overset{\|}{C}}O$, OH, $OCH_2C_6H_5$, $CO_2CH_2CH_3$, $C_6H_5CH_2O$

화합물 A　　　　화합물 B

17.36 다음 각 화합물의 합성은 화학 문헌에 소개되었다. 제시한 출발 물질과 필요한 유기 또는 무기 시약을 사용하여 각 변환에 적합한 반응 순서를 기술하시오.

(a) 5,5-다이메틸사이클로노난온으로부터 1,1,5-트라이메틸사이클로노네인

(b) 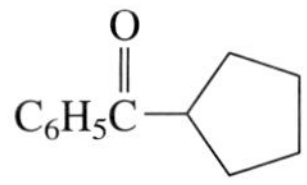 $C_6H_5\overset{O}{\overset{\|}{C}}$-(cyclopentyl) 로 부터 ($C_6H_5$, H_3C)

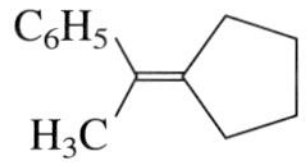

(c) *o*-브로모톨루엔과 5-헥산알로부터

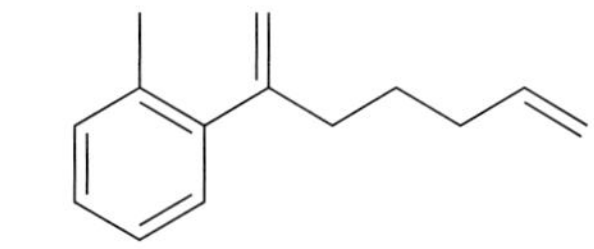

(d) 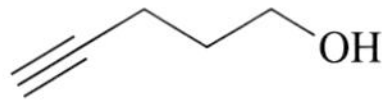 OH 로 부터

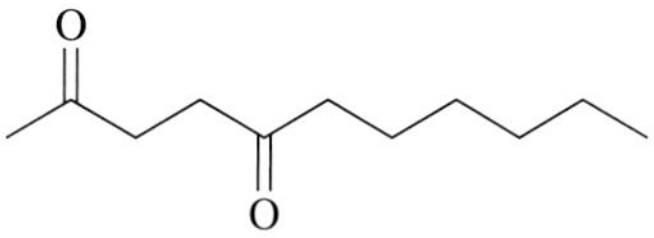

(e) 3-클로로-2-메틸벤즈알데하이드로 부터 (Cl, CH_3, OCH_3)

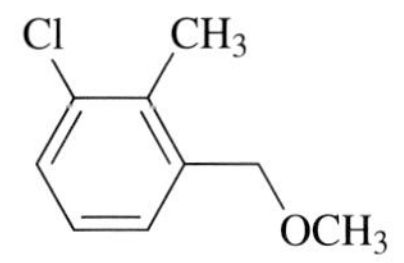

(f) 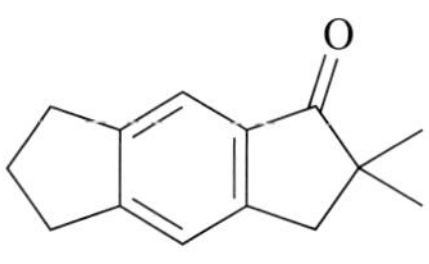 로 부터

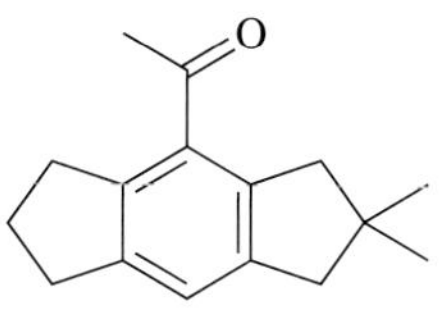

(g) 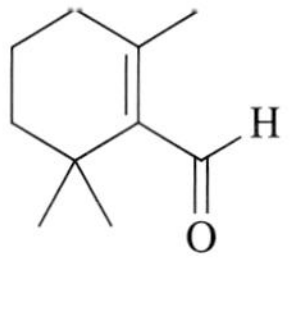 H 로 부터 (H_3CO, O, OCH_3)

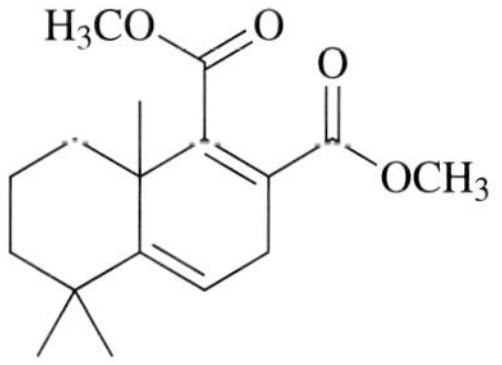

17.37 어떤 화합물의 분자식이 C_4H_8O이고, 카보닐기를 포함하고 있다. 그림 17.14에 나타낸 ^1H NMR 스펙트럼을 근거로 해서 화합물을 확인하시오.

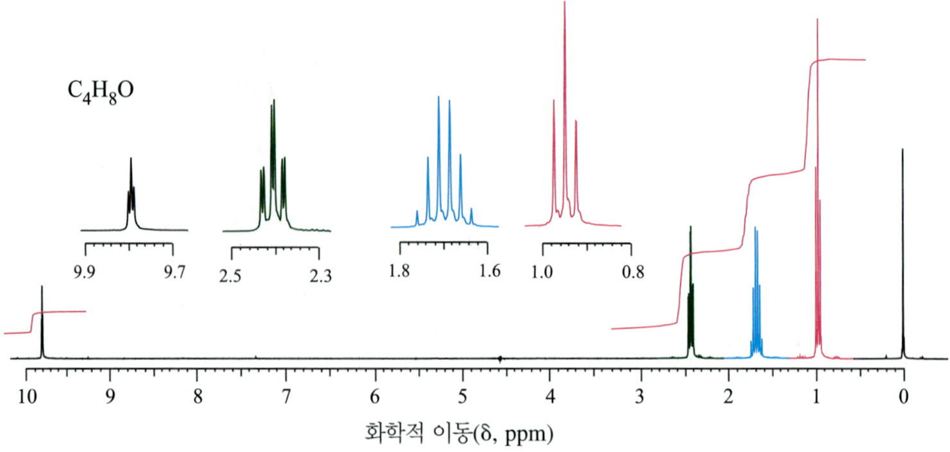

그림 17.14

화합물(C_4H_8O)의 300-MHz ^1H NMR스펙트럼(문제 17.37)

17.38 어떤 화합물($C_{11}H_{14}O$)은 그림 17.15에 나타낸 (*a*) 적외선 및 (*b*) 300-MHz ^1H NMR 스펙트럼을 가진다. 이 화합물의 구조는 무엇인가?

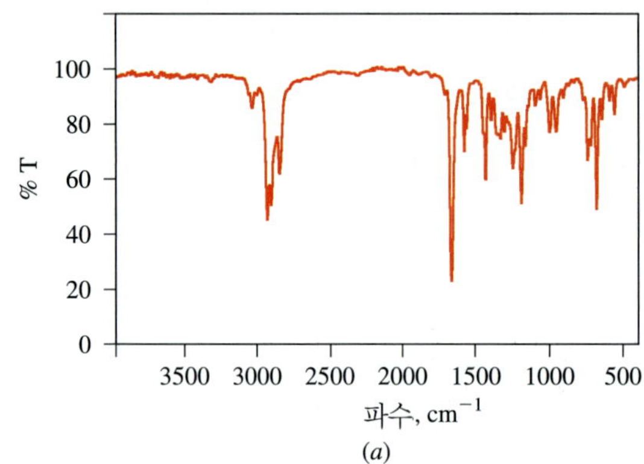

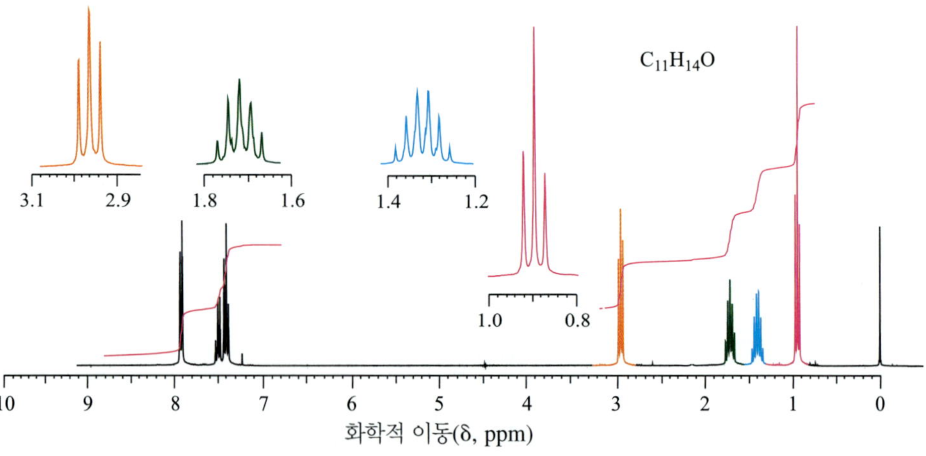

그림 17.15

화합물($C_{11}H_{14}O$)의 (*a*) 적외선 및 (*b*) 300-MHz ^1H NMR 스펙트럼(문제 17.38).

17.39 어떤 화합물의 분자식이 $C_7H_{14}O$인 케톤이다. 그 ^{13}C NMR 스펙트럼을 그림 17.16에 나타냈다. 이 화합물의 구조는 무엇인가?

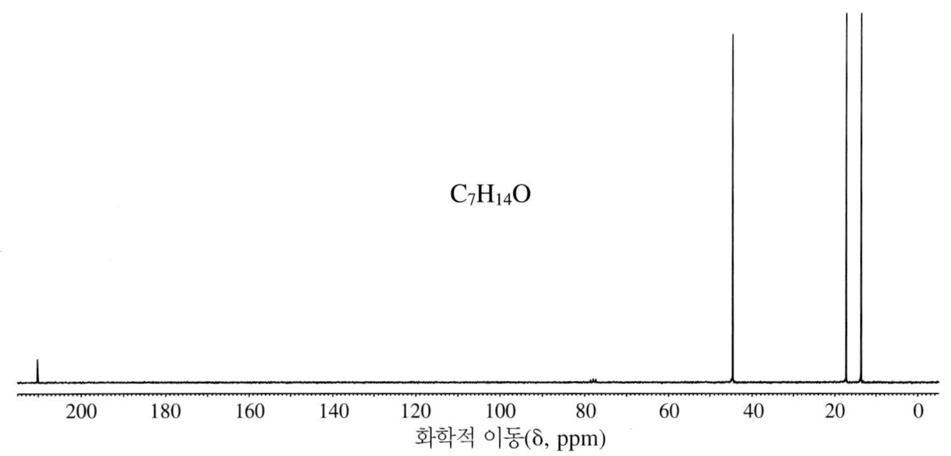

그림 17.16

화합물 ($C_7H_{14}O$)의 ^{13}C NMR 스펙트럼(문제 17.39).

17.40 화합물 A와 화합물 B는 분자식 $C_{10}H_{12}O$을 지니는 이성질체이다. 각 화합물의 질량 스펙트럼은 *m/z* 105에서 기본 피크를 나타낸다. 화합물 A (그림 17.17)와 화합물 B (그림 17.18)의 ^{13}C NMR 스펙트럼을 나타내었다. 이 두 이성질체를 확인하시오.

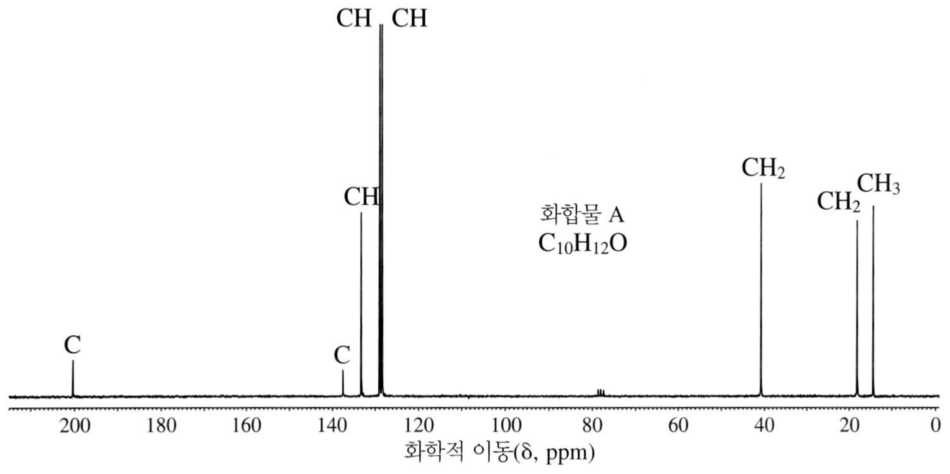

그림 17.17

화합물 A($C_{10}H_{12}O$)의 ^{13}C NMR 스펙트럼(문제 17.40).

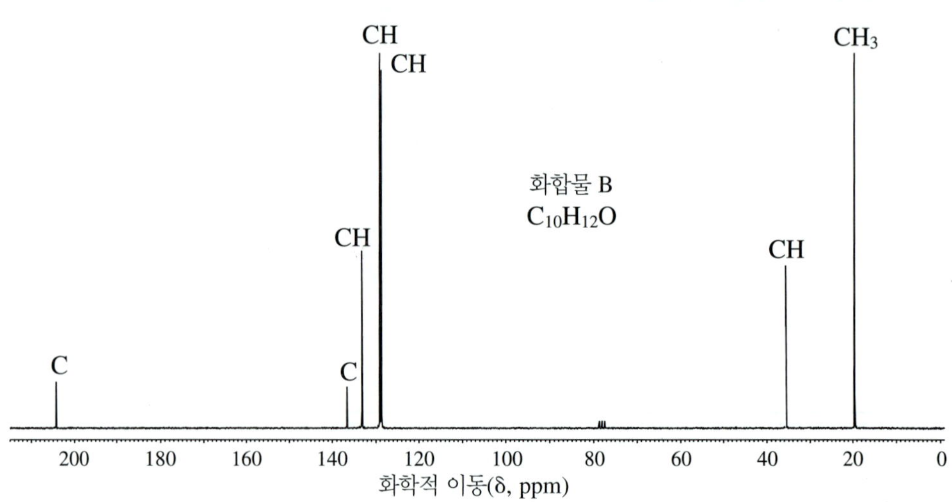

그림 17.18

화합물 B ($C_{10}H_{12}O$)의 ^{13}C NMR 스펙트럼(문제 17.40).

설명문과 이해 문제 17

Baeyer–Villiger 산화

과산소산에 의한 케톤의 산화는 새로우면서도 합성적으로 유용하다. 과산소산에 있는 산소는 에스터를 만들기 위해 케톤의 카보닐기와 카보닐기에 결합된 탄소들 중의 하나 사이에 삽입된다. 이런 형태의 반응은 1899년에 Adolf von Baeyer와 Victor Villiger에 의해 처음으로 기술되었으며, **Baeyer–Villiger 산화**로 알려져 있다.

$$\underset{\text{케톤}}{R\overset{\overset{O}{\|}}{C}R'} + \underset{\text{과산소산}}{R''\overset{\overset{O}{\|}}{C}OOH} \longrightarrow \underset{\text{에스터}}{R\overset{\overset{O}{\|}}{C}OR'} + \underset{\text{카복실산}}{R''\overset{\overset{O}{\|}}{C}OH}$$

이 반응은 위치특이적인 반응이다. 산소의 삽입은 카보닐 탄소와 카보닐에 결합된 두 개의 알킬기 중에서 더 큰 알킬(R′) 사이에서 발생한다.

$$\underset{\text{Cyclohexyl methyl ketone}}{C_6H_{11}-\overset{\overset{O}{\|}}{C}-CH_3} \xrightarrow[\text{CHCl}_3]{C_6H_5\overset{\overset{O}{\|}}{C}OOH \text{ (Peroxybenzoic acid)}} \underset{\text{Cyclohexyl acetate (67\%)}}{C_6H_{11}-O\overset{\overset{O}{\|}}{C}CH_3} \quad \left[\underset{\text{Methyl cyclohexanecarboxylate (관찰되지 않음)}}{C_6H_{11}-\overset{\overset{O}{\|}}{C}-OCH_3}\right]$$

Baeyer–Villiger 반응의 메커니즘은 카보닐기에 과산소산의 친핵성 첨가로부터 시작된다.

$$\underset{\text{케톤}}{RR'C{=}\ddot{O}:} + \underset{\text{과산소산}}{H\ddot{O}-\ddot{O}-\overset{\overset{:\ddot{O}}{\|}}{C}-R''} \rightleftharpoons \underset{\text{케톤에 과산소산이 친핵성 첨가하여 생성된 물질}}{RR'C(:\ddot{O}H)-\ddot{O}-\ddot{O}-\overset{\overset{:\ddot{O}}{\|}}{C}-R''}$$

산 촉매(과산소산 또는 카복실산)에 의해 양성자가 첨가된 후에, 첫 번째 단계의 생성물인 짝산이 알킬기의 이동에 의해 재배열이 일어난다. 보통, 카보닐기에 결합된 두 작용기 중에서보다 크기가 큰 기가 이동한다.

친핵성 첨가 생성물의 짝산 ⟶ 에스터의 짝산 + 카복실산

이 반응은 입체특이적이다. *cis*-1-아세틸-2-메틸사이클로펜테인의 산화에 나타낸 것처럼 알킬기는 배위를 유지하면서 이동한다. 단지 시스 생성물만 얻어진다.

cis-1-Acetyl-2-methylcyclopentane $\xrightarrow[\text{CHCl}_3]{\text{C}_6\text{H}_5\text{CO}_3\text{H}}$ *cis*-2-Methylcyclopentyl acetate (66%)

케톤이 고리가 되면, 고리 에스터 또는 락톤(*lactone*)이 형성된다. 사이클로뷰탄온은 Baeyer-Villiger 반응에 의해 락톤으로 산화된다.

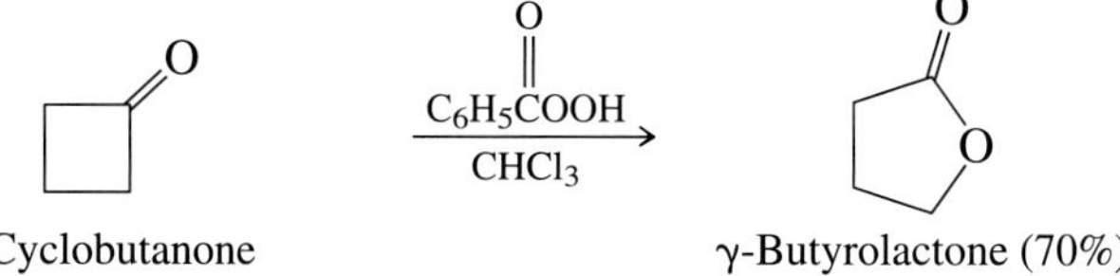

Cyclobutanone γ-Butyrolactone (70%)

17.41 다음중 사이클로헥실메틸케톤과 과산소벤조산의 Baeyer-Villiger 산화반응에서 중간체가 아닌 것은?

A. I과 II

B. III과 IV

C. I과 III

D. II와 IV

I. II. III. IV.

17.42 다음 반응의 생성물은 무엇인가?

$CH_3COCH(CH_3)C_6H_5$ $\xrightarrow[\text{CHCl}_3]{\text{C}_6\text{H}_5\text{CO}_3\text{H}}$

A. $CH_3COOCH(CH_3)C_6H_5$

B. $CH_3OCOOCH(CH_3)C_6H_5$

C. $CH_3COCH(CH_3)OC_6H_5$

D. $CH_3COCH(OCH_3)C_6H_5$

17.43 문제 17.42에 있는 반응물에서 만약 카이랄 중심의 배위가 *R*이라면, 생성물에서 이 탄소의 배위는 무엇인가?

A. *R*

B. *S*

C. 동량의 *R*과 *S*의 혼합물

D. 동량이 아닌 *R*과 *S*의 혼합물

17.44 치환된 다이페닐 케톤의 Baeyer−Villiger 산화반응은 어떠한 이유 때문에 반응이 진행되는가?

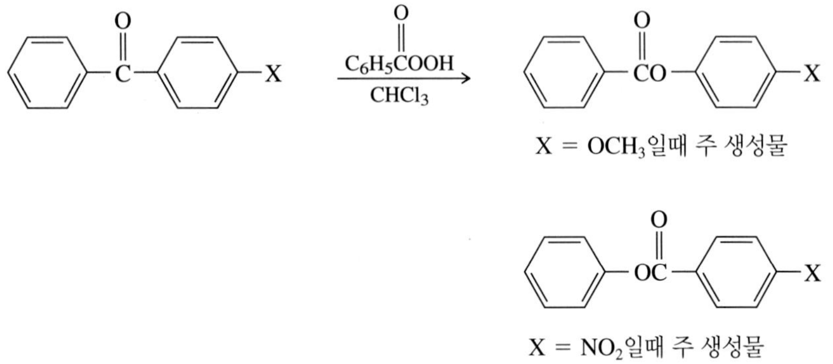
O
C
X
O
C_6H_5COOH
$CHCl_3$
O
CO
X
X = OCH_3일때 주 생성물
O
OC
X
X = NO_2일때 주 생성물

A. 전자를 끄는 나이트로기가 붙어있는 페닐 고리의 이동을 지연시키기 때문이다.

B. 전자를 주는 메톡시기가 붙어있는 페닐 고리의 이동을 가속화시키기 때문이다.

C. A와 B 둘 다.

D. A와 B 둘 다 아니다. 위치선택성은 이동하고 있는 작용기의 입체효과 때문이다.

17.45 프로스타글라딘으로 알려진 매우 중요한 계열의 지질을 합성하는 과정에 있어서 핵심 단계는 아래와 같다. 화합물 X는 무엇인가?

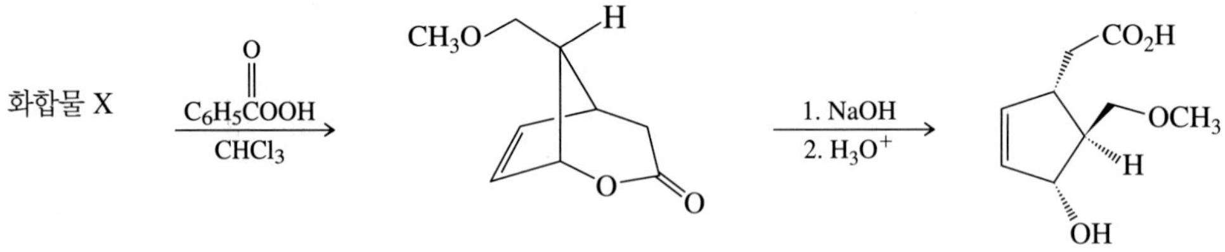
화합물 X
O
C_6H_5COOH
$CHCl_3$
CH_3O
H
O
O
1. NaOH
2. H_3O^+
CO_2H
OCH_3
H
OH

A.
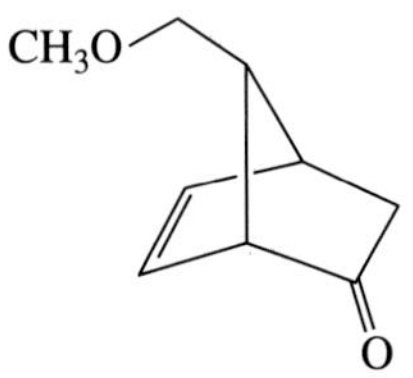
CH_3O
O

B.
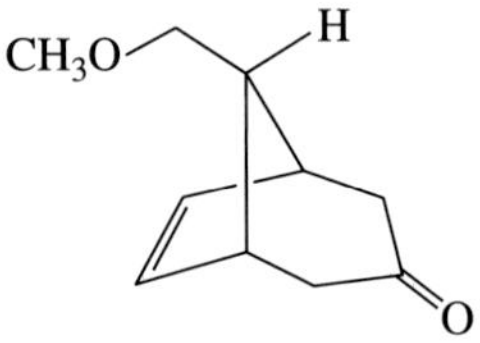
CH_3O
H
O

C.
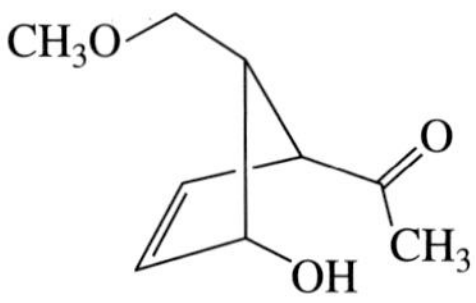
CH_3O
O
OH
CH_3

17.46 특정한 세균, 예를들면 *Pseudomonas*와 *Acinetobacter*의 종에서 효소들의 작용을 통하여 생체내에서 Baeyer-Villiger 반응과 유사한 반응이 일어난다. 화합물 Y의 *S* 거울상이성질체 합성과정은 세균의 사이클로헥산온 일산소화 효소계를 사용하여 나타내었다. 화합물 X는 무엇인가?

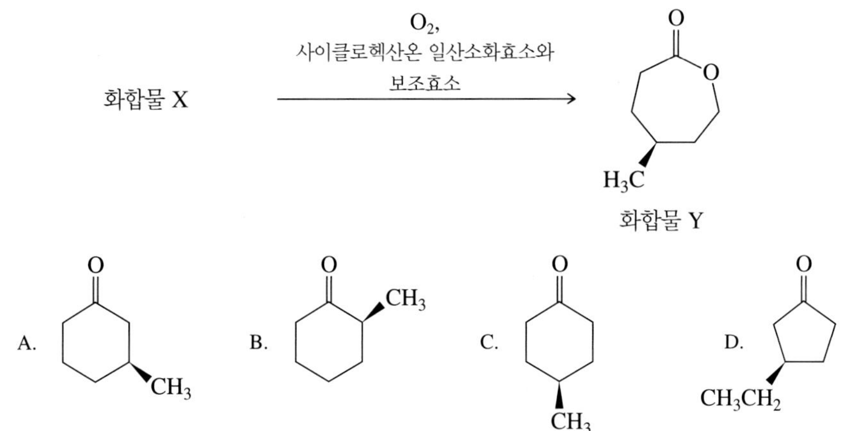

17.47 만약 화합물 Y가 화합물 X와 과산소벤조산과의 반응에 의해 생성된다면, 화합물 Y는 어떠한 형태로 얻어지게 되겠는가?

A. *S* 거울상이성질체만

B. *R* 거울상이성질체만

C. 라세미 혼합물

D. 동량이 아닌 *R*과 *S* 거울상이성질체의 혼합물

18

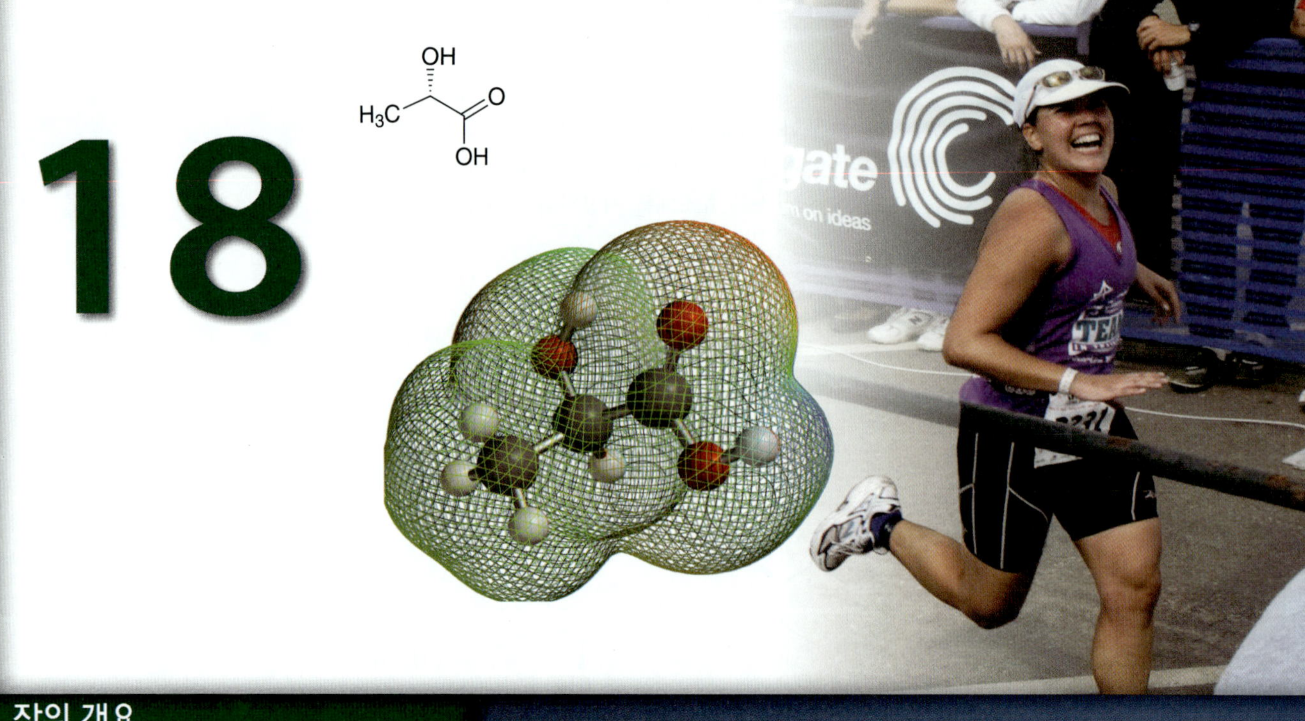

장의 개요

이 사람은 달리고 있는 동안 그녀의 근육에서 생성되는 젖산 때문에 불편함을 느낄 것이다. 그 불편함은 하루나 이틀이 지나면 사라 질 것이고, 상쾌한 기분은 더 오래 지속될 것이다.

카복실산

Carboxylic Acids

$\overset{\displaystyle O}{\overset{\|}{\text{RCOH}}}$ 형태의 화합물인 카복실산은 유기 화합물에서 가장 흔한 종류들 중 하나이다. 헤아릴 수 없이 많은 천연물들이 카복실산이거나 또는 카복실산의 유도체들이다. 아세트산(초산) 같은 몇 가지 카복실산은 수세기 동안 알려져 왔다. 한편, 많은 생물학적 과정의 강력한 조절제인 프로스타글란딘과 같은 것들은 비교적 최근에 알려졌다. 그러나 아스피린과 같은 것들은 화학적 합성의 생산물이다. 백년 이상 잘 알려진 아스피린의 치료 효과는 프로스타글란딘의 생합성을 억제하는 아스피린 작용의 결과로 현재 이해되고 있다.

$\overset{\displaystyle O}{\overset{\|}{CH_3COH}}$

아세트산
(식초에 존재함)

O, $(CH_2)_6CO_2H$, $(CH_2)_4CH_3$, HO, OH

PGE_1(프로스타글란딘의 한 종류; 소량의 PGE_1는 혈압을 상당히 낮춘다

O, COH, $OCCH_3$, O

아스피린

염화아실, 산무수물, 에스터와 아마이드를 포함하는 대부분 유도체의 모체 화합물이 카복실산임을 인식하면 카복실산의 중요성은

매우 높다. 이런 종류의 화합물들은 19장에서 논의될 것이다. 이 장과 함께 다음 장에서는 유기와 생물 화학에서 가장 기본적인 구조 형태와 작용기 변환에 대한 약간의 내용을 다룰 것이다.

18.1 카복실산 명명법

하나의 화합물군에 속한 개개의 일반명이 유기 명명법에서 카복실산보다 더 많은 영향을 준 것을 찾는다는 것은 어렵다. 카복실산 자체의 일반명은 풍부하고 널리 사용되어 왔을 뿐만 아니라 많은 다른 화합물들의 이름이 그들로부터 파생되었다. 벤젠은 벤조산 그리고 프로페인은 프로피온산으로부터 이름을 따왔으나, 그렇지 않은 것도 있다. 뷰테인의 이름은 냄새가 고약한 버터에 존재하는 뷰틸산에서 왔다. 대부분의 알데하이드 일반명은 카복실산의 일반명으로부터 파생되었다. 예를 들면, 발레르산에서 발레르알데하이드가 파생되었다. 많은 카복실산은 계통명보다는 일반명으로 더 잘 알려져 있다. IUPAC 규칙을 제정한 사람들은 체계적인 규칙에 대한 허용된 대안으로서 이러한 일반명을 인정하는 너그러운 태도를 보였다. 표 18.1은 몇 가지 중요한 카복실산의 보통명 및 계통명을 목록으로 만든 것이다.

카복실산의 계통명은 카복실기를 포함하는 가장 길게 연결된 사슬의 탄소수를 세고, 그에 상응하는 알케인(alkane)의 어미에 산을 붙인다(영어로는 어미 *-e*를 *-oic acid*로 치환한다). 표 18.1의 처음 네 가지, methanoic (1탄소), ethanoic (2탄소), pentanoic (5탄소), octadecanoic (18탄소)는 이 점을 잘 보여 준다. 치환기들이 존재하면 그들의 위치는 숫자로 구별한다; 탄소 사슬의 번호 매김은 항상 카복실기에서 시작한다.

화합물 5와 6은 알코올의 카복실기 유도체보다는 오히려 카복실산의 하이드록시 유도체로 명명되었다는 것에 유의하시오. 이것은 모체 사슬을 결정하는데 있어서 알데하이드 또는 케톤의 역할이 하이드록실기보다 우선하는 17.1절에서 본 것과 같다. 주 사슬 결정에 관련하여, 카복실산은 지금까지 보았던 모든 일반적인 작용기들보다 우위에 있다.

주 사슬에 있는 이중결합은 어미 *−엔산(-enoic acid)*으로 표시된다. 그리고 그들의 위치는 항목 7과 8에서 보이는 것처럼 접두사 숫자로 표시한다.

카복실기가 고리에 붙어 있을 때, 항목 9와 10에서 알 수 있듯이 모체 고리를 이름 지은(어미에 *-e*를 유지하는) 다음, 어미에 *−카복실산(-carboxylic acid)*을 붙여준다.

항목 11부터 13에 나타낸 것처럼, 두 개의 카복실기를 갖는 화합물은 적절한 어미, *-다이오산(-dioic acid)* 또는 *-다이카복실산(-dicarboxylic acid)*으로 구별한다. 모체 알케인의 이름에서 어미의 마지막 글자 *-e*는 유지된다.

문제 18.1

표 18.1에 있는 카복실산의 목록은 보통명에 관한 한 전부 다 기술된 것은 아니다. 다른 많은 것들이 보통명으로 알려져 있는데, 그들 중 몇 개는 다음과 같다. 다음 각각의 IUPAC 계통명을 쓰시오.

메타크릴산 (a) 크로토산 (b) 옥살산 (c) *p*−톨루산 (d)

풀이 예시 (a) 메타크릴산은 *루사이트와 플렉시글라스*와 같은 두명한 플라스틱을 만드는 데 사용하는 공업 화학물질이다. 카복실산과 이중결합을 모두 포함하는 탄소 사슬은 탄소 원자가 세 개이다. 이 화합물은 *프로펜산의* 유도체로 이름이 붙여져 있다. 2-메틸프로펜산 및 2-메틸프로프-2-엔산 두 가지 모두 허용되는 IUPAC 이름이다.

표 18.1 카복실산 명명법

	구조식	계통명	일반명
1	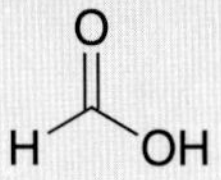	메탄산	폼산
2	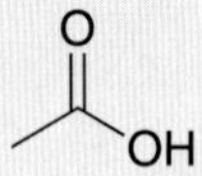	에탄산	아세트산
3	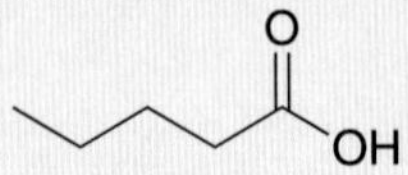	펜산산	발레르산
4	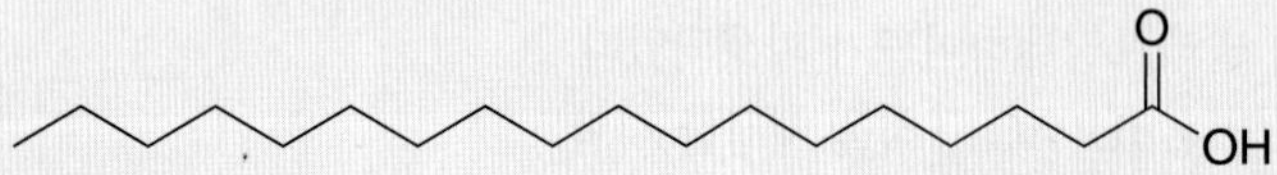	옥타데칸산	스테아르산
5	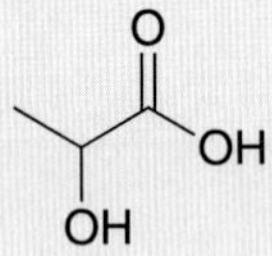	2-하이드록시프로판산	젖산 (또는 락트산)
6	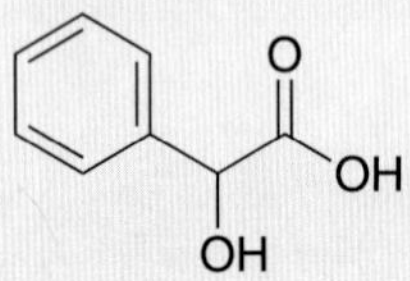	2-하이드록시페닐에탄산	만델산
7	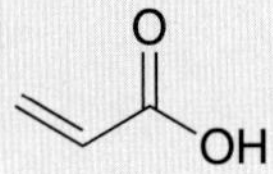	프로펜산	아크릴산
8	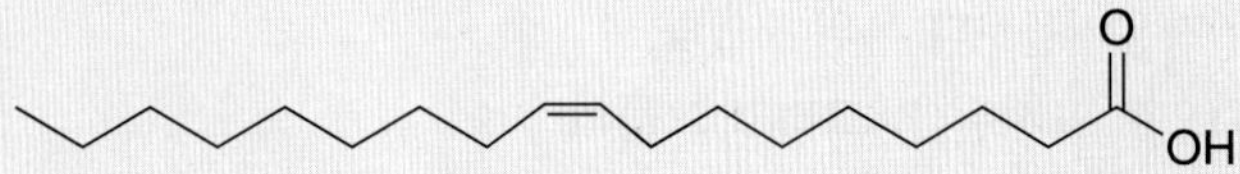	(*Z*)-9-옥타데센산	올레산
9	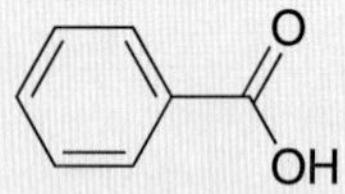	벤젠카복실산	벤조산
10	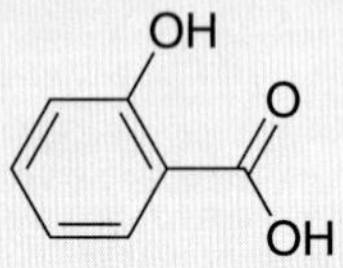	*o*-하이드록시벤젠카복실산	살리실산
11	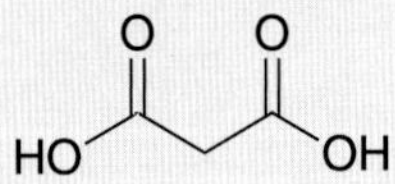	프로페인다이오산	말론산
12	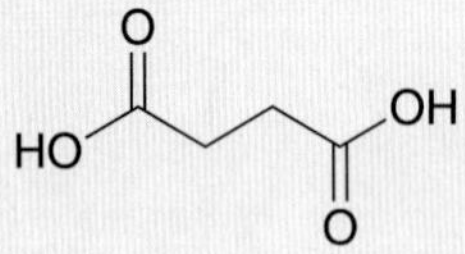	뷰테인다이오산	석신산
13	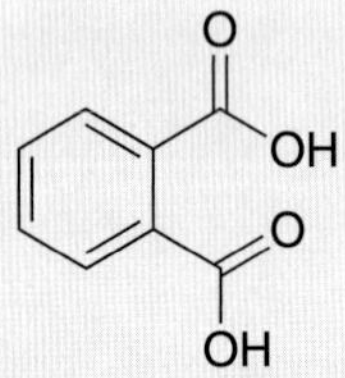	1,2-벤젠다이카복실산	프탈산

* 발레르산, 만델산, 살리실산을 제외한 이 표에 있는 모든 보통명은 IUPAC명으로 인정한다.

18.2 구조와 결합

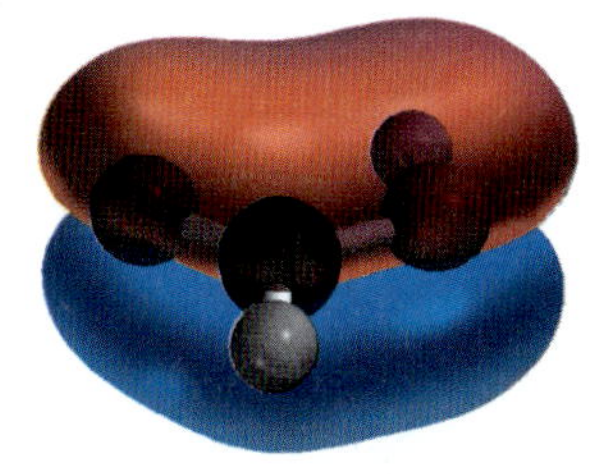

(a)

(b)

그림 18.1

(a) 폼산에서 하이드록실 산소의 p 오비탈은 C ═ O 기의 이중결합 π 성분과 중첩하여 탄소와 두 개의 산소를 포함하는 확장된 π 계를 형성한다. (b) 폼산에서 음전하(빨간색)가 가장 많은 지역은 C ═ O의 산소와 그리고 양전하(푸른색) 지역은 OH의 수소와 관련이 있다.

카복실기의 구조적인 특징은 폼산(formic acid)에서 가장 분명하다. 폼산은 두 개의 탄소–산소 결합 중 한 개가 다른 것보다 짧고, 탄소의 결합각이 120°에 가까운 평면이다.

결합 거리		*결합각*	
C═O	120 pm	H—C═O	124°
C—O	134 pm	H—C—O	111°
		O—C═O	125°

이것은 탄소에 sp^2 혼성을 암시한다. 그리고 σ + π 탄소–산소 이중결합은 알데하이드와 케톤의 이중결합과 유사하다.

또한, 하이드록실 산소의 sp^2 혼성은 한 개의 비공유 전자쌍이 카보닐기의 π 계와 오비탈 겹침에 의해 비편재화를 허용한다(그림 18.1a). 공명에 의해서 전자 비편재화는 다음과 같이 나타낸다:

H—C(═O:)—ÖH ⟷ H—C⁺(—Ö:⁻)—ÖH ⟷ H—C(—Ö:⁻)═OH⁺

하이드록실 산소에서 제공하는 비공유 전자쌍은 카보닐기를 알데하이드 또는 케톤의 카보닐기보다 덜 친전자성으로 만든다. 폼산의 정전기 퍼텐셜지도(그림 18.1b)는 카보닐기의 산소에 전자가 가장 많고, OH의 수소는 전자가 가장 적은 위치임을 보여 준다.

카복실산은 상당히 극성이다. 아세트산, 프로판산과 벤조산 같은 간단한 것들은 1.7~1.9 D 범위의 쌍극자 모멘트를 갖는다.

18.3 물리적 특징

카복실산의 어는점과 끓는점은 비슷한 크기와 모양을 갖는 탄화수소와 산소를 포함하는 유기 화합물들보다 더 높고, 강한 분자간 인력을 암시한다.

	2-메틸-1-뷰텐	2-뷰탄온	2-뷰탄알	프로판산
bp (1 atm):	31°C	80°C	99°C	141°C

그림 18.2에서 보여 주는 독특한 수소결합 배열은 이러한 인력에 기여한다. 한 카복실산 분자의 하이드록실기는 다른 카복실산의 카보닐 산소에 양성자를 제공한다. 반대로

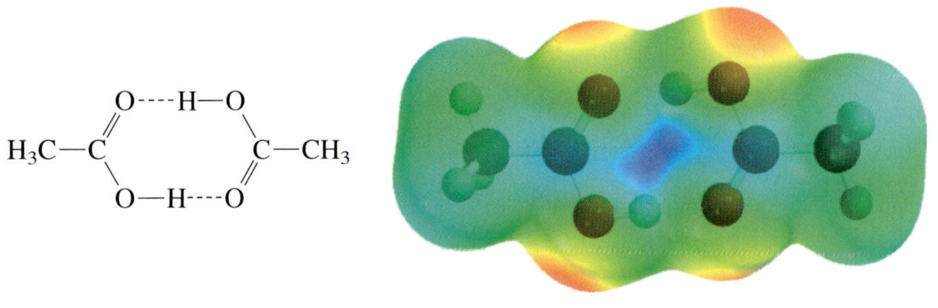

그림 18.2

두 아세트산 분자 사이의 수소결합

다른 카복실기의 카복실 양성자는 앞의 카보닐 산소와 상호작용한다. 결과적으로 두 개의 카복실산 분자는 두 개의 수소결합으로 서로 붙들려 있다. 이 수소결합은 아주 효율적이어서 일부의 카복실산들은 기체 상태에서도 수소결합된 이량체로 존재한다. 순수한 액체 상태에서는 수소결합된 이량체와 더 높은 덩어리의 혼합체로 존재한다.

수용액에서 카복실산의 분자간 결합은 물과 수소결합으로 치환된다. 카복실산의 용해도 특성은 알코올과 비슷하다. 네 개 또는 그 이하의 탄소 원자를 갖는 카복실산은 모든 비율로 물과 섞인다.

18.4 카복실산 산성도

카복실산은 단지 탄소, 수소 및 산소만을 갖는 화합물 중에서 가장 산성인 화합물군이다. 약 5정도의 pK_a 값을 갖는 카복실산은 물이나 알코올보다 훨씬 센 산이다. 그러나 이 경우를 너무 과장하면 안 된다. 카복실산은 엄연히 약산이다. 예를 들면, 0.1 M 아세트산 수용액은 단지 1.3%만이 이온화된다.

물이나 알코올과 비교하여 아세트산의 높은 산성도를 이해하기 위해서는 대표적인 알코올(에탄올)과 대표적인 카복실산(아세트산)의 이온화를 수반하는 구조적인 변화를 비교해야 한다.

에탄올의 이온화

$$CH_3CH_2-\ddot{O}-H + H_2\ddot{O}: \xrightleftharpoons{pK_a = 16} CH_3CH_2-\ddot{O}:^- + H_3O^+ \qquad \Delta G° = +91\ kJ\ (+21.7\ kcal)$$

에탄올 물 에톡시화 이온 하이드로늄 이온

아세트산의 이온화

$$CH_3C(=O)-\ddot{O}-H + H_2\ddot{O}: \xrightleftharpoons{pK_a = 4.7} CH_3C(=O)-\ddot{O}:^- + H_3O^+ \qquad \Delta G° = +27\ kJ\ (+6.5\ kcal)$$

아세트산 물 아세트산 이온 하이드로늄 이온

에탄올과 아세트산의 이온화 자유에너지의 커다란 차이는 에톡시화 이온에 비해서 아세트화 이온의 안정성이 더 크다는 것을 반영한다. 에탄올의 이온화는 음전하가 산소에 편재화된 에톡시화 이온을 생성한다. 용매화의 세기는 에톡사이드 이온을 안정화시키는 주요 수단이다. 아세테이트 이온 역시 용매화에 의해서 안정화되지만, 에톡사이드 이온에는 없는 아세테이트 이온에는 생성된 음이온을 분산시키는 두 가지 추가적인 메커니즘이 있다.

1. *카보닐기의 유도 효과.* 아세테이트 이온의 카보닐기는 전자 끌개이고, 음으로 하전된 산소로부터 전자를 당겨서, 아세테이트 이온을 안정화한다. 이것을 유도 효과라고 하는데, 이는 카보닐 탄소와 음으로 하전 된 산소 사이의 σ 결합에 있는 전자 분포의 편극으로부터 발생한다.

양극화된 탄소는 음으로 하전된 산소로부터 전자를 끌어당긴다.

$$H_3C-\overset{\delta+}{C}(=\ddot{O}:^{\delta-})-\ddot{O}:^-$$

CH_2 기는 음으로 하전된 산소의 전자 농도에 무시해도 좋은 영향을 준다.

$$H_3C-CH_2-\ddot{O}:^-$$

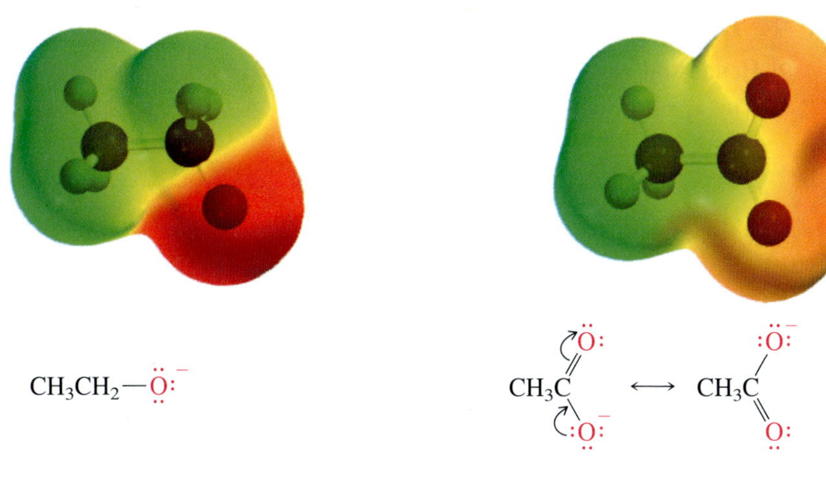

(*a*) 에톡시화 이온 (*b*) 아세트산 이온

그림 18.3

에톡시화 이온에 있는 음전하(a)는 산소에 편재되어 있다. 아세트산 이온의 전자 비편재화(b)는 전하를 두 산소가 공유하도록 한다. 색깔 척도는 두 정전기 퍼텐샬지도에서 동일하다.

2. *카보닐기의 공명 효과.* 다음의 루이스 구조들 사이의 공명으로 표현되는 전자의 비편재화는 아세트산 이온에 있는 음전하를 두 개의 산소에 동등하게 공유하도록 한다. 이러한 형태의 전자 비편재화는 에톡시화 이온에서는 가능하지 않다.

$$CH_3C(=\ddot{O}:)(-\ddot{O}:^-) \longleftrightarrow CH_3C(-\ddot{O}:^-)(=\ddot{O}:) \quad \text{또는} \quad CH_3C(O^{-1/2})(O^{-1/2})$$

그림 18.3에 있는 정전기 퍼텐셜지도는 에톡시화 이온의 편재된 음전하를 아세트산 이온의 비편재된 전하와 대조시킨다.

측정된 C—O 결합거리는 아세트산 이온에서 전자 비편재화의 중요성을 반영한다. 아세트산의 결합 거리는 짧은 이중결합(121 pm)과 긴 단일결합(136 pm)과 일치하지만, 아세트산 이온에 있는 두 탄소–산소 결합거리는 같다(125 pm).

$$\underset{121\text{ pm (C=O)},\ 136\text{ pm (C–OH)}}{CH_3C(=O)OH} \qquad \underset{125\text{ pm},\ 125\text{ pm}}{CH_3C(O^{-1/2})(O^{-1/2})}$$

중성 카복실산 분자와 음으로 하전 된 카복실산 이온의 정전기적 특성은 매우 달라서, 대부분 일반적으로 보게 되는 pH 값의 주요 형태를 알아둘 필요가 있다. 물에서 약 산(HA)의 이온화는:

$$H_2\ddot{O}: + \underset{\text{산}}{H{-}A} \rightleftharpoons H_2\overset{+}{\ddot{O}}{-}H + \underset{\text{짝염기}}{:A^-} \qquad Ka = \frac{[H_3O^+][\text{짝염기}]}{[\text{산}]}$$

그리고

$$pH = \frac{pKa + \log[\text{짝염기}]}{[\text{산}]}$$

이 관계를 **Henderson-Hasselbalch 방정식**이라고 한다.

이 Henderson-Hasselbalch 식으로 완충 용액의 pH를 계산하는 일반적인 적용이외에 특정 pH에서 어떤 산과 그 짝염기의 농도 비를 알기 위해 이 식을 재정리할 수 있다.

$$\log \frac{[\text{짝염기}]}{[\text{산}]} = \text{pH} - \text{p}K_a$$

$$\frac{[\text{짝염기}]}{[\text{산}]} = 10^{(\text{pH} - \text{p}K_a)}$$

$\text{p}K_a = 5$인 특정 카복실산에서, pH = 7일 때, 카복실산에 대한 카복실레이트 이온의 비는 다음과 같다:

$$\frac{[\text{짝염기}]}{[\text{산}]} = 10^{(7-5)} = 10^2 = 100$$

따라서, pH가 7인 완충용액에서, 카복실레이트의 농도는 해리되지 않은 산의 농도보다 100배 더 진하다.

(완충되지 않은) 순수한 물에 약산을 녹인 pH 결과와는 다르기 때문에, 이 비는 특정한 pH에서 적용되는 것이라는 점에 유의하시오. 뒤의 예에서 보면, 약산의 이온화는 7보다 작은 pH에서 평형이 이루어질 때 까지 진행된다.

대부분의 생화학 반응에서 매체의 pH는 7에 가깝다. 이 pH에서, 카복실산은 거의 완전히 짝염기로 변한다. 따라서 생화학 실험에서는 카복실산 그 자체보다 파생된 카복실레이트 음이온을 명시하는 것이 흔한 연습이다. 예를 들면, 해당작용은 *피루베이트*를 경유해서 *락테이트*로 된다.

문제18.2

(a) 락트산(젖산)은 $\text{p}K_a$가 3.90이다. pH가 7.4인 혈액에서 락테이트/락트산 비율은 얼마인가?

(b) 0.1 *M* 락트산(젖산) 수용액은 pH가 2.50이다. 이 용액에서 락테이트/락트산의 비율은 얼마인가?

풀이 예시 (a) 락트산(젖산)에 대한 짝염기 (락테이트)의 농도 비율을 계산하는데 Henderson-Hasselbalch 식을 사용하시오.

$$\frac{[\text{짝염기}]}{[\text{산}]} = 10^{(\text{pH} - \text{p}K_a)}$$

$$\frac{[\text{락테이트}]}{[\text{락트산}]} = 10^{(7.4 - 3.9)} = 10^{3.5} = 3160$$

18.5 치환기와 산의 세기

이온화할 수 있는 수소에 가깝게 있는 전기음성적인 치환기가 산의 세기를 증가시키는 것을 다룬 1.14절에서 산성도에 대한 구조의 효과를 소개하였다. 카복실산의 산성도에 대한 치환기 효과는 자세하게 연구되어왔다.

알킬기는 거의 영향을 주지 않는다. 일반식 $C_nH_{2n+1}CO_2H$를 갖는 모든 산의 이온화 상수는 서로 매우 비슷하고, 약 10^{-5} ($\text{p}K_a = 5$)이고, 몇 가지 예가 표 18.2에 나타나 있다.

특히 α 탄소에 결합된 전기음성적인 치환기는 카복실산의 산성도를 증가시킨다. 표

표 18.2 카복실산 산성도에 대한 치환의 효과

산의 이름	구조	p*K*a
비교기준.		
아세트산	CH_3CO_2H	4.7
알킬 치환기는 산성도에 거의 영향이 없다.		
프로판산	$CH_3CH_2CO_2H$	4.9
2-메틸프로판산	$(CH_3)_2CHCO_2H$	4.8
2,2-다이메틸프로판산	$(CH_3)_3CCO_2H$	5.1
헵탄산	$CH_3(CH_2)_5CO_2H$	4.9
α-할로젠 치환기는 산성도를 증가시킨다.		
플루오로아세트산	FCH_2CO_2H	2.6
클로로아세트산	$ClCH_2CO_2H$	2.9
브로모아세트산	$BrCH_2CO_2H$	2.9
다이클로로아세트산	Cl_2CHCO_2H	1.3
트라이클로로아세트산	Cl_3CCO_2H	0.9
전자-끌기 그룹은 산성도를 증가 시킨다.		
메톡시아세트산	$CH_3OCH_2CO_2H$	3.6
사이아노아세트산	$N{\equiv}CCH_2CO_2H$	2.5
나이트로아세트산	$O_2NCH_2CO_2H$	1.7

* 25°C 물에서

18.2에 있는 모든 모노할로아세트산은 아세트산보다 100배 더 강한 산이다. 두 개 이상의 할로젠은 산의 세기를 한층 더 증가시킨다; 트리클로로아세트산은 아세트산보다 7000배 더 센 산성이다.

전기음성적인 원자 또는 기들의 산-증강 효과는 분자의 σ 결합을 통해서 전달되는 치환기의 유도 효과로서 쉽게 알 수 있다. 이 모형에 따르면, 클로로아세트산 이온의 탄소-염소에 있는 σ 전자는 염소 쪽으로 끌리고, 탄소 원자는 약간의 양전하를 갖게 된다. 이러한 양성의 특성 때문에 이 탄소는 음으로 하전 된 카복실산 이온으로부터 전자를 끌어 당겨서 전하를 분산하고 그 음이온을 안정화한다. 음이온이 안정하면 할수록 음이온을 형성하는 평형 상수는 더 커진다.

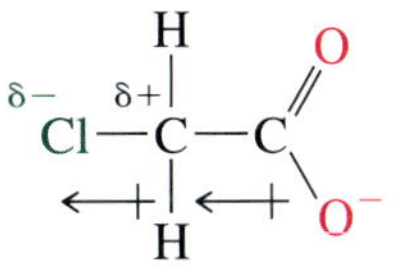

δ− δ+ H O Cl—C—C—O⁻ H

클로로아세트산 음이온은 염소의 전자-끌개 효과에 의해서 안정화된다.

유도 효과는 치환기의 전기음성도 및 치환기와 영향을 받는 위치 사이에 σ 결합 개수에 의존한다. 결합의 수가 증가함에 따라서 유도 효과는 감소한다.

	$CH_3CH_2CHClCOOH$	$CH_3CHClCH_2COOH$	$ClCH_2CH_2CH_2COOH$
	2-클로로뷰탄산	3-클로로뷰탄산	4-클로로뷰탄산
pK_a	2.8	4.1	4.5

문제 18.3

다음 각 쌍들에서 강산은 어느 것인가?

(a) O, OH or N+, O, OH

(b) O, OH or O, OH, OH

(c) O, O, OH or O, OH

(d) O, OH or O, O, S, O, OH

풀이 예시 (a) 두 화합물을 아세트산의 치환된 유도체로서 생각하시오. *tert*-뷰틸기는 약한 전자-주개이고 산성도에 단지 약간의 영향을 준다. $(CH_3)_3CCH_2CO_2H$는 아세트산과 거의 같은 정도의 산도를 가질 것으로 예상된다. 한편, 트라이메틸암모늄 치환기는 양으로 하전 되었고, 그리고 강력한 전자-끌개 치환기이다. $(CH_3)_3\overset{+}{N}CH_2CO_2H$는 $(CH_3)_3CCH_2CO_2H$보다 훨씬 센 산일 것으로 예상된다. 다음과 같이 측정된 이온화 상수는 이러한 예측을 뒷받침한다.

$(CH_3)_3CCH_2CO_2H$	$(CH_3)_3\overset{+}{N}CH_2CO_2H$
더 약산	더 강산
pK_a = 5.3	pK_a = 1.8

유도 효과와 밀접하게 연관되고, 같은 역할을 하는 것이 **장 효과(field effect)**이다. 이 장 효과에 있어서, 치환기의 전기음성도는 결합의 계속적인 편극에 의해서가 아니라 대개는 용매인 중간체에 의해서 전달된다. 분자에 있는 치환기는 주위의 용매 분자를 편극시키고 이 편극화는 다른 용매를 통하여 멀리 떨어진 위치까지 전달된다.

다음 식에서 치환기가 이온화 엔탈피 항보다는 엔트로피 항에 더 영향을 준다는 것은 흥미로운 사실이다.

$$\Delta G^\circ = \Delta H^\circ - T\Delta S^\circ$$

대부분의 카복실산 이온화에 대한 엔탈피 항 ΔH°은 카복실산의 산성도에 관계없이 영에 가깝다. 이온화 자유에너지 ΔG°는 $-T\Delta S^\circ$ 항에 의하여 결정된다. 계의 엔트로피를 감소시키는 용매화 힘의 증가에 의해 이온화가 진행된다; ΔS°는 음수이고, $-T\Delta S^\circ$는 양수이다. 음전하를 분산시킬 수 있는 치환기를 갖는 카복실레이트 음이온은 용매(물)속에서 덜 질서 정연하고, 그리고 그 음이온들이 생성될 때 엔트로피를 덜 잃어버리게 된다.

18.6 치환된 벤조산의 이온화

치환된 벤조산의 산성도에 관한 상당히 많은 자료들이 있다. 벤조산 자체는 아세트산보다 약간 센 산이다. 벤조산의 카복실기는 sp^2 혼성된 탄소에 붙어 있어서 sp^3 혼성된 탄소에 붙어 있는 것보다 아주 많이 이온화한다. 탄소의 s 성질이 증가할수록 더욱 센 전자-끌개가 되는 것을 기억하시오.

CH_3CO_2H 아세트산 $pK_a = 4.7$

$H_2C{=}CHCO_2H$ 벤조산 $pK_a = 4.3$

C_6H_5—CO_2H 아크릴산 $pK_a = 4.2$

문제 18.4

분자식 $C_3H_xO_2$로 특징되는 가장 산성인 중성 분자는 무엇인가?

표 18.3에는 몇 가지 치환된 벤조산의 이온화 상수들이 수록되어 있다. 강한 전자-끌개인 치환기가 카복실기에 대하여 오쏘일 때 가장 큰 효과가 나타난다.

예를 들면, o -나이트로 치환기는 벤조산의 산성도를 100 배 정도 증가시킨다. 카복실기에 대하여 메타와 파라에 있는 치환기 효과는 작다. 그런 경우에 pK_a 값은 3.5~4.5의 범위에 몰려 있다.

표 18.3 몇 가지 치환된 벤조산의 산성도*

$XC_6H_4CO_2H$의 치환기	치환기 X의 위치에 따른 pK_a		
	오쏘	메타	파라
H	4.2	4.2	4.2
CH_3	3.9	4.3	4.4
F	3.3	3.9	4.1
Cl	2.9	3.8	4.0
Br	2.8	3.8	4.0
I	2.9	3.9	4.0
CH_3O	4.1	4.1	4.5
O_2N	2.2	3.5	3.4

* 25°C 물에서

18.7 카복실산염

수산화 소듐과 같은 센 염기의 존재 하에, 카복실산은 신속하고 정량적으로 중화된다:

$$\underset{\substack{\text{카복실산}\\(\text{강산})}}{RC(=O)—\ddot{O}—H} + \underset{\substack{\text{수산화 이온}\\(\text{강염기})}}{^{-}:\ddot{O}H} \underset{}{\overset{K = 10^{11}}{\rightleftharpoons}} \underset{\substack{\text{카복실산 이온}\\(\text{약염기})}}{RC(=O)—\ddot{O}:^{-}} + \underset{\substack{\text{물}\\(\text{약산})}}{H—\ddot{O}H}$$

문제 18.5

다음 각 화합물들과 아세트산의 반응에 대한 이온식을 쓰고, 평형이 출발 물질 또는 생성물 어느 쪽으로 우세한지를 결정하시오. 또 각각의 *K* 값은 무엇인가?

(a) 에톡시화 소듐
(b) *tert*-뷰톡시화 칼륨
(c) 브로민화 소듐
(d) 아세틸화 소듐
(e) 질산 칼륨
(f) 아마이드화 리튬

풀이 예시 (a) 이것은 산-염기 반응이다; 에톡시화(또는 에톡사이드) 이온은 염기이다.

$$\underset{\substack{\text{아세트산}\\(\text{더 강산})}}{CH_3CO_2H} + \underset{\substack{\text{에톡시화 이온}\\(\text{더 강염기})}}{CH_3CH_2O^-} \rightleftharpoons \underset{\substack{\text{아세트산 이온}\\(\text{더 약염기})}}{CH_3CO_2^-} + \underset{\substack{\text{에탄올}\\(\text{더 약산})}}{CH_3CH_2OH}$$

평형의 위치는 오른쪽으로 많이 치우쳐 있다. pK_a = 16인 에탄올은 아세트산(pK_a=4.7)보다 훨씬 약산이다. 평형 상수 *K*는 $10^{(16-4.7)}$ 혹은 $10^{11.3}$이다.

카복실산의 중화에 의해서 형성된 염은 먼저 카복실산의 어미가 -산(*-ic acid*)에서 -산(*-ate*) 금속으로 이름을 붙여서 부른다. 다이카복실산의 모노카복실산염은 양이온과 CO_2H 기의 수소를 모두 이름에 붙인다.

$CH_3C(=O)OLi$ — 아세트산 리튬

$Cl—C_6H_4—C(=O)ONa$ — *p*-클로로벤조산 소듐

$HOC(=O)(CH_2)_4C(=O)OK$ — 헥산다이오산수소 칼륨

"친수성"은 종종 "친유성" 대신 사용한다.

카복실산 금속은 이온성이다. 그리고 분자량이 그리 크지 않으면 카복실산의 소듐과 칼륨 염은 물에 가용성이다. 그러므로 카복실산은 에테르 용액으로부터 수산화 소듐 또는 칼륨의 수용액으로 추출할 수 있다.

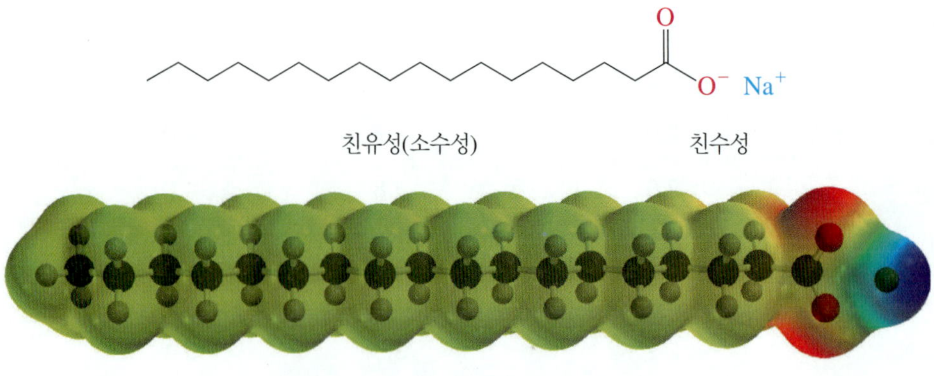

그림 18.4
스테아르산 소듐의 구조와 정전기 퍼텐셜 지도

12~18개의 탄소를 갖는 카복실산 염의 용해도는 성질이 매우 특이하므로 스테아르산 소듐 (옥타데칸산 소듐)을 이용하여 설명할 수 있다. 스테아레이트 이온은 두 개의 매우 다른 구조적 단위를 가지고 있다(긴 비극성의 탄화수소 사슬 한 개와 극성의 카복실레이트기 한 개). 그림 18.4에 있는 스테아르산 소듐의 정전기 퍼텐셜지도는 분자의 대부분이 극성의 카복실레이트 이온 말단과 어떻게 다른지를 나타낸다.

카복실레이트기는 **친수성(hydrophilic**; water-loving)이고, 이 작용기를 포함하는 물질의 수용성을 제공하는 경향이 있다. 긴 탄화수소 사슬은 **친유성(lipophilic**; fat-loving)이며, 다른 탄화수소 사슬과 연합하는 경향이 있다. 스테아르산 소듐은 **양쪽성 (amphiphilic)** 물질의 예이다; 즉, 친수성과 친유성 모두가 동일 분자에서 나타난다.

스테아르산 소듐을 물에 넣으면, 친수성의 카복실화 기 부분은 용액의 형성을 촉진시키고; 친유성의 알킬 사슬은 그것을 억제한다. 조정된 결과는 **마이셀**이라고 하는 응집된 콜로이드 분산을 형성하는 것이다(그림 18.5). 마이셀은 카복실레이트의 농도가 **임계 마이셀 농도(critical micelle concentration)**라고 불리는 어떤 최소값을 넘으면 자발적으로 형성된다. 각 마이셀은 극성의 카복실레이트 그룹이 물 및 소듐 이온과 상호 인력을 갖기 위하여 바깥쪽으로 향하는 50~100개의 개별적인 분자들로 구성된다. 비극성의 탄화수소 사슬은 마이셀의 안쪽으로 향하여, 개별적으로는 약하지만 축적되어서 상당한 유도-쌍극자/순간-쌍극자 인력이 그들을 서로 묶는다. 구형은 주어진 물질의 부피가 최소한의 표면으로, 물에서 그 구조는 아주 작게 쪼개지기 때문에 마이셀은 거의 구형이다. 마이셀의 표면은 음으로 하전 되었기 때문에 두 개의 마이셀은 보다 커다란 덩어리를 형성하기 보다는 오히려 서로를 밀어낸다.

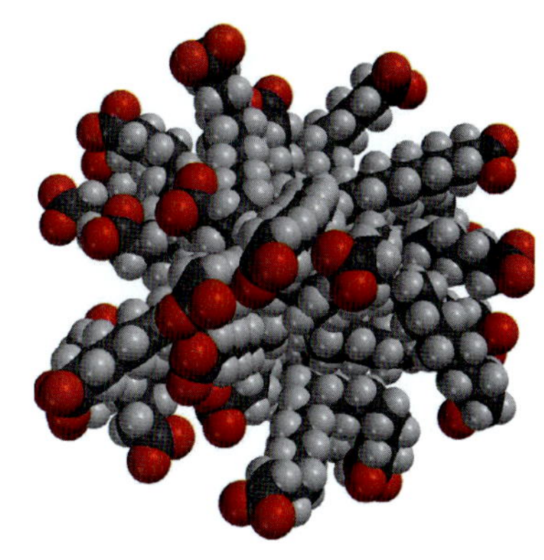

그림 18.5

긴 사슬 카복실산에서 유도된 카복실레이트 이온들의 회합에 의해서 형성된 마이셀의 공간 채움 모형. 탄화수소 사슬은 내부로 향하고, 카복실레이트 이온들은 표면으로 향하여 물 분자 및 금속 양이온과 접촉한다.

마이셀의 형성과 그들의 특징은 비누의 세척 작용에 원인이 된다. 스테아르산 소듐을 포함하는 물은 마이셀의 탄화수소-같은 내부에 기름때를 에워싸서 제거한다. 기름때가 물에 녹기 때문이 아니라 물에 분산된 마이셀에 녹기 때문에 물로 씻어낼 수 있다. 스테아르산 소듐은 비누의 한 예이다; 다른 C12~C18의 가지 없는 카복실산의 칼륨과 소듐염도 비슷한 특징을 가지고 있다.

세제(detergents)는 비누를 포함한 마이셀의 작용에 의해 세척하는 물질이다. 수많은 합성세제들이 알려져 있는데, 그 중 한 가지 예는 로릴황산 소듐[$CH_3(CH_2)_{10}CH_2OSO_3Na$]이며, 이것은 극성의 황산 이온을 말단에 갖는 긴 탄화수소 사슬로 물에서 비누와 같이 마이셀을 형성한다. 세제는 비누와 불용성의 카복실산 칼슘을 형성하는 칼슘염을 함유하고 있는 물인 경수에 효과적이도록 고안되었다. 이 침전은 비누의 세척력을 제거하고 더러운 찌꺼기를 형성한다. 그러나 로릴황산 소듐와 같은 합성세제의 칼슘 염은 수용성이고, 경수에서조차 마이셀 형성 능력을 유지한다.

18.8 다이카복실산

K_1과 K_2로 표기되는, 각각의 분리된 이온화 상수는 다이카복실산의 연속적인 이온화 단계를 나타낸다

$$H_2O + HOOC\text{-}COOH \rightleftharpoons H_3O^+ + {}^-OOC\text{-}COOH \qquad pK_1 = 1.2$$

물 옥살산 하이드로늄 이온 옥살산수소 이온

옥살산은 독성이 있고, 베고니아나 괭이밥등과 같은 수많은 식물에서 자연적으로 생긴다. 그러므로 어린 아이들이 그 잎이나 열매를 따먹지 않도록 하는 것이 좋다.

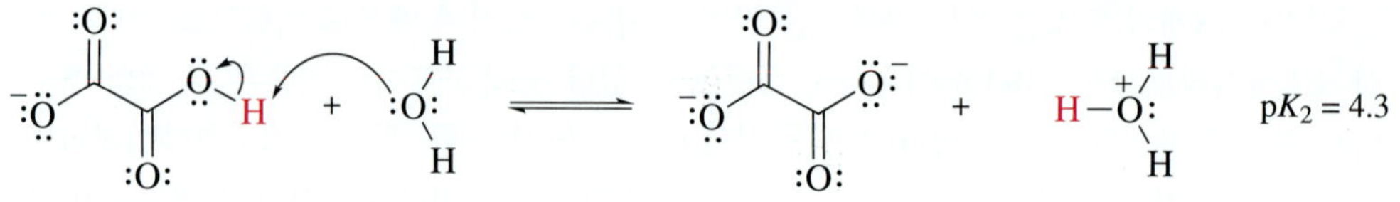

옥살산수소 이온 + 물 ⇌ 옥살산 이온 + 하이드로늄 이온 $pK_2 = 4.3$

다이카복실산의 1차 이온화 상수는 모노카복실산의 K_a 보다 크다. 그 이유 중 한 가지는 통계성이다. 한 개가 아닌 두 개의 가능한 이온화 위치는 카복실기의 유효 농도를 두 배의 크기로 만든다. 게다가 한 개의 카복실기는 다른 것의 해리를 촉진하는 전자-끌개로서 작용한다. 이것은 두 개의 카복실기가 단지 몇 개의 결합으로 분리되었을 때 특히 현저하다. 예를 들어, 옥살산과 말론산은 아세트산의 간단한 알킬 유도체들보다 몇 십 배 이상의 센 산이다. 카복실기가 충분히 서로 떨어져 있는 헵테인다이오산은 아세트산보다 단지 약간 센 산이다.

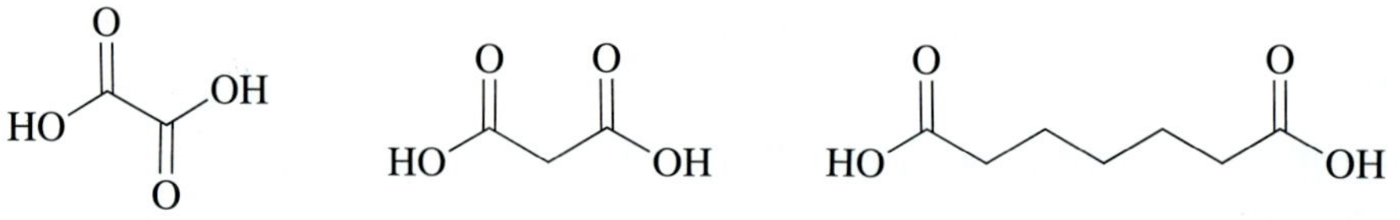

옥살산 $pK_1 = 1.2$

말론산 $pK_1 = 2.8$

헵테인다이오산 $pK_1 = 4.3$

18.9 탄산

역사적 사건을 통해서, 가장 간단한 다이카복실산인, HOC(=O)OH 는 유기산으로조차도 분류되지 않는다. 많은 무기물들이 탄산염이기 때문에 19세기 화학자들은 탄산염, 탄산수소염, 이산화탄소를 무기물의 범주에 포함시켰다. 그럼에도 불구하고 탄산과 탄산염의 본질적인 특징은 카복실산에 대한 우리들의 지식을 기초로 하면 쉽게 이해할 수 있다.

이산화탄소가 물과 반응하면 탄산이 생성된다. 그러나 이산화탄소의 수화는 거의 일어나지 않는다. 물에 녹아 있는 이산화탄소의 거의 모두가 이산화탄소로 존재한다. 그것의 단지 0.3%만이 탄산으로 변환된다. 탄산은 약한산으로, 아주 적은 정도만이 탄산수소 이온으로 이온화된다.

중탄산의 계통명은 탄산수소이다. 그러므로 중탄산 소듐($NaHCO_3$)의 계통명은 탄산수소 소듐이다.

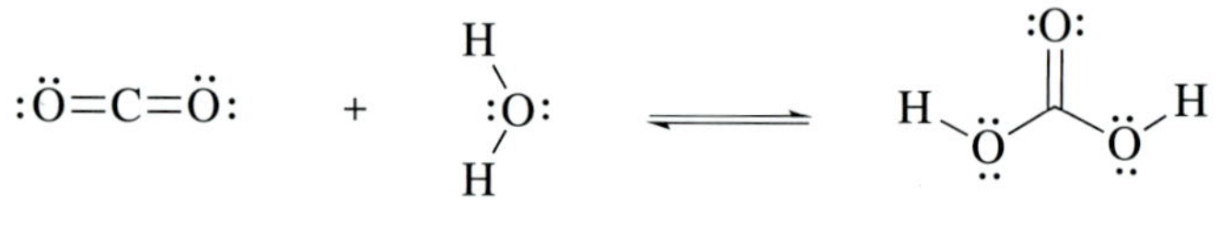

Carbon dioxide + Water ⇌ Carbonic acid

물 + 탄산 ⇌ 하이드로늄 이온 + 중탄산 이온

전체 반응의 평형 상수는 다음 식에 의해서 탄산 이온화에 대한 겉보기 평형 상수 K_1과 관련된다.

$$K_1 = \frac{[H_3O^+][HCO_3^-]}{[CO_2]} = 4.3 \times 10^{-7} \qquad pK_1 = 6.4$$

문제 18.6

탄산의 K_1에 언급된 값, 4.3×10^{-7}은 주어진 양의 이산화탄소가 더해진 물의 pH를 측정함으로써 결정된다. 수용액에서 이산화탄소의 단지 0.3%만이 탄산으로 변환된다는 것을 상기할 때, 탄산의 "실제 K_1"은 무엇이겠는가?

*탄산 탈수효소*는 이산화탄소를 수화하여 중탄산 이온으로 촉진하는 효소이다. 이산화탄소의 비촉매성 수화는 너무 느려서 신체조직들로부터 폐로 이산화탄소를 전달하는 데 비효과적이다. 그래서 동물들은 이 과정을 촉진하는 효소를 만들어냈다. 탄산 탈수효소의 활성은 대단하다; 이 효소 한 분자는 분당 3.6×10^7개의 이산화탄소 분자의 수화를 촉진시킨다.

다른 다이카복실산과 같이 탄산의 2차 이온화 상수는 1차 값보다 훨씬 작다.

$$HOCO_2^- + H_2O \rightleftharpoons CO_3^{2-} + H_3O^+ \qquad pK_2 = 10.2$$

중탄산 이온 물 탄산 이온 하이드로늄 이온

중탄산 이온은 카복실산보다 약산이지만 물 및 알코올보다는 강산이다.

18.10 카복실산 공급원

많은 카복실산들이 처음에는 천연의 원료로부터 분리되었기 때문에 그들의 이름은 원료에 근거하여 지어졌다(그림 18.6). 폼산(formic acid; "개미"를 의미하는 라틴어 *formica*)은 개미를 증류하여 얻은 것이지만, 다른 곤충에서도 발견된다. 고대로부터 아세트산("식초"를 의미하는 라틴어 *acetum*)은 신맛으로 변하는 포도주에 존재하는 것으로 알려져 왔다. 뷰티르산("버터"를 의미하는 라틴어 *butyrum*)은 랜시드 버터와 은행 딸기의 냄새에 기여를 하고, 말산("사과"를 의미하는 라틴어 *malum*)은 사과에서 생겨난다. 올레산("오일"을 의미하는 라틴어 *oleum*)은 올리브 오일의 주성분인 자연적으로 생기는 에스테르에서 유래된다.

카복실산의 대량 생산은 화학적 합성에 의존한다. 사실 매년 미국에서 생산되는 3×10^9 파운드의 아세트산 중에서 어느 것도 식초로부터 얻어지는 것은 없다. 대부분의 아세트산은 일산화탄소와 메탄올을 반응시켜 생성한다.

$$\underset{\text{Methanol}}{CH_3OH} + \underset{\text{Carbon monoxide}}{CO} \xrightarrow[\text{가열, 가압}]{\text{코발트 또는 로듐 촉매}} \underset{\text{Acetic acid}}{CH_3CO_2H}$$

아세트산의 주된 최종 사용은 페인트와 접착제에 필요한 아세트산 비닐의 생산이다.

가장 많이 생산되는 카복실산은 1, 4-벤젠다이카복실산(테레프탈산, terephthalic acid)이다. 폴리에스터 섬유, "PETE" 음료 용기, 및 마일라 필름을 제조하는 출발 물질로서 일 년에 약 5×10^9 파운드가 미국에서 생산된다. *p*-자일렌을 테레프탈산으로 전환하는 한 가지 중요한 공정은 질산에 의한 산화이다:

테레프탈산으로 만들어지는 더 많은 고분자는 27장을 보시오.

우리는 어디에서 카복실산을 발견할 수 있는가?

공격 무기로서 폼산을 사용하는 것은 개미가 유일한 곤충은 아니다. 일부의 *Galerita* 딱정벌레들은 공격 시에 80% 의폼산 용액을 방출한다.

뷰탄산과 헥산산은 은행 열매의 불쾌한 냄새의 주성분이다.

포도주가 시어지는 것처럼 에탄올은 아세트산으로 산화된다.

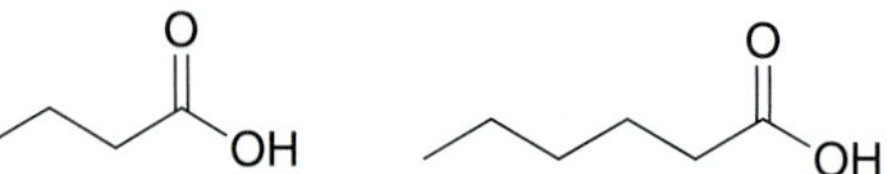

말산과 시트르산은 많은 과일과 야채들의 시큼한 맛이 나는 성분이다.

죽은 개미가 분해되면서 생기는 올레산은 다른 개미들에게 둥지로부터 그것들을 치워버리라는 화학적 신호이다. 살아 있는 개미를 올레산으로 칠한 실험에 의하면, 칠해진 모든 개미들이 제거되었다.

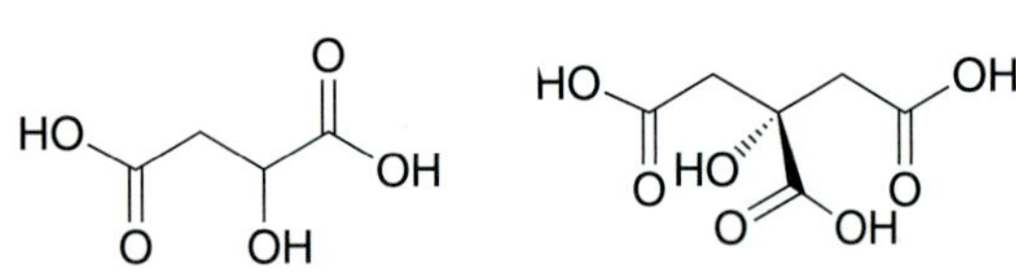

그림 18.6

몇 몇 자연적으로 생기는 카복실산

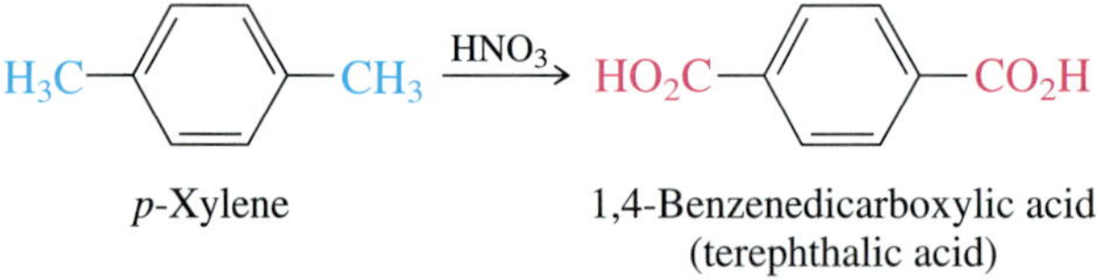

p-자일렌의 곁사슬 산화에 의한 테레프탈산의 생성은 이전에 논의된 반응 형태(11.12절)를 보면 이해할 수 있다. 카복실산을 합성하는 데 적용할 수 있는 앞에서 보았던 다른 반응의 예를 표 18.4에 수록해 놓았다.

표에 있는 예들은 출발 물질로서 동일한 수의 탄소 원자를 갖는 카복실산이다. 이제 다음 두 개의 절에서 기술되는 반응들은 카복실산의 사슬에 한 개의 탄소가 더해지도록 하는 것으로, 카복실산의 실험실 합성에 대단히 중요하다.

18.11 Grignard 시약의 카복실화에 의한 카복실산 합성

우리는 Grignard 시약이 어떻게 알데하이드, 케톤, 에스터의 카보닐기에 더해지는지를 보

표 18.4 카복실산을 생성하는 앞 장에서 다루었던 반응의 요약

반응(절)과 개요	일반적인 반응식과 특정 예
알킬 벤젠의 곁가지 산화(11.12 절) 방향족 고리의 1차 혹은 2차 알킬 곁가지 사슬은 과망가니즈산 칼륨이나 크로뮴산과 같은 강한 산화제에 의해서 카복실기로 변환한다	$ArCHR_2$ (알킬벤젠) $\xrightarrow[K_2Cr_2O_7,\ H_2SO_4,\ H_2O]{KMnO_4 \text{ 또는}}$ $ArCO_2H$ (아렌카복실산) 3-Methoxy-4-nitrotoluene $\xrightarrow[2.\ H_3O^+]{1.\ KMnO_4,\ HO^-}$ 3-Methoxy-4-nitrobenzoic acid (100%)
1차 알코올의 산화(15.9 절) 과망가니즈산 칼륨이나 크로뮴산은 1차알코올을 해당 알데하이드를 경유하여 카복실산으로 바꾼다.	RCH_2OH (1차 알코올) $\xrightarrow[K_2Cr_2O_7,\ H_2SO_4,\ H_2O]{KMnO_4 \text{ 또는}}$ RCO_2H (카복실산) 2-*tert*-Butyl-3,3-dimethyl-1-butanol $\xrightarrow[H_2O,\ H_2SO_4]{H_2CrO_4}$ 2-*tert*-Butyl-3,3-dimethylbutanoic acid (82%)
알데하이드의 산화(17.14 절) 알데하이드는 특히 산화에 민감하고, 과망가니즈산 칼륨이나 크로뮴산을 포함한 많은 산화제의 의해서 카복실산으로 바뀐다.	$RCHO$ (알데하이드) $\xrightarrow{\text{산화제}}$ RCO_2H (카복실산) Furan-2-carbaldehyde $\xrightarrow{K_2Cr_2O_7,\ H_2SO_4,\ H_2O}$ Furan-2-carboxylic acid (75%)

았다. Grignard 시약은 아주 동일한 방법으로 *이산화탄소*와 반응하여 카복실산의 마그네슘 염을 생성한다. 산성화는 생성된 마그네슘 염을 원하는 카복실산으로 전환한다.

$$\overset{\delta-}{R}-\overset{\delta+}{MgX} + O{=}C{=}O \xrightarrow{\text{다이에틸 에터}} RCOMgX\ (\text{C=O}) \xrightarrow{H_3O^+} RCOH\ (\text{C=O})$$

이산화탄소에 친핵체로 작용하는 Grignard 시약 — 카복실산 할로마그네슘 — 카복실산

전체적으로, Grignard 시약의 카복실화는 할로젠화 알킬 또는 아릴을 탄소 골격에 한 개의 탄소가 늘어난 카복실산으로 변형시킨다.

1. Mg, 다이에틸 에터
2. CO_2
3. H_2O

2-Chlorobutane → 2-Methylbutanoic acid (76-78%)

1. Mg, 다이에틸 에터
2. CO_2
3. H_3O^+

9-Bromo-10-methylphenanthrene → 10-Methylphenanthrene-9-carboxylic acid (82%)

이 과정의 주된 제약은 할로젠화 알킬 또는 아릴에 OH, NH, SH 또는 C ═ O와 같이 Grignard 시약에 취약한 치환기가 없어야 한다는 것이다.

문제 18.7

2,6-다이메톡시벤조산은 β-락탐 항바이오 메티실린의 합성에 필요하다. 이 카복실산이 어떻게 2-브로모-1,3-벤젠다이올로부터 합성되는지를 보이시오.

2,6-다이메톡시벤조산 ⟹ 2-브로모-1,3-벤젠다이올

18.12 나이트릴의 제조와 가수분해에 의한 카복실산 합성

1차 및 2차 할로젠화 알킬은 *나이트릴*의 제조와 가수분해를 포함하는 두 단계 연속 합성에 의하여 한 단계 높은 카복실산으로 변환될 수 있다. *사이안화 알킬*로도 알려진 나이트릴은 친핵성 치환으로 제조된다.

$$:\ddot{X}—R + :\bar{C}≡N: \xrightarrow{S_N2} RC≡N + :\ddot{X}:^-$$

일차 또는 이차 알킬 할라이드 / 사이안화 이온 / 나이트릴 (사이안화 알킬) / 할로젠화 이온

반응은 S_N2 형태이고 1차와 2차 할로젠화 알킬과 가장 잘 반응한다. 제거는 3차 할로젠화 알킬에서만 관찰되는 유일한 반응이다. 할로젠화 아릴과 바이닐은 반응하지 않는다. 설폭시화 다이메틸(다이메틸 설폭사이드, Dimethyl sulfoxide)는 이 반응에 주로 사용되는 용매이지만, 알코올과 물-알코올 혼합물도 역시 사용된다.

사이아노기가 일단 도입되면 나이트릴은 가수분해가 일어나기 쉽다. 대개 이것은 산성 수용액에서 끓이면 된다.

$$RC{\equiv}N + 2H_2O + H^+ \xrightarrow{\text{가열}} RCOH(=O) + NH_4^+$$

나이트릴 물 카복실산 암모늄 이온

나이트릴 가수분해의 메커니즘은 19.16절에서 설명할 것이다.

$$C_6H_5CH_2Cl \xrightarrow[\text{DMSO}]{\text{NaCN}} C_6H_5CH_2CN \xrightarrow[\text{가열}]{H_2O,\ H_2SO_4} C_6H_5CH_2COH(=O)$$

Benzyl chloride Benzyl cyanide (92%) Phenylacetic acid (77%)

다이카복실산은 이 방법으로 이할로젠화물로부터 제조된다:

$$BrCH_2CH_2CH_2Br \xrightarrow[H_2O]{\text{NaCN}} NCCH_2CH_2CH_2CN \xrightarrow[\text{가열}]{H_2O,\ HCl} HOC(=O)CH_2CH_2CH_2C(=O)OH$$

1,3-Dibromopropane 1,5-Pentanedinitrile (77–86%) 1,5-Pentanedioic acid (83–85%)

나일론과 다른 고분자들의 합성에서 다이카복실산의 응용은 27.11과 27.12절에서 설명할 것이다.

문제 18.8

방금 기술한 두 과정인, Grignard 시약의 제조와 카복실화 또는 나이트릴의 형성과 가수분해 중에서, 오직 한 가지만이 다음의 RX → RCO_2H 변환에 각각 적용된다. 각 경우에 맞는 과정을 확인하고, 다른 것은 왜 안 되는지 그 이유를 지적하시오.

(a) 브로모벤젠 → 벤조산
(b) 2-클로로에탄올 → 3-하이드록시프로판산
(c) 염화 *tert*-뷰틸 → 2,2-다이메틸프로판산

풀이 예시 (a) 브로모벤젠은 할로젠화 아릴이고, 사이안화 이온에 의한 친핵성 치환에 대하여 반응성이 없다. $C_6H_5Br \rightarrow C_6H_5CN \rightarrow C_6H_5CO_2H$의 과정은 처음 단계가 실패하기 때문에 안 된다. Grignard 시약을 통해서 진행되는 방법은 완벽하고 만족스럽고 많은 초급 유기화학 실험교재에 수록되어 있다.

$$C_6H_5Br \xrightarrow[\text{diethyl ether}]{\text{Mg}} C_6H_5MgBr \xrightarrow[2.\ H_3O^+]{1.\ CO_2} C_6H_5CO_2H$$

Bromobenzene Phenylmagnesium bromide Benzoic acid

사이아노하이드린에 있는 나이트릴기는 사이안화 알킬의 그것과 비슷한 조건에서 가수 분해된다. 사이아노히드린 형성 다음에 이어지는 가수분해는 α-하이드록시카복실산을 제조하는 방법이다.

17.7절에 있는 사이아노하이드린의 제조 방법을 상기하시오.

$$CH_3C(=O)CH_2CH_2CH_3 \xrightarrow[2.\ H_3O^+]{1.\ NaCN} CH_3C(OH)(CN)CH_2CH_2CH_3 \xrightarrow[\text{가열}]{H_2O,\ HCl} CH_3C(OH)(COOH)CH_2CH_2CH_3$$

2-Pentanone 2-Pentanone cyanohydrin 2-Hydroxy-2-methyl-pentanoic acid (60% from 2-pentanone)

18.13 카복실산의 반응: 복습과 예습

카복실산의 가장 분명한 화학적 특징인 산성도는 이미 다루었다. 카복실산의 세 가지 반응—염화 아실로의 변환, 환원과 에스터화—은 앞 장에서 다루었고, 표 18.5에서 복습하였다.

표 18.5 이전 장에서 다룬 카복실산을 생성하는 반응의 요약

반응(절)과 개요	일반적인 반응식과 특정 예
염화 아실의 형성(12.7 절) 염화 싸이오닐은 카복실산과 반응해서 염화 아실을 생성한다.	$RCO_2H + SOCl_2 \longrightarrow RCCl(=O) + SO_2 + HCl$ 카복실산, 염화 싸이오닐, 염화 아실, 이산화 황, 염화 수소 m-Methoxyphenylacetic acid $\xrightarrow{SOCl_2}$ m-Methoxyphenylacetyl chloride (85%)
수소화알루미늄 리튬 환원(15.3 절) 카복실산은 촉매수소화로 환원되지 않지만, 수소화알루미늄 리튬으로는 1차 알코올로 변환된다. 수소화붕소 소듐은 카복실산을 환원하지 않는다.	$RCO_2H \xrightarrow[2.\ H_2O]{1.\ LiAlH_4\text{, 다이에틸 에터}} RCH_2OH$ 카복실산, 1차 알코올 p-Trifluoromethylbenzoic acid $\xrightarrow[2.\ H_2O]{1.\ LiAlH_4\text{, 다이에틸 에터}}$ p-Trifluoromethylbenzyl alcohol (96%)
에스터화(15.8 절) 산 촉매 하에 카복실산과 알코올은 에스테르를 형성한다 (Fischer 에스터화). 이것은 평형과정이지만 생성되는 물을 제거함으로써 반응을 완결시킬 수 있다.	$RCO_2H + R'OH \overset{H^+}{\rightleftharpoons} RCOR'(=O) + H_2O$ 카복실산, 알코올, 에스터, 물 Benzoic acid + Methanol (CH_3OH) $\xrightarrow{H_2SO_4}$ Methyl benzoate (70%)

카복실산의 산-촉매 에스터화는 유기화학의 기본적인 반응들 중의 하나이고, 여기서는 이 반응이 일어나는 메커니즘을 관찰하는 것으로 시작한다.

18.14 산-촉매 에스터화 메커니즘

산-촉매 에스터화 메커니 즘에 관하여 주된 질문은 알콕시 산소의 근원에 대한 것이다. 예를 들면, 벤조산 메틸에 있는 메톡시 산소는 메탄올에서 유래되는가, 아니면 벤조산에서 유래되는가?

$C_6H_5COCH_3$ (C=O)

이 산소는 원래 벤조산에 존재하는가?
아니면 메탄올에 존재하는가?

명쾌한 해답은 1938년 Columbia 대학의 Irving Roberts와 Harold C. Urey에 의하여 이루어졌다. 이들은 질량-18인 산소의 동위원소를 주로 갖는 메탄올을 만들었다. 이 메탄올과 벤조산이 에스터화할 때, 생성물인 벤조산 메틸은 원래 알코올에 존재하던 모든 ^{18}O를 포함하였다.

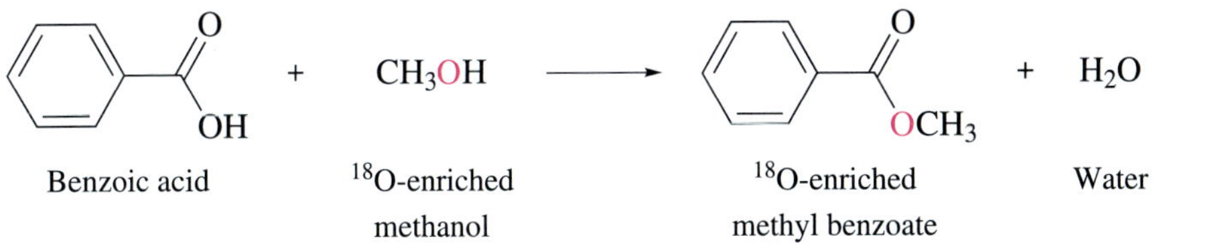

Benzoic acid + ^{18}O-enriched methanol (CH_3OH) → ^{18}O-enriched methyl benzoate + Water (H_2O)

이 반응식에서, 빨간색 O는 질량 18인 동위원소에서 농축된 산소를 나타낸다; 농축된 동위원소의 분석은 질량 분석기로 측정되었다.

Roberts-Urey의 실험 결과는 알코올의 C—O 결합이 에스터화 동안 유지되는 것을 보여 준다. 물 분자로 잃어버리는 산소는 카복실산으로부터 유리되어야만 한다.

메커니즘 18.1은 이러한 사실에 부합된다. 여섯 단계들이 특징적인 두 과정의 조합으로 잘 설명된다. **사면체형 중간체**의 형성은 처음 과정(1~3단계), 그리고, 이 사면체형 중

메커니즘 18.1

메탄올과 벤조산의 산-촉매 에스터화

전체 반응:

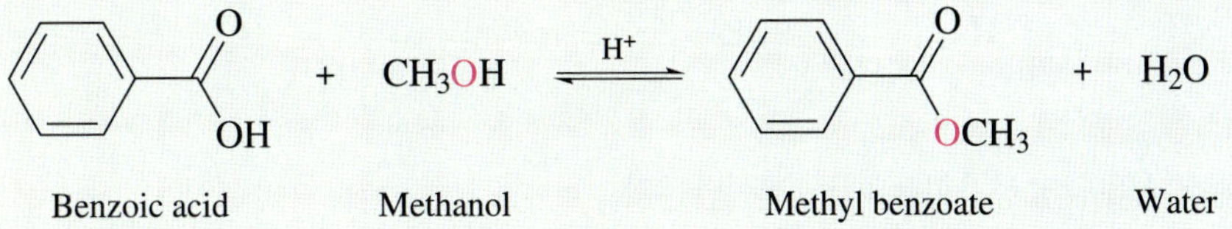

Benzoic acid + Methanol (CH_3OH) $\xrightleftharpoons{H^+}$ Methyl benzoate + Water (H_2O)

메커니즘:

1단계: 카복실산은 카보닐 산소가 양성자화 된다. 이 단계의 반응식에서 보이는 양성자 주개는 산 촉매로부터 알코올로 전달되는 양성자에 의해서 형성되는 알킬옥소늄 이온이다.

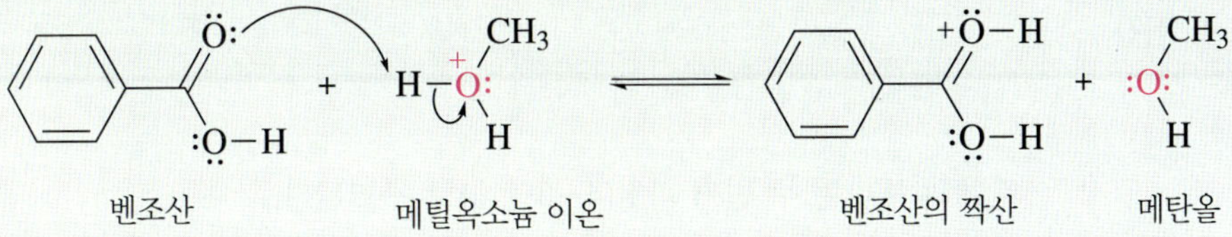

벤조산 + 메틸옥소늄 이온 ⇌ 벤조산의 짝산 + 메탄올

2단계: 카복실산의 양성자화는 카보닐기의 양전하 성질을 증가시킨다. 알코올 분자는 친핵성으로 작용하여 카보닐 탄소와 결합한다.

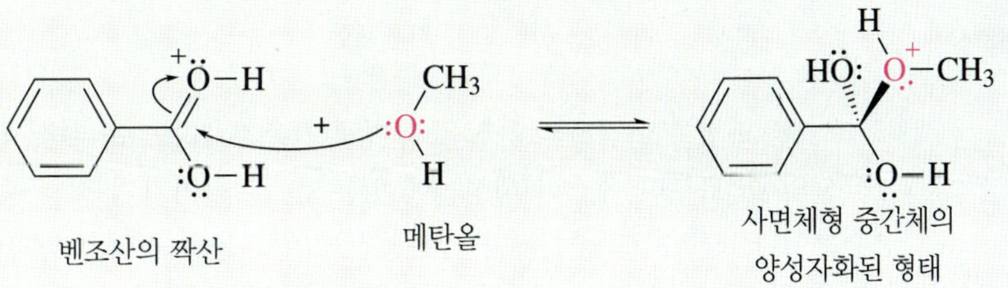

벤조산의 짝산 + 메탄올 ⇌ 사면체형 중간체의 양성자화된 형태

3단계: 2단계에서 생성된 옥소늄 이온은 양성자를 잃고 중성의 사면체형 중간체가 된다. 메커니즘에서 그 단계는 첫 번째 과정을 종결한다.

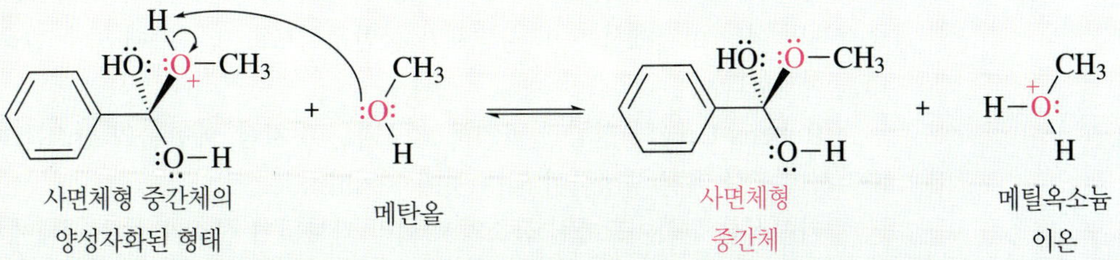

사면체형 중간체의 양성자화된 형태 + 메탄올 ⇌ 사면체형 중간체 + 메틸옥소늄 이온

(계속)

메커니즘 18.1

메탄올과 벤조산의 산–촉매 에스터화 ***(계속)***

4단계: 두 번째 과정은 사면체형 중간체의 하이드록실 산소 중 하나에 양성자 화로 시작된다.

사면체형 중간체 + 메틸옥소늄 이온 ⇌ 하이드록실 양성자화 정사면체형 중간체

5단계: 하이드록실–양성자화된 사면체형 중간체는 해리되어서 한 분자의 물과 양성자화된 에스터가 된다.

하이드록실 양성자화된 사면체형 중간체 ⇌ 벤조산 메틸의 짝산 + 물

6단계: 양성자화된 에스터의 탈양성자화는 에스터를 만든다.

벤조산 메틸의 짝산 + 메탄올 ⇌ 벤조산 메틸 + 메틸옥소늄 이온

간체의 해리는 두 번째 과정(4~6단계)로 구별된다.

벤조산 + CH_3OH (메탄올) $\xrightleftharpoons[]{1\sim3단계, H^+}$ 사면체형 중간체 $\xrightleftharpoons[]{4\sim6단계, H^+}$ 벤조산 메틸 + H_2O (물)

두 과정을 연결하는 물질을 *사면체형 중간체*라고 하는데, 이것은 탄소의 혼성이 카복실산의 sp^2로부터 에스터 생성물에 있는 sp^2로 돌아가기 전의 중간체에서는 sp^3로 변하기 때문이다. *사면체형 중간체는 카복실산에 알코올의 친핵성 첨가에 의해서 형성되는데, 이것은 알데하이드 또는 케톤에 알코올의 친핵성 첨가에 의해서 형성되는 헤미아세탈과 유사하다.* 에스터의 처음 과정에 있는 사면체형 중간체에 이르는 세 단계들은 알데하이드 또는 케톤에 대한 알코올의 산–촉매 친핵성 첨가의 메커니즘과 유사하다(17.8절). 사면체형 중간체의 형성 조건에서는 이 사면체가 불안정하므로, 산–촉매 탈수 반응을 거쳐서 에스터를 형성한다.

Roberts-Urey의 실험 결과에서 요구되는 것처럼, 메탄올의 산소는 메커니즘 18.1에 따라서 벤조산 메틸 생성물이 되는 것에 유의하라.

카복실산의 하이드록실 산소가 아니라 카보닐기 산소가 처음 단계에서 양성자화되는 것에도 역시 유의하라. 카보닐 산소의 양성자화에 의해 생성된 물질은 전자의 비편재화로

더 안정하다. 양전하는 두 산소 모두에 균일하게 공유된다.

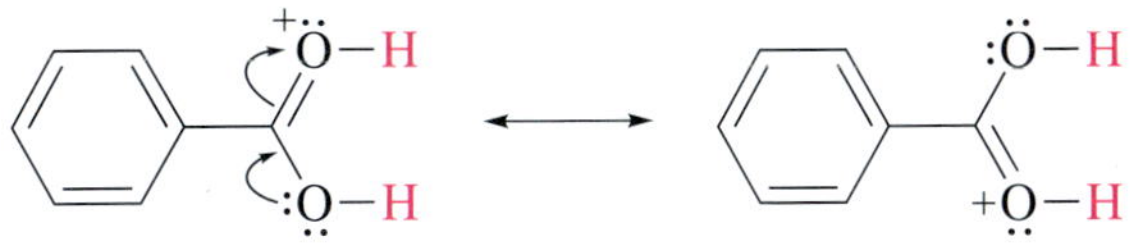

카보닐-양성자화된 벤조산의 전자 비편재화

한편, 하이드록실 산소의 양성자화는 보다 덜 안정한 양이온을 형성한다:

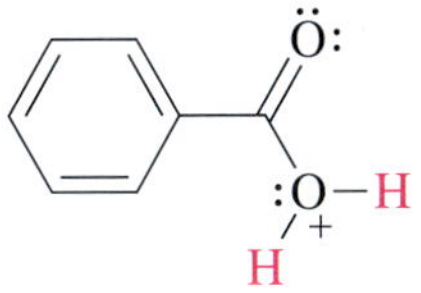

하이드록실-양성자화된 벤조산의 편재화된 양전하

이 양이온에 있는 양전하는 두 산소가 공유할 수 없다; 두 개 중 한 개의 산소에 편재된다. *카보닐 산소의* 양성자화는 보다 안정한 양이온을 형성하므로, 그 양이온이 우선적으로 형성된다.

문제 18.9

^{18}O가 풍부한 물속에 벤조산을 방치하면, 이 동위원소는 벤조산에도 존재하게 된다. 이 반응은 산에 의해서 촉진된다. 이 결과에 대한 설명을 제안하시오.

다음 장에서는 방금 기술한 메커니즘의 세 가지 요소를 카복실산 유도체들의 화학을 통합하는 일반적 주제의 하나로 다시 보게 될 것이다. 이 요소들은 다음과 같다.

1. 카보닐 산소의 양성자화에 의한 카보닐기의 활성화
2. 양성자화된 카보닐의 친핵성 첨가로 사면체형 중간체를 형성
3. 사면체형 중간체로부터 제거(반응)으로 카보닐기를 복원

이 순서는 카복실산, 염화 아실, 무수물, 에스터, 및 아마이드 같은 카보닐기 화학의 기본이다.

18.15 분자내 에스터 형성: 락톤

하이드록실과 카복실산 기능 모두를 포함하는 물질인 하이드록시산(hydroxy acid)은 **락톤(lactone)**이라고 하는 고리 에스터를 형성하는 능력을 갖고 있다. 이 분자내 에스터화는 고리가 오각형 또는 육각형일 때 자발적으로 일어난다. 오각형 고리 에스터를 포함하는 락톤을 *γ-락톤*이라고 하고; 이들과 같은 모양의 육각형은 *δ-락톤*이라고 한다.

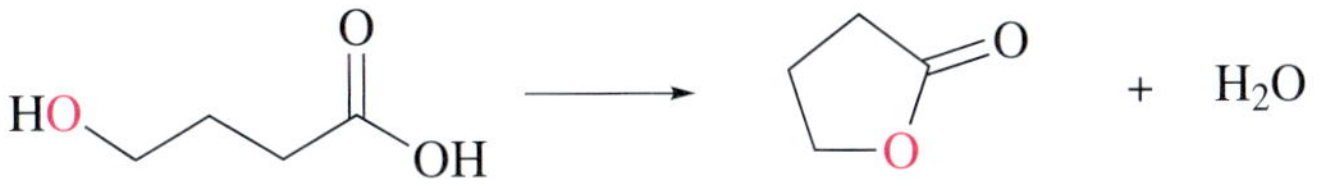

4-Hydroxybutanoic acid → 4-Butanolide (γ-Butyrolactone) + H_2O Water

5-Hydroxypentanoic acid → 5-Pentanolide (δ-Valerolactone) + H_2O Water

락톤은 앞의 식에서 보여준 것처럼 모체 카복실산의 어미인 *-산(-oic acid)*을 *-라이드(-olide)*로 바꾸고 산소화된 고리 탄소를 번호로 확인하여 이름을 붙인다.

하이드록시산이 생성될 것으로 예상되는 반응들이 종종 오각형 또는 육각형 고리를 형성할 수 있으면 대신 락톤을 생성한다.

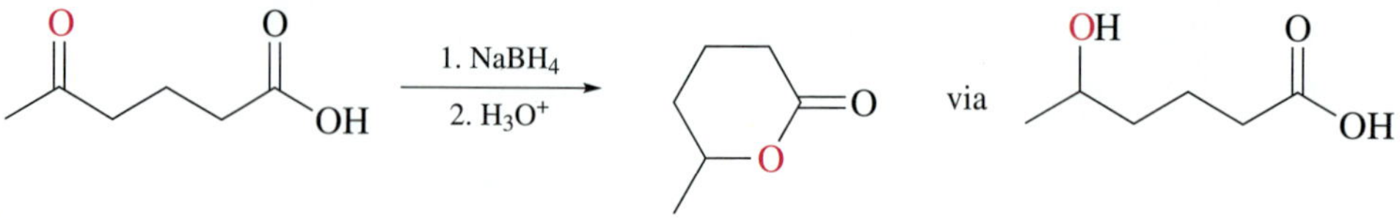

5-Oxohexanoic acid → (1. $NaBH_4$ 2. H_3O^+) 5-Hexanolide (78%) via 5-Hydroxyhexanoic acid

많은 천연물들이 락톤이며, 또 고리의 크기가 큰 예를 발견하는 것도 어렵지 않다. 천연에서 발견되는 몇 가지 락톤을 그림 18.7에서 볼 수 있다. 에리스로마이신은 *매크로라이드 항생제*의 한 가지 예로서 *매크로사이클*(large-ring, 거대고리)의 락톤이다. 에리스로마이신의 락톤고리는 14각형이다.

문제 18.10

다음 그림 18.7에 주어진 각 락톤과 일치하는 하이드록시산의 구조를 그리시오.

(a) 메발로노락톤(Mevalonolactone)
(b) 펜탄데카노라이드(Pentadecanolide)
(c) 버놀레핀(Vernolepin)

풀이 예시 (a) 락톤의 고리 산소는 하이드록시산의 OH 기로부터 파생된다. 하이드록시산을 구분하기 위하여 락톤의 O—C(O)를 절단한다.

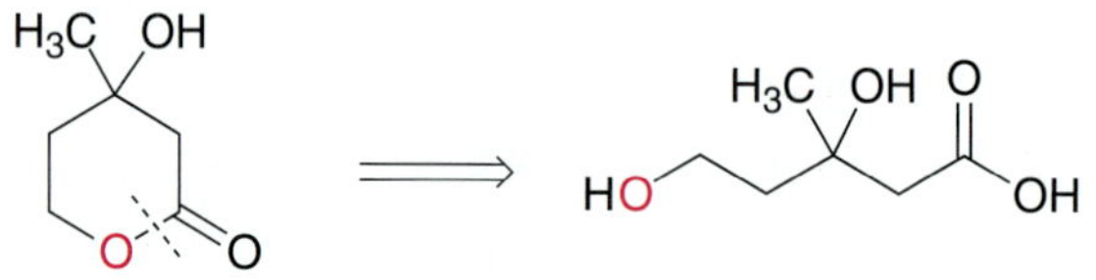

메발로노락톤 ⟹ 메발론산

삼각형 또는 사각형 고리의 락톤(α-락톤과 β-락톤)은 매우 반응성이 높아서 이들의 분리를 어렵게 한다. 육각형 고리 이상의 락톤뿐만 아니라 작은 고리 락톤의 실험실 합성에는 특별한 방법이 필요하다.

18.16 말론산과 유사 화합물들의 탈카복실화

카복실산으로부터 한 분자의 이산화탄소를 제거하는 것을 **탈카복실화(decarboxylation)**라고 한다.

$$RCO_2H \longrightarrow RH + CO_2$$

카복실산 알케인 이산화탄소

간단한 카복실산의 탈카복실화는 일어나기가 매우 어려워서 거의 볼 수가 없다.

열적 탈카복실화가 쉽게 일어나는 화합물은 말론산과 관련된 것들이다. 가열하면, 말론산은 아세트산과 이산화탄소로 변환된다.

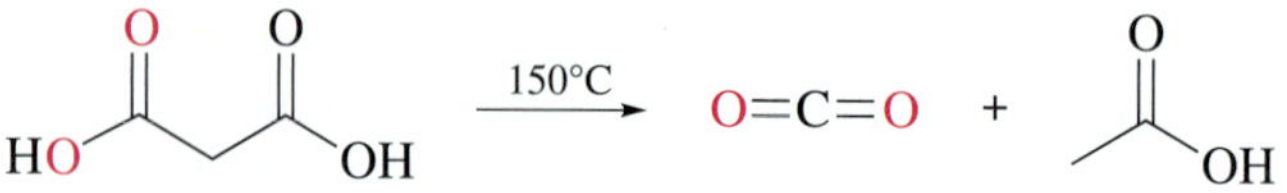

Malonic acid (propanedioic acid) → (150°C) O=C=O (Carbon dioxide) + Acetic acid

이 과정에서는 오직 한 개의 카복실기만 잃어버리는 것을 인식하는 것이 중요하다. 두 번

그림 18.7

몇 가지 천연에서 생성되는 락톤

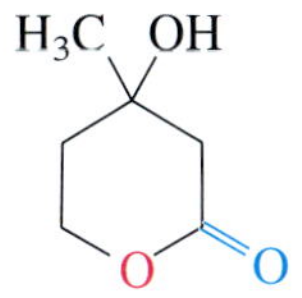

메발로노락톤

(터펜과 스테로이드의 생합성 중간체)

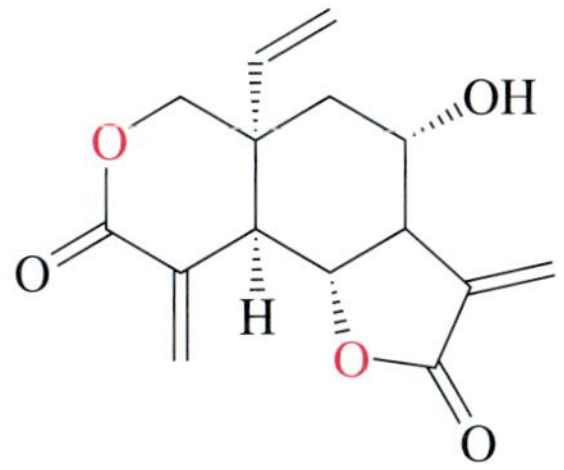

버놀레핀

(세 개의 고리 골격에 γ-락톤과 δ-락톤 모두가 합쳐진 종양 저해제)

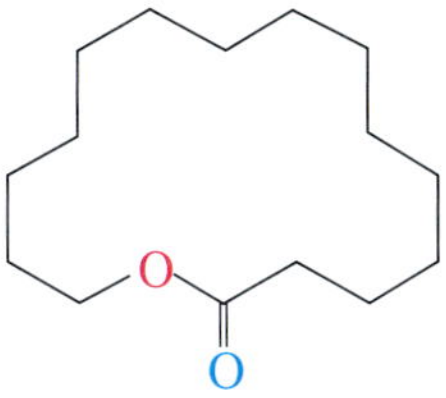

15-펜타데카놀라이드

(사향 약초는 Angelica에서 발견되고 향수로 사용된다)

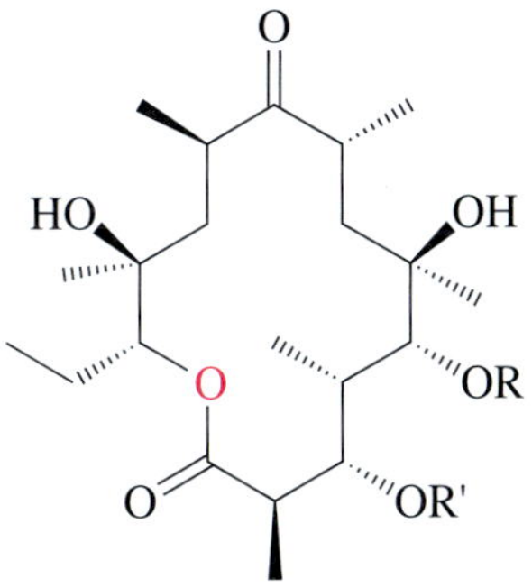

에리스로마이신

(R과 R'은 탄수화물의 성분이다)

(매크로라이드 항생제; 이것은 발효과정으로 생산되지만, 이 복합 물질의 실험실적 합성이 이루어졌다.)

째 카복실기는 유지된다. 한 개의 카복실기가 다른 것의 이탈이 일어나도록 도와주는 것을 보여 주는 메커니즘에는 두 단계가 포함된다.

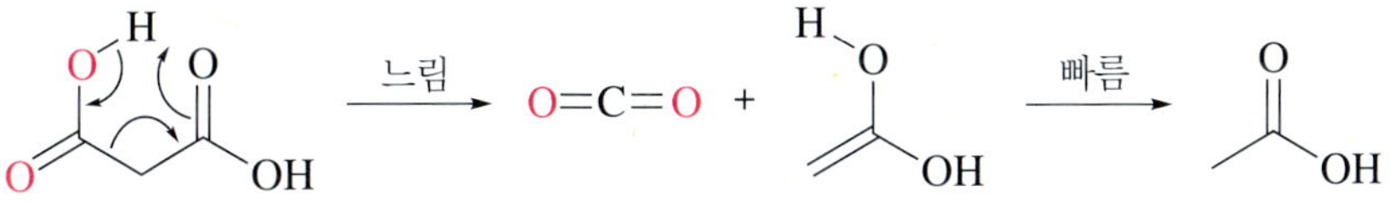

말론산 —느림→ 이산화탄소 + 아세트산의 엔올형 —빠름→ 아세트산

첫 단계는 이산화탄소와 엔올을 형성하는데, 이 엔올이 두 번째 단계에서 아세트산으로 이성질화한다.

케토-엔올 토토머화는 9.12 절에서 소개되었다.

말론산의 C-2에 결합된 수소는 이 과정에 직접적으로 포함되지 않는다; 그러므로 C-2에 치환기를 갖는 1,3-다이카복실산을 가열하면 유사한 반응이 일어난다.

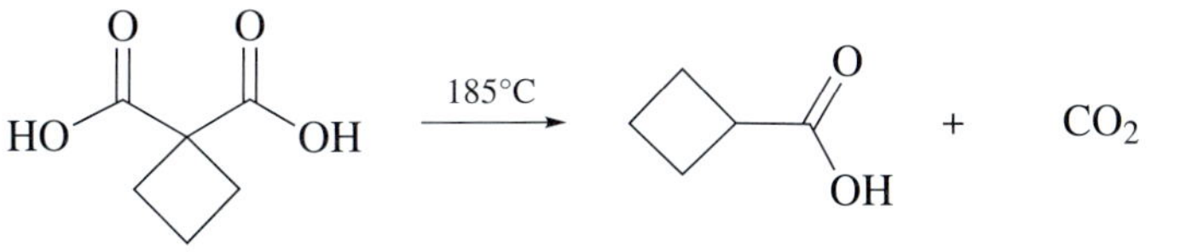

1,1-Cyclobutanedicarboxylic acid —185°C→ Cyclobutanecarboxylic acid (74%) + Carbon dioxide (CO_2)

문제 18.11

다음 각각의 열적 탈카복실화 후에 분리되는 화합물들은 무엇인가? 굽은 화살표를 사용하여 전이 상태에서 일어나는 결합의 변화를 나타내시오.

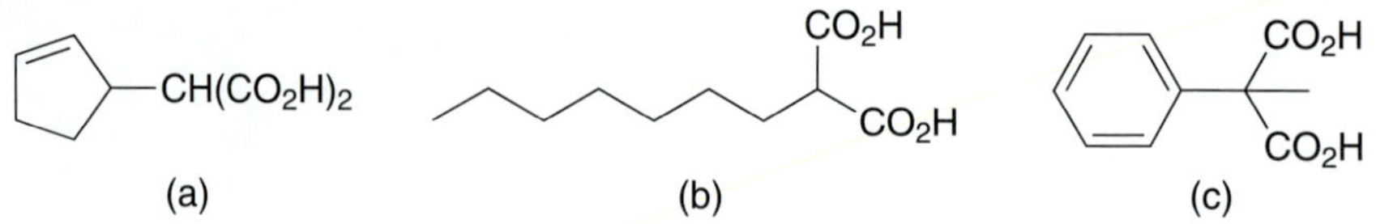

$CH(CO_2H)_2$ (a) CO_2H CO_2H (b) CO_2H CO_2H (c)

풀이 예시 (a) 말론산 유도체의 열적 탈카복실화는 카복실기 중의 한 개를 수소 한 개로 치환한다.

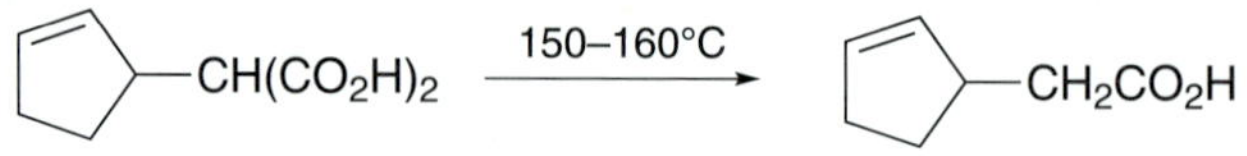

$CH(CO_2H)_2$ —150–160°C→ CH_2CO_2H

이 특정 경우에, 표기된 온도에서 반응이 진행되어, 96~99%의 수득률로 생성물이 얻어진다.

탈카복실화의 전이 상태는 여섯 개 원자의 고리 배열을 이루고, 중간체로서 엔올형의 생성물이 얻어진다.

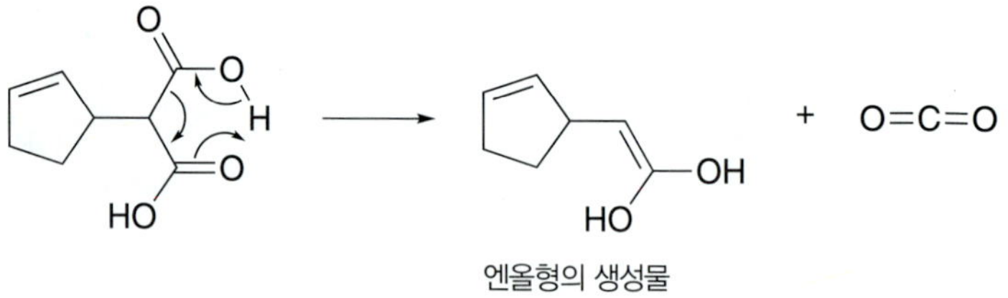

O O H O HO → OH HO + O=C=O

엔올형의 생성물

말론산의 탈카복실화 동안 남아 있는 카복실기는 이 과정에 직접적으로 포함되지 않는 하이드록실기를 가지고 있다는 것에 유념하시오. 하이드록실기 이외의 다른 치환기를 이 위치에 갖는 화합물은 유사한 탈카복실화 반응을 수행한다. 가장 자주 보게 되는 화합물은 β-케토산인데 C-3이 C=O이다.

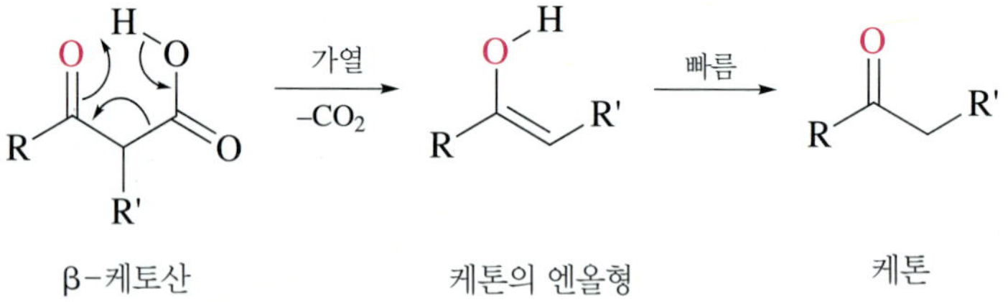

H O O R O R' —가열, $-CO_2$→ O H R R' —빠름→ O R R'

β-케토산 케톤의 엔올형 케톤

β-케토산의 열적 탈카복실화는 상온에서도 일어나 엔올을 형성하는데, 이것은 이성질화하여 케톤으로 분리된다.

문제 18.12

다음 각각의 열적 탈카복실화 동안에 일어나는 결합 변화를 보여주는 굽은 화살표를 사용하고, 최종 엔올 및 엔올에서 생성되는 케톤의 구조를 쓰시오.

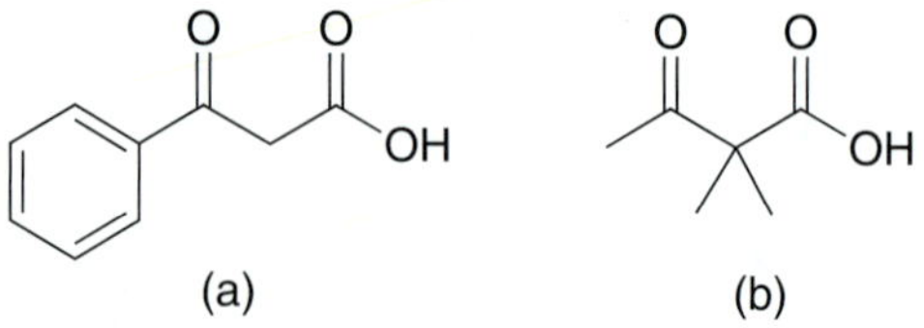

O O OH (a) O O OH (b)

풀이 예시 (a) 말론산의 열적 탈카복실화와 유사하게, 벤조일아세트산에 대응하는 반응을 다음과 같이 나타낸다.

가열
- CO_2
벤조일아세트산
엔올
아세토페논

두 가지 표준 합성방법 –*말론산 에스터 합성* 및 *아세토아세트산 에스터 합성*–의 마지막 단계인 말론산 유도체와 β-케토산의 탈카복실화는 20장에서 논의한다. 그것들은 특정 생화학적 반응과 동일한 것을 발견하게 될 것이다.

18.17 카복실산의 분광 분석

적외선 : 카복실산의 IR 스펙트럼에서 가장 특징적인 피크들은 하이드록실기와 카보닐기의 피크들이다. 4-페닐뷰탄산의 IR 스펙트럼에서 보는 것처럼(그림 18.8), O—H와 C—H 신축 진동은 3500–2500 cm^{-1} 지역에서 넓은 흡수를 생성하여 중복된다. 카보닐기는 1684 cm^{-1}에서 C ═ O 신축의 강한 띠를 나타낸다.

^{1}H NMR : CO_2H 기의 하이드록실기 양성자는 NMR 스펙트럼에 있는 보통의 모든 양성자들 중에서 가장 적게 가려져 있고, 테트라메틸사일레인으로부터 10~12 ppm 낮은장 쪽에, 넓은 피크로서 종종 나타난다. 이것을 그림 18.9에 4-페닐뷰탄산의 것으로 나타내었다. 다른 하이드록실기 양성자들처럼, 카복실기의 양성자는 시료에 D_2O를 더하여 확인할 수 있다. 수소–중수소 교환은 —CO_2H를 —CO_2D로 전환하고, 카복실기에 해당하는 신호가 사라진다.

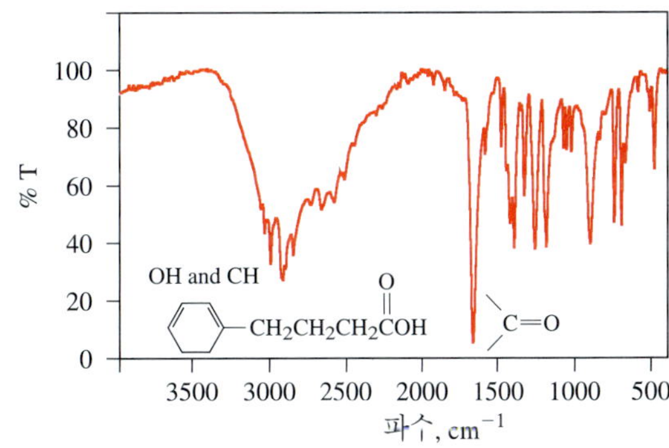

그림 18.8

4-페닐뷰탄산의 IR 스펙트럼

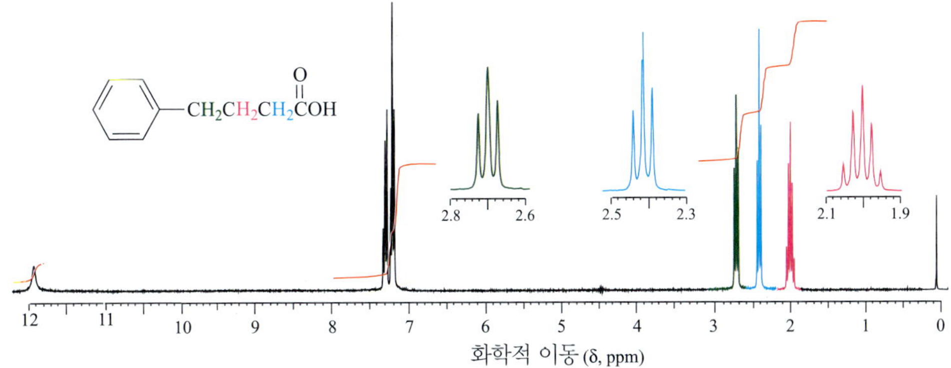

그림 18.9

4-페닐뷰탄산의 300-MHz ^{1}H NMR 스펙트럼. δ 12에서 CO_2H의 양성자 피크.

^{13}C NMR : 다른 카보닐기처럼 카복실산의 —CO_2H 기의 탄소는 강하게 노출되어 있지만 (δ 160~185), 알데하이드 또는 케톤의 값들(δ 190~215)만큼은 아니다.

UV-VIS : 추가적인 발색단이 없으면, 카복실산은 분석의 목적으로는 그리 유용하지 않은 파장(210 nm)에서 흡수된다.

질량 분석법 : 보통은 구별하기가 쉬운 분자 이온의 피크와는 다르게, 지방족 카복실산은 다양한 분열과정을 수행한다. 방향족 카복실산의 주된 분열은 OH를 잃고, 그 다음에 CO를 잃는 것이다.

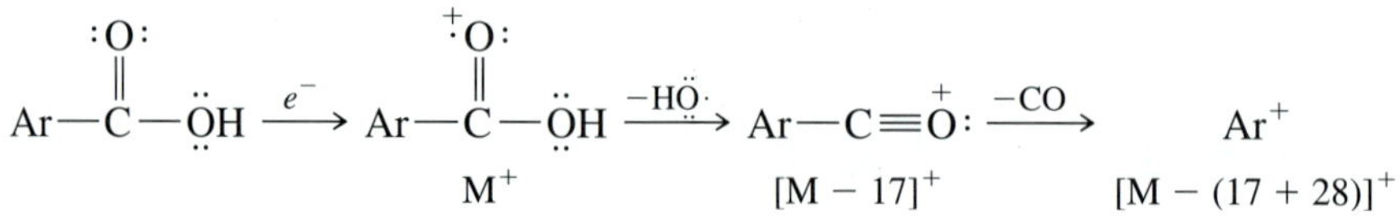

$$\mathrm{Ar{-}C({=}O){-}OH} \xrightarrow{e^-} \underset{M^+}{\mathrm{Ar{-}C({=}O^+){-}OH}} \xrightarrow{-\mathrm{HO\cdot}} \underset{[M-17]^+}{\mathrm{Ar{-}C{\equiv}O^+}} \xrightarrow{-\mathrm{CO}} \underset{[M-(17+28)]^+}{\mathrm{Ar^+}}$$

18.18 요약

18.1절 카복실산은 —CO_2H 기를 포함하는 가장 긴 연결된 사슬과 동일한 탄소수를 갖는 알케인에서 그 이름을 취한다. 어미 *−에인(-e)*를 −안산(*-oic acid*)으로 치환한다. 번호는 —CO_2H 기의 탄소부터 시작한다.

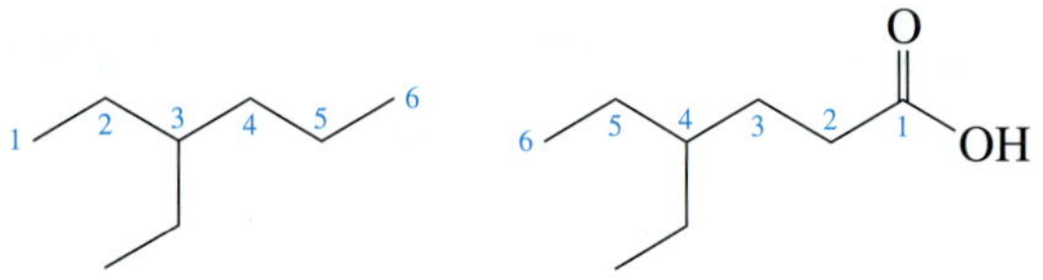

3−에틸헥세인 4−에틸헥산산

18.2절 알데하이드와 케톤의 카보닐기처럼 카복실산에 있는 C$=$O의 탄소는 sp^2 혼성이 다. 알데하이드 또는 케톤의 카보닐기와 비교해서 카복실산의 C $=$ O는 결합된 OH 기에 의해 추가적인 안정성를 얻는다.

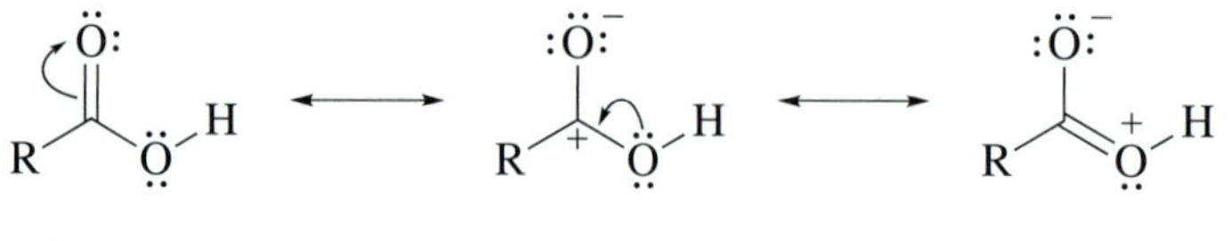

18.3절 카복실산에 있는 수소결합은 비교 가능한 크기의 알케인, 알코올, 알데하이드, 케톤보다 카복실산의 녹는점과 끓는점을 높여준다.

18.4절 카복실산은 약산이고, 강한 전자−끌개 치환기가 없으면 약 5 정도의 pK_a를 갖는다. 카복실산은 알코올보다 매우 센 산인데, 이것은 카보닐기의 전자−끌개 힘(유도효과) 와 카복실레이트 음이온이 음전하를 비편재화하는 능력(공명효과) 때문이다.

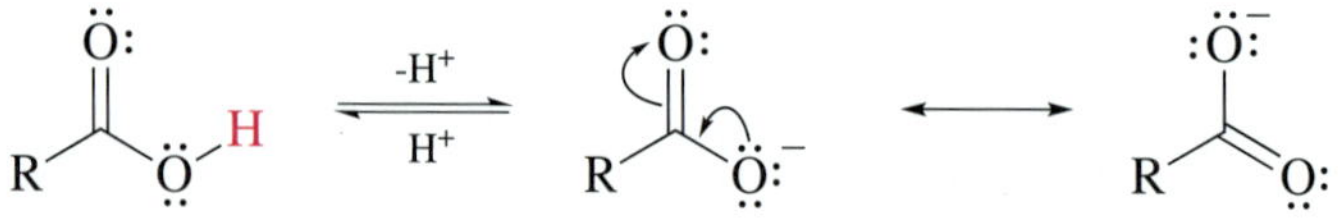

카복실산 카복실산 음이온에서 전자의 비편재화

18.5~18.6절

카복시기로부터 몇 개의 결합 안에 있는 특히 전기음성적 치환기는 카복실산의 산성도를 증가시킨다.

CF_3CO_2H 트라이플루오로아세트산 $pK_a = 0.2$

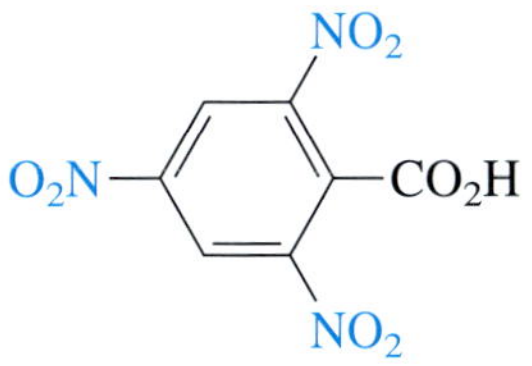

2,4,6-트라이나이트로벤조산 $pK_a = 0.6$

18.7절 카복실산은 물에서 매우 적은 양으로 해리하지만, 염기성 용액에서는 거의 완전하게 탈양성자화한다.

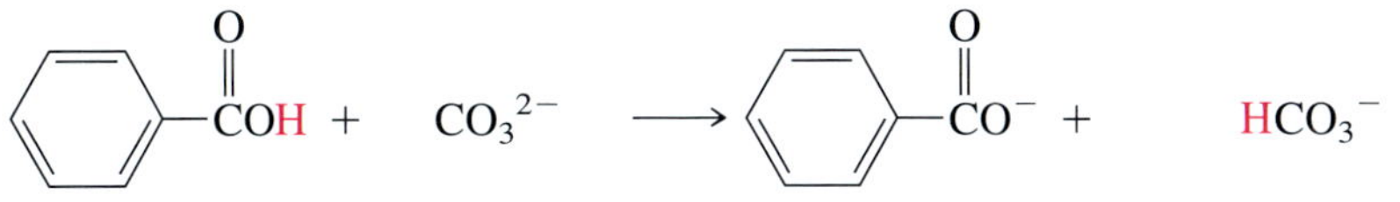

$$C_6H_5COOH + CO_3^{2-} \longrightarrow C_6H_5CO_2^- + HCO_3^-$$

벤조산 $pK_a = 4.2$ (더 강한 산) / 탄산 음이온 / 벤조산 음이온 / 탄산수소 음이온 $pK_a = 10.2$ (더 약한 산)

18.8절 다이카복실산은 1차와 2차 이온화에 의한 각각의 pK_a값을 갖는다.

18.9절 이산화탄소와 탄산은 물에서 평형 상태로 존재한다. 이산화탄소가 주 성분이다.

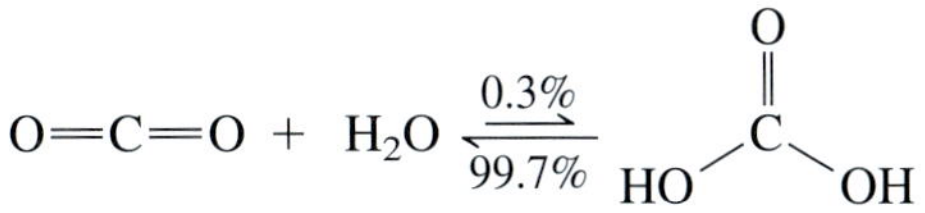

$$O{=}C{=}O + H_2O \underset{99.7\%}{\overset{0.3\%}{\rightleftharpoons}} (HO)_2C{=}O$$

18.10절 앞 장에서 소개된 반응들의 일부는 카복실산을 제조하는 데 사용할 수 있다(표 18.4를 보시오).

18.11절 카복실산은 Grignard 시약을 이산화탄소와 반응하여 제조할 수 있다.

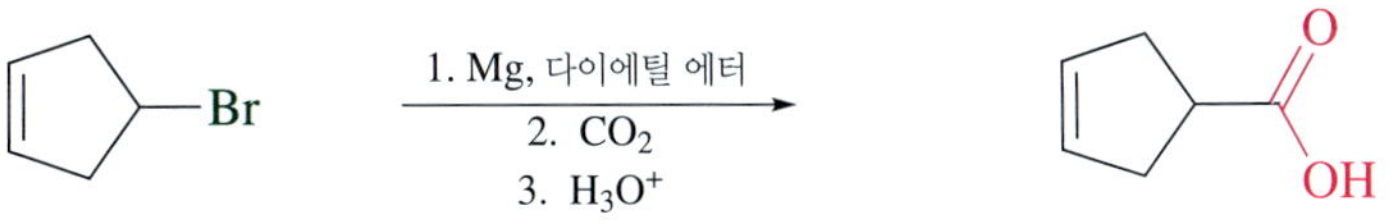

1. Mg, 다이에틸 에터
2. CO_2
3. H_3O^+

4-Bromocyclopentene → Cyclopentene-4-carboxylic acid (66%)

18.12절 1차 및 2차 할로젠화 알킬과 사이안화 이온의 친핵성 치환으로 생성되는 나이트릴은 가수분해에 의하여 카복실산으로 전환될 수 있다.

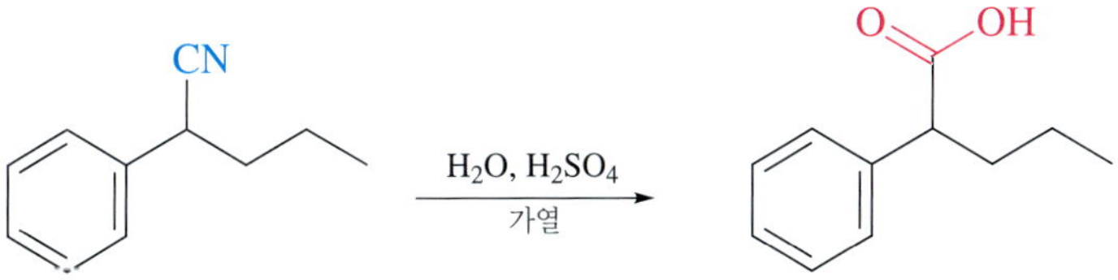

H_2O, H_2SO_4 / 가열

2-Phenylpentanenitrile → 2-Phenylpentanoic acid (52%)

마찬가지로 사이아노하이드린의 사이아노기도 $-CO_2H$로 가수분해 될 수 있다.

18.13절 카복실산의 반응들 중에서 염화아실, 1차 알코올, 에스터로의 변환은 앞 장에서 소개하였고, 표 18.5에서 복습하였다.

18.14절 산-촉매 에스터화의 메커니즘은 두 단계로 이루어진다. 처음은 카보닐기에 알코올의 친핵성 첨가에 의하여 사면체형 중간체의 형성으로, 알데하이드와 케톤의 산촉매 아세탈 및 케탈의 형성과 유사하다. 두 번째는 사면체형 중간체의 탈수이다.

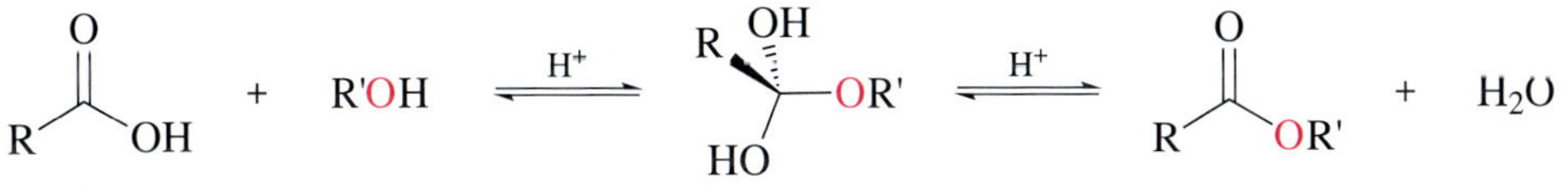

$$RCOOH + R'OH \overset{H^+}{\rightleftharpoons} RC(OH)_2OR' \overset{H^+}{\rightleftharpoons} RCOOR' + H_2O$$

카복실산 / 알코올 / 사면체형 중간체 / 에스터 / 물 메커니즘 18.1은 여섯 개의 개별 단계를 보여준다.

18.15절 분자내 에스터화는 분자가 하이드록실기와 카복실기를 모두 가지고 있을 때 일어 날 수 있다. 고리 에스터를 락톤이라고 부르며, 고리가 오각형 또는 육각형일 때 가장 안정하다.

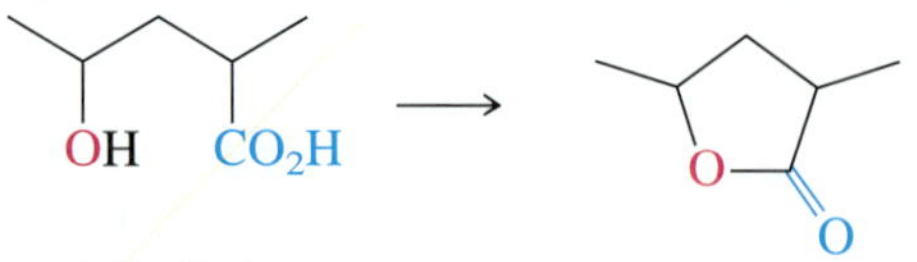

OH CO_2H ⟶ O O

4-하이드록시-2-메틸펜탄산 2-메틸-4-펜타놀라이드

18.16절 1,1−다이카복실산(말론산)과 β-케토산은 β-카보닐기가 이산화탄소의 이탈을 도와주는 메커니즘에 의해서 열적 탈카복실화를 수행한다.

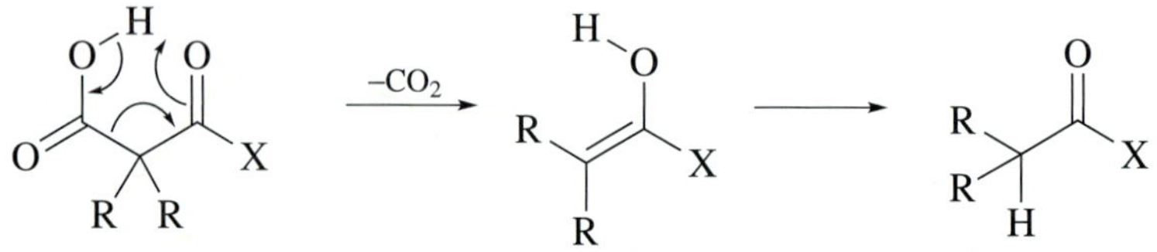

H O O O X R R $\xrightarrow{-CO_2}$ H O R X R ⟶ O R X R H

X = OH; 말론산 유도체
X = 알킬 또는 아릴: β−케토산

엔올형의 생성물

X = OH; 카복실산
X = 알킬 또는 아릴: 케톤

18.17절 카복실산은 1700 cm^{-1}와 2500~3500 cm^{-1} 사이의 강한 IR 흡수, δ 10~12에 하 이드록실기 양성자의 ^1H NMR 신호와, δ 180 근처에 카보닐 탄소의 ^{13}C 신호들 에 의해서 쉽게 확인된다.

문제

18.13 많은 카복실산은 계통명보다는 보통명으로 더 잘 알려져 있다. 이들의 일부는 다음 과 같다. 그들의 계통명에 의하여 구조식을 밝히시오.

(a) 2-하이드록시프로판산(*락트산*으로 더 잘 알려져 있다. 신맛이 나는 우유에서 발견되며, 운동하는 동안 근육에서 형성된다.)

(b) 2-하이드록시-2-페닐에탄산(*만델산*으로도 알려져 있고, 자두, 복숭아와 다른 과일에서 얻을 수 있다)

(c) 테트라데칸산(*미리스트산*으로도 알려져 있고, 다양한 종류의 지방들에서 얻을 수 있다.)

(d) 10-운데칸산(*운데실렌산*으로도 불려지고, 그것의 아연염과 함께 혼합하여 무좀과 같은 곰팡이 감염 치료에 사용된다.)

(e) 3,5-다이하이드록시-3-메틸펜탄산(*메발론산*으로 불리고, 터펜과 스테로이드 생합성에 있어서 중요한 중간체이다.)

(f) (*E*)-2-메틸-2-뷰탄산(*티글산*으로도 알려져 있고, 많은 천연 기름의 성분이다.)

(g) 2-하이드록시뷰탄다이오산(*말릭산*으로 알려져 있고, 사과와 다른 과일에서 발 견된다.)

(h) 2-하이드록시-1,2,3-프로판트라이카복실산(*시트르산*으로 더 잘 알려져 있고, 감귤류의 신맛을 나게 한다.)

(i) 2-(*p*-아이소뷰틸페닐)프로판산(*아이부프로펜*으로 더 잘 알려진 항염증성 약이다.)

(j) *o*-하이드록시벤젠카복실산(*살리실산*으로 잘 알려져 있으며, 버드나무 껍질에서 얻을 수 있다.)

18.14 다음 각각의 IUPAC 이름을 쓰시오.

(a) $CH_3(CH_2)_6CO_2H$
(b) $CH_3(CH_2)_6CO_2K$
(c) $H_2C{=}CH(CH_2)_5CO_2H$
(d) 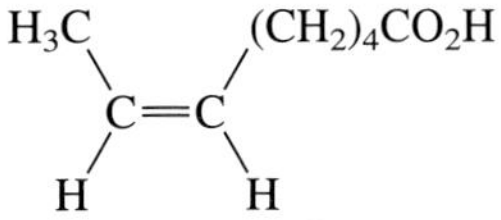 $H_3C(H)C{=}C(H)(CH_2)_4CO_2H$
(e) $HO_2C(CH_2)_6CO_2H$
(f) $CH_3(CH_2)_4CH(CO_2H)_2$
(g) 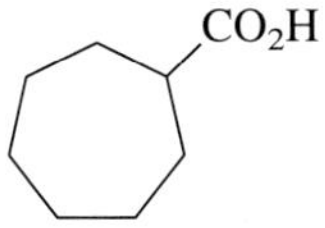 CO_2H (cycloheptane ring)
(h) 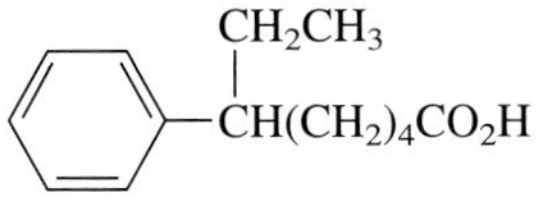 CH_2CH_3 / C_6H_5–$CH(CH_2)_4CO_2H$

18.15 산성도가 감소하는 순서로 다음 그룹들의 각 화합물을 열거하시오.

(a) 아세트산, 에테인, 에탄올
(b) 벤젠, 벤조산, 벤질 알코올
(c) 1,3-프로판다이올, 프로판다이오산, 프로판산
(d) 아세트산, 에탄올, 트라이플루오로아세트산, 2,2,2-트라이플루오로에탄올, 트라이플루오로메탄설폰산(CF_3SO_2OH)

18.16 다음 각 쌍에서 더 산성인 화합물을 고르시오.

(a) $CF_3CH_2CO_2H$ 또는 $CF_3CH_2CH_2CO_2H$
(b) $CH_3CH_2CH_2CO_2H$ 또는 $CH_3C{\equiv}CCO_2H$
(c) 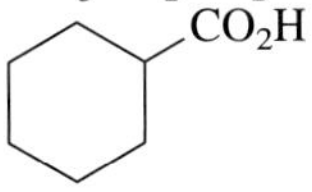 CO_2H (cyclohexane) 또는 CO_2H (benzene)
(d) 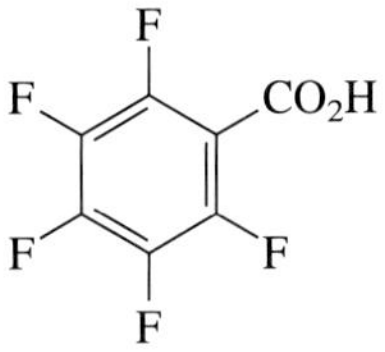 F, F, F, F, F, CO_2H 또는 CO_2H
(e) 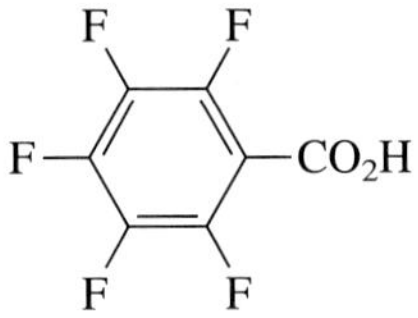 F, F, F, F, F, CO_2H 또는 F, 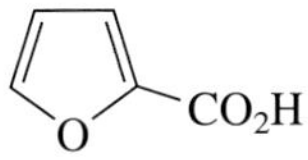 F, F, F, F, CO_2H
(f) O, CO_2H 또는 CO_2H, O
(g) 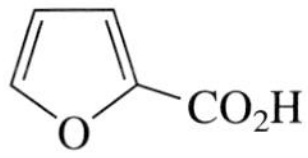 O, CO_2H 또는 N, H, CO_2H

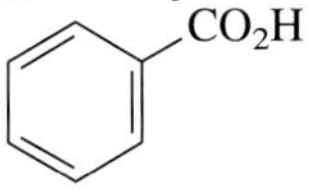

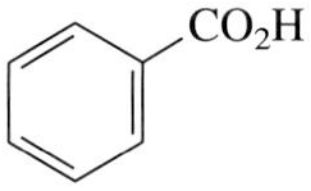

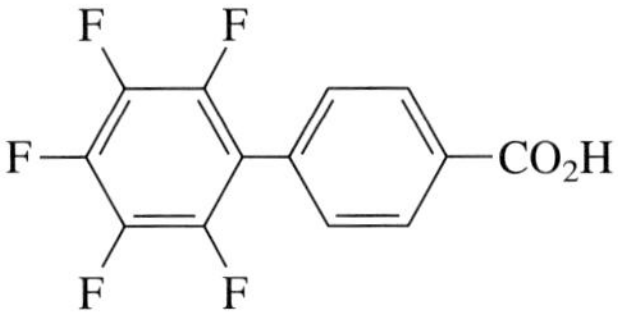

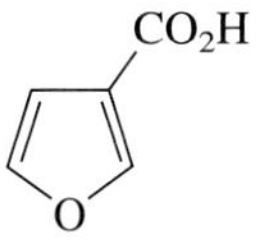

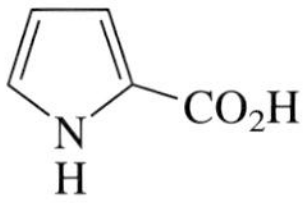

18.17 다음의 각 물질로부터 뷰탄산을 제조하는 방법을 제안하시오:

(a) 1-뷰탄올 (c) 1-뷰텐 (e) 2-프로판올
(b) 뷰탄알 (d) 1-프로판올 (f) $CH_3CH_2CH(CO_2H)_2$

18.19 다음 각각의 시약과 펜탄산의 반응 생성물을 쓰시오:

(a) 가성소다
(b) 탄산수소 소듐
(c) 염화 싸이오닐
(d) 삼브로민화 인
(e) 벤질알코올, 황산(촉매에 필요한 양)
(f) 수소화알루미늄 리튬 , 다음에 가수 분해
(g) 브로민화 페닐마그네슘

18.21 다음의 각 반응은 화학 문헌에 발표되었고, 높은 수득률의 단일 생성물로 합성된다. 각 반응의 생성물은 무엇인가?

(a) OH, O $\xrightarrow[H_2SO_4]{에탄올}$

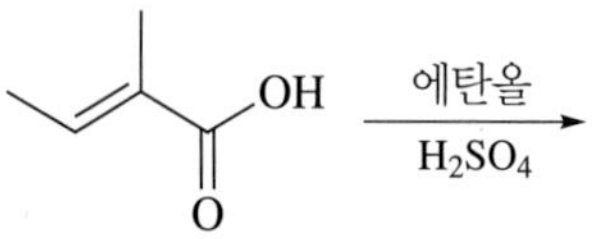

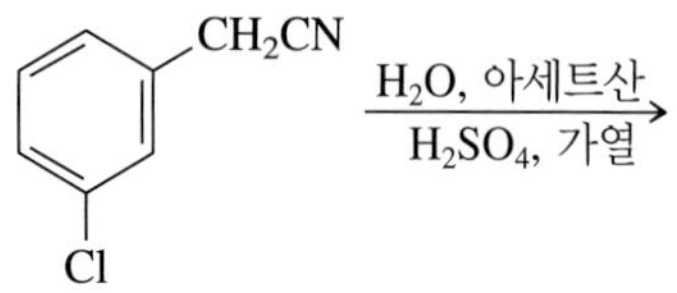

(b) CO_2H $\xrightarrow[2.\ H_2O]{1.\ LiAlD_4}$

(c) CF_3, Br $\xrightarrow[2.\ CO_2 \quad 3.\ H_3O^+]{1.\ Mg,\ 다이에틸\ 에터}$

(d) CH_2CN, Cl $\xrightarrow[H_2SO_4,\ 가열]{H_2O,\ 아세트산}$

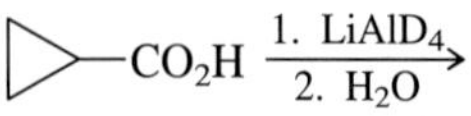

(e) $H_2C{=}CH(CH_2)_8CO_2H$ $\xrightarrow[과산화\ 벤조일]{HBr}$

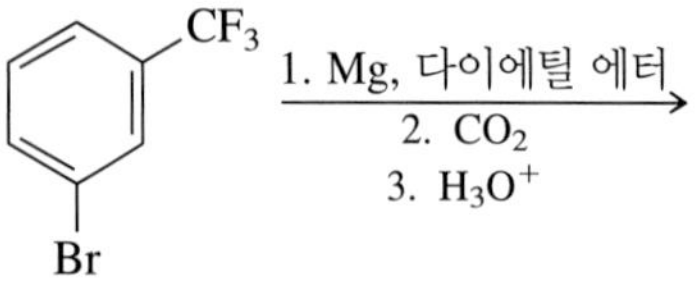

18.22 아래 보이는 화합물은 분자식이 $C_9H_9ClO_3$인 생성물을 만들기 위해서 다음과 같은 일련의 반응을 한다. 생성물은 무엇인가?

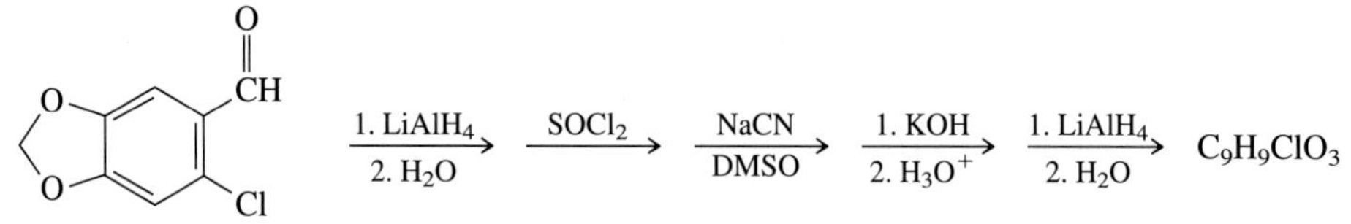

O, CH, O, O, Cl $\xrightarrow[2.\ H_2O]{1.\ LiAlH_4}$ $\xrightarrow{SOCl_2}$ $\xrightarrow[DMSO]{NaCN}$ $\xrightarrow[2.\ H_3O^+]{1.\ KOH}$ $\xrightarrow[2.\ H_2O]{1.\ LiAlH_4}$ $C_9H_9ClO_3$

18.24 (a) 4-하이드록시사이클로헥산카복실산(cis 또는 trans)의 어떤 입체이성질체가 락톤을 형성할 수 있는가? 출발 하이드록시 산에서 사이클로헥산의 공간 형태는 무엇인가? 락톤에서는 어떠한가?

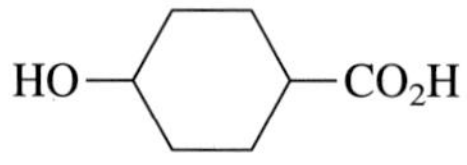

HO—(사이클로헥산)—CO_2H

(b) 3-하이드록시사이클로헥산카복실산인 경우도 위의 (a)를 되풀이하시오.

18.27 레불린산($CH_3\overset{O}{\overset{\|}{C}}CH_2CH_2CO_2H$)를 220°C 니켈 촉매에서 수소화를 거치면 94%의 단일 생성물, $C_5H_8O_2$를 생성한다. 이 화합물은 적외선 스펙트럼에서 하이드록실기 흡수 띠가 없다. 이 화합물의 알맞은 구조는 무엇인가?

18.29 5-하이드록시-2-헥사인산으로부터 화합물 A를 생성하는 알맞은 반응 조건을 제안하시오.

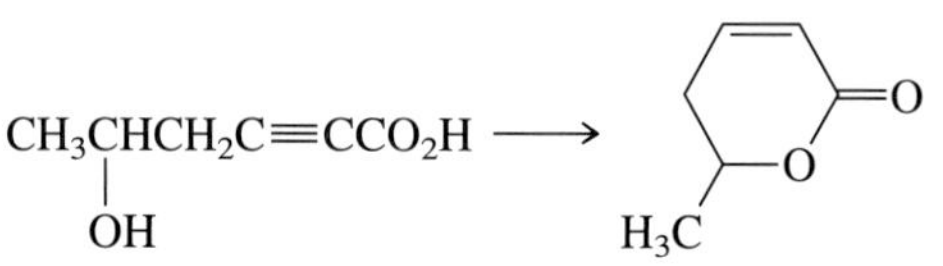

$CH_3\underset{OH}{CH}CH_2C{\equiv}CCO_2H \longrightarrow$ (O, O, H_3C)

5-하이드록시-2-헥사인산 화합물 A

18.31 폼산(HCO_2H), 말레산(cis-$HO_2CCH{=}CHCO_2H$), 말론산($HO_2CCH_2CO_2H$)의 ^1H NMR 스펙트럼은 동일한 세기의 단일선 두 개로 특징되는 것이 서로 비슷하다. 적합한 ^1H NMR 화학적 이동 자료에 근거하여 A, B, C로 표시된 이 화합물들을 찾아 내시오.

화합물 A: δ 3.2와 12.1에 신호

화합물 B: δ 6.3과 12.4에 신호

화합물 C: δ 8.0과 11.4에 신호

18.33 화합물 A와 B는 카복실산이다. ^1H NMR 스펙트럼을 근거로 각각을 확인하시오.

(a) 화합물 A ($C_3H_5ClO_2$) (그림 18.10)

(b) 화합물 B ($C_9H_9NO_4$)는 방향족 고리에 결합된 나이트로기가 있다(그림 18.11).

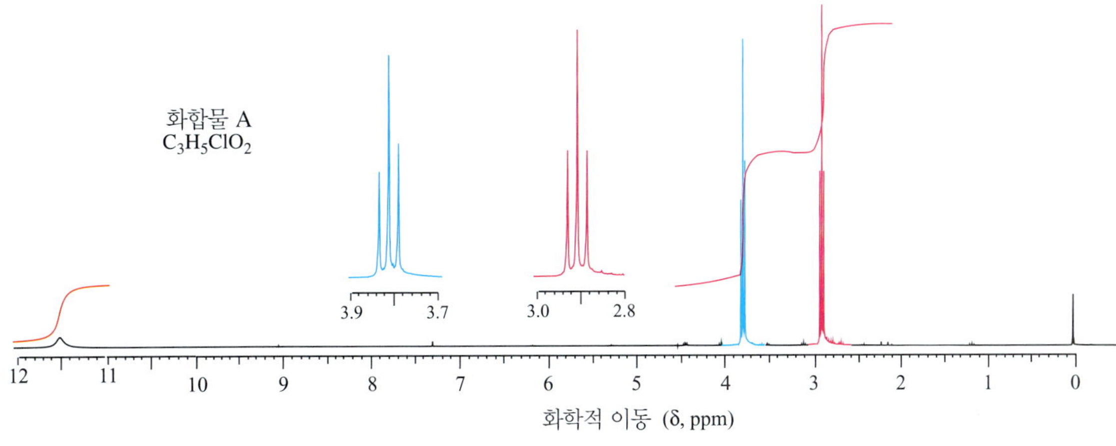

그림 18.10

화합물 A ($C_3H_5ClO_2$)의 300-MHz 1H NMR 스펙트럼 (문제 18.33a).

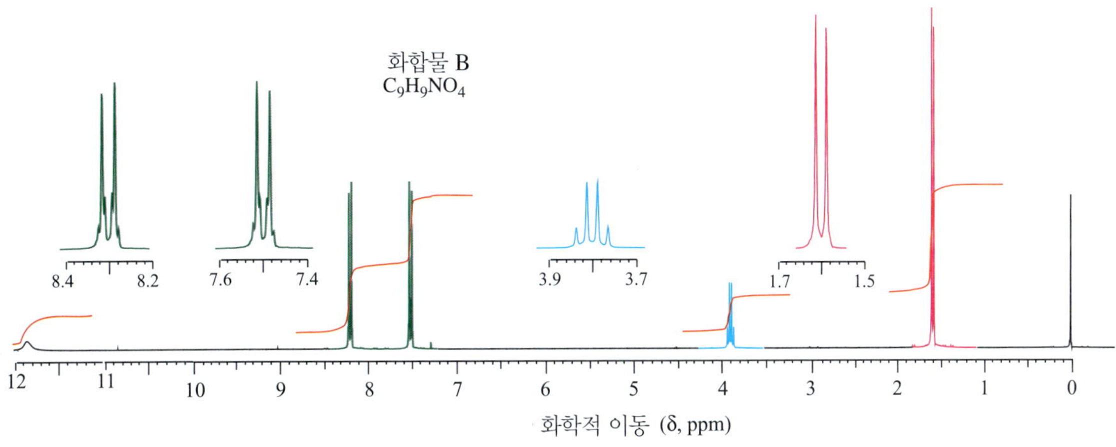

그림 18.11

화합물 B ($C_9H_9NO_4$)의 300-MHz ^1H NMR 스펙트럼 (문제 18.33b).

설명문과 이해 문제 18

락톤화 반응법

우리는 18.15절에서 하이드록시 치환 카복실산이 오각형 또는 육각형 고리를 형성할 수 있다면 자발적으로 락톤을 생성한다는 것을 알았다.

OH ... O, OH ⟶ (O, O) + H_2O

많은 자연물에는 락톤이 있고, 화학자들은 그것의 합성 대체 방법을 개발하기 위해서 실질적인 노력을 하고 있다. 이런 노력들 중 가장 성공적인 것은 불포화 카복실산의 이중결합에 친핵체 첨가를 근거로 한다는 것이다. 일반적인 친핵체 시료인 E−Y와 4−펜텐산과 같은 반응으로 5−치환된 γ−락톤이 얻어진다.

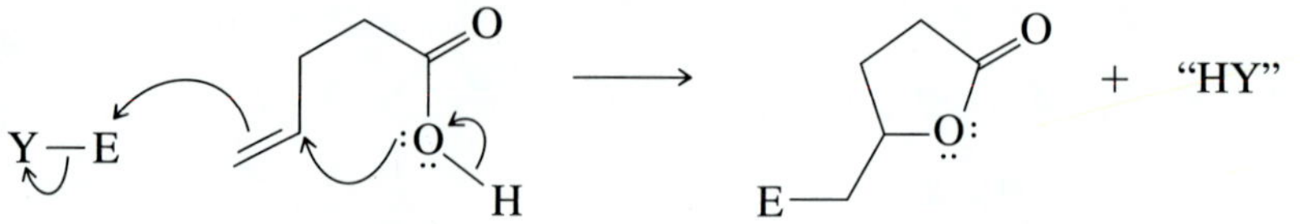
Y
E
O
O
H
"HY"
+
O
O
E

굽은 화살표가 전체 전자의 흐름을 보여주지만, 메커니즘은 친핵체 시료인 E−Y에 달려 있고, 보통은 한 개 이상이 단계들이 포함된다.

아이오도락톤화에 있어서, 친전자체 원자 E = I, 및 E−Y는 친전자체 아이오딘, 보통은 I_2 또는 *N*−아이오도석신이아미드를 표시한다. 페닐셀레노락톤화에 있어서는, E = C_6H_5Se와 E−Y는 염화벤젠셀레늄 (C_6H_5SeCl)이다. 아이오도−와 페닐셀레노락톤화에서 모두 anti 첨가가 관찰되었다.

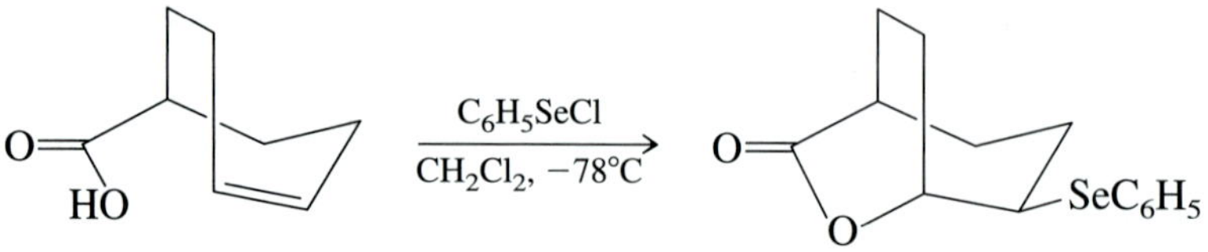
O
HO
C6H5SeCl
CH2Cl2, −78°C
O
O
SeC6H5

아이오도−와 페닐셀레노락톤화는 모두 더욱 변형할 수 있는 작용기를 포함한 생성물을 얻는 이점을 제공한다. 예를 들어, C_6H_5Se 치환기의 산화는 상온에서 락톤에 이중결합을 도입하기 위해서 C_6H_5SeOH 제거를 수행하는 셀레녹사이드를 생성한다.

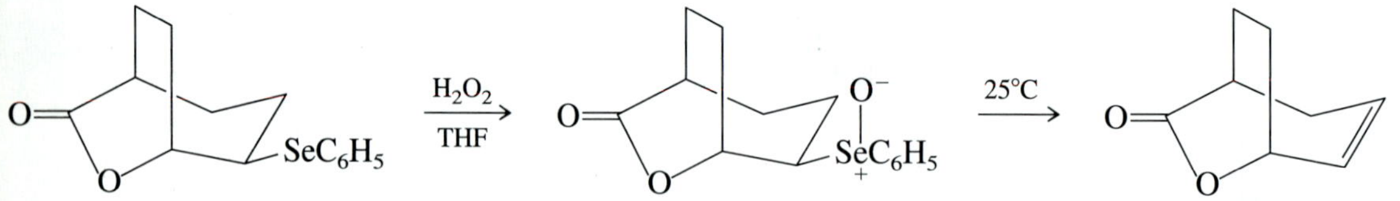
O
O
SeC6H5
H2O2
THF
O
O
O−
SeC6H5
+
25°C
O
O

이런 형태의 제거에서, H는 언제나 락톤 산소에서 멀리 떨어진 β 탄소로부터 셀레늄으로 제거된다. 제거는 syn이다.

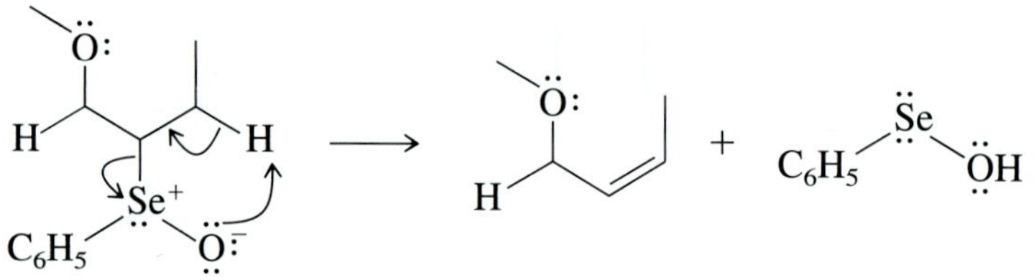
O
H
H
Se+
C6H5
O−
O
H
+
Se
C6H5
OH

18.34 다이하이드록시산은 한 개의 거울상이 준비되었고 δ−락톤을 주기 위해서 자발적으로 고리를 형성한다. 이 락톤에서 손잡이성 중심의 *R*-*S* 배열은 무엇인가? (구조 그림에 입체화학은 적용되지 않는다.)

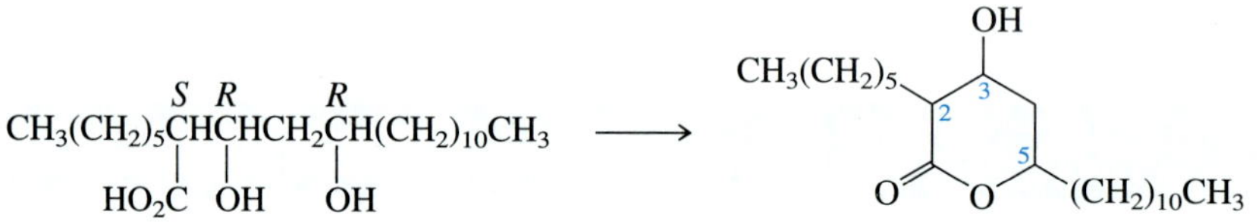
S R R
CH3(CH2)5CHCHCH2CH(CH2)10CH3
HO2C OH OH
OH
CH3(CH2)5
3
2
5
O
O
(CH2)10CH3

A. 2*R*, 3*R*, 5*R*　　C. 2*S*, 3*R*, 5*R*
B. 2*R*, 3*R*, 5*S*　　D. 2*S*, 3*R*, 5*S*

18.35 다음 반응의 생성물은 주어진 구조를 갖는다. 어떤 입체화학도 적용되지 않았다. 아이오도락톤화는 보통 anti 첨가가 일어나고 그리고 실험적으로 고리의 접점이 시스인 것으로 결정되었다는 사실에 근거하여 입체화학을 추론하시오.

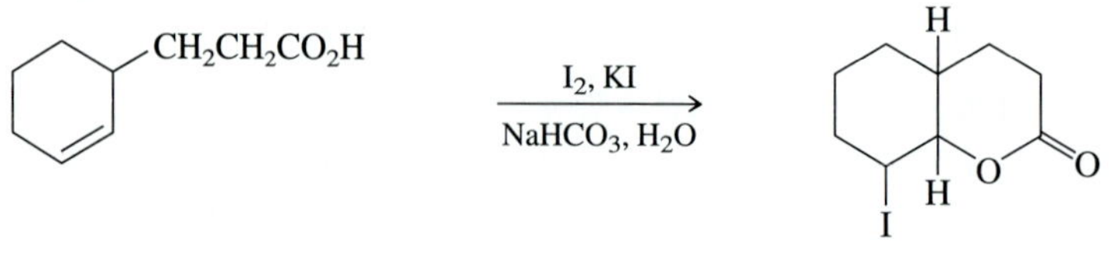
CH2CH2CO2H
I2, KI
NaHCO3, H2O
H
H
O
O
I

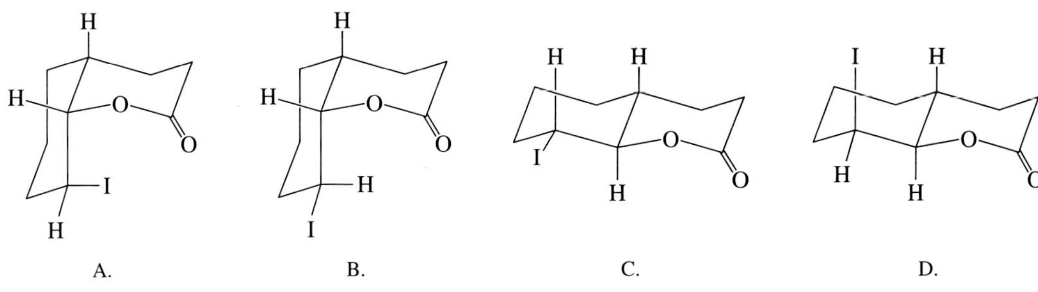

18.36 4-펜타인산($HC{\equiv}CCH_2CH_2CO_2H$)의 아이오도락톤화에 의해서 생긴 γ 락톤의 구조는 무엇인가? 삼중결합에 anti 첨가가 일어난다.

A. B. C. D.

18.37 다음 반응이 셀레늄 이온을 다리 삼아 진행된다고 가정하시오.

$C_6H_5Se{-}Cl$, CH_2Cl_2, $-78°C$ → C_6H_5Se

어떤 루이스 구조가 셀레늄 이온을 다리 삼아 진행되었다는 것을 가장 잘 나타내는가?

A. B. C. D.

18.38 화합물 X는 무엇인가?

화합물 X —(1. C_6H_5SeCl, CH_2Cl_2, $-78°C$; 2. H_2O_2)→

A. $-CH_2CO_2H$ B. $-CH_2CO_2H$ C. $-CH_2CO_2H$

19

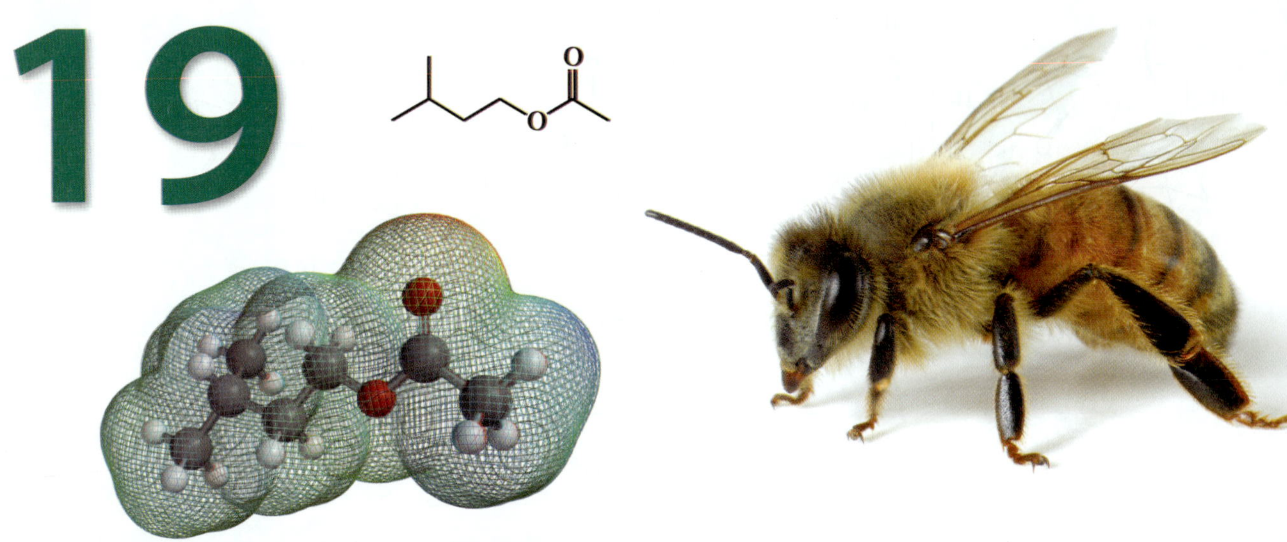

장의 개요

아세트산 3-메틸뷰틸(아세트산 아이소아밀)은 바나나의 특징적인 냄새를 내는 것으로 잘 알려져 있다. 그것은 또한 침입자가 나타났을 때 꿀벌이 다른 벌에게 경고할 때 사용하는 비상 신호 페로몬에 있는 40개 이상의 화합물들 중의 하나이다.

카복실산 유도체: 친핵성 아실 치환

Carboxylic Acid Derivatives: Nucleophilic Acyl Substitution

이 장에서는 **카복실산 유도체(carboxylic acid derivatives)**라는 포괄적으로 간주되는 몇 가지 연관된 화합물의 종류를 다룬다.

$RC(=O)Cl$ 염화 아실 · $RC(=O)OC(=O)R$ 산 무수물 · $RC(=O)OR'$ 에스터 · $RC(=O)NR'R''$ 아마이드

모두가 전기음성적 원소에 결합되어 있는 아실기를 갖고 특징적인 반응 형태로서 **친핵성 아실 치환(nucleophilic acyl substitution)**을 한다.

$$RC(=O)X + Nu{-}H \longrightarrow RC(=O)Nu + H{-}X$$

친핵성 아실 치환은 많은 유용한 합성 방법을 가지고 다양한 생합성 과정에서 주된 참여 물질이다. 이 장의 주된 부분을 차지하는 메커니즘은 자세하게 연구되어졌고, 그렇지 않았다면 개별적 사실, 세부

적인 결과, 및 관찰에 지나지 않았을 집합체를 체계화하는 틀을 제공하였다. 유사한 원리들이 나이트릴의 반응에 적용이 되고 또한 포함된다.

19.1 카복실산 유도체 명명법

염화 아실(Acyl Chlorides): 플루오린화, 브로민화, 및 아이오딘화 아실들은 잘 알려진 유기화합물 종류들이기는 하지만, 염화 아실처럼 그렇게 자주 접하지는 못한다. 이 장에서 논의될 유일한 할로젠화 아실인 염화 아실은 아실기의 이름 앞에 "염화"란 낱말을 더해서 명명한다. 아실기를 명명하기 위해서는, 상응하는 카복실산의 IUPAC명 끝인 −오산(*-ic* acid) 대신 −오일(*-yl*)을 쓴다. 접미사 염화 −*카보닐*(*-carbonyl chlorides*)는 벤젠이 아닌 다른 고리에 붙여서 사용한다.

메탄오일, 에탄오일, 벤젠카보닐 보다는 각각 포밀, 아세틸, 벤조일로 부르는 것이 우세하다.

$CH_3CH_2CH_2CH_2\overset{O}{\overset{\|}{C}}Cl$
염화 펜탄오일

$H_2C{=}CHCH_2\overset{O}{\overset{\|}{C}}Cl$
염화 3-뷰텐오일 또는 염화 뷰트-3-엔오일

$F{-}C_6H_4{-}\overset{O}{\overset{\|}{C}}Cl$
염화 p-플루오로벤조일 또는 염화 4-플루오로벤조일

$C_5H_9{-}\overset{O}{\overset{\|}{C}}Cl$
염화 사이클로펜테인카보닐

산 무수물(Acic Anhydrides): 두 개의 아실기가 같을 때는 상응하는 카복실산의 "산(acid)"라는 낱말을 "산 무수물(anhydride)"로 바꾼다. 두 개의 아실기가 다를 때는 각각에 상응하는 카복실산을 알파벳 순서로 나열한다.

$CH_3\overset{O}{\overset{\|}{C}}O\overset{O}{\overset{\|}{C}}CH_3$
아세트산 무수물

$C_6H_5\overset{O}{\overset{\|}{C}}O\overset{O}{\overset{\|}{C}}C_6H_5$
벤조산 무수물

$C_6H_5\overset{O}{\overset{\|}{C}}O\overset{O}{\overset{\|}{C}}(CH_2)_5CH_3$
벤조산 헵탄산 무수물

에스터(Esters): 에스터의 알킬기와 아실기를 개별적으로 표시한다. 에스터는 *알칸산 알킬*(*alkyl alkanoates*)로 명명된다. $R\overset{O}{\overset{\|}{C}}OR'$ 의 알킬기 R′를 먼저 명시하고 그 다음에 아실 부분을 명시한다. 아실 부분은 상응하는 산의 끝부분인 *-ic acid* 대신 접미사 *-ate*를 붙인다.

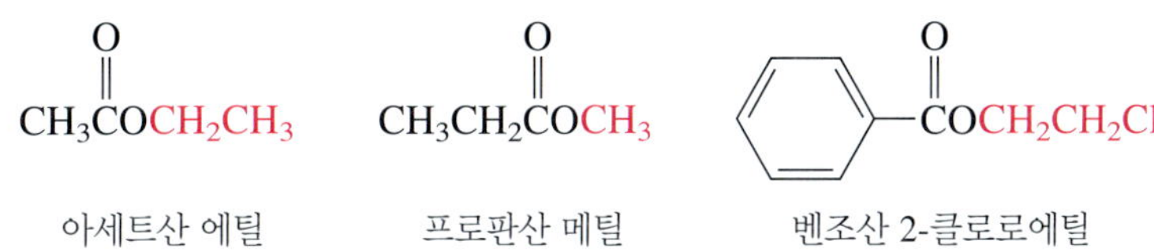
아세트산 에틸 프로판산 메틸 벤조산 2-클로로에틸

$R\overset{O}{\overset{\|}{C}}OAr$ 형태 화합물인 아릴 에스터도 유사한 방법으로 명명한다.

아마이드(Amides): 아마이드를 명명할 때는, 상응하는 카복실산의 −*안산*(*-ic acid*) 또는 −*오산*(*-oic acid*)대신 −*아미이드*(*-amide*)를 붙인다. 치환기는 아실기에 붙어 있던 또는 아마이드 질소에 붙어 있던 상관없이 알파벳 순서에 따라서 각각을 배열한다. 질소의 치환체는 위치를 *N*−으로 표시한다.

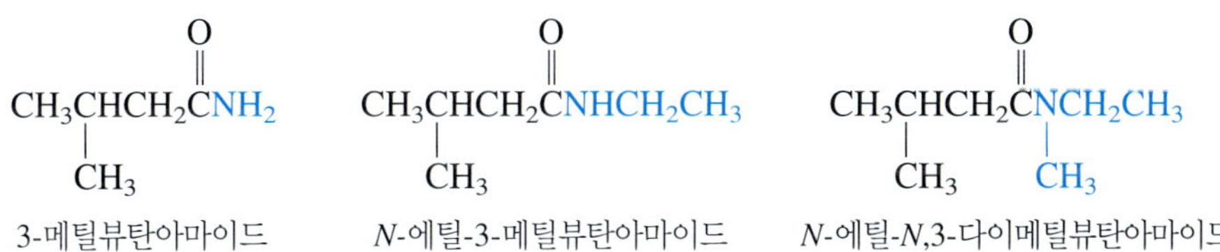
3-메틸뷰탄아마이드 *N*-에틸-3-메틸뷰탄아마이드 *N*-에틸-*N*,3-다이메틸뷰탄아마이드

염화 아실의 염화 *-카보닐(-carbonyl chlorides)* 접미사와 비슷하게, 아마이드기가 고리에 붙어 있을 때는 *-카복사마이드(-carboxamide)*를 사용한다.

나이트릴(Nitriles): 나이트릴의 대체 IUPAC명은 사이아노기의 탄소를 포함하는 모체 탄화수소의 이름에 접미사 *-나이트릴(-nitriles)*을 붙인다. 또한 나이트릴은 상응하는 카복실산의 *-안산(-ic acid)* 또는 *-오산(-oic acid)*대신 *-오나이트릴(-onitrile)*을 붙인다. 다른 방법으로는 종종 사이아노화 알킬(alkyl cyanides)라는 작용기 분류 IUPAC명이 주어지기도 한다. 접미사 *-카보나이트릴(-carbonitrile)*은 —CN기가 고리에 붙을 때 사용된다.

$CH_3C{\equiv}N$
에테인나이트릴 또는 아세토나이트릴

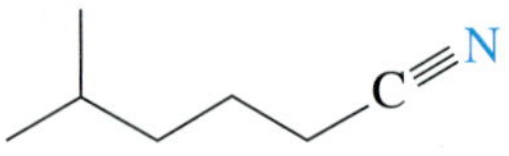

C≡N
5-메틸헥세인나이트릴 또는 사이아노화 4-메틸펜틸

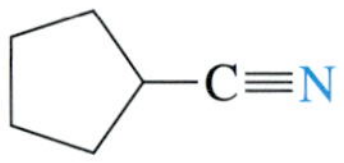

C≡N
사이클로펜테인카보나이트릴 또는 사이아노화 사이클로펜틸

문제 19.1

다음 각 화합물들의 구조식을 쓰시오.

(a) 염화 2-페닐뷰탄오일
(b) 2-페닐뷰탄산 무수물
(c) 2-페닐뷰탄산 뷰틸
(d) 뷰탄산 2-페닐뷰틸
(e) 2-페닐뷰탄아마이드
(f) N-에틸-2-페닐뷰탄아마이드
(g) 2-페닐뷰테인나이트릴

풀이 예시 (a) 2-페닐뷰탄오일기는 C-2 자리에 페닐 치환기를 갖는 4-탄소아실 단위이다. 아실기의 이름 앞에 할로젠화 이름을 붙여서, 할로젠화 아실이라고 한다.

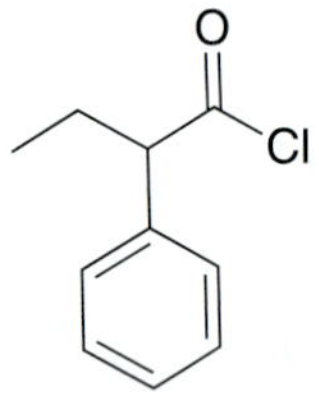

O
Cl
염화 2-페닐뷰탄오일

19.2 카복실산 유도체 구조와 반응성

이 장에 있는 반응은 아주 많고 그것들을 모두 따라가기는 어려울 수 있다. 그러나 할 수 있다. 그것을 따라갈 수 있게 만드는 열쇠는 항상 그렇듯이: *구조가 특성을 결정하는 것이다.*

그림 19.1은 아세트산의 다양한 유도체의 구조(염화 아세틸, 아세트산 무수물, 아세트산 에틸, 에세트아마이드)의 친핵성 아실 치환에 대하여 반응성이 적은 순서대로 정렬된 것을 보여준다. 염화 아실이 가장 반응성이 크고, 아미이드가 가장 작다. 반응성의 순서:

염화 아실 > 산 무수물 > 에스터 > 아마이드

위 반응성의 순서는 친핵성 아실 치환에서 일반적이고 잘 암기할만한 가치가 있다. 반응성의 범위는 아주 커서 아마이드와 염화 아실의 상대 속도는 약 10^{13} 정도이다.

반응성, 특히 가수분해에 있어서의 이런 차이는 중요한 결과를 갖는다. 단백질의 구조와 기능이 생명 그 자체에 중요하다는 것을 25장에서 보게 될 것이다. 단백질 구조의 주된 원인이 되는 결합은 아마이드 결합인데, 에스터 결합보다 약 100배나 더 가수분해에 안정하다. 이 아마이드 결합은 수용액 환경에서 단백질의 본래 구조를 지속시키기에 충분히

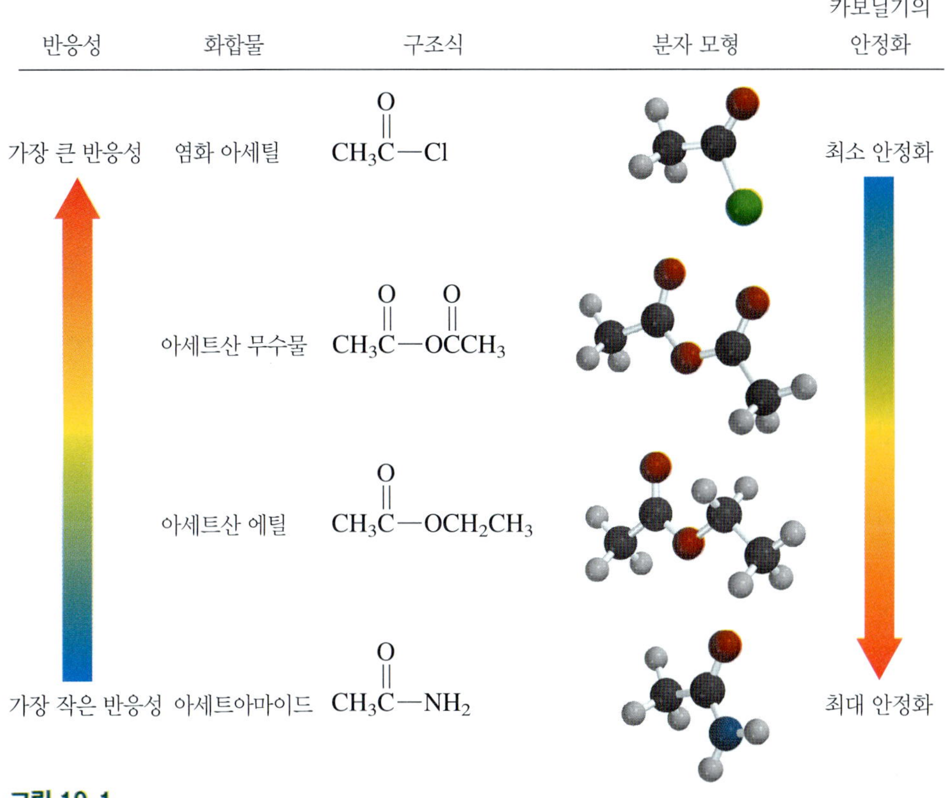

그림 19.1

카복실산 유도체의 구조, 반응성, 카보닐기 안정화. 염화 아세틸은 반응성이 가장 좋고, 아마이드는 반응성이 가장 나쁘다. 염화 아세틸은 가장 안정도가 낮은 카보닐기를 가지고 있고, 아마이드는가장 높은 안정도를 갖는다. 한 종류의 화합물에서 다른 종류로의 변환은 오직 더 안정된 카보닐기가 얻어지는 방향으로만 가능하다.

안정하지만, 필요할 때는 가수분해로 끊어질 정도로 충분히 민감하다.

카복실산 유도체의 반응성 순서에는 어떤 구조적 특징이 원인이 되는가? 우리가 지금까지 배운 카보닐을 포함한 다른 화합물들처럼, 카복실산 유도체들은 모두 카보닐기에 결합된 평면 배열을 갖는다.

따라서 친핵체의 접근에 비교적 덜 막힌 통로를 제공하는데 있어서는 모두는 거의 같다. 그것들은 카보닐기에 붙어있는 원자가 전자를 줌으로써 카보닐기를 안정화시킬 수 있는 정도에 따라서 다르다.

$$R-C(=\ddot{O}:)-X: \longleftrightarrow R-\overset{+}{C}(-\ddot{O}:^-)-X: \longleftrightarrow R-C(-\ddot{O}:^-)=X^+$$

치환체 X로부터의 나온 전자는 카보닐기를 안정하게 하여 덜 친전자성으로 만든다.

> *친핵성 아실 치환에 대한 카복실산 유도체의 반응도 순서는 치환체 X의 전자-주개 성질에 의해서 설명된다. X의 전자-주개 성질이 크면 클수록, 반응속도는 더욱 더 느리다.*

1. **염화 아실:** 비록 염소가 비공유 전자쌍을 가지고 있기는 하지만, 그것은 공명 형태에 있어서 약한 전자-쌍 주개이다.

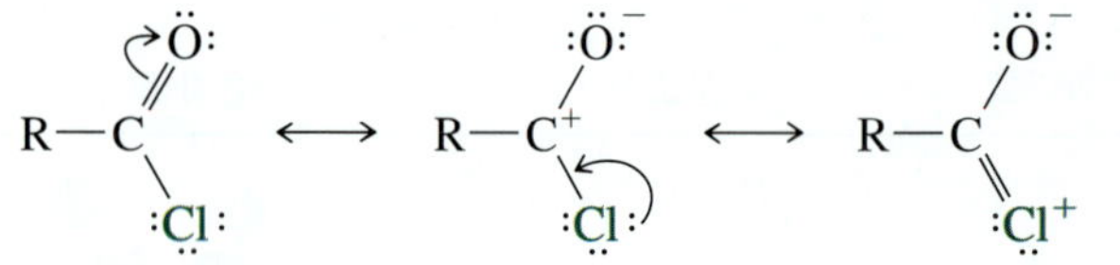

약한 오비탈 겹침 때문에 효과적이지 못한 고립-쌍 주기

중요하지 않은 기여체

C—Cl 결합이 아주 길기 때문에, 염소의 고립-쌍 궤도(3*p*)와 카보닐기의 π 궤도는 염소 비공유 쌍의 비편재화할 수 있도록 충분히 겹쳐지지 않는다. 염화 아실의 카보닐기는 전자-쌍 주개에 의해서 안정되지 않을 뿐만 아니라, 염소의 전자-끌기 유도 효과에 의해서도 더욱 더 친전자성으로 되어 친핵체에 더 반응하게 된다.

2. **산 무수물:** 산 무수물의 카보닐기는 전자를 제공함으로써 염화 아실의 카보닐기보다 더 안정하다. 산소가 염소보다 더 전기음성적이지만, sp^2 혼성 탄소에는 훨씬 좋은 전자쌍 주개이다.

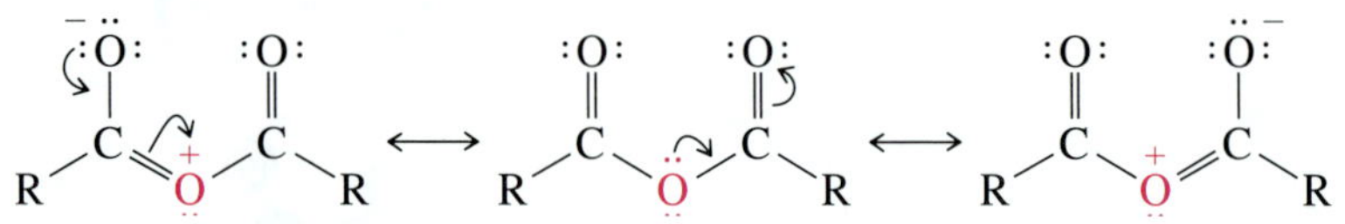

이 전자-배편재화에 대항한다는 것은 두 개의 카보닐기가 전자쌍을 두고 경쟁한다는 사실이다. 결과적으로 각각의 안정화 정도가 감소하게 된다.

3. **에스터:** 산 무수물처럼, 에스터의 카보닐기는 산소로부터 제공되는 전자에 의해서 안정하게 된다. 산무수물에 있는 두 개의 카보닐기에 비하여, 에스터의 카보닐기는 단지 하나이기 때문에, 에스터는 산 무수물보다 더 안정하고 반응성이 덜하다.

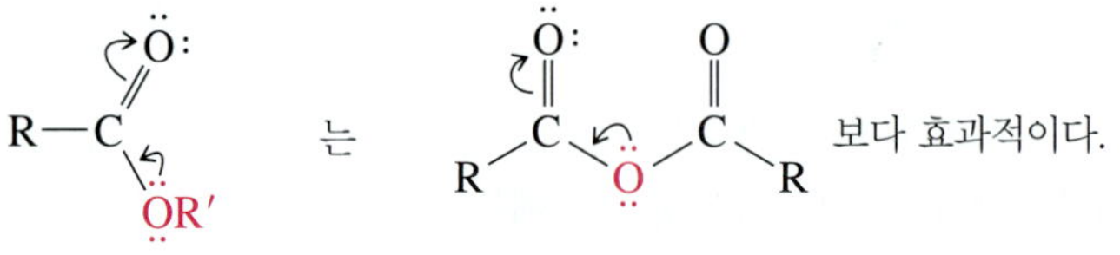

에스터 는 산 무수물 보다 효과적이다.

4. **아마이드:** 질소는 산소보다 덜 전기음성적이다; 그러므로 아마이드의 카보닐기는 에스터의 카보닐기보다 더 안정하다.

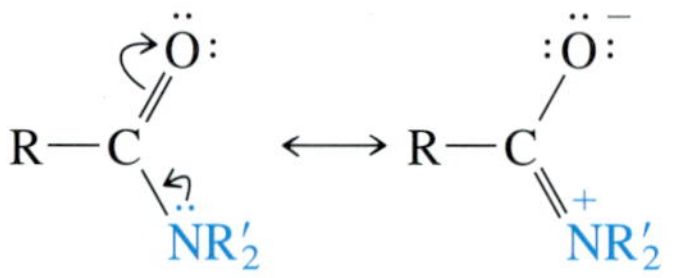

매우 효과적인 공명 안정

아마이드 공명은 강한 안정된 힘이 있고 많은 구조적 효과의 원인이 된다. 암모니아와 아민의 피라미드 배열 결합과는 달리, 아마이드의 질소 결합은 같은 평면에 놓여있다(그림 19.2a). 135 pm로 상당한 이중결합 특징을 가지고 있는 탄소-질소 결합은 아민에서 관찰되는 정상적인 147 pm의 탄소-질소 단일결합 길이보다 실제로 짧다.

아마이드의 탄소-질소 결합에 대한 회전 장벽은 75-85 kJ/mol (18-20 kcal/mol)이다.

에테인의 회전 장벽은 단지 12 kJ/mol (3 kcal/mol)이라는 것을 상기하시오(3.1절).

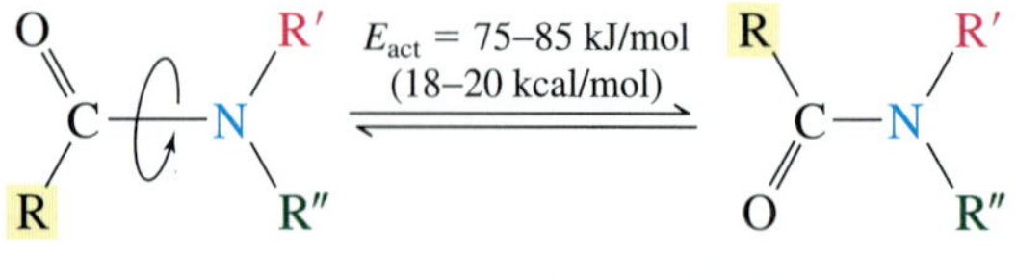

E_{act} = 75–85 kJ/mol (18–20 kcal/mol)

이것은 단일결합으로는 비정상적으로 높은 회전 에너지 장벽이고, 공명과 오비탈 겹침(그림 19.2b) 설명에서 제안하는 것처럼, 탄소–질소 결합이 상당한 이중결합 성질을 가지고 있다는 것을 보여준다.

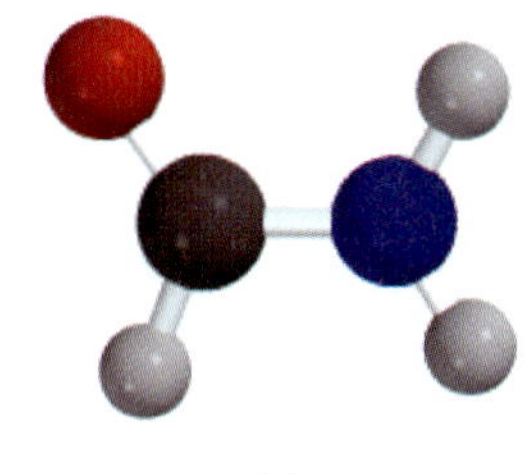

(a)

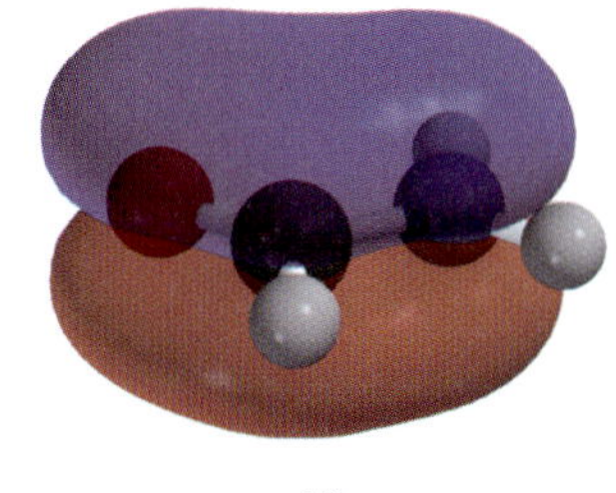

(b)

그림 19.2

(a) 폼아마이드 ($HC(=O)NH_2$) 는 평면이다. 탄소와 질소는 둘 다 sp^2 혼성이다. (b) 질소의 $2p$ 오비탈과 카보닐기의 π 오비탈의 겹침에 의해서 생성되는 π 오비탈은 는 질소에 있는 비공유 전자쌍의 비편재화가 일어나게 한다.

문제 19.2

N,N-다이메틸폼아마이드[$(CH_3)_2NCH{=}O$]의 ^{13}CNMR 스펙트럼에서 세 개의 비동등 탄소(δ 31.3, 36.4 그리고 162.6)의 단일항 신호들을 갖는다는 사실을 설명하시오.

질소로부터의 제공된 전자는 아마이드의 카보닐기를 안정화시키고 친핵체가 카보닐 탄소를 공격하는 속도를 감소시킨다.

카보닐기 안정화의 극단적인 예는 카복실산 음이온에서 보여준다:

$$R-C(=\ddot{O}:)-\ddot{O}:^- \longleftrightarrow R-C(-\ddot{O}:^-)=\ddot{O}:$$

음으로 하전된 산소는 카보닐기에 강한 전자 주개이다. 카복실산 음이온의 공명은 카복실산, 염화 아실, 산 무수물, 에스터, 아마이드의 공명보다 더 효과적이다. 카복실산 음이온은 친핵성 아실 치환을 하지 않는다.

카복실산 유도체를 제조하는 대부분의 방법은 카복실산 유도체의 한 종류를 친핵성 아실 치환에 의해서 다른 것으로 바꾸는 것이다. 그림 19.2에 주어진 카보닐기 안정도 순서는 이런 변환이 일어날 수 있는 직접적인 방법이다. 그림에서 한 개의 카복실산 유도체를 아래에 있는 다른 것으로 변환시키는 반응은 실용적이다; 그것을 위에 놓여 있는 것으로 변환시키는 것은 그렇지 않다. 이것은 *만약 특정 반응이 더 안정된 카보닐기를 만든다면 한 개의 카복실산 유도체가 다른 것으로 변할 수 있다고* 말하는 것과 같은 것이다.

19.3 친핵성 아실 치환의 메커니즘

친핵성 아실 치환에는 몇 가지 다른 메커니즘이 있다는 실험적 증거가 있다. 이 중에서 세 가지를 여기 소개한다.

가장 일반적인 메커니즘은 *이분자성*(*bimolecular*)으로 *사면체형 중간체*(*TI*)라고 하는 것이 포함된다. 이것은 카보닐기의 친핵성 *첨가*에 의한 TI의 형성과 이어서 카보닐기를 복원하는 *제거*의 두 과정으로 이루어진다.

$$RC(=\ddot{O}:)X + Nu-H \xrightarrow[\text{느림}]{\text{첨가}} R-C(-\ddot{O}-H)(X)Nu \xrightarrow[\text{빠름}]{\text{제거}} RC(=\ddot{O}:)Nu + H-X$$

카복실산 유도체 / 친핵체 / 사면체형 중간체(TI) / 생성물

처음 과정은 속도결정 과정으로 알데하이드 또는 케톤의 카보닐에 친핵성 첨가와 유사하다. 알데하이드와 케톤의 카보닐기에 첨가되는 –물, 알코올, 및 아민과 같은 많은 친핵체는 카복실산 유도체의 카보닐기에 첨가되어 친핵성 아실 치환의 생성물이 된다. 각 과정은 몇 개의 단계를 포함하고 있다. 각 단계의 자세한 성질은 반응이 중성, 산성, 또는 염기성에서 일어나는지에 의존한다.

이 메커니즘을 복잡하게 하는 주된 특징은 산–염기 화학이 포함되고 반응조건에서

존재하는 반응물, 중간체, 및 생성물의 형성에 영향을 주기 때문이다. 그러므로 속도-결정 단계는 반응이 진행되는 pH에 따라서 양이온(TI−H+), 음이온(TI−), 또는 중성 화학종(TI)으로서 사면체 중간체의 형성을 포함할 수 있다.

TI−H+ 사면체형 중간체의 짝산 ⇌ TI 사면체형 중간체 ⇌ TI− 사면체형 중간체의 짝염기

일단 형성이 되면, 사면체형 착물은 본래의 카복실산 유도체로 회복되거나 또는 친핵성 아실 치환의 생성물을 형성하는 방향으로 진행될 수 있다. 앞 절에서 명시한 것처럼, 이들 반응은 일반적으로 덜 안정한 카보닐기로부터 더 안정한 것으로 변환되는 방향으로 진행된다.

친핵성 아실 치환의 다른 메커니즘들은 더욱 더 제한적이다. 한 가지는 S_N1에 가깝고 아실륨 이온의 형성이 속도결정에 포함되어 있다.

카복실산 유도체 —(느림)⇌ X^- + $R-C\equiv O^+$ (아실륨 이온) —($:Nu^-$, 빠름)→ 카복실산 유도체

카복실산 유도체 중에서, 이 메커니즘은 오직 염화 아실에서만 관찰되고 그것도 한정된 몇 개의 경우에서만 보인다.

문제 19.3

다음 반응은 아실륨 이온이 중간체로 포함되어 있다.

$CH_3O-C_6H_4-COCl \xrightarrow[F_3CCH_2OH]{H_2O} CH_3O-C_6H_4-COOH$

염화 *p*-메톡시벤조일 → *p*-메톡시벤조산

아실륨 이온의 구조식을 쓰고, 가능한 중간체를 만드는 구조적 특징을 설명하시오.

세 번째 메커니즘은 이온화 및 사면체형 중간체 경로를 모두 갖고 있는 유사-S_N2 과정이다.

카복실산 유도체 + 친핵체 ($Nu:^-$) ⟶ 전이상태 (δ^-) ⟶ 생성물 + 음이온 이탈기 ($X:^-$)

이 메커니즘은 사면체형 중간체와 아실륨 이온 모두의 특징의 조합이다. 사면체형 중간체 메커니즘처럼, 친핵체와 이루어진 결합은 전이 상태에 기여를 한다. 이온화 메커니즘처럼, 이탈기와의 결합은 전이상태에서 부분적으로 깨어진다. 나중 메커니즘은 염화 아실의 반응에서 사면체형 중간체의 메커니즘과는 더 경쟁하지만 무수물, 에스터 및 아마이드와의 반응에서는 경쟁이 덜 하다.

19.4 염화 아실의 친핵성 아실 치환

여러 가지 카복실산 유도체 중에서, 염화 아실은 친핵성 아실 치환에 의해서 쉽게 산 무수물, 에스터, 아마이드로 변하기 때문에 특히 유용하다(표 19.1). 수득률이 높고 반응 속도는 같은 친핵체와 반응하는 할로젠화 알킬의 속도보다 훨씬 더 빠르다. 예를 들어서, 염화 벤조일은 25°C에서 가수분해하는데 염화 벤질보다 약 1000배 더 반응성이 크다.

염화 아실의 가장 유용한 반응 중에 하나는 12.7절에 나타내었다. 방향족 고리의 Friedel-Crafts 아실화는 염화 알루미늄 존재 하에 아렌이 염화 아실과 처리할 때 일어난다.

문제 19.4

표 19.1을 이용하여 다음 각각과 염화 벤조일이 반응해서 얻어지는 주 유기 생성을을 예측하시오.

(a) 아세트산 (d) 메틸아민, CH_3NH_2
(b) 벤조산 (e) 다이메틸아민, $(CH_3)_2NH$
(c) 에탄올 (f) 물

풀이 예시 (a) 표 19.1에서 언급한 것처럼 카복실산과 염화 아실의 반응은 산 무수물을 생성한다.

$$C_6H_5\overset{O}{\overset{\|}{C}}Cl + CH_3\overset{O}{\overset{\|}{C}}OH \longrightarrow C_6H_5\overset{O}{\overset{\|}{C}}O\overset{O}{\overset{\|}{C}}CH_3$$

Benzoyl chloride Acetic acid Acetic benzoic anhydride

생성물은 혼합 무수물이다. 아세트산은 친핵체로 작용하여 벤조일기에 염화 이온을 치환한다.

표 19.1 염화 아실에서 다른 카복실산 유도체로의 변환

반응(절)과 설명	일반식과 특정 예
카복실산과의 반응(19.4절) 염화 아실은 카복실산과 반응하여 산 무수물을 생성한다. 이 반응이 제조 목적으로 사용될 때, 보통 피리딘이 사용된다. 피리딘은 이 반응의 촉매이고 또한 형성된 염화 수소를 중화시키는 염기로서 작용한다.	$R\overset{O}{\overset{\|}{C}}Cl + R'\overset{O}{\overset{\|}{C}}OH \longrightarrow R\overset{O}{\overset{\|}{C}}O\overset{O}{\overset{\|}{C}}R' + HCl$ 염화 아실 + 카복실산 → 산 무수물 + 염화 수소 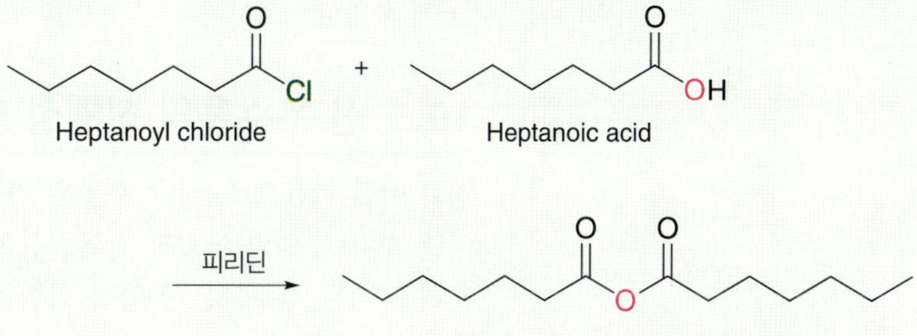 Heptanoyl chloride + Heptanoic acid —(피리딘)→ Heptanoic anhydride (78–83%)
알코올과의 반응(15.8절) 염화 아실은 알코올과 반응하여 에스터를 생성한다. 반응은 전형적으로 피리딘의 존재 하에 진행된다.	$R\overset{O}{\overset{\|}{C}}Cl + R'OH \longrightarrow R\overset{O}{\overset{\|}{C}}OR' + HCl$ 염화 아실 + 알코올 → 에스터 + 염화 수소 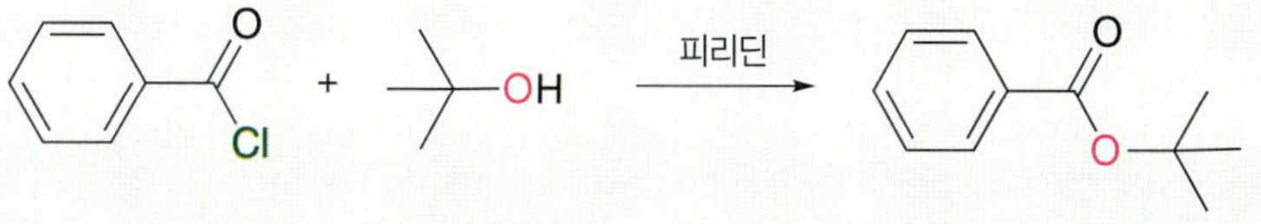 Benzoyl chloride + *tert*-Butyl alcohol —(피리딘)→ *tert*-Butyl benzoate (80%)

(계속)

표 19.1 염화 아실에서 다른 카복실산 유도체로의 변환 (계속)

반응(절)과 설명	일반식과 특정 예
암모니아 및 아민과의 반응(19.14절) 염화 아실은 암모니아 및 아민과 반응하여 아마이드를 형성한다. 수산화 소듐과 같은 염기는 보통 생성된 염화수소와 반응하기 위해서 첨가된다.	$RCCl$ (C=O) + R'_2NH + HO^- ⟶ $RCNR'_2$ (C=O) + H_2O + Cl^- 염화 아실, 암모니아 혹은 아민, 수산화 이온, 아마이드, 물, 염화 이온 Benzoyl chloride + Piperidine —($NaOH$, H_2O)→ *N*-Benzoylpiperidine (87–91%)
가수분해(19.4절) 염화 아실은 물과 반응하여 카복실산을 만든다. 염기성에서 카복실산은 카복실산의 염으로 변한다. 염화 아실은 거의 항상 카복실산으로부터 제조되기 때문에 이 반응은 거의 가치가 없다.	$RCCl$ (C=O) + H_2O ⟶ $RCOH$ (C=O) + HCl 염화 아실, 물, 카복실산, 염화수소 Phenylacetyl chloride + Water (H_2O) ⟶ Phenylacetic acid

표 19.1에서 특정 예를 보면, 염화 아실의 친핵성 치환이 종종 피리딘 존재 하에 진행되는 것을 볼 수 있다. 피리딘은 촉매이고 약염기이다. 이것은 촉매로서 아실화의 속도를 증가시킨다. 염기로서 강한 산인 HCl의 형성을 방해한다.

표 19.1은 염화 아실의 가수분해로 마감된다. 염화 아실은 그 자체가 카복실산과 염화 싸이오닐의 반응으로 만들어지기 때문에(12.7절 참조), 이들의 가수분해는 합성적 가치가 거의 없다.

19.5 산 무수물의 친핵성 아실 치환

염화 아실 다음으로, 산 무수물은 가장 반응성이 큰 카복실산 유도체이다. 표 19.1에서 보여준 것처럼, 염화 아실과 카복실산이 반응하여 무수물을 제조할 수 있지만, 세 가지 가장 흔히 쓰이는 무수물은 공업적 화합물이고 특별한 방법으로 제조된다. 예를 들면, 프탈산 무수물과 말레산 무수물은 각각 나프탈렌과 뷰테인에서 만들어진다.

CH_3COCCH_3 (두 C=O) — 아세트산 무수물 / 프탈산 무수물 / 말레산 무수물

산 무수물은 같은 산소에 결합 된 두 개의 아실기를 갖는다. 친핵성 아실 치환에서, 이 아실기 중의 하나는 친핵성 원자에 결합된다. 다른 아실기는 산소에 남아서 카복실산의 일부가 된다.

$$\text{RC(=O)}\!-\!\!\text{OCR(=O)} + \text{HY:} \longrightarrow \text{RC(=O)}-\ddot{\text{Y}} + \text{HOCR(=O)}$$

산 무수물은 여기에서 결합 끊김이 일어난다. / 친핵체 / 친핵성 아실 치환의 생성물 / 카복실산

산 무수물은 염화 아실보다 더 안정하고 덜 반응성이다. 예를 들어, 염화 아실은 25°C에서 아세트산 무수물보다 100,000 배 더 빨리 가수분해가 일어난다.

표 19.2에는 산 무수물의 두 가지 반응 예가 있다. 처음 것은 무수물의 카보닐이 에스터의 더 안정한 카보닐로 변화되고; 두 번째에서는 더 안정화된 아마이드로 된다. 중성 또는 산성에서 가수분해되면 무수물 1몰 당 2분자의 카복실산이 생성되지만, 염화 아실의 가수분해처럼 제조방법으로는 별 가치가 없으며 표에는 포함되지 않았다. 마찬가지로, 다음 반응에 의한 염기성 수용액에서 가수분해도 표에서 제외되었다.

$$\text{RC(=O)OC(=O)R} + 2\text{HO}^- \longrightarrow 2\left[\text{RC(=O)O}^-\right]$$

산 무수물 / 수산화 이온 / 카복실산 이온

문제 19.5

다음 각각 반응의 주 생성물을 예측하시오.

(a) 벤조산 무수물 + 메탄올 $\xrightarrow{H_2SO_4}$
(b) 아세트산 무수물 + 암모니아 (2몰)⟶
(c) 프탈산 무수물 + $(CH_3)2NH$ (2몰)⟶
(d) 프탈산 무수물 + 수산화 소듐 (2몰)⟶

표 19.2 산 무수물에서 다른 카복실산 유도체로의 변환

반응(절)과 설명	일반식과 특정 예
알코올과 반응(15.8절) 산 무수물은 알코올과 반응하여 에스터를 형성한다. 이 반응은 피리딘의 존재 하에 진행되기도 하고 혹은 산에 의해서 촉매화된다. 산 무수물의 오직 한 개의 아실기만이 에스터에 포함되고; 나머지는 카복실산의 아실기가 된다.	$\text{RCOCR(=O)(=O)} + \text{R'OH} \longrightarrow \text{RCOR'(=O)} + \text{RCOH(=O)}$ 산 무수물 / 알코올 / 에스터 / 카복실산 Acetic anhydride + *sec*-Butyl alcohol $\xrightarrow{H_2SO_4}$ *sec*-Butyl acetate (60%)
암모니아, 아민과의 반응(19.14절) 산 무수물는 암모니아 및 아민과 반응하여 아마이드를 형성한다. 아세트산 무수물의 오직 한 개의 아실기만이 아마이드에 포함되고; 나머지는 카복실산의 아민염에 아실기가 된다.	$\text{RCOCR(=O)(=O)} + 2\text{R'}_2\text{NH} \longrightarrow \text{RCNR'}_2\text{(=O)} + \text{RCO}^- \ \text{H}_2\overset{+}{\text{N}}\text{R'}_2$ 산 무수물 암모늄염 / 아민 / 아마이드 / 카복실산 암모늄염 Acetic anhydride + *p*-Isopropylaniline ⟶ *p*-Isopropylacetanilide (98%)

풀이 예시 (a) 산 무수물에서 알코올에 의한 친핵성 아실 치환은 에스터를 생성한다.

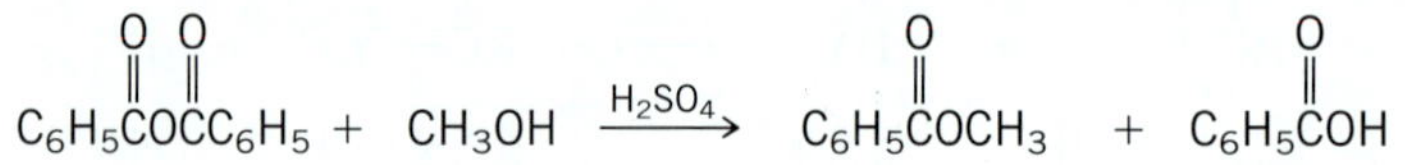

$$C_6H_5\overset{O}{\overset{\|}{C}}O\overset{O}{\overset{\|}{C}}C_6H_5 + CH_3OH \xrightarrow{H_2SO_4} C_6H_5\overset{O}{\overset{\|}{C}}OCH_3 + C_6H_5\overset{O}{\overset{\|}{C}}OH$$

Benzoic anhydride, Methanol, Methyl benzoate, Benzoic acid

메커니즘적으로, 무수물의 친핵성 아실 치환은 보통 사면체형 중간체에 의하여 진행된다. 친핵체가 음이온일 때, TI^-는 초기 중간체이고, 이것은 곧 다음 반응의 메커니즘 19.1에서 보여준 관찰된 생성물로 분해된다.

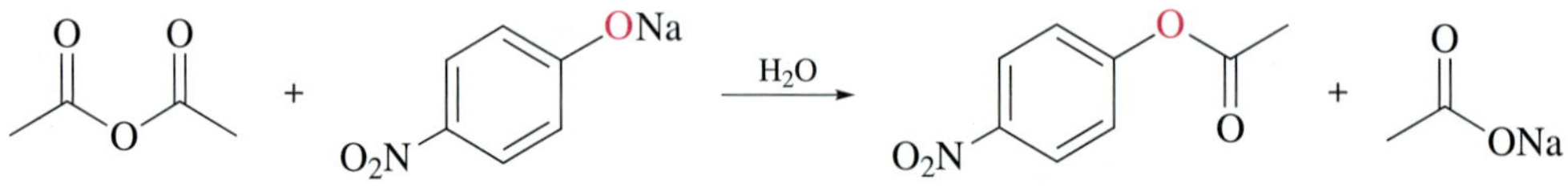

Acetic anhydride + Sodium *p*-nitrophenoxide $\xrightarrow{H_2O}$ *p*-Nitrophenyl acetate (78%) + Sodium acetate

메커니즘 19.1

무수물에서 친핵성 아실 치환

전체 반응:

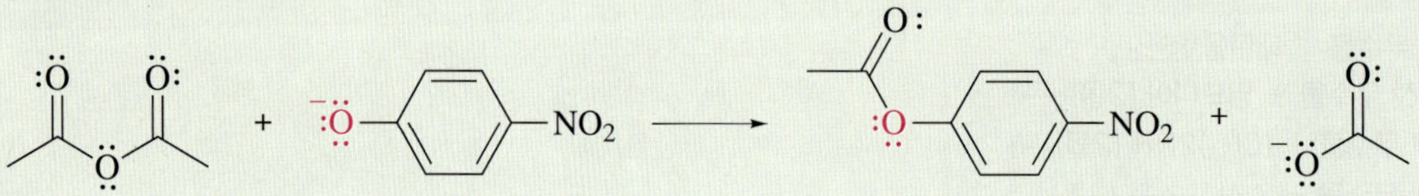

아세트산 무수물 + *p*-나이트로페녹시화 이온 ⟶ 아세트산 *p*-나이트로페닐 + 아세트산 이온

메커니즘:

1단계: 무수물의 카보닐기 한 개에 *p*-나이트로페녹사이드의 친핵성 첨가는 사면체형 중간체(TI^-)의 짝염기가 생성된다.

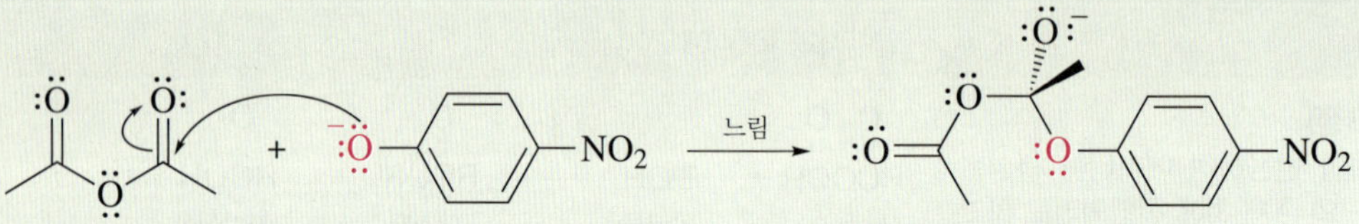

아세트산 무수물 + *p*-나이트로페녹시화 이온 $\xrightarrow{\text{느림}}$ 사면체형 중간체의 짝염기(TI^-)

2단계: TI^-에서 아세테이트가 축출되어 카보닐기를 복원한다.

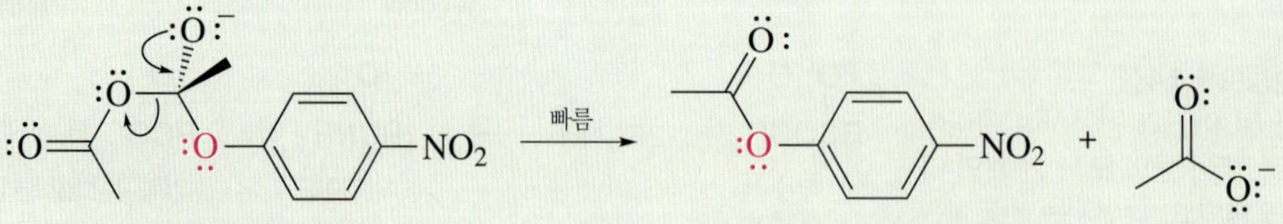

사면체형 중간체(TI^-)의 짝염기 $\xrightarrow{\text{빠름}}$ 아세트산 *p*-나이트로페닐 + 아세트산 이온 짝염기

19.6 에스터의 물리적 성질 및 공급원

에스터는 쌍극자 모멘트가 1.5에서 2.0-D 범위에 있는 중간 정도의 극성이다. 쌍극자–쌍극자 인력은 에스터가 비슷한 모양과 분자량의 탄화수소보다 더 높은 끓는 점을 갖게 한다. 그러나 하이드록실기가 없기 때문에, 에스터 분자는 서로 간 수소결합을 형성할 수가 없다; 결과적으로 에스터는 비슷한 분자량을 갖는 알코올보다는 더 낮은 끓는점을 갖는다.

2-메틸뷰테인: mol wt 72, bp 28°C

아세트산 메틸 mol wt 74, bp 57°C

2-뷰탄올 mol wt 74, bp 99°C

에스터는 하이드록실기를 포함하는 물질(물, 알코올, 카복실산)과 수소결합에 참여할 수 있다. 이것은 작은 분자량의 에스터에 있어서 가용성의 척도를 제공한다, 예를 들면, 아세트산 메틸은 33 g/100 mL의 정도로 물에 녹는다. 물에서의 용해도는 에스터의 탄소 함량이 증가됨에 따라서 감소한다.

많은 에스터가 자연에서 발견된다. 낮은 분자량을 갖는 것들은 매우 휘발성이고, 많은 것들이 기분 좋은 냄새를 낸다. 에스터는 종종 과일과 꽃의 방향성 오일의 상당한 부분을 형성한다. 예를 들어서, 오렌지의 향기에는 10개의 카복실산, 34개의 알코올, 34개의 알데하이드와 케톤, 그리고 36개의 탄화수소들과 함께 30개의 서로 다른 에스터가 포함되어 있다.

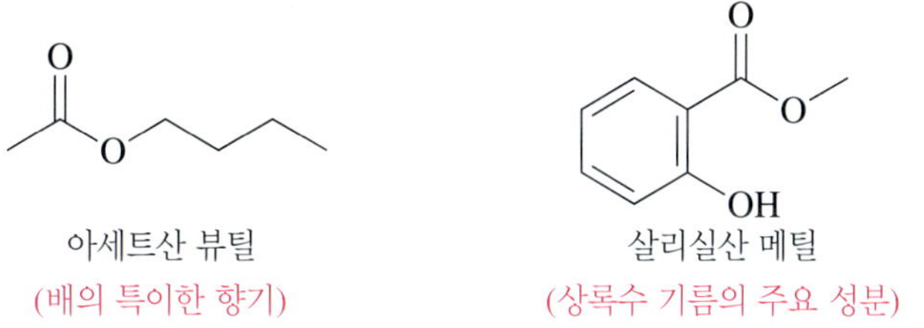

아세트산 뷰틸 (배의 특이한 향기)

살리실산 메틸 (상록수 기름의 주요 성분)

곤충이 서로 소통하는데 사용되는 화학물질들 중에는, 에스터가 자주 발견된다.

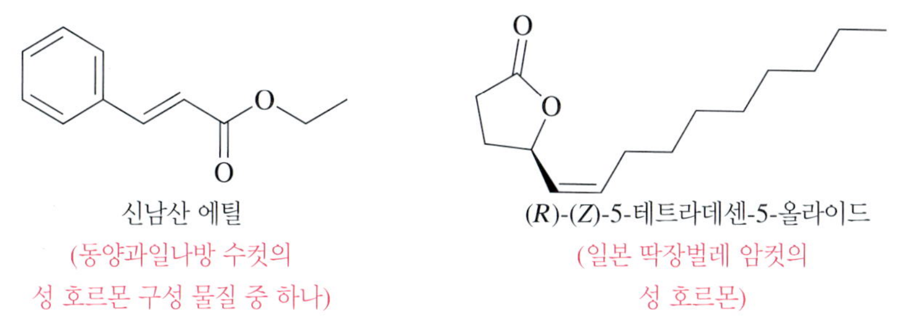

신남산 에틸 (동양과일나방 수컷의 성 호르몬 구성 물질 중 하나)

(*R*)-(*Z*)-5-테트라데센-5-올라이드 (일본 딱장벌레 암컷의 성 호르몬)

(*R*)-(*Z*)-5-테트라데센-5-올라이드는 고리 에스터라는 것에 주목하시오. 고리 에스터는 락톤이라 하고, 접두어 -*olide*는 락톤의 특징적 IUPAC명 이라는 것을 18.15절로부터 상기하시오.

글레세롤 트라이에스터, *트라이아실글리세롤* 또는 *트라이글리세라이드* 라고 불리는 글리세롤의 에스터들은 풍부한 천연 생성물들이다. 글레세롤 트라이에스터의 가장 중요한 기는 각 아실기에 있는 가지가 없고, 14개 또는 그보다 많은 탄소 원자를 가지고 있다. 구조적으로 관련이 있는 포스파티딜콜린은 세포막의 한 성분이다(24.4절).

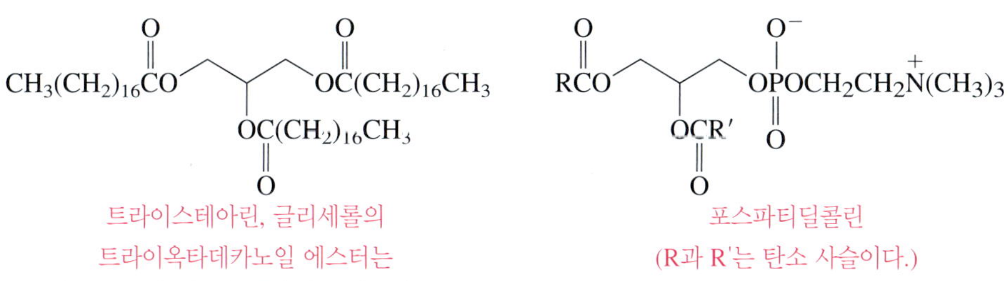

트라이스테아린, 글리세롤의 트라이옥타데카노일 에스터는 많은 동물과 채소의 지방에서 발견된다.

포스파티딜콜린 (R과 R'는 탄소 사슬이다.)

트라이스테아린의 분자 모델은 표 24.2에서 보여준다.

지방(Fats)과 **기름(Oils)**은 자연적으로 발견되는 글리세롤 트라이에스터의 혼합물이다. 지방은 상온에서 고체인 혼합물이고; 기름은 액체이다. **지방산(Fatty acids)**이라고 알려진 긴-사슬 카복실산은 지방과 기름의 가수분해에 의해서 얻어진다.

에스터를 제조하는데 사용되는 중요한 방법들을 표 19.3에서 복습한다.

표 19.3 에스터의 제조

반응(절)과 설명	일반식과 특정 예
카복실산으로부터(15.8과 18.14절) 산 촉매에서, 알코올과 카복실산이 반응하여 에스터와 물을 생성한다. 이것이 Fischer 에스터화이다. 에스터의 수득률은 형성되는 물을 제거함으로써 평형을 벗어나서 증가시킬 수 있다.	RCOH (카복실산) + R'OH (알코올) ⇌ (H_2SO_4) RCOR' (에스터) + H_2O (물) Propanoic acid + 1-Butanol → (H_2SO_4) Butyl propanoate (85%)
염화 아실으로부터(15.8과 19.4절) 친핵성 아실 치환에 의해서 알코올이 염화 아실과 반응하면 에스터가 생성된다. 이 반응들은 전형적으로 피리딘과 같은 약염기의 존재 하에서 실행된다.	RCCl (염화 아실) + R'OH (알코올) + 피리딘 → RCOR' (에스터) + 염화 피리디늄 (Cl^-) 3,5-Dinitrobenzoyl chloride + Isobutyl alcohol → (피리딘) Isobutyl 3,5-dinitrobenzoate (85%)
산 무수물로부터(15.8과 19.5절) 산 무수물이 알코올로 변하는 아실 전달은 에스터 제조에 대표적인 방법이다. 그 반응은 산(황산)이나 염기(피리딘)에 의한 촉매 작용이다.	RCOCR (산 무수물) + R'OH (알코올) → RCOR' (에스터) + RCOH (카복실산) Acetic anhydride + *m*-Methoxybenzyl alcohol → (피리딘) *m*-Methoxybenzyl acetate (99%)
케톤의 Baeyer-Villiger 산화(설명문 17을 보시오) 케톤은 과산소산에 의해서 에스터로 변환된다. 이 반응은 탄소의 R'기가 산소로 이동하여 진행된다. 더 많이 치환된 기들이 이동한다. 메틸 케톤은 아세트산 에스터가 된다.	RCR' (케톤) + R"COOH (과산소산) → RCOR' (에스터) + R"COH (카복실산) Cyclopropyl methyl ketone → (F_3CCO_2H) Cyclopropyl acetate (53%)

표 19.4 에스터의 다른 카복실산 유도체로의 변환

반응(절)과 설명	일반식과 특정 예
암모니아와 아민의 반응(19.10절) 에스터는 암모니아 및 아민과 반응하여 아마이드를 형성한다. 메틸과 에틸 에스터는 가장 반응성이 좋다.	$RC(=O)OR' + R''_2NH \longrightarrow RC(=O)NR''_2 + R'OH$ (에스터, 암모니아 또는 아민, 아마이드, 알코올) Ethyl fluoroacetate + Ammonia (NH_3) ⟶ Fluoroacetamide (90%) + Ethanol
가수분해(19.8와 19.9절) 에스터 가수분해는 산 혹은 염기에 의해서 촉매화 된다. 산-촉매 가수분해는 평형-제어 과정이며 Fischer 에스터화의 역반응이다. 비누화라고 하는 염기성 가수분해는 비가역적이고 대개는 제조 목적으로 사용된다.	$RC(=O)OR' + H_2O \longrightarrow RC(=O)OH + R'OH$ (에스터, 물, 카복실산, 알코올) Methyl *m*-nitrobenzoate ⟶ (1. H_2O, NaOH; 2. H_3O^+) *m*-Nitrobenzoic acid (90–96%) + CH_3OH Methanol

19.7 에스터의 반응: 예습

에스터의 친핵성 아실 치환은 표 19.4에 요약되어 있다. 에스터는 염화 아실과 산 무수물보다 덜 반응성이다. 에스터에 친핵성 아실 치환, 특히 에스터 가수분해는 메커니즘적 관점에서 자세하게 조사되었다. 실제로 우리가 알고 있는 친핵성 아실 치환의 일반적인 주제에 관한 많은 것들이 에스터에서 수행된 연구로부터 얻은 것이다. 다음 절들에서는 메커니즘 연구에 관련된 내용을 설명한다.

19.8 산-촉매 에스터 가수분해

에스터 가수분해는 친핵성 아실 치환 중에 가장 많이 연구되었고 가장 잘 이해된다. 에스터는 중성 수용액에서는 제법 안정하지만 강산이나 강염기의 존재 하에 물에서 가열하면 분해된다. 묽은 산성 용액에서 에스터의 가수분해는 Fischer 에스터화의 역반응이다(15.8과 18.14절).

$$\underset{\text{에스터}}{RC(=O)OR'} + \underset{\text{물}}{H_2O} \overset{\text{산}}{\rightleftharpoons} \underset{\text{카복실산}}{RC(=O)OH} + \underset{\text{알코올}}{R'OH}$$

에스터화가 목적일 때는, 에스터 형성을 촉진하기 위해서 반응 혼합물로부터 물을 제거한다. 에스터 가수분해가 목적일 때는, 조금 많은 양의 물에서 반응을 진행한다. 이 두 가지 반응은 유기 합성에서 르 샤틀리에 원리(6.7절)의 적용을 보여준다.

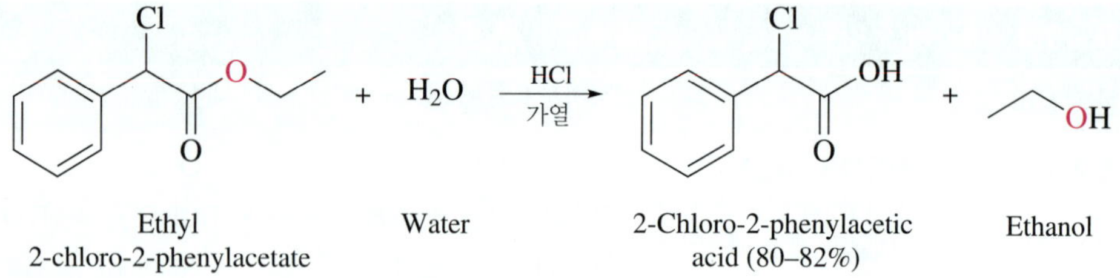

Ethyl 2-chloro-2-phenylacetate + Water $\xrightarrow[\text{가열}]{HCl}$ 2-Chloro-2-phenylacetic acid (80–82%) + Ethanol

문제 19.6

다음 구조를 가지고 있는 화합물을 묽은 황산과 가열하면 분자식이 $C_5H_{12}O_3$인 생성물이 63~71%의 수득률로 얻어진다. 이 생성물의 타당한 구조를 제안하시오. 이 반응에서 형성된 다른 유기 화합물은 무엇인가?

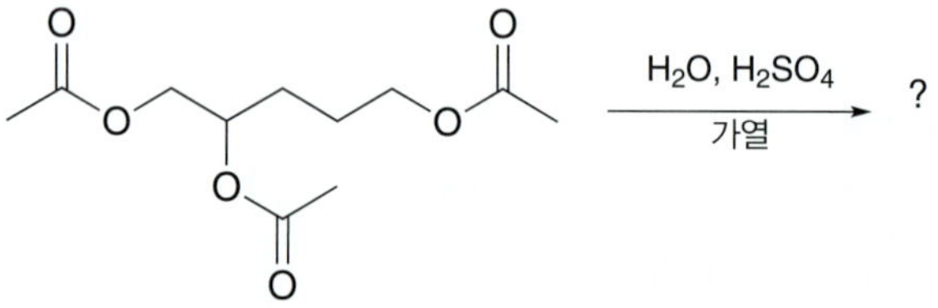

$\xrightarrow[\text{가열}]{H_2O,\ H_2SO_4}$?

산-촉매 에스터 가수분해의 경로는 메커니즘 19.2에 있다. 이것은 18.14절의 산-촉매 에스터 형성에서 보여준 메커니즘과 정확히 반대이다. 다른 친핵성 아실 치환에서처럼, 그것은 두 과정으로 진행된다. 첫 번째 과정에서 사면체형 중간체가 형성되고, 이 사면체형 중간체는 두 번째 과정에서 해리되어 생성물이 된다.

첫 번째 과정(1~3단계)의 중요한 특징은 출발 에스터에서 양성자화되는 자리이다. 메커니즘 19.2의 1단계에서 보여준 것처럼, 카보닐 산소의 양성자화는 전자 비편재화에 의해서 안정된 양이온을 생성한다. 양성자화의 대체 자리인 알콕시 산소는 훨씬 덜 안정한 양이온을 형성한다.

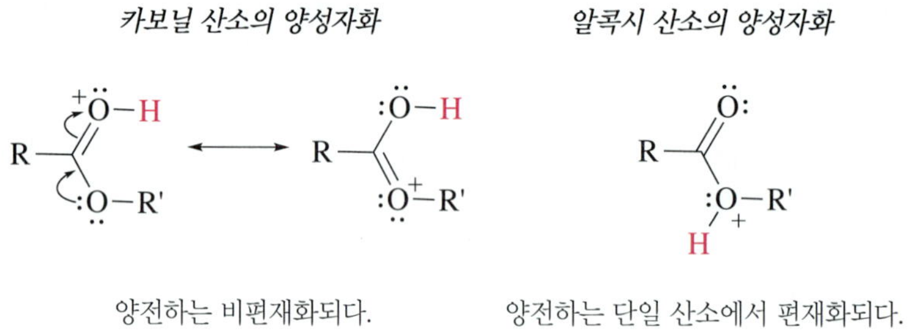

카보닐 산소의 양성자화 *알콕시 산소의 양성자화*

양전하는 비편재화되다. 양전하는 단일 산소에서 편재화되다.

메커니즘 19.2

산-촉매 에스터 가수분해

전체 반응:

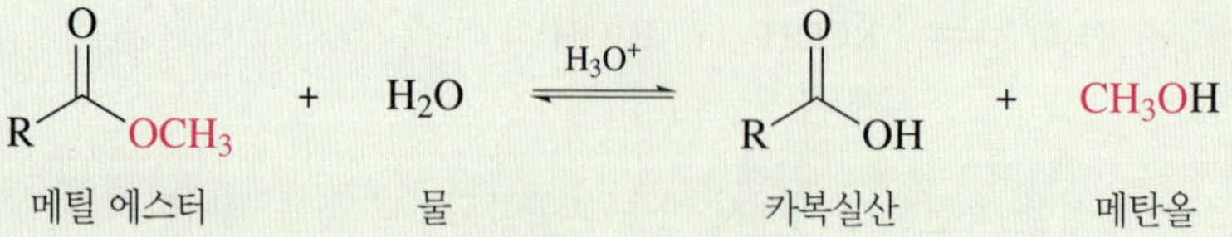

$$RCOOCH_3 + H_2O \overset{H_3O^+}{\rightleftharpoons} RCOOH + CH_3OH$$

메틸 에스터 물 카복실산 메탄올

메커니즘:

첫 번째 과정: 사면체형 중간체의 형성 1~3단계는 알데하이드 또는 케톤의 산-촉매 수화 메커니즘과 유사하다.

1단계: 에스터 카보닐 산소의 양성자화

메틸 에스터 + 하이드로늄 이온 ⇌(빠름) 양성자화된 에스터 + 물

2단계: 양성자화된 에스터에 친핵체인 물의 첨가

양성자화된 에스터 + 물 ⇌(느림) 사면체형 중간체($TI-H^+$)의 짝산

3단계: $TI-H^+$의 탈양성자화로 사면체형 중간체(TI)의 중성 형태를 생성

사면체형 중간체($TI-H^+$)의 짝산 + 물 ⇌(빠름) 사면체형 중간체(TI) + 하이드로늄 이온

두 번째 과정: 사면체형 중간체의 해리 카보닐기에 물을 첨가하는 1~3단계와 마찬가지로, TI 로부터 알코올, 이 경우에는 메탄올의 제거와 대응하는 카보닐기의 복원은 4~6단계이다.

4단계: 사면체형 중간체의 알콕시 산소 양성자화

사면체형 중간체 (TI) + 하이드로늄 이온 ⇌(빠름) 사면체형 중간체의 짝산(TI-H+) + 물

5단계: 양성자화된 사면체형 중간체의 해리는 알코올과 양성자화한 카복실산이 된다.

사면체형 중간체의 짝산 ($TI-H^+$) ⇌(느림) 양성자화된 카복실산 + 물

6단계: 양성자화된 카복실산의 탈양성자화로 과정이 종결된다.

양성자화된 카복실산 + 물 ⇌(빠름) 카복실산 + 하이드로늄 이온

카보닐 산소의 양성자화는 카보닐기를 더욱 친핵성으로 만든다. 2단계에서 물 분자는 양성자화한 에스터의 카보닐기에 첨가된다. 얻어진 알킬옥소늄 이온으로부터 양성자의 손실은 3단계에서 중성 형태의 사면체형 중간체를 만들고 메커니즘의 첫 번째 과정을 마무리한다. 메커니즘 19.2의 4단계에서, 사면체형 중간체에 있는 알콕시 산소의 양성자화는 새로운 옥소늄 이온을 형성하고, 이것은 5단계에서 알코올 분자를 잃는다. 알코올과 함께, 카복실산의 양성자화 형태는 사면체형 중간체의 해리에 의해서 얻어진다. 6단계의 탈양성자화로 두 번째 과정이 종결된다.

문제 19.7

메커니즘 19.2에서 보여준 산-촉매 에스터 가수분해의 일반적인 메커니즘에 의거하여, 벤조산 에틸 가수분해의 특정 경우에 관한 일련의 유사한 반응단계를 쓰시오.

에스터 가수분해의 메커니즘에서 가장 중요한 물질은 사면체형 중간체이다. 사면체형 중간체의 존재를 지지하는 증거는 Myron Bender 교수가 시카고 대학교에서 수행한 동위원소 표지 실험에 의해서 얻어졌다. Bender 교수는 카보닐 산소를 산소의 동위원소 질량-18로 표지된 벤조산 에틸를 만들었고, 그리고 나서(표지가 안된)보통의 물에서 그 에스터를 산-촉매 가수분해 하였다. 그는 가수분해가 완결되기 전의 반응으로부터 회수된 벤조산 에틸에서 표지된 동위원소의 일부가 소실된 것을 발견하였다. 이 관찰은 반응 조건 하에서 사면체형 중간체는 오직 가역적으로만 형성되는 것과 일치한다:

벤조산 에틸 (^{18}O로 표지된) + H_2O (물) $\underset{}{\overset{H_3O^+}{\rightleftharpoons}}$ 사면체형 중간체 (HO, OH) $\overset{H_3O^+}{\rightleftharpoons}$ 벤조산 에틸 + H_2O (물, ^{18}O로 표지된)

사면체형 중간체에 있는 두 개의 OH 기는 동등하고, 그래서 표지가 되었건 아니건 간에 그중 하나는 사면체형 중간체가 벤조산 에틸로 복귀될 때 소실된다. 사면체형 중간체가 벤조산을 만들 때 두 가지 모두 얻어진다.

문제 19.8

비슷한 실험에서, 표시가 안 된 4-뷰탄올라이드가 ^{18}O가 표지된 물의 산 용액에 들어 있다. 4일 후, 용액으로부터 추출된 락톤에 ^{18}O이 포함되어 있다는 것을 알았다. 락톤의 어느 산소가 동위원소로 표지 되었는가?

4-뷰탄올라이드

19.9 염기성 수용액에서 에스터 가수분해: 비누화

산-촉매화 대응 반응과는 다르게, 염기성 수용액에서 에스터 가수분해는 비가역적이다.

수산화 이온은 소비되기 때문에 촉매가 아닌 반응물이다.

$$\underset{\text{에스터}}{RC(=O)OR'} + \underset{\text{수산화 이온}}{HO^-} \longrightarrow \underset{\text{카복실산 이온}}{RC(=O)O^-} + \underset{\text{알코올}}{R'OH}$$

이것은 카복실산이 반응 조건에서 안정한 상응하는 카복실레이트 음이온으로 변환되기 때문이다.

o-Methylbenzyl acetate + NaOH →(물-메탄올, 가열) Sodium acetate + o-Methylbenzyl alcohol (95–97%)

Sodium hydroxide

카복실산을 분리하기 위해서, 가수분해 다음에 별도의 산성화 단계가 필요하다. 산성화는 카복실산 염을 자유 산으로 변환시킨다.

Methyl 2-methylpropenoate (methyl methacrylate) →(1. NaOH, H_2O, 가열; 2. H_2SO_4) 2-Methylpropenoic acid (87%) (methacrylic acid) + CH_3OH Methanol

염기성 수용액의 에스터 가수분해를 **비누화(Saponification)**라고 부르는데, 이것은 "비누 제조"를 의미한다. 2000년 전에, 페니키아인들은 나무 재와 함께 동물 지방을 가열함으로써 비누를 만들었다. 동물 지방은 글리세롤 트라이에스터가 풍부하고, 나무 재는 탄산 칼륨의 공급원이다. 지방의 염기성 가수분해는 포타슘 염으로서 긴-사슬 카복실산 혼합물을 생산하였다.

$CH_3(CH_2)_xCO_2$–$CH_2CH(O_2C(CH_2)_yCH_3)CH_2$–$O_2C(CH_2)_zCH_3$ →(K_2CO_3, H_2O, 가열)

$HOCH_2CH(OH)CH_2OH$ + $KOC(O)(CH_2)_xCH_3$ + $KOC(O)(CH_2)_yCH_3$ + $KOC(O)(CH_2)_zCH_3$

Glycerol Potassium carboxylate salts

긴-사슬 카복실산의 포타슘과 소듐 염은 기름을 녹이는 마이셀을 형성하여(18.7절), 세정적 성질을 갖는다. 지방과 기름의 비누화에 의해서 얻어지는 카복실산을 지방산이라고 부른다.

문제 19.9

트라이미리스틴은 코코넛 기름에서 얻어지고 분자식은 $C_{45}H_{86}O_6$이다. 수산화 소듐 수용액에서 가열하고 산성화 하면, 트라이미리스틴은 생성물로 글리세롤과 테트라데칸산의 두 가지로만 변환한다. 트라이미리스틴의 구조는 무엇인가?

유기반응의 아주 초기 속도론적 연구 중에 하나가 19세기에 이루어졌고, 수산화 소듐 수용액에서 아세트산 에틸의 가수분해 속도는 에스터에 관하여 1차이고 염기에 1차이다.

$$\underset{\text{Ethyl acetate}}{CH_3\overset{\overset{\displaystyle O}{\|}}{C}OCH_2CH_3} + \underset{\text{Sodium hydroxide}}{NaOH} \longrightarrow \underset{\text{Sodium acetate}}{CH_3\overset{\overset{\displaystyle O}{\|}}{C}ONa} + \underset{\text{Ethanol}}{CH_3CH_2OH}$$

$$\text{속도} = k[CH_3\overset{\overset{\displaystyle O}{\|}}{C}OCH_2CH_3][NaOH]$$

전체적으로, 반응은 2차 속도법칙을 보여준다. 에스터와 염기 둘 모두는 속도결정 단계에 포함되거나 또는 그 이전의 빠른 단계에 있다.

2차 속도법칙과 일치하는 두 과정은 모두 친핵체로서 수산화 이온을 포함하지만 친핵성 공격의 위치는 다르다. 하나는 S_N2 반응이고, 다른 하나는 친핵성 아실 치환이다.

SN2 ***친핵성 아실 치환***

O와 알킬기 R′사이의 결합이 끊어진다 O와 아실기 RC═O 사이의 결합이 끊어진다

염기에서 에스터 가수분해가 친핵성 아실 치환 메커니즘에 의해 진행된다는 것을 확신하는 증거가 몇몇 자료들로부터 얻어졌다. 한 가지 실험에서, 에톡시기에 표지된 ^{18}O가 있는 프로판산 에틸이 가수분해 된다. 생성물 분석에서, ^{18}O 모두가 에틸알코올에서 발견되었다; 프로판산 소듐에는 없었다.

^{18}O-표지된 ethyl propanoate + Sodium hydroxide (NaOH) ⟶ sodium propanoate + ^{18}O-표지된 ethyl alcohol

그러므로 위 과정에서 끊어진 탄소−산소 결합은 산소와 아실기 사이에 있는 결합이다. 산소와 에틸기 사이의 결합은 원래 그대로 남아있다. 에틸기에서는 S_N2 반응으로 이 결합이 끊어졌을 것이다.

문제 19.10

비슷한 실험에서, 아세트산 펜틸은 ^{18}O-표지된 물에서 ^{18}O-표지된 수산화 이온과 비누화된다. 에세트산 이온 혹은 1-펜탄올 중 어떤 생성물이 동위원소 표지가 되었는가?

동일한 결론은 입체화학으로도 나온다. 광학적으로 활성인 알코올의 에스터 비누화는 배열 보존으로 진행된다.

(*R*)-(+)-1-Phenylethyl acetate —KOH, 에탄올−물→ Potassium acetate + (*R*)-(+)-1-Phenylethanol (80% 수득률)

수산화 이온이 카보닐기를 공격할 때 손잡이성 중심에 어떤 결합도 끊어지지 않았다. 대신

S_N2 반응이 일어났다면 손잡이성 중심에 배열 반전이 일어나 (*S*)-(−)-1-페닐에틸 알코올이 생성된다.

앞 절에서 설명한 Bender 교수의 연구의 연장선에서, 산성 가수분해처럼, 그는 염기성 에스터 가수분해가 사면체형 중간체에 의해서 일어난다는 것을 보여 주었다. 실험의 본질도 같고, 그 결과는 산-촉매 반응에서 관찰된 것과 같다.

2차 속도법칙, 카보닐기의 친핵성 공격 및 정사면체형 중간체의 관찰은 메커니즘 19.3에 제공하였다. 산-촉매 메커니즘처럼, 이것도 뚜렷한 두 개의 단계를 가지고 있는데,

메커니즘 19.3

염기성 용액에서 에스터 가수분해

전체 반응:

RCO_2CH_3 + HO^- ⟶ RCO_2^- + CH_3OH

메틸 에스터 수산화 이온 카복실산 이온 메탄올

메커니즘:

1단계: 카보닐기에 수산화 이온의 친핵성 첨가

메틸 에스터 + 수산화 이온 ⇌(느림) 사면체형 중간체의 짝염기(TI^-)

2단계: 사면체형 중간체 음이온, TI^-의 해리

사면체형 중간체의 짝염기(TI^-) ⇌(빠름) 카복실산 + 메톡시화 이온

3단계: 양성자 이동은 알코올과 카복실레이트 이온을 생성한다.

CH_3O^- + H_2O ⇌ CH_3OH + HO^-

메톡시화 이온 물 알코올 수산화 이온

$RCOOH$ + HO^- ⟶ $RCOO^-$ + H_2O

카복실산 (강산) 수산화 이온 (강염기) 카복실산 이온 (약 염기) 물 (약산)

사면체형 중간체의 형성과 그것의 연속적인 해리 단계이다. 카보닐기의 친핵성 첨가는 사면체형 중간체의 해리보다 더 높은 활성화 에너지를 갖는다; 1단계는 속도결정 단계이다. 마지막 단계를 제외하고는 모두 가역적이다. 3단계에서 수산화 이온에 의한 카복실산로부터 양성자 탈취의 평형 상수는 너무 커서 전체 반응을 비가역적으로 만든다.

문제 19.11

메커니즘 19.3에서 보여준 염기성 에스터 가수분해의 일반적인 메커니즘에 의거해서, 벤조산 에틸의 비누화를 유사한 일련의 단계들로 쓰시오.

문제 19.12

각 쌍의 에스터 중 어느 것이 더 빠른 속도로 비누화 진행이 예상되는가? 왜 그런가?

(a) O, O 또는 O, O, NO_2

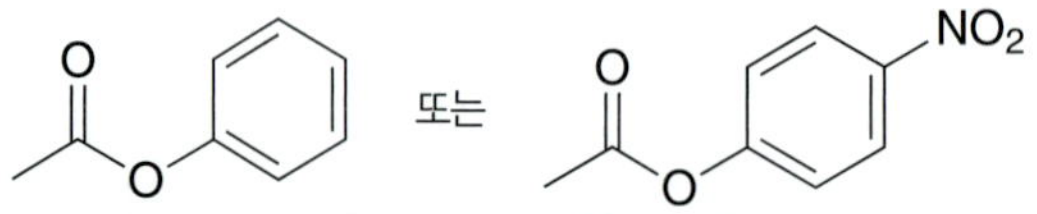

(b) O, O 또는 O, O

(c) O, O 또는 O, O, F, F, F

(d) O, O 또는 O, O

풀이 예시 (a) 아세트산 *p*-나이트로페닐 반응이 더 빠르다. *p*-나이트로페닐기는 에스터 산소로부터 전자를 빼앗아서 카보닐기를 안정화시키는 산소의 능력을 감소시킨다. 덜-안정화된 카보닐은 더-안정화된 카보닐보다 반응성이 더 크다.

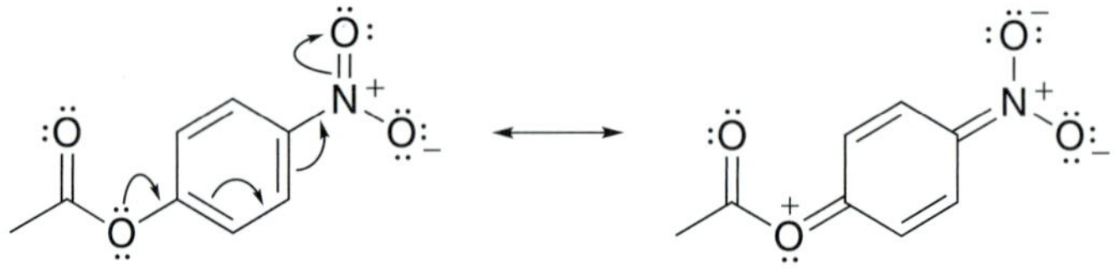

19.10 암모니아 및 아민과 에스터의 반응

에스터는 암모나와 반응하여 아마이드를 생성한다.

$$\underset{\text{에스터}}{\overset{\text{O}}{\overset{\|}{\text{RC}}}\text{OR}'} + \underset{\text{암모니아}}{\text{NH}_3} \longrightarrow \underset{\text{아마이드}}{\overset{\text{O}}{\overset{\|}{\text{RC}}}\text{NH}_2} + \underset{\text{알코올}}{\text{R}'\text{OH}}$$

암모니아는 물보다 친핵성이고, 수용성 암모니아를 사용하는 이 반응을 가능하게 한다.

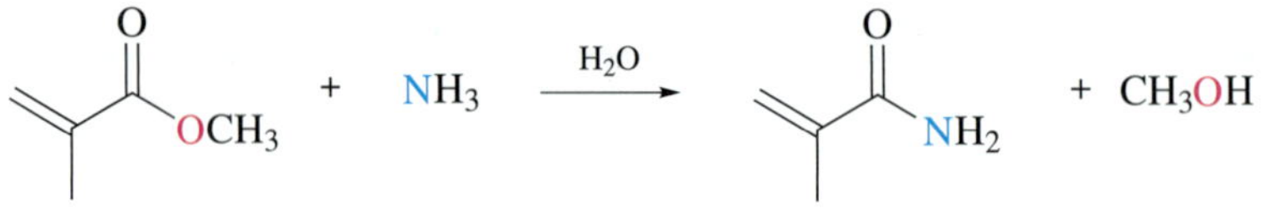

$$\text{Methyl 2-methylpropenoate} + \text{NH}_3 \xrightarrow{\text{H}_2\text{O}} \text{2-Methylpropenamide (75\%)} + \text{CH}_3\text{OH}$$

Methyl 2-methylpropenoate (OCH_3) · Ammonia · 2-Methylpropenamide (75%) (NH_2) · Methanol

아민도 비슷하게 반응한다:

Ethyl fluoroacetate + Cyclohexylamine ⟶ N-Cyclohexyl-fluoroacetamide (61%) + Ethanol

아민은 1차 (RNH_2)와 2차 (R_2NH)이어야만 한다. 3차 아민(R_3N)은 아실기가 치환될 질소에 양성자가 없기 때문에 아마이드를 형성하지 못한다.

문제 19.13

다음 반응에서 예상되는 생성물의 구조를 그리시오.

CH_3 (lactone) + CH_3NH_2 ⟶

에스터와 암모니아, 아민의 반응은 다른 친핵성 아실 치환과 같은 일반적인 메커니즘의 과정을 따른다. 사면체형 중간체는 전체 진행의 첫 번째 단계에서 생성되고 두 번째 단계에서 해리된다.

19.11 Grignard 및 유기리튬 시약 및 수소화알루미늄 리튬과 에스터의 반응

에스터는 2 당량의 Grignard 또는 유기리튬 시약과 반응하여 삼차 알코올을 만든다. 메틸과 에틸 에스터가 보통 사용된다.

$RCOOCH_3$ + 2R'MgX or 2R'Li —(1. 다이에틸 에터, 2. H_3O^+)⟶ $R(R')_2C$OH + CH_3OH

메틸 에스터 | Grignard 또는 유기리튬 시약 | 3차 알코올 | 메탄올

하이드록실기와 함께 탄소에 결합되어 있는 두 개의 기는 모두 유기금속 시약으로부터 유래되었기 때문에 같다.

Ethyl cyclopropanecarboxylate + $2CH_3MgI$ (Methylmagnesium iodide) —(1. 다이에틸 에터, 2. H_3O^+)⟶ 2-Cyclopropyl-2-propanol (93%) + Ethanol

반응 메커니즘은 카보닐에 시약의 친핵성 첨가가 시작하여 사면체 중간체가 되고, 이것은 해리되어 케톤이 된다.

메틸 에스터 —(R'MgX, 다이에틸 에터, ^+MgX)⟶ TI− ⟶ 케톤 + $^-:\ddot{O}CH_3$ (메톡시화 이온)

일단 형성되면, 케톤 중간체는 Grignard 또는 유기리튬 시약과 빠르게 반응하고, 일반적인 마무리 과정을 거쳐서 3차 알코올이 된다. 케톤은 처음 에스터보다 친핵성 첨가에 대한 반응성이 더욱 크다. 따라서 이 반응은 동등한 양의 에스터와 Grignard 또는 유기리튬 시약을 사용해서는 케톤의 합성에 사용할 수 없다.

문제 19.14

다음 각 각의 3차 알코올을 제조하는데 어떤 조합의 에스터와 Grignard 시약을 사용하겠는가?

(a) OH (b) $(C_6H_5)_2C$—(cyclopropyl), OH

풀이 예시 (a) C—OH 단위에 결합된 두 개의 동일한 기를 갖는 3차 알코올은 동등한 기를 갖는 Grignard 시약을 사용하여 제조한다.

역합성적으로:

OH ⟹ OR, O + 2(MgX)

적합한 합성은 다음과 같다:

$2CH_3CH_2MgBr$ + (O, OCH_3) → 1. 다이에틸 에터 2. H_3O^+ → $C(CH_2CH_3)_2$, OH

Ethylmagnesium bromide | Methyl benzoate | 3-Phenyl-3-pentanol

수소화알루미늄 리튬의 에스터 환원은, 중간체로서 알데하이드가 먼저 생성되고, 이것은 곧 빠르게 1차 알코올로 환원되는 유사한 형식을 따른다.

R–C(=Ö:)–$\ddot{O}CH_3$ (메틸 에스터) —$H\bar{A}lH_3$ → AlH_3, 다이에틸 에터→ TI⁻ (H, :Ö:⁻, R, $\ddot{O}CH_3$) → R–C(=Ö:)–H (알데하이드) + $^-:\ddot{O}CH_3$ (메톡시화 이온)

Ethyl benzoate —1. $LiAlH_4$, 다이에틸 에터 2. H_3O^+→ Benzyl alcohol (90%) + Ethyl alcohol

문제 19.15

수소화알루미늄 리튬의 벤조산 에틸 환원으로 어떤 알데하이드가 중간체인가?

문제 19.16

수소화알루미늄 리튬의 환원으로 동일한 몰수의 1-프로판올과 2-프로판올 생성하는 에스터의 구조를 그리시오.

19.12 아마이드

아마이드의 물리적 특성: 이 장의 앞(19.2절을 보시오)에서, 질소에서 카보닐기에 전자 제공은 아마이드의 다양한 구조적 특징에 영향을 주는 몇 가지 방법을 설명하였다. 복습하면, 아마이드에서 질소의 혼성화는 sp^2이고, 질소의 결합은 동일 평면에 놓여 있다. CN 결합은 아마이드에서는 더 짧고, 또한 이 결합의 회전에 대한 활성화에너지는 아민에서 보다 더 크다. 폼아마이드의 공명 구조에 따르면, 이러한 모든 특성은 기여체 C에서 나타나는 것처럼 CN의 상당한 이중결합적 특성과 일치한다.

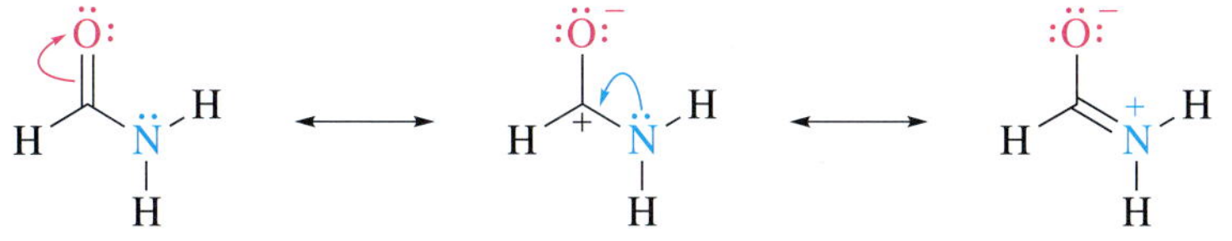

A ⟷ B ⟷ C

중요한 유기화합물군 중에서, 아마이드는 가장 극성이다. 표 19.5에서 보이는 것처럼, 아세트아마이드, *N*-메틸아세트아마이드, 및 *N*,*N*-다이메틸아세트아마이드는 아세트산의 1.9에 비교하여 3.8~4.4 D 범위의 쌍극자 모멘트를 갖는다. 이렇게 증가된 극성은 더욱 강한 분자간 인력을 이루고 아마이드의 끓는점을 더욱 높게 만든다. 이들은 역시 N—H 결합을 포함하는 두 아마이드의 녹는점을 높이는데 기여한다. *N*,*N*-다이메틸아세트아마이드는 고체상의 특징을 이루는 수소결합이 없어서 아세트산보다 더 낮은 어는점을 갖는다. 한편, 아세트아마이드는 수소결합을 할 수 있는 두 개의 N—H 양성자를 가지고 있어서 결정상에서 서로가 적층된 수소결합 이합체를 구성한다.

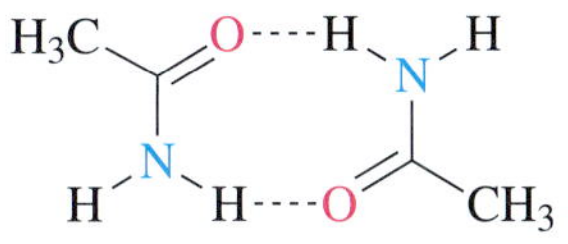

문제 19.17

N-메틸아세트아마이드를 아마이드 이성질체인 프로판아아미드와 *N*,*N*-다이메틸아세트아마이드와 비교하시오. 어느 것이 제일 높은 끓는 점을 갖는가? 또 가장 낮은 것은 어느 것인가?

아마이드 작용기의 평면 구조와 함께, 아마이드에서 분자간 수소결합은 단백질 사슬의 배향을 관리하는 가장 중요한 두 개의 요소이다. 우리는 이것에 관해 25장에서 더 배울 것이다.

아마이드의 산도: 질소는 산소보다 전기적으로 덜 음성이기 때문에, 아마이드의 N—H가 카복실산의 O—H보다 약산이다. 대표적인 일차 아마이드들은 pK_a가 16에 가깝고, 이들의 산성도는 물과 비슷하다. 카보닐기의 존재는 아마이드를 아민보다 더 강한 산과 더 약한 염기로 만든다. 두 개의 카보닐기가 같은 질소에 결합되어 있는 아마이드를 이마이드(imides)라고 부르고, pK_a 값이 10에 가깝다.

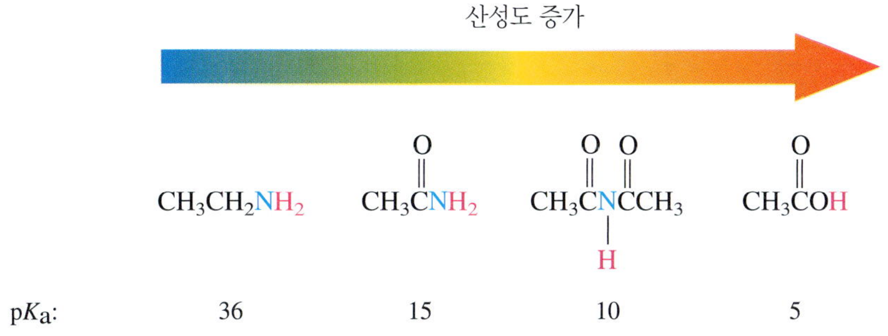

산성도 증가

	$CH_3CH_2NH_2$	$CH_3C(O)NH_2$	$CH_3C(O)N(H)C(O)CH_3$	$CH_3C(O)OH$
pKa:	36	15	10	5

표 9.5 아마이드의 분자간 힘

	아세트산	*N,N*-다이메틸아세트아마이드	*N*-메틸아세트아마이드	아세트아마이드
수소결합에 이용할 수 있는 수소의 수	1	0	1	2
쌍극자 모멘트, D	1.9	3.8	4.4	3.9
녹는점, ℃	17	−20	31	80
끓는점, ℃	118	165	206	221

문제 19.18

한때는 DNA에 존재하는 피리미딘 싸이민을 벤젠과 유사하기 때문에 A라고 생각했던 적이 있었다. 사실, 싸이민은 B이고, 또한 방향족이다. 어떻게 B가 Huckel's 규칙을 만족시키는지를 설명하고, 벤젠과 비슷한 고리를 가진 B에 기여한 공명구조를 쓰시오.

A. B.

- B는 평면이고 단일고리이다.
- 완전히 컨쥬게이트됨. 모든 고리 원자는 sp^2 혼성이다.

이중결합으로부터 2π 전자.

각 N으로부터 2π 전자.

- 6π 전자는 Hückel 규칙을 만족한다.
- 공명

아마이드의 합성: 표 19.1 19.2, 및 19.4는 아민이 염화 아실, 무수물, 에스터와 각각 반응하여 아마이드를 제조하는데 유용한 친핵성 아실 치환을 포함한다. 이것들은 실험실에서 아마이드를 합성하는데 가장 흔한 방법들이다.

$$\underset{\text{아민}}{2R_2NH} + \underset{\text{염화 아실}}{R'\overset{O}{\overset{\|}{C}}Cl} \longrightarrow \underset{\text{아마이드}}{R'\overset{O}{\overset{\|}{C}}NR_2} + \underset{\text{아민의 염화 수소염}}{R_2\overset{+}{N}H_2\ Cl^-}$$

$$\underset{\text{아민}}{2R_2NH} + \underset{\text{산 무수물}}{R'\overset{O}{\overset{\|}{C}}O\overset{O}{\overset{\|}{C}}R'} \longrightarrow \underset{\text{아마이드}}{R'\overset{O}{\overset{\|}{C}}NR_2} + \underset{\text{아민의 카복실산염}}{R_2\overset{+}{N}H_2\ {}^-O\overset{O}{\overset{\|}{C}}R'}$$

염화 아실 및 무수물에 의한 아민의 아실화는 생성물 중의 하나로 산(염화 아실로부터 HCl, 무수물로부터 카복실산)을 생성하기 때문에 아마이드의 효과적인 합성은 약간의 양론적 주의가 요구된다.

2몰 당량의 아민이 염화 아실과 산 염화물의 반응에 자주 사용된다; 한 분자의 아민은 친핵체로 작용하고, 두 번째 분자는 Brønsted 염기로 작용한다.

$$\underset{\text{아민}}{2R_2NH} + \underset{\text{염화 아실}}{R'\overset{O}{\overset{\|}{C}}Cl} \longrightarrow \underset{\text{아마이드}}{R'\overset{O}{\overset{\|}{C}}NR_2} + \underset{\text{아민의 염화수소 염}}{R_2\overset{+}{N}H_2\ Cl^-}$$

$$\underset{\text{아민}}{2R_2NH} + \underset{\text{산 무수물}}{R'\overset{O}{\overset{\|}{C}}O\overset{O}{\overset{\|}{C}}R'} \longrightarrow \underset{\text{아마이드}}{R'\overset{O}{\overset{\|}{C}}NR_2} + \underset{\text{아민의 카복실산 염}}{R_2\overset{+}{N}H_2\ {}^-O\overset{O}{\overset{\|}{C}}R'}$$

만약 수산화 나트륨과 같은 다른 염기가 반응 혼합물에 존재하여, 생성된 HCl이나 카복실산과 반응한다면, 이 반응에서는 단지 1몰 당량의 아민만 사용하는 것이 가능하다. 이것은 아민의 값이 비싸거나 또는 아주 작은 양이 필요한 경우에 매우 유용한 방법이다.

에스터와 아민은 1:1 몰 비율로 반응하여 아마이드를 생성한다. 어떤 산성의 생성물도 에스터로부터 형성되지 않는다, 그래서 어떤 염기의 첨가도 필요하지 않다.

$$\underset{\text{아민}}{R_2NH} + \underset{\text{카복실산 메틸}}{R'\overset{O}{\overset{\|}{C}}OCH_3} \longrightarrow \underset{\text{아마이드}}{R'\overset{O}{\overset{\|}{C}}NR_2} + \underset{\text{메탄올}}{CH_3OH}$$

문제 19.19

지정된 카복실산 유도체로부터 다음 아마이드의 제조 과정을 보이는 반응식을 쓰시오.

(a) $(CH_3)_2CHCONH_2$ 염화 아실로부터

(b) $CH_3CONHCH_3$ 산 무수물로부터

(c) $HCON(CH_3)_2$ 카복실산 메틸로부터

풀이 예시 (a) $RCNH_2$ (C=O) 형태의 아마이드는 암모니아의 아실화에 의해서 생성된다.

2-Methylpropanoyl chloride + $2NH_3$ ⟶ 2-Methylpropanamide + NH_4Cl (Ammonia, Ammonium chloride)

원하는 아미이드에 이외에, 아실화가 염화수소 분자를 생성하기 때문에, 두 개의 암모니아 분자가 필요하다. 염화수소(산)는 암모니아(염기)와 반응해서 염화 암모늄을 생성한다.

이 모든 반응은 카보닐기에 아민의 친핵성 첨가로 진행된다. 사면체형 중간체의 해리는 아마이드가 생성되는 방향으로 진행된다.

$RCOX$ (아실화제) + R'_2NH (아민) ⇌ 사면체형 중간체 ⇌ $RCONR'_2$ (아마이드) + HX (이탈기의 짝산)

아마이드의 카보닐기는 염화 아실, 산 무수물, 또는 에스터의 카보닐기 보다 상당히 안정하다; 아마이드는 이들 각 카복실산 유도체로부터 빠르고 높은 수득률로 생성된다.

문제 19.20

카복실산과 알코올의 산-촉매 축합에 의해서 제조되는 에스터와 달리, 아마이드는 아민과 카복실산의 산-촉매 축합으로는 제조할 수 없다. 이유는 무엇인가?

19.13 아마이드의 가수분해

아마이드는 가장 반응성이 낮은 카복실산 유도체이고, 아민이 진행하는 유일한 친핵성 아실 치환 반응은 가수분해이다. 아마이드는 물에서 제법 안정하지만, 강산이나 염기의 존재하에서 가열하면 아마이드 결합은 끊어진다. 보통 이 끊어짐으로 아민과 카복실산이 생성된다. 그러나 산성에서, 아민은 양성자화되어 암모늄 이온이 된다.

$$RCNR'_2 + H_3O^+ \longrightarrow RCOH + R'_2\overset{+}{N}H_2$$

아마이드 하이드로늄 이온 카복실산 암모늄 이온

염기성에서, 카복실산은 탈양성자화되고, 카복실레이트 이온이 생성된다:

$$RCNR'_2 + HO^- \longrightarrow RCO^- + R'_2NH$$

아마이드 수산화 이온 카복실산 이온 아민

아미이드 결합이 깨어진 후에 일어나는 산-염기 반응은 두 가지 모든 경우에서 가수분해의 전체반응을 비가역적으로 만든다. 아민 생성물은 산에서 양성자화되고; 카복실산은 염기에서 탈양성자화된다.

2-Phenylbutanamide →(H_2O, H_2SO_4, 가열) 2-Phenylbutanoic acid (88–90%) + $NH_4^+ \ HSO_4^-$ Ammonium hydrogen sulfate

N-(4-Bromophenyl)acetamide →(KOH, 에탄올–물, 가열) Potassium acetate ($O^- \ K^+$) + H_2N–Br *p*-Bromoaniline (95%)

메커니즘상으로, 아마이드 가수분해는 다른 카복실산 유도체의 가수분해와 비슷하다. 산성에서 가수분해의 메커니즘은 메커니즘 19.4에 나타내었다. 이것은 두 과정으로 진행되며; 사면체형 중간체는 처음 과정에서 생성되고 두 번째 단계에서 해리된다.

아마이드는 카보닐 산소의 양성자화에 의해서 친핵성 아실 치환에 대하여 활성화된다. 이 단계에서 생성되는 양이온은 질소의 고립 전자쌍이 포함된 공명으로 안정화되고, 이것은 아마이드 질소가 양성자화된 중간체보다 더 안정하다.

메커니즘 19.4

산성 수용액에서 아마이드 가수분해

전체 반응:

$$RC(=O)NH_2 + H_3O^+ \longrightarrow RC(=O)OH + NH_4^+$$

아마이드 하이드로늄 이온 카복실산 암모늄 이온

메커니즘:

처음 과정: 사면체형 중간체의 형성 1~3단계는 알데하이드 및 케톤의 산-촉매 수화 및 에스터의 산-촉매 가수분해와 유사하다.

1단계: 아마이드 카보닐 산소의 양성자화

$$RC(=O)NH_2 + H_3O^+ \underset{}{\overset{\text{빠름}}{\rightleftharpoons}} RC(=\overset{+}{O}H)NH_2 + H_2O$$

아마이드 하이드로늄 이온 양성자화된 아마이드 물

2단계: 양성자화된 아마이드에 물의 친핵성 첨가

$$RC(=\overset{+}{O}H)NH_2 + H_2O \underset{}{\overset{\text{느림}}{\rightleftharpoons}} RC(OH)(\overset{+}{O}H_2)NH_2$$

양성자화한 아마이드 물 사면체형 중간체의 짝산($TI-H^+$)

(계속)

메커니즘 19.4

산성 수용액에서 아마이드 가수분해 (계속)

3단계: 사면체형 중간체(TI)의 중성 형태가 생성되는 TI—H^+의 탈양성자화

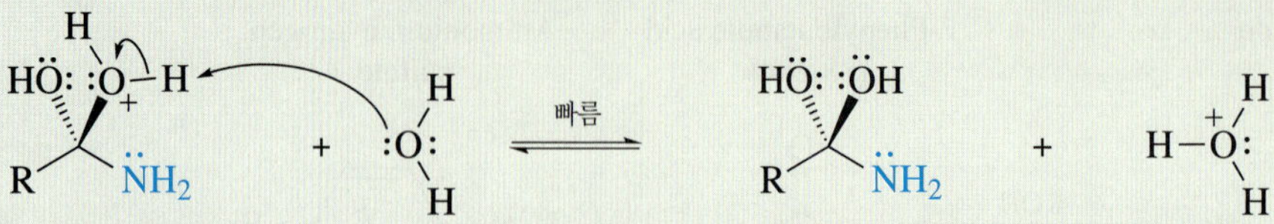

사면체형 중간체의 짝산 $(TI-H^+)$ + 물 ⇌(빠름) 사면체형 중간체 (TI) + 하이드로늄 이온

두 번째 과정: 사면체형 중간체의 해리 1~3단계가 카보닐기에 물의 첨가에 해당하는 것처럼, 4~6단계는 TI로부터 암모니아 또는 아민의 제거와 카보닐기의 복원에 해당한다.

4단계: TI의 아미노 질소의 양성자화

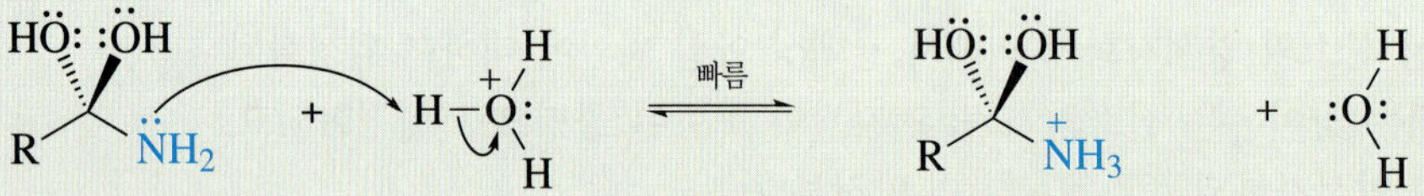

사면체형 중간체 (TI) + 하이드로늄 이온 ⇌(빠름) 사면체형 중간체의 짝산$(TI-H^+)$ + 물

5단계: *N*-양성자화된 사면체형 중간체의 해리는 암모니아와 양성자화된 카복실산을 형성한다.

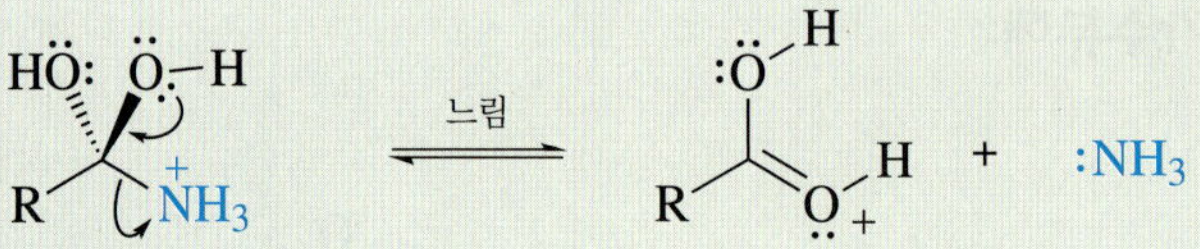

사면체형 중간체의 짝산$(TI-H^+)$ ⇌(느림) 양성자화된 카복실산 + 암모니아 ($:NH_3$)

6단계: 양성자의 이동과정은 카복실산과 암모늄 이온이 생성되도록 진행된다.

양성자화된 카복실산 + 물 ⇌(빠름) 카복실산 + 하이드로늄 이온

하이드로늄 이온 + 암모니아 ⇌(빠름) 물 + 암모늄 이온 ($H-\overset{+}{N}H_3$)

카보닐 산소의 영성자화

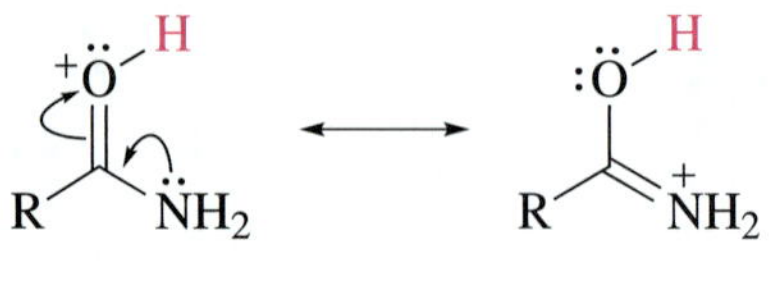

O-양성자화된 아마이드의
가장 안정한 공명 기여체

아마이드 질소의 양성자화

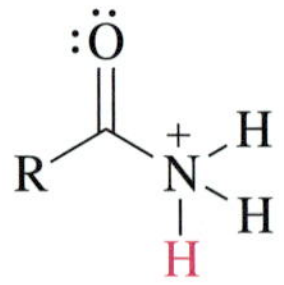

아실암모늄 이온
양전하는 질소에 편재되어 있다.

일단 형성되면, *O*-양성자화된 중간체는 2단계에서 물 분자에 의한 공격을 받는다. 이 단계에서 형성된 중간체는 3단계에서 양성자를 잃어버리고 중성의 사면체형 중간체를 형성하게 된다. 사면체형 중간체는 sp^3-혼성 탄소에 결합된 아미노기(—NH_2)를 가지고 있고, 이 아미노기는 4단계에서 양성자화가 일어나는 자리이다. 5단계에서는 탄소–질소 결합의 절단으로 암모니아와 함께 양성자화된 카복실산이 생성된다. 산성 용액에서 암모니아는 즉시 양성자화하여 6단계에서 보인 것처럼, 암모늄 이온을 만든다.

6단계에서 암모니아의 양성자화는 전체반응을 비가역적으로 만들 만큼 아주 큰 평형 상수를 갖는다.

문제 19.21

메커니즘 19.4에서 보여준 산성 용액에서 아마이드 가수분해의 일반적인 메커니즘을 근거로, 아세트아닐라이드 가수분해의 유사한 연속적인 단계를 쓰시오.

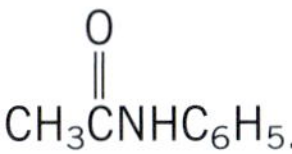

염기성에서, 사면체형 중간체는 에스터 비누화에서 제안한 유사한 방법으로 형성된다. 메커니즘 19.5의 1 및 2단계는 아마이드의 염기성 가수분해에서 사면체형 중간체가 형성되는 것을 보여준다. 3단계에서 사면체형 중간체의 염기성 아미노기는 물로부터 양성자를 빼앗고, 4단계에서는 유도된 암모늄 이온이 해리된다. 5단계에서 카복실산이 상응하는 카복실레이트 이온으로 변환되어 과정을 완료하고 전체 반응을 비가역적으로 만든다.

메커니즘 19.5

염기성 수용액에서 아마이드 가수분해

전체 반응:

$$RC(=O)NH_2 + HO^- \longrightarrow RC(=O)O^- + NH_3$$

아마이드 + 수산화 이온 → 카복실산 이온 + 암모니아

메커니즘:

1단계: 카보닐기에 수산화 이온의 친핵성 첨가

아마이드 + 수산화 이온 ⇌(느림) 사면체형 중간체의 음이온 형태

2단계: 음이온 형태인 사면체형 중간체로 양성자 이동

사면체형 중간체의 음이온 형태 + 물 → 사면체형 중간체 + 수산화 이온 음이온 형태

(계속)

메커니즘 19.5

염기성 수용액에서 아마이드 가수분해 (*계속*)

3단계: 아미노 질소 양성자화

사면체형 중간체 + 물 ⟶ 암모늄 이온 + 수산화 이온

4단계: *N*-양성자화된 사면체형 중간체의 해리

사면체형 중간체의 짝산 + 수산화 이온 ⟶ 카복실산 + 암모니아 + 물

5단계: 카복실레이트 음이온의 비가역성 형성

카복실산 + 수산화 이온 ⟶ 카복실산 이온 + 물

문제 19.22

메커니즘 19.5에서 보여준 염기성 가수분해의 일반적인 메커니즘을 근거로, *N*,*N*-다이메틸폼아마이드의 가수분해에 유사한 연속적인 단계를 쓰시오. $HCN(CH_3)_2$ (C=O)

19.14 락탐

락탐(Lactams)은 고리 아마이드이며 고리 에스터인 락톤과 유사하다. 대부분의 락탐은 그림에서 보여준 것처럼, 보통명으로 알려진다.

N-메틸피롤리돈
(극성 비양성자성 용매)

ϵ-카프로락탐
(공업 화학에서 나일론을 제조하는데 쓰인다)

아마이드가 에스터보다 더 안정한 것처럼, 락탐은 락톤보다 더 안정하다. 그래서 β-락톤은 드물지만(18.15절), β-락탐은 제약 산업의 생산품들 중에서 가장 잘 알려져 있다. 박테리아 감염을 치료하는데 아주 유용한 페니실린과 세팔로스포린 항생제는 β-락탐이다.

β-Lactams Antibiotics

It may never be known just how spores of *Penicillium notatum* found their way to a Petri dish containing Staphylococcus in Alexander Fleming's laboratory at St. Mary's Hospital in London during the summer of 1928. But they did, and the mold they produced made a substance that stopped the Staphylococcus colony from growing. His curiosity aroused, Fleming systematically challenged the substance he called "penicillin" with other bacteria and, in addition to *Staphylococcus*, found impressive activity against *Streptococcus* as well as the bacteria that cause diphtheria, meningitis, and pneumonia. Fleming published his findings in 1929, but his efforts to isolate the active substance responsible for penicillin's antibacterial properties were unsuccessful.

By 1938, Fleming had moved on to other research, and Howard Florey and Ernst Chain of the School of Pathology at Oxford were just beginning a program aimed at developing antibacterial agents from natural sources. A candidate that especially appealed to them was Fleming's penicillin.

Their most daunting initial problem was making enough penicillin. Enter Norman Heatley, of whom it has been said; ". . . without Heatley, no penicillin."* Heatley (Figure 19.3), an inventive and careful experimentalist, devised procedures to make and isolate penicillin on a scale sufficient to begin testing. By 1941, Florey, Chain, and Heatley had a drug that was both effective and safe.

England was at war, and the United States soon would be; the need for large amounts of penicillin was obvious.

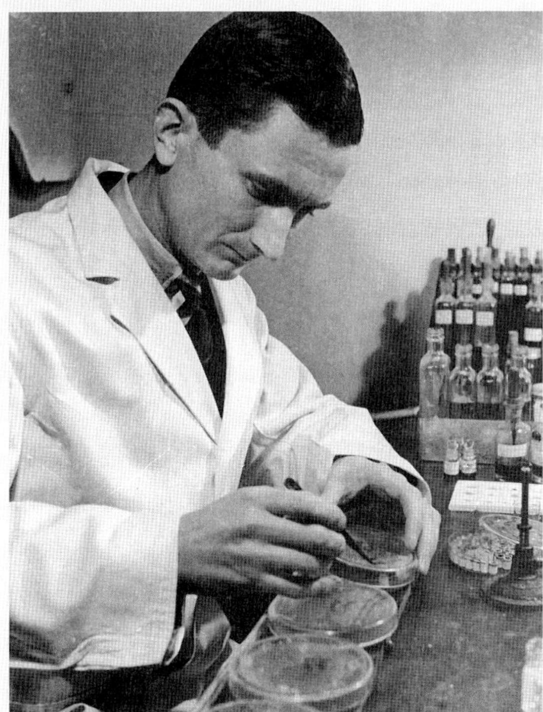

Figure 19.3

Norman Heatley was instrumental in devising methods for obtaining penicillins on a practical scale.

Working with the U.S. Department of Agriculture, Heatley and Andrew J. Moyer of the USDA laboratories in Peoria, Illinois, found better penicillium sources and developed novel fermentation methods to produce ever-increasing amounts of penicillin. Treatment of wounded soldiers with penicillin became possible early in 1943 and was widely practiced before the war ended in August 1945. Four months later, Fleming, Florey, and Chain traveled to Stockholm to accept that year's Nobel Prize for Physiology or Medicine. Heatley was not included because custom dictates that a Nobel Prize can be divided among no more than three persons.

The structure of penicillin is unusual because it contains an amide function as part of a four-membered ring (a **β-lactam**). Various penicillins differ in respect to substituent groups and their effectiveness against different strains of bacteria. Penicillin G originated in a strain obtained from a rotting cantaloupe in Peoria and was the first penicillin made on a large scale. Fleming's original penicillin (now called penicillin F) bears a $CH_3CH_2CH{=}CHCH_2—$ group in place of the $C_6H_5CH_2—$ of penicillin G. A different class of β-lactam antibiotics, the

Penicillin G

cephalosporins, are similar in structure to the penicillins but have a six-membered instead of a five-membered sulfur-containing ring.

Cephalexin

Although their strained four-membered ring makes β-lactam antibiotics susceptible to hydrolysis, this same elevated reactivity toward nucleophilic acyl substitution is responsible for their antibacterial properties. β-Lactams act by deactivating an enzyme, transpeptidase, required for the biosynthesis of bacterial cell walls. The active site of transpeptidase contains a key hydroxyl group, which is converted to an ester by a nucleophilic acyl substitution that cleaves the β-lactam ring. With the acylated form of the enzyme unable to catalyze cell-wall biosynthesis, further bacterial growth is brought under control, and the body's immune system does the rest.

(계속)

β-Lactams Antibiotics (계속)

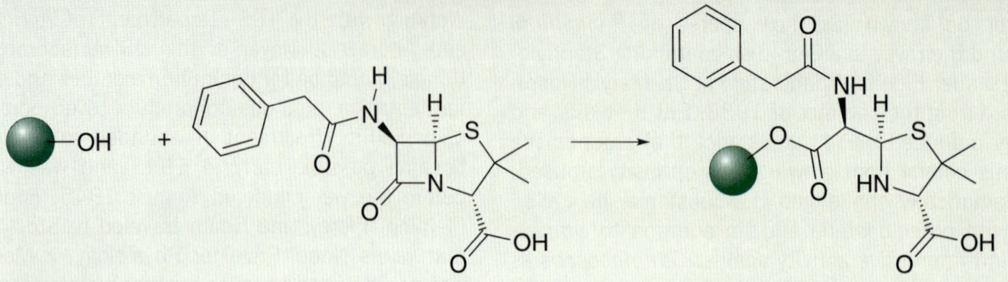

OH + →

Active form of transpeptidase

Penicillin G

Inactive ester of transpeptidase

Problem 19.23

(a) Penicillin-resistant strains of bacteria contain β-*lactamases*, enzymes that catalyze the hydrolysis of a penicillin before the penicillin can acylate *transpeptidase*. Suggest a reasonable structure for the product $C_{16}H_20N_2O_5S$ formed by β-lactamase-catalyzed hydrolysis of penicillin G.

(b) 6-Aminopenicillanic acid ($C_8H_{12}N_2O_3S$), a key compound in the preparation of "semisynthetic" penicillins, is prepared from penicillin G by *penicillin* acyl *transferase*-catalyzed hydrolysis. Suggest a reasonable structure for 6-aminopenicillanic acid.

*H. Harris, "The Florey Centenary Lecture and the Development of Penicillin," as quoted in E. Lax, *The Mold in Dr. Florey's Coat,* Henry Holt and Company, New York, 2004, page 89.

19.15 나이트릴 제조

우리는 이미 나이트릴 제조의 두 가지 과정을 공부했는데, 그것은 염화 알킬의 사이아나이드에 의한 친핵성 치환 및 알데하이드와 케톤의 사이아노히드린으로의 변환이다. 표 19.6은 이 반응들을 복습한다. 표에 있는 어떤 반응도 아릴 나이트릴(ArC≡N)에는 적당하지 않다; 이 화합물들은 대개 21.17절에서 논의되는 반응으로 제조된다.

알킬과 아릴나이트릴은 모두 아마이드의 탈수에 의해서 얻어진다.

$$\underset{\substack{\text{아마이드}\\(\text{R은 알킬 혹은}\\\text{아릴이다})}}{\overset{\displaystyle O}{\overset{\|}{\text{RCNH}_2}}} \longrightarrow \underset{\substack{\text{나이트릴}\\(\text{R은 알킬 혹은}\\\text{아릴이다})}}{\text{RC}\equiv\text{N}} + \underset{\text{물}}{H_2O}$$

이 탈수화에 사용되는 시약들 중에 P_4O_{10}은 오산화 인이라는 보통 명으로 알려져 있는데 그것은 분자식이 P_2O_5를 가지고 있다고 예전에는 생각되었기 때문이다. 오산화 인은 인산의 무수물이고 탈수제를 필요로 하는 많은 반응에 사용된다.

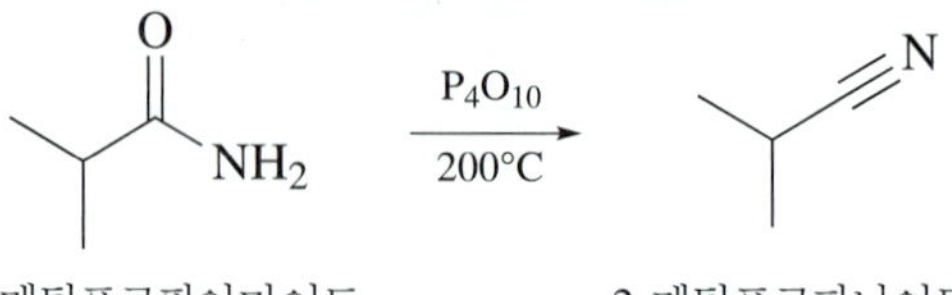

O, NH_2 —(P_4O_{10}, 200°C)→ N

2-메틸프로판아마이드

2-메틸프로파나이트릴 (69~86%)

표 19.6 나이트릴의 제조

반응(절)과 설명	일반식과 특정 예
사이안화 이온에 의한 친핵성 치환 (8.1, 8.10절) 사이안화 이온은 좋은 친핵체이고 할로젠화 알킬과 반응해서 나이트릴을 만든다. 반응은 S_N2 형태이고, 1차와 2차 할로젠화 알킬에 한정된다. 3차 할로젠화 알킬은 제거되고, 할로젠화 아릴과 비닐은 반응하지 않는다.	$:N{\equiv}C:^- + R{-}X \longrightarrow R{-}C{\equiv}N: + :X^-$ 사이안화 이온, 염화 알킬, 나이트릴, 할로젠화 이온 $CH_3(CH_2)_8CH_2Cl \xrightarrow[\text{ethanol-water}]{\text{KCN}} CH_3(CH_2)_8CH_2CN$ 1-Chlorodecane → (에탄올-물) Undecanenitrile (95%)
사이아노하이드린 형성(17.7절) 사이안화 수소는 알데하이드와 케톤의 카보닐기에 첨가된다.	$RC(=O)R' + HCN \longrightarrow RC(OH)(CN)R'$ 알데하이드 혹은 케톤, 사이안화 수소, 사이아노하이드린 3-Pentanone $\xrightarrow[H_3O^+]{\text{KCN}}$ 3-Pentanone cyanohydrin (75%)

문제 19.24

에틸 알코올이 어떻게 (a) CH_3CN과 (b) CH_3CH_2CN을 제조하는데 쓰이는지를 보이시오. 에틸 알코올과 함께 필요한 무기 시약을 사용해도 좋다.

19.16 나이트릴 가수분해

나이트릴은 가수분해에 의해서 카복실산으로 변환되기 때문에 카복실산 유도체로 분류된다. 요구되는 조건은 아마이드의 가수분해와 비슷하여, 산성이나 염기성 용액에서 대 여섯 시간동안 가열한다. 아마이드의 가수분해처럼 나이트릴 가수분해도 산이나 염기의 존재하에 비가역적이다. 산 가수분해는 암모늄 이온과 카복실산을 생성한다.

$$RC{\equiv}N + H_2O + H_3O^+ \longrightarrow RCOH(=O) + \overset{+}{N}H_4$$

나이트릴 물 하이드로늄 이온 카복실산 암모늄 이온

$$O_2N{-}C_6H_4{-}CH_2CN \xrightarrow[\text{가열}]{H_2O,\ H_2SO_4} O_2N{-}C_6H_4{-}CH_2COOH$$

p-Nitrobenzyl cyanide *p*-Nitrophenylacetic acid (92-95%)

염기성 수용액에서, 수산화 이온은 카복실산으로부터 양성자를 추출한다. 산을 분리하려면 이어진 산성화 단계가 요구된다.

$$\underset{\text{나이트릴}}{RC{\equiv}N} + \underset{\text{물}}{H_2O} + \underset{\text{수산화 이온}}{HO^-} \longrightarrow \underset{\text{카복실산 이온}}{RCO^-\ (C{=}O)} + \underset{\text{암모니아}}{NH_3}$$

$$\underset{\text{Undecanenitrile}}{CH_3(CH_2)_9CN} \xrightarrow[\text{2. } H_3O^+]{\text{1. KOH, } H_2O\text{, 가열}} \underset{\text{Undecanoic acid (80\%)}}{CH_3(CH_2)_9COH\ (C{=}O)}$$

염기성 용액에서 나이트릴 가수분해의 처음 4단계는 메커니즘 19.6에 주어졌다. 이 단계들은 나이트릴을 아마이드로 변환하고, 이어서 메커니즘 19.5에 있는 아마이드 가수분해 메커니즘에 따라 가수분해 생성물로 진행된다.

또한 나이트릴 가수분해의 산-촉매 메커니즘은 중간체로서 아마이드를 경유하여 진행된다. 문제 19.25는 학생들에게 이 과정의 메커니즘을 제안하도록 요구하는 것이다.

문제 19.25

산성 수용액에서 나이트릴(RCN)이 아마이드로 변환되는 적절한 메커니즘을 제안하시오.

물이 아닌 다른 친핵체 역시 나이트릴의 탄소-질소 삼중결합에 첨가될 수 있다. 다음 절에서, 그와 같은 친핵성 첨가의 합성적 응용을 보게 될 것이다.

메커니즘 19.6

염기성 수용액에서 나이트릴 가수분해

전체 반응: 나이트릴은 염기성 용액에서 가수분해되어 암모니아와 카복실산 이온을 만든다.

$$\underset{\text{나이트릴}}{RC{\equiv}N} \xrightarrow{H_2O} \underset{\text{아마이드}}{RC(=O)NH_2} \xrightarrow{HO^-} \underset{\text{카복실산 이온}}{RC(=O)O^-} + \underset{\text{암모니아}}{NH_3}$$

메커니즘:

1단계: 수산화 이온이 탄소-질소 삼중결합에 첨가된다. 이 단계는 카보닐기에 친핵성 첨가와 유사하다.

$$\underset{\text{수산화 이온}}{HO^-} + \underset{\text{나이트릴}}{RC{\equiv}N:} \rightleftharpoons \underset{\text{이마이드화 이온}}{R(C{=}N^-)OH}$$

2단계: 1단계의 생성물은 물로부터 양성자 추출에 의해 변환된 이미노산의 짝염기이다.

$$\underset{\text{이마이드화 이온}}{R(C{=}N^-)OH} + \underset{\text{물}}{H{-}O{-}H} \rightleftharpoons \underset{\text{이미노산}}{R(C{=}NH)OH} + \underset{\text{수산화 이온}}{^-:O{-}H}$$

3단계: 이미노산의 산소로부터 양성자 추출은 아마이드의 짝염기를 만든다.

이미노산 + 수산화 이온 ⇌ 아마이드의 짝염기 + 물

4단계: 아마이드의 짝염기는 물로부터 양성자를 추출한다.

아마이드의 짝염기 + 물 ⇌ 아마이드 + 수산화 이온

이 단계에서 형성된 아마이드는 메커니즘 19.5에서 보여준 과정에 따라 염기성 가수분해를 진행한다.

19.17 나이트릴에 Grignard 시약의 첨가

나이트릴의 탄소–질소 삼중결합은 알데하이드와 케톤의 탄소–산소 이중결합보다 친핵성 첨가에 대한 반응성이 훨씬 덜하다. 그러나 Grignard 시약과 같은 강한 염기성 친핵체는 합성적으로 중요한 반응에서 나이트릴과 반응한다:

$$\underset{\text{나이트릴}}{RC{\equiv}N} + \underset{\text{Grignard 시약}}{R'MgX} \xrightarrow[\text{2. } H_3O^+]{\text{1. 다이에틸 에터}} \underset{\text{이민}}{RC(=NH)R'} \xrightarrow[\text{가열}]{H_3O^+} \underset{\text{케톤}}{RC(=O)R'}$$

나이트릴에 Grignard 시약의 친핵성 첨가로 형성된 이민은 보통 분리가 되지 않지만 바로 가수분해가 되어 케톤이 된다.

$$m\text{-}(CF_3)C_6H_4C{\equiv}N + CH_3MgI \xrightarrow[\text{2. } H_3O^+\text{, 가열}]{\text{1. 다이에틸 에터}} m\text{-}(CF_3)C_6H_4COCH_3$$

m-(Trifluoromethyl)-benzonitrile; Methylmagnesium iodide; *m*-(Trifluoromethyl)-acetophenone (79%)

문제 19.26

프로페인나이트릴과 Grignard 시약으로부터 에틸 페닐 케톤이 어떻게 제조하는지 보여주는 반응식을 쓰시오. 이민 중간체의 구조는 무엇인가?

유기리튬 시약은 같은 방법으로 반응하고 종종 Grignard 시약 대신으로 쓰인다.

19.18 카복실산 유도체의 분광 분석

자외선: IR 분광학은 카복실산 유도체를 확인하는 데 아주 유용하다. 카보닐 신축 진동은 매우 강하고, 그것의 위치는 카보닐기의 성질에 민감하다. 일반적으로 치환체로부터의 전

자 주기는 탄소와 산소 사이에 이중결합 성질을 감소시키고 신축 진동수를 감소시킨다. 두 개의 분명한 흡수가 무수물 작용의 대칭과 비대칭 신축 진동에 의해서 관찰된다.

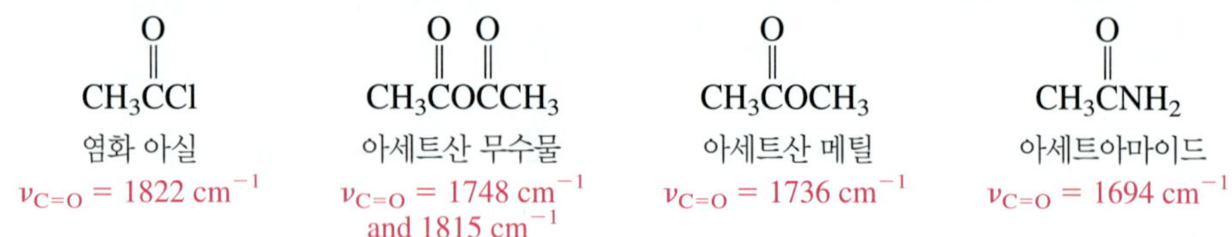

나이트릴은 2210−2260 cm^{-1} 지역에서 —C≡N 신축으로 인한 흡수에 의해서 쉽게 확인된다.

^{1}H NMR: ^{1}H NMR 스펙트럼에서 화학적 이동의 차이는 에스터의 구조 결정을 돕는다. 두 개의 에스터 이성질체: 아세트산 에틸과 프로판산 메틸을 생각해 보자. 그림 19.4에서 보이는 것처럼, 신호의 수와 다중항이 두 에스터에서 동일하다. 두 가지 모두 메틸 단일 항과 에틸기의 삼중−사중 형태를 갖는다.

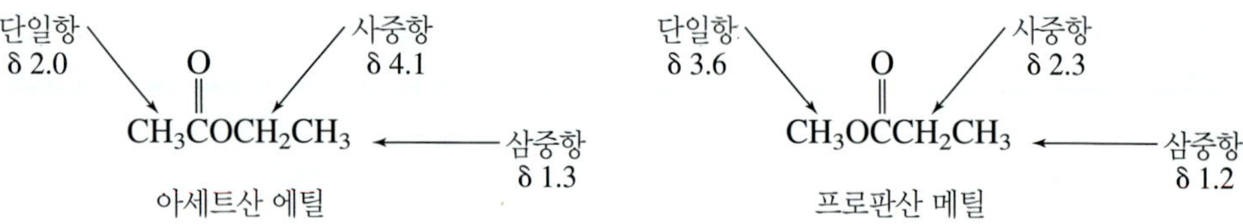

그러나 두 개의 스펙트럼에 대응하는 신호의 화학적 이동에서 중요한 차이가 있는 것에 주목하시오. 메틸기가 프로판산 메틸(δ 3.6)의 산소에 결합되어 있을 때보다 아세트산 에틸의 카보닐기에 결합되어 있을 때 메틸 단일항은 더 가려져있다(δ 2.0). 메틸렌기가 아세트산 에틸(δ 4.1)의 산소에 결합되어 있을 때보다 프로판산 메틸의 카보닐기에 결합되어 있을 때 메틸렌 사중 항은 더 가려져있다(δ 2.3). 피크의 수와 이들의 쪼개진 형태만의 분석은 에스터의 구조 과제에 명확한 답을 주지는 못한다; 방금 설명한 것과 같은 화학적−이동 자료를 역시 고려해야만 한다.

아마이드 N—H 양성자의 화학적 이동은 δ 5-8 범위에서 매우 넓은 피크로 가끔 나타난다.

^{13}C NMR: 카복실산 그 자체의 스펙트럼처럼, 카복실산 유도체의 ^{13}C NMR 스펙트럼은 δ160~180 범위에서 카보닐 탄소의 낮은 장 공명을 나타낸다. 카복실산 유도체의 카보닐 탄

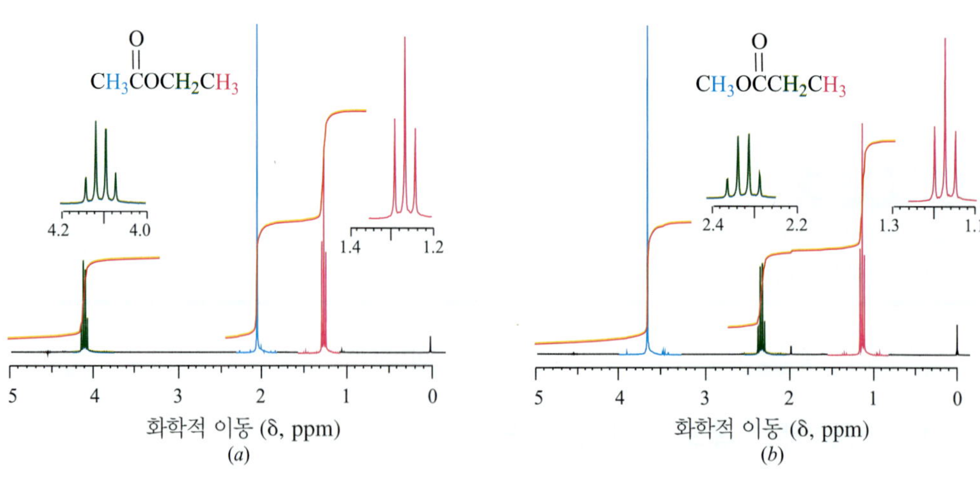

그림 19.4

(a) 아세트산 에틸과 (b) 프로판산 메틸의 300-MHz 1H NMR스펙트럼

소는 알데하이드나 케톤보다 더 가려지지만, 알켄과 아렌의 sp^2-혼성 탄소보다 덜 가려진다.

C≡N 기의 탄소는 δ 120 근처에서 나타난다.

UV-VIS: 다음 값은 카복실산 유도체의 C=O 기와 연결된 $n \rightarrow \pi^*$ 흡수의 전형적인 값이다.

	CH_3CCl (C=O)	CH_3COCCH_3 (C=O, C=O)	CH_3COCH_3 (C=O)	CH_3CNH_2 (C=O)
	염화 아세틸	아세트산 무수물	아세트산 메틸	아세트아마이드
λ_{max}	235nm	225nm	207nm	214nm

질량분석: 대부분 카복실산 유도체의 질량 분석에서 두드러진 피크는 카보닐기의 결합 절단으로 생성되는 아실륨 이온과 일치한다:

$$R-\overset{\overset{\ddot{O}^{\cdot +}}{\|}}{C}-\ddot{X}: \longrightarrow R-C\equiv\overset{+}{O}: + \cdot\ddot{X}:$$

그러나 아마이드는 질소-안정화된 아실륨 이온이 생성되는 반대 방향으로 절단되는 경향이 있다.

$$R-\overset{\overset{\overset{+}{\cdot}O:}{\|}}{C}-\ddot{N}R'_2 \longrightarrow R\cdot + [:\overset{+}{O}\equiv C-\ddot{N}R'_2 \longleftrightarrow :\ddot{O}=C=\overset{+}{N}R'_2]$$

19.19 요약

19.1절 이 장은 *염화 아실, 산 무수물, 에스터, 아마이드* 그리고 *나이트릴*의 제조와 반응에 관한 것이다. 이 화합물들은 일반적으로 카복실산 유도체로 분류되고, 그것들의 이름은 카복실산의 이름에 근거한다.

RCCl (C=O)	RCOCR (C=O, C=O)	RCOR′ (C=O)	RCNR′$_2$ (C=O)	RC≡N
염화 아실	산 무수물	에스터	아마이드	나이트릴

19.2절 카복실산 유도체의 구조와 반응성은 카보닐기에 결합된 원자가 카보닐에 전자를 얼마나 잘 주는지에 달려 있다.

$$R-\overset{\overset{\ddot{O}:}{\|}}{C}-\ddot{X} \longleftrightarrow R-\overset{\overset{:\ddot{O}:^-}{|}}{C}=X^+$$

전자-쌍 주기는 카보닐기를 안정화시키고 친핵성 아실 치환에 대한 반응성을 좋지 않게 만든다.

가장 반응성이 좋음 가장 반응성이 좋지 않음

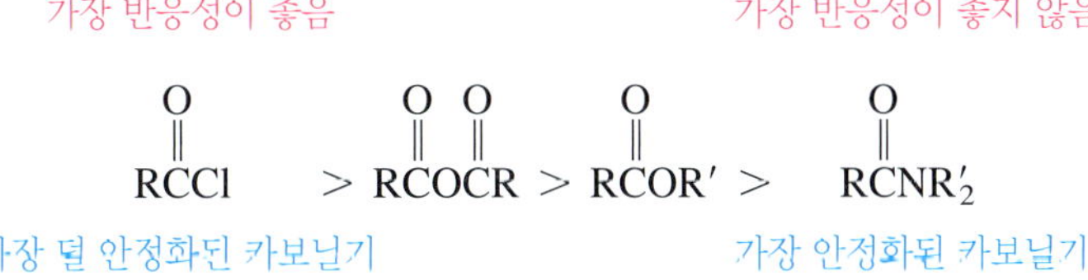

$$RCCl > RCOCR > RCOR' > RCNR'_2$$

가장 덜 안정화된 카보닐기 가장 안정화된 카보닐기

질소는 산소보다 더 좋은 전자-쌍 주개이고, 아마이드는 에스터와 무수물보다 더 안정한 카보닐기를 갖는다. 염소는 가장 빈약한 전자-쌍 주개이고, 염화 아실은 가장 덜 안정화된 카보닐기를 가지고 있어서 가장 반응성이 좋다.

19.3절 염화 아실, 산 무수물, 에스터, 아마이드의 특징적인 반응은 **친핵성 아실 치환**이다. 가장 흔한 메커니즘에 있어서, 카보닐기에 친핵성 시약 :Nu—H의 첨가는 사면체형 중간체를 형성하고, 분해되어 치환된 생성물이 얻어진다:

$$\underset{\text{카복실산 유도체}}{\mathrm{RC(=O)-X}} + \underset{\text{친핵체}}{:\mathrm{Nu-H}} \rightleftharpoons \underset{\text{사면체형 중간체}}{\mathrm{RC(OH)(:Nu)-X}} \rightleftharpoons \underset{\text{친핵성 아실 치환의 생성물}}{\mathrm{RC(=O)-\ddot{N}u}} + \underset{\text{이탈기의 짝산}}{\mathrm{HX:}}$$

19.4절 염화 아실은 친핵성 아실 치환에 의해서 산 무수물, 에스터, 아마이드로 변환된다.

$$\underset{\text{염화 아실}}{\mathrm{RCCl}(=O)} + \underset{\text{카복실산}}{\mathrm{R'COH}(=O)} \longrightarrow \underset{\text{산 무수물}}{\mathrm{RC(=O)OC(=O)R'}} + \underset{\text{염화 수소}}{\mathrm{HCl}}$$

$$\underset{\text{염화 아실}}{\mathrm{RCCl}(=O)} + \underset{\text{알코올}}{\mathrm{R'OH}} \longrightarrow \underset{\text{에스터}}{\mathrm{RC(=O)OR'}} + \underset{\text{염화 수소}}{\mathrm{HCl}}$$

$$\underset{\text{염화 아실}}{\mathrm{RCCl}(=O)} + \underset{\text{아민}}{\mathrm{2R'_2NH}} \longrightarrow \underset{\text{아마이드}}{\mathrm{RC(=O)NR'_2}} + \underset{\text{염화 암모늄염}}{\mathrm{R'_2\overset{+}{N}H_2\ Cl^-}}$$

이 반응들 각각의 예는 표 19.1에서 볼 수 있다.

19.5절 산 무수물은 염화 아실보다 친핵성 아실 치환에 반응성이 덜하지만, 에스터와 아마이드를 제조하는 유용한 시약이다.

$$\underset{\text{산 무수물}}{\mathrm{RC(=O)OC(=O)R}} + \underset{\text{알코올}}{\mathrm{R'OH}} \longrightarrow \underset{\text{에스터}}{\mathrm{RC(=O)OR'}} + \underset{\text{카복실산}}{\mathrm{RCOH}(=O)}$$

$$\underset{\text{산 무수물}}{\mathrm{RC(=O)OC(=O)R}} + \underset{\text{아민}}{\mathrm{2R'_2NH}} \longrightarrow \underset{\text{아마이드}}{\mathrm{RC(=O)NR'_2}} + \underset{\text{카복실산 암모늄염}}{\mathrm{R'_2\overset{+}{N}H_2\ {}^{-}OC(=O)R}}$$

표 19.2는 이 반응들의 예를 보여준다.

19.6절 에스터는 자연적으로 발생하거나, Fischer 에스터화 혹은 염화 아실이나 산 무수물의 아실화에 의한 알코올로부터 제조된다(표 19.3을 보시오). 에스터는 상응하는 크기의 모양을 갖는 알케인보다 극성이고 더 높은 끓는점을 갖는다. 에스터는 다른 에스터와 수소결합을 형성하지 않는다. 따라서 상응하는 알코올보다 낮은 끓는점을 갖는다. 에스터는 물과 수소결합을 할 수 있어서 물에서 용해도는 알코올과 비슷하다.

19.7절 에스터는 암모니아, 아민과 반응해서 아마이드를 만들고, 가수분해에 의해서 카복실산과 알코올로 끊어진다(표 19.4를 보시오).

19.8절 에스터의 가수분해는 산에 의해서 촉매화되고, 그것의 메커니즘(메커니즘 19.2)은 Fischer 에스터화 메커니즘의 반대이다. 반응은 사면체형 중간체를 통해서 진행된다.

$$R{-}\overset{\overset{\displaystyle OH}{|}}{\underset{\underset{\displaystyle OH}{|}}{C}}{-}OR'$$

에스터 가수분해에서
사면체형 중간체

19.9절 염기성 용액에서 에스터 가수분해는 *비누화*라고 부르고 산-촉매 가수분해에서처럼 같은 사면체형 중간체(메커니즘 19.3을 보시오)을 통해서 진행된다. 산-촉매 가수분해와는 달리, 비누화는 카복실산이 반응 조건에서 탈양성자화되기 때문에 비가역적이다.

$$\underset{\text{에스터}}{RC(=O)OR'} + \underset{\text{수산화 이온}}{HO^-} \longrightarrow \underset{\text{카복실산 이온}}{RC(=O)O^-} + \underset{\text{알코올}}{R'OH}$$

19.10절 에스터는 아민과 반응해서 아미이드를 만든다.

$$\underset{\text{에스터}}{RC(=O)OR'} + \underset{\text{아민}}{R''_2NH} \longrightarrow \underset{\text{아마이드}}{RC(=O)NR''_2} + \underset{\text{알코올}}{R'OH}$$

19.11절 에스터는 2당량의 Grignard 시약 또는 유기리튬과 반응해서 3차 알코올을 생성한다.

$$\underset{\text{메틸 에스터}}{RC(=O)OCH_3} + \underset{\text{Grignard 시약}}{2R'MgX} \xrightarrow[\text{2. } H_3O^+]{\text{1. 다이에틸 에터}} \underset{\text{3차 알코올}}{RC(OH)(R')R'}$$

수소화알루미늄 리튬은 에스터를 알코올로 환원시킨다. 두 개의 알코올이 형성된다; 아실기는 1차 알코올로 환원된다.

$$\underset{\text{에스터}}{RC(=O)OR'} \longrightarrow \underset{\text{1차 알코올}}{RCH_2OH} + \underset{\text{알코올}}{R'OH}$$

19.12절 적어도 한 개의 N—H 단위를 가지고 있는 아마이드는 다른 아마이드 분자들과 분자내 수소결합을 형성할 수 있다. 이 형태의 화합물은 N—H 결합이 없는 대응하는 화합물보다 높은 녹는점과 끓는점을 갖는다.

아마이드는 보통 염화 아실, 무수물, 에스터와 아민의 반응으로 제조된다.

19.13절 에스터 가수분해처럼, 아마이드 가수분해는 산성 수용액이나 염기성 수용액에서 이루어질 수 있다. 이 과정은 두 용액에서 비가역적이다. 염기성 수용액에서, 카복실산은 카보실레이트 이온으로 변환되고; 산성 수용액에서, 아민은 양성자화로 암모늄 이온이 된다.

$$\underset{\text{아마이드}}{RC(=O)NR'_2} + \underset{\text{물}}{H_2O} \xrightarrow{H_3O^+} \underset{\text{카복실산}}{RC(=O)OH} + \underset{\text{암모늄 이온}}{R'_2\overset{+}{N}H_2}$$

$$\underset{\text{아마이드}}{RC(=O)NR'_2} + \underset{\text{물}}{H_2O} \xrightarrow{HO^-} \underset{\text{카복실산 이온}}{RC(=O)O^-} + \underset{\text{아민}}{R'_2NH}$$

19.14절 락탐은 고리 아마이드이다.

19.15절 나이트릴은 사이아나이드 이온과 함께 염화 알킬의 친핵성 치환(S_N2), 알데하이드나 케톤이 사이아노히드린(표19.6을 보시오)로의 변환, 혹은 아마이드의 탈수화에 의해서 제조된다.

19.16절 나이트릴의 카복실산 가수분해는 산성과 염기성 용액 모두에서 비가역적이다.
가열

$$\underset{\text{나이트릴}}{RC{\equiv}N} \xrightarrow[\text{or}\ \ 1.\ H_2O,\ HO^-,\ \text{heat}\ \ 2.\ H_3O^+]{\text{또는}\ \ H_3O^+,\ \text{hea가열}} \underset{\text{카복실산}}{RC(=O)OH}$$

19.17절 나이트릴은 Grignard 시약과의 반응으로 케톤을 제조하는 유용한 출발 물질이다,

$$\underset{\text{나이트릴}}{RC{\equiv}N} + \underset{\text{Grignard 시약}}{R'MgX} \xrightarrow[2.\ H_3O^+,\ \text{가열}]{1.\ \text{다이에틸 에터}} \underset{\text{케톤}}{RC(=O)R'}$$

19.18절 염화 아실, 무수물, 에스터, 및 아마이드 모두는 적외선에서 C═O 신축에 강한 띠를 보인다. 약 1820 cm^{-1} (염화 아실)에서 1690 cm^{-1} (아미이드)의 범위에 걸쳐 있다. 그것의 ^{13}C NMR 스펙트럼은 δ 180근처에 카보닐 탄소의 특징적인 피크가 나타난다. ^{1}H NMR 분광학은 에스터(RCO_2R')의 R과 R′을 구별하는데 유용하다. R′에서 O에 결합되어 있는 탄소에 양성자는 C═O에 결합되어 있는 탄소보다 낮은 장(덜 가려진)에서 나티난다.

문제

19.27 다음 각 화합물의 구조식을 쓰시오:

(a) 염화 *m*-클로로벤조일
(b) 트라이플루오로아세트산 무수물
(c) *cis*-1,2-사이클로프로페인다이카복실산 무수물
(d) 사이클로헵테인카복실산 에틸
(e) 아세트산 1-페닐에틸
(f) 아세트산 2-페닐에틸
(g) *p*-에틸벤즈아마이드
(h) *N*-에틸벤즈아마이드
(i) 2-메틸헥세인나이트릴

19.28 다음 각 반응의 주 유기 생성물이나 생성물들의 구조식을 쓰시오.

(a) 염화 프로파노일과 프로판산 소듐
(b) 염화 뷰탄오일과 벤질 알코올
(c) 염화 *p*-클로로벤조일과 암모니아
(d) O O O 와 물
(e) $C_4H_4Na_2O_4$를 제조하기 위한 O O O 와 수산화 나트륨 수용액
(f) $C_4H_{10}N_2O_3$를 제조하기 위한 O O O 와 암모니아 수용액
(g) 벤조산 메틸과 과량의 브로민화 페닐마그네슘, 그리고 나서 H_3O^+
(h) 아세트산 무수물과 3-펜탄올
(i) 페닐아세트산 에틸과 수소화알루미늄 리튬, 그리고 나서 H_3O^+
(j) C4H7NaO3를 제조하기 위한 O O 와 수산화 소듐 수용액
(k) O O 와 암모나아 수용액

(l) 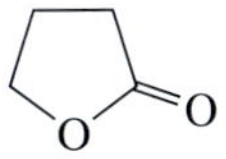 [γ-부티로락톤 구조] 와 수소화알루미늄 리튬, 그리고 나서 H_3O^+

(m) 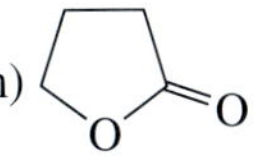 [γ-부티로락톤 구조] 와 과량의 브로민화 메틸마그네슘, 그리고 나서 H_3O^+

(n) 페닐아세트산 에틸와 메틸아민 (CH_3NH_2)

(o) $C_5H_{10}NNaO_2$를 제조하기 위한 [N-메틸피롤리돈 구조, N–CH_3] 와 수산화 소듐 수용액

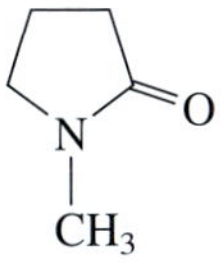

(p) $[C_5H_{12}NO_2]^+$를 제조하기 위한 [N-메틸피롤리돈 구조, N–CH_3] 와 염산 수용액 가열

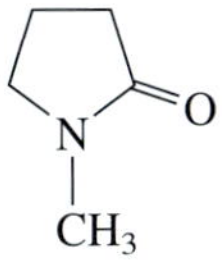

(q) $C_2H_4O_2$ + $C_7H_6O_2$를 제조하기 위한 $C_6H_5NHCCH_3$ (C=O) 와 염산 수용액 가열

(r) CH_7NO_4S + $C_7H_6O_2$를 제조하기 위한 $C_6H_5CNHCH_3$ (C=O) 와 황산 수용액 가열

(s) 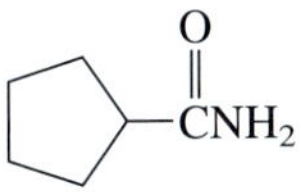 [사이클로펜탄]–CNH_2 (C=O) 와 P_4O_{10}

(t) $(CH_3)_2CHCH_2C{\equiv}N$과 염산 수용액 가열

(u) $C_8H_7NaO_3$를 제조하기 위한 *p*-메톡시벤조나이트릴과 수산화 소듐 수용액 가열

(v) 프로판나이트릴과 브로민화 메틸마그네슘, 그리고 나서 H_3O^+ 가열

19.29 물에서 묽은 황산 용액과 가열하면, 주어진 화합물은 CO_2를 발생하는 것이 관찰되었다. 반응 중에 어떤 유기화합물이 생성되었는가?

19.30 필요한 무기 시약과 함께 탄소 원자의 공급원으로써 톨루엔과 사이안산 소듐, 혹은 이산화탄소를 사용해서, 다음 각 화합물들이 어떻게 제조되는지를 보이시오:

(a) 염화 벤조일 (f) 벤질사이아나이드
(b) 벤조산 무수물 (g) 페닐아세트산
(c) 벤조산 벤질 (h) 염화 *p*-나이트로벤조일
(d) 벤즈아마이드 (m) 염화 *m*-나이트로벤조일
(e) 벤조나이트릴

19.31 ^{18}O-표지된 프로판산 에틸의 비누화는 에스터 가수분해에서 아실-산소 절단을 보여주는 중요한 실험의 하나로 19.9절에서 설명하였다. 이 실험에서 사용된 ^{18}O-표지된 프로판산 에틸은 ^{18}O-표지된 에틸 알코올로부터 제조되고, 교대로 아세트알데하이드와 ^{18}O-풍부한 물로부터 얻는다. 이 출발 물질로부터 ($CH_3CH_2COCH_2CH_3$, C=O)의 제조를 보이는 연속된 반응식들을 쓰시오.

19.32 다음 각각의 관측에 합당한 설명을 제안하시오.

(a) 트리플루오로아세트산의 비누화(염기 가수분해)에 두 번째 순서 속도 상수 *k*는 아세트산 에틸의 그것보다 백만 배 이상 크다(25°C).

(b) 2,2-다이메틸프로판산 에틸,$(CH_3)_3CCO_2CH_2CH_3$의 비누화에 두 번째 순서 속도 상수는 아세트산 에틸의 그것보다 거의 100배 작다(30°C).

(c) 아세트산 메틸의 비누화에 두 번째 순서 속도 상수 *k*는 아세트산 *tert*-뷰틸의 그것보다 거의 100배 크다(25°C).

(d) *m*-나이트로벤조산 메틸의 비누화에 두 번째 순서 속도 상수 *k*는 벤조산 메틸의 그것보다 거의 40배 크다(25°C).

(e) 5-펜탄올라이드의 비누화에 두 번째 순서 속도 상수 k는 4-뷰타놀라이드의 그것보다 거의 20배 크다(25°C).

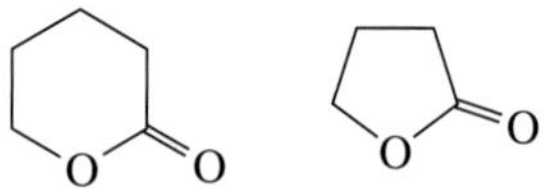

5-펜탄올라이드 4-뷰탄올라이드

(f) *trans*-4-*tert*-뷰틸사이클로헥세인카복실산 에틸의 비누화에 두 번째 순서 속도 상수 k는 그것의 *cis* 부분입체이성질체보다 거의 20배 크다(25°C).

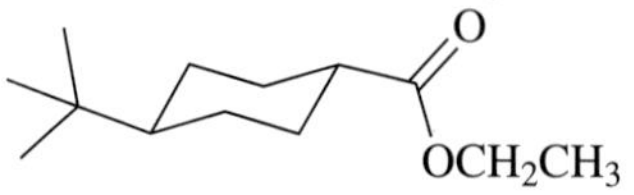

OCH_2CH_3

trans-4-*tert*-뷰틸사이클로헥세인카복실산 에틸 *cis*-4-*tert*-뷰틸사이클로헥세인카복실산 에틸

19.33 *trans* 입체 이성질체로부터 *cis*-4-*tert*-뷰틸사이클로헥산올의 제조는 다음 연속단계에 의해서 진행된다. 입체화학을 써서 화합물 A와 B의 구조식을 쓰시오.

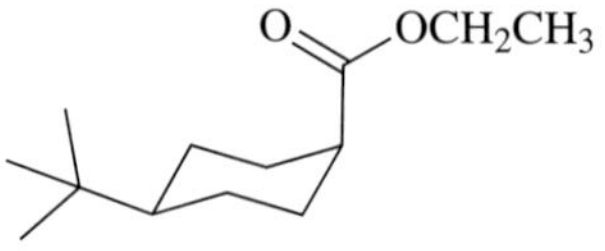

1단계: (OH) + $H_3C-C_6H_4-SO_2Cl$ $\xrightarrow{\text{피리딘}}$ 화합물 A ($C_{17}H_{26}O_3S$)

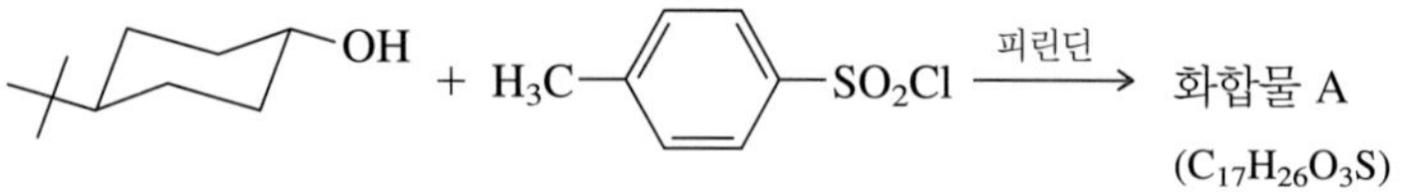

2단계: 화합물 A + $C_6H_5\overset{O}{\overset{\|}{C}}ONa$ $\xrightarrow[\text{가열}]{N,N\text{-다이메틸폼아마이드}}$ 화합물 B ($C_{17}H_{24}O_2$)

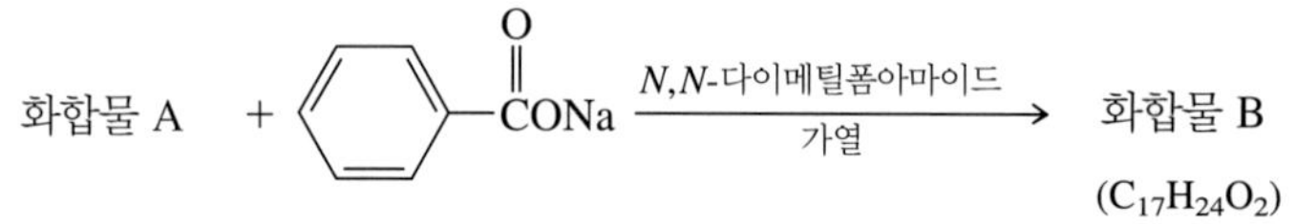

3단계: 화합물 B $\xrightarrow[H_2O]{NaOH}$ (OH)

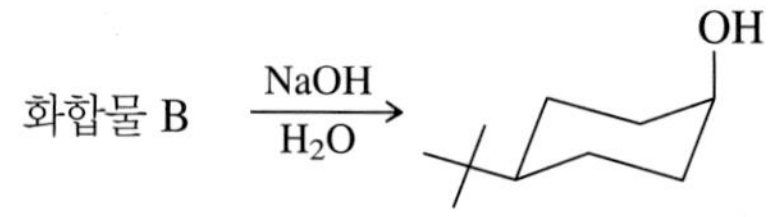

19.34 화합물 A는 탄수화물 페로사인(carbohydrate perosamine)의 유도체이고, 항생제 페로마이신에서 발견되었다. A가 메탄올에서 과량의 산 무수물과 반응할 때 모노-아실 유도체 $B(C_9H_{17}NO_5)$는 수득률이 73%로 얻어진다.

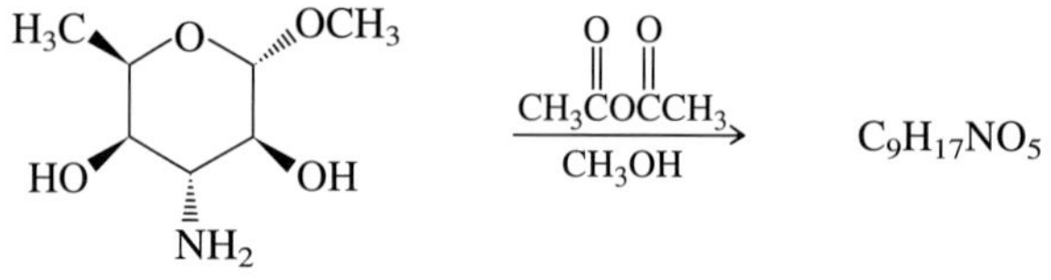

H_3C, O, OCH_3, HO, OH, NH_2 $\xrightarrow[CH_3OH]{CH_3COCCH_3}$ $C_9H_{17}NO_5$

화합물 A 화합물 B

(a) 그것의 구조는 무엇인가? (*힌트:* 메탄올이 산 무수물과 반응한다는 것을 고려하시오.)

(b) 이 반응의 선택성을 설명하시오,

(c) 메탄올이 생략된다면 기대되는 생성물은 무엇이고, 반응은 피리딘에서 과량의 산 무수물로 처리된다.

19.35 화합물 A로부터 목화씨 벌레 나방의 성 호르몬, 아세트산의 (*E*)-9,11-도데카다이엔-1-일, 제조는 설명되었다. 이 연속에서 각 단계의 적당한 시약을 제안하시오.

(a) $HOCH_2CH{=}CH(CH_2)_7CO_2CH_3 \longrightarrow HC(=O)CH{=}CH(CH_2)_7CO_2CH_3$
화합물 A(*E* 이성질체) → 화합물 B

(b) 화합물 B $\longrightarrow H_2C{=}CHCH{=}CH(CH_2)_7CO_2CH_3$
화합물 C

(c) 화합물 C $\longrightarrow H_2C{=}CHCH{=}CH(CH_2)_7CH_2OH$
화합물 D

(d) 화합물 D $\longrightarrow H_2C{=}CHCH{=}CH(CH_2)_7CH_2OC(=O)CH_3$
아세트산 (*E*)-9,11-도데카다이엔-1-일

19.36 각 반응식의 안정된 메커니즘을 보이시오.

(a) (γ-butyrolactone, O, O) + BrMg(CH₂)₄MgBr →(1. THF; 2. H_3O^+) 1-(3-hydroxypropyl)cyclopentanol (HO, OH)

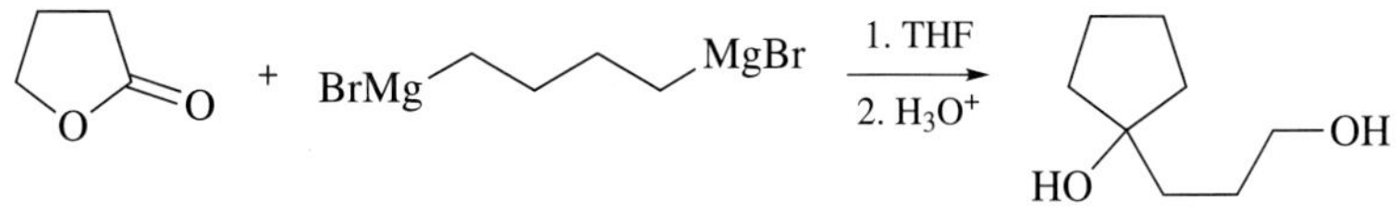

(b) H_2N–CH₂CH₂–(six-membered thiolactone: S, O) →(spontaneous) eight-membered lactam bearing HS (N–H, O)

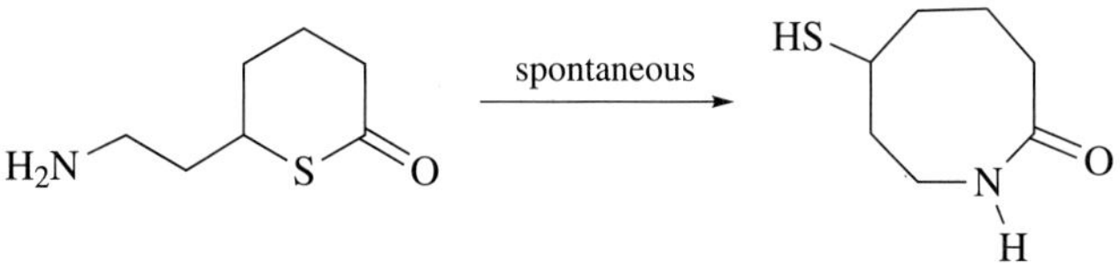

19.37 화합물 A는 진통제 벤조케인의 전구약으로 쓰인다(약학적으로 전구약은 일반적으로 신진대사 변화에 의해 몸에서 활동적인 약으로 전환되는 비활동적인 화합물이다). 효소 아미다제는 화합물 A를 벤조케인으로 변환한다. HCl 수용액에서 가수분해에 의해 생성되는 A의 가능한 생성물 구조를 쓰시오.

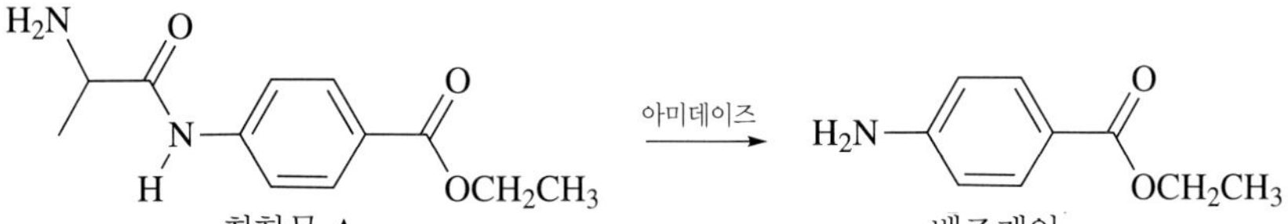

$CH_3CH(NH_2)C(=O)NH$–C_6H_4–$C(=O)OCH_2CH_3$ →(아미데이즈) H_2N–C_6H_4–$C(=O)OCH_2CH_3$
화합물 A → 벤조케인

19.38 A의 형태로 나타난 화합물들이 펜테인에서 지속될 때, 그것들은 구조 이성질체 B로 변한다.

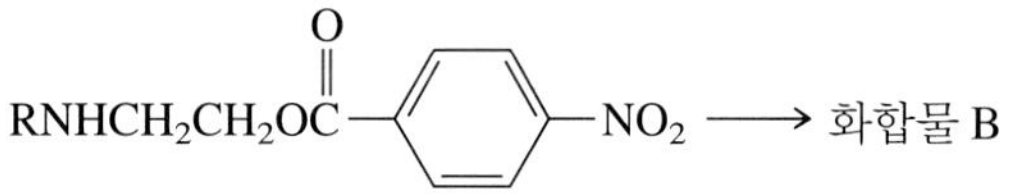

$RNHCH_2CH_2OC(=O)$–C_6H_4–$NO_2 \longrightarrow$ 화합물 B
화합물 A

A 혹은 B의 가수분해는 $RNHCH_2CH_2OH$와 *p*-나이트로벤조산를 생성한다. 화합물 B의 합당한 구조를 제안하고, 화합물 A가 화합물 B로 변하는데 있어서 중요한 중간생성물의 구조를 씀으로써 이 반응의 메커니즘을 이해했다는 것을 보이시오.

19.39 어떤 화합물은 분자량이 83이고 질소를 가지고 있다. 그것의 적외선 스펙트럼은 2270 cm^{-1}에서 적당히 강한 피크를 가지고 있다. 그것의 ^{1}H와 ^{13}C NMR 스펙트럼은 그림 19.5에서 보여주었다. 이 화합물의 구조는 무엇인가?

19.40 화합물 A는 분자식이 $C_4H_6O_2$이고, IR 스펙트럼은 1760 cm^{-1}에서 강한 피크를 가지고 있다. ^{13}C NMR 스펙트럼은 δ 20.2(CH_3), 96.8(CH_2), 141.8(CH), 그리고 167.6(C)에서 나타난다. 이 화합물의 ^{1}H NMR 스펙트럼 δ 2.1에서 3-양성자 단일피크를 가진다. 이 화합물의 구조는 무엇인가?

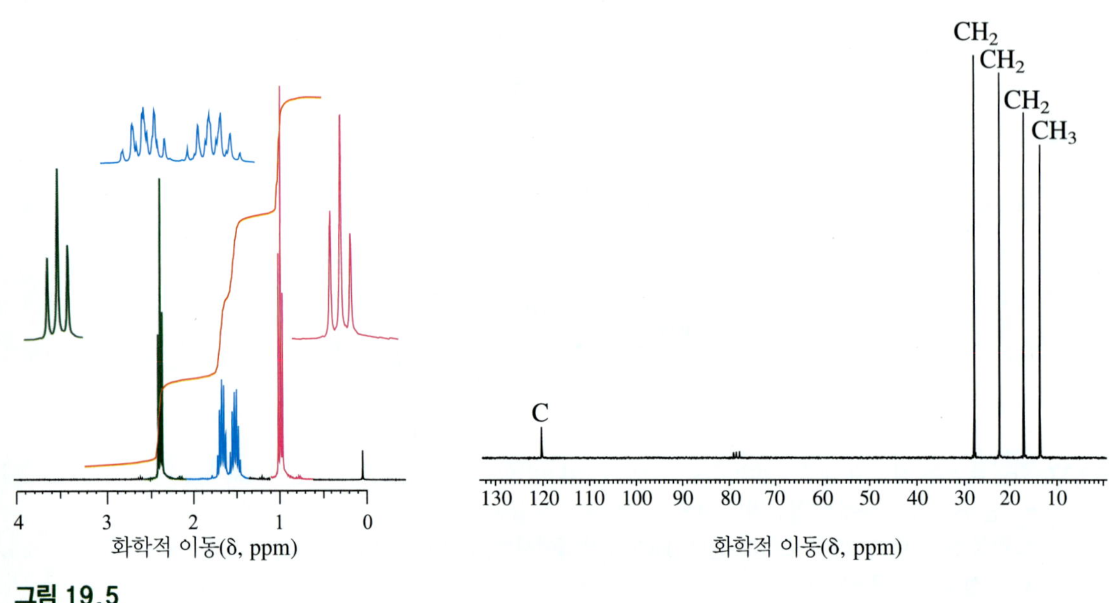

그림 19.5

문제 19.39의 (a) 300-MHz ^{1}H과 (b) ^{13}C NMR 스펙트럼

설명문과 이해 문제 19

싸이오에스터

싸이오에스터는 일반식 $\mathrm{R\overset{O}{\overset{\|}{C}}SR'}$을 갖는다. 이것은 이들의 산소 대응물 $\mathrm{R\overset{O}{\overset{\|}{C}}OR'}$ (옥소에스터)와 구조가 비슷하고, 염화 아실, 산 무수물, 아마이드와 같은 다른 카복실산 유도체보다 더 반응성이 있다. 싸이오에스터는 옥소에스터가 알코올로부터 제조되는 것과 매우 같은 방법으로 염화 아실, 산 무수물과 반응으로 싸이올로부터 제조된다.

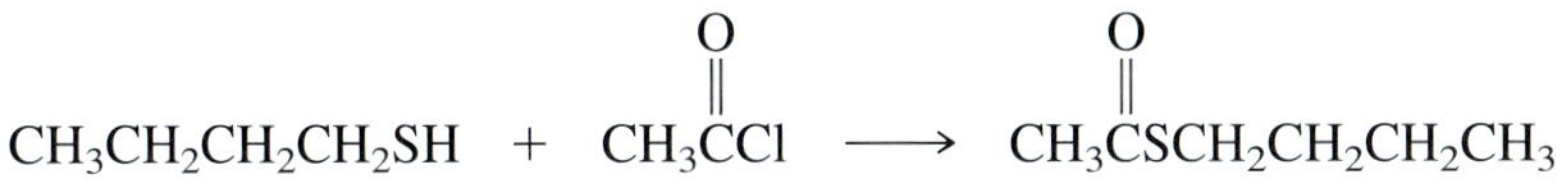

$$\underset{\text{1-Butanethiol}}{CH_3CH_2CH_2CH_2SH} + \underset{\text{Acetyl chloride}}{CH_3\overset{O}{\overset{\|}{C}}Cl} \longrightarrow \underset{\text{Butyl thioacetate (91\%)}}{CH_3\overset{O}{\overset{\|}{C}}SCH_2CH_2CH_2CH_3}$$

평형이 보통 유리하지 않기 때문에 Fischer 에스터화에 의한 싸이오에스터의 제조는 효과적이지 않다. 에탄올이 68% 정도의 벤조산 에틸로 변화되는 조건에서, 에테인싸이올은 단지 15%의 싸이오벤조산 에틸을 생성한다.

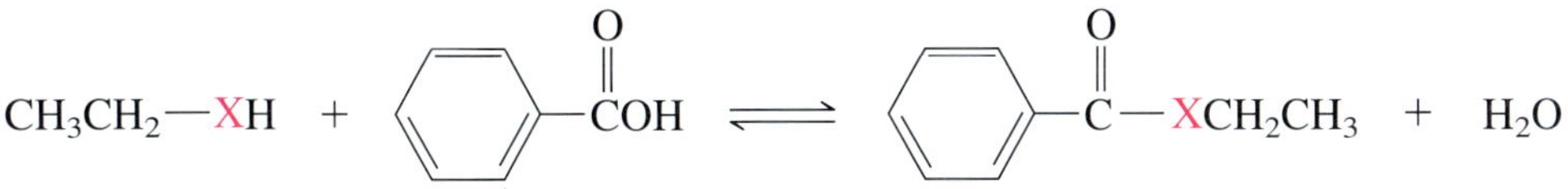

$$CH_3CH_2-XH + C_6H_5\overset{O}{\overset{\|}{C}}OH \rightleftharpoons C_6H_5\overset{O}{\overset{\|}{C}}-XCH_2CH_3 + H_2O$$

에탄올: X = O
에테인싸이올: X = S

평형에서: X = O; 68%
X = S; 15%

이것과 다른 많은 관찰은 S—C—O는 O—C—O보다 덜 안정하다는 것을 나타낸다. 염소처럼 황은 3-주기 원소이고 산소와 마찬가지로 카보닐기에 전자-쌍 주개로서의 역할을 하지 못한다.

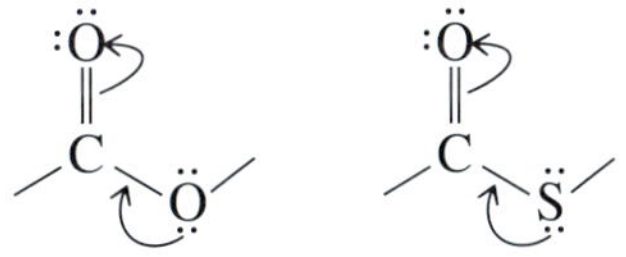

더 효과적인 덜 효과적인

싸이오에스터와 옥소에스터는 싸이오에스터가 훨씬 더 반응성이 좋은 아민 친핵체를 제외한 친핵성 아실 치환에서 속도가 비슷하다. 많은 생화학 반응은 **아실 이동(acyl transfer)** 반응으로 불리는 친핵성 아실 치환을 포함한다. 싸이오에스터 아세틸 *보조효소* A는 알코올, 아민, 및 혼합된 다른 생화학 친핵체에 대한 아세틸기 주개이다.

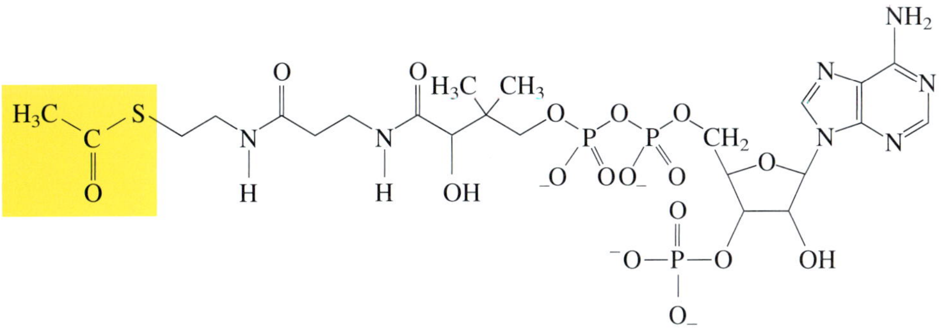

아세틸 보조효소 A ($CH_3\overset{O}{\overset{\|}{C}}SCoA$)

기상-취침 순환을 포함한 24시간 주기를 조절하는 송과체에 의해서 분비되는 호르몬인 *멜라토닌*은 아세틸 보조효소 A의 황으로부터 세로토닌의 NH_2기로 효소-촉매화 아세틸기 이동의 첫 번째 단계에서 생합성된다.

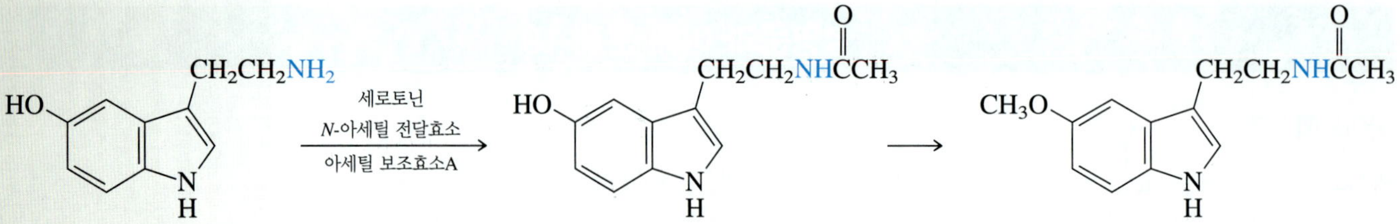

Serotonin (HO, $CH_2CH_2NH_2$) —세로토닌 N-아세틸 전달효소, 아세틸 보조효소A→ N-Acetylserotonin (HO, $CH_2CH_2NHCCH_3$ with C=O) → Melatonin (CH_3O, $CH_2CH_2NHCCH_3$ with C=O)

19.41 싸이오에스터는 친핵성 아실 치환에 의해서 하이드록실아민과 반응하여 하이드록삼산 (hydroxamic acid)을 생성한다. 다음 반응에서 생성되는 하이드록삼산의 구조는 무엇인가?

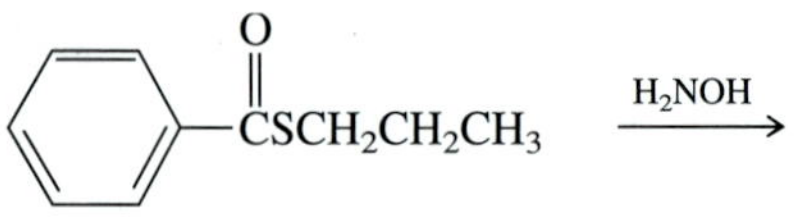

$C_6H_5C(=O)SCH_2CH_2CH_3 \xrightarrow{H_2NOH}$

A. $CH_3CH_2CH_2ONH_2$

B. $CH_3CH_2CH_2NHOH$

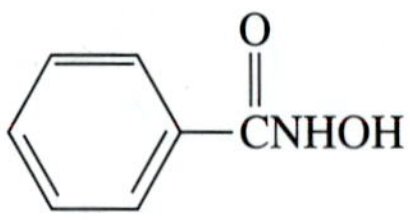

C. $C_6H_5C(=O)NHOH$

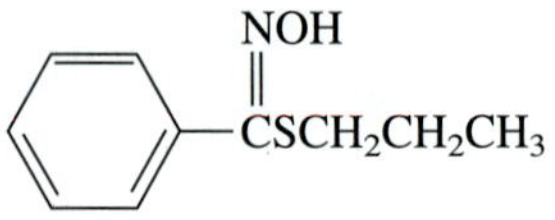

D. $C_6H_5C(=NOH)SCH_2CH_2CH_3$

19.42 주어진 반응에서 평형 상수 K는 56이다.

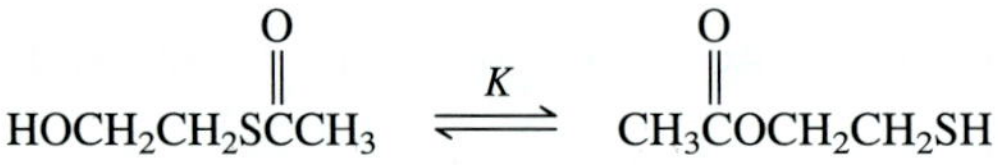

$$HOCH_2CH_2SC(=O)CH_3 \underset{}{\overset{K}{\rightleftharpoons}} CH_3C(=O)OCH_2CH_2SH$$

다음 설명을 완성시켜서 이 반응을 올바르게 묘사하시오.

A. ΔG는 평형에서 + 이다. C. $\Delta G°$는 + 이다.

B. ΔG는 평형에서 − 이다. D. $\Delta G°$는 − 이다.

19.43 문제 19.42에서 보여준 반응에서, 평형에서 최대 양으로 존재하는 이성질체가 생성되는 메커니즘에 있어서 다음 어느 것이 더 좋은 전자의 흐름을 나타내는 단계인가?

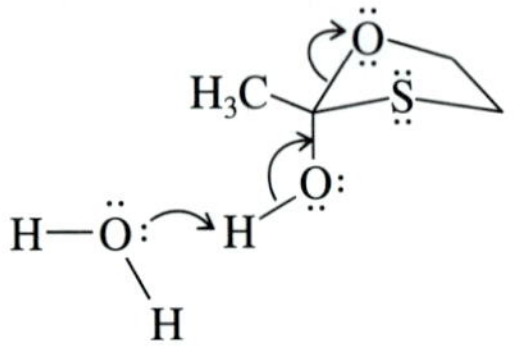

A. (H₃C, Ö, S̈, O:, H—Ö—H, H)

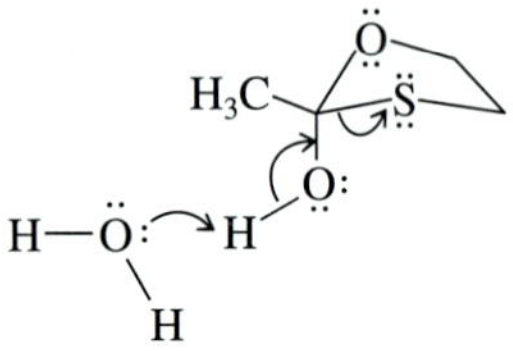

B. (H₃C, Ö, S̈, O:, H—Ö—H, H)

19.44 어떤 반응이 가장 빠른 속도로 일어나는가?

A. $CH_3C(=O)SCH_2CH_3 + CH_3NH_2 \longrightarrow CH_3C(=O)NHCH_3 + CH_3CH_2SH$

B. $CH_3C(=O)OCH_2CH_3 + CH_3NH_2 \longrightarrow CH_3C(=O)NHCH_3 + CH_3CH_2OH$

C. $CH_3C(=O)SCH_2CH_3 + H_2O \longrightarrow CH_3C(=O)OH + CH_3CH_2SH$

D. $CH_3C(=O)OCH_2CH_3 + H_2O \longrightarrow CH_3C(=O)OH + CH_3CH_2OH$

19.45 앞의 문제에서 어떤 반응의 $\Delta G°$가 가장 음의 값을 갖는가?

19.46 아세틸콜린은 신경 세포에서 아세틸 보조 효소 A와 함께 염소의 효소–촉매 작용에 의해서 형성되는 신경 전달체이다.

콜린 + 아세틸 보호효소 A $\xrightarrow{\text{콜린 아세틸 전달효소}}$ $CH_3C(=O)OCH_2CH_2\overset{+}{N}(CH_3)_3$

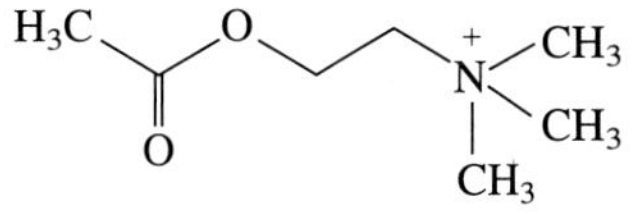

아세틸콜린

콜린의 가장 합당한 구조는 무엇인가?

A. $HSCH_2CH_2\overset{+}{N}(CH_3)_3$

B. $HOCH_2CH_2\overset{+}{N}(CH_3)_3$

C. $CH_3C(=O)OCH_2CH_2NH_2$

D. $CH_3C(=O)SCH_2CH_2\overset{+}{N}(CH_3)_3$

19.47 Thiane은 주어진 과정에 의해서 5-클로로-1-펜텐으로부터 수득률이 76%로 제조된다. 이 합성에서 화합물 X의 구조를 추론하시오.

$ClCH_2CH_2CH_2CH=CH_2$ (5-클로로-1-펜텐) $+ CH_3C(=O)SH \xrightarrow{\text{빛}}$ 화합물 X $\xrightarrow[H_2O]{NaOH}$ 싸이에인(Thiane)

A. 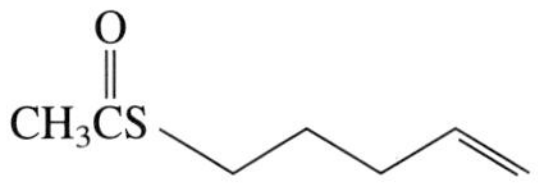 $CH_3C(=O)S$–(CH₂)-chain–$CH=CH_2$

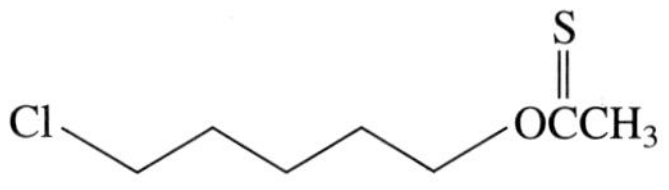

B. 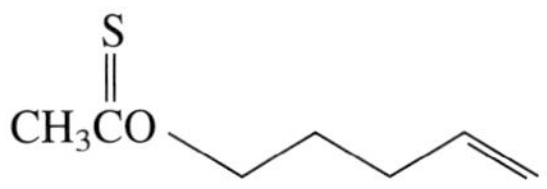 $CH_3C(=S)O$–(CH₂)-chain–$CH=CH_2$

C. Cl–(CH₂)-chain–$OC(=S)CH_3$

D. 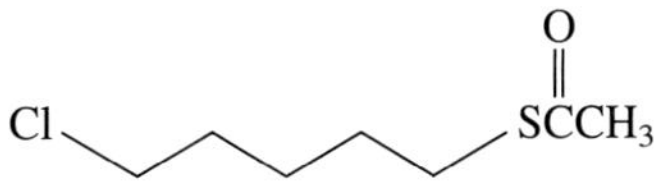 Cl–(CH₂)-chain–$SC(=O)CH_3$

장의 개요

C=C—OH 구조 단위를 갖는 화합물은 엔올로 분류되고, 알코올과 알켄과는 그 성질이 다르다. 구조에 HO—C=C 단위가 있는 엔다이올인 바이타민 C에서는 더욱 더 다르다.

엔올과 엔올 음이온

Enols and Enolates

우리는 17장에서 알데하이드와 케톤의 친핵성 첨가는 유기화학의 기본 반응 형태 중 하나라는 것을 배웠다. 또 19장에서는 카르복실산 유도체에서 카르보닐기에 첨가는 친핵성 아실치환을 한다는 것도 알았다. 이 장에서는, 알데하이드, 케톤, 에스터의 토토머와 엔올 음이온으로 알려진 엔올의 짝염기를 포함한 카아보닐 활동의 세 번째 형태를 만나게 될 것이다.

케토–엔올 토토머화

케토 토토머 ⇌ 엔올 토토머

산–염기 ⇅   산–염기 ⇅

전자 비편재화

엔올 음이온

토토머는 원자 또는 작용기와 다중결합의 위치가 바뀐 관계에 있는 구성이성질체이다. 케토-엔올 토토머화(현상)에서 이것들은 카보닐기의 이중결합과 C=O에 인접한 탄소(α 탄소)에 있는 양성자이다. *토토머화*는 케토와 엔올 형태 사이의 관계를 나타내고, 토토머화는 이들의 상호변환과 관계가 있다.

이 장에서는 케토-엔올 토토머화로 시작하고, 엔올화 정도에 영향을 주는 구조, 그것의 메커니즘과 카보닐 화합물의 반응에서 엔올의 역할을 다룬다. 그리고 엔올 음이온과 탄소-탄소 결합을 하는데 있어서 그것의 합성적 가치 등과 같은 제일 중요한 부분으로 진행된다. 그 응용은 많지만, 대부분은 친핵체로서 작용하는 엔올 음이온의 공통된 특징을 갖는다.

20.1 엔올 함량과 엔올화

케토⇌엔올 평형은 α 탄소에 양성자를 포함하는 카보닐 화합물의 특성이고, 보통은 케토형이 우세하다(표 20.1). 간단한 알데하이드와 케톤은 거의 대부분 케토형으로 존재한다; 아세트알데하이드는 엔올을 1 ppm 보다 작게 갖고 있으며, 아세톤은 그것보다 100배 덜 갖는다. 아세트 산과 메틸 아세테이트의 케토 이성질체는 각각 OH와 OCH_3로부터 C=O로 방출된 전자로 인해서 안정되기 때문에 그것들의 엔올 함량은 더 작아진다. 엔올은 그렇지 않다.

엔올은 9.12절에서 알카인 수화에 있어서 반응중간체.

문제 20.1

다음 각각에 대한 엔올 이성질체의 구조식을 쓰시오.

(a) 2,2-다이메틸-3-펜탄온 (c) 2-메틸사이클로헥산온
(b) 아세토페논 (d) 메틸 바이닐 케톤

풀이 예시 (a) 2,2-다이메틸-3-펜탄온의 α 탄소 중에 한 개만이 결합된 수소를 갖고, 그래서 오직 한 개의 구성이성질체 엔올이 가능하다. *E*와 *Z* 입체이성질체가 가능하다.

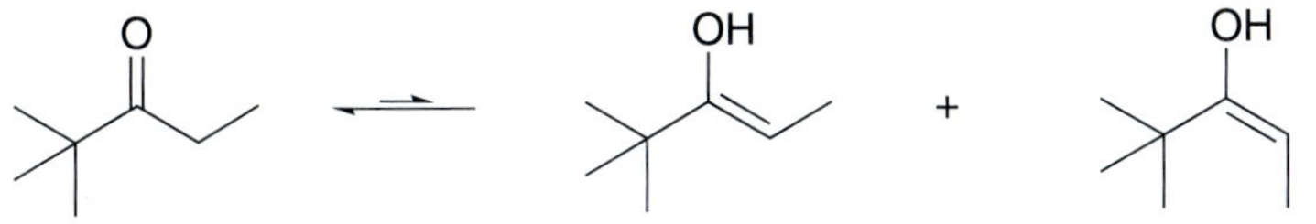

2,2-Dimethyl-3-pentanone (케토) ⇌ (*Z*)-4,4-Dimethyl-2-penten-3-ol (엔올) + (*E*)-4,4-Dimethyl-2-penten-3-ol (엔올)

표 20.1 몇 가지 카보닐 화합물의 엔올화 평형(케토 ⇌ 엔올)*

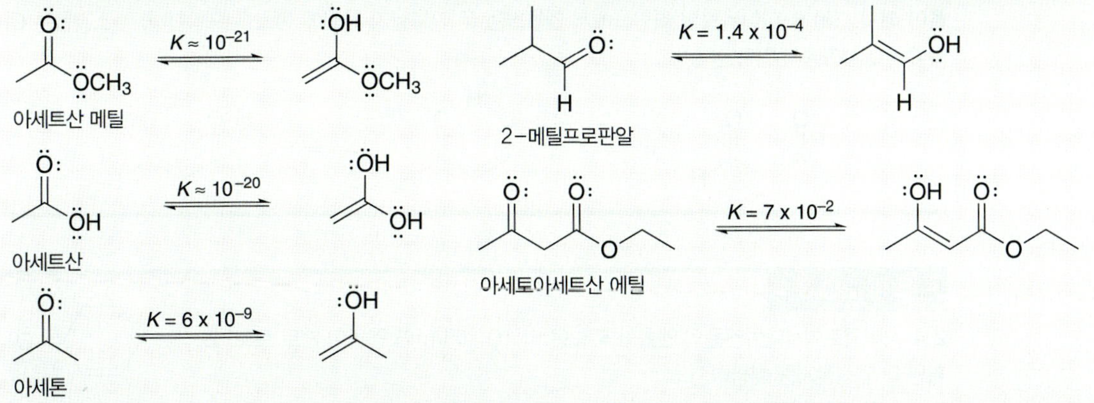

케토	K	엔올
아세트산 메틸	$K \approx 10^{-21}$	
아세트산	$K \approx 10^{-20}$	
아세톤	$K = 6 \times 10^{-9}$	
2-메틸프로판알	$K = 1.4 \times 10^{-4}$	
아세토아세트산 에틸	$K = 7 \times 10^{-2}$	

아세트알데하이드 $\rightleftharpoons$ ($K = 6 \times 10^{-7}$)

2-4-테인다이온 $\rightleftharpoons$ ($K = 2 \times 10^{-1}$)

*25°C 물에서

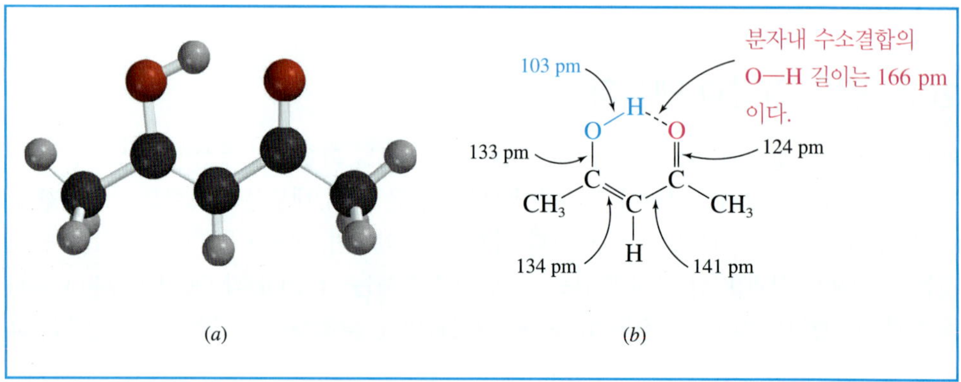

그림 20.1

2,4-펜테인다이온의 엔올에서 (a) 분자 모형과 (b) 결합 거리.

표 20.1의 β-다이카보닐 화합물에서 훨씬 더 높은 엔올 함량- 아세토아세트산 에틸에서는 거의 7%이고 2,4-펜테인다이온에서는 거의 20%-은 다른 카보닐기와 탄소-탄소 이중결합의 컨쥬게이션 및 C=O와 엔올성 OH 분자내 수소결합에 의한 엔올의 안정화를 반영한다. 그림 20.1에서 보여준 2,4-펜테인다이온의 엔올 구조에서 이들 모두의 특징이 분명하다. 유사한 구조적 특징이 아세토아세트산 에틸의 엔올을 안정시킨다.

문제 20.2

분자내 수소결합를 반영하는 형태를 보여주는 β-다이카보닐 화합물에서 두 개의 가장 안정한 엔올 이성질체의 구조식을 쓰시오.

(a) (b) (c)

풀이 예시 (a) β-다이카보닐 화합물에서 엔올화는 두 카보닐기 사이에 탄소를 포함한다. 수소결합은 OH와 C=O 사이에서 일어난다.

문제 20.3

2,4-사이클로헥사다이엔온의 엔올화 K 값은 약 10^{13}이다. 왜 엔올이 케토 토토머보다 훨씬 더 안정한지를 설명하시오.

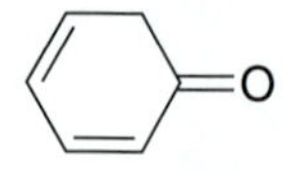

메커니즘 20.1은 산-촉매 케토-엔올 평형이 일어나는 두 단계를 설명한다; 첫 단계는 카보닐 산소의 양성자화이고, 두 번째 단계는 α 탄소로부터 양성자 제거이다.

이 메커니즘에 이르게 된 연구는 아세톤의 할로젠화 비율이 할로젠과 할로젠의 농도와 무관하다는 것을 알아낸 Arthur Lapworth에 의해서 100년전 London에서 이루어 졌다.

아세톤 + X_2 (염소, 브로민, 또는 아이오딘) ⟶ 할로젠-치환 아세톤 + HX (할로젠화 수소)

Lapworth은 엔올이 활성 중간체였다는 것을 설명했고, 그것의 형태는 속도를 결정했고 할로젠은 속도결정 단계 후에까지 참여하지 않았다. 일찍이 이런 연구는 일반적으로 알데하이드와 케톤의 α-헬로젠화에 메커니즘을 받아들이는 기본을 제공했다.

느림 / 빠름 / 빠름

더 더욱, 이 반응에서 엔올이 중간체라는 Lapworth의 제안은 또한 카보닐 화합물의 수많은 다른 반응에 적용된다. 엔올은 알킨(9.12절 참조)과 β-케토 산과 말론 산 파생물(18.16절 참조)의 수화물에서 중간 생성체이다. 글루코스 물질대사와 지방산 생합성을 포함한 수많은 생화학 과정에서 그것들도 또한 중간 생성물이다.

메커니즘 20.1

2-메틸프로판알의 산-촉매 엔올화

전체 반응:

2-메틸프로판알 $\underset{}{\overset{H_3O^+}{\rightleftharpoons}}$ 엔올

메커니즘:

1단계: 수용액에서, 하이드로늄 이온 카보닐 산소에 양성자를 전달한다.

2-메틸프로판알 + 하이드로늄 이온 $\overset{빠름}{\rightleftharpoons}$ 2-메틸프로판알의 짝산 + 물

2단계: 물 분자는 양성자화한 카보닐의 α 탄소로부터 양성자를 제거하기위해서 Brønsted 염기로서 작용한다.

물 + 2-메틸프로판알의 짝산 $\overset{느림}{\rightleftharpoons}$ 하이드로늄 이온 + 엔올

문제 20.4

2-뷰탄온의 염소화는 두 개의 이성질성 생성물이 생기고, 각각은 C_4H_7ClO의 분자식을 갖는다.

(a) 이 두 화합물은 무엇인가?

(b) 이들 각각의 화합물로 이르게 한 엔올 중간체의 구조식을 쓰시오.

(c) Cl_2와 각 엔올의 반응에서 굽은 화살을 사용하여 전자의 흐름을 보이시오.

합성적으로, 알데하이드와 케톤의 할로젠화는 알데하이드와 케톤의 α 탄소에 다른 치환체들을 도입시키는데 유용한 첫 번째 단계이다.

Cyclohexanone $\xrightarrow[H_2O]{Cl_2}$ 2-Chlorocyclohexanone (61–66%) $\xrightarrow[K_2CO_3]{H_2O}$ 2-Hydroxycyclohexanone (76%)

카복실산의 엔올 함량은 알데하이드와 케톤의 엔올 함량보다 훨씬 작고, 보통 조건하에서 α-할로젠화는 가능하지 않다. 그러나 작은 양의 삼염화 인을 첨가하면 원하는 할로젠화를 촉진시킨다.

발견자들의 이름을 따서 이 과정을 Hell-Volhard-Zelinsky 반응이라고 부른다. 다른 방법으로는, 인 원소는 할로젠과 반응하여 삼할로젠화 인을 생성하는 원소상태의 인이 사용된다.

Phenylacetic acid $\xrightarrow[\text{벤젠, 80°C}]{Br_2,\ PCl_3}$ 2-Bromo-2-phenylacetic acid (60–62%)

삼염화 인은 카복실산을 적합한 염화 아실로 변환하는데, 이것은 덜 안정된 카보닐기(19.2 참조)를 가지므로 더 큰 엔올 함량을 갖는다. 이 엔올의 브로민화가 일어난 후, α-브로민산에 염화 아실의 다른 분자가 생성되는 과정으로 이어진다. 그리고는 엔올화, 브로민화 등등이 진행된다.

문제 20.5

3-메틸뷰탄산의 α-할로젠화는 아미노산 발린을 만드는데 사용되어 왔다.

3-메틸뷰탄산 $\xrightarrow[\text{2. } NH_3,\ H_2O]{\text{1. } Br_2,\ PCl_3}$ $C_5H_{11}NO_2$ 발린

발린의 구조는 무엇인가? 단백질로부터 분리될 때, 천연 발린은 +26°의 고유 광회전도 [α]를 갖는다. 3-메틸뷰탄산의 α-할로젠에 의해서 만들어진 발린의 회전각은 무엇인가?

우리는, 엔올의 짝염기인 엔올 음이온의 특성과 합성 응용을 설명한 후에 엔올의 더 많은 반응을 이 장의 뒤에서 조사할 것이다.

20.2 엔올 음이온

지금까지 우리의 경험은 C—H 결합이 아주 산성은 아니라는 것이다. 예를 들어서, 알케인은 대략 pK_a의 값이 60이다. 그러나 그것들과 비교해서, 알데하이드, 케톤, 에스터는 α-탄

소 원자에 산성 수소를 갖는다(표 20.2).

문제 20.6

다음 각각에서 가장 산성인 수소를 찾고, 수산화 이온과의 반응에서 일어나는 양성자-전달 과정의 화학 반응식을 쓰시오. 굽은 화살표를 사용해서 전자의 흐름을 보이고, 산, 염기, 짝산, 짝염기를 표시하시오.

(a) *tert*-뷰틸메틸 케톤　　(c) 프로판산 메틸
(b) 3-메틸뷰탄알

풀이 예시 (a) *tert*-뷰틸 메틸 케톤에서 유일한 α 수소는 카보닐기에 붙어있는 메틸기에 있다. 오직 α 수소만이 수산화 이온에 의해 제거될 수 있는 충분히 산성이다. *tert*-뷰틸기의 어떤 수소도 α 수소가 아니다.

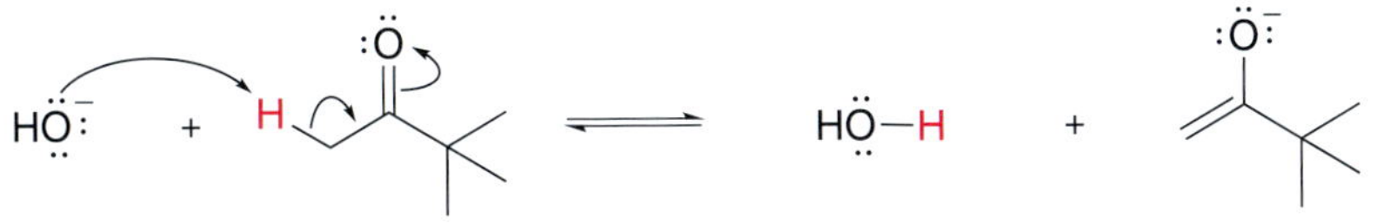

수산화물(염기)　3차-뷰틸 메틸 케톤(산)　⇌　물(짝산)　엔올 음이온(짝염기)

두 가지 요소-하나는 전자-끌개 유도 효과, 다른 하나는 전자 비편재화-는 알데하이드, 케톤, 에스터의 α 수소가, 대부분 수소가 탄소에 결합되어 있는 것보다 더 산성으로 만들도록 조합되어 있다. 카보닐의 유도효과는 α 수소의 양이온성을 증가시키고, 공명은 짝염기를 안정화시킨다.

표 20.2 몇 가지 알데하이드, 케톤, 에스터의 pK_a 값

화합물	pK_a	엔올 음이온	화합물	pK_a	엔올 음이온
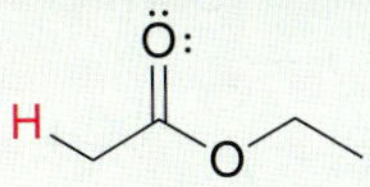 아세트산 에틸	25.6	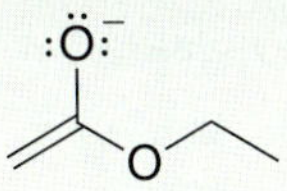	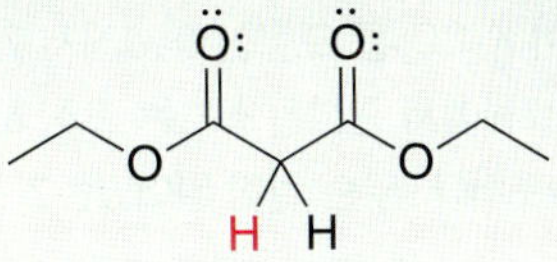 말론산 다이에틸	13	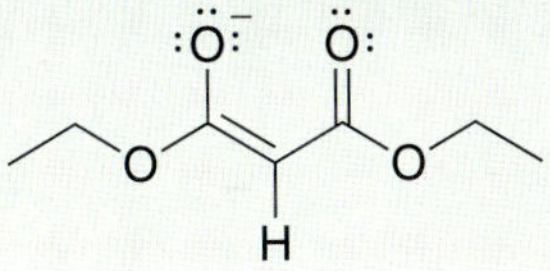
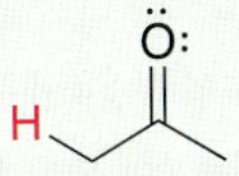 아세톤	19.1	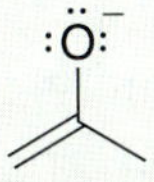	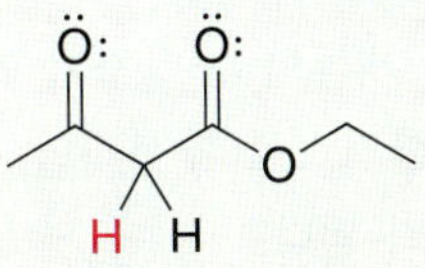 아세토아세트산 에틸	11	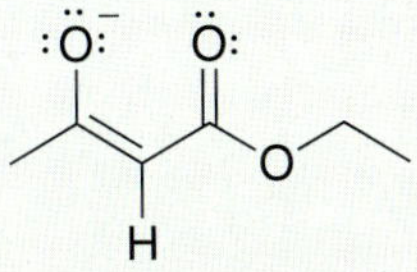
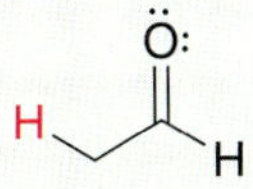 아세트알데하이드	16.7	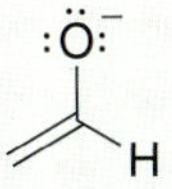	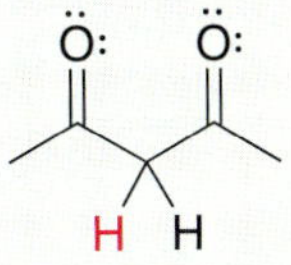 2,4-펜테인다이온	9	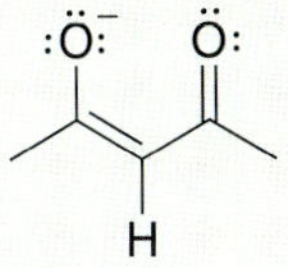
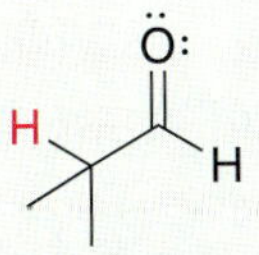 2-메틸프로판알	15.5	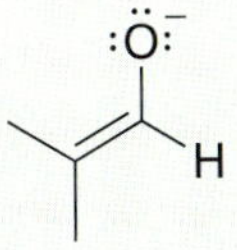			

*가장 산성 수소는 α 탄소에 결합되어 있다; α 수소 중의 하나는 각 물질에서 붉은색으로 표시된다.

유도효과는 α 수소의 양이온성을 증가시킨다.

전자 비편재화는 엔올 음이온을 안정화한다.

2-메틸프로판알의 pK_a 값은 물과 비슷하다; 그래서 수산화물은, 실제로 같은 양에서 그것과 엔올 음이온을 포함한 평형으로 도달하기에 충분히 강한 염기이다.

수산화 이온 | 2-메틸프로판알 $pK_a = 15.1$ | 물 $pK_a = 15.7$ | 2-메틸프로판알의 엔올 음이온

평형 위치는 케톤에 덜 유리하지만, 수산화물과 알콕시화물은 중간체로서 엔올 음이온을 거치는 알데하이드와 케톤의 엔올화를 촉진시키기에 충분한 염기성이다.

알데하이드 또는 케톤 | 수산화물 또는 알콕시화물 | 엔올 음이온 | 알코올 또는 물 | 엔올 | 수산화물 또는 알콕시화물

문제 20.7

보여진 화합물이 K_2CO_3를 포함한 D_2O에서 70°C로 가열한 후, ^1H NMR 스펙트럼에서 관찰된 신호는 오직 δ 3.9(6H)와 δ 6.7~6.9(3H)뿐이다. 무슨 일이 일어났는가?

만약 알데하이드나 케톤의 α 탄소가 카이랄 중심이라면, 그것의 입체화학적 성질은 엔올화로 소실된다. 광학적으로 활성적인 *sec*-뷰틸 페닐 케톤의 엔올화는 비카이랄 엔올형을 경유하며 라세미화가 된다.

(*R*)-*sec*-뷰틸 페닐 케톤 | (*S*)-*sec*-뷰틸 페닐 케톤

sec-뷰틸 페닐 케톤을 사용한 속도론적 연구는 라세미화, 수소–중수소 교환, 브로민화, 및 아이오딘화의 속도는 모두 같다. 이 경우에, 엔올이나 엔올 음이온의 형성이 속도를 결정한다.

케톤은 LDA라고 알려진 다이아이소프로필아마이드화 리튬 $LiN[CH(CH_3)_2]_2$같은 매우 강한 염기를 사용해서 그들의 엔올 음이온으로 거의 전부 변환될 수 있다. 입체적으로 가로막혔기 때문에 LDA는 카보닐기에 친핵성 첨가를 하지 않는다.

다이아이소프로필아마이드화 이온 + 아세토페논 (더 강한 산; pK_a = 18.3) $\underset{}{\overset{K \approx 10^{18}}{\rightleftharpoons}}$ 다이아이소프로필아민 (더 약한 산; pK_a = 36) + 아세토페논의 엔올 음이온

LDA의 두 번째 특성은, 질소 주위의 밀집 때문에, 덜-치환된 α 탄소로부터 양성자를 제거하는 경향이 있다는 것이다. 2-메틸사이클로헥산온 같은 두 개의 동등하지 않은 α 탄소를 가진 케톤에서, LDA는 더-치환된 α-탄소보다 빨리 덜-치환된 α 탄소를 탈양성자화하여, 소위 *속도론적 엔올 음이온*이라고 하는 것을 우세하게 생성한다. 더-치환된 이중결합을 가진 이성질 엔올 음이온은 더 안정하고, *열역학적* 엔올 음이온이라고 부른다.

2-메틸사이클로헥산온 ⟶ *속도론적 엔올 음이온이* 빨리 형성 + *열역학적 엔올 음이온이* 더 안정

에스터 엔올 음이온은 에스터 비누화를 피하기 위해서 수산화 염기 대신 사용된 알콕시화 염기를 제외하면 알데하이드 및 케톤과 비슷한 조건 하에서 생성된다.

$CH_3CH_2O^-$ 에톡시화 이온 + 아세트산 에틸 (더 강한 산; pK_a = 25.6) $\overset{K \approx 10^{-10}}{\rightleftharpoons}$ CH_3CH_2O-H 에탄올 (더 약한 산 ; pK_a = 16) + 아세트산 에틸의 엔올 음이온

케톤처럼, 에스터는 염기로 LDA를 사용하여 거의 모두 엔올 음이온으로 변환될 수 있다.

다이아이소프로필아마이드화 이온 + 아세트산 에틸 (더 강한 산; pK_a = 25.6) $\overset{K \approx 10^{10}}{\rightleftharpoons}$ 다이아이소프로필아민 (더 약한 산; pK_a = 36) + 아세트산 에틸의 엔올 음이온

표 20.2에서 보이는 것처럼, 2,4-펜테인다이온(β-다이케톤), 아세토아세트산 에틸(β-케토 에스터), 그리고 말론산 다이에틸(1,3-다이에스터)와 같은 β-다이카보닐 화합물은 9~13 범위에서 pK_a 값을 갖는다. 그것들은 물과 알코올보다 강산이어서 수산화물과 알콕사이드에 의해서 엔올 음이온으로 변환할 수 있다.

HO^- 수산화 이온 + 2,4-펜테인다이온 (더 강한 산; pK_a = 25.6) $\overset{K \approx 10^{7}}{\rightleftharpoons}$ $HO-H$ 물 (더 약한 산; pK_a = 36) + 2,4-펜테인다이온의 엔올 음이온

카보닐기 모두는 전자 비편재화에 의해 엔올 음이온을 안정시키는데 참여한다.

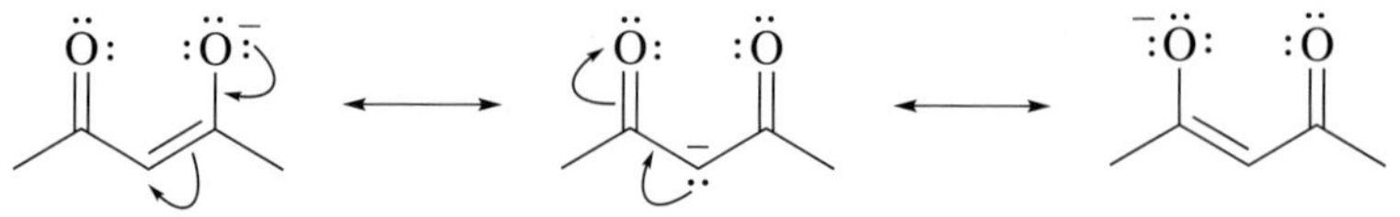

문제 20.8

(a) 아세토아세트산 에틸과 (b) 말론산 다이에틸과 함께 에톡시화 반응의 평형 상수 K를 측정하는데 표 20.2에서 구조식과 pK_a 값을 사용하시오. 에탄올의 pK_a 값은 16이다.

엔올 음이온은 엔올보다 훨씬 더 강한 친핵체이고 더 많은 합성적 응용성을 갖는다. 이 친핵성의 대부분은 α 탄소와 연관이 있고, 탄소-탄소 결합을 만드는 데 아주 많이 사용하는 방법들의 기본이다.

20.3 알돌 축합

수산화물 및 알콕시화물과 같은 염기로 알데하이드와 케톤을 처리하면 카보닐 화합물과 그것의 엔올 음이온 모두가 포함된 용액을 만든다는 것을 보았다. 그러나 그 둘 사이에는 단순히 평형이 지속되는 대신, 탄소-탄소 결합 형성이 일어날 수 있다.

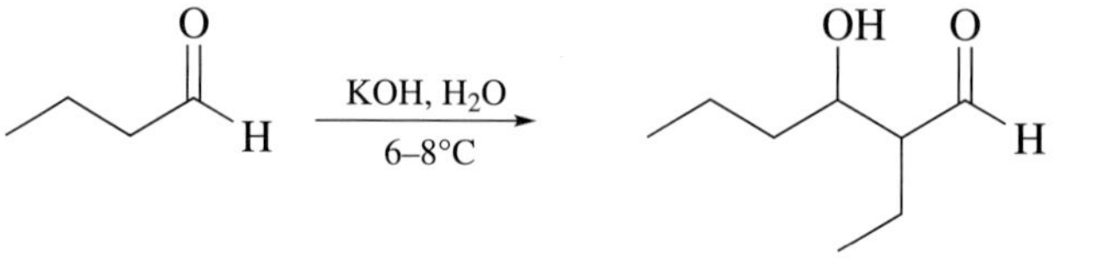

KOH, H_2O, 6–8°C

Butanal → 2-Ethyl-3-hydroxyhexanal (75%)

β-하이드록시 알데하이드 생성물은 알데하이드와 알코올기를 모두 가지고 있기 때문에 *알돌*이라고 부르고, 그 반응은 **알돌 첨가(aldol addition)**라고 한다. 그것은 메커니즘 20.2에서 보여주는 일련의 단계로 진행된다. 이 반응에서 모든 단계는 카보닐기에 다른 친핵성 첨가처럼 가역성이고, 평형 위치는 케톤보다 알데하이드에서 더 유리하다. 예를 들어서, 아

메커니즘 20.2

뷰탄알의 알돌 축합

전체 반응:

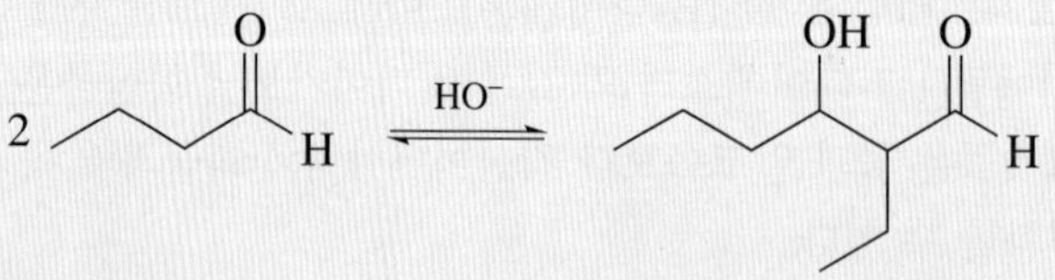

2 뷰탄알 ⇌ (HO^-) 2-에틸-3-하이드록시헥산알

메커니즘:

1단계: 염기인 수산화 이온은 α 탄소로부터 양성자를 추출함으로써 뷰탄알의 일부분을 그것의 엔올 음이온으로 변화시킨다.

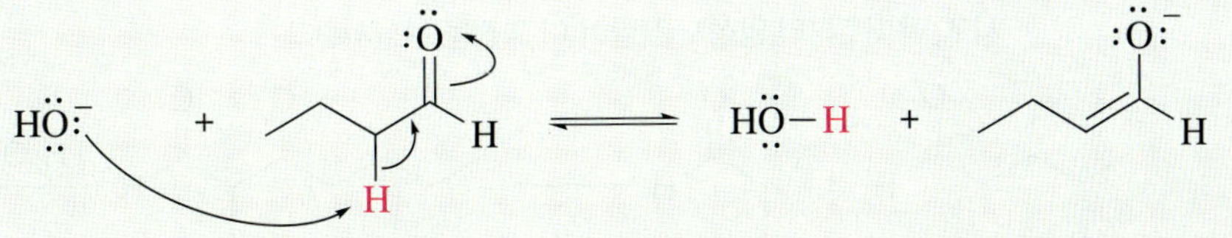

수산화 이온 뷰탄알 물 뷰탄알의 엔올 음이온

2단계: 엔올 음이온은 친핵체로 적용하여 카보닐기에 첨가된다.

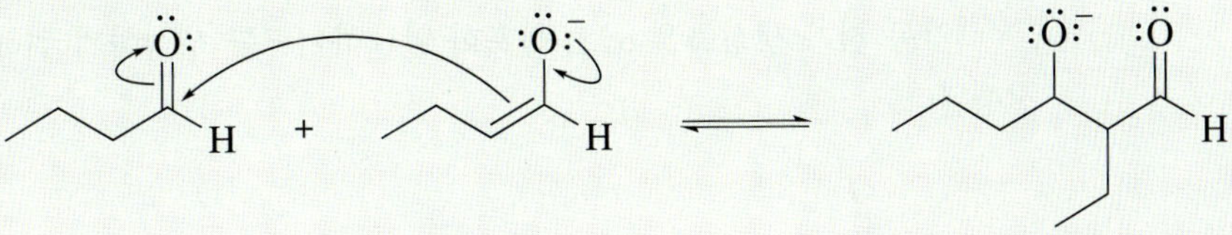

뷰탄알 (친전자체) 뷰탄알의 엔올 음이온 (친핵체) 카보닐에 친핵성 첨가로 생성된 알콕시화 음이온

3단계: 2단계에서 생성된 알콕시화 생성물은 물에서 양성자를 떼어내어 알돌을 생성하고 수산화 이온을 재생시킨다.

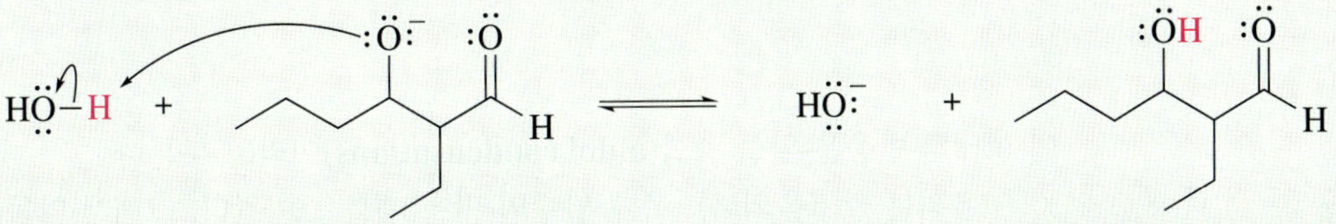

물 카보닐에 친핵성 첨가로 생성된 알콕시화 이온 수산화 이온 2-에틸-3-하이드록시헥산알

세톤의 경우에는 오직 2% 만의 알돌 첨가 생성물이 평형에 존재한다.

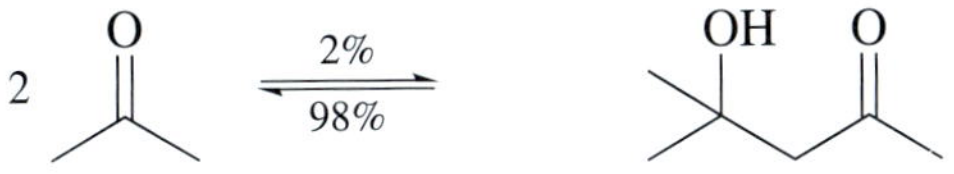

아세톤 4-하이드록시-4-메틸-2-펜탄온

문제 20.9

다음 각각에 알돌 첨가 생성물의 구조를 쓰시오.

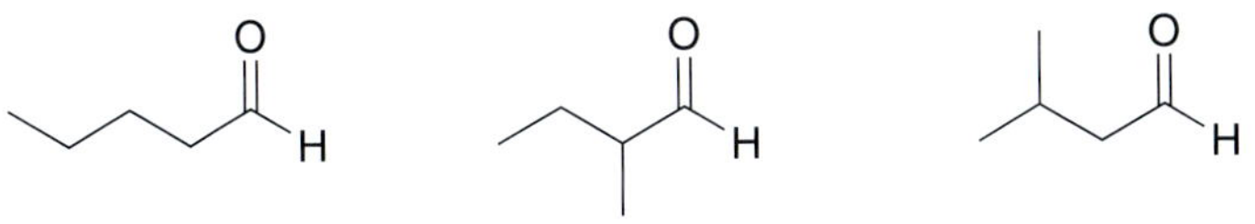

(a) 펜탄알 (b) 2-메틸뷰탄알 (c) 3-메틸뷰탄알

풀이 예시 (a) 어떤 알데하이드의 알돌 첨가 생성물을 정확히 알아내는 좋은 방법은 메커니즘적으로 그 과정을 진행하는 것이다. 첫 번째 단계가 엔올 음이온의 형성이고, 이것은 탄소로부터 양성자 추출을 포함해야만 한다는 것을 기억하시오.

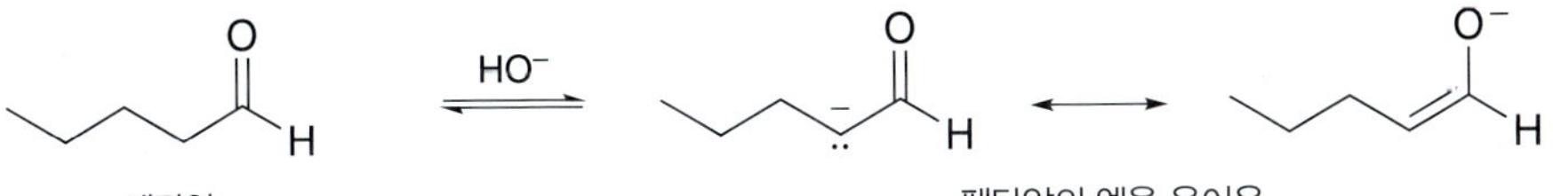

펜탄알 펜탄알의 엔올 음이온

이제 카보닐기에 새로운 탄소–탄소 결합을 형성하기 위해서 음으로 전하된 엔올 음이온의 α 탄소를 사용하시오. 용매로부터 양성자 전달이 이 과정을 완성시킨다.

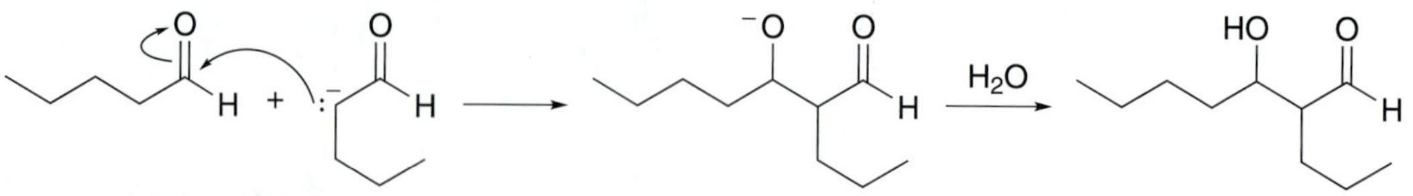

H_2O

펜탄알 + 엔올 음이온

알돌 첨가 생성물

알돌 첨가 생성물은 α, β-불포화 알데하이드를 생성하기 위해서 열을 가하는 탈수가 진행된다.

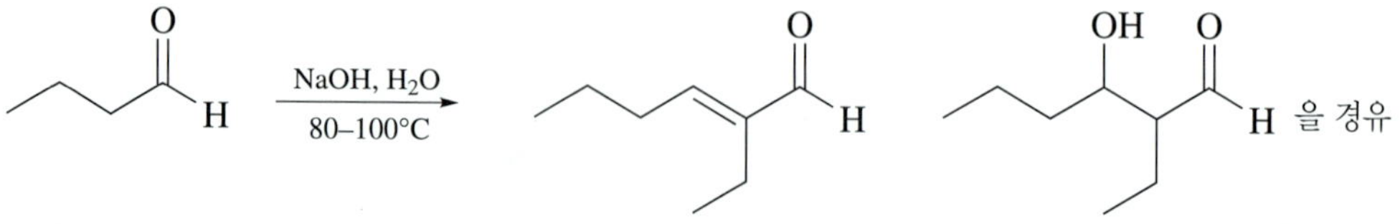

NaOH, H_2O
80–100°C

을 경유

Butanal

(*E*)-2-Ethyl-2-hexenal (86%)

2-에틸-3-하이드록시헥산알
(분리되지 않고; 반응 조건 하에서 탈수된다.)

이 형태의 반응은 **알돌 축합(aldol condensations)**이라고 부른다.

우리는 알코올의 산–촉매 탈수의 많은 예를 보아왔다, 그래서 알돌이 염기성 용액에서 탈수된다는 것이 이상하게 보일지도 모른다. 이것은 어떻게 α 수소의 산성이 카보닐기 화합물의 반응성에 영향을 주는지를 보여주는 또 다른 예이다. 여기서는, 엔올 음이온의 초기 형성으로 제거가 일어나고, 이어서 수산화 이온을 잃고 α,β-불포화 알데하이드를 형성한다.

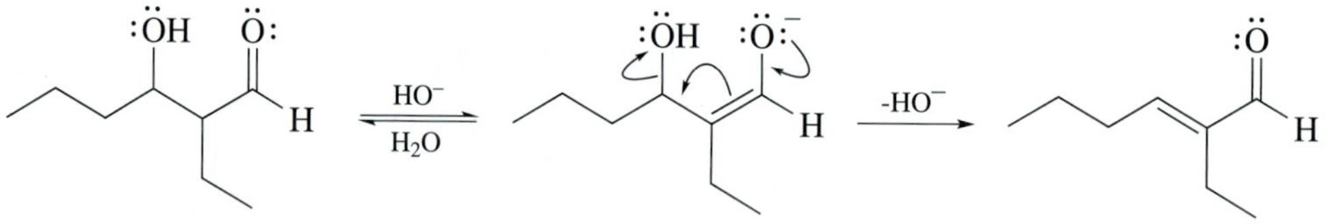

HO^-
H_2O

$-HO^-$

2-에틸-3-하이드록시헥산알

엔올 음이온

(E)-2-에틸-2-헥산알

문제 20.10

문제 20.9에서 각 알데하이드의 알돌 축합 생성물의 구조를 쓰시오. 이 알데하이드 중에 하나는 알돌 첨가는 일어나지만 알돌 축합은 일어나지 않는다. 그것은 어느 것이며, 그 이유는 무엇인가?

다이카보닐 화합물–다이케톤 까지 포함–의 알돌 축합은 오각형 혹은 육각형의 고리가 가능할 때 분자내에서 일어난다.

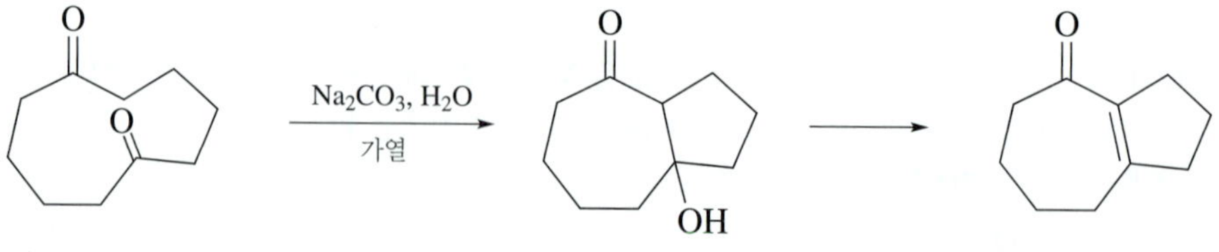

Na_2CO_3, H_2O
가열

1,6-사이클로데케인다이온

분리되지 않고; 반응 조건 하에서 탈수된다.

바이사이클로[5,3,0]덱-1(7)-엔-2-온(96%)

문제 20.11

다음 각각은 다이케톤의 분자내 알돌 축합으로 만들어진다. 다음 각 경우에, 다이케톤의 구조를 추론할 수 있는 역합성 분석을 적용하시오.

(a) (b) (c)

풀이 예시

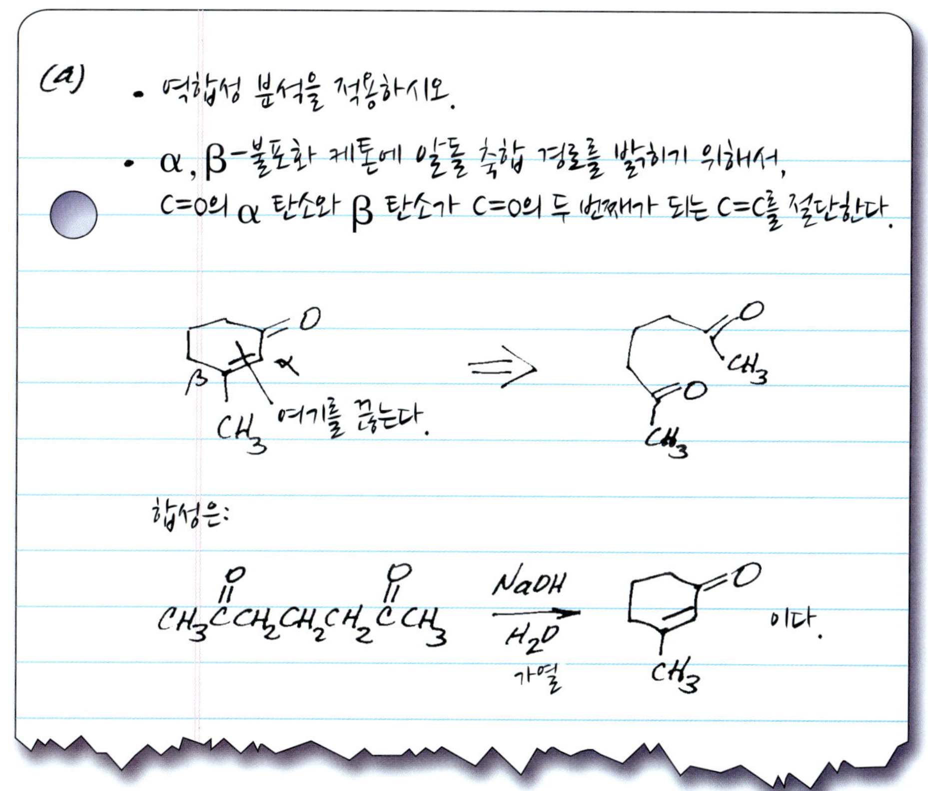

20.4 혼합 및 직접 알돌 축합

혼합 알돌 첨가와 축합은 두 개의 다른 카보닐기 화합물을 포함한다. 합성적으로 가장 유용한 조건은, 반응물 중에 오직 하나 만이 엔올 음이온을 형성할 수 있거나, 그것의 카보닐기가 친핵성 첨가에 대하여 더 반응성이 있는 것이다. 예를 들어보면:

K_2CO_3, 물-다이에틸 에터

Formaldehyde + 3-Methylbutanal → 2-Hydroxymethyl-3-methylbutanal (52%)

포름알데하이드는 엔올 음이온을 형성할 수 없고 친핵성 첨가에 대한 반응성이 매우 높기 때문에 다른 알데하이드의 자체-축합을 억제한다.

방향족 알데하이드는 엔올 음이온을 형성할 수 없는 카보닐 화합물의 또 다른 계열이다.

CH_3O — p-Methoxybenzaldehyde + Acetone → (NaOH, H_2O, 30°C) → CH_3O — 4-p-Methoxyphenyl-3-buten-2-one (83%)

p-Methoxybenzaldehyde Acetone 4-*p*-Methoxyphenyl-3-buten-2-one (83%)

케톤이 방향족 알데하이드와 반응하는 혼합 알돌 축합은 **Claisen-schmidt** 축합이라고 알려져 있다.

여기에서, 혼합 축합은 자체-축합에 대한 케톤의 저항성과 카보닐기와 방향족 고리 모두에 컨쥬게이트된 이중결합이 생성되는 탈수가 일어나는 알돌 첨가의 용이성으로 유리하게 된다.

문제 20.12

다음 각각과 함께 벤즈알데하이드의 혼합 알돌 축합 생성물의 구조를 쓰시오.

(a) 아세토페논 (b) *tert*-뷰틸 메틸 케톤 (c) 사이클로헥산온

풀이 예시 (a) 아세토페논의 엔올 음이온은 벤즈알데하이드와 반응하여 혼합 첨가 생성물을 만든다. 중간체의 탈수가 일어나고, α, β-불포화 케톤이 생성된다.

아세토페논의 엔올 음이온 + 벤즈알데하이드 → → 1,3-다이페닐-2-프로펜-1-온

실제로 실행될 때, 15~30°C 수산화 소듐 수용액에서 아세토페논과 벤즈알데하이드를 반응시켜 85%의 수득률로 혼합 알돌 축합 생성물이 얻어진다.

오직 한 개의 엔올 음이온만 존재하는 것을 확인하는 다른 방법은 염기로서 리듐 다이아이소프로필아마이드를 사용하는 것이다. LDA는 강한 염기이므로 엔올 음이온 형성은 매우 신속하고 정량적으로 일어난다.
적절한 용매의 LDA 용액에 케톤이 가해지면, 엔올 음이온은 반응물과 반응한다.

2,2-다이메틸-3-펜탄온 → (LDA, THF) → 엔올 음이온 → (1. $CH_3CH_2CH{=}O$, 2. H_2O) → 5-하이드록시-2,2,4-트라이메틸-3-헵탄온(81%)

이런 형태의 반응을 *직접 알돌 첨가*라고 한다.

Chalcones as Aromatase Inhibitors: From the Mulberry Tree to Cancer Chemotherapy

Estrogens—the primary female sex hormones—are risk factors for developing breast cancer, which, except for certain types of skin cancer, is the most common cancer among women. One approach to breast-cancer treatment is to restrict tumor growth with drugs such as *tamoxifen* that bind to the same cellular receptors as estrogens and block their action by denying them access. Another is to reduce estrogen levels by inhibiting the aromatase enzymes involved in the oxidation of androstenedione to estrone.

Tamoxifen Androstenedione $\xrightarrow{\text{aromatase}}$ Estrone (an estrogen)

The potential of aromatase inhibitors in the treatment of breast cancer has spurred efforts to find more potent drugs. Bioassays of over 4000 plants led to the discovery of potent aromatase inhibitors from organic extracts of the paper mulberry tree, *Broussonetia papyrifera*. One of these compounds is a chalcone called morachalcone A. Chalcone and its derivatives are present in many plants, have a long history in folk medicine, and continue to be widely used as alternatives to conventional therapies.

Chalcone

Morachalcone A

The paper mulberry tree *Broussonetia papyrifera* is a source of a compound that holds promise as an anticancer drug.

Problem 20.13

Chalcones are based on the parent structure shown above and are conveniently prepared by an aldol condensation. Use retrosynthetic analysis to identify the carbonyl compound and enolate and write an equation for the synthesis of chalcone.

많은 생화학 반응은 알돌 첨가와 비슷하다. 시트르산 순환의 첫 번째 단계에서, 하나는 옥살로아세트산의 케톤 카보닐에 아세틸 코엔자임 A의 알돌 형태 첨가이다.

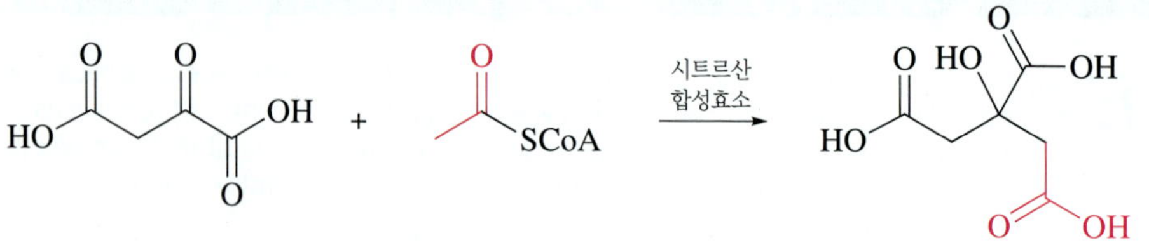

Oxaloacetic acid + Acetyl coenzyme A —(시트르산 합성효소)→ Citric acid

*글리코실화*의 초기 단계, 글루코스의 물질대사 에너지-생성 부분의 알돌화 효소는 역 혹은 역-알돌 반응을 촉진시킨다.

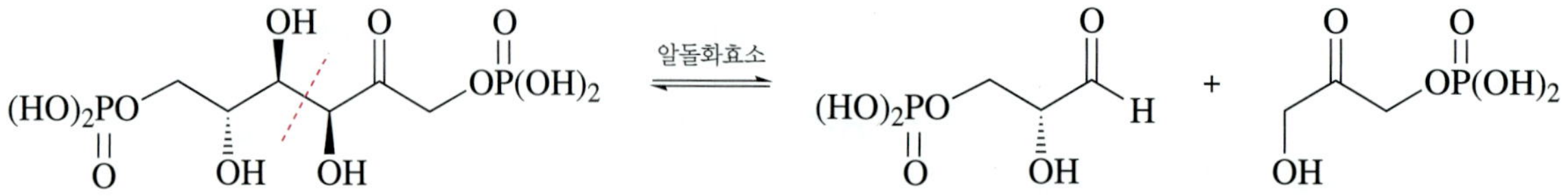

D-Fructose 1,6-diphosphate ⇌(알돌화효소) D-Glyceraldehyde 3-phosphate + Dihydroxyacetone phosphate

20.5 엔올 음이온 아실화: Claisen 및 연관된 축합

알데하이드 혹은 케톤의 카보닐기에 엔올 음이온에 의한 친핵성 *첨가*는 알돌 축합의 주요 단계이다. 엔올 음이온에 의한 에스터의 카보닐기에 친핵 아실 *치환*은 C—C 결합을 만드는데 적용되는 여러 개의 합성 절차에서 주요 단계이다.

Claisen 축합에서, 한 개의 에스터는 아실기와 엔올 음이온 모두의 공급원이고, 생성물은 β-케토 에스터이다.

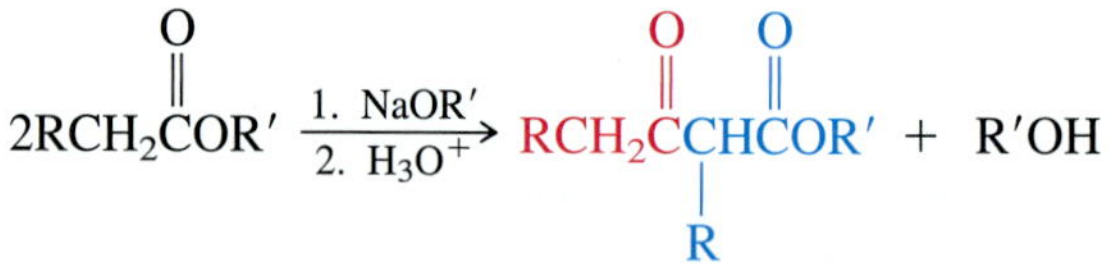

$$2RCH_2\overset{O}{\overset{\|}{C}}OR' \xrightarrow[2.\ H_3O^+]{1.\ NaOR'} RCH_2\overset{O}{\overset{\|}{C}}\underset{R}{\underset{|}{C}}H\overset{O}{\overset{\|}{C}}OR' + R'OH$$

에스터 β-케토 에스터 알코올

Ludwig Claisen은 19세기의 마지막 20년과 20세기의 처음 20년간 일을 한 독일의 화학자이다. 그의 이름은 세 반응에 관련되어 있다. *Claisen-Schmidt* 반응은 20.4 절에 소개되어 있고 *Claisen 축합*은 이 절에서 논의하고 있으며 *Claisen 재배*열 반응은 22.3 절에서 소개될 것이다.

Claisen 축합은 β-케토 에스터를 만드는데 사용되고, 한 분자의 α 탄소와 다른 분자의 카보닐 탄소 사이에 결합 형성을 포함한다. 메커니즘 20.3은 반응 단계들의 요약이다.

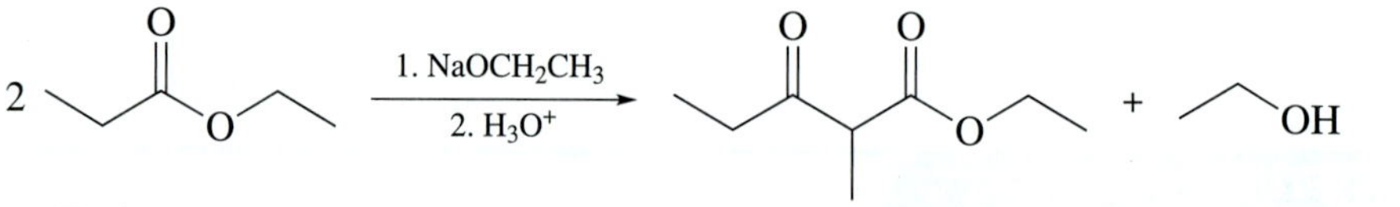

2 Ethyl propanoate —(1. $NaOCH_2CH_3$; 2. H_3O^+)→ Ethyl 2-methyl-3-oxopentanoate (81%) + Ethanol

이 경우에서처럼, 에스터는 합성적으로 유용한 Claisen 축합을 실행하기 위해서 적어도 두 개의 α 수소를 가져야만 한다.

첫 번째 α 양성자는 에스터 엔올 음이온을 생성하기 위해서 제거된다(메커니즘 20.3 1단계). 그러나, β-케토 에스터의 평형 농도는 4단계에서처럼 두 번째 α 양성자가 제거되지 않는다면 유리하지 않다. 그래서, Claisen 축합은 $R_2\mathbf{CH}CO_2R'$가 아닌 $R\mathbf{CH_2}CO_2R'$ 타입의 에스터에서 진행된다.

메커니즘 20.3

프로판산 에틸의 Claisen 축합

전체 반응:

2 Ethyl propanoate → (1. $NaOCH_2CH_3$; 2. H_3O^+) → Ethyl 2-methyl-3-oxopentanoate + Ethanol

메커니즘:

1단계: 프로판산 에틸의 α 탄소로부터의 양성자 추출은 대응하는 엔올 음이온을 생성한다.

에톡시화 이온 + 프로판산 에틸 (더 약산: pK_a ~26) ⇌ 에탄올 (더 강산: pK_a = 16) + 프로판산 에틸의 엔올 음이온

2단계: 에스터 케토형의 카보닐기에 에스터 엔올 음이온의 친핵성 첨가가 일어 난다. 이 단계의 생성물은 사면체형 중간체의 음이온 형태이다.

프로판산 에틸 + 프로판산 에틸의 엔올 음이온 ⇌ 사면체형 중간체의 음이온 형태

3단계: 사면체형 중간체는 에톡시화 이온의 소실로 해리되고, β-케토 에스터가 생성된다.

사면체형 중간체의 음이온 형태 ⇌ 에톡시화 이온 + 에틸 2-메틸-3-옥소펜탄산

4단계: β-케토 에스터의 형성 조건하에서 이것은 양성자화 한다. 이 단계의 평형 상수는 유리하고 생성물을 형성하는 쪽으로 평형이 이르게 된다.

에톡시화 이온 + 에틸 2-메틸-3-옥소펜탄산 (더 강산: pK_a ~11) ⇌ 에탄올 (더 약산: pK_a = 16) + 에틸 2-메틸-3-옥소펜탄산의 짝염기

5단계: 별도의 과정에서, 산성 수용액은 반응 혼합물에 첨가되어 4단계의 엔올 음이온을 원하는 생성물의 중성 형태로 변환한다.

에틸 2-메틸-3-옥소펜탄산의 짝염기 + 하이드로늄 이온 (더강산: pK_a = −1.7) ⇌ 에틸 2-메틸-3-옥소펜탄산 (더 약산: pK_a ~11) + 물

문제 20.14

다음 에스터 중에 하나는 Claisen 축합을 실행한다. 어느 것인가? 다른 두 개의 Claisen 축합 생성물의 구조식을 쓰시오.

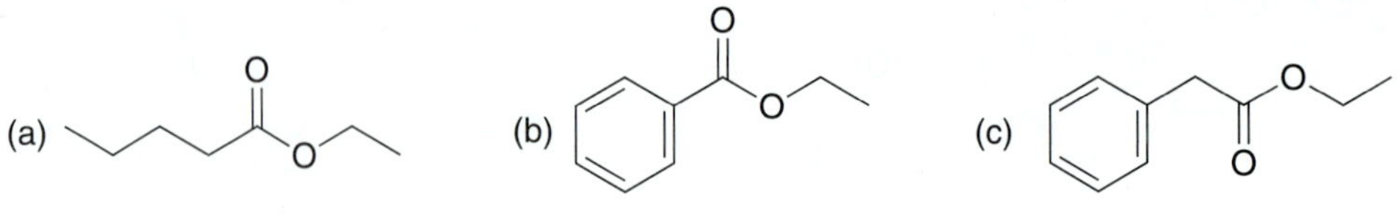

(a) 펜탄산 에틸 (b) 벤조산 에틸 (c) 페닐아세트산 에틸

Walter Dieckmann은 Claisen과 같은 시대의 독일 화학자이다.

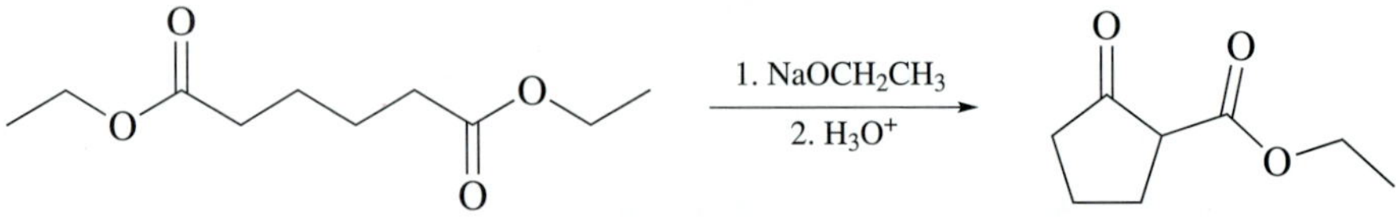

다이카복실산의 에스터는 오각형이나 육각형 고리 형성이 가능할 때 분자내 Claisen 축합으로 진행되고, **Dieckmann 고리화(cyclization)**라고 한다.

Diethyl hexanedioate → (1. $NaOCH_2CH_3$ 2. H_3O^+) → Ethyl (2-oxocyclopentane)-carboxylate (74–81%)

엔올 음이온 단위의 α 탄소는 다른 카보닐 탄소를 향하여 친핵체처럼 행동한다.

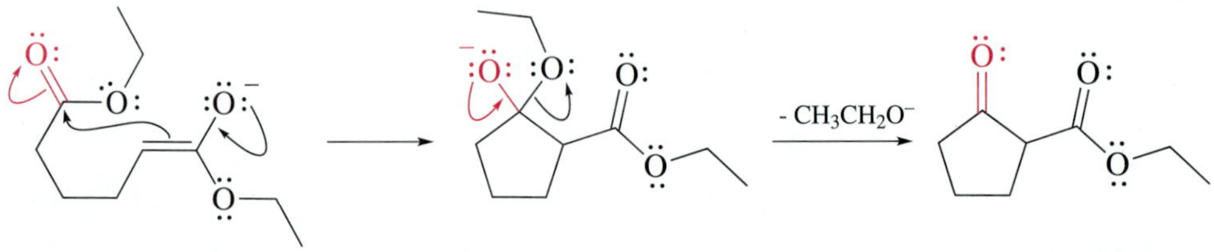

헥세인다이오산 다이에틸의 엔올 음이온 → → ($- CH_3CH_2O^-$) → (2-옥소사이클로헥세인) 카복실산 에틸

문제 20.15

다음의 다이에스터 각각이 에톡시화와 소듐과 반응한 후 산성화하여 Dieckmann 고리화 생성물의 구조를 쓰시오.

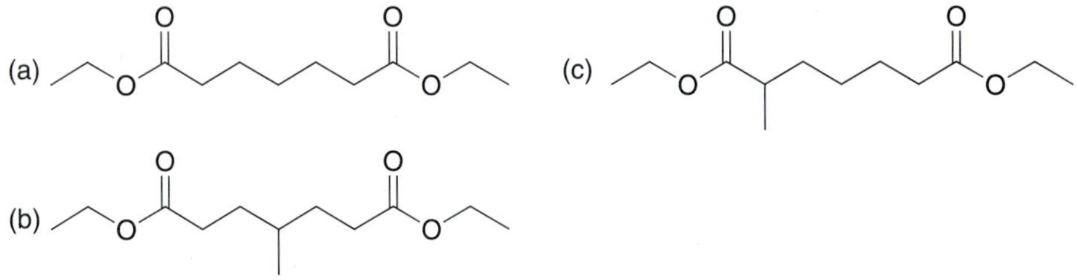

(a) (b) (c)

풀이 예시 (a) 고리화는 한 개의 C═O 단위를 갖고, 다른 쪽에 α 탄소를 갖는다. 그러므로, 이 경우에 육각형 고리가 형성된다.

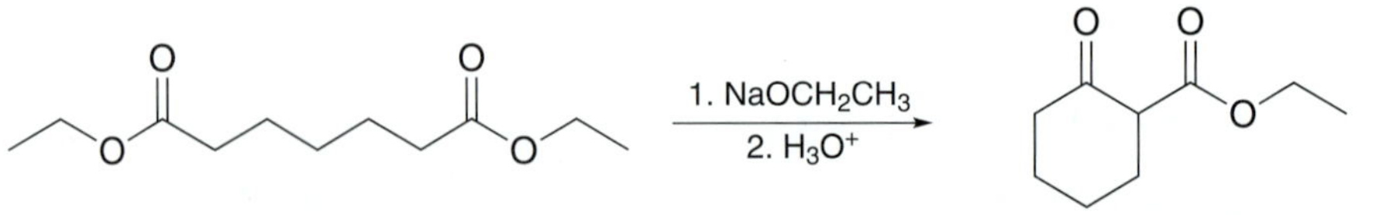

Diethyl heptanedioate → (1. $NaOCH_2CH_3$ 2. H_3O^+) → Ethyl 2-oxo(cyclohexane)-carboxylate

혼합 Claisen 축합은 어떤 에스터의 α 탄소와 또 다른 에스터의 카보닐 탄소 사이에 C—C 결합 형성을 포함한다. 생성물은 β-케토 에스터이다.

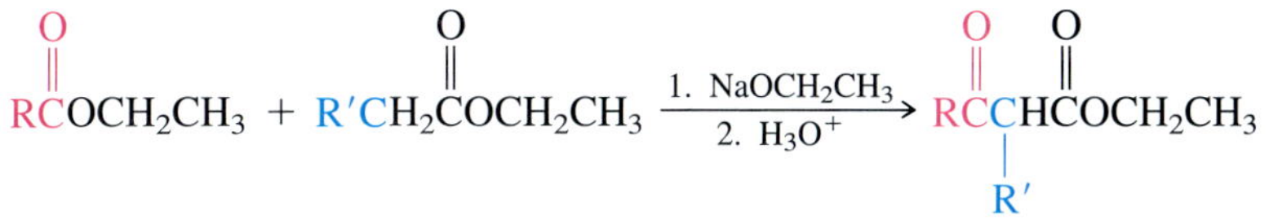

$$\underset{\text{에스터}}{\overset{\overset{\text{O}}{\|}}{\text{RC}}\text{OCH}_2\text{CH}_3} + \underset{\text{다른 에스터}}{\text{R}'\text{CH}_2\overset{\overset{\text{O}}{\|}}{\text{C}}\text{OCH}_2\text{CH}_3} \xrightarrow[\text{2. }H_3O^+]{\text{1. NaOCH}_2\text{CH}_3} \underset{\beta\text{-케토 에스터}}{\overset{\overset{\text{O}}{\|}}{\text{RC}}\underset{\underset{\text{R}'}{|}}{\text{C}}\text{H}\overset{\overset{\text{O}}{\|}}{\text{C}}\text{OCH}_2\text{CH}_3}$$

예를 들어서, 벤조산 메틸처럼 α 수소가 없는 에스터는 엔올 음이온을 생성할 수 없어서 반응물 중의 하나로 좋은 후보이다.

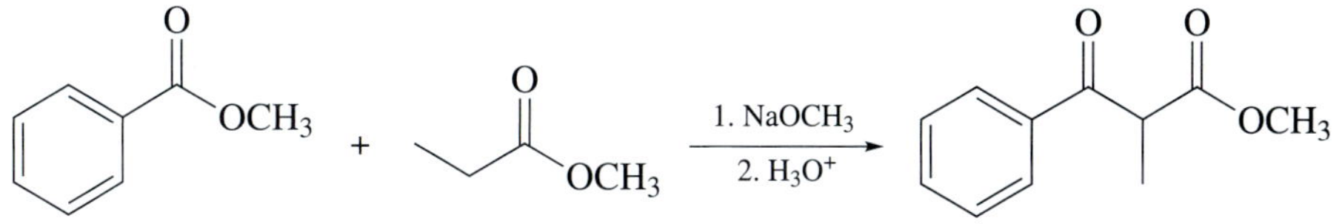

Methyl benzoate (엔올 음이온을 형성할 수 없다) + Methyl propanoate $\xrightarrow[\text{2. }H_3O^+]{\text{1. NaOCH}_3}$ Methyl 2-methyl-3-oxo-3-phenylpropanoate (60%)

문제 20.16

페닐아세트산 에틸이 다음의 에스터와 혼합 Claisen 축합 조건 하에서 반응했을 때 얻어지는 생성물의 구조를 쓰시오.

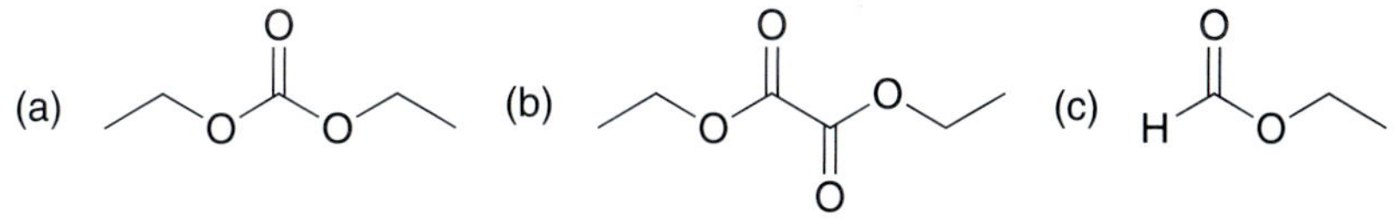

(a) 탄산 다이에틸 (b) 옥살산 다이에틸 (c) 에틸 폼산

풀이 예시 (a) 탄산 다이에틸은 엔올 음이온을 만들 수 없다, 그러나 페닐아세트산 에틸은 만들 수 있다. 페닐아세트산 에틸의 엔올 음이온은 탄산 다이에틸에 친핵성 아실 치환을 하여 다이에스터를 생성한다.

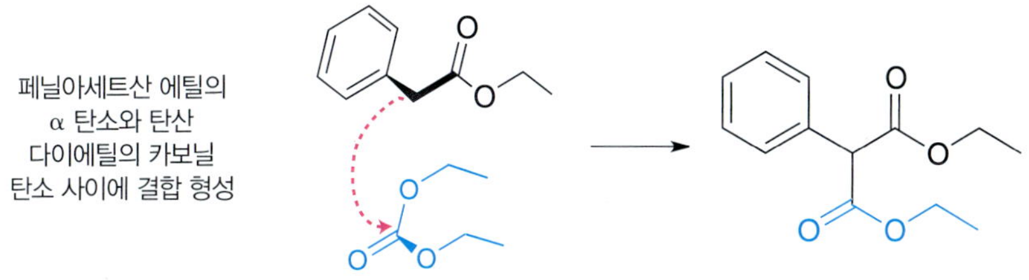

페닐아세트산 에틸의 α 탄소와 탄산 다이에틸의 카보닐 탄소 사이에 결합 형성

이 반응은 수득률(86%)이 좋게 진행되며, 생성물(페닐말론산 다이에틸) 20.6절에 보인 형태의 후차적인 합성 과정에 유용한 물질이다.

혼합 Claisen 축합과 관련된 반응에 있어서, 엔올 음이온을 형성할 수 없는 에스터는 케톤의 엔올 음이온과 친핵성 아실 치환으로 반응하여 β-다이카보닐 화합물을 만든다.

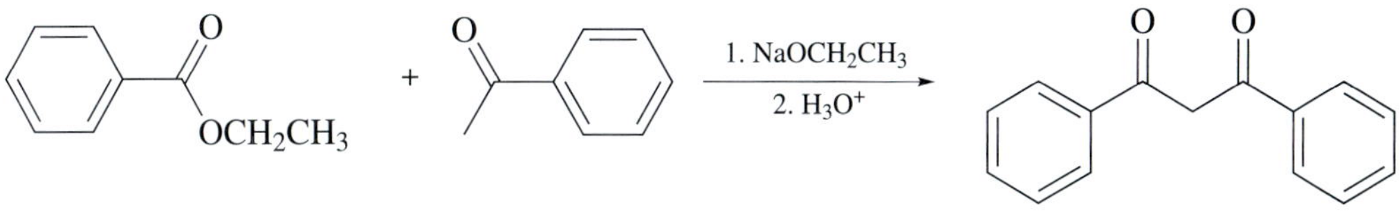

Ethyl benzoate + Acetophenone $\xrightarrow[\text{2. }H_3O^+]{\text{1. NaOCH}_2\text{CH}_3}$ 1,3-Diphenyl-1,3-propanedione (62–71%)

Diethyl carbonate + Cyclooctanone $\xrightarrow[2.\ H_3O^+]{1.\ NaH,\ 벤젠}$ 2-Carboethoxycyclooctanone (91–94%)

Dieckmann 고리화처럼, 분자내 C—C 결합 형성은 오각형이나 육각형 고리가 될 때 일어날 수 있다.

Ethyl 4-oxohexanoate $\xrightarrow[2.\ H_3O^+]{1.\ NaOCH_3}$ 2-Methyl-1,3-cyclopentanedione (70–71%)

문제 20.17

방금 인용한 고리화의 탄소–탄소 결합 형성의 반응식을 쓰시오. 엔올 음이온의 구조를 명확히 보이고 굽은 화살표를 이용하여 적당한 카보닐기에 친핵성 첨가를 나타내시오. 그리고 탄소–탄소 결합 형성 단계에서 만들어지는 사면체형 중간체의 해리를 보이는 두 번째 반응식을 쓰시오.

20.6 엔올 음이온 알킬화: 아세토아세트산 에스터와 말론산 에스터 합성

간단한 알데하이드, 케톤 및 에스터 엔올 음이온은 비교적 염기이고, 그것들의 알킬화는 메틸과 1차 할로젠화 알킬로 제한된다; 2차와 3차 할로젠화 알킬은 제거가 일어난다. 알킬화가 가능할 때조차, 다른 요소들이 개입되어 합성적 도구로서의 효과를 감소시킬 수 있다. 모노알킬화로 반응을 제한한다는 것이 늘 가능한 것은 아니고, 알돌 축합은 알킬화와 경쟁할 수 있다. 비대칭 케톤에서, 위치선택성이 고려되어야 한다. 우리는 20.2절에서, 리듐 다이아이소프로필아마이드(LDA)같은 강하고 막혀진 염기가 2-메틸사이클로헥산온의 덜 치환된 α 탄소로부터 속도론적 엔올 음이온을 형성하기 위해서 양성자 추출에 우월성을 보이는 것을 보았다. 그러나 이러한 조건일지라도, 위치이성질체 생성물이 브로민화 벤질과의 알킬화로 형성된다.

2-Methyl cyclohexanone $\xrightarrow[2.\ C_6H_5CH_2Br,\ 40°C]{1.\ LDA,\ 1,2\text{-다이메톡시에테인},\ -78°C\ to\ 30°C}$ 2-Benzyl-6-methyl cyclohexanone (~52% 수득률) + 2-Benzyl-2-methyl cyclohexanone (~7% 수득률)

반면에, β-다이케톤 2,4-펜테인다이온의 알킬화는 두 개의 탄소 그룹들 사이에 위치가 위치특이적이다.

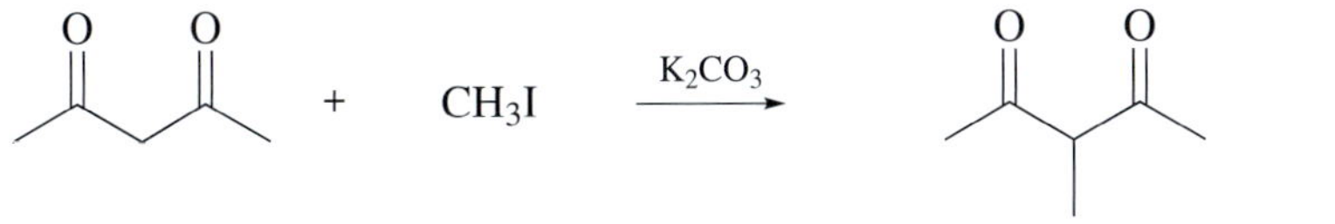

2,4-Pentanedione + Methyl iodide $\xrightarrow{K_2CO_3}$ 3-Methyl-2,4-pentanedione (only product: 75–77% yield)

pK_a 값이 9인, 2,4-펜테인다이온의 C-3에 붙어있는 양성자는 C-1과 C-5(pK_a ~19)의 자리에서보다 훨씬 더 산성이다. 이렇게 증가된 산성은 두 개의 카보닐기가 포함된 전자 비편재화에 의한 엔올 음이온의 안정화에 반영된다.

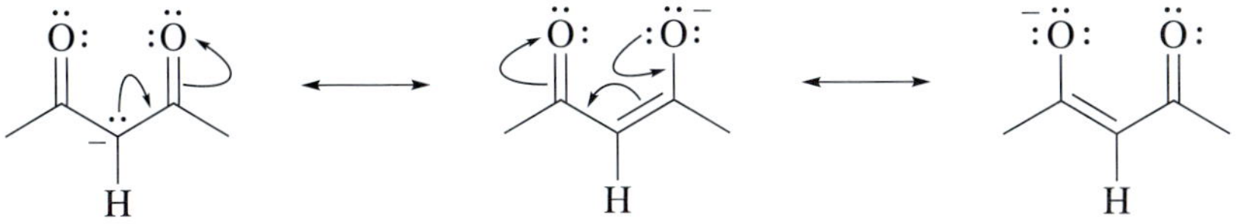

유사한 안정과 β-케토 에스터와 말론산 에스터의 엔올 음이온의 감소된 염기도는 그것들의 효과적인 알킬화를 가능하게 한다.

문제 20.18

아세토에세트산 에틸과 말론산 다이에틸의 pK_a 값은 각각 11과 13이다. 각 엔올 음이온에서 전자 비편재화를 보여주는 공명을 사용하여 각각의 가장 안정한 엔올 음이온의 구조식을 쓰시오.

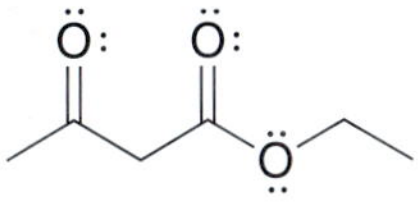

아세토아세트산 에스터 합성과 말론산 에스터 합성이라고 부르는 두 가지 과정은 β-다이카보닐 화합물의 특징적 장점을 갖고, 탄소-탄소 결합을 만드는 전형적인 방법이다. 두 가지 모두는 엔올 음이온의 알킬화로 시작한다. 에틸 에스터는 염기로서 에톡시화 소듐을 보통 사용된다.

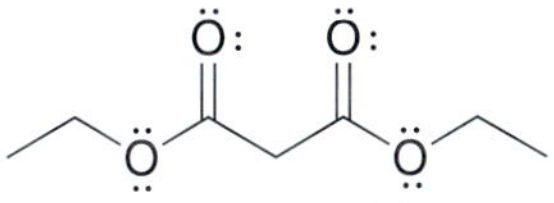

아세토아세트산 에스터는 아세토아세트산 에틸의 보통명이다. 이것의 체계적이지만 드물게 사용되는 이름은 3-옥소뷰탄산 에틸이다. 말론산 에스터는 말론산 다이에틸이라는 보통 이름이 있고, 프로펜다이오산 다이메틸이라고 부르기도 한다.

알킬화 상태:

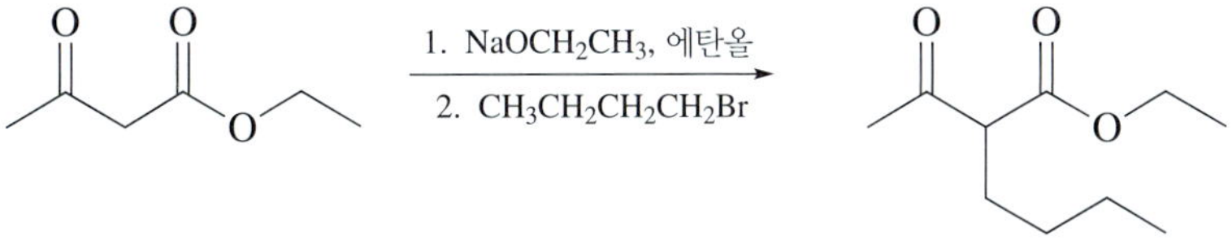

Ethyl acetoacetate $\xrightarrow[\text{2. } CH_3CH_2CH_2CH_2Br]{\text{1. } NaOCH_2CH_3\text{, 에탄올}}$ Ethyl 2-butyl 3 oxobutanoate (70%)

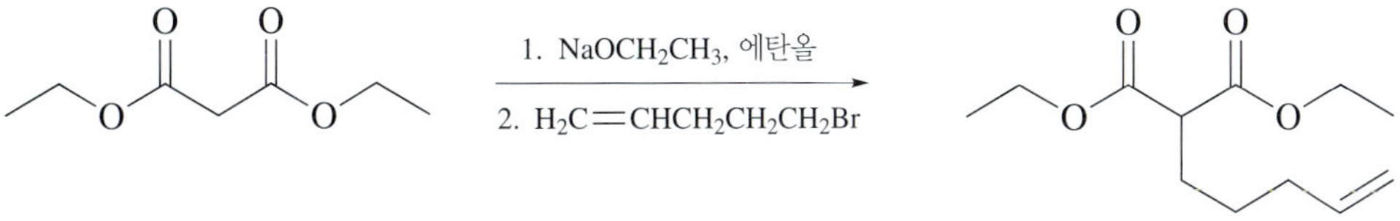

Diethyl malonate $\xrightarrow[\text{2. } H_2C{=}CHCH_2CH_2CH_2Br]{\text{1. } NaOCH_2CH_3\text{, 에탄올}}$ Diethyl 2-(4-pentenyl)malonate (85%)

메틸, 1차, 그리고 가려있지 않은 2차 할로젠화 알킬은 만족스런 알킬화 시약이다. 제거(E2)는 오직 3차 할로젠화 알킬과의 반응이다.

알킬화, 염기성 용액에서의 가수분해와 산성화, 후에 열을 가하면 탈카복실화가 일어난다. 알킬화된 β-케토 에스터는 케톤이 된다; 알킬화된 말론산 에스터는 카복실산을 형성한다.

가수분해와 탈카복실화 상태:

1. NaOH, H_2O / 2. H_3O^+ → 가열 / $-CO_2$ →

Ethyl 2-butyl-3-oxobutanoate → 2-Butyl-3-oxobutanoic acid → 2-Heptanone (60%)

1. NaOH, H_2O / 2. H_3O^+ → 가열 / $-CO_2$ →

Diethyl 2-(4-pentenyl)malonate → 2-(4-Pentenyl)-malonic acid → 6-Heptenoic acid (75%)

말론산과 β-케토산의 탈카복실화는 18.16 절에서 소개되었다.

문제 20.19

다음 각각 반응의 생성물은 무엇인가?

(a) 1. $NaOCH_2CH_3$ 2. $C_6H_5CH_2Cl$ 3. NaOH 4. H_3O^+ 5. 가열

(b) 1. $NaOCH_2CH_3$ 2. $(CH_3)_2CHCH_2Br$ 3. NaOH 4. H_3O^+ 5. 가열

아세토아세트산 에스터 혹은 말론산 에스터 접근법이 합성적 문제에 적용될 때 결정하는 편리한 방법은 신톤 개념을 역합성 분석과 관련짓는 것이다. 합성 조작에 관련된 분자내의 구조 단위를 **신톤(synthon)**이라고 한다. CH_2CO_2H 기는 말론산 에스터 합성에 의해서 목표를 준비하는 우리에게 가능성을 환기시키는 신톤이다. 마찬가지로, $CH_2C(O)CH_3$ 기는 아세토아세트산 합성을 제안하는 신톤이다.

문제 20.20

다음 각각을 만들기 위해 적당한 β-다이카보닐 화합물과 할로젠화 알킬을 선택하기 위하여 역합성 분석을 사용하시오:

(a) 3-메틸펜탄산
(b) 1-페닐-1,4-펜테인다이온
(c) 4-메틸헥산산
(d) 5-헥센-2-온

풀이 예시 (a) 적당한 신톤을 자리에 놓고, 머릿 속으로 그것의 α 탄소에 결합을 끊으시오. 이 신톤은 말론산 다이에틸로부터 유도되고, 할로젠화 알킬로부터 얻어진다.

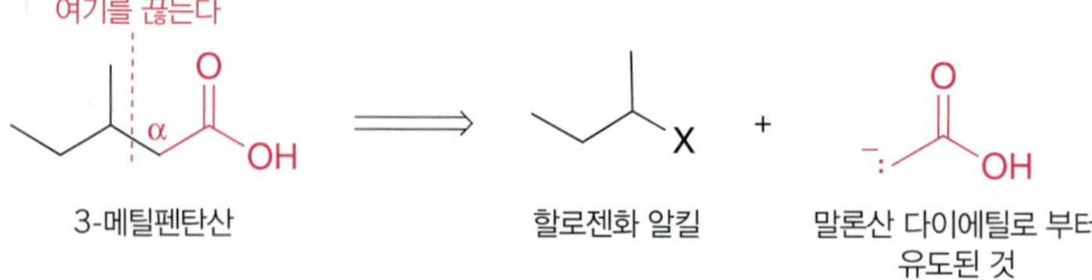

이 경우에, 2차 할로젠화 알킬은 알킬화 시약으로 필요하다. 말론산 다이에틸의 음이온은 상대적으로 약염

기(짝산의 pK_a = 11)이고, 제거보다는 오히려 치환에 의해서 2차 할로젠화 알킬과 반응한다. 따라서, 합성은 2-브로모뷰테인과 말론산 다이에틸의 음이온 알킬화로 시작한다.

Diethyl malonate + 2-Bromobutane → (1. $NaOCH_2CH_3$; 2. NaOH; 3. H_3O^+; 4. 가열) → 3-Methylpentanoic acid

실제로 실행될 때, 알킬화 단계는 83~84% 수득률로 진행되고, 비누화, 산성화, 그리고 탈카복실화에 의해 최종 생성물, 3-메틸펜탄산이 62~65%의 수득률로 얻어진다.

연속된 알킬화에 의해서, 두 개의 다른 알킬기는 α 탄소에 첨가될 수 있다. 말론산 다이에틸의 경우:

Diethyl malonate → (1. $NaOCH_2CH_3$, 에탄올; 2. CH_3Br) → Diethyl 2-methylmalonate

다음에

Diethyl 2-methylmalonate → (1. $NaOCH_2CH_3$, 에탄올; 2. $CH_3(CH_2)_8CH_2Br$; 3. KOH, 에탄올-물; 4. H_3O^+; 5. 가열) → 2-Methyldodecanoic acid (61–74%)

HO(C=O)CH(CH_3)$CH_2(CH_2)_8CH_3$

문제 20.21

보여준 화합물의 합성 개요를 보이시오.

다이할로젠화물과 말론산 다이에틸의 알킬화는 고리가 일곱 개 혹은 그보다 더 작은 탄소를 가질 때 사이클로알케인카복실산을 만드는데 사용된다.

1,3-Dibromopropane + Diethyl malonate → ($NaOCH_2CH_3$, 에탄올) → Diethyl 1,1-cyclobutanedicarboxylate → (1. H_3O^+; 2. 가열) → Cyclobutanecarboxylic acid

문제 20.22

부분적인 역합성에 근거하여 사이클로펜틸 메틸 케톤의 합성을 고안하시오.

(cyclopentyl methyl ketone ⟹ Br-substituted alkylated acetoacetic ester ⟹ ethyl acetoacetate)

20.7 할로폼 반응

이 장의 앞에서 알데하이드와 케톤은 중성과 산성 용액에서 엔올 중간체를 통한 α-할로젠화가 일어난다는 것을 보았다. 이 경우에, 반응 중간체가 엔올 음이온인 것을 제외하면 비슷한 반응이 염기성 용액에서 일어난다.

알데하이드 또는 케톤 + $^{-}$:ÖH ⇌(느림) 엔올 음이온 + :X–X: →(빠름) α-할로 알데하이드 또는 케톤 + :X:$^{-}$

산-촉매 대응 반응과는 달리, 이 반응은 모노할로젠화로 한정시키기가 어렵다.

The Haloform Reaction and the Biosynthesis of Trihalomethanes

Until scientists started looking specifically for them, it was widely believed that naturally occurring organohalogen compounds were rare. We now know that more than 4000 such compounds occur naturally, with the oceans being a particularly rich source. Over 50 organohalogen compounds, including $CHBr_3$, CHBrClI, $BrCH_2CH_2I$, CH_2I_2, $Br_2CHCH{=}O$, I_2CHCO_2H, and $(Cl_3C)_2C{=}O$, have been found in a single species of Hawaiian red seaweed, for example. It is not surprising that organisms living in the oceans have adapted to their halide-rich environment by incorporating chlorine, bromine, and iodine into their metabolic processes. Chloromethane (CH_3Cl), bromomethane (CH_3Br), and iodomethane (CH_3I) are all produced by marine algae and kelp, but land-based plants and fungi also contribute their share to the more than 5 million tons of the methyl halides formed each year by living systems. The ice plant, which grows in arid regions throughout the world and is cultivated as a ground cover along coastal highways in California, biosynthesizes CH_3Cl by a process in which nucleophilic attack by chloride ion (Cl^-) on the methyl group of S-adenosylmethionine is the key step (see Section 16.16).

Interestingly, the trihalomethanes chloroform ($CHCl_3$), bromoform ($CHBr_3$), and iodoform (CHI_3) are biosynthesized by an entirely different process, one that is equivalent to the haloform reaction and begins with the formation of an α-halo ketone. Unlike the biosynthesis of methyl halides, which requires attack by a halide nucleophile (X^-), α halogenation of a ketone requires attack by an electrophilic form of the halogen. For chlorination, the electrophilic form of the halogen is generated by oxidation of Cl^- in the presence of the enzyme *chloroperoxidase*. Thus, the overall equation for the enzyme-catalyzed chlorination of a methyl ketone may be written as

$$\underset{\text{Methyl ketone}}{CH_3\overset{O}{\overset{\|}{C}}R} + \underset{\text{Chloride}}{Cl^-} + \underset{\text{Oxygen}}{\tfrac{1}{2}O_2} \xrightarrow{\text{chloroperoxidase}} \underset{\text{Chloromethyl ketone}}{ClCH_2\overset{O}{\overset{\|}{C}}R} + \underset{\text{Hydroxide}}{HO^-}$$

Further chlorination of the chloromethyl ketone gives the corresponding trichloromethyl ketone, which then undergoes hydrolysis to form chloroform.

$$\underset{\text{Chloromethyl ketone}}{ClCH_2\overset{O}{\overset{\|}{C}}R} \xrightarrow[Cl^-,\ O_2]{\text{chloro-peroxidase}} \underset{\text{Dichloromethyl ketone}}{Cl_2CH\overset{O}{\overset{\|}{C}}R} \xrightarrow[Cl^-,\ O_2]{\text{chloro-peroxidase}}$$

$$\underset{\text{Trichloromethyl ketone}}{Cl_3C\overset{O}{\overset{\|}{C}}R} \xrightarrow[HO^-]{H_2O} \underset{\text{Chloroform}}{Cl_3CH} + \underset{\text{Carboxylate}}{RCO_2^-}$$

Purification of drinking water, by adding Cl_2 to kill bacteria, is a source of electrophilic chlorine and contributes a nonenzymatic pathway for a chlorination and subsequent chloroform formation. Although some of the odor associated with tap water may be due to chloroform, more of it probably results from chlorination of algae-produced organic compounds.

The ice plant generates chloromethane naturally.

염기성 수용액에서 할로젠으로 처리하면 원래의 C—C가 끊어지는 메틸 케톤은 카복실산을 합성하는 특별한 용도가 있다.

상자 속 소고 *The Haloform Reaction and Biosynthesis of Trihalomethanes* 는 할로폼 반응의 생화학적 이견을 설명한다.

$$\underset{\text{메틸 케톤}}{RC(=O)CH_3} + \underset{\text{할로젠}}{3X_2} + \underset{\text{수산화 이온}}{4HO^-} \longrightarrow \underset{\text{카복실산 이온}}{RC(=O)O^-} + \underset{\text{트라이할로메테인}}{CHX_3} + \underset{\text{할로젠화 이온}}{3X^-} + \underset{\text{물}}{3H_2O}$$

사용한 할로젠에 따라 생성된 트라이할로메테인은 클로로폼($CHCl_3$), 브로모폼($CHBr_3$), 아이오도폼(CHI_3)이기 때문에 **할로폼 반응(haloform reaction)**이라고 부른다.

3,3-Dimethyl-2-butanone $\xrightarrow[2.\ H_3O^+]{1.\ Br_2,\ NaOH,\ H_2O}$ 2,2-Dimethylpropanoic acid (71–74%) + $CHBr_3$ Tribromomethane (bromoform)

예에서 보여준 메틸 케톤은 한 방향으로만 엔올화할 수 있고, 할로폼 반응에 의해서 합성적으로 수용될 수 있는 수득률의 카복실산으로 전환할 수 있는 반응물의 형태를 대표한다. 메커니즘 20.4는 어떻게 연결이 끊어지는지를 설명한다.

$RCH_2C(O)CH_3$와 $R_2CHC(O)CH_3$ 형태의 메틸 케톤은 위치선택성이 아닌 α 할로젠화로 진행되어 혼합 생성물을 생성한다.

메커니즘 20.4

할로폼 반응

전체 반응:

3,3-다이메틸-2-뷰탄온 + $3Br_2$ (브로민) + $4HO^-$ (수산화 이온) ⟶ 2,2-다이메틸-프로판산 이온 + $CHBr_3$ (트라이브로모메테인) + $3Br^-$ (브로민화 이온) + $3H_2O$ (물)

메커니즘:

1단계: 케톤은 α 탄소로부터 양성자 추출로 엔올 음이온으로 변환된다.

3,3-다이메틸-2-뷰탄온 + 수산화 이온 $\xrightarrow{\text{느림}}$ 엔올 음이온 + 물

2단계: 엔올 음이온은 브로민과 반응하여 α-브로모케톤을 생성한다.

엔올 음이온 + 브로민 ⟶ 1-브로모-3,3-다이메틸-2-뷰탄온 + 브로민화 이온

(계속)

메커니즘 20.4

할로폼 반응 (계속)

3~6단계: 1단계와 2는 α-탄소에 두 개의 추가적인 브로민을 도입시키기 위해서 두 번 더 반복한다.

7단계: 카보닐기의 이중결합에 수산화 이온의 친핵성 첨가는 사면체형 중간체를 생성한다.

1,1,1-트라이브로모-3,3 다이메틸-2-뷰탄온 + 수산화 이온 → 사면체형 중간체

8단계: 사면체형 중간체로부터 트라이브로모메테인화 이온의 축출은 탄소-산소 이중결합을 복원시킨다.

사면체형 중간체 → 2,2-다이메틸-프로판산 + 트라이브로모메테인화 이온

9단계: 2,2-다이메틸프로판산과 트라이브로모메테인화 이온은 카복실산염과 브로모폼을 생성하기 위해서 양성자 전달 반응을 진행한다.

2,2-다이메틸-프로판산 + 수산화 이온 → 2,2-다이메틸-프로판산 이온 + 물

물 + 트라이브로모메테인화 이온 → 수산화 이온 + 브로모폼

문제 20.23

다음의 어느 것이 할로폼 반응으로 카복실산을 만드는데 가장 적합한가?

20.8 α, β-불포화 알데하이드와 케톤의 컨쥬게이션 효과

알돌 축합은 α, β-불포화 알데하이드와 케톤을 합성하는데 효과적이다. 이 화합물들은 카보닐과 탄소−탄소 이중결합 사이에 컨쥬게이션이 나타나는 흥미로운 특징을 가지고 있다.

먼저, 우리가 다른 컨쥬게이션된 π-전자 체계에서 흔히 보아 왔듯이, α, β-불포화 알데하이드와 케톤은 컨쥬게이션 되지 않은 이성질체보다 더 안정하다. 예를 들어, β, γ-불포화 카보닐과 α, β-불포화 카보닐의 상호 작용이 일어나도록 한 조건 하에서 이들 사이에 평형은 컨쥬게이션 이성질체 쪽이 우세하다.

$K = 4.8$

(*E*)-4-Hexen-2-one (17%) (*E*)-3-Hexen-2-one (83%)

문제 20.24

시판되는 메시틸 옥사이드는 알돌 축합으로 생성된다. 어떤 유기 출발 물질로 메시틸 옥사이드를 만드는가? 그것은 보통 약 10% 동일한 탄소 골격을 갖는 이성질체가 들어있다. 이 혼합물의 가장 적합한 구조는 무엇인가?

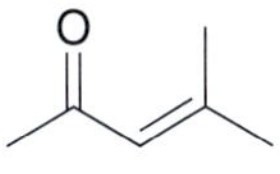

메시틸 옥사이드

α, β-불포화 카보닐 화합물에서 전재 비편재화는 세 개의 주 기여체 사이의 공명으로 나타난다.

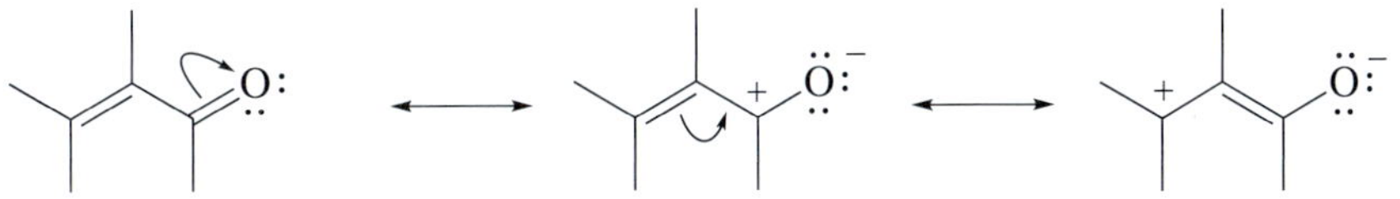

가장 안정한 기여체 전하가 분리된 기여체

공명 표시로 제안된 β 탄소의 양전하 성질은 α, β-불포화 카보닐 화합물과 컨쥬게이트 되지 않은 관련물 사이에 아주 큰 차이점들이 존재하는 것을 보여준다. 이들의 커다란 양, 음전하의 분리와 일관되게, 트랜스-2-뷰텐알은 뷰탄알보다 큰 쌍극자 모멘트를 갖는다.

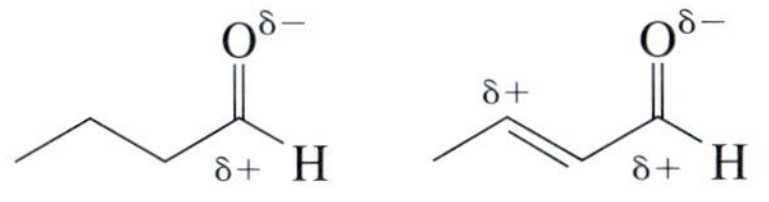

뷰탄알 $\mu = 2.7$ D *트랜스*-2-뷰텐알 $\mu = 3.7$ D

또한 이 두 개의 ^{13}C 화학적 이동을 비교하면, 뷰탄알에서, 카보닐기의 전자 끌개 힘은 β보다는 α 탄소, γ보다는 β가 덜 막혀있다. 2-뷰텐알에서 양전하 성질이 증가되는 것을 반영하면, β 탄소는 α나 γ보다 덜 가려져 있다.

뷰탄알: δ 14, δ 16, δ 46 트랜스-2-뷰텐알: δ 19, δ 154, δ 135

화학적으로, 이중결합에서 감소된 π-전자 밀도는 α, β-불포화 알데하이드와 케톤이 알켄보다 *친전자성* 첨가에 덜 반응적이게 만든다. 반면에 *친핵성* 첨가는 카보닐기나 α, β 이중결합을 가질 수 있다.

Grignard 시약, 유기리듐, 수소화알루미늄 리듐과 같은 강한 염기성 친핵체는 *1,2-첨가*로 카보닐기와 반응하는 경향이 있다.

trans-2-Butenal + $HC{\equiv}CMgBr$ (Ethynylmagnesium bromide) → 1. THF, 2. H_3O^+ → trans-4-Hexen-1-yn-3-ol (84%)

약한 염기성 친핵체는 *컨쥬게이트 첨가* 혹은 *1,4-첨가*에 의해서 C=C 결합의 β 탄소에 반응하는 생성물을 만든다.

싸이올은 pK_a 값이 9-10 범위이다.

3-Methyl-2-cyclohexenone → $C_6H_5CH_2SH$, HO^-, H_2O → 3-Benzylthio-3-methylcyclohexanone (58%)

초기 중간체는 엔올 음이온이고, 그것은 반응 조건에서 케톤으로 변환된다.

α, β-불포화 케톤 + 약한 염기성 친핵체 ⇌ 엔올 음이온 → H_2O → 1,4-첨가 생성물

Grignard 시약, 유기리듐 같은 강한 염기성 친핵체에 의한 C=O에 친핵성 첨가는 본질적으로 비가역적이고 1,2-첨가가 일어난다. 친핵체가 약한 염기일 때, C=O에 공격은 빠르지만 가역적이다. 친핵체는 카보닐기에 가다 말다하여 더 느리게 반응 하지만 덜 가역적이 되어 1,4-첨가로 완결된다. 결국 1,4-첨가 생성물은 약한 C=C 결합의 소비로 강한 C=O 결합을 유지하기 때문에 더 안정하다. 1,2-첨가는 속도론적 지배이고; 1,4-첨가는 열역학적 지배이다.

문제 20.25

아크롤린($H_2C{=}CHCH{=}O$)은 아세트산 수용액에서 아자이드화 소듐(NaN_3)과 반응하여 화합물 $C_3H_5N_3O$를 71% 생성한다. 동일한 반응 조건에서 $CH_3CH_2CH{=}O$는 반응하지 않은 채로 회수되었다. 아크롤린으로부터 생성된 물질의 구조를 제안하고 아크롤린과 프로판알의 반응성 차이를 설명하시오.

Michael 반응은 β-다이케톤, β-케토 에스터, 말론산 다이에틸 같은 탄소음이온이 컨쥬게이트 첨가에 의해 α, β-불포화 케톤과 반응하는 알킬화이다, α, β-불포화 케톤은 엔올 음이온이 할로젠화 알킬에 반응하는 것과 같은 종류의 친전자체 역할을 한다.

2-Methyl-1,3-cyclohexanedione + Methyl vinyl ketone → KOH, 메탄올 → 2-Methyl-2-(3'-oxobutyl)-1,3-cyclohexanedione (85%)

문제 20.26

메틸 바이닐 케톤과 말론산 다이에틸로부터 보이는 화합물의 합성 개요를 설명하시오.

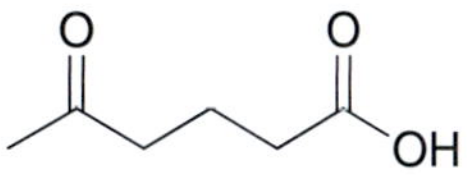

β-다이케톤의 Michael 반응은 어떤 출발 분자에 고리를 만드는–*고리짓기*(*annulation*)에 특별히 유용하다는 것이 증명되었다. **Robinson 고리짓기**는 그것의 사용으로 알려진 Robert Robinsdn 경의 이름에서 유래되었으며, Michael 첨가로 분자내 알돌 축합 사이클로헥센온을 생성한다.

Robinson은 1947년에 생화학적으로 중요한 식물의 생성물 연구로 노벨 화학상을 받았다.

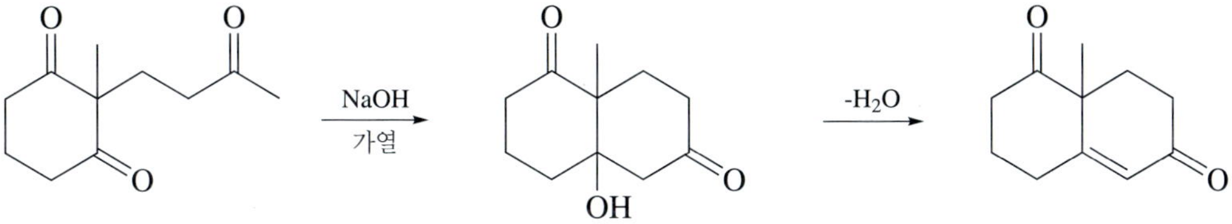

NaOH, 가열 → $-H_2O$ →

2-Methyl-2-(3′-oxobutyl)-1,3-cyclohexanedione

분자내 알돌 첨가 생성물; 분리되지 않음

6-Methyl-bicyclo[4,4,0]dec-1-ene-3,7-dione

문제 20.27

컨쥬게이트 첨가와 분자내 알돌 축합 모두는 중간체의 분리 없이 단일합성 작업으로 수행할 수 있다.

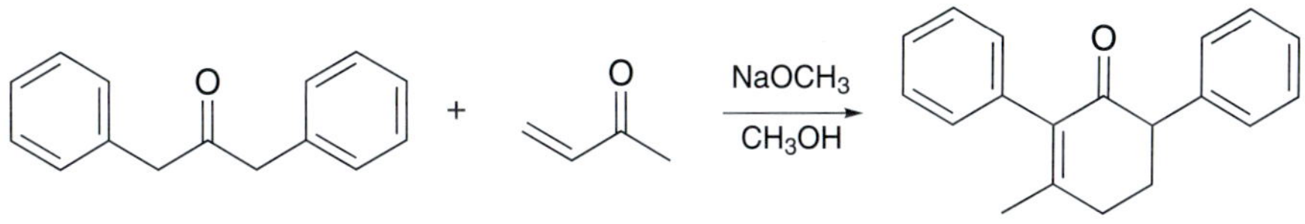

$NaOCH_3$, CH_3OH

Dibenzyl ketone + Methyl vinyl ketone → 3-Methyl-2,6-diphenyl-2-cyclohexenone (55%)

컨쥬게이트 첨가 단계와 알돌 첨가 단계에서 형성된 중간체의 구조식을 쓰시오.

진행되는 많은 합성 응용 중에서, α, β-불포화 카보닐 화합물은 친핵성 반응에서 할로젠화 알킬과 비슷하다.

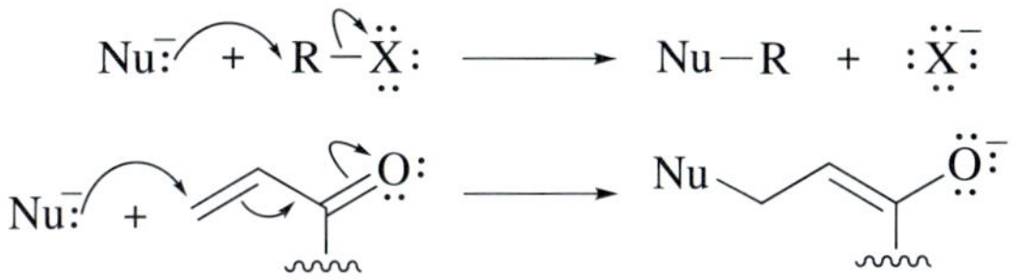

$$Nu:^- + R-\ddot{X}: \longrightarrow Nu-R + :\ddot{X}:^-$$

$$Nu:^- + \text{C=C–C=O} \longrightarrow \text{Nu–C–C=C–O}^-$$

이런 논리는 다이알킬구리 리튬의 반응으로 넓혀졌다. 할로젠화 알킬이 다이알킬구리 리튬과 반응하여 탄소–탄소 결합을 형성하는 것처럼 α, β-불포화 카보닐 화합물도 마찬가지이다.

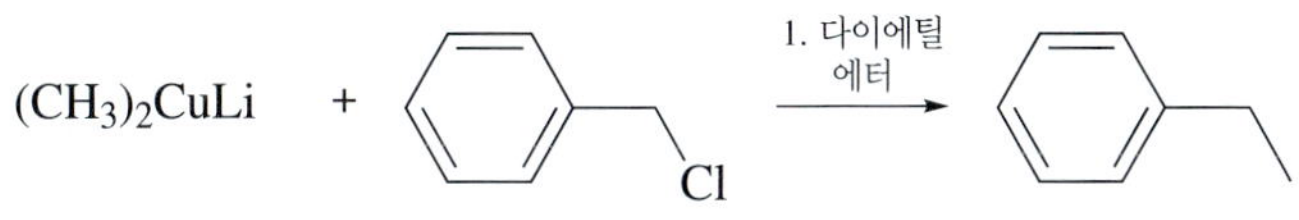

$(CH_3)_2CuLi$ + Benzyl chloride —1. 다이에틸 에터→ Ethylbenzene (80%)

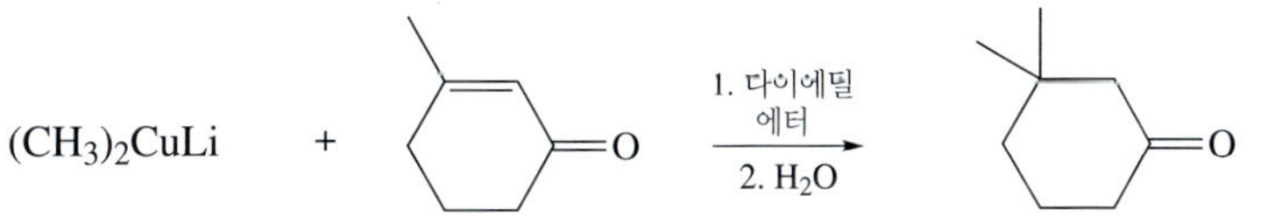

Lithium dimethylcuprate

$(CH_3)_2CuLi$ + 3-Methyl-2-cyclohexenone —1. 다이에틸 에터, 2. H_2O→ 3,3-Dimethyl-cyclohexanone (98%)

Lithium dimethylcuprate

문제 20.28

유기구리가 α, β-불포화 케톤에 컨쥬게이트 첨가로 4-메틸-2-옥탄온을 만드는 두 가지 방법을 개략적으로 쓰시오.

풀이 예시 다이알킬구리 리튬으로부터 생성되는 그룹을 확인하기 위해서 β 탄소의 결합 중 하나를 상상으로 끊는다.

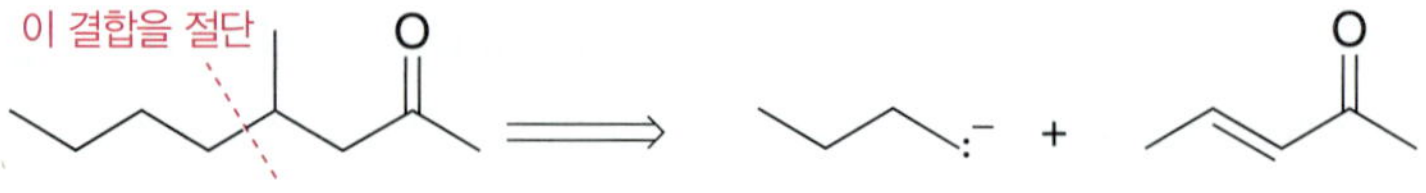

이 결합을 절단

4-메틸-옥탄온

그렇게 절단하면 뷰틸기가 다이알킬구리 리튬으로부터 떨어져 나온다. 적절한 제조는 아래와 같다.

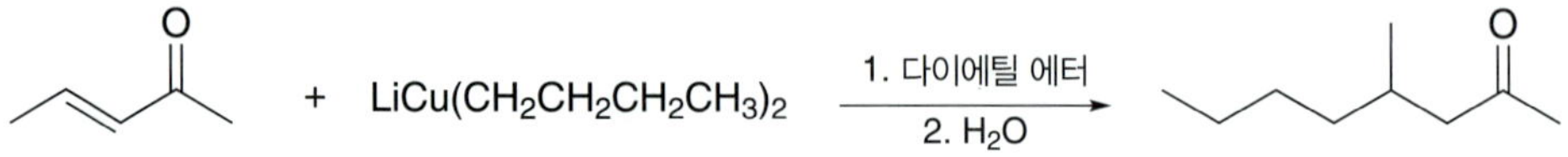

3-Penten-2-one + $LiCu(CH_2CH_2CH_2CH_3)_2$ (Lithium dibutylcuprate) → (1. 다이에틸 에터 2. H_2O) 4-Methyl-2-octanone

이제 두 번째 가능성을 알 수 있는지 확인하시오.

20.9 요약

20.1 절 적어도 한 개의 α 수소를 가지고 있는 알데하이드, 케톤, 에스터는 그것들의 엔올 음이온과 평형을 이룬다. 간단한 알데하이드, 케톤, 에스터의 엔올 음이온 함량은 작다.

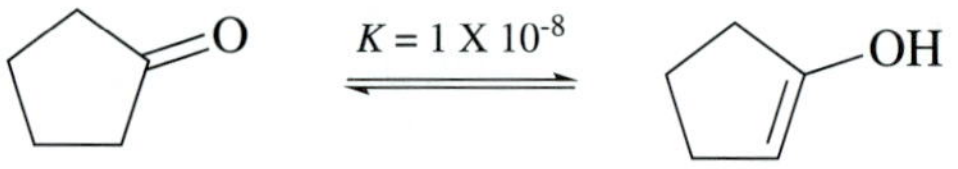

사이클로펜탄온 ⇌ ($K = 1 \times 10^{-8}$) 사이클로펜텐-1-올

β-다이케톤과 β-케토에스터는 더 많이 엔올화한다.

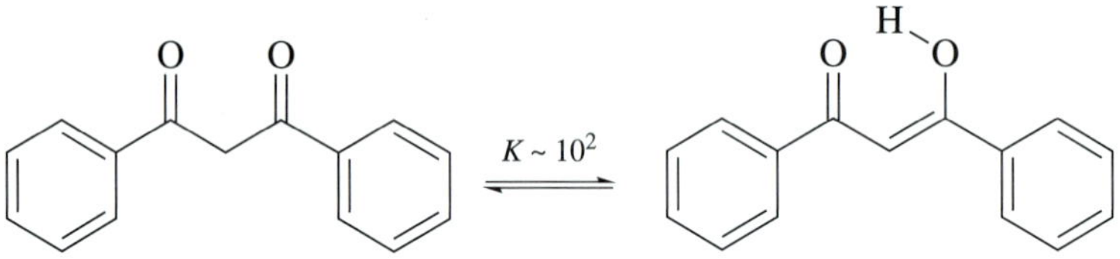

1,3-다이페닐-1,3-다이온 ⇌ ($K \sim 10^2$) 1,3-다이페닐-2-프로펜-3-올-1-온

알데하이드와 케톤은 엔올 중간체를 통해서 α 탄소에 할로젠화를 진행한다.

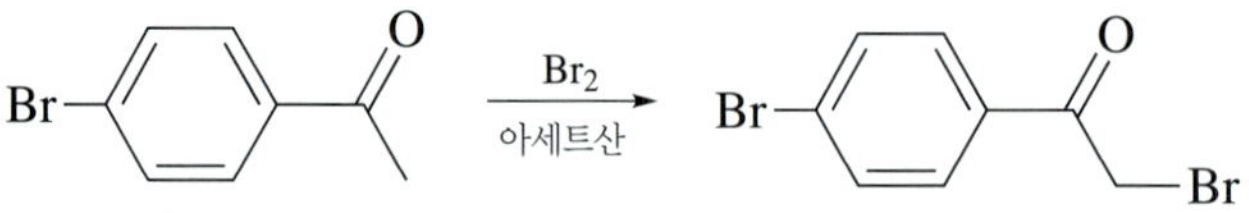

p-Bromoacetophenone → (Br_2, 아세트산) *p*-Bromophenacyl bromide (69–72%)

20.2 절 알데하이드 혹은 케톤의 α 수소는 대부분의 다른 양성자가 탄소(pK_a 값의 범위가 16~20)에 결합되어 있는 것보다 더 산성이다. 그것 들의 강해진 산성은 카보닐기의 전자-끌개 효과와 엔올 음이온의 공명 안정화 때문이다.

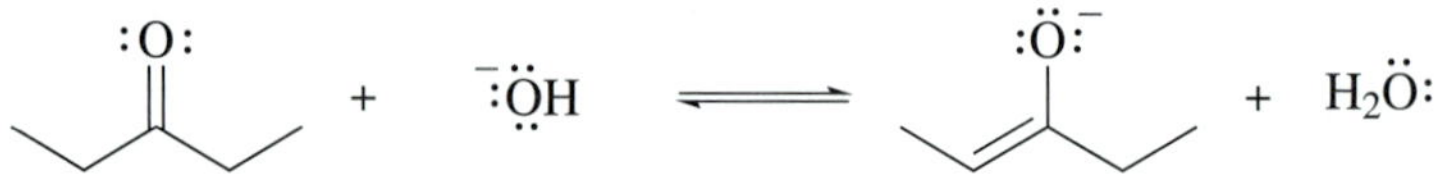

3-펜탄온 + 수산화 이온 ⇌ 엔올 음이온 + 물

20.3 절 알돌 축합은 탄소−탄소 결합을 만드는 합성적 방법으로 유용하다. 카보닐에 엔올 음이온의 친핵성 첨가가 탈수로 이어져서, α, β-불포화 알데하이드 혹은 케톤을 생성한다.

Octanal $\xrightarrow[\text{CH}_3\text{CH}_2\text{OH}]{\text{NaOCH}_2\text{CH}_3}$ 2-Hexyl-2-decenal (79%)

20.4 절 두 개의 다른 카보닐 화합물 사이에 혼합 알돌 축합은 오직 그것들 중에 하나가 엔올 음이온을 형성할 수 있다면 효과적으로 완결될 수 있다.

Methyl 2-thienyl ketone + o-Chlorobenzaldehyde $\xrightarrow[\text{에탄올-물}]{\text{NaOH}}$ 3-(*o*-Chlorophenyl-1-(2-thienyl)prop-2-en-1-one (60%)

20.5 절 RCH_2CO_2R' 형태의 에스터는 알콕시화 염기와 반응하여 β-케토 에스터로 변한다. 에스터 한 분자는 그것의 엔올 음이온으로 변하 고; 에스터의 두 번째 분자는 엔올 음이온에 아실화 시약으로 작용한다.

2 Ethyl butanoate $\xrightarrow[\text{2. H}_3\text{O}^+]{\text{1. NaOCH}_2\text{CH}_3}$ Ethyl 2-ethyl-3-oxohexanoate (76%)

Dieckmann 축합은 Claisen 축합의 분자내 형태이다.

Diethyl 1,2-benzenedicarboxylate $\xrightarrow[\text{2. H}_2\text{O}]{\text{1. NaOCH}_2\text{CH}_3}$ Ethyl indan-2-one-1-carboxylate (70%)

20.6 절 엔올 음이온을 통한 간단한 알데하이드와 케톤의 알킬화는 어렵다. β-다이케톤은 정량적으로 엔올 음이온으로 변할 수 있고, 1차 할로젠화 알킬과 효과적으로 반응한다.

2-Benzyl-1,3-cyclohexanedione ($-CH_2C_6H_5$) + Benzyl chloride ($C_6H_5CH_2Cl$) $\xrightarrow[\text{에탄올}]{\text{KOCH}_2\text{CH}_3}$ 2,2-Dibenzyl-1,3-cyclohexanedione (69%) ($CH_2C_6H_5$, $CH_2C_6H_5$)

아세토아세트산 에스터 합성에서, β-케토 에스터는 케톤을 생성하기 위해 첫 번째 단계에서 알킬화한다.

Ethyl acetoacetate → ($NaOCH_2CH_3$; $CH_3CH{=}CHCH_2Br$) → (1. HO^-, H_2O; 2. H_3O^+; 3. 가열) → 5-Hepten-2-one (81%)

할로젠화 알킬은 말론산 다이에틸로부터 유도된 엔올 음이온과 반응하여 카복실산으로 변하고, 비누화와 탈카복실화가 일어난다.

Diethyl malonate → ($NaOCH_2CH_3$; 3-chlorocyclopentene, Cl) → (1. HO^-, H_2O; 2. H_3O^+; 3. 가열) → (3-Cyclopentenyl)acetic acid (66%)

20.7 절 메틸 케톤은 염기 존재 하에 과량의 할로젠과 반응하여 쪼개진다. 생성물은 트라이할로메테인(할로폼)과 카복실산염이다. 이 반응은 카복실산 합성에 사용된다.

3,3-Dimethyl-2-butanone → (1. Br_2, NaOH, H_2O; 2. H_3O^+) → 2,2-Dimethylpropanoic acid (71–74%) + $CHBr_3$ Bromoform

20.8 절 α, β-불포화 카보닐 화합물의 β 탄소는 친전자성이다; 특히 약한 염기성 친핵체는 컨쥬게이트 첨가로 α, β-불포화 알데하이드 및 케톤과 반응한다. 친핵체는 β 탄소에 결합한다.

4-Methyl-3-penten-2-one → (NH_3, H_2O) → 4-Amino-4-methyl-2-pentanone (63–70%)

문제

20.29 다음 각 쌍들에서 더 큰 엔올 함량을 가진 화합물을 고르시오.

(a) 2,2-dimethylpropanal 또는 2-methylpropanal

(b) 3,4-dihydronaphthalen-1(2H)-one 또는 isochroman-1-one

(c) 2,2-dimethylcyclohept-4-en-1-one 또는 2,2-dimethylcyclohept-6-en-1-one

(d) 1,3-diphenyl-1,3-propanedione 또는 1,3-diphenyl-2-propanone

20.30 자연적으로 생기는 항생 물질인 *테레산*(*Terreic acid*)은 보여진 구조의 엔올 이성질체이다. 두 개의 가장 안정한 엔올을 쓰고 더 안정한 것을 고 르시오.

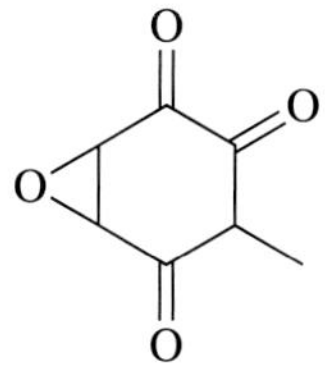

20.31 다음 각각에서, 어떤 출발 물질이 알돌 첨가나 축합 생성물로 변하기 전에 얻어진 관찰로 이루어졌다.

(a) 산성 수용액에서, 오직 17%의 $(C_6H_5)_2CHCH{=}O$만이 알데하이드로 존재하고; 2%의 엔올이 존재한다. 어떤 다른 종류의 물질은 80%이 다. 그것은 무엇인가?

(b) 염기성 수용액에서, 97%의 $(C_6H_5)_2CHCH{=}O$는 (a) 부분에서 그것들과는 다른 종류로 존재한다. 이것들의 종류는 무엇인가?

20.32 (a) 아세토아세테이트산 에틸에 요오드화 메틸마그네슘을 1 당량 첨가하면, Grignard 시약은 소비되지만, 반응 혼합물이 아세토아세트산 에틸이 된 후에 오직 유기 생성물만 얻어진다. 그 이유는 무엇이며, Grignard 시약에 무슨 일이 일어났는가?

(b) 반응 혼합물을 처리하기 위해서 D_2O와 DCl을 사용하여 반응을 반복시키면, 회복된 아세토아세트산 에틸이 중수소를 포함한다는 것을 알게 된다. 이 중수소의 위치는 어디인가?

20.33 다음 각 반응은 화학 문헌에 소개되었다. 이 경우에 형성된 생성물의 구조를 쓰시오.

(a) Cl; O; Cl_2, CH_2Cl_2

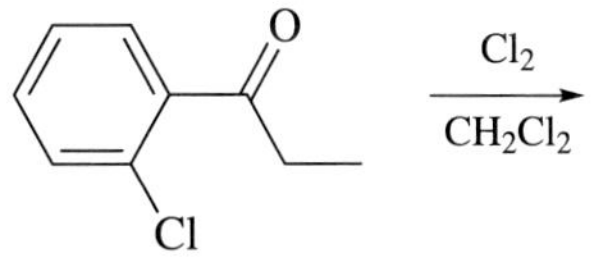

(b) O; $C_6H_5CH_2SH$, NaOH, H_2O

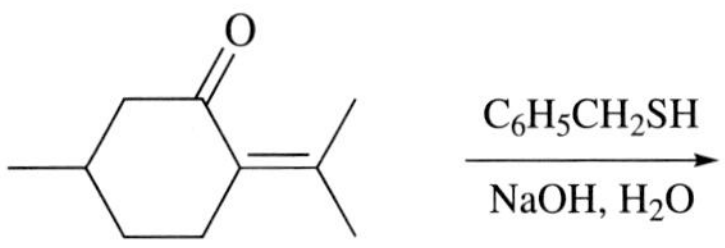

(c) O; O; H; + O; NaOH, 물

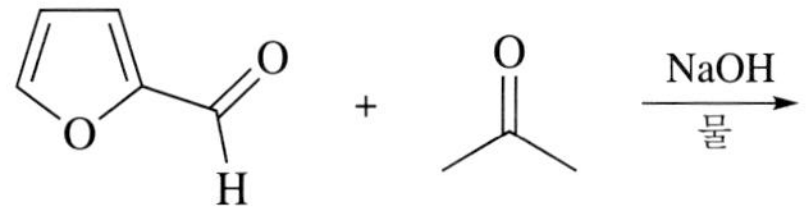

(d) O; + $LiCu(CH_3)_2$; 1. 다이에틸 에터, 2. H_2O

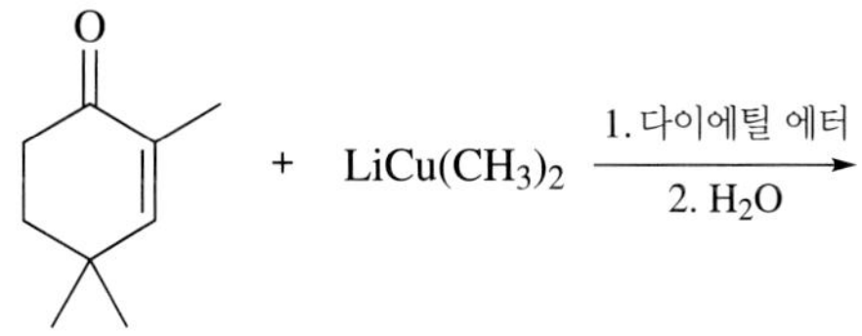

(e) O; + O; H; NaOH, 에탄올-물

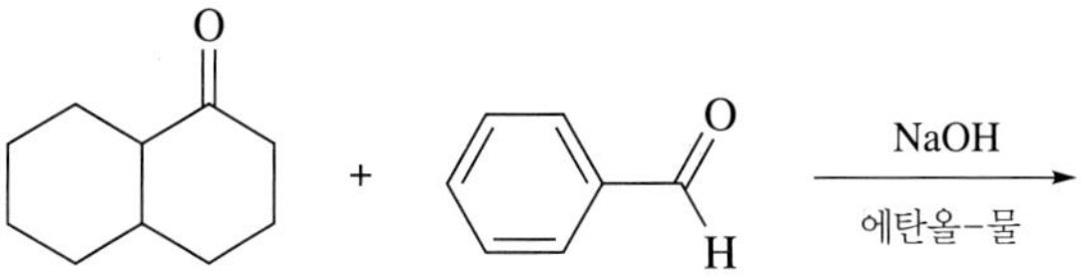

(f) O; O; + Br; KOH

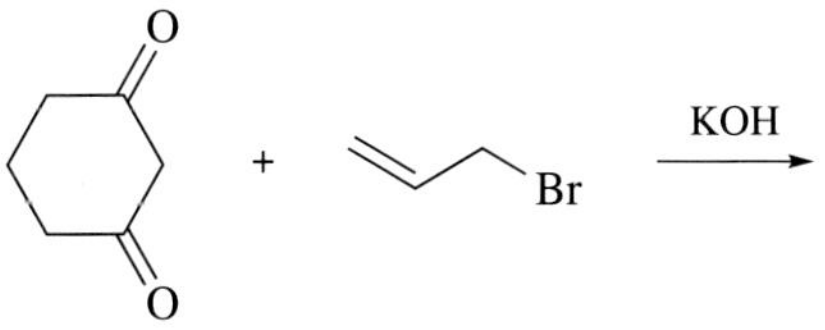

20.34 3-메틸-2-뷰탄온의 브로민화는 두 개의 화합물을 만든는데, 각각은 95:5의 비율로 분자식이 C_3H_9BrO인 화합물이다. 주 이성질체 A의 ^{1}H NMR 스펙트럼은 δ 1.2(여섯 개의 양성자)에 2중선, δ 3.0(한 개의 양성자)에 7중선, 그리고 δ 4.1(두 개의 양성자)에 단일선으로 나타난다. 부 이성질체 B의 ^{1}H NMR 스펙트럼은 두 개의 단일선으로 나타나는데, 하나는 δ 1.9, 다른 하나는 δ 2.5에서 나타난다. A와 B의 타당한 구조를 제안하시오.

20.35 다음 각 반응에 주 유기 생성물의 구조를 쓰시오.

(a) 아세토아세트산 에틸 + 1-브로모뷰테인 $\xrightarrow{\text{NaOCH}_2\text{CH}_3\text{, e에탄올}}$

(b) (a)의 생성물 $\xrightarrow[\text{2. H}_3\text{O}^+ \quad \text{3. 가열}]{\text{1. NaOH, H}_2\text{O}}$

(c) 아세토페논 + 탄산 다이에틸 $\xrightarrow[\text{2. H}_3\text{O}^+]{\text{1. NaOCH}_2\text{CH}_3}$

(d) 아세톤 + 옥살산 다이에틸 $\xrightarrow[\text{2. H}_3\text{O}^+]{\text{1. NaOCH}_2\text{CH}_3}$

(e) 말론산 다이에틸 + 1-브로머-2-메틸뷰테인 $\xrightarrow{\text{NaOCH}_2\text{CH}_3\text{, eth에탄올}}$

(f) (e)의 생성물 $\xrightarrow[\text{2. H}_3\text{O}^+ \quad \text{3. 가열}]{\text{1. NaOH, H}_2\text{O}}$

(g) 말론산 다이에틸 + 6-메틸-2-사이클로헥산온 $\xrightarrow{\text{NaOCH}_2\text{CH}_3\text{, eth에탄올}}$

(h) (g)의 생성물 $\xrightarrow{\text{H}_2\text{O, HCl, 가열}}$

(i) 아세트산 *tert*-뷰틸 $\xrightarrow[\text{2. 벤즈알데하이드} \quad \text{3. H}_3\text{O}^+]{\text{1. [(CH}_3)_2\text{CH]}_2\text{NLi, THF}}$

20.36 다음 각 물질과 아세토아세트산 에틸의 반응으로 형성되는 생성물의 구조를 쓰시오.

(a) 1-브로모펜테인과 에톡시화 소듐

(b) (a)의 생성물을 비누화(염기성 가수분해) 및 탈카복실화

(c) 아이오딘화 메틸과 에톡시화 소듐으로 처리된 (a)의 생성물

(d) (c) 생성물의 비누화 및 탈카복실화

(e) 1-브로모-3-클로로프로페인과 1당량의 에톡시화 소듐

(f) 2 당량의 에톡시화 소듐으로 처리된 (e)의 생성물

(g) (f) 생성물의 비누화 및 탈카복실화

(h) 페닐 바이닐 케톤과 에톡시화 소듐

(i) (h) 생성물의 비누화 및 탈카복실화

20.37 자스민 향기가 나게 하는 자스몬은 다이케톤의 분자내 알돌 축합으로 만들어진다. 다이케톤의 구조를 추론하기위해서 역합성 분석을 사용하시오.

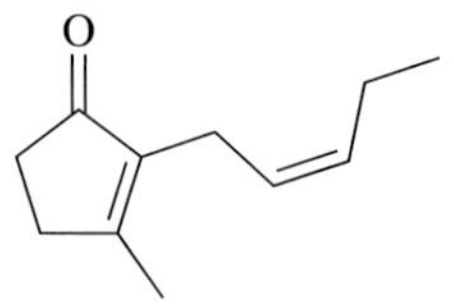

20.38 다음 각 화합물이 3-펜탄온으로부터 어떻게 만들어지는지를 설명하시오. 대부분의 경우에 한 개 이상의 합성적 변형이 필요할 것이다.

(a) 2-브로모−3-펜탄온

(b) 1-펜텐-3-온

(c) 1-펜텐-3-올

(d) 3-헥산온

(e) 2-메틸-1-페닐-1-펜텐-3-온

20.39 다음 각 화합물이 어떻게 생성되는지를 설명하시오. 아세토아세트산 에틸 혹은 말론산 다이에틸과 어떤 필요한 무기 시약과 함께 지정된 출발 물질을 사용하시오. 또한 일상적인 유기 용매는 자유로이 쓴다고 예상하시오.

(a) 벤질 알코올로부터 4-페닐-2-뷰탄온

(b) 벤질 알코올로부터 3-페닐프로판산

(c) 프로펜으로부터 2-알릴-1,3-프로페인다이올

(d) 프로펜으로부터 4-펜텐-1-올

(e) 프로펜으로부터 5-헥센-2-올

20.40 (a) 페닐 아세트산 에틸($C_6H_5CH_2COOCH_2CH_3$)의 Claisen 축합 생성물의 구조를 쓰시오.

(b) 이 Claisen 축합 생성물의 비누화와 탈카복실화 반응으로부터 얻어지는 케톤은 무엇인가?

(c) 페닐아세트산 에틸을 에톡시화 소듐, 브로민화 알릴과 Claisen 축합한 후, 비누화와 탈카복실화하면 무슨 케톤이 생성되는가?

(d) 페닐아세트산 에틸과 벤조산 에틸의 혼합 Claisen 축합 생성물의 구조를 쓰시오.

(e) (d)의 생성물을 비누화와 탈카복실화하면 무슨 케톤이 생성되는가?

(f) (d)의 생성물을 에톡시화 소듐, 브로민화 알릴과 Claisen 축합한 후, 비누화와 탈카복실화하면 무슨 케톤이 생성되는가?

20.41 아래의 각 반응은 어떤 합성이 실행되어지는 과정이고 화합물의 분자식을 지정해 주었다. 이 화합물들은 무엇인가?

(a) O O O O O $\xrightarrow[\text{가열}]{H_2O,\ H_2SO_4}$ $C_7H_{12}O$

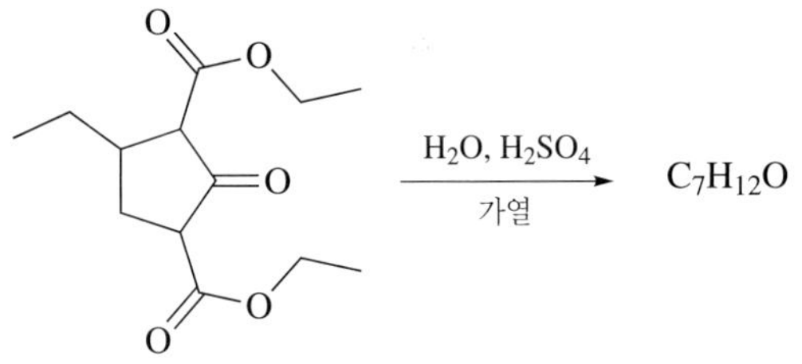

(b) O O O O $\xrightarrow[2.\ H_3O^+]{1.\ NaOCH_2CH_3}$ $C_9H_{12}O_3$ $\xrightarrow[2.\ H_3O^+,\ 3.\ \text{가열}]{1.\ HO^-,\ H_2O}$ C_6H_8O

(c) CH_3O CH_3O O O O O $\xrightarrow[\text{가열}]{HCl,\ H_2O}$ $C_5H_6O_3$

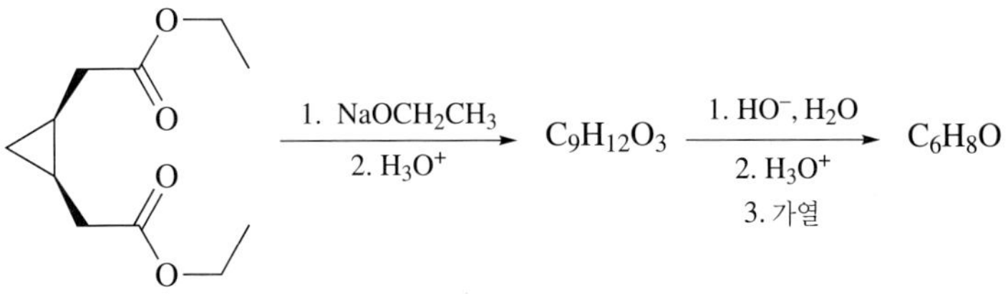

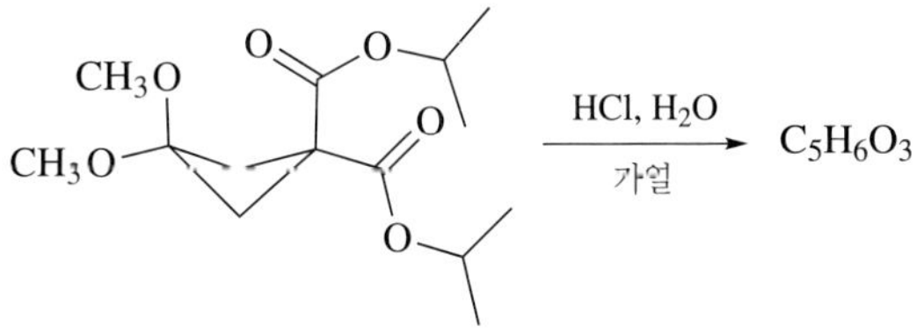

20.42 α-메틸렌 케톤 사코마이신은 어떤 종류의 종양에 억제 효과를 갖는다. 사코마이신 합성에서 중요한 단계는 락톤 에스터 A와 테트라하이드로퓨란(THF)에서 *tert*-뷰톡시화 포타슘과 반응하여 두 고리를 가진 화합물 B를 생성하는 것이다. 이 반응의 메커니즘을 쓰시오.

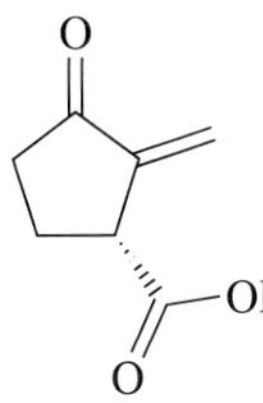

O OH O O O O OCH_3 $\xrightarrow[\text{THF}]{KOC(CH_3)_3}$ O O O

사코마이신 (sarkomycin) A B

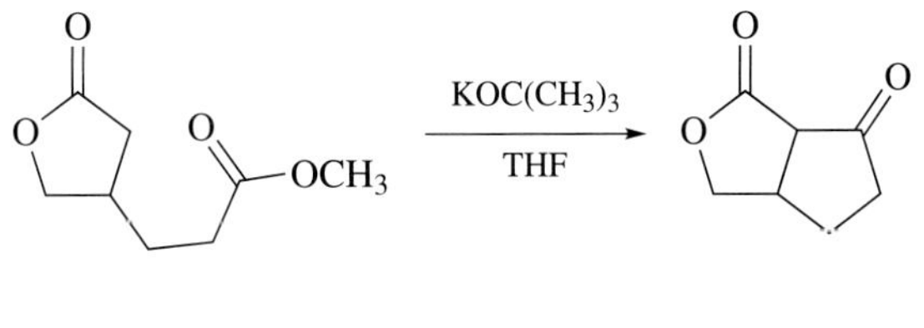

20.43 다음 각 반응의 적당한 메커니즘을 쓰시오.

(a) $KOC(CH_3)_3$, 벤젠 (76%)

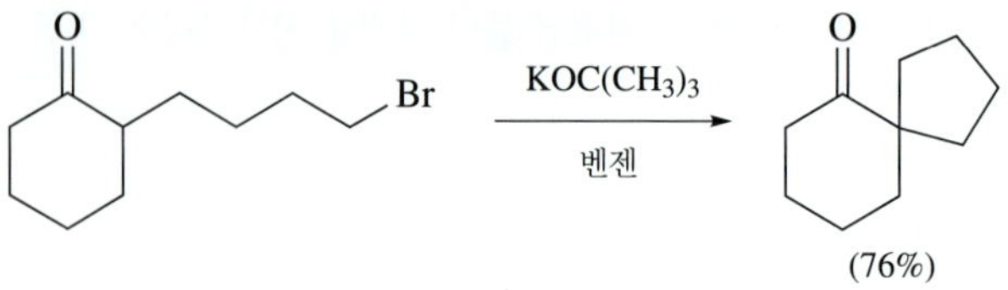

(b) HO^-, 가열 (96%) +

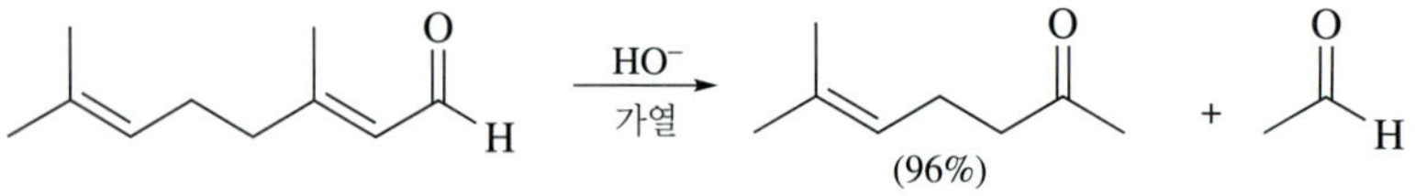

(c) KOH, H_2O, CH_3OH (40%)

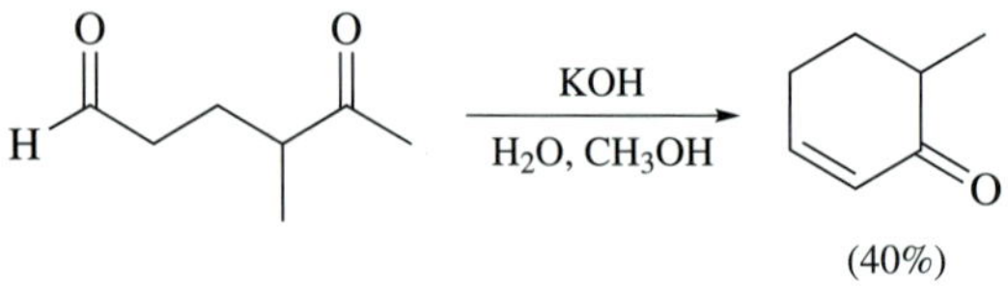

(d) 가열 또는 염기

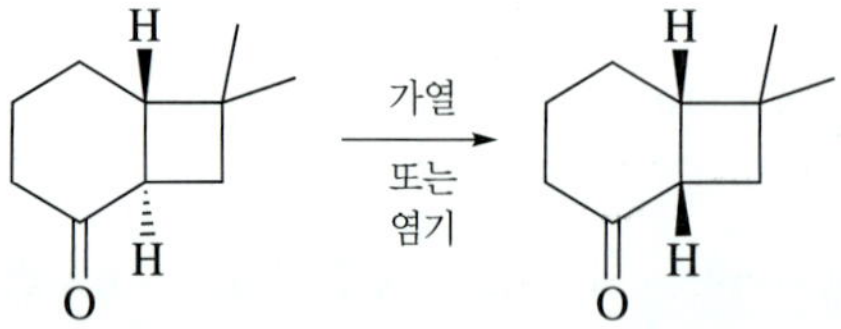

설명문과 이해 문제 20

이가음이온의 엔올 음이온 화학

탄소-탄소 결합 생성 시약으로서 탄소음이온의 합성적 응용은 이 책을 통해서 수차례 강조되어왔다. 지금까지 다룬 모든 시약은 −1의 전하를 가졌다; 그것들은 일가음이온(monoanion)이다. −2 음이온(dianions)을 갖는 다른 것이 있는가? 그렇다면 어떻게 제조되고, 그것들은 어떤 성질을 갖고, 합성에 어떻게 사용되는가?

아세트산을 생각해보시오:

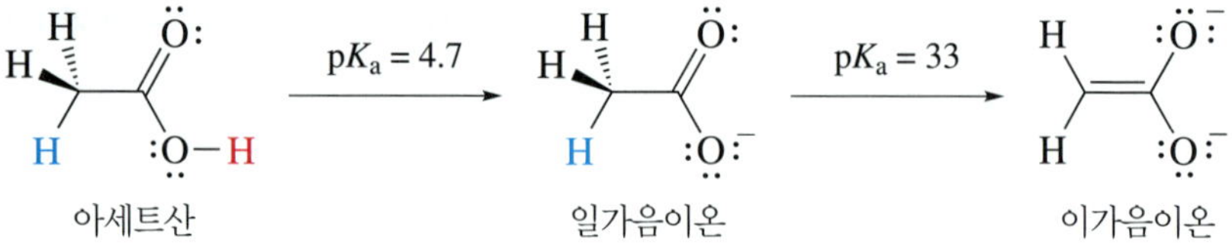

아세트산 → (pK_a = 4.7) → 일가음이온 → (pK_a = 33) → 이가음이온

아세트산의 O—H 기를 이온화했을 때 pK_a 값은 4.7이다. 아세트산 이온의 C—H 결합 이온화의 pK_a는 33이다. 일가음이온의 탄소에 공유되지 않는다. 그러나 이가음이온은 탄소 음이온 성격을 갖고, 탄소-탄소 결합 생성 반응에 친핵체로서 잠재력을 갖는다.

다이아이소프로필 아민의 pK_a는 36이고, 다이아이소프로필아미드화 리듐(LDA)을 아세트산이 이가음이온으로 변할 수 있을 정도로 강한 염기이다. 다른 카복실산도 유사하게 작용하여 전형적인 탄소 음이온 반응을 진행시키는 이가음이온을 생성한다. 카복실산 이가음이온의 알킬화는 말론산 에스터 합성에 유용한 대안을 제공한다.

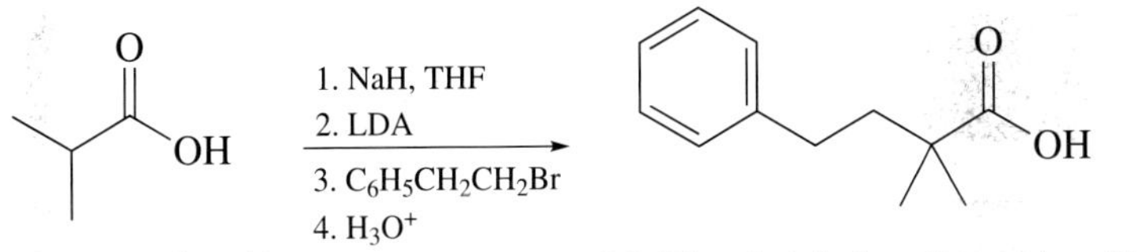

2-Methylpropanoic acid → (1. NaH, THF 2. LDA 3. $C_6H_5CH_2CH_2Br$ 4. H_3O^+) → 2,2-Dimethyl-4-phenylbutanoic acid (70-76%)

이 예에서, 실험적으로 LDA로 처리하기 전(2단계)에 수산화 소듐(NaH, 1단계)으로 카복실산을 그것의 카복실산 음이온(일가음이온)으로 전환하는데 유용하다. 이가음이온은 강한 염기이기 때문에, 3단계에서 사용한 할로젠화 알킬은 메틸 혹은 1차이어야만 한다. pH 조절(4단계)은 생성된 카복실산염을 원하는 카복실산으로 전환시킨다.

α-할로카복실산의 이가음이온은 알데하이드나 케톤과 반응하여 에폭시산(*glycidic acids*라고 부르는)을 생성한다.

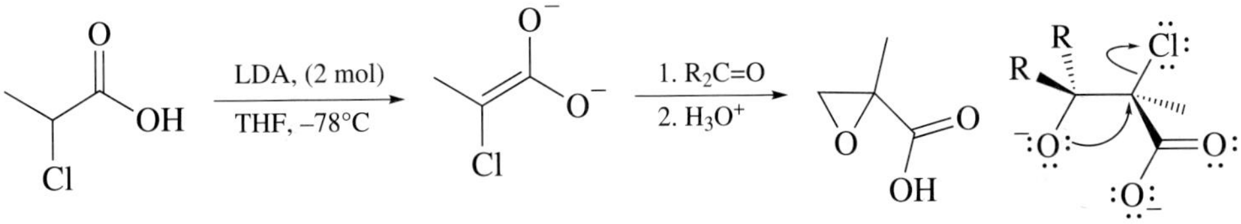

(LDA, (2 mol) / THF, −78°C → 1. $R_2C{=}O$ 2. H_3O^+) 을 경유.

이가음이온은 LDA를 포함한 많은 강한 염기를 사용한 이중 탈양성자화에 의해서 β-케토 에스터로부터 만들어진다.

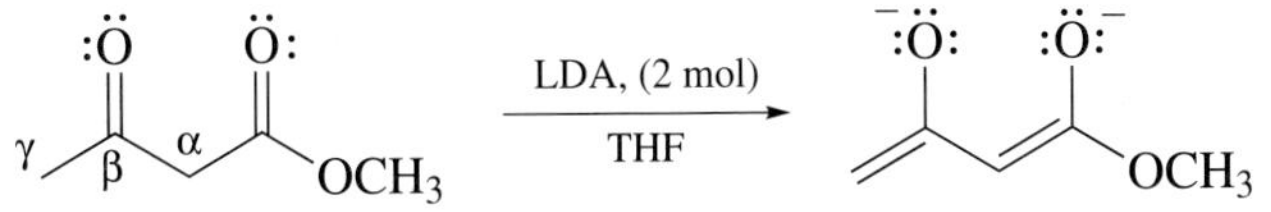

(γ, β, α; OCH_3 — LDA, (2 mol) / THF → OCH_3)

β-케토 에스터의 α 탄소에 있는 양성자는 두 개의 카보닐기의 측면에 있고, γ 탄소 위의 양성자에 비해 아주 산성이 강하다. 그러므로 이가음이온에서, γ 탄소는 더 염기이고 더 친핵성이다. β-케토산의 일가음이온의 알킬화는 α 탄소에서 일어난다. 이가음이온의 알킬화는 β 탄소에서 일어난다,

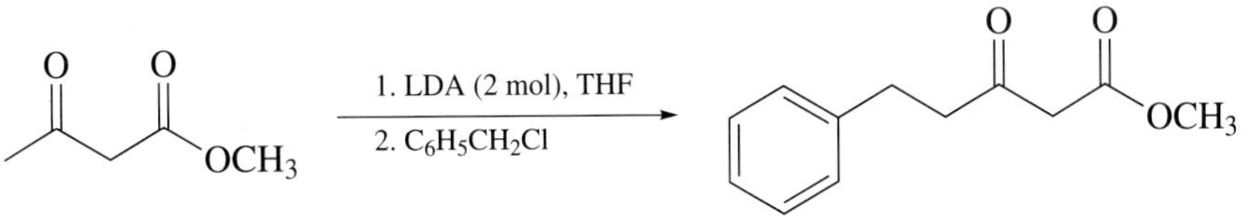

아세토아세테이트 메틸 → (1. LDA (2 mol), THF 2. $C_6H_5CH_2Cl$) → Methyl 3-oxo-5-phenylpentanoate(83%)

β-다이케톤은 β-케토 에스터와 유사하게 행동한다. 액체 암모니아에서 아마이드화 소듐이나 포타슘은 이 경우에 적당한 염기/용매 계이다.

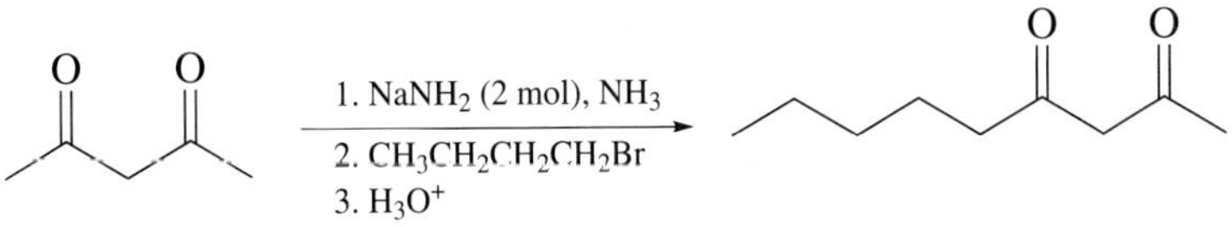

2,4-Pentanedione → (1. $NaNH_2$ (2 mol), NH_3 2. $CH_3CH_2CH_2CH_2Br$ 3. H_3O^+) → 2,4-Nonanedione (81-82%)

20.44 아래 반응에서 주 유기 생성물을 예측하시오.

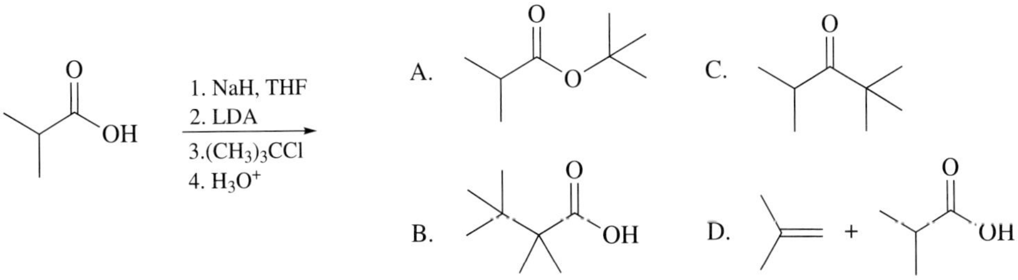

(1. NaH, THF 2. LDA 3. $(CH_3)_3CCl$ 4. H_3O^+)

A.

B.

C.

D. +

20.45 문제 20.58에서 사이클로헥산온과의 이가음이온 반응 생성물은 무엇인가?

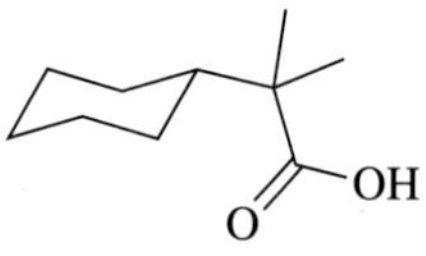
OH
O
A.

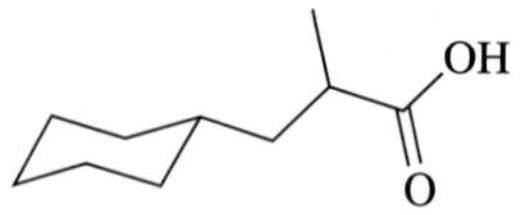
OH
O
B.

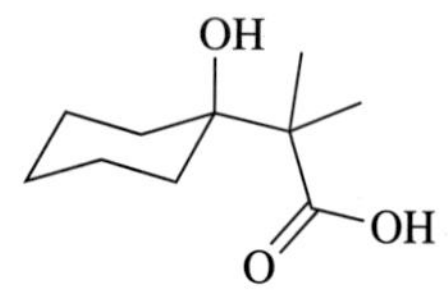
OH
O
OH
C.

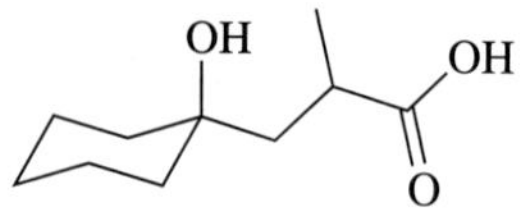
OH
OH
O
D.

20.46 탄소-탄소 결합 형성의 위치화학(regiochemistry)은 보여준 이가음이온과 산화 스타이렌 사이에 굽은 화살로 표시했다.

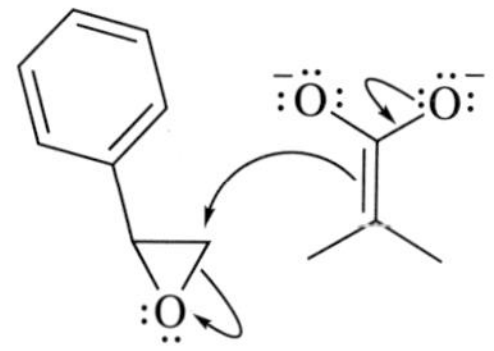

그 반응 생성물은 $C_{12}H_{16}O_3$의 화학식을 갖는 하이드록시산이고, 쉽게 고리화하여 락톤($C_{12}H_{16}O_2$)을 생성한다. 락톤의 구조는 무엇 인가?

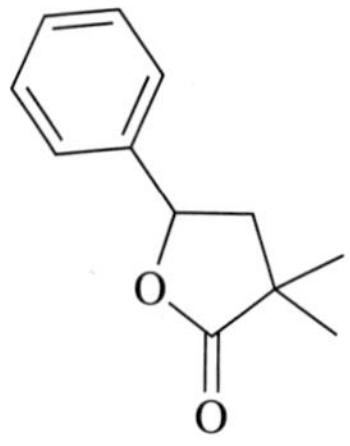
A.

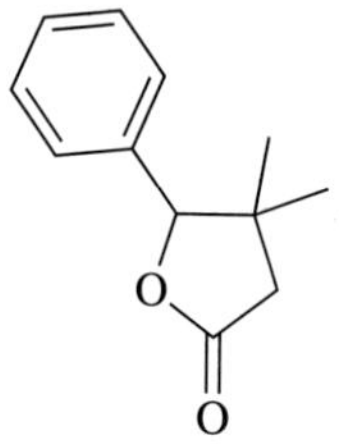
B.

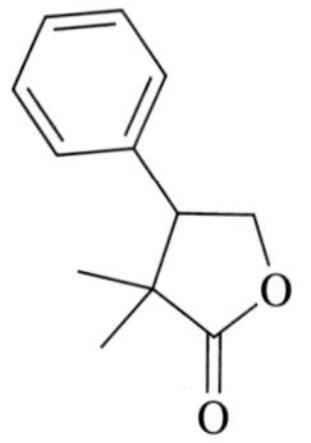
C.

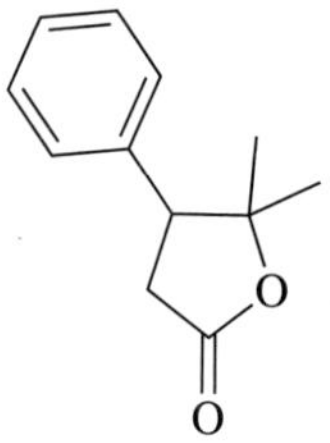
D.

20.47 아세토아세트산 에틸로부터 얻어진 이가음이온은 아래 보여준 일련의 반응을 수행한다. 생성물(화합물 X)은 무엇인가?

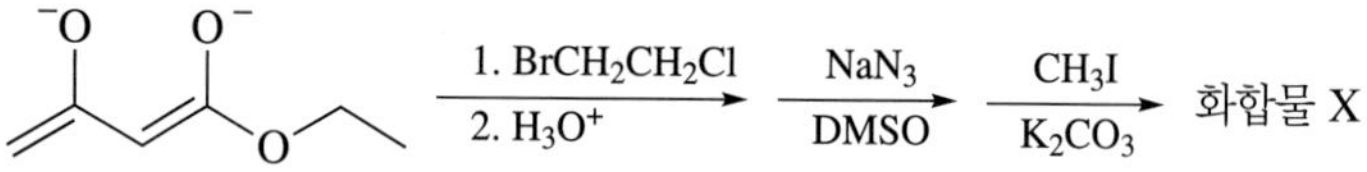
1. $BrCH_2CH_2Cl$
2. H_3O^+
NaN_3
DMSO
CH_3I
K_2CO_3
화합물 X

A. 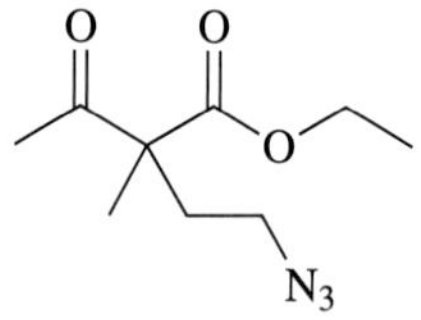
N_3

C. 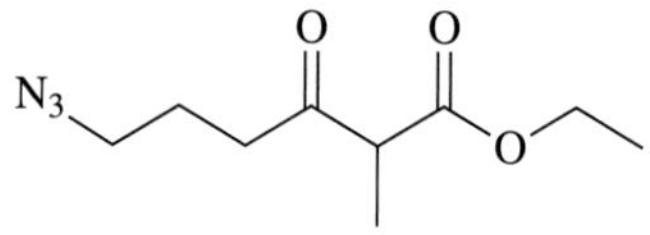
N_3

B. 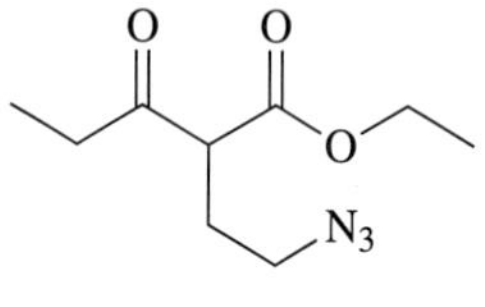
N_3

D. 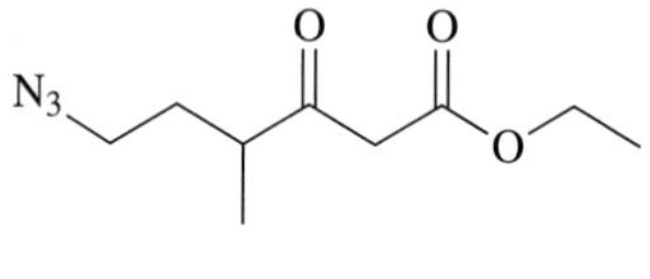
N_3

20.48 만약 이가음이온을 통해서 아래 보여진 에폭시산을 합성한다면, 모든 탄소 원자의 가장 적절한 공급원은 어떤 화합물의 짝인가?

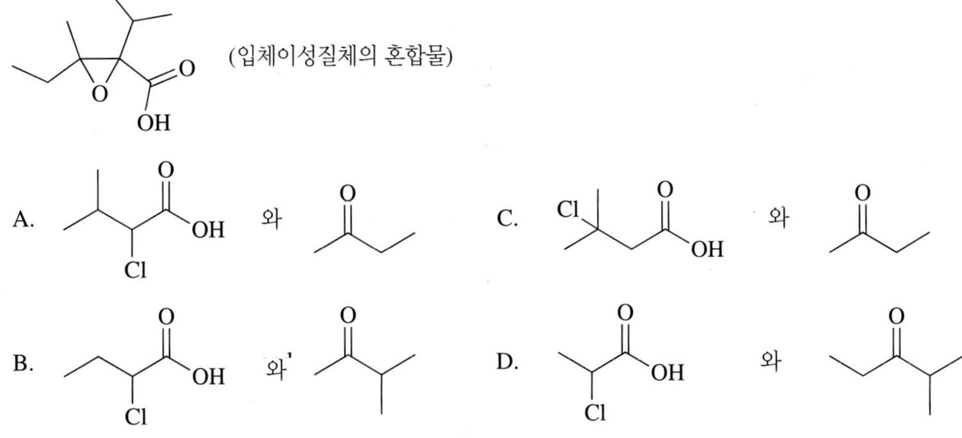

20.49 두 개의 이가음이온 A와 B는 다음 반응식에서 형성될 수 있다, 그러나 한 개의 단일 알킬 생성물만이 62% 수득률로 분리된다. 이 생성물은 시스-트랜스 이성질체는 아니다. 이 생성물은 이가음이온 A로부터 생성되는가 혹은 이가음이온 B로부터 생성되는가?

1. KNH_2 (2 mol), NH_3
2. $C_6H_5CH_2Cl$
3. H_3O^+

→ $C_{14}H_{16}O_2$

A. B.

21

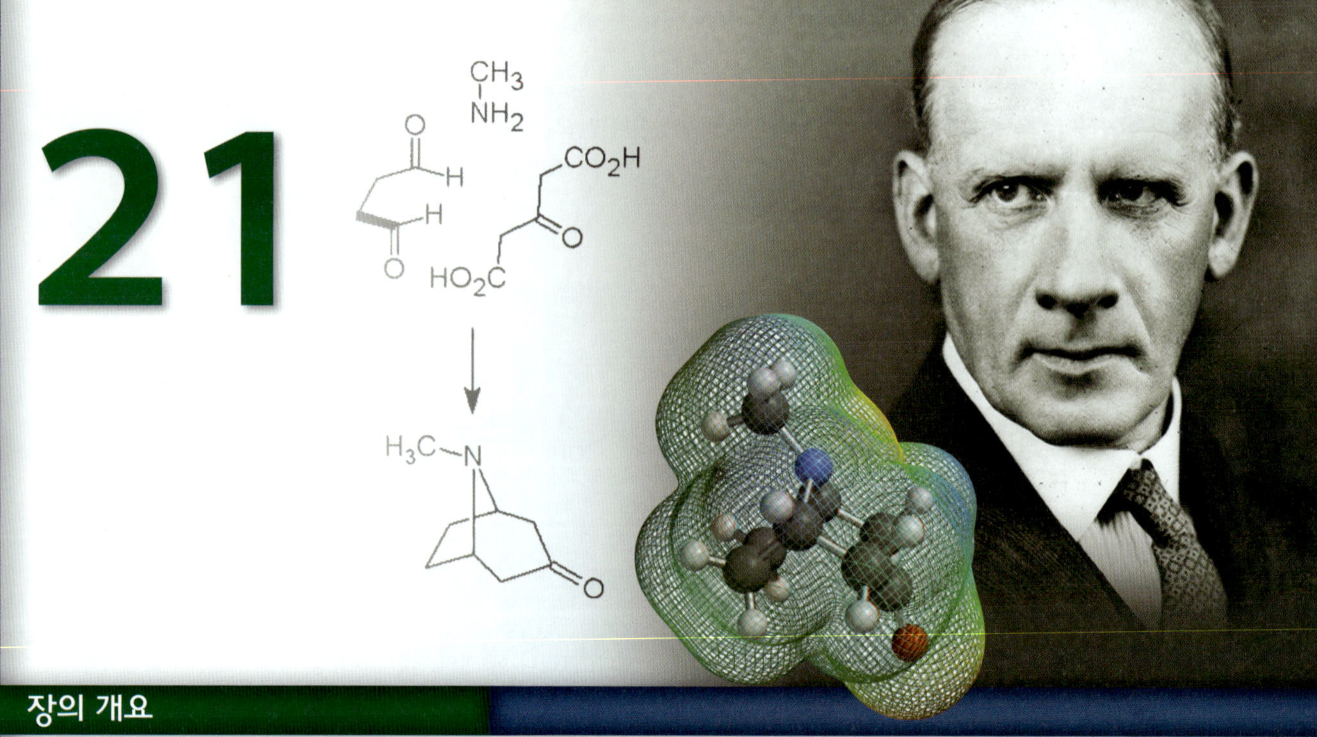

장의 개요

1917년에 Robert Robinson은 메틸아민과 위에 보이는 화합물의 결합에 의해 알칼로이드의 생합성에 대한 그의 생각을 입증하였다. Robinson이 계획했던 대로 일어난 이 반응은 생화학적 시각에 의해 시사된 첫 번째 화학적 합성으로서 인정을 받았다.

아민
Amines

질소를 포함하는 화합물들은 생명체에서는 필수적이다. 그 궁극적인 공급원은 대기 중의 질소이며, *질소 고정(nitrogen fixation)*으로 알려진 과정에 의해 암모니아로 환원되고, 이 때 유기질소 화합물로 변환된다. 이 장에서는 **아민(amine)**, 암모니아의 유기 유도체 화학을 기술한다. **알킬아민(alkylamine)**은 sp^3 혼성 탄소에 질소가 결합되어 있다. **아릴아민(arylamine)**은 질소가 벤젠이나 벤젠형 고리의 sp^2 혼성 탄소에 결합되어 있다.

$$R-\ddot{N}\langle \qquad Ar-\ddot{N}\langle$$

R = 알킬기: 알킬아민 Ar = 아릴기: 아릴아민

아민은 암모니아처럼 약한 염기이다. 그러나 생리적 조건에서 상당한 양이 발견되는 가장 강한 비전하 염기들이다. 아민은 보통 생물학적 산-염기 반응에 포함되는 염기이다. 이들은 종종 생물학적 친핵성 치환의 친핵체들이다.

*바이타민(vitamine)*이란 낱말은 1912년, 괴혈증, 펠라그라, 각기병, 구루병 등의 기타 질병을 예방하는 음식물에 존재하는 물질들이 "생명의 아민"이라는 믿음에서 만들어진 용어이다. 많은 경우에 그

믿음이 확인되었다: 어떤 바이타민은 아민이라는 것이 증명되었으나 다른 많은 경우에는 바이타민이 아민이 아니라는 것이 증명되었다. 그럼에도 불구하고 바이타민이라는 이름은 우리의 언어에 스며들었고 초기 화학자들이 생물학적 과정에서 아민에 의해 차지한 중대한 부분임을 인정함으로서 그 위치가 유지되고 있다.

21.1 아민 명명법

작용기가 있는 탄소의 치환 정도에 따라 1차, 2차 또는 3차로 분류되는 알코올이나 할로젠화 알킬과는 달리, 아민은 질소의 치환 정도에 따라 분류된다. 질소에 한 개의 탄소가 결합한 아민을 **1차 아민(primary amines)**, 두 개의 탄소를 가진 아민을 **2차 아민(secondary amines)**, 세 개의 탄소가 결합한 아민을 **3차 아민(tertiary amines)**이라 한다.

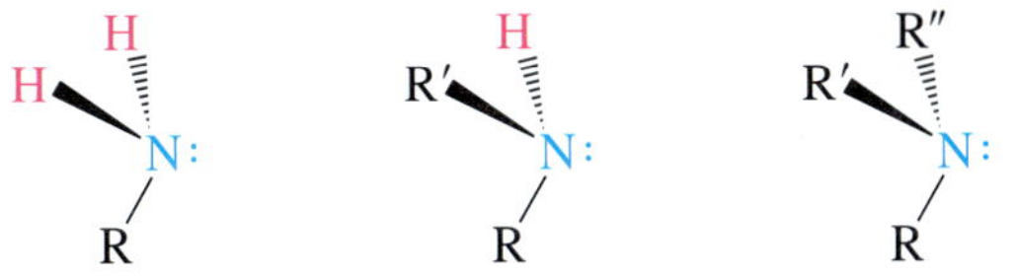

H, H, N:, R — 1차 아민

R′, H, N:, R — 2차 아민

R′, R″, N:, R — 3차 아민

질소에 결합한 작용기들은 알킬이나 아릴기이다.

아민은 IUPAC 체계에서 두 가지 방법으로 명명된다. 즉, *알킬아민(alkylamine)* 또는 *알칸아민(alkanamine)*이다. 1차 아민이 알킬아민으로 명명될 때는 어미 *−아민(-amine)*을 질소가 결합되어 있는 알킬기의 이름에 붙인다. 반면, 알칸아민으로 명명할 때는 알킬기는 알케인으로 명명하고 어미 *-e*를 *−아민(-amine)*으로 바꾼다.

$CH_3CH_2NH_2$ — 에틸아민 (에탄아민)

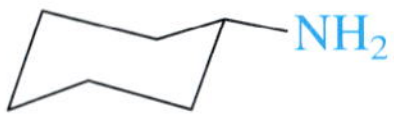

(cyclohexane)−NH_2 — 사이클로헥실아민 (사이클로헥산아민)

$CH_3CHCH_2CH_2CH_3$ with NH_2 on C-2 — 1-메틸뷰틸아민 (2-펜탄아민 또는 펜탄-2-아민)

문제 21.1

다음 각 아민에 대하여 알맞은 알킬아민이나 알칸아민의 이름을 쓰시오.

(a) $C_6H_5CH_2CH_2NH_2$ (b) $C_6H_5CHNH_2$ with CH_3 (c) (allyl)−NH_2

풀이 예시 (a)아미노 치환체는 C-2의 페닐 치환체가 붙어있는 에틸기에 결합되어 있다. $C_6H_5CH_2NH_2$는 화합물은 2-페닐에틸아민이나 2-페닐에탄아민 둘 중 어느 한 개로 명명한다.

*아닐린(aniline)*은 벤젠의 아미노−치환 유도체에 대한 모체 IUPAC 명이다. 아닐린의 치환 유도체들은 아미노기를 지니고 있는 탄소에서부터 번호가 시작된다. 치환기들은 알파벳 순서로 배열되고, 번호를 붙이는 방향은 보통 "첫 번째 갈래점"에 의해 결정된다.

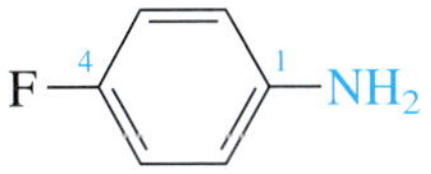

아닐린은 1826년 처음으로 서인도의 식물인 *indigofera anil* (이 식물의 이름에서 아닐린이 유래되었다)에서 얻은 진한 청색의 인디고(indigo)분해 생성물에서 분리되었다.

F−(4)C₆H₄(1)−NH_2 — *p*-플루오로아닐린 또는 4-플루오로아닐린

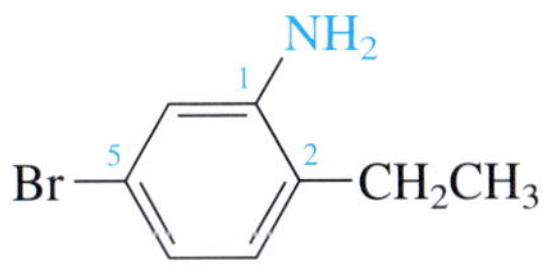

Br(5), NH_2(1), CH_2CH_3(2) — 5-브로모-2-에틸아닐린

아릴아민 역시 *아렌아민*(*arenamine*)으로 명명해도 된다. 그래서 *벤젠아민*(*benzenamine*)은 거의 사용되지 않는 또 다른 아닐린의 이름이다.

두 개의 아미노기를 가진 화합물은 해당 알케인이나 아렌 이름 뒤에 어미 *-다이아민*(*-diamine*)을 붙여 명명한다. 어미 탄화수소 이름 끝의 *-e*는 유지된다.

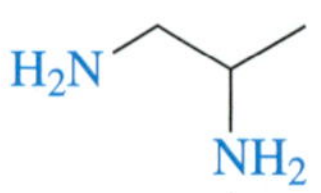

1,2-프로페인다이아민 또는 프로페인-1,2-다이아민

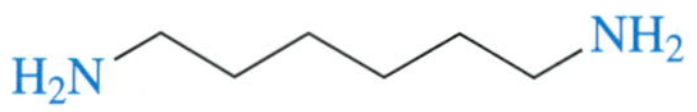

1,6-헥세인다이아민 또는 헥세인-1,6-다이아민

1,4-벤젠다이아민 또는 벤젠-1,4-다이아민

모체 화합물이 명명의 목적으로 사용될 때, 아미노기의 우선순위는 오히려 낮다. 하이드록실기와 카보닐기는 아미노기보다 우선이다. 이런 경우 아미노(amino)기는 치환기로 명명된다.

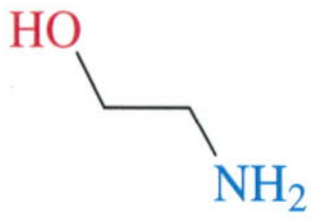

2-아미노에탄올

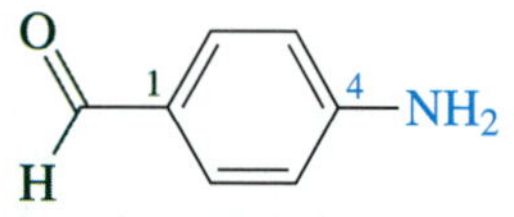

p-아미노벤즈알데하이드 (4-아미노벤젠카브알데하이드)

2차와 3차 아민은 1차 아민의 *N*-치환 유도체로 명명한다. 모체 1차 아민은 가장 긴 탄소 사슬을 가진 것이 된다. 그러나 고리는 사슬에서 우선이다. 접두사 *N*-은 아미노기 질소에 있는 치환기를 확인하는 위치에 더해진다.

$CH_3NHCH_2CH_3$

N-메틸에틸아민 (2차 아민)

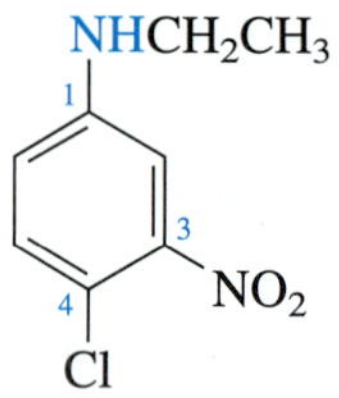

4-클로로-*N*-에틸-3-나이트로아닐린 (2차 아민)

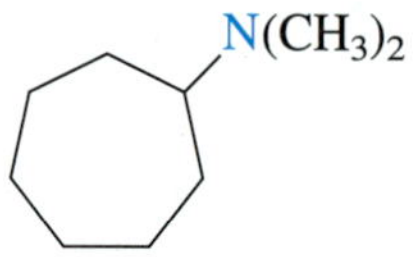

N,N-다이메틸사이클로헵틸아민 (3차 아민)

문제 21.2

N-메틸에틸아민과 *N*, *N*-다이메틸사이클로헵틸아민을 알칸아민 이름으로 표시하시오.

풀이 예시 (앞의 예에서 $CH_3NHCH_2CH_3$로 주어진) *N*-메틸에틸아민은 에탄아민의 *N*-치환 유도체이며, 그것은 *N*-메틸에탄아민이다.

문제 21.3

다음 아민을 1차, 2차 또는 3차 아민으로 분류하고, 알맞은 IUPAC명으로 표시하시오.

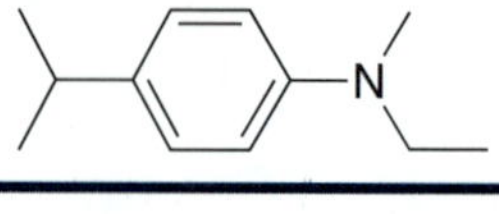

네 개의 치환기를 가진 질소는 양전하를 띠고 있어 *암모늄* 이온(*ammonium* ion)이라

고 명명한다. 암모늄 이온과 결합된 음이온도 함께 명명한다.

$CH_3\overset{+}{N}H_3\ Cl^-$ — 염화 메틸암모늄

(사이클로펜틸)$-\overset{+}{N}(CH_3)(H)CH_2CH_3\ CF_3CO_2^-$ — 트라이플루오로아세트산 *N*-에틸-*N*-메틸사이클로펜틸암모늄

$C_6H_5CH_2\overset{+}{N}(CH_3)_3\ I^-$ — 아이오딘화 벤질트라이메틸암모늄 (4차 암모늄염)

질소에 네 개의 알킬기가 결합하고 있는 암모늄 이름은 **4차 암모늄염(quaternary ammonium salt)**이라 부른다.

21.2 구조 및 결합

알킬아민(Alkylamine): 그림 22.1에 나타낸 것처럼 메틸아민은 암모니아처럼 질소에 피라미드 결합 배열을 가진다. H—N—H의 각 (106°)은 사면체 각도 109.5°보다 약간 더 작은 반면, C—N—H의 각 (112°)은 그보다 조금 더 크다. 147 pm의 C—N 결합 길이는 알케인의 표준 C—C 결합 길이(153 pm)와 알코올의 C—O결합 길이(143 pm) 사이에 있다.

질소와 탄소는 둘 다 메틸아민에서 sp^3로 혼성화되어 있으며, σ결합으로 연결되어 있다. 질소의 비공유 전자쌍도 sp^3 혼성오비탈을 차지하고 있다. 이 비공유 전자쌍은 아민이 염기나 친핵체로 작용하는 반응에서 이용된다. 정전기 퍼텐셜지도는 메틸아민의 질소에 전자 밀도가 크다는 것을 확연히 보여 주고 있다.

질소에 세 개의 다른 치환기를 갖는 아민은 카이랄이지만 반전에 의한 라세미체의 낮은 에너지 장벽 때문에 거울상이성질체로 분리 될 수 없다(7.17절).

아릴아민(Arylamines): 알킬아민처럼 아닐린은 질소 주위에 피라미드 배열을 갖지만, 그 파라미드는 각도가 다소 더 커진다. 이 확장 정도의 측정은 탄소-질소 결합과 H—N—H 각도 양분선 사이의 각도로 주어진다.

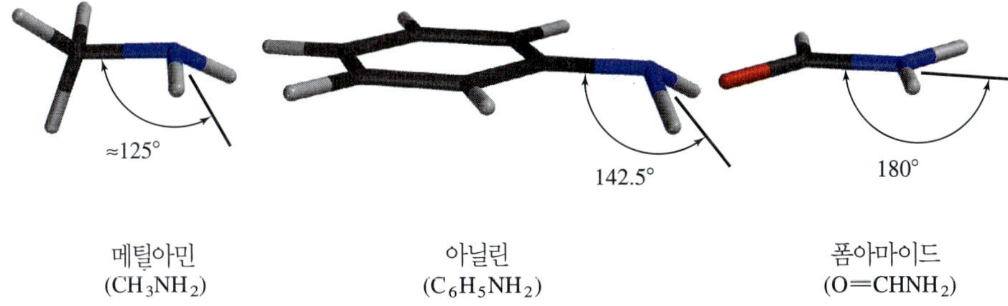

메틸아민 (CH_3NH_2) 아닐린 ($C_6H_5NH_2$) 폼아마이드 ($O{=}CHNH_2$)

sp^3 혼성 질소에 대한 각도(C—N—H 결합 각과는 같지 않음)는 125°이고, 간단한 알킬아민의 측정 각도는 이 각도와 비슷하다. 예를 들면, 아마이드처럼 평면 배열의 결합

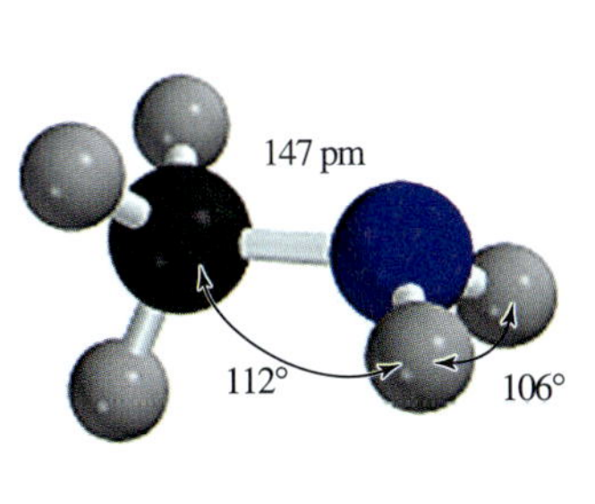

(a)

(b)

그림 21.1

메틸아민. (a)질소에서 결합 각과 C—N 결합 길이. (b)질소의 비공유 전자쌍은 정전기 퍼텐셜지도에서 음전하가 많은 붉은색으로 표시된 주된 요인이다.

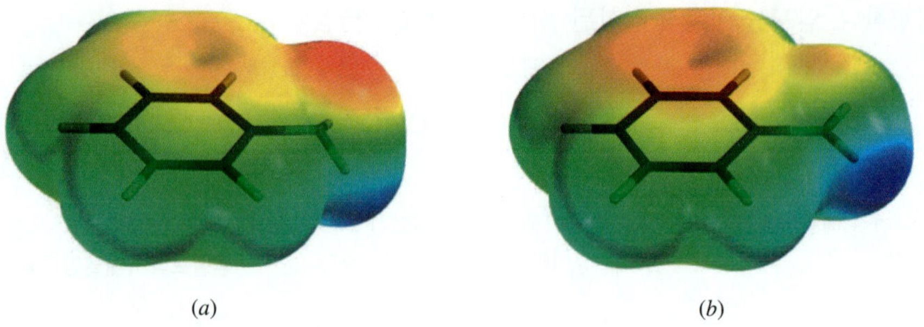

그림 21.2

아닐린의 정전기 퍼텐셜지도. 질소의 기하 구조는 (a)비평면 구조와 (b)평면 구조이다. 비평면 구조에서 비공유 전자쌍은 질소의 sp^3혼성 오비탈을 차지한다. (a)에서 최대 전자 밀도 영역은 질소가 있는 곳이다. 평면 기하 구조에서 질소는 sp^2 혼성화 되어 있어, 전자쌍은 질소의 p 오비탈과 고리의 p 계 사이에서 비편재화 되어 있다. (b)에서 최고 전자 밀도 구역도 질소와 고리에 모두 집중되어 있다. 실제 구조는 그 두 구조 형태를 조합한 것이어서 질소는 sp^2와 sp^3 사이의 혼성 상태를 취하고 있다. 두 모렬의 색깔 분포는 같다.

을 갖는 질소의 sp^2 혼성에 상응하는 각은 180°이다. 아닐린에서 이 각의 측정값은 142.5°이며, 혼성화가 sp^2보다 sp^3에 다소 더 가까움을 시사해 준다.

아닐린 구조는 비공유 전자쌍 결합 중 두 가지 형태를 서로 알맞게 반영해 주고 있다 (그림 21.2). 전자들은 다소 s 성격을 가진 오비탈에 있을 때 질소에 더 강하게 결합된다. 즉, p 오비탈에 있을 때보다 sp^3 혼성오비탈에 있을 때 그렇다. 반면 전자들이 p 오비탈을 차지하면 방향족성 π 계로 혼성화가 더 잘 이루어진다. 질소의 p 오비탈은 sp^3 혼성오비탈일 때보다 벤젠 고리의 p 오비탈과 더 잘 중첩되어 확장된 π 계를 이룬다. 이 두 가지 상반되는 힘의 결과로 질소는 sp^2와 sp^3사이의 오비탈 혼성을 채택하고 있다.

대응하는 공명구조 그림은 질소의 비공유 전자쌍이 쌍극자 구조에 기여하는 형태로 비편재화되어 있음을 보여 주고 있다.

$:NH_2$ ⟷ $^+NH_2$ ⟷ $^+NH_2$ ⟷ $^+NH_2$

가장 안정한 아닐린의 Lewis 구조

아닐린의 쌍극자 공명 기여체들

질소의 비공유 전자쌍 비편재화는 질소에서 전자 밀도를 감소시켜 주는 반면, 방향족성 고리의 π 계에서는 그 밀도를 증가시켜 준다. 친전자성 방향족 치환반응에서 아닐린이 상당히 큰 화학적 반응성을 나타낸다는 것을 이미 보여주었다(12.12절). 다른 방법으로 전자 비편재화가 아릴아민의 성질에 영향을 주는 기타 효과는 이 장의 뒷부분에서 다루겠다.

문제 21.4

고리에 전자 비편재화 정도가 증가될 때, 질소의 기하 구조는 평편해진다. 예를 들면, p-나이트로아닐린은 평면이다. 나이트로기가 전자 비편재화를 어떻게 증가시키는지 p-나이트로아닐린에 대한 공명 형태를 쓰시오.

21.3 물리적 성질

물질의 극성은 끓는점과 같은 물리적 성질에 영향을 줄 수 있다는 것을 가끔 보았다. 이것은 아민에 대해서도 적용되는데, 아민은 알케인보다 더 극성이지만 알코올보다 덜 극성이다. 비슷한 구조의 화합물에 대해 알킬아민은 알케인보다 끓는점이 더 높지만 알코올보다는 낮다.

알킬아민의 대부분은 생선 냄새가 나는 액체이다.

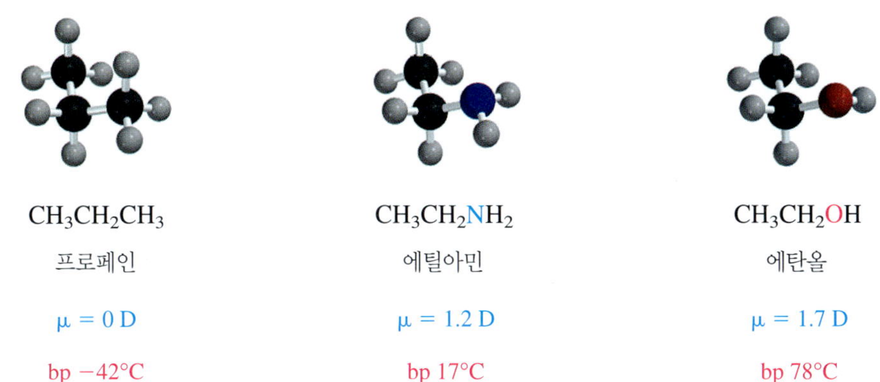

쌍극자–쌍극자 상호작용, 특히 수소결합은 아민에는 존재하지만 알케인에는 존재하지 않는다. 그러나 아민이 산소보다 전기음성도가 낮기 때문에, N—H 결합이 O—H 결합보다 덜 극성이고 수소결합이 알코올보다 아민에서 더 약하다.

아민 이성질체 중에서 1차 아민이 가장 끓는점이 높으며, 3차 아민이 가장 낮다.

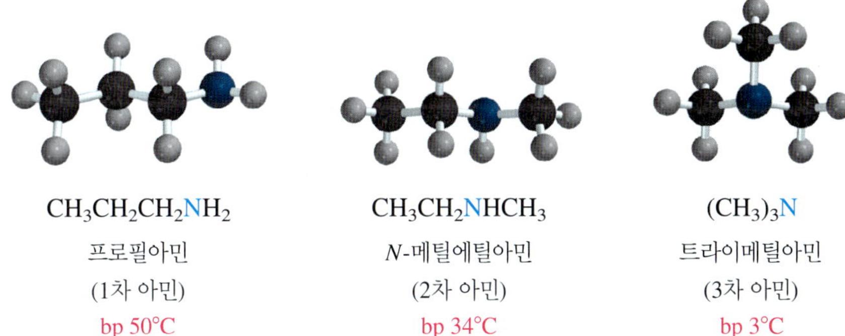

1차와 2차 아민은 분자간 수소결합이 가능하지만, 3차 아민은 N—H 결합이 없다. 따라서 수소결합을 할 수 없다.

여섯 개 또는 일곱 개 이하의 탄소 원자를 가지는 아민은 물에 녹는다. 모든 아민들은 3차 아민이지만 물 분자와 수소결합을 할 수 있는 양성자 수용체 역할을 할 수 있다.

21.4 아민의 염기도

아민의 염기도를 고려하려면, 다음 사항을 염두에 두어야 한다.

아민의 염기도가 강할수록 그것의 짝산은 약하다.
아민의 염기도가 강할수록 그것의 짝산의 pK_a*는 더 크다.*

짝산의 pK_a에 따라 아민의 염기도를 적용하면 아민의 산–염기 반응은 Brønsted 관계에 의하여 분석할 수 있다. 예를 들면, 아민은 아세트산 만큼 약한 산에 의해 암모늄 이온으로 변환됨을 볼 수 있다.

산-염기 반응을 다시 생각해보면 강산은 왼쪽에 약한 산은 오른쪽에 있을 때 그 반응은 잘 일어난다.

$$CH_3\ddot{N}H_2 + H{-}\ddot{O}CCH_3(=O) \underset{}{\overset{K = 10^6}{\rightleftharpoons}} CH_3\overset{+}{N}H_3 + {}^{-}:\ddot{O}CCH_3(=O)$$

메틸아민 + 아세트산 (강산; $pK_a = 4.7$) ⇌ 메틸암모늄 이온 (약산; $pK_a = 10.7$) + 아세트산 이온

역으로 수산화 소듐을 암모늄염에 첨가하면 자유 아민으로 변하게 된다.

$$CH_3\overset{+}{N}H_2{-}H + {}^{-}:\ddot{O}H \overset{K = 10^5}{\rightleftharpoons} CH_3\ddot{N}H_2 + H{-}\ddot{O}H$$

메틸암모늄 이온 (강산; $pK_a = 10.7$) + 수산화 이온 ⇌ 메틸아민 + 물 (약산; $pK_a = 15.7$)

문제 21.5

Henderson-Hasselbalch 식(18.4절)을 적용하여 pH 7의 완충 수용액에서 $CH_3NH_3^+/CH_3NH_2$의 비를 계산하시오.

염기도는 중성의 유기 화합물에서 아민이 분리되는 수단이 될 수 있다. 어떤 아민을 포함한 혼합물이 다이에틸 에터에 녹아 있고, 이 때 묽은 염산을 넣어 저어주면 아민이 암모늄염으로 바뀐다. 암모늄염은 이온이므로 수용액에 녹고, 에터층에서 분리된다. 수용액층에 수산화 소듐을 가하면 암모늄염은 자유 아민으로 되돌아가고, 다음에 새로운 에터로 추출하여 수용액을 상태로부터 아민을 분리할 수 있다.

아민은 약한 염기이지만, 모든 중성 분자들 중에서는 가장 강한 염기이다. 표 22.1에 여러 가지 아민의 염기도를 수록하였다. 표에서 끌어낼 수 있는 가장 중요한 관계를 살펴보면 다음과 같다.

1. 알킬아민은 암모니아보다 다소 더 강한 염기이다.
2. 알킬아민은 서로간 염기도의 차가 거의 없다. 염기도는 평형상수로 10이하 범위 (1 pK 단위)에 있다.
3. 아릴아민은 암모니아와 알킬아민보다 훨씬 더 약한 염기이다. 그 염기도 상수는 알킬아민의 상수보다 거의 10^6 (6 pK 단위)배 더 작다.

암모니아와 알킬아민간, 또 여러 종류의 알킬아민(1차, 2차, 3차)간 염기도의 작은 차이는 여러 효과들이 합쳐진 결과이다. 암모니아의 수소가 알킬기로 치환되면 산-염기 평형의 양쪽이 대부분 상쇄되는 방향으로 영향을 미친다.

그러나 수소가 아릴기로의 치환은 다르다. 아릴기는 짝산보다 훨씬 더 염기성에 영향을 주며, 이 전체적인 효과는 크다. 알킬아민과 아릴아민을 비교하는 한 방법으로 아릴아민의 짝산으로부터 알킬아민으로 양성자가 이동되는 Brønsted 평형 실험이 있다.

$$C_6H_5\overset{+}{N}H_2{-}H + H{-}\ddot{N}H{-}C_6H_{11} \overset{K = 10^6}{\rightleftharpoons} C_6H_5\ddot{N}H_2 + H{-}\overset{+}{N}H_2{-}C_6H_{11}$$

아닐리늄 이온 (강산; $pK_a = 4.6$) + 사이클로헥실아민 ⇌ 아닐린 + 사이클로헥실암모늄 이온 (약산; $pK_a = 10.6$)

표 21.1 염기도 상수와 그 짝산의 해리 상수로 측정했을 때의 아민의 염기도*

화합물	구조	짝산의 pK_a
암모니아(Ammonia)	NH_3	9.3
1차 아민		
메틸아민(Methylamine)	CH_3NH_2	10.6
에틸아민(Ethylamine)	$CH_3CH_2NH_2$	10.8
아이소프로필아민(Isopropylamine)	$(CH_3)_2CHNH_2$	10.6
tert-뷰틸아민(*tert*-Butylamine)	$(CH_3)_3CNH_2$	10.4
아닐린(Aniline)	$C_5H_6NH_2$	4.6
2차 아민		
다이메틸아민(Dimethylamine)	$(CH_3)_2CNH$	10.7
다이에틸아민(Diethylamine)	$(CH_3CH_2)_2NH$	11.1
N-메틸아닐린(*N*-Methylaniline)	$C_6H_5NHCH_3$	4.8
3차 아민		
트라이메틸아민(Trimethylamine)	$(CH_3)_3N$	9.7
트라이에틸아민(Triethylamine)	$(CH_3CH_2)_3N$	10.8
N,N-다이메틸아닐린 (*N,N*-Dimethylaniline)	$C_6H_5N(CH_3)_2$	5.1

* 25°C 물에서

반응식에 나타낸 평형은 오른쪽으로 치우쳐 있다. 아닐린의 짝산에서 사이클로헥실아민으로의 양성자 이동에 대한 $K_{eq} = 10^6$이고, 사이클로헥실아민은 아닐린보다 10^6배 더 염기성이다.

반응식이 왼쪽에서 오른쪽으로 진행된다는 것을 보면, 아닐리늄 이온이 양성자를 잃고 아닐린의 비공유 전자쌍이 생기므로 아닐리늄 이온이 사이클로헥실암모늄 이온보다 더 강한 산이라고 말할 수 있다. 방향족 고리를 가지는 비공유 전자쌍의 컨쥬게이션이 반응식의 오른쪽을 안정화시키고, 평형을 한쪽으로 치우치게 한다.

반응식이 오른쪽에서 왼쪽으로 진행되는 것을 보면, 아닐린의 질소 전자쌍이 방향족 고리의 π 계로 비편재화되어 강하게 잡혀 있으므로 사이클로헥실아민보다 아닐린이 더 약한 염기이다. 사이클로헥실아민의 비공유 전자쌍은 질소에 국한되어 있고, 더 약하게 결합되어 있다. 따라서 산-염기 반응에서 더 유용하다.

문제 21.6

다음 두 아민의 짝산 pK_a는 40,000배 차이가 있다. 어느 것이 더 강한 염기인가? 그 이유는 무엇인가?

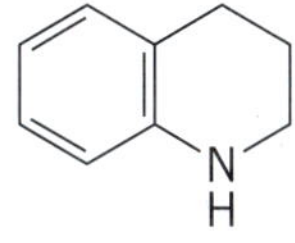

테트라하이드로퀴놀린

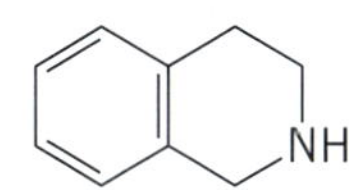

테트라하이드로아이소퀴놀린

아릴아민도 알킬아민처럼 비록 약한 염기이지만, 강산에 의해 완전히 양성자화될 수 있다. 이런 조건하에서 아닐린은 에터 용액으로 부터 완전히 수용성 아닐리늄염으로 변하는 1 M 염산 수용액으로 추출된다.

아릴아민의 아미노기가 제2의 방향족성 고리, 그리고 제3의 고리와 컨쥬게이션하면 그의 염기도는 더욱더 감소한다. 다이페닐아민은 아닐린보다 염기성이 6300배 더 작다. 한편, 트라이페닐아민은 암모니아보다 10^{14}배 덜 염기성이고, 아닐린보다 염기성이 10^{10}배 더 작으므로 거의 염기가 아니다.

	$C_6H_5NH_2$	$(C_6H_5)_2NH$	$(C_6H_5)_3N$
	아닐린	다이페닐아민	트라이페닐아민
짝산의 pK_a:	4.6	0.8	≈ −5

일반적으로 방향족성 고리에 전자를 주는 기가 치환되면 아릴아민의 염기도는 다소 증가한다. 그러므로 표 21.2에서 본 바와 같이 파라 위치에 전자를 주는 메틸기가 있으면 1 pK 단위 이하로 아닐린의 염기도를 증가시킨다. 한편, 전자를 끄는 기들은 염기성을 약화시키며, 더 큰 효과를 나타낸다. *p*-트라이플루오로메틸기는 200배, *p*-나이트로기는 3800배 정도 아닐린의 염기도를 감소시킨다. *p*-나이트로아닐린의 경우, 아래에 나타낸 형태의 공명 상호작용은 아민기의 비공유 전자쌍을 넓게 비편재화 한다.

P-나이트로아닐린의 전자 비편재화

아닐린이 알킬아민보다 훨씬 약한 염기성인 이유는 질소의 비공유 전자쌍이 벤젠 고리의 π계에 비편재화되어 있고, *p*-나이트로아닐린이 훨씬 약한 염기성인 이유는 이 비편재화 정도가 더 크기 때문이며, 나이트로기 산소들을 포함하기 때문이다.

문제 21.7

다음 각각은 아닐린보다 훨씬 더 약한 염기이다. 각각의 경우에 공명을 근거로 해서 치환기 효과를 설명하시오.

(a) *o*-사이아노아닐린

(b) $C_6H_5NHCCH_3$ (C=O)

(c) *p*-아미노아세토페논

풀이 예시 (a) 사이아노 치환체는 강한 전자 끌기이다. 방향족 고리의 아미노기 오쏘 위치에 있을 때 사이아노 치환체는 직접적인 공명 상호작용 때문에 아민의 비결합 전자쌍의 비편재화를 증가시킨다.

표 21.1 아닐린의 염기도에 따른 치환기 효과

	X	짝산의 pK_a
X–C₆H₄–NH₂	H	4.5
	CH_3	5.3
	CF_3	2.5
	O_2N	1.0

이런 공명 안정성은 아민기가 양성자화 될 때 상실된다. 그러므로 오쏘 사이아노아닐린은 아닐린 보다 약염기다.

전자를 강하게 끄는 기로 다중 치환되면 아릴아민의 염기도는 더욱 더 감소한다. 아닐린은 p-나이트로아닐린보다 3800배 더 강한 염기이지만, 2,4-다이나이트로아닐린보다는 10^9배 더 강한 염기이다.

비방향족성 헤테로고리 화합물들, 예를 들어 피페리딘은 알킬아민의 염기도와 비슷하다. 그러나 질소가 방향족 고리의 일부가 될 때, 그 염기도는 현저히 감소한다. 예를 들면, 피리딘은 피페리딘보다 거의 백만 배 더 약한 염기성이므로 아릴아민과 비슷하다.

피페리딘 (짝산의 pK_a = 11.2) 은 피리딘 (짝산의 pK_a = 5.2) 보다 더 염기성이다.

두 개의 차이점은 피페리딘의 질소에 있는 결합 전자쌍은 sp^3 혼성오비탈에 있지만 반면 피리딘에 있는 한 개의 비결합 전자쌍은 sp^2 혼성오비탈에 있다. 몇 번 언급한 것처럼 더 많은 s 성질을 갖는 오비탈의 전자들은 더 적은 s 성질을 갖는 오비탈의 전자들 보다 더 강하게 붙잡혀 있다. 그런 이유 때문에 질소는 피페리딘에서 보다 피리딘에서 비결합 전자쌍을 더 강하게 붙잡고 있다. 그래서 피리딘이 덜 염기성이다.

피리딘과 이미다졸은 11.21절에 서술된 두 개의 헤테로고리 방향족 화합물이다.

이미다졸과 그 유도체들은 헤테로고리 방향족성 아민 중에서 흥미 있는 중요한 종류이다. 이미다졸은 피리딘보다 거의 100배 더 염기성이다. 이미다졸이 양성자화되면 아래 공명구조로 나타낸 것처럼 전자가 비편재화되어 안정한 이온을 생성하게 된다.

이미다졸 (짝산의 pK_a = 7) $\overset{H_3O^+}{\rightleftharpoons}$ 이미다졸륨 이온

그림 21.3에서 보는 바와 같이, 이미다졸의 짝산(이미다졸륨 이온)이 갖는 정전기 퍼텐셜지도는 두 개의 질소에 전하가 균등하게 분포되어 있는 것을 나타내는, 공명구조를 보여준다.

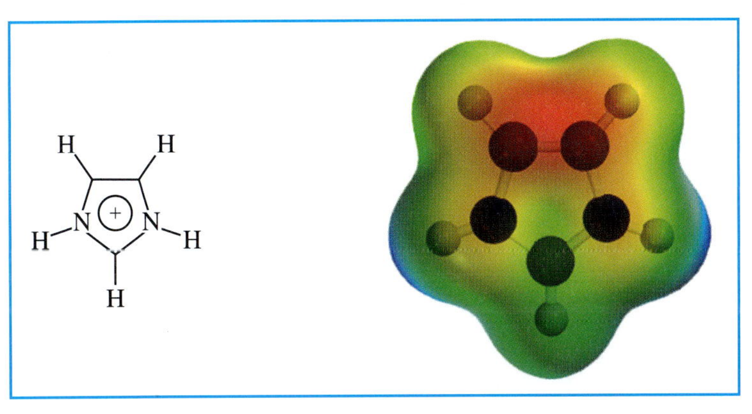

그림 21.3

양쪽 질소에서 같은 전하 분포를 보여 주는 이미다졸륨 이온의 정전기 퍼텐셜지도.

문제 21.8

이미다졸륨 이온의 pK_a는 7이다. 이때 1 M의 염화 이미다졸륨 수용액은 산성인가, 염기성인가, 중성인가? (b)1 M의 이미다졸의 경우는 어떠한가? (c)이미다졸과 염화 이미다졸륨을 포함하고 있는 같은 양의 용액은 어떠한가?

풀이 예시

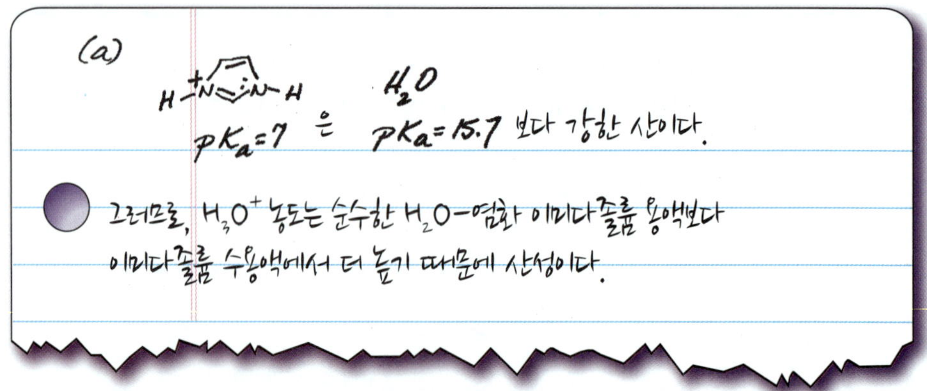

이미다졸 고리는 두 종류의 생물학적으로 중요한 화합물, *히스티딘과(histidine) 히스타민(histamine)*의 구조 단위이다. 히스티딘은 단백질을 구성하는 구성단위에 해당되는 아미노산 중 하나이고, 양성자 이동 과정에서 중요하게 작용하고 있다. 충격으로 혈압이 갑자기 떨어지는 것은 히스타민이 생성된 결과이다. 히스타민은 혈관을 팽창시키는 것을 촉진한다.

N, N, H, $^+NH_3$, O, O — 히스티딘

N, N, H, NH_2 — 히스타민

Amines as Natural Products

The ease with which amines are extracted into aqueous acid, combined with their regeneration on treatment with base, makes it a simple matter to separate amines from other plant materials, and nitrogen-containing natural products were among the earliest organic compounds to be studied. Their basic (alkaline) properties led amines obtained from plants to be called **alkaloids**. The number of known alkaloids exceeds 5000. They are of special interest because most are characterized by a high level of biological activity. Some examples include *cocaine, coniine, and morphine.*

$O{=}C$, OCH_3, H_3C, N, O, OCC_6H_5

Cocaine

(A central nervous system stimulant obtained from the leaves of the coca plant.)

N, H, $CH_2CH_2CH_3$

Coniine

(Present along with other alkaloids in the hemlock extract used to poison Socrates.)

HO, O, NCH_3, H, HO

Morphine

(An opium alkaloid. Although it is an excellent analgesic, its use is restricted because of the potential for addiction. Heroin is the diacetate ester of morphine.)

Many alkaloids, such as *nicotine* and *quinine*, contain two (or more) nitrogen atoms. The nitrogens shown in red in quinine and nicotine are part of a substituted quinoline and pyridine ring, respectively.

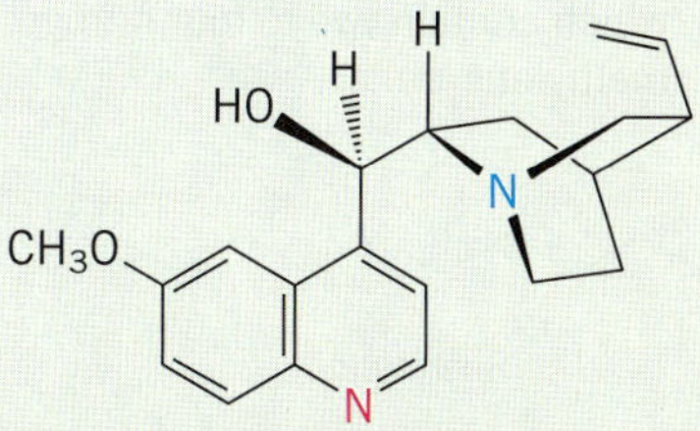

Quinine

(Alkaloid of cinchona bark used to treat malaria)

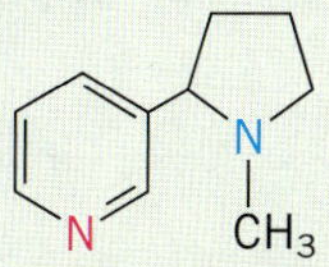

Nicotine

(An alkaloid present in tobacco; a very toxic compound sometimes used as an insecticide)

Problem 21.9

Write structural formulas for two isomeric conjugate acids of nicotine and use Table 1.8 to estimate their pK_a's

Several naturally occurring amines mediate the transmission of nerve impulses and are referred to as **neurotransmitters.** Two examples are *epinephrine* and *serotonin*. (Strictly speaking these compounds are not classified as alkaloids because they are not isolated from plants.)

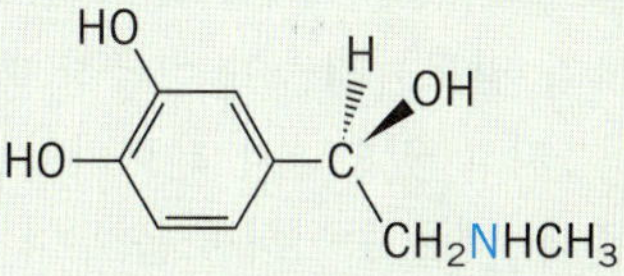

Epinephrine

(Also called *adrenaline;* a hormone secreted by the adrenal gland that prepares the organism for "flight or fight.")

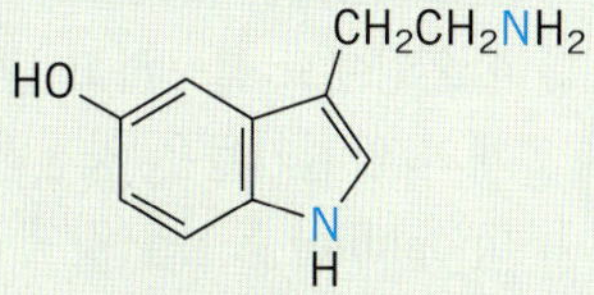

Serotonin

(A hormone synthesized in the pineal gland. Certain mental disorders are believed to be related to serotonin levels in the brain.)

Bioactive amines are also widespread in animals. A variety of structures and properties have been found in substances isolated from frogs, for example. One, called *epibatidine*, is a naturally occurring painkiller isolated from the skin of an Ecuadoran frog (*Epipedobates tricolor*). Another family of frogs produces a toxic mixture of several stereoisomeric amines, called *dendrobines*, on their skin that protects them from attack.

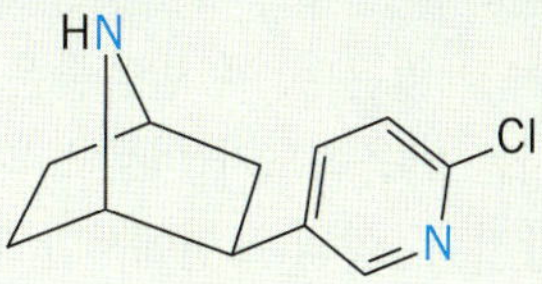

Epibatidine

(Once used as an arrow poison, it is hundreds of times more powerful than morphine in relieving pain. It is too toxic to be used as a drug, however.)

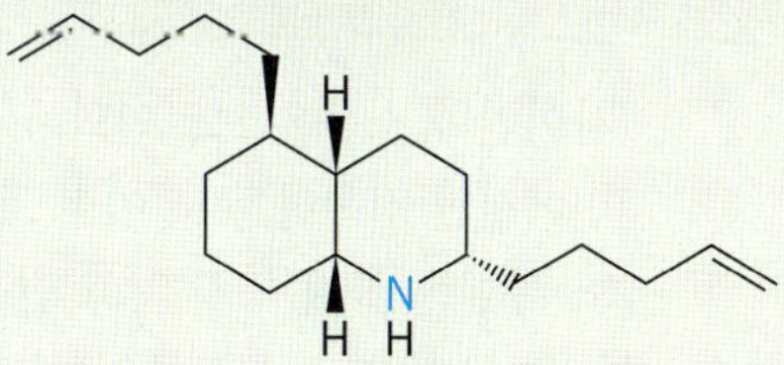

Dendrobine

(Isolated from frogs of the Dendrobatidae family. Related compounds have also been isolated from certain ants.)

Amines as Natural Products (계속)

Among the more important amine derivatives found in the body are a group of compounds known as **polyamines**, which contain two to four nitrogen atoms separated by several methylene units:

$H_2N(CH_2)_4NH_2$

Putrescine

$H_2N(CH_2)_3NH(CH_2)_4NH_2$

Spermidine

$H_2N(CH_2)_3NH(CH_2)_4NH(CH_2)_3NH_2$

Spermine

These compounds are present in almost all mammalian cells, where they are believed to be involved in cell differentiation and proliferation. Because each nitrogen of a polyamine is protonated at physiological pH (7.4), putrescine, spermidine, and spermine exist as cations with a charge of +2, +3, and +4, respectively, in body fluids. Structural studies suggest that these polyammonium ions affect the conformation of biological macromolecules by electrostatic binding to specific anionic sites—the negatively charged phosphate groups of DNA, for example.

21.5 상−전이 촉매로서 테트라알킬암모늄염

이온임에도 불구하고 많은 4차 암모늄염들이 비극성 매질에 녹는다. 질소에 결합된 네 개의 알킬기들은 양전하를 가지고 있으면서 테트라알킬암모늄 이온에 친유성(소수성, lipophilic) 특성을 갖게 해 준다. 예를 들어서 다음 두 4차 암모늄염들은 벤젠, 데케인, 할로젠화 탄화수소와 같은 낮은 극성 용매에 녹는다.

$$CH_3\overset{+}{N}(CH_2CH_2CH_2CH_2CH_2CH_2CH_2CH_3)_3\ Cl^-$$

염화 메틸트라이옥틸암모늄

$$C_6H_5{-}CH_2\overset{+}{N}(CH_2CH_3)_3\ Cl^-$$

염화 벤질트라이에틸암모늄

이 4차 암모늄염의 성질은 **상−전이 촉매반응(phase-transfer catalysis)**로 알려진 실험 방법에 편리하게 이용된다. 그러면 이 반응을 수행한다고 가정해 보자.

$$\underset{\text{Butyl bromide}}{CH_3CH_2CH_2CH_2Br} + \underset{\text{Sodium cyanide}}{NaCN} \longrightarrow \underset{\text{Pentanenitrile}}{CH_3CH_2CH_2CH_2CN} + \underset{\text{Sodium bromide}}{NaBr}$$

사이안화 소듐은 브로민화 뷰틸에 녹지 않는다. 두 반응물은 서로 고체 사이안화 소듐 표면에서만 접촉하는데, 이런 조건에서는 반응속도가 너무 느려 합성적 가치가 없다. 브로민화 뷰틸은 물에 녹지 않고 반응은 단지 두 상의 표면에서만 일어나므로, 물에 사이안화 소듐을 녹이면 조금 도움이 된다. 그러나 소량의 염화 벤질트라이메틸암모늄을 추가하면 실온일지라도 펜테인나이트릴(pentanenitrile)이 빠르게 생성된다. 그리고 4차 암모늄염은 촉매(*catalyst*)로 작용하여 반응속도를 촉진시킨다. 어떻게?

4차 암모늄염은 음이온을 기질과 접촉할 수 없는 수용액에서 유기 액체상으로 이동하게 함으로써 음이온과 유기물 사이의 반응을 촉진시킨다. 그림 21.4에서 본 순환도에서 첫 단계는 수용액상에서 일어나고, 4차 암모늄염의 음이온 상대가 사이안화 이온으로 바뀐다. 벤질트라이메틸암모늄 이온은 브로민화 뷰틸 액상으로 이동하며, 그와 더불어 사이

$C_6H_5CH_2\overset{+}{N}(CH_3)_3\ X^- + {}^-CN \rightleftharpoons C_6H_5CH_2\overset{+}{N}(CH_3)_3\ {}^-CN + X^-$

염화 또는 브로민화 벤질트라이메틸암모늄 / 사이안화 이온 / 사이안화 벤질트라이메틸암모늄 / 할로젠화 이온

수용액 상

브로민화 뷰틸 상

$C_6H_5CH_2\overset{+}{N}(CH_3)_3\ Br^- + CH_3CH_2CH_2CH_2CN \xleftarrow[\text{브로민화 뷰틸}]{CH_3CH_2CH_2CH_2Br} C_6H_5CH_2\overset{+}{N}(CH_3)_3\ {}^-CN$

브로민화 벤질트라이메틸암모늄 / 펜테인나이트릴 / 사이안화 벤질트라이메틸암모늄

그림 21.4

상-전이 촉매반응. 친핵성 사이안화 이온은 사이안화 벤질트라이메틸암모늄으로 수용액에서 유기층으로 이동한다.

안화 이온이 따라간다. 유기 액체상에서는 사이안화 이온이 단지 약하게 용매화되어 있고, 수소결합에 의해 강하게 용매화되어 있는 물이나 알코올에 있을 때보다 훨씬 더 반응성이 크다. 치환 단계에서 형성된 브로민화 벤질트라이메틸암모늄은 수용액 상으로 되돌아가고 그 회전은 계속된다. 상-전이 촉매하는 청정화학의 원리를 구체화한다. 반응은 빨라지고 많은 생성물을 만든다. 즉 불필요한 생성물을 적게한다: 과량의 시료(이 경우에는 사이안화물)를 최소화하고 용매로 물을 사용할 수 있게 한다.

21.6 아민 생성 반응: 복습과 예습

아민 제법은 다음 질문들 중 모두 또는 어느 한 가지에서 비롯된다.

1. 필요로 하는 탄소-질소 결합이 어떻게 생성되는가?
2. 아마이드, 나이트릴 또는 나이트로 화합물과 같은 질소 포함 유기 화합물이 주어지면 원하는 아민의 정확한 산화상태가 어떻게 이루어지는가?

여러 가지 탄소-질소 결합 형성 반응들이 앞 장에 나와 있고, 표 21.3에 요약되어 있다. 표에 있는 반응들 중에서 에폭사이드의 친핵성 고리열림 반응과 α-할로산과 암모니아의 반응은 직접 아민이 된다. 표 21.3의 기타 반응들은 몇 가지 연속 과정을 거쳐서 아민으

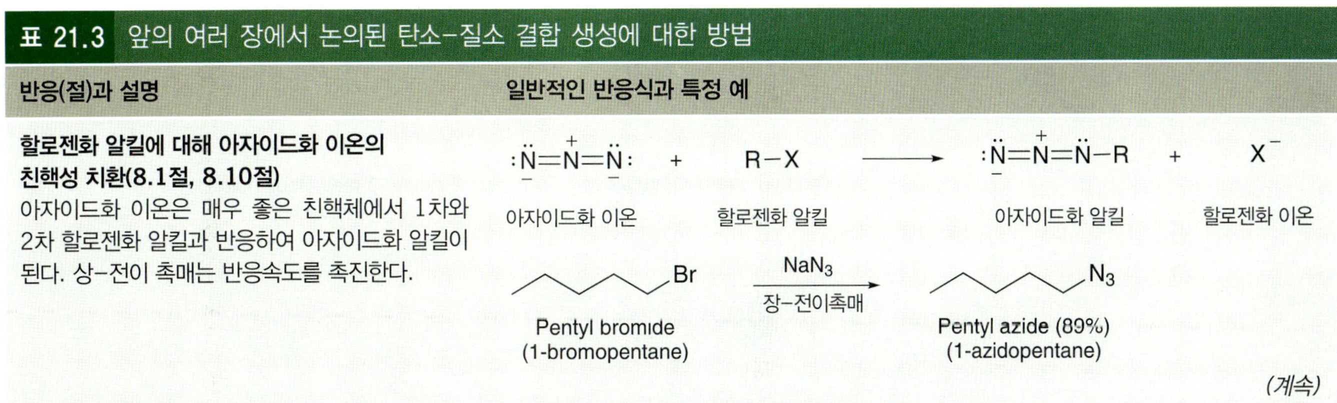

표 21.3 앞의 여러 장에서 논의된 탄소-질소 결합 생성에 대한 방법

반응(절)과 설명	일반적인 반응식과 특정 예
할로젠화 알킬에 대해 아자이드화 이온의 친핵성 치환(8.1절, 8.10절) 아자이드화 이온은 매우 좋은 친핵체에서 1차와 2차 할로젠화 알킬과 반응하여 아자이드화 알킬이 된다. 상-전이 촉매는 반응속도를 촉진한다.	$:\ddot{N}^-=\overset{+}{N}=\ddot{N}:^- + R-X \longrightarrow :\ddot{N}^-=\overset{+}{N}=\ddot{N}-R + X^-$ 아자이드화 이온 / 할로젠화 알킬 / 아자이드화 알킬 / 할로젠화 이온 Pentyl bromide (1-bromopentane) $\xrightarrow[\text{장-전이촉매}]{NaN_3}$ Pentyl azide (89%) (1-azidopentane)

(계속)

표 21.3 앞의 여러 장에서 논의된 탄소–질소 결합 생성에 대한 방법 (계속)

반응(절)과 설명	일반적인 반응식과 특정 예
아렌의 나이트로화(12.3절) 방향족성 고리에 치환기로서 질소 원자를 도입하는 대표적 방법은 질산과 황산을 혼합함으로써 나이트로화하는 것이다. 이 반응은 친전자성 방향족성 치환에 의해 진행된다.	$ArH + HNO_3 \xrightarrow{H_2SO_4} ArNO_2 + H_2O$ 아렌, 질산, 나이트로아렌, 물 Benzaldehyde $\xrightarrow[H_2SO_4]{HNO_3}$ 3-Nitrobenzaldehyde (75–84%)
암모니아에 의한 에폭사이드의 친핵성 고리 열림(16.11절) 에폭사이드의 긴장된 고리는 암모니아와 아민에 의한 친핵성 공격으로 열려서 β-아미노알코올이 된다. 아자이드화 이온 역시 에폭사이드와 반응하여 그 생성물인 β-아자이드도 알코올이 된다.	$H_3N: + R_2C(O)CR_2 \longrightarrow H_2\ddot{N}CR_2CR_2OH$ 암모니아, 에폭사이드, β–아미노알코올 (2*R*,3*R*)-2,3-Epoxybutane $\xrightarrow[H_2O]{NH_3}$ (2*R*,3*S*)-3-Amino-2-butanol (70%)
알데하이드와 케톤에 아민의 친핵성 첨가(17.10절, 17.11절) 1차 아민은 알데하이드와 케톤의 카보닐기에 친핵성 첨가되어 헤미아민알이 된다. 이들 헤미아민알이 생성 조건하에서 탈수되어 *N*-치환 아민이 되며, 2차 아민은 엔아민이 된다.	$R\ddot{N}H_2 + R'C(=O)R'' \longrightarrow R'C(=\ddot{N}R)R'' + H_2O$ 1차 아민, 알레하이드 또는 케톤, 이민, 물 $CH_3NH_2 + C_6H_5CH(=O) \longrightarrow C_6H_5CH{=}NCH_3$ Methylamine, Benzaldehyde, *N*-Benzylidenemethylamine (70%)
암모니아에 의한 α-할로산의 친핵성 치환(20.1절) Hell-Volhard-Zelinsky 반응 조건하에서 카복실산의 할로젠화에 의해 얻어진 α-할로산은 친핵성 치환 과정에서 반응성이 큰 기질이다. α-아미노산 제조에 대한 전형적 방법은 과량의 수용성 암모니아를 이용하여 α-할로산으로 부터 할로젠화를 치환하는 것이다.	$H_3N: + RCH(X)CO_2H \longrightarrow RCH(\overset{+}{N}H_3)CO_2^- + NH_4X$ 암모니아, α–할로 카복실산, α–아미노산, 할로젠화 암모늄 2-Bromo-3-methylbutanoic acid $\xrightarrow[H_2O]{NH_3}$ 2-Amino-3-methylbutanoic acid (47–48%)

Continued

반응(절)과 설명	일반적인 반응식과 특정 예
친핵성 아실 치환(19.4절, 19.5절, 19.10절) 염화 아실, 산 무수물 또는 에스터에 의한 암모니아와 아민의 아실화는 탄소-질소 결합 생성을 위한 대단히 효과적 방법이다.	$R_2\ddot{N}H$ + $R'COX$ ⟶ $R_2\ddot{N}COR'$ + HX 1차 또는 2차 아민 또는 암모니아 / 염화 아실, 산 무수물 또는 에스터 / 아마이드 2 Pyrrolidine + Acetyl chloride ⟶ *N*-Acetylpyrrolidine (79%) + Pyrrolidine hydrochloride

로 변환되는 생성물들이다. 이런 과정들이 다음 절에서 기술되므로 이미 배운 원리를 주로 응용하게 될 것이다. 단, 몇 가지 새로운 시약과 친숙한 시약의 이용법을 다루게 되겠지만, 새로운 반응 형태는 거의 없을 것이다.

21.7 암모니아의 알킬화에 의한 아민 제조

알킬아민은 주로 할로젠화 알킬과 암모니아의 친핵성 치환반응에 의해 제조될 수 있다.

$$\underset{\text{할로젠화 알킬}}{RX} + \underset{\text{암모니아}}{2NH_3} \longrightarrow \underset{\text{1차 아민}}{RNH_2} + \underset{\text{할로젠화 암모늄염}}{\overset{+}{N}H_4\,X^-}$$

이 반응은 α-아미노산(표 21.3에서 다섯 번째)을 만드는 데 유용하지만, 아민 합성의 일반적인 방법은 아니다. 이 반응의 주된 제약은 기대되는 1차 아민 생성물은 그 자체가 친핵체로서 할로젠화 알킬에 대한 암모니아와 경쟁 반응한다는 점이다. 예를 들어, 1-브로모옥테인이 암모니아와 반응했을 때, 1차 및 2차 아민 모두 상당한 양으로 분리된다.

$$\underset{\substack{\text{1-Bromooctane}\\ \text{(1 mol)}}}{CH_3(CH_2)_6CH_2Br} \xrightarrow{NH_3\text{ (2 mol)}} \underset{\substack{\text{Octylamine}\\ (45\%)}}{CH_3(CH_2)_6CH_2NH_2} + \underset{\substack{N,N\text{-Dioctylamine}\\ (43\%)}}{[CH_3(CH_2)_6CH_2]_2NH}$$

트라이알킬아민과 4차 암모늄염은 알킬화가 경쟁적으로 계속되면서 생성된다.

암모니아의 알킬화는 출발 물질인 할로젠화 알킬이 특별히 비싸지 않고, 다른 반응 혼합물에서 원하는 아민을 쉽게 분리할 수 있을 때만 1차 아민 제조에 사용된다.

문제 21.10

암모니아의 알킬화는 가끔 공업적 과정에서 사용되며, 생성된 아민 혼합물은 증류해서 분리한다. 알릴아민을 공업적으로 제조하기 위한 원래의 출발 물질들은 프로펜, 염소, 암모니아이다. 이런 출발 물질로부터 알릴아민을 공업적으로 제조하기 위한 일련의 반응식을 쓰시오(알릴아민은 이뇨제 *meralluride*와 *mercaptomerin* 제조를 포함하여 많이 이용된다).

전자를 끄는 기를 갖는 치환된 할로젠화 아릴은 친핵성 방향족 치환에 의해 아민과 반응한다(12.19절).

21.8 1차 알킬아민의 Gabriel 합성

부생성물로 2차와 3차 아민의 생성을 피할 수 있는 암모니아의 알킬화와 같은 최종 생성물을 얻을 수 있는 방법은 **Gabriel 합성(Gabriel synthesis)**이다. 할로젠화 알킬은 2차 또는 3차 아민의 포함 없이 1차 아민으로 변환된다. 주 시약은 프탈이마이드의 포타슘염이며, 할로젠화 알킬과 반응시켜 만든다.

Phthalimide (pK_a = 8.3) + KOH ⟶ N-Potassiophthalimide + Water (pK_a = 15.7)

pK_a는 8.3인 프탈이마이드는 수산화 포타슘과 반응하여 정량적으로 그 염이 될 수 있다. 프탈이마이드 포타슘염은 질소 원자에 음전하를 띠며, 이분자 친핵성 치환(S_N2) 과정에서 1차 할로젠화 알킬에 친핵체로서 작용한다

DMF는 $HC(=O)N(CH_3)_2$, *N, N*-다이메틸폼아마이드의 줄인 말이다. DMF는 극성 비양성자성 용매이고(8.9절), S_N2 반응에 대한 좋은 용매이다.

N-Potassiophthalimide + Benzyl chloride ($C_6H_5CH_2Cl$) $\xrightarrow{DMF}$ *N*-Benzylphthalimide (74%) + Potassium chloride (KCl)

이 반응의 생성물은 이마이드이며, 아민의 다이아실 유도체이다. 산성 수용액이나 염기성 수용액이 이 두 개의 아마이드 결합을 가수분해하는 데 이용되며, 원하는 1차 아민을 유리시킨다. 두 아마이드 결합을 끊는 데 더 효율적인 방법은 아실을 하이드라진으로 변환시키는 것이다.

N-Benzylphthalimide + Hydrazine (H_2NNH_2) $\xrightarrow{ethanol}$ Benzylamine ($C_6H_5CH_2NH_2$) (97%) + Phthalhydrazide

할로젠화 *아릴(aryl)*이 Gabriel 합성에 의해 아릴아민으로 변환될 수 없는 이유는 그 과정의 첫 단계에서 *N*-포타시오프탈이마이드(potassiophthalimide)와 친핵성 치환을 할 수 없기 때문이다.

간단한 할로젠화 알킬외에 다른 화합물들 중에는 α-할로 케톤 α-할로 에스터 그리고 *p*-톨루엔설폰산 알킬 에스터가 또한 Gabriel 합성에서 기질로 사용되었다. 프탈이마이드는 단일 알킬화만이 일어나기 때문에 2차와 3차 아민이 생기지 않는다. 따라서 Gabriel 합성은 실험실에서 1차 아민을 합성할 수 있는 유용한 방법이다.

문제 21.11

다음 아민 중에 세 개는 Gabriel 합성에 의해 개조되고, 다른 세 개는 그렇지 않다. 이 방법을 성공적으로 적용할 수 있는 반응식을 쓰시오.

(a) 뷰틸아민
(b) 아이소뷰틸아민
(c) *tert*-뷰틸아민
(d) 2-페닐에틸아민
(e) *N*-메틸벤질아민
(f) 아닐린

풀이 예시

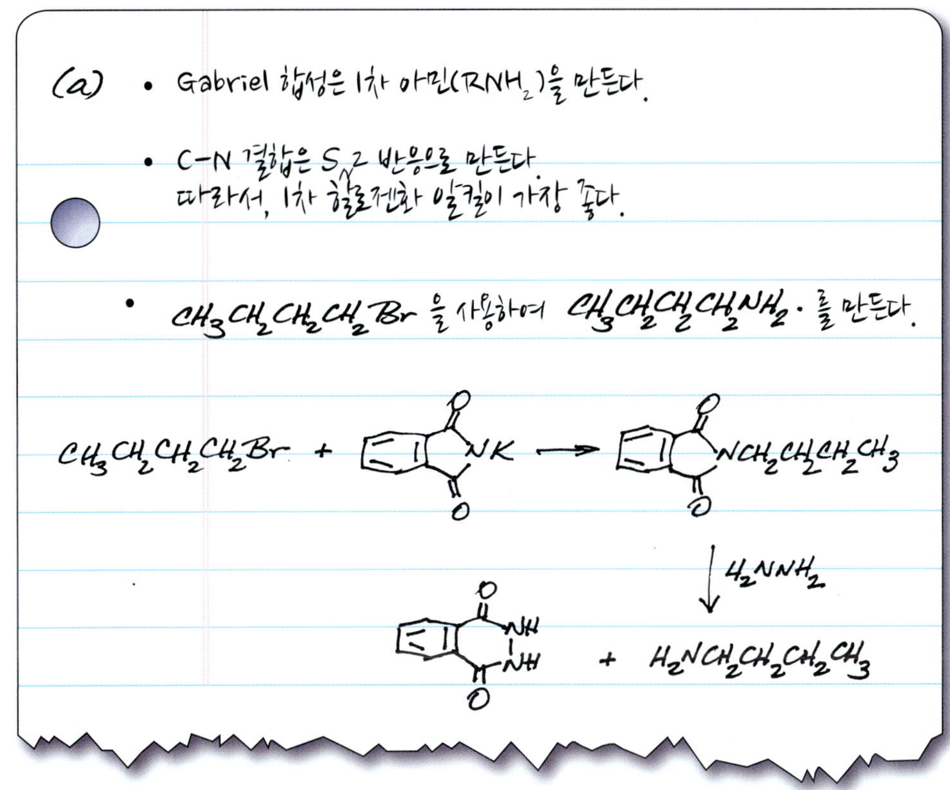

21.9 환원에 의한 아민 제조

질소를 포함하는 유기 화합물은 거의 아민으로 환원될 수 있다. 이 때 아민 합성에는 어떤 적절한 전구체를 고르고, 어떻게 적당한 환원제를 선정할 것인지가 문제가 된다.

표 21.3의 첫 줄에 나타낸 바와 같이 알킬 *아자이드*(*azide*)는 아자이드화 소듐에 의해 할로젠화 알킬의 친핵성 치환에 의해 제조되고, 수소화알루미늄 리튬을 포함한 여러 가지 환원제에 의해 알킬아민으로 환원된다.

$$R{-}\ddot{N}{=}\overset{+}{N}{=}\ddot{N}{:}^{-} \xrightarrow{\text{환원}} R\ddot{N}H_2$$

아자이드화 알킬 → 1차 아민

2-Phenylethyl azide $\xrightarrow[\text{2. } H_2O]{\text{1. } LiAlH_4\text{, 다이에틸 에터}}$ 2-Phenylethylamine (89%)

촉매에 의한 수소화도 역시 효과적이다.

1,2-Epoxycyclohexane $\xrightarrow[\text{다이옥세인–물}]{NaN_3}$ *trans*-2-Azidocyclohexanol (61%) $\xrightarrow{H_2\text{, Pt}}$ *trans*-2-Aminocyclohexanol (81%)

전체 과정 중에서 이 과정이 Gabriel 합성과 비슷하다; 질소 친핵체는 탄소–질소 결합–생성 과정에 사용되며, 다음 전환 과정에서 아미노기로 된다.

같은 환원법에 따라 *나이트릴(nitriles)*을 1차 아민으로 변화시킬 수도 있다.

$$\mathrm{RC{\equiv}N} \xrightarrow[\mathrm{H_2,\ 촉매}]{\mathrm{LiAlH_4\ 또는}} \mathrm{RCH_2NH_2}$$

나이트릴 1차 아민

p-(Trifluoromethyl)benzyl cyanide → (1. $LiAlH_4$, 다이에틸 에터; 2. H_2O) → p-(Trifluoromethyl)phenylethylamine (53%)

펜테인나이트릴 합성을 상-전이 상태에서 수행하는 것은 21.5절에 있다.

Pentanenitrile → (H_2 (100 atm), Ni, 다이에틸 에터) → 1-Pentanamine (56%)

나이트릴은 할로젠화 알킬의 사이안화 이온에 의한 친핵성 치환에 의해 제조할 수 있으므로, 전체 과정 $\mathrm{RX \rightarrow RC{\equiv}N \rightarrow RCH_2NH_2}$는 처음 할로젠화 알킬보다 탄소 한 개가 더 많은 1차 아민을 생성한다.

사이아노하이드린(cyanohydrin, 17.7절)의 사이아노기는 같은 반응 조건에서 환원된다.

*나이트로기(nitro group)*는 여러 가지 방법에 의해 즉시 1차 아민으로 환원된다. 염산에서 철이나 주석에 의해 환원되는 것처럼 Pt, Pd 또는 Ni 촉매 하에서도 가끔 수소화에 이용된다. 나이트로기가 환원되기 쉽기 때문에 아릴아민 제조에 특히 유용하다. 여기서 $\mathrm{ArH \rightarrow ArNO_2 \rightarrow ArNH_2}$ 과정은 이런 화합물이 얻어지는 표준 경로이다.

o-Isopropylnitrobenzene → (H_2, Ni, 메탄올) → o-Isopropylaniline (92%)

산성 조건하에서 환원을 진행하는 경우 $ArNH_3^+$를 $ArNH_2$로 전환하기 위하여 마지막 단계에서 NaOH로 pH를 조절하여야 한다.

p-Chloronitrobenzene → (1. Fe, HCl; 2. NaOH) → p-Chloroaniline (95%)

m-Nitroacetophenone → (1. Sn, HCl; 2. NaOH) → m-Aminoacetophenone (82%)

문제 21.12

벤젠으로부터 다음 각 아릴아민의 합성을 요약하시오.

(a) *o*-아이소프로필아닐린
(b) *p*-아이소프로필아닐린
(c) 4-아이소프로필-1,3-벤젠다이아민
(d) *p*-클로로아닐린
(e) *m*-아미노아세토페논

풀이 예시 (a) *o*-아이소프로필아닐린 합성에서 마지막 단계로 대응하는 나이트로 화합물의 촉매 수소화에 의한 환원은 앞의 세 가지 예 중의 하나로 주어져 있다. 아이소프로필벤젠의 나이트로화 과정에서 생긴 오쏘-파라 화합물을 분별 증류하여 필요한 나이트로아렌을 얻는다.

Isopropylbenzene $\xrightarrow{HNO_3}$ *o*-Isopropylnitrobenzene (bp 110°C) + *p*-Isopropylnitrobenzene (bp 131C°)

실제로 오쏘-파라 나이트로화 생성 혼합물이 62%의 수득률로 얻어지고, 오쏘-파라 비율이 1:3이다.

아이소프로필벤젠은 염화 아이소프로필과 염화 알루미늄을 이용하여 벤젠의 Friedel-Crafts 알킬화에 의해 만들어진다(12.6절).

아자이드, 나이트릴 또는 나이트로 화합물을 환원하여 1차 아민을 얻는다. 1차, 2차 또는 3차 아민을 만드는 방법 중 하나는 수소화알루미늄 리튬에 의해 아마이드의 카보닐기를 환원하는 것이다.

$$\underset{\text{아마이드}}{RCNR'_2} \xrightarrow[\text{2. } H_2O]{\text{1. } LiAlH_4} \underset{\text{아민}}{RCH_2NR'_2}$$

이 일반식에 R과 R′은 알킬 또는 아릴기 중 어느 하나이다. R′ = H일 때 그 생성물은 1차 아민이다.

3-Phenylbutanamide $\xrightarrow[\text{2. } H_2O]{\text{1. } LiAlH_4,\ \text{diethyl ether}}$ 3-Phenyl-1-butanamine (59%)

N-치환 아마이드는 2차 아민이 된다.

Acetanilide $\xrightarrow[\text{2. } H_2O]{\text{1. } LiAlH_4,\ \text{diethyl ether}}$ *N*-Ethylaniline (92%)

*아세트아닐라이드*는 *N*-페닐에탄아민의 공인된 IUPAC 명이다.

N, *N*-이치환 아마이드는 3차 아민이 된다.

N,N-Dimethylcyclohexanecarboxamide $\xrightarrow[\text{2. } H_2O]{\text{1. } LiAlH_4,\ \text{diethyl ether}}$ *N,N*-Dimethyl(cyclohexylmethyl)amine (88%)

메커니즘 21.1은 수소화알루미늄 리튬과 아마이드의 환원를 보여주고 있다. 아마이드의 환원은 에스터 환원(19.11절)과 유사한 과정이다. 사면체형 중간체는 수소음이온 첨가(1단계)이고 또 제거가 이루어진다(2단계). 에스터의 경우 알콕시기는 중간체 알데하이드를 생성하면서 소실된다. 반대로 아마이드는 질소에 남아 있고 사면체형 중간체로부터 산소가 소실된다. 이미늄 이온의 생성은 두 번째 수소음이온의 첨가로 진행되고 3단계에서 아민이 환원

메커니즘 21.1

아마이드의 수소화알루미늄 리튬 환원

전체반응:

$$2RC(=O)NR'_2 + LiAlH_4 \xrightarrow{\text{다이메틸 에터}} 2RCH_2NR'_2 + LiAlO_2$$

아마이드 → 아민

메커니즘:

1단계: 수소음이온은 알루미늄으로부터 아마이드의 탄소 원자로 이동되고 사면체형 중간체를 생성한다. 카보닐 산소는 알루미늄과 결합한다.

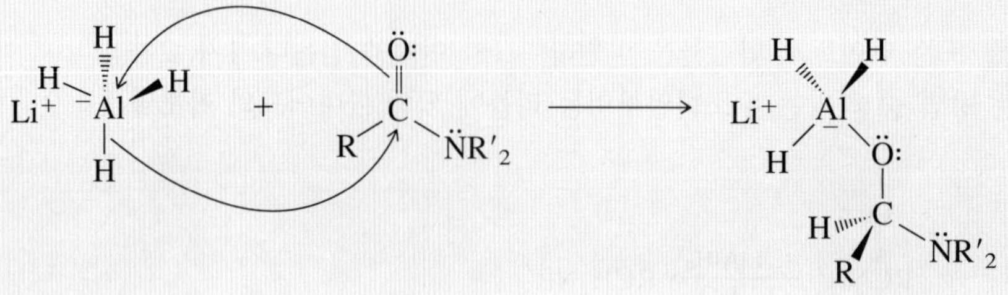

수소화알루미늄 리튬 아마이드 사면체형 중간체

2단계: 사면체형 중간체는 제거되고 이미늄 이온을 생성한다.

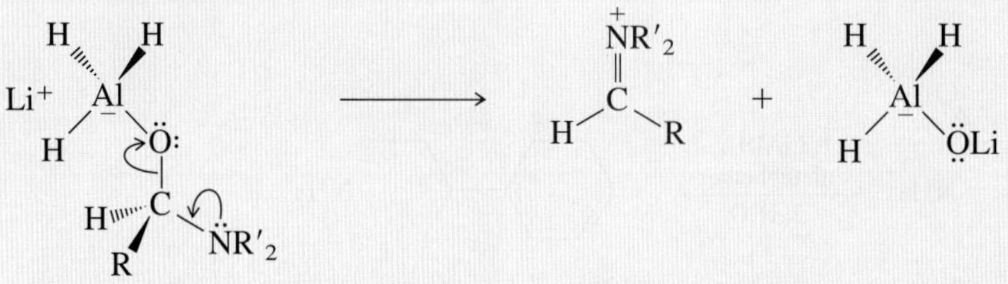

사면체형 중간체 이미늄 이온

3단계: 이미늄 이온에 두 번째 수소음이온이 첨가된다. 간단히 다음 반응식에서 보여 준 수소음이온의 공급원은 2단계에서 형성된 $[LiOAlH_3]^-$이지만 Al—H 결합에 남아 있는 반응 혼합물에 남아 있는 화학종일 수도 있다. 그래서 전체의 화학양론은 $LiAlH_4$ 1몰 당 아마이드 2몰이 환원되고 최종 무기 생성물은 $LiAlO_2$이다.

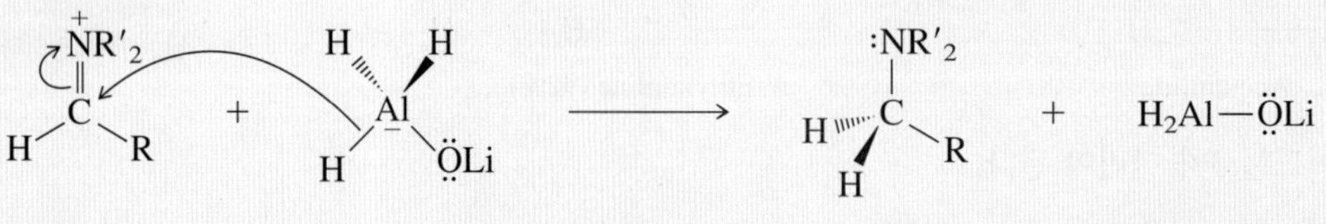

이미늄 이온 아민

된다.

아마이드는 만들기 쉽기 때문에 아민 제조에 보편적으로 쓰이는 방법이다.

이 절에서 기술된 방법으로 아민을 합성하는 것은 먼저 탄소-질소 결합을 가진 몇 가지 환원 가능한 물질, 즉 아자이드, 나이트릴, 나이트로-치환 아렌 또는 아마이드를 합성하고 분리하는 것이다. 다음 절에는 탄소-질소 결합의 형성과 환원이라는 두 단계를 한 단계로 결합하는 방법을 기술하겠다. 이를 통해 아마이드 환원처럼 출발 물질을 적절히 선택하여 1차, 2차 또는 3차 아민을 제조할 수 있는 가능성을 제공할 수 있다.

21.10 환원성 아미노화

앞 절에서 다루지 않은 질소를-포함하는 화합물의 종류는 *이민(imines)*과 그 유도체이다. 이민은 알데하이드와 케톤이 암모니아와 반응하면서 생성된다(17.10절). 이민은 촉매 수소화에 의해 1차 아민으로 환원될 수 있다.

$$\underset{\text{알데하이드 또는 케톤}}{\overset{\displaystyle O}{\overset{\|}{RCR'}}} + \underset{\text{암모니아}}{NH_3} \longrightarrow \underset{\text{이민}}{\overset{\displaystyle NH}{\overset{\|}{RCR'}}} \xrightarrow[\text{촉매}]{H_2} \underset{\text{1차 아민}}{\overset{\displaystyle NH_2}{\overset{|}{RCHR'}}}$$

이 전체 반응은 탄소-질소 결합 형성과 환원에 의해 카보닐 화합물을 아민으로 전환시킨다. 이런 반응을 **환원성 아미노화(reductive amination)**라고 한다. 이것이 특별히 가치 있는 합성 과정인 것은 암모니아와 카보닐 화합물 둘다 포함한 용액을 촉매로 수소화함으로써 한 번의 조작으로 처리할 수 있다는 점이다. 중간 생성물 이민이 분리되지 않지만 그 생성 조건하에서 환원된다. 또한 이 반응은 앞 반응식이 의미하는 것보다 응용의 폭이 더 넓다. 모든 아민, -1차, 2차 그리고 3차 아민-이 환원성 아미노화로 제조된다.

1차 아민을 원할 때의 반응은 다음과 같이 이루어진다.

Cyclohexanone + Ammonia (NH_3) $\xrightarrow[\text{에탄올}]{H_2,\ Ni}$ Cyclohexylamine (80%) ; (cyclohexanone imine, =NH) 을 경유.

2차 아민은 아민 존재하에서 카보닐 화합물을 수소화하여 제조할 수 있다. *N*-치환 아민 또는 *Schiff 염기(Schiff base)*는 중간체이다.

$$\underset{\text{Heptanal}}{CH_3(CH_2)_5\overset{O}{\overset{\|}{C}}H} + \underset{\text{Aniline}}{H_2N-C_6H_5} \xrightarrow[\text{에탄올}]{H_2,\ Ni} \underset{\textit{N}\text{-Heptylaniline (65\%)}}{CH_3(CH_2)_5CH_2NH-C_6H_5}\ ;\ CH_3(CH_2)_5CH{=}N-C_6H_5 \text{ 을 경유.}$$

환원성 아미노화는 2차 아민과 카보닐 화합물로부터 3차 아민을 제조하는데 성공적으로 적용되었다. 이 경우에 중성 아민은 생성되지 않는다.

Butanal + Piperidine (H−N) $\xrightarrow[\text{에탄올}]{H_2,\ Ni}$ *N*-Butylpiperidine (93%)

아마 여기서 환원 대상 화학종은 헤미아민알이거나 이것으로부터 유도된 이미늄 이온 또는 엔아민이다.

헤미아민알 (:ÖH, N̈) ⇌ 이미늄 이온 (N^+) + HO^-

문제 21.13

벤즈알데하이드로부터 환원성 아미노화로 다음 각 아민을 어떻게 만들 수 있는지를 나타내시오.

(a) 벤질아민 (c) *N*, *N*-다이메틸벤질아민
(b) 다이벤질아민 (d) *N*-벤질피페리딘

풀이 예시 (a) 벤질아민은 1차 아민으로 암모니아와 벤즈알데하이드로부터 유도된다.

Benzaldehyde + Ammonia (NH_3) + Hydrogen (H_2) $\xrightarrow{Ni}$ Benzylamine (89%) + Water (H_2O)

반응은 이민 $C_6H_5CH{=}NH$가 먼저 생성되고, 수소화가 뒤따라 일어난다.

여러 가지 고전적 환원성 아미노화 과정은 환원제로서 수소 대신 수소화사이아노붕소 소듐($NaBH_3CN$)을 이용하는데, 단지 몇 그램의 물질만이 필요한 아민 합성에 더 적절하다. 필요한 것은 카보닐 화합물과 아민의 알코올 용액에 수소화사이아노붕소 소듐을 첨가하는 것이다.

Benzaldehyde + Ethylamine (H_2N) $\xrightarrow[\text{메탄올}]{NaBH_3CN}$ *N*-Ethylbenzylamine (91%)

수소화사이아노붕소 소듐은 수소화붕소 소듐보다는 느리게 알데하이드나 케톤을 환원시킨다. 그러나 이미늄 이온은 빨리 감소시킨다. 선택적 환원성 아미노화는 온화한 산성 pH에서 수행되고 이민은 양성자화 된다. 이미늄 이온은 또한 수소화물과의 환원으로 이민보다 더 반응적이다.

21.11 아민의 반응: 복습과 예습

아민의 성질 중 중요한 것은 *염기도*(*basicity*)와 *친핵성*(*nucleophilicity*)이다. 아민의 염기도는 21.4절에 논의하였다. 아민이 친핵체로 작용하는 친핵체로서의 반응도 이미 앞 장에서 다루었다. 이런 것들이 표 21.4에 요약되어 있다.

아민의 염기도와 친핵성 모두 질소의 비공유 전자쌍에서 비롯된다. 아민이 염기로 작용할 때, 이 전자쌍은 Brønsted 산으로부터 양성자를 떼어낸다. 아민이 표 21.4에 요약된 반응들로 진행될 때, 각 경우의 첫 단계는 카보닐기의 양으로 편극된 탄소에 친핵성 첨가이다.

$R_3N\colon$ H—X 염기로 작용하는 아민

$R_3N\colon$ C=O 친핵체로 작용하는 아민

알킬아민은 아릴아민보다 더 강한 염기이며, 더 친핵성이다. 표 21.4의 모든 반응들은 아릴아민보다 알킬아민과 더 빨리 일어난다.

아민의 몇 가지 첨가반응을 보자 모든 경우 이런 반응이 어떤 방법으로 일어나는가를 이해하기 위해서는 질소의 비공유 전자쌍의 역할을 생각하는 것으로부터 출발한다.

그러면 S_N2 반응에서 친핵체로서 아민의 반응성을 조사해 보자.

표 21.4 앞 장에서 논의된 아민의 반응*

반응(절)과 설명	일반 반응식과 특정한 예
1차 아민과 알데하이드 및 케톤의 반응 (17.10절) 알데하이드 또는 케톤의 카보닐기에 1차 아민이 친핵성 첨가되어 이민이 생성된다. 주요 단계에서 헤미아민알 중간체가 생성되고 탈수되어 이민이 된다.	$R\ddot{N}H_2 + R'R''C{=}O \rightarrow [R\ddot{N}H{-}C(R')(R''){-}OH] \xrightarrow{-H_2O} R\ddot{N}{=}C(R')R''$ 1차 아민, 알데하이드 또는 케톤, 헤미아민알 중간체, 이민 CH_3NH_2 + Benzaldehyde → N-Benzylidenemethylamine (70%) + H_2O Methylamine, Benzaldehyde, *N*-Benzylidenemethylamine (70%), Water
2차 아민과 알데하이드 및 케톤의 반응 (17.11절) 알데하이드와 케톤은 2차 아민과 반응하여 엔아민이 된다.	$R_2\ddot{N}H + R'CH_2C(R''){=}O \rightarrow [R_2\ddot{N}{-}C(CH_2R')(R''){-}OH] \xrightarrow{-H_2O} R_2\ddot{N}{-}C(R''){=}CHR'$ 2차 아민, 알데하이드 또는 케톤, 헤미아민알 중간체, 엔아민 Pyrrolidine + Cyclohexanone $\xrightarrow{\text{벤젠, 가열}}$ *N*-(1-Cyclohexenyl)pyrrolidine (85–90%) + H_2O Pyrrolidine, Cyclohexanone, *N*-(1-Cyclohexenyl)pyrrolidine (85–90%), Water
염화아민과 아민의 반응(19.4절) 아민은 염화 아실과 반응하여 아마이드로 전환된다. 카복실산 무수물이나 에스터와 같은 아실화 시약이 사용되지만 반응성이 좀 더 떨어진다.	$R_2\ddot{N}H + R'CCl(=O) \rightarrow [R_2\ddot{N}{-}C(OH)(R'){-}Cl] \xrightarrow{-HCl} R_2\ddot{N}CR'(=O)$ 1차 또는 2차 아민, 염화 아실, 사면체형 중간체, 아마이드 Butylamine (NH_2) + Pentanoyl chloride → *N*-Butylpentanamide (81%) Butylamine, Pentanoyl chloride, *N*-Butylpentanamide (81%)

* 알킬아민과 아릴아민은 모두 이 반응을 일으킨다.

21.12 할로젠화 알킬과 아민의 반응

1차 할로젠화 알킬을 아민으로 처리하면 친핵성 치환이 일어난다.

아민과 할로젠화 알킬과의 반응은 암모니아를 알킬화시킬 때 복잡한 요소들을 기술하면서 이전에 공부하였다(21.7절).

$$R\ddot{N}H_2 + R'CH_2X \xrightarrow{S_N2} R\overset{+}{N}H_2{-}CH_2R'\ X^- \xrightarrow{R\ddot{N}H_2} R\ddot{N}H{-}CH_2R'$$

1차 아민 1차 할로젠화 알킬 할로젠화 암모늄염 2차 아민

$$C_6H_5NH_2 + C_6H_5CH_2Cl \xrightarrow[90°C]{NaHCO_3} C_6H_5NHCH_2C_6H_5$$

Aniline (4 mol) Benzyl chloride (1 mol) *N*-Benzylaniline (85–87%)

두 번째로 알킬화되면, 2차 아민은 3차 아민으로 전환된다. 알킬화가 여기서 멈추지 않고 3차 아민 자체가 알킬화되어 4차 암모늄염으로 된다.

$$R\ddot{N}H_2 \xrightarrow[S_N2]{R'CH_2X} R\ddot{N}HCH_2R' \xrightarrow[S_N2]{R'CH_2X} R\ddot{N}(CH_2R')_2 \xrightarrow[S_N2]{R'CH_2X} R\overset{+}{N}(CH_2R')_3\ X^-$$

1차 아민 2차 아민 3차 아민 4차 암모늄염

아이오딘화 메틸은 친핵성 치환에 대한 반응성이 크기 때문에 4차 암모늄염을 만드는 데 가장 자주 사용되는 할로젠화 알킬이다.

$$C_6H_{11}-CH_2NH_2 + 3CH_3I \xrightarrow[\text{가열}]{\text{메탄올}} C_6H_{11}-CH_2\overset{+}{N}(CH_3)_3\ I^-$$

(Cyclohexylmethyl)amine Methyl iodide (Cyclohexylmethyl)trimethylammonium iodide (99%)

이미 알고 있는 것처럼 4차 암모늄염은 상−전이 촉매로서 합성 유기화학에서는 유용하게 사용된다. 더 직접적인 응용으로서 다른 용도는 4차 *수산화(hydroxides)* 암모늄으로 알켄을 생성하는 제거반응에서 기질로 사용된다.

21.13 Hofmann 제거

아이오딘화 4차 암모늄의 할로젠화 음이온은 수용성 산화은 현탁액으로 처리하면서 수산화 이온으로 치환된다. 그리고 아이오딘화 은은 침전되고 수산화 4차 암모늄 용액이 생성된다.

$$2(R_4\overset{+}{N}\ I^-) + Ag_2O + H_2O \longrightarrow 2(R_4\overset{+}{N}\ \overset{-}{O}H) + 2AgI$$

4차 아이오딘화 암모늄 산화 은 물 4차 수산화 암모늄 아이오딘화 은

$$C_6H_{11}-CH_2\overset{+}{N}(CH_3)_3\ I^- \xrightarrow[H_2O,\ CH_3OH]{Ag_2O} C_6H_{11}-CH_2\overset{+}{N}(CH_3)_3\ HO^-$$

(Cyclohexylmethyl)trimethylammonium iodide (Cyclohexylmethyl)trimethylammonium hydroxide

4차 수산화 암모늄을 가열할 때 E2 β-제거가 진행되어 알켄과 아민이 생성된다.

$$C_6H_{10}(H)-CH_2-\overset{+}{N}(CH_3)_3\ \ {}^-:\ddot{O}H \xrightarrow{160°C} C_6H_{10}{=}CH_2 + (CH_3)_3N: + H_2O$$

수산화 (사이클로헥실메틸)트라이메틸암모늄 메틸렌사이클로헥센 (69%) 트라이메틸아민 물

이 반응은 **Hofmann 제거(Hofmann elimination)**로 이미 알려졌다. 19세기 중엽 August W. Hofmann에 의해 개발된 이 반응은 알켄 합성법과 구조 결정을 위한 분석 수단이다.

Hofmann 제거의 색다른 양상은 위치선택성이다. 수산화 알킬트라이메틸암모늄의 제거 는 덜 치환된 알켄이 생성되는 방향으로 진행된다.

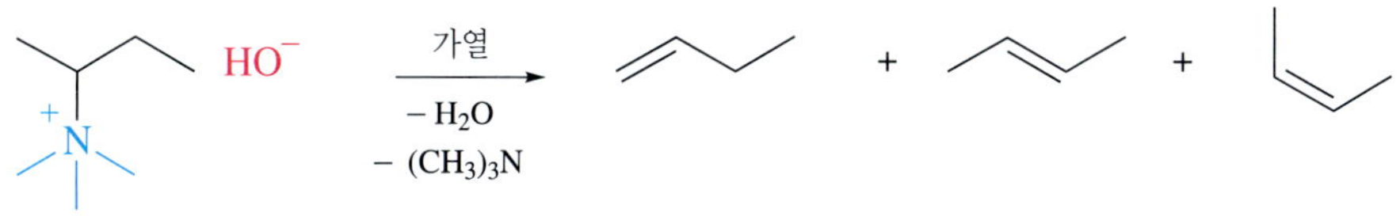

HO⁻ 가열 −H_2O −$(CH_3)_3N$ + +

sec-Butyltrimethylammonium hydroxide — 1-Butene (95%) — 트랜스-2-Butene, 시스-2-Butene (5% combined)

입체장애가 가장 적은 β 수소가 Hofmann 제거반응으로 염기에 의해 제거된다. 메틸기들은 메틸렌기보다 먼저 탈양성자화 되며, 메틸렌기는 메타인보다 먼저 탈양성자화된다. Hofmann 제거는 Zaitsev 규칙(5.10절)에 의해 예상된 것과는 반대가 된다. 수산화 알킬트라이메틸암모늄의 제거반응에서는 **Hofmann 규칙(Hofmann rule)**에 의해서 덜 치환된 알켄이 생성된다.

문제 21.14

다음 각 4차 암모늄 이온의 수산화물을 가열할 때 생성되는 알켄 주 생성물의 구조를 나타내시오.

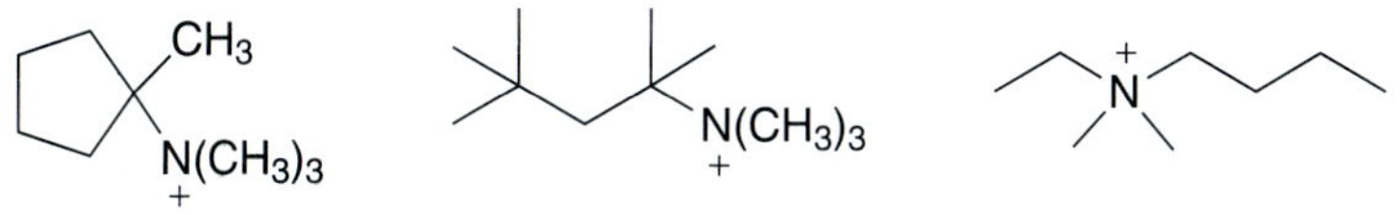

(a) CH_3, $\overset{+}{N}(CH_3)_3$ (b) $\overset{+}{N}(CH_3)_3$ (c) $\overset{+}{N}$

풀이 예시 (a) 두 알켄은 b 제거에 의해 메틸렌사이클로펜테인과 1-메틸사이클로펜텐을 생성시킬 수 있다.

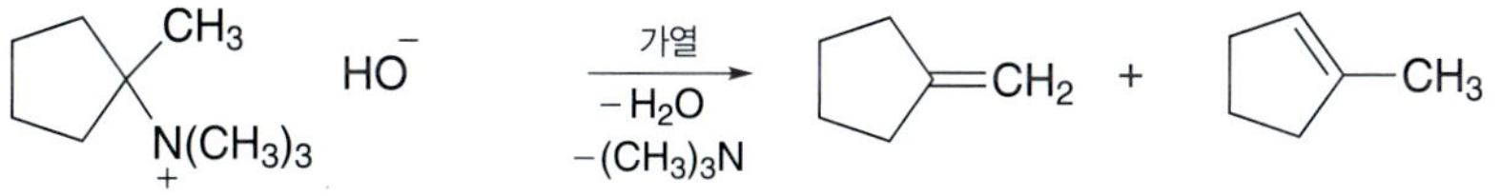

CH_3, $\overset{+}{N}(CH_3)_3$ HO⁻ 가열 −H_2O −$(CH_3)_3N$ → $=CH_2$ + $-CH_3$

(1-Methylcyclopentyl)trimethylammonium hydroxide — Methylenecyclopentane — 1-Methylcyclopentene

메틸렌사이클로펜테인은 보다 덜 치환된 이중결합으로 주 생성물이다. 보고되어 있는 이성질체 비율은 91% 메틸렌사이클로펜테인과 9% 1-메틸사이클로펜텐이다.

수산화 *sec*-뷰틸트라이메틸암묘늄로으부터 1-뷰텐과 *trans*-2-뷰텐의 생성을 위한 E2 전이상태에서 입체 효과를 비교해 봄으로써 Hofmann 제거의 위치선택성을 이해할 수 있다. 크기에 있어서 $(CH_3)_3\overset{+}{N}$—(트라이메틸암모니오)는 $(CH_3)_3C$—(*tert*-뷰틸)과 비슷하다. 그림 21.5에 설명된 것처럼, E2 전이상태는 제거되는 양성자와 트라이메틸암모니오기 사이에 anti 관계를 필요로 한다. 1-뷰텐 생성을 위한 전이상태의 기하 구조에서 심각한 van der Waals 반발력이 없는 것은 분명하다. 그러나 *trans*-2-뷰텐으로 되는 형태는 트라이메틸암모늄기와 메틸기 사이의 van der Waals 변형이 작용함으로써 불안정하게 된다. 그러므로 *trans*-2-뷰텐이 생성되기 위한 활성화 에너지는 1-뷰텐보다 크다. 즉, 1-뷰텐의 생성 속도가 더 빠르기 때문에 주 생성물이 된다.

Zaitsev 규칙에 반대되는 위치선택성으로 인해, Hofmann 제거는 할로젠화 알킬의 탈할로젠화수소로 만들 수 없는 알켄을 제조하기 위해 가끔 합성에 이용된다. 그러나 Wittig 반응(17.12절)이 합성에 사용되면서 이 적용 비중이 줄어들었다.

21.14 아릴아민의 친전자성 방향족 치환

아릴아민은 두 개의 작용기, 즉 아민기와 방향족 고리를 포함하고 있다. 이런 화합물은 *이작용기 화합물(difunctional compound)*이다. 아민기의 반응성은 아릴치환기의 영향을 받

그림 21.5

수산화의 *sec*-뷰틸트라이메틸암모늄 Hofmann 제거로 (a) 1-뷰텐과 (b) *trans*-2-뷰텐 형태를 보여주는 Newman 투영식. 이 때, 주 생성물은 1-뷰텐이다.

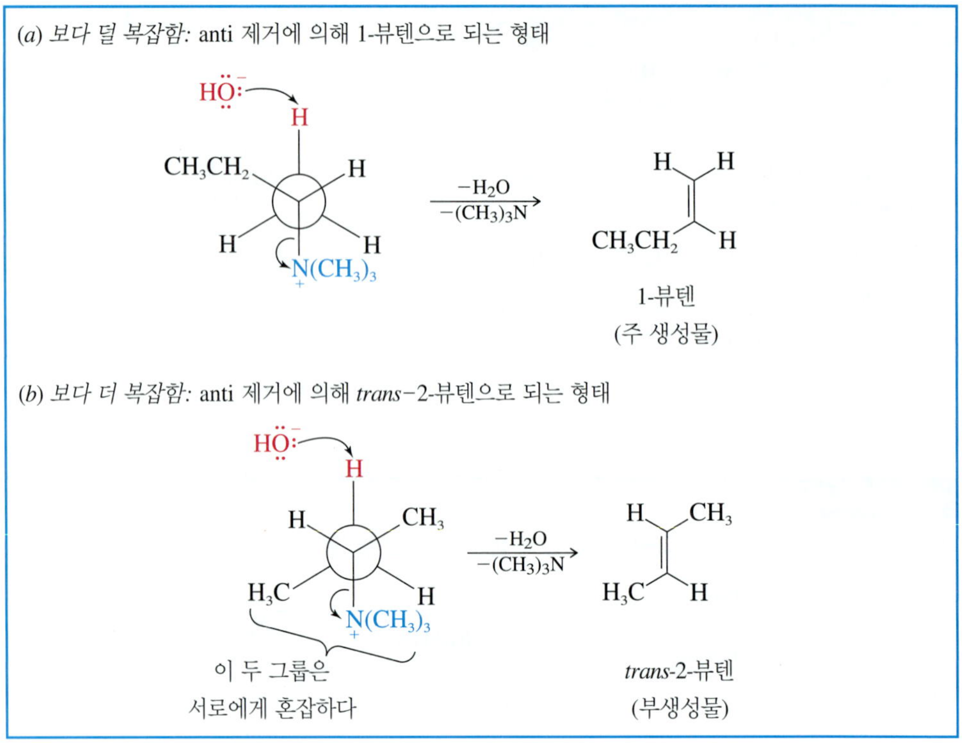

(*a*) *보다 덜 복잡함:* anti 제거에 의해 1-뷰텐으로 되는 형태

$$\xrightarrow[-(CH_3)_3N]{-H_2O}$$

1-뷰텐
(주 생성물)

(*b*) *보다 더 복잡함:* anti 제거에 의해 *trans*-2-뷰텐으로 되는 형태

$$\xrightarrow[-(CH_3)_3N]{-H_2O}$$

이 두 그룹은
서로에게 혼잡하다

trans-2-뷰텐
(부생성물)

고, 고리의 반응성은 아민의 치환기에 의해 영향을 받는다. 아릴아민 질소의 염기도와 친핵성을 감소시키는 전자 비편재화가 방향족 고리에 전자 밀도를 증대시키고, 아릴아민이 친전자성 방향족 치환에 대해 대단히 큰 반응성을 갖게 해준다.

아릴아민의 반응성에 대해서는 12.12절에서 기술하였다. $-\ddot{N}H_2$, $-\ddot{N}HR$, $-\ddot{N}R_2$ 들은 오쏘, 파라 지향성이고, 대단히 강한 활성화기이다. 이런 치환기들은 매우 강한 활성화기이므로 아릴아민에 직접적으로 친전자성 방향족 치환만 일으키는 경우는 드물다.

아닐린과 기타 아릴아민에 직접 나이트로화되어 검은색 '타르'가 생성되는 산화가 일어나기 때문에 실패한 것이다. 이 문제를 해결하기 위해서는 아미노기를 염화 아세틸이나 아세트산 무수물로 아실화시켜 먼저 보호해야 한다.

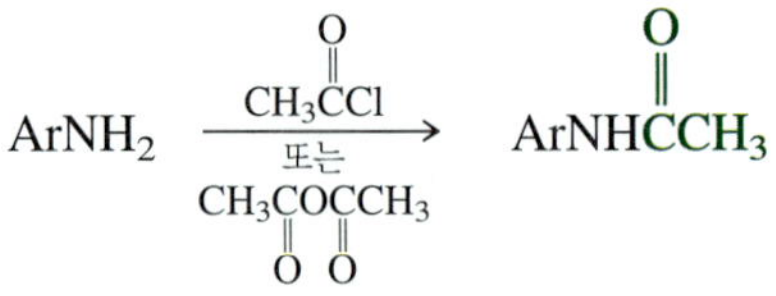

$$\underset{\text{아릴아민}}{ArNH_2} \xrightarrow[\text{또는 } CH_3\overset{O}{\overset{\|}{C}}O\overset{O}{\overset{\|}{C}}CH_3]{CH_3\overset{O}{\overset{\|}{C}}Cl} \underset{N\text{-아세틸아릴아민}}{ArNH\overset{O}{\overset{\|}{C}}CH_3}$$

N-아세틸기 내에서의 아마이드 공명과 질소의 비공유 전자쌍이 벤젠 고리에 비편재화되는 것과 경쟁을 한다. 이런 방법으로 아릴아민의 아미노기를 보호하여 그 반응성을 조절함으로써 고리의 나이트로화가 이루어진다. 아세트아미노기는 친전자성 방향족 치환에 대해 활성이므로 오쏘, 파라 지향기이다. *N*-아세틸 보호기는 목적을 달성하고 난 뒤 가수분해되어 제거되고, 아미노기는 유리된다.

p-Isopropylaniline → (CH_3COCCH_3 (보호단계)) → p-Isopropylacetanilide (98%) → (HNO_3, 20°C (나이트로화 단계)) → 4-Isopropyl-2-nitroacetanilide (94%) → (KOH, 에탄올 가열 ("탈보호"단계)) → 4-Isopropyl-2-nitroaniline (100%)

일련의 *보호–나이트로화–탈보호*(*protect-nitrate-deprotect*)에 대한 알짜 효과는 그 기질이 직접 나이트로화된 것과 같다. 그러나 직접 나이트로화되는 것은 불가능하기 때문에 간접적 과정이 유일한 실질적 방법이 된다.

문제 21.15

아닐린과 몇 가지 필요한 유기 시약 또는 무기 시약으로부터 다음 각 화합물들의 합성을 요약하시오.

(a) *p*-나이트로아닐린
(b) 2,4-다이나이트로아닐린
(c) *p*-아미노아세트아닐라이드

풀이 예시 (a) 아닐린을 직접 나이트로화하는 것은 실질적인 반응이 아니기 때문에, 아미노기는 먼저 *N*-아세틸유도체로 보호 되어야 한다.

Aniline → Acetanilide → (HNO_3, H_2SO_4) → *o*-Nitroacetanilide + *p*-Nitroacetanilide

아세트아닐라이드를 나이트로화하면 오쏘, 파라 치환 생성물들의 혼합물이 생긴다. 파라 이성질체를 분리한 상태에서 가수분해시키면 *p*-나이트로아닐린을 얻을 수 있다.

p-Nitroacetanilide → (H_2O, HO^- 또는 1. H_3O^+ 2. HO^-) → *p*-Nitroaniline

보호되지 않은 아릴아민은 할로젠화될 때 반응성이 매우 크므로 일치환만 일어나게 반응을 제한하기 어렵다. 일반적으로 할로젠화 반응은 아미노기에 오쏘나 파라 수소를 모두 빠르게 치환시킨다

p-Aminobenzoic acid → (Br_2, 아세트산) → 4-Amino-3,5-dibromobenzoic acid (82%)

아미노기를 아실화하여 아미노의 전자-주개 능력을 감소시키면 일치환 할로젠화로 제한할 수 있다.

2-Methylacetanilide $\xrightarrow[\text{아세트산}]{Cl_2}$ 4-Chloro-2-methylacetanilide (74%)

Friedel-Crafts 반응을 아릴아민에서 시도해 보면 보통은 성공하지 못하지만, 아미노기가 보호되면 즉시 반응이 진행된다.

2-Ethylacetanilide + CH_3CCl $\xrightarrow{AlCl_3}$ 4-Acetamido-3-ethylacetophenone (57%)

21.15 알킬아민의 나이트로소화

나이트로실 양이온은 나이트로소늄(nitrosonium)으로 불린다. 두 개의 공명구조로 표시될 수 있다.

$:\overset{+}{N}{=}\ddot{O}: \longleftrightarrow :N{\equiv}\overset{+}{O}:$

아질산 소듐($NaNO_2$) 용액이 산성화될 때, 나이트로실 양이온 $:\overset{+}{N}{=}\ddot{O}:$의 공급원으로 작용하는 다양한 종류가 생성된다. 간단히 설명하기 위하여 유기 화학자들은 이 모든 화학종들을 모아서 그 중 하나인 *아질산(nitrous acid)*을 나이트로실 양이온의 일반화된 전구체라고 하였다.

$$^-:\ddot{O}{-}\ddot{N}{=}\ddot{O}: \xrightarrow{H_3O^+} H\ddot{O}{-}\ddot{N}{=}\ddot{O}: \xrightarrow{H_3O^+} H\overset{+}{O}(H){-}\ddot{N}{=}\ddot{O}: \xrightarrow{-H_2O} :N{\equiv}\overset{+}{O}:$$

아질산 이온 (아질산 소듐에서) / 아질산 / 나이트로실 양이온

아민의 나이트로소화는 2차 아릴아민이 "아질산과 반응" 할 때 어떤 일이 생기는지를 실험해 보면 가장 잘 설명된다. 즉 아민이 친핵체로 작용하여 나이트로실 양이온의 질소를 공격한다. 첫 단계에서 생성되는 중간체는 양성자를 잃고 ***N*-나이트로소 아민(*N*-nitroso amines)**으로 분리된다.

$$R_2\ddot{N}H + :\overset{+}{N}{=}\ddot{O} \longrightarrow R_2\overset{+}{N}(H){-}\ddot{N}{=}\ddot{O}: \;(+\,:\ddot{O}H_2) \longrightarrow R_2\ddot{N}{-}\ddot{N}{=}\ddot{O}:$$

2차(알킬아민) 나이트로실 양이온 *N*-나이트로소 아민

예를 들면,

$$(CH_3)_2\ddot{N}H \xrightarrow[H_2O]{NaNO_2,\ HCl} (CH_3)_2\ddot{N}{-}\ddot{N}{=}\ddot{O}:$$

Dimethylamine *N*-Nitrosodimethylamine (88–90%)

문제 21.16

N-나이트로소 아민은 전자 비편재화로 안정화되어 있다. *N*-나이트로소다이메틸아민, $(CH_3)_2NNO$의 가장 안정한 두 가지 공명구조를 쓰시오.

N-나이트로소 아민은 **나이트로사민(nitrosamine)**으로 더 잘 불리는데, 이유는 그 중 많은 물질이 독한 발암성 물질이기 때문이다. 그래서 최근에는 많은 연구의 대상이 되고 있다. 우리는 주위의 환경에서 매일 나이트로사민과 접하고 있다. 발암물질로 알려진 이름 중 몇 개는 다음과 같다:

N-나이트로소다이메틸아민 (가죽을 무두질하는 동안 형성되거나 또는 맥주와 제초제에서 발견)

N-나이트로소피롤린딘 (아질산 소듐으로 처리된 베이컨을 후라이팬에서 익힐 때 형성)

N-나이트로소노르니코틴 (담배 연기에 존재)

나이트로사민은 나이트로소화 시약이 2차 아민과 접촉하면 언제나 생성된다. 실제로는 환경 오염으로 체내에 들어오는 것 보다 체내에서 합성되는 것이 더 많을지도 모른다. 질산 음이온 (NO_3^-)이 효소에 의해 환원되면 아질산 음이온 (NO_2^-)이 생성되는데 체내에 있는 아민과 결합하여 *N*−나이트로소 아민이 생성된다.

1차 아민이 나이트로소화되면 그 *N*-나이트로소 화합물을 분리할 수 없는데 그 이유는 반응이 더 잘 진행되기 때문이다.

1차 알킬아민 —($NaNO_2$, H_3O^+)→ (분리되지 않음) —(H_3O^+)→ (분리되지 않음) —($-H_3O^+$)→ (분리되지 않음) —(H_3O^+)→ (분리되지 않음) —($-H_2O$)→ 알킬 다이아조늄 이온

이 일련의 단계에서 생기는 물질이 알킬 **다이아조늄 이온(diazonium ion)**이며, 아민이 **다이아조화(diazotized)**되었다고 말한다. 알킬 다이아조늄 이온은 매우 불안정하여, 알킬기가 2차 혹은 3차일 때 탄소양이온과 질소 분자를 형성하기 위해서 급속히 분해한다.

8.11절을 상기하면, 염기도가 떨어지면 이탈기로의 능력이 증가한다. 질소 분자는 염기성이 매우 약하고, 아주 좋은 이탈기이다.

$$R-\overset{+}{N}\equiv N: \longrightarrow R^+ + :N\equiv N:$$

알킬 다이아조늄 이온 탄소양이온 질소

1,1-다이메틸프로필아민 —(HONO)→ 1,1 다이메틸프로필 다이아조늄 이온 —($-N_2$)→ 1,1-다이메틸프로필 양이온

최종 생성물은 탄소양이온을 경유하여 다이아조늄 이온의 친핵성 치환(S_N1) 및/또는 제거(E1)에 의해서 형성된다.

$\xrightarrow[H_2O]{HONO}$

1,1-Dimethylpropylamine → 2-Methyl-2-butanol (80%) + 2-Methyl-1-butene (3%) + 2-Methyl-2-butene (2%)

문제 21.17

2,2-다이메틸프로필아민, $(CH_3)_3CCH_2NH_2$의 아질산 탈아미노화는 1,1-다이메틸프로필아민으로부터 생성되는 것과 같은 생성물이 생성된다. 2,2-다이메틸프로필아민으로부터 이런 화합물이 생성되는데 대한 메커니즘을 제시하시오.

1차 아릴아민의 아질산 다이아조화로 만들어지는 *아릴 다이아조늄(aryl diazonium)* 이온은 알킬 다이아조늄 이온보다 상당히 더 안정하고 합성적 가치가 매우 높다. 치환된 방향족성 화합물 합성에 이용되는 경우는 다음 두 절에서 설명할 것이다.

3차 알킬아민의 나이트로소화는 꽤 복잡해서 이런 형태의 반응과 관련하여 보편적으로 이용되는 것은 없다.

21.16 아릴아민의 나이트로소화

여러 가지 종류의 알킬아민, −1차, 2차, 3차 아민− 이 나이트로소화 시약과 반응할 때 서로 다른 반응이 일어난다는 것을 앞 절에서 배웠다. 3차 알킬아민의 나이트로소화에는 유용한 것이 없을지라도, *N*, *N*-다이알킬아릴아민은 나이트로실 양이온 ($:\overset{+}{N}\equiv O:$)에 의해 친전자성 방향족 치환을 일으킨다.

$N(CH_2CH_3)_2$ (benzene ring) $\xrightarrow[2.\ HO^-]{1.\ NaNO_2,\ HCl,\ H_2O,\ 8°C}$ $N(CH_2CH_3)_2$ (benzene ring, para N=O)

N,N-Diethylaniline → *N,N*-Diethyl-*p*-nitrosoaniline (95%)

나이트로실 양이온은 상대적으로 약한 친전자체이므로 매우 강한 활성의 방향족 고리만 공격한다.

N-알킬아릴아민은 아질산과 반응하면 *N*-나이트로소 화합물을 생성한다는 점에서 2차 알킬아민과 유사하다.

$$C_6H_5NHCH_3 \xrightarrow[H_2O,\ 10°C]{NaNO_2,\ HCl} C_6H_5N(CH_3)—N{=}O$$

N-Methylaniline → *N*-Methyl-*N*-nitrosoaniline (87–93%)

1차 아릴아민은 1차 알킬아민과 마찬가지로 나이트로소화되면 다이아조늄 이온의 염이 된다. 아릴 다이아조늄 이온은 그 알킬 다이아조늄 이온보다 상당히 더 안정적이다. 알킬 다이아조늄 이온이 생성되는 조건에서 분해되는 한편, 아릴 다이아조늄염은 상당한 시간 동안 0~5℃의 수용액에 저장될 수 있을 정도로 안정적이다. 아릴 다이아조늄 이온으로부터 질소의 소실은 불안정한 아릴 양이온을 만들고, 알킬 다이아조늄 이온으로부터 질소의 소실 보다도 아주 느리다.

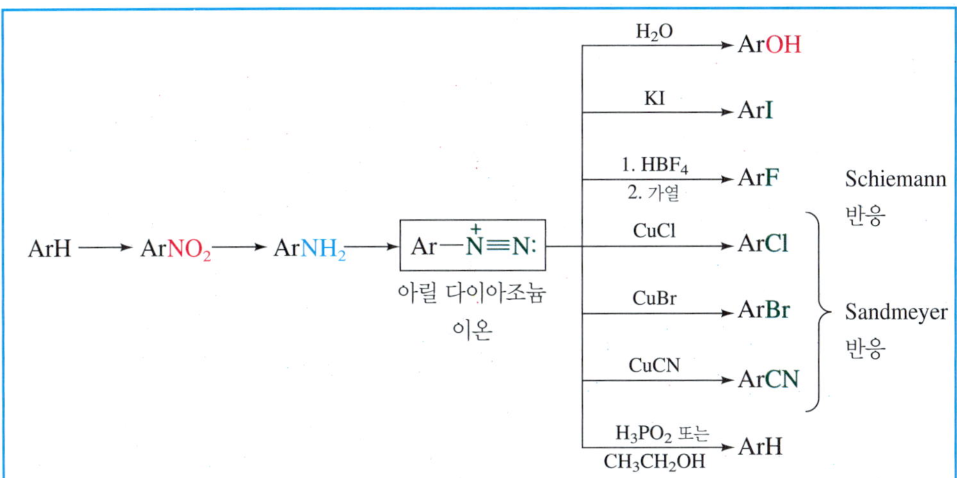

그림 21.6

아릴 다이아조늄 이온의 합성 경로와 가장 유용한 변환들

$$\underset{\text{Aniline}}{C_6H_5NH_2} \xrightarrow[H_2O,\ 0\text{–}5°C]{NaNO_2,\ HCl} \underset{\text{Benzenediazonium chloride}}{C_6H_5\overset{+}{N}{\equiv}N{:}\ Cl^-}$$

$$\underset{p\text{-Isopropylaniline}}{(CH_3)_2CH\text{—}C_6H_4\text{—}NH_2} \xrightarrow[H_2O,\ 0\text{–}5°C]{NaNO_2,\ H_2SO_4} \underset{p\text{-Isopropylbenzenediazonium hydrogen sulfate}}{(CH_3)_2CH\text{—}C_6H_4\text{—}\overset{+}{N}{\equiv}N{:}\ HSO_4^-}$$

아릴 다이아조늄 이온은 여러 가지 고리 치환 방향족 화합물을 제조하기 위한 중간체를 만드는 다양한 반응을 일으킨다. 이런 반응은 그림 21.6에 요약되어 있고, 다음 절에서도 개별적으로 논의할 것인데, 질소 분자는 이탈기로 작용하고, 또 다른 원자나 작용기에 의해 치환된다. 모든 반응은 위치선택성이므로, 들어오는 기는 질소가 떨어지는 바로 그 위치에 결합한다.

21.17 아릴 다이아조늄염의 합성 변환

아릴 다이아조늄 이온에서 중요한 반응은 가수분해되어 페놀로 전환되는 것이다.

$$\underset{\text{아릴 다이아조늄}}{Ar\overset{+}{N}{\equiv}N{:}} + \underset{\text{물}}{2\,H_2O} \longrightarrow \underset{\text{페놀}}{ArOH} + H_3O^+ + \underset{\text{질소}}{{:}N{\equiv}N{:}}$$

이 반응은 페놀 제조에 이용되는 가장 일반적인 방법이다. 그것은 쉽게 형성된다; 다이아조늄염이 만들어지는 산 수용액을 가열하면 직접 페놀이 만들어지기 때문이다. 이 때 아릴 양이온이 생성될 것이고, 이는 친핵체로 작용하는 물에 의해 포획된다.

$$\underset{p\text{-Isopropylaniline}}{(CH_3)_2CH\text{—}C_6H_4\text{—}NH_2} \xrightarrow[2.\ H_2O,\ \text{가열}]{1.\ NaNO_2,\ H_2SO_4,\ H_2O} \underset{p\text{-Isopropylphenol (73\%)}}{(CH_3)_2CH\text{—}C_6H_4\text{—}OH}$$

보통 다이아조화 단계에서 염산 대신 황산이 사용되는 것은 양이온성 중간체 포획을 위해 물과 경쟁하는 것을 최소화하기 위함이다. 황산수소 음이온 (HSO_4^-)은 염화 이온보다 친핵성이 덜하다.

문제 21.18

벤젠으로부터 *m*-브로모벤젠 합성을 설계하시오.

아이오딘화 포타슘과 아릴 다이아조늄염의 반응은 *아이오딘화 아릴*(*aryl iodide*) 제조에 대한 표준 방법이다. 다이아조늄염은 보통 1차 방향족 아민으로부터 만들어지는데, 이 때 아이오딘화 포타슘 용액을 첨가하여 그 반응 혼합물을 실온에 방치하거나 반응이 가속되도록 가열한다.

$$Ar-\overset{+}{N}\equiv N: \; + \; I^- \longrightarrow ArI \; + \; :N\equiv N:$$

아릴 다이아조늄 이온 / 아이오딘화 이온 / 아이오딘화 알릴 / 질소

$$\text{o-Bromoaniline} \xrightarrow[\text{2. KI, 실온}]{\text{1. NaNO}_2\text{, HCl, H}_2\text{O, 0–5°C}} \text{o-Bromoiodobenzene}$$

o-Bromoaniline → *o*-Bromoiodobenzene (72–83%)

문제 21.19

벤젠으로부터 *m*-브로모아이오도벤젠은 어떻게 제조하는지 나타내시오.

다이아조늄염은 **Schiemann 반응**으로 알려진 과정을 통해 *플루오린화 아릴*(*aryl fluorides*)을 제조하는 중요한 합성법을 제공해 준다. 이 과정에서 아릴 다이아조늄 이온이 플루오로붕산염(fluoroborate)으로 분리되고, 이 때 가열하면 원하는 플루오린화 아릴이 생성된다.

$$Ar-\overset{+}{N}\equiv N: \; \overset{-}{B}F_4 \xrightarrow{\text{가열}} ArF \; + \; BF_3 \; + \; :N\equiv N:$$

플루오로붕산 아릴 다이아조늄 / 플루오린화 아릴 / 트라이플루오로보론 / 질소

아릴 다이아조늄 플루오로붕산 염을 만드는 대표적 방법은 플루오로붕산(HBF_4)이나 플루오로붕산염을 다이아조화 매질에 첨가하는 것이다.

$$\text{m-Aminophenyl ethyl ketone} \xrightarrow[\text{3. 가열}]{\text{1. NaNO}_2\text{, H}_2\text{O, HCl} \;\; \text{2. HBF}_4} \text{Ethyl m-fluorophenyl ketone}$$

m-Aminophenyl ethyl ketone → Ethyl *m*-fluorophenyl ketone (68%)

문제 21.20

벤젠이 에틸 *m*-플루오로페닐 케톤으로 변환되는 적절한 합성법을 나타내시오.

친전자성 방향족 치환에 의해 *염화 아릴*(*aryl chloride*)과 *브로민화 아릴*(*aryl bromides*)을 제조할 수 있지만, 방향족 아민으로부터 이런 화합물들을 제조하는 것도 가끔 필요하다.

아민이 상응하는 다이아조늄염으로 전환되면 염화 구리(I)나 브로민화 구리(I)로 처리한다.

$$\text{Ar}-\overset{+}{\text{N}}\equiv\text{N:} \xrightarrow{\text{CuX}} \text{ArX} + :\text{N}\equiv\text{N:}$$

아릴 다이아조늄 이온 — 염화 또는 브로민화 아릴 — 질소

m-Nitroaniline → (1. $NaNO_2$, HCl, H_2O, 0–5°C; 2. CuCl, 가열) → m-Chloronitrobenzene (68–71%)

o-Chloroaniline → (1. $NaNO_2$, HBr, H_2O, 0–10°C; 2. CuBr, 가열) → o-Bromochlorobenzene (89–95%)

다이아조늄염의 질소를 치환시키기 위해 구리(I)염을 시약으로 사용하는 반응을 **Sandmeyer 반응**이라고 한다. 사이안화 구리(I)을 사용한 Sandmeyer 반응은 방향족 나이트릴 화합물 제조에 유용한 방법이다.

$$\text{Ar}-\overset{+}{\text{N}}\equiv\text{N:} \xrightarrow{\text{CuCN}} \text{ArCN} + :\text{N}\equiv\text{N:}$$

아릴 다이아조늄 이온 — 아릴 나이트릴 — 질소

o-Toluidine → (1. $NaNO_2$, HCl, H_2O, 0°C; 2. CuCN, 가열) → o-Methylbenzonitrile (64–70%)

사이아노기가 가수분해되어 카복실산이 되므로(19.16절) Sandmeyer 반응에 의한 아릴 나이트릴 제조는 아릴아민을 치환된 벤조산으로 전환하는 데 중요한 단계이다. 바로 인용된 예에서 생성된 *o*-메틸벤조나이트릴은 실질적으로 산 촉매 가수분해되어 80~89% 수득률로 *o*-메틸벤조산이 얻어진다.

Sandmeyer 반응에 의해 염화 아릴, 브로민화 아릴, 사이안화 아릴의 제조는 메커니즘상으로 복잡하며, 아릴구리 중간체가 포함되어 있다.

다이아조늄염을 하이포아인산(hypophosphorous acid, H_3PO_2)이나 에탄올로 환원시켜 수소로 방향족 핵의 아미노기를 치환시킬 수 있다. 이런 반응은 에탄올이나 하이포아인산이 수소 원자 주개로 작용하는 자유 라디칼 반응이다.

$$\text{Ar}-\overset{+}{\text{N}}\equiv\text{N:} \xrightarrow[\text{CH}_3\text{CH}_2\text{OH}]{\text{H}_3\text{PO}_2 \text{ 또는}} \text{ArH} + :\text{N}\equiv\text{N:}$$

아릴 다이아조늄 이온 — 아렌 — 질소

이런 형태의 반응을 *환원성 탈아미노화*(*reductive deamination*)라고 한다.

$$\text{4-Isopropyl-2-nitroaniline} \xrightarrow[\text{CH}_3\text{CH}_2\text{OH}]{\text{NaNO}_2,\ \text{HCl},\ \text{H}_2\text{O}} m\text{-Isopropylnitrobenzene (59\%)}$$

4-Isopropyl-2-nitroaniline

m-Isopropylnitrobenzene (59%)

수소화붕소 소듐(sodium borohydride) 역시 환원성 탈아미노화 반응에서 아릴 다이아조늄염을 환원시키는데 이용되었다.

문제 21.21

큐멘(아이소프로필벤젠)은 시중에서 사용되는 상대적으로 값이 싼 출발 물질이다. 큐멘에서 *m*-아이소프로필나이트로벤젠을 합성하는 법을 제시하시오.

합성 유기화학에서 다이아조늄염의 가치는 다이아조늄염의 반응을 통해 이용되는 두 가지 중요한 점에 있다.

1. 플루오로, 아이오도, 사이아노 및 하이드록실기와 같이 다른 방법으로는 도입하기가 어려운 치환기들을 벤젠 고리에 도입할 수 있다.
2. 친전자성 방향족 치환에 의해 직접 사용될 수 없는 치환 형태를 가지는 화합물들이 만들어질 수 있다.

이런 두 형태 중 첫째는 간단히 알수있는 것으로 문제 21.18~21.20에서 이미 설명하였다. 문제를 풀어보지 않았으면 지금 풀어보기 바란다.

둘째는 다소 덜 명확하지만 1,3,5-트라이브로모벤젠 합성에 의해 설명된다. 이 독특한 치환 형태에서 벤젠을 바로 브로민화해서 얻을 수 없는 이유는 브로민이 오쏘, 파라 지향성이기 때문이다. 대신 아닐린에서는 강력한 활성을 가지며, 아미노기의 오쏘, 파라 지향성 효과를 갖는다. 아닐린이 브로민화되면 정량적으로 2,4,6-트라이브로모아닐린이 생성된다. 이 2,4,6-트라이브로모아닐린의 다이아조화와 다이아조늄염의 환원은 원하는 1,3,5-트라이브로모벤젠이 된다.

$$\text{Aniline} \xrightarrow[\text{H}_2\text{O}]{\text{Br}_2} \text{2,4,6-Tribromoaniline (100\%)} \xrightarrow[\text{CH}_3\text{CH}_2\text{OH}]{\text{NaNO}_2,\ \text{H}_2\text{SO}_4,\ \text{H}_2\text{O}} \text{1,3,5-Tribromobenzene (74–77\%)}$$

Aniline

2,4,6-Tribromoaniline (100%)

1,3,5-Tribromobenzene (74–77%)

아릴 다이아조늄염의 합성에서 다양성 개발은 역추적에 의해 이루어진다. 예를 들어 불소가 벤젠고리에 첨가될 때, 아릴아민의 Schiemann 반응에 의해 도입되고 원하는 아릴아민은 나이트로아렌으로부터 얻을 수 있으면 나이트로기는 나이트로화에 의해 도입된다. 방향족 고리의 미치환 위치는 항상 이런 방식일 필요가 없음을 알아야 한다. 이렇게 치환되지 않은 자리는 친전자성 방향족 치환반응의 지향성을 조절하는 데 이용된 아미노기가 있던 자리로서 환원성 탈아미노화에 의해서 제거되기 전에 생긴다. 합성 전략은 지식이 요구되며, 각 장의 말미에 있는 문제 풀이에 도전함으로써 판단 사고력을 얻을 수 있다. 목표

물에서 역합성 분석으로 추정하여 일련의 가능한 중간물로 계획을 세워라. 그리고 각각의 변환 과정이 어떻게 진행되는지 자세하게 작성해 보라.

21.18 아조 짝지음

아릴 다이아조늄염이 페놀, 아릴아민과 반응할 때는 질소 손실이 없는 반응이 일어난다. 아릴 다이아조늄 이온은 상대적으로 약한 친전자체지만, 강하게 활성인 방향족 고리를 공격할 정도로 충분한 반응성을 가진다. 이 반응은 *아조 짝지음*(*azo coupling*)으로 알려져 있다. 두 아릴기가 아조 (—N=N—)기에 의해 함께 연결되어 있다.

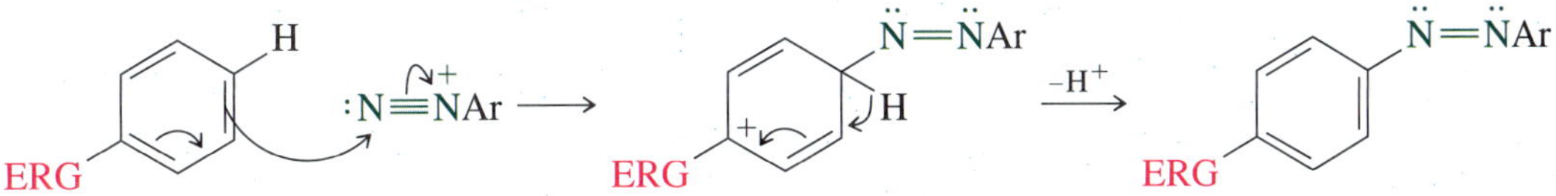

ERG는 —OH 또는 —NR_2와 같은 강한 전자-주개 그룹이다

아릴 다이아조늄 이온

친전자성 방향족 친환의 중간체

아조 화합물

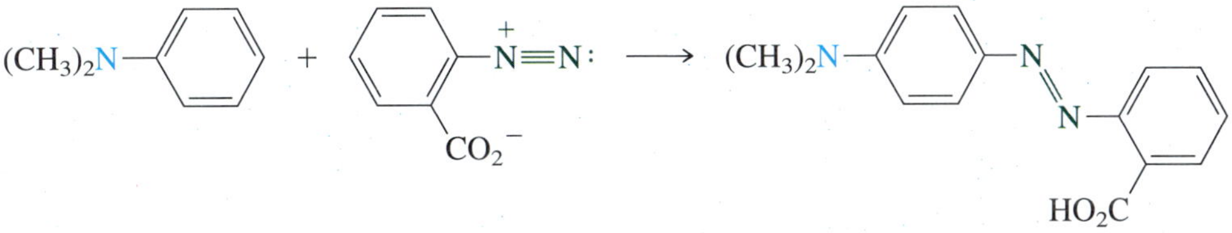

N,N-Dimethylaniline — Diazonium ion from *o*-aminobenzoic acid — Methyl red (62–66%)

아조 짝지음으로 생긴 반응 생성물은 진한 색깔을 띤다. 이것은 *메틸 레드*(*methyl red*)라 불리고, pH 측정기가 있기 전에 산-염기 지시약으로 친숙한 물질이다. pH가 4 또는 그 이하에서는 붉은색이고, pH가 6 이상에서는 노란색이다.

19세기 중반 이후에 아조 짝지음이 발견되자마자, 이 방법은 염료를 만드는 영역에서 주목을 받기 시작한다. 아조 염료는 1870년대 상업적으로 활용되기 시작했고, 합성 염료의 50%가 넘을 정도로 사용되고 있다. 실크, 면 그리고 모(wooe)에 쓰이는 아조 염료인 크라이소이딘(Chrysoidine)은 1876년에 이르러 처음으로 시장에 나왔으며 오늘날 까지 사용하고 있다.

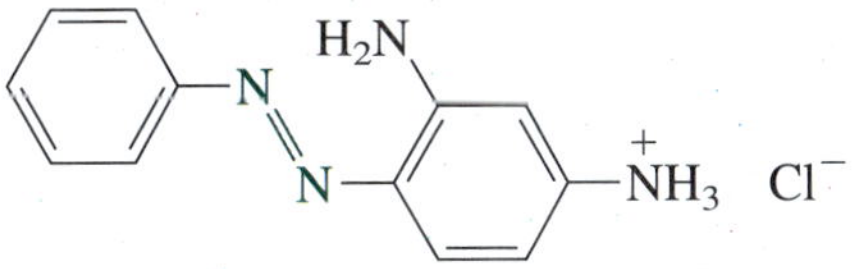

크라이소이딘

문제 21.22

크라이소이딘을 합성하는데 어떤 아민과 다이아조늄염을 사용하겠는가?

염료는 미국에서 Food and Drug Administration(FDA)의 규제를 받고 있다. 수 년 동안 FDA에서는 그동안 음식 색소 및 화장품 색소로 사용하여 오던 염료를 독성, 발암성 또는 피부 자극 등의 이유로 사용을 금지 하였다. 자연계에 존재하는 너무 많은 염료(saffron, turmeric, fruit colors 등)가 이런 허가 받은 과정에서 제외되어 왔다

From Dyes to Sulfa Drugs

The medicine cabinet was virtually bare of antibacterial agents until *sulfa drugs* burst on the scene in the 1930s. Before sulfa drugs became available, bacterial infection might transform a small cut or puncture wound to a life-threatening event. The story of how sulfa drugs were developed is an interesting example of being right for the wrong reasons. It was known that many bacteria absorbed dyes, and staining was a standard method for making bacteria more visible under the microscope. Might there not be some dye that is both absorbed by bacteria and toxic to them? Acting on this hypothesis, scientists at the German dyestuff manufacturer I. G. Farbenindustrie undertook a program to test the thousands of compounds in their collection for their antibacterial properties.

The medicine cabinet was virtually bare of antibacterial agents until sulfa drugs burst on the scene in the 1930s. Before sulfa drugs became available, bacterial infection might transform a small cut or puncture wound to a life-threatening event. The story of how sulfa drugs were developed is an interesting example of being right for the wrong reasons. It was known that many bacteria absorbed dyes, and staining was a standard method for making bacteria more visible under the microscope. Might there not be some dye that is both absorbed by bacteria and toxic to them? Acting on this hypothesis, scientists at the German dyestuff manufacturer I. G. Farbenindustrie undertook a program to test the thousands of compounds in their collection for their antibacterial properties.

volunteers. The I. G. Farben scientists found that some dyes did possess antibacterial properties, both in vitro and in vivo. Others were active in vitro but were converted to inactive substances in vivo and therefore of no use as drugs. Unexpectedly, an azo dye called *Prontosil* was inactive in vitro but active in vivo.

In 1932, a member of the I. G. Farben research group, Gerhard Domagk used Prontosil to treat a young child suffering from a serious, potentially fatal staphylococcal infection. According to many accounts, the child was Domagk's own daughter; her infection was cured and her recovery was rapid and complete. Systematic testing followed and Domagk was awarded the 1939 Nobel Prize in Medicine or Physiology.

In spite of the rationale on which the testing of dyestuffs as antibiotics rested, subsequent research revealed that the antibacterial properties of Prontosil had nothing at all to do with its being a dye! In the body, Prontosil undergoes a reductive cleavage of its azo linkage to form *sulfanilamide*, which is the substance actually responsible for the observed biological activity. This is why Prontosil is active in vivo, but not in vitro.

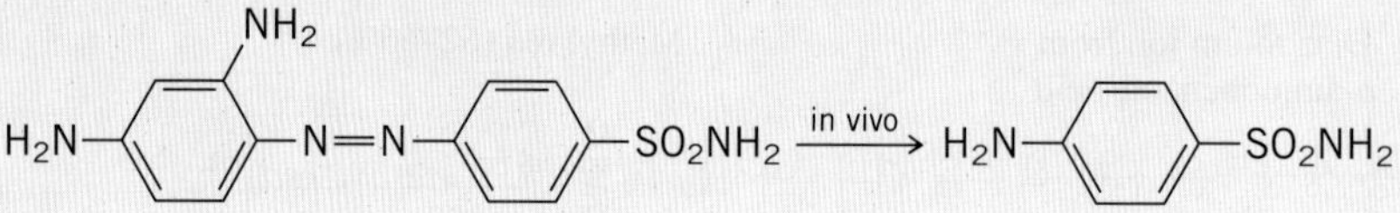

$$H_2N\text{-}C_6H_3(NH_2)\text{-}N{=}N\text{-}C_6H_4\text{-}SO_2NH_2 \xrightarrow{\text{in vivo}} H_2N\text{-}C_6H_4\text{-}SO_2NH_2$$

Prontosil　　　　Sulfanilamide

Bacteria require p-aminobenzoic acid to biosynthesize *folic acid*, a growth factor. Structurally, sulfanilamide resembles *p*-aminobenzoic acid and is mistaken for it by the bacteria. Folic acid biosynthesis is inhibited and bacterial growth is slowed sufficiently to allow the body's natural defenses to effect a cure. Because animals do not biosynthesize folic acid but obtain it in their food, sulfanilamide halts the growth of bacteria without harm to the host.

Identification of the mechanism by which Prontosil combats bacterial infections was an early triumph of *pharmacology*, a branch of science at the interface of physiology and biochemistry that studies the mechanism of drug action. By recognizing that sulfanilamide was the active agent, the task of preparing structurally modified analogs with potentially superior properties was considerably simplified. Instead of preparing Prontosil analogs, chemists synthesized sulfanilamide analogs. They did this with a vengeance; over 5000 compounds related to sulfanilamide were prepared during the period 1935–1946. Two of the most widely used sulfa drugs are *sulfathiazole and sulfadiazine.*

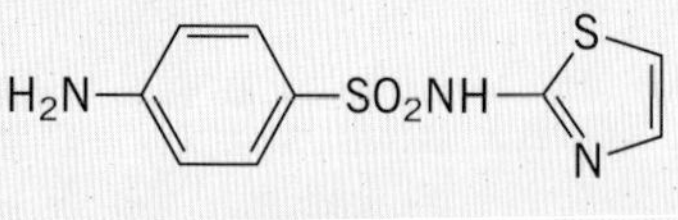

$$H_2N\text{-}C_6H_4\text{-}SO_2NH\text{-}(\text{thiazol-2-yl}) \qquad H_2N\text{-}C_6H_4\text{-}SO_2NH\text{-}(\text{pyrimidin-2-yl})$$

Sulfathiazole 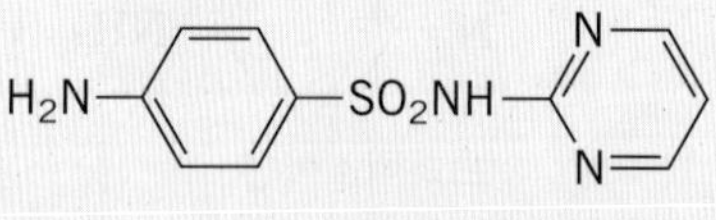　　　　Sulfadiazine

We tend to take the efficacy of modern drugs for granted. One comparison with the not-too-distant past might put this view into better perspective. Once sulfa drugs were introduced in the United States, the number of pneumonia deaths alone decreased by an estimated 25,000 per year. The sulfa drugs are used less now than they were in the mid-twentieth century. Not only are more-effective, less-toxic antibiotics available, such as the penicillins and tetracyclines, but many bacteria that were once susceptible to sulfa drugs have become resistant.

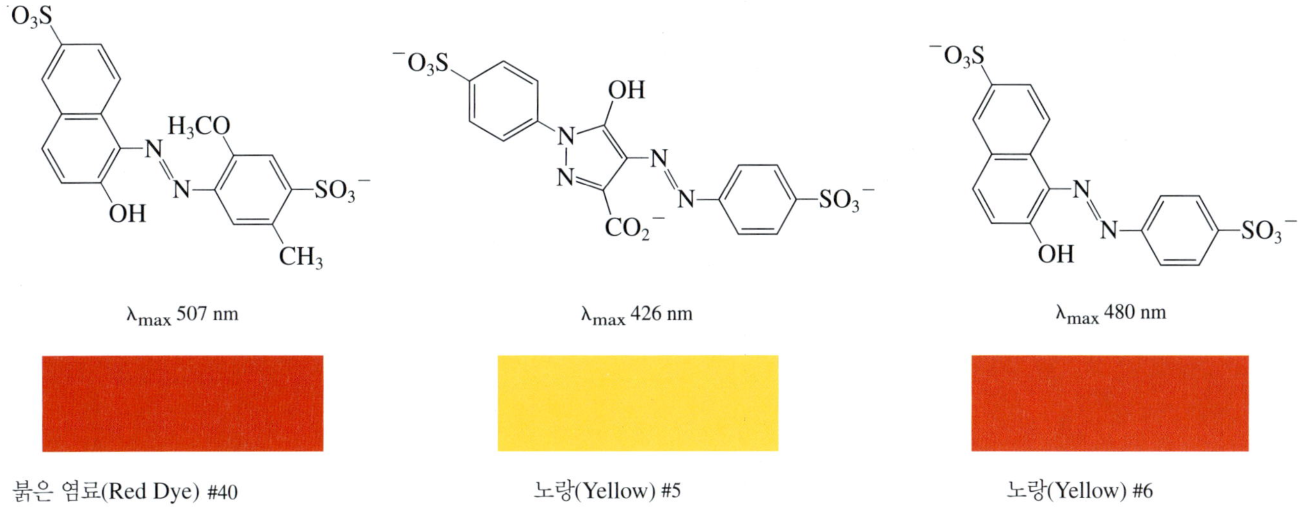

λ_{max} 507 nm

붉은 염료(Red Dye) #40

λ_{max} 426 nm

노랑(Yellow) #5

λ_{max} 480 nm

노랑(Yellow) #6

그림 21.7

색소 음식에서 인정한 일곱 개의 염료 중 세 가지가 아조 염료이다. 모두 소듐염의 형태로 판매된다.

음식에 사용하는 색소 일곱 개 중 그림 21.7에서 보는 바와 같이 세 가지는 아조 염료이다. 붉은 염료 #40는 버찌 맛의 음식에 붉은색으로 사용한다. 붉은 염료 #40은 음식에만 사용하는 것이 아니고, 약국에서 흔히 구할 수 있는 많은 약들이 붉은색을 띠고 있는 액체이거나 갭슐인 것을 볼 수 있다. 이 붉은색은 필요에 의해서라기 보다는 그저 관습상 존재하는 것이다. Yellow #5는 레몬색, Yellow #6은 오렌지색이다. 고도로 콘쥬게이르된 아조결합솨 전재–주개와 전재–끌개기의 조화는 분자들에 가시광선의 강한 흡수 원인이 된다. 치환기는 흡수하는 파장에 영향을 미치고 결과적으로 색을 결정하게 된다. Red #40, Yellow #5와 Yellow #6는 설폰산의 소듐염이고, 이것이 결과적으로 음식물이 색을 내는데 필요한 물에 대한 용해도를 높게 한다.

공식적인 이름은 FD&C Red No. 40, FD&C yellow No. 5, FD&C yellow No. 6이다. FD&C는 식품, 약품, 화장품을 의미하고, 법에 의하여 이런 물질을 규제하고 승인한다

21.19 아민의 분광학적 분석

적외선(Infrared): 아민의 적외선 스펙트럼 흡수는 N—H 진동과 관련이 있다. 1차 알킬아민과 아릴아민은 3000~3500 cm^{-1} 범위에서 두 흡수 봉우리가 있으며, 이것은 대칭과 비대칭 N—H 신축 모드 때문에 생긴다.

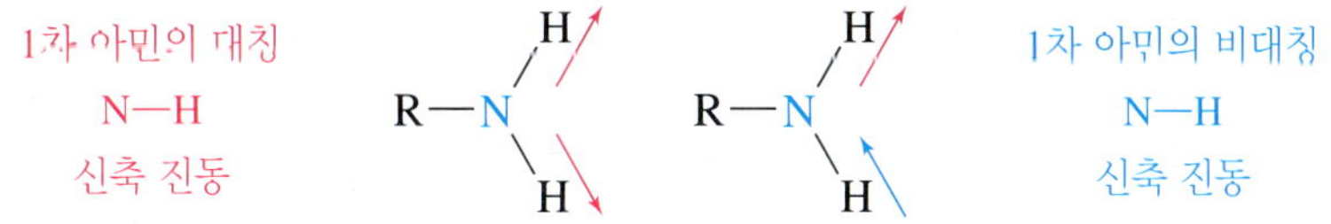

1차 아민의 대칭 N—H 신축 진동

1차 아민의 비대칭 N—H 신축 진동

그림 21.8 본 것처럼 이들 두 진동은 뷰틸아민의 적외선 스펙트럼 3290과 3370 cm^{-1}에서 나타난다. 다이에틸아민과 같은 2차 아민은 N—H 신축 때문에 단지 하나의 봉우리를 보인다. 물론, 3차 아민은 N—H 결합이 없기 때문에 이 영역에서 투명하다.

^{1}H NMR: 아민의 핵자기 공명 스펙트럼의 특성은 4–메틸벤질아민(그림 21.9a)을 4–메틸벤질 알코올(그림 21.9b)과 비교하여 설명할 수 있다. 질소는 산소보다 덜 전기음성이므로 더 크게 주위 핵을 가로 막는다. 4-메틸벤실아빈의 질소에 붙어 있는 벤질의 메틸기는 4-메틸벤질 알코올 (δ 4.6)보다 더 높은 자기장 (δ 3.8)에서 나타난다. N—H 양성자들은 알코올의 O—H 양성자보다 다소 더 가로막혀 있다. 4-메틸벤질아민 내의 아미노기 양성자는

그림 21.8

뷰틸아민의 적외선 스펙트럼은 3,290과 3,370 cm^{-1}에서 N—H 피크를 갖고, 한 개는 두 개의 N—H 결합 중 대칭 신축과 일치하고 나머지 한 개는 비대칭 신축이다. 1600 cm^{-1}에서 피크는 NH_2의 굽힘 (가위질)이다.

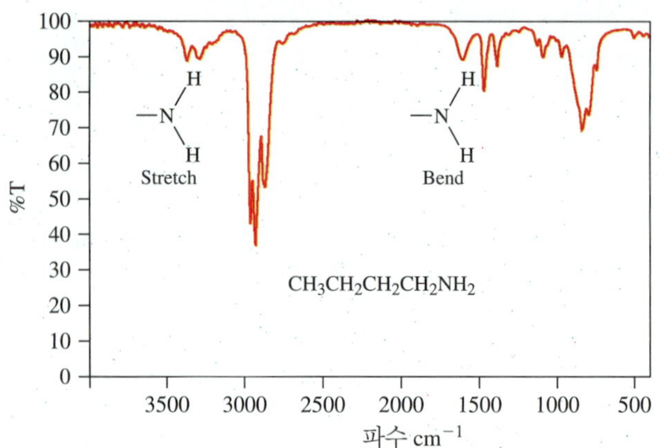

그림 21.9

(a) 4-메틸벤질아민과 (b) 4-메틸벤질 알코올의 300-MHz ^{1}H NMR 스펙트럼. (a)의 CH_2N에 나타난 단일선은 (b)의 CH_2O에 대한 보다 더 가려져 있다.

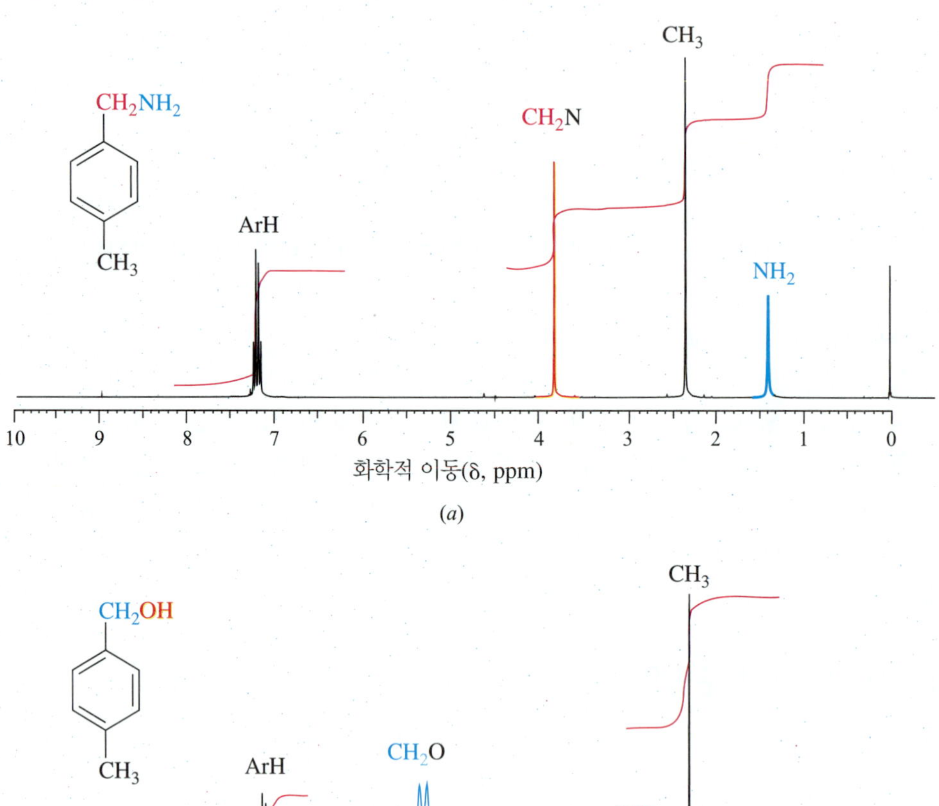

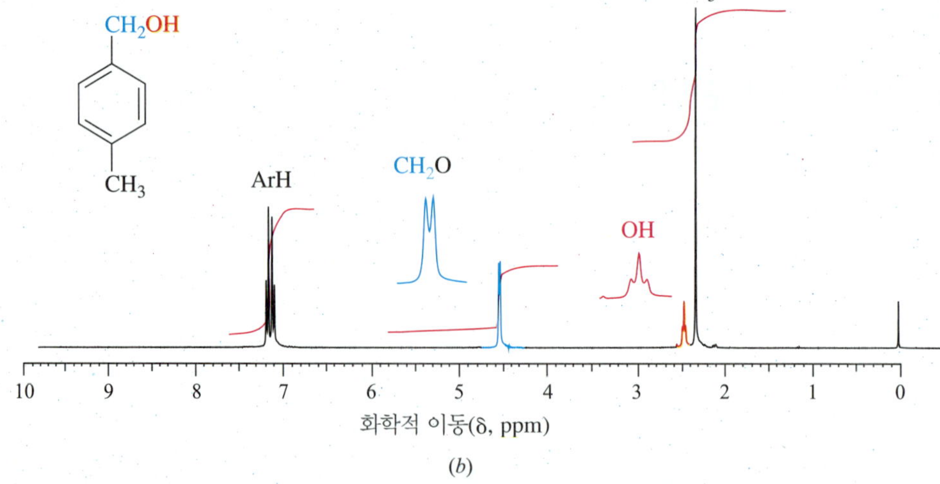

δ 1.4에서 신호를 나타내고, 반면 4-메틸벤질 알코올의 하이드록실 양성자 신호는 δ 2.5에서 발견된다. 아미노기 양성자의 화학적 이동과 쪼개짐은 하이드록실 양성자처럼 가변적이므로 용매, 농도, 온도에 예민하다.

^{13}C NMR: 유사하게 질소에 결합한 탄소는 산소에 결합한 것보다 더 가로막혀 있다. 메틸아민과 메탄올의 ^{13}C 화학적 이동을 비교해 보면 알 수 있다.

δ 26.9 CH_3NH_2 메틸아민　　δ 48.0 CH_3OH 메탄올

UV-VIS: 다른 발색단이 없으면, 알킬아민의 UV-VIS 스펙트럼은 별 정보를 주지 못한다. 최장 흡수 파장은 상대적으로 접근하기 어려운 200 nm 근방에서 $\lambda_{최대}$를 가지며, 질소의 비공유 전자쌍 중의 전자 하나를 반결합성 σ* 오비탈(n → σ*)로 들뜨게 한다.

그러나 아릴아민에서는 질소의 비공유 전자쌍과 고리의 π-전자계의 상호작용으로 고리의 흡수대가 더 장파장으로 이동한다. 양성자화로 비공유 전자쌍이 매어 있어서 아닐리윰 이온의 UV-VIS 스펙트럼은 벤젠과 유사해진다.

(C₆H₅–X)	*X*	λ_{max} (*nm*)
벤젠	H	204, 256
아닐린	NH_2	230, 280
아닐리늄 이온	NH_3^+	203, 254

질량 분석법: 다음과 같이 몇 가지 특성에 따라 아민을 쉽게 질량 분석법으로 검출할 수 있다.

첫째, 탄소, 수소, 산소만을 포함하는 화합물 모두에 대해 분자 이온 M^+ 봉우리는 짝수 *m/z* 값을 가진다. 분자에 질소가 있으면 분자 이온에 대한 *m/z* 값은 홀수가 된다. 그리고 홀수의 질소가 있으면 홀수의 분자량과 대응이 된다. 짝수의 질소는 짝수의 분자량에 해당된다.

13.25 절 "질소 규칙"을 상기하자.

둘째, 질소는 특별히 인접 탄소양이온 자리를 안정시킨다. 이민의 질량 스펙트럼에서 보여준 토막 내기 방식은 질소에 결합된 탄소 원자를 작용기 단위로 분해한다. 다음의 구조 이성질체 아민 쌍의 자료로 설명할 수 있다.

$$(CH_3)_2\ddot{N}CH_2CH_2CH_2CH_3 \xrightarrow{e^-} (CH_3)_2\overset{+\cdot}{N}-CH_2-CH_2CH_2CH_3 \longrightarrow (CH_3)_2\overset{+}{N}=CH_2 + \cdot CH_2CH_2CH_3$$

N,N-다이메틸-1-뷰탄아민　　M^+ (*m/z* 101)　　(*m/z* 58) (가장 강한 피크)

$$CH_3\ddot{N}HCH_2CH_2CH(CH_3)_2 \xrightarrow{e^-} CH_3\overset{+\cdot}{N}H-CH_2-CH_2CH(CH_3)_2 \longrightarrow CH_3\overset{+}{N}H=CH_2 + \cdot CH_2CH(CH_3)_2$$

N,3-다이메틸-1-뷰탄아민　　M^+ (*m/z* 101)　　(*m/z* 44) (가장 강한 피크)

21.20 요약

21.1절 알킬아민은 R, R′, R″이 알킬기인 화합물이다. 아릴아민에서는 이 작용기 중 하나 이상이 아릴기이다.

1차 아민 2차 아민 3차 아민

알킬아민은 두 가지 방법으로 명명한다. 한 가지 방법은 알킬기 이름 뒤에 *−아민(-amine)*을 붙이는 것이다. 나머지 다른 이름은 알케인의 이름에 어미 *−에인(-e)*를 *−안아민(-amine)*으로 치환하는 것이다. 즉, 치환식 명명법의 원리를 적용한다. 아미노기의 위치를 확인하기 위해 적절한 자리 번호를 사용한다. 아릴아민은 아닐린의 유도체로 명명된다.

21.2절 질소의 비공유 전자쌍은 아민의 구조와 성질을 이해하는데 가장 중요하다. 알킬아민은 질소에 피라미드 배열로 결합하고 있어 비공유 전자쌍 sp^3 혼성 오비탈에 존재한다. 아릴 아민 질소의 기하 구조는 알킬아민보다 다소 평면으로 비공유 전자쌍은 고리의 π 계로 비편재화된다. 비편재화는 알킬아민보다 아릴아민에서 더욱 세게 전자쌍을 결속시킨다. 아릴아민은 알킬아민보다 덜 염기성이고 덜 친핵성이다.

21.3절 아민은 알코올보다 덜 극성이다. 아민의 수소결합이 알코올보다 더 약한 이유는 질소가 산소보다 전기음성도가 더 작기 때문이다. 아민의 끓는점은 알코올보다 낮지만 알케인보다는 높다. 1차 아민은 2차 아민보다 끓는점이 높다. 3차 아민은 분자 간 수소결합을 할 수 없기 때문에 끓는점이 가장 낮다. 아민은 물에서의 용해도에 있어서 알코올과 유사하다.

21.4절 아민의 염기도는 해당하는 염기의 짝산의 pK_a로 나타내는 것이 편리하다.

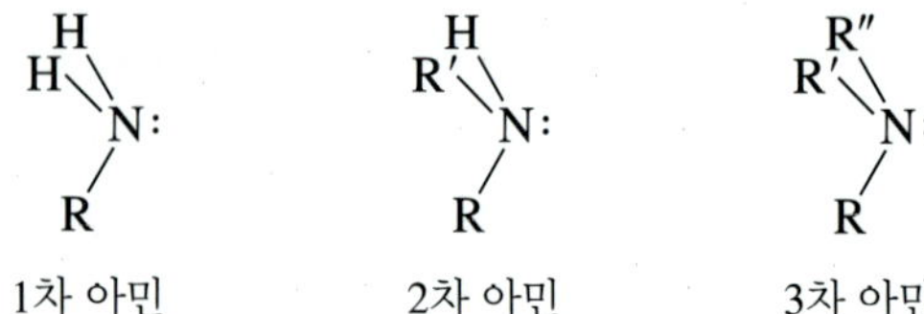

아민의 짝산 아민

강한 염기일수록 약한 짝산이 된다. 짝산의 pK_a 클수록 더 강한 염기이다. 알킬아민의 짝산의 pK_a는 9~11 범위에 있고, 아릴아민은 알킬아민보다 훨씬 더 약한 염기이다. 아릴아민 짝산의 pK_a는 보통 3~5이다. 전자-끌개 기는 아릴아민의 염기도를 더욱더 약하게 한다.

$C_6H_5CH_2NH_2$ $C_6H_5NHCH_3$

벤질아민 (알킬아민: 짝산의 pK_a = 9.3)

N-메틸아닐린 (아릴아민: 짝산의 pK_a = 4.8)

21.5절 4차 암모늄염 $R_4N^+X^-$는 **상-전이 촉매(phase-transfer catalysts)**이라고 하는 방법에 응용할 수 있다. 소량의 4차 암모늄염은 상당히 용매화된 수용액 속의 음이온을 유기 용매로 이동시켜, 그 곳에서는 훨씬 덜 용매화되고, 반응성은 훨씬 더 증대된다.

21.6~21.10절

아민 제법에 대한 방법은 표 21.5에 요약되어 있다.

21.11~21.18절

아민반응은 표 21.6과 21.7에 요약되어 있다.

표 21.5 아민 제법

반응(절)과 설명	일반 반응식과 특정한 예
알킬화 방법들	
암모니아의 알킬화(21.7절) 암모니아는 1차와 몇 가지 2차 할로젠화 알킬과 작용하여 1차 알킬아민을 생성한다. 이 때, 수득률이 좋지 않은 이유는 1차 아민 자체가 친핵체이므로 알킬화가 진행되기 때문이다. 암모니아의 알킬화를 통해 1차 아민, 2차 아민, 3차 아민 및 4차 암모늄염이 포함된 혼합물이 생길 수 있다.	$RX + 2NH_3 \longrightarrow RNH_2 + NH_4X$ (할로젠화 알킬, 암모니아, 알킬아민, 할로젠화 암모늄) $C_6H_5CH_2Cl \xrightarrow{NH_3\ (8\ mol)} C_6H_5CH_2NH_2 + (C_6H_5CH_2)_2NH$ Benzyl chloride (1 mol) → Benzylamine (53%) + Dibenzylamine (39%)
프탈이마이드의 알킬화. Gabriel 합성(21.8절) 프탈이마이드의 포타슘염은 염화 알킬과 반응하여 N-알킬프탈이마이드 유도체가 된다. 이 유도체는 가수분해 또는 하이드라진이 분해되어 1차 알킬아민이 된다.	RX + N^-K^+ (프탈이마이드) → NR (프탈이마이드) 할로젠화 알킬, *N*-포타시오프탈이마이드, *N*-알킬프탈이마이드 NR (알킬프탈이마이드) + H_2NNH_2 → RNH_2 + 프탈하이드라자이드 알킬프탈이마이드, 하이드라진, 1차 아민, 프탈하이드라자이드 $CH_3CH{=}CHCH_2Cl \xrightarrow[2.\ H_2NNH_2,\ 에탄올]{1.\ 포타시오프탈이마이드,\ DMF} CH_3CH{=}CHCH_2NH_2$ 1-Chloro-2-butene → 2-Buten-1-amine (95%)
환원 방법	
아자이드화 알킬의 환원(21.9절) 아자이드화 알킬은 1차 또는 2차 할로젠화 알킬에서 아자이드화 이온에 의해 친핵성 치환으로 제조되어 수소화 알루미늄 리튬이나 촉매 수소화에 의해 환원된다.	$R\ddot{N}{=}\overset{+}{N}{=}\ddot{N}:^- \xrightarrow{환원} R\ddot{N}H_2$ 아자이드화 알킬, 1차 아민 $F_3CCH_2CH(N_3)CO_2CH_2CH_3 \xrightarrow{H_2,\ Pd} F_3CCH_2CH(NH_2)CO_2CH_2CH_3$ Ethyl 2-azido-4,4,4-trifluorobutanoate → Ethyl 2-amino-4,4,4-trifluorobutanoate (96%)
나이트릴의 환원(21.9절) 나이트릴은 수소화알루미늄 리튬이나 촉매 수소화에 의해 1차 아민으로 환원된다.	$R{-}C{\equiv}N \xrightarrow{환원} RCH_2NH_2$ 나이트릴, 1차 아민 $\text{cyclo-}C_3H_5{-}CN \xrightarrow[2.\ H_2O]{1.\ LiAlH_4} \text{cyclo-}C_3H_5{-}CH_2NH_2$ Cyclopropyl cyanide → Cyclopropylmethanamine (75%)

(계속)

표 21.5 아민 제법 (계속)

반응(절)과 설명	일반 반응식과 특정한 예
나이트로아릴 화합물의 환원(21.9절) 아릴 아민 제조의 대표적 방법은 방향족 고리의 나이트로화와 나이트로기 환원으로 이어진다. 전형적인 환원제는 염산에 철이나 주석을 넣어 만들거나 촉매에 의한 수소화이다.	$ArNO_2$ (나이트릴) $\xrightarrow{\text{환원}}$ $ArNH_2$ (아릴아민) $C_6H_5NO_2$ (Nitrobenzene) $\xrightarrow[\text{2. } HO^-]{\text{1. Fe, HCl}}$ $C_6H_5NH_2$ (Aniline (97%))
아마이드 환원(21.9절) 수소화알루미늄 리튬으로 아마이드의 카보닐기를 환원시키면 메틸렌기가 된다. 1차, 2차, 3차 아민은 출발 물질을 적절히 선택하여 만든다. R과 R'은 알킬 또는 아릴이다.	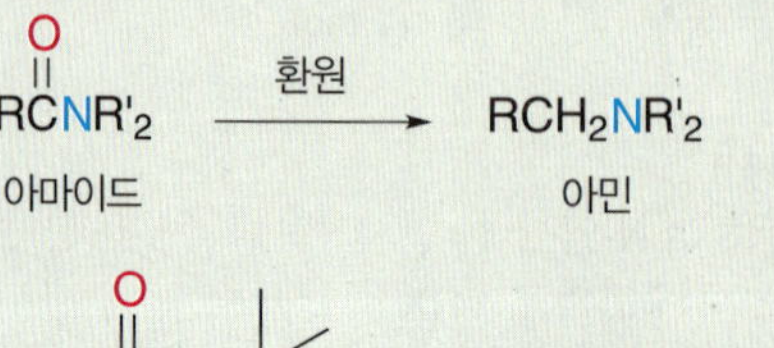 $RCONR'_2$ (아마이드) $\xrightarrow{\text{환원}}$ $RCH_2NR'_2$ (아민) N-tert-Butylacetamide $\xrightarrow[\text{2. } H_2O]{\text{1. } LiAlH_4}$ N-tert-Butyl-N-ethylamine (60%)
환원성 아미노화(21.10절) 암모니아 또는 아민이 환원제 존재 하에 알데하이드 또는 케톤과 반응시키는 것이 1차, 2차 또는 3차 아민을 만드는데 효과적인 방법이다. 환원제는 금속 존재하의 수소 또는 수소화 사이아노붕소 소듐이다. R, R' 및 R"는 알킬 또는 아릴기이다.	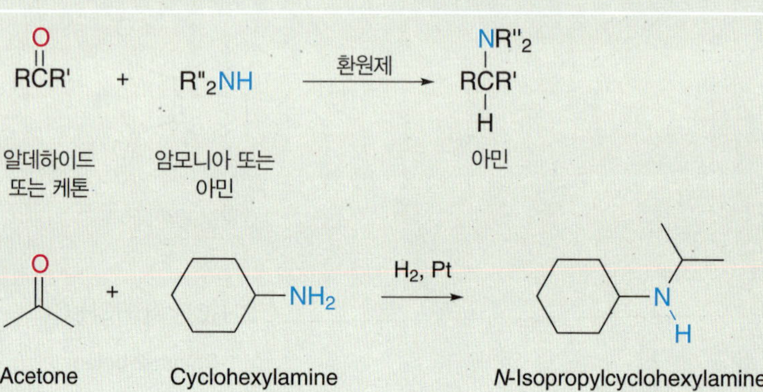 $RCOR'$ (알데하이드 또는 케톤) + R''_2NH (암모니아 또는 아민) $\xrightarrow{\text{환원제}}$ $RCH(NR''_2)R'$ (아민) Acetone + Cyclohexylamine $\xrightarrow{H_2,\ Pt}$ N-Isopropylcyclohexylamine (79%)

표 21.6 이 장에서 배운 반응

반응(절)과 설명	일반 반응식과 특정한 예
알킬화(21.12절) 아민은 할로젠화 알킬에 친핵체로 작용한다. 1차 아민은 2차 아민을, 2차 아민은 3차 아민 그리고 3차 아민은 4차 암모늄염을 생성한다.	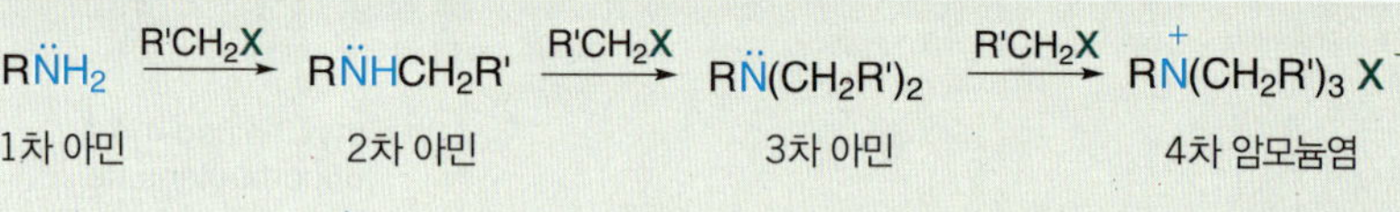 $R\ddot{N}H_2$ (1차 아민) $\xrightarrow{R'CH_2X}$ $R\ddot{N}HCH_2R'$ (2차 아민) $\xrightarrow{R'CH_2X}$ $R\ddot{N}(CH_2R')_2$ (3차 아민) $\xrightarrow{R'CH_2X}$ $R\overset{+}{N}(CH_2R')_3\ X^-$ (4차 암모늄염) 2-Chloromethylpyridine + Pyrrolidine $\xrightarrow{\text{가열}}$ 2-(Pyrrolidinylmethyl)pyridine (93%)

(계속)

표 21.6 이 장에서 배운 반응 (계속)

반응(절)과 설명	일반 반응식과 특정한 예
Hofmann 제거(21.13절) 4차 수산화 암모늄은 가열하면 제거가 일어난다. 이반응은 E2형 anti 제거 반응이다. Hofmann 제거의 위치 선택성은 Zaitsev 규칙과 반대되며, 덜 치환된 알켄이 주 생성물이 된다.	$RCH_2CH(\overset{+}{N}(CH_3)_3)R'$ HO^- —가열→ $RCH{=}CHR'$ + $:N(CH_3)_3$ + H_2O 수산화 알킬트라이메틸암모늄 / 알켄 / 트라이메틸아민 / 물 Cycloheptyltrimethylammonium hydroxide —heat→ Cycloheptene (87%)
친전자성 방향족 치환(21.14절) 아릴아민은 친전자성 방향족 치환이 매우 크다. 고리 나이트로화, 염소화, 브로민화, 설폰화 또는 Fredel-Crafts 반응이 진행되기 전 *N*-아실 유도체로서 아릴아민을 보호하는 것이 일반적이다.	ArH + E^+ ⟶ ArE + H^+ 아릴아민 / 친전자체 / 친전자성 방향족 치환의 생성물 / 양성자 *p*-Nitroaniline —$2Br_2$, 아세트산→ 2,6-Dibromo-4-nitroaniline (95%)
나이트로소화(21.15~16절) 아질산 소듐이 아민과 산이 포함된 용액에 첨가될 때 아민의 나이트로소화가 일어난다. *1차* 아민은 알킬 다이아조늄염이 된다. 알킬 다이아조늄염은 매우 불안정하여 탄소양이온 유도체를 생성한다. 아릴 다이아조늄염은 유용한 합성 중간 생성물이다. 이 반응들이 표 21.7에 기술되어 있다.	RNH_2 —$NaNO_2$, H_3O^+→ $R\overset{+}{N}{\equiv}N:$ 1차 아민 / 다이아조늄염 *m*-Nitroaniline —$NaNO_2$, H_2SO_4, H_2O, 0–5°C→ *m*-Nitrobenzenediazonium hydrogen sulfate (HSO_4^-)
*2차 알킬아민*과 *2차 아릴아민*은 *N*-나이트로소 아민으로 된다.	R_2NH —$NaNO_2$, H_3O^+→ $R_2N{-}N{=}O$ 2차 아민 / *N*-나이트로소아민 2,6-Dimethylpiperidine —$NaNO_2$, HCl, H_2O→ 2,6-Dimethyl-*N*-nitrosopiperidine (72%)
*3차 알킬아민*은 나이트로소화되지 않는다. *3차 아릴아민*은 친전자성 방향족 치환에 의해 고리의 나이트로소화가 진행 된다.	$(CH_3)_2N{-}C_6H_5$ —$NaNO_2$, HCl, H_2O→ $(CH_3)_2N{-}C_6H_4{-}N{=}O$ *N*,*N*-Dimethylaniline / *N*,*N*-Dimethyl-4-nitrosoaniline (80–89%)

표 21.7 아릴 다이아조늄 이온을 포함하는 합성적으로 유용한 변화들(21.17절)

반응(절)과 설명	일반 반응식과 특정한 예
페놀 제조 아릴아민의 산 수용액을 가열하면 다이아조늄염이 페놀로 변한다. 이것은 페놀 합성에 가장 일반적인 방법이다.	$ArNH_2$ (1차 아릴아민) —1. $NaNO_2$, H_2SO_4, H_2O / 2. H_2O, 가열→ $ArOH$ (페놀) *m*-Nitroaniline —1. $NaNO_2$, H_2SO_4, H_2O / 2. H_2O, 가열→ *m*-Nitrophenol (81–86%)
플루오린화 아릴 제조 플루오로붕산을 다이아조늄염에 첨가하면 플루오로붕산 아릴 다이아조늄이 침전된다. 건조한 아릴 다이아조늄이 가열될 때, 플루오린화 플루오붕산아릴이 생성된다. 이것은 Schiemann 반응이다. 플루오린화 아릴을 제조하는 가장 일반적인 방법이다.	$ArNH_2$ (1차 아릴아민) —1. $NaNO_2$, H_3O^+ / 2. HBF_4→ $Ar\overset{+}{N}{\equiv}N{:}\ \overset{-}{B}F_4$ (플루오로붕산 아릴다이아조늄) —가열→ ArF (플루오린화 아릴) 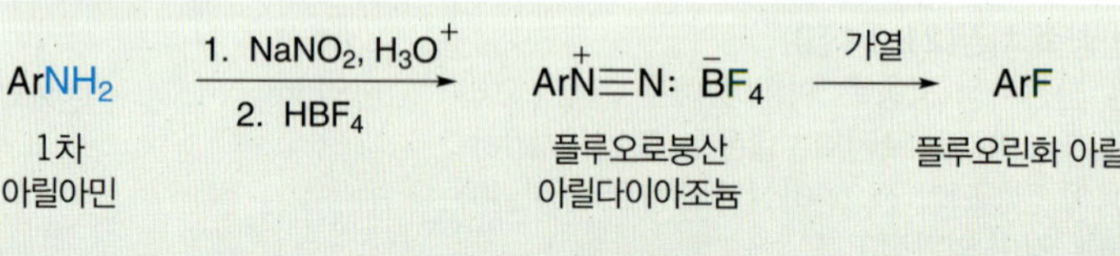 *m*-Toluidine —1. $NaNO_2$, HCl, H_2O / 2. HBF_4→ *m*-Methylbenzene-diazonium fluoroborate (76–84%) —가열→ *m*-Fluorotoluene (89%)
아이오딘화 아릴 제조 아릴 다이아조늄염이 아이오딘화 소듐이나 아이오딘화 포타슘과 반응하면 아이오딘화 아릴이 된다. 이것은 아이오딘화 아릴 합성에 대한 가장 일반적인 방법이다.	$ArNH_2$ (1차 아릴아민) —1. $NaNO_2$, H_3O^+ / 2. NaI 또는 KI→ ArI (아이오딘화 아릴) 2,6-Dibromo-4-nitroaniline —1. $NaNO_2$, H_2SO_4 H_2O / 2. NaI→ 1,3-Dibromo-2-iodo-5-nitrobenzene (84–88%)
염화 아릴 제조 Sandmeyer 반응에서 아릴 다이아조늄염을 포함한 용액이 염화 구리(I)로 처리되면 염화 아릴이 된다.	$ArNH_2$ (1차 아릴아민) —1. $NaNO_2$, HCl, H_2O / 2. CuCl→ $ArCl$ (염화 아릴) *o*-Toluidine —1. $NaNO_2$, HCl, H_2O / 2. CuCl→ *o*-Chlorotoluene (74–79%)

(계속)

표 21.7 아릴 다이아조늄 이온을 포함하는 합성적으로 유용한 변화들(21.17절) (계속)

반응(절)과 설명	일반 반응식과 특정한 예
브로민화 아릴 제조 브로민화 구리(Ⅰ)을 이용한 Sandmeyer 반응은 1차 아릴아민을 브로민화 아릴로 변하게 한다.	$ArNH_2$ (1차 아릴아민) $\xrightarrow[\text{2. CuBr}]{\text{1. NaNO}_2\text{, HBr, H}_2\text{O}}$ ArBr (브로민화 아릴) 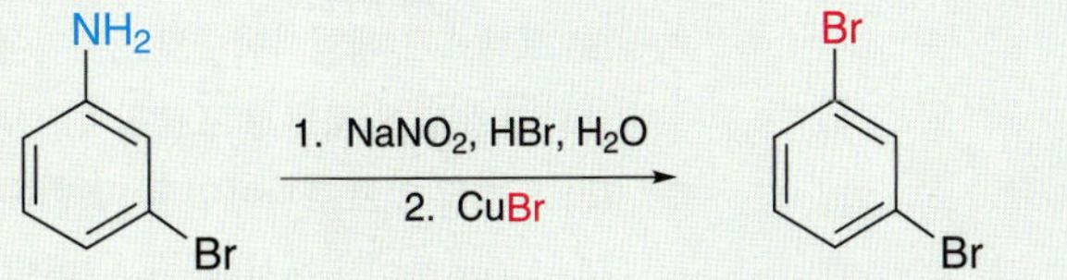 *m*-Bromoaniline $\xrightarrow[\text{2. CuBr}]{\text{1. NaNO}_2\text{, HBr, H}_2\text{O}}$ *m*-Dibromobenzene (80–87%)
아릴 나이트릴 제조 사이안화 구리(Ⅰ)는 아릴 다이아조늄염을 아릴 나이트릴로 변하게 한다.	$ArNH_2$ (1차 아릴아민) $\xrightarrow[\text{2. CuCN}]{\text{1. NaNO}_2\text{, H}_2\text{O}}$ ArCN (아릴 나이트릴) 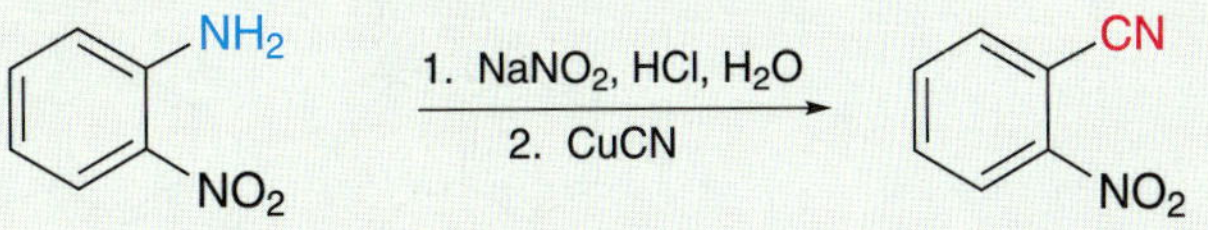 *m*-Nitroaniline $\xrightarrow[\text{2. CuCN}]{\text{1. NaNO}_2\text{, HCl, H}_2\text{O}}$ *o*-Nitrobenzonitrile (87%)
1차 아릴아민의 환원성 탈아미노화 아릴아민의 아미노기는 이것으로부터 유도되는 다이아조늄염을 에탄올 또는 하이포아인산으로 처리하여 수소로 치환시킬 수 있다.	$ArNH_2$ (1차 아릴아민) $\xrightarrow[\text{2. CH}_3\text{CH}_2\text{OH 또는 H}_3\text{PO}_2]{\text{1. NaNO}_2\text{, H}_3\text{O}^+}$ ArH (아렌) 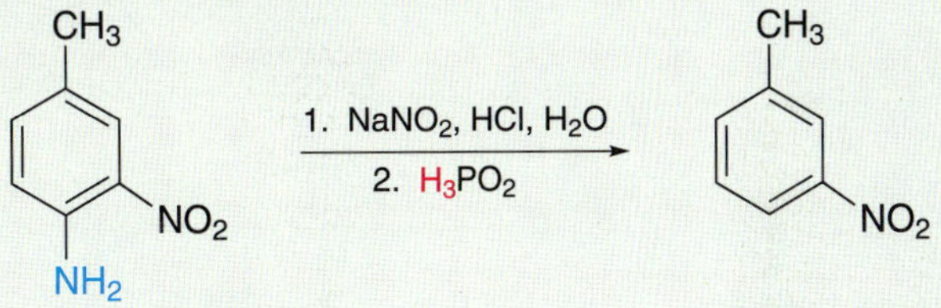 4-Methyl-2-nitroaniline $\xrightarrow[\text{2. H}_3\text{PO}_2]{\text{1. NaNO}_2\text{, HCl, H}_2\text{O}}$ *m*-Nitrotoluene (80%)

21.19절 1차와 2차 아민의 N—H 신축 진동은 3000~3500 cm^{-1}의 적외선 영역에서 나타난다. 아민의 NMR 스펙트럼에서는 H—C—N 형태의 양성자와 탄소가 H—C—O보다 더 많이 가로막혀 있다.

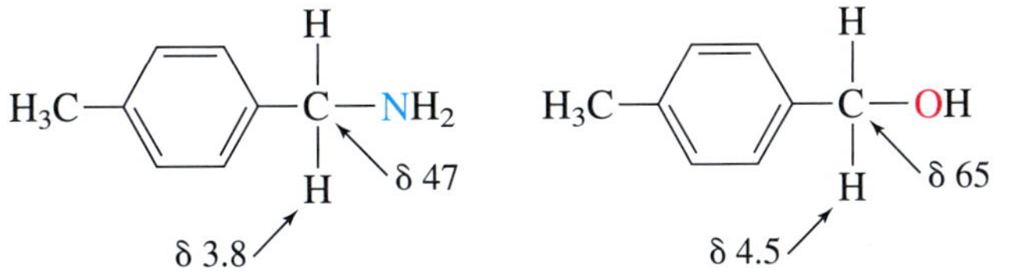

$H_3C-C_6H_4-CH_2-NH_2$: H δ 3.8, C δ 47 $H_3C-C_6H_4-CH_2-OH$: H δ 4.5, C δ 65

아민은 홀수의 분자 질량을 가지고 있어 질량 분석기에 의해 아민을 확인하는데 도움이 된다. 분해는 질소-안정화 양이온 형성에 의해 조절된다.

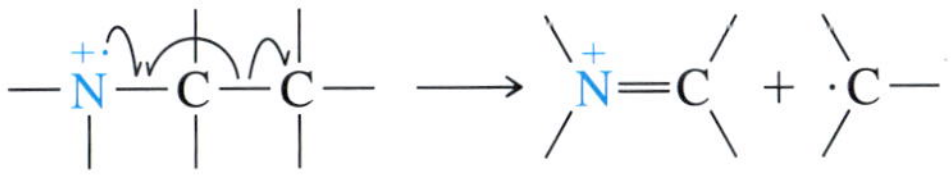

$$-\overset{+\cdot}{N}-\overset{|}{\underset{|}{C}}-\overset{|}{\underset{|}{C}}- \longrightarrow \overset{+}{N}=C< \; + \; \cdot C-$$

문제

21.21 $C_4H_{11}N$의 분자식을 갖는 모든 아민의 구조식을 그리거나 분자 모형을 만드시오. 이들 각각을 명명하고 1차, 2차 또는 3차 아민으로 구분하시오.

21.22 자연에 존재하는 많은 화합물과 많은 질소를 포함한 의약품들은 체계적인 이름보다 관용명으로 더 잘 알려져 있다. 이들 중 몇 가지는 다음과 같다. 각각에 대한 구조식을 쓰시오.

(a) *트랜스*-2-페닐사이클로프로필아민은 *트래닐사이프로프로민*으로 알려져 있다: 항우울제

(b) *N*-벤질-*N*-메틸-2-프로필아민은 *파지라인*으로 알려져 있다: 고혈압 치료제

(c) 1-페닐-2-프로판아민은 *암페타민*으로 알려져 있다: 흥분제

(d) 1-(m-하이드록시페닐)-2-(메틸아미노)은 *페닐에프린(phenylephrine)*으로 알려져 있다: 콧막힘 완화제

21.23 다음 화합물이나 음이온들을 염기도가 감소하는 순서대로 배열하시오.

(a) H_3C^-, H_2N^-, HO^-, F^-

(b) H_2O, NH_3, HO^-, H_2N^-

(c) HO^-, H_2N^-, $:\bar{C}{\equiv}N:$, NO_3^-

(d)

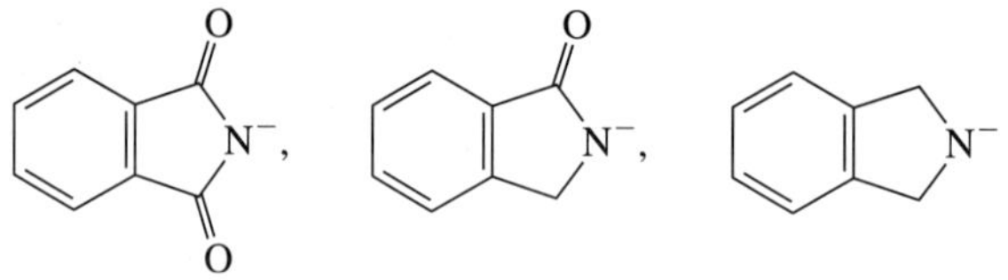

21.24 서아프리카 식물에서 얻은 알카로이드인 *physostigmine*은 녹내장 치료에 쓰인다. 파이소스타이그민(Physostigmine)을 아이오딘화 메틸과 반응시키면 4차 암모늄이 생성된다. 이 염의 구조는 무엇인가?

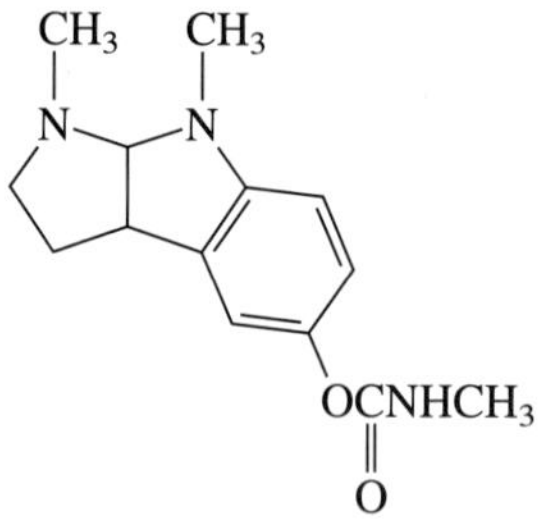

파이소스타이그민

21.25 9-아미노플로렌은 단백질과 탄수화물의 구조 분석에 이용되어왔다. 다이에틸 에터 용액에서 9-아미노플로렌(Aminofluorene)과 플로렌(Fluorene) 혼합물을 분리하는 방법을 보이는 반응을 단계적으로 쓰시오.

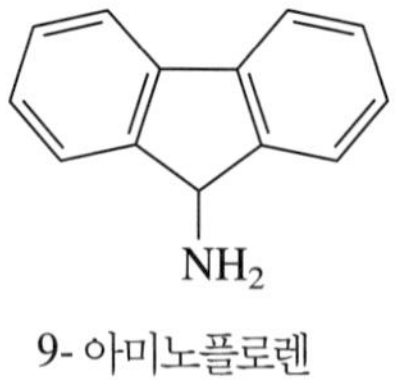

9-아미노플로렌 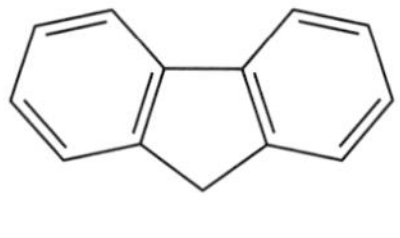 플로렌

21.26 다음 각 화합물을 제조하기 위한 과정을 기술하시오. 모든 탄소 원자의 재료는 에탄올을 이용한다. 한 번 합성된 화합물은 이 문제의 다음 부분부터는 그 합성을 되풀이할 필요는 없다.

(a) 에틸아민

(b) *N*-에틸아세트아마이드

(c) 다이에틸아민

(d) *N, N*-다이에틸아세트아마이드

(e) 트라이에틸아민

(f) 브로민화 테트라에틸암모늄

21.27 다음 각 다이할로알케인이 1 당량의 프탈이마이드 포타슘염과 반응하면 *N*-(할로알킬)프탈이마이드가 생성된다. 각각의 경우 생성된 프탈이마이드 유도체의 구조를 쓰고, 그 이유를 설명하시오.

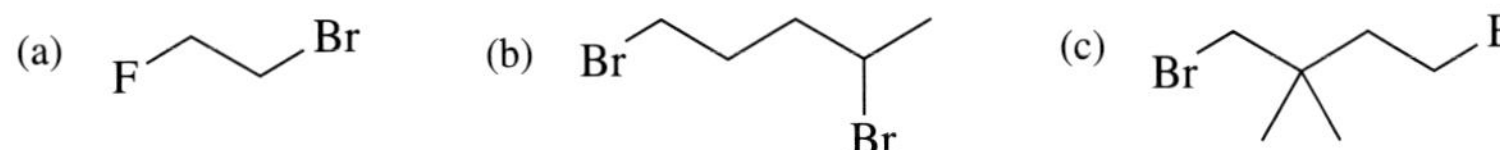

21.28 아닐린이 다음 각각과 반응하여 생성된 생성물의 구조를 쓰시오.

(a) 브로민화 수소
(b) 과량의 아이오딘화 메틸
(c) 아세트알데하이드
(d) 아세트알데하이드와 수소(니켈 촉매)
(e) 무수 아세트산
(f) 염화 벤조일
(g) 아질산 소듐, 황산 수용액, 0~5°C

21.29 다음 각 반응들의 주 유기 생성물들을 확인하시오.

(a) 사이클로헥산온 + 사이클로헥실아민 $\xrightarrow{H_2,\ Ni}$

(b) O, NCH_2CH_3 $\xrightarrow[2.\ H_2O]{1.\ LiAlH_4}$

(c) $C_6H_5CH_2CH_2CH_2OH$ $\xrightarrow[2.\ (CH_3)_2NH\ (과량)]{1.\ 염화\ p\text{-}톨루엔설폰일,\ 피리딘}$

(d) NH_2 + CH_3O, O, OCH_3 ⟶

(e) $(C_6H_5CH_2)_2NH$ + $CH_3\overset{O}{\overset{\|}{C}}CH_2Cl$ –트라이에틸아민 THF

(f) $\overset{+}{N}(CH_3)_3$ HO^- ⟶ 가열

(g) N, H $\xrightarrow[HCl,\ H_2O]{NaNO_2}$

21.30 다음 각 반응을 화학 문헌에 보고되었으며, 높은 수득률로 진행된다. 각 반응의 주 유기 생성물을 쓰시오.

(a) 1,2-다이에틸-4-나이트로벤젠 $\xrightarrow[\text{에탄올}]{H_2,\ Pt}$

(b) 1,3-다이메틸-2-나이트로벤젠 $\xrightarrow[\text{2. } HO^-]{\text{1. } SnCl_2,\ HCl}$

(c) (b)의 생성물 + $ClCH_2\overset{\overset{\large O}{\|}}{C}Cl \longrightarrow$

(d) (c)의 생성물 + $(CH_3CH_2)_2NH \longrightarrow$

(e) (d)의 생성물 + $HCl \longrightarrow$

(f) $C_6H_5NH\overset{\overset{\large O}{\|}}{C}CH_2CH_2CH_3 \xrightarrow[\text{2. } H_2O]{\text{1. } LiAlH_4}$

(g) 아닐린 + 헵탄알 $\xrightarrow{H_2,\ Ni}$

(h) 아세트아닐라이드 + $ClCH_2\overset{\overset{\large O}{\|}}{C}Cl \xrightarrow{AlCl_3}$

(i) Br—(4-바이페닐)—NO_2 $\xrightarrow[\text{2. } HO^-]{\text{1. Fe, HCl}}$

(j) (i)의 생성물 $\xrightarrow[\text{2. } H_2O\text{, 가열}]{\text{1. } NaNO_2,\ H_2SO_4,\ H_2O}$

(k) 2,6-다이나트로아닐린 $\xrightarrow[\text{2. CuCl}]{\text{1. } NaNO_2,\ H_2SO_4,\ H_2O}$

(l) *m*-브로모아닐린 $\xrightarrow[\text{2. CuBr}]{\text{1. } NaNO_2,\ HBr,\ H_2O}$

(m) *o*-나이트로아닐린 $\xrightarrow[\text{2. CuCN}]{\text{1. } NaNO_2,\ HCl,\ H_2O}$

(n) 2,6-다이아이오도-4-나이트로아닐린 $\xrightarrow[\text{2. KI}]{\text{1. } NaNO_2,\ H_2SO_4,\ H_2O}$

(o) $:N{\equiv}\overset{+}{N}$—(바이페닐)—$\overset{+}{N}{\equiv}N:\ \ 2\bar{B}F_4 \xrightarrow{\text{가열}}$

(p) 2,4,6-트라이나이트로아닐린 $\xrightarrow[H_2O,\ H_3PO_2]{NaNO_2,\ H_2SO_4}$

(q) 아미노-아이오도벤조산 $\xrightarrow[\text{2. } CH_3CH_2OH]{\text{1. } NaNO_2,\ HCl,\ H_2O}$

(r) 아닐린 $\xrightarrow[\text{2. 2,3,6-트라이메틸페놀}]{\text{1. } NaNO_2,\ H_2SO_4,\ H_2O}$

(s) $(CH_3)_2N$—(벤젠 고리, meta-CH_3) $\xrightarrow[\text{2. } HO^-]{\text{1. } NaNO_2,\ HCl,\ H_2O}$

21.31 대부분 아마이드는 LAH (21.9 절)에 의하면 아민으로 환원된다. 그러나 *N*-메톡시-*N*-메틸아민은 예외이다. 처음 환원 생성물은 반응 중 알데하이드로 가수분해 되는 고리 중간체이다.

$$C_6H_{11}C(=O)N(CH_3)OCH_3 \xrightarrow{LiAlH_4} \text{고리 중간체 } (C_6H_{11}CH\text{–}O\text{–}\bar{A}lH_2\text{–}\overset{+}{O}(CH_3)\text{–}N(CH_3)) \xrightarrow{H_3O^+} C_6H_{11}CHO$$

N-메톡시 *N*-메틸사이클로-헥세인카복사마이드 고리 중간체 사이클로헥세인 카브알데하이드

N-메톡시-*N*-메틸아민은 쉽게 염화 아실과 *N*, *O*-다이메틸하이드록실아민(CH_3ONHCH_3) 반응에 의해 카복실산으로부터 합성된다.

(a) 아마이드 반응에 필요한 $LiAlH_4$ 양은 몇 당량인가?

(b) 적당한 카복실산과 필요한 다른 시약을 사용하여 사이클로헥세인카브알데하이드의 제조를 보여주는 일련의 반응식을 쓰시오.

(c) 똑 같은 생성물을 생성하기 위하여 수소화 알루미늄 리튬으로 환원이 진행되는 아마이드를 기대할 수 있는가. 이유는? 그렇지 않다면 그 이유는?

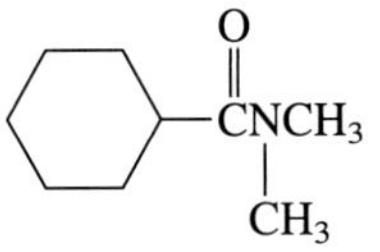

O
‖
—CNCH$_3$
|
CH$_3$

21.32 입체화학을 포함해서 화합물 A에서 C까지의 구조를 제시하시오.

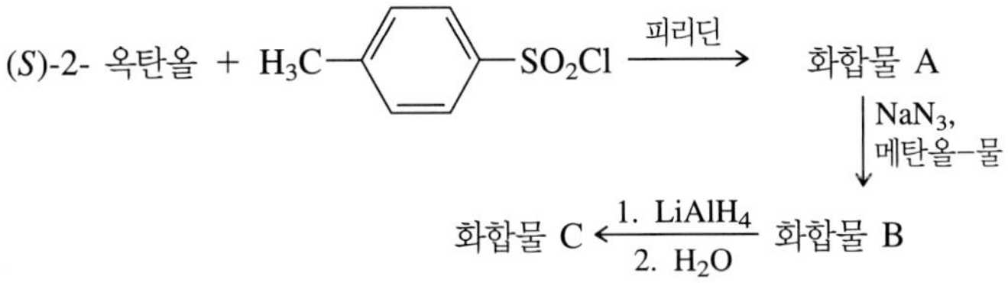

(S)-2- 옥탄올 + H_3C—C$_6$H$_4$—SO_2Cl —(피리딘)→ 화합물 A —(NaN_3, 메탄올–물)→ 화합물 B —(1. $LiAlH_4$ 2. H_2O)→ 화합물 C

21.33 다음 각 화합물들은 *p*-나이트로아닐린으로부터 제조되었다. 각 화합물을 합성하는 합리적은 반응 단계들을 제시하시오.

(a) *p*-나이트로벤조나이트릴
(b) 3,4,5-트라이클로로아닐린
(c) 1,3-다이브로모-5-나이트로벤젠
(d) 3,5-다이브로모아닐린
(e) *p*-아세트아미도페놀(아세트아미노펜)

21.34 (a) 나이트로벤젠과 *p*-나이트로벤질 알코올으로부터, 필요한 유기 및 무기 반응물을 이용하여 다음 화합물의 합성을 설계하시오.

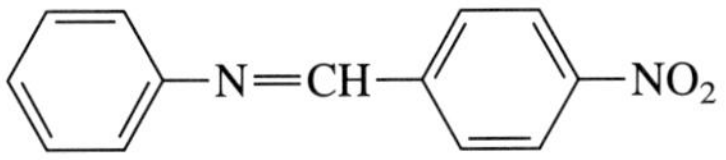

C$_6$H$_5$—N=CH—C$_6$H$_4$—NO$_2$

(b) *p*-나이트로벤질 알코올 대신 *p*-나이트로톨루엔으로 출발해야 한다면 합성을 수정할 수 있는가?

21.35 화합물 A와 *N*-포타시오프탈이마이드로부터 Gabriel 아민 합성에 의해 2-(2-브로모페닐)에탄아민을 어떻게 제조할 수 있는가를 보이시오.

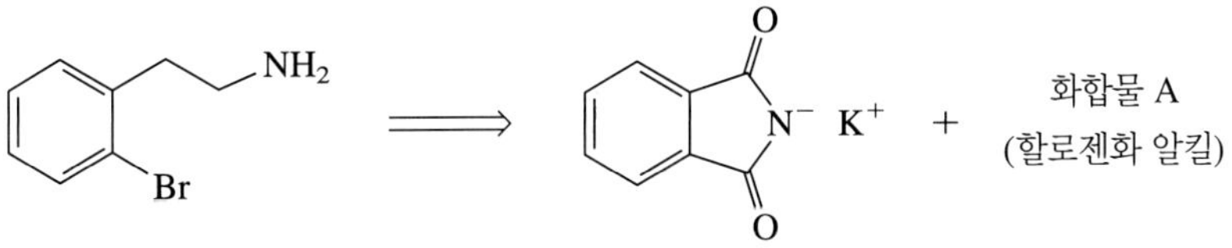

NH$_2$ Br ⟹ N$^-$ K$^+$ + 화합물 A (할로젠화 알킬)

2-(2-브로모페닐)-에탄아민 *N*-포타시오프탈이마이드

21.36 화합물 A에 의해 나타난 형태의 수많은 화합물들이 강력한 진통제를 예상하여 제조되었다. 그 제조법들은 다음에 나타난 것처럼 역합성 형태로 기술되었다.

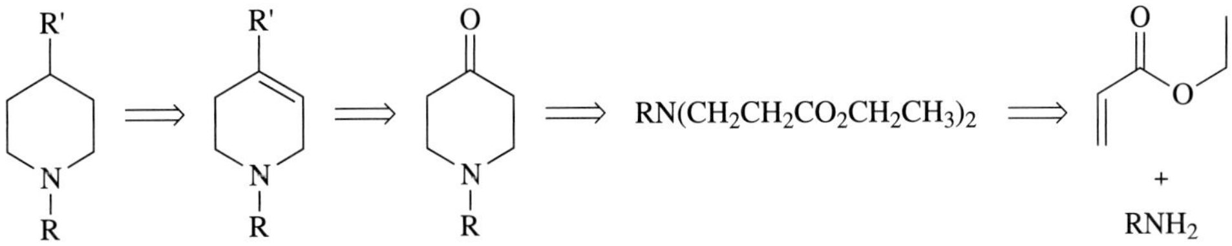

R' / N–R ⟹ R' / N–R ⟹ O / N–R ⟹ $RN(CH_2CH_2CO_2CH_2CH_3)_2$ ⟹ O / O + RNH_2

이 역합성 분석에 기초하여 *N*-메틸-4-페닐피페리딘(화합물 A, 여기서 R = CH_3, R′ = C_6H_5) 합성을 설계하시오. 이 때 답을 일련의 반응식으로 나타내고, 필요한 모든 시약과 분리된 중간체들을 나타내시오.

21.37 *N*, *N*-다이메틸아닐린과 피리딘의 염기도는 비슷하다. 반면 4-(*N*,*N*다이메틸아미노)피리딘은 어느 것보다 더 염기성이다.

$N(CH_3)_2$ $N(CH_3)_2$

N N

N,*N*-다이메틸아닐린 피리딘 4-(*N*,*N*-다이메틸아미노)피리딘

공명 원리를 적용하여 4-(*N*, *N*-나이메틸아미노)피리딘의 두 질소 중 더 염기성인 것을 확인하고, 이것의 향상된 염기도를 설명하시오.

21.38 화합물 A와 B는 분자식 $C_8H_{11}N$인 이성질체 아민이다. 그림 21.10에 있는 ^{1}H NMR 스펙트럼에 기초하여 각 이성질체를 확인하시오.

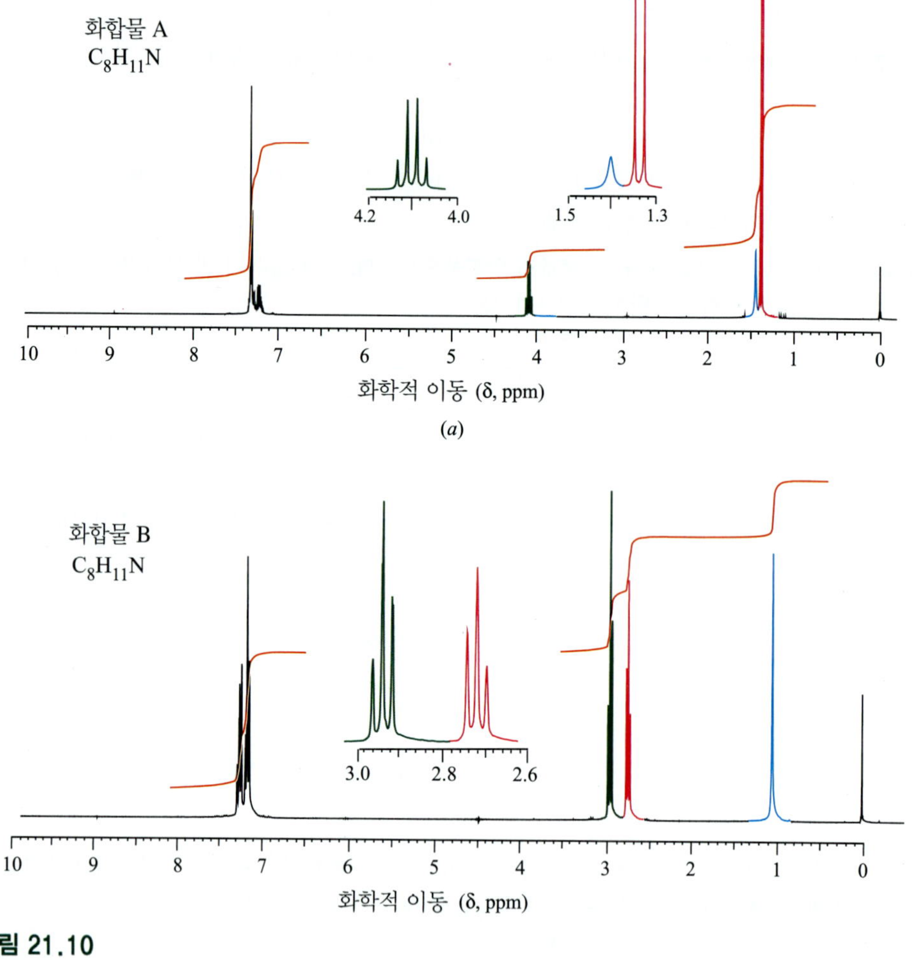

그림 21.10

(a) 화합물 A와 (b) 화합물 B (문제 21.38)의 300-MHz ^{1}H NMR 스펙트럼.

설명문과 이해 문제 21

엔아민의 합성적 응용

알데하이드나 케톤이 2차 아민과 반응에 의한 엔아민 생성은 17.11절에 서술하였다. 예로 제시한 아래 반응에서 처럼 반응은 가역적이다.

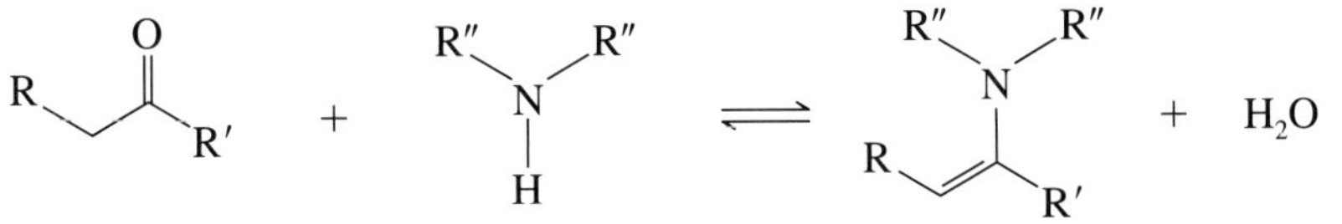

알데하이드 또는 케톤 + 2차 아민 ⇌ 엔아민 + 물 (H_2O)

엔아민을 제조할 때 반응은 용매로서 벤젠에서 가열에 의해 수행되었지만 *p*-톨루엔설폰산를 때때로 첨가한다. 생성된 물은 벤젠과 그의 공비점(함께 끓는점, azeotropic) 혼합물의 증류에 의해 제거한다. 평형은 엔아민을 높은 수율로 생성하면서 오른쪽으로 이동한다. 반대로 엔아민은 산성수용액에서 알데하이드나 케톤으로 가수분해 될 수 있다.

엔아민은 전자쌍 주개로 전자가 풍부하고 친핵체인 이중결합을 만드는 엔올을 닮았다.

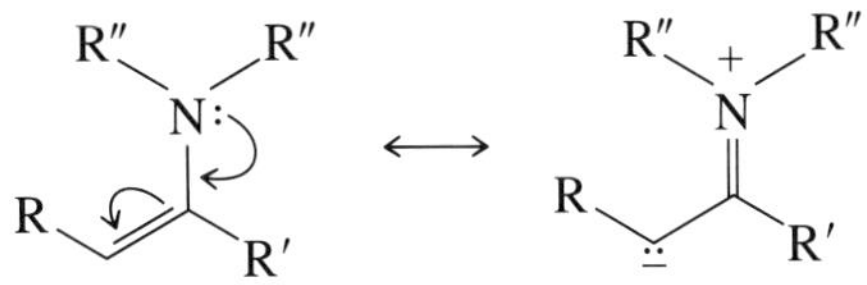

질소는 산소보다 더 좋은 전자쌍 주개이기 때문 엔아민은 엔올보다 더 친핵체다. 그러나 중성 분자인 엔아민은 음이온 보다는 덜 친핵체다.

엔아민은 친전자체 (E^+)와 반응하여 탄소–탄소 생성을 이룬다. 치환체의 가수분해는 원래의 알데하이드나 케톤의 α-치환 유도체를 생성한다.

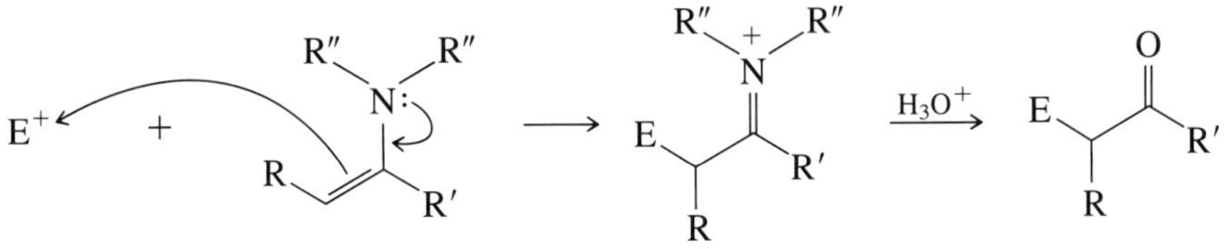

친전자체 + 엔아민 ⟶ → (H_3O^+) α-치환된 알데하이드 또는 케톤

피롤리딘은 2차 아민이고 대부분 가끔 알데하이드나 케톤으로부터 엔아민을 만든다.

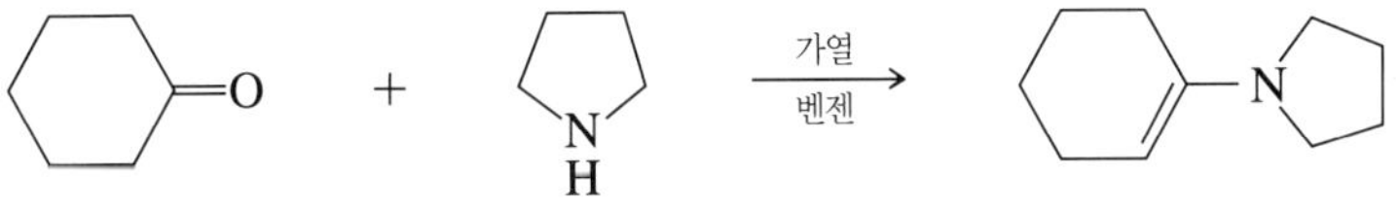

Cyclohexanone + Pyrrolidine →(가열, 벤젠) 1-Pyrrolidinocyclohexene (85–90%)

합성 목적에 대한 엔아민과 반응하여 원래의 알데하이드나 케톤의 α-치환 유도체를 생성하는 친전자체 시약은 아래와 같다.

1. S_N2 반응에 반응성이 좋은 할로젠화 알킬은 1차 알릴자리, 벤질 자리, α-할로 에터, α-할로 에스터, α-할로 나이트릴
2. 염화로 아실, 산 무수물
3. Michael 주개: α, β-불포화 나이트릴, α, β-불포화 에스터, α, β-불포화 케톤

21.39 다음 한 개는 알데하이드 및 케톤으로부터 엔아민을 제조하는데 가끔 사용되고 다른 것은 엔아민을 생성하지 못한다. 엔아민을 생성하는 것은?

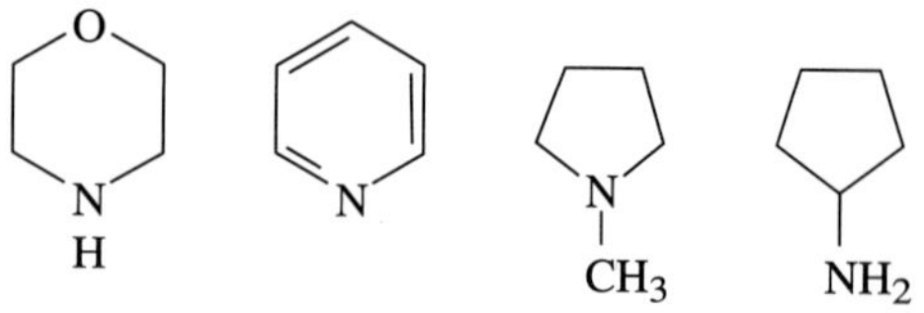

A. (모폴린, O / N–H) B. (피리딘, N) C. (N–CH_3 피롤리딘) D. (NH_2 사이클로펜틸아민)

21.40 아래 반응의 생성물은 무엇인가?

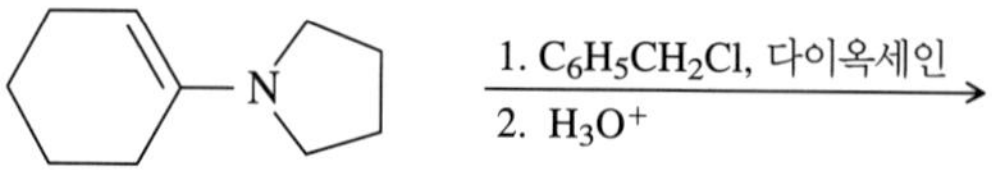

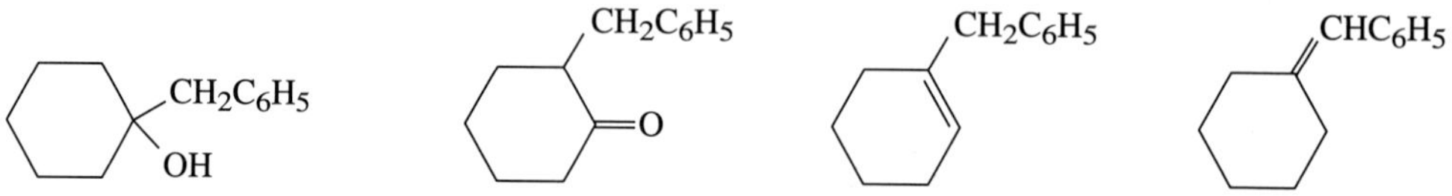

1-피롤리디닐사이클로헥센 $\xrightarrow[2.\ H_3O^+]{1.\ C_6H_5CH_2Cl,\ 다이옥세인}$

A. $CH_2C_6H_5$, OH B. $CH_2C_6H_5$, O C. $CH_2C_6H_5$ D. CHC_6H_5

21.41 비대칭 케톤은 덜 치환된 이중결합을 갖는 엔아민이 우세하게 두 개의 피롤리딘 엔아민 혼합물을 생성한다. 다음 반응에서 주 생성물은 무엇인가?

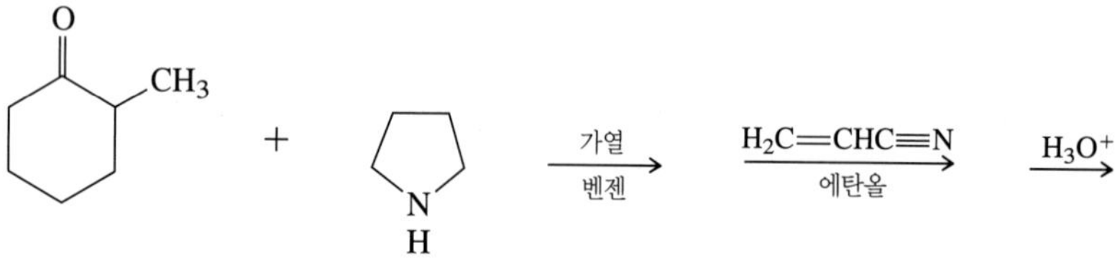

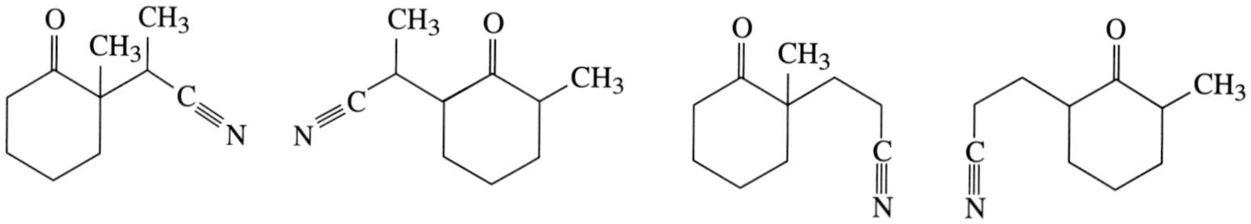

O, CH_3 + N–H $\xrightarrow[벤젠]{가열}$ $\xrightarrow[에탄올]{H_2C{=}CHC{\equiv}N}$ $\xrightarrow{H_3O^+}$

A. O, CH_3, CH_3, C≡N B. N≡C, CH_3, O, CH_3 (*cis* + *trans*) C. O, CH_3, C≡N D. C≡N, O, CH_3 (*cis* + *trans*)

21.42 다음 일련의 반응 생성물은 무엇인가?

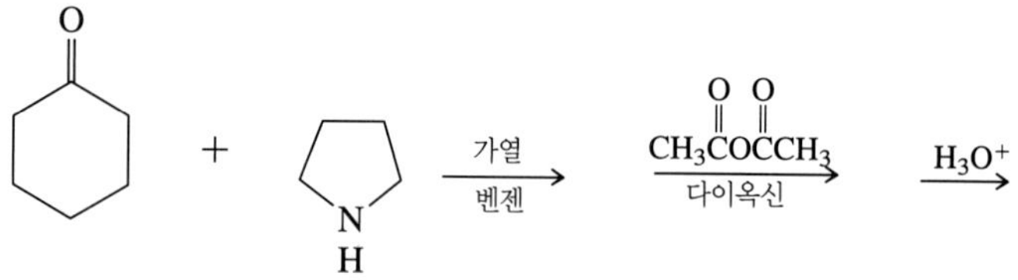

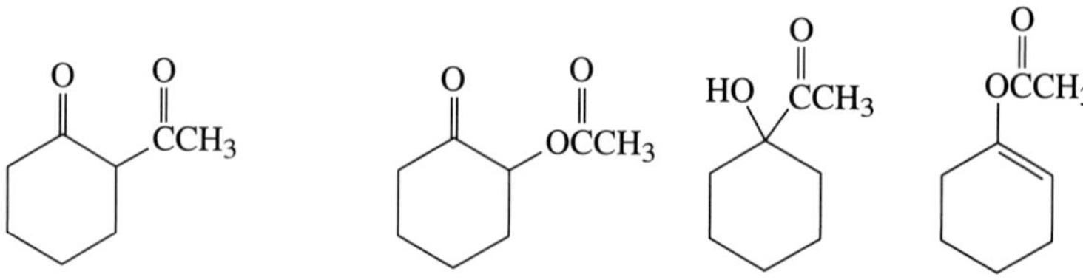

O + N–H $\xrightarrow[벤젠]{가열}$ $\xrightarrow[다이옥신]{CH_3\overset{O}{\overset{\|}{C}}O\overset{O}{\overset{\|}{C}}CH_3}$ $\xrightarrow{H_3O^+}$

A. O, $\overset{O}{\overset{\|}{C}}CH_3$ B. O, $O\overset{O}{\overset{\|}{C}}CH_3$ C. HO, $\overset{O}{\overset{\|}{C}}CH_3$ D. $O\overset{O}{\overset{\|}{C}}CH_3$

21.43 (+)-2-알릴사이클로헥산온은 사이클로헥산온으로 부터 제조한 광학활성인 엔아민과 거울상적으로 순수한 피롤리딘 유도체의 알킬화에 의해서 82% 거울상 초과 제조해 왔다. 그 거울상선택성으로 합성에 사용될 수 있는 가장 좋은 피롤리딘 유도체는?

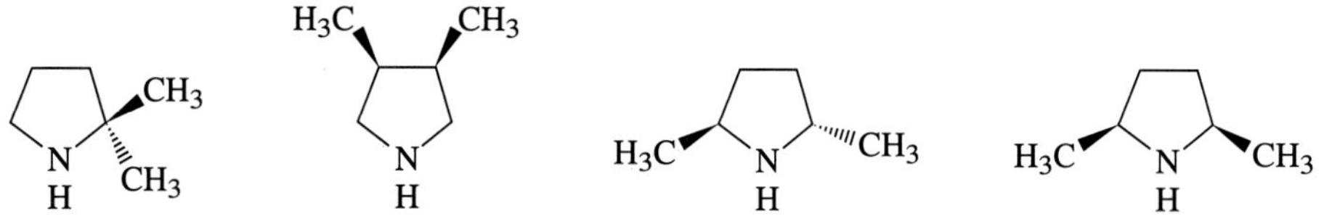

A. B. C. D.

21.44 사이클로옥테인카복스알데하이드는 아래 보여준 것처럼 피페리딘 엔아민을 경유하여 $C_{13}H_{20}O$ 분자식을 갖는 케톤으로 전환된다. 케톤의 구조는?

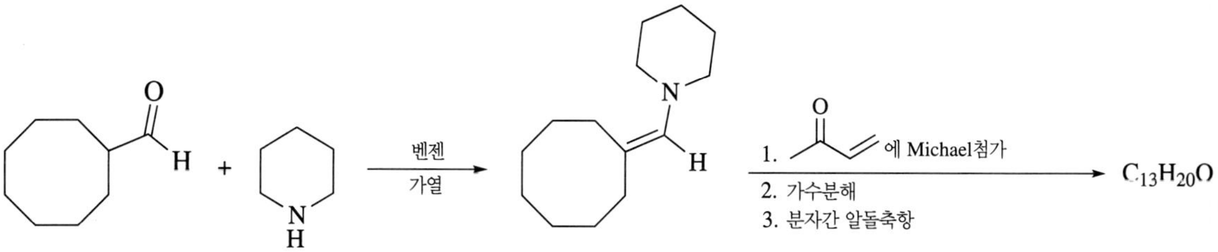

벤젠, 가열

1. 에 Michael첨가
2. 가수분해
3. 분자간 알돌축합

$C_{13}H_{20}O$

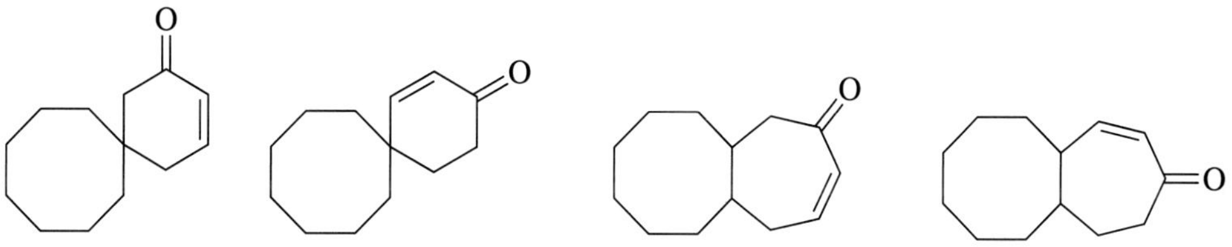

A. B. C. D.

붉은 포도 껍질은 *레스버라트롤(resveratrol)*의 공급원으로, 항산화제 성질을 갖는 폴리페놀이며, 영양 보조제로 널리 사용되고 있다.

장의 개요

페놀
Phenols

페놀(phenol)은 하이드록실기가 벤젠이나 벤젠류 고리에 직접 붙은 화합물이다. 이 그룹의 기본 화합물인 C_6H_5OH는 단순히 *페놀(phenol)*이라고 부르며, 중요한 공업 화합물이다. 페놀의 많은 성질은 알코올과 유사하지만, 이러한 유사성은 지나치게 단순화된 면이 있다. 아릴아민(arylamine)처럼 페놀은 이작용기성 화합물이다; 즉, 하이드록실기와 방향족 고리가 강하게 상호작용하여 서로의 반응성에 영향을 준다. 이러한 상호작용은 페놀로 하여금 몇 가지 새롭고 유용한 성질을 가지게 한다. 예를 들면, 아스피린의 합성에서 중요한 단계는 알코올이나 아렌(arene)의 반응과 다르다. 페놀은 알코올과 아렌과 닮았다는 사실을 주기적으로 상기하면서, 이 장에서는 페놀이 독특하다는 사실을 강조하고자 한다.

22.1 명명법

벤젠의 옛 이름은 *펜(phene)*이며, 이것의 하이드록실 유도체를 *페놀(phenol)*이라고 한다. 페놀은 허용되는 IUPAC 이름인 동시에 선호하는 이름이다. 더 많은 치환기를 가진 화합물은 페놀의 유도체로 명명한다. 고리에 번호를 붙일 때는 하이드록실기가 붙은 탄소부터 시작하여 다음 치환기를 가진 탄소가 작은 번호를 갖는 방향으로 진행한다. 치환기는 알파벳 순서로 인용한다.

OH OH OH CH3 CH3 Cl

페놀 3-메틸페놀 5-클로로-2-메틸페놀

2-, 3-, 및 4-메틸페놀 일반명은 각각 *o*-, *m*-, 및 *p*-크레졸이다.

벤젠의 세 가지의 다이하이드록시 유도체는 각각 1,2-, 1,3-, 1,4-벤젠다이올로 명명한다. 그러나 그 각각은 구조식 아래의 괄호에 나타낸 일반명으로 더 잘 알려져 있다.

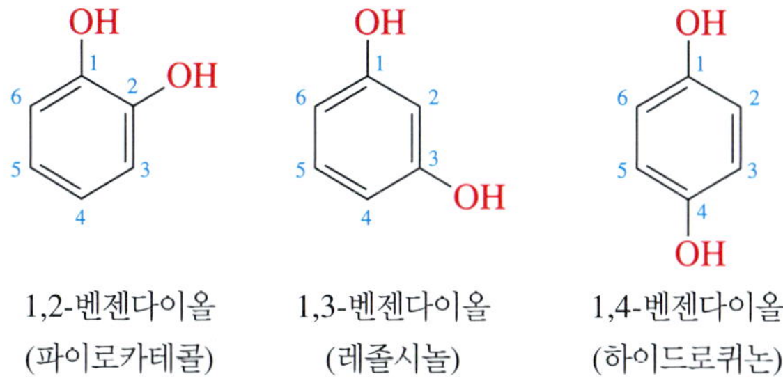

1,2-벤젠다이올 (파이로카테콜) 1,3-벤젠다이올 (레졸시놀) 1,4-벤젠다이올 (하이드로퀴논)

파이로카테콜은 흔히 *카테콜*로 불리운다.

나프탈렌의 두 하이드록실 유도체의 관용명은 각각 1-나프롤과 2-나프톨이다. 계통명 나프탈렌-1-올과 나프탈렌-2-올이다.

문제 22.1

다음 각 화합물의 구조식을 쓰시오.

(a) 파이로갈롤(1,2,3-벤젠트라이올)
(b) *o*-벤질페놀
(c) 3-나이트로-1-나프톨

풀이 예시 (a) 다이하이드록시벤젠처럼 트라이하이드록시벤젠 이성질체들도 독특한 이름을 가지고 있다. 사진 필름의 현상제로 사용되는 파이로갈롤(pyrogallol)은 1,2,3-벤젠트라이올이다. 세 개의 하이드록실기가 벤젠 고리에 서로 이웃하여 위치하고 있다.

OH OH OH

파이로갈롤 (1,2,3-벤젠트라이올)

카복실기와 아실기는 기본명을 정할 때 페놀의 하이드록실기보다 순위가 앞선다. 이 경우에는 하이드록실기를 치환기로 간주한다.

p-하이드록시벤조산 2-하이드록시-4-메틸아세토페논

22.2 구조와 결합

페놀은 C—O—H의 각이 109°인 평면 구조이고, 사면체의 각과 거의 같으며, 메탄올의 C—O—H의 각인 108.5°와 많이 다르지 않다.

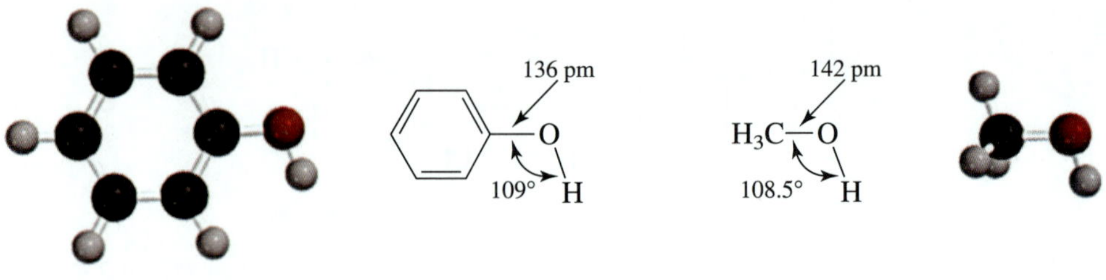

136 pm
109°
142 pm
H_3C—O
108.5°

페놀 메탄올

우리가 자주 보아 왔듯이 sp^2-혼성 탄소에 붙어 있는 결합은 sp^3-혼성 탄소에 붙어 있는 결합보다 짧으며, 페놀도 예외가 아니다. 페놀의 탄소–산소 결합 길이는 메탄올의 탄소–산소 결합 길이보다 조금 짧다.

공명 용어로 설명하면, 페놀의 짧은 탄소–산소 결합은 산소의 비공유 전자쌍이 방향족 고리와의 컨쥬게이션에 의해서 부분 이중결합성을 갖기 때문이다.

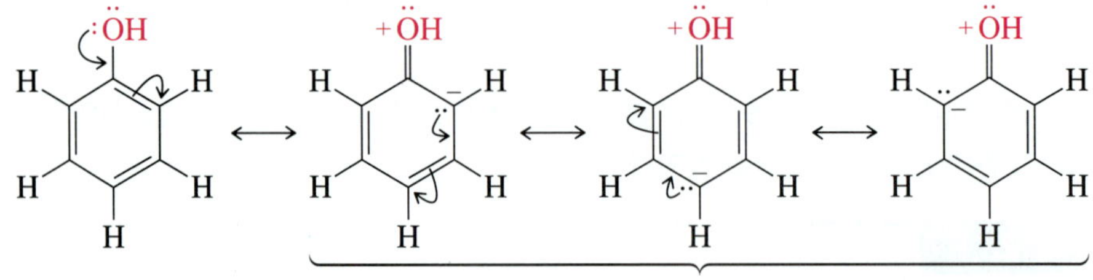

페놀의 가장 안정한 Lewis 공명구조

페놀의 쌍극자 공명 기여체

페놀의 많은 성질은 공명구조가 내포하는 극성화를 반영해 주고 있다. 페놀에서 하이드록실 산소는 알코올보다 덜 염기성이고, 하이드록실 양성자는 더 큰 산성을 띤다. 페놀의 친전자성 방향족 치환은 벤젠보다 더 빠르며, 이와 같은 사실은 고리–특히 하이드록실기에 대하여 오쏘와 파라 위치가 상대적으로 전자가 풍부하다는 것을 의미한다.

22.3 물리적 성질

페놀의 물리적 성질은 다른 페놀 분자 및 물 분자와의 수소결합을 가능하게 하는 하이드록실기에 의해서 강하게 영향을 받는다. 따라서 페놀은 분자량이 비슷한 아렌 및 할로젠화 아릴(aryl halide)보다 물에 더 잘 녹고, 더 높은 녹는점과 끓는점을 가진다. 표 22.1은 이러한 성질에 관한 페놀, 톨루엔 및 플루오로벤젠(fluorobenzene)을 비교하고 있다.

o-나이트로페놀과 같은 몇몇 오쏘–치환된 페놀은 메타–와 파라–이성질체보다 끓는점이 매우 낮다. 이것은 하이드록실기와 치환기 사이의 *분자내*(*intramolecular*) 수소결합이 액체 상태에서 기체 상태로 가는 데 필요한 에너지를 부분적으로 보완해 주기 때문이다.

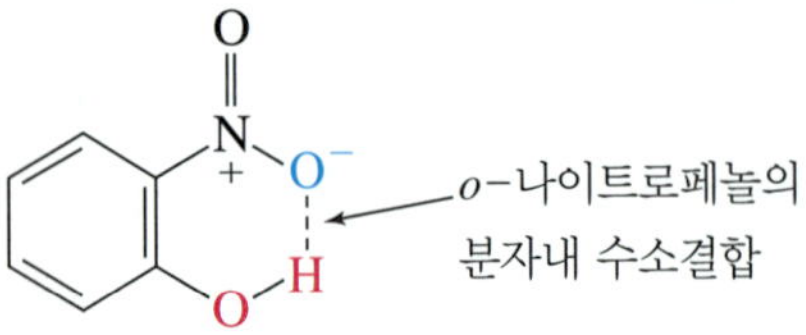

o–나이트로페놀의 분자내 수소결합

문제 22.2

하이드록시벤조산 중의 *하나는 살리실산*(*salicylic acid*)이라는 일반명으로 알려져 있다. 이것의 메틸 에스터인 살리실산 메틸은 노루발풀(wintergreen)의 기름에 함유되어 있다. 살리실산 메틸은 다른 두 개의 하

표 22.1 아렌, 페놀 및 할로젠화 아릴의 물리적 성질의 비교

	화합물		
물리적 성질	**톨루엔, $C_6H_5CH_3$**	**페놀, C_6H_5OH**	**플루오로벤젠, C_6H_5F**
분자량	92	94	96
녹는점	−95°C	43°C	−41°C
끓는점(1 atm)	111°C	132°C	85°C
물에 대한 용해도(25°C)	0.05 g/100 mL	8.2 g/100 mL	0.2 g/100 mL

이드록시벤조산 메틸보다 50°C 더 낮은 온도에서 끓는다. 살리실산 메틸의 구조는 무엇인가? 왜 이것의 끓는점이 다른 두 위치이성질체보다 많이 낮은가?

22.4 페놀 산성도

페놀의 가장 특징적인 성질은 산성이다. 페놀은 알코올보다 산성이 크지만 카복실산보다는 산성이 작다. 카복실산의 pK_a는 약 5인 반면에 알코올의 pK_a는 16~20 범위임을 상기하라. 대부분의 페놀류의 pK_a는 약 10이다.

Joseph Lister가 1865년도에 수술 후의 박테리아 감염을 방지하기 위해서 페놀을 살균제로 소개했을 때는, 그것의 산성 때문에 *페놀은 카볼산*(*carbolic acid*)이라고 알려져 있었다. 그 당시에는 수술 후 박테리아 감염이 사소한 수술에 있어서 조차도 생명을 위협할 만큼 위험적이였다.

왜 페놀이 알코올보다 산성이 더 강한가에 대한 이해를 돕기 위해서, 페놀과 에탄올의 이온화 평형을 비교해 보자. 특히, 에톡시화 이온(ethoxide ion)과 페녹시화 이온(phenoxide ion)에서의 전하 비편재 차이를 비교해 보자. 에톡시화 이온에서는 전하가 산소에 편재되어 있고, 오로지 용매화 힘에 의해서만 안정화되어 있다.

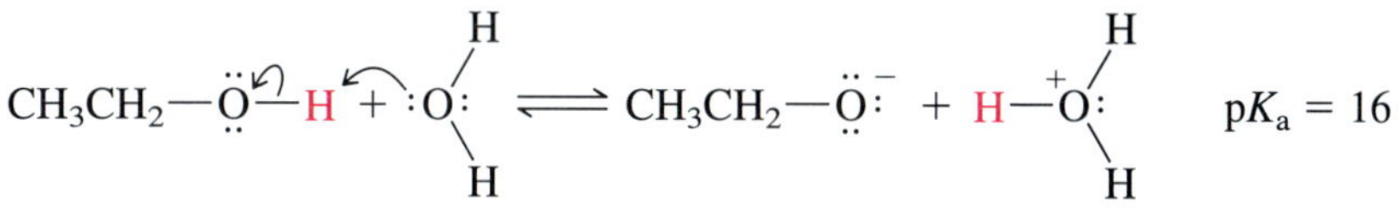

$$CH_3CH_2-\ddot{O}-H + H_2\ddot{O}: \rightleftharpoons CH_3CH_2-\ddot{O}:^- + H-\overset{+}{O}H_2 \qquad pK_a = 16$$

페녹시화 이온에서 음전하는 용매화 및 고리로의 전자 비편재화에 의해서 안정화 되어 있다.

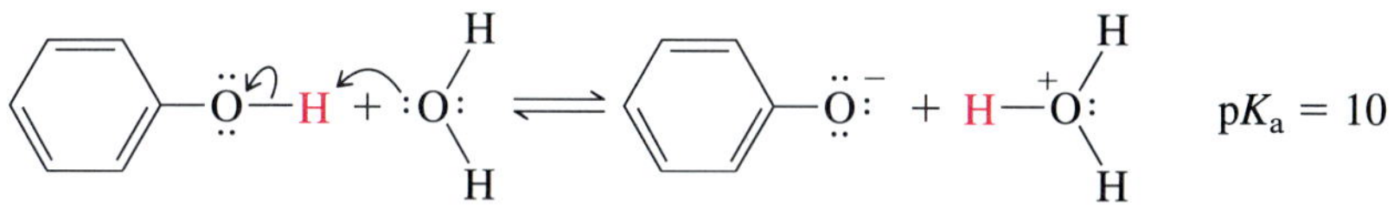

$$C_6H_5-\ddot{O}-H + H_2\ddot{O}: \rightleftharpoons C_6H_5-\ddot{O}:^- + H-\overset{+}{O}H_2 \qquad pK_a = 10$$

페녹시화 이온에서 전자 비편재화는 여러 기여구조들 사이의 공명으로 나타낼 수 있다.

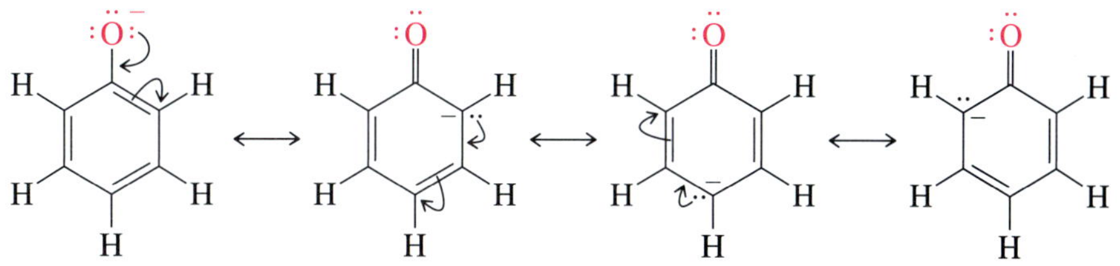

페녹시화 이온에서 음전하는 산소 원자 및 산소 원자의 오쏘 및 파라 위치에 있는 탄소 원자와 공유하고 있다. 이 음전하의 비편재화는 페녹시화 이온을 강하게 안정화시킨다.

페놀의 산성을 명확히 이해하기 위해서는, 페놀의 산성이 에탄올보다 백만 배 더 강

하지만 아세트산의 산성보다는 100,000배 이상 더 약하다는 사실을 명심하라. 따라서 페놀은 알코올보다 더 강한 산이므로 알코올로부터 분리할 수 있고, 카복실산보다 약한 산이므로 카복실산으로부터도 분리할 수 있다.

문제 22.3

큰 pK_a 값의 차이를 이용하여, 페놀과 벤조산의 에터 용액 혼합물을 어떻게 분리할 수 있는지를 기술하시오. 페놀과 사이클로헥산올의 에터 용액 혼합물은 어떻게 분리할 수 있는가?

페놀이 친핵체로 작용하는 많은 합성반응은 수산화 소듐이나 수산화 포타슘 존재 하에서 수행한다. 이러한 조건 하에서 페놀은 더 좋은 친핵체인 페녹시화 이온으로 전환된다.

22.5 페놀 산성도에 대한 치환기 효과

표 22.2에서 보는 바와 같이 대부분의 페놀류는 페놀 자체와 비슷한 이온화 상수를 갖는다. 일반적으로 치환기 효과는 작다.

알킬기 치환은 약한 전기음성인 기가 고리에 붙어 있을 때처럼 산성도의 변화에 미미한 영향을 준다.

다만 나이트로기처럼 치환기가 강한 전자 수용기일 때는 산성도에 큰 변화를 준다. *o*-와 *p*-나이트로페놀의 이온화 상수는 페놀보다 수백 배 더 크다. 오쏘-와 파라-나이트로기는 음전하의 일부를 그들의 산소 원자에 보유함으로써 페녹시화 이온을 크게 안정화 시킨다.

표 22.2 몇 가지 페놀류의 산성도

화합물 이름	pK_a	화합물 이름	pK_a
일치환 페놀			
페놀	10.0	2-메톡시페놀	10.0
2-메틸페놀	10.3	3-메톡시페놀	9.6
3-메틸페놀	10.1	4-메톡시페놀	10.2
4-메틸페놀	10.3	2-나이트로페놀	7.2
2-클로로페놀	8.6	3-나이트로페놀	8.4
3-클로로페놀	9.1	4-나이트로페놀	7.2
4-클로로페놀	9.4		
다이-및 트라이나이트로페놀			
2,4-다이나이트로페놀	4.0	2,4,6-트라이나이트로페놀	0.4
3,5-다이나이트로페놀	6.7		
나프톨			
1-나프톨	9.2	2-나프톨	9.5

***o*-나이트로페녹시화 이온에서 전자 비편재화**

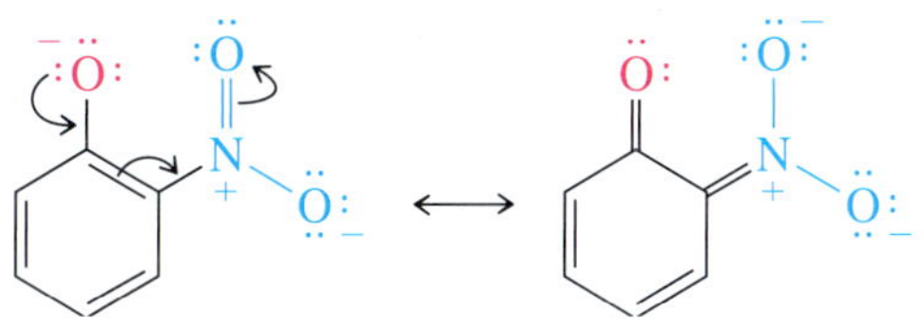

***p*-나이트로페녹시화 이온에서 전자 비편재화**

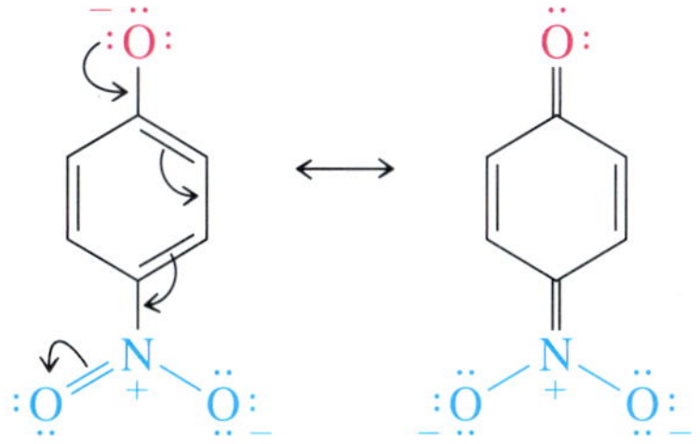

메타-나이트로기는 페녹시화 이온의 산소 원자에 직접 컨쥬게이트되어 있지 않아서 페녹시화 이온을 약간만 안정화시킨다. *m*-나이트로페놀은 페놀보다 강한 산성을 띠지만 *o*-또는 *p*-나이트로페놀보다는 약한 산성이다.

문제 22.4

다음 각 두 화합물 중 어느 것이 더 강한 산인가? 그 이유를 설명하시오.

(a) 페놀 또는 *p*-하이드록시벤즈알데하이드
(b) *m*-사이아노페놀 또는 *p*-사이아노페놀
(c) *o*-플루오로페놀 또는 *p*-플루오로페놀

풀이 예시 (a) 서로 다른 페놀의 산성도를 비교할 때 가장 좋은 접근 방법은 그들의 음이온에 있는 음전하의 안정성을 평가하는 것이다. *p*-하이드록시벤즈알데하이드 음이온에서 전자의 비편재화는 컨쥬게이션 때문에 매우 효과적이다.

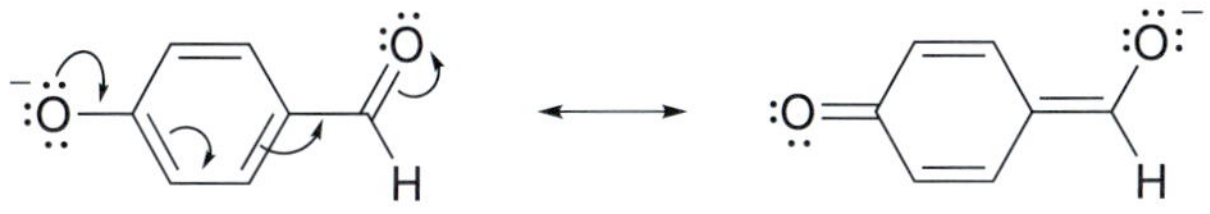

카보닐기는 나이트로기처럼 전자를 강하게 잡아당기므로 산성을 크게 증가시키며, 특히 하이드록실기에 대하여 오쏘 또는 파라 위치에 있을 때 그렇다. *p*-하이드록시벤즈알데하이드는 페놀보다 더 강한 산이다. 그것의 pK_a는 7.60이다.

표 22.2에서 알 수 있듯이 2,4-다이나이트로페놀(4.0)과 2,4,6-트라이나이트로페놀(0.4)에 대한 pK_a 값처럼, 강하게 전자를 잡아당기는 그룹에 의한 다중 치환은 페놀의 산성을 크게 증가시킨다.

22.6 페놀 공급원

페놀은 19세기 초에 석탄에서 분리되었으며, 미국에서 매년 생산되는 40억 파운드 이상의 페놀 중 소량만이 석탄에서 얻어진다. 상당량의 페놀이 아스피린과 염료를 만드는데 사용되지만, 대부분의 페놀은 접착제와 페놀 수지로 전환된다. 상업적으로 생산되는 거의 모든 페놀은 합성된 것이다. 가장 널리 사용되는 페놀의 공업적인 합성법은 이소프로필벤젠의 벤질탄소 산화로 시작된다. 얻어지는 과산화물을 묽은 황산으로 처리하면 페놀과 아세톤이 생성된다. 이 공정이 경제적으로 매력적인 것은 가격이 싼 산소와 황산을 사용하는 것과 페놀과 아세톤이라는 두 개의 공업 화학물질을 대량으로 생산하는 것이다. 이 합성법의 메커니즘은 이 장의 끝에 있는 문제 22.27의 기초가 된다.

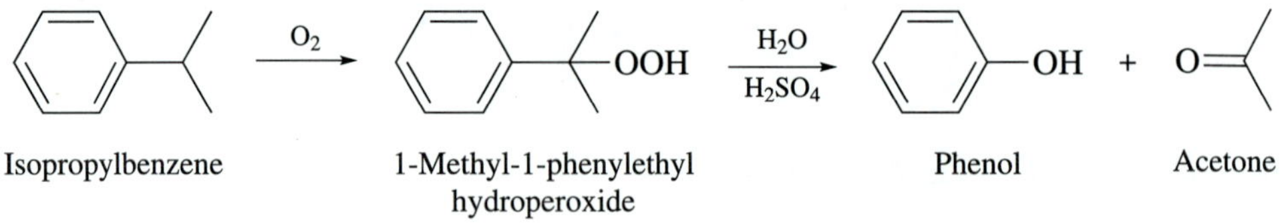
O_2
OOH
H_2O
H_2SO_4
OH
+
O
Isopropylbenzene
1-Methyl-1-phenylethyl hydroperoxide
Phenol
Acetone

여러분은 아이소프로필벤젠을 어떻게 합성하는지 상기할 수 있는가?

페놀의 가장 중요한 실험실적 합성법은 아민으로부터 얻어진 다이아조늄 염을 가수분해하는 것이며, 21.17절에 나와 있다.

페놀은 이미 배운 두 가지 반응의 조합, 즉 Baeyer-Villiger 산화와 에스터의 가수분해에 의해서도 합성할 수 있다. *p*-메톡시아세토페논을 트라이플루오로퍼옥시아세트산으로 산화시키면 주 생성물인 아세트산 4-메톡시페닐과 부 생성물인 4-메톡시벤조산 메틸이 얻어진다.

Baeyer-Villiger 산화는 설명문과 이해 문제 17에 설명되어 있다.

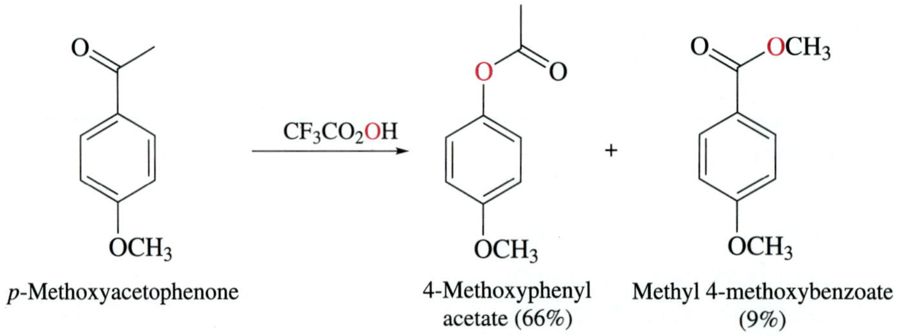
O
CF_3CO_2OH
O
O
+
O
OCH_3
OCH_3
OCH_3
OCH_3
p-Methoxyacetophenone
4-Methoxyphenyl acetate (66%)
Methyl 4-methoxybenzoate (9%)

아세트산 4-메톡시페닐의 에스터기를 가수분해시키면 4-메톡시페놀이 생성된다.

문제 22.5

아래에 보이는 화합물은 생물학적 화합물을 위한 형광 표지물질의 합성에 필요하다. 이 화합물을 2-클로로-3-하이드록시-4-메톡시벤즈 알데히드로부터 어떻게 합성할 수 있는가?

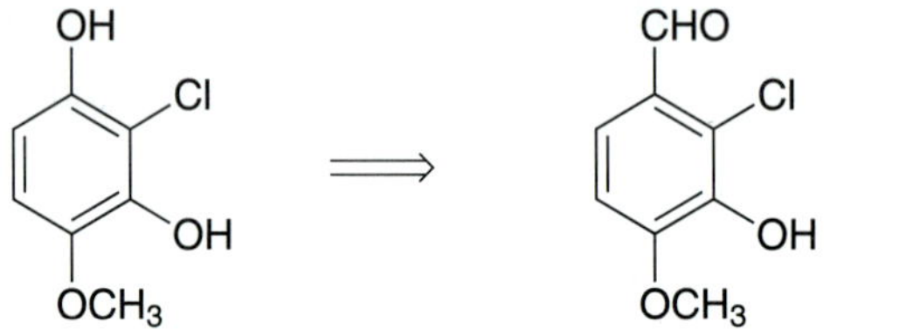
OH
Cl
OH
OCH_3
CHO
Cl
OH
OCH_3

2-클로로-3-하이드록시
4-메톡시벤즈알데하이드

22.7 천연에 존재하는 페놀

페놀 화합물은 흔한 천연 생성물이다. 바닐린(vanillin)은 바닐라 콩(vanilla bean) 기름 냄새의 원인이고, 유제놀(eugenol)은 정향(clove) 기름에 존재하며, 싸이몰(thymol)은 백리향(thyme)에 함유되어 있다.

바닐린 유제놀 싸이몰

그림 22.1

얼룩반점 수레국화는 다른 식물들을 죽이는 페놀 화합물을 만든다.

2,5-다이클로로페놀은 메뚜기의 방어 물질로부터 추출되었고, Δ^9-테트라하이드로카나비놀(Δ^9-tetrahycrocannabinol)은 마리화나에 함유된 정신활성제이며, 티이로신은 단백질을 구성하는 20개 아미노산 성분 중에서 유일한 페놀 화합물이다.

2,5-다이클로로페놀 Δ^9-테트라하이드로카나비놀 (*S*)-타이로신

많은 식물 색소는 플라바노이드(flavanoid)라고 부리는 삼중고리 페놀이며, 그들의 성질 중의 다른 하나는 항산화제이다. 아테롬성 동맥경화증(atherosclerosis)이 일본과 프랑스에서 낮은 비율을 나타내는 것은 녹차와 적포도주의 플라바노이드인 (+)-카테킨 때문으로 여겨진다.

(+)-카테킨 (−)-카테킨

두 카테킨 거울상 이성질체는 라세미 혼합물로서 얼룩반점 수레국화(spotted knapweed)의 뿌리를 통해서 분비된다(그림 22.1). (+)-카테킨은 항균성을 가지고 있지만, (−)-카테킨은 접촉하는 다른 식물들을 죽인다. 약 100년 전에 우연히 미국에 알려진 얼룩반점 수레국화는 급속도로 퍼지기 시삭하여 수백만 에이커가 넘세 나른 토종 식물들을 대체하기에 이르렀으며, 초식 동물들이 먹이를 찾아 다른 곳으로 이동하도록 하였다.

22.8 페놀 반응: 친전자성 방향족 치환

대부분의 반응에서 페놀은 친핵체로 작용하며, 반응하는 상대 시약은 친전자체이다. 페놀에서 하이드록실 산소 또는 방향족 고리는 친핵성 반응의 위치가 된다. 고리에서 일어나는 반응은 친전자성 방향족 치환이다. 표 22.3는 페놀의 이러한 형태의 반응을 요약한 것이다.

하이드록실기는 매우 강한 활성화기이므로 페놀의 친전자성 방향족 치환은 온화한 조건에서 벤젠보다 상당히 빠르게 일어난다. 예를 들면, 표 22.3의 첫 번째 반응은 아무런 촉매 없이 저온에서 높은 수득률로 일어나는 페놀의 모노브로민화(monobromination)를

나타낸다. 물과 같은 극성 용매에서는 페놀을 모노브로민화까지만 진행시키기 어렵다. 다음 예에서처럼 하이드록실에 대하여 오쏘 또는 파라인 세 개의 위치가 모두 빠르게 치환된다.

$$m\text{-Fluorophenol} + 3Br_2 \xrightarrow[25°C]{H_2O} \text{2,4,6-Tribromo-3-fluorophenol (95\%)} + 3HBr$$

m-Fluorophenol, Bromine, 2,4,6-Tribromo-3-fluorophenol (95%), Hydrogen bromide

다른 전형적인 친전자성 방향족 치환반응들–나이트로화(두 번째 반응), 설폰화(네 번째 반응), Friedel–Crafts 알킬화와 아실화(다섯 번째와 여섯 번째 반응)–은 쉽게 일어나며 합성에서 유용하게 사용된다. 또한 페놀은 가장 활성이 큰 방향족 화합물에서만 일어나는 친전자성 치환 반응을 하며, 나이트로소화(세 번째 반응)와 다이아조늄 염과의 짝지음 반응(일곱 번째 반응)이 여기에 속한다.

문제 22.6

다음 각 반응은 화학 문헌에 보고되어 있으며, 단일 생성물이 높은 수득률로 생긴다. 각 경우에 대한 생성물을 말하시오.

(a) 3-벤질-2,6-다이메틸페놀을 클로로폼에서 브로민으로 처리
(b) 4-브로모-2-메틸페놀을 2-메틸프로펜과 황산으로 처리
(c) 2-아이소프로필-5-다이메틸페놀(싸이몰)을 아질산 소듐과 묽은 염산으로 처리
(d) 4-메틸페놀을 염화 프로판오일과 염화 알루미늄으로 처리

풀이 예시 (a) 하이드록실기를 가진 고리가 다른 고리보다 반응성이 훨씬 더 크다. 여러 개의 치환기를 가진 고리의 친전자성 방향족 치환반응에서는 활성이 가장 큰 치환기가 치환 위치를 결정한다. 브로민화는 하이드록실기에 대하여 파라 위치에 일어난다.

$$\text{3-Benzyl-2,6-dimethylphenol} \xrightarrow[CHCl_3,\ 0°C]{Br_2} \text{3-Benzyl-4-bromo-2,6-dimethylphenol}$$

3-Benzyl-2,6-dimethylphenol

3-Benzyl-4-bromo-2,6-dimethylphenol (100% 수득률로 분리됨)

페놀의 방향족 고리는 아릴아민처럼 전자가 풍부한 작용기로 보여지며, 다양한 반응을 할 수 있다. 그러나 가끔은 고리 대신에 하이드록실의 산소가 반응한다. 이러한 화학반응의 예는 다음 장에 기술되어 있다.

22.9 페놀 아실화

염화 아실과 카복실산 무수물 같은 아실화 시약은 페놀 고리(C-아실화) 또는 하이드록실 산소(O-아실화)와 반응할 수 있다.

표 22.3 페놀의 친전자성 방향족 치환반응

반응(절)과 설명	특정 반응 예
할로젠화 페놀의 브로민화와 염소화는 촉매 없이도 쉽게 일어난다. 치환은 주로 파라 위치에 일어난다. 파라 위치가 봉쇄되어 있으면 오쏘 치환이 관찰된다.	Phenol + Bromine (Br_2) —$ClCH_2CH_2Cl$, 0°C→ *p*-Bromophenol (93%) + Hydrogen bromide (HBr)
나이트로화 페놀을 물이나 아세트산에서 질산으로 처리하면 나이트로화가 일어난다. 페놀의 높은 반응성 때문에 질산과 황산의 혼합물을 사용할 필요가 없다.	4-Methylphenol —HNO_3, 아세트산, 5°C→ 4-Methyl-2-nitrophenol (73–77%)
나이트로소화 아질산 소듐 수용액을 산성화시키면 약한 친전자체인 나이트로실 양이온(:N≡O:+, 나이트로실 양이온)이 생기며, 강하게 활성화된 페놀 고리를 공격한다. 생성물은 나이트로소 페놀이다.	2-Naphthol —$NaNO_2$, H_2SO_4, H_2O, 0°C→ 1-Nitroso-2-naphthol (99%)
설폰화 페놀을 진한 황산과 가열하면 고리가 설폰화된다.	2,6-Dimethylphenol —H_2SO_4, 100°C→ 4-Hydroxy-3,5-dimethylbenzenesulfonic acid (69%)
Friedel–Crafts 알킬화 산을 섞은 알코올은 탄소양이온의 공급원이다. 탄소양이온이 페놀 고리를 공격하면 알킬화가 일어난다.	2-Methylphenol —$(CH_3)_3COH$, H_3PO_4, 60°C→ 4-*tert*-Butyl-2-methylphenol (63%)
Friedel–Crafts 아실화 염화 알루미늄(aluminum chloride) 존재 하에서 염화 아실과 카복실산 무수물은 페놀 고리를 아실화 시킨다.	Phenol —CH_3CCl (O), $AlCl_3$→ *p*-Hydroxyacetophenone (74%) + *o*-Hydroxyacetophenone (16%)
아렌다이아조늄염과의 반응 1차 방향족 아민으로부터 생성된 다이아조늄염 용액에 페놀을 첨가하면 아조 화합물이 생긴다. 이 반응은 상당량의 페놀이 페녹시화 이온으로 존재하는 pH에서 일어난다. 이 다이아조늄 이온은 강하게 활성화된 페녹시화 이온의 고리에 대한 친전자체로 작용한다.	2-Naphthol —$C_6H_5\overset{+}{N}\equiv N\ \overset{-}{Cl}$→ 1-Phenylazo-2-naphthol (48%)

$$\text{페놀} \xrightarrow[\text{RCOCR (O, O)}]{\text{RCCl (O) 또는}} \text{아릴 캐톤 (C-아실화 생성물)} \quad \text{또는} \quad \text{아릴 에스터 (O-아실화 생성물)}$$

표 22.3의 여섯 번째 반응처럼 페놀의 C-아실화는 Friedel-Crafts 반응의 통상적인 조건 하에서 관찰된다(염화 알루미늄 존재 하에서 염화 아실 또는 카복실산 무수물로 처리). 그러나 염화 알루미늄이 없을 때는 O-아실화가 대신 일어난다.

$$C_6H_5OH + CH_3(CH_2)_6\overset{O}{\overset{\|}{C}}Cl \longrightarrow C_6H_5O\overset{O}{\overset{\|}{C}}(CH_2)_6CH_3 + HCl$$

Phenol, Octanoyl chloride, Phenyl octanoate (95%), Hydrogen chloride

카복실산 무수물과 페놀의 O-아실화는 두 가지 방법으로 편리하게 촉진된다. 한 가지 방법은 산 무수물의 카보닐 산소 중의 하나를 양성자화시켜 더 강한 아실화 시약으로 만드는 것이다. 보통 황산 몇 방울을 첨가하는 것으로 충분하다.

$$F\text{-}C_6H_4\text{-}OH + CH_3\overset{O}{\overset{\|}{C}}O\overset{O}{\overset{\|}{C}}CH_3 \xrightarrow{H_2SO_4} F\text{-}C_6H_4\text{-}O\overset{O}{\overset{\|}{C}}CH_3 + CH_3\overset{O}{\overset{\|}{C}}OH$$

p-Fluorophenol, Acetic anhydride, *p*-Fluorophenyl acetate (81%), Acetic acid

다른 한 가지 방법은 염기성 용액에서 페놀을 페녹시화 음이온으로 전환시킴으로써 페놀의 친핵성을 증가시키는 것이다.

$$HO\text{-}C_6H_4\text{-}OH + 2CH_3\overset{O}{\overset{\|}{C}}O\overset{O}{\overset{\|}{C}}CH_3 \xrightarrow[H_2O]{NaOH} CH_3\overset{O}{\overset{\|}{C}}O\text{-}C_6H_4\text{-}O\overset{O}{\overset{\|}{C}}CH_3 + 2CH_3\overset{O}{\overset{\|}{C}}ONa$$

Resorcinol, Acetic anhydride, 1,3-Diacetoxybenzene (93%), Sodium acetate

문제 22.7

다음 각각을 나타내는 화학 반응식을 쓰시오.

(a) 페놀과 산 무수물의 황산 촉매 반응에 의한 아세트산 *o*-나이트로페닐의 합성

(b) 수산화 소듐 수용액에서 2-나프톨과 아세트산 무수물의 에스터화

(c) 페놀과 염화 벤조일의 반응

풀이 예시 (a) 이 문제는 산 무수물의 사용을 명시하므로 *o*-나이트로페놀의 아세트산 에스터를 합성하기 위해서 아세트산 무수물을 사용한다.

o-Nitrophenol + Acetic anhydride $\xrightarrow{H_2SO_4}$ o-Nitrophenyl acetate (이 방법에 의해서 93% 수득률로 분리됨) + Acetic acid

페놀의 O-아실화가 잘 일어나는 이유는 이 반응이 *속도론적 지배(kinetically controlled)*이기 때문이다. O-아실화는 C-아실화보다 더 빠르다. C-아실화 이성질체는 더 안정하지만 염화 알루미늄은 아릴 에스터를 아릴 케톤으로 전환시키는 효과적인 촉매로 알려져 있다. 이 이성질화 반응을 **Fries 재배열(Fries rearrangement)**이라고 한다.

Phenyl benzoate ($C_6H_5OCC_6H_5$) $\xrightarrow{AlCl_3}$ o-Hydroxybenzophenone (9%) + p-Hydroxybenzophenone (64%)

따라서 Friedel-Crafts 반응 조건에서는 페놀의 고리 아실화가 관찰된다. 왜냐하면 염화 알루미늄은 이 반응을 *열역학적(평형) 지배[thermodynamic (equilibrium) control]*로 만들기 때문이다.

페놀이 산 촉매 하에서 카복실산과 축합하는 Fischer 에스터화는 아릴 에스터를 합성하는데는 사용되지 않는다.

22.10 페놀 카복실화: 아스피린과 Kolbe-Schmitt 반응

가장 잘 알려진 에스터는 O-아세틸살리실산이며, *아스피린(aspirin)*으로 더 잘 알려져 있다.

Salicylic acid (o-hydroxybenzoic acid) + CH_3COCCH_3 Acetic anhydride $\xrightarrow{H_2SO_4}$ O-Acetylsalicylic acid (aspirin) + CH_3COH Acetic acid

아스피린은 많은 성질을 가지고 있어서 지주 사용되는 약이다. 아스피린은 두통에 효과적인 진통제(analgesic)이다. 또한 소염제(antiinflammatory agent)로 관절염과 약한 상처로 인해 부은 것을 완화시켜 준다. 아스피린은 해열제 화합물로서 열을 내려준다. 한때는 아스피린이 어떻게 이 모든 작용을 하는지 의문이었으나 지금은 잘 알려져 있으며, 24.6절에서 논의할 것이다. 최근까지 미국에서 4천만 파운드 이상의 아스피린이 생산되었으며, 이것은 모든 남자, 여자 및 어린이 한 사람당 일 년에 300알에 해당되는 비율이다.

아스피린의 합성에서 가장 중요한 화합물인 살리실산은 19세기에 독일의 화학자인 Hermann Kolbe에 의해서 발견된 공정으로 만들어진다. **Kolbe-Schmitt 반응(Kolbe-Schmitt reaction)**으로도 알려진 Kolbe 합성법에서는 페녹시화 소듐을 가압 하에서 이산화탄소와 가열하고, 이어서 반응 혼합물을 산성화하면 살리실산이 얻어진다.

Sodium phenoxide $\xrightarrow[125°C,\ 100\ atm]{CO_2}$ Sodium salicylate $\xrightarrow{H_3O^+}$ Salicylic acid (79%)

하이드록실기가 친전자성 공격에 대한 방향족 고리를 강하게 활성화시키지만 산소음이온 치환기는 더 강한 활성화기이다. 페녹시화 음이온에서 전자의 비편재화는 산소 원자에 대하여 오쏘와 파라 위치의 전자 밀도를 증가시킨다. 증가된 고리의 친핵성은 이산화탄소와 반응을 가능하게 한다. 중간체가 생성되며, 단순히 살리실산 음이온의 케토 형태이다.

페놀시화 음이온 (강염기) + 이산화탄소 ⇌ 사이클로헥사다이엔온 중간체 ⇌ 살리실산 음이온 (약염기)

Kolbe-Schmitt 반응은 열역학적 지배 평형과정이다. 평형의 위치는 강한 염기(페녹시화 이온)를 소모하고 약한 염기(살리실산 음이온)를 생성함에 유리하다. 열역학적 조절은 파라 치환보다는 오쏘 치환이 현저하게 일어나는 원인이기도 하다. 살리실산 음이온은 *p*-하이드록시벤조산 음이온보다 약한 염기이므로 평형에서 주로 존재한다.

페녹시화 이온 (강염기; 짝산의 pK_a, 10) + 이산화탄소 ⇌ 살리실살 음이올 (약염기; 짝산의 pK_a, 3) 오른쪽보다 우세함 *p*-하이드록시벤조산 음이온 (짝산의 pK_a, 4,5)

살리실산 음이온은 분자내 수소결합에 의해서 안정화되므로 *p*-하이드록시벤조산 음이온보다 약한 염기이다.

살리실산 음이온에서 분자내 수소결합

Kolbe-Schmitt 반응은 다른 *o*-하이드록시벤조산의 합성에 응용되어 왔다. 페놀의 알킬 유도체는 페놀 자체와 매우 유사하게 행동한다. 강하게 전자를 당기는 치환기를 가진 페놀은 낮은 수득률로 카복실화된 화합물을 생성한다. 이로부터 유도된 페녹시화 음이온은 덜 염기성이고, 카복실화 반응의 평형상수는 더 작다.

22.11 아릴 에테의 합성

아릴 에테는 Williamson법에 의해서 가장 잘 제조된다(16.6절). 페녹시화 음이온을 할로젠화 알킬과 반응시키면 페놀의 하이드록실 산소가 쉽게 알킬화된다.

$ArO:^- + R-X: \xrightarrow{S_N2} ArOR + :X:^-$

페녹시화 음이온 / 할로젠화 알킬 / 알킬 아릴 에터 / 할로젠화 음이온

합성은 보통 페놀과 할로젠화 알킬 용액을 탄산 포타슘과 같은 적절한 염기 존재 하에서 단순히 가열하면 된다.

Phenol + Allyl bromide $\xrightarrow[\text{아세톤, 가열}]{K_2CO_3}$ Allyl phenyl ether (86%)

할로젠화 알킬은 S_N2 메커니즘에 의해서 쉽게 반응하는 것이어야 한다. 따라서 메틸과 1차 할로젠화 알킬이 알킬화 시약으로 가장 좋다. 2차 할로젠화 알킬을 사용하면 제거가 치환과 경쟁하고, 3차 할로젠화 알킬의 경우에는 제거만 일어난다.

문제 22.8

다음에 보이는 아릴 에터들은 약품을 만드는데 사용된 중간체들이다. 각각의 경우에, 이들 화합물들을 합성하는데 사용된 페놀과 할로젠화 알킬의 구조를 제시하시오.

(a) $CH_3C(=O)NH-C_6H_4-OCH_2CH_2CH_3$ ⟹

(b) $CH_3C(=O)NH-C_6H_4-OCH_2C(=O)OCH_2CH_3$ ⟹

(c) $H_3C-C_6H_4-OCH_2CH(OCH_3)_2$ ⟹

풀이 예시

(a) • 이 절단은 할로젠화 아릴에 친핵성 치환이 포함되기 때문에 적절하지 않다.

$CH_3\overset{O}{\overset{\|}{C}}NH-C_6H_4 \,\vdots\, OCH_2CH_2CH_3$

• 그러므로, 다른 절단을 선택한다.

$CH_3\overset{O}{\overset{\|}{C}}NH-C_6H_4-O \,\vdots\, CH_2CH_2CH_3 \Rightarrow CH_3\overset{O}{\overset{\|}{C}}NH-C_6H_4-OH + BrCH_2CH_2CH_3$

할로젠화 아릴이 첨가-제거 메커니즘으로 친핵성 방향족 치환을 빠르게 하는 경우에만 알콕시화 이온과 할로젠화 아릴 사이의 반응을 알킬 아릴 에터를 만드는데 이용할 수 있다(12.21절).

F — NO_2 $\xrightarrow[\text{CH}_3\text{OH, 25°C}]{\text{KOCH}_3}$ OCH_3 — NO_2

p-Fluoronitrobenzene → *p*-Nitroanisole (93%)

문제 22.9

다음 두 반응물의 조합 중에서 어느 것이 *p*-나이트로페닐 페닐 에터를 합성하는데 더 적당한가?
플루오로벤젠과 *p*-나이트로페녹시화 소듐 또는 *p*-플루오로나이트로벤젠과 페녹시화 소듐

James Bond, Oxidative Stress, and Antioxidant Phenols

In the film *Never Say Never Again* James Bond has the following conversation with M:

M: Too many free radicals. That's your problem.
James Bond: "Free radicals," sir?
M: Yes. They're toxins that destroy the body and the brain, caused by eating too much red meat and white bread and too many dry martinis!
James Bond: Then I shall cut out the white bread, sir.
M: Oh, you'll do more than THAT, 007. From now on you will suffer a strict regimen of diet and exercise; we shall PURGE those toxins from you!

We're familiar with free radicals as reactive, short-lived intermediates in chemical reactions. How are they involved in biological processes and why does M refer to them as " toxins"? We'll consider these questions, but fi rst some background on *reactive oxygen species* (ROS) and *oxidative stress* will be helpful.

ROS are formed as byproducts of energy production and storage in aerobic microorganisms, animals, and plants. Some are intermediates in essential biological processes such as intracellular signaling, but others damage cell membranes and DNA. They include not only molecules in which all of the electrons are paired, hydrogen peroxide and its conjugate base, for example, but also species with unpaired electrons such as hydroxyl (·$\ddot{\text{O}}$—H), alkoxyl (·$\ddot{\text{O}}$—R), and superoxide (·$\ddot{\text{O}}$—$\ddot{\text{O}}$:$^-$) radicals.

Oxidative stress is an imbalance in ROS levels. It has been implicated in some forms of cancer, in cardiovascular disease, and in Alzheimer's and Parkinson's diseases. One way that living systems respond to oxidative stress is by lowering ROS concentrations by scavenging free radicals with the aid of *antioxidants*, such as vitamins E and C.

Vitamin E (α-tocopherol)

Vitamin C (L-ascorbic acid)

Vitamin E is present in the nonpolar interior of cell membranes, and vitamin C in the water-rich cytosol. Vitamin E protects against oxidation of cell membrane lipids by a process that you have seen before; namely, termination of a radical chain reaction.

Consider a cell membrane lipid derived from linoleic acid, which is an unsaturated fatty acid. Hydrogen atom abstraction of an allylic hydrogen by a hydroxyl radical leads to a resonancestabilized free allylic radical in which the unpaired electron is delocalized over C-9, C-11, and C-13.

Membrane $(CH_2)_7$ H ·ÖH $(CH_2)_4CH_3$ → Membrane $(CH_2)_7$ $(CH_2)_4CH_3$ + H—ÖH

Linoleic portion of a cell membrane + hydroxyl radical — An allylic radical + water

Reaction of O_2 with this allylic radical is possible at any of the three carbons that share the unpaired electron to give a peroxyl radical according to the general equation:

$$R\cdot + \cdot\ddot{O}-\ddot{O}\cdot \longrightarrow R-\ddot{O}-\ddot{O}\cdot$$

Allylic radical from preceding equation — Oxygen — Peroxyl radical

The peroxyl radical can then go on to abstract an allylic hydrogen from another molecule of lipid as part of a chain reaction that can damage the cell membrane.

Membrane $(CH_2)_7$ H Ö—Ö—R $(CH_2)_4CH_3$ → Membrane $(CH_2)_7$ $(CH_2)_4CH_3$ + H—Ö—Ö—R

Linoleic portion of a cell membrane + peroxyl radical — An allylic radical + a hydroperoxide

Vitamin E interferes with the chain-propagating step described in the preceding equation by transferring a hydrogen atom to the peroxyl radical, converting it to a less-reactive hydroperoxide and preventing further damage to the cell membrane.

R—Ö—Ö· H—O: CH_3 H_3C CH_3 $C_{16}H_{33}$ CH_3 → R—Ö—Ö—H + ·Ö: CH_3 H_3C CH_3 $C_{16}H_{33}$ CH_3

Peroxyl radical — Vitamin E — A hydroperoxide — Vitamin E radical

(계속)

The vitamin E radical is stabilized by delocalization of the unpaired electron into the benzene ring and does not abstract hydrogen atoms from the lipid.

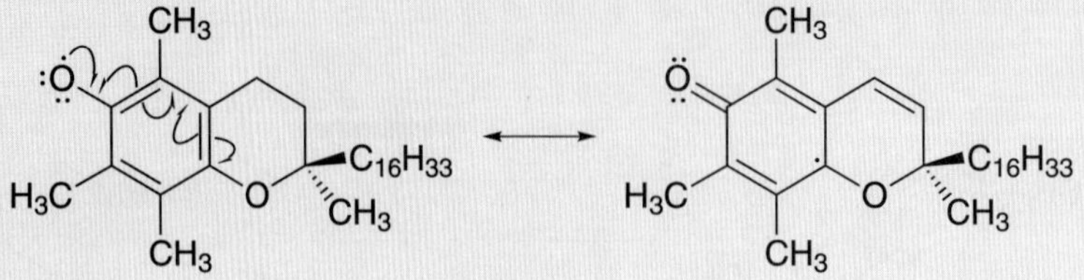

Vitamin E radical

Vitamin E is found in nuts, seeds, and vegetable and fi shoils. Citrus fruits and juices are rich in vitamin C. In addition to vitamins C and E, it is estimated that over 4000 polyphenolic natural products with antioxidant properties are found in fruits and vegetables as well as in coffee, tea, red wine, and chocolate. The benefi cial effects of resveratrol, a phenolic compound present in the skins of red grapes and other foods, are thought to originate in resveratrol's ability to act as an antioxidant.

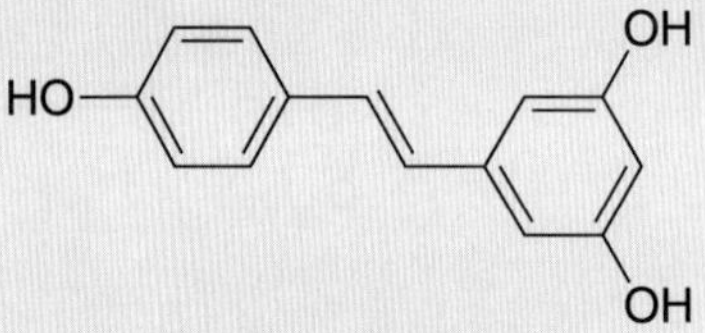

Resveratrol

Excessive alcohol consumption as well as smoking are thought to increase oxidative stress, whereas regular exercise may actually enhance the body's antioxidant defense systems. So, it looks like it's more exercise, a better diet, and fewer martinis for 007!

Problem 22.10

The allyl radical of linoleic acid is stabilized by resonance involving the C-9 – 10 and C-12 – 13 double bonds. Show structures for each of these resonance contributors.

Problem 22.11

Phenolic compounds such as BHT (butylated hydroxytoluene) are added to food products to retard spoilage. What is the structure of the radical that would be formed from BHT when it reacts with an alkyl radical R · ? Write a resonance contributor for this radical.

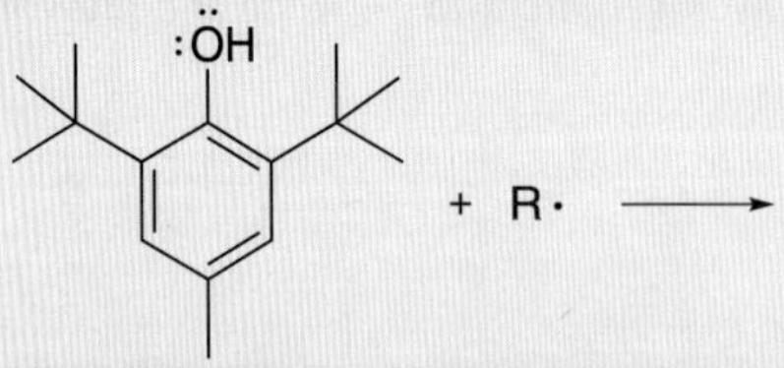

22.12 할로젠화 수소에 의한 아릴 에터의 분해

할로젠화 수소에 의한 *다이알킬 에터(dialkyl ether)*의 분해는 16.8절에서 논의하였으며, 탄소-산소 결합의 분해 순서에 관계없이 같은 할로젠화 알킬 쌍이 얻어지는 것에 주목하라.

$$\underset{\text{다이에틸 에터}}{ROR'} + \underset{\text{할로젠화 수소}}{2HX} \longrightarrow \underset{\text{두 개의 할로젠화 알킬}}{RX + R'X} + \underset{\text{물}}{H_2O}$$

할로젠화 수소에 의한 *알킬 아릴 에터(alkyl aryl ether)*의 분해는 항상 알킬–산소 결합이 분해되어 할로젠화 알킬과 페놀이 최종 생성물로 생성된다.

$$\underset{\text{알킬 아릴 에터}}{ArOR} + \underset{\text{염화 수소}}{HX} \longrightarrow \underset{\text{페놀}}{ArOH} + \underset{\text{할로젠화 알킬}}{RX}$$

페놀은 할로젠화 수소와 반응하여 할로젠화 아릴로 전환되지 않으므로 다음 반응식 이상의 반응은 진행되지 않는다. 예를 들면,

$$\underset{\text{Guaiacol}}{\text{2-}CH_3O\text{-}C_6H_4\text{-}OH} \xrightarrow[\text{가열}]{HBr} \underset{\substack{\text{Pyrocatechol}\\(85\text{–}87\%)}}{\text{1,2-}C_6H_4(OH)_2} + \underset{\substack{\text{Methyl bromide}\\(57\text{–}72\%)}}{CH_3Br}$$

과이아콜(Guaiacol)은 따뜻한 기후에서 자라는 나무의 일종인 *lignum vitae*를 화학 처리하여 얻는다. 과이아콜은 가끔 기관지의 충혈을 완화시키는 거담제로 사용된다.

할로젠화 수소와 알킬 아릴 에터 반응의 첫 단계는 산소의 양성자화에 의한 알킬아릴옥소늄 이온의 생성이다.

$$\underset{\text{알킬 아릴 에터}}{ArOR} + \underset{\text{할로젠화 수소}}{H\text{—}X} \overset{\text{빠름}}{\rightleftharpoons} \underset{\text{알킬아릴옥소늄 이온}}{ArO^{+}(H)R} + \underset{\text{할로젠화 이온}}{X^-}$$

이어서 친핵성 치환 단계가 이어지며, 알킬기가 1차 또는 2차인 경우에는 S_N2 메커니즘과 비슷하다.

$$\underset{\text{알킬아릴옥소늄 이온}}{ArO^{+}(H)R} + \underset{\text{할로젠화 이온}}{X^-} \overset{\text{느림}}{\rightleftharpoons} \underset{\text{페놀}}{ArOH} + \underset{\text{할로젠화 알킬}}{RX}$$

할로젠화물 친핵체에 의한 공격은 항상 알킬기의 sp^3-혼성 탄소에서 일어나며, 다이알킬 에터의 분해 과정과 유사하다. 이 소선에서 친핵성 *방향족* 치환은 일어나지 않는다.

22.13 알릴 아릴 에터의 Claisen 재배열

알릴 아릴 에터(allyl aryl ether)를 가열하면 **Claisen 재배열(Claisen rearrangement)**이라는 흥미로운 반응이 일어난다. 알릴기가 산소로부터 그것에 대하여 오쏘 위치인 고리 탄소로 이동한다.

$$\underset{\text{Allyl phenyl ether}}{C_6H_5OCH_2CH{=}CH_2} \xrightarrow{200°C} \underset{o\text{-Allylphenol (73\%)}}{\text{2-}(CH_2CH{=}CH_2)C_6H_4OH}$$

알릴 페닐 에터는 22.11장에 기술되어 있는 것처럼 페놀과 브로민화 알릴을 반응시켜 얻는다.

일릴기에 대한 탄소-14 표지 실험 결과 일릴기의 말단 탄소가 고리에 붙게 되며, 이는 첫 단계에서 전자의 재구성이 동시에 진행되는 반응 메커니즘을 암시한다. 다음 단계에서는 얻어진 사이클로헥사다이엔온(cyclohexadienone)의 엔올화로 방향족 고리가 재생된다.

$* = {}^{14}C$

재배치 → 엔올화 →

알릴 페닐 에터 6-알릴-2,4-사이클로헥사다이엔온 *o*-알릴페놀

문제 22.12

페놀의 다른 알릴 에터의 Claisen 재배열 메커니즘은 알릴 페닐 에터와 유사하다. $C_6H_5OCH_2CH=CHCH_3$의 Claisen 재배열 생성물은 무엇인가?

Claisen 재배열 첫 단계의 전이상태는 Diels-Alder 고리첨가의 그것과 많은 공통점을 가지고 있다. 두 반응 모두 여섯 개의 전자가 동시에 재구성되는 것을 수반한다.

을 거쳐서 을 거쳐서

Claisen 재배열 Diels-고리첨가

Claisen 재배열은 **시그마트로픽 재배열(sigmatropic rearrangement)**의 한 예이다. 시그마트로픽 재배열의 특징은 전이상태에서 시그마 결합이 컨쥬게이트되어 있는 π 전자계의 한 끝에서 다른 끝으로 이동하는 것이다. 앞의 경우에는 알릴 단위 끝의 산소에 붙은 σ 결합이 끊어지고 다른 끝에서 고리 탄소와의 σ 결합으로 대체된다.

22.14 페놀 산화: 퀴논

페놀은 알코올보다 더 쉽게 산화되며, 많은 무기 산화제가 이 목적에 사용되어 왔다. 유기화학자들이 이용하는 페놀 산화의 대부분은 1,2-벤젠다이올(파이로카테콜, pyrocatechol)과 1,4-벤젠다이올(하이드로퀴논, hydroquinone)의 유도체와 관련된 것이다. 산화 은이나 크로뮴산을 이용한 이런 형태 화합물의 산화는 **퀴논(quinone)**이라는 컨쥬게이트된 다이카보닐 화합물을 생성한다.

$\xrightarrow[H_2SO_4,\ H_2O]{Na_2Cr_2O_7}$

Hydroquinone *p*-Benzoquinone (76–81%)

산화 은은 약한 산화제이다.

$\xrightarrow[\text{에터}]{Ag_2O}$

4-Methylpyrocatechol (4-methyl-1,2-benzenediol) 4-Methyl-1,2-benzoquinone (68%)

퀴논은 색을 띠고 있다. 예를 들면, *p*-벤조퀴논(p-benzoquinone)는 노란색이다. 많은 퀴논들이 천연에 존재하며 염료로 사용되어 왔다. *알리자린*(*alizarin*)은 꼭두서니 식물(madder plant)의 뿌리에서 추출한 빨간 색소이다. 1968년에 콜타르 유도체인 안트라센으로부터 알리자린의 합성은 합성 염료 산업을 발전시키는 중요한 계기가 되었다.

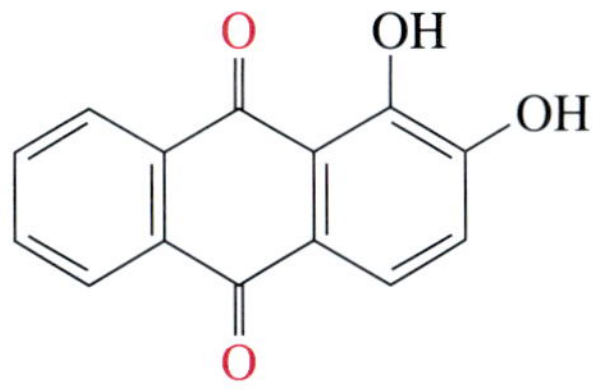

알리자린

안트라센 고리에 기초한 퀴논을 *안트라퀴논*(*anthraquinone*)이라고 부른다. 알리자린은 *안트라퀴논* 염료의 한 예이다.

하이드로퀴논과 벤조퀴논을 연결하는 산화–환원 과정은 두 개의 일–전자 이동을 수반한다.

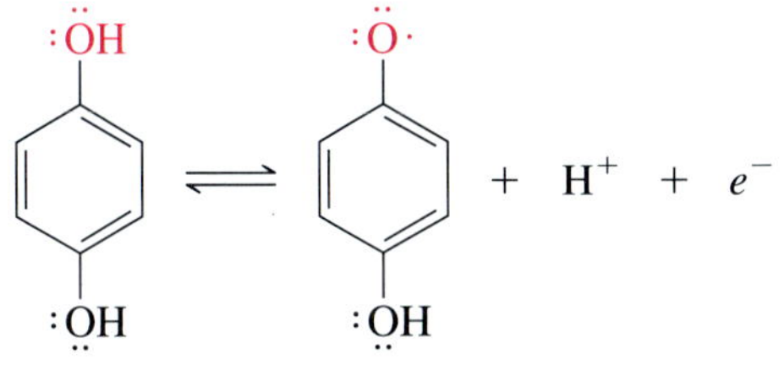

$$\text{하이드로퀴논} \rightleftharpoons \text{(semiquinone radical)} + H^+ + e^-$$

$$\text{(semiquinone radical)} \rightleftharpoons \text{벤조퀴논} + H^+ + e^-$$

하이드로퀴논

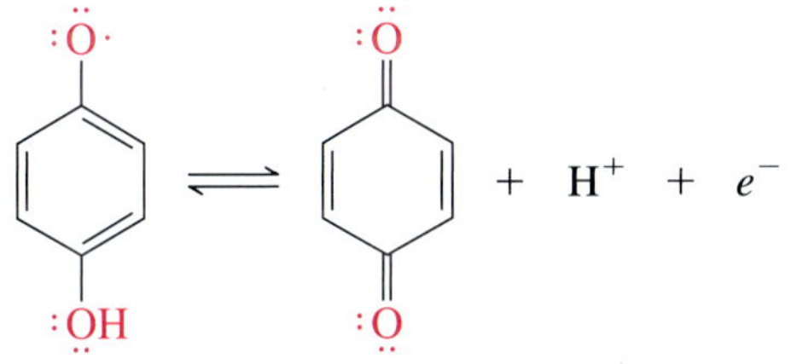

벤조퀴논

이 반응의 빠른 가역성은 세포가 호흡하는데 퀴논이 하는 역할에 필수적이며, 이 과정에서 유기체는 음식물을 이산화탄소와 물 및 에너지로 전환하는데 산소 분자를 이용한다. 전자들은 기질 분자로부터 산소로 직접 이동하지 않고, 대신에 연속적인 산화–환원 반응을 수반하는 *전자 운반 사슬*(*electron transport chain*)을 경유하여 이동한다. 이 전자 운반 사슬계의 핵심 성분은 *유비퀴논*(*ubiquinone*) 또는 **보조효소 Q(coenzyme Q)**라는 물질이다.

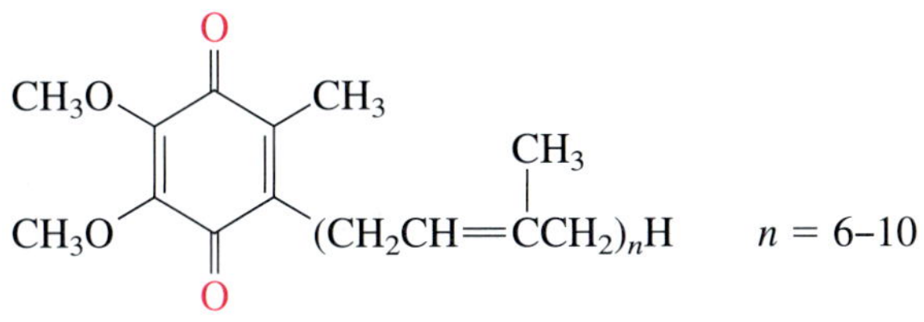

CH_3O, CH_3O, CH_3, $(CH_2CH{=}C(CH_3)CH_2)_nH$ $\quad n = 6–10$

유비퀴논(보조효소 Q)

유비퀴논이라는 이름은 *유비퀴터스 퀴논*(*ubiquitous quinone*)의 준말이며, 이 화합물이 모든 세포에서 발견될 수 있다는 관찰 결과를 기술하기 위해서 만든 용어이다. 이것의 곁사슬의 길이는 유기체의 종류에 따라 다르다. 모든 척추 동물의 가장 일반적인 형태는 n = 10이며, n = 6~9의 유비퀴논은 효모와 식물에서 발견된다.

다른 생리학적으로 중요한 퀴논은 바이타민 K이다. 여기서 "K"는 *koagulation*(덴마

크어)을 의미하며, 이 물질이 처음으로 정상적인 피의 응고에 필수적인 것으로 판명되었기 때문이다.

바이타민 K

약간의 바이타민 K는 음식물로 공급되지만, 인간이 필요로 하는 많은 부분은 장내 세균총(intestinal flora)에 의해서 생산된다.

*장내 세균총(intestinal flora)*은 대장에 살고 있는 박테리아, 효모 및 균류에 대한 일반적인 명칭이다.

22.15 페놀의 분광학적 분석

적외선(infrared): 페놀의 적외선 스펙트럼 (IR spectrum)은 알코올과 방향족 화합물의 특성을 모두 가지고 있다. O—H 신축에 의한 하이드록실 흡수는 3600 cm^{-1} 부근에서 발견되며, C—O 신축에 의한 피크는 1200–1250 cm^{-1} 부근에서 나타난다. 이와 같은 특징은 그림 22.2에 나타낸 *p*-크레졸의 적외선 스펙트럼에서 볼 수 있다.

^{1}H NMR: 하이드록실 양성자의 ^{1}H NMR 신호는 흔히 넓으며, 이들의 화학적 이동은 산성도처럼 알코올과 카복실산 사이에 위치한다. 그 범위는 δ 4~12이며, 정확한 화학적 이동은 농도, 용매 및 온도에 의존한다.

^{13}C NMR: 페놀의 —OH 기는 그것에 붙은 탄소와 그것과 오쏘 위치인 탄소에 가장 큰 영향을 준다. —OH 기는 이것이 붙은 탄소를 약 25 ppm 덜 *가려지는(deshield)* 반면에, 오쏘 탄소는 약 14 ppm 더 *가려진다(shield)*. 아릴 에터는 비슷하게 행동한다.

벤젠 128.5; 페놀 155.0, 115.5, 129.8, 121.1; 아니솔 159.7, 114.0, 129.5, 120.7

^{13}C 화학적 이동 δ (ppm)

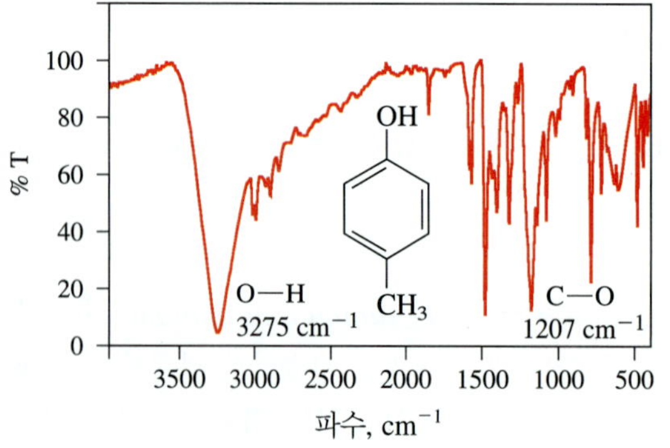

그림 22.2

4-메틸페놀의 적외선 스펙트럼.

방향족 고리에서 가장 많이 가려지는 탄소는 하이드록실기에 대하여 오쏘와 파라인 탄소인데, 이것은 OH 기가 이들 위치에 전자를 우선적으로 제공한다는 우리의 경험과 일치한다는 사실에 주목하라.

UV-VIS: 아릴 아민처럼(21.19장) OH 기가 벤젠 발색단에 주는 영향의 관점에서 페놀의 UV-VIS 거동을 살펴보는 것은 유익하다.

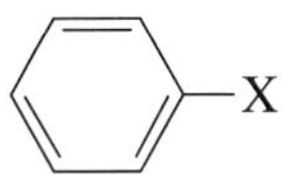

	X	λ_{max} (*nm*)
벤젠	H	204, 256
아닐린	NH_2	230, 280
페놀	OH	210, 270
페녹시화 이온	O^-	235, 287

OH기는 NH_2기와 비슷하게 벤젠의 UV−VIS 스펙트럼에 영향을 주지만 그 정도는 더 작다. 그러나 OH가 O^-로 바뀌는 염기성 용액에서는 장파장 쪽으로 이동되는 정도는 NH_2기를 능가한다.

질량분석기(Mass Spectrometry): 페놀의 질량 스펙트럼에서 분자 이온의 피크는 꽤 뚜렷하게 나타난다. 예를 들면, 이것은 페놀에서 가장 강한 피크이다.

22.16 요약

22.1절 페놀은 공업적으로 중요한 화학 물질이며, 천연물로 널리 분포하는 많은 화학종의 모체이다. C_6H_5OH의 계통명은 *벤젠올(benzenol)*이지만 IUPAC 규칙은 *페놀(phenol)*을 대신 사용하도록 허용하고 있다. 치환기를 가진 유도체들은 페놀을 기본 모체로 하여 명명한다.

22.2절 페놀은 극성 화합물이지만 알코올보다는 덜 극성이다. 이들은 전자가 풍부한 방향족 고리를 가지고 있다는 점에서 아릴아민과 유사하다.

22.3절 페놀의 OH기는 수소결합을 가능하게 한다. 이것은 아렌과 할로젠화 아릴에 비해서 끓는 점과 물에 대한 용해도를 높이는데 기여한다.

22.4절 페놀의 pK_a는 약 10으로 알코올보다 강한 산이지만 카복실산보다는 약하다. 이들을 수산화 소듐 수용액으로 처리하면 정량적으로 페녹시화 음이온으로 전환된다.

$$ArOH + NaOH \rightarrow ArONa + H_2O$$

22.5절 고리에 붙은 전자를 주는 기가 페놀의 산성에 미치는 효과는 미미하다. 강하게 전자를 당기는 치환기는 산성을 증가시킨다. 예를 들면, 4-나이트로-3-(트라이플루오로메틸)페놀은 페놀보다 약 10,000배 더 강한 산이다.

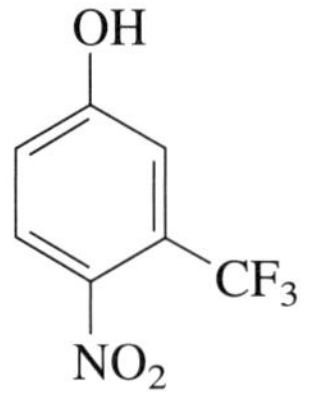

4-나이트로-3-(트라이플루오로메틸)페놀
$pK_a = 6.0$

22.6절 페놀의 공업적 합성 공정은 산소에 의한 이소프로필벤젠의 산화와 얻어진 과산화수소화물의 묽은 황산 처리 과정을 거친다.

Isopropylbenzene (cumene) $\xrightarrow{O_2}$ 1-Methyl-1-phenylethyl hydroperoxide $\xrightarrow[H_2SO_4]{H_2O}$ Phenol + Acetone

22.7절 많은 페놀류가 천연에 존재한다.

CH_3O, HO, O

생강의 싸한 맛을 내게 함

22.8절 페놀의 하이드록실기는 강한 활성화 치환기이며, 페놀과 그 유도체는 쉽게 친전자성 방향족 치환이 일어난다. 전형적인 예를 표 22.3에 요약하였다.

22.9절 페놀을 염화 아실이나 산 무수물과 반응시키면 하이드록실기(O-아실화) 또는 고리의 아실화가 진행된다(C-아실화). 염화 알루미늄이 존재할 때는 열역학적 조건 하에서 C-아실화 생성물이 더 안정하고 우세하다(22.8절의 표 22.3의 여섯 번째 반응 참조). O-아실화는 C-아실화보다 더 빠르고 속도론적 조건 하에서는 아릴 에스터가 생성된다.

$$\underset{\text{페놀}}{ArOH} + \underset{\text{아실화제}}{RCX} \longrightarrow \underset{\text{아릴 에스터}}{ArOCR} + HX$$

(RCX와 ArOCR의 C 위에 =O 표시)

o-Nitrophenol $\xrightarrow[H_2SO_4]{CH_3COCCH_3}$ o-Nitrophenyl acetate (93%)

(구조: OH, NO_2 → $OCCH_3$, NO_2)

22.10절 살리실산의 Kolbe-Schmitt 합성법은 아스피린의 합성에서 매우 중요한 단계이다. 페놀의 소듐 염을 높은 온도와 압력에서 이산화탄소로 처리하면 높은 위치 선택적으로 오쏘 카복실화가 진행된다.

Sodium *p-tert*-butylphenoxide (ONa) $\xrightarrow[2.\ H_3O^+]{1.\ CO_2,\ \text{가열, 가압}}$ 5-*tert*-Butyl-2-hydroxybenzoic acid (74%)

22.11절 페녹시화 음이온은 할로젠화 알킬에 대하여 친핵성이며, S_N2 조건 하에서 알킬 아릴 에터가 쉽게 합성된다.

$$\underset{\text{페녹시화 음이온}}{ArO^-} + \underset{\text{할로젠화 알킬}}{RX} \longrightarrow \underset{\text{알킬 아릴 에터}}{ArOR} + \underset{\text{할로젠화 음이온}}{X^-}$$

o-Nitrophenol + 1-Bromobutane $\xrightarrow{K_2CO_3}$ Butyl o-nitrophenyl ether (75-80%)

(구조: NO_2, OH + Br → NO_2, O)

22.12절 알킬 아릴 에터를 할로젠화 수소로 분해시키면 페놀과 할로젠화 알킬이 생성된다.

$$\underset{\text{알킬 아릴 에터}}{ArOR} + \underset{\text{할로젠화 수소}}{HX} \xrightarrow{\text{가열}} \underset{\text{페놀}}{ArOH} + \underset{\text{할로젠화 알킬}}{RX}$$

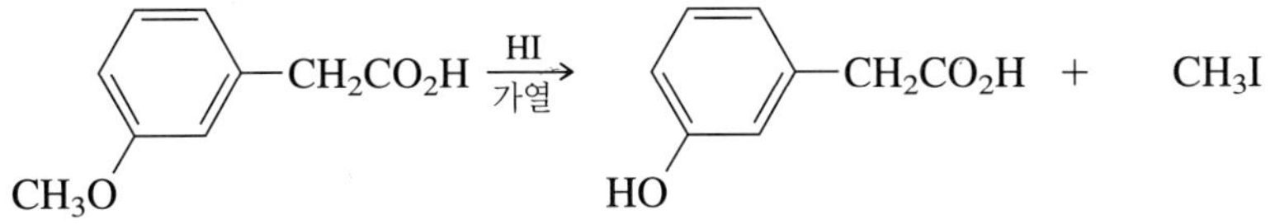

m-Methoxyphenylacetic acid $\xrightarrow[\text{가열}]{HI}$ m-Hydroxyphenylacetic acid (72%) + Methyl iodide (CH_3I)

22.13절 알릴 아릴 에터를 가열하면 Claisen 재배열이 진행되어 o-알릴 페놀이 생성된다. 동시에 진행되는 π 전자의 재구성에 의해서 생성되는 사이클로헥사다이엔온이 중간체이다.

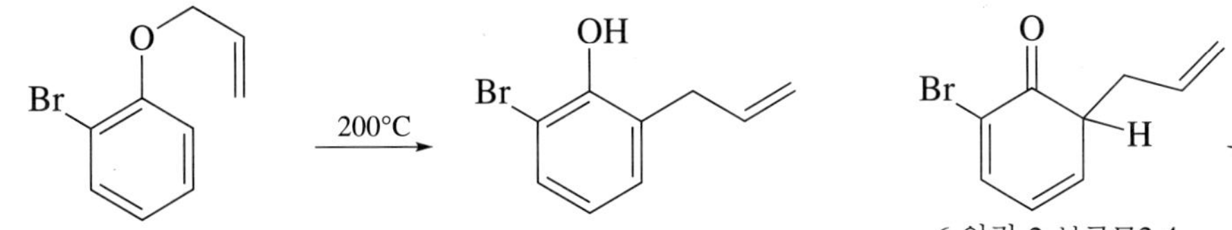

Allyl o-bromophenyl ether $\xrightarrow{200°C}$ 2-Allyl-6-bromophenol (82%)

6-알릴-2-브로모2,4-사이클로헥사다이엔온 을 경유

22.14절 1,2-와 1,4-벤젠다이올을 산화시키면 퀴논이 생성된다.

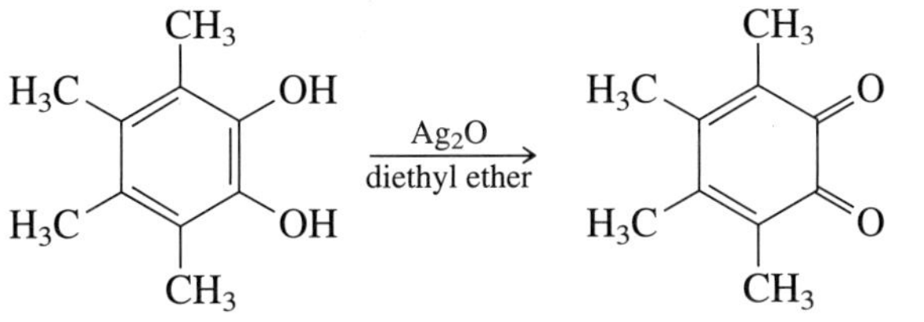

3,4,5,6-Tetramethyl-1,2-benzenediol $\xrightarrow[\text{diethyl ether}]{Ag_2O}$ 3,4,5,6-Tetramethyl-1,2-benzoquinone (81%)

22.15절 페놀이 알코올보다 OH 양성자의 가리움이 다소 덜하다는 점을 제외하면 페놀의 적외선 스펙트럼과 ^1H NMR 스펙트럼은 알코올과 비슷하다. ^{13}C NMR 스펙트럼에서는 OH 기가 그것이 붙어 있는 고리의 탄소를 가리지 않는다. OH 기는 벤젠의 UV-VIS 스펙트럼을 장파장 쪽으로 이동시킨다. 염기성 용액에서는 OH가 O^-로 바뀌므로 이 효과가 매우 크다.

문제

22.13 IUPAC 규칙에 의하면 많은 수의 친숙한 페놀과 아릴 에터에 대하여 일반명을 허용하고 있다. 이와 같은 일반명이 계통명과 함께 다음에 열거되어 있다. 각 화합물의 구조를 쓰시오.

(a) *바닐린*(4-하이드록시-3-메톡시벤즈알데하이드): 바닐라 콩기름의 성분으로서 특유한 냄새는 이 성분 때문이다.

(b) *싸이몰*(2-아이소프로필-5-메틸페놀): 백리향(thyme)기름에서 얻을 수 있다.

(c) *카바크롤*(5-아이소프로필-2-메틸페놀): 백리향유와 마요라나(marjoram)기름에 함유되어 있다.

(d) *유제놀*(4-알릴-2-메톡시페놀): 정향유에서 얻을 수 있다.

(e) *갈르산*(3,4,5-트라이하이드록시벤조산): 식물에서 얻은 탄닌을 가수분해하여 만든다.

(f) *살리실 알코올*(o-하이드록시벤질 알코올): 포플러와 버드나무 껍질에서 얻는다.

22.14 다음 화합물들을 명명하시오

(a) 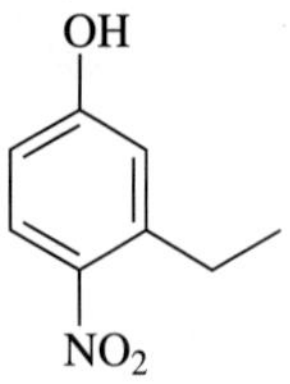 OH, NO_2 (d) 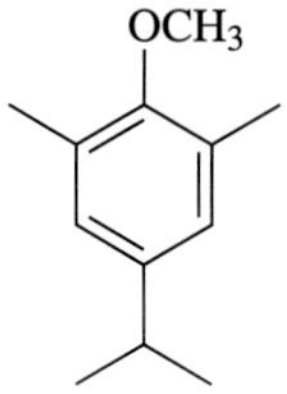 OCH_3

(b) 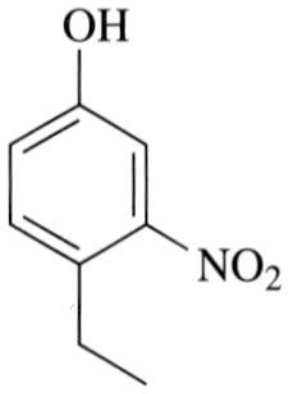 OH, NO_2 (e) 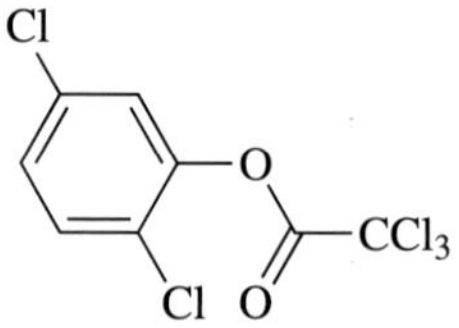 Cl, O, CCl_3, Cl, O

(c) 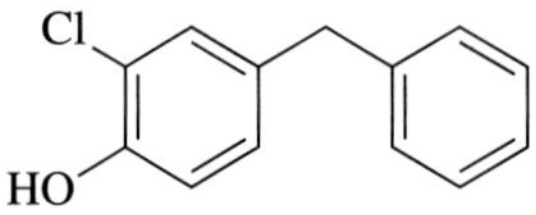 Cl, HO

22.15 다음 각 반응에 대한 균형 화학 반응식을 쓰시오.

(a) 페놀 + 수산화 소듐
(b) (a)의 생성물 + 브로민화 에틸
(c) (a)의 생성물 + *p*-톨루엔설폰산 부틸
(d) (a)의 생성물 + 아세트산 무수물
(e) *o*-크레졸 + 염화 벤조일
(f) *m*-크레졸 + 산화 에틸렌
(g) 2,6-다이클로로페놀 + 브로민
(h) *p*-크레졸 + 과량의 브로민 수용액
(i) 아이소프로필 페닐 에터 + 과량의 브로민화 수소 + 가열

22.16 다음 각 쌍 중에서 어느 페놀이 더 산성이 강한가? 여러분의 선택을 설명하시오.

(a) 2,4,6-트라이메틸페놀 또는 2,4,6-트라이나이트로페놀
(b) 2,6-다이클로로페놀 또는 3,5-다이클로로페놀
(c) 3-나이트로페놀 또는 4-나이트로페놀
(d) 페놀 또는 4-사이아노페놀
(e) 2,5-다이나이트로페놀 또는 2,6-다이나이트로페놀

22.17 다음 각 쌍의 반응 중에서 더 빠르게 일어나는 반응을 선택하시오. 또 그 이유를 설명하시오.

(a) 아세트산 페닐 또는 아세트산 *m*-나이트로페닐의 염기성 가수분해
(b) 아세트산 *m*-나이트로페닐 또는 아세트산 *p*-나이트로페닐의 염기성 가수분해
(c) 브로민화 에틸과 페놀 또는 페놀의 소듐염의 반응
(d) 산화 에틸렌과 페놀의 소듐염 또는 *p*-나이트로페놀의 소듐염의 반응
(e) 페놀 또는 아세트산 페닐의 브로민화

22.18 다음 각 반응은 화학 문헌에 보고되었으며, 좋은 수득률로 간단히 진행된다. 각각의 경우에 대하여 주 생성물을 쓰시오.

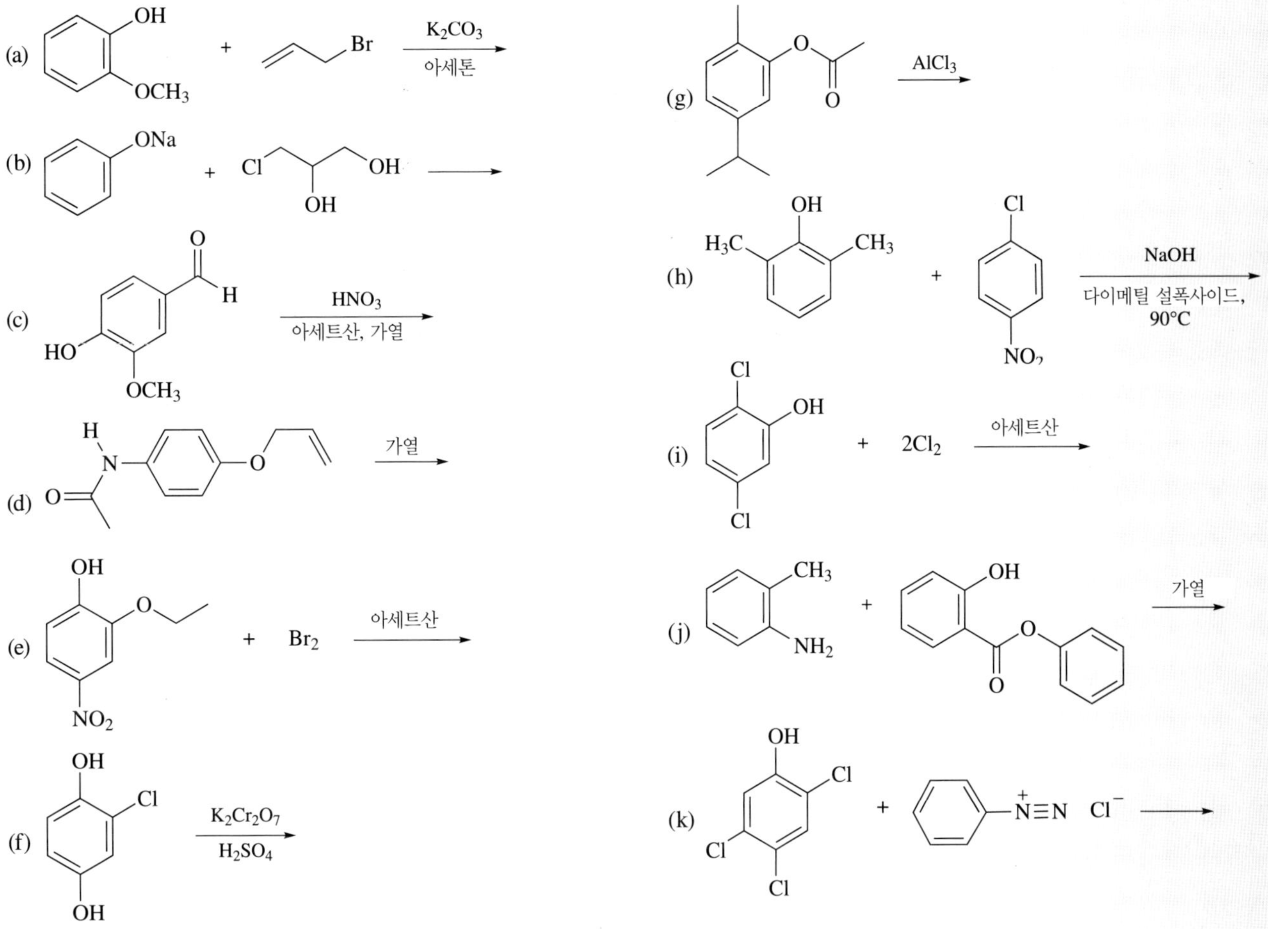

(a) OH, OCH_3 + Br $\xrightarrow[\text{아세톤}]{K_2CO_3}$

(b) ONa + Cl, OH, OH $\longrightarrow$

(c) O, H, HO, OCH_3 $\xrightarrow[\text{아세트산, 가열}]{HNO_3}$

(d) H, N, O, O $\xrightarrow{\text{가열}}$

(e) OH, O, NO_2 + Br_2 $\xrightarrow{\text{아세트산}}$

(f) OH, Cl, OH $\xrightarrow[H_2SO_4]{K_2Cr_2O_7}$

(g) O, O $\xrightarrow{AlCl_3}$

(h) OH, H_3C, CH_3 + Cl, NO_2 $\xrightarrow[\text{다이메틸 설폭사이드, 90°C}]{NaOH}$

(i) Cl, OH, Cl + $2Cl_2$ $\xrightarrow{\text{아세트산}}$

(j) CH_3, NH_2 + OH, O, O $\xrightarrow{\text{가열}}$

(k) OH, Cl, Cl, Cl + $\overset{+}{N}{\equiv}N$ Cl^- $\longrightarrow$

22.19 진통제인 펜아세틴의 합성법이 다음 반응식에 요약되어있다. 펜아세틴의 구조는 무엇인가?

$$p\text{-Nitrophenol} \xrightarrow[\substack{\text{2. Fe, HCl; 다음에 } HO^- \\ \text{3. } CH_3\overset{O}{\overset{\|}{C}}O\overset{O}{\overset{\|}{C}}CH_3}]{\text{1. } CH_3CH_2Br,\ NaOH} \text{Phenacetin}$$

22.20 다음 (a)~(c)의 화학 반응식이 나타내는 합성 순서에서 화합물 A~C의 구조는 무엇인가?

(a) 페놀 1 H_2SO_4 $\xrightarrow{\text{가열}}$ 화합물 A ($C_6H_6O_7S_2$)

(b) 화합물 A 1 Br_2 $\xrightarrow[\text{2. } H^+]{\text{1. } HO^-}$ 화합물 B ($C_6H_5BrO_7S_2$)

(c) 화합물 B 1 H_2O $\xrightarrow[\text{가열}]{H^+}$ 화합물 C (C_6H_5BrO)

22.21 클로로벤젠과 페놀로부터 4-나이트로페닐 페닐 에터의 적절한 합성법을 제시하시오.

22.22 페놀을 150°C의 수산화 소듐 수용액에서 1,2-에폭시프로페인(1,2-epoxypropane)과 반응시키면 90%의 수득률로 단일 생성물($C_9H_{12}O_2$)이 얻어진다. 이 화합물의 적절한 구조를 제시하시오.

22.23 *사이클로헥사다이엔온–페놀 재배열(cyclohexadienone-phenol rearrangement)*으로 알려진 일반적인 반응에서는 산–촉매 하에서 사이클로헥사다이엔온이 페놀로 전환된다. 하나의 예는 다음과 같다.

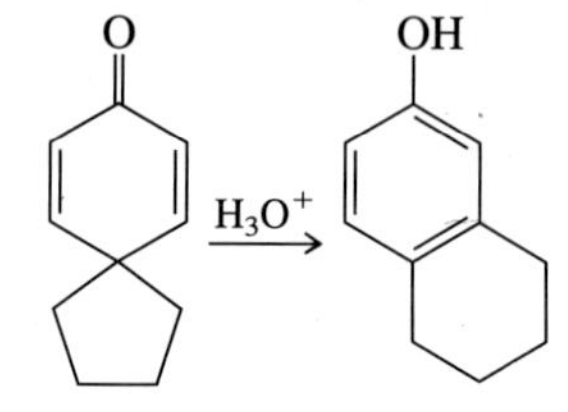

H_3O^+

(100%)

이 반응에 대한 적절한 메커니즘을 제시하시오.

22.24 페놀을 과량의 브로민 수용액으로 처리하는 반응은 예상보다 복잡하다. 흰 침전이 생기며, 이것을 자세히 살펴보면 2,4,6-트라이브로모페놀이 아니고 2,4,4,6-테트라브로모사이클로헥사다이엔온(2,4,4,6-tetrabromocyclohexadienone)이다. 이 생성물의 생성을 설명하시오.

22.25 화합물 A는 묽은 황산에서 아세탈이 가수분해되어 1,2-에테인다이올(1,2-ethanediol)을 생성하며, 화합물 B($C_6H_6O_2$)는 녹는점이 54°C이다. 화합물 B의 적외선 스펙트럼은 1690 cm^{-1}에서 카보닐 신축 진동 띠를 보이며, ^1H NMR 스펙트럼에서는 δ 2.9와 6.7에서 2:1의 비율로 두 개의 단일 피크가 나타난다. 물이나 에탄올에 넣어 두면 화합물 B는 이성질체인 녹는점 172~173°C의 화합물 C로 완전히 전환된다. 화합물 C의 적외선 스펙트럼에는 카보닐 피크가 없다. 화합물 B와 C의 구조는 무엇인가?

화합물 A

22.26 타목시펜(tamoxifen)은 에스트로젠(estrogen) 수용체의 조절제이며 유방암의 치료에 사용된다. 타목시펜의 합성에서 누락된 시약과 화합물 A의 구조를 제시하시오.

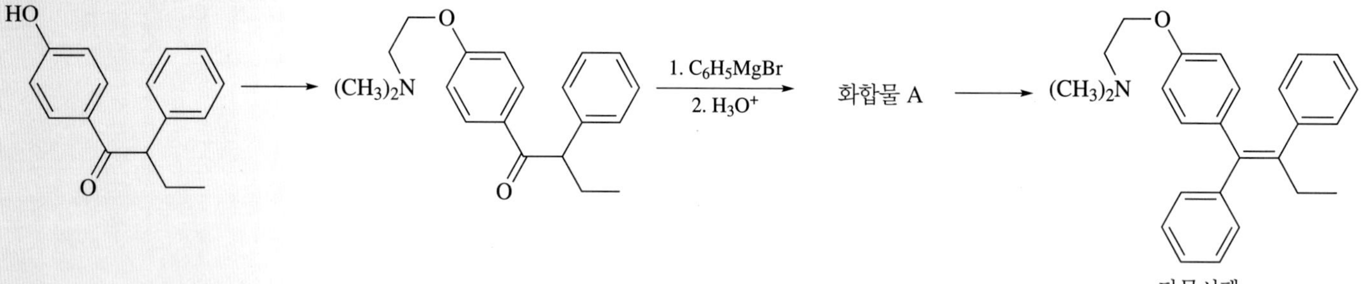

1. C_6H_5MgBr
2. H_3O^+

화합물 A

타목시펜

22.27 22.6절에서 논의한 페놀의 공업적 합성법 중의 하나는 주요 단계로서 산-촉매로 진행되는 큐멘 하이드로퍼옥사이드의 자리옮김을 포함하고 있다. 이 반응은 중간체로 헤미아세탈을 경유한다.

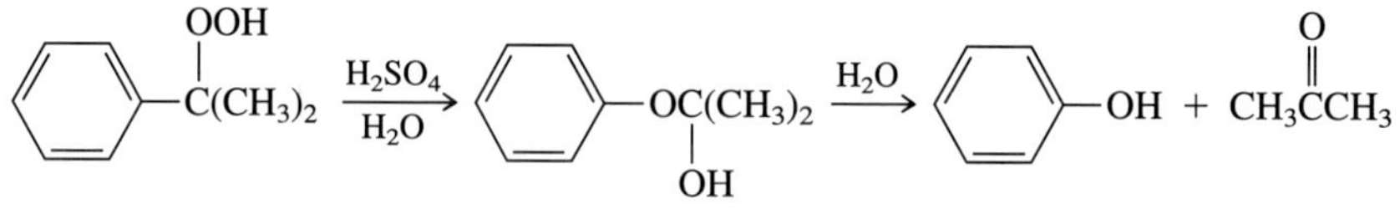

$$C_6H_5C(CH_3)_2OOH \xrightarrow[H_2O]{H_2SO_4} C_6H_5OC(CH_3)_2OH \xrightarrow{H_2O} C_6H_5OH + CH_3CCH_3 (=O)$$

하이드로퍼옥시화 큐멘 헤미케탈 페놀 아세톤

여러분은 17.8절에서 헤미아세탈, 케톤, 알코올 사이의 관계를 배웠다. 페놀과 아세톤의 생성은 헤미아세탈 가수분해의 한 예이다. 헤미아세탈 중간체의 형성이 합성 과정에서 중요한 단계이며, 이 단계에서 아릴-산소 결합이 생긴다. 이 단계에 대한 적절한 메커니즘을 제시할 수 있는가?

22.28 제공된 정보를 참고로 하여 다음 화합물의 구조를 밝혀라.

(a) $C_9H_{12}O$: 이것의 적외선 스펙트럼과 ^{13}C NMR 스펙트럼이 그림 22.3에 있다.
(b) $C_9H_{11}BrO$: 이것의 적외선 스펙트럼과 ^{13}C NMR 스펙트럼이 그림 22.4에 있다.

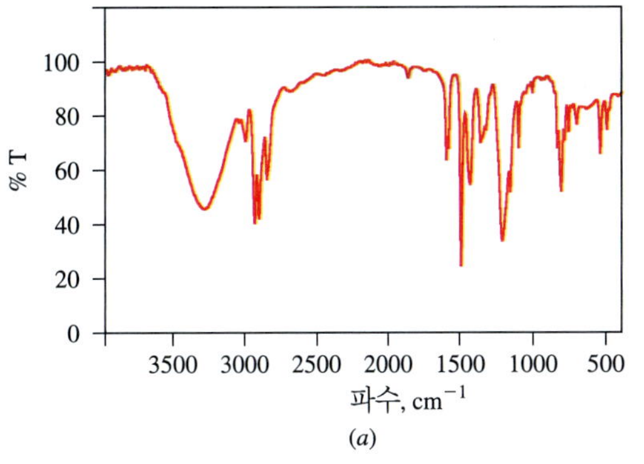

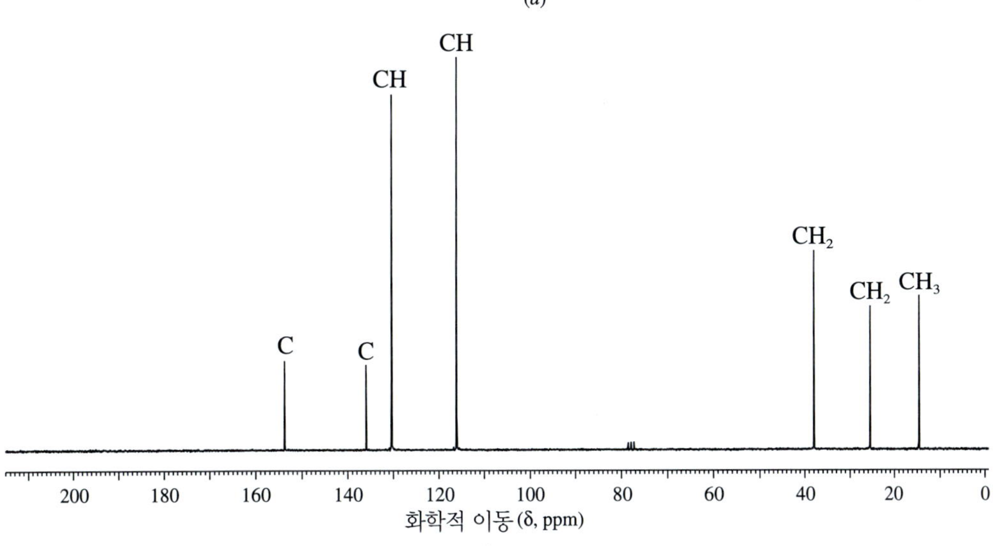

그림 22.3

화합물 $C_9H_{12}O$의 (*a*) 적외선스펙트럼과 (*b*) ^{13}C NMR 스펙트럼(문제 22.28(a)).

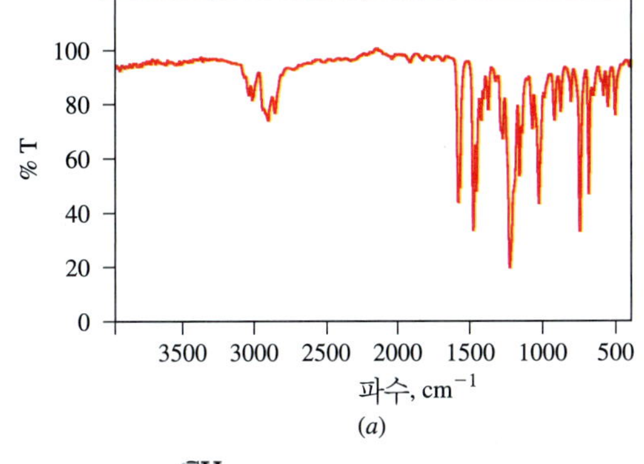

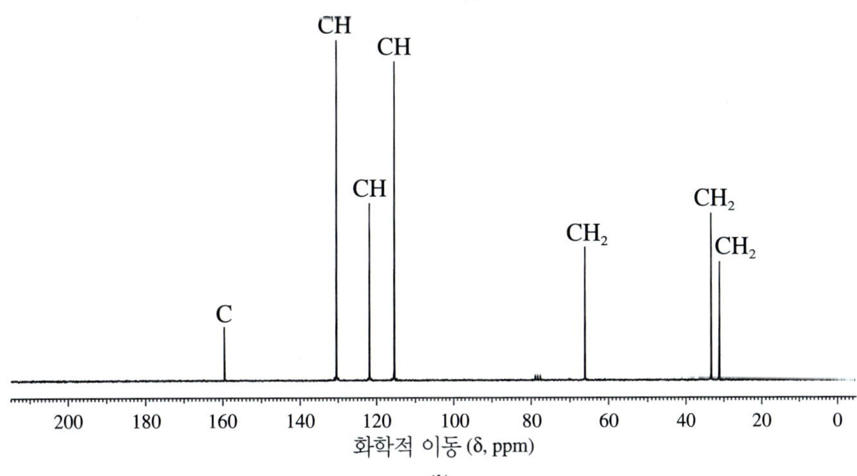

그림 22.4

화합물 $C_9H_{11}BrO$의 (*a*) 적외선스펙트럼과 (*b*) ^{13}C NMR 스펙트럼(문제 22.28(b)).

설명문과 이해 문제 22

아릴 에터의 직접 금속화

아릴리튬(aryllithium) 시약은 할로젠화 아릴과 리튬의 반응 생성물로서 우리에게 익숙하다. 아릴리튬 제조의 두 번째 방법은 알킬리튬(alkyllithium) 시약에 의한 방향족 고리의 탈수소화이다. 이 과정을 *금속화(metalation)*이라고 부른다.

$$\underset{\substack{\text{아렌} \\ (pK_a \approx 43)}}{Ar—H} + \underset{\text{알킬리튬}}{R—Li} \longrightarrow \underset{\text{아릴리튬}}{Ar—Li} + \underset{\substack{\text{알케인} \\ (pK_a \approx 60\text{-}70)}}{R—H}$$

산–염기 반응의 관점(강산은 왼쪽에, 약산은 오른쪽)에서는 타당할지라도 이와 같은 반응은 불편할 정도로 느려서 아릴리튬을 만드는 일반적인 방법으로는 실용적이지 않다. 그러나 방향족 고리에 있는 특정한 치환기는 금속화를 촉진하고 그것의 위치선택성을 조절한다.

$$C_6H_5X\ (\text{ortho-H}) + R—Li \longrightarrow o\text{-}LiC_6H_4X + R—H$$

$X = OCH_3, OCH_2OCH_3, CH_2OH, CO_2^-, N(CH_3)_2, CH_2N(CH_3)_2, \overset{O}{\overset{\|}{C}}NHR$, and others

이러한 *직접 금속화(directed metalation)*는 그 치환기의 오쏘 탄소에 대한 리튬화 반응에 위치선택적이다. 이 치환기들은 리튬과 배위가 가능한 특정 원자, 특히 산소와 질소를 포함하고 있다. 이 배위는 전이상태에서 양성자 제거에 반영되어 리튬화 반응이 오쏘 탄소에서 가장 빠르게 유도된다.

$X = OCH_3$ $X = OCH_2OCH_3$ $X = CH_2N(CH_3)_2$ $X = CO_2^-$

금속화의 전형적인 조건은 아릴 유도체의 다이에틸 에터 또는 테트라하이드로퓨란 용액을 헥산에서 알킬리튬과 처리하는 것이다. 금속화 속도를 증가시키기 위해서 가끔 *N,N,N′,N′*-테트라메틸에틸렌다이아민[$(CH_3)_2NCH_2CH_2N(CH_3)_2$, TMEDA]을 첨가한다.

$$C_6H_5OCH_3 \xrightarrow[\text{다이에틸 에터, 헥세인, TMEDA}]{CH_3CH_2CH_2CH_2Li} o\text{-}LiC_6H_4OCH_3$$

일단 생성되면 오쏘–금속화된 유도체는 보통의 유기리튬 시약처럼 반응한다.

친핵성 방향족 치환에 관련된 지향효과(directing effect)는 직접 금속화에서는 아무런 역할을 하지 않는다. 마찬가지로 입체효과(steric effect)도 중요하지 않다. 예를 들면, 1,3-이치환 벤젠에서 C-2에 금속화가 일어나는 것은 흔하다.

22.29 다음 화학 반응식처럼 4-메톡시벤조산(4-methoxybenzoic acid)이 금속화되었으며, 요오드 메틸과 반응하도록 하였다. (2몰 당량의 2차 뷰틸리튬이 요구된다. 왜냐하면 1당량은 CO_2H 기의 탈양성자화에 필요하기 때문이다.)

$$CH_3O\text{–}C_6H_4\text{–}CO_2H \xrightarrow[\substack{\text{THF, 헥세인, TMEDA} \\ -90°C}]{CH_3\overset{Li}{\overset{|}{C}}HCH_2CH_3\ (2\text{ mol})} \xrightarrow{CH_3I} \xrightarrow{H_3O^+} CH_3O\text{–}C_6H_3(CH_3)\text{–}CO_2H$$

(주 생성물)

4–메톡시벤조산의 메틸화와 유사한 반응의 주 생성물을 예상하시오.

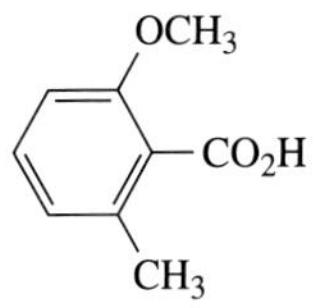

A. 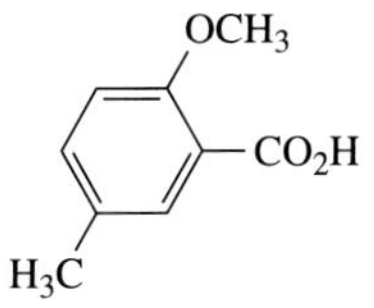 B. 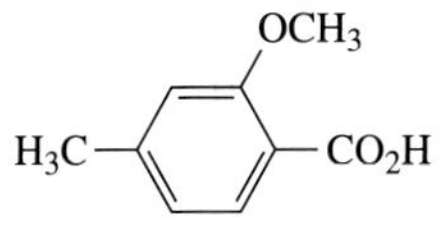 C. 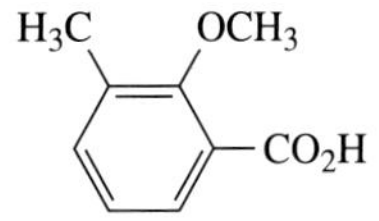 D.

22.30 화학 문헌에 보고된 다음 화학반응 과정은 친숙하지 않은 반응을 포함하고 있지만, 여러분은 주어진 가능한 생성물들 중에서 생성물의 구조를 유추할 수 있을 것이다.

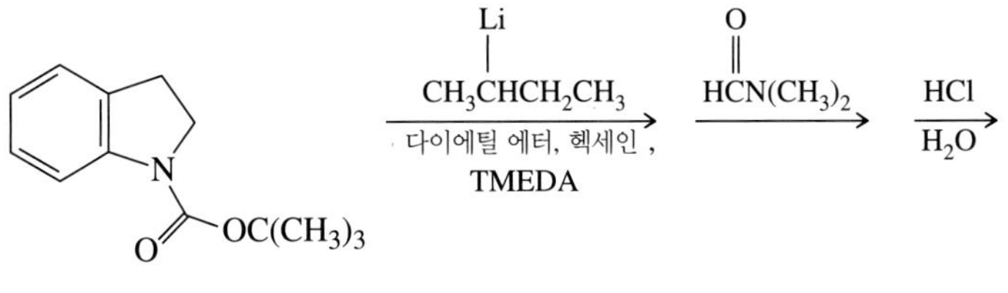

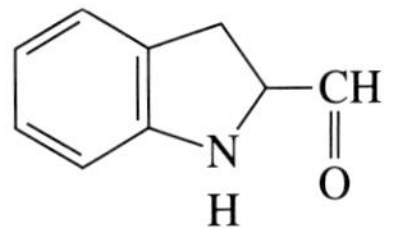

$CH_3CH(Li)CH_2CH_3$ / 다이에틸 에터, 헥세인, TMEDA → $HC(=O)N(CH_3)_2$ → HCl, H_2O →

A. 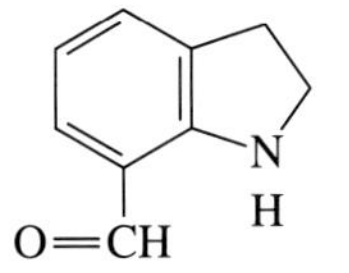 B. 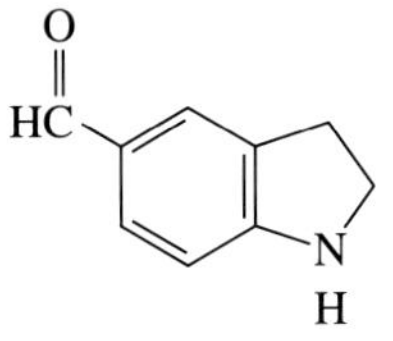 C. 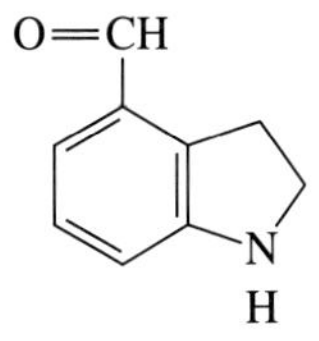 D.

22.31 메톡시메틸(methoxymethyl)기는 아세탈이므로 산–가수분해에 의해서 쉽게 제거된다. 다음 가수분해의 생성물을 무엇인가?

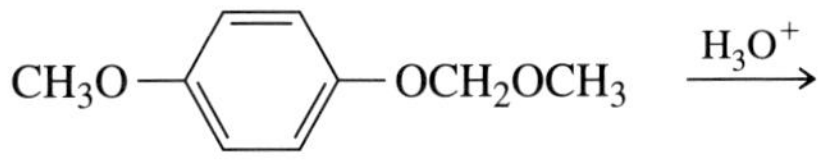

$CH_3O-C_6H_4-OCH_2OCH_3 \xrightarrow{H_3O^+}$

A. 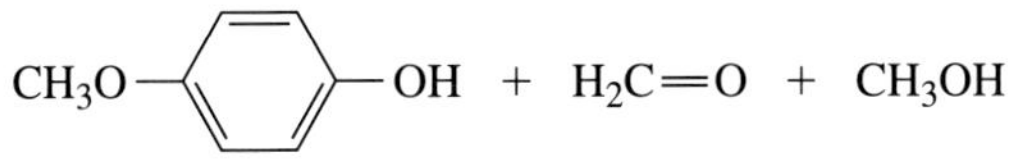 $CH_3O-C_6H_4-OH + H_2C{=}O + CH_3OH$

B. $C_6H_5-OH + H_2C{=}O + 2CH_3OH$

C. $HO-C_6H_4-OH + 3CH_3OH$

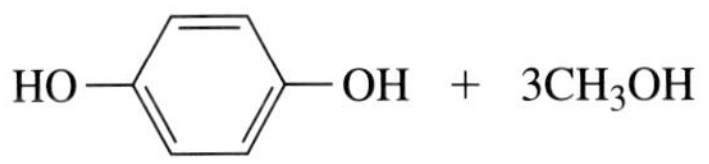

D. 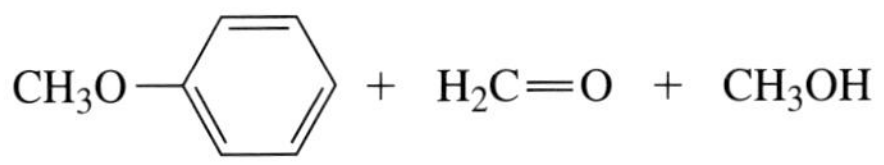 $CH_3O-C_6H_5 + H_2C{=}O + CH_3OH$

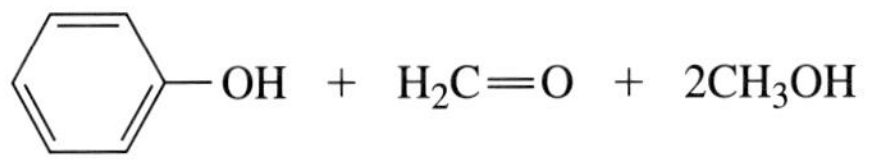

22.32 천연물 브루쏘닌(broussonin A)의 합성은 금속화로 시작되며, 화합물 **1**을 트라이메틸사일릴화(trimethylsilylation)하면 **2**가 생성된다. 화합물 **2**를 금속화하여 얻은 유기리튬 시약을 3-(*p*-벤질옥시)프로판알로 처리하면 화합물 **3**이 생성된다. 이어서 **3**을 변환시키면 브루쏘닌 A ($C_{16}H_{18}O_3$)가 얻어진다. 주어진 가능한 화합물들 중에서 어느 것이 화합물 **3**의 구조로서 가장 적절한가?

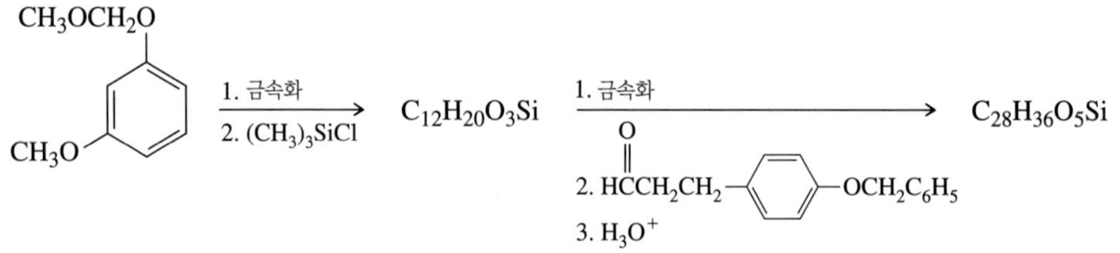

CH_3OCH_2O, CH_3O (**1**) → 1. 금속화 2. $(CH_3)_3SiCl$ → $C_{12}H_{20}O_3Si$ (**2**) → 1. 금속화 2. $HCCH_2CH_2$(C=O)–C_6H_4–$OCH_2C_6H_5$ 3. H_3O^+ → $C_{28}H_{36}O_5Si$ (**3**)

A. 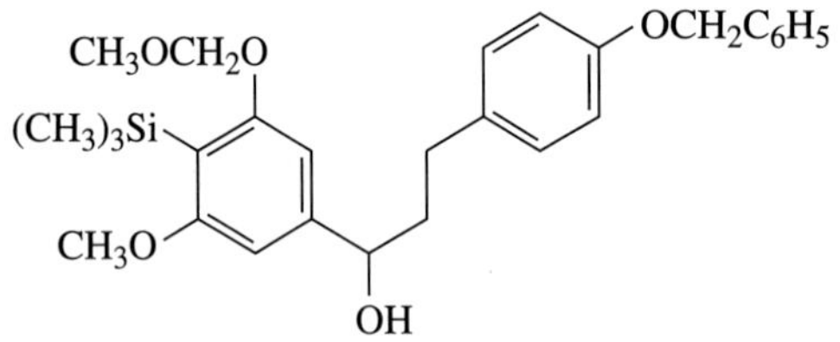 CH_3OCH_2O, $(CH_3)_3Si$, CH_3O, OH, $OCH_2C_6H_5$

C. 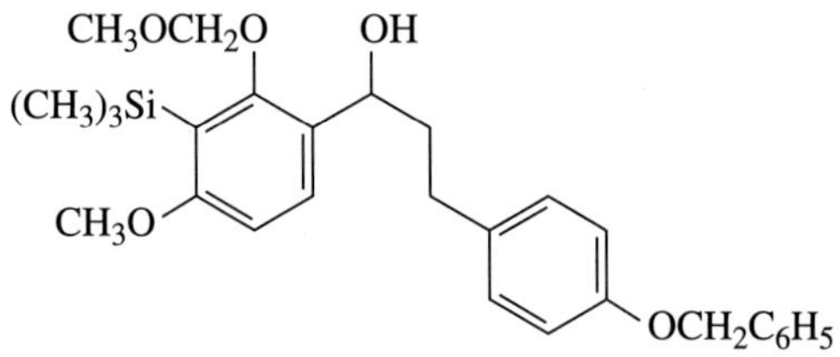 CH_3OCH_2O, OH, $(CH_3)_3Si$, CH_3O, $OCH_2C_6H_5$

B. 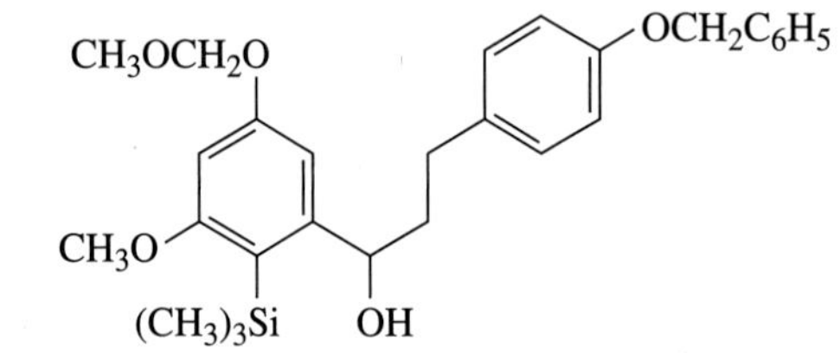 CH_3OCH_2O, CH_3O, $(CH_3)_3Si$, OH, $OCH_2C_6H_5$

D. 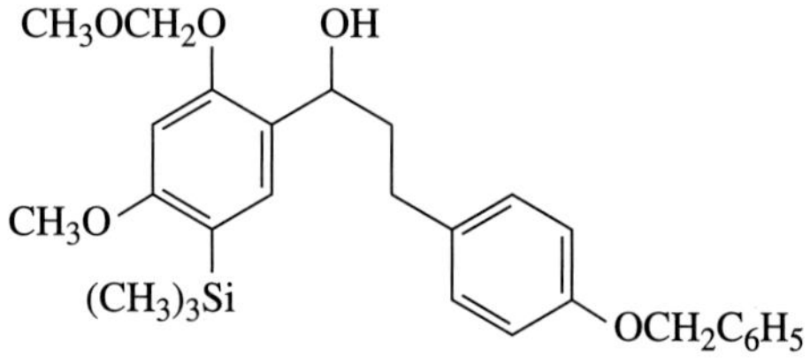 CH_3OCH_2O, OH, CH_3O, $(CH_3)_3Si$, $OCH_2C_6H_5$

장의 개요

벌새는 꽃의 즙으로부터 영양분을 흡수한다. 즙은(보이는) 포도당, 과당 및 설탕이 포함되어 있다.

탄수화물
Carbohydrates

생명체에서 일반적인 유기 화합물의 주 종류는 지질, 단백질, 핵산, 및 탄수화물이다. 탄수화물은 우리와 매우 친숙하다. 우리는 많은 탄수화물들을 "당(sugar)"이라고 부른다. 이것은 우리가 먹는 음식의 실질적인 부분을 구성하고, 인간의 각 장기들이 계속적으로 움직이도록 에너지의 대부분을 제공한다. 탄수화물은 식물세포의 벽과 나무 목질의 구조 성분들이다; 이들은 또한 곤충, 게 및 가재 겉껍질의 중요한 성분이기도 하다. 탄수화물은 모든 세포의 표면에서 발견되고, 여기에서 세포와 세포의 통신을 위한 분자적 기준을 제공한다. 유전정보를 저장하고 전달하는 탄수화물의 특별한 유도체인 핵산은 26장에서 더 자세히 다루게 될 것이다.

역사적으로, 탄수화물이 탄소의 수화물로 인식된 적이 있었는데, 이것은 이들의 분자식이 많은 경우에(모두는 아니지만) $C_n(H_2O)_m$ 과 일치하였기 때문이다. 구조적인 사실에 더 가깝고 화학 반응성에 좀 더 제안적인 관점에서 보면, 탄수화물은 *폴리하이드록시 알데하이드* 또는 *폴리하이드록시 케톤*으로 정의되는 것이 더 현실적이다.

이 장은 두 부분으로 구성된다. 처음, 주, 부분은 탄수화물의 구조에 관한 것이다. 여러분은 이 복잡한 대상에 대한 우리의 이해를 돕는 입체화학의 원리와 형태 분석이 어떻게 조합되는가를 보게 될 것이다. 이 장의 나머지 부분은 탄수화물의 화학 *반응*을 서술한다. 이들 반응의 대부분은 알코올, 알데하이드, 케톤과 아세탈에 관하여 우리가 배웠던 것들의 단순한 연장이다. 두 영역 – 구조와 반응–은 23.20절에서 통합되는데, 여기에서 당생물학 분야의 출현에서 탄수화물의 역할을 고찰해 볼 것이다.

23.1 탄수화물 분류

*당(sugar)*의 라틴어는 *saccharum*이고, 파생어 *당류(saccharide)*는 탄수화물 분류 체계의 기본이다. **단당류(monosaccharide)**는 가수분해에 의해서 더 간단한 탄수화물로 쪼개질 수 없는 간단한 탄수화물이다. 예를 들면, *포도당(glucose)*($C_6H_{12}O_6$)는 단당류이다. **이당류(disaccharide)**는 가수분해하면 두 개의 단당류로 쪼개지는데, 이들은 같거나 다를 수 있다. *자당(sucrose)*–일반 설탕–은 가수분해에 의하여 포도당 한 분자와 과당(fructose) 한 분자를 생성하는 이당류이다.

당(*sugar*)은 산스크리트어인 *su*(달다)와 *gar*(모래)의 조합이다. 따라서 이것의 문자상 의미는 "단 모래"이다.

$$\text{자당}(C_{12}H_{22}O_{11}) + H_2O \longrightarrow \text{포도당}(C_6H_{12}O_6) + \text{과당}(C_6H_{12}O_6)$$

올리고당(oligosaccharide)(*oligos*는 몇 개의 의미를 갖는 그리스어이다)은 가수분해하면 두 개 이상의 단당류를 생성한다. 따라서 IUPAC에서는 이당류, 삼당류, 등등을 올리고당의 하위범주로서 분류한다.

다당류(polysaccharides)는 가수분해하면 "많은" 단당류가 생성된다. IUPAC은 올리고당을 다당류로부터 분리하는 단당류 성분의 수로 명시하지 않기로 결정하였다. 기준은 더 실제적인 것이다; 그것은 올리고당이 균일하다는 것을 가리킨다. 특정 올리고당의 각 분자는 같은 올리고당의 모든 다른 분자들처럼 동일한 순서로 함께 연결된 동일한 수의 단당류를 갖는다. 다당류는 거의 항상 사슬 길이가 비슷하지만 동일할 필요가 없는 사슬 길이를 갖는 분자들의 혼합물이다. 예를 들면, 다당류인 *셀룰로스(cellulose)*는 가수분해하면, 수천 개의 포도당 분자로 되지만, 셀룰로스 사슬의 단지 작은 부분만이 정확히 동일한 수의 포도당 단위를 갖는다.

200개 이상의 다른 단당류들이 알려져 있다. 이것들은 각각이 포함하고 있는 탄소의 수 와 폴리하이드록시 알데하이드인지 또는 폴리하이드록시 케톤인지에 의해서 구분될 수 있다. 폴리하이드록시 알데하이드인 단당류는 **알도스(aldose)**; 폴리하이드록시 케톤의 단당류는 **케토스(ketos)**라고 부른다. 알도스와 케토스는 주 사슬에 있는 탄소의 수에 따라서 더욱 세분된다. 표 23.1에는 네 개에서 여덟 개의 탄소를 갖는 단당류에 적용되는 용어를 수록하였다.

표 23.1 단당류의 몇 가지 종류

탄소의 수	알도스	케토스
4	알도테트로스	케토테트로스
5	알도펜토스	케토펜토스
6	알도헥소스	케토헥소스
7	알도헵토스	케토헵토스
8	알도옥토스	케토옥토스

23.2 Fischer 투영식과 D,L 표시

Fischer는 1900년에 포도당의 구조를 밝혔으며, 1902년 노벨 화학상을 수상하였다.

입체화학은 탄수화물의 구조를 이해하는 열쇠이며, 이 사실은 독일 화학자 Emil Fischer에 의해서 확실하게 인식되었다. 카이랄 분자의 입체화학(7.7절)을 표시하기 위해서 Fischer가 사용한 투영식(projection formulas)은 탄수화물을 연구하는데 특히 매우-적합하다. 그림 23.1은 탄수화물 입체화학의 근본 물질인 *글리세르알데하이드*(2,3-다이하이드록시프로판올)의 거울상에 이것을 적용한 것을 나타내었다. 그림에 보인 것처럼 탄소 사슬은 수직이고 꼭대기에 알데하이드 탄소를 갖는 Fischer 투영을 할 때, C-2의 하이드록실 기는 (+)-글리세르알데하이드의 오른쪽을 향하고 (−)-글리세르알데하이드에서는 왼쪽을 향한다.

입체화학적 기준 물질로서 글리세르알데하이드 거울상을 적용한 것은 1906년 뉴욕대의 화학자 M.A.Rosanoff가 처음으로 제안한 것이다.

카이랄 분자의 절대 배치를 결정하는 기술은 1950년대가 돼서야 개발이 되었고, 그래서 Fischer 및 그와 같은 시대 사람들에게는 어떤 물질의 회전 부호를 절대 배열과 연관 짓는다는 것이 불가능하였다. 그림 23.1에서 보이는 글리세르알데하이드의 거울상이 회전 부호와 절대 배치를 갖는다고 하는, 나중에는 올바른 것으로 알려진, 임의의 가정에 기초한 체계가 발전되었다. 두 개의 입체화학적 표기: D와 L이 정의되었으며, D는 라틴어의 오른쪽 (dexter)에서 그리고 L은 라틴어의 왼쪽 (laevus)에서 유래함. 그림 23.1에 나타낸 것처럼 (+)-D-글리세르알데하이드는의 절대 배치는 D이고, 그것의 거울상이성질체, (−)-글리세르알데하이드의 절대 배치는 L이다. (+)-D- 또는 (−)-L-글리세르알데하이드와 유사한 공간배열의 치환기를 갖는 화합물은 D 또는 L 배치를 갖는다고 하였다.

문제 23.1

다음 각각을 D- 또는 L-글리세르알데하이드로 구분하시오.

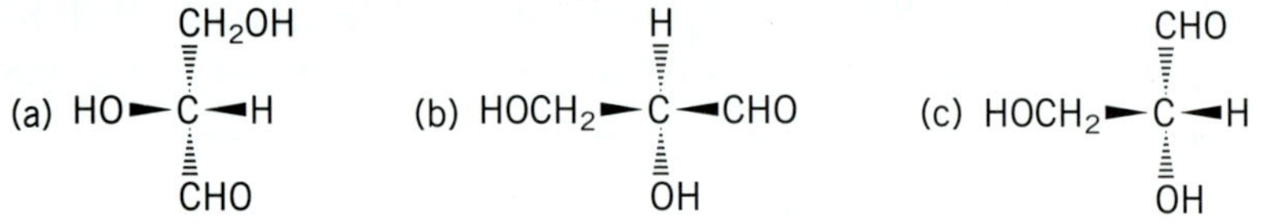

(a) 위: CH_2OH, 왼쪽: HO, 오른쪽: H, 아래: CHO
(b) 위: H, 왼쪽: $HOCH_2$, 오른쪽: CHO, 아래: OH
(c) 위: CHO, 왼쪽: $HOCH_2$, 오른쪽: H, 아래: OH

풀이 예시 (a) 주어진 구조를 글리세르알데하이드와 아주 쉽게 비교하기 위해서, CHO가 위에 CH_2OH가 아래에 놓이도록 구조를 종이 면에서 180° 회전시켜라. 이런 식의 회전은 수평 결합이 앞으로 나오고 수직 결합이 뒤로 향하게 하여, 구조 그림을 Fischer 투영식 으로 전환하는 것이 쉽게 된다.

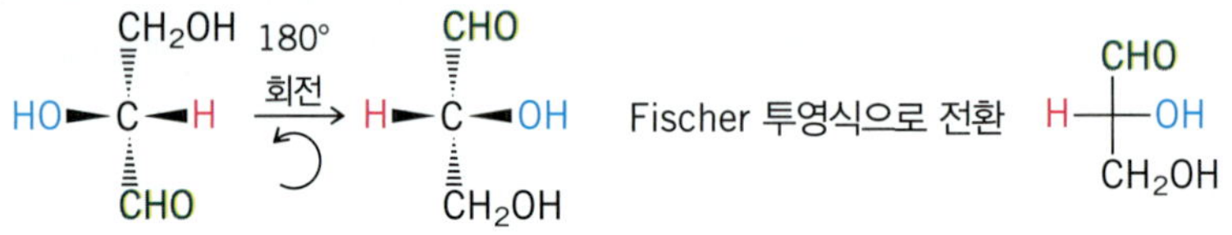

(CH_2OH / HO—C—H / CHO) —180° 회전→ (CHO / H—C—OH / CH_2OH) Fischer 투영식으로 전환 (CHO / H—+—OH / CH_2OH)

구조는 그림 23.1의 (+)-글리세르알데하이드와 동일하다. 이것은 D-글리세르알데하이드이다.

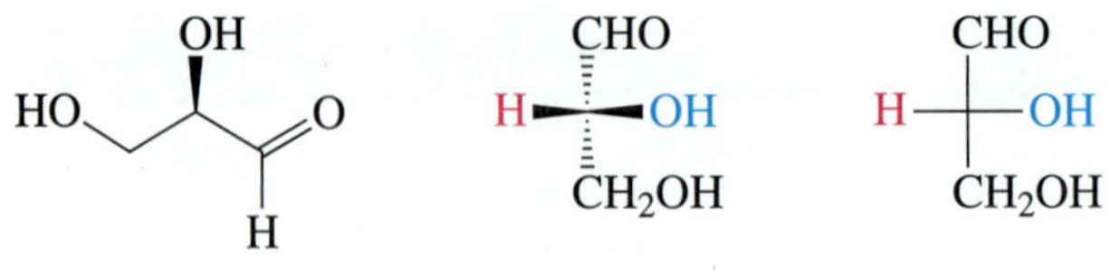

그림 23.1

글리세르알데하이드 거울상의 삼차원 표시 및 Fischer 투영식.

OH, HO, O, H; CHO, H, OH, CH_2OH; CHO, H, OH, CH_2OH

(+)-(*R*)-글리세르알데하이드

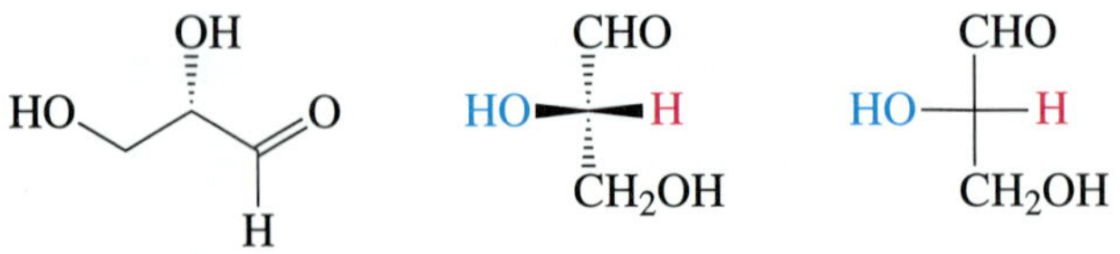

OH, HO, O, H; CHO, HO, H, CH_2OH; CHO, HO, H, CH_2OH

(−)-(*S*)-글리세르알데하이드

Fischer 투영식 및 D.L 표시는 탄수화물의 입체화학을 나타내는데 아주 유용해서 화학과 생화학 문헌에서는 아주 많이 사용된다. 문헌을 읽기 위해서는 여러분은 더 현대적인 Cahn-Ingold-Prelog *R*,*S* 체계뿐만 아니라, 이러한 방법에 익숙해질 필요가 있다.

23.3 알도테트로스

글리세르알데하이드는 가장 간단한 카이랄 탄수화물로 간주할 수 있다. 이것은 *알도트라이오스*이다. 한 개의 카이랄 중심을 갖고 있기 때문에 두 개의 입체이성질 형태인 D와 L 거울상으로 존재한다. 복잡하게 단계를 올리면, 다음은 *알도테트로스*이다. 이들의 구조를 관찰하는 것은 한 개 이상의 카이랄 중심을 갖는 화합물에 대한 Fischer 체계의 적용을 보여준다.

알도테트로스는 2,3,4-트라이하이드록시뷰탄알의 네 개 입체이성질체들이다. Fischer 투영은 꼭대기에 알데하이드 기를 갖는 겹쳐진 형태로 분자를 정하여 구성한다. 네 개의 탄소 원자는 Fischer 투영식의 주 사슬을 결정하고 수직으로 정한다. 수평 결합은 밖으로 향하고, 수직 결합은 뒤로 향한다.

CHO
H–C–OH
H–C–OH
CH_2OH

은 오른쪽의 Fischer 투영식에 상응한다.

CHO
H–+–OH
H–+–OH
CH_2OH

앞에서 보여준 특정 알도테트로스는 D-*에리스로스*이다. 접두사 D는 *가장 큰 번호가 붙여진 탄소에 있는 카이랄 중심*의 배치가 (+)-D-글리세르알데하이드와 비슷하다는 것을 알려준다. 이것의 거울상은 L-에리스로스이다.

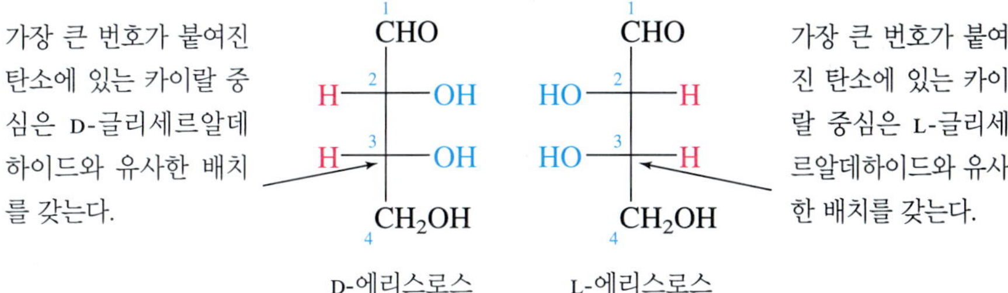

각각에 관련하여, 에리스로스 거울이성질체들의 Fischer 투영식에 있는 두 개의 하이드록실기가 모두 같은 쪽에 있다. 나머지 두 개의 입체이성질체는 Fischer 투영식에서 하이드록실기가 서로 반대쪽에 있다. 이들은 D-와 L-에리스로스의 부분입체이성질체라고 하며, D-와 L-스레오스라고 한다. D와 L 접두사들은 또한 가장 높은 번호가 주어진 카이랄 중심의 배열을 명시한다. D-스레오스와 L-스레오스는 거울상이다:

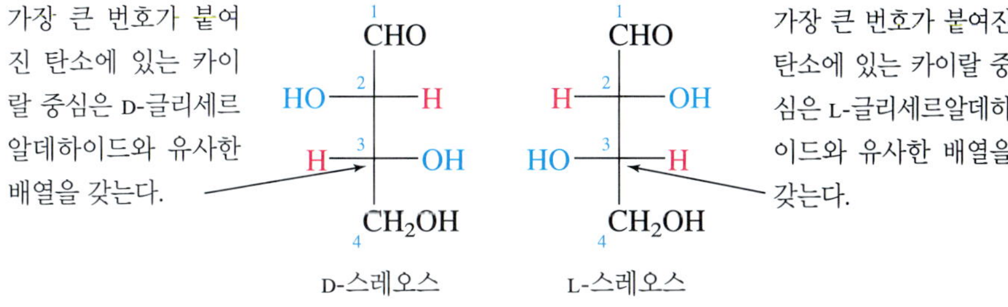

문제 23.2

다음의 구조는 어떤 알도테트로스인가? D-에리스로스, D-스레오스, L-에리스로스, 또는 L-스레오스인가? (주의하시오! 주어진 형태는 Fischer 투영식을 만드는데 사용했던 것과는 다르다.)

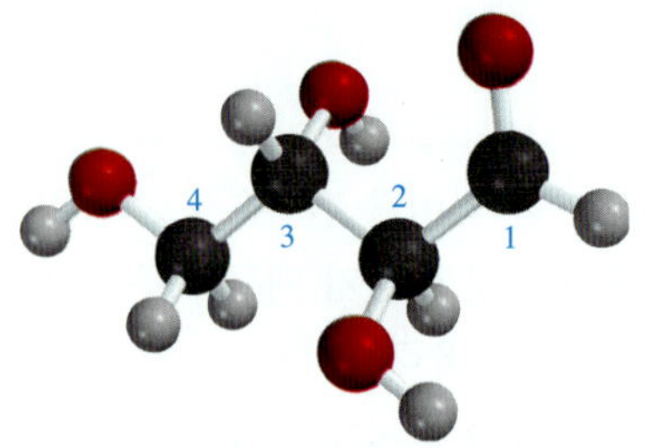

알도테트로스에서 본 것처럼, 알도스는 알데하이드 작용기로부터 가장 멀리 떨어진 카이랄 중심의 배열에 따라서 D 또는 L 계열에 속한다. 에리스로스와 스레오스같은 각각의 이름은 서로와 관련해서 분자내에 카이랄 중심의 특별한 배열을 명시한다. 광학활성도는 접두사 D와 L로부터 직접 결정할 수 없다. 알려진 것처럼, D-에리스로스와 D-스레오스는 좌회전성이지만, D-글리세르알데하이드는 우회전성이다.

우회전성과 좌회전성은 (+)와 (−) 광회전 각각의 옛 용어들이다.

23.4 알도펜토스 및 알도헥소스

$2^3 = 8$

알도펜토스는 *세 개*의 카이랄 중심을 갖는다. *여덟 개의 입체이성질체*는 한 벌의 D-알도펜토스 네 개와 다른 거울상 짝인 L-알도펜토스 네 개로 나누어진다. 알도펜토스는 *라이보스*, *아라비노스*, *자일로스*, 및 *라이소스*라고 한다. 알도펜토스의 D 입체이성질체 Fischer 투영식은 그림 23.2에 나타내었다. 부분입체이성질체는 모두 C-4에 동일한 배열을 갖고 이것은 (+)-D-그릴세르알데하이드의 배열과 유사하다는 것에 유의하시오.

문제 23.3

(+)-L-아라비노스는 자연에서 발견되는 L 당이다. 메스퀴드 고무에 있는 다당류를 산성 가수분해하여 얻는다. (+)-L-아라비노스의 Fischer 투영식을 쓰시오.

알도펜토스 중에서, D-라이보스는 많은 생물학적으로 중요한 물질의 성분이며, 가장 중요한 것은 라이보헥산이다. D-자일로스는 가장 풍부한 물질로, 나무의 목질부 및 옥수수의 속대에 있는 다당류를 가수분해하여 얻는다.

$2^4 = 16$

알도헥소스는 지구에서 가장 흔한 유기물질의 하나인, (+)-D-글루코스를 포함하여 가장 잘 알려진 단당류의 일부를 포함한다. 네 개의 카이랄 중심을 갖고 있어서, *16*개의 입체이성질성 알도헥소스가 가능하다; 여덟 개는 D 계열에 속하고 여덟 계는 L 계열에 속한다. 자연에서 얻어지는 물질로서 또는 합성 물질로서 이들 모두가 알려진다. 그림 23.2에는 여덟 개의 D-알도헥소스가 주어졌다; Fischer 투영식에서 왼 쪽의 수소와 오른 쪽의 수산기를 갖는 C-5의 공간 배열은 이것들을 D 계열의 탄수화물로 구분한다.

문제 23.4

제시된 알도스를 명명하는 도움의 지침으로서 그림 23.2를 사용하시오. 가장 높은 번호가 붙여진 카이랄 중심의 D,L 배치는 무엇인가? *R*,*S* 배치는 무엇인가? 회전의 부호는 무엇인 가?

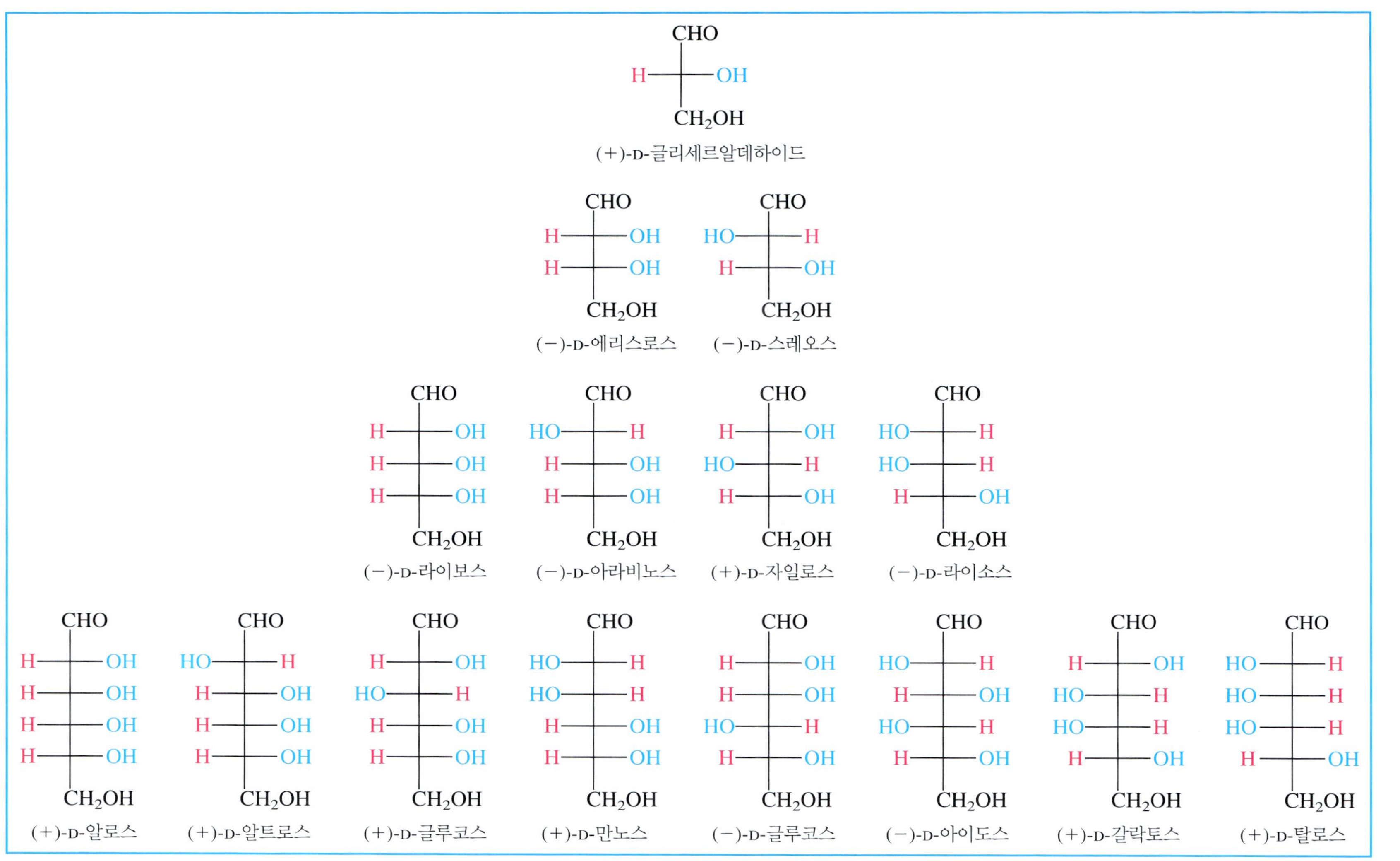

그림 23.2

세 개에서 여섯 개의 탄소 원자를 갖는 D 계열 알도스의 배치

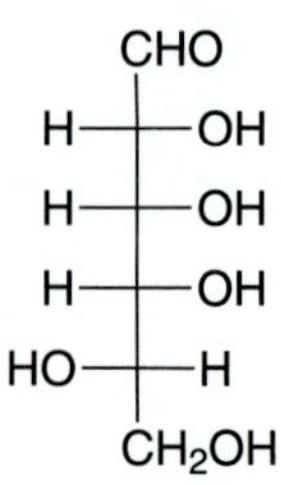

셀룰로오스는 글루코스보다 더 풍부하지만, 각 셀룰로오스 분자는 수천 개의 글루코스 단위로 이루어진 다당류이다(23.16절). 메테인은 역시 더 풍부할지도 모르지만, 대부분의 메테인은 글루코스에서 유래된다.

모든 단당류 중에서, (+)-D-글루코스가 가장 잘 알려져 있고, 가장 중요하고, 그리고 가장 풍부하다. 이산화탄소, 물, 및 햇빛으로부터 글루코스 형성은 광합성의 중심 주제이다. 지구상의 모든 고등 생명체에 의해서 직, 간접으로 이용할 수 있는 저장된 에너지의 원천으로, 광합성에 의한 탄수화물의 형성은 10^{11} 톤/년 정도로 추산된다. 글루코스는 1747년에 건포도로부터 그리고 1811년에는 녹말을 가수분해하여 분리하였다. 그 구조는 1900년 연구의 정점에서 Emil Fischer가 결정하였다.

(+)-D-*갈락토스*는 수많은 다당류의 성분이다. 이것은 D-글루코스와 D-갈락토스의 이당류인 락토스(젖당)의 산성 가수분해로 대부분 얻어진다. (−)-L-갈락토스 역시 자연에서 발견되고, 아마인 고무 및 한천을 가수분해하여 얻을 수 있다. (+)-D-만노스의 주요 원천은 남미 야자수에서 얻어지는 상아야자, 크고 견과류 열매의 다당류를 가수분해하는 것이다.

23.5 탄수화물 배열의 연상법

탄수화물의 배열을 이름과 연관 짓는 일은 세계적 수준의 기억력이나 또는 쉽게 떠오르는 연상법이 요구된다. 여기에서 우리들에게 잘 맞는 연상법은 1956년 Harvard 대학교의 Louis F. Fieser와 Mary Fieser가 저술한 교과서, *Organic Chemistry*에 의해서 유명해진 것이다. 많은 연상법들과 마찬가지로, 이것 역시 누가 고안했는지는 확실하지 않으며, 이 독특한 것에 대한 참고 문헌은 Fieser의 교과서가 출간되기 전에는 화학교육 문헌에 나와 있지 않다. 연상법은 두 가지 특징을 가지고 있다: (1) 논리적인 순서로 모든 입체이성질성 D-알도헥소스를 늘어놓는 체계; 그리고 (2) 각각에 올바른 이름을 할당하는 방법이다.

모든 D-알도헥소스를 늘어놓는 체계적인 방법(그림 23.2처럼)은 이들 모두가 D 계열에 속하도록 확정하기 위해서 각각의 C-5 수산기를 오른 쪽에 놓으면서 필요한 여덟 개의 Fischer 투영식을 그리는 것이다. 탄소 사슬의 위로 작업할 때, 처음 네 개의 구조에서는 C-4 수산기를 오른쪽, 그리고 다음 네 개는 왼쪽에 놓는다. 네 개씩 두 벌의 각각에서, C-3 수산기는 처음 두 개에는 오른쪽, 다음 두 개에는 왼쪽에 놓는다; 나머지 각 네 벌의 두 개에서는, C-2 수산기를 처음에는 오른쪽에 두 번째는 왼쪽에 놓는다.

일단 Fischer 투영식을 쓴 다음에, 다음 도움 문장의 순서에 따라서 각각의 이름을 붙인다: “All altruists gladly make gum in gallon tanks.” 이 문장의 낱말들은 *알로스(allose), 알트로스(altrose), 글루코스(glucose), 만노스(mannose), 굴로스(gulose), 아이도스 (idose), 갈락토스(galactose), 탈로스(talose)*를 나타낸다.

*라이보스, 아라비노스, 자일로스, 라이소스*의 순서로 배열할 때 유사한 형태의 배치를 알도펜토스에서 볼 수 있다. (RAXL은 쉽게 기억할 수 있는 정확한 순서를 갖는 무의미한 말이다.) 이 형식은 알도테트로스 에리스로스와 스레오스까지도 구분할 수 있다.

23.6 탄수화물의 고리형: 퓨라노스형

알도스는 서로 반응할 수 있는 두 개의 작용기, C=O와 OH로 이루어져 있다. 우리는 17.8절에서 카보닐기를 헤미아세탈로 변화시키는 알코올의 친핵성 첨가 작용을 보았다. 하이드록실기와 카보닐기들이 같은 분자의 한 부분일 때, 그림 23.3에서 보이는 것처럼 *고리 헤미아세탈*이 형성된다.

고리 헤미아세탈의 형성은 고리가 오각형 또는 육각형일 때 가장 흔하다. 탄수화물의 오각형 헤미 아세탈을 **퓨라노스(furanose)**형; 육각형일 때는 **피라노스(pyranose)**형이라고 부른다. 두 개의 산소 치환기를 갖는, 카보닐기에서 유래된 고리 탄소는 **아노머 탄소(anomeric carbon)**라고 한다.

알도스는 거의 대부분 고리 헤미아세탈로 존재한다; 매우 소량의 열린 사슬형이 평형에서 존재한다. 이들의 구조와 화학반응을 이해하기 위해서, 탄수화물의 Fischer 투영식을 고리 헤미아세탈형으로 바꾸어줄 필요가 있다. 우선 D-에리스로스의 고리 헤미아세탈 형성을 생각해 보자. 퓨라노스 고리 형성을 더 자세하게 보기 위해서, 각 카이랄 중심에 입체화학을 유지하도록 주의하면서, 고리화에 더 적합한 모양으로 Fischer 투영식을 다시 그린다.

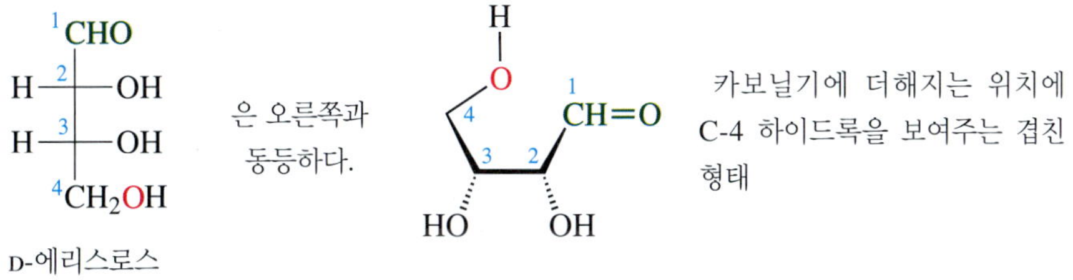

카보닐기와 C-4 하이드록실간의 헤미아세탈 형성은 오각형의 퓨라노스 고리를 형성한다. 아노머 탄소는 새로운 카이랄 중심이다; 이것의 하이드록실기는 다른 하이드록실기에 대

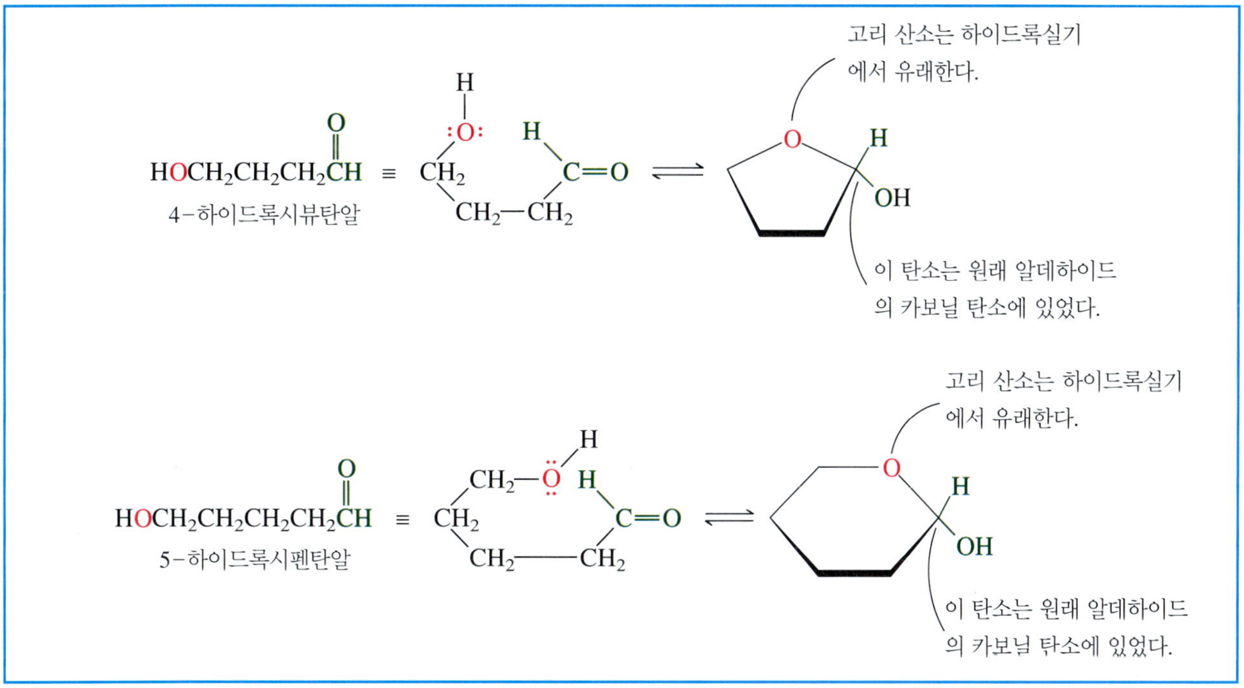

그림 23.3

4-하이드록시뷰탄알과 5-하이드록시펜탄알의 고리 헤미아세탈 형성

하여 시스 또는 트랜스가 될 수 있다. 두 개의 고리형은 부분입체이성질체이고 아노머 탄소에서 다른 배열을 갖기 때문에 아노머라고 한다.

D-에리스로스 → α-D-에리스로퓨라노스 (아노머 탄소의 하이드록실기는 아래에 있다) + β-δ-에리스로퓨라노스 아노머 탄소의 하이드록실기는 위에 있다)

이러한 모양의 탄수화물 구조 그림은 **Haworth 식(Haworth formulas)**이라고 하는데, 이것은 영국의 화학자 Water Norman Haworth 경(St. Andrew's University와 University of Birmingham)의 이름을 딴 것이다. Haworth는 그의 경력 초기에 탄수화물이 열린 사슬형태보다는 오히려 고리 헤미아세탈로 존재한다는 것을 발견하는데 기여를 하였다. 나중에는 탄수화물 전구체에서 비이타민 C를 효율적으로 합성하는 공동연구를 하였다. 그것은 바이타민 C의 최초 화학 합성이었으며 상업적인 수준으로 제조하는데 저렴한 공정을 제공하였다. Haworth는 1937년 노벨상을 수상하였다.

탄수화물에 있어서 α와 β표시를 하는 IUPAC의 정식 규칙은 우리가 필요로하는 것보다는 더 자세하고 덜 쉽게 이해가 된다. 이 규칙은 다음 웹사이트에 접속하면 알 수 있다. http://www.chem.ac.uk/iupac/2carb/06n07.html

D-에리스로스의 두 가지 입체이성질성 퓨라노스형은 α-D-에리스로퓨라노스, β-D-에리스로퓨라노스라고 명명한다. 접두사 α 와 β 는 아노머 탄소의 *상대적 배열*을 표시한다. 아노머 탄소의 배열은 탄수화물이 D 또는 L에 결정하는—분자에서 가장 높은 번호의 카이랄 탄소 배열과 비교한다. 화학자들은 이것과 헥소스를 포함한 탄수화물이 갖는 α 와 β를 할당하는데 간단한, 약식형의 IUPAC 규칙을 사용한다.

1. 탄수화물의 고리 산소가 뒤로 가고 아노머 탄소가 오른쪽에 가도록 Harworth 식을 배 열하시오.
2. D 계열의 탄수화물에 있어서, 아노머 탄소의 하이드록실기가 아래쪽에 있으면 그 배치 는 α이고, 하이드록실기가 아노머 탄소의 *위쪽*에 있으면 β가 된다.
3. L 계열의 탄수화물에 있어서, 아노머 탄소의 하이드록실기가 위쪽에 있으면 그 배치는 α이고, 하이드록실기가 아노머 탄소의 *아래쪽*에 있으면 β가 된다. 이것은 정확하게 D 계열의 반대이다.

Fischer 투영식에서 오른쪽의 치환기는 대응하는 Haworth 식의 "아래"에 있다; 왼쪽에 있는 것은 "위"에 있다.

문제 23.5

아래의 구조는 네 개의 입체이성질성 스레오퓨라노스이다. 각각에 입체화학적 표시인 D, L과 α, β를 적당히 할당 하시오.

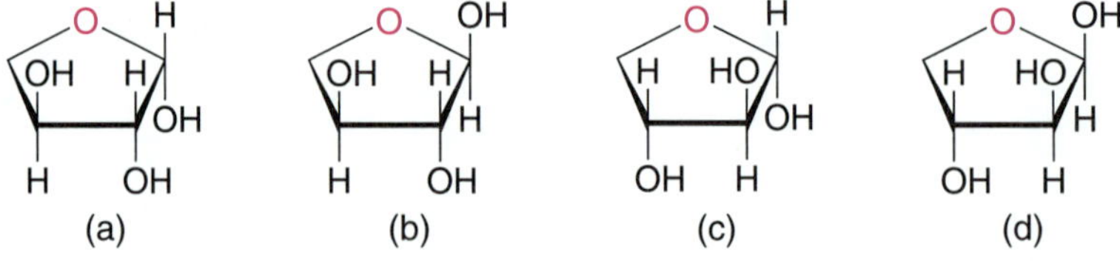

풀이 예시 (a) 가장 높은 카이랄 중심(C-3)의 —OH 기는 위에 있고, 이것은 열린–사슬형의 Fischer 투영식의 왼쪽에 놓인다. 이 입체이성질체는 L 계열에 속한다. 아노머 탄소 (C-1)의 —OH 기는 아래에 있고,

이것은 β-퓨라노스가 된다.

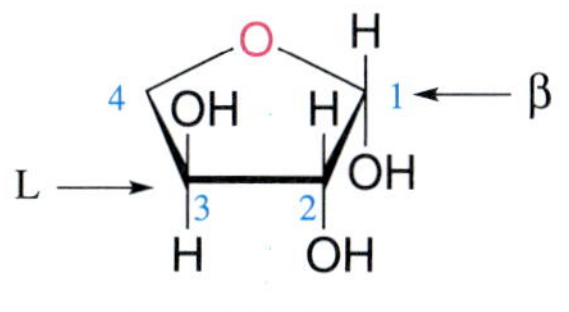

β-L-스레오퓨라노스

탄소가 더 많은 알도스의 퓨라노스형에 있는 입체화학을 보여주기 위해서 Haworth 식을 만드는 것은 조금 더 복잡하고 부가적인 조작이 요구된다. D-라이보스의 퓨라노스형은 생물학적으로 중요한 유기 분자의 단위 성분으로 자주 보게 된다. 이들은 알데하이드기와 C-4 하이드록실 간 헤미아세탈 형성의 결과이다:

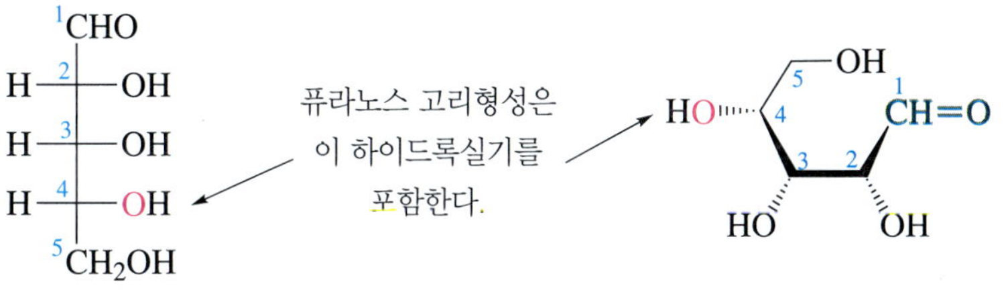

퓨라노스 고리형성은 이 하이드록실기를 포함한다.

D-라이보스 D-라이보스의 겹쳐진 형태

Fischer 투영식으로부터 직접 파생된 D-라이보스의 겹친 형태는 퓨라노스 고리 형성에 알맞도록 적절하게 C-4 하이드록실기를 갖지 않은 것에 주목하시오. 우리는 이것을 오각형의 고리 헤미아세탈이 형성될 수 있는 형태로 다시 그려야만 한다. 이것은 C-4의 배열이 변하지 않도록 주의하면서, C(3)—C(4) 결합을 회전하여 얻을 수 있다.

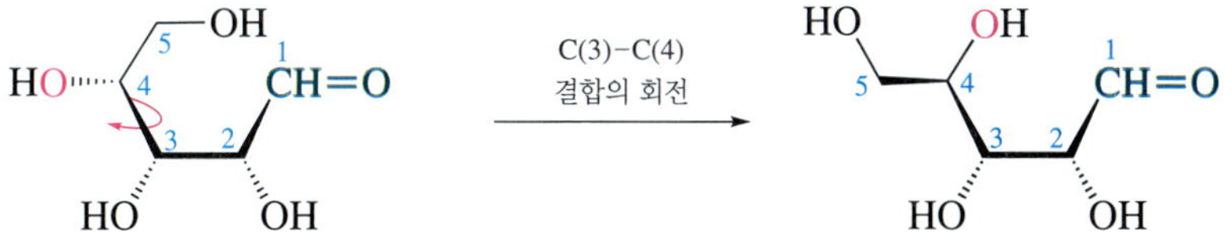

C(3)–C(4) 결합의 회전

D-라이보스의 겹쳐진 형태 퓨라노스 고리 형성에 알맞은 D-라이보스의 배치

도해에서 보인 것처럼, C-4를 시계 반대방향으로 120° 회전하면 하이드록실기가 적당한 위치에 놓이게 된다. 동시에, 이 회전은 CH_2OH기를 오각형 고리의 "위"에 치환기가 되는 위치로 움직이게 한다. 그 다음 C-4의 수소는 퓨라노스형의 "아래"에 놓일 것이다.

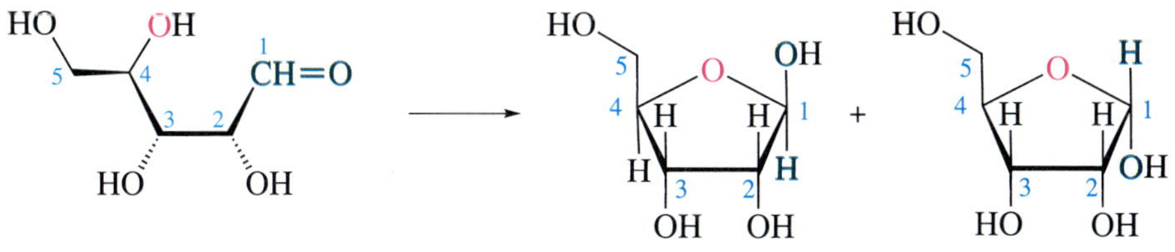

퓨라노스 고리 형성에 적당한 D-라이보스의 형태 α-D-라이보퓨라노스 β-D-라이보퓨라노스

문제 23.6

다음 탄수화물 각각의 퓨라노스형에 알맞은 Haworth 식을 쓰시오.

(a) D-자일로스 (b) D-아라비노스 (c) L-아라비노스

풀이 예시 (a) D-자일로스의 Fischer 투영식은 그림 23.2에 있다.

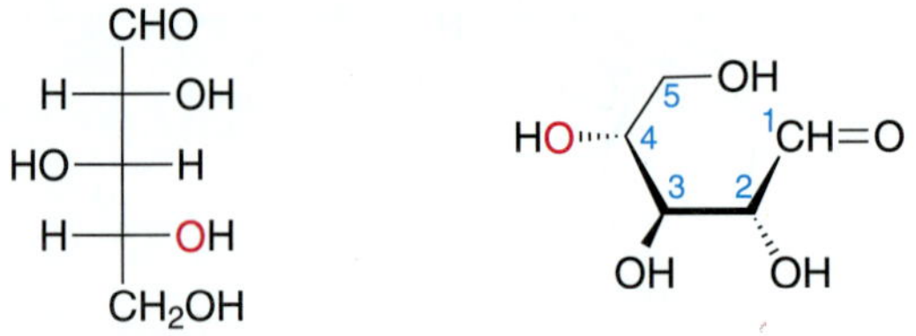

CHO
H—OH
HO—H
H—OH
CH_2OH
D-자일로스

D-자일로스의 겹친 형태

D-자일로스의 탄소-4는 이 탄소에 결합된 하이드록실기가 퓨라노스 고리 형성에 적합하도록 시계 반대방향으로 회전해야만 한다.

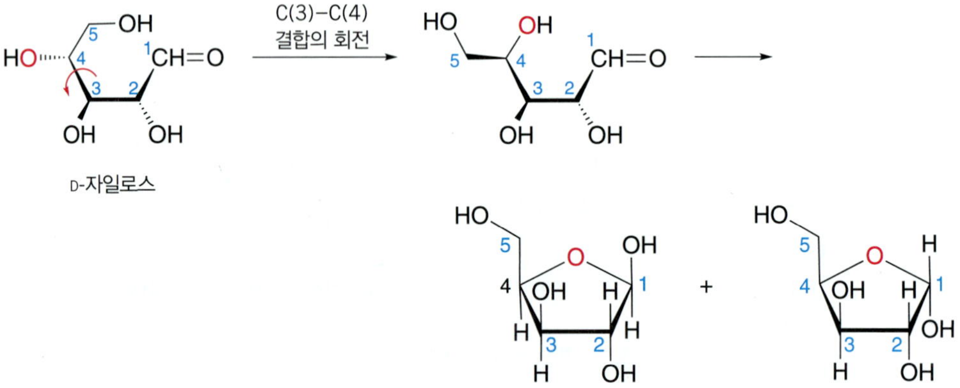

C(3)–C(4) 결합의 회전

D-자일로스

23.7 탄수화물의 고리형: 피라노스형

앞 절에서 D-라이보스의 헤미아세탈 형성을 논의하는 중에, 여러분은 아마도 카보닐기에 C-5 하이드록실 부가에 의해서 알도펜도스가 잠재적으로 육각형 고리 헤미아세탈을 형성할 수 있다는 것을 알아 차렸을지도 모른다. 이 고리 닫힘 형식은 α-와 β-*피라노스*형을 만들게 된다.

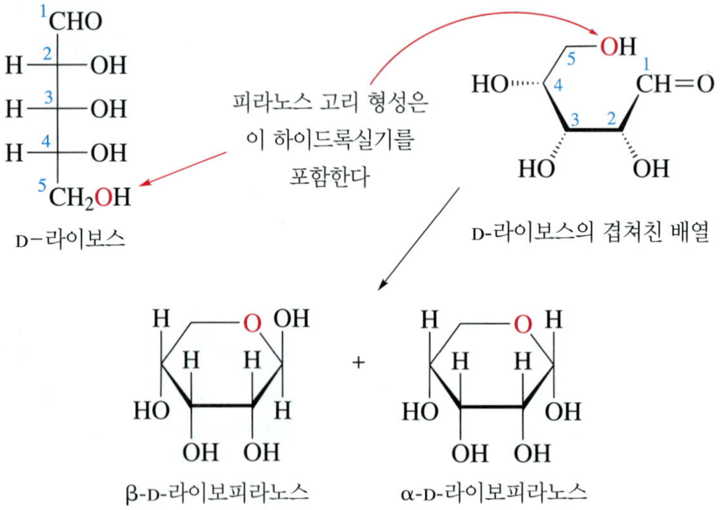

피라노스 고리 형성은 이 하이드록실기를 포함한다

D-라이보스

D-라이보스의 겹쳐친 배열

β-D-라이보피라노스

α-D-라이보피라노스

알도펜토스와 같이, D-글루코스 같은 알도헥소스는 두 개의 퓨라노스형(α와 β)와 두 개의 피라노스형(α와 β)를 형성할 수 있다. D-글루코스 피라노스형의 Haworth 표시는 그림 23.4에 보여주는 것처럼 구성된다; 각각은 육각형 고리의 치환기로서 CH_2OH 기를 갖는다.

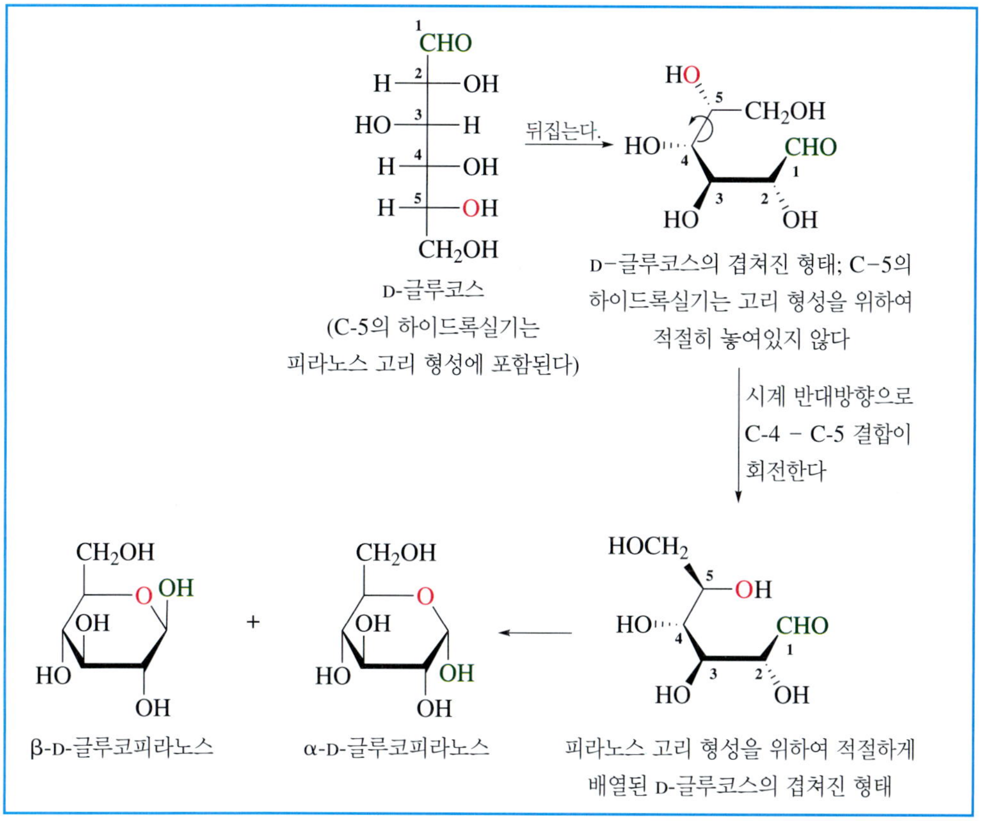

그림 23.4

D-글루코스의 α-와 β-피라노스형의 Haworth 식

Haworth 식은 파라노스형에서 *배열(configuration)* 관계를 나타내는데는 만족스럽지만, 탄수화물의 *형태(conformation)*에 대해서는 유리하지 않다. 수많은 탄수화물에 대한 X-선 결정 연구는 D-글루코스의 육각형 피라노스 고리가 의자 형태를 취한다는 것을 밝혀냈다;

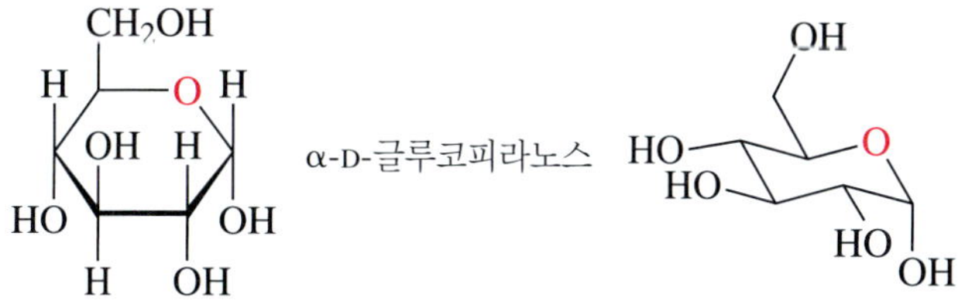

β-D-글루코피라노스에 있는 모든 고리 치환기는 가장 안정한 의자 형태에서 수평에 있다. α 이성질체에 있는 아노머 하이드록실기만 오직 수직이다; 모든 다른 치환기들은 수평이다.

다른 알도헥소스는 CH_2OH 기가 수평 위치에 놓이는 의자 형태를 취함으로 비슷하게 행동한다. 헥소스의 피라노스 형에서 CH_2OH 기는 대체로 가장 크고, 가장 형태적으로 요구되는 치환기이다

문제 23.7

다음 각 당의 β-피라노스형의 가장 안정한 형태를 확실하게 나타내시오:

(a) D-갈락토스 (b) D-만노스 (c) L-만노스 (d) L-라이보스

풀이 예시 (a) 그림 23.4에 있는 D-글루코스의 개략 과정과 유사하게, 우선 β-D-갈락 토피라노스의 Haworth 식을 만든다.

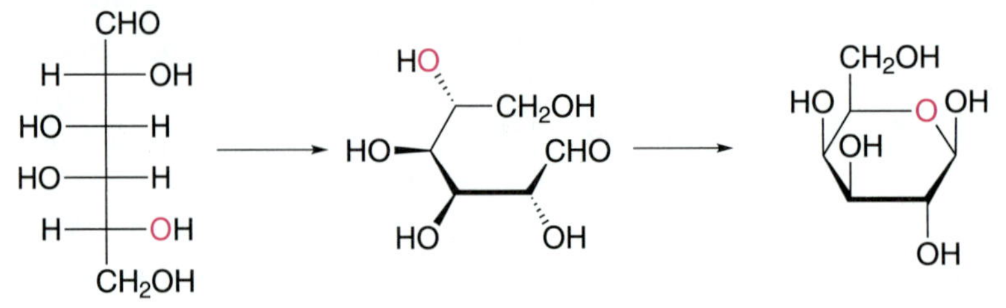

D-갈락토스

β-D-갈락토피라노스 (Haworth식)

다음은 Haworth 식을 CH_2OH 기가 수평인 의자 형태로 변환한다.

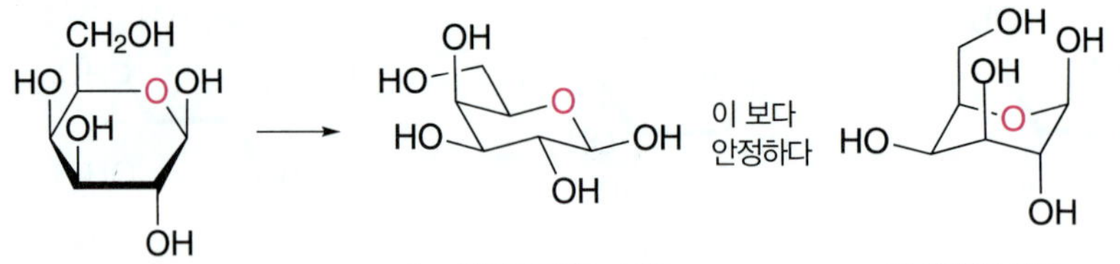

이 보다 안정하다

β-D-갈락토피라노스의 가장 안정한 의자 형태

덜 안정한 의자; CH_2OH기가 수직이다

갈락토스는 C-4의 배치가 글루코스와 다르다. β-D-갈락토피라노스에서는 C-4 하이드록실이 수직이지만, β-D-글루코피라노스에서는 수평이다.

보통 육각형 고리는 오각형보다 덜 긴장되기 때문에, 피라노스 형은 평형에서 퓨라노스 형보다 대개 많이 존재하고, 열린-사슬 형의 농도는 매우 작다. 다양한 헤미아세탈

그림 23.5

¹H 및 ¹³C NMR 분광학으로 수용액에서 측정한 퓨라노스, 피라노스, 및 열린-사슬형 D-라이보스의 분포

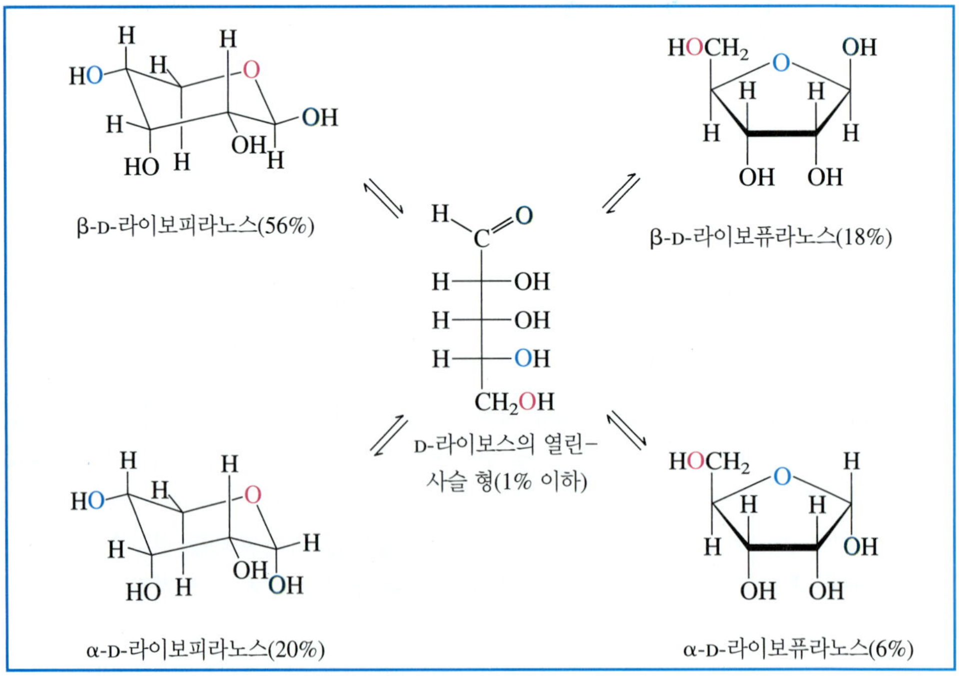

β-D-라이보피라노스(56%)

β-D-라이보퓨라노스(18%)

D-라이보스의 열린-사슬 형(1% 이하)

α-D-라이보피라노스(20%)

α-D-라이보퓨라노스(6%)

형태들 중에서 탄수화물의 분포는 ^{1}H 및 ^{13}C NMR 분광학을 이용하여 관찰되었다. 예를 들면, 수용액에서 D-라이보스는 그림 23.5에 보여준 다양한 양의 α와 β-퓨라노스 및 피라노스형을 포함하는 것이 알려졌다. 평형에서 열린-사슬형의 농도는 너무 적어서 직접 측정할 수가 없다. 그럼에도 불구하고, 이것은 중앙에 위치하는데, 이것은 α와 β 아노머 및 퓨라노스와 피라노스형의 상호변환이 중간체인 열린-사슬형을 경유해야 하기 때문이다. 나중에 보겠지만, 어떤 화학반응들 역시 열린-사슬형을 경유해서 진행한다.

23.8 변광회전

탄수화물의 α와 β 입체이성질형은 독립적으로 존재할 수 있고, 많은 것들이 안정한 결정성 고체의 순수한 형태로 분리되었다. 예를 들면, 에탄올에서 결정화할 때, D-글루코스는 α-D-글루코피라노스, mp 146°C, $[\alpha]_D$ +112.2°이다. 물-에탄올 혼합으로 결정화하면 β-D-글루코피라노스, mp 148-155°C, $[\alpha]_D$ + 18.7°가 된다. 고체 상태에서 두 형태는 상호변환되지 않고 오랫동안 안정하다. 이들의 구조는 X-선 결정학으로 확실히 확인되었다.

각 이성질체에서 방금 언급한 광회전은 각각을 물에 녹인 다음 즉시 측정한 것이다. 방치하면, α 이성질체를 포함하는 용액의 회전은 +112.2°에서 +52.5°로 감소한다; β 이성질체 용액의 회전은 +18.7°에서 +52.5°의 동일한 값으로 증가한다. 이 현상을 **변광회전(mutarotation)**이라고 한다. 이것은 초기에 단 한 가지 아노머형만을 갖고 있던 각 용액에서 α-와 β-피라노스형의 동일한 혼합물이 형성되도록 평형에 도달한 것이다. 열린-사슬 형은 이 과정의 중간체이다.

α-D-글루코피라노스 (mp 146°C, $[\alpha]_D$ +112.2°) ⇌ D-글루코스의 열린-사슬형 ⇌ β-D-글루코피라노스 (mp 148-155°C, $[\alpha]_D$ +18.7°)

변광회전은 중성 수용액에서 서서히 일어나지만, 산이나 염기로 촉진할 수 있다. 메커니즘 23.1은 α-D-글루코피라노스로 출발한 변광회전의 네 단계, 산-촉매 메커니즘을 보여준다. 1단계와 4단계는 양성자 전달이고 산 촉매의 역할을 설명한다. 2단계(고리-열림)과 3단계(고리-닫힘)은 아노머 탄소에 배치의 역이다. 모든 단계는 가역적이고 α/β 비는 두 부분입체이성질체의 상대 에너지에 의존한다.

평형에서 α-와 β-피라노스형의 분포는 순수한 이성질체들의 광회전과 최종 용액의 광회전으로부터 계산할 수 있다. D-글루코스에서는 이러한 계산으로 36%의 α와 64%의 β를 얻는다. 이것은 ^{13}C NMR 분광학으로 얻어진 값(각각 38.8%와 60.9%)과 매우 가깝다. α-와 β-퓨라노스 및 열린-사슬형의 수화물은 나머지 0.3%을 구성한다.

문제 23.8

순수한 α-와 β-만노스의 비광회전은 각각 +29.3°와 −17.0°이다. 두 개의 형 중에 하나를 물에 녹였을 때, 변광회전이 발생하고, 용액의 관찰된 회전은 최종 회전 값이 +14.2°가 될 때까지 변한다. 오직 α-와 β-피라노스형이 존재한다고 가정하고, 평형에서 각 이성질 체의 백분율을 계산하시오.

메커니즘 23.1

D-글루코피라노스의 산-촉매 변광회전

전체 반응:

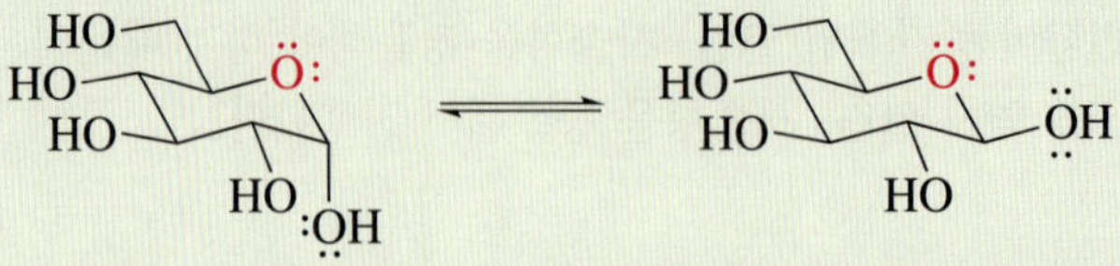

α-D-글루코피라노스 ⇌ β-D-글루코피라노스

1단계: 산 촉매에 의해서 피라노스 고리 산소의 양성자화. 수용액에서, 산 촉매는 하이드로늄 이온이다.

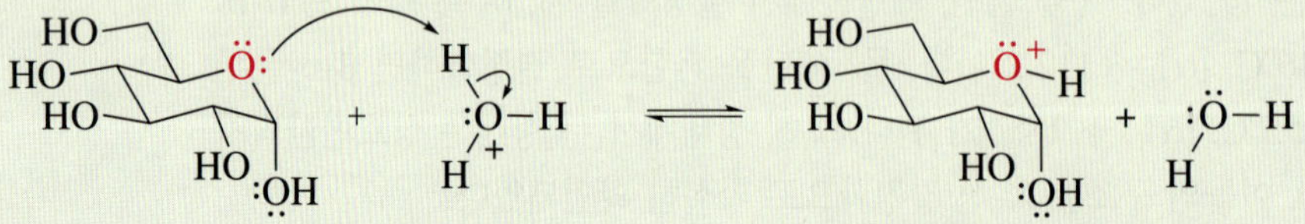

α-D-글루코피라노스 + 하이드로늄 이온 ⇌ α-D-글루코피라노스의 짝산 + 물

2단계: 아노머 탄소와 양으로 하전된 산소간 결합이 끊어짐에 의해서 피라노스 고리가 열린다.

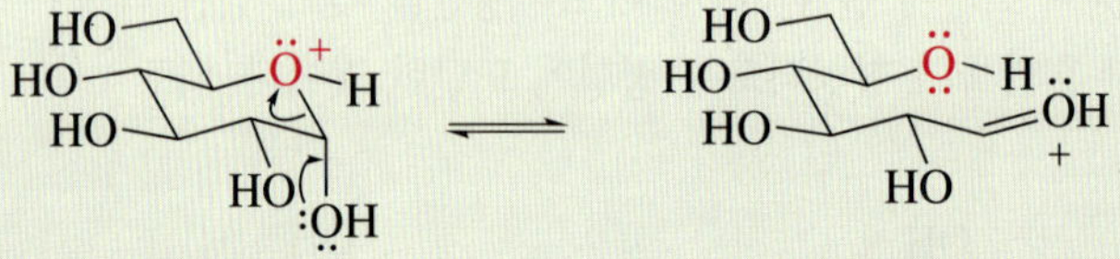

α-D-글루코피라노스의 짝산 ⇌ D-글루코스의 열린-사슬형의 짝산

3단계: 이전 단계에서 형성된 물질이 β-D-글루코피라누스의 짝산을 주기 위해서 고리화 한다. 이 고리화는 17장의 알데하이드와 케톤의 산-촉매 친핵성 첨가와 유사하다.

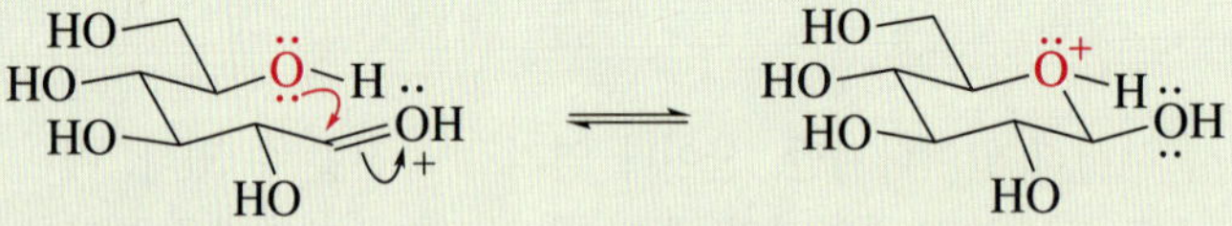

D-글루코스의 열린-사슬형의 짝산 ⇌ β-D-글루코피라노스 짝산

4단계: 3단계의 생성물이 양성자를 물로 전달하여 산 촉매를 재생성하고 중성의 생성물을 형성한다.

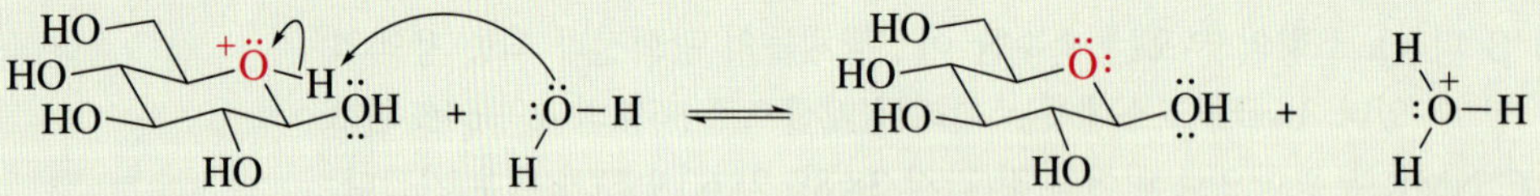

β-D-글루코피라노스의 짝산 + 물 ⇌ β-D-글루코피라노스 + 하이드로늄 이온

특정 탄수화물의 피라노스 형을 보고서 평형에서-α 또는 β-가 우세한지 말하는 것은 불가능하다. 앞에서 기술한 것처럼, D-글루코스 수용액에서 β-피라노스가 우세하지만, 한편 D-만노스는 용액에서는 α-피라노스가 우세하다(문제 23.8). 어떤 다른 탄수화물에 있어서, 예를 들면 D-라이보스는, 퓨라노스와 피라노스 모두가 평형에서 나타난다(그림 23.5).

문제 23.9

염기성 수용액에서 D-글루코피라노스 변광회전의 네 단계 메커니즘을 쓰시오. 전자의 흐름을 추적하는 굽은 화살표를 사용하시오. 첫 단계는 아래와 같다:

용액에서 당의 평형 조성을 조정하는 요인은 복잡하다. 육각형 고리의 치환기가 수직보다는 수평이 잘 정립된 것으로 중요하기는 하지만, 이것이 항상 우월한 인자는 아니다. 다음 절에서는 탄수화물 형태와 α/β 아노머 비를 결정하는데 중요한 역할을 하는 새로운 구조적인 특징을 소개한다.

23.9 탄수화물 형태: 아노머 효과

탄수화물의 구조가 화학 반응성과 같은 특성에 영향을 줄 뿐 만아니라 탄수화물의 구조와 모양 역시 분자들 사이의 상호작용–*분자인식*으로 알려진 현상–에 의존하는 다양한 생물학적 과정의 주된 요인들이다. 이절에서는, 피라노스형으로 존재하는 탄수화물의 형태에 관하여 주로 논의할 것이다. 우리는 의자 형태의 몇 가지 친숙한 개념과 수직 대 수평 그룹에 관하여 복습을 하겠지만, 여러분은 육각형 고리에 산소 원자의 존재가 놀라운 몇 가지 결과를 초래하는 것을 보게 될 것이다.

1969년 노벨 화학상 수상자인 Odd Hassel은 탄수화물의 피라노스형이 의자형 사이클로헥세인과 닮았다는 것을 최초로 제안하였다. 고리에 있는 탄소 원자를 산소로 치환하면 피라노스 고리의 결합 길이가 같지는 않지만, 의자 형의 근본 선호도는 변하지 않는다. 그러나 육각형 고리의 수평 대 수직으로 배향된 치환기를 조정하는 특이한 사실에 더하여, 두 가지 다른 중요한 요인들이 있다:

1. 수평 OH는 수직일 경우보다 덜 밀집되어 있고 수용액에 더 잘 용매화된다.
2. 아노머 효과

이들 중에서 첫 번째는 직접적이고, 두 종간의 상대 에너지가 고체 또는 기체 상태에서 보다는 용액 상태에서 다르다는 사실에 우리의 주의를 끈다. 물과 수소결합은 수직 보디 수평의 OH 기를 더 안정화시킨다.

한편, **아노머 효과(anomeric effect)**는 피라노스 고리에 있는 아노머 탄소의 수평보다 *수직*의 OH와 전기적으로 음성인 다른 치환기를 더 안정화 시킨다. 방금 논의한 변광회전을 보자, 이것은 36% α-아노머와 64%의 β-아노머의 평형 혼합물을 형성한다. 만일 수직 위치에 있는 용매화된 수직 하이드록실기의 불안정한 효과만을 고려한다면, 우리는 단지 11% α와 89% β가 예상될 것이다. 예상한 것보다 더 많은 하이드록실의 존재는 이 두 입체이성질체들 간의 자유에너지 차이가 아노머 효과에 기여한 결과이다.

아노머 효과 역시 C-1에 전기적으로 음성인 원자, 대개는 산소 또는 할로젠을 갖는 피라노스의 형태적 평형에도 영향을 준다. 예를 들면, 트라이아세트산 자일로스로부터 파생된 염화 β-피라노실의 평형 혼합물은 염소가 수직인 98%의 이형태체를 갖는다. 이 두 형태는 변광회전에 의한 상호변환이 아니라, 의자−의자 상호변환을 한다. 아노머 효과는 충분히 크기 때문에 네 개의 치환기 모두가 더 안정한 이형태체에서 수직 위치를 차지한다.

$CHCl_3$

2% 98%

2,3,4-Tri-*O*-acetyl-β-D-xylopyranosyl chloride

아노머 효과는 무엇에 기인되는가? 화학자들은 이 질문에 논쟁을 계속하고, 수많은 설명을 이끌어 냈으며, 이들 중 하나는 그림 23.6에 자세하게 있다. 치환기 X가 수직으로 있는, (a)에 나타낸 구조는 고리 산소에 있는 비공유 전자쌍과 C—X 결합의 반결합성 σ* 오비탈 [(b)와 (c)]의 상호작용에 의해서 안정하게 된다 . 이 상호작용은 X가 수평인 (d)일 때 보다 수직이고 비결합 전자 쌍과 동일평면상 반대 방향일 때 최대가 된다. 아노머 탄소 쪽으로 전자 밀도의 이동은 X가 전기적으로 음성인 치환기일 때 쉬워지고, 그래서 이 효과는 아노머 탄소에 산소 또는 염소를 갖는 피라노스에서 자주 보인다. 이 모형은 또한 아노머 탄소에 전기적으로 음성인 치환기를 갖는 피라노스에서 보이는 짧은 O—C-1 결합을 설명한다.

오각형 고리는 육각형 고리보다 더 유연하기 때문에, 아노머 효과는 피라노스형에서 보다 퓨라노스에서 덜 중요하다.

아노머 효과는 X—C—Y—R, 여기서 X와 Y은 전기적으로 음성이고 Y는 적어도 한 개의 비결합 쌍을 갖는 구조 단위의 일반적인 특성이다. Y—C 결합에 대한 형태 중에서, 고우시가 안티보다 일반적으로 안정하다.

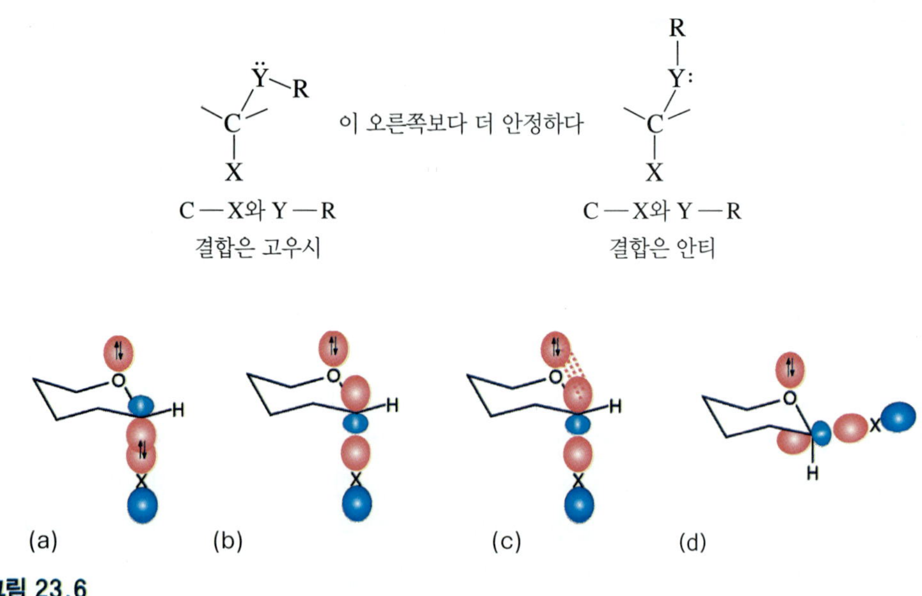

그림 23.6

산소 고립 쌍의 비편재화는 아노머 탄소의 전기적으로 음성인 치환기 X가 수직인 형태를 안정화한다. (a) 원자 X는 탄소의 sp^3 혼성 오비탈과 X의 *p* 오비탈의 겹침으로 형성된 *s* 결합에 의해서 고리에 연결되어 있다. 이것은 두 개의 전자로 채워지고 그러므로 산소의 고립 쌍을 공유할 수 없다. (b) C—X 결합의 반결합성 σ* 는 채워지지 않았으므로 두 개의 전자를 수용할 수가 있다. (c) 산소의 2*p* 오비탈과 C—X σ* 오비탈의 겹침은 산소의 비공유 전자쌍이 비편재화하게 허용한다. 산소의 2*p* 오비탈과 σ* 가 동일한 평면의 정반대에 있을 때, 비편재화가 최대로 된다; 즉 X는 수직이다. (d) X가 수평일 때, C—X σ* 오비탈의 축은 산소 2*p* 오비탈에 대하여 고우시이고 산소의 비결합 전자쌍이 (c)에서처럼 비편재화되는 것을 허용하지 않는다.

염화메틸 메틸 에터($ClCH_2OCH_3$)같은 단순 구조에서, 고우시 형태는 약 8 kJ/mol (2 kcal/mol)만큼 안티보다 안정하다고 평가한다.

문제 23.10

염화메틸 메틸 에터($ClCH_2OCH_3$)의 가장 안정한 형태를 도시하시오.

23.10 케토스

지금까지 우리의 모든 관심은 열린-사슬형에서 알데하이드 작용기를 갖는 탄수화물인 알도스에 집중되었다. 알도스는 케토스보다 더 일반적이고, 생물학적 과정에서 이들의 역할은 아주 자세하게 연구되어졌다. 그럼에도 불구하고, 많은 수의 케토스들이 알려지고, 이들 중 일부는 탄수화물 생합성과 대사과정에서 중요한 중간물질이다. 케토스 일부의 예로는 *D-라이불로스*, *L-자이루로스*, 및 *D-프럭토스*이다:

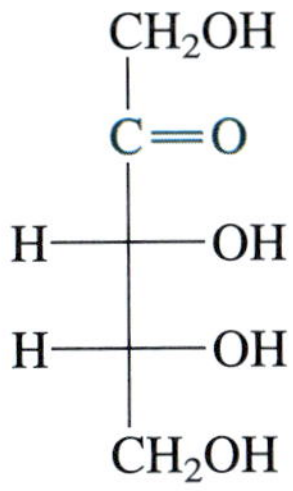

D-라이불로스: CH_2OH / C=O / H—C—OH / H—C—OH / CH_2OH

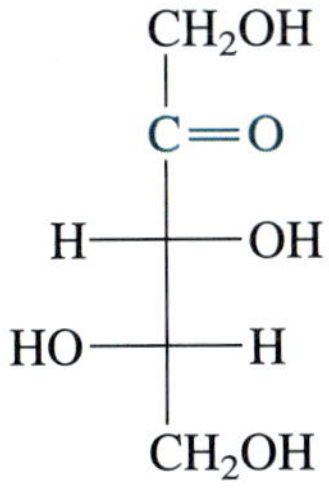

L-자일루로스: CH_2OH / C=O / H—C—OH / HO—C—H / CH_2OH

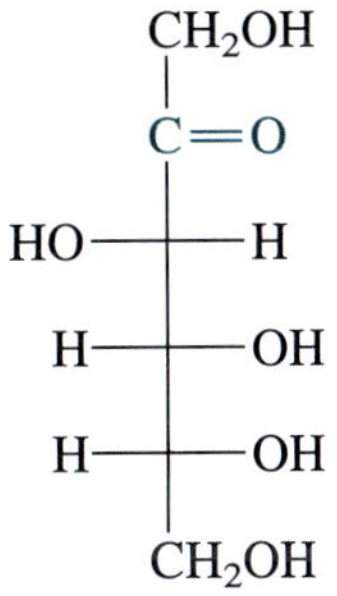

D-프럭토스: CH_2OH / C=O / HO—C—H / H—C—OH / H—C—OH / CH_2OH

여기 세 개의 카보닐기 모두는 C-2에 있으며, 이것은 자연에서 발견되는 케토스의 가장 일반적인 경우이다. D-라이불로스는 광합성, 이산화탄소와 물로부터 D-글루코스의 형성을 이끌어내는 태양 에너지에 의한 과정의 중요한 중간체이다. L-자일루로스는 특정한 효소가 없는 사람의 비정상적인 자일리톨 분해로 생성되는 물질이다. D-프럭토스는 잘 알려진 케토스이다; 이것은 과일과 꿀에 존재하며 설탕보다 더 달다.

문제 23.11

얼마나 많은 케토테트로스가 존재하는가? 각각을 Fischer 투영식으로 그리시오.

알도스와 같이, 케토스는 주로 고리 헤미아세탈로 존재한다. D-라이불로스의 경우에서, 퓨라노스형은 카보닐기에 C-5 하이드록실 첨가의 결과이다.

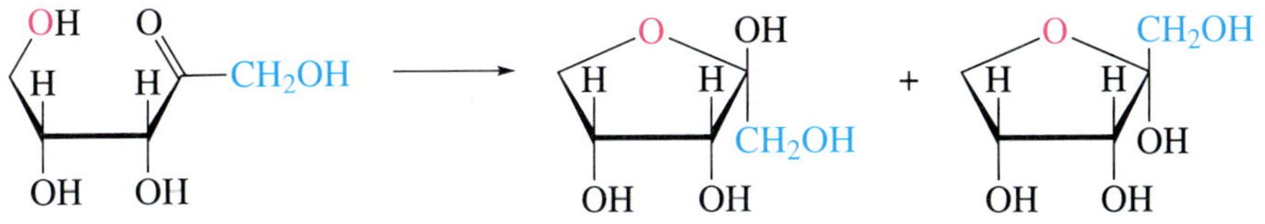

OH, O, H, H, CH_2OH, OH, OH → O, OH, H, H, CH_2OH, OH, OH + O, CH_2OH, H, H, OH, OH, OH

D-라이불로소의 겹쳐진 형 β-D-라이불로퓨라노스 α-D-라이불로퓨라노스

케토스의 퓨라노스 또는 피라노스형의 아노머 탄소는 하이드록실기 및 탄소 치환기를 모두 갖는다. 2-케토스의 경우에는, 이 치환기가 CH_2OH이다. 알도스에서처럼, 고리 헤미아세탈의 아노머 탄소는 두 개의 산소와 결합되어 있기 때문에 쉽게 확인할 수 있다.

문제 23.12

그림 23.4에 요약된 방법을 사용하여 D-프락토스의 β-퓨라노스형을 Haworth 식으로 쓰시오.

23.11 탈산소 당

탄수화물 구조에서 일반적 형식의 흔한 변화는 한 개 이상의 하이드록실 치환기를 다른 원자 또는 그룹으로 바꾸는 것이다. **탈산소 당(deoxy sugars)**에서 하이드록실기가 수소로 치환된다. 탈산소 당의 두 가지 예는 2-데옥시-D-라이보스와 L-퓨코스이다:

CHO
H—H
H—OH
H—OH
CH_2OH

2-데옥시-D-라이보스

CHO
HO—H
H—OH
H—OH
HO—H
CH_3

L-퓨코스
(6-데옥시-L-갈락토스)

D-라이보스의 C-2에 있는 하이드록실은 2-데옥시-D-라이보스에는 없다. 26장에서 우리는 데옥시라이보뉴클레오타이드라고 부르는, 2-데옥시-D-라이보스 유도체가 어떻게 유전 정보를 저장하는 물질인, 데옥시라이보핵산(DNA)의 기본적인 구성 단위인지 보게 될 것이다. CH_2OH 기보다는 오히려 메틸기를 끝에 갖는 탄소 사슬의 L-퓨코스는 혈액형을 결정하는 적혈구 세포의 표면에 있는 것과 같은, 당단백질에 있는 탄수화물의 하나로 자주 발견된다(23.21).

문제 23.13

다음의 Fischer 투영도를 쓰시오.

(a) *코르다이세포스(cordycepos)* (3-데옥시-D-라이보스): 항생제인 *코르다이세핀*을 가수분해하여 얻어지는 탈산소 당

(b) L-*람노스(rhmnose)* (6-데옥시-L-만노스): 식물에서 발견된다.

풀이 예시 (a) D-라이보스에 있는 C-3의 하이드록실기는 3-데옥시-D-라이보스에서는 수소로 대치된다.

CHO
H—OH
H—OH
H—OH
CH_2OH

D-라이보스
(그림 23.2에서)

CHO
H—OH
H—H
H—OH
CH_2OH

3-데옥시-D-라이보스
(코르다이세포스)

23.12 아미노 당

다른 구조적인 변형은 탄수화물에 있는 하이드록실기를 아미노기로 바꿔서 **아미노 당(amino sugar)**이 되는 것이다. 지구에서 가장 풍부한 아미노 당은 가장 오래되고 가장 풍부한 유기 화합물이다. *N*-아세틸-D-글루코사민은 갑각류나 곤충의 단단한 외피를 만드는

키틴에 있는 다당류의 주된 성분이다. 키틴은 2천 5백만년 전의 투구벌레 화석으로부터 분리되었으며, 매년 10^9톤 이상의 키틴이 생물계에서 만들어진다. 예를 들면, 바닷가재의 껍질은 주로 키틴이다(그림 23.7). 60개 이상의 아미노 당이 알려지고, 이들 중 많은 것들이 분리되고, 항생제의 성분들로 아주 최근에 확인되었다. 예를 들면, 항암제인 독소루비신(아드리아마이신)은 그 구조 단위의 하나로 아미노 당인 L-다우노사민을 가지고 있다.

그림 23.7

바닷가재의 껍질은 주로 *N*-아세틸-D-글루코사민의 고분자인 키틴이다

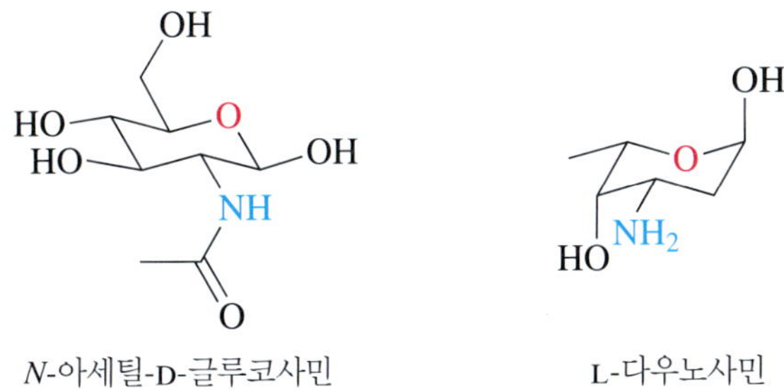

N-아세틸-D-글루코사민 L-다우노사민

사이알릭산은 탄소 아홉 개인 케토스의 아미노 당 유도체로 흥미로운 구조적 특징을 갖는 탄수화물의 한 종류이다. *N*-아세틸뉴라민산이 모체라 할 수 있다.

N-아세틸뉴라민산

구조적으로 연관된 40개 이상의 사이알릭산이 자연에서 발견되고 이들은 다양한 역할을 하고 있다. 당지질과 당단백질의 공유적으로 결합된 성분으로서, 이들은 세포 인식 과정에 밀접하게 관련된다.

문제 23.14

우리는 아미노 당에 관한 절에서 *N*-아세틸뉴라민산을 포함하였고 이것을 케토스라고 하였다. 우리는 이것을 데옥시 당이라고 할 수도 있다. 이렇게 분류하는 이유를 구조식에 표시 하시오. 아홉-탄소 사슬에 탄소의 번호를 붙여라. 가장 큰 번호의 카이랄 중심 배열(D 또는 L)은 무엇인가?

산소가 질소로 치환한 질소-포함 당을 이미노 당이라고 한다. 이미노 당의 예는 자연에서 발견되는 노지리마이신(nojirimicin)이다. 이것의 합성 유도체인 *N*-뷰틸-1-데옥시노지리마이신은 Gaucher 병으로 알려진 지방대사 장애치료에 사용한다.

노지리마이신 *N*-뷰틸-1-데옥시노지리마이신

표시는 입체적으로 미정인 결합을 나타내는 데 사용한다.

23.13 가지사슬 탄수화물

주 사슬에 탄소 치환기를 갖는 탄수화물은 **가지 사슬(branched chain)**을 갖는다고 한다. D-아피오스와 L-반코사민은 대표적인 가지-사슬 탄수화물이다:

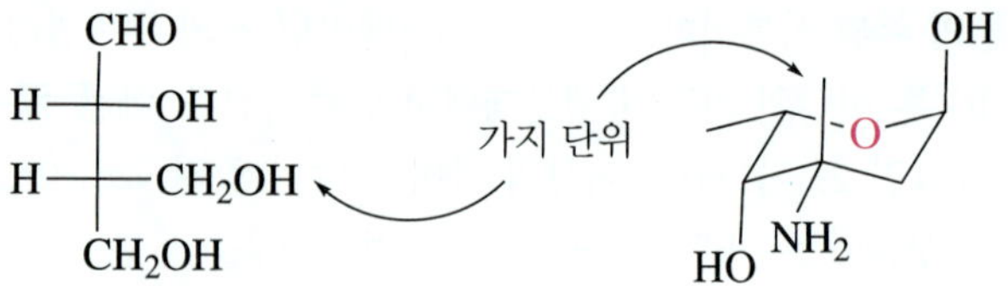

D-아피오스

가지 단위

L-반코사민

D-아피오스는 파슬리에서 분리할 수 있으며 다양한 해양 식물의 세포-벽 다당류의 성분이다. 이것이 신비한 구조적 특정의 하나는 오직 한 개의 카이랄 중심을 갖는다는 것이다.

L-반코사민은 약에 내성을 갖는 박테리아에 효과적인 몇 개 안되는 항생제들 중의 하나로 알려진 강력한 항생제인 반코마이신의 유일한 성분이다. L-반코사민은 가지-사슬 탄수화물일 뿐만 아니라 탈산소 당이며 또한 아미노 당이다.

23.14 글리코사이드: Fischer 글리코사이드화

글리코사이드(Glycosides)는 아노머 하이드록실기가 어떤 다른 치환기로 치환된 특화된 많고 중요한 탄수화물 유도체의 한 종류이다. 아노머 탄소에 붙어있는 원자가 산소이면 글리코사이드는 *O*-글리코사이드라고 부른다. 만약 그 원자가 황이면, *S*-글리코사이드 및 싸이오글리코사이드라는 이름이 모두 사용된다. 아노머 탄소에 붙어 있는 원자가 질소인 글리코사이드는 글리코실아민으로 명명한다.

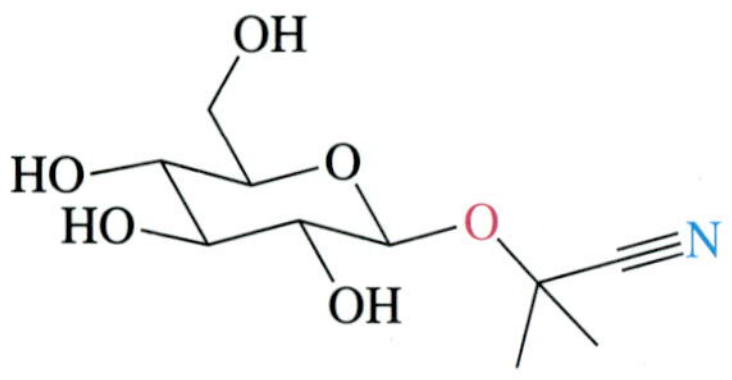

리나마린(Linamarin) 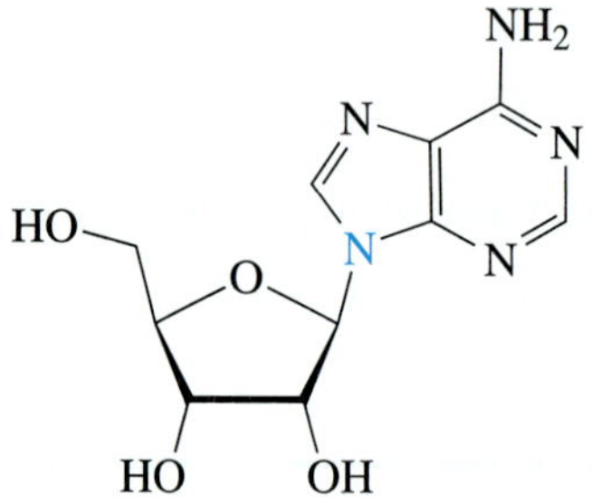 아데노신(Adenosine) 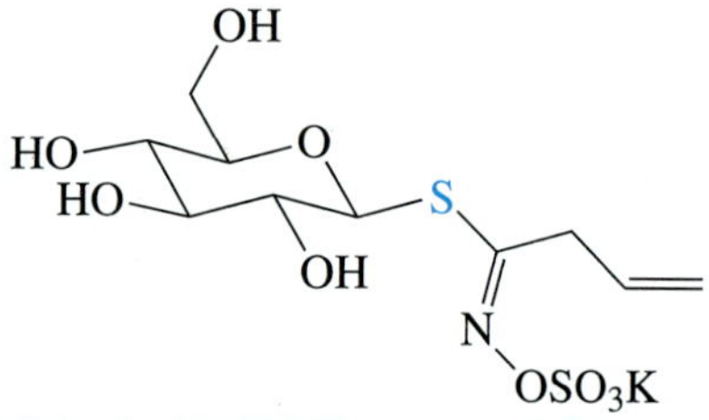 사이니그린(Sinigrin)

리나마린은 D-글루코스와 아세톤 사이아노하이드린의 *O*-글리코사이드이다. 이것은 열대 기후에서 자라는 결절이 있는 식용 식물인 마니옥(manioc) {카사바(cassava)}에 존재하며, 이것은 많은 사이아노젠 글리코사이드의 단지 한 개이다. 아데노신과 같은 뉴클레오사이드는 헤테로고리 방향족 화합물의 글리코실아민이다. 가장 중요한 것은 D-라이보스와 2-데옥시-D-라이보스에서 파생된 것들이다. 사이니그린은 겨자와 양고추냉이의 독특한 맛에 기여하는 *S*-글리코사이드이다. 보여준 세 가지 글리코사이드는 모두 아노머 탄소에 β 배열을 갖는다. 많은 항생제들이 글리코사이드로서 발견된다. 가장 흔한 것은 에리드로마이신(18.7절)과 같은 *O*-글리코사이드이다.

접두사가 없이 *글리코사이드*라는 용어는 *O*-글리코사이드를 나타내는 것으로 간주한다. *O*-글리코사이드는 아노머 탄소에 —OH 대신 알콕시기 —OR을 갖는 것이다. 구조적으로, 이들은 혼합 아세탈이다. 아세탈 형성에서 일련의 중간체를 상기하시오(17.8절).

$$R_2C{=}O \xrightleftharpoons{R'OH} R_2C(OH)OR' \xrightleftharpoons{R''OH} R_2C(OR'')OR'$$

알데하이드 또는 케톤 헤미아세탈 아세탈

만일 알데하이드 또는 케톤이 γ 또는 δ OH를 가지고 있다면, 처음 단계는 분자내에서 고리 헤미아세탈의 생성이 일어난다. 두 번째 단계는 분자 간에서 일어나고 반응물로서 알코올 ROH가 요구된다.

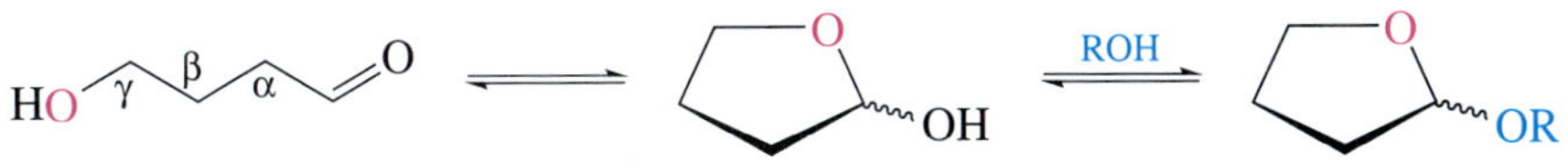

4-Hydroxybutanal ⇌ 고리 헤미아세탈 ⇌(ROH) 아세탈

이 도해에서는, γ-하이드록시 알데하이드로부터, 탄수화물의 퓨라노스형과 유사한, 오직 오각형 고리 헤미아세탈만 가능하다. 최종 아세탈은 글리코사이드와 유사하고; 이 경우에는 퓨라노사이드이다. δ —OH를 갖는 알데하이드로부터 상응하는 생성물은 피라노스(고리 헤미아세탈)과 피라노사이드(아세탈)이 될 것이다.

Fischer 글리코사이드화(Fischer Glycosidation)으로 알려진 반응에 있어서, 글리코사이드는 산 촉매에서 탄수화물을 알코올과 반응하도록 두면 간단히 제조된다. 이 반응은 *열역학적으로 제어되고,* 주 생성물은 가장 안정한 글리코사이드이다; 메탄올과 D-글루코스의 반응으로 이것은 메틸 α-D-글루코피라노사이드가 된다. 육각형 고리는 오각형 고리보다 더 안정하고, 아노머 효과는 수직의 $—OCH_3$ 기를 안정하게 한다.

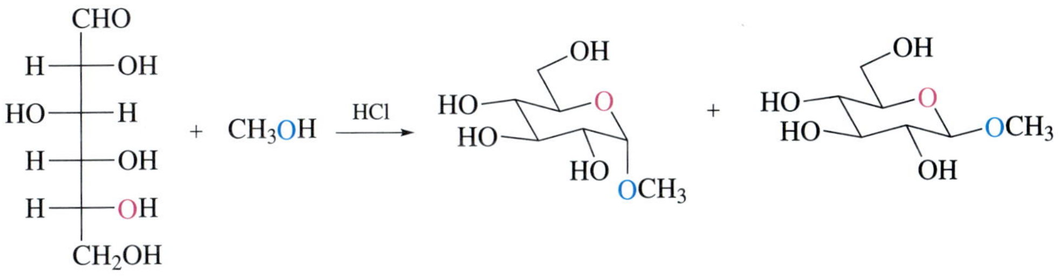

D-Glucose + Methanol (CH_3OH) —HCl→ Methyl α-D-glucopyranoside (주 생성물: 49%로 분리) + Methyl β-D-glucopyranoside (부 생성물)

문제 23.15

염화 수소 존재 하에서 메탄올와 D-갈락토스의 반응으로 형성된 α-와 β-메틸 피라노사이드의 구조식을 쓰시오.

실험적 관찰은 메틸 글리코사이드 형성에 한 가지 이상의 메커니즘이 있으며, 헤미아세탈, 아세탈, 또는 옥소늄 이온과 같은 중간체가 포함되고, 이어서 고리화가 되는 것으로 제안한다. 메탄올과 D-글루코스의 반응에서 이들 주 반응중간체들은 다음과 같다:

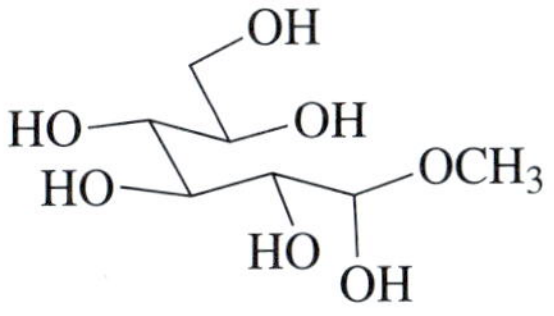

헤미아세탈 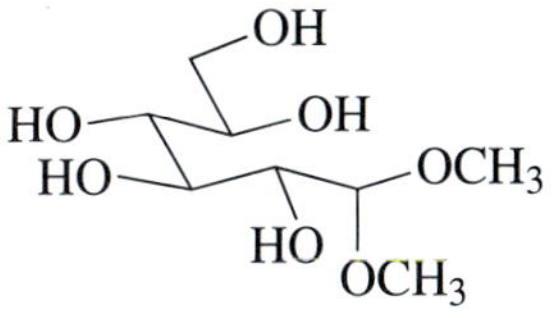 다이메틸 아세탈 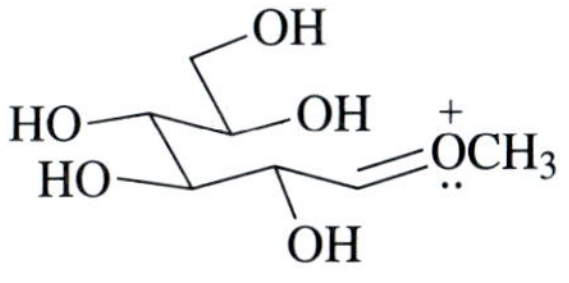 옥소늄 이온

고리화는 α- 또는 β-퓨라노사이드 또는 α- 또는 β-피라노사이드로 이르게 할 수 있다. 퓨라노사이드는 Fischer 글리코사이드화의 속도론적 생성물이며 평형 이전에 반응을 멈추면 분리해낼 수 있다. 메커니즘 23.2는 D-글루코스의 메틸 헤미아세탈 초기 형성과 고리화하여 메틸 α-D-글루코피라노사이드와 이것의 β 아노머의 혼합물을 보여준다.

C-4에 —OH를 갖는 메커니즘 23.2와 비슷한 과정은 메틸 α-와 β-퓨라노사이드를 생성한다. 다음에 이들은 D-글루코스 자체로 되돌아가지 않는 메커니즘에 의해서 더 안정한 피라노사이드가 생성되는 다음 변환을 수행한다.

메커니즘 23.2

Fischer 글리코사이드화에 의한 메틸 D-글루코피라노사이드의 제조

전체 반응:

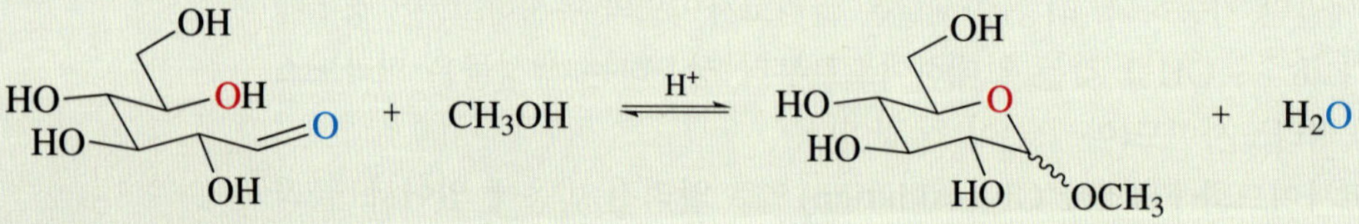

D-글루코스 + CH_3OH ⇌(H^+) 메틸-D-글루코피라노사이드 (α + β) + H_2O

D-글루코스 메탄올 메틸-D-글루코피라노사이드 (α + β) 물

메커니즘:

1~3단계: D-글루코스의 카보닐기에 메탄올의 산-촉매 친핵성 첨가. (알데하이드와 케톤의 산-촉매 부가에 대한 자세한 내용은 메커니즘 17.2와 17.4를 보시오)

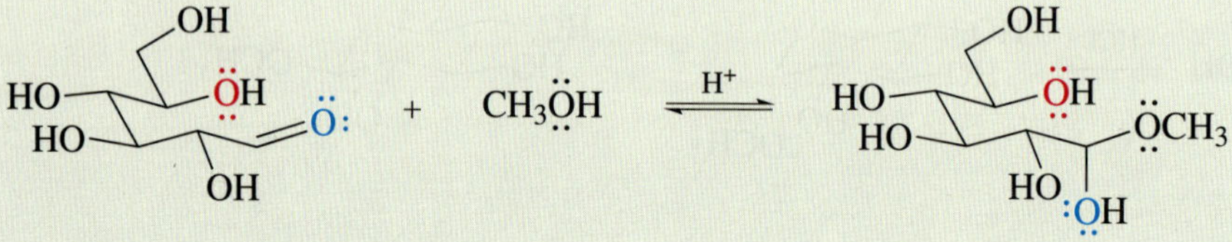

D-글루코스 메탄올 D-글루코스 메틸 헤미아세탈

4단계: 헤미아세탈 단위의 —OH 기 양성자화. 양성자 주개는 메탄올의 짝산이다. 이것은 산 촉매로부터 메탄올로 양성자 전달에 의해 형성된다.

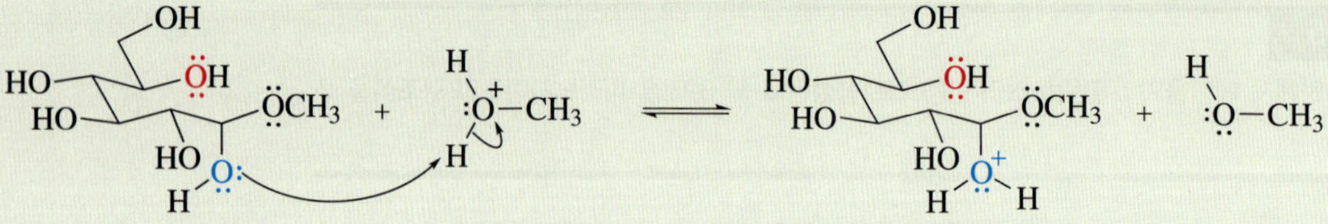

D-글루코스 메틸 헤미아세탈 메틸옥소늄 이온 D-글루코스 메틸 헤미아세탈의 짝산 메탄올

5단계: 양성자화 헤미아세탈에서 물이 빠지면 옥소늄 이온이 된다.

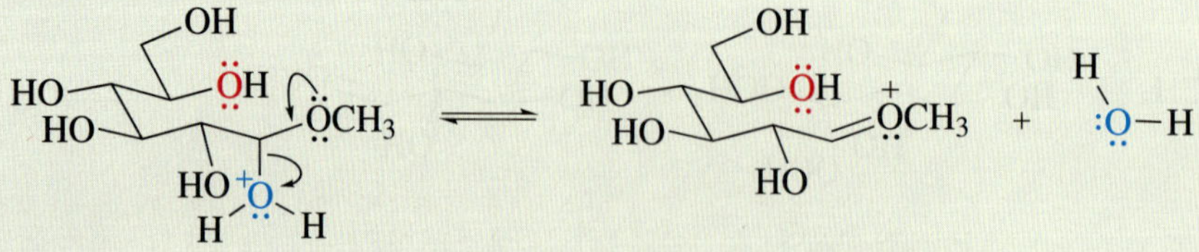

D-글루코스 메틸 헤미아세탈의 짝산 옥소늄 이온 물

6단계: 옥소늄 이온의 고리화. C-5 산소의 비결합 전자쌍이 C-1과 결합을 하는데 사용 되어, 글리코피라노사이드의 육각형이 형성된다. 이 반응에서 α 입체이성질체(수직 OCH_3)가 우세한 α와 β 입체이성질체가 모두 형성된다.

메커니즘 23.2

Fischer 글리코사이드화에 의한 메틸 D-글루코피라노사이드의 제조 *(계속)*

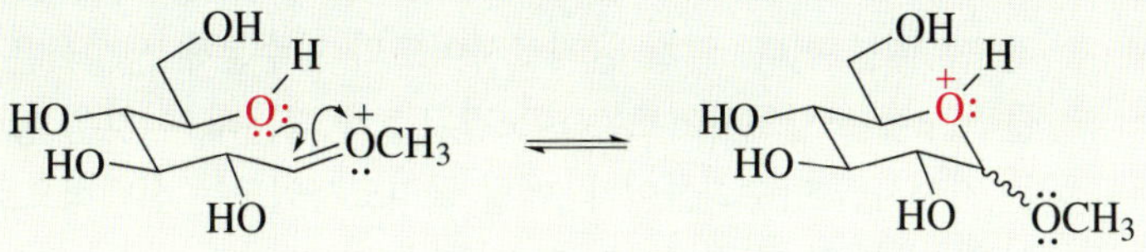

옥소늄 이온

메틸 D-글루코피라노사이드(α + β)의 짝산

7단계: 양으로 하전된 고리 산소에서 메탄올의 산소로 양성자가 전달되어 메틸 α-와 β-D-글루코피라노사이드의 혼합물이 생성된다. 산 촉매는 이 단계에서 재생성 된다.

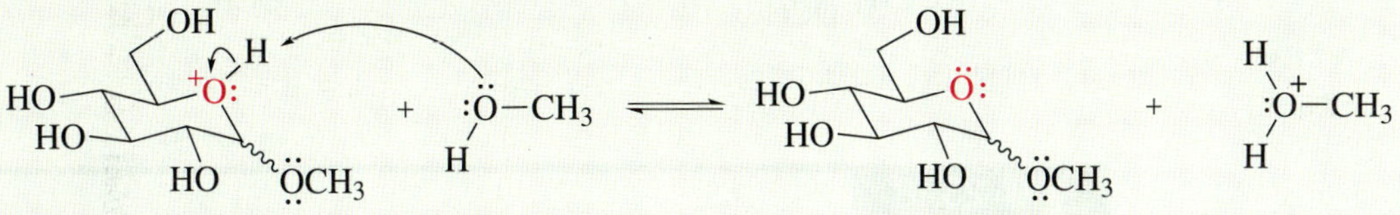

메틸 D-글루코피라노사이드 (α + β)의 짝산

메탄올

메틸 D-글루코피라노사이드 (α + β)

메틸옥소늄 이온

문제 23.16

다음 연속단계에 굽은 화살표를 더하여 어떻게 메틸 β-D-글루코퓨라노사이드가 상응하는 피라노사이드로 변환되는지를 보이시오.

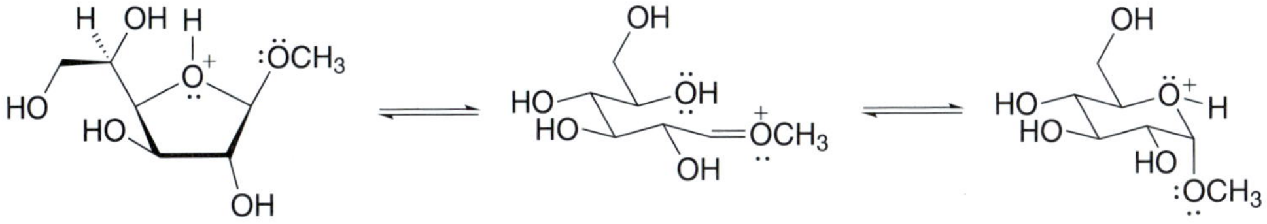

그럼에도 고리 옥소늄 이온을 포함하는 또 다른 메커니즘은 메틸 D-글루코피라노사이드의 α와 β 아노머가 상호변환되는 것으로 알려진다.

문제 23.17

산 촉매에서 메틸 β-D-글루코피라노스를 CD_3OH에 방치할 때, OCD_3 기를 갖는 α 아노머 로 변환된다. 아래 보이는 반응 중간체에 있는 전자를 추적하기 위하여 굽은 화살표를 사 용하시오.

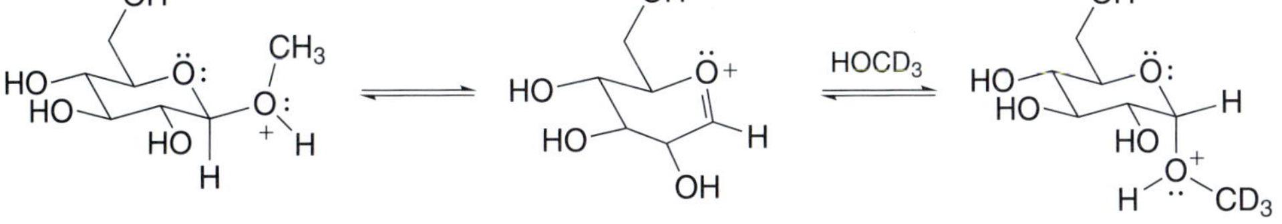

$HOCD_3$

메커니즘적 복잡성에도 불구하고, 빠르게 도달되는 평형으로 이 Fischer 글리코사이드화는 탄수화물을 *O*-글리코사이드로 변환하는 믿을 수 있는 방법이 된다. 일단 형성되면,

O-글리코사이드는 나머지 하이드록실기를 적당히 조작하여 다양한 탄수화물 구조의 형태를 합성하는 유용한 중간체이다.

다른 아세탈과 마찬가지로, 글리코사이드는 염기성에서는 안정하지만, 산성에서는 가수분해를 한다. 알킬 글리코사이드의 가수분해 생성물은 알코올과 탄수화물이다. 예를 들면, β-L-노갈로사이드는 L-노갈로스가 되는데, 이것은 항생제 노갈라마이신에서 발견되는 가지사슬 탄수화물이다. 메틸 글리코사이드는 선택적으로 가수분해된다는 것에 유의하시오; 세 개의 메틸 에터는 그대로 남아있다.

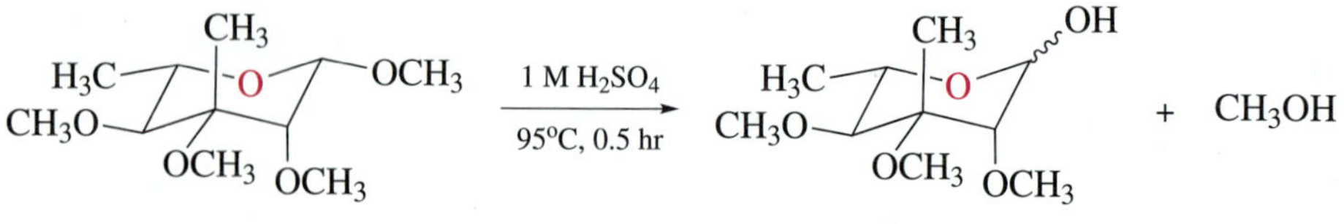

메틸 β-L-노갈로사이드 → ($1\ M\ H_2SO_4$, 95°C, 0.5 hr) → L-노갈로스(88%) + CH_3OH 메탄올

문제 23.18

메커니즘 23.2을 지침으로 사용하여, 메틸 α-D-글루코피라노사이드의 산성 가수분해에 대한 단계적인 메커니즘을 쓰시오.

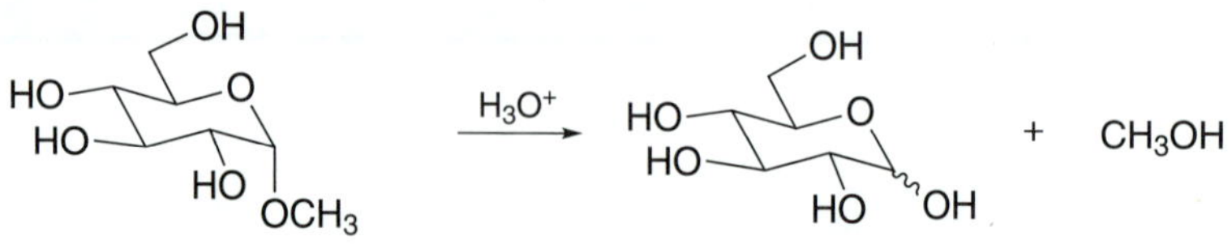

메틸-α-D-글루코피라노사이드 → (H_3O^+) → D-글루코스 + CH_3OH 메탄올

23.15 이당류

이당류는 가수분해하면 두 개의 단당류 분자를 생성한다. 구조적으로, 이당류는 두 번째 당 분자에서 유도되는 아노머 탄소에 알콕시기가 붙어 있는 글리코사이드이다.

녹말의 가수분해로 얻어지는 말토스와 셀룰로오스의 가수분해로 얻어지는 과 셀로바이오스는 이성질성 이당류이다. 말토스와 셀로바이오스 모두에 있어서, 두 개의 D-글루코피라노스 단위는 한 단위의 C-1과 다른 단위의 C-4간의 글리코사이드 결합에 의하여 연결되어 있다. 이 두 개는 글리코사이드 결합에 있는 아노머 탄소의 단지 입체화학만 다른, 부분입체이성질체이다; 말토스는 α-글리코사이드이고, 셀로바이오스는 β-글리코사이드이다.

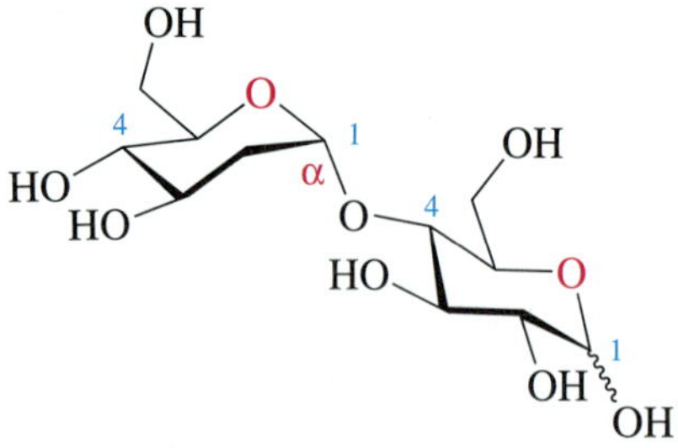

말토스 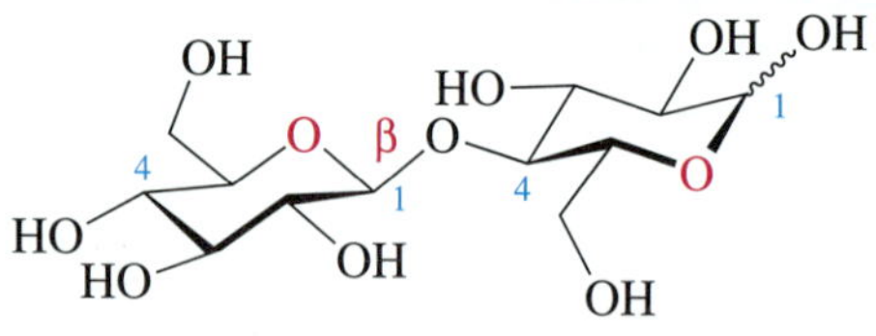　　　　셀로바이오스

글리코사이드 결합의 입체화학과 연결점은 보통 말토스는 α-(1→4), 셀로바이오스는 β-(1→4)와 같이 나타낸다; α 와 β는 아노머 위치의 입체화학을 표시한다; 숫자는 포함되는 탄소 고리를 명시한다.

말토스와 셀로바이오스는 모두 글리코사이드 결합에 포함되지 않은 자유 아노머 하이드록실기를 갖는다. 자유 아노머 중심의 배열은 변할 수 있고 α 또는 β이다. 사실, 말토스의 두 가지 입체이성질체 형은 분리가 되었다: 하나는 수평 위치에 아노머 하이드록실기를 갖고; 다른 하나는 수직 아노머 하이드록실을 갖는다.

문제 23.19

방금 언급한 말토스의 두 가지 입체이성질체는 물에 녹아서 변광회전을 한다. 이 과정에서 주된 중간체의 구조는 무엇인가?

이들 구조의 한 가지 차이인 글리코사이드 결합의 입체화학은 그림 23.8에 도시한 분자 모델처럼, 삼차원 모양을 상당히 다르게 하는 원인이 된다. 말토스와 셀로바이오스가 단백질과 같은 다른 카이랄 분자와 상호작용하는 방법에 영향을 주는 이러한 모양의 차이는 이들이 효소-촉매 가수분해에 대하여 매우 다르게 행동하는 원인이 된다. 효소 *말테이즈*는 말토스의 α-글리코사이드 결합의 가수분해성 끊어짐을 촉진하지만, 그러나 셀로바이오스의 β-글리코사이드는 아니다. 다른 효소인 에멀신(emulsin)은 반대 결과를 가져온다: 에멀신은 셀로바이오스의 가수분해를 촉진하지만 말토스는 하지 않는다. 각 효소의 행동을 글루코사이드(글루코스의 글리코사이드)에서는 일반적이다. α-글리코사이드를 가수분해를 촉진하는 말테이즈는 α-*글리코시데이즈*라고 하는 한편, β-글리코사이드를 가수분해를 촉진하는 에멀신은 β-*글리코시데이즈*라고 한다. 이러한 효소의 특이성은 글루코사이드 연결의 입체화학을 부여하기 때문에 구조결정을 하는데 유용한 도구를 제공한다.

*락토스*는 우유의 2~6%를 구성하는 이당류이고 *젖당(milk sugar)*로 알려져 있다. 이것은 단당류 단위가 오직 D-글루코스 하나인 점에서 말토스 및 셀로바이오스와 다르다. 글루코사이드 결합의 아노머 탄소에 기여하는 다른 단당류 단위는 D-갈락토스이다. 셀로바이오스처럼, 락토스는 β-글리코사이드이다.

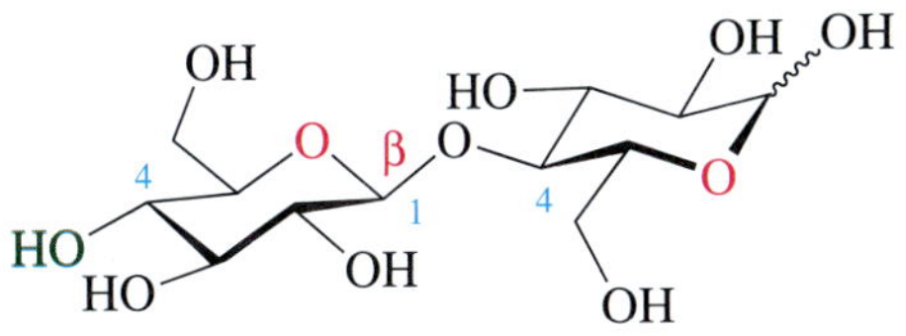

셀로바이오스

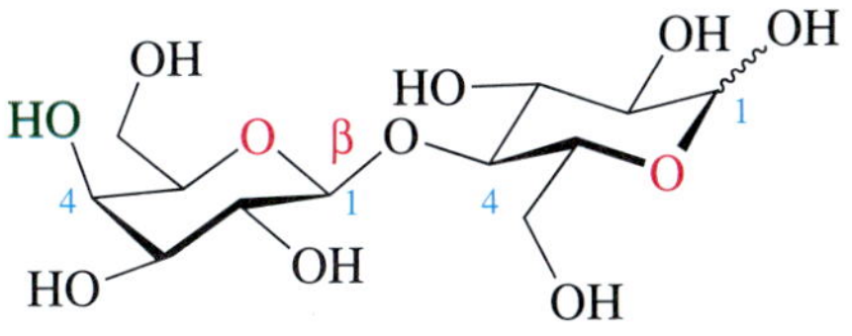

락토스

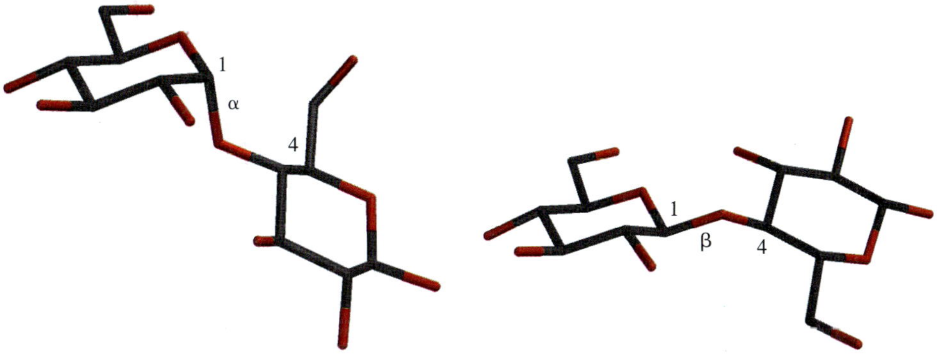

말토스

셀로바이오스

그림 23.8

이당류 말토스와 셀로바이오스의 분자 모델. 두 개의 D-글루코피라노스 단위가 C-1과 C-4간 글리코사이드 결합에 의해서 연결되어 있다. 글리코사이드 결합은 말토스에서는 α, 셀로바이오스에서는 β 배열을 갖는다. 말토스와 셀로바이오스는 부분입체이성질체이다.

락토스의 소화는 β-글리코시데이즈인 *락테이즈*에 의해서 촉진된다. 이 효소의 결핍은 락토스의 소화를 어렵게 해서 복부의 불편함을 초래한다. 락토스 과민성은 유전적 특성이다; 이것은 가판대의 락테이즈 제재와 식단에서 우유의 양을 줄임으로 치료할 수 있다.

모든 탄수화물 중에서 가장 친숙한 것은 일반 식용 설탕인 *슈크로스(sucrose)*이다. 슈크로스는 아노머 탄소에 D-글루코스와 D-프락토스가 글리코사이드 결합으로 연결된 이당류이다.

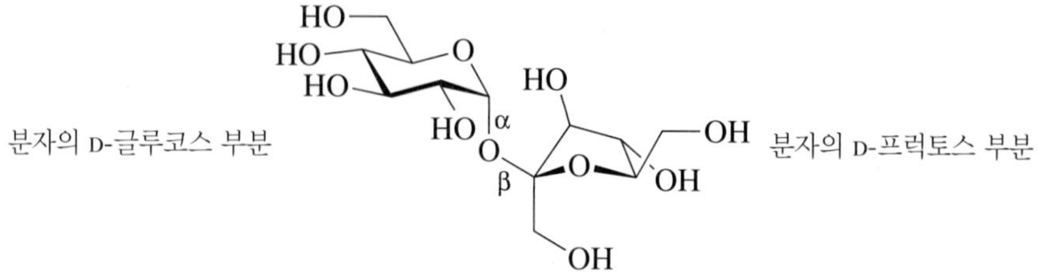

분자의 D-글루코스 부분

분자의 D-프럭토스 부분

슈크로스

이것의 화학적 조성은 원천과 무관하게 같다; 사탕수수의 슈크로스와 사탕무우의 슈크로스는 동일하다. 슈크로스는 자유 아노머성 하이드록실기를 가지고 있지 않기 때문에, 이것은 변광회전을 할 수 없다. 산 또는 *인버테이즈(invertase)* 효소에 의해서 촉진되는 슈크로스의 가수분해는 D-글루코스와 D-프락토스의 1 : 1 혼합물이 생성되며, 이것은 슈크로스보다 더 달다. 이렇게 만들어진 혼합물을 "전화 당"이라고 하는데 그 이유는 슈크로스가 글루코스-프락토스 혼합물로 변환될 때 수용액에서 이것이 나타내는 회전의 부호가 +에서 −로 전환되기 때문이다.

23.16 다당류

셀룰로스는 식물체의 주요한 구조 성분이다. 나무는 30~40%가 셀룰로스이고, 목화는 90% 이상이 된다. 식물의 광합성으로 매년 10^9톤의 셀룰로스가 생성된다. 구조적으로 셀룰로스는 D-글루코스 단위가 β-(1→4)-글리코사이드 결합의 연결로 구성된 다당류이다(그림 23.9). 7000 글로코스 단위가 보통이지만, 12,000개 정도로 많을 수도 있다. 셀룰로스의 모든 글리코사이드 결합을 완전히 가수분해하면 D-글루코스가 나온다. 부분적인 가수분해의 결과인 이당류 부분은 셀로바이오스가 된다.

그림 23.9에서 보이는 것처럼, 셀룰로스의 글루코스 단위는 각각에 대하여 비틀려있다. 그러나 사슬의 전체적인 모양은 직선에 가깝다. 결과적으로, 이웃한 사슬들은 구조를 안정하게 하는 수소결합으로 얽켜서 함께 덩어리로 뭉치고, 셀룰로스 섬유에 강도를 더할 수 있다.

동물은 셀룰로스의 가수분해를 촉진하는데 필요한 효소가 없어서 이것을 소화할 수가 없다. 가축과 다른 반추동물들은 간접적으로 셀룰로스를 음식의 원천으로 사용한다. 이들의 소화관에 기생하는 박테리아 군집은 셀룰로스를 소비하고 그리고 이 과정에서 동물이 소화할 수 있는 다른 물질로 변환된다.

동물들의 더 직접적인 에너지 원천은 많은 식물에서 발견되는 녹말에서 제공된다. 녹말은 약 20%의 아밀로스라고 하는 물에 분산되는 부분과 두 번째 성분인 *아밀로펙틴*이 80%를 포함하는 혼합물이다.

셀룰로스처럼, 아밀로스는 D-글루코스의 다당류이다. 그러나, 모든 글리코사이드 결합이 β인 셀룰로스와는 달리 아밀로스의 모든 결합은 α이다. 셀룰로스와 아밀로스사이의 약간의 입체화학적인 차이는 이들의 전체적인 모양과 특성에 상당한 차이를 만든다. 이러

How Sweet It Is!

How sweet is it?

There is no shortage of compounds, natural or synthetic, that taste sweet. The most familiar, sucrose, glucose, and fructose, all occur naturally with worldwide production of sucrose from cane and sugar beets exceeding 100 million tons per year. Glucose is prepared by the enzymatic hydrolysis of starch, and fructose is made by the isomerization of glucose.

Starch + H_2O → (+)-D-Glucose ⇌ (glucose isomerase) (−)-D-Fructose

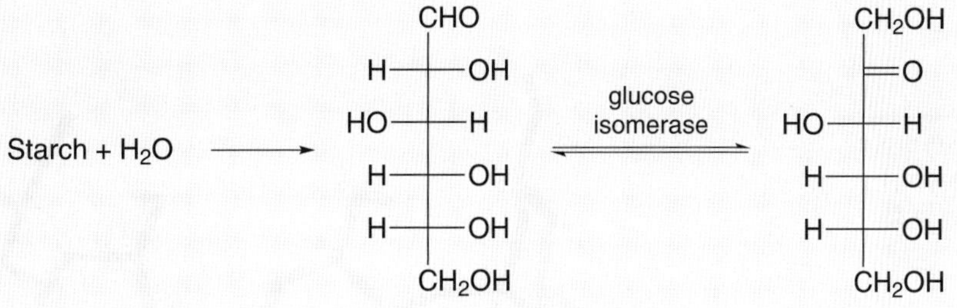

(+)-D-Glucose

(−)-D-Fructose

Among sucrose, glucose, and fructose, fructose is the sweetest. Honey is sweeter than table sugar because it contains fructose formed by the isomerization of glucose as shown in the equation.

You may have noticed that most soft drinks contain "highfructose corn syrup." Corn starch is hydrolyzed to glucose, which is then treated with glucose isomerase to produce a fructose-rich mixture. The enhanced sweetness permits less to be used, reducing the cost of production. Using less carbohydrate-based sweetener also reduces the number of calories. Artificia sweeteners are a billion-dollar-per-year industry. The primary goal is, of course, to maximize sweetness and minimize calories. We'll look at the following sweeteners to give us an overview of the field.

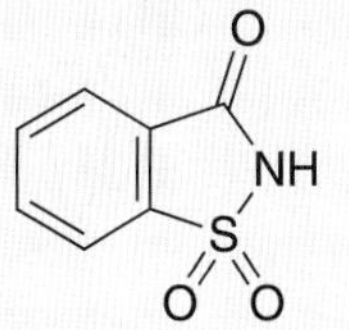

Saccharin

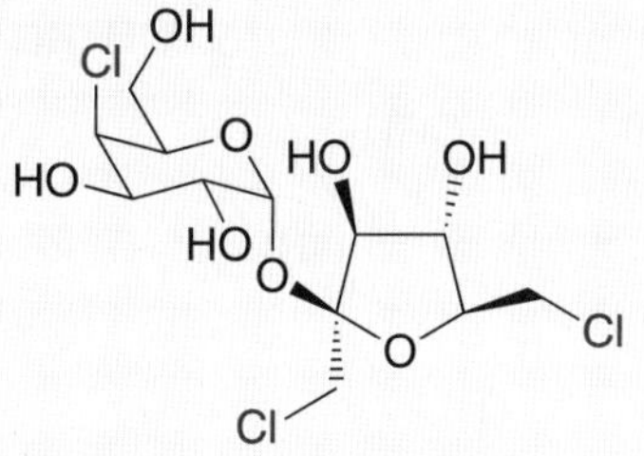

Sucralose

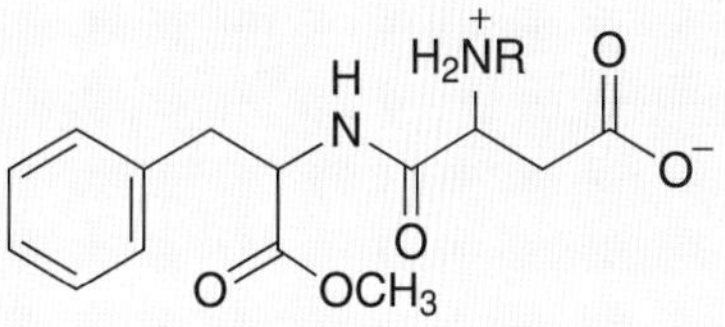

Aspartame, R = H
Neotame, R = $CH_2CH_2C(CH_3)_3$

All of these are hundreds of times sweeter than sucrose and variously described as "low-calorie" or "nonnutritive" sweeteners.

Saccharin was discovered at Johns Hopkins University in 1879 in the course of research on coal-tar derivatives and is the oldest artificial sweetener. In spite of its name, which comes from the Latin word for sugar, saccharin bears no structural relationship to any sugar. Nor is saccharin itself very soluble in water. The proton bonded to nitrogen, however, is fairly acidic and saccharin is normally marketed as its water-soluble sodium or calcium salt. Its earliest applications were not in weight control, but as a replacement for sugar in the diet of diabetics before insulin became widely available.

Sucralose has the structure most similar to sucrose. Galactose replaces the glucose unit of sucrose, and chlorines replace three of the hydroxyl groups. The three chlorine substituents do not diminish sweetness, but do interfere with the ability of the body to metabolize sucralose. It, therefore, has no food value and is "noncaloric."

Aspartame is a methyl ester of a dipeptide, unrelated to any carbohydrate. An aspartame relative, neotame, is even sweeter.

Saccharin, sucralose, and aspartame illustrate the diversity of structural types that taste sweet, and the vitality and continuing development of the industry of which they are a part.

한 차이들의 일부는 그림 23.10의 아밀로스의 짧은 부분의 구조에서 볼 수 있다. α-글리코사이드 연결의 존재는 아밀로스 사슬을 비틀리게 한다. 셀룰로스에서는 주 사슬이 대체로 선형이지만, 아밀로스에서는 나선이다. 사슬들 사이의 인력이 아밀로스에서는 약하고, 그

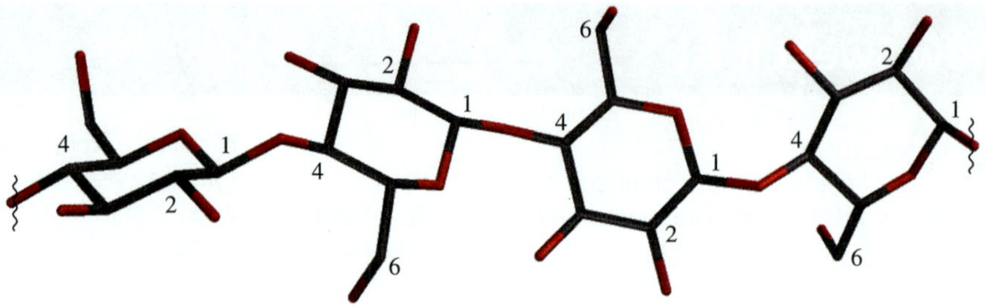

그림 23.9

셀룰로스는 D-글루코스 단위가 β-(1→4)-글리코사이드 연결로 이루어진 다당류이다. 특히 C-2와 C-6의 하이드록실기 사이의 수소결합은 인접한 글루코스 단위를 각각이 180°의 각으로 비틀리게 한다.

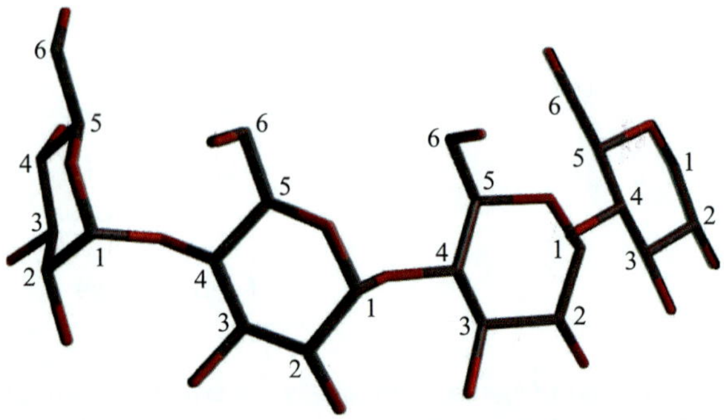

그림 23.10

아밀로스는 D-글루코스 단위가 말토스와 비슷한 α-(1→4)-글리코사이드 연결로 이루어진 다당류이다. 글리코사이드 결합의 기하 구조는 사슬의 좌선성 비틀림의 원인이 된다.

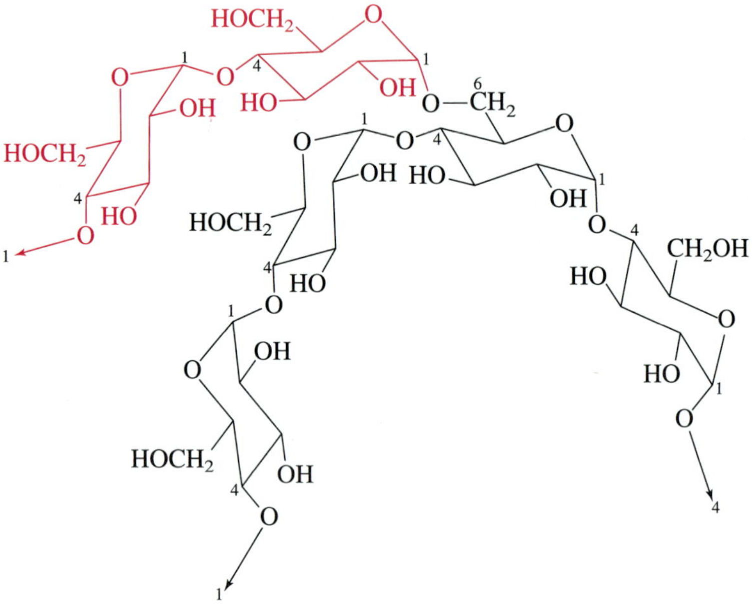

그림 23.11

아밀로펙틴. 주 사슬 (검은색)은 아밀로스와 동일하다. 아밀로펙틴은 α-(1→6)-글리코사이드 결합으로 주 사슬에 연결된 가지 (붉은색)를 가지므로 아밀로스와는 다르다. 주 사슬에 가지로 연결된 것을 제외하면, 모든 글리코사이드 결합은 α-(1→4) 이다.

래서 아밀로스는 셀룰로스와 같은 강한 종류의 섬유를 형성하지 않는다.

아밀로펙틴은 α-(1→4)-연결된 D-글루코스 단위의 골격으로 만들어진 다당류인 점에서는 아밀로스와 유사하다. 그러나 이 주 골격에 더하여, 아밀로스는 α-(1→4)-글리코사이드 결합으로 연결된 24–30 글루코스 단위의 다당류 가지를 갖는다. 이 가지는 주 골격 글루코스 단위의 C-6에서 발생하고, 이것은 α-(1→6)-글리코사이드에 의해서 연결된다(그림 23.11).

셀룰로스와 녹말의 가장 중요한 차이들 중의 하나는 동물은 녹말을 소화할 수 있다. 녹말에 있는 글리코사이드 결합은 α이기 때문에, 동물의 α-글리코시데이즈 효소는 녹말의 글루코스 가수분해를 촉진할 수 있다. 연료로서 이용할 수 있는 필요 이상의 글루코스가 있으면, 동물은 이들 중 일부를 글리코겐으로 저장한다. 글리코겐은 주 사슬의 C-6에 α-(1→4)로 연결된 D-글루코스 단위를 갖는 가지달린 다당류인 점에서 아밀로펙틴과 유사하다. 이와같은 가지의 횟수는 아밀로펙틴보다는 흔히 녹말에서 더 크다.

23.17 친숙한 반응을 탄수화물에 응용

지금까지 탄수화물의 구조를 논의하면서, 우리는 이미 탄수화물의 중요한 반응–산–촉매에서 글리코사이드의 형성(23.14절)–을 보았다. 글리코사이드 형성은 퓨라노스 또는 피라노스형의 아노머 탄소의 OH가 탄수화물의 다른 OH들과는 반응성이 다르다는 사실에서 우리의 주의를 끌었다. 이것은 또한 새로운 것처럼 보이는 반응이 우리가 이미 다른 모양으로 보았던–이 경우에는, 알데하이드 및 케톤과 알코올의 반응(17.8절)에서 일어나는 아세탈 형성–것이라 것을 보여준다. 탄수화물의 다른 많은 반응들 역시 친숙한 작용기 변환과 연관이 있다; 이들 중 일부를 표 23.2에 열거하였다.

표 23.2의 처음 두 가지는, 소량이기는 하지만 반응하면서 계속적으로 제공되는, 열린 사슬형의 카보닐기에 친핵성 첨가를 포함하는 반응을 나타낸다. 1번은 알도스 D-갈락토스 카보닐기의 수소붕소화 소듐 환원이다. 이 반응은 일반적인 것이다; 다른 환원제 역시 사용할 수 있고, 알도스 또는 케토스 환원의 생성물은 **알디톨(alditol)**이라고 한다. 알디톨은 카보닐기가 없으며 전적으로 열린 사슬형으로 존재한다.

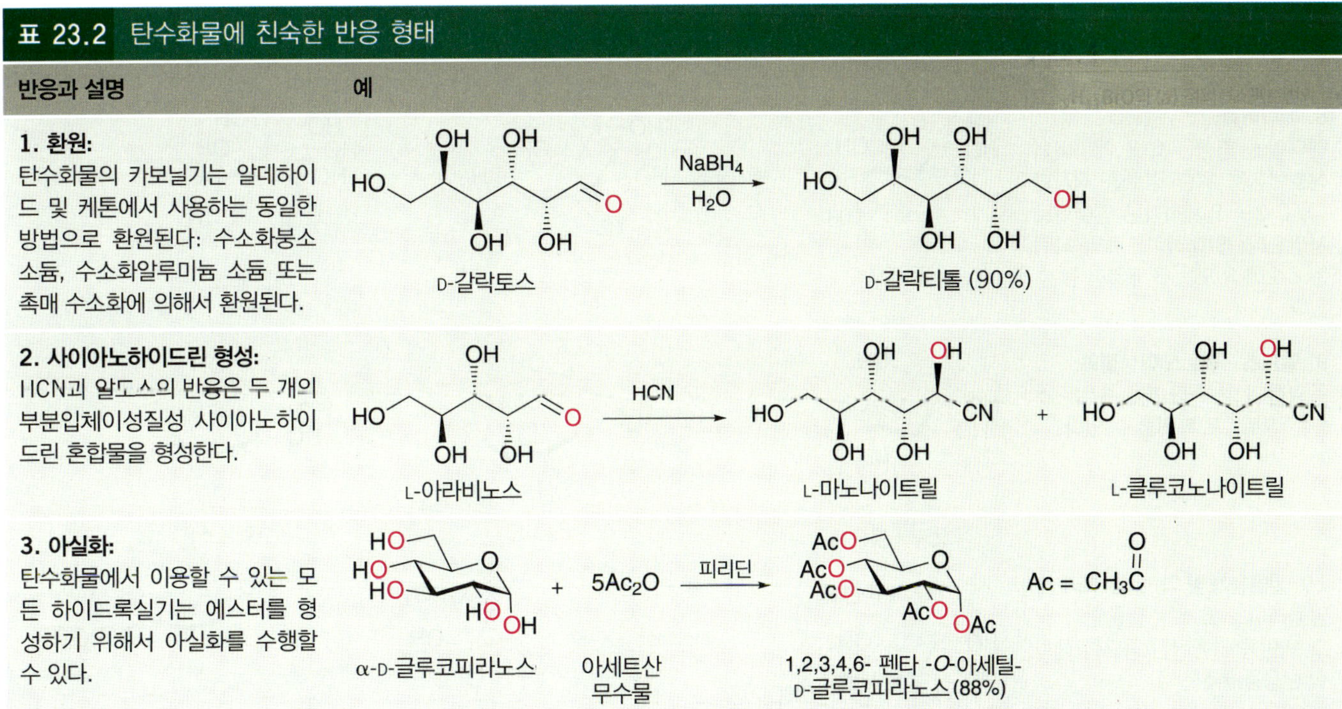

표 23.2 탄수화물에 친숙한 반응 형태

반응과 설명	예
1. 환원: 탄수화물의 카보닐기는 알데하이드 및 케톤에서 사용하는 동일한 방법으로 환원된다: 수소화붕소 소듐, 수소화알루미늄 소듐 또는 촉매 수소화에 의해서 환원된다.	D-갈락토스 —($NaBH_4$, H_2O)→ D-갈락티톨 (90%)
2. 사이아노하이드린 형성: HCN과 알도스의 반응은 두 개의 부분입체이성질성 사이아노하이드린 혼합물을 형성한다.	L-아라비노스 —(HCN)→ L-마노나이트릴 + L-글루코노나이트릴
3. 아실화: 탄수화물에서 이용할 수 있는 모든 하이드록실기는 에스터를 형성하기 위해서 아실화를 수행할 수 있다.	α-D-글루코피라노스 + $5Ac_2O$ (아세트산 무수물) —(피리딘)→ 1,2,3,4,6-펜타-*O*-아세틸-D-글루코피라노스 (88%); Ac = $CH_3\overset{O}{\overset{\Vert}{C}}$

(계속)

표 23.2 탄수화물에 친숙한 반응 형태 *(계속)*

반응과 설명	예
4. 알킬화: 탄수화물의 하이드록실기는 할로젠화 알킬, 특히 할로젠화 메틸 및 벤질과 반응 하여 에터를 생성한다.	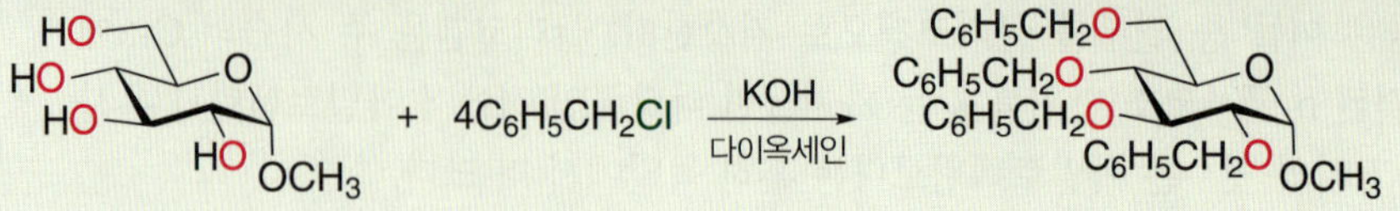 메틸 α-D-글루코피라노사이드 + $4C_6H_5CH_2Cl$ —(KOH, 다이옥세인)→ 메틸2,3,4,6-테트라-*O*-벤질-α-D-글루코피라노사이드 (95%) 염화 벤질
5. 아세탈 형성: 탄수화물은 산 촉매에서 알데하이드 및 케톤과 반응하여 고리 아세탈을 형성하는데 다이올의 성분으로 작용할 수 있다. 옆의 예에서 촉매는 루이스 산이다.	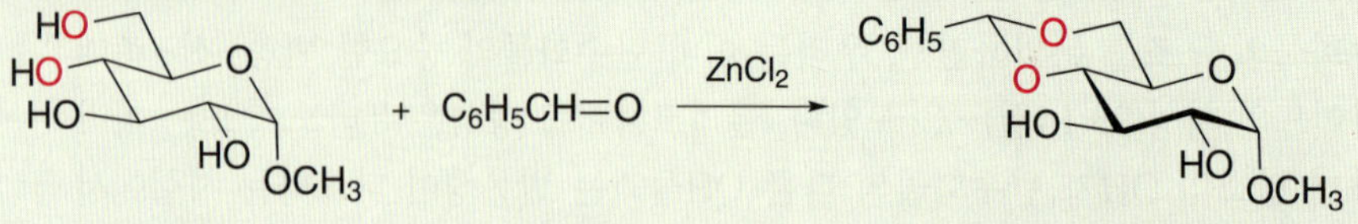 메틸 α-D-글루코피라노사이드 + $C_6H_5CH{=}O$ —($ZnCl_2$)→ 메틸 4,6-O-벤질아이덴-α-D-글루코피라노사이드 63%) 벤즈알데하이드
6. 피라노스–퓨라노스 이성질화: 탄수화물의 퓨라노스형과 피라노스형은 고리 헤미아세탈이 고 열린–사슬 이성질체에 의해서 평형에 이른다.	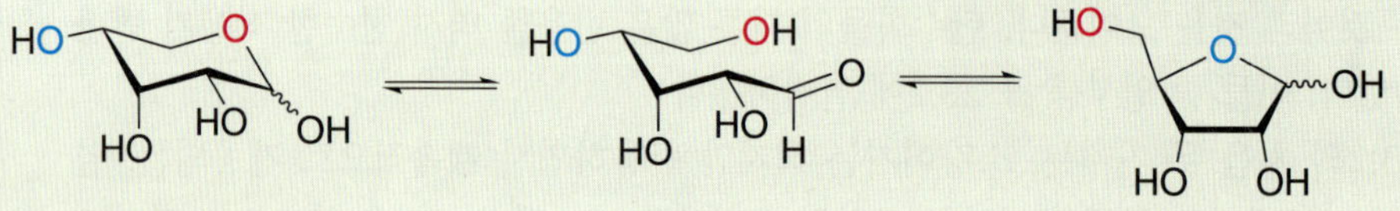 D-라이보피라노스 (α and/or β) ⇌ D-라이보스 ⇌ D-라이보퓨라노스 (α and/or β)
7. 엔올화: 열린–사슬형 탄수화물의 엔올화는 엔다이올을 형성한다. C-2가 에피머인 탄수화물은 동일한 엔다이올을 형성한다.	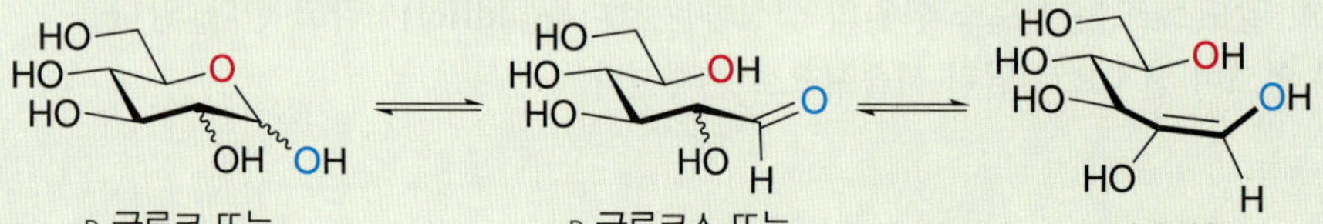 D-글루코-또는-D-만노피라노스 (α and/or β) ⇌ D-글루코스-또는-D-만노스 ⇌ 엔다이올
8. 에피머화: 엔다이올 형성은 C-2 에피머의 상호변환을 위한 경로를 제공한다. C-2의 입체화학은 엔올화로 사라진다; 알데하이드로의 복귀는 C-2에 *R* 또는 *S* 배열이 될 수 있다.	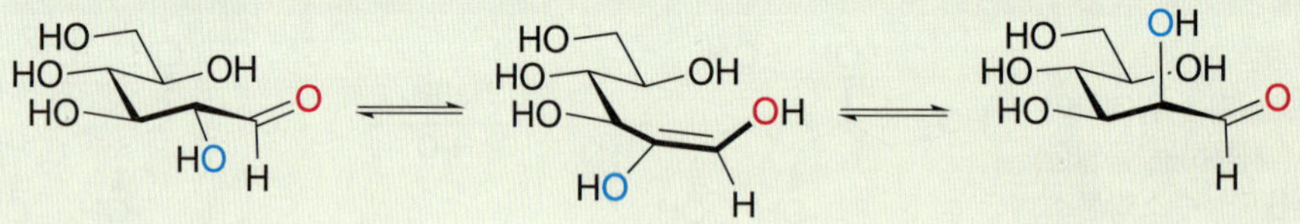 D-글루코스 ⇌ 엔다이올 ⇌ D-만노스
9. 알도스–케토스 이성질화: 동일한 1,2-엔다이올은 알도스 또는 케토스로 복귀할 수 있다.	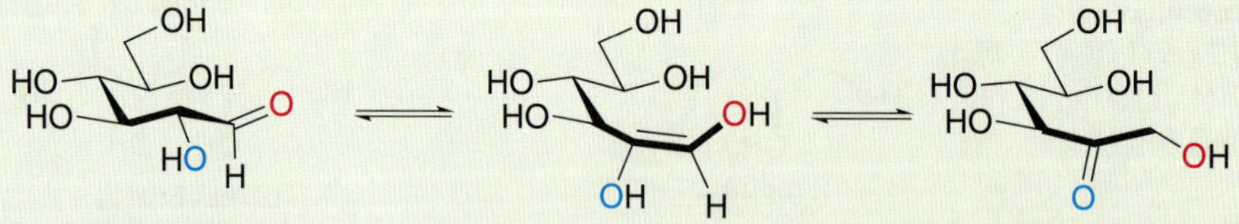 D-글루코스 ⇌ 엔다이올 ⇌ D-프럭토스
10. 알돌첨가 및 역–알돌 쪼개짐: 알돌레이즈 효소는 알돌첨가 및 그 역반응에 관련된 중요한 생화학 반응을 촉진한다.	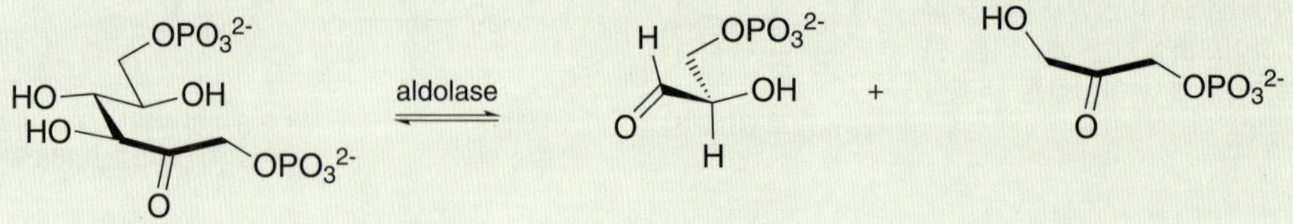 D-프럭토스 1,6-다이포스페이트 ⇌(aldolase) D-글리세알데하이드 3-포스페이트 + 다이하이드록시아세톤 포스페이트

문제 23.20

케토스인 D-프럭토스(Fructose)의 환원으로 두 개의 알디톨이 생성된다. 하나는 D-갈락티톨(표 23.2를 보시오)이다. 다른 하나는 D-갈락티톨의 이성질체이다. 이 갈락티톨의 구조식을 쓰시오. 어떤 알도스가 환원에 의해서 오직 이 알디톨만 생성하는가?

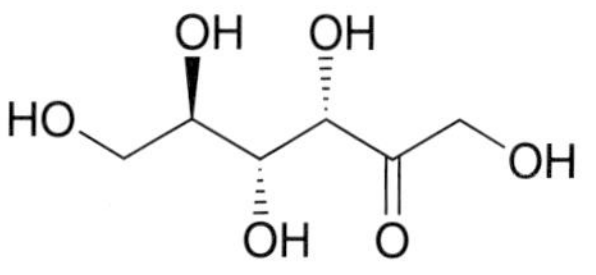

D-프럭토스

두 번째는 카보닐기에 HCN의 친핵성 첨가로 사이아노하이드린 형성이다. 이것은 알도스의 탄소 사슬을 연장하는 기본적인 합성법이다. 표 23.2에 보인 예에서, L-아라비노스에서 파생된 두 개의 부분입체이성질성 사이아노하이드린이 분리되었으며, 이들의 —C≡N기는 —C=O로 변환되어, 아래의 부분입체이성질체 한 개에서 보이는 것처럼, L-만노스와 L-글루코스가 된다. 이 변환에서, 나이트릴기는 처음에 이민기 (—C=NH)로 환원되고, 알데하이드로 가수분해된다. 그 다음에 L-아라비노스와 펜토스의 사슬은 L-글루코스와 헥소스로 확장된다.

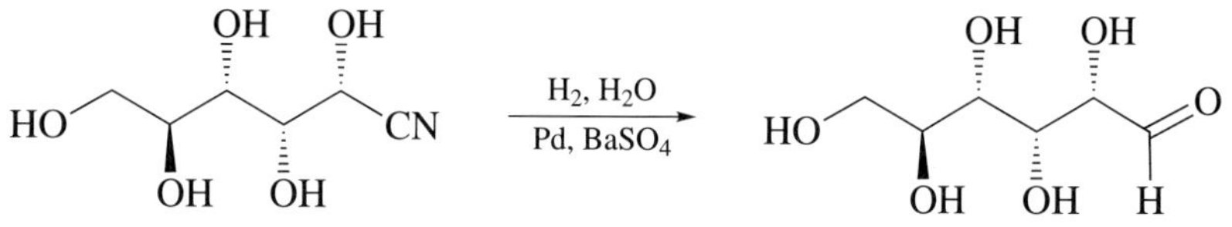

L-글루코노나이트릴 $\xrightarrow[\text{Pd, BaSO}_4]{H_2,\ H_2O}$ L-글루코스 (L-아라비노스로부터 26%)

세 번째와 네 번째는 각 하이드록실기의 아실화와 알킬화이다. 세 번째는 아세트산 무수물과 α-D-글루코피라노스의 반응으로 펜타아세테이트의 형성이고, 네 번째는 염화 벤질과 메틸 a-D-글루코피라노사이드의 반응에 의한 테트라벤질 에터의 형성이다. 벤질 에터는 산과 염기 가수분해, 유기금속 시약, 많은 다른 반응 조건들에 안정하여 합성 과정동안 OH 기를 보호하는데 사용된다. 벤질 에터는 벤질 에터의 $C_6H_5CH_2$—O 결합을 끊어주는 촉매 수소화인, *가수소분해*로 제거된다.

문제 23.21

항부정맥 약, 디족신(Digitalis)의 탄수화물 성분인 D-디지톡소스는 최종 단계가 아래와 같은 합성 과정으로 제조된다:

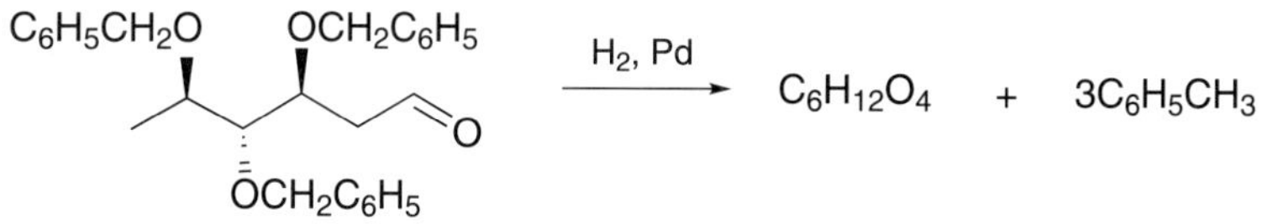

$\xrightarrow{H_2,\ Pd}$ $C_6H_{12}O_4$ + $3C_6H_5CH_3$

D-디지톡소스의 α-피라노스형의 구조를 쓰시오.

17.9절에서 우리는 카조닐기를 보호하는 다이올의 사용을 논의하였다. 다섯 번째는 어떻게 탄수화물의 하이드록실기 두 개를 보호하는 벤즈알데하이드로부터 탄수화물이 고리 아세탈을 형성하는 다이올 성분으로 작용할 수 있는지 보여준다. 이것은, 벤즈알데하이드의 알데하이드기와 탄수화물의 C-4 및 C-6 하이드록실기를 포함하는 이 경우에 있어서, 아세탈 형성의 다른 예일 뿐이다.

여섯 번째는 탄수화물의 퓨라노스 및 피라노스형은 헤미아세탈의 특별한 예이고 상호변환을 할 수 있다는 것을 우리에게 상기시킨다. 일곱 번째와 여덟 번째는 열린-사슬형을 C-2 에피머로 상호변환하는 엔올화와 관련이 있다. 아홉 번째는 열린-사슬형의 엔올을 포함하는 또 다른 반응을 보여준다. 여기에서, 엔다이올 중간체는 알도스 및 케토스 이성질체와 관련이 있다. 열 번째는 효소-촉매화 역알돌 반응으로 6-탄소 사슬을 두 개의 3-탄소 조각으로 쪼개는 것이다.

대부분의 단당류는 모든 탄소가 산화될 수 있는 작용기가 있어서 이들의 산화는 우리가 보아왔던 다른 것들보다 더 복잡하여 다음 절에서 따로 논의한다.

23.18 단당류의 산화

알도스에서 가장 쉽게 산화되는 기는 한 끝에 있는 알데하이드이고 다른 쪽에는 1차 알코올이다. CH ═ O의 산화는 **알돈산(aldonic acid)**이 되고; CH_2OH의 산화는 **유론산(uronic acid)**이 된다; 그리고 두 개 모두의 산화는 **알다르산(aldaric acid)**이 된다.

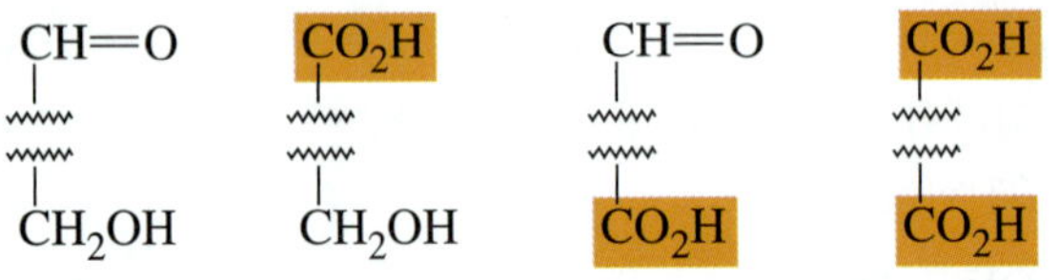

CH═O / CO_2H / CH═O / CO_2H

CH_2OH / CH_2OH / CO_2H / CO_2H

알도스 알돈산 유론산 알다르산

알돈산은 알도스의 오스를 온산(*-ose*를 *-onic acid*)으로 바꾸어서 명명한다. 비슷하게, 끝에 –론산과 –아르산(*-uronic acid*와 *-aric acid*)을 유론산과 알다르산에 각각 사용한다.

알돈산을 만드는 가장 일반적인 방법은 수용액에서 브로민으로 산화하는 것이다. 산화되는 물질은 탄수화물의 퓨라노스 또는 피라노스형이다.

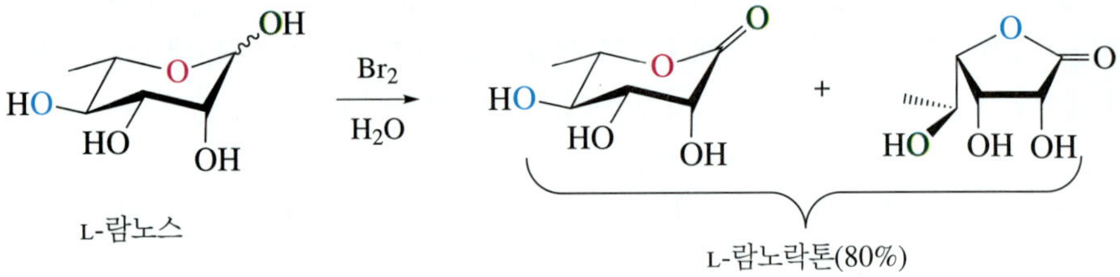

Br_2 / H_2O

L-람노스

L-람노락톤(80%)

알돈산은 자발적으로 오각형 (γ) 또는 육각형 (δ) 락톤을 형성한다. γ-락톤은 대개 δ-락톤보다 더 안정하다.

문제 23.22

L-람노스의 산화로 생성되는 알돈산의 구조는 무엇인가?

CH ═ O가 있으면서 CH_2OH의 직접 산화는 실용적이지 않아서, 유론산의 실험실 제법은 적절한 보호-탈보호 전략이 포함된 과정에 한정되어 있다.

문제 23.23

유론산은 락톤이라기 보다는 고리 헤미아세탈로 존재한다. 다양한 대사 과정과 바이타민 C의 생합성의 중간체인 D-글루쿠론산의 β-피라노스형의 구조식을 쓰시오.

알다르산은 알도스를 질산으로 산화하여 실험실에서 제조된다. 알돈산과 마찬가지로, 알다르산은 고리가 오각형이나 또는 육각형일 때 주로 락톤으로 존재한다.

문제 23.24

D-글루코스처럼 다른 헥소스도 산화하면 동일한 알다린산을 생성한다. 다음 중 어느 것인가?

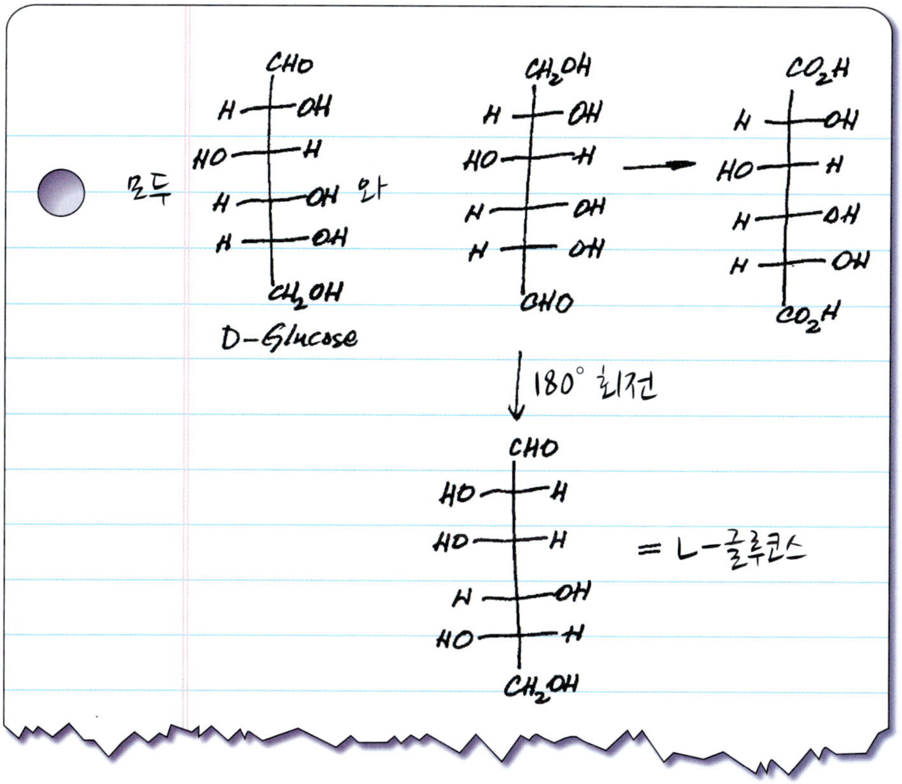

모두 (D-Glucose) 와 → = L-글루코스 (180° 회전)

탄수화물에 있는 인접 다이올 작용기의 산화성 쪼개짐은 과아이오딘산(HIO_4) 또는 메타과아이오딘산 소듐($NaIO_4$)으로 일어난다. 이 반응은 고리 중간체로 진행되고 15.11절에서 우리가 보았던 다이올의 반응과 비슷하다.

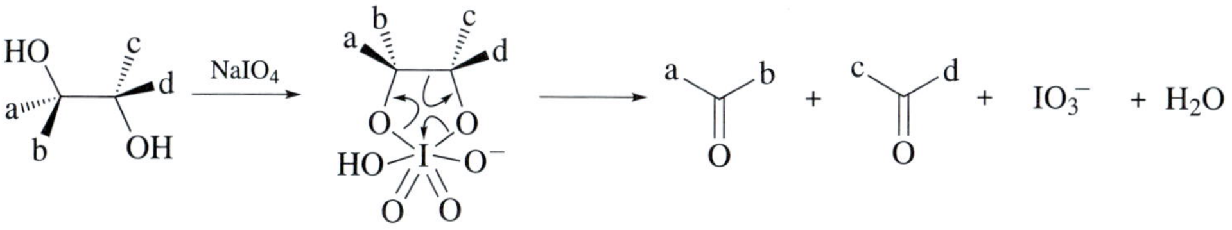

$NaIO_4$

인접 다이올 → 고리 중간체 → 두 개의 카보닐 화합물 + IO_3^- 아이오딘산 이온 + H_2O 물

한 때는 구조 결정에 주로 사용되었던, 과아이오딘산 염의 산화가 현재는 다음 예에서 보이는 것처럼 합성에 주로 사용된다.

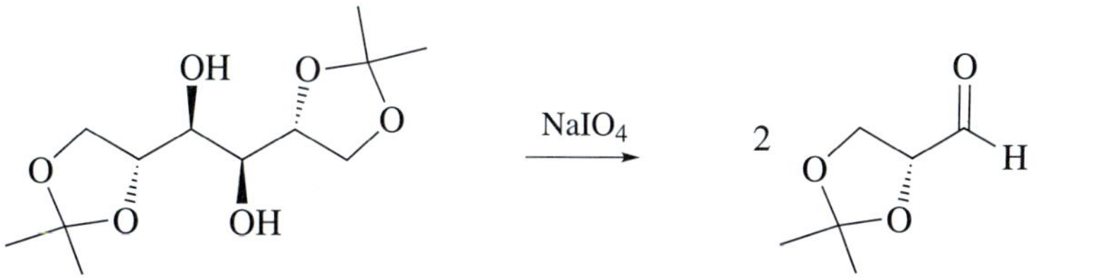

1,2:5,6-다이-*O*-아이소프로필리덴-만니톨 —$NaIO_4$→ 2 2,3-*O*-(아이소프로필리덴)-D-글리세르 알데하이드

23.19 글리코사이드: 올리고당의 합성

23.14절에서 본 것처럼, 단순 알코올과 탄수화물의 산-촉매 축합 –**Fischer 글리코사이드화**–에 의한 글리코사이드 제조는 열역학적으로 조절이 되고 퓨라노스 고리보다 피라노스

의 형성이 우세하다. 아노머 효과는 α 입체이성질체를 β보다 우세하게 하는 원인이 된다.

D-글루코스 + ROH $\xrightarrow{H^+}$ (α-D-글루코피라노사이드 구조: HO, HO, HO, OH, O, OR) + H_2O

알코올 α-D-글루코피라노사이드 물

그러나 원하는 글리코사이드가 이당류일 때, "알코올"은 더 이상 단순하지가 않다; 이것은 다른 탄수화물의 아노머 탄소에 결합할 수 있는 한 개 이상의 하이드록실기를 갖는 탄수화물이다. 따라서 입체이성질성뿐 만 아니라 구조적으로 이성질성인 피라노스가 가능하다.

예를 들면, 두 탄수화물 단위가 D-글루코스의 피라노실형인 젠티오바이오스와 같은 이당류를 생각해 보자. 23.15절에서 소개한 명명법을 사용하면 젠티오바이오스는 β-(1→6) 글리코사이드이다. 산소 원자는 D-글루코피라노스의 아노머 탄소와 두 번째 D-글루코피라노스의 C-6에 결합되어 있다

젠티바이오스는 자연에서 발견되고 용담의 뿌리, 사프란, 및 많은 다른 식물에서 분리된다. 더 자세한 것은 24장의 상자 속 소론 Crocuses Make Saffron from Carotenes를 보시오.

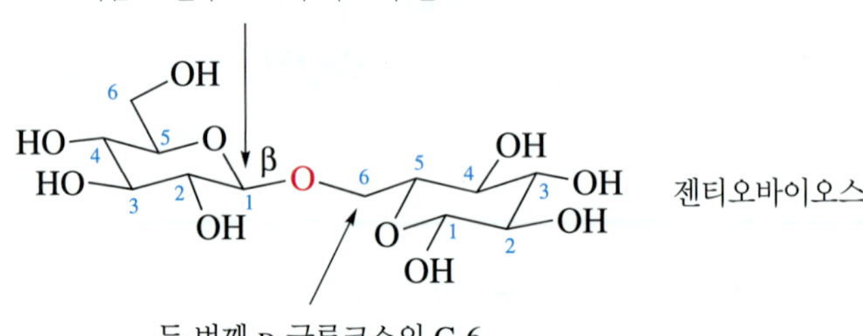

글리코사이드 결합의 입체화학이 관심사이기는 하지만, 젠티오바이오스과 같은 이당류의 화학 합성에서 언급해야 될 첫 번째 문제는 원하는 1→6 연결을 달성하는 것이다. 일반적인 전략으로 다음의 세 단계가 포함된다:

1. 적절하게 보호된 *글리코실 주개*와 *글리코실 받개*를 준비한다. 글리코실 주개는 아노머 탄소에 이탈기를 포함한다. 글리코실 받개는 원하는 탄소에 친핵성기, 이 경우에는 하이드록실을 포함한다.
2. 글리코실 받개의 OH 기가 작용하는 친핵성 치환에 의한 글리코사이드 C—O 결합의 형성은 글리코실 주개의 아노머 탄소에 대한 친핵체처럼 행동한다.
3. 2단계에서 얻어진 보호된 이당류로부터 보호기의 제거

젠티오바이오스의 합성에서 글리코실 주개는 브로민화 2,3,4,6-테트라-*O*-벤조일-α-D-글루코피리노스이다. 이것은 피리딘 용매에서 D-글루코스를 염화 벤조일, 다음에 브로민화 수소로 처리하여 제조한다. 이 반응은 브로민화 이탈기를 아노머 탄소에 놓고 그리고 네 개이 나머지 OH 기를 벤조산 에스터로 보호한다. Fischer 글리코실화처럼, 아노머 탄소의 α 입체화학은 열역학적 조절의 결과이다. 글리코실 받개는 메틸 2,3,4-트라이-*O*-아세틸-β-D-글루코피라노스이고, 여기에는 C-6의 한 개를 제외한 모든 하이드록실기가 보호되어 있다.

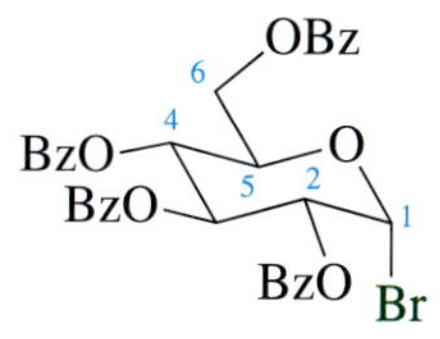

$Bz = C_6H_5C(=O)$
$Ac = CH_3C(=O)$

브로민화 2,3,4,6-테트라-*O*-벤조일-α-D-글루코피라노실
글리코실 주개

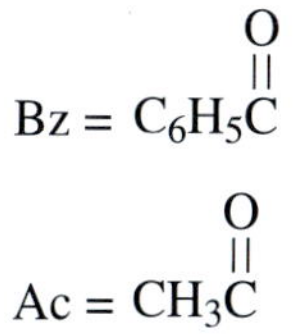

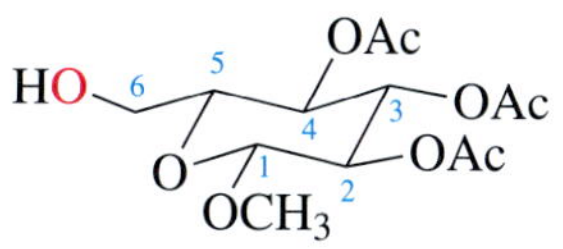

메틸 2,3,4-트라이-*O*-아세틸-β-D-글루코피라노사이드
글리코실 받개

글리코실 주개와 받개의 짝지움은 Ag^+의 원천으로 트라이플루오로메테인술폰산 은($AgOSO_2CF_3$)의 존재 하에 일어나는데, 은 이온은 친핵성 치환에 대한 브로민화 피라노은 활성화한다. 반응에서 생성되는 트라이플루오로메테인술폰산과 반응하기 위해서 2,4,6-트라이메틸피리딘과 같은 약한 염기가 포함된다.

이 은-보조 글리코사이드 합성법은 탄산 은을 사용하는 *Koenigs-Knorr*반응의 변형이다. William Koenigs와 Edward Knorr는 1901년 처음으로 이 방법을 발표하였다.

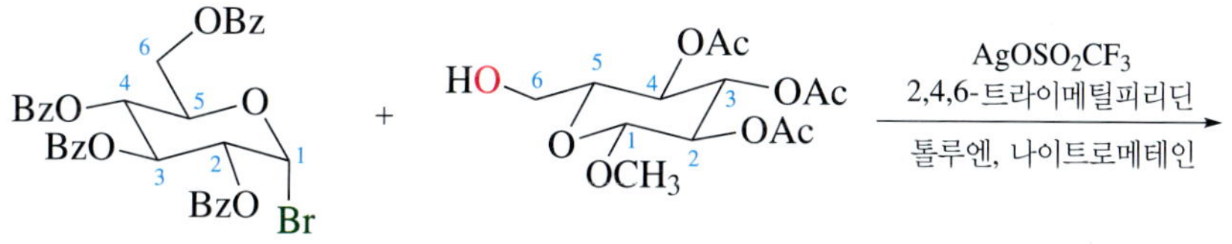

브로민화 2,3,4,6-테트라-*O*-벤조일-α-D-글루코피라노실 + 2,3,4-트라이-*O*-아세틸-β-D-글루코피라노시화 메틸 →($AgOSO_2CF_3$, 2,4,6-트라이메틸피리딘, 톨루엔, 나이트로메테인)

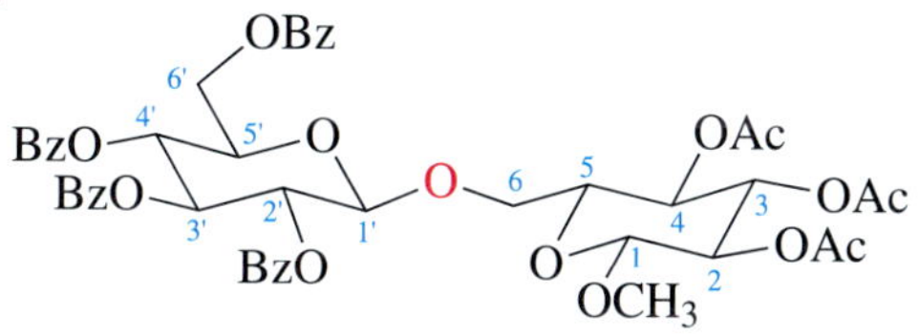

2,3,4-트라이-*O*-아세틸-2',3',4',6'-테트라-*O*-벤조일-β-D-젠티오바이오시화 메틸

β-이당류 형성에서 짝지움 반응은 입체선택적이다. 에스터 보호기의 제거와 메틸 글리코사이드의 가수분해는 젠티오바이오스의 합성을 완결하는데 필요하다.

짝지움 반응의 메커니즘은 S_N1 반응과 유사하고 글리코실 주개의 탄소-브로민 결합을 탄소양이온으로 만들기 위하여 은-이온-보조된 이온화로 시작된다(메커니즘 23.3).

세포의 표면에서 발견되는 것과 같은, 더욱 복잡한 올리고당을 만드는 것이 가능한 새로운 합성법이 출현하기 전까지 이- 및 삼탄당의 합성은 주요한 업적으로 간주되었다. 2006년에, 28개의 당 잔기를 갖는 올리고당이 합성되었다. 올리고당 합성의 진전은 탄수화물 화학과 생물학의 새로운 연구 영역의 개발에 결정적이다. 아주 흥미로운 새로운 분야는 다음 절에서 서술되는 **당생물학(glycobiology)**이다.

올리고당을 합성하는 다른 방법은 이번 장의 문제 23.43과 23.44 및 26.28를 보시오.

23.20 당생물학

탄수화물은 가끔 짝으로 다른 형태의 생분자와 연결된다. 예를 들면, 당단백질와 당지질에 있어서, 탄수화물은 공유적으로 단백질 또는 지질에 각각 연결된다. 세포 표면의 짝당(glycoconjugates)은 분자 수준에서 세포-세포 인식을 위한 수용체를 제공하고 세포 성장과 수선, 세포 응집과 이동의 조절과 같은 과정, 그리고 암에서 종양의 전이 같은 병리학 조건과 같은 과정에 포함된다. 이러한 짝과 다른 구조에서 자연스레 발생되는 탄수화물의 연구가 당생물학 분야의 주제이다. 관련된 용어인 글라이코믹스(glycomics)는 유기체에

메커니즘 23.3

은-보조 글리코사이드화

1단계: 루이스 산으로 작용하는 은 이온은 아노머 탄소로부터 브로민화의 이탈을 촉진하여 탄소양이온을 생성한다.

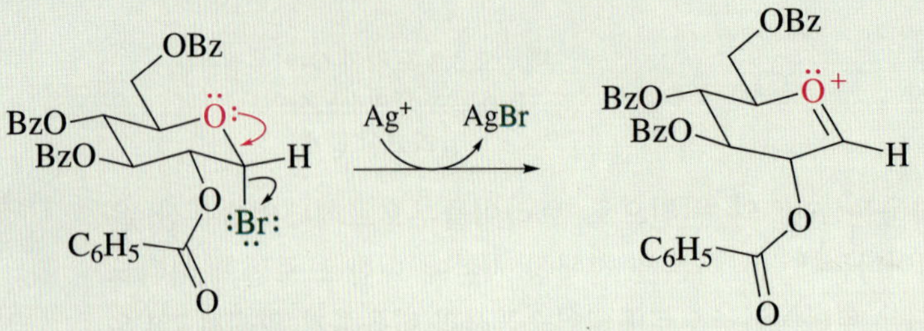

브로민화 2,3,4,6-테트라-*O*-벤조일-α-D-글루코피라노실

산소-안정화된 탄소양이온

2단계: 일단 양이온이 형성되면, 이 탄소양이온은 더욱 안정한 구조로 재배열되며, 이것은 두 개의 산소에서 유리된 전자에 의해서 안정화된다.

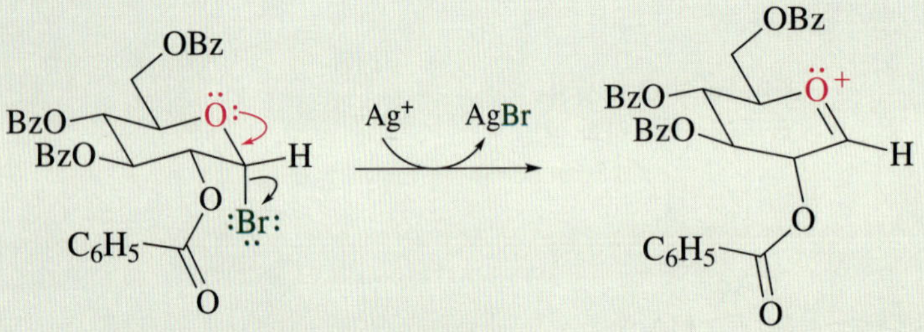

산소-안정화된 탄소양이온

다이옥소레늄 이온(더 안정)

3단계: 다이옥소레늄 이온은 글리코실 받개의 자유 하이드록실기와 반응하여 이당류의 짝산을 생성한다. 하이드록실기의 공격은 다이옥소레인 고리의 반대 방향으로 선택적으로 일어난다.

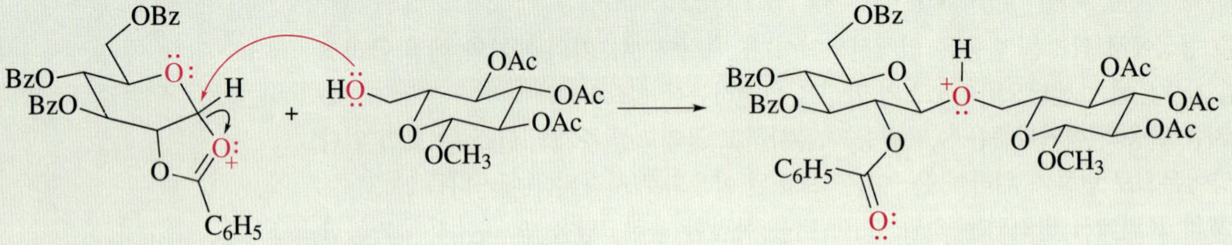

다이옥소레늄 이온

2,3,4-트라이-*O*-아세틸-β-D-글루코피라노시화 메틸

β-이당류의 짝산

4단계: 짝산의 형성에 이어서, 짝산은 1단계에서 생성된 트라이플루오로메테인술폰산의 염을 형성하는 2,4,6-트라이메틸피리딘에 양성자 전달에 의해서 이당류로 전환된다.

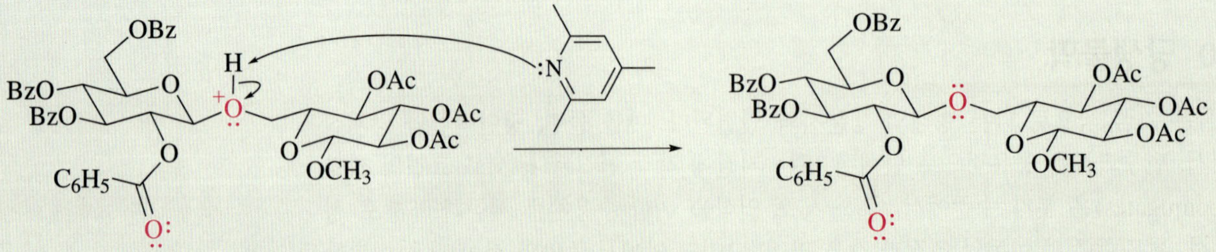

β-이당류의 짝산

2,3,4-트라이-*O*-아세틸-2',3',4',6'-테트라-*O*-벤조일-β-젠티오바이오시화 메틸

있는 *탄수화*물과 이들의 유전적, 생리적, 및 병리적인 역할의 완전한 종합적 연구에 관한 것이다.

탄수화물이 생물학적인 상호작용에 있어서 정보를 주는 역할을 하는 것은 우리가 분자 인식을 이해하는 대단히 중요한 사실이다. 세포-표면 탄수화물의 정보적인 역할 한 가지 예는 사람의 혈액형에서 특징적으로 발생한다. 혈액 세포의 표면에 붙어 있는 당단백질의 구조는 혈액형이 A, B, AB, 또는 O인지를 결정한다. 다양한 당단백질의 탄수화물 성분들 간의 차이는 확인이 되었으며 그림 23.12에서 보여준다. 혈액형의 적합성은 항원-항체 상호작용에 의하여 결정된다. 세포-표면 당단백질은 항원이다. 특정 혈액형에 존재하는 항체는 어떤 다른 형의 혈액 세포가 함께 엉키도록 야기할 수 있고, 따라서 수혈 과정에 실제적인 제한을 준다. 항체는 이들의 말단 당 단위에 의해서 이들이 작용하는 항원을 "인식"한다.

박테리아, 기생충, 또는 바이러스의 외벽에서 발견되는 당단백질은 사람의 신체에서 발견되는 세포-표면 당단백질과 때로는 다르고, 그리고 "종양-결합된 항원"으로 알려진 어떤 당단백질은 암 세포의 표면에서 더 강력하게 발현된다. 항원-항체 상호작용은 면역계가 작용하는 근본적인 원리이고, 또한 세포-특이적 표지의 인식에 의존하는 백신의 원리이기도 하다. 백신은 보통 죽거나 또는 살아 있는 유기체로부터 만들어지지만, 그러나 감쇄된 미세유기체는 이들의 전염성이 강한 특성을 무력화하는 조건에서 배양된다. 천연의 원천으로부터 이와 같은 백신 제조는 불순물과 함께 당단백질의 복잡한 불균질성 혼합물을 포함한다. 백신을 개발하는 다른 방법은 특정한 짝당을 합성하는 것이다. 이당류 부분이 합성되고 전달 단백질에 접합된다. 이 접근법은 *Haemophilus influenza* b형(Hib)의 상업적 백신을 개발하는데 성공적이었다. 이것은 또한 탄저균의 백신을 생성하는 가능한 수단으로 *Bacillus anthracis*의 포자 표면에서 발견되는 사당류로도 개발되고 있다(그림 23.13). 사당류-단백질 짝은 백신을 개발하는데 뿐만 아니라 탄저균을 검출하는 방법으로도 유용할지 모른다. 첫 번째 탄수화물에 붙어 있는 $(CH_2)_3CHO$ 사슬은 환원성 아미노화에 의해서 사당류를 단백질 전달체에 접착시키는데 사용되는 알데하이드 작용기를 제공한다(21.10절).

영국의 내과 의사인 Edward Jenner는 1790년대 천연두 백신 개발의 공로가 있다. Louis pasteur는 1870년대 가축에 사용하는 탄저균 백신을 개발하였으며 Jenner의 초기 연구에 관한, 암소의 라틴어 *vacca*로부터 백신 용어를 만들어 냈다

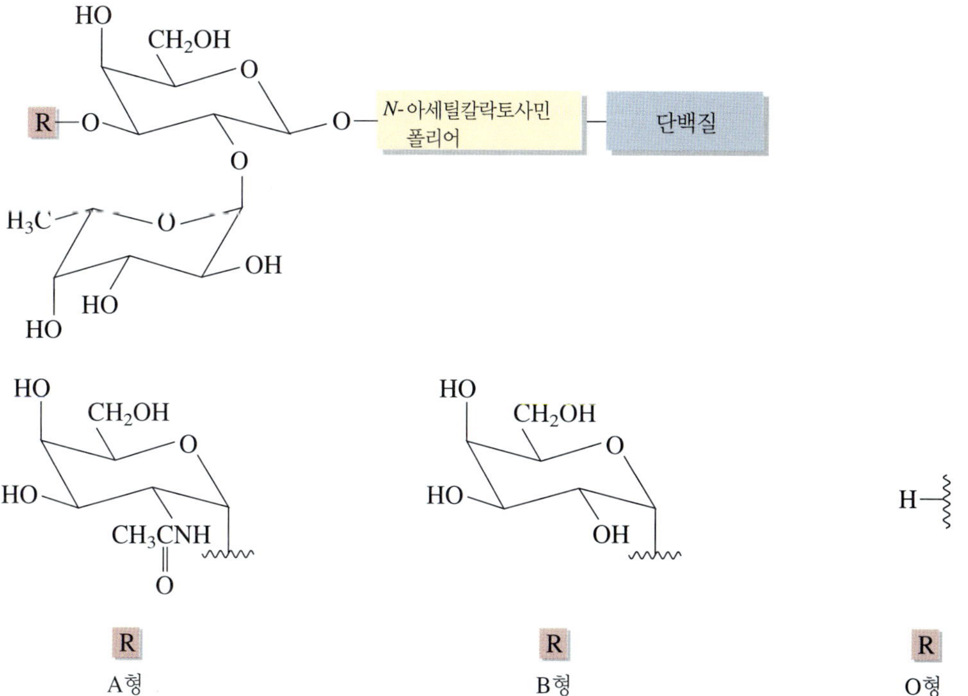

그림 23.12

사람의 혈액-당단백질기의 말단 탄수화물 단위. A형, B형 및 O형 당단백질간의 구조적인 차이는 R로 표시되는 그룹에 달려있다.

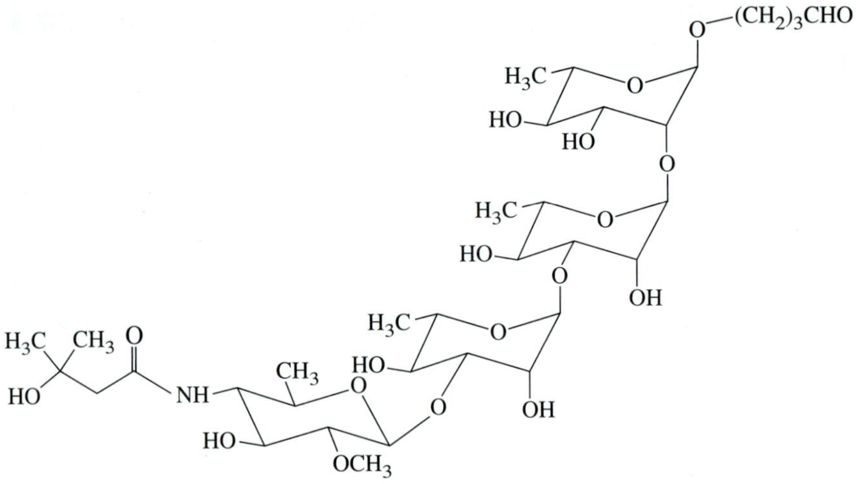

그림 23.13

사당류는 탄저균 포자의 표면에서 발견된다. 알데하이드기는 사당류를 전달하는 단백질에 공유적으로 접합하는데 사용된다.

문제 23.25

23.15절에서 소개한 체계를 이용하여 탄저균 포자 사당류에 있는 탄수화물간의 글리코사이드 결합을 표시하시오.

인플루엔자를 치료하는 새로운 약은 바이러스 표면의 올리고당 구조를 이해한 근거를 바탕으로 개발되었다. 주 작용체는 탄소가 아홉 개인 단당류의 *N*-아세틸 유도체인 N-아세틸뉴라민산이다. *N*-아세틸 유도체인 *N*-아세틸뉴라민산은 침입하는 인플루엔자 바이러스에 의해서 인식되는 세포−표면 당단백질의 일부이다(그림 23.14).

N-아세틸뉴라민산은 또한 바이러스가 새로운 세포에 붙어서 감염시키기 전에 외부로부터 제거되어야만 하는 새롭게 발현되는 바이러스 입자에 피복을 형성한다. 이 뉴라민산은 바이러스 표면에 있는 뉴라미니데이즈 효소에 의해서 제거된다. 화학자들은 이 효소를 억제함으로서 바이러스가 자체의 뉴라민산 피복을 벗을 수 없으며, 새로운 세포를 감염시킬 수 없다는 것을 발견하였다. 뉴라미니데이즈 활성을 저해하는 두 개의 약은 *오셀타미비르*(타미플루, Tamiflu)와 *자나미비르*(렐렌자, Relenza)이다.

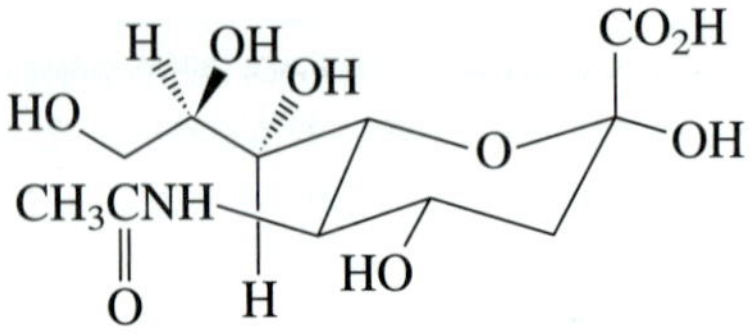

N-아세틸뉴라민산 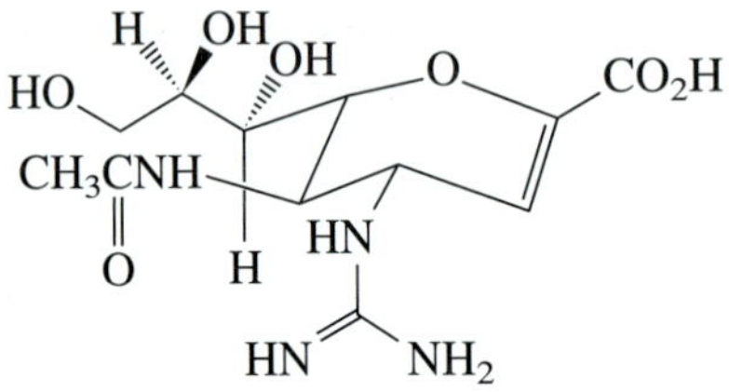 자나미비르 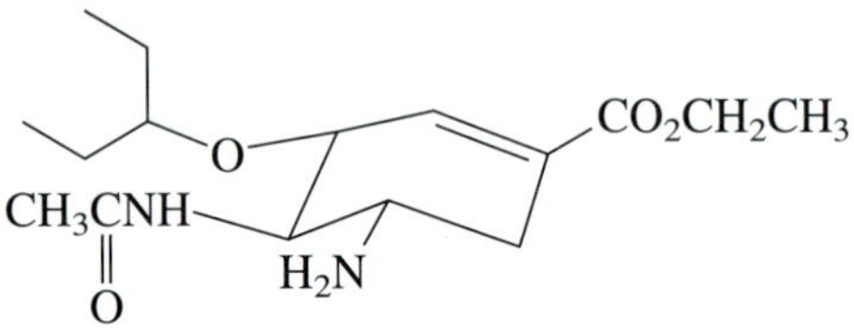 오셀타미비르

그림 23.14

침입하는 인플루엔자 바이러스에 의해서 인식되는 이당류 단위를 보여주는 세포-표면 당단백질의 도표.

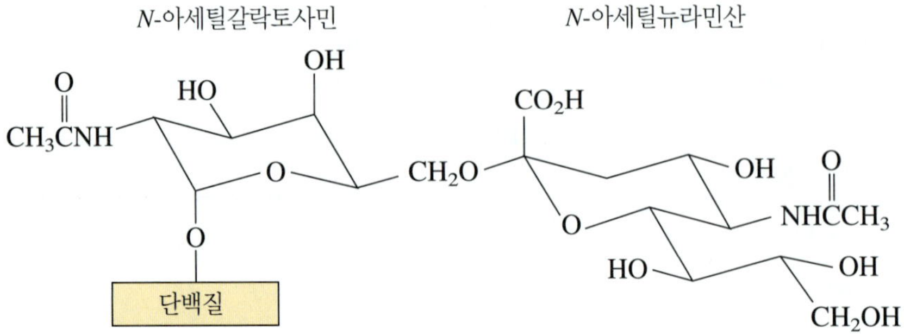

23.21 요약

23.1절 탄수화물은 놀라운 분자이다! 이들 대부분에 있어서, 모든 탄소는 작용기를 갖고, 그리고 이 분자가 열린-사슬과 고리 헤미아세탈 사이에서 상호변환 할 때 작용기의 본질은 변한다. 탄수화물을 이해하는 어떠한 접근도 구조에서 시작해야만 한다.

탄수화물은 폴리하이드록시 알데하이드 및 케톤이다. 알데하이드에서 유도된 것을 **알도스(aldose)**라고 하고; 케톤에서 유래된 것을 **케토스(ketose)**라고 한다.

23.2절 Fischer투영식과 D,L표시법은 탄수화물의 입체화학을 나타내는데 흔히 사용한다. 기준은 글리세르알데하이드의 거울이성질체들이다.

CHO / H—+—OH / CH_2OH CHO / HO—+—H / CH_2OH

(+)-D-글리세르알데하이드 (−)-L-글리세르알데하이드

23.3절 알도테트로스는 두 개의 카이랄 중심을 갖는다, 따라서 네 개의 입체이성질체가 가능하다. 이들은 가장 높은 번호의 카이랄 중심의 배치가 각각 D- 또는 L-글리세르알데하이드와 유사한지에 따라서 D 또는 L 계열로 할당된다. 에리스로스에서는 두 개의 하이드록실기 모두가 Fischer 투영식에서 같은 쪽에 있지만, 스레오스에서는 반대 쪽에 있다. D-에리스로스와 D-스레오스의 Fischer 투영식이 그림 23.2에 있다.

23.4절 여덟 개의 입체이성질성 알도펜토스 중에서, 그림 23.2는 D-거울이성질체 (D-라이보스, D-아라비노스, D-자일로스, 및 D-라이소스)의 Fischer 투영식을 보여준다. 마찬가지로, 그림 23.2는 여덟 개 알도헥소스의 Fischer 투영식을 보여준다.

23.5절 알도헥소스는 알로스, 알트로스, 글루코스, 만노스, 글로스, 아이도스, 갈락토스 및 탈로스이다. 연상식 "All altruists gladly make gun in gallon tanks"는 각각의 올바른 Fischer 투영식을 쓰는데 도움이 된다.

23.6~23.7절

대부분의 탄수화물은 고리 헤미아세탈로 존재한다. 오각형 고리의 것들은 **퓨라노스(furanose)**형이라고 부르고; 이들의 육각형은 **피라노스(pyranose)**형이라고 부른다.

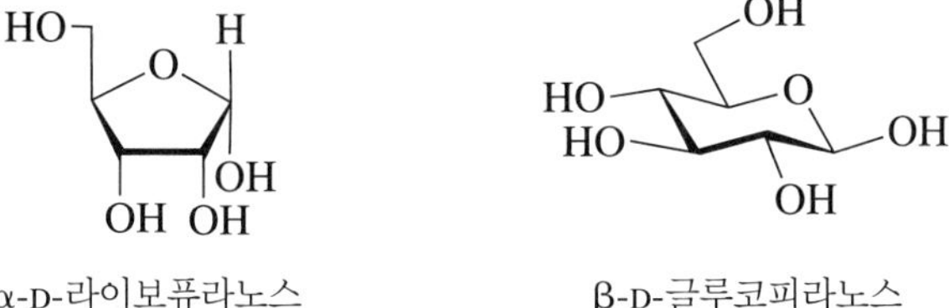

α-D-라이보퓨라노스 β-D-글루코피라노스

고리 헤미아세탈의 **아노머 탄소(anomeric carbon)**는 두 개의 산소에 연결된 탄소이다. 이것은 열린-사슬 형에서 카보닐 탄소와 일치한다. 부호 α 와 β는 아노머 탄소의 배열과 관련된다.

23.8절 탄수화물의 헤미아세탈형은 물에서 상호 변환된다. 평형 혼합물은 퓨라노스형과 피라노스형의 α와 β의 아노머를 포함할 수 있다. 한 가지 형에서 평형 혼합물로의 변화는 변광회전(mutarotation)이라고 하는 광회전 변화에 의하여 일어난다. D-글루코스에서 변광회전은 열린-사슬 형을 경유하여 α-피라노스와 β-피라노스의 상호변환에 의하여 설명할 수 있다.

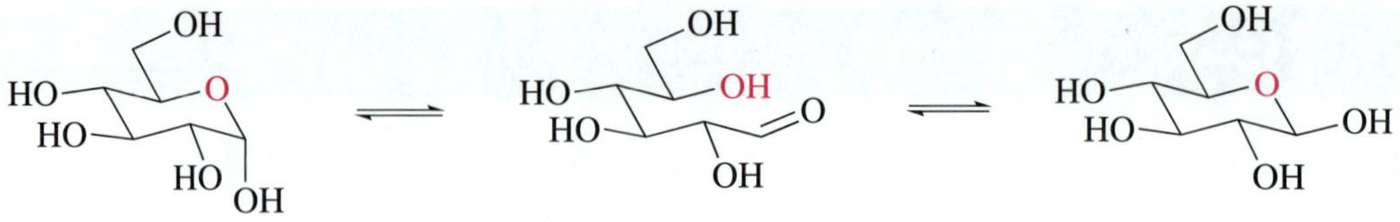

α-D-글루코피라노스 ⇌ 열린-사슬 형 ⇌ β-D-글루코피라노스

23.9절 탄수화물의 피라노스 형은 형태적으로 의자형이 우세한 사이클로헥세인과 닮았다. **아노머 효과**는 아노머 탄소 (C-1)에 전기음성적 치환기가 수평일 때 보다는 수직일 때가 더 안정한 원인이 된다. 이 효과는 고리 산소의 전자 쌍이 아노머 치환기의 반결합 오비탈로 비편재화의 결과라고 알려진다.

23.10절 대부분 자연에서 발견되는 케토스는 C-2에 카보닐기를 가지고 있다. 알도스와 마찬가지로, 케토스는 헤미아세탈로 고리화하고 퓨라노스형 또는 피라노스형으로 존재한다.

23.11-23.13절

구조적으로 변화된 탄수화물은 **데옥시 당(deoxy sugar)**, **아미노 당(amino sugar)**과 **가지-사슬 탄수화물(branched-chain carbohydrate)**를 포함한다.

23.14절 글리코사이드는 아노머 하이드록실기가 알콕시기로 치환된 화합물인 아세탈이다. 글리코사이드는 산 촉매에서 탄수화물을 알코올과 함께 놓아두면 손쉽게 만들 수 있다.

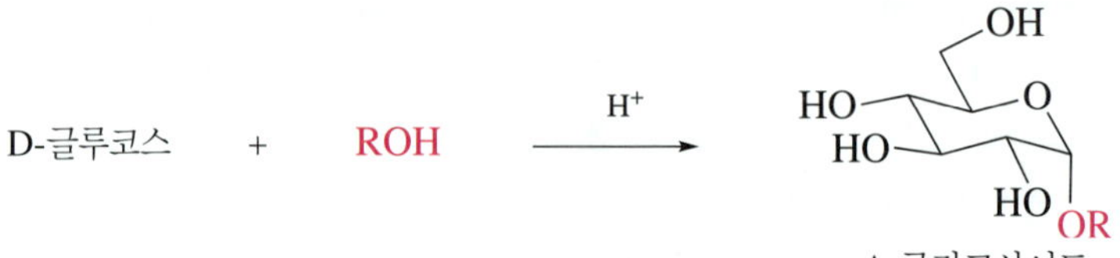

$$\text{D-글루코스} + \text{ROH} \xrightarrow{H^+} \text{A 글리코사이드}$$

A 글리코사이드

23.15~23.16절

이당류(Disaccharides)는 두 개의 단당류가 글리코사이드 결합으로 연결된 탄수화물이다. 다당류(polysaccharides)는 글리코사이드 결합으로 연결된 많은 단당류 단위를 갖는다. 이당류와 다당류의 완전한 가수분해는 글리코사이드 결합을 끊어서, 자유 단당류 성분을 생성한다.

23.17~23.18절

탄수화물은 그 구조에 따라서, 알데하이드와 케톤, 알코올, 다이올, 및 다른 종류의 화합물의 특징적인 화학 반응을 수행한다. 이 장에서 기술한 반응의 복습은 표 23.2에 있다.

23.19절 이당류에서 발견되는 것과 같은 *O*-글리코사이드 결합으로 연결된 탄수화물은 글리코실 주개 와 글리코실 받개의 반응에 의해서 합성한다.

23.20절 당단백질이라고 하는, 단백질에 연결된 탄수화물은 탄수화물이 어떤 다른 생분자에 접합된 짝당의 한 예이다. 세포-표면 당단백질은 분자 인식에 포함되고 그리고 특정 질병뿐만아니라 면역계에서도 중요하다.

문제

23.26 (+)-D-자일로스의 Fischer투영도를 참고하여 다음의 구조식을 쓰시오.

(a) (−)-자일로스(Fischer투영도)

(b) 자일리톨

(c) β-D-자일로피라노스

(d) a-L-자일로피라노스

(e) 메틸 α-L-자일로퓨라노사이드
(f) D-자일론산(열린-사슬 Fischer 투영식)
(g) D-자일론산의 δ-락톤
(h) D-자일론산의 γ-락톤
(i) 자일라르산(열린-사슬 Fischer투영식)

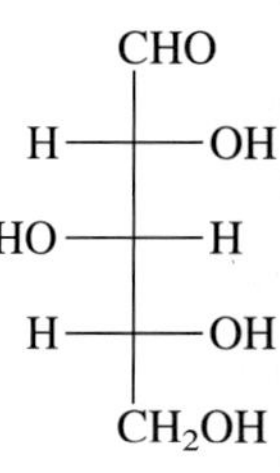
(+)-D-자일로스

23.27 D-자일로스에 있는 세 개의 카이랄 중심의 *R,S* 배치는 무엇인가?

23.28 그림 23.2에서 보여준 탄수화물 중에서, 다음에 부합하는 알도헥소스를 선택하시오.
(a) 수소화붕소 소듐 환원에 의한 광학적으로 비활성인 생성물
(b) 브로민 산화에 의한 광학적으로 비활성인 생성물
(c) 질산 산화로 인한 광학적으로 비활성인 생성물
(d) 동일한 엔다이올

23.29 다음 각각 열린-사슬 형의 Fischer 투영식을 쓰시오.

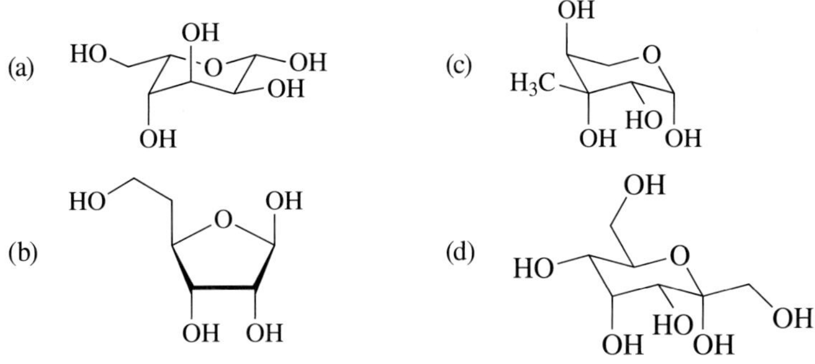

23.30 문제 23.29에서 보여준 탄수화물 중에서, 다음에 부합하는 것(들)을 선택하시오.
(a) L 계열에 속하는 것
(b) 데옥시 당
(c) 가지-사슬 당
(d) 케토스
(e) 퓨라노스형
(f) 아노머 탄소가 α 배열을 갖는 것

23.31 몇 개의 케토펜토스가 가능한가? 이들의 Fischer 투영식을 쓰시오

23.32 가지-사슬 탄수화물 (+)-D-아피오스의 Fischer 투영식이 주어졌다:
(a) D-아피오스의 열린-사슬형에는 몇 개의 카이랄 중심이 있는가?
(b) D-아피오스를 환원하면 광학적으로 활성인 알디톨을 형성하는가?
(c) D-아피오스의 퓨라노스형에는 몇 개의 카이랄 중심이 있는가?
(d) D-아피오스에는 몇 개의 입체이성질성 퓨라노스형이 가능한가? 그것들의 Haworth 구조식을 쓰시오.

(+)-D-아피오스

23.33 산 촉매에서 D-만노스를 메탄올로 처리하면 분자식이 $C_7H_{14}O_6$을 갖는 네 개의 이성질체 생성물이 생성된다. 이들 네 개의 생성물은 무엇인가?

23.34 다음 각 물질의 과아이오딘산 산화의 생성물을 쓰시오. 각 경우에 기질 1몰 당 몇 몰의 시약이 소모되는가?
(a) D-아라비노스
(b) D-라이보스
(c) 메틸 β-D-글루코피라노사이드
(d)

23.35 트라이페닐메틸 에터는 다음 경우에서 C-6 하이드록실기가 더 선택적으로 반응하여, 2차 보다 1차 알코올과 더 빨리 반응한다. 이 에터는, 메틸 글리코사이드가 그대로 남는, 산촉매 가수분해로 제거할 수 있다.

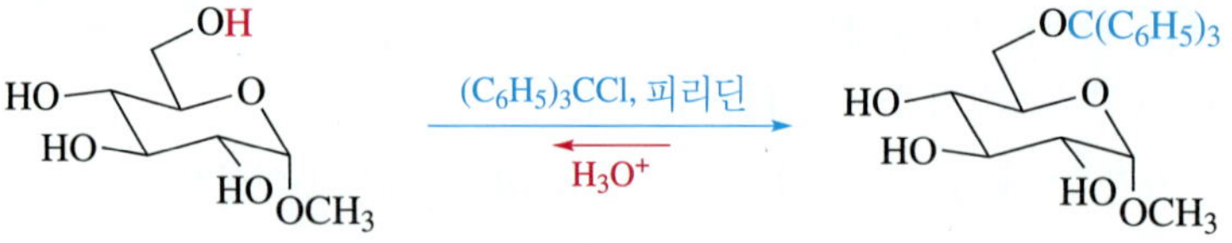

$(C_6H_5)_3CCl$, 피리딘 / H_3O^+

OH, HO, HO, HO, O, OCH_3 → $OC(C_6H_5)_3$, HO, HO, HO, O, OCH_3

위의 정보와 표 23.2의 추가적인 정보를 이용하여, 왼쪽에 있는 화합물이 어떻게 예시된 출발 물질로부터 합성될 수 있는지 보이시오.

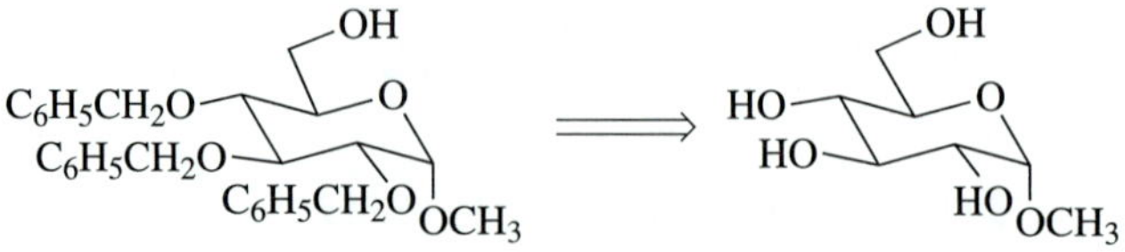

OH, $C_6H_5CH_2O$, $C_6H_5CH_2O$, $C_6H_5CH_2O$, O, OCH_3 ⟹ OH, HO, HO, HO, O, OCH_3

23.36 화합물 A는 과아이오딘산에 의해서 산화되어 화합물 B를 생성하고, 이것은 산성 가수분해 후에 C가 된다. C의 브로민 산화는 D가 된다. 화합물 B, C, 및 D의 입체화학을 포함하여 구조식을 제안하시오.

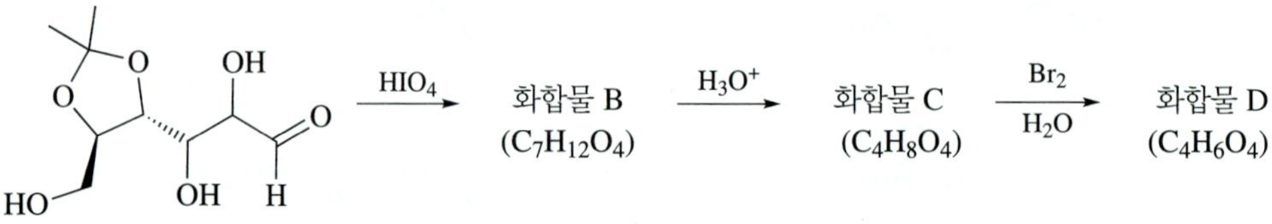

화합물 A $\xrightarrow{HIO_4}$ 화합물 B ($C_7H_{12}O_4$) $\xrightarrow{H_3O^+}$ 화합물 C ($C_4H_8O_4$) $\xrightarrow[H_2O]{Br_2}$ 화합물 D ($C_4H_6O_4$)

화합물 A

23.37 D-굴론산의 γ-락톤은 알도펜토스에서 유도된 사이아노하이드린을 경유하여 제조된다.

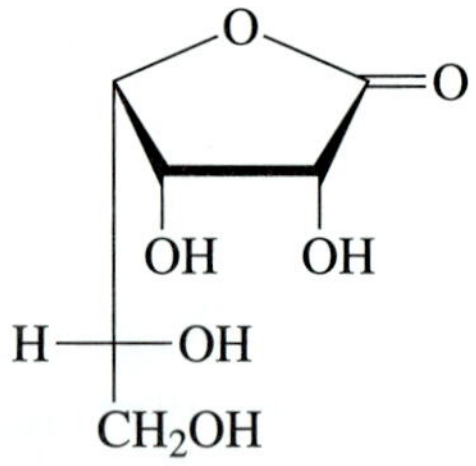

O, O, OH, OH, H, OH, CH_2OH

이 사슬 확장을 하는 알도펜토스를 밝히시오.

23.38 2-데옥시 당의 메틸 글리코사이드는 글라이칼로 알려진 불포화 탄수화물에 메탄올의 산-촉매 첨가로 제조되었다.

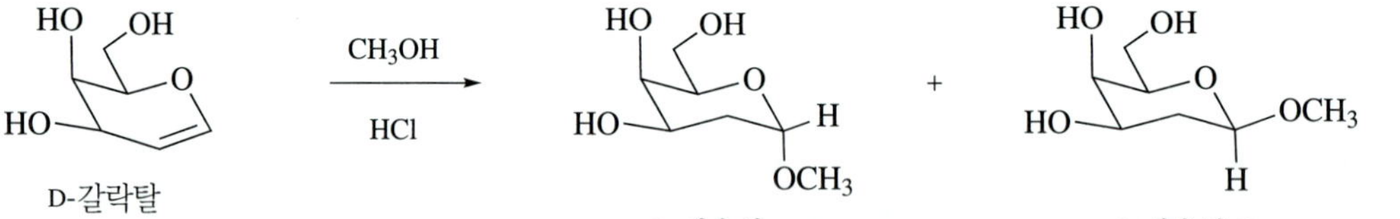

D-갈락탈 $\xrightarrow[HCl]{CH_3OH}$ 2-데옥시-α-D-라이소피라노시화 메틸(38%) + 2-데옥시-β-D-라이소피라노시화 메틸(36%)

이 반응의 타당한 메커니즘을 제안하시오

23.39 다음은 D-글루코스, D-만노스, 및 D-갈락토스의 피라노스 형의 더 안정한 아노머들이다:

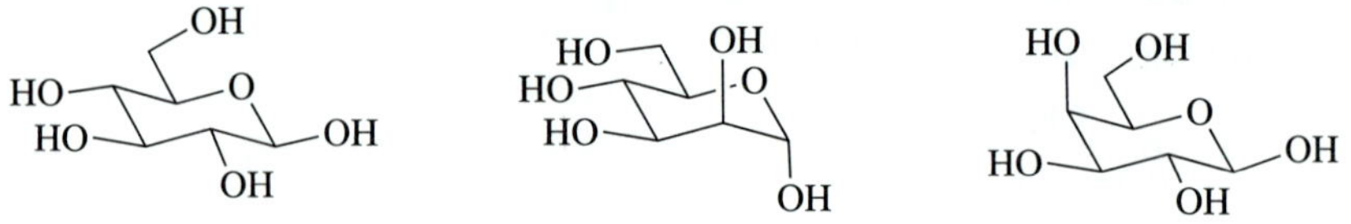

β-D-글루코피라노스 (평형에서 64%)

α-D-만노피라노스 (평형에서 68%)

β-D-갈락토피라노스 (평형에서 64%)

이 실험적 관찰과 육각형 고리의 입체적 효과에 대한 자신의 지식을 근거로 하여, 수용액의 평형에서 다음 각각의 우세한 형태(α- 또는 β-피라노스)를 예측하시오.

(a) D-굴로스
(b) D-탈로스
(c) D-자일로스
(d) D-라이소스

23.40 산-촉매 아세탈 가수분해의 첫 단계의 일반적인 메커니즘에 대한 여러분의 답을 근거로 하여 다음 관찰에 대한 타당한 설명을 제안하시오.

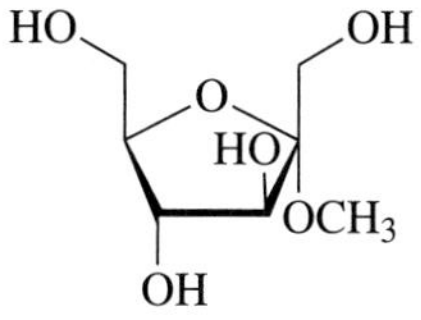

화합물 A 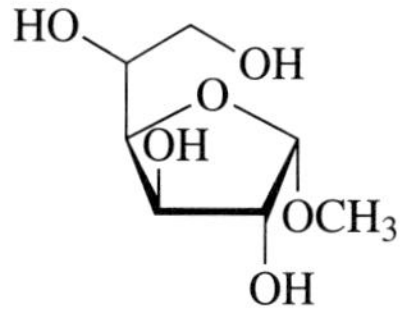　　화합물 B

(a) α-D-프럭토퓨라노시화 메틸(화합물 A)은 α-D-글루코퓨라노시화 메틸(화합물 B)보다 산-촉매 가수분해를 10^5배 더 빠르게 수행한다.

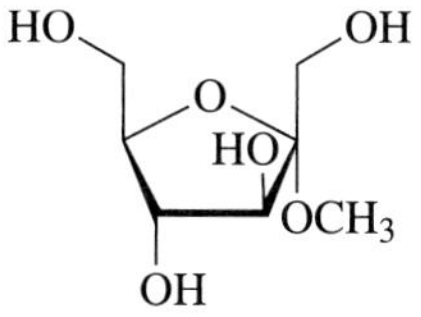

화합물 A 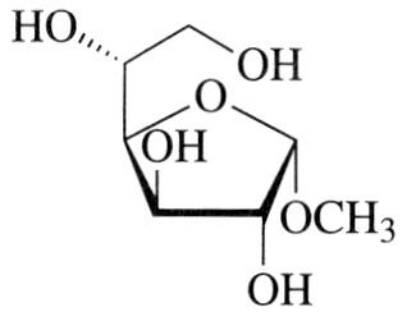　　화합물 B

(b) 2-데옥시-D-글루코스(화합물 C)의 β-글루코피라노시화 메틸은 D-글루코스의 것(화합물 D)보다 수천배 더 빠르게 가수분해가 일어난다.

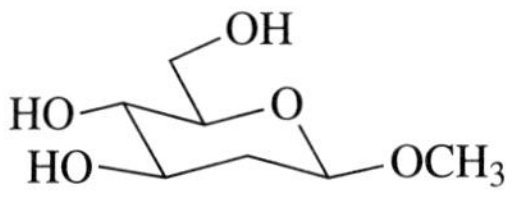

화합물 C 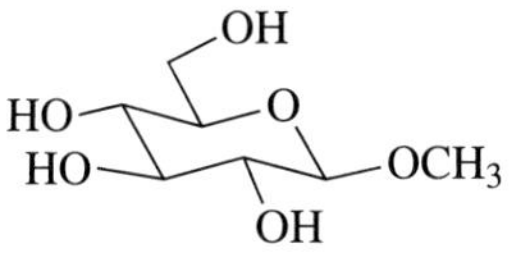　　화합물 D

(c) 메커니즘 23.2를 지침으로 사용하여, 화합물 D(b에서 보여준 β-D-글루코피라노시화 메틸)에서 D-글루코스로 산-촉매 가수분해의 메커니즘을 쓰시오.

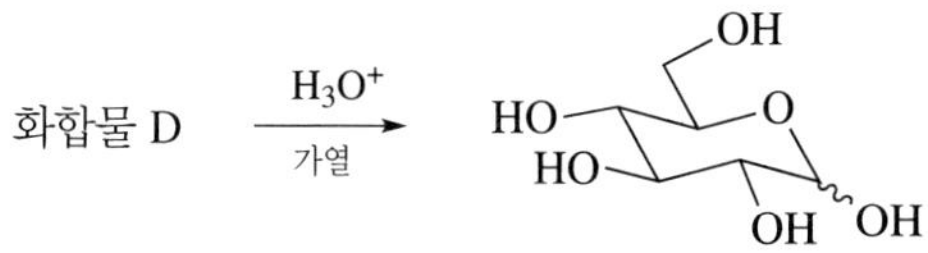

화합물 D $\xrightarrow[\text{가열}]{H_3O^+}$

23.41 여기에 보여준 화합물은 토피라메이트(Topiramate)로 알려진 진정제이다. 이것은 D-프럭토피라노스의 유도체이다. 토피라메이트에 있는 아세탈 탄소를 확인하시오.

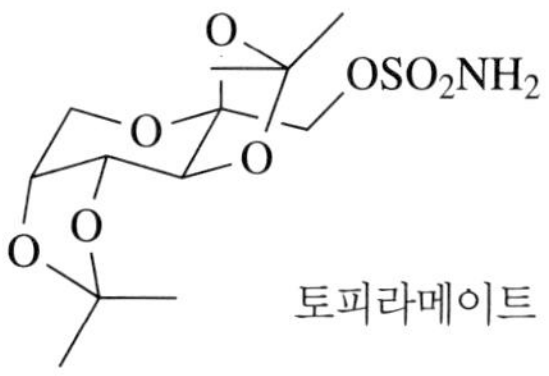

토피라메이트

23.42 아세톤은 산 촉매에서 탄수화물과 반응하여 일반적으로 “아이소프로필리덴(isopropylidene)” 또는 “이세토니이드(acctonidc)” 유도체로 알려진 생성물을 형성한다. 탄수화물 D-라이보노-(1,4)-락톤은 염산의 존재 하에

HO, O, O, OH OH, +, O, HCl, HO, O, O, O, O, + H_2O

아세톤과 반응하여 아래에 보이는 아세토나이드를 생성한다. 이 반응의 메커니즘을 쓰시오. (힌트: 17.9절과 문제 17.10을 복습하시오).

23.43 다음 각 반응에서, 글리코실 주개는 일반적인 경로에 의한 친전자체와 반응에 의해서 활성화된다:

$CH_2OCH_2C_6H_5$, $C_6H_5CH_2O$, $C_6H_5CH_2O$, $C_6H_5CH_2O$, Ö:, X:, E—Y

글리코실 주개

$\longrightarrow$ $CH_2OCH_2C_6H_5$, $C_6H_5CH_2O$, $C_6H_5CH_2O$, $C_6H_5CH_2O$, Ö:, $\overset{+}{X}$:, E

$\longrightarrow$ $CH_2OCH_2C_6H_5$, $C_6H_5CH_2O$, $C_6H_5CH_2O$, $C_6H_5CH_2O$, $\ddot{O}^+$

산소-안정화된 탄소양이온

ROH 글리코실 받개

$CH_2OCH_2C_6H_5$, $C_6H_5CH_2O$, $C_6H_5CH_2O$, $C_6H_5CH_2O$, Ö:, OR

형성된 산소-안정화된 탄소양이온은 글리코실 받개 ROH와 반응하여 *O*-글리코사이드의 아노머 혼합물을 형성한다.

굽은 화살표를 사용하여, 각각의 글리코실 주개가 어떻게 산소-안정화된 양이온을 생성하는지를 보여주는 메커니즘을 쓰시오. (a)에서, 황화물에는 16.17절 및 을 트라이플라이트에는 8.11절을 참조하시오; (b)에서는, 메커니즘 19.6의 2단계를 검토하고, 그리고 글리코실 이미데이트 에스터에 있어서 사일릴화가 질소에서 일어난다고 가정하시오.

(a) $OCH_2C_6H_5$, $C_6H_5CH_2O$, $C_6H_5CH_2O$, $C_6H_5CH_2O$, O, SCH_2CH_3 $\xrightarrow[ROH]{F_3CS(=O)_2OCH_3}$ $OCH_2C_6H_5$, $C_6H_5CH_2O$, $C_6H_5CH_2O$, $C_6H_5CH_2O$, O, OR + $CH_3CH_2SCH_3$

싸이오글리코사이드 | α/β 글리코사이드 혼합물 | 에틸 메틸 설파이드

(b) $OCH_2C_6H_5$, $C_6H_5CH_2O$, $C_6H_5CH_2O$, $C_6H_5CH_2O$, O, O–C(=NH)–CCl_3 $\xrightarrow[ROH]{F_3CS(=O)_2OSi(CH_3)_3}$ $OCH_2C_6H_5$, $C_6H_5CH_2O$, $C_6H_5CH_2O$, $C_6H_5CH_2O$, O, OR + $Cl_3CC(=O)NH_2$

글리코실 이미데이트 에스터 | α/β 글리코사이드 혼합물 | 트라이클로로-아세트아마이드

아세트아마이드

23.34 글리코시화 펜테일은 표시된 것처럼 브로민과 반응하여 브로민화 글리코실로 변환하는 글리코실 주개이다. 이 반응의 메커니즘을 쓰시오. 왜 선택적으로 α-아노미가 형성되는가?

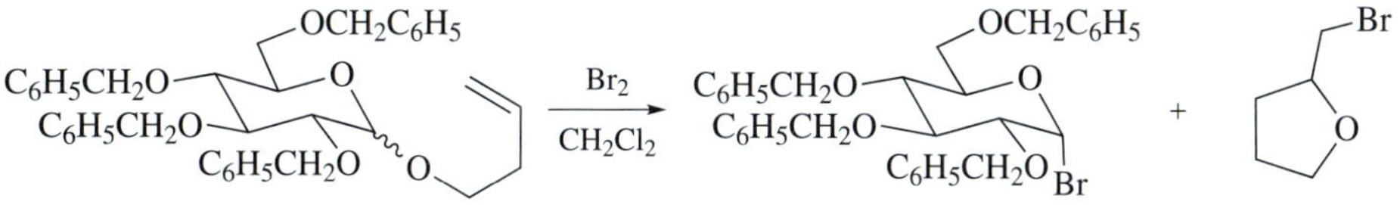

Pentenyl glycoside $\xrightarrow[CH_2Cl_2]{Br_2}$ α Glycosyl bromide (90%) + 2-(Bromomethyl)-tetrahydrofuran

설명문과 이해 문제 23

Emil Fischer와 (+)-글루코스의 구조

글루코스 구조의 Emil Fischer의 결정은 19세기 말과 20세기 초에 수행되었다. 이 시기에는 어떤 다른 당의 구조도 알려지지 않았으며, 그리고 현재 유기 분석을 도와주는 분광학 기술은 아직 이용할 수가 없었다. Fischer가 가졌던 것은 화학적 변환, 편광계에 의한 정보 및 그 자신의 지능이 전부였다.

Fischer는 (+)글루코스가 아래의 구조를 갖는 16개의 가능한 입체이성질체중의 하나라는 것을 알고 있었다.

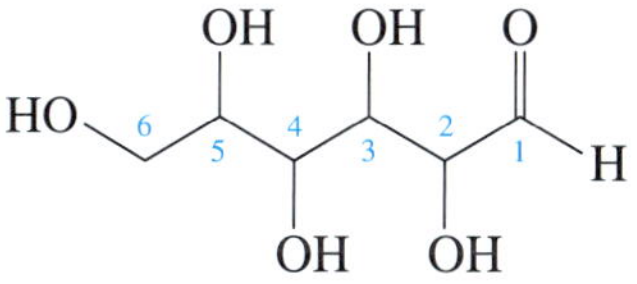

C-2 ,3, 4, 및 5는 배열을 알 수 없는 카이랄 중심이다.

임의로 C-5 카이랄 중심에 특정 배치를 할당함에 의해서, Fischer는 C-5에 관한 C-2, C-3, 및 C-4의 배치를 결정할 수 있다는 것을 알아차렸다. 이것은 수많은 구조적 가능성을 지금은 D-헥소스라고 하는 여덟 개로 감소시켰다.

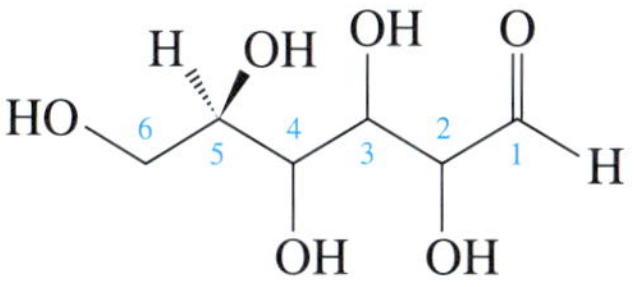

또는 오른 쪽의 Fischer 투영식에 있는 것처럼

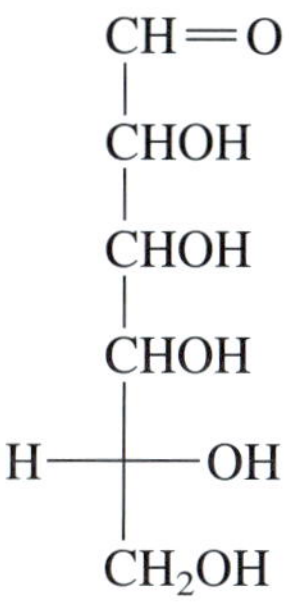

CH═O
CHOH
CHOH
CHOH
H—C—OH
CH_2OH

마침내, Fischer의 임의적인 할당은 옳은 것으로 판명이 났으며, 이것은 상대적인 의미와 마찬가지로 절대적인 것으로도 (+)-글루코스의 카이랄 중심 모두의 입체화학적 할당을 맞게 만들었다.

다음 문제는 (+)-글루코스의 구조 결정을 위하여 Fischer에게 이용 가능한 정보에 대한 그의 해석 속으로 여러분을 이끌어 줄 것이다. 표시된 사실의 순서는 Fischer의 것과는 약간 다르게 변형하였지만, 논리적으로는 동일하다. 우리는 문제 23.46에서 시작되는 (+)-글루코스처럼 가장 높은 번호를 갖는 카이랄 중심에 동일한 배치를 갖는 오탄당인 (−)-아리비노스를 가지고 문제 23.45를 시작할 것이다.

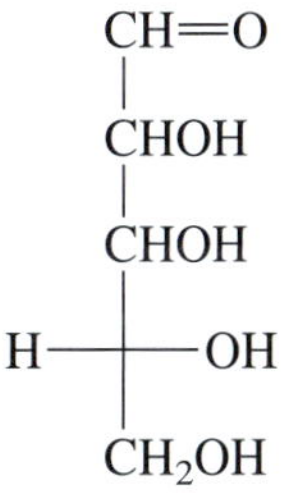

CH═O
CHOH
CHOH
H—C—OH
CH_2OH

(−)-아라비노스와 (+)-글루코스는 가장 높은 번호의 카이랄 중심이 동일한 배치를 갖는다. 이 사실은 문제 23.46에서 정립되지만, 문제 23.45에서 사용된다.

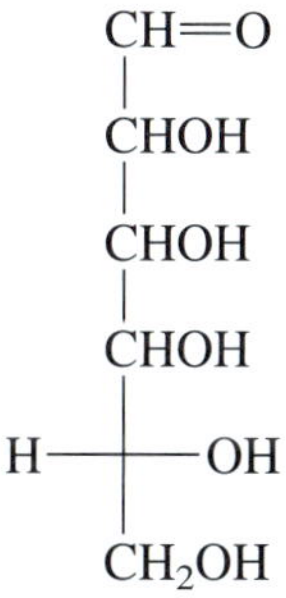

CH═O
CHOH
CHOH
CHOH
H—C—OH
CH_2OH

(−)-아라비노스를 포함하는 D-펜토스 (+)-글루코스를 포함하는 D-헥소스

23.45 따듯한 질산에 의한 (−)-아라비노스의 산화는 광학적으로 활성인 알다르산이 생성된다. 이 반응에서, C-1과 C-5 모두는 CO_2H로 산화된다. C-4 OH가 오른 쪽에 있다고 가정하여라. 아래에 보이는 구조의 어느 것 두 개가 (−)-아라비노스에 가능 한가?

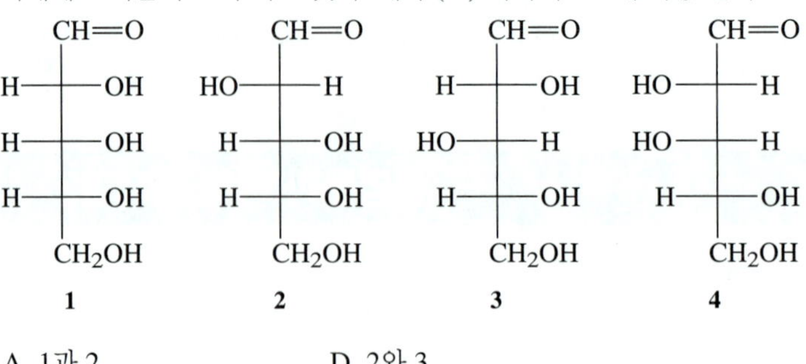

A. 1과 2
B. 1과 3
C. 1과 4
D. 2와 3
E. 2와 4
F. 3과 4

23.46 사이아노하이드린의 유도체를 경유한 (−)-아라비노스의 사슬 확장은 (+)-글루코스와 (+)-만노스의 혼합물이 된다. 이 관찰과 이전 문제에 대한 여러분의 답에 근거하여, 어느 쌍이 (+)-만노스와 (+)-글루코스에 가능한가?

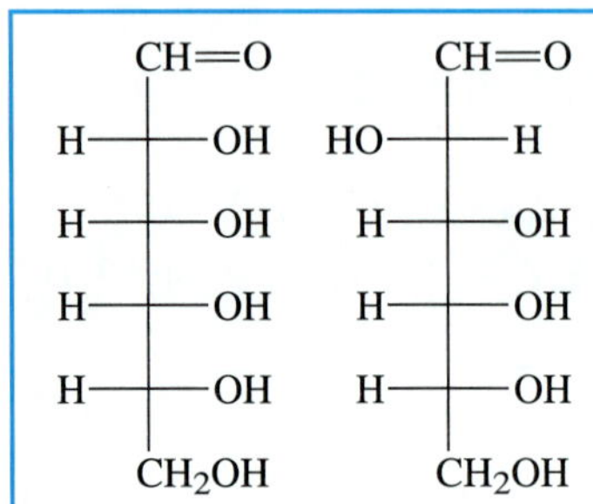

쌍 1

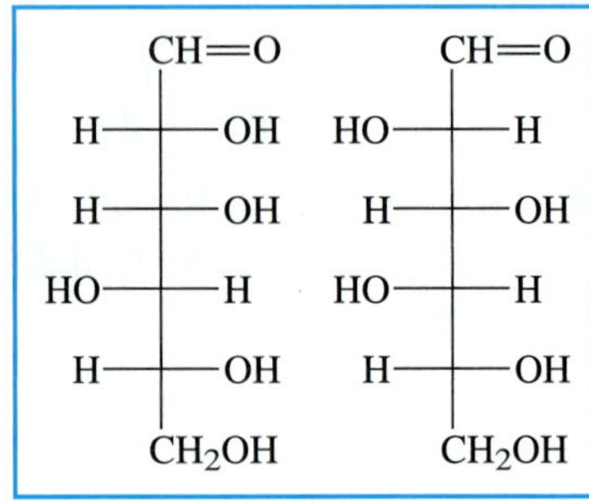

쌍 2

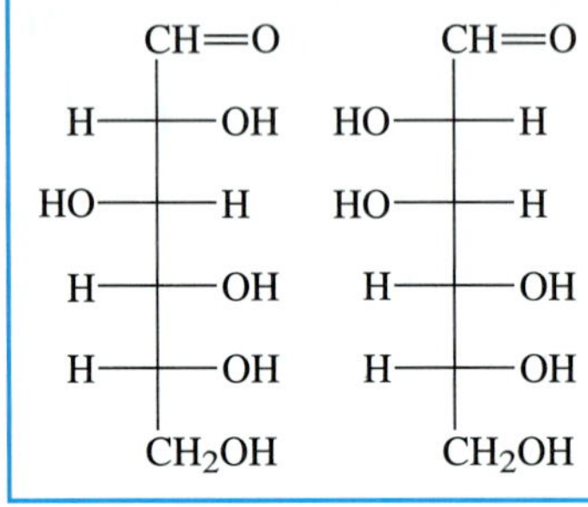

쌍 3

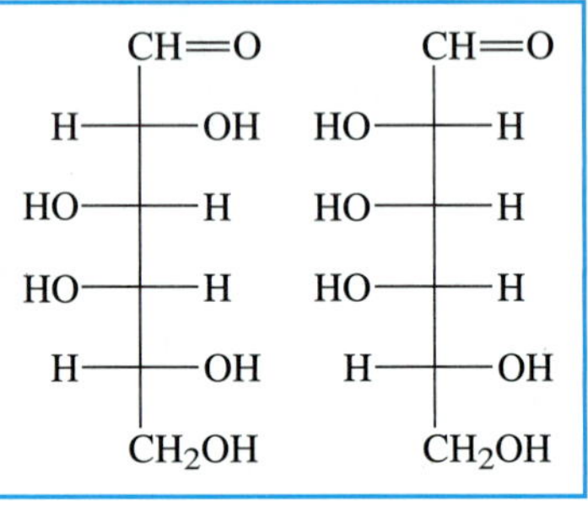

쌍 4

A. 쌍 1과 쌍 2
B. 쌍 1과 쌍 3
C. 쌍 1과 쌍 4
D. 쌍 2와 쌍 3
E. 쌍 2와 쌍 4
F. 쌍 2와 쌍 4

23.47 질산에 의해서 (+)-글루코스와 (+)-만노스 모두가 광학적으로 활성인 다이카복실산(알다르산) ($C_6H_{14}O_4$)으로 산화된다. 앞의 문제를 풀고 남은 쌍들 중에서, 어느 것이(+)-글루코스/(+)-만노스의 쌍인가?

A. 쌍 1
B. 쌍 2
C. 쌍 3
D. 쌍 4

다음 문제를 풀기 위해서, 우리는 쌍 3은 문제 23.46의 정답이라는 것을 알 필요가있다. 만일 여러분이 이 답이 어떻게 나왔는지 확신이 없다면, 이전의 문제를 복습하는 것이 좋은 생각이 될 것이다.

23.48 C-1과 C-6 모두가 질산에 의해서 —CO_2H로 산화되기 때문에, Fischer는 두 개의 부분입체이성질성 헥소스가 동일한 알다르산이 생성될 것임을 알았다.

$$\underset{[6]}{CH=O-CHOH-CHOH-CHOH-CHOH-CH_2OH} \quad \text{또는} \quad \overset{[6]}{CH_2OH}-CHOH-CHOH-CHOH-CHOH-\underset{[1]}{CH=O} \xrightarrow{HNO_3} CO_2H-CHOH-CHOH-CHOH-CHOH-CO_2H$$

(+)-글루코스/(+)-만노스 쌍(문제 23.46의 쌍 3)에서, 오직 (+)-글루코스가 동일한 알다르산을 생성하는 부분입체이성질성 헥소스이다. Fischer는 특정 부분입체이성질 체를 합성하고, 그것이 (+)-글루코스와 같이 동일한 알다르산이 되는 것을 알았다. 따라서, 그는 (+)-글루코스와 (+)-만노스가 아래와 같다는 것을 결정할 수 있었다.

(+)-글루코스		(+)-만노스	
CH=O		CH=O	
H	OH	HO	H
HO	H	HO	H
H	OH	H	OH
H	OH	H	OH
CH_2OH		CH_2OH	

(+)-글루코스처럼 동일한 알다르산이 생성되는 Fischer가 합성한 것은 어느 헥소스인가?

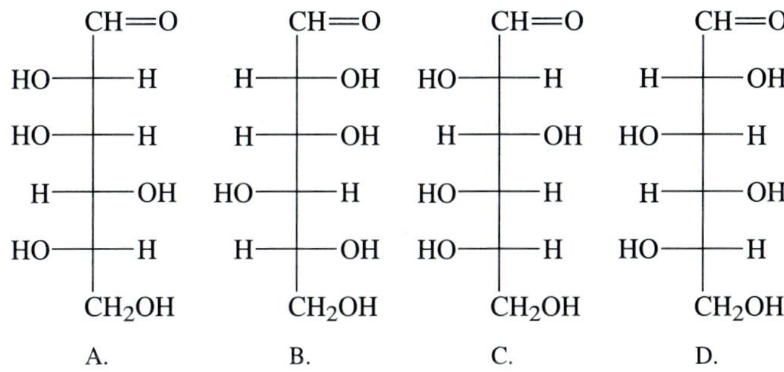

23.49 표 23.2를 참고하여 문제 23.48의 정답인 헥소스를 확인하시오.

A. (+)-D-알트로스
B. (+)-D-갈락토스
C. (−)-L-글루코스
D. (+)-L-굴로스

장의 개요

디지톡시제닌(digitoxigenin)은 다이족신(digoxin)의 스테로이드 성분이며, 디기탈리스(foxglove)라 불리는 꽃에서 발견되는 글리코사이드의 하나이다. 다이족신은 심장부정맥과 섬유성 연축(fibrillation)을 치료하는데 사용된다. 모든 스테로이드들처럼 디지톡시제닌은 지질이다.

지질
Lipids

천연에 존재하는 중요한 생분자들(지질, 탄수화물, 단백질 및 핵산) 중에서 **지질(lipid)**은 물리적 성질인 용해도 측면에서 다르다. 그들은 물보다는 비극성 용매에 더 잘 녹는다. 지질은 다양한 형태의 구조를 포함하며, 이 장에 소개되어 있다. 지방산, 터펜, 스테로이드, 프로스타그란딘 및 카로텐은 모두 지질이지만, 구조와 기능면에서 서로 다르다. 그들은 궁극적으로 포도당으로부터 유도된다는 점에서 공통적인 생합성 기원을 공유하고 있다. 해당과정(glycolysis) 동안에 포도당은 피루브산을 거쳐서 락트산(젖산)으로 변환된다.

글루코스 → 피루브산 → (*S*)-락트산

젖산으로 유도되는 과정 및 그 밖의 것은 에너지 저장과 생산에 관려련되어 있지만, 몇몇 피루브산은 아세트산으로 전환되어 지질과 같은 더 복잡한 물질의 생합성 출발 물질로 사용된다. 이 장은 주로 이러한 주제로 구성되어 있다. 우리는 먼저 아세트산염(두 개의 탄소)이 피루브산염(세 개의 탄소)으로부터 형성되는 반응을 살펴보겠다.

24.1 아세틸 보조효소 A

아세트산염이 대부분의 중요한 생화학 반응에서 사용되는 형태는 **아세틸 보조효소 A (acetyl coenzyme A**, 그림 24.1a)이다. 피루브산염으로부터 이것의 생성은 여러 단계를 거치며, 각 단계는 모두 효소에 의해서 촉진된다. 전체 반응식은 다음과 같다.

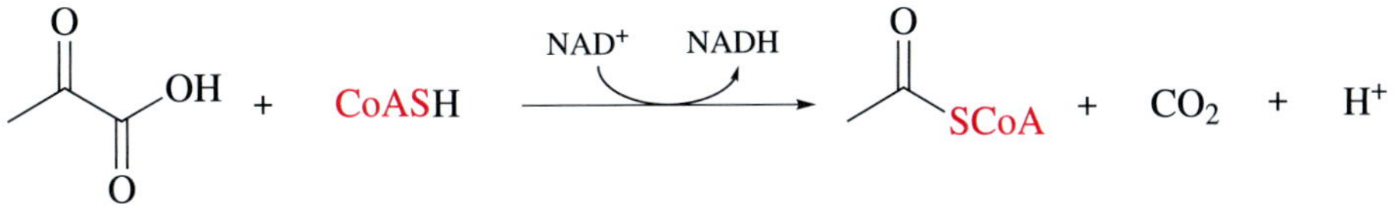

피루브산 + 보조효소 A (CoASH) $\xrightarrow{NAD^+ \rightarrow NADH}$ 아세틸 보조효소 A (SCoA) + 이산화 탄소 (CO_2) + 양성자 (H^+)

두 개의 보조효소가 필요하며, 산화제 NAD^+(15.10절)와 아세틸수용기로서 보조효소 A(그림 24.1b)가 그것이다. 보조효소 A는 싸이올(thiol), 즉 그것의 사슬은 설프하이드릴(sulfhydryl, SH) 기로 끝난다. 보조효소 A의 설프하이드릴기의 아세틸화는 아세틸 보조효소 A를 생성한다.

보조효소 A는 미국의 생화학자 Fritz Lipmann 에 의해서 분리, 확인되었다. Lipmann은 이 공로로 1953년 생리학, 의학 부분의 노벨상을 공동으로 수상하였다.

싸이오에스터(thioester)는 친핵성 아실 치환에 대하여 보통의 에스터보다 반응성이 더 크며 평형에서도 더 큰 비율의 엔올을 갖는다. 이 두 성질은 아세틸 보조효소 A에서 뚜렷하다. 몇 가지 반응에서는 아세틸 보조효소 A의 카보닐기가 반응하며, 다른 반응에서는 α-탄소 원자가 반응한다.

19장 끝에 있는 설명문과 이해 문제 부분에서는 싸이오에스터를 그들의 산소 상대물과 비교하고 있으며 그들의 반응을 소개하고 있다.

친핵성 아실 치환

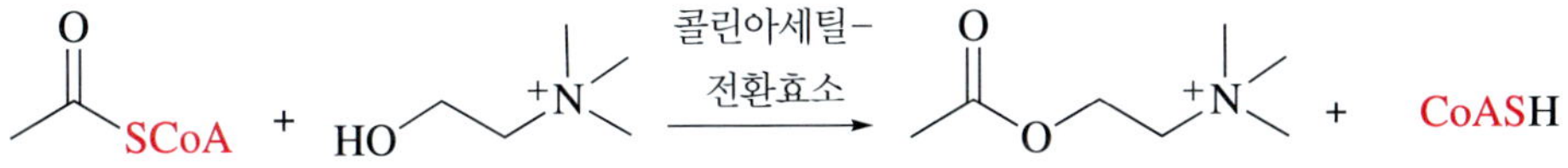

아세틸 보조효소 A + 콜린 $\xrightarrow{\text{콜린아세틸-전환효소}}$ 아세틸콜린 + 보조효소 A (CoASH)

α-탄소에서의 반응

그림 24.1

(*a*) 아세틸 보조효소 A와 (*b*) 보조효소 A.

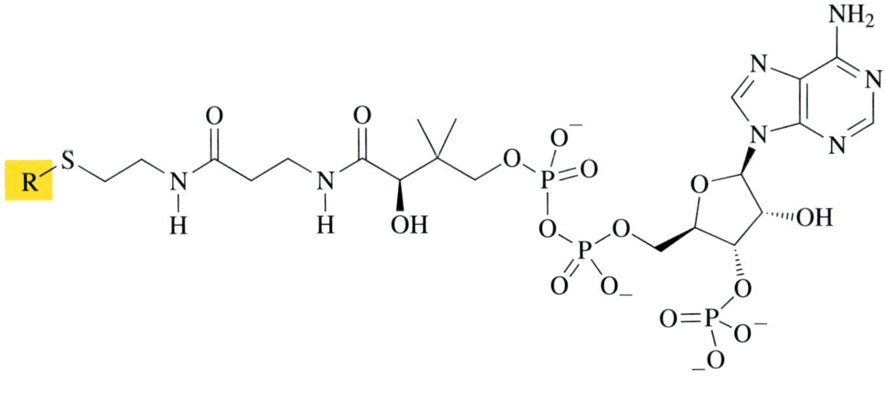

(*a*) R = $CH_3\overset{O}{\overset{\|}{C}}$— (아세틸 보조효소 A: $CH_3\overset{O}{\overset{\|}{C}}SCoA$)

(*b*) R = H— (보조효소 A: CoASH)

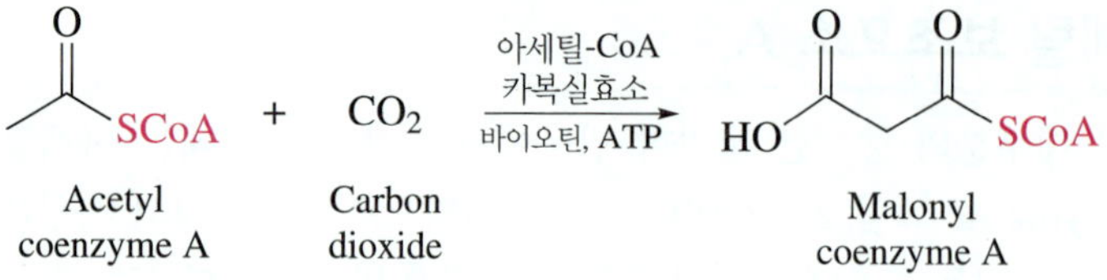

Acetyl coenzyme A + Carbon dioxide (CO_2) —(아세틸-CoA 카복실효소, 바이오틴, ATP)→ Malonyl coenzyme A

다음 절에서 두 가지 반응형태의 다양한 예를 보게 될 것이다. 이들 반응이 효소-촉매성이고, 효소가 없을 때 보다 매우 빠르게 일어나기는 하지만, 반응의 형태는 본질적으로 유기화학의 기본 과정들과 동일하다.

24.2 지방, 기름 및 지방산

지방(fats)과 **기름(oils)**은 지질의 한 종류이다. 구조적인 면에서 두 가지는 모두 글리세롤의 *트라이에스터* (*triglycerides*)이다.

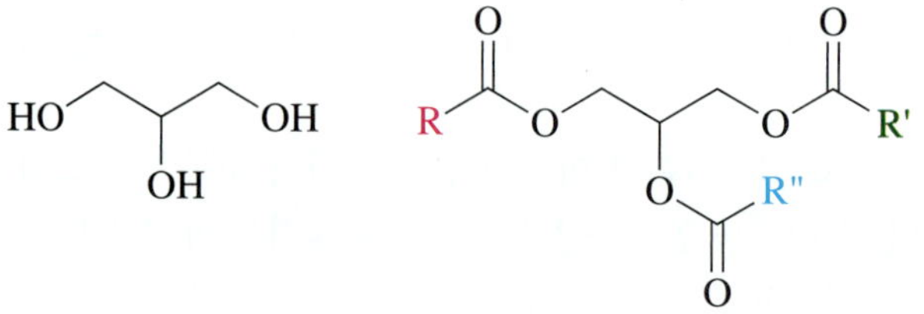

글리세롤

트라이아실글리세롤: R, R', 및 R''는 같거나 다를 수 있다.

역사적으로 지방은 고체이고 기름은 액체이지만, 대부분의 다른 성질을 기술할 때는 두가지 모두를 지방이라고 부른다. 그들은 많은 기능들, 특히 에너지의 저장이라는 기능을 제공한다. 탄수화물은 쉽게 얻을 수 있는 에너지원이지만, 유기체에게는 지방이 탄수화물보다 같은 질량당 두 배 이상의 에너지를 저장 제공하기 때문에 더 효율적인 에너지 저장 수단이다.

그림 24.2는 전형적인 두 개의 트라이아실글리세롤인 2-올레일-1,3-다이스테아릴글리세롤(2-oleyl-1,3-distearylglycerol, 그림 24.2a)과 트라이스테아린(tristearin, 그림 24.2b)의 구조를 보여준다. 이 둘은 자연에서 생성되는데, 예로 코코아 버터를 들 수 있다. 트라이스테아린에 있는 세 아실기는 모두 스테아릴(옥타데칸오일, octadecanoyl)기이다. 2-올레일-1,3-다이스테아릴글리세롤에서 두 개의 아실기는 스테아릴이지만, 가운데 하나는 올레일(*cis*-9-octadecanoyl)이다. 그림이 보여주듯이 트라이스테아린은 2-올레일-1,3-다이스테아릴글리세롤 탄소-탄소 이중결합의 촉매 수소화로 만들어진다. 수소화는 2-올레일-1,3-다이스테아릴글리세롤의 녹는점을 43°C에서 트라이스테아린의 72°C로 증가시킨다. 또한 이것은 식품 공업에서 액체 식물성 기름을 고체 "쇼트닝(shortening)"으로 만드는 표준 방법이다. 이 둘의 공간 채움 모형은 트라이스테아린이 더 편평한 구조임을 보여주는데, 이런 구조로 인해서 트라이스테아린은 훨씬 더 불규칙한 모양을 갖는 2-올레일-1,3-다이스테아릴글리세롤보다 결정격자 내에 더 잘 채워진다. 이 불규칙한 모양은 곁사슬에 있는 시스 이중결합의 결과이다.

지방을 가수분해하면 글리세롤과 긴 사슬 **지방산(fatty acid)**이 생성된다. 따라서 트라이스테아린을 가수분해하면 글리세롤과 세 분자의 스테아르산(stearic acid)이 생긴다. 표 24.1에 몇 가지 대표적인 지방산을 나열하였다. 이들 예가 보여 주듯이, 대다수의 천연 지방산들은 짝수 개의 탄소 원자와 가지 없는 사슬을 갖는다. 탄소 사슬은 포화될 수도 있고, 하나 이상의 이중결합을 가질 수도 있다. 이중결합이 있을 때는 거의 항상 시스이다.

지방산(*fatty acid*)이라는 용어는 본래 천연에 존재하는 트라이아실글리세롤의 카복실산을 가리켰다. 그러나 용어 사용이 기원과 사슬의 길이에 관계없이 모든 가지 없는 카복실산을 포함하는 것까지 확장되었다.

$$\underset{\text{2-Oleyl-1,3-distearylglycerol (mp 43°C)}}{CH_3(CH_2)_6CH_2CH{=}CHCH_2(CH_2)_6\overset{O}{\overset{\|}{C}}O{-}CH(CH_2O\overset{O}{\overset{\|}{C}}(CH_2)_{16}CH_3)_2} \xrightarrow{H_2,\ Pt} \underset{\text{Tristearin (mp 72°C)}}{CH_3(CH_2)_{16}\overset{O}{\overset{\|}{C}}O{-}CH(CH_2O\overset{O}{\overset{\|}{C}}(CH_2)_{16}CH_3)_2}$$

(a) (b)

그림 24.2

전형적인 두 트라이아실글리세롤. (a) 2-올레일-1,3-다이스테아릴글리세롤은 코코아 버터에서 발견되는 천연 트라이아실글리세롤이다. 올레일의 시스 이중결합 때문에 분자는 효과적인 구성 단위를 방해하는 모양을 갖는다. (b) 촉매 수소화는 2-올레일-1,3-다이스테아릴글리세롤을 트라이스테아린으로 전환시킨다. 트라이스테아린은 2-올레일-1,3-다이스테아릴글리세롤보다 녹는점이 높다.

14~20개의 탄소 원자 를 갖는 아실기는 트라이아실글리세롤에서 가장 흔한 것들이다.

팔미트산(palmitic acid)은 천연에 가장 풍부한 지방산이다. 그것은 많은 지방과 기름에 존재하며 팜유(palm oil)의 주된 지방산 성분이다.

문제 24.1

2-올레일-1,3-다이스테아릴글리세롤을 가수분해하면 어떤 지방산이 생기는가? 어떤 다른 트라이아실글리세롤이 2-올레일-1,3-다이스테아릴글리세롤에서와 똑같은 지방산들을 같은 비율로 생성하는가?

트랜스 이중결합으로 된 지방산(트랜스 지방산)의 몇 가지는 천연에 존재하지만 대부분의 트랜스 지방산은 식물성 기름의 부분 수소화로 만들어지며, 그 예로 마가린의 제조를 들 수 있다. 트라이아실글리세롤에 있는 이중결합의 수소화 반응에서 사용되는 촉매는 동시에 이중결합 이동과 입체이성질화도 촉매화한다.

$$\underset{cis\text{-9-옥타데켄산의 에스터}}{CH_3(CH_2)_7CH{=}CH(CH_2)_6CO_2R} \underset{}{\overset{H-(M)_n-H}{\rightleftharpoons}} CH_3(CH_2)_7CH(H)-CH((M)_n-H)(CH_2)_6CO_2R \xrightarrow{H-(M)_n-H} \underset{trans\text{-9-옥타데켄산의 에스터}}{CH_3(CH_2)_7CH_2CH{=}CH(CH_2)_6CO_2R}$$

수소화에서 불포화 에스터와 수소화된 금속 촉매 표면과의 반응에 의해 형성된 중간체는 포화 지방산 에스터로 분해될 뿐만 아니라 시스 이중결합을 가진 원래의 에스터로 분해되거나 트랜스 입체이성질체로 분해된다. 혈중 콜레스테롤 수치를 낮추는 경향이 있는 다중불포화 식물성 기름과는 달리 부분 수소화로 생성된 트랜스 지방은 포화 지방처럼 콜레스테롤 수치를 높이는 효과가 있다. 트랜스 지방 소비의 증가는 관상 동맥 발병률이 높아지는 것과 연관이 있다.

표 24.1 몇 가지 대표적인 지방산

탄소 수	일반명	구조식과 계통명	녹는점, °C
포화 지방산			
12	로르산	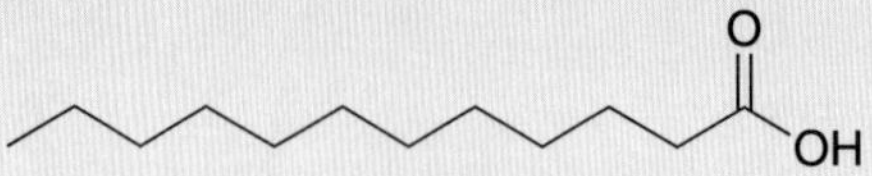 도데칸산	44
14	미리스트산	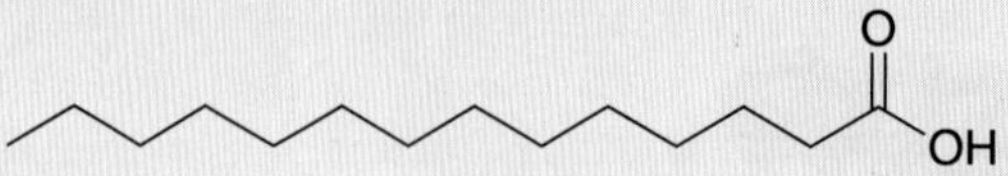 테트라데칸산	58.5
16	팔미트산	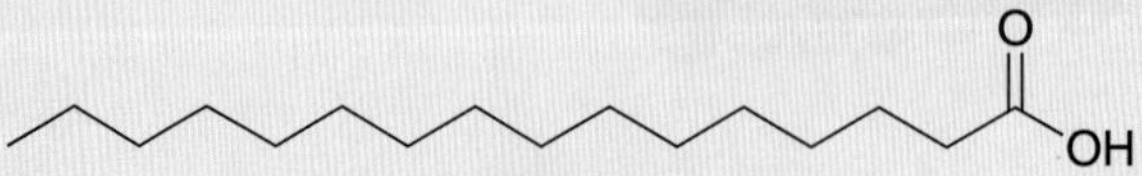 헥사데칸산	63
18	스테아르산	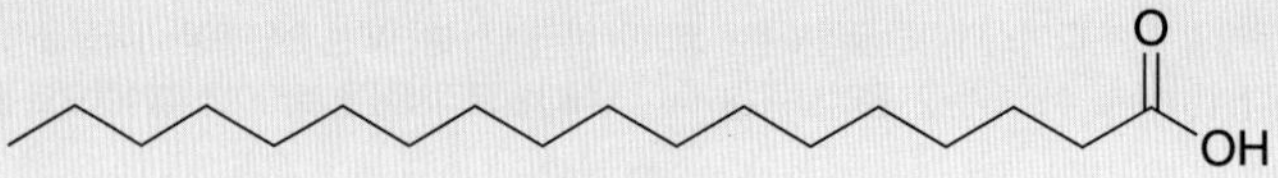 옥타데칸산	69
20	아라키드산	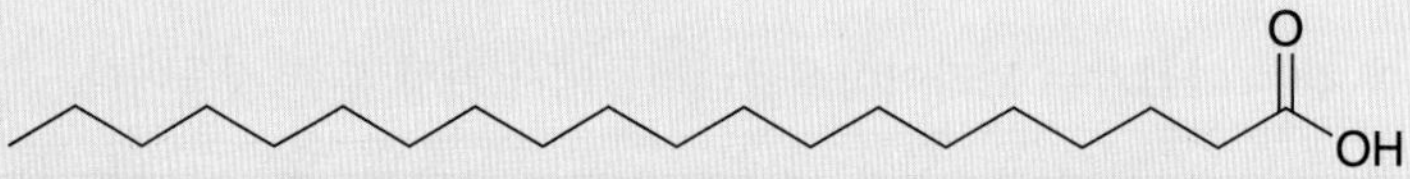 아이코산산	75
불포화 지방산			
18	올레산	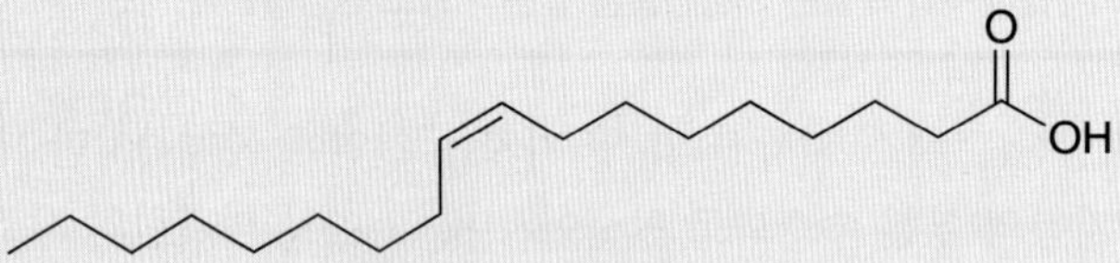 *cis*-9-옥타데켄산	4
18	리놀레산	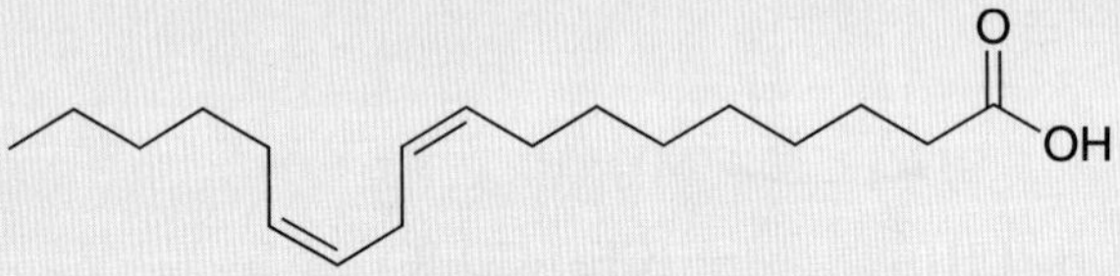 *cis,cis*-9,12-옥타데카다이엔산	212
18	리놀렌산	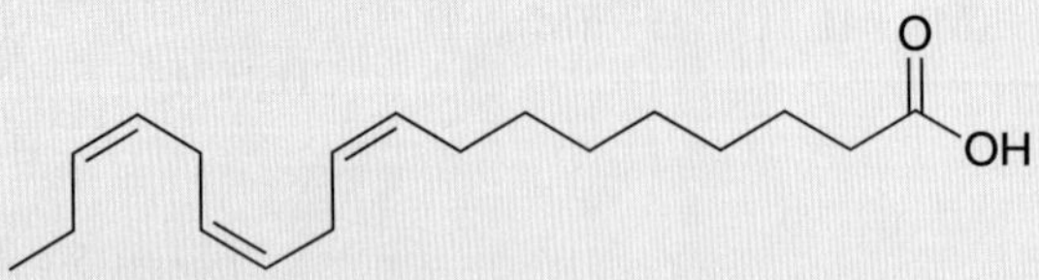 *cis,cis,cis*-9,12,15-옥타데카트라이엔산	211
20	아라키돈산	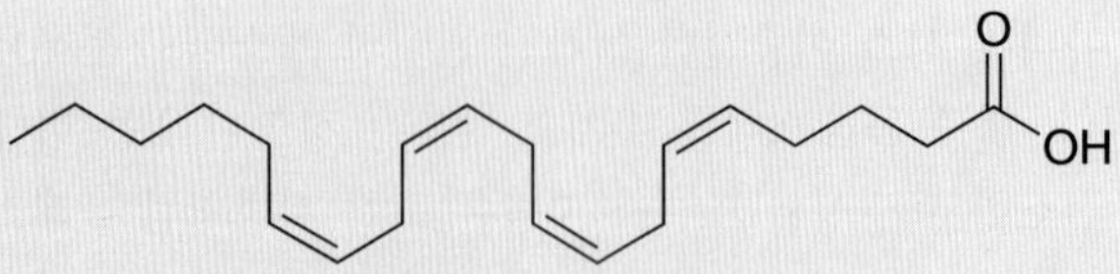 *cis,cis,cis,cis*-5,8,11,14-아이코사테트라엔산	249

지방산은 트라이아실글리세롤 이외의 형태로 자연에 존재하며, 이 장을 지나는 동안 많은 예를 보게 될 것이다. 예를 들면, *아난다마이드(anandamide)*는 아라키돈산(arachidonic acid)의 아마이드이다(표 24.1).

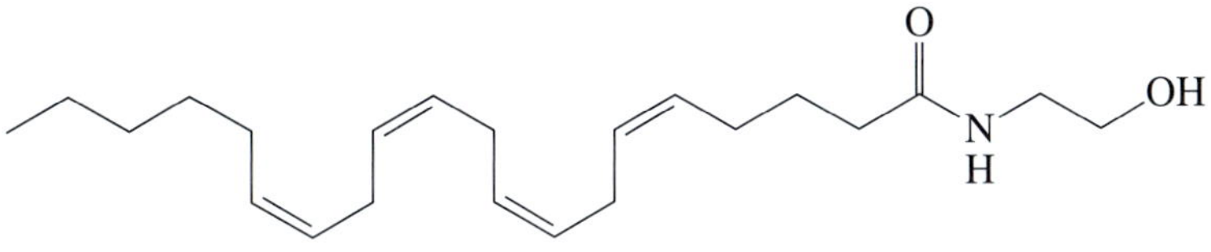

아난다마이드

아난다마이드는 돼지의 뇌에서 분리하였으며, "카나비노이드 수용체(cannabinoid receptor)"에 정상적으로 결합하는 물질로 확인되었다. 마리화나의 활성 성분인 Δ^9-테트라하이드로카나비놀은 수용체에 결합하여 효과를 나타내는 것이 틀림없으며, 과학자들은 체내의 어떤 화합물이 이 결합 위치에 대한 천연 기질인지에 대하여 오랫동안 고심하였다. 아난다마이드가 바로 이 화합물이며, 지금은 아난다마이드 수용체에 결합하는 카나비노이드를 언급하는 것이 역으로 말하는 것보다 더 적절하다. 아난다마이드는 통증을 경감시키는 것에 관여하는 듯하다. 일단 "내인성(endogenous) 카나비노이드"의 실체는 이미 알려졌으므로 과학자들은 특별히 이것을 찾아 나섰고, 결국은 몇몇 놀라운 곳, 예를 들면 초콜릿에서 찾아냈다.

카나비노이드 수용체는 세포막을 연결하는 큰 수용체 단백질 집단에 속하며, G-쌍 단백질 수용체라고 알려져 있다. 막 수용체 단백질은 그림 24.4에 설명되어 있다.

24.3 지방산 생합성

헥사데칸산(팔미트산)까지의 포화지방산 생합성 경로는 사슬 연장 과정만 다를 뿐 나머지 과정은 공통이다. 여기에는 다음과 같은 네개의 싸이오에스터가 관련되어 있다.

이 장에서는 동물에서 지방산의 생합성 메커니즘을 간단히 설명하겠다. 박테리아와 같은 다른 유기체에서의 생합성 경로는 다르다.

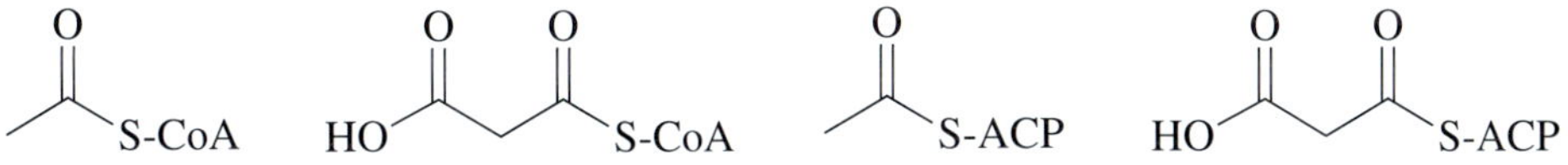

S-CoA, 아세틸 보조효소 A; HO … S-CoA, 말론일 보조효소 A; S-ACP, 아세틸 아실 운반 단백질; HO … S-ACP, 말론일 아실 운반 단백질

이들 네개 중에서 아세틸-보조효소 A와 말론일-ACP가 특별히 주목할 만하다: 즉, 아세틸-보조효소 A는 나머지 세 개가 이것으로부터 유도되고, 말론일-ACP는 최종 지방산에서 두 개의 탄소를 제외한 나머지의 공급원이기 때문이다.

말론일-보조효소 A는 아세틸-보조효소 A의 카르복실화로 생성된다. 카르복실화에 필요한 에너지는 ATP에서 공급된다.

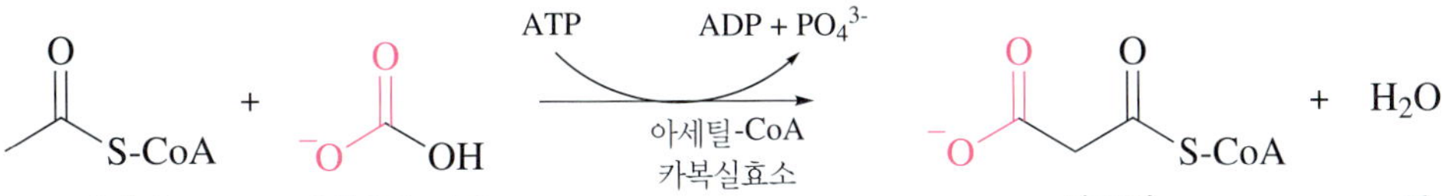

아세틸 보조효소 A (S-CoA) + 탄화수소 이온 ($^-$O, OH) —(ATP → ADP + PO_4^{3-}; 아세틸-CoA 카복실효소)→ 말론일 보조효소 A ($^-$O, S-CoA) + H_2O 물

아세틸과 말론일 아실 운반 단백질은 폴리펩티드 아실 운반 단백질에 아실이 전달되어 형성된다.

HS–ACP
아세틸 트랜스아실효소

Acetyl coenzyme A → Acetyl acyl carrier protein

HS–ACP
말론일 트랜스아실효소

말론일 보조효소 A → 말론일 아실 운반 단백질

mFAS는 두 폴리펩티드의 이합체이며, 각각은 약 270,000의 분자량을 가지고 있다.

이들 부착된 아실 운방 단백질 단위들은 성장하는 지방산을 다중효소복합체인 *mammalian fatty acid synthase* (m FAS)에 부착시키는 핸들이며, 계속되는 변환을 통해서 그것을 유도한다.

한 효소는 반응을 촉진하며, 말론일-ACP의 탈카복실화는 엔올 음이온을 생성하고, 이것은 친핵성 아실 치환에 의해서 아세틸-ACP와 반응하여 아세토 아세틸-ACP를 생성한다.

아세틸 아실 운반 단백질 + 말론일 아실 운반 단백질 → 싸이올 음이온 이탈기 ($ACP-S^-$) + 아세토아세틸 아실 운반 단백질 + 이산화탄소 ($O=C=O$)

아세토아세틸-ACP는 mFAS의 두번째 영역으로 운반되어 환원, 탈수, 환원의 세 가지 반응을 거쳐서 아세토아세틸기를 부탄오일기로 전환시킨다.

아세토아세틸 아실 운반 단백질 →(환원) 3-하이드록시뷰탄오일 아실 운반 단백질 →(탈수) *trans*-2-뷰텐오일 아실 운반 단백질 →(환원) 뷰탄오일 아실 운반 단백질

첫 번째와 두 번째 영역 사이의 아실기의 전달은 가역적이며, 부탄오일 ACP를 첫 번째 영역으로 보내져서 두 번째 말론일-ACP와 반응한다. 이렇게 얻어진 6 탄소 β-케토싸이오에스터는 또 하나의 환원–탈수–환원 과정을 거쳐서 헥산오일-ACP를 생성한다.

뷰탄오일-ACP → 3-옥소헥산오일-ACP → 헥산오일-ACP

이 과정은 아실 사슬이 16개의 탄소가 될 때까지 계속되며, 그 시점에서 가수분해되어 헥사데칸산이 생성된다.

문제 24.2

아세틸-ACP이 네 번의 사슬 연장 주기를 거친 후 생성되는 케토 아실-ACP의 구조를 말하시오.

이러한 지방상 생합성 국면은 새로 생성된 아실기를 ACP로부터 보조효소 A로 전

달됨으로써 종결된다. 이렇게 얻어진 아실 보조효소 A 분자는 계속해서 수많은 생물학적 변환 과정을 겪는다. 또 다른 하나는 한 개 또는 그 이상의 탄소–탄소 이중결합의 도입이다. 세 번째는 황으로부터 산소로 아실이 전달되어 트리아실글리세롤 같은 에스터를 생성하는 것이다. 아실 보조효소 A 분자가 트리아실글리세롤로 전환되는 과정은 *인지질(phospholipid)*라는 중간체를 수반하며, 다음 장에서 논의하겠다.

24.4 인지질

트라이아실글리세롤은 글리세롤 자체의 아실화에 의해서가 아니라 첫 번째 단계가 3-인산 L-글리세롤로 아실이 전달되는 일련의 단계들에 의해서 만들어지며 **포스파디드산(phosphatidic acid)**를 생성한다.

L-글리세롤 3-인산 + 두 개의 아실 보조효소 A 분자 (R과 R′은 같거나 다를 수 있다) → 포스파티드산 + 2HSCoA (보조효소 A)

문제 24.3

3-인산 L-글리세롤의 절대배열 (*R* 또는 *S*)은 무엇인가? 이것으로부터 생합성된 천연 포스파티드산의 절대배열은 무엇인가?

포스파티드산에 있는 인산 에스터기의 가수분해는 다이아실글리세롤을 생성하고, 다음 단계에서 세 번째 아실 보조효소 A 분자와 반응하여 트라이아실글리세롤을 생성한다.

포스파티드산 $\xrightarrow{H_2O}$ 다이아실글리세롤 $\xrightarrow{R''CS\text{-}CoA}$ 트라이실글리세롤

레시틴은 지방과 물이 두 층으로 분리되지 않도록 하는 유화제로서 마요네즈와 같은 음식물에 첨가한다.

포스파티드산은 트라이아실글리세롤 생합성의 중간체일 뿐만 아니라 *포스포글리세라이드(phosphoglyceride)* 또는 *글리세롤 포스파타이드(glycerol phosphatide)*라는 다른 화합물류의 생합성 전구체(precursor)이다. 지질의 인–함유 유도체를 **인지질(phospholipid)**로 알려져 있으며, 포스포글리세라이드는 인지질의 한 형태이다.

하나의 중요한 인지질은 **포스파티딜콜린(phosphatidylcholine)**이며, *레시틴(lecithin)*이라고도 부른다. 하나의 작용기는 다이아실글리세롤에서 유도되고, 다른 하나는 콜린 [$—OCH_2CH_2\overset{+}{N}(CH_3)_3$] 단위이다.

포스파티딜콜린

포스파티딜콜린은 친수성인 극성 "머리 그룹"(양으로 하전된 콜린과 음으로 하전된 인산염 단위)와 두 개의 친유성(소수성)인 비극성 "꼬리"(아실기)를 갖는다. 두 수용액 상의 접촉 면과 같은 특정한 조건 하에서는 포스파티딜콜린은 그림 24.3과 같이 *지질 이중층*(*lipid bilayer*)을 형성한다. 각 분자에 두 개의 긴 사슬 아실기가 있기 때문에 가장 안정한 회합(assembly)은 위와 아래 표면에서 물 분자로 극성기들을 용매화하고, 친유성 아실기들을 이중층의 내부로 향하게 하는 것이다.

포스파티딜콜린은 세포벽의 중요한 성분이지만, 세포벽은 단순한 지질 이중층 그 이상이다. 세포벽의 성분은 출처에 따라 다양하지만, 전형적인 세포막은 대략 같은 양의 지방과 단백질로 구성되어 있으며, 지방 부분에 있는 콜레스테롤의 양은 포스파티딜콜린의 양과 비슷하다. 세포막의 개략도가 그림 24.4에 있다. 이 그림은 **유체 모자이크 모형**(**fluid mosaic model**)으로 알려져 있다.

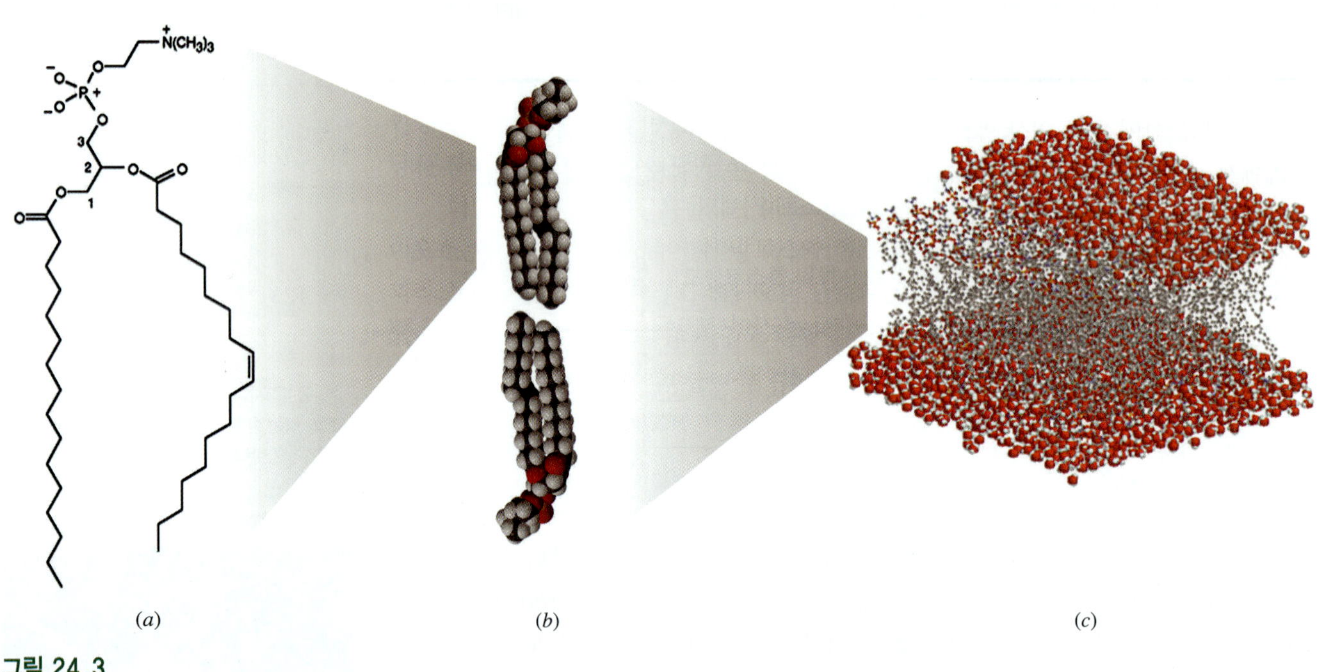

그림 24.3

(*a*) 포스파티딜콜린. 글리세롤의 C-1과 C-2의 산소에 헥사데칸오일 (팔미틸)과 *cis*-9-옥타데켄오일 (올레일)기가 각각 결합되어 있다. C-3은 콜린의 인산 에스터를 포함하고 있다. (*b*) (*a*)의 극성 머리 부분은 튀어 나와 있으며, 다른 부분은 들어간 형태를 취한 공간 채움 모형. (*c*) 인지질 이중층의 모의실험 모형. 바닥과 꼭대기에 위치한 공간 채움 모형은 물 분자들이다. 극성 머리 부분이 물 분자와 연결되어 있다. 탄화수소 사슬은 회색이며, 수소는 생략된 채 공과 막대로 나타낸 모형(ball-and spoke model)이 보인다. 위의 왼쪽에 있는 물 분자를 생략하여 머리 부분들이 보이도록 하였다. 모의실험 모형은 H. Helter, M. Scaefer 및 K. Schulten이 저술한 *Journal of Physical Chemistry*, 97, 8343-8360 (1993)의 논문 "Molecular Dynamics Simulation of a Bilayer of 200 Lipids in the Gel and in the Lipid-Crystal Phases"의 좌표를 기준으로 하였으며, Martz 교수가 제공한 E. Martz와 A. Herraez의 저술 "Lipid Bilayers and the Gramicidin Channel" [http://milvis.sdsc.edu/bilayers/index.htm (2001)]의 영상 자료 지도서로부터 인용하였다.

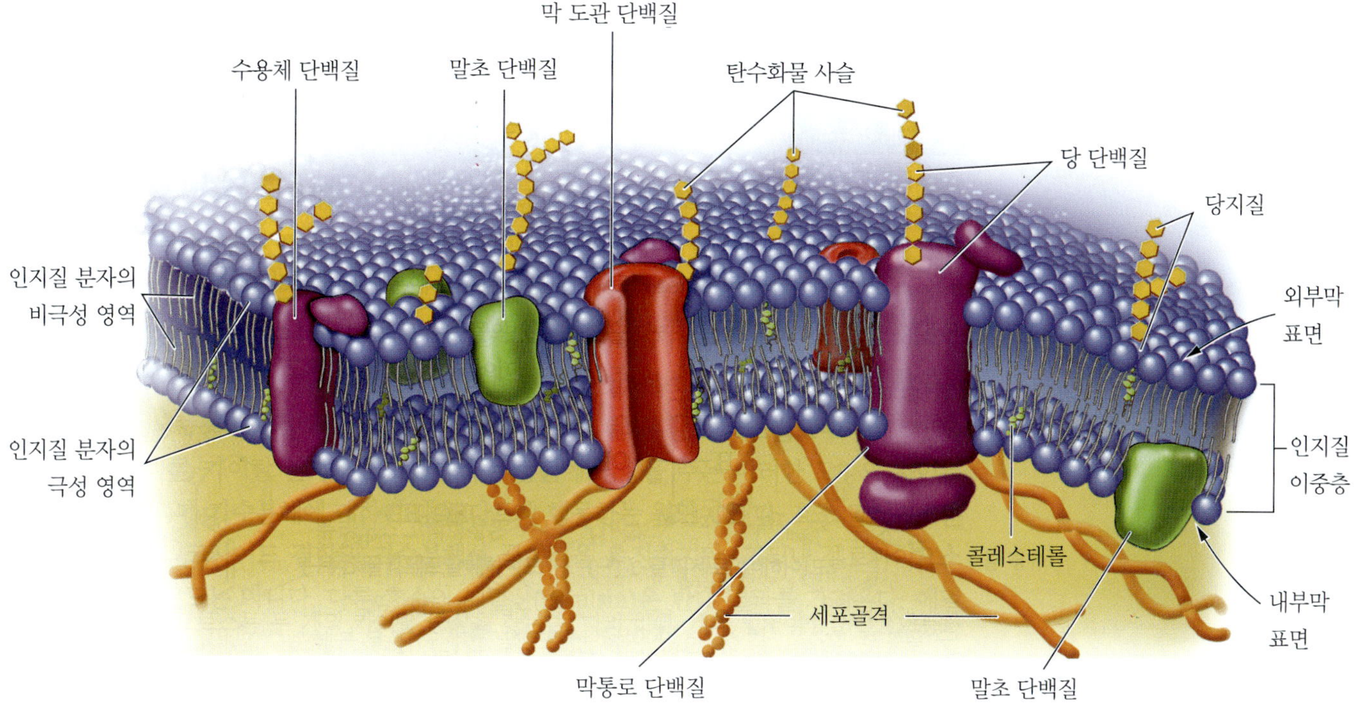

그림 24.4

세포막의 유체 모자이크 모형(fluid mosaic model).
수용체 단백질(**receptor protein**): 호르몬, 신경전달체, 또는 리간드로 작용할 수 있는 다른 분자에 대하여 수용체로 작용하는 단백질.
말초 단백질(**peripheral protein**): 막에 일시적으로 달라붙는 단백질.
막 도관 단백질(**membrane channel protein**): 막을 통하여 구멍을 형성하는 단백질로서, 이온이나 다른 용질들이 흐를 수 있다.

지질층은 세포벽의 구조를 담당한다. 포스파티딜콜린은 세포의 안과 밖사이의 이중층을 제공한다. 콜레스테롤은 포스파티딜콜린과 혼합되어 세포벽에 여분의 경직도를 제공한다.

단백질 부분은 세포벽의 중요한 기능을 담당한다. 비극성 물질들은 이중층의 한 층으로부터 다른 층으로 비교적 쉽게 분산될 수 있으나, 극성 물질들, 특히 Na^+, K^+, Ca^{2+}와 같은 금속 이온들은 분산될 수 없다. 금속 이온의 수송은 세포벽 단백질의 도움을 받는다. 단백질들은 세포벽의 한쪽에 있는 수용액 층으로부터 금속 이온을 붙잡아서 운반하는 동안에 세포벽 내의 소수성 환경으로부터 금속 이온을 보호하면서 세포벽의 다른 쪽에 있는 수용액 층으로 수송한다. 모넨신(monensin, 16.5절, 그림 16.3)과 같은 아이오노포(ionophore) 항생제는 세포벽을 가로지르는 금속 이온의 수송을 촉진함으로써 세포의 정상적인 기능을 파괴한다.

리포솜(liposome)이라고 부르는 훨씬 작고 공 모양의 물체는 세포처럼 외부 환경(마찬가지로 축축함)으로부터 축축한 내부를 분리하는 인지질 이중층에 의해서 둘러싸여 있다. 리포솜은 천연에 존재하지만 포스파티딜콜린의 공급원인 레시틴으로부터도 만들 수 있다. 1961년 발견된 이후 리포솜은 최초로 막 구조 모형으로서 주목을 받았다. 이어서, 그들은 새로운 약물 전달 수단으로의 사용이 시연되었으며, 약물 분야에 중요한 응용 가능성을 열었다.

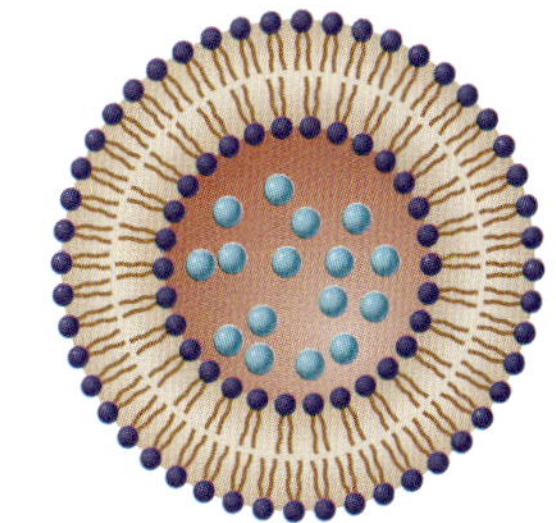

그림 24.5

공 모양 리포솜의 단면도. 막은 인지질 이중층이다. 내부는 물이다. 파란색 공은 수용성 약을 나타낸다.

수용성 약을 포함하는 수용액에서 리포솜을 형성하여 약을 리포솜의 내부에 캡슐로 싸는 것이 그림 24.5에 설명되어 있다. 약물을 운반하는 리포솜을 환자에게 투여하면 환자의 한 세포에 결합하여 약을 세포 안으로 전달한다. HIV-AIDS를 치료에 사용되는 암 화학요법과 지도부딘(zidovudine) (AZT, 26.13절)을 위한 항암제는 자주 이 기술을 사용하여 복용시키는 약물 중의 하나이다.

문제 24.4

세포막과 리포솜에서 이중층 이외에도 포스파티딜콜린도 마이셀(micelle)을 형성한다. pH 7에서 전형적인 지방산 마이셀(18.7절 참조)과 포스파티딜콜린 마이셀을 비교하시오. 그들의 표면 성질 중에서 가장 중요한 차이점은 무엇인가?

24.5 왁스

왁스(wax)는 식물의 잎, 동물의 털 및 조류의 깃털을 포함한 많은 생체의 보호용 피복 물질의 한 부분인 소수성 고체이다. 이것의 알킬과 아실기는 모두 가지가 없고, 12개 이상의 탄소 원자를 갖는 에스터들의 혼합물이다. 예를 들면, 꿀벌 왁스는 탄화수소, 알코올 및 에스터의 복잡한 혼합물의 한 성분으로서 에스터인 헥사데칸산 트라이아콘틸을 함유한다.

$$CH_3(CH_2)_{14}\overset{\overset{\displaystyle O}{\|}}{C}OCH_2(CH_2)_{28}CH_3$$

헥사데칸산 트라이아콘틸

문제 24.5

스퍼마세티(Spermaceti)는 향유고래에서 얻어진 왁스이다. 이것은 *팔미트산 세틸(cetyl palmitate)*로 알려진 에스터를 포함한다. 이 에스터는 여러 가지 비누와 화장품에서 연화제로 사용된다. 팔 미트산 세틸의 계통명은 *헥사데칸산 헥사데실*이다. 이 물질에 대한 구조식을 쓰시오.

지방산들은 보통 에스터의 성분으로 천연에 존재하며, 지방, 기름, 인지질 및 왁스는 모두 지방산 에스터의 특수한 형태이다. 그러나 유리된 산의 형태로 존재하면서 생물학적 역할을 하는 중요한 부류의 지방산 유도체들이 있다. 이 부류의 지방산 유도체는 다음 절에서 기술한다.

24.6 프로스타글란딘

1930년대에 수행된 생리학 분야의 연구로 정액의 지질 부분은 평활근에 강력한 영향을 주는 소량의 물질을 함유한다는 사실이 밝혀졌다. 양(sheep)의 전립선은 이 물질의 간편한 공급원으로 증명되었고, 총칭하여 **프로스타글란딘(prostaglandin)**이라는 구조적으로 비슷한 물질들의 혼합물을 생성하였다. 지금 프로스타글란딘은 거의 모든 동물 조직에 존재하며, 여러 가지 조절 기능을 수행하는 것으로 알려져 있다. 이러한 기능 중에는 기관지 근육의 이완 또는 수축, 혈소판의 응집 또는 분해, 분만의 유도 및 염증의 조절이 포함된다.

프로스타글란딘에 관한 많은 기초 연구는 Karolinska Institute(스웨덴)의 Sune Bergstrom, Bengt Samuelsson과 Wellcom Foundation(영국)의 John Vane 경에 의해서 수행되었다. 이 세 사람은 1982년도 노벨 생리학상을 공동 수상하였다.

프로스타글란딘은 매우 효능이 큰 물질이며, 매우 작은 농도에서 생리 효과를 나타낸다. 이 때문에 이것을 분리하기가 어려웠으며, 1960년이 되어서야 PGE_1과 $PGE_{1\alpha}$ (그림 24.6)이라는 이 종류의 첫 번째 물질을 순수한 화합물로 얻을 수 있었다. 구조적으로 관련이 있는 프로스타글란딘들이 12개 이상 분리되어 확인되었다. 프로스타글란딘은 모두 20-탄소 카복실산이고, 사이클로펜테인을 갖는다. 모두 C-11과 C-15 (프로스타글란딘에서 위치의 번호 매김은 그림 24.6 참조)에 하이드록실기가 있다. F 계열에 속하는 프로스

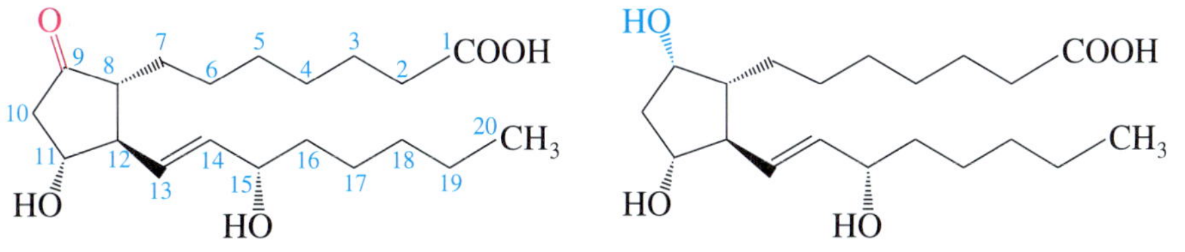

프로스타글란딘 $E_1(PGE_1)$ 프로스타글란딘 $F_{1\alpha}(PGF_{1\alpha})$

그림 24.6

두 가지 대표적인 프로스타글란딘. 번호 매김은 PGE_1에서 설명한다.

타글란딘은 C-9에 추가로 하이드록시기를 가지며, 카보닐 작용기는 여러 가지 PEG들에서 이 위치에 있다. 약식 이름에 있는 아래 첨자는 이중결합의 수를 나타낸다.

프로스타글란딘은 아라키돈산(arachidonic acid)과 같은 불포화 C_{20}-카복실산으로부터 생성된다(표 24.1 참조). 포유동물은 아라키돈산을 직접 생합성할 수 없다. 그들은 식품에 있는 식물성 기름으로부터 리놀레산(linoleic acid, 표 24.1)을 섭취한 후 리놀레산의 탄소 사슬을 18부터 20탄소로 연장한다. 이 때 이중결합이 두 개 더 도입된다. 리놀레산을 **필수 지방산(essential fatty acid)**이라고 하며, 포유동물 필수 식품 중의 하나이다. 리놀레산이 부족한 음식물로 키운 동물은 성장이 빈약하며, 여러 가지 다른 증상으로 고통을 받는다. 그 중 몇 가지 증상은 리놀레산과 *다중불포화 지방산(polyunsaturated fatty acid)*이 풍부한 식물성 기름을 먹이면 회복된다. 이 물질의 한 기능은 프로스타글란딘의 생합성에 원료를 제공하는 것이다.

아라키돈산으로부터 PGE_2의 생합성에 관한 연구에서 세 개의 산소는 모두 O_2로부터 오는 것으로 밝혀졌다. 이 과정에 관여하는 효소인 프로스타글란딘 *엔도과산화물 합성효소(prostaglandin endoperoxide synthase)*는 *고리산화효소(cyclooxygenase*, COX) 활성을 가지며, 아라키돈산과 산소의 반응을 촉매하여 *엔도과산화물(endoperoxide*, PGG_2)을 생성한다.

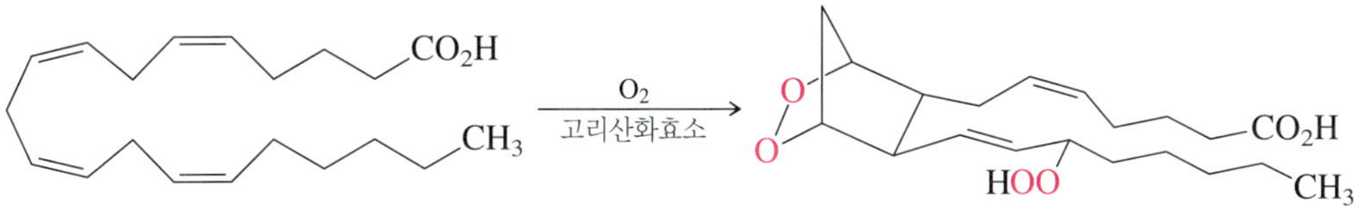

O_2, 고리산화효소

Arachidonic acid → PGG_2

다음 단계에서 PGG_2의 —OOH기는 알코올로 환원된다. 다시 프로스타글란딘 내향과산화물 합성효소가 관여하는 효소이다. 이 단계의 생성물을 PGH_2라고 한다.

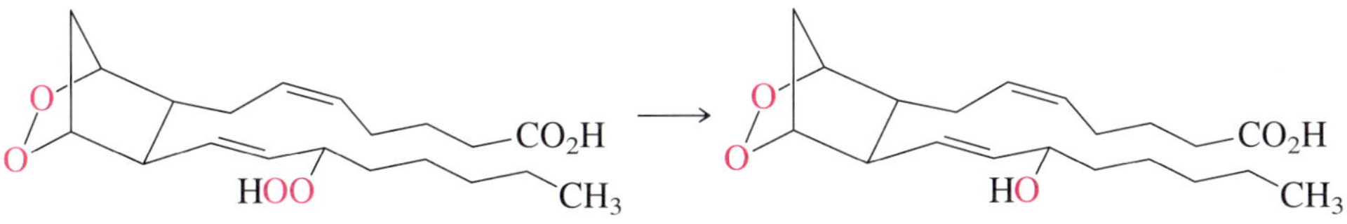

PGG_2 → PGH_2

PGH_2는 작용하는 효소에 따라 여러 가지 프로스타글란딘과 관련된 화합물로 변환되는 전구체 화합물이다. 이들 중의 하나가 엔도과산화물의 O—O 결합을 끊게 되면 PGE_2가 생성된다.

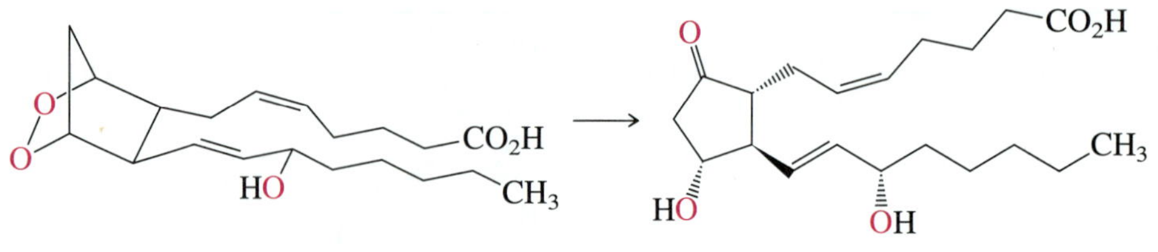

PGH$_2$ → PGE$_2$

이 생합성 개요를 마치기 전에 PGE$_2$는 네 개의 카이랄 중심이 있음을 알아야 한다. 아라키돈산은 비카이랄이지만 반응식에 PGE$_2$로 나타낸 입체이성질체만이 생성된다. 더욱이 그것은 한 가지 거울상이성질체만 생성된다. 대부분의 효소 촉매 반응처럼 PGE$_2$의 생합성에서의 변환은 거울상선택성을 갖는다.

문제 24.6

PGE$_1$를 생합성하는 지방산의 구조식을 쓰고, IUPAC 이름을 쓰시오. PGE$_1$의 구조는 그림 24.6에 있다.

IUPAC의 옛날 규정에는 가지가 없는 탄소 20개의 카복실산을 에이코산산으로 불렀다. 그 결과 에이코사노이드는 자주 아이코사노이드로 언급되기도 한다.

프로스타글란딘은 아이코산산[icosanic acid, CH_3 $(CH_2)_{18}$ CO_2H]과 관련이 있으므로 통칭 **아이코사노이드(icosanoid)**로 알려진 화합물 계열에 속한다. 다른 아이코사노이드로서 *트롬복세인(thromboxane)*, *프로스타사이클린(prostacyclin)* 및 *류코트라이엔*

Nonsteroidal Antiinflammatory Drugs (NSAIDs) and COX-2 Inhibitors

An injection of the steroid cortisone is often effective for reducing the pain and inflammation that comes from an injury. But chronic pain and inflammation, such as occurs with arthritis, is better managed with an orally administered remedy. Enter nonsteroidal antiinflammatory drugs (NSAIDs).

Aspirin is the oldest and best known NSAID. Over the years it has been joined by many others, a few of which are:

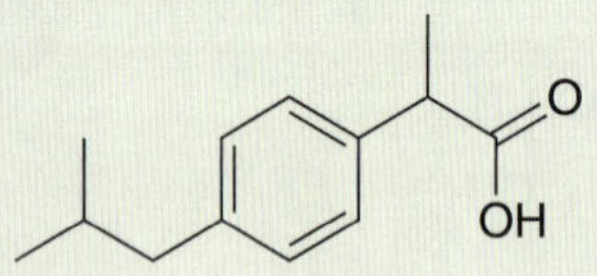

Ibuprofen

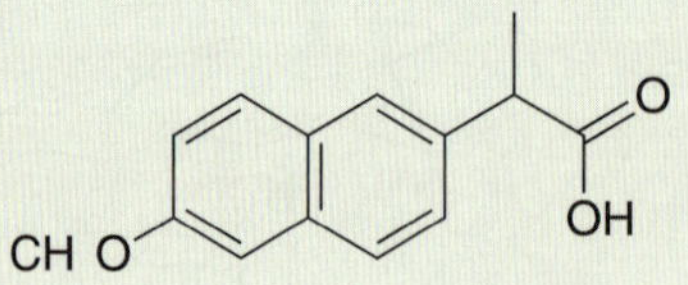

Naproxen

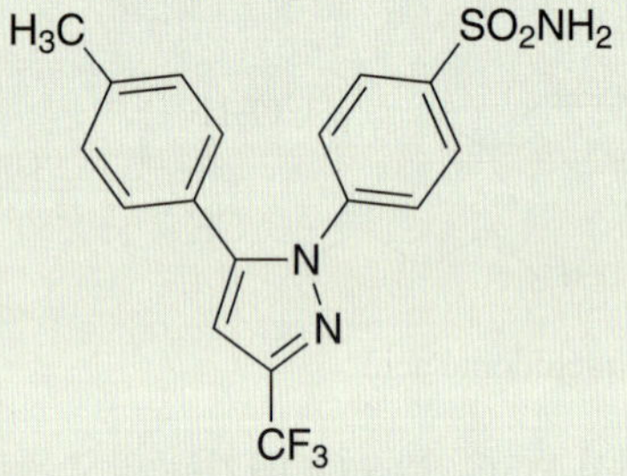

Celecoxib (Celebrex)

The long-standing question of how aspirin works has been answered in terms of its effect on prostaglandin biosynthesis. Prostaglandins are made continuously in all mammalian cells and serve a variety of functions. They are biosynthesized in greater amounts at sites of tissue damage, and it is they that cause the pain and inflammation we feel. Cells contain two forms of the cyclooxygenase enzyme, COX-1 and COX-2; both catalyze prostaglandin biosynthesis. Some of the prostaglandins produced with the aid of COX-1 are involved in protecting the stomach and kidneys. COX-2 is concentrated in injured tissue where it works to catalyze the biosynthesis of the prostaglandins responsible for inflammation. Aspirin inhibits prostaglandin biosynthesis by inactivating both COX-1 and COX-2. Although inhibition of COX-2 has the desired effect of relieving pain and inflammation, inhibition of COX-1 causes irritation of the stomach lining.

A good antiinflammatory drug, therefore, will selectively inactivate COX-2 while leaving COX-1 untouched. Aspirin doesn't; in fact, it is about ten times more effective toward inactivating the "wrong" COX.

The classical period of drug development emphasized testing a variety of compounds for biological activity, identifying the features believed to be associated with the desired activity, then synthesizing and testing numerous analogs. Celecoxib, however, was developed with the express goal of inhibiting COX-2. Molecular models of the three-dimensional structures of COX-I and COX-2 were examined to guide thinking about the kinds of structural units a drug should have in order to selectively inactivate COX-2. This approach not only led to a successful drug, but validated a structure-based route to new drug development.

(*leukotriene*)이 있다.

트롬복세인 A_2 (TXA_2)는 혈소판의 응집과 혈액 응고를 촉진시킨다. TXA_2의 생합성 과정은 PGH_2로부터 PGE_2까지의 과정과 동일하고, PGH_2로부터 PGE_2와 TXA_2로 나누어지는 과정을 거친다.

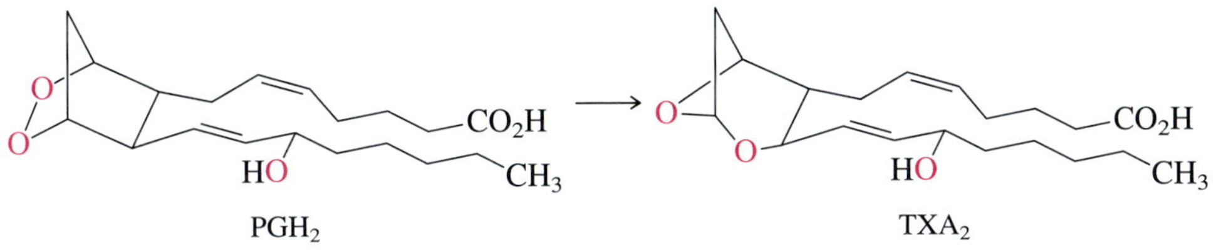

PGH_2 → TXA_2

프로스타사이클린 I_2 (PGI_2)는 혈소판의 응집을 저해하며, 심장 동맥을 이완시킨다. PGE_2와 TXA_2처럼 PGI_2도 아라키돈산으로부터를 PGH_2를 경유하여 생성된다.

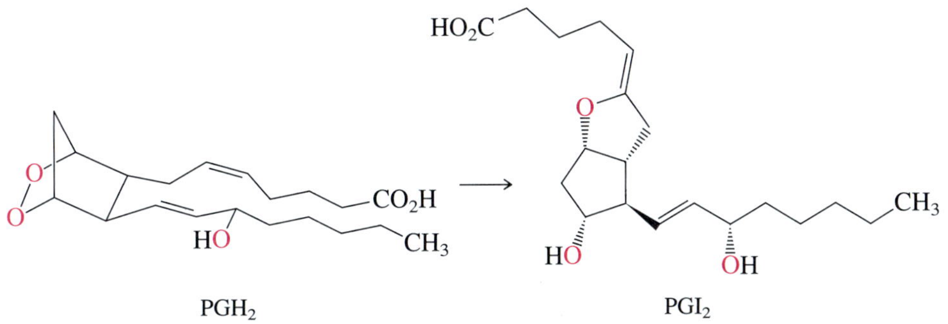

PGH_2 → PGI_2

류코트라이엔은 천식이 일어나는 동안 기관지 통로를 수축시키는 역할과 관련된 물질이다. 류코트라이엔은 아라키돈산으로부터 생성되지만, 프로스타글란딘 및 관련 화합물들이 생성되는 과정과는 다른 과정으로 생성된다. 류코트라이엔이 생성되는 과정에는 고리산소화 반응 과정이 포함되지 않는다. 그 대신에 사슬을 따라서 특정 탄소에 OH 기가 간단하게 도입되어 산화된다. 알릴 라디칼이 관련되며, 생성물에 있는 몇 개의 이중결합 위치는 아라키돈산에 있는 위치와 다르다. 이 과정에 참여하는 효소는 *지방산화효소*(*lipoxygenase*)로 알려져 있으며, 산화되는 사슬의 탄소에 따라 다르다. 류코트라이엔의 생합성은 아라키돈산의 5-지방산화효소 촉매의 산화로 시작된다고 알려져 있다.

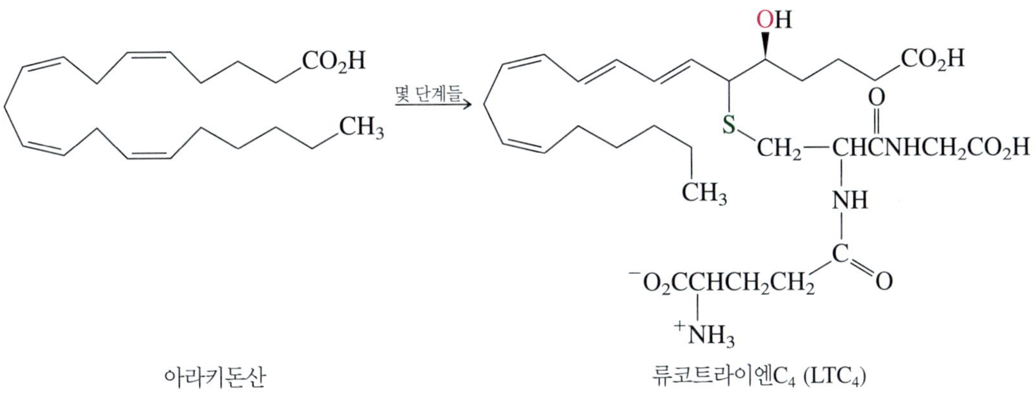

아라키돈산 —(몇 단계들)→ 류코트라이엔C_4 (LTC_4)

문제 24.7

LTC_4에 있는 탄소-황 결합은 글루타치온(glutachione, 15.12 참조)과 류코트라이엔 A_4 (LTA_4)가 반응하여 형성된다. LTA_4는 에폭사이드이다. LTA_4의 구조를 제안하시오.

천식 치료에 이용되는 에피네프린(epinephrine)과 알부테롤(albuterol) 같은 대부분의 약은 기관지를 확장하는 물질인 기관지 *확장제*(*bronchodilator*)이다. 새로운 의약품은

류코트라이엔 생합성의 첫 단계에서 아라키돈산에 작용하는 효소인 5-지방산화효소를 저해하거나 류코트라이엔 수용체를 방해하도록 설계되었다.

24.7 터펜: 아이소프렌 규칙

월계수 열매(bayberry, wax myrtle) 식물.

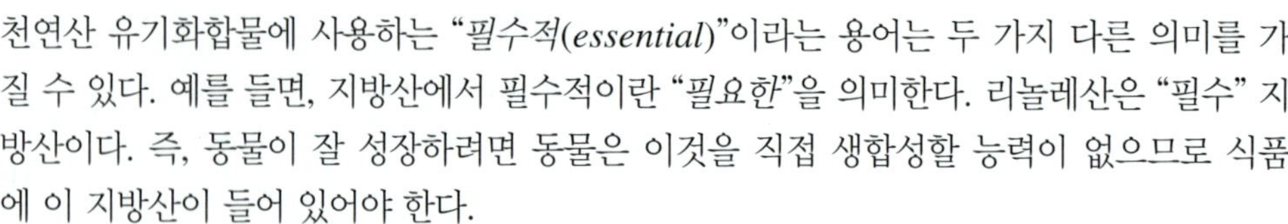

천연산 유기화합물에 사용하는 “*필수적*(*essential*)”이라는 용어는 두 가지 다른 의미를 가질 수 있다. 예를 들면, 지방산에서 필수적이란 “*필요한*”을 의미한다. 리놀레산은 “필수” 지방산이다. 즉, 동물이 잘 성장하려면 동물은 이것을 직접 생합성할 능력이 없으므로 식품에 이 지방산이 들어 있어야 한다.

또한 *필수적*이라는 단어는 명사 *근본*(*essence*)의 형용사로도 쓰인다. 식물의 향기를 이루는 물질들의 혼합물을 **정유(essential oils)**라고 한다, 왜냐하면 정유는 식물의 향수, 즉 향기를 갖고 있기 때문이다. 정유의 성분에 관한 연구는 유기화학 연구에서 가장 오래된 분야의 하나이다. 아주 흔하게 정유의 주요 휘발 성분은 **터펜류(terpenes)**라는 화학 물질의 한 종류에 속한다.

월계수 열매 기름에서 분리한 탄화수소인 *마이르센*(*myrcene*)은 전형적인 터펜이다.

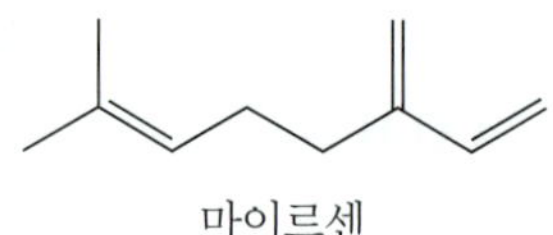

마이르센

터펜이 다른 천연 생성물과 구별되는 구조적의 특징은 **아이소프렌 단위(isoprene unit)**이다. 마이르센(이중결합은 제외)의 탄소 골격은 두 터펜이 아이소프렌 단위의 머리-꼬리 결합으로 생긴다.

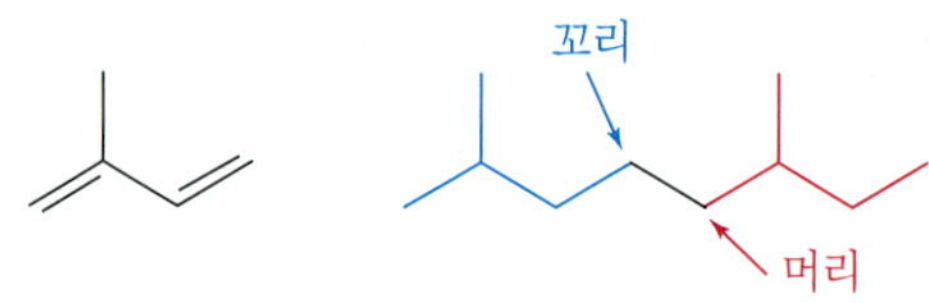

아이소프렌 (2-메틸-1,3-뷰타다이엔)

머리-꼬리로 연결된 두 개의 아이소프렌 단위

Wallach는 1910년에 노벨 화학상을 받았다.

독일의 화학자인 Otto Wallach는 터펜의 여러 가지 구조를 결정하였으며, 터펜은 아이소프렌 단위가 일반적으로 머리에서 꼬리로의 연결이 반복되는 조합체라는 **아이소프렌 규칙(isoprene rule)**을 밝혀냄으로써 명성을 얻었다.

터펜류를 자주 *아이소프레노이드*(*isoprenoid*) 화합물이라고 하며, 갖고 있는 탄소 원자의 수에 따라서 분류한다(표 24.2).

23,000개 이상의 아이소프레노이드 화합물들이 알려져 있다.

한때 터펜이라는 용어는 탄화수소만을 지칭하였으나, 지금은 치환된 유도체들뿐만 아니라 일반적인 *아이소프레노이드*들도 포함한다. 그림 24.7은 대표적인 터펜에 대한 구조식을 나타낸다. 이 중 몇 가지에 있는 아이소프렌 단위는 비교적 확인하기 쉽다. 예를 들어, 세스퀴터펜(sesquiterpene)인 *파네솔*(*farnesol*)에 있는 세 개의 아이소프렌 단위는 다음과 같이 색깔로 나타냈다. 그들은 머리-꼬리 식으로 연결되었다.

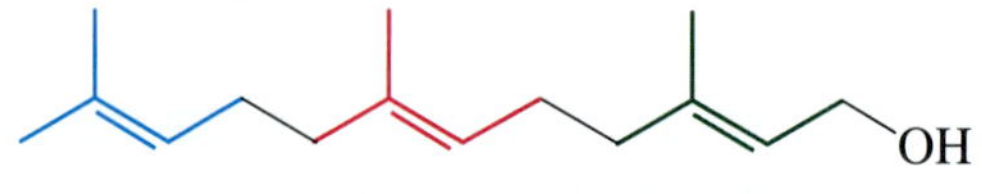

파네솔($C_{15}H_{26}O$)의 아이소프렌 단위들

많은 터펜들은 하나 또는 그 이상의 고리를 가지지만, 이것 역시 아이소프렌 단위의 집합체로 볼 수 있다. 그 한 예는 α-셀리넨(α-selinene)이다. 파네솔과 같이 이것도 머리-

표 24.2 터펜류의 분류

종류	아이소프렌 단위의 수	탄소 원자의 수
모노터펜	2	10
세스퀴터펜	3	15
다이터펜	4	20
세스터펜	5	25
트라이터펜	6	30
테트라터펜	8	40

꼬리로 연결된 세 개의 아이소프렌 단위들로 구성된다.

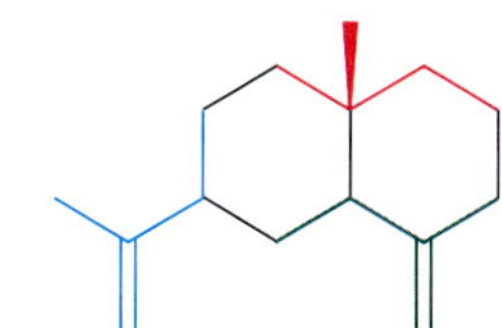

α-셀리넨($C_{15}H_{24}$)의 아이소프렌 단위

주어진 탄소 골격 안에서 아이소프렌 단위의 위치를 정할 때, 이중결합이 더이상 존재하지 않을 수 있음을 명심하시오.

문제 24.8

그림 24.7에 있는 모노터펜류, 세스퀴터펜류 및 다이터펜류 각각에 있는 아이소프렌 단위를 지적하시오 (어떤 경우에는 두 가지가 모두 옳은 배열도 있다).

특히 고급 터펜류에서 아이소프렌 단위들의 꼬리-꼬리 연결이 가끔 나타난다. 스쿠알렌(squalene)의 C(12)—C(13) 결합이 꼬리-꼬리 연결으로 두 C_{15} 단위들을 연결한다. 그러나 스쿠알렌의 각 C_{15} 단위 내에서는 아이소프렌 단위들이 머리-꼬리로 연결된다.

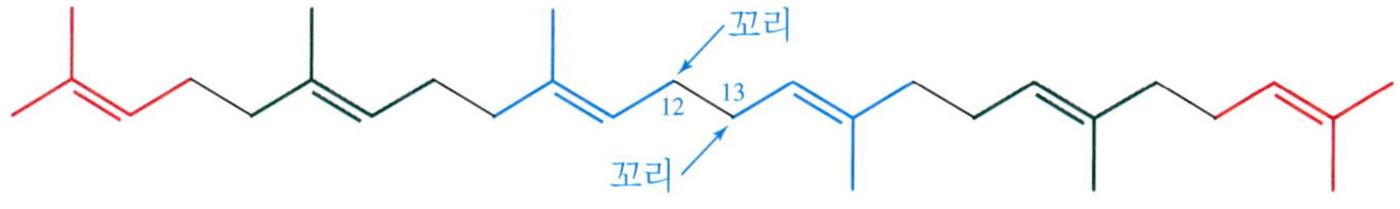

스쿠알렌의 아이소프렌 단위 ($C_{30}H_{50}$)

문제 24.9

β-카로텐(그림 24.7 참조)에 있는 아이소프렌 단위를 확인하시오. 어느 탄소가 이 이소프렌 단위들 사이에 꼬리-꼬리 결합으로 연결되었는가?

Wallach가 발표한 최조의 아이소프렌 규칙이 정리된 다음, 1939년 노벨 화학상의 공동 수상자로 잘 알려진 스위스 연방 기술 연구소(Zurich)의 Leopold Ruzicka는 여러 종류의 터펜은 생물학적 전구체에 의해서 생성된다는 *생물학적 아이소프렌 규칙(biological isoprene rule)*을 발표하였다. 이에 따라 생물학적 아이소프렌 단위를 고안하게 된 것이다. 아이소프렌은 터펜과 그와 관련된 화합물의 기본적인 구조 단위이지만, 아이소프렌은 적어도 생합성이 진행되는 어느 위치에서 자연적으로는 생기지는 않는다. 그렇다면 생물학적 아이소프렌 단위는 무엇이며, 이 단위가 어떻게 스스로 생합성되며, 또 아이소프렌 단

Ruzicka는 1939년 노벨 화학상의 공동 수상자이다.

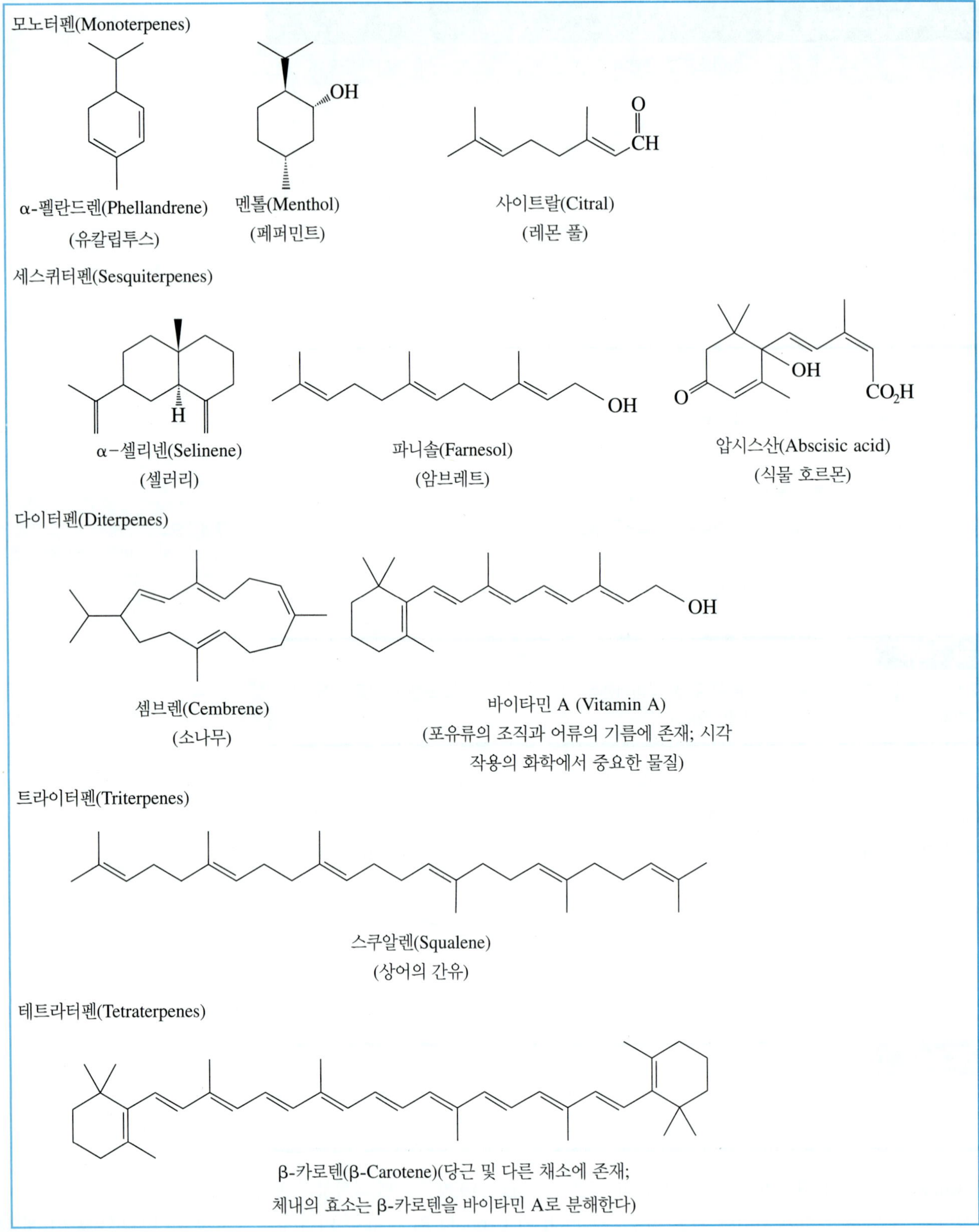

그림 24.7

천연물과 관련이 있는 몇 가지 대표적인 터펜들. 아이소프레노이드 화합물을 기술할 때 구조는 관례적으로 탄소 골격식으로 나타낸다.

위는 어떻게 결합하여 터펜을 생성하는가?

24.8 이인산 아이소펜텐일: 생물학적 아이소프렌 단위

아이소프레노이드 화합물은 여러 단계를 거쳐 아세트산으로부터 생합성된다. 첫 번째 단계는 세 분자의 아세트산으로부터 메발론산(mevalonic acid)이 형성되는 것이다. 두 번째 단계에서 메발론산은 이인산 아이소펜텐일로 전환된다.

이인산기를 나타내는데 OPP 기호를 사용하면 편리하다. 이인산은 파이로인산으로 알려져 있다.

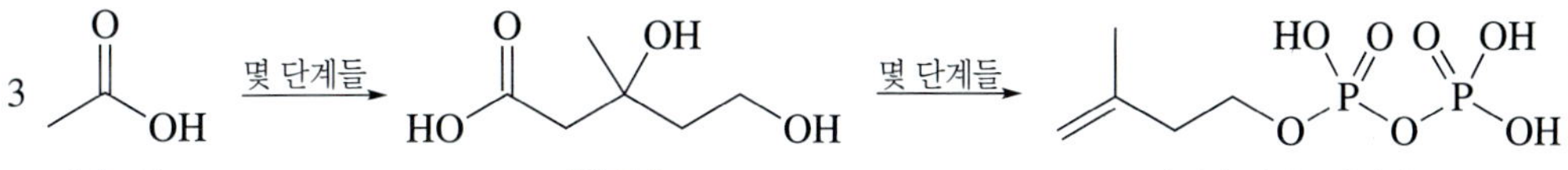

3 아세트산 —몇 단계들→ 메발론산 —몇 단계들→ 이인산 아이소펜텐일

이인산 아이소펜텐일는 생물학적 아이소프렌 단위이다. 즉, 이것은 아이소프렌과 같은 순서로 연결된 5-탄소 원자를 갖는다.

효소인 이인산 아이소펜텐일 *이성질화효소*(*isomerase*)의 존재 하에서 이인산 아이소펜텐일는 이인산 다이메틸알릴로 전환된다. 이성질화에는 두 단계의 연속적인 양성자 이동이 포함된다. 한 단계는 효소($Enz^{-}H$)의 산성 수소로부터 이중결합으로 이동되어 3차 탄소양이온을 생성시키며, 다른 한 단계는 효소의 염기 부분에 의한 탄소양이온의 양성자이탈 반응으로서 이인산 다이메틸알릴의 이중결합이 만들어지는 단계이다.

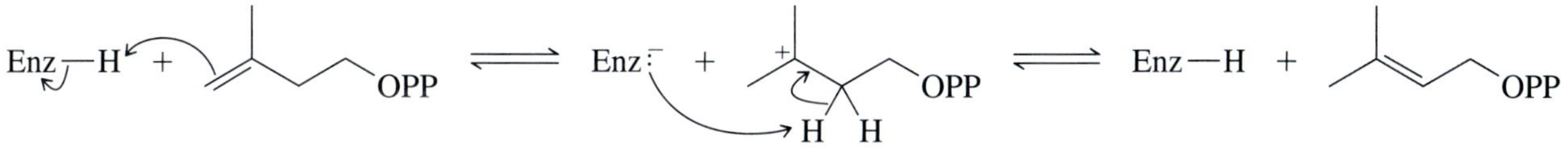

Enz—H + (OPP) ⇌ Enz^{-} + (OPP, H H) ⇌ Enz—H + (OPP)

이인산 아이소펜텐일 탄소양이온 중간체 이인산 다이메틸알릴

이인산 아이소펜텐일과 이인산 다이메틸알릴은 구조적으로 하나의 이중결합과 이인산 에스터 단위를 갖는 점에서 유사하지만, 각각이 나타내는 반응성은 다르다. 이인산 다이메틸알릴에 있는 반응의 주요 자리는 이인산기를 갖는 탄소이다. 이인산은 친핵성 치환반응에서 꽤 좋은 이탈기이며, 특히 이인산 다이메틸알릴에서처럼 그것이 알릴 탄소에 있을 때 그러하다. 한편 이인산 아이소펜텐일은 알릴 탄소에 이탈기를 갖지 않으며, 친핵성 시약에 대하여 이인산 다이메틸알릴보다 훨씬 덜 반응한다. 이인산 아이소펜텐일에 있는 반응의 주요 자리는 단순한 알켄의 이중결합처럼 친전자체와 반응하는 탄소–탄소 이중결합이다.

24.9 터펜 생합성에서 탄소–탄소 결합 형성

이인산 아이소펜텐일와 이인산 다이메틸알릴의 화학적 성질은 서로 보완적인데, 이런 성질 때문에 서로 반응하여 두 아이소프렌 단위를 연결시키는 탄소–탄소 결합을 형성한다. 대략적으로 요약하면 효소 촉매화과정에서는 이인산 다이메틸알릴의 알릴성 CH_2와 이인산 아이소펜텐일의 바이닐성 CH_2 사이의 결합 형성이 포함된다. 인산은 이탈기가 되며, 3차 탄소양이온이 생성된다.

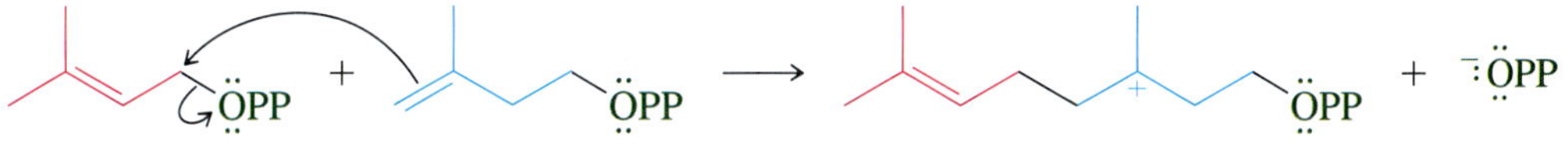

OPP + OPP ⟶ OPP + $^{-}$OPP

이인산 아이소펜텐일 이인산 다이메틸알릴 10–탄소 탄소양이온 이인산 이온

다르게 표현하면, 이인산 다이메틸알릴의 이성질화는 탄소–탄소 결합 형성반응으로 진행된다.

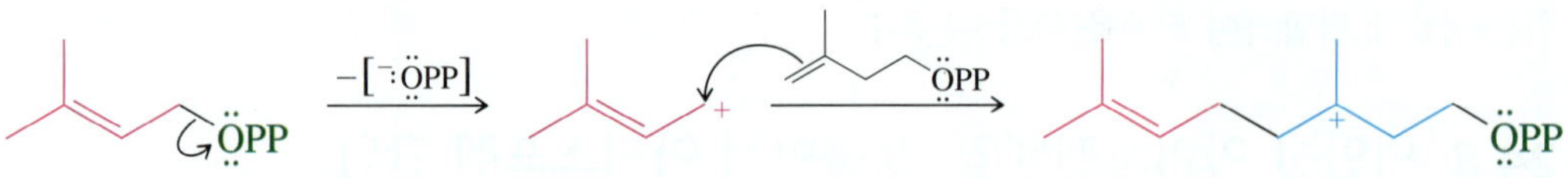

이인산 아이소펜텐일 $\xrightarrow{-[^{-}:\ddot{O}PP]}$ 다이메틸알릴 양이온 $\xrightarrow{\text{OPP}}$ 10-탄소 탄소양이온

탄소 10개로 된 탄소양이온의 생성은 한 단계로 형성되든 두 단계로 형성되든 동일하다. 일단 생성되면 여러 단계로 반응할 수 있으며, 이들 모두는 우리에게 친숙한 전형적인 탄소양이온과정이다. 그 중의 한 과정은 양성자이탈로서 이인산 제라닐의 이중결합을 만든다.

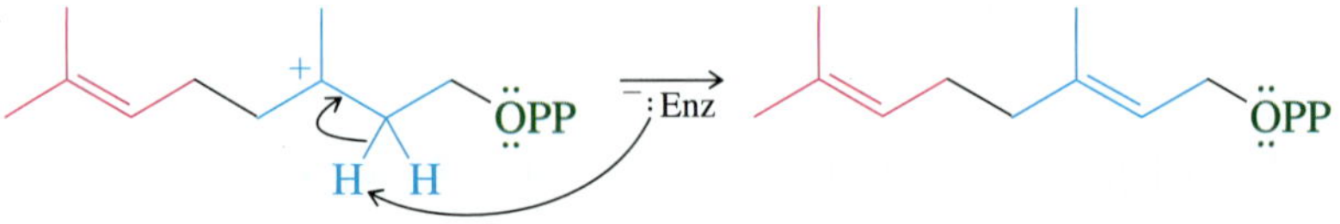

10-탄소 탄소양이온 $\xrightarrow{^{-}:\text{Enz}}$ 이인산 제라닐

이인산 제라닐가 가수분해하면 *제라니올(geraniol)*을 생성하며, 장미 기름에서 발견되는 기분 좋은 냄새를 가진 모노터펜(monoterpene)이다.

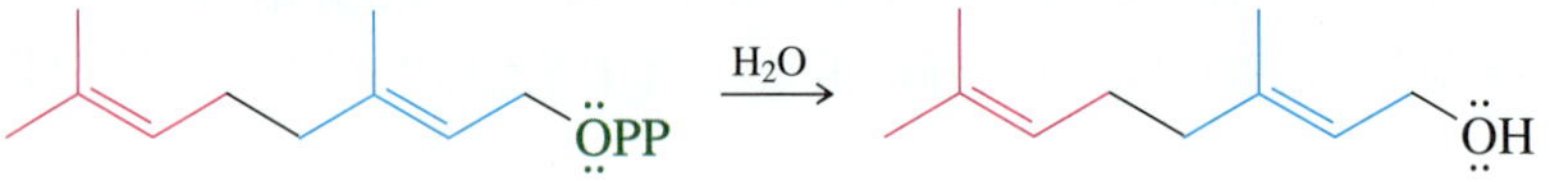

이인산 제라닐 $\xrightarrow{H_2O}$ 제라니올

이인산 제라닐는 알릴성 이인산이며, 이인산 다이메틸알릴처럼 알킬화 시약으로 이인산 아이소펜텐일과 반응할 수 있다. 이 때, 15-탄소 탄소양이온이 생성되며, 이것은 탈양성자화하여 이인산 파네실을 생성한다. 이인산 파네실이 가수분해되면 세스퀴터펜인 *파네솔(farnesol)*이 된다.

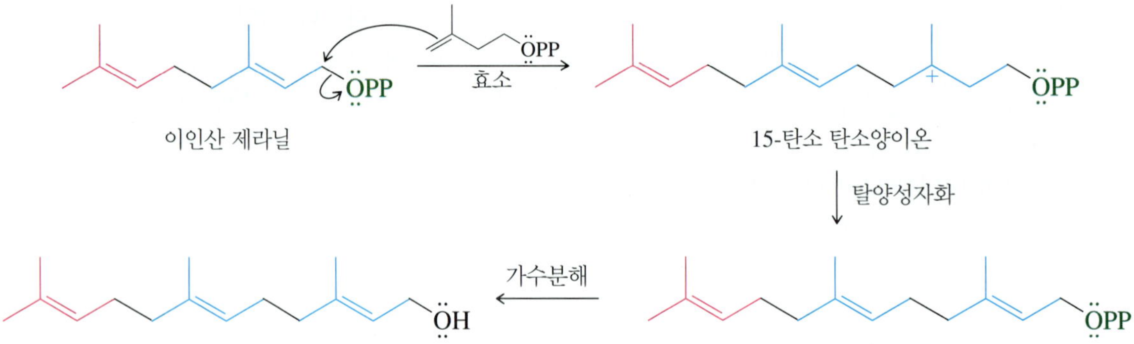

이인산 제라닐 $\xrightarrow{\text{효소}}$ 15-탄소 탄소양이온

15-탄소 탄소양이온 $\xrightarrow{\text{탈양성자화}}$ 이인산 파네실 $\xrightarrow{\text{가수분해}}$ 파네실

위 과정을 반복하여 이인산 파네실로부터 다이터펜인 제라닐제라니올(ge-ranylgeraniol)을 생성한다.

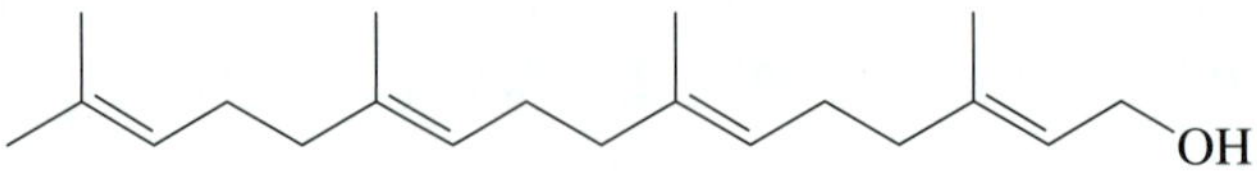

제라닐제라니올

문제 24.10

이인산 파네실로부터 제라닐제라니올(geranylgeraniol)의 형성을 설명하는 일련의 반응들을 쓰시오.

제라니올, 파네솔 및 제라닐제라니올은 다음 구조식과 같은 형태의 화합물인 **프레놀**(**prenol**)로 분류된다.

$$H\left[CH_2-\overset{\overset{\large CH_3}{|}}{C}=CH-CH_2\right]_nOH$$

OH (또는 다른 치환기)에 붙은 그룹을 **프레닐**(**prenyl**)기라고 부른다.

고급 터펜류는 C_5 단위들의 연속적인 첨가가 아니라 간단한 터펜들의 짝지움으로 형성된다. 따라서 트라이터펜(C_{30})은 두 분자의 이인산 파네실로부터, 그리고 테트라터펜(C_{40})은 두 분자의 제네닐이인산 제라닐로부터 유도된다. 탄소–탄소 결합 형성과정은 꼬리–꼬리 결합이며, 위에서 설명한 것보다 더 복잡한 메커니즘에 의해서 진행한다.

알릴성 이인산이나 탄소양이온과 π 전자를 갖는 물질과의 반응은 터펜 생합성에서 자주 나오는 주제이며, 복잡한 구조 형태의 기원을 설명하는 데 도움이 된다. 예를 들어, 고리형 모노터펜의 형성을 생각해보자. 이인산 제라닐에 있는 E-이중결합의 효소 촉매 이성질화에 의해 생성되는 *이인산 네릴*(*Neryl diphosphate*)은 이중결합의 알릴성 이인산 단위에 대한 분자내 공격에 의해 육각형 고리를 형성하기에 알맞은 구조를 갖는다.

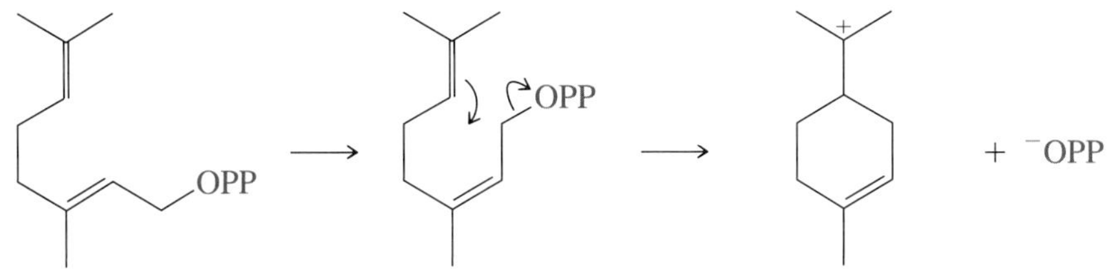

OPP → OPP → + ⁻OPP

이인산 제라닐 이인산 네릴 3차 탄소양이온

이 단계에서 형성된 3차 탄소양이온으로부터 양성자 상실은 감귤류에서 발견되는 풍부한 천연산인 *리모넨*(*limonene*)을 생성한다. 탄소양이온과 물의 반응도 천연물로 알려진 *α-터피네올*(*α-terpineol*)을 생성한다.

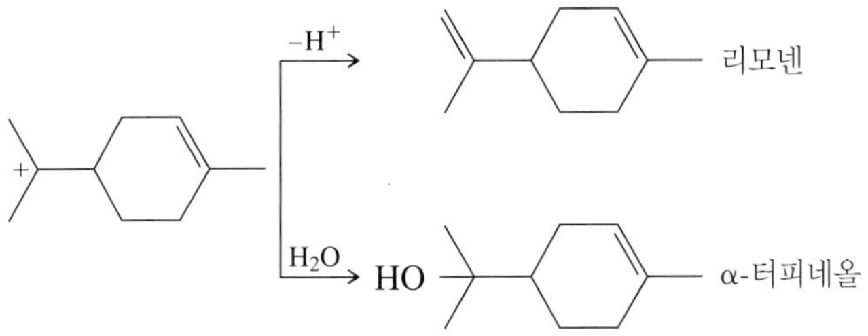

$-H^+$ → 리모넨

H_2O → HO α-터피네올

이와 동일한 3차 탄소양이온은 여러 가지 이고리 모노터펜류 합성의 전구 물질 역할을 한다. 이 고리 골격을 갖는 탄소양이온은 이중결합의 전자가 양으로 하전된 탄소에 대한 분자내 공격에 의해 생성된다.

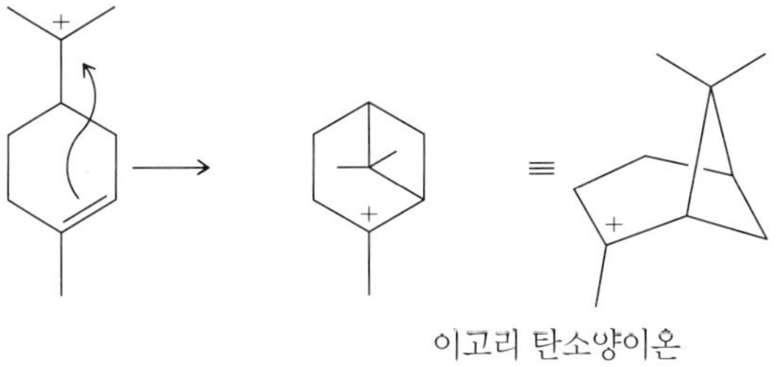

→ ≡

이고리 탄소양이온

이 이고리 탄소양이온은 탄소양이온 중간체에서 전형적인 많은 반응을 하여 그림 24.8과 같이 여러 가지 이고리 모노터펜을 생성한다.

그림 24.8

이인산 네릴로부터 형성된 C_{10} 두 고리 탄소양이온이 할 수 있는 두 반응 경로. 동일한 탄소양이온이 바이사이클로[3.1.1] 또는 바이사이클로[2.2.1] 탄소 골격을 토대로 하는 모노터펜을 만들 수 있다.

A. 이고리 탄소양이온에서 양성자가 떨어지면 α-파이넨(α-pinene)과 β-파이넨(β-pinene)이 생성된다. 이 파이넨들은 가장 풍부한 모노터펜이다. 이들은 투르펜타인(turpentine)의 주요 성분이다.

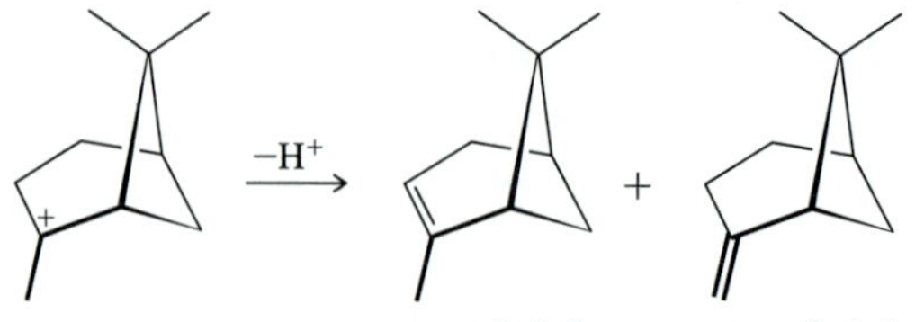

B. 탄소양이온에 물이 결합하면 바이사이클로[3.1.1] 탄소 골격에서 바이사이클로[2.2.1] 단위로 재배열이 일어나면서 보르네올이 생성된다. 보르네올은 인도네시아에서 자라는 어떤 나무의 정유에서 발견된다.

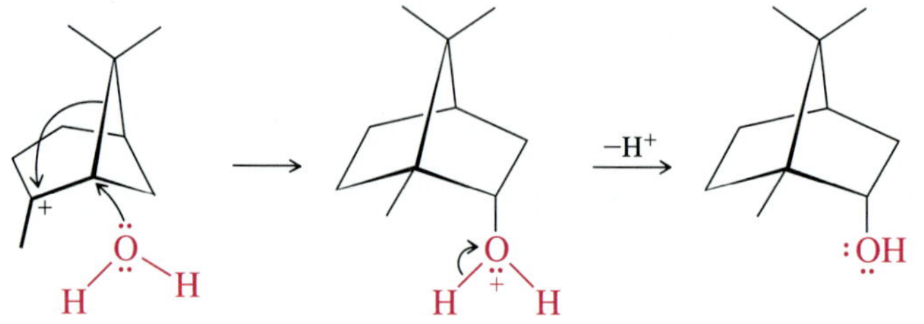

문제 24.11

이고리 모노터펜인 보르네올(borneol)의 구조를 그림 24.8에 나타내었다. 보르네올의 입체이성질체인 아이소보르네올은 실험실에서 두 단계 반응으로 만들 수 있다. 첫 번째 단계에서 보르네올을 크로뮴산(chromic acid)으로 처리하여 장뇌(camphor)로 산화시킬 수 있다. 두 번째 단계에서 장뇌는 수소화붕소소듐에 의해서 85%의 아이소보르네올과 15%의 보르네올 혼합물로 환원된다. 이런 변화를 기초로 하여 아이소보르네올과 장뇌의 구조식을 쓰시오.

이인산 파네실에서 유도한 탄소양이온의 고리화와 재배열을 포함한 유사한 과정들은 세스퀴터펜 계열에서 매우 다양한 구조 형태를 만들어낸다. 고급 터펜류, 특히 트라이터펜류의 화학에 관한 것은 이 장의 뒤에서 더 언급하겠다. 그러나 우선 아이소프레노이드 화합물이 어떻게 아세트산으로부터 생성되는지를 설명하기 위해 좀 더 작은 분자들을 알아보기로 하겠다.

24.10 아세트산에서 이인산 아이소펜텐일까지의 경로

24.8절의 서론에서 메발론산(mevalonic acid)이 이인산 아이소펜텐일의 생합성 전구 물질이라는 점을 지적하였다. 세 분자의 아세트산으로부터 메발론산 생합성의 초기 단계는 아실기 운반 단백질이 관여하지 않은 것을 제외하고 지방산 생합성과 유사하다. 따라서 아세틸 보조효소 A와 말론일 보조효소 A와의 반응은 한 분자의 아세토아세틸 보조효소 A를 생성한다.

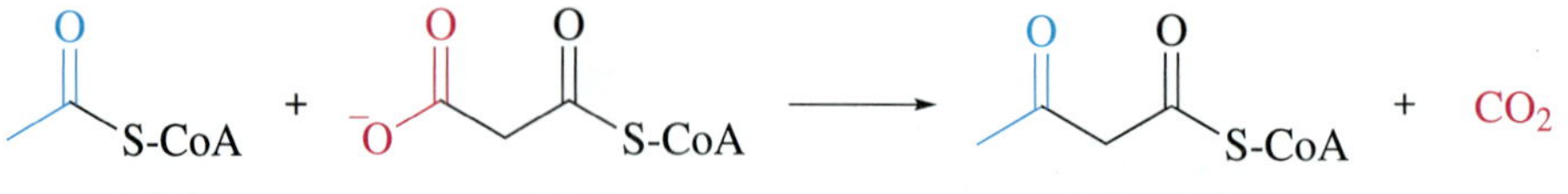

다음 단계인 탄소–탄소 결합 형성은 아세토아세틸 보조효소 A의 케톤 카보닐기와 아세틸 보조효소 A 분자의 탄소 사이에서 일어난다.

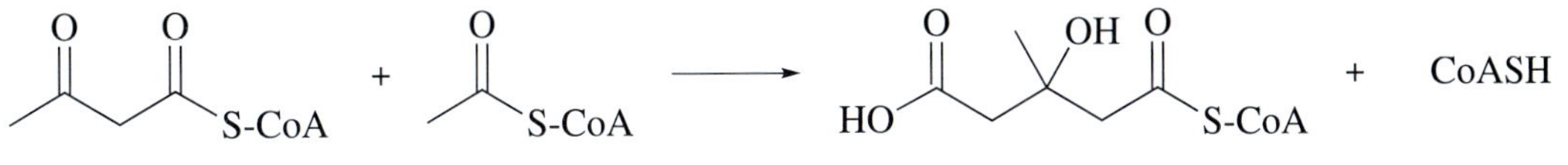

Acetoacetyl coenzyme A + Acetyl coenzyme A → 3-Hydroxy-3-methylglutaryl coenzyme A (HMG-CoA) + CoASH (Coenzyme A)

이 반응의 생성물인 3-하이드록시-3-메틸글루타릴 보조효소 A (HMG CoA)는 메발론산의 탄소 골격을 가지며, 효소의 환원에 의해 메발론산으로 전환된다.

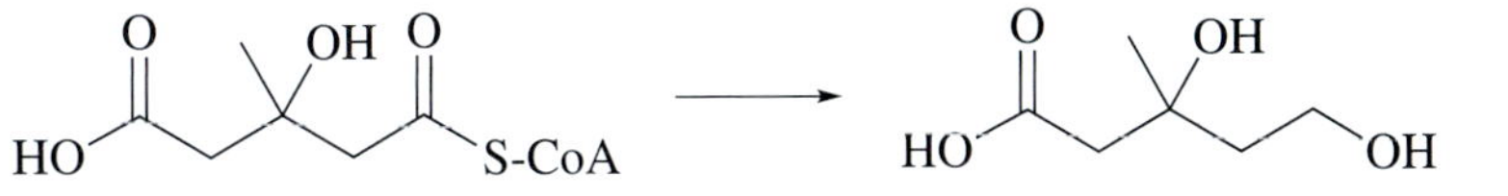

3-하이드록시-3-메틸글루타릴 보조효소 A (HMG CoA) → 메발론산

콜레스테롤 수치를 낮추는 효과가 가장 큰 몇 가지 화합물 중에는 이 반응을 촉매화하는 효소를 저해하는 작용을 한다.

메발론산은 세 분자의 아세트산에서 생성되므로 6-탄소 원자를 갖는다. 메발론산의 이인산 아이소펜텐일로의 전환은 "여분의(extra)" 탄소가 이산화탄소로 상실되면서 일어난다. 첫째, 메발론산의 알코올성 하이드록실기들이 인산 에스터로 전환된다. 즉, 이것들은 효소에 의해 *인산화(phosphorylated)*되는데, 3차 자리에 인산, 1차 자리에 이인산이 도입된다. 3차 인산의 상실과 동시에 카복실기이탈에 의해 이중결합이 도입되며, 아이소프레노이드 천연물 생성을 위한 기본 구성 성분인 이인산 아이소펜텐일을 생성한다.

몇몇 박테리아, 조류(algae) 및 식물은 이인산 아이소펜텐일을 다른 방법으로 만든다.

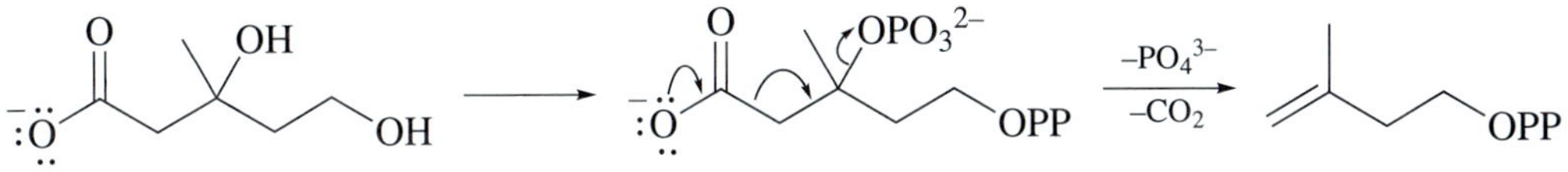

메발론산 → (불안정; 인산의 소실과 함께 빠른 탈카복실화를 수행한다) $\xrightarrow[-CO_2]{-PO_4^{3-}}$ 이인산 아이소펜텐일

아세트산에서 시작하여 메발론산, 이인산 아이소펜텐일를 거쳐서 터펜류에 이르는 경로에 관한 지식의 대부분은 "배양(feeding)" 실험에서 비롯된 것인데, 이 실험에서는 방사능을 표지한 유기화합물의 존재 하에서 식물을 키운다. 이 때, 방사능 표지의 분포는 생합성의 생성물에서 결정한다. 예를 들어, 유칼립투스 나무를 메틸기에 방사성 ^{14}C로 표지한 아세트산이 들어 있는 배지에서 키운다. 이 식물에서 합성된 모노터펜류의 혼합물에서 *시트로넬랄(citronellal)*이 분리되었으며, 일련의 화학 분해에 의해 2, 4, 6, 8 및 두 가지에 있는 메틸기도 방사성 ^{14}C 표지를 함유하는 것으로 나타났다.

시트로넬랄은 시트로넬라 기름의 주성분으로 천연에서 나며, 곤충 퇴치제로 사용된다.

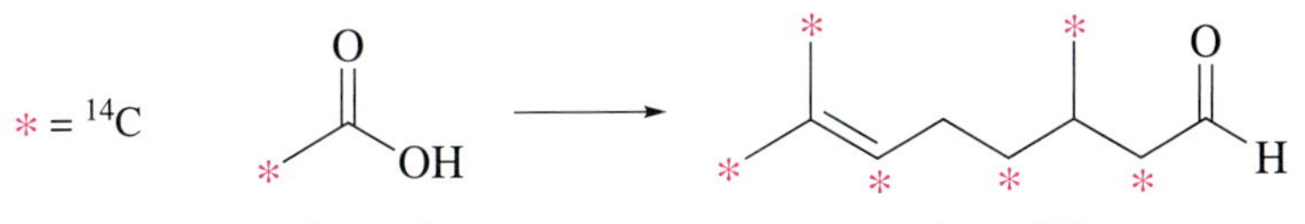

* = ^{14}C

아세트산 → 시트로넬랄

그림 24.9는 아세트산으로부터 시트로넬랄까지 실험적으로 결정한 동위 원소 ^{14}C 표지의 분포를 추적한 결과이다.

문제 24.12

이 실험에서 사용한 아세트산이 C-2 대신에 C-1에 ^{14}C를 많이 가지고 있다면 시트로넬랄의 얼마나 많은 탄소가 방사능으로 표지되겠는가? 이 탄소 원자들을 확인하시오.

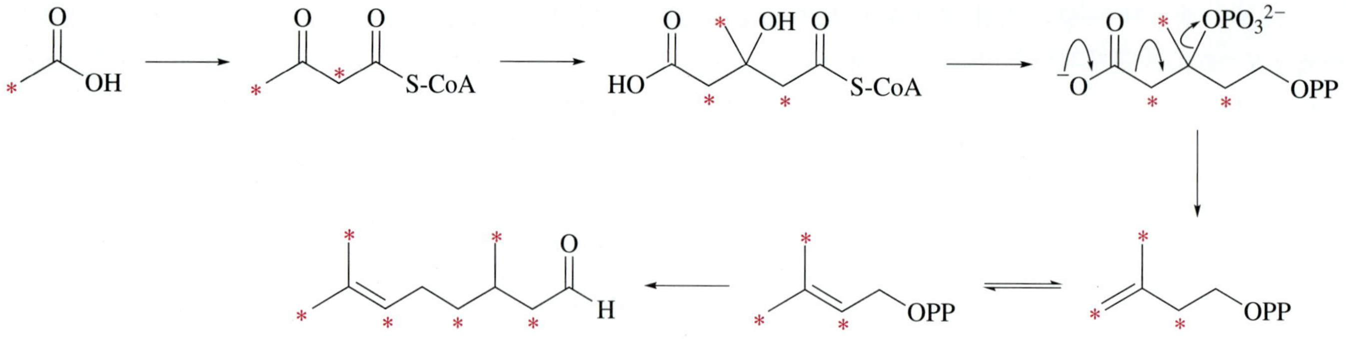

그림 24.9

메틸 탄소를 동위 원소 ^{14}C로 표지한 아세테이트로부터 생합성한 시트로넬랄에서 ^{14}C 표지의 분포.

가장 최근의 실험 방법에서는 동위 원소 표지로 ^{13}C를 사용한다. 여러 가지 분해 방법에 의해 ^{14}C의 위치를 결정하는 대신 천연물의 ^{13}C NMR 스펙트럼을 기록한다. ^{13}C가 풍부한 탄소에 대한 신호가 ^{13}C가 자연의 수준으로만 존재하는 탄소에 해당하는 신호보다 훨씬 더 강하다.

동위원소 표지 실험은 터펜 생합성에 대하여 이 절과 앞 절에서 제시한 그림으로 정당성을 입증하였다. 터펜과 아세트산에서 유도되는 다른 부류의 천연물인 스테로이드의 생합성 기원은 공통적이기 때문에 자세한 내용을 밝히는 데 더 많은 노력을 기울여왔다.

24.11 스테로이드: 콜레스테롤

콜레스테롤(cholesterol)은 **스테로이드(steroid)**를 논할 때 중심 화합물이다. 이 이름은 알코올의 접미사 올(*-ol*)의 앞에 오는 "담즙(bile, *chole*)"과 "고체(solid, *stereos*)"에 대한 그리스어의 복합어이다. 콜레스테롤로부터 모든 스테로이드류가 합성되기 때문에, 이것은 인체에서 가장 흔하면서도 중요한 스테로이드이다. 성인은 평균적으로 200g 이상의 콜레스테롤을 갖고 있으며, 이는 거의 모든 인체 조직에서 발견되고 뇌, 척수 및 담석에 비교적 많은 양이 존재한다. 콜레스테롤은 동매경화증에 걸린 동맥의 벽에 축적된 반점(plaque)의 주성분이다.

콜레스테롤은 18세기에 분리되었으나 구조가 너무 복잡하여 1932년까지 올바른 구조가 결정되지 않았으며, 입체화학은 1955년까지 확인되지 않았다. 스테로이드류는 그림 24.10a에서와 같이 네 고리계(tetracyclic ring system)라는 특징을 갖는다. 그림 24.10b에서와 같이 콜레스테롤의 골격은 C-3에 알코올 작용기, C-5에 이중결합, C-10과 C-13에 메틸기, C-17에 C_8H_{17} 곁사슬을 갖는다. 아이소프렌 단위들은 콜레스테롤 분자의 여러 부분에서 식별할 수 있으나, 아이소프렌 규칙과는 완전성에서 거리가 있다. 사실 콜레스테롤을 트라이터펜으로 분류하기에는 세 개가 부족한 27개의 탄소 원자만을 갖는다.

동물은 음식물에서 콜레스테롤을 얻지만 아세트산으로부터도 생합성 할 수 있다. 콜레스테롤 생합성의 복잡한 과정에서 중요한 중간체를 발견한 선구적 연구는 Konrad Bloch (Harvard)와 Feodor Lynen (Munich)에 의해서 수행되었다. 중요한 발견은 트라이터펜인 **스쿠알렌(squalene**, 그림 24.7 참조)이 아세트산으로부터 콜레스테롤이 합성되는 과정에서 중간체라는 것이다. 따라서 *콜레스테롤 생합성의 초기 단계는 24.8~24.10절에서 기술한 터펜 생합성의 초기 단계와 동일하다.* 사실 터펜 생합성에 관한 지식의 적지 않은 부분이 스테로이드 생합성 분야에서 수행한 실험들의 직접적인 결과이다.

Bloch와 Lynen은 1964년도 노벨 생리의학상의 공동 수상자이다.

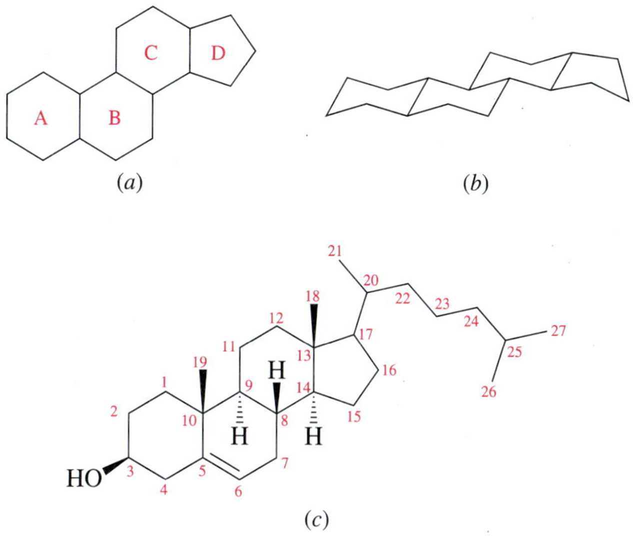

그림 24.10

(*a*) 스테로이드 특유의 네 고리계와 관례에 의해서 그것의 고리를 A, B, C, D로 나타내기. (*b*) 링 접합의 입체화학을 보여주는 특정 스테로이드의 위치배열 그림. (*c*) 콜레스테롤의 구조와 스테로이드 번호 매김.

어떻게 네 고리 스테로이드인 콜레스테롤이 트라이터펜인 스쿠알렌으로부터 합성되는가? 콜레스테롤의 합성은 16.13절의 앞 부분에서 서술한 스쿠알렌의 에폭사이드로부터 시작되며, 이 단계부터는 메커니즘 24.1에 계속해서 나타내었다. 1단계는 스쿠알렌 2,3-에폭사이드의 효소-촉매 고리 열림이다. 에폭사이드 고리열림은 탄소양이온 반응이 계기가 되어 일어난다. 이들 탄소양이온 반응 과정은 탄소-탄소 결합 형성을 통한 고리화(1단계), 탄소양이온 재배열을 통한 고리 확장(2단계), 그리고 또 다른 고리화(3단계), 연쇄적인 메틸 이동과 수소음이온 이동(4단계) 등이 포함된다. 이 모든 반응 단계의 결과로 네 고리 트라이터펜인 *라노스테롤*(*lanosterol*)이 만들어진다. 메커니즘 24.1의 5단계는 라노스테롤이 콜레스테롤로 변화되는 여러 단계 반응을 요약한 것이다.

라노스테롤(lanosterol)은 양털 외피의 여러 물질의 혼합물인 라놀린(lanolin)의 한 가지 성분이다.

문제 24.13

메커니즘 24.1에 콜레스테롤의 생합성은 아주 복잡하다. 다음 질문을 고려하면 이 과정을 이해하는 데 도움이 될 것이다.

(a) 스쿠알렌 2,3-에폭사이드의 어느 탄소 원자가 콜레스테롤의 이중결합된 탄소들인가?
(b) 스쿠알렌 2,3-에폭사이드의 어느 두 수소 원자가 3단계에서 이동하는 수소 원자들인가?
(c) 스쿠알렌 2,3-에폭사이드의 어느 메틸기가 콜레스테롤의 C, D 고리 접합 면에서 메틸기가 되는가?
(d) 스쿠알렌 2,3-에폭사이드의 어느 세 메틸기가 라노스테롤이 콜레스테롤로 전환되는 동안 상실되는가?

풀이 예시 메커니즘 24.1의 5단계 구조식에 나타낸 바와 같이, 콜레스테롤 이중결합이 C-5와 C-6 (스테로이드 번호 매김)을 연결한다. 이 메커니즘에 있는 2단계의 고리화에서 해당 탄소들은 스쿠알렌 2,3-에폭사이드의 C-7과 C-8(체계적인 IUPAC 번호 매김)로 확인할 수 있다.

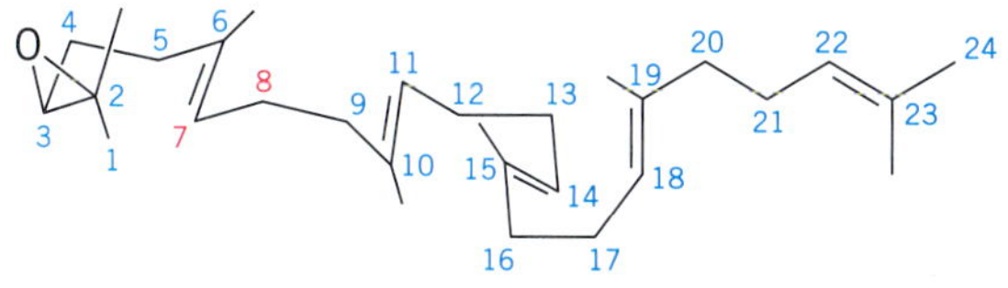

스쿠알렌 2,3-에폭사이드

문제 24.14

메커니즘 24.1의 생합성과정은 동위원소 표지 실험의 도움으로 진전되었다. 메틸기에 ^{14}C를 표지한 아세트산($^{14}CH_3COOH$)을 탄소 공급원으로 사용했을 때 콜레스테롤의 어느 탄소들이 표지되겠는가?

메커니즘 24.1

스쿠알렌으로부터 콜레스테롤 생합성

스쿠알렌으로부터 콜레스테롤로의 생합성 전환은 라노스테롤을 통하여 진행된다. 라노스테롤은 스쿠알렌의 2,3-에폭사이드의 효소-촉매 고리화에 의해 형성된다.

1단계: Enz−H^+로 나타낸 친전자성 물질이 스쿠알렌 2,3-에폭사이드의 고리열림을 촉진한다. 고리열림은 세 고리 3차 탄소양이온을 생성하는 고리화에 의해 일어난다. 세 개의 새로운 탄소−탄소 형이 한 단계로 일어나는지 또는 여러 단계로 일어나는지는 알지 못한다.

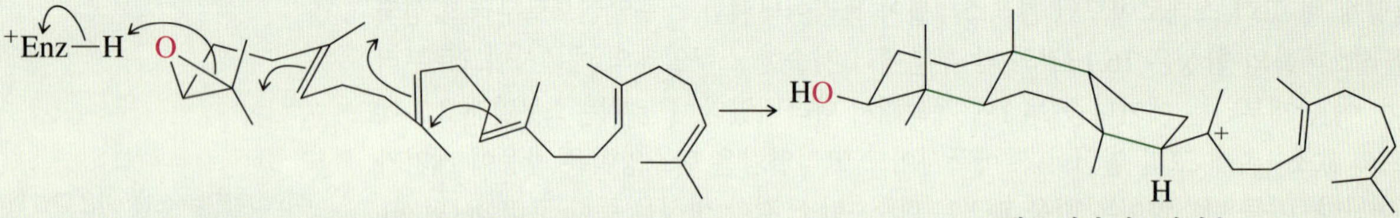

$^+$Enz—H O H HO +

스쿠알렌 2,3-에폭사이드 세 고리성 탄소양이온

2단계: 고리열림에 의해 1단계에서 형성된 오원자(five-membered) 고리가 육원자(six-membered) 고리로 확장된다.

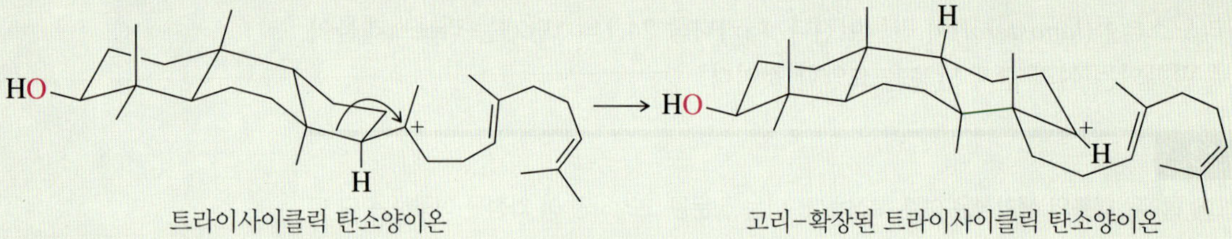

HO H + H HO +

트라이사이클릭 탄소양이온 고리−확장된 트라이사이클릭 탄소양이온

3단계: 2단계에서 형성된 탄소양이온의 고리화로 네 고리 *탄소양이온(protosteryl cation)*이 형성된다.

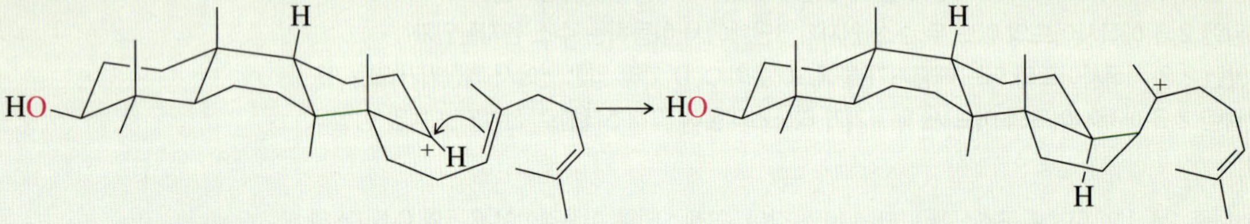

H HO + H H HO + H

고리−확장된 트라이사이클릭 탄소양이온 프로토스테릴 양이온

4단계: 프로토스테릴 양이온의 탈양성자와 재배열로 네 고리 트라이터펜 라노스테롤을 형성한다.

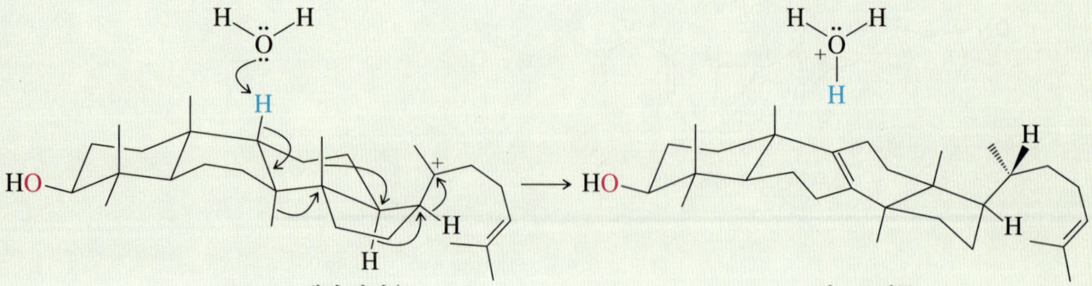

H Ö H H HO + H H H H Ö$^+$ H H HO H H

프로토스테릴 양이온 라노스테롤

(계속)

5단계: 일련의 효소-촉매 반응에 의해 라노스테롤이 콜레스테롤로 변한다. C-4 및 C-14 메틸기를 상실하고, C-8 및 C-24의 이중결합이 환원되고 C-5에 새로운 이중결합이 생긴다.

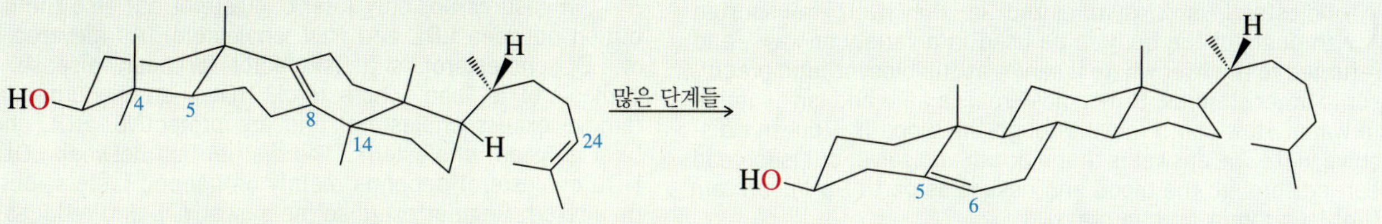

라노스테롤 콜레스테롤

콜레스테롤은 일단 체내에서 합성되면 여러 가지 변환을 한다. 매우 보편적인 것은 지방산 보조효소 A 유도체와의 반응에 의한 C-3 하이드록실기의 아실화이다. 다른 과정들은 다음 절에서 설명할 콜레스테롤을 생물학적으로 주요한 스테로이드류로 전환하는 것이다.

24.12 바이타민 D

콜레스테롤과 구조적으로 매우 밀접한 관계에 있는 스테로이드는 7-탈수소 유도체이다. 7-탈수소콜레스테롤은 콜레스테롤의 효소 산화로 만들어지며, B 고리에 컨쥬게이트 다이엔 단위를 갖는다. 7-탈수소콜레스테롤은 피부 조직에 존재하며, 여기서 광선-유발 광화학 반응에 의해 바이타민 D_3로 전환된다.

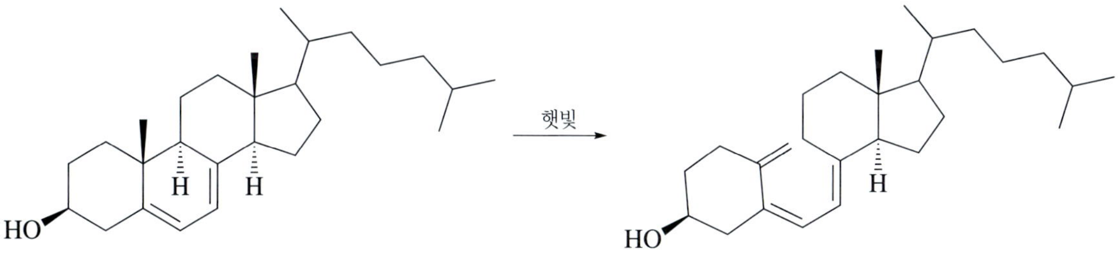

7-탈수소콜레스테롤 바이타민 D_3

바이타민 D_3는 Ca^{2+}가 장에 흡수되는 과정에서 중요한 화합물이다. 바이타민 D_3의 수준이 낮으면 체내의 Ca^{2+} 농도는 적당한 골격의 발육을 지원하기에 불충분하며, 결국 구루병(rickets)이라는 골격 질병을 야기한다.

구루병은 한때 지금보다 더 널리 만연하였다. 이 병은 영양실조에서 오는 것으로 생각했는데, 왜냐하면 생선의 간유를 먹이면 어린이들을 구루병으로부터 보호할 수 있었기 때문이다. 실제로 구루병은 햇빛의 부족으로 야기되는 환경성 질환이다. 겨울철 햇빛이 약한 곳에서, 어린이들은 피부에 7-탈수소콜레스테롤을 강한 골격의 발육에 충분한 정도의 바이타민 D_3로 전환할 만한 햇빛에 노출되지 않을 수도 있다. 물고기는 햇빛이 차단되는 환경에 적응하였으며, 바이타민 D_3를 광화학에 직접적으로 의존하지 않고 다른 방법으로 축적한다. 생선의 간유는 바이타민 D_3의 좋은 공급원이지만 맛이 좋지 않다. 콜레스테롤로부터 만든 합성 바이타민 D_3를 어린이들이 충분히 공급받아서 뼈가 잘 발육하도록 우유나 다른 음식에 첨가한다. *빛이 조사된 에르고스테롤(irradiated ergosterol)*도 같은 목적으로 우유와 식품에 첨가한다. 효모에서 얻은 스테로이드인 에르고스테롤은 구조적으로 7-탈수소콜레

Good Cholesterol? Bad Cholesterol? What's the Difference?

Cholesterol is biosynthesized in the liver, transported throughout the body to be used in a variety of ways, and returned to the liver where it serves as the biosynthetic precursor to other steroids. But cholesterol is a lipid and isn't soluble in water. How can it move through the blood if it doesn't dissolve in it? The answer is that it doesn't dissolve, but is instead carried through the blood and tissues as part of a *lipoprotein* (lipid + protein = lipoprotein).

The proteins that carry cholesterol from the liver are called *low-density lipoproteins*, or LDLs; those that return it to the liver are the *high-density lipoproteins*, or HDLs. If too much cholesterol is being transported by LDL, or too little by HDL, the extra cholesterol builds up on the walls of the arteries, causing atherosclerosis. Blood work done as part of a thorough physical examination measures not only total cholesterol but also the distribution between LDL and HDL cholesterol. An elevated level of LDL cholesterol is a risk factor for heart disease. LDL cholesterol is "bad" cholesterol. HDLs, on the other hand, remove excess cholesterol and are protective. HDL cholesterol is "good" cholesterol. The distribution between LDL and HDL cholesterol depends mainly on genetic factors, but can be altered. Regular exercise increases HDL and reduces LDL cholesterol, as does limiting the amount of saturated fat in the diet. Much progress has been made in developing new drugs to lower cholesterol. The statin class, beginning with lovastatin in 1988, has proven especially effective. The most prescribed cholesterol-lowering drug is atorvastatin (as its calcium salt). A chiral drug, atorvastatin was introduced in 1997 and is sold as a single enantiomer.

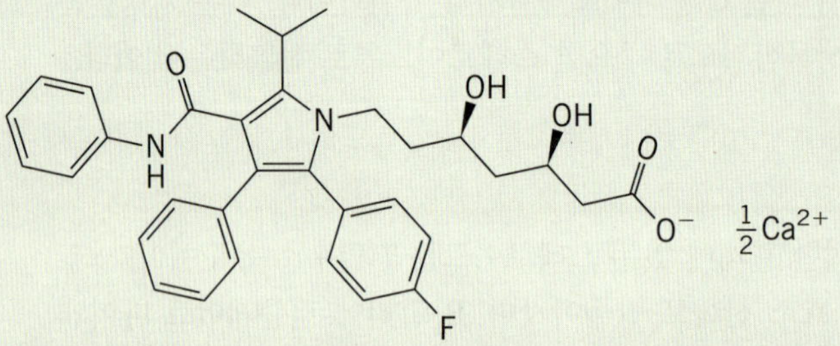

Atorvastatin calcium (Lipitor)

The statins lower cholesterol by inhibiting the enzyme 3-hydroxy- 3-methylglutaryl coenzyme A reductase, which is required for the biosynthesis of mevalonic acid (see Section 24.10). Mevalonicacid is an obligatory precursor to cholesterol, so less mevalonic acid translates into less cholesterol.

스테롤과 유사하며, 햇빛이나 인공 광선을 쪼여주면 바이타민 D_3와 유사한 물질인 바이타민 D_2로 전환되므로, 이 물질은 구루병에 대한 치료 활성이 바이타민 D_3와 비교할 만하다.

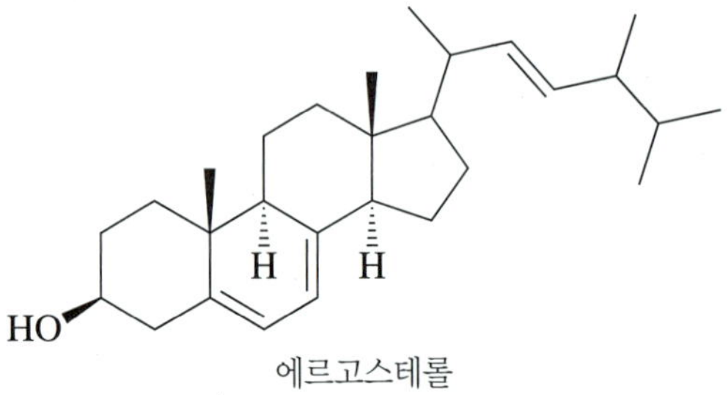

에르고스테롤

문제 24.15

바이타민 D_2의 합당한 구조를 제안하시오.

24.13 담즙산

체내에 있는 콜레스테롤의 적지 않은 부분이 **담즙산(bile acid)** 합성에 사용된다. 간에서의 산화는 C_8H_{17} 곁사슬의 한 부분을 제거하며, 추가적인 하이드록실기가 스테로이드 핵의 여러 자리에 도입된다. *콜산(cholic acid)*이 담즙산 중에서 가장 풍부하다. 담즙산은 *타우로콜산 소듐(sodium taurocholate)*과 같은 어떤 아마이드 유도체 형태로 지방의 소화를 돕는 에멀젼화제로 작용한다.

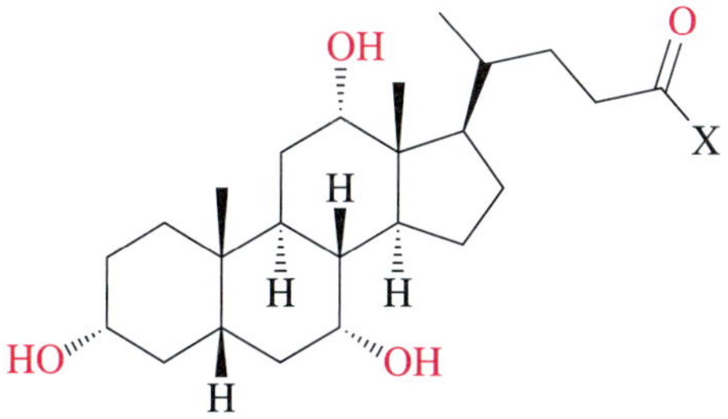

X = OH; 콜산
X = $NHCH_2CH_2SO_3Na$;
타우로콜산 소듐

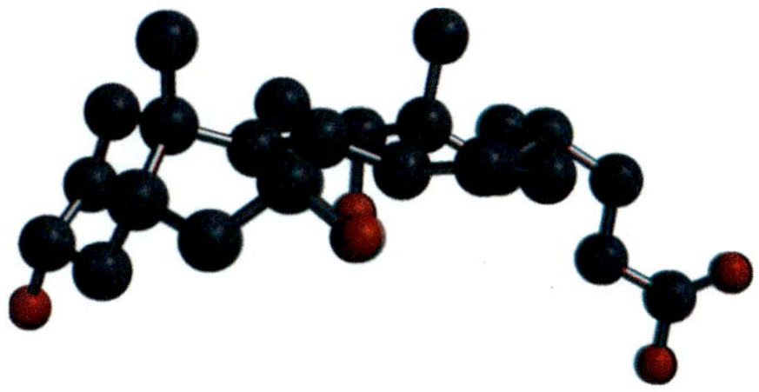

콜산

콜산의 구조는 타우로콜산 소듐과 같은 담즙 염이 어떻게 물이 충분한 환경을 통과하여 지방 수송을 촉진하는가를 이해하는 데 도움을 준다. 모든 극성기는 콜산 분자의 아랫면에 있으며, 윗면은 거의 탄화수소와 같다. 담즙 염은 마이셀을 형성하여 지방을 에멀젼화하며, 지방은 내부에 있고, 담즙 염은 외부에 있다. 담즙 염의 소수성 면은 마이셀 내에 있는 지방과 회합하며, 친수성 면은 외부에 있는 물과 접촉한다.

24.14 코르티코스테로이드

부신(adrenal gland)의 바깥층, 즉 *피질*(*cortex*)은 **코르티코스테로이드(corticosteroid)**로 알려진 큰 집단의 화합물의 출처이다. 담즙산과 마찬가지로 이들은 산화에 의해 콜레스테롤로부터 유도되며, D 고리에 있는 알킬기의 일부분이 산화과정에서 절단된다. *코르티솔*(*cortisol*)은 코티코스테로이드 중에서 대부분을 차지하지만, *코르티손*(*cortisone*)이 가장 잘 알려져 있다. 코티손은 흔히 류마티스성 관절염 치료에 항염증 약품으로 사용된다.

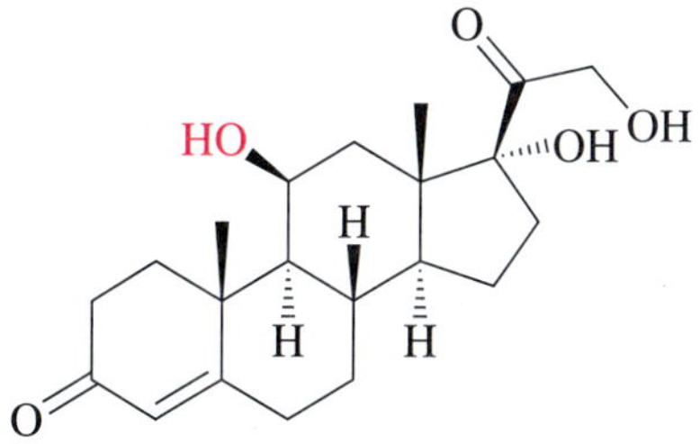

코르티솔

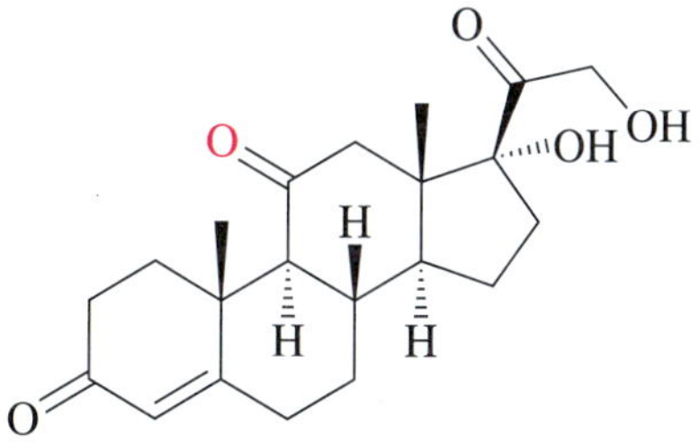

코르티손

많은 가려움증 치료제는 다이하이드로코르티손(dihydrocortisone)을 포함하고 있다.

코르티코스테로이드는 광범위한 생리 효과를 나타낸다. 중요한 기능 중 하나는 체액의 진해질 균형을 적당히 유지하도록 돕는 것이다. 이것들은 또한 탄수화물 대사와 알레르기성 반응을 매개하는 과정에서 핵심적인 역할을 한다.

24.15 성 호르몬

호르몬(hormones)은 신체의 화학적 전령이다. 즉, 이것들은 내분비선에서 분비되며 생물학적 과정을 조절한다. 앞 절에서 기술한 코르티코스테로이드는 부신에서 만들어지는 호르몬이다. 남자의 고환과 여자의 난소의 생식선은 성의 발달과 생식에 관여하는 많은 호르몬을 분비한다. *테스토스테론*(*testosterone*)은 주요 남성 호르몬이며, **안드로젠(androgen)**이다. 테스토스테론은 근육 성장, 변성, 신체의 모발 성상 및 남사의 다른 이차 성징들을 증진시킨다. 테스토스테론은 콜레스테롤로부터 만들어지며, 주요 여성 호르몬인 에스트라다이올(estradiol), 즉 **에스트로젠(estrogen)**의 생합성 전구 물질이다. 에스트라다이올은 월경 주기의 조절과 생식 과정에서 매우 중요한 물질이다. 이것은 여성의 2차 성장의 발달에서 가장 중요한 호르몬이다.

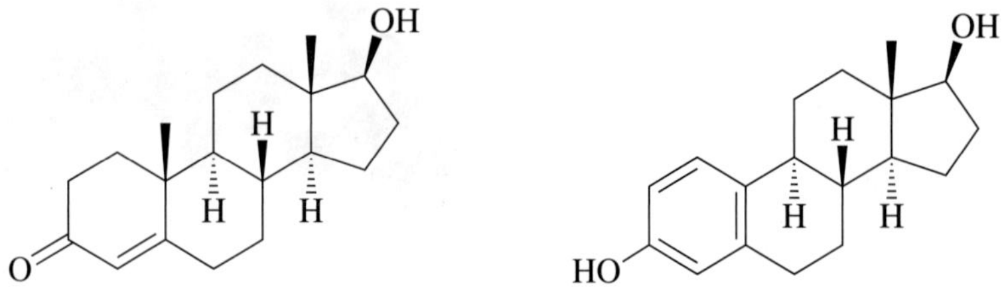

테스토스테론

에스트라다이올

테스토스테론과 에스트라다이올은 체내에 미량 존재하며, 이들을 분리하고 확인하기까지는 초인적인 노력이 필요했다. 예를 들어, 연구용 에스트라다이올 0.012 g을 얻기 위해서는 암퇘지의 난소 4톤을 추출해야 했다.

다른 생합성 경로는 콜레스테롤로부터 여성 호르몬인 *프로제스테론*(*progesteron*)을 합성한다. 프로제스테론은 월경 주기와 임신 중에 배란을 억제한다. 배란을 막기 위한 것으로는 프로제스테론보다 훨씬 더 우수한 합성 물질들, 예를 들어 *노르에틴드론*(*norethindrone*)이 개발되었다. 이것들은 일시적으로 수정을 억제하며, 대다수 내복 피임약의 기초가 된다.

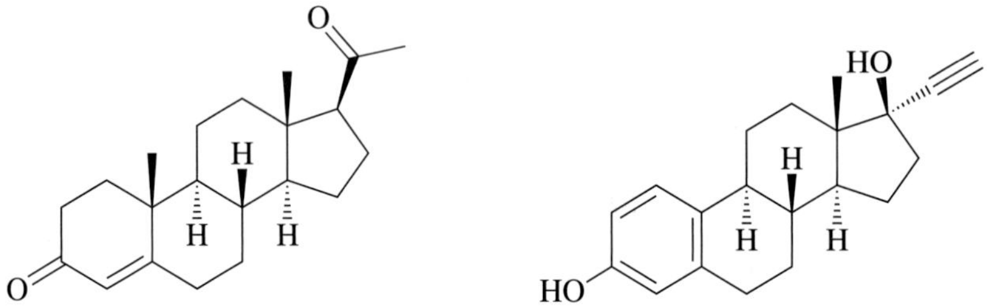

프로제스테론

노르에틴드론

24.16 카로테노이드

카로테노이드(carotenoid)는 두 C_{20} 단위 사이에서 꼬리-꼬리 결합과 이중결합의 긴 컨쥬게이션계를 가진 천연 색소이다. 이들은 색깔을 나타내는 물질 중에서 가장 널리 분포되어 있으며, 꽃, 과일, 식물, 곤충 및 동물에 존재한다. 아세트산으로부터의 생합성은 매년 대략 1억 톤을 생산하는 것으로 추산된다. 가장 잘 알려진 카로테노이드류는 라이코펜(lycopene)과 β-카로텐(β-carotene)이다. 이들은 여러 가지 식물에서 발견되며, 익은 토마토와 당근에서 쉽게 분리할 수 있는 색소이다.

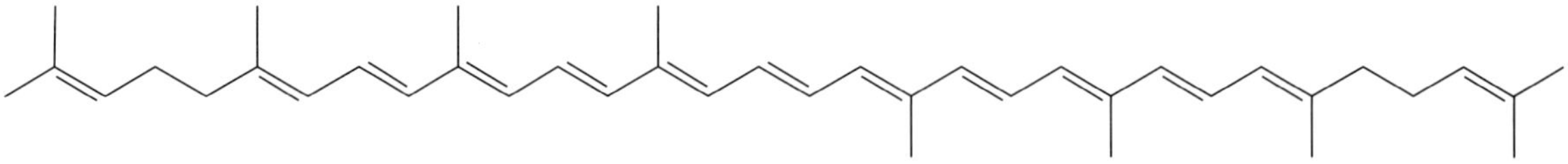

라이코펜(토마토)

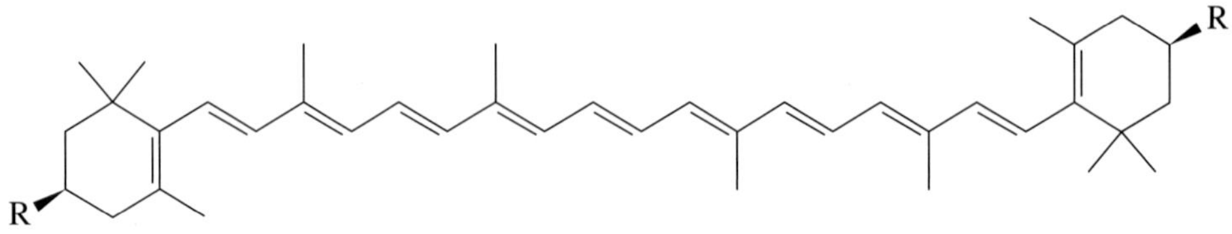

R = H; β-카로텐(당근)
R = OH; 지잔틴(Zeaxanthyn)(노란콩)

모든 카로티노이드가 탄화수소인 것은 아니다. 산소를 포함하는 카로텐을 *잔토필*(*xanthophyll*)이라 한다. 잔토필은 꽃잎에 풍부하여 꽃잎을 노란색으로 나타내는 물질이다.

카로테노이드는 가시광선을 흡수하고(13.23절 참조), 빛 에너지를 열로 방출한다. 따라서 광선-유발 광화학과 관련 있는 해로운 영향으로부터 유기체를 보호한다. 카로텐은 시각 작용에서 중요한 물질이며, 일명 레티놀(retinol)로 알려진 바이타민 A의 생합성 전구물질이라는 사실 때문에 카로티노이드는 시각 작용의 화학에 간접적으로 관여한다.

β-카로텐으로 시작하는 생생한 과정의 구조 화학은 17장에서 *Imines in Biological Chemistry*라는 제목의 상자 속 소론에 기술되어 있다.

플라밍고(flamingo)의 깃털 색은 그들이 먹는 소금 새우에 있는 카로테노이드로부터 온다.

Crocuses Make Saffron from Carotenes

The flowers of Crocus sativus are not only pretty, they are valuable. The saffron crocus is cultivated on a large scale because the three gold-colored filaments in each bloom are the source of *saffron*, a dye and a spice that has been used for thousands of years. The amount is small; 75,000 flowers are needed to provide 1 pound of saffron, yet 300 tons of it reach the worldwide market each year.

Saffron is a mixture of substances. Those that make it desirable as a spice and dye are among the ones the plant uses to attract insects. Two of them, crocetin and crocin, are mainly responsible for its color, another (*safranal*) its odor, and another (*picrocrocin*) its taste. The same 20-carbon conjugated polyene unit is the chromophore that gives crocetin and crocin their yellow color. The difference between the two is that crocin is a glycoside in which both carboxylic acid functions of crocetin are attached to a disaccharide (*gentiobiose*) by ester linkages.

(계속)

Crocetin

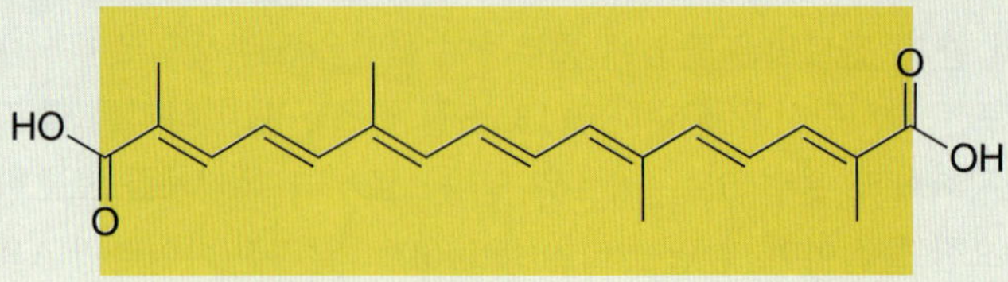

Crocin

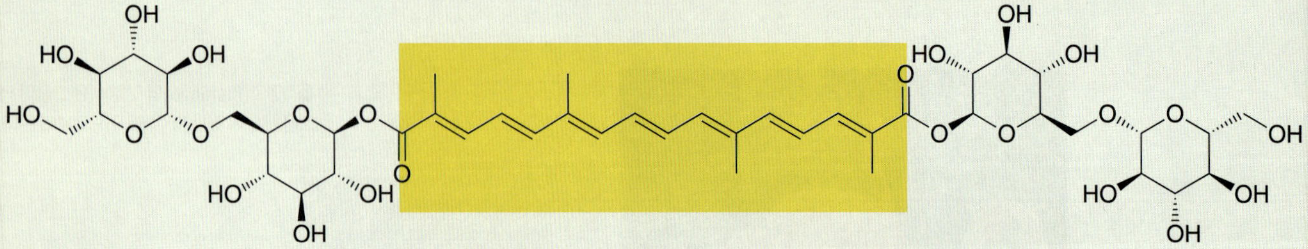

The 20-carbon chromophore originates in biochemical degradation of β-carotene and related carotenoids.

Enzyme-catalyzed oxidation cleaves the double bonds at the points indicated to give crocetin.

β-Carotene

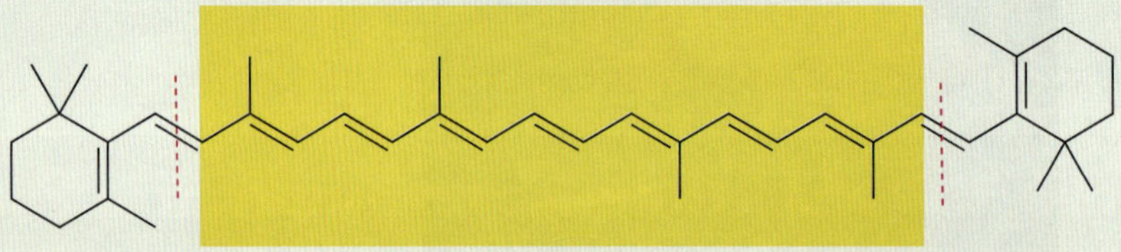

Safranal and picrocrocin are both aldehydes. Their structures suggest that they too come from carotenoid precursors. Because it is volatile, safranal contributes to the odor that attracts insects to the flowers. Picrocrocin is a glycoside. Its ability to participate in hydrogen bonding makes it nonvolatile and allows it to remain in place within the flowers where it provides the characteristic saffron flavor.

Safranal

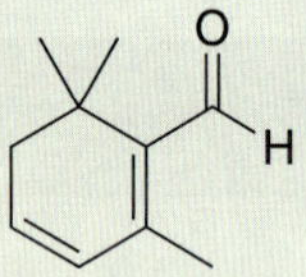

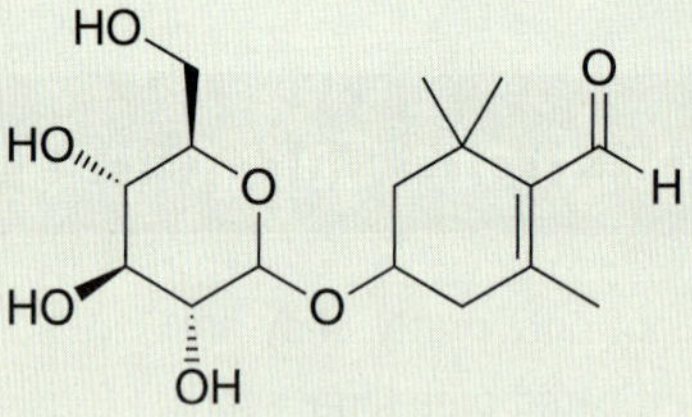

Picrocrocin

Problem 24.16

Can you find the isoprene units in crocetin, crocin, safranal, and picrocrocin?

24.17 요약

24.1절 화학자와 생화학자들은 세포에 있는 주된 유기 화합물들을 탄수화물, 단백질, 핵산 및 지질로 분류한다. 구조상의 차이 때문에 탄수화물을 단백질과 구별하며, 이 둘은 핵산과 다르다. 한편, 지질은 구조보다는 물리적 성질, 즉 비극성 용매에서의 용해성이 특징이다. 이 장에서는 모든 탄소들이 아세트산(아세테이트)로부터 유래한다는 점에서 공통인 지질 분자들을 기술하였다. 아세트산이 이들 과정에서 나타나는 형태는 아세틸 보조효소 A라는 싸이오에스터이다.

CH_3CSCoA 또는 S-CoA

24.2절 아세틸 보조효소 A는 지방산의 생합성 전구 물질이며, 지방산은 보통 에스터로 자연에서 생성된다. 지방과 기름은 긴 카복실산의 글리세롤 에스터이다. 특히 이 사슬들은 가지가 없고 짝수 개의 탄소 원자를 갖는다.

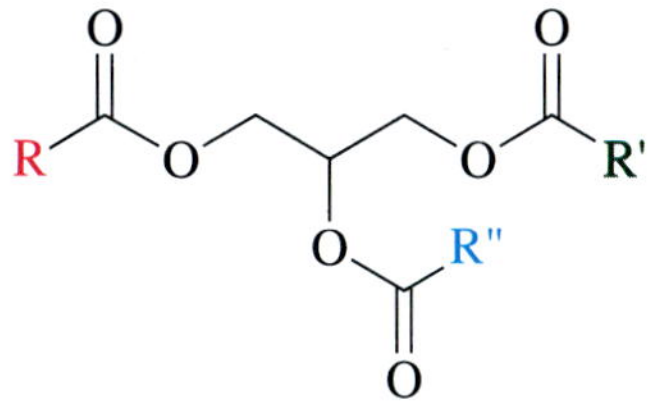

R R' R'' O O O O O O

A 트라이아실글리세롤
R, R', 및 R'' 같거나 다를 수 있다.

24.3절 지방산의 생합성은 메커니즘 24.3과 같은 경로를 따른다. 말론일 보조효소 A는 중요한 중간체이다.

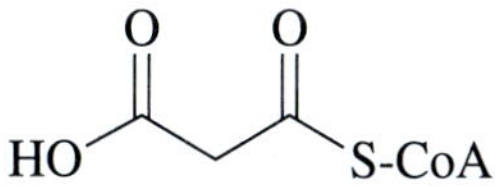

HO S-CoA O O

말론일
보조효소 A

24.4절 인지질은 지방산으로부터 트라이아실글리세롤의 생합성에서 중간체이며, 세포막의 주요 성분이다.

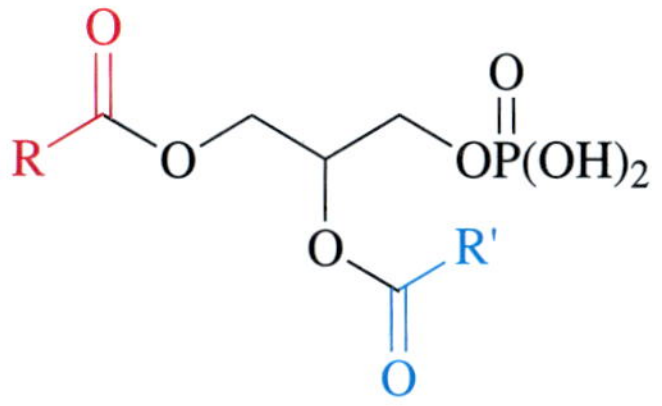

R O O OP(OH)$_2$ O R' O O

A 인지질

24.5절 왁스는 지방산과 긴 사슬 알코올의 에스터를 함유하는 물질들의 혼합물이다.

24.6절 아이코사노이드는 탄소 20개의 불포화된 카복실산으로부터 자연적으로 만들어지는 화합물 중의 한 부류이다. 아이코사노이드에는 프로스타글란딘, 프로스타사이클린, 트롬복세인 및 류코트라이엔이 있다. 적은 양이 존재하지만, 아이코사노이드는 아주 많은 생물학적 과정을 조절하는 역할을 담당한다.

24.7절 터펜은 구조상 아이소프렌 단위들의 집합체로 간주하는 아이소프렌 규칙을 따른다.

β-투존(β-Thujone)

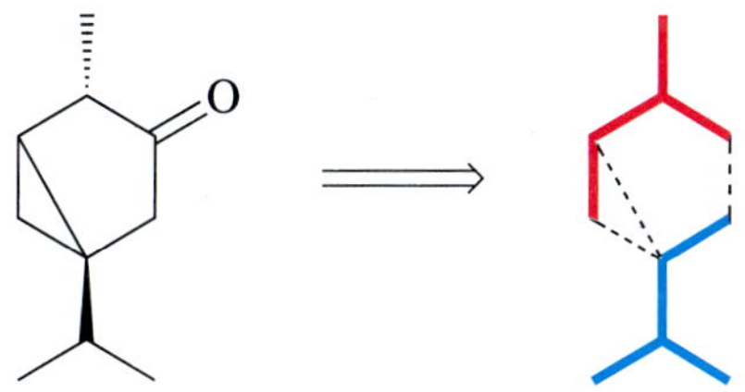

24.8절 터펜 및 이와 관련된 아이소프레노이드 화합물은 이인산 아이소펜텐일로부터 생합성 된다.

OPP

이인산 아이소펜텐일은 생물학적
아이소프렌 단위이다

24.9절 아이소프렌 단위들 사이의 탄소-탄소 결합 형성은 탄소양이온이나 이인산 이탈기를 갖는 알릴싱 탄소에 대한 이중결합 π 전자의 친핵성 공격에 의한 것으로 이해할 수 있다.

OPP + OPP ⟶ + OPP

24.10절 이인산 아이소펜텐일의 생합성은 아세트산에서 시작되고, 메발론산을 거쳐서 진행된다.

$3CH_3\overset{O}{\overset{\|}{C}}SCoA$ ⟶ 메발론산 ⟶ 이인산 아이소펜텐일

아세틸 보조효소 A　　　메발론산　　　이인산 아이소펜텐일

24.11절 트라이터펜인 *스쿠알렌*은 메커니즘 24.1에 나타낸 경로에 의한 콜레스테롤 생합성의 전구 물질이다.

24.12~15절 동물에 있는 대부분의 스테로이드는 콜레스테롤의 생물학적 변환에 의해 만들어진다.

⟶ 바이타민 D, 담즙산, 코르타코스테로이드, 성호르몬

24.16절 카로테노이드는 테트라터펜이다. 이들은 C-40 탄소와 여러 개의 이중결합을 갖는다. 대부분의 이중결합은 컨쥬게이션되어 있으며, 카로텐으로 하여금 가시광선을 흡수하게 하며, 밝은 색깔을 띠게 한다. 이들은 보통 식물 색소이다.

문제

24.17 다음은 이 장에서 소개된 화합물의 구조식이다. 다음 화합물이 각각 메틸기가 ^{14}C로 표지된 아세트산으로부터 생합성될 때 ^{14}C로 표지된 탄소는 어느 것인지 밝히시오.

(a) 팔미트산
(b) PGE_2
(c) PGI_2
(d) 리모넨
(e) β-카로텐

24.18 천연에 존재하는 다음 각각의 물질에서 아이소프렌 단위를 확인하시오.

(a) *아스카리돌(Ascaridole)*, 등근잎 명아주기름에 존재하는 천연 과산화물.

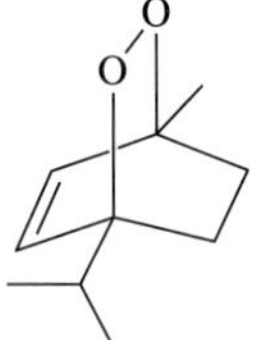

(b) *덴드로라신(Dendrolasin)*, 개미류가 분비하는 방어물질 성분.

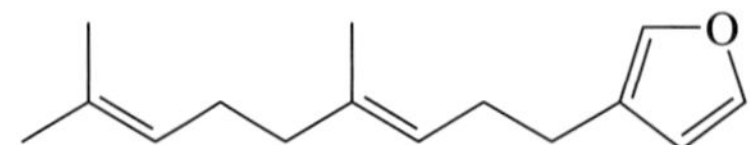

(c) γ-*비사볼렌(Bisabolene)*, 많은 식물의 정유에서 발견되는 세스퀴터펜.

(d) α-*산토닌(Santonin)*, 아르테미시아 꽃에서 발견되는 락톤.

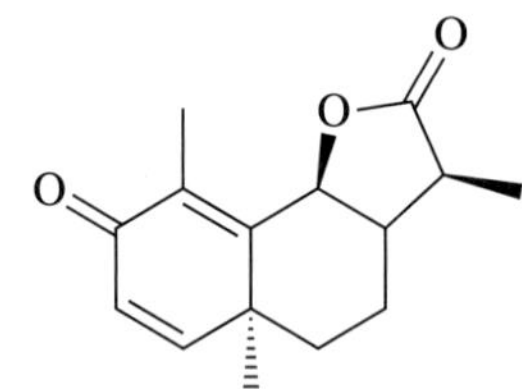

(e) *테트라하이만올(Tetrahymanol)*, 어떤 물질에서 분리한 펜타사이클릭 트라이터펜

24.19 *파이레쓰린(Pyrethrins)*는 다양한 국화속 식물의 꽃에서 발견되는 천연 살충물질의 그룹이다. 다음은 전형적인 파이레쓰린인 *사이네린(cinerin) I*(입체화학은 배제함)의 구조이다.

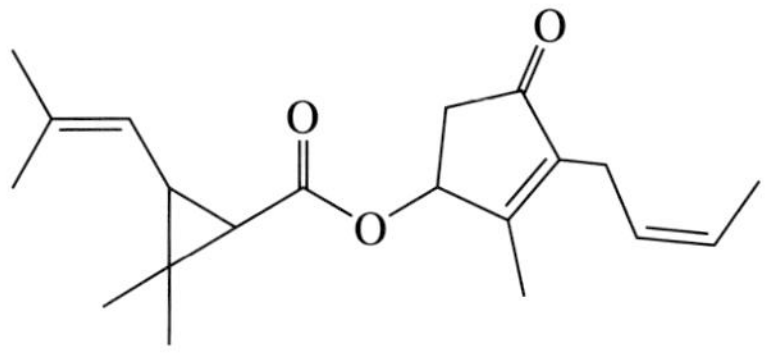

(a) 사이네린 I에 존재하는 아이소프렌 단위를 표시하시오.

(b) 사이네린 I을 가수분해하면 광학적으로 활성인 카르복실산 (+)-크라이산템산(chrysanthemic acid)를 생성한다. (+)-크라이산템산를 가오존분해반응을 시킨 후, 산화 시키면아세톤과 광학 활성인 다이카복실산 (−)-카론산(caronic acid)($C_7H_{10}O_4$)를 생성한다. (−)-카론산의 구조는 무엇인가? 두 개의 카복실기는 서로 시스인가 트랜스인가? 이러한 정보는 (+)-크라이산템산의 구조에 관해서 무엇을 말해주는가?

24.20 *세레브로사이드(Cerebroside)*는 뇌와 신경 조직의 미엘린(myelin)에서 발견된다. 세레브로사이드인 *프레노신(phrenosine)*은 구조는 다음과 같다.

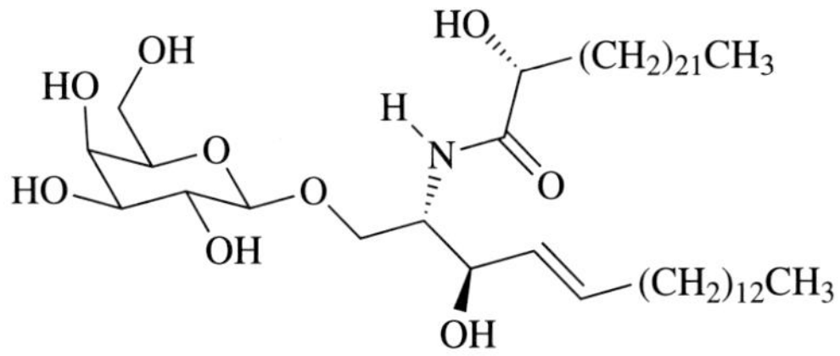

HO, OH, HO, O, HO, O, OH, H, N, HO, $(CH_2)_{21}CH_3$, O, $(CH_2)_{12}CH_3$, OH

(a) 프레노신의 가수분해에서 어떤 헥소스가 생성되겠는가? 프레노신은 α-글리코사이드인가 또는 β-글리코사이드인가?

(b) 프레노신을 가수분해하면 (a)의 헥소스 외에 지방산 *세레브론산(cerebronic acid)*과 *스핑고신(sphingosine)*이 생성된다. 세레브론산과 스핑고신의 구조식을 쓰시오

24.21 다음의 각 반응들은 화학 문헌에 보고되어 있으며, 좋은 수율로 진행된다. 각 반응의 주 위기 생성물은 무엇인가? 몇몇의 연습문제에서는 이론적으로 두 개 이상의 부분입체이성질체가 가능하지만. 그런 경우에는 하나의 부분입체이성질체가 주 생성물 또는 단일 생성물이다. 그러한 반응들에서 어떤 부분입체이성질체가 우선적으로 생성되며, 기대되는 입체화학을 제시하시오.

(a) $CH_3(CH_2)_7C{\equiv}C(CH_2)_7COOH + H_2 \xrightarrow{\text{Lindlar Pd}}$

(b) $CH_3(CH_2)_7C{\equiv}C(CH_2)_7COOH \xrightarrow[\text{2. H}^+]{\text{1. Li, NH}_3}$

(c) $(Z)\text{-}CH_3(CH_2)_7CH{=}CH(CH_2)_7\overset{O}{\overset{\|}{C}}OCH_2CH_3 + H_2 \xrightarrow{\text{Pt}}$

(d) $(Z)\text{-}CH_3(CH_2)_5\underset{OH}{\underset{|}{C}}HCH_2CH{=}CH(CH_2)_7\overset{O}{\overset{\|}{C}}OCH_3 \xrightarrow[\text{2. H}_2\text{O}]{\text{1. LiAlH}_4}$

(e) $(Z)\text{-}CH_3(CH_2)_7CH{=}CH(CH_2)_7COOH + C_6H_5\overset{O}{\overset{\|}{C}}OOH \longrightarrow$

(f) (e)의 생성물 + $H_3O^+ \longrightarrow$

(g) $(Z)\text{-}CH_3(CH_2)_7CH{=}CH(CH_2)_7COOH \xrightarrow[2.\ H^+]{1.\ OsO_4,\ (CH_3)_3COOH,\ HO^-}$

(h) 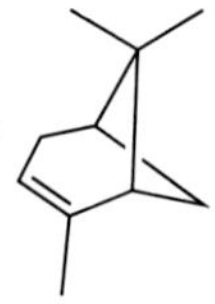 $\xrightarrow[2.\ H_2O_2,\ HO^-]{1.\ B_2H_6,\ \text{디글라임}}$

(i) $\xrightarrow[2.\ H_2O_2,\ HO^-]{1.\ B_2H_6,\ \text{디글라임}}$

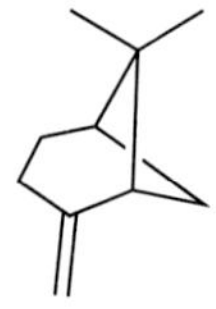

(j) 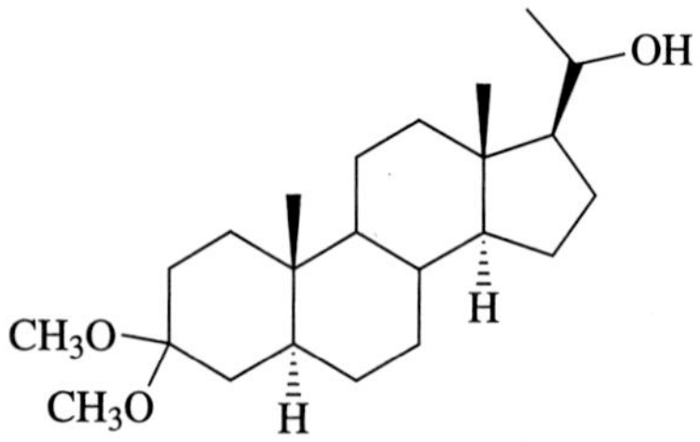 $\xrightarrow[H_2O]{HCl}$ $C_{21}H_{34}O_2$

OH, CH_3O, CH_3O, H, H

24.22 옥타데칸(스테아르)산과 필요한 유기 화합물이나 무기 화합물을 사용하여 다음 화합물을 합성하는 효과적인 방법을 기술하시오.

(a) 옥타데케인
(b) 1-페닐옥타데케인
(c) 3-에틸아이코세인
(d) 아이코산산
(e) 1-옥타데칸아민
(f) 1-노나데칸아민

24.23 다음에 보인 아이소프레노이드는 붉은 여우의 오줌에 있는 냄새 표지물이다. 3-메틸-3-뷰텐-1-올과 필요한 유기 시약이나 무기 시약들로부터 이 물질에 대한 적당한 합성법을 제안하시오.

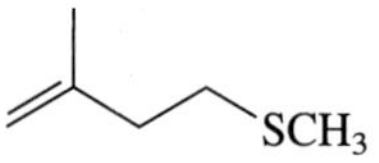

SCH_3

24.24 *사비넨(Sabinene)*은 감귤류 과일과 식물의 기름에서 발견되는 모노터펜이다. 그것은 6-메틸-2,5-헵탄다이온으로부터 다음과 같은 순서로 합성되었다. 각각의 제시된 변환을 수행하는데 적당한 시약들을 제시하시오(힌트: 14.8절을 참고하시오).

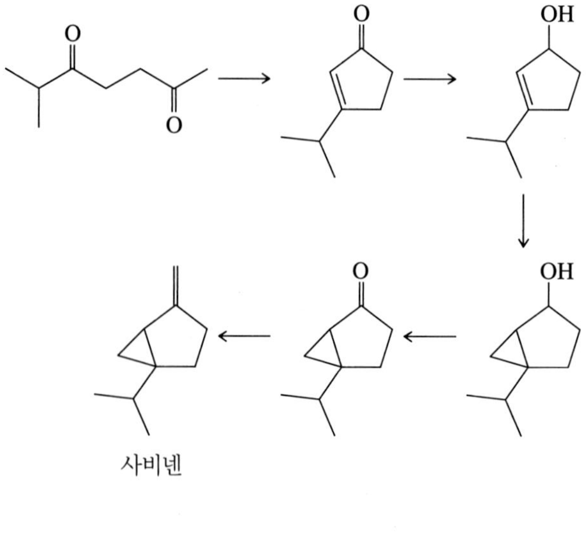

O, O, O, OH, OH, O

사비넨

24.25 아이소프렌은 터펜의 실험실 합성에서 가끔 출발 물질로 사용된다. 이 합성의 첫 단계는 아이소프렌에 2몰의 HBr을 친전자성 첨가하여 1,3-다이브로모-3-메틸뷰테인을 생성하는 것이다. 트라이아실글리세롤의 합성은 다음 물질에서 시작한다.

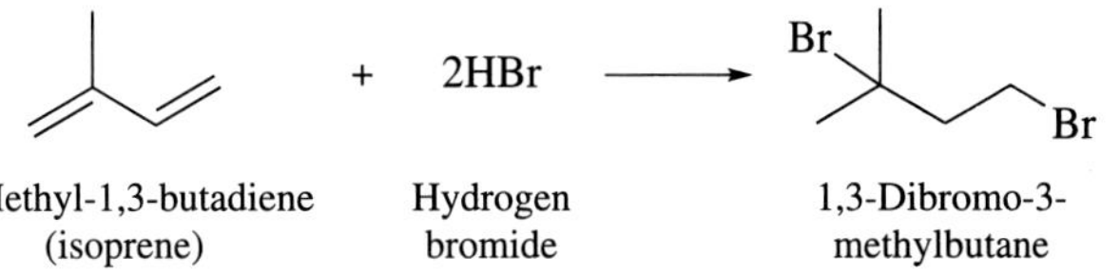

2-Methyl-1,3-butadiene (isoprene) + 2HBr (Hydrogen bromide) ⟶ 1,3-Dibromo-3-methylbutane

이 반응의 메커니즘을 나타내는 일련의 반응들을 쓰시오.

24.26 아이오논(Ionone)은 붓꽃의 냄새에 포함된 향기로운 물질로서 향수에 사용된다. α-와 β-아이오논의 혼합물은 수도아이오논(pseudoionone)을 황산으로 처리하면 얻을 수 있다.

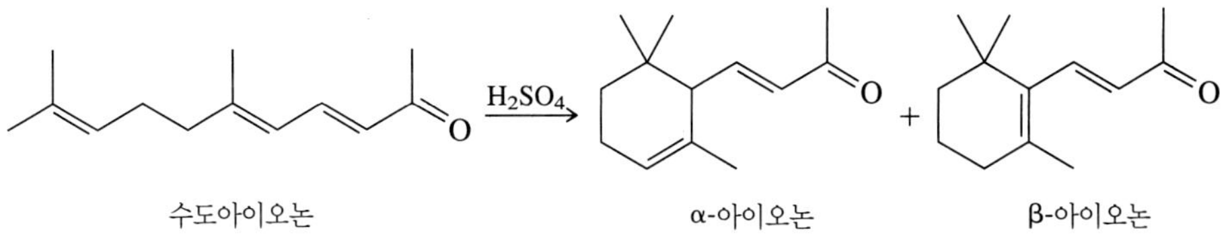

수도아이오논 $\xrightarrow{H_2SO_4}$ α-아이오논 + β-아이오논

이 반응에 대한 단계적인 메커니즘을 쓰시오.

24.27 아래에 부분 구조로 나타낸 β,γ-불포화 스테로이드 케톤들은 산성에서 쉽게 α,β-불포화 이성질체로 전환된다. 이 반응에 대한 단계별 메커니즘을 제시하시오.

$\xrightarrow{H_3O^+}$

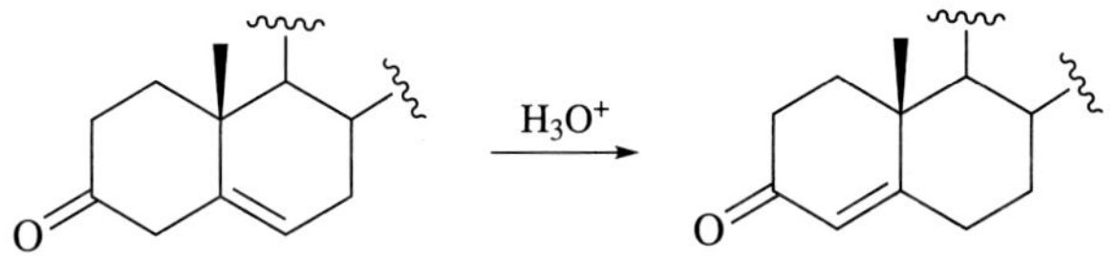

24.28 다음 변환은 디지톡시제닌(digitoxigenin)의 다단계 합성의 한 부분으로 수행되었다. 반응의 메커니즘을 제시하시오.

$\xrightarrow[\text{메탄올-물}]{H_3O^+}$

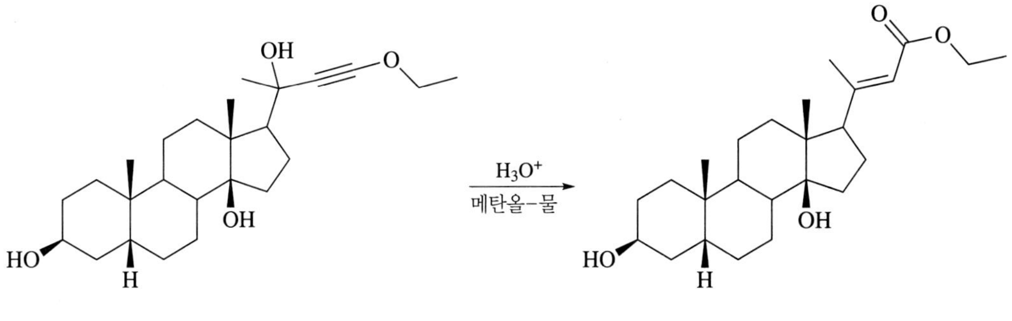

설명문과 이해 문제 24

폴리케타이드

우리는 이 장에서 아세토아세트산이 지방산과 터펜 생합성의 중간체임을 보았다. 그것은 또한 천연에 7000개 이상이 알려져 있는 화합물의 부류인 **폴리케타이드(polyketides)**의 생합성에서의 중간체이기도 하다. 폴리케타이트는 C=O와 CH_2 그룹이 교대로 구성되어 있을 뿐만 아니라 그들로부터 유도되는 화합물이다. 그들의 생합성은 카보닐기의 많은 부분이 지방산 생합성에서는 환원되지만 폴리케타이드의 생합성에서는 유지된다는 점을 제외하고는 닮았다.

아세토아세트산 / 말론산 / 효소

많은 폴리케타이드들은 하나 또는 그 이상의 메틸 치환기를 탄소 사슬에 가지고 있다. 몇몇 경우에는 S-아데노실메싸이오닌이 메틸기의 공급원이며, 다른 경우에는 사슬 화합이 일어나는 동안에 메틸 말론일 CoA(프로판산으로부터 온다)가 아세테이트를 치환한다.

아세토아세트산 / 메틸말론산 / 효소 / CH_3

1. β-다이케톤 구조 단위로부터 유도된 엔올성 OH는 친핵성 아실 치환 반응에서 친핵체로 작용하여 파이론(pyron)이라 고 알려진 육각형 산소 헤테로 고리를 형성한다.

2. 분자내 Claisen 축합은 1,3,5-트라이하이드록시벤젠을 생성한다.

3. 약간 긴 폴리케타이드 사슬의 분자내 알돌축합은 오르셀린산(orsellinic acid)을 생성한다.

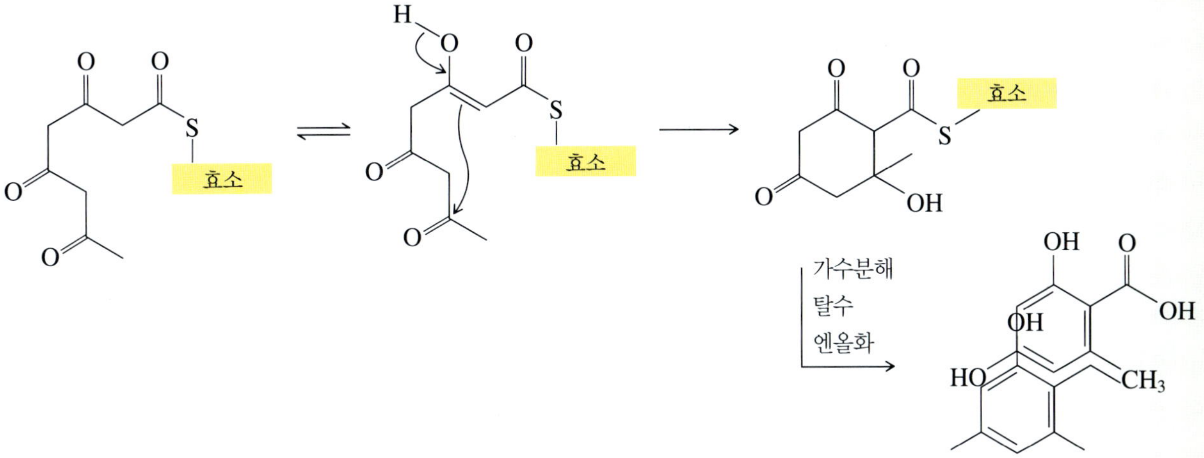

효소

효소

효소

가수분해
탈수
엔올화

CH_3

탄소 사슬과 그의 카보닐기가 관련되는 다른 반응들이 고리화의 선행 또는 후행하여 일어날 수 있음을 인식하면 폴리케타이드를 거쳐서 일어날 수 있는 구조 형태의 수와 복잡성은 증대된다. 자세한 생합성 경로가 알려진 폴리케타이드의 수가 제한적일지라도, 유기반응 메커니즘의 몇 가지 기본 원리에 기초한 그들의 주된 요소에 관한 적당한 제안을 할 수 있다.

에리스로마이신의 생합성에서 첫 번째 효소가 필요 없는 중간체는 폴리케타이드 6-데옥시에리스로노라이드 B이다. 모든 탄소들은 아세트산 또는 프로판산에서 온다.

24.29 얼마나 많은 탄소들이 아세트산 또는 프로판산에서 오는가?

	아세트산	프로판산
A.	0	21
B.	6	15
C.	12	9
D.	18	3

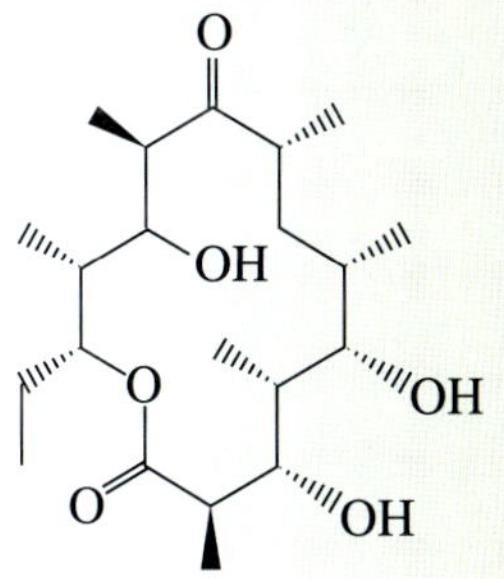

6-데옥시에리스로노라이드 B ($C_{21}H_{38}O_6$)

24.30 얼마나 많은 메틸말론산이 6-데옥시에리스로노라이드 B의 생합성에 관련되는가?

(a) 0 (b) 3 (c) 6 (d) 7

24.31 (+)-디스코더모라이드(Discodermolide)($C_{33}H_{55}NO_8$)는 항암제로서 희망을 가지고 있다. 아마이드 카보닐을 제외하고는 디스코더모라이드의 모든 탄소는 아세트산 또는 프로판산에서 오는 것으로 믿어진다. 얼마나 많은 아세트산 단위에서 오는가? 얼마나 많은 프로판산 단위에서 오는가?

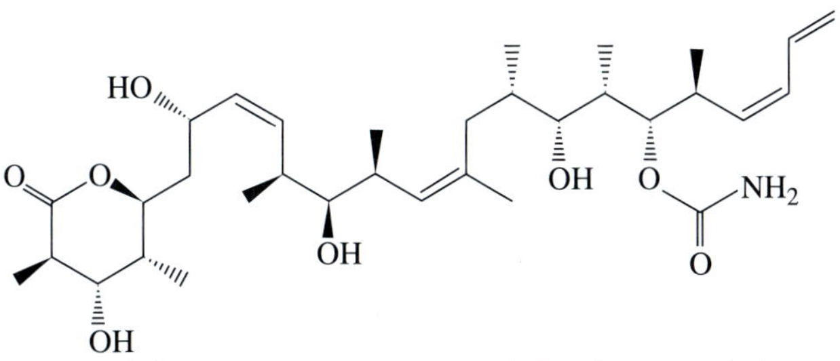

(a) 1 아세트산; 10 프로판산
(b) 4 아세트산; 8 프로판산
(c) 10 아세트산; 4 프로판산
(d) 16 아세트산; 0 프로판산

24.32 나린제닌 칼콘(Naringenin chalcone)의 생합성에서의 주요한 결합–형성 단계는 아래에 보이는 변형된 폴리케타이드의 C-1과 C-6 사이의 분자내 Claisen 축합과 관련되는 것으로 믿어진다.

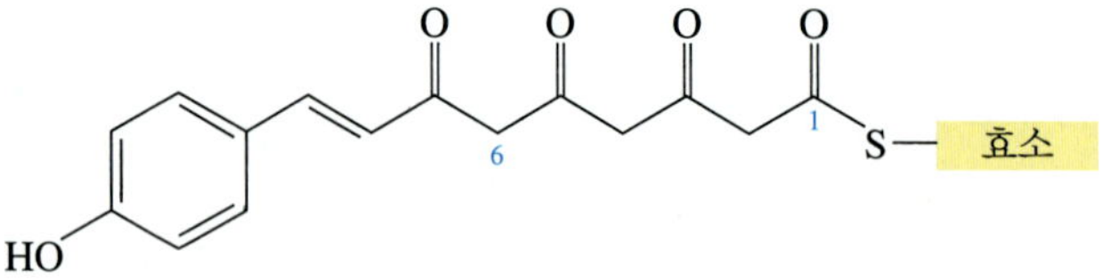

이 가설에 근거하면 다음의 어느 것이 가장 적당한 나린제닌 칼콘의 구조인가?

A. C.

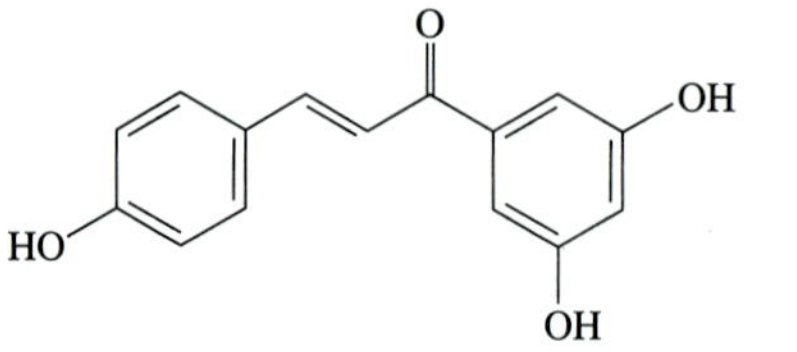

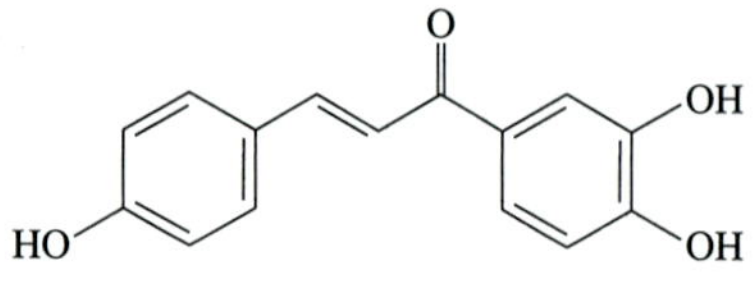

B. 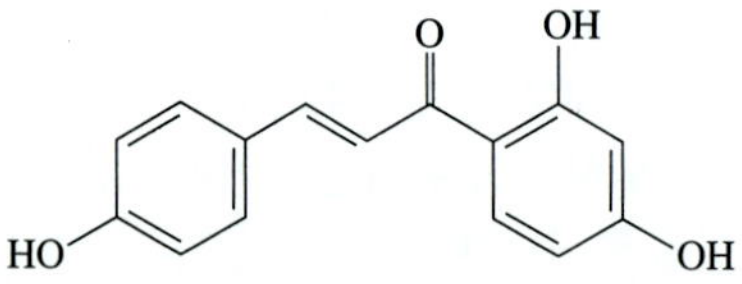 D.

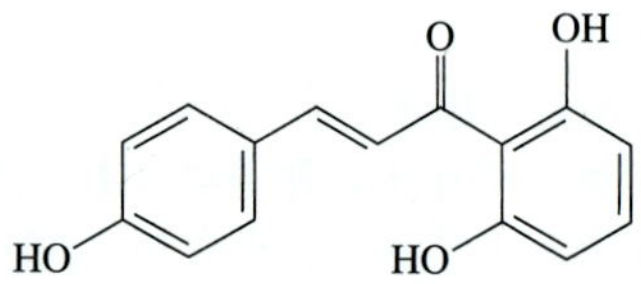

24.33 14-탄소 폴리케토 사슬에서 탄소–탄소 결합 형성은 아래에 보이는 화합물을 생성하는 주요한 생합성 단계라고 제안되었다.

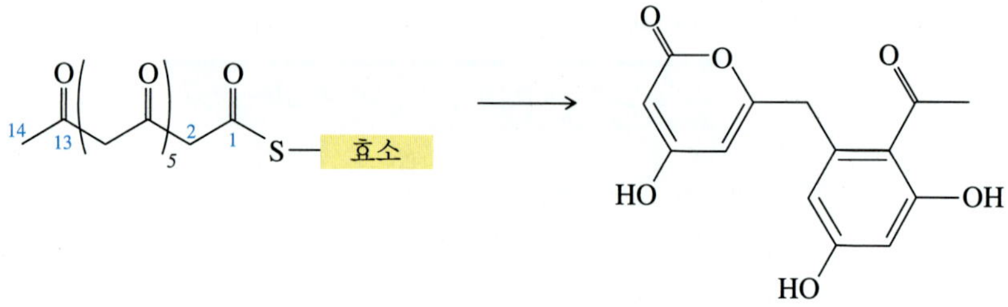

어떤 두 탄소가 이 탄소–탄소 결합 형성 단계에 관련되어 있는가?

(a) C-1과 C-5 (c) C-7과 C-12

(b) C-2과 C-14 (d) C-8과 C-13

24.34 앨터나리올(Alternariol)은 농산물에 자라는 곰팡이에 의해서 합성되는 독이다. 그것은 일곱 개의 아세트산 단위에서 유도되는 폴리케타이드이다. 다음의 어느 것이 가장 적당한 앨터나리올의 구조인가?

A. C.

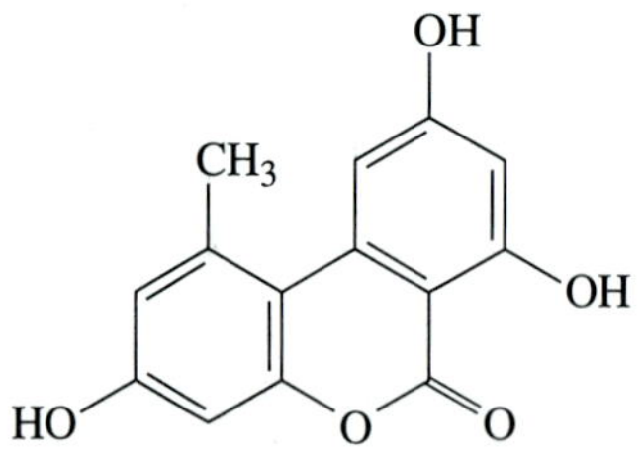

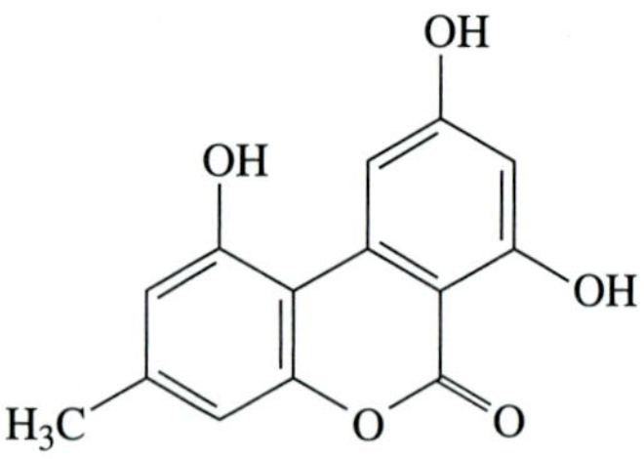

B. 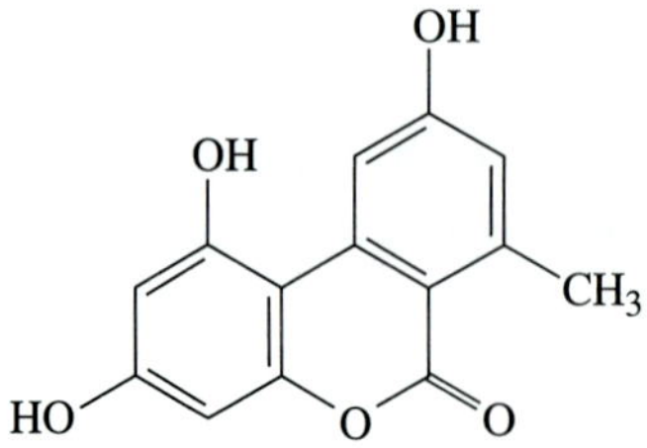 D.

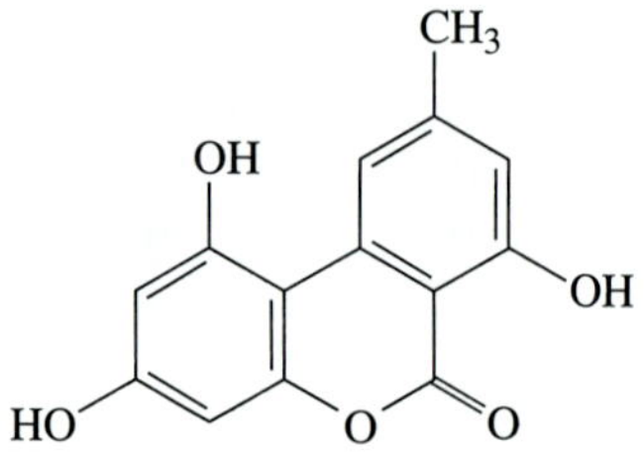

장의 개요

사람을 비롯한 말과 여러 동물들은 라이신을 생합성할 수 없기 때문에 음식으로부터 섭취해야 한다. 따라서 라이신은 여러가지 필수 아미노산 중의 하나이다. 시판중인 동물 사료에는 생물공학적 방법으로 만들어진 라이신이 풍부하다.

아미노산, 펩타이드 및 단백질

Amino Acids, Peptides, and Proteins

구조와 기능과의 관계는 아미노산, 펩타이드 및 단백질 화학에서 잘 나타난다.

아미노산은 아민 작용기를 갖는 카복실산이다. 한 아미노산의 카복실산과 다른 아미노산의 아미노기 질소사이의 아마이드 결합을 **펩타이드 결합(peptide bond)**이라고 한다.

펩타이드 결합

두 α-아미노산 다이펩티이드

다이펩타이드는 펩타이드 결합으로 두 개의 아미노산이 결합된 분자이다. **트라이펩타이드(tripeptide)**는 두 펩타이드 결합으로 세 개의 아미노산이 결합되어 있으며, **테트라펩타이드(tetrapeptide)**는 네 개의 아미노산이 결합되어 있다. 펩타이드가 30~50개 이상의 아미노산을 가지고 있으면 **폴리펩타이드(polypeptide)**이다. **단백질(protein)**은 생물학적 기능을 가진 펩타이드이다.

단백질의 가장 특이한 점은 생물체 내에서 다양한 역할을 한다

는 것이다: 비단은 단백질이며, 피부와 머리도 대부분 단백질이며, 여러 가지 호르몬도 단백질이다. 단백질은 허파로부터 조직으로 산소를 운반하며, 이곳에서 산소는 또 다른 단백질에 저장된다. 모든 효소는 단백질이다.

화학과 생화학의 많은 경우에서 구조는 기능과 관련이 있다. 먼저 기본적인 구성 성분 단위인 α-아미노산에 집중하여 단백질의 구조를 탐구하겠다. 다음에, 펩타이드 구조의 원리들을 발전시킨 후에 어떻게 이 작은 분자에서 얻은 통찰이 단백질의 이해를 돕는 지를 보게 될 것이다.

25.1 아미노산 분류

아미노산은 카복실산 작용기를 갖는 탄소 사슬에 있는 아민기의 위치에 따라서 α, β, γ 등으로 분류된다.

(cyclopropane) α $\overset{+}{N}H_3$, CO_2^- — 1-아미노사이클로프로페인카복실산 (1-aminocyclopropanecarboxylic acid): 식물에서 에틸렌으로 전환되는 생물학적 선구물질인 α-아미노산

$H_3\overset{+}{N}CH_2CH_2CO_2^-$ (β α) — 3-아미노프로판산 (3-amimopropanoic acid) : 이것은 β-알라닌으로 알려졌고 보조효소 A의 구조단위 중의 하나를 만드는 β-아미노산이다.

$H_3\overset{+}{N}CH_2CH_2CH_2CO_2^-$ (γ β α) — 4-아미노뷰탄산 (4-aminobutanoic): 이것은 γ-아미노뷰티르산 (aminobutyric acid, GABA)으로 알려졌고 γ-아미노산이며 신경자극의 전달에 관여한다.

700개 이상의 다른 아미노산이 자연에서 생성되는 것으로 알려져 있으며, 이 중 특히 주의를 끄는 20개의 α-아미노산을 **표준 아미노산**이라고 하며 표 25.1에 나타내었다. 이들 20개의 아미노산들이 DNA가 유도하는 단백질 합성에 이용되며 프롤린을 제외한 모든 아미노산은 일반식에서 곁사슬 R을 가진다. 프롤린은 α-이미노기를 가진 고리형 곁사슬을 가진다.

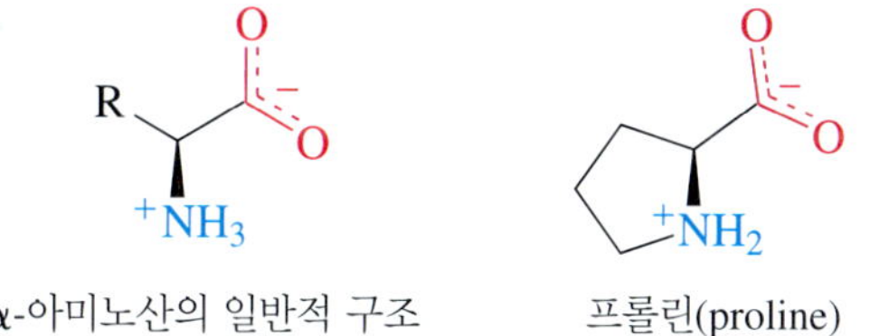

α-아미노산의 일반적 구조 프롤린(proline)

아미노산을 표현하는 방법에는 세 글자로 된 약어와 한 글자로 된 약어가 있는데 두 방법 모두 널리 사용하고 있다. 우리의 몸은 표에 보인 12가지 표준 아미노산들을 만들 수 있으며, **필수 아미노산(essential ammo acid)**이라고 하는 여덟 종의 아미노산은 음식에서 섭취하여야 한다.

α-아미노산이라는 공통적 특징을 20개 표준 아미노산이 공유하기는 하지만, 표 25.1의 가장 중요한 특징은 곁가지 사슬이 다음과 같이 다르다는 것이다.

1. 크기와 모양
2. 전자적 특성, 산-염기 성질, 이온결합, 공유결합, 수소결합, 및 van der Waals 힘을 적용하는 능력.

표 25.1은 pH 7에서 존재하는 아미노산의 형태를 나타낸 것으로 아민기는 양으로 하전된 암모늄 이온으로 나타내며 카복실산기는 음으로 하전된 카복실산 이온으로 나타낸다. 정

표 25.1 표준 아미노산

이름과 약어	구조식*	정전기 퍼텐셜지도	이름과 약어	구조식*	정전기 퍼텐셜지도
비극성 곁사슬 아미노산					
글라이신 Gly(G)	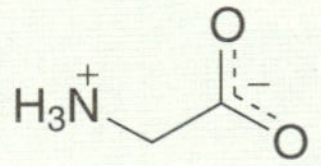 $H_3\overset{+}{N}$, O, O$^-$	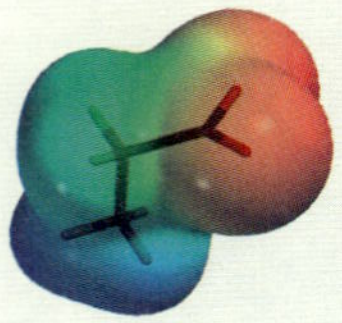	메싸이오닌[†] Met(M)	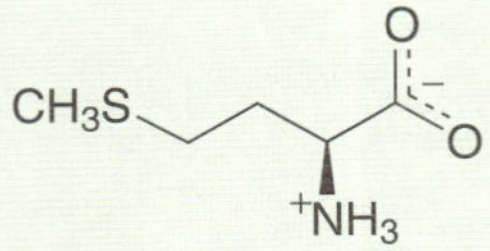 CH_3S, O, O$^-$, $^{+}NH_3$	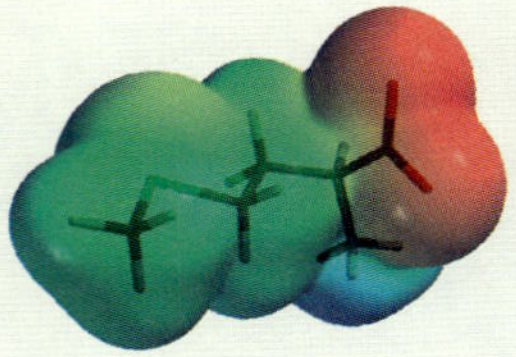
알라닌 Ala(A)	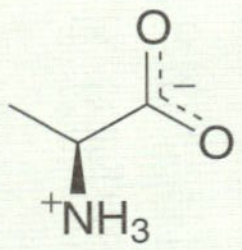 O, O$^-$, $^{+}NH_3$	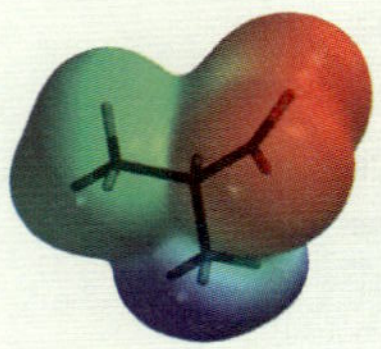	프롤린 Pro(P)	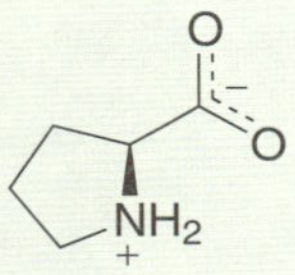 O, O$^-$, $\overset{}{N}H_2^{+}$	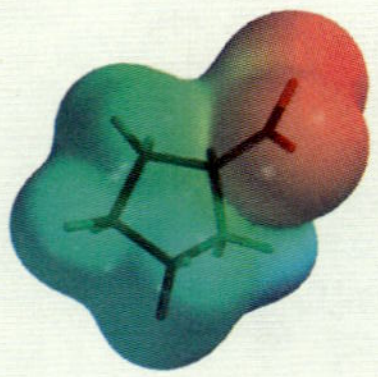
발린[†] Val(V)	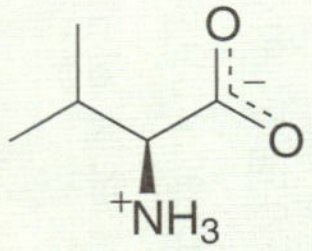 O, O$^-$, $^{+}NH_3$	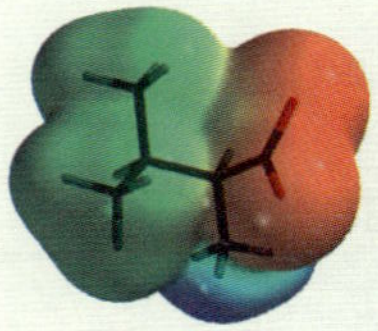	페닐알라닌[†] Phe(F)	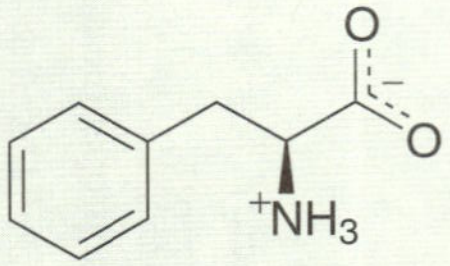 O, O$^-$, $^{+}NH_3$	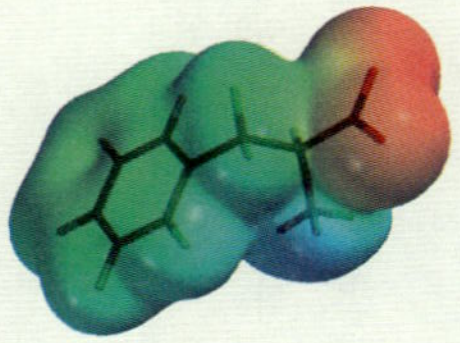
루신[†] Leu(L)	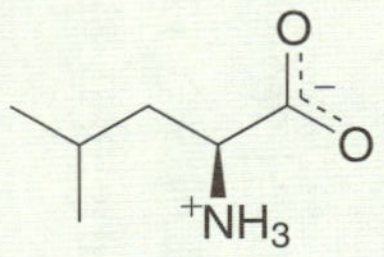 O, O$^-$, $^{+}NH_3$	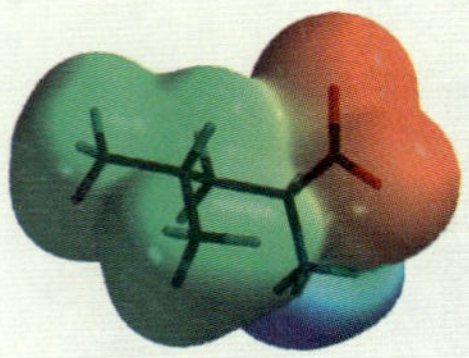	트립토판[†] Trp(W)	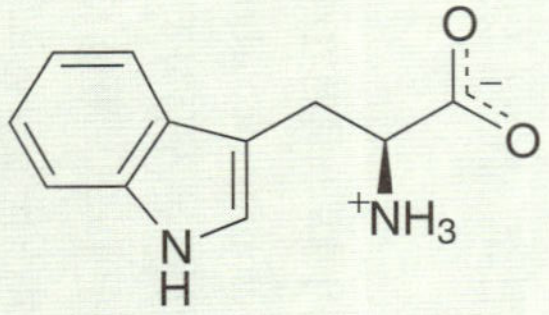 O, O$^-$, $^{+}NH_3$, NH	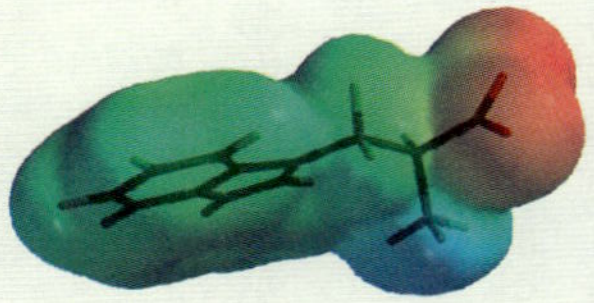
			극성이지만 이온화되지 않은 곁사슬을 가진 아미노산		
아이소루신[†] Ile(I)	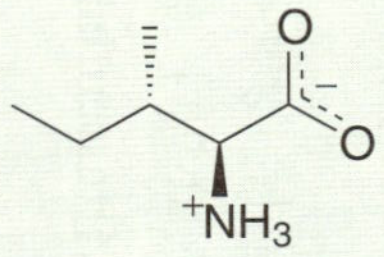 O, O$^-$, $^{+}NH_3$	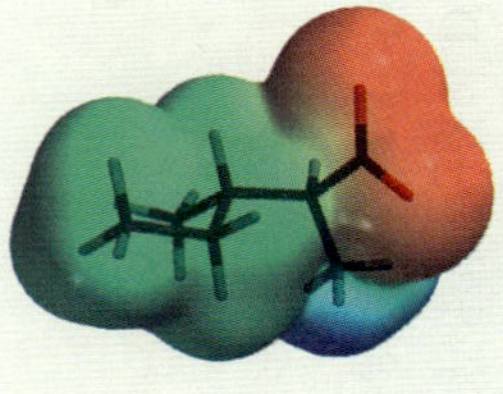	아스파라진 Asn(N)	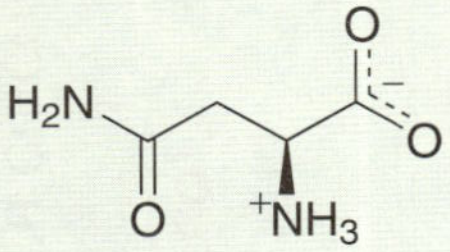 H_2N, O, O, O$^-$, $^{+}NH_3$	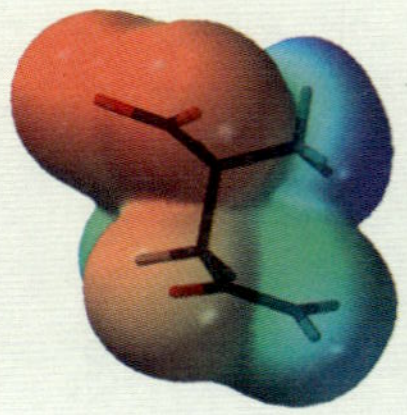

* 모든 아미노산은 pH 7에서 가장 큰 농도로 존재하는 형태로 나타내었다.
† 필수 아미노산. 이것은 동물의 정상적인 성장을 위하여 먹이에 들어 있어야 한다.

표 25.1 표준 아미노산 (*계속*)

이름과 약어	구조식 *	정전기 퍼텐셜지도	이름과 약어	구조식 *	정전기 퍼텐셜지도
극성이지만 이온화되지 않은 곁사슬을 가진 아미노산			**산성 곁사슬을 가진 아미노산**		
글루타민 Gln(N)	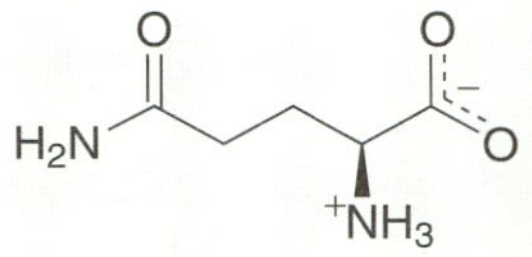	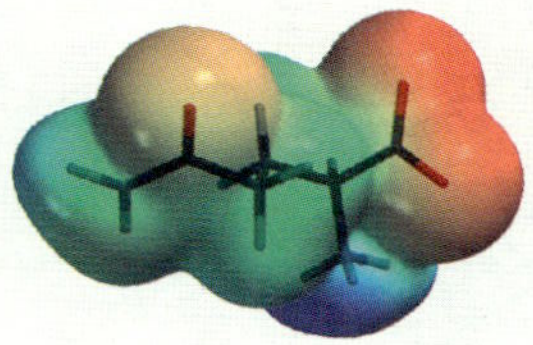	아스팔트산 Asp(D)	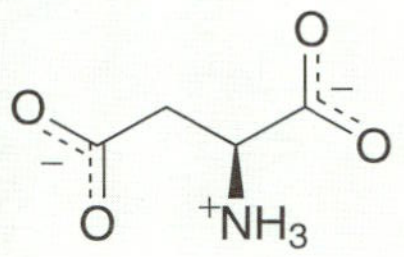	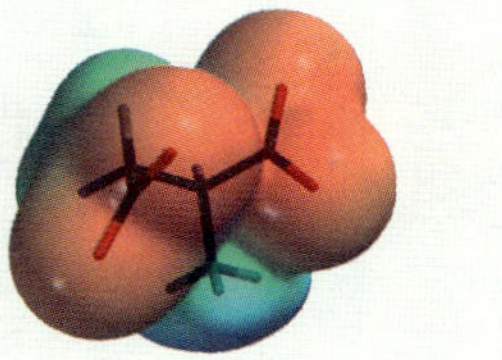
세린 Ser(S)	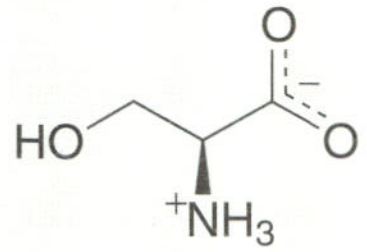	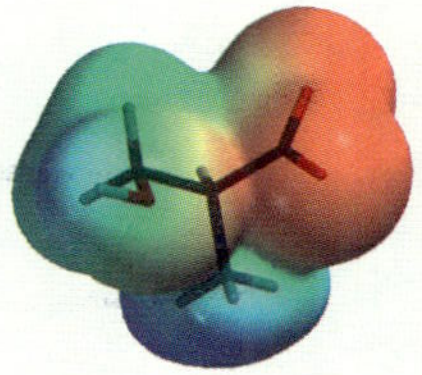	글루탐산 Glu(E)	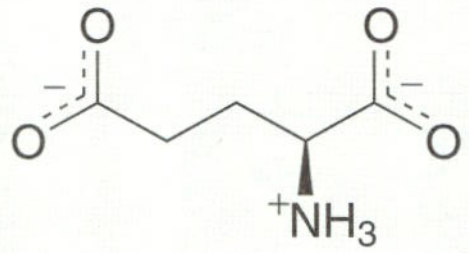	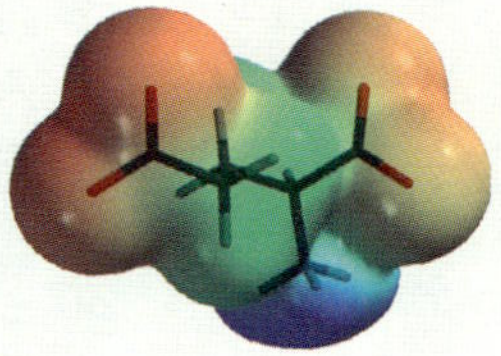
			염기성 곁사슬을 가진 아미노산		
쓰레오닌 Thr(T)	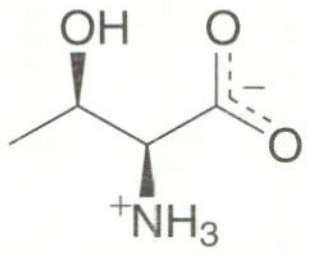	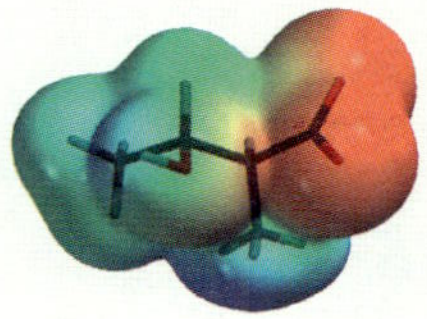	라이신 Lys(K)	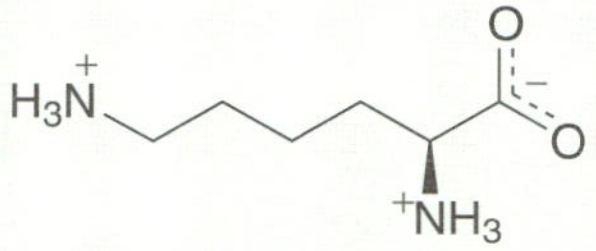	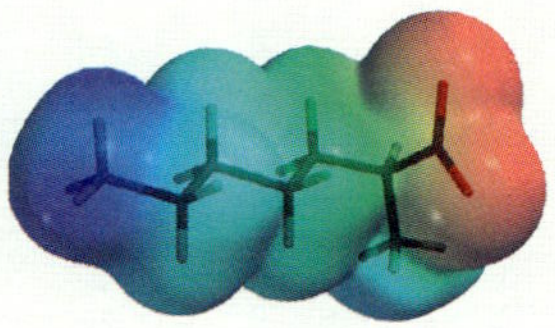
타이로신 Tyr(Y)	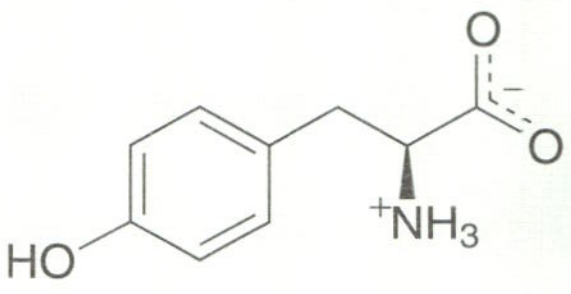	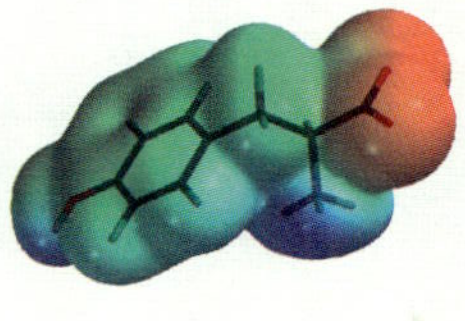	알지닌 † Arg(R)	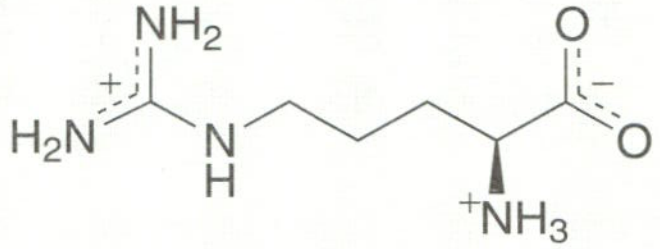	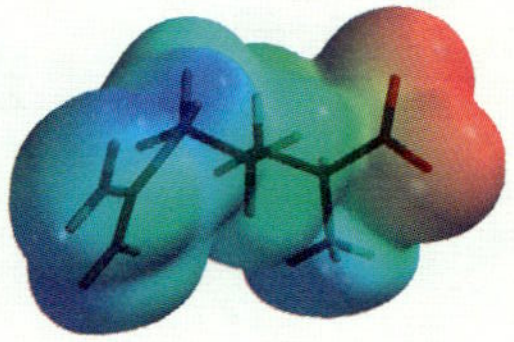
씨스테인 Cys(C)	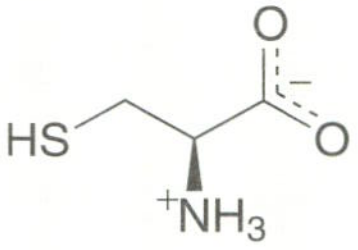	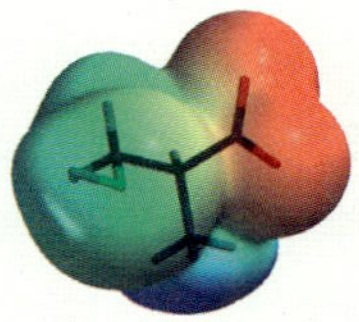	히스티딘 His(H)	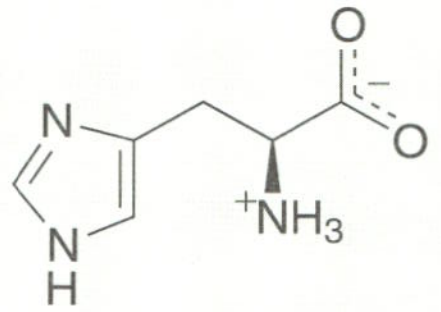	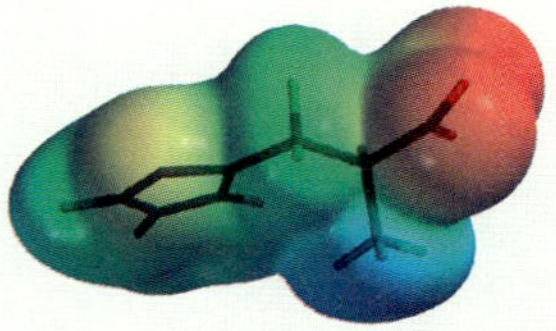

* 모든 아미노산은 pH 7 에서 가장 큰 농도로 존재하는 형태로 나타내었다.
† 필수 아미노산. 이것은 동물의 정상적인 성장을 위하여 먹이에 들어 있어야 한다.

전기 퍼텐셜지도는 이들의 모양과 전하분포를 비교한다.

비극성 곁사슬: *글라이신*($H_3\overset{+}{N}CH_2CO_2^-$)은 곁사슬을 가지지 않았으므로 가장 작은 아미노산이다. 글라이신은 자체의 세기를 줄이거나 공간적 필요없이 폴리펩타이드의 길이와 유연성을 더할 수 있다. 표 25.1에서 글라이신 다음 네 개의 아미노산은 모두 곁사슬로서 알킬기(R)를 가지고 있다. *알라닌*(R = 메틸), *발린*(R = 아이소프로필), *루신*(R = 아이소뷰틸), *아이소류신*(R = *sec*-뷰틸)은 모두 소수성 곁사슬을 가지며 전자적으로 유사하지만 크기와 모양이 다르다.

위에서 언급한 네 가지 알킬기와는 달리 *메싸이오닌*(R = $CH_2CH_2SCH_3$)의 곁사슬에는 황이 존재하므로 더 극성을 가지게 되고, 분산력도 커지게 된다.

*프롤린*은 곁사슬이 α-탄소와 아미노 질소가 고리형으로 되어 있음으로 상대적으로 꽉 짜여 있어서 다른 아미노산에 비하여 구조적으로 유연성이 떨어진다. 프롤린의 아마이드는 다른 펩타이드 사슬의 아마이드와는 달리 N—H 결합이 없어서 수소결합을 할 수 없으며 따라서 프롤린이 존재하면 다른 아미노산이 존재할 때보다 펩타이드의 모양에 더 많은 영향을 미친다.

*페닐알라닌*과 *트립토판*은 소수성인 곁사슬로서 CH_2Ar을 가지고 있다. 트립토판은 더 크고, 더 극성화되어 있으며 대부분의 다른 아미노산에 비하여 단백질에 많이 존재하지 않는다.

극성이지만 이온화되지 않은 곁사슬을 가진 아미노산: 극성 곁사슬을 가진 아미노산 중에서 *세린*이 가장 작다. 세린은 알라닌보다 그렇게 크지 않다. 세린은 곁사슬로 $—CH_2OH$를 가지고 있으며 수소결합에 잘 참여하며 물에 노출된 펩타이드 부분에서 발견된다. *쓰레오닌*은 세린의 $—CH_2OH$ 중의 수소 하나가 메틸기로 치환되어 있으며 입체적으로 OH 작용기가 숨겨져 있으며 그로 인해서 수소결합에 덜 효과적이다.

페닐알라닌의 *p*-하이드록시 유도체인 *타이로신*은 페닐알라닌과 유사한 성질을 가지지만 페놀성—OH 작용기를 통한 수소 결합에 참여하는 능력과 산-염기 성질을 가진다.

*시스테인*은 곁사슬로 세린이 가진 $—CH_2OH$ 대신에 $—CH_2SH$를 가지며 세린과 유사하다. 단백질에서 씨스테인의 숫자는 상대적으로 많지 않지만, 3차원 구조를 형성하는데 실질적인 영향을 준다. 두 개의 씨스테인이 산화되어 곁사슬인 $—CH_2SH$가 다리를 만들어 $—CH_2—S—S—CH_2—$로 변환된다. 이러한 결합은 흔히 멀리 떨어진 두 아미노산을 결합하여 단백질을 접히게 하여 독특한 형태로 만드는 역할을 한다.

*아스파라진*과 *글루타민*은 아민이 아닌 아마이드이며 둘다 $—\overset{O}{\overset{\|}{C}}NH_2$의 말단기를 가지고 있지만 글루타민이 CH_2기를 하나 더 가지고 있다. 아마이드 작용기는 상당히 극성이며 수소결합으로 물분자와 강한 상호작용을 한다. 세린처럼 아스파라진과 글루타민은 펩타이드의 물과 접촉하는 부분에서 발견된다.

산성 곁사슬을 가진 아미노산: *아스팔트산*과 *글루탐산*의 정전기 퍼텐셜지도는 표 25.1에서 가장 특이하다. 아스팔트산과 글루탐산의 곁사슬인 $—CO_2H$는 생물학적 pH에서 거의 완전하게 $—CO_2^-$로 탈양성자화되어 모든 보통의 아미노산들 중에서 가장 전자가 풍부한 물질이 된다. 이들의 가장 중요한 기능은 양으로 하전된 물질과 이온결합이다. 이온결합은 금속과 할 수 있으며 다른 아미노산들의 암모늄과도 가능하다.

염기성 곁사슬을 가진 아미노산: 염기성 아미노산–*라이신, 아르기닌* 및 *히스티딘*–은 산성 아미노산과 반대이다. 이들의 가장 중요한 기능은 인산 음이온과 이온결합을 하는 것이

다. 아르기닌의 염기성이 가장 크고, 히스티딘이 가장 작다.

비표준아미노산. 때로는 펩타이드에 표 25.1에 있는 20개의 아미노산과 다른 구조를 가진 아미노산이 포함된다. 예를 들면 *데하이드로알라닌*은 사이아노생성 박테리아 계열에서 분비되는 독성물질의 성분이며, *하이드록시프롤린*은 조직을 연결하는 콜라겐 성분이다.

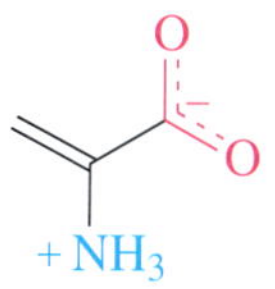

데하이드로알라닌 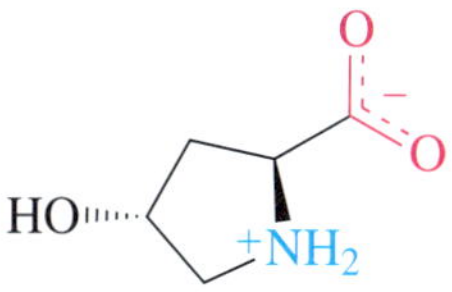　　하이드록시프롤린

데하이드로알라닌과 하이드록시프롤린은 다른 비표준 아미노산처럼 표준 아미노산의 구조처럼 변경되어 이미 단백질 내에 포함되어 있다. 셀레노시스테인과 파이로라이신의 두 비표준 아미노산은 DNA에 의해 인식되어지며 21번째와 22번째의 아미노산으로 불려진다.

셀레노시스테인 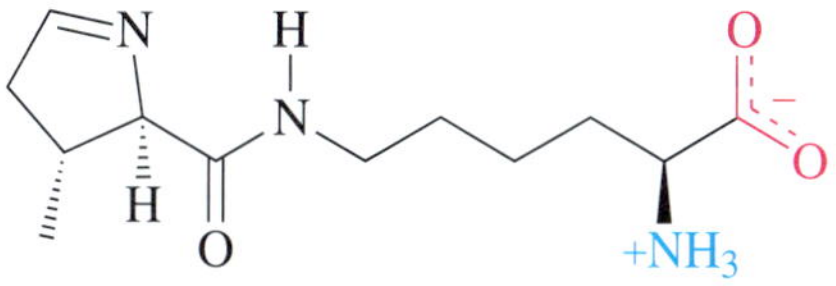　　파이로라이신

문제 25.1

다음 절에서 아미노산의 입체화학을 공부할 것이다. Cahn-Ingold-Prelog *R*,*S* 명명법을 이용하여 비표준 아미노산 네 개의 모든 카이랄탄소 입체화학을 각각 나타내시오.

25.2 아미노산의 입체화학

글라이신은 가장 간단한 아미노산이며 표 25.1에서 유일하게 비카이랄이다. α-탄소 원자는 모든 다른 아미노산에서 카이랄 중심이다. 아미노산의 배열은 보통 D, L 표기 체계에 의해 정해진다. 단백질에서 얻은 모든 카이랄 아미노산들은 α-탄소 원자에서 L-배열을 갖는다. 즉, 그 의미는 Fisher 투영에서 카복실기를 위쪽에 놓았을 때 아민기는 왼쪽에 있다는 것이다.

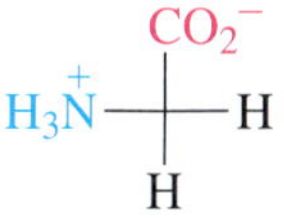

비카이랄 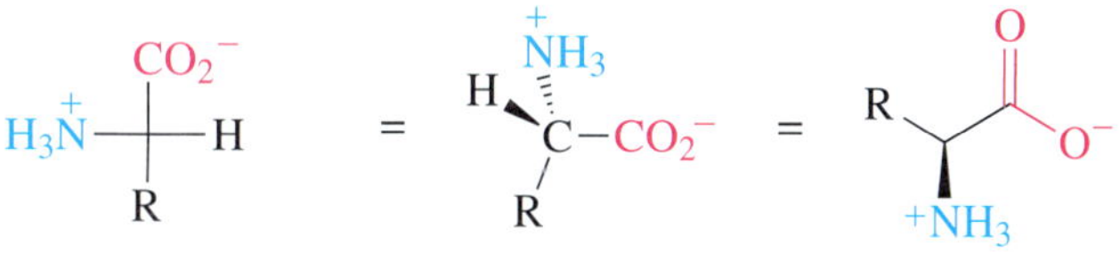　　α-아미노산의 Fischer 투영

문제 25.2

다음 각 L-아미노산의 α-탄소 원자에서 절대배열(*R* 또는 *S*)은 무엇인가?

(a) 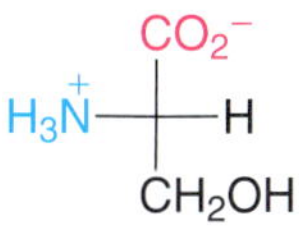 L-세린　(b) 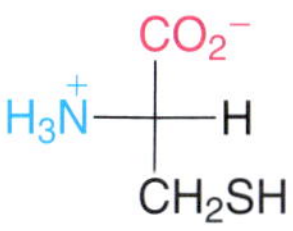 L-시스테인　(c) 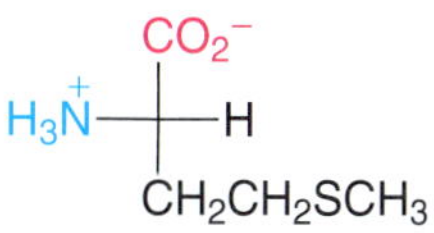 L-메싸이오닌

풀이 예시 (a) 먼저 카이랄 중심에 직접 결합된 네 작용기를 확인하고, 그리고 서열 규칙의 우선 순위가 감

소하는 순서로 이것들을 나열하여라. L-세린에서 이들 작용기는 다음과 같다.

$$H_3\overset{+}{N}— > —CO_2^- > —CH_2OH > —H$$

서열이 가장 높다 서열이 가장 낮다

다음에 L-세린의 Fischer 투영을 3차원 구조로 나타내고, 그리고 입체생성 중심에 있는 가장 낮은 서열의 치환체가 여러분으로부터 먼 쪽을 향하도록 회전하여라.

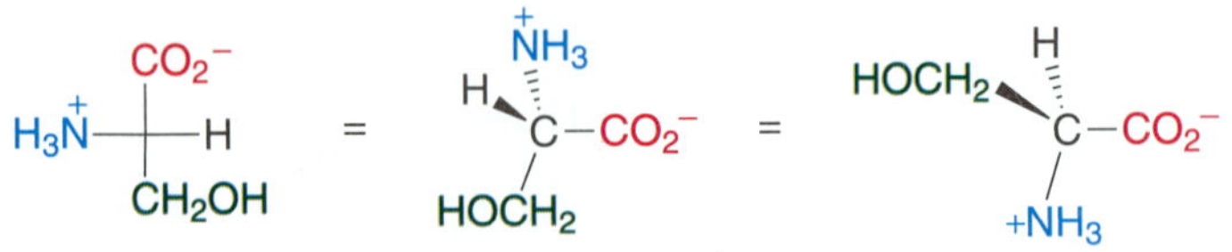

CO_2^-, $H_3\overset{+}{N}$, H, CH_2OH = $\overset{+}{N}H_3$, H, C, CO_2^-, $HOCH_2$ = H, $HOCH_2$, C, CO_2^-, $^+NH_3$

우선순위가 감소하는 순서대로 따라가면 이 세 가지 가장 높은 서열의 작용기들은 시계 반대방향으로 돌아간다.

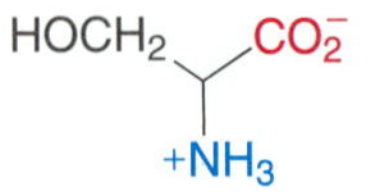

$HOCH_2$, CO_2^-, $^+NH_3$

L-세린의 절대배열은 *S*이다.

문제 25.3

아미노산인 L-쓰레오닌은 (2*S*,3*R*)-2-아미노-3-하이드록시뷰탄산이다. L-쓰레오닌을 Fischer 투영으로 그리시오.

단백질로부터 얻은 모든 카이랄 아미노산들이 α-탄소에서 L-배열을 갖지만, 이것이 D-아미노산은 알려져 있지 않다는 것을 뜻하는 것으로 받아 들여서는 안된다. 사실, 아주 많은 D-아미노산들이 자연에서 발견된다. 예컨대, D-알라닌은 박테리아 세포벽의 한 성분이다. 요컨대, D-아미노산은 DNA에 의해 인식되지 못한다는 점이다.

아미노산 라세미화(amino acid racemization; AAR)라고 하는 고고학 시료의 연대 측정에 대한 새로운 기법은 아미노산의 입체화학에 기초를 두고 있다. 시간이 지나면 단백질에 있는 아미노산의 α-탄소 원자에서의 배열이 1차반응 속도를 따르는 반응으로 상실된다. α-탄소가 유일한 카이랄 중심일 때, 이 반응은 라세미화 반응에 해당한다. 두 카이랄 중심을 갖는 아미노산에서, α-탄소의 배열이 L에서 D로 변하면 부분입체이성질체가 생성된다. 예컨대, 아이소루신의 경우, 부분입체이성질체는 *알로아이소루신*이라 하며 단백질에 없는 아미노산이다.

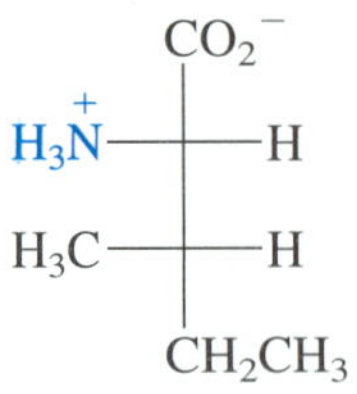

L-Isoleucine: CO_2^-; $H_3\overset{+}{N}$—C—H; H_3C—C—H; CH_2CH_3

D-Alloisoleucine: CO_2^-; H—C—$\overset{+}{N}H_3$; H_3C—C—H; CH_2CH_3

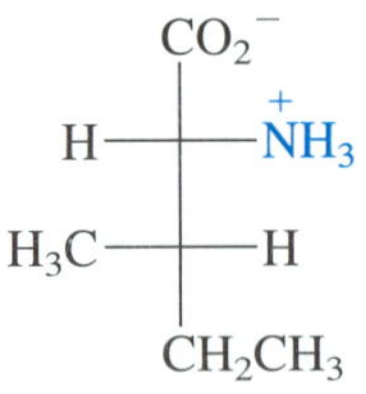

L-Isoleucine D-Alloisoleucine

멸종된 호주 새의 알껍데기로부터 분리한 단백질에서 L-아이소루신과 D-알로아이소루신의 비를 측정하여, 이 새가 약 50,000년 전에 살았다는 것을 최근에 밝혀졌다. 방사성 탄소(^{14}C)연대 측정법은 약 35,000년보다 더 오래된 시료에 대하여는 정확하지 못하다. 그래서 AAR은 고생물 학자들이 이용할 수 있는 유용한 도구가 됐다.

25.3 아미노산의 산-염기 거동

글라이신과 같은 전형적인 아미노산의 물리적 성질은 분자식 $H_2NCH_2CO_2H$에서 예상되는 것보다 훨씬 더 극성인 물질이다. 글라이신은 결정성 고체이며 녹지 않지만, 가열하면 결국 233°C에서 분해된다. 이것은 물에 매우 잘 녹지만 비극성 유기용매에는 녹지 않는다. 이런 성질들은 글라이신의 안정한 형태가 **쯔비터이온(zwitterion)**이라는 사실에 기인한다.

> 쯔비터이온은 때로는 *쌍극자 이온*(*dipole ion*)으로 불려진다. 그러나 실제 이온은 아니며 중성 분자이다.

$H_2NCH_2CO_2H \rightleftharpoons H_3\overset{+}{N}CH_2CO_2^-$

강산 pK_a = 5

글라이신의 쯔비터이온 형태
이온형 pK_a = 9

앞의 반응식에서 나타낸 평형은 압도적으로 쯔비터이온 쪽에 놓인다.

글라이신은 물론, 다른 아미노산들도 *양쪽성*(*amphorteric*)이다. 이것은 아미노산이 산성 작용기와 염기성 작용기를 갖는다는 것을 뜻한다. 산성 작용기는 $H_3\overset{+}{N}$—이고 염기성 작용기는 $—CO_2^-$이다. 이것을 어떻게 아는가? 물리적 성질 외에, 그림 25.1에서 적정 곡선으로 설명한 것처럼, 글라이신의 산-염기 성질은 그것을 필요로 한다. 강한 산성 매질에서, 존재하는 화학종은 $H_3\overset{+}{N}CH_2CO_2H$이다. pH가 증가함에 따라 양성자가 이 화학종으로부터 떨어진다. 양성자는 양으로 하전된 질소에서 또는 카복실기에서 떨어지는가? $R\overset{+}{N}H_3$와 RCO_2H의 상대적 산 강도에서 예상되는 바가 무엇인지를 안다. 전형적인 암모늄 이온은 p$K_a \approx 9$이고, 전형적인 카복실산은 p$K_a \approx 5$이다. 글라이신의 짝산에 대한 pK_a 측정치는 2.34이며 이 값은 카복실기의 탈양성자화에 대하여 예상되는 값에 더 가깝다. pH가 증가함에 따라, 쯔비터이온의 질소로부터 양성자 제거에 해당하는 두 번째 탈양성자화가 관찰된다. 이 단계와 관련된 pK_a는 9.60이며 이 값은 전형적인 알킬암모늄 이온의 값과 매우 유사하다.

$H_3\overset{+}{N}CH_2CO_2H \underset{+H^+}{\overset{-H^+}{\rightleftharpoons}} H_3\overset{+}{N}CH_2CO_2^- \underset{+H^+}{\overset{-H^+}{\rightleftharpoons}} H_2NCH_2CO_2^-$

pH < 2.3에서 존재하는 주 화학종 | pH > 2.3–9.6에서 존재하는 주 화학종 | pH > 9.6에서 존재하는 주 화학종

따라서, 글라이신은 두 pK_a 값을 갖는데, 더 산성인 자리에 해당하는 것을 pK_{a1}으로

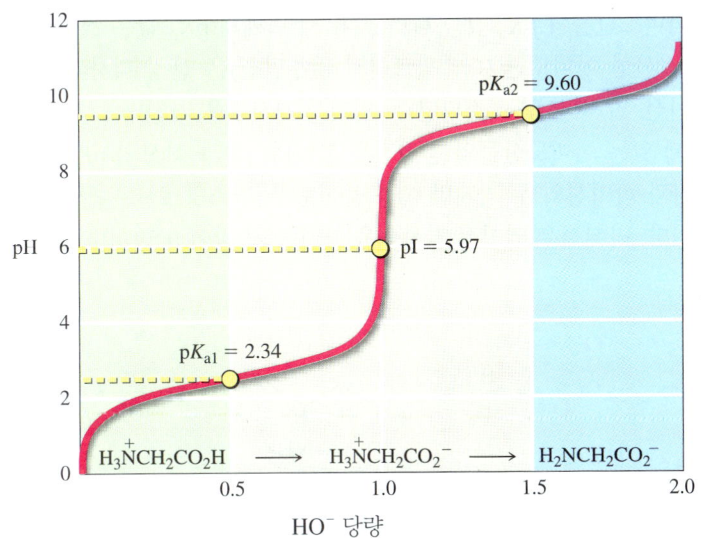

그림 25.1

글라이신의 적정 곡선. pH = 2.34 보다 낮으면 $H_3\overset{+}{N}CH_2CO_2H$ 가 주요 화학종이다. pH = 2.34에서 $[H_3\overset{+}{N}CH_2CO_2H] = [H_3\overset{+}{N}CH_2CO_2^-]$. pH = 2.34와 pH = 9.60 사이에서, 주요 화학종은 $H_3\overset{+}{N}CH_2CO_2^-$ 이다. 이것의 농도는 등전점 pI = 5.97에서 극대이다. pH = 9.60 에서 $[H_3\overset{+}{N}CH_2CO_2^-] = [H_2NCH_2CO_2^-]$. pH = 9.60 보다 높은 pH에서, $H_2NCH_2CO_2^-$ 가 가장 큰 농도로 존재한다.

표 25.2 중성의 곁사슬을 갖는 아미노산의 산–염기 성질

아미노산	pK_a1^*	pK_a2^*	pI
글라이신	2.34	9.60	5.97
알라닌	2.34	9.69	6.00
발린	2.32	9.62	5.96
루신	2.36	9.60	5.98
아이소루신	2.36	9.60	6.02
메싸이오닌	2.28	9.21	5.74
프롤린	1.99	10.60	6.30
페닐알라닌	1.83	9.13	5.48
트립토판	2.83	9.39	5.89
아스파라진	2.02	8.80	5.41
글루타민	2.17	9.13	5.65
세린	2.21	9.15	5.68
쓰레오닌	2.09	9.10	5.60
타이로신	2.20	9.11	5.66

* 모든 경우에, pK_{a1}은 카복실기의 이온화에 해당하며, pK_{a2}는 암모늄 이온의 탈양성자화에 해당한다.

나타내고, 덜 산성인 자리에 해당하는 것을 pK_{a2}로 나타낸다. 표 25.2에 중성 곁사슬을 갖는 α-아미노산들에 대한 pK_{a1}과 pK_{a2}를 나타내었고, 이 아미노산들은 표 25.1에 주어진 아미노산들의 처음 두 집단이다. 모든 경우에, 이것들의 pK_a 값은 글라이신의 값과 유사하다.

표 25.2에는 pI로 표시한 열에 들어 있다. pI는 아미노산의 **등전점(isoelectric point)**으로서 **등이온점(isoionic point)**이라고도 한다. 등전점은 아미노산이 알짜 전하를 갖지 않는 pH이며 쯔비터이온의 농도가 최대가 되는 pH이다. 표 25.2에 있는 아미노산들에 대한 pI는 pK_{a1}과 pK_{a2}의 평균값이며 중성보다는 산성 쪽에 놓인다.

몇 가지 아미노산들은 산성이나 또는 염기성 작용기가 있는 곁사슬을 갖는다. 표 25.3에 이들 아미노산들의 pK_a 값을 나타냈다. 세 번째의 pK_a 값은 곁사슬의 성질에 의한 영향을 받는다. 산성 아미노산 (아스팔트산과 글루탐산)은 산성 곁사슬을 가지며, 염기성 아미노산 (라이신, 알지닌, 및 히스티딘)은 염기성 곁사슬을 가진다.

표 25.3에 있는 아미노산들의 등전점은 쯔비터이온과 짝산의 pK_a 사이의 중간에 있다. 아스팔트산과 라이신의 두 가지만 예를 들어보자. 아스팔트산은 산성 곁사슬을 가지며 pI 값이 2.77이다. 라이신은 염기성 곁사슬을 가지며 pI 값이 9.74이다.

아스팔트산:

HO(C=O)–CH₂–CH(+NH₃)–COOH ⇌ (−H⁺ / +H⁺) HO(C=O)–CH₂–CH(+NH₃)–COO⁻ ⇌ (−H⁺ / +H⁺) ⁻O(C=O)–CH₂–CH(+NH₃)–COO⁻ ⇌ (−H⁺ / +H⁺) ⁻O(C=O)–CH₂–CH(NH₂)–COO⁻

pH < 1.9에서의 주 화학종 | pH 1.9~3.6에서의 주 화학종 | pH 3.6~9.6에서의 주 화학종 | pH > 9.6에서의 주 화학종

표 25.3 이온화할 수 있는 곁사슬을 갖는 아미노산의 산-염기 성질

아미노산	pK_{a1}*	pK_{a2}	pK_a 의 곁사슬	pI
아스팔트산	1.88	9.60	3.65	2.77
글루탐산	2.19	9.67	4.25	3.22
라이신	2.18	8.95	10.53	9.74
알지닌	2.17	9.04	12.48	10.76
히스티딘	1.82	9.17	6.00	7.59

* 모든 경우에, pK_a는 $RCHCO_2H$($\overset{+}{N}H_3$)의 카복실기의 이온화에 해당한다.

아스팔트산의 pI는 pK_{a1} (1.88)과 곁사슬의 pK_a (3.65)의 평균인 2.77이다.

라이신:

$H_3\overset{+}{N}(CH_2)_4CH(\overset{+}{N}H_3)CO_2H \underset{+H^+}{\overset{-H^+}{\rightleftharpoons}} H_3\overset{+}{N}(CH_2)_4CH(\overset{+}{N}H_3)CO_2^- \underset{+H^+}{\overset{-H^+}{\rightleftharpoons}} H_3\overset{+}{N}(CH_2)_4CH(NH_2)CO_2^- \underset{+H^+}{\overset{-H^+}{\rightleftharpoons}} H_2N(CH_2)_4CH(NH_2)CO_2^-$

pH < 2.2에서의 주 화학종 | pH2.2~9.0에서의 주 화학종 | pH9.0~10.5에서의 주 화학종 | pH > 10.5에서의 주 화학종

라이신의 pI는 pK_{a2} (8.95)와 곁사슬의 pK_a (10.53)의 평균인 9.74이다.

문제 25.4

시스테인은 pK_{a1} = 1.96 및 pK_{a2} = 10.28을 갖는다. 곁사슬 —SH의 이온화 값 pK_a= 8.18이다. 시스테인의 등전점은 얼마인가?

문제 25.5

약 10 이상의 pH에서 타이로신 용액 중에 중요한 성분 물질이 존재하는데 순수 전하가 −2이다. 이 화학종에 대한 적당한 구조를 제시하라.

각 아미노산들은 산-염기 성질이 각각 다르다. 기질의 성질이 특히 아미노산 곁사슬의 특성을 나타내는 이미노산의 성분 물질에 의해 좌우되는 펩타이드와 단백질에서 대단히 중요하다. 복잡한 아미노산 혼합물을 각 성분 물질로 분리할 아미노산의 양성자-주개 능력과 양성자-받개 능력의 차이를 이용하는 것은 중요하다.

Electrophoresis

Electrophoresis is a method for separation and purification that depends on the movement of charged particles in an electric field. Its principles can be introduced by considering some representative amino acids. The medium is a cellulose acetate strip that is moistened with an aqueous solution buffered at a particular pH. The opposite ends of the strip are

(계속)

Electrophoresis *(계속)*

placed in separate compartments containing the buffer, and each compartment is connected to a source of direct electric current(Figure 25.2*a*). If the buffer solution is more acidic than the isoelectric point(pI) of the amino acid, the amino acid has a net positive charge and migrates toward the negatively charged electrode. Conversely, when the buffer is more basic than the pI of the amino acid, the amino acid has a net negative charge and migrates toward the positively charged electrode. When the pH of the buffer corresponds to the pI, the amino acid has no net charge and does not migrate from the origin.

Thus if a mixture containing alanine, aspartic acid, and lysine is subjected to electrophoresis in a buffer that matches the isoelectric point of alanine(pH 6.0), aspartic acid(pI 5 2.8) migrates toward the positive electrode, alanine remains at the origin, and lysine(pI 5 9.7) migrates toward the negative electrode(Figure 25.2b).

$^-O_2CCH_2CH(\overset{+}{N}H_3)CO_2^-$ — Aspartic acid (−1 ion)

$CH_3CH(\overset{+}{N}H_3)CO_2^-$ — **Alanine (neutral)**

$H_3\overset{+}{N}(CH_2)_4CH(\overset{+}{N}H_3)CO_2^-$ — Lysine (+1 ion)

Electrophoresis is used primarily to analyze mixtures of peptides and proteins, rather than individual amino acids, but analogous principles apply. Because they incorporate different numbers of amino acids and because their side chains are different, two peptides will have slightly different acid–base properties and slightly different net charges at a particular pH. Thus, their mobilities in an electric field will be different, and electrophoresis can be used to separate them. The medium used to separate peptides and proteins is typically a polyacrylamide gel, leading to the term *gel electrophoresis* for this technique.

A second factor that governs the rate of migration during electrophoresis is the size(length and shape) of the peptide or protein. Larger molecules move through the polyacrylamide gel more slowly than smaller ones. In current practice, the experiment is modified to exploit differences in size more than differences in net charge, especially in the *SDS gel electrophoresis* of proteins. Approximately 1.5 g of the detergent *sodium dodecyl sulfate*(SDS, page 788) per gram of protein is added to the aqueous buffer. SDS binds to the protein, causing the protein to unfold so that it is roughly rod-shaped with the $CH_3(CH_2)_{10}CH_2$— groups of SDS associated with the lipophilic(hydrophobic) portions of the protein. The negatively charged sulfate groups are exposed to the water. The SDS molecules that they carry ensure that all the protein molecules are negatively charged and migrate toward the positive electrode. Further more, all the proteins in the mixture now have similar shapes and tend to travel at rates proportional to their chain length. Thus, when carried out on a preparative scale, SDS gel electrophoresis permits proteins in a mixture to be separated according to their molecular weight. On an analytical scale, it is used to estimate the molecular weight of a protein by comparing its electrophoretic mobility with that of proteins of known molecular weight.

Later, in Chapter 26, we will see how gel electrophoresis is used in nucleic acid chemistry.

A mixture of amino acids

$^-O_2CCH_2CH(\overset{+}{N}H_3)CO_2^-$ $CH_3CH(\overset{+}{N}H_3)CO_2^-$ $H_3\overset{+}{N}(CH_2)_4CH(\overset{+}{N}H_3)CO_2^-$

is placed at the center of a sheet of cellulose acetate. The sheet is soaked with an aqueous solution buffered at a pH of 6.0. At this pH aspartic acid exists as its −1 ion, alanine as its zwitterion, and lysine as its +1 ion.

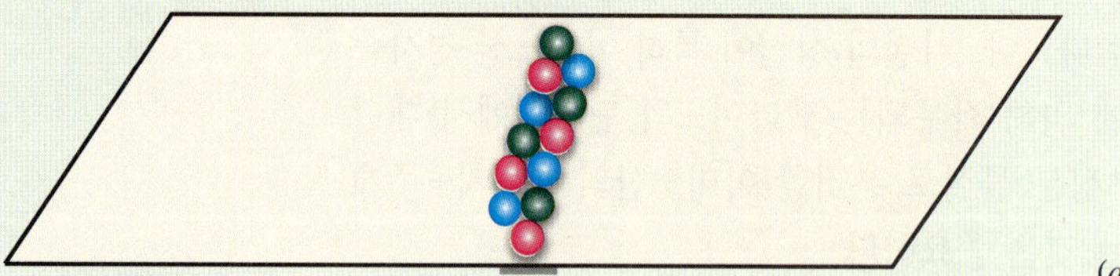

Application of an electric current causes the negatively charged ions to migrate to the + electrode, and the positively charged ions to migrate to the − electrode. The zwitterion, with a net charge of zero, remains at its original position.

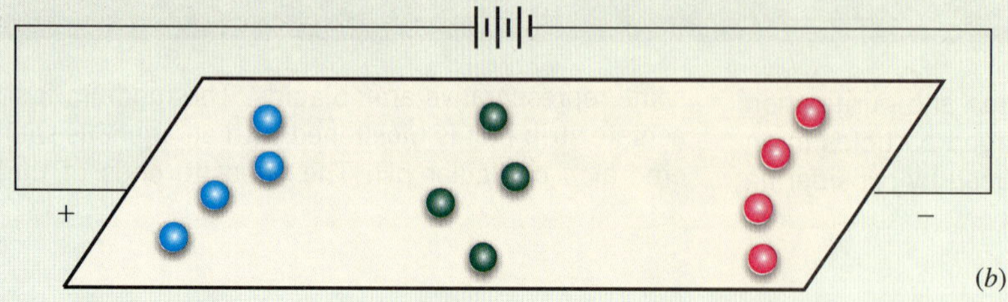

Figure 25.2

Application of electrophoresis to the separation of aspartic acid, alanine, and lysine according to their charge type at a pH corresponding to the isoelectric point (pI) of alanine.

25.4 아미노산 합성

아미노산 합성에 관하여 여전히 사용되는 두 가지 방법은 19세기 부터 시작된다. 한 가지는 α-할로카복실산과 암모니아가 반응하는 친핵성 치환이다.

2-Bromopropanoic acid + $2NH_3$ $\xrightarrow{H_2O}$ Alanine (65–70%) + NH_4Br Ammonium bromide

Ammonia

문제 25.6

3-메딜뷰탄산으로부터 발린을 합성하는 과정의 단계들을 요약하시오.

알라닌의 합성은 Würzburg 대학교의 Aldolf Streker(독일)가 1850년에 발표한 논문에 기술되어 있다.

두 번째는 **Strecker 합성**으로, 알데하이드보다 탄소 한 개가 더 많은 α-아미노산을 생성하기 위하여 작용기 조작 및 사슬 확장을 조합한 것이다.

Acetaldehyde $\xrightarrow[NaCN]{NH_4Cl}$ 2-Aminopropanenitrile $\xrightarrow[2.\ HO^-]{1.\ H_2O,\ HCl,\ 가열}$ Alanine (52–60%)

문제 25.7

2-메틸-1-뷰탄올로부터 아이소루신 합성에 역합성 분석을 사용하고 합성 반응식을 쓰시오.

α-아미노산을 합성할 때 Strecker합성법을 활용하면 거울선택성이 99% 이상 되는 물질을 얻을 수 있다. 특수 카이랄 시약이나 촉매를 활용하거나 이민에 친핵성 첨가를 하며 카이랄 중심을 도입하는 다양한 방법이 개발되었다.

아민 $\xrightarrow[카이랄\ 촉매]{(CH_3)_3SiCN}$ 아미노나이트릴 ⟶ 아미노산

이러한 과정에서는 L-아미노산만 아니라 D-거울산이성질체가 매우 소량 형성된다.

말론산 에스터 합성(20.6절)과 유사한 방법으로 친핵성 치환으로 탄소–탄소 결합 형성을 통하여 아미노산을 합성하는 절단 방법을 나타내면 다음과 같다.

Parkinson 병 저해약품인 L-dopa의 합성에서 거울선택적인 수소화를 14.12절에서 기술하였다.

$$\Longrightarrow \quad R-X \quad + $$

탄소음이온의 공급원은 α-탄소에 아세트아미노기가 결합되도록 변형된 말로산 다이에틸이다.

1. $NaOCH_2CH_3$, CH_3CH_2OH
2. $C_6H_5CH_2Cl$

Diethyl acetamidomalonate → Diethyl acetamidobenzylmalonate (90%)

질소의 아세틸기를 가수분해하여 제거하고 두 에스터기는 카복실기로 전환한 다음 탈카복시화하면 아미노산이 얻어진다.

HBr, H_2O, 가열; 가열, $-CO_2$

Diethyl acetamidobenzylmalonate → (분리되지 않음) → Phenylalanine (65%)

문제 25.8

아세트아미도말론산 다이에틸로부터 발린의 합성과정 단계들을 기술하여라. 이 방법에 의한 발린의 수득률은 낮은 것으로 보고 되었다(31%). 이 합성법이 비효율적인 이유를 설명하시오.

25.5 아미노산 반응

아미노산은 아민과 카복실산 작용기에 특이한 반응들을 한다. 아실화는 아미노기의 전형적인 반응이다.

Glycine + Acetic anhydride → *N*-Acetylglycine (89–92%) + Acetic acid

아실화는 아미노기의 반응성을 일시적으로 억제시키기 위한 보호기로서 도입된다. 보호기로서 *벤질옥시카보닐(benzyloxycarbonyl)*, *tert-뷰톡시카보닐(tert-butoxycarbonyl)* 및 *9-플루오렌일메톡시카보닐(9-fluorenylmethoxycarbonyl)*이 있으며, 이들은 각각 Z, Boc 및 Fmoc로 나타낸다. 이들 기들을 도입하는 다양한 시약과 방법이 개발되었으며, 몇 가지 예는 다음과 같다.

1. NaOH, H_2O
2. H^+

Benzyloxycarbonyl chloride (Z-Cl) + L-Phenylalanine (L-Phe 또는 L-F) → *N*-Benzyloxycarbonyl-L-phenylalanine (82–87%) (Z-L-Phe 또는 Z-L-F)

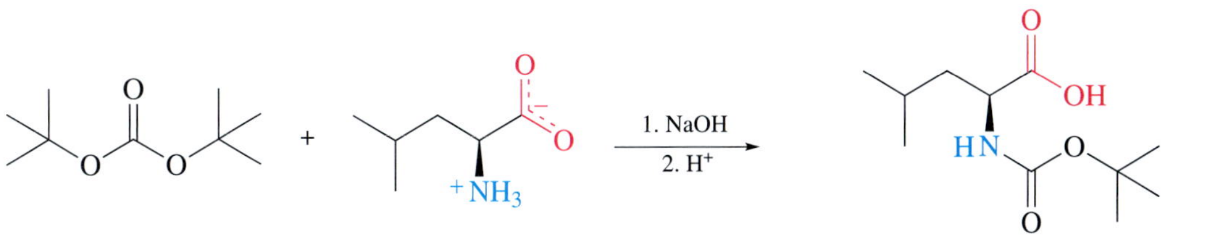

Di-*tert*-Butyl carbonate + L-Leucine (L-Leu 또는 L-L) → 1. NaOH 2. H^+ → *N*-*tert*-Butoxycarbonyl-L-leucine (96%) (Boc-L-Leu 또는 Boc-L-L)

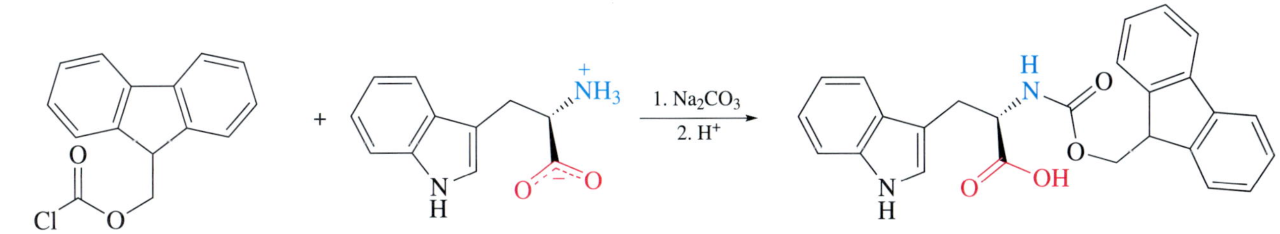

9-Fluorenylmethyloxycarbonyl chloride (Fmoc-Cl) + L-Tryptophan (L-Trp 또는 L-W) → 1. Na_2CO_3 2. H^+ → 9-Fluorenylmethyloxycarbonyl-L-tryptophan (91%) (Fmoc-L-Trp 또는 Fmoc-L-W)

폴리펩타이드 합성에서 Z, Boc, Fmoc 보호기 각각은 합성이 끝나는 다음 제거 단계에서 서로 보완적 성질을 가진다. Boc는 산성 조건에서, Fmoc는 염기성 조건에서, Z는 산성과 염기성 두 조건에서 가수분해로 제거된다. 이것은 제25장 14절에서 다시 공부하게 될 것이다.

문제 25.9

다음은 아미노산의 전형적인 작용기에 대한 내용이다. 생성물을 예측 하시오.

(a) 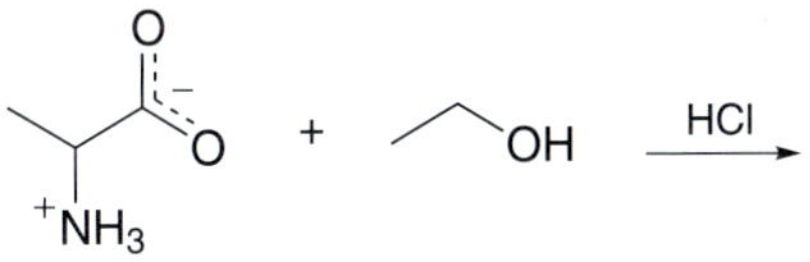 $CH_3CH(NH_3^+)CO_2^-$ + CH_3CH_2OH $\xrightarrow{HCl}$

(b) 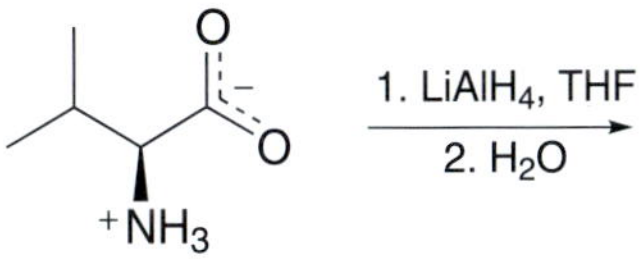 $(CH_3)_2CHCH(NH_3^+)CO_2^-$ $\xrightarrow[2.\ H_2O]{1.\ LiAlH_4,\ THF}$

(c) 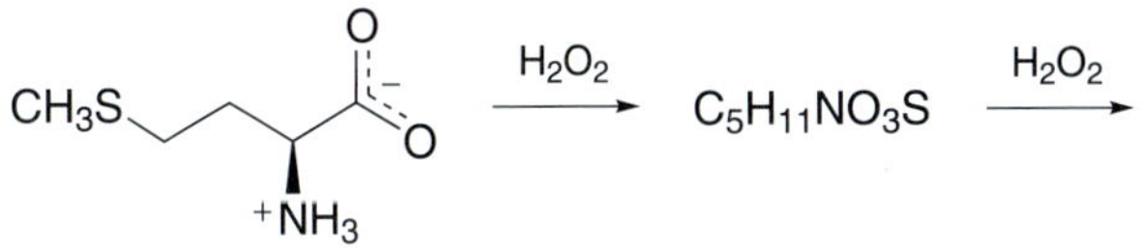 $CH_3SCH_2CH_2CH(NH_3^+)CO_2^-$ $\xrightarrow{H_2O_2}$ $C_5H_{11}NO_3S$ $\xrightarrow{H_2O_2}$

25.6 아미노산의 몇 가지 생화학 반응

표준 아미노산은 단백질 합성에 이용되는 구성요소이기도 하며 다른 다양한 생화학 과정에도 참여한다. 뿐만 아니라, 비록 탄수화물이나 지방에 비하여 낮긴 하지만 에너지를 저장하는 물질이 되기도 하며 또 다른 아미노산의 합성이나 아민, 알카로이드 및 신경전달물질 등의 생합성에서 출발 물질로 이용된다.

아미노산의 대부분 생화학 반응에는 보조효소인 바이타민 B_6의 활성 구조인 *5′-인산 피리독살*(PLP)이 필요하다. 아미노산에 작용하기 전에, PLP는 자체의 알데하이드를 사용하여 단백질의 라이신 곁가지의 아미노기와 이민을 형성한다.

효소 결합된 PLP와 아미노산의 반응은 한 개의 이민 연결을 다른 것으로 교환한다.

PLP의 피리딘 고리는, 특히 양성자를 제공받았을 때 전자끄는 기로서 작용하여 아미노산의 α-탄소에 몇 가지 다양한 반응을 촉진한다. 한 가지 반응은 탈카복실화이다.

메커니즘 25.1은 탈카복실화의 메커니즘으로서 보조효소의 역할을 나타냈다.

여러 가지 생물활성 아민 화합물들이 PLP-도움에 의한 탈카복실화에 의해서 생성된다. 예를 들면, 히스티딘의 탈카복실화로 히스타민이 생성된다. 히스타민은 강력한 혈관 확장제로서 몸속에 존재하며 외상이 있을 정도의 쇼크가 있을 경우에는 많은 양이 생성된다.

히스타민은 여러 조직에 존재하며 히스타민이 결합되는 수용체에 따라서 다른 효과를 일으킨다. 히스타민이 주 세포 속의 H_1-수용체와 결합하면 재채기, 꽃가루병의 눈물 생성, 모기에 물린 경우의 가려움 증상 등이 나타난다. 세포 속의 H_2-수용체는 위산의 분비를 조절하여 위의 운동을 정상적으로 하도록 한다. 항알러지 약물과 항궤양성 약물이 H_1 및 H_2에 결합하면 이들 수용체가 히스타민을 받아들이지 못하게 한다.

문제 25.10

표 25.1에 있는 아미노산 중의 하나는 γ-아미노뷰티르산 (4-아미노뷰탄산)합성의 생물학적 전구체이며 탈카복실화에 의해 형성된다. 이것은 어느 아미노산인가?

메커니즘 25.1

5′-인산 피리독살 매개에 의한 α-아미노산의 탈카복실화

전체 반응:

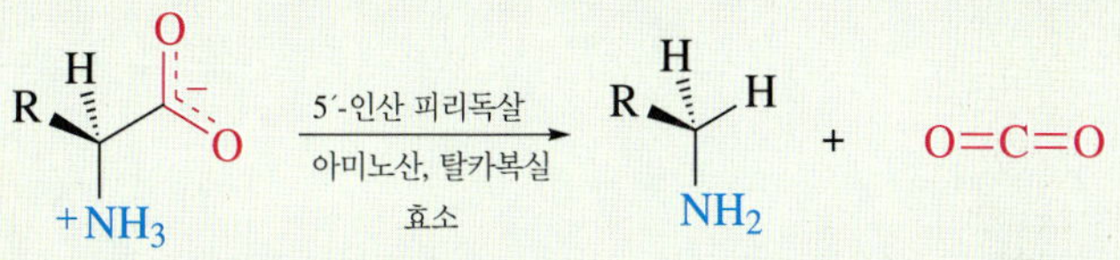

아미노산 →(5′-인산 피리독살 / 아미노산, 탈카복실 효소) 아민 + 이산화탄소 ($O{=}C{=}O$)

메커니즘: 각 과정마다 효소 촉매가 관여하며, 각 과정에는 최소한 한 단계 이상이 있다.

1단계: 아미노산과 효소 결합된 5′-인산 피리독살(PLP)와 반응한다. 아미노산과 PLP 사이의 이민 결합(C=N)이 형성되며, 효소는 이탈된다.

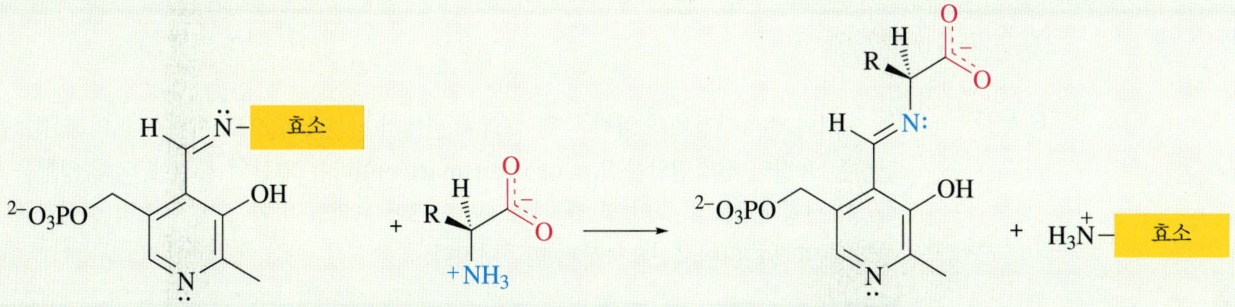

효소 결합된 PLP + 아미노산 → 이민 + 효소

2단계: 피리딘의 질소 원자에 양성자가 첨가되면, 강한 전자끄는 기가 되고 전하의 중성화에 의해 탈카복실화가 쉽게 일어난다.

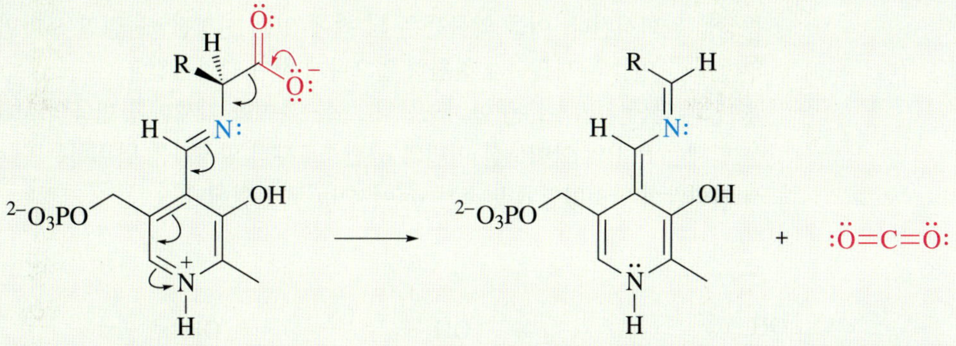

이민 → 카복실기가 이탈된 이민 + 이산화탄소

3단계: α-탄소로 양성자가 이동되고 피리딘의 질소 원자 위의 양성자가 제거되면서 피리딘 고리는 다시 방향족을 회복한다.

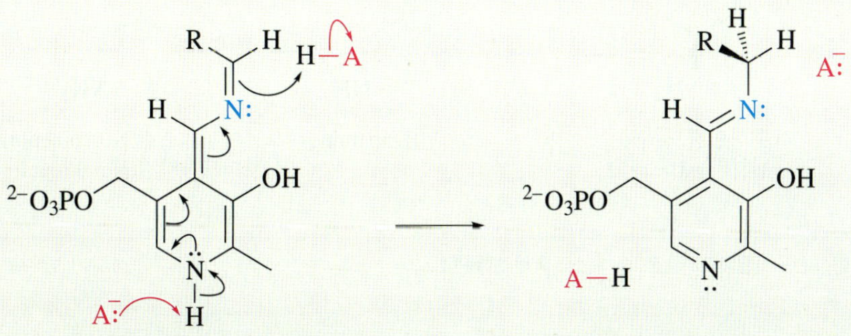

카복실기 이탈된 이민 → PLP-결합된 이민

(계속)

메커니즘 25.1

5′-인산 피리독살 매개에 의한 α-아미노산의 탈카복실화 *(계속)*

4단계: PLP-결합된 이민과 효소가 반응하여 아민을 만들며 효소 결합된 PLP는 재생된다.

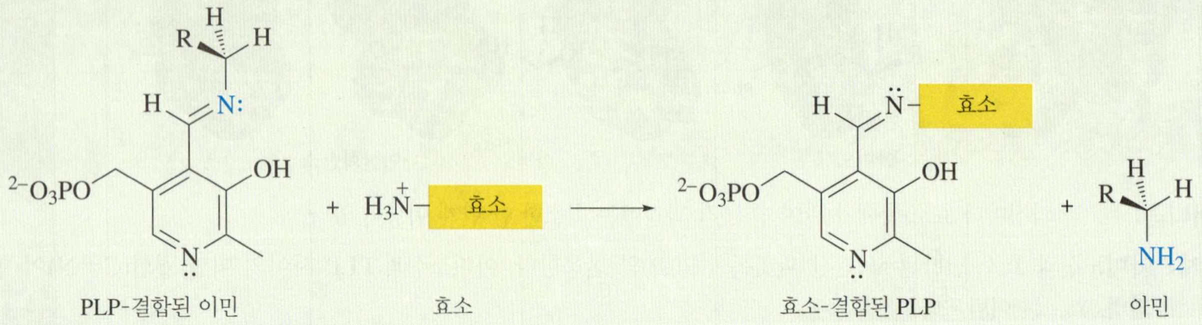

뇌와 중추신경계의 화학은 한 개의 뉴런에서 다른 뉴런으로 시냅스에 의해 정보를 전달하는 물질인 **신경전달물질(neurotransmatter)**이라는 일단의 물질에 의해 영향을 받는다. 이 신경전달물질 중의 몇 가지는 그림 25.3에 요약한 바와 같이 구조적 변형과 탈카복실화에 의해 L-타이로신으로부터 만들어진다.

문제 25.11

그림 25.3의 각 전환 단계에서 아미노산의 탈카복실화에 의해서 촉매화되는 단계는 어느 것인가?

불안, 우울증, 주의력 결핍증 등에 처방되는 약들은 저해제의 재흡수를 통하여 이런 증상을 완화시킨다. 이들 약물들은 뇌 속에 있는 신경전달물질인 도파민이나 에프네프린의 농도를 이들의 재흡수가 천천히 일으나게 하여 증가시킨다.

5′-인산 피리독살은 아미노산의 효소–촉매화 라세미화 반응의 보조효소이다. 주 반응 단계는 PLP의 아미노산 이민의 α 탄소로부터 양성자를 탈취하는 단계이다. 이 단계에서 카이랄성 탄소였던 α 탄소가 sp^3에서 sp^2로 전환된다.

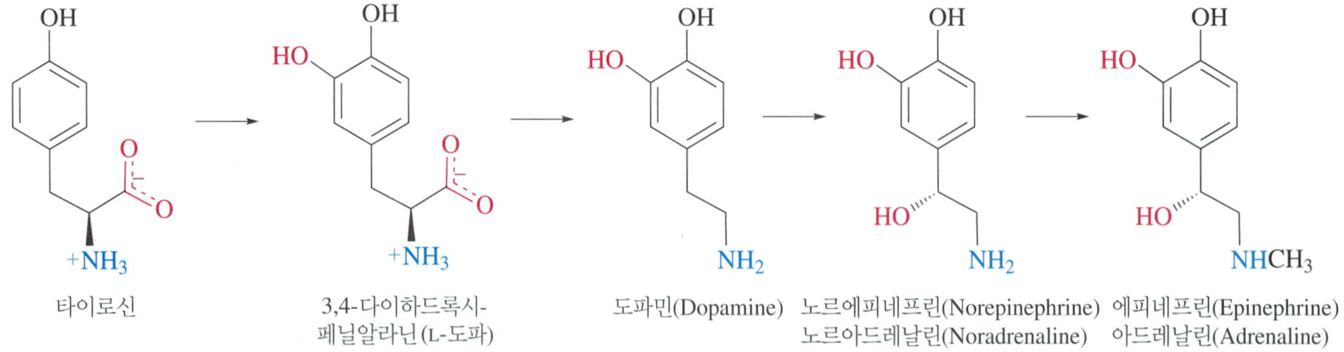

그림 25.3

타이로신은 많은 신경전달물질의 생합성 선구 물질이다. 각 전이는 효소에 의해 촉매된다.

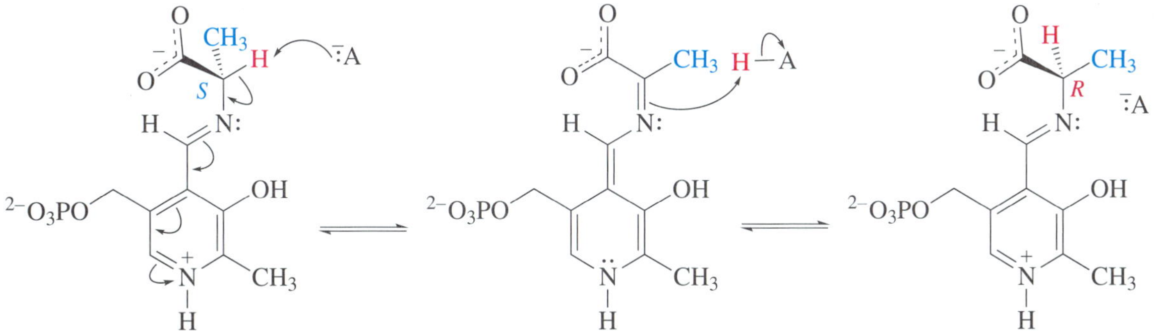

L-알라닌의 PLP 이민 비카이랄성 중간체 D-알라닌의 PLP-이민

비카이랄성 중간체에 양성자가 전달될 때 PLP 이민의 두 가지 거울 이성질체는 동일한 양이 생성된다. 반응식은 PLP-의존한 효소인 *알라닌 라세미화효소*(*alanine racemase*)에 의해 촉매화된 l-알라닌의 라세미화를 나타낸 것이다. D-알라닌은 박테리아 세포벽의 필수성분이기 때문에 적절한 적절한 항박테리아 의약품으로서 알라닌 라세미화효소의 저해제를 고안해 보는 것도 충분히 고려해 볼 만한 일이다.

아미노산의 탈카복실화 및 라세미화와 더불어 PLP는 **아미노교환(transamination)**의 보조효소이다. 아미노교환반응은 한 화합물의 아미노기를 다른 화합물로 교환하는 것을 말한다. 아미노교환반응을 촉매화하는 효소를 *아미노교환효소*(*aminotransferase* 또는 *transaminase*)라고 한다. 많은 아미노교환반응에는 α-케토글루타르산(α-ketoglutaric acid)과 L-글루탐산(L-glutamic acid)이 이용된다.

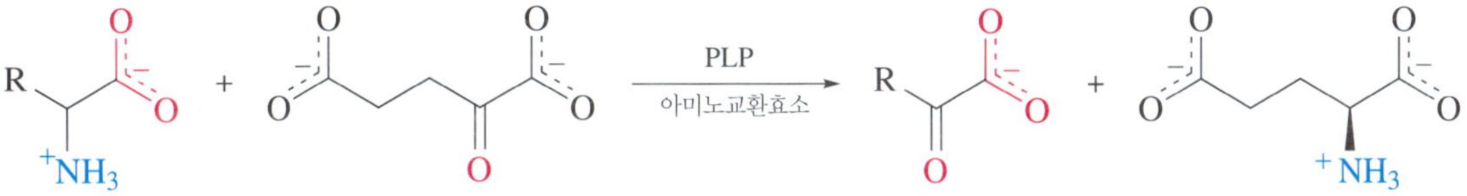

아미노산 + α-케토글루타르산 →(PLP, 아미노교환효소) α-케토산 + L-글루탐산

반응에서 화살표 방향으로 진행되는 것은 아미노산 대사과정의 형태를 나타내는 것이며, 아미노산은 깨어져서 다른 목적으로 사용된다. 화살표의 역방향으로 진행되는 것은 아미노산의 생합성 경로를 나타낸 것이다. 예를 들면, L-알라닌의 경우 우리가 생합성할 수 있는 능력이 있으므로 필수 아미노산이 아니다. L-알라닌의 생합성 과정 중의 하나로 피루브산(pyruvic acid)의 아미노교환이 있다.

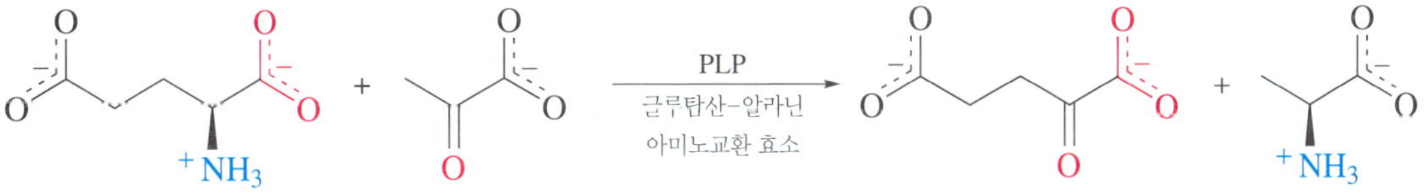

L-글루탐산 + 피루브산 →(PLP, 글루탐산-알라닌 아미노교환 효소) α-케토글루타르산 + L-알라닌

처음 네 과정은 메커니즘 25.2에 요약되어 있으며 L-글루탐산의 아미노기가 보조효소 PLP로 전달되어 5′-인산 피리독사민(PMP)을 만드는 과정이다. 두 번째 아미노교환은 5단계에서 간단히 보였으며 처음과 유사하고 L-알라닌이 생성된다.

문제 25.12

α-케토글루타르산은 L-아스팔트산과 반응하여 아미노교환을 수행하여(표 25.1), 옥살로아세트산으로 알려진 화합물로 전환된다. 옥살로아세트산의 구조를 밝히시오.

메커니즘 25.2

아미노교환: L-글루탐산과 피루브산으로부터 L-알라닌의 생합성

전체 반응:

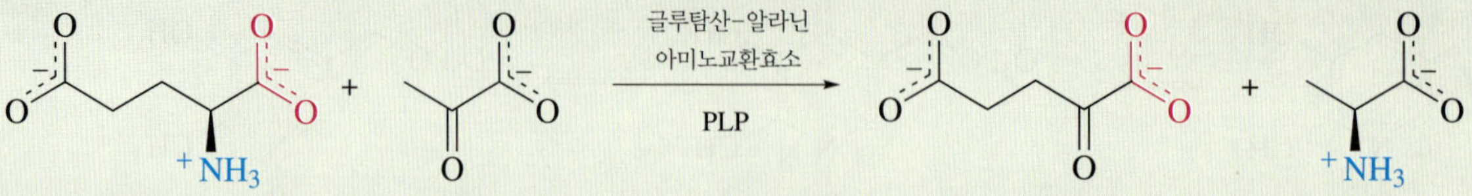

L-글루탐산 + 피루브산 → (글루탐산-알라닌 아미노교환효소, PLP) α-케토글루타르산 + L-알라닌

메커니즘:

각 과정은 한 단계 이상의 단일 단계가 포함될 수 있으며, 각 반응은 효소 촉매화된다. 단계 1~4에서 L-글루탐산의 아미노기가 5′-인산 피리독살에 아미노기를 전달하여 α-글루탐산과 5′-인산 피리독사민(PMP)를 생성한다. PMP는 피루브산과 반응하여 이민을 만들며, 이민은 단계 1~4와 비슷한 단계의 역순으로 반응을 진행하여 알라닌과 PLP를 생성시킨다. 이들은 5단계에 요약하였다.

1단계: L-글루탐산이 PLP와 효소 사이에 형성된 이민과 반응함으로서 생성된 보조효소인 PLP와 이민 결합을 형성한다.

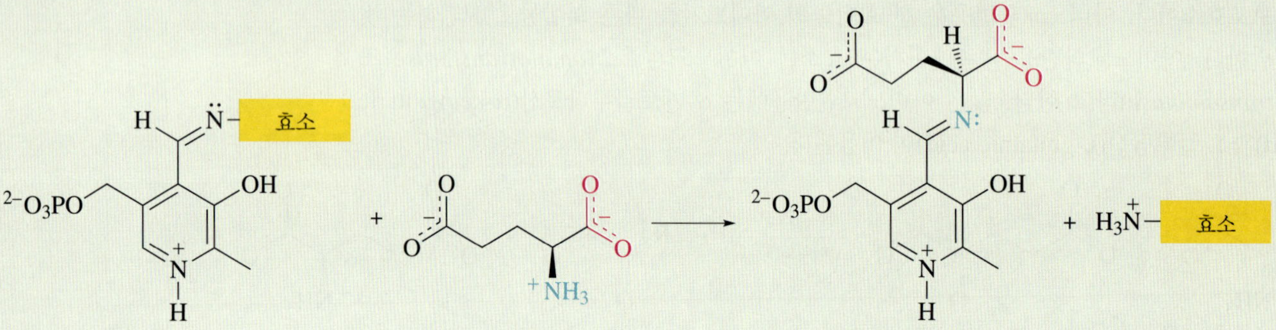

효소 결합된 PLP + L-글루탐산 → PLP-글루탐산 이민 + 효소

2단계: 피리디늄 고리의 전자끄는 효과는 이민의 α 탄소로부터 양성자를 탈취하여 형성된 짝염기를 안정화시킨다.

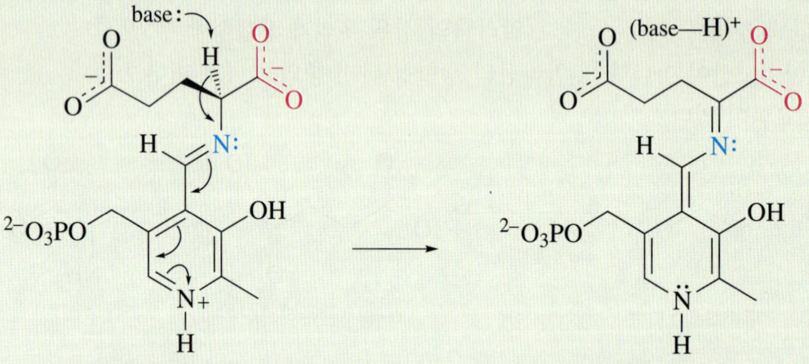

PLP-글루탐산 이민 → PLP-글루탐산 이민의 짝염기

3단계: 탄소의 전자 인식과 양성자화로 PLP 이민이 PMP 이민으로 전환되는 과정에서 피리딘의 방향족성이 회복된다.

H—acid

PLP-글루탐산 이민의 짝염기

α-케토글루탐산의 PMP 이민

4단계: 가수분해로 PMP 이민이 끊어지고 피리독사민과 α-케토글루탐산이 생성된다.

H_2O

α-케토글루탐산의 PMP 이민 PMP α-케토글루탐산

5단계: PMP와 피루브산이 반응하여 이민을 만들고 다시 피루브산이 알라닌으로 전환되면서 종료된다.

PMP 피루브산의 PMP l-알라닌의 PLP 이민 l-알라닌

이 반응과 관련하여 더 알고 싶으면 서술형과 이해 문제 16을 참고하세요. 에폭사이드 재배열과 NIH 이동

펩타이드 결합 형성과 아미노교환은 표준 아미노산의 가장 일반적인 반응이지만, 각각의 아미노산들은 가끔 더 제한된 양상의 반응을 수행한다. 생합성 과정의 하나로서 L-타이로신이 생성되는 반응은 L-페닐알라닌이 산화되는 것이며, *산화아렌*(*aren oxide*)이 중간체가 된다.

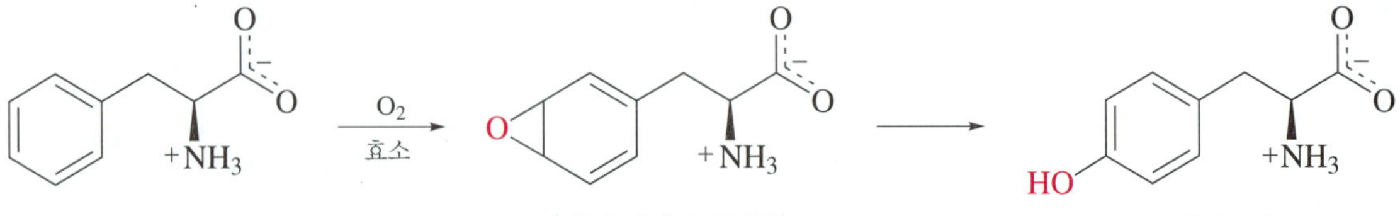

L-페닐알라닌 → (O_2, 효소) → 아렌 옥사이드 중간체 → L-타이로신

이러한 변환에 필요한 효소인 *페닐알라닌 수산화효소*(*phenylalanine hydroxylase*)가 개인적으로 부족한 경우에 원래 L-타이로신으로 변환되어야 할 L-페닐알라닌이 아미노교환으로 페닐피루브산(phenylpyruvic acid)으로 변환된다.

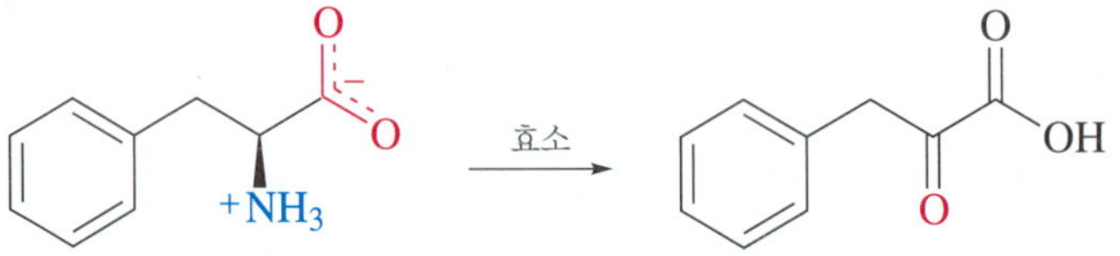

L-Phenylalanine → (효소) → Phenylpyruvic acid

과량의 페닐피루브산은 성장하는 어린이에게서 정신적 질환을 야기할 수 있는 *페닐케톤뇨증*(*phenylketourea*, PKU 질병)을 일으킨다. 어린이들은 대부분 태어나서 수일 이내에 PKU 질병에 대한 감염 여부를 검사받는다. PKU 질병은 치유가 불가능한 질병이기는 하지만 L-페닐알라닌이 풍부한 음식인 육류의 섭취를 제한하여 조절한다.

25.7 펩타이드

아미노산의 중요한 생화학 반응은 펩타이드, 폴리펩타이드, 및 단백질로의 변환이다. 이들 물질에서 아미노산들은 아마이드 결합으로 서로 연결되어 있다. 한 아미노산의 아미노기와 다른 아미노산의 카복실기사이의 아마이드 결합을 **펩타이드 결합(peptide bond)**이라고 한다. 알라닐글라이신은 대표적인 다이펩타이드이다.

α 아미노산은 대부분 l-입체이성질체로서 생성되며, 그렇지 않을 경우 표기한다. D에 대한 설명은 D-아미노산을 배울 때 설명할 것이며 라세미 아미노산은 기호 DL로 나타낸다.

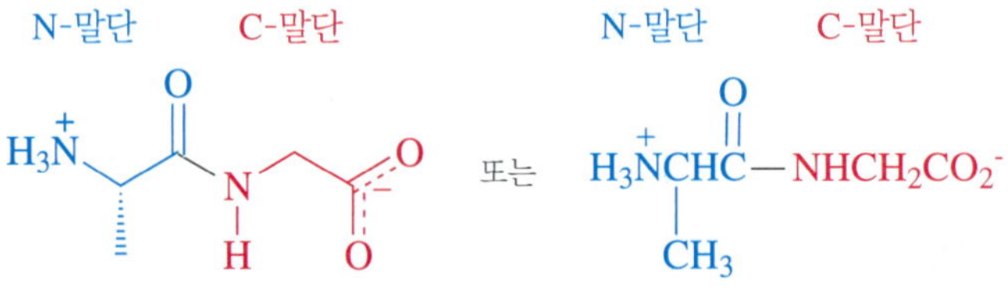

N-말단 C-말단 N-말단 C-말단

또는 $H_3\overset{+}{N}CHC—NHCH_2CO_2^-$ (CH 위 CH_3)

알라닐글라이신
(Ala-Gly또는AG)

규약에 의해, 펩타이드 구조에서 아미노기 ($H_3\overset{+}{N}$—또는 H_2N—)는 왼쪽에 그리고 카복실기(CO_2^-또는 CO_2H)는 오른쪽에 놓인다. 펩타이드의 왼쪽과 오른쪽 끝을 각각 **N 말단(N terminus)**또는 아미노 말단, 그리고 **C 말단(C terminus)**또는 카복실 말단이라고 한다. 알라닌은 알라닐글라이신에서 N-말단 아미노산이고 글라이신은 C-말단 아미노산이다. 다이펩타이드는 C-말단 아미노산의 아실 유도체로 명명한다. 펩타이드에 있는 결합의 정확한 순서를 아미노산 *결합 순서*(*sequence*)라고 한다. 각 아미노산에 대한 세-문자 아미노산 약어를 사용하고 그리고 각 아미노산에 대한 약어들을 하이픈(-)으로 연결하여 아미노산 결합 순서를 편리하게 나타낸다. 일-문자 약어는 구두점이 없이 사용한다. 펩타이

드의 각 아미노산 성분들을 가끔 **아미노산 잔기(amino acid residue)**라고 한다.

문제 25.13

다음의 각 다이펩타이드들의 성분을 나타내는 구조식을 쓰라. 아미노산에 대한 일–문자 약어를 사용하여 각 결합 순서를 고쳐 쓰라.

(a) Gly-Ala (d) Gly-Glu
(b) Ala-Phe (e) Lys-Gly
(c) Phe-Ala (f) D-Ala-D-Ala

풀이 예시 (a) 글라이신은 Gly-Ala에서 N-말단 아미노산이고 알라닌은 C-말단 아미노산이다.

N-말단 C-말단

글라이실알라닌 (GA)

그림 25.4는 X-선 결정법으로 결정한 Ala-Gly의 구조를 보여준다. 한 가지 중요한 특징은 펩타이드 결합과 연관이 있는 평편 구조이며, 그리고 이 결합에 대하여 가장 안정한 형태는 서로가 안티인 두 α-탄소 원자를 갖는다. 아마이드 결합 주위의 회전은 느리다. 왜냐하면 질소의 비공유 전자쌍의 카보닐기로의 비편재화가 탄소–질소 결합에 부분 이중 결합 성질을 갖게 하기 때문이다.

평면 기하 구조와 더불어 아마이드 결합은 펩타이드 결합에 또 다른 중요한 영향을 준다. N—H와 C═O 단위들은 같은 폴리펩타이드나 이웃하고 있는 폴리펩타이드 사슬 내에서 모두 수소결합이 가능하다.

필수 아미노산 중에서 유일한 2차 아민인 L-프롤린은 N—H 결합이 불가능한 예외적인 아마이드이다.

이 질소에는 수소가 없음

(a)

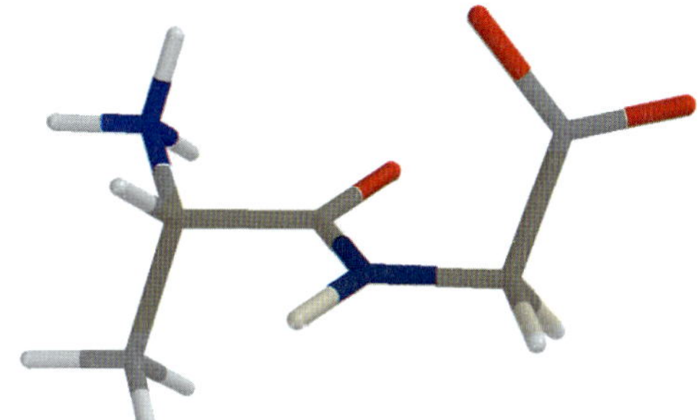

(b)

그림 25.4

X-선 결정법으로 결정한 다이펩타이드는 L-알라닐글라이신의 구조적 특징. 펩타이드를 연결하는 모든 결합들은 같은 평면 내에 있으며, 두 α 탄소는 각각 anti 방향에 있다.

L-프롤린의 구조적인 특징은 수소결합의 기회가 제한된 이들을 포함하는 펩타이드에서 펩타이드의 삼차원적인 형태에 영향을 미친다.

문제 25.14

α-탄소 원자에서의 입체화학을 나타낼 수 있도록 문제 25.13의 각 다이펩타이드에 대한 구조식을 쓰시오. 각 카이랄 중심은 L이다.

풀이 예시 (a) 글라이신은 비카이랄이며 그래서 Gly-Ala은 하나의 입체 중심만을 갖는데, 그것은 L-알라닌 잔기의 α-탄소 원자이다. 탄소 사슬을 펼쳐진 지그재그형으로, 그리고 또한 L-알라닌이 C-말단일 때, 구조는 다음과 같다.

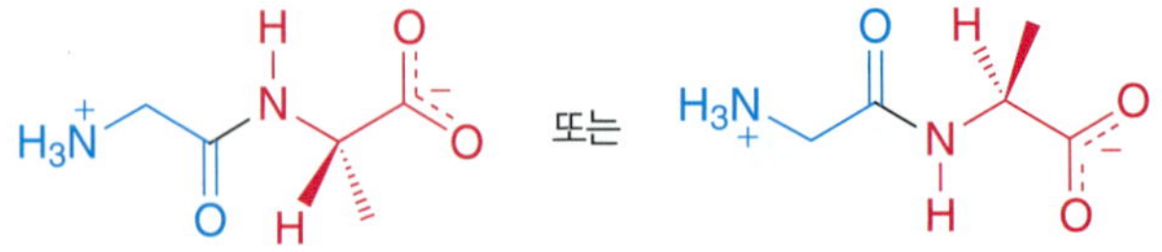

또는

글라이실알라닌 (GA)

더 큰 펩타이드 구조는 다이펩타이드 구조를 확장한 것으로 이와 유사하다. 예를 들어, 신경전달물질인 *루신 엔케팔린*은 다음 구조를 갖는다.

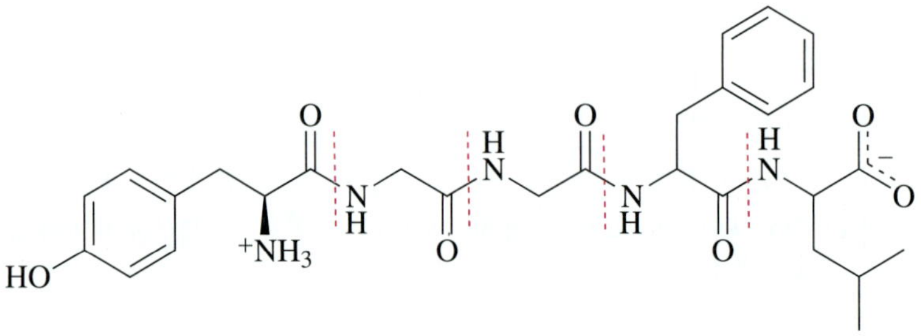

Tyr Gly Gly Phe Leu

엔케팔린은 체내의 진통제로 작용하며 뇌에 존재하는 폴리펩타이드인 *엔돌핀(endorphin)*의 펜타펩타이드 성분이다.

문제 25.15

메싸이오닌 엔케팔린은 루이신 엔케팔린 구조와 같지만 C-말단 아미노산에루이신 대신에 메싸이오닌이 있다. 메싸이오닌 엔케팔린의 결합 순서를 일–문자 약어를 사용하여 나타내어라.

지금까지 설명한 것과는 조금 다른 구조를 갖는 펩타이드가 알려졌다. 이런 변형은 그림 25.5에 나타낸 노나펩타이드인 옥시토신에서 볼 수 있다. 옥시토신은 뇌하수체에서 분비되면서 분만시 자궁의 수축을 자극하고 젖산화를 촉진하는 호르몬이다. 카복실기로 끝나기보다는 옥시토신의 C-말단 글라이신 잔기는 아마이드로 변형되어 있다. 하나는 N-말단 아미노산으로 두 시스테인 단위는 큰–고리 이황화 단위의 황–황 결합으로 연결되어 있다. 이것은 시스테인 잔기들을 함유하는 폴리펩타이드와 단백질에서 흔히 볼 수 있는 구조적 변형이다. 시스테인은 많은 아미노산 잔기들로 서로 멀리 떨어져 있는 펩타이드 사슬의 구역들을 공유결합으로 연결시켜 준다.

15.12절에서 배운 것처럼 RSH는 산화되어 쉽게 RSSR로 된다.

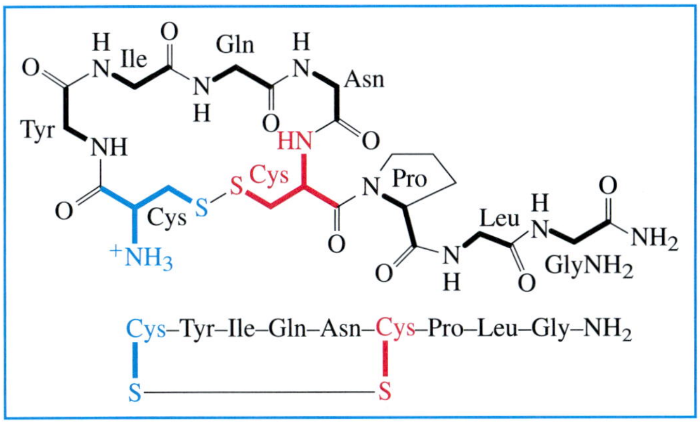

Cys–Tyr–Ile–Gln–Asn–Cys–Pro–Leu–Gly–NH_2

그림 25.5

옥시토신 곁사슬의 대부분은 명료하게 하기 위하여 생략하였다. 이황화결합은 두 개의 시스테인을 연결한다. 파란색의 시스테인은 N-말단 아미노산이고 붉은색은 C-말단이 시작하는 네 번째 아미노산이다. C-말단은 글라이신의 아마이드이다.

문제 25.16

pH = 7에서 옥시토신의 알짜 전하는 무엇인가?

문제 25.17

어떤 고리형 펩타이드의 곁사슬은 표 25.1에 나타낸 것과 유사한 두 개의 아미노산을 가진다. 두 아미노산은 무엇인가? 그리고 표 25.1의 것과 차이점은 무엇인가?

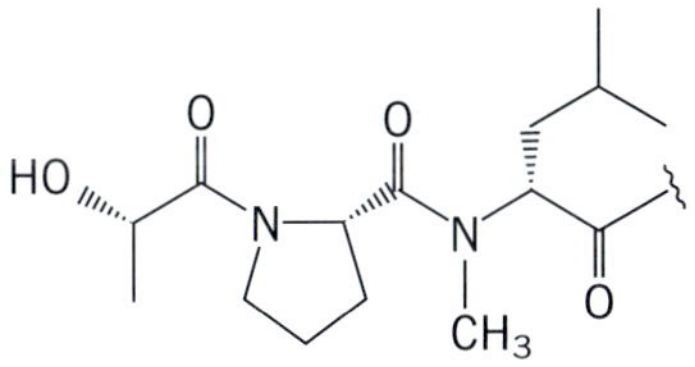

25.8 펩타이드 구조 결정

펩타이드는 여러 가지 구조를 가진다. **1차 구조(primary structure)**는 아미노산 결합 순서와 이황화 연결이다. 구성성분으로 표 25.1의 20개의 아미노산을 가지고 나열하면 20^2 다이펩타이드, 20^3 트라이펩타이드, 20^4 테트라펩타이드 등등이 가능하다. 구조를 모르는 펩타이드가 주어지면, 이것의 아미노산 결합 순서를 어떻게 결정할 것인가?

생화학의 위대한 업적 중 하나인 Cambridge University(영국)의 Frederich Sanger에 의한 인슐린의 아미노산 결합 순서의 결정을 먼저 고찰하면서 펩타이드 구조 결정을 설명하겠다. Sanger는 이 업적으로 1958년도 노벨 화학상을 수상하였으며, 1944년에 시작하여 10년 후에 완성하였다. 물론, Sanger와 공동 연구자들이 사용한 방법은 지금 낡은 방법이지만 전체적인 전략이 많이 변한 것은 아니다. Sanger가 인슐린 연구에서 사용한 전략에 관해서 알아보고, 다음에 단백질 순서결정의 현대적 방법이 어떻게 그것으로부터 발전되었는지를 알아보자.

Sanger는 핵산의 서열을 결정하는 방법을 연구한 공로로 1980년 두 번째 노벨상을 공동 수상하였다. Sanger의 핵산 순위결정(seguencing) 방법은 26.14절에서 기술될 것이다.

Sanger의 전략을 다음과 같이 요약할 수 있다.

1. 무슨 아미노산이 존재하며 이것들의 몰비가 무엇인지를 결정한다.
2. 펩타이드를 보다 짧은 조각으로 절단하고, 이들 조각을 분리하고, 그리고 조각들의 아미노산 성분을 결정한다.
3. 최초의 펩타이드와 그리고 각 조각에 있는 N-말단과 C-말단 아미노산을 결정한다.
4. 작은 조각들의 아미노산 결합 순서를 겹쳐서 전체 결합 순서를 찾아낼 수 있도록 정보를 체계화한다.

25.9 아미노산 분석

Moore와 Stein은 화학에 기여한 공로로 노벨 화학상을 공동 수상하였다.

아미노산 분석의 배경에 대한 화학은 아마이드(펩타이드) 결합의 산-촉매 가수분해를 시작으로 한다. 펩타이드를 6 M 염산에서 24시간 가열하여 가수분해하면 모든 아미노산을 포함하는 용액을 얻는다. 다음에, 이 혼합물을 주로 산-염기 성질에 따라서 아미노산을 분리하게 되는데 주로 크로마토그래피(chromatography)에 의해 분리한다.

아미노산의 분리는 Rockefeller 대학의 Standford Moore와 William H. Stein에 의하여 개발된 방법인 아미노산을 이온-교환크로마토그래피에 의하여 분리하고 확인하는 자동화된 기술에 따라서 분리한다. 처음에 Moore와 Stein에 의하여 개발된 방법은 이온-교환크로마토그래피법을 사용했지만 현대는 고분해능 액체크로마토그래피(HPLC)를 활용하며 이 방법은 아미노산 혼합물을 원래의 방법보다 더 빠르고 선택적으로 순수하게 분리한다. 아미노산들은 칼럼으로부터 분리되기 전이나 또는 분리 후에 나프탈렌과 같은 기를 가진 물질인 "표시자(tagged)", 즉 형광 물질과 반응하도록 한다. 형광 물질들은 아주 예민하며 오늘날의 분석기에서는 10^{-5}~10^{-7} g의 적은 양의 펩타이드로부터 아미노산을 인식할 수 있다.

형광은 물질이 높은 진동수의 파장을 흡수한 다음 방출할 때 나오는 파장이다.

문제 25.18

어떤 테트라펩타이드의 아미노산 분석에서 같은 몰수의 알라닌, 글라이신, 페닐알라닌 및 발린이 생성되었다. 이 테트라펩타이드에 대하여 가능한 아미노산 결합 순서들은 무엇인가?

25.10 펩타이드의 부분 가수분해

파페인(Papain)은 대부분의 고기 연화제의 활성 성분 물질로서 단백질 분해효소이다.

펩타이드의 산 촉매 가수분해는 아마이드 결합들을 무차별적으로 절단하여 결국 모든 아마이드 결합을 자르지만, 효소에 의한 가수분해는 훨씬 더 선택적이며 펩타이드를 보다 작은 조각으로 변환시키는데 사용되는 방법이다.

펩타이드를 가수분해하는 효소를 **펩타이드분해효소(peptidase)**라고 한다. 장속에 있는 소화효소인 트립신은 라이신의 카복실기나 알지닌의 잔기를 포함하는 펩타이드 결합의 가수분해만을 촉진한다. 다른 소화효소인 *카이모트립신*은 방향족 곁사슬을 갖는 아미노산(페닐알라닌, 타이로신, 트립토판)의 카복실기를 포함한 펩타이드 결합에 대하여 선택적이다. 췌장 효소 중의 하나로서 *카복실펩타이드분해효소*가 있으며 이 효소는 단백질에 있는 C-말단의 아미노산 단백질만 가수분해한다. 이외에, 많은 다른 소화효소들이 알려졌으며 이것들의 선택성이 펩타이드의 선택적 가수분해에 이용된다.

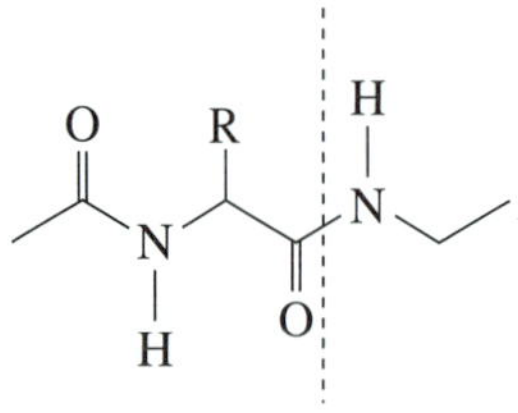

R = 라이신이나 알지닌의 곁사슬일 경우 트립신이 이곳을 끊음

R = 페닐알라닌, 트립신, 트립토판의 곁사슬일 경우 카이모트립신이 이곳을 끊음

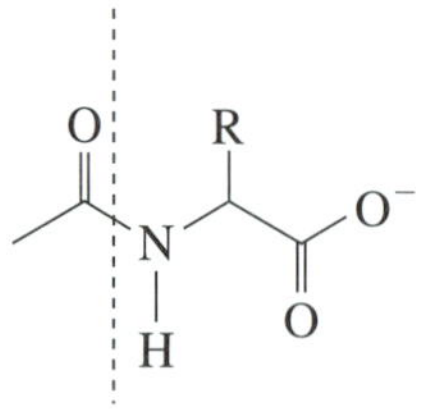

카복시펩타이드분해효소가 C-말단 아미노산의 펩타이드 결합을 끊음

문제 25.19

카이모트립신에 의한 문제 25.18의 테트라펩타이드의 분해는 아미노산 분석에서 페닐알라닌과 발린을 같은 몰수로 생성하는 다이펩타이드를 만들었다. 이 테트라펩타이드에 대하여 어떤 아미노산 결합 순서들이 가능한가?

순서를 읽어가는 방향, 즉 좌에서 우로 또는 우에서 좌로의 방향을 알지 못하면 아미노산 순서는 모호해진다. 어느 끝이 N-말단이며 또 어느 끝이 C-말단인지를 알아야 한다. 앞 절에서 본 바와 같이, 카복시펩타이드분해효소-촉매 가수분해는 C-말단 아미노산을 절단하며 그래서 이것을 확인하는 데 사용할 수 있다. N-말단은 어떻게 할 것인가?

여러 가지 화학적 방법이 N-말단 아미노산을 확인하기 위해 개발되었다. 이 방법들은 모두 N-말단 아미노기가 유리되어 있으며 친핵체로 작용할 수 있다는 사실을 이용한다. 다른 모든 아미노산의 α-아미노기들은 아마이드 결합의 일부분이며, 유리되어 있지 않으며, 그리고 훨씬 덜 친핵성이다. N-말단 잔기 분석에 쓰이는 Sanger 법은 펩타이드를 1-플루오로-2,4-다이나이트로벤젠으로 처리하는데, 이 시약은 친핵성 방향족 치환에서 대단히 반응성이 크다(12장).

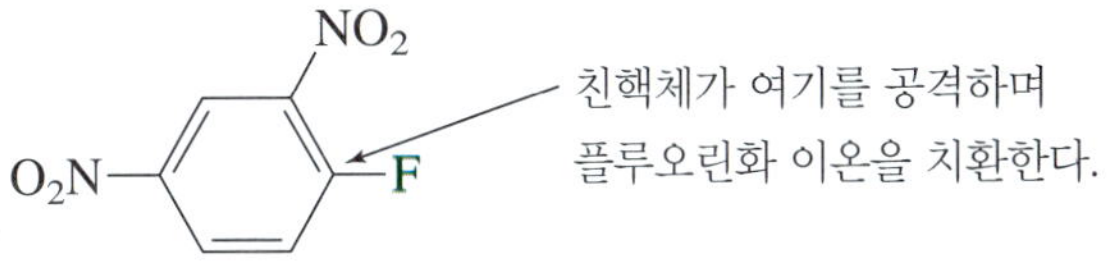

NO_2, O_2N, F

친핵체가 여기를 공격하며 플루오린화 이온을 치환한다.

1-플루오로-2,4-다이나이트로벤젠

1-플루오로-2,4-다이나이트로벤젠은 일반적으로 *Sanger 시약* 이라고 한다.

N-말단 아미노산의 아미노기는 1-플루오로-2,4-다이나이트로벤젠에서 플루오린을 치환하고 그리고 N-말단의 질소가 2,4-다이나이트로페닐(DNP)기로 표지된 펩타이드를 생성한다. 이것을 그림 25.6의 Val-Phe-Gly-Ala의 경우에 대하여 나타내었다. 2,4-다이나이트로

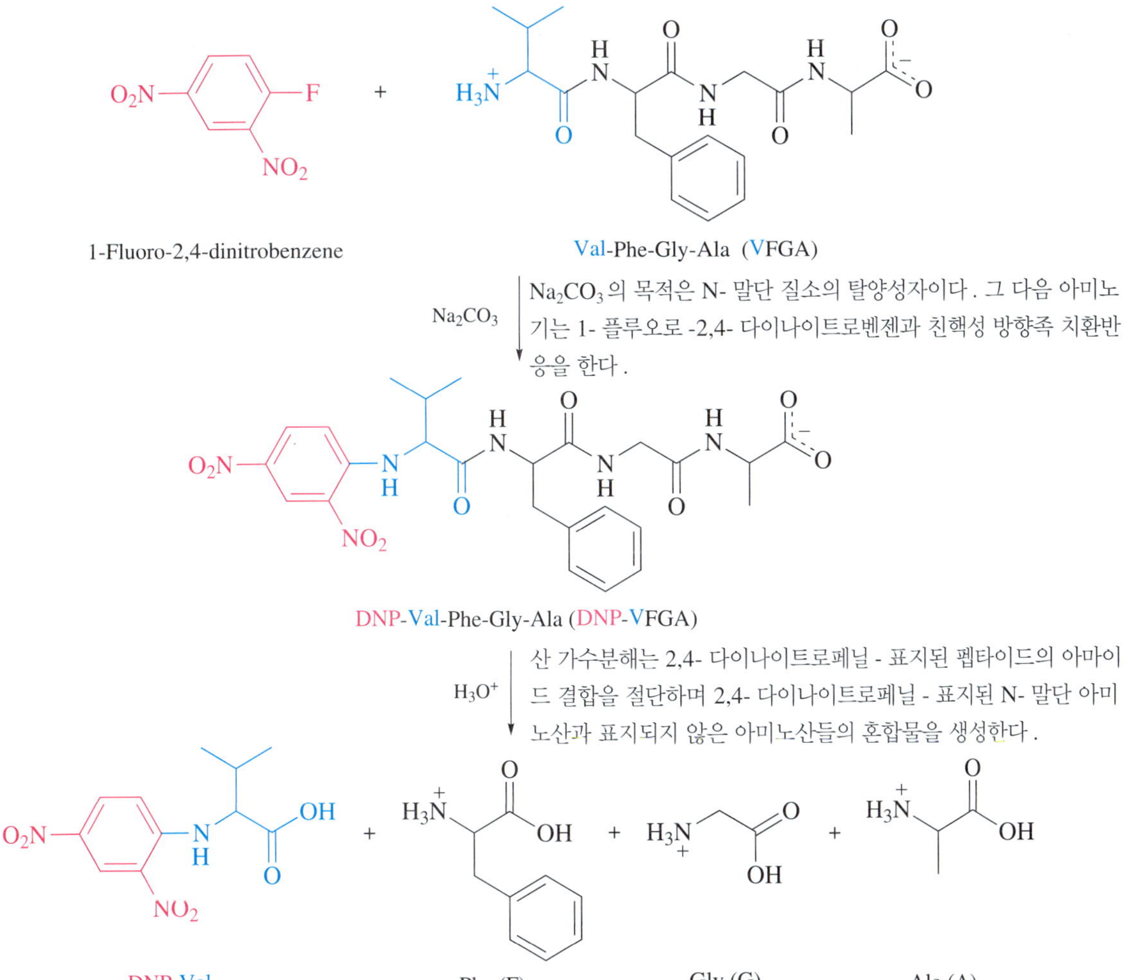

1-Fluoro-2,4-dinitrobenzene + Val-Phe-Gly-Ala (VFGA)

Na_2CO_3 — Na_2CO_3의 목적은 N- 말단 질소의 탈양성자이다. 그 다음 아미노기는 1- 플루오로 -2,4- 다이나이트로벤젠과 친핵성 방향족 치환반응을 한다.

DNP-Val-Phe-Gly-Ala (DNP-VFGA)

H_3O^+ — 산 가수분해는 2,4- 다이나이트로페닐 - 표지된 펩타이드의 아마이드 결합을 절단하며 2,4- 다이나이트로페닐 - 표지된 N- 말단 아미노산과 표지되지 않은 아미노산들의 혼합물을 생성한다.

DNP-Val + Phe (F) + Gly (G) + Ala (A)

그림 25.6

펩타이드의 N- 말단을 확인하기 위해서 1- 플루오로 -2,4- 다이나이트로벤젠 사용.

페닐로 표지된 펩타이드 DNP-Val-Phe-Gly-Ala을 분리하고 가수분해한다. 다음에 N-말단 아미노산의 2,4-다이나이트로페닐 유도체를 분리하고 이것의 크로마토그래피 거동과 2,4-다이나이트로페닐로 표지한 아미노산의 표준 시료들의 거동을 비교하여 DNP-Val을 확인한다. 다른 아미노산 잔기들은 2,4-다이나이트로페닐기로 표지되지 않고 유리 아미노산으로 가수분해 생성물에 남는다.

DNP 유도체로의 N-말단 아미노산의 표지는 주로 역사적 면에서 흥미가 있고, 다른 방법들로 대치되었다. 25.12절에서는 다른 방법 중의 하나인 Edman 분해를 설명할 것이다. 그러나 먼저 어떻게 Sanger가 모든 자료를 사용하여 인슐린의 구조를 밝혔는지를 보면서 펩타이드의 순서 결정에 대한 일반 전략의 개관을 완결할 것이다.

25.11 인슐린

Sanger는 소로부터 분리한 두 개의 사슬에 51개의 아미노산이 있는 인슐린을 사용하여 연구하였다. 이 중 하나인 A 사슬은 21개의 아미노산을 갖고 다른 하나인 B 사슬은 30개의 아미노산을 갖는다. A와 B 사슬은 시스테인 잔기들 사이의 이황화 결합(cys-cys)으로 연결된다. 그림 25.7은 B 사슬의 아미노산 결합 순서를 결정해 주는 몇 가지 정보를 보여 준다.

- B 사슬 펩타이드와 1-플루오로-2,4-다이나이트로벤젠과의 반응은 페닐알라닌이 N-말단임을 입증하였다.
- 펩신-촉매 가수분해는 그림 25.7에서 청색으로 나타낸 네 개의 펩타이드를 생성하였다(이것들의 결합 순서는 분리된 실험으로 결정하였다). 이 네 펩타이드는 B 사슬에 있는 30개의 아미노산 중에서 27개를 포함하나, 이들 사이에서 겹쳐지는 것은 없다.

1 2 3 4 5 6 7 8 9 10 11
Phe-Val-Asn-Gln-His-Leu-Cys-Gly-Ser-His-Leu

Ser-His-Leu-Val

Leu-Val-Glu-Ala

12 13 14 15
Val-Glu-Ala-Leu

Ala-Leu-Tyr

16 17
Tyr-Leu-Val-Cys

18 19 20 21 22 23 24
Val-Cys-Gly-Glu-Arg-Gly-Phe

25
Gly-Phe-Phe-Tyr-Thr-Pro-Lys

26 27 28 29 30
Tyr-Thr-Pro-Lys-Ala

1 5 10 15 20 25 30
Phe-Val-Asn-Gln-His-Leu-Cys-Gly-Ser-His-Leu-Val-Glu-Ala-Leu-Tyr-Leu-Val-Cys-Gly-Glu-Arg-Gly-Phe-Phe-Tyr-Thr-Pro-Lys-Ala

그림 25.7

소 인슐린의 B 사슬 아미노산 결합 순서가 펩타이드 조각들의 겹침에 의해 결정될 수 있는지를 보여주는 도표. 펩신-촉매 가수분해는 청색으로 나타낸 조각들을 생성하였고, 트립신은 황색의 조각들, 그리고 산 촉매 가수분해는 적색의 네 조각을 포함한 많은 조각들을 생성하였다. 한 글자 약어로 나타낸 아미노산의 순서는 FVNQHLCGSHLVEALYLVCGERGFFYTPKA 이다.

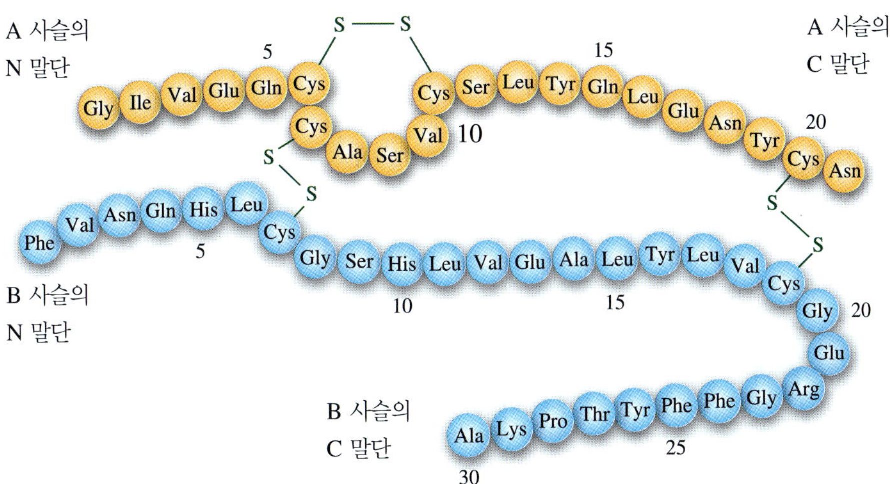

그림 25.8

소 인슐린의 아미노산 순서. A 사슬은 B 사슬과 두 개의 이황화 단위(녹색)에 의해 연결된다. 또한 A 사슬에 있는 씨스테인 6과 11을 연결하는 이황화 결합도 있다. 사람 인슐린은 A 사슬에서 잔기 8과 10에 각각 쓰레오닌과 아이소루신 그리고 B 사슬에서 C-말단 아미노산으로 쓰레오닌을 갖는다.

- 그림 25.7에서 적색으로 나타낸 네 개의 테트라펩타이드의 결합 순서는 네 개의 "청색" 펩타이드 중 셋 사이의 간격에 다리를 놓아서 1부터 24까지의 연속적 순서를 이루게 한다.
- 황색으로 나타낸 펩타이드는 트립신-촉매 가수분해에 의해 분리하였으며 나머지 겹침을 완성하는 아미노산 결합 순서를 갖는다.

조각난 아미노산의 서열을 모으면 인슐린의 **펩타이드 지도(peptide map)**가 된다.

Sanger는 A 사슬의 결합 순서도 결정하였으며, 그리고 A 사슬에 있는 이황화 결합은 물론 A와 B사슬 사이의 이황화 결합에 관여한 시스테인 잔기들도 확인하였다. 완전한 인슐린 구조를 그림 25.8에 나타내었다. 이 구조는 소의 인슐린 구조이다. 사람의 인슐린과 소의 인슐린 A 사슬은 단지 두 아미노산 잔기에서 다르고 B 사슬은 C 말단의 아미노산을 제외하고 동일하다.

25.12 펩타이드의 Edman 분해와 자동화된 순위 결정

Sanger의 N-말단 잔기 분석법을 논의할 때, 왜 연속적으로 분석하지 못하는지 의심하였을 것이다. 간단히 N-말단에서 시작하고 아미노산을 차례로 확인하면서 C-말단까지 꾸준히 작업을 하면 될 것을 하고 생각했을 것이다. 이런 생각은 훌륭하지만, 적어도 1-플루오로-2,4-다이나이트로벤젠으로 분석할 때는 실제로 그렇게 되지 않는다.

주요한 진전이 Pehr Edman (University of Lund, Sweden)에 의해 이뤄졌는데, 이 방법은 N-말단 잔기 분석의 표준 방법이 되었다. **Edman 분해(Edman degradation)**는 메커니즘 25.3에 보인 화학을 기초로 한다. 펩타이드는 아이소싸이오사이안산 페닐과 반응하여, 첫 번째 단계에서 보인 것과 같은 *페닐싸이오카바모일*(PTC) 유도체를 생성한다. 다음에 이 PTC 유도체를 *무수* 매질(Edman은 염화 수소로 포화된 나이트로메테인을 사용하였다.)에서 산으로 처리하여 N-말단 아미노산과 그리고 펩타이드의 나머지 부분 사이의 아마이드 결합을 절단한다. 이 단계에서 아마이드 결합의 가수분해는 물을 필요로 하기 때문에 다른 펩타이드 결합은 절단되지 않는다. PTC 유도체를 무수 매체에서 산으로 처리하였을 때, C=S 단위의 황 원자가 내부 친핵체로 작용하며 이 조건에서 절단되는 유일한 아마이드 결합은 N-말단 아미노산에 있는 결합이다. 이 절단의 생성물인 *싸이아졸론(thiazolone)*은 이것이 형성되는 조건에서 불안정하여 *페닐싸이오하이단토인*(PTH)으로 자리옮김 반응을 하여, 이 PTH를 분리하고, 그리고 이것을 알려진 아미노산의 PTH 유도체의 표준 시료와 비교하여 확인한다. 이 실험은 크로마토그라피법으로 행하며 질량 분석법도 사용된다.

N-말단 아마이드 결합만이 Edman 분해에서 절단되고 펩타이드 사슬의 나머지 부분은 그대로 남는다. 나머지 부분을 분리하고 그리고 새로운 N-말단을 결정하기 위해서 두 번째 Edman 과정을 반복한다. N-말단에서 시작하여 각 아미노산을 순서대로 결정하면서 전체 펩타이드 사슬을 따라 진행한다. 결합 순서는 각각의 분해에서 형성된 PTH 유도체의 구조에 의해 직접 주어진다.

문제 25.20

테트라펩타이드 Val-Phe-Gly-Ala의 두 번째 Edman 분해에서 분리한 PTH 유도체의 구조를 쓰시오.

메커니즘 25.3

Edman 분해

1단계: 펩타이드를 아이소싸이오사이안산 페닐로 처리하여 페닐카바모일(PTC)유도체를 생성한다.

$$\text{Ph}-N{=}C{=}S \;+\; H_3\overset{+}{N}-CH(R)-C(=O)-NH-\text{펩타이드} \longrightarrow \text{Ph}-NH-C(=S)-NH-CH(R)-C(=O)-NH-\text{펩타이드}$$

아이소싸이오사이안산 페닐 PTC 유도체

2단계: 무수 용매에 녹아 있는 염화 수소와의 반응에서, PTC 유도체의 싸이오카보닐 황은 N-말단 아미노산의 카보닐 탄소를 공격한다. N-말단 아미노산은 싸이아졸론 유도체로 펩타이드의 나머지 부분으로부터 절단된다.

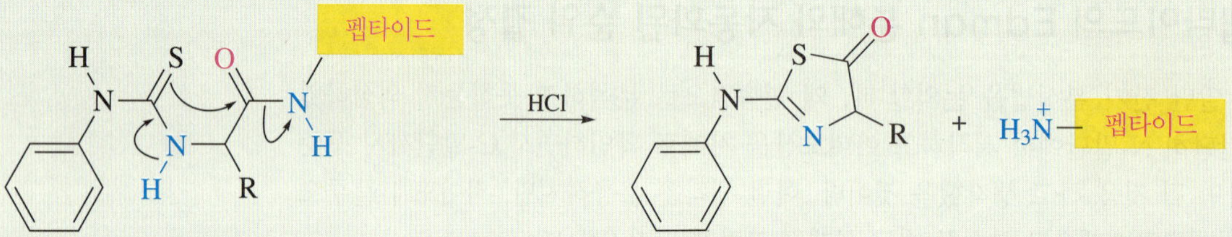

$$\text{PTC 유도체} \xrightarrow{HCl} \text{싸이아졸론} + H_3\overset{+}{N}-\text{펩타이드}$$

PTC 유도체 싸이아졸론 펩타이드의 나머지 부분

3단계: 일단 형성되면, 싸이아졸론 유도체는 더 안정한 페닐싸이오하이단토인(PTH)유도체로 이성질화하며, 이 유도체를 분리하고 그리고 성질을 조사하여 N-말단 아미노산을 확인한다. 펩타이드의 나머지 부분(2단계에서 형성된)은 분리할 수 있고 다음에 두 번째 Edman 분해를 행한다.

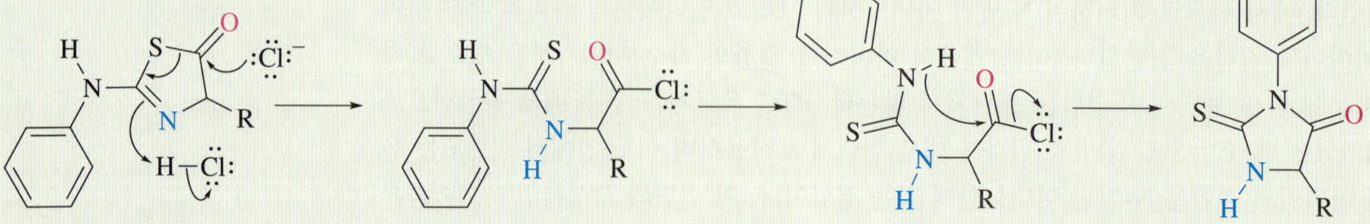

$$\text{싸이아졸론} \xrightarrow{H-Cl} \text{Ph}-NH-C(=S)-NH-CH(R)-C(=O)Cl \longrightarrow \longrightarrow \text{PTH 유도체}$$

싸이아졸론 유도체

이상적으로, Edman 과정을 반복함으로써 매우 큰 단백질의 1차 구조도 결정할 수 있어야 한다. 어느 한 번의 Edman 분해에서 100% 이하의 변환이 일어나는 경우에는 분해된 펩타이드의 혼합물이 생성되기 때문에, 상이한 두 PTH 유도체가 그 다음의 Edman 분해에서 형성되며 그래서 실제로 이상은 실현되지 않는다. 그럼에도 불구하고, 몇 가지 인상적인 결과가 얻어졌다. 반복적인 Edman 순환으로 N-말단으로부터 처음 20개의 아미노산의 순서를 결정하는 것은 일상적인 일이며, 60개 잔기까지도 단백질 마이오글로빈의 단일 시료에서 결정되었다. 전 과정이 자동화 되었으며 그리고 모든 작업을 컴퓨터로 수행되는 *Edman 시퀀네이터*(*Edman sequenator*)라고 하는 장치 속에서 이뤄진다. 필요한 시료 양은 매우 적으며 10^{-10} 몰의 소량이 보통이다.

그래서 많은 펩타이드와 단백질의 결합 순서가 결정되었으며 정확한 수를 말할 수 없을 정도다. 1958년도에 노벨상을 수상한 작업이 오늘날 일상적인 일이 되었다. 핵산의 순서결정이 극적으로 발전하였기 때문에 특정한 단백질에 대한 암호를 내리는 유전자를 클로닝하고, 이 DNA의 순서를 결정하고, 그리고 DNA의 뉴클레오타이드 순서로부터 단백질의 구조를 유도하는 일이 가능하다. DNA 순서 결정에 관하여 이 장의 뒷 부분에서 더 논의하겠다.

Peptide Mapping and MALDI Mass Spectrometry

Biological materials often contain proteins that must be identified. Recent advances in mass spectrometry have made peptide mapping a convenient tool for this purpose. The protein in question is selectively hydrolyzed with a peptidase such as trypsin and the mixture of peptides produced is analyzed by *matrix-assisted laser desorption ionization* (MALDI) as illustrated in Figure 25.9.

MALDI offers two main advantages over traditional mass spectrometric methods.

1. Substances, such as peptides, that lack sufficient volatility to be vaporized for analysis by conventional mass spectrometry can be vaporized by MALDI.
2. The species analyzed by the mass spectrometer is the conjugate acid of a peptide (peptide + H^+). Unlike the highly energetic ions generated by electron impact (see Section 13.24), the cations produced by MALDI have little tendency to fragment. Consequently, a mixture of peptide fragments gives a mass spectrum dominated by peaks with *m/z* values corresponding to those of the individual protonated peptides.

With the aid of freely available Internet tools and databases, the MALDI data set is compared with known proteins to generate a list of potential matches. The analyst inputs the peptidase used to digest the original protein and the *m/z* values of the peptides displayed in the MALDI spectrum. As specified by the search criteria, the search delivers (in a matter seconds!) a list of peptide sequences and the proteins these sequences contain. Next, a different peptidase is used to hydrolyze the protein, to provide a second set of peptides that are also analyzed by MALDI and matched against the database. MALDI mass spectrometry compares the amino acid *composition* of unsequenced peptides with the amino acid *sequence* of known proteins in order to identify an unknown protein. The procedure is repeated until the list of potential matches is narrowed to a single known protein, additional data are needed, or it becomes likely that the protein is new.

Problem 25.21

Which two of the standard amino acids cannot be differentiated on the basis of their *m/z* ratio?

(계속)

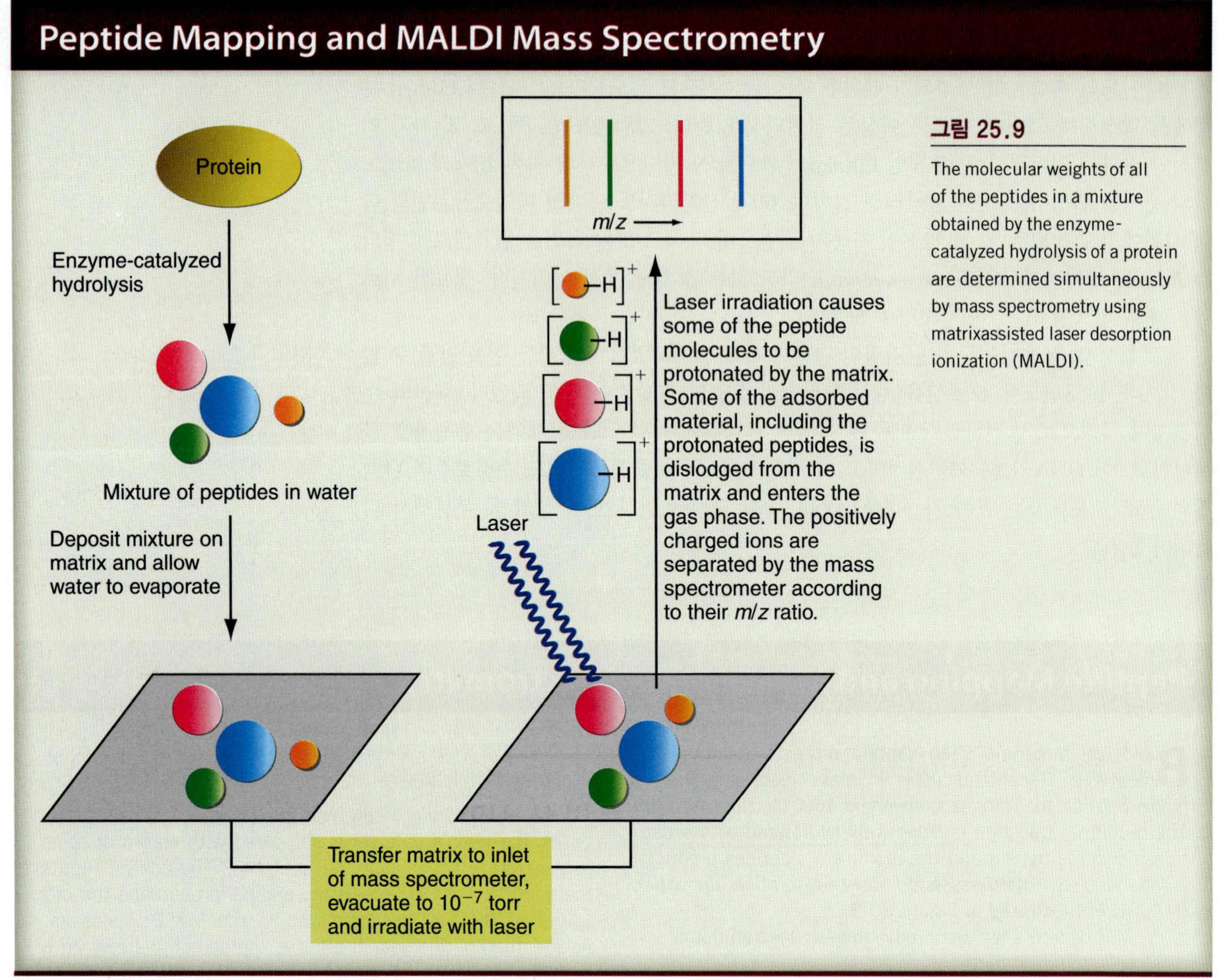

그림 25.9

The molecular weights of all of the peptides in a mixture obtained by the enzyme-catalyzed hydrolysis of a protein are determined simultaneously by mass spectrometry using matrixassisted laser desorption ionization (MALDI).

25.13 펩타이드 합성 전략

어떤 펩타이드에 대하여 제안된 구조를 확인하는 한 가지 방법은 아미노산의 특정한 순서를 아는 펩타이드를 합성하고 그리고 이 둘을 비교하는 것이다. 예컨대, 혈압을 낮추는 펩타이드로 혈액에 존재하는 *브라디키닌*(*bradykinin*)에 대하여 이와 같이 하였다. 브라디키닌 분비를 자극하는 물질을 갖고 있는 장수말벌과 곤충에 쏘일 경우 생성되는 과량의 브라디키닌은 심한 국부 통증을 일으킨다. 브라디키닌은 최초에 두 프롤린 잔기를 갖는 옥타펩타이드로 알려졌다. 그러나, 다음의 서열과 같이 세 프롤린을 갖는 노나펩타이드가 합성되었으며 생물학적 활성을 포함한 모든 점에서 천연의 브라디키닌과 동일한 것으로 밝혀졌다.

Arg-Pro-Pro-Gly-Phe-Ser-Pro-Phe-Arg 또는 RPPGFSPFR

브라디키닌

최초 서열 자료의 재평가는 천연의 브라디키닌이 실제로 위에 나타낸 노나펩타이드라는 것을 입증하였다. 여기서 펩타이드의 합성은 구조확인 이상의 일을 하였다. 합성은 구조를 결정하는 도구였다.

펩타이드 합성은 의약품 개발에서 대단히 중요하다. 합성되는 펩타이드가 고가이며, 인체 내에 투여 후 빠른 분해로 인하여 펩타이드 의약품의 개발은 오랫동안 어려움을 겪었다. 펩타이드를 공업적으로 제조하고 공급하는 것이 발전됨으로서 펩타이드를 기초로 한 약품의 사용이 증가하게 되었다. 펩타이드 의약품 중에서 인슐린과 카시토닌 두 가지가 가장 뛰어나다.

약물 전달에서 가장 적절한 방법은 리포솜을 사용하는 것이다(24.4절).

인슐린은 당뇨병의 치료에 사용되는 약으로서 소와 돼지의 췌장으로부터 추출되어 얻어졌다. 일찍이 1980년대 이후 천연 인슐린은 DNA 조합 기술에 의해서 만들어진 즉, 인간이 "합성"한 인슐린으로 대체되었다(26.17절). 합성 인슐린은 사람의 인슐린과 동일할 뿐만 아니라 동물로부터 얻어지는 인슐린보다 저렴하다. 약간 작은 폴리펩타이드로서 32개의 아미노산을 가진 *칼시토닌(calcitonin)*은 전통적인 유기합성 화학적 방법으로 합성되었다. 합성 칼시토닌은 연어로부터 얻어진 것과 동일하였으며, 골다공증 치료에 널리 사용되었다. 칼시토닌이 어떤 역할을 하는지는 분명하지 않지만 뼈 성장율의 증가에 의해서가 아닌 뼈 분실율의 감소에 의해서 뼈 전체를 유지시켜 준다는 가능성이다.

인슐린 합성으로 특화된 생화학적 방법 이외에 다음의 두 가지 접근법이 있다.

1. 용액상태
2. 고체상태

비록 두 가지 접근법은 합성이 수행되고 있는 상태의 관점에서 다르지만 전체적인 전략은 동일하다.

펩타이드 합성의 목표는 아미노산들 사이의 아마이드 결합 형성에 의해서 정해진 결합 순서대로 아미노산을 연결하는 것이라고 간단히 말할 수 있다. 매우 효과적인 방법과 시약이 펩타이드 결합 형성을 위해서 많이 고안되었으며 그래서 아마이드 결합에 의한 아미노산들의 연결은 어렵지 않다. 진짜 난점은 올바른 결합 순서로 얻어졌는지를 확인하는 데 있다. 대표적 다이펩타이드인 Phe-Gly의 생합성을 고찰하면서 설명하겠다. 페닐알라닌과 글라이신을 포함한 혼합물에서 무작위한 펩타이드 결합 형성은 네 개의 다이펩타이드를 합성하게 될 것이다.

$$\underset{\text{페닐알라닌}}{H_3\overset{+}{N}\underset{\substack{|\\CH_2C_6H_5}}{C}HCO_2^-} + \underset{\text{글라이신}}{H_3\overset{+}{N}CH_2CO_2^-} \longrightarrow \text{Phe-Gly} + \text{Phe-Phe} + \text{Gly-Phe} + \text{Gly-Gly}$$

Phe-Gly만이 형성되도록 합성을 제어하기 위해서, 페닐알라닌의 아미노기와 글라이신의 카복실기를 보호하여 이것들이 펩타이드 결합 형성 조건에서 반응할 수 없도록 하여야 한다. 다음의 반응식으로 펩타이드 결합 형성의 단계를 나타낼 수 있으며 X와 Y는 각각 아민과 카복실 보호기이다.

$$\underset{\text{보호된 페닐알라닌}}{X-NH\underset{\substack{|\\CH_2C_6H_5}}{C}H\overset{O}{\overset{\|}{C}}OH} + \underset{\text{C-보호된 글라이신}}{H_2NCH_2\overset{O}{\overset{\|}{C}}-Y} \xrightarrow{\text{짝지음}} \underset{\text{보호된 Phe-Gly}}{X-NH\underset{\substack{|\\CH_2C_6H_5}}{C}H\overset{O}{\overset{\|}{C}}-NHCH_2\overset{O}{\overset{\|}{C}}-Y} \xrightarrow{\text{보호기 제거}} \underset{\text{Phe-Gly}}{H_3\overset{+}{N}\underset{\substack{|\\CH_2C_6H_5}}{C}H\overset{O}{\overset{\|}{C}}-NHCH_2\overset{O}{\overset{\|}{C}}O^-}$$

따라서, 정해진 서열을 갖는 다이펩타이드의 합성은 적어도 세 단계의 작업을 필요로 한다.

1. N-말단 아미노산의 아미노기와 C-말단 아미노산의 카복실기의 *보호*
2. 둘 사이의 아마이드 결합 형성에 의한 두 보호된 아미노산의 *짝지음*
3. N-말단의 아미노기와 C-말단의 카복실기의 *보호기 제거*

더 큰 펩타이드는 다이펩타이드 합성에서 요약한 논리를 곧장 연장함으로써 유사한 방법으로 만들 수 있다.

25.14절에서 25.15절까지는 펩타이드 결합 형성 방법과 함께 아미노기 및 카복실기의 보호와 그리고 보호기 제거와 관련된 화학을 설명한다. 이 절에서의 중요 내용은 용액 상태의 펩타이드 합성이다. 25.16절은 이러한 방법들이 용액 상태에서의 펩타이드 합성에 어떻게 이용되는지를 나타냈다.

25.14 아미노기와 카복실기의 보호와 제거

아미노기는 25.5절에 기술된 것처럼 *tert*-뷰톡시카보닐(Boc), 카보벤즈옥시카보닐(Z) 또는 9-플루오렌일메톡시카보닐(Fmoc) 유도체가 된다. Boc기는 브로민화 수소로 제거되며 트라이플루오로아세트산과 같은 다른 산으로도 제거된다.

HBr

N-tert-Butoxycarbonylphenylalanylglycine ethyl ester → 2-Methylpropene + CO_2 (Carbon dioxide) + Phenylalanylglycine ethyl ester hydrobromide (86%)

tert-뷰틸기는 *tert*-뷰틸양이온으로 이탈되어 탈수소화되어 2-메틸프로펜이 된다. Boc보호기와 마찬가지로 벤질옥시카보닐기도 브로민화 수소에 의해 제거되어 브로민화 벤질이 된다.

HBr

N-Benzyloxycarbonylphenylalanylglycine ethyl ester → Benzyl bromide (CH_2Br) + CO_2 (Carbon dioxide) + Phenylalanylglycine ethyl ester hydrobromide (82%)

Boc와는 달리 벤질옥시카보닐은 팔라듐을 이용한 *가수소분해*(*hydrogenolysis*)로 제거되어 톨루엔이 된다.

N-Benzyloxycarbonylphenylalanylglycine ethyl ester → (H_2, Pd) Toluene + CO_2 (Carbon dioxide) + Phenylalanylglycine ethyl ester (100%)

9-플루오렌일카보닐(Fmoc)은 벤질옥시카보닐과 Boc와는 달리 암모니아와 같은 염기로 처리하여 제거한다.

9-Fluorenylmethoxycarbonylalanine → (NH_3) Dibenzofulvene + CO_2 (Carbon dioxide) + Alanine (100%)

카복실기는 일반적으로 에스터기로 보호된다. Fisher 에스터화 방법으로 메틸 또는 에틸 에스터로 만들며 염기성 조건에서 가수분해하여 제거한다. 펩타이드 합성에서 보호기로서 벤질 에스터가 좋은데 그 이유는 N-말단은 Z로서 보호하고 C-말단은 벤질 에스터로 보호한 다음 한번의 가수소분해로 완전히 제거할 수 있기 때문이다.

N-Benzyloxycarbonylphenylalanylglycine benzyl ester → (H_2, Pd) Phenylalanylglycine (87%) + Toluene + CO_2 (Carbon dioxide)

표 25.1에 나열한 아미노산 중에서 몇 가지는 곁사슬 작용기를 갖는데, 이것들도 펩타이드 합성에서 보호되어야 한다. 대다수 경우, 보호기들은 가수소분해에 의해 제거될 수 있다.

25.15 펩타이드 결합 형성

적절하게 보호된 두 아미노산 사이에서 펩타이드 결합을 형성하기 위해서, 이 중 하나의 유리 카복실기는 반응성이 큰 아실화제로 *활성화*되어야만 한다. 가장 흔한 아실화제는 염화 아실이며 이것들은 한때 아미노산을 짝짓는 데 많이 사용되었다. 그러나 이 접근의 몇 가지 단점들 때문에 화학자들은 다른 방법들을 찾아냈다.

한 방법에서, N-보호되고 그리고 *N*, *N′*-다이사이클로헥실카보나이이미이드(DCCI)로 C-보호된 아미노산들을 함유한 용액에서는 직접 펩타이드 결합 형성으로 이어진다.

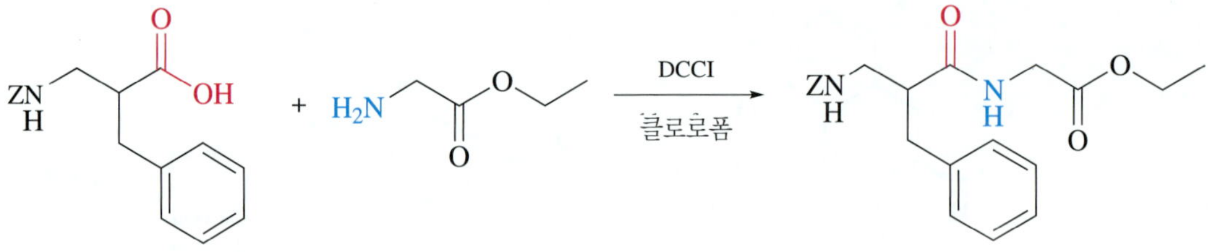

Z-보호된 페닐알라닌 + 글라이신 에틸 에스터 →(DCCI, 클로로폼) Z-보호된 Phe-Gly 에틸 에스터(83%)

N, N′-다이사이클로헥실카보다이이마이드는 다음의 구조를 갖는다.

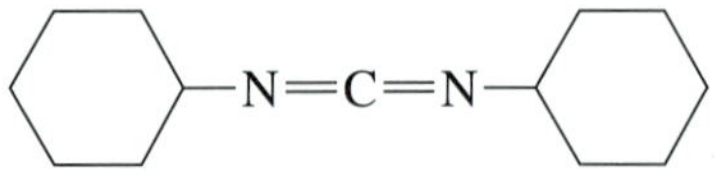

N,N′-다이사이클로헥실카보다이이마이드(DCCI)

메커니즘 25.4는 반응식에서 나타낸 펩타이드 결합을 어떻게 DCCI가 촉진시키는가를 나타냈다.

문제 25.22

벤질옥시카보닐과 벤질 에스터 보호기 그리고 DCCI-촉진된 펩타이드 결합 형성을 사용하여 알라닌과 루신으로부터 Ala-Leu의 합성에 관여한 단계들을 보여라.

펩타이드와 DCCI를 용매 속에서 짝지으면 생성물로서 *N,N′*-다이사이클로헥실유리아(*N,N′*-dicyclohexylurea)가 생성되며 분리하는 과정에서 이 부생성물을 분리하는 과정을 어렵게 만든다. 이것을 대체한 카보다이이미드로서 *N*-(3-다이메틸아미노프로필)-*N′*-에틸카보다이이마이드(*N*-(3-dimethylaminopropyl)-*N′*-ethylcarbodiimide, EDCI)를 펩타이드 합성에서 사용한다. EDCI와 관련요소 두 물질 모두 물에 녹는 물질을 생성하는데 펩타이드 생성물로부터 분리하기 쉽다. EDCI는 유기 용매 속에서 사용할 수 있다.

$$CH_3CH_2N{=}C{=}NCH_2CH_2CH_2N(CH_3)_2$$

1-에틸-3-(3-다이메틸아미노프로필)카보다이이마이드 (EDCI)

문제 25.23

보호기를 가진 아미노산과 카복실산을 짝지음하는 반응에서 EDCI를 넣고 반응할 때 생성되는 상응하는 요소의 구조는 밝히시오.

더 큰 펩타이드는 한번에 한 아미노산씩 펩타이드 사슬의 단계적 연장이나 혹은 여러 개 잔기를 갖는 조각들의 짝지음(*조각 축합법*, *fragment condensation*)에 의해 만들 수 있다. 예컨대, 사람의 뇌하수체 부신피질 자극 호르몬(ACTH)은 39개의 아미노산을 가지며, 1~10, 11~16, 17~24, 25~39 잔기를 갖는 작은 펩타이드들의 짝지음에 의해 합성되었다. 이 방법의 매력은 여러 가지 보호된 펩타이드 조각을 각각으로 분리할 수 있고 이것은 최종 생성물의 정제를 단순화 한다는 것이다. 조각축합으로 합성한 물질 중에는 인슐린(51개의 아미노산)과 단백질 라이보핵산분해효소 A(124개의 아미노산)가 있다. 단계적 연장법에서, 어느 특정한 단계에 있는 출발 물질의 펩타이드는 짝지음 반응의 생성물과 단지 하나의 아미노산 잔기만 차이가 나며 두 펩타이드의 성질이 매우 비슷하기 때문에 전통적 방법으로 분리할 수 없다. 다음 절에서는 중간물질 정제의 많은 어려움을 극복하는 방법을 설명하겠다.

메커니즘 25.4

N,N′-다이사이클로헥실카보다이이마이드를 이용한 카복실산과 아민의 아마이드 형성 반응

전체 반응:

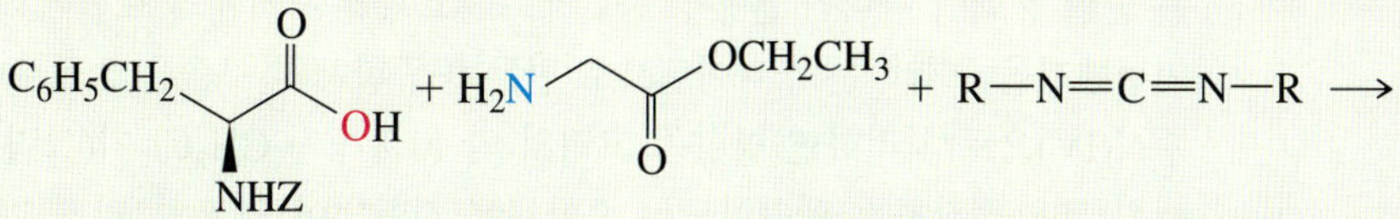

Z-보호된 페닐알라닌 (Z = 벤질옥시카보닐)

글라이신 에틸 에스터

N,N′-다이사이클로헥실카보다이이마이드(DCCI) (R = 사이클로헥실)

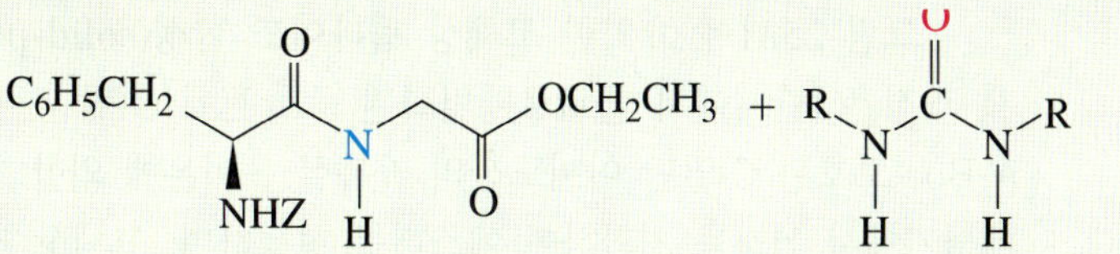

Z-보호된 Phe–Gly 에틸 에스터

N,N′-다이사이클로헥실유리아

메커니즘:

1단계: 이 반응의 첫 번째 단계에서, 카복실산이 DCCI의 이중결합에 부가되어 *O*-아실아이소유리아를 생성한다.

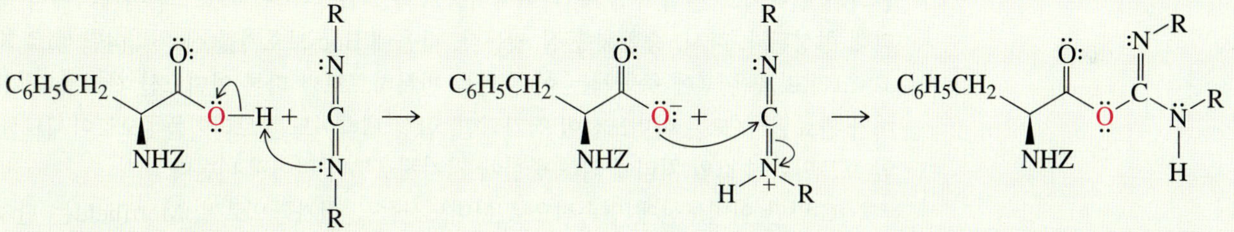

Z-보호된 페닐알라닌 DCCI

An *O*-아실아이소유리아

2단계: 구조적으로, *O*-아실아이소유리아는 카복실산 무수물과 유사하며 강력한 아실화제이다. 이 반응이 두 번째 단계에서 아민은 *O*-아실아이소유리아에 첨가되어 사면체형 중간체를 생성한다.

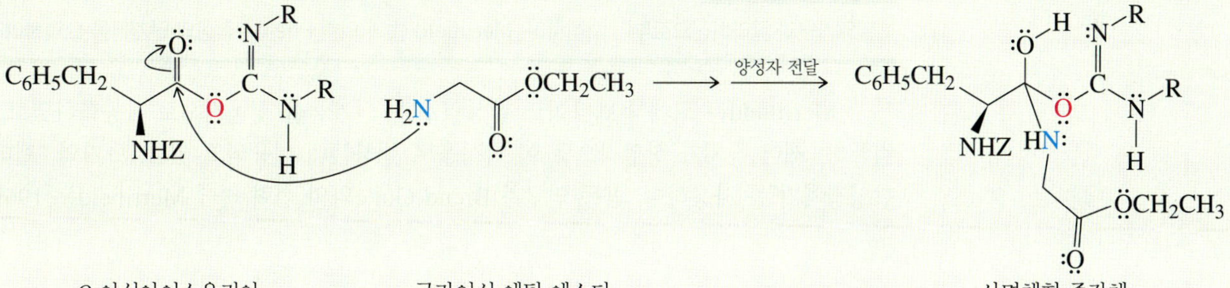

양성자 전달

O-아실아이소유리아 글라이신 에틸 에스터 사면체형 중간체

3단계: 사면체형 중간체는 아마이드와 *N,N*-다이사이클로헥실유리아로 분해된다.

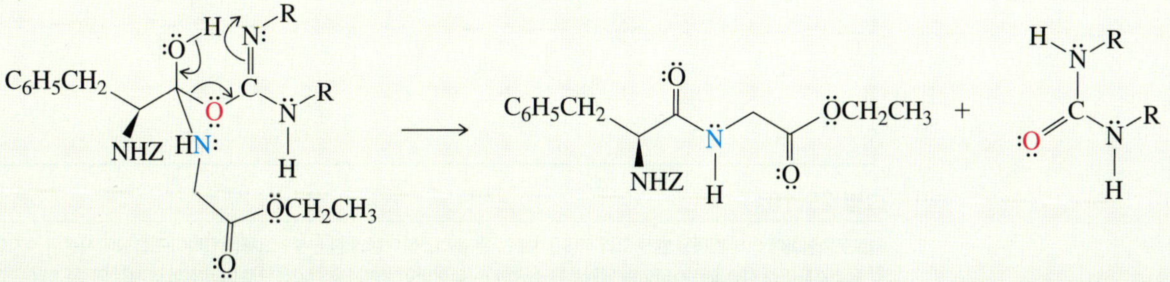

사면체형 중간체 Z-보호된 Phe-Gly 에틸 에스터 *N,N9*-다이사이클로헥실유리아

25.16 고체상 펩타이드 합성: Merrifield 법

Merrifield는 고체상 펩타이드 합성법을 개발한 공로로 1984년 노벨 화학상을 수상하였다.

1962년, Rockefeller University의 R. Bruce Merrifield는 새로운 방법으로 노나펩타이드인 브라디키닌의 합성을 보고하였다. Merrifield 방법에서 펩타이드 짝지음과 보호기 제거는 균일 용액이 아니라 불용성 중합체, 즉 고체상 지지체의 표면에서 이뤄진다. 2% 다이바이닐벤젠을 포함하는 스타이렌으로 만든 공중합체의 구슬은 클로로메틸 메틸 에터와 염화주석(IV)으로 처리하면 방향족 고리의 약 10%가 —CH_2Cl 기(그림 25.10)를 갖는 수지를 생성한다. 성장하는 펩타이드는 중합체에 결합되어 있고, 그리고 과량의 시약, 불순물, 및 부산물은 각 조작을 마친 후에 철저히 씻어서 제거한다. 이것은 중간체의 정제를 굉장히 단순화한다.

그림 25.11에 요약한 **고체상 펩타이드 합성(solid-phase peptide synthesis)**의 실제 과정은 1단계에서 클로로메틸화된 중합체에 C-말단 아미노산의 결합에서 시작한다. *N*-Boc-보호된 C-말단 아미노산의 카복실 음이온에 의한 친핵성 치환은 중합체의 클로로메틸기에서 염소를 치환하여 에스터를 형성하며, 고체상 지지체에 결합하는 동안 C-말단은 보호된 상태로 있다. 다음에, Boc기는 산으로 처리하여 제거하고(2단계), 그리고 보호기가 제거된 N-말단을 갖고 있는 중합체는 여러 가지 유기 용매로 씻는다. 부산물은 제거되고 중합체와 결합된 C-말단 아미노산만이 남는다. 다음(3단계)에, *N*-Boc-보호된 아미노산과의 펩타이드 결합이 *N,N'*-다이사이클로헥실카보다이이마이드의 존재하에서 축합에 의해 형성된다. 다시, 중합체를 잘 씻는다. 다음에 Boc-보호기를 산 처리(4단계)로 제거하고, 그리고 씻은 후에 중합체는 이 순환을 반복하므로써 다른 아미노산 잔기를 첨가할 준비가 완료된다. 모든 아미노산이 첨가되면, 합성 펩타이드는 트라이플루오로아세트산에 녹인 브로민화 수소의 처리에 의해 중합체 지지체로부터 떨어져 나온다.

Merrifield 방법은 FMOC와 Boc 보호기를 적정하게 조절하여 활용한다.

C-말단 아미노산에 연속적으로 아미노산들을 첨가함으로써, Merrifield는 단지 8일 만에 브라디키닌을 69% 수득률로 합성하였다. 합성 브라디키닌의 생물학적 활성은 천연물의 활성과 동일하였다.

문제 25.24

페닐알라닌과 글라이신으로부터 시작하여, Merrifield 법에 의한 Phe-Gly합성의 단계들을 요약하여라.

Merrifield는 고체상 펩타이드 합성의 모든 단계들을 성공적으로 자동화하였고, 지금 컴퓨터-제어 장치가 상업적으로 이 합성을 수행하는데 이용되고 있다. 초기의 "펩타이드 합성장치기"를 사용하여, 공동 연구자 Brend Gutte와의 협력 하에 Merrifield는 1969년에

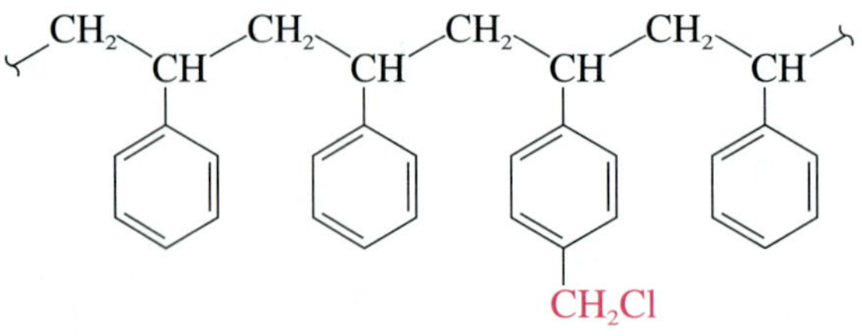

그림 25.10

클로로메틸화에 의해 변형된 벤젠 고리 하나를 보여주는 폴리스타이렌의 한 부분 . 고체상 펩타이드 합성에 사용된 수지에 있는 각 폴리스타이렌 사슬들은 스타이렌 단량체에 소량의 *p*- 다이바이닐벤젠을 첨가하므로 여러 점에서 서로 연결된다 (가교 결합). 클로로메틸화 단계는 벤젠 고리의 약 10% 만이 —CH_2Cl 기를 갖도록 하는 조건에서 수행된다 .

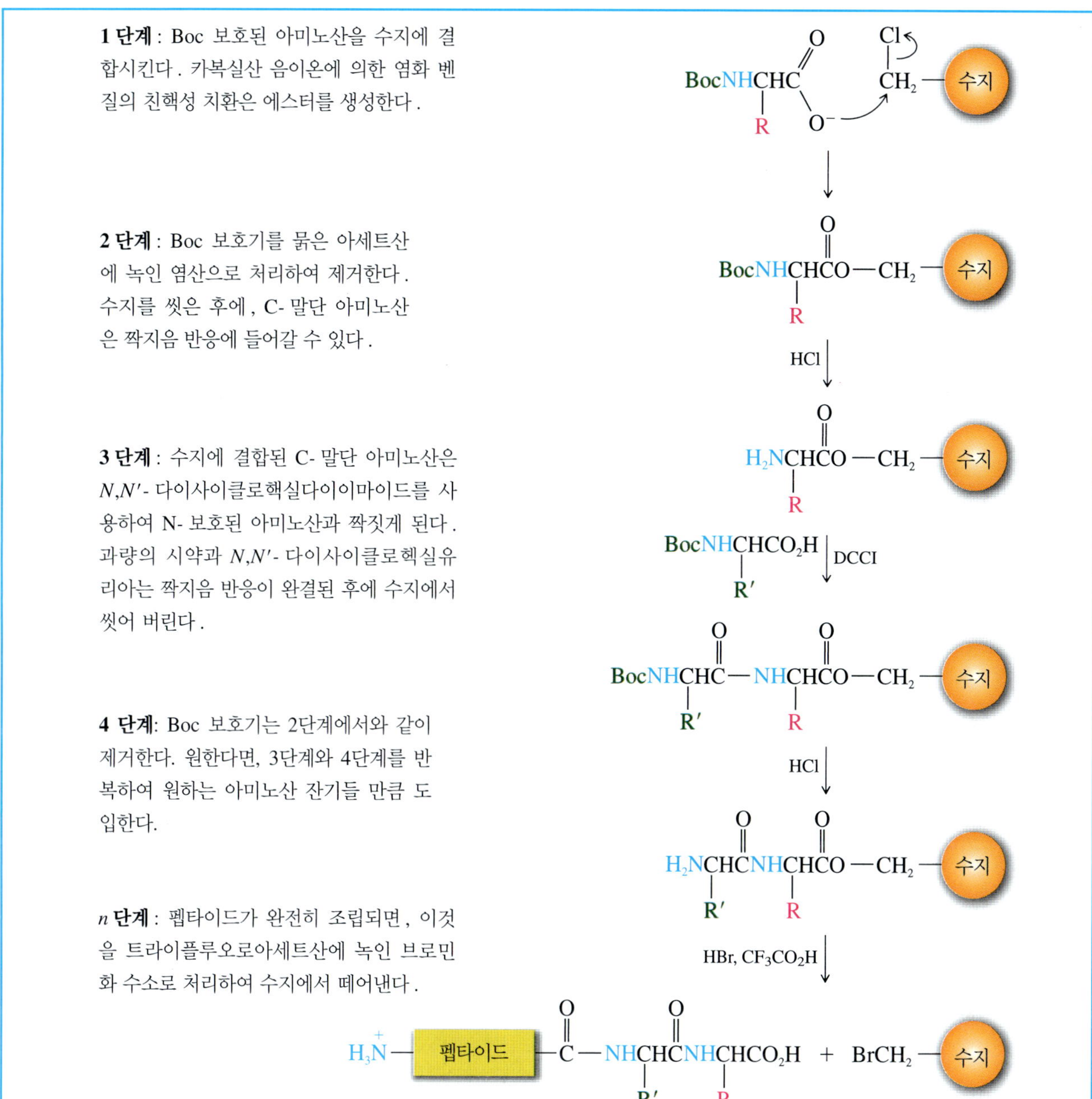

그림 25.11

고체상 방법에 의한 펩타이드 합성. 아미노산 잔기들은 C- 말단에서 시작하여 차례대로 결합된다.

효소 라이보핵산분해효소 A의 합성을 보고하였다. 라이보핵산분해효소의 124 아미노산을 조립하는데 필요한 369번의 반응과 11,391단계를 수행하는 데 단지 6주가 걸렸다.

그러나, 고체상 펩타이드 합성이 모든 정제 문제를 해결한 것은 아니다. 라이보핵산분해효소 합성의 모든 짝지음 단계가 99% 수득률로 진행하였다 할지라도, 생성물은 123 아미노산, 122 아미노산, 등등을 갖는 많은 다른 펩타이드로 오염될 수 있었다. 그래서, Merrifield와 Gutte는 합성에 6주가 걸렸으나 최종 생성물을 정제하는 데, 4개월을 더 소비하였다. 그 이후로 기술은 계속 다듬어져서 현대적 기기로 99% 수순 또는 그 이상의 수득률을 얻는 단계에 이르렀고 수천의 펩타이드와 펩타이드 유사체가 이 고체상 방법으로 만들어졌다.

펩타이드 합성에 쓰인 고체상 방법의 Merrifield 개념과 이것을 수행하기 위한 방법의 개발은 화학반응을 일으키는 데 전혀 새로운 방법을 위한 발판이 되었다. 고체상 합성은 여러 가지 다른 종류의 화합물에도 적용되었으며 **조합화학(combinatorial chemistry)**이라는 전혀 새로운 분야의 탄생을 도왔다. 조합 합성은 화학자로 하여금, 고체상 기법을 사용하여 한 번에 수백의 관련된 화합물들(문고: *library*라고 한다)을 만들 수 있게 하였다.

25.17 펩타이드와 단백질의 2차 구조

펩타이드의 1차 구조는 아미노산 서열이다. 펩타이드의 **2차 구조(secondary structure)**는 가장 가까이 있는 아미노산들 상호간의 형태상의 관계를 나타낸다. X-선 결정법의 연구와 분자 모형의 조사를 기초로 하여, California Institute of Technology의 Linus Pauling과 Roben B. Corey는 어떤 펩타이드 형태는 다른 것들보다 더 안정하다는 것을 보였다. 두 배열, 즉 **α-나선(α-helix)**과 **β-판(β sheet)**이 특별히 안전하고 보통 접하는 이차 구조 단위들로서 두드러진 것들이다. 두 가지 점이 일원화되어서 두 가지 중요한 특징을 갖는다:

1. 펩타이드 결합의 형태는 평면이고, 주 사슬은 anti-형태(25.7절)로 배열한다.
2. 수소결합은 한 아미노산 단위의 N—H 기와 다른 아미노산의 C=O 기가 공간 속에서 가까이 있을 때 일어난다. 수소결합의 수를 극대화하는 형태가 이 결합에 의해 안정화된다.

β-판 내의 사슬은 한 사슬의 카보닐 산소와 또 다른 사슬의 아마이드 N—H 사이의 수소결합을 가진 연장된 형태로 존재한다(그림 25.12). 단백질에서는 평형과 역평형으로 배열된 두 가지 사슬이 만들어진다. 단백질 사슬 사이의 약간의 공간은 그림 25.12에서 R로 나타낸 아미노산의 곁사슬에 의해서 채워진다. 이들 치환체들을 포함하는 반데르발스 반발력은 사슬로 하여금 서로 회전하여 β-*병풍* (β-*plated sheet*, 그림 25.13)으로 알려진 파상 효과를 나타내도록 한다.

β-병풍은 중요한 2차 구조인데, 특히 H(글라이신), CH_3(알라닌), 및 CH_2OH(세린)와 같은 작은 곁사슬을 갖는 아미노산이 많은 단백질에 그러하다. 그림 25.13에 있는 모형은 단지 글리신과 알라닌이 교대로 배열(Gly-Ala-Gly-Ala- 등)된 것을 포함하는 역평형

그림 25.12

β-병풍 내의 한 단백질 사슬의 카보닐 산소와 다른 단백질의 아마이드 N—H 사이의 수소결합. 역평형 배열에서 한 사슬의 N-말단에서 C-말단 방향의 배열은 다른 사슬의 배열과 반대이다. 평형 배열에서는 N-말단에서 C-말단 방향의 배열도 동일하다.

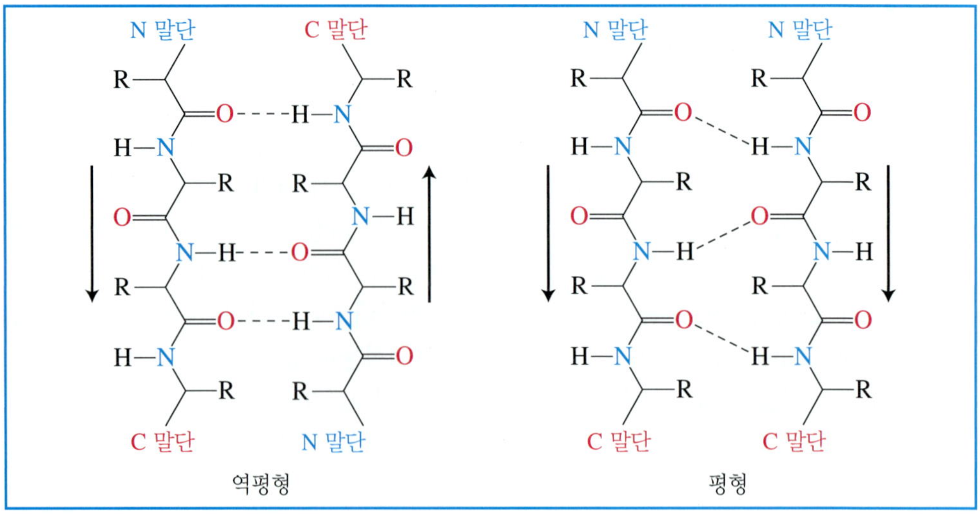

역평형

평형

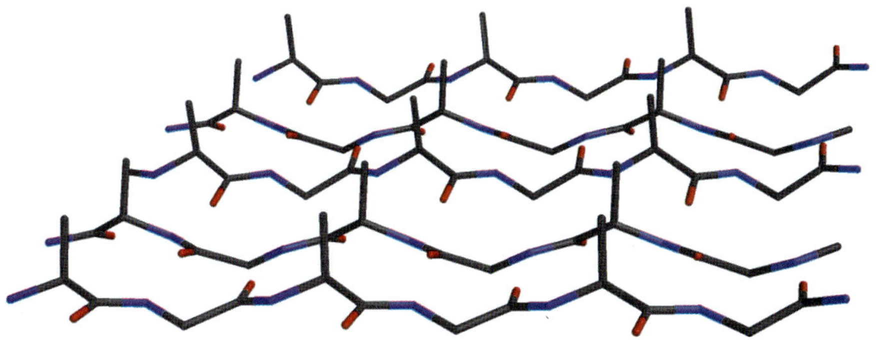

그림 25.13

단백질의 2차 구조인 β- 병풍은 글리신과 알리신 잔기들이 교대로 구성되어 있다.

사슬로 구성된 시트의 계산된 구조의 한 부분이다. 대다수 명주실의 주요 단백질인 *피브로인(fibroin)*은 거의 전부 병풍이고, 이것의 80% 이상이 여섯 잔기인 -Gly-Ser-Gly-Ala-Gly-Ala-의 반복 서열이다. 무명과는 달리 명주의 폴리펩타이드 사슬은 연장된 지그재그 형태를 취하기 때문에 잡아늘여도 견뎌낸다.

문제 25.25

그림 25.13에 있는 β-판의 알라닌 잔기의 메틸기는 모두 위로 향한다. 만약 β-판이 Gly-Ala-Gly-Ala- 등으로 구성된 것들 대신에 단지 알라닌만으로 구성된다면 메틸기의 형태는 어떻게 될까? 모두 위로 아니면 위, 아래로 교대로 향할까, 아니면 무작위로 배열될까? 예측해 보시오.

α-나선은 또 다른 형태의 일반적인 2차 구조이다. 그림 25.14는 8개의 L-알라닌 잔기들로 구성된 α-나선형의 모형을 세 가지 관점에서 나타낸 것이다. 그림(*a*)는 공과 막대형의 모형이며, (*b*)는 축을 따라서 나선형의 중심을 통하여 본 모형이다. 나선형의 모양은 오른손형이며, 한 바퀴당 3.6개의 아미노산이 존재하며, 카보닐 산소와 N—H 양성자 사이의

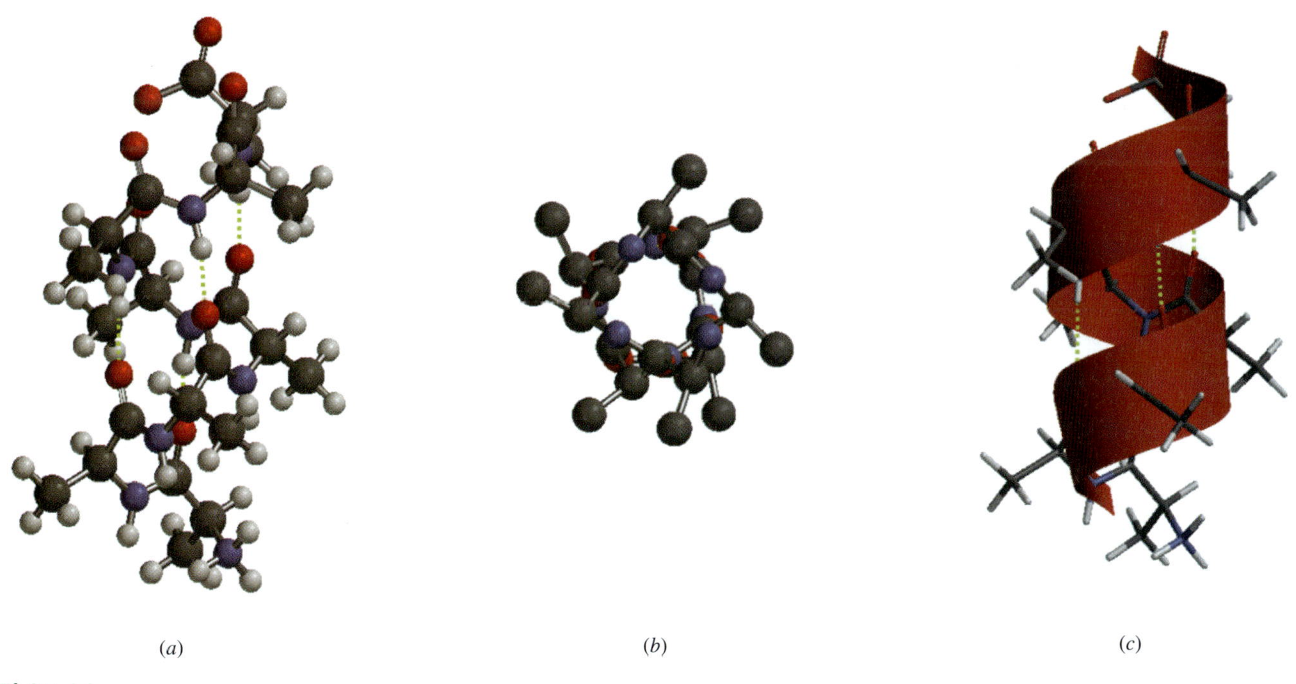

그림 25.14

여덟 개의 알라닌 잔기로 구성된 α- 나선의 분자 모형. 바닥이 N- 말단이다. (a) 공 - 및 - 막대형. 수소결합을 점선으로 나타내었다. (b) 동일한 모형을 바닥에서 나선형 축을 따라서 본 것. 간단하게 나타내기 위하여 수소를 생략하였다. 오른손 형의 나선형이며, 모든 메틸기는 밖으로 돌출되어 있다. (c) 나선형을 따라서 리본으로 감은 튜브형의 모형.

수소결합에 의해 안정화된다. 그림(*b*)에서 L-알라닌의 메틸기가 주사슬로부터 어떻게 돌출되어 있는지를 볼 수 있다. 이렇게 돌출된 방향의 아미노산의 곁사슬은 동일한 사슬의 다른 아미노산 또는 단백질의 사슬 및 다른 생물 분자와 접촉하게 된다. 그림(*c*)는 펩타이드의 골격을 리본을 이용하여 나타내었다. 리본은 앞과 뒤의 구별을 할 수 있게 도와주며, 나선형의 오른손 형태임을 더욱 알기 쉽게 해 주며, 단백질이 어떻게 접혀졌는지 보기 쉽게 해 준다.

근육[*마이오신*(*myosine*)]과 모(wool)[α-*케라틴*(*keratin*)]의 단백질 성분은 백분율로 나타낼 때 α-나선이 높다. 섬유를 당겼을 때 수소결합은 끊어지며, 펩타이드 결합은 늘어난다. L-시스테인 잔기들 사이의 S—S 공유결합은 사슬을 당겼을 때 늘어남이 한계가 있지만, 당기는 힘이 없어지면 자동적으로 수소결합은 다시 형성된다.

대부분의 단백질은 단일 2차 구조의 형태로 기술할 수는 없다. 대부분 α-나선과 β-판이 혼합되어 있으며, 규칙적인 형태가 아닌 **무작위 코일(random coil)**로 하나의 영역 내에 산재되어 있다. 그림 25.15는 RNA를 가수분해하는 촉매인 효소 라이보핵산분해효소(ribonuclease)의 모형을 나타낸 것이다. 나선형 영역은 붉게 나타냈으며 β-판은 노란색으로 나타냈다. 이 단백질 내의 124개 아미노산 중 24개는 α-나선형으로 세 영역에 나타내었다. 두 개의 β-판이 있는데, 하나는 21개의 아미노산을 가진 세 개의 띠를 가지고 있으며, 다른 하나는 20개의 아미노산을 가진 네 개의 띠를 가지고 있다. 각 β-판의 띠는 동일한 사슬에 속하며, 사슬은 접혀야 하므로 수소결합 거리 이내에 위치해 있다. 실제 수소결합을 형성하는 사슬들이 접히게 되도록 기여하는 한 가지 요인이 된다.

α-나선과 β-판을 가지는 또 다른 단백질은 녹색 형광 단백질(green fluorescent protein) 또는 GFP이다. GFP에 있는 β-판 구조의 외부는 통 모양이며 α-나선은 통의 중앙을 따라서 위치하며 외부로부터는 감추어져 있다(그림 25.16). GFP 속의 α-나선은 형광을 나타내는 아미노산의 배열을 포함한다. DNA 재조합 기술을 이용하여(26.17절) GFP는 평소 보이지 않는 단백질에 부착할 수 있으며 현재의 기술로 형광을 통하여 볼 수 있다. GFP는 생체 세포에 대하여 아주 낮은 독성을 가지므로 생물 표지자로서 GFP를 이용하여 인체 내에 있는 다른 단백질들의 역할을 관찰할 수 있다. GFP를 이용하는 기술에 의하여 뇌 속에 있는 신경세포의 성장, 암 세포의 확산 및 치매(Alzheimer) 질병이 일어나는 동안의 신경 손상 등을 확인할 수 있다.

2008년 Osamu Shimamura, Martin Chalfie, Roger Tsien 세 사람은 GFP 개발의 공로로 노벨 화학상을 수상하였다.

그림 25.15

라이보핵산가수분해효소의 분자 모형. 붉은 리본은 α-나선인 2차 구조가 어디에 있는지를 나타내며, 노란색 리본은 β-판의 줄기를 나타낸다. 화살표 머리 부분의 방향은 N-말단으로부터 C-말단으로의 방향을 알린다. (a) 분자 모형과 리본 두 가지 모두를 나타냈다. (b) 리본만으로 나타냈다.

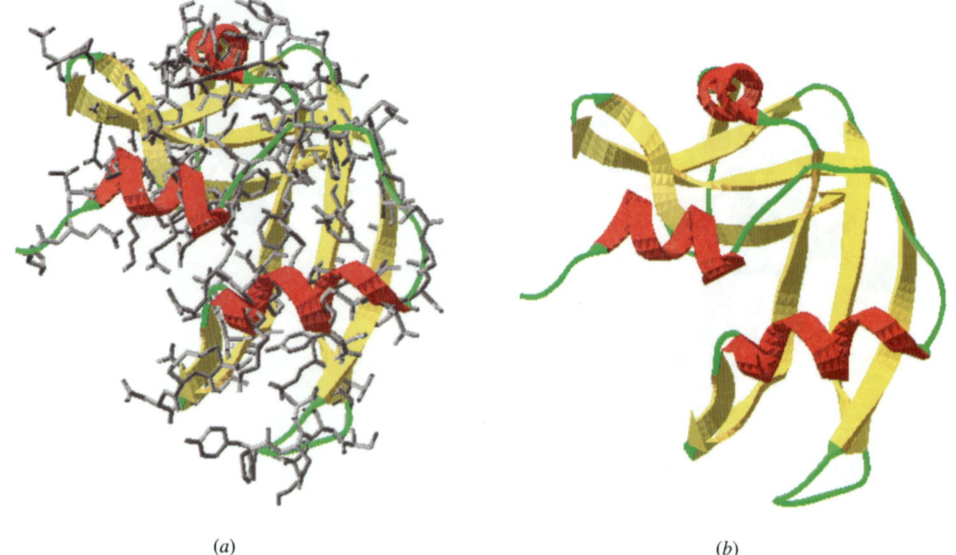

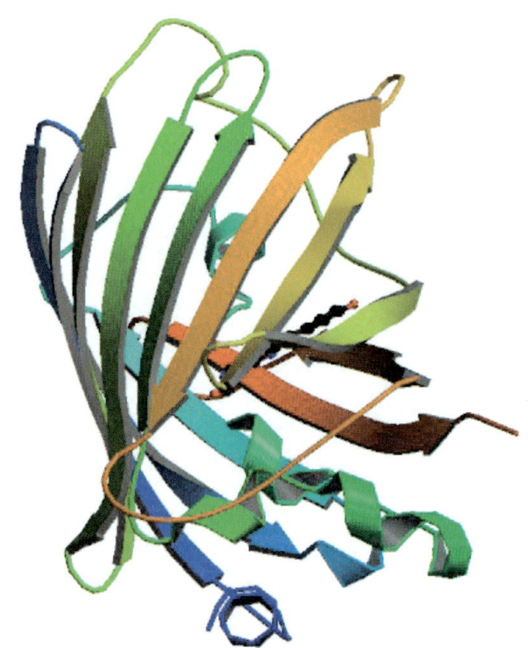

그림 25.16

통 모양의 녹색 형광 단백질 (GFP) 은 외부에 β-판 구조를 가지며 내부에 α-나선을 가진다.

25.18 펩타이드와 단백질의 3차 구조

3차 구조(tertiary structure)는 단백질 사슬이 접혀진 형태의 하나로서, 단백질의 물리적 성질과 생물학적 기능에 영향을 준다. 3차 구조 단백질의 두 가지 주 영역은 **섬유상(fibrous)**과 **구형(globular)**이 있다.

1. 섬유상 단백질은 단백질 사슬이 길게 늘어진 섬유의 다발처럼 되어 있으며, 물에 녹지 않는다.
2. 구상 단백질은 대략적으로 구형이며, 어떤 것은 녹고, 대부분 물 속에서 콜로이드로 분산된다.

아미노산의 서열 즉, 단백질의 1차 구조는 3차 구조를 결정하는 중요한 요인이다. 2차 구조 역시 폴리 펩타이드 사슬을 만드는 데 활용하는 배열의 수에 따라서 3차 구조의 결정에 기여한다.

물에 녹지 않는 섬유상 단백질은 가끔 구조적 또는 보호적인 기능을 가진다. 가장 널리 알려진 섬유상 단백질로 케라틴(keratin)과 콜라젠(collagen)이 있다. α-케라틴(그림 25.17)은 α-나선 2차 구조가 기본이며, 머리, 섬유, 손톱, 조류 발톱, 깃촉, 뿔 및 피부의 외층을 이루는 성분의 단백질이다. β-케라틴은 β-판 2차 구조가 기본이며, 피브로인과 같은 명주 속에 있다. 케라틴 속에는 특히 L-시스테인이 풍부하며, 존재하는 아미노산에 대하여 20%가 많이 있다. 콜라젠은 연결 조직 (연골과 힘줄)에 많으며, 삼중 나선 구조이다.

대부분의 효소와 수용성 환경에서 기능을 보이는 단백질이 구상 단백질이다. 예를 들면 대부분 세포의 질량에서 65%는 물이다. 비극성 아미노산의 곁사슬을 비롯한 비극성 물질이 물속에 있을 경우 엔트로피를 감소하여 물 분자들은 더 정돈된 형태로 놓이게 된다. 이 효과를 **소수성 효과(hydrophobic effect)**라고 한다. 만약 단백질이 비극성 곁사슬을 안쪽에 놓고 극성 곁사슬을 표면에 놓아서 구형을 취하면 바람직하지 못한 음의 ΔS는 완화된다. 다양한 입자성 배열들이 있지만, 여러 개의 곁사슬 중에서 유인력(attractive force)

그림 25.17

α- 케라틴 . 두 개의 나선 (a) 이 결합하여 꼬인 코일 (b) 를 생성한다 . 꼬여진 코일의 한쌍이 최소 필라멘트 (protofilement) (c) 가 된다 . 네 개의 최소 필라멘트는 섬유상 단백질이 조합됨으로써 구조적 물질인 필라멘트로 된다 .

을 가진 엔트로피 값을 가진 것이 채택되어 보통의 단백질 또는 *본래 상태*(*natative state*)의 단백질의 3차원 구조로 채택된다.

표 25.4에 단백질 3차 구조에 가장 큰 영향을 미치는 유인력을 나타냈다. 가장 큰 유인력을 보이는 것은 두 시스테인 잔기 사이의 S—S 공유결합이다. *이황화 다리*(*disulfide bridge*)는 아미노산 서열에서 —CH_2SH기는 각기 멀리 떨어져 있기는 하지만 두 시스테인의 —CH_2SH 기 사이에서 형성될 수 있으며, 사슬이 접혀짐으로서 이웃하게 된다. 이황화 결합의 형성은 지역적으로 접합된 두 개의 배열을 안정화시켜 연결한다. 보통의 구형 단백질은 단지 적은 수의 이황화 다리를 가진다. 라이보핵산분해효소(25.19절의 그림 25.16) 내에 있는 124개의 아미노산 중에서 여섯 개가 시스테인이며, 각각 이황화 다리에 참여한다. Cys-26과 Cys-84, Cys-58과 Cys-110, Cys-65와 Cys-72가 이황화 다리를 형성한다.

비공유성 상호작용은 모두 S—S 공유결합보다 훨씬 약하다. 이들 중에서 양전하와 음전하의 곁사슬 사이에 작용하는, 염다리(salt bridge)라고 하는 정전기적 인력이 가장 강하며, 그 다음이 수소 결합이고, Van der Waals 힘이 가장 약하다. 여러 가지 힘들이 기여하는 정도는 단지 상호작용의 크기에 의한 것이 아니라 이들의 개수도 관여한다는 것을 알아야 한다. 이황화 다리가 강하기는 하지만 단지 몇 개만 있을 뿐이다. Van der Waals 힘은 작지만 수많은 모든 분자 간의 인력이 여기에 해당된다.

문제 25.26

표 25.4는 아스팔트산과 알지닌 사이의 염다리를 나타낸다. 표 27.1을 보고 라이신과 아스팔트산을 제외한 다른 아미노산과의 정전기적 인력을 그리시오.

단백질 사슬이 어떻게 접혀 있는가를 아는 것은 효소가 어떻게 반응을 촉매하는가를 이해하는 데 매우 중요하다. 생화학 과정은 일반적으로 유기화학 반응의 주 반응 형태와 관련이 있으며, 비슷한 주요 중간체를 포함한다. 하지만 생화학 과정은 매우 빠르고 선택적이다. 아마이드와 에터 가수분해와 같은 반응에 대한 효소 촉매화 메커니즘의 과정에서 사면체형 중간체를 경유할 것이라는 것은 공통적인 것이다. 이러한 반응에서 촉매는 여

표 25.4 단백질의 아미노산 곁사슬 사이의 공유성과 비공유성 상호작용

분류	상호작용의 형태	예
공유성		
이황화 다리	두 시스테인 사이의 S—S 결합	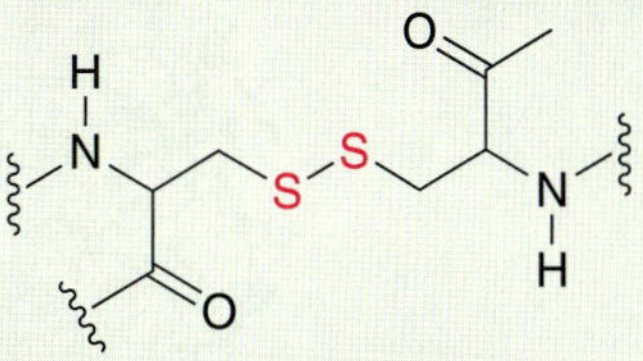 CysS—SCys
비공유성		
염다리	반대 전하의 이온 사이의 정전기적 인력	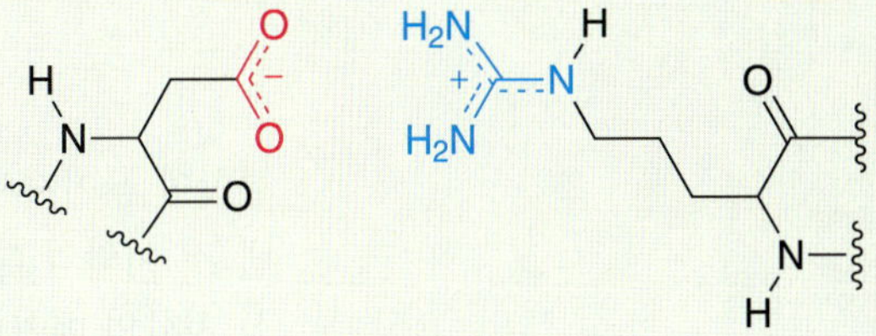 Asp---Arg
수소결합	O—H 또는 N—H 의 양으로 하전된 H 와 전기음성인 원자 (O 또는 N) 와의 상호작용	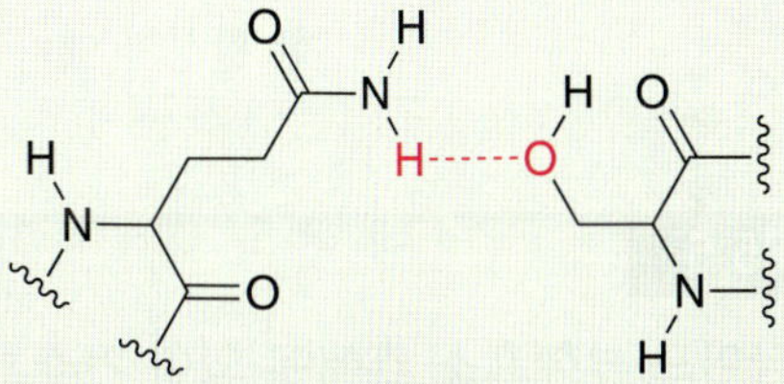 Gln---Ser
Van der Waals	비극성 곁사슬 사이의 유도 쌍극자 / 유도 쌍극자의 인력 (분산력)	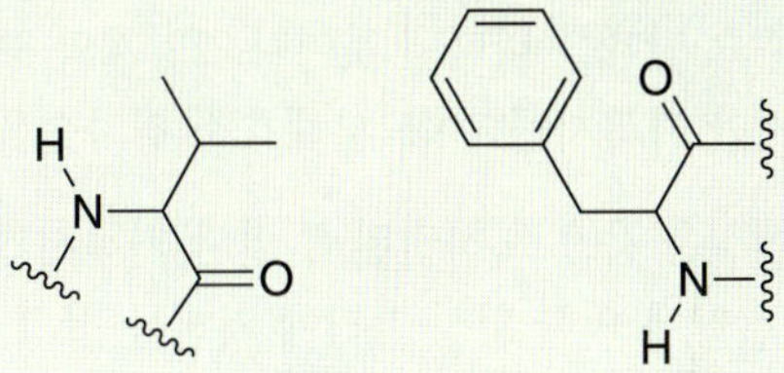 Val---Phe

러 가지 기능 중에서 효소의 아미노산 곁사슬이 선택되도록 하며, 보통의 친핵성 아실 치환 메커니즘을 따라서 진행하도록 한다.

25.10절에서 카복시펩타이드분해효소 A가 폴리펩타이드의 C-말단기 아미노산 단백질 결합을 가수분해 한다는 것을 보았다. 카복시펩타이드분해효소 A는 *금속 단백질 (metalloprotain)*이며, 촉매 활성에서 필수 물질인 Zn^{2+}를 포함한다. 카복시펩타이드분해효소 A(그림 25.18)의 X-선 결정 구조에서 효소의 중심 가까이에 있는 소수성 공간 내에 Zn^{2+}가 있음을 알 수 있으며, 이곳은 글루탐산 잔기(Glu-72)와 두 개의 히스티딘(His-69와 His-196)에 배위되어 있다. 이 부위는 **활성 자리(active site)**라고 부르는 위치와 동일하며, 기질이 결합된다. 카복시펩타이드분해효소에서 기질은 페닐알라닌, 타이로신과 같은 소수성 C-말단기 아미노산을 가지는 단백질이다. 소수성인 동시에 활성 자리이며, 기질은 음전하를 띤 카복실산 음이온과 양전하를 가진 Arg-145의 곁사슬에 결합된다. 메커니즘 25.5는 카복시펩타이드분해효소 A의 곁사슬과 Zn^{2+}와 단백질 사이의 상호작용과 단백질

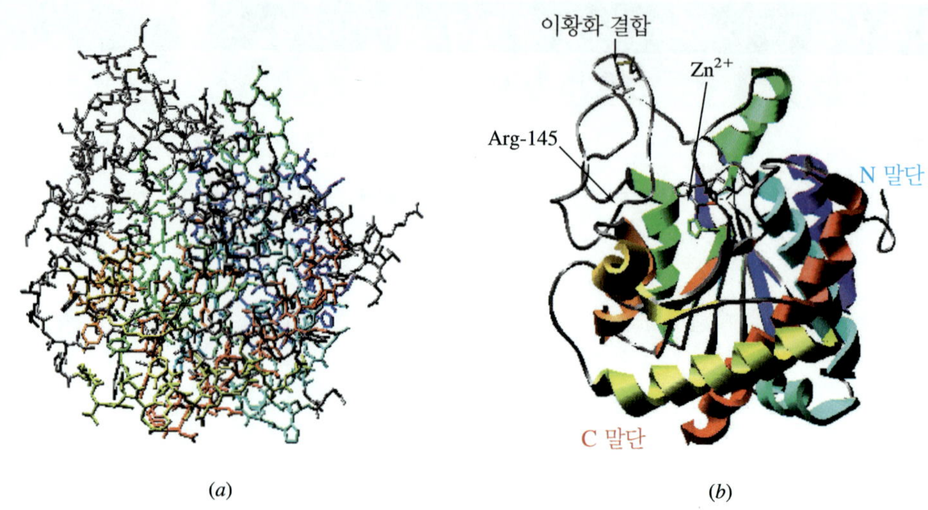

그림 25.18

카복시펩타이드분해효소 A 의 구조 (a) 관으로 나타낸 것 (b) 리본 모양 . 그림 (a) 는 입자적인 형태의 효소 모양을 가진 가장 전형적인 증거를 나타냈다 . 리본 형태는 사슬의 접힘 형태를 강조한 그림이다 .

결합이 끊어져서 말단기 아미노산이 되는 과정을 나타낸 것이다. 메커니즘 25.5에서 나타낸 것 이외의 다른 곁사슬도 관계되지만 생략하였다. 이 메커니즘의 주 양상은 친핵성 아실 치환의 메커니즘과 유사하다(진행 형태로 볼 때). 효소는 기질과 활성 자리에 함께한 촉매적인 활성 작용기를 반응시킬 뿐만 아니라, 치환체에 의한 사면체형 중간체의 형성에 대한 활성화 에너지를 낮추며 반응속도를 높인다.

메커니즘 25.5

카복시펩타이드 분해효소 촉매에 의한 가수분해

메커니즘: 다음의 메커니즘은 C-말단 아미노산이 페닐알라닌인 단백질의 카복시펩타이드분해효소 촉매화된 가수분해의 주요 단계를 나타낸 것이다. 2단계와 3단계에서 양성자 전달이 있지만 생략하였다. 다른 메커니즘도 나타나 있지만 카복시펩타이드분해효소 곁사슬을 가진 기질의 주요 메커니즘을 나타내었다.

1단계: 단백질은 음으로 하전된 C-말단 카복시펩타이드분해효소와 효소의 양으로 하전된 알지닌 곁사슬 사이의 정전기적 결합에 의한 활성 자리에 자리를 잡고 있다. 활성 자리에 Zn^{2+}가 His-69와 His-169 사이의 Lew 산/염기 상호작용과 음으로 하전된 Glu-72의 카복실산 음이온을 가진 정전기적 인력에 관여하고 있다. 여기에는 이들 리간드를 나타냈지만, 간단하게 나타내기 위해 다음 단계에서는 생략된다.

2단계: 단백질 결합의 카보닐기에 물이 가해진다. 이 친핵성 첨가 속도는 카보닐 산소에 Zn^{2+}가 배위되거나 Arg-127(여기서 나타내지는 않음)의 N—H 양성자 하나가 배위되어 가속된다. 생성된 사면체형 중간체는 아연에 배위 됨으로써 안정화된다. 이렇게 안정화된 사면체형 중간체가 아마도 카복시펩타이드분해효소 촉매화된 가수분해 반응이 빠르게 진행되는 주 요인일 것이다.

3단계: 사면체형 중간체는 C-말단 아미노산(여기서는 페닐알라닌)에서 해리되고, 다음 단계에서 활성 자리가 재생된다.

25.19 보조효소

단백질 곁사슬이 관여하는 화학 과정의 수는 제한받는다. 이들 중에서 가장 현저한 것은 양성자 주기, 양성자 분리, 및 카보닐기에 대한 친핵성 첨가이다. 많은 생물학적 과정에서는 더 다양한 반응을 필요로 하며, 그래서 단백질은 비단백질 유기분자와 공동으로 작용하여 필요한변화를 만들어 낸다. 이들 물질들을 **보조인자(cofactors)** 라고 부르며 이들은 유기물일 수도 있고 무기물일 수도 있으며 효소와 강하게 또는 약하게 결합된다. 보조인자 중에서 유기 분자로 된 물질인 **보조효소(coenzyme)**는 효소와 공유 결합되지 않으며, **보결 원자단(prosthetic group)**이라고 하는 유기분자들은 공유결합한다. 단독적으로 작용하는 단백질은 효과적으로 산화 또는 환원 시약이 되는 데 필요한 작용기가 결여되어 있다. 분자들은 효소와 기질 모두와 상호작용하여 필요한 화학 변화를 일으킨다. 예컨대, 단독으로 작용한다면, 단백질은 효과적인 산화 또는 환원제가 될 만한 필요한 기능을 갖추지 못한다. 그러나, 단백질은 적당한 보조효소의 존재 하에서 생화학적 산화와 환원을 촉매할 수 있다. 앞의 여러 절에서, 보조효소 NAD^+가 산화제로 작용하는 반응들, 그리고 NADH는 환원제로 작용하는 반응들의 예를 많이 보았다.

5-인산 피리독살(25.6절 참조)은 보조효소이다.

헴(그림 25.19)은 중요한 보결 원자단인데, 이 보결 원자단에 있는 철(II)은 *포피린(porphyrin)*으로 알려진 테트라사이클로 방향족 물질 형태의 네 질소 원자에 배위되어 있다. 그림 25.20에 모형도로 나타낸 근육의 산소-저장 단백질인 미오글로빈은 153개의 아미노산의 단백질로 둘러싸인 헴기로 구성된다. Fe^{2+}의 여섯 배위자리 중에서 넷은 포피린의 질소들, 하나는 단백질의 히스티딘 잔기, 그리고 마지막 자리는 물이 차지한다. 미오글로빈은 Fe—O_2 복합체의 형성에 의해 혈액에서 얻은 산소를 저장한다. 산소는 철에 여섯 번째 리간드로 있는 물을 치환하며 필요한 때까지 거기에 붙잡혀 있다. 단백질은 헴을 위

그림 25.19

(a) 구조 도형과 (b) 공간 채움 모형으로 나타낸 헴(heme). 공간 채움 모형은 철을 둘러싸고 있는 기틀의 공간 채움 모형을 보여 준다.

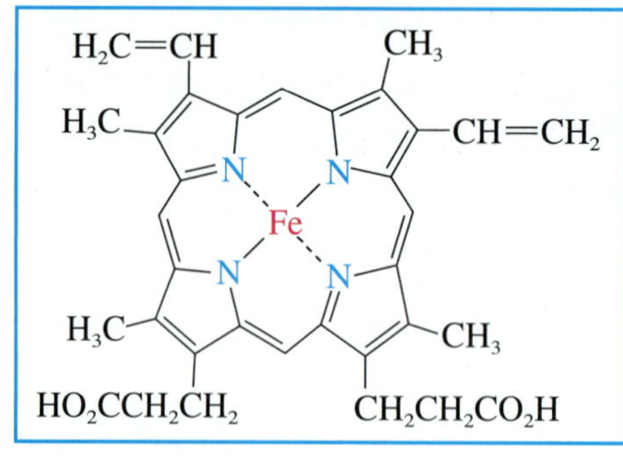

(*a*)

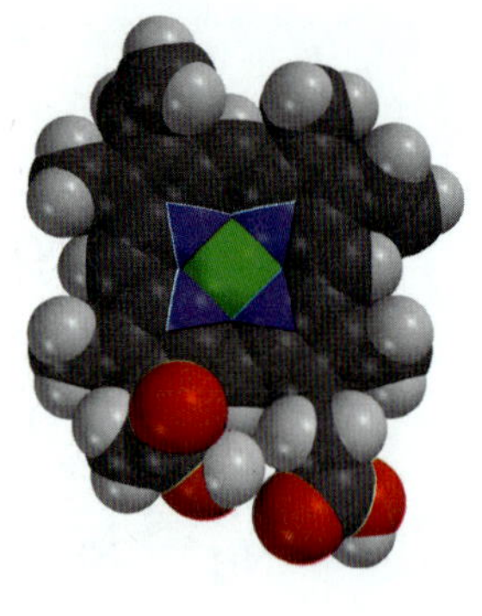

(*b*)

그림 25.20

(a) 관 모형과 (b) 리본 도형으로 나타낸 향유고래 미오글로빈의 구조. 관 모형은 사슬에 있는 아미노산 전체를 보여주고, 리본 도형은 사슬의 접힘을 보여준다. 미오글로빈에는 서로 떨어져 있는 다섯 나선구역들이 있는데, 이것들을 좀 더 분명하게 보여주기 위해 다른 색깔을 나타내었다. 헴 부분은 두 도형에 포함되어 있으나, 헴의 철에 붙어 있는 히스티딘 곁사슬 때문에, 리본 도형에서 이 부분을 찾기가 더 쉽다.

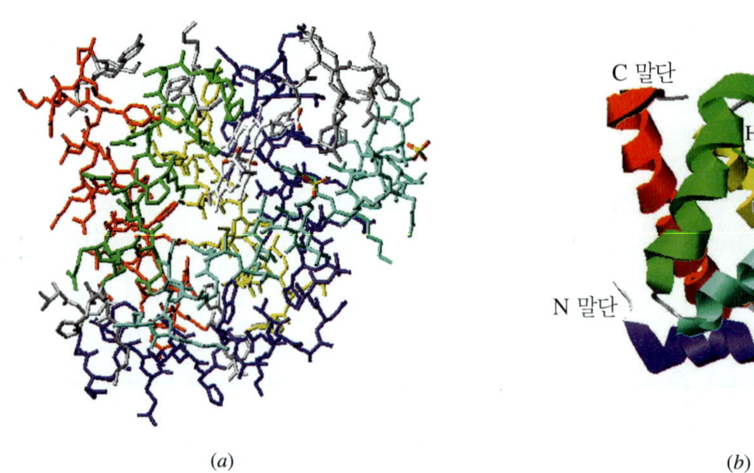

(*a*) (*b*)

한 용기의 구실을 하며 Fe^{3+}로의 Fe^{2+}의 산화를 방지한다. Fe^{3+} 외 산화상태에 있는 철은 산소와 결합할 능력이 없다. 떨어져서는 헴도 단백질도 산소와 결합하지 못하며, 함께 있어야 이것들은 산소와의 결합을 매우 잘 해낸다.

Oh NO! It's Inorganic!

The amino acid L-arginine undergoes an interesting biochemical conversion.

L-Arginine ⟶

L-Citrulline + NO (Nitric oxide)

Our experience conditions us to focus on the organic components of the reaction—L-arginine and L-citrulline—and to give less attention to the inorganic one—nitric oxide (nitrogen monoxide, NO). To do so, however, would lead us to overlook one of the most important discoveries in biology in the last quarter of the twentieth century.

Our story starts with the long-standing use of nitroglycerin to treat the chest pain that characterizes angina, a condition in diseases such as atherosclerosis in which restricted blood flow to the heart muscle itself causes it to receive an insufficient amount of oxygen. Placing a nitroglycerin tablet under the tongue provides rapid relief by expanding the blood vessels feeding the heart. A number of other nitrogen-containing compounds such as amyl nitrite and sodium nitroprusside exert a similar effect.

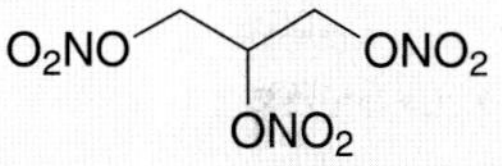

O_2NO–CH$_2$–CH(–ONO_2)–CH$_2$–ONO_2

Nitroglycerine

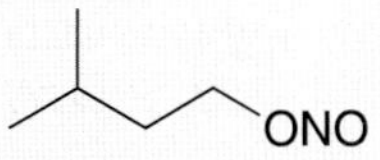

Amyl nitrite

$Na_2\left[O{=}N{-}Fe(CN)_5\right]$

Sodium nitroprusside

A chemical basis for their action was proposed in 1977 by Ferid Murad who showed that all were sources of NO, thereby implicating it as the active agent.

Three years later, Robert F. Furchgott discovered that the relaxing of smooth muscles, such as blood vessel walls, was stimulated by an unknown substance produced in the lining of the blood vessels (the *endothelium*). He called this substance the *endothelium-dependent relaxing factor*, or EDRF and, in 1986, showed that EDRF was NO. Louis J. Ignarro reached the same conclusion at about the same time. Further support was provided by Salvador Moncada who showed that endothelial cells did indeed produce NO and that the L-arginine-to-L-citrulline conversion was responsible.

The initial skepticism that greeted the idea that NO, which is (a) a gas, (b) toxic, (c) inorganic, and (d) a free radical, could be a biochemical messenger was quickly overcome. An avalanche of results confirmed not only NO's role in smooth-muscle relaxation, but added more and more examples to an everexpanding list of NO-stimulated biochemical processes. Digestion is facilitated by the action of NO on intestinal muscles. The drug Viagra (*sildenafil citrate*), prescribed to treat erectile dysfunction, works by increasing the concentration of a hormone, the release of which is signaled by NO. A theory that NO is involved in long-term memory receives support from the fact the brain is a rich source of the enzyme nitric oxide synthase (NOS), which catalyzes the formation of NO from L-arginine. NO even mediates the glow of fireflies. They glow nonstop when placed in a jar containing NO, but not at all when measures are taken to absorb NO.

Identifying NO as a signaling molecule in biological processes clearly justified a Nobel Prize. The only mystery was who would get it. Nobel Prizes are often shared, but never among more than three persons. Although four scientists—Murad, Furchgott, Ignarro, and Moncada—made important contributions, the Nobel committee followed tradition and recognized only the first three of them with the 1998 Nobel Prize in Physiology or Medicine.

25.20 단백질 4차 구조: 헤모글로빈

단일 폴리펩타이드 사슬로 존재하기 보다는, 어떤 단백질은 둘 또는 그 이상 사슬의 조립체이다. 이들 소 단위체들이 조직화되어 있는 방식을 단백질의 **4차 구조(quaternary structure)**라고 한다.

*헤모글로빈(hemoglobin)*은 혈액의 산소 운반 단백질이다. 이것은 심장에서 산소와 결합하여 근육에 운반하며 산소는 근육에서 미오글로빈에 저장된다. 헤모글로빈은 마이오글로빈과 동일한 방법으로 산소와 결합하며 헴을 보결 원자단으로 사용한다. 그러나 헤모글로빈은 미오글로빈보다 분자량이 훨씬 커서 64,500이고 마이오글로빈은 17,500이며, 헤모글로빈은 네 헴과 네 단백질 사슬의 조립체이며 네 단백질 사슬은 *알파 사슬(alpha chains)*이라 하는 두 동일한 사슬과 *베타사슬(beta chains)*이라 하는 두 동일한 사슬로 구성된다.

CO와 같은 몇 가지 물질은 O_2를 치환할 정도로 헴의 철과 강한 결합을 형성한다. 일산화탄소는 미오글로빈에 산소가 결합하는 것보다 30~50배 그리고 산소가 헤모글로빈에 결합하는 것보다 수백 배 더 잘 결합한다. 활성자리에 대한 CO의 강한 결합은 산소를 운반 및 저장하는 생물학적 작업을 수행하는 능력을 저해하며 치사 결과를 낳을 수도 있다.

어떻게 기능이 구조에 의존하는지를 유전병인 *낫세포 빈혈증(sickle cell anemia)*의 경우에서 볼 수 있다. 이 병은 적혈 세포가 일그러지며(낫 모양) 모세 혈관을 통한 혈액의 흐름을 방해하는 질병이며 이 병으로 인해 쇠약해지거나 때로는 치명적일 수 있다. 이런 증상은 병에 걸린 사람의 비정상적인 헤모글로빈의 존재 때문에 나타난다. 정상과 낫세포 헤모글로빈의 베타 사슬의 1차 구조가 149개 중에서 단지 한 아미노산만이 다르다. 즉, 낫세포 헤모글로빈은 N-말단으로부터 여섯 번째 잔기로 글루탐산 대신에 발린을 갖는다. 아미노산 결합 순서의 작용 변화가 생명을 위협하는 결과를 초래할 수 있다. 이 변화는 유전적으로 조종되며 또한 낫세포 기질의 소유자는 말라리아에 대하여 더 많은 저항성을 갖기 때문에 아마 유전자에 이런 변화가 일어났을 것이라 추정된다.

25.21 G-짝지은 단백질 수용체

2012 노벨 화학상은 G-짝지은 단백질 수용체를 연구한 **Robert J. Lefkowitz** (Howard Hughes Medical Institute and Duke University)와 **Brian K. Kobilka** (Stanford University)에게 수여 되었다.

이 책의 앞에서 생물학적인 수용체와 그들과 결합하는 유기 분자에 대하여 몇 번 언급하였다. 24.2절에서는 카나비노이드처럼 뇌에 있는 동일한 수용체에 결합하는 지질인 아난드아마이드에 대하여 설명하였다. 이 장의 25.14절에서 혈액의 칼슘 준위를 조절하고, 골다공증 치료에 이용되는 펩타이드인 칼시토닌에 대하여 언급한바 있다. 생물학적 수용체인 아난드아마이드와 칼시토닌은 둘다 **G-짝지은 단백질 수용체**(G-coupled protein receptors) 또는 GCPRs로 알려진 넓은 범위의 단백질 수용체에 해당한다. 여기서 "G"는 "구아닌 뉴클레오타이드-결합 단백질"의 구아닌을 의미한다. GCPRs는 생체 어디에나 있으며 다양한 생리학적인 과정을 조절하는 "분자 스위치"로서의 기능이 있다.

생화학에서 신호 전달과정은 분자 상호작용과 관계가 있으며 최종적으로는 세포 내에서의 응답이 일어난다. 이러한 과정은 세포 표면에서 일어나며 핵 내에서 유전자 특성을 나타낸다.

GCPRs는 세포막에 놓여 있다(그림 24.4 참조). GCPRs가 지질, 펩타이드 또는 철과 같은 특정 리간드와 결합하면 형태가 변화되며 그 결과 막을 가로질러 신호를 전달한다. 어떻게 신호가 전달되는지에 대하여는 아직 완전하게 알 수 없다. 형태 변화는 인접한 G 단백질과 상호작용으로 일어난 다음, 효소나 이온 통로를 활성화시키는 것으로 생각된다(그림 25.21). 시각 생화학(17장)에서 GCPR인 로돕신은 빛과 결합하여 시스 레티날 이민을 트란스 레티날 이민으로 변화시키는 광-유도 이성질화반응을 일으킨다. 이것은 로돕신의 형태 변화에 의한 것으로 결과적으로 이온 통로의 닫힘으로 나타나며, 세포막의 극성화와 신경 자극을 통해 뇌에 시각작용을 전달한다.

GDP는 뉴클레오타이드 구아노신 5′-다이포스페이트의 약어이며 GTP는 뉴클레타이드 구아노신 5′-트라이포스페이트의 약어이다. 뉴클레오타이드에 관한 설명은 26.2절에 있다.

G-짝지음된 단백질 받개는 여러 질병과도 관련이 있다. 암의 치료, 심장기능 부전, 염증 및 중추신경계의 교란 등의 질병에 처방되는 약의 절반 가량은 GCPRs를 목표로 하는 것으로 추정된다.

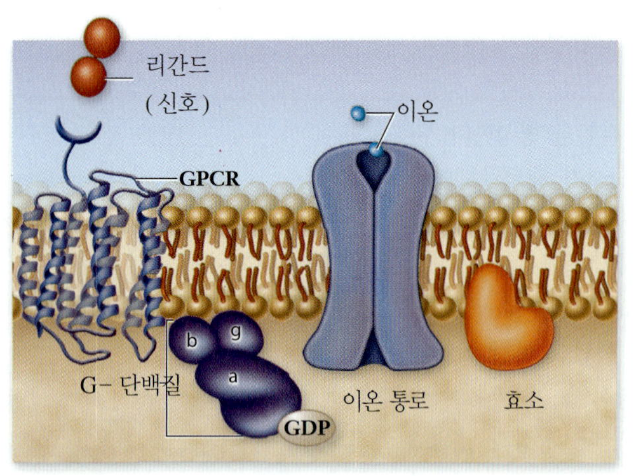

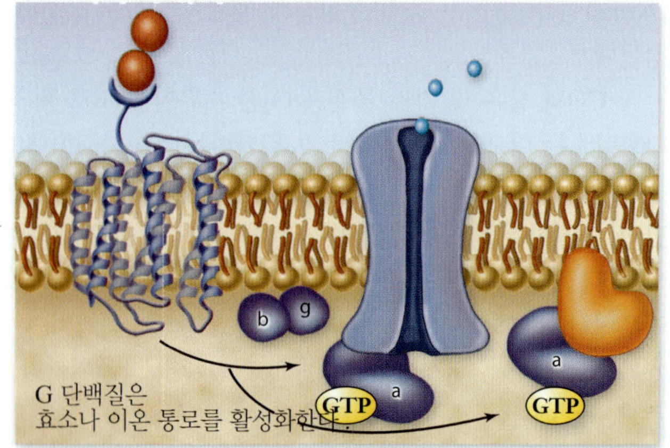

그림 25.21

신호 전달은 G-짝지은 단백질 수용체(GCPR)가 세포의 외부에 있는 리간드와 결합함으로써 일어난다. 세포내 가까이에 있는 G 단백질과 상호작용으로 결합하고 있는 GDP는 GTP와 교환되며, GTP 결합된 형태로 그 단위체 중의 하나를 방출하고, 그 결과 이온 통로와 효소가 활성화된다.

25.22 요약

이 장은 **단백질**에 관한 것을 설명한다. 세 부분 가운데 첫 번째 부분은 단백질 구성 성분을 기술하여 **아미노산**과 **펩타이드**로 진행한다. 중간 부분은 단백질 자체를 취급한다. 마지막 부분은 핵산과 그리고 단백질 합성에서 이것의 역할을 논의한다.

25.1절 표 25.1에 나열한 20개 아미노산은 단백질의 가수분해 생성물로 나타난다. 모두 α-아미노산이다.

25.2절 비카이랄인 글라이신을 제외하고 표 25.1에 있는 모든 α-아미노산은 카이랄이며 α 탄소에서 L 배열을 갖는다.

25.3절 중성 아미노산의 가장 안정한 구조는 **쯔비터이온(zwitterion)**이다. 쯔비터이온의 농도가 최대가 되는 용액의 pH를 등전점(pI)이라고 한다.

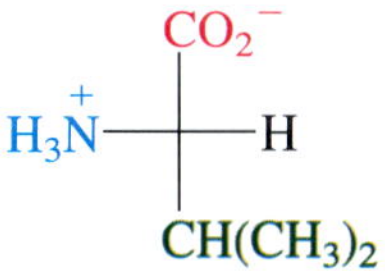

쯔비터이온형 L-발린의 Fischer 투영

25.4절 아미노산을 다음과 같이 실험실에서 합성한다.

1. 암모니아의 반응에 의해 α-할로산으로부터
2. 암모니아 및 사이안화 이온과의 반응(Strecker 합성)에 의해 알데하이드로부터
3. 아세토아미도말론산 다이에틸로부터 변형된 엔올 음이온과의 반응에 의한 할로젠화 알킬로부터

25.5절 아미노산은 아미노기(예, 아마이드 형성)와 카복실기(예, 에스터화) 특유의 반응을 한다. 아미노산 곁사슬은 이것들이 갖고 있는 작용기 특유의 반응을 한다.

25.6절 α-아미노산의 생화학적인 여러 가지 반응에서 보조효소로써 5′-인산 피리독살을 이용한다. 이들 반응은 α-탄소에서 일어나며 아미노기교환(transamination)과 탈카복실화, 라세미화 등이 있다.

25.7절 두 α-아미노산 사이의 아마이드 결합을 **펩타이드 결합**이라고 한다. 펩타이드의 1차 구조는 아미노산 결합 순서와 두 시스테인 잔기 사이의 이황화 결합으로 주어진다. 관례에 따라, 펩타이드는 N-말단에서 시작하여 명명하고 쓴다.

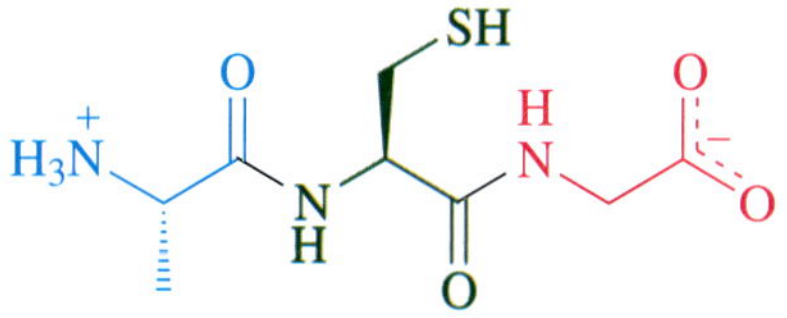

알라닐시스테인일글라이신
(Ala-Cys-Gly or ACG)

25.8절 펩타이드의 **1차 구조**는 단백질을 더 작은 조작이나 개개의 아미노산으로 절단하는 체계적인 방법에 의해 결정된다. 작은 조각들의 결합 순서를 결정하고 작은 펩타이드 사이에서 겹침 구역을 찾아서 전체 결합 순서를 이끌어 낸다.

25.9절 펩타이드의 완전한 가수분해는 아미노산들의 혼합물을 생성한다. 아미노산 분석기는 개개 아미노산을 확인하고 몰비를 결정한다.

25.10절 선택적인 가수분해는 특정한 펩타이드 결합에서 절단을 촉매하는 효소에 의해 달성할 수 있다. 카복시펩타이드 분해효소 촉매 가수분해는 C-말단 아미노산을 확인하는 데 사용될 수 있다. N-말단은 화학적 방법으로 결정한다. 이 목적에 쓰이는 한 가지 시약은 1-플루오로-2,4-다이나이트로벤젠이다.

25.11절 25.8~25.11절에서 기술한 방법은 인슐린의 아미노산 결합 순서를 결정하는 데 사용되었다.

25.12절 펩타이드 순서 결정의 현대적 방법은 인슐린의 순서결정에 사용된 것과 유사한 전략을 따르나, 이 방법은 자동화되었고 또 작은 규모로 수행할 수 있다. 중요한 특징은 **Edman 분해**를 사용한 반복적인 N-말단 확인이다.

25.13절 일정한 순서를 갖는 펩타이드의 합성은 가능한 반응의 수를 최소로 하기 위해서 보호기의 사용을 필요로 한다.

25.14절 아미노-보호기에는 *벤질옥시카보닐*(Z)과 *tert-뷰톡시카보닐*(Boc) 그리고 *9-플루오렌일메톡시카보닐*(FMOC)가 있다.

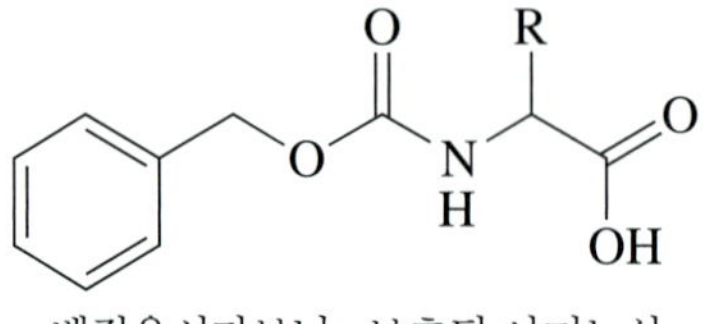

벤질옥시카보닐-보호된 아미노산

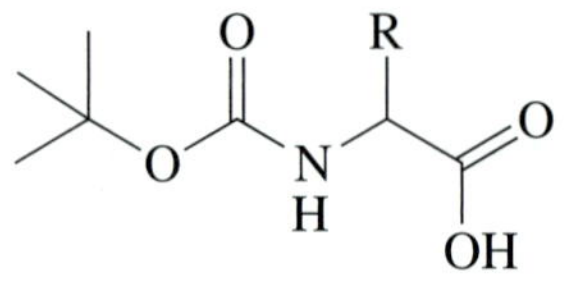

tert-뷰톡시카보닐-보호된 아미노산

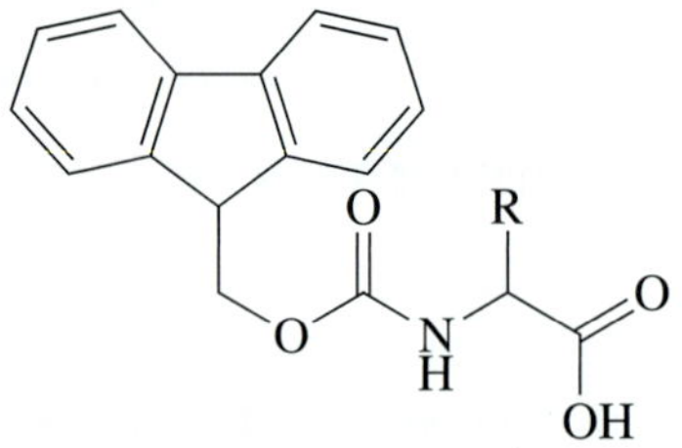

9-플루오렌일메톡시카보닐-보호된 아미노산

브로민화 수소는 벤질옥시카보닐이나 *tert*-뷰톡시카보닐 보호기를 제거하는 데 사용된다. 벤질옥시카보닐 보호기는 촉매 가수소분해로도 제거된다. FMOC는 염기로 제거한다.
카복실기는 보통 벤질, 메틸, 또는 에틸 에스터로 보호된다. 묽은 염기에서 가수분해가 보통 메틸과 에틸에스터 보호기를 제거하는 데 사용된다. 벤질 보호기는 가수분해로 제거한다.

25.15절 유리 카복실기(free carboxyl group)를 갖는 보호된 아미노산과 유리 아미노기(free amino group)를 갖는 카복실기 사이의 펩타이드 결합 형성은 *N,N′*-다이사이클로핵실카보다이이마이드(DCCI)의 도움으로 이뤄진다.

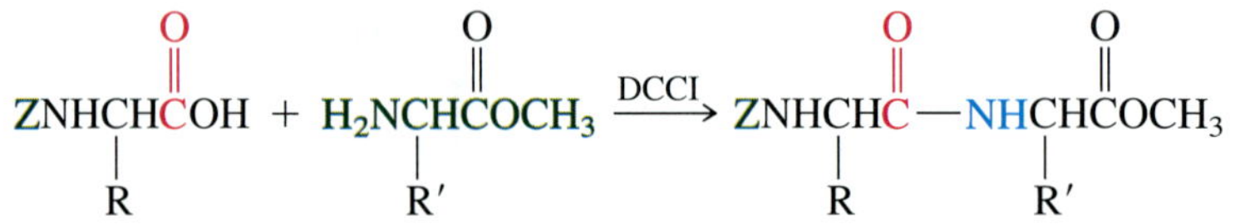

$$\mathrm{ZNHCH(R)\overset{O}{\overset{\|}{C}}OH} + \mathrm{H_2NCH(R')\overset{O}{\overset{\|}{C}}OCH_3} \xrightarrow{\text{DCCI}} \mathrm{ZNHCH(R)\overset{O}{\overset{\|}{C}}{-}NHCH(R')\overset{O}{\overset{\|}{C}}OCH_3}$$

25.16절 Merrifield 방법에서 아미노산의 카복실기는 고체상 지지체에 결합되며 사슬은 한 번에 하나의 아미노산이 연장된다. 모든 아미노산 잔기가 결합되면, 폴리펩타이드를 고체상 지지체에서 제거한다.

25.17절 단백질의 두 **2차 구조**가 특히 두드러진다. 주름진 β판은 인접한 사슬의 N—H와 C=O 사이의 수소결합에 의해 안정화된다. α-나선은 단일 폴리펩타이드 사슬 내에서 수소결합에 의해 안정화된다.

25.18절 펩타이드 사슬의 접힘이 3차 구조이다. 3차 구조는 펩타이드의 성질과 이것의 생물학적 역할에 엄청난 영향을 미친다. **3차 구조**는 보통 X-선 결정법으로 결정한다. 많은 입자상 단백질은 효소이다.

이것들은 생태계에서 화학반응의 속도를 촉진하나, 일어나는 반응의 종류들은 유기화학의 기본 반응들이다. 효소가 반응을 촉진하는 한 가지 방법은 단백질의 촉매 활성 작용기들의 존재하에 반응성 작용기들을 함께 모으는 것이다.

25.19절 효소의 촉매 활성 작용기들은 가끔 양성자 주개와 양성자 받개 이상의 아무것도 아니다. 많은 경우에 단백질은 보조효소의 협조 하에 작용한다. **보조효소(coenzyme)**는 화학적 변화를 실행할 적당한 작용기를 갖는 작은 분자이며 단백질 자체는 이 화학적 변화를 수행하지 못한다.

25.20절 많은 단백질들은 둘 또는 그 이상의 사슬로 구성되며, 이 많은 단위들이 단백질의 자연 상태로 조립되는 방식을 **4차 구조**라고 한다.

25.21절 G-짝지은 단백질 수용체는 많은 생리학적인 과정에서 분자 스위치로서 작용하는 막전위 단백질이다.

문제

25.27 히스티딘 곁사슬의 이미다졸 고리는 특정 효소-촉매화된 반응에서 양성자 받개로서 작용한다. 다음 A, B 중에서 양성자화된 히스티딘 잔기의 안정화된 구조는 어느 것인가?

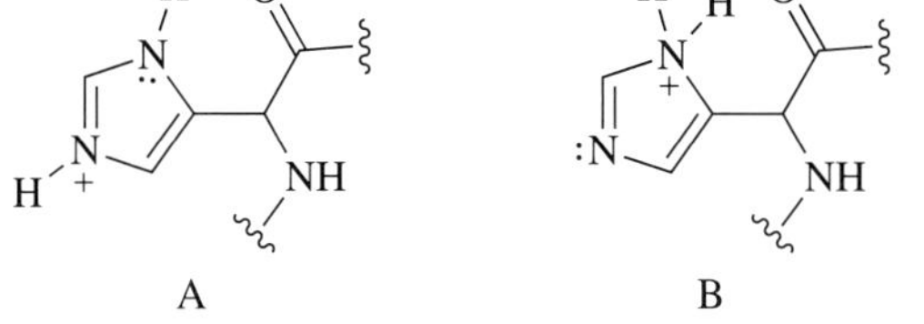

A　　B

25.28 다음 페니실린을 생합성할 수 있는 두 α-아미노산은 무엇인가?

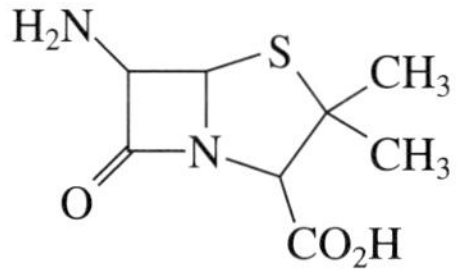

H_2N, S, CH_3, CH_3, N, O, CO_2H

25.29 α-아미노산은 단지 쯔비터이온으로만 존재하지는 않는다. *p*-아미노벤젠설폰산 (sulfanilic acid)는 아래의 구조로 적지만 그것의 쯔비터이온 형태가 더 안정하다. 쯔비터이온의 구조를 적으시오.

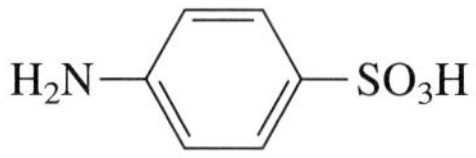

H_2N—⬡—SO_3H

25.30 프트레신(putrescine), 시트룰린(citrulline) 및 오르니틴(ornithine)은 알지닌(arginine) 대사 물질들이다. pH 7에서 존재하는 각각의 분자식이 주어져 있다. 각각의 분자식에 해당하는 순수 전하가 0, +1, +2이라면 각 물질에 대한 구조식은 무엇인가?

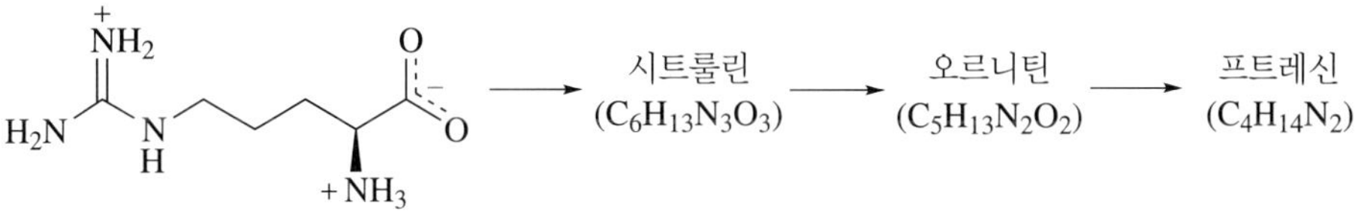

알지닌 ($C_6H_{15}N_4O_2$) ⟶ 시트룰린 ($C_6H_{13}N_3O_3$) ⟶ 오르니틴 ($C_5H_{13}N_2O_2$) ⟶ 프트레신 ($C_4H_{14}N_2$)

25.31 (a) 다음의 단계에 따라서 아이소루신(Isoleucine)을 합성하였다. 합성에서 생성되는 중간체 물질들 A부터 D까지의 구조를 적으시오.

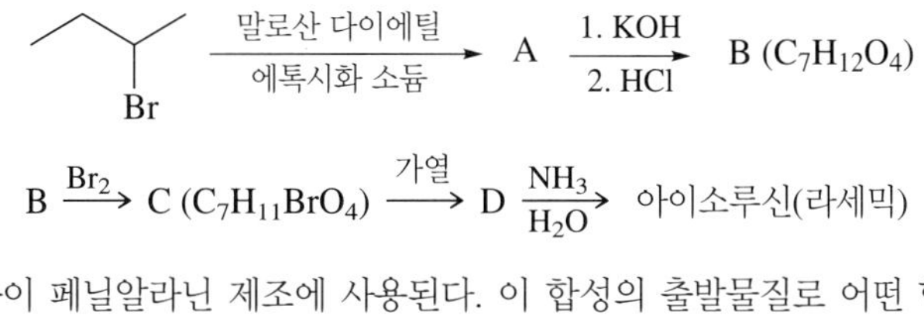

(2-브로모뷰테인, Br) $\xrightarrow[\text{에톡시화 소듐}]{\text{말로산 다이에틸}}$ A $\xrightarrow[\text{2. HCl}]{\text{1. KOH}}$ B ($C_7H_{12}O_4$)

B $\xrightarrow{Br_2}$ C ($C_7H_{11}BrO_4$) $\xrightarrow{\text{가열}}$ D $\xrightarrow[H_2O]{NH_3}$ 아이소루신(라세믹)

(b) 유사한 반응이 페닐알라닌 제조에 사용된다. 이 합성의 출발물질로 어떤 할로젠화 알킬을 선택할 것인가?

25.32 다음에 나타낸 합성 펩타이드는 효소 β-세크레타아제의 저해제로서 치매(Alzheimer) 질병의 발병과 관련이 있다. 이 물질은 표 25.1에 있는 다섯 개의 아미노산을 포함한다. 각 아미노산은 무엇인가?

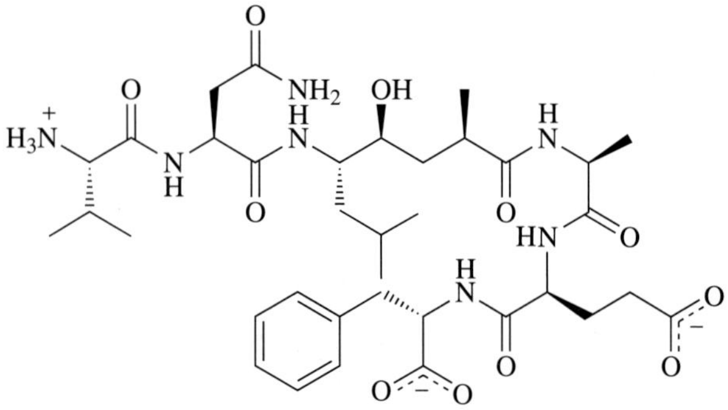

25.33 브로민화 사이아노젠(BrC≡N)은 메싸이오닌 잔기 사이의 펩타이드를 끊는다.

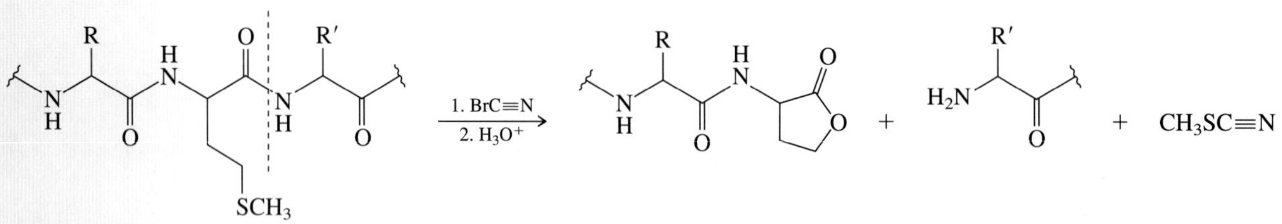

1. BrC≡N
2. H_3O^+

+ $CH_3SC{\equiv}N$

메싸이오닌을 포함하는 펩타이드 락톤 C-말단조각 싸이오사이안화 메틸

(a) 메커니즘은 브로민화 사이아노젠와 펩타이드가 반응하여 설포늄 이온을 생성하는 것으로 부터 시작된다.

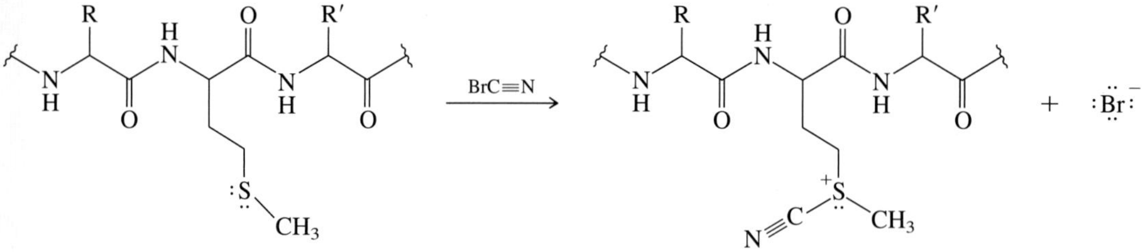

BrC≡N

메싸이오닌을 포함하는 펩타이드 설포늄 이온 브로민화 이온

설포늄 이온은 싸이오사이안화 메틸을 잃고 이미노락톤으로 고리화된다.

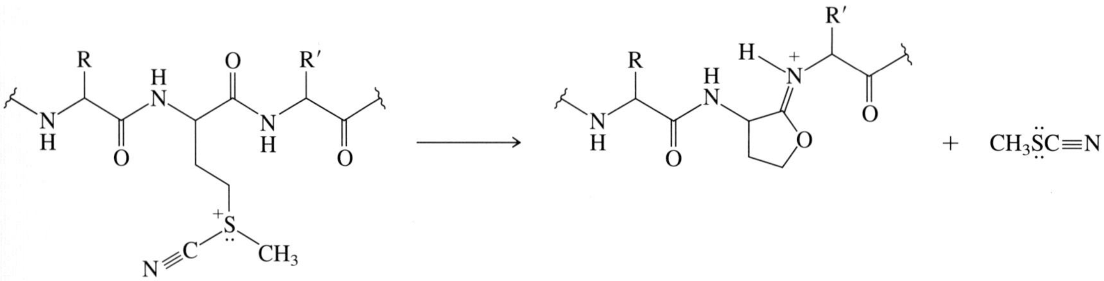

+ $CH_3SC{\equiv}N$

설포늄 이온 이미노락톤의 짝산 싸이오사이안화 메틸

굽은 화살표를 이용하여 전자의 이동을 나타내고 고리화의 메커니즘을 나타내시오.

(b) 이미노락톤의 짝산이 가수분해하여 해당하는 락톤이 되며, 그 다음 펩타이드 사슬이 끊어진다. 이 반응에 대한 메커니즘을 단계별로 나타내시오.

25.34 Strecker 합성법에 따라서 세 펩타이드가 연결된 Leu-Phe-Ser을 합성한다면 몇 개의 입체이성질체가 생성되는가?

25.35 다음 반응의 생성물은 무엇인가? 출발물질인 펩타이드에 있는 모든 아미노산 잔기에 대해서 설명하시오.

(a) Leu-Gly-Ser과 1-플루오로-2,4-다이나이트로벤젠과의 반응
(b) 질문 (a)의 세 펩타이드를 진한 염산 100°C에서 가수분해시킨 생성물
(c) Ile-Glu-Phe를 $C_6H_5N{=}C{=}S$로 처리한 다음 나이트로메테인에서 HBr과 반응
(d) Asn-Ser-Ala 와 염화 벤질옥시카보닐을 반응시킨 생성물
(e) 질문(d)의 생성물을 *p*-나이트로페놀과 *N,N′*-다이사이클로헥실카보다이이마이드와 반응시킨 생성물
(f) 질문 (e)의 생성물과 발린의 에틸에스터와 반응시킨 생성물
(g) 질문 (f)의 생성물과 팔라듐 존재하의 H_2와 반응시킨 가수소분해의 생성물

25.36 단백질인 보바인 엔지오제닌(bovine angiogenin)의 N 말단으로부터 첫 32개의 아미노산은 Edman 분해법으로 확인되었으며 다음과 같다.

AQDDYRYIHFLTQHYDAKPKGRNDEYCFNMMK

(a) 이 단백질의 트립신-촉매 가수분해로부터 절단되는 위치는 어디인가?
(b) 카이모트립신을 사용하면 어디에서 절단이 일어나는가?

25.37 Merrifield 방법에 의하여 옥시토신을 합성하는 첫 단계에서(그림 25.5 참조) 고체 지지물로서 보호기를 가진 아미노산은 무엇인가?

설명문과 이해 문제 25

거울선택적 합성에서의 아미노산

유기화학자가 말하는 “카이랄 풀”(chiral pool)은 순수한 거울상 이성질체로서 쉽게 활용할 수 있는 천연 물질을 말하며 다른 카이랄 화합물의 거울상 선택적인 합성에서 출발 물질로 사용할 수 있는 것을 말한다. 아미노산들은 대표적인 카이랄 풀 물질이다. 글라이신을 제외한 모든 아미노산은 한 개 이상의 카이랄 중심을 가지고 있으며 D-아미노산 보다는 L-아미노산이 값이 싸고 풍부하지만, 두 가지 모두 활용 가능하다.

대부분의 아미노산들은 거울상 이성질체 합성의 출발 물질로 사용된다. 가장 많이 사용되는 아미노산 중의 하나는 L-글루탐산과 (*S*)-파이로글루탐산이다. (*S*)-파이로글루탐산은 밀폐된 용기 속에서 L-글루탐산의 수용액을 가열하면 얻어진다.

HO, O, O, 1, O⁻, H, $^+NH_3$ —heat→ O, N, H, H, CO_2H

L-글루탐산 *S*-파이로글루탐산

L-글루탐산과 (*S*)-파이로글루탐산은 다섯 개의 탄소와 세 개의 작용기를 가지고 있는데 작용기 변환을 통하여 좀 더 복잡한 화합물을 얻는 데 이용된다.

대부분의 합성은 단계가 많고 특별한 반응을 포함하고 있다. 다음의 문제들은 L-글루탐산이나 (*S*)-파이로글루탐산을 출발 물질로 사용하여 아미노산을 기본으로 한 거울상 선택적인 합성 계획을 강조한 것이다. 몇 가지 반응은 이 장에서 앞서 언급한 것과 비슷하거나 유사한 반응이 포함된다.

25.38 흰색의 달맞이꽃, Ipomoea alba의 씨앗으로부터 얻어지는 알카로이드 진통제인 (+)-이팔비딘(ipalbidine)을 합성하는데 (*S*)-파이로글루탐산을 출발 물질로 사용하였다. 이 합성에서 (*S*)-파이로글루탐산의 카이랄 중심은 결합 생성과 깨어짐이 없었다. 다음 중 (+) 이팔비딘의 구조는 어느 것인가?

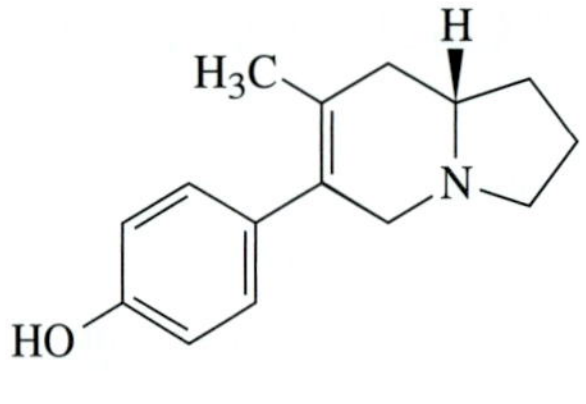

A. 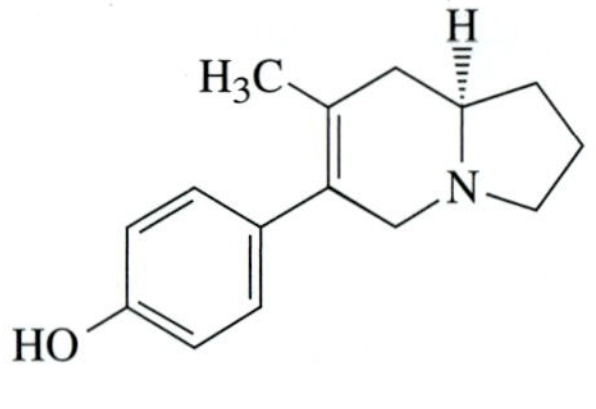 B.

25.39 독침 개구리의 독을 합성하는 과정에서 L-글루탐산을 사용한다.

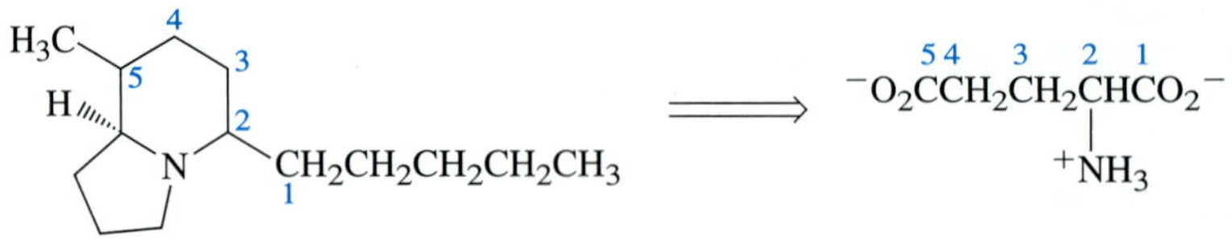

$$^{-}O_2CCH_2CH_2CHCO_2^{-}$$

생성물에서 번호가 있는 탄소는 L-글루탐산에 있는 탄소와 번호가 같다. 합성에서 탄소 2는 결합도 끊어지지도 않다. 생성물의 탄소-5의 배열이 *R* 이라면 다음 화합물 중에서 개구리 독의 입체화학을 가장 잘 나타낸 것은 어느 것인가?

A. C.

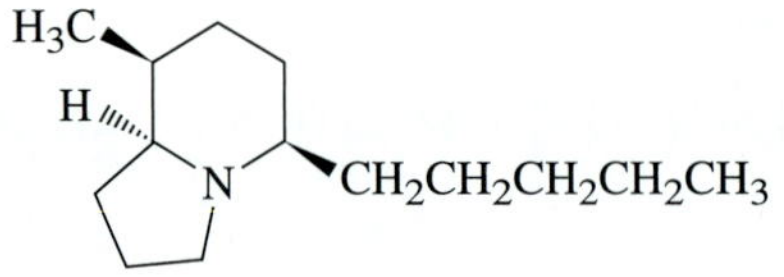

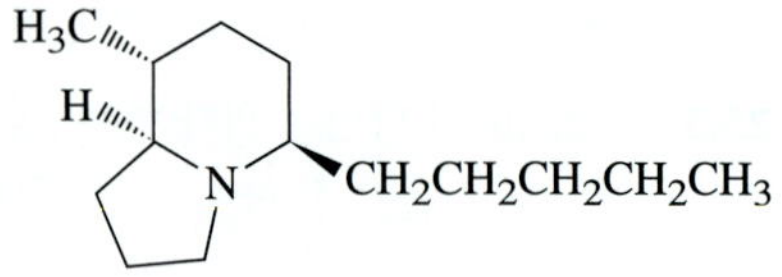

B. 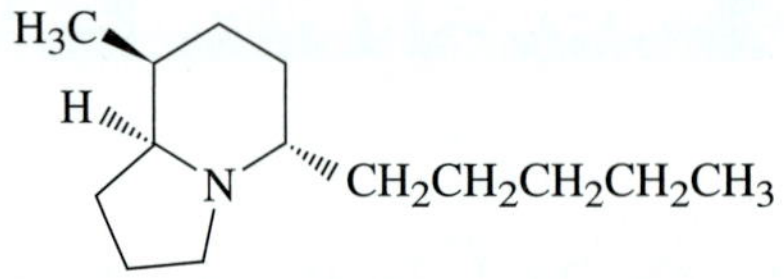 D.

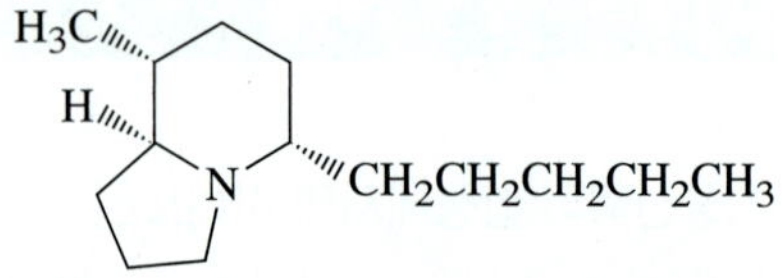

25.40 고혈압 방지 약물인 포시노프릴(fosinopril)의 합성 방법 중의 하나로서 (*S*)-파이로글루탐산을 출발 물질로 사용한다. 먼저 환원시켜 1차 알코올을 만들고, 그 다음 OH와 NH 기를 보호시킨다.

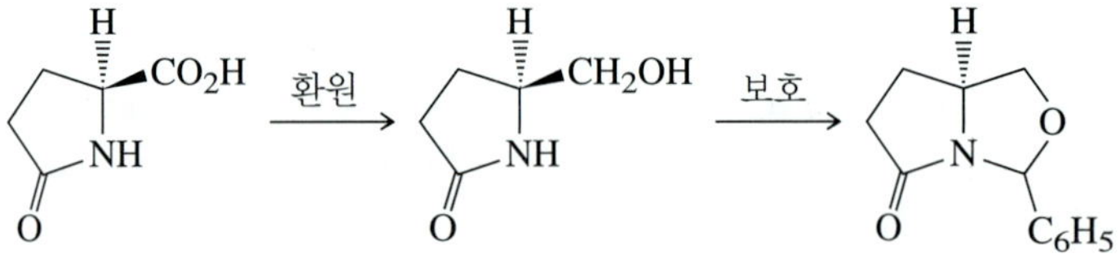

보호기 도입 단계에 적당한 반응 조건은 어느 것인가?

A. C_6H_5CCl (C=O), 피리딘
B. $C_6H_5CH{=}O$, *p*-톨루엔설폰산, 톨루엔, 가열
C. $C_6H_5CO_2CH_3$
D. $C_6H_5CH_2Br$, Na_2CO_3, 아세톤

25.41 다음 문제의 과정에서 생성된 *N,O*-보호된 화합물은 3-브로모사이클로헥센으로 알킬화 반응하여 얻었다.

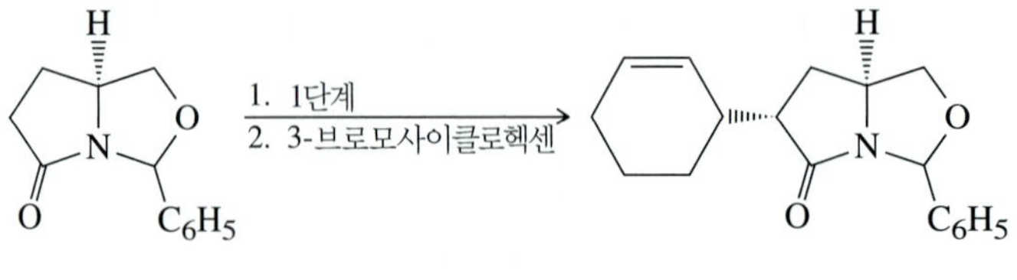

1. 1단계
2. 3-브로모사이클로헥센

1단계의 반응에 적당한 반응 조건은 어느 것인가?

A. $LiAlH_4$, 다이에틸 에터
B. $NaOCH_2CH_3$, 에터
C. Mg, 다이에틸 에터
D. $[(CH_3)_2CH]_2NLi$, 테트라하이드로퓨란

25.42 α-카인산(Kainic acid)은 특정 조류에서 생성되는 신경성 독극물이다. 몇 가지 거울선택적인 합성법에 의해 이 화합물의 합성이 알려져 있다. 그 중의 한 가지로 1-브로모-3-메틸-2-뷰텐과 L-글루탐산과의 반응으로 얻어진다.

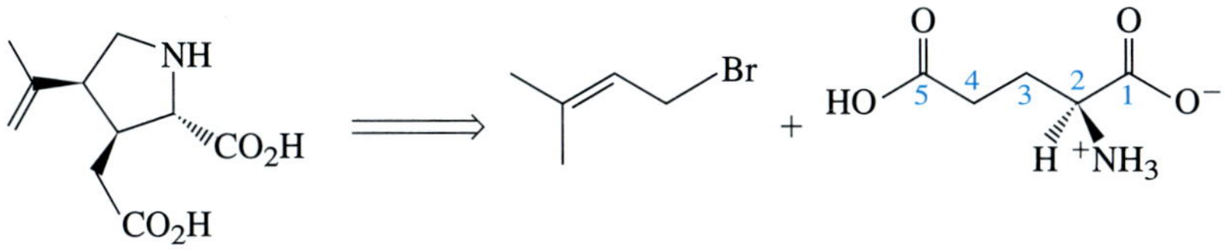

NH, CO_2H, CO_2H, Br, HO, O, O, 5, 4, 3, 2, 1, O^-, H, $^+NH_3$

α-카인산 l-글루탐산

합성 단계 중에서 L-글루탐산의 탄소 중에서 탄소–탄소 결합 형성 반응에 참여한 것은 어느 것인가?

A. C-1
B. C-2
C. C-3
D. C-4
E. C-5

25.43 (*S*)-타이로포린[(*S*)-Tylophorine)]은 항암제로서 활용 가능성이 있는 인도와 동남아시아 지역에서 자라는 나무로부터 얻어지는 알카로이드이다. 이 화합물은 다음과 같이 L-글루탐산과 페난쓰렌(phenanthrene) 유도체 물질로부터 다단계 반응으로 합성된다.

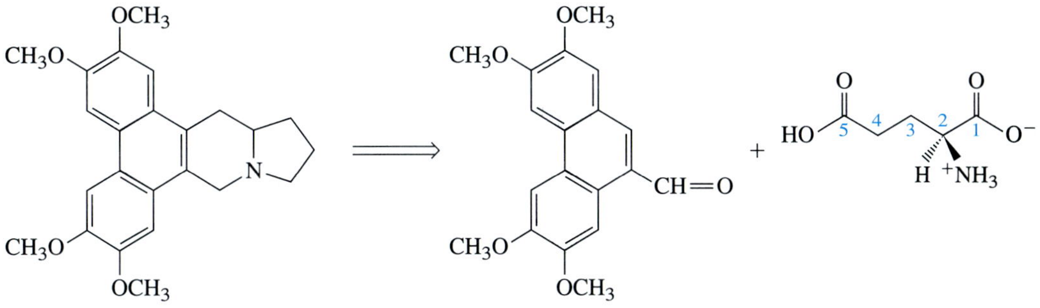

OCH_3, CH_3O, N, CH_3O, OCH_3, OCH_3, CH_3O, CH=O, CH_3O, OCH_3, HO, O, O, 5, 4, 3, 2, 1, O^-, H, $^+NH_3$

타이로포린 L-글루탐산

위의 합성에서 L-글루탐산의 탄소 중에서 단지 탄소–탄소 결합 형성에만 참여한 탄소는 어느 것인가?

A. C-1
B. C-2
C. C-3
D. C-4
E. C-5

청대 완두콩의 유전 형질에 대한 Gregor Mendel의 연구는 그의 생전에는 별로 주목을 받지 못했다. 그가 발견한 것은 유전에 대한 이해의 시발점으로 현재 우리는 인정하고 있다. 정전기 전위 지도에서 보여주는 아데닌은 DNA와 RNA에 있는 "퓨린 염기"이다.

장의 개요

뉴클레오사이드, 뉴클레오타이드 및 핵산

Nucleosides, Nucleotides, and Nucleic Acids

1장에서 우리는 20세기 전반기에 중요한 업적인 양자역학에 의해서 밝혀진 원자와 분자 구조의 자세한 상황을 알았다. 이 장에서는 20세기 후반기의 중요한 업적-구조에 기초한 유전학의 분자적 관점과 핵산의 생화학을 고찰한다.

핵산(nucleic acid)은 세포의 핵에 존재하는 물질이며, 이것이 유전 정보를 저장, 전달 및 실행하는데 포함되는 일차 물질로서 의심되기 아주 오래전부터 알려져 왔다. 핵산에는 라이보핵산 (RNA)와 데옥시라이보핵산 (DNA)의 두 종류가 있다. 두 가지 모두 세 개의 구조 단위 즉, 탄수화물, 탄수화물들 간의 인산 에스터 결합 및 헤테로고리 방향족 화합물에 의한 복잡한 생고분자이다. 헤테로고리 방향족 화합물은 퓨린과 피리미딘 염기라고 한다. 우리는 이들 염기를 시작으로 관련된 구조적 순서를 따를 것이다.

퓨린 및 피리미딘 염기 → 뉴클레오사이드 → 뉴클레오타이드 → 핵산

이들 화합물들의 유전적인 역할과는 별개로 이들에 의하여 일어

나는 약간의 생화학적인 역할을 고찰하기 위하여 조금의 멈춤이 있을 것이다.

26.1 피리미딘과 퓨린

두 개의 질소를 포함하는 헤테로고리 방향족 화합물–**피리미딘(pyrimidine)**과 **퓨린(purine)**–은 핵산의 주요한 구조 단위를 구성하는 "염기"의 모체이다.

피리미딘 퓨린

피리미딘과 퓨린은 모두 평면이다. 여러분은 이 평면모양이 얼마나 중요한지는 핵산의 구조를 고찰할 때 보게 것이다. 그들의 화학적 관점에 의하면, 피리미딘과 퓨린은 피리딘과 흡사하다. 그것들은 약한 염기이고 친전자성 방향족 치환에 비교적 반응성이 없다.

피리미딘과 퓨린 자체는 자연적으로 발생되지는 않지만, 그들의 유도체는 발생된다. 더 많이 진행하기 전에, —OH 기를 갖는 유도체와 —NH_2 기를 갖는 것들 사이의 중요한 구조적인 차이를 지적할 필요가 있다. —NH_2 기를 갖는 피리미딘과 퓨린의 구조는 모체 고리 계의 구조와 직접적인 관련이 있다.

6-아미노퓨린은 *아데닌*이고 이 장에서 수도 없이 많이 나올 것이다.

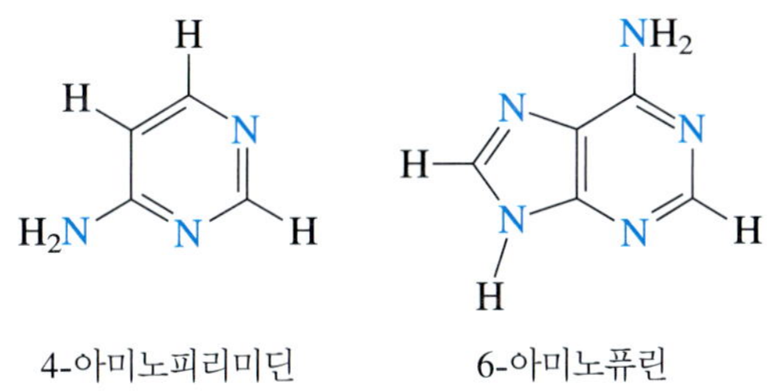

4-아미노피리미딘 6-아미노퓨린

하지만 —OH 기를 갖는 상응하는 화합물은 엔올과 유사하다:

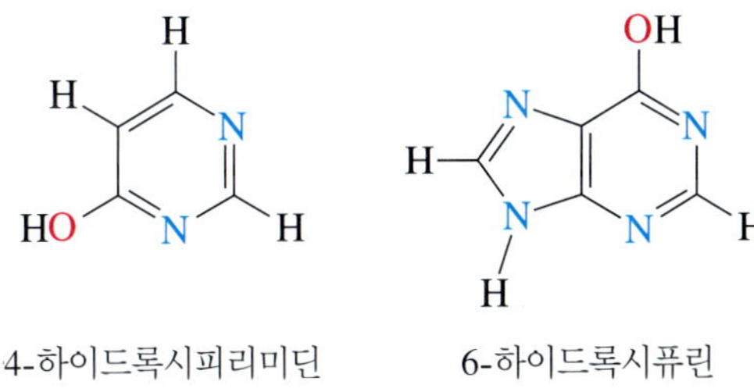

4-하이드록시피리미딘 6-하이드록시퓨린

그러나 케토형으로 대신 존재한다.

4-하이드록시피리미딘의 케토형 6-하이드록시퓨린 의 케토형

페놀과 유사하게, 우리는 벤젠과 같은 고리에 —OH 기를 갖는 이성질체가 더 안정하다고 예상할 것이다. 이것은 케토형 역시 아마이드 공명으로 인하여 방향성이기 때문에 사실이 아닌 것이 드러난다.

4-하이드록시피리미딘의 케토형 공명

6-하이드록시퓨린의 케토형 공명

이들 관계는 일반적이다. 하이드록실-치환 퓨린과 피리미딘은 케토형으로 존재한다; 아미노-치환된 것들은 고리의 아미노기를 갖는 구조를 유지한다. 표 26.1에 나열된 DNA와 RNA에 있는 피리미딘과 퓨린 염기는 이러한 일반적인 규칙을 따른다. 26.7절 초반에서 핵산 염기의 정확한 토토머 형태를 아는 것이 얼마나 중요한지 보게 될 것이다.

문제 26.1

사이토신(표 26.1을 보시오)의 엔올 토토머 구조식을 쓰시오.

문제 26.2

(a) 벤젠과 유사한 전자 구조를 갖는 6각 고리 구아닌의 공명 형태를 쓰시오. 모든 비공유 전자쌍을 보이고 형식 전자를 포함하는 것을 잊지 마시오.

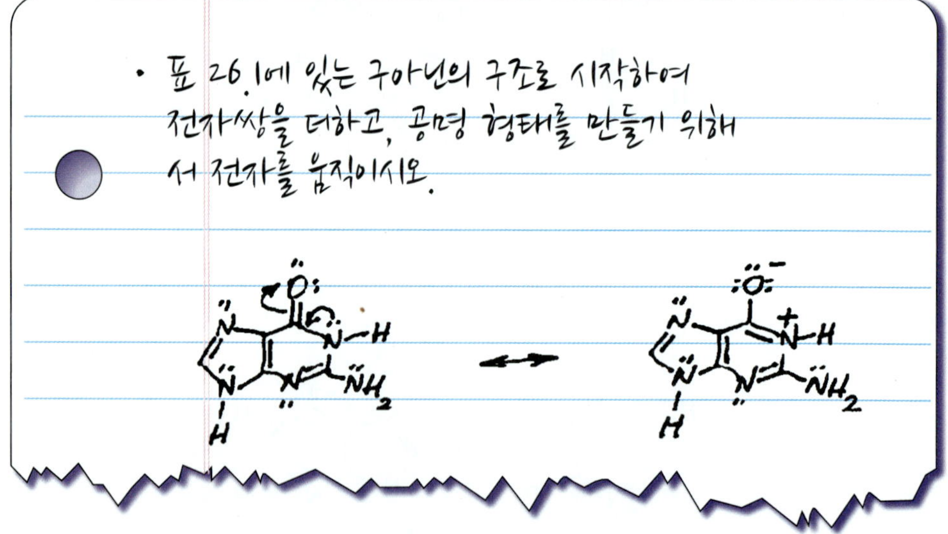

(b) 아마이드 공명을 포함하는 유라실의 세 가지의 기여체를 쓰시오.

피리미딘과 퓨린은 핵산이외의 다른 물질에서 자연적으로 발생한다. 예를 들어서, 커피는 카페인의 잘 알려진 원천이고 차는 카페인과 테오브로민을 모두 갖고 있다.

표 26.1 DNA와/또는 RNA에서 발견되는 피리미딘 및 퓨린

	이름	구조	발견
피리미딘			
	사이토신		DNA 및 RNA
	싸이민		DNA
	유라실		RNA
퓨린			
	아데닌		DNA 및 RNA
	구아닌		DNA 및 RNA

카페인 테오브로민

청량음료에 첨가된 카페인은 커피와 차를 탈케페인화 할 때 제거된 카페인 과 같다.

문제 26.3

카페인과 테오브로민을 각각이 피리미딘인지 또는 퓨린인지에 따라서 카페인과 테오브로민을 구별하시오. 이들 중 하나는 엔올형으로 이성질화하지 않는다; 두 개의 서로 다른 엔올은 서로 전환이 가능하다. 가능한 엔올의 구조식을 쓰고 설명하시오.

몇 가지 합성 피리미딘과 퓨린은 유용한 약들이다. *어사이클로버(Acyclovir)*는 최초의 효과적인 항바이러스 화합물이고, 헤르페스 감염을 치료하는데 사용된다. *6-머캅토퓨린*은 어린이 백혈병을 치료하는데 사용되는 약들 중에 하나이고, 80%에 가까운 치료율로 암어사이클로버와 6-머캅토퓨린은 Burroughs Wellcome의 Gertrude B. Elion과 George H. Hitchings가 1988년 노벨 생리의학상을 수상하게 된 일종의 대표적인 약이다. 공동 수상장인 James Black 경은 약 개발의 다른 분야에서도 그의 업적을 인정받았다.

치료에 매우 적절한 방법이 되었다.

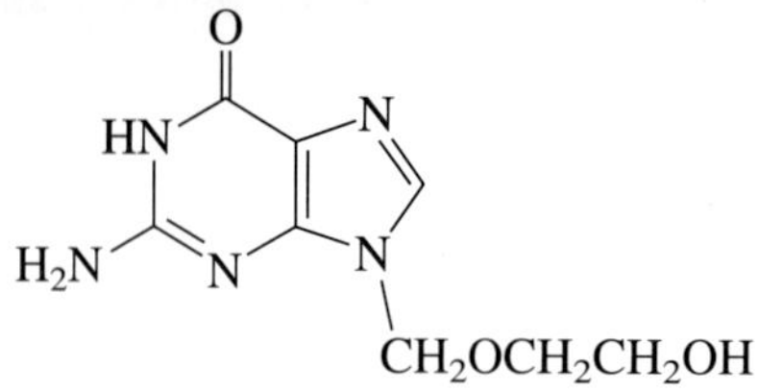

어사이클로버 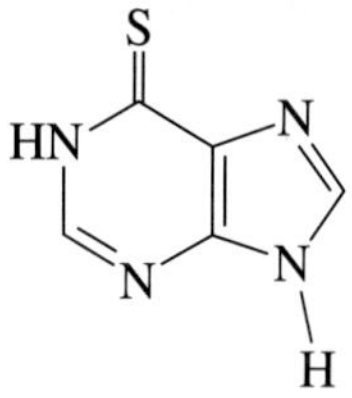 6-머캅토퓨린

26.2 뉴클레오사이드

피리미딘과 퓨린의 가장 중요한 유도체는 뉴클레오사이드이다. **뉴클레오사이드(Nucleosides)**는 피리미딘 또는 퓨린 질소가 탄수화물의 아노머 탄소에 결합된 글리코사민이다. 표 26.2에 수록된 뉴클레오사이드는 핵산의 주된 기본 성분들이다. RNA에서는 탄소화물의 성분이 D-라이보퓨라노스이고; DNA에서는 2-데옥시-D-라이보퓨라노스이다.

표 26.2에 나타난 요점은 다음과 같다:

1. RNA와 DNA에는 세 개의 염기(사이토신, 아데닌 및 구아닌)이 있다.
2. 유라실은 RNA에만 있고, 싸이민은 DNA에만 있다.
3. 탄수화물의 아노머 탄소는 피리미딘 뉴클레오사이드의 N-1과 퓨린의 N-9에 붙어있다.
4. 피리미딘과 퓨린 염기는 퓨라노스 고리의 —CH_2OH기에 시스이다 (β 입체화학).
5. 잠재적 수소-결합기(—NH_2 및 C═O)는 퓨라노스 고리에서 멀리 떨어져 있다.

뉴클레오사이드에 사용된 번호표시는 두 구조 단위에서 별개로 유지된다. 피리미딘 또는 퓨린은 일반적인 방법으로 번호를 붙인다. 각 위치에 (′)표시가 따라오는 것을 제외하면, 탄수화물에서도 동일하다. 따라서 아데노신은 D-라이보스의 뉴클레오사이드이고, 2′-데옥시아데노신은 2-데옥시-D-라이보스의 뉴클레오사이드이다.

문제 26.4

뉴클레오사이드 코르다이세핀은 곰팡이 코르다이셉스 밀리타리스의 배지로 부터 분리되고, 3′-데옥시아데노신으로 밝혀졌다. 이것의 구조식을 쓰시오.

표 26.2에는 핵산의 뉴클레오사이드 성분 모두를 나타내지 않았다. 피리미딘과 퓨린 고리에 메틸기가 있는 것은 흔한 것이고 그리고 가끔은 일반 주제에서 중요한 변수이다.

*뉴클레오사이드*라는 용어가 표 26.2의 화합물과 일부 몇 가지에만 제한되었던 적이 있었지만, 현재는 더욱 유연하게 사용된다. 예를 들면, 어떤 스폰지에서 유리 상태로 나타나는 D-아라비노스의 피리미딘 유도체는 *스폰고뉴클레오사이드*라고 부른다. C형 간염과 라사열의 치료에 사용하는 강력한 항바이러스 약인 라이바비린은 합성 뉴클레오사이드 유사체로서 염기가 피리미딘이나 퓨린이라기보다는 오히려 *트라이졸*이다.

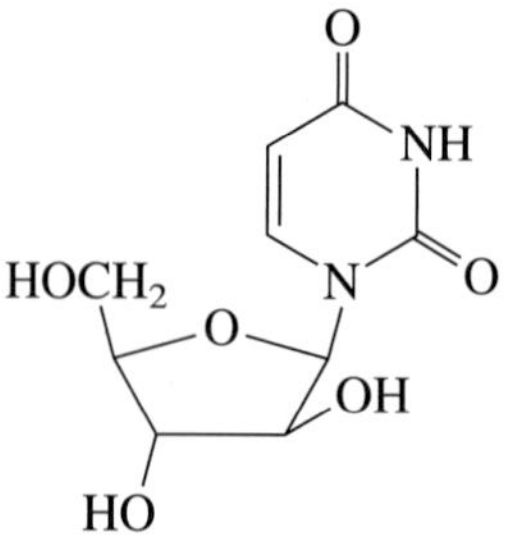

1-β-D-아라비노퓨라노실유라실("스폰고유리딘") 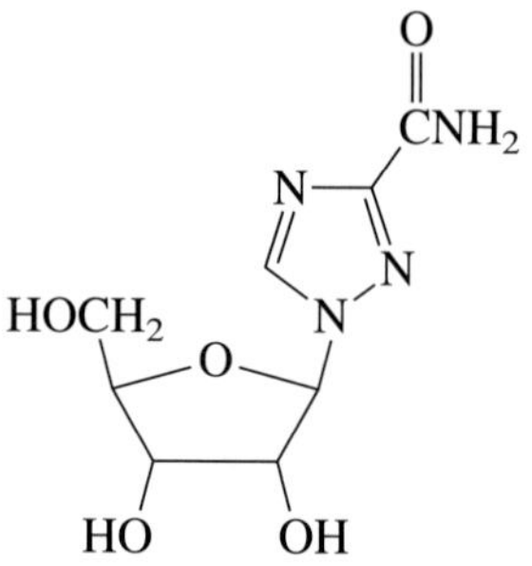 라이바비린

표 26.2 RNA와 DNA에 있는 주된 피리미딘과 퓨린 뉴클레오사이드

이름	피리미딘			퓨린	
	사이티딘	싸이미딘	유리딘	아데노신	구아노신
축약*	C	T	U	A	G
구조식	1-β-D-Ribofuranosylcytosine	2′-Deoxy-1-β-D-ribofuranosylthymine	1-β-D-Ribofuranosyluracil	9-β-D-Ribofuranosyladenine	9-β-D-Ribofuranosylguanine
분자	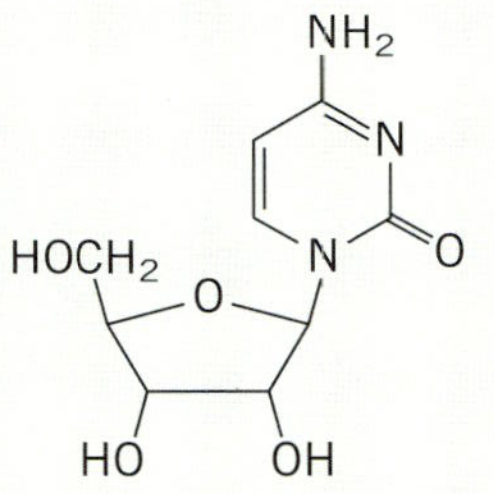 NH_2, N, O, $HOCH_2$, O, HO, OH	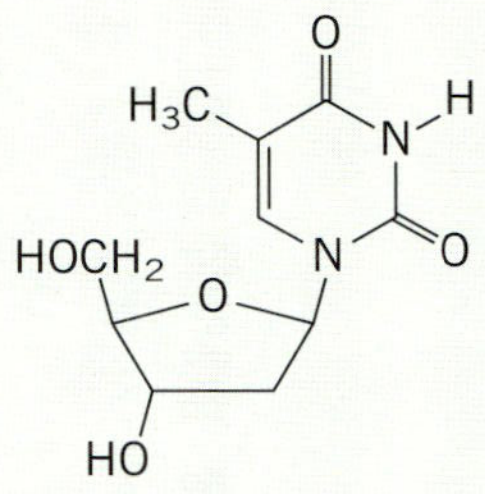 O, H_3C, N, H, O, $HOCH_2$, O, HO	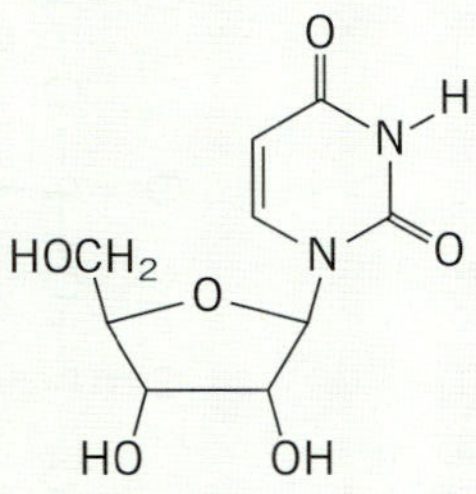 O, N, H, O, $HOCH_2$, O, HO, OH	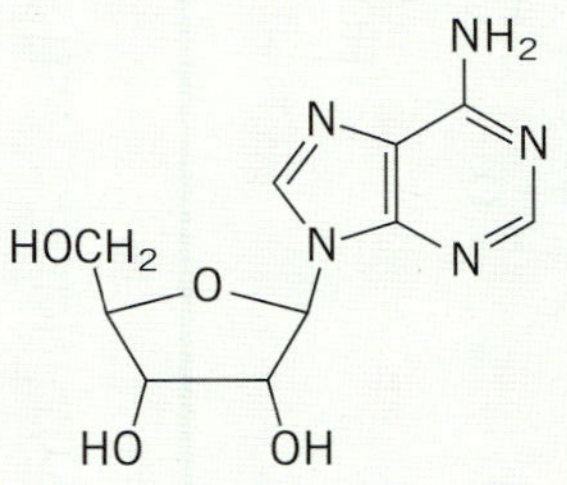 NH_2, N, N, N, N, $HOCH_2$, O, HO, OH	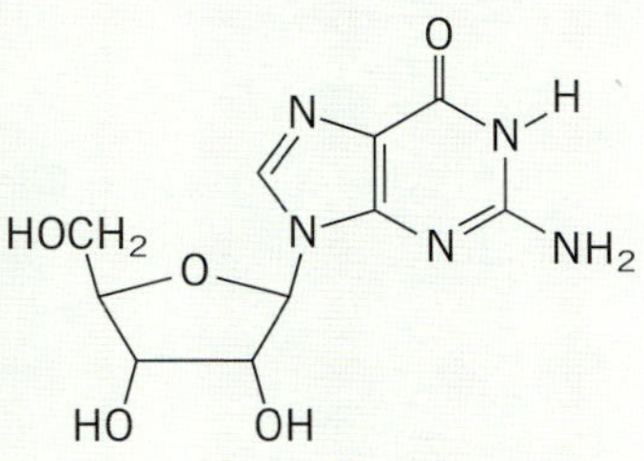 O, N, N, H, N, NH_2, $HOCH_2$, O, HO, OH
모형	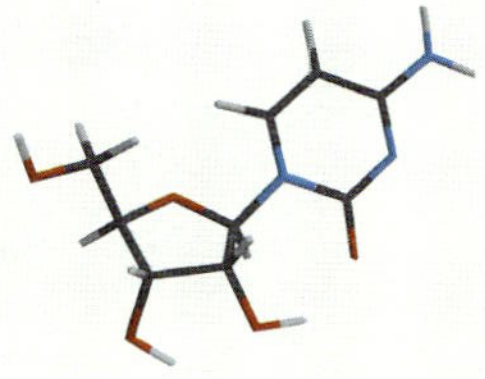	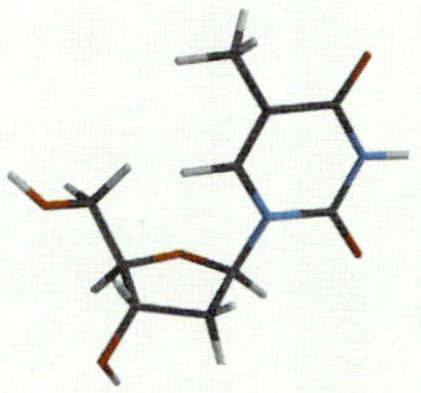	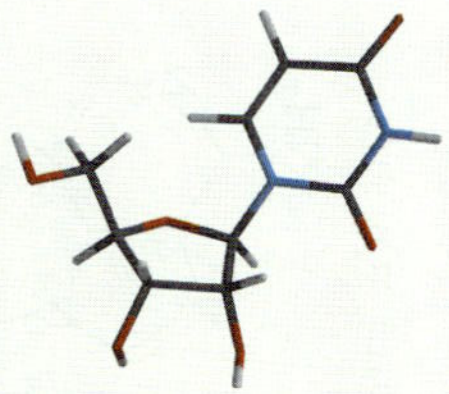	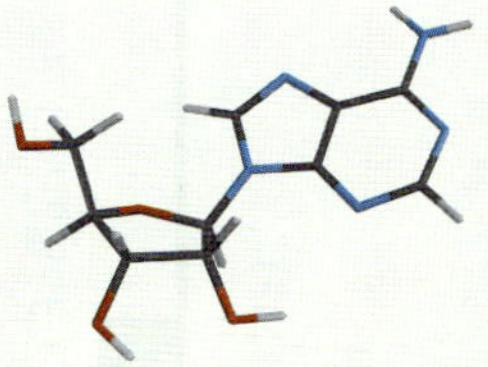	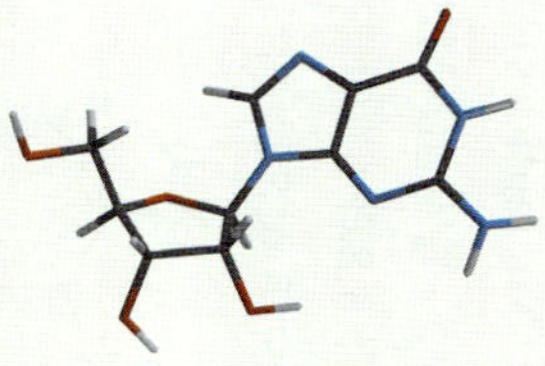
발견되는곳	RNA DNA의 2′-데옥시 동족체	DNA	RNA	RNA DNA의 2′-데옥시 동족체	RNA DNA의 2′-데옥시 동족체

* 종종 축약형이 피리미딘과 퓨린에 적용되고, 뉴클레오사이드에서 가끔 적용이 된다. 이것이 때로는 혼란스럽기는 하지만, 전후 관계에서는 의미하는 것이 분명하고 실제로 어떤 모호함도 야기하지 않는다.

26.3 뉴클레오타이드

뉴클레오타이드(Nucleotides)는 뉴클레오사이드의 인산 에스터이다. 아데노신의 유도체들은, 아데노신 5′-일인산(AMP)이 한 가지 유일한 예이지만, 아주 독특하다. AMP는 이온화 pK_a가 각각 3.8과 6.2인 약한 이양성자산이다. pH 7인 수용액에서, $P(O)(OH)_2$ 단위의 두 OH기가 모두 이온화 된다.

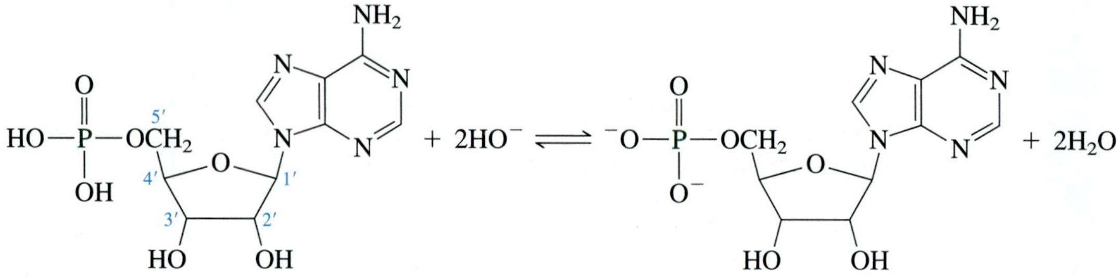

아데노신 5′-일인산(AMP) + $2HO^-$ ⇌ pH 7에서 주된 물질 + $2H_2O$

문제 26.5

2′-데옥시사이티딘 3′-일인산의 구조식을 쓰시오. 사이티딘의 구조를 알려면 표 26.2을 참조하시오.

다른 중요한 아데노신의 5′-뉴클레오타이드는 **아데노신 5′-이인산**(ADP)과 **아데노신 5′-삼인산**(ATP)이 포함된다:

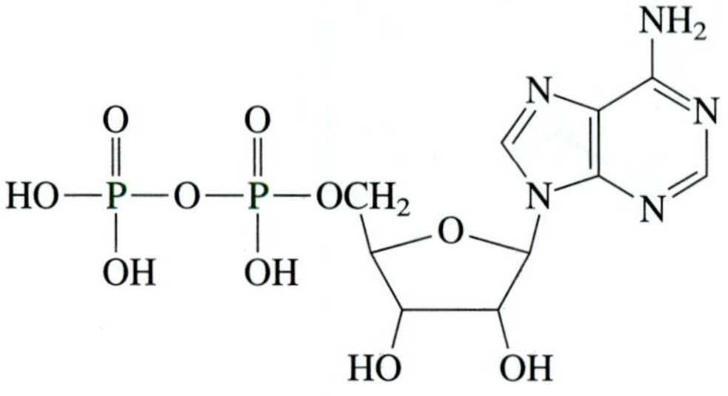

아데노신 5′-이인산(ADP)

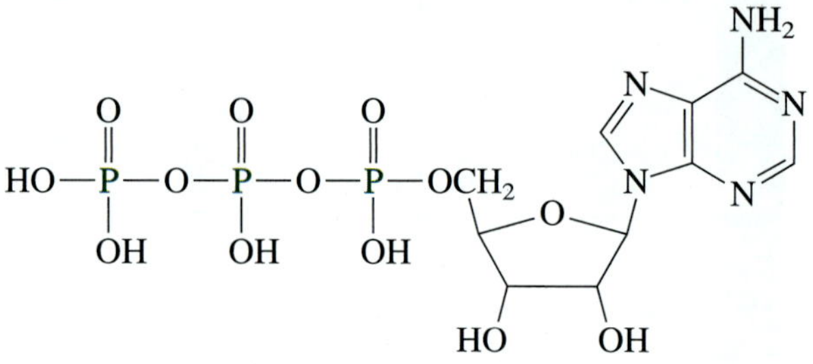

아데노신 5′-삼인산(ATP)

ATP는 지구상에서 사실상 모든 생명 형태의 주된 에너지-저장 분자이다. 우리는 종종 "고-에너지 화합물"로 ATP와 "고-에너지 결합"으로 P—O 결합을 언급한다. 26.4절 및 26.5절에서는 이 주제에 관하여 더 자세하게 다룬다.

ATP를 포함하는 생물학적 변환은 그 수가 많으며 중요하다. 예를 들면, ATP가 다른 분자의 —OH기에 인산 단위 한 개를 전달하는 많은 *인산화* 반응을 포함한다. 이러한 인산화는 *카이나제*라고 하는 효소에 의하여 촉진된다. 글루코스 대사의 첫 단계가 한 가지 예이다.

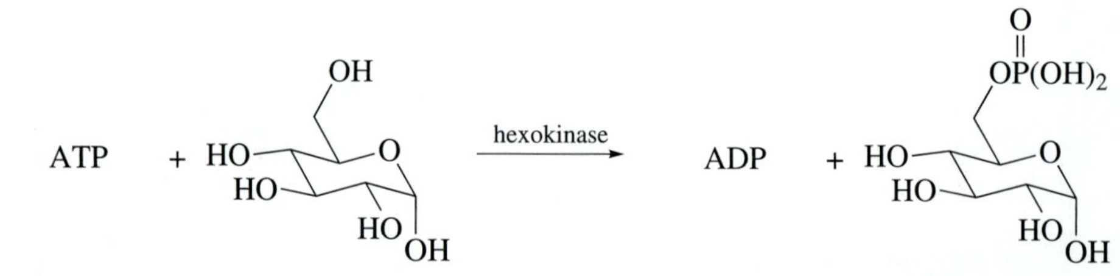

ATP (Adenosine triphosphate) + α-D-Glucopyranose —hexokinase→ ADP (Adenosine diphosphate) + α-D-Glucopyranose 6-phosphate

Vanderbilt 대학교의 Earl Sutherland는 "fight or flight" 호르몬 에피네프린에 관한 그의 연구와 관련된 2차 전달체로서 cAMP의 역할을 밝혀서 1971년 노벨 생리의학상을 수상하였다(25.6절).

아데노신과 구아노신은 모두 "2차 전달체"로서 수많은 생물학적 과정에 포함되는 고리 일인산(각각의 *고리-AMP* 또는 *cAMP* 및 *고리-GMP* 또는 *cGMP*)를 형성한다. 많은 호르몬("첫 번째 전달체")은 세포 표면에서 cAMP 또는 cGMP의 형성을 최초로 자극하는 작용을 하는데, 이것은 호르몬에 대한 유기체 대응의 특징적인 일련의 과정을 유발한다. cAMP에 의한 신호 역시 G-짝을 이루는 단백질 수용체의 활성에 관여된다(25.23절).

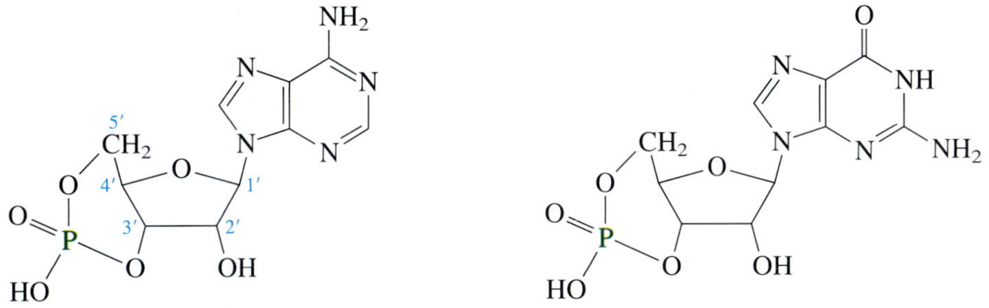

아데노신 3′,5′-고리 일인산(cAMP)

구아노신 3′,5′-고리 일인산(cGMP)

25장의 상자 속 소고, *Oh, NO! It's Inorganic*!에서 보았던 것처럼, 일산화질소(NO)는 혈관을 확장하고 혈류를 증가시킨다. 이 과정은 NO가 2차 전달체로서 cGMP의 합성을 자극할 때 시작한다. 실데나필(바이아그라) 같은 발기부전 약은 고리 인산염 단위의 가수분해를 촉진하는 효소를 저해함으로서 cGMP의 농도를 증가시킨다.

문제 26.6

고리-AMP는 아데닐 고리화 효소의 촉매 반응에 의하여 ATP로부터 형성된다. 아데닐 고리화 효소가 ATP의 3′-하이드록실기로부터 양성자를 제거하는 염기로 작용한다고 가정하고, cAMP 형성의 메커니즘을 쓰시오.

26.4 바이오에너지학

바이오에너지학(Bioenergetics)은 생물과정, 특히 에너지 저장과 전달에 중요한 열역학의 학문이다. 일부 규칙은 우리에게 익숙한 것들과는 약간 다르다. 우선 엔탈피(ΔH) 변화보다는 오히려 자유에너지(ΔG) 변화에 초점을 맞추는 관례이다. 다음 반응을 보기로 하자.

자유에너지는 일을 하는데 필요한 에너지임을 상기하시오. 자유에너지에 집중함으로서, 우리는 생명체에 중요한 것에 더욱 직접적으로 관여한다.

$$m\text{A}(aq) \rightleftharpoons n\text{B}(aq)$$

여기에서 (aq)는 A와 B가 모두 수용액임을 나타낸다. 반응은 ΔG가 음수일 때, 쓰인 방향으로 자발적이고, ΔG가 양수일 때, 쓰인 방향으로 비자발적이다.

그러나 자발성은 반응물과 생성물의 농도에 의존한다. 만약 $[\text{B}]^n/[\text{A}]^m$의 비가 특정 값보다 작으면, 반응은 정방향으로 자발적이고; 만약 $[\text{B}]^n/[\text{A}]^m$가 이 값을 넘으면, 반응은 역방향으로 자발적이다. 그러므로 $[\text{A}] = [\text{B}] = 1$ M인 표준상태가 적용되는 **표준 자유에너지 변화(standard free energy change)** ($\Delta G°$)를 정의하는 것이 편리하다.

$$m\text{A}(aq) \rightleftharpoons n\text{B}(aq)$$

표준상태: 1 M 1 M

반응은 $\Delta G°$의 부호에 따라서 **자유에너지 감소(exergonic)** 또는 **자유에너지 증가(endergonic)**로 구분한다. 자유에너지 감소 반응은 $\Delta G°$가 음수이고, 자유에너지 증가 반응은 $\Delta G°$가 양수이다.

따라서 ΔG는 우리에게 존재하는 물질과 그것의 농도에 관련된 반응에 대하여 알려준다. $\Delta G°$는 고려 대상으로부터 그들의 농도를 제거함으로 반응물과 생성물 사이의 자유에너지 차이를 더 명확하게 하는데 초점을 맞춘다.

다음은 표준상태 개념을 가지고 $\Delta G°$라고 부르는 새로운 $\Delta G°$를 정의함으로써 더욱 생물계에 알맞도록 한다. 이 새로운 표준상태는 pH 7인 상태이다. 이것은 생화학 반응에서 거의 항상 사용되는 표준상태이며 우리가 사용할 상태이다. H^+가 생성되거나 소모되는 반응과는 상당한 차이를 만들 뿐만 아니라 pH 7에서 존재하는 다양한 물질의 형태를 인식할 필요가 있다. $[H^+] = 1\ M$에서 자유에너지 증가 반응은 $[H^+] = 10^{-7}\ M$에서 쉽게 자유에너지 감소 반응이 되고, 그 역도 마찬가지이다.

26.5 ATP와 바이오에너지학

HPO_4^{2-}는 종종 "무기 인산" 이라고 불리며 약자로 P_i라고 쓴다.

바이오에너지학의 주된 반응은 ATP와 ADP의 상호 변환이며 보통 ATP의 가수분해로 나타낸다.

$$\underset{\text{아데노신 삼인산}}{\text{ATP}} + \underset{\text{물}}{H_2O} \longrightarrow \underset{\text{아데노신 이인산}}{\text{ADP}} + \underset{\text{인산수소 이온}}{HPO_4^{2-}} \qquad \Delta G^{\circ\prime} = -31\ \text{kJ}\ (-7.4\ \text{kcal})$$

쓰여진 것처럼, pH = 7에서 반응은 자유에너지 감소이다. 역과정—ADP가 ATP로 변환—은 자유에너지 증가이다. ADP + HPO_4^{2-}와 비교해서 ATP는 "높은 에너지 화합물"이다.

어떤 다른 과정과 짝을 이룰 때, ATP에서 ADP로의 변환은 다른 자유에너지 증가 과정을 자유에너지 감소 과정으로 변환하는 자유에너지를 제공한다. 예를 들어서, pH = 7에서 글루탐산이 글루타민으로 변환하는 것을 보시오.

반응식 1:

$$\text{글루탐산} + NH_4^+ \longrightarrow \text{글루타민} + H_2O$$

반응식 1은 $\Delta G^{\circ\prime} = +14$ kJ이고 자유에너지 증가이다. 이것의 주된 이유는 글루탐산의 매우 안정한 카복실산기의 하나가 덜 안정한 아마이드기로 변환하기 때문이다.

그럼에도 불구하고, 글루타민의 생합성은 글루탐산으로부터 진행된다. 차이점은 반응식 1의 자유에너지 증가 과정이 ATP의 강한 자유에너지 감소성 가수분해와 짝지어지는 것이다.

반응식 2:

$$\text{글루탐산} + NH_4^+ + \text{ATP} \longrightarrow \text{글루타민} + P_i + \text{ADP}$$

ATP (−31 kJ) 가수분해의 $\Delta G^{\circ\prime}$의 값을 반응식 1(+14 kJ)에 더하면 반응식 2에 $\Delta G^{\circ\prime} = -17$ kJ 가 된다. 글루탐산으로부터 글루타민의 생합성은 ATP의 가수분해와 짝을 이루었기 때문에 자유에너지 감소이다.

문제 26.7

반응식 1을 ATP 가수분해의 반응식에 더함으로써 얻어진 반응식 2를 증명하시오.

ATP가 다른 자유에너지 증가 과정에서 자유에너지 원천으로 작용할 수 있다는 생각에는 중요한 조건이 있다. ATP가 반응 경로에 따라서 한 개 이상의 물질과 반응하는 어떤 메커니즘이 있어야만 한다. 단순히 존재하거나 독립적인 가수분해를 하는 것으로는 충분하지 않다. 종종, 메커니즘은 ATP에서 다른 친핵성 위치로 인산 단위의 전달이 포함된다.

글루타민 합성의 경우에 있어서, 이 단계는 글루탐산으로 인산을 전달하여 반응성 중간체인 γ-글루타밀 인산을 생성하는 것이다.

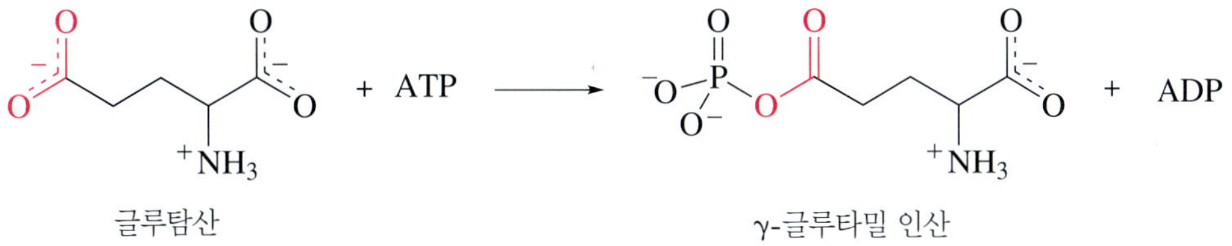

$$\text{글루탐산} + ATP \longrightarrow \gamma\text{-글루타밀 인산} + ADP$$

글루탐산 γ-글루타밀 인산

이 단계에서 형성된 γ-글루타밀 인산은 글루탐산과 인산의 혼합 무수물이다. 이것은 친핵성 아실 치환에 활성이 있으며 암모니아의 공격으로 글루타민이 된다.

문제 26.8

γ-글루타밀 인산에 NH_3의 공격으로 글루타민이 형성되는 단계적 메커니즘을 쓰시오.

만일 ATP에 의해서 자유에너지가 저장되고 전달된다면, ATP는 어디서 오는 것일까? 이것은 ATP의 자유에너지 감소성 가수분해의 역으로 인식되는

$$ADP + HPO_4^{2-} \longrightarrow ATP + H_2O \qquad \Delta G^{\circ\prime} = +31 \text{ kJ } (+7.4 \text{ kcal})$$

아데노신 이인산 / 인산수소 이온 / 아데노신 삼인산 / 물

자유에너지 증가 반응에 의한 ADP로부터 온다. 이 자유에너지 증가 반응을 일어나게 하는 자유에너지는 지방 및 탄수화물과 같은 에너지 원천의 대사과정으로부터 온다. 예를 들면, 해당작용 동안에 글루코스의 대사과정에서 생성된 자유에너지의 약 1/3은 ADP가 ATP로 변화하는데 사용된다. 해당과정은 포스포엔올피루베이트를 생성하는데 이것은 ADP가 ATP로 변화하는데 충분한 에너지를 제공한다. 에너지가 풍부한 화합물이 가수분해 될 때 $\Delta G^{\circ\prime}$를 표 26.3에 비교하였다.

문제 26.9

ATP에서 글루코스로 인산기가 전달되어 글루코스-6-인산이 될 때, 평형상수 K는 $K > 1$인가 또는 $K < 1$인가?

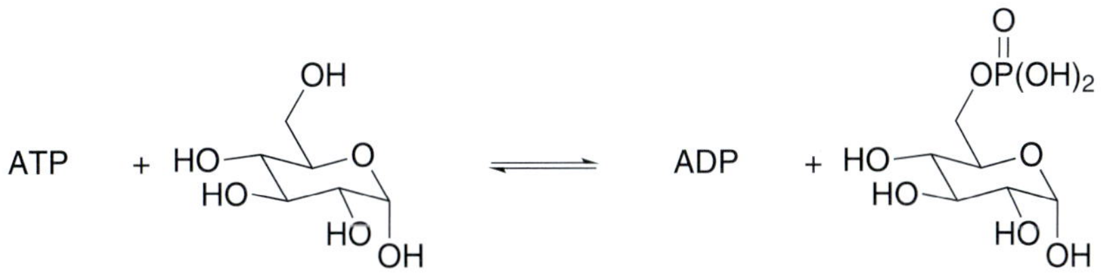

$$ATP + \text{글루코스} \rightleftharpoons ADP + \text{글루코스-6-인산 } (OP(O)(OH)_2)$$

아데노신 뉴클레오사이드는 바이오에너지학에서도 중요한데, 이것은 생물학에서의 역할이 없어서는 안 될 부분이기 때문이다. 이 장의 나머지 부분은 이것들 및 연관된 뉴클레오타이드가 유전정보를 저장하고 표현하는데 있어서 얼마나 중요한 화합물인지를 설명한다.

26.6 포스포다이에스터, 올리고뉴클레오타이드 및 폴리뉴클레오타이드

아미노산이 함께 결합하여 다이펩타이드, 트라이펩타이드 및 계속되어 폴리펩타이드 및 단백질까지 되는 것과 마찬가지로, 뉴클레오타이드 역시 더 큰 분자를 형성하기 위하여 합

표 26.3 바이오에너지적으로 중요한 인산 가수분해의 $\Delta G^{\circ\prime}$

인산	$\Delta G^{\circ\prime}$ kJ/mol; kcal/mol
포스포엔올피루베이트 (OPO_3^{2-}, O, O)	−62.2 kJ/mol; −14.9 kcal/mol
ADP	−35 kJ/mol; −8.4 kcal/mol
ATP (페이지 1181)	−31 kJ/mol; −7.4 kcal/mol
글루코스-1-인산	−21.0 kJ/mol; −5.0 kcal/mol
글루코스-6-인산	−13.9 kJ/mol; −3.3 kcal/mol
AMP	−9.2 kJ/mol; −2.2 kcal/mol

쳐질 수 있다. 두 개의 아미노산을 연결하는 "펩타이드 결합"과 유사하게, **포스포다이에스터(phosphodiester)**는 두 개의 뉴클레오타이드를 연결한다. 그림 26.1은 염기가 아데닌(A), 싸이민(T) 및 구아닌(G)인 2′-데옥시-D-라이보스의 트라이뉴클레오타이드의 두 포스포다이에스터 단위의 구조와 밝은 부분으로 보여준다. 포스포다이에스터 단위는 뉴클레오타이드 한 개의 3′-산소와 다음 것의 5′-산소가 연결된다. 뉴클레오타이드 서열은 왼쪽에는 자유 5′ 말단과 오른쪽에는 자유 3′ 말단을 쓴다. 따라서 그림 26.1에 보인 트라이뉴클레오타이드 서열은 ATG라고 표기한다.

그림 26.1에 있는 2′-데옥시-D-라이보스 단위와 연결된 5′ → 3′ 포스포다이에스터 단위와 같은 종류는 D-라이보스의 뉴클레오타이드를 연결하는데 참여하게 된다.

문제 26.10

D-라이보스가 모두 펜토스인 트라이뉴클레오타이드 AUG와 GUA의 구조는 그림 26.1의 트라이뉴클레오타이드와 어떻게 다른가?

뉴클레오타이드를 기존 구조의 3′-산소에 첨가하는 것을 *연장*(*elongation*이라고 부르고 궁극적으로는 **폴리뉴클레오타이드(polynucleotide)**로 된다. 가장 중요한 폴리뉴클레오타이드는 라이보핵산(RNA)과 데옥시라이보핵산(DNA)이다. 뒤의 절에서 보게 되겠지만, DNA와 일부 RNA의 폴리뉴클레오타이드 사슬은 매우 길고 수많은 염기를 포함한다.

올리고뉴클레오타이드 합성은 이 장의 끝에 있는 설명문의 주제이다.

적당한 사슬 길이, 약 50 또는 그 이하, 의 폴리뉴클레오타이드는 **올리고뉴클레오타이드(oligonucleotides)**라고 한다. 생물공정산업의 성장으로, 올리고뉴클레오타이드의 화학 합성은 지정된 서열의 올리고뉴클레오타이드의 주문 합성을 제공하는 수많은 회사들의 호황산업이 되었다. 그러한 올리고뉴클레오타이드는 중합효소 사슬 반응에서 "프라이머"로서(26.16절) 그리고 DNA 복제와 유전자 기술에서는 "프로브"로 필요하다. 그들의 합성은 Merrifield 고체상 방법을 따서 모형화되고, 그렇게 자동화되었다. 20~50개의 염기를 포함하는 전형적인 올리고뉴클레오타이드의 합성은 수 시간 후에 완결된다.

26.7 핵산

19세기에는 세 가지 일이 일어난 것을 보았고, 그것들을 종합해서 우리가 현재 유전자를 이

(*a*) (*b*)

그림 26.1

트라이뉴클레오타이드 ATG의 (a) 구조식과 (b) 분자 모형. (a)에서 노란색으로 강조한 포스포다이에스터 단위는 한 뉴클레오사이드의 3′의 산소가 다음 것의 5′으로 연결되었다. 규약에 의하여, 서열은 자유 CH_2OH 기 (5′)에서 시작하고 다른 끝의 자유 3′ OH 기 쪽으로 진행하는 방향으로 읽는다.

해하는 방법이 준비되었다. 1854년, 아우구스티누스파의 수사인 Gregor Mendel은 완두콩의 재배를 시작하고 나서 바로 몇 가지 그들의 유전적인 특징에 대한 기초적인 관계를 발견하였다. Mendel은 두 가지 유전 법칙을 발견하였다: 분리와 우열의 법칙이 그것이다. 그의 연구는 쌍을 이루는 기본 유전 단위를 증명하고, 그들이 발현을 다스리는 통계적인 관계를 보였다. 그는 이러한 관계를 1865년 과학 학회에서 설명하였으며, 많은 유명한 과학자들에게 그의 연구를 설명한 논문을 발송하였다. 그리고 같은 시기에(1859년), Charles Darwin은 *On the Origin of Species by Means of Natural Selection*이라고 제목의 책을 출간하였다. Mendel의 업적은 1900년에 재발견이 되지 전까지는 관심 밖이었다; Darwin의 연구는 널이 알려졌으며 격렬한 논쟁을 일으켰다. 1869년 세 번째 사건이 발생하였다. Johann Miescher은 수술 붕대의 고름에서 얻은 백혈구의 핵으로부터 *뉴클레인(nuclein)*이라고 하는 물질을 분리하였다. 단백질 및 산성의 인이 풍부한, 궁극적으로는 단백질에서 분리되는 물질들 모두에서 얻은 Miescher의 뉴클레인은 핵산이라는 이름은 얻었다.

Gregor Mendel은 청대 완두콩의 유전형질을 체계적으로 연구하였고 통계적으로 분석하였다.

1900년 이후에는, 유전자 연구—핵산의 연구가 아닌—가 번창했다. 핵산은, 세포 속에 존재함에도 불구하고, 다루기가 어렵고, 정제하기 힘들어서 관심을 끌지 못하는 것처럼 보였다. 초기 분석, 후에 맞지 않는다는 것이 밝혀진, 은 핵산이 1:1:1:1의 비율로 아데닌 (A), 싸이민 (T), 구아닌 (G), 그리고 사이토신 (C)의 어떤 서열의 반복으로 구성된 고분자라는 것으로 해석되었다. 핵산은 유전학 사전에 오를 만큼 충분하지 않는 것처럼 보였다. 그 분야에 대부분의 연구자들은 단백질이 후보로 더 낫다고 믿었다.

1945년에 핵산은 많은 관심을 받기 시작하였다. 록펠러 의학연구소의 Oswald Avery는 *박테리아(Streptococus pneumoniac)*의 전염성이 없는 균주를 가지고 전염성의 균주로부터 분리한 물질을 배양하여 전염성이 있는 자손을 생산할 수 있다는 것을 발견하였다. 특히 중요한 것은 전염성이 다음 세대로 전달이 되고 그리고 박테리아의 유전성 구성–현재는 **게놈(genome)**이라고 한다–에 있어 영구적 변화를 준다는 것이다. Avery는 원인이

Villanova 대학에서 수여된 Mendel 메달

되는 그 물질은 DNA이고, 이것은 그의 동생이 그건 "may be a gene"이라고 추측한 글자에서 만들었다.

Avery의 논문은 DNA에 관한 다른 생화학자들의 인식을 다시 생각하게 하는 자극제가 되었다. 그들 중에서, 콜럼비아 대학교의 Erwin Chargaff는 아데닌, 싸이민, 사이토신, 그리고 구아닌의 배열이 종들 간에는 다르다는 것을 곧 발견했다. 그러나 어떤 종과 종의 모든 세포 안에서는 같다. 아마도 DNA는 유전자 정보를 운반할 수 있는 능력을 결국에는 가지고 있지 않다. Chargaff는 DNA는 원천과는 무관하고, 염기의 반은 퓨린이고 그 나머지 반은 피리미딘이었다는 것을 또한 발견하였다. 주목할 만하게도, 퓨린 아데닌(A)과 피리미딘 싸이민(T)의 비율은 늘 1:1에 가까웠다. 마찬가지로, 퓨린 구아닌(G)과 피리미딘 사이토신(C)도 역시 1:1에 가까웠다. 인간 DNA의 값은 다음과 같다:

퓨린	피리미딘	염기 비율
아데닌(A) 30.3%	싸이민(T) 30.3%	A/T = 1.00
구아닌(G) 19.5%	사이토신(C) 19.9%	G/C = 0.98
퓨린 합계 49.8%	피리미딘 합계 50.2%	

문제 26.11

거북이 DNA에서 아데닌 = 28.7%, 사이토신 = 21.3% 일 때 구아닌의 양을 예측하시오.

Avery의 연구는 DNA의 기능에 길을 열었다. DNA에 있는 A, T, G 및 C 분포를 알고 있던 Chargaff의 DNA 구조에 대한 접근은 단백질의 아미노산 조성을 아는 것과 비슷하지만, 그것은 서열도 아니고 삼차원 모양도 아니다.

돌파구는 1953년 James D. Watson과 Francis H. C. Crick가 DNA의 구조를 제안하였을 때 열렸다. Watson-Crick의 제안은 모든 과학에서 가장 중요한 것의 하나로 꼽히고 그리고 유전학을 이해하는데 있어서 혁신을 가져왔다. DNA 구조는 다음 절에서 자세하게 다룬다. 상자 속 단신 *It Has Not Escaped Our Notice. . .*는 그것을 어떻게 발견했는지 설명한다.

1962년 Watson과 Crick는 Maurice Wilkins 및 X-선 결정 작업을 했던 Rosalind Franklin과 함께 노벨 생리학 및 의학상을 공동 수상하였다.

26.8 DNA의 2차 구조: 이중 나선형

Watson과 Crick는 DNA 구조에 대한 그들의 생각을 진행하기 위하여 분자 모형에 의존하였다 X-선 결정학적 증거는 DNA가 서로 다른 방향을 향하는 두 개의 폴리뉴클레오타이드 사슬로 구성된다고 제안하였기 때문에, 그들은 두 개의 사슬을 함께 붙들고 있는 힘에 집중하였다. 염기들 사이의 수소결합이 가장 타당한 후보인 것처럼 보였다.

수많은 가능성을 탐구한 후에, Watson과 Crick는 그림 26.3에 보인 배열을 찾았다. 여기에서 아데닌과 싸이민은 한 개의 상보적인 *염기쌍*을 구성하고 그리고 구아닌과 사이토신은 다른 염기를 구성한다. 이 염기-쌍 그림은 몇 가지 우월한 특징이 있다.

1. A와 T 및 G와 C의 쌍은 적절한 Chargaff 비 (A = T와 G = C)가 된다.
2. 각 쌍은 한 개의 퓨린과 한 개의 피리미딘 염기를 갖는다. 이것은 A---T와 G---C 쌍을 거의 동일한 크기로 만들고 두 개의 DNA 가닥사이의 일정한 거리를 보장한다.
3. A와 T, 그리고 G와 C간의 상보성은 DNA를 복사하는 메커니즘을 제안한다. 이것을 복제라고 하고 26.10절에서 논의한다.

It Has Not Escaped Our Notice...

Our text began with an application of physics to chemistry when we described the electronic structure of atoms. We saw then that Erwin Schrodinger's introduction of wave mechanics figured prominently in developing the theories that form the basis for our present understanding. As we near the end of our text, we see a pplications of chemistry to areas of biology that are fundamental to life itself. Remarkably, Schrodinger appears again, albeit less directly. His 1944 book *What Is Life?* made the case for studying genes, their structure, and function.

Schrödinger's book inspired a number of physicists to change fields and undertake research in biology from a physics perspective. One of these was Francis Crick who, after earning an undergraduate degree in physics from University College, London, and while employed in defense work for the British government, decided that the most interesting scientific questions belonged to biology. Crick entered Cambridge University in 1949 as a 30-year-old graduate student, eventually settling on a research problem involving X-ray crystallography of proteins.

One year later, 22-year-old James Watson completed his Ph.D. studies on bacterial viruses at Indiana University and began postdoctoral research in biochemistry in Copenhagen. After a year at Copenhagen, Watson decided Cambridge was the place to be.

Thus it was that the paths of James Watson and Francis Crick crossed in the fall of 1951. One was a physicist, the other a biologist. Both were ambitious in the sense of wanting to do great things and shared a belief that the chemical structure of DNA was the most important scientific question of the time. At first, Watson and Crick talked about DNA in their spare time because each was working on another project. Soon, however, it became their major effort. Their sense of urgency grew when they learned that Linus Pauling, fresh from his proposal of helical protein structures, had turned his attention to DNA. Indeed, Watson and Crick were using the Pauling approach to structure—take what is known about the structure of small molecules, couple it to structural information about larger ones, and build molecular models consistent with the data.

At the same time, Maurice Wilkins and Rosalind Franklin at King's College, Cambridge, were beginning to obtain highquality X-ray crystallographic data of DNA. Some of their results were presented in a seminar at King's attended by Watson, and even more were disclosed in a progress report to the Medical Research Council of the U.K. Armed with Chargaff's A = T and G = C relationships and Franklin's X-ray data, Watson and Crick began their model building. A key moment came when Jerry Donohue, a postdoctoral colleague from the United States, noticed that they were using the wrong structures for the pyrimidine and purine bases. Watson and Crick were using models of the enol forms of thymine, cytosine, and guanine, rather than the correct keto forms (recall Section 26.1). Once they fixed this error, the now-familiar model shown in Figure 26.2 emerged fairly quickly and they had the structure of DNA.

Figure 26.2

Molecular modeling—1953 style. James Watson (*left*) and Francis Crick (*right*) with their DNA model. © *A. Barrington Brown/Science Source Photo Researchers, Inc.*

Watson and Crick published their work in a paper entitled "A Structure for Deoxyribose Nucleic Acid" in the British journal Nature on April 25, 1953. In addition to being one of the most important papers of the twentieth century, it is also remembered for one brief sentence appearing near the end.

> "It has not escaped our notice that the specific pairing we have postulated immediately suggests a possible copying mechanism for the genetic material."

True to their word, Watson and Crick followed up their April 25 paper with another on May 30. This second paper, "Genetical Implications of the Structure of Deoxyribonucleic Acid," outlines a mechanism for DNA replication that is still accepted as essentially correct.

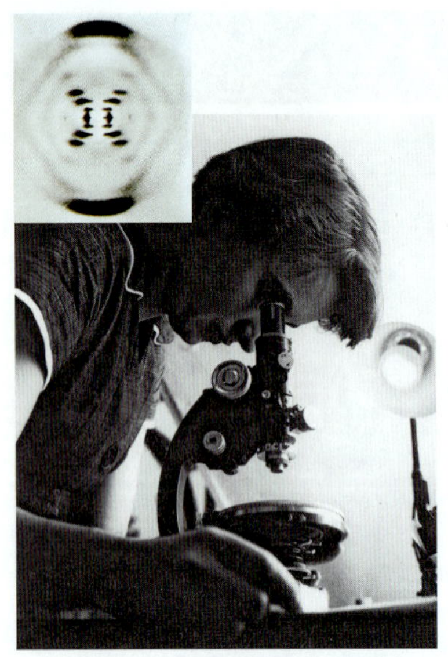

Rosalind Franklin. 그녀의 X-선 결정학적 자료는 DNA 구조를 푸는데 사용되었다.

DNA 가닥의 나선형 구조는 1949년 런던 대학교 Sven Fufberg의 박사학위 논문에서 제안되었었다.

그림 26.4는 중간에 염기쌍을 갖고 있는 나란히 배열된 두 개의 DNA가닥을 보여줌으로 그림 26.3을 보충한다.

상보성 염기들 사이의 수소결합은 가닥들 간 회합의 원인이 되는 한편, 탄수화물-인산 골격의 형태적 특징과 퓨라노스 고리에 대한 염기의 배향은 각 가닥의 전체적인 모양을 관장한다. 그들에 이용할 수 있은 X-선 결정학적 자료를 가지고, Watson과 Crick는 각 가닥이 오른 나선의 구조를 갖는 분자 모형을 만들었다. 적절한 수소결합에 의하여 두 개의 역평행 가닥을 합치면 사진에서 보이는 **이중 나선(double helix)**이 생성된다(그림 26.2). 그림 26.5는 DNA 모형의 두 가지 표현을 보여준다.

두 폴리뉴클레오타이드 사슬 간 수소결합에 더하여, 물과 접촉하는 바깥쪽에 음으로 하전된 인산기 및 다양한 양이온, 예를 들면 Na^+, Mg^{2+} 및 암모늄 이온을 가짐으로 이중 나선 배열은 안정하게 된다. π-*겹침이라고* 하는, 방향성 피리미딘과 퓨린 고리간의 van der Waals 인력은 내부 염기의 층 배열을 안정하게 한다. 비록 염기가 내부에 있기는 하지만, 그들은 이중 나선 축을 따라 달리는 두 개의 홈을 통하여 다른 물질에 접근할 수 있다.

그들은 *부 홈*(minor groove) 넓비의 거의 두 배가 되는 *주 홈*(major groove)을 거쳐서 더 접근할 수 있다. 홈은 염기가 퓨라노스 고리에 대하여 기울어지는 방법으로 인하여 크기가 다르다.

Watson과 Crick가 제안한 구조는 B-DNA라고 하는 가장 일반적인 DNA 시료에서 얻어진 결정학 자료에 맞는 모형이었다. 다른 형태들은 B-DNA보다 더 작지만, 유사한 A-DNA와 왼쪽에 이중 나선 구조를 갖는 Z-DNA를 포함한다.

단백질 구조의 수준과 유사하게, DNA의 **1차 구조**는 폴리뉴클레오타이드 사슬을 이루는 염기의 서열이고, A-DNA, B-DNA 그리고 Z-DNA 나선 구조들은 다양한 **2차 구조**이다.

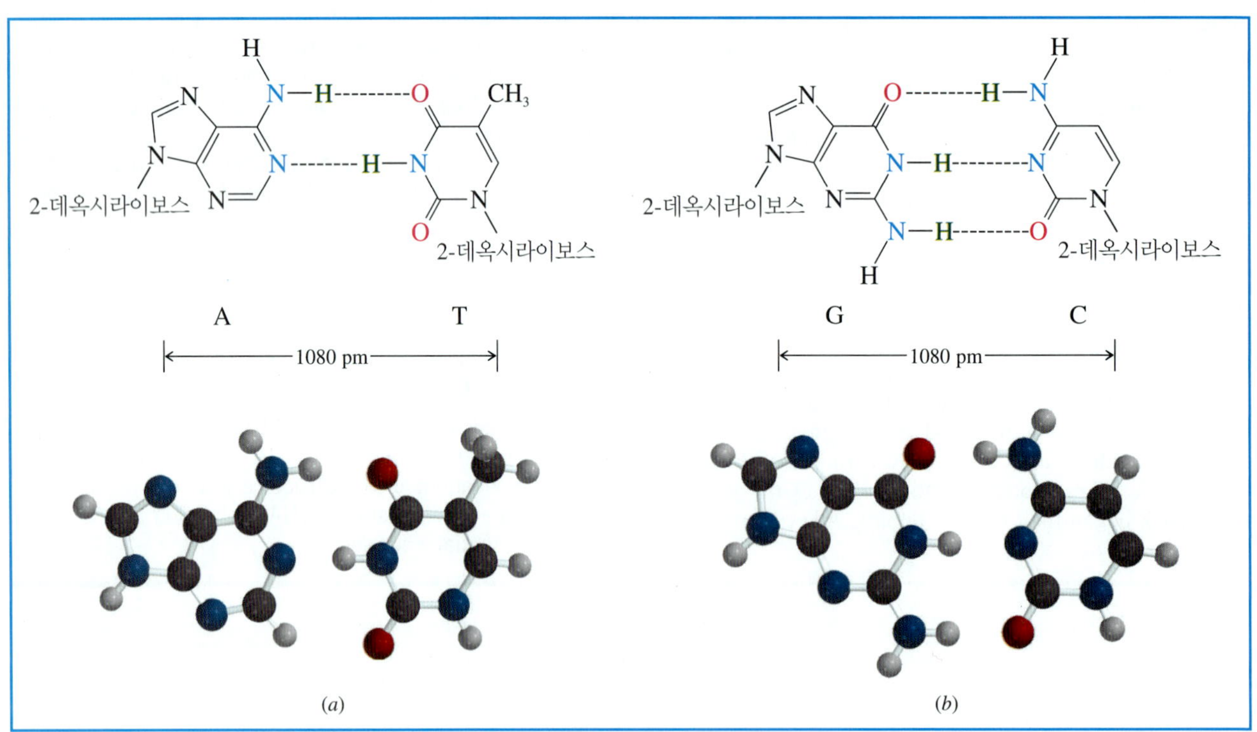

그림 26.3

뉴클레오사이드의 구조 모형(위) 및 (a) 아데닌과 사이민 및 (b) 구아닌과 사이토신의 분자 모형(아래)으로 보인 DNA 염기들 사이의 수소결합

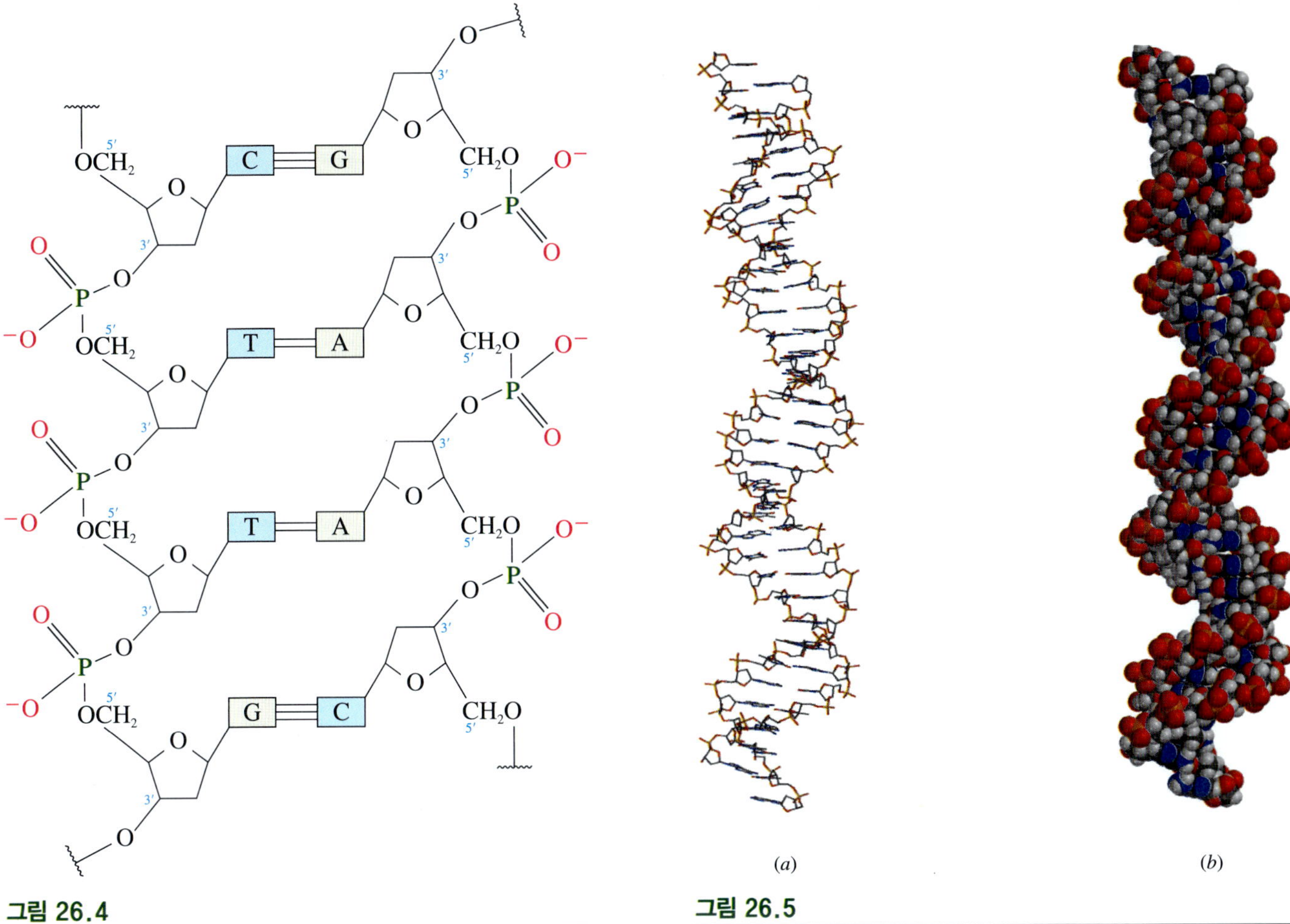

그림 26.4

상보적 염기들(A와 T, G와 C) 사이의 수소결합은 두 개의 DNA 가닥이 쌍을 이루도록 한다. 그 가닥은 역평행이다; 왼쪽 가닥 5′ 말단은 위에 있고 오른쪽 가닥의 5′ 말단은 아래에 있다.

그림 26.5

DNA 이중 나선 구조 (a) 관, (b) 공간-채움 모형. 탄수화물-인산 "골격"은 바깥쪽에 있고 (b)의 붉은 산소 원자에 의하여 대충 추적할 수 있다. 푸른 원자들은 퓨린과 피리미딘 염기에 속하고 내부에 놓여 있다. 염기쌍은 (a)에서 더 명확하게 보인다.

모든 DNA가 이중 나선 구조를 갖는 것은 아니다(*복층* DNA). 바이러스성 DNA의 일부 형태는 단일 가닥이고, 삼중 및 사중 DNA 나선구조도 몇 가지 알려져 있다.

26.9 DNA의 3차 구조: 슈퍼코일

아직까지 우리는 확장된 이중 나선 구조로서 DNA의 구조를 설명하였다. 이러한 그림이 생기게 된 결정학적인 증거는 DNA를 포함하는 세포로부터 제거한 시료에서 얻었다. 세포—그것의 원래 상태—안에서 DNA는 거의 언제나 연장된 사슬보다는 다른 어떤 모양을 택한다. 우리는 간단한 계산으로 왜 이런 것인지 이해할 수 있다. B-DNA의 각 나선 구조는 매 3.4×10^{-9} m마다 완전한 회전을 하게 되고, 각 회전 마다 약 10개의 염기쌍이 존재한다. 대표적인 인간 DNA는 10^8개의 염기쌍을 갖는다. 그러므로,

$$\text{DNA 사슬의 길이} = \frac{3.4 \times 10^{-9}\ \text{m/회전}}{10\ \text{염기쌍/회전}} \times 10^8\ \text{개의 염기쌍}$$

$$\text{DNA 사슬의 길이} = 3.4 \times 10^{-2}\ \text{m} = 3.4\ \text{cm}$$

너무 작아서 오직 현미경으로만 볼 수 있는 세포 안에 3cm 길이의 DNA 분자가 들어가려면, 폴리뉴클레오타이드 사슬은 더 작은 형태로 접혀야만 한다. DNA가 작아져야 할 뿐만 아니라, 주 기능을 수행하기 위한 방법으로 접혀져야 한다. 사슬이 접히는 방법은

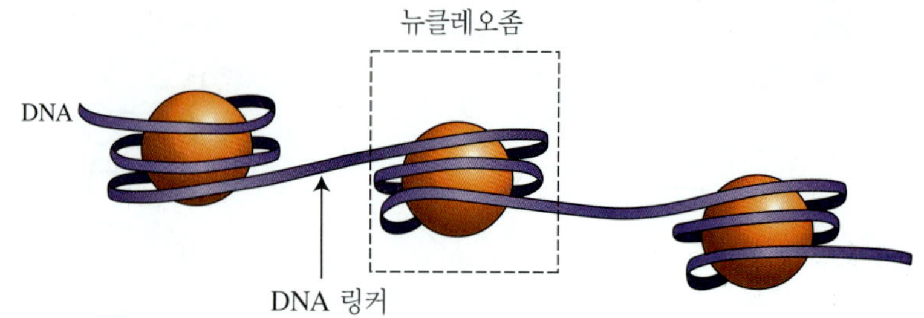

그림 26.6

DNA의 유효길이는 뉴클레오좀을 형성하기 위하여 히스톤의 표면주의에 감기면서 감소한다. 히스톤 단백질은 공으로 나타내고 그리고 DNA 이중 나선구조는 리본으로 나타내었다.

핵산의 **3차구조(tertiary structure)**를 결정한다.

축소 메커니즘은 경이로운 세포 공학이다. 뒤틀리고 얽힌 부정확한 모양은 유전 정보를 저장하는 용기로서는 상당한 문제가 있을 것이다. 그러나 이중 가닥을 말면 그 구조의 중요한 위치의 접근을 막지 않고 길이가 줄어든다. 하지만 DNA는 생리적 pH에서 음으로 하전된다는 것을 기억하시오. 따라서, 그 코일이 작으면 작을수록, 음으로 하전된 인산 단위는 더 가깝게 되고 코일은 덜 안정하게 된다. 자연은 염색체가 히스톤이라고 하는 단백질 주위에서 DNA의 짧은 부분을 말아서 이러한 난관을 해결한다(그림 26.6). 양으로 하전된 **히스톤(Histones)**은 생물학적 pH에서 아르지닌 및 라이신과 같은 염기성 아미노산이 풍부한 다섯 개의 단백질 군이다. 양으로 하전된 히스톤은 음으로 하전된 DNA의 말려진 형태를 안정화 시킨다. DNA의 일부와 히스톤 간에 형성되는 물질은 **뉴클레오좀(nucleosome)**이라고 한다. 각 뉴클레오좀은 146개의 염기쌍으로 이루어진 DNA 코일이 약 1 과 3/4 회전을 하고, 약 50개의 염기쌍을 갖는 DNA "링커"에 의하여 다음 뉴클레오좀으로부터 분리된다. 그림 26.7은 단일 뉴클레오좀의 분자 모형을 보여준다.

문제 26.12

10,000개의 염기쌍을 가진 유전자에 대략 얼마나 많은 뉴클레오좀이 있는가?

단백질에 있는 감겨진 α-나선은 수퍼코일의 다른 예이다.

단일 나선은 코일이다; 이중 나선은 두 개의 포개진 코일이다. 뉴클레오좀 안에 있는 DNA의 3차 구조는 감겨진 코일이다. 감겨진 코일을 **수퍼코일(supercoils)**이라고 하며 아주 일반적이다.

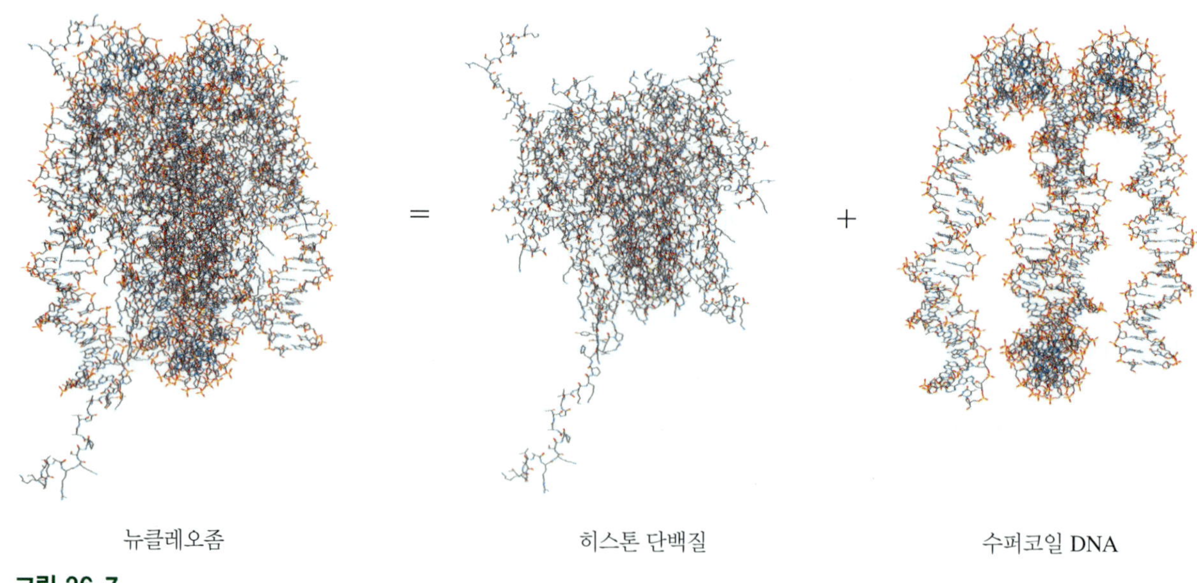

그림 26.7

뉴클레오좀의 분자 모형과 그것의 성분들. 뉴클레오좀은 주위가 이중 구조 DNA의 수퍼코일로 감긴 단백질 중심을 갖는다.

26.10 DNA의 복제

세포가 분열할 때마다, 세포의 DNA는 복제되어 새로운 세포 안의 DNA는 원래의 것과 똑같다. 그림 26.8에 보여준 것처럼, Watson-Crick 염기쌍은 DNA **복제** 과정을 이해하는 열쇠를 제공한다. 세포 분열동안에 DNA 이중 나선 구조는 풀리기 시작하고, 두 가닥을 분

1. 명확하게 하기 위해서 여기서는 평면으로 보이는, 복제될 DNA는 이중 나선 구조이다.

2. 두 개의 가닥은 풀리기 시작한다. 각 가닥은 그것의 보충물을 만들기 위한 주형이 될 것이다.

3. 가닥들이 풀릴 때, 피리미딘과 퓨린 염기들이 노출된다. 한 가닥은 염기가 3′ → 5′방향으로 노출되고, 다른 하나는 5′ → 3′ 방향으로 노출된다는 것을 주목하시오.

4. 두 개의 새로운 가닥은 인산에스터 결합으로 연결된 주 가닥의 뉴클레오타이드의 상보물로 형성된다. 새로운 염기의 원천은 세포에 이미 존재하는 dATP, dGTP, dCTP, 및 dTTP이다.

5. 뉴클레오타이드가 5′ → 3′ 방향으로 첨가되었기 때문에, 두 개의 새로운 사슬이 성장하는 진행방향은 다르다. 사슬 성장은 주 가닥에서는 계속될 수 있지만, 부 가닥에서는 아니다

6. 두 개의 이중 나선이 생성되고, 각각은 원래의 DNA와 동일하다.

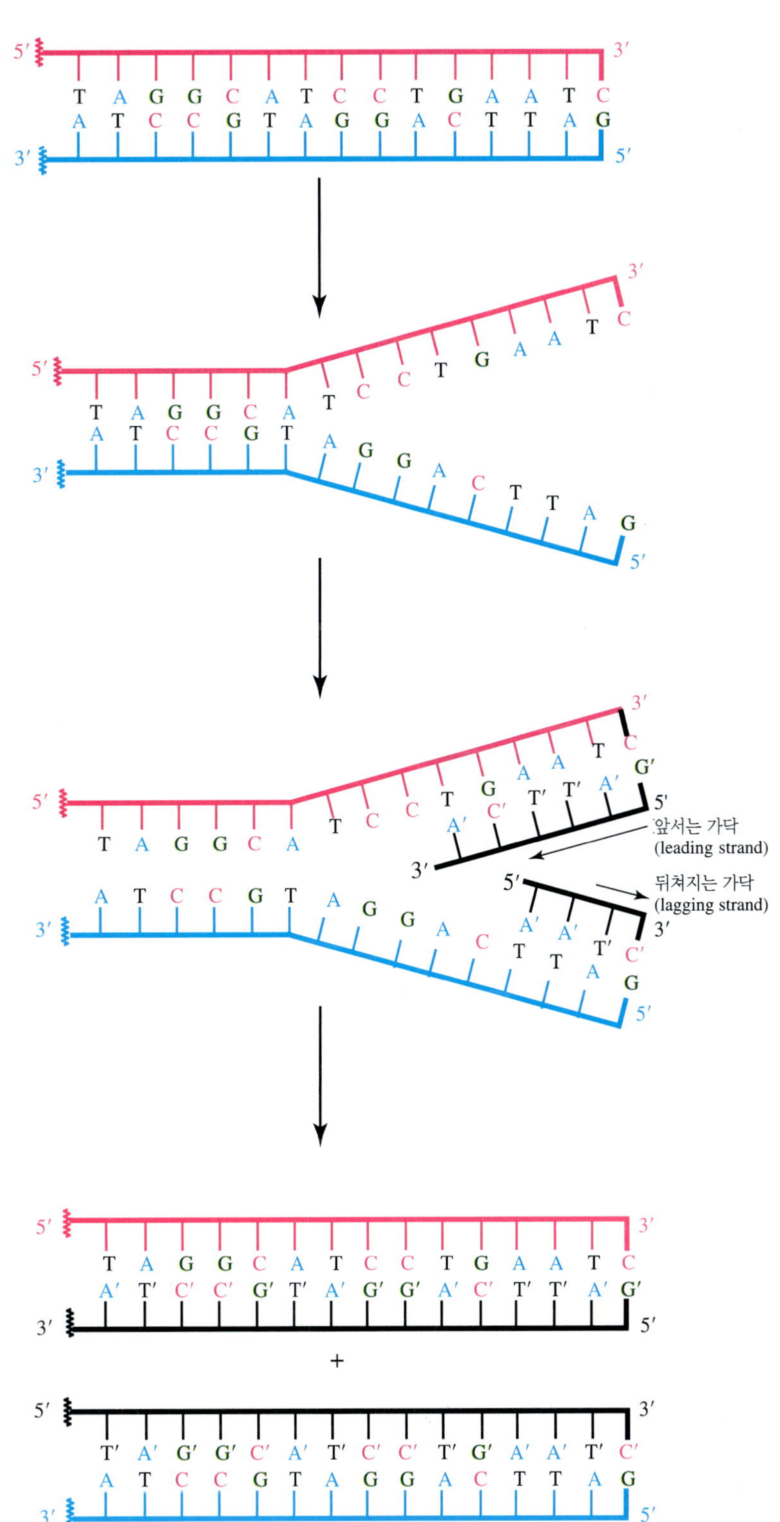

그림 26.8

DNA 복제 개략도. 원래 가닥은 붉은색과 푸른색으로 보였고, 복사된 새로운 가닥의 주형은 검은색이다.

리 하는 **복제 포크**를 만든다. 각 가닥은 새로운 DNA 가닥을 구성하는 주형으로 작용한다. A—T, G—C 염기쌍 요구는 각 새로운 가닥이 그것의 주형 가닥에 정확한 보충물인지를 확실하게 한다. 두 개의 새로운 이중 구조 DNA 분자 각각은 한 개의 원래 가닥과 한 개의 새로운 가닥을 갖는다.

새로운 사슬들은 모두 5′ → 3′ 방향으로 자란다. 이렇기 때문에, 두 개가 다소 다른 사슬 확장 목록을 만들면서 한 개는 복제 포크(the **leading strand**)쪽으로 다른 하나는 그것으로부터 멀어져서(the **lagging strand**) 자란다. 그러나 근본적인 화학은 자명하다(그림 26.9). 성장하는 폴리뉴클레오타이드 사슬의 3′ 말단에 하이드록실기는 친핵성으로 작용하고, 새로운 포스포다이에스터 고리를 형성하기 위해서 2′-데옥시아데노신, 2′-데옥시구아노신, 2′-데옥시사이티딘의 5′-삼인산, 및 사이미딘을 공격한다. 포스포다이에스터 결합 형성을 촉진시키는 효소는 *DNA 고분자효소*라고 부르고; 다른 DNA 고분자효소는 주 가닥과 부 가닥에 작용한다.

원래 DNA 이중 나선 구조의 풀림에서부터 새로운 DNA의 수퍼코일링까지의 모든 단계 는 효소에 의해서 촉진된다.

유전자는 DNA이고 유기체의 유전적 특성을 가지고 있으며 이러한 특성은 보통 단백질 합성에 의하여 분자적 수준에서 발현된다. 유전자 발현은 **전사(transcription)와 번역(translation)**의 두 단계로 이루어지고, 두 가지는 모두 RNA이다. 26.11절과 26.12절은 RNA와 전사와 번역을 하는 그들의 역할을 설명한다.

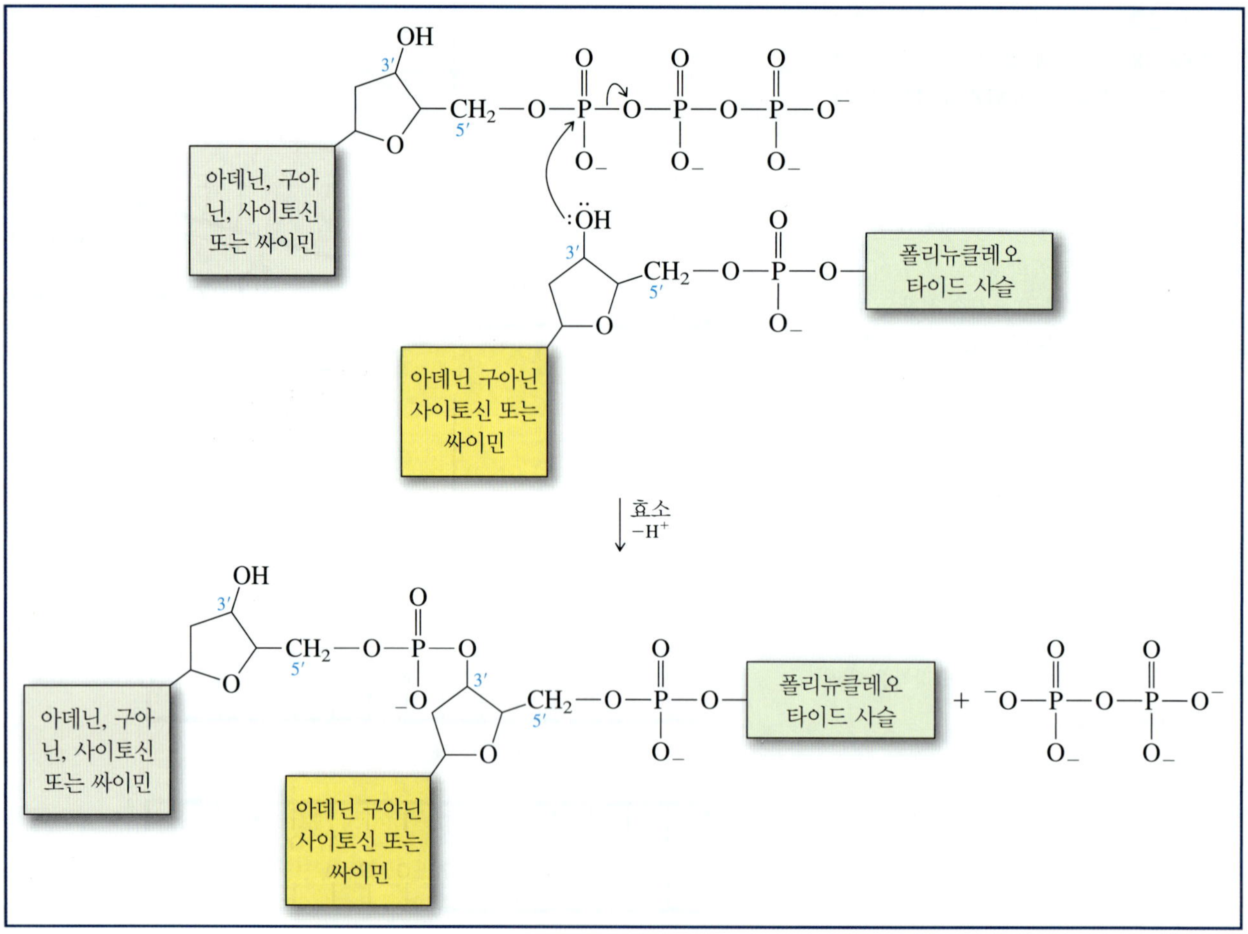

그림 26.9

자유 3′-OH 기와 적당한 2′-데옥시라이보뉴클레오사이드의 5′-삼인산의 반응에 의하여 새로운 폴리뉴클레오타이드 사슬은 성장한다

26.11 라이보핵산

대부분이 핵에 들어있는 DNA와는 다르게, RNA는 대개 세포의 주 구역인 세포질에서 발견된다. 세 개의 다른 RNA가 존재하는데, 이들은 구조와 작용에 있어서 상당히 다르다:

1. 전령 RNA (*mRNA*)
2. 전달 RNA (*tRNA*)
3. 리보좀 RNA (*rRNA*)

이들 모두는 단백질 합성에 중요하다.

***전령 RNA (mRNA)*:** Crick에 의하면, 분자 생물학의 소위 중심 정설은 "DNA는 단백질을 만드는 RNA를 만든다."이다. 첫 부분을 더 자세하게 다시 언급하면 다음과 같다, "DNA는 mRNA를 만든다." 이것은 전사라고 하는 것이다-DNA의 전갈을 상보적 RNA에 전달하는 것이고, 이 경우에는 전령 RNA이다. mRNA는 가장 덜 풍부한 RNA이고 오직 세포의 핵에서만 합성이 된다. 이 전사 과정을 그림 26.10에 나타내었다. 전사는 DNA 가닥이 주형으로서 작용하는 점, 이 경우에는 라이보핵산을 구축하는 DNA 복제와 비슷하다. mRNA 합성은 5′ 말단에서 시작하고, 복사되는 DNA 가닥에 상보적인 라이보뉴클레오타이드가 첨가된다. 성장하는 mRNA의 자유 3′-OH기와 ATP, GTP, CTP, CTP, 혹은 UTP (RNA에서 싸이민이 아닌 우라실이 아데닌의 상보적이라는 것을 상기하시오)의 반응에 의해서 포스포다이에스터 연결이 형성된다. 이 반응을 촉진시키는 효소는 *RNA 고분자효소*이다. DNA 주형에서 약 10개 염기쌍의 적은 부분만이 한 번에 노출된다. 합성 영역이 DNA 사슬의 아래쪽으로 움직임에 따라, 두 개의 원래 가닥들 사이에 수소결합의 회복은 새로이 합성된 단일 가닥 mRNA로 대체된다. 전체 DNA 분자가 단일 mRNA로서 전사되지 않는다. 전사는 염기의 지정된 서열에서 시작하고 (*촉진자 서열*) 그리고 *종결 서열*에서 끝난다. 따라서 한 개의 DNA 분자는 많은 다른 mRNA를 발생시키고 많은 다른 단백질을 암호화한다. 수 천 개의 mRNA가 있으며 이들은 길이가 약 500에서 6000 뉴클레오타이드로 다양하다.

유전 암호(genetic code)(표 26.4)는 mRNA에 *의해서* 운반되는 전달이다. 이것은 **코돈(codon)**이라고 하는 삼중의 인접 뉴클레오타이드 염기로 만들어진다. mRNA는 단지 네 개 의 다른 염기를 가지고 있고 20개의 아미노산을 암호화하기 때문에, 아미노산 한 개

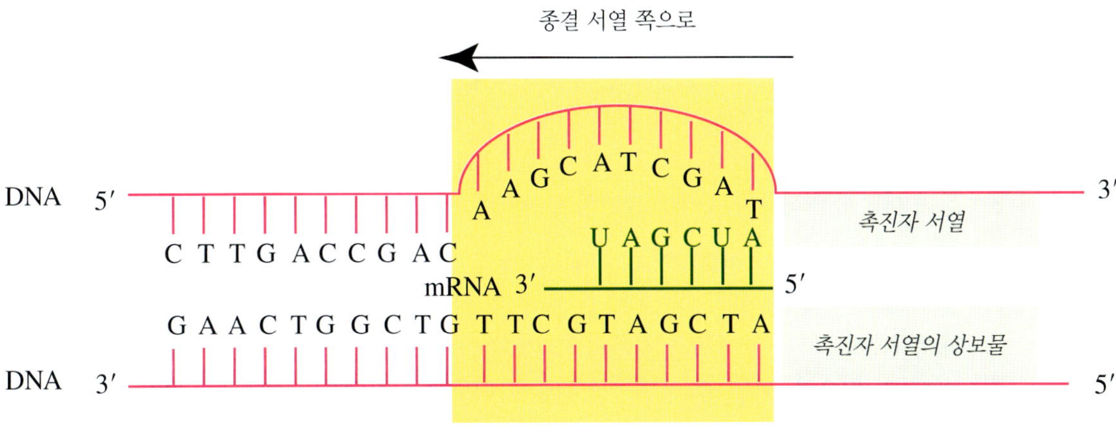

그림 26.10

전사 동안에, mRNA 분자 한 개는 DNA 주형으로부터 조립된다. 전사는 촉진자 서열에서 시작하고, DNA의 종결 서열에 이를 때까지 mRNA의 5′ → 3′방향으로 진행한다. 어떤 시간에도 약 10개 염기쌍의 지역만이 풀려진다.

표 26.4 유전 암호 (전령 RNA 코돈)

		2차 위치									
		U		C		A		G			
처음 위치 (5′ 말단)	U	UUU	Phe	UCU	Ser	UAU	Tyr	UGU	Cys	U	세번째 위치 (3′ 말단)
		UUC	Phe	UCC	Ser	UAC	Tyr	UGC	Cys	C	
		UUA	Leu	UCA	Ser	UAA	Stop	UGA	Stop*	A	
		UUG	Leu	UCG	Ser	UAG	Stop†	UGG	Trp	G	
	C	CUU	Leu	CCU	Pro	CAU	His	CGU	Arg	U	
		CUC	Leu	CCC	Pro	CAC	His	CGC	Arg	C	
		CUA	Leu	CCA	Pro	CAA	Gln	CGA	Arg	A	
		CUG	Leu	CCG	Pro	CAG	Gln	CGG	Arg	G	
	A	AUU	Ile	ACU	Thr	AAU	Asn	AGU	Ser	U	
		AUC	Ile	ACC	Thr	AAC	Asn	AGC	Ser	C	
		AUA	Ile	ACA	Thr	AAA	Lys	AGA	Arg	A	
		AUG	Met	ACG	Thr	AAG	Lys	AGG	Arg	G	
	G	GUU	Val	GCU	Ala	GAU	Asp	GGU	Gly	U	
		GUC	Val	GCC	Ala	GAC	Asp	GGC	Gly	C	
		GUA	Val	GCA	Ala	GAA	Glu	GGA	Gly	A	
		GUG	Val	GCG	Ala	GAG	Glu	GGG	Gly	G	

* UGA 역시 셀레노시스테인의 암호이다.
† UAG 역시 피롤라이신의 암호이다.

당 한 개 또는 두 개의 뉴클레오타이드를 사용한 암호는 적당하지 않다. 그러나 만일 뉴클레오타이드가 세 개의 단위로 읽힌다면, 네 개의 mRNA 염기는 20개의 아미노산 암호화하는데 충분한 것보다 많은 64개의 가능한 "단어"를 생성한다.

아미노산의 코돈에 더하여, 시작과 종결의 코돈이 있다. 단백질 생합성은 mRNA의 시작 코돈에서 출발하여 종결 코돈에서 끝난다. 시작 코돈은 뉴클레오타이스 삼중 AUG이고, 이것은 메싸이온의 코돈이기도 하다. 종결 코돈은 UAA, UAG 및 UGA이다. UAG 및 UGA는 피롤라이신과 셀레노시스테인 각각을 암호화할 수 있다. 이 두 가지 "모호한" 코돈이 어떻게 읽히는지는 특정 유전자의 존재에 의존한다.

전달 RNA (tRNA): 전달-RNA는 비교적 작은 핵산으로, 단지 약 70개의 뉴클레오타이드를 가지고 있다. 그들은 아미노산을 폴리펩타이드로 합체하기 위하여 리보좀에 전달하기 때문에 그들 각각의 이름을 갖는다. 20개의 아미노산이 전달되기는 하지만, 50~60개의 tRNA가 있으며, 이들 중 일부는 동일한 아미노산을 전달한다. 그림 26.11은 페닐알라닌 tRNA ($tRNA^{Phe}$)의 구조를 보여준다. 모든 tRNA와 마찬가지로, 이것은 일부 지역에 그리고 다른 것에는 없는 쌍을 이룬 염기들에 의하여 특정 모양을 갖는 단일 가닥으로 역시 구성되어 있다.

tRNA^{Phe}의 76개 뉴클레오타이드 중에서 세 쌍의 두 조만이 중요하다. 첫 번째는 **안티코돈(anticodon)**이라고 하는 세 염기의 그룹이다. 이것은 전달되는 아미노산 mRNA 코돈의 상보물이다. 표 26.4에는 페닐알라닌의 두 개 mRNA 코돈, UUU와 UUC (5′ → 3′ 방향으로 읽음)을 수록하였다. 염기-쌍은 mRNA와 tRNA가 역평행하기를 요구하기 때문에, 두 개의 AAA와 AAG처럼 3′ → 5′ 방향으로 안티코돈을 읽는다.

1968년 생리 및 의학 노벨상은 페닐알라닌 전달 RNA의 뉴클레오타이드 서열을 결정한 Cornell 대학교의 Robert W. Holley가 수상하였다.

3′ —A—A—G— 5′ tRNA 안티코돈

5′ —U—U—C— 3′ mRNA 코돈

다른 중요한 서열은 3′ 말단의 CCA 삼중항이다. 전달되는 아미노산은 이 서열의 말단 3′-산소에 에스터 연결로 붙어있다. *모든 tRNA는 그들의 3′ 말단에 CCA 서열을 갖는다.*

전달 RNA는 보통 A, U, G 및 C 이외의 다른 염기를 가지고 있다. 예를 들면, tRNA^{Phe}에 있는 76개 염기들 중에서 13개는 변형된 것이다. 이들 중하나는 그림 26.11에서 G*으로 표시된 것은 안티코돈에 있는 변형된 구아노신이다. G*을 포함한 많은 변형된 염기는 전통적인 RNA 염기의 메틸화 유도체들이다.

리보좀 RNA (rRNA): 핵산에 2/3 및 단백질의 1/3인 리보좀은 세포의 RNA에서 약 90%를 구성한다. 리보좀은 두 개의 부 단위로 구성되어있다: 큰 부 단위는 두 개의 rRNA을 포함하는데, 이중 한 개는 122개의 뉴클레오타이드를 다른 한 개는 2923개를 갖는다; 작은 부 단위는 1500개의 뉴클레오타이드를 갖는 rRNA 한 개를 포함한다.

리보좀의 구조와 작용 형태에 관한 연구로, Venkatraman Ramakrishnan (영국의 Medical Research Council), Thomas Steitz (미국의 Yale 대학교) 및 Ada Yonath (이스라엘 Weizmann Institute)는 2009년 노벨 화학상을 수상하였다.

리보좀은 mRNA에 의해서 운반되는 정보가 단백질의 아미노산 서열로 **번역되는** 곳이다. 이것이 어떻게 일어나는 가는 다음 절에서 설명한다. 이것의 가장 두드러진 특징의

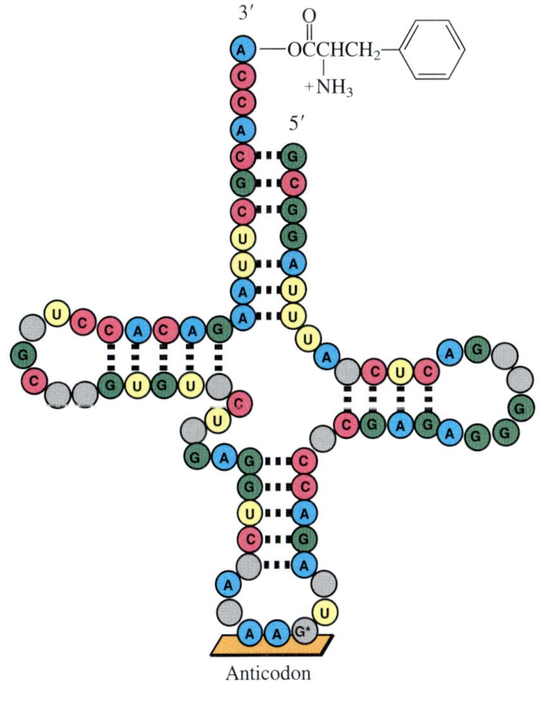

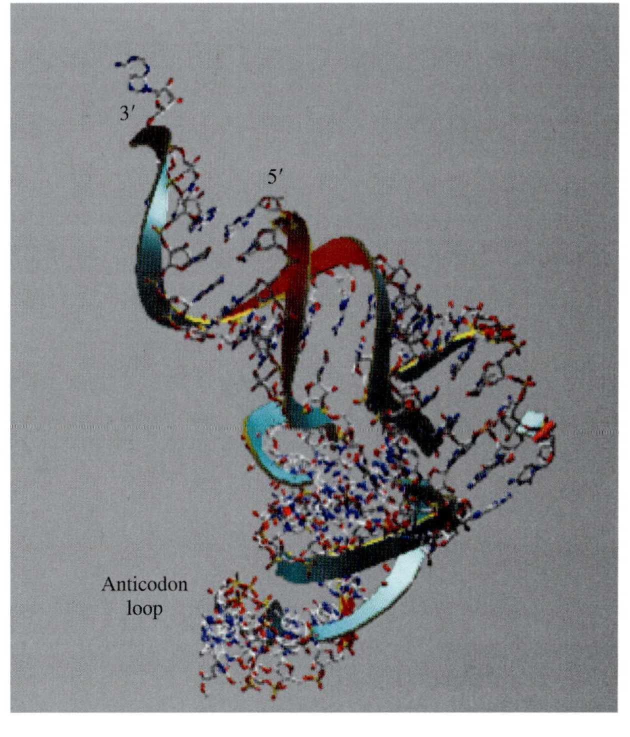

그림 26.11

효모의 페닐알라닌 tRNA. (a) 염기서열을 보여주는 개략적 그림. 전달 RNA는 대개 많은 변형된 염기(회색원)을 포함한다. 이들의 한 개는 안티코돈에 있는 변형된 구아노신(G*)이다. 존재하는 수소결합은 점선으로 표시하였다. (b) X-선 결정학으로 결정된 효모 tRNA^{Phe} 의 구조

Sidney Altman (Yale 대학교)와 Thomas Cech (Colorado 대학교)는 RNA가 생촉매의 기능을 할 수 있다는 것을 보임으로 1989년 노벨 화학상을 수상하였다.

한 가지는 아주 최근에 발견되었다. 예전에는 리보좀의 RNA 부분은 구조적인 성분이고 단백질 부분은 단백질 생합성의 촉매라고 믿고 있었다. 최근의 생각은 단백질은 구조적인 것이고 rRNA는 촉매적인 것으로 이 두 개의 기능을 뒤집는 것으로 기울고 있다. 생물학적 과정을 촉진하는 RNA를 **라이보자임(ribozymes)**이라고 한다.

26.12 단백질 생합성

앞 절에서 기술했듯이, 단백질 합성은 DNA를 mRNA로 전사하고, 이어서 mRNA가 아미노산 서열을 번역하는 것이다. 전사 메커니즘을 간단히 나타내는 것에 더하여, 우리는 mRNA 코돈, tRNA 안티코돈 및 아미노산의 관계를 설명한다.

번역되는 동안에 N-말단을 시작으로 단백질이 합성된다(그림 26.12). mRNA는 시작 코돈 AUG에서 시작하여 5′ → 3′방향으로 읽히고 그리고 종결 코돈(UAA, UAG, 또는 UGA)에서 종결된다. 시작 코돈은 항상 AUG에서 시작하기 때문에, N-말단 아미노산은 항상 메싸이오닌(*N*-포밀 유도체)이다. 그러나 이 N-포밀메싸이오닌 잔기는 보통 다음 과정에서 잃게 되고 그러므로 발현 단백질의 N-말단은 두 번째 mRNA 코돈에 의하여 결정된다. 시작과 종결 코돈사이의 mRNA 부분은 암호화 서열이라고 하고 비암호화 지역 어느 한 쪽의 측면에 있다.

번역 과정을 보여주는 것 이외에, 그림 26.12는 친핵성 아실 치환으로 펩타이드 결합 형성 메커니즘을 보여주기 때문에 중요하다. 메싸이오닌과 알라닌은 모두 각각의 tRNA에 에스터로 연결되어 있다. 라이소자임에 의해서 확실히 촉진되는 반응에 있어서, 알라닌의 아미노기는 메싸이오닌의 카보닐기를 공격하고, 메싸이오닌을 그것의 tRNA로부터 치환하여 메싸이오닌의 카보닐기를 에스터에서 아마이드 작용기로 변환한다.

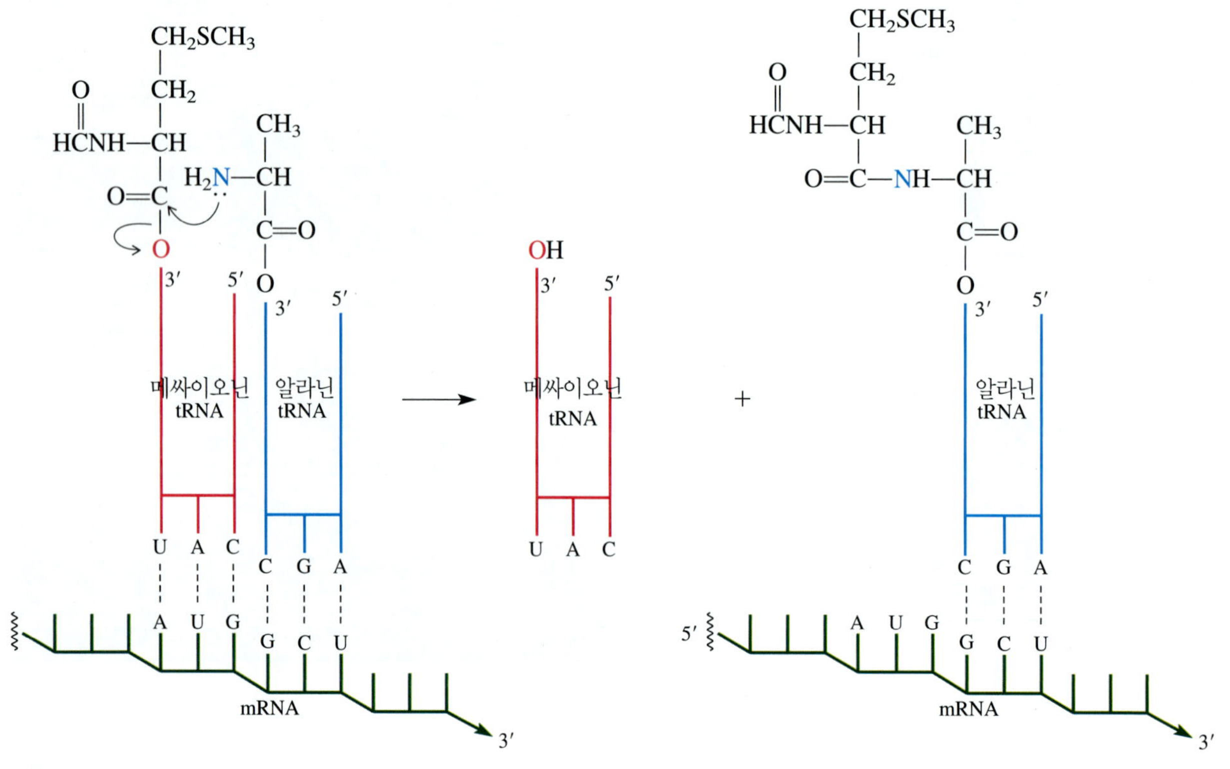

그림 26.12

mRNA의 단백질의 아미노산 서열의 번역은 mRNA 코돈에서 메싸이온을 시작한다. 친핵성 아실 치환은 tRNA로부터 다음 아미노산의 아미노기에 N-포밀메싸이오닌 잔기를 전달한다(여기는 알라닌으로 나타냈음). 이 과정은 에스터를 아마이드로 변환한다.

문제 26.13

암호화 서열의 처음 여섯 개 염기 서열이 AUGUCU와 일치하는 mRNA의 번역이 되도록 그림 26.12를 변형하시오.

26.13 에이즈(AIDS)

1980년대에 핵산의 화학과 분자 생물학에서 핵산의 역할에 대한 지식의 폭발적인 증가는 주요한 공공의 건강 위협으로써 AIDS (acquired immune deficiency syndrome)의 출현과 일치한다. AIDS에 있어서, 바이러스는 보통의 건강한 면역계에서는 걸러지는 감염으로부터 희생자가 사망할 수 있는 정도로 신체의 방어를 무력화시킨다. 1980년대 초기 발견된 이후 짧은 시기 동안에, AIDS는 2천 5백만이 넘는 사람들의 생명을 빼앗았으며, 현재는 3천 4백만 명 이상이 감염된 것으로 추산된다. 국제건강기구(WHO)에 의하면, 현재 AIDS는 전 세계에서 네 번째 사망 원인이며 아프리카에서는 주요 사망의 원인이다.

AIDS의 원인이 되는 바이러스는 인간 면역결핍성 바이러스 1과 2(HIV-1과 HIV-2)이다. 이들은 모두 유전 물질이 DNA보다는 오히려 RNA를 의미하는 **레트로바이러스 (retroviruses)**이다. HIV는 생식을 위하여 숙주가 필요하고, 인간에 있는 숙주는 T4 림프구이다. 이것은 문제가 있을 때 면역계를 자극을 담당하는 첫 번째 세포이다. HIV는 T4 림프구의 세포벽을 통과하고 내부에 그것의 RNA 및 *역전사효소*라고 하는 효소를 침적시킨다. 그 곳에서, 역전사효소는 바이러스 RNA의 상보물인 DNA 가닥의 형성을 촉진한다. 그 다음, 전사된 DNA는 숙주 림프구가 바이러스 복재를 만들어내는 주형으로 대체된다. 그 다음 숙주를 떠나서 다른 T4 세포를 감염시킨다. HIV 생식과정에 있어서, T4 림프구가 그 자신을 재생하는 능력이 손상된다. 많은 T4 세포가 줄어들면, 감염에 저항하는 인간의 능력도 저하된다.

문제 26.14

레트로바이러스의 RNA가 전사될 때, 어떤 DNA 염기가 바이러스 RNA에 있는 유라실의 상보물인가?

AIDS에 알려진 치료법이 없기는 하지만, 증상의 시작을 늦추고 HIV에 감염된 사람의 생명을 연장하는데 진전이 이루어지고 있다. 치료에 있어서 최초의 진전은 뉴클레오사이드 *지도뷰딘(zidovudine)*, 아지도싸이민 또는 AZT 로도 알려진 약에 의해서 이루어졌다. 역전사 동안에, AZT는 바이러스 RNA로부터 복사되는 DNA에 있는 싸이민을 치환한다. AZT는 5′—OH기를 가지고 있으며, 그래서 성장 폴리뉴클레오타이드 사슬에 들어갈 수가 있다. 그러나 3′—OH기가 없기 때문에, 사슬은 그 이상 확장될 수 없고 바이러스성 DNA의 합성은 사슬이 완성되기 전에 멈춘다. 2′, 3′-다이데옥시아이노신(ddI)과 같은 다른 뉴클레오사이드

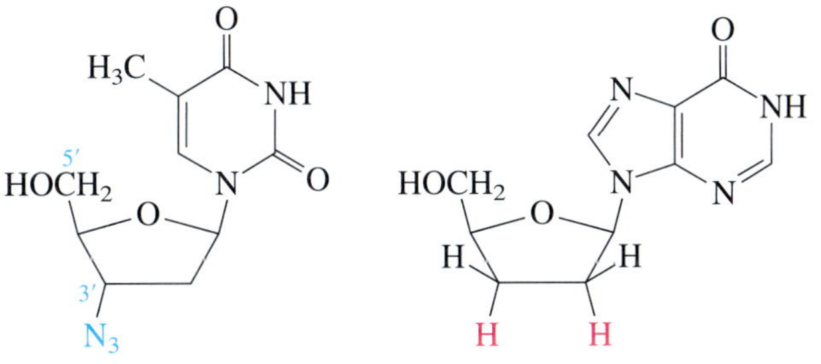

지도뷰딘(AZT)

2′, 3′-다이데옥시아이노신(ddI)

역전사효소 저해제는 또한 레트로바이러스가 아니지만 재생성 되기 위해서 역전사효소를 요구하는 어떤 바이러스에 대항해서 쓰인다. B형 간염을 일으키는 바이러스가 그 예이다.

역시 역전사효소의 역할을 방해하고, 종종 "혼합약(drug cocktails)"으로 AZT와 혼합한다. *고활성 항레트로바이러스 치료*, 또는 HAART로서 혼합약의 사용은 단일 약을 사용하는 것보다 바이러스의 저항성을 개발하기가 더 어렵다.

HIV 감염 치료의 진전은 *프로테아제 저해제*를 사용해서 두 번째 앞쪽의 바이러스를 동시에 공격한다. 프로테아제는 특정한 위치에서 단백질의 가수분해를 촉진시키는 효소이다. HIV가 그 자신의 단백질을 합성하기 위해서 세포의 DNA를 사용할 때, 초기 생성물은 대 여섯 개의 다른 단백질이 함께 연결되어 있는 긴 고분자이다. 쓸모있게 하기 위해서는, 개개의 단백질은 펩타이드 결합의 프로티아제-촉매 가수분해에 의하여 집합체로부터 분리되어져야만 한다. 프로테아제 저해제는 이 가수분해를 방해하고, 역전사효소 저해제와 결합하여, HIV의 성장을 느리게 한다. HIV-감염 환자에 "바이러스 양"의 급격한 감소는 이런 접근으로 이루어졌다.

26.14 DNA 시퀀싱

Waston-Crick 구조가 제안된 이후에, DNA의 뉴클레오타이드 서열을 결정하는 것은 연구의 중요한 분야로 등장하였다. 특히 단백질 시퀀싱을 할 때, 초기부터 일부 어려움은 분명히 있었다, 첫 째로, 대부분의 DNA는 단백질보다 매우 큰 생고분자이다. 단일 아미노산을 암호화하는데 세 개의 뉴클레오타이드가 필요할 뿐만 아니라, DNA의 광대한 영역이 전혀 어느 것도 암호화된 것처럼 보이지 않았다. 덜 명확한 문제는 DNA 문자는 단백질이 만들어지는 20개의 아미노산과 비교하여 단지 네 개의 글자(A, G, C 및 T)를 포함하는 것이다. 단백질 시퀀싱이 특정 아미노산에서 사슬을 끊어줄 수 있는 프로테아제의 덕을 본다는 것을 상기 하시오. 특정 염기에는 핵산을 끊어주는 효소가 없을 뿐만 아니라, 작업할 수 있는 단지 네 개의 염기를 가지고, 남겨진 부분이 너무 작아서 유익한 정보를 얻을 수 없다는 것이다. 그럼에도 불구하고, DNA 시퀀싱은 매우 빠르게 발전했을 뿐 아니라, 단백질 시퀀싱보다 훨씬 더 쉽다는 것이 판명되었다.

어떻게 DNA 시퀀싱이 되는지를 설명하기 위하여, 우리는 우선 **제한 효소(restriction enzymes)**을 언급해야만 한다. 모든 유기체들처럼, 박테리아도 외부 침입체(예, 바이러스 또는 다른 박테리아)에 의하여 감염될 수 있고, 침입체의 DNA를 끊어서 파괴하는 제한 효소 형태의 방어 상태를 유지한다. 약 3,000개의 다른 제한 효소가 알려져 있으며, 수백개가 사용 가능하다. 단일 아미노산을 인식하는 프로테아제와는 달리, 제한 효소는 특정 뉴클레오타이드의 서열을 인식한다. 미리 지정된 서열의 DNA 절단은 100~200개 염기쌍 정도 길이의 조각들이 되고, 이것들이 분리, 정제, 및 독립적으로 서열이 결정된다.

각 시료는 자체의 상보물을 생성하는 주형으로 사용되고 DNA 합성에 필요한 물질이 들어있는 시험관에 넣는다. 이들 물질은 DNA에 존재하는 네 가지 뉴클레오사이드가 이들의 삼인산인 dATP, dTTP, dGTP 및 dCTP로서, 2′-데옥시아데노신(dA), 2′-데옥시싸이미딘(dT), 2′-데옥시구아노신(dG)과 2′-데옥시사이티딘(dC)를 포함한다. 또한 소량으로 존재하는 ATP, TTP, GTP 및 CTP의 합성 유도체는 두 가지로 변형된다. 그들의 2′- 및 3′-하이드록실기 모두가 수소로 치환되어 2′, 3′-다이데옥시아데노신 삼인산(ddATP), 2′, 3′-다이데옥시싸이미딘 삼인산(ddATP), 2′, 3′-다이데옥시구아노신 삼인산(ddATP), 2′, 3′-다이데옥시사이티딘 삼인산(ddATP)이 된다.

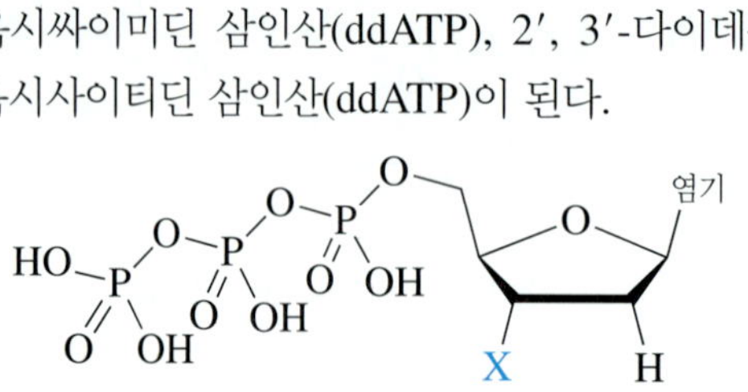

X = OH	X = H
dATP	ddATP
dTTP	ddTTP
dGTP	ddGTP
dCTP	ddCTP

그들의 퓨라노스 고리에 3′ 하이드록실기가 없기 때문에, ddATP,ddTTP, ddGTP 및 ddCTP가 성장하는 DNA 가닥에 편입하여 사슬성장을 종결한다. Frederick Sanger의 원래 방식은 DNA 합성을 ^{32}P으로 표지된 다이데옥시뉴클레오타이드와 초기화하는 것이다. Sanger의 방법은 그들의 퓨린과 피리미딘 염기에 붙어있는 네 개의 다른 형광염료에 의해서 확인된 합성 다이데옥시 뉴클레오타이드를 사용하는 것으로 대체되었다.

1958년 단백질 시퀀싱으로 이미 노벨상을 수상한 Sanger는 하버드 대학교의 Walter Gilbert 및 스탠퍼드 대학교의 Paul Berg와 1980년 노벨 화학상을 공동 수상하였다. Gilbert는 DNA 시퀀싱의 화학적 방법을 개발하였고, Gilbert는 핵산의 연구에 있어서 많은 중요한 기술을 개발하였다.

DNA 합성이 진행됨에 따라서, 용액에서 뉴클레오타이드는 성장하는 폴리뉴클레오타이드 사슬에 첨가된다. 협력 뉴클레오타이드가 dATP, dTTP, dGTP 및 dCTP로부터 파생되는 한, 사슬확장은 문제 없이 일어난다. 그러나, 만약 협력 물질이 다이데옥시 유사물이라면, 사슬성장은 중단된다. 그러므로 시료는 다른 길이의 DNA 조각들의 혼합물을 포함하고, *이들의 각각은 다이데옥시 뉴클레오타이드에서 종결된다.*

길이에 따라서 조각을 구분하는, 전기영동으로 분리한 후에, 이 젤은 네 개의 다른 파장을 갖는 아르곤-레이져로 분석한다. 한 개의 파장은 변형된 ddA-포함 폴리뉴클레오타이드의 형광을 발하고, 다른 것은 변형된 ddT 형광을 발하며, 나머지도 동일하다. 자료는 컴퓨터에 저장되고 분석되어 DNA 서열로 인쇄되어 출력된다. 단일 기계는 하루에 약 10,000개염기의 서열을 결정할 수 있다.

소량의 DNA 또는 개별적인 유전자 시퀀싱에 더하여, DNA 시퀀싱은 수천 개 유기체의 완전한 유전자의 서열을 결정하는 아주 강력한 기술이 되었다. 최초의 가장 많은 이들 유기체들은 바이러스-상대적으로 작은 유전자를 갖고 있는 유기체이다. 다음은, 180만 개의 염기쌍을 갖는 박테리아, 그 다음은 1200만 개의 염기쌍을 갖는 효모, 이어서 9700만 개의 회충이다. 2000년에는 1억 개의 염기쌍 유전자를 갖는 겨자류 식물, 1억 8000만 개의 유전자를 갖는 과실파리의 유전자 서열이 발표되었다. 30억 염기쌍의 인간 유전자의 서열 결정이 임박하고 있다.

26.15 인간 유전자 프로젝트

1988년에, 국제 연구 회의(NRC)는 미국이 인간 게놈을 지도화하고 서열화하는 프로그램을 준비하도록 추천하였다. 그 이후 곧, 미국 의회는 15년 30억 달러 프로젝트 기금의 처음 배정을 승인하였다. 이 프로젝트를 수행하기위한 NRC가 한 추천의 대부분은 인간 게놈을 공략하기 전 초기 단계에는 기술 개발을 강조하는 전략과 이어서 모형 유기체의 시퀀싱을 포함하고, 적용하는 것이다. 미국이 다른 나라들과 협력하고 있는 NRC의 추천은 또한 영국, 일본, 프랑스, 독일 및 중국의 연구팀 참가 역시 현실화하는 것이었다.

국제 인간 게놈 시퀀싱 컨소시엄은 미국 국립보건원(National Institute of Health)의 Francis S. Collins에 의하여 주도되었다. J. Craig Venter는 Celera effort를 이끌었다.

예상치 못했던 것은 1998년에 동일한 목표를 위해서 사적으로 투자되는 프로그램을 수행하려는 메릴랜드주의 Rockvill의 Celera Genomics이었다. 2000년에, 이 두 단체는 일부 결과의 협력과 2001년에는 초안을 그리고 2003년에는 최종 결과를 발표하는 것에 합의하였다.

예를 들면, 과일 파리는 약 13,000개의 유전자를 가지고 있기 때문에, 과학자들은 인간은 100,000개의 유전자를 가질 것으로 예상했었다. 인간 게놈 서열로부터 출현한 첫 번째 놀라움은 우리가 생각했던 것 보다 훨씬 적은 단지 약 20,000~25,000 개의 유전자를 가지고 있다는 것이다. 인간 DNA는 과일 파리 DNA보다 암호화할 훨씬 많은 단백질을 가지고 있기 때문에, 유전자 발현은 “한 개 유전자-한 개 단백질”이라는 표현이 제안하는 것 보다 훨씬 더 복잡해야만 한다. 이런 퍼즐은 **게놈학(genomics)**—게놈의 서열과 그것의 기능 연구—의 새로운 연구 분야에 속한다.

인간 게놈 서열은 “인생의 책”이라고 불리고, 더 조심성 있게 말하면 “연장 박스”나

"사용 설명서"라고 한다. 우리가 그것을 무엇이라고 부르던 상관없이, 그것은 의학의 진전에 밝은 미래를 약속한다.

26.16 DNA 프로파일링과 고분자효소 연쇄반응

DNA 시퀀싱과 DNA 프로파일링은 다르다. 우리가 아는 것처럼, 전자는 DNA의 뉴클레오타이드 서열을 결정하는 절차에 적용된다. 후자도 역시 익숙한 용어인데, 보통 법적 절차에 연관될 때 보게 된다. DNA 프로파일링에 있어서, 유전자 자체는 거의 관심이 없는데 이것은 단백질을 암호화하는 그들의 역할은 그들이 서로 다르지 않다는 것, 개별적으로는 있다고 해도, 을 요구하기 때문이다. 그러나 2% 이하의 인간 게놈이 단백질을 암호화한다. 이것의 대부분은 비암호화 영역에 놓여 있고, 이 DNA는 개인 간 다양하다. DNA의 효소 절단은 다른 사람들 보다는 한 개인에게 더 잘 맞는 띠 양식을 주는 전기영동으로 분리할 수 있는 혼합 조각을 생성한다. 다른 절단 효소를 가지고 이것을 되풀이 하면 다른 띠 양식을 주며 신원이 맞을 확률이 증가한다. 1980년대까지는, DNA 프로파일링과 시퀀싱의 제한된 요인은 종종 이용할 수 있는 적은 양의 시료이었다. **고분자효소 사슬반응 (polymerase chain reaction)** (PCR)이라고 하는 중요한 진전은 이러한 장애를 효과적으로 극복하고 1993년 발명자인 Kary B. Mullis에게 노벨 화학상을 수여하게되었다.

PCR의 주된 사용은 DNA 시료에 있는 폴리뉴클레오타이드 서열 부분의 복제를 "증폭"하거나 또는 수 만개-백만까지도-를 만드는 것이다. 예를 들면, 전체 백만 개의 염기쌍을 포함하는 단백질 시료의 500-염기-쌍 영역을 복사한다고 가정하자. 우리는 제한 효소를 사용하여 DNA를 더 작은 조각으로 절단하면서 26.14절에서 설명한 것으로 시작하고, 다음에 PCR을 사용하여 원하는 조각의 복제를 만든다.

그림 26.13은 PCR이 어떻게 작동하는지 보여준다. 일반적으로, 이것은 3-단계 순서가 한 순환으로 많은 순환이 이루어진다. 그림 26.13을 통해서 작업할 때, 세 순환이 되기 전까지는 우리가 원하는 물질은 생성되지 않는다는 것에 주의하시오. 그 이후에는 DNA 조각의 혼합물에 대한 그 기여는 불균등하게 증가한다. 반복적인 PCR 순환은 물질의 양과 균질성이 증가한다(표 26.5). 만일 모든 단계가 100%의 수득률로 진행된다면, 30번 순환 후에는 10억 배 이상의 증폭이 가능하다.

각 순환은 세 단계로 구성된다:

1. 변성
2. 단련(또는 준비라고 함)
3. 합성(또는 확장이거나 연장이라고 함)

PCR에 필요한 물질 모두는 처음부터 끝까지 존재하고, 한 순환에서 다음까지 진행은 적당한 시간 간격 후에 온도 변화를 필요로 한다. 전체 과정은 자동으로 진행되고, 수 시간 내에 30회 순환을 완결할 수 있다.

그림 26.13(a)에 보여준 이중-나선 DNA는 우리가 증폭하기를 원하는 폴리뉴클레오타이드 서열(목표 영역)을 포함한다. DNA는 ≈95°C 정도로 가열하여 변성시킨다, 이것은 가닥들 사이의 수소결합을 끊어서 가닥이 분리되게 한다[그림 26.13(b)].

그 다음에는 용액을 ≈60°C 정도로 냉각하고, 새로운 수소결합이 형성되도록 기다린다[그림 26.13(c)]. 그러나 반응 혼합물은 DNA보다 훨씬 높은 농도의 두 프라이머 분자를 가지고 있고, 새로운 수소결합은 두 가닥들 보다는 오히려 분리된 DNA 가닥과 프라이머 사이에 있다.

(a) 증폭하기를 원하는(백만 개의 복제를 만드는) 폴리뉴클레오타이드 서열(붉은 영역)을 포함하는 이중-나선 DNA를 생각해 보자.

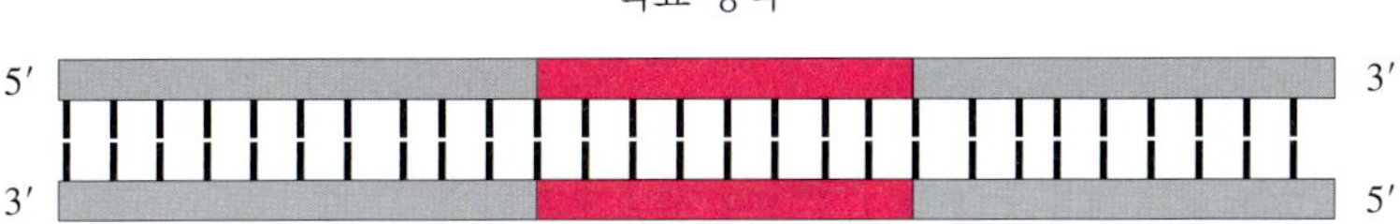

(b) ≈95°C 정도로 DNA을 가열하면 가닥이 분리된다. 이것은 변성단계이다.

(c) 시료를 ≈60°C 정도로 냉각하면 한 개의 프라이머 뉴클레오타이드가 한 개의 가닥과 결합하고, 다른 촉진체는 다른 가닥과 결합한다. 이것은 단련단계이다.

(d) 네 개의 DNA 뉴클레오타이드와 DNA 중합효소가 존재하면, 프라이머는 원래 DNA 가닥의 상보물인 뉴클레오타이드를 촉진체의 3′ 방향으로 더하여 확장된다. 이것은 합성 단계이며 ≈72°C에서 실행된다.

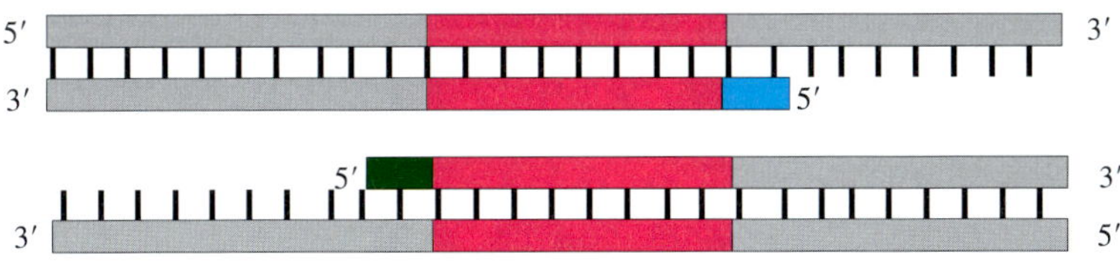

(e) 단계 (a)~(d)는 고분자효소 반응의 1 순환을 구성하고 한 개의 분자에서 두 개의 이중-나선 DNA 분자를 생성한다. 두 개의 DNA를 변성하고 네 가닥을 촉진하면 다음과 같다.

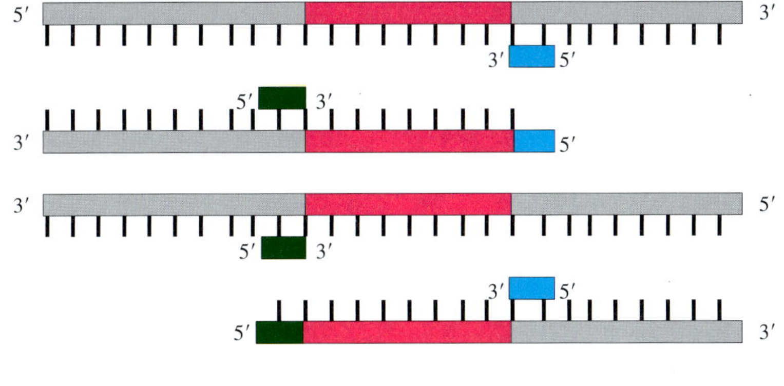

(계속)

그림 26.13

중합효소 사슬반응(PCR). 세 번의 순환을 보여준다; 세 번의 순환 후에 목표 영역이 나타난다. 추가 순환은 목표 영역의 증폭을 이끈다.

그림 26.13

계속

(f) 프라임된 폴리뉴클레오타이드 조각의 연장은 두 번째 순환을 완성하고 네 개의 DNA가 생성된다.

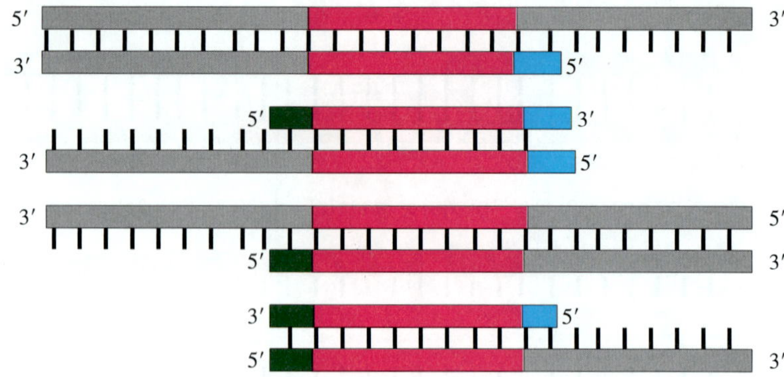

(g) 세 번째 순환에서 형성된 여덟 개의 DNA중에서 두 개의 구조를 보였다. 이것은 계속되는 순환에서 불균등하게 증가하는 구조이다.

각 프라이머는 반대 가닥의 목표 영역의 곁에 붙은 (이전에 결정된)서열에 대한 프라이머의 서열이 상보적이 되도록 만든 염기가 약 20개인 합성 올리고뉴클레오타이드이다. 따라서 한 개의 프라이머는 한 개의 가닥을 준비하고, 다른 것은 다른 가닥을 준비한다. 각 프라이머의 3′-하이드록실 말단은 목표 영역을 향한다.

이제는 각 프라이머의 3′ 말단으로부터 진행되는 DNA 합성이 시작되는 단계이다 [그림 26.13(d)]. 이 용액은 데옥시뉴클레오사이드 트라이포스페이트 dATP, dTTP, dGTP 및 dCTP와 함께 DNA 고분자효소 및 Mg^{2+}를 포함한다. 사용된 특정 DNA 고분자효소는 Taq 고분자효소라고 하며 순환이 진행되는 세 번째 단계의 온도(72°C)에서 안정하고 활성이 있다.

표 26.5 PCR 순환의 수가 증가함에 따른 DNA 분포

순환 수	DNA 전체 수*	오직 목표 영역만 포함하는 DNA의 수
0 (시작)	1	0
1	2	0
2	4	0
3	8	2
4	16	8
5	32	22
10	1,024	1,004
20	1,048,566	1,048,526
30	1,073,741,824	1,073,741,764

* DNA의 전체 수는 2^n, n은 순환 수

처음 순환의 생성물은 두 개의 DNA이고, 각각은 길고 짧은 가닥으로 구성된다. 이 생성물들은 두 번째 3-단계 순환([그림 26.13(e)~(f)]에 들어가서 네 개의 DNA를 생성한다. 이들 네 개중에 두 개는 프라이머의 곁에 붙어 있는 목표 영역과 동일한 "가닥"을 포함한다. 세 번째 순환에서, 이 두 개의 매우 짧은 "가닥"은 그림 26.13(*g*)에서 보여준 종류의 DNA 두 개를 생산한다. 이 생성물은 단지 프라이머가 더해진 목표 영역만 포함하고 계속되는 순환에서 불균등하게 증가하는 물질이다.

1985년 PCR이 소개된 이후, 이것은 DNA 시료를 필요로 하는 모든 형태의 연구에 실제로 이용되었다. 혈구성 빈혈, 헌팅턴 무도병 및 낭포성 섬유증과 같은 유전적 특징을 가려내는 것에도 사용된다. PCR은 AIDS 증상이 나타나지 않을 정도로 매우 적은 양의 바이러스가 존재하는 HIV 감염도 검출할 수 있다. 법의학에 있어서, 아주 작은 양의 혈액 또는 정액으로부터 PCR-증폭 DNA 분석은 범인의 유죄를 입증하고 무고한 사람을 방면하였다. 고고학자들은 문화적인 이유로 인하여 개인의 자발적인 혈액 시료를 얻기가 어려운 인종과 종족의 원류를 추적하기 위하여 DNA 분석으로부터 얻은 정보를 증가적으로 이용한다. PCR에 감사하게도, 지금은 한 가닥의 머리카락으로도 충분하다.

26.17 재조합 DNA 기술

특정 서열에서 DNA를 끊어주는 제한 효소의 사용은 DNA 서열 분석과 관련하여 이 장의 처음에 언급하였다. 이 효소도 역시 **재조합 DNA(recombinant DNA)** 분야의 기술에서 중요하다. 우리는 사람의 인슐린 생산 방법을 설명하면서 이것의 응용을 서술할 것이다.

크로모좀 DNA에서 분리된 원형의 DNA인 플라스미드는 *Escherischia coli*와 같은 박테리아 세포에서 얻으며, 그 DNA의 특정 위치를 자르기 위하여 제한 효소로 처리한다(그림 26.14). 다음에는 인슐린을 합성하도록 암호화된 인간 DNA 서열을 플라스미드에 삽입하여 재조합 DNA 분자를 만든다. 새로운 DNA는 플라스미드와 인간 인슐린 암호화 서열로부터 재조합된 DNA이다. 새로운 플라스미드는 두 원천인 박테리아와 인간의 DNA를 포함하기 때문에 *키메릭 플라스미드*(*chimeric plasmid*)라고 한다. 이 플라스미드는 *변환*(*transforma-tion*)이라고 하는 과정을 통하여 성장하는 박테리아 세포에 들어간다. 키메릭 플라스미드는 *복제용 담체*(*cloning vector*)를 사용되는데 이것은 재조합 DNA를 E. Coli속으로 운반하는 운반체로 작용하기 때문이다. 그 다음, 인슐린 DNA의 전사와 번역이 일어나서 인간 인슐린이 생산된다. 세포가 분열할 때, 플라스미드는 딸세포들에서 나누어지고 복제를 계속한다. 제조합 DNA 기술에 의하여 생산되는 인슐린은 Humulin으로 상용화되었다.

카메라(*chimera*)라는 말은 그리스어 신화에서 유래하며 다른 동물의 일부로 구성된 짐승을 나타낸다. Homer의 *Illad*는 이 짐승을 "... 무시무시하고 비인간적인 종인 Khimaira, 그녀의 앞은 사자와 같고, 꼬리는 뱀, 암염소의 중간이다. 이것은 용솟음치는 불덩어리를 내뿜는다." (R. Fitzgerald의 번역, 6권, 210행) Farrar, Straus 및 Giroux, 2004, New York

많은 다른 DNA 서열의 증폭은 박테리아 세포안에 복제용 담체를 트랜스펙션하여 진행하며, 미지의 단백질은 물론, 이전에는 사용할 수 없었던 많은 천연 단백질의 생산을 가능하게 만들었다. 녹색의 형광 단백질(25.17절을 보시오)과 그 유도체는 재조합 DNA 기술로 생산된다. 재조합 인간-혈소판-유도 성장 인자(rf-PDGF) *becaplermin* (Regranex)는 임상적으로 당뇨성 피부 궤양을 치료하는데 사용된다.

그림 26.14

재조합 DNA 기술에 의한 인간 인슐린 생산

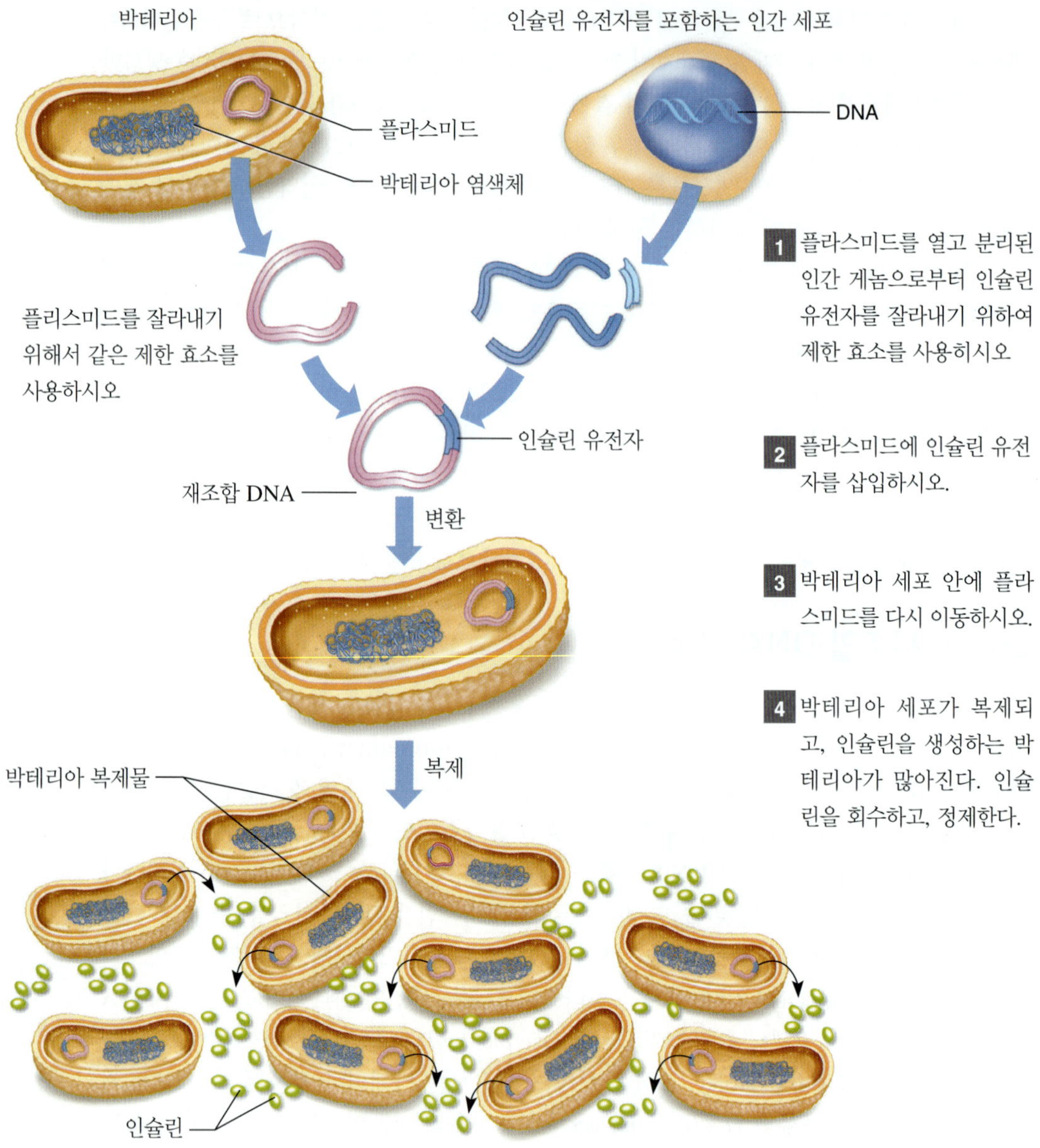

박테리아
인슐린 유전자를 포함하는 인간 세포
플라스미드
박테리아 염색체
DNA
플리스미드를 잘라내기 위해서 같은 제한 효소를 사용하시오
인슐린 유전자
재조합 DNA
변환
복제
박테리아 복제물
인슐린
1 플라스미드를 열고 분리된 인간 게놈으로부터 인슐린 유전자를 잘라내기 위하여 제한 효소를 사용하시오
2 플라스미드에 인슐린 유전자를 삽입하시오.
3 박테리아 세포 안에 플라스미드를 다시 이동하시오.
4 박테리아 세포가 복제되고, 인슐린을 생성하는 박테리아가 많아진다. 인슐린을 회수하고, 정제한다.

26.18 요약

26.1절 생물학적으로 중요한 많은 화합물은 헤테로고리 모양의 방향족 화합물 피리미딘 및 퓨린과 연관이 있다.

N
N
N
N
N
N
H

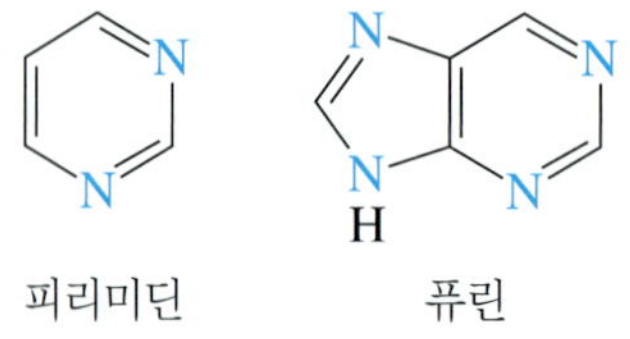

피리미딘 퓨린

구아닌의 구조는 치환된 피리미딘과 퓨린의 중요한 특징을 나타낸다. 고리의 산소치환은 엔올보다는 케토 형성을 유리하게 한다. 아미노 치환은 그렇지 않다.

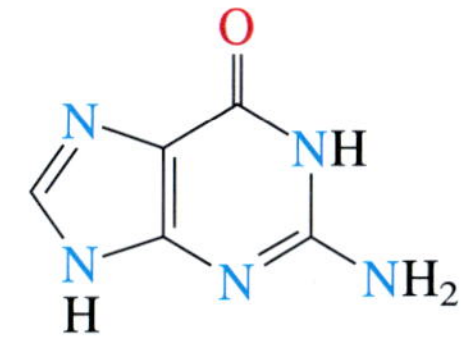

구아닌

26.2절 **뉴클레오사이드(Nucleosides)**는 피리미딘과 퓨린 염기의 탄수화물 유도체이다. 가장 중요한 뉴클레오사이드는 D-라이보스와 2-데옥시-D-라이보스로부터 유도된다.

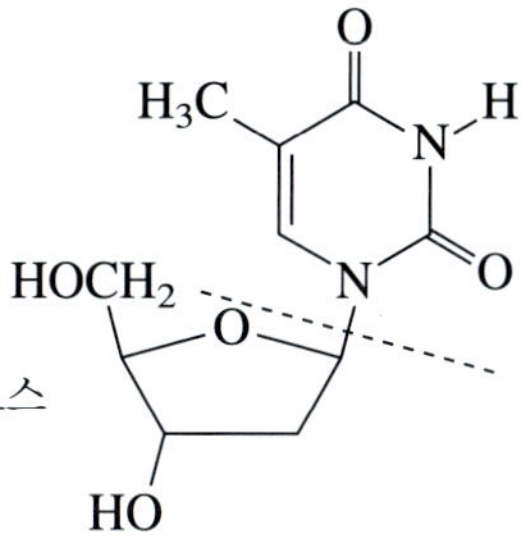

싸이민

2′-데옥시-D-라이보스

싸이민

26.3절 **뉴클레오타이드(Nucleotides)**는 뉴클레오사이드의 인산 에스터이다.

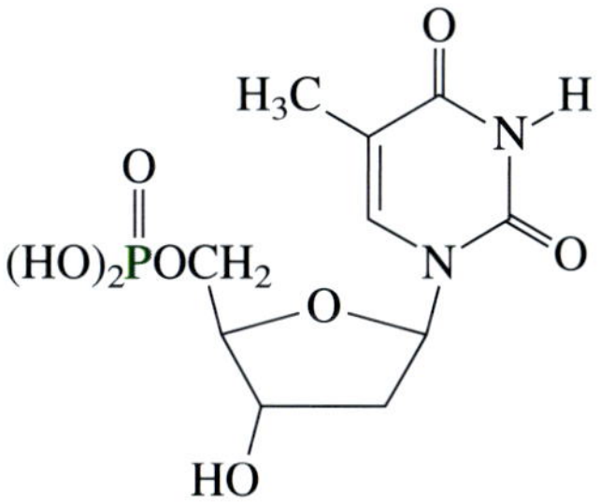

싸이미딘 5′-일인산

예에서 보이는, 5′-OH기는 인산화 되었다. 약간의 다른 OH기를 갖는 뉴클레오타이드 역시 인산 에스터 기능을 갖는 것이 가능하다. 고리 인산염은 흔하고 중요한 생화학 전달자이다.

26.4절 **바이오에너지학(Bioenergetics)**은 생물과정의 열역학에 관한 것이다. 특별한 주의가 $\Delta G°'$에 필요한데, 이것은 pH = 7에서 반응의 표준 자유에너지 변화이다. $\Delta G°'$의 부호가 +이면, 반 응은 반응물 선호(endergonic)이고; $\Delta G°'$의 부호가 −이면, 반응은 생성물 선호(exergonic)이다.

26.5절 **아데노신 삼인산(Adenosine triphosphate) (ATP)**는 생물 에너지 저장과 전달에 중요한 화합물이다.

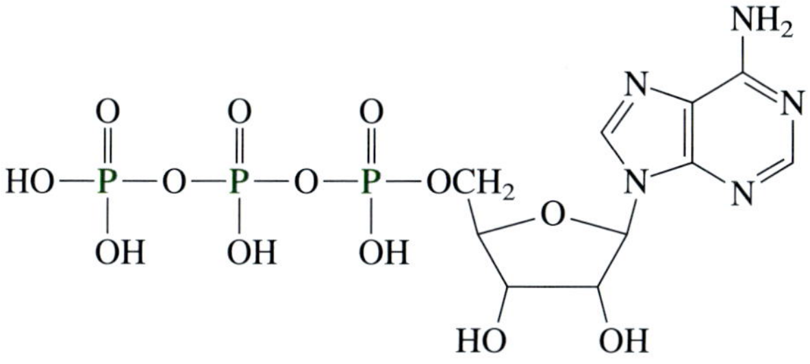

아데노신 삼인산 (ATP)

ATP가 ADP와 HPO_4^{2-}로 가수분해되는 것은 생성물 선호이다.

$$ATP + H_2O \longrightarrow ADP + HPO_4^{2-} \qquad \Delta G°' = -31\ kJ\ (-7.4\ kcal)$$

많은 정상적인 반응물 선호 생화학 과정은, 이들이 ATP 가수분해와 반응 경로상으로 짝을 이루면 생성물 선호가 된다.

26.6절 많은 중요한 반응은 **포스포다이에스터(phosphodiester)** 연결에 의해서 함께 결합된 두 개 이상의 뉴클레오타이드를 포함한다. 가장 잘 알려진 것은 한 개 뉴클레오타이드의 5′-산소가 다른 뉴클레오타이드의 3′-산소와 연결된 포스포다이에스터이다.

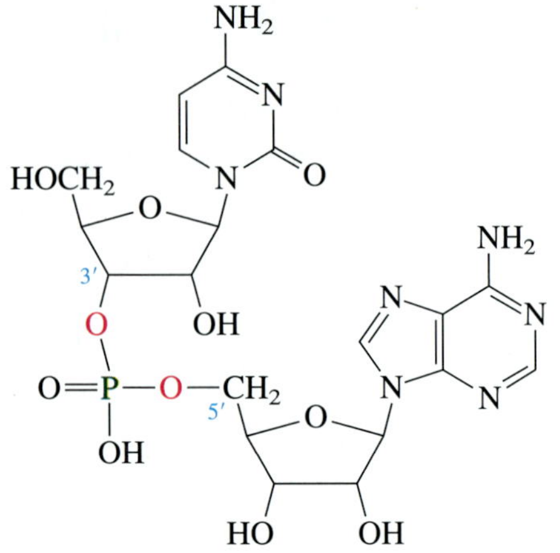

NH_2, N, O, $HOCH_2$, O, N, 3′, OH, O, NH_2, N, N, O=P—O—CH_2, 5′, N, N, O, OH, HO, OH

올리고뉴클레오타이드(Oligonucleotides)는 포스포다이에스터로 연결된 약 50 개 또는 그 이하의 뉴클레오타이드를 포함한다; **폴리뉴클레오타이드(Polynucleotides)**는 수 천 개의 뉴클레 오타이드를 포함할 수 있다.

26.7절 **핵산(Nucleic acids)**은 세포에 존재하는 폴리뉴클레오타이드이다. 탄수화물의 성분은 라이보 핵산(RNA)에서는 D-라이보스이고 데옥시라이보핵산(DNA)에서는 2-데옥시라이보스이다.

26.8절 DNA의 가장 일반적인 형태는 B-DNA이고, 이것은 우선성 이중 나선으로 존재한다. 탄수화물-인산 골격은 바깥쪽에 놓여 있고, 퓨린과 피리미딘 염기는 안쪽에 있다. 이중 나선은 아데닌(A)와 싸이민(T), 그리고 구아닌(G)과 사이토신간의 상보적 수소결합(염기쌍)에 의하여 안정화된다.

26.9절 세포핵 안에는, 이중-나선 DNA가 **슈퍼코일(supercoil)**의 삼차원 구조를 갖는데, 여기서 단백질 주위에 말려진 짧은 부분을 **히스톤(histones)**이라고 한다. 이것은 DNA의 유효 길이를 줄이고 규칙적인 배열이 되도록 유지시킨다.

26.10절 DNA 복제 동안, 이중 나선의 두 가닥은 풀리기 시작하고, 내부의 피리미딘과 퓨린 염기가 노출된다. 상보적인 염기를 갖는 뉴클레오타이드는 원래의 가닥들과 수소결합을 하고, DNA 고분자효소의 도움으로 포스포다이에스터 연결로 함께 합쳐진다. 각 새로운 가닥은 5′ → 3′ 방향으로 성장한다.

26.11절 세 개의 RNA는 유전자 발현에 포함된다. **전사(transcription)** 단계에 있어서, **전령 RNA(messanger RNA) (mRNA)**는 DNA 주형으로부터 합성된다. 한 번에 세 개씩 취하는 네 개의 염기, A, G, C 및 U는 코돈(codons)이라고 하는 64의 가능한 조합들이 발생한다. 이 64개의 코돈들이 **유전 암호(genetic code)**를 구성하고 단백질에서 발견되는 20개의 아미노산 및 시작 과 종결 표시자를 암호화한다. mRNA 서열은 리보좀에서 지정된 단백질 서열로 번역이 된다. 거기에서, **전달 RNA(transfer RNA)** (tRNA)라고 불리며, mRNA 코돈의 상보적인 안티코돈을 각기 갖는 작은 뉴클레오타이드는 단백질 성장에 참여할 정확한 아미노산을 운반한다. **리보좀 RNA(Ribosomal RNA)** (rRNA)는 리보좀의 주 구성물이고 단백질 생합성을 촉진하기 위하여 나타난다.

26.12절 단백질 합성의 시작 코돈은 AUG인데, 이것은 메싸이오닌의 코돈과 같다. 따라서, 모든 단백질은 초기에 그들의 N-말단 아미노산으로 메싸이오닌을 갖지만, 각각이 형성된 후에는 잃게 된다. 단백질 사슬을 확장이 일어나게 하는 반응은 친핵성 아실 치환이다.

26.13절 AIDS를 일으키는 HIV는 레트로바이러스이다. 이것의 유전 물질은 DNA대신 RNA이다. HIV는 숙주 내에서 단백질 합성의 주형으로 작용하도록 하는 그 RNA가 역전사효소라

고 하는 효소를 포함한다.

26.14절 DNA의 뉴클레오타이드 서열은 단일-가닥 DNA의 짧은 영역이 ATP, TTP, GTP 및 CTP 의 다이데옥시 유사체의 존재 하에 상보물을 생성하게 하는 기술로 결정할 수 있다. 다이데옥시 유사체가 성장하는 폴리뉴클레오타이드 사슬과 합체할 때, DNA 형성이 종결된다. 증가된 뉴클레오사이드에 의해서 서로 구분이 되는 폴리뉴클레오타이드 혼합물이 생성되고 그리고 전기영동으로 분석한다. 상보성 사슬의 관찰된 서열로부터, 원래 DNA의 서열이 추론된다.

26.15절 인간 게놈을 구성하는 뉴클레오타이드의 서열이 완성되었다. 인간 생물학의 지식이 많아지면 의술을 행하는데 막대한 영향을 줄 것이라고 믿는 많은 이유가 있다.

26.16절 DNA 프로파일링에 있어서 특정 서열을 인식하는 효소를 사용하여 비암호화된 지역을 작은 조각으로 끊는다. 그리고 다음에 이 작은 DNA를 전기영동으로 분리한다. DNA 조각의 관찰된 형태는 DNA 원천에 따라서 아주 특이하다고 알려진다. **고분자효소 사슬 반응 (polymerase chain reaction)** (PCR)을 사용하면, 매우 짧은 시간에 아주 작은 양의 DNA 를 수백만 개의 복제물로 생산할 수 있다.

26.17절 특정 단백질의 합성을 암호화하는 DNA 서열은 박테리아 DNA 플라스미드에 삽입할 수 있다. 성장하는 박테리아는 그 다음 **재결합 DNA (recombinant DNA)**와 합체되고 단백질을 생 산한다.

문제

26.15 *5-플루오로유라실*은 유방암 화학요법에서 사용되는 세 가지 혼합약의 한 성분이다. 이것의 구조는 무엇인가?

26.16 (a) 사이토신의 케토나 엔올 형태 중 어느 이성질체가 더 강산인가?

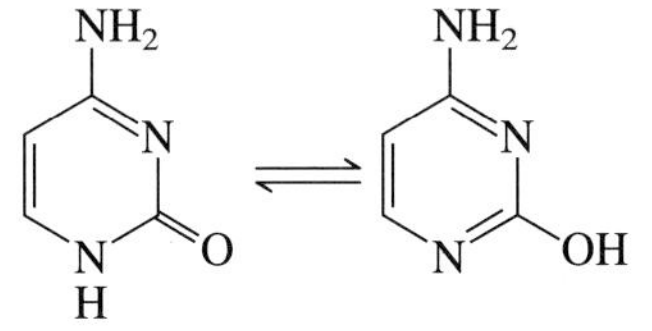

케토 ⇌ 엔올

(b) 케토 형태의 짝염기와 엔올 형태의 짝염기 사이에는 어떤 관계가 있는가?

26.17 새들은 질소를 *요산*으로 배출한다. 요산은 분자식이 $C_5H_4N_4O_3$인 퓨린이고; C—H결합이 없다. 요산의 구조식을 쓰시오.

26.18 *네블라린*은 버섯류로부터 분리된 독이 있는 뉴클레오사이드이다. 그것의 계통명은 9-β-D-라이보퓨라노실퓨린이다. 네블라린의 구조식을 쓰시오.

26.19 아데노신과 유사한 D-아라비노스는 결막염과 대상포진을 치료하는데 사용되는 항바이러스제(비다라빈)이다. 이 화합물의 구조식을 쓰시오.

26.20 아데닌은 약염기이다. 아래 구조식의 화살표로 나타낸 세 개의 질소 중 어느 것이 산성용액에서 양성자화 되는가? 세 개의 양성자화 형태의 공명기여자를 평가하면 어느 것이 더 안정한지 알 수 있을 것이다.

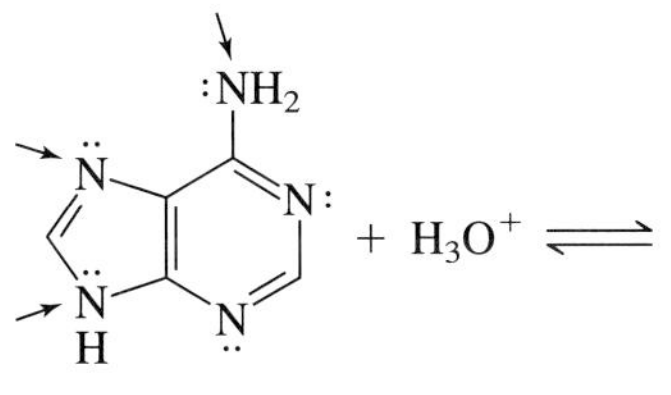

$+ H_3O^+ \rightleftharpoons$

26.21 6-클로로퓨린이 수산화 나트륨 수용액에서 가열되면, 이것은 정량적으로 하이포잔틴으로 변한다. 이 반응의 타당한 메커니즘을 제안하시오.

Cl / O / N / N / NaOH, H_2O / 가열 / NH / N / N / N / N / H / H

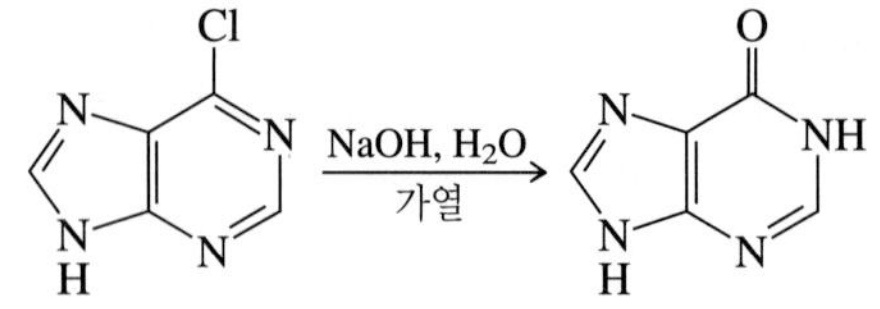

6-Chloropurine → Hypoxanthine

26.22 아질산으로 아데노신을 처리하면 *아이노신*이라는 뉴클레오사이드가 된다. 이 반응의 타당한 메커니즘을 제안하시오.

NH_2 / O / N / N / NH / $HOCH_2$ / 1. HONO, H^+ / 2. H_2O / $HOCH_2$ / O / O / HO / OH / HO / OH

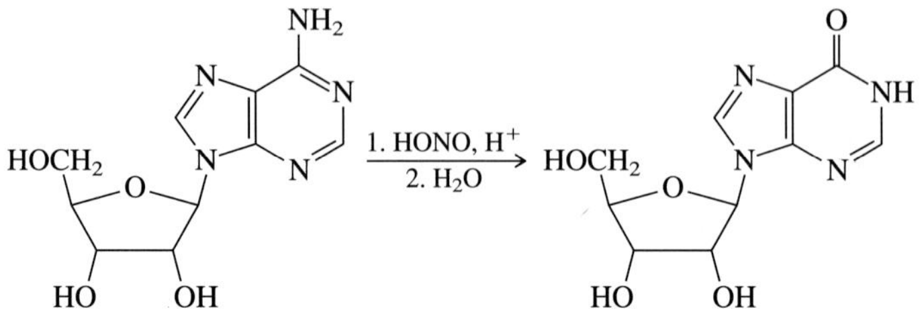

Adenosine → Inosine

26.23 아이노신의 5′-뉴클레오타이드, *아이노신산*($C_{10}H_{13}N_4O_8P$)는 풍미료로 음식에 첨가된다. 아이노신산의 구조는 무엇인가? (아이노신의 구조는 문제 26.22에 주어졌다.)

26.24 ATP에 의한 α-D-글루코피라노스의 인산화는 298 K에서 $\Delta G^{\circ\prime} = -23$ kJ (−7.4 kcal)이다.

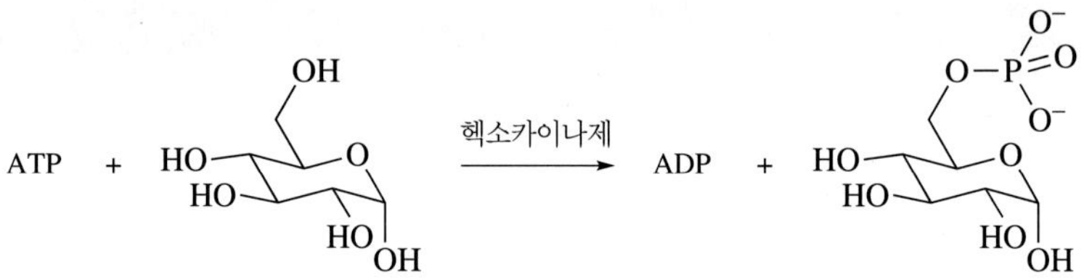

ATP + (OH, HO, HO, O, HO, OH) —헥소카이나제→ ADP + (O^-, O−P=O, O^-, HO, HO, O, HO, OH)

(a) 이 반응을 생성물 선호인가 반응물 선호인가?

(b) 효소 헥소카이나제가 없다면 $\Delta G^{\circ\prime}$는 어떻게 변하겠는가? 이것은 더 양으로, 음으로, 또는 그대로 있을 것인가? 이유는?

(c) α-D-글루코피라노스와 무기 인산의 반응의 $\Delta G^{\circ\prime}$를 계산하기 위하여 ATP에서 ADP의 가수분해 값(26.5절)을 사용하시오. 이 반응은 생성물 선호인가 반응물 선호인가?

HPO_4^{2-} + (OH, HO, HO, O, HO, OH) —헥소카이나제→ H_2O + (O^-, O−P=O, O^-, HO, HO, O, HO, OH)

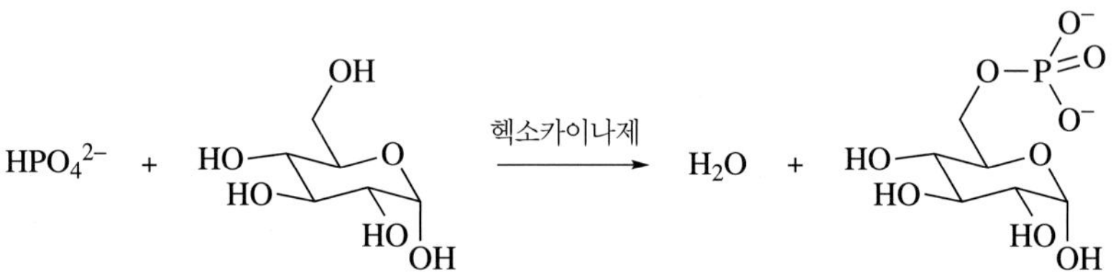

26.25 유전 암호를 밝히기 위하여 고안된 초기 실험의 하나에서, 미국 국립보건원의 Marshall Nirenberg (1968년 노벨 의학 및 생리학상)는 모든 염기가 유라실인 합성 mRNA를 제조하였다. 그는 이 폴리(U)를 단백질 합성에 필요한 모든 물질이 들어있는 비세포계에 첨가하였다. 단일 아미노산의 고분자가 얻어졌다. 어떤 아미노산이 고분자화 되었는가?

26.26 (a) 유라실에서 두 개의 가장 산성인 수소는 pK_a가 각각 9.5와 14.2이다. 이 pK_a를 구조식 의 수소와 연결시키고 일가 음이온 및 이가 음이온의 가장 안정한 공명 기여자를 쓰시오.

유라실

(b) 트라이에틸아민 짝산의 pK_a는 10.4이다. 트라이에틸아민은 유라실을 일가 음이온으로 변환시키기에 충분히 강한 염기인가? 그 이가 음이온의 경우는?

26.27 2,6-다이클로로퓨린과 1,2,3,4-테트라-O-아세틸-α, β-아라비노퓨라노스의 짝지움 반응은 산 촉매에서 가열할 때, 75% 수득률로 뉴클레오사이드가 된다. 초기 당이 아노머의 혼합물임에 도 불구하고, 이 반응은 입체선택적으로 α-아노머가 형성된다. 입체선택성의 이유를 생각할 수 있겠는가? (*힌트*; 메커니즘 23.3을 보시오).

가열, H^+

2,6-다이클로로퓨린 1,2,3,4-테트라-O-아세틸-α+β-아라비노퓨라노스

26.28 이 장의 설명문은 올리고뉴클레오타이드의 고체상 합성을 나타낸다. 글라이칼 회합법이라고 부르는 올리고사카라이드의 자동화 합성에 고체상 기술이 적용되었다. 글라이칼이라고 알려 진 불포화 탄수화물은 고체 폴리스타이렌 담체에 붙인다. 그 다음에 글라이칼은 다이메틸다이옥시렌(DMDD)으로 처리하여 옥사이드로 변환된다. 에폭사이드는 글라이코실 주개로 작용 하고 글라이코실 받개의 하이드록실기에 의하여 친핵성 공격을 한다. 새로운 다이사카라이드의 이중결합이 활성화되고 올리고사카라이드 사슬이 확장되는 것과 동일한 방법으로 짝을 이룬다.

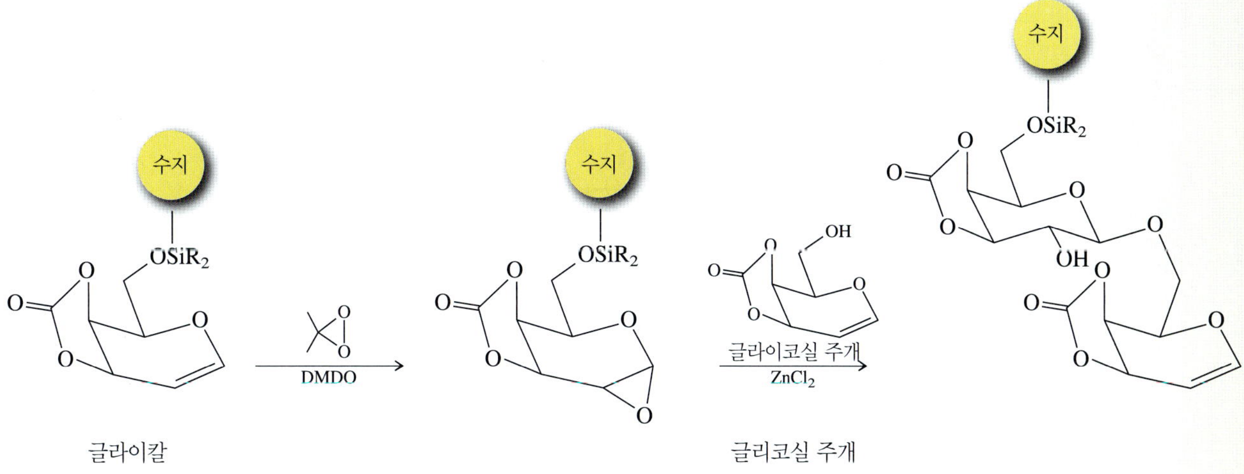

글라이칼 글리코실 주개

(a) 글리코실 주개와 글리코실 받개 반응의 메커니즘을 보이시오. (힌트: Zn^{2+}는 촉매로 작용한다.)

(b) (a)의 반응에서 방항선택성을 실명하시오.

설명문과 이해 문제 26

올리고뉴클레오타이드의 합성

26.6절에서 우리는 정해진 서열의 합성 올리고뉴클레오타이드는 PCR을 위한 프라이머와 복제 DNA의 표지자로 사용되도록 시판된다고 언급하였다. 여기서는 어떻게 이 올리고뉴클레오타이드가 제조되는지 살펴볼 것이다.

이 방법은 Merrifield 고체-상 펩타이드 합성과 많은 유사점을 갖는다. 출발 단위는 고체상에 붙여있고, 서열이 완성될 때까지 뉴클레오타이드를 한 개씩 붙이고, 그 후에 담체로부터 목표 올리고뉴클레오타이드를 제거하고 정제한다. 고체상 펩타이드 합성과 마찬가지로, 올리고뉴클레오타이드의 제조는 보호기와 결합-형성 방법에 대단히 의존한다.

출발 단위는 DNA 염기에 아미노기가 아실화로 보호된 뉴클레오사이드이다.

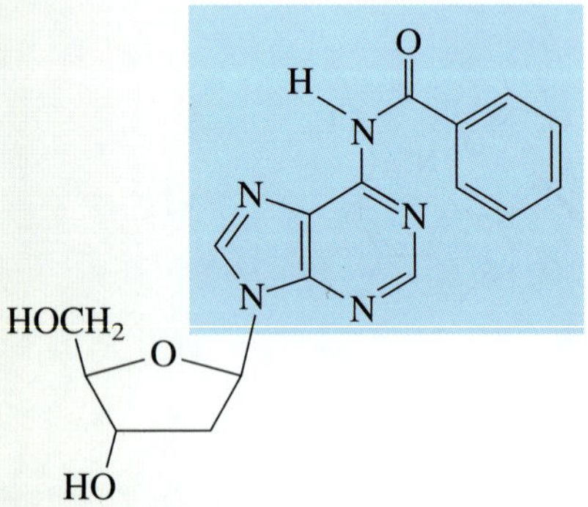

N-벤조일기가 보호된 2′-데옥시아데노신

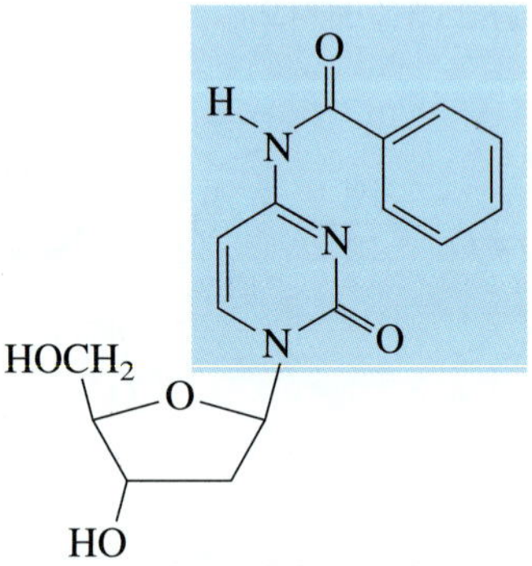

N-벤조일기가 보호된 2′-데옥시시스티딘

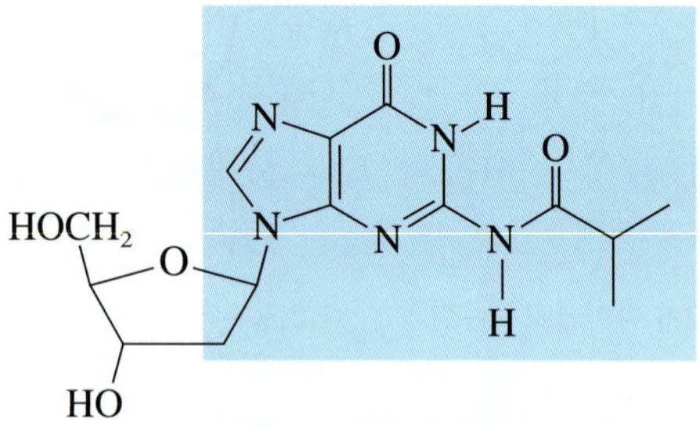

N-2-메틸프로파노일기가 보호된 2′-데옥시구아노신

싸이미딘은 —NH_2 기가 없어서, 피리미딘 염기에 보호기가 필요 없다.

이러한 N-보호기는 합성 내내 그 곳에 남아있다. 그들은 첨가될 최초 물질이고 제거될 최종의 물질이다. 발생하는 더 이상의 "화학" 어느 것도 퓨린 또는 피리미딘 고리를 포함하지 않는다.

뉴클레오사이드의 2′-데옥시 라이보스에 있는 5′-OH 기는 1차이고 2차인 3′-OH 기보다 에테르 형성에 더 반응성이 있다. 이런 차이는 5′-OH의 선택적인 보호를 그것의 4,4′-다이메톡시트라이페닐메틸(DMT) 에터가 되게 허용한다.

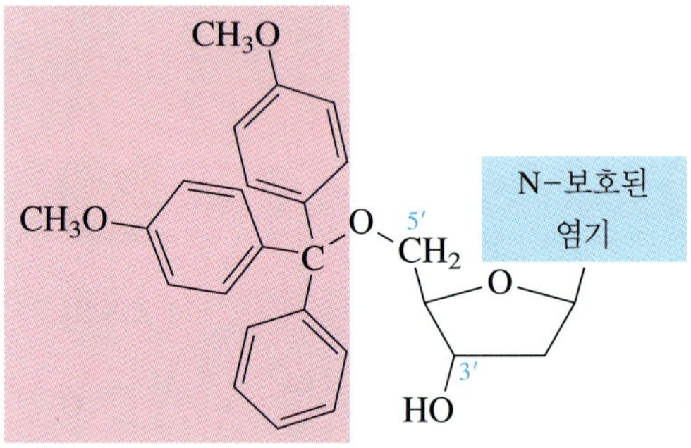

마지막 올리고뉴클레오타이드의 3′ 말단으로 작용하는 뉴클레오사이드는 보호되지 않은 3′-OH와 CPG에 이미 부착된 링커 단위 사이의 에스터 형성에 의해서 조절된-공극 유리(CPG) 구슬에 부착된다. 사슬 연장을 3′ → 5′ 방향으로 진행하기 위하여, 출발 단위의 5′-OH를 보호하는 DMT 기

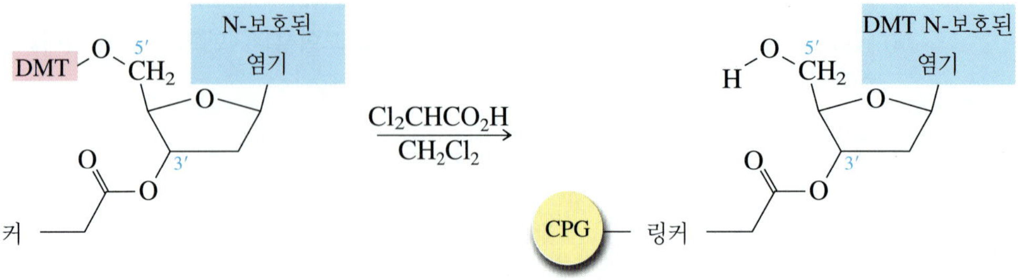

$\xrightarrow[CH_2Cl_2]{Cl_2CHCO_2H}$

는 다이클로로아세트산으로 처리하여 제거한다.

이제는 두 번 째 뉴클레오사이드를 첨가할 단계이다. 초기에 준비한 네 개의 막힌 뉴클레오사이드는 그것들에 부합하는 3′-포스포아마이다이트 유도체로 변환된다. 적합한 A, C, T 또는 G 포스포아미다이트는 연장 순환의 각 연속 단계에서 사용된다.

인으로 다이아이소프로필아미노기를 치환한 고정된 뉴클레오사이드의 자유 5′-OH의 반응에 의해서 각 포스포아미다이트는 고정된 뉴클레오타이드와 짝을 이룬다(그림 26.15). 그 짝은 테트라졸에 의해 촉매화되고, 약산이 다이아아이소프로필아미노기를 양성자화 시킨다.

이 결합의 생성물은 포스파이트이고; 일반식은 $P(OR)_3$이다. 그것은 그림 26.15의 마지막 단계에서 인산염$[P(O)(OR)_3]$으로 산화된다.

그 다음에 새롭게 더해진 뉴클레오사이드의 5′-OH는 다음 연장 순환을 위해 결합된 다이뉴클레오타이드 준비를 위해 탈보호된다.

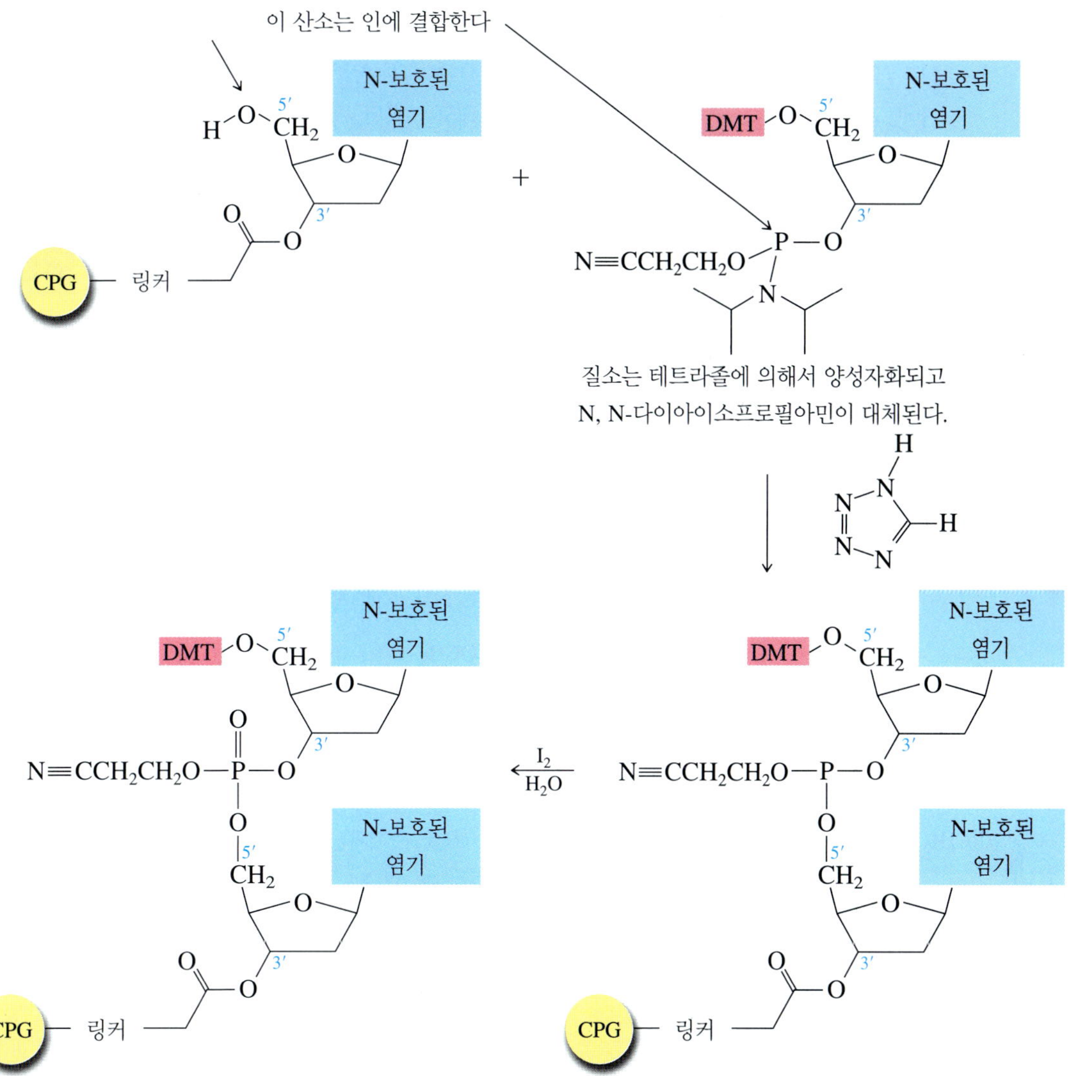

그림 26.15

고체상 올리고뉴클레오사이드 합성에서 시작 단위 뉴클레오사이드에 뉴클레오사이드의 3′-포스포아미다이트 유도체 짝. 이 결합에 이어서, 결과 아인산은 인산염으로 산화가 된다.

일단 모든 뉴클레오사이드가 준비되고 마지막으로 DMT가 제거된 후, 암모이아 수용액으로 처리하면 아실기와 사이아노에틸기는 제거되고 CPG 담체에서 올리고뉴클레오타이드가 끊어진다.

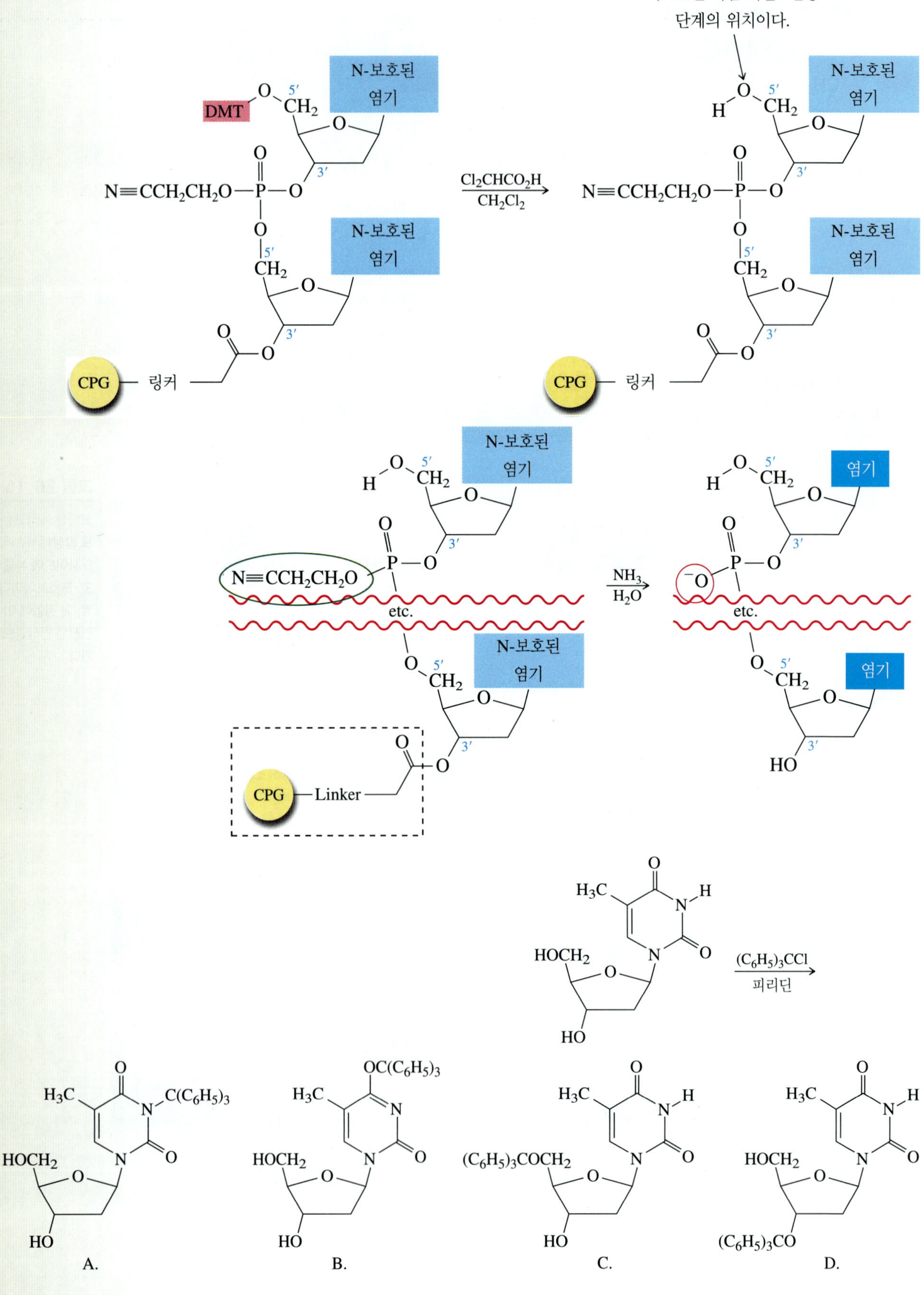

26.29 다음 반응의 생성물은 무엇인가?

26.30 DMT-보호기가 다이클로로아세트산을 이용하여 제거할 때 어떤 물질이 형성되는가? (Ar = $p-CH_3OC_6H_4$)

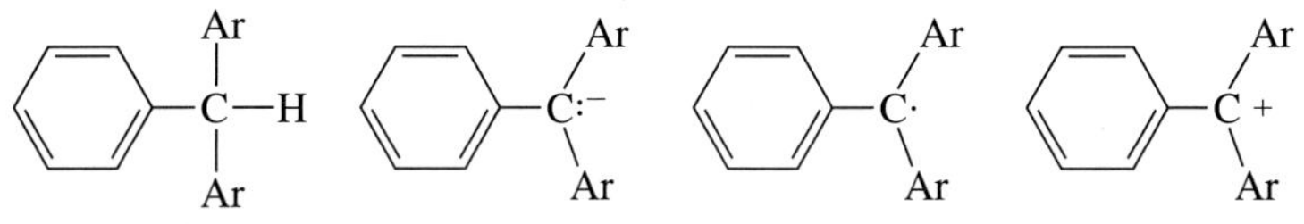

A. B. C. D.

26.31 사이아노에틸기는 합성의 마지막 단계에서 암모니아 수용액으로 처리하면 제거된다.

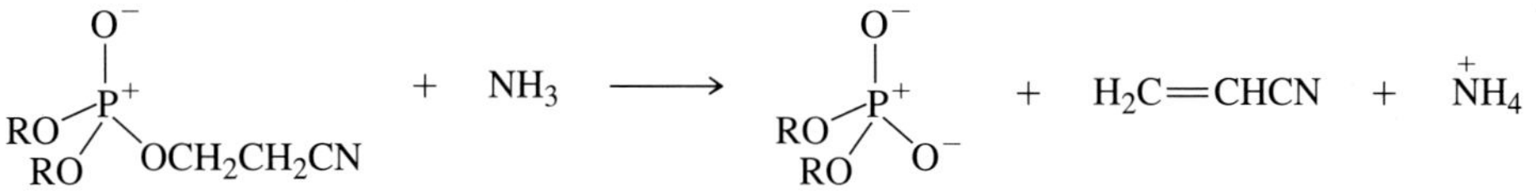

$$(RO)_2P^+(O^-)OCH_2CH_2CN + NH_3 \longrightarrow (RO)_2P^+(O^-)O^- + H_2C{=}CHCN + \overset{+}{N}H_4$$

만일 이 반응이 단일 이분자 단계로 일어난다면, 다음 중 어느 것이 전자의 흐름을 가장 잘 나타내는가?

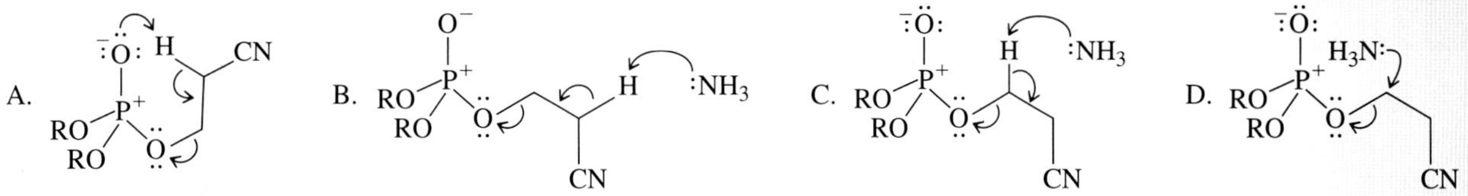

A. B. C. D.

26.32 구조 **1**은 그림 26.15의 테트라졸이다. 구조 2와 3은 동일한 분자식(CH_2N_4)과 1과 동일한 수의 전자를 가지고 있다. 이 구조들은 어떠한 관련이 있는가?

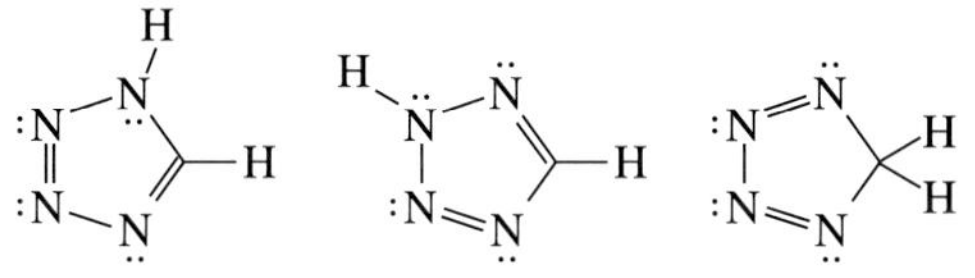

1 **2** **3**

A. **1**, **2** 및 **3**은 구조이성질체이다.

B. **1**, **2** 및 **3**은 동일한 화합물의 공명 기여체들이다.

C. **1**, **2**는 동일한 화합물의 공명 기여자이고; **3**은 **1**과 **2**의 이성질체이다.

D. **1**과 **3**은 동일한 화합물의 공명 기여자이고; **2**는 **1**과 **3**의 이성질체이다.

26.33 앞 문제에서 구조 **1**, **2** 및 **3**의 짝염기를 생각하고, 알맞은 대답을 고르시오.

A. **1**, **2** 및 **3**은 탈양성자화하면 다른 짝염기가 된다.

B. **1**, **2** 및 **3**은 탈양성자화하면 같은 짝염기가 된다.

C. **1**과 **2**는 탈양성자화하면 같은 짝염기가 된다; 3의 짝염기는 다르다.

D. **1**과 **3**은 탈양성자화하면 같은 짝염기가 된다; 2의 짝염기는 다르다.

26.34 안티센스 올리고뉴클레오타이드는 새로운 형태의 합성 약으로, 이 중의 하나는 시판이 허용되었으며, 다른 많은 것들이 개발되어 임상 중이다. 안티센스 약은 질병에 관련된 유기체의 전령 RNA의 일부에 대한 상보적인 서열을 갖도록 고안되었다. 근본적 원리는 올리고뉴클레오타이드가 mRNA와 결합하고 특정 단백질의 합성을 저해하는 것이다. 궤양성 대장염을 치료하기 위하여 제안된 안티센스 올리고뉴클레오타이드는 5′-GCC CAA GCT GGC ATC GCT CA 3′의 서열을 갖는다. 이 약을 고체상 합성할 때, 어떤 뉴클레오사이드가 조절된-다공성 유리구슬에 붙어 있는가?

A. A　　B. T

C. C　　D. G

27

장의 개요

1980년대 이후 만들어진 모든 축구공들과 마찬가지로, 2006년 월드컵의 공인된 공도 고분자 재료로 만들어졌다. 전체 두께가 1.1 mm인 네 겹의 폴리우레탄으로 축구공의 외피를 만들었다. 폴리우레탄은 보통 다이올과 톨루엔 다이아이소사이아네이트와 같은, 다이아이소사이아네이트로부터 만들어진다.

합성고분자
Synthetic Polymers

고분자(Polymer)는 매우 많은 원자를 포함하고 높은 분자량을 갖는 **거대분자(macromolecules)**로 이루어진 물질이다. 전분, 셀룰로오스, 비단 및 DNA는 자연에서 발견되는 고분자의 예이다. 무한히 많은 합성고분자 중에는 나일론, 폴리에틸렌 및 베이클라이트가 포함된다. 고분자는 균일할 필요도 없으며, 대부분이 균일하지 않다. 폴리에틸레과 같이 간단한 것도 다른 길이와 다른 가지도를 갖는 거대분자의 혼합물이다.

이 장은 합성고분자에 대한 것이고, 이들 중 대부분은 고분자를 제조하는 반응과 유기화학의 핵심 반응사이의 관계를 강조하는 이전의 장들에서 소개되었다. 이 장에서는 새로운 고분자와 이미 소개한 방법을 더하고, 그들의 합성, 구조 및 특성에 대한 이해를 높일 것이다. 우리가 그렇게 할 때, *고분자 제조에 사용하는 반응은 간단한 유기 화합물에서 일어나는 동일한 기본반응*이라는 것을 명심하시오.

27.1 몇 가지 배경

고분자 화학의 초기 응용은 천연에서 발견되는 고분자의 물리적 성질을 높이기 위하여 고안된 화학적 변형이었다. 1839년에 Charles

Goodyear는, 냉각하면 부서지고 따뜻하면 끈적이는, 천연 고무를 황과 함께 가열하여(가황) 넓은 온도 범위에서도 그 탄성을 유지하는 물질로 변형하였다. *레이온*(*rayons*)이라고 부르는 최초의 합성 섬유는 19세기말 경에 셀룰로오스의 화학적 변환으로 만들어졌다.

Leo Baekeland는 그가 명명한 *베이클라이트*(*Bakelite*)라고 하는 최초의 완전한 합성고분자를 1910년에 특허출원하였다(그림 27.1). 저가의 물질(페놀과 폼알데하이드)로부터 제조되는 베이클라이트는 용도가 다양하고, 내구성이 있는 물질이며, 다년간 동종의 가장 성공한 합성 물질이었다.

이러한 초기의 성공에서 불구하고, 고분자 *구조*에 대한 지식은 빈약하였다. 대부분의 화학자들은 고무, 단백질 및 유사물을 작은 분자의 콜로이드성 분산이라고 믿었다. 1920년대, Swiss Federal Institute of Technology를 시작으로 이어서 Freiburg 대학교에 재직한, Hermann Staudinger가 고분자는 보통의 공유결합으로 이루어진 높은 분자량의 화합물이라고 주장하였다. Staudinger의 생각은 동일한 결론에 도달한 Du Pont의 Wallace H. Carothers가 발표한 1929년 논문의 뒷받침으로 확신을 얻었다.

고분자 구조에 대한 Staudinger의 연구와 고분자 합성에 대한 Carothers의 성공은 고분자 화학의 발전을 가속화하였으며, 특히 천연 고분자의 화학적 변형에서 새로운 물질의 고안과 합성으로 옮겨진다. 지금은 수천 개의 합성고분자가 알려지고; 일부는 천연 물질을 모방하고, 다른 것들은 월등한 특징을 가지고 천연 물질을 대체하였다.

가황(vulcanization)은 10장의 소론 *Diene Polymers*에 요약하였다.

그림 27.1

한 때는, 거의 항상 어떤 플라스틱 물질도 베이클라이트로 만들었다는 말이 필요 없었을 때도 있었다. 지금은 많은 베이클라이트 제품을 골동품으로 찾게 된다.

Staudinger는 고분자 연구로 1953년 노벨 화학상을 수상하였다. 1937년 Carothers가 갑자기 사망하지 않았더라면, 그 역시 상을 수상했을 것이라고 많은 사람들이 믿는다.

단량체는 고분자를 만들 수 있는 어떤 화합물이다.

27.2 고분자 명명법

IUPAC는 구조에 따라서 고분자를 명명하는 네 번째 규칙을 정하기는 했으나, 고분자가 만들어진 **단량체(monomers)**에 따라서 고분자를 부르는 대체 IUPAC *원천-기초한* 체계가 더욱 널리 사용된다.

예를 들면, 원천-기초한 이름은 폴리에틸렌(6.21절을 보시오) 및 폴리스타이렌(11.17절을 보시오) 과 같은 고분자를 볼 때 익숙한 것들이다. 단량체의 이름이 한 단어일 때, 이것으로 만들어진 고분자는 간단히 접두사 *폴리*-를 붙여준다. 단량체의 이름이 두 단어이면, 두 단어를 모두 괄호에 넣고 바로 앞에 *폴리*를 붙인다. 따라서, 폴리아크릴로나이트릴과 폴리(염화 바이닐)은 각각 아크릴로나이트릴과 염화 바이닐의 고분자이다.

$$H_2C{=}CH{-}C{\equiv}N \qquad \left[\!-CH_2{-}\underset{}{\overset{C\equiv N}{\overset{|}{CH}}}-\!\right]_n \qquad H_2C{=}CH{-}Cl \qquad \left[\!-CH_2{-}\overset{Cl}{\overset{|}{CH}}-\!\right]_n$$

아크릴로나이트릴 폴리아크릴로나이트릴 염화 바이닐 폴리(염화 바이닐)

고분자 구조식을 쓰는 약정은 **반복 단위(repeating unit)**를 대괄호에 넣고, 이어서 명시되지 안은 반복 단위의 수를 나타내는 글자 n을 쓴다. 그러나 이것은 큰 것을 가정하는 것이다.

문제 27.1

아크릴과 메타크릴산의 구조식이 주어졌다. (a)와 (b)에서 요구한 고분자의 이름을 쓰고, 대괄호 반복 단위식으로 구조를 나타내시오.

$$CH_2{=}C(R){-}C({=}O){-}OH$$

R = H; 아크릴산
R = CH_3; 메타크릴산

(a) 아크릴산의 아마이드 (아크릴아마이드)
(b) 메타크릴산의 메틸 에스터(메타크릴산 메틸)

풀이 예시 (a) *아크릴아마이드*는 한 단어이다; 그러므로, 그 고분자는 *폴리아크릴아마이드*이다. 반복 단위는 폴리아크릴로나이트릴 및 폴리(염화 바이닐)을 표시한 형식을 따른다.

$$CH_2=CH-C(=O)NH_2 \qquad \left[-CH_2-\underset{H}{\overset{C(=O)NH_2}{C}}- \right]_n$$

아크릴아마이드 폴리아크릴아마이드

원천-기초한 명명법은 "원천"단량체로부터 실제로 만들어지는 특정 고분자를 요구하지 않는다. 예를 들면, 폴리(에틸렌 글라이콜)과 폴리(에틸렌 옥사이드)는 모두 에틸렌 옥사이드로부터 만들어지고 동일한 반복 단위를 갖는다.

$$\left[CH_2CH_2O \right]_n$$

두 개의 구조적 차이는 폴리(에틸렌 옥사이드)의 n값이 폴리(에틸렌 글라이콜)보다 큰 것이다. 그러므로 그들의 물리적 성질도 다르고 그들은 다른 원천-기초한 이름으로 알려진다.

많은 고분자들이 대개는 그들의 일반명 또는 상품명으로 불려진다. 고분자 $\left[CF_2CF_2 \right]_n$은 거의 항상 폴리테트라플루우오로에틸렌보다는 오히려 테플론으로 불린다.

27.3 고분자 분류: 반응 형태

고분자의 구조, 합성, 생산 및 응용은 너무나 많은 분야로 확장이 되어서 그들을 모두 구분한다는 것은 어렵다. 그림 27.2는 다른 몇 가지 방법으로 비교한다. 이 절은 반응이 일어나는 형태-첨가 또는 축합-에 따라서 고분자를 구분하는 방법을 나타낸다.

첨가 고분자(Addition polymers)는 다음 유형의 반응으로 형성된다:

$$A + B \longrightarrow A{-}B$$

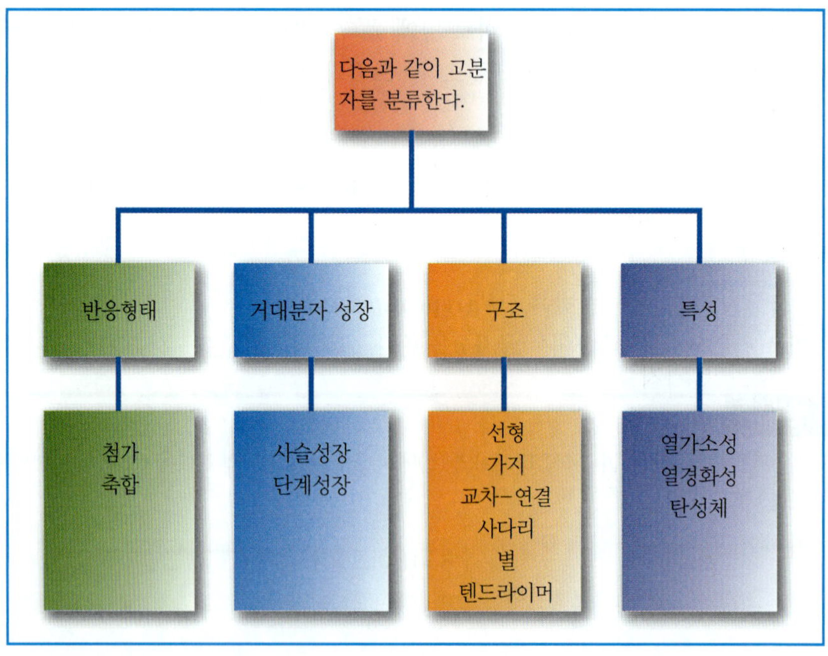

그림 27.2

고분자의 분류

위 식에서 생성물 (A—B)는 반응물 (A + B)의 모든 원자를 포함한다. 일반적인 반응식에서 A, B는 고분자를 형성하는 단량체이다. A = B일 때, 생성되는 고분자는 **균일고분자(homopolymer)**이다. 폴리스타이렌은 균일고분자의 한 예이다.

$$C_6H_5-CH{=}CH_2 \longrightarrow \left[-CH(C_6H_5)-CH_2- \right]_n$$

스타이렌 폴리스타이렌

두 개의 단량체가 다를 때, 고분자는 **혼성고분자(copolymer)**이다. 음식을 덮어주는 랩에 사용되는, 사란(Saran)은 염화 바이닐리덴과 염화 바이닐의 혼성고분자이다.

$$Cl_2C{=}CH_2 + ClCH{=}CH_2 \longrightarrow \left[-CCl_2-CH_2-CH(Cl)-CH_2- \right]_n$$

염화 바이닐리덴 염화 바이닐 사란

혼성고분자의 두 성분은 동량의 몰이 존재할 필요는 없다. 전형적인 사란 형성에 있어서는 염화 바이닐리덴이 주 단량체 (약 85%)이고, 염화 바이닐은 부 단량체이다.

알켄(올레핀)으로부터 제조된 고분자는 그들이 균일고분자이건 또는 혼성고분자이건 상관없이는 **폴리올레핀(polyolefins)**라고 하며, 가장 친숙한 첨가 고분자이다.

모든 첨가 고분자가 폴리올레핀은 아니다. 예를 들면, 폼알데하이드는 중합하여 단량체의 모든 원자를 포함하는 첨가 고분자가 된다.

$$H_2C{=}O \rightleftharpoons \left[CH_2-O \right]_n$$

폼알데하이드 폴리폼알데하이드

예를 들어, Grignard 시약과 반응하기 위해서 단량체 폼알데하이드가 필요하다. 고분자를 가열하는 탈고분자화로 필요할 때 단량체를 준비한다.

문제 27.2

어떤 조건에서는 폼알데하이드가 *트라이옥세인*이라는 고리형 삼량체($C_3H_6O_3$)를 형성한다. 이 화합물의 구조를 제안하시오

축합 고분자(Condensation polymers)는 단량체들 사이에 물, 알코올, 혹은 할로젠화 수소와 같은 몇 가지 작은 분자의 손실로 인한 공유결합의 형성으로 제조된다. 축합 반응은:

$$●—X + Y—○ \longrightarrow ●—○ + X—Y$$

작용기가 두 개인 반응물에 적용될 때 축합 고분자가 된다. 첫 번째 축합 단계는:

$$X—●—X + Y—○—Y \longrightarrow X—●—○—Y + X—Y$$

활성이 있는 작용기를 갖는 생성물이 된다. 이 작용기들과 반응물 분자의 축합은 사슬을 확장한다.

Y—○—Y + X—●—○—Y + X—●—X ⟶ Y—○—●—○—●—X + 2X—Y

생성물은 양 끝에 상보적인 작용기를 가지고 있고 성장을 계속할 수 있다.

가장 친숙한 축합 고분자는 폴리아마이드, 폴리에스터 및 폴리카보네이트이다.

방향족 고리가 아마이드 결합으로 연결된 폴리아마이드인, **아라미드(aramids)**는 축합 고분자의 한 종류이다. 1,4-벤젠다이아아민과 벤젠-1,4-다이카복실산 (테레프탈산)의 염화 아실을 가열하면 염화 수소를 잃고 아라미드 *케블라(Kevlar)*가 된다.

$$H_2N\text{—}C_6H_4\text{—}NH_2 + ClC(=O)\text{—}C_6H_4\text{—}C(=O)Cl \longrightarrow \left[\text{—}N(H)\text{—}C_6H_4\text{—}NH\text{—}C(=O)\text{—}C_6H_4\text{—}C(=O)\text{—}\right]_n + n\,HCl$$

1,4-벤젠다이아아민　　염화 테레프탈로일　　케블라　　염화수소

그림 27.3

경찰과 육군은 케블라 섬유로 만든 보호 장비 및 헬멧에 의존한다.

*사슬 성장*과 *단계 성장*이라는 용어는 1974년 물리화학 분야에 고분자 연구로 노벨 화학상을 받은 Paul Flory의 영향이다.

케블라 섬유는 강하고 뻣뻣하여 그림 27.3에 보여진 것처럼 방탄조끼 및 보호 헬멧을 만드는데 사용된다.

문제 27.3

1,4-벤젠다이아아민 분자 한 개와 염화 테레프탈로일 한 분자의 아마이드 결합은 보통 친핵성 아실 치환 메커니즘의 의하여 형성된다. 이 반응의 사면체 중간생성물의 구조식을 쓰시오.

27.4 고분자 분류: 사슬 성장과 단계 성장

*첨가와 축합*은 우리에게 친숙한 유기화학의 반응 형태이다. 낮은 분자량 단위로부터 거대 분자가 생성되는 두 가지 다른 방식에 대하여 우리가 적용하는 용어는 고분자 화학에 유일하고, 그림 27.4에 설명하였다.

사슬 성장(chain growth) 과정에서 단량체는 사슬 성장의 같은 말단에 한 개씩 첨가된다(그림 27.4a). 각 사슬은 오직 한 개의 성장점을 가지고 있다. 단량체의 농도는 그것이 소모될 때까지 점점 감소한다.

(*a*) **사슬 성장(Chain growth):** 단량체는 성장하는 사슬의 같은 말단에 한 개씩 첨가 된다.

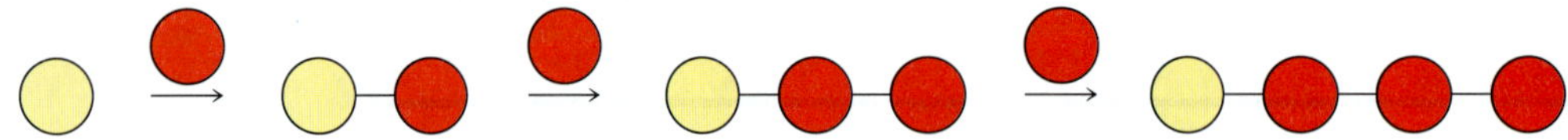

(*b*) **단계 성장(Step growth):** 중간 길이(올리고머) 형태의 고분자 혼합물.
이 올리고머들은 함께 반응해서 더 긴 사슬을 만든다.

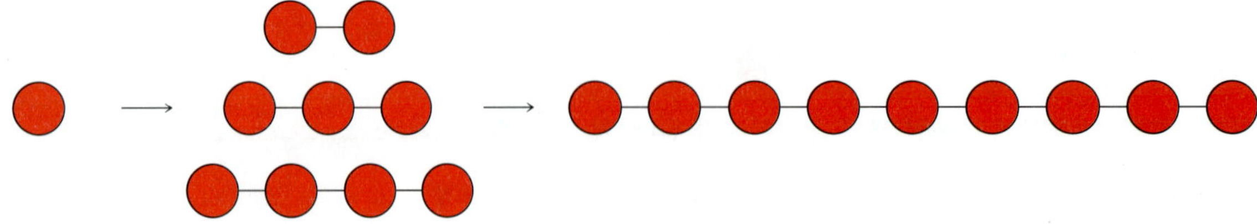

그림 27.4

사슬 성장 (a)와 단계 성장 (b)의 중합. 사슬이 성장하는 동안, 남아있는 단량체의 양은 점점 감소한다. 단계 성장에서, 대부분의 단량체는 초기에 소비되고 고분자의 분자량은 올리고머가 긴 사슬을 형성하기 위해 결합하면서 증가한다.

단계 성장(step growth) 과정에서 (그림 27.4b), 사슬은 적어도 두 개의 성장점을 가지고 있다. 대부분의 단량체 분자들은 초기에 **올리고머(oligomers)**라고 불리는 중간체 분자량의 혼합 화합물을 만드는 과정에서 소비된다. 이들 올리고머는 서로 반응하여 고분자를 형성한다. 단량체 분자들이 모두 반응한 이후에도 분자량은 계속하여 증가한다.

일반적으로, 사슬 성장은 첨가 중합과 관계가 있고 단계 성장은 축합 중합과 관련이 있다. 그러나 언제나 그런 것은 아니다. 이 장의 후반부에서는, 사슬 성장이 아닌 단계 성장으로 거대분자가 형성되는 특징적인 첨가 고분자의 예를 보게 될 것이다.

문제 27.4

다음 반응을 관찰하면 이 "장의 후반부" 예제를 예상할 수 있다.

$$\mathrm{ROH} + \mathrm{R'N{=}C{=}O} \longrightarrow \mathrm{R{-}O{-}C({=}O){-}N(H){-}R'}$$

이것은 첨가반응인가 혹은 축합반응인가?

27.5 고분자 분류: 구조

동일한 화합물에서 만들어진 고분자는 어떻게 만들어지는가에 따라서 다른 특징을 가질 수 있다. 물리적 특성의 이러한 차이는 고분자 사슬의 전체 구조의 차이에서 온다. 세 가지 중요한 구조 형태–선형, 가지 및 교차–연결– 은 그림 27.5에 표시하였다. 더 특별한 다른 구조 형태–사다리, 별 및 덴드라이머–는 독특한 성질을 가지며 활발히 연구되고 있다.

선형 고분자(Linear polymers) (그림 27.5a)는 반복되는 단위의 연속된 사슬을 갖는다. 사슬에서 반복되는 단위는 대개 유기 화학의 형태적 제약을 받는다. 사슬의 모임은

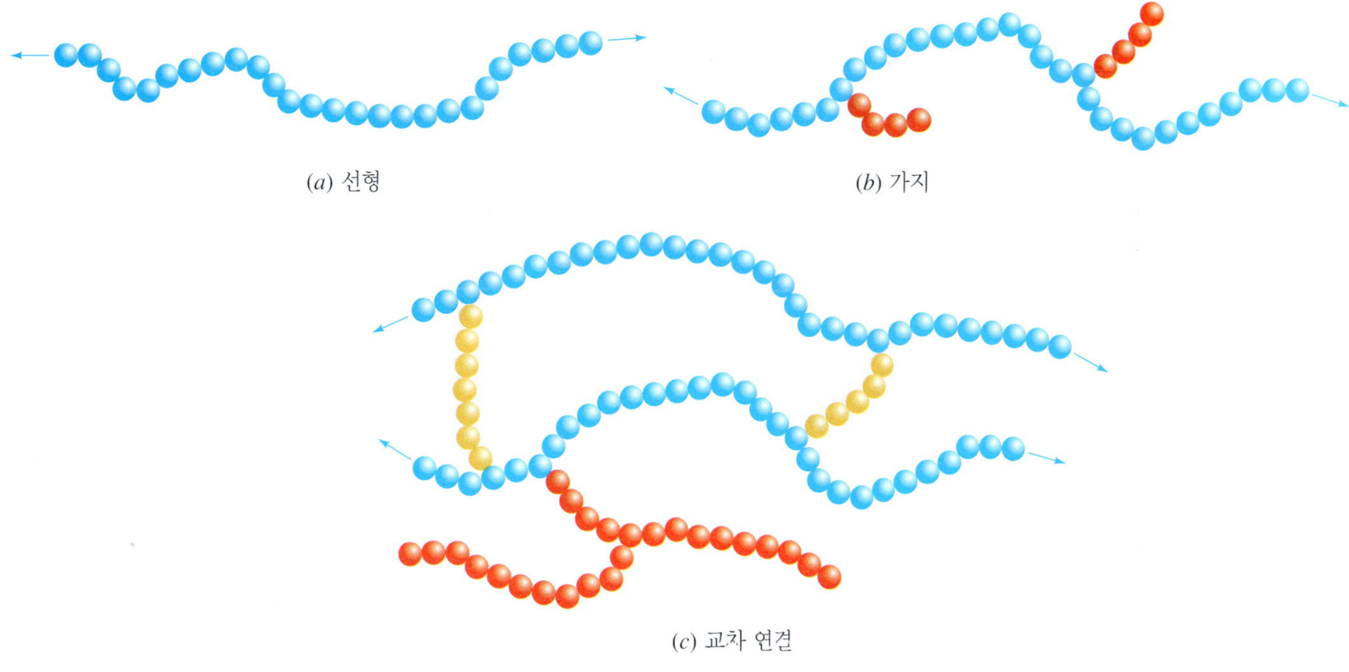

(*a*) 선형 (*b*) 가지 (*c*) 교차 연결

그림 27.5

(a) 선형 고분자는 연속된 사슬이다. (b) 가지 고분자는 상대적으로 짧은 가지가 주 사슬에 연결되어 있다. (c) 교차-연결 고분자는 사슬들 사이에 공유적으로 결합된 연결 단위를 갖는다. 주 사슬은 파란색으로 보이고, 가지는 붉은색 및 교차 연결은 노란색.

한 그릇의 스파게티처럼 무질서한(random) 것으로부터 정열된(ordered) 범위에 놓일 수 있다. 무질서가 극대화된 고분자를 *아몰퍼스(amorphous)* 그리고 정렬이 극대화된 고분자를 *결정(crystalline)*이라고 한다.

대부분의 고분자는 무질서하게 얽혀서 흩어진 것과 **미소결정(crystallites)**라고 하는 결정성 영역의 혼합물이다(그림 27.6). 고분자의 결정도, 즉 미소결정 백분율은 사슬들 사이의 분자 간 인력에 의존한다. 특정 고분자에서, 밀도는 결정성과 함께 증가하는데, 그 이유는 불규칙하게 감긴 사슬은 부피를 소모하지만 조밀하게 쌓이는 것은 동일한 질량을 작은 부피로 만들기 때문이다. 사슬들을 함께 쌓을 수 있는 효율성은 사슬의 가지 정도에 강하게 영향을 받는다.

가지 고분자(Branched polymers) (그림 27.5*b*)는 주 사슬에서 바깥쪽으로 가지가 뻗어있다. 일반적으로, 가지의 증가는 고분자의 결정성을 감소하고 밀도와 같은 성질을 변화시킨다.

각각 개별적인 재활용 인식표(표 27.1)를 가지고 있고, 우리에게 친숙한 여섯 개의 고분자 중의 두 개인 저밀도 폴리에틸렌(LDPE)과 고밀도 폴리에틸렌(HDPE)의 특성은 정반대이다. 이 둘은 에틸렌의 균일고분자이지만, 다른 방법으로 만들어지고 다른 성질과 용도를 갖는다. 그들의 이름이 의미하는 바와 같이, LDPE는 HDPE보다 밀도가 낮다 (0.92 g/cm^{3}와 0.96 g/cm^3). LDPE는 부드럽고, HDPE는 뻣뻣하다. LDPE는 HDPE보다 낮은 녹는점을 갖는다. LDPE는 식료품 가게의 봉지로 사용되고; HDPE은 더 강해서 물병, 우유통 및 휘발유통으로 사용된다.

이들 둘 사이의 구조적 차이는 HDPE가 1000개 당 다섯 개의 가지를 갖는 것에 비하여 LDPE는 1000개 당 약 20개로 LDPE가 더 많은 가지를 가지고 있다. 더 커다란 HDPE의 밀도는 동일한 부피에 더 많은 질량을 쌓은 결과이다. 가지가 없는 사슬은 가지가 있는

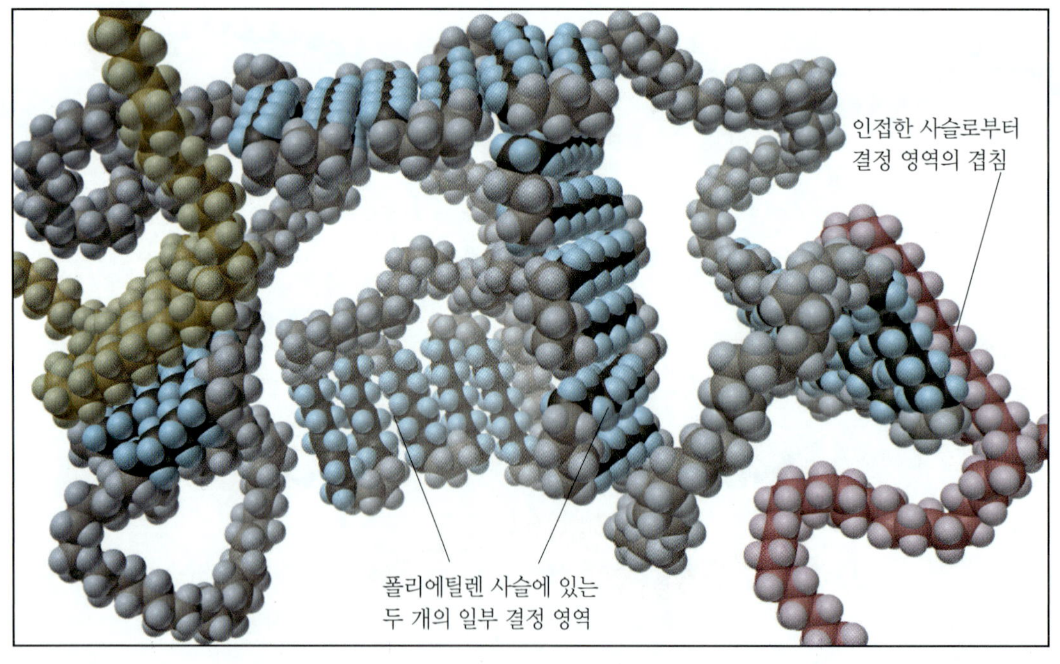

그림 27.6

폴리에틸렌은 불규칙하게 감긴 (아몰퍼스) 그리고 정렬된 (결정) 영역 모두를 포함한다. 한 사슬의 정렬된 영역 (미소결정)은 불규칙한 주 사슬보다 진하게 칠했다. 인접한 사슬과 함께 주 사슬을 포함한 미소결정은 빨강과 노랑이다. Reprinted, with permission from M. Silberberg, Chemistry, 6th ed. McGraw-Hill Higher Education, 2012, p. 463

표 27.1 재활용 플라스틱

기호	고분자	몇 가지 사용 예	
		신품	재생품
1 PETE	폴리(에틸렌 테레프탈레이트)	폴리에스터 섬유, 타이어 코드, 사진필름, 음료수 및 물병, 식품용기	카펫 섬유, 세제용기, 욕조, 자동차 부품, 오디오 및 비디오테이프
2 HDPE	고밀도 폴리에틸렌	병, 자동차 연료탱크, 우유통, 비닐백, 시리얼용 비닐백	외장용 플라스틱 목재 (소품용 탁자, 우편함, 난간, 쓰레기통, 장식용 화분)
3 V	폴리(염화 바이닐)	바닥용 타일, 비닐 마감재, 하수도 관, 낙수용 홈통, 정원용 호스, 샤워커튼, 창틀, 발포용 포장용기	재활용 폴리(염화 바이닐)은 신품과 용도가 많이 동일하다.
4 LDPE	저밀도 폴리에틸렌	쓰레기 봉투, 포장제, 압착용 병, 식료품 백	포장용 필름 및 백
5 PP	폴리프로필렌	실내외용 카펫, 밧줄, 약통, 포장제	실내외용 카펫, 밧줄, 낚시용 그물, 자동차 부품
6 PS	폴리스타이렌	TV 장식장, 여행용 가방, 계란상자, 장난감, 스티로폼 컵, 전기기구	스티로폼 단열제, 옷걸이, 컨테이너
7 OTHER	다른 것들(아크릴릭, 나일론, 폴리카보네이트 등.)	대형 재활용 물통, 자동차 범퍼 및 기타 부품, 타이어, 전화기, 안전모자	

* 신품과 재활용 플라스틱의 용도는 종종 동일하고, 많은 제품들이 신품과 재활용 물질의 혼합물이다.

것보다 더 효과적으로 쌓이고, 이것은 더 강한 분자간 힘, 더 높은 결정성 및 더 단단하고 내구성이 있는 물질로 변환된다.

HDPE처럼, 아이소택틱(isotatic) 폴리프로필렌은 밧줄과 카펫용 섬유를 포함한 다양한 용도를 갖는 높은 결정성이다. 한편 어택틱(atatic) 폴리프로필렌은 결정성이 매우 낮고 쓰임새도 거의 없다.

아이소택틱 폴리프로필렌을 포함하는 입체규칙성 고분자는 절 7.16에서 논의하였다.

교차-연결(cross-linked) 또는 **망상 고분자(network polymer)**의 사슬(그림 27.5*c*)은 주 사슬 또는 다른 것처럼 동일한 반복 단위로 구성되어 길거나 또는 짧을 수도 있는, 연결 단위로 서로가 연결되어 있다. 예를 들면, 가황은 천연고무의 탄화수소 사슬을 연결하기 위하여 황을 사용한다. 일반적으로 교차-연결은 사슬의 운동을 제한하여 경직성을 증가한다. 가황 고무는 약하게 교차-연결된 탄성체이다: 베이클라이트는 매우 많이 교차-연결되어서 한 개의 분자처럼 여겨질 수 있다.

27.6 고분자 분류: 특성

온도 변화에 고분자가 어떻게 대응하는가는 고분자를 사용할 수 있는 조건에 관한 것일 뿐만 아니라, 상품으로 변환되는 방법이기도 하기 때문에 중요하다.

열가소성(Thermoplastic) 고분자는 가장 흔하며 열을 가하면 부드러워진다. 이들의 *유리 전이 온도(glass transition temperature)* (T_g)에서, 열가소성 고분자는 유리상태에서 휘어지는 고무상태로 변한다. 이 온도를 지나면, 무정형 고분자는 온도가 높아짐에 따라서 액체로 변환된다. 결정성 고분자는 오직 *녹는점(melting temperature)* (T_m)에 도달할 때, 이차 전이 액화가 일어난다. 가열할 때, 어택틱, 아이소택틱 및 신디오택틱 폴리(메틸 메타크릴레이트)의 성질을 비교하여라.

폴리(메틸 메타크릴레이트)	T_g(°C)	T_m(°C)
어택틱	114	–
아이소택틱	48	160
신디오택틱	126	200

$$\left[-\underset{\displaystyle CH_3}{\overset{\displaystyle CO_2CH_3}{\overset{|}{\underset{|}{C}}}} - CH_2 - \right]_n$$

폴리(메틸 메타크릴레이트)의 어택틱 형태는 무정형이고 단지 한 개의 전이 온도 (T_g)를 보여준다. 입체규칙성의 아이소택틱 및 신디오택틱은 부분적으로 결정성이고 유리 전이 및 녹음 상태를 지난다.

T_g에서 일어나는 과정은 고분자 사슬의 형태적 유동성을 증가한다. T_m에서는 미소결정내의 인력이 깨어지고 각각의 사슬이 분리된다.

녹는점은 고분자를 어떻게 이용하는지에 관한 중요한 인자이다. 저밀도 폴리에틸렌의 상대적으로 낮은 T_m(115°C)은 이 고분자를 녹여서 원하는 모양으로 주형하기 쉽게 하지만, 동시에 한계가 있다. 예를 들면, 가열하여 멸균해야만 하는 용기가 필요할 때, HDPE의 높은 T_m은 LDPE보다 나은 선택이 될 것이다.

열을 가하면 부드러워지는 열가소성 고분자와는 달리, **열경화성 고분자(thermosetting polymer)** (*또는 열경화성 수지라고 함*)은 계속하여 열을 가하면 액화를 거쳐고 다음에 고체("경화")가 된다. 고체화 물질은 **열경화물**이다. 열경화성 고분자를 가열할 때 교차 연결이 생겨서 비가역적 화학반응으로 형성된다. 페놀과 폼알데하이드로부터 형성되는 단단히 교차-연결되어 열경화된, 베이크라이트는 두 단계로 제조된다. 첫 단계에서는, 페놀과 폼알데하이드의 축합은 액체 상태인 고분자가 형성되어, 주형에서 성형되고 가열되어, 그 결과로 단단하고 견고한 질량의 고체가 된다. 유동성 고분자 및 고체 열경화물을 형성하는 반응은 동일한 종류의 축합이다; 다른 점은 열경화물에는 더 많은 교차 연결이 있다는 것이다. (플라스틱 식탁 용기로 사용되는) *멜라민(Melamine)*은 열경화물의 다른 예이다.

탄성체(Elastomers)는 신장될 수 있지만 신장력이 감소하면 원래의 상태로 되돌아가는 유연성이 있는 고분자이다. 대부분의 부정형 고분자는 전이 상태 온도를 지나면 탄력성이 있지만, 모든 탄력성의 고분자가 탄성체는 아니다. 탄성체의 교차 연결은 탄성체가 변형되고 그것들이 완화될 때 원래 상태로 되돌리는 정도를 제한한다.

27.7 첨가 고분자: 복습과 예습

첨가 고분자는 알켄의 중합과 관련되어 우리에게 아주 친숙하다.

$$>C=C< \longrightarrow \left[-\overset{|}{\underset{|}{C}}-\overset{|}{\underset{|}{C}}- \right]_n$$

표 27.2는 자유 라디칼과 Ziegler–Natta 형태의 배위 착물에 의해 진행되는 알켄 중합의

복습이다. 두 가지 모두 사슬 성장 과정이다; 그것들의 전파 단계는 메커니즘 6.9와 메커니즘 14.3에 각각 요약하였다. 이 절은 알켄 중합에서 다른 두 개의 중요한 요소인 개시와 종결을 조사한다.

알켄 중합의 개시제(Intiators of Alkene Polymerization): 자유 라디칼이나 배위 중합이 일어나는지 아닌지는 주로 반응 개시에 사용되는 물질에 달려있다. 자유 라디칼 중합은 가열하면 균일 결합 절단이 일어나는 화합물이 존재할 때 일어난다. 다음 두 가지 예가 있다.

다이-*tert*-뷰틸 퍼옥사이드 —(100°C)→ 두 개의 *tert*-뷰톡시 라디칼

아조비스아이소뷰티로나이트릴(AIBN) —(50°C)→ 두 개의 1-사이아노-1-메틸에틸 라디칼 + :N≡N: 질소

표 27.2 이전 장에서 논의된 알켄 중합의 요약

반응(절)과 언급	보기
알켄의 자유 라디칼 중합(6.14절) 많은 알켄은 자유 라디칼 개시제로 처리하면 중합이 일어난다한다. 자유 라디칼 사슬 메커니즘을 따르고, 메커니즘 6.9에 에틸렌의 경우가 설명되어 있다.	$H_2C{=}CH_2$ (에틸렌) —(200°C, 2000 atm; O_2 또는 과산화수소)→ 폴리에틸렌
다이엔의 자유 라디칼 중합(10.10절) 짝을 이룬 다이엔은 알켄과 비슷한 조건에서 자유 라디칼의 고분자화가 일어난다. 주요 생성물은 1,4-첨가와 일치한다.	2-클로로-1,3-뷰타디엔 (클로로프렌) —(자유에너지 개시제)→ 폴리클로로프렌
스타이렌의 자유 라디칼 중합(11.14절) 스타이렌은 자유 라디칼, 양이온성, 음이온성 그리고 Ziegler-Natta 조건 하에서 중합할 수 있다. 자유 라디칼 중합의 메커니즘이 메커니즘 11.2에 있다.	스타이렌 —(벤조일 퍼옥사이드)→ 폴리스타이렌
고리 열림 복분해 중합(14.13절) 긴장된 고리 알켄의 이중결합은 텅스텐의 카벤 착물에 의해서 끊어진다. 이 과정에서 중합이 일어난다.	바이사이클로[2,2,1]-2-헵텐 (노보넨) —(촉매, −80°C)→ 폴리노보넨
배위 중합(14.14절) 비스(사이클로펜타다이에닐)지르코늄 다이클로라이드(Cp_2ZrCl_2)와 같은 유기금속 화합물은 메커니즘 14.3에 보인 연속단계의 결과에 의해서 에틸렌의 중합을 촉진시킨다.	$H_2C{=}CH_2$ (에틸렌) —(Cp_2ZrCl_2, 메틸알루목세인)→ 폴리에틸렌

문제 27.5

(a) 중합을 개시하기위해서 *tert*-뷰톡시 라디칼을 염화 바이닐에 첨가하는 화학 반응식을 쓰시오. 굽은 화살표로 전자의 흐름을 보이시오.

(b) 개시체로서 AIBN을 사용하여 스타이렌의 중합에 (a)를 반복하시오.

풀이 예시 (a) *tert*-뷰톡시 라디칼을 염화 바이닐의 CH_2 기에 첨가한다. 이 과정에서 형성된 자유 라디칼은 염소에 연결된 탄소에 비공유 전자쌍을 갖는다.

tert-뷰톡시 라디칼 + 염화 비닐 ⟶ 2-*tert*-뷰톡시-1-클로로에틸 라디칼

배위 중합 촉매는 전이 금속 착물이다. 원래 Ziegler-Natta 촉매인 사염화 타이타늄과 염화 다이에틸알루미늄에 널리 사용되는 이염화 비스(사이클로펜타다이에닐)지르코늄과 같은 다양한 유기금속 착물이 추가된다.

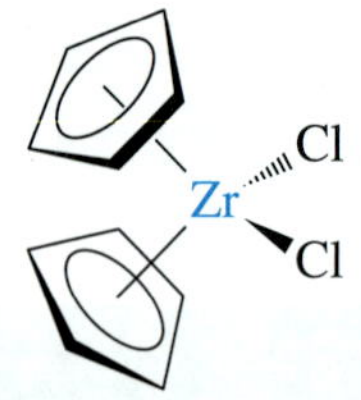

이염화 비스(사이클로펜타다이에닐)지르코늄

알켄 중합의 종결 단계: 자유-라디칼 중합에 있어서 주 사슬-종결 단계는 *조합*과 *불균등화*이다. 조합에 있어서, 성장 라디칼 사슬 한 개의 홀 전자와 다른 것과의 짝지음은 안정한 거대분자를 생성한다.

$$RO\!\left[CH_2CH_2\right]_x CH_2\dot{C}H_2 \;+\; H_2\dot{C}CH_2\!\left[CH_2CH_2\right]_y OR \longrightarrow$$

두 개의 성장하는 폴리에틸렌 사슬

$$RO\!\left[CH_2CH_2\right]_x CH_2CH_2{-}CH_2CH_2\!\left[CH_2CH_2\right]_y OR$$

종결된 폴리에틸렌

불균등화에 있어서, 두 개의 알킬기는 수소-원자 전달에 의해서 반응한다. 두 개의 안정한 분자가 생성된다; 한 개는 메틸기로 종결되고, 다른 것은 이중결합이다.

$$RO\!\left[CH_2CH_2\right]_x CH_2{-}\dot{C}H_2 \;+\; H_2\dot{C}{-}CH(H)\!\left[CH_2CH_2\right]_y OR \longrightarrow$$

두 개의 성장하는 폴리에틸렌 사슬

$$RO\!\left[CH_2CH_2\right]_x CH_2{-}CH_2H \;+\; H_2C{=}CH\!\left[CH_2CH_2\right]_y OR$$

메틸-종결된 폴리에틸렌 이중-결합-종결된 폴리에틸렌

조합과 불균등화는 모두 자유 라디칼을 소모하고 성장하는 사슬의 수를 감소시킨다. 이들은 두 개의 자유라디칼 사이의 반응이 요구되기 때문에, 이들 각각은 낮은 농도로 존

재하고, 라디칼이 단량체와 반응하는 사슬 성장과 비교하여 낮은 확률을 갖는다. 조합은 단지 결합 형성만을 포함하고 낮은 활성화 에너지를 갖는다; 불균등화는 높은 활성화 에너지를 갖는데 그 이유는 결합 절단이 결합 형성을 동반하기 때문이다. 불균등화는 조합보다 사슬 길이와 분자량에 더 역효과를 준다.

문제 27.6

조합 외에, $RO\left[CH_2CH_2\right]_x CH_2—CH_2—OR$ 형태의 거대분자는 다른 과정에 의해서 생성될 수 있고, 그것 역시 사슬 성장을 종결한다. 타당한 반응을 보이고 굽은 화살표로 전자의 흐름을 나타내시오.

배위 중합에서 나타나는 몇 가지 사슬 종결반응 중에서, 일반적인 것은 금속에 β-수소를 전달하는 제거반응이다.

$$Cp_2Zr^+(H)(CHR)(CH_2) \longrightarrow Cp_2Zr^+—H + H_2C{=}CHR$$

27.8 자유 라디칼 중합에서 사슬 가지치기

같은 단량체일지라도, 고분자의 특성은 그것이 어떻게 만들어지는가에 따라서 상당히 변할 수 있다. 에틸렌의 자유-라디칼 중합은 저-밀도 폴리에틸렌이 되고; 배위 중합은 고-밀도 폴리에틸렌이 된다. 구조가 다르기 때문에 특성이 다르고, 구조의 차이는 중합이 일어나는 메커니즘에서 비롯된다. 에틸렌의 자유 라디칼 중합은 가지 고분자를 생성하고, 배위 중합은 선형을 생성한다.

에틸렌의 자유-라디칼 중합에서 일어나는 가지치기의 원인이 되는 메커니즘은 무엇인가?

에틸렌의 자유-라디칼 중합에서 발전 단계 그 자체로는 가지를 생성할 수 없다.

$$\text{고분자}—CH_2—\dot{C}H_2 \quad H_2C{=}CH_2 \longrightarrow \text{고분자}—CH_2—CH_2—CH_2—\dot{C}H_2$$

고분자가 가지를 치기 위해서는, 사슬 말단이 아닌 다른 어느 곳에 라디칼이 자리를 잡는 첨가 과정이 포함되어야만 한다. 이것이 모두 일어날 수 있는 두 가지 주된 방법은 폴리머 사슬내에서 수소를 떼어내는 것이다.

1. 분자내 수소 원자 추출
2. 분자 간 수소 원자 추출(사슬 이동)

분자내 수소 원자 추출: 메커니즘 27.1은 분자내 수소 원자 추출이 어떻게 4-탄소 가지를 만드는지 보여준다. 분자내 과정은 분자들 *사이*가 아닌 분자*안*에서 일어난다는 것을 명심하시오. 메커니즘에서 보이는 것처럼, 성장 고분자 말단의 라디칼은 다섯 번째 탄소로부터 수소 원자를 추출한다. 다섯 개의 탄소와 한 개의 수소는 여섯 개 원자의 고리 전이 상태를 구성한다. 수소 원자가 다섯 번째 탄소로부터 제거될 때, 그 자리에 2차 라디칼이 생긴다. 그리고 이 탄소는 사슬이 더욱 성장하는 원천이 된다. 유사한 메커니즘이 네 개의 탄소보다 가지가 더 짧거나 긴것에 적용된다.

메커니즘 27.1

분자 내 수소 이동으로 일어나는 폴리에틸렌의 가지치기

전체 반응:

$$\boxed{\text{고분자}}-CH_2CH_2CH_2CH_2\dot{C}H_2 \xrightarrow{H_2C{=}CH_2} \boxed{\text{고분자}}-\underset{\displaystyle CH_2CH_2CH_2CH_3}{\underset{|}{C}H}CH_2CH_2(CH_2CH_2)_nCH_2\dot{C}H_2$$

메커니즘:

1단계: 사슬 말단의 탄소—쌍을 이루지 않은 전자가 있는 탄소—는 다섯 번째 탄소로부터 수소 원자를 추출한다. 전이 상태는 6 원자의 고리 배열을 한다.

$$\boxed{\text{고분자}}-\text{(ring: C(H)(H)}\cdots\dot{C}H_2) \longrightarrow \boxed{\text{고분자}}-\text{(ring: }\dot{C}(H)\cdots CH_2-H)$$

생성된 라디칼은 2차이고 본래의 1차 라디칼보다 안정하다. 그러므로 수소 원자추출은 발열반응이다.

$$\boxed{\text{고분자}}-\dot{C}H-CH_2CH_2CH_2CH_3$$

2단계: 라디칼이 에틸렌과 반응할 때, 사슬 긴장은 새로 형성된 라디칼 자리에 대체된다. 이 단계에 생성물은 성장된 사슬에 붙여진 네 개의 가지달린 탄소를 갖는다.

$$\boxed{\text{고분자}}-\underset{\displaystyle CH_2CH_2CH_2CH_3}{\underset{|}{\dot{C}H}} + H_2C{=}CH_2 \longrightarrow \boxed{\text{고분자}}-\underset{\displaystyle CH_2CH_2CH_2CH_3}{\underset{|}{C}H}-CH_2-\dot{C}H_2$$

3단계: 추가된 에틸렌 분자와 반응은 성장 사슬을 확장한다.

$$\boxed{\text{고분자}}-\underset{\displaystyle CH_2CH_2CH_2CH_3}{\underset{|}{C}H}CH_2\dot{C}H_2 \xrightarrow{H_2C{=}CH_2} \boxed{\text{고분자}}-\underset{\displaystyle CH_2CH_2CH_2CH_3}{\underset{|}{C}H}CH_2CH_2-(CH_2CH_2)_n-CH_2\dot{C}H_2$$

문제 27.7

폴리에틸렌에서 드물게 발견되는 네 개의 탄소보다 더 짧거나 긴 가지의 관찰결과에 대한 설명을 제시 하시오. 분자 내 수소 원자 추출을 위한 활성 에너지에 ΔH와 ΔS가 어떤 영향을 미치는지에 대한 설명을 하시오.

자유 라디칼은 배위 중합의 반응중간체가 아니기 때문에 Ziegler-Natta 촉매가 사용될 때 유사한 과정은 일어날 수 없다.

분자 간 수소 원자 추출(*사슬 이동*): 메커니즘 27.2는 말단 사슬로부터 수소 원자를 떼어내는 고분자 성장이 어떻게 이루어지는 지를 보여준다. 원래의 성장 사슬은 종결되고, 원래 종결된 사슬은 더 성장하기 위해서 활성화된다. 그러나 사슬 성장은 사슬의 말단이 아니라 가지 위치에서 일어난다. 성장 사슬(짧다고 가정)이 종결되는 동안 긴 사슬에는 이미 가지가 첨가되었다. 사슬 이동은 가지치기에 이르렀을 뿐 아니라 사슬 길이에 불균형-더 짧은 사슬과 더 긴 가지 사슬-을 초래한다. 두 가지 모두 고분자의 결정성을 감소시키고 그것의 강도도 감소시킨다.

분자 간 수소 추출의 경우에, 자유 라디칼은 배위 중합에서 반응중간체가 아니므로 Ziegler-Natta 조건 하에서 알켄이 중합할 때 사슬 이동의 가지치기는 문제가 아니다.

메커니즘 27.2

분자 간 수소 이동으로 일어난 폴리에틸렌의 가지치기

1단계: 성장 고분자 사슬은 종결된 사슬로부터 수소 원자를 추출한다. 이 단계는 성장 사슬을 종결하고 종결된 사슬을 활성화시킨다.

$$\text{고분자}-CH_2-\dot{C}H_2 + \text{고분자}-\underset{}{\overset{H}{|}}{CH}-\text{고분자}$$

성장 사슬 종결 사슬

$$\downarrow$$

$$\text{고분자}-CH_2-CH_3 + \text{고분자}-\dot{C}H-\text{고분자}$$

종결 사슬 성장 사슬

2단계: 단량체 분자와 새로운 사슬의 반응은 더 성장이 일어날 가지를 생성한다.

$$\text{고분자}-\dot{C}H-\text{고분자} + H_2C{=}CH_2 \longrightarrow \text{고분자}-CH(CH_2\dot{C}H_2)-\text{고분자}$$

성장 사슬 에틸렌 성장 사슬 가지

27.9 음이온 중합: 살아있는 고분자

음이온 중합(Anionic polymerization)이 어떤 고분자에서는 자유 라디칼 및 Ziegler-Natta 과정의 유용한 대체법이다. 예를 들어, 테트라하이드로퓨란의 스타이렌 용액에 뷰틸리튬을 가하면 폴리스타이렌이 생성된다.

$$C_6H_5-CH{=}CH_2 \xrightarrow[\text{THF}]{CH_3CH_2CH_2CH_2Li} \left[-CH(C_6H_5)-CH_2-\right]_n$$

스타이렌 폴리스타이렌

메커니즘 27.3은 스타이렌의 이중결합에 뷰틸리튬 첨가가 어떻게 중합을 시작하는지 보여준다. 이 단계의 생성물은 벤질 음이온이고 다음에 이차 스타이렌 분자에 첨가되어 다른 벤질 음이온을, 그리고 사슬-성장 과정에 의하여 계속됨.

이러한 조건에서 형성된 폴리스타이렌은 다른 방법으로 얻어진 것보다 분자량의 범위가 좁다. 스타이렌에 뷰틸리튬 첨가에 의한 초기 중합은 이어지는 사슬 성장보다 매우 빠르다. 따라서, 모든 뷰틸리튬은 소모되고 사슬의 길이는 사용된 뷰틸리튬의 분자 수와 동일하다. 다음에 이들 출발 사슬은 유사한 속도로 성장해서 비슷한 길이의 사슬을 생성한다.

문제 27.8

중합을 시작하기 위하여 사용한 뷰틸리튬의 양에 따라서 폴리스타이렌의 평균 사슬길이가 어떻게 변하는가?

메커니즘 27.3

스타이렌의 음이온 중합

1단계: 스타이렌의 음이온 중합은 이중결합에 뷰틸리튬의 첨가로 시작된다. 첨가의 위치선택성은 더 안정한 탄소음이온의 형성에 의존하는데, 이 경우에는 벤질 음이온이다.

$$C_6H_5{-}CH{=}CH_2 + {:}\bar{C}H_2(CH_2)_2CH_3\ Li^+ \longrightarrow C_6H_5{-}\ddot{\underline{C}}H{-}CH_2{-}CH_2(CH_2)_2CH_3\ Li^+$$

스타이렌 뷰틸리튬 1-페닐헥실리튬

2단계: 첫 단계의 생성물은 두 번째 스타이렌 분자에 첨가된다.

$$C_6H_5{-}CH{=}CH_2 + C_6H_5{-}\ddot{\underline{C}}H{-}CH_2(CH_2)_3CH_3\ Li^+ \longrightarrow C_6H_5{-}\ddot{\underline{C}}H(Li^+){-}CH_2{-}CH(C_6H_5){-}CH_2(CH_2)_3CH_3$$

스타이렌 + 1-페닐헥실리튬 1,3-다이페닐옥틸리튬

3단계: 두 번째 단계의 생성물은 스타이렌 세 번째 분자에 첨가되고, 다음 네 번째, 그리고 거대분자가 생성되도록 계속됨. 반응은 모든 스타이렌이 소모될 때까지 계속된다. 이때는 폴리스타이렌이 유기리튬 시약으로 존재한다.

$$C_6H_5{-}\ddot{\underline{C}}H(Li^+){-}CH_2{-}\left[CH(C_6H_5){-}CH_2\right]_n{-}(CH_2)_3CH_3$$

유기리튬 시약은 안정하지만, 물에서 쉽게 양성자화되어 폴리스타이렌이 된다. 대안으로 다른 단량체를 첨가하여 사슬 성장을 계속한다.

메커니즘 27.3의 3단계에서 보여준 것처럼, 일단 모든 단량체가 소모되면 고분자는 유기리튬 유도체로 존재한다. 이 물질은 **살아있는 고분자(living polymer)**라고 하는데, 이유는 더 많은 단량체를 더할 수 있고 그리고 더해준 단량체 역시 소모될 때까지 음이온 중합이 계속되기 때문이다. 예를 들면, 1,3-뷰타다이엔을 스타이렌의 살아있는 고분자에 더하면 폴리스타이렌과 폴리(1,3-뷰타다이엔)의 부분("블럭")을 포함하는 새로운 고분자가 된다.

$$C_6H_5{-}\ddot{C}H(Li){-}CH_2{-}\left[CH(C_6H_5){-}CH_2\right]_n{-}(CH_2)_3CH_3 \qquad H_2C{=}CH{-}CH{=}CH_2$$

"살아있는 폴리스타이렌" 1,3-뷰타다이엔

$$\downarrow$$

$$Li\ {:}CH_2{-}CH{=}CH{-}CH_2{-}\left[CH_2{-}CH{=}CH{-}CH_2\right]_m{-}CH(C_6H_5){-}CH_2{-}\left[CH(C_6H_5){-}CH_2\right]_n{-}(CH_2)_3CH_3$$

"살아있는" 스타이렌-뷰타다이엔 혼성고분자

살아있는 중합은 효율적인 종결 과정이 없는 것이 특징이다. 이들은 대개 알코올 또는 이산화탄소와 같이 음이온과 반응하는 물질을 의도적으로 첨가하여 종결된다.

음이온 중합에 민감한 바이닐 단량체에는 이중결합에 —C≡N과 —C(=O)— 같은 전자-끌기 작용기를 가지고 있다.

아크릴로나이트릴 메틸 아크릴레이트 메틸 2-사이아노아크릴레이트

*초강력 접착제(Super Glue)*를 구성하는 단량체인 메틸 2-사이아노아크릴레이트처럼 카보닐과 사이아노기가 동일 탄소에 결합되어 있을 때, 음이온 중합은 공기 중 습기 및 피부의 물기와 같은 아주 약한 염기에 의해서도 시작이 된다.

문제 27.9

메틸 2-사이아노아크릴레이트에 수산화 이온을 첨가하여 형성된 음이온의 구조식을 쓰시오. 이 구조식에 산소 및 다른 것은 질소에 음이온의 비편재화를 보여주는 각각의 기여 공명구조에 의한 구조식을 추가하시오.

- β-탄소에 HO^-를 더한다.
- C에서 O로 전자쌍을 비편재화한다.
- C에서 N으로 전자쌍을 비편재화한다.

27.10 양이온 중합

친핵체 첨가에 의한 알켄의 음이온 중합의 시작과 유사하게, 양이온 중합은 친전자체 첨가로 시작할 수 있다. 양이온 중합에 잘 사용하는 알켄은 양성자화되면 상대적으로 안정한 양이온을 형성하는 것이다. 이들 중에서, 아주 자주 사용되는 것은 2-메틸프로펜으로 고분

자 화학에서는 일반명 *아이소뷰틸렌*으로 더 잘 알려져 있다. 소량의 물이 첨가된 삼플루오린화 붕소로 촉진되는 이 중합 메커니즘은 메커니즘 27.4에서 보여준다. 활성 촉매는 다음 반응으로 형성되는 Lewis 산/Lewis 염기 착물로 알려진다.

$$H_2\ddot{O}: + BF_3 \longrightarrow H_2\overset{+}{O}-\overset{-}{B}F_3$$

물 삼플루오린화 붕소 물/삼플루오린화 붕소 착물

이 착물은 강한 Brønsted 산이고 메커니즘 1단계에서 2-메틸프로펜의 이중결합을 양성자화한다.

메커니즘 27.4

2-메틸프로펜의 양이온 중합

전체 반응

$$\xrightarrow[H_2O]{BF_3}$$

2-메틸프로펜 폴리아이소뷰틸렌

메커니즘:

1단계: 알켄은 양성자화되고, 탄소양이온을 형성한다.

2-메틸프로펜 + $H_2\overset{+}{O}-\overset{-}{B}F_3$ ⟶ *tert*-뷰틸 양이온 + $H\ddot{O}-\overset{-}{B}F_3$

2단계: 이전 단계에서 형성된 양이온은 알켄 분자와 반응하여 새로운 탄소양이온을 형성한다.

2-메틸프로펜 + *tert*-뷰틸 양이온 ⟶ 1,1,3,3-테트라메틸뷰틸 양이온

3단계: 2단계에서 보여준 과정을 되풀이 하여 사슬-확장된 탄소양이온을 형성한다.

4단계: 사슬 종결의 한 가지 메커니즘은 양성자를 잃는 것이다.

$H_2\ddot{O}:$ + ⟶ $H_2\overset{+}{O}-H$ +

폴리아이소뷰틸렌은 뷰틸 고무의 "뷰틸"이고, 최초의 합성 고무 대체품의 하나이다. 대부분의 내부 관은 2-메틸프로펜 (아이소부틸렌)과 2-메틸-1,3-뷰타다이엔(아이소프렌)의 혼성 고분자이다.

27.11 폴리아마이드

폴리아마이드 나일론 66은 이것이 제조된 여섯 개 탄소의 다이카복실산과 여섯 개 탄소의 다이아민으로부터 이름을 정했다. 아디프산과 헥사메틸렌다이아민의 산-염기 반응은 염을 생성하고, 이것을 가열하면 축합 중합이 일어나, 두 단량체가 아마이드 결합으로 연결된다.

$$^{-}OC(=O)(CH_2)_4C(=O)O^{-}\ \ H_3\overset{+}{N}(CH_2)_6\overset{+}{N}H_3 \xrightarrow[-H_2O]{280\text{–}300°C} \left[NH(CH_2)_6NHC(=O)(CH_2)_4C(=O)\right]_n$$

아디프산과 헥사메틸렌다이아민의염 → 나일론 66

아디프산과 헥사메틸렌다이아민의 계통명은 각각 헥세인다이오산과 1,6-헥세인다이아민이다.

나일론 66은 최초의 그리고 상품으로 가장 성공한 합성 폴리아마이드이다(그림 27.7). 다른 것들은 다이아민과 다이카복실산의 사슬에 있는 탄소의 수를 변형하여 개발되었다.

나일론 66은 구조 및 성질에 있어서 실크에 가깝다. 이 둘 모두는 수소결합으로 인접한 사슬이 질서 있게 정돈된 폴리아마이드이다.

[수소결합으로 연결된 나일론 66 사슬 구조: N–H···O=C]

그림 27.7

스카이 다이버의 낙하산은 나일론 66으로 만든다.

다이아민/다이카복실산 주제의 변형은, 자연이 아미노산을 만드는 것처럼, 아미노와 카복실산기를 동일한 분자에 합치는 것이다, 나일론 6는 6-아미노헥산산에서 유도된 폴리아마이드이다.

$$H_3\overset{+}{N}(CH_2)_5CO_2^{-} \xrightarrow{\text{열}} \left[NH(CH_2)_5C(=O)\right]_n + H_2O$$

6-아미노헥산산 → 나일론 6 + 물

문제 27.10

나일론 6은 ε-카프로락탐이라고 하는 6-아미노헥산산에서 유도된 락탐으로 보통 제조한다. 락탐이 무엇인지 기억하는가? ε-카프로락탐의 구조를 쓰시오.

문제 27.11

노멕스(Nomex)는 방화복으로 쓰이는 아라미드 섬유이다. 그것은 1,3-벤젠다이아민(*m*-페닐렌다이아민)과 1,3-벤젠 다이카복실산(아이소프탈산)의 축합으로 제조되는 폴리아마이드이다. 노멕스의 반복 단위는 무엇인가?

27.12 폴리에스터

테레프탈산의 다이메틸 에스터는유사한 방법으로 사용된다.

폴리에스터의 보통 합성 방법은 다이카복실산과 다이올의 축합에 의한 것이다. 가장 잘 알려진 폴리에스터는 에틸렌 글리콜과 테레프탈산으로부터 만들어진 폴리(에틸렌 테레프탈레이트)이다.

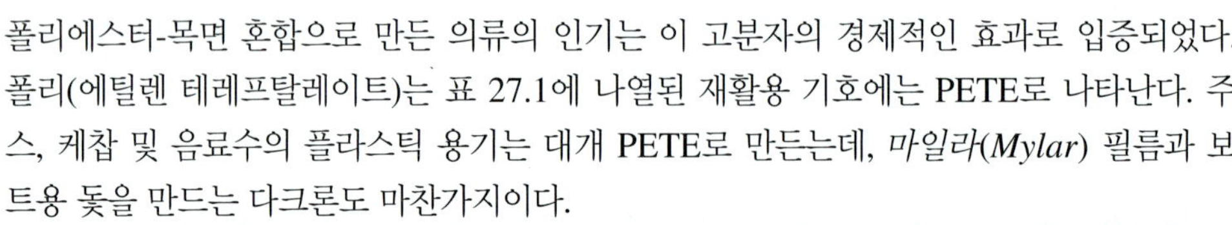

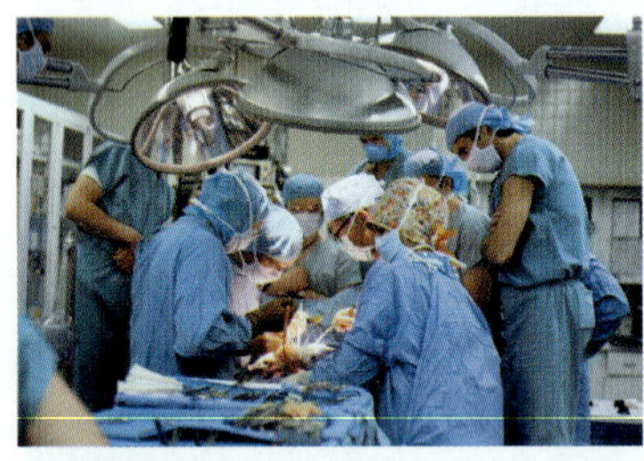

그림 27.8

다크론은 수술용 봉합사 물질로 널리 이용된다.

폴리에스터-목면 혼합으로 만든 의류의 인기는 이 고분자의 경제적인 효과로 입증되었다. 폴리(에틸렌 테레프탈레이트)는 표 27.1에 나열된 재활용 기호에는 PETE로 나타난다. 주스, 케찹 및 음료수의 플라스틱 용기는 대개 PETE로 만든는데, *마일라*(*Mylar*) 필름과 보트용 돛을 만드는 다크론도 마찬가지이다.

알키드 수지(*Alkyd resins*)는 수 백 가지가 넘고 광택나는 페인트 및 에나멜—집, 차 및 화가—에 사용되고 그림 27.9에 나타내었다. 대부분이 벤젠-1,2-다이카복실산 (*o*-프탈산) 및 1,2,3-프로판트라이올 (글리세롤)로부터 만든다. 글리세롤의 하이드록실기 두 개는 *o*-프탈산의 에스터로 변환되고; 세 번째는 다른 사슬과 교차-연결을 형성하는 불포화 지방산과 에스터화된다.

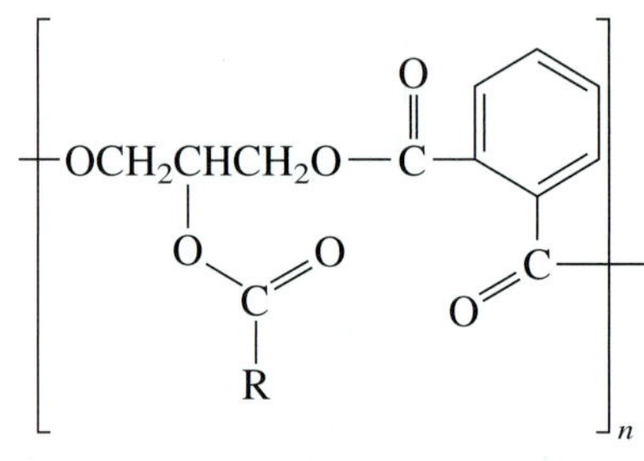

알키드 수지

그림 27.9

알키드는 미술실 이상으로 사용된다. 화가도 역시 사용한다.

같은 분자에 있는 하이드록실기와 카복실산 작용으로, 글라이콜산과 젖산은 폴리에스터를 형성할 수 있는 능력이 있다. α-하이드록시산을 가열하면 고리 다이에스터가 되고, 이것은 Lewis 산 촉매 ($SnCl_2$ 또는 SbF_3)로 처리하면 고분자가 된다.

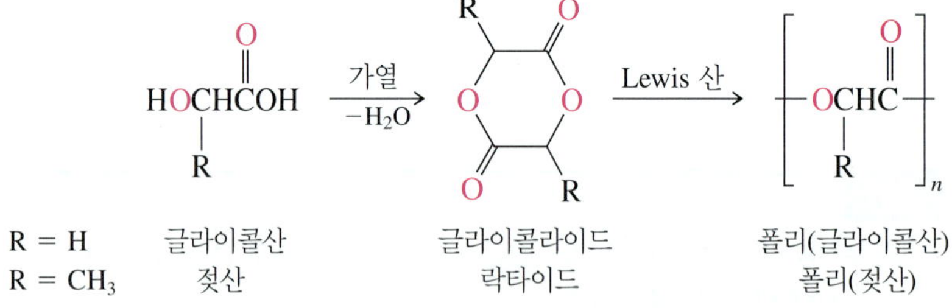

폴리(글라이콜산)과 폴리(젖산)으로 만드는 수술용 봉합사는, 보통의 수술용 실을 대체할 정도로 강하지만, 에스터 가수분해에 의하여 서서히 분해되므로 실을 제거하기 위하여 다시 병원을 찾을 필요가 없다. 폴리(글라이콜산) 섬유는 피부 세포가 성장하는 뼈대로서 전망이 밝다. 따라서 이 "인공 피부"는 치료를 촉진하기 위해서 상처에 붙인다.

문제 27.12

수술용 봉합사를 만드는 다른 단량체는 ε-카프로락톤이다. 폴리(ε-카프로락톤)의 반복단위는 무엇인가?

ε-카프로락톤

폴리에스터 역시 약과 비료 및 제초제와 같은 농업용 생산품의 조절-이완 형태로 사용된다. 시간이 지나면 분해되도록 선택한 폴리에스터를 가지고 활성 물질을 덮어서, 물질이 한 번에 다 나오기 보다는 오히려 서서히 나오게 된다.

27.13 폴리카보네이트

폴리카보네이트는 탄산의 에스터이다. *렉산(Lexan)*은 가장 중요한 폴리카보네이트이며 다이페놀 화합물 비스페놀 A로부터 생산한다.

$$NaO-C_6H_4-C(CH_3)_2-C_6H_4-ONa + ClC(=O)Cl \xrightarrow{-NaCl} \left[O-C_6H_4-C(CH_3)_2-C_6H_4-OC(=O) \right]_n$$

비스페놀 A의 다이소듐 포스젠 비스페놀 A 폴리카보네이트 (렉산)

문제 27.13

비스페놀 A의 다이소듐 1몰과 포스젠 1몰의 반응에 대한 메커니즘을 쓰시오.

테비스페놀 A는 페놀과 아세톤으로부터 만든다. 공업적 공정은 대개 아주 효율적이다. 22장에서 설명한, 한 가지 공정은 동일한 반응의 생성물로서 페놀과 아세톤을 모두 생성한다. 찾을 수 있습니까?

렉산은 사실 무한의 용도를 갖는 깨끗하고, 투명하고, 강하고, 내충격 플라스틱이다. 그림 27.10에 표시한 것처럼 이것은 보호 및 일상 안경 모두에 사용된다. 아폴로 11 우주인들은 1969년 달 탐사 시에 렉산 비젼이 장착된 렉산 헬멧을 썼었다. CD 및 DVD는 렉산 폴리카보네이트이고, 많은 핸드폰, 자동차의 계기판, 전조등, 미등도 마찬가지이다.

그림 27.10

이 보안경의 폴리카보네이트 렌즈는 가볍지만, 비산방지가 된다.

27.14 폴리우레탄

*카바메이트(carbamate)*라고도 부르는 *우레탄(Urethane)*은 작용기 $-OC(=O)NH-$를 갖는 화합물이다. 우렌탄은 보통 알코올과 아이소사이아네이트의 반응으로 제조된다.

$$ROH + R'N{=}C{=}O \longrightarrow ROC(=O)NHR'$$

알코올 아이소사이아네이트 우레탄

폴리우레탄은 다이올과 다이아이소사이아네이트로부터 형성되는 거대분자이다. 대부분의 경우에, 다이올은 고분자성이고 다이아이소사이아네이트는 "톨루엔 다이아이소사이아네이트" 이성질체의 혼합물이다.

$$HOCH_2-[\text{고분자}]-CH_2OH$$

고분자성 다이올

톨루엔 다이아이소사이아네이트 이성질체의 혼합물

예를 들면, 만일 2,6-다이아이소사이아네이트가 존재할 때, 생성되는 폴리우레탄의 반복단위는 아래와 같을 것이다.

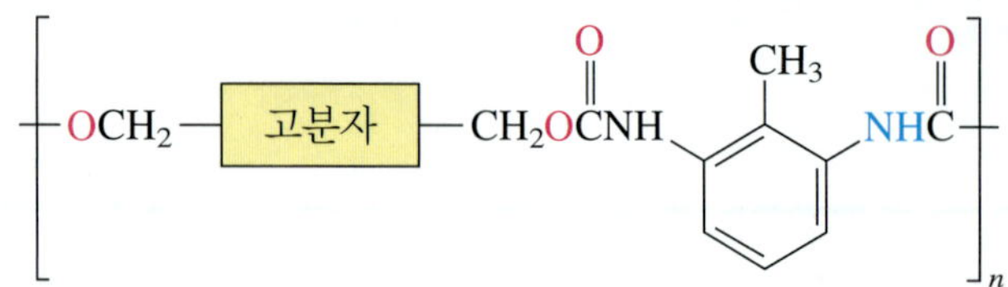

사실 다이아이소사이아네이트 이성질체의 혼합물이 사용되기 때문에, 임의의 2,4- 및 2,6-치환 형태가 생성된다.

문제 27.14

고분자 다이올이 1,2-에폭시프로페인으로부터 만든 "고분자성 다이올"의 반복단위를 쓰시오.

그림 27.11

스판덱스 운동복은 스피드스케이트 선수를 더욱 공기역학적으로 만든다.

알코올과 아이소사이아네이트의 반응은 축합이 아니라 첨가이다. 그러므로, 폴리우레탄은 첨가 고분자로 분류된다. 그러나 단량체는 작용기가 두 개이기 때문에, 분자량은 사슬 성장이라기 보다는 오히려 단계 성장으로 증가한다.

폴리우레탄의 주 용도는 스판덱스 섬유이다. 스판덱스는, 길이를 여러번 늘리더라도, 원래 상태로 복원되는 능력이 있어서 탄성 의류에 있어서 고무의 월등한 대체품이다. 이것의 가장 돋보이는 응용은 높은-성적 경기자를 위한 최상의 섬유인 육상복(수영, 경륜 및 달리기)이다(그림 27.11).

폴리우레탄은 다른 많은 용도, 특히 페인트, 접착제 및 거품 등을 가지고 있다. 교차연결의 정도에 따라서 견고하거나(격막판) 또는 유연한(베개, 쿠션 및 매트리스), 폴리우레탄 폼은 중합 혼합물에 발포제를 첨가하여 제조된다. 한 가지 방법은 아이소사이아네이트와 물의 반응을 이용하는 것이다.

$$\underset{\text{아이소사이아네이트}}{RN{=}C{=}O} + \underset{\text{물}}{H_2O} \longrightarrow \underset{\text{카밤산}}{RNH{-}\overset{\overset{O}{\|}}{C}{-}OH} \longrightarrow \underset{\text{아민}}{RNH_2} + \underset{\text{이산화탄소}}{CO_2}$$

카밤산의 에스터는 (우레탄) 안정한 화합물이기는 하지만, 카밤산 자체는 쉽게 분해되어 아민과 이산화탄소가 된다. 중합 동안 반응물에 물을 더하면 고분자 안에 가둘 수 있는 이산화탄소 기포가 발생한다.

27.15 혼성고분자

두 개 이상의 단량체로 만들어지는, 혼성고분자는 균일 고분자만큼 흔하다. 사슬에서 두 개 이상 단량체의 존재는 특성 조절을 가능하게 한다. 일부 구조 단위는 사슬을 뻣뻣하게 하고, 다른 것은 사슬을 더 유연하게 만든다. 두 번째 단량체는 교차 연결을 위하여 종종 첨가된다.

혼성고분자는 거대분자의 단량체 분포에 따라서 구분된다.

1. 랜덤
2. 블록
3. 그래프트

***랜덤 혼성고분자(Random Copolymers)*:** 이름이 의미하는 것처럼, 랜덤 혼성 분자에서 단량체 단위의 분포에는 형식이 없다.

~A–A–B–A–B–B–A–A–B–B–A–B–A–B~

자동차 타이어의 스타이렌-뷰타다이엔 고무(SBR)는 랜덤 혼성고분자이다. 이것은 두 가지 방법, 자유 라디칼 및 음이온 중합으로 이 둘은 스타이렌과 1,3-뷰타다이엔 혼합물에서 수행된다, 자유 라디칼 시작은 본질적으로 비선택성이어서 랜덤 혼성고분자가 생성된다. 음이온 중합은 랜덤화를 주기 위하여 두 단량체의 반응성이 같아지도록 고안된 조건에서 수행된다.

***블럭 혼성고분자(Block Copolymers)*:** 주 사슬은 다른 단량체에서 유도되는 반복 단위의 영역(블럭)을 포함한다. 순서는:

~A–A–A–A–A–B–B–B–B–B–B–B–B–B~

단지 두 블록을 가지고 있고, 하나는 A에서 다른 것은 B에서 유도된다. A와 B에서 유도된 거대분자는 많은 블록을 포함할 수 있다.

음이온 중합으로 생성된 살아있는 고분자는 블록 고분자를 제조하는데 아주 적합하다. 1,3-뷰타다이엔을 살아있는 폴리스타이렌 블록에 첨하하면 폴리(1,3-뷰타다이엔) 블록을 붙이는 단계가 시작된다.

폴리스타이렌—CH_2—$\ddot{C}H(C_6H_5)$ Li $\xrightarrow{H_2C=CH-CH=CH_2}$ 폴리스타이렌—CH_2—$CH(C_6H_5)$—CH_2—CH=CH—$\ddot{C}H_2$ Li

$H_2C=CHCH=CH_2$ 과 더욱더 반응함

폴리스타이렌—CH_2—$CH(C_6H_5)$—폴리(1,3-뷰타다이엔)—CH_2—CH=CH—$\ddot{C}H_2$ Li

음이온 살아있는 중합으로 제조된 블록 고분자의 성질은 랜덤 스타이렌–뷰타다이엔 혼성고분자와는 다르다.

***그래프트 혼성고분자(G raft Copolymer)*:** 주 사슬은 다른 단량체에서 유도된 가지(그래프트)를 갖는다.

~A–A–A(B–B–B)–A–A(B)–A(B–B)–A–A–A(B–B)–A–A(B–B–B–B)–A~

스타이렌과 1,3-뷰타다이엔의 그래프트 혼성고분자는 "고충격 고분자"라고 하며, 예를 들면, 노트북 케이스에 사용된다. 이것은 폴리(1,3-뷰타다이엔)의 존재에서 스타이렌의 자유–라디칼 중합으로 제조된다. 스타이렌과 반응하는 대신, 자유–라디칼 개시제는 폴리(1,3-뷰타다이엔)의 알릴 수소를 떼어낸다.

폴리(1,3-뷰타다이엔)—CH(H)—CH=CH—CH_2—폴리(1,3-뷰타다이엔) (개시제)

↓

폴리(1,3-뷰타다이엔)—$\dot{C}H$—CH=CH—CH_2—폴리(1,3-뷰타다이엔)

폴리스타이렌 사슬 성장은 알릴자리에서 시작하고 이곳과 폴리(1,3-뷰타다이엔)의 다른 알릴 탄소에서 보통의 방법으로 진행된다.

폴리(1,3-뷰타다이엔) $\dot{C}H-CH=CH-CH_2-$ 폴리(1,3-뷰타다이엔)

$C_6H_5-CH=CH_2$

↓

폴리(1,3-뷰타다이엔) $CH-CH=CH-CH_2-$ 폴리(1,3-뷰타다이엔)

$C_6H_5-\dot{C}H-CH_2$

폴리(1,3-뷰타다이엔) 사슬의 폴리스타이렌 그래프트가 생성된다.

폴리(1,3-뷰타다이엔) $-CH-CH=CH-CH_2-$ 폴리(1,3-뷰타다이엔)

$C_6H_5-\dot{C}H-CH_2$

↓ 스타이렌과 더욱더 반응함

폴리(1,3-뷰타다이엔) $-CH-CH=CH-CH_2-$ 폴리(1,3-뷰타다이엔)

$C_6H_5-CH-CH_2$

폴리스타이렌

폴리스타이렌 자체는 깨어지기 쉽다; 폴리(1,3-뷰타다이엔)은 고무성이다. 그래프트 혼성고분자는 강하고, 폴리(1,3-뷰타다이엔) 구조 단위에 의하여 제공된 탄성 때문에 깨어지지 않고 충격을 흡수한다.

Conducting Polymers

The notion that polymers can conduct electricity seems strange to most of us. After all, the plastic wrapped around the wires in our homes and automobiles serves as insulation. Do polymers exist that can conduct electricity? Even if such materials could be made, why would we be interested in them?

Henry Letheby, a lecturer in chemistry and toxicology at the College of London Hospital, obtained a partially conducting material in 1862 by the anodic oxidation of aniline in sulfuric acid. The material Letheby synthesized was a form of polyaniline. In the 1980s, Alan MacDiarmid of the University of Pennsylvania reinvestigated polyaniline, which is now a widely used conducting polymer. Polyaniline exists in a variety of oxidation states (Figure 27.12), each with different properties. The emaraldine salt is a conductor without the use of additives that enhance conductivity, but its conductivity is enhanced by adding a Brønsted acid that protonates the nitrogen atoms.

The synthesis of polyaniline can be carried out in aqueous HCl solution, by electrochemical oxidation, or in the presence of a chemical oxidant such as ammonium persulfate. The different forms of polyaniline can then be obtained by altering the current or the pH of the solution. The ability to tailor the process increases the potential for commercial application where the unique properties of a certain polyaniline are desired. Polyanilines are used as corrosion inhibitors and in the electromagnetic shielding of circuits, where they can protect against electrostatic discharge.

Another conducting polymer that has found commercial application is poly(3,4-ethylenedioxythiophene), PEDOT, which is marketed as a dispersion that contains poly(styrene sulfonate). This polymer dispersion is used in the manufacture of organic light-emitting diodes (OLEDs), which are materials that emit light when an electric current is applied to them (Figure 27.13). OLEDs are used for flat panel displays in televisions and cellular telephone displays.

The 2000 Nobel Prize in Chemistry was awarded to Alan Heeger (University of California Santa Barbara), Alan MacDiarmid (University of Pennsylvania), and Hideki Shirakawa (University of Tsukuba, Japan) for their "discovery and development of electrically conductive polymers."

Figure 27.12

Polyaniline exists in different forms with varying states of oxidation. One of the forms is a conductor.

Leucoemaraldine, colorless, fully reduced, insulating

Emaraldine base, green, partially oxidized, insulating

Emaraldine salt, blue, partially oxidized, conducting

Pernigraniline, purple, fully oxidized, insulating

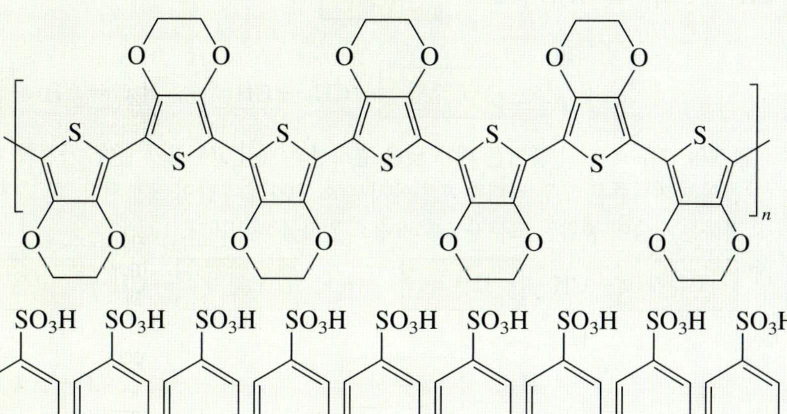

SONY markets a flat panel television with an OLED screen that is 3 mm thick.

This cellular telephone made by Nokia uses an OLED display.

Figure 27.13

A mixture of poly(3,4-ethylenedioxythiophene) and poly(styrene sulfonate) is used in the manufacture of organic light-emitting diodes (OLEDs).

27.16 요약

27.1절 고분자 화학은 천연 고분자 생성물의 화학적 변형을 하는 19세기로 거슬러 올라간다. 고분자의 구조 형태가 일단 결정되면, 고분자 합성은 합리적인 근거에서 이루어진다.

27.2절 고분자는 대개 그들이 만들어진 단량체에 따라서 명명된다(원처–근거 명명법). 단량체의 이름이 한 단어이면, 고분자는 단순히 접두사 *폴리*–를 붙여서 명명한다. 단량체가 두 단어 이면, 괄호를 사용하고 *폴리*을 앞에 붙인다.

$$\left[\begin{array}{c} CH_3 \\ | \\ CHCH_2 \end{array}\right]_n \qquad \left[CH_2CH_2O\right]_n$$

폴리프로필렌 폴리(에틸렌 옥사이드)

27.3~27.6절

고분자는 몇 가지 다른 방법으로 구분된다:

- 반응 형태(첨가 및 배위)
- 사슬 성장 및 단계 성장
- 구조(선형, 가지 및 교차–연결)
- 특성(열가소성, 열경화, 또는 탄성체)

27.7절 이절은 알켄 중합의 시작과 종결을 강조한다. 자유-라디칼 중합의 주 종결 반응은 두 라디칼을 조합과 불균등화이다. 두 라디칼의 조합은 홑전자를 짝짓고 사슬 성장을 멈춘다.

$$\text{고분자}—\dot{C}H_2 \quad H_2\dot{C}—\text{고분자} \longrightarrow \text{고분자}—CH_2—CH_2—\text{고분자}$$

불균등화에 있어서는, 두 개의 성장 사슬사이에서 수소 원자가 교환되고, 한 개는 이중결합과 다른 것은 새로운 C—H 결합으로 종결된다.

$$\text{고분자}—CH_2—\dot{C}H_2 + H_2\dot{C}—CH(H)—\text{고분자} \longrightarrow \text{고분자}—CH_2—CH_3 + H_2C{=}CH—\text{고분자}$$

27.8절 알켄의 자유–라디칼 중합은 대개 낮은 결정성의 가지 고분자가 된다. 가지가 형성되는 두 개의 메커니즘은 모두 라디칼 위치에서 수소 원자의 추출이 포함된다. 한 가지에서는, 성장하는 사슬이 종결된 고분자로부터 수소 원자를 떼어낸다.

$$\text{고분자}—CH(H)—\text{고분자} + H_2\dot{C}—\text{고분자} \longrightarrow \text{고분자}—\dot{C}H—\text{고분자} + H—CH_2—\text{고분자}$$

다른 것은 분자 내 수소–원자 추출이다. 대부분의 경우에, 이 반응은 6–중심 전이상태로 진행되고 성장사슬의 말단으로부터 중심으로 반응 위치가 이동한다.

$$\text{고분자}—CH_2—CH(H)CH_2CH_2CH_2\dot{C}H_2 \longrightarrow \text{고분자}—CH_2—\dot{C}HCH_2CH_2CH_2CH_2H$$

27.9절 탄소음이온을 안정화시키는 치환기(X)를 갖고 있는 알켄의 음이온 중합은 알킬리튬 시약과 같은 강염기로 시작된다.

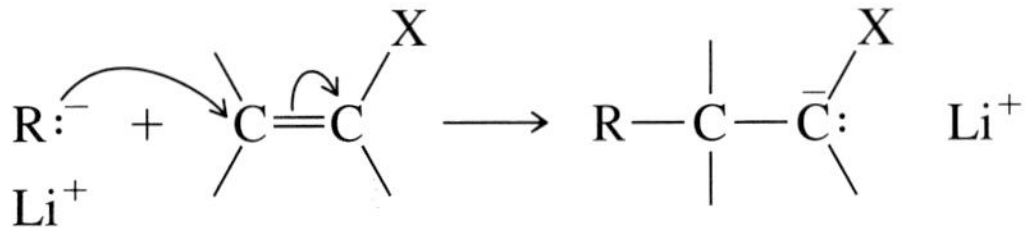

$$\mathrm{R\!:^{-}\ Li^{+}} + \mathrm{C{=}C(X)} \longrightarrow \mathrm{R{-}C{-}\overset{-}{C}(X)\!:\ \ Li^{+}}$$

이 단계의 생성물은 두 번째 단량체와 반응할 수 있는 새로운 유기리튬 시약으로, 다음에 세 번째 그리고 등등. 성장 유기리튬 사슬은 안정하여 살아있는 고분자라고 부른다.

27.10절 상대적으로 안정한 양이온을 형성할 수 있는 알켄의 양이온 중합은 이중결합의 양성자화 또는 삼플루오린화 붕소와 같은 Lewis 배위에 의하여 시작된다.

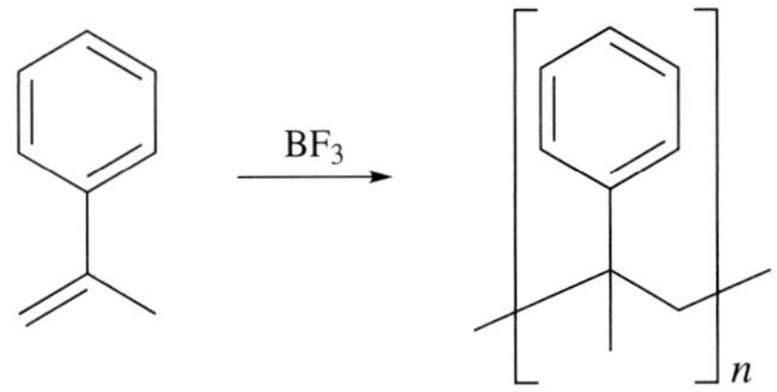

$$\xrightarrow{BF_3}$$

27.11절 많은 중합에 있어서 주요한 결합-형성 과정은 *축합(condensation)* 반응이다. 가장 일반적인 축합은 폴리아마이드와 폴리에스터의 반응이다.

*폴리아마이드 합성(polyamide synthesis)*는 나일론 66의 제조로 나타내고, 이것은 상업적으로 가장 성공한 합성 섬유이다.

$$\mathrm{H_3\overset{+}{N}(CH_2)_6\overset{+}{N}H_3} + \mathrm{{}^{-}O\overset{O}{\overset{\|}{C}}(CH_2)_4\overset{O}{\overset{\|}{C}}O^{-}} \xrightarrow{\text{가열}} \left[\mathrm{NH(CH_2)_6NH\overset{O}{\overset{\|}{C}}(CH_2)_4\overset{O}{\overset{\|}{C}}}\right]_n$$

27.12절 다이올과 다이카복실산의 축합은 *폴리에스터*를 생성한다. 폴리(테레메틸렌 석시네이트)는 뷰테인다이오산과 1,4-뷰테인다이올에서 유도되는 생분해성 폴리에스터이다.

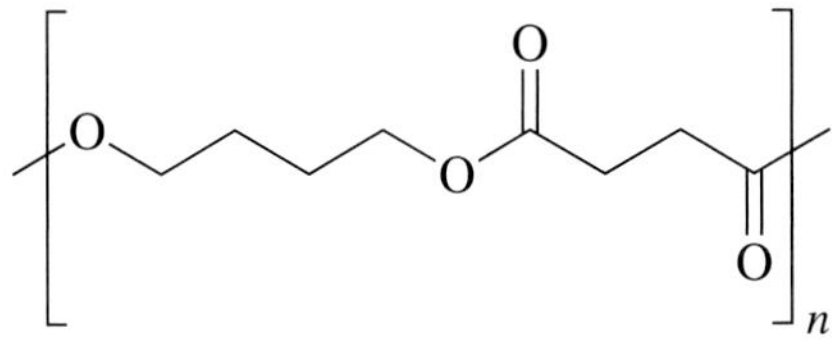

27.13절 *폴리카보네이트*의 대부분의 응용은 포스젠과 비스 페놀 A로부터 유도되는 렉산이 중심이다.

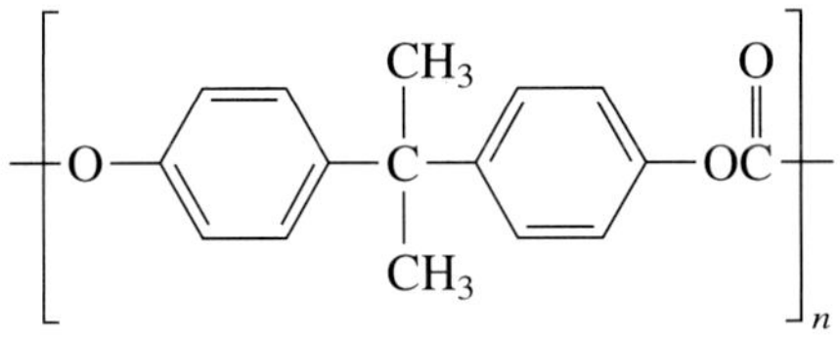

27.14절 폴리카보네이트처럼, *폴리우레탄*은 비교적 몇 개 안되는 구조적인 형태밖에 없음에도 광범위한 사용을 자랑한다. 대부분의 폴리우레탄은 톨루엔의 2,4- 및 2,6-다이아이소사이아 네이트 유도체와 폴리머 다이올 또는 트라이올의 혼합물에서 만들어진다.

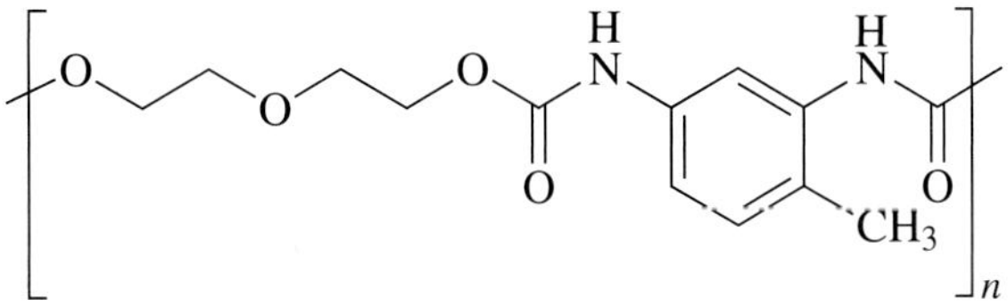

27.15절 혼성고분자는 중합되는 혼합물에 존재하는 두 개 이상의 단량체에서 형성되는 고분자이다.이들은 랜덤, 블록 또는 그래프트로 구분된다. *랜덤 혼성고분자*는 성분 단위의 구조적인 형태에 있어서 규칙성이 결여되어 있다. 단량체 A와 B의 블럭 혼성고분자는 고분자(A)와 고분자(B)의 블럭으로 구성된다. *그래프트 혼성고분자* A 는 주 사슬이 고분자(A)이고, 여기에가지 고분자(B)가 접합되있다.

문제

27.15 나일론 11은 11-아미노운데케인산 [$H_2N(CH_2)_{10}CO_2H$]을 가열하여 제조되며 낚시 줄로 사용된다. 나일론 11의 반복 단위는 무엇인가? 이것은 축합 고분자인가 또는 첨가 고분자인가? 사슬-성장인가 또는 단계-성장인가?

27.16 그림 26.12 에서 보여준 단백질 생합성은 단계 성장인가 또는 사슬 성장인가? 단백질은 첨가고분자인가 또는 축합 고분자인가? 그 이유는?

27.17 *Pseudomonas oleovorans*는 노난산을 산화하고, 그 다음에 생성된 3-하이드록시노난산 을 균일고분자로 저장한다. 이 폴리에스터 반복 단위의 구조를 쓰시오.

27.18 제조된 반복 단위 $\left[\ \right]_n$을 갖는 고분자의 단량체로부터 공급원-기준 이름을 제안하시오.

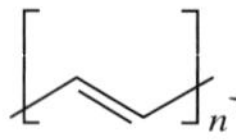

27.19 제조된 반복 단위 $\left[OCH_2CH_2\overset{O}{\overset{\|}{C}}\right]_n$로부터 락톤의 구조를 쓰시오.

27.20 코델(Kodel) 섬유는 아래의 고분자로부터 생산한다. 이것을 제조하는 알맞은 단량체를 제안하시오.

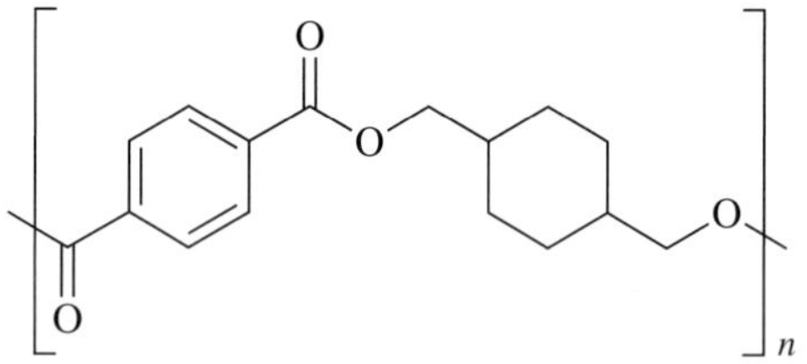

O O O O n

27.21 다음 단량체들 중에서, 어느 것이 양이온 중합을 가장 쉽게 수행하겠는가?

N Cl

27.22 다음 단량체들 중에서, 어느 것이 음이온 중합을 가장 쉽게 수행하겠는가?

O O N Cl

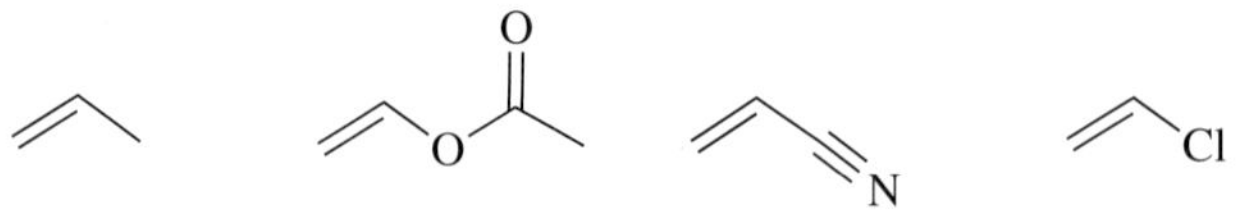

27.23 스타이렌의 중합은 자유-라디칼, 양이온, 음이온 또는 배위 메커니즘으로 일어날 수 있다. 아래 보이는 각 화합물이 중합에 사용될 때, 어느 메커니즘으로 일어날 것인가?

(a) $TiCl_4$, $(CH_3CH_2)_3Al$ (b) 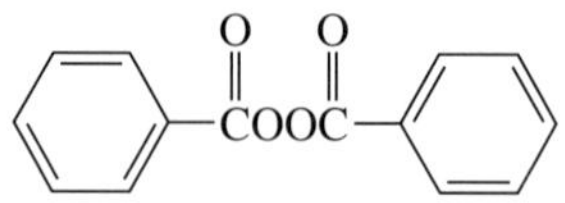 $C_6H_5\overset{O}{\overset{\|}{C}}OO\overset{O}{\overset{\|}{C}}C_6H_5$ (c) BF_3

27.24 스타이렌은 *p*-메톡시스타이렌보다 빠르게 음이온 중합을 수행한다. 이 관찰에 대한 설명을 제안하시오.

27.25 만일 —C≡N이 페닐보다 탄소음이온을 더 잘 안정화한다면, 스타이렌과 아크릴로나이트릴의 혼성고분자를 제조하기 위하여 여러분은 어떤 단량체를 가지고 시작하겠는가?

27.26 *폴리(바이닐 뷰틸알)*은 안전유리의 내부 안감이다. 이것은 아래의 반응으로 제조된다. 화합물A는 무엇인가?

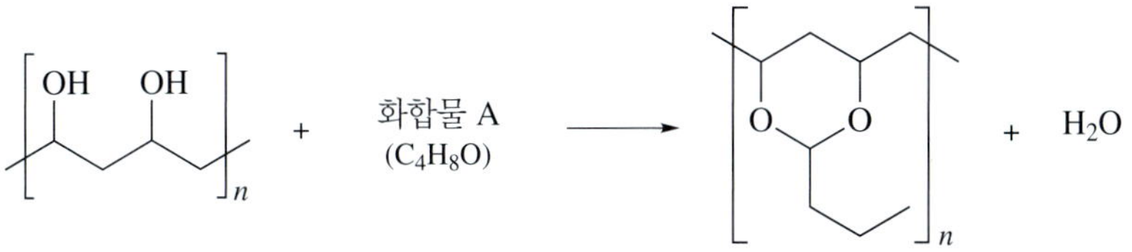

OH OH + 화합물 A (C_4H_8O) → O O + H_2O

27.27 *선형 저밀도 폴리에틸렌*은 1-헥센과 같은 두 번째 알켄이 소량 존재한 Ziegler-Natta 조건에서 에틸렌이 중합된 혼성고분자이다. 생성된 고분자의 구조적 특징은 무엇인가?

27.28 (a) (아래 보이는)비스페놀 A는 페놀과 아세톤의 반응으로 제조된다. 이 반응의 메커니즘을 제안하시오. 산(H_3O^+) 촉매화를 가정하시오.

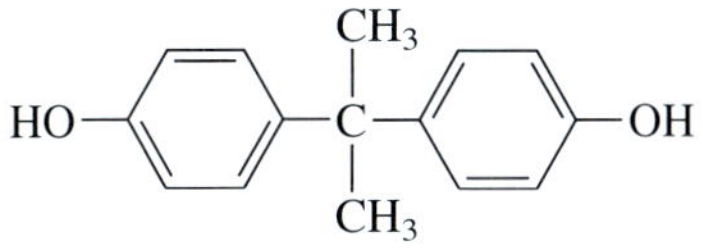

CH_3 HO—C—OH CH_3

(b) 비스페놀 B는 페놀과 2-뷰탄온으로 만든다. 이 구조는 무엇인가?

X	Y	Z
H	CH_2OH	H
CH_2OH	H	H
CH_2OH	CH_2OH	H
CH_2OH	H	CH_2OH
CH_2OH	CH_2OH	CH_2OH

27.29 폴리(에틸렌 옥사이드)는 음이온 또는 양이온 중합에 의하여 에틸렌 옥사이드로부터 제조할 수 있다. 두 과정의 반응 메커니즘을 쓰시오. 산은 H_3O^+, 염기는 OH^-로 사용하시오.

27.30 (a) 페놀과 폼알데하이드로부터 베이클라이트 제조의 첫 단계는 고리에 —CH_2OH 기를 붙이는 것이다.

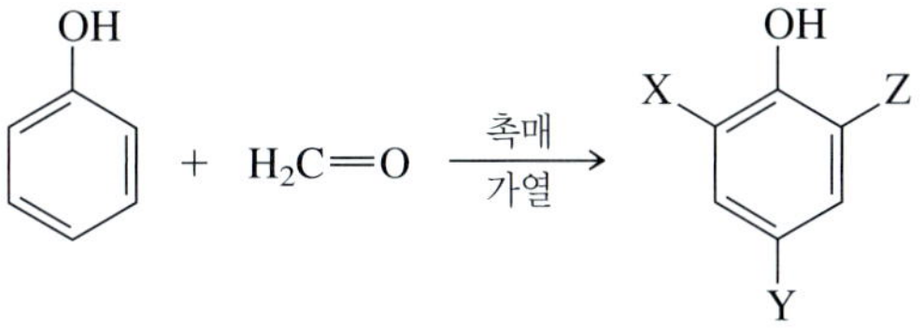

OH + $H_2C{=}O$ →(촉매, 가열) OH, X, Z, Y

페놀 폼알데하이드ı Formaldehyde

이 반응에서 *o*-하이드록시벤질 알코올 (X = CH_2OH, X = Z = H)의 형성 메커니즘을 쓰시오. 촉매는 H_3O^+로 가정하시오.

(b) 두 번째 단계는 CH_2기로 방향족 고리 두 개를 연결한다. 아래의 보인 예에 대한 메카니즘을 쓰시오.

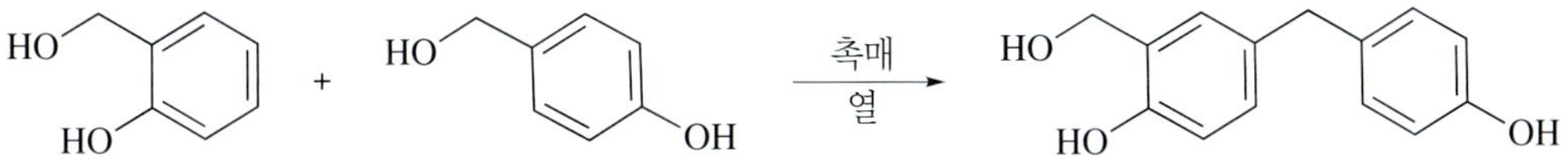

HO, HO + HO, OH →(촉매, 열) HO, HO, OH

27.31 폼알데하이드의 양이온 중합의 첫 단계는 다음과 같다:

$$H_2C{=}\ddot{O}: + BF_3 \longrightarrow H_2C{=}\overset{+}{\ddot{O}}{-}\overset{-}{B}F_3$$

전자 이동을 추적하기 위하여 굽은 화살표를 사용하여 두 번째 단계의 반응식을 쓰시오.

설명문과 이해 문제 27

화학적으로 변형된 고분자

많은 유용한 고분자는 중합의 초기 생성물 자체가 아니라 원래 고분자를 화학적으로 변형한 것이다. 보호 장갑이나 자동차의 연료통을 코팅하기 위하여 사용되는 부분적으로 플로오린화된 폴리에틸렌은 폴리에틸렌을 질소에 희석한 F_2에 노출시켜서 제조한다.

$$\text{(polyethylene)} + F_2 \longrightarrow \text{(partially fluorinated chain, F)} + HF$$

부분 플로오린화는 폴리에틸렌과 같은 고분자를 쉽게 필름으로 만들 수 있으며, 산화 및 방수에 대단히 저항성이 있다.

라이보핵산 효소의 Merrifield 합성에서 고체 지지체는 친전자 방향족 치환으로 $—CH_2Cl$ 기를 스타이렌/*p*-다이바이닐벤젠 혼성고분자에 붙인다.

$$\text{(polystyrene)} \xrightarrow[SnCl_4]{CH_3OCH_2Cl} \text{(polystyrene with } CH_2Cl\text{)}$$

Merrifield가 펩타이드의 고체상 합성에 관한 방법을 개발한 것과 같은 시기에, Robert Letsinger (Norhtwestern 대학교)는 독자적으로 폴리뉴클레오타이드의 합성에 같은 개념을 적용하고 있었다. 올리고뉴클레오타이드를 만드는 현대적인 방법은 Letsinger 방법의 직계후손들이다.

요즘의 화학자들은 특정한 목적을 위해서 만들어진 여러 종류의 클로로메틸 치환체와 교차 연결된 Merrifield 형태의 레진을 구입할 수 있다. 염소 원자는 1차이고 벤질기 때문에, 이들 레진은 친핵성 치환에 의해서 훨씬 더 변형될 수 있다.

$$\text{PS}—CH_2Cl + Nu:^- \longrightarrow \text{PS}—CH_2Nu + :\ddot{Cl}:^-$$

(이것과 계속되는 반응식에서, 파란 공은 고분자 구슬을 나타내고 PS는 폴리스타이렌이나 폴리스타이렌과 *p*-다이바이닐벤젠의 혼성고분자를 나타낸다.)

이 반응의 생성물은 전체 방법론-*고분자 지지 화학반응*-의 기초가 되고, 그 변형된 폴리스타이렌은 반응물, 시약, 또는 촉매로서 작용한다. 반응은 유기화학에 일반적인 것들이다. 예를 들면, 다음 반응식에서 변형된 폴리스타이렌은 상-전이 촉매로서 작용한다. (21.5절 참조). 고분자지지 시약 또는 이 경우의 고분자지지 촉매를 사용하는 주된 장점은 반응

생성물을 쉽게 분리시킬 수 있다는 것이다.

$$\underset{\text{(톨루엔용액)}}{CH_3(CH_2)_6CH_2Br} + \underset{\text{(수용액)}}{KCN} \xrightarrow{\text{PS}—CH_2\overset{+}{P}(Bu)_3\ Cl^-} \underset{\text{(톨루엔용액)}}{CH_3(CH_2)_6CH_2CN} + \underset{\text{(수용액)}}{KBr}$$

수용액 KCN으로부터 사이안화 이온은 고분자-지지 염화 인산염의 Cl^-와 교환되고 표면의 1-브로모옥테인과 반응하여 고분자 지지체의 통로 안에 있다. 반응이 완결되었다고 판단될 때, 고분자 (톨루엔과 물에 불용)는 걸러서 회수하고 수용액 층을 제거한다. 생성물의 톨루엔 용액을 증류하여 노네인나이트릴을 얻는데, 이것은 브로민화 이온을 사이안화 이온으로 치환한 친핵성 치환 생성물이다.

화학적으로 변형된 고분자를 이용한 물질, 시약 및 촉매 등과 같이 엄청나게 많이 응용이 된다. 다음 문제들은 몇 가지 예이다.

27.32 고분자의 화학적 변형이 항상 유리한 것은 아니다. 다음 고분자 중에서 어느 것이 공기 중 산화에 가장 반대로 영향을 받겠는가?

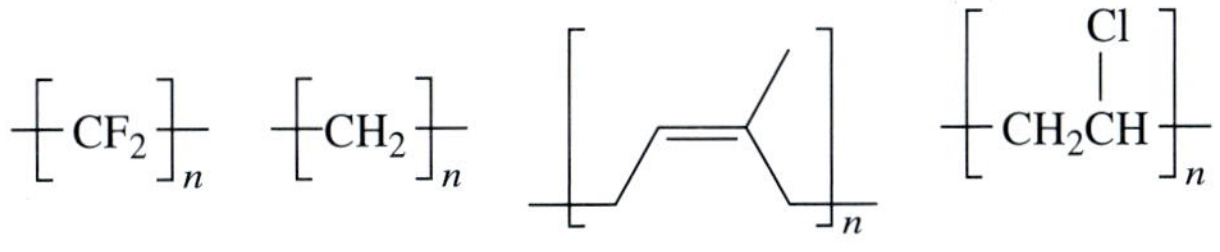

$\left[CF_2\right]_n$ A. $\left[CH_2\right]_n$ B. C. $\left[CH_2CH(Cl)\right]_n$ D.

27.33 에틸렌과 뷰틸리튬의 반응으로 형성된 살아있는 고분자는 화합물 X와 반응하여 긴사슬의 알킬다이페닐포스핀으로 변환될 수 있다. 알킬다이페닐포스핀은 상-전이 촉매 및 고분자-지지된 유기금속 화합물의 제조에 사용된다. 화합물 X는 무엇인가?

$$H_2C{=}CH_2 \xrightarrow{BuLi} Bu\left[CH_2CH_2\right]_nLi \xrightarrow{\text{화합물 X}} Bu\left[CH_2CH_2\right]_nP(C_6H_5)_2$$

A. $(C_6H_5)_2PH$ B. $(C_6H_5)_2PCl$ C. $(C_6H_5)_2PLi$ D. $(C_6H_5)_3P$

27.34 이전 문제에서 형성된 알킬다이페닐포스핀은 상-전이 촉매로 사용하기 위하여 다이알킬다이포스포늄염으로 변환된다. 다음 중 어느 것이 그와 같은 변환에 적당한 반응물인가?

A. $CH_3CH_2CH_2CH_2Br$ B. $CH_3CH_2CH_2CH_2Li$ C. $CH_3CH_2CH_2CH_2OH$ D. $CH_3CH_2CH_2CH_2ONa$

27.35 스타이렌과 *p*-브로모스타이렌의 혼성고분자는 다음과 같이 살아있는 고분자로 변형될 수 있다. 그 다음에 적당한 단량체가 첨가되면 아릴리튬 위치는 사슬 성장을 시작한다.

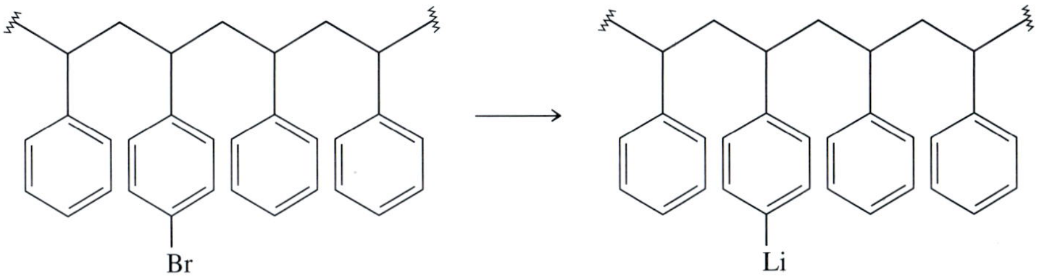

Br → Li

다음 중 어느 것이 반응식에서 변환하는데 가장 적합한가?

A. LiOH B. LiCl C. $LiCu(CH_3)_2$ D. Li

27.36 다음 반응에서 고분자를 포함하는 생성물은 무엇인가?

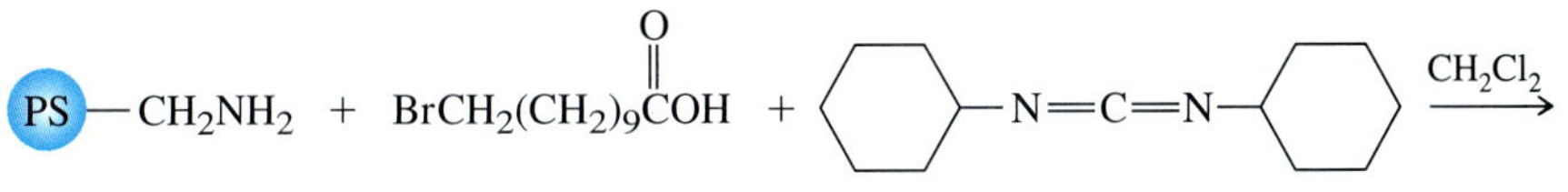

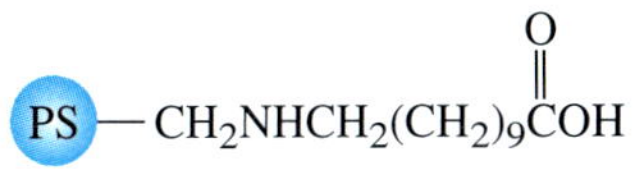

$$\text{PS}{-}CH_2NH_2 + BrCH_2(CH_2)_9COOH + C_6H_{11}{-}N{=}C{=}N{-}C_6H_{11} \xrightarrow{CH_2Cl_2}$$

A. $\text{PS}{-}CH_2NHCH_2(CH_2)_9COOH$

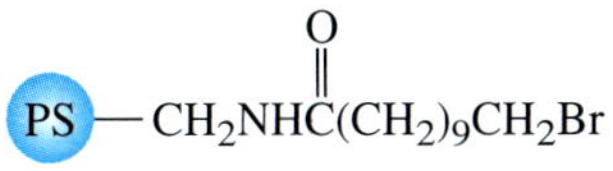

B. $\text{PS}{-}CH_2NHC(O)(CH_2)_9CH_2Br$

27.37 아래 보이는 *R*-BINAP에 있는 에틸 에스터의 기능은 루테늄-촉매화 거울선택성 수소화의 적절한 리간드를 생성하는 폴리스타이렌에 카이랄 단위를 결합하는 반응성이 있는 "운전대"로 사용된다.

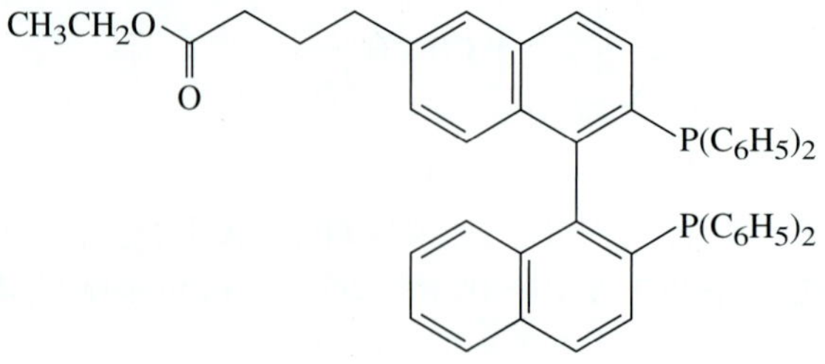

CH_3CH_2O / O / $P(C_6H_5)_2$ / $P(C_6H_5)_2$

다음 중 어느 것이 친핵성 아실 치환으로 폴리스타이렌-지지 리간드를 생성하기 위하여 이 에스터와 반응하는 적당한 기능성을 갖는가?

A. PS—CH_2Cl

B. PS—CH_2NH_2

C. PS—$CH_2N(CH_3)_2$

D. PS—$CH_2\overset{+}{N}(CH_3)_3$ Cl^-

27.38 아래 보이는 폴리스타이렌-지지 사차 염화 암모늄을 수산화 소듐 수용액에서 처리한 다음, 화합물 X와 페놀의 톨루엔 용액으로 90°C에서 흔들어주면 97% 수득률의 뷰틸 페닐 에테르가 얻어진다. 화합물 X는 무엇인가?

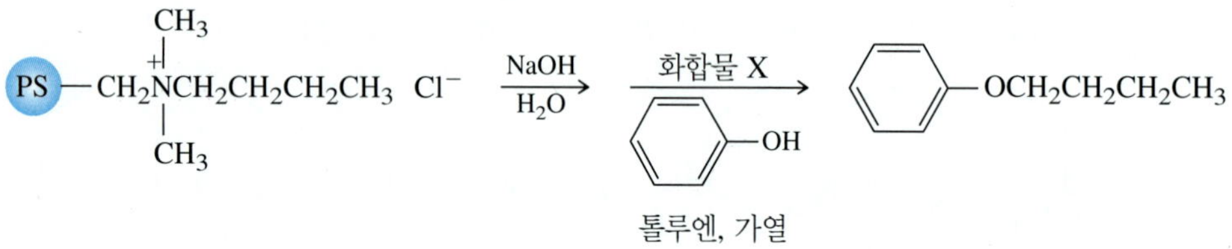

PS—$CH_2\overset{+}{N}(CH_3)_2CH_2CH_2CH_2CH_3$ Cl^- $\xrightarrow[H_2O]{NaOH}$ $\xrightarrow{\text{화합물 X}}$ (페놀-OH, 톨루엔, 가열) C_6H_5—$OCH_2CH_2CH_2CH_3$

A. $CH_3CH_2CH_2CH_2OH$

B. $CH_3CH_2CH{=}CH_2$

C. $CH_3CH_2CH_2CH_2Br$

D. $CH_3CH_2CH_2CH_2NH_2$

용어 풀이

A

Absolute configuration(절대 배열): 카이랄 중심에 있는 원자들 또는 그룹들의 삼차원 배열.

Absorbance(흡광도): UV−VIS 분광학에서, $\log_{10}(I_0/I)$의 값, 여기에서 I_0는 입사광선의 세기 그리고 I는 시료를 통과한 후 광선의 세기.

Acetal(아세탈): 다음 반응식에 따라서 알데하이드 또는 케톤과 2몰 알코올의 반응 생성물.

$$RC(=O)R' + 2R''OH \xrightarrow{H^+} RC(R')(OR'')(OR'') + H_2O$$

Acetoacetic ester synthesis(아세토아세트산 에스터 합성): 주요한 탄소−탄소 결합−형성 단계인 아세토아세트산 에틸의 엔올 음이온 알킬화는 케톤 제조의 합성방법이다.

$$CH_3\overset{O}{\overset{\|}{C}}CH_2\overset{O}{\overset{\|}{C}}OCH_2CH_3$$

Acetyl coenzyme A(아세틸 보조효소 A): 아래와 같이 축약된 싸이오에스터는 아세트산염을 포함하는 생합성 과정에서 아세틸기의 공급원으로 작용한다.

$$CH_3\overset{O}{\overset{\|}{C}}SCoA$$

Acetylene(아세틸렌): 가장 간단한 알카인, HC≡CH.

Achiral(비카이랄): 카이랄의 반대. 비카이랄 물질은 그것의 거울상과 겹쳐진다.

Acid(산): Arrhenius 정의에 따라서, 물에서 이온화하여 양성자를 생성하는 물질. Brønsted−Lowry 정의에 따라서, 다른 물질에 양성자를 주는 물질. Lewis 정의에 따라서, 전자쌍 받개.

Acid anhydride(산 무수물): 아래 형태의 화합물

$$R\overset{O}{\overset{\|}{C}}O\overset{O}{\overset{\|}{C}}R$$

항상 그런 것은 아니지만, 두 개의 R 모두가 대개 동일하다.

Acidity constant K_a(산성도 상수 K_a): 산의 해리에 대한 평형 상수.

$$K_a = \frac{[H^+][A^-]}{[HA]}$$

Acivating substituent(활성 치환기): 수소대신 존재할 때 특정 반응을 빨리 일어나게 하는 그룹. 친전자성 방향족 치환의 속도를 증가하는 치환기에 가장 자주 적용되는 용어.

Acivation energy(활성화 에너지): 화학적 또는 구조적 변화를 수행하기 위하여 반응계가 가장 안정한 상태의 위쪽에 가져야만 하는 최소 에너지.

Active site(활성 자리): 기질이 결합되는 효소의 영역.

Acylation(아실화): 분자의 어떤 구조 단위에 아실기가 붙는 반응. 예로는 Friedel-Crafts 아실화와 아민의 아마이드 변환이 포함된다.

Acyl cation(아실 양이온): *아실륨 이온*의 동의어.

Acyl chloride(염화 아실): 다음 형태의 화합물

R은 알킬 혹은 아릴일 수 있다.

Acyl group(아실기): 다음과 같은 그룹

R은 알킬 또는 아릴이다.

Acylium ion(아실륨 이온): 양이온 $R{-}C{\equiv}\overset{+}{O}:$

Acyl transfer(아실 이동): 친핵성 아실 치환. 카복실산 유도체의 한 형태를 다른 형태로 변환하는 반응.

Addition(첨가): 시약 X—Y가 X는 다중결합 탄소의 한쪽에 Y은 다른 쪽에 붙어서 다중결합에 첨가되는 반응.

1,2 Addition(1,2 첨가): 컨쥬게이트 다이엔의 인접 이중결합 탄소에 X와 Y가 첨가되는 X—Y 형식의 시약 첨가:

$$R_2C{=}CH{-}CH{=}CR_2 \xrightarrow{X-Y} R_2C(X){-}CH(Y){-}CH{=}CR_2$$

1,4 addition(1,4 첨가): 다이엔 계의 양 말단에 X와 Y가 첨가되는 컨쥬게이트 다이엔에 X—Y 형식의 시약 첨가(*컨쥬게이트 첨가를 보시오*).

$$R_2C{=}CH{-}CH{=}CR_2 \xrightarrow{X-Y} R_2C(X){-}CH{=}CH{-}CR_2(Y)$$

Addition-elimination mechanism(첨가−제거 메커니즘): 친핵성 방향족 치환반응의 두−단계 메커니즘. 첨가 단계에서는, 친핵체가 이탈기를 가지고 있는 탄소에 첨가된다. 제거 단계에서는, 이탈기가 축출된다.

$$C_6H_5X \xrightarrow[\text{첨가}]{Y^-} [C_6H_5XY]^- \xrightarrow[\text{제거}]{-X^-} C_6H_5Y$$

Additon polymer(첨가 고분자): 단량체의 첨가반응으로 형성된 고분자.

ATP(아데노신 5′-삼인산): 모든 살아있는 유기체의 주된 에너지−저장 화합물.

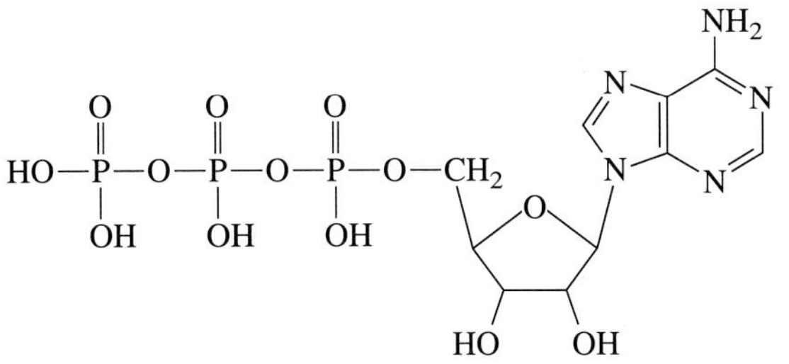

$$\text{HO-P(=O)(OH)-O-P(=O)(OH)-O-P(=O)(OH)-O-CH}_2\text{-(ribose, 2',3'-OH)-adenine (NH}_2\text{)}$$

Alcohol(알코올): ROH 형태의 화합물.

Aldaric acid(알다르산): 사슬의 양 끝에 카복실산의 기능이 존재하는 탄수화물. 전형적으로 알다르산은 알도스를 질산으로 산화하여 제조한다.

Aldehyde(알데하이드): 다음 형태의 화합물.

$$\overset{\text{O}}{\overset{\|}{\text{RCH}}} \quad \textbf{또는} \quad \overset{\text{O}}{\overset{\|}{\text{ArCH}}}$$

Alditol(알디톨): 탄수화물의 카보닐기를 환원하여 얻어지는 다가 알코올.

Aldimines(알디민): 1차 아민과 알데하이드의 반응으로 형성된 RHC=NHR′ 형태의 아민.

Aldol addition(알돌 첨가): 알데하이드 및 케톤의 카보닐기에 알데하이드 및 케톤의 엔올산 이온의 친핵성 첨가. 가장 대표적인 경우는 두 분자의 알데하이드를 포함하며, 대개는 염기에 의한 촉매화이다.

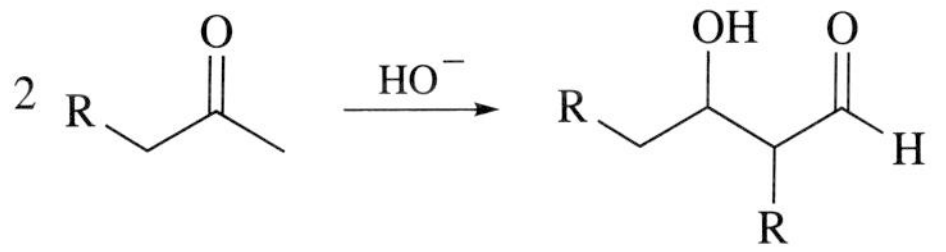

$$2\ \text{RCH}_2\text{C(=O)CH}_3 \xrightarrow{\text{HO}^-} \text{RCH}_2\text{CH(OH)CH(R)CH=O}$$

Aldol condensation(알돌 축합): 알돌 첨가로 생성된 β-하이드록시 알데하이드 또는 케톤이 동일한 조건에서 탈수될 때, 그 생성물은 알돌 축합으로 발생된다고 한다.

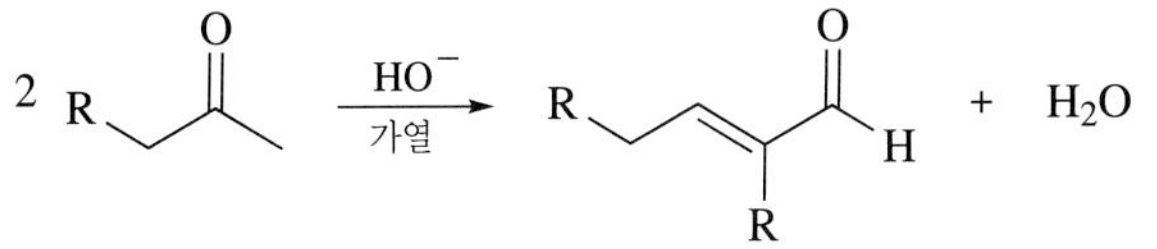

$$2\ \text{RCH}_2\text{C(=O)CH}_3 \xrightarrow[\text{가열}]{\text{HO}^-} \text{RCH}_2\text{CH=C(R)CH=O} + H_2O$$

Aldonic acid(알돈산): 알도스의 알데하이드기를 산화하여 얻어지는 카복실산.

Aldose(알도스): 열린사슬 형태에서 알데하이드 카보닐기를 갖는 탄수화물.

Aliphatic(지방족): 구조 단위에 벤젠이나 벤젠-유사 고리를 포함하지 않는 화합물에 적용되는 용어(역사적으로는 *지방족*은 지방이나 기름에서 유래된 화합물에 표시하는데 사용된다).

Alkadiene(알카다이엔): 두 개의 탄소-탄소 이중결합을 갖는 탄수화물; 보통은 다이엔이라고 한다.

Alkaloid(알칼로이드): 식물에서 천연적으로 발견되는 아민. 명칭은 이 화합물이 약한 염기라는 사실에서 유래한다.

Alkane(알케인): 모든 결합이 단일결합인 탄화수소. 알케인은 C_nH_{2n+2}의 일반식을 갖는다.

Alkanethiolate(알케인싸이올산 이온): 싸이올의 짝염기.

Alkene(알켄): 탄소-탄소 이중결합(C=C)을 포함하는 탄화수소; *올레핀*이라는 오래된 이름으로도 알려진다.

Alkoxide ion(알콕시화 이온): 알코올의 짝염기; $\text{R—}\ddot{\underset{\cdot\cdot}{\text{O}}}\text{:}^-$형태의 물질.

Alkylamine(알킬아민): 질소에 연결된 유기 그룹이 알킬기인 아민.

Alkylation(알킬화): 분자의 일부 구조 단위에 알킬기가 부착되는 반응.

Alkyl group(알킬기): 수소 하나를 어떤 다른 원자나 기가 붙을 수 있는 잠재적 위치로 대체하는 알케인과 관련된 구조 단위. 알킬기의 일반적인 표시는 R—이다.

Alkyl halide(할로젠화 알킬): RX 형태의 화합물로 X는 할로젠 치환기(F, Cl, Br, I)이다.

Alkyloxonium ion(알킬옥소늄 이온): ROH_2^+ 형태의 양이온.

Alkyne(알카인): 탄소-탄소 삼중결합을 가진 탄화수소.

Allene(알렌): $H_2C{=}C{=}CH_2$인 화합물.

Allyl group(알릴기): 다음과 같은 그룹.

$$H_2C{=}CHCH_2—$$

Allylic anion(알릴자리 음이온): 음으로 하전된 탄소가 알릴자리인 탄소음이온.

Allylic carbocation(알릴자리 탄소양이온): 양으로 하전된 탄소가 알릴자리인 탄소양이온.

Allylic carbon(알릴자리 탄소): C=C—C 단위의 sp^3-혼성 탄소. 알릴자리 탄소에 붙어 있는 원자나 기는 *알릴자리 치환체*라고 정의한다.

Allylic free radical(알릴자리 자유 라디칼): 알릴자리 탄소에 비공유 전자쌍을 갖는 자유 라디칼.

Allylic rearrangement(알릴자리 재배열): 이중결합 이동이 알릴자리 구조의 하나를 아래와 같이 다른 것으로 변환하는 작용기 변환.

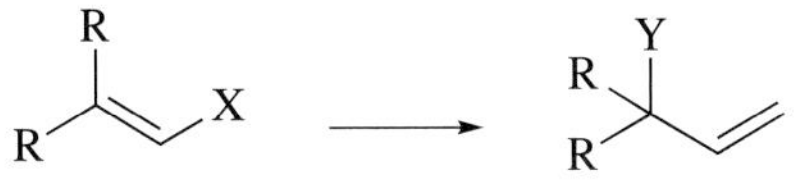

$$\text{R}_2\text{C=CH-CH}_2\text{X} \longrightarrow \text{R}_2\text{C(Y)-CH=CH}_2$$

Amide(아마이드): $\text{R}\overset{\text{O}}{\overset{\|}{\text{C}}}\text{NR}'_2$ 형태의 화합물.

Amine(아민): 알킬이나 아릴기가 붙어있는 $—NH_2$, —NHR, 혹은 $—NR_2$ 와 같은 형태의 질소를 포함하는 분자.

α-Amino acid(α-아미노산): α-탄소 원자에 아미노기를 포함한 카복실산. α-아미노산은 펩타이드와 단백질의 기본 단위이다. α-아미노산은 보통 *쯔비터이온*으로 존재한다.

$$\underset{\underset{^+\text{NH}_3}{|}}{\text{RCHCO}_2^-}$$

L-Amino acid(ʟ-아미노산): ʟ-아미노산의 Fischer 투영은 탄소 사슬이 카복실기를 위쪽에 수직으로 놓을 때, 왼쪽에 아미노기를 갖는다.

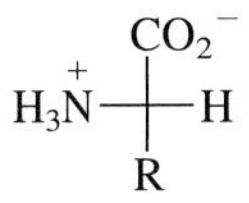

$$\text{H}_3\overset{+}{\text{N}}\text{—C(CO}_2^-\text{)(R)—H}$$

Amino acid racemization(아미노산 라세미화): 아미노산 성분에 있는 α 탄소의 입체화학이 임의로 되는 속도에 기초한 **고고학** 시료의 연대를 측정하는 방법. 이것은 ^{14}C의 붕괴로 시료로 사용하기에는 너무 오래돼 믿을 수가 없는 경우에 유용하다.

Amino acid residues(아미노산 잔기): 펩타이드나 단백질에 있는 개개의 아미노산 성분.

Amino sugar(아미노 당): 하이드록실기 중의 하나가 아미노기로 치환된 탄수화물.

Amphiphilic(양쪽성): 같은 물질 내에 친수성과 친유성을 모두 갖는 것

Amylopectin(아밀로펙틴): 전분에 있는 다당류. 아밀로펙틴은 아밀로스(*아밀로스*를 보시오)처럼, α-(1 → 4)-연결된 글루코스 단위를 갖는 고분자이다. 아밀로스와는 달리, 아밀로펙틴은 α-(1 → 6)-연결된 주 사슬에 24-30 글루코스 가지를 포함한다.

Amylose(아밀로스): 물에 분산되는 전분의 성분. 이것은 α-(1 → 4)-연결된 글루코스 단위의 고분자이다.

Androgen(안드로젠): 남성의 성 호르몬.

Angle strain(각 변형): 결합 각이 정상값에서 벗어나기 때문에 분자가 갖는 변형.

Anion(음이온): 음으로 하전된 이온.

Anion polymerization(음이온 중합): 반응 중간체가 음으로 하전된 중합.

Annulene(아눌렌): 완전히 컨쥬게이트된 이중결합으로 특징되는 한 개의 고리 탄화수소. 아눌렌은 방향족이거나 아닐 수도 있다.

[*x*]Annulene([*x*]아눌렌): *x*개의 탄소를 포함하는 아눌렌.

Anomeric carbon(아노머 탄소): 열린 사슬의 카보닐 탄소에서 유도된 퓨라노스 또는 피라노스 형에 있는 탄소 원자. 이것은 두 개의 산소와 연결된 고리 탄소이다.

Anomeric effect(아노머 효과): 특히 하이드록실기와 같은 전기음성적 치환기가 탄수화물의 피라노스 형에서 아노머 탄소에 결합될 때 수직 배열을 점유하려는 편향성.

Anti(안티): 인접한 원자에 있는 두 치환기의 상대적 위치를 나타내는 용어. 두 결합사이의 각이 180°일 때 아래 보이는 구조에서 원자 X와 Y는 서로 안티이다.

Y

X

Anti addition(안티 첨가): 공격하는 시약 X—Y의 두 부분이 이중결합의 반대 면에 더해지는 첨가반응.

Antiaromatic(반방향성): 전자 비편재화에 의해서 불안정해지는 성질.

Anti bonding orbital(반결합 오비탈): 전자가 고립된 원자에 있을 때보다 덜 안정한 분자의 오비탈.

Anticodon(안티코돈): 특정 아미노산을 위한 mRNA 코돈에 상보적인 tRNA 분자에 있는 세 염기의 서열.

Aprotic solvent(비양성자성 용매): 하이드록실기 산소에 결합된 것과 같이 쉽게 교환할 수 없는 수소를 갖는 용매.

Aramid(아라미드): 벤젠다이카복실산과 벤젠다이아민의 폴리아마이드.

Arene(아렌): 방향족 탄화수소. 보통 ArH로 축약함.

Arenium ion(아레늄 이온): 친전자성 방향족 치환에서 방향족 기질에 대한 친전자성 공격으로 형성되는 탄소양이온 중간체. *사이클로헥사다이에닐 양이온*을 보시오.

Aromatic hydrocarbon(방향족 탄화수소): 모든 전자가 공유결합 또는 비결합 전자쌍으로 쓰여진 편재된 어떤 구조보다 훨씬 더 안정한 전자-비편재화 물질.

Aromaticity(방향족성): 방향족 화합물에 관련된 특별한 안정성.

Arrhenius equation(Arrhenius 식): 화학적 과정의 속도와 온도에 관련된 식 $k=Ae^{2Ea/Rt}$.

Arylamine(아릴아민): 아민 질소에 연결된 아릴기를 갖는 아민.

Aryne(아린): 방향족 고리에 삼중결합을 갖는 물질(*벤자인*을 보시오).

Asymmetric(비대칭): 모든 중요한 대칭 원소가 결여된; 비대칭 물질은 평면, 축, 또는 대칭 중심이 없다.

Asymmetric synthesis(비대칭 합성): 입체이성질 생성물이 동일하지 않은 양으로 형성되는 반응물의 카이랄 중심에 입체선택성 도입.

Atactic polymer(어택틱 고분자): 카이랄 중심이 임의의 입체화학으로 특징되는 고분자. 아이소택틱 또는 신디오택틱 고분자와는 다르게 어택틱 고분자는 입체규칙성 고분자가 아니다.

Atomic number(원자번호): 특정 원자의 핵에 있는 양성자의 수. 원자번호의 표시는 *Z*이고, 각 원소 는 유일한 원자번호를 갖는다.

Atropisomers(아트로프이성질체): 이성질체의 분리가 충분히 가능한 회전장벽을 갖는 단일결합의 회전이 억제되어 발생하는 입체이성질체.

Axial bond(축 결합): 아래와 같이 여섯 개의 "상, 하" 결합처럼 배향된 의자형태 사이클로헥세인에 있는 탄소의 결합.

Azo coupling(아조 짝지음): 다이아조늄염과 아렌의 반응에 의해서 ArN=NAr′ 형태의 화합물 형성. 아렌은 친전자성 방향족 치환에서 반드시 강하게 활성화 되어야만 한다; 즉, —OH 또는 —NR_2와 같은 강력한 전자 주개 치환기를 가져야만 한다.

B

Baeyer-Villiger oxidation(산화): 과산소산으로 알데하이드 또는 아주 일반적으로 케톤 산화. 케톤의 Baeyer-Villiger 산화 생성물은 에스터이다.

$$R\text{-}C(=O)\text{-}R' \xrightarrow{R''CO_2H} R\text{-}C(=O)\text{-}O\text{-}R'$$

Base(염기): Arrhenius 정의에 따라서, 물에서 이온화하여 수산화 이온을 생성하는 물질. Bronsted-Lowry 정의에 따라서, 어떤 적정한 주개로부터 양성자를 받는 물질. Lewis 정의에 따라서, 전자-쌍 주개.

Base pair(염기쌍): 뉴클레오타이드의 퓨린 및 이것의 상보적인 피리미딘에 주어지는 용어. 아데닌 (A)는 싸이민(T)의 상보적이고 그리고 구아닌(G)는 싸이토신(C)에 상보적이다.

Base peak(주봉우리): 질량 스펙트럼에서 가장 강한 피크이다. 주봉우리는 상대적인 세기를 100으로 정하고, 모든 다른 피크의 세기는 주봉우리의 백분율로 나타낸다.

Bending vibration(굽힘 진동): 분자에 있는 원자 또는 그룹들이 연결된 결합 반지름 호를 따라서 원자 또는 그룹들이 움직이는 규칙적인, 반복적 움직임. 굽힘 진동은 적외선 스펙트럼에서 피크의 원인이 되는 분자 운동의 한 형태이다.

Benzyl Group(벤질기): $C_6H_5CH_2$— 기.

Benzylic carbon(벤질자리 탄소): 벤젠고리에 직접 연결된 탄소. 벤질자리 탄소에 결합된 수소는 벤질자리 수소이다. 벤질자리 탄소가 양으로 하전된 탄소양이온은 벤질자리 탄소양이온이다. 벤질자리 탄소가 홀전자를 갖는 자유 라디칼은 벤질자리 라디칼이다.

Benzyne(벤자인): 수소가 두 개 부족한 벤젠.

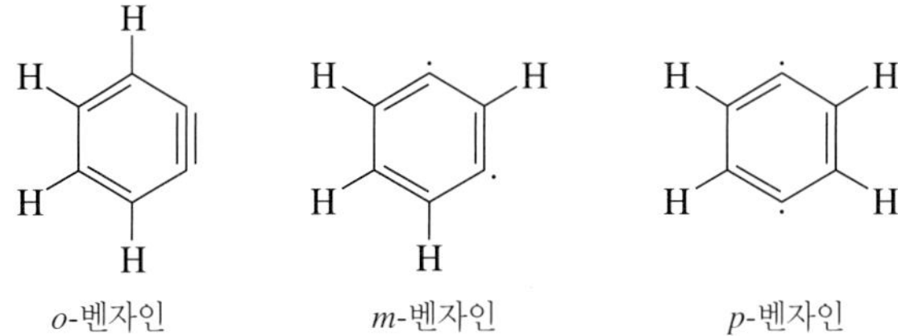

o-벤자인 *m*-벤자인 *p*-벤자인

Biaryl(바이아릴): 두 방향족 고리가 단일결합으로 연결된 생화합물.

Bile acid(담즙산): 지방을 에멀션화하여 소화를 돕는 간에서 합성되는 스테로이드 유도체.

Bimolecular(이분자): 두 개의 입자가 동일한 단일단계에서 반응하는 과정.

Bioenergetics(바이오에너지학): 생물학적 과정에서 에너지 전달 연구. 표준상태는 관습적으로 pH = 1 대신 pH = 7이다.

Biological isoprene unit(생물학적 아이소프렌 단위): 아이소펜테닐 이인산, 테르펜과 스테로이드의 생물학적 전구체:

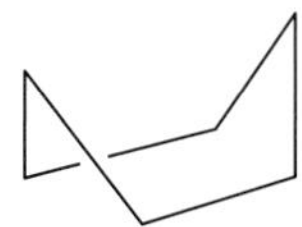

Birch reduction(Birch 환원): 액체 암모니아에서 1족의 금속(Li, Na, K)과 알코올로 처리하여 방향족 고리를 1,4-사이클로헥사다이엔으로 환원.

Block copolymer(블럭 혼성고분자): 다양한 길이의 교대로 된 고분자-A와 고분자-B의 부분이 단량체 A와 단량체 B의 혼성고분자.

Boat conformation(보트 형태): 아래와 같이 도시된 사이클로헥세인의 불안정한 형태.

π bond(π 결합): 알켄에서, 측면으로 겹치는 *p* 오비탈로 형성되는 결합. π 결합은 σ-결합보다 약하다. 알켄에 있는 탄소-탄소 이중결합은 한 개의 σ-결합과 한 개의 π 결합으로 연결된 두 개의 sp^2-혼성 탄소로 구성된다.

εσ bond(σ 결합): 핵들 사이의 축을 따라서 오비탈 겹침이 일어나는 두 원자간 연결. 분자간 축에 수직인 단면은 원이다.

Bond dipole moment(결합 쌍극자 모멘트): 두 원자 간 결합의 쌍극자 모멘트.

Bond dissociation enthalpy(결합 해리 엔탈피): 물질 A:B에서, A와 B가 결합 전자를 한 개씩 얻기 위해서 A와 B사이의 결합을 끊는데 필요한 에너지.

Bonding orbital(결합 오비탈): 전자가 고립된 원자에 놓일 때보다 더 안정한 분자에 있는 오비탈. 모든 결합 오비탈은 안정한 중성 분자에서 보통 이중으로 채워진다.

Bond-length distortion(결합-길이 변형): 두 원자 간 결합 길이가 정상 값에서 벗어남.

Bond-line formula(결합-선 식): 개별적인 탄소와 수소는 보이지 않지만, 탄소들 사이의 연결을 보여 주는 식. 화합물$(CH_3)_2CHCH_2CH_3$의 결합-선 식은 아래와 같이 표시한다.

Boudary surface(경계면): 전자를 발견할 확률이 높은(90-95%)지역으로 닿힌 표면.

Branched-chain carbohydrate(가지-사슬 탄수화물): 주 사슬의 수소 또는 하이드록실기 대신 탄소 치환기를 갖는 탄수화물.

Branched polymer(가지 고분자): 주 사슬처럼, 동일한 반복 단위를 갖는 가지가 있는 고분자.

Bridged compound(다리 화합물): 두 개의 서로 떨어져 있는 원자가 두 개 이상의 고리를 공유하는 화합물.

Broadband decoupling(넓은띠 짝풀림): ^{13}C과 ^{1}H 핵의 짝지음으로 발생하는 ^{13}C 신호의 쪼개짐을 제거하는 ^{13}C NMR의 기술. 따라서 모든 ^{13}C 신호는 단일항으로 나타난다.

Bromohydrin(브로모하이드린): 할로젠이 브로민인 할로하이드린(*할로하이드린*을 보시오).

Bromonium ion(브로모늄 이온): 할로젠이 브로민인 할로늄 이온(*할로늄 이온*을 보시오).

Buckminsterfullerene(버크민스터플러렌): R. Buckminster Fuller의 측량 돔과 유사한 구조를 갖는 C_{60}에 주어진 이름.

***n*-Butane(*n*-뷰테인):** 뷰테인, $CH_3CH_2CH_2CH_3$의 일반명.

n-Butyl group(*n*-뷰틸기): $CH_3CH_2CH_2CH_2$—기.

***sec*-Butyl group(2차-뷰틸기):** $CH_3CH_2CHCH_3$

***tert*-Butyl group(*tert*-뷰틸기):** $(CH_3)_3C$—기.

C

Cahn-Ingold-Prelog system(Cahn-Ingold-Prelog 체계): 카이랄 중심에 결합된 원자 또는 그룹을 순서에 기초하여 *R* 또는 *S*로서 절대배열을 명시하는 체계. 그룹은 원자 번호에 기초한 규칙에 따라서 우선 순서가 메겨진다.

Carbanion(탄소음이온): 음전하가 탄소에 있는 음이온. 예로는 아세틸렌화 이온이다.

carbene(카벤): 탄소 원자 한 개가 여섯 개의 원자가전자를 가지는 중성 물질.

Carbenoid(카베노이드): 화학반응에서 카벤과 유사한 화합물로 대개는 유기금속이다.

Carbinolamine(카비놀아민): **헤미아미날**의 옛 이름. (*헤미아미날*을 보시오)

Carbocation(탄소양이온): 탄소에 있는 양이온. 한 가지 예는 *tert*-뷰틸 양이온, $(CH_3)_3C^+$이다. 탄소 양이온은 불안정한 물질이다. 보통은 분리할 수 없지만, 어떤 반응에서는 중간체로 알려진다.

Carbon skeleton diagram(탄소 골격 도식): 결합-선 식과 동의어.

Carboxylic acid(카복실산): RCO_2H로도 쓰이는 RCOH형의 화합물.

Carboxylic acid derivative(카복실산 유도체): 가수분해하여 카복실산을 생성하는 화합물. 카복실산 유도체는 염화 아실, 산 무수물, 에스터 및 아마이드를 포함한다.

Carcinogen(발암물질): 암을 일으키는 물질.

Carotenoids(카로테노이드): 식물과 동물에서 발견되는 자연적으로 생성되는 테트라터페노이드 화합물.

Catalyst(촉매): 화학반응의 속도는 증가시키지만, 소모되지 않는 물질.

Cation(양이온): 양으로 하전된 이온.

Cationic polymerization(양이온 중합): 반응 중간체가 양이온인 중합.

Cation radical(양이온 라디칼): 홀수의 전자를 갖는 양으로 하전된 라디칼.

Cellobiose(셀로바이오스): 두 글루코오스 단위가 β-(1 → 4)연결로 합쳐진 이당류. 셀로바이오스는 셀룰로스의 가수분해로 얻어진다.

Cellulose(셀룰로스): 수 천 개의 글루코오스 단위가 β-(1 → 4)연결로 합쳐진 다당류.

Center of symmetry(대칭 중심): 구조의 중심에 위치한 점으로 그 구조의 어떤 원소에서 그은 선이, 반대 방향으로 등거리 연장할 때 동일한 원소를 만나는 것. 벤젠은 대칭 중심을 갖는 예이다.

Chain-growth polymerization(사슬-성장 중합): 단량체가 사슬의 한 끝에 계속해서 첨가되는 과정에 의해서 거대분자 형성.

Chain reaction(사슬반응): 여러 번 반복되는 일련의 단계적인 반응 메커니즘. 대개는 한 단계에서 생성되는 반응 중간체가 다음 단계에서 재생된다. 알케인의 할로젠화는 자유 라디칼 중간체에 의해서 진행되는 사슬반응이다.

Chain terminating step(사슬 종결 단계): 고분자 사슬이 더 이상의 성장을 멈추는 화학반응.

Chain transfer(사슬 이동): 성장하는 사슬과 사슬 성장이 멈춘 종결된 사슬사이의 반응으로 더 성장하기 위해서 이전에 종결된 사슬을 활성화한다.

Chair-chair interconversion(의자-의자 상호변환): 사이클로헥세인 및 관련 화합물의 고리 반전과 같은 뜻.

Chair conformation(의자 형태): 사이클로헥세인의 가장 안정한 형태.

Characteristic absorption frequencies(특징적인 흡수 진동수): 특정 구조 단위의 특징적 피크가 보통 발견되는 적외선(IR) 스펙트럼의 영역.

Chemical bond(화학결합): 원자들 사이의 연결.

Chemically nonequivalent(화학적 비동등): NMR에서, *화학적 이동 비동등성*과 동의어.

Chemical shift(화학적 이동): 특정 원자의 핵이 얼마나 가려지는지의 척도. 다른 원자의 핵은 다른 화학적 이동을 갖고, 동일한 원자의 핵은 그들의 분자 환경에 민감한 화학적 이동을 갖는다. 양성자와 탄소-13 NMR에 있어서, 화학적 이동은 테트라메틸사일레인의 각 수소와 탄소로부터 δ 또는 백만분의 일부 (ppm)으로 언급된다.

Chemical-shift nonequivalent(화학적 이동 비동등): 핵자기공명(NMR)에서 다른 화학적 이동을 갖는 핵.

Chiral(카이랄): 거울상과 겹쳐지지 않는 대상을 묘사하는 용어.

Chiral drug(카이랄 약품): 원하는 치료 효과가 오직 한 가지 거울상이성질체에만 있는 카이랄 분자.

Chirality axis(카이랄 축): 우선 또는 좌선의 나사못이나 나선과 유사하게 분자를 관통하는 선.

Chirality center(카이랄 중심): 네 개의 비동등 원자 또는 그룹을 갖는 원자 많은 경우에, 카이랄 중심은 *비대칭 중심 또는 스테레오제닉 중심*으로 불렸다.

Chlorohydrin(클로로하이드린): 할로젠이 염소인 할로하이드린(*할로하이드린*을 보시오).

Chloronium ion(클로로늄 이온): 할로젠이 염소인 할로늄 이온(*할로늄 이온*을 보시오).

Cholesterol(콜레스테롤): 동물에 있는 가장 흔한 스테로이드이다. 담즙산, 성 호르몬 및 코르티코스테로이드와 같은 다른 천연적으로 발생하는 스테로이드의 전구체이다.

Chromatography(크로마토그라피): 다른 화합물이 이동상에 의하여 정지상으로부터 다른 속도로 이동하는 것을 기초로 하는 혼합물의 분리와 분석 방법.

Chromophore(발색단): 특정 파장의 복사선을 흡수하는 분자의 구조 단위; 이 용어는 대개 자외선- 가시광선 분광학에서 적용된다.

***cis*-(시스):** 두 개의 차환기가 고리 또는 이중결합의 같은 쪽에 있는 것을 나타내는 입체화학적 접두사(접두사 *trans*-와 비교하시오).

Claisen condensation(Claisen 축합): 염기성에서 2몰의 에스터가 축합되어 β-케토 에스터가 형성되는 반응.

$$\mathrm{RCH_2\overset{O}{\overset{\|}{C}}OR'} \xrightarrow[\text{2. } \mathrm{H_3O^+}]{\text{1. NaOR}'} \mathrm{RCH_2\overset{O}{\overset{\|}{C}}\underset{R}{\underset{|}{C}H}\overset{O}{\overset{\|}{C}}OR'} + \mathrm{R'OH}$$

Claisen rearrangement(Claisen 재배열): 알릴 페닐 에터의 열적 변환으로 *o*-알릴 페놀이 형성되는 반응. 재배열은 사이클로헥사다이엔온 중간체를 경유하여 진행된다.

$\mathrm{C_6H_5{-}O{-}CH_2{-}CH{=}CH_2}$ $\xrightarrow{\text{가열}}$ $o\text{-}\mathrm{HO{-}C_6H_4{-}CH_2CH{=}CH_2}$

Claisen-Schmidt condensation(Claisen-Schmidt 축합): 케톤 엔올 음이온과 방향족 알데하이드 또는 케톤을 포함하는 혼합 알돌 축합.

Clemmensen reduction(Clemmensen 환원): 진한 염산에서 아연 아말감[Zn(Hg)]로 처리하여 알데하이드 및 케톤의 카보닐기를 메틸렌기($C{=}O \rightarrow CH_2$)로 환원하는 법.

Closed-shell electron configuration(닫힌-껍질 전자 배치): 원자(비활성기체인 경우), 이온(예, Na^+) 또는 분자(예, 벤젠)의 모든 오비탈이 채워진 가장 안정한 전자 배열.

^{13}C NMR: 개별적인 탄소 원자의 환경을 질량수-13인 탄소 동위원소에 의하여 관찰하는 핵자기공명 분광학.

Codon(코돈): 특정 아미노산에 고유한 mRNA의 세 개의 연속적인 뉴클레오타이드 조합. A, T, G 및 C의 조합으로부터 가능한 64개의 코돈은 단백질이 만들어지는 20개 아미노산의 암호이다.

Coenzyme(보조효소): 효소에 화학적으로 결합되지 않은 보조인자.

Coenzyme Q(보조효소 Q): 세포 호흡 화학에 포함되는 퀴논과 연관된 천연적으로 발생되는 그룹. 유비퀴논으로도 알려진다.

Cofactor(보조인자): 반응을 일으키기 위하여 효소와 함께 작용하는 분자. 보조인자는 보조효소 또는 보결 그룹이다.

Combinatorial chemistry(조합 화학): 생물학 검사와 같은 더 진전된 연구에 필요한 관련 화합물의 "라이브러리"을 생성하기 위하여 고체상에서 작은 규모로 많은 반응을 진행하는 방법.

Combustion(연소): 산소 존재 하에 물질의 연소. 모든 탄화수소는 연소할 때, 이산화탄소와 물을 생성한다.

Common name(일반명): 체계적인 일련의 규칙이외의 다른 기준으로 화합물에 주어진 이름.

σ-complex(σ-착물): *아레늄 이온*의 동의어.

Compound(화합물): 개별적인 원자들과는 다른 특성을 갖는 두 개 이상 원자들의 회합.

Concerted reaction(협동 반응): 단일단계로 일어나는 반응.

Condensation polymer(축합 고분자): 단량체가 연결된 결합이 축합반응에 의하여 생성된 고분자. 대표적인 축합 고분자는 폴리에스터와 폴리아마이드를 포함한다.

Condensation reaction(축합반응): 어떤 안정한(물과 같은) 작은 분자가 추출되어 얻어지는 생성물이 되도록 두 개의 분자가 합쳐지는 반응. 산-촉매 에터 형성이 한 예이다:

$$2ROH \xrightarrow{H_2SO_4} ROR + H_2O$$

Condensed formula(축합 구조식): $(CH_3)_2CHCH_2CH_3$와 같이 반복된 원자 또는 그룹을 아래 첨자로 나타내는 구조식.

Conformational analysis(형태 분석): 분자에 그들의 상대적 안정성 및 분자의 성질을 결정하는 역할에 이용할 수 있는 형태의 연구.

Conformational enantiomers(형태성 거울상이성질체): 분자의 겹쳐지지 않는 거울상 형태.

Conformations(형태): 단일결합의 회전으로 발생되는 동일하지 않은 분자의 모양.

Conformers(이형태체): 단일 분자의 다른 형태.

Conjugate acid(짝산): Bronsted 염기가 양성자를 받은 후에 형성된 물질.

Conjugate addition(컨쥬게이트 첨가): 이중결합이 이동한 컨쥬게이트계의 말단에 시약이 첨가되는 반응; 1,4-첨가의 동의어. 가장 일반적인 예는 1,3-다이엔과 α, β-불포화 카보닐 화합물에 컨쥬게이트 첨가이다.

Conjugate base(짝염기): Bronsted 산이 양성자를 제공한 후에 형성된 물질.

Conjugated diene(컨쥬게이트 다이엔): C═C—C═C 형식의 계로 단일결합으로 연결된 두 쌍의 이중결합. π 전자는 네 개의 이어진 sp^2-혼성 탄소 전체에 비편재되어 있다.

Conjugated system(컨쥬게이트 계): 컨쥬게이트된 계의 특성이 분리된 두 그룹들과는 다르게 되는 전자의 비편재화로 상호작용하는 구조적 배열.

Conjugation energy(컨쥬게이션 에너지): *공명에너지*의 동의어.

Connectivity(연결): 분자의 원자들이 연결된 순서. *구성(constitution)*과 동의어.

Constitutional isomers(구성 이성질체): 원자들의 연결된 순서가 다른 이성질체. 뷰테인($CH_3CH_2CH_2CH_3$)과 아이소뷰테인[$(CH_3)_3CH$]은 구성 이성질체이다.

Contributing structures(기여 구조): 분자에 쓸 수 있는 다양한 공명 구조.

Coordination polymerization(배위 중합): 활성 유기금속 촉매에서 단량체가 성장 사슬에 더해지는 첨가 중합법.

Copolymer(혼성고분자): 두 개 이상의 다른 단량체로부터 형성된 고분자.

Corticosteroid(코르티코스테로이드): 부신의 외벽, 또는 *코르텍스*에 존재하는 스테로이드.

COSY(코지): 스핀-짝지음 핵들의 화학적 이동을 서로 관련짓는 2D NMR 기술. COSY는 correlated spectroscopy를 의미한다.

Coulombic attration(Coulombic 인력): 반대 전하들 사이의 전기적 인력.

Coupling constant *J*(짝지움 상수 *J*): 두 개의 핵 스핀이 짝을 이루는 정도의 척도. 가장 단순한 경우에, 쪼개진 NMR 신호에서 인접한 피크들 사이의 거리.

Covalent bond(공유결합): 두 전자를 공유한 두 원자들 사이의 결합.

COX-2: 고리산소화효소-2, 이것은 프로스타글란딘의 생합성을 촉진하는 효소이다. COX-2 저해제는 이 효소의 활성을 막아서 통증과 염증을 감소한다.

Cracking(열분해): 열이나 또는 촉매성 탄소-탄소 결합 절단으로 고분자량 탄화수소를 낮은 분자량의 탄화수소로 변환하는 석유 정제의 주 단계.

Critical micelle concentration(임계 마이셀 농도): 지방산염과 같은 물질이 수용액에서 마이셀을 형성하기 위하여 응집하는 최대 농도.

Cross-linked polymer(교차-연결 고분자): 두 개 이상의 사슬이 공유적으로 결합된 고분자.

Crown ether(크라운 에터): 이온-쌍극자 인력에 의하여, 금속 이온과 안정한 착물을 형성하는 고리 폴리에터. 동반되는 음이온과 함께, 이와같은 착물은 비극성 용매에 녹는다.

Crystallite(미소결정): 고분자 구조에서 정렬된 결정성 영역.

C terminus(C 말단): 손상되지 않은 카복실기를 가지고 있는 펩타이드 또는 단백질 사슬의 말단에 있 는 아미노산-즉, 카복실기는 펩타이드 결합의 일부분이 아니다.

Cumulated diene(연이은 다이엔): C═C═C 형태의 다이엔, 여기에서 한 탄소는 다른 두 개와 이중결합을 하고 있다.

Cumulenes(큐물렌): 구조단위로서 C═C═C를 포함하는 화합물.

Curved arrows(굽은 화살표): 화학반응에서 전자의 흐름 방향을 보여주는 화살표; 또한 공명 형태들 사이의 전자 위치의 차이를 보여주는데 사용된다.

Cyanohydrin(사이아노하이드린): 아래 형태의 화합물.

OH
R'''''C—C≡N
R'

사이아노하이드린은 알데하이드 또는 케톤의 카보닐기에 HCN의 친핵성 첨가로 형성된다.

Cycloaddition(고리첨가): Diels-Alder와 같은 첨가, 여기에서 고리는 고리 전이상태를 거쳐서 형성된 다.

Cycloalkane(사이클로알케인): 탄소 원자의 고리가 존재하는 알케인.

Cycloalkene(사이클로알켄): 두 개의 고리 탄소 사이에 이중결합이 있는 고리 탄화수소.

Cycloalkyne(사이클로알카인): 두 개의 고리 탄소 사이에 삼중결합이 있는 고리 탄화수소.

Cyclohexadienyl anion(사이클로헥사다이엔일 음이온): 첨가-제거 메커니즘에 의한 친핵성 방향족 치환에서 주된 중간체. 이것은 다음과 같은 일반적 구조로 나타내고, 여기에서 Y는 친핵체 그리고 X는 이탈기이다.

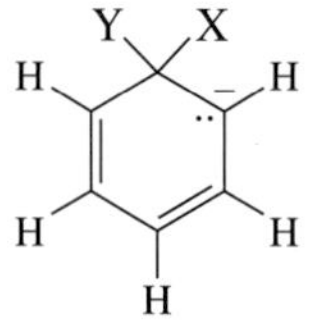

Cyclohexadienyl cation(사이클로헥사다이에닐 양이온): 친전자성 방향족 치환에서 주된 중간체. 이것은 다음의 일반 구조로 나타내고, 여기서 E는 고리와 반응하는 친전자체로부터 유도된다.

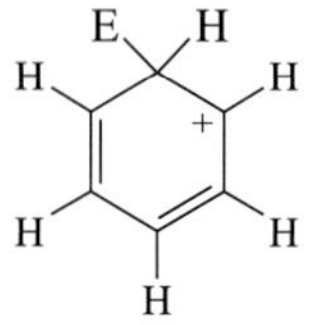

D

d-Block elements(d-블럭 원소): 주기율표에서 3~12족의 원소들.

Deactivating substituent(활성감소 치환기): 수소대신 존재할 때 특정 반응을 더욱 더디게 일어나도록 하는 그룹. 친전자성 방향족 치환반응의 속도에 대한 치환기의 효과에 가장 많이 적용되는 용어.

Debye unit(디바이 단위) (D): 쌍극자를 측정하는데 관례적으로 사용되는 단위.

$$1D = 1 \times 10^{-18} \text{ esu·cm.}$$

Decarboxylation(탈카복실화): 카복실산으로부터 이산화탄소가 소실되는 $RCO_2H \rightarrow RH + CO_2$ 형식의 반응. 탈카복실화는 보통 카복실산이 1,3-다이카복실산 또는 β-케토산일 때만 쉽게 일어난다

Decoupling(짝풀림): NMR 분광학에서, 두 핵사이에 핵 스핀의 짝지음을 제거하는 어떤 과정. 두 형태의 짝풀림이 ^{13}C NMR 분광학에 적용된다. 넓은띠 짝풀림(broadband decoupling)은 모든 $^1H-^{13}C$ 짝지음을 제거한다; 공명-비킴 짝풀림(off-resonance decoupling)은 직접 결합된 원자를 제외한 모든 $^1H-^{13}C$ 짝지음을 제거한다

Dehydration(탈수): 인접한 원자에서 H와 OH의 제거. 산 촉매에서 알코올을 가열하여 알켄을 제조하는데 가장 흔하게 사용하는 용어이다.

(1,2-, 1,3-, 및 1,4-탈수소벤젠): *벤자인*을 보시오.

Dehydrogenation(탈수소화): 인접한 원자로부터 H_2가 소실되는 제거반응. 에테인에서 에틸렌, 프로 페인에서 프로펜, 뷰테인에서 1,3-뷰타디엔, 에틸 벤젠에서 스타이렌을 제조하는 산업 공정에서 가장 흔히 사용하는 용어이다.

Dehydrohalogenation(탈할로젠화수소): 에톡시화 소듐과 같은 염기에서 처리된 할로젠화 알킬의 반응으로, 한 개의 탄소로부터 양성자와 그 인접한 탄소로부터 할로젠을 잃어버림으로써 알켄으로 변환된다

Delocalization(비편재화): 한 개 이상의 원자와 전자의 결합. 가장 간단한 예는 공유 전자쌍(공유) 결합이다. 비편재화는 컨쥬게이트 π 전자계에서 중요하고, 여기에서 전자는 여러 개의 탄소 원자와 관련되어있다.

Delocalization energy(비편재화 에너지): *공명 에너지*와 동의어.

Deoxy sugar(탈산소 당): 하이드록실기 중의 하나가 수소로 대체된 탄수화물.

DEPT: distortionless enhancement of polarization transfer의 약자. DEPT는 특정 신호를 나타내는 탄소에 직접 붙어 있는 수소의 수를 알아내는 NMR 기술이다.

Detergents(세제): 마이셀 작용에 의해 세척하는 물질. 보통 합성세제라고 하지만, 비누도 역시 세제이다.

Deuterium isotope effect(중수소 동위원소 효과): 화합물에 있는 한 개 또는 그 이상의 ^1H 원자를 ^2H로 대체할 때 일어나는, 대개는 속도인 특성의 차이.

Diastereomers(부분입체이성질체): 거울이성질체가 아닌 입체이성질체-서로 거울상이 아닌 입체이성질체.

Diastereotopic(부분입체이성질성): 동일한 원자에 결합되어 있으나 서로 거울상이 아닌 분자에 결합된 입체화학적으로 다른 환경에 있는 두 원자 또는 그룹의 묘사. 예로, $\mathbf{H_2}C{=}CHCl$의 진하게 나타낸 두 개의 양성자는 부분입체이성질성이다. 한 개는 염소에 시스이고, 다른 것은 트랜스이 다.

1,3-Diaxial repulsion(1,3-이축 반발): 사이클로헥세인 고리의 같은 쪽에 있는 수직 치환체들 사이의 반발력.

Diazonium ion(다이아조늄 이온): $R{-}\overset{+}{N}{\equiv}N$: 형태의 이온. 아릴 다이아조늄 이온은 1차 방향족 아민을 아질산으로 처리하면 얻어진다. 이들은 할로젠화 아릴, 페놀 및 아릴 사이안화를 제조하는데 매우 유용하다.

Diazotization(다이아조화): 나이트로소화에 의해서 1차 아민이 해당하는 다이아조늄 이온으로 변환되는 반응.

Dieckmann cyclization(Dieckmann 고리화): Claisen 축합의 분자내 변형.

Dielectric constant(Dielectric 유전상수): 반대로 하전된 입자들 사이에서 인력을 분산시키는 물질의 능력을 나타내는 척도. 유전상수의 기호는 ϵ이다.

Diels-Alder reation(Diels-Alder 반응): 사이클로헥세인 유도체를 생성하기 위하여 컨쥬게이트 다이엔에 알켄의 컨쥬게이트 첨가. Diels-Alder 반응은 합성에서 아주 유용하다.

Dienophile(친다이엔체): Diels-Alder 반응에서 다이엔에 첨가되는 알켄.

Dihydroxylation(다이하이드록실화): 알켄이 인접 다이올로 변환되는 반응 또는 일련의 반응.

β-Diketone(β-다이케톤): 아래 형태의 화합물.

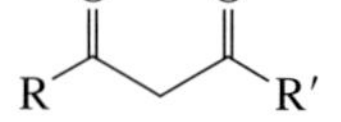

또한 1,3-다이케톤이라고도 함.

Dimer(이량체): 동일한 두 분자가 합쳐져서 형성된 분자.

Diol(다이올): 두 개의 알코올 작용기를 갖는 화합물.

Dipeptide(다이펩타이드): 두 개의 α-아미노산이 한 개의 아미노기와 다른 것의 카복실기 사이의 아마이드 결합으로 연결된 화합물:

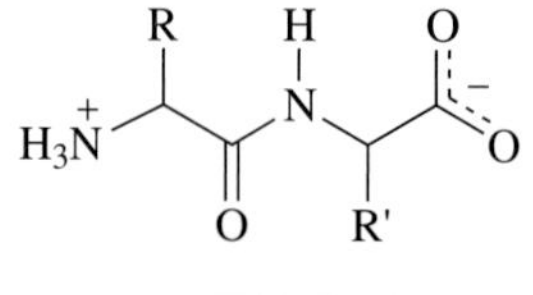

Dipole-dipole attractive force(쌍극자-쌍극자 인력): 반대로 편극된 원자들 사이의 인력.

Dipole/induced dipole force(쌍극자/유도-쌍극자 힘): 영구적 쌍극자를 갖는 물질이 다른 물질의 상보적 쌍극자를 유도하여 발생하는 인력.

Dipole moment(쌍극자 모멘트): 두 반대 전하 사이의 인력과 그들 사이의 거리와의 곱. 쌍극자 모멘트는 기호 μ를 갖고 Debye단위 (D)로 측정된다.

Direct addition(직접 첨가): *1,2-첨가*의 동의어.

Disaccharide(이당류): 가수분해하여 두 개의(같거나 다른) 단당류 단위를 생성하는 탄수화물.

Disproportionation(불균등화): 한 개의 성장 고분자 사슬로부터 다른 성장 고분자로 원자를 전달하여 모두를 종결하는 반응.

Disubstituted alkene(이치환 알켄): $R_2C{=}CH_2$ 또는 RCH=CHR 형태의 알켄. R 그룹은 같거나 다를 수 있고, 어떤 길이, 가지가 있거나, 없어도 된다. 중요한 점은 이중결합의 탄소에 직접 연결된 두 개의 탄소가 있는 것이다.

Disulfide(이황화물 또는 다이설파이드): RSSR′ 형태의 화합물.

Disulfide bridge(다이설파이드 다리): 펩타이드 또는 단백질에 있는 두 시스테인 잔기에 있는 황 원자들 사이의 S—S 결합.

DNA, deoxyriboncleic acid(DNA, 데옥시라이보핵산): 유전 정보를 저장하고 복제하는 세포의 핵에 존재하는 2′-데옥시라이보스의 폴리뉴클레오타이드. 유전자는 DNA이다.

Double bond(이중결합): 두 원자사이에 네 개의 전자를 공유한 결합.

Double dehydrohalogenation(이중 탈할로젠화수소): 동일 탄소 또는 인접 이할로젠화물을 아마이드화 소듐과 같은 강산으로 처리하여, 두 개의 양성자 및 두 개의 할로젠 치환기를 잃고 알카인으로 변환되는 반응.

Double helix(이중 나선): 생명계에서 보통 나타나는 DNA 형태. DNA의 두 상보적인 가닥은 두 염기 쌍 사이의 수소결합으로 서로 연결되고, 각 DNA 가닥은 나선 모양을 갖는다.

Downfield(낮은-장): NMR 스펙트럼의 낮은-장 영역. 다른 것과 비교하여 낮은-장에 있는 신호는 스펙트럼의 왼쪽에 놓인다.

E

***E*-:** 우선 순위가 높은 치환기들이 이중결합의 반대쪽에 있을 때 사용되는 입체화학적 서술자.

E1: *일분자 제거(E1) 메커니즘*을 보시오.

E2: *이분자 제거(E2) 메커니즘*을 보시오.

Eclipsed conformation(겹쳐진 형태): 인접한 원자들의 결합이 서로 정렬된 형태. 예를 들면, 아래 보이는 C—H 결합들은 겹쳐있다.

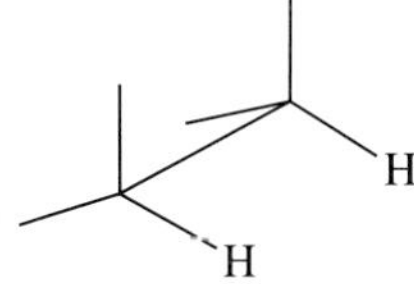

Edman degradation(분해): 펩타이드 또는 단백질의 N-말단 아미노산을 결정하는 방법. 이것은 페닐 아이소싸이오사이아네이트 ($C_6H_5N{=}C{=}S$)로 처리하고, 산으로 절단한 후, 생성된 페닐싸이오하이덴토인(PTH 유도체)을 확인한다.

Elastomer(탄성중합체): 탄성을 가지고 있는 합성 고분자.

Electromagnetic radiation(전자기 복사): 광속으로 전파되는 다양한 형태의 복사. 전자기 복사는 가시광선; 적외선, 자외선, 및 마이크로파; 그리고 라디오파, 우주파 및 X-선이 포함된다.

Electron affinity(전자친화도): 원자에 의해 전자 포획과 관련된 에너지 변화.

Electron configurations(전자배치): 원소 또는 이온이 각각의 전자수를 포함하는 채워진 오비탈의 목록. 예를 들면, 소듐은 $1S^2\ 2S^2\ 2P^6\ 3S^1$의 전자배치를 갖는다.

Electronegativity(전기음성도): 공유결합에서 원자가 자기 쪽으로 전자를 당기는 능력의 척도. 플루오린은 가장 전기음성적인 원소이다.

Electronic effect(전기적 효과): 분자에 있는 치환기가 야기하는 전자 분포의 변화에 영향을 받는 구조 또는 반응성의 효과.

Electron impact(전자 충격): 높은 에너지의 전자로 분자를 충격하는 것으로, 질량분석기에서 양이온을 생성하는 방법.

Electron-releasing group(전자 주개 그룹): 유도 또는 공명 효과에 의하여 다른 원자의 주위에 전자 밀도를 증가시키는 원자 또는 그룹.

18-Electron rule(18-전자 규칙): 리간드에 의한 전자와 금속의 원자가전자의 합이 18과 동일하도록 전이금속에 결합할 수 있는 리간드의 수.

Electron-withdrawing group(전자 끌개 그룹): 유도나 공명 효과에 의해서 다른 원자 주위에 전자 밀도를 감소시키는 원자나 그룹.

Electrophile(친전자체): Lewis 산이나 전자쌍 받개; "전자 찾개"의 역할을 할 수 있는 종류(이온이나 화합물). 탄소양이온은 친전자체의 한 예이다.

Electrophilic addition(친전자성 첨가): 다중결합에 처음으로 반응하는 물질이 친전자체("전자 찾개")인 것은 첨가 메커니즘이다.

Electrophilic aromatic substitution(친전자성 방향족 치환): 방향족 화합물에서 나타나는 기본적인 반응 형태. 친전자성 물질(E^+)은 방향족 고리의 수소 중 하나와 교환된다.

$$\text{Ar—H} + \text{E—Y} \longrightarrow \text{Ar—E} + \text{H—Y}$$

Electrostatic attraction(친전자성 인력): 반대로 전하된 입자들 간에 끄는 힘.

Electrostatic potential map(정전기 전위 지도): van der Waals 표면에서 분자의 전기장과 양전하 점의 상호작용 에너지를 사상하여 표시하는 분자의 전하 분포.

Elementary step(단일 단계): 반응 메커니즘의 단계. 이 단계의 반응식에 있는 각 물질은 같은 전이상태에 참여한다. 단일 단계는 한 개의 전이 상태로 특징짓는다.

Elements of unsaturation(불포화 요소): *수소 결핍 지수(index of hydrogen deficiency)*를 보시오.

β Elimination(β 제거): 인접한 원자들에서 원자 또는 그룹들이 소실되어 형성되는 이중 또는 삼중결합이 생성되는 반응*(탈수, 탈수소, 탈할로젠화수소, 이중 탈할로젠화수소를 보시오)*.

Elimination-addition mechanism(제거-첨가 메커니즘): 친핵성 방향족 치환의 두-단계 메커니즘. 처음 단계에서는, 할로젠화 아릴에서 제거가 일어나 아라인(aryne) 중간체가 형성된다. 두 번째 단계에서는, 아라인에 친핵성 첨가가 일어나 반응 생성물이 형성된다.

Elimination bimolecular (E2) mechanism(이분자 제거(E2) 메커니즘): 할로젠화 이온 이탈기의 결합이 끊어짐 동시에 공격하는 염기가 양성자를 제거하는 전이상태로 특징되는 할로젠화 알킬의 제거 메커니즘.

Elimination unimolecular (E1) mechanism(일분자 제거(E1) 메커니즘): 탄소양이온 중간체의 느린 형성과, 이어서 이 탄소양이온으로부터 알켄 형성을 위한 양성자의 빠른 손실로 특징되는 제거 메커니즘.

Enamine(엔아민): 2차 아민과 알데하이드 또는 케톤의 반응 생성물. 엔아민은 아래의 일반식으로 특징된다.

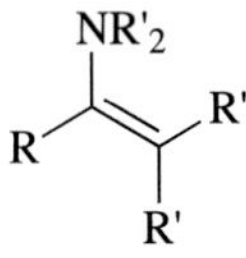

NR'$_2$ / R / R' / R'

Enantiomeric excess(거울상이성질체 초과): 혼합물에 존재하는 많은 거울상이성질체 백분율과 적은 거울상이성질체 백분율 사이의 차이. 광학적으로 순수한 물질은 100%의 거울상이성질체 초과를 갖는다. 라세미 혼합물은 거울상이성질체 초과가 영이다.

Enantiomer(거울상이성질체): 대상과 그것의 겹쳐지지 않는 거울상 관계의 입체이성질체.

Enantioselective synthesis(거울상선택적 합성): 비카이랄 또는 라세미 출발 물질을 카이랄 생성물로 변환하는 반응으로, 한 가지 거울상이성질체가 다른 것보다 많이 존재한다.

Enantiotopic(거울상이성질성): 서로가 겹쳐지지 않는 거울상 환경의 분자에 있는 두 개의 원자 또는 그룹을 나타냄. 예를 들면, CH_3**CH_2**Cl의 굵게 표시된 두 양성자는 거울상이성질성이다. 어떤 임의의 시험 그룹으로 처음 것을 치환하고 난 다음, 다음 것을 치환하면 서로가 거울상이성질체인 화합물을 생성한다.

Endergonic(반응물 선호): $\Delta G°$가 양수인 과정.

Endothermic(흡열적): 열을 흡수하는 과정이나 반응을 나타내는 용어.

Enediyne antibiotics(엔다이이아인 항생제): 아홉 개 혹은 열 개 고리의 일부분으로 C≡C—C═C—C≡C가 있어서 특징되는 종양 억제 물질의 종류.

Enol(엔올): 아래 형태의 화합물.

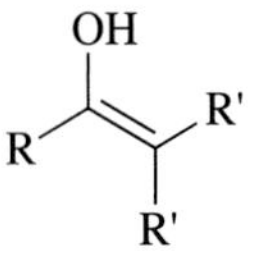

OH / R / R' / R'

엔올은 이성질체 알데하이드 또는 케톤과 평형에 있지만, 보통 알데하이드나 케톤보다 훨씬 덜 안정하다.

Enolate ion(엔올 음이온): 엔올의 짝염기. 엔올 음이온은 전자 비편재화에 의해서 안정하게 된다.

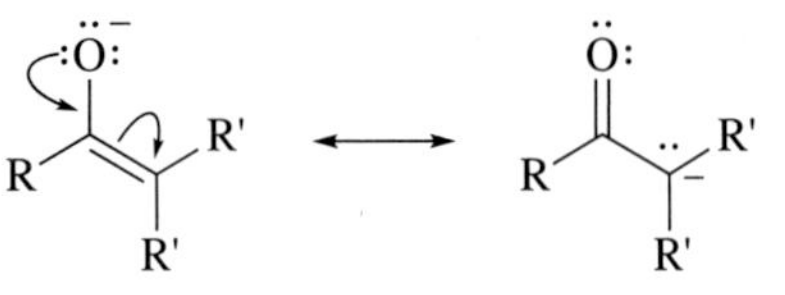

:Ö:⁻ / R / R' / R' ⟷ Ö: / R / R' / R'

Enolization(엔올화): 아래 형태의 반응.

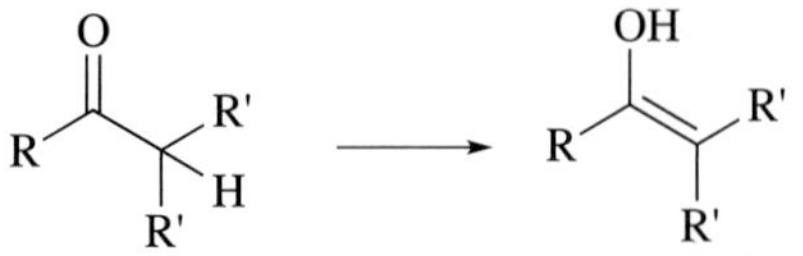

O / R / R' / H / R' ⟶ OH / R / R' / R'

Entgegen(안트게겐): *E*-를 보시오.

Enthalpy(엔탈피): 물질의 열함량; 기호, *H*

Envelope(봉투): 사이클로펜테인에서 두 개의 가장 안정한 형태 중에 하나. 봉투 형태의 탄소들 중 네 개는 동일 평면상에 있고; 다섯 번째 탄소는 이 평면의 위에 있거나 아래에 있다.

Enzymatic resolution(효소 분할): 촉매 조건하에서 거울상이성질체들 중 하나의 선택적 반응에 근거를 둔 거울상이성질체 혼합물의 분할.

Enzyme(효소): 생명계에서 화학반응을 촉진시키는 단백질.

Epimers(에피머): 카이랄 중심들의 오직 한 개만이 배열이 다른 부분입체이성질체.

Epoxidation(에폭시화): 보통 과산소산과 반응으로, 알켄을 에폭사이드로 변환.

Epoxide(에폭사이드): 아래 형태의 화합물

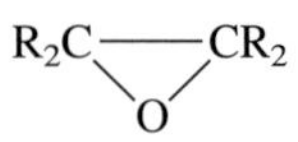

R_2C——CR_2 / O

Equatorial bond(수평 결합): 사이클로헥세인 의자 형태에서 분자의 거의 옆을 따라서 배향된 탄소의 결합.

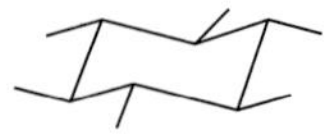

Erythro(에리스로): 한 분자에 있는 두 카이랄 중심의 상대적 배열에 적용되는 용어. 에이스로 입체이성질체는 Fischer 투영식의 같은 쪽에 비슷한 치환기를 갖는다.

Essential amino acid(필수 아미노산): 정상적인 성장과 건강을 위하여 식품에 반드시 포함되어야 하는 아미노산.

Essential fatty acid(필수 지방산): 정상적인 성장과 건강을 위하여 식품에 반드시 포함되어야 하는 지방산.

Essential oils(정유): 터펜, 에스터, 알코올 및 다른 휘발성 유기 물질의 혼합물로 이루어진 좋은-냄새의 식물 기름.

Ester(에스터): 다음 형태의 화합물.

$$\overset{\displaystyle O}{\overset{\|}{\text{RCOR}'}}$$

Estrogen(에스트로젠): 여성 성 호르몬.

Ethene(에텐): $H_2C{=}CH_2$의 IUPAC 이름. 그러나 일반명인 에틸렌이 훨씬 더 많이 쓰이고, IUPAC 규칙에서 이것의 사용을 인정하였다.

Ether(에터): ROR′, ROAr 또는 ArOAr처럼 C—O—C 단위를 갖는 분자.

Ethylene(에틸렌): $H_2C{=}CH_2$, 가장 간단한 알켄이고 가장 중요한 공업적 유기 화학물질이다.

Ethyl group(에틸기): CH_3CH_2— 기.

Exergonic(생성물 선호): $\Delta G°$가 음수인 과정.

Exothermic(발열적): 열을 발생하는 반응이나 과정을 나타내는 용어.

Extinction coefficient(흡광 계수): *몰흡광 계수*(*molar absorptivity*)를 보시오.

***E-Z* 표시(알켄):** cis-trans 표기의 대안으로 이중결합의 배열을 명시하는 체계. 순위가 높은 치환기가 이중결합의 같은 쪽이 있으면, *Z* 배열이다. 순위가 높은 치환기들이 이중결합의 반대 쪽에 있으면, *E* 배열이다. 순위는 cahn-lngold-prelog 체계로 결정한다.

F

Fats and oils(지방과 기름): 글리세롤의 트라이에스터. 지방은 상온에서 고체이고, 기름은 액체이다.

Fatty acid(지방산): 지방과 기름을 가수분해하여 얻어지는 카복실산. 지방산은 특히 가지가 없는 사슬로, 12~20개 범위의 짝수 개 탄소를 포함한다. 이들은 한 개 이상의 이중결합을 갖는 것도 있다.

Fatty acid synthetase(지방산 합성효소): 아세트산염으로부터 지방산의 생합성을 촉진하는 효소 착물.

Fibrous protein(섬유상 단백질): 길다란 가는 섬유 사슬의 다발로 구성된 단백질.

Field effect(장 효과): 매개체(예, 용매)를 경유하여 분자에 있는 치환기로부터 반응 위치로 전달되는 전기적 효과.

Fingerprint region(지문 영역): 적외선 스펙트럼의 1500~500 cm^{-1} 영역. 이 영역은 다른 영역들 보다 작용기가 덜 특징적이지만, 분자들 마다 아주 많이 다르기 때문에 두 물질이 동일한지 아닌지를 결정하는데 사용된다.

Fischer esterification(Fischer 에스터화): 알코올과 카복실산 사이의 산-촉매 에스터 형성.

$$\mathrm{RCOH} + \mathrm{R'OH} \xrightarrow{H^+} \mathrm{RCOR'} + \mathrm{H_2O}$$

Fischer glycosidation(Fischer 글라이코시화): 산 촉매 하에서 탄수화물을 알코올과 처리하여 글라이코사이드가 형성되는 반응.

Fischer projection(Fischer 투영): 입체화학적 관계를 나타내는 방법. 사면체 탄소의 네 결합은 열십자 기호로 나타낸다. 수평 결합은 관찰자 쪽으로 돌출되고 그리고 수직 결합은 관찰자에서 멀어지는 것으로 이해한다. 은 Fischer 투영으로 다음과 같이 나타낸다.

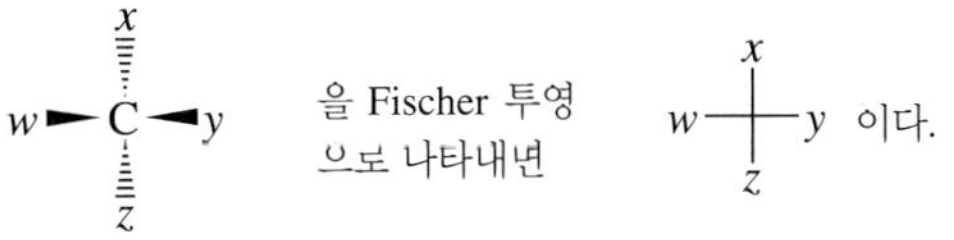

(x, w, y, z 치환 탄소) 을 Fischer 투영으로 나타내면 (x, w, y, z 십자) 이다.

Fluid mosaic model(액체 모자이크 모형): 세포막의 개략적 표시.

Formal charge(형식 전하): 중성 원자의 원자가전자 수에서 공유결합 상태에 있는 그 원자의 비공유 전자와 공유결합 전자의 절반을 더한 수를 빼서 계산된, 양이거나 또는 음인 원자의 전하.

Fragmentation pattern(토막내기 방식): 질량 분석기에서, 분자 이온의 해리에 의해 생성되는 이온들.

Free energy(자유 에너지): 계의 이용 가능한 에너지; 기호 *G*. 또한 *Gibbs 에너지*를 보시오.

Free radica(자유 라디칼): 탄소의 원자가 껍질에 있는 전자들이 쌍을 이루지 않은 중성 물질. 메틸 라디칼, $\cdot CH_3$이 한 예이다.

Free-radical polymerization(자유-라디칼 중합): 자유-라디칼 중간체을 경유하여 진행되는 알켄의 중합.

Frequency(진동수): 단위 시간당 파의 수. 헤르츠(Hz) 또는 초당 사이클로 나타내기도 하지만, 진동 수의 SI 단위는 s^{-1}이다.

Friedel-Craft acylation(Friedel-Craft 아실화): 염화 알루미늄의 존재 하에 방향족 화합물과 염화 아실 또는 카복실산 무수물의 반응인 친전자성 방향족 치환. 아실기는 고리에 결합한다.

$$\mathrm{Ar{-}H} + \mathrm{RC(=O){-}Cl} \xrightarrow{AlCl_3} \mathrm{Ar{-}C(=O)R}$$

Friedel-Craft alkylation(Friedel-Craft 알킬화): 염화 알루미늄의 존재 하에 방향족 화합물과 염화 알킬의 반응인 친전자성 방향족 치환. 알칼기는 고리에 결합한다.

$$\mathrm{Ar{-}H} + \mathrm{R{-}X} \xrightarrow{AlCl_3} \mathrm{Ar{-}R}$$

Fries rearrangement(Fries 재배열): 염화 알루미늄-촉매로 아릴 에스터에서 페놀의 고리-아실화 유도체로 재배열.

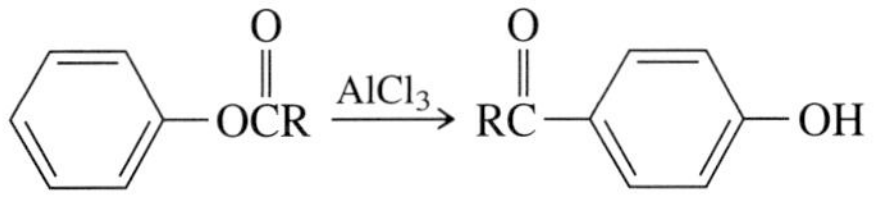

$$\mathrm{C_6H_5{-}OC(=O)R} \xrightarrow{AlCl_3} \mathrm{RC(=O){-}C_6H_4{-}OH}$$

Frontier orbitals(경계 오비탈): 보통 한 반응물의 가장 높이 채워진 오비탈과 다른 반응물의 가장 낮은 채워지지 않은 오비탈로 화학 반응에 포함된 오비탈.

Frost's circle(Frost 원): 고리 컨쥬게이트 분자와 이온의 Huckel π MO를 나타내는 연상법.

Functional class nomenclature(작용기 군 명명법): 작용기 군에 따라서 화합물을 명명하는 IUPAC 명명법의 형태. 이름의 마지막 단어는 작용기를 표시한다; 처음 단어는 작용기를 가지고 있는 알킬 또는 아릴기를 표시한다. 브로민화 메틸, 에틸 알코올 및 다이에틸 에터는 작용기 군 명명법의 예들이다.

Functional group(작용기): 주어진 일련의 조건에서 반응성의 원인이 되는 분자에 있는 원자 또는 원자단.

Furanose form(퓨라노스 형): 탄수화물의 카보닐기와 하이드록실기 사이에서 고리 헤미아세탈 형성을 경유하여 발생되는 오각형 고리.

G

***G*:** 자유 에너지 기호.

Gabriel synthcsis(합성): 프탈이미드 칼륨염의 알킬화로 탄소-질소 결합 형성이 주 단계인 1차 알킬 아민을 합성하는 방법.

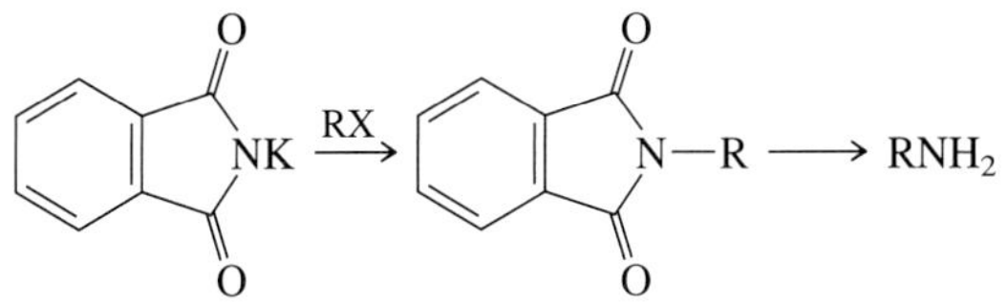

$$\text{phthalimide-NK} \xrightarrow{RX} \text{phthalimide-N{-}R} \longrightarrow \mathrm{RNH_2}$$

Gauche(고우시): 인접한 탄소에 있는 두 치환기 결합 사이의 각이 60°일 때 이 두 치환기의 상대 위치를 나타내는 용어. 아래 구조에서 원자 X 및 Y는 서로에 대하여 고우시이다.

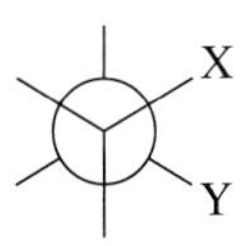

(Newman projection: X, Y)

G-couples protein receptor(G-짝 단백질 수용체): 많은 생리적 과정을 조절하는 횡단막 분자 스위치로 작용하는 단백질 수용체의 대단위 군.

Geminial dihalides(같은자리 다이할로젠화물): 두 개의 할로젠 치환기가 동일 탄소에 있는 R_2CX_2형태의 다이할로젠화물.

Geminal diol(같은자리 다이올): 알데하이드 또는 케톤의 수화물 $R_2C(OH)_2$

Generic name(속명): 미국 "Adopted Names Council"에 의해서 지정된 약의 이름.

Genetic code(유전 암호): DNA로부터 지시된 단백질 생합성에 있어서 단백질을 이루는 아미노산과 전령 RNA의 삼중 뉴클레오타이드 염기의 관계.

Genome(게놈): 어떤 유기체가 되는지를 결정하는 모든 유전자의 집합체.

Genomics(게노믹스): 유전자의 서열과 기능을 연구하는 분야.

Gibbs energy(에너지): 계의(일을 하는데 이용할 수 있는) 자유 에너지.

Gilman reagents(Gilman 시약): 탄소–탄소 결합 형성 반응에 사용하는 R_2CuLi 형태태의 화합물.

Globular protein(구상 단백질): 물에서 콜로이드상 분산을 형성하는 거의 공 모양의 단백질. 대부분의 단백질은 구상 단백질이다.

Glycogen(글리코겐): 글루코스에서 유도되는 동물에 존재하는 다당류. 아밀로펙틴과 구조가 유사하다.

Glycolysis(해당작용): 글루코스가 에너지를 방출하면서 피부르산염으로 변환되는 생화학적 과정.

Glycoside(글리코사이드): 아노머 위치의 하이드록실기가 어떤 다른 그룹으로 치환된 탄수화물 유도체. *O*-글리코사이드는 아노머 위치에 알콕시기를 갖는 탄수화물의 에터이다.

Graft copolymer(그래프트 혼성고분자): 고분자 A의 가지가 주 사슬 고분자 B에 붙어있는 단량체 A와 B의 혼성고분자.

Graphene(그래핀): 평면으로 융합된 육각형 고리의 판으로 구성된 원소성 탄소의 동소체.

Grain alcohol(곡정): 에탄올(CH_3CH_2OH)의 일반명.

Grignard reagent(Grignard 시약): 마그네슘과 할로젠화 알킬 또는 아릴의 반응으로 형성되는 RMgX 형태의 유기마그네슘 화합물.

H

Half-chair(절반–의자): 사이클로펜테인의 가장 안정한 두 개의 형태 중 한 개. 절반–의자 형태에 있는 세 개의 연속된 탄소가 동일 평면에 있다. 네 번째와 다섯 번째 탄소는 각각 이 평면의 위와 아래에 놓인다.

Haloform reaction(할로폼 반응): 염기성 수용액에서 Br_2, Cl_2 또는 I_2로 처리한 메틸 케톤의 절단으로 발생되는 CHX_3 (X = Br, Cl 또는 I).

$$RC(=O)CH_3 \xrightarrow[HO^-]{X_2} RC(=O)O^- + CHX_3$$

Halogenation(할로젠화): 할로젠으로 수소를 치환. 가장 흔하게 보게 되는 예는 알케인의 자유–라디칼 할 로젠화 및 친전자성 방향족 치환에 의한 아렌의 할로젠화이다.

Halohydrin(할로하이드린): 할로젠 원자와 하이드록실기 모두를 가지는 화합물. 이 용어는 할로젠과 하이드록실기가 인접 원자에 있는 화합물(인접한 할로하이드린)에 가장 흔하게 사용된다. 가장 일반적으로 보이는 할로하이드린은 클로로하이드린과 브로모하이드린이다.

Halonium ion(할로늄 이온): 양으로 하전된 할로젠에 속하는 물질. 다리 할로늄 이온은 알켄의 이중결합에 할로젠이 첨가된 중간체이다.

Hammond postulate(Hammond 가설): 전이상태의 어림 구조를 추론하는데 사용되는 이론. 만약 두 상태, 전이상태와 이것으로부터 나오는 불안정한 중간체의 에너지가 비슷하다면 이들의 구조는 비슷하다고 보는 것이다.

Haworth formulas(Haworth 식): 탄수화물의 퓨라노스 및 피라노스의 평면 표시.

Heat of combustion(연소열): 물질의 연소시 발생하는 열. 연소반응에서는 $-\Delta H°$의 값이다.

Standard Heat of formation(표준 생성열): 표준 상태에서 원소로부터 1몰의 물질 형성 엔탈피 변화.

Heat of hydrogenation(수소화 열): 물질의 수소화로 발생하는 열. 다중결합의 H_2 첨가는 $-\Delta H°$의 값이다.

α Helix(α 나선): 단백질 2차 구조의 한 가지. 이것은 NH와 C=O기 사이의 수소결합으로 특징되는 우선성 나선이다. 이것은 한 회전에 대략 3.6 아미노산이 포함된다.

Hell-Volhard-Zelinsky 반응: 삼할로젠화 인–촉매에 카복실산의 인한 α 할로젠화:

$$R_2CHCO_2H + X_2 \xrightarrow[\text{또는 } PX_3]{P} R_2C(X)CO_2H + HX$$

Hemiacetal(헤미아세탈): 알데하이드 또는 케톤에 1몰 알코올의 친핵성 첨가에 의해 형성된 아래 보이는 형태의 화합물.

(구조식: C(OH)–O–R)

Hemiaminal(헤미아미날): 알데하이드 또는 케톤에 1차 또는 2차 아민의 친핵성 첨가로 형성되는 아래 보이는 형태의 화합물.

(구조식: C(OH)–N(R)–R')

Hemiketal(헤미케탈): 케톤에서 유도된 헤미아세탈.

Henderson-Hasselbalch equation(Henderson-Hasselbalch 식): 특정 pH에서 산의 해리 정도를 그것의 pK_a와 연관시키는 방정식.

$$pH = pK_a + \log\frac{[\text{conjugate base}]}{[\text{acid}]}$$

HETCOR(헥터): 양성자의 ^1H 화학적 이동과 결합된 탄소의 ^{13}C 화학적 이동을 상관시키는 2D NMR 기술. HETCOR은 heteronuclear chemical shift correlation을 나타낸다.

Heteroatom(헤테로원자): 유기분자에 있는 탄소도 수소도 아닌 원자.

Heterocylic aromatic compound(헤테로고리 방향족 화합물): 헤테로원자를 포함한 고리가 방향족인 헤테로고리 화합물.

Heterocylic compound(헤테로고리 화합물): 고리에 있는 한 개 이상 원자가 탄소가 아닌 고리 화합물. 헤테로고리 화합물은 방향족이거나 아닐 수 있다.

Heterogeneous reaction(불균일 반응): 서로 다른 상으로 존재하는 두 개 이상의 물질을 포함하는 반응. 알켄의 수소화는 불용성 금속 촉매의 표면에서 일어나는 불균일 반응이다.

Heterolytic cleavage(불균일 분해): 처음 결합된 원자들 중의 한 개에 두 전자가 보유되는 방식으 로 일어나는 두-전자 공유결합의 분해.

Hexose(헥소스): 여섯 개 탄소 원자의 탄수화물.

Histones(히스톤): 뉴클레오좀에서 DNA와 결합된 단백질.

Hofmann elimination(Hofmann **제거**): 4차 수산화 암모늄, 특히 수산화 알킬트라이메틸암모늄을 가열하여 알켄으로 변환. 제거(반응)은 덜 치환된 이중결합이 생성되는 쪽으로 일어난다.

$$R_2CH-\underset{\underset{^{+}N(CH_3)_3}{|}}{CR'_2}\ HO^- \xrightarrow{\text{열}} R_2C{=}CR'_2 + N(CH_3)_3 + H_2O$$

Hofmann rule(Hofmann 규칙): 4차 수산화 암모늄의 β-제거는 주로 가장 적게 치환된 이중결합의 알켄이 생성된다.

HOMO: 가장 높은 점유된 오비탈(적어도 한 개의 분자가 소유한 전자로 채워진 가장 높은 에너지의 오비탈).

Homogeneous hydrogenation(균일 수소화): 반응이 진행되는 용매에서 가용성인 유기금속 화합물에 의하여 촉진되는 이중결합의 수소화.

Homologous series(동족 계열): 연속적인 구성물의 CH_2 단위가 다른 구조적으로 연관된 그룹.

Homolytic cleavage(균일 분해): 처음 결합된 각 원자들이 한 개씩 전자를 얻는 방식으로 일어나는 두-전자 공유결합의 분해.

Homopolymer(균일고분자): 한 개의 단량체로부터 형성된 고분자.

Huckel's rule(Huckel 규칙): 한 개의 평면 고리가 완전히 컨쥬게이트된 탄화수소의 π 전자 수가 $4n + 2$, n = 정수일 때, 특별한 안정성을 갖는 것.

Hund's rule(Hund 규칙): 두 오비탈의 에너지가 동일할 때, 두 개의 오비탈 어느 것도 전자가 두 개로 채워지기 전에 절반으로 채워지도록 분포된다.

Hybrid orbital(혼성오비탈): *s*, *p*, *d*, 등의 원자 오비탈 기여의 다양한 혼합으로 표시되는 원자오비탈.

Hydration(수화): 다중결합에 물의 원소(H, OH) 첨가.

Hydride shift(수소음이온 이동): 한 쌍의 전자를 갖는 수소(H:)가 한 원자에서 다른 것으로 이동. 수소음이온 이동은 탄소양이온 재배열에서 가장 많이 볼 수 있다.

Hydroboration-oxidation(수소붕소화-산화): 분리된 수소붕소화 단계와 산화 단계를 포함하는 연속된 반응. 수소붕소화 단계에 있어서는, 다이보레인이 이중결합에 더해져서 알킬보레인이 된다. 산화 단계에 있어서는, 알킬보레인이 과산화수소에 의하여 산화되어 알코올이 된다. 반응 생성물은 반-Markovnikov의 따른 알코올인, 알켄의 syn 수화이다.

Hydrocarbon(탄화수소): 오식 탄소와 수소로 형성된 화합물.

Hydroformylation(수소포밀화): 말단 알켄($RCH{=}CH_2$)와 일산화탄소의 반응으로 알데하이드(RCH_2CH_2CHO)를 제조하는 공업적 과정.

Hydrogenation(수소화): 다중결합에 H_2의 첨가.

Hydrogen bonding(수소결합): 한 분자의 양으로 편극된 수소가 인접 분자의 음으로 편극된 원자와 약하게 결합된 쌍극자-쌍극자 인력의 형태. 수소결합은 전형적으로 —OH 또는 —NH기의 수소와 다른 산소 또는 질소를 포함한다.

Hydrolysis(가수분해): 물에 의한 결합의 절단.

Hydronium ion(하이드로늄 이온): H_3O^+인 물질.

Hydrophilic(친수성): 글자 뜻 그대로, "물-사랑"; 대개는 물과 수소결합을 형성하는 능력 때문에, 물 에 녹는 물질에 적용되는 용어.

Hydrophobic(소수성): 글자 뜻 그대로, "물-혐오"; 물에는 녹지 않지만 비극성, 탄화수소와 같은 용매에 녹는 물질에 적용되는 용어.

Hydrophobic effect(소수성 효과): 물로부터 비극성 분자를 방출.

Hyperconjugation(하이퍼컨쥬게이션): σ 전자의 비편재화.

I

Icosanoids(아이코사노이드): 불포화 C_{20} 카복실산에서 유도되는 천연에서 발견되는 화합물의 그룹.

Imide(이마이드): 아래의 기를 포함하는 화합물.

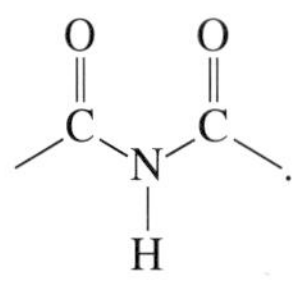

Imine(이민): 알데하이드 또는 케톤이 1차 아민($R'NH_2$)와 반응하여 형성된 $R_2C{=}NR'$ 형태의 화합물. 이민은 종종 *Schiff 염기*라고 부른다.

Index of hydrogen deficiency(수소결핍지수): 분자에 있는 전체 이중결합 또는 고리의 척도. 이것은 다음의 식에 따라서 화학물(C_nH_x)의 분자식과 동일한 탄소수를 갖는 알케인의 분자식을 비교해서 결정한다.

$$\text{수소결핍지수} = \frac{1}{2}(C_nH_{2n+2} - C_nH_x)$$

induced-dipole/induced-dipole attractive force(유도-쌍극자/유도-쌍극자 인력): 다른 분자에 의해서 한 분자의 상호 상보적인 편극의 결과적인 인력. *London 인력* 또는 *분산력*이라고 함.

Inductive effect(유도효과): 분자 또는 이온에서 σ-결합의 연속적인 편극화로 인하여 전달되는 전기적 효과.

Infrared (IR) spectroscpoy(적외선(IR) 분광학): 신축 및 굽힘 진동을 할 때 분자에 의해서 흡수되는 에너지에 기초한 분석 기술. 적외선 분광학은 분자에 있는 작용기를 분석하는데 유용하다.

Initiation step(개시단계): 반응이 시작하도록 야기시키지만, 생성물의 주 원천은 아닌 반응의 과정으로 대개는 자유-라디칼 반응. 알케인의 할로젠화 개시단계는 할로젠 분자를 두 개의 할로젠 원자로 해리하는 것이다.

Intergrated area(적분 면적): NMR 신호의 상대 면적. 면적은 피크에 해당하는 양성자의 수에 비례한다.

Intermidiate(중간체): 화학반응 중에 형성되는 순간적인 물질. 일반적으로 중간체는 이것이 형성되는 반응 조건에서 안정하지 않고 더 진행되어 생성물을 형성한다. 퍼텐셜 에너지 표면에서 최대값 인 전이 상태와는 다르게, 중간체는 퍼텐셜 에너지 최소에 놓인다.

Intemolecular attractive forces(분자간 인력): 분리된 분자에 있는 원자 또는 그룹 사이의 끌거나 밀어내는 힘.

Intramolecular forces(분자내 힘): 동일한 분자에 있는 원자 또는 그룹 사이의 끌거나 밀어내는 힘.

Inversion of configuration(배열 반전): sp^3-혼성 탄소의 삼차원 배열의 반전. 다음에 나타낸 것은 친핵성 치환의 배열 반전이며, 여기서 LG는 이탈기이고 Nu는 친핵체이다.

$$w,x,y\text{—C—LG} \longrightarrow \text{Nu—C—}x,w,y$$

Ion(이온): 하전된 입자.

Ionic bond(이온결합): 반대로 하전된 입자들 사이의 정전기적 인력으로 나타나는 화학결합.

Ionization energy(이온화 에너지): 어떤 물질로부터 전자를 제거하는데 필요한 에너지.

Isobutane(아이소뷰테인): 2-메틸프로페인, $(CH_3)_3CH$의 일반명.

Isobutyl group(아이소뷰틸기): $(CH_3)_2CHCH_2$ 기.

Isoelectric point(등전점): 아미노산에서 쯔비터이온 형태의 농도가 최대가 되는 pH. 등전점 이하에서는 주 물질이 양이온이다. 등전점 이상에서는 음이온이 주가 된다. 등전점에서 아미노산의 알짜 전하는 영이다.

Isoionic point(등이온점): *등전점(isoelectric point)*와 동의어.

Isolated diene(고립된 다이엔): 두 개의 이중결합이 한 개 이상의 sp^3-혼성 탄소로 분리된 다음 형태의 다이엔.

$$C{=}C{-}(C)_x{-}C{=}C$$

고립된 다이엔은 이성질체인 컨쥬게이트 다이엔보다 조금 덜 안정하다.

Isomers(이성질체): 같은 분자식을 갖는 다른 화합물. 이성질체는 구성 이성질체 또는 입체이성질체이다.

Isoprene rule(아이소프렌 규칙): 터펜은 규칙적인 머리-에-꼬리 연결인 아이소프렌 단위로 구성된다.

Isoprene unit(아이소프렌 단위): 터펜에서 발견되는 특징적인 다섯 개-탄소 구조 단위:

Isopropenyl group(아이소프로페닐기): $H_2C{=}C(CH_3){-}$기.

Isopropyl group(아이소프로필기): $(CH_3)_2C{-}$기.

Isotactic polymer(아이소택틱 고분자): 각 연속된 카이랄 중심의 치환기들이 지그재그 탄소 사슬의 같은 쪽에 있는 입체규칙성 고분자.

Isotope effect(동위원소 효과): 같은 원자의 동위원소를 비교할 때 나타나는 뚜렷한 특성, 대개는 반응 속도의 차이.

Isotopic cluster(동위원소 묶음): 질량분석법에서, 성분 원소의 다른 동위원소로 합쳐져 있기 때문에, *m/z*가 차이가 나는 한 무리의 피크들.

IUPAC rules(IUPAC 규칙): 유기 화합물을 명명하는 가장 널리 사용되는 방법. 이것은 국제 순수 및 응용 화학협회(Internation Union of Pure and Applied Chemistry)에 의해서 제정되고 주기적으로 개정되는 일단의 규칙을 사용한다.

K

Kekule syructure(Kekule 구조): 관례적인 결합 규칙을 만족하는 방향족 화합물의 구조식이며, 단일과 이중결합이 교대인 형태로 특징된다. 벤젠에는 두 개의 Kekule 형이있다;

단일 Kekulé 구조는 분자의 실제 결합을 완전하게 나타내지는 않는다.

Ketal(케탈): 케톤에서 유도되는 아세탈.

Ketimines(케티민): 1차 아민과 케톤의 반응으로 형성되는 $R_2C{=}NHR$ 형태의 아민. 일반식에서 R은 같거나 다를 수 있다.

Keto-(케토): 카보닐기를 갖는 토토머 형태.

Keto-enol tautomerism(케토-엔올 토토머화(현상)): 알데하이드 또는 케톤이 이들의 엔올과 평형을 이루는 과정:

$$RC(=O)CHR_2 \rightleftharpoons RC(OH){=}CR_2$$

β-keto ester(β-케토 에스터): 다음 형태의 화합물.

$$RC(=O)CH_2C(=O)OR'$$

Ketone(케톤): 카보닐기에 연결된 두 개의 원자가 탄소인 화합물군의 한 종류로 다음과 같다.

$$\overset{O}{\overset{\|}{RCR}} \qquad \overset{O}{\overset{\|}{RCAr}} \qquad \overset{O}{\overset{\|}{ArCAr}}$$

Ketose(케토스): 열린사슬 형태에서 케톤 카보닐기를 갖는 탄수화물.

Kiliani-Fischer synthesis(Kiliani-Fischer 합성): 탄수화물의 사슬을 확장하는 합성법. 새로운 탄소-탄소 결합은 알도스를 사이아노하이드린으로 변환하여 형성한다. 사이아노기를 알데하이드기로 환원하면 합성이 완결된다.

Kinases(카이나제): ATP에서 다른 물질로 인산 전달을 촉진하는 효소.

Kinetically controlled reaction(속도론적으로 조절되는 반응): 더 빠른 속도로 주 생성물이 형성되는 반응.

Kinetic isotope effect(속도론적 동위원소 효과): 동위원소 성분에 따른 반응속도 효과.

Kinetic resolution(속도론적 분할): 카이랄 반응물과 반응하는 서로 다른 반응속도에 기초한 거울상이성질체 분리.

Kinetics(속도론): 반응속도 및 이들에 영향을 주는 인자들의 연구.

Kolbe-Schmitt reaction(Kolbe-Schmitt 반응): 페놀의 소듐염과 이산화탄소를 고압에서 반응시키면 *o*-하이드록시벤조산이 된다. Kolbe-Schmitt 반응은 아스피린 합성에 필요한 살리실산을 합성하는데 사용 된다.

L

Lactam(락탐): 고리 아마이드.

β-Lactam(β-락탐): 아마이드기가 사각형 고리의 일부인 고리 아마이드. 항생제 페니실린은 β-Lactam을 포함한다.

Lacton(락톤): 고리 에스터.

Lactose(락토스): 젖당; 글루코스의 C-4와 갈락토오스의 C-1이 β-글리코사이드 연결로 형성된 이당류.

Lagging strand(뒤처지는 가닥): DNA 복제에 있어서, 복제 분기점에서 멀리 성장하는 가닥.

LDA: 다이아이소프로필아마이드화 리튬, $LiN[CH(CH_3)_2]_2$.의 축약어. LDA는 입체적으로 막힌 강한 염기이다.

Leading strand(앞서는 가닥): DNA 복제에 있어서, 복제 분기점 쪽으로 성장하는 가닥.

Leaving group(이탈기): *보통 할로젠화 이온*으로 친핵성 치환 또는 제거에서 탄소로부터 잃게 되는 그룹.

Le Chatelier principle(Le Chatelier 원리): 평형에 가해지는 어떠한 자극에 대하여 그 자극을 줄이는 방향으로 평형을 이동시키는 평형에서의 반응.

Lewis acid/Lewis base complex(Lewis 산/염기 착물): Lewis 산과 Lewis 염기사이의 공유결합을 형성함으로 생성되는 물질.

Lewis structure(Lewis 구조): 전자들을 점으로 나타내는 화학식. 두 원자들 사이의 두 점(또는 직선)은 Lewis 구조에서는 공유결합을 나타낸다. 비결합 전자를 뚜렷하게 보이고 안정한 Lewis 구조는 팔전자 이론을 만족한다.

Ligand(리간드): 다른 원자, 특히 금속, 에 붙어있는 원자 또는 그룹.

Lindlar catalyst(Lindlar 촉매): 알카인을 시스-알켄으로 수소화하는 촉매. 이것은 탄산 칼슘으로 지지된 팔라듐에 "촉매작용을 감소시킨(poisoned)"초산 납(II)과 퀴놀린으로 구성되었다.

Linear polymer(선형 고분자): 반복 단위 사슬에 가지가 없는 고분자.

Lipid bilayer(지질 이중층): 세포막을 구성하는 두 층의 인지질 배열. 극성 말단은 세포의 안쪽과 바깥 벽-물 접촉면에 놓여 있고, 친유성 탄화수소 꼬리는 내부에 뭉쳐 있다.

Lipids(지질): 비극성 유기용매에 용해도가 높은 것이 특징인 생물학적으로 중요한 천연 생성물.

Lipophilic(친유성): 문자 그대로는 "지방-사랑하는"; 실제로는 hydrophobic과 동의이.

Liposome(리포솜): 인지질 이중층으로 구성된 구형의 물질.

Living polymer(살아있는 고분자): 더 많은 단량체를 더하면 더 반응할 수 있는 활성 자리를 갖고 있는 고분자.

Locant(로컨트): IUPAC 명명법에 있어서, 접두사는 특정한 구조 단위에 연관된 원자를 나타낸다. 로컨트는 가장 흔히 숫자이고, 구조 단위는 2-클로로뷰테인과 같이 결합된 치환기이다.

LUMO: 분자의 어떤 전자도 포함하지 않은 가장 낮은 에너지의 분자오비탈; 가장 낮은 점유되지 않은 분자오비탈(the lowest unoccupied molecular orbitar)이다.

M

Macromolicule(거대분자): 많은 원자를 포함하고 분자량이 큰 물질.

Magnetic resonance imaging(자기 공명 이미지)(MRI): 인체조직을 NMR로 검사하는 의료 진단 기구.

Main-group element(주족원소): 주기율표에서 1A~8A 족의 원소.

MALDI: matrix-assited laser desorption ionizatien의 약자. 펩타이드 및 단백질의 아미노산 순위를 결정하는데 사용하는 질량 분석법.

Malonic ester synthesis(말론산 에스터 합성): 탄소-탄소 결합 형성의 주요 단계로서 말론산 다이에틸 엔올 음이온의 알킬화를 포함하는 카복실산을 제조하는 합성법.

$$CH_3CH_2O\overset{O}{\overset{\|}{C}}CH_2\overset{O}{\overset{\|}{C}}OCH_2CH_3$$

Maltose(말토스): 두 개의 글루코스 단위가 (α-(1→4)-글라이코사이드 연결로 얻어지는 이당류.

Markovnikovis rule(Markovnikov 규칙): 비대칭 시약은 더 많은 수의 수소를 갖는 이중결합의 탄소에 비대칭 시약의 양이온 부분이 놓이도록 비대칭 이중결합에 첨가된다.

Mass specrometry(질량분석법): 분자가 이온화되고 질량 대 전하의 비율에 근거하여 다양한 음이온을 관찰하는 분석 방법.

Machanism(메커니즘): 반응이 어떻게 일어나는지를 서술하는 연속적인 단계들; 반응물이 생성물로 변환되는 동안에 반응중간체 및 전이상태에 대한 묘사가 포함된다.

Mercaptan(머캅탄): 현재는 싸이올로 알려진 화합물의 옛 이름.

Merrifield mehtod(Merrifield 방법): *고체상 펩타이드 합성*을 보시오.

Meso stereoisomer(메조 입체이성질체): 카이랄 중심을 가지고 있는 비카이랄 분자. 가장 흔한 종류의 메조화합물은 두 개의 카이랄 중심과 대칭면을 가지고 있는 분자이다.

Messenger RNA(mRNA)(전령 RNA): 단백질 생합성을 촉진하기 위하여 DNA의 염기 서열을 "읽고 " 리보좀의 tRNA와 상호작용하는 라이보스의 폴리뉴클레오타이드.

Meta(메타): 벤젠 고리에서 치환기들 사이의 1,3 관계를 나타내는 용어.

Meta director(메타 지향기): 벤젠 고리에 존재하여 들어오는 친전자체를 자신의 메타 위치로 향하게 하는 그룹.

Metallocene(메탈로센): 사이클로펜타다이에닐기를 포함하는 전이금속 착물.

Methine group(메틴기 그룹): CH 기.

Methylene group(메틸렌기): $-CH_2-$ 기.

Methyl group(메틸기): $-CH_3$ 기.

Micelle(마이셀): 친유성 말단과 친수성 말단을 갖는 지방산의 카복실산염과 같이 구형의 응집된 물질. 50~100 개의 카복실산을 포함하는 지방산염의 마이셀이 비누이다.

Michael reaction(Michael 반응): α, β-불포화 카보닐 화합물에 음이온 (대개는 엔올산염)의 컨쥬게이트 첨가.

Microscopic reversibility(미세적 가역성): 가역 반응에서 정반응과 역반응의 중간체와 전이상태가 동일하지만 반대 순서인 원리.

Molar absorptivity(몰 흡광도): 대개는 자외선-가시광선 분광학에서 피크 세기의 척도.

Molecular dipole moment(분자 쌍극자 모멘트): 분자의 전체적으로 측정된 쌍극자 모멘트. 이것은 모든 개별적인 결합 쌍극자 모멘트의 합(또는 벡터의 합)으로 계산된다.

Molecular formula(분자식): 한 분자에 존재하는 각 원소의 원자 수를 아래 첨자를 사용하여 나타내는 화학식. 유기 화합물에 있어서는, 탄소는 처음에 놓고, 다음이 수소, 그리고 남아 있는 원자는 알파벳 순서로 늘어놓는다.

Molecular ion(분자이온): 질량분석법에 있어서, 분자에서 한 개의 전자를 잃고 형성된 물질.

Molecularity(분자도): 반응메커니즘의 동일한 단일단계에서 함께 반응하는 화학종의 수.

Molecular orbital theory(분자오비탈 이론): 전자들이 원자에 점유되는 것과 마찬가지로 분자의 오비탈에 점유된다는 화학결합의 이론. 분자오비탈은 분자를 구성하는 원자오비탈의 조합으로 나타낸다.

Monomer(단량체): 특정 고분자를 제조할 수 있는 가장 간단하고 안정한 물질.

Monosaccharide(단당류): 가수분해에 의해서 더 간단한 단당류를 생성할 수 없는 탄수화물.

Monosubstituted alkene(일치환 알켄): 이중결합의 탄소에 직접 연결된 단지 한 개의 탄소가 있는, $RCH{=}CH_2$ 형태의 알켄.

Multiplicity(다중도): 핵자기 공명 분광학에서 신호가 쪼개지는 피크의 수. 신호가 쪼개지는 피크의 수에 따라서 단일항, 이중항, 삼중항 및 그 이상 등으로 나타낸다.

Mutarotation(변광회전): 단일 형태의 탄수화물이 이성질성 헤미아세탈의 혼합물로 되도록 평형이 허용될 때 발생되는 광회전의 변화.

N

Nanotube(나노튜브): 원통형의 집합체로 이루어진 원소성 탄소 형태.

Network polymer(망상 고분자): *교차-연결 고분자*의 동의어.

Neurotransmitter(신경전달제): 신경자극 전달에 관여하는 물질로 대개는 자연에서 발생되는 아민이다.

Newman projection(Newman 투영): 탄소-탄소를 내려다보는 형태 이성질체를 나타내는 방법. 앞의 탄소는 점으로 뒤의 탄소는 원으로 표시한다.

Nitration(나이트로화): 수소를 $-NO_2$기로 치환. 친전자성 방향족 치환에 관련해서 종종 사용되는 용어.

$$Ar{-}H \xrightarrow[H_2SO_4]{HNO_3} Ar{-}NO_2$$

Nitrile(나이트릴): $RC{\equiv}N$ 형태의 화합물. R은 알킬 또는 아릴. 사이안화 알킬 또는 아릴로도 알려짐.

Nitrogen rule(질소 규칙): C, H, O 및 N을 포함하는 물질의 분자량은 N이 홀수 개이면 홀수이고, N이 짝수 개이면 짝수이다.

Nitrosamine(나이트로사민): *N-나이트로소 아민*을 보시오.

Nitrosation(나이트로소화): 대개는 아민인 물질과 아질산의 반응. 1차 아민은 다이아조늄 이온이 된다; 2차 아민은 *N*-나이트로소 아민. 3차 방향족 아민은 방향족 고리에 나이트로소화를 수행한다.

***N*-Nitroso amine(*N*-나이트로소 아민):** $R_2N{-}N{=}O$형태의 화합물. R은 알킬 또는 아릴이며, 이들은 같거나 다를 수 있다. *N*-나이트로소 아민은 2차 아민의 나이트로소화로 형성된다.

Noble gas(비활성 기체): 주기율표 8A족의 원소들(헬륨, 네온, 알곤, 크립톤, 제논, 라돈). 희유 기체 라고도 하며 몇 가지 예외는 있지만, 이들은 화학적으로 비활성이다.

Nodal surface(매듭 평면): 파동함수의 대수적 기호가 변하는 오비탈을 통과하여 그려지는 평면. 매듭에서 전자를 발견할 확률은 영이다.

Nonpolar solvent(비극성 용매): 낮은 유전 상수를 갖는 용매.

N terminus(N-말단): 손상되지 않은 α-아미노산을 가지고 있는 펩타이드 또는 단백질 사슬의 말단 아미노산; 즉, α-아미노산은 펩타이드 결합의 일부가 아니다.

Nuclear magnetic resonance spectroscopy(핵자기 공명 분광법): 주어진 핵을 낮은 에너지 스핀 상태에서 높은 에너지 상태로 진전시키는데 필요한 에너지에 관한 분자 환경의 효과에 기초한 구조 결정법.

Nucleic acid(핵산): 세포핵에 존재하는 폴리뉴클레오타이드.

Nucleophile(친핵체): 탄소와 결합하는데 사용할 수 있는 비결합 전자쌍을 가지고 있는 원자 또는 이온. 친핵체는 Lewis 염기이다.

Nucleophilic acyl substitution(친핵성 아실 치환): 아실기의 탄소에 친핵성 치환.

Nucleophilic addtion(친핵성 첨가): 알데하이드 또는 케톤의 특징적 반응. 비결합 전자쌍을 갖는 원자는 $C{=}O$기의 탄소와 결합하고, 다른 화학종(보통 수소)은 산소와 결합한다.

O
R R' + H−Y: ⟶ OH R' R Y:

Nucleophilic aliphatic substitution(친핵성 지방족 치환): sp^3-혼성 탄소로부터 대개는 할로젠화 이온인 친핵체가 이탈기를 대체하는 반응. 친핵성 지방족 치환은 S_N1 또는 S_N2 메커니즘으로 진행된다.

Nucleophilic aromatic substitution(친핵성 방향족 치환): 친핵체가 방향족 고리에 있는 치환기인 이탈기를 대체하는 반응. 치환은 첨가-제거 메커니즘 또는 제거-첨가 메커니즘으로 진행된다.

Nucleophilicity(친핵성): 친핵성 치환반응에 있어서 Lewis 염기의 반응성 척도.

Nucleoside(뉴클레오사이드): 퓨린 또는 피리미딘 염기 및 탄수화물, 대개는 라이보스 또는 2-데옥시라이보스의 조합.

Nucleosome(뉴클레오솜): 세포 내 저장된 DNA의 DNA-단백질 착물.

Nucleotide(뉴클레오타이드): 뉴클레오사이드의 인산 에스터.

O

Octane rating(옥탄가): 동일한 노킹 특성을 갖는 아이소옥테인-헥세인 혼합물에서 2,2,4-트라이메틸펜테인("아이소옥테인")의 백분율로 표현되는 휘발유의 "노킹"에 저항하는 능력.

Octet(옥텟): 원자에 있는 여덟 개의 전자가 채워진 껍질.

Octet rule(팔전자 규칙): 화합물을 형성할 때, 원자의 원자가전자 수가 그 원자에 가장 가까운 비활성 기체의 것과 동일하게 되기 위하여 전자를 얻거나, 잃거나 또는 공유한다. 탄소, 질소, 산소, 할로젠은 이 수가 8이다.

Olefin metathesis(올레핀 복분해): 두 알켄의 이중결합에 있는 치환기의 교환.

$$2R_2C{=}CR'_2 \longrightarrow R_2C{=}CR_2 + R'_2C{=}CR'_2$$

Oligomer(올리고머): 이량체, 삼량체, 사량체 등 보다는 더 많은, 그러나 작은 단량체 단위로 구성되어 고분자로 분류할 수 없는 분자.

Oligonucleotide(올리고뉴클레오타이드): 상대적으로 작은 수의 염기를 갖는 폴리뉴클레오타이드.

Oligisaccharide(올리고당): 가수분해하면 세 개에서 열 개의 단당류가 생성되는 탄수화물.

Optical activity(광학 활성도): 편광면을 회전시키는 물질의 능력. 광학적으로 활성이기 위해서는, 물질은 반드시 카이랄이어야 하고, 한 개의 거울상이성질체가 다른 것보다 많이 존재해야 한다.

Optically pure(광학적 순수): 단지 한 개의 거울상이성질체로 존재하는 카이랄 물질을 표시하는 것.

Opitical rotation(광학적 회전): 카이랄 물질이 편광면을 회전시키는 정도.

Orbital(궤도): 엄격히 말하면, 파동함수 ψ이다. 그러나 원자의 경계면 내의 부피, 또는 전자를 발견할 확률이 높은 공간의 영역으로서 핵에 관련된 어떤 점에서 전자를 발견할 확률 ψ^2로 오비탈을 생각하는 것이 편리하다.

σ Orbital(시그마 오비탈): 회전대칭으로 특징되는 결합 오비탈.

σ*Orbital(시그마 스타 오비탈): 회전대칭으로 특징되는 반결합 오비탈.

Organometallic compound(유기금속 화합물): 탄소-금속 결합을 포함하는 화합물.

Ortho(오쏘): 벤젠 고리에 있는 치환기들 사이의 1,2 관계를 나타내는 용어.

Ortho, para director(오쏘, 파라 지향기): 들어오는 친전자체의 위치를 자신에 대하여 오쏘 및 파라에 오도록 하는 벤젠고리에 존재하는 그룹.

Oxidation(산화): 원자와 관련된 전자 수의 감소. 유기화학에 있어서는, 탄소와 탄소보다 전기음성도가 작은 원자사이의 결합이 탄소보다 전기음성도가 큰 원자로 교체될 때 탄소의 산화가 일어난다.

Oxidation number(산화수): 공유결합을 하는 어떤 원자가 더 전기음성인 원자와 결합되었을 때 그 원자가 갖는 형식전하.

Oxidation-reduction(산화-환원): 한 원자에서 다른 원자로 전자가 이동하여 각 원자의 산화수 변화가 일어나는 반응.

Oxidation state(산화 상태): *산화수*를 보시오.

Oxonium ion(옥소늄 이온): 화학종 H_3O^+ (또한 *하이드로늄 이온*이라고 함.)

Oxymercuration-demercuration(옥시수은첨가-탈수은화): 알켄 수화의 두 단계 반응.

Ozonide(오조나이드): 오존과 알켄의 반응으로 형성되는 화합물.

Ozonolysis(가오존분해): 오존에 의한 탄소-탄소 이중 또는 삼중결합의 절단.

P

Para(파라): 벤젠 고리의 치환기를 사이의 1,4 관계를 나타내는 용어.

Paraffin hydrocarbon(파라핀 탄화수소): 알케인과 사이클로알케인의 옛 이름.

Partitial rate factor(부분 속도인자): 친전자성 방향족 치환에서, 특별한 고리 탄소에 공격하는 비율과 벤젠의 단일 위치에 공격하는 비율을 비교하는 숫자.

Pauli exclusion princle(Pauli 배타원리): 어떤 두 개의 전자도 같은 조합의 네 개 양자수를 가질 수 없다. 같은 표현으로 오직 두 개의 전자만이 같은 궤도에 있을 수 있고, 그것도 오직 그것들이 반대 방향 스핀을 가질 때 가능하다.

PCC: 클로로크로뮴산 피리디늄, $C_5H_5NH^+ClCrO_3^-$의 약자. 무수 용매에서 사용할 때, PCC는 1차 알코올을 알데하이드로, 2차 알코올은 케톤으로 산화시킨다.

PDC: 다이크로뮴산 피리디늄[cpyridium dichromate,$(C_5H_5NH)_2^{2+}Cr_2O_7^{2-}$]의 약자. PCC와 동일한 목적과 방법으로 사용된다(바로 앞의 용어를 보시오).

***n*-Pentane(*n*-펜테인):** 펜테인, $CH_3CH_2CH_2CH_2CH_3$의 일반명.

Pentose(오탄당 또는 펜토스): 다섯 개의 탄소 원자를 갖는 탄수화물.

Peptidases(펩타이드효소): 펩타이드와 단백질의 가수분해를 촉진하는 효소.

Peptid(펩타이드): 구조적으로는 두 개 이상의 α-아미노산이 펩타이드 결합으로 구성된 분자.

Peptide bond(펩타이드 결합): 한 개 α-아미노산의 카복실기와 다른 α-아미노산의 아미노기사이의 아마이드 결합.

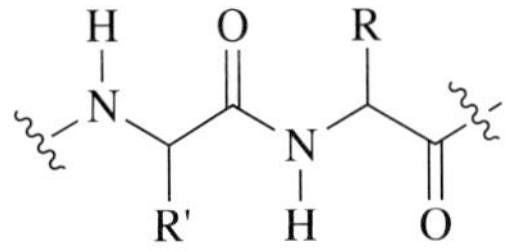

Peptide map(펩타이드 지도): 아미노산 썰염이 결정된 단백질 조각의 모임.

Pericyclic reaction(고리협동반응): 고리 형태의 전이상태를 통하여 진행되는 반응.

Period(주기): 주기율표의 수평 열.

Peroxide(과산화물): RCOOR 형태의 화합물.

Peroxide effect(과산화물 효과): 반응 혼합물에 과산화물의 존재로 일어나는 알켄의 브로민화 수소 첨가에서 관찰되는 반대의 위치선택적 특성.

Phase-transfer catalysis(상전이 촉매): 용해되어 있으며 반응성이 적은 수용액 상태로부터 반응성이 좋으나 불용성의 유기 층으로 이온성 반응물을 이동시켜서 화학반응의 속도를 증가시키는 방법. 전형적으로, 반응물은 4차 암모늄염으로서 유기 층으로 이동하는 음이온이다.

Phenols(페놀): ArOH와 같이 방향족 고리에 하이드록실 치환기로 특징되는 화합물의 종류. 페놀은 또한 모체 화합물, C_6H_5OH의 이름이다.

Phenyl group(페닐기): 아래의 그룹.

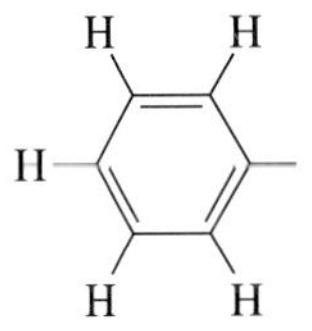

이것은 C_6H_5—로 종종 축약된다.

Phosphatidic acid(포스파티드산): 아래 보인 형태의 화합물. 이것은 트라이아실글리세롤 생합성의 중간 물질이다.

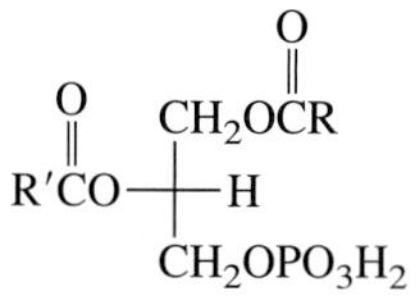

$$\begin{array}{c} \quad\quad\quad\quad\quad\quad O \\ \quad\quad\quad\quad\quad\quad \| \\ O \quad\quad CH_2OCR \\ \| \quad\quad\quad | \\ R'CO - \!\!\!+\!\!\! - H \\ \quad\quad\quad | \\ \quad\quad CH_2OPO_3H_2 \end{array}$$

Phosphatidylcholine(포스파티딜콜린): 아래 형태의 수많은 화합물의 한 가지.

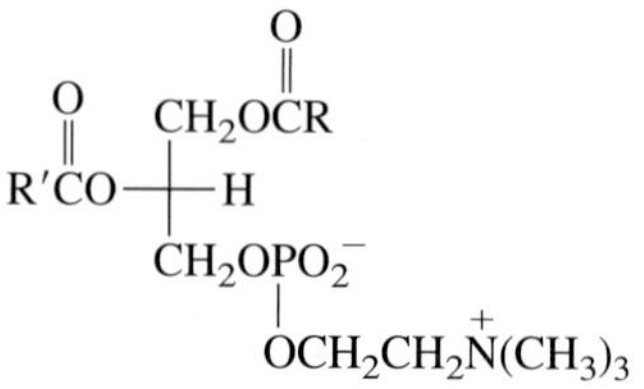

$$\begin{array}{c} \quad\quad\quad\quad\quad\quad O \\ \quad\quad\quad\quad\quad\quad \| \\ O \quad\quad CH_2OCR \\ \| \quad\quad\quad | \\ R'CO - \!\!\!+\!\!\! - H \\ \quad\quad\quad | \\ \quad\quad CH_2OPO_2^- \\ \quad\quad | \\ \quad\quad\quad\quad OCH_2CH_2\overset{+}{N}(CH_3)_3 \end{array}$$

Phosphodiester(포스포다이에스터): 아래 보이는 화합물로, 특히 R과 R′이 D-라이보스 또는 2-데옥시-D-라이보스이다.

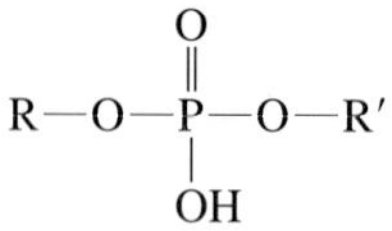

$$\begin{array}{c} O \\ \| \\ R-O-P-O-R' \\ | \\ OH \end{array}$$

Phospholipid(인지질): 콜린–인산 "머리 그룹"을 갖는 다이아실글리세롤. *포스파티딜콜린*으로도 알려 진다.

Photochemical reaction(광화학 반응): 물질이 빛을 흡수할 때 일어나는 화학반응.

Photon(광자): 전자기 복사에서 개별적인 에너지 "묶음", 또는 입자의 용어.

Pi (π) bond(파이(π) 결합): 전자분포가 σ 결합처럼 축을 통해서가 아닌 오히려 핵간 축의 위와 아래에 집중된 결합. 유기화학에서, π 결합은 σ 결합을 하고 있는 인접한 원자의 *p* 오비탈사이의 측간 겹침으로 자주 간주된다.

Pi (π) electron(파이(π) 전자): π 결합 또는 π 오비탈에 있는 전자.

pK_a: $-\log K_a$로 정의되는 산성도의 척도. 강산일수록, pK_a 값은 작다.

Plank's constant(플랑크 상수): 방정식 $E = h\nu$에 있는 비례상수(h). 이것은 전자기복사의 에너지(E)와 진동수(ν)의 관계이다.

Plane of symmetry(대칭면): 분자와 같은 대상을 두 거울상의 반쪽으로 이등분하는 평면; 거울 평면이라고도 함. 대상에 있는 어떤 원소에서 수직으로 그 평면에 선을 긋고, 반대 방향으로 등거리 확장할 때, 복제된 그 원소가 나타난다.

Pleated β sheet(접혀진 β 시트): 인접한 평형의 펩타이드 사슬사이에서 NH와 C=O기들의 수소결합으로 특징되는 단백질 2차 구조의 형태. 개별적인 사슬은 지그재그 형태로 확장된다.

Polar covalent bond(극성 공유결합): 결합된 원자의 다른 쪽보다 한 쪽으로 전자가 더 가깝게 끌린 공유 전자쌍 결합.

Polarimeter(편광계): 광학 활성도를 측정하는 기기.

Polarizability(편극도): 원자 또는 그룹에 관련된 전기장이 뒤틀리기 쉬운 정도. 예를 들면, 분자에서 플루오린 원자는 전자를 단단히 붙들어서 매우 비편극되며, 아이오딘은 매우 잘 편극된다.

Polar solvent(극성 용매): 높은 유전 상수를 갖는 용매.

Polyamide(폴리아마이드): 각각의 구조 단위가 아마이드 결합으로 연결된 고분자. 나일론은 합성 폴리아마이드이다; 단백질은 천연에서 발견되는 폴리아마이드이다.

Polyamine(폴리아민): 아미노기를 많이 갖는 화합물. 세포의 구별 및 증식에 포함된다고 알고 있는 스퍼민, 스퍼미딘 및 푸트레신을 포함한 대개는 천연에서 발견되는 물질에 적용되는 용어.

Polycarbonate(폴리카보네이트): 탄산의 폴리에스터.

Polycyclic aromatic hydrocarbon(다환 방향족 탄화수소): 두 개 이상의 접합된 방향족 고리로 특징 되는 방향족 탄화수소.

Polycyclic hydrocarbon(다환 탄화수소): 두 개의 탄소가 일반적으로는 두 개 또는 그 이상의 고리와 연결된 탄화수소.

Polyester(폴리에스터): 에스터 결합으로 연결되는 반복 단위를 갖는 고분자.

Polyether(폴리에터): 에터 연결을 많이 갖는 분자. 폴리에터는 천연적으로 발견되는 항생물질에 많이 있다.

Polyethylene(폴리에틸렌): 에틸렌의 고분자.

Polymer(고분자): 많은 작은 분자(단량체)들의 반복되는 조합으로 형성되는 커다란 분자.

Polymerase chain reaction(고분자효소 사슬반응): 다량 복제의 DNA를 만드는 실험실적 방법.

Polymerization(중합): 고분자를 제조하는 방법. 주된 과정은 자유–라디칼, 양이온, 배위 및 축합 중합이다.

Polynucleotide(폴리뉴클레오타이드): 한 개의 뉴클레오사이드에 있는 탄수화물 단위의 산소와 다른 뉴클레오사이드가 인산에스터 단위로 연결된 고분자.

Polyolefin(폴리올레핀): 알켄 단량체로 제조되는 첨가 고분자.

Polypeptide(폴리펩타이드): (여덟에서 열 개 이상의)"많은"아미노산 잔기로 만들어진 고분자.

Polypropylene(폴리프로필렌): 프로펜의 고분자.

Polysaccharide(다당): 가수분해하여 "많은"단당류를 생성하는 탄수화물.

Polyurethane(폴리우레탄): 아래 형태의 연결로 수정된 구조 단위를 갖는 고분자.

$$\begin{array}{c} O \\ \| \\ -NHCO- \end{array}$$

Potential energy(위치에너지): 운동에너지를 제외한 계가 갖는 에너지.

Potential energy diagram(퍼텐셜 에너지 도표): 위치에너지 대 반응이 진행되는 정도의 임의 측정(반응 좌표)을 도시. 최대 퍼텐셜 에너지 점은 전이상태이다.

Prenyls(프레닐): 다음 형태의 화합물.

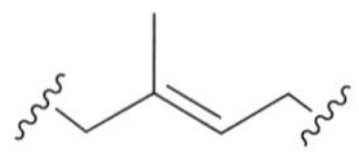

Primary alkyi group(1차 알킬기): RCH_2—의 구조 단위, 여기에서 연결점이 1차 탄소이다.

Primary amine(1차 아민): 한 개의 알킬 또는 아릴 치환기와 두 개의 수소를 갖는 아민: RNH_2 형태의 아민(1차 아민) 또는 $ArNH_2$ (1차 아릴아민).

Primary carbon(1차 탄소): 오직 한 개의 탄소에 직접 연결된 탄소.

Primary structure(1차 구조): 펩타이드 또는 단백질에 있는 아미노산의 서열.

Principal quantum number(주양자수): 전자의 에너지 준위를 표시하는 양자 수 (n). n = 1의 전자는 반드시 s 전자이여야만 한다; n = 2인 것은 이용 가능한 s 및 p 상태를 갖는다.

Prochiral(프로카이랄): 분자에 결합된 원자 또는 그룹을 다른 것으로 바꾸면 카이랄이 되는 비카이랄 분자의 능력.

Prochirality center(프로카이랄 중심): 분자에 결합된 원자 또는 그룹을 다른 것으로 바꾸면 카이랄 중심이 되는 비카이랄 분자의 원자.

Propagation steps(전파 단계): 사슬반응에서 되풀이하여 반복되는 단일단계. 사슬반응의 거의 모든 생성물은 전파 단계에서 생성된다.

Prostaglandin(프로스타글란딘): 20개의 탄소를 포함하는 지질 호르몬 종류의 한 가지, 이중의 다섯 개 탄소는 산소화된 사이클로펜타노이드 고리에 속한다; 나머지 15개 탄소는 두 개의 가지가 없는 곁사슬로 고리에 각각 연결되어 있다.

Prosthetic group(보결 그룹): 효소에 공유적으로 결합된 보조효소.

Protease inhibitor(단백질효소 저해제): 펩타이드 결합의 효소-촉매화 가수분해를 방해하는 물질.

Protecting group(보호기): 분자의 어떤 곳에서 일어나는 반응 조건에서 불활성이 되도록 작용기의 본질을 임시적으로 변환. 합성적으로 유용하려면, 보호기는 반드시 주어진 일련의 반응 조건에서 안정해야 하지만, 쉽게 붙여지고 제거되어져야 한다.

Protein(단백질): 생물학적 기능이 있는 자연적으로 생성되는 폴리펩타이드.

Protic solvent(양성자성 용매): 쉽게 교환될 수 있는 양성자를 갖는 용매, 특히 양성자는 하이드록실기처럼 산소에 결합되어있다.

Proton acceptor(양성자 받개): Brønsted 염기.

Proton donor(양성자 주개): Brønsted 산.

Purin(퓨린): 헤테로고리 방향족 화합물.

Pyronose form(피라노스형): 탄수화물의 카보닐기와 하이드록실기 사이의 고리 헤미아세탈에 의해서 발생되는 육각형 고리.

Pyrimidine(피리미딘): 헤테로고리 방향족 화합물.

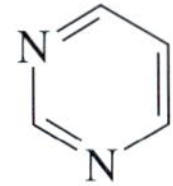

Q

Quantized(양자화된): 오직 허용된 어떤 에너지 상태에 관한. 이 상태는 $E = nh\nu$의 관계로 결정된다. 여기에서, n은 정수, h는 플랑크 상수 그리고 ν는 전자기복사의 진동수이다.

Quantum(양사): 광사와 관련된 에너지.

Quaternary ammonium salt(4차 암모늄염): $R_4N^+X^-$형식의 염. 양으로 하전된 이온은 전체 네 개의 유기 치환기(알킬과 아릴 치환기의 임의 조합)을 갖는 질소이다.

Quaternary carbon(4차 탄소): 네 개의 다른 탄소와 직접 연결된 탄소.

Quaternary structure(4차 구조): 두 개 이상의 단백질 사슬이 화학결합에 의한 연결이 아니라, 커다란 단백질로 조성되는 방법의 표현.

Quinone(퀴논): 오쏘 혹은 파라 다이하이드록시벤젠유도체의 산화 생성물. 다음은 퀴논의 예이다.

과

R

R: 알킬기의 기호.

Recemic mixture(라세미 혼합물): 동량의 거울상이성질체를 포함하는 혼합물.

Random coil(임의 코일): 정돈된 2차 구조가 결여된 단백질의 일부.

Rare gases(희유 기체): 불활성 기체(헬륨, 네온, 알곤, 크립톤 및 제논)의 동의어

Rate constantt k(속도상수 k): 존재하는 물질의 농도와 반응속도에 관련된 실험적으로 결정하는 비례상수.

Rate-derterming step(속도결정 단계): 다단계 반응 메커니즘에서 가장 느린 단계. 반응의 전체 속도는 가장 느린 단계보다 빠를 수 없다.

Rearrangement(재배열): 한 원자에서 다른 것으로 원자, 그룹 또는 결합의 분자 내 이동.

Recombinant DNA(재조합 DNA): 다른 원천에서 얻어진 뉴클레오타이드 서열을 조합하여 만들어진 DNA 분자. 예를 들면, 인간 인슐린 합성을 암호화하는 뉴클레오타이드 서열을 박테리아 뉴클레오타이드 서열과 조합하여 인슐린 생산에 사용되는 재조합 DNA를 생산한다.

Reduction(환원): 원자에 연합된 전자의 수를 얻는 것. 유기화학에서는, 탄소와 탄소사이의 결합보다 더 전기 음성인 원자의 결합이 탄소보다 덜 전기음성인 원자의 결합으로 대체될 때 탄소의 환원이 일어 난다.

Reductive amination(환원성 아미노화): 촉매성 수소화 조건에서 알데하이드 또는 케톤을 암모니아 또는 아민으로 처리하여 아민을 제조하는 방법.

Refining(정제): 원유를 유용한 물질, 특히 휘발유로 변환.

Reforming(**개질**): 석유에 있는 방향족과 가지사슬 탄화수소의 비를 증가시켜서 휘발유의 옥탄가를 증가시키는 석유 정제 단계.

Regioselective(위치선택적): 두 개(또는 그 이상)의 구조 이성질체, 하지만 한 가지를 다른 것들보다 더 많이 생성할 수 있는 반응을 나타내는 용어. 100% 위치선택적은 위치특이적이라고 한다.

Relative configuration(상대 배열): 절대적이라기보다는 상대적인 기준에 의한 입체화학 배열. D, L, 에리스로, 스레오, α, β와 같은 용어는 상대 배열을 나타낸다.

Repeating unit(반복 단위): 고분자를 구성하는 구조 단위; 보통 대괄호 안에 쓰여 진다.

Replication(복제): DNA의 생합성 복제.

Replication fork(복제 분기): 이중-나선 DNA 가닥이 분리되는 점.

Resolution(분할): 라세미 혼합물을 각 거울상이성질체로 분리.

Resonance(공명): Lewis 구조를 사용해서 전자의 비편재화를 보이는 방법. 분자에서 실제 전자분포는 그릴 수 있는 여러 가지 Lewis 구조의 혼성으로 여겨진다.

Resonance energy(공명 에너지): 전자의 비편재화에 의해서 물질이 안정화되는 정도. 물질과 전자가 편재화된 가상적인 모델 사이에는 에너지 차이가 있다.

Resonance hybrid(공명 혼성): 분자에서 전자 분포를 나타내는데 함께 참여하는 Lewis 구조의 집합.

Restriction enzyme(제한 효소): 특정 위치에서 DNA의 절단을 촉진시키는 효소.

Retention of configuration(배열 보존): 끊어진 결합과 같은 공간적 배열을 갖는 새로운 결합이 생길 때 관찰되는 입체화학 경로.

Retrosynthetic analysis(역합성 분석): 목표 분자로부터 적당한 출발물질로 거꾸로 유추에 근거한 합성계획 기술. ⇨ 형실의 화살표는 역합성 과정을 나타낸다.

Retrovirus(레트로바이러스): 유전 물질이 DNA보다는 RNA인 바이러스.

Ribosomal RNA(라이보솜 RNA) (rRNA): 세포의 라이보솜에 있는 RNA.

Ribozyme(라이보자임): 촉매 활성을 갖는 폴리뉴클레오타이드.

Ring current(고리 전류): π 전자의 순환과 관련된 전기장.

Ring flipping(고리 뒤집기): 사이클로헥세인 및 관련 화합물의 *고리 반전*의 동의어.

Ring inversion(고리 반전): 사이클로헥세인의 의자 형태가 거울상 의자형으로 변환하는 과정. 모든 수평 치환은 수직이 되며, 역으로도 또한 동일하게 된다. 또한 고리 뒤집기라고 부르거나, 의자-의자 상호 변환이라고 한다.

RNA(라이보핵산(ribonucleic acid)): 라이보스의 폴리뉴클레오타이드.

Robinson annulation(Robinson 고리짓기): 고리형성 합성방법으로 사용되는 Michael 첨가와 분자내 알돌 축합의 조합.

Row(횡열): 주기율표에서 *주기*와 동의어.

S

Sandmeyer reaction(Sandmeyer 반응): CuCl, CuBr, 혹은 CuCN과 아릴 다이아조늄 이온의 반응으로 염화 아릴, 브로민화 아릴, 사이안화 아릴(나이트릴)가 각각 생성된다.

Saponification(비누화): 염기성 용액에서 에스터의 가수분해. 생성물은 알코올과 카복실산염이다. 용어는 "비누 만드는 것"을 의미하고 동물성 지방을 나무 재와 가열하면 비누로 변하는 과정으로부터 유래되었다.

Saturated hydrocarbon(포화 탄화수소): 다중결합이 없는 탄화수소.

Sawhorse formula(Sawhorse 식): 아래 보인 형식의 그림으로 분자의 결합을 삼차원 배열로 표시.

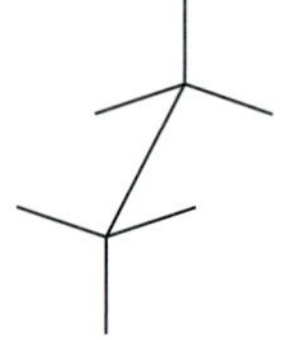

Schiemann reaction(Schiemann 반응): 다이아조늄 이온에 테트라플루오로붕산의 첨가로 형성된 플루오로붕산 다이아조늄을 가열하여 플루오린화 아릴의 제조.

Schiff base(Schiff 염기): 이민의 다른 이름; $R_2C{=}NR'$ 형식의 화합물.

Scientific method(과학적 방법): 관찰에서 법칙, 법칙에서 이론, 이론에서 검증할 수 있는 가설, 및 가설에서 실험을 유도하는 새로운 지식으로 정립하는 체계적인 접근.

Secondary alkyl group(2차 알킬기): $R_2CH—$ 형태의 구조 단위. 연결점은 2차 탄소이다.

Secondary amine(2차 아민): 질소에 두 개의 알킬 또는 아릴 치환기 및 한 개의 수소를 갖는 아민; 다음 형식의 아민.

$$RNHR' \text{ 또는 } RNHAr \text{ 또는 } ArNHAr'$$

Secondary carbon(2차 탄소): 두 개의 다른 탄소에 직접 연결된 탄소.

Secondary structure(2차 구조): 펩타이드 또는 단백질에서 가장 가까운 이웃 아미노산에 관한 형태. α 나선 및 접힌 β 시트 단백질 2차 구조의 예들이다.

Sequence rule(순위 규칙): Cahn–Ingold–Prelog 체계의 기본. 이것은 원자번호에 따라서 치환기의 순위를 정하는 것이다.

Shared-electron pair(공유 전자쌍): 두 원자사이에 공유된 두 개의 전자.

Sharpless epoxidation(Sharpless 에폭시화): Ti(IV) 촉매와 타타르산 다이에틸의 존재 하에 *tert*-뷰틸 과산화수소에 의한 알릴 알코올의 에폭시화로 특히 거울선택적 에폭시화.

β-Sheet(β-시트): 인접한 사슬 또는 한 사슬의 영역에 있는 C=O와 N—H기가 평면 또는 접힌 종이와 같은 구조를 생성하는 방법으로 수소결합을 한 단백질의 2차 구조 형태.

Shell(껍질): 동일한 주양자수 *n*을 갖는 오비탈의 그룹.

Shielding(가림): 양성자 또는 다른 핵이 느끼는 외부 자기장의 세기를 감소시키는 분자의 전자 효과.

Sigma (σ) bond(시그마(σ) 결합): 원자가결합이론에서, 두 원자핵을 연결하는 선을 따라서 한 원자의 절반이 채워진 오비탈이 두 번째 원자의 절반이 채워진 오비탈과 겹침으로 특징되는 결합.

Sigmatropic rearrangement(시그마트로픽 재배열): 컨쥬게이트 π 전자계의 한 끝에서 다른 쪽으로 σ 결합의 이동. Claisen 재배열이 한 예이다.

Simmon-Smith reaction(Simmon-Smith 반응): 알켄과 아이오딘화 아이오도메틸아연의 반응으로 사이클로프로페인 유도체를 형성한다.

Skew boat(뒤틀린 보트): 의자형 보다는 덜 안정하지만, 보트형 보다는 조금 더 안정한 사이클로헥세인의 형태.

Solid-phase peptide synthesis(고체상 펩타이드 합성): 펩타이드 합성법으로 C-말단 아미노산은 공유적으로 불활성 고체 지지체에 연결되어있고 펩타이드 결합 형성에 의하여 연속적으로 아미노산을 붙인다. 합성이 완결되면, 폴리펩타이드는 지지체에서 제거된다.

Solvolysis reaction(용매화 반응): 존재하는 친핵체가 단지 용매와 이것의 짝염기인 매개체에서 친핵성 치환.

Specific rotation(고유 광회전도): 단위 농도와 단위 이동 거리 당 물질의 광학 활성도:

$$[\alpha] = \frac{100\alpha}{cl}$$

α는 각도 단위의 관찰된 회전, c는 g/100 ml의 농도 및 *l*은 데시미터 단위의 경로 길이.

Spectrometer(분광기 또는 분광법): 시료에 의해서 흡수되는 전자기복사를 측정하도록 고안된 장치.

spectroscopy(분광학): 분자의 구조 그리고 또는 특성을 더 자세하게 알기위하여 분자의 전자기복사에 대한 상호작용을 연구하는 것.

Spectrum(스펙트럼): 출력, 대개는 분광기의 도표 형태. 스펙트럼의 분석은 분자구조에 대한 정보를 제공한다.

***sp* Hybridization(*sp* 혼성화):** 예를 들면, 알카인처럼 탄소가 두 개의 다른 원자와 결합할 때 탄소에 적용되는 혼성 형태. 2*s* 오비탈과 2*p* 오비탈 한 개가 두 개의 동등한 *sp*-혼성 오비탈을 형성하기 위하여 합쳐진다. 선형은 *sp* 혼성의 특징이다.

sp^2 Hybridization(sp^2 혼성화): 세 개의 다른 원자 또는 기에 연결된 탄소의 결합을 나타내는 모형. 탄소의 2*s* 오비탈과 두 개의 2*p* 오비탈은 합쳐져서 33.3% *s* 특성, 66.7% *p* 특성을 갖는 세 개의 동등한 sp^2을 생성한다. 한 개의 *p* 오비탈은 혼성하지 않고 남아있다. 삼각평면 구조는 sp^2 혼성의 특징이다.

sp^3 Hybridization(sp^3 혼성화): 네 개의 다른 원자 또는 그룹에 연결된 탄소의 결합을 나타내는 모형. 탄소의 2*s* 오비탈과 세 개의 2*p* 오비탈은 합쳐져서 25% *s* 특성, 75% *p* 특성을 갖는 네 개의 동등한 sp^3을 생성한다. 이들 오비탈은 정사면체의 꼭지점을 향한다.

spin(스핀): 스핀 양자수의 동의어.

Spin density(스핀 밀도): 분자에 있는 다양한 원자의 쌍을 이루지 않은 전자 분포의 척도.

Spin quantum number(스핀 양자수): 전자를 나타내는 네 개의 양자수 중의 한 가지. 전자는 두 개의 다른 스핀 양자수, $+\frac{1}{2}$ 또는 $-\frac{1}{2}$의 한 개를 갖는다.

Spin-spin coupling(스핀-스핀 짝지음): 두 핵 사이의 핵스핀 정보의 전달.

Spin-spin splittling(스핀-스핀 쪼개짐): 핵스핀의 짝지음으로 야기되는 NMR 신호의 쪼개짐. 오직 비동등 핵(다른 화학적 이동을 갖는 양성자와 같은)들만이 서로의 신호를 쪼갤 수 있다.

Spiro compound(스파이로 화합물): 한 개의 탄소가 두 고리의 교점인 화합물.

Spontaneous reaction(자발적인 반응): 몇 가지 정의들 중에서, 이 교재의 내용에 가장 적합한 한 가지는 자발적인 반응을 자유 에너지 감소($\Delta G < 0$)로 진행되는 반응으로 정의하는 것이다. "공식적인" 정의에서 자발적인 반응은 우주의 엔트로피가 증가하는 반응이다.

Squalene(스쿠알렌): 스테로이드를 생합성하는 자연적으로 발생되는 트라이터펜.

Staggered conformation(엇갈린 형태): 인접한 탄소의 결합은 가능한 한 서로에게서 멀리 있는 아래에 보이는 모양의 형태.

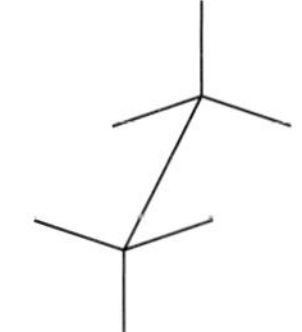

Standard amino acids(표준 아미노산): 단백질에 보통 존재하는 20개의 α-아미노산.

Standard free-energy change ($\Delta G°$)(표준 자유에너지 변화): 표준상태 조건에서 일어나는 반응의 자유-에너지 변화 ΔG. 표준상태는 1기압에서 물질의 상태(고체, 액체 또는 기체)이다. 용액의 표준상태는 1 M이다.

Standard free-energy change ($\Delta G°'$)(표준 자유에너지 변화): pH=7에서 $\Delta G°$의 값.

Standard heat of formation(표준생성열): 표준 상태의 원소들로부터 1mol의 화합물이 형성될 때의 엔탈피 변화.

Step-growth polymerization(단계-성장 중합): 단량체가 올리고머 형성에서 우선 소모되고, 이어서 거대분자를 형성하기 위하여 올리고머들 사이의 연속된 반응과정에 의한 고분자화.

Stereochemistry(입체화학): 삼차원 화학; 분자에서 원자의 공간적 배치에 대한 물리적 및 화학적 특성관계.

Stereoelectronic effect(입체전자적 효과): 전자 주개 오비탈과 받개 오비탈사이의 공간적 배치에 의존 하는 전기적 효과.

Stereoisomers(입체이성질체): 같은 구조를 갖지만 공간에서 원자들의 배치가 다른 이성질체. 입체이성질체는 *거울상이성질체*이거나 *부분입체이성질체*이다.

Stereoregular polymer(입체규칙성 고분자): 규칙적인 반복 형태에 따라서 카이랄 중심을 포함하는 고분자. 신디오택틱 및 아이소택틱 고분자는 입체규칙성 고분자이다.

Stereoslective reaction(입체선택적 반응): 단일 출발 물질이 두 개 이상의 입체이성질성 생성물을 형성하지만 한 개의 입체이성질체가 다른 것보다 많이 형성되는 특징을 갖는 반응. "덜 막힌 편에 첨가"와 같은 용어는 입체선택성을 나타낸다.

Stereospecific reaction(입체특이적 반응): 입체이성질성 출발 물질이 입체이성질성 생성물로 되는 반응. *syn 첨가*, *anti 제거* 및 *배열의 반전*과 같은 용어는 입체특이성 반응을 나타낸다.

Steric hindrance(입체 장애): van der Waals 척력에 의존하는 구조나 반응성의 효과.

Steric strain(입체 긴장): van der Waals 척력, 벗어난 결합 길이, 결합각, 혹은 각 비틀림의 결과로 나타나는 분자의 불안정성.

Steroid(스테로이드): 네 개의 융합된 고리(세 개는 육각형, 하나는 오각형)의 핵으로 특성화된 식물이나 동물 모두에 존재하는 지질의 형태. 콜레스테롤은 동물에서 가장 풍부한 스테로이드이다.

Strain energy(긴장 에너지): van der Waals 척력, 벗어난 결합 길이, 결합 각, 비틀림 때문에 화학종이 갖는 초과 에너지.

Strecker synthesis(Strecker 합성): 첫 단계로 알데하이드가 암모니아, 수소와 반응해서 아미노 나이트릴을 만들고 그 후에 가수분해한다.

$$RCHO \xrightarrow[HCN]{NH_3} RCH(NH_2)C{\equiv}N \xrightarrow{\text{가수분해}} RCH(\overset{+}{N}H_3)CO_2^-$$

Stretching vibration(신축 진동): 두 개 이상의 원자 또는 그룹이 그들을 연결한 결합 길이에 따른 규칙적이고 반복적인 운동.

Structural isomer(구조이성질체): *구성이성질체(constitutional isomer)*의 동의어.

Structure(구조): 분자를 정의하는 공간적 배향을 포함한 연결 순서.

Substitution(치환): 분자에 있는 원자 또는 그룹을 다른 원자 또는 그룹으로 대체.

Substitution nucleophilic bimolecular (S_N2) mechanism(친핵성 이분자 치환(S_N2) 메커니즘): 결합의 반대쪽 측면으로부터 이탈기를 공격하고, 이탈기의 이탈을 돕는 친핵체 치환의 협동 메커니즘.

Substitution nucleophilic bimolecular (S_N1) mechanism(친핵성 일분자 치환(S_N1) 메커니즘): 두 단계 진행에 의해서 이루어진 친핵체 치환의 메커니즘. 첫 번째 단계는 속도결정 단계이고, 할로젠화 알킬이 탄소양이온과 할로젠화 이온으로의 이온화이다.

Substitutive nomenclature(치환 명명법): 화합물의 형태를 특징짓는 접미사로 물질을 명명하여 구별하는 IUPAC 명명법의 한 형태. 2-메틸뷰탄올, 3-펜탄온 및 2-페닐프로판산은 치환 명명법의 예이다.

Sucrose(자당 또는 수크로스): 두 개의 단당류, 글루코스와 프럭토스가 그들의 아노머 위치에 연결되는 이당류.

Sulfide(설파이드): RSR′ 형태의 화합물. 설파 이드는 에터의 황 유사체이다.

Sulfonation(설폰화): 수소를 $-SO_3H$기로 대체. 이 용어는 주로 친전자성 방향족 치환에 사용된다.

$$\text{Ar}-\text{H} \xrightarrow[\text{H}_2\text{SO}_4]{\text{SO}_3} \text{Ar}-\text{SO}_3\text{H}$$

Sulfone(설폰): 아래 형태의 화합물.

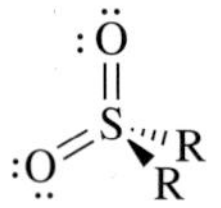

Sulfoxide(설폭사이드): 아래 형태의 화합물.

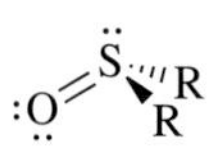

Supercoil(수퍼코일): 돌돌말린 DNA 나선.

Symmetry-allowed reaction(대칭-불용 반응): 과정의 모든 단계에서 중첩에 포함되는 오비탈들의 위상이 같은 협동반응.

Symmetry-forbidden reaction(대칭-금지 반응): 과정의 모든 단계에서 중첩에 포함되는 오비탈들의 위상이 다른 협동반응.

Syn addition(신-첨가): 시약의 두 부분이 이중결합의 같은 쪽에 더해지는 첨가반응.

Syndiotactic polymer(신디오택틱 고분자): 연속적인 카이랄 중심이 사슬을 따라서 교대로 놓이는 배열의 입체규칙성 고분자.

Synthon(신톤): 합성 조작에 관련된 분자에 있는 구조 단위.

Systematic names(체계적 이름): 일련의 정해진 규칙에 근거하여 결정되는 화합물의 이름. 대개 *체계적 명명법*이라는 용어를 사용할 때는 IUPAC 체계를 의미한다.

T

Tautomerism(토토머화): 두 개의 이성질체가 원자 또는 그룹의 이동으로 인하여 상호변환되는 과정. 엔올화는 토토머화의 한 형태이다.

Tautomer(토토머): 원자 또는 그룹의 이동으로 상호 변환되는 구성이성질체.

Terminal alkyne(말단 알카인): 삼중결합이 사슬의 말단에 나타나는 RC≡CH 형태의 알카인.

Termination steps(종결 단계): 사슬반응을 멈추는 반응. 자유-라디칼 사슬반응에 있어서, 종결 단계는 사슬이 지속되는 새로운 라디칼 생성이 없이 자유 라디칼을 소모한다.

Terpenes(터펜): 아이소프렌 단위의 묶음으로 나눌 수 있는 화합물. 10개의 탄소를 갖는 터펜을 모노터펜, 15개를 세스퀴터펜, 20개를 다이터펜 그리고 30개를 트라이터펜으로 분류된다.

Tertiary alkyl group(3차 알킬기): R_3C- 형태의 구조적 단위, 여기에서 접점은 3차 탄소이다.

Tertiary amine(3차 아민): 질소에 세 개의 알킬 또는 아릴 치환기의 임의의 조합으로 이루어진 R_3N 형태의 아민.

Tertiary carbon(3차 탄소): 세 개의 다른 탄소에 직접 연결된 탄소.

Tertiary structure(3차 구조): 단백질 사슬이 어떻게 접히는가의 묘사.

Tesla(테슬라): 자기장 세기의 SI 단위.

Tetrahedral angle(사면체 각): 사면체의 중심에서 정점으로 뻗어나간 선과 중심에서 다른 정점으로 뻗은 선 사이의 각. 이 각은 109°28′이다.

Tetrahedral intermediate(사면체형 중간체): 친핵성 아실 치환의 주 중간체. 카복실산 유도체의 카보닐기에 친핵성 첨가로 형성된다.

Tetramethylsilane(TMS)(테트라메틸사일레인(TMS)): 양성자 및 탄소-13 NMR 스펙트럼을 보정하는 기준으로 사용되는 분자. $(CH_3)_4Si$.

Tetrapeptide(테트라펩타이드): 펩타이드 결합으로 연결된 네 개의 α-아미노산으로 구성된 화합물.

Tetrasubstituted alkene(사치환 알켄): $R_2C{=}CR_2$ 형태의 알켄, 여기에서 네 개의 탄소가 이중결합의 탄소에 직접 연결되어 있다. (R 기들은 같거나 또는 다르다.)

Tetrose(테트로스 또는 사탄당): 네 개의 탄소 원자를 갖는 탄수화물.

Thermodynamically controlled reaction(열역학적으로 지배반응): 두 개 이상 생성물의 평형을 이루는 반응 조건에 있는 반응으로, 더 안정한 생성물이 우세하게 된다.

Thermoplastic polymer(열가소성 고분자): 열을 가하면 연하게 되거나 녹는 고분자.

Thermoset(열경화성): 열가소성 고분자를 가열하여 형성된 교차-연결된 생성물.

Thermosetting polymer(열경화성 고분자): 열을 가하면 고체화("경화")되는 고분자.

Thiol(싸이올): RSH 또는 ArSH 형태의 화합물.

Three-bond coupling(삼-결합 짝지음): *인접 짝지음*과 동의어.

Thero(스레오): 분자에 있는 두 카이랄 중심의 상대 배열에 적용하는 용어. 스레오 입체이성질체는 Fischer 투영의 반대쪽에 같은 치환기를 갖는다.

Torsional strain(비틀린 긴장): 겹쳐진 결합으로 인하여 분자의 감소된 안정성.

***trans*-(트랜스):** 두 개의 치환기가 고리 또는 이중결합의 반대쪽에 있음을 나타내는 입체화학적 접두사. (접두사 시스-의 반대이다.)

Transamination(트랜스아미노화): 한 화합물에서 다른 것으로 아미노기를(대개는 생화학적으로) 전달.

Transcription(전사): DNA 주형에 상보적인 mRNA 가닥의 구축.

Transfer RNA (tRNA)(전달 RNA(tRNA)): 특정 아미노산의 한 끝에 결합된 라이보스의 뉴클레오타이드. 이 아미노산은 펩타이드 사슬이 성장하는데 참여한다.

Transition state(전이상태): 반응 메커니즘에서 단일단계에 있는 가장 높은 에너지 점.

Translation(번역): 특정 아미노산에 유일한 다양한 tRNA에 의하여 mRNA를 "읽는"것.

Triacylglycerol(트라이아실글리세롤): 세 개의 산소가 지방산에서 유래된 아실기를 갖는 글리세롤 (1,2,3-프로페인트라이올)의 유도체.

Tripeptide(트라이펩타이드): 펩타이드 결합으로 연결된 세 개의 α-아미노산으로 구성된 화합물.

Triple bond(삼중결합): 두 원자들 사이에 여섯 개의 전자를 공유하여 형성된 결합.

Trisubstituted alkene(삼치환 알켄): $R_2C{=}CHR$ 형태의 알켄, 여기에서 세 개의 탄소가 이중결합의 탄소에 직접 연결되어 있다. (R 기들은 같거나 또는 다르다.)

Trivial nomenclature(속명): *일반명(common nomenclature)*과 동일한 용어.

Twist boat(비틀린 보트): *뒤틀린(skew)* 보트와 동의어.

U

Ultraviolet-visible(UV-VIS) spectroscopy(자외선-가시광선(UV-VIS) 분광학 또는 분광법): 분자에 있는 전자의 에너지 상태들 사이의 전이에 근거한 분석법. 폴리엔과 같은 컨쥬게이트 계를 연구하는데 유용하다.

Unimolecular(일분자): 화학변화를 수행하는 오직 한 개의 입자가 전이상태에 있는 반응 메커니즘의 단계를 표시하는 것.

α, β-Unsaturated aldehyde or ketone(α, β-불포화 알데하이드 또는 케톤): α와 β 탄소에 다음과 같이 이중결합을 가지고 있는 알데하이드 또는 케톤.

$$R_2C{=}CH\overset{\overset{\displaystyle O}{\|}}{C}R'$$

Unsaturated hydrocarbon(불포화 탄화수소): 첨가반응을 할 수 있는 탄화수소; 즉, 다중결합을 포함 하는 것.

Unshared pair(비공유 쌍): Lewis 구조식에서, 같은 오비탈에 있지만 다른 원자와는 공유하지 않는 원자에 있는 두 개의 원자가전자.

Upfield(높은 장): NMR 스펙트럼의 높은 자기장 영역. 다른 것과 관련해서 높은 장의 신호는 스펙트럼의 오른쪽에 놓인다.

Uronic acids(유론산): 탄소 사슬의 한 끝에는 알데하이드 기능과 다른 끝에는 카복실산기를 갖는 탄수화물.

V

Valence bond theory(원자가결합 이론): 두 원자들 사이의 절반이 채워진 원자오비탈의 겹침에 근거한 화학결합 이론. 오비탈 혼성화는 원자가결합 이론의 중요한 요소이다.

Valence electrons(원자가전자): 원자의 최외각 전자. 2주기 원소에서는 2*s*와 2*p* 전자들이 있다.

Valence shell(원자가 껍질): 원자의 특징적인 화학적 성질의 원인이 되는 채워진 그리고 채워지지 않은 오비탈의 무리.

Valence shell electron-pair repulsion (VSEPR)(원자가껍질 전자쌍 반발(VSEPR)): 중심 원자 주위의 전자쌍이 서로 밀어내는 개념에 기초한 분자의 모양을 예측하는 방법. 네 개의 전자쌍은 이들을 사면체 구조로 배열하고, 세 개는 평면 삼각형 및 두 개의 전자쌍은 선형 배열을 적용할 것이다.

Van der Waals forces(Van der Waals 힘): 이온을 포함하지 않은 분자간 힘(쌍극자-쌍극자, 쌍극자/유도-쌍극자 및 유도-쌍극자/유도-쌍극자들의 힘).

Van der Waals radius(Van der Waals 반경): 원자 또는 그룹의 유효 크기의 척도. 두 원자가 그들의 van der Waals 반경의 합보다 작은 거리로 서로 접근할 때 두 원자들 사이의 척력은 급격히 증가한다.

Van der Waals Strain(Van der Waals 긴장): 두 원자 또는 그룹이 서로에 가깝게 접근할 때 발생하는 불안정화. van der Waals 척력으로도 알려진다.

Vicinal(인접): 인접한 탄소에 연결된 두 개의 원자 또는 그룹을 나타내는 것.

Vicinal coupling(인접 짝지음): X—A—B—Y처럼 인접한 원자에 있는 X 및 Y 원자의 핵스핀 짝지음. ^{1}H NMR 분광법에서, 인접 짝지음은 스핀-스핀 쪼개짐의 가장 흔한 원인이다.

Vicinal dihalide(인접 이할로젠화물): 인접한 탄소에 두 개의 할로젠을 갖는 화합물.

Vicinal diol(인접 다이올): 인접한 sp^3-혼성 탄소에 두 개의 하이드록실(—OH)기를 갖는 화합물.

Vicinal halohydrin(인접 할로하이드린): 인접한 탄소에 할로젠과 하이드록실기를 포함하는 화합물.

Vinyl group(바이닐기): $H_2C{=}CH-$ 기

Vinylic carbon(바이닐자리 탄소): 다른 탄소에 이중으로 결합된 탄소. 바이닐자리 탄소에 연결된 원자 또는 그룹을 *바이닐 치환기*라고 한다.

W

Wave function(파동함수): 원자에 있는 전자의 에너지를 나타내는 산술적 표현의 풀이.

Wavelength(파장): 파에서 두 개의 연속적인 최대(마루) 또는 최소(골)사이의 거리.

Wavenumbers(파수): 진동수에 비례하는 적외선 분광학의 전통적인 단위. 파수는 센티미터의 역수로 나타낸다(cm^{-1}).

Wax(왁스): 다른 것들 중에서 식물의 잎, 동물의 털 및 새의 깃털의 보호막으로 형성되는 방수 물질의 혼합물. 왁스의 주 성분은 긴 사슬이 특징인 아실이나 알킬의 에스터가 일반적이다.

Williamson ether synthesis(Williamson 에터 합성): 알콕시화 이온과 1차 할로젠화 알킬 사이의 S_N2 반응을 포함하는 에터 제조법.

$$RONa + R'CH_2Br \longrightarrow R'CH_2OR + NaBr$$

Wittig reaction(Wittig 반응): 인 일라이드와 알데하이드 또는 케톤의

반응에 의해서 알켄을 합성하는 방법.

$$\mathrm{RCR'}(\text{=O}) + (C_6H_5)_3\overset{+}{P}-\overset{-}{\underset{\cdot\cdot}{C}}R''_2 \longrightarrow (R)(R')C{=}C(R'')_2 + (C_6H_5)_3\overset{+}{P}-O^-$$

Wittig reagents: Wittig 반응에 사용되는 인 일라이드에 주어지는 이름.

Wolff-Kishner reduction(Wolff-Kishner 환원): 끓는점이 높은 알코올 용매에서 하이드라진($_2NNH_2$)과 염기(KOH)로 처리하여 알데하이드 또는 케톤의 카보닐기를 메틸렌기로 환원($C{=}O \rightarrow CH_2$)하는 방법.

Wood alcohol(목정): 메탄올 CH_3OH의 일반명.

Y

Ylide(일라이드): 팔전자 규칙을 만족하는 두 개의 반대로 하전된 중성 원자가 서로에 직접 결합되어 있다. 다음 화합물은 일라이드의 한 예이다.

$$(C_6H_5)_3\overset{+}{P}-\overset{-}{\underset{\cdot\cdot}{C}}H_2$$

Z

Z-: 우선 순위가 높은 치환기들이 이중결합의 같은 쪽에 있을 때 사용하는 입체화학적 서술기호.

Zaitsev rule(Zaitsev 규칙): 제거 반응에 의해서 두 개 이상의 알켄 형성이 가능할 때, 더 많이 치환된 이중결합(더 안정한 알켄)이 주 생성물이다.

Zusammen: Z-를 보시오.

Zwitterion(쯔비터이온): 중성 아미노산이 실제로 존재하는 형태. 아미노산은 양성자화된 형태이고 카복실기는 카복실산염 형태로 존재한다.

$$\underset{\substack{|\\ {}^{+}NH_3}}{RCHCO_2^-}$$

찾아보기

ㅂ

ㅅ

ㅇ

ㅈ

기타

역자소개

가톨릭대학교: 나 건
경북대학교: 최홍진
경상대학교: 구인선, 윤용진, 이상경
대구대학교: 김장섭
동국대학교: 이갑득, 이동웅
부경대학교: 박남규
부산대학교: 김 일
선문대학교: 박봉진
영남대학교: 나춘섭, 남기평, 조대원
울산대학교: 양성봉, 우상국, 지기환
인제대학교: 이주연

(학교명 · 역자 가나다순)

Carey의 유기화학 [9판]

2015년 3월 10일 초판 인쇄
2015년 3월 15일 초판 발행

저 자 | Francis A. Carey, Robert M. Giuliano
역 자 | 유기화학교재연구회
펴 낸 이 | 김중현
펴 낸 곳 | 녹 문 당
주 소 | 경기도 파주시 심학산로 12(서패동)
전 화 | (031) 957-2711 Fax | (031) 957-2710
신고번호 | 제 406-1997-000055호

I S B N | 978-89-88684-81-8 93430
정 가 | 48,000원